ELSEVIER'S DICTIONARY OF TECHNOLOGY

ENGLISH - SPANISH

ELSEVIER
DICCIONARIO DE TECNOLOGÍA
INGLÉS-ESPAÑOL

Part 2
Ingot - Z

ELSEVIER'S DICTIONARY OF TECHNOLOGY

ENGLISH - SPANISH

ELSEVIER
DICCIONARIO DE TECNOLOGÍA
INGLÉS-ESPAÑOL

Part 2
Ingot - Z

compiled by

Arthur E. Thomann
Friendswood, Texas, U.S.A.

ELSEVIER
Amsterdam — Oxford — New York — Tokyo   1990

ELSEVIER SCIENCE PUBLISHERS B.V.
Sara Burgerhartstraat 25
P.O. Box 211, 1000 AE Amsterdam, The Netherlands

Distributors for the United States and Canada:

ELSEVIER SCIENCE PUBLISHING COMPANY INC.
655, Avenue of the Americas
New York, NY 10010, U.S.A.

```
        Library of Congress Cataloging-in-Publication Data


Thomann, Arthur E., 1908-
    Elsevier's dictionary of technology : English-Spanish = Elsevier
  diccionario de tecnología : inglés-español / compiled by Arthur E.
  Thomann.
       p.    cm.
    Contents: pt. 1. A-ingot -- pt. 2. Ingot-Z.
    ISBN 0-444-88069-0
    1. Technology--Dictionaries.  2. English language--Dictionaries-
  -Spanish.    I. Title.   II. Title: Dictionary of technology.
  III. Title: Elsevier diccionario de tecnología.  IV. Title:
  Diccionario de tecnología.
  T10.T46  1990
  603--dc20                                                89-25598
                                                              CIP
```

ISBN 0-444-88069-0

© Elsevier Science Publishers B.V., 1990

All rights reserved. No part of this publication may be reproduced, stored in a retrieval system or transmitted in any form or by any means, electronic, mechanical, photocopying, recording or otherwise, without the prior written permission of the publisher, Elsevier Science Publishers B.V./ Physical Sciences & Engineering Division, P.O. Box 330, 1000 AH Amsterdam, The Netherlands.

Special regulations for readers in the U.S.A. - This publication has been registered with the Copyright Clearance Center Inc. (CCC), Salem, Massachusetts. Information can be obtained from the CCC about conditions under which photocopies of parts of this publication may be made in the USA. All other copyright questions, including photocopying outside of the USA, should be referred to the publisher.

No responsibility is assumed by the Publisher for any injury and/or damage to persons or property as a matter of products liability, negligence or otherwise, or from any use or operation of any methods, products, instructions or ideas contained in the material herein.

Printed in The Netherlands

ABBREVIATIONS USED IN THIS DICTIONARY:

In the following list:

Unindented abbreviations indicate a field or specialty.

Abbreviations indented two spaces indicate a country or geographical area, and are normally followed by a period.

Abbreviations indented four spaces correspond to a part of speech or other grammatical, etc. indication.

ABREVIATURAS EMPLEADAS EN ESTE DICCIONARIO:

En la enumeración que sigue:

Las abreviaturas que aparecen sin sangrar indican una rama o especialidad.

Las abreviaturas que aparecen sangradas dos espacios indican un país o región geográfica, y van seguidas generalmente por un punto.

Las abreviaturas que aparecen sangradas cuatro espacios corresponden a partes de la oración u otra indicación de tipo gramatical, etc.

---

a.acond	(air conditioning)	aire acondicionado	dren	(drainage)	drenaje
accntg	accounting	(contabilidad)	drwng	drawing	(dibujo)
accoust	accoustics	(acústica)	EEUU.	(United States)	Estados Unidos
acust	(accoustics)	acústica	econ	economics	economía
a	adjective	adjetivo	electr	electricity	electricidad
adv	adverb	adverbio	electron	electronics	electrónica
admin	(management)	administración	engr	engineering	(ingeniería)
aeron	aeronautics	aeronáutica	entom	entomology	entomología
agric	agricultura	agriculture	environm	environmental	(ambiente,tal)
air.cond	air conditioning	(aire acondicionado)	equip	equipment	equipo
aislac	(insulation)	aislación	Esp.	(Spain)	España
alambr	(wire)	alambre	estruct	(structural)	estructural
ambient	environment(al)	ambiente; ambiental	explos	explosives	explosivos
anatom	anatomy	anatomía	extrus	extrusion	extrusión
Ant.	Antilles	Antillas	f	feminine	femenino,na
apicult	apiculture	apicultura	f.c.	(railways)	ferrocarriles
archit	architecture	(arquitectura)	fabr(ic)	fabrication	fabricación
Arg.	Argentina	Argentina	fam	familiar (colloquial)	familiar
arquit	(architecture)	arquitectura	fans	fans	(ventiladores)
art	article	artículo	fasten	fasteners	(sujetadores)
astron	astronomy	astronomía	fig	figurative	figurativo,va
autom	automobiles	automóviles	filol	(philology)	filología
avicult	aviculture	avicultura	fin	finance	finanzas
aviac	(aviation)	aviación	fis	(physics)	física
aviat	aviation	(aviación)	fisc	fiscal (taxes)	fiscal (impuestos)
boil	boilers	(calderas)	for	forensic	forense
Bol.	Bolivia	Bolivia	fotogr	(photography)	fotografía
botan	botany	botánica	fund	(melting)	fundición
bridg	bridges	(puentes)	ganad	(cattle)	ganadería
byprod	byproducts	(subproductos)	G.B.	Great Britain	Gran Bretaña
CA.	Central America	Centroamérica	geogr	geography	geografía
cald	(boilers)	calderas	geol	geology	geología
calef	(heating)	calefacción	geom	geometry	geometría
Car.	Caribbean	Caribe	gob	(government)	gobierno
carb	carburetors	carburadores	gov	government	(gobierno)
carp	carpentry	carpintería	gram	grammar	gramática
cattle	cattle	(ganadería)	grind.med	grinding media	cuerpos moledores
chem	chemistry	(química)	gruas	(cranes)	grúas
Chi.	Chile	Chile	heat	heating	(calefacción)
chronol	chronology	cronología	herram	(tools)	herramientas
civ.engr	civil engineering	ingeniería civil	hidr	(hydraulics)	hidráulica
clav	(nails)	clavos	hormig	(concrete)	hormigón
clim	climate	clima	hydr	hydraulics	(hidráulica)
cojin	(bearings)	cojinetes	il(l)um	illumination	iluminación
coke	coke	(coque)	imprent	(printing)	imprenta
col.cont	(continuous casting)	colada continua	ind	industry	industria
Col.	Colombia	Colombia	ind.engr	industrial engineering	(ingeniería industrial)
com	commerce	comercio	ing	(engineering)	ingeniería
comb.int	(internal combustion)	combustión interna	ing.civil	(civil engineering)	ingeniería civil
combust	combustion	combustión	ing.sanit	(sanitary engineering)	ingeniería sanitaria
comput	computers	computadoras	instal	installation	instalación
comun	communications	comunicaciones	instrum	instruments	instrumentos
concr	concrete	(hormigón)	insul	insulation	(aislación)
con.cast	continuous casting	(colada continua)	int.comb	internal combustion	(combustión interna)
cond	conductors	conductores	journ	journalism	(periodismo)
constr	construction	construcción	L.A.	Latin America	Latinoamérica
contab	(accounting)	contabilidad	labor	labor	laboral
coque	(coke)	coque	lam	(rolling)	laminación
cranes	cranes	(grúas)	legal	legal	legal
criog	(cryogenics)	criogénica	light	lighting	(iluminación-alumbrado)
cronol	(chronolgy)	cronología	lumb	lumber	(maderas)
cryog	cryogenics	criogénica	m	masculine	masculino,na
cuerp.mol	(grinding media)	cuerpos moledores	mf	masculine-feminine	masculino-femenino
Cub.	Cuba	Cuba	mader	lumber	(maderas)
culin	culinary	culinaria	magnet	magnetism	magnetización
deport	(sports)	deportes	manuf	manufacturing	manufactura (fabricación)
dib	(drawing)	dibujo	marit	maritime	marítimo,ma
drain	drainage	(drenaje)	mat	(mathmatics)	matemática

math	mathmatics	(matemática)		transp	transportation	transportes
mec(h)	mechanics	mecánica		trat	(treatment)	tratamiento
med(ic)	medical	médico,ca		treat	treatment	(tratamiento)
melt	melting	(fundición)		trefil	(wiredrawing)	trefilería
metal	metal(lurgy)	metal(urgia)		tub	tubing (pipes)	tuberás
meteorol	meteorology	meteorología		turb	turbines	turbinas
Mex.	Mexico	México		USA.	United States	Estados Unidos
milit	military	militar		Uru.	Uruguay	Uruguay
min	mining	(minería)		v	verb	verbo
miner	minerals	minería, minerales		Ven.	Venezuela	Venezuela
mngm	management	(administración)		ventil	(fans)	ventiladores
mot	motors	motores		vest	vestments (clothing)	vestimenta (ropa)
mus	music	música		vet(er)	veterinary	veterinaria
n	noun	(substantivo)		vial	(roads)	vialidad (caminos)
nails	nails	(clavos)		weld	welding	(soldadura)
neut	neuter	neutro		wire	wire	(alambre)
NLA,	Northern Latin America	(Latinoamérica Norte)		wiredrwng	wiredrawing	(trefilería)
neumat	(pneumatics-tires)	neumática,cos				
nucl	nuclear	nuclear				
numism	numismatics	numismática				
optic	optics	óptica				
ornit(h)	ornithology	ornitología				
paint	paint	(pintura)				
papel	(paper)	papel				
paper	paper	(papel)				
period	(journalism)	periodismo				
PR.	Puerto Rico	Puerto Rico				
Per.	Peru	Perú				
pers	personnel	personal				
petrol	petroleum, oil	petróleo				
philol	philology	(filología)				
photogr	photography	(fotografía)				
phys	physics	(física)				
pil(es)	piles	pilotes				
pl	plural	plural				
pint	(paint)	pintura				
plast	plastics	(materiales) plásticos				
pneumat	pneumatics	(neumática)				
pol	politics	política				
prep	preposition	preposición				
print	printing	(imprenta)				
prod	production	producción				
psic	(psychology)	psicología				
psych	psychology	(psicología)				
publ	publishing	publicación(es)				
puent	(bridges)	puentes				
quim	(chemistry)	química				
RPl.	River Plate	rioplatense				
rail	railways	(ferrocarriles)				
recr	recreation	recreación				
refract	refractories	refractarios				
refrig	refrigeration	refrigeración				
relig	religion	religion				
roads	roads	(vialidad)				
roll	rolling	(laminación)				
s	(noun)	substantivo				
SA.	South America	Sud América				
SLA	Southern Latin America	(Latinoamerica Sur)				
safety	safety	(seguridad)				
sanit	sanitary, sanitation	sanitario(s)				
san.engr	sanitary engineering	(ingeniería sanitaria)				
segurid	(safety)	seguridad				
seguros	(insurance)	seguros				
sing	singular	singular				
sold	(welding)	soldadura				
Spa.	Spain	(España)				
sports	sports	deportes				
steam	steam	(vapor-calderas)				
steel	steel	(acero)				
subprod	(by-products)	subproductos				
sujet	(fasteners)	sujetadores				
telecom	telecommunications	telecomunicaciones				
termol	(thermology)	termología				
textil	textiles	textiles				
thermol	thermology	(termología)				
tires	tires	neumáticos				
tocad	(toiletries)	tocador				
toilet	toiletries	(tocador)				
tools	tools	herramientas				
topogr	topography	topografía				
transf	transformers	transformadores				

ingot mold varnish n - [metal-prod] barniz m para lingotera(s) f
— — **wall** n - [metal-prod] pared f de lingotera(s) f
— **number** n - [metal-prod] número m de lingote m
— **pipe** n - [metal-prod] rechupe m, or cavidad f, or bolsa f de contracción f, de lingote m
— **pouring** n - [metal-prod] colada f, or vaciado m, de lingote m
— — **operation** n - [metal-prod] operación f para vaciado m de lingote(s) m
— **practice** n - [metal-roll] práctica f para lingote m
— **production** n - [metal-prod] producción f de lingote(s) m
— — **capacity** n - [metal-prod] capacidad f para producción f de lingote(s) m
— **pusher** n - [metal-roll] empujador m, or dispositivo m para empuje m, para lingote(s) m
— **receiving** n - [metal-roll] recepción f de lingote(s) m
— — **table** n - [metal-roll] mesa f, receptora, or para recepción f, de lingote(s) m
— **reheating** n - [metal-roll] recalentamiento m de lingote(s) m
— — **furnace** n - [metal-roll] horno m para, recalentamiento, or recalentar, lingote(s) m
— **rolling** n - [metal-roll] laminación f de lingote(s) m
— — **coordination** n - [metal-roll] coordinación f para laminación f de lingote(s) m
— **rough rolling** n - [metal-roll] desbastadura f de lingote(s) m
— **run-in table** n - [metal-roll] mesa f para entrada f para lingote(s) m
— **scab** n - [metal-roll] cascarón m de lingote m
— **scale** n - [metal-roll] cáscara f, or escama f, de lingote m
— **scales** n - [metal-roll] báscula f para (pesar) lingote(s) m
— **scarfing** n - [metal-roll] escarpadura f de lingote(s) m
— **scheduling** n - [metal-roll] programación f de lingote(s) m
— **shape** n - [metal-prod] (con)forma(ción) f de lingote(s) m
— **shear** n - [metal-roll] tijera f, or cizalla f, para lingote(s) m
— **size** n - [metal-prod] tamaño m de lingote(s)
— **skin** n - [metal-prod] piel f de lingote m
— — **temperature** n - [metal-prod] temperatura f de piel f de lingote(s) m
— **slabbing** n - [metal-roll] desbastadura f, or desbaste m, de lingote(s) m
— **slice** n - [metal-roll] trozo m de lingote m
— **slicing** n - [metal-roll] trozado m de lingote
— **steel** n - [metal-prod] acero m en lingote m
— **stool** n - [metal-prod] placa f, or fondo m, base f, para lingotera f
— — **cleaning** n - [metal-prod] limpieza f de, placa f, or base f, para lingotera f
— — **coating** n - [metal-prod] recubrimiento m para, placa f, or base f, para lingotera f
— — **dimension(s)** n - [metal-prod] medida(s), or dimension(es) f, de, placa f, or base f, para lingotera f
— **storage** n - [metal-prod] almacenamiento m de lingote m
— — **effect** n - [metal-prod] efecto m, or influencia f, de almacenamiento m de lingote m
— **storing** n - [metal-prod] almacenamiento m de lingote m
— — **effect** n - [metal-prod] efecto m, or influencia f, de almacenamiento m de lingote m
— **stripper** n - [metal-prod] deslingotador m; tenaza(s) f para desmoldeo m
— — **crane** n - [metal-prod] grúa f puente, deslingotadora, or para deslingotado m
— **stripping** n - [metal-prod] deslingotado m, or deslingotamiento m, or desmoldeo m (de lingote m) | a - [metal-prod] deslingotador,ra;

ingot stripping building n - [metal-prod] deslingotado m
— **surface** n - [metal-prod] superficie f de lingote m
— — **defect** n - [metal-prod] defecto m, superficial, or en superficie f, de lingote(s) m
— **temperature** n - [metal-prod] temperatura f de lingote m
— **tentative heating curve** n - [metal-roll] curva f tentativa para calentamiento m de lingote m
— **to billet scheduling** n - [metal-roll] programación f de lingote(s) m a palanquilla f
— **hot strip rolling process** n - [metal-roll] proceso m para lingote(s) m a, banda f, or cinta f, or chapa f, or fleje, en caliente
— — **slab scheduling** n - [metal-roll] programación f de lingote(s) m a planchón(es) m
— **ton(s)** n - [metal-prod] tonelada(s) f de lingote(s) m
— — **operation cost(s)** n - [metal-prod] costo m operativo por tonelada f de lingote(s) m
— **tonnage** n - [metal-prod] tonelaje m de lingote(s) m
— **transfer carriage** n - [metal-roll] vagoneta f, or carrito m, para lingote(s) m; vagoneta f lingotera • cinta f transportadora para lingote(s) m
— — **cost(s)** n - [metal-roll] costo(s) m para transferencia f de lingote(s) m
— — **per ton** n - [metal-roll] costo m de transferencia f de lingote(s) m por tonelada
— — — — **produced** n - [metal-roll] costo m de transferencia f de lingotes m por tonelada f producida
— **transportation** n - [metal-roll] transporte m de lingote(s) m
— — **cost(s)** n - [metal-roll] costo m para transporte m de lingote(s) m
— — — **per ton** n - [metal-roll] costo m para transporte m de lingote(s) m por tonelada f
— — — — **produced** n - [metal-roll] costo m para transporte m de lingote(s) m por tonelada f producida
— **turntable** n - [metal-roll] mesa f giratoria para lingote(s) m
— **turner** n - [metal-roll] giradora f, or volvedora f, para lingote(s) m
— — **machine** n - [metal-roll] [máquina], giradora, or volvedora f, para lingote(s) m
— **type** n - [metal-prod] tipo m de lingote m
— — **poured** n - [metal-prod] tipo m de lingote m, colado, or vaciado
— **upper part** n - [metal-prod] cabeza f de lingote m; mazarota f
— **washing** n - [metal-prod] fusión f superficial en lingote m
— — **effect** n - [metal-prod] efecto m de fusión f superficial de lingote m
— **weighing** n - [metal-prod] pesada f de lingote
— — **scales** n - [metal-prod] báscula f para pesar lingote(s) m
— **weight** n - [metal-prod] peso m de lingote m
— — **control** n - verificación f de peso m de lingote m
— **yard** n - [metal-prod] parque m, or playa f, para lingote(s) m
— — **crew** n - [metal-prod] cuadrilla f, or equipo m, para, parque m, or playa f, para lingote(s) m
— — — **supervisor** n - [metal-prod] jefe m de, equipo m, or cuadrilla f, para, parque m, or playa f, para lingote(s) m
— — **equipment** n - [metal-prod] equipo m para, parque m, or playa f, para lingote(s) m
— — **storekeeper** n - [metal-prod] encargado m de almacen m en, parque m, or playa f, para lingote(s) m
— **yield** n - [metal-prod] rendimiento m de lingote(s) m
— — **curve** n - [metal-prod] curva m de rendimiento(s) de lingote(s)

ingotism n - [metal-prod] lingotismo m
ingots and semifinished products n - [metal-prod] lingotes m y (productos), semiterminado(s), or semi-elaborado(s)
ingraft n - injerto m | v - injertar
ingrafted a - injertado,da
ingrafter n - injertador m
ingrafting n - injerto m | a - injertador,ra
ingredient(s) blending n - mezcla f, or combinación f, de ingrediente(s) m
— **mixer** n - [culin] mezcladora f para ingrediente(s) m
— **property** n - propiedad f de ingrediente(s) m
inguinal hernia n - [medic] hernia f inguinal
inhabited a - habitado,da; poblado,da
inhalated a - inhalado,da
inhalating n - inhalación f | a - inhalador,ra
inhalation n - . . .; aspiración f
—, **preventing**, or **prevention** n - [safety] evitación f de inhalación f
inhale @ spray mist v - [safety] inhalar rocío m
— **@ vapor** v - [safety] inhalar vaho m
inhaled a - inhalado,da; aspirado,da
— **spray mist** n - [safety] rocío m inhalado
— **vapor** n - [safety] vaho m inhalado
inhaling n - inhalación f | a - inhalador,ra
inherent advantage n - ventaja f inherente
— **auxiliary power circuit** n - circuito m inherente m para energía f auxiliar
— — — — **protection** n - [electr-instal] protección f, inherente para circuito m para energía f auxiliar, or para circuito m inherente para energía f auxiliar
— — — — **short circuit protection** n - [elect] protección f inherente contra cortocircuito(s) m para circuito m para energía f auxiliar
— — — **protection** n - [electr] protección f inherente para energía f auxiliar
— **characteristic** n - característica f inherente
— **circuit protection** n - [electr] protección f inherente para circuito m
— **parameter** n - parámetro m inherente
— **pipe strength** n - [tub] resistencia f inherente de tubería f
— **power circuit protection** n - [electr] protección f inherente para circuito m para energía
— — — **short circuit protection** n - [electr] protección f inherente contra cortocircuitos m para circuito m para energía f
— **protection** n - protección f inherente
— **resistance** n - resistencia f inherente
— **short circuit protection** n - [electr] protección f inherente contra cortocircuito(s) m
— **strength** n - fuerza f, inherente, or propia • resistencia f inherente
— **versatility** n - adaptabilidad f inherente
inhibit @ cracking v - [weld] inhibir agrietamiento m
— **@ crystal(s) formation** v - [chem] inhibir formación f de cristal(es) m
— **@ detection** v - [electron] inhibir detección
— **@ dual tone multifrequency, detecting**, or **detection** v - [electron] inhibir detección f de tono m doble en multifrecuencia f
— **@ encoder** v - [electron] inhibir codificador
— **feature** n - [electron] see **inhibition feature**
— **@ formation** v - inhibir formación f
— **@ rust(ing)** v - [metal] inhibir oxidación f
inhibited a - inhibido,da
— **crystal(s) formation** n - [chem] formación f de cristal(es) m inhibida
—, **detecting**, or **detection** n - [electron] detección f inhibida
— **dual tone multifrequency, detecting**, or **detection** n - [electron] detección f de tono m doble en multifrecuencia f inhibida
— **formation** n - formación f inhibida
— **fuel** n - [combust] combustible m inhibido
— **motor fuel** n - [combust] combustible m para motor(es) m inhibido

inhibited rusting n - [metal] oxidación f inhibida
inhibiting n - inhibición f | a - inhibidor,ra
— **liquid** n - [chem] líquido m inhibidor
— **system** n - sistema m para inhibición f
inhibition, detecting, or **detection** n - [electron] detección f de inhibición f
— **feature** n - [electron] característica f para inhibición f
inhibitor feeder n - alimentador m para inhibidor m
— — **(ing) device** n - dispositivo m, alimentador, or para inhibición f, de inhibidor m
initial n - . . . • sigla f | a - . . .; preliminar | v . . . . .; inicialar; rubricar
— **adhesion** n - adhesión f inicial
—, **assembling**, or **assembly** n - armado m inicial
— **bid** n - [com] propuesta f, or oferta f, inicial
— **blow** n - golpe m inicial
— **boiling point** n - punto m inicial para ebullición f
— **bolt force** n - [mech] resistencia f inicial de perno m
— **capacity** n - capacidad f inicial
— **center temperature** n - [metal-prod] temperatura f inicial en centro m
— **change** n - cambio m inicial
— **contact** n - contacto m inicial • [labor] entrevista f inicial
— **cost** n - costo m inicial
— — **per well** n - [petrol] costo m inicial de equipo m por (cada) pozo m
— **creep** n - [metal] fluencia f inicial
— **curing** n - [constr-concr] curado m, or fraguado m, inicial
— **current** n - [electr-oper] corriente f inicial
— **cut** n - [mech] corte m inicial
— **cycle** n - ciclo m inicial
— **daily production** n - [ind] producción f diaria inicial
— **delay** n - demora f inicial
— **demand** n - demanda f inicial
— **destination and origin place(s)** n - [transp] punto(s) m de destino m y origen m iniciales
— **determination** n - determinación f inicial
— **dimension** n - medida f inicial
— **dipping** n - inmersión f inicial
— **draft** n - [legal] borrador m inicial
—, **drive**, or **driving** n - [mech] impulsión f, or introducción f, inicial
— **drawing** n - dibujo m inicial
— **effort** n - esfuerzo m inicial
— **end play** n - [mech] juego m, longitudinal, or lateral, inicial
— **equipment** n - equipo m original
— — **cost** n - costo m inicial de equipo m
— — — **per well** n - [petrol] costo m inicial de equipo m por pozo m
— **event** n - evento m inicial • [sports] carrera f inicial
— **fill** n - [soils] relleno m inicial
— **force** n - fuerza f inicial • resistencia f inicial
— **gap** n - [mech] entrehierro m, or separación f, inicial
— — **dimension** n - [mech] medida f, inicial de separación f, or de separación f inicial
— **hammer blow** n - [mech] golpe m inicial de martillo m - [constr-pil] golpe m inicial de martinete m
— **heat balance** n - [metal-prod] balance m térmico inicial
— **heating** n - calentamiento m inicial
— **ingot center temperature** n - [metal-prod] temperatura f inicial en centro m de lingote m
— — **skin temperature** n - [metal-prod] temperatura f inicial en piel f de lingote m
— **instruction** n - instrucción f inicial
— **investigation** n - investigación f inicial

injection control

initial job instruction(s) n - [ind] instrucción(es) f inicial(es) para trabajo m
— **magnetism** n - [geol] magnetismo m inicial
— **market** n - [com] mercado m inicial
— **normal wear** n - [mech] desgaste m inicial normal
— **offer** n - oferta f inicial
— **oil change** n - [int.comb] cambio m, inicial, or primero, de aceite m
— **orientation** n - orientación f inicial
— **outlay** n - [fin] desembolso m, or gasto m, or erogación f, or costo m, inicial
— **payment** n - pago m inicial
— **period** n - período m inicial
— **phase** n - fase f inicial
— **pile hammer blow** n - [constr-pil] golpe m inicial de martinete m
— **pit temperature** n - [metal-roll] temperatura f inicial de fosa f
— **point** n - punto m inicial
— **preload** n - [mech] precarga f inicial
— **pressure** n - presión f inicial
— **priming** n - [pumps] cebadura f inicial
— — **period** n - [pumps] período m, para cebadura f inicial, or inicial para cebadura f
— **product** n - producto m inicial
— **production** n - [ind] producción f inicial
— — **capacity** n - capacidad f, inicial para producción f, or para producción f inicial
— **proposal** n - [com] propuesta f inicial
— **rate** n - [labor] razón f inicial
— **reason** n - razón f inicial
— **reduction** n - [metal-prod] reducción f inicial
— **research** n - investigación f inicial
— **safety orientation** n - [safety] orientación f inicial, hacia, or para, seguridad f
— **set(ting)** n - [constr] fraguado m inicial
— **settling** n - [hydr] decantación f, or asentamiento m, inicial
— **shrinkage** n - [constr] contracción f inicial
— **skin temperature** n - [metal-prod] temperatura f inicia:l de piel f
— **speed** n - velocidad f inicial
— **stage** n - etapa f inicial
— **start(ing)** n - [mech] puesta f en marcha f inicial • [int.comb] encendido m inicial
— **start-up** n - [ind] puesta f en marcha f inicial
— **tack** n - [weld] punto m inicial
— — **weld** n - [weld] punto m de soldadura f inicial
— **temperature** n - temperatura f inicial
— **test(ing)** n - [mech] ensayo m inicial
— **thermal balance** n - [combust] balance m térmico inicial
— **thickness** n - espesor m inicial
— **total weight** n - peso m total inicial
— **transfer** n - transferencia f inicial
— **turn-in** n - [sports] viraje m inicial hacia adentro
— **turn-out** n - [sports] viraje m inicial hacia afuera
—, **usage,** or **use** n - uso m inicial
— **visit** n - visita f inicial
— **weight** n - peso m inicial
initialed a - rubricado,da
initialing n - rubricación f
initials n - rúbrica f • sigla(s) f
initiate v - . . . . • activar • [legal] promover
— **@ alarm** v - iniciar alarma f
— **@ call light** n - [telecom] activar luz f para llamada f
— **@ communication** v - [electron] iniciar, comunicación f, or tráfico
— **@ report** v - [compul] iniciar informe m
— **@ fault** v - iniciar falla f
— **@ heat** n - [metal-prod] iniciar fusión f
— **@ interruption** v - iniciar interrupción f
— **@ traffic** v - [electron] iniciar, tráfico m, or comunicación f

initiate @ voice communication v - [electron] iniciar comunicación f verbal
— **@ — traffic** v - [electron] iniciar, comunicación f, or tráfico m, verbal
initiated a - iniciado,da • activado,da • [legal] promovido,da
— **alarm** n - alarma m inciada
— **call light** n - [telecom] luz f para llamada f activada
— **communicaaion** n - [electron] comunicación f iniciada; tráfico m iniciado
— **fault** n - falla f iniciada
— **heat** n - [metal-prod] fusión f iniciada
— **interruption** n - interrupción f iniciada
— **report** n - [comput] informe m iniciado
— **traffic** n - [electron] tráfico m iniciado; comunicación f iniciada
— **voice communication** n - [electron] comunicación f verbal iniciada; tráfico m verbal iniciado
— — **traffic** n - [electron] comunicación f verbal iniciada; tráfico m verbal iniciado
initiating n - iniciación f • activación f • [legal] promoción f | a - iniciador,ra; iniciativo,va; originador,ra
— **department** n - departamento m originador
initiation delay n - [electron] demora f en iniciación f
initiator n - . . . .; promotor n | a - iniciador,ra; promotor,ra
inject v - . . . . • aportar
— **@ air** v - inyectar aire m
— **cement** v - [constr] inyectar cemento m
— **@ code** v - [electron] inyectar código m
— **coke** v - [metal-prod] inyectar coque m
— **ether** v - [int.comb] inyectar éter m
— **@ flow** v - inyectar flujo m • inyectar caudal m
— **@ gas** v - [combust] inyectar, or introducir, gas m
— — **again** v - [combust] reintroducir gas m
— **in @ unit** v - [electron] inyectar en, unidad f, or dispositivo m
— **@ inert gas** v - inyectar gas m inerte
— **kaolin** v - [metal-prod] inyectar caolín m
— **@ oil** v - [mech] inyectar aceite m
— **refractory cement** v - [metal-prod] inyectar cemento m refractario
— — **in(to) a burner** v - [metal-prod] inyectar cemento m refractario en quemador m
— — — **@ stove burner** v - [metal-prod] inyectar cemento m refractario en quemador m de estufa f
— **steam** v - [steam] inyectar vapor m
injectability n - inyectabilidad f; calidad f de inyectable
injectable a - inyectable
injected a - inyectado,da
— **air** n - aire m inyectado
— **code** n - [electron] código m inyectado
— **ether** n - [int.comb] éter m inyectado
— **flow** n - flujo m inyectado • caudal m inyectado
— **in @ unit** a - [electron] inyectado,da en, unidad f, or dispositivo n
— **inert gas** n - gas f inerte inyectado
— **oil** n - [mech] aceite m inyectado
injecting n - inyección f | a - inyector,ra; inyectador,ra
— **in(to) @ unit** n - [electron] inyección f en, disposiivo m, or unidad f
— **machine** n - [mech] máquina f, inyectora, or para inyección f
— **pump** n - [int.comb] bomba f, inyectora, or para inyección f
— **system** n - sistema m, or red f, para inyección f; sistema m inyector; red f inyectora
injection n - . . . . [pumps] see **charge**
— **bushing** n buje m, or casquillo m, para, inyectar, or inyección f
— **control** n - regulación f de inyección f

injection diagram n - [metal-prod] diafragma f, para, or de, inyección f
— **heating system** n - [ind] sistema m para calentamiento por inyección f
— **in(to) @ unit** n - [electron] inyección f en, dispoositivo m, or unidad f
— **lance** n - [metal-prod] lanza f para inyección
— **level** n - [combust] nivel m para inyección f
— **line** n - [int.comb] línea f, [que conduce] a inyector m, or para inyección f
— — **nut** n - [int.comb] tuerca f para línea f a inyector m
— **machine** n - [mech] máquina f para inyección f
— **meter** n - [instrum] medidor m para inyección
— **molding** n - [mech] moldeo m por inyección f
— — **machine** n - [plast] máquina f, moldeadora, or para moldeo m, por inyección f
— — **specialist** n - [plast] especialista para moldeo m por inyección f
— **nozzle** n - boquilla f para inyección f
— **pipe** n - [tub] tubería f para inyección f
— **pressure** n - presión f para inyección f
— **pump** n - [int.comb] bomba f, inyectora, or para inyección f
— — **fuel inlet** n - [int.comb] entrada f para combustible m en bomba f para inyección f
— — — **hose** n - [int.comb] mang(uer)a f para entrada f de combustible m en bomba f para inyección f
— — — — **fitting** n - [int.comb] dispositivo m para mang(uer)a f para entrada f de combustible m en bomba f para inyección f
— — **information** n - [int.comb] información f sobre bomba f, inyectora, or para inyección f
— — **linkage** n - [int.comb] conexión f, con, or para, bomba f, inyectora, or para inyección f
— — **replacement** n - [int.comb] reemplazo m para bomba, inyectora, or para inyección f
— — **replacing** n - [int.comb] reemplazo m de bomba f, inyectora, or para inyección f
— — **service** n - servicio m para bomba f, inyectora, or para inyección f
— — **support** n - [int.comb] soporte m para bomba f, inyectora, or para inyección f
— — **switch** n - [int.comb] conmutador m para bomba f, inyectora, or para inyección f
— — — **throttle linkage** n - [int.comb] articulación f para regulador m para bomba f, inyectora, or para inyección f
— **saturation** n - saturador m con inyección f
— **system** n - sistema m para inyección f
— **tuyere** n - [metal-prod] tobera f para inyección f
— **unit** n - [metal-prod] dispositivo m, or unidad f, para inyección f
injector n - . . . .; inyectador f • [mech] pulverizador m • surtidor m | a - inyector,ra
— **(s) bank** n - [metal-prod] banco m, or conjunto m, de inyector(es) m (Venturi)
— **filling** n - [mech] henchimiento m de inyector
— **line** n - [int.comb] línea f, or tubo m, a inyector m
— — **nut** n - [int.comb] tuerca f para línea f a inyector m
— **high pressure line** n - [int.comb] línea f, or tubería f, con presión f alta para inyector
— **nut** n - [mech] tuerca f para inyector m
— **pump** n - [int.comb] bomba f inyectora
injure v - . . . .; herir; causar daño m; vulnerar
— **@ driver** v - [safety] lesionar conductor m
— **seriously** v - [safety] herir, or lesionar, gravemente, or seriamente
— **@ skin** v - [medic] lesionar piel f
injured n - [safety] lesionado m | a - . . . . • perjudicado,da • [legal] injuriado,da
— **driver** n - [safety] conductor m lesionado
— **employee** n - [safety] empleado m lesionado
— **party** n - perjudicado m
— **person** n - [safety] persona f lesionada; lesionado m
— **seriously** a - [medic] herido,da, or lesionado,da, seriamente, or severamente
— **skin** n - [medic] piel f lesionada
injurer n - . . . . • [medic] . . .; llagador m
injuring n - vulneración f | a - perjudicador,ra; perjudicante • [legal] injuriador,ra • [medic] llagador,ra; hiriente
— **accident** n - [safety] accidente m con lesión(es) f
injurious a - . . . .; perjudicante
— **radiation** n - [nucl] irradiación f nociva
injury n - . . . .; perjuicio m • [medic] herida f • [legal] injuria f • [safety] accidente m
— **accident** n - [safety] accidente m con lesión(es) f
— **nature** n - [medic] naturaleza f de lesión f
— **possibility** n - [safety] posibilidad f de lesión(es) f
— **report(ing)** n - [safety] denuncia f de lesión(es) f
— **severity** n - [safety] gravedad f de lesión(es) f
ink fill v - llenar con tinta f
— — **@ pen** v - llenar pluma f con tinta f
— — **filled** a - llenado,da con tinta f
— — **pen** n - pluma f llenada con tinta f
— — **filling** n - henchimiento m con tinta f
— **mark(ing)** n - marca(ción) f con tinta f
— **pen** n - pluma f, con, or para, tinta f
— **@ pen** v - entintar*, or poner tinta en, pluma f
— — **cleaning** n - limpieza f de pluma f para tinta f
inked pen n - [instrum] pluma f entintada
inland n - [geogr] . . . tierra f adentro | a - [transp] terrestre
— **bill of lading** n - [transp] conocimiento m, or documento m para embarque m, terrestre
— **freight** n - [transp] flete m terrestre
— **charge** n - [transp] cargo m por flete m terrestre
— **and packing** n - [transp] flete m y embalaje m terrestre(s)
— — — **charge** n - [transp] cargo m por flete m y embalaje m terrestre(s)
— — **prepaid** n - [transp] flete m terrestre pagado (por adelantado)
— **packing** n - [transp] embalaje m terrestre
— — **and forwarding charge** n - [transp] cargo m por embalaje m y reexpedición f terrestres
— — **charge** n - [transp] cargo m por embalaje m terrestre
— **port** n - [nav] puerto m interior
— **shipment** n - [transp] embarque m, or despacho m, terrestre
— **shipping** n - [transp] embarque m terrestre
— **document(s)** n - [transp] documento(s) m para embarque m terrestre
— **transportation** n - [transp] transporte m terrestre
— — **cost(s)** n - [transp] costo m de transporte m terrestre
— — — **increase** n - [transp] aumento m en costo m para transporte m terrestre
— — **insurance** n - [transp] seguro m para transporte m terrestre
inlet n - . . . .; admisión f; acceso m; sección f para entrada f; toma f • [int.comb] tubo m, or orificio m, or agujero m, para, entrada f, or admisión f • [topogr] . . . : ría f • [hydr] boca f de entrada f; ramal m aferente; boca f de tormenta f; extremo m para entrada f • [sanit] sumidero m
— **air flow** n - caudal m de aire a entrada f
— — **pressure** n - presión f de aire m a entrada f
— — **temperature** n - [ind] temperatura f de aire m de entrada f
— **basin** n - [hydr] boca f para tormenta f
— **bell** n - campana f para, succión f, or admisión f
— **beveling** n - [constr] achaflanadura f de en-

trada f
inlet cam n - [int.comb] leva f para admisión f
— **chamber** n - [int.comb] cámara f para, admisión f, or entrada
— **channel** n - [hydr] cauce m para entrada f
— — **headwater** n - [hydr] cabecera f (de agua m) en cauce m para entrada f
— **configuration** n - [constr] configuración f de entrada f
— **connection** n - conexión f para entrada f
— — **check(ing)** n - [hydr] verificación f de conexión f para entrada f
— **control** n - regulación f de, entrada f, or admisión f • regulador m para, entrada f, or admisión f | a - con admisión f regulada
— — **condition** n - condición f con admisión f regulada
— — **culvert** n - [constr] alcantarilla f con regulación f para entrada f
— — **flow** n - [hydr] caudal m con regulación f para entrada f
— — — **chart** n - [hydr] tabla f de, caudal(es) m, or de gasto(s) m, para regulación f para entrada f
— — **headwater** n - [hydr] cabecera f (de agua m) con regulación f para entrada f
— — — **depth** n - [hydr] profundidad f de agua m con regulación f para entrada f
— **controlled** a - regulado,da, or con regulación f, para entrada f
— **controlling** n - regulación f de entrada f
— **damper** n - [hydr] registro m para entrada f
— — **limit(ing) switch** n - conmutador m limitador para registro m para entrada f
— — **switch** n - [combust] conmutador m para registro m para entrada f
— **design(ing)** n - [constr] proyección f (de sección f) para entrada f
— **discharge** n - descarga f en entrada f
— — **control(ling)** n - [hydr] regulación f de descarga f para entrada f
— **edge** n - [hydr] borde m para entrada f
— — **geometry** n - [hydr] conformación f de borde m para entrada f
— **end** n - [hydr] extremo m para entrada f
— — **treatment** n - [constr] terminacion f, or procedimiento m, para extremo m para entrada f
— **fitting** n - [mech] accesorio m para entrada f
— **gaging** n - [hydr] regulación f, or medición f, or calibración f, para entrada f
— **geometry** n - [constr] configuración f, or medida(s) f, para entrada f
— **gate** n - [hydr] esclusa f para entrada f • sumidero m con, parrilla f, or rejilla f
— **hose** n - [int.comb] manguera f para entrada f
— — **fitting** n - [int.comb] dispositivo m para manguera f para entrada f
— **hydraulic efficiency** n - [hydr] eficiencia f hidráulica de, entrada f, or acceso m
— **improvement** n - [hydr] mejoramiento m, de, or para, entrada f, or acceso m
— **line** n - línea f, or conducto m, para entrada f, or alimentación f
— — **fitting** n - dispositivo m para, línea f, or conducto m, para entrada f, or alimentación f
— — — **loosening** n - aflojamiento m de, accesorio m, or dispoositivo m, para línea f para, entrada f, or alimentación f
— — — **tightening** n - ajuste m de, accesorio m, or dispositivo m, para línea f para, entrada f, or alimentación f
— **loss** n - [hydr] pérdida f en entrada f
— **manifold** n - [mech] colector m, or múltiple m, para, entrada f, or admisión f
— **measurement(s)** n - [constr] medida(s) f de entrada f
— **oil line** n - [int.comb] tubo m para entrada f para aceite m
— **pipe** n - [tub] tubo m, or tubería f, para entrada f

inlet pipe diameter n - [hydr] diámetro m de tubería f para entrada
— **ponding** n - [hydr] embalse f en entrada f
— **port** n - [int.comb] lumbrera f, or orificio m para, entrada f, or admisión f
— **protection** n - [hydr] protección f para entrada f
— **scour** n - [hydr] derrubio m en entrada f
— **side** n - [mech] lado m para, admisión f, or entrada f
— **spear** n - [mech] arpón m para, entrada f, or admisión f
— **spout** n - tubo m para admisión f; canal m para carga f
— **structure** n - [constr] estructura f para, entrada f, or admisión f
— **submergence** n - [hydr] sumersión f de (boca f para) entrada f
— **suction** n - [mech] aspiración en entrada f
— — **manifold** n - [mech] colector m, or múltiple m, para, entrada f, or admisión f
— **temperature** n - temperatura f en boca f
— **tube** n - [int.comb] tubo m para, admisión f, or entrada f
— **type** n - tipo m de, entrada f, or admisión f
— **valve** n - [valv] válvula f para, entrada f or admisión f
— **velocidad** f - [hydr] velocidad f, a, or de, entrada f
— — **computation** n - [hydr] cómputo m de velocidad f a entrada f
— — **increase** n - [hydr] aumento m de velocidad a entrada f
— — **reduction** n - [hydr] reducción f de velocidad f a entrada f
— **vicinity** n - [constr] cercanía(s) f de entrada f
inn n - [travel] . . .; parador m
innate ability n - habilidad f innata
inner a - . . .; interno,na
— **agle** n - ángulo m interior
— **arris** n - arista f, interna, or interior
— **ball race** n - [mech-bearings] ranura f interior para bola(s) f
— — **ring** n - [mech-bearings] aro m portabolas interior
— **bearing** n - [mech-bearings] cojinete m interior
— — **cone** n - [mech-bearings] cono m interior m para cojinete m • cono m para cojinete m interior
— — **cup** n - [mech-bearings] pista f, interior para cojinete, or para cojinete m interior
— — **race** n - [mech-bearings] ranura f interior de cojinete m
— — **spacer** n - [mech-bearings] separador m interior m para cojinete m
— **bell** n - campana f interior
— **bent** n - [constr] armadura f interior
— **block** n - bloque m interior
— **boom** n - [cranes] aguilón m interior
— **brake** n - [mech] freno m interior
— **brick** n - [ceram] ladrillo m interior
— **bushing** n - [mech] buje m interior
— **cap** n - [mech] tapa f, or casquete m, interior
— **cement mortar lining** n - [tub] revestimiento m interior con mortero m de cemento m
— **centering** n - centrado* m, interior, or interno
— **city** n - centro m urbano | a - en, or de, centro m urbano
— — **education** n - [educ] problema(s) m escolar(es) en centro(s) m urbano(s)
— — **educational problem** n - [educ] problema f escolar en centro(s) m urbano(s)
— — **redevelopment** n - [pol] rehabilitación f de, centro m urbano, or zona f céntrica
— **cone** n - [mech] cono m interior
— **commutator** n - [electr-mot] colector m
— — **end** n - [electr-mot] extremo m de colector

inner commutator end dust cap n - [electr-mot] tapa f guardapolvo(s) para extremo m interior de colector m
— **cone** n - [mech] cono m interior • [metal-prod] campana f interior
— **cover** n - [metal-treat] cubierta f, or campana f, interior
— — **lifting rig** n - [mech] (mecanismo) elevador m para cubierta f interior
— **curve** n - curva f interior
— **diameter** n - diámetro m interior
—/**outer diameter ratio** n - [tub] razón f, or relación f, entre diámetro m interior y diámetro m) exterior
— **drive roll** n - [weld] rodillo m impulsor interior
— — **assembly** n - [mech] conjunto m de rodillo m impulsor interior
— **dust cap** n - [weld] tapa f guardapolvos, interna, or interior; casquete m interior contra polvo m
— **edge** n - borde m interior
— **element** n - elemento m interior
— **end** n - extremo m interior
— — **dust cap** n - [electr-mot] tapa f guardapolvo(s) para extremo m interior
— **filter** n - filtro m interior
— **finish(ing)** n - [constr] acabado m interior
— **fused tuyere** n - [metal-prod] tobera f soldada interiormente (con hierro m)
— **fusing** n - [weld] soldadura f interior
— **heat zone** n - [weld] zona f interior con calor m
— **jacket** n - chaqueta f interior
— **nut** n - [mech] tuerca f interior
— **lane** n - [roads] franja f, or carril m, or vía f, interior
— **lap** n - [mech] traslapo m interior
— **layer** n - capa f interior
— — **wire** n - [cabl] alambre m para capa f interior
— **light** n - luz f interior
— **line** n - línea f interior
— **lining** n - [combust] revestimiento m, or ladrillo m, interior
— — **mortar** n - [tub] mortero m para revestimiento m interior
— **loop** n - [mech] espira f interior
— **lubricating system** n - [int.comb] sistema m para lubricación f interior
— **motor end** n - [electr-mot] extremo m interior de motor m
— **mounting screw** n - [mech] tornillo m, interior para montaje m, or para montaje m interior
— **nozzle** n - [metal-prod-ladle] (casquillo m para) buza f interna
—/**outer diameter ratio** n - [tub] razón f, or relación f, entre diámetro m interior y exterior
— **packing** n - empaque m interior
— **paint** n - [paint] pintura f interior
— **part** n - parte f interior • [mech] pieza f interior
— **perimeter** n - perímetro m interior
— **pipe** n - [tub] tubo m, or tubería f, interior
— — **wall** n - [tub] pared f interior de, tubo m, or tubería f
—**plant application** n - [ind] aplicación f dentro de planta f
— **polyethylene packing** n - empaque m interior de polietileno m
— **portrusion** n - [weld] saliente f en interior
— **protecting brick** n - [metal-prod] ladrillo m protector interior
— — **lining** n - [metal-prod] revestimiento m protector interior
— **race** n - [mech] collar m interior • [mech-bearings] pista f, or ranura f, or guiadera f, interior

inner race tapping n - [mech-bearings] golpeteo n de pista f interior
— **radius** n - radio m, interior, or interno
— **rail** n - [rail] riel m interior
— **ring** n - [mech] aro m, or anillo m, interior • [mech-bearings] aro m, or anillo m, portabolas interior; pista f interior de rodamiento m
— **shoulder** n - [autom-tires] reborde m interior
— **snap ring** n - [mech] anillo m interior con resorte m
— — —, **installation**, or **installing** n - [mech] instalación f de anillo m interior con resorte m
— **spacer** n - [mech] separador m interior
— — **ring** n - [mech] aro m separador interior
— **spring** n - [mech] resorte m interior
— **surface** n - superficie f interior
— **tube** n - [autom-tires] cámara f, neumática, or para neumático m
— — **type valve** n - [autom-tires] válvula f de tipo m para cámara(s) f neumática(s)
— — **valve** n - [autom-tires] válvula f para cámara f (neumática)
— **turn** n - [mech] espira f interior
— **wall** n - [constr] pared f interior
— — **finishing** n - [constr] acabado m, para, or de, pared f interior
— — **surface** n - [constr] superficie f de pared f interior
— **wire** n - [cabl] alambre m interior
— — **rope** n - [cabl] cable m interior
innerly adv - interiormente
Innershield n - [weld] (alambre n, or electrodo m con) alma m fundente | a con alma m fundente
— **application** n - [weld] aplicación f, Innershield, or con electrodo m con alma fundente
— **arc weld(ing)** n - [weld] soldadura f con arco m, Innershield, or con electrodo m con alma f fundente
— **cable assembly** n - [weld] conjunto m de cable para soldadura f, Innershield, or con electrodo m con alma fundente
— **constant voltage weld(ing)** n - [weld] soldadura f, Innershield, or con electrodo m con alma f fundente, con voltaje m constante
— **electrode** n - [weld] electrodo m, Innershield, or con alma m fundente
— **erection weld(ing)** n - [weld] soldadura f para erección en obra f con electrodo(s) m, Innershield, or con alma m fundente
— **gun** n - [weld] pistola f, Innershield, or para electrodo m con alma m fundente
— — **and cable assembly** n - [weld] conjunto m de pistola f y conductor m, Innershield, or para electrodo m con alma m fundente
— — **cable assembly** n - [weld] conjunto m de conductor m para pistola f, Innershield, or para electrodo m con alma m fundente
— **L N 4** n - [weld] soldadura LN-4 para soldadura, Innershield, or con electrodo m con alma m fundente
— **machine** n - [weld] soldadora f, Innershield, or con electrodo m con alma m fundente
— **open arc weld(ing)** n - [weld] soldadura f, Innershield, or con electrodo m con alma m fundente, con arco m abierto
— **operating factor** n - [weld] coeficiente m, or factor m, para operación f con electrodo(s) m, con alma m fundente, or Innershield
— **operator** n - [weld] soldador m, Innershield, or con electrodo m con alma m fundente
— **output control** n - [weld] amperaje m de salida f para soldadura f, Innershield, or con electrodo m con alma m fundente
— **pass** n - [weld] pasada f, Innershield, or con electrodo m con alma m fundente
— **power source** n - [weld] fuente f para energía para soldadura f, Innershield, or con electro-

do m con alma m fundente
Innershield procedure n - [weld] procedimiento m, Innershield, or con electrodo m con alma m fundente
— — **control(ling)** n - [weld] regulación f de procedimiento m, Innershield, or con electrodo m con alma m fundente
— —**(s) setting** n - [weld] establecimiento m de procedimiento(s) m, Innershield, or con electrodo(s) m con alma m fundente
— **process** n - [weld] proceso m, Innershield, or con electrodo m con alma m fundente
— **process advantage** n - [weld] ventaja f de proceso m, Innershield, or con electrodo m con alma m fundente
— **self-shielded electrode** n - [weld] electrodo m Innershield autoprotegido
— — **flux-cored electrode** n - [weld] electrodo m, Innershield, or con electrodo m con alma m, or núcleo m, fundente, autoprotegido
— — **arc welding** n - [weld] soldadura f por arco m, Innershield, or con electrodo m con alma m fundente, autoprotegida
— — — **electrode** n - [weld] electrodo m autoprotegido, Innershield, or con alma m fundente
— — — **weld(ing)** n - [weld] soldadura f autoprotegida, Innershield, or con electrodos m con alma m fundente
— — **open arc** n - [weld] arco m abierto autoprotegido, Innershield, or con electrodos m con alma m fundente
— — **process** n - [weld] procedimiento m autoprotegido, Innershield, or con electrodo m con alma m fundente
— — **welding** n - [weld] soldadura f autoprotegida, Innershield, or con electrodo m con alma m fundente
— **squirt welder** n - [weld] soldadora con electrodo m, Innershield, or con alma m fundente, con alimentación f automática de, electrodo m, or alambre m
— **Squirtgun** n - [weld] pistola f, Squirtgun, or para alimentación f automática para electrodo m, Innershield, or con alma m fundente
— **squirt weld(ing)** n - [weld] soldadura f con alimentación f automática de electrodo(s), Innershield, or con alma m fundente
— **stud** n - [weld] borne m para soldadura f Innershield, or con electrodo m con alma m fundente, con alimentación f automática (de electrodo m)
— **system** n - [weld] sistema m, or proceso m, Innershield, or con electrodo m con alma fundente
— **tap** n - [weld] borne m para soldadura f, Innershield, or con electrodo m con alma m fundente
— **terminal** n - [weld] see **Innershield tap**
— **unit** n - [weld] soldadora f, Innershield, or para electrodo(s) m con alma m fundente
— **weld** n - [weld] soldadura f, Innershield, or con elecrodo m con alma m fundente
— **welder** n - [weld] soldadora f, Innershield, or para electrodo(s) m con alma m fundente
— **welding** n - [weld] soldadura f, Innershield, or con electrodo(s) m con alma m fundente
— — **guide** n - [weld] guía f para soldadura f, Innershield, or con electrodo(s) m con alma m fundente
— — **power source** n - [weld] fuente f para energía para soldadura f, Innershield, or con electrodo(s) m con alma m fundente
— **weldor** n - [weld] soldador con, Innershield, of electrodo(s) m con alma m fundente
— **wire** n - alambre m, or electrodo m, con alma m fundente
— — **feeding system** n - [weld] sistema m para alimentación f de alambre m, Innershield, or con alma m fundente
innkeeper n - [travel] . . .; fondista m; ventero m
innocuity n - innocuidad f
innovated a - innovado,da
innovating n - innovación f | a - innovador,ra
innovation n - . . . • [ind] adelanto m
innovative a - innovativo,va*; novedoso,sa; positivo,va • emprendedor,ra
inoculated a - [medic] inoculado,da
inoculating n - [medic] inoculación f | a inoculador,ra
inoperational a - inoperante
— **tone keyer** n - [electron] manipulador m para tono(s) m inoperante
inoperative a - . . .; inoperante; inutilizado,da; detenido,da • fuera de uso; en desuso; parado,da; sin usar; sin funcionar; inactivo,va; inactivado,da; anulado,da; cancelado,da
— **control** n - [mech] regulador m, fuera de uso, or inactivo, or inactivado
— **drain trap** n - [sanit] trampa f para drenaje m inoperante
— **fan** n - ventilador m, detenido, or inactivo
— **refrigeration system** n - [ind] sistema m, or red f, para refrigeración f inoperante
— **system** n - sistema m, or red f, inoperante
— **voltage control** n - [electr-oper] regulador m para voltaje m, fuera de uso, or inactivado
— **wire feeder voltage control** n - [weld] regulador m para voltaje m para alimentador para alambre, inactivado, or fuera de uso m
inorganic acid n - [chem] ácido m inorgánico
— **salt(s)** n - [chem] sal(es) m de ácido(s) m inorgánico(s)
— **amine** n - [chem] amina f inorgánica
— **chemistry** n - [chem] química f inorgánica
— **material** n - [geol] material m inorgánico
— **oxidizing acid** n - [chem] ácido m, inorgánico oxidante, or oxidante inorgánico
— — **salt(s)** n - [chem] sal(es) m de ácido(s) m inorgánico(s) oxidante(s)
— — **salt(s)** n - [chem] sal(es) f inorgánica(s) oxidante(s)
— **primer** n - [paint] imprimador m inorgánico
— **salt(s)** n - [chem] sal(es) f inorgánica(s)
— **zinc** n - [chem] cinc m inorgánico
— — **primer** n - [paint] imprimador m, de cinc m inorgánico, or inorgánico de cinc m
inoxidizability n - inoxidabilidad f
inoxidizable a - inoxidable
inoxidize v - inoxidar
inoxidized a - inoxidado,da
inoxidizing n - inoxidación f
inprogram v - [comput] enprogramar*
inprogrammed a - [comput] enprogramado,da*
inprogramming n - [comput] enprogramación* f
input n - . . .; entrada f; gasto m; aportación f; consumo m; insumo m • [mech] impulsión f; esfuerzo m aportado;; velocidad f, inicial, or de entrada, or de partida; potencia f aportada • [electr] energía f absorbida; potencia f, or corriente f, de entrada f; alimentación f • [comput] entrada f; llegada f; aporte m; dato m aportado | a - [mech] impulsor,ra • primario,ria
— **air** n - [weld] aire m, aportado, or de entrada, or de admisión f
— — **connection** n - [weld] conexión f para aire m de entrada f
— — **hose** n - [pneumat] manga f, para entrada f de aire, or para aire m de entrada
— — **line** n - [weld] línea f para entrada f de aire m
— **amperage** n - [electr-distrib] amperaje m de entrada f
— **ampere(s)** n - [electr-distrib] amperio(s) m de entrada f
— **amphenol** n - [weld] base f de enchufe m polarizada para entrada f
— **application** n - [electron] aplicación f de entrada f

input applying

input applying n - [electron] aplicación f de entrada f
— **at @ steering wheel** n - [autom] fuerza f aportada a volante m
— **audio** n - [electron] señal f, audible para entrada f, or para entrada f audible
— **barrier** n - [electron] barrera f para entrada
— — **strip** n - [electr-instal] tira f para barrera f para entrada f
— **bearing** n - [autom-mech] cojinete m (para árbol m) para entrada f (de fuerza f)
— — **cover** n - [autom-mech] cubierta f para cojinete m para entrada f (de fuerza f)
— — — **assembly** n - [autom-mech] conjunto m de cubierta f para cojinete m para entrada f (de fuerza f)
— — —, **installation**, or **installing** n - [autom-mech] instalación f de conjunto m de cubierta f para cojinete m para entrada f (de fuerza f)
— — — **cap screw** n - [autom-mech] tornillo m con casquete m para cubierta f para cojinete m para entrada f (de fuerza f)
— — — —, **removal**, or **removing** n - [autom-mech] remoción f de tornillo m con casquete m para cubierta para cojinete m para entrada f (de fuerza m)
— — — **lockwasher** n - [autom-mech] arandela f para seguridad f para cubierta f para cojinete m para entrada f (de fuerza f)
— — — —, **removal**, or **removing** n - [autom-mech] remoción f de arandela f para seguridad f para cubierta f para cojinete m para entrada f (de fuerza f)
— — — **oil seal** n - [autom-mech] sello m para aceite m para cubierta f para cojinete m para entrada f (de fuerza f)
— — — —, **installation**, or **installing** n - [autom-mech] instalación f de sello m para aceite m para cubierta f para cojinete m para entrada f (de fuerza f)
— — —, **removal**, or **removing** n - [autom-mech] remoción f de cubierta f para cojinete m para entrada f (de fuerza f)
— **breaker** n - [mech] interruptor m para entrada
— — **side** n - [mech] lado m, de, or para, interruptor m para entrada f
— **cable** n - [electr-instal] cable m, or conductoir m, para, entrada f, or alimentación f
— — **assembly** n - [electr-instal] conjunto m de, cable m, or conductor m, para, entrada f, or alimentación f
— — — **electrode cable** n - [weld] cable m a electrodo m en conjunto m de cable m, para, entrada f, or alimentación f
— — — **multiconductor control cable** n - [weld] cable m multiconductor para regulación f en conjunto m de cable m para alimentación f
— — **installation** n - [weld] instalación f de cable m para alimentación f
— — **extension** n - [weld] prolongación f para cable m para, entrada f, or alimentación f
— — **length** n - [electr-cond] largo(r) m de cable m para, entrada f, or alimentación f
— **capacity** n - capacidad f para, entrada f, or alimentación f, or recepción f
— **change** n - [electron] cambio m, or modificación f, en, entrada f, or alimentación f
— **changing** n - [electron] cambio m, or modificación f, en, entrada f, or alimentación f
— **characteristic** n - [electr-oper] característica f de (corriente f de) entrada f
— — **curve** n - [electr] curva f característica de (corriente f para) entrada f
— **circuit** n - [electr] circuito m para entrada
— **compensation** n - compensación f, de, insumo m, or entrada f
— **configuration** n - [comput] configuración f para entrada f
— **connection** n - [electr-instal] conexión f para entrada f

input connection instruction n - [weld] instrucción f para conexión f para entrada f
— —(s) **panel** n - [electr-instal] tablero m para conexión(es) f para entrada f
— **contact** n - [comput] contacto m para entrada
— **contactor** n - [electr] interruptor m automático para corriente f para entrada f
— — **circuit** n - [electr-instal] circuito m para, interruptor m automático, or contactador m, para entrada f
— **control** n - [electr-oper] regulación f para corriente f para entrada f • regulador m para corriente f para entrada f
— — **cable** n - [electr-instal] cable m para regulación f para, entrada f, or alimentación f
— — — **assembly** n - [weld] conjunto m de cable m para regulación f de entrada
— — **connector** n - [weld] conectador m, or conexión f, para cable m para regulación f de entrada f
— **controller** n - [comput] regulador m para entrada f
— **conversion** n - [electron] conversión f de entrada f
— **cord** n - [electr-cond] cordón m, or conductor m, para entrada f
— **current** n - [electr-oper] corriente f, or energía f, or potencia f, absorbida, or para, entrada f, or alimentación f • consumo m de corriente f • amperaje f de (corriente f de) entrada f | a - [electr-distrib] con corriente f de entrada f
— — **ampere(s)** n - [electr] amperaje m, or amperio(s) m, de corriente f para entrada f
— — **characteristic** n - [electr] característica f de corriente f para entrada f
— — **intensity** n - [electr] intensidad f de corriente f para entrada f
— — **limit(ation)** n - [electr] limitación t - para corriente f para entrada f
— — **option** n - [weld] opción f para corriente f para entrada f
— — **reducer** n - [electr-mot] reductor m para amperaje f para entrada f
— — **reducing** n - [electr-mot] reducción f de (intensidad f de) corriente f, or amperaje m, para entrada f | a - [electr] con reducción f de intensidad f de corriente f para entrada f; con corriente f para entrada f con intensidad f reducida
— — — **option** n - [weld] opción f para reducción f de corriente f para entrada f
— — — **starter** n - [electr] arrancador m con reducción f en intensidad f de corriente f para entrada; arrancador m con corriente f de entrada f con intensidad m reducida; arrancador m (con) reductor m para amperaje m para, alimentación f, or entrada f • [weld] arrancador m reductor para, amperaje m, or corriente f, para entrada
— — **reduction** n - [electr-mot] reducción f de (intensidad f de) corriente f, or amperaje m, para entrada f
— **cycle** n - [electr] herzio(s) m, or hercio(s) m, para entrada f
— —(s) **specification(s)** n - [electr-distrib] especificación(es) f para, herzio(s) m, or hercio(s) m, para entrada f
— **datum, ta** n - [electron] dato(s) m sobre entrada f
— **electrode cable** n - [weld] cable m para alimentación f de electrodo m
— **end** n - [mech] extremo m para, entrada f, or alimentación f
— **frequency** n - [electr-distrib] frecuencia f (de corriente f) para entrada f
— **function** n - [electron] función f para entrada f
— **gear** n - [autom-mech] árbol m para entrada f para fuerza f
— **Hertz** n - [electr] hercio(s) m para entrada f

input Hertz specification(s) n - [electr-distr] especificación(es) f para hercio(s) f para entrada f
— **horsepower** n - [mech] potencia f, or energía f, de entrada f
— . . . — n - potencia f, or energía f para entrada f con . . . caballo(s) m de fuerza f
— . . . — **pump** n - [petrol] bomba f con entrada f de . . . caballo(s) m de fuerza f
— — **rating** n - [electr-mot] energía f, or consumo m, nominal de . . . caballo(s) m de fuerza f
— **hose** n - [mech] mang(uer)a f para, entrada f, or alimentación f
— **impedance** n - [comput] impedancia(s) para entrada f
— **indicator** n - [instrum] (aparato) indicador m para gasto m
— **inverter** n - [electr-equip] inversor m para entrada f
— **isolation circuit** n - [electron] circuito m para aislación f para entrada f
— **keying** n - [electron] manipulación f para entrada f
— **lead** n - [electr-instal] conductor m, or cable m, para, entrada f, or alimentación f
— — **assembly** n - [electr-instal] conjunto m de conductor(es) m para, entrada f, or alimentación f
— — — **clamp** n - [weld] sujetador m para conductor m para entrada f
— —, **disconnecting, or disconnection** n - [electr-instal] desconexión f de conductor m para entrada f
— — — **grommet** n - [weld] arandela f aisladora para conductor m para entrada f
— — — **size** n - [electr-cond] diámetro m de conductor m para entrada f
— — — **to contactor power kit** n - [weld] conductor f para entrada f a equipo motor/interruptor m automático
— **level** n - nivel m para entrada
— **limit** m límite m para entrada f
— **limitation** n - [electr] limitación f de corriente f para entrada f
— **line** n - [electr-instal] línea f, or conductor m, para, entrada f, or alimentación f
— — **contactor** n - [electr-equip] interruptor m automático, or contactador m, para línea f para, alimentación f, or entrada f
— — — **closing** n - [weld] conexión f de interruptor m automático para línea f para entrada f
— — — **opening** n - [weld] desconexión f de interruptor m automático para línea f para entrada f
— — **cycle(s)** n - [electr-oper] hercio(s) m, or período(s) m en línea f para entrada f
— — **lead** n - [electr-cond] conductor m para línea f para entrada f
— — **voltage** n - [weld] voltaje m en línea f para entrada f
— — — **fluctuation** n - [electr-distrib] fluctuación f de voltaje m en línea f para entrada f
— — — **variation** n - [electr-distrib] variación f, or fluctuación f, de voltaje m, en línea f para entrada f
— **loop** n - [electron] circuito m para entrada f
— — **current** n - [electron] corriente f para circuito m para entrada f
— **mark circuit** n - [electron] corriente f de entrada f para marca f
— — **switch** n - [electron] conmutador m para corriente para entrada f para marca f
— **memory** n - [comput] memoria f para entrada f
— **on frequency** v - [comput] entrada f con frecuencia f apropiada
—/**output impedance** n - [comput] impedancia f para entrada f y salida f
— **panel** n - [electr-instal] tablero m para, entrada f, or alimentación f
input phase(s) n - [electr-distrib] fase(s) f (de corriente f) para entrada f
— **plug** n - [electr-instal] (base f para) enchufe m para entrada f
— **polarity** n - [electr-distrib] polaridad f de entrada f
— **polarized plug** n - [electr-instal] enchufe m polarizado para entrada f
— **port** n - [comput] ventanilla f para entrada f
— **power** n - [electr-distrib] energía f recibida; capacidad f, or potencia f, or energía f, para entrada f; fuerza f motriz, or corriente f, or energía f, nominal, or para entrada f
— — **cable** n - [electr-distrib] cable m para energía f para, entrada f, or alimentación f
— — **connection** n - [weld] conexión f para energía f para entrada f
— — **control** n - [electr-oper] regulación f de corriente f para entrada f • regulador m para corriente f para entrada f
— — — **compartment** n - [weld] compartimento m para regulador m para corriente f para entrada f
— — **frequency** n - [electr-distrib] frecuencia f de energía f, recibida, or para entrada f
— — **line** n - [electr-distrib] conductor m para línea f para entrada f • línea f para entrada f para fuerza f motriz
— — **off** n - [weld] energía f para entrada f desconectada
— — **on** n - [weld] energía f para entrada f conectada
— — **phase(s)** n - [electr-distrib] fase(s) f de energía f, recibida, or para entrada f
— — **power source** n - [weld] fuente f de energía f para corriente f para entrada f
— — **rating** n - [electr-mot] capacidad f, or energía f, nominal para entrada f
— — **reduction** n - [electr-distrib] reducción f de corriente f para entrada f
— — **source** n - [weld] fuente f para energía f para entrada f
— — **to power source** n - [weld] energía f para entrada f a fuente f para energía f
— — **turning off** n - [weld] desconexión f, or corte m, de energía f para entrada f
— — **turning on** n - [electr-distrib] conexión f de energía f para entrada f
— — **voltage** n - [electr-distrib] voltaje m de, corriente f, or energía f, recibida, or para entrada f
— **pressure** n - presión f para entrada f
—**product pattern** n - patrón m insumo-producto
— **programming configuration** n - [comput] configuración f de programación f para entrada f
— **pulse** n - [electron] impulso(s) m para entrada f
— **range** n - [electr-instal] escala f, or límite(s), para (corriente f) para entrada f
— **rating** n - [electr-distrib] consumo m nominal
— **reconnection** n - [electr-instal] reconexión f de entrada f
— — **panel** n - [electr-instal] tablero m para reconexión f para entrada f
— **requirement** n - exigencia f, or requerimiento m, para entrada f
—**shaft** n - [mech] árbol m, or eje m, primario, or impulsor, f para accionamiento m, or para entrada f para fuerza f
— — **adjustment** n - [autom-mech] ajuste m de, árbol m, or eje m, impulsor, or para entrada f para fuerza f
— — **and bearing assembly** n - [autom-mech] conjunto m de árbol para entrada f (para fuerza f) y cojinete m
— — **assembling** n - [mech] armado m de árbol m para entrada f (de fuerza f)
— — **assembly** n - [autom-mech] conjunto m de árbol m para entrada f (de fuerza f)
— — —, **removal, or removing** n - [autom-mech]

remoción f de conjunto m de árbol m para entrada f (de fuerza f)
input shaft axial moving n - [autom-mech] movimiento m (en sentido m) axial de, árbol m, or eje m, para entrada f (para fuerza f)
— — **bearing** n - [autom-mech] cojinete m para árbol m para entrada f
— — — **cone** n - [autom-mech] cono m de cojinete m para árbol m para entrada f (de fuerza f)
— — — **cover** n - [autom-mech] cubierta f para cojinete m para árbol m para entrada f
— — — — **cap screw** n - [autom-mech] tornillo m con casquete m para cubierta f para cojinete m para árbol m para entrada f
— — — — **screw** n - [autom-mech] tornillo m para cubierta f para cojinete m para árbol m para entrada f
— —, **disassembling**, or **disassembly** n - [mech] desarme m de árbol m para, entrada f, or aporte m, de fuerza f
— — — **end play** n - [autom-mech] juego m longitudinal de, árbol m, or eje m, impulsor, or para entrada f (de fuerza f)
— — — — **adjustment** n - [autom-mech] ajuste m de juego m longitudinal de, árbol m, or eje m, or para entrada f (de fuerza f)
— — — — **chart** n - [autom-mech] tabla f para juego m longitudinal de, árbol m, or eje m, para entrada f (de fuerza f)
— — — — **measurement** n - [mech] medida f de juego m longitudinal de árbol m para entrada f (de fuerza f)
— — — — **measuring** n - [mech] medición f de juego m longitudinal de árbol m para entrada f (de fuerza f)
— — — — **requirement** n - [autom-mech] exigencia f de juego m longitudinal de, árbol m, or eje m, impulsor, or para entrada f (de fuerza f)
— — — **tapping** n - [mech] golpeteo m de extremo m de árbol para entrada f (de fuerza)
— — **flat washer** n - [autom-mech] arandela f plana para árbol m para entrada f (de fuerza f)
— — — —, **removal**, or **removing** n - [autom-mech] remoción f de arandela f plana para árbol m para entrada f (de fuerza f)
— — **holding** n - [autom-mech] sujeción f de árbol m para entrada f (de fuerza f)
— — **moving** n - [autom-mech] movimiento m de árbol m para entrada f (de fuerza f)
— — **nut** n - [autom-mech] tuerca f para, árbol m, or eje m, para entrada f (de fuerza f)
— — **rear** n - [autom-mech] revés m, or reverso m, de árbol m para entrada f
— —, **reassembling**, or **reassembly** n - [mech] rearme m de árbol m para entrada f de fuerza
— —, **removal**, or **removing** n - [autom-mech] remoción f de árbol m para entrada f (de fuerza f)
— —, **rotating**, or **rotation** n - [autom-mech] rotación f de árbol m para entrada f (de fuerza f)
— — **spline** n - [mech] ranura f, or estría f, en, árbol m, or eje m, para entrada f (de fuerza f)
— — **turn(ing)** n - [mech] giro m de árbol m para entrada f (de fuerza f)
— — **yoke** n - [autom-mech] horquilla f para árbol m para entrada f (de fuerza f)
— — — **holding** n - [autom-mech] sujeción f de horquilla f para árbol m para entrada f (de fuerza f)
— — — —, **removal**, or **removing** n - [autom-mech] remoción f de horquilla f para árbol m para entrada f (de fuerza f)
— — **washer** n - [autom-mech] arandela f para árbol m para entrada f (de fuerza f)
— — — —, **removal**, or **removing** n - [autom-mech] remoción f de arandela f para árbol m para entrada f (de fuerza f)

input sheet n - [ind] hoja f de, insumo(s) m, or consumo(s) m
— **side** n - [mech] lado m, or extremo m, para entrada f
— **signal** n - [electron] señal f para entrada f
— — **connection** n - [electron] conexión f para señal f para entrada f
— — **polarity** n - [electron] polaridad f de señal f para entrada f
— — **range** n - [electron] escala f para señal f para entrada f
— **signalling** n - [electron] señalamiento m para entrada f
— **source** n - [electr] fuente f (para corriente f) para, entrada f, or energía f • [comput] fuente f para entrada f
— — **power factor** n - [weld] factor m de potencia f para fuente f para energía f
— — — **improvement** n - [weld] mejora f en factor m de potencia f para fuente f para energía f
— **space current** n - [electron] corriente f para entrada f para espacio(s) m
— — — **switch** n - [electron] conmutador m para corriente f para entrada f para espacio(s)
— **specification** n - [electr] característica f de, or especificación f de, corriente f para entrada f
— **starter** n - [electr] interruptor m para entrada f
— **state** n - [electron] estado m para entrada f
— **stud** n - [electr] borne m para entrada f
— — **assembly** n - [weld] conjunto m de borne m para entrada f
— — — **and shunt** n - [weld] conjunto m de borne m para entrada f y (para) derivación f
— **supply line** n - [electr-instal] línea f, or conductor m, para entrada f para suministro m
— **terminal** n - [electr-instal] terminal m, or borne m, para corriente f para entrada f
— — **block** n - [electr-instal] tablero m, or panel m, para borne(s) m para, entrada f, or alimentación f
— **transformation** n - [electron] transformación f para entrada f
— **transformer** n - [electron] transformador m para entrada f
— **volt(s)** n - [electr-distrib] voltio(s) m para entrada f
— **voltage** n - [electr-distrib] voltaje m, para entrada f, or recibida; avoid tensión* f para entrada f
— — **cable** n - [electr-cond] cable m para voltaje m para entrada f
— — **compensation** n - [electr] compensación f para voltaje m para entrada f
— — **fluctuation** n - [electr] fluctuación f de voltaje m para entrada f
— — — **compensation** n - [electr] compensación f para fluctuación f para voltaje m para entrada f
— — **lead** n - [electr-cond] conductor m, or cable m, para voltaje m para entrada f
— — — **connection** n - [electr-instal] conexión f para conductor m para voltaje m para entrada f
— — **number plate** n - [electr-instal] placa f indicadora f para voltaje m para entrada f
— — **range** n - [electr-instal] escala f, or límite(s) m, para voltaje m para entrada f
— — **wire** n - [electr-instal] cable m para voltaje m para entrada f
— **volts** n - [electr-oper] voltaje m para entrada f
— **wire** n - [electr-instal] alambre m, or conductor m, para entrada f | a - [electr-inst] para, alambre m, or conductor m, para entrada f
— — **size** n - [electr-cond] diámetro m, or capacidad f, de, alambre m, or conductor m, para entrada f
— **wiring** n - conexión(es) f para entrada f

input yoke n - [mech] horquilla f para, entrada f, or aportación f (de, energía f, or potencia f); avoid saliente* f para entrada f
— — **back-face** n - [autom-mech] respaldo m para horquilla f para entrada f (de fuerza f)
— — **tapping** n - [autom-mech] golpeteo m de respaldo m de horquilla f para entrada f (de fuerza f)
— —, **installation,** or **installing** n - [autom-mech] instalación f de horquilla f para entrada f (de fuerza f)
— — **nut** n - [mech] tuerca f para horquilla f para entrada f (de fuerza f)
— — — **loosening** n - [autom-mech] aflojamiento m de tuerca f para horquilla f para entrada f (de fuerza f)
— — —, **removal,** or **removing** n - [autom-mech] remoción f de tuerca f para horquilla f para entrada f (de fuerza f)
inquest n - . . .; investigación f
inquire v - . . .; indagar; pesquisar • ventear
inquired a - inquirido,da; indagado,da
inquiring n - see **inquiry** | a - pesquisante
inquiry n - . . . • [com] pedido m por informe(s) m • llamado m a concurso m; solicitud m, or pedido m, de propuesta(s) f; invitación f a cotizar • concurso m de precio(s) m
— **for bid(s)** n - [com] invitación f a cotizar
inroad n - . . . • [fig] mella f
inrush n - . . .; irrupción f
ins and outs n - ida(s) f y venida(s) f; alternativa(s) f • pormenor(es) m; técnica(s) f
insane a - [medic] . . .; vesánico,ca
insanity n - [medic] . . .; vesanía f
insanity fit n - [medic] vértigo m; also see **seizure**
inscribable a - . . . • [math] inscriptible
inscribe within v - [geom] inscribir dentro de
— — @ **cross section** v - inscribir dentro de corte m transversal
— — @ **weld cross section** v - [weld] inscribir dentro de corte m transversal de soldadura f
inscribed a - inscripto,ta
inscription n - . . .; leyenda f
— **certificate** n - certificado m de inscripción
— **number** n - número m, de, or para, inscripción
insect screen n - [constr] tejido m contra insecto(s)(m
insecticide container n - [chem] recipiente m para insecticida m
—, **formulating,** or **formulation** n - [chem] formulación f para insecticida m
— **mixing** n - [chem] mezcla f de insecticida m
— **product** n - [chem] producto m insecticida
— —, **formulating,** or **formulation** n - [chem] formulación f de producto m insecticida
insecure mounting n - [mech] montaje m inseguro
inseminating n - inseminación f | a - fecundativo,va
insemination n - . . .; fecundación f
insensitivity n - insensibilidad f
— **to @ steering wheel** n - [autom-mech] insensibilidad f a volante m
inseparably bonded a - ligado,da, inseparablemente, or perfectamente
insert n - . . .; inserto* m; injerto m; encastre m (embutido); suplemento m; postizo m; inserción f • tapón m • [print] hoja f suplementaria • [mech] tapón m horadado • estampa f; troquel m • [electr] cuchilla f postiza • [cranes] suplemento m - [weld-nozzle extension] portaguía f para prolongación f para boquilla f; also see **nylon insert** | v - . . .; ensartar; inserir; introducir; intercalar; meter; encastrar; colocar; montar
— **all @ way** v - [mech] insertar totalmente
— @ **assembly** v - [mech] insertar, or introducir, conjunto m
— @ **bolt** v - [mech] insertar perno m
— @ **cable into** @ **holder** v - [weld] insertar cable m dentro de portaelectrodo(s) m

insert @ drive ratchet v - [mech] insertar trinquete m para impulsión f
— @ **electrode cable into** @ **holder** v - [weld] insertar cable m a electrodo m dentro de portaelectrodo(s) m
— @ — **into** @ **holder** v - [weld] insertar electrodo m dentro de portaelectrodo(s) m
— **extension** n - [cranes] prolongación f, insertable, or suplementaria
— — **section** n - [cranes] sección f para prolongación f, insertable, or suplementaria
— @ **field probe** v - insertar sonda f para uso m en obra f
— **holder** n - [mech] portatroquel m; portaestampa m
— **holding** n - [mech] sostenimiento m de, injerto m, or suplemento m
— **in** @ **back** v - [mech] insertar, detrás, or en respaldo m, or a dorso m
— — @ **holder** v - [weld] insertar en portaelectrodo(s) m
— — @ **receptacle** v - [mech] insertar en casquillo m
— **installation** n - [mech] instalación f, or colocación f, de, injerto m, or suplemento m
— **into** @ **holder** v - [weld] insertar, en, or dentro de, portaelectrodo(s) m
— — @ **position** v - introducir en posición f
— @ **link** v - [mech] insertar eslabón m
— @ **linkage pin** v - [mech] colocar pasador m conectador
— @ **panel** v - [mech] insertar panel m
— @ **pin** v - [mech] insertar pasador m
— @ **plug** v - [electr] insertar, enchufe m, or tomacorriente f; enchufar
— @ **probe** v - insertar sonda f
— @ **punch** v - [mech] insertar punzón m
— @ **refractory,ries** v - [constr] insertar, or colocar, or poner, refractario(s) m
— **removal** n - [mech] remoción f, or saca f, de, injerto m
— @ **resistor** v - [electron] insertar resistencia f
— **retainer** n - [weld] reten(edor) para suplemento m
— @ **screw** v - [mech] insertar tornillo m
— @ — **driver** v - [mech] insertar destornillador m
— **section** n - [cranes] sección f, insertable*, or suplementaria
— @ **set** v - [mech] insertar juego m • insertar separador m
— @ **shim** v - [mech] insertar calza f
— **size** n - [mech] tamaño m, or diámetro m, de tapón m (horadado)
— **spacer** n - [mech] separador m para estampa f
— **through** @ **hole** v - [mech] insertar por, agujero m, or orificio m
— @ **tool** v - [tools] insertar herramienta f
— **wear(ing)** n - [mech] desgaste m de, injerto m, or suplemento m
— **zone** n - [mech] zona f, de, or para, injerto m, or suplemento m
inserted a - insertado,da; introducido,da; encastrado,da; intercalado,da • montado,da
— **all** @ **way** a - insertado,da totalmente
— **assembly** n - [mech] conjunto m, insertado, or introducido
— **bolt** n - [mech] perno m insertado
— **field probe** n - sonda f para uso m en obra f insertada
— **drive ratchet** n - [mech] trinquete m para impulsión f insertado
— **in** @ **back** a - [mech] insertado,da, detrás, or en, dorso m, or reverso m
— — @ **receptacle** a - [mech] insertado,da en casquillo m • [electr-oper] insertado en tomacorriente m
— **into** @ **position** a - introducido,da en posición f
— **joint** n - [mech] junta f insertada | a - [petrol] con enchufe m

inserted joint casing

inserted joint casing n - [petrol] tubería f para, entubación f, or revestimiento m, con enchufe m; tubería f para entubación f con junta f insertada
— **link** n - [mech] eslabón m insertado
— **linkage pin** n - [mech] pasador m conectador, colocado, or insertado
— **panel** n - panel m, insertado, or inserto
— **pin** n - [mech] pasador m insertado
— **probe** n - [mech] sonda f insertada
— **punch** n - [mech] punzón m insertado
— **resistor** n - [electron] resistencia f insertada
— **screw** n - [mech] tornillo m insertado
— — **driver** n - [mech] destornillador m insertado
— **set** n - [mech] juego m insertado • separador m insertado
— **shim** n - [mech] calza f insertada
— **through @ hole** a - insertado,da por, agujero m, or orificio m
— — **@ spring** a - [mech] insertado,da a través de resorte m
— **tool** n - [tools] herramienta f insertada • herramienta f montada
inserter n - insertador m
inserting n - inserción f; introducción f • intercalación f | a - insertador,ra
— **into @ position** v - introducción f en posición f
insertion n - . . . . • intercalación f • colocación f; montaje m
— **into a position** n - introducción f en posición f
— **through @ hole** n - inserción f por, agujero m, or orificio m
— — **@ spring** n - [mech] inserción f a través de resorte m
inset n - . . . . | a - [mech] con letra(s) f hundida(s)
— **black trademark** n - [ind] marca f de fábrica f con letra(s) f negra(s) hundida(s)
— **trademark** n - [ind] marca f de fábrica f con letra(s) f hundida(s)
— **white trademark** n - [ind] marca f de fábrica con letra(s) f blanca(s) hundida(s)
inside n - . . . .; parte f, or lado m, interior • [print] retiración f | [adv] . . . .; dentro (de); puerta(s) f adentro; en, or de lado m, interior
— **air** n - aire m interior
— — **circulation** n - circulación f de aire m interior
— — **recirculation** n - recirculación f de aire m interior
— **and outside coated** a - revestido,da y recubierto,ta (por dentro y fuera)
— **angle** n - [geom] ángulo m interior
— **(of) back cover** n - [print] retiración f de contratapa f
— **band** n - banda f interior
— **bead** n - [weld] cordón m interior • cordón m dentro de ranura f
— **bearing** n - [mech] cojinete m interior
— — **bolt** n - [mech] perno m para cojinete m interior
— — **cap** n - [mech-bearings] casquillo m para cojinete m interior
— **block** n - bloque m interior
— **blow** n - golpe m interior • soplo m interior
— **bolt** n - [mech] perno m interior
— **bolted** a - [mech] empernado,da desde adentro
— **bolting** n - [mech] empernado* m desde adentro
— **boom** n - [cranes] aguilón m, interior, or interno
— **brick** n - [refract] ladrillo m interior
— **brickwork** n - [constr] enladrillado m, or mampostería f, interior
— **cab** n - [ind] cabina f interior
— **@ — adv** - [autom] dentro de cabina f
— **caliper** n - [instrum] calibrador m, interior,

or para profundidad f; compás m interior
inside cap n - [mech] casquete m interior
— **@ cathead** adv - [petrol] dentro de torno m
— **catwalk** n - [ind] pasarela f interior
— **circumference** n - circunferencia f interior
— **cleaning** n - limpieza f interior
— **coat(ing)** n - [tub] revestimiento m (interior)
— **coated** a - [tub] revestido,da (interiormente)
— **coil diameter** n - [tub] diámetro m interior de serpentín m • [metal-roll] diámetro m interior de bobina f
— **collar** n - [mech] collar m interior
— **conduit** n - [electr-instal] conducto m (para) interior m
— **connecting band** n - [tub] banda f, para acoplamiento m interior, or interior para acoplamiento m
— **connection** n - [electr-instal] conexión f interior
— **corner** n - esquina f interior
— — **radius** n - radio m angular interior
— **crest** n - [mech] cresta f interior
— **curve** n - curva f interior
— **cylinder** n - cilindro m interior
— — **locomotive** n - [rail] locomotora f con cilindro(s) m interior(es)
— **diameter** n - diámetro m, interior, or interno • [paper] eje m interior
— — **area** n - [tub] área m de diámetro m interior
— — **girth weld(ing)** n - [tub] soldadura f interior circunferencial
— — **reduction** n - [metal-fabr] reducción f de diámetro m interior
— — — **during swaging** n - [metal-fabr] reducción f de diámetro m interior durante recalcado m
— — **run-in conveyor** n - [weld] (cinta) transportadora f (extensible) de entrada f para soldadura f interior (de tubería f)
— — —**out conveyor** n - [weld] (cinta) transportadora f (extensible) de salida f para soldadura f interior (de tubería f)
— — **tolerance** n - [mech] tolerancia f en diámetro m interior
— — **weld(ing)** n - [tub] soldadura f interior
— — **welder** n - [tub] soldadora f interior
— — **welding carriage** n - [tub] carro m para soldadura f interior
— — — **operation** n - [weld] operación f para soldadura f (en) interior m
— **dimension** n - dimensión f, or medida f, interior
— **door** n - [constr] puerta f interior
— **@ —** adv - dentro, or detrás de, puerta f
— **edge** n - borde m, interior, or interno
— **face** n - cara f interior • [archit] intradós m • [rail-wheels] cara f interna
— **factory maintenance** n - [ind] conservación f industrial, interior, or puerta(s) f adentro
— **finish** n - acabado m, or terminación f, interior
— **flash** n - [tub] rebaba f interior
— **form** n - [constr-concr] encofrado m interior
— **forming radius** n - [Geom] radio m para formación f interior
— **frame** n - [electr-mot] carcasa f interior
— — **bolt** n - [electr-mot] perno m interior para carcasa f
— **free end** n - [mech] extremo m libre interior
— **front cover** n - [print] retiración f de tapa
— **groove** n - ranura f interior
— **handle** n - [mech] palanca f interior
— **inserted** a - colocado,da desde adentro
— , **inspecting,** or **inspection** n - inspección f interior
— **lane** n - [roads] franja f, or carril m, interior
— **lap** n - [metal-roll] espira f interior
— **layer** n - capa f, or camada f, interior

inside lead n - [electr-cond] conductor m, or cable m interior
— **length** n - largo(r) m, or medida f, interior
— **lever** n - [mech] palanca f interior
— **light** n - luz f interior
— **lining** n - revestimiento m interior • [metal-prod] ladrillo(s) m interior(es)
— **look** n - vista f interior
— **lubrication** n - [mech] lubricación f interior
— **@ machine maintenance work** n - [mech] trabajo m para conservación f en interior m de máquina f • [weld] trabajo m para conservación f en interior m de soldadora f
— **maintenance** n - [ind] conservación f, or mantenimiento m, interior, or puerta(s) adentro
— **measurement** n - medida f interior
— **membrane** n - membrana f interior
— **micrometer** n - [instrum] micrómetro m (para medidas f) interior(es)
— — **gage** n - [tub] calibre m para tubo(s) f
— **of @ angle** n - interior m de ángulo m
— — **@ box** n - interior m de caja f
— — **@ cover** n - [print] retiración f de tapa f
— — **@ curve** n - (radio m, or lado m) interior m de curva f
— — **@ pipe** n - [tub] interior m de, tubo m, or tubería f
— **out** a - a revés m
— **outline** n - [mech-lathes] contorno m interior
— **page** n - [print] página f interior
— **paint** n - [paint] pintura f interior
— **part** n - parte f interior
— **perimeter** n - perímetro m interior
— **pipe wall** n - [tub] pared f interior de, tubo m, or tubería f
— **plate** n - [metal] plancha f interior
— **portrusion** n - [weld] saliente f (en) interior m
— **pressure** n - presión f interior
— **prime** v - [paint] imprimar (en) interior m
— **primed** a - [paint] imprimado,da interiormente; con imprimación f interior
— — **only** a - [paint] con imprimación f interior únicamente; imprimado,da solamente en interior m
— **protecting brick** n - [metal-prod] ladrillo m interior para protección f
— — **lining** n - [metal-prod] revestimiento m interior para protección f
— — **plate** n - [metal-prod] chapa f, or plancha f, interior para protección f
— **radius** n - radio m interior
— — **of @ curb** n - radio m interior de curva f
— **rail** n - [rail] riel m interior
— **reroll** v - [metal-roll] relaminar interiormente
— **rerolled** a - [metal-roll] relaminado,da interiormente
— **rerolling** n - [metal-roll] relaminación f interior
— **rib** n - [metal] nervadura f, or costilla f, interior
— **rim** n - [tub] nervadura f interior
— — **diameter** n - [rail-wheels] diámetro m interior de llanta f
— **roll** n - [metal-roll] rodillo m interior | v - [metal-roll] laminar interiormente
— **rolled** a - [metal-roll] laminado,da interiormente
— **rolling** n - [metal-roll] laminación f interior
— **room** n - [constr] pieza f interior
— **scaffold** n - [constr] andamio m interior
— — **removal** n [constr] remoción f, or desmontaje m, de andamio m interior
— **shape** n - conformación f interior
— **shoulder** n - [autom-tires] borde m interior
— — **groove** n - [autom-tires] ranura f hacia borde m interior
— **spacer** n - [mech] separador n interior
— **@ spool** adv - dentro de carrete m

inside surface n - superficie f interior
— — **height** n - altura f de superficie f interior
— — **length** n - largo(r) m de superficie f interior
— — **lubrication** n - [mech] lubricación f de superficie f interior
— — **temperature** n - temperatura f de superficie f, interior, or interna
— **swing bearing bolt** n - [cranes] perno m, interior para cojinete m, or para cojinete m interior, para rotación f
— **temperature** n - temperatura f interior • ambiente m interior
— **thread** n - [mech] rosca f, interior, or hembra
— **tolerance** n - tolerancia f interior
— **tool** n - [tools] gubia f • herramienta (para) interior m
— **track** n - [rail] vía f interior
— **trim** n - adorno(s) m interior(es) • [autom] guarnición(es) f interior(es)
— **turn** n - [metal-roll] espira f interior
— **visual inspection** n - inspección f, visual, or de vista f, interior
— **wall** n - [constr] pared f, or muro m, interior
— **weather** n - ambiente m interior
— **web plate** n - [constr] plancha f interior de alma m
— **weld(ing)** n - [weld] soldadura f (en) interior m
— **@ welder** adv - [weld] dentro de soldadora f
— **@ — maintenance work** n - [weld] trabajo m para conservación f en interior m de soldadora f
— **wheel** n - [autom-mech] rueda f interior
— **width** n - ancho(r) m, or anchura f, interior
— **wire** n - [cabl] alambre m interior
— **work** n - trabajo m interior • [ind] trabajo m en taller m
— **yard** n - [ind] parque m, or patio m, interior, or interno; playa* f, interior, or interna

insignificant a - . . .; fruslero,ra
— **load** n - [mech] carga f insignificante
insist v - . . .; encarecer; mantener
insisted a - insistido,da; mantenido,da; encarecido,da
insistently adv - insistentemente; encarecidamente; persistentemente
insofar as adv - . . .; siempre que
insolvency recognition n - reconocimiento m de insolvencia f
insolvent a - . . . • [fam] fundido,da
inspect v - . . .; examinar; verificar; reconocer; observar; hacer inspección f
— **@ angle indicator** v - [instrum] inspeccionar indicador m para ángulo(s) m
— **@ bearing** v - [mech] inspeccionar cojinete m
— **@ block** v - [mech] inspeccionar motón m
— **@ boom** v - [cranes] inspeccionar aguilón m
— **@ brake** v - [mech] inspeccionar freno m
— **@ — rim** n - [mech] inspeccionar llanta f para freno m
— **@ — shoe** v - [mech] inspeccionar zapata f para freno m
— **@ — — wear** v - [mech] inspeccionar desgaste m de zapata f para freno m
— **by sampling** v - [ind] inspeccionar por muestreo m
— **@ cam** v - [mech] inspeccionar leva f • inspeccionar sujetador m
— **carefully** v - inspeccionar cuidadosamente
— **@ chain** v - [chains] inspeccionar cadena f
— **@ chamber** v - [mech] inspeccionar cámara f
— **@ charge pump** v - [pumps] inspeccionar bomba f, inyectora, or para inyección f
— **@ — — suction line** v - [pumps] inspeccionar línea f para aspiración f para bomba f, inyectora, or para inyección f

inspect @ charge pump suction line valve v - [pumps] inspeccionar válvula f para línea f para aspiración f para bomba f, inyectora, or para inyección f
— **@ clearance** v - [mech] inspeccionar, luz f, or holgura f
— **@ clutch** v - [mech] inspeccionar embrague m
— **@ coating** v - inspeccionar, recubrimiento m, or capa f
— **@ component** v - inspeccionar componente n
— **@ condition** v - inspeccionar, or verificar, condición f
— **@ contact** v - [electr-equip] inspeccionar contacto m
— **conveniently** v - inspeccionar convenientemente
— **@ corrugated pipe** v - [tub] inspeccionar, tubo m corrugado, or tubería f corrugada
— **@ — steel pipe** v - [tub] inspeccionar, tubo m corrugado, or tubería f corrugada, de acero m, or de acero m corrugado
— **@ cover** v - [mech] inspeccionar, tapa f, or cubierta f
— **@ damage** v - inspeccionar daño m
— **@ dampener** v - [mech] inspeccionar amortiguador m
— **@ diaphragm** v - [mech] inspeccionar diafragma m
— **@ differential** v - [autom-mech] inspeccionar diferencial m
— **@ — carrier** v - [autom-mech] inspeccionar portadiferencial m
— **@ drain plug** v - [int.comb] inspeccionar tapón m para purga f
— **@ electrical equipment** v - [electr-oper] inspeccionar equipo m eléctrico
— **@ — — under @ voltage** v - [electr-oper] inspeccionar equipo m eléctrico bajo voltaje
— **@ equipment** v - [ind] inspeccionar equipo m
— **finally** v - inspeccionar finalmente
— **for @ arcing** v - [electr-equip] inspeccionar en busca f de señal(es) de formación f de arco
— **for bending** v - inspeccionar para descubrir curvatura f
— **— @ corroded member** v - [mech] inspeccionar en busca de pieza(s) f corroída(s)
— **— corrosion** v - inspeccionar en busca f de corrosión f
— **— @ crack(s)** v - [weld] inspeccionar en busca de grieta(s) f
— **— @ cracked member** v - [weld] inspeccionar en busca de pieza f agrietada
— **for @ damage** v - [mech] inspeccionar en busca f de daño(s) m (posibles)
— **— @ deformed member** v - [mech] inspeccionar en busca de pieza(s) f deformada(s)
— **— deterioration** v - inspeccionar en busca f de deterioración f
— **— excessive wear** v - [mech] inspeccionar en busca f de desgaste m excesivo
— **— free operation** v - [mech] inspeccionar para (determinar) funcionamiento m libre
— **— @ leak(s)** v - inspeccionar en busca f de fuga(s) f posible(s)
— **— @ pitting** v - [metal] inspeccionar en busca de (posibles) picaduras f
— **for @ wear** v - [mech] inspeccionar en busca f de desgaste m (posible)
— **@ frame** v - [mech] inspeccionar armadura f
— **frequently** v - inspeccionar frecuentemente
— **@ friction brake** v - [mech] inspeccionar freno m por fricción f
— **@ — shoe** v - [mech] inspeccionar zapata f para freno m por fricción f
— **@ — — wear** v - [mech] inspeccionar desgaste m de zapata f para freno m por fricción f
— **@ — — wear** v - [mech] inspeccionar desgaste m en freno m por fricción f
— **@ furnace throat** v - [metal-prod] inspeccionar tragante m
— **@ — top** v - [metal-prod] inspeccionar tragante m
— **inspect @ gantry** v - [cranes] inspeccionar caballete m
— **@ hook** v - [mech] inspeccionar gancho m
— **@ — block** v - cranes] inspeccionar motón m para gancho m
— **@ inertia brake** v - [mech] inspeccionar freno m por inercia f
— **@ — — friction shoe** v - [mech] inspeccionar zapata f para fricción para freno por inercia
— **@ — — — wear** v - [mech] inspeccionar desgaste m de zapata f para fricción f para freno m por inercia f
— **@ — — shoe** v - [mech] inspeccionar zapata f para freno m por inercia f
— **@ — — wear** v - [mech] inspeccionar desgaste de zapata f para freno m por inercia f
— **@ inside** v - inspeccionar interior m
— **@ internal coating** v - [tub] inspeccionar revestimiento m interior
— **@ internal component** v - inspeccionar componente m interno
— **@ ladle** v - [metal-prod] inspeccionar cucharón m
— **@ lever** v - [mech] inspeccionar palanca f
— **@ line dampener** v - [mech] inspeccionar amortiguador m para línea f
— **@ line wedge** v - [cranes] inspeccionar cuña f para cable m
— **@ — — socket** v - [cranes] inspeccionar casquillo m para cuña f para cable m
— **@ lubricant** v - inspeccionar lubricante m
— **@ — coating** v - [mech] inspeccionar capa f lubricante
— **@ machine** v - [mech] inspeccionar máquina f
— **@ main frame** v - [mech] inspeccionar armadura f principal
— **@ — item(s)** v - inspeccionar elemento(s) m principal(es)
— **@ — line wedge socket** v - [cranes] inspeccionar casquillo m para cuña f para cable m a motón m
— **@ — wedge** v - [cranes] inspeccionar cuña f para cable m a motón m
— **@ — — socket** v - [cranes] inspeccionar casquillo m para cuña f para cable m a motón m
— **@ master bushing** v - [mech] inspeccionar buje m maestro
— **@ material(s)** v - inspeccionar material(es) m
— **@ moving part** v - [mech] inspeccionar pieza f con movimiento m
— **occasionally** v - inspeccionar ocasionalmente
— **@ outside** v - inspeccionar exterior m
— **@ part** v - inspeccionar parte f • [mech] inspeccionar pieza f
— **partially** v - inspeccionar parcialmente
— **@ pendant line** v - [cranes] inspeccionar cable m suspendido
— **periodically** v - inspeccionar periódicamente
— **@ phase** v - inspeccionar fase f
— **@ pipe** v - [tub] inspeccionar, tubo m, or tubería f
— **@ — inside** v - [tub] inspeccionar interior m de, tubo m, or tubería f
— **@ — outside** v - [tub] inspeccionar exterior m de, tubo m, or tubería f
— **@ pump** v - [pumps] inspeccionar bomba f
— **@ — suction line** v - [pumps] inspeccionar línea f para aspiración f para bomba f
— **quickly** v - inspeccionar rápidamente
— **rapidly** v - inspeccionar rápidamente
— **@ rheostat** v - [electr-instal] inspeccionar reóstato m
— **@ rim** n - [mech-wheels] inspeccionar llanta f
— **@ rivet** v - [mech] inspeccionar remache m
— **@ rod** v - [mech] inspeccionar vástago m
— **@ rod chamber** v - [mech] inspeccionar cámara f para vástago m
— **@ rotary table** v - [petrol] inspeccionar mesa f rotatoria
— **@ — — bore** v - [petrol] inspeccionar tala-

dro m para mesa f rotatoria
inspect @ running wire rope v - [cabl] inspeccionar cable m en movimiento m
— **@ screen** v - [mech] inspeccionar rejilla f
— **@ shackle** v - [mech] inspeccionar grillete m
— **@ shaft** v - [mech] inspeccionar, árbol m, or eje m
— **@ sheave** v - [mech] inspeccionar, motón m, or polea f
— **@ shipment** v - [transp] inspeccionar embarque m
— **@ shoe** v - [mech] inspeccionar zapata f
— **@ slide** v - [mech] inspeccionar cursor m
— **@ sliding clutch** v - [mech] inspeccionar embrague m, corredizo, or deslizable
— **@ spline clutch** v - [mech] inspeccionar embrague m ranurado
— **@ spring** v - [mech] inspeccionar, resorte m, or muelle m
— **@ sprocket** v - [mech] inspeccionar rueda f dentada
— **@ steel pipe** v - [tub] inspeccionar, tubo m, or tubería f, de acero m
— **@ structure** v - [constr] inspeccionar estructura f
— **@ suction line** v - inspeccionar, línea f, or tubería f, para aspiración f
— **@ —— dampener** v - [mech] inspeccionar amortiguador m para línea f para aspiración f
— **@ surface** v - [ind] inspeccionar superficie f
— **@ swing gear** v - [cranes] inspeccionar engranaje m para rotación f
— **@ table** n - inspeccionar mesa f
— **@ table bore** v - [petrol] inspeccionar taladro m de mesa f rotatoria
— **@ tap changer** v - [electr-equip] inspeccionar cambiador m para toma(s) f
— **thoroughly** v - inspeccionar, cabalmente, or acabadamente, or cuidadosamente
— **@ tire(s)** v - [autom-tires] inspeccionar neumático(s) m
— **under @ voltage** v - [electr-oper] inspeccionar bajo voltaje m
— **@ unit** v - inspeccionar unidad f
— **@ valve** v - [valv] inspeccionar válvula f
— **@ —— cover** v - [valv] inspeccionar tapa f para válvula f
— **visually** v - inspeccionar, or examinar, visualmente, or de vista; reconocer de vista f
— **@ wedge** v - [mech] inspeccionar cuña f (para cable m)
— **@ —— socket** v - [cranes] inspeccionar casquillo m para cuña f para cable m
— **@ wheel** v - [mech] inspeccionar rueda f
— **@ whip line** v - [cranes] inspeccionar cable m a gancho m
— **@ —— wedge** v - [cranes] inspeccionar cuña para cable m a gancho m
— **@ —— —— socket** v - [cranes] inspeccionar casquillo m para cuña f para cable m a gancho
— **@ —— socket** v - [cranes] inspeccionar casquillo m para cuña f para cable m a gancho m
— **@ winding** v - [electr-mot] inspeccionar devanado m
— **@ wire** v - [wire] inspeccionar alambre m
— **@ —— rope** v - [cabl] inspeccionar cable m (de alambre m)
inspected a - inspeccionado,da; examinado,da; verificado,da; revisado,da; observado,da; reconocido,da
— **angle** n - [mech] inspeccionar ángulo m
— **—— indicator** n - [instrum] indicador m para ángulo m inspeccionado
— **bearing** n - [mech] cojinete m inspeccionado
— **block** n - [cranes] motón m inspeccionado
— **boom** n - [cranes] aguilón m inspeccionado
— **brake** n - [mech] freno m inspeccionado
— **—— rim** n - [mech] llanta f para freno m inspeccionada
— **—— shoe** n - [mech] zapata f para freno m inspeccionada

inspected brake shoe wear n - [mech] desgaste m de zapata f para freno m inspeccionada
— **by sampling** a - [ind] inspeccionado,da por muestreo m
— **cam** n - [mech] leva f inspeccionada; sujetador m inspeccionado
— **carefully** a - inspeccionado,da cuidadosamente
— **chain** a - [mech] cadena f inspeccionada
— **chamber** n - [mech] cámara f inspeccionada
— **charge pump** n - [pumps] bomba f, inyectora, or para inyección f, inspeccionada
— **—— —— suction line** n - [pumps] línea f, or tubería f, para aspiración f para bomba f, inyectora, or para inyección f, inspeccionada
— **—— —— —— valve** n - [pumps] válvula f para, línea f, or tubería f, para aspiración f para bomba f, inyectora, or para aspiración f, inspeccionada
— **clearance** n - [mech] holgura f inspeccionada
— **clutch** n - [mech] embrague m inspeccionado
— **coating** n - capa f inspeccionada • [tub] revestimiento m inspeccionado
— **component** n - [mech] componente m inspeccionado
— **condition** n - condición f, inspeccionada, or verificada
— **contact** n - [electr-equip] contacto m inspeccionado
— **conveniently** a - inspeccionado,da convenientemente
— **corrugated pipe** n - [tub] tubo m corrugado inspeccionado; tubería f corrugada inspeccionada
— **—— steel pipe** n - [tub] tubo m corrugado de acero inspeccionado; tubo m de acero m corrugado inspeccionado • tubería f corrugada de acero m inspeccionada
— **cover** n - [mech] tapa f, or cubierta f, inspeccionada
— **damage** n - daño m inspeccionado
— **dampener** n - [mech] amortiguador m inspeccionado
— **diaphragm** n - diafragma m inspeccionado
— **differential** n - [autom-mech] diferencial m inspeccionado
— **—— carrier** n - [autom-mech] portadiferencial m inspeccionado
— **drain plug** n - [int.comb] tapón m (para purga f) inspeccionado
— **equipment** n - equipo n inspeccionado
— **finally** a - inspeccionado,da finalmente
— **for @ arcing** a - [electr-equip] inspeccionado,da en busca de señal(es) f de formación f de arco m
— **—— @ bending** a - inspeccionado,da para descubrir, plegamiento m, or curvatura f
— **for @ corroded member(s)** a - [mech] inspeccionado,da en busca de pieza f corroída
— **—— corrosion** a - inspeccionado,da en busca f de corrosión f
— **—— @ crack(s)** a - [weld] inspeccionado,da en busca de grieta(s) f
— **—— @ cracked member(s)** a - [weld] inspeccionado,da en busca f de piezas f agrietadas
— **—— damage** a - [ind] inspeccionado,da en busca f de daño m (posible)
— **—— @ deformation(s)** a - inspeccionado,da en busca f de deformación(es) f
— **—— @ deformed member(s)** a - [mech] inspeccionado,da en busca de pieza(s) f deformada(s)
— **—— deterioration** a - inspeccionado,da en busca f de deterioración f
— **—— excessive wear** a - [mech] inspeccionado,da en busca f de desgaste m excesivo
— **—— free operation** a - [mech] inspeccionado,da para, operación f, or funcionamiento m, libre
— **—— @ leak(s)** a - inspeccionado,da en busca f de fuga(s) f
— **—— pitting** n - [metal-prod] inspecciona-

inspected for wear

do,da en busca f de picadura(s) f
inspected for wear a - [mech] inspeccionado,da en busca f de (señales f de) desgaste m
— **frame** n - [mech] armadura f inspeccionada
— **frequently** a - inspeccionado,da frecuentemente
— **friction brake** n - [mech] freno m por fricción f inspeccionado
— — — **shoe** n - [mech] zapata f para freno m por fricción f inspeccionada
— — — — **wear** n - [mech] desgaste m de zapata f para freno m por fricción f inspeccionado
— — **wear** n - [mech] desgaste m de freno m por fricción f inspeccionado
— **gantry** n - [cranes] caballete m inspeccionado
— **hook** n - [mech] gancho m inspeccionado
— — **block** n - [cranes] motón m para gancho m inspeccionado
— **inertia brake** n - [mech] freno m por inercia f inspeccionado
— — — **friction shoe** n - [mech] zapata f por fricción f para freno m por inercia f inspeccionada
— — — — **wear** n - [mech] desgaste m de zapata f por fricción para freno m por inercia f inspeccionado
— — — **shoe** n - [mech] zapata f para freno m por inercia f inspeccionada
— — — — **wear** n - [mech] desgaste m de zapata f para freno m por inercia f inspeccionado
— **inside** n - interior m inspeccionado • a - inspeccionado,da interiormente
— **internal coating** n - [tub] revestimiento m interior inspeccionado
— — **component** n - componente m interno inspeccionado
— **ladle** n - [metal-prod] cucharón m inspeccionado
— **lever** n - [mech] palanca f inspeccionada
— **line dampener** n - [mech] amortiguador m para línea f inspeccionado
— **lubricant** n - lubricante m inspeccionado
— — **coating** n - [lubric] capa f lubricante inspeccionada
— **machine** n - [mech] máquina f inspeccionada
— **main frame** n - [mech] armadura f principal inspeccionada
— — **item** n - elemento m principal inspeccionado
— — — **wedge socket** n - [cranes] casquillo m para cuña f para cable m a motón m inspeccionado
— — **wedge** n - [cranes] cuña f para cable a motón m inspeccionado
— — — **socket** n - [cranes] casquillo m para cuña f para cable m a motón m inspeccionado
— **master bushing** n - [mech] buje m maestro inspeccionado
— **material(s)** n - material(es) m inspeccionado(s)
— **moving part** n - [mech] pieza f con movimiento m inspeccionada
— **occasionally** a - inspeccionado,da ocasionalmente
— **outside** a - exterior m inspeccionado | a - inspeccionado,da exteriormente
— **part** n - parte f inspeccionada • [mech] pieza f inspeccionada
— **partially** a - inspeccionado,da parcialmente
— **pendant line** n - [cranes] cable m suspendido inspeccionado
— **periodically** a - inspeccionado,da periódicamente
— **phase** n - fase f inspeccionada
— **pipe** n - [tub] tubo m inspeccionado; tubería f inspeccionada
— — **inside** n - [tub] interior m de, tubo m, or tubería f, inspeccionado
— — **outside** n - [tub] exterior m de, tubo m, or tubería f, inspeccionado
— **pump** n - [pumps] bomba f inspeccionada

- 886 -

inspected pump suction n - [pumps] aspiración f para bomba f inspeccionada
— — — **line** n - [pumps] línea f, or tubería f, para aspiración f para bomba f inspeccionada
— **quickly** a - inspeccionado,da rápidamente
— **rapidly** a - inspeccionado,da rápidamente
— **rheostat** n - [electr-instal] reóstato m inspeccionado
— **rim** n - [mech] llanta f inspeccionada
— **rivet** n - [mech] remache m inspeccionado
— **rod** n - [mech] vástago m inspeccionado
— **chamber** n - [mech] cámara f para vástago(s) m inspeccionada
— **rotary table** n - [petrol] mesa f rotatoria inspeccionada
— — **bore** n - [petrol] taladro m en mesa f rotatoria inspeccionado
— **running wire** n - [wire] alambre m en movimiento m inspeccionado
— — **rope** n - [cabl] cable m con movimiento m inspeccionado
— **screen** n - rejilla f inspeccionada
— **shackle** n - [mech] grillete m inspeccionado
— **shaft** n - [mech] árbol m. or eje m, inspeccionado
— **sheave** n - [cabl] motón m inspeccionado; polea f inspeccionada
— **shipment** n - [transp] embarque m inspeccionado
— **shoe** n - [vest] zapato m inspeccionado • [mech] zapata f inspeccionada
— **slide** n - [mech] cursor m inspeccionado
— **sliding clutch** n - [mech] embrague m, corredizo, or deslizable, inspeccionado
— **spline clutch** n - [mech] embrague m ranurado inspeccionado
— — — **tooth** n - [mech] diente m de embrague m, ranurado, or con ranura(s) f, inspeccionado
— **spring** n - [mech] resorte m ranurado
— **sprocket** n - [mech] rueda f dentada inspeccionada
— **steel** n - [metal-prod] acero m inspeccionado
— — **pipe** n - [tub] tubo m de acero m inspeccionado • tubería f de acero m inspeccionada
— **structure** n - estructura f inspeccionada
— **suction line** n - [mech] línea f, or tubería f, para aspiración f inspeccionada
— — — **dampener** n - [mech] amortiguador m para línea f para aspiración f inspeccionado
— **swing gear** n - [cranes] engranaje m para rotación f inspeccionado
— **table** n - [domest] mesa f inspeccionada • [petrol] mesa f rotatoria inspeccionada
— — **bore** n - [petrol] taladro m en mesa f rotatoria inspeccionado
— **tap changer** n - [electr-equip] cambiador m para toma(s) f inspeccionado
— **thoroughly** a - inspeccionado,da, cabalmente, or acabadamente, or cuidadosamente
— **tire** n - [autom-tires] neumático m inspeccionado
— **under @ voltage** a - [electr-oper] inspeccionado,da bajo voltaje m
— **unit** n - unidad f inspeccionada; elemento m inspeccionado
— **valve** n - [valv] válvula f inspeccionada
— — **cover** n - [valv] tapa f para válvula f inspeccionada
— **visually** a - inspeccionado,da, visualmente, or de vista f; reconocido,da de vista f
— **wedge socket** n - [cranes] casquillo m para cuña f para cable m inspeccionado
— **wheel** n - [mech] rueda f inspeccionada
— **whip wedge socket** n - [cranes] casquillo m para cuña f para cable m a gancho m inspeccionado
— **winding** n - [electr-mot] devanado m inspeccionado
— **wire rope** n - [cabl] cable m (de alambre m)

inspeccionado
inspecting n - inspección f; observación f | a - verificador,ra
— **equipment** n - [ind] equipo m para inspección
— **procedure** n - procedimiento m para inspección f
— **under @ voltage** n - [electr-oper] inspección f bajo voltaje m
inspection n - . . . .; verificación f; examen m; revisión f; revisación f; observación f; requisa f
— **at pickling** n - [metal-roll] inspección f en decapado m
— **bale** n - [ind] acceso m para inspección f
— **building** n - [ind] edificio m para inspección
— **by sampling** n - [ind] inspección f por muestreo m
— **certificate** n - certificado m de inspección f
—, **challenge, or challenging** n - [ind] declinación f de inspección f
— **chamber** n - cámara f para inspección f
— **checklist** n - lista f de punto(s) m para inspección f
— — **record** n - planilla f para registro m para inspección f
— **condition** n - condición f, de, or para, inspección f
— — **(s) acceptance** n - aceptación f de condición(es) f para inspección f
—, **confirmation, or confirming** n - [ind] confirmación f de inspección f
— **control** n - [managm] verificación f, or regulación f, or control* m, mediante inspección f | v - verificar, or regular, or controlar, mediante inspección f
— **controlled** a - [managm] verificado,da, or fiscalizado,da, or regulado,da, or controlado,da, mediante inspección f
— **controlling** n - [managm] verificación f, or fiscalización f, or regulación f, or control m, mediante inspección f
— **cost** n - costo m, or gasto m, para inspección
— **cover** n - tapa f, or cubierta f, para inspección f
— — **detail** n [mech] detalle m para tapa f para inspección f
— — **gasket** n - [mech] guarnición f para, tapa f, or cubierta f, para inspección f
— — **screw** n - [mech] tornillo m para, tapa f, or cubierta f, para inspección f
— — **part** n - pieza f para, tapa f, or cubierta f, para inspección f
— **date** n - fecha f, de, or para, inspección f
— **door** n - puerta f para inspección f
— **elimination** n - eliminación f de inspección f
— **equipment** n - [ind] equipo m para inspección
— **expense** n - gasto(s) m para inspección f
— **for arcing** n - [electr-equip] inspección en busca de (señales de) formación f de arco m
— — **@ bending** n - inspección f para determinar (posibilidad f) de curvatura f
— — **@ corroded member** n - [mech] inspección f en busca f de pieza(s) f corroída(s)
— — **corrosion** n - inspección f en busca f de corrosión f
— — **@ crack(s)** v - [weld] inspección f en busca f de (posibles) grieta(s) f
— — **@ cracked member(s)** n - [mech] inspección f en busca de pieza(s) f agrietada(s)
— — **damage(s)** n - inspección f en busca f de daño(s) m
— — **@ deformation(s)** n - inspección f en busca f de deformación(es) f
— — **@ deformed member(s)** n - [mech] inspección f en busca f de pieza(s) f deformada(s)
— — **deterioration** n - inspección f en busca f de, deterioro(s), or deterioración(es) f
— — **excessive wear** n - [mech] inspección f en busca f de desgaste(s) m excesivo(s)
— — **free operation** n - [mech] inspección f para, operación f, or funcionamiento m, libre

inspection for @ leak(s) n - inspección f en busca f de fuga(s) f
— — **@ pitting** n - [metal] inspección f en busca f de picadura(s) f
— — **wear** n - [mech] inspección f en busca f de desgaste m
— **frequency** n - frecuencia f de inspección f
— **form** n - impreso m, or formulario m, para inspección f
— **hole** n - [constr] boca f, or registro m, or orificio m, para inspección f; also see **manhole**
— — **cover** n - [mech] tapa f para, orificio m, or registro m, para inspección f
— **instruction(s)** n - instrucción(es) f para inspección f
— **level** n - nivel m, de, or para, inspección f
— **line** n - [ind] línea f para inspección f
— — **start-up** n [ind] puesta f en marcha f de línea f para inspección f
—**(s) list** n - lista f de inspección(es) f
— **making** n - efectuación f de inspección f
— **manhole** n - [hydr] boca f para inspección f
— **method** n - método m, de, or para, inspección f, or examen m
— **performance** n - realización f, or efectuación f, de inspección f
— **performing** n realización f de inspección f
— **personnel** n - [ind] personal m para inspección f
— **phase** n - fase f de inspección f
— **plate** n - [mech] placa f para inspección f
— **point** n - punto m, or sitio m, para, or de, inspección f
— **port** n - [ind] mirilla f; ventanilla f, or orificio m, or registro m, para inspección f
— **procedure** n - procedimiento m para inspección f
— **program** n = programa m para inspección f
— **purpose** n - propósito m, or fin m, de inspección f
— **rack** n - [ind] astillero m para inspección f
— **record** n - registro m, or anotación f, correspondiente a inspección f
— **report** n - informe m sobre inspección f
— — **form** n - planilla f, or formulario* m, para informe m sobre inspección f
— **representative** n - representante m para inspección f
— **request** n - solicitud f para inspección f
— **requirement** n - exigencia f, or requerimiento m, para inspección f
— **right(s)** n - derecho(s) m para inspección f
— **role** n - papel m, or fin(es) m, de inspección f
— **roll table** n - [mech] mesa f con rodillo(s) m para inspección f
— **rolling table** n - [mech] mesa f con rodillos para inspección f
— **route** n - ruta f para inspección f
— **routine** n - rutina f de inspección f
— **schedule** n - [ind] programa m para inspección
— **service** n - servicio m para inspección f
— **site** n - sitio m, or punto m, or lugar m, para inspección f
— **stand** n - [metal-treat] sección f, or puesto n, para (re)inspección f
— **station** n - [ind] estación f para inspección
— **status** n - estado m de inspección f
— **table** n - [metal-roll] mesa f para inspección f • transportador m para inspección f
— — **marker** n - [ind] marcador m para mesa f para inspección f
— — **operator** n - [ind] operador m para mesa f para inspección f
— **tag** n - [ind] hoja f, or etiqueta f, para ruta f, or para inspección f
— **team** n - [constr] comisión f, or equipo m, para inspección f
— **technique** n - [ind] técnica f para inspección f
— **test** n - prueba f, or ensayo m, para inspec-

ción f
inspection time n - momento m, or oportunidad f, para inspección t; tiempo m para inspección
— **tool** n - [tools] elemento m, or herramienta f, para inspección f
— **turn-up** n [metal-roll] tumbador m, or volcador m, para inspección f
— **type** n - tipo m de inspección f
— **under @ voltage** n - [electr-oper] inspección f bajo voltaje m
— **unit** n [ind] unidad f para inspección f
— **visit** n - visita f para inspección f
— **volume** n - volumen m de inspección f
— **witnessing** n - [ind] presencia f en inspección f
inspector n - . . . .; verificador m; visitador m
— **authorization** n - autorización f de inspector
— **authorizing** n - autorización f de inspector m
inspirator n - inspirador m; aspirador m | a - inspirador,ra
inspire v - . . .; aspirar
inspire @ fervor v - fervorizar; fervorar*
inspired a - inspirado,da; aspirado,da
inspiring n - inspiración f | a - . . .; inspirante
inst. adv - see **instead**
instability n - . . . . desequilibrio m
install v . . . .; armar; implantar • preparar • poner en, cargo m, or función f
— **adequately** v - instalar adecuadamente
— **@ adjuster** v - [mech] instalar ajustador m
— **@ air clutch** v - [mech] instalar, or colocar, embrague m, neumático, or por aire m
— **@ air conditioning unit** v - [environm] instalar unidad f para aire m acondicionado
— **@ alarm** v - [electron] instalar alarma f
— **@ assembling spacer** v - [mech] instalar, or colocar, separador m para armado m
— **@ assembly** v - [mech] instalar, or colocar, conjunto m
— **at @ factory** v - instalar en fábrica f
— **@ axle** v - [mech] instalar eje m
— **@ — housing** v - [autom-mech] instalar caja f para eje m
— **@ — — cover** v - [autom-mech] instalar cubierta f para caja f para eje m
— **@ — shaft** v - [autom-mech] instalar semieje m
— **@ bandpass filter** v - [electron] instalar filtro m pasabanda
— **@ beam** v - [constr] instalar viga f
— **@ bearing** v - [mech] instalar cojinete m
— **@ — cup** v - [mech] instalar pista f para cojinete m
— **@ — cone** v - [mech] instalar cono m para cojinete m
— **@ — — assembly** v - [mech] instalar conjunto m de cono m para cojinete m
— **@ — cover** v - [mech] instalar, tapa f, or cubierta f, para cojinete m
— **@ — cup** v - [mech] instalar pista f para cojinete m
— **@ — part(s)** v - [mech] instalar pieza(s) f para cojinete m
— **@ — spacer** v - [mech] instalar separador m para cojinete m
— **@ belt** v - [mech] instalar correa f
— **@ blade** v - [mech-fans] instalar paleta f
— **@ — improperly** v - [mech-fans] instalar inapropiadamente paleta f
— **@ blowpipe** v - [metal-prod] instalar busa f
— **@ bolt** v - [mech] instalar, or colocar, perno m
— **@ brake** v - [mech] instalar, or colocar, freno m
— **@ — band** v - [mech] instalar, or colocar, cinta f, or banda f, para freno m
— **@ — lining** v - [mech] instalar, or colocar, cinta f, or banda f, para freno m
— **@ — plug** v - [mech] instalar, or colocar, tapón m para freno m

install @ brake system v - [mech] instalar, or colocar, sistema m de freno m
— **@ bronze bushing** v - [mech] instalar buje m de bronce m
— **@ — washer** v - [mech] instalar arandela f de bronce m
— **buried directly** v - [telecom-cond] instalar enterrado,da directamente
— **@ bushing** v - [mech] instalar, or colocar, buje m
— **by jacking** v - [constr] instalar mediante inserción f con gato(s) m
— **@ by-pass** v - [ind] instalar derivación f
— **@ cap screw** v - [mech] instalar tornillo m con casquete m
— **@ carrier assembly** v - [autom-mech] instalar conjunto m de portadiferencial m
— **@ case half** v - [autom-mech] instalar mitad f de caja f
— **@ — oil level plug** v - [mech] instalar, or colocar, tapón m para nivel m de aceite m en caja f
— **@ casing** v - [petrol] instalar, or colocar, entubación f
— **@ cathead** v - [petrol] instalar, or colocar, torno m
— **@ chain** v - [mech] instalar cadena f
— **@ — case oil level plug** v - [mech] instalar, or colocar, tapón m para nivel m de aceite m en caja f para cadena f
— **@ changer** v - [electr-equip] instalar cambiador m
— **@ channel** v - [constr] instalar viga f en U
— **@ clamp** v - [mech] instalar, or colocar, abrazadera f, or mordaza f
— **@ clutch** v - [mech] instalar, or colocar, embrague m
— **@ complete assembly** v - [mech] instalar, or colocar, conjunto m completo
— **@ component** v - instalar, or colocar, componente m
— **@ compression ring** v - [mech] instalar, or colocar, anillo m, or aro m, para compresión
— **@ concrete beam** v - [constr] instalar viga f de hormigón m
— **@ — thrust beam** v - [constr] instalar viga f para empuje m de hormigón m
— **@ conduit** v - [constr] instalar conducto m
— **@ converter** v - [metal-prod] instalar convertidor m
— **@ cooler** v - [metal-prod] colocar toberón m
— **correctly** v instalar correctamente
— **@ coupler** v - [mech] instalar, acoplador, or acoplamiento m
— **@ coupling** v - [mech] instalar, or colocar, acoplamiento m
— **@ cover** v - [mech] instalar, or colocar, tapa f, or cubierta f
— **@ crystal** v - [electron] colocar cristal m
— **@ cup** n - [mech-bearings] instalar pista f
— **@ — correctly** v - [mech-bearings] instalar correctamente pista f (para cojinete m)
— **@ deck** v - [constr-bridges] instalar piso m
— **@ — drain** v - [constr-bridges] instalar desagüe m para, piso m, or calzada f, de puente
— **@ differential** v - [autom-mech] instalar diferencial m
— **@ — assembly** v - [autom-mech] instalar conjunto m para diferencial m
— **@ — carrier** v - [autom-mech] instalar portadiferencial m
— **@ — — assembly** v - [autom-mech] instalar conjunto m de portadiferencial m
— **@ — case** v - [autom-mech] instalar caja f para diferencial m
— **@ — — half** v - [autom-mech] instalar mitad f de caja f para diferencial m
— **@ dowel pin** v - [mech] instalar espiga f
— **@ drain** v - [hydr] instalar desagüe m
— **@ — plug** v - [sanit] estalar, or colocar, tapón m para drenaje m

install @ drain sump v - [mech] instalar, or colocar, colector m, or sumidero m, para purga
— @ drill bit v - [petrol] instalar, or colocar, barreno m, or broca f, para perforación
— @ drive gear v - [mech] instalar engranaje m para impulsión f
— @ — — nut v - [mech] instalar tuerca f para engranaje m, impulsor, or para impulsión f
— @ drive wheel v - [mech] instalar rueda f motriz • [autom-mech] instalar volante n
— @ dry packing v - [mech] instalar, or colocar, empaquetadura f seca
— @ duct(s) v - [environm] instalar conducto(s)
— easily v - [mech] instalar, or colocar, fácilmente
— @ elbow v - [tub] instalar, or colocar, codo
— @ electric furnace v - [metal-prod] instalar horno m eléctrico
— @ electromagnetic brake v - [mech] instalar, or colocar , freno m electromagnético
— @ engine v - [int.comb] instalar motor m
— @ equipment v - [ind] instalar equipo m
— @ fan v - [mech] instalar ventilador m
— @ — improperly v - [mech-fans] instalar inapropiadamente ventilador m
— @ felt oiler v - [mech] instalar aceitador m de fieltro m
— @ filter v - [mech] instalar filtro m
— @ — element v -instalar elemento m para filtro m
— @ — plug v - [mech] instalar, or colocar, tapón m para filtro m
— @ flat washer v - [mech] instalar, or colocar, arandela f plana
— @ flywheel v - [mech] instalar volante m
— @ gear v - [mech] instalar engranaje m
— @ — bushing v - [mech] instalar buje m para engranaje m
— @ gooseneck v - [mech] instalar, or colocar, cuello m de cisne m • [metal-prod] instalar, or colocar, codo m (portavientos)
— @ grease fitting n - [mech] instalar, or colocar, grasera f, or pico m para engrase m
— @ grease system v - [mech] instalar, or colocar, sistema m para engrase m
— @ guard v - [safety] instalar, or colocar, defensa f
— @ guardrail v - [constr] instalar, or colocar, defensa(s) f lateral(es)
— @ guide v - [mech] instalar, or colocar, guía(dera) f
— @ handle v - [mech] instalar, or colocar, manija f
— @ harness v - [electr-instal] instalar mazo m (de cables m)
— @ helical gear v - [mech] instalar engranaje m helicoidal
— @ — side gear v - [autom-mech] instalar engranaje m helicoidal lateral
— @ — — bushing v - [autom-mech] instalar buje m para engranaje m helicoidal lateral
— @ hoist v - [cranes] instalar elevador m
— @ — clutch v - cranes] instalar, or colocar, embrague m para mecanismo m para elevación f
— @ holder v - [mech] instalar, or colocar, soporte m, or sujetador m
— @ housing v - [mech] instalar caja f
— @ — cover v - [mech] instalar, tapa f, or cubierta f, para caja f
— improperly v - instalar inapropiadamente
— in @ body v - [mech] instalar en, caja f, or cuerpo m
— — @ differential carrier v - [autom-mech] instalar en portadiferencial m
— in @ lift v - [constr] instalar, or colocar, en capa f • instalar en ascensor m
— in @ lockout v - [autom-mech] instalar en desacoplador m
— — @ — body v - [autom-mech] instalar en caja f para desacoplador m
— — @ — — cover v - instalar en cubierta f para caja f para desacoplador m

install in @ spacer v - [mech| instalar, or colocar, en separador(es) m
— — @ swivel v - [petrol] instalar, or colocar, en cabeza f para inyección f
— — @ vehicle v - instalar en vehículo m
— — @ power divider v - [autom-mech] instalar, en, or dentro de, distribuidor m para fuerza f
— — @ — cover v - [autom-mech] instalar, en, or dentro de, cubierta f para distribuidor m para fuerza f
— incorrectly v - instalar incorrectamente
— @ inertia brake v - [mech] instalar, or colocar, freno m por inercia f
— @ inner snap ring v - [mech| instalar anillo m en resorte m interior
— @ input bearing cover assembly v - [autom-mech| instalar conjunto m de cubierta f para cojinete m para entrada f (de fuerza f)
— @ — — oil seal v - [autom-mech] instalar sello m para aceite m para cubierta f para cojinete m para entrada f (de fuerza f)
— @ — yoke v - [autom-mech] instalar horquilla f para entrada f (de fuerza f)
— @ insert v - instalar, or colocar, injerto m, or suplemento m
— @ inter-axle differential v - [autom-mech] instalar diferencial m entre eje(s) m
— @ intermediate rod v - [mech] instalar, or colocar, vástago m intermedio
— @ jackshaft v - [mech] instalar, or colocar, copntraeje m
— @ — shim v - [mech] instalar, or colocar, calza f para contraeje m
— @ jumper v - [electron] instalar, or colocar, puente m
— @ large cover v - [mech] instalar, or colocar, cubierta f grande
— later v - instalar posteriormente
— @ light v - [electr-instal] instalar luz f
— @ liner v - [mech] instalar, or colocar, camisa f • [constr] instalar revestimiento m
— @ liner plate v - [constr] instalar plancha f para revestimiento m
— @ — bushing v - [mech] instalar, or colocar, buje m para camisa f
— @ — clamp v - [mech] instalar, or colocar, sujetador m para camisa f
— @ — — bolt v - [mech] instalar, or colocar, perno m para sujetador m para camisa f
— @ — pilot bushing v - [mech] instalar, or colocar, buje m piloto para camisa f
— @ — lining v - [mech] instalar, or colocar, cinta f, or banda f
— @ linkage v - [mech] instalar articulación f
— @ lockout v - [autom-mech] instalar, or colocar, desacoplador m
— @ — body v - [autom-mech] instalar caja f para desacoplador m
— @ lockwasher v - [mech] instalar arandela f para seguridad f
— loosely v - [mech] instalar, flojamente, or en forma f floja
— @ lower valve v - [valv] instalar, or colocar, válvula f inferior
— @ — — stem v - [valv] instalar, or colocar, vástago m para válvula f inferior
— @ — — — guide v - [valv] instalar, or colocar, guía(dera) f para vástago m para válvula f inferior
— @ lubricant pump v - [lubric] instalar, or colocar, bomba f para lubricante m
— @ — — drive gear b - [autom-mech] instalar engranaje m, impulsor, or para mando m, de bomba f para lubricante m
— @ — — — lockout v - [autom-mech] instalar desacoplador m para engranaje m, impulsor, or para mando m, de bomba f para lubricante m
— @ lubrication v - [mech] instalar, or colocar, lubricación f

install @ lubricatio   piping

install @ lubrication, pipe, or piping v - [mech] instalar, tubo m, or tubería f para lubricación f
— @ — **plug** v - [mech] instalar, or colocar, tapón m para orificio m para lubricación f
— **@ machinery** v - [ind] instalar maquinaria f
— **@ magnetic screen** v - [mech] instalar, or colocar, rejilla f magnética
— **@ main cover** v - [mech] instalar, or colocar, tapa f, or cubierta f, (para tubería f) principal
— **mechanically** v - [mech] instalar mecánicamente
— **@ motor** v - [electr-mot] instalar, or colocar, motor m
— @ — **coupling** v - [mech] instalar, or colocar, acoplamiento m para motor m
— **@ multiple culvert** v - instalar, or colocar, alcantarilla f múltiple
— @ — **line** v - [tub] instalar, or colocar, tubería f múltiple
— @ **new packing** v - [mech] instalar, or colocar, empaquetadura f nueva
— @ — **tire** v - [autom-tires] instalar neumático m nuevo
— **normally** v - instalar normalmente
— **@ nut** v - [mech] colocar tuerca f
— **@ "O" ring** v - [mech] instalar anillo m circular
— **@ oil level plug** v - [mech] instalar, or colocar, tapón m para nivel m de aceite m
— **@ oil lubrication** v - [mech] instalar, or colocar, lubricación f con aceite m
— @ — — **piping** v - [mech] instalar, or colocar, tubería f para lubricación f con aceite
— @ — **seal** v - [mech] colocar, or instalar, sello m para aceite m
— @ — **well casing** v - [petrol] instalar, or colocar, entubación f para pozo m petrolífero
— **@ oiler** v - [mech] instalar aceitador m
— **on @ differential carrier** v - [autom-mech] instalar sobre portadiferencial m
— — **@ holder** v - [mech] instalar, or colocar, sobre, soporte m, or sujetador m
— — **@ input shaft** v - [autom-mech] instalar sobre árbol m para entrada f (para fuerza f)
— — **@ line** v - instalar en línea f
— — **@ output shaft** v - [autom-mech] instalar sobre árbol m para salida f (para fuerza f)
— — @ — **gear** v - [autom-mech] instalar sobre engranaje m para árbol para salida f (para fuerza f)
— — — @ **side gear** v - [autom-mech] instalar sobre engranaje m lateral para árbol m para salida f (para fuerza f)
— — **@ pinion** v - [mech] instalar sobre piñón m
— — **@ piston** v - [mech] instalar sobre émbolo m
— — **@ power divider** v - [autom-mech] instalar sobre distribuidor m para, fuerza f, or potencia f
— — — @ **cover** v - [autom-mech] instalar sobre cubierta f para distribuidor m para, fuerza f, or potencia f
— — **@ pump shaft** v - [pumps] instalar sobre, eje m, or árbol m, para bomba f
— — — @ — **end** v - [pumps] instalar sobre extremo m de, eje, or árbol, para bomba f
— — **@ rod** v - [mech] instalar, or colocar, sobre vástago m
— — **@ shaft** v - [mech] instalar sobre, árbol m, or eje m
— **@ opening** v - [mech] hacer, or practicar, abertura f, or orificio m, or agujero m
— **@ optional remote control** v - [weld] instalar telemando m, optativo, or opcional
— **@ outer snap ring** v - [mech] instalar anillo m, exterior con resorte, or con resorte m exterior
— **@ output shaft** v - [autom-mech] instalar, árbol m, or eje m, para salida f para fuerza f

install @ ouput shaft assembly v - [autom-mech] instalar conjunto m de, árbol m, or eje m, parfa salida f (de fuerza f)
— @ — — **rear bearing** v - [mech] instalar cojinete m posterior sobre árbol m para salida f (de fuerza f)
— **@ output yoke** v - [autom-mech] instalar horquilla f para salida f (de fuerza f)
— **over** v - [mech] instalar por encima de
— — @ **push rod** v - [mech] instalar por encima de varilla f para empuje m
— — @ **shift fork push rod** v - [autom-mech] instalar por encima de varilla f para empuje m para horquilla f para cambio(s) m
— **overhead** v - [telecom-cond] instalar en forma f aérea
— **@ packing box** v - [mech] instalar, or colocar, prensaestopas m
— @ — **ring** v - [mech] instalar, or colocar, aro m, or anillo m, para empaquetadura f
— **@ part** v - [mech] instalar, or colocar pieza f • instalar, or colocar, parte f
— **permanently** v - instalar permanentemente
— **@ pilot bushing** v - [mech] instalar, or colocar, buje m piloto
— @ — **valve** v - [mech] instalar, or colocar, válvula f piloto
— **@ pinion** v - [mech] instalar piñón m
— @ — **gear** v - [mech] instalar engranaje m para piñón
— @ — **helical gear** v - [mech] instalar engranaje m helicoidal para piñón m
— **@ pipe plug** v - v - [mech] instalar, or colocar, tapón m para tubo m
— **@ piping** v - instalar, or colocar, tubería f
— **@ piston** v - [mech] instalar, or colocar, émbolo m
— @ — **and @ rod in @ liner** v - [mech] instalara, or colocar, émbolo m y vástago m en camisa f
— **@ piston on @ rod** v - [mech] instalar, or colocar, émbolo m sobre vástago m
— **@ plug** v - [mech] instalar, or colocar, tapón m
— **@ power divider** v - [autom-mech] instalar distribuidor m para fuerza f
— @ — — **assembly** v - [autom-mech] instalar conjunto m de distribuidor m para fuerza f
— @ — — **bolt** v - [mech-autom] instalar perno m para distribuyidor m para fuerza f
— @ — — **cover** v - [autom-mech] instalar cubierta f para distribuidor m para fuerza f
— @ — — **assembly** v - [autom-mech] instalar conjunto m de cubierta f para distribuidor m para fuerza f
— **@ prefilter** v - instalar prefiltro m
— **properly** v - instalar apropiadamente
— **@ pump** v - [pumps] instalar, or colocar, bomba f
— @ — **cover** v - [pumps] instalar cubierta f para bomba f
— @ — **drive gear** v - [pumps] instalar engranaje m para impulsión f para bomba f
— @ — **gear** v - [pumps] instalar engranaje m para bomba f
— @ — **part** v - [pumps] instalar, or colocar, pieza f para bomba f
— **quickly** v - instalar rápidamente
— **rapidly** v - instalar rápidamente
— **@ receiver** v - [electron] instalar receptor m
— **@ related part** v - [mech] instalar pieza f, conexa, or vinculada
— **@ remote control** v - [weld] instalar telemando m
— **@ retainer** v - [mech] instalar, or colocar, retén(edor) m
— **rightly** v - instalar, debidamente, or correctamente
— **@ rod** v - [mech] instalar, or colocar, vástago m
— **@ roll** v - [metal-roll] instalar rodillo m
— @ — **pin** v - [mech] instalar, pasador, or

clavija f
- @ safety belt v - [autom] instalar cinturón m para seguridad f
- @ seal v - [mech] instalar, or colocar, sello m, or cierre m
- @ — retainer n - [mech] instalar, or colocar, ratén m para cierre m
- @ seat v - [mech] instalar, or colocar, asiento m
- @ — belt v - [autom] instalar cinturón m para seguridad f
- securely v - instalar en forma f segura
- @ self-locking nut v - [mech] instalar, or colocar, tuerca f autotrabadora
- @ sewer v - [sanit] instalar cloaca f
- @ — liner v - [constr] instalar revestimiento m para cloaca f
- @ shaft v - [mech] instalar, árbol m, or eje
- @ — assembly v - [mech] instalar conjunto m de árbol m
- @ shifter v - [mech] instalar, or colocar, cambiador m, or desplazador m
- @ shim v - [mech] instalar, or colocar, calza f, or calce m
- @ — pack v - [mech] colocar, or instalar, conjunto m de, calza(s) f, or calce(s) m
- @ side gear v - [mech] instalar, or colocar, engranaje m lateral
- @ — — bushing v - [mech] instalar buje m para engranaje m lateral
- @ side pinion v - [mech] instalar, or colocar, piñón m lateral
- @ slag notch v - [metal-prod] instalar, or colocar, escorial m
- @ — — nozzle v - [metal-prod] instalar, or colocar, toberín m (para escorial m)
- @ snap ring v - [mech] instalar, or colocar, anillo m con resorte m
- @ solution v - instalar, or colocar, disolución f
- speedily v - instalar rápidamente
- @ spider v - [mech] instalar araña f
- @ — assembly v - [mech] instalar conjunto m de araña f
- @ spray v - [mech] instalar rociador m
- @ — manifold v - [mech] instalar, or colocar, boquilla f rociadora, or distribuidor m rociador
- @ — nozzle v - [mech] instalar, or colocar, boquilla f rociadora, or distribuidor m
- @ sprinkler v - [hysr] instalar rociador m
- @ — system v - [safety] instalar red f de rociador(es) f
- @ stack v - [combust] instalar chimenea f • [paper] instalar calandria f
- @ steel beam v - [constr] instalar viga f de acero m
- @ — liner plate v - [constr] instalar plancha f de acero m para revestimiento
- @ — pipe v - [tub] instalar tubería f de acero m
- @ — plate v - [mech] instalar plancha f de acero m
- @ stem v - [valv] instalar, or colocar, vástago m
- @ — guide v - [valv] instalar, or colocar, guía(dera) f para vástago m
- @ stock rod v - [metal-prod] instalar, or colocar, or montar, sonda f
- @ strainer v - [mech] instalar colador m
- @ stud v - [mech] instalar espárrago m
- @ — nut v - [autom-mech] instalar tuerca f para espárrago m
- @ subdrainage v - [hydr] instalar desagüe m, subterráneo, or inferior
- @ subrod v - [mech] instalar, or colocar, segmento m para vástago m
- @ subway v - [transp] instalar subterráneo m • [roads] instalar paso m inferior
- successfully v - instalar con éxito m
- @ suction manifold v - [mech] instalar, or colocar, tapón m para purga f para colector m por aspiración f
- install @ sump v - [mech] instalar, or colocar, sumidero m, or colector m
- @ — cover v - [mech] instalar, or colocar, tapa f para colector m
- @ swing clutch v - [cranes] instalar, or colocar, embrague m para (mecanismo m para) rotación f
- @ switch v - [electr-instal] instalar, or colocar, interruptor, or conmutador m
- @ — housing v - [electr-instal] instalar caja f para, conmutador m, or interruptor m
- @ system v - instalar, or colocar, sistema m, or red f
- @ tap v - [electr-instal] instalar toma f
- @ — changer v - [electr-equip] instalar cambiador m para toma(s) f
- @ tapered dowel v - [mech] instalar pasador m ahusado
- temporarily v - instalar, temporalmente, or provisoriamente
- @ thermocouple v - [combust] instalar, termocupla* f, or termopar* m
- @ thrust beam v - [constr] instalar viga f para empuje m
- @ — washer v - [mech] instalar arandela f para empuje m
- @ tire v - [autom-tires] instalar neumático m
- @ transformer v - [electr-equip] instalar transformador m
- @ transmission v - [mech] instalar, or colocar, transmisión f
- @ — cover v - [mech] instalar, or colocar, tapa f, or cubierta f, para transmisión f
- @ — shifter v - [mech] instalar, or colocar, cambiador m, or desplazador m, para transmisión f
- @ triangle v - [electr-instal] instalar triángulo m
- @ tuyere v - [metal-prod] instalar, or colocar, or armar, tobera f
- under v - instalar debajo de
- — @ bearing cover v - [mech] instalar debajo de cubierta f para cojinete m
- — @ cover v - [mech] instalar debajo de, tapa f, or cubierta f
- underground v - instalar, bajo tierra f, or en forma f subterránea
- @ washer v - [mech] instalar, or colocar, arandela f • [domest] instalar lavadora f
- @ yoke v - [mech] instalar, or colocar, horquilla f
- @ upper valve v - [valv] instalar, or colocar, válvula f superior
- @ — — stem v - [valv] instalar, or colocar, vástago m para válvula f superior
- @ — — — guide v - [valv] instalar, or colocar, guía(dera) f para vástago m para válvula f superior
- @ valve v - [mech] instalar, or colocar, or montar, válvula f
- @ — cover v - [valv] instalar, or colocar, tapa f para válvula f
- @ — insert v - [valv] instalar, or colocar, suplemento m, or injerto m, para válvula f
- @ — part v - [valv] instalar, or colocar, pieza f para válvula
- @ — pot v - [mech] instalar, or colocar, pote m para válvula
- @ — — part v - [valv] instalar, or colocar, pieza f para pote m para válvula f
- @ — seat v - [valv] instalar, or colocar, asiento m para válvula f
- @ — stem v - [valv] instalar, or colocar, vástago m para válvula f
- @ — — guide v - [valv] instalar, or colocar, guía(dera f para vástago m para válvula f
- @ wall v - [constr] instalar, pared f, or muro m
- @ welder v - [weld] instalar soldadora f

install @ well casing v - [petrol] instalar, or colocar, entubación f para pozo m
— **wrong(ly)** v - instalar indebidamente
installation n - ...; colocación f • implantación f
— **by jacking** n - [constr] instalación f mediante inserción f con gato(s) m
— **change** n - cambio m, or modificación f, en instalación f
— **changing** n - modificación f en instalación f
— **characteristic** n - característica f para instalación f
— **circuit** n - [electr-instal] circuito m para instalación f
— **classification** n - clasificación f de instalación f
—, **completing**, or **completion** n - finalización f, or terminación f, de instalación f
— **concept** n - concepto m de instalación f
— **condition** n - condición f para instalación f
— — **description** n - descripción f de condición f para instalación f
— **consideration** n - consideración f para instalación f
— **contract** n - contrato m para instalación f
— **contractor** n - contratista m para instalación f
— **cost(s)** n - costo(s) m para instalación f
— **crew** n - [constr] cuadrilla f, instaladora, or para instalación f
— **date** n - fecha f de instalación f
— **datum,ta** n - dato(s) m, or información f, sobre instalación f
— **delay** n - demora f en instalación f
— **description** n - descripción f de instalación f
— **detail(s)** n - detalle(s) m para instalación f
— **device** n - accesorio m para instalación f
— **diagram** n - diagrama m para instalación f
— **difficulty** n - problema m con instalación f
—(s) **division** n - [ind] división f para instalación(es) f
— — **head** n - [ind] jefe m para división f para instalación(es) f
— — **supervisor** n - [ind] jefe m, or supervisor m, para división f para instalación(es) f
— **drawing** n - [mech] dibujo m, or plano m, para instalación f
— **ease** n - facilidad f para instalación f
— **economy** n - economía f en instalación f
— **envelope** n - [ind] sobre m (con instrucciones f) para instalación f
— **error** n - [constr] error m en instalación f
— **expense(s)** n - [ind] gasto(s) m para instalación f
— **experience** n - experiencia f en instalación f
— **feature** n - característica f para instalación f
— **flexibility** n - flexibilidad f en instalación f
— **fitting** n - accesorio m para instalación f
— **in @ body** n - [mech] instalación f en caja f
— **in @ differential carrier** n - [autom-mech] instalación f en portadiferencial m
— **in @ lift** n - [constr] instalación f, or colocación f, en capa(s) f • instalación f en ascensor m
— — **@ lockout** n - [autom-mech] instalación f en desacoplador m
— — **@** — **body** n - [autom-mech] instalación f en caja f para desacoplador m
— — **@** — **cover** n - [autom-mech] instalación f en cubierta f para caja f para desacoplador m
— — **@ swivel** n - [petrol] instalación f, or colocación f, en cabeza f para inyección f
— — **@ vehicle** n - [electron] instalación f en vehículo m
— **instruction(s)** n - instrucción(es) f para, montaje m, or instalación f
— **kit** n - [mech] equipo m, or juego m de, herramienta(s) f, or pieza(s) f, para instalación f
— **layout** n - trazado m, or configuración f, para instalación f
— — **practice** n - práctica f, or modalidad f, para trazado m, or configuración f, para instalación f
— **length** n - largo(r) m, or largura f, or extensión f, de instalación f
—(s) **maintenance cost(s)** n - [ind] costo(s) m para conservación f para instalación(es) f
— **material(s)** n - [constr] material(es) m para instalación f
— — **acceptance specification(s)** n -[ind] especificación(es) para aceptación f de material(es) f para instalación f
— — **purchase** n - [com] compra f de material(es) m para instalación f
— — — **specification(s)** n especificación(es) f para compra f de material(es) para instalación f
— **method** n - método m para instalación f
— **name** n - [ind] nombre m para instalación f
— **note** n - nota f sobre instalación f
— **number** n - [ind] número m de instalación f
— **on @ differential carrier** n - [autom-mech] instalación f sobre portadiferencial m
— — **@ holder** n - [mech] instalación f, or colocación f, sobre soporte m
— — **@ input shaft** n - [autom-mech] instalación f sobre árbol m para entrada f (de fuerza f)
— — **@ output shaft** n - [autom-mech] instalación f sobre árbol m para salida f (de fuerza f)
— — **@** — — **gear** n - [autom-mech] instalación f sobre engranaje m para árbol m para salida f (de fuerza f)
— — **@** — **side gear** n - [autom-mech] instalación f sobre engranaje m lateral para árbol m para salida f (de fuerza f)
— **on @ pinion** n - [mech] instalación f sobre piñón m
— — **@ pinion end** n - [mech] instalación f sobre extremo m de piñón m
— — **@ power divider** n - [autom-mech] instalación m sobre distribuidor m para fuerza f
— — **@** — — **cover** n - [autom-mech] instalación f sobre cubierta f para distribuidor m para fuerza f
— — **@ pump** n - [pumps] instalación f sobre bomba f
— — **@** — **shaft** n - [pumps] instalación f sobre árbol m para bomba f
— — **@** — — **end** n - [pumps] instalación f sobre extremo m de árbol m para bomba f
— — **@ rod** n - [mech] instalación f, or colocación f sobre vástago m
— — **@ shaft** n - [mech] instalación f sobre árbol m
— **over** n - [mech] instalación f, sobre, or por encima
— — **@ push rod** n - [mech] instalación f por encima de varilla f para empuje m
— — **@ shift fork push rod** n - [autom-mech] instalación f por encima de varilla f para empuje m para horquilla f para cambio(s) m
—(s) **percentage** n - porcentaje m de instalación(es) f
— **phase** n - fase f de instalación f
— **plan** n - [ind] plan m para instalación f
— **planning** n - [ind] planificación f para instalación f
— **plate** n - [mech] plancha f para instalación f
— **practicality** n - calidad f práctica, or condición f práctica, or modalidad f, para instalación f
— **practice** n - [ind] práctica f para instalación f
— **problem** n - problema m con instalación f
— **procedure** n - procedimiento m para instalación f
— **proficiency** n - destreza f en instalación f
— **project** n - [constr] obra f para instalación
— **purpose** n - propósito m de instalación f
— **quality** n - calidad f de instalación f
— **resistance** n - [electr-instal] resistencia f

de instalación f
installation rule n - regla f para instalación f
— **sequence** n - [ind] orden f para instalación f
— **site** n - [constr] sitio m para, instalación f • sitio m para obra f
— **specification** n - especificación f para instalación f
— **speed** n - rapidez f de instalación f
— **stage** n - etapa f para instalación f
— **start(ing)** n - iniciación f de instalación f
— **strength** n - [constr] resistencia f de instalación f
— **suggestion** n - sugerencia f para instalación
—, **supervising**, or **supervision** n - supervisión f de instalación f
— **technique** n - técnica f para instalación f
— **time** n - tiempo m para instalación f
— **tool** n - [tools] herramienta f para instalación f
— **type** n - [ind] tipo m de instalación f
— **under** n - instalación f, bajo, or debajo de
— — **@ bearing cover** n - [mech] instalación f debajo de cubierta f para cojinete m
— — **@ cover** n - [mech] instalación f debajo de cubierta f
—**(s) use** n - empleo m de instalación(es) f
— **welding job** n - [weld] trabajo m para, instalación f, or soldadura f
— **work** n - (trabajo m para) instalación f
— **wrench** n - [mech] llave f para instalación f
installed a - instalado,da; montado,da; colocado,da; con instalación f • implantado,da • ya instalado,da
— **adequately** a - instalado,da adecuadamente
— **adjuster** n - [mech] ajustador m instalado
— **air clutch** n - [mech] embrague m, neumático, or por aire m, instalado, or colocado
— — **conditioning unit** n - [environm] equipo m instalado, or unidad f instalada, para aire acondicionado m
— **alarm** n - [electron] alarma f instalada
— **anchor bolt** n - [mech] perno m para anclaje m instalado
— **assembling spacer** n - [mech] separador m para armado m, instalado, or colocado
— **assembly** n - [mech] conjunto m, instalado, or colocado
— **axle** n - [mech] eje m instalado
— — **housing** n - [autom-mech] caja f para eje m instalada
— — — **cover** n - [autom-mech] cubierta f para caja f para eje m instalada
— **bandpass filter** n - [electron] filtro m pasabanda instalado
— **basis** f - en base a precio m instalado,da
— **beam** n - [constr] viga f instalada
— **bearing** n - [mech] cojinete m instalado
— — **cup** n - [mech] pista f para cojinete m instalada
— — **cone** n - [mech] cono m para cojinete m instalada
— — **cover** n - [mech] cubierta f para cojinete m instalada
— — **cup** n - [mech] pista f para cojinete m instalada
— — **part(s)** n - [mech] pieza(s) f para cojinete m instalada(s)
— — **spacer** n - [mech] separador m para cojinete m instalada
— **belt** n - correa f, colocada, or instalada
— **bolt** n - [mech] perno m, instalado, or colocado
— **brake** n - [mech] freno m, instalado, or colocado
— **brake band** n - [mech] banda f, or cinta f, para freno m, instalado, or colocada
— — **lining** n - [mech] cinta f para freno m, instalada, or colocada
— — **plug** n - [mech] tapón m para freno m, instalado, or colocado
— — **system** n - [mech] sisteam m de freno m, instalado, or colocado
installed brake system n - [mech] sistema m para freno m, instalado, or colocado
— **bronze bearing** n - [mech] cojinete m de bronce m instalado
— — **washer** n - [mech] arandela f de bronce m instalada
— **buried directly** a - [telecom-con] instalado,da enterrado,da directamente
— **bushing** n - [mech] buje m, instalado, or colocado
— **by jacking** a - [constr] instalado,da mediante inserción f con gato(s) m
— **by-pass** n - [ind] derivación f instalada
— **cable** n - [electr-instal] cable m, or conductor m, instalado
— **cap screw** n - [mech] tornillo m con casquete m instalado
— **capacity** n - [ind] capacidad f instalada
— **carrier assembly** n - [autom-mech] conjunto m de portadiferencial m instalado
— **case** n - [autom-mech] caja f instalada
— — **half** n - [autom-mech] mitad f de caja f instalada
— — **oil level plug** n - [mech] tapón m para nivel m de aceite m en caja f, instalado, or colocado
— **casing** n - [petrol] entubación f, instalada, or colocada
— **cathead** n - [petrol] torno m, instalado, or colocado
— **chain** n - [mech] cadena f instalada
— — **case** n - [mech] caja f para cadena f, instalado, or colocado
— — **oil level** n - [mech] nivel m de aceite m en caja f para cadena, instalado, or colocado
— — — **plug** n - [mech] tapón m para nivel m de aceite m en caja f para cadena f, instalado, or colocado
— **changer** n - [electr-equip] cambiador m instalado
— **channel** n - [constr] viga f en U instalada
— **characteristic(s)** n - característica(s) f una vez instalado,da(s)
— **clamp** n - [mech] mordaza f, or abrazadera f, instalada, or colocada
— **clutch** n - [mech] embrague m, instalado, or colocado
— **complete assembly** n - [mech] conjunto m completo, instalado, or colocado
— **component** n - componente m instalado
— **compression ring** n - [mech] anillo m para compresión f instalado
— **concrete beam** n - [constr] viga f de hormigón m instalada
— — **thrust beam** n - [constr] viga f para empuje m de hormigón m instalada
— **condition(s)** n - condición(es) f para instalación f
— **converter(s)** n - [metal-prod] convertidor(es) m instalado(s)
— **correctly** a - instalado,da correctamente
— **cost** n - costo m instalado
— **coupler** n - [mech] acoplador m instalado
— **coupling** n - [mech] acoplamiento m, instalado, or colocado
— **cover** n - [mech] tapa f, or cubierta, instalada, or colocada
— **crystal** n - [electron] cristal m instalado
— **cup** n - [mech-bearings] pista f instalada
— **cylindrical pressure vessel** n - [steam] recipiente m cilíndrico para presión f instalado
— — **vessel** n - [steam] recipiente m cilíndrico instalado
— **deck** n - [constr-bridges] piso m instalado
— **drain** n - [constr-bridges] desagüe m para piso m instalado
installed differential n - [autom-mech] diferencial m instalado

installed differential assembly n - [autom-mech] conjunto m para diferencial m instalado
— — **carrier** n - [autom-mech] portadiferencial m instalado
— — — **assembly** n - [autom-mech] conjunto m de portadiferencial m instalado
— — **case** n - [autom-mech] caja f para diferencial m instalado
— — — **half** n - [autom-mech] mitad f de caja f, or semicaja f, para diferencial m instalada
— **dowel pin** n - [mech] espiga f instalada
— **drain** n - [hydr] desagüe m instalado
— — **plug** n - [mech] tapón m para drenaje m, instalado, or colocado
— — **sump** n - [mech] sumidero m, or colector m, para purga f, instalado, or colocado
— **drainage product** n - [constr] producto m para drenaje m instalado
— **drill bit** n - [tools] mecha f instalada • [petrol] broca f para perforación f, instalada, or colocada
— **drive gear** n - [mech] engranaje m para impulsión f instalado
— — — **nut** n - [mech] tuerca f para engranaje m, impulsor, or para impulsión f, instalada
— — **wheel** n - [mech] rueda f motriz instalada • [autom-mech] volante m instalado
— **dry packing** n - [mech] empaquetadura f seca, instalada, or colocada
— **duct** n - [environm] conducto m instalado
— **easily** a - [mech] instalado,da, or colocado,da, fácilmente
— **electric furnace** n - [metal-prod] horno m eléctrico instalado
— **electromagnetic brake** n - [mech] freno m electromagnético, instalado, or colocado
— **engine** n - [int.comb] motor m instalado
— **equipment** n - equipo m instalado
— **felt oiler** n - [mech] aceitador m con fieltro m instalado
— **filter** n - filtro m instalado
— — **element** n - [int.comb] elemento m para filtro m instalado
— — **plug** n - tapón m para filtro m instalado
— **flat washer** n - [mech] arandela f plana, instalada, or colocada
— **flywheel** n - [autom-mech] volante m instalado
— **gear** n - [mech] engranaje m instalado
— — **bushing** n - [mech] buje m para engranaje m instalado
— **grease fitting** n - [mech] pico m para engrase m, instalado, or colocado
— — **system** n - [mech] sistema m para engrase m, instalado, or colocado
— **guard** n - [safety] defensa f, instalada, or colocada
— **guardrail** n - [constr] defensa f lateral instalada
— **guide** n - [mech] guia(dera) f, instalada, or colocada
— **handle** n - [mech] manija f, instalada, or colocada
— **harness** n - [electr-instal] mazo m (de cables m), instalado, or colocado
— **helical side gear bushing** n - [autom-mech] buje m para engranaje m helicoidal lateral instalado
— **hoist clutch** n - [cranes] embrague m (para mecanismo m) para elevación f, instalado
— **holder** n - [mech] soporte m, instalado, or colocado
— **housing** n - [mech] caja f instalada
— — **cover** n - [mech] cubierta f para caja f instalada
— **improperly** a - instalado,da inapropiadamente
— **in @ body** a - [mech] instalado,da en caja f
— — **@ differential carrier** a - [autom-mech] instalado,da en portadiferencial m
— — **@ lift** a - [constr] instalado,da. or colocado,da, en capa(s) f • instalado,da en elevador m
installed in @ lockout a - [aitom=mech] instalado,da, or colocado,da, en desacoplador m
— — **@ body** a - **[autom-mech] instalado,da en caja f para desacoplador m**
— — **@ cover** a - [autom-mech] instalado,da en cubierta f para caja f para desacoplador m
— — **@ swivel** a - [petrol] instalado,da, or colocado,da, en cabeza f para inyección f
— — **@ vehicle** a - instalado,da en vehículo m
— **incorrectly** a - instalado,da incorrectamente
— **inertia brake** n - [mech] freno m por inercia f, instalado, or colocado
— **inner snap ring** n - [mech] anillo m con resorte m interior, instalado, or colocado
— **input bearing** n - [autom-mech] cojinete m para entrada f (de fuerza f), instalado
— — **cover** n - [autom-mech] cubierta f para cojinete m para entrada f (de fuerza f), instalada, or colocada
— — — **assembly** n - [autom-mech] conjunto m de cubierta f para cojinete m para entrada f (de fuerza f), instalado, or colocado
— — **oil seal** n - [autom-mech] sello m para aceite m para cubierta f para cojinete m para entrada f (de fuerza f) instalado
— — **cable** n - [electr-instal] conductor m para, entrada f, or alimentación f, instalado
— — **yoke** n - [autom-mech] horquilla f para entrada f (de fuerza f) instalada
— **insert** n - [mech] injerto m, or suplemento m, instalado, or colocado
— **inter-axle differential** n - [autom-mech] diferencial m entre eje(s) m instalado
— **intermediate rod** n - [mech] vástago m intermedio, instalado, or colocado
— **jackshaft** n - [mech] contraeje m, instalado, or colocado
— — **shim** n - [mech] calza f para contraeje m, instalada, or colocada
— **jumper** n - [electron] puente m instalado
— **large cover** n - [mech] cubierta f grande, instalada, or colocada
— **later** a - instalado,da posteriormente
— **light** n - [electr-instal] luz f instalada
— **liner** n - [mech] camisa f, instalada, or colocada • [constr] revestimiento m instalado
— — **bushing** n - [mech] buje m para camisa f, instalado, or colocado
— — **clamp** n - [mech] sujetador m para camisa f, instalado, or colocado
— — — **bolt** n - [mech] perno m para sujetador m para camisa f, instalado, or colocado
— — **pilot bushing** n - [mech] buje m piloto m para camisa f, instalado, or colocado
— — **plate** n - [constr] plancha f para revestimiento m instalada
— **lining** n - [mech-brakes] cinta f, instalada, or colocada
— **linkage** n - [mech] articulación f instalada
— **lockout** n - [autom-mech] desacoplador m instalado
— — **body** n - [autom-mech] caja f para desacoplador m instalado
— **lockwasher** n - [mech] arandela f para seguridad f instalada
— **loosely** a - [mech] instalado,da, flojamente, or en forma f floja
— **lower valve** n - [valv] válvula f inferior, instalada, or colocada
— — **stem** n - [valv] vástago m, inferior para válvula, or para válvula f inferior, instalado, or colocado
— — — **guide** n - [valv] guía(dera) f para vástago m, inferior para válvula, or para, válvula f inferior, instalada, or colocada
— **lubricant pump** n - [lubric] bomba f para lubricante m instalada
— — — **drive** n - [autom-mech] impulsión f de bomba f para lubricante m instalado

installed lubricant pump drive gear n - [autom-mech] engranaje m para impulsión f para bomba f para lubricante m instalado
— — — — **lockout** n - [autom-mech] desacoplador m para engranaje para impulsión f para bomba f para lubricante m instalado
— **lubrication** n - [mech] lubricación f, instalada, or colocada
— — **piping** n - [mech] tubería f para lubricación f, instalada, or colocada
— — **plug** n - [mech] tapón f (para orificio m) para lubricación f, instalado, or colocado
— **machinery** n - [ind] maquinaria f instalada
— **magnetic screen** n - [mech] rejilla f magnética instalada
— **main cover** n - [mech] tapa f, or cubierta f, instalada, or colocada
— **motor** n - [electr-mot] motor m instalado
— — **coupling** n - [mech] acoplamiento m para motor m, instalado, or colocado
— **multiple culvert** n - [constr] alcantarilla f múltiple instalada
— — **line** n - [tub] tubería f múltiple instalada
— **new packing** n - [mech] empaquetadura f nueva, instalada, or colocada
— — **tire** n - [autom-tires] neumático m nuevo, instalado, or colocado
— **normally** a - instalado,da, or colocado,da, normalmente
— **nut** n - [mech] tuerca f, instalada, or colocada
— **"O" ring** n - [mech] anillo m circular, instalado, or colocado
— **oil level plug** n - [mech] tapón m para nivel m de aceite m, instalado, or colocado
— — **lubrication** n - [mech] lubricación f con aceite m, instalada, or colocada
— — — **piping** n - [mech] tubería f para lubricación f con aceite m, instalada, or colocada
— — **seal** n - [mech] sello m para aceite m, instalado, or colocado
— — **well casing** n - [petrol] entubación f para pozo m petrolífero, instalado, or colocado
— **oiler** n - [mech] aceitador m instalado
— **on @ critical slope** a - [hydr] instalado,da, con, or sobre, pendiente f crítica
— — **@ differential carrier** a - [autom-mech] instalado,da sobre portadiferencial m
— — **@ holder** a - [mech] instalado,da, or colocado,da, sobre, soporte m, or sujetador m
— — **@ input shaft** a - [autom-mech] instalado,da sobre árbol m para entrada f (de fuerza f)
— — **@ output shaft** a - [autom-mech] instalado,da sobre árbol m para salida f (de fuerza f)
— — **@ — — gear** a - [autom-mech] instalado,da sobre engranaje m para árbol m para salida f (de fuerza f)
— — **@ — — side gear** a - [autom-mech] instalado,da sobre engranaje m lateral para árbol para salida f (de fuerza f)
— — **@ pinion** a - [mech] instalado,da sobre piñón m
— — **@ piston** a - [mech] instalado,da sobre émbolo m
— — **@ power divider** a - [autom-mech] instalado,da sobre distribuidor m para fuerza f
— — **@ — — cover** a - [autom-mech] instalado,da sobre cubierta f para distribuidor m de fuerza f
— — **@ pump** a - [pumps] instalado,da sobre bomba f
— — **@ — — shaft** a - [pumps] instalado,da sobre árbol m para bomba f
— — **@ — — end** a - [pumps] instalado,da sobre extremo m de árbol m para bomba f
— — **@ rod** a - [mech] instalado,da, or colocado,da, sobre vástago m
— — **@ — — shaft** a - [mech] instalado,da, or colocado,da sobre árbol m
installed operating capacity n - [ind] capacidad, operativa, or para operación f, instalada
— **optional remote control** n - [weld] telemando m, optativo, or opcional, instalado
— **outer snap ring** n - [mech] anillo m exterior con resorte m instalado
— **output shaft** n - [autom-mech] árbol m para salida f (para fuerza f) instalado
— — **assembly** n - [autom-mech] conjunto m de árbol m para salida f (para fuerza f) instalado
— — **rear bearing** n - [mech] cojinete m posterior sobre árbol m para salida f (para fuerza f) instalado
— — **yoke** n - [autom-mech] horquilla f para salida f para fuerza f) instalada
— **over** a - [mech] instalado,da, sobre, or por encima de
— — **@ push rod** a - [mech] instalado,da por encima de varilla f para empuje m
— — **@ shift fork** a - [mech] instalado,da por encima de horquilla f para cambio(s) m
— — **@ — — push rod** n - [autom-mech] instalado,da por encima de varilla f para empuje m para horquilla f para cambio(s) m
— **overhead** a - [mech] instalado,da sobre cabeza • [telecom-cond] instalado,da en forma aérea
— **packing box** n - [mech] prensaestopa(s) m, instalado, or colocado
— — **ring** n - [mech] aro m, or anillo m, para empaquetadura f, instalado, or colocado
— **part** n - parte f, instalada, or colocada • [mech] pieza f, instalada, or colocada
— **permanently** a - instalado,da permanentemente
— **pilot bushing** n - [mech] buje m piloto, instalado, or colocado
— — **valve** n - [mech] válvula f piloto, instalada, or colocada
— **pinion** n - [mech] piñón m instalado
— — **gear** n - [mech] engranaje m para piñón m, instalado, or colocado
— — **helical gear** n - [mech] engranaje m helicoidal para piñón m instalado
— **pipe** n - [tub] tubo m instalado; tubería f, instalada, or colocada
— — **plug** n - [mech] tapón m para, tubo m, or tubería f, instalado, or colocado
— **piping** n [tub] tubería f, instalada, or colocada
— **plug** n - [mech] tapón m, instalado, or colocado
— **power divider** n - [autom-mech] distribuidor m para fuerza f instalado
— — **assembly** n - [autom-mech] conjunto m de distribuidor m para fuerza f instalado
— — **cover** n - [autom-mech] cubierta f para distribuidor m para fuerza f instalada
— — — **assembly** n - [autom-mech] conjunto m de cubierta f para distribuidor m para fuerza f instalado
— **prefilter** n - [mech] prefiltro m instalado
— **pressure vessel** n - [steam] recipiente m para presión f instalado
— **product** n - [constr] producto m instalado
— **properly** a - instalado,da apropiadamente
— **pump** n - [pumps] bomba f, instalada, or colocada
— — **cover** n - [pumps] cubierta f para bomba f instalada
— — **drive** n - [pumps] impulsión f para bomba f instalada
— — — **gear** n - [pumps] engranaje m para impulsión f para bomba f instalado
— — **gear** n - [pumps] engranaje m para bomba f instalado
— — **part** n - [pumps] pieza f para bomba f, instalada, or colocada
— **quickly** a - [constr] instalado,da rápidamente
— **rapidly** a - instalado,da rápidamente

installed receiver n - [electron] receptor m instalado
— **recently** a - instalado,da recientemente
— **related part** n - [mech] pieza f conexa instalada
— **remote control** n - [weld] telemando m instalado
— **retainer** n - [mech] retén m, instalado, or colocado
— **right(ly)** a - instalado,da debidamente
— **rod** n - [mech] vástago m, instalado, or colocado
— **roll pin** n - [mech] pasador m instalado; clavija f instalada
— **rolling capacity** n - [metal-roll] capacidad f para laminación f instalada
— **safety belt** n - [autom] cinturón m para seguridad f instalado
— **seal** n - [mech] cierre m, instalado, or colocado
— **seal retainer** n - [mech] retén(edor) m para cierre m, instalado, or colocado
— **seat belt** n - [autom] cinturón m para seguridad f instalado
— **securely** a - instalado,da en forma f segura
— **self-locking nut** n - [mech] tuerca f autotrabadora instalada
— **self-supporting cylindrical pressure vessel** n - [steam] recipiente m para presión cilíndrico autosoportante instalado
— — — **vessel** n - [steam] recipiente m cilíndrico autosoportante instalado
— — — **pressure vessel** n - [steam] recipiente m para presión f autosoportante instalado
— — — **vessel** n - [steam] recipiente m autosoportante instalado
— **sewer liner** n - [Constr] revestimiento m para cloaca f instalado
— **shaft** n - [mech] árbol m instalado
— — **assembly** n - [mech] conjunto m de árbol m instalado
— **shifter** n - [mech] cambiador m, or desplazador m, instalado, or colocado
— **shim** n - [mech] calza f, instalada, or colocada; calce n, instalado, or colocado
— **shim pack** n - [mech] conjunto m de, calza(s) f, or calce(s) m, instalado, or colocado
— **side gear** n - [mech] engranaje m lateral instalado
— **side gear bushing** n - [mech] buje m para engranaje m lateral instalado
— **side pinion** n - [mech] piñón m lateral instalado
— **snap ring** n - [mech] anillo m (con) resorte m instalado
— **solution** n - [chem] disolución f colocada
— **speedily** a - instalado,da rápidamente
— **spider** n - [mech] araña f instalada
— — **assembly** n - [mech] conjunto m de araña f instalado
— **spray** n - [mech] rociador m instalado
— — **manifold** n - [mech] distribuidor m rociador instalado; boquilla f rociadora instalada
— — **nozzle** n - [mech] boquilla f rociadora, instalada, or colocada
— **sprinkler** n - [mech] rociador m instalado
— — **system** n - [safety] red f de rociador(es) m instalado
— **stack** n - rimero m instalado • [paper] calandria f instalada
— **steel beam** n - [constr] viga f de acero m instalada
— — **drainage product** n - [constr] producto m de acero para drenaje m instalado
— — **liner plate** n - [constr] plancha f de acero m para revestimiento m instalada
— — **pipe** n - [tub] tubo m de acero instalado • tubería f de acero m instalada
— **stem** n - [valv] vástago m, instalado, or colocado
— — **guide** n - [valv] guía(dera) f para vástago m, instalada, or colocada

installed strainer n - [mech] colador m instalado
— **structure** n - [constr] estructura f, instalada, or colocada
— **stud** n - [mech] espárrago m instalado
— — **nut** n - [autom-mech] tuerca f para espárrago m instalada
— **subdrainage** n - [hydr] desagüe m, subterráneo, or inferior, instalado
— **subrod** n - [mech] segmento m para vástago m, instalado, or colocado
— **subway** n - [rail] subterráneo m instalado • [constr] paso m inferior instalado
— **successfully** a - instalado,da con éxito m
— **suction manifold drain plug** n - [mech] tapón m para purga f para colector para aspiración f, instalado, or colocado
— **sump** n - [constr] sumidero m, or colector m, instalado, or colocado
— — **cover** n - [mech] tapa f para colector m, instalado, or colocado
— **swing** n - [cranes] mecanismo m para rotación f, instalado, or colocado
— — **clutch** n - [cranes] embrague m (para mecanismo m) para rotación f, instalado, or colocado
— **switch** n - [electr-instal] conmutador m, or interruptor m, instalado
— — **housing** n - [electr-instal] caja f para, conmutador m, or interruptor m, instalada
— **system** n - sistema m, instalado, or colocado • red f, instalada, or colocada
— **tap changer** n - [electr-equip] cambiador m para toma(s) f instalado
— **tapered dowel** n - [mech] pasador m ahusado instalado
— **temporarily** a - instalado,da. temporalmente, or provisoriamente
— **thermocouple** n - termocupla* f instalada; termopar* m instalado
— **thrust beam** n - [constr] viga f para empuje m instalada
— **thrust washer** n - [mech] arandela f para empuje m instalado
— **tire** n - [autom-tires] neumático m instalado
— **transformer** n - [electr-equip] transformador m instalado
— **transmission** n - [mech] transmisión f, instalada, or colocada
— — **cover** n - [mech] tapa f, or cubierta f, para transmisión f, instalada, or colocada
— — **shifter** n - [mech] cambiador m, or desplazador m, para transmisión f, instalado, or colocado
— **under** a - instalado,da debajo de
— — **@ bearing cover** a - [mech] instalado,da debajo de cubierta f para cojinete m
— — **@ cover** a - [mech] instalado,da debajo de cubierta f
— **underground** a - [telecom-cond] instalado,da, bajo tierra f, or en forma f subterránea
— **upper valve** n - [valv] válvula f superior, instalada, or colocada
— — **stem** n - [valv] vástago m para válvula f superior, instalado, or colocado
— — — **guide** n - [valv] guía(dera) f para vástago m para válvula f superior instalada
— **valve** n - [valv] válvula f, instalada, or colocada
— — **part** n - [valv] pieza f para válvula f, instalada, or colocada
— — **pot** n - [mech] pote m para válvula f, instalado, or colocado
— — — **part** n - [mech] pieza f para pote m para válvula f, instalada, or colocada
— — **seat** n - [valv] asiento m para válvula f, instalado, or colocado
— — **stem** n - [valv] vástago m para válvula f, instalado, or colocado
— — — **guide** n - [valv] guía(dera) f para

vástago m para válvula f instalada
installed vertical vessel n - [boilers] recipiente m vertical instalado
— **vessel** n - [boilers] recipiente m instalado
— **wall** n - [constr] pared f instalada; muro m instalado
— **washer** n - [mech] arandela f instalada • [domest] lavadora f instalada
— **welder** n - [weld] soldadora f instalada
— **well casing** n - [petrol] entubación f para pozo m, instalada, or colocada
— **wrongly** a - instalado,da, indebidamente, or malamente, or deficientemente
— **yearly capacity** n - [ind] capacidad f anual instalada
— **yoke** n - [mech] horquilla f, instalada, or colocada
installer n - instalador m
installing n - instalación f; montaje m; armado m; colocación f | a - instalador,ra
— **contractor** n - [constr] contratista m instalaor
— **crew** n - [mech] cuadrilla f, instaladora, or para instalación f
— **in @ body** n - [mech] instalación f en caja f
— **in @ differential carrier** n - [autom-mech] instalación f en portadiferencial m
— **@ lining** n - [constr] instalación f de revestimiento m
— — **@ lockout** n - [autom-mech] instalación f en desacoplador m
— **@ — body** n - [autom-mech] instalación f en caja f para desacoplador m
— **@ — — cover** n - [autom-mech] instalación f en cubierta f para caja f para desacoplador
— — **@ vehicle** n - [electron] instalación f en vehículo m
— **on @ differential carrier** n - [autom-mech] instalación f sobre portadiferencial m
— — **@ holder** n - [mech] instalación f, or colocación f, sobre soporte m
— — **@ input shaft** n - [autom-mech] instalación f sobre árbol m para entrada f (de fuerza f)
— — **@ output shaft** n - [autom-mech] instalación f sobre árbol m para salida f (de fuerza f)
— — **@ — — gear** n - [autom-mech] instalación f sobre engranaje m para árbol m para salida f (de fuerza f)
— — **@ — — side gear** n - [autom-mech] instalación f sobre engranaje m lateral para árbol m para salida f (de fuerza f)
— — **@ pinion** n - [mech] instalación f sobre piñón m
— — **@ piston** n - [mech] instalación f sobre émbolo m
— — **@ power divider** n - [autom-mech] instalación f sobre distribuidor m para fuerza f
— — **@ — — cover** n - [autom-mech] instalación f sobre cubierta f para distribuidor m para fuerza f
— — **@ pump** n - [pumps] instalación f sobre bomba f
— — **@ — shaft** n - [pumps] instalación f sobre árbol m para bomba f
— — **@ — — end** n - [pumps] instalación f sobre extremo m de árbol m para bomba f
— — **@ shaft** n - [mech] instalación f sobre, árbol m, or eje m
— **over** n - [mech] instalación f, sobre, or por encima de
— **@ push rod** n - [mech] instalación f por encima de varilla f para empuje m
— — **@ shift fork** n - [autom-mech] instalación f por encima de horquilla f para empuje m
— — **@ — — push rod** n - [autom-mech] instalación f por encima de varilla f para empuje m para horquilla f para cambio(s) m
— **overhead** n - instalación f sobre cabeza • [telecom-cond] instalación f en forma f aérea
— **under** n - instalación f (por) debajo de

installing under @ bearing cover n - [mech] instalación f (por) debajo de cubierta f para cojinete m
— — **@ cover** n - [mech] instalación f (por) debajo de cubierta f
installment n - . . . . • [fin] amortización f; cuota f | a - [fin] a plazo(s) m
Instance n - . . . ; ejemplo f] . . . ocasión f
instant n . . . | a - . . . ; instante; instantáneo,nea • corriente; que decurre
— **action** n - acción f instantánea
— — **switch** n - [electr-equip] interruptor m, or conmutador, con acción f instantánea
— **data recognition** n - [comput] reconocimiento m instantáneo de información f
— **death** n - [medic] muerte f instantánea; fallecimiento m instantáneo
— **dying** n - [medic] muerte f instantánea; fallecimiento m instantáneo
— **impression** n - impresión f instantánea
— **release** n - apertura f instantánea • suelta f instantánea | a - para apertura f instantánea • con suelta f instantánea
— — **type** n - [constr] tipo m de apertura f instantánea] tipo m con suelta f instantánea | a - de tipo m con apertura f instantánea • de tipo m con suelta f instantánea
— — — **door** n - [constr] puerta f de tipo m para apertura f instantánea
instantaneous change n - cambio m instantáneo
— **fault relay** n - [electr-equip] relé m instantáneo para pérdida
— **ground fault relay** n - [electr-equip] relé m instantáneo para pérdida f a tierra
— **overcurrent fault relay** n - [electr-equip] relé m instantáneo para pérdida f a tierra f
— — **ground fault relay** n - [electr-equip] relé instantáneo para pérdida f a tierra f de sobrecorriente f
— — **relay** n - [electr-equip] relé instantáneo para sobrecarga f
— **overload protection** n - [electr] protección f iunstantánea contra sobrecarga(s) f
— — **relay** n - [electr-equip] relé m instantáneo contra sobrecarga(s) f
— **protection** n - protección f instantánea
— **reaction** n - reacción f, instantánea, or inmediata
— **relay** n - [electr-equip] relé m, instantáneo, or inmediato, or exrarrápido, (contra sobrecargas f)
— **response** n - respuesta f, or reacción f, instantánea, or inmediata
— **short circuit protection** n - [electr] protección f instantánea contra cortocircuito(s) m
— **starting** n - [weld] encendido m inmediato
— **trip(ping)** n - [electr-oper] disparo m instantáneo; desconexión f instantánea
— — **attachment** n - [electr-equip] dispositivo m, or elemento m, desconectador instáneo, or para desconexión f instantánea
— **vaporization** n - vaporización f instantánea • sublimación f instantánea
instantly provided a - provisto,ta instantáneamente
instead of adv - . . . ; más bien
— — **@ standard** . . . adv - en lugar de, or en vez de, . . ., estándar, or corriente
instinctive a - instintivo,va; por instinto m
— **decision** n - decisión f instintiva
institute n - . . . . • [ind] cámara f, patronal, or sindical | v - . . . establecer; implantar
— **of Electric and Electronic Engineering** n - Instituto m para Ingeniería f Eléctrica y Electrónica
— — — — — **Engineers' Standards** n - [electr] morma(s) f de Instituto Estadounidense para Ingenieros m Eléctricos y Electrónicos
— — — **Scrap Iron and Steel** n - [metal-prod] Instituto m para Chatarra f de Hierro m y Acero
instituted a - instituido,da; establecido,da;

instituter   - 898 -

  implantado,da
instituter n - instituidor m
instituting n - institución f; establecimiento m; implantación f
institution n - . . .; entidad f
institutional accounting n - [accntg] contabilidad f institucional
— **approach** n - enfoque m institucional
— **building** n - [constr] edificio m institucional m
— **waste** n - [sanit] desperdicio(s), or residuo(s) m, de edificio(s) m público(s)
instl. n - see **installation**
instruct v - . . .; adiestrar; impartir instrucción f; ordenar • precisar
instructed a - instruido,da; enseñado,da; educado,da • precisado,da; ordenado,da
instructing n - instrucción f | a - instructor,ra; instructivo,va
instruction n . . . • indicación f • [legal] disposición f; orden f; consigna f • [ind] norma f
— **book** n - libro m, or manual m, con instrucción(es) f
— **booklet** n - folleto m con instrucción(es) f
— **decal** n - calcomanía f con instrucción(es) f
—(s) **envelope** n - sobre m con instrucción(es) f
—(s) **explaining** n - explicación f de instrucción(es) f | a - explicador,ra de instrucción(es) f
—(s) **explanation** n - explicación f de instrucción(es) f
—(s) **following** n - seguimiento m de instrucción(es) f
— **guide** n - manual m con instrucción(es) f
— **leaflet** n - folleto m con instrucción(es) f
— **manual** n - manual m con instrucción(es) f
— — **instruction** n - indicación f de manual m con instrucción(es) f
— **material** n - material m para instrucción f
— **objective** n - objetivo m, or fin(es) m, para instrucción f
— **plate** n - placa f con instrucción(es) f
— **program** n - programa m para instrucción(es)
—, **providing**, or **provision** n - provisión f de instrucción(es) f
—(s) **purpose(s)** n - propósito(s) m para instrucción(es) f
—(s) **reading** n - lectura f de instrucción(es) f
— **requirement** n - exigencia f para instrucción
— **sheet** n - pliego m, or hoja f, con instrucción(es) f
— **supervisor** n - [ind] jefe m para instrucción
—(s) **to @ bidder(s)** n - instrucción(es) f para, proponente(s) m, or licitante(s) m
—(s) **translation** n - traducción f de instrucción(es) f
instructional a - instructivo,va; para instrucción f
— **contact** n - [labor] entrevista f para instrucción f
— **safety contact** n - [safety] entrevista f para instrucción(es) f sobre seguridad f
— **segment** n - [educ] segmento m de instrucción
instructive a - . . . • informativo,va
instrument n - . . .; aparato m • [legal] . . .; vínculo m • (pl) instrumentación f | v - [ind] dotar con instrumento(s) m
—(s) **adjustment point** n - [instrum] punto m para ajuste m para instumento(s) m
— **air** n - [instrum] aire m para instrumento(s)
— **board** n - [ind] tablero m para instrumento(s) m • [autom] see **instrument panel**
—(s) **check(ing)** n - [instrum] verificación f de instrumento(s) m
— **controlled** a - regulado,da automáticamente
— — **damper** n - [environm] registro m regulado, automáticamente, or por instrumento(s) m
— **inspector** n - [instrum] inspector m para instrumento(s) m
— **maintenance** n - [ind] mantenimiento m, or conservación f, de instrumento(s) m
instrument(s) mounting bracket n - [weld] soporte m para montaje m de instrumento(s) m
— **of incorporation** n - [legal] escritura f, constitutiva, or de incorporación f
— **panel** n - [instrum] tablero m, con, or para, instrumento(s), or regulación f, or control m; cuadro m con instrumento(s) m • [autom] salpicadero m
— — **light** n - [autom-electr] luz f en tablero m para instrumento(s) m
— — **assembly** n - [weld] conjunto m de tablero m para instrumento(s) m
— **placement** n - distribución f, or colocación f, de instrumento(s) m
— **preventive maintenance** n - [instrum] mantenimiento m preventivo, or conservación f preventiva, para instrumento(s) m
— **reading** n - [instrum] lectura f de instrumento(s) m
—(s) **registration** n - [legal] registro m, or registración f, de instrumento(s) m, or escritura(s) f
—(s) **registry** n - [legal] registro m para, instrumento(s) m, or escritura(s) f
— **repair** n - [instrum] reparación f de instrumento(s) f
— — **maintenance** n - [instrum] mantenimiento m para reparación f de instrumento(s) m
— **repairman** n - [ind] reparador m para instrumento(s) m
— **replacement** n - [instrum] reemplazo m para instrumento m
— **replacing** n - [instrum] reemplazo m de instrumento m
— **room** n - [metal-prod] sala f para instrumento(s) m
— **runway** n - [aeron] pista f para (aterrizajes m) con instrumento(s) m
—(s) **set** n - [instrum] juego m de instrumentos
— **spare(s)** n - [instrum] repuesto(s) m para, instrumento(s) m, or instrumental m
— **switch** n - [electr-equip] conmutador m, or interruptor m, para instrumento(s) m
— **transformer** n - [electr-equip] transformador m para instrumento(s) m
— **type** n - [instrum] tipo m de instrumento m • tipo m para instrumento(s) m
instrumental function n - [econ] función f instrumental
instrumentation n - . . . . • [instrum] provisión f, or dotación f, con instrumento(s) m
— **engineer** n - [instrum] ingeniero m para instrumentación f
— **engineering** n - [instrum] ingeniería f para instrumentación f
— **list** n - [ind] lista f para instrumentación f
— **monitoring** n - [instrum] fiscalización f, or vigilancia f, de instrumentación f
— **standard** n - [instrum] norma f para instrumentación f
instrumented-computerized test n - [autom-instr] ensayo m, instrumentado* y computerizado*, or con instrumento(s) m y computador m
— **objective tire vahicle test(ing)** n - [autom-tires] ensayo m instrumentado objetivo de neumático(s) m para vehículo(s) m
— **test** n - [instrum] ensayo n con instrumentos
— **vehicle** n - [autom] vehículo m, instrumentado
instrumenting n - instrumentación f; dotación f con instrumento(s) m
instruments n - [instrum] instrumental m
insubmersibility n - insumergibilidad f
insubmersible a - insumergible
insubordinate a - . . . | v - insubordinar
insubordinated a - [pol] insubordinado,da
insubstitutible a - insubstituible
insufficient amplitude n - [electron] amplitud f insuficiente
— — **signal** n - [electron] señal f con amplitud f insuficiente

insufficient bevel n - [weld] chaflán m insuficiente
— — **angle** n - [weld] ángulo m con chaflán m insuficiente
— — **capacity** n - capacidad f insuficiente
— — **cooling** n - enfriamiento m, or refrigeración f, insuficiente
— — — **capacity** n - capacidad f insuficiente para, refrigeración f, or enfriamiento m
— — **coverage** n - cobertura f insuficiente
— — **experience** n - experiencia f insuficiente
— — **flow** n - [hydr] caudal m, insuficiente, or exiguo
— — — **rate** n - caudal m, insuficiente, or exiguo
— — **flux** n - [weld] fundente m insuficiente
— — — **coverage** n - [weld] cobertura f insuficiente con fundente m
— — **fund(s)** n - [fin] fondo(s) m insuficiente(s)
— — **gap** n - [weld] separación f insuficiente
— — **grease** n - [lubric] grasa f insuficiente
— — **greasing** n - [lubric] engrase m insuficiente
— — **heat** n - calor m insuficiente
— — **preheat(ing)** n - [weld] precalentamiento m insuficiente
— — **refrigerating capacity** n - capacidad f insuficiente para refrigeración f
— — **signal** n - [electron] señal f insuficiente
— — **size** n - tamaño m insuficiente
— — **temperature** n - [metal-prod] falta f de temperatura f | v - no dar temperatura f
— — **testing** n - ensayo(s) m insuficiente(s)
— — — **experience** n - experiencia f insuficiente con ensayo(s) m
— — **washing** n - lavado m insuficiente
— — **water** n - agua m insuficiente; falta f de agua m
insufficiently experienced a - sin experiencia f suficiente; con experiencia f insuficiente
— **greased** a - [lubric] engrasado,da insuficientemente
insufflated a - insuflado,da
insufflating n - insuflación f | a - insuflador,ra
insulate v - . . . . • [electr] colocar aislación
— **@ bearing** v - [mech] aislar cojinete m
— **@ conduit** v - [electr-instal] aislar conducto m
— **electrically** v - [electr-instal] aislar eléctricamente
— **from @ ground** v - [electr] aislar de suelo m
— — **@ table** v - [weld] aislar de mesa f (para, soldar, or soldadura f)
— — **@ welding table** v - [weld] aislar de mesa f para, soldar, or soldadura f
— **@ hand** v - [safety] aislar mano f
— **@ jaw** v - [weld] aislar mandíbula f
— **@ joint** v - aislar junta f
— **@ lead** v - [electr-instal] aislar conductor m
— **oneself** v - aislarse
— **separately** v - [electr] aislar separadamente
insulated a - aislado,da
— **bearing** n - [mech] cojinete m aislado
— **boot** n - [safety] bota f aislada
— **bushing** n - [electr] buje m aislado; boquilla f aislada
— **cable** n - [electr-cond] cable m, or conductor m, aislado, or con aislación f
— **conductor** n - [electr-instal] conductor m, aislado, or con aislación f
— **conduit** n - [electr-instal] conducto m aislado
— **connection** n - [electr-cond] conexión f aislada
— **copper** n - cobre m aislado
— — **cable** n - [electr-cond] cable m, de cobre m aislado, or aislado de cobre m
— **electrically** a - [electr-instal] aislado,da eléctricamente
— **extension** n - [weld] prolongación f aislada
— **feed(ing) tube** n - [ind] tubo m aislado, or tubería f aislada, para alimentación f

insulated feed(ing) tube design n - [ind] proyección f de, tubo m aislado, or tubería f aislada, para alimentación f
— **from @ ground** a - [electr] aislado,da de suelo m
— — **@ table** a - [weld] aislado,da de mesa f (para, soldar, or soldadura f)
— — **@ welding table** a - [weld] aislado,da de mesa f para, soldar, or soldadura f
— **generator** n - [electr-prod] generador m aislado
— **guide** n - [mech] guía(dera) f aislada
— — **tip** n - [weld] pico m guía aislado
— **hand(s)** n - [safety] mano(s) f aislada(s)
— **handle** n - [electr] asidero m aislado
— **holder** n - [weld] portaelectrodo(s) m aislado
— **jaw** n - [electr] mandíbula f aislada
— **joint** n - [tub] junta f aislada
— **lead** n - [electr-cond] conductor m, aislado, or con aislación f
— **main collector** n - [electr-instal] colector m principal aislado
— — — **rail** n [electr-instal] riel m colector aislado
— — — — **section** n - [electr-instal] sección f de riel m colector principal aislado
— **metal** n - metal m aislado
— — **pipe** n - [tub] tubo m metálico aislado; tubería f metálica aislada
— **muffler** n - [int.comb] silenciador m aislado
— **pipe** n - [tub] tubo m aislado; tubería f aislada
— **piping** n - [tub] tubería f aislada
— **power cable** n - [electr-instal] conductor m. or cable m, aislado para fuerza f motriz
— — — **Engineers Association** n - [electr] Asociación f (Estadounidense) de Ingenieros m de Cables m Aislados para Fuerza Motriz
— — **transformer** n - [electr-transf] transformador m para, potencia, or fuerza f motriz, aislada
— **screwdriver** n - [tools] destornillador m, aislado, or con aislación f
— **separately** a - [electr] aislado,da separadamente
— **sleeving** n - [electr-instal] manguito m, aislador, or aislante
— **surface** n - superficie f aislada
— **telephone cable** n - [comunic-cond] cable m telefónico aislado
— **terminal block** n - [electr-instal] caja f aislada para terminal(es) m
— **tool** n - [tools] herramienta f, aislada, or con aislación f
— **transformer** n - [electr-transf] transformador m aislado
— **trigger** n - [weld] gatillo m aislado
— **tube** n - [tub] tubo m aislado; tubería f aislada
— **welding cable** n - [weld] cable m aislado para, soldadura f, or soldar
insulating n - aislación f | a - . . . .
— **brick** n - [ceram] ladrillo m, aislante, or térmico
— **bushing** n - [mech] buje m, aislador, or aislante
— **cable compound** n - [electr-cond] compuesto m aislante para cable(s) m
— — **filling** n - [electr-cond] relleno m aislante para cable(s) m
— **compound** n - [electr-instal] compuesto m, aislador, or aislante
— **deposit** n - [electr-oper] aportación f, aisladora, or aislante
— **enamel** n - esmalte m, aislador, or aislante
— **filling** n - relleno m, aislante, or para aislación f • aislación f para relleno m
— — **mass** n - masa f aislante para relleno m
— **layer** n - capa f, aislante, or aisladora
— **liquid** n - líquido m, aislador, or aislante
— — **dielectric strength** n - [electr] resisten-

cia f dieléctrica de líquido m aislador
insulating liquid dielectric strength test n - [electr] ensayo m de resistencia dieléctrica de líquido aislador
— **mass** n - masa, aisladora, or aislante
— **material** n - material m, aislante, or aislador, or para aislación f
— **oil** n - aceite m, aislador, or aislante
— **pad** n - [electr-instal] pieza f, aisladora, or aislante, or para aislación f
— **panel** n - [mech] panel m, aislador, or aislante, or para aislación f
— **paper** n - [paper] papel m, aislador, or aislante, or para aislación f
— **part** n - parte f, aisladora, or aislante, or para aislación f - [electr-instal] pieza f, aisladora, or aislante, or para aislación f
— **plate** n - [electr-instal] placa f, or plancha f, aisladora, or para aislación f
— **sheath** n - [electr-cond] vaina f, aislante, or aisladora, or para aislación f
—, **sleeve**, or **sleeving** n - [electr-instal] manguito m, aislador, or para aislación f
— **spring** n - [weld] muelle m, or resorte m, aislador, or aislante, or para aislación f
— **tape** n - [electr] cinta f, aislante, or aisladora, or para aislación f
— **tube** n - [electr] tubo m aislador
— **tubing** n - [electr] tubería f aisladora
— **value** n - [electr-instal] valor m para aislación f
— **varnish** n - [electr-mot] barniz m, aislante, or aislador, or para aislación f
— — **dipping** n - [electr-instal] sumersión f en barniz m, aislador, or aislante
— **washer** n - [electr-mat] arandela f, aisladora, or aislante, or para aislación f
insulation n - [electr] . . .; aislación f
— **approval** n [electr-mat] aprobación f para aislación f
— **block** n - [electr-cond] bloque m aislante
— **board** n - [constr] plancha f para aislación f
— — **end** n - [constr] extremo m de plancha f para aislación f
— — **length** n - [constr] largo(r) m de plancha f para aislación f
— **boot** n - [electr-instal] manga f aisladora
— **check(ing)** n - [electr-instal] verificación f de aislación f
— **crack** n - [electr-cond] grieta f en aislación
— **cracking** n - [electr-cond] agrietamiento m de aislación f
insulation, deteriorating, or **deterioration** n - deterioro m, or deterioración f, de aislación
— **edge** n - [constr] borde m de (plancha f de) aislación f
— **exposed edge** n - [constr] borde m expuesto de (plancha f de) aislación f
— **filler** n - [constr] relleno m de aislación f
— **from @ ground** n - [electr] aislación f de suelo m
— **impregnation compound** n - [electr-cond] compuesto m para impregnación f para aislación f
— **joint** n - [constr] junta f de aislación f
— **level** n - nivel m, or resistencia f, de aislación f
— **mounting** n - [electr-instal] montaje m de aislación f • montaje m para aislación f
— **plate** n - [mech] placa f, or plancha f, aislante, or aisladora, or para aislación f
— **protection** n - protección f para aislación f • protección f con aislación f
— — **approval** n - aprobación f para protección f para aislación f
— — **system** n - [safety] sistema m para protección f con aislación f
— — — **approval** n - [safety] aprobación f para sistema m para protección f con aislación f
— **provision** n - [environm] previsión f para aislación f
— **purpose(s)** n - fin(es) m de aislación f

insulation quality n - calidad f de aislación f
— **resistance** n - [electr-instal] resistencia f de, aislación f, or aislamiento • resistencia f dieléctrica
— — **measurement** n - [electr] medida f de resistencia f de aislación f
— — **measuring** n - [electr] medición f de resistencia f de aislación f
— — **test** n - [electr-instal] ensayo m de resistencia f de aislación f
— — **value** n - [electr-instal] valor m, or coeficiente m, de resistencia f de aislación f
— **sampling** n - [constr] muestreo m de aislación
— **sheet** n - [constr] plancha f de aislación f
— — **edge** n - [constr] borde m de plancha f de aislación f
— **system** n - [electr] sistema m para aislación
— — **approval** n - [electr] aprobación f para sistema m para aislación f
— **test** n - ensayo m de aislación f
— **tester** n - [instrum] probador m para, aislamiento m, or aislación f
— **tube** n - [tub] tubo m aislador • tubo m de aislación f
— **type** n - [electr-cond] tipo m, or clase f, de aislación f
— **value** n - [electr- valor m de aislación f
— **weakness** n - deficiencia f en aislación f
— **wear(ing)** n - desgaste m de aislación f
insulator n - . . .; (material) aislante m
— **boot** n - [autom-electr] pie m de aislador m
— **bushing** n - [electr-mat] buje m, aislante, or aislador
— **damage** n - [electr-instal] daño m a aislador
— **damaging** n - daño m a aislador m
— **flange** n - [mech] brida f aisladora
— — **gasket** n - [mech] guarnición f para brida f aisladora
— **gasket** n - [int.comb] guarnición f para aislador m
insult n - . . . | v - . . .; injuriar
insulting n - insulto m | a - injuriador,ra; injuriante
insultingly adv - . . .; injuriosamente
insurability n - [insur] calidad f de asegurable
insurable interest n - [insur] interés m asegurable
— **value** n - [insur] valor m asegurable
insurance accounting n - [insur] cantabilidad f, or contabilización f, para seguro(s) m
— **against all @ risk(s)** n - [insur] seguro m contra todo(s) riesgo(s) m
— **authorization** n - [insur] autorización f para seguro(s) m
— **backup** n - [insur] respaldo m para seguro m
— **broker** n - [insur] corredor m para seguro(s)
— **certificate** n - [com] certificado m de seguro
— **company** n - [insur] compañía f de seguro(s) m
— — **commitment** n - [insur] compromiso m de compañía f de seguro(s) m
— **Contract(s) Law** n - [insur] Ley f sobre Contrato(s) m por Seguro(s)
— **cost(s)** n - [insur] costo(s) m para seguro(s)
— **coverage** n - [insur] cobertura f con seguro(s) m • cantidad f asegurada
— **department** n - [com] departamento m para seguro(s) m • [pol] Departamento m, or Inspección f, de seguro(s) m
— **expense(s)** n - [insur] gasto(s) m para seguros m
— **expert** n - [insur] experto m, or perito m, en seguro(s) m
— **in force** n - [insur] seguro m en, vigor m, or vigencia f
— **line** n - [insur] rama f de seguro(s) m
— **policy** n [insur] póliza f, de, or para, seguro(s) m
— — **copy** n - [insur] copia f de póliza f, de, pr para, seguro(s) m
— — **original** n - [insur] original m de póliza f, de, or para, seguro(s) m

insurance premium n - [insur] prima f de seguros
— **price** n - [insur] precio m por seguro m
— **profit** n - [insur] beneficio m sobre seguro m
— **proposal** n - [insur] propuesta f para seguro
— **purpose(s)** n - [insur] fin(es) de seguro m • efecto(s) m de seguro m
— **regulatory authority** n - [pol] entidad f reguladora para seguro(s) m
— **requirement(s)** n - [insur] exigencia(s) sobre seguro(s) m
— **statute** n - [insur] estatuto m, or ley f, sobre seguro(s) m
— **to @ job site** n - [insur] seguro m hasta (sitio m de) obra f
— — . . . **port** n - [insur] seguro m, hasta, or a, puerto m . . .
— — **@ project site** n - [insur] seguro m hasta (sitio m de) obra f
— **total** n - [insur] total m de seguro(s) m • seguro(s) m total(es)
— **value** n - [insur] valor m de seguro(s) m
— **written** n - [insur] seguro(s) m contratado(s)
insure v - . . . • facilitar; proveer
— **@ compliance** v - asegurar cumplimiento m
— **@ control** v - [safety] asegurar gobierno m
— **@ equipment** v - [insur] asegurar equipo m
— **@ interest** v - [insur] asegurar interés m
— **@ item** v - [insur] asegurar bien m • asegurar concepto m
— **@ material(s)** v - [insur] asegurar material(es) m
— **@ penetration** v - [weld] asegurar penetración
— **@ personnel** v - [insur] asegurar personal m
— **@ proper location** v - asegurar ubicación f apropiada
— **@ supply** v - asegurar provisión f
— **@ tight joint** v - [mech] asegurar junta f ajustada
— **@ validity** v - asegurar validez f
— **@ wash-in** v - [weld] asegurar afinado m
— **@ —— without @ undercut** v - [weld] asegurar afinado m sin socavación f
insured n - [insur] asegurado m • empresa f asegurada | a - [insur] asegurado,da
— **air parcel** n - [insur] paquete m aéreo asegurado
— — — **post** n - [transp] paquete m postal aéreo asegurado
— **amount** n - [insur] monto m asegurado; suma f, or cantidad f, asegurada
— **compliance** n - cumplimiento m asegurado
— **concern** n - [insur] empresa f asegurada
— **control** n - [autom] gobierno m asegurado
— **equipment** n - [insur] equipo m asegurado
— **interest** n - interés m asegurado
— **item** n - [insur] bien m, or elemento m, asegurado • concepto m asegurado
— **material(s)** n - [insur] material(es) m asegurado(s)
— **parcel** n - [transp] paquete m asegurado
— **post** n - paquete m postal asegurado
— **personnel** n - [insur] personal m asegurado
— **'s** n - [insur] personal m de asegurado
— **'s policy** n - [insur] póliza f de asegurado m
— **proper location** n - ubicación f apropiada asegurada
— **receivable** n - [insur] importe m por cobrar asegurado
— **short term receivable** n - [insur] importe m por cobrar en plazo m corto asegurado
— **supply** n - provisión f asegurada; suministro m asegurado
— **tight joint** n - [mech] junta f ajustada asegurada
— **validity** n - validez f asegurada
— **value** n - [insur] valor m, or monto m, asegurado; suma f, or cantidad f, asegurada
insurer authorization n - [insur] autorización f para asegurador m
insuring n - [insur] aseguración f | a - [insur] asegurador,ra

insuring authority n - [insur] autoridad f aseguradora
— **company** n - [insur] compañía f aseguradora
intact galvanization n - [metal-treat] galvanización f intacta
— **keeping** n - mantenimiento m, intacto, or incólume
intake n entrada f; toma f; aporte m; boca f para, admisión f, or entrada f; bocatoma f • captación f; inmisión f • [petrol] boca f para carga f • acometida f • [int.comb] admisión f • caudal m aspirado • [electr] consumo m de energía f • [fisc] recaudación f
— **air** n - [int.comb] aire m, admitido, or aspirado, or de admisión f, or de entrada f
— **dirt** n - [int.comb] suciedad f en aire m, admitido, or de entrada, or para alimentación
— **filter** n - [int.comb] filtro m para aire m de entrada f
— **vent** n - [mech] lumbrera f para aire m para ventilación f
— **bearing** n - [mech] cojinete m, or chumacera f, para entrada f
— **blocking** n - [tub] bloqueo m para entrada f
— — **system** n - [tub] sistema m para bloqueo m para entrada f
— — **valve** n - [tub] válvula f para bloqueo m para entrada f
— **box** n - [paper] caja f para entrada f
— **butterfly valve** n - [valv] válvula f mariposa para, entrada f, or toma f
— — — **erection** n - [valv] montaje m de válvula f mariposa para, entrada f, or toma f
— **cell** n - [electr-instal] celda f para entrada
— **change** n - [hydr] reforma f de, entrada f, or toma f • cambio m, or reemplazo m, de toma f
— **channel** n - [hydr] canal m para, entrada f, or toma f
— **circuit** n - [comput] circuito m para entrada
— — **end** n - [mech] extremo m de circuito m para admisión f
— **condition** n - condición f a entrada f
— **connection** n - toma f; acometida f
— **construction** n - [hydr] obra f para toma f
— **control** n - regulación f para, admisión f, or entrada f
— — **mechanism** n - mecanismo m para regulación f para, admisión f, or entrada f
— **cooling plate** m - [metal-prod] entrada f, or admisión f, a petaca f
— **damper** n - [mech] celosía f para entrada f
— **drip** n - [mech] orificio m para descarga, or fuga f, en (lado m para) admisión f
— **end** n - [mech] extremo m para, admisión f, or toma f
— **filter** n - [hydr] filtro m para entrada f
— **flow** n - caudal m, a entrada f, or de aspiración f
— **fresh air** n - aire m fresco en entrada f
— — — **vent** n - lumbrera f para entrada f de aire m fresco
— **gate** n - [hydr] compuerta f para, entrada f, or toma f
— — **erection** n - [hydr] montaje m de compuerta f para, entrada f, or toma f
— **goggle valve** n - [metal-prod] guillotina f para, entrada f, or admisión f
— **line** n - [tub] tubería f, or línea f, aferente, or para entrada f
— **louver** n - [mech] celosía f para entrada f
— **manifold** n - [int.comb] múltiple m, or colector m, para, entrada f, or admisión f
— **opening** n - boca f, or abertura f, or lumbrera f, para, entrada f, or aspiración f
— **pressure** n - presión f en boca f para aspiración f
— — **temperature** n - temperatura f en bpca f para aspiración f
— **operator** n - operador m para, toma f, or admisión f
— **part** n - [int.comb] pieza f para admisión f

intake pipe n - [int.comb] tubo m, or tubería f, para admisión f
— **pressure** n - [tub] presión f, a entrada f, or de aspiración f
— — **measurement** n - medida f de presión f a entrada f
— — **measuring** n - medición f de presión f a entrada f
— — — **connection** n - conexión f para toma f de presión f a entrada
— **pump** n - [hydr] bomba f en entrada f
— **roll** n - [metal-roll] rodillo m a entrada f
— **roller** n - [metal-roll] laminador m para entrada f
— **screen** n - [int.comb] rejilla f para admisión
— **settling basin** n - sedimentador m a entrada
— **shaft** n - [mech] árbol m para, entrada f, or aporte m
— **side drip** n - [mech] orificio m para descarga f en lado m para admisión f
— **sluice gate erection** n - [hydr] montaje m de compuerta f para, entrada f, or toma f
— **storekeeper** n - [ind] encargado m de almacén m, or almacenero, para entrada f
— **stroke** n - [int.comb] carrera f para admisión
— **structure** n - [hydr] estructura f para toma f
— **system** n - [ind] sistema m para entrada f
— **temperature** n - temperatura f, en boca f, or de aspiración f
— **terminal** n - terminal m para entrada f
— — **operator** n - [metal-prod] operador m para terminal m para entrada f
—**transformer, change, or changing** n - [ind] modificación f, or cambio m, en transformador m para entrada f
— **type** n - [electr-distrib] tipo m para entrada
— **valve** n - [valv] válvula f para, entrada f, or admisión f
— **vent** n - [mech] celosía f, or lumbrera f, para entrada f; entrada f para aire m
— **volume** n - caudal m aspirado
intangible a - [accntg] activo m, or valor, or efecto m, intangible | a - . . .; incorporal; incorpóreo,rea
—**(s) amortization** n - [accntg] amortización f de activo m intangible
— **asset(s)** n - [accntg] activo m intangible • bien(es) m inmaterial(es)
— — **amortization** n - [accntg] amortización f de activo m intangible
integrable a - integrable
integrably a - integrablemente
integral n - . . . | a - . . .; solidario,ria; incorporado,da
— **assembly** n - conjunto m integral
— **back-up** n - respaldo m integral
— **basket and bail** n - [cabl] taza f y asa m, integral(es), or en una (sola) pieza f
— **bond** n - [metal-fabr] liga f integral
— **casting** n - [metal-prod] colada f, enteriza, or en forma f integral • fundición f íntegra
— **catwalk** n - [petrol] pasarela f integral
— **circuit** n - circuito m integral
— **clock** n - [instrum] reloj m integral
— **coloring** n - [constr-concr] coloración f integral
— **control** n - verificación f integral
— — **plan** n - plan m para verificación
— **corrugated steel structure** n - [metal-fabr] estructura f integral de acero m corrugado
— **coupling** n - [tub] unión f integral
— **dsahpot** n - [valv] amortiguador m integral
— **decoder** n - [electron] decodificador* m integral
— — **option** n - [comput] opción f de decodificador* m integral
— **disk** n - [valv] disco m integral
— **elastic finger** n - [mech] dedo elástico, integral, or solidario
— **elastic platform** n - [mech] plataforma f elástica, integral, or solidaria

— **integral finger** n - [mech] dedo m, solidario, or integral; uña f solidaria, or integral
— **flush strainer** n - [sanit-urinal] difusor m integral para descarga f
— **foundation** n - [constr] base f, integral, or solidaria, or fija
— **heat treatment** n - [metal-treat] tratamiento m térmico integral
— **heater** n - calentador m, incorporado, or integral
— . . . **Hertz test zone** n - [comput] tono m para prueba f integral para . . . hercio(s) m
— **lens holder** n - [optics] portacristal(es) m integrado
— **lug** n - [mech] oreja f integral
— **maintenance** n - [ind] mantenimiento m integral
— **nondestructive control** n - verificación f no destructiva integral
— — **control** n - verificación f, or regulación f, integral no destructiva
— — — **plan** n - plan m para, verificación f, or regulación f, integral no destructiva
— **overflow** n - [sanit-lavatory] rebosadero m integral
— **part** n - parte f, integral, or integrante
— **platform** n - plataforma f, integral, or solidaria
— **refeeding** n - [electron] realimentación f integral
— **rabbet** n - [carp] rebajo m integral
— **revolving assembly** n - [cranes] conjunto m integral para, giro m, or rotación f
— **rotating assembly** n - [cranes] conjunto integral para, giro m, or rotación f
— **smart clock** n - [instrum] reloj m inteligente integral
— **spreader** n - [sanit-urinal] difusor m integral
— **steel back-up** n - [weld] respaldo m integral de acero m
— **stop** n - [constr] moldura f integral
— **structure** n - estructura f integral
— **test tone** n - [comput] tono m integral para prueba f
— **torque** n - [mech] torsión f integral
— **water dashpot** n - [valv] amortiguador m integral para agua m
integrally adv - . . .; íntegramente; completamente; totalmente
— **assembled** a - [mech] armado,da integralmente
— **bonded** a - ligado,da, or aleado,da, totalmente, or completamente
— **cast** a - [metal-prod] colado,da, or fundido,da, totalmente
integrant n - integrante m | a - . . .
integrate v - . . .; constituir
— @ **circuit** v - integrar circuito m
— @ **development** v - integrar desarrollo m • [miner] integrar explotación f
— **easily** v - integrar fácilmente
integrated a - integrado,da; integral • incorporado,da; constituido,da
— **circuit** n - [electron] circuito m integrado
— **complex** n - [ind] complejo m integrado
— **easily** a - integrado,da fácilmente
— **exhaust(ing) equipment** n - equipo m integrado para extracción f
— **facility** n - [ind] instalación f integrada
— **fully** a - (totalmente) integrado,da
— **lubricating system** n - sistema m integrado, or red f integrada, para lubricación f
— **management system development** n - [managm] creación f de sistema m, administrativo integrado, or integrado para administración f
— **market** n - [econ] mercado m integrado
— **mechanical coupling** n - [tub] unión f mecánica integral
— **mill** n - [ind] planta f integrada
— **miniplant** n - [ind] miniplanta f integrada
— **modern mill** n - [ind] planta f moderna inte-

grada moderna
integrated plant n - [ind] planta f, integrada, or integral
— **program** n - programa m, integral, or integrado
— **smoke exhausting equipment** n - [weld] equipo m integrado para extracción f de humo(s) m
— **solid state switch** n - [electr-equip] conmutador m integral, con transistor(es) m, or en estado m sólido
— **steel industry** n - [metal-prod] siderurgia f, or industria, siderúrgica, or de acero, integrada
— — **mill** n - [metal-prod] planta f siderúrgica integrada
— — **plant** n - [metal-prod] planta f siderúrgica integrada
— **switch** n - [electr-equip] conmutador m integral
— **system** n - sistema n, integrado, or integral
— **works** n - [ind] planta f, or fábrica, integrada
integrating n - integración f • constitución f | a - integrante; integrador,ra
— **factor** n - factor m, integrante, or para integración f
— **flow recorder** n - [instrum] registrador m integrador para caudal m
— **meter** n - [instrum] medidor m, integrador, or para integración f
— **part** n parte f integrante
— **recorder** n - [instrum] registrador m integrador
integration n - . . .; constitución f
— **process** n - proceso m para integración f
— **spirit** n - espíritu m de integración f
integrationist n - . . . | a - integracionista
— **process** n - proceso m integracionista
integrator gaging n - [instrum] calibración f de integrador m
— **time constant** n - [instrum] constante m de tiempo m para integrador m
intelligence n - . . .; mente f • viveza f
intelligent approach n - enfoque m inteligente
—, **drive**, or **driving** n - [autom] conducción f, inteligente, or prudente
— **orientation** n - orientación f inteligente
intend v - . . .; pensar; destinar; tener por, fin, or propósito m;
— **primarily** v - servir primariamente
intended a - . . .; propuesto,ta; previsto,ta; destinado,da • intentado,da | adv - con fin m de; que se intenta
— **course** n - [weld] dirección f propuesta
— **purpose** n - fin, previsto, or propuesto • destino m final
— **service** n - servicio m propuesto
— **use** n - empleo m, or uso m, propuesto; destino m
intending n - intención f | adv - con intención
intense excitement n excitación f grande • [fam] fiebre f
— **field** n - [electr-oper] campo m intenso
— **heat** n - calor m intenso; fervor
— — **stress** n - esfuerzo m térmico intenso
— **magnetic field** n - [electr-oper] campo m magnético intenso
— **precipitation** n - [meteorol] precipitación f intensa
— **pressure** n - presión f intensa
— **storm** n - [meteorol] tormenta f intensa
— **stress** n - esfuerzo m intenso
— **traffic** n - [roads] tránsito m, or tráfico m, intenso, or pesado
— **wagering** n - apuesta(s) f rauda(s)
intensely adv - . . .; fijamente
intensified a - intensificado,da
— **government intervention** n - [pol] intervención f intensificada de gobierno m
— **grip soaking pit crane** n - [metal-roll] grúa f cargadora para horno m de fosa f

intensified image n - [electron] imagen intensificada
— **intervention** n - intervención f intensificada
— **state intervention** n - [pol] intervención f por estado m intensificada
intensify @ government intervention v - [pol] intensificar intervención f por gobierno m
— @ **image** v - [electron] intensificar imagen f
— @ **indication** v - intensificar, indicación f, or indicio m
— @ **intervention** v - intensificar intervención f
— @ **state intervention** v - [pol] intensificar intervención f por estado m
intensifying n - intensificación f | a - intensificador,ra; intensivo,va
intensity chart n - [hydr] tabla f, or cuadro m, de intensidad(es) f
— **control** n - regulación f de intensidad f • regulador m para intensidad f
— **index** n - índice m de intensidad(es) f
— **lack** n - falta f de intensidad f
— **measurement** n - medida f de intensidad f
— **measuring** n - medición f de intensidad f
— **radiation** n - [nucl] irradiación intensiva
— **reduction** n - reducción f de intensidad f
— **transformer** n - [electr-prod] transformador m de intensidad f
— **unit** n - unidad f para intensidad f
intensive a - . . .; intenso,sa
— **capital** n - [econ] capital m intensivo
— **care** n - [medic] cuidado m intensivo; vigilancia f intensiva
— — **unit** n - [medic] sala f para, cuidado m intensivo, or vigilancia f intensiva
— **effort** n - esfuerzo m intensivo
— **folding** n - [geol] plegamiento m intensivo
— **identification study** n - [com] estudio m intensivo para caracterización f
— **labor** n - [labor] mano f de obra f intensiva
— **light** n - [phys] luz f intensiva
— **mixer** n - [weld] mezcladora f intensiva
— **study** n - estudio m intensivo
— **use** n - uso m intensivo
intent n - . . . • [com] propuesta f; manifestación f | v - intentar
— **letter** n - [com] carta f de, intención f, or intento m; certificado m provisorio de adjudicación f
— — **draft** n - [com] borrador m para carta f de, intención f, or intento m
— **telex** n - [com] telex* m de, intento m, or intención f
— **to bid** n - [com] intención f, or intento m, de ofertar
— **to defraud** n - [legal] intento m, or propósito m, de draudar
intention n - . . . • propuesta f • destino m
intentionally adv - . . .; intencionadamente
inter-axial a - interaxial*; also see **inter-axle**
—**axle** a - interaxial; entre eje(s) m
— — **differential** n - [autom-mech] diferencial m entre eje(s) m; avoid eje m interaxial*
— — — **action** n - [autom-mech] acción f, or accionamiento m de diferencial m entre eje(s)
— — — — **assembling** n - [autom-mech] armado m de diferencial m entre eje(s) m
— — — — **assembly** n - [autom-mech] conjunto m de diferencial m entre eje(s) m • armado m de diferencial m entre eje(s) m
— — — — **bolt** n - [autom-mech] perno m para diferencial m entre eje(s) m
— — — —, **disassembling**, or **disassembly** n - [autom-mech] desarme m de diferencial m entre eje(s) m
— — — — **gear** n - [autom-mech] engranaje m para diferencial m entre eje(s) m
— — — — — **mesh(ing)** n - [autom-mech] engargantado m de engranaje(s) m para diferencial m entre eje(s) m

inter-axle differential locking n - [autom-mech] acoplamiento m de diferencial m entre eje(s)
───── ── **out** n - [autom-mech] desacoplamiento m de diferencial m entre eje(s) m
───── , **installation**, or **installing** n - [autom-mech] instalación f de diferencial m entre eje(s) m
───── ── **nut** n - [autom-mech] tuerca f para diferencial m entre eje(s) m
───── ── **power steering** n - [autom-mech] dirección f mecanizada con diferencial m entre eje(s) m
───── , **removal**, or **removing** n - [autom-mech] remoción f de diferencial m entre eje(s) m
───── ── **spider** n - [autom-mech] araña f para diferencial m entre eje(s) m
───── ── **unlocking** n - [autom-mech] desacoplamiento m de diferencial m entre eje(s) m
───── **differentiation** n - [autom-mech] diferenciación f entre eje(s) m
───── **driveline** n - [autom-mech] mecanismo m entre eje(s) m para transmisión f, or para transmisión f entre eje(s) m
───── ── , **connecting**, or **connection** n - [autom-mech] conexión f (de árbol m para) transmisión f entre eje(s) m
───── ── , **disconnecting**, or **disconnection** n - [autom-mech] desconexión f de transmisión f entre eje(s) m
───── **power steering** n - [autom-mech] dirección f mecanizada interaxial*
───── **steering** n - [autom] dirección f interaxial*
───── **operation(s)** a - see **between operation(s)**
───── **related** a - see **interrelated**
───── **factor(s)** n - factor(es) m, interrelacionado(s), or interconectado(s)
───── **sector*** a - intersectorial
───── **resource(s)** n - [econ] recurso(s) m intersectorial(s)
interact v - . . . .; interaccionar*; actuar en forma f recíproca
interacted a - interaccionado,da*; actuado,da en forma f recíproca
interacting n - interacción f; acción f en forma f recíproca | a - que actúa en forma f recíproca
interaction n - interacción f; actuación f (en forma f) recíproca
── **system** n - sistema m para interacción f
── **zone** n - zona f para interacción f
interactive a - interactivo,va
── **terminal** n - [electron] terminal m, or borne m, interactivo
Interamerican a - interamericano,na; also see Interamerican
── **Council** n - [pol] Concilio m Interamericano
── ── **for Commerce** n - [com] Concilio m Interamericano para Comercio m
── ── ── ── **and Production** n - [pol] Concilio m Interamericano para Comercio m y Producción f
── **Development Bank** n - [fin] Banco Interamericano para Desarrollo m
── ── ── **member** n - [pol] miembro m de Banco m Interamericano para Desarrollo m
── ── ── **country** n - [pol] país m miembro de Banco Interamericano para Desarrollo m
── **Sanitary Engineering Society** n - Asociación f Interamericana para Ingeniería f Sanitaria
interangular* a - interangular*
intercalated a - intercalado,da
intercalating n - intercalación f | a - intercalador,ra; intercalario,ria
intercalation cover n - [miner] techo m, or cubierta f, para intercalación f
── ── **cleaning** n - [miner] limpieza f de, techo m, or cubierta f, para intercalación f
intercalator n - intercalador m
intercept v - . . . . • [hydr] recoger
── **@ median water** v - [hydr] recoger agua m en zona, divisoria, or medianera

intercept @ seepage v - interceptar filtración f
── **@ surface water** v - [hydr] recoger agua m sobre superficie f
── **@ water** v - [hydr] interceptar, or recoger agua m
intercepted a - interceptado,da • [hydr] recogido,da
── **median water** n - [hydr] agua m de zona, divisoria, or medianera, recogida
── **seepage** n - filtración f interceptada
── **surface water** n - [hydr] agua m sobre superficie f recogida
── **water** n - [hydr] agua f, interceptada, or recogida
intercepting n - interceptación f • [hydr] recolección f | a - interceptor,ra; interceptante
── **channel** n - [hydr] acequia f interceptora
── **ditch** n - [hydr] zanja f, interceptora, or para interceptación f
── **drain** n - [hydr] desagüe m, interceptador, or para interceptación f
── **sewer** n - [sanit] cloaca f, interceptora, or colectora
── **sump** n - [hydr] sumidero m interceptor
interception n - interceptación f • [hydr] recolección f
interceptor n - intercept(ad)or m; colector m | a - intercept(ad)or,ra; colector,ra
── **barrel** n - [hydr] barril m para interceptación f, or recolección f
── **drain** n - [hydr] desagüe m intercept(ad)or
── **sewer** n - [sanit] cloaca f, colectora, or para intercep(ta)ción f
── ── **construction** n - [sanit] construcción f de cloaca(s) f colectora(s)
── ── **system** n - [sanit] red f cloacal recolectora
interchange n - . . . . • [roads] empalme m; cruce m (a desnivel); (empalme m para) interconexión f • [Arg.] intercambiador m | v - . . . .; intercambiar
── **chart** n - tabla f para intercambio(s) m
──, **compensating**, or **compensation** n - compensación f de intercambio m
── **complex** n - [roads] red f de calzada(s) para interconexión f
── **drainage** n - [roads] desagüe(s) para interconexión f
── **draining** n - [roads] desagüe m de interconexión f
── **@ heat** v - intercambiar calor m
── **@ idea(s)** v - intercambiar idea(s) f
── **@ part(s)** v - [mech] intercambiar pieza(s) f
── **pier** n - [nav] muelle m para intercambio m • [roads] pila f para empalme m
── **pool** n - [transp] estación f, or depósito m, para intercambio m
── **rate** n - [fin] tasa f intercambiaria
── **relation(ship)** n - relación f de intercambio
── **@ rim(s)** v - [autom-tires] intercambiar llanta(s) f
── **@ tire(s)** v - [autom-tires] intercambiar neumático(s) m
── **type** a - [roads] de tipo m para interconexión f (en supercarreteras f)
── ── **off ramp** n - [roads] rampa f para egreso m de tipo m para interconexión f de supercarretera(s) f
── ── **on ramp** n - [roads] rampa f para acceso m de tipo m para interconexión f de supercarretera(s) f
── ── **type ramp** n - [roads] rampa f de tipo m para interconexión f de supercarretera(s) f
── **yield** n - [econ] rendimiento m de intercambio
interchangeability n - . . . .; intercambiabilidad
── **unit** n - unidad f, intercambiable, or para intercambio m
interchangeable a - . . . . • [mech] armónico,ca
── **bottom** n - [tub] fondo m intercambiable
── **component** n - componente m intercambiable
── **corrugated nestable pipe** n - [tub] tubo m, or

tubería f, encajable corrugada intercambiable
interchangeable die n - [mech] matriz f intercambiable
— — **part** n - [mech] pieza f intercambiable para matriz f
— — **system** n - [mech] sistema m de matriz,ces intercambiable(s)
— **element** n - elemento m intercambiable
— **gear(s)** n - [mech] engranaje(s) m, intercambiable(s), or armónico(s)
— — **wheel(s)** n - engranaje(s) m, intercambiable(s), or armónico(s)
— **mandrel** n - [mech] mandril m intercambiable
— **neck** n - [mech] cuello m intercambiable
— **nestable pipe** n - [tub] tubo m, or tubería f, (con piezas f) intercambiable(s)
— — — **and pipe arch** n - [tub] tubo m (circular) abovedado, or tubería f (circular) abovedada, encajable (e) intercambiable
— — — **arch** n - [tub] tubo m abovedado, or tubería f abovedada, encajable (con piezas f) intercambiable(s)
— **notch-type nestable pipe** n - [tub] tubo m, or tubería f, encajable intercambiable de tipo m con muesca(s) f
— — — — **pipe arch** n - [tub] tubo m abovedado, or tubería f abovedada, encajable intercambiable de tipo m con muesca(s) f
— **part** n - [mech] pieza f intercambiable
— **pipe** n - [tub] tubo m, or tubería f, intercambiable
— — **arch** n - [tub] tubo m abovedado, or tubería f abovedada, intercambiable
— **punch** n - [mech] punzón m intercambiable
— — **part(s)** n - [mech] pieza(s) f intercambiable(s) para punzón(es) m
— **retainer** n - [mech] retén(edor) m intercambiable
— **section** n - [tub] sección f intercambiable
— **spare** n - [mech] repuesto m intercambiable
— **system** n - sistema m intercambiable
— **top** n - [tub] parte f superior, or tapa f, intercambiable
— —(s) **and bottom(s)** n - [tub] tapa(s) m y fondo(s) m, or mitad(es) f superior e inferior, intercambiables
— **unit** n - unidad f, or elemento m, intercambiable, or para intercambio m
— **wheel(s)** n - [mech] rueda(s) f intercambiable(s)
interchanged a - intercambiado,da
— **heat** n - [thermol] calor m intercambiado
— **idea(s)** n - idea(s) f intercambiada(s)
— **rim(s)** n - [autom-tires] llanta(s) f intercambiada(s)
— **tire(s)** n - [autom-tires] neumático(s) intercambiada(s)
interchanger n - intercambiador m
interchanging n - intercambio m | a - intercambiador,ra
intercom n - [comunic] see **intercommunication system**
intercommunication n - . . . .; intercomunicación
— **system** n - [electron] sistema m para intercomunicación f
intercompany a - entre compañía(s) f, afiliadas, or vinculadas
— **account(s)** n - [accntg] cuenta(s) f entre empresa(s) f (afiliadas)
— **balance** n - [com] saldo m entre empresa(s) f (afiliadas)
— **sale(s)** n - [com] venta f entre empresa(s) f (afiliadas)
— **transaction** n - [com] transacción f entre empresa(s) f (afiliadas)
interconnected a - interconectado,da; entrelazado,da
— **grounding rod** n - [electr-instal] varilla f interconectada para conexión f con tierra f
— **rod(s)** n - [electr-instal] varilla(s) f interconectada(s)

interconnecting n - interconexión f | a - interconectador,ra; comunicante
— **cable** n - [electr-instal] conductor n, or cable m, interconectador, or para interconexión
— —(s) **concentration** n - [electr-instal] concentración f de conductores m, interconectantes, or interconectadores
— **installation** n - instalación f para interconexión f
— **panel** n - [electr-instal] tablero m para interconexión f
— **pipe** n - [tub] tubo m, or tubería f, para, interconexión f, or (inter)comunicación f
— **ring** n - [mech] anillo m para interconexión f
— **type** n - tipo m para interconexión f
interconnection n - interconexión f
— **between switchboard(s)** n - [electr-instal] interconexión f entre tablero(s) m (para regulación f)
— **diagram** n - [drwng] diagrama m para interconexión(es)
— **installation** n - instalación f para interconexión f
— **panel** n - [electr-instal] tablero m para interconexión(es) f
— **possibility** n - posibilidad f de interconexión f
interconnector n - interconectador m
intercooler n - [ind] enfriador m, or refrigerador m, intermedio, or intermediario
intercrystaline a - intercristalino,na
— **carbide** n - [metal] carburo m intercristalino
— — **precipitation** n - [metal] precipitación f de carburo m intercristalino
— **corrosion** n - [metal] corrosión f intercristalina
— — **test** n - [metal] ensayo m para corrosión f intercristalina
— **crack** n - [metal] grieta f intercristalina
— **cracking** n - [metal] agrietamiento m intercristalino
interdepartment* a - see **interdepartmental**
interdepartmental a - interdepartamental; entre departamento(s) m
— **committee** n - [pol] comisión f, indepartamental, or interministerial, or intersecretarial
— **interference** n - [ind] intereferencia f entre departamento(s) m
— **relation(s)** n - relación(es) f interdepartamental(es)
interdependence n - . . . .; interdependencia f
interdependent a - . . . .; interdependiente
interdigit(al) a - [comput] interdigital
— **interval** n - [comput] intervalo m interdigital
— **space** n - [electron] espacio m interdigital
— **time** n - [electron] tiempo m, interdigital, or entre dígito(s) m
— **timer** n - [comput] sincronizador m interdigital
interdisciplinary a - interdisciplinario,ria
— **activity** n - actividad f interdisciplinaria
— **character** n - carácter m interdisciplinario
— **view** n - vista f, or visión f, interdisciplinaria
interdiscipline n - interdisciplina* f
interest n - . . . . • afición f • [legal] inversión f | a - [fin] que devenga interés m • v - interesar
— **accrual** n - aumento n, or incremento m, de interés m • devengo m de interés m
— **accruing** n - see **interest accrual**
— **allocation** n - [fin] asignación f de interés m • [accntg] imputación f de interés(s) m
—(s) **and dividend(s)** n - [fin] interés(es) m y dividendo(s) m
— **area** n - punto m, or campo m, para interés m
— **assignment** n - [legal] transferencia f, or asignación f, de interés(es) m
— **bearing** n - [fin] devengo m de interés m | a - que devenga(n) interés(es) m
— **calculation** n - cálculo m de interés(es) m

interest coverage n - [fin] cobertura f con interés(es) m
— — **ratio** n - [fin] razón f, or proporción f, de cobertura f con interés(es)
— — **earning** n - [fin] ganancia f en interés m
— — **expense** n - [fin] gasto m por interés(es) m
— — **income** n - ingreso(s) m por interés(es) m
— — **recognition** n - [accntg] contabilización f de ingreso(s) m por interés(es) m
— — **recognizing** m - [accntg] contabilización f de ingreso(s) m por interés(es) m
— — **insuring** n - [insur] aseguramiento m de interés(es) m
— **level** n - nivel m de interés(es) m
— **meeting** n - cumplimiento m con interés(es) m
—(s) **meeting** n - cumplimiento m con interés(es)
— **on @ balance** n - [fin] interés sobre saldo m
— — **@ investment** n - [econ] interés m sobre inversión f
— — **unremitted tax charge(s)** n - [fisc] interés(es) sobre cargo(s) m impositivo(s) no remitido(s)
— **payable** n - [accntg] interés(es) por pagar
— **payment** n - [fin] pago m de interés(es)
— **per ton** n - [ind] interés m por tonelada f
— — — **produced** n - [ind] interés m por tonelada f producida
—(s) **pooling** n - [fin] mancomunación f, or fusión f, de interés(es) m
—(s) — **method** n - [fin] método m para mancomunación f de interés(es) m
— **prepayment** n - [fin] anticipo m, or pago m anticipado, de interés(es) m
— **rate** n - [fin] tipo m, or tasa f, de interés
— **receivable** n - [fin] interés m por cobrar
— **thereon** n - [fin] interés, respectivo, or sobre mismo,ma m/f
— **transfer** n - [fin] transferencia f, or traspaso m, de interés(es) m
— **party** n - parte f interesada
—,**ies register** n - [com] registro m de parte(s) f interesada(s)
— **person(s)** n - persona(s) f interesada(s); interesado(s) m
interesting facet n - detalle m interesante
interestingly adv - . . . . | v - ser de interés notar; resultar de interés m
— **enough** adv - caber, notar, or señalar
interface n - careo m; confrontación f • [electr] interfaz f; superficie f para contacto m | v - carear; confrontar • electron] volver compatible • [electr-instal] empalmar
— **area** n - [electr] zona f de, interfaz f, or de superficie f para contacto m
interfaced a - careado,da; confrontado,da • [electron] compatible
interfacing n - [electron] compatibilidad f
interfere v - interferir; interponer • estorbar; interrumpir • interponer; obstaculizar; molestar; dificultar • influir
— **with @ arc** v - [weld] interferir con arco m
— — **@ traffic** v - [transp] interferir con, tránsito m, or circulación f
— — **@ transit** v - [roads] impedir, or interrumpir, tránsito m
interfered a - interferido,da
— **arc** n - [weld] arco m interferido
— **traffic** n - [transp] tránsito m interferido; circulación f interferida
— **with @ arc** a - [weld] interferido,da con arco
interference n - . . .; interferencia f; pertubación f; estorbo m • interposición f • influencia f
— **area** n - zona f de interferencia f
— **free** a - libre de interferencia(s) f
— **figure** n - [electr] figura para interferencia
— **fringe** n - [electr] franja f con interferencia f
— **with @ arc** n - [weld] interferencia f con arco m
interferometer n - [instrum] . . .; interferómetro m

interferric a - de entrehierro m
intergovernmental a - [pol] intergubernamental
— **Maritime Consultive Organization** n - [pol] Organización f, or Entidad f, or Organismo m, Consultivo,va Marítimo,ma Intergubernamental
intergranular a - intergranular
— **corrosion** n - [metal] corrosión f intergranular
interim n - interín m | a - provisional; temporario,ria • parcial
— **dividend** n - [fin] dividendo m, provisorio, or a cuenta
— **measure** n - medida f temporaria
— **report** n - informe m parcial
—, **storage**, or **storing** n - [ind] almacenamiento m temporario
— **transmission** n - [mech] transmisión f, provisional, or temporaria
interior n - . . . • [photogr] vista f interior | a - . . .; central
— **application** n - aplicación f interior
— **asphalt** n - [tub] asfalto m interior
— — **lining** n - revetimiento m interior de asfalto m
— — — **spinning** n - [tub] centrifugación f de revestimiento m interior de asfalto m
— — **spinning** n - [tub] centrifugación f interior de asfalto m
— **automobile panelling** n - [autom-body] panelería f interior para automóvil(es) m
— — — **steel** n - [autom-body] panelería f interior de acero m para automóvil(es) m
— **building trim** n - [constr] adorno(s) m interior(es) para edificio(s) m
— **conduit** n - [electr-instal] conducto m (para) interior m
— **corrugation** n - corrugación f interior
— — **crest** n - [constr] cresta f de corrugación f interior
— **decoration** n - [archit] decoración f interior
— **decorator** n - decorador m interior
— **defect** n - defecto m interior
— **discontinuity** n - [weld] discontinuidad f en interior m
— **finish** n - [constr] acabado m interior
— **flaw** n - [weld] defecto m interior
— **galvanizing** n - [metal-treat] galvanización f interior
— **inspection** n - inspección f (de) interior m
— **lighting** n - [electr-instal] alumbrado m interior
— **lining** n - revestimiento m interior
— — **spinning** n - [tub] centrifugación f de revestimiento m interior
— **macroscopic flaw** n - [weld] defecto m macroscópico interior
— **navigation system** n - [naut] sistema m, or red f, de navegación f (en) interior
— **obstruction** n - [tub] obstrucción f, interna, or interior
— **paint** n - [paint] pintura f interior
— **panel** n - [mech] panel m interior
— **panelling** n - [autom-body] panelería f interior
— — **steel** n - [autom-body] panelería f interior (de acero m)
— **paving** n - [constr] pavimento m, or pavimentación f, interior • [metal-fabr] revestimiento m interior
— **periphery** n - [tub] periferia f interior
— **pipe wall** n - [tub] pared f interior de tubería f
— **piping** n - [tub] tubería f interior
— — **cover** n - [tub] cubierta f para tubería f interior
— — **finish cover** n - [tub] cubierta f para terminación f para tubería f interior
— **protection** n - protección f, interior, or interna
— **roughness** n - rugosidad f interior

interior smoothness n - lisura f interior
— **span** n - [constr] tramo m interior
— **surface** n - superficie f interior
— **use** n - uso interior
— — **end grain wood block flooring** n - [constr] bloque(s) m de madera f de contrahilo m para piso(s) m para uso m interior
— — **flooring** n - [constr] (material m para) piso(s) m para uso m interior
— — **wood block floor(ing)** n - [constr] bloque(s) m de madera f para piso(s) m para uso interior
— — — **flooring** n - [constr] madera f para piso(s), or piso m de madera f, para uso interior
— **wall** n - [constr] pared f, or muro m, interior
— — **finish** n - [constr] acabado m de pared f interior
— **weld** n - [weld] soldadura f interior
— — **portrusion** n - [weld] saliente f interior de soldadura; soldadura f saliente en interior m
— **wiring** n - [electr-instal] encablado interior
— — **conduit** n - [electr-instal] conducto m para encablado m interior
— **work** n - [constr] trabajo m, bajo techo m, or interior
interlacing arcade n - [archit] arco(s) m entrelazados
interlock n - . . . .; entrelazamiento m; intercierre* m • trabajo m recíproco • [mech] engatillado m • also see **interlocking** • [electr-instal] enclavamiento m; interconexión f; traba f; enclavador m; also see **interlocking switch** | v - enclavar; engatillar; entrelazar; trabar(se) entre sí
— **assembly** n - [electr-equip] conjunto m para enclavamiento m
— **block** n - [electr-instal] bloque m para enclavamiento m
— — **mounting** n - [electr-instal] montaje m de bloque m para enclavamiento m
— — **mounting** n - [electr-instal] montaje m para bloque m para enclavamiento m
— — — **screw** n - [electr-instal] tornillo m para montaje m para bloque m para enclavamiento m
— **contact** n - [electr-instal] contacto m, enclavador, or para enclavamiento m
— — **assembly** n - [electr-instal] conjunto m de contacto m para enclavamiento m
— **contactor** n - [electron] contactador m para enclavamiento m
— **electrically** v - [mech] enclavar eléctricamente
— @ **fiberglass strand(s)** v - [plast] trabar(se) entre sí hebra(s) f de fibra f de vidrio m
— **grating** n - [metal-fabr] enrejado m engatillado
— — **plank** n - [metal-fabr] plancha f de enrejado m engatillado (Interlock Grating)
— — **plate** n - [mech] plancha f, enrejada engatillada, or de enrejado m engatillado
— — **walkway** n - [constr] pasarela f de enrejado m engatillado (Interlock Grating)
— **insulation** n - [electr-mot] aislación f para enclavamiento m
— **mounting** n - [electr-instal] montaje m de enclavamiento m
— @ **pin** v - [mech] enclavar pasador m
— **sheeting** n - [constr] tablestacado m engatillado
— **spring** n - [electr-equip] muelle m, or resorte m, para enclavamiento m
— **support base** n - [electr-mot] base f para soporte m para enclavamiento m
— — **plate** n - [electr-mot] placa f para soporte m para enclavamiento m
— **switch** n - [electr-equip] llave f, or contacto m, para enclavamiento ; interruptor m, con, traba f, or para enclavamiento m; conmutador m para interconexión f; dispositivo m trabador; also see **interlock trigger**
interlock(ing) trigger n - [electr-equip] gatillo m enclavador
— @ **trigger** v - [weld] enclavar gatillo m
interlocked a - - entrelazado,da; engatillado,da • trabado,da entre sí - [electr-oper] enclavado,da
— **barb(s)** n - [wire] púa(s) f entrelazada(s)
— **cover** n - [electr-equip] tapa f enclavada
— **door** n - [electr=instal] puerta f enclavada
— **electrically** a - [mech] enclavado,da eléctricamente
— **fiberglass strand(s)** n - [plast] hebra(s) f de fibra(s) f de vidrio m, entrelazada(s), or trabada(s) entre sí
— **pin** n - [mech] pasador m enclavado
— **switch(es)** n - [electr-instal] conmutador m enclavado; conmutador(es) m interconectado(s)
interlocking n - [mech] entrelazamiento m; engatilladoi m; trabadura f entre sí • [electr-equipo] enclavamiento m; entrecierre m | a - [mech] engatillado,da; trabado,da entre sí • [electr] trabador,ra; para traba f
— **bin** n - [constr] caja(s) f trabada(s) entre sí
— **contact** n - [electr-instal] contacto m enclavador
— **contactor** n - [electron] contactador m para enclavamiento m
— **cover** n - cubierta con cierre m con traba f
— **galvanized slat** n - tablilla f galvanizada engatillada
— — **steel panel** m - [constr] panel m de acero m galvanizado engatillado
— — — **slat** n - [mech] tablilla f de acero m galvanizado engatillada
— **grating plank** n - [mech] plancha f (Interlocking Grating) enrejada engatillada
— **panel** n - [constr] panel m engatillado
— **piling** n - [constr] tablestacado m con traba
— **pin** n - [mech] pasador m para enclavamiento m
— **relay** n - [electr-equip] relé m para enclavamiento m
— **rib** n - [metal-fabr] costilla f engatillada
— **sheet piling** n - [constr] tablestacado m, trabado, or entrelazado
— — **steel piling** n - [constr] tablestacado m, entrelazado, or trabado, de acero m
— **sheeting** n - [metal-fabr] tablestacado m, engatillado, or trabado
— — **panel** n - [constr] tablestacado m engatillado
— **slat** n - [mech] tablilla f engatillada
— **steel panel** n - [constr] panel n de acero m engatillado
— — **slat** n - [mech] tablilla f de acero m engatillada
— **switch** n - [electr-instal] interruptor m, enclavado, or para enclavamiento m
— **system** n - [mech] sistema m para, enclavamiento m, or interconexión f
— **type** n - [mech] tipo m engatillado
intermediary oxide n - [chem] óxido m intermedio
intermediate a - . . . .; intermediario,ria
— **activity** n - actividad f, intermediaria, or mediana, or intermedia
— — **waste** n - [nucl] desecho(s) m, or residuo(s) m con actividad f, intermedia, or mediana
— **and Small Industry Warranty and Development Fund** n - [pol] Fondo m para Garantía y Fomento m para Industria f Mediana y Pequeña
— **annealing** n - [metal-treat] recocido m, or revenido* m, intermedio
— **arch** n - [constr] bóveda f intermedia
— **area** n - zona f intermedia
— **bearing** n - [mech] cojinete m intermedio; chumacera f intermedia
— **bulkhead** n - [constr] muro m de ribera f in-

intermediate carbon content — 908 —

termedia
intermediate carbon content n - [chem] contenido m intermedio de carbono m
— **casement section window** n - [constr] ventana f con sección(es) f intermedia(s) abisagrada(s)
— **conduit** n - [tub] conducto m intermedio
— **connection** n - conexión f intermedia
— **content** n - [chem] contenido m intermedio
— **cooler** n - [metal-prod] (tobera f) intermedia f • [Spa.] templillo m; toberín m • [Arg.] bastidor m para escoriero m
— — **water inlet pipe** m - [metal-prod] tubería f para entrada f de agua a tobera f
— **cooling** n - enfriamiento m intermedio; refrigeración f intermedia
— — **area** n - [ind] zona f intermedia para, enfriamiento m, or refrigeración f
intermediate current n - [weld] amperaje m intermedio
— **fast cooling area** n - [ind] zona f intermedia para, enfriamiento rápido, or refrigeración f rápida
— **gage** n - [metal-roll] espesor m intermedio
— **gear** n - [mech] engranaje m intermedio • velocidad f intermedia
— **good(s)** n - [econ] bien(es) m intermedio(s)
— — **area** n - [econ] área m de bien(es) m intermedio(s)
— —**(s) industry** n - [econ] industria f para bien(es) m intermedio(s)
— **grade** n - calidad f intermedia
— **hanger** n - [bridges] péndola f intermedia
— **industrial concern** n - [ind] industria f, or empresa f industrial, mediana
— **industry** n - [ind] industria f mediana
— **joint** n - [mech] junta f, or unión f, intermedia
— **layer** n - capa f, or hilada, or camada f. intermedia; manto m intermedio
— **level** n - nivel m, intermedio, or mediano • [nucl] radiactividad f, intermedia, or media, or mediana
— — **liquid waste** n - [nucl] desecho(s) m, or residuo(s) m, líquido(s) con radiactividad, intermedia, or media, or mediana
— — — **storage** n - [nucl] almacenamiento m de, desecho(s) m, or residuo(s) m, líquido(s) con radiactividad f, intermedia, or media, or mediana
— — **solid waste** n - [nucl] desecho(s) m, or residuo(s) m, sólido(s) con radiactividad f, intermedia, or media, or mediana
— — — **storage** n - [nucl] almacenamiento m de, desecho(s) m, or residuo(s) m, sólido(s) con radiactividad f, intermedia, or media, or mediana
— — **waste** n - [nucl] desecho(s) m, or residuo(s) m, con radiactividad f, intermedia, or media, or mediana
— — — **decontamination** n - [nucl] descontaminación f de, desecho(s) m, or residuo(s), con radiactividad f, intermedia, or media(na)
— — — **holding tank** n - [nucl] depósito m para recogida f de, desecho(s) m, or residuo(s) m, con radiactividad f, intermedia, or media(na)
— — — **line** n - [nucl] conducto m para, desecho(s) m, or residuo(s) m, con radiactividad f, intermedia, or media(na)
— — — **storage** n - [nucl] almacenamiento m de, desecho(s) m, or residuo(s) m, con radiactividad f, intermedia, or media(na)
— — — **operation** n - [nucl] operación f de conducto m para, desecho(s) m, or residuo(s) n, con radiactividad f, (inter)media(na)
— — — **tank** n - [nucl] depósito m para, desecho(s) m, or residuo(s) m, con radiactividad f, intermedia, or media(na)
— — **waste treatment** n - [nucl] tratamiento m de, desecho(s) m, or residuo(s) m, con radiactividad f, intermedia, or media(na)

intermediate locomotive axle n - [rail-wheels] eje m intermedio para locomotora f
— **mill** n - [metal-roll] laminador m intermedio; tren m preparador
— **part** n - [mech] pieza f intermedia
— **position** n - posición f intermedia
— **pressure** n - presión f intermedia
— — **accumulator** n - [pneumat] acumulador m para presión(es) f intermedia(s)
— — **centrifugal pump** n - [pumps] bomba f centrífuga para presión(es) f intermedia(s)
— — **heater** n - [boilers] calentador m con presión(es) f (inter)media(s)
— — — **drip return** n - [boilers] retorno m de drenaje m de calentador m con presión(es) f (inter)media(s)
— — **pump** n - [pumps] bomba f para presión(es) f intermedia(s)
— **processing** n - [ind] procesamiento m intermedio
— — **manager** n - [ind] gerente m para procesamiento m intermedio
— **product** n - [ind] producto m intermedio
— **radioactivity** n - [nucl] radiactividad f, intermedia, or media(na)
— **reheating** n - [metal-prod] recalentamiento m intermedio
— **rib (arch)** n - [archit] arco m, or bóveda f, de tercelete
— **rod** n - [petrol] vástago m intermedio
— — **baffle** n - [mech] deflector m para vástago m intermedio
— —, **connecting**, or **connection** n - conexión f para vástago m intermedio
— — **installation** n - [mech] instalación f, or colocación f, de vástago m intermedio
— — **lubrication** n - [petrol] lubricación f de vástago m intermedio
— — **oil** n - [mech] aceite n para vástago m intermedio
— — **oil shield** n - [mech] guardaaceite m para vástago m intermedio
— — **wiper** n - [mech] enjugador m para aceite m para vástago m intermedio
— — — — **retainer** n - [mech] retén(edor) m para enjugador m para aceite m para vástago m intermedio
— — — — **gasket** n - [mech] guarnición f para retén(edor) m para enjugador m para aceite m para vástago m intermedio
— — — — **plate** n - [mech] disco m, or placa f, para retén(edor) m para enjugador m para aceite m para vástago m intermedio
— — — — — **gasket** n - [mech] guarnición f para, disco m, or placa f, para retén(edor) m para enjugador m para aceite m para vástago m intermedio
— — — — **spacer** n - [mech] separador m para enjugador m para aceite m para vástago m intermedio
— — **removal** n - [mech] remoción f, or saca f, de vástago m intermedio
— — **wiper** n - [petrol] enjugador m, intermedio, or para vástago m intermedio
— — — **lubrication** n - [petrol] lubricación f, de, or para, vástago m intermedio
— **rolling mill** n - [metal-roll] laminador m intermedio
— **separation** n - separación f intermedia
— — **tank** n - [ind] estanque m intermedio para separación f
— **shaft** n - [mech] árbol m, or eje m, intermedio
— — **bearing** n - [mech] cojinete m intermedio, or chumacera f intermedia, para árbol m; cojinete m, or chumacera f, para árbol m intermedio
— **slag notch cooler** n - [metal-prod] tobera f intermedia
— **slope** n - [sports-skis] cuesta f, or pista f, intermedia

intermediate solution n - solución f intermedia
— **speed** n - velocidad f intermedia
— **sprocket** n - [mech] rueda f dentada intermedia
— — **unit** n - [mech] conjunto m con rueda f dentada intermedia
— **stage** n - etapa f intermedia
— **stand** n - [metal-roll] caja f intermedia
— **steel arch** n - [constr] bóveda f intermedia de acero m
— **still** n - [ind] destilador m intermedio
— — **product** n - [ind] producto m intermedio de destilación f
— **support** n - soporte m intermedio
— **tank** n - depósito m, or estanque m, intermedio
— **term** n - [fin] plazo m intermedio
— **thickness** n - espesor m intermedio
— **treatment** n - tratamiento m intermedio
— **vertical support** n - [constr] soporte m vertical intermedio
— **voltage** n - [electr-distrib] voltaje m intermedio
— **wiper** n - [petrol] enjugador m intermedio
— — **lubrication** n - [petrol] lubricación f de enjugador m intermedio
— **yard** n - [ind] parque m intermedio; playa f intermedia
— — **burner** n - [metal-prod] soplete(ro) m de parque m intermedio, or playa f intermedia
— — **hooker** n - [metal-prod] enganchador m para, parque m intermedio, or playa f intermedia
intermingled a - entremezclado,da; entreverado,da
intermingling n - entremezcla f; entrevero m
intermission n . . .; receso m • [legal] cuarto m intermedio
intermittent a - . . . . • interrumpido,da • [electr] destellante
— **buzzer** n - [electron] zumbador m intermitente
— **circuit** n - [electr] circuito m intermitente
— **current** n - [electr-oper] corriente f intermitente
— **crack(s)** n - [weld] grieta(s) f intermitente(s)
— **duty** n - servicio m intermitente • horario m intermitente
— **fillet weld** n - [weld] soldadura f intermitente en ángulo m interior
— **flood(ing)** n - [hydr] inundación f intermitente
— **flow** n - [hydr] flujo m, or corriente f, or caudal m, intermitente
— **light** n - [safety] luz f intermitente
— **line** n - línea f intermitente
— **lubrication** n - lubricación f intermitente
— **open circuit** n - [electr-instal] circuito m abierto intermitente
— **open stream** n - [hydr] curso m de agua m - bierto intermitente
— **problem** n - [math] problema m intermitente
— **rating** n - [electr-oper] potencia f para funcionamiento m intermitente
— **run** n - [ind] partida f intermitente
— — **work** n - [ind] trabajo m en partida(s) f intermitente(s)
— **stream** n - [hydr] curso m de agua m intermitente
— **schedule** n - horario m, intermitente, or interrumpido; programa m intermitente
— **segment** n - segmento m intermitente
— **sense** n - sentido m intermitente
— **service** n - servicio m intermitente
— — **crane** n - [cranes] grúa f para servicio m intermitente
— **weld** n - [weld] soldadura f, intermitente, or por punto(s), or salteada
— — **center-to-center spacing** n - [weld] paso m entre centro(s) m en soldadura f intermitente
— — **segment** n - [weld] segmento m de soldadura intermitente

intermittent welding n - [weld] soldadura f intermitente
— — **symbol** n - [weld] símbolo m para soldadura f intermitente
— **work** n - [ind] trabajo m intermitente
intermixed a - entreverado,da
intermixing n - entrevero m
internal(s) n - [mech] pieza(s) f interior(es)
— **air transportation** n - [aeron] transporte m aéreo nacional
— **and external gage** n - [instrum] calibre m con compás m
— **application** n - aplicación f interna
— **assembly** n - conjunto m interior • pieza(s) f interior(es)
— **audit(ing)** n - [accntg] auditoría f interna
— **auditor** n - [accntg] auditor* m interno
— **bead** n - [weld] cordón m interior
— **beading** n - [tub] cordón m interior • cordón m deprimido
— **bracing** n - arriostramiento m interior
— **cavity** n - cavidad f interior
— **clamp** n - [tub] sujetador m, interior, or interno m
— **cleaning** n - limpieza f interior
— — **brush** n - [tub] cepillo m para limpieza f interior
— — **head** n - [tub] cabeza f para limpieza f interior
— — — **brush** n - [tub] cepillo m para tubería f para limpieza f interior
— — — — **assembly** n - [tub] conjunto m de cepillo m para cabeza f para limpieza f interior
— — — — **counter-rotating brush** n - [tub] cepillo m contrarrotante para cabeza f para limpieza f interior
— — — — — **assembly** n - [tub] conjunto m de cepillo m contrarrotante para cabeza f para limpieza f interior
— — — — **rotating brush** n - [tub] cepillo m rotante para cabeza f para limpieza f interior
— — — — — **assembly** n - [tub] conjunto m de cepillo m rotante para cabeza f para limpieza f interior
— **coating** n - revestimiento m (interior)
— — **inspection** n - [tub] inspección f de revestimiento m interior
— — **operation** n - [tub] operación f para revestimiento m interior
— **column** n - columna f, interna, or interior
— **combustion** n - [int.comb] combustión f interna | a - [int.comb] con combustión f interna
— — **engine** n - [combust.int] motor m con, combustión f interna, or explosión f
— — — **operation** n - [int.comb] operación f, or funcionamiento m, de motor m con combustión f interna
— — — **emergency system** n - [ind] sistema m para emergencia f con motor(es) m con combustión f interna
— — **motor** n - see **internal combustion engine**
— — **tractor** n - [autom] tractor m (con motor m) con combustión f interna
— **Commerce Administration** n - [pol] Dirección f General para Comercio m Exterior
— **common tariff** n - [pol] arancel m común interno
— **commotion** n - [pol] conmoción f interna
— **component** n - componente m, interno, or interior; pieza f constitutiva interior
— — **cleaning** n - limpieza f de componente m interno
— — **inspection** n - inspección f de componente m interno
— **condition** n - condición f interna
— **connection** n - [electr] conexión f interna
— **connector** n - [electr-instal] conectador m interno
— **control** n - control m interno

internal control group n - [managm] grupo m para control m interno
— — **procedure** n - [com] norma f, or procedimiento m, para control m interno
— — **system** n - sistema m, interno para fiscalización, or para, fiscalización f interna, or control m interno
— **copper strap** n - [mech] tira f interior de cobre m
— **corporate organization** n - organización f empresarial interna
— **corrosion** n - corrosión f interior
— **cost(s)** n - [ind] costo(s) m interno(s)
— **crack** n - [weld] grieta f, or agrietamiento m, interior
— — **control** n - [weld] evitación f, or regulación f, or control m, de grietas f interiores
— **cracking** n - [weld] agrietamiento m interior
— **customs** n - [fisc] aduana f interior
— **cylindrical gage** n - [instrum] calibre m cilíndrico (interior)
— **debt** n - [fin] deuda f, interior, or interna
— **demand** n - demanda f, interna, or nacional
— — **requirement(s)** n - [com] requerimiento(s) m de demanda f, interna, or interior
— **design** n - proyección f interior
— — **pressure** n - presión f interior proyectada
— **detail(s)** n - detalle(s) m interior(es)
— **diameter** n - diámetro m, interior, or interno
— — **welder** n - [tub] soldadora f interior
— **engine part** n - pieza f interna para motor m
— — — **ample lubrication** n - [int.comb] lubricación f, amplia, or generosa, para pieza f interna f para motor m
— — — **lubrication** n - [int.comb] lubricación f para pieza f interna para motor m
— **expanding** n - expansión f interna ‖ a - con expansión f interna
— — **brake** n - [mech] freno m con expansión f interna
— **expansion** n - expansión f, interna, or interior
— — **brake** n - [mech] freno m con expansión f interna
— **failure** n - falla f interna
— **field** n - [electr] campo m interior
— **finish** n - acabado m, or terminación f, interior
— **fitting** n - [mech] dispositivo m interior
— **friction** n - fricción f, interior, or interna
— — **angle** n - [soils] ángulo m de fricción f, interior, or interna
— — — **function** n - tunción f de ángulo m de fricción f, interior, or interna
— **gear** n - [mech] engranaje m interior • dentado m interior
— — **main pinion** n - [mech] piñón m principal de engranaje m interior
— — **pinion** n - [mech] piñón m de engranaje m interior
— — **principle** n - [mech] principio m de engranaje(s) m, interior(es), or interno(s)
— — **(s) pump** n - [pumps] bomba f con engranaje(s) m, interior(es), or interno(s)
— — **transmission** n - [mech] transmisión f con engranaje(s) m interior(es)
— — **wheel** n - [mech] rueda f para engranaje m interior
— **generation** n - generación f interna
— **governor** n - [int.comb] álabe m interior para regulador m
— **hydrostatic pressure** n - [hydr] presión f hidrostática interna
— **income** n - [econ] ingreso(s) m interno(s)
— **inspection** n - inspección f interior
— **irregularity** n - irregularidad f, interna, or interior
— — **check(ing)** n - verificación f, or comprobación f, de irregularidad(es) f interna(s)
— **lift(ing)** n - elevación f, interna, or interior

internal lifting pump n - [pumps] bomba f para elevación f, interior, or interna
— — **lever** n - [pumps] palanca f para bomba f para elevación f, interior, or interna
— **lighting** n - [electr-instal] alumbrado m, or iluminación f, interior
— **line-up** n - alineación f interior
— — **clamp** n - [weld] sujetador m, interior para alineación f, or para alineación f interior
— **liner** n - [tub] revestimiento m (interior)
— **lining** n - revestimiento m (interior)
— **load** n - carga f interna
— — **washer** n - [mech] arandela f, interior para seguridad f, or para seguridad f interior
— **lubrication** n - [lubric] lubricación f, or engrase m, interior
— **mail post office box** n - [comunic] apartado m nacional
— — **service** n - [com] servicio m interno de mensajero(s) m y correspondencia f
— **mandrel** n - [constr-pil] mandril m interior
— **market** n - [econ] mercado m, interno, or nacional • mercado m interior
— **marketing** n - [econ] mercadeo m interno; comercialización f interna
— **messenger service** n - [managm] servicio m, de mensajero(s) m interior(es), or interno de mensajero(s) m
— **minimum common tariff** n - [pol] arancel m mínimo común interno
— — **tariff** n - [pol] arancel m interno mínimo
— **motor part** n - [electr-mot] pieza f interna para motor m
— **mounting panel** n - [weld] tablero m para montaje m interior
— **operating cost(s)** n - [ind] costo(s) m interno(s) para operación f
— **operation** n - operación f interna
— **overheating** n - [weld] recalentamiento m, or sobrecalentamiento m, interior
— **organization** n - organización f, interna, or empresarial
— **panel** n - [mech] panel m interior
— **part** n - parte f interna • [mech] pieza f interior
— — **protection** n - [mech] protección f para pieza f interior
— **personnel transportation** n - transporte m interno m de personal
— **pinion** n - [mech] piñón m interior
— **pipe** n - [tub] tubo m, or tubería f, interior
— — **liner** n - [tub] revestimiento m interior para, tubo m, or tubería f
— — **surface** n - [tub] superficie f interior de, tubo m, or tubería f
— **plant** n - [ind] planta f interna
— **plastic coat(ing)** n - revestimiento m, interior, or interno, con plástico
— **porosity** n - [weld] porosidad f interna
— **portion** n - parte f interna
— **power source** n - [electr] fuente f interna para energía f
— **preparation** n - [mech] preparación f interna
— **pressure** n - presión f, interior, or interna
— **price** n - precio m interno
— **product** n - producto m interno
— **quality** n - calidad f interior
— — **control** n - fiscalización f interna de calidad f
— — — **system** n - [ind] sistema m interno para fiscalización f de calidad f
— — **evaluation** n - evaluación f, interna de calidad f, or de calidad f interna
— — **equipment** n - [instrum] equipo m para fiscalización f interna de calidad f
— **radius** n - radio m, interior, or interno
— **rate** n - tasa f interna
— **resistance** n - resistencia f interna
— **return** n - [fin] tasa f interna
— — **rate** n - [fin] tasa f interna de retorno m

internal revenue n - [pol] renta f interna
— — office n - [fisc] oficina f de Dirección Impositiva
— — Service n - [fisc] Dirección f General Impositiva • [Per.] (Dirección f de) Contribuciónes f
— rib n - [tub] nervadura f interior
— ruling(s) n - reglamentación f interna
— scrap n [metal-prod] chatarra f, interna, or doméstica
— — generation n - [metal-prod] generación f interna de chatarra f
— seam n - [tub] costura f, or cordón m, interior
— service(s) n - [ind] servicio(s) m interno(s)
— — division n - [ind] división f para servicio(s) m interno(s)
— — — head n - [managm] jefe m de división f para servicio(s) m interno(s)
— — — supervisor n - [ind] supervisor, or jefe m, para división f para servicio(s) m intterno(s)
— short circuit n - [electr-oper] cortocircuito m interno
— slag n - [metal-prod] escoria f interna
— — generation n - [metal-prod] generación f interna de escoria f
— soundness n - solidez f interna
— source n - fuente f interna
— spring n - [mech] resorte m, or muelle m, interior
— — compression n - [mech] compresión f de, resorte m, or muelle m, interior
— standard n - norma f interna
— standardization n - normalización f interna
— —, base(s), or basis n - base(s) f para normalización f interna
— — general base(s) n - base(s) m general(es) para normalización f interna
— standardizing n - normalización f interna
— strain n - [mech] esfuerzo m, or solicitación f, interior • tensión f interior
— — relief clamp n - [mech] sujetador m interior para alivio m de tensión(es) f
— strand n - [cabl] cordón m, or torón* m, interior
— strap n - [mech] tira f interior
— stress n - [metal] tensión f, or solicitación f, interior • esfuerzo m interno
— — relaxation n - [metal] alivio m, or compensación f, de tensión(es) f (internas)
— structure n - estructura f, interior, or interna
— surface n - superficie f interior
— tariff n - [pol] arancel m interno
— tooth n - [mech] diente m interior
— lock washer n - [mech] arandela f (para seguridad f) con saliente(s) f interior(es)
— — washer n - [mech] arandela f, con dientes m interiores, or dentada interiormente
— transportation n - transporte m interno
— tube beading n - [tub] cordón m, interior, or deprimido, en, tubo m, or tubería f
— undercut n - [weld] socavación f, interior, or interna
— — problem n - [weld] problema m con socavación f, interior, or interna
— upset(ting) n - [tub] engrosamiento m interior
— use n - uso m, interno, or interior
— vane n - [mech-fans] álabe m interior
— vibration n - [concr] vibración f interna
— vibrator n - [concr] vibrador m interno
— view n vista f interior
— washer n - [mech] arandela f interior
— water pressure n - [hydr] presion f interna de agua m
— weld(ing) n - [weld] soldadura f interior
— winding n - [electr-mot] inducido m, or devanado m, interior, or interno

internal wire n - [cabl] alambre m interior
— wiring n - [electr-instal] cableado* m interior; conexión(es) f interior(es)
— yield n - [metal] fluencia f interior
— — pressure n - [tub] presión f interna para fluencia f
internally adv - interiormente; internamente
— flooded a - inundado,da interiormente
— geared a - dentado,da intermente
— — crown n - [mech] corona f dentada interiormente
— — revolving crown n - [cranes] corona f para, giro m, or rotación f, dentada interiormente
— — ring gear n - [mech] anillo m dentado interiormente; corona f dentada interiormente
— — rotational ring gear m - [mech] corona f para, giro m, or rotación f, dentada interiormente
— lined a - [tub] revestido,da interiormente
— — pipe n - [tub] tubo m revestido interiormente; tubería f revestida interiormente
— lubricated a - [mech] lubricado,da, or engrasado,da, interiormente
— — rope n - [cabl] cable m lubricado interiormente
— — strand n - [cabl] cordón n lubricado interiormente
— — wire rope n - [cabl] cable m de alambre m lubricado interiormente
— oil flooded a - inundado,da interiormente con aceite m
— plastic coat v - revestir interiormente con plástico m
— — coated a - revestido,da interiormente con plástico m
— — coating n - revestimiento m interior con plástico m
— threaded a - [mech] roscado,da interiormente
— — fastener n - [mech] sujetador m roscado interiormente
— — standard fastener n - [mech] sujetador m de norma f roscado m interiormente
— — — — specification n - [mech] especificación f para sujetador(es) m de norma f roscado(s) interiormente
— — — — standard specification n - [mech] especificación f de norma f para sujetador(es) m de norma f roscado(s) interiormente
— — steel fastener n - [mech] sujetador m de acero m roscado interiormente
international acceptance n - aceptación f, or reconocimiento m, internacional
— act n - hecho m internacional
— air transportation n - [aeron] transporte m aéreo internacional
— airport n - [aeron] aeropuerto m internacional
— analysis n - [com] análisis m internacional
— analyst n - [com] analista m internacional
— anti-dumping code n - [pol] código m internacional contra dumping* m
— Atomic Energy Agency n - [nucl] Organización f, or Organismo m, or Agencia f, Internacional para Energía f Atómica
— — — — category n - [nucl] categoría f según, Organización f, or Organismo m, or Agencia f, Internacional para Energía f Atómica
— bank n - [fin] banco m internacional
— — for Reconstruction and Development n - [pol] Banco m Internacional para Reconstrucción f y Desarrollo m
— business n - [com] comercio m internacional
— Cable Standard(s) n - [electr-cond] Norma(s) f Internacional(es) para Cable(s) m
— call n - [telecom] llamada f internacional
— Chamber of Commerce n - [com] Cámara f Internacional para Comercio m
— character n - carácter m internacional
— characteristic n - característica f interna-

cional
International Civil Aviation Organization n - [pol] Organización f, or Organismo m, Internacional para Aviación f Civil
— **code** n - código m internacional
— **commerce** n - [econ] comercio m internacional
— **Communication(s) Union** n - [pol] Unión f Internacional para Comunicación(es) f
— **company** n - [legal] compañía f, or empresa f, internacional
— **consulting company** n - compañía f, or empresa f, consultora internacional
— — **firm** n - firma f, or empresa f, consultora internacional
— **Cooperation Administration** n - [pol] Administración f, or Organismo m, para Cooperación f Internacional
— **credit organization** n - [fin] organismo m crediticio internacional; entidad f para crédito m internacional
— **Development Association** n - [pol] Asociación f Internacional para Desarrollo m
— **driver** n - [autom] conductor m internacional • [sports] corredor m internacional
— **economic, tendency, or trend** n - [econ] tendencia f económica internacional
— **efficiency** n - [econ] eficiencia f internacional
— — **level** n - [econ] nivel m de eficiencia f internacional
— **Electrotechnical Commission** n - [electr] Comisión f Electrotécnica Internacional
— **debarcation point** n - [transp] punto m internacional para, entrada f, or desembarque m
— **embarkation point** n - [transp] punto m internacional para, salida f, or embarque m
— **event** n - [pol] evento m, or hecho m, internacional
— **Finance Corporation** n - [pol] Corporación f Financiera Internacional
— **financial** a - financero,ra internacional
— — **entity** n - [fin] entidad f financiera internacional
— — **organization** n - [fin] organización f, or organismo m, or entidad f, financiera internacional
— **financing organization** n - [fin] organismo m internacional para, financiación f, or financiamiento m
— **firm** n - [legal] firma f, or entidad f, or empresa f, internacional
— **group** n - grupo m internacional
— **highway** n - [roads] carretera f internacional
— **investor** n - [fin] inversionista m internacional
— **Labor Organization** n - [pol] Organización f Internacional, para, or de, Trabajo m
— **law** n - [legal] derecho m internacional • ley f internacional
— **level** n - [pol] nivel m, or plano m, internacional
— — **comparison** n - [Econ] comparación f en plano m internacional
— — **competitive price** n - [econ] precio m competitivop en nivel m internacional
— — **price** n - [econ] precio m en nivel m internacional
— **market** n - [Econ] mercado m internacional
— — **analysis** n - [econ] análisis m de mercado m internacional
— — **analyst** n - [econ] analista m de mercado m internacional
— — **factor** n - [econ] factor m en mercado m internacional
— **marketing** n - [econ] comercialización f, or mercadeo m, internacional
— **Monetary Fund** n - [pol] Fondo m Monetario Internacional
— — — **member** n - [pol] miembro m de Fondo m Monetario Internacional
— **Motor Sports Association** n - [sports] Asociación f Internacional para Deporte(s) m Automovilístico(s)
— **international organization** n - organización f, or organismo m, or entidad f, internacional
— **permeameter** n - [instrum] permeámetro m internacional
— **Pro Rally** n - [sports] Pro Rally* m Internacional
— **productivity, tendency, or trend** n - [ind] tendencia f de productividad f internacional
— **public tender** n - [com] licitación f pública internacional
— **Public Transportation Union** n - [transp] Unión f Internacional para Transporte(s) m Público(s)
— **racer** n - [autom] corredor m internacional
— **racing driver** n - [autom] carrerista m internacional
— **rally (race)** n - [sports] carrera f Rally internacional
— **recognition** n - reconocimiento m internacional
— **Reconstruction and Development Bank** n - [pol] Banco m Internacional para Reconstrucción f y Fomento m
— **road** n - [roads] carretera f inernacional
— — **Federation** n - [pol] Federación f Vial Internacional
— **sale(s)** n - [com] venta(s) f internacional(es)
— —(s) **division** n - [com] división f para venta(s) f internacional(es)
— **scene** n - escenario m internacional
— **shipping airport** n - [transp] aeropuerto m internacional para embarque(s) m
— **specification** n - especificación f internaciónal
— **standard** n - [ind] norma f internacional
— —(s) **Organization** n - Organización f, or Organismo m, Internacional para Norma(s) f
— — — **viscosity** n - [lubric] viscosidad f, I. S. O., or según Organización f Internacional para Normas f
— — — — classification n - [lubric] clasificación f para viscosidad f según Organización f Internacional para Norma(s) f
— — — — **system** n - [lubric] sistema m para clasificación f de viscosidad(es) f según Organización f Internacional para Normas f
— — — — **rating** n - [lubric] clasificación f para viscosidad(es) f según Organización f Internacional para Normas f
— **support** n - apoyo m internacional
— **system** n - sistema m internacional
— **technical, tendency, or trend** n - [ind] tendencia f (de) técnica f internacional
— **technique** n - [ind] técnica f internacional
— **Telecomunications Union** n - [pol] Unión f Internacional para Telecomunicaciones f
— **telephone call** n - [telecom] llamada f telefónica internacional
— **tendency** n - tendencia f internacional
— **tender** n - [com] licitación f, or concurso f, internacional
— **thread** n - [mech] rosca f, internacional, or métrica; paso m, internacional, or métrico
— **term** n - término m internacional
— **Tin Council** n - [pol] Conesjo m Internacional para Estaño m
— **tire warranty** n - [autom-tires] garantía f internacional para neumático(s) m
— **trade** n - [econ] comercio m, or intercambio m, internacional
— — **Office** n - [pol] Oficina f para Intercambio m Internacional
— **trend** n - tendencia f internacional
— **unit** n - unidad f (para medidas f) internacional
— —(s) **System** n - [metric] Sistema m Internacional (de unidades m) para medida(s) f
— **warranty** n - garantía f internacional

internatioonalism n - . . .; carácter m internacional
internationalized a - internacionalizado,da
internationally adv - internacionalmente
— **accepted standard** n - norma f, aceptada, or reconocida, internacionalmente
interned a - [pol] internado,da
interoffice a - entre oficinas f; interno,na
— **communication(s)** n - [com] comunicación(es) f interna(s)
— **memo(randum)** n - [com] memorandum m interno
interpass a - [weld] entre pasada(s) f
— **temperature** n - [weld] temperatura f entre pasada(s) (sucesivas)
— — **control** n - [weld] regulación f de temperatura entre pasadas(s) f
interphase a - entre fase(s) f; interfásico,ca
— **voltage** n - [electr-oper] voltaje m entre fase(s) f
interplant a - [ind] entre planta(s) f
— **information** n - [ind] información f, entre planta(s) f, or a otra(s) planta(s)
— **program** n - [ind] programa m para toda(s) planta(s) f
— **standardization** n - [ind] normalización f en toda(s) planta(s) f
— — **program** n - [ind] programa m para normalización f en toda(s) planta(s) f
interpolate v - . . .; intercalar
— **between @ value(s)** v interpolar entre valor(es) m
interpolated a - interpolado,da; intercalado,da
— **between @ value(s)** a - interpolado,da entre valor(es) m
interpolating n - interpolación f | a - interpolador,ra
— **between @ value(s)** n - interpolación f entre valor(es) m
interpolation between @ value(s) n - interpolación f entre valor(es) m
interpole n - [electr-instal] interpolo m; polo m auxiliar; polo m para conmutación | v - [electr-instal] interpolar
— **and coil assembly** n - [electr-mot] conjunto m de polo m auxiliar y devanado m
— **assembly** n - [electr-mot] conjunto m de polo m auxiliar
— **coil** n - [electr-mot] devanado m, interpolar, or para polo m auxiliar
— — **and pole** n - [electr-mot] devanado m para polo m auxiliar y polo m
— — **and pole set** n - [electr-mot] juego m para devanado m y polo m auxiliar y polo m
— **field** n - [electr-mot] campo m, interpolar, or para polo m auxiliar
— — **coil** n - [electr-mot] devanado m, auxiliar, or para campo m interpolar
— **pole piece** n - [electr-mot] pieza f polar para polo m auxiliar
interposed a - interpuesto,ta; intervenido,da; intermediado,da
interposition n - . . .; intervención f
interpret @ contract v - [legal] interpretar contrato m
— **@ policy** v - [insur] interpretar póliza f
— **@ signal** v - interpretar señal f
— **@ reference term** v - interpretar término m para referencia f
— **@ table** v - interpretar tabla f
interpretable picture n - [electron] imagen f, interpretable, or que puede interpretar(se)
interpretation n - . . . • hermenéutica f
—, **expertise, or expertness** n - destreza f para interpretación f
— **facilitation** n - facilitación f de interpretación f
interpretative value n - valor m interpretativo
interpreted a - interpretado,da • traducido,da
— **contract** n - [legal] contrato m interpretado
— **policy** n - [insur] póliza f interpretada
— **reference term** n - término m para referencia f interpretado

interpreted signal n - señal f interpretada
— **table** n - tabla f interpretada
interpreter n - . . .; interpretador m
interpreting n - interpretación f | a - interpretador,ra; interpretante
— **indication(s)** n - indicación(es) f, or indicio(s) m, interpretante(s)
— **@ indication(s)** n - interpretación f de, indicación(es) f, or indicio(s) m
interrrelate v - interrelacionar; relacionar entre sí; entrelazar
— **@ factor** v - entrelazar factor m
— **@ work** v - [managm] relacionar trabajo(s) m entre sí; entralazar trabajo(s) m
interrelated a - . . .; interrelacionado,da; relacionado,da entre sí; entrelazado,da; interdependiente*
— **factor** n - factor m entrelazado
— **whole** n - conjunto m interdependiente
— **work** n - [managm] trabajo(s) m relacionado(s) entre sí
interrelating n - entrelazamiento m; interdependencia f
interrelation n - interrelación f; relación f entre sí; entrelazamiento m; relación f, mutua, or interna; interdependencia f
interrogate n - [comput] interrogación f | v - . . .; preguntar
— **automatically** v - [comput] interrogar automáticamente
— **code** n - [comput] código m para interrogación
— **mode** n - [comput] modalidad f para interrogación f
— **remotely** v - [electron] interrogar desde distancia f
— **site** n - [comput] sitio m, or punto m, para interrogación f • punto m, or sitio m, interrogado
interrogated a - interrogado,da
— **automatically** a - [comput] interrogado,da automáticamente
— **remotely** a - [comput] interrogado,da desde distancia f
interrogating n - interrogación f | a interrogador,ra; interrogante
— **allowing** n - permisión f para interrogación f
interrogator n - . . .; interrogador m
interrupt v - . . . • [electr] cortar; desconectar • [miner] suspender
— **@ air traffic** v - [aeron] interrumpir, tráfico m, or tránsito m, aéreo
— **automatically** v - interrumpir automáticamente
— **@ casting** v - [metal-prod] interrumpir, or retirar, colada f
— **@ fault** v - [electr-oper] interrumpir falla f
— **@ flow** v - interrumpir, flujo m, or caudal m
— **@ information** v - interrumpir información f
— **@ movement** v - interrumpir movimiento m
— **@ operation** v - interrumpir operación f
— **@ power supply** v - [electr-distrib] interrumpir suministro m de energía f
— **@ pressure** v - interrumpir presión f
— **@ series** v - interrumpir serie f
— **@ supply** v - interrumpir suministro m
— **@ temperature** v - interrumpir temperatura f
— **@ transportation** v - [transp] interrumpir transporte m
— **@ use** v - interrumpir uso m
interrupted a - interrumpido,da
— **air traffic** n - [aeron] tráfico m, or tránsito m, aéreo interrumpido
— **automatically** a - interrumpido,da automáticamente
— **circuit** n - [electr-instal] circuito m interrumpido
— **fault** n - [electr-oper] falla f interrumpida
— **flow** n - flujo m, or caudal m, interrumpido
— **information** n - información f interrumpida
— **movement** n - movimiento m interrumpido
— **operation** n - operación f interrumpida

interrupted power supply n - [electr-distrib] suministro m de energía f interrumpido
— **pressure** n - presión f interrumpida
— **series** n - serie f interrumpida
— **supply** n - suministro m interrumpido
— **temperature** n - temperatura f interrumpida
— **transportation** n - [transp] transporte m interrumpido
— **traffic** n - [transp] tráfico, or tránsito m, interrumpido
interrupting n - interrupción f | a - interruptor,ra
— **capacity** n - [electr-distrib] capacidad f, or posibilidad f, de interrupción f
— **time** n - [electr-distrib] tiempo m de, interrupción f, or de apertura f
interruption free a - ininterrumpido,da; libre de, or sin, interrupción(es) f
— — **electrode feeding** n - [weld] alimentación f, ininterrumpida, or sin interrupción f, de electrodo m
— — **feeding** n - [Weld] alimentación f, ininterrumpida, or sin interrupción(es) f
— — **wire feeding** n - [weld] alimentación f, ininterrumpida, or sin interrupción f, de alambre m, or electrodo m
— — **performance** n - funcionamiento m, libre de, or sin, interrupción(es) f
—, **initiating**, or **initiation** n - iniciación f de interrupción f
— **loss** n - [com] pérdida f debida a interrupción f
— **period** n - período m de interrupción f
— **possibility** n - posibilidad f de interrupción
interruptor n - interruptor m • [electr-instal] see breaker
— **room** n - [electr-instal] sala f para, interruptor m, or disyuntor m
— **switch** n - [electr-instal] interruptor m desconectador
intersect v - . . . ; intersectar; empalmar
— @ **beam** v - [constr] empalmar con viga f
— @ **girder** v - [constr] empalmar (con) viga f maestra
— @ **ground** v - intersecar con suelo m
— @ **turning line** v - intersecar línea f para cambio m
intersected a - intersecado,da
— **turning line** n - línea f para cambio intersecada
intersecting n - intersección f | a - intersecante
— **angle** n - ángulo m intersecante
— **diagonal** n - diagonal f intersecante
— **single angle** n - ángulo m único intersecante | a - intersecante con ángulo único
— — — **diagonal** n - diagonal f intersecante con ángulo único
— **wall(s)** n - [constr] pared(es) intersecante(s) • intersección f de pared(es) f
intersection n - . . . . [roads] . . .; encrucijada f; intercambio m para tránsito m
intersperse v - . . . ; intercalar; mezclar
interspersed a - intercalado,da; (entre)meclado,da
interspersing n - intercalación f; mezcla f
interstate n - [roads] supercarretera f (interestatal) | a - . . .
— **commission** n - [pol] comisión f interestatal
— **highway** n - [ropads] (super)carretera f (de red f) interstatal
— — **exit** n - [roads] salida f, or egreso m, de (super)carretera f interestatal
— — **program** n - [roads] programa m para (super)carretera(s) f interestatal(es)
— — **System** n - [roads] sistema m, or red f, interestatal de (super)carreteras f (de Estados m Unidos)
— **hub** n - [roads] mazo m, or empalme m, múltiple de (super)carretera(s) f interestatal(es)
— **mileage** n - [roads] millas f en (super)carretera(s) f interestatal(es); use kilómetros

Interstate program n - [roads] programa m para (Super)carretera(s) f Interestatal(es)
— **route** n - [roads] ruta f Interestatal
— **specification** n - [roads] norma f para carretera(s) f interestatal(es)
— **standard** n - [roads] norma f para (super)carretera(s) f interestatal(es)
— **System** n - [roads] Sistema m, or Red, Interestatal
— — **highway** n - [roads] (Super)carretera f de Red Interestatal
— — **project** n - [roads] obra f para red f Interestatal
— **variety** n - [roads] tipo m con acceso m limitado | a - [roads] de tipo m con acceso m limitado
interstellar flight n - [astronaut] vuelo m interestelar
— **planetary flight** n - [astronaut] vuelo m interestelar planetario
interstitial free a - [metal-prod] libre, or sin, intersticio(s) m
— — **steel** n - [metal-prod] acero m, libre de, or sin, intersticio(s) m
interval n - . . . . • frecuencia f
— **between digit(s)** n - [comput] intervalo m entre dígito(s) m
intervene v - . . . . • tomar carta(s) f
intervened a - intervenido,da
intervener n - interventor m
intervening n - intervención f | a - . . .; interviniente; interpuesto,ta
— **space** n - intersticio m
interverner n - interventor m
intervention cost(s) n - costo(s) m de intervención f
— **extent** n - alcance m de intervención f
— **intensificacion** n - intensificación f de intervención f
interventor* n - interventor m • interventoría f
—('s) **office** n - interventoría f
interview, conducting, or **conduction** n - [labor] conducción f de entrevista f
— **follow-up** n - [labor] seguimiento m, or continuación f, de entrevista f
— **preparation** n - [labor] preparación f para entrevista f
— **report** n - [labor] informe m sobre entrevista f
interviewed a - entrevistado,da
intestinal worm n - [medic] verme m; parásito m intestinal
intimacy n - . . . . • particularidad f
intimate n - . . . | a - . . . | v - intimar
— **blending** n - mezcla f íntima
— **contact** n - contacto m íntimo
— — **with @ soil** n - contacto m íntimo con suelo m
intimately blended a - mezclado,da íntimamente
— **mixed** a - mezclado,da íntimamente
intimidated a - intimidado,da
intimidating n - intimidación f | a intimidante
into [prep] . . .; hacia
— **contact** adv - en contacto m
— @ **header** adv - [wiredrwng] (hacia) dentro de encabezadora f
— @ **joint** adv - [mech] dentro de junta f
— @ **ocean** adv - mar adentro
— @ **place** adv - a lugar m (debido)
— @ **seam** adv - [weld] dentro de costura f
— @ **turn** adv - [autom] en sentido m en que (se) está virando
intolerable adv - . . . ; inadmisible
intolerably adv - . . . • inadmisiblemente
intra-plant adv - [ind] dentro de planta f
— — **material(s)** n - material(es) m entre sección(es) f de planta f
— — — **handling** n - [ind] manipulación f de material(es) m entre sección(es) de planta f

intracoastal a - . . .; intracostal*
intrageosyncline n - [geol] intrageosinclinal m | a - [geol] intrageosinclinal
intransferability n - intransferibilidad f
intrasyncline n - [Geol] intrasinclinal m | a - [geol] intrasinclinal
intrazonal a - intrazonal
— **trade** n - [com] comercio m, or intercambio m, intrazonal
intricate a - . . .; complicado,da | v - intricar; complicar
intricacy n - . . .; pormenor(es) m
intrincated a - intrincado,da; complicado,da
— **shape** n - forma f, intrincada, or complicada
— **strategy** n - estrategia f complicada
intrication n - intricación f; complicación f
intrigued a - intrigado,da
intrinsic yield n - rendimiento m intrínseco
introduce v . . . . • presentar; lanzar
— @ **abrasion machining** v - [mech] introducir mecanización f por abrasión f
— @ **characteristic** v - introducir, or presentar, característica(s))) f
— @ **component** v - [chem] introducir componente m
— **in @ market** v - [com] introducir en mercado m
— @ **new product** v - [com] introducir, or presentar, producto m nuevo
— @ **product** v - [com] introducir, or presentar, producto m
— @ **system** v - introducir, or producir, sistema
introduced a - introducido,da; presentado,da
— **abrasion machining** n - [mech] mecanización f por abrasión f introducida
— **characteristic** n - característica f, introducida, or presentada
— **component** n - [chem] componente m introducido
— **in @ market** a - [com] introducido,da, or presentado,da, en mercado m
— **new product** n - [com] producto m nuevo presentado
— **product** n - [ind] producto m presentado
— **system** n - sistema m introducido
introducing n - introducción f | a introductor,ra
introduction n - . . . • iniciación f • [milit] bautismo m de fuego m
introductory a - . . . .; inicial
— **course** n - [educ] curso m para aproximación f
— **data** n - información f, introductiva, or preliminar
— **information** n - información f introductiva
— **unit** n - [ind] equipo m inicial
— **warranty** n - [ind] garantía f inicial
intromittent a - intromitente
intrude v - . . . . • [geol] intrusar
intruded a - intruso,sa • [geol] intrusivo,va
intruding n - intrusión f; intromisión f
intrusive activity n - [geol] actividad f intrusiva
— **rock** n - [geol] roca f intrusiva
inundated a - inundado,da
inundating n - inundación f | a - inundador,ra; inundante
inundator n - inundador m
inure v - . . .; aplicar; tener efecto m (benéfico)
inured a - avezado,da
invade v - . . . .; irrumpir
invaded a - invadido,da
invading n - invasión f | a - invasor,ra
invalidly adv - invalidamente • nulamente
invaluable a - . . .; con valor m grande
invariability n - . . . . • homogeneidad f
invariable a - . . . . • inamovible; homogéneo,nea
— **application** n - aplicación f invariable
— **displacement** n - desplazamiento m invariable
invasion n - . . . . • irrupción f
invent v - . . . . [fam] forjar
invented a - inventado,da • [fam] forjado,da
inventing n - invención | a - inventor,ra

invention(s) and discovery,ies n [legal] invento(s) m y descubrimiento(s)
— **description** n - descripción f de, invención f, or invento m
— **nature** n - naturaleza f de, invención f, or invento m
— **object** n - objeto m de, invención f, or invento m
— **patent** n - [legal] patente m para invención
— **purpose** n - propósito m, or objeto m, de invención f
—, **registering** or **registration** n - [legal] registro m, or registración f, de invención f
inventive n - inventiva f | a - inventivo,va
inventiveness n - inventiva f
inventories n - [accntg] bien(es) m para cambio
inventory n - . . .; existencia(s) f • repertorio m
— **control** n - [managm] control m, or fiscalización f, or verificación f, de inventarios
— **cost(s)** n - [com] inversión f en materiales m; costo m de existencia(s) f
— —(s) **advantage** n - [ind] ventaja f en costo m de existencia(s) f
— —(s) **minimization** n - [ind] minimización f, or reducción f a mínimo m, de inversión f en material(es) m
— **level** n - [ind] nivel m de existencia(s) f
— **maintaining** n - mantenimiento m de existencia(s) f
— **minimization** n - [ind] minimización f, or reducción f a mínimo m, de existencia(s) f
— **pricing** n - [com] valorización f de, existencia(s) f, or inventario m
— **stocking** n - [ind] provisión f de existencia(s) f
— **valuation** n - [com] valorización f de inventario n • [accntg] (e)valuación f de, inventario m, or existencia(s) f
— **value(s)** n - [accntg] valor(es) m de, inventario m, or existencia(s) f
— **variation** n - variación f en, inventario m, or existencia(s) f
inverse action n - acción f inversa
— — **control** n - [mech] regulación f para acción f inversa • regulador m para acción f inversa
— — **regulator** n - [mech] regulador m para acción f inversa
— **camber** n - combadura f invertida
— **cane** n - esterilla f invertida | a - [autom-tires] combado,da inverso,sa
— **fold** n - [autom-tires] pliegue m, invertido en borde m, or combado m inverso
— — —, **extending,** or **extension** n - [autom-tires] extensión f de pliegue m combado inverso
— — **pattern** n - configuración f de esterilla f invertido • [autom-tires] configuración f de pliegue m combado
— **current** n - [electr-distrib] corriente f inversa
— **induced** a - [electr] inducido,da inverso,sa
— — **current** n - [electr-distrib] corriente f inducida inversa
— **proportion** n - proporción f inversa
— **time element** n - [electr] elemento m de tiempo m inverso
— — **overload element** n - [electr] elemento m contra sobrecarga(s) f con curva f para tiempo m inversa
— — — **protection** n - [electr] protección f contra sobrecarga(s) f con curva f para tiempo m inversa
— — — **relay** n - [electr] relé m para sobrecarga f de tiempo m
— — **thermal overload element** n - [electr] elemento m térmico contra sobrecarga(s) f con curva f para tiempo m inversa
inversely proportional a - inversamente proporcional

inversion point n – punto m para inversión f
— **system** n – sistema m para inversión f
— **thermocouple** n – termocupla f, or termopar m, para inversión f
invert n – [mech] fondo m; parte f inferior • punto m más bajo de fondo m • [hydr] fondo m de cauce m | v – . . .
— **abrasion** n – abrasión f, or desgaste m, en fondo m
— **area** n – [tub] zona f de fondo m
— **coating** n – [tub] recubrimiento m sobre fondo
— **corrugation** n – [constr] corrugación f, or ondulación f, en fondo m
— **elevation** n – [constr] elevación f, or cota f, de fondo m (de tubería f)
— **grade** n – [constr] pendiente m, or inclinación f de fondo m (de tubería f)
— **@ packing box** v – [mech] invertir prensaestapa(s) m
invert paved a – [tub] encachado,da
— — **pipe** n – [tub] tubo m encachado, or con fondo m pavimentado; tubería f encachada, or con fondo m pavimentado
— **pavement** n – [hydr] encachado m; pavimentación f, or pavimento m, de fondo m
— **paving** n – [constr] pavimentación f de fondo
— **perforation** n – [constr] perforación f de fondo m
— **plate** n – [tub] plancha f, inferior, or para, fondo m, or solera f
— **protection** n – [constr] protección f para fondo m
— **repaving** n – [tub] repavimentación f de fondo
— **slope** n – [constr] declive m, or inclinación f, de fondo m (de desagüe m)
— **strut** n – [constr] puntal m invertido
inverted a – invertido,da; inverso,sa
— **bolt** n – [mech] perno m invertido
— **bucket** n – balde m, or cubo m, invertido | a – con balde m invertido
— — **trap** n – [mech] trampa f con, balde m, or cubo m, invertido
— — — **valve** n – [valv] válvula f para trampa f con balde m invertido
— **cone** n – [mech] cono m invertido
— **connector** n – unión f, or pieza f conectadora, invertida; conectador m invertido
— **extrusion** n – [metal] extrusión f invertida
— **king post truss** n – [constr] armadura f para pendolón m invertida
— — **truss** n – [constr] armadura f para pendolón m invertida
— **nut** n – [mech] tuerca f invertida
— **packing box** n – [mech] prensaestopa(s) m invertido
— **part** n – parte f invertida • [mech] pieza f invertida
— **siphon** n – [tub] sifón m invertido
— **system** n – sistema m invertido
— — **sand filter** n – [hydr] filtro m para arena f invertido para sistema m
— **V** – [carp] V invertida | a – [carp] con V invertida
— — **blade type** n – [carp] tipo m de hoja f con V invertida | a – de tipo m de hoja f con V invertida
— — **louver** n – [carp] persiana V invertida
— **value** n – valor m invertido
inverter n – [mech] inversor m; invertidor* m
invertibility n – [mech] invertibilidad* f
invertible a – [mech] invertible
inverting n – inversión f | a – inversor,ra
invest v – . . . . (fin) . . .; aportar
— **correctly** v – [fin] invertir correctamente
— **permanently** v – [fin] invertir permanentemente
— **@ prepayment** v – [fin] invertir anticipo m
— **@ purchase price** v – [fin] invertir precio m para compra f
investable a – [fin] invertible
invested a – investido,da • [fin] invertido,da; aportado,da
invested again a – see reinvested
— **amount** n – [fin] monto m invertido
— **capital** n – [fin] capital m invertido
— **correctly** a – [fin] invertido,da correctamente
— **in scurities** a – [fin] invertido,da en valor(es) m
— **permanently** a – [fin] invertido,da permanentemente
— **prepayment** n – [fin] anticipo m invertido
— **purchase price** n – [fin] precio m para compra f invertido
— **value** n – valor m invertido • valor m de inversión f
investibility n – invertibilidad f
investible a – invertible
investigably adv – investigablemente
investigate v – . . .; verificar; fiscalizar; pesquisar • ventear; zahoriar
— **completely** v – investigar completamente
— **@ condition** v – investigar condición f
— **@ culvert** v – [constr] investigar alcantarilla f
— **@ load** v – [constr] investigar carga f
— **@ sample** v – verificar muestra f
— **thoroughly** v – investigar cabalmente
investigated a – investigado,da; indagado,da • fiscalizado,da
— **accident** n – [safety] accidente m investigado
— **completely** a – investigado,da completamente
— **condition** n – condición f investigada
— **culvert** n – [constr] alcantarilla f investigada
— **load** n – [constr] carga f investigada
— **thoroughly** a – investigado,da cabalmente
investigating n – investigación f | a – investigador,ra; indagador,ra; pesquisante; pesquisador,ra
— **committee** n – comisión f investigadora
— **work** n – trabajo m para investigación f
— — **undertaken** n – trabajo m para investigación f emprendido
— — **undertaking** n – emprendimiento m de trabajo m para investigación f
investigation n – . . .; examen m; escudriñamiento m • fiscalización f
— **conducting** n – conducción f, or ejecución f, or realización f, de investigación f
— **interview** n – [safety] entrevista f para investigación f
— **making** n – realización f de investigación f
— **nature** n – naturaleza f de investigación f
— **performance** n – realización f de investigación f
investment n – . . .; aporte m
— **protecting** n – protección f de inversión f | a – protector,ra para inversión f
— **protection** n – protección f de inversión f
investigation purpose n – fin m de investigación
— **report** n – [labor] informe m sobre investigación f
— — **form** n – [safety] impreso m, or formulario* m, para informe m sobre investigación f
— **structure** n – estructura f para investigación
— **summary** n – resumen m de investigación f
— **timing** n – oportunidad f de investigación f
investigator n – . . .; escudriñador m; pesquisante m
investment n – [fin] . . .; activo(s) m; gasto m para capitalización f; inversión f inicial • [mech] revestimiento m
— **amount** n – [fin] monto m de inversión f
— **casting** n – [mech] pieza f fundida para revestimiento m
— **budget** n – presupuesto m para inversión f
— **cost** n – costo m de inversión f
— **development** n – [fin] desarrollo m de inversión(es) f
— **differential cost** n – [fin] costo m diferencial de inversión f

investment distribution n - [fin] distribución f de inversión(es) f
— **estimate** n - [fin] estimación f, or cálculo m, de inversión f
— **financing** n - [fin] financiación f, or financiamiento m, de inversión f
— **fund** n - [fin] fondo m para inversión f
—(s) **impairment** n - [fin] menoscabo m, or desvalorización f, or deterioro m, de inversión f
—(s) — **provision** n - [fin] previsión f para, menoscabo m, or desvalorización f, or deterioro m, de inversión(es) f
— **income** n - [fin] ingreso(s) m por inversiones
— — **net of expense** n - [fin] ingreso(s) m por inversión(es) f menos gastos m
— **law** n - [legal] ley f sobre inversión(es) f
— **location** n - [fin] punto m para inversión f
— **making** n - [fin] realización f de inversión f
— **motivation** n - [fin] motivación f, or aliciente m, para inversión f
— **per ton** n - [ind] inversión f por tonelada f
— **plan** n - [fin] plan m para inversión(es) f
— **profit** n - [fin] utilidad f (proviniente) de inversión(es) f
—(s) **program** n - [fin] programa m para inversión(es) f
— **project** n - [fin] proyecto m para inversión f
— **promotion** n - [econ] promoción f para inversión f
— **purchase** n - [fin] compra f de inversión f
— **rate** n - [fin] ritmo m, or tasa f, para inversión f
— **registration** n - [fin] registro m de inversión(es) f
— **requirement(s)** n - [fin] exigencia f de inversión f
— — **estimate** n - [fin] estimación f, or cálculo m, de exigencia(s) f de inversión f
—(s) **reserve** n - [fin] reserva f, or previsión f, para inversión(es) f
—(s) — **fund** n [fin] fondo m de, reserva f, or previsión f, para inversión(es) f
— **sale** n - [fin] venta f de inversión f
— **schedule** n - programa m para inversión f
—(s) **statute** n - [legal] estatuto m sobre inversión(es) f
— **stimulation** n - [fin] estímulo m para inversión(es) f
— — **Law** n - [legal] Ley de Estímulo a Inversión(es) f
— **tax** n - [fisc] impuesto n sobre, inversión(es) f, or capitalización f
— — **credit** n - [fisc] crédito m para impuesto m sobre, inversión(es) f, or capitalización f; crédito m impositivo sobre inversión(es) f
— **value** n - [fin] valor m, or monto m, de inversión f
investor n - . . .; inversor* m
— **participation** n - [fin] participación f de inversionista f
invigorate v - . . .; esforzar
invigorating n - vigorización f | a - . . .; esforzador,ra
invigorator n - vigorizador m; esforzador m
invincible a - . . .; invicto,ra
invitation to bid n - [legal] llamado m a concurso m • petición f de oferta f
invite @ guest v - [social] invitar, or convidar, visita(s) f, or huésped(es) m
— **to bid** v - [com] invitar a concurso m
invited a - invitado,da; convidado,da
— **concern** n - [com] empresa f invitada
— **guest** n - [social] huésped m, invitado, or convidado
— **to bid** a - [com] invitado,da a concurso m
inviter n - . . .; invitante m
—('s) **statement** n - [legal] declaración f de invitante m
inviting n - invitación f | a - invitador,ra; convidador,ra • [fig] - interesante
— **entity** n - entidad f invitante

inviting party n - parte f, or entidad f, invitante
— **to bid** n - [com] invitación f a concurso m
invoice n - [com] . . .; nota f de venta f | a - see **invoicing** | v - [com] facturar
—(s) **collection** n - [fin] cobranza f de factura(s) f
— **compensation** n - [com] compensación f para factura(s) f
— **@ contract** v - facturar contrato m
— **copy** n - [com] copia f de factura f
— — **attached** n - [com] copia f de factura f adjunta
— **cover** v - [com] cubrir, or amparar, factura f
— **covered** a - [com] cubierto,ta, or amparado,da, por factura f
— **covering** n - [com] cubrimiento m, or cobertura f, con factura f
— **date** n - [com] fecha f de factura f
— **discount** n - [com] descuento m sobre factura
— — **period** n - [com] plazo m para descuento m sobre factura f
— **excessively** v - [com] facturar excesivamente
—, **issuance**, or **issuing** n - [com] emisión f de factura f
— **@ order** v - facturar pedido m
— **original** n - [com] original m de factura f
— **presentation** n - [com] presentación f de factura(s) f
— **price** n - [com] precio m de factura(ción) f
— **receipt** n - [com] recibo m de factura f
— **recording** n - [com] registro m, or registración f, de factura f
— **registering** n - registración f de factura f
— **registration** n - registración f de factura f
— **value** n - [com] valor m de factura(ción) f
— — **discount** n - [com] descuento m sobre valor m, de factura f, or facturado
invoiced a - facturado,da
— **contract** n - contrato m facturado
— **excessively** a - [com] facturado,da excesivamente
— **order** n - [com] pedido m facturado
— **price** n - [com] precio m facturado
— **sale** n - [com] venta f facturada
— **value** n - valor f facturado
invoicing n - [com] facturación f
— **clerk** n - [com] facturista m/f
— **condition** n - [com] condición f para facturación f
— **date** n - [com] fecha f para facturación f
— **error** n - [com] error m en facturación f
— **form** n - [com] forma f para facturación f
— **percentage** n - [com] porcentaje m para facturación
— **purpose(s)** n - fin(es) m, or efecto(s) m, de facturación f
— **section** n - [com] sección f para facturación f • [legal] apartado m sobre facturación f
— **term** n - [com] condición f para facturación f
— **value** n - [com] valor m para facturación f
involute n - . . . • [mech] espiral m; involuta* f | a - envolvente*; espiralado,da; en espiral m
— **assembly** n - [mech] conjunto m envolvente
— — **number** n - [mech] número m para conjunto m envolvente
— **gear** n - [mech] engranaje m, espiralado, or envolvente
— **number** n - [mech] número m de, espiral m, or envolvente m
— **side gear** n - [mech] engranaje m lateral, espiralado, or envolvente
— — **and axle shaft spline** n - [mech] engranaje m lateral envolvente y semieje m ranurado
— — — — **configuration** n - [mech] configuración f, envolvente, or espiralada, de engranaje m lateral y semieje m ranurado
— — — **spline** n - [autom-mech] ranura f espiralada en engranaje m lateral
— **spline** n - [mech] ranura f espiralada

involute system gear n - [mech] engranaje m envolvente
involve v - . . . . • participar; intervenir; interesar; comprometer; abarcar • incluir; involucrar; implicar; comprender; • consistir • afectar • tener que ver; estar en juego m • emplear; ocupar; preocupar
— **actively** v - ocupar activamente
— **cash** v - [fin] con movimiento m de efectivo m
— **deeply** v - envolver hondamente
— **directly** v - envolver directamente
— **@ fire hazard** v - [safety] implicar riesgo m de incendio m
— **@ hazard** v - implicar riesgo m
— **heavily** v - comprometer mucho
— **@ listening** v - involucrar escuchar m
— **@ loss** v - comprender pérdida f
— **substantially** v - involucrar bien
— **talking** v - involucrar hablar m
— **visual examination** v - involucrar examen m visual
involved a - . . . ; envuelto,ta • participado,da • intervenido,da; interesado,da • implicado,da • incluido,da; afectado,da; involucrado,da • consistido,da; activo,va • enmarañado,da • afectado,da • perteneciente; atin(g)ente; que corresponde • empleado,da; (pre)ocupado,da
— **actively** a - ocupado,da activamente
— **assistance** n - [ind] asesoramiento m avanzado
— **directly** a - envuelto,ta directamente
— **equipment** n - [ind] equipo m, empleado, or afectado • equipo m complicado
— **fire hazard** n - [safety] riesgo m de incendio m implicado
— **hazard** n - [safety] riesgo m implicado
— **heavily** a - muy comprometido,da
— **person** n - persona f, envuelta, or afectada
— **personnel** n - personal m afectado
— **procedure** n - procedimiento m complicado
— **substantially** a - muy involucrado,da
— **vehicle** n - [autom] vehículo m, envuelto, or afectado
involvement n - . . . ; inclusión f; involucración f; complicación f; intervención f; implicación f; afectación f; comprometimiento m; compromiso m; • interés m personal • empleo m; ocupación f; actividad f; participación f • preocupación f; interés m
— **level** n - nivel m de envolvimiento m
involving n - envolvimiento m • actividad f • interés m; participación f; comprometimiento m; participación f; intervención f • inclusión f • afectación f
involving cash a - con movimiento m de efectivo
inwall n - [constr] . . . ; pared f interna; cañón m
— **slope** n - [constr] inclinación f de pared f, interna, or interior
inward motion n - movimiento m hacia adentro
— **movement** n - movimiento m, centrípeto m, or hacia adentro
— **speed** n - [environm] velocidad f, centrípeta, or hacia, interior m, or adentro
inwards adv - hacia adentro
iodation n - [chem] yoduración f
iodic a - [chem] . . . ; yodado,da
iodized a - [chem] yodado,da
— **salt** n - [chem] sal f yodada
iodoform vapor n - [chem] vapor m de yodoformo m
ion(s) concentration n - [chem] concentración f de ion(es) m
— — **level** n - [chem] nivel m de concentración f de ion(es) m
— **evaporation** n - [nucl] evaporación f de iones
— **exchange** n - [nucl] intercambio m de ion(es)
— — **exchange, evaporation and solidification** n - [nucl] intercambio m, evaporación f y solidificación f de ion(es) m
— — **process** n - [nucl] proceso m con intercambio m de ion(es) m
— — **system** n - [nucl] sistema m para intercambio m de ion(es) m
ion exchange treatment n - [nucl] tratamiento m con intercambio m de ion(es) m
— **solidification** n - [nucl] solidificación f de ion(es) m
ionic a - [chem] iónico,ca
ionizability n - [chem] ionizabilidad f
ionizable a - [chem] ionizable
ionization current n - [nucl] corriente f para ionización f
ionize @ combustible gas v - [combust] ionizar gas m combustible
— **@ gas** v - ionizar gas m
— **@ oil** v - ionizar aceite m
ionized a - [chem] ionizado,da
— **combustible gas** n - gas m combustible ionizado
— **gas** n - [combust] gas m ionizado
— **gaseous particle** n - [chem] partícula f gaseosa ionizada
— **oil** n - aceite m ionizado
— **particle** n - [chem] partícula f ionizada
— **water** n - [chem] agua m ionizada
ionizer n - [chem] ionizador m | a - ionizador,ra
ionizing n - [chem] ionización f | a - [chem] ionizador,ra
Iowa formula n - [constr] fórmula f de Iowa
iris diaphragm n - [anat] diafragma m (de) iris
Irn. Bd. n - [domest] see **ironing board**
iron n - [metal] . . . . [metal-prod] arrabio m • [domest] plancha f • [mech-fans] pieza f, or parte f, metálica | a - férreo,rrea; ferrizo,za | v - planchar
— **alloy** n - [metal-prod] aleación f con hierro
— **bore material** n - [petrol] material m interior de aleación f con hierro m
— **analysis** n - [metal-prod] análisis, or composición f, de hierro m
— **and coke production** n - [metal-prod] producción f de hierro m y coque m
— — **slag appearance in @ tuyere** n [metal-prod] venir hierro m y escoria f en tobera f
— — **steel arc welding electrode(s)** n - [weld] electrodo(s) m de hierro m y acero m para soldadura f por arco m
— — — **dictionary** n - [metal-prod] diccionario m para hierro m y acero m
— — — **Industry Chamber** n - [metal-prod] Cámara f para Industria f de Hierro m y Acero m
— **angle** n - [metal-roll] ángulo m, or perfil m angular, de hierro m
— **appearance** n - [metal-prod] venir hierro m
— **appearance after @ burden drop** n - [metal-prod] venir hierro m después de caída f
— — **in @ blow pipe** n - [metal-prod] venir hierro m en portaviento(s) m
— **back-up** n - [mech] respaldo m de hierro m
— **backing** n - [mech] respaldo m de hierro m
— **bacteria** n - [hydr] bacteria f de hierro m
— — **test** n - [hydr] ensayo m para bacteria(s) f de hierro m
— **band** - [mech] banda f de hierro m; cincho m
— **bar** n - [metal-roll] barra f de hierro m
— **bearing** a - ferrífero,ra; ferruginoso,sa
— — **deposit** n - [miner] yacimiento m ferrífero
— — **ore** n - [miner] mineral m ferrífero
— — **gravel** n - [miner] grava f ferrífera
— — **reserve(s)** n - [miner] reserva(s) f ferrífera(s)
— — **soil** n - [miner] canga f
— **bosing*** n - [metal] viruta f de hierro m
— **breakout** n - [metal-prod] derrame m de hierro
— — **without tapping** n - [metal-prod] derrame m de hierro m sin sangría f; romper(se) sangría
— **bushing** n - [mech] buje m, or boquilla f, de hierro m
— **cable** n - [cabl] cable m de hierro m
— **car** n - [metal-prod] vagón m para arrabio m
— **carbide** n - [metal] cementita f; carburo m de hierro m

iron casting n - [metal-prod] fundición f de hierro m; pieza f, de hierro m fundido, or fundida de hierro m, or de fundición f • colada f de hierro m; hierro m colado
— **chain** n - [mech] cadena f de hierro m
— **channel** n - [metal-roll] (perfil m de) hierro m en U
— **charge** n - [metal-prod] carga f de hierro m
— **charged** n - [metal-prod] hierro m cargado
— — **continuously** n - [metal-prod] hierro m, or arrabio m, cargado continuamente
— — — **through @ pipe** n - [metal-prod] hierro m, or arrabio m, cargado continuamente por, tubo m, or tubería f
— **charging** n - [metal-prod] carga f de, hierro m, or arrabio m
— **chemical evaluation** n - [miner] evaluación f química de hierro m
— **chloride** n - [chem] cloruro m de hierro m
— **circle** n - [metal-prod] disco m de hierro m
— **clad** a - see ironclad
— **coated electrode** n - [weld] electrodo m con recubrimiento m de (polvo m de) hierro m
— **concrete** n - [constr] hormigón m armado
— **consistency** n - [metal] consistencia f de hierro m
— **consumption** n - [metal-prod] consumo m de hierro m
— **content** n - [miner] contenido m, or ley f, or tenor m, or proporción f, de hierro m • contenido m férrico
— **core** n - núcleo m de hierro m
— — **transformer** n - [electr-transf] transformador m con núcleo m de hierro m
— **corrugated nestable pipe** n - [tub] tubería f encajable corrugada, or tubo m encajable corrugado, de hierro m
— — **pipe** n - [tub] tubo m corrugado, or tubería f corrugada, de hierro m
— **coupling** n - [tub] unión f de hierro m
— **cover** n - tapa f, or cubierta f, de hierro m
— **culvert** n - [roads] alcantarilla f de hierro
— — **sheet** n - [metal-roll] lámina f para alcantarilla(s) f de hierro m
— **curtain** n - cortina f de hierro m • [Spa.] telón m de, hierro m, or acero m
— **cutter** n - [mech] cortadora f para hierro m
— **cylinder** n - [mech] cilindro m de hierro m
— — **head** n - [mech] culata f para cilindro m de hierro m
— **deposit** n - [miner] yacimiento m, ferrífero, or de hierro m
— **determination** n - [chem] determinación f de hierro m
— **detritus** n - [geol] detrito m de hierro m
— **disc** n - [mech] disco m de hierro m
— **gate valve** n - [valv] válvula f (de) esclusa f con disco m de hierro m
— **disulfide** n - [chem] bisulfito m de hierro m - pirita(s) f
— **division** n - [metal-prod] división f para hierro m
— **double disk** n - [mech] disco m doble de hierro m
— — — **gate valve** n - [valv] válvula f (de) esclusa f con disco m doble de hierro m
— — **entering @ tuyere** v - [metal-prod] venir hierro m a tobera f
— **evaluation** n - [chem] evaluación f de hierro
— **exportation** n - exportación f de hierro m
— **extraction** n - [miner] extracción f de hierro m
— — **industry** n - [miner] industria f para extracción f de hierro m
— **fine(s)** n - [miner] fino(s) m de hierro m
— **fitting** n - [constr] herraje m de hierro m • [mech] accesorio m de hierro m
— **flange** n - [mech] pestaña f, or brida f, de hierro m
— **flanged** a - [mech] con pestaña f de hierro m
— — **fitting** n - [mech] accesorio m con pestaña f de hierro m
— **flow** n - [metal-prod] salir hierro m
— — **through @ notch** n - sangría f
— — — **@ — without tapping** n - [metal-prod] sangría f rota
— **foundry** n - [metal-prod] fundición f de hierro m
— **galvanized corrugated pipe** n - [tub] tubo m galvanizado corrugado, or tubería f galvanizada corrugada, de hierro m
— **gate** n - [metal-prod] compuerta f, para, or en ruta f para, arrabio m
— **valve** n - [valv] válvula f (de) esclusa f para, hierro m, or arrabio m
— **glance** n - [metal-prod] hierro m abrillantado; hematita f; oligisto m
— **grain(s)** n - [miner] grano(s) m de hierro m
— — **minuteness** n - [minet] menudencia f, or finura f, de grano(s) m de hierro m
— **grating** n - rejilla f, or parrilla f, or enrejado m, de hierro m
— **hoop** n - [mech] cincho m (de hierro m)
— **hydroxide** n - [chem] hidróxido m, ferroso, or de hierro m
— **industry** n - [metal-prod] industria f de hierro m
— **ingot** n - [metal-prod] lingote m de hierro m
— **interchangeable pipe** n - [tub] tubo m, or tubería f, intercambiable de hierro m
— — **arch** n - [tub] tubo m abovedado, or tubería f abovedada, intercambiable de hierro m
— **joint** n - [tub] junta f, or unión f, de hierro m
— **loss** n - [metal] pérdida f por, histéresis f, or alza m de temperatura f de hierro m
— **lump** n - [miner] terrón m con hierro m
— **making** n - [metal-prod] producción f de, arrabio m, or hierro m
— — **complex** n - complejo m para producción f de arrabio m
— — **plant** n - [metal-prod] planta f para producción f de, arrabio m, or hierro m
— **mass** n - [metal-prod] masa f de hierro m
— **material** n - [metal-prod] material m, en, or para, hierro m
— **metallization** n - [metal-prod] metalización f de hierro m
— **mining** n - [miner] minería f de hierro m; ferrominería f
— — **productivity** n - [miner] productividad f de minería f de hierro m
— **nestable pipe** n - [tub] tubo m, or tubería f, encajable de hierro m
— — **arch** n - [tub] tubo m abovedado, or tubería f abovedada, encajable de hierro m
— **notch** n - [metal-prod] piquera f (para, hierro m, or arrabio m); agujero m, or orificio m, para colada f • [Spa.] boca f
— — **area** n - [metal-prod] zona f de piquera f
— — **breakdown** n - [metal-prod] deshacer(se) piquera f
— — **clay** n - [metal-prod] arcilla f para piquera f
— — **cooler** n - [metal-prod] caja f, or placa f, para refrigeración f de piquera f
— — **cooling plate** n - [metal-prod] placa f para (refrigeración f de) piquera f
— — — **protection plate** n - [metal-prod] pieza f para proteger caja f para refrigeración f para piquera f
— — **drill** n - [metal-prod] taladradora f para piquera f
— — **frame** n - [metal-prod] marco m para piquera f
— — — **replacement** n - [metal-prod] cambio m, or reemplazo m, de marco m para piquera
— — **front plate** n - [metal-prod] plancha f frontal para piquera f
— — **guard** n - [metal-prod] defensa f para piquera f

iron notch pipe n - [metal-prod] tubo m para piquera f
— — redractory,ries n - [metal-prod] refractario(s) m para piquera f
— — repair n - [metal-prod] reparación f de piquera f
— — runner n - [metal-prod] ruta f para piquera f
— — stopper n - [metal-prod] tapón m para piquera f
— — work n - [metal-prod] trabajo m en piquera
— ore n - [miner] mineral m, or mena f, de hierro m
— — addition n - [metal-prod] adición f de mineral m (de hierro m)
— — classification n - [miner] clasificación f de mineral m de hierro m
— — classifying plant n - [miner] planta f para clasificación f de mineral m de hierro m
— — consumption n - [miner] consumo m de mineral m de hierro m
— — crushing n - [miner] trituración f de mineral m de hierro m
— — — plant n - [miner] planta f para trituración f de mineral m de hierro m
— — demand n - [miner] demanda f de mineral m de hierro m
— — deposit n - [miner] yacimiento m de mineral m de hierro m
— — direct reduction n - [metal-prod] reducción f directa de mineral m de hierro m
— — — facility n - [metal-prod] instalación f para reducción f directa de mineral m de hierro m
— — — process n - [metal-prod] proceso m para reducción f directa de mineral m de hierro m
— — exportation n - [miner] exportación f de mineral m de hierro m
— — extraction n - [miner] extracción f de mineral m de hierro m
— — — royalty n - [fisc] impuesto m sobre extracción f de mineral m de hierro m
— — fine(s) n - [miner] fino(s) m de mineral m de hierro m
— — formation n - [geol] formación f de mineral m de hierro m
— — grade n - [miner] calidad f de mineral m de hierro m
— — grain (size) n - [miner] granulometría f de mineral m de hierro m
— — handling n - [metal-prod] traspilamiento m de mineral m de hierro m
— — installation n - [metal-prod] instalación f para mineral m de hierro m
— — mining n - [miner] minería f de (mineral m de) hierro m
— — — industry n - [miner] industria f para minería f de hierro m
— — moving n - [metal-prod] traspilamiento m de mineral m de hierro m
— — need(s) n - [miner] exigencia f, or necesidad(es) f, de mineral m de hierro m
— — output n - [miner] producción f de mineral m de hierro m
— — pellet n - [metal-prod] pella f de mineral m de hierro m
— — pipe line n - [miner] ferroducto m
— — practice n - [miner] beneficio m, or beneficiación f, de mineral m de hierro m
— — preparation n - [miner] preparación f de mineral m de hierro m
— — prereduction n - [miner] prerreducción f de mineral m de hierro m
— — — center n - [miner] centro m para prerreducción f de mineral m de hierro m
— — price n - [miner] precio m de mineral m de hierro m
— — production n - [miner] producción f, ferrífera, or de mineral m de hierro m
— — range n - [miner] yacimiento m de mineral de hierro m
iron ore reducibility n - [metal-prod] reducibilidad f de mineral m de hierro m
— — reduction n - [metal-prod] reducción f de mineral m de hierro m
— — — facility n - [metal-prod] instalación f para reducción f de mineral m de hierro m
— — requirement(s) n - [miner] exigencia(s) f, or necesidad(es) f, de mineral m de hierro m
— — reserve(s) n - [miner] reserva(s) f de mineral m de hierro m
— — resource(s) n - [miner] recurso(s) m de mineral m de hierro m
— — sinter n - [metal-prod] sínter m, or aglomerado m, de mineral m de hierro m
— — source n - [miner] fuente f de mineral m de hierro m
— — supply n - [miner] suministro m, or abastecimiento m, de mineral m de hierro m
— — transportation n - [miner] transporte m de mineral m de hierro m
— — — method n - [miner] método m para transporte m para mineral m de hierro m
— — treatment n - [miner] tratamiento m de mineral m de hierro m
— — use n - [miner] uso m, or empleo m, or utilización f, de mineral m de hierro m
— — world demand n - [miner] demanda f mundial de mineral m de hierro m
— — zone n - [miner] zona f ferrífera; distrito ferrífero
— out v aclarar
— oxide n - [metal] óxido, ferroso, or de hierro m
— — content n - [miner] tenor m, or contenido m, de óxido m de hierro m
— — in @ slag n - [metal-prod] óxido m de hierro m en escoria f
— — lump n - [miner] terrón m de, óxido m, ferroso, or de hierro m
— — reduction n - [metal-prod] reducción f de óxido m, ferroso, or de hierro m
— — scale n - [hydr] costra f de óxido m de hierro m
— particle(s) n - [miner] fino(s) m de hierro m
— piece n - [weld] pieza f, or pedazo m, de hierro m
— — welding n - [weld] soldadura f de, pieza f, or pedazo m, de hierro m
— pipe n - [tub] tubo m, or tubería f, de hierro m
— plant n - [metal-prod] planta f para (producción f de) hierro m
— plate n - [metal-prod] plancha f, or placa f, de hierro m
— powder n - [miner] polvo m de hierro m • hierro m en polvo m
— — content n - [weld] contenido m, or proporción f, de polvo m de hierro m
— — electrode n - [weld] electrodo m con polvo m de hierro m
— — low hydrogen coated low alloy steel n - weld] electrodo m con aleación f baja con recubrimiento m con hidrógeno m bajo con polvo m de hierro m
— — — — manganese electrode n - [weld] electrodo m con manganeso m con recubrimiento m con hidrógeno m bajo con polvo m de hierro m
— — — — coating n - [weld] recubrimiento m con hidrógeno m bajo con polvo m de hierro m
— — — — electrode n - [weld] electrodo m con recubrimiento m con hidrógeno m bajo con polvo m de hierro m
— — — — type coating n - [weld] recubrimiento m de tipo m con hidrógeno m bajo con polvo m de hierro m
— — — — — electrode n - [weld] electrodo m con recubrimiento m de tipo m con hidrógeno m bajo con polvo m de hierro m
— — — — — low alloy electrode n - [weld] electrodo m con aleación f baja con recubri-

irregular section

miento m de tipo m con hidrógeno m bajo con polvo m de hierro m
iron powder pattern n - [miner] configuración f de polvo m de hierro m
— **product** n - [miner] producto m de hierro m
— **production** n - [metal-prod] producción f de hierro m
— — **cost(s)** n - [metal-prod] costo(s) m para producción f de hierro m
— — — **department** n - [metal-prod] departamento m para producción f de hierro m • [Spa.] subdirección f para producción f de hierro m
— — **purchase** n - [metal-prod] compra f de hierro
— **purity** n - [metal-prod] pureza f de hierro m
— **pyrite(s)** n - [miner] pirita(s) f de hierro m
— **removal** n - remoción f, or saca f de hierro m m • [metal-prod] limpieza f de burro(s) m
— **reserve(s)** n - [miner] reserva(s) f de hierro
— **residue** n - [metal] residuo(s) m de hierro m
— **rod** n - [metal-roll] varilla f de hierro m • barra f de hierro m
— **rope** n - [cabl] cable m de hierro m
— **runner** n - [metal-prod] ruta f, or vertedero m para arrabio m; canal m, or canaleta f, para sangría f
— — **gate** n - [metal-prod] compuerta f para (ruta f para) arrabio m
— **sand reel** n - [petrol] carrete m para malacate m para cuchara f
— **scale** n - [metal-roll] escama(s) f de oxido m de hierro m
— **scrap** n - chatarra f de hierro m; recorte(s) m, or retazo(s) m, de hierro m; hierro m viejo
— — **cementation** n - [miner] cementación f con chatarra f de hierro m
— — **in @ runner** n - [metal-prod] (burro m de) hierro m en ruta f
— **screwed fitting** n - [mech] accesorio m roscado de hierro m
— **seat** n - asiento m de hierro m
— **shear type gate valve** n - [valv] válvula f (de) esclusa f tipo m guillotina f de hierro
— **sheet** n - [metal-roll] lámina f, or hoja f, de, hierro m, or palastro m
— **silicate** n - [chem] silicato m de hierro m
— — **base** n - [chem] base f de silicato m de hierro m | a - [chem] con base f de silicato m de hierro m
— — —(d) **flux** n - [weld] fundente m con base f de silictado m de hierro m
— — **based** a - [chem] con base f de silicato m de hierro m
— **skull** n - [metal-prod] lobo m (de hierro m) • capa f, or costra f, de hierro m
— **smith** n - herrero m
— **strip** n - [metal-roll] banda f, or cinta f, or chapa f, or fleje m, or tira f, de hierro m • bobina f de palastro m
— — **coil** n - [metal-roll] bobina f de banda f, f, or cinta f, or chapa f, or fleje m, de hierro m; bobina f de palastro m
— **sulfate** n - [chem] sulfato m de hierro m
— **sulfide** n - [chem] sulfuro m de hierro m
— — **oxidation** n - [metal] oxidación f de sulfuro m de hierro m
— — — **kinetics** n - [metal-prod] cinética f para oxidación f de sulfuro m de hierro m
— — — — **acceleration** n - [metal] aceleración f de cinética f para oxidación f de sulfuro m de hierro m
— — **reaction** n - [chem] reacción f de sulfuro m de hierro m
— — — **heat** n - [chem] calor m de reacción f de sulfuro m de hierro m
— **ton unit** n - [metal-prod] unidad f de tonelada f de hierro m
— **too far in @ taphole** n - [metal-prod] piquera f larga | v - estar piquera f larga
— **tool** n - [tools] herramienta f de hierro m
— **trough** n - [metal-prod] ruta f para piquera f

— **iron trough (iron notch) flow without tapping** n - [metal-prod] sangría f rota
— **turning(s)** n - [mech] viruta(s) f de hierro
— **unit** n - [metal-prod] unidad f de hierro m
— **valve** n - [valv] válvula f de hierro m
— **vise** n - [tools] tornillo m para banco m
— **wale** n - [constr] viga f horizontal de hierro m
— **waste** n - despilfarro m de hierro m • desperdicio(s) m de hierro m
— **wedge** n - [mech] cuña f de hierro m
— **disc** n - [valv] disco (con) cuña f de hierro m
— — — **gate valve** n - [valv] válvula f (de) esclusa f con disco (con) cuña f de hierro m
— **weld(ing)** n - [weld] soldadura f, de, or con, hierro m
— **wetting** m - [metal-prod] fusión f, or licuación f, de hierro m
— **wire** n - [metal-wire] alambre m de hierro m
— — **armor** n - [electr-cond] armadura f de alambre m de hierro m
— — **rope** n - [cabl] cable m (de alambre m) de hierro m
— **work** n - [metal-fabr] herraje m; obra f en hierro m • [constr-concr] enferradura f
— **worker** n - [metal-prod] obrero m siderúrgico
— **works** n - [metal-prod] planta f, or fábrica f, siderúrgica; fábrica f para hierro m; ferrería f
ironclad fact n - hecho m incontrovertible
— **ship** n - [milit] barco m acorazado
ironed out a - aclarado,da
ironing n - . . . | a - [domest] planchador,ra
— **effect** n - [metal-fabr] efecto m de plancha(do) m
— **out** n - [fam] aclaración f
ironmaking n - see **iron making**
ironstone clay n - [miner] mineral m de hierro m arcilloso
ironwaster n - [metal] forjador m
irradiant a - irradiante; radiante
irradiate v - . . .; radiar
— **@ fuel** v - [nucl] irradiar combustible m
irradiated a - irradiado,da
— **fuel** n - [nucl] combustible m irradiado
— — **treatment** n - [nucl] tratamiento m de combustible m irradiado
— — — **plant** n - [nucl] planta f para tratamiento m de combustible m irradiado
irradiating n - irradiación f | a - irradiador,ra; irradiante
irradiation n - . . . • radiación f
irradiator n - irradiador m • radiador m
irrefutable fact n - hecho, irrefutable, or incontrovertible
irregular bead n - [weld] cordón m irregular
— **discharge** n - descarga f irregular
— — **rate** n - ritmo m irregular para descarga
— **distribution** n - distribución f irregular
— **edge** n - borde m irregular
— **end** n - extremo m irregular
— **feed(ing)** n - alimentación f irregular
— **flow** - [hydr] caudal m irregular • [mech] alimentación f irregular
— **flux flow** n - [weld] alimentación f irregular de fundente m
— **gap** n - [weld] separación f irregular
— **joint** n - junta f irregular
— —(s) **factor** n - [hydr] factor m de uniónes f irregulares
— **manner** n - forma irregular
— **mill end(s)** n - [metal-roll] extremo(s) m irregular(es) de laminación f; despunte(s) m
— **occurence** n - ocurrencia f irregular
— **pellet discharge rate** n - [miner] ritmo m irregular para, descarga f, or salida f, de pella(s) f
— — **rate** n - [miner] ritmo m irregular para pella(s) f
— **section** n - sección f, or tramo m, irregular

irregular shape n - (con)forma(ción f irregular
— **shoreline** n - [topogr] ribera f irregular
— **surface** n - superficie f irregular
— **temperature** n - temperatura f irregular
— — **distribution** n - distribución f irregular de temperatura(s) f
— **wear** n - [mech] desgaste m, irregular, or desigual
— **weld** n - [weld] soldadura f irregular
irregularity factor n - [metal-roll] coeficiente m de irregularidad f
irregularly adv - . . .; en forma f irregular
— **distributed** a - distribuido,da, irregularmente, or en forma f irregular
— **scattered** a - distribuido,da en forma f irregular
— **shaped** a - con (con)forma(ción) f irregular
— — **hole** n - [mech] agujero m con conformación f irregular
irrelevant a - . . .; no significativo,va; sin importancia f; que no viene a caso m
— **condition** n - condición f no significativa
— **indication** n - indicio m, no significativo, or sin importancia f
— **pattern** n - configuración f, no significativa, or ianplicable
— **surface condition** n - condición f no significativa de superficie f
irreplaceable element n - elemento m, irremplazable, or insustituible
irreplaceably adv - irremplazablemente; insustituiblemente
irrenouncable a - irrenunciable
irrenouncably adv - irrenunciablemente
irreversible a - irreversible
— **steering gear** n - [autom] mecanismo m irreversible para dirección f
irrevocable and confirmed letter of credit n - [fin] carta f de crédito irrevocable y confirmada
— **authorization** n - [legal] autorización f irrevocable
— **commercial letter of credit** n - [fin] carta f de crédito comercial irrevocable
— **credit** n - [fin] crédito m irrevocable
— — **establishing** n - [fin] establecimiento m de crédito m irrevocable
— **documentary credit** n - [fin] crédito m documentario irrevocable
— — **letter of credit** n - [fin] carta f de crédito documentario irrevocable
— **letter of credit** n - [fin] carta f de crédito irrevocable
irrevocably authorize v - [legal] autorizar irrevocablemente
— **authorized** a - [legal] autorizado,da irrevocablemente
irridescent a - tornasolado,da
irrigability n - [hydr] irrigabilidad f
irrigable a - irrigable
irrigate v - . . .; regar
irrigated a - irrigado,da; regado,da
irrigating n - irrigación f | a irrigador,ra
— **ditch** n - [hydr] reguera f
— **furrow** n - [hydr] zurco m para irrigación f; reguero m
— **shovel** n - [tools] pala f para irrigación f
— **canal** n - [hydr] canal m para, irrigación f, or regadío m, or riego m; febrera f
— **channel** n - [hydr] canal m para irrigación f
— **district (office)** n - [pol] delegación f para irrigación f
— **facility,ties** n - [hydr] instalación(es) f para, riego m, or regadío n, or irrigación f
— **flume** f - [hydr] zubia f para irrigación f
— **gate** n - [hydr] compuerta f para irrigación f
— **line** n - [hydr] línea f para irrigación f
— **pipe** n - [hydr] tubo m, or tubería f, or conducto m, para irrigación f
irrigation product n - producto m para, irrigación f, or regadío m

irrigation system n - [hydr] red f para irrigación f
— **water** n - [hydr] agua m para, irrigación f, or regadío m, or riego m
— — **line** n - [hydr] tubería f para agua m para, irrigación f, or riego m, or regadío m
irritate v - . . .; molestar
irritated a - irritado,da; molestado,da; provocado,da
irritating n - irritación f | a - irritador,ra; irritante; molesto,ta
— **product** n - producto m irritante
irritation n - . . .; irritamiento m; provocación f; molestia f
irritator n - irritador m
island n - . . .; isleta f • [roads] refugio m | a insular
— **city** n ciudad f insular
island n - [geogr] . . . • [roads] refugio m
isobaric variation n - [geogr] variación f isobárica
isochronous a - . . .; isocrónico,ca
— **governor** n - [instrum] regulador f, isócrono
isolate and pack @ cooling plate v - [metal-prod] aislar y llenara petaca f
— — **provide @ separate water supply** v - [metal-prod] aislar (pero) con agua m
— **@ area** v - aislar zona f
— **@ cooling plate** v - [metal-prod] aislar, or condenar, petaca f, or caja f
— **@ — — (but) with @ water supply** v - [metal-prod] dejar aislada petaca f (pero) con agua
— **@ fault** v - aislar falla f
— **from @ ground** v - [electr-instal] aislar de tierra f
— **@ functional circuit** v - [electron] aislar circuito m funcional
— **@ furnace** v - [metal-prod] aislar, or separar, @ horno
— **@ malfunction(ing) area** v - aislar zona f con funcionamiento m deficiente
— **@ output** v - [electron] aislar salida f
— **@ problem** v - aislar problema m
— **@ terminal** v - [electr-instal] aislar, borne m, or terminal m
isolated a - . . . • esporádico,ca
— **anticlinal** n - [geol] anticlinal m aislado
— **area** n - zona f aislada
— **circuit** n - [electr-instal] circuito m aislado
— **cooling plate** n - [metal-prod] petaca f aislada
— **defect** v - defecto m aislado
— **fault** n - falla f aislada
— **from @ ground** a - [electr-instal] aislado,da de tierra f
— **funciontal circuit** n - [electron] circuito m funcional aislado
— **input** n - [comput] entrada f aislada
— **load terminal** n - [electr-instal] terminal m aislado para carga f
— **main collector rail** n - [electr-instal] riel m colector principal aislado
— **malfunction(ing) area** n - zona f con funcionamiento m deficiente aislado
— **market** n - [com] mercado m aislado
— **output** n - [electron] salida f aislada
— **power** n - [electr] energía f aislada
— — **source** n - [weld] fuente f independiente para energía f
— **problem** n - problema m aislado
— **section** n - sección f aislada
— **source** n - [electr] fuente f independiente
— **status input** n - [comput] entrada f bajo. estado m aislado, or condición f, or posición f, aislada
— **stove** n - [metal-prod] estufa f aislada
— **supply** n - [electr] suministro m independiente
— **terminal** n - [electr-instal] terminal m, or borne m, aislado

isolated tower n - [metal-prod] torre f aislada • torre f exenta
— **winding** n - [electr] devanado m con aislación
isolating n - aislación f | a - aislador,ra; aislante
— **from @ ground** n - [electr-instal] aislación f de(sde) (conductor m a) tierra f
— **switch** n - [electr-instal] seccionador m
— **valve** n - [tub] válvula f para seccionamiento
isolation n - . . . .l aislación* f
— **filler** n - [constr] relleno m para aislación
— **circuit** n - [electron] circuito m para aislación
— **joint** n - [constr] junta f aisladora
— — **filler** n - [constr] relleno m para junta f aisladora
— **transformer** n - [electron] transformador m para aislación f
— **diode** n - [electron] diodo m disyuntor
isomer n - . . . | a - isómero,ra; isomérico,ca
isosceles right triangle n - [geom] tiángulo m recto isósceles
— **triangle** n - [geom] triángulo m isósceles
isostatic structure n - [constr] estructura f isostática
isotach n - [meteorol] isotaquio* n
—(s) **of @ extreme mile** n - [meteorol] isotaquio(s) de milla f extrema (use kilómetro m extremo)
isothermal furnace n - [metal-prod] horno m isotermo,mico
isotope decay n - [chem] degradación f isotópica
isotopy n - [chem] isotopía f
isotropous a - isótropo,pa; isotrópico,ca
issuance n - . . . .; expedición m; otorgamiento m • circulación f
issue n - . . . . • [print] . . .; entrega f • [fin] . . .; libranza f | v - . . .; extender; expedir • cursar; difundir • emanar; fluir • otorgar • impartir • [fin] . . . • [legal] . . .; dictar
— **@ bond)** v - [fin] emitir fianza f
— **@ check** v - [fin] emitir cheque m
— **@ direction(s)** v - impartir instrucción(es) f
— **@ guaranty** v - emitir garantía f
— **@ order** v - emitir, or cursar, pedido m
— **@ place** n - [legal] lugar f de emisión f
— **@ price tender** v - [com] llamar a, licitación f, or concurso m de precio(s) m
— **@ report** v - emitir informe m
— **@ suborder** v - cursar subpedido* m
— **@ tender** v - sacar, or llamar, a concurso m, or licitación f
— **@ comment** v - emitir comentario m
— **@ counter charge notice** v - [accntg] emitir aviso m de contracargo m
— **@ invoice** v - [com] emitir factura f
— **@ order** v - emitir, or formular, pedido m
— **properly** v - [legal] conferir en forma f debida
— **@ tender** v - [com] emitir licitación f
— **@ ticket** v - emitir, or expedir, boleta f
— **value** n - [fin] valor m, or importe m, de emisión f
issued a - emitido,da; expedido,da • extendido,da; impartido,da • otorgado,da • cursado,da; difundido,da • [legal] dictado,da; librado,da
— **bond** n - fianza f emitida
— **check** n - [fin] cheque m, emitido, or expedido
— **comment** n - comentario m emitido
— **counter charge notice** n - [fin] aviso m de contracargo m emitido
— **guaranty** n - garantía f emitida
— **invoice** n - [com] factura f emitida
— **order** n - pedido m, emitido, or formulado, or cursado
— **properly** a - [legal] emitido,da apropiadamente
— **report** n - informe emitido

issued suborder n - subpedido* m emitido; subórden f emitida
— **tender** n - [com] licitación f, emitida, or sacada
— **under letter of credit** . . . a - [fin] expedido,da, or emitido,da, bajo carta f de crédito . . .
issuer n - emitente • licitante m
issuing n - emisión f; expedición f; otorgamiento m; impartición f; extensión • [legal] libranza f; libramiento m | a - emanante
— **plant** n - [ind] planta f emisora
— — **code** n - [ind] código m para planta f emisora
it - [pron] ello
— **is now** adv - llegamos así
Itabirite n - [geol] itabirita f
itch n - [medic] . . .; escozor m
itching n - [medic] escozor
item n - . . .; partida f; rubro m; efecto m; punto m; cosa f; objeto m • detalle m • posición f; elemento m; dato m; particular m; especie • artículo m • unidad f • [com] partida f; renglón n • [mech] cuerpo m • [legal] . . .; partida f; detalle m; número m; bien m; numeral m; artículo m
—(s) **assembly** n - conjunto m de elemento(s) m
— **batch** n - partida f, or lote m, de artículo m
— **check(ing)** n - comprobación f, or verificación f, de ítem m
— **cover(ing)** n - [insur] amparo m para concepto
— **descritpion** n - descripción f de ítem n
— **follow-up** n - seguimiento m de artículo m
— **for study** n - punto m para consideración f
— **identification** n - identificación f de elemento m
— **insurance** n - [insur] seguro m sobre, elemento m, or efecto m
— **insuring** n - [insur] aseguramiento m de, concepto m, or bien m
— **marking** n - marcación f de artículo m
— **name** n - nombre m, or designación f, para elemento m
— **number** n - número m, or numeración f, para, ítem m, or partida f
— **numbering** n - numeración f de partida f
—'s **state** n - estado m de artículo m
—, **supervising**, or **supervision** n - supervisión f de artículo m
— **to be lubricated** n - [mech] elemento m, or pieza f, a lubricar(se)
— **traceability** n - trazabilidad* f de artículo
itemized a - detallado,da
— **price(s)** n - precio(s) m detallado(s)
its pron - . . . .; suyo,ya
— **own** a - suyo,ya propio,pia
— **responsability** n - obligación f a su cargo m
itself a - mismo,ma; propio,pia; propiamente dicho,ha; por sí (mismo,ma); en sí | adv - en sí pron - sí mismo,ma
it's that simple adv - sanseacabó
Izod test n - ensayo m (de) Izod

J

J groove n - ranura e f en J
— — **weld** n - [weld] soldadura f en ranura en J
— **S A** n - [safety] see Job Safety Analysis (Training Guide)
J tool n - [tools] herramienta f (con ranura f) en forma f de J
jab v - . . .: acometer
jabbing motion n - movimiento m acometedor

jack

jack n - . . . . • [mech] . . .; calce m • prensa f • pata f; pie m • transmisión f intermedia para movimiento m • [autom] gato m graduable • [electr-instal] toma(corriente) m; enchufe m • [chains] see jack link | v - [mech] impulsar, or mover, con gato(s) m • [constr] insertar con gato m • [tub] insertar
— **and circle** n - [tools] gato m con cremallera f circular
— — **plug** n - [mech] espiga f y enchufe m | a - con espiga f y enchufe m
— — — **type** n - [weld] tipo m con espiga f y enchufe m | a - (de) tipo m con espiga f y enchufe m
— — — — **connection** n - [weld] conectador m con espiga f y enchufe
— **arch** n - [archit] arco m adintelado
— **bolt** n - [mech] perno m para anclaje m
— **chain** n - [chains] cadena f con eslabón(es) m de alambre m plegado
— **@ corrugated pipe** v - [constr] insertar con gato(s) m tubería f corrugada
— **cylinder** n - [mech] cilindro m para gato m
— **float** n - [mech] flotador m auxiliar
— **hoisting height** n - [mech] altura f para elevación f con gato(s) m
— **lifting system** n - [mech] sistema m para elevación f con gato(s) m
— **link chain** n - [chains] cadena f con eslabón(es) m de alambre m
— **lock** n - [mech] traba f para gato m • [chains] eslabón m de alambre m
— **locking** n - [mech] trabadura f de gato m
— **@ pipe** v - [tub] insertar, tubo m, or tubería f con gato m
— **piston** n - [mech] émbolo m para gato m
— **plane** n - [tools] garlopa f; garlopín m; cepillo m desbastador
— **plate** n - [mech] placa f para gato m
— **post** n - [mech] poste m para rueda f motriz • eje m para transmisión f
— — **box** n - [mech] cojinete m, or chumacera f, para, eje m para transmisión f, or poste m para rueda f motriz
— — **brace** n - [petrol] tornapunta f para poste m para rueda f motriz
— **pump** n - [pumps] aparato m bombeador
— **rack** n - [mech] gato m, or cric m, con cremallera f
— **raising height** n - [mech] altura f para elevación f para gato(s) m
— **ring** n - [electron] anillo m para clavija f
— **roll** n - [constr] torno m para elevación f
— **screw** n - [mech] tornillo m, or sinfin m, para gato m • gato m con husillo m
— **shaft** n - [mech] eje m intermedio
— **through @ embankment** v - [constr] insertar por debajo de terraplén m
— **thrust** n - [constr] empuje m de gato m
— **tip** n - [electron] punta f de clavija f
— **truss** n - [constr] armadura f, corta, or secundaria
— **type leg** n - [mech] pata f para gato m
jackbit n - [miner] broca f postiza • [constr] broca f, or mecha f, or punta f, para, martinete m, or martillo m, neumático
— **furnace** n - [miner] horno m para broca(s) f (postiza(s) para perforadora(s) para rocas f)
jackdrill n - [miner] perforadora f
jacked a - [constr] elevado m con gato(s) m • insertado,da, or impulsado,da, con gato(s) m
— **corrugated pipe** n - [constr] tubo m corrugado insertado, or tubería f corrugada insertada, con gato(s) m
— — **place** a - [constr] insertado,da con gato m • excavación f frontal con inserción (posterior) de conducto m metálico
— — — **tunnel** n - [constr] túnel (con conducto m) insertado con gato(s) m
— — — — **installation** n - [constr] instalación f de túnel con conducto m insertado con gato(s)

jacked-in-place tunnel operation n - [constr] operación f de horadación f con inserción f (posterior) con gato(s) m
— — — — **tunnel sewer** n - [constr] cloaca f de túnel con conducto m insertado con gato(s) m
— — — — **tunnel** n - [constr] túnel m insertado
— **pipe** n - [constr] tubo m insertado, or tubería f insertada, con gato(s) m (hidráulico(s))
— **through @ embankment** a - [constr] insertado,da por debajo de terraplén m
jacket n - [vest] . . .; rompevientos m • [mech] camisa f • envoltura f; vaina f • [electr-cond] vaina f • metal-prod] coraza f; envolvente m (metálico para horno m)
— **stress test** n - [telecom-cond] prueba f de resistencia f para, chaqueta f, or vaina f
— **thickness** n - grosor m, or espesor m, de chaqueta f
— **window** n - [metal-prod] ventana f en envolvente f
jacketed a - [electr-cond] con vaina f • [domest] para baño m maría
— **single arm mixer** n - [culin] mezcladora f con brazo m único para baño m maría
jacketing n - [mech] camisa f • forro m
jackhammer n - [tools] martillo m, or taladro m, neumático, or perforador, or picador
— **drill** n - [constr] perforadora f (neumática) manual
— **operator** n - [constr] picador m
jacking n - [constr] inserción f con gato(s) m (hidráulico(s)); inserción f mecánica • elevación f, or levantamiento m, con gato(s) m • impulsión f con gato(s) m | insertar, or impulsar, con gato(s) m
— **acceptance** n - [constr] aceptación f de inserción f con gato(s) m
— **and threading** n - [constr] inserción f, con gato(s) m, o dentro de conducto(s) m existente(s)
— **band** n - [constr] banda f para inserción f con gato(s) m
— **collar** n - [constr] collar m para, inserción f, or empuje m, con gato(s) m
— **equipment** n - [constr] equipo m, impulsor, or para inserción f (con gato(s) m, or para empuje m)
— **face** n - [constr] frente f, or cabeza f, para inserción f (con gatos m)
— **facility** n - [constr] dispositivo m para, elevación f, or levantamiento m, con gato(s) m • dispositivo m para inserción f con gato(s)
— **frame** n - [constr] caja f para empuje m
— **in** n - [constr] inserción f con gato(s) m | v - insertar f con gato(s) m
— **install** v - [constr] instalar mediante inserción f con gato(s) m
— **installation** n - [constr] instalación f mediante inserción f con gato(s) m • instalación f para inserción f con gato(s) m
— — **method** n - [constr] método m para inserción f con gato(s) m
— **installed** a - [constr] instalado,da mediante inserción f con gato(s) m
— **job** n - [constr] trabajo m para inserción f con gato(s) m
— **method** n - [constr] método m para inserción f con gato(s) m
— **operation** n - [constr] operación f para inserción f con gato(s) m
— **pipe** n - [constr] tubo m, or tubería f, para inserción f con gato(s) m
— **plate** n - [mech] placa f para inserción f con gato(s) m
— **pressure** n - [constr] presión f, de gato(s) m, or para, empuje m, or impulsión f • presión f para inserción f con gato(s) m
— **procedure** n - [constr] procedimiento m para inserción f con gato(s) m
— **resistance** n - [constr] resistencia f a inserción f con gato(s) m

jacking through @ embankment n - [constr] inserción f por debajo de terraplén m
— **unit** n - [mech] equipo m de gato m - [constr] equipo m, or dispositivo m, para inserción f
jackpot n - . . . . • piñata f
jackrabbit n - [zool] liebre f | v - embalar
jackscrew n - [tools] gato m con husillo n
jackshaft n - [mech] contraeje m; eje m, auxiliar,   or intermedio, or secundario
— **assembly** n - [mech] conjunto m de contraeje m
— **bearing** n - [mech] cojinete m para, contraeje m, or contraárbol m
— — **lubrication** n - [mech] lubricación f de conjunto m para, contraeje m, or contraárbol
— — **support** n - [mech] soporte m para cojinete m para, contraeje m, or contraárbol m
— **end** n - [mech] extremo m de, contraeje m, or contraárbol m
— — **(grease) fitting** n - [mech] pico m para engrase m, or grasera f, para extremo m de, contraeje m, or contraárbol m
— — **plate** n - [mech] placa f para extremo m de, contraeje m, or contraárbol m
— **fitting** n - [mech] pico m para engrase m, or grasera f, para, contraeje m, or contraárbol
— **grease fitting** n - [mwxh] pico m para engrase m, or grasera f, para, contraeje m, or contraárbol m
— **group** n - [mech] grupo m, or conjunto m, de, contraeje m, or contraárbol m
— **installation** n - [mech] instalación f, or colocación f, de contraeje m, or contraárbol
— **lubrication** n - [mech] lubricación f de, contraeje m, or contraárbol m
— **shim** n - [mech] calce m, or calza f, para, contraeje m, or contraárbol m
— — **installation** n - [mech] instalación f, or colocación f, de, calce m, or calza f, para, contraeje m, or contraárbol m
— — **support** n - [mech] soporte m para, contraeje m, or contraárbol
jackstand n - [autom] gato m fijo
Jacob's chuck n - [mech] mandril m; portabrocas m
jag m - mella f; desgarro m
jagged a - áspero,ra; desgarrado,da; dentado,da
Jai Alai fronton n - [sports] frontón m para, pelota f vasca, or Jai Alai
jail n - [penal] . . . ; prisión f
jalousie n - [constr] . . . ; persiana f; veneciana f
jam n - . . . . • [transp] congestión f | v . . . ; abarrotar; congestionar; colmar; atascar; bloquear
— **bar** n - [tools] barra f para ataque m
— **@ chain** v - [mech] atascar cadena f
— **@ feed** v - [avicult] atascar comida f
— **nut** n - [mech] contratuerca f; tuerca f trabadora, or para seguridad f, or con presión f, or fijadora, or fiadora, or para ajuste m
— **@ nut** v - [mech] atascar tuerca f
— — **locking** n - [mech] traba(dura) f de, contratuerca f, or tuerca f para seguridad f
— — **tightening** n - [mech] apretadura f, or ajuste m, de contratuerca f
— **@ piston** v - [mech] trabar émbolo m
— **@ system** v - atascar sistema m
jamb n - [constr] . . . ; pendolón m; pie m recto
— **setting** n - [constr] base f, or anclaje m, para jamba f
jamboo n - [botan] yambo m
jammed a - . . . . ; abarrotado,da; atascado,da; agarrotado,da; congestionado,da; colmado,da
— **chain** n - [chains] cadena f atascada
— **discharge** n - [metal-prod] descarga f agarrotada
— **feed** n - [avicult] comida f atascada
— **nut** n - [mech] tuerca f atascada
— **piston** n - [mech] émbolo m trabado
— **system** n - sistema m, atascado, or trabado
jamming n - atascamiento m; abarrotamiento f; congestión f; colmo m
janitor n - . . . ; peón m para limpieza f; limpiador m • ordenanza m; portero m
— **foreman** n - [ind] capataz m para limpieza f
Japanese tire n - [autom-tires] neumático m japonés
jar n - . . . ; sacudimiento m • [petrol] percutor m; percusor m; tijera f • [domest] frasco m | v - . . . ; contundir
— **bumper** n - [tools] destrabador m (para tijeras f)
— **down spear** n - [petrol] cangrejo m golpeador; arpón m para pesca f para, percusor(es) m, or percutor(es) m
— **socket** n - [petrol] pescador m con campana f accionado con tijera(s) f; cepo m; receptáculo m para, percusor m, or percutor m
— **test** n - [sanit] ensayo m para coagulación f
— **tool** n - [petrol] herramienta f percusora
jarred a - sacudido,da; contundido,da
jarring n - sacudida f; sacudimiento m • vibración f • chirrido m | a - sacudidor,ra; contundente
— **bump** n - [autom] barquinazo m fuerte
— **tool** n - [petrol] herramienta f percusora
jaunt n - . . . ; paseo m | v - pasear
jaw n - [anat] . . . • [tools] (juego m de) mordaza(s) f • [mech-vise] quijada f (para tornillo m para banco m) • [zool] fauce(s) f
— **assembly** n - [mech] conjunto m de, mandíbula f, or mordaza f
— **and eye** n - [mech] mandíbula f y ojo m | a - [mech] con mandíbula f y ojo m
— **and jaw** a - [mech] con dos mandíbula(s) f
— **body** n - [mech] cuerpo m de mandíbula f
— — **inside surface** n - [mech] superficie f interior de cuerpo m de mandíbula f
— — **outside surface** n - [mech] superficie f exterior de cuerpo m de mandíbula f
— — **surface** n - [mech] superficie f de cuerpo m de mandíbula f
— **breaker** n - trituradora f con mandíbula(s)
— **clamping** n - [mech] sujeción f de mandíbula f
— **clutch** n - [mech] embrague m con, mandíbula f, or mordaza f, or garra(s) f
— — **pedal** n - [mech] pedal m para embrague m con mandíbula f
— — **shifter** n - [mech] desplazador m para embrague m con mandíbula f
— — **shifting fork** n - [mech] horquilla f, cambiadora, or desplazadora, para embrague m con mandíbula f
— **connection** n - [mech] conexión f para mandíbula f
— **contact** n - [weld] contacto m con mandíbula f
— **crusher** n - [mech] trituradora f, or machacadora f, con, mandíbula f, or efecto m doble
— **end** n - [mech] extremo m con mandíbula f
— **holding** n - [mech] sujeción f de mandíbula f
— **insulation** n - [electr] aislación f para mandíbula f
— **opening** n - [mech] apertura f de, mandíbula f. or quijada f; abertura f de mandíbula f
— **plate** n - [tools] placa f para mandíbula f
— **ring** n - [mech] aro m para mandíbula f
— **separation** n - [mech] separación f de, mandíbula f, or quijada f
— — **speed** n - [mech] velocidad f para separación f de quijada(s) f
— **spreading** n - [mech] separación f de mandíbula f • vencimiento m de mandíbula f
jeep n - [autom] jeep m
— **engine** n - [autom] motor m para jeep m
jel n - [chem] gel m
jellied a - . . . ; gelificado,da
jelly n - . . . . | v - . . . ; gelificar
jellying n - gelificación f
— **agent** n - [chem] agente m gelificante
— **substance** n - sustancia f gelificante
jenny n - [mech] cabría f; pata f de cabra f
jeopardize v; peligrar; poner en peligro m

jeopardize @ roadway v - [roads] (hacer) peligrar, or poner en peligro m, calzada f
jeopardized a - arriesgado,da; comprometido,da; expuesto,ta; hecho peligroso,sa; puesto,ta en peligro m
jeopaardized roadway n - calzada f puesta en peligro m
jeopardizing n - exposición f; comprometimiento m; puesta f en peligro m
jerk n - . . .; sacudida f | v - . . .; tironear
— **line** n - cable m para, llave(s), or zapatas f
jerked a - sacudido,da • tironeado,da
jerker n - sacudidor m
jerking n - sacudida f • tirón m • latigazo m | a - sacudidor,ra
jerkingly adv - sacudidamente
jerkline n - [petrol] see **jerk line**
jerky a - . . .; irregular
jet n - chorro m; raudal m; caudal m; surtidor m • [aeron] avión m con, reacción f, or chorro m • [mech] surtidor m; pulverizador m; inyector m; boquilla f; reactor m | a - [aeron] por, retropropulsión f, or reacción f, or chorro m | v - aplicar chorro m
— **adjusting screw** n - [mech] tornillo m para ajuste m para inyector m
— **blast** n - [int.comb] chorro m
— **blaster** n - [hydr] chorreadora f
— **clogging** n - [int.comb] atoramiento m de, boquilla f, or surtidor m
— **coating** n - [metal-roll] revestimiento m con, pulverizador(es) m, or inyector(es) m
— **compact** v - [constr] compacta con chorro m de agua m
— **compacted** a - [constr] compactado,da con chorro m de agua m
—, **compacting**, or **compaction** n - [constr] compactación f con chorro(s) m de agua m
— **@ diaphragm** v - [constr] introducir diafragma m con chorro m de agua m
— **drill** n - [mech] perforadora f con chorro m
— **drilling** n - [mech] perforación f con chorro m
— **engine** n - [int.comb] motor m con reacción f
— — **blast** n - [int.comb] gas(es) m de escape m de motor m con reacción f
— **holder** n - [int.comb] sujetador m para, boquilla f, or surtidor m; portaboquilla(s) f; portasurtidor(es) m
— — **washer** n - [mech] arandela f para, portaboquilla(s) f, or portasurtidor(es) m
— **movement** n - [mech] movimiento m de chorro m
— **passage** n - [int.comb] paso m de inyección f
— **pipe** n - [tub] tubo m inyector; lanza f
— **plane** n - [aeron] avión m con propulsión f con, chorro m, or retropropulsión f, or reacción f
— **pump** n - [pumps] bomba f eyectora; eyector m; bomba f con inyección f; bomba f inyectora; inyector m
— **scale** n - [metal] viruela f
—**-set, pile,** or **piling** n pilote(s) m hincado(s) con chorro m de agua m
jetted a - [constr] introducido,da con chorro m de agua m
— **diaphragm** n - [constr] diafragma m introducido con chorro m de agua
jetting n - chorro m con presión f • aplicación f en chorro m • [constr] (introducción f mediante) chorro m, con presión f, or de agua m • hincadura f (de pilote m) con chorro m de agua m
— **equipment** n - [constr] equipo m para hincadura f de pilote(s) m con chorro m de agua m
jetty n - [hydr] rompeolas m; malecón m; escollera f; espolón m • [naut] espolón m
— **control** n - [hydr] regulación f con espigón m | v - [hydr] regular con espigón m
— **controlled** a - [hydr] regulado,da con espigón m
— **controlling** n - [hydr] regulación f con espigón m
Jetweld n - [weld] Jetweld m
— **electrode** n - [weld] electrodo m Jetweld (con polvo m de hierro m)
Jetweld iron powder electrode n - [weld] electrodo m Jetweld con polvo m de hierro m
— **operating technique** n - [weld] técnica f para operación f (con electrodo m) Jetweld
— **speed** n - [weld] velocidad f (posible) con electrodo(s) m Jetweld (con polvo n de hierro)
jib n - [naut] . . . • [cranes] brazo m giratorio; pescante m; aguilón m; brazo m; pluma f
— **angle** n - [cranes] ángulo m de pescante m
— — **indicator** n - [cranes] indicador m para ángulo m para pescante m
— **boom** n - [cranes] aguilón m para pescante m
— — **insert** n - [cranes] suplemento m para aguilón m para pescante m
— — **crane** n - [metal-prod] vagoneta f para tragante m • gancho m para horno m
— **cable** n - [cranes] cable m para pescante m
— **crane** n - [cranes] grúa f con, pescante m, or aguilón m, or para pared f, or con brazo m
— **cylinder** n - [cranes] cilindro m para pescante m
— —, **enclosing**, or **enclosure** n - [cranes] encierro m para cilindro m para pescante m
— **hoist** n - [cranes] elevador m para pescante m
— —**(ing)** n - [cranes] elevación f de pescante m
— — **hook** n - [cranes] gancho m para elevación f de pescante m
— — **line** n - [cranes] cable m para elevación f para pescante m; cable m elevador para pescante m
— — — **single sheave block** n - [cranes] motón m con polea f única para cable m para elevación f para pescante m
— — **rope** n - [cabl] cable m para elevación f para pescante m
— **hook** n - [cranes] gancho m para pescante m
— — **swivel** n - [cranes] eslabón m giratorio para gancho m para pescante m
— — **with @ swivel** n - [cranes] gancho m con eslabón m giratorio para pescante m
— **insert** n - [cranes] suplemento m para pescante m
— **length** n - [cranes] largo(r) m, or largura f, de pescante m
— **line** n - [cranes] cable m para pescante m
— — **hook** n - [cranes] gancho m para cable m para pescante m
— — **weighted hook** n - [cranes] gancho m lastrado para cable m para pescante m
— **lowering** n - [cranes] bajada f, or descenso m, de pescante m
— — **device** n - [cranes] mecanismo m para, bajada f, or descenso m, para pescante m
— **mounting** n - [cranes] montaje m de pescante m • montaje m sobre pescante m
— **option** n - [cranes] opción f con pescante m
— **match** n - adecuación f | v - adecuar
— **piece** n - [cranes] sección f de pescante m
— **planetary lowering** n - [cranes] bajada f planetaria, or descenso m planetario, para pescante m
— — — **device** n - [cranes] mecanismo m para, bajada f planetaria, or descenso m planetario, para pescante m
— **pole** n - [cranes] poste-pluma
— **rack** n - [cranes] astillero m para pescante m
— **rope** n - [cranes] cable m para pescante m
— **sheave** n - [cranes] polea f para pescante m
— **traveling crane** n - [cranes] grúa f locomóvil con aguilón m
— **wire rope** n - [cranes] cable m (de alambre m) para pescante m
— **with guy line cable** n - [cranes] pescante m con cable contraviento(s) m
— — **@ standard strut** n - [cranes] pescante m con pie m derecho estándar
— — **@ strut** n - [cranes] pescante m con, puntal m, or pie m derecho
jig n - . . . • [mech] soporte m • [constr] armadura f para montaje m; aparejo m • [weld]

plantilla f; patrón m; guía f • artefacto m para sujeción f • [rail] gálibo m • [tools] posicionador m; manipulador m; sujetador m • [miner] clasificadora f (hidráulica) • [mech] matriz f
— **borer** n - [tools] taladro m para plantilla(s)
— **method** n - [miner] método m con clasificadora f hidráulica
— **plunger** n - [mech] mandril m para plantilla f
— **saw** n - [tools] sierra f, caladora, or para contornear • sierra f de vaivén m
— **shop** n - [weld] taller m con posicionadores m
— **washer** n - [miner] lavadora f vibradora
jigbore n - [tools] taladro m de precisión f; also see jig borer
jigger n - [miner] . . .; cribón m vibratorio
jigging n - cribado m
jim crow n - [rail] . . .; curvador m; gato m para curvar (rieles m)
— — **rail bender** n - [rail] curvador m, para, riel(es) m, or carril(es) m
jimmy n - [tools] pata f de cabra f
jingle bell n - cascabel m
jinx n - [fam] yeta f • yetator m
jitter n - . . .; trepidación f; fluctuación f
job n . . .; faena f; quehacer m; puesto m; cargo m • operación f • [constr] (sitio m de) obra f • [miner] tajo m | a - a destajo m
— **appearance** n - [ind] apariencia f, or aspecto m, de trabajo m
— **assigning** n - asignación f de, trabajo m, or tarea(s) f | a - asignador de tarea(s) m
— — **supervisor** n - [labor] supervisor que asigna tarea(s) f
— **assignment** n - [labor] trabajo m asignado • asignación f de, trabajo m, or tarea(s) f
— — **correlation** n - [labor] correlación f de asignación f de tarea(s) f
— — **execution** n - [labor] cumplimiento m de, trabajo m asignado, or tarea(s) asignada(s)
— — **performance** n - [labor] desempeño m, or cumplimiento m, de trabajo m asignado
— **attendance** n - [labor] concurrencia f, or asistencia f, a trabajo m
— — **hour** n - [labor] hora f de, presencia f, or permanencia f, en (puesto m de) trabajo m
— **beginning** n - comienzo m de obra f
— **bolting** n - [mech] empernado* m en obra f
— **change** n - [labor] cambio m de trabajo m
— **classification** n - clasificación f de, trabajo(s) m, or tarea(s) f
— **closing down** n - paralización f de, obra f, or trabajo(s) m
— **code** n - código m para trabajo m
— — **number** n - [labor] número n de código m para trabajo m
— **, completing, or completion** n - terminación f, or finalización f, de, trabajo m, or obra f
— **, continuation, or continuing** n - continuación f de trabajo m
— **cost** n - [ind] costo m de trabajo m
— **cycle** n - [ind] ciclo m de trabajo m
— **description** n - [labor] descripción f de, trabajo m, or tarea(s) f • descripción f de cargo m
— **doing** n - efectuación f de trabajo m
— **end** n - fin m, or terminación f, de, trabajo m, or tarea f • terminación f de obra f
— **, evaluating, or evaluation** n - evaluación f de, trabajo m, or tarea f
— **experience** n - [labor] experiencia f en trabajo m
— **field welding** n - [weld] soldadura f en obra f
— **finalization** n - finalización f de trabajo m
— **finalizing** n - finalización f de trabajo m
— **gain** n - [labor] ventaja f en trabajo m
— **grading** n - [labor] calificación f de cargo m
— **guaranty** n - garantía f de trabajo m
— **knowledge** n - conocimiento m de trabajo m
— **in progress** n - trabajo m en ejecución f; obra f en taller m

job inspection n - [ind] inspección f de, trabajo m, or obra f
— **instruction** n - instrucción f para trabajo m
— **match** v - adecuar (para trabajo m)
— **matched** a - adecuado,da (para trabajo m)
— **matching** n adecuación f (para trabajo m)
— **name** n - [constr] nombre m de obra f
— **number** n - número m de trabajo m • [constr] número m de obra f
— **option** n - opción f para trabajo m
— **order** n - orden f, de, or para, trabajo m
— **part** n - parte m de trabajo m
— **performance** n - [labor] rendimiento m en, or cumplimiento m con, trabajo m
— **portion** n - [constr] parte f de obra f
— **problem** n - [labor] problema m en trabajo m
— **procedure(s)** n - [ind] procedimiento(s) m, or paso(s) m, para trabajo m
— — **communication** n - [ind] comunicación f, or instrucción f, sobre procedimiento(s) m para trabajo m
— — **contact** n - [labor] entrevista f sobre porocedimiento(s) m para trabajo m
— — **group contact** n - [labor] entrevista f colectiva sobre procedimiento(s) m para trabajo
— — **instruction** n - [ind] instrucción f sobre procedimiento(s) m para trabajo m
— — **personal contact** n - [labor] entrevista f individual sobre procedimiento(s) m para trabajo m
— **quality** n - [ind] calidad f de trabajo m
— **related** a - relacionado,da, or vinculado,da, con trabajo m
— — **idea** n - idea f vinculada con trabajo m
— — **incentive** n - incentivo m, or estímulo m, vinculado con trabajo m
— **requirement** n - exigencia f de, trabajo m, or cargo m
— **run** n - [ind] partida f, or tanda f, de trabajo m
— **safety** n - [labor] seguridad m en trabajo m
— — **Analysis** n - [safety] Análisis m de seguridad en Trabajo m
— — — **Training Guide** n - [safety] Guía f para Instrucción f para Análisis de Seguridad f en Trabajo m
— — **training** n - [safety] instrucción f para seguridad f en trabajo m
— — — **method** n - [safety] método m para instrucción f para seguridad f en trabajo m
— — — **program** n - [safety] programa m para instrucción f para seguridad f en trabajo m
— — — **core** n - [safety] núcleo m de programa m de instrucción f para seguridad f en trabajo m
— **schedule** n - programa m para, tarea f, or obra f
— **scheduling** n - [labor] programación f para, trabajo m, or tarea f
— **security** n - [labor] seguridad f en empleo m
— **selector** n - [weld] reóstato m, or selector m, or regulador m, para voltaje m
— — **control** n - [weld] regulador m para reóstato m para voltaje m
— — — **dial** n - [weld] esfera f para regulador m para voltaje m
— — **range** n - [weld] escala f, or límite(s) m, para regulador m para voltaje m
— — **rheostat** n - [weld] reóstato m, selector, or regulador, para voltaje m
— **shop** n - [mech] taller m para trabajo(s) a destajo m • [weld] taller m para soldadura(s) a destajo m
— **shut down** n - [constr] paralización f de obra
— **site** n - sitio m, or emplazamiento m, de, obra f, or trabajo m, or instalación f
— — **arrival** n - arribo m, or llegada f, a obra
— — **use** n - [weld] uso m en obra f
— **specification** n - especificación f para, trabajo m, or obra f, or tarea(s) f • especificación f para cargo m

job start-up n - iniciación f, or comienzo m, de, trabajo m, or obra f
— **step** n - paso m en trabajo m
— — **number** n - número m de paso m en trabajo m
— — **sequence** n - orden m de paso(s) en trabajo
— **superintendent** n - [constr] encargado m, or representante m de contratista m, en obra f
— **training** n - capacitación f, or formación f, para, tarea(s) f, or trabajo m
— **value** n - valor m, or importe m, de trabajo m
— **weldor** n - [weld] soldador m a destajo m
jobbing mill n - [metal-roll] laminador m universal
jobless a - . . .; desempleado,da; desocupado,da
jobsite n - see **job site**
jockey n - . . . | a . . .; [mech] para, guía f, or tensión f
— **arch** n - arco m separador
— **pulley** n - [mech] polea f para, guía f, or tensión f
— **roller** n - [mech] rodillo m para, guía f, or tensión f
— **wheel** n - [mech] roldana f para, guía f, or tensión f
jog n - . . . • [mech] bayoneta f • pulsador m (manual) • avance m, or marcha f, gradual • [electr-oper] impulso m breve | v - [mech] avanzar, or marchar, gradualmente, or poco a poco; mover, or empujar, intermitentemente; poner a punto m • [sports] correr; trotar
— **control** n - [mech] regulación f para avance m gradual
— **@ drawer** n - [wiredrwng] avanzar gradualmente trefilador m
— **@ header** v - [wiredrwng] avanar, or mover, gradualmente, or intermetentemente, encabezadora f
— **@ machine** v - [mech] avanzar, or hacer marchar, or mover, intermitentemente, or gradualmente, máquina f
— **@ wiredrawer** v - [wiredrwng] avanzar gradualmente trefilador m
jogged a - avanzado,da, or movido,da, or empujadoda, intermitentemente, or gradualmente, or brevemente • [sports] corrido,da
— **drawer** n - [wiredrwng] trefilador m avanzado gradualmente
— **header** n - [wiredrwng] encabezadora f, avanzada, or movida, gradualmente, or intermitentemente
— **machine** n - [mech] máquina f, movida, or avanzada, gradualmente, or intermitentemente
— **wire drawer** n - [wiredrwng] trefiladora f avanzada gradualmente
jogging n - [electr-mot] impulsión f breve • [mech] movimiento m, or empuje m, or avance m, or marcha, gradual, or intermitente • [sports] corrida f
join v - . . . .; adosar; acompañar; ensamblar • sumar(se) • [hydr] confluir • [tub] conectar; empalmar; engargolar • also see **joining**
— **@ arch(es)** v - [tub] unir bóveda(s) entre sí
— **easily** v - unir fácilmente
— **@ edge** v - unir borde m
— **@ metal(s)** v - [metal] unir metal(es) m
— — **to metal** v - [weld] unir metal m con metal m; unir metal(es) entre sí
— **@ pipe(s)** v - [tub] unir, tubos m, or tubería(s) f
— **@ pipe arch(es)** v - [tub] unir tubería(s) f abovedada(s)
— **@ section(s)** v - [mech] unir sección(es) f
— **@ side(s)** v - [mech] unir borde(s) m
— **steel to steel** v - [weld] unir, acero m con acero m, or acero(s) m entre sí
— **tightly** v - [mech] unir, firmemente, or ajustadamente
— **together** v - acoplar; unir entre sí
— **under pressure** v - unir bajo presión f
joined a - unido,da; juntado,da; acoplado,da; adosado,da • junto,ta

joined arch(es) n - [tub] bóveda(s) f unida(s)
— **crack(s)** n - [weld] grieta(s) f unida(s)
— **easily** a - unido,da fácilmente
— **edge(s)** n - borde(s) m unido(s)
— **metal(s)** n - [metal] metal(es) m unido(s)
— — **to metal** a - [weld] unido,da metal m con metal; metal(es) m unido(s) entre sí
— **pipe(s)** n - [tub] tubo(s) m unido(s); tubería(s) f unida(s)
— —**arch(es)** n - [tub] tubo(s) m abovedado(s) unido(s); tubería(s) f abovedada(s) unidas
— **section(s)** n - [mech] sección(es) f unida(s)
— **side(s)** n - [mech] borde(s) m unido(s)
— **steel to steel** a - [weld] unido(s), acero m con acero m, or acero(s) m entre sí
— **tightly** a - [mech] unido,da, firmemente, or ajustadamente
— **together** a - acoplado,da(s) (entre sí)
— **with stitches** a - [metal-fabr] con costura f con grapa(s) f
joiner n - . . .; empalmador m; acoplador m
joining n - . . .; conexión f; ensambladura f; adosamiento m; ejecución f de unión f • [weld] soldadura f • [roads] empalme m
— **band** n - [tub] banda f para unión f
— **element** n - [mech] elemento m para unión f
— **technique** n - técnica f para unión f • [weld] técnica f para soldadura f
— **together** n - acoplamiento m
joint n - [mech] . . .; cierre m; empalme n; acoplamiento m • [electr] empalme m; conexión f • [weld] soldadura f • [constr] llaga f a - conjunto,ta | v - . . .; ensamblar
— **agreement** n - [legal] acuerdo m, mutuo, or común
— **aligning** n - [mech] alineación f de junta f
— **alignment** n - [mech] alineación f de junta f
—(s) **assembly** n - [mech] montaje m de unión(es) • conjunto m de unión(es) f
— **axis horizontal** n - [weld] eje m de junta f horizontal
— — **vertical** n - [weld] eje m de junta f vertical
— **back side** n - [weld] respaldo m de junta f
— **bar** n - [metal-roll] brida f • [rail] eclisa f • [mech] barra f para unión f
— **between planks** n - [constr] junta f entre sección(es) f
— **bolting** n - [mech] fijación f de, junta f, or unión f, con perno(s) m
— **bottom** n - [weld] fondo m, or parte f inferior, de, junta f, or soldadura f
— **box** n - [electr-instal] caja f para empalme m
— **butt welding** n - [weld] soldadura f a tope m de junta(s) f
— **Chiefs of Staff** n - [milit] Estado m Mayor Conjunto
— **circular motion** n - [weld] movimiento m circular para junta f
— **clamp** n - [mech] abrazadera f para junta f
— **cleaning** n - [weld] limpieza f de, junta f, or superficie f por soldar(se)
— **cleanliness** n - [weld] limpieza f de, junta f, or soldadura f
— **committee** n - comisión f conjunta
— **compound** n - [tub] compuesto m para, junta f, or unión f
— **configuration** n - [weld] configuración f de junta f
— **connected** a - conectado,da en junta f
— **connection** n - [mech] (junta f para) conexión
— — **type** n - tipo m de conexión f | a - de tipo m de conexión f
— **corner** n - [weld] vértice f, or conjunción f, de junta f; convergencia f de plancha(s) f
— **coupling** n - [mech] acoplamiento m para junta
— **cover** n - [constr] tapajunta(s) m; cubrejunta(s) m; cubierta f para junta(s) f
— — **pass weld** n - [weld] soldadora con pasada f para cierre m en junta f
— **design** n - [weld] projección f, or configura-

ción de junta f • diseño m de junta f
joint design and fit-up n - [weld] proyección f, or configuración f, y presentación f de junta
— **detail(s)** n - [mech] detalle(s) m para junta
— **device** n - [mech] dispositivo m para juntas f
— **dimension** n - [weld] medida f de junta f
— **ductility** n - [weld] ductilidad f de junta f
— **edge** n - [mech] borde m de junta f • borde m común
— **effort** n - esfuerzo m, conjunto, or común
— **enterprise** n - empresa f conjunta; esfuerzo m conjunto m
— **face** n - [weld] cara f de junta f
— **failing** n - [weld] falla f de junta f
— — **in service** n falla f de junta f en servicio m
— **failure** n - [weld] falla f de junta f
— — **in service** n - [weld] falla f de junta f en servicio m
— **filler** n - [constr] tapajunta(s) m; relleno m para junta f
— **filling** n - [weld] henchimiento m de junta f
— **finish end** n - [weld] extremo m final de junta f
— **finishing** n - [constr] terminación f de junta
— **fit-up** n - [weld] presentación f de junta f
— **front side** n - [weld] frente m de junta f
— **gasket** n - [tub] guarnición f para junta f
— **geometry** n - [weld] configuración f de, junta f, or unión f; avoid geometría* f de junta f
— **guaranty** n - garantía f conjunta
— **idea** n - idea f conjunta
— **Industry Council** n - [ind] Concilio m industrial, Unido, or Conjunto
—, **insulating**, or **insulation** n - aislación f para junta f
— **lap(ping)** n - [mech] traslapo m de junta f
— **line** n - [constr] línea f para junta f
— —**up** n - [weld] alineación f de junta f
— **make-up** n - [tub] armado m de junta(s) f
— **making** n - [mech] ejecución f de junta f
— **material** n - material m para (hacer) junta f
— **member** n - [weld] pieza f para junta f
— **moisture** n - [weld] humedad f en junta f
— **need** n - [weld] exigencia f de junta f
— **nut** n - [mech] tuerca f en unión f
— **opening** n - [tub] apertura f de unión f
— **outisde** n - [weld] parte f exterior m de junta f
— **packing** n - [mech] recalcadura f de junta f
— **pipe** n - [tub] tubería f con junta f
— **play** n - [mech] holgura f de junta f
— **position** n - posición f de junta f
— **preparation** n - [weld] preparación f de junta
— — **decision** n - [weld] decisión f sobre preparación f de junta f
— — **requirement** n - [weld] exigencia f para preparación f de junta f
— — **specification** n - [weld] especificación f para preparación f de junta f
— — **standard** n - [weld] norma f para preparación f de junta(s) f
— **probe** n - [weld] comprobación f de junta f
— **probing** n - [weld] comprobación f de junta f
— **representative** n - representante m común
— **requirement** n - [weld] exigencia f de junta f
— **restraint** n - [restricción f de junta f] rigidez f de junta f
— **retainer** n - [mech] retén m, or arandela f, para junta f
— **rivet** n - [mech] remache m, or roblón m, para junta f
— **riveting trench** n - [constr] excavación f para remachado m de unión(es) f
— **root** n - [weld] raíz f para junta f
— **seal** n - [mech] sello m para junta f
—**(s) set** n - [mech] juego m de junta(s) f
—, **settlement**, or **settling** n - [constr] asentamiento n de, junta f, or unión f
— **side** n - borde m, or costado m, or cara f, de junta f

joint size n - [weld] tamaño m de soldadura f
— **specification** n - especificación f conjunta
— **stock company** n - [legal] sociedad f en comandita por acción(es) f
— **strength** n - [mech] resistencia f de, junta f, or unión f
— — **resistance** n - [weld] resistencia f de soldadura f
— **strip** n - [constr] cubrejunta m; tapajuntas m
— **surface** n - [weld] superficie f de junta f
— **tightness** n - [tub] impermeabilidad f de conexión(es) f
— **type** n - tipo m de junta f • [weld] tipo m de soldadura f
— **venture** n - [legal] sociedad f, or asociación f, accidental; (co)participación f; colaboración f; sociedad f, or empresa f, en participación f
— — **agreement** n - [com] acuerdo m para colaboración f
— — — **term(s)** n - [com] condición(es) f de acuerdo m para colaboración f
— — **contract** n - [legal] contrato m para sociedad f accidental
— — **contractor** n - [constr] sociedad f accidental para construcción f
— —, **justification**, or **justifying** n - justificación f de sociedad f accidental
— — **participant** n - empresa f asociada; componente m de sociedad f accidental
— — **percentage** n - porcentaje m (de participación f) en sociedad f accidental
— **wall** n - [weld] pared f de junta • [constr] pared f conjunta
— **weld** n - [weld] soldadura f de junta f
— — **first pass** n - [weld] pasada f primera de soldadura f, para junta f, or en ranura f
— **welded** n - [weld] junta f soldada
— — **per hour** n - [weld] junta f soldada por hora f
— **welding** n - [weld] soldadura f de junta f
— — **procedure** n - [tub] procedimiento m para, soldadura f para junta(s) f, or unión f soldada
jointed a - . . .; ensamblado,da • [electr-instal] empalmado,da
— **pipe** n - [tub] tubo m, or tubería f, con junta f
jointer n - . . . • [mech] (máquina f) ensambladora • ensamblador m • [electr-instal] empalmador m • [agric] raedera f
—**('s) gage** n - [tools] gramil m para, ebanista m, or ensamblador m
— **pin** n - [mech] pasador m para articulación f
— **plane** n - [carp] garlopa f
— **runner** n - [constr] virola f
jointing n - [mech] ensamble m; ensambladura f
— **compound** n - [tub] pasta f, or mastique m, para junta(s) f
— **mark** n - [mech] marca f para, ensamble m, or ensambladura f
— **material(s)** n - [electr-instal] material m para empalme(s) m
— **plane** n - [tools] juntera f
— **tool** n - [tools] llana f para juntar
jointly adv - (con)juntamente; en conjunción f • [legal] en asociación f
— **and solidarily** adv - [legal] conjunta(mente) y solidariamente
— — — **bound** a - [legal] obligado,da conjunta(mente) y solidariamente
Jominy test n - [metal] ensayo m (de) Jominy
jotted down a - apuntado,da
jotting down n - apuntamiento m
Joule effect n - [electr] efecto m Joule
journal m - . . . • [mech] muñón m; extremo m para apoyo m; espiga f; gorrón m; punta f, or extremo m, de eje m; muñequilla f
— **bearing** n - [mech] cojinete m • [rail] chumacera f
— **box** n - [mech] . . .; garronera f • [rail]

caja f para, eje m, or chumacera f; caja f para grasa f
journal brass n - casquillo m para cojinete m • [rail] casquillo m para chumacera f
— **diameter** n - [mech] diámetro n de muñón m
— **entry** n - [accntg] asiento m para diario m
— **machining** n - [mech] mecanización f, or torneado m, de muñón m
journalist n - [public] . . .; reportero m
journeyman n - [labor] . . .; maestro m, primero, or de primera f; obrero m calificado
—**('s) complete outfit** n - [tools] equipo m, or juego m, (completo) de herramientas f, para maestro m, or oficial
— **electrician** n - [electr] oficial m electricista
—**('s) outfit** n - [tools] juego m de herramienta(s) f para, maestro m, or oficial m
joy n - . . .; ventura f; festividad f
joyous a - . . .; feliz
JR n - [ind] see **jar**
judge n - . . . • justicia f • jurado m | v - . . .; hacer juicio m; determinar; establecer
— **in advance** v - juzgar por anticipado; prejuzgar
— **prudently** v - [legal] juzgar prudentemente
judged a - juzgado,da
— **in advance** a - juzgado,da por anticipado; prejuzgado,da
— **prudently** a - [legal] juzgado,da prudentemente
judgement n - see **judgment**
judger n - juzgador m
judging n - juicio m • a - juzgador,ra
judgment n - [legal] juicio m; dictamen m; fallo m • ejecutoria f • [psicol] juicio m; criterio m (sano); concepto m; opinión f • calificación f • prudencia f
— **arrived at** n - juicio m arribado
— **arriving** n - arribo m a juicio m
— **base** n - base f para juicio m
— **case** n - [safety] accidente m con validez f dudosa | a - [safety] con validez f dudosa
— — **accident** n - [safety] accidente con validez f dudosa
— — **injury** n - [safety] herida f, or lesión f, con validez f dudosa
— **element** n - elemento m para juicio m
— **reaching** n - arribo m a juicio m
judicial a - [legal] . . .; foral
— **action** n - [legal] acción f, or actuación f, judicial
— **branch** n - [pol] rama f, or poder m, judicial
— **circuit** n - [for] circunscripción f judicial
— **decree** n - [legal] decreto m judicial; auto m
— **formality** n - [legal] trámite m judicial
— **power** n - [pol] poder m judicial • fuero m
— **procedure** n - [legal] trámite m judicial
— **record** n - [legal] protocolo m
— **sentence** n - [legal] sentencia f judicial; auto m
— **statement** n - declaración f judicial
— **year** n - [legal] año m judicial
judicially adv - . . .; foralmente
jug n - [domest] . . .; jarrón m
juice n - . . . • [electr] . . .; energía f
— **pump** n - [ind] bomba f para, jugo(s) m, or zumo(s) m, or guarapo(s) m
jumble n - . . .; montón m; masa f informe
jumbo n - . . . • [petrol] see **drill carriage**
— **jet** n - [aeron] avación (por reacción f) con, porte m grande, or con dos plantas f
— **plane** n - [aeron] avión m con dos planta(s) f
jump n - . . . • [electr-instal] interconexión f • [metal-roll- when strip reaches rolls] cedaje m | v - . . . • [metal-prod] aislar • [electr-instal] interconectar; conectar en derivación f
— **@ battery** v - [autom-oper] (inter)conectar acumulador(es) m
— **@ cooling plate** v - [metal-prod] aislar, or eliminar, petaca f
— **jump into** v - saltar dentro de • entrar brincando • instalar(se) • [autom] tripular
— **joint** n - [mech] junta f de tope m
— **out** v - salir, saltando, or brincando
— **@ performance level** v - imponer(se) por desempeño m; saltar posición(es)
— **@ refrigerant low pressure switch** v - [int-comb] conectar en derivación interruptor m para presión f baja
— **to @ lead** v - [sports] saltar hasta cabecera
— **@ tooth** v - [mech] saltar diente m
— **weld** n - [weld] soldadura f a tope
jumpable adv - saltable
jumped a - saltado,da; brincado,da • [electr-instal] interconectado,da; conectado,da en derivación f
— **battery,ries** n - [autom-oper] acumulador(es) m (inter)conectado(s)
— **circuit** n - [electr] circuito m de puente m
— **low pressure switch** n - [electr-instal] interruptor m para presión f baja conectado en derivación f
— **tooth** n - [mech] diente m saltado
jumper n - . . . • [tools] . . .; barra f para cantero m; fiador m - [electr-instal] puente m • [tools] ranurador m mecánico
— **cable** n - [electr-instal] cable m para, puente m, or conexión f
— — **assembly** n - [electr-instal] conjunto m, de, conductor m, or cable m, para puente m
— **connection** n - [electr-instal] puente m
— **cut** n - [electron] corte m en puente m
— **cutting** n - [electron] corte m en puente m
— **installation** n - [electron] instalación f de puente m
— **lead** n - [electr-instal] cable m para, empalme m, or puente m; conductor m a puente m
— — **connection** n - [electr-instal] conexión f para puente m
— **wire** n - [electr-instal] conductor m, or alambre m, para puente m
— — **resoldering** n - [electron] resoldadura f de conductor m para puente m
jumpered a - [electron] con puente m
jumpering n - [electron] instalación f de puente
jumping n - [electr-instal] interconexión f; conexión f en derivación f • [cabl] zafadura f | a - saltador,ra; saltante
junction n - . . . • encuentro m • [constr] empalme m; cruce m • [hydr] confluencia f • [weld] junta f; soldadura f
— **box** n - [electr-instal] caja f para, conexione(s), or empalme, or para derivación f, or para distribución f, or esquinera
— **chamber** n - [electr-instal] cámara f para empalme, or bifurcación f; bifurcación f • [hydr] camara f, colectora, or para confluencia f
— **energy loss** n - [hydr] pérdida f de energía f en unión f
— **house** n - [electr] casilla f, or estación f, para, distribución f, or empalme m, or unión f
— **operation** n - [rail] operación f de empalme m
— **tower** n - [electr-instal] torre m para, enlace m, or unión f, or empalme m
— **structure** n - [hydr] pozo m para confluencia
juncture n - . . .; empalme m
jungle n - . . .; fosca f
— **growth** n - vegetación f selvática
— **river** n - [geogr] río m selvático
junior n - . . . | a - adjunto,ta • [ind] de segunda
— **melter** n - [metal-prod] fundidor m de segunda
— **operator('s) license** n [autom] permiso m precario para conducción f
— **physicist** n - físico m adjunto
— **research physicist** n - físico m investigador adjunto
junk n . . . • rezago(s) m
— **basket** n - [petrol] cesto m para pesca f

junk @ hole v - [petrol] abandonar pozo m
— **ring** n - [petrol] anillo m, or arandela f, para prensaestopa(s) f
— **yard** n - [metal-prod] playa f, or depósito m, para hierro m viejo, or chatarra f
junked hole n - [petrol] pozo m abandonado
juridic(al) criterion,ria n - [legal] criterio m jurídico
— **hermeneutic(s)** n - [legal] hermenéutica f jurídica
— **interpretation** n - [legal] interpretación f jurídica
— **matter(s)** n - [legal] asunto(s) m jurídico(s)
— **person** n - [legal] persona f, or figura f, jurídica
— **sense** n - [legal] sentido m jurídico
— **status** n - [legal] estado m jurídico; condición f jurídica
— **strategy** n - [legal] estrategia f jurídica
jurisdiction, relinquishing, or **relinquishment** n - [judicial] renuncia f de fuero m
juristic entity n - [legal] entidad f jurídica
— **person** n [legal] . . .; persona f moral
juror('s) office n - [legal] juraduría f
juryrig v - [mech] improvisar
juryrigged a - [mech] improvisado,da
juryrigging n - [mech] improvisación f
just a - . . . . • escaso,sa • acabado,da | [adv] exactamente; justamente; bastar; a penas • acabado,da de • inmediatamente | [prep- hacer falta sólo
— **above** adv - inmediatamente, sobre, or encima
— **after** adv - inmediatamente después
— **as** adv - igual que; lo mismo que; tal como • en, momento m, or instante m, (preciso) en que
— **before** adv - inmediatamente antes
— **below** adv - inmediatamente debajo
— **cause** n - [labor] causa f, justa, or justificada
— **churn away** v - [autom] avanzar a penas
— **comparison** n - comparación f justa
— **completed** a - acabado,da de completar
— **finished** a - acabado,da de terminar; fresco,ca
— **gathered** n - [culin] fresco,ca
— **in case** adv - por si acaso
— **indicated** a - acabado,da de, indicar, or señalar
— **insert** v - basta insertar
— **installed** a - acabado,da de instalar
— **let go** v - acabado,da de, soltar, or largar; hacer falta sólo, soltar, or largar
— **like** adv - igual, or lo mismo, or tal, que
— **made** a - acabado,da de hacer; fresco,ca
— **off** adv - separado,da de apenas
— **oily** a - apenas aceitado,da
— **push** v - basta insertar
— **slip** v - hacer falta sólo deslizar
— **snug** adv - sin holgura f
— **squeeze** v - hacer falta sólo apretar
— **start** v - empezar apenas
— — **to move** v - empezar apenas a mover(se)
— **tariff** n - [fisc] arancel m justo
— **tight (enough)** a - apretado,da justamente lo suficiente
justifiable adv - justificable
— **limit** n - límite m justificable
justifiably adv - . . . .; justificablemente
justification n - . . . .; justificativo m
justified a - justificado,da
— **amply** a - justificado,da ampliamente
— **conveniently** a - justificado,da convenientemente
— **cost** n - costo m justificado
— — **increase** n - aumento m justificado de costo m
— **design** n - proyección f justificada
— **increase** n - aumento m justificado
— **individual design** n - [constr] proyección f individual justificada

— **justified individual structure design** n - [constr] proyección f individual justificada para estructura f
— **joint venture** n - sociedad f accidental justificada
justifier n - justificador; justificante n | a - justificador,ra; justificante
justify v - . . . | [print] . . .; compensar
— **amply** v - justificar ampliamente
— **@ design** v - justificar proyección f
— **@ individual design** v - [constr] justificar proyección f individual
— **@ individual structure design** v - [constr] justificar proyección f individual para estructura f
— **@ joint venture** v - justificar sociedad f accidental
justifying n - justificación f | a - justificador,ra; justificante; justificativo,va
— **calculation** n - cálculo m justificativo
justly adv - . . . .; justificablemente; justificadamente
jut n - . . . .; saliente m • [archit] vuelo m |
jute n - [botan] . . . . • [textil] arpillera f
— **bag** n - [textil] saco m, or bolsa f, de, yute m, or arpillera f
— **bagging** n - [textil] arpillera f
— **coat** n - [textil] capa f de yute m
— **covering** n - [electr-cond] recubrimiento m de yute m
— **filler** n - electr-cond] relleno m de yute m
— **layer** n - [textil] capa f de yute m
jutting a - sobresaliente
juvenile court n - [legal] juzgado m para menores m
— **jail** n - [penal] carcel f para menor(es) m; preventorio m infantil
— **judge** n - [legal] juez m para menor(es) m
juxtaposed a - yuxtapuesto,ta

K

k P a n - 100 baras
k s f n - see kip(s) per square foot
K size n - see king size
K V A n - [electr] see **kilovolt-ampere**
K W m - [mech] see **keyway** • [electr] see **kilowatt**
kaffer n - see kafir
— **corn** n - [agric] maíz m, or sorgo m, cafre
— **maize** n - [agric] see **cafir corn**
Kaldo process n - [metal-prod] procedimiento m Kaldo
kaliofylite n - [refract] caliofilita f
Kanners coke n - [coke] coque m (de) Kanners
— **special coke** n - [coke] coque m especial (de) Kanners
kaolin injecting bushing n - [metal-prod] buje m, or casquillo m para, inyectar, or inyección f de, caolín m
kaolinite n - [miner] caolinita f
Kardex n - Kardex
Kcal/Kg n - see **kilocalories per kilogram**
keep v - . . . .; mantener • retener; reservar • continuar
— **@ arc short** v - [weld] mantener corto arco m
— **@ assembly together** v - [mech] mantener unido conjunto m
— **@ business** v - [com] retener cliente(s) m
— **busy** v - mantener(se) ocupado
— **clean** v - mantener, or conservar, limpio
— **clear** v - mantener(se), or estar, alejado,da
— **cold** v - mantener frío,ría
— **confidential** v - guardar, or mantener, confi-

dencial
keep cool v - mantener, or permanecer, fresco,ca
— **depressed** v - mantener, deprimido, or oprimido, or hundido,da
— @ **eyes** v - mantener vista f
— @ **field warm** n - [weld] mantener campo m, en circuito, or con corriente, or con temperatura f, or caliente
— @ **fill** v - [constr] mantener relleno m
— **from entering** v - evitar, or vedar, entrada f
— — @ **pipe** v - [tub] evitar entrada a tubería f
— **from falling** v - evitar, caída f, or derrumbe
— — **rotating** v - [mech] mantener sin rotar; evitar rotación f
— @ **furnace unlit** v - [combust] mantener horno m apagado; no encender horno m
— **going** v - seguir avanzando
— **guard** v - vigilar; guardar
— @ **heat** v - mantener calor m
— **high** v - mantener alto,ta
— **hot** v - mantener caliente
— **in alignment** v - [mech] mantener alineado,da
— — @ **lead** v - mantener en delantera f
— — **mind** v - tener presente
— — **motion** v - mantener en movimiento m
— @ **place** v - mantener en sitio m
— — **position** v - mantener en (su) sitio m, or posición f
— — **sight** v - mantener en vista f
— — **storage** v - mantener almacenado,da
— — **touch** v - mantener(se), en contacto, or a tanto m
— — **United States currency** v - [accntg] mantener, or llevar, en moneda f de Estados Unidos
— **intact** v - mantener, intacto,ta, or incolumne
— **low** v - mantener bajo,ja
— **minutes** v - [legal] llevar, or labrar, acta f
— **molten** v - [weld] mantener fundido
— **narrow** v - mantener angosto,ta
— **off** v - mantener alejado,da
— **on hand** v - guardar, or tener, or mantener, a mano, or disponible
— **open** v - mantener(se) abierto,ta
— **out** v - mantener afuera; evitar entrada f
— — @ **surface water** v - [hydr] evitar entrada f de agua m sobre superficie f
— — @ **water** v - [hydr] evitar entrada f de agua m
— @ **pace** v - mantener paso m; mantener(se) apareado,da
— @ **promise** v - guardar, or cumplir, promesa f
— @ **record(s)** v - llevar, or guardar, cuenta(s) f
— @ **short arc** v - [weld] mantener, arco m corto, or corto arco m
— @ **soaking pit unlit** v - [metal-roll] mantener sin encender horno m de fosa f
— **thinking** v - continuar pensando
— **tight** v - mantener, ajustado,da, or apretado,da
— **together** v - mantener, junto(s), or unido,da
— — @ **assembly** v - [mech] mantener unido conjunto m
— — @ **wedge assembly** v - [mech] mantener unido conjunto m de cuña f
— **track** v - guardar, or llevar, cuenta f
— **under control** v - guardar bajo gobierno m
— — **cover** v - mantener bajo cubierta f
— — **observation** v - [metal-prod] mantener, or quedar, bajo observación f
— **unlit** v - mantener, apagado, or sin encender
— **up** v - mantener(se) a tanto m
— — @ **pace** v - [sports] mantener ritmo m
— — **with** v - mantener(se) a par f
— **updated** v - mantener(se) actualizado,da
— **warm** v - mantener, tibio,bia, or caliente
keepable adv - guardable; mantenible
keeper n - . . . . ; guardador m • fijador m; abrazadera f; fiador m; retén(edor); sujetador m; contenedor m • [metal-prod-casting] jefe m

keeper bolt n - [mech] perno m para, fijación f, or sujeción f
keeping n - . . . . • continuación f | a - guarda; guardador,ra
— **clean** n - mantenimiento m, limpio, or abierto
— **in motion** n - mantenimiento m en movimiento m
— **in place** n - mantenimiento m en sitio m
— — **position** n - mantenimiento m en posición f
— — **storage** n - mantenimiento almacenado,da
— — @ **touch** n - mantenimiento m en contacto m
— **off** n - mantenimiento m alejado
— **on hand** n - mantenimiento m, or guarda, a mano, or disponible
— **open** n - mantenimiento m abierto
— **thinking** n - continuación f de pensamiento m
— **together** n - mantenimiento, junto, or unido
— — @ **assembly** n - [mech] mantenimiento m unido conjunto m
— **under control** n - mantenimiento m bajo gobierno m
— **up** - mantenimiento m; conservación f
— — **with** n - mantenimiento a par f
keg n - [transp] . . . ; barril m; barrica f
kelly n - [petrol] vástago m, or barra f conformada, para perforación f
— **joint** n - [petrol] junta f para barra f conformada para perforación f
— **removal** n - [petrol] remoción f, or saca f, de barra f conformada para perforación f
— **replacement** n - [petrol] reemplazo m de barra f conformada para perforación f
Kennedy rotary crusher n - [constr] trituradora f giratoria Kennedy
Kentucky bluegrass n - [botan] poa f (Kentuckiensis)
kep nut n - [mech] tuerca f para, tope, or extremo m, or rematar
kept a - guardado,da; mantenido,da • continuado,da
— **clean** a - mantenido,da limpio,pia
— **electrode** n - [weld] electrodo m, guardado, or mantenido
— **fill** n - [constr] relleno m mantenido
— **from rotating** a - [mech] mantenido,da sin rotar
— **heat** n - calor m, mantenido, or guardado
— **high** a - mantenido,da alto,ta
— **in motion** a - mantenido,da en movimiento m
— — **place** n - mantenido,da en sitio m
— — **position** a - mantenido,da en posición f
— **in storage** a - mantenido,da almacenado,da
— — **touch** a - mantenido,da en contacto m
— — **United States currency** a - [accntg] llevado,da en moneda f de Estados Unidos
— **intact** a - mantenido,da, intacto,ta, or incolumne
— **low** a - mantenido,da bajo,ja
— **off** a - mantenido,da alejado,da
— **on hand** a - guardado,da, or tenido,da, or mantenido,da, a mano, or disponible
— **open** a - mantenido,da abierto,ta
— **pace** n - paso m mantenido
— **record(s)** n - cuenta(s) f, llevada(s), or guardada(s)
— **thinking** a - continuado,da pensando
— **together** a - mantenido,da unido,da
— — **assembly** n - [mech] conjunto m mantenido unido
— — **wedge assembly** n - [mech] conjunto m de cuña(s) f mantenido junto
— **under control** a - mantenido,da bajo gobierno
— — **cover** a - mantenido,da bajo cubierta f
— **up** a - mantenido,da; conservado,da
— — **pace** n - [sports] ritmo m mantenido
— — **with** a - mantenido,da a par f
kerb n - [constr] see **curb**
kern n - . . . . • núcleo m
kerogen n - [petrol] kerógeno m; querógeno m
kerosene carburetor n - [int.comb] carburador m para queroseno m
kerosene engine n - motor m con queroseno m

kerosene soaked a - empapado,da en queroseno m
— — **rag** n - paño m, or trapo m, empapado en queroseno m
— — **torch** n - antorcha f, or tea f, empapada en queroseno m
— **solvent** n - [petrol] disolvente m de queroseno m
ketone n - [chem] cetona f
ketonic a - [chem] cetónico,ca
kettle bottom n - [domest] fondo m de olla f
— **temperature** n - [constr] temperatura f de marmita f
Kewane('s) flange union n - [tub] unión f para brida(s) f (de) Kewane
—**('s) union** n - [tub] unión f, mixta, or (de) Kewane
key bit n - [mech] punta f de, llave f, or clave
— **blank** n - [mech] llave f ciega
— **bolt** n - [mech] pasador m, or perno m, para chaveta f
— **date** n - fecha f clave
— **depressing** n - [mech] depresión f de tecla f
— **design specification** n - especificación f clave para proyección f
— **drift** n - [mech] extractor m para pasadores m; sacapasadores m; botador m
— **element** n - elemento m, clave, or primordial
— **end** n - [mech] extremo m de chaveta f
— **factor** n - factor m clave
— **file** n - [tools] lima f para cerrajero m
— **groove** n - [mech] ranura f, en, or para, chaveta f
— — **cutting chisel** n - [tools] buril m para abrir ranura(s) f (para chaveta(s) f)
— — **slot(ting)** n - [mech] escopleadura f en ranura f para chaveta f
— — — **machine** n - [tools] máquina f para escoplear ranura(s) f para chaveta(s) f
— **in on** v - coincidir con · penetrar
— — — **@ market** v - [com] penetrar mercado m
— **interlock** n - llave f para enclavamiento m · enclavamiento m clave
—**Loc lining** n - [mech] cinta f Key-Loc
— **man** n - hombre m clave
— **master** n - furriera f
— **number** n - número m, clave, or para referencia f
— **oil seal** n - [mech] sello m para aceite m para chaveta f
— **@ output** n - [electron] manipular salida f
— **parameter** n - parámetro m clave
— **part** n - parte f clave · [mech] pieza f clave
— **personnel** n - [managm] personal m clave
— **placement** n - [mech] colocación f de chaveta
— **placing** n - [mech] colocación f de chaveta f
— **plan** n - plan m, maestro, or principal · [drwng] plano m, maestro, or principal
— **plant personnel** n - [ind] personal m clave en planta f
— **print** n - [drwng] copia f principal
— **rock** n - [petrol] roca f determinante
— **seal** n - [mech] sello m para chaveta f
— **seat** n - [mech] ranura f, or cajera f, or caja f, para, chaveta f, or clavija f, or cuña f
— **seater** n - [tools] chaveteadora f; mortajadora f; ranuradora f
— **seating machine** n - [tools] máquina f para fresar, ranura(s) f, or cajera(s) f; mortajadora f para muesca(s) f
— **slot** n - [mech] ranura f para, chaveta f, or clavija f
— **specification** n - especificación f clave
— **stage** n - etapa f clave
— **step** n - paso m clave
— **structural design** n - [constr] proyección f estructural clave
— — — **specification** n - [constr] especificación f estructural clave para proyección f
— — **specification** n - [constr] especificación f estructural clave
— **switch** n - [int.comb] llave f para contacto m

· interruptor m con llave f
key switch key n - [int.comb] llave f para interruptor m con llave f
— — **turning** n - [int.comb] giro m, or operación f, de llave f para interruptor m con llave f
— — **turn(ing)** n - [int.comb] giro m de, interruptor m con llave, or llave f para, contacto m, or encendido m
— **a tone** n - [electron] manipular tono m
— **washer** n - [mech] arandela f para chaveta f
keyboard n - [mech] teclado m; also see board
— **computer** n - [comput] ordenador m (provisto) con teclado m
— **configuration** n - [electron] configuración f de teclado m
— **control** n - [electron] regulación f, or operación f, con, or de, teclado m
— — **option** n - [electron] opción f para, regulación f, or operación f, con teclado m
— **option** n - [electron] opción f de teclado m
keyed a - [electron] manipulado,da
— **alike** a - [mech] con, llave(s) f, or candado(s) m, or cerradura(s) f, igual(es)
— — **lock(s)** n - [mech] candado(s) m, or cerradura(s) f, con llave(s) f igual(es)
keyed in on a - coincidido,da con; penetrado,da
— **output** n - [electron] salida f manipulada
— **tone** n - [electron] tono m manipulado
— **washer** n - [mech] arandela f enchavetada
keyer n - [electron] conmutador m (electrónico); manipulador m
— **assembly** n - [electron] conjunto m de manipulador m
— **board** n - [electron] teclado m, or tablero m, para manipulador m
— **component** n - [electron] (parte f) componente m para manipulador m
— **connecting** n - [electron] conexión f de manipulador m
— **connection** n - [electron] conexión f para manipulador m
— **diagram** n - [electron] diagrama m para manipulador m
— **operation** n - [electron] operación f de manipulador m
— **output** n - [electron] salida f en manipulador m
— **schematic diagram** n - [electron] diagrama m esquemático para manipulador m
— **sense** n - [electron] sentido m de manipulador
— **switch** n - [electron] conmutador m para sentido m, de, or para, manipulador m
— — — **oscillator** n - [electron] oscilador m para conmutador m para sentido m en manipulador m
— — — **position** n - [electron] posición f para conmutador m para sentido m para manipulador
— **supply** n - [electron] suministro m para manipulador m
— **voltage regulator** n - [electron] regulador m para voltaje m para manipulador m
keyholder n - [managm] empleado m con llave(s)
keyhole n [constr] . . .; agujero m, or ojo m para llave f · [mech] ojo m para chaveta f | v - [mech] seguetear
— **closure** n - [weld] obturación f de ojo m para llave f
— **notch** n - [metal] ranura f para ojo m para llave f
— **saw** n - [tools] serrucho m con punta f; segueta f; sierra f, caladora, or para marquetería f
keying n - [telecom] manipulación f · [comput] activación f · [constr] sistema m de llaves f
— **circuit** n - [electron] circuito m para, activación f, or manipulación f
— **in on** n - coincidencia f con; penetración f
— **operation** n - [electron] operación f para manipulación f
— **relay** n - [comput] relé m para activación f
keyless chuck n - [mech] mandril m sin llave f

keypad n - [comput] teclado m
keyset n - [electron] teclado m; tecla f
— **depressing** n - [electron] depresión f de, tecla f, or teclado m
keystone n - [archit] clave f • [constr] clave f, or llave f, para, arco m, or bóveda f
— **effect** n - [constr] efecto m de llave f (para arco m)
keyway n - [mech] ranura f, or cajera f, or muesca f, para, cuña f, or chaveta f; chavetero m; cuñero m
— **cutting** n - [mech] escopleadura f de ranura f para chaveta f
— **depth** n - [mech] profundidad f de chavetero m
— **direction** n - [mech] dirección f, or sentido m, de chavetero m
— **shaft** n - [mech] árbol m, or eje m, con, chavetero m, or ranura f para chaveta f
KG n - [metric] see **kilogram**
Kg/cm² n - [metric] see **kilogram(s) per square centimeter**
Kg/hr n - see **kilogram(s) per hour**
kick n - . . .; coceadura f • [petrol] arranque m | v - . . .
— **off** n - [mech] disparador m; volteador m
—— **unit** n - [mech] dispositivo m para disparo
— **out** n - [mech] expulsor m | v - sacar con, puntapiés m, or patada(s) f
— **strip** n - [constr] planchuela f para traba f
kicked a - pateado,da; coceado,da
— **out** a - sacado,da con, puntapies m, or patada(s) f
kicker n - . . . • [mech] botador m; disparador m; lanzador m; expulsor m • resguardo m
— **air cylinder** n - [mech] lanzador m, or botador m, or disparador m, con cilindro m neumático • cilindro m neumático para lanzador m
—— **diameter** n - [mech] diámetro m de cilindro m neumático para lanzador m
——— **stroke** n - [mech] carrera f de cilindro m neumático para lanzador m
— **and skid** n - [mech] lanzador m y, patín m, or corredera f, or deslizador m
—— **stop** n - [mech] lanzador m y, tope m, or retén m
— **lever** n - [mech] palanca f para, botador m, or expulsor m
— **pin** n - [mech] pasador m para, botador m, or expulsor m
— **rock(er) shaft** n - [mech] árbol m, or eje m, basculante para, expulsor m, or botador m
— **shaft** n - [mech] árbol m, or eje m, para, expulsor m, or botador m
—— **lever** n - [mech] palanca f para, árbol m, or eje m, para, lanzador m, or botador m
—— **striker** n - [mech] percutor m para eje m para, expulsor m, or botador m, or lanzador m
— **striker** n - [mech] percutor m para, botador m, or expulsor m
kicking n - . . . | a - pateador,ra
— **coil** n - [electr] bobina f para reactancia f
— **out** n - sacada f con puntapiés m
kickout n - [mech] botador m; disparador m • desembrague m • desconectador m
— **assembly** n - [mech] conjunto m de, botador m, or desconectador m
kid n - [zool] . . . • [fam] . . .; criatura f; muchacho m; mocetón m
kill v - . . . • [metal-prod] calmar; estabilizar; neutralizar; paralizar; reposar • [com] vendimiar • [electr] cortar; interrumpir • [petrol] ahogar • [fig] aplastar
— **switch** n - [int.comb] interruptor m para detención f
— **@ well** v - [petrol] ahogar pozo m
killed a - matado,da • [metal-prod] calmado,da; reposado,da
— **basic Bessemer process** n - [metal-prod] proceso m Bessemer básico calmado
——— **steel** n - [metal-prod] acero Bessemer básico calmado

killed deoxidized basic Bessemer process n - [metal-prod] proceso Bessemer básico desoxidado y calmado
———— **steel** n - [metal-prod] acero m Bessemer básico desoxidado y calmado
— **electrode** n - [weld] electrodo m (de acero m) calmado
— **heat** n - [metal-prod] colada f calmada
— **slab** n - [metal-roll] planchón m (de acero m) calmado
— **steel** n - [metal-prod] acero m, calmado, or reposado, or estabilizado
— **strip** n - [metal-roll] banda f, or cinta f, or chapa f, calmada; fleje m (de acero m) calmado
— **tapping** n - [metal-prod] colada f calmada
killer n - matador m | a - matador,ra
— **leg** n - [sports] etapa f matadora
killing n - . . . | [fam] vendimia f
kiln n - [ind] . . .; horno m (para calcinación f); horno m rotatorio
— **anchor bolt** n - [cement] perno m para anclaje m para horno m
— **fabrication** n - [weld] fabricación f de horno m para calcinación f
— **foundation** n - [cement] cimentación f para horno m (para calcinación f)
— **hardsurfacing** n - [weld] recubrimiento m duro para horno m para calcinación f
—, **protecting**, or **protection** n - [ceram] protección f para horno m rotatorio
— **tire** n - [combust] llanta f para horno m, rotatorio, or cilíndrico
——, **protecting**, or **protection** n - protección f para llanta f para horno m rotatorio
— **unit** n - [ind] horno m rotatorio
kilo n - [metric] see **kilogram**
——**pound** n - kilolibra f
kiloampere n - [electr] kiloamperio m
kilobar n - kilobara m
kilocalorie(s) per kilogram n - [metric] kilocaloría(s) f por kilogramo m
kilocurie n - [nucl] kilocurio m
kiloerg n - kiloergio* m
kilogauss n - [electr] kilogaus(io)* m
kilogram(s) of electrode/meter of weld n - [weld] kilogramo(s) m de electrodo m por metro m de soldadura f
—(s) **per foot** n - kilogramo(s) m por pie m
—(s) — **hour** n - kilogramo(s) m por hora
—(s) — **meter** n - kilogramo(s) m por metro m
—(s) — **millimeter** n - kilogramo(s) m por milímetro m
—(s) **per pail** n - [chains] kilogramo(s) m por cubo m
—(s) — **reel** n - [chains] kilogramo(s) m por carrete m
—(s) — **square centimeter** n - kilogramo(s) m por centímetro m cuadrado
kilohertz n - [electr] kilohercio m; kilociclo m
kilopound n - kilolibra m
kilovar n - [electr] kilovoltio-amperio m reactivo
. . . **kilovolt-ampere transformer** n - [electr-transf] transformador m para . . . kilovoltamperio(s) m
. . . — **breaker** n - [electr-instal] disyuntor m para . . . kilovoltio(s) m
. . . — **circuit** n - [electr-distrib] circuito m para . . . kilovoltio(s) m
. . . — **power supply** n - [electr-oper] suministro m de energía f en . . . kilovoltio(s) m
. . . — **vacuum breaker** n - [electr-oper] interruptor m en vacío m para . . . kilovoltio(s)
. . . —— **interruptor** n - [electr-oper] interruptor m en vacío m para . . . kilovoltio(s)
kilovoltmeter n - [instrum] kilovoltímetro m
kilowatt cost n - [electr] costo m por kilovatio
. . . — **generator** n - [electr-prod] generador m para . . . kilovatio(s) m
— **hour** n - [electr-distrib] kilovatio m hora
—— **cost** n - [electr] costo m por kilovatio m

hora m
kilowatt(s) per ton n - [electr] kilovatio(s) m por tonelada f
—**(s) —— of steel** n - [metal-prod] kilovatio(s) m por tonelada f de acero m
—**(s) —— —— produced** n - [metal-prod] kilovatio(s) m por tonelada f de acero m producido
— **rating** n - [electr] kilovatio(s) m nominale(s); clasificación f por kilovatio(s) m
kind n - ...; categoría f; tipo m; especie f; laya f | a - ...; considerado,da; cordial
— **of** adv - ...; algo así como
kinda* adv - see **kind of**
kinder a - más, benévolo,la, or considerado,da
kindliness n - ...; dulzura f
kindness n - ...; consideración f; voluntad f
kinematic viscosity n - [lubric] viscosidad f cinemática
kinetic(s), accelerating, or **acceleration** n - aceleración f de cinética
— **control** n - control m cinético
— **energy** n - [phys] energía f cinética
— **potential** n - potencial m cinético
— **range** n - escala f cinética; límite(s) m cintico(s) • alcance m cinético
king bolt n - [mech] (perno m, real, or) pivote; also see **kingbolt**
— **matrass** n - [domest] colchón m, con tamaño m (muy) grande, or king
— **pin** n - [mech] pivote m
— **post truss** n - armadura f para pendolón m
— **size** a - con porte m grande
— — **bed** n - [domest] cama f con tamaño m grande
— — — **frame** n - [domest] armazón m para cama f con tamaño m grande
— — **lateral** n - [tub] ramal m con porte m grande
— — **matrass** n - [domest] colchón m con tamaño m grande
——, **wye,** or **Y** n - [tub] bifurcación f con porte m grande
— **truss** n - armadura f para pendolón m | a - con armadura f para pendolón m
kingbolt n - [mech] perno m maestro; pasador m central • [autom-mech] pivote m para dirección f
kingpin n - [mech] perno m, or pasador m, para pivote • [autom-mech] perno m vertical para charnela f para dirección f
kink n - [cabl] ...; (re)torcedura f; acocamiento m; curva f | v - acocar; (re)torcer; plegar
— @ **cable** v - [cabl] acocar cable m
— @ **chain** v - [chains] acocar cadena f
— **severely** v - [cabl] formar coca(s) f severa(s); acocar severamente
— @ **wire** v - [cabl] acocar alambre m
kinked a - [cabl] acocado,da; con coca(s) f; (re)torcido,da
— **cable** n - [cabl] cable m acocado
— **chain** n - [chains] cadena f acocada
— **severely** a - [cabl] acocado,da severamente; con coca(s) f severa(s)
— **wire** n - [cabl] alambre m acocado
kinking n - [cabl] acocamiento m; (re)torcedura f; formación f de coca(s) f
kip n - ... • [metric] kilolibra m; mil libras f; also see **kilopound**
—**(s) per square foot** n - mil(es) de libra(s) f por pie m cuadrado; use kilogramo(s) m por centímetro m cuadrado
Kipp generator n - [electr-prod] generador m, or aparato m (de) Kipp
kish n - [metal-prod] partícula f menuda de óxido m de hierro m • mezcla f de grafito m y escoria f (en vagón(es) m torpedo) | v - [metal-prod] quitar mezcla f de grafito m y escoria f
kit n - [mech] conjunto m de pieza(s) f para, equipo m, or repuesto(s); pieza(s) f; avío(s) m; conjunto m; unidad f; juego m (de, piezas f, or herramienta(s); caja f (de, accesorios m, or útil(es) m) • estuche n
kit case n - [mech] caja f para juego m
— **coil** n - [electr] devanado m para equipo m
— **form** a - en forma f de juego(s) m
— **mounting screw** n - [mech] tornillo m para montaje m de equipo m
— **shunt** n - [weld] derivación f para conjunto m
— **top** n - [mech] tapa f de equipo m
— **wiring** n - [electr-instal] devanado de equipo
kitchen appliance n - [domest] artefacto m para cocina f
— **cabinet** n - [domest] armario m para cocina f
— **chair** n - [domest] silla f para cocina f
— **electrical appliance** n - [domest] artefacto m eléctrico para cocina f
— **item** n - [domest] artículo m para cocina f
— **maid** n - [domest] fregona f; sirvienta f
— **rack** n - [domest] espetera f
— **range** n - [domest] cocina f (económica)
— **sink** n - pileta f para cocina f; fregadero m
— **stove** n - [domest] cocina f (económica)
— **table** n - [domest] mesa f para cocina f
kitchenware n - [domest] ...; vajilla f, or efecto(s) m, para cocina f
kite n - ...; barrilete m
Klixon thermostat n - [instrum] termostato m (de) Klixon
Km n - [metric] see **kilometer**
knack n - filis m
knar n - [lumber] nudo m
knave n - follón m; zorrastrón m
knee n - ... • [mech] articulación f (con rótula f); codo m • ángulo m; escuadra f
— **brace** n - [constr] chaflán m; esquinal m
—**deep** a - hasta rodilla f
—— **mud** n - barro m, or lodo, hasta rodilla f
— **joint** n - ... • [mech] artculación f con rótula
— **travel** n - [mech] desplazamiento m, articulado, or de articulación f
knife n - [tools] ...; cuchilla f; faca f
— **attachment** n - [mech] accesorio m para cuchilla f
— **blade** n - hoja f para, cuchillo m, or cuchilla f
— **connector** n - [electr-equip] conectador m con hoja f plana
— **coverer** n - [agric] cuchilla f tapadora
— **cutter** n - [mech] (cortadora f con) cuchilla f
— **edge** n - [mech] filo m de, cuchillo m, or cuchilla f • borde m afinado | a - [mech] con borde m afinado
— **edged** a - [mech] con borde m afinado
—— **lever** n - [mech] palanca f con borde m, aguzado, or afilado
— **file** n - [tools] lima f cuchillo
— **grinder** n - [mech] afiladora f para cuchillas f • afilador m
— **grinding** n - [mech] afiladura f de cuchillos
— — **attachment** n - [mech] accesorio m para afiladura f de cuchillo(s)
— **guard** n - [mech] púa f para cuchilla f
— **head** n - [mech] cabeza f de cuchilla f
— **leveler** n - [constr] niveladora f con cuchilla f
— **switch** n - [electr-equip] interruptor m, or llave f, con cuchilla f
knifesmith n - cuchillero m
knob n - [mech] ...; agarrador m; nudo m; manija f; pera f; manigueta f • tarugo m
—, **adjusting,** or **adjustment** n - [instrum] ajuste m de perilla f
— **insulator** n - [electr] aislador m tipo botón
— **shaft** n - [mech] vástago m para perilla f
— **spring** n - [mech] resorte m para perilla f
— **turning** n - giro m de perilla f
— **twisting** n - giro m de perilla f
knock n - golpeteo m • llamada f • [comb int]

knock down

golpeteo m | v - golpe(te)ar • [int.comb] golpetear
knock down v - desmantelar; desmontar; desarmar; abatir
—**free** a - sin golpeteo(s) m
—— **operation** n - [mech] operación f sin golpeteo(s) m
knock off v - . . .; perder
— **out** n - [electr-oper] pérdida f • [sports] eliminación f | v - arrojar fuera • [electr-oper] perder • [sports] eliminar
—— **@ transformer** n - [electr-oper] perder, or eliminar, transformador m
knocked a - golpeteado,da • [int.comb] golpeteado,da
— **down** a - desarmado,da; sin armar • abatido,da
—— **section** n - sección f, or pieza(s) f, abatida(s) • pieza(s) f sin armar
— **off** a - perdido,da
— **out** a - arrojado,da fuera • [electr-oper] perdido,da • [sports] eliminado,da
—— **transformer** n - [electr-oper] transformador m, eliminado, or perdido
knocking n - . . .; golpeteo m | [int.comb] golpeteo m
— **down** n - abatimiento m
— **noise** n - ruido m de golpe(teo)s m
— **off** n - pérdida f
— **out** n - arrojamiento m fuera • [electr-oper] pérdida f • [sports] eliminación f
knockoff nut n - [mech] tuerca f sujetadora (con aletas f)
knockout n - [mech] disco m, or parte f, removible | a - que puede removerse
knoll n - [topogr] . . .; prominencia f; mambla f; colina f baja
knot tightening n - apretamiento m de nudo(s) m
— **tying** n - atadura f de nudo m
knotter n - anudador f
knottiness n - . . .; nudosidad f
knotting n - anudadura f; anudamiento m
know v - . . .; dar(se) cuenta
— **all men by these presents** v - [legal] constar por presente m/f
— **as** v - denominar; soler llamar
— **@ equipment** v - [ind] conocer equipo m
—**how** n - pericia f; competencia f; conocimiento(s) m; saber m
—— **application** n - aplicación f de conocimiento(s) m
— **@ job** v - conocer trabajo m
— **@ method** v - conocer método m
— **thoroughly** v - conocer cabalmente
— **@ work** v - conocer trabajo m
knowing as n - denominación f
— **supervisor** n - [managm] supervisor m, conocedor, or capaz
knowledge n - . . .; sabiduría f; instrucción f • gobierno m
— **application** n - aplicación f de conocimiento(s) m
— **broadening** n - ampliación f de conocimientos
— **dissemination** n - diseminación f de, conocimiento(s), or información f
— **improvement** n - mejora f, or ampliación f, de conocimiento(s) m
knowledgeable a - conocedor,ra • capacitado,da; experto,ta
— **chemist** n - [chem] químico m, conocedor, or entendido, or capacitado
— **decision** n - decisión f con conocimiento m de causa f
— **investigator** n - investigador m conocedor
— **researcher** n - investigador m conocedor
— **steelman** n - [metal-prod] técnico m, or experto m, en siderurgia f
known a - conocido,da; sabido,da • notorio,ria • denominado,da
— **as** a - denominado,da
— **brand** n - marca f (de fábrica f) conocida
— **coal deposit(s)** n - [miner] yacimiento(s) m de carbón m conocido(s)
known dead load n - [constr] carga f muerta conocida
— **equipment** n - equipo m conocido
— **event** n - evento m conocido
— **job** n - trabajo m conocido
— **live load** n - [constr] carga f viva conocida
— **load** n - carga f conocida
— **method** n - método m conocido
— **ore** n - [miner] mineral m conocido
— **plan** n - plan m conocido
— **practice** n - [ind] práctica f conocida
— **problem** n - problema m conocido
— **reducer** n - [chem] reductor m conocido
— **reserve(s)** n - [miner] reserva(s) f conocida(s)
— **safe practice** n - [ind] práctica f segura conocida
— **thoroughly** a - conocido,da cabalmente
— **to me** a - [legal] de mi conocimiento m
— **way** n - forma f conocida
— **widely** a - (muy) difundido,da
— **voltage** n - [electr-distrib] voltaje m conocido
— **work** n - trabajo m conocido
knuckle n - . . . • [mech] . . . articulación f; pivote m - [metal-treat] franja f con recargue m cerca de borde m • [boilers] transición f; nudillo(s) m • [metal-prod] cabeza
— **build-up** n [metal-treat-galv] (formación f de) franja f con recargue m cerca de borde m
— **check(ing)** n - [mech] retención f de charnela
— **joint** n - [mech] articulación f de, bisagra f, or pasador m; junta f, or unión f, con charanela f; charnela f, or unión f, con articulación f
— **pin** n - [mech] pasador m, or espiga f, con, charnela f, or bisagra f • [autom-mech] perno m vertical para charnela f para dirección f
— **radius** n - [boilers] radio m de, nudillo(s) m, or transición f
— **tooth** n - [mech] diente m con, perfil m semicircunferencial, or borde m redondeado
— **wheel** n - [mech] engranaje m con diente(s) m con borde(s) m redondeado(s)
knuckleboom n - [cranes] aguilón m articulado; also see **articulated boom** | a - [cranes] articulado,da
knurl n - . . .; estría f | v - [mech] moletear; estriar
knurled a - . . .; moleteado,da; rugoso,sa
— **nut** n - [mech] tuerca f, estriada, or moleteada
— **pin** n - [mech] pasador m rugoso; clavija f rugosa
— **roll** n - [mech] rodillo m, moleteado, or rugoso
— **stud** n - [mech] borne m, rugoso, or con rugosidad(es) f
— **surface** n - superficie f rugosa
knurler n - moleteador m
knurling n - [mech] estriamiento m; moleteadura f; estriado m | a - moleteador,ra
— **tool** n - [tools] moleteadora f; herramienta f, moleteadora, or para moletear
knurly a - rugoso,sa
Koppers oven n - [coke[horno m (de) Koppers
kraft bag paper n - [paper] papel kraft para, bolsa(s), or saco(s) m, de papel
— **paper** n - [paper] papel m, kraft, or (de) madera f, or para, envolver, or embalaje m
krome - see **chrome**
Krupp-Renn process n - [metal-prod] proceso (de) Krupp-Renn
KS n - [pol] see **Kansas**
KT n - [transp] see **kit**
kudzu n - [botan] pueraria f thunbergiana
Kutter('s) formula n - fórmula f de Kutter
kV n - [electr] see **kilovolt**
KY n - [pol] see **Kentucky**
kyanite n - [miner] cianita f

L

L A F T A n - [econ] see **Latin American Free Trade Association**
L A I S I - [econ] see **Latin American Iron and Steel Institute**
L bar n - [metal-roll] perfil m L
L beam n - [metal-roll] viga f L
L C n - [fin] see **letter of credit**
L C L n - [transp] see **less than car lot**
L D n - [metal-prod] see **basic oxygen**; see **Linz Donawitz**
L E D n - [electron] see **light emitting diode**
l f n - [print] see **light face**
L H n - see **left hand(ed)**
L-head n - [int.comb] culata f en L
L— engine n - [int.comb] motor m con culata en L
L— type n - [int.comb] tipo m con culata f en L | a - [int.comb] de tipo m con culata en L
L— engine n - [int.comb] motor m de tipo m con culata f en L
L I F O a - [accntg] see **last in first out**
L I L O a - [accntg] see **last in last out**
C I M E n - [autom-tires] C I M E; see **Load, Inflation, Mix, Envelope**
L I M E system n - [autom-tires] sistema m C I M E
L L n - [cabl] see **left lay** • [constr] see **live load** • [electron] see **logic level**
L L W n - [nucl] see **low level waste**
L P n - [steam] see **low pressure**; [electr] see **low power**
L P A n - [archit] see **low profile arch**
L shape n - [metal-roll] perfil m (en forma f de)
L shaped a - con forma f de L
L— bar n - [constr] barra f (en forma f de) L
L— bracket n - [mech] ménsula con forma f de L
L— building n - [constr] edificio m con forma f de L
L— reinforcing bar n - [metal-roll] barra f (con forma f de L) para refuerzo m
L square n - [tools] escuadra f para carpintero m
L T n - [autom] see **light truck**
L T L n - [transp] see **less than truck lot**
L V n - [electr-distrib] see **low voltage**
L V C n - [electr-distrib] see **line voltage compensator**
L W n - [mech] see **lock washer**
L W L n - [nucl] see **low waste level**
LA n - [pol] see **Louisiana**
lab n - [chem] see **laboratory**
label n - . . . . • rubro m | v - . . . .; indicar
labeled a - rotulado,da; designado,da; marcacado,da; indicado,da
— **door hardware** n - [constr] herraje(s) m designado(s) para puerta(s) f
— **fire door hardware** n - [constr] herraje(s) m designado(s) para puerta(s) f contra incendio
— **hardware** n - [constr] herrajes m designados
labeling n - rotulación f; marcación f; designación f • indicación f
laberynth n - laberinto m | a - laberíntico,ca
— **ring** n - [mech] anillo m laberíntico
— **(s) set** n - [turb] juego m de anillo(s) m para laberinto(s) m
— **surface roughness** n - [turb] rugosidad f superficial en anillo m laberinto
laberynthic a - laberíntico,ca
labor n - . . . . • operario m; personal m obrero; peón m • gremio m | a - [labor] sindical; laboral; obrero,ra | v - [electr] trabajar forzado,da
— **agreement** n - [labor] convenio m laboral
— **condition** n - [labor] condición f laboral • condición f de mano f de obra
— **conflict** n - [labor] conflicto m laboral
— **contract** n - [labor] convenio m, or contrato m, laboral
— — **termination** n - [labor] ruptura f de contrato m, laboral, or sobre trabajo m
— **cost(s)** n - [labor] costo m, or monto m de, mano m de obra, or salario(s) m
— — **index** n - [com] índice m de costo m de salario(s) m
— — **per ton** n - [ind] costo m de mano de obra f por tonelada f
— — — **produced** n - [ind] costo m de mano f de obra f por tonelada f producida
— — **specific index** n - [labor] índice m específico para costo m de salario(s) m
— **crew** n - [labor] cuadrilla f de peón(es) m
— **defect** n - [ind] defecto m en mano f de obra f
— — **free** n - [ind] libre m de defecto(s) m en mano f de obra f
— **difference** n - [labor] diferendo m laboral
— **dispute** n - [labor] disputa f, or diferendo m, or diferencia f, laboral
— — **settlement** n - [labor] componenda f de, diferendo m, or diferencia f, laboral
— **disturbance** n - [labor] disturbio m laboral
— **expense** n - [ind] costo m de mano f de obra f
— **force** n - [labor] fuerza f laboral; personal m, or plantel m, obrero
— **foreman** n - [labor] capataz m, obrero, or para peón(es) m
— **holiday** n - [labor] feriado m laboral
— — **tonnage** n - [ind] tonelaje m para feriado(s) m laboral(es)
— **income** n - [labor] ingreso(s) m laboral(es)
— **index** n - [labor] índice m laboral
— **intensive** a - [labor] con mano f de obra f intensiva
— **item** n - [labor] item m de mano f de obra f; detalle m laboral
— **law** n - [legal] ley f, laboral, or sobre trabajo m
— **management** n - [labor] administración f laboral | a - [labor] paritario,ria
— — **committee** n - [labor] comisión f paritaria
— — **relation(s)** n - [labor] relación(es) f sindical(es)-administrativa(s)
— **permit** n - [labor] permiso m para trabajo m
— **pool** n - [labor] personal m disponible
— **price** n - [labor] costo m de mano f de obra f
— — **pattern** n - [labor] costo m de mano f de obra f
— **problem** n - [labor] problema m, laboral, or gremial
— **quality** n - [ind] calidad f de mano f de obra
— **relation(s)** n - [labor] relación(es) f laboral(es)
— — **activity,ties** n - [labor] actividad(es) f en relación(es) f laboral(es)
— — **guidance** n - [labor] dirección f para actividad f en relación(es) f laboral(es)
— — **maintenance** n - [labor] mantenimiento m de actividad f en relación(es) f laboral(es)
— — **relation(s) division** n - [ind] división f para relación(es) f laboral(es)
— — **officer** n - [labor] funcionario m para relación(es) f laboral(es)
— — **supervisor** n - [labor] supervisor m para relación(es) f laboral(es)
— **representation** n - [labor] representación f, laboral, or obrera, or sindical
— **requirement(s)** n - [ind] exigencia(s) f de mano f de obra f
— — **determination** n - [labor] determinación f de exigencia(s) f de mano f de obra f
— **reserve** n - [labor] personal m de reserva
— — **(office)** n - [labor] oficina f para personal m de reserva
— **saving** n - [labor] economía f en mano f de obra

labor saving benefit n - [labor] beneficio m en economía f en mano f de obra
— **scarce** a - [labor] con mano f de obra escasa
— **scarcity** n - [labor] escasez f de mano f de obra
— **scheduling** n - [labor] programación f de mano f de obra
— **shortage** n - [labor] escasez f de mano f de obra
— **situation** n - [labor] situación f de mano f de obra
— **stoppage** n - [legal] paro m laboral
— **time** n - [ind] hora f de mano f de obra
— **union** n - [labor] gremio m obrero; sindicato m
— — **bargaining** n - [labor] negociación f con sindicato(s) m
—**union employer bargaining** n - [labor] negociación(es) f sindical-administrativa(s)
— — — **communication(s)** n - [laboral] comunicación(es) f sindical(es)-administrativa(s)
— — — **problem** n - [labor] problema m sindical-administrativo
— — — **relation(s)** n - [labor] relación(es) f sindical(es)-administrativa(s)
— — — **bargaining** n - [labor] negociación(es) f sindical(es)-administrativa(s)
— — —**management communication(s)** n - [labor] comunicación(es) f sindical(es)-adeministrativa(s)
— — — **problem(s)** n - [labor] problema(s) m sindical(es)-administrativo(s)
— — — **relation(s)** n - [labor] relación(es) f sindical(es)-administrativa(s)
— **utilization** n - [labor] utilización f, or uso m, de mano f de obra
laboral a - see **labor**
laboratory n - . . . • [ind] sección f para ensayo(s) m • [metal-prod] laboratorio m para horno m; crisol m
— **activity** n - actividad f en laboratorio m
— **air conditioning** n - [environm] aire m acondicionado para laboratorio m
— — — **unit** n - [environm] artefacto m, or unidad f, para aire m acondicionado para laboratorio m
— **annealing** n - [metal] recocido m en laboratorio m
— **building** n - [ind] edificio m para laboratorio m
— **condition** n - condición f, en, or para, laboratorio m
— **conducted test** n - [ind] ensayo m realizado en laboratorio m
— **data** n - dato(s) m, or información f, de laboratorio m
— **destructive test** n - [ind] ensayo m, de laboratorio m destructivo, or destructivo en laboratorio m
— **determination** n - determinación f en laboratorio m
— **determine** v - determinar en laboratorio m
— **determined** a - determinado,da en laboratorio m
— **diagnostic service(s)** n - [ind] servicio(s) m diagnóstico(s) en laboratorio m
— **electric furnace** n - [metal-prod] horno m eléctrico para laboratorio m
— **experiment** n - ensayo m en laboratorio m
— **facility,ties** n - [ind] instalación(es) f en laboratorio m • recurso(s) en laboratorio m
— **finish** n - terminación f en laboratorio m
— **foundation** n - [constr] cimiento(s) m para laboratorio m
— **furnace** n - horno m para laboratorio m
— **installation** n - instalación(es) f para laboratorio m
— **investigation** n - investigación f en laboratorio m
— **loading test** n - [constr] ensayo m de carga f en laboratorio m
— **method** n - método m para laboratorio m

laboratory nondestructive test n - ensayo m no destructivo en laboratorio m
— **performed test** n - ensayo m realizado en laboratorio m
— **prepared** a - [ind] preparado,da en laboratorio m
— **research** n - investigación(es) f, or experimentación f, (realizada(s) en laboratorio m
— **resistivity determination** n - determinación f de resistencia f eléctroca (efectiva) en laboratorio m
— **resource(s)** n - [ind] recurso(s), en, or de, laboratorio m
— **scale** n - [ind] escala f de laboratorio m
— — **test** n - prueba f, or ensayo m, en escala f de laboratorio m
— **service** n - [ind] servicio m en laboratorio m
— **strength** n - resistencia f en laboratorio m
— **success** n - éxito m en laboratorio m
— **technician** n - laboratorista* m
— **temperature** n - temperatura f en laboratorio
— **test** n - prueba f, or ensayo m, en laboratorio m
— — **datum,ta** n - dato(s) m, or información f, sobre ensayo(s) m en laboratorio m
— — — **analysis** n - análisis m de, dato(s), m, or información f, sobre, ensayo(s) m, or prueba(s) f, en laboratorio m
— — **result(s)** n - resultado(s) de, ensayo(s) m, or prueba(s), en laboratorio m
— — — **observation** n - [ind] observación f de resultado(s) m de, ensayo(s) m, or prueba(s) f, en laboratorio m
— — **strength** n - resistencia f en, ensayo(s), or prueba(s), en laboratorio m
— **test(s) summary** n - [ind] resumen m de, ensayo(s) m, or prueba(s), en laboratorio m
— **tested** a - ensayado,da en laboratorio m
— **testing** n - ensayo m, or prueba f, en laboratorio m
— **tool(s)** n - herramienta(s) f para laboratorio
— **use** n - uso m, or empleo m, en laboratorio m
— **work** n - trabajo(s) m en laboratorio m
laborer n - . . .; peón m
laccolith n - [geol] lacolita f
lace n - [textil] . . .; puntilla f | v - trenzar; entrenzar; entrecruzar • [cabl] enhebrar • [electr-cond] armar m (cable m)
— @ **boom cable** v - [cranes] enhebrar cable m para aguilón m
— **cuff** n - [vest] vuelillo m
laced a - trenzado,da; entrenzado,da • entrecruzado,da • [cabl] enhebrado,da
— **boom cable** n - [cranes] cable m para aguilón m enhebrado
— **member** n - [constr] pieza f entretejida
lacerated a - lacerado,da
lacerating n - laceración f | a - lacerador,ra
lacerator n - [medic] lacerador m
lacing n - [vest] tirilla f • [cabl] enhebrado m • [constr] trenzado m; enrejado m; entrenzado m; entrecruzamiento m • [mech-belts] empalme m • tejido m
— **removal** n - [electr-cond] desarmado m de cordón m
lack n - . . .; cortedad f | v . . .; carecer de; no disponer de
— @ **adjustment** v - [mech] estar desalineado,da; faltar alineamiento m
— **air** v - faltar aire m
— **compressed air** v - faltar aire m comprimido
— **empty ladle(s)** v - [metal-prod] faltar cuchara(s) f vacía(s)
— @ **ladle(s)** v - [metal-prod] faltar cuchara(s)
— **of bolt(s)** n - [mech] carencia f, or falta f, de perno(s) m
— — @ **clamp** n - [mech] falta f, or carencia f, de grampa(s) f
— — **compression** n - falta f de compresión f
— **of experience** n - falta f de experiencia f
— — **foresight** n - imprevisión f

lack of fusion n - [weld] falta f de fusión f
— — homogeneity n - falta f de homogeneidad f
— — inspection n - falta f de inspección f
— — knowledge n - falta f de conocimiento(s) m
— — ladle(s) n - [metal-prod] falta f de cuchara(s) f
— — maintenance n - falta f de conservación f
— — novelty n - [legal] falta f de novedad f
— — payment n - [fin] falta f de pago m
— — penetration n - [weld] falta f de penetración f; penetración f escasa
— — pig iron n - [metal-prod] falta f de arrabio m
— — possession n - carencia f
— — specialized workman,men n - [labor] escasez f de operario(s) m especializado(s)
— — technician(s) n - falta f de técnico(s) m
— penetration v - [weld] faltar, or carecer de, penetración f
— pig iron n - [metal-prod] faltar arrabio m
lacked a - faltado,da; carente
lacker n - [paint] see lacquer
lacking a - . . . | adv - de no disponer(se) de
lacquer finish n - [paint] superficie f, or terminación f, laqueada
— finished a - con terminación f laqueada
ladder n - [tools] . . .; escalera f vertical • [drwg] transportador m con escala f • [tools] escalera f, movible, or portátil; escalerilla f; escalinata f
— assembly n - [mech] conjunto m de escalerilla
— base n - [constr] base de, escala f, or escalera f, or escalerilla f
— bottom n - [mech] parte f inferior, or pie m, de escalerilla f
— brace n - [mech] riostra f para escalerilla f
— cage n - [constr] jaula f para escalera f
— extension n - prolongación f para escalerilla
— positioning n - [mech] colocación f (en posición f) de escalera f
— rail n - [constr] viga f para escalera f • [tools] pie m derecho, or larguero m, para escalera f
— repositioning n - [mech] colocación f nueva (en posicióon f) de escalera f
— rung n - [constr] escalón m para escalera f
— side piece n - [constr] pata f, or larguero m, para escalera f
— top n - [tools] tope m, or parte f superior, de, escala f, or escalera f
lade v - . . .; see load
ladies' clothing n - [vest] ropa f para mujer m
—' man n - . . .; tenorio m
lading bill n - [transp] see bill of lading
ladle n - . . . • [metal-prod] cuchara f, or balde m, or caldero m, para colada f
— addition n - [metal-prod] adición f a cuchara f • adición f en cuchara f
— — hopper n - [metal-prod] tolva f para adición(es) f (a cuchara f)
— additive n - [metal-prod] see ladle addition
— analysis n - [metal-prod] análisis m de (metal m en), cuchara f, or colada f
— — certificate n - [metal-prod] certificado m de análisis m de cuchara f
— — chemical requirement(s) n - [metal-prod] exigencia f química para análisis de (metal m en) cuchara f
— — — limit(s) n - [metal-prod] límite(s) m para análisis m de cuchara f
— — requirement n - [chem] exigencia f para análisis m de cuchara f
— — — variation n - [metal-prod] variación f en análisis m de cuchara f
ladle and truck n - [metal-prod] cuchara f y vagón m
— arm n - [metalprod] brazo m para cucharon m
— assistant bricklayer n - [metal-prod] ayudante m (para) refractorista para cuchara(s) f
— — liner n - [metal-prod] ayudante m para refractorista m para cuchara(s) f

ladle auxiliary repair equipment n - [metal-prod] equipo m auxiliar para reparación f de cuchara
— availability n - [metal-prod] disponibilidad f de cuchara(s) f
— bottom n - [metal-prod] fondo m de cuchara f
— breakout n - [metal-prod] perforación f de cuchara f
— bricklayer n - [metal-prod] refractorista m para cuchara(s) f
— — helper n - [metal-prod] ayudante m para refractorista m para cuchara(s) f
— buggy n - [metal-prod] vagón m para (transportar) cuchara(s) f
— car n - [metal-prod] vagón m para (transportar) cuchara(s) f; vagón m, or vagoneta f, portacuchara(s) f
— — derailment n - [metal-prod] descarrilamiento m de vagón m, portacuchara(s), or para cuchara(s) f
— — track n - [metal-prod] vía f para, cuchara(s) f, or portacuchara(s) f
— carbon n - [metal-prod] carbono m en cuchara
— — injection n - [metal-prod] inyección f de carbono m en cuchara f
— condition n - [metal-prod] estado m de cuchara
— crane n - [metal-prod] (puente m) grúa f, para, cucharón(es) m, or caldero(s) m, or portacuchara(s), or portacaldero(s)
— deoxidation n - [metal-prod] desoxidación f en, cuchara f, or caldero m
— derailment n - [metal-prod] descarrilamiento m de (vagón m para), cuchara(s), or caldero(s)
— desulfurization n - [metal-prod] desulfuración f en cuchara f
— — technique n - [metal-prod] técnica f para desulfuración f en cuchara f
— drying n - [metal-prod] secado m de cuchara f
— — auxiliary equipment n - [metal-prod] equipo m auxiliar para secado m de cuchara(s) f
— — equipment n - [metal-prod] equipo m para secado m de cuchara(s) f
— edge n - [metal-prod] borde m de cuchara f
— furnace n - [metal-prod] horno m para cuchara(s) f
— gas preheater n - [metal-prod] precalentador m con gas m para cuchara f
— guard plate n - [metal-prod] anilla f (para caldero m)
— heater n - [metal-prod] calentador m para cuchara(s) f
— injection n - [metal-prod] inyección f en cuchara f
— inspection n - [metal-prod] inspección f de, cuchara(s) f, or cucharón(es) m
— — schedule n - [metal-prod] programa m para inspecciónj f de, cuchara(s), or cucharón(es)
— life n - [metal-prod] vida f (útil) para, cuchara(s) f, or cucharón(es) m
— line n - [metal-prod] línea f para cucharas f
— liner n - [metal-prod] refractorista m para, cuchara(s) f, or cucharón(es) m
— lining n - revestimiento m, de, or para, cuchara(s) f, or cucharón(es) m
— — pit n - [metal-prod] fosa f para revestimiento de, cuchara(s) f, or cucharón(es) m
— — thickness n - [metal-prod] espesor m de revestimiento m de cuchara(s) f
— — weight n - [metal-prod] peso m de revestimiento m para, cuchara(s) f, or cucharón(es) m
— lip n - [metal-prod] borde m de cucharón m
— maintenance n - [metal-prod] mantenimiento m de cucharón(es) m
— — schedule n - [metal-prod] programa m para conservaciópn f de cucharón(es) m
— nozzle n - [metal-prod] buza f, or buceta f, de, cuchara f, or cucharón m, or caldero m
— — size n - [metal-prod] tamaño m, or medidas f, de, buza f, or buceta f, or boquilla f, para, cuchara f, or cucharón m, or caldero m
— — operator n - [metal-prod] operador m para, cuchara f, or cucharón m, or caldero m

ladle operator assistant n - [metal-prod] ayudante m para operador m para cuchara f
— — **helper** n - [metal-prod] ayudante m para operador m para cuchara f
— **pouring crane** m -[metal-prod] see **ladle crane**
— — **nozzle** n - [metal-prod] boquilla f, or buza f, de caldero m
— **preheater** n - [metal-prod] precalentador m para cuchara f
— **preparation** n - [metal-prod] preparación f de, cucharón m, or cuchara f
— — **first helper** n - [metal-prod] preparador m primero m para cuchara(s) f
— — **second helper** n - [metal-prod] preparador m segundo para cuchara(s) f
— — **time** n - [metal-prod] tiempo m para preparaciuón f de, cuchara(s) f, or cucharón(es) m
— **preparer** n - [metal-prod] preparador m para, cuchara(s) f, or cucharón(es) m
— **recarburizing** n - [metal-prod] recarburación f de cuchara f
— **relining** n - [metal-prod] revestimiento m para cuchara f
— **repair** n - [metal-prod] reparación f para, cuchara f, or cucharón m
— — **auxiliary equipment** n - [metal-prod] equipo m auxiliar para reparación f de cuchara f
— — **crew** n - [metal-prod] cuadrilla f para reparación f de, cuchara f, or cucharón m
— — **equipment** n - [metal-prod] equipo m para reparación f de, cuchara f, or cucharón m
— — **house** n - [metal-prod] taller m para reparación f de, cuchara(s) f, or cucharón(es) m
— — — **crane** n - [metal-prod] grúa f para taller m para reparación f de cuchara(s) f
— — **pit** n - [metal-prod] fosa f para reparación f de, cuchara(s) f, or cucharón(es) m
— — **shop** n - [metal-prod] taller m para reparación f de, cuchara(s) f, or cucharón(es) m
— **repairman** n - [metal-prod] reparador m para, cuchara(s) f, or cucharón(es) m
— **rod** n - [metal-prod] barra f para cuchara f
— **scale(s)** n - [metal-prod] báscula f para, cuchara(s) f, or cucharón(es) m
— **semiportal crane** n - [cranes] grúa f semipórtico para, cuchara(s) f, or cucharón(es)
— **shortage** n - [metal-prod] falta f, or escasez f, de, cuchara(s) f, or cucharón(es) m
— **skull** n - lobo m, or escoria f, en (fondo m de, cuchara f, or cucharón m)
— **slag** n - [metal-prod] escoria f en, cuchara f, or cucharón m
— — **quantity** n - [metal-prod] cantidad f de escoria f en, cuchara f, or cucharón m
— — — **control** n - [metal-prod] regulación f de cantidad f de escoriua f en cucharón m
— — **remover** n - [metal-prod] desecoriador m para, cuchara f, or cucharón m
— **stand** n - [metal-prod] plataforma f para, cuchra(s) f, or cucharón(es) m
— **stick** n - [metal-prod] brazo m de cucharón m
— **stopper** n - [metal-prod] tapón m para, cuchara f, or cucharón m
— — **rod** n - [metal-prod] barra f taponadora para, cuchara f, or cucharón m
— **test** n - [metal-prod] análisis m de cuchara f
— **tilt** n - [metal-prod] volcador, or máquina f para volcar, cuchara(s) f, or cucharón(es) m
— — **engine** n - [metal-prod-pig machine] volcador m, or máquina f para volcar, cuchara(s) f
— **transfer car** n - [metal-prod] vagón m para, transferencia, or transporte m, de caldero(s) f
— — **truck** n - [metal-prod] bogie m para vagón m para transferencia f de caldero(s) m
— **trough** n - [metal-prod] vertedero m para. cuchara(s) f, or cucharón(es) m, or caldero(s) m
— **trunnion** n - [metal-prod] muñón m para cuchara f para colada f
— **wear bushing** n - [metal-prod] buje m, or manguito m, para desgaste m para muñón m para cuchara f para colada f

ladle use n - [metal-prod] uso m, or utilización f, de cuchara f
— **wrecker** n - [metal-prod] desguazador m para cuchara(s) f
— **wrecking** n - [metal-prod] desguace m de cuchara(s) f
ladleman n - [metal-prod] cucharero m • refractorista m para cuchara(s) f
— **first helper** n - [metal-prod] primero m de cuchara f; ayudante m primero para operador m para cuchara f
— **second helper** n - [metal-prod] segundo m de cuchara f; ayudante m segundo para operador m para cuchara f
lady('s) budoir n - [domest] gabinete m
—**('s) dressing room** m - [domest] gabinete m
— **luck** n fortuna f; suerte f; azar m • dama f de fortuna f
lag n - . . .; demora f; retardo m; retardación f; movimiento m retardado • [metal-stress] deformación f permanente aparente • [mech] recubrimiento m • [carp-cask] duela f • [electr] acción f retardada | v . . .; [mech] recubrir; forrar • [cabl] envolver; cubrir
— **factor** n - [tub] factor m, or coeficiente m, de deflexión f final
— **fuse** n - [electr-instal] fusible m con, efecto m, or acción f, de retardo m, or con (re)acción f (muy) retardada; also see **time-lag fuse**
— — **size** n - [electr-instal] capacidad f de fusible m para acción f retrasada
— **phase** n - [sanit] fase para desarrollo m (inicial) lento
— **screw** n - [mech] tirafondo m
— **type fuse** n - [electr-instal] fusible n, con efecto m de retardo m, or de tipo m con reacción f retardada
laggard n - . . .; zaguero m; rezagante m
lagged a - retrasado,da • [cabl] envuelto,ta; cubierto,ta • cranes] recubierto,ta; forrado,da
— **drum** n - [cranes] tambor m, recubierto, or forrado
lagging n - retraso m; movimiento m retardado • [cabl] revestimiento m con, listón(es) m, or tabla(s) f; envoltorio m • cubierta f • [mech] revestimiento m; recubrimiento m (aislante); forro m • [constr-tunnels] revestimiento m; encostillado m • [boilers] revestimiento m • [miner-galleries] revestimiento m • [wire] cubierta f de, madera f, or listón(es) m
— **current** n - [electr-distrib] corriente f retrasada
— **load** n - [transp] carga f retrasada • carga f de listón(es) m
— **phase** n - [electr] fase f retrasada
— **retaining wall** n - [constr] muro m para retención f de encostillado m
— **wall** n - [constr] muro m de encostillado n
lagoon n - [hydr] . . . | v [hydr] enlagunar
— **outfall line** n - [constr] línea f para descarga f de laguna f
— **type sewage treatment facility** n - [sanit] instalación f, or planta f, para depuración f de líquido(s) m cloacal(es), de tipo m con laguna f
— — — **plant** n - [sanit] planta f depuración f de líquido(s) m de tipo m con laguna f para líquido(s) m cloacal(es)
lagooned a - enlagunado,da
lagooning n - [hydr] embalse m • [sanit] enlagunamiento m (de aguas f servidas)
laid a - colocado,da • tendido,da • [cabl] trenzado,da
— **alternately** n - [cabl] trenzado,da alternadamente
— — **around @ fiber cord** a - [cabl] trenzado,da alternadamente alrededor de alma m de fibra f
— **bead** n - [weld] cordón m colocado
— **in @ helix** a - [cabl] trenzado,da en hélice f
— **in @ opposite direction** a - [cabl] trenzado,da

en, dirección f opuesta, or sentido m opuesto, or en sentido(s) m opuesto(s)
laid in @ same direction a - [cabl] trenzado,da en, misma dirección f, or mismo sentido m
— **into ropes** a - [cabl] trenzado,da en, cabo(s) m, or cable(s) m (de alambre m)
— — **strands** a - [cabl] trenzado,da en cordones
— — **wire ropes** a - [cabl] trenzado,da en cables m de alambre m
— **layer** n - [constr] capa f colocada
— **length** n - [tub] largo m tendido
—, **lined and joined** a - [tub] tendido,da, alineado,da y empalmado,da
— **off** a - [labor] cesante
— — **person** n - [labor] (persona f) cesante m
— **out** a - [constr] replanteado,da
— **rope** n - [cabl] cable m trenzado
— **sheet** n - [mech] chapa f, or lámina f, colocada
— **straightedge** n - [drwng] borde m de regla f colocado; regla f colocada
— **strand** n - [cabl] cordón m trenzado
— **weld bead** n - [weld] cordón m de soldadura f colocado
— **wire** n - [cabl] alambre m trenzado
— — **rope** n [cabl] cable m (de alambre m) trenzado
laissez faire n - . . .; despreocupación f
laitance n - [constr] exudación f, gelatinosa, or lactosa, or lechosa; lechosidad f; lechada f
lake n - [hydr] . . .; laguna f • embalse m
— **arm** n - brazo m de, lago m, or laguna f
— **bed** n - [hydr] lecho m de, lago m, or laguna f
— **bottom** n - [hydr] fondo n de lago m
— — **level** n - [hydr] nivel m de fondo m de, lago m, or laguna f
— **crossing** n - [transp] cruce m de lago m
— **east side** n - [hydr] ribera f oriental de, lago m, or laguna f
— **equalizer** n - [hydr] igualador m, or regulador m, para, lago m, or laguna f
— **extension** n - [hydr] extensión f, or superficie f, de lago m • brazo m de lago m
— **front** n - [hydr] ribera f de lago m | [hydr] ribereño,ña (sobre lago m)
— **level** n - [hydr] nivel m de, lago m, or laguna f
— **north shore** n - [hydr] ribera f, norte, or septentrional, de, lago m, or laguna f
— — **side** n - [hydr] ribera f, norte, or septentrional de lago
— **side** n - [hydr] ribera f de lago m
— **south, shore, or side** n - [hydr] ribera f, sur, or meridional, de lago n
— **spillway** n - [hydr] vertedero m para lago m
— **water** n - [hydr] agua m, en, or de, lago m, or lacustre
— — **equalizer tube** n - [hydr] tubería f para igualación f para nivel m de lago m
— **west, shore, or side** n - [hydr] ribera f, oeste, or occidental, de lago m
lakeshore n - [hydr] ribera f de lago m
lakeside n - sobre lago m; ribereño,ña
— **community** n - [pol] población f sobre lago m
— **residential community** n - [pol] población f residencial sobre lago m
laminar curtain n - [ind] cortina f laminar
lamentable a - . . .; flébil
laminar aspect n - [metal-roll] aspecto m, or apariencia f, laminar
— **flow** n - [metal] flujo m laminar
— **cooling** n - [metal] enfriamiento m por flujo m laminar
— **metal** n - [mech] metal m laminar
— **receptacle** n - [mech] receptáculo m de metal m laminar
— **plate** n - [electr-instal] placa f laminada
— **terminal** n - [electr-instal] borne m laminar
— — **complementing** n - [mech] complementación f de, borne m, or terminal m, laminar

laminate n - [metal-roll] lámina f | v - . . .
laminated a - laminado,da; laminar
— **armature** n - [electr-mot] inducido m laminar
— **beam** n - [constr] viga f laminada
— **electrical grade steel** n - [metal-prod] acero m eléctrico laminado
— **frame** n - [electr-mot] armazón m, or núcleo m, (magnético) laminado
— **generator frame** n - [electr-prod] armazón m, or núcleo m (magnético) laminado para generador m
— **motor frame** n - [electr-mot] armazón m, or núcleo m (magnético) laminado para motor m
— **glass** n - [plast] cristal m laminado
— **housing** n - [mech] carcasa f laminar
— **lock** n - [mech] candado m laminar • cerradura f laminar
— **phenolic material** n - [plast] material m fenólico laminado
— **plastic** n - (material) plástico m laminado
— **pole** n - [electr] polo m, laminado, or laminar
— — **piece** n - [electr] pieza f polar, or polo m, laminar
— **reactor coil** n - [electr] bobina f para reactancia f con núcleo m laminar
— **safety glass** n - [safety] cristal m, para seguridad f laminado, or laminado para seguridad f
— **shim** n - [mech] calza f laminada
— **spring** n - [mech] resorte m laminado
— **steel** n - [metal-roll] acero m laminado
— — **lock** n - [mech] candado m, de acero m laminado, or laminado de acero m
— **terminal** n - [electr-insal] terminal m, or borne m, laminar, or laminado
— **yoke** n - [electr] horquilla f laminada
laminating n - laminación f | a - laminador,ra
— **roller** n - [metal-roll] rodillo m laminador
lamination n - laminación f; lámina f • [mech] paquete m; conjunto m • [electr-mot] armazón m de acero m laminado • [electr-mot] conjunto m de núcleo m laminar • núcleo m laminar • marco m laminar
— **and panel assembly** n - [electr-instal] conjunto m de núcleo m laminar y, panel, or base
— **assembly** n - [electr-instal] conjunto m, or núcleo m, laminar; laminación(es) f
— **length** n - [electr-mot] largo(r) m de, conjunto m, or paquete m (laminar)
—**like defect** n - [weld] defecto m (de tipo m) laminar
— **mounting** n - [electr-mor] montaje m de, conjunto m, or núcleo m, laminar
— — **screw** n - [electr-mot] tornillo m para montaje m de, conjunto m, or núcleo m laminar
— — **Sems round head(ed) screw** n - electr-mot] tornillo m con cabeza f redonda (Sems) prearmada para montaje m de núcleo m laminar
lamp n - . . .; also see **light**
— **black** n - see **lampblack**
— **bracket** n - [domest] soporte m para, lámpara f, or farol m; velonera f
— **bulb** n - [electr-illum] bombilla f para luz f
— — **replacement** n - [electr-illum] reemplazo m para bombilla f para luz f
— — **replacing** n - [electr-illum] reemplazo m de bombilla f para luz f
— **check(ing)** n - [electr-instal] verificación f con lamparilla f
— **checked** a - [electr-instal] verificado,ca con lamparilla f
— **circuit** n - [electr-instal] circuito m verificado con lamparilla f
— **circuit check(ing)** n - [electr-instal] verificación f de circuito m con lamparilla f
— **hanging** n - [domest] colgamiento m de, lámpara f, or luz f
— **hole** n - [constr] hoyo m, or depresión f, para luz f • registro m, or orificio m, para inspección f

lamp lighting

lamp lighting n - encendimiento m de luz f
— **maker** n - velonero m
— **operation** n - [electr-oper] funcionamiento m de, lámpara f, or luz f
— **post** n - [electr-instal] poste m para alumbrado m • [Mex.] arbotante m
— **shade** n - [comest] pantalla f (para lámpara)
— **stand** n - [domest] velonera f
— **tubing** n - [tub] tubo m, or tubería f, para alumbrado m
lampblack n - negro m de humo m; hollín m
— **choice** n - [autom-tires] selección f de negro m de humo m
lampholder n - portalámpara(s) m; soporte m para lámpara f; also see **lamp holder**
lamping n - [constr] verificación f de rectitud f con luz f
lamppost n - [electr-instal] poste m para alumbrado m; also see **lamp post**
lampsocket n - [electr-instal] portalámpara(s) m; casquillo m para lamparilla f; also see **lamp socket**
lampwick n - mecha f, or pabilo m para lámpara f • also see **lamp wick**
Lancashire boiler n - [boilers] caldera f Lancashire
lance n - ... | [metal-prod] lanza f; varilla f (para oxígeno m) | v - [metal-prod] emplear oxígeno m • [medic] velicar
— **bore** n - [metal-prod] hueco m en lanza f
—— **diameter** n - [metal-prod] diámetro m, interior, or de hueco m, en lanza f
— **cooling hose** n - [metal] mang(uer)a f para refrigeración f de lanza f
—**(s) cost** n - [metal-prod] costo m de lanza(s)
—— **per ton** n - [metal-prod] costo m de lanza(s) f por tonelada f
——— **produced** n - [metal-prod] costo m de lanza(s) f por tonelada f producida
— **cutting** n - [metal-prod] corte m con lanza f; [Spa.] corte m con varilla f
— **height** n - [metal-prod] altura f de lanza f
— **inspector** n - [metal-prod] inspector m para lanza(s) f
— **@ ladle** v - [metal-prod] pinchar f (con oxígeno m) cuchara f
— **life** n - [combust] vida f (útil) de lanza f
— **lower end** n - [metal-prod] extremo m, or punta f, inferior de lanza f
— **noise** n - [metal-prod] ruido, de, or producido por, lanza f
—— **slag control** n - [metal-prod] regulación f de escoria f de acuerdo con ruido m de lanza
— **operating system** n - [combust] sistema m para combustión f con lanza(s) f
— **oxygen** n - [metal-prod] oxígeno m para lanza
— **shaft** n - [milit] fuste m de lanza f
— **system** n - [combust] sistema m de lanza(s) f
— **with oxygen** v - [metal-prod] emplear oxígeno
lancet a - [archit-arch] ojival
— **arch** n - [archit] arco m, ojival, or lanceta, apuntado, or puntiagudo; ojiva f
lancing n - [weld] oxicorte m; corte m con oxígeno • [medic] velicación f
land n - ... ; tierra f; predio m; finca f • [weld] see **lance face** • [constr] saliente m; borde m; resalto m • [transp] vía f terrestre • [mech] entrerranura(s)*; superficie f entre ranura(s) f, or estría(s) f; borde m, plano, or sin mecanizar | a - terrestre • [petrol] en, or sobre, tierra f; tierra f, or costa f, adentro | v - [aeron] aterrizar
— **appraisal** n - avalúo m de terreno(s) m
— **area** n - superficie f, terrestre, or de terreno m
land-based a - fijo,ja
——— **dust collection fan system** n - [ind] instalación f fija de ventilador(es) m para recogida f de polvo(s) m
——— **gas handling system** n - [coke] instalación f fija para tratamiento m de gas m

land-based pier n - [constr] pilar m sobre tierra f
——— **system** n - [ind] instalación f fija
— **chain** n - [tools] cadena f para agrimensor m
— **clearing** n - desmonte m; desbroce m, or despejo m, or limpieza f, de terreno(s) m
— **company** n - empresa f inmobiliaria
— **cultivation** n - [agric] cultivo m de suelo m
— **development** n - aprovechamiento m de terreno(s) m | a - inmobiliario,ria
—— **engineer** n - ingeniero m para aprovechamiento m de terreno(s) m
—— **firm** n - firma f inmobiliaria
— **diameter** n - [mech] diámetro m de, parte f, or superficie f, plana
— **disposal** n - [sanit] eliminación f tierra f adentro
—, **fence(s) and railway spur** n - [accntg] terreno(s) m, cerco(s), y desvío m ferroviario
— **freight** n - [transp] flete m terrestre
— **life** n - [zool] fauna f terrestre
— **longitudinal profile** n - [soils] perfil m longitudinal de terreno m
— **measurement** n - medida(s) f de terreno m
— **measuring** n - medición f de terreno(s) m
— **on @ front wheel(s)** v - [autom] aterrizar sobre rueda(s) f delantera(s)
— **operator** n - [petrol] operador m, en, or sobre, tierra f
— **option** n - opción f sobre terreno m
— **packer** n - [agric] apisonador m para tierra f
— **pier** n - [constr] pilar m sobre tierra f • [transp] muelle m sobre tierra f
— **purchase** n - compra f de terreno(s) m
—— **option** n - opción f para compra f de terreno(s) m
—, **reclaiming, or reclamation** n - recuperación f de terreno(s)
— **revaluation** n - [fin] revaluación f de terreno(s) m
— **section** n - sección f de tierra f • [hydr] sección f, or parte f, tierra f adentro
— **shipment** n - [transp] embarque m terrestre
—— **evidence** n - [transp] evidencia f de embarque m terrestre
— **shortage** n - escasez f de, terreno(s) m, or tierra(s) f
— **site** n - sitio m tierra f adentro
— **strip** n - franja f de tierra f
— **tax** n - [fisc] impuesto m, territorial, or inmobiliario
— **transportation** n - [transp] transporte m, terrestre, or por tierra f
—— **cost(s)** n - [transp] costo m de transporte m, terrestre, or por tierra f
—— **equipment** n - [transp] equipo m para transporte m, terrestre, or por tierra f
— **transported** a - [transp] transportado por tierra f
— **use** n - uso m, or utilización f, or empleo m, de, terreno(s) m, or tierra(s) m
— **value** n - valor m de terreno(s) m
— **well** n - [petrol] pozo m, en tierra f, or terrestre • [hydr] pozo m en tierra f
— **land wheel** n - [mech] rueda f para tierra f
— **wire** n - alambre m, or hilo m, en tierra f
landed a - [aeron] aterrizado,da
— **on @ front wheel(s)** a - [autom] aterrizado,da sobre rueda(s) f delantera(s)
— **property** n - [legal] predio m
landfill n - [sanit] basurero m; volcadero m
— **disposal** n - [sanit] eliminación f en, basurero m, or volcadero m
—— **method** n - [sanit] método m para eliminación f en, basurero m, or volcadero m
— **type** a - [sanit] de tipo m en basurero m
—— **disposal** n - [sanit] eliminación f de tipo m con basurero m
——— **method** n - [sanit] método m para eliminación f de tipo m con basurero m
landing n - [constr] descanso m; descansillo m;

rellano m - [milit] desembarco, que m - [aeron] aterrizaje m
landing area n - [milit] zona f para desembarco m • [aeron] zona f para aterrizaje m
— **on @ front wheel(s)** n - [autom] aterrizaje m sobre rueda(s) f delantera(s)
— **place** n - [naut] atracadero m
— **runway** n - [aeron] pista f para aterrizaje m
— **strip** n - [aeron] pista f para aterrizaje m
— — **drainage** n - [aeron] drenaje m para pista f para aterrizaje m
landlocked a - . . .; encerrado, da
landmark n - . . . • escalón m logro m; consecución f • [topogr] accidente m de terreno m
landscape n - . . . | v - . . .; embellecer; ajardinar
landscaped a - hermoseado, da; embellecido, da; ajardinado, da
— **area** n - zona f ajardinada; plaza f y jardines m
— **plaza** n - plaza f, or plazoleta f, ajardinada
landscaping n - paisaje m] ajardinamiento m; embellecimiento m
landside a - costanero, ra
landslide n - . . .; deslizamiento m (de tierra)
— **problem** n - [constr] problema m con deslizamiento(s) m (de tierra f)
— **stopping** n - [constr] detención f de deslizamiento m (de tierra f)
landward end n - [hydr] parte f ribera f adentro
lane n - . . . • [roads] franja f; vía f (para, circulación f, or tránsito m); carrril m; trocha f; circulación f • franja f pavimentada
. . . **lane** a - [roads] con . . ., calzada(s) f, or vía(s) f (para circulación f)
. . . — **access highway** n - [roads] carretera f para acceso m con . . . vías f
. . . — **brdige** n - [constr] puente m con . . . vía(s) (para circulación f)
— **change** n - [autom] cambio m de vía f (para circulación f)
— — **maneuver** n - [roads] maniobra f para cambio m de vía f (para circulación f)
— — **changing** n - [autom] cambio m de vía f (para circulación f)
— — **divided highway** n - [roads] carretera f con . . . vías f con franja f, divisoria, or medianera
. . . — **highway** n - [roads] carretera f con . . ., calzada(s) f, or vía(s) para circulación f
. . . — **with @ median area** n - [roads] carretera f con . . . vía(s) f con franja f, divisoria, or medianera
—/**mile** n - [roads] kilómetro/ vía f de circulación f
. . . — **road** n - [roads] camino m con . . . vías f (para circulación f)
. . . — **underpass** n - [constr] paso m inferior para . . . vía(s) (para circulación f)
lang a - [cabl] paralelo, la; lang
— **lay** n - [cabl] trenzado m, or corchado m, or (re)torcido m, paralelo, or lang
— **lay inner rope** n - [cabl] cabo m, or cuerda f, or soga f, interior con trenzado m, paralelo, or lang
— — **rope** n - [cabl] cable m con, trenzado m, or corchado m, paralelo, or lang
language n - . . .; habla m
. . . — **capability** n - [comput] capacidad f para . . . idioma(s) f • capacidad f para idioma f . . .
. . . — **option** n - [comput] opción f de capacidad f para . . . idioma(s) m • opción f . de capacidad f para idioma m . . .
— **option** n - [comput] opción f para idioma m
. . . — **printout** n - [comput] salida f impresa en, idioma m . . .; or en . . . idioma(s) m
— **reason** n - [philol] razón f idiomática
languid a - . . .; flaco, ca; escuálido, da
lank a - . . .; flacucho, cha

lantern part n - pieza f para linterna f
— **pinion** n - [mech] engranaje m para linterna f
— **ring** n - [mech] anillo m para cierre m hidráulico
— **wheel** n - [mech] engranaje m para linterna f
lap n - [anat] . . . • [mech] solapo m; solapa f; superposición f; rebajo m; solapadura f; cubrejunta(s) m • [sports] vuelta f; etapa f; trecho m; tramo m • [constr] avance m • [metal-roll] espira f • [weld] soldadura f de solapo m | v - [mech] solapar; traslapar; revirar • pulir; raspar; esmerilar • [sports] adelantar(se) una vuelta f | a faldero, ra • [weld] con solapo m
— **after lap** adv - [sports] vuelta f tras vuelta f; etapa f tras etapa f
— **clocking off** n - [sports] descuento m de, vuelta f, or etapa f
— **excessively** v - [mech] raspar excesivamente • traslapar excesivamente
— **fit** n - [mech] ajuste m traslapado
— **@ groove** v - [mech] raspar ranura f
— **guide** n - [weld] guía f para (soldadura f con) solapo m
— **itself** v - traslapar(se) sobre sí mismo, ma
— **joint** n - [weld] junta f, or costura f, or soldadura f, traslapada, or con colapo, pe, pa, or solapada | a - [weld] con, solapo, pe, pa, or traslapada f
— **@ joint** v - [mech] traslapar junta f
— — **construction** n - [mech] construcción f (conjunta) traslapada
— — **liner plate** n - [constr] plancha f con junta f traslapada para revestimiento m
— — **riveted construction** n - [mech] construcción f remachada, solapada f, or traslapada, or con traslapo m; construcción f remachada con junta f traslapada
— — **steel liner plate** n - [constr] plancha f de acero m con junta(s) f traslapada(s) para revestimiento m
— — **strength** n - [mech] resistencia f de junta f traslapada
— — **weld** n - [weld] soldadura f con solapo, pe, pa
. . . — **lead** n - [sports] ventaja f de . . ., vuelta(s), or etapa(s) f
— **link** n - [chains] eslabón m con solapa f
— **@ longitudinal joint** v - [mech] traslapo para junta f longitudinal
— **record** n - [sports] marca f mejor, or record* m, para, vuelta f, or etapa f
— **riveting** n - [mech] remachado m de, solapo m, or traslazpo m
— **seal** n - [mech] sello m de traslapo m
— **seam** n - [mech] costura f traslapada
— **@ seam** v - [mech] traslapar costura f
— — **resistance** m - [mech] resistencia f de costura f traslapada
— — — **spot welding** n - [weld] soldadura f por punto(s) m por resistencia f de costura f traslapada
— — **spot weld(ing)** n - [weld] soldadura f por punto(s) m de costura f traslapada
— — **weld(ing)** n - [weld] soldadura f de costura f traslapada
— **time** n - [sports] tiempo m para, vuelta f, or etapa f
— **@ traffic** v - [autom] congestionar tránsito m
— **type** n - [mech] tipo m de traslapo m
— **weld** n - [weld] soldadura f con, solapo, pe, pa, or traslapo m | v - [weld] soldar con solapo, pe, pa
— — **assembly** n - [weld] conjunto m de soldadura f con solapo m
— **welded** a - [tub] soldado, da con solapo m
— — **pipe** n - [tub] tubo m soldado con solapo m • tubería f soldada con solapo m
— **welding** n - [weld] soldadura f con, solapo, pe, pa, or traslapo m
lapel n - [vest] solapa f

lapidary product n - [miner] producto m lapidario
— **saw** n - [ttols] sierra f lapidaria
— — **blade** n - [tools] hoja f para sierra f lapidaria
lapped a - traslapado,da • imbricado,da • [mech] pulido,da • raspado,da • [sports] adelantado,da (en) una vuelta f
— **cover plate** n - [mech] plancha f, para refuerzo m traslapado, or traslapada para refuerzo
— **part** n - [weld] parte f solapada
— **traffic** n - [autom] tránsito m congestionado
— **end joint** n - [mech] junta f con extremo(s) m traslapado(s)
— **excessively** a - [mech] traslapado,da excesivamente • raspado,da excesivamente
— **groove** n - [mech] ranura f raspada
— **joint** n - [mech] junta f traslapada
— **offset end(s) joint** n - [mech] junta f traslapada con extremo(s) m rebajado(s)
— — **joint** n - [mech] junta f rebajada traslapada
— **seam** n - [mech] costura f traslapada
lapper n - [culin] extendedor m; fruslero m
lapping n - [mdch] pulimento m; lustre m • raspado m; raspadura f • [sports] adelanto m de una vuelta f
— **purpose(s)** n - [mech] fin(es) m de traslapo m
lapse n - . . .; tiempo m
lard n - [culin] grasa f de cerdo m
— **oil** n - (aceite m de) grasa f de cerdo m
large a - . . .; gran • crecido,da; con tamaño m considerable m • importante
— **adjustable roll** n - [mech] rodillo m grande, ajustable, or regulable
— **air gap** n - [electr-mot] entrehierro m grande
— **amount** n - cantidad grande | a - considerable
— **angle** n - ángulo m grande
— **arc** n - [electr-oper] arco m grande
— **arch** n - [constr] bóveda f grande
— **area** n - zona f, grande, or considerable
— **arrow** n - flecha f grande; virón m; viratón m
— **article(s)** n artículo(s) m, grande(s), or mayor(es)
— **bag** n - bolsón m
— **band** n - [electron] banda f, grande, or ancha
— **bank** n - [finl] banco m grande
— **base** n - base f grande
— **basket** n - esportón m
— **basketful** n - esportonada f
— **batch** n - [ind] partida f, or tanda f, grande
— **batter** n - [constr] inclinación f, grande, or considerable
— **bead** n - [weld] cordón m, grande, or grueso
— **beam** n - [constr] viga f, grande, or gruesa | a - [constr] con viga(s) f grande(s)
— — **construction** n - [constr] construcción f con viga(s) f grande(s)
— **bearing** n - [mech] cojinete m grande
— — **spacer** n - [mech] separador m grande para cojinete m • separador m para cojinete grande
— **bell** n - [metal-prod] campana f, or cono m, grande • [Spa.] cono m inferior
— — **beam** n - [metal-prod] viga f, or barra f para maniobrea(s) f, para campana f grande
— — **cable** n - [metal-prod] cable m para campana f grande
— — — **change** n - [metal-prod] cambio m, or reemplazo m, de cable m para campana f grande
— — — **replacement** n - [metal-prod] reemplazo m de cable m para campana f grande
— — **change** n - [metal-prod] cambio m, or reemplazo m, de campana f grande
— — **drive cable** n - [metal-prod] cable m para accionamiento m para campana f grande
— — — **cylinder** n - [metal-prod] cilindro m para accionamiento m de campana f grande
— — **hopper** n - [metal-prod] tolva f para campana f grande
— — — **seat** n - [metal-prod] asiento m para tolva f para campana f grande
— — **packing** n - [metal-prod] empaquetadura f, or guarnición f, para campana f grande
large bell protective ring n - [metal-prod] anillo m protector para campana f grande
— — **replacement** n - [metal-prod] reemplazo m de campana f grande
— — **rod** n - [metal-prod] vástago m para campana f grande
— — — **ring** n - [metal-prod] anillo m para vástago m para campana f grande
— — — — **change** n - [metal-prod] cambio m, or reemplazo m, de anillo m para vástago m para campana f grande
— — — **wear ring** n - [metal-prod] anillo m, protector, or para protección f, contra desgaste m de vástago m para campana f grande
— — — — **ring** n - [metal-prod] anillo m para desgaste m de vástago m para campana f grande
— — — — —, **change, or replacement** n - cambio m, or reemplazo m, de anillo m para desgaste m de vástago m para campana f grande
— — **spray(er)** n - [metal-prod] rociador m para campana f grande
— — **stem** n - [metal-prod] vástago m para campana f grande
— — — **ring** n - [metal-prod] anillo m para vástago m para campana f grande
— **bellied** a - ventrudo,da; ventroso,sa
— **bevel** n - [mech] chaflán m grande
— **deep groove butt** n - [weld] tope m en ranura f profunda con chaflán m grande
— **blast** n - [metal-prod] caudal m alto
— **block** n - [mech] bloque m grande
— **body** n - cuerpo m grande
— — **area** n - [anatom] zona f, or superficie f, considerable de cuerpo m
— **boom** n - [cranes] aguilón m grande
— — **section** n - [cranes] sección f grande para aguilón m
— **boulder** n - [geol] rodado m, or canto m (rodado), grande
— — **bottom** n - [hydr] fondo m, or parte f inferior, de canto(s) (rodados) grande(s)
— **bowl** n - [domest] tazón m (grande) • [sanit] cubeta f grande
— **bridge** n - [constr] puente m grande
— **broom** n - escobón m
— **calorie** n - kilocaloría m
— **capacity** n - capacidad f, grande, or amplia
— — **blast furnace** n - [metal-prod] horno m alto con capacidad f grande
— — **machine** n - [ind] máquina f con capacidad f grande
— **capital investment** n - [fin] inversión f grande de capital m
— **casting** n - [metal-prod] pieza f, grande de fundición f, or fundida grande
— **carton** n - [transp] caja f grande de cartón
— **category** n - categoría f grande
— **chain** n - [chains] cadena f grande
— **chamfer** n - [mech] chaflán m grande
— **channel** n - [hydr] cauce m, or canal m, grande, or mayor • [metal-roll] viga f grande
— **chunk** n - zocotroco m
— **city bank** n - [fin] banco m urbano grande
— **cloud** n - [meteorol] nube f grande; nubarrón m
— **company** n - [legal] empresa f, grande, or de escala
— **component** n - [mech] pieza f (componente, or constitutiva) grande
— **computer** n - [comput] computador m grande; ordenador m grande
— **concave bead** n - [weld] cordón m, grande cóncavo, or cóncavo, grande, or grueso
— — **weld** n - [weld] soldadura f cóncava, grande, or gruesa
— **concern** n - [com] empresa f, grande, or de escala f
— **construction** n - [constr] construcción f, mayor, or grande
— **convex bead** n - [weld] cordón m, grande convexo, or convexo, grande, or grueso

large convex weld n - [weld] soldadura f convexa, grande, or gruesa
— **copper deposit** n - [miner] yacimiento m grande de cobre m
— — **ore deposit** n - [miner] yacimiento m grande de (mineral m de) cobre m
— — **wire** n - [metal-wire] alambre m (grueso) de cobre m (con diámetro m grande)
— **corporation** n - [legal] sociedad f, importante, or de importancia f
— **corrugated steel structure** n - [constr] estructura f grande de acero m corrugado
— — **structure** n - [constr] estructura f grande corrugada
— **corrugation(s)** n - [mech] corrugación(es) f grande(s)
— **cover** n - [mech] tapa f, or cubierta f, grande
— — **installation** n - [mech] instalación f, or colocación f, de, cubierta f, or tapa, grande
— — **removal** n - [mech] remoción f, or saca f, de, cubierta f, or tapa f, grande
— **crack** n - rendija f grande
— **crane** n - [cranes] grúa f grande
— **crowd** n - gentío m grande; multitud
— **crystal** n - [chem] cristal m grande
— **culvert** n - [constr] alcantarilla f grande
— **cup** n - [domest] escudilla f; taza f grande
— **cylinder** n - [mech] cilindro m grande
— — **bore** n - [petrol] cilindro m con diámetro m grande
— **dam** n - [hydr] presa f grande
— **decrease** n - disminución f grande
— **defect** n - defecto m grande
— **deposit** n - [miner] yacimiento m grande
— **diameter** n - diámetro m, grande, or mayor | a - con diámetro m grande
— — **concrete pipe** n - [tub] tubo m, or tubería f, de hormigón m con diámetro m grande
— — **culvert** n - [constr] alcantarilla f con diámetro m grande
— — **cylinder** n - [mech] cilindro m con diámetro m grande
— — **double row roller bearing swing circle** n - [cranes] aro m para rotación f con hilera f doble de cojinete(s) m con rodillo(s) m con diámetro m grande
— — **heavy wall tubular construction** n - [tub] construcción f (tubular) con, tubo(s) m, or tubería f, con diámetro(s) m grande(s) y pared(es) f gruesa(s)
— — **pile** n - [constr-pil] pilote m con diámetro m grande
— — **pipe** n - [tub] tubo m, or tubería f, con diámetro m grande
— — — **pile** n - [constr-pil] pilote m tubular con diámetro m grande
— — **reinforced concrete pipe** n - [tub] tubo m, or tubería f, de hormigón m armado con diámetro m grande
— — **reinforced pipe** n - [tub] tubo m reforzado, or tubería f reforzada, con diámetro m grande
— — **rod** n - [metal-roll] varilla f con diámetro m grande
— — **roller** n - [mech] rodillo m con diámetro m grande
— — **seamless tube** n - [tub] tubo m, or tubería f, sin costura con diámetro m grande
— — **structure** n - [constr] estructura f con diámetro m grande
— — **swing circle** n - [cranes] aro m con diámetro m grande para rotación f
— — **tire** n - [autom-tires] neumático m con diámetro m grande
— — **tubular construction** n - [tub] construcción f (tubular) con tubo(s) m con diámetro m grande
— — **wire** n - [weld] alambre m con diámetro m grande
— **dilution factor** n - [metal] factor m elevado para dilución f
large ditch check n - [hydr] dique m, en zanja f grande, or grande en zanja f
— **drop** n - caída f grande
— **droplet** n - gotita f grande
— **effort** n - esfuerzo m grande
— **electrode** n - [weld] electrodo m, grande, or grueso, or con diámetro m, grande, or mayor
— — **range** n - [weld] escala f de electrodo(s) m grande(s)
— — **size** n - [wed] electrodo m con diámetro m grueso
— **enclosure** n - [mech] caja f grande • encierro m grande
— **end** n - extremo m grande • extremo m mayor
— — **first** adv - con extremo m grande hacia adelante
— — **last** adv - con extremo m grande hacia atrás
— **enough** a - suficientemente grande; con diámetro m suficiente
— **entrained particle** n - [environm] partícula f, arrastrada grande, or grande arrastrada
— **equipment** n - [ind] equipo m con tamaño m grande
— **expense** n - gasto m, grande, or crecido
— **factor** n - factor m, grande, or elevado
— **fast-fill joint** n - [weld] junta f para relleno m rápido grande
— **fault** n - falla f, grande, or mayor
— **farm** n - [agric] hacienda f, or establecimiento m agrícola, grande
— **field** n - [agric] campo m grande • [sports] grupo m, grande, or nutrido, de, corredores m, or participantes m
— **fillet** n - [archit] filetón m
— — **weld** n - [weld] soldadura f grande en ángulo m interior
— **fistel** n - [archit] filetón m
— **fitting** n - [mech] accesorio m, or conexión f, grande
— **fixture** n - [domest] artefacto m grande
— **flame** n - [combust] llama f grande
— **flat area** n - zona f plana grande
— — **dimension** n - medida f plana grande
— — **fillet weld** n - [weld] soldadura f plana grande en ángulo m) interior
— — **head** n - [nails] cabeza f chata grande | a - [nails] con cabeza f chata grande
— — —**(ed) nail** n - [nails] clavo m con cabeza f chata grande
— — **weld** n - [weld] soldadura f plana grande
— **flow** n - [hydr] caudal m grande
— **flower** n - [botan] florón m
— **fluctuation** n - fluctuación f grande
— **fluorescent fixture** n - [electr-illumin] artefacto m fluorescente grande
— **footprint** n - [autom-tires] huella f, or impresión f (plantar) grande
— **forehead** n - [anatom] frente f grande
— **foreheaded** a - frontudo,da; frontón,na; con frente f grande
— **forging** n - [metal-prod] pieza f forjada, or forjadura f, grande
— **fuel capacity** n - [int.comb] capacidad f, grande, or amplia, para, combustible m, or carburante m
— **gear** n - [mech] engranaje m grande
— **generator** n - [electr-prod] generador m grande
— **guide** n - [mech] guia(dera) f grande
— **head** n - [mech] cabeza f grande • [nails] cabez f ancha | a - [mech] con cabeza f grande • [mech] con cabeza f ancha
— —**(ed) nail** n - [nails] clavo m con cabeza f grande
— **heat amount** n - calor m considerable
— **hole** n - agujero m, grande, or mayor • [weld] poro m grande
— **horizontal motor-generator** n - [weld] motogenerador m grande horizontal

large included angle

- **large included angle** n - ángulo m incluido grande
- — **increase** n - aumento m grande
- — **indication** n - indicación f, or indicio m, grande
- — **industrial concern** n - [ind] industria, or empresa f industrial, grande
- — **industry** n - [ind] industria f grande
- — **ingoing guide** n - [mech] guiadera f grande para entrada f
- — — **tube** n - [mech] guiadera f grande para entrada f
- — **input voltage fluctuation** n - [electr] fluctuación f grande en voltaje m de entrada f
- — **intake line** n - [hydr] tubería f grande para entrada f
- — **integrated plant** n - [ind] planta f, grande integrada, or integrada grande
- — **inventory** n - [ind] inventario m grande; existencia(s) f, grande(s), or considerable(s)
- — **investment** n - [fin] inversión f, grande, or importante
- — **iron deposit** n - [miner] yacimiento m grande de hierro m
- — — **ore deposit** n - [miner] yacimiento m grande de (mineral m de) hierro m
- — **job** n - trabajo m, or tarea f, grande
- — **joint** n - [weld] junta f grande
- — **letter** n - [print] letra f grande
- — **light truck tire** n - [autom-tires] neumático m grande para camión m liviano
- — **luminaire** n - [electr-illumin] artefacto m grande (para alumbrado m)
- — **machine** n - máquina f grande
- — **maintenance operation** n - [weld] operación m, or trabajo m, mayor para, conservación f, or mantenimiento m, or entretenimiento m
- — **margin** n - margen m, grande, or amplio
- — **mechanical part** n - [mech] pieza f mecánica, grande, or mayor
- — **melter** n - [metal-prod] fundidor m grande
- — **mining producer** n - [miner] productor m minero grande
- — **molten flux pool** n - [weld] cráter m grande de fundente m fundido
- — — **pool** n - [weld] baño m, fundido grande, or grande de metal m fundido
- — **multi-plate structure** n - [constr] estructura f con porte m grande de plancha(s) f múltiple(s) (Multi-Plate)
- — **nitrate crystal** n - [chem] cristal m grande de nitrato(s) m
- — **(and) old** a - vejazo,za
- — **one** n - [fin] see **grand**
- — — **pass weld** n - [weld] soldadura f grande con (una sola) pasada f (única)
- — **opening** n - abertura f grande
- — — **clamp** n - [mech] mordaza f con, abertura f, or mandíbula f, grande
- — **operation** n - operación f, or trabajo m, grande, or mayor
- — **ore deposit** n - [miner] yacimiento m grande
- — **outfall line** n - [hydr] tubería f grande para, salida f, or descarga f
- — **parlor** n - [archit] salón m; sala f grande
- — **percentage** n - porcentaje m, grande, or considerable, or mayor
- — **permanent magnet roll** n - [weld] rodillo m grande con imán m permanente
- — **pile** n - [constr-pil] pilote m grande
- — — **plant** n - [ind] planta f piloto grande
- — **pinhole** n - [metal-prod] poro m grande
- — **pipe** n - [tub] tubo m, or tubería f, grande
- — **pipe arch** n - [constr] tubo m abovedado, or tubería f abovedada, grande
- — — **culvert** n - [constr] alcantarilla f de, tubo m abovedado, or tubería f abovedada, or tubular abovedada, grande
- — — **pile** n - [constr-pil] pilote m tubular grande
- — **piston** n - [mech] émbolo m grande

- **large plant** n - [ind] planta f grande
- — **plate** n - [metal-roll] plancha f grande
- — — **structure end** n - [constr] extremo m de estructura f grande de plancha(s) f
- — **pliers** n - [tools] (par m de) pinza(s) f grande(s)
- — **pressure type radiator** n - [int.comb] radiador m grande de tipo m con presión f
- — **production** n - [ind] producción f alta
- — **profit(s)** n - utilidad f, grande, or elevada
- — **project** n - [constr] obra f grande
- — **puddle** n - [weld] cráter m grande
- — **quantity** n - cantidad f, grande, or apreciable, or considerable
- — **radiator** n - [int.comb] radiador m grande
- — **radius** n - radio m grande
- — — **arch** n - [constr] bóveda f con radio m grande
- — **ranch** n - [agric] establecimiento m, agrícola, or ganadero, grande
- — **relative density** n - densidad f relativa grande
- — **repair** n - reparación f, grande, or mayor
- — — **job** n - trabajo m grande para reparación
- — **rimming steel ingot** n - [metal-prod] lingote m grande de acero m efervescente
- — — — **technology** n - [metal-prod] tecnología f para lingote(s) m grande(s) de acero m efervescente
- — **rock** n - roca grande
- — **roller** n - [mech] rodillo m grande
- — **root spacing** n - [weld] separación f grande en raíz f
- — **rope** n - [cabl] cable m grueso (de alambre) • soga f, or cuerda f, gruesa
- — — **core** n - [cabl] alma m para cable m grueso
- — — **end** n - [cabl] extremo m de cable m grueso
- — **safety margin** n - margen m, amplio, or grande, para seguridad f
- — **scale** n - escala f, grande, or importante | a - en escala f grande; amplio,lia; de envergadura f
- — — **company** n - [legal] empresa f de escala f
- — — **concern** n - [legal] empresa f de escala f
- — — **contract** n - contrato m de escala f
- — — — **mining** n - [miner] minería f por contrato m en escala f grande
- — — — **promotion** n - [miner] promoción f de minería f grande por contrato m
- — — **economy** n - [econ] economía f de escala f
- — — **export(s)** n - [com] exportación(es) f de escala
- — — **exportation** n - [com] exportación f de, escala, or amplia
- — — **facility,ties** n - [ind] instalación(es) f de escala f
- — — **field test** n - [constr] ensayo(s) m, extenso(s), or de escala f, en obra f
- — — **mining** n - [miner] minería f grande; gran minería f
- — — — **promotion** n - [miner] promoción f, or fomento m, de minería f grande
- — — **practice** n - práctica f en escala f, importante, or grande
- — — **steel production** n - [metal-prod] siderurgia f en escala grande
- — **scope** n - alcance m grande
- — **screen** n - [electron] pantalla f grande
- — **screwdriver** n - [tools] destornillador m grande
- — **section** n - sección f grande
- — — **mill** n - [metal-roll] tren m para perfil(es) m grande(s)
- — **sewer** n - [sanit] cloaca f grande
- — — **manhole** n - [sanit] boca f para registro m para cloaca f grande
- — **share** n - proporción f considerable
- — **shop** n - [ind] taller m grande
- — **sign** n - indicador m, or letrero m, grande

large sign maintaining n - [roads] conservación f de, letrero(s) m, or indicador(es), grandes
— — **support** n - soporte m para, indicador m, or letrero m, grande
— **size** n tamaño m grande | a - en tamaño m grande • [weld] con diámetro m grande
— — **electrode** n - [weld] electrodo m con diámetro m grande
— — **ingot** n - [metal-prod] lingote m con, tamaño m, or dimensión(es) f, grande(s)
— — **material** n - material m en tamaño m, grande, or mayor
— — **rod** n - [metal-roll] varilla f con diámetro m grande
— — **scrap** n - [metal-prod] chatarra f en tamaño m grande • [Arg.] chando m
— **slightly concave bead** n - [weld] cordón m grande levemente cóncavo
— — — **weld** n - [weld] soldadura f grande levemente cóncava
— — **convex bead** n - [weld] cordón m grande levemente convexo
— — — **weld** n - [weld] soldadura f grande levemente convexa
— **slip angle** n - [autom-tires] ángulo m de corrimiento m grande
— **spacer** n - [mech] separador m grande
— **spacing** n - separación f grande
— **speed decrease** n - [mech] disminución f grande en velocidad f
— — **increase** n - [mech] aumento m grande en velocidad f
— **steel forging** n - [metal-prod] forjadura f, or pieza f forjada, de acero m en tamaño m grande
— — **plate structure** n - [constr] estructura f grande de plancha(s) f de acero m
— — — — **end** n - [constr] extremo m de estructura f grande de plancha(s) f de acero m
— — — **structure** n - [constr] estructura f grande de acero m
— **stock(s)** n - existencia(s) f, grande(s), or amplia(s)
— **stockpile** n - [ind] existencia(s) f, grande(s), or considerable(s)
— **storm sewer** n - [hydr] desagüe m pluvial grande
— **stream** n - [hydr] curso m de agua m grande
— **stringer bead** n - [weld] cordón m inicial grueso
— **structural beam** n - [metal-roll] viga f estructural grande
— **structure** n - [constr] estructura f grande • [hydr] estructura f de porte m grande
— — **bottom** n - [constr] fondo m de estructura f grande
— — **end** n - [constr] extremo m de estructura f grande
— — **side** n - [constr] costado m, or lado m, de estructura f grande
— — **top** n - [constr] corona f de estructura f grande
— **surface increase** n - aumento m grande en superficie f
— **throat** n - garganta f grande
— **tire** n - [autom-tires] neumático m grande
— **tonnage** n - tonelaje m elevado | a - para tonelaje(s) m elevado(s)
— — **ingot** n - [metal-prod] lingote m con tonelaje m grande
— — **style** n - tipo m para tonelaje(s) m elevado(s)
— **town** n - [pol] población f grande
— **transformer** n - [weld] transformador m grande
— — **welder** n - [weld] soldadora f transformadora grande
— **transmission line** n - [electr-distrib] línea f principal para transmisión f • [tub] tubería f principal para conducción f
— **turnover** n - [com] cifra f de negocio(s) m alta

large underpass n - [roads] paso m inferior grande
— **variation** n - variación f grande
— **variety** n - variedad f amplia
— **voltage drop** n - [electr-distrib] caída f grande en voltaje m
— — **fluctuation** n - [electr-distrib] fluctuación f grande en voltaje m
— **volume** n - volumen m grande • [hydr] caudal m grande
— — **blast** n - [metal-prod] caudal m alto de viento m
— **water body** n - [geogr] cuerpo m de agua m grande
— **weld** n - [weld] soldadura f grande
— **welder** n - [weld] soldadora f grande
— **welding lead** n - [weld] conductor m grande para soldadura f
— **weldment** n - [weld] pieza f, or estructura f, soldada grande; conjunto m soldado grande
— — **inspection** n - [weld] inspección f de pieza(s) f soldada(s) grande(s)
— **window** n - [constr] ventanal m
— **wire** n - [wire] alambre m con diámetro m grande
— — **drawer** n - [wiredrwng] trefilador m grande
— — **rope** n - [cabl] cable m grueso de alambre
— — — **end** n - [cabl] extremo m de cable m (de alambre m) grueso
— — **Twinarc weld(ing)** n - [weld] soldadura f (Twinarc) con arco(s) m gemelo(s) con electrodo(s) m grueso(s)
— **wood member** n - [constr] madero m grande
— **work category** n - [managm] categoría f de trabajo m, grande, or amplia
— **wrench** n - [tools] llave f (para tuercas f) grande
larger a - mayor; más grande
— **amount** n - [legal] mayor cuantía f
— **batch** n - [ind] partida f mayor
— **bead** n - [weld] cordón m, mayor, or más grande
— **bevel angle** n - [weld] ángulo m mayor en chaflán m
— **boom section** n - [cranes] sección f mayor para aguilón m
— **capital** n - [fin] capital m mayor
— — **investment** n - [fin] inversión f mayor de capital m
— **casting** n - [metal-prod] pieza f fundida, or fundición f, mayor
— **category** n - categoría f mayor
— **chain** n - [chains] cadena f, más grande, or mayor
— **copper wire** n - [metal-wire] alambre m de cobre m con diámetro m mayor
— **corrugated pipe** n - [tub] tubo m corrugado, or tubería f corrugada, con diámetro m mayor
— **corrugation(s)** n - [mech] corrugación(es) f mayor(es)
— **crane** n - [cranes] grúa f mayor
— **defect** n - defecto m mayor
— **diameter** n - diámetro m mayor
— — **pile** n - [constr-pil] pilote m con diámetro m mayor
— — **pipe** n - [tub] tubería f con diámetro m mayor
— — — **pile** n - [constr-pil] pilote m tubular con diámetro m mayor
— — **rod** n - [metal-roll] varilla f con diámetro m mayor
— **droplet** n - gotita f mayor
— **dynamism** n - [econ] dinamismo m mayor
— **entrained particle** n - [environm] partícula f (con tamaño m) mayor arrastrada
— **fitting** n - [tub] accesorio m mayor
— **flat dimension** n - medida f plana mayor
— **footprint** n - [autom-tires] huella f, or impresión f, mayor
— **forging** n - [metal-prod] pieza f forjada, or

larger grip

    forjadura f, mayor, or más grande
larger grip n - [mech] mordedura f mayor
— **included angle** n - [weld] ángulo m incluido mayor
— **investment** n - [fin] inversión f mayor
— **leg** n - [weld] superficie f de fusión f, or cateto m, mayor
— **load** n - carga f mayor
— — **bearing surface** n - [mech] superficie f mayor para, portar, or porte m, de carga(s) f
— **luminaire** n - [electr-illumin] artefacto m mayor para alumbrado m
— **machine** n - [mech] máquina f mayor
— **model** n - modelo m, mayor, or más grande
— **of two** adv - mayor (de dos m)
— — — **legs** n - [weld] mayor de dos catetos m
— **opening** n - [mech] abertura f mayor
— **pile** n - pila f mayor • [constr-pil] pilote m mayor
— **pipe** n - [tub] tubo m, or tubería f, mayor
— — **pile** n - [constr-pil] pilote m tubular mayor
— **puddle** n - [weld] cráter mayor
— **quantity** n - cantidad f mayor • [legal] cuantía, f mayor
— **registered capital** n - [fin] capital m registrado mayor
— **rod size** n - [wiredrwng] diámetro m mayor de varilla f
— **root spacing** n - [weld] separación f mayor en raíz f
— **rope** n - [cabl] soga f, or cuerda f, más gruesa • cable m más grueso
— — **core** n - [cabl] alma m más gruesa para cable m
— **section** n - sección f mayor
— **share** n - proporción f mayor
— **size** n - tamaño m mayor • diámetro m mayor | a - (con tamaño m) mayor; más grande • con diámetro m mayor (de . . .)
— — **electrode** n - [weld] electrodo m con diámetro mayor
— — **material(s)** n - material(es) m de tamaño m mayor
— — **rod** n - [metal-roll] varilla f con diámetro m mayor
— **spacer** n - [mech] separador m mayor
— **spacing** n - separación f mayor
— **stress** n - [mech] esfuerzo m mayor • [hydr] curso m de agua m mayor
— **structure** n - [constr] estructura f, mayor, or más grande, or más amplia
— **town** n - [pol] población f mayor
— **transformer** n - [weld] transformador m mayor
— **volume** n - volumen m mayor • [hydr] caudal m, or volumen m, mayor
— **weld** n - soldadura f, mayor, or más grande • cordón m, mayor, or más grande
— **welder** n - [weld] soldadora f mayor
— **wire** n - [weld] alambre m con diámetro mayor
— — **drawer** n - [wiredrwng] trefilador m mayor
— **work category** n - categoría f de trabajo mayor
largest n - mayor m/f | adv - mayor
— **arc welding electrode(s) manufacturer** n - [weld] fabricante m mayor de electrodo(s) m para soldadura f por arco m
— — — **equipment manufacturer** n - [weld] fabricante m mayor de equipo m para soldadura f por arco m
— **availability** n - disponibilidad f mayor
— **builder** n - [const] constructor m mayor • [ind] fabricante m mayor
— **capacity** n - capacidad f mayor
— — **crane** n - [cranes] grúa f con capacidad f mayor
— **category** n - categoría f mayor
— **crane** n - [cranes] grúa f mayor
— **dimension** n - medida f mayor
— **electrode(s) manufacturer** n - [weld] fabricante m mayor de electrodo(s) m

    - 948 -

largest equipment manufacturer n - [ind] fabricante m mayor de equipo(s) m
— **flat dimension** n - medida f plana, mayor, or máxima
— **increase** n - aumento m mayor
— **inside dimension** n - medida f interior, máxima, or mayor
— **launch(ing)** n - [com] presentación f mayor • [naut] botadura f mayor
— **manufacturer** n - [ind] fabricante m mayor
— **outside dimension** n - medida f exterior, máxima, or mayor
— **part** n - [mech] pieza f más voluminosa
— — **measurement** n - medida f, or dimensión f, de pieza f más voluminosa
— **producer** n - [ind] fabricante m, or productor m, mayor
— **reason** n - razón f, mayor, or principal
— **section** n - sección f mayor
— **single load** n - [electr-oper] carga f única, máxima, or mayor
— **surface increase** n - aumento m mayor en superficie f
— **variety** n - variedad f, mayor, or más amplia
— **welding equipment manufacturer** n - [weld] fabricante m mayor de equipo(s) m para soldadura f
— **work category** n - categoría f de trabajo m mayor
larry n - [metal-prod] see **larry car**
— **car** n - [metal-prod] vagoneta f autovolcadora; (vagón m) distribuidor m
— — **floor** n - [metal-prod] piso m para (vagón m) distribuidor m
— — **scale(s)** n - [metal-prod] báscula f, para, or de, (vagón m) distribuidor m
— — **track** n - [metal-prod] vía f para (vagón m) distribuidor m
— **floor** n - see **larry car floor**
— **scale** n - see **larry car scale**
— **track** n - see **larry car track**
laser n - see **laser beam(s)**
— **beam** n - [electron] haz m, or rayo m, laser
— — **(s) application** n - [electron] aplicación f de rayo(s) m laser
— — **weld(ing)** n - [weld] soldadura f con, haz m, or rayo(s) m, laser
— **experience** n - [electron] experiencia f con rayo(s) m laser
— **research** n - [electron] investigación f de rayo(s) m laser
— **technology** n - [electron] tecnología f de rayo(s) m laser
lash n - . . . | v - . . .; castigar • [fam] verberar • [transp] trincar
lashed a - castigado,da; azotado,da • [fam] verberado,da • [transp] trincado,da
— **goods** n - [transp] mercadería f trincada
— **merchandise** n - [transp] mercadería f trincada
lashing n - castigo m • [fam] verberación f
last a - . . . . • anterior • extremo,ma | v - durar; aguantar; resistir
— **bead** n - [weld] cordón m, último, or final
— **billet** n - [metal-roll] palanquilla f última
— **bloom** n - [metal-roll] tocho m último
— **command condition** n - [comput] condición f, or estado m, de órden f última, or de mandato m último
— **commanded condition** n - [comput] condición f última, ordenada, or mandada; estado m último, ordenado, or mandado
— **date** n - fecha f última
— **edition** n - [print] edición f última
— **evening** n - velada f última
— **fiscal year** n - [accntg] ejercicio m (financiero) último
— **foreseen payment** n - [fin] pago m último previsto
— **forever** v - durar para siempre
— **half** n - mitad f última

last hour n - hora f última
— **in first out** a - [accntg] L I F O
— — **last out** n - [accntg] L I L O
— **ingot** n - [metal-roll] lingote m último
— **inspection** n - inspección f, or verificación f, última
— **lap** n - [sports] etapa f, or vuelta, final, or última
— **layer** n - capa f, or camada f, final, or última
— **line** n - línea f última
— **minute check(ing)** n - comprobación f, or verificación f, final
— **month** n - [chronol] mes m, último, or pasado
— **name** n - [social] apellido m
— **note** n - nota f última
— **pass** n - [metal-roll] pasada f final • [weld] pasada f para cierre m
— **payment** n - [fin] pago m, último, or final
— **phase** n - fase f, última, or final
— **preliminary analysis** n - [metal-prod] análisis preliminar, último, or final
— **publication** n - [print] publicación f última
— **reline** n - [metal-prod] reconstrucción f última
— **resort** n - recurso m último
— **season** n - [chronol] temporada f última
— **section** n - sección f, última, or terminal
— **semester** n - semestre m, último, or final
— **stage** n - etapa f, última, or final • postrimería(s) f
— **storm** n - [meteorol] tormenta f última
— **test** n - ensayo m, último, or final
— **time** n - vez f última • vez f anterior
— **visual inspection** n - inspección f visual última
— **weld** f - soldadura f, última, or final
— **word** n - palabra f, última, or final
— **year** n - año m, pasado, or anterior
lasting a - . . .; prolongado,da; durativo,va
— **adherence** n - adhesión f duradera
— **result(s)** n - resultado(s) m duradero(s)
— — **assurance** n - seguridad f de resultado(s) m duradero(s)
— **service** n - servicio m, duradero, or prolongado
— **twelve days** a - duodenario,ria
— **twenty years** a - veintenal
lastingly adv - duraderamente
latch n - [mech] . . .; pestillo m; enganche n; seguro m; tope m para cerrojo m • trinquete m • [comput] retenedor m | v - [mech] enganchar; fijar; sujetar; asegurar ; echar cierre
— **arm** n - [mech] brazo m para pestillo m
— **detail** n - [mech] detalle m de pestillo m
— **easily** v - [mech] enganchar fácilmente
— **jack** n - [petrol] pescacuchara(s) m; pescador m con, cerrojo m, or garra f
— **magnetically** v - retener, or sujetar, magnéticamente
— **pin** n - [mech] pasador m, or pestillo m, para pestillo m, or con, pestillo m, or cerrojo
— **plunger** n - [mech] émbolo m para pestillo m; pestillo m para cerrojo m
— **@ relay** v - [electron] retener, or sujetar, relé m
— **spring** n - [mech] resorte m para pestillo m
— — **lever** n - [mech] gacheta f
— — **tooth** n - [mech] gacheta f
— **stop** n - [mech] tope m para cerrojo m
— **type** n - [mech] tipo m, de, or con, pestillo
latched a - [mech] enganchado,da; fijado,da • tener, or estar, enganchado picaporte m
— **function** n - [comput] función f, retenida, or sujetada
— — **control relay** n - [comput] relé m para control m para función f, sujetada, or retenida, magnéticamente
— — **latched** a - [comput] fijado,da, or sujetado,da magnéticamente
— — **output function** n - [comput] función f, retenida, or sujetada, para salida f
— **latched relay** n - [electron] relé, retenido, or sujetado
latching n - [mech] enganche m; fijación f; sujeción f • [comput] retención f
— **device** n - [mech] dispositivo m para enganche
— **pin** n - [mech] pasador m para, fijación f, or cierre m
— **relay** n - [comput] relé m, para fijación f, or con pestillo m
— **type** n - [mech] tipo m, enganchador, or trabador | a - [mech] de tipo m, enganchador, or trabador
— — **load binder** n - [transp] afianzadora f para carga(s) f de tipo m enganchador
latchless a - [mech] sin picaporte m
late a - . . .; rezagado,da • en postrimería(s) f | [adv] . . . • frescamente
— **development** n - creación f, or evolución f, reciente
— **fall** n - [meteorol] postrimería(s) f de otoño m - tarde en otoño m
— — **weather** n - [meteorol] tiempo m en postrimería(s) f de otoño m
— **improvement** n - mejora f reciente
— **in @ contest** adv - [sports] a fin(es) m de carrera f
— — **@ race** adv - [sports] tarde en, or hacia fines, or en postrimería(s) f, de carrera f
— **model** n - modelo m, reciente, or último | a - último,ma
— — **axle** n - [autom-mech] eje m, or árbol m, de modelo m reciente
— — **combine** n - [agric] segadora f trilladora, or cosechadora f, de modelo m reciente
— **providing** n - provisión f tardía
— **technique** n - [ind] técnica f reciente
— **style** n - estilo m reciente • tipo m actual
— — **shift unit** n - [autom-mech] dispositivo m para cambio(s) de tipo m, actual, or reciente
— — — — **assembly** n - [autom-mech] conjunto m de dispositivo m para cambio(s) m de tipo m, actual, or reciente
— — — **unit** n - [autom-mech] dispositivo m de tipo m, actual, or reciente
lateness n - . . . .; atraso m
latent heat n - calor m latente
— — **vaporization** n - calor m latente por vaporización f
later adv - . . .; posterior(mente); más adelante • [print] más abajo
— **amendment** n - [legal] enmienda f, or reforma f, posterior
— **change** n - cambio m posterior • [legal] reforma f posterior
— **check(ing)** n - comprobación f posterior
— **clarification** n - aclaración f posterior
— **contract amendment** n - [legal] enmienda f, or reforma f, posterior de contrato m
— — **change** n - [legal] cambio m, or reforma f, posterior de contrato
— **delivery** n - entrega f posterior
— **expansion** n - expansión f posterior
— **finishing** n - [mech] retoque m posterior
— **installation** n - instalación f posterior
— **on** adv - en futuro m; más adelante
— **pass** n - [weld] pasada f posterior
— **proof** n - prueba f posterior
— **rust(ing)** n - oxidación f posterior
— **session** n - sesión f posterior
— **shipment** n - [transp] embarque m, or envío m, posterior
— **stidy** n - estudio m posterior
— **treatment** n - tratamiento m, posterior, or ulterior
lateral n - lateral f • [tub] ramal m; bifurcación f; conducto m lateral | a - . . . .
— **acceleration** n - aceleración f lateral; also see **cornering power**
— — **monitoring** n - [autom] verificación f, or comporobación f, de aceleración f lateral

lateral arm n - [mech] brazo m lateral
— **burner** n - [combust] quemador m lateral
— **conduit** n - [tub] conducto m lateral • conducto m secundario
— **confinement** n - [soils] confinamiento m lateral
— — **pressure** n - [soils] presión f, lateral de confinamiento m, or de confinamiento m lateral
— **confining** n - see **lateral confinement**
— **connection** n - [constr] conexión f lateral
— **crane thrust** n - [cranes] empuje m lateral de grúa f
— **deflection** n - flecha f lateral • [constr] deformación f lateral
— — **control** n - [constr] gobierno m de deformación f lateral
— **drainage structure** n - [hydr] estructura f lateral para drenaje m
— **force** n - [constr] esfuerzo m, or empuje m, lateral • fuerza f lateral
— **fuel oil burner** n - [combust] quemador m lateral para fuel oil m
— **gas burner** n - [combust] quemador m lateral para gas m
— **girder** n - [constr] viga f (maestra) lateral
— **hearth movement** n - [metal-prod] movimiento m lateral de, hogar m, or crisol m
— **gravity** n - gravitación f lateral
— **groove** n - ranura f lateral
— **insert** n - [mech] inserción f, or suplemento m lateral
— **load** n - [constr-pil] carga f lateral
— **motion** n - movimiento m lateral • oscilación f lateral
— **movement** n - movimiento m lateral
— **pressure** n - presión f lateral
— **rigidity** n - rigidez f lateral
— **shoulder groove** n - [autom-tires] ranura f lateral en borde m de banda f para rodamiento
— **slope** n - declive m lateral
— **stability** n - estabilidad f lateral
— **strength** n - [constr] resistencia f lateral
— **structure** n - [constr] estructura f lateral
— **stub** n - [tub] muñón m para empalme m
— **shift(ing)** n - desplazamiento m lateral
— **thrust** n - [constr] empuje m lateral
laterite n - [geol] . . .; tierra f laterítica | a - [geol] laterítico,ca
latest a - . . . .; actualizado,da; fresco,da | adv - más reciente
— **development** n - creación f, más reciente, or recentísimo
— **edition** n - [print] edición f última
— **improvement** n - mejora f más reciente
— **installation** n - instalación f más reciente
— **modification** n - modificación f más reciente
— **revised text** n - [print] texto n actualizado
— **revision** n - revisión f última; actualización f | a - actualizado,da
— **technique** n - [ind] técnica f, última, or (más), reciente, or actualizada
— **type** n - tipo m más reciente
latex cement n - [constr] cemento m de látex
— — **field coating** n - [constr] recubrimiento m en obra f con cemento m de látex m
— — **shop coating** n - [constr] recubrimiento m en taller m con cemento m de látex
— **coating** n - recubrimiento m con látex m
— **field coating** n - recubrimiento m en obra f con látex
— **shop coating** n - recubrimiento m en taller m con látex
lath n - [constr] . . .; ripia f • metal desplegado
lathe n - [tools] . . . | v - [tools] tornear; ripar
— **back rest** n - [tools] soporte m posterior en torno m
— **bed** n - [tools-lathe] bancada f para torno m
— — **frame** n - [tools-lathe] (armazón m para) bancada f para torno m

lathe bench n - [tools-lathe] bancada f para torno m
— — **dimension(s)** n - [tools-lathe] medida(s) f de bancada f para torno m
— **bored** a - [mech] alesado,da en torno m
— **boring** n - [mech] alesado m en torno m
— **center** n - [tools-lathe] punta f de torno m
— **chuck** n - [tools-lathe] mandril m, or plato m, para torno m
— **dead center** n - [tools-lathe] punta f fija en torno m
— **feed screw** n - [tools-lathe] husillo m para torno m
— **headstock** n - [tools-lathe] cabezal m para torno m
— **live center** n - [tools-lathe] punta f, movible, or para mandril m, para torno m
— **manufacturer** n - [tools-lathe] fabricante m de torno(s) m • tornero m
— **monoblock bed frame** n - [tools-lathe] bancada f, monobloque, or enteriza, para torno m
— **operator** n - [mech] tornero m; torneador m; operador m para torno m; personal m tornero
— **shear** n - [tools-lathe] corredera f para banco m para torno m
— **shop** n - [mech] tornería f; taller con tornos
— **spindle nose** n - [tools-lathe] boca f de husillo m para torno m
— **threading rod** n - [tools-lathe] barra f para roscar para torno m
lathed a - [mech] torneado,da
lathing n - [mech] torneadura f | a - [mech] torneador,ra; tornante
latheman n - [mech] see **lathe operator**
lather n - . . . . - [mech] see **lathe operator**
Latin America n - [geogr] América f Latina; Iberoamérica | a - [geogr] latinoamericano,na; iberoamericano,na
— **American country** n - [geogr] país m, latinoamericano, or iberoamericano
— — **Free Trade Association** n - Asociación f Latinoamericana de Libre Comercio m; A L A L C
— — **Iron and Steel Institute** n - [metal-prod] Instituto Latinoamericano para Fierro y Acero
— — **nation** n - [geogr] nación f, latinoamericana, or iberamericana; país m, latinoamericano, or iberamericano
— — **output** n - [econ] producción f, latinoamericana, or iberamericana, or de América f Latina
— — **production** n - [econ] producción f (de) América f Latina
— — **Refractories Manufacturers Association** n - Asociación f (Latinoamericana) de Fabricantes m de Refractarios (Latinoamericanos)
latter a - . . . . • final • último (de varios) • éste
— **configuration** m - configuración f última
— **part** n - parte f final
— **procedure** n - procedimiento m último
lattice n - celosía f; enrejado m | v - enrejar
— **beam** n - [constr] see **lattice girder**
— **column** n - [constr] pilar m de celosía f
— **frame** n - [constr] marco m, or bastidor m, enrejado, or con celosía f
— **girder** n - [constr] viga f con, alma m abierta, or celosía; viga f, calada, or reticulada; armadura f, abierta, or con celosía f
— **jib** n - [cranes] pescante m con celosía f
— **type** n - tipo m con, celosía f, or enrejado | a - [mech] de tipo m con celosía f
— — **boom** n - [cranes] aguilón m de tipo m con celosía f
latticed a - enrejado,da
latticework n - [mech] celosía f
laughability n - risibilidad f
laughably adv - risiblemente
launch n . . . . • [com] presentación f | v - . . . . • [com] presentarl lanzar
launched a - lanzado,da • [com] presentado,da; [naut] botado,da

launching n - . . . . • [com] presentación f
— **way** n - [naut] . . .; varadero m
launder n - [miner] artesa f; batea f | v - . . .; lavar
— @ **clothing** v - [domest] lavar ropa f
laundered a - [vest] lavado,da
— **clothing** n - [domest] ropa f lavada
laundering n - [domest] lavado m
— **basket** n - [domest] cesta f para, lavado m, or ropa f
— **effect(s)** n - [domest] efecto(s) de lavado m
— **sink** n - [domest] fregadero m
lauric sulfate n - [chem] sulfato m láurico
lavabo n - [domest] . . .; lavatorio m
law n - [legal] . . . . • legislación f; reglamentación f; ordenamiento m
— **combination** n - fuero m
— **compliance** n - [legal] cumplimiento m con ley
— **enforcement agency** n - [pol] oficina f policial
— **implementation** n - [legal] reglamentación f de ley f
— **matter(s)** n - [legal] asunto(s) m legal(es)
— **on insurance contract(s)** n - [insur] ley f sobre contrato(s) m sobre seguro(s)
— **operation** n - [legal] aplicación f de ley f
— **(s) provision(s)** n - [legal] disposición f de ley f
— **(s) ruling(s)** n - [legal] disposición(es) f, or reglamentación f, de ley f
— **act** n - [legal] acto m, legal, or legítimo
— **activity** n - [legal] actividad f legítima
— **local currency** n - [fin] moneda f legal local
— — — **deposit** n - [fin] depósito m, de moneda f legal local, or legal en moneda f local
— **purchase** n - [com] compra f, legal, or legítima
lawn n - . . .; gramilla f
— **chair** n - [domest] silla f para patio m
— **covered** a - encespedado,da
— **food** n - [agric] alimento m para césped m
— **mower** n - [agric] cortadora f para césped m
lawny a - . . .; encespedado,da
lawyer n - [legal] . . .; jurista m
—**(s) clerk** n - [legal] pasante m en leyes f
lay a - [cabl] corchado m; trenzado m; retorcido m • lego,ga; laico,ca • neto,ta | v - [cabl] corchar; trenzar • [constr] colocar; tender
— **alternately** v - [cabl] trenzar alternadamente
— — **around** @ **fiber cord** v - [cabl] trenzar alternadamente alrededor de alma m de fibra f
— **around** v - holgar
— **barge** n - [petrol] gabarra f tiendetubo(s)
— @ **bead** v - [seld] colocar cordón m
— @ **brick(s)** v - [constr] frogar
— @ **chain** v - [chains] extender cadena f
— @ **chain straight(la)** v - [chains] extender cadena f en forma f, plana, or recta
— **direction** n - [cabl] dirección f, or sentido m, de,m trenzado m, or corchado m
— **day** n - [transp] día m, or tiempo m, para descarga f
— — **statement** n - [transp] planilla f (de tiempo m) para descarga f
— **direction** n - [cabl] dirección f, or sentido m, para, trenzado, or corchado m, or torcido
lay down v - acostar; depositar; colocar; poner; colocar, or poner, en posición f horizontal
— **head** n - [cabl] cabezal m para, trenzar, or corchar
— **length** n - [cabl] paso m de cable m
— @ **line** n - [tub] distribuir sección(es) f
—, **line and join** v - [tub] tendido m, alineación f, y empalme m | v - [cabl] tender, alinear y, empalmar, or conectar
— **down** @ **torch** v - [weld] depositar, or colocar, antorcha f, or soplete
— **in** @ **trough** v - [tub] extender en canaleta f
— **into** @ **rope(s)** v - [cabl] trenzar en, cables m, or cabo(s) m
— — **strand(s)** v -cabl] trenzar en cordón(es) m

lay into @ **wire rope(s)** v - [cabl] trenzar en cable(s) m (de alambre m)
— **off** n - [labor] cesantía f; despido m,. suspensión f | v - [labor] suspender
— **out** n - distribución f | v - aparejar • extender (sobre suelo m) • trazar
— — **straight** v - extender (sobre suelo m)
— @ **pipe(s)** v - [tub] tender, or colocar, tubo(s) m, or tubería f
— **plate** n - [cabl] cabezal m para, trenzar, or corchar
— **shaft** n - [mech] eje m secundario
— @ **sheet** v - [mech] colocar, chapa f, or lámina f
— **tightly** v - [constr] colocar ajustadamente
— — **together** v [constr] colocar ajustadamente
— @ **tile(s)** v - [constr] enlosar
— **time** n - [transp] tiempo m de estadía f
— **twist** n - [cabl] torcido m; trenzado m
— **up** v - acumular; juntar
— **waste** v - yermar
— @ **weld bead** v - [weld] colocar cordón m de soldadura f
— **rate** n - [constr] ritmo m de colocación f
layer n - . . .; camada f • colchón m; manto m; hilada f; hilera f • [weld] capa f de soldadura f; cordon m - [cabl] máquina f, trenzadora, or corchadora • [geol] manto m; capa f
— **charge** n - [ind] carga f por capa(s) f
— **impregnation** n - [electr-cond] impregnación f de capa f
— **interchange** n - [geol] intercambio m entre capa(s) f
— — **relationship** n - [geol] relación f de intercambio m entre capa(s) f
— **upon layer** adv - capa f sobre capa f • [weld] cordón m sobre cordón m
layered mock up n - [weld] modelo m con capa(s)
laying n - . . .; instalación f; tendido m • [cabl] trenzado m; trenzado m
— **out** n - [constr] replanteamiento m
— **speed** n - rapidez f para tendido m
layout n - distribución f; trazado m; disposición f; instalación f; planta f; esquema b • formato m • planta f para ubicación f | v - [constr] replantear
— **drawing** n - [drwng] plano m, de planta f, para, distribución f, or ubicación f
— **man** n - [constr] replanteador m; trazador m; proyectista m; diseñador m
— **table** n - [drwng] mesa f para trazado m
lazily adv - . . .; ociosamente • flojamente
laziness n - . . .; zanganería f • flojedad f
lazy a - . . .; flojo,ja; follón,na; vilordo,da
lb n - [metric] see **pound**
leached a - [chem] lixiviado,da
— **material** n - material m lixiviado
lead n - . . . | v - emplomar • [print] espaciar; regletear | a - plomizo,za; con plomo
lead n - . . .; vanguardia f; cabeza f; posición f, primera, or de puntero m • [electr-cond] cable m; conductor n; cable m para, entrada f, or aportación f • circuito m; cordón m • [electr-phases] avance m • (rail) vía f para acceso m • [constr-pil] guía f; guiadera f • [print] regleta f • [weld] cable m a(porta)electrodo m; chicote* m • [sports] ventaja f • [transp] distancia f para acarreo m - [steam] admisión f | a - puntero,ra | v - dirigir; guiar; conducir; llevar • [sports] encabezar; puntear*; ir a, cabeza f, or vanguardia f; ser puntero,ra
— **acetate** n - [chem] acetato m de plomo m
— **acid battery** n- [electr] acumulador m, or pila f, con plomo m y ácido m
—— **cell** n - [electr-prod] pila f (ácida) con plomo m
— **alloy** n - [metal-prod] aleación f con plomo
— **alloying** n - [metal] aleación f con plomo m
— **and connector assembly** n - [weld] conjunto m de conductor m y conectador m

lead and tin alloy

lead and tin alloy n - aleación f con plomo y estaño m; terne* m
— **angle** n - [weld] ángulo m (de sentido m) para avance m
— **arc** n - [weld] arco m, delantero, or primero, or principal
— **(s) arrangement** n - [electr-instal] disposición f de conductor(es) m
— **(s) assembly** n - [electr-cond] conjunto m de conductor(es) m
— **astray** v - descaminar; perder
— **attachment** n - [electr-instal] conexión f de conductor m
— **block** n - [weld] placa f para conexion(es) f • escudete m; pantalla f
— **break(ing)** n - [weld] rotura f de conductor m
— **breaker** n - [electr-instal] interruptor m para conductor m
— **building** n - [sports] logro m de ventaja f
— **calcium battery** n - [electr-prod] acumulador m, or batería f, or pila f, de tipo m con plomo m y calcio m
— **carbon** n - [weld] electrodo m de carbono m para guía f
lead casing n - [electr-cond] vaina f, or envoltura f, de plomo m
— **check(ing)** n - [electr-instal] verificación f, or comprobación f, de conductor m
— **chromate** n - [chem] cromato m de plomo m
— **clamp** n - [electr-instal] sujetador m para conductor(es) m
— **clip** n - [electr-instal] mordaza f de plomo m • sujetador m para conductor m
— **closing** n - [electr-instal] conexión f de conductor m
— **coated** a - [metal-treat] emplomado,da; recubierto,ta con plomo m
— — **steel** n - [metal-treat] acero m emplomado
— **coating** n - [metal-treat] recubrimiento m con plomo m; emplomadura f
— **code** n - [electr-cond] código m para conductor(es) m
— **coding** n - [electr-cond] código m para conductor(es) m
— **color** n - [electr-cond] color m de conductor(es) m
— — **code** n - [electr-cond] código m de color(es) m para conductor(es) m
— — **coding** n - [electr-cond] código m de color(es) m para conductor(es) m; identificación f de conductor(es) m mediante color(es)
— **comfortably** v - [sports] llevar delantera f cómoda
— **connection** n - [electr-instal] conexión f para conductor m
— — **screw** n - [electr-instal] tornillo m para conexión f de conductor(es) m
— — **terminal strip** n - [electr-instal] panel m con borne(s) m para conexión f de conductor
. . . **lead connection** n - [electr-instal] conexión f para . . . conductor(es) m
. . . — **control cable** n - [electr-instal] cable m con . . . circuito(s) para regulación f
— **covered** a - [electr-cond] bajo plomo m
— — **cable** n - [telecom-cond] cable m, bajo, or con cubierta f de, plomo m
— — **paper insulation** n - [electr-cond] aislación f con papel m bajo plomo m
— **(s) crossover** n - [electr-instal] cruce m de conductor(es) m
— **current density** n - [electr-distrib] densidad f de corriente f en conductor(es) m
— **deposit** n - [electr-oper] depósito m, or aportación f, de plomo • [miner] yacimiento m de plomo m
— , **disconnecting**, or **disconnection** n - [electr-instal] desconexión f de conductor m
— **edge** n - [mech] borde m anterior
— **effectively** v - conducir, eficazmente, or eficientemente
— **end** n - extremo m delantero • [electr-instal] extremo m de conductor m
lead end clip n - [weld] mordaza f para extremo m de conductor m
— **flashing** n - [constr] tapajunta f de plomo m
— **from** n - [electr-instal] conductor m desde
— — **coil inside turn** n - [electr-instal] conductor m desde espira f interior de, devanado m, or bobina f
— — **outisde turn** n - [electr-instal] conductor m desde espira f exterior de, devanado m, or bobina f
— — @ **contactor** n - [electr-instal] conductor desde interruptor m automático
— — @ **master switch** n - [electr-instal] conductor m desde interruptor m principal
— — @ **pilot relay** n - [electr-instal] conductor m desde relé m piloto
— — @ **pushbutton** n - [electr-instal] conductor m desde botonera f
— — @ **shunt coil inside turn** n - [electr-inst] conductor m desde espira f interior de, devanado, or bobina f, para derivación f
— — @ — **outside turn** n - [electr-instal] conductor m desde espira f exterior de, devanado m, or bobina f, para derivación f
— — @ **switch** n - [electr-instal] conductor m desde interruptor m
— — @ **wire feeder** n - [weld] conductor m desde alimentador m para alambre m
— **grommet** n - [electr-instal] guardaojal, or arandela f aisladora, para conductor • guardaojal m de plomo m
— **harness** n - [electr-mot] mazo m de conductore(s) m
lead head n - [nails] cabeza f de plomo m
— — (ed) **barbed nail** n - [nails] clavo m escamado con cabeza f de plomo m
— — (ed) **galvanized nail** n - [nails] clavo m galvanizado con cabeza f de plomo m
— — (ed) **nail** n - [nails] clavo m con cabeza f de plomo m
— **headed** a - [nails] con cabeza f de plomo m
— **hole** n - [mech] agujero m, or orificio m, para, conductor(es) m, or guía f
— **in** n - entrada f | a - para entrada f
— — **tube** n - tubo m para entrada f
— **insulated section** n - [electr-cond] sección f, aislada, or con aislación f, de conductor
— **insulating** n - [electr-cond] aislación f de conductor(es) m
— — **panel** n - [electr-instal] panel m para aislación f de conductor(es) m • panel m de plomo m para aislación f
— **insulation** n - [electr-cond] aislación f para conductor(es) m
— — **block** n - [electr-instal] bloque m aislante para conductor(es) m
— **ladle** n - [metal-prod] cazo m para plomo m
— **length** n - [electr-instal] largo(r) m, or longitud f, de, cable m, or conductor m
— **line** n - [cabl] cable m para ataque m • [petrol] tubería f para bomba f a depósito m | v - revestir con plomo m
— **lined** a - revestido,da, or con revestimiento m, de plomo m
— **lining** n - revestimiento m, de, or con, plomo
— **makeup** n - [constr-pil] armado m de guías f
— **nearest** @ **fan** n - [weld] conductor m más próximo a ventilador m
— **opening** n - [electr-instal] desconexión f de conductor m
— **ore** n - [miner] galena f; mineral m de plomo
— **panel** n - [electr-instal] panel m para conductor(es) • [mech] panel m de plomo m
— **pencil** n - lápiz m con, grafito m, or plomo m • lápiz m con mina f
— **pipe** n - [tub] tubo m, or tubería f, de plomo
— **plate** n - [metal-prod] plancha f de plomo m | v - emplomar; recubrir, or echapar, con plomo
— **plated** a - emplomado,da; recubierto,ta, or plancheado,da, or revestido,da, or enchapa-

do,da, con plomo m
lead plated steel n - [metal-treat] acero m, emplomado, or enchapado con plomo n
— — — **weld(ing)** n - [weld] soldadura f de acero m, emplomado, or enchapado con plomo m
— — **tank** n - [int.comb] depósito m, revestido, or plancheado, or enchapado, con plomo m
— **plating** n - [metal-treat] emplomadura f; recubrimiento m, or enchapado m, con plomo m
— **plug** n - [weld] enchufe m para conductor m
— **reconnection** n - [electr-instal] reconexión f de conductor m
— **removal** n - [electr-instal] desconexión f, or remoción f, or saca f, de conductor m
— — **from @ terminal** n - remoción f, or saca f, de conductor m. de borne m
— **removed from @ terminal** n - [electr-instal] conductor m, quitado, or sacado, de borne m
— **repair(ing)** n - [electr-instal] reparación f de conductor m
— **replacement** n - [electr-instal] reemplazo m para conductor m
— **replacing** n - [electr-instal] reemplazo f de conductor m
— **retaining** b - [sports] retención f de posición f primera
—(s) **reversion** n - [electr-instal] inversión f de conductor(es) m
— **roll** n - [weld] rodillo m para guía f
— **screw** n - [mech] tornillo m principoal • m - tornillo m para avance m • [tools-lathes] tornillo m principal
— **seal** n - [electr-instal] sello m para conductor m • sello m de plomo m
— **sealant** n - sellador m de plomo m
— **sheath** n - [electr-cond] vaina f de plomo m
— — **alloy** n - [electr-cond] aleación f para vaina f de plomo m
— — **thickness** n - [electr-cond] espesor m de vaina f de plomo m
— **sheathed** a - [electr-cond] con vaina f de plomo m
— — **cable** n - [electr-cond] cable m con vaina f de plomo m
— **sheathing** n - vaina f de plomo m
— **shield** n - [electr-instal] defensa f para conductor m • [weld] escudete m; pantalla f; escudo m, or blindaje m, or pantalla f, de plomo m
— **shortcircuiting** m - [electr-instal] causación f de corto circuito m en conductor m
— **shorting** n - [electr-instal] causación f de corto circuito m en conductor m
— **sleeve** n - [electr-instal] manga f de plomo m
— **solidifying** n - [sports] aseguramiento m de posición f de puntero m
— **steel** n - [metal-prod] acero m con plomo m
— **strip** n - [electr-instal] tira f de plomo m
— **tape** n - [mech] cinta f engomada con, or tira f de, plomo m
— **taping** n - [electr-instal] aislación f con cinta f para conductor m
— — **up** n - [electr-instal] aislamiento m, or aislación f, con cinta f
— **tapping** n - [electr-instal] golpeteo m de, or en, conductor m
— **terminal** n - [electr-instal] borne m para conductor m
— — **strip** n - [electr-instal] tira f, or panel m, de borne(s) m para conductor(es) m
— **test driver** n - [autom] corredor m principal para ensayo(s) m
— **through** v - pasar, or conducir, por
— **time** n - [constr] tiempo m para construcción
— **tire test driver** n - [autom-tires] corredor m principal para ensayo(s) m para neumáticos
— **to** n - [electr-instal] conductor a | v - llevar a • originar
— — **believe** v - hacer, creer, or (pre)suponer
— — **@ damage** v - llevar a, or causar, daño(s)
— — **@ electrode stud** n - [weld] conductor m a borne m de electrodo m
lead to @ generator n - [int.comb] cable m a generador m
— — **presuppose** v - hacer presuponer
— — **@ structure** v - [hydr] conducir a estructura f
— — **stud attaching** n - [weld] conexión f de conductor a borne m
— — **suppose** v - hacer suponer
— **track** n - [rails] vía f para acceso m
— **@ travel direction** v - [weld] guiar, dirección f, or sentido m, para avamce m
— **voltage drop** n - [electr-distrib] caída f de voltaje en conductor(es) m
— **@ way** v - guiar • ser puntero; ir adelante
— **wheel** n - [mech] rueda f para guía f
— **wire** n - [electr-instal] (alambre m, or cable m) conductor m
—(s) **assembly** n - [electr-instal] conjunto m de alambre(s) m conductor(es)
— **with @ lug(s)** n - [electr-cond] conductor m con lengüeta(s) f (terminal(es))
leaded a - emplomado,da; con plomo m
— **flange** n - [tub] brida f emplomada
— **gasoline** n - [petrol] gasolina f con plomo m
— **gear oil** n - [lubric] aceite m con plomo m para engranaje(s) m
—**in bolt** n - [mech] perno m emplomado
— **oil** n - [lubric] aceite m con plomo m
— **pipe flange** n - [tub] brida f emplomada para, tubo(s) m, or tubería f
— **plate** n - [metal-roll] plancha f emplomada
— **sheet** n - [metal-treat] lámina f, or chapa f emplomada
— **type gasoline** n - [petrol] gasolina f de tipo m con plomo m
leader n - . . .; director m; encargado m; vanguardia m; puntero m • [labor] oficial m primero; capataz n - [constr] pico m • [cranes] enganchador m • [autom] rueda f motriz • [sports] puntero m
—('s) **firm** n - [com] empresa f de líder m
— **head** n - [constr] pico m para conexión f con tubo m para bajada f
—('s) **orientation** n - [managm] orientación f de líder m
—('s) **self-centered orientation** n - [managm] orientación f egocéntrica de líder m
—('s) **style** n - [managm] estilo m de líder m
leadership n - . . .; liderazgo m; preeminencia f • conducción f | a - preeminente; dirigente; directivo,va; a vanguardia f
— **characteristic** n - [managm] característica f de, liderato m, or liderazgo m, or conducción f, or dirección f
— **evolution** n - [managm] evolución f de, liderato m, or liderazgo, or conducción f, or dirección f
— **kind** n - [managm] clase f de, liderato m, or liderazgo m, or conducción f, or dirección f
— **level** n - [managm] nivel m, dirigente, or directivo
— **management** n - [managm] administración f, directiva, or conductiva
— **position** n - [managm] cargo m directivo • posición f, preeminente, or de vanguardia f
— — **person** n - [labor] persona f en cargo m directivo
— **role** n - [managm] papel m de, líder m, or conductor m
— **skill** n - [managm] habilidad f, directiva, or conductiva
— — **development** n - [managm] desarrollo m de habilidad f, directiva, or conductiva
— **stage** n - [managm] etapa f de, liderazgo m, or liderato, or para, conducción f, or dirección f
— — **characteristic** n - [managm] característica f de etapa f de, liderato m, or liderazgo m. or conducción f, or dirección f
— **style** n - estilo m de, liderato m, or lide-

razgo, or conducción f, or dirección f | a - [managm] de estilo m de, liderato m, or liderazgo m, or conducción f, or dirección f
leading n - conducción f; dirección f | a - destacado,da; principal • de vanguardia f • conductivo,va
— **activity** n - actividad f principal • [managm] actividad f, conductora, or para concucción f
— **arc** n - [weld] arco n, delantero, or primero, or principal
— **car** n - [sports] (automóvil) puntero m
— **chemical company** n - [ind] compañía destacada f para producto(s) m químico(s)
— **comfortably** n - dirección f llevada comodamente
— **company** n - [com] compañía f destacada
— **edge** n - [mech] borde m, delantero, or guía • [constr] borde m, anterior, or para penetración f - [weld] borde m para ataque m
— — **damage** n - daño m a borde m para penetración f
— — — **resistance** n - [constr] resistencia f a daño m en borde m para penetración f
— **function** n - [managm] función f, conductora, or de, conducción f, or dirección f
— — **activity** n - [managm] actividad f de función f conductora
— — **objective** n - [managm] objetivo m de función f conductora
— **hospital** n - [medic] hospital m principal
— **industrial center** n - [ind] centro m industrial, principal, or de vanguardia f
— **management** n - [managm] administración f, de conducción f, or conductora | a - [managm] administrativo,va para conducción f
— — **work** n - [managm] trabajo m administrativo, or función f administrativa, para, conducción f, or dirección f
— **producer** n - [ind] productor m principal
— **publication** n - [print] publicación f (más) destacada
— **supplier** n - [com] proveedor m, or abastecedor m, principal
— **through** n - paso m, or conducción f, por
— — @ **structure** n - [hydr] conducción f a estructura f
— **wheel** n - [rail] rueda f directriz
— **work** n - [managm] trabajo(s) m, or tarea(s) f, para conducción f
leaf n - . . .; lámina f • [metal-prod] cuchara f para moldeador m
— **eating** a - [zool] filófago,ga
— **spring** n - [mech] resorte m con, hoja(s) f, or lámina(s) f
. . . — — n - [mech] elástico m, or resorte m, con . . . , hoja(s) f, or lámina(s) f
— — **break(ing)** n - [mech] rotura f de, resorte m, or elástico n, con, hoja(s), or lámina(s)
leafy foliage n - [botan] frondosidad f
leak n - . . .; filtración f; pérdida f | v - fugar; colar; perder; escapar(se) • [metal-prod] soplar petaca f
— **air** v - perder aire m
— **along @ shaft** n - [mech] fuga f a lo largo f de, árbol m, or eje m
— **around @ edge** n pérdida en borde m | v - fugar periféricamente
— **clamp** n - [petrol] abrazadera f, or grapa f, tapafuga(s)
— **clamp (collar)** n - [petrol] abrazadera f para tapar fuga(s) f
— **detector** n - detector m para fuga(s) f
— @ **drilling fluid** v - [petrol] fugar fluido m para perforación f
— **finding** n - hallazgo, or determinación f, de fuga(s) f
— **a fluid** v - fugar fluido m
— @ **fuel** v - [int.comb] fugar combustible m
— **heavily** v - fugar, mucho, or abundantemente
— **in @ dust catcher blind gate** n - [metal-prod] fuga f en chapona f

leak @ lubricant v - [lubric] fugar lubricante m
— @ **lubricating water** v - fugar agua m para lubricación f
— **(ing) minimization** n - minimización f, or reducción f a mínimo m, de fuga f
— **out** v - fugar; filtrar
— **proof** a - see leakproof
— **repair(ing)** n - reparación f de fuga f
— **test** n - comprobación f de fuga(s) f posible(s) | v - comprobar fuga(s) f posible(s)
— — **cock** n -grifo para, comprobación f, or comprobar, fuga(s) f
— — **procedure** n - procedimiento m para, comprobar, or comprobación f, de fuga f
— — **pushbutton** n - [combust] botón m para, comprobar, or comprobación f de, fuga f
— **tested** a - comprobado,da para fuga(s) f posible(s)
— **testing** n - ensayo m, or comprobación f de fuga(s) f posible(s)
— — **soap** n - jabón m para, ensayo(s) m para, or comprobación f de, fuga(s) f
— **through** v - escapar, por, or a través de
— @ **surface** v - escapar por superficie f
— **to @ atmosphere** v - escapar a exterior m
— **water** v - perder, or fugar, agua m
— — **into** v - [metal-prod] meter agua m
— — @ **furnace** v - [metal-prod] meter agua m en horno m
leakage n - . . .; (in)filtración f; pérdida f
— **area** n - zona f de escape m
— **current** n - [electron] fuga f de corriente f; corriente f fugada
— , **minimization**, or **minimizing** n - minimización f, or reducción f a mínimo m, de fuga f
— , **preventing**, or **prevention** n - evitación f de fuga(s) f
— **problem** n - [constr] problema m con filtración f
— **restriction** n - restricción f de, pérdida, or filtración f, or fuga f
— **retardation** n - retardo m, or retardación f, de fuga(s) f
— **site** n - sitio m de fuga f
leaked a - fugado,da; escapado,da; perdido,da
— **air** n - aire m perdido
— **current** n - [electron] corriente f fugada
— **drilling fluid** n - [petrol] fluido m para perforación f fugado
— **fluid** n - fluido f fugado
— **fuel** n - [int.comb] combustible m fugado
— **lubricant** n - [lubric] lubricante m fugado
— **lubricating water** n - agua m para lubricación f fugado
leaking n - fuga f; filtración f | a - con, fuga(s), or pérdida(s) f
— **container** n - recipiente m con fuga(s) f
— **cooling plate** n - [metal-prod] petaca f, con fuga(s) f, or fugada
— **filter** n - filtro m con fuga(s) f
— **joint** n - junta f, or unión f, con fuga(s) f
— **seal** n - [mech] sello m con fuga f
— **seat** n - [mech] asiento m con fuga f
— **shock (absorber)** n - [autom] amortiguador m con fuga f
— **slag notch** n - [metal-prod] escorial m con fuga f; soplar escorial m
— **switch housing** n - [electr-oper] caja m con fuga f para conmutador m
— **transmission seal** n - [mech] sello m para transmisión f con fuga f
— **valve** n - [valv] válvula f con, fuga f, or escape m
leakproof a - a prueba f de, fuga(s) f, or pérdida(s) f, or goteo m
leaky a - con, fuga(s) f, or pérdida(s) f, or filtración(es) f • [meteorol] llovedizo,za
— **air inlet** n - [int/comb] admisión f para aire m con fuga(s) f
— **gasket** n - [mech] guarnición f, or empaquetadura f, imperfecta, or con fuga(s) f

leaky inlet n - [int.comb] admisión f con fugas
— **valve** n - [valv] válvula f con, fuga, or escape m, or pérdida f
lean back v - inclinar(se), or echar(se), hacia atrás
— **coal** n - carbón m pobre
— **gas** n - [coke] gas m pobre
— **grout** n - [constr] enlechado m diluido
— **mixture** n - [int.comb] mexcla f pobre
— **on @ spring** v - [mech] descansar sobre resorte m
— **ore** n - [miner] mineral m pobre
— **period** n - [econ] época f con escasez
— **set carburetor** n - [int.comb] carburador m regulado para mezcla f (muy) pobre
— **setting** n - [int.comb] regulación f para mezcla f (muy) pobre
—**to** n - [constr] tinglado m, or anexo m, (adosado)
—— **bay** n - [constr] nave f adosada
— **year(s)** n - [econ] año(s) m pobre(s); período m de escasez
— **wheel** n - [mech] rueda f inclinada
—— **grader** n - [constr-equip] niveladora f con rueda(s) f inclinable(s)
learn v - . . . . • descubrir • imponer(se)
— **@ activity** v - aprender actividad f
— **soon** v - aprender, or descubrir, pronto, or prontamente
— **to weld** v - [weld] aprender a soldar
— **activity** n - actividad f aprendible*
learned a - . . . . | a -aprendido,da • enterado,da • docto,ta; erudito,ta; instruido,da
— **activity** n - actividad f aprendida
— **soon** a - aprendido,da, or descubierto,ta, prontamente
learning n - . . . . • [ind] entrenamiento m
— **curve** n - [educ] curva f de, or correspondiente a, conocimiento(s) m
— **experience** n - aprendizaje m; sensación f de aprender
— **method** n - [ind] método m para aprendiaje m
lease n - . . . .; alquiler m • [miner] contrato m para explotación f • [legal] contrato m para, arriendo m, or arrendamiento m, or locación f • [petrol] campo m | v - . . .
— **agreement** n - contrato m para, arriendo m, or arrendamiento m
— **@ computer** v - [comput] arrendar, computador m, or ordenador m
— **@ computer equipment** v - [comput] arrendar equipo m de, computador m, or ordenador m
— **@ equipment** v - arrendar equipo m
— **line** n - see **leased line**
— **@ ——** v - [telecom] arrendar línea f
— **method** n - método m para arrendamiento m
— **obligation** n - obligación f por arriendo m
— — **capitalization** n - [accntg] capitalización f de obligación f por arrendamiento m
— **payment** n - pago m, por, or de, arriendo m
— **@, phone,** or **telephone, line** v - telecom] arrendar línea f telefónica
leased a - arrendado,da
— **asset(s)** n - activo m, or bien(es) m, arrendado(s)
— **—(s), capitalization,** or **capitalizing** n - capitalización f de activo m arrendado
— **computer** n - [comput] comptador m, or ordenador m, arrendado
— — **equipment** n - [comput] equipo m de, computador m, or ordenador m, arrendado
— **equipment** n - equipo m arrendado
— **line** n - [telecom] línea f (telefónica) arrendada
— **(tele)phone line** n - [telecom] línea f telefónica arrendada
leasing n - arriendo m; arrendamiento m; locación f
— **activity,ties** n - [com] actividad(es) f para arrendamiento(s) m
— **business** n - [com] negocio m, or actividad

f, de arrendamiento m
leasing venture n - [fin] actividad(es) f de locación f
least amount n - cantidad f mínima
— **costly** a - menos costoso,sa
— **damage** n - daño m, menor, or mínimo
— **effort** n - esfuerzo m menor
— **expensive** a - menos costoso,sa; con costo m menor
— **metal thickness** n - espesor mínimo m de metal m
— **needed** a - menos necesitado,da
— **pock marking** n - [weld] formación f mínima de picadura(s) f
— **possible impedance** n - [electron] impedancia f menor posible
— **severe** a - menos severo,ra
— **spilling** n - [weld] derrame m, or derramamiento m, mínimo, or menor
leather n - . . . . • suela f | a - de cuero m
— **apron** n - [tools] delantal m de cuero m
— **article** n - artículo m de cuero m
— — **decontamination** n - [safety] descontaminación f de artículo m de cuero m
— **facing** n - revestimiento m de cuero m
— **glove** n - [vest] quante m de cuero m
— **legging** n - [safety] polaina f de cuero m
— **loop bag snap** n - [mech] gancho m con resorte m con ojo m de cuero m para saco(s) m
— **shoe** n - [vest] zapato m de cuero m
— **sleeve** n - [safety] manga f, or brazal m, de, cuero m, or suela
— **washer** n - [mech] arandela f de, cuero m, or suela f
— — **check(ing)** n - [mech] comprobación f, or verificación f, de arandela f de cuero m
— —, **distorting,** or **distortion** n - [mech] deformación f de aranela f de cuero m
leatherware n - artículo(s) f de cuero m
leave n - partida f • abandono m • [labor] . . . | v - . . . ; dejar
— **@ cab** v - [ind] dejar cabina f
— **@ cooling plate cut off** v - [metal-prod] dejar aislada petaca f
— **@ —— —— (but) with separate water supply** v - [metal-prod] dejar aislada petaca f (pero) con agua m
— **@ crater** v - [weld] salir(se) de cráter m
— **cut off** v - dejar aislado,da
— **dry** v - dejar seco,ca
— **empty** v - dejar vacío,cía
— **@ factory** v - [ind] salir de, fábrica f, or planta f
— **flashing** v - dejar, destellando, or parpadeando
— **flat** v - dejar, plano, or chato
— **free** v - dejar libre
— **@ highway** v - [Transp] dejar carretera f
— **in @ dust** v - [roads] echar tierra f sobre; hacer tragar tierra f; dejar en polvareda f
— — **mud** v - [sports] dejar en barro m
— **loose** v - dejar suelto,ta • dejar flojo,ja
— **@ mill** v - [ind] abandonar planta f
— **@ —— proper** v - [ind] dejar planta f propiamente dicha
leave off n - . . . .; concluir
— **on @ pump** v - [pumps] dejar sobre bomba f
— **@ pit** v - [sports] salir, or abandonar, fosa
— **plugged** v - dejar, taponado, or con tapón m
— **@ precipitator with steam** v - [metal-prod] quedar con vapor m precipitador m
— **@ puddle** v - [weld] salir(se) de cráter m
— **@ roadway** v - [safety] salir(se), or desviar(se), de, camino m, or calzada f
— **@ stove cut off** v - [metal-prod] dejar aislada estufa f
— **to chance** v - dejar a azar m
— **@ track** v - [rail] salir(se) de vía f; descarrilar(se)
— **with independent water** v - [metal-prod] dejar con agua m independiente

leave with water v - dejar con agua m
leaving n - . . . . • dejación f; abandono m; abandonamiento m • sobra f
lecture n - . . . . • [fam] fraterna f | v - . . .; disertar • [fam] sermonear
— **hall** n - salón m para conferencia(s) f
lectured a - disertado,da • [fam] sermoneado,da
lecturing n - disertación f • [fam] sermoneo m
led a - . . .; llevado,da; conducido,da; dirigido,da
— **comfortably** a - aventajado,da cómodamente
— **effectively** a - conducido,da, eficazmente, or eficientemente
— **through** a - pasado,da, or conducido,da, por
— **to @ structure** a - [hydr] conducido,da a estructura f
— **travel direction** n - [weld] dirección f para avance m guiada; sentido m para avance m guiado
ledeburite n - [miner] ledeburita f
ledeburitic a - [miner] ledeburítico,ca
Ledex control system n - [electron] sistema m (de) Ledex para, gobierno m, or control m
— **encoder** n - [comput] codificador m Ledex
ledge n - . . . . • [constr] . . .; resalto m; moldura f saliente • [hydr] banco m de mar m • [miner] escalón m • [mech] reborde m; filo
— **road** n - [roads] camino m de cornisa f
— **rock** n - [geol] roca f viva; lecho m de roca f; roca f de cuerda f; resalto m estratificado de roca f
lee side n - [naut] lado m de sotavento m
lees n - . . . .; escoria f; zupia f
— **wine** n - [culin] vinaza f
left n - izquierda f; siniestra f | a - dejado,da; abandonado,da • partido,da | adv - hacia izquierda f; siniestrórsum
— **auxiliary winding** n - [electr-instal] devanado m auxiliar izquierdo
— **background** n - plano m segundo, or fondo m, a izquierda f
— **ball joint** n - [mech] junta f esférica izquierda
— **bank** n - [hydr] margen f izquierda
— **baffle** n - [mech] pantalla f izquierda
— **base baffle** n - [mech] pantalla f para base f izquierda
— **bottom coil** n - [electr-instal] bobina f inferior (de) izquierda f
— — **primary winding** n - [electr-instal] devanado m primario inferior izquierdo
— — **secondary winding** n - [electr-instal] devanado m secundario inferior izquierdo
— — **winding** n - [electr-instal] devanado m inferior izquierdo
— **bracket** n - [mech] soporte m izquierdo
— **cab** n - [ind] cabina f izquierda • cabina f abandonada
— **coil** n - [electr-instal] bobina f, or devanado m, hacia izquierda f
— **coke breeze hoist** n - [metal-prod] elevador m izquierdo para menudo(s) m de coque m
— — **screen** n - [coke] criba f (de) izquierda f para coque m
— **column** n - [constr] columna f izquierda
— **console** n - [mech] consola f (hacia) izquierda f
— — **handle** n - [mech] palanca f para consola f (hacia) izquierda f
— — **inside handle** n - [cranes] palanca f interior para consola f (hacia) izquierda f
— — **lever** n - [mech] palanca f para consola f (hacia) izquierda f
— — **outside handle** n - [cranes] palanca f exterior para consola f (hacia) izquierda f
— **crane** n - [cranes] grúa f (hacia) izquierda
— **drive wheel** n - [autom-mech] rueda f motriz izquierda
— **dry** a - dejado,da seco,ca
— **elbow** n - [anatom] codo m izquierdo
— **empty** a - dejado,da vacío,ía

left fines hoist n - [metal-prod] elevador m izquierdo para menudo(s) m
— **flashing** a - dejado,da parpadeando
— **flat** a - dejado,da plano,na
left foot operate v - operar con pie m izquierdo
— — **operated** a - operado,da con pie izquierdo
— — **operation** n - operación f con pie m izquierdo
— **foreground** m - plano m primero a izquierda f
— **front shock (absorber)** n - [autom-mech] amortiguador m, frontal, or delantero, izquierdo
— — **suspension** n - [autom-mech] suspensión f delantera izquierda
— **gun mount** n - [weld] mitad f izquierda de caja f de pistola f
— **half** n - mitad f izquierda
— **halfshaft** n - [autom-mech] semieje m izquierdo
— **hand** n - mano f, izquierda, or siniestra; siniestra f | a - siniestrogiro,ra
— — **bearing** n - [mech] cojinete m, izquierdo, or hacia izquierda f
— — — **cage** n - [mech] jaula f para cojinete m, izquierdo, or hacia izquierda f
— — **brushholder** n - [electr-mot] portaescobilla(s) m, izquierdo, or hacia izquierda f
— — **cage** n - [mech] jaula f (hacia) izquierda
— — **column** n - columna f (hacia) izquierda f
— — **console** n - [mech] consola f (hacia) izquierda f
— — **cornering** n - [autom-mech] viraje m hacia izquierda f
— — **drive** n - [autom-mech] dirección f hacia izquierda f | a - [autom-mech] con dirección f a izquierda f
— — — **screw** n - [mech] tornillo m para impulsión f hacia izquierda f
— — — **tire** n - [agric] neumático m (en lado m) izquierdo para impulsión f
— — **gear** n - [mech] engranaje m, izquierdo, or hacia izquierda f
— — **housing arm** n - [autom-mech] brazo izquierdo para caja f
— — **lay** n - [cabl] trenzado m hacia izquierda
— — **mount** v - [mech] montar sobre mano f izquierda
— — **mounted** a - [mech] montado,da sobre mano izquierda
— — — **fairleader** n - [cranes] escotera f montada sobre mano f izquierda
— — **mounting** n - [mech] montaje m sobre mano f izquierda
— — **nut** n - [mech] tuerca f con rosca f hacia izquierda f
— — **pinion** n - [mech] piñón m hacia izquierda f
— — — **bearing** n - [mech] cojinete m para piñón m hacia izquierda f
— — — — **cage** n - [mech] jaula f para cojinete m para piñón m hacia izquierda f
— — — **cage** n - [mech] jaula f para piñón m hacia izquierda f
— — **pitch** n - [mech] inclinación f, or sentido m, a izquierda f • rosca f hacia izquierda
— — **screw** n - [mech] tornillo m con rosca f hacia izquierda f
— — **position** n - posición f hacia izquierda f
— — **rear view mirror** n - [autom] retrovisor m izquierdo
— — **side** n - lado m, or costado m, izquierdo | a - en, lado m, or costado m, izquierdo
— — — **inlet** n - [mech] admisión f en costado m izquierdo
— — — — **suction line dampener** n - [mech] amortiguador m para línea f para aspiración f con admisión en costado m izquierdo
— — — **only** n - lado m izquierdo solamente
— — — **view** n - vista desde costado m izquierdo
— **sidestand** n - [mech] plataforma f lateral en costado m izquierdo
— — **steering** n - [autom-mech] dirección f hacia izquierda f | a - [autom] con dirección f hacia izquierda f

left hand sweeper n - [roads] berma f lateral izquierda
— — swing n - [cranes] movimiento hacia izquierda f • [constr] para mano f izquierda
— — — cylinder lock n - [constr] cerradura f con cilindro m (para puerta f) para mano f derecha
— — — door n - [constr] puerta f para mano f izquierda
— — — — cylinder lock n - [constr] cerradura f con cilindro para puerta f [vaivén] para mano f izquierda
— — — — tumbler lock n - [constr] cerradura f con cilindro m para puerta f (vaivén) para mano f izquierda
— — — tumbler lock n - [constr] cerradura f con cilindro m para puerta f para mano izquierda f
— — thread n - [mech] rosca f con paso m, izquierdo, or hacia izquierda, or siniestrógira
— — — bolt n - [mech] perno m con rosca f hacia izquierda f
— — — nut n - [mech] tuerca f con rosca f hacia izquierda f
— — tire n - [autom-tires] neumático m, izquierdo, or en lado m izquierdo
— — wedge n - [mech] cuña f para mano f izquierda
left-handed a - zurdo,da • para mano f, izquierda, or siniestra; also see left hand
— — person n - persona f zurda; zurdo m
— — screw n - [mech] tornillo m con rosca f hacia izquierda f
— — thread screw n - [mech] tornillo m con, rosca hacia lado, or paso m, izquierdo
— handle n - [mech] palanca f hacia izquierda f
— hoist n - [mech] elevador m izquierdo
— — kink n - curva f, or coca f, hacia izquierda
— laid a - [cabl] trenzado,da hacia izquierda f
— — rope n - [cabl] cable m, or cabo m, trenzado hacia izquierda f
— — strand n - [cabl] cordón m trenzado hacia izquierda f
— — wire n - [cabl] alambre m trenzado hacia izquierda f
— — — rope n - [cabl] cable m (de alambre m) trenzado hacia izquierda f
— lang lay n - [cabl] trenzado Lang hacia izquierda f
— — — inner rope n - [cabl] cable m interior con trenzado m Lang hacia izquierda f
— — lay n - [cabl] trenzado m hacia izquierda f
| a - [cabl] trenzado,da hacia izquierda f
— — cable n - [cabl] cable m trenzado hacia izquierda f
— — rope n - [cabl] cable m, or cabo m, trenzado hacia izquierda f
— — strand n - [cabl] cordón m (trenzado) hacia izquierda f
— — wire rope n - [cabl] cable m (de alambre m) trenzado hacia izquierda f
— lead n - [electr-instal] conductor m, izquierdo, or hacia izquierda
— lever n - [mech] palanca f (hacia) izquierda
— light n - luz f izquierda
— line n - [electr-instal] see left lead
— lock n - [mech] traba f izquierda
— — pawl n - [mech] trinquete m para traba f izquierda
— loose a - dejado suelto,ta • [mech] dejado flojo,ja
— motor n - motor m, izquierdo, or de izquierda
— mounting flange n - [int.comb] pestaña f izquierda para montaje m
— movement n - movimiento m hacia izquierda f
— on & pump a - [pumps] dejado,da sobre bomba f
— over n - sobre f; rezago m | a - dejado,da
— panel n - [mech] panel m izquierdo
— pawl n - [mech] trinquete m izquierdo
— primary winding n - [electr-instal] devanado m primario izquierdo

left rear shock (absorber) n - [autom-mech] amortiguador m trasero izquierdo
— — suspension n - [autom-mech] suspensión f trasera izquierda
— — regular lay n - [cabl] trenzado m regular, izquierdo, or hacia izquierda f
— roll n - [mech] rodillo m izquierdo
— rolling roll n - [metal-roll] rodillo m izquierdo para laminación f
— screen n - [mech] rejilla f, or criba f, (de) izquierda f
— — screwdown n - [metal-roll] tornillo m para ajuste m izquierdo; ampuesa f izquierda
— — — field exciter n - [metal-prod] excitador m para campo m para tornillo m para ajuste m izquierdo
— seat n - [autom] asiento m izquierdo
— secondary winding n - [electr-instal] devanado m secundario izquierdo
— shock (absorber) n - [autom-mech] amortiguador m izquierdo
— shoulder n - [roads] berma f izquierda
— — installation n - [roads] instalación f sobre berma f izquierda
— side n - lado m, or costado m, izquierdo
— — baffle n - [mech] pantalla f lateral izquierda
— — case panel n - [mech] panel m lateral izquierdo de caja f
— — front half n - mitad anterior (de lado m) izquierdo
— — motor n - motor m (de lado m) izquierdo
— — panel n - [mech] panel m lateral izquierdo
— — — inside n - [mech] interior m de panel m lateral izquierdo
— — rear half n - mitad f posterior (de lado m) izquierdo
— — — view mirror n - [autom] retrovisor m izquierdo
— swing(ing) n - [cranes] rotación f hacia izquierda f
— thread n - [mech] see left hand thread
— tire n - [autom-tires] neumático m izquierdo
— top coil n - [electr-instal] bobina f superior (para izquierda f
— — primary winding n - [electr-instal] devanado m primario superior izquierdo
— — secondary winding n - [electr-instal] devanado m secundario superior izquierdo
— — winding n - [electr-instal] devanado m superior izquierdo
— turn n - [autom] viraje m hacia izquierda f
— — light n - [autom-electr] luz f para viraje(s) m hacia izquierda f
— — signal n - [autom-electr] indicador m para viraje(s) m hacia izquierda f
— — — circuit n - [autom-electr] circuito m para indicador m para viraje(s) m hacia izquierda f
— turning n - [autom-mech] viraje m hacia izquierda f
— — lap n - [sports] etapa f con viraje(s) m hacia izquierda f
— web roll n - [metal-roll] rodillo m izquierdo para laminación f de alma m
— wedge n - [mech] cuña f izquierda
— wheel n - [mech] rueda f izquierda
— winding n - [electr-instal] devanado m, (de lado m), or izquierdo
lefthanded a - zurdo,da; zocato,ta; zoco,ca
— person n - persona f zurda; zurdo m
leg n - . . . . [mech] brazo m; mandíbula f • soporte m • [chains] ramal m • [sports] tramo m; porción f • [cranes] montante m • [tub] tubo m para descarga f • [weld] lado m, or cateto m (de cordón m) • superficie f de fusión f; medida t de cateto m • [constr-roll] ala m • [petrol-still] sección f
— assembly n - [mech] conjunto m para pata f
—, extending, or extension n - [mech] extensión f, or prolongación f, para pata f

leg pin n - [cranes] pasador m para montante m
— **retainer** n - [mech] fiador m para pata f
— — **clip** n - [mech] grapa f, or sujetador m, para fiador m para, pata f, or montante
— **length** n - [chains] largo(r) m de ramal m
— **size** n - [weld] medida f de lado m de cordón m; medida f de superficie f de fusión f; cateto m de cordón m; largo(r) m, or medida f, de cateto m
legal act n - [legal] acto m legal
— **action** n - [legal] acción f legal
— **advisor** n - [legal] asesor m legal
— **authorization** n - autorización f legal
— **approval** n - [legal] aprobación f legal
— — **instrument** n - [legal] instrumento m legal para aprobación f
— **commission** n - [legal] comisión f legal
— **compensation** n - compensación f legal
— **condition** n - condición f legal
— **consulting office** n - [legal] asesoría f, legal, or letrada
— **contract** n - [legal] contrato m legal
— **counsel** n - [legal] abogado m consultor; asesor m (letrado, or legal)
— **department** n - departamento m jurídico; asesoría f, jurídica, or legal, or letrada
— **document** n - [legal] documento m legal
— **domicile** n - [legal] domicilio m legal
— **effect** n - [legal] efecto m legal
— **end(s)** n - [legal] fin(es) m legal(es)
— **entity** n - entidad f legal
— **expense(s)** n - [accntg] gasto(s) m legal(es)
— **fee(s)** n - [legal] honorario(s) m legal(es)
— **incorporation** n - [legal] constitución f legal
— **instrument** n - [legal] instrumento m legal; escritura f
— **matter(s)** n - [legal] asunto(s) m legal(es)
— **office** n - [legal] estudio m jurídico; asesoría f, jurídica, or letrada; bufete m
— **paper** n - [legal] papel m sellado • also see **legal size paper**
— **power of attorney** n - [legal] poder m legal
— **precedence** n - [legal] precedencia f, or anticipación f, legal
— **precedent** n - [legal] precedente m, or antecedente m, legal; formalidad f
— **problem** n - [legal] problema m legal
— **proceeding** n - [legal] actuación f, or procedimiento m, legal, or judicial, or jurídico
— **process** n - [legal] trámite m, or proceso m, legal
— **profession** n - foro m
— **provision** n - [legal] disposición f legal
— **purchase** n - [legal] compra f legal
— **purpose** n - [legal] fin(es) m legal(es)
— **reason** n - razón f legal
— **reimbursement** n - [fisc] reintegro m, or reembolso m, legal, or según ley f
— **representation** n - [legal] representación f legal
— **representative** n - [legal] representante m legal
— — **('s) address** n - dirección f de representante m legal
— — **('s) name** n - [legal] nombre m de representante m legal
— **requirement** n - [legal] exigencia f, or requisito m, or norma f, legal
— **reserve(s)** n - [accntg] reserva(s) f legal(es) - prima f legal
— — **provision** n - [legal] prevision f, or apartado m, para reserva f legal
— **responsibility** n - [legal] responsabilidad f legal
— **ruling** n - [legal] disposición f legal
— **size** n - [legal] tamaño m, or medida(s) f, or dimensión(es) f, legal(es) • tamaño m oficio
— — **(d) paper** n - [paper] papel m, de, or tamaño m, oficio
— **speed** n - [transp] velocidad f legal
— **standard** n - [legal] norma f legal

legal step n - [legal] trámite m legal
— **strategy** n - [legal] estrategia f, legal, or jurídica
— **succesor** n - [legal] sucesor m legal
— **tender** n - [fin] (moneda f) de curso m legal
— **transcendence** n - trascendencia f legal
— **use** n - [legal] uso m legal
legalization fee n - [fisc] derecho(s) m, or arancel m, or tasa f, para legalización f
legalize v - . . .; formalizar
— @ **contract** v - [legal] legalizar contrato m
— @ **household list** v - [fisc] legalizar lista f de efecto(s) m doméstico(s)
legalized a - legalizado,da
— **contract** n - [legal] contrato m legalizado
— **copy** n - copia f, or vía f, legalizada
— **document** n - [legal] documento m legalizado
— **household list** n - [fisc] lista f legalizada de efecto(s) doméstico(s)
— **lading bill** n - [transp] conocimiento m para embarque m legalizado
legalizing n - legalización f
legally authorized organization n - [legal] entidad f autorizada legalmente
legendary figure n - figura f legendaria
— **great** n - figura f legendaria
legible mark n - marca f legible
— **marking** n - marca(ción) f, or indicación f, legible
— **thermometer** n - [instrum] termómetro m legible
legislated a - [pol] legislado,da
legislating n - legislación f | a - legislador,ra
legislation n - [legal] . . . • jurisprudencia f
legislative branch n - [pol] rama f legislativa
— **power** n - [pol] poder m legislativo
legislature n - [pol] . . .; poder m legislativo
legitimate a - . . .; legitimado,da
— **child** n - [legal] hijo m legítimo
— **daughter** n - [legal] hija f legítima
— **parent(s)** n - [legal] padre(s) m legítimo(s)
— **son** n - [legal] hijo m legítimo
legitimated a - legitimo,ma; legitimizado,da
leisure n - . . .; descanso m; reposo m
— **activity** n - actividad f descansada
lend v - . . .; dar en préstamo m
—, **her-**, or **him-**, or **it-**, **self** v - prestar(se)
— **validity** v - prestar, or dar, validez f
lendable a - prestable*; prestadizo,za*
lended a - prestado,da
lending n - . . .; prestación f | a - prestador,ra
length n - . . .; largura f; medida f • trozo m • extensión f • recorrido m • [chronol] duración f • [electr-cond] trozo m (de conductor) • [metal-fabr] sección f; tramo m; tiro m
— **adjustment** n - ajuste m de largo(r) m
— — **factor** n - factor m para ajuste m de largo(r) m
— **allowable deviation** n - tolerancia f admisible en largo(r) m
— **at right angle(s)** n - [ind] largo(r) a ángulo(s) m recto(s)
— — — — **to traffic flow** n - [roads] largo(r) m a ángulo m recto con dirección f de tránsito
— **between connection(s)** n - [mech] distancia f, or largo(r) m, entre conexión(es) f
— — **end conections** n - [mech] distancia f, or largo(r) m, entre conexión(es) f en extremos
— **bolting** n - [mech] fijación f con perno(s) m de sección f
— **check(ing)** n - comprobación f de, largo(r) m, or largura f, or longitud f
—**(s), connecting,** or **connection** n - [mech] conexión f, de, or entre, tramo(s) m
— **determination** n - determinación f de largo(r)
— **deviation** n desviación f, or tolerancia f, en largo(r) m
— **gage(r)** n - [instrum] medidor m, or indicador m, de largo(r) m, or longitud f
— **gain** n - aumento m en largo(r) m
— **in millimeters** n - [metric] largo(r), or largura f, or longitud f, en milímetros m

length limitation n - limitación f en largo(r) m
— **measurement** n - [metric] medida f de largo(r)
— **measuring** n - [metric] medición f de largo(r)
— **per metric ton** n - largo(r) m por tonelada f (métrica)
— — **ton** n - largo(r) m por tonelada (de 2.000 libras m)
— **scale** n - escala de, largos, or longitudes
— **setting** n - regulación f para largo(s) m
— **tolerance** n - tolerancia f en, largo(r), or longitud f, or largura f
— **variation** n - variación f en largo(r) m
— **varies** n - see **variable length**
lengthen @ arc v - [weld] alargar arco m
— **@ chain** v - [chains] alargar cadena f
— **gradually** v - alargar, gradualmente, or paulatinamente
— **@ life** v - prolongar vida f (útil)
— **materially** v - extender, or prolongar, considerablemente
— **@ service life** v - extender, or prolongar, or alargar, vida f útil
— **@ tie rod** v - [mech] alargar barra f para acoplamiento m
— **@ useful life** v - prolongar vida f útil
lengthened a - alargado,da; prolongado,da; extendido,da
— **chain** n - [chains] cadena f alargada
— **cord** n - [electr-cond] cordón m prolongado
— **gradually** a - alargado,da, gradualmente, or paulatinamente
— **materially** a - alargado,da, or extendido,da, or prolongado,da, considerablemente
— **service life** n - vida f útil, extendida, or prolongada, or alargada
— **tie rod** n - [mech] barra f para acoplamiento m alargada
lengthener n - alargador m; prolongador m
lengthening n - . . . .; extensión f | a - prolongador,ra; alargador,ra
lengthwise adv - . . . .; en sentido m longitudinal • [metal-roll] en sentido m de laminación
— **band** n - [metal-prod] franja f longitudinal
— **contact** n - [mech] contacto m longitudinal
— **direction** n - sentido m longitudinal
— **leveling** n - [mech] nivelación f longitudinal
— **metal pipe** n - [tub] tubo m metálico longitudinal • tubería f metálica longitudinal
— **pipe** n - [tub] tubo m, or tubería f, longitudinal
— **position** n - [mech] posición f longitudinal
— **sample** n - muestra f longitudinal
— **specimen** n - probeta f longitudinal
— **streak** n - [metal-roll] raya f en sentido m de laminación f
— **test piece** n - [metal-roll] probeta f longitudinal
— **translation** n - [mech] tralado m, or traslación f, longitudinal
— — **position** n - [mech] posición f para traslación f longitudinal
— **travel** n - [mech] traslado m, or traslación f, or avance m, longitudinal
lengthy a - . . . .; prolongado,da
— **grade** n - [topogr] pendiente f, or cuesta f, larga; declive m largo
— **operating period** n - período m prolongado de operación f
— **period** n - período m prolongado
— **procedure** n - procedimiento m largo
— **shutdown** n - [ind] parada f, prolongada, or larga
— **stop(page)** n - detención f, larga, or prolongada
Lennon type flume n - [hydr] saetín m de tipo m Lennon
lens n - lente m/f • [geol] lenteja f • [weld] cristal m (coloreado) • [optics] lente m/f; cristal m (lenticular)
— **adjustment** n - ajuste m de, lente m/f, or cristal m

lens, change, or changing n - cambio m de, lente m/f, or cristal m
— **cleaning** n - [optics] limpieza f de lente m/f
— **cover(ing)** n - [optics] cubrelente m
— **holder** n - [optics] portacristal(es) m
— — **floating action** n - [optics] acción f flotante de portacristal(es) m
— **market** m - [optics] mercado m, óptico, or de lente(s) m/f, or cristal(es) m
— **protection** n - [optics] protección f para, lente m/f, or cristal m
— **protector** n - [optics] protector m para, lente m/f, or cristal m
— **set** n - juego m de lente(s) m/f
—**shaped** a - lenticular; con forma f de lente
— — **formation** n - [geol] lente m/f
lenticle n - [geol] lenteja f
lespedeza n - [botan] lespedeza f
— **sericea** n - [botan] lespedeza f sericea
less absorption n - absorción f menor
— **care** n - cuidado m menor
— **cash discount** adv - menos descuento m por (pago m a) contado m
— **coil** adv - [electr-mot] sin, devanado m, or bobina f
— **commission** adv - menos comisión f
— **corrosion** n - corrosion † menor
— **clearance** n - holgura f, or luz f, menor
— **cost** n - costo m menor
— **costly** a - menos costoso,sa
— **crane** adv - [cranes] menos grúa f
— **critical** a - menos crítico,ca
— — **application** n - aplicación f menos crítica
— **damage** n - daño m menor; menos daño m
— **dead load** n - [constr] carga f muerta menor
— **defined** a - menos definido,da
— **discount** a - menos descuento m
— — **on @ value** a - menos descuento m sobre valor m
— **downtime** n - [ind] tiempo m, improductivo, or inactivo, menor
— **dramatic** a - menos dramático,ca
— — **sense** n - sentido m menos dramático
— **economical** a - menos económico,ca
— **effective** a - menos efectivo,va
— — **decision** n - decisión f menos efectiva
— **effort** n - esfuerzo m menor
— **expense** n - gasto m, or costo m, menor
— **expensive** a - menos costoso,sa; con costo m menor; más económico,ca
— — **maintenance** n - [ind] conservación f, menos costosa, or más económica
— — **product** n - producto m menos costoso
— **favorable position** n - posición menos favorable
— **fluid** a - menos fluido m
— — **puddle** n - [weld] cráter m menos fluido
— — **weld** n - [weld] soldadura f menos fluida
— **frequent** adv - menos frecuente
— — **storm** n - [meteorol] tormenta f menos frecuente
— **grave** a - menos grave
— **harsh** n - menos áspero,ra
— — **ride** n - [autom] andar m menos áspero
— **heat** n - menos calor m
— **importance** n importancia f menor
— **labor** n - [labor] menos mano f de obra f • mano f de obra f menor
— **length** n - largo m menor
— **load capacity** n - capacidad f menor para carga
— **manpower** n - [labor] menos, mano f de obra f, or personal m; mano f de obra f menor
— **molten pool** n - [weld] baño m menos líquido
— **@ packing** a - [mech] menos estopa f
— **penetration** n - [weld] penetración f menor
— . . . **per cent** adv - menos . . . por ciento
— . . . — **discount** adv - [com] menos descuento m de . . . por ciento
— . . . — — **on @ invoice value** adv - [com] menos descuento m de . . . por ciento sobre valor m de factura f

less . . . per cent discount on @ value a - [com] menos descuento m de . . . por ciento m sobre valor m
— **performance** n - rendimiento m menor
— **personnel** n - [labor] personal m menor
— **preheat(ing)** n - [weld] precalentamiento m menor
— **pressure** n - presión f menor
— **productivity** n - productividad f menor
— **prosperous** a - menos próspero,ra
— **scrap** n - [ind] desperdicio(s) m menor(es) • menos desperdicio(s) m • [metal-prod] menos chatarra f
— **serious** a - menos serio,ria
— **settlement** n - asentamiento m menor
— **severe deformation** n - deformación f, menor, or menos severa
— **sharply defined** a - menos definido,da
— **skilled labor** n - [ind] menos personal m especializado; personal m especializado menor
— **storage** n - [ind] menos almacenamiento m • almacenaje m menor
— **tendency** n - tendencia f menor
— **tension** n - [mech] tensión f menor
— **than** adv - menos de • menor de
— — . . . **cc** n - [int.comb] cilindrada f inferior a . . . centímetros m cúbicos
— — **car lot** n - [rail] lote m menor que vagón m completo; carga f por lote(s) m
— — — **shipment** n - [rail] embarque m (de lote m) menor que vagón m completo
— — — **circular** a - menos que circunferencial
— — **circumferential** a - menos que circunferencial
— — . . . **compression** n - [mech] compresión f, menor que, or inferior a, . . .
— — **full** a - menor que, máximo, or máxima
— — **maximum speed** n - velocidad f más lenta, or ritmo m más lento, que máximo m
— — **normal** adv - menos que, or debajo de, normal m/f
— — **semicircular** a - menos que semicircunferencial
— — — **arch** n - [archit] arco m menos que semicircunferencial • [constr] bóveda f menos que, semicircunferencial, or semicircular
— — — **shaped arch** n - [constr] bóveda f con conformación f menos que semicircular
— — **@ span** adv - [constr] inferior que, luz f, or cuerda f
— — **time** n - menos tiempo m; tiempo m menor
— — — **consuming** a - menos, demoroso,sa, or oneroso,sa, (en tiempo m)
— — **tread width** n - [autom-tires] ancho m menor de banda f para rodamiento m
— — **truck** n - [autom] menos (auto)camión m
— — **total length** n - largo m total menor
— — **weight** n - peso m menor; menos peso m
— — **width** n - ancho(r), or anchura f, menor
lessen v - . . .; reducir; minorar
— **@ importance** v - (a)minorar importancia f
— **@ possibility** v - (a)minorar, or reducir, posibilidad f
lessened a - (a)minorado,da; reducido,da
— **importance** n - importancia f (a)minorada
— **load** n - carga f, (a)minorada, or reducida
— **possibility** n - posibilidad f, (a)minorada, or reducida
lessening n - (a)minoración f; reducción f
lesser amount n - [legal] cuantía f menor
— **component** n - componente m menor
— **degree** n - grado m menor
— **density** n - densidad f menor
— **flexibility** n - flexibilidad f menor
— **heat** n - calor m menor
— **length** n - largo(r), or largura f, menor
— **quantity** n - [legal] cuantía f, or cantidad f, menor
— **tendency** n - tendencia f, menor, or reducida
— **visibility** n - visibilidad f menor
— **wall thickness** n - espesor m de pared f menor

let a - permitido,da • [com] adjudicado,da | v - . . . • [com] adjudicar
— **alone** adv - no solamente; no únicamente | v - dejar estar
— **choose** v - permtir, or dejar, escoger
— **down** n - chasco m • alivio m | a - chasqueado,da | v - chasquear • [cranes] posar
— — **release** n - [mech] desenganche m para alivio m
— **fall back** v - dejar caer nuevamente
— **go** a - largado,da; soltado,da • [fig] fenecido,da | v - largar • fenecer
— **@ grass grow under @ feet** v - [fig] dejar crecer pasto m debajo de pie(s) m
— **it be recorded** interj - [pol] regístrese
— — — **and communicated** v - [pol] regístrese y comuníquese
— — — **and published** interj - regístrese y publíquese
— **out** a - soltado,da | v - soltar; largar
— — **clutch** n - [autom-mech] embrague m soltado
— — **@ clutch** v - [autom-mech] soltar embrague
— **@ sagebush grow under @ wheel** v - [sports] permitir, or dejar, crecer espartillo m debajo de rueda(s) f
— **through** a - dejado,da pasar | v - dar paso m
— **water through** v - [hydr] dar paso m a agua m
letter n - . . . • . . .; escrito m • nota f
— **('s) content(s)** n - contenido m de carta f
— **copy** n - copia f de carta f
— **design** n - configuración f de letra f • proyección f de letra f
— **model** n - modelo m para carta f
— **of award** n - [com] carta f de adjudicación f
— **of credit** n - [fin] carta f de crédito m; crédito m documentario • [Chi,] acreditivo m
— — , **establishing,** or **establishment** n - [fin] establecimiento m de carta f de crédito
— — — **number** . . . n - [fin] carta f de crédito número . . .
— — — **payable through** n - [fin] carta f de crédioto pagadera por intermedio de . . .
— — — **validity** n - [fin] validez f de carta f de crédito
— **of intent** n - [com] carta f de intención f • certificado m provisorio de adjudicación f
— **perfect** a - . . .; impecable
— **styling** n - [print] estilización f de letra f
lettering design n - [print] configuración f de letra(s) f • proyección f de letra(s) f
letting n - permiso m; permisión f
— **down** n - [fam] chasco m
— **go** n - [ig] fenecimiento m
— **out** n - suelta f
levee n - . . . • [hydr] dique m para defensa f
— **building** n - [hydr] construcción f de dique m
— **center line** n - [hydr] eje m de dique m
— **construction** n - [hydr] construcción f de dique(s) m
— **culvert** n - [hydr] alcantarilla f para dique
— **design** n - [hydr] proyección f de alcantarilla f para dique m
— **drainage** n - [hydr] drenaje m para dique m
— **install** v - [hydr] instalar en dique m
— **installed** a - [hydr] instalado,da en dique m
—, **installation,** or **installing** n - [hydr] instalación f en dique m
— **side** n - [hydr] costado m de dique m
— **stream side** n - [hydr] costado m de dique m hacia curso m de agua m
— **toe** n - [hydr] pie m de dique m • línea f de base f aguas f abajo para dique m
— — **drainage** n - [hydr] drenaje m en línea f de base f aguas f abajo para dique m
level n - . . .; ras m • índice m • [weld] trabajo m - nivelado • [managm] nivel m en escalafón n • [constr] planta f • peldaño m • [mech] . . .; superficie f plana • [econ] escalafón m • [tools] nivel m | a - plano,na; nivelado,da; llano,na; parejo,ja | v - . . .; aplanar; alisar; explanar • [metal-roll] (re)planchar

level, adjusting, or **adjustment** n - ajuste m de nivel m
— **agreement** n - acuerdo m, or convenio m, sobre nivel m
— **best** n - cuanto se pueda
— **between @ tone(s)** n - [electron] nivel m entre tono(s) m
— **butterfly valve** n - [valv] válvula f mariposa para nivel m
— **capacity** n - [transp] capacidad a ras m
—, **change,** or **changing** n - cambio m en nivel m
— **check(ing)** n comprobación f, or verificación f, de nivel m
— —(ing) **dipstick** n - [mech] varilla f para, verificar, or verificación f de, nivel m
— **closely** v - [mech] nivelar cuidadosamente
— **control** n - regulación f de nivel m • regulador m para nivel m
— — **askania** n - [metal-prod] askania m para regulación f de nivel m
— — **clean water pipe** n - [metal-prod] tubo m, or tubería f, para regulación f de agua m limpia
— — **float** n - [metal-prod] flotador m, or boya f, para señalización f
— — **option** n - [electron] opción f para regulación f de nivel m
— — **unit** n - dispositivo m para regulación f de nivel m
— **country** n - [topogr] terreno m plano
— **crossing** n - [roads] paso m a nivel
— **curve** n - [constr] curva f a nivel m
— **design(ing)** n - proyección f para nivel m
— **elbow** n - [tub] codo m a nivel m
— **fitting clutch** n - [mech] embrague m para ajuste m de nivel m
— **forecasting** n - [electr] pronosticación f, or predicción f, de nivel m
— **gage** n - [tools] indicador m, or medidor m, or manómetro m, or escala f, para nivel m
— — **rod** n - [instrum] varilla f indicadora para nivel m
— **ground** n - [topogr] plana(da) f
— **indicator** n - [mech] indicador m para nivel m
— — **tube** n - [metal-prod] tubo m indicador para, nivel m, or venturi m
— **jack** n - [tools] gato m para nivelación f
— **joint** n - [weld] junta f horizontal
— **keyer** n - [electron] manipulador m para nivel f
— **keying** n - [electron] manipulación f para nivel m
— **line** n - línea f nivelada • [instrum] línea f de nivel m
— **@ lineshaft** v - [mech] nivelar, árbol m, or eje m, para transmisión f
— **loss** n - pérdida f de nivel m
—(s) **marking** n - [topogr] acotamiento m
— **measurement** n - medida f, or indicación f, de nivel
— **measuring** n - medición f de nivel m
— **@ metal** v - [mech] nivelar metal m
— **meter** n - [instrum] medidor m, or indicador m, para nivel m
— **plastic surface** n - superficie f plástica a nivel m
— **plate** n - [mech] placa f, or plancha f, a nivel m • [tools] placa f, or plancha f, de nivel m • [rail] placa f para apoyo m
— **plug** n - [int.comb] tapón m para nivel m
— — **opening** n - [int.comb] abertura f, or orificio m, para tapón m para nivel m
— **position** n - [weld] posición f, plana, or horizontal, or nivelada
— — **corner weld** n - [weld] soldadura f sobre ángulo m exterior en posición f plana; soldadura f plana sobre ángulo m exterior
— — **weld** n - [weld] soldadura f en posición f plana
— **positioned** a - [weld] en posición f nivelada
— — **work** n - [weld] trabajo m en posición f nivelada

level @ rail v - [rail nivelar, riel m, or carril m
— **regulating valve** n - [metal-prod] válvula f reguladora para nivel m
— **regulator** n - regulador m para nivel m
— **sensor** n - [mech] sensor m para nivel m
— **surcharge** n - sobrecarga f, pareja f, or nivelada, or de nivel m
— **@ surcharge** v - nivelar sobrecarga f
— **surface** n - superficie, nivelada, or a nivel, or lisa
— **terrain** n - [topogr] terreno m plano
— **test** n - ensayo m de nivel(ación)
— **transmitter** n - transmisor m para nivel m
—, **transmission,** or **transmitting** n - [instrum] transmisión f de nivel m
— **tube** n - [tools] tubo m para nivel m
— **up** v - enrasar; nivelar
— **valve** n - [valv] válvula f, a nivel, or nivelada • válvula f para nivel
— **variation** n - variación f en nivel m
— **varying** n - variación f de nivel m
— **work** n - [weld] trabajo m a nivel m • trabajo m nivelado
leveled a - nivelado,da; aplanado,da; parejo,ja; emparejado,da • [metal-roll] replanchado,da
— **area** n - [constr] zona f nivelada; explanada f
— **closely** a - [constr] nivelado,da cuidadosamente
— **coil** n - [metal-roll] bobina f aplanada
— **lineshaft** n - [mech] árbol m, or eje m, para transmisión f nivelado
— **metal** n - [mech] metal m nivelado
— **rail** n - [rail] riel m, or carril m, nivelado
— **sheet** n - [metal-roll] chapa f, or hoja f, or lámina f, aplanada
— **strip** n - [metal-roll] banda f, or cinta f, or chapa f, aplanada; fleje m aplanado
— **surcharge** n - sobrecarga f nivelada
— **surface** n - superficie f nivelada
— **up** a - enrasado,da; nivelado,da
leveler n - [mech] nivelador m • [metal-roll] niveladora f; planchadora f; aplanadora f; planeadora f • unidad f para aplanado m; enderezadora f
— **approach table** n - [metal-treat] mesa f para entrada f para niveladora f
— **bar** n - barra f niveladora
— **line** n - [metal-treat] línea f planchadora
— **operator** n - [constr] operador m para, niveladora f, or aplanadora f
— **operator assistant** n - [constr] operador m ayudante para, niveladora f, or aplanadora f
— **run-out table** n - [mech] mesa f para salida f, or entrega f, para, niveladora f, or aplanadora f
leveling n - . . .; aplanamiento m; emparejamiento m • aplanado m • planeidad f | a - [mech] . . .; planchador,ra
— **and shearing line** n - [metal-treat] línea f para, aplanamiento m, or nivelación f, y corte
— **bar** n - [mech] barra f niveladora
— **beam** n - [constr] viga f para, nivelación f, or enrase m
— **block** n - [mech] bloque m, or taco m, para nivelación f
— **charge** n - [transp] cargo m por nivelación f
— **crew** n - [constr] cuadrilla f para nivelación
— **instrument** n - instrumento m, or dispositivo m, para nivelación f
— **line** n - [metal-treat] línea f, planchadora, or para, aplanamiento m, or nivelación f
— **party** n - [constr] cuadrilla f para nivelación
— **plate** n - [mech] plancha f, or placa f, para nivelación f
— **pole** n - [topogr] mira f
— **procedure** n - [ind] procedimiento m para nivelación f
— **rod** n - [coke] varilla f para allanar • [topogr] mira f
— **roll(er)** n - [metal-roll] rodillo m, aplana-

leveling screw

dor, or, or nivelador, or para, nivelación f, or aplanamiento m
leveling screw n - [mech] tornillo m para nivelación f
— **staff** n - [topogr] mira f
— **system** n - [constr] sistema m para nivelación
— **unit** n - [metal-roll] dispositivo m para, aplanado m, or nivelación f
— **up** n - nivelación f; enrasamiento m; enrase m
levelman n - [topogr] nivelador m
levelness n - llanura f; planitud* f
— **quality** n - calidad f de planitud* f
lever n - [mech] . . . • espeque m; manivela f • [scales] leva f
— **arm** n - [mech] brazo m para palanca f • brazo m con palanca f
— — **assembly** n - [mech] conjunto m de brazo m para palanca f
— — **stop** n - [mech] tope m para brazo m para palanca f
— — — **pin** n - [mech] pasador m para tope m para brazo m para palanca f
— **assembly** n - [mech] conjunto m de palanca f
— **bank** n - [mech] juego m de palanca(s) f
— **block** n - [mech] bloque m para palanca f
— **bracket** n - [mech] ménsula f para palanca f
— **condition lifting** n - [mech] elevación f en condición f nivelada
— **control** n - [mech] regulación f de palanca f • regulador m para palanca f
— — **stop** n - [mech] tope m para regulador m para palanca f
—, **disengagement**, or **disengaging** n - desengrane m de palanca f
— **fork** n - [mech] horquilla f para palanca f
— **drag** n - [mech] arrastre m de palanca f
— **drive** n - [mech] mando m con palanca f
—, **engagement**, or **engaging** n - [mech] engrane m de palanca f
— **forward movement** n - [mech] avance m de palanca f; movimiento m de palanca f hacia adelante
— — **push(ing)** n - [mech] avance m de palanca f
— **friction latch** n - [mech] pestillo m por fricción f para palanca f
— **fulcrum** n - [mech] punto m para apoyo m, or fulcro m, para palanca f
— — **pin** n - [mech] pasador m para, fulcro m, or punto m para apoyo m, para palanca f
— **grip (handle)** n - [mech] empuñadura f para palanca f
— **hand grip** n - [mech] empuñadura f para palanca f
— — **pad** n - [mech] asidero m para palanca f
— **handle** n - [mech] asidero m para palanca f
— — **assembly** n - [mech] conjunto m de asidero m para palanca f
— **hoist** n - [mech] elevador m con palanca f
— **holding** n - [mech] mantenimiento m de palanca
— **hub** n - [mech] cubo m para palanca f
— — **oil** n - [mech] aceite m para cubo m para palanca f
— — — **hole** n - [mech] orificio m para aceite m para cubo m para palanca f
— **inspection** n - [mech] inspección f de palanca
— **knob** n - [mech] perilla f en palanca f
— **latch** n - [mech] pestillo m para palanca f
— **link** n - [mech] eslabón m para palanca f
— **lock** n - [mech] traba f para palanca f
— **locking** n - [mech] trabadura f para palanca f • fijación f de regulador m
— **move(ment)** n - [mech] movimiento m de palanca
— **moving** n - [mech] movimiento m de palanca f
— **operated** a - [mech] operado,da con palanca f
—, **operating**, or **operation** n - [mech] operación f de palanca f
— **operator** a - [valv] con mando m con, or operado,da con, palanca f
— **pawl** n - [mech] trinquete m para palanca f
— — **link** n - [mech] eslabón f, or conectador m, para trinquete m para palanca f

- 962 -

lever pin n - [mech] pasador m para palanca f
— **positioning** n - [mech] colocación f (en posición f), or regulación f, de palanca f
— **pulling** n - [mech] tiro m de palanca f
— **pushing** n - [mech] empuje m de palanca f
— **put in reverse (position)** n - [mech] palanca f puesta en (posición f para), retroceso m, or marcha f atrás
— **putting** n - [mech] puesta f de palanca f
—, **release**, or **releasing** n - aflojamiento m, or suelta f, de palanca f
— **safety valve** n - [boilers] válvula f para seguridad f con palanca f
— **setting** n - [mech] colocación f, or puesta f, a punto m, or ajuste m, or fijación f, de palanca f
— **shaft** n - [mech] árbol m, or eje m, para palanca f
— **spacer** n - [mech] separador m para, árbol m, or eje m, para palanca f
— **shift(ing)** n - [mech] cambio m de palanca f
— **size** n - [mech] tamaño m, or medida(s) f, de palanca f
— **spacer** n - [mech] separador m para palanca f
— **spring** n - [mech] resorte m para palanca f
— **stop** n - [mech] tope m para palanca f
— — **assembly** n - [mech] conjunto m de tope m para palanca f
— — **handle** n - [mech] asidero m para tope m para palanca f
— — — **assembly** n - [mech] conjunto m de asidero m para tope m para palanca f
— — **screw** n - [mech] tornillo m para tope m para palanca f
— — — **nut** n - [mech] tuerca f para tornillo m para tope m para palanca f
— **striking** n - [mech] golpeteo f en palanca f
— **swivel** n - [mech] brazo m giratorio m de palanca f
— **turn(ing)** n - [mech] giro m de palanca f
— **type** n - [mech] tipo m de palanca f • tipo m con palanca f
— **control** n - [mech] regulador m de tipo m (con) palanca f
— **load binder** n - [chains] atatronco(s) m, or afianzador m, con palanca f para carga f afianzador m para carga(s) f de tipo m con palanca f
— **wing nut** n - [mech] tuerca f mariposa para palanca f
leverage n - . . .; palanqueo* m • . . .; acción f de palanca f • [fig] estímulo m | v - [fig] estimular
— **producing** a - estimulante; (muy) influyente
leveraged a - [fig] estimulado,da
leveraging n - [fig] estímulo m
leverless a - [mech] sin palanca(s) f
— **cultivator** n - [agric-equip] cultivador(a) sin palanca(s) f
— **disk harrow** n - [agric] rastra f con disco(s) m sin palanca(s) f
— **harrow** n - [agric-equip] rastra f sin palanca
— **tractor disk harrow** n - [agric-equip] rastra f con disco(s) m sin palanca(s) f para tractor
levied a - gravado,da • devengado,da
Leviton switch n - [electr-equip] conmutador m Leviton
levy n - . . . • devengo m • [fisc] tasa f; gravamen | v - . . . • devengar
lewd a - . . .; voluptuoso,sa
lexicographer n - . . .; vocabularista m
lg a - see **large**
li n - [metric] see **liter**
liability accepting n - aceptación f de responsabilidad f
—, **change**, or **changing** n - [fin] cambio m de responsabilidad
— **denial** n - denegación f de responsabilidad f
— **insurance** n - [com] seguro m sobre responsabilidad f • [insur] seguro m contra responsabilidad f (civil)

liability insurance industry n - [insur] industria f de seguro(s) m contra responsabilidad f (civil)
— **limitation** n - [legal] limitación f de responsabilidad f
—**(ties), paying,** or **payment** n pago m de pasivo
liable a - . . . . - culpable • [legal] con responsabilidad f
— **to @ permit** a - sujeto,ta a juicio m
liaison n - . . . • relación(es) f
— **manager** n - director m para relación(es) f
— **office** n - oficina f, or sección f, para enlace m
liasic a - [geol] liásico,ca
liberal a - . . . . • espléndido,da
— **addition** n - adición f liberal
— **amount** n - cantidad f, liberal, or abundante
— **coating** n - recubrimiento m, or untadura f, liberal
— **grease coating** n - [lubric] recubrimiento m, or untadura f, liberal con grasa f
— **greasing** n - [mech] engrase m liberal
— **safety factor** n - margen m, or coeficiente m, liberal para seguridad f
liberality n - . . . ; esplendidez f
liberalization n - liberalización f
liberalized a - liberalizado,da
liberalizing n - liberalización f | a liberalizador,ra
liberally grease coat v - [lubric] recubrir, or untar, liberalmente con grasa f
— — **coated** a - [lubric] recubierto,ta, or untado,da, liberalmente con grasa f
liberate v - . . . .; liberar
liberated a - liberado,da
— **hydrogen** n - [chem] hidrógeno m liberado
— — **migration** n - [metal] migración f de hidrógeno m liberado
liberating n - liberación f | a - liberador,ra
liberator n - liberador m
liberty n - . . . . • franqueza f
Libor rate n - [fin] tipo m Libor
Library of Congress n - [pol] Biblioteca f, Nacional, or de Congreso m
license n - . . . . [autom] . . .; patente f | v - . . . • [autom] matricular; patentar
— **amortization** n - [accntg] amortización f de licencia f
— **bracket** n - [autom] portapatente m
— **cancellation** n - [com] cancelación f de pattente f
— **number** n - número m de, matrícula f, or patente f, or permiso m
— **plate** n - [autom] chapa f, de matrícula f, or para patente f
— — **frame** n - [autom] portapatente m
— — **light** n - [autom-electr] luz f para, matrícula f, or patente f, or licencia f
— — — **circuit** n - [autom-electr] circuito m para luz f para, matrícula f, or patente f
licensed a - licenciado,da • [autom] matriculado,da; con patente f
— **driver** n - [autom] conductor m, aprobado, or registrado, or profesional, or autorizado
— **electrician** n - [electr] electricista f, matriculado, or autorizado, or calificado, or aprobado, or registrado
— **engineer** n - ingeniero n, matriculado, or con patente f, or registrado, or calificado
— **professional engineer** n - [engr] ingeniero m con patente f profesional
licenser n - . . . .; cedente m
licentious a - . . . .; voluptuoso,sa
licentiously adv - . . . .; voluptuosamente
licentiousness n - . . .; voluptuosidad f
lid n - . . . .; cubierta f
— **covering plate** n - [mech] placa f cubretapas
— **lining plate** n - [mech] placa f para revestimiento m de tapa f
lie n - . . . . ; falsedad f; filfa f | v - . . .; acostar(se) • . . . .; faltar a verdad f; inventar • estribar
lie flat v - . . . . • [chains] tener aspecto m aplanado; descansar en, forma f, or posición f, plana
— — **in** v - consistir en
— — **wait for** v - celar; espiar
— **under @ (differential) carrier** v - [autommech] estar debajo de portadiferencial m
lieu of standard (in) adv - en lugar de, estándar, or corriente
lieutenant commander n - [milit] . . .; teniente m de navío m
life n - . . . . • vida f (útil, or efectiva); vigencia f | a - vitalicio,cia
— **analysis** n - [ind] análisis de vida f (útil)
— **annuitant** n - [fin] vitalicista m
—, **estimating,** or **estimation** n - estimación f de vida f (útil)
— **expectancy** n - . . . .; vida f (útil), prevista, or probable, or esperada, or restante
—, **extending,** or **extension** n - [ind] extensión f de vida f (útil)
— **including** a - vivífico,ca
— **increase** n - aumento m, or prolongación f de vida f (útil)
— **loss** n - pérdida f de vida(s)
— **maximizing** n - [ind] extensión f de vida f (útil)
— **prolongation** n - prolongación f de vida f (útil)
— **quality** n - calidad f de vida f
— **shortening** n - acortamiento m de vida (útil) | a - acortador de vida f (útil)
— **stretching** n - prolongación f de vida (útil) | a - prolongador de vida f (útil)
— **study** n - estudio m de vida f (útil)
lifelong a - . . . .; vitalicio,cia
lifetime lubrication n - [mech] lubricación f, permanente, or para (toda) vida f
lift n - (esfuerzo m para) elevación f • [hydrgates] mecanismo m para elevación f • [mech] elevador m; montacargas m; ascensor m • [petrol] producción f; bombeo m; elevación f • [constr] capa f; camada f; espesor de capa f; hilada f; tirada f • [cranes] elevación f; altura f de elevación f • [transp] eslinga f; partida f; bulto m; carga f • [pumps] altura f manométrica - [transp] funicolar m; cablecarril m; ascensor m para montaña f | v - . . .; elevar; sacar • [autom] desacelerar
— **above @ ground** n - elevación f sobre suelo m | v - elevar sobre (nivel m de) suelo m
— **adaptor** n - [mech] adaptador m para elevador
— **adjuster** n - [cranes] ajustador m, or regulador m, para elevación f
— **adjustment** n - [mech] ajuste m de elevación f
— **and rotate unit** n - [tub] see **lifting and rotating unit**
— **assembly** n - [mech] conjunto m para elevación
— **attachment** n - [mech] accesorio m, or dispositivo m, para elevación f
— **bail** n - see **lifting bail**
— **@ band** v - [mech] levantar, or sacar, banda f
— **beam** n - see **lifting beam**
— **@ beam** v - [constr] elevar viga f
— **bolt** n - see **lifting bolt**
— **@ box** v - elevar cajón m
— **bridge** n - [bridges] puente m, basculante, or levadizo
— **@ cap** v - [mech] levantar casquete m
— **capacity** n - see **lifting capacity**
— **check valve** n - see **lifting check valve**
— **@ clamp** v - [mech] elevar, mordaza f, or sujetador m
— **control** n - [mech] regulador m para elevación
— — **lever** n - [mech] palanca f para regulador m para elevación f
— **controlled flat back sluice gate** n - [hydr] compuerta f para esclusa f levadiza con dorso m plano
— — **flat back gate** n - [hydr] compuerta f le-

lift controlled gate

vadiza con dorso m plano
lift controlled gate n - [hydr] compuerta f levadiza (controlada)
— — **sluide gate** n - [hydr] compuerta f esclusa levadiza controlada
— @ **cover** v - levantar, tapa f, or cubierta f
— **cylinder** n - see **lifting cylinder**
— @ **differential** v - [autom-mech] levantar, or elevar, diferencial m
— @ — **assembly** v - [autom-mech] levantar, or elevar, conjunto m de diferencial m
— @ **door** v - [mech] levantar puerta f
— **drive** n - [mech] accionamiento m para elevador m
— @ **drive** v - [mech] levantar accionamiento m
— @ **drum** v - [mech] elevar, or levantar, tambor
— @ **dust gathering duct** v - [ind] levantar conducto m para recolector m para polvo m
— @ **electrode** v - [weld] levantar, or elevar, or alzar, electrodo m
— **finger** n - see **lifting finger**
— **from** @ **work** v - [weld] levantar de sobre trabajo m
— **gate** n - [hydr] compuerta f levadiza
— @ **gun** v -]weld] levantar pistola f
— @ — **from** @ **work** v - [weld] levantar pistola f de sobre, trabajo m, or pieza f que se esté soldando
— **hole** n - [mech] agujero m, or orificio m, para elevación f
— **hook** n - see **lifting hook**
— **horizontally** v - elevar, or levantar, horizontalmente
— **install** v - [constr] instalar, or colocar, en capa(s) f
— **installation** n - [constr] instalación f, or colocación f, en capa(s) f
— **installed** a - [constr] instalado,da, or colocado,da, en capa(s) f
— **into** @ **place** v - [cranes] colocar con grúa f
— @ **lance** v -]metal-prod] levantar lanza f
— **lever** n - [mech] see **lifting lever**
— @ **liner clamp** v - [mech] elevar, mordaza f, or sujetador m, para camisa f
— @ **load** v - [cranes] elevar, or izar, carga f
— **making** n - [cranes] realización f de elevación f
— **nut** n - [mech] see **lifting nut**
— **off** n - [mech] descargadora f | v - quitar (de encima) • [mech] descargar
— — **to** @ **rack** n - descargadora f para astillero m | v - [mech] descargar a astillero m
— **out** v - extraer; sacar
— **overhead** v - elevar sobrecabeza
— **periodically** v - elevar, or levantar, periódicamente
— @ **plate** v - [cranes] elevar plancha f
— **plunger** n - see **lifting plunger**
— **pump** n - [pump] see **lifting pump**
— @ **reel** v - [mech] levantar carrete m
— **ring** n - [mech] see **lifting ring**
— @ **sheet** v - [cranes] elevar lámina f
— **slowly** v - elevar, or levantar, lentamente
— **span** n - [bridges] tramo m levadizo
— **spring** n - see **lifting spring**
— **station** n - see **lifting station**
— **support chain** n - see **lifting support chain**
— **system** n - see **lifting system**
— **tag** n - [ind] ficha f, or tarjeta, de ubicación f
— **truck** n - see **lifting truck**
— **unit** n - see **lifting unit**
— **up** v - levantar; elevar; levantar, or tirar, hacia arriba
— **valve** n - [valv] see **lifting valve**
— **vertically** v - levantar, or elevar, verticalmente
— @ **wedge** v - [mech] levantar cuña f
liftable a - levadizo,za
lifted a - levantado,da; alzado,da; elevado,da • sacado,da • [autom] desacelerado,da

- 964 -

lifted above @ **ground** a - elevado,da sobre suelo
— **beam** n - [constr] viga f elevada
— **box** n - cajón m, levantado, or elevado
— **cap** n - [mech] casquete m levantado
— **clamp** n - [mech] mordaza f elevada; sujetador m elevado
— **cover** n - tapa f, or cubierta f, levantada
— **differential** n - [autom-mech] diferencial m, levantado, or elevado
— — **assembly** n - [autom-mech] conjunto m de diferencial m, levantado, or elevado
— **door** n - [mech] puerta f levantada
— **drive** n - [mech] accionamiento m levantado
— **drum** n - [mech] tambor m, elevado, or alzado
— **dust gathering duct** n - [ind] conducto m para recolector m para polvo m levantado
— **electrode** n - [weld] electrodo m, levantado, or elevado, or alzado
— **horizontally** a - [mech] elevado,da horizontalmente
— **into** @ **place** a - [cranes] colocado,da con grúa f
— **liner clamp** n - [mech] sujetador m para camisa f elevado
— **load** n - [cranes] carga f, elevada, or levantada, or izada, or portada
— **off** a - quitado,da de (de encima)
— **out** a - extraído,da; sacado,da
— **overhead** a - elevado,da sobrecabeza
— **periodically** a - levantado,da periódicamente
— **plate** n - [cranes] plancha f elevada
— **reel** n - [mech] carrete m levantado
— **sheet** n -]cranes] lámina f elevada
— **slowly** a - levantado,da lentamente
— **up** a - levantado,da; levantado,da, or tirado,da, hacia arriba
— **vertically** a - elevado,da verticalmente
lifter n - . . .; levantador n - [mech] leva f • cama f para, árbol m, or eje m • brida f | a - elevador,ra; levantador,ra; alzador,ra
— **cog** n - [mech] leva f para eje giratorio
— **link** n - [mech] eslabón m, elevador, or para elevación f
— **pump** n - [pumps] bomba f para elevación f • bomba f aspirante
— **rod** n - [mech] vástago m levantador
— **truck** n - [mech] autoelevadora f
lifting n - . . .; elevación f; elevamiento m • izamiento m • suspensión f • extracción f; saca f • [autom] desaceleración f • [petrol] bombeo m; elevación f; producción f | a - elevador,ra
— **above** @ **ground** n - elevación sobre suelo m
— **and rotating unit** n - [tub] dispositivo m para elevación f y rotación f
— — **tilting table** n - [mech] mesa f elevadora, inclinante, or basculante, or tumbadora
— **application** n - [mech] aplicación f para elevación f
— **attachment** n - [mech] accesorio m para elevación f
— **bail** n - armella f, or gancho m, para, elevación f, or izamiento m, or levante m
— — **assembly** n - conjunto m de, gancho m, or armella f, para, elevación f, or levante m
— — **bracket** n - [mech] conjunto m de armella f para, elevación f, or levante m
— — **seal** n - sello m de armella f para alzar
— **beam** n - [constr] viga f para, elevación f, or suspensión f
— **bolt** n - [mech] perno m, or armella f, para elevación f
— **bracket** n - [mech] ménsula f para elevación f
— **cable** n - [cranes] cable m para elevación f
— **cam** n - [mech] polín m elevador; leva f para elevación f
— **capability** n - [mech] capacidad f para elevación f
— **capacity** n - capacidad f para elevación f
— **car** n - [ind] vagoneta f para elevación f
— **chain** n - [cranes] cadena f para elevación f

light duty application

lifting check valve n - [valv] válvula para retención f con cierre m vertical
— **clamp** n - [mech] mordaza f para elevación f
— **control** n - [mech] regulador m para elevación
— — **lever** n - [mech] palanca f para regulador m para elevación f
— **crane** n - [constr] grúa f para elevación f
— **cylinder** n - [mech] cilindro m para elevación
— — **hydraulic spool** n - [agric-equip] carrete m hidráulico para cilindro m para elevación f
— —, **location**, or **position** n - [agric-equip] posición f para cilindro m para elevación f
— — **retraction** n - [mech] retracción f de cilindro m para elevación f
— — **spool** n - [agric-equip] carrete m para cilindro m para elevación f
— **device** n - [mech] dispositivo m para, elevación f, or levantamiento m
— **equipment** n - [mech] equipo n, elevador, or para elevación f
— **eye** n - [mech] ojo m elevador; armella f, or ojo m, or ojal m, para elevación f
— **finger** n - [mech] uña f para elevación f
— **hole** n - [mech] orificio m para elevación f
— **hook** n - [mech] gancho m, or armella f, para, levante m, or izado m, or elevación f
— **into place** n - [cranes] colocación f con grúa
— **jack** n - [mech] gato m, elevador, or alzador, or mecánico, or para elevación f
— **job** n - [cranes] trabajo m para elevación f
— **kit** n - [mech] conjunto m, or equipo m, para elevación f
— **lever** n - [mech] palanca f para elevación f
— **machine** n - [mech] máquina f, para elevación f, or para levantar
— **magnet** n - [cranes] imán m para elevación f
— **mechanism** n - [mech] equipo m, elevador, or alzador, or para elevación f
— **nipple** n - [tub] entrerrosca f elevadora
— **nut** n - [hydr-gates] buje m roscado para elevación f
— **off** n - quita f, or elevación f, de encima
— **out** n - extracción f; saca f
— **plunger** n - [petrol] émbolo m para surgencia
— **position** n - [mech] posición f para elevación
— **pump** n - [pumps] bomba f, elevadora, or para, elevación f, or aspiración f
— — **cap** n - [int.comb] casquete m para bomba f para aspiración f
— — **lever** n - [int.comb] palanca f para bomba para, elevación f, or aspiración f
— —, **operating**, or **operation** n - [int.comb] operación f de bomba f para elevación f
— — **priming** n - [int.comb] cebadura f de bomba f para elevación f
— — — **lever** n - [int.comb] palanca f para cebadura f de bomba f para elevación f
— **rig** n - [mech] (aparato) elevador m
— **ring** n - [mech] aro m, or armella f, para, elevación f, or levante m
— **shackle** n - [mech] grillete m, elevador, or para elevación f
— **speed** n - [mech] velocidad f para elevación f
— — **control(ling)** n - [mech] regulación f de velocidad f para elevación f
— **spider** n - [petrol] araña f, or mordaza f, or grapa f con uña(s) f, para elevación f
— **spring** n - [mech] resorte m, alzador, or elevador
— **station** n - estación f, elevadora, or para, elevación f, or bombeo m
— **support chain** n - [mech] cadena f para soporte m para elevación f
— **switch cam** n - [electr-equip] leva f para interruptor m limitador
— **system** n - [petrol] sistema m para, elevación f, or producción f, or bombeo m • [cranes] (serie f de) equipo(s) m elevador(es)
— **table** n - [mech] mesa f elevadora
— **tackle** n - [mech] aparejo m, elevador, or para elevación f

lifting truck n - [ind] motoestibadora f; autoelevadora f; (carretilla) apiladora f; zorra f elevadora; cargadora f frontal
— **unit** n - [mech] dispositivo m, elevador, or para elevación f
— **up** n - elevación f; levantamiento m
— **valve** n - [valv] válvula f con, movimiento m, or cierre m, vertical
— **work** n - [cranes] trabajo m para elevación f
light n - . . . • lámpara f; fanal m; lumbrera f • [electr-illum] lamparilla f | a - liviano,na • [textil] fresco,ca | adv - . . . • menor | v - alumbrar; iluminar • encender; prender
— **abrasion** n - [mech] abrasión f leve
— **aggregate** n - [metal-prod] árido m ligero
— **air stream** n - chorro m débil de aire m
— **alloy** n -]metal] aleación f ligera
— — **blade** n - [mech] cuchilla f con aleación f ligera • [fans] paleta f con aleación f ligera
— **application** n - aplicación f liviana
— **barbed wire** n - [metal-wire] alambre m con púa(s), fino, or liviano
— **beam** n - [constr] viga f liviana • [phys] haz f de luz
— **blond** a rubio,bia claro,ra
— **blue** n azul m claro | a - azul m claro; zarco,ca
— @ **bonfire** v - fogorizar
— **boom** n - [cranes] aguilón m liviano
— **breakfast** n - [culin] desayuno m liviano
— **brown** n - castaño m claro | a - castaño claro
— — **coating** n recubrimiento m castaño claro
— **brush** n - [tools] pincel m liviano • [botan] broza f pequeña • [constr] cepillo m liviano
— — **drag** n - [constr] rastra f con cepillo(s) m liviano(s) • rastra f para broza f menor
— **bulb** n - [electr-illum] lamparilla f, or bombilla f, para, alumbrado m, or luz f
— — **replacement** n - [electr-illum] reemplazo m para, lamparilla f, or bombilla f, para alumbrado m
— — **replacing** n - [electr-illum] reemplazo m de, lamparilla f, or bombilla f, para alumbrado m
— @ **burner** v - [combust] encender quemador m
— @ **call light** v - [telecom] encender, or prender, luz f para llamada f
— **chain** n - [chains] cadena f liviana
— **chemistry** n - [chem] química f liviana
— **circuit** n - [electr-instal] circuito m para alumbrado m
— **circular indication** n - [weld] mancha f circular clara
— **clamp** n - [mech] mordaza f liviana
— **coat(ing)** n - capa f delgada; recubrimiento m liviano
— **coated** a - con recubrimiento m liviano
—(s) **combination** n - [electr-illum] combinación f de luces f
— **compacting** n - [constr] compactación f ligera
— — **equipment** n - [constr] equipo m compactador liviano
— **compaction** n - [constr] compactación f ligera
— **concentration** n - concentración f liviana
—, **connecting**, or **connection** n - [electr-instal] conexión f de luz f
— **cover(ing)** n - cobertura f liviana
— **crane** n - [cranes] grúa f liviana
— **creosote oil** n - aceite m liviano de creosota
— **cut** n - [mech] fresado m ligero
— **dimming** n - [illum] palidecimiento m de luz f
— **dirt accumulation** n - acumulación f, ligera, or leve, de, tierra f, or polvo m
— **distillate** n - [petrol] destilado m liviano
— **draft** n - tiro m liviano; corriente f débil
— **drag** n - [constr] rastra f liviana
— **driving equipment** n - [constr] equipo m liviano para hincadura f
— **duty** n - trabajo m, or servicio m, liviano | a - para, trabajo m, or servicio m, liviano
— — **application** n - aplicación f, liviana, or

light duty arc torch

para servicio m – liviano m
light duty arc torch n – [weld] antorcha f con, arco m, or dos polos m, para trabajo(s) m liviano(s)
— — **boom** n – [cranes] aguilón m para servicio m liviano
— — — **crane** n – [cranes] grúa f con aguilón m para servicio m liviano
— — **brushholder** n – [electr-mot] portaescobilla(s) m para trabajo(s) m liviano(s)
— — **bucket** n – [constr-equip] cangilón m, or cucharón m, para servicio m liviano
— — **crane** n – [cranes] grúa f para servicio m liviano
— — **gun** n – [weld] pistola f para trabajo(s) m liviano(s)
— — **torch** n – [weld] antorcha f para trabajo(s) m liviano(s)
— — **welder** n – [weld] soldadora f, para servicio m liviano, or con capacidad f reducida
— — **wire torch** n – see **light duty arc torch**
— **emitting diode** n – [electron] diodo m, emisor de luz f, or (electro)luminiscente
— — **indicator** n – [electron] indicador m para diodo m emisor de luz f; diodo m (electro)luminiscente
— — — **lighting** n – [electron] encendimiento m de diodo m, emisor de luz f, or (electro)luminiscente
— — — **replacement** n – [electron] reemplazo de diodo m, emisor de luz f, or [electron]luminiscente
— — — **with @ bezel** n – [electron] diodo m, (electro)luminiscente, con dispositivo m para montaje m
— **end** n – [mech] extremo m liviano
— **engaging** n – [electron] conexión f, or encendido m, de luz f
— **engine** n – [comb.int] motor m liviano
— — **oil** n – [int.comb] aceite m, liviano para motor(es) m, or para motor(es) m liviano(s)
— **equipment** n – [ind] equipo m liviano • [electr-illumin] equipo m para, iluminación f, or alumbrado m
— **fabrication** n – [weld] soldadura f liviana para, fabricación f, or producción f
— — **weld(ing)** n – [weld] soldadura f liviana para, fabricación f, or producción f
— **face** n – [print] see **lightface**
— **(s) failure** n – [autom-electr] falla f de faro(s) m
— **film** n – película f, liviana, or delgada, or tenue, or fina
— **@ fire** v – [combust] encender, or prender, fuego m
— **fixture** n – [electr-instal] artefacto m para, iluminación f, or alumbrado m
— **flash(ing)** n – parpadeo m, or destello m, de luz f
— **flat rolled product(s)** n – [metal-roll] producto(s) laminado(s) m plano(s) liviano(s)
— **(and) flexible gun** n – [weld] pistola f liviana (y) maniobrable
— **(—) — Innershield gun** n – [weld] pistola f, Innershield, or para alambre m con alma m fundente, liviana y maniobrable
— — **fraction** n – [geol] fracción f liviana
— **@ furnace** v – [combust] encender horno m
— **@ — throat gas** v – [metal-prod] encender gas m en tragante m
— — **top gas** v – [metal-prod] encender gas m en tragante m
— **gage** n – calibre m delgado • [metal-roll] banda f, or cinta f, or chapa f, delgada; fleje m delgado | a – [metal-roll] delgado,da; con calibre m delgado
— — **cold-formed structural member** n – [metal-roll] pieza f estructural liviana conformada en frío
— — **formed steel structural member** n – [metal-roll] pieza f estructural conformada de acero m con calibre m delgado
light gage material n – [metal-roll] material m delgado
— **part** n – [mech] pieza f delgada
— **plate** n – [metal-prod] plancha f, fina, or con calibre m, delgado, or liviano
— **sheet** n – [metal-roll] chapa f liviana
— — **metal** n – [metal-roll] chapa f metálica f, delgada, or fina
— **stainless (steel)** n – [metal-roll] acero m inoxidable (con calibre m), delgado, or fino
— **steel** n – [metal-prod] acero m con calibre m delgado
— — **member** n – [constr] pieza f de acero m con calibre m delgado
— — **sheet** n – [metal-roll] chapa f liviana de acero m
— — **structural member** n – [constr] pieza f de acero m estructural con calibre m delgado
— — — **design specification** n – [constr] especificación f para proyección f de pieza f estructural de acero m con calibre m delgado
— **strip** n – [metal-roll] banda f, or cinta f, or chapa f, delgada; fleje m delgado
— — **wire** n – [electr-cond] conductor m liviano
— **@ gas** v – [combust] encender gas m
— **globe** n – [electri-instal] globo m para luz f
— **gray** n – gris m claro
— **silt** n – [geol] limo m gris claro
— — **pocket** n – [geol] bolsa f de limo m gris claro
— **grease** n – [lubric] grasa f liviana
— **green** n – verde m claro | a – verde m claro
— — **color** n – color m verde claro | a – con color m verde claro
— **grinding** n – [mech] esmerilado m, liviano, or superficial; amoladura f, liviana, or superficial
— **gun** n – [weld] pistola f liviana
— **hanging** n – [domest] colgamiento m de luz f
— **in weight** a – liviano,na
— **incidence** n – [phys] incidencia f de luz f
— **industrial area** n – [ind] zona f para industria(s) f liviana(s)
— **industry** n – [econ] industria f liviana
— **Innershield gun** n – [weld] pistola f, Innershield, or para alambre m con alma m fundente, liviana
— **inside @ cab** n – [autom] luz f en interior m de cabina f;also see **cab light(s)**
— **, installation, or installing** n – [electr-instal] instalación f de luz,ces f
— **intermittent service** n – servicio m liviano intermitente
— **jacket** n – [vest] chaqueta f liviana
— **kit** n – [electr-instal] equipo m para alumbrado m
— — **tightening** n – [electr-instal] apretadura f de conjunto m para alumbrado m
— — **wire** n – [fans] conductor m claro en equipo m
— **@ lamp** v – encender, or prender, luz f
— **leakproof** a – impenetrable a, or que no permite filtración f de, luz f
— **lens holder** n – [optics] portacristal(es) m liviano
— **lifting equipment** n – [constr] equipo m liviano para elevación f
— **@ light emitting diode** v – [electron] encender diodo m, emisor de luz f, or (electro)luminiscente
— **lime coating** n – [weld] recubrimiento m liviano de cal f
— **line** n – [drwng] trazo m fino
— **load** n – carga f liviana
— **loss** n – pérdida f menor • [autom-electr] pérdida f de faro(s) m
— **manufacturing plant** n – [ind] planta f, or establecimiento m, fabril para artículo(s) m

liviano(s)
light @ match v - encender, cerilla f, or fósforo
— **material** n - material m liviano
— —, **compacting,** or **compaction** n - [constr] compactación f, de material m liviano, or ligera de material m
— **metal** n - [metal] metal m, ligero, or liviano
— **loss** n - [metal] pérdida f de material m liviano • peso m menor de metal m
— **milling** n - [mech] fresado m ligero
— **mineral** n - [miner] mineral m liviano
— **mineralogical fraction** n - [geol] fracción f mineralógica liviana
— **motor** n - [electr-mot] motor m liviano
— **moving scratch** n - [weld] movimiento m ligero de raspado m; raspadura f liviana
— **oil** n - [lubric] aceite m liviano
— — **coat(ing)** n - capa f delgada de aceite m
— — **condenser** n - condensador m para aceite m, ligero, or liviano
— — **pump** n - [pumps] bomba f para aceite m liviano
— — — **discharge** n - [pumps] descarga f, menor de aceite m en bomba f, or de bomba f para aceite m liviano
— — — **suction** n - [pumps] n succión f, or aspiración f, de bomba f para aceite m liviano
— — **rectifier** n - [petrol] rectificador m para aceite(s) m, ligero(s), or liviano(s)
— —**(s) rectifying** n - [petrol] rectificación f de aceite(s) m, liviano(s), or ligero(s)
— — — **column** n - [petrol] columna f, rectificadora, or para rectificación f, para aceite(s) m, ligero(s), or liviano(s)
— — **scrubber** n - [coke] lavadora f para aceite m, liviano, or ligero
— — **separator** n - [petrol] separador m para aceite(s) m, ligero(s), or liviano(s)
— — — **tower** n - [coke] torre f para lavado m de aceite(s) m, ligero(s), or liviano(s)
— **open car** n - [autom] automóvil m abierto (muy) liviano m
— **ore** n - [miner] mineral m liviano
— **output** n - [ind] producción f reducida • [electron] salida f para luz f
— **oxidation** n - [metal] oxidación f ligera
— **particle** n - partícula f liviana
— **petroleum distillate** n - [petrol] destilado m liviano de petróleo m
— **@ pilot (flame)** v - [combust] encender llama f piloto
— **plant** n - [electr-prod] planta f generadora f • planta f para, iluminación f, or alumbrado
— — **generator** n - [autom-electr] generador m para planta f generadora
— — **wattage** n - [electr-prod] vataje m de planta f para, iluminación f, or alumbrado m
— **plate** n - [metal-roll] plancha f, liviana, or delgada, or fina
— — **welding** n - [weld] soldadura f de plancha(s) f liviana(s)
— **plug** n - [electr-oper] enchufe m para luz f
— **plugging in** n - [electr-oper] enchufe m de luz f
— **pneumatic hammer** n - [tools] martinete m, or martillo m, neumático liviano
— **pole** n - [electr-instal] poste m para alumbrado m
— — **manufacturer** n - [constr] fabricante m de poste(s) m para alumbrado m
— **polish(ing)** n - [mech] pulimiento m ligero
— **post** n - [electr-instal] poste m para alumbrado m
— **pressure** n - [mech] presión f, ligera, or liviana, or leve
— **product(s) storage** n - [ind] almacenamiento m, or depósito m, de producto(s) m liviano(s)
— — **warehouse** n - [ind] almacén m, or depósito m, para producto(s) m liviano(s)
— **profile** n - [metal-roll] perfil m liviano

light profile mill n - [metal-roll] laminador m para perfil(es) m liviano(s)
— **proof** a - a prueba f de luz f
— **room** n - cámara obscura; f cuarto obscuro
— **@ push button** v - [electron] encender botón m deprimible
— **radiation** n - [safety] (ir)radiación f lumínica
— **rail** n - [metal-roll] riel m liviano
— **rain** n - [meteorol] lluvia f, ligera, or suave, or liviana
— **rainfall** n - [meteorol] precipitación f pluvial escasa
— **ray** n - [phys] rayo m luminoso
— —**(s) conversion** n - [electr-oper] conversión f de rayo(s) m luminoso(s)
— **reel mounting** n - [mech] montaje m para portacarrete(s) m liviano
—**reflective paint** n - [paint] pintura f reflectora
— **requirement(s)** n - exigencia(s) f para luz f
— **retightening** n - [mech] reapretamiento m, or reajuste m ligero
— **ring** n - anillo m claro
— **rolled product** n - [metal-roll] producto m laminado liviano • (producto) laminado m plano
— **rolling** n - [metal-roll] laminación f liviana
— **rust(ing)** n - [metal] oxidación f ligera
— **scrap** n - [metal-prod] chatarra f liviana
— **section** n - sección f liviana • [metal-roll] perfil m liviano
— — **mill** n - [metal-roll] (tren) laminador m para perfil(es) m liviano(s)
— — **rolling mill** n - [metal-roll] tren m laminador para perfil(es) m liviano(s)
— **selected output** n - [electron] salida f seleccionada para luz f
— **series** n - serie f liviana | a - liviano,na
— **spring** n - [mech] resorte m liviano
— — — **washer** n - [mech] arandela f liviana con resorte m
— — **washer** n - [mech] arandela f liviana
— **service** n - servicio m liviano
— **shape** n - [metal-roll] perfil m, liviano, or ligero
— **sheet** n - [metal-roll] chapa f liviana
— — **metal** n - [metal-roll] chapa f metálica, delgada, or fina
— **sheet pile** n - [constr-pil] tablestaca f liviana
— **shower** n - [meteorol] lluvia f, liviana, or suave
— **side pressure** n - presión f lateral liviana
— **@ signal lamp** v - prender(se), or encender(s) luz f indicadora
— **slag** n - [metal-prod] escoria f, liviana, or con viscosidad f baja
— **spring** m - [mech] resorte m liviano
— **standard** n - [constr] columna f, or poste m, para alumbrado m
— — **sharing** n - [constr] compartimiento m de, columna f, or poste m, para alumbrado
— **status** n - [electr-oper] estadp m de luces f
— **@ status light** v - [electron] encender(se) luz f para estado m
— **steel plate** n - [metal-roll] plancha f, liviana, or delgada, f de acero
— **status table** n - [instrum] mesa f indicadora, or tablero m indicador, para estado m de luces f
— **steel sheet** n - [metal-roll] chapa f liviana de acero m
— **stream** n - chorro m débil
— **structural(s)** n - [metal-roll] perfil(es) m liviano(s)— — **pipe** n - [tub] tubo m estructural m liviano; tubería f estructural liviana
— **sulfide** n - [chem] sulfuro m liviano
— **surface rolling** n - [metal-roll] laminación f liviana de superficie f

light sweater n - [vest] suéter m liviano
— **(s) table** n - instrum] mesa f, or tablero m, con luces f
— **walnut** n - (color) canela claro
— — **coating** n - recubrimiento m canela claro
— **tap** n - golpe(teo) m leve
— **tapping** n - [mech] golpeteo m, or martilleo m, leve, or liviano
— **tar** n - [petrol] alquitrán m liviano
— **task** n - tarea f liviana
— **test** n - ensayo m, or prueba f, con luz f • ensayo m liviano; prueba f liviana
— **texture** f liviana
— **textured** a - con textura f liviana
— **traffic** n - [transp] tránsito m, or tráfico m, liviano
— **truck** n - [autom] (auto)camión m, ligero, or liviano; camioneta f
— — **belted tire** n - [autom-tires] neumático m con banda f circunferencial para (auto)camión m liviano
— — **bias tire** n - [autom-tires] neumático m con tela(s), a bies, or diagonal(es) para, (auto)camión m liviano, or camioneta f
— — **decking** n - [autom] piso m para camioneta
— — **line** n - [autom] renglón m de, (auto)camión(es) m liviano(s), or camioneta(s) f
— — **owner** n - [autom] propietario m, or dueño m, de, camión m liviano, or camioneta f
— — **radial (tire)** n - [autom-tires] neumático m radial para (auto)camión(es) m liviano(s)
— — **performance tire** n - [autom-tires] neumático m radial para rendimiento m alto para (auto)camión(es) m liviano(s)
— — **-sized tire** n - [autom-tires] neumático m en medida(s) para (auto)camión(es) liviano(s)
— — **tire** n - [autom-tires] neumático m para, (auto)camión(es) m liviano(s), or camioneta f
— — — **size** n - [autom-tires] medida(s) f para neumático(s) m para (auto)camiones m livianos
— — — **warranty** n - [autom-tires] garantía f para neumático(s) m para (auto)camión liviano
— — **wheel** n - [autom]-mech] rueda f para, (auto)camión m liviano, or camioneta f
— **tubing** n - [tub] tubería f liviana
— — **weld(ing)** n - [weld] soldadura f de tubería f liviana
— **typeface** n - [print] tipo m, corriente, or poco, or menos, prominente
— **undercut** n - [weld] socavación f ligera; huella f de carreta f
light up n - [combust] encendimiento m • v - [illumin] iluminar(se) • [comput] prender(se); iluminar(se); encender(se)
— **vehicle** n - [autom] vehículo m liviano
— — **wheel** n - [transp] rueda f para vehículo m liviano
— — — **disk** n - [transp] disco m para rueda f para vehículo m liviano
— **viscosity** n - viscosidad f baja; also see **low viscosity** | a - con viscosidad f baja
— — **wall piping** n - [tub] tubería f con pared(es) f delgada(s)
— — — **structural piping** n - [tub] tubería f estructural con pared(es) f delgada(s)
— — — **tubing** n - [tub] tubería f estructural con pared(es) f delgada(s)
— — **tubing** n - [tub] tubería f con pared(es) f delgada(s)
— — **walnut** n - [color] nogal m claro | a - [color] nogal claro
— **weight** n - peso m, liviano, or ligero, or reducido | a - liviano,na; ligero,ra, con poco peso m
— — **assembly** n - [mech] conjunto m con, poco peso m, or peso m reducido
— — **belt** n - [autom-tires] banda f circunferencial liviana
— — **boom** n - [cranes] aguilón m liviano • aguilón m para servicio m liviano
— — **cable** n - [weld] cable m con peso m reducido

light weight duty boom n - [cranes] aguilón m para servicio m liviano
— — — **crane** n - [cranes] grúa f con aguilón m para servicio m liviano
— — **fiberglass belt** n - [autom-tires] banda f circunferencial liviana de fibra f de vidrio m
— — **gun** n - [weld] pistola f con peso reducido
— — **metal** n - [metal] metal m, liviano, or ligero, or con peso m reducido
— — **open frame wire reel mounting** n - [weld] portacarrete m liviano abierto para rollo m para alambre m
— — **reel support assembly** n - [weld] conjunto m con peso m reducido para, soporte m para carrete m, or portacarrete(s)
— — **steel pipe** n - [tub] tube m liviano, or tubería f liviana, de acero m
— — **tapered section** n - [cranes] sección f ahusada con peso m reducido
— — — **tip** n - [cranes] punta f ahusada con peso m reducido
— — — **section** n - [cranes] sección f ahusada con peso m reducido para punta f
— — **tip section** n - [cranes] sección f con peso m reducido para punta f
— — **wire reel mounting** n - [weld] portacarrete m liviano para rollo m con alambre m
— — — **support assembly** n - [weld] conjunto m con peso m reducido para portacarrete m para alambre m
— **weldment** n - [weld] pieza f soldada liviana
— **well** v - iluminar bien
— **wheel load** n - carga f liviana para rueda f
— **work** n - trabajo m liviano
— **year** n - [astron] año m de luz f
lightbeam n - rayo m de luz f; raza f
lighted a - iluminado,da; alumbrado,da
— **dial** n - [instrum] cuadrante m luminoso
— **fascia** n - [com] franja f iluminada
— — **sign** n - [com] letrero m en franja f iluminada
— **instrument panel** n - [autom] tablero m para instrumento(s), alumbrado, or iluminado
— **overhead steel sign** n - [constr] letrero m elevado iluminado de acero m
— — **sign** n - [constr] letrero m elevado iluminado
— **pushbutton** n - [electron] botón m iluminado deprimible
— **status light** n - [electron] luz f para estado m encendida
— **steel sign** n - [constr] letrero m de acero m iluminado
— **well** a - iluminado,da bien
lighten v - aligerar; aliviar; reducir peso m • [transp] descargar • [illumin] alumbrar; iluminar • esclarecer
lightened a - aligerado,da; aliviado,da • descargado,da • [illumin] alumbrado,da; iluminado,da • esclarecido,da
lightening n - aligeración f; aligeramiento m; alivio m • [transp] descarga f
lighter n - encendedor m • [naut] gabarra f; lancha f; lanchón m; barcaza f; chalana f • fusta m | a - más liviano,na; con peso m menor | v - aligerar • [naut] alijar
— **chain** n - [chains] cadena f más liviana
— **coating** n - recubrimiento m más, liviano, or delgado
— **gage** n - [mech] espesor m menor
— — **metal** n - [metal-roll] metal m con espesor m menor
— **in weight** adv - con peso m menor; más liviano
— **lifting equipment** n - [cranes] equipo m más liviano para elevación f
— **material** n - material m más liviano
— **plate** n - [metal-roll] plancha f más, delgada, or fina
— **typeface** n - [print] tipo m menos prominente
— **weight** n - peso m menor

lightering n - aligeramiento m • [transp] alijo m; lanchaje m
— **expense** n - [transp] gasto para lanchaje m
lightface n - [print] tipo m ..., or corriente
lighting n - ...; encendimiento m • instalación f de iluminación f • ignición f
— **circuit** n - [electr-instal] circuito m para, alumbrado m, or iluminación f
— **equipment** n - [electr-instal] equipo m para, alumbrado m, or iluminación f • [autom-electr] equipo m para luz,ces f
— **feeder** n - [electr-instal] alimentador m para alumbrado m
— **fixture** n - [domest] artefacto m para, alumbrado m, or iluminación f
— — **part** n - [domest] pieza f para artefacto m para, alumbrado m, or iluminación f
— **flame** n - [combust] llama para, encendido m, or ignición f
— **group** n - [electr-prod] grupo m, or equipo m, para, alumbrado m, or iluminación f
— **kit** n - [electr-instal] equipo m para, alumbrado m, or iluminación f
— **load** n - [electr-prod] carga f para alumbrado
— **part** n - [electr-instal] pieza f para artefacto m para, alumbrado m, or iluminación f
— **plant** n - [electr-prod] planta f para alumbrado m
— **protection** n - [electr-instal] protección f para alumbrado m
— — **system** n - [electr-instal] sistema m, or red f, para protección f para alumbrado m
— **standard** n - [constr] columna f para, alumbrado m, or iluminación f • [electr-instal] norma f para, alumbrado m, or iluminación f
— **system** n - [combust] sistema m para encendido
— **tower** n - [electr-instal] torre f para alumbrado m
— **unit** n - [electr-instal] artefacto m para alumbrado m
lighting up n - [comput] encendimiento m; iluminación f; puesta f en marcha
— **voltage** n - [electr-oper] voltaje m para alumbrado m
— **wick** n - [combust] mecha f para encendido m
lightly adv - .... despacio(samente)
— **coated** a - con recubrimiento m liviano
— — **electrode** n - [weld] electrodo m con recubrimiento m liviano
— **compact @ material** v - [constr] compactar, ligeramente, or levemente, material m
— **compacted** a - [constr] compactado,da, ligeramente, or levemente
— — **(back)fill** n - (material m para) relleno m compactado, ligeramente, or levemente
— — **material** n - [constr] material m compactado, ligeramente, or levemente
— **corrosive** a - corrosivo,va levemente
— **tamped** a - [constr] apisonado,da levemente
— — **(back)fill** n - [constr] (material m para) relleno m apisonado levemente
lightning n - [meteorol] ...; fucilazo m | v - [meteorol] fucilar
— **arrester** n - [electr-instal] pararrayo(s) m; apartarrayo(s)*
— —, **damage, or damaging** n - [electr-instal] daño m a pararrayo(s) m
— — **test(ing)** n - [electr-instal] ensayo m, or prueba f, de pararrayo(s) m
— **code** n - [electr-instal] código m para protección f contra rayos m
— **conductor** n - [electr] conductor m para pararrayo(s) m
— — **ground cable** n - [electr-instal] conductor m para, toma f, or puesta f, a tierra f de pararrayo(s) m
— **protection wire** n - [electr-instal] alambre m para protección f contra rayo(s) m
— **protector** n - [electr-instal] pararrayo(s) m
— **rod** n - [electr-instal] pararrayo(s) m • barra f de pararrayo(s) m

lightning rod grounding wire n - [electr-instal] alambre m para, conexión f, or puesta f, a tierra f de pararrayo(s) m
— **stroke** n - [meteorol] fucilazo m; rayo m • [medic] fulguración f
lightninglike a - [meteorol] fulmíneo,nea
lightproof room n - [photogr] cámara f obscura
lights n - [electr-illumin] alumbrado m; luces f; also see **lighting**
lightweight a - ...; liviano,na; con peso m reducido; con poco peso m; peso m pluma; extraliviano,na • [textil] fresco,ca
— **aggregate** n - árido m, or agregado m, con peso m reducido
— **air wrench** n - [tools] llave f neumática con peso m reducido
— **autobody filler** n - [autom-body] relleno m con peso m reducido para, chapistería f, or corrocería f de automóvil m
— **clamp** n - [tools] mordaza f con peso m, liviano, or reducido
— **combination power plant and portable welder** n - [weld] combinación f liviana de planta f para energía f y soldadora f, portátil, or transportable
— — — — — **welder** n - [weld] combinación f liviana de planta f para energía f y soldadora f
— **concrete** n - [constr] hormigón m, con poco peso m, or peso m reducido
— — **fill(ing)** n - [constr] relleno m de hormigón m con peso m reducido
— — **filled** a - [constr] rellenado,da con hormigón m con peso m reducido
— **corrugated sheet** n - [metal-roll] plancha f corrugada liviana
— — **sheeting** n - tablestacado m corrugado liviano
— — **steel pipe** n - [tub] tubo m liviano, or tubería f liviana, de acero m corrugado
— — — **sheeting** n - [constr-pil] tablestacado m de acero m corrugado liviano
— **crane** n - [cranes] grúa f, liviana, or con peso m reducido
— **equipment** n - equipo m, liviano, or con peso m reducido
— **fiberglass** n - [plast] fibra f de vidrio m con peso m reducido
— **filler** n - relleno m con peso m reducido
— **headgear** n - [safety] n correaje m con peso m reducido (para cabeza f)
— **length** n - [tub] sección f liviana
— **material** n - material m con peso m, liviano, or reducido
— **metal** n - [metal] metal m, liviano, or con peso m reducido
— **mounting** n - [mech] montaje m, or soporte m, liviano, or con peso m reducido • jaula f liviana
— **pipe** n - [tub] tubo m, or tubería f, con peso m reducido
— — **section** n - [tub] sección f, liviana f de, tubo m, or tubería f, or de tubería f liviana
— **pressed steel** n - [metal-prod] plancha f (de acero m prensada liviana
— — — **plate** n - [metal-roll] plancha f liviana de acero m prensado
— **reel mount(ing)** n - [weld] montaje m, or soporte m, liviano para rollo m
— **section** n - sección f liviana
— **sheeting** n - [constr] tablestacado m, liviano, or con peso m reducido
— **side** n - [constr] cotado m liviano
— **smoke exhaust(ing) equipment** n - [weld] equipo m, liviano, or con peso m reducido, para extracción f de humo m
— **steel piling** n - [constr] tablestacado m liviano de acero m
— **welder** n - [weld] soldadora f, liviana, or con peso m reducido
— **wire reel mounting** n - [weld] soporte m, liviano, or con peso m reducido, para montaje m

de carrete m (para alambre m)
lightweight wrench n - [tools] llave f, liviana, or con peso m reducido
lignite n - [miner] . . .; carbón m pardo
— **extraction** n - [miner] extracción f, or minería f, de lignito m
— **hauler** n - [miner] acarreador m para lignito
— **tar** n - [petrol] alquitrán m de lignito
like - a - . . .; idéntico,ca; | [adv] igual que; como; semejable | v - . . .
— **function** n - función f, similar, or semejante
— **input line** n - [electr-instal] línea f idéntica para alimentación f
— **terminal** n - [electr-instal] borne m, similar, or idéntico
— **that** adv - tal(es) • en forma f instantánea
— @ **train** adv - [fam] como sobre riel(es) m
likley a - . . . | a - . . .; verosímilmente
— **practice** n - práctica f probable
— **safe practice** n - [safety] práctica f segura posible
— **unsafe practice** n - [safety] práctica f falto de seguridad f, posible, or probable
Lima Consensus n - [pol] Consenso m de Lima
limb n - [botan] . . . • [mech] borde m • [geol] flanco m • [astron] limbo m; tallo m
— **fragment** n - [geol] fragmento m de tallo m
limber a - . . .; fláccido,da | v - suavizar
lime n - [miner] . . .; óxido m de calcio m
— **agitator** n - agitador m para cal f
— **bath** n - baño m, en, or de, cal f
— **boil** n - [miner] hervor de cal(iza) f
— **box** n - [constr] batea f, or caja f, para cal
— **burning** n - [miner] calcinación f
— — **kiln** n - [miner] horno m para cal(cinación) f; calera f
— **chloride** n - [chem] cloruro m de cal f
— **coated** a - recubierto,ta con cal f; con baño de cal f
— — **columbium stabilized** a - [weld] (estabilizado,da) con, niobio m, or columbio m, recubierto con, or con recubrimiento m de, cal f
— — — **electrode** n - [weld] electrodo m estabilizado con, niobio m, or columbio m, recubierto con, or con recubrimiento m, de cal
— — **electrode** n - [weld] electrodo m, recubierto con, or con recubrimiento m de, cal f
— — — **slag** n - [weld] escoria f de electrodo m con recubrimiento m de cal f
— — **unstabilized electrode** n - [weld] electrodo m no estabilizado, recubierto con, or con recubrimiento m con, cal f
— **coating** n - recubrimiento m, calcáreo, or calizo, or con cal f
— **cooling** n - [metal-treat] enfriamiento n en cal f
— **fine(s)** n - [metal-prod] fino(s) m de cal f
— **hypochlorite** n - [chem] hipoclorito m de cal
— — **diluted solution** n - [chem] disolución f diluida de hipoclorito m de cal f
— — **solution** n - [chem] disolución f de hipoclorito m de cal f
— **kiln** n - [miner] horno m para cal f
— **leg** n - [distil] sección f con cal f
— **milk** n - lechada f de cal f
— **mixing vat chute** n - [metal-prod] rampa f de encaladora f
— — **agitator** n - [metal-prod] agitador m en, encaladora f, or máquina f para encalar
— **quarry** n - [miner] cantera f para cal f
— **quenching** n - [miner] apagado m de cal f
— — **tank** n - [ind] estanque m para apagado m de cal f
— @ **rod** v - [metal-treat] encalar varilla f
— **hypochlorite** n - [chem] hipoclorito m de calcio m
— **slaking** n - [miner] apagado m, or hidratación f, de cal f
— **slow cooling** n - [metal-treat] enfriamiento m lento en cal f

lime sower n - [agric] distribuidor m para cal
— **spreader** n - [agric] distribuidor m para cal
— **use** n - [miner] uso m, or empleo, de cal f • [ind] consumo m, or gasto m, de cal f
— **wash** n - encaladura f; encalado m • [metal-prod] encaladora f | v - encalar
— — **agitator** n - [metal-prod] agitador m en encaladora f
— — **stirrer** n - [metal-prod] agitador m en encaladora f
— **washed** a - encalado,da
— **washer** n - [metal-prod] encaladora f
— **washing** n - encalado m; encaladura f | a - encalador,ra
— — **station** n - [metal-prod] puesto m para, encalado m, or encaladura f
— — **water** n - agua m, de, or con, cal f
limed rod n - [metal-treat] varilla f encalada
limekiln n - [miner] horno m para cal f; calera f
limestone n - [miner] . . . • [geol] piedra f calcárea • [metal-prod] castina f
— **analysis** n - [miner] composición f (química) de caliza f
— **bin** n - [metal-prod] tolva f para caliza f
— **burning** n - [miner] calcinación f de, cal f, or piedra f caliza
— **, calcination**, or **calcining** n - [miner] calcinación f de (piedra) caliza f
— **charging** n - [metal-prod] carga f de (piedra) caliza f
— **consumed** n - [miner] (piedra) caliza f consumida
— **consumption** n - [miner] consumo m de (piedra) caliza f
— **fine(s)** n - [metal-prod] fino(s) m de, cal f, or (piedra) caliza f
— **grading** n - [metal-prod] clasificación f de (piedra) caliza f
— **oven** n - [miner] horno m para (piedra) caliza f
— **price** n - [miner] precio m de (piedra) caliza
— **per ton** n - [miner] precio m por tonelada f para (piedra) caliza f
— **product(s)** n - [miner] producto(s) m (derivado(s)) de (piedra) caliza f
— **reserve(s)** n - [miner] reserva(s) f de (piedra) caliza f
— **rock** n - [geol] roca f caliza
— **screening** n - miner] cribado m de (piedra) caliza f
— **screenings** n - [constr] granzón m de (piedra) caliza f
— **spreader** n - [agric] distribuidor m para, cal f, or (piedra) caliza f
— — **hood** n - [agric] cubierta f para distribuidor m para, cal f, or (piedra) caliza f
— **storage** n - [metal-prod] almacenamiento m de (piedra) caliza f
— **water** n - [hydr] agua m calcárea
liming n - encaladura f; encalado m
limit n - . . . . tolerancia f • ámbito m • [instrum] limitador m; calibrador m • [roads] velocidad f máxima | v - . . . . • especializar
— @ **acceptance** v - limitar aceptación f
— @ **action** v - limitar, acción f, or actuación
— @ **admixture** v - [weld] limitar mezcla f (de metal m aportado con el de base f)
— @ **alternating welding current** v - [weld] limitar amperaje m de corriente f alterna para soldadura f
— @ **angle** v - limitar ángulo m
— **approval** n - [fin] aprobación f de límite m
— **authorization** n - autorización f límite
— **automatically** v - limitar automáticamente
— @ **bar length** v - [metal-prod] limitar largo m de barra(s) f
— @ **blend** v - limitar mezcla f
— **block** n - [mech] bloque m para límite m
— @ **boom angle** v - [cranes] limitar ángulo m de aguilón m
— **breaker** n - [electr-instal] interruptor m de

límite m
limit @ capacity v - limitar capacidad f
— **@ charging current** v - [electr-oper] limitar corriente f para carga f
— **@ current** v - [electr-oper] limitar corriente
— **date** n - fecha f límite
— **delivery date** n - fecha f límite para entrega
— **demand** n - [ind] demanda f, límite, or tope
— **@ direct welding current** v - [weld] limitar amperaje m en corriente f continua para soldadura f
—**(s), establishing,** or **establishment** n - establecimiento m, or determinación f, de límites
— **exceeding** n - exceso m de límite(s) m
— **fuse** n - [electr-equip] fusible m limitador
— **gage** n - [instrum] calibrador m, or calibre m, para, límite(s), or tolerancia(s) f • plantilla f para límite(s) m
— **@ gap** v - [weld] limitar separación f
— **greatly** v - limitar grandemente
— **height** n - altura f límite
— **@ liability** v - [legal] limitar responsabilidad f
— **mark** n - marca f, de, or para, límite m
— **marking** n - marcación f para límite m
— **@ maximum angle** v - limitar ángulo m máximo
— **@ — boom angle** v - [cranes] limitar ángulo m máximo para aguilón m
— **@ minimum angle** v - limitar ángulo m mínimo
— **@ — boom angle** v - [cranes] limitar ángulo m mínimo para aguilón m
— **@ pressure** v - limitar presión f
— **relay** n - [electr-equip] relé m limitador
— **@ responsability** v - [legal] limitar responsabilidad f
— **@ risk** v - [insur] limitar riesgo m
— **@ screen** v - [electron] limitar pantalla f
— **screw** n - [mech] tornillo m, (para) límite m, or limitador
— **@ space** v - limitar espacio m
— **@ success** v - limitar éxito m • [sports] limitar triunfo(s) m
— **@ surcharge** v - limitar sobrecarga f
— **switch** n - [electr-equip] interruptor m limitador; llave f límite; limitador m para corriente f; also see **limiting switch** • [mech] final m de carrera f
— — **adjustment** n - [mech-instal] ajuste m en interruptor m limitador
— **system** n - see **limiter system**
— **@ travel speed** v - [weld] limitar velocidad f para avance m
— **@ turboboosting** v - [int.comb] limitar aceleración f con turboalimentación f
— **value** n - valor m límite
— **@ warranty** v - limitar garantía f
limitating purpose(s) n - título m limitativo
limitation n - . . . . - carácter m limitativo • [legal] prescripción f
— **extension** n - extensión f de limitación f
—, **placement,** or **placing** n - colocación f, or fijación f, de, limitación f, or límite m
—**(s) schedule** n - detalle m de limitación(es) f
—**(s) statute** n - [legal] prescripción f
limited a - . . . .; ajustado,da; definido,da • [legal] con responsabilidad f limitada; also see **limited liability**
— **acceptance** n - aceptación f limitada
— **access** n - acceso m limitado
— — **facility** n - [roads] vía f para tránsito m con acceso m limitado
— — **highway** n - [roads] carretera f con acceso m limitado
— — **variety** n - [roads] tipo m con acceso m limitado
— **action** n - acción f, or actuación f, limitada
— **field** n - campo m con acción f limitada
— **adjustment** n - ajuste m, limitado, or pequeño
— **alternating welding current** n - [weld] amperaje m limitado para soldadura f con corriente f alterna

limited amount n - cantidad f limitada; monto m limitado
— **angle** n - ángulo m limitado
— **attack** n - ataque m limitado
— **automatically** a - limitado,da automáticamente
— **boom angle** n - [cranes] ángulo m limitado para aguilón m
— **budget** n - [fin] presupuesto m, limitado, or reducido
— **capacity** n - capacidad f limitada
— **charging current** n - [electr-oper] corriente f limitada para carga f
— **company** n - [legal] compañía f, or empresa f (con responsabilidad f) limitada
— **control** n - regulación f limitada • [transp] gobierno m limitado
— **corporation** n - [legal] sociedad f, or empresa f, (con responsabilidad f) limitada
— **current** n - [electr-oper] corriente f limitada
— **decarburization** n - [metal-prod] descarbonización f limitada
— **direct welding current** n - [weld] amperaje m limitado en corriente f alterna para soldadura f
— **duration** n - duración f limitada
— **efficiency** n - eficiencia f limitada
— **experience** n - experiencia f limitada
— **extent** n - alcance m limitado | adv - en forma f somera
— **greatly** a - limitado,da grandemente
— **headroom** n - [constr] altura f limitada
— — **condition** n - [constr] condición(es) f de altura f limitada
— — **problem** n - [constr] problema m con altura f limitada
— **height** n - altura f limitada
— **inclusion** n - inclusión f limitada
— **input** n - [electr-oper] corriente f de entrada f limitada
— **length adjustment** n - [mech] ajusto m, limitado, or pequeño, en longitud f
— **liability** n - [legal] responsabilidad f limitada
— — **company** n - [legal] compañía f, or empresa f, or sociedad f, con responsabilidad f limitada; empresa f limitada • sociedad f anónima
— — **corporation** n - [legal] sociedad f, or empresa f, con responsabilidad f limitada; empresa f limitada
— **marginal scrap** n - [metal-prod] chatarra f marginal limitada
— **maximum angle** n - ángulo m máximo limitado
— — **boom angle** n - [cranes] ángulo m máximo limitado para aguilón f
— **minimum angle** n - ángulo m mínimo limitado
— — **boom angle** n - [cranes] ángulo m mínimo limitado para aguilón m
— **number** n - número m limitado
— **partnership** n - [legal] socidad f, comanditaria, or de capital m e industria f
— **ownership** n - [legal] propiedad f limitada; dominio m limitado • limitación f de dominio
— — **share** n - [legal] acción f con limitación f de, dominio m, or propiedad
— **partnership** n - [legal] comandita f
— **period** n - período m limitado
— **porosity** n - [weld] porosidad f limitada
— **practice** n - práctica f limitada
— **pressure** n - presión f limitada
— **quantity** n - cantidad f limitada
— **right-of-way** n - [constr] franja f expropiada limitada
— **risk** n - [insur] riesgo m limitado
— **scattered porosity** n - [weld] porosidad f dispersa f limitada
— **scope** n - alcance m, or radio m, or campo m, para acción f, limitado
— **scrap** n - [metal-prod] chatarra f limitada
— **screen** n - [electron] pantalla f limitada
— **size(s) number** n - número m limitado de, ta-

limited slag inclusion(s) — 972 —

maño(s) m, or medida(s)
limited slag inclusion(s) n - [weld] inclusiones f de escoria limitadas
— **slip** n - [mech] desplazamiento m limitado
— — **differential** n - [mech] diferencial m con desplazamiento m limitado
— **slipping** n - [mech] desplazamiento m limitado
— **space** n - espacio m limitado
— **success** n - éxito m limitado • [sports] triunfo(s) m limitado(s)
— **surcharge** n - sobrecarga f limitada
— **travel speed** n - [weld] velocidad f limitada para avance m
— **usefulness** n - utilidad f limitada
— **warranty** n - garantía f limitada
— — **for passenger and light truck tires** n - [autom-tires] garantía f limitada para neumático(s) para automóviles m para pasajeros y para camión(es) m liviano(s)
— **wire feed** n - [weld] see **wire feed limited speed**
— **work** n - trabajo m limitado
limiter n - limitador m | a - limitador,ra
— **system** n - sistema m limitador
limiting n - limitación f | a - . . .; limitador,ra; limitativo,va • previsto,ta | adv - en forma f limitativa
— **area** n - [geogr] zona f, límite, or limítrofe
— **deflection** n - deformación f limitadora
— **design** n - proyección f limitadora
— **design factor** n - factor m limitativo para proyección f
— — **stress** n - esfuerzo m, limitativo, or admisible, para proyección f; tensión f admisible prevista
— — **unit stress** n - esfuerzo m unitario, limitativo, or admisible, para proyección f • tensión f unitaria admisible prevista
— **element** n - elemento m limitativo
— **factor** n - factor m, limitativo, or limitador, or limitante
— **layer** n - capa f, limitativa, or limitadora
— **orifice** n - orificio m, limitativo, or limitador
— **ratio** n - razón f, límite, or limitativa
— **stress** n - [mech] esfuerzo m, limitativo, or limitador; esfuerzo m previsto; tensión f prevista
— **switch** n - [electr-instal] conmutador m limitador; llave f limitadora
— **unit stress** n esfuerzo m unitario, limitador, or admisible; tensión unitaria admisible
— **velocity** n - [hydr] velocidad f limitadora
— — **comparison** n - [hydr] comparación f de velocidad(es) f limitadora(s)
— — **water velocity comparison** n - [hydr] comparación f de velocidad(es) f limitadora(s) para agua m
— **wrench** n - [tools] llave f para fuerza f limitada
limnology n - [hydr] limnología f
limonite n - [miner] . . .; óxido m ferrohidroso
limp n - [medic] . . .; renguera f | a - . . .; rengo,ga; cojo,ja | v - . . .; renguear
limped a - cojeado,da; rengueado,da
limping n - cojera f; renguera f | a - . . .
limpness n - cojera f; renguera f • flaccidez
Linc-Fill n - [weld] soldadura f Linc-Fill m (muy) sobresaliente; soldadura f Linc-Fill
— — **assembly** n - [weld] conjunto (Linc-Fill) para soldadura con electrodo (muy) sobresaliente
— — **circuit** n - [weld] circuito m para soldadura f (Linc-Fill) con electrodo m (muy) sobresaliente
— — **connection** n - [weld] conexión f (para soldadura f) Linc-Fill con electrodo m (muy) sobresaliente
— — **extension** n - [weld] prolongación f (Linc-Fill) para electrodo m muy sobresaliente
— — — **assembly** n - [weld] conjunto m para prolongación (Linc-Fill) para electrodo m (muy) sobresaliente
Linc-Fill extension guide n - [weld] guía(dera) f (Linc-Fill) para soldadura f con electrodo m (muy) sobresaliente
— — — **guide** n - [weld] guía(dera) f Linc-Fill para electrodo m (muy) sobresaliente
— — — **tip** n - [weld] pico m para guía(dera) f (Linc-Fill) para electrodo m muy sobresaliente
— — **high current starting circuit** n - [weld] circuito m (Linc-Fill) para encendido n con amperaje m alto y electrodo m (muy) sobresaliente
— — **insulated extension** n - [weld] prolongación f (Linc-Fill) aislada para electrodo m (muy) sobresaliente
— — **joint** n - [weld] junta f (Linc-Fill) con electrodo (muy) sobresaliente
— — **kit** n - [weld] conjunto m Linc-Fill (para electrodo m (muy) sobresaliente
— — **long stickout extension** n - [weld] prolongación f (Linc-Fill) para electrodo(s) m muy sobresaliente(s)
— — **long stickout procedure** n - [weld] procedimiento m (Linc-Fill) con electrodo m muy sobresaliente
— — — **weld(ing)** n - [weld] soldadura f (Linc-Fill) con electrodo m muy sobresaliente
— — — **capability** n - [weld] posibilidad f de soldadura f (Linc-Fill) con electrodo m (muy) sobresaliente
— — **low current start(ing)** n - [weld] encendido m (Linc-Fill) con amperaje m bajo con electrodo m (muy) sobresaliente
— — — **circuit** n - [weld] circuito m (Linc-Fill) para encendido m con amperaje m bajo con electrodo (muy) sobresaliente
— — **procedure** n - [weld] procedimiento m (Linc-Fill) con electrodo m (muy) sobresaliente
— — **start(ing)** n - [weld] encendido m (Linc-Fill) con electrodo (muy) sobresaliente
— — — **circuit** n - [weld] circuito m (Linc-Fill) para encendido m con electrodo m (muy) sobresaliente
— — — **kit** n - [weld] unidad f (Linc-Fill) para encendido m con electrodo m (muy) sobresaliente
— — — **relay** n - [weld] relé m (Linc-Fill) para encendido m con electrodo m (muy) sobresaliente
— — — **option** n - [weld] relé m optativo (Linc-Fill) para encendido m con electrodo m (muy) sobresaliente
— — — **procedure** n - [weld] procedimiento m (Linc-Fill) con electrodo m (muy) sobresaliente
— — **unit** n - [weld] dispositivo (Linc-Fill) para electrodo m (muy) sobresaliente
— — — **connection** n - [weld] conexión f para dispositivo m (Linc-Fill) con electrodo m (muy) sobresaliente
— — **weld(ing)** n - [weld] soldadura f (Linc-Fill) con electrodo m (muy) sobresaliente
— — — **connection** n - [weld] conexión m para dispositivo Linc-Fill (para soldadura f) con electrodo m (muy) sobresaliente
— — — **kit** n - [weld] conjunto (Linc-Fill) para soldadura f con electrodo m (muy) sobresaliente
— **Thaw** n - [weld] descongelador m (Linc-Thaw) para tubería(s) f
— — **description** n - [weld] descripción f de descongelador (Linc-Thaw) para tuberías(s) f
linchbolt n - [mech] see **linchpin**
linchipin n - [mech] pezonera f; sotrozo m; chaveta f para eje m; clavija f • perno m para seguridad f
Lincoln accessory kit n - [weld] conjunto m Lincoln de accesorio(s) m
— **arc welder** n - [weld] soldadora f por arco m de Lincoln
— **automatic** n - [weld] soldadora f automática (de) Lincoln
— — **welder** n - [weld] soldadora f automática

(de) Lincoln
Lincoln combination constant/variable voltage power source n - [weld] fuente f para energía f Lincoln combinada para voltaje constante o variable
— — **power source** n - [weld] fuente f para energía combinada de Lincoln
— **electrode** n - [weld] electrodo m Lincoln
— **equipment** n - [weld] equipo m (de) Lincoln
— **feeder** n - [weld] alimentadora f Lincoln
— **gas welder accessory kit** n - [weld] conjunto m Lincoln de accesorios m para soldadura f con gas m
— **generator** n - [weld] generador m Lincoln
— **gun** n - [weld] pistola f (de) Lincoln
— **inert gas welder accessory kit** n - [weld] conjunto m Lincoln de accesorio(s) m para soldadura f con gas m inerte
— **kit** n - [weld] conjunto m Lincoln
— **machine** n - [weld] soldadora f Lincoln
— **power source** n - [weld] fuente f para energía f (de) Lincoln
— **Shield-Arc motor-generator (welder)** n - [weld] soldadora f con motor m eléctrico Shield-Arc de Lincoln
— — — **welder** n - [weld] soldadora f (Shield-Arc) con arco m protegido de Lincoln
— **Squirtgun** n - [weld] pistola f (Squirtgun) con alimentación f automática de electrodo m
— **stainless steel electrode** n - [weld] electrodo m Lincoln de acero m inoxidable
— **travel carriage** n - [weld] carrito m para avance m (automático) de Lincoln
— **Tungsten inert gas welder accessory kit** n - [weld] conjunto m Lincoln de accesorios m para soldadura f con tungsteno m y gas m inerte
— **weldanpower** n - [weld] soldadora f Weldanpower de Lincoln
— **welder** n - [weld] soldadora f (de) Lincoln
— — **accessory kit** n - [weld] conjunto Lincoln de accesorio(s) m para soldadura f
— **wire feeder** n - [weld] alimentadora (Lincoln) para alambre m (de Lincoln)
— — **feeding equipment** n - [weld] equipo m (de) Lincoln para alimentación f para alambre m
Lincolnductor (conductor) n - [weld] conductor m Lincolnductor
Lincolnweld n - [weld] motogenerador m Lincolnweld
— **motor generator** n - [weld] motogenerador m Lincolnweld
Lincontrol (control) n - [weld] telerregulador m, or regulador m, a distancia f, or con telemando m, Lincolntrol
— **receptacle** n - [weld] tomacorriente m para telerregulador m Lincolntrol
Lincolnweld automatic welder n - [weld] soldadora f automática (de) Lincolnweld
— **head** n - [weld] cabeza f (soldadora) Lincolnweld
— **submerged arc automatic welder** n - [weld] soldadora f automática Lincolnweld para arco m sumergido
— **tractor** n - [weld] tractor m Lincolnweld
— **welding head** n - [weld] cabeza f soldadora Lincolnweld
Lincore n - see **flux cored hardsurfacing, electrode,** or **wire**
Lincwelder n - [weld] (soldadora-generadora f) Lincwelder
line n - . . .; trazo m • fila f • serie f • [tub] . . .; conducto m; instalación f; red f • [com] . . .; surtido m; escala f; giro m; renglón m; conjunto m • [constr] alineamiento m; alineación f; hilera f; nivel m • [cabl] . . .; cable m; soga f • [legal] línea f; item m • [electr-instal] . . .; conductor m; circuito m; sección f • [comput] línea f; circuito m • [ind] sección f • [gram] verso m • [mech] filo m | v - . . .; linear • bordear • bordear • revestir; forrar; frisar • linear

| n - see **aligning; alignment**
line and grade n - [constr] alineación f y pendiente; alineación f y rasante f; traza f y nivel m
— — **control** n - [constr] control m de alineación f y pendiente f
— — **conduit** n - [tub] tubería f exterior e interior
— **appurtenance** n - [hydr] accesorio m para línea
— **attach** v - [tub] conectar con línea f
— **attached** a - conectado, da con línea f
— **attaching** n - conexión f con línea f
— @ **channel** v - [hydr] revestir cauce m
— **check(ing)** n verificación f de línea f
— **circuit** n - [electr-instal] circuito m para línea f
— **cleaner** n - [metal-roll] limpiador m para línea f
— **clogging** n - atascamiento m de tubería f
— **closing** n - [electr-instal] conexión f de línea f • [tub] obturación f de tubería f
— **compartment** n - [electr-instal] compartimiento m para línea f
— **compensation** n - [electr-distrib] compensación f para línea f
— — **equipment** n - [electr-distrib] equipo m para compensación f para línea f
— **compensator** n - [electr-distrib] compensador m para entrada f
— @ **conduit** v - [tub] revestir conducto m
— **connect** v - conectar con línea f
— **connected** a - conectado, da con línea f
—, **connecting,** or **connection** n - conexión f, de, or con, línea f
— **contactor** n - [electr-instal] interruptor m (automático) para entrada f; conectador m para línea f
— **terminal** n - [electr-instal] borne m para interruptor m automático para línea f
— **control** n - regulación f de, línea f, or tubería f • [constr] cuidado m de alineación f
— **cord** n - [electr-instal] cordón m, a línea f, or para alimentación f
— — **check(ing)** n - [electr-oper] comprobación f, or verificación f, de cordón m a línea f
— @ **culvert** v - [tub] revestir alcantarilla f
— **dampener** n - [mech] amortiguador m para línea
— — **cover** n - [mech] tapa f, or cubierta f, para amortiguador m para línea f
— — **diaphragm** n - [mech] diafragma m para amortiguador m para línea f
— — — **retainer** n - [mech] retén m para diafragma m para amortiguador m para línea f
— — **inspection** n - [mech] inspección f de amortiguador m para línea f
— — **retainer** n - [mech] retén m para amortiguador m para línea f
— — **spacer** n - [mech] separador m para amortiguador m para línea f
— **deflector** n - [mech] deflector m para línea f
— — **roll** n - [metal-treat] rodillo m deflector para línea f
— — — **spare (part)** n - [metal-roll] (pieza f para) repuesto m para rodillo m deflector m para línea f
— **deformation** n - desalineación f horizontal
— **design(ing)** n - [ind] proyección f, or diseño m, para línea f • proyección f para renglón m
— **detail** n - detalle m de línea f
— **diagram** n - [drwng] diagrama m con, línea(s) f, or trazo(s) m
— **diameter** n - [tub] diámetro m de línea f
— **discharge** n - [mech] descarga f, or purga f, por, línea f, or tubería f
— **drain** n - [mech] descarga f, or purga f, para tubería f
— @ **drain** n - [hydr] revestir desagüe m
— **drawing** n - trazado m de línea f
— **drum** n - [cranes] tambor m para cable m
— **encasement** n - [tub] entubación f de tubería f

line encasing n - [tub] entubación f de tubería
— **erection** n - [ind] montaje m de línea f
— — **supervision** n - [ind] supervisión f para montaje m de línea f
— — **technician** n - [ind] técnico m para montaje m de línea
— **expansion** n - [ind] expansión f de línea f
— @ **failed pipe** v - [constr] revestir tubería f fallada
— @ **failing conduit** v - [tub] revestir conducto m a punto m de fallar
— @ — **culvert** v - [constr] revestir alcantarilla f a punto m de fallar
— @ — **drain** v - [hydr] revestir desagüe m a punto m de fallar
— **failure** n - [electr-distrib] avería f, or falla f, en, red f, or línea • [hydr] falla f en, línea f, or tubería f
— **feed(ing)** n - alimentación f de línea f
... — **feeder** n - [avicult] alimentadora f con ... canaleta(s) f
— **filter** n - [tub] filtro m para, línea f, or tubería f
— **fitting** n - accesorio m, or pieza f para ajuste m, or dispositivo m, para línea f
— — **check(ing)** n - [tub] comprobación f, or verificación f, de accesorio m para línea f
— — **tightening** m - [mech] apretadura f, or ajuste m, de, accesorio m, or dispositivo m, para línea f
— **flexibility** n - [ind] flexibilidad f de línea
— **flocculation** n - [sanit] floculación f, en, or de, línea f
... — — **floor feeder** n - [avicult] alimentadora f con ... canaleta(s) f para piso m
— **formation** n - formación f de línea f
— **free fall** n - [cranes] caída f libre de cable
— — **operation** n - [cranes] operación f de caída f libre de cable m
— **fuse** n - [electr-instal] fusible m para línea
— **gage** n - [mech] manómetro m para tubería f
— **grommet** n - [int.comb] guardaojal m para línea f
— **header** n - [mech] cabezal m para tubería f
— **high speed** n - [cranes] velocidad f alta para cable m
— **hoist** n - [cranes] elevador m para cable m
— — **drum** n - [cranes] tambor m para cable m para elevación f
— **holder** n - [cranes] sujetador m para cable m
— **hook** n - [cranes] gancho m para cable m
— **hookup** n - [tub] conexión f, de, or con, línea f, or tubería f
— **hot side** n - [electr-instal] conductor, con corriente f
— **inspection** n - inspección f de línea f
— **installation** n - instalación f de línea f
— **internally** v - revestir interiormente
— **line** n - [electr-oper] conductor m de línea f
— **lease** n - [telecom] arrendamiento m de línea
— **length** n - [tub] largo(r) requerido
— **loss** n - [electr-distrib] pérdida f de línea
— **low point** n - [tub] punto m bajo m de línea
— **low speed** n - [cranes] velocidad f baja para cable m
— **, maintaining, or maintenance** n - [constr] mantenimiento m de alineación f
— **management** n - [com] personal m supervisor
— — **responsibility** n - [managm] responsabilidad f de personal m supervisor
— **moisture** n - [tub] humedad f en tubería f
— **monitoring** n - [comput] fiscalización f, or vigilancia f, de línea f
— **nut** n - [mech] tuerca f para línea f
— **of vision** n - [optics] visual
— **opening** n - [electr-instal] desconexión f de línea f • [tub] apertura f de línea f
— **operating management** n - [ind] personal m supervisor para operación(es) f
— **operation** n - [ind] operación f de línea f
— **parameter(s)** n - [ind] parámetro(s) de línea

line part n - [cranes] sección f de cable m
— **pipe** n - [petrol] tubo m, or tubería f, para conducción f • oleoducto m
— **plug-in pull-out type** a - [electr-instal] de tipo m enchufable directamente sobre barra f
— **portion** n - [tub] parte f de tubería f
— **post** n - [constr] poste m para línea f
— **power** n - [electr-distrib] energía f en línea
— — **portion** n - [electr-distrib] porción f de energía f en línea f
— — **taped off portion** n - [electr-distrib] porción f, bifurcada, or derivada, de energía f en línea f
— **pressure** n - presión f en, línea, or tubería
— — **control** n - regulación f de presión f en, línea f, or tubería f
— — **drop** n - [tub] caída f de presión f en, línea f, or tubería f
— **pull** n - [cranes] fuerza f de tracción f de cable m); fuerza f para arrastre m (con cable m); tiro m de línea f | v [cabl] tirar línea
— **pulling** n - [cabl] tiro m, or tracción f, en línea f
— **pulpit** n - [ind] pupitre m para línea f
— **pulsation** n - [tub] pulsación f en, línea f, or tubería f
— — **dampener** n - [mech] amortiguador m para pulsación(es) f en, línea f, or tubería f
— **pump** n - [pumps] bomba f para línea f
— **quality** n - [comput] calidad f de línea f
— — **monitoring** n - [comput] fiscalización f, or vigilancia f, de calidad f de línea f
— **relationship** n - [managm] relación(es) f con otro(s) nivel(es) m de administración f
— **relay** n - [electr-instal] relé m para línea f
— **remainder** n - [tub] resto m de, instalación f, or red f
— **replacing** n - [tub] reemplazo m de tubería f
— **requirement** n - [ind] exigencia f de línea f
— **roll** n - [metal-roll] rodillo m para línea f
— **roller** n - [cranes] rodillo m para cable m
— — **fitting** n - [cranes] pico m para engrase m para rodillo m para cable m
— — **grease fitting** n - [cranes] pico m para engrase f para rodillo m para cable m
— @ **runner** v - [metal-prod] revestir ruta f
— **saver** n - [cabl] protector m para cable m
— **scales operator** n - [ind] operador m para báscula f para línea f
— **sediment bowl** n - [int.comb] taza f para sedimento(s) m para línea f
— **shaft** n - [mech] árbol m, or eje m (maestro) para transmisión f • transmisión f
— — **drive** n - [mech] impulsión f (por medio) de, árbol m, or eje m, para transmisión f
— — **driven** a - [mech] accionado,da, or impulsado,da, por árbol m para transmisión f
— — **table** n - [mech] mesa f con impulsión f por, eje m, or árbol m, para transmisión f
— — **operated** a - [see] **line shaft driven**
— **sheave** n - [cabl] polea f para cable m
— **shutdown** n - [ind] parada f de línea f
— — **time** n - [ind] tiempo m de parada f para línea f
— **side** n - [electr-distrib] mitad f, or parte f, or conductor m, de línea f
— **solenoid** n - [int.comb] solenoide m para línea f
— — **valve** n - [int.comb] válvula f solenoide para línea f
— **spare (part)** n - [ind] repuesto m para línea
— **special roll** n - [metal-prod] rodillo m especial para línea f
— **speed** n - [ind] velocidad f para línea f • [mech] velocidad f, or rapidez f, de desplazamiento m - [cranes] velocidad f para cable
— **stake** n - [rail] estaca f para trazado m
— **start-up** n - [ind] puesta f en marcha f de línea f
— — **supervision** n - [ind] supervisión f de puesta f en marcha f de línea f

line start-up supervisor n - [ind] supervisor m para puesta f en marcha f de línea f
— starter n - [electr-instal] arrancador m para línea f
— station n - [ind] estación f en línea f
— @ structure v - [constr] revestir estructura
— supervision n - [ind] personal m supervisor
— supervisor n - [ind] supervisor m, or jefe m, or encargado m, de línea f
— support sheave n - [cranes] polea f para soporte m para cable m
— — turn sheave n - [cranes] polea f rotatoria para soporte m para cable m
— suspension n - [telecom] suspensión f de línea f
— switch n - [electr-instal] conmutador m, or interruptor m para, línea f, or energía f de entrada f
— — lug n - [electr-instal] terminal m en interruptor m para línea f
— — nameplate n - [electr-instal] marbete m, or rótulo m, or placa f para identificación, para interruptor m para línea f
— terminal n - [electr-instal] borne m para, línea f, or (para corriente f) para entrada f
— termination n - [comput] terminación f, or compleción* f, de línea f
— test n - [tub] ensayo m de línea f
— transformer n - [electr-transf] transformador m para línea f
— tune-up technician n - [in] técnico m para puesta f a punto m de línea f
— type n - [tub] tipo m, de, or para, tubería f | a - [mech] de tipo m para tubería f
— — filter n - [mech] filtro m de tipo m para, tubería f, or línea f
— up accurately v - alinear con precisión f
— — around @ circumference n - [weld] alineación f en (toda) periferia f
— — clamp n - [tub] sujetador m, or abrazadera f, or grampa f (interior) para alineación f
— — @ diaphragm v - [constr] alinear diafragma m
— — difficulty n - [mech] dificultad f, or problema m, para alineación f
— — exactly v - alinear, or apuntar, exactamente
— — on @ welding carriage n - [tub] alineación f sobre carro m para soldadora f | a - [tub] alinear sobre carro m para soldadora f
— — pointer n - indicador m para alineación f
— — @ seam v - [tub] alinear costura f • [weld] alinear cordón m
— used liquor n - [ind] licor m de salida f de línea f
— valve n - [valv] válvula f para línea f
— voltage n - [electr-distrib] voltaje m, de entrada f, or en línea f
— — compensator n - [electr-distrib] compensador m para voltaje m en línea f
— — — rheostat n - [electr] reóstato m para compensador m para voltaje m en línea f
— — fluctuation n - [electr-distrib] fluctuación f en voltaje m en línea f
— — — automatic compensation n - [electr-distrib] compensación f automática de fluctuación f de voltaje f en línea f
— — — compensation n - [electr-distrib] compensación f de fluctuación f de voltaje m en línea f
— — variation n - [weld] variación f en fluctuación en voltaje m en línea f
— volts n - [electr-distrib] see line voltage
— wedge socket n - [cranes] casquillo m para cuña f para cable m
— — — inspection n - [cranes] inspección f de casquillo m para cuña f para cable m
— weighted hook n - [cranes] gancho m lastrado para cable m
— weld(ing) n - [weld] soldadura f continua
— wire n - [metal-wire] alambre m longitudinal
— with concrete v - [hydr] encachar

line with iron v - [metal-treat] ferretear
lineage n - raza f
linear distribution n - distribución f lineal | a - formando línea f
— effective weight n - peso m lineal efectivo
— — variation n - variación f en peso m lineal efectivo
— equation n - [math] ecuación f de primer grado m
— expansion n - expansión f, or dilatación f, lineal
— — factor n - [metal] coeficiente m para dilatación f lineal
— feet n - pie(s) m lineal(es); (use meters)
— — rolled n - [metal-roll] pies m lineales laminados; (use meters)
— foot n - pie m lineal; (use meters)
— — thrust n - [constr] empuje m por pie m lineal; (use meters)
— grip stem n - [mech-rivets] vástago m de acero m (para agarro m)
— inch n - [metric] pulgada f lineal; (use centimeters)
— induction motor n - [electr-mot] motor m con inducción f lineal
— — propulsion n - [transp] propulsión f con inducción f lineal
— measure(ment) n - [metric] medida f lineal
— meter n - [metric] metro m lineal
— motion n - movimiento m lineal
— piston speed n - [int.comb] velocidad f lineal de émbolo m
— proportioning n - proporción f lineal
— scheduling n - programación f lineal
— shadow n - sombra f alargada
— speed n - velocidad f lineal
— travel n - [mech] avance m, or movimiento m, or traslación f, lineal
— weight n - peso m lineal
— weld n - [weld] soldadura f longitudinal
— yard n - [metric] yarda f lineal; (use meters)
linearity n - linealidad* f
lined a - . . . . • bordeado,da • [mech] . . .; revestido,da interiormente; con revestimiento m (interior)
— channel n - [hydr] canal m, or cauce m, revestido
— conduit n - [tub] conducto m revestido
— corrugated steel pipe n - [tub] tubería f de acero m corrugada (y), revestida, or con revestimiento m
— culvert n - [tub] alcantarilla f revestida
— drain n - [hydr] desagüe m revestido
— failed pipe n - [constr] tubo m fallado revestido; tubería f fallada revestida
— failing conduit n - [tub] conducto m revestido a punto m de fallar
— — culvert n - alcantarilla f revestida a punto m de fallar
— — drain n - [hydr] desagüe m revestido a punto m de fallar
— hearth n - [combust] hogar m revestido
— hot top n - [metal-prod] (caja f de) mazarota f, revestida, or con revestimiento m
— installation n - instalación f, revestida, or con revestimiento m
— internally a - revestido,da interiormente
— pipe n - [tub] tubo m, revestido, or con revestimiento n; tubería f, revestida, or con revestimiento m; conducto m revestido
— Smooth-Flo corrugated steel pipe n - [tub] tubo m, or tubería f, (Smooth-Flo) de acero m corrugado con interior m liso revestido,da
— steel pipe n - [tub] tubo m, or tubería f, de acero m, con revestimiento m, or revestido,da
— — water pipe n - [tub] tubo m, or tubería f, de acero m revestido,da para agua m
— structure n - [constr] estructura f revestida
— up a - alineado,da • correspondiente(s)
— — accurately a - alineado,da con precisión f

lined-up diaphragm n - [constr] diafragma m alineado
— — **on @ welding carriage** a - [tub] alineado,da sobre carro m para soldadura f
— — **seam** n - [tub] costura f alineada • [weld] cordón m alineado
— **water pipe** n - [tub] tubo m, or tubería f, con revestimiento m para agua m
— **welded steel pipe** n - tubo m de acero m soldado, or tubería f de acero m soldada, con revestimiento m; tubería f de acero m soldada revestida

lineman n - [rail] . . .; guardavía(s) m • [electr-instal] electricista m para línea f • [telecom] guardahilo(s) m
—**('s) climber** n - [electr-instal] trepador m para línea f

linen n - [textil] . . .; hilo m; fernandina f
— **cord** n - [electr-cond] cuerda f de hilo m; hilo m de lino m

liner n - [mech] aro m; cuña f; suplemento m; calza f de chapa • [petrol] camisa f (interior) • revestidor m para fondo m • tubería f para producción f • [weld] camisa f • [ind] empaquetador m • [tub] camisa f; forro m • revestidor m
— **and rod assembly** n - [petrol] conjunto m de camisa f y, varilla f, or vástago m
— — — **positive-lock retention clamp** n - [petrol] abrazadera f para retención f con cierre m positivo en conjunto(s) m de camisa f y, varilla f, or vástago m
— — — **clamp** n - [mech] sujetador m para camisa f y, varilla f, or vástago m
— — — **check(ing)** n - [mech] verificación f de sujetador m para camisa f y, varilla f, or vástago m
— — **piston** n - [mech] camisa f y émbolo m
— **assembly** n - [weld] conjunto m de camisa f
— **axis** n - [weld] eje m de camisa f
— **block** n - [constr] bloque m de revestimiento
— **bolt** n - [mech] perno m para camisa f
— **bushing** n - [mech] buje m para camisa f
— — **installation** n - [mech] instalación f, or colocación f, de buje m para camisa f
— — **removal** n - [mech] remoción f, or saca, de buje m para camisa f
— **cage** n - [petrol] caja f para camisa f
— **catcher** n - [petrol] pescador m para tubería f perdida • sujetador m para seguridad f (para tubería f)
— **chamber** n - [petrol] cámara f para camisa f
— — **cleaning** n - [petrol] limpieza f de cámara f para camisa f
— — **pump** n - [petrol] bomba f en cámara f para camisa f
— — — **part** n - [petrol] pieza f para bomba f en cámara f para camisa f
— — — — **assembly** n - [petrol] conjunto m de pieza(s) f para bomba f en cámara f para camisa f • armado m de pieza(s) f para bomba f en cámara f para camisa f
— — — — **installation** n - [petrol] instalación f, or colocación f, de pieza f para bomba f en cámara f para camisa f
— **chamfer** n - [petrol] chaflán m en camisa f
— **change** n - [mech] cambio m, or reemplazo m, de camisa f
— — **downtime** n - [petrol] tiempo m de parada f para cambio m de camisa f
— — **out** n - [mech] reemplazo m de camisa f
— **check(ing)** n - [mech] verificación f de camisa f
— **clamp** n - [mech] sujetador m, or abrazadera f, para camisa f
— — **bolt** n - [mech] perno m para sujetador m para camisa f
— — — **installation** n - [mech] instalación f, or colocación f, de perno m para sujetador m para camisa f
— — — — **removal** n - [mech] remoción f, or saca

f, de perno m para sujetador m para camisa f
liner clamp check(ing) n - [mech] verificación f de sujetador m para camisa f
— — **coating** n - [mech] recubrimiento m para abrazadera f para camisa f
— — **connector** n - [mech] conectador m para abrazadera f para camisa f
— — **installation** n - [mech] instalación f, or colocación f, de sujetador m para camisa f
— — **lifting** n - [mech] elevador m para sujetador m para camisa f
— — — **bolt** n - [mech] perno m elevador para sujetador m para camisa f
— — **pin** n - [mech] pasador m para, sujetador m, or abrazadera f, para camisa f
— — **rechecking** n - [mech] verificación f nueva de sujetador m para camisa f
— — **removal** n - [mech] remoción f, or saca f, de sujetador m para camisa f
— **clamp(ing)** n - [mech] sujeción f, or afianzamiento m, para camisa f
— **cleaning** n - [mech] limpieza f de camisa f
— **coating** n - [mech] recubrimiento m para camisa f
— **collar** n - [mech] collar m para camisa f
— **complete pushing into @ pilot bushing** n - [mech] inserción f completa de camisa f dentro de buje m piloto
— **condition** n - [petrol] condición f de camisa
— — **observing** n - observación f de condición f de camisa f
— **coolant** n - [mech] (líquido) refrigerante m para camisa f
— — **check(ing)** n - [petrol] verificación f de (líquido) refrigerante m para camisa f
— — **supply** n - [mech] abastecimiento m, or provisión f de (líquido) refrigerante m para camisa f
— **counterbore** n - [mech] contrataladro m en camisa f
— **cylinder head load** n - [petrol] carga f para camisa f para culata f cilindro m
— **diameter** n - [mech] diámetro m de camisa f
— **design** n - [constr] proyección m para revestimiento m
— **end** n - [mech] extremo m de camisa f
— — **counterbore** n - [mech] contrataladro m en extremo m de camisa f
— **face** n - [petrol] cara f, or superficie f, de camisa f
— **grease** n - [lubric] grasa f para camisa f
— **greasing** n - [mech] engrase m de camisa f
— **hanger** n - [petrol] anclaje m, or sujetador m, para tubería f, perdida, or colgante
— **hinge** n - [mech] bisagra f, or gozne m, para camisa f
— **in place locking** n - [mech] inmovilización f en sitio m para camisa f
— **inside** n - [mech] interior m de camisa f
— — **diameter** n - [mech] diámetro m interior de camisa f
— **installation** n - [mech] instalación f, or colocación f, de camisa f • [constr] instalación f de revestimiento m
— — **method** n - [constr] método m para instalación f para revestimiento
— **life** n - [petrol] vida f (útil), or duración f, de camisa f
— **locking screw** n - [mech] tornillo m para fijación f para camisa f
— **manifold** n - [mech] múltiple m para camisa f
— **oil** n - [mech] aceite m para camisa f
— — **pump** n - [mech] bomba f para aceite m para camisa f
— **outisde** n - [mech] exterior m de camisa f
— — **diameter** n - [mech] diámetro m exterior de camisa f
— **package** n - [petrol] conjunto m de camisa f
— **packing** n - [mech] empaquetadura f para camisa f
— — **adjustment** n - [petrol] ajuste m de empa-

quetadura f para camisa f
liner packing cage n - [petrol] caja f para empaquetadura f para camisa f
— — **retaining** n - [petrol] retención f de empaquetadura f para camisa f
— — — **seal** n - [mech] sello m para empaquetadura f para camisa f
— — — **set screw** n - [petrol] tornillo m para ajuste m para empaquetadura f para camisa f
— — — **sleeve** n - [petrol] manguito m para empaquetadura f para camisa f
— **pilot** n - [mech] piloto m para camisa f
— — **bushing** n - [mech] buje m piloto para camisa f
— — — **end** n - [mech] extremo m de buje m piloto para camisa f
— — — **installation** n - [mech] instalación f, or colocación f, de buje m piloto para camisa f
— — — **nut** n - [mech] tuerca f para buje m piloto para camisa f
— — — **removal** n - [mech] remoción f, or saca f, de buje m piloto para camisa f
— **pipe** n - [constr] tubería f exterior; (tubería f para) camisa f
— **piston** n - [petrol] émbolo m para camisa f
— — **chamber** n - [mech] cámara f para émbolo m para camisa f
—**piston chamber** n - [mech] cámara f para camisa f y émbolo m
— — **coolant** n - [petrol] (líquido) refrigerante m para émbolo m para camisa f
— — — **check(ing)** n - [petrol] verificación f de (líquido) refrigerante m para émbolo m para camisa f
— **plate** n - [constr] plancha f para revestimiento m (para túneles m); encubado* m
— — **cross sectional area** n - [constr] área m transversal de plancha f para revestimiento m
— — **design** n - [constr] proyección f de plancha(s) f para revestimiento m
— — **installation** n - [constr] instalación f, de, or con, plancha(s) f para revestimiento m; encubado* m
— — **property,ties** n - [constr] propiedad(es) f de plancha(s) f para revestimiento m
— — — **function** n - [constr] función f de propiedad(es) f de plancha f para revestimiento
— — **reinforcing steel liner** n - [tub] revestimiento m de refuerzo m de plancha(s) f de acero (Liner Plate) para revestimiento m
— — **required thickness** n - [constr] espesor m exigido para plancha(s) f para revestimiento
— — **ring** n - [constr] anillo m de plancha(s) f para revestimiento m
— — **structure** n - [constr] estructura f de planchas f para revestimiento m; encubado* m
— — **tunnel** n - [constr] túnel m de planchas f para revestimiento m; túnel m encubado*
— — **type** n - [constr] tipo m con planchas f para revestimiento m
— — **underpass** n - [constr] paso m inferior de planchas f para revestimiento m
— — **wall** n - [constr] pared f, or muro m, de planchas f para revestimiento m
— **prying loose** n - [mech] apalancamiento m de camisa f para soltarla
— **puller** n - [petrol] extractor m para, tubería f perdida, or camisa(s) f; tirador m para tubería f
— **pushed completely into @ pilot bushing** n - [mech] camisa f insertada completamente dentro de buje m piloto
— — **into @ pilot bushing** n - [mech] camisa f insertada dentro de buje m piloto
— **pushing into @ pilot bushing** n - [mech] inserción f de camisa f dentro de buje m piloto
— **rechecking** n - [mech] verificación f nueva de camisa f
— **removal** n - [mech] remoción f, or saca, de camisa f
— **retaining** n - [petrol] retención f de camisa

liner retaining system n - [petrol] sistema m para retención f de camisa
— — **ring** n - [mech] anillo m para revestimiento
— — **seal** n - [mech] sello m para camisa f
— — **set screw** n - [petrol] tornillo m para ajuste m para camisa f
— — — **packing** n - [petrol] empaquetadura f para tornillo m para ajuste m para camisa f
— **shim** n - [mech] calza f para camisa f
— **shoulder** n - [mech] collar m para camisa f
— **size** n - [petrol] tamaño m, or medida(s) f, de revestimiento m; diámetro m de camisa f
— — **range** n - [petrol] surtido m de camisa(s)
— **sleeve** n - [petrol] manguito m para camisa f
— **spray** n - [mech] rociador m para camisa f
— — **manifold** n - [mech] múltiple m, or distribuidor m, para rociador m para camisa f
— — — **spray nozzle** n - [mech] boquilla f rociadora para múltiple m para rociador m para camisa f
— — **pump** n - [petrol] bomba f rociadora para camisa f
— — — **sheave** n - [petrol] polea f para bomba f rociadora para camisa f
— — **sump** n - [mech] sumidero m, or colector m, para rociador m para camisa f
— — **system** n - [mech] sistema m rociador para camisa f
— **sump** n - [mech] sumidero m, or colector m, para camisa
— — **cleaning** n - [mech] limpieza f de, sumidero m, or colector m, para camisa f
— **term(s)** n - [naut] descarga f por cuenta f de buque m
— **tightening** n - [mech] ajuste m de camisa f
—**to-load liner packing** n - [petrol] camisa f para cargar empaquetadura f de camisa f
— **type** n - [mech] tipo m de revestimiento m
— **wall** n - [petrol] pared f de camisa f
— **washout** n = [petrol] filtración f por camisa
— **wear** n - [petrol] desgaste m de camisa f
— **wearing out** n - [mech] desgaste m de camisa f
lineshaft n - [mech] árbol m para transmisión f
— **leveling** n - [mech] nivelación f de árbol m para transmisión f
— **piece** n - [mech] trozo m de árbol m para transmisión f
lineup n - serie f • [legal] rueda f de presos
lingering n - . . .; pesadez f; demora f | a - . . .; persistente
— **dust** n - polvareda f persistente
lining n - . . .; revestimiento m interior • [miner] entibación f; encubado* m • [cabl] guarnición f (para polea f) • [constr] tablestacado m • encachado m • [vest] ruedo m; [mech] camisa f • [brakes] cinta • also see coating | a - revestidor,ra
— **and coating** n - revestimiento m y recubrimiento m
— — **disk assembly** n - [mech] conjunto m de forro, or revestimiento m, y disco m
— **application** n - aplicación f para revestimiento m
— **area** n - zona f para revestimiento m
— **bar** n - barra f para alineación f
— **campaign** n - [metal-prod] campaña f para revestimiento m
— **check(ing)** n - [brakes] verificación f de cinta f
— **cold side** n - [metal-prod] extremo m, or costado m, frío de revestimiento m
— **diameter** n - [constr] diámetro m de revestimiento m
— **failing** n - [constr] falla f de revestimiento
— **failure** n - [metal-prod] falla f de revestimiento m
— **hub** n - [mech] cubo m para revestimiento m
— **in poor condition** n - [metal-prod] revestimiento m en estado m malo
— — **installation** n - [constr] instalación f, or colocación f, de revestimiento m • [brakes] instalación f, or colocación f, de cinta f

lining keeper n - [mech] fijador m para, camisa f, or revestimiento m
— **material** n - [constr] entibación f; material n para, entibación f, or revestimiento m
— — **type** n - [constr] tipo m de material m para revestimiento m
— **method** n - [constr] método m para revestimiento m
— **mortar** n - [tub] mortero m para revestimiento
— **packing** n - [mech] empaque m para camisa f
— **pit** n - [metal-prod] fosa f para revestimiento m
— **placement** n - colocación f de revestimiento m
— **plate** n - [mech] placa f para revestimiento m
— **pulling** n - [mech] extracción f de, revestimientom, or camisa f, or forro m
— **range** n - surtido m, or clase(s) f, de revestimiento(s) m
— **rebuilding** n - reconstrucción f de revestimiento m
— **removal** n - [constr] remoción f, or saca f, de, revestimiento m, or camisa f • [brakes] remoción f, or saca f, de cinta f
— **replacement** n - [mech] reemplazo m para, revestimiento m, or camisa f, or forro m
— **replacing** n - [mech] reemplazo n de, revestimiento m, or camisa f, or forro m
— **ring** n - [metal-prod] anillo m para revestimiento m
— **rivet** n - [mech] remache m para, revestimiento m, or camisa f, or forro m
— **screw** n - [mech-brakes] tornillo m para cinta f
— **spinning** n - [tub] centrifugación f de revestimiento m
— **thickness** n - espesor m de revestimiento m
— — **measurement** n - [mech-brakes] medida f de, espesor m, or grosor m, de cinta f
— — **measuring** n - [mech-brakes] medición f de, espesor, or grosor m, de cinta f
— **type** n - tipo m de revestimiento m
— **up** n - alineación f • correspondencia f
— — **on @ welding carriage** n - [tub] alineación f sobre carro m para soldadura f
— **wear(ing)** n - [mech] desgaste m de cinta f
— — **check(ing)** n - [mech-brakes] verificación f de desgaste m de cinta f
— **weight** n - peso m de revestimiento m
link n - [mech] . . .; argolla f; anillo m; conexión f; liga f; barra (conectadora); barra f, or vástago m, or varilla f, para conexión f, or conectadora; engrane m • [electr-instal] acoplamiento m; conectador m; conexión f • fusible m | v - . . .; unir • engarzar
— **bar** n - [mech] barra f para, enlace m, or empalme m
— **barrel** n - [chains] costado m de eslabón m
— **belt** n - [mech] correa f articulada
— **(ed) — helical worm gear reduction** n - [mech] reducción f con engranaje m, sin fin m, or en hélice f, para correa f articulada
— — **motorized operator** n - [mech] mando m mecánico con correa f articulada
— **bending** n - [chains] torcimiento m de eslabón
— **between @ atom(s)** n - [chem] enlace m entre átomos m
— **break(ing)** n - [mech] rotura f de éslabón m
— **chain** n - [chains] cadena f de eslabónes m
— **cracking** n - [chains] agrietamiento m de eslabón m
— **description** n - [chains] descripción f de eslabón m
— **design(ing)** n - [chains] proyección f para, or configuración f de, eslabón m
— **disassembling** n - [chains] desarme m de eslabón m
— **distortion** n - [chains] deformación f de eslabón m
— **end** n - [chains] extremo m de eslabón m
— **fence** n - [constr] alambrado m de eslabón(es)
— **insertion** n - [chains] inserción f de eslabón

link joint n - [mech] junta f, or unión f, articulada
— **lever** n - [mech] palanca f para conexión f
— **mechanically** v - [mech] conectar mecánicamente
—**(s) per foot** n - [chains] eslabón(es) m por pie m; (use **meters**)
— **pin** n - [mech] pasador m para, eslabón m, or conexión f; pasador m conectador
— **pitch** n - [mech] paso m de eslabón m
— **removal** n - [chains] remoción f, or saca f, de eslabón m
— **rivet** n - [mech] remache m, or perno m, en eslabón m; also see **linkage rivet**
— **stamping** n - [chains] estampación f, or estampado m, de eslabón m
— **stretching** n - [chains] estiramiento m de eslabón m
— **stud** n - [chains] dado m en eslabón m
— **tear(ing)** n - [chains] desgarrón m en eslabón
— **@ throttle** v - [int.comb] conectar, regulador m, or acelerador m
— **@ — to @ injection pump** v - [int.comb] conectar, regulador m, or acelerador m, con bomba f inyectora
— **together** v - eslabonar, or juntar, or unir, (entre sí)
— **twist(ing)** n - [chains] (re)torcimiento m de eslabón m
—**up** n - enlace n
— **wear** n - [chains] desgaste m de eslabón m
— **worn portion** n - [chains] parte f, or porción f, desgastada de eslabón m
linkage n - . . .; enlace m • conexión f; acoplamiento m; empalme m • articulación f | a - [mech] para articulación f
—, **adjusting**, or **adjustment** n - [mech] ajuste m de, articulación f, or conexión f
—, **disconnecting**, or **disconnection** n - desconexión f de acoplamiento m
— **(grease) fitting** n - [mech] pico m para engrase m para eslabonamiento m
— **inspection** n - [mech] inspección f de conexión f
— **installation** n - [mech] instalación f de, articulación f, or eslabonamiento m
— **maladjustment** n - [mech] desajuste m de, articulación f, or eslabonamiento m
— **pin** n - [mech] pasador m, conectador, or para, articulación f, or eslabonamiento m
—, **inserting**, or **insertion** n - [mech] inserción f, or colocación f, de pasador m, conectador, or para articulación f
—, **removal**, or **removing** n - [mech] remoción f, or saca f, de pasador m conectador
—, **reconnecting**, or **reconnection** n - [mech] reconexión f de, acoplamiento m, or articulación f
— **rivet** n - [mech] remache n para, acoplador m, or conexión f, para acoplamiento m
— **to @ injection pump** n - [int.comb] conexión f con bomba f inyectora
linked a - eslabonado,da; ligado,da; unido,da
— **mechanically** a - [mech] conectado,da mecánicamente
— **throttle** n - [int.comb] regulador m, or acelerador m, conectado
— **together** a - unido,da, or juntado,da, or ligado,da, or eslabonado,da, entre sí
linking n - . . . • conexión f; acoplamiento m; unión f • engarce m
— **bar** n - [mech] barra f para, enlace m, or empalme m, or conexión f
— **plate** n - [mech] placa f para enganche m
— **together** n - unión m, or eslabonamiento m, (entre sí)
linkwork n - eslabonamiento m • articulación f
linseed oil n - [paint] (aceite m de) linaza f
lint n - . . .; pelusa f
— **free rag** n - paño m sin hilacha(s) f
Linz-Donawitz n - [metal-prod] see **basic oxygen**

lip n - .... • [mech] ...; pestaña f; reborde m • [weld] borde m
— **damage** n - daño m a labio m • [mech] avería f en borde m
— **protection** n - protección f para labio m • [mech] protección f para borde m
— **width** n - [mech] ancho(r) m de (re)borde m
liquate @ surface v - [metal-treat] licuar superficie f
liquated a - licuado,da
— **surface** n - superficie f licuada
liquating, or **liquation** n - licuación f
liquefied a - licuado,da
— **gas** n - [petrol] gas m licuado
— — **analysis** m - análisis m, or composición f, de gas m licuado
— — **bottle** n - [petrol] cilindro m para gas m licuado
— — **heat** n - [combust] calefacción f con gas m licuado
— — — **value** n - [combust] poder m calorífico de gas m licuado
— — **heating** n - [combust] calefacción f con gas m licuado • combustión f con gas m licuado
— — — **value** n - [combust] poder m calorífico de gas m licuado
— — **typical analysis** n - [combust] análisis m, or contenido m típico, de gas m licuado
— **petroleum gas analysis** n - [combust] análisis m de gas m licuado de petróleo m
— — — **bottle** n - [petrol] cilindro m para gas m de petróleo m licuado
— — — **heat** n - [combust] calefacción f con gas m licuado de petróleo m
— — — — **value** n - [combust] poder f calorífico de gas m licuado de petróleo m
— — — **heating** n - [combust] combustión f con gas m licuado de petróleo m
— — — — **value** n - [combust] poder m calorífico de gas m licuado de petróleo m
— — — **typical analysis** n - [combust] análisis m típico de gas m licuado de petróleo m
— **propane** n - [combust] propano m licuado
liquid ammonia n - [chem] amoníaco m líquido
— **asphalt** n - [petrol] asfalto m líquido
— **asset(s)** n - [accntg] activo m, disponible, or líquido • activo m realizable
— **cash share** n - [fin] participación f líquida en efectivo m
— **catching** n - captación f, or recogida f, de líquido m
— **column** n - columna f, de, or con, líquido m
— **consumption** n - consumo m de líquido m
— — **per ton** n - consumo m de líquido m por tonelada f
— — — **rolled** n - [metal-roll] consumo m de líquido m por tonelada f laminada
— **container** n - recipiente m para líquido m
— **damage** n - daño m (a) líquido m
— **detergent** n - [domest] detergente m líquido
— **dielectric strength** n - [electr] resistencia f dieléctrica de líquido m
— — — **test** n - [electr] ensayo m de resistencia f dieléctrica de líquido m
—(s) **disposal problem** n - [sanit] problema m de eliminación f de líquido(s) m
— **drawing** n - arrastre m de líquido(s) m
— **dumping** n - vuelco m, or vertimiento m, de líquido(s) m
— **extinguisher** n - [safety] extintor m con líquido n
— **filled transformer** n - [electr-transf] transformador m a base de líquido m
— **fire extinguisher** n - [safety] extintor m con líquido m para incendio(s) m
—(s) **flow** n - flujo m de líquido(s) m
—(s) **forcing** n - forzamiento m de líquido m
— **fuel** n - [combust] combustible m líquido
— **glass** n - vidrio m soluble
—(s) **handling** n - [tub] conducción f de líquido(s) • [pumps] bombeo m de líquido(s) m

liquid hydrocarbon n - [combust] hidrocarburo m líquido
— **immersed** a - sumergido,da en líquido m
— — **transformer** n - [electr-transf] transformador m sumergido en líquido m
— — **inspection** n - inspección f, de, or con, líquido(s) m
— **insulated** a - [electr] aislado,da, con, or por medio de, líquido m
— — **power transformer** n - [electr-transf] transformador m para, potencia f, or energía f, aislado, con, or por medio, de líquido m
— — **transformer** n - [electr-transf] transformador m aislado por medio de líquido m
— **level** n - nivel m de líquido m
— — **controller** n - regulador m para nivel m de líquido m
— — **gage** n - [mech] indicador m, or manómetro m, para nivel m de líquido m
— — **limit** n - [límite m (para) líquido m
— **line** n - [ind] nivel m de baño m
— **medium** n - medio m líquido
— — **gravimetric separation** n - [miner] separación f gravimétrica en medio m líquido
— — **separation** n - [miner] separación f en medio m líquido
— **metal** n - [metal] metal m líquido
— **oxygen** n - oxígeno m, líquido, or licuado
— — **plant** n - [ind] planta f para oxígeno m líquido
— — **storage** n - [ind] almacenamiento m de oxígeno m líquido
— — — **facility** n - [ind] instalación f para almacenamiento m de oxígeno m líquido
— — **tank** n - [ind] depósito m, or recipiente m, para oxígeno m líquido
— **paint** n - [paint] pintura f líquida
— **particle** n - partícula f, líquida, or de líquido m
— — **intermediate separation** n - [ind] separación f intermedia de partícula(s) f de líquido m
— — — **tank** n - [ind] estanque m intermedio para separación f de partícula(s) f de líquido m
— — **separation** n - separación f de partícula(s) f de líquido m
— — — **tank** n - [ind] estanque m para separación f de partícula(s) f de líquido m
— **penetrant** n - [weld] penetrante m líquido • líquido m penetrante
— — **inspection** n - [weld] inspección f con líquido(s) m penetrante(s)
— — **test(ing)** n - [weld] ensayo m con, penetrante m líquido, or líquido m penetrante
— — — **method** n - [weld] método m para ensayo m con, penetrante m líquido, or líquido m penetrante
—(s) **pipe line** n - [tub] línea f, or tubería f, para conducción f para líquido(s) m
— **polymer** n - [chem] polímero m líquido
— — **base** n - [chem] base f de polímero m líquido
— — — **compound** n - [chem] compuesto m con base f de polímero m líquido
— **propane** n - [combust] propano m líquido
—(s) **pump** n - [pumps] bomba f para líquido(s)
—(s) **pumping** n - [pumps] bombeo m de líquido m
— **raw steel** n - [metal-prod] acero m crudo líquido
—(s) **sample** n - muestra f de líquido(s) m
— **sealer** n - [constr] sellador m líquido
— **share** n - [econ] participación f líquida
— **slag** n - [metal-prod] escoria f líquida
— **spraying out** n - dispersión f de líquido m
— **state** n - estado m líquido
— — **fuel substance** n - [chem] substancia f combustible en estado m líquido
— — — **solution** n - [chem] disolución f de substancia f combustible en estado m líquido
— — **substance** n - substancia f en estado m lí-

liquid steel

— quido
— **steel** n - [metal-prod] acero m líquido
— **substance** n - substancia f líquida
— **sulfur** n - [chem] azufre m líquido
— **sunshine** n - [fam] precipitación f acuosa
— **suspension** n - suspensión f líquida • suspensión f en líquido m
— **temperature** n - temperatura f de líquido
— **thermometer** n - termómetro m para temperatura f de líquido(s) m
— **test sample** n - muestra f de líquido m para (fines de) ensayo m
— **trap** n - trampa f para líquido(s) m
— **trapping** n - [pumps] atrapamiento m de líquido m
—(s) **treatment** n - tratamiento m para líquido m • [sanit] depuración f de líquido(s) m
— — **facility,ties** n - [sanit] instalación f para depuración f de líquido(s) m
— — **plant** n - [sanit] planta f para depuración f de líquido(s) m
— **type** n - tipo m de líquido | a - de tipo m con líquido m
— — **extinguisher** n - [safety] extintor m, or matafuego(s) m, de tipo m con líquido m
— — **fire extinguisher** n - [safety] extintor m para incendio(s), or matafuego(s) m, de tipo m con líquido m
liquidate @ company v - [legal] liquidar, compañía f, or empresa f
— **@ corporation** v - [legal] liquidar, sociedad f, or empresa f
liquidated a - liquidado,da
— **company** n - [legal] compañía f, or empresa f, liquidada
— **corporation** n - [legal] sociedad f, or empresa f, liquidada
liquidating n - liquidación f | a - liquidador,ra
liquidity index n - [fin] índice m de liquidez f
— **quotient** n - [fin] cociente m de liquidez f
liquor n - . . . . • líquido m; disolución f
— **finish** v - [metal-treat] terminar en licor m
— **finished** a - [metal-treat] terminado,da en licor m • cobreado,da
— — **dowel wire** n - [metal-wire] alambre m (terminado en) licor m para pasador(es) m
— — **wire** n - [metal-wire] alambre m, terminado en licor m, or cobreado
— **finisher wire** n - see **liquor finished wire**
list n - . . . .; detalle m; relación f; planilla f; enumeración f; despiece m - [naut] escora f; escoramiento m; inclinación f • [labor] escalafón m | v - . . . .; listar; enumerar; figurar • relacionar • [naut] escorar
— **below** v - listar, or enumerar, más abajo
— **@ capacity** v - listar, or indicar, capacidad
— **check(ing)** n - comprobación f, or verificación f de lista f
— **number** n - numero, de, or en, lista f
listed a - . . . .; enumerado,da; relacionado,da; que figura(n)
— **below** a - listado,da más abajo
— **capacity** n - capacidad f, listada, or indicada, or anotada
lister n - [agric-equip] . . . ; arado m para siembra f | a - [agric] para siembra f
Lister n - [agric-equip] Lister m
— **attachment** n - [agric-equip] accesorio m, Lister, or para siembra f
— **bottom** n - [agric-equip] fondo m, Lister, or para siembra f
— **cultivator** n - [agric-equip] cultivador m Lister
— **planter** n - [agric-equip] plantadora f Lister
— **subsoiler** n - [agric-equip] rejas f para subsuelo m para implemento(s) m tipo Lister
— **sulky** n - [agric-equip] asiento m con ruedas f para sembradora f
listing n - lista f; nómina f; relación f; detalle m • repertorio m | a - [naut] escorado,da
lit a - [combust] prendido,da; encendido,da

— **lit arc** n - [weld] arco m encendido
— **burner** n - [combust] quemador m encendido
— **call light** n - [telecom] luz f para llamada f, encendida, or prendida
— **external beacon** n - [electron] faro m exterior encendido
— **lamp** n - luz f, encendida, or prendida
— **light emitting diode** n - diodo m, emisor m de luz, or (electro)luminiscente, prendido
— **match** n - fósforo m encendido; cerilla f encendida
— **pilot (flame)** n - [combust] llama f piloto encendida
— **signal lamp** n - luz f indicadora, encendida, or prendida
— **up** a - iluminado,da; prendido,da; encendido,da
. . . **liter** a - [autom-mot] con cilindrada f de . . . litro(s) m
—(s) **per minute** n - litro(s) m por minuto m
—(s) — **second** n - litro(s) m por segundo m
literally adv - . . .; poder(se) decir que
literature n - . . .; publicación(es) f; impreso(s) m
— **attaching** n - [print] adjunción f de impreso(s) m
lithium base n - [lubric] base f de litio m
— — **grase** n - [lubric] grasa f con base f de litio m
— **complex** n - [lubric] complejo m de litio m
— **grease** n - [lubric] grasa f con litio m
. . . **hydroxy stearate soap** n - [lubric] jabón con hidroxiestearato . . . de litio m
— **metal** n - [metal] metal m de litio m; litio m metálico
lithographic mantle n - [textil] mantilla f litográfica
lithological record m - [geol] registro m litológico
litigable a - [legal] litigable; sujeto,ta a litigación f
litter n - . . . . • despojo(s) m | v - [constr] sembrar con, roca(s) f, or despojo(s) m
— **barrel** n - [roads] tambor m para residuo(s) m
— **@ course** v - [sports] sembrar con despojo(s) m, rocas f
littered a - sembrado,da con despojo(s) m
— **course** n - [sports] pista f sembrada con despojo(s)
littering n - siembra f con despojo(s) m
little a - . . .; chico,ca; escaso,sa; escatimado,da; poco,ca
— **bell** n - [metal-prod] see **small bell**
— **breakage** n - rotura f, reducida, or mínima
— **circuit** n - [sports] circuito m, pequeño, or reducido
— **competition** n - [com] competencia f reducida, or escasa
— **deposited weld** n - [weld] poco metal m aportado; aportación f escasa de metal
— **effort** n - esfuerzo m, pequeño, or reducido
— **experience** n - experciencia f, reducida, or escasa
— **gear** n - [mech] engranaje m pequeño
— **gray book** n - [constr] manual m; vademécum m
— **intensity** n - intensidad f reducida, or poca, or escasa
— **maintenance** n - [ind] mantenimiento m reducido; conservación f, reducida, or mínima; gasto(s) m reducido(s) para conservación f
— **protection** n - protección f, reducida, or escasa
— **significance** n - significado m reducido; importancia f menor
— **space** n - espacio m, reducido, or mínimo
— **study** n - estudio m escaso
— **tooth** n - diente m pequeño; dientecito m
— **vacuum** n - [pneumat] vacío m escaso
— **weight** n - peso m, reducido, or escaso
livable adv - . . .; vividero,ra
live a - . . . . • [electr] con corriente; elec-

trizado,da | v - ...; habitar; residir
- **live axle** n - [mech] árbol m, or eje m, motor
- — **battery** n - [electr-prod] acumulador m con carga f
- — **boom** n - [cranes] aguilón m graduable • [naut] botalón m graduable
- — **center** n - [mech-lathes] punta f, viva, or movible, or giratoria, para mandril m
- — **circle** n - círculo m, vivo, or viviente
- — **circuit** n - [electr-oper] circuito m, vivo, or con corriente f
- — **end** n - [mech] extremo m, vivo, or activo
- — — **pin** n - [mech] pasador m, or perno m, con extremo m activo
- — — **support** n - [mech] soporte m en extremo m activo
- — **entertainment** n - espectáculo m, or entretenimiento m, (teatral) vivo
- — **headstock** n - [mech-lathes] cabezal m fijo
- — **lime** n - [constr] cal f viva
- — **line** n - [electr-distrib] conductor m, vivo, or electrizado, or con corriente f
- — **load** n - [constr] carga f, viva, or activa • [transp] animal(es) m en pie
- — — **capacity** n - [constr] capacidad f para carga(s) f viva(s)
- — — — **decrease** n - [constr] disminución f, or reducción f, en capacidad f para carga(s) viva(s)
- — — — **increase** n - [constr] aumento m en capacidad f para carga(s) f viva(s)
- — — **carrying** n - [constr] porte m de carga(s) f viva(s)
- — — **computation** n - [constr] cálculo m de carga(s) f viva(s)
- — — **decrease** n - [constr] disminución f, or reducción f, de carga(s) f viva(s)
- — — **design** n - [constr] proyección f para carga(s) f viva(s)
- — — **distribution** n - [constr] distribución f de carga(s) f viva(s)
- — — **increase** n - [constr] aumento m de carga(s) f viva(s)
- — — **longitudinal distribution** n - [constr] distribución f longitudinal de carga f viva
- — — **pressure** n - [constr] presión f de carga f viva
- — — **reckoning** n - [constr] cálculo m de carga f viva
- — — **supporting** n - [constr] soporte m de carga(s) f viva(s)
- — — **table** n - tabla f de carga(s) f viva(s)
- — — **test** n - prueba f de carga f viva
- — — **theoretical distribution** n - [constr] distribución f teórica de cargas f vivas
- — **loading** n - [constr] carga f viva
- — **part** n - [electr-oper] pieza f, or parte f, con corriente f
- — **power line** n - [electr-distrib] línea f eléctrica con corriente f
- — **roller** n - [mech] rodillo m, activo, or motor m
- — — **circle** n - [mech] aro m para rodillo m, activo, or motor
- — — **mounting** n - [cranes] montaje m de aro para rodillo m, activo, or motor
- — — **mounting** n - [mech] montaje m de rodillo m, activo, or motor
- — **show** n - [theater] espectáculo m vivo
- — **steam** n - [boilers] vapor m vivo
- — — **pressure** n - [boilers] presión f de vapor m vivo
- — — **temperature** n - [boilers] temperatura f de vapor m vivo
- — **steel** n - [metal prod] acero m vivo
- — **television show** n - [theater] espectáculo m, or programa m, vivo para televisión f
- — **through** v - sobrevivir
- — **weight** n - peso m vivo; carga f viva
- — **wire** n - [electr-distrib] conductor m con corriente • [fig] persona f enérgica
- **live with @ fact(s)** v - resignarse a hecho(s) m
- **lived** a - vivido,da
- — **through** a - sobrevivido,da
- — **with fact** n - hecho m, aceptado, or tolerado
- **lively demand** n - demanda f animada
- — **electric furnace demand** n - [metal-prod] demanda f animada de horno m eléctrico
- — **furnace demand** n - [metal-prod] demanda f animada de horno m
- **livestock breeding** n - [cattle] ganadería f
- — **crossing** n - [cattle] cruce m para ganado m • cruza f de ganado m
- — **drinking water** n - [cattle] agua m para (abrevar) ganado m
- — **front** n - [cattle] frente m ganadero
- — **movement** n - [cattle] movimiento m, or conducción f, or tránsito m, de ganado m
- — **pass** n - [cattle] paso m para ganado m
- — **underpass** n - [cattle] paso m inferior para ganado m
- — **water** n - [cattle] agua m para ganado m
- **living allowance** n - [pers] asignación f para gasto(s) m de estadía f; [milit] prest* m
- — **circle** n - círculo m viviente
- — **cost** n - costo m para vida f
- — **(s) index** n - [pers] índice m para costo m para vida f
- — **expense(s)** n - [pers] gastos m para, mantenimiento m, or estadía f, or subsistencia f • [Arg.] conexo(s) m
- — **in** adv - [pol] vecino m de; viviendo en
- — **quarter(s)** m - alojamiento m
- — **room** n - [domest] sala f para estar
- — **through** n - supervivencia f
- — **wage** n - [labor] sueldo m vital
- — **with @ fact** n - resignación con hecho m
- **lixiviated** a - [miner] lixiviado,da
- — **material** n - [miner] material m lixiviado
- **lixiviating** n - lixiviación f | a - lixiviante
- — **substance** n - [miner] substancia f lixiviante
- **lixiviation solution** n - [miner] disolución f lixiviante
- **lo-boy** n - [transp] see **low boy**
- — **fire** n - [combust] see **low fire**
- — **Z** n - [electron] see **low impedance**
- **load** n ... fardo m • régimen m . [cranes] eslinga(da) f • [transp] carr(et)ada f | a - para carga f | v - ...; efectuar carga
- — **ability** n - capacidad f para (portar) cargas
- — **acceptance** n - [constr] aceptación f, or soporte m, para carga f
- — **analysis** n - análisis f de carga f
- — **application** n - [mech] aplicación f de carga
- — — **nature** n - [mech] naturaleza f aplicación f para carga f
- — **arrangement** n - disposición f, or distribución f, para carga f
- — **balance** n - equilibrio m de carga f
- — — **rototrol** n - [metal-prod] rototrol* m, or regulador m giratorio, para equilibrio m de carga f
- — — — **antihunt*** n - [metal-prod] regulador m giratorio, or rototrol m, antifluctuante para equilibrio m de carga f
- — — — **current** n - [metal-prod] corriente f para, regulador m giratorio, or rototrol m, para equilibrio m de carga f
- — **beam** n - [constr] viga f para carga f
- — **bearing** n - sostén m de carga f
- — — **area** n - [constr] superficie f cargada
- — — **concrete masonry unit** n - [constr] sección f de mampostería f de hormigón m para soportar carga(s) f
- — — **element** n - [constr] elemento m, sostenedor de, or para portar, carga(s) f
- — **beyond rating** n - [weld] carga f excesiva
- — **@ rating** n - carga f mayor que, capacidad f, or régimen m | v - cargar en exceso de, capacidad f, or régimen m
- — **binder** n - [transp] atesador m; atador m pa-

load binder chain

ra, tronco(s) m, or carga f; afianzador m para carga(s) f - [chains] ceñidor m para cargas f
load binder chain n - [chains] cadena f para ceñir, or ceñidor m para, carga(s), or troncos
— **with @ chain** n - [transp] atesador m con cadena f (para cargas f)
— **binding** n - [transp] amarre m de carga f
— **block** n - [cranes] motón m para carga f
— **breaking stress** n - [mech] carga f de fractura f
— **calculation** n - [constr] cálculo m, or cómputo m, de carga f
— **capacity** n - capacidad f para carga f • [constr] capacidad f portante
— — **difference** n - [mech] diferencia f en capacidad f para carga f
— —, **impairing**, or **impairment** n - mengua m en capacidad f para carga f
— **@ car** v - [rail] cargar vagón m
— **carrying** n - [transp] transporte m, or porte m, or conducción f, de carga f • [constr] sostenimiento m, or porte m, de carga | a - portante (para cargas m); para portar cargas
— —, **ability**, or **capacity** n - capacidad f para, (trans)porte m, or conducción f, de carga(s) f
— — **characteristic(s)** n - [autom] característica(s) f para transporte m de carga(s) f
— — **equipment** n - [ind] equipo m para portar carga(s) f
— — **performance** n - [constr] comportamiento m para, sostenimiento m de, or portar, carga(s)
— **cell** n - [metal-roll] celda f para carga f • dispositivo m, or equipo m, para medir esfuerzo m de tensión f de lámina f • celda f calibrada
— — **housing** n - [metal-roll] caja f para celda f para carga f
— **center** n - [electr-instal] centro m para distribución f
— — **unit** n - [electr-instal] dispositivo m para centro m para distribución f
— — — **substation** n - [electr-instal] subestación f para dispositivo m para centro m para distribución f
— **chain** n - [transp] cadena f para carga f
— — **fall** n - [chains] caída f de cadena f para carga f
— **change** n - cambio m en carga f
— **changer** n - [electr-equip] see **load tap changer**
—(s) **chart** n - gráfico m, or tabla f, de carga(s) f, or peso(s) m
— **check(ing)** n - [transp] verificación f de carga(s) f
— **circuit** n - [electr-oper] circuito m para carga f
— — **closing** n - [electr-oper] cierre m de circuito m para carga f
— **@ coal** v - [miner] cargar carbón m
— **coil** n - [electr-instal] bobina f, or devanado m, para carga f
—(s) **combination** n - [constr] combinación f de carga(s) f
— **computation** n - [constr] cómputo m, or cálculo m, de carga(s) f
— **computing** n - [constr] cómputo m, or computación f, or cálculo m, de carga f
— — **criterion,ria** n - [constr] criterio(s) m para, cómputo m, or cálculo m, de carga f
— — **method** n - [constr] método m para, cómputo m, or cálculo m, de carga f
— **concentration** n - concentración f de carga f
— **condition** n - condición f, or estado m, de carga f
— **control** n - regulación f para carga f
— **creating** n - creación f de carga f
— **decrease** n - reducción f, or disminución f, de carga f
— **deficiently** v - [transp] cargar deficientemente
load definition n - definición f de carga(s) f
— **deformometer** n - [instrum] deformómetro* m para carga(s) f
— **demand** n - demanda f para carga f
— **determination** n - determinación f de carga f
— **distribution** n - distribución f, or repartición f de carga f
— — **affecting** n - [constr] afectación f de distribución f de carga f
— **distributor** n - [mech] distribuidor m para carga f
— **down hill** v - [constr] cargar cuesta f abajo
— **drop** n - caída f de carga f
— — **prevention** n - [cranes] evitación f de caída f de carga f
— **dropping** n - caída f de carga f
— — **prevention** n - [cranes] evitación f de caída f de carga f
— **dumping** n - [transp] vuelco m de carga f; descarga f (de carga f)
— **equalization** n - igualación f de carga f
— **equalizing** n - [mech] igualación f de carga f | a - igualador,ra, or para igualación f de, carga f
— — **mechanism** n - [mech] mecanismo m para igualación f de carga f
— **@ equipment** v - [transp] cargar equipo m
— **evaluation** n - [constr] evaluación f de carga f
— **exertion** n - [constr] ejercicio m de carga f
— **@ exoplosive(s)** v - [explos] cargar explosivo(s) m
— **factor** n - factor m, or coeficiente m, para carga f
— — **chart** n - [constr] gráfico m para coeficiente(s) m para carga(s) f
— **flow** n - [ind] flujo m de carga(s) f
— **@ freight car** v - [rail] cargar vagón m (ferroviario)
—(ing) **frequency** n - frecuencia f de carga f
—(s) **general arrangement** n - arreglo m, or disposición f, general de carga(s) f
—(s) — **layout** n - arreglo m, or disposición f, general de carga(s) f
— **@ grain** v - [agric] cargar, grano(s) m, or cereal m
— **@ grain tank** n - [agric] cargar depósito m para, grano(s) m, or cereal(es) m
— **handling** n - [cranes] manipulación f de carga(s) f
— **hoisting** n - [cranes] elevación f de carga(s)
— **holding** n - [cranes] retención f de caraga f • frenado m de carga f
—, **imposing**, or **imposition** n - imposición f de carga f
— **in tension** v - [weld] cargar bajo tensión f
— **increase** n - aumento m de carga f
— **increasing** n - aumento m de carga f
— **index** n - índice m para carga f
— **indicating** n - [cranes] indicación f de carga f | a - indicador,ra de carga f
— **indication** n - [cranes] indicación f de carga f
— **indicator** n - [cranes] indicador m de carga f
—, **Inflation, Mix, Envelope** n - [autom-tires] Carga, Inflación, Mezcla, Concavidad f; also see **L I M E**; C I M E
—/**inflation relationship** n - [autom-tires] relación f, or razón f, entre carga e inflación
—/— **table** n - [autom-tires] tabla f para inflación f según carga f
— **investigation** n - investigación f de carga f • [constr] carga f investigada
— **lessening** n - reducción f, or (a)minoración f, de carga f
— **@ lever arm** v - [mech] cargar m, or lastrar, brazo m para palanca f
— **lifting** n - [cranes] elevación f de carga f
— **limit** n - límite m, or capacidad f, para carga f; carga f, límite, or máxima

load limit screw n - [mech] tornillo m para límite m para carga f
— line n - [cranes] cable m para elevación f
— — sheave n - [cranes] polea f para cable m para elevación f
— liner packing (liner) n - [petrol] camisa f para cargar empaquetadura f para camisa f
— longitudinal distribution n - [constr] distribución f longitudinal para carga f
— @ loose v - [miner] cargar suelto m
— @ — ore v - [miner] cargar mineral m suelto
— lowering n - [cranes] descenso m, or bajada f, de carga f
— moment n - momento m de carga f • inercia f de carga f
—, movement, or moving n - movimiento m de carga(s) f
— nature n - [mech] naturaleza f de carga f
— on v - cargar sobre
— — @ buried structure n - [constr] carga f sobre estructura f, bajo tierra, or enterrada
— — @ freight car v - [transp] cargar sobre vagón m (ferroviario)
— — @ land transportation equipment v - [transp] carga sobre equipo m transportador terrestre | v - [transp] cargar sobre equipo m transportador terrestre
— Pak n - [electr-equip] dispositivo m Load-Pak
— — device n - [electr-equip] dispositivo m Load-Pak
— — switching unit n - [electr-equip] dispositivo m conmutador Load-Pak
— — unit n - [electr-equip] dispositivo m Load-Pak
— percentage n - porcentaje m de carga f
— period n - período m para carga f
— pin n - [mech] pasador m para carga f
— @ pipe v - [tub] cargar tubo(s) m
— plugging n - [electr-oper] enchufe f, or conexión f, de caraga f
— position n - [transp] posición f para carga f
— predicting n - previsión f de carga f
— prediction n - previsión f, or pronóstico m, de carga • carga f prevista
— preparation n - [transp] preparación f de carga f
— pressure n - presión f de carga f
— quickly v - cargar rápidamente
— range n - [transp] escala f, or límite(s) m, para carga f
— — recommendation n - [trans] recomendación f para, escala f, or límite(s) m, para carga f
— rating n - carga f nominal • [autom-tires] clasificación f por carga(s) f nominal(es)
— — plate n - placa f indicadora para carga(s) nominal(es)
— ratio n - [constr] razón f para carga f
—(s) recording n - [constr] registración f, or registro m, de carga(s) f
—, reducing, or reduction n - reducción f, or disminución f, de carga f
— rejection n - rechazo m de carga f
— release n - [mech] suelta f de carga f
— releasing n - [mech] suelta f de carga f
—, removal, or removing n remoción f, or saca f, de carga f
— requirement n - [constr] exigencia f para carga f
— — satisfaction n - [mech] satisfacción f de exigencia f para carga f
— resistance n - [mech] resistencia f, de, or a, carga(s) f
— restriction n - [constr] restricción f para, or limitación f de, carga(s) f
— ring n - [soils] anillo m para carga f
— — constant n - [soils] constante m para anillo m para carga f
— rotation n - [mech] rotación f de carga(s) f
— — prevention n - [mech] evitación f de rotación f de carga(s) f
— safety n - seguridad f para carga(s) f | a- para, verificar, or verificación f de, carga(s) f
load safety computer n - [cranes] ordenador m para verificar (seguridad f de) carga(s) f
— @ steel retainer v - [valv] cargar retén m para cierre m
— sensator n - [cranes] detector m para carga f
— @ spare part v - [transp] cargar repuesto m
— spreading n - distribución f de carga f
— standard n - [constr] norma f para carga f
— state n - estado m de carga f
— @ sterile n - [miner] cargar estéril m
— @ — ore v - [miner] cargar mineral m esteril
— stress n - solicitación f, or esfuerzo m, de carga f
— supporting n - [mech] sustentación f, or sostén(imiento) m, de carga f
— sustaining n - soporte m de carga f
— switch n - [electr-equip] conmutador m para carga f
— table n. - tabla f de carga(s) f
— tap changer n - [electr-equip] cambiador m para, toma(s) m, or borne(s) m, con carga f
— terminal n - [electr-instal] terminal m, or borne m, para carga f
— test n - [ind] prueba f, or enayo m, de carga f
— — result(s) n - resultado(s) de ensayo m de carga(s) f
— theoretical distribution n - distribución f teórica de carga(s) f
— to . . . v - [mech] cargar hasta . . .
— — be lifted n - [cranes] carga f a elevarse
— — — weight n - [cranes] peso m de carga f a elevar(se)
— — @ performance limit v - cargar hasta límite m de resistencia f
— @ top n - [constr] cargar corona f
— train n - [rail] see freight train
— transferred n - carga f transferida
— — to @ soil formation n - [constr] carga f transferida a formación f de suelo m
—, transmittal, or transmitting n - [constr] transmisión f de carga f
—, transportation, or transporting n - [transp] transporte m de carga f
— transporting platform n - [mech] plataforma f para, transportar, or transporte n de, carga(s) f
— @ truck v - [autom] cargar (auto)camión m
— @ tunnel liner v - [constr] cargar (sobre) revestimiento m para túnel m
— type n - tipo m de carga f
— under power hoisting n - [mech] carga f a elevar(se) en forma f mecanizada
— — — lowering n - [mech] carga a bajar(se) en forma f mecanizada
— up v - atorar(se)
— — @ file v - [tools] atorar(se) lima f
— — @ sandpaper v - [mech] atorar(se) lija f
— value n - valor m de carga f
— velocity n - velocidad f de carga f
— — decrease n - [mech] reducción f, or disminución f, de velocidad f de carga f
— — increase n - [mech] aumento m, or incremento m, de velocidad f de carga f
— @ wheel v - [mech] cargar rueda f
— withstanding n - sustentación f, or soporte m, de carga f
— zone n - [ind] see loading zone
loaded a - cargado,da; lastrado,da
— arm n - [mech] brazo m con tensión f
— beyond rating a - cargado,da en exceso m de, capacidad f, or régimen m
— car n - [rail] vagón m cargado
— coal n - [miner] carbón m cargado
— crane n - [cranes] grúa f cargada
— deficiently a - [transp] cargado,da deficientemente
— down hill a - [constr] cargado,da cuesta f abajo

loaded equipment

loaded equipment n - [transp] equipo m cargado
— **explosive(s)** n - [explos] explosivo(s) m cargado(s)
— **for baer** a - [sports] dispuesto,ta, a, or con mira(s) f de, triunfar
— **freight car** n - [rail] vagón m ferroviario cargado
— **good(s)** n - mercadería f cargada
— **governor** n - [boilers] regulador m con contrapeso m
— **grain** n - [agric] grano(s) m, or cereal(es) m, cargado(s)
— — **tank** n - [agric] depósito m para, grano(s) m, or cereal(es) m, cargado
— **loose** n - [miner] suelto m cargado | a - cargado,da suelto
— — **ore** n - [miner] mineral m cargado suelto
— **merchandise** n - mercadería f cargada
— **on** a - cargado,da sobre
— — @ **freight car** a - [transp] cargado,da sobre vagón m (ferroviario)
— **pipe** n - [tub] tubo(s) m cargado(s)
— — @ **land transportation equipment** a - [transp] cargado,da sobre equipo m transportador terrestre
— **quickly** a - cargado,da rápidamente
— **reel** n - [mech] carrete m cargado
— **seal retainer** n - [valv] retén m para cierre m cargado
— **skip** n - [metal-prod] cubeta f cargada
— **spare part(s)** n - [transp] repuesto(s) m cargado(s)
— **speed** n - [mech] velocidad f con carga f
— **sterile** n - [miner] estéril m cargado
— — **ore** n - [miner] mineral m estéril cargado
— **test cell** n - celda f para ensayo(s) m con carga f
— **to** @ **performance limit** a - cargado,da hasta límite m de resistencia f
— **top** n - [constr] corona f cargada
— **truck** n - [autom] (auto)camión m cargado
— **tunnel liner** n - [constr] revestimiento m para túnel m cargado
— **up** a - atorado,da
— — **file** n - [mech] lima f atorada
— — **sandpaper** n - [mech] lija f atorada
— **wheel** n - [mech] rueda f cargada
loader n - . . . • [constr] (pala) cargadora f; tractor m pala | a - cargador,ra
— **deck** n - [agric-equip] mesa f para cargadora
— **operator** n - [ind] operador m para cargadora
—**/unloader** n - [cranes] cargadora/descargadora
loading n - . . .; [constr] carga f, or capacidad f, portante • [electr] inductancia f | a - cargador,ra
— **and unloading position** n - [transp] posición f para carga f y descarga f
— **area** n - [transp] zona f para carga f • espacio m, or superficie f, (disponible) para carga f
— **arrangement** n - distribución f, or disposición f, para carga f
— **beyond rating** n - carga f en exceso de capacidad f (nominal)
— **boom** n - [cranes] aguilón m para carga f descarga f • [metal-coke] cargador m para coque
—, **capability,** or **capacity** n - transp] capacidad f para carga f
— **car** n - [metal-coke] carro m para carga f
— **chute** n - [mech] canal m, or saetín m, para carga f
— **circuit** n - circuito m para carga f
— **coil** n - [electr-equip] bobina f para inductancia f
— **condition** n - condición f para carga f
— **consideration** n - [constr] consideración f para carga f
— **crane** n - [ind] grúa f para carga f
— **cut** n - [miner] tajo m para carga f
— — **cleaning** n - [miner] limpieza f de tajo m para carga f

loading deficiency n - [transp] deficiencia f en carga f
— **device** n - [mech] dispositivo m para carga f
— **dock** n - [transp] muelle m para, carga f, or embarque m; embarcadero m
— **equipment** n - [transp] equipo m para carga f
— **facility** n - instalación f para carga f
— **fitting** n - [mech] dispositivo m, or accesorio m, para carga f
— **force** n - fuerza f, de, or para, carga f
— **gate** n - [mech] compuerta f para carga f
— **hatch** n - [miner] compuerta f para carga f
— **hopper** n - [mech] tolva f, cargadora, or para carga f
— **in table** n - [mech] mesa f para alimentación
— **kicker** n - [mech] botador m, or lanzador m, para carga f
— **ladder** n - [ind] escalera f para carga f
— **log** n - [transp] albarán m; nota f de carga f
— — **number** n - [transp] número m de albarán m
— **machine** n - [ind] (máquina) cargadora f
— @ **machine** n - [weld] carga f de soldadora f
— **method** n - [transp] método m para carga f
— **on** n - [transp] carga f sobre
— — @ **freight car** n - [transp] carga f sobre vagón m (ferroviario)
— — @ **transportation equipment** n - [transp] carga f sobre equipo m transportador terrestre
— **operation** n - [transp] operación f para carga
— **order** n - [transp] orden m para carga f
— **out** n - [transp] expedición f | a - [transp] para expedición f
— — **track** n - [rail] vía f para expedición f
— **pit** n - [ind] pozo m, or fosa f, para carga f • [miner] tajo m para carga f
— **platform** n - [constr] plataforma f para carga
— **pocket** n - [ind] tolva f cargadora
— **point** n - [ind] punto m para carga f
— **port** n - [nav] puerto m para embarque m
— **position** n - [aeron] posición f para carga f (y descarga f)
— **practice** n - [transp] práctica f para carga f
— **pump** n - [pumps] bomba f para, carga f, or cargar
— **purpose(s)** n - [transp] fin(es) m de carga f
— **rack** n - [ind] plataforma f para carga f; cargador m
— **ramp** n - [transp] rampa f para carga f
— **schedule** n - [transp] programa m, or plan m, para carga f
— **shovel** n - [constr] pala f cargadora
— **skid** n - [mech] patín m para carga f
— **space** n - [transp] zona f (reservada), or espacio m, para carga f
— **station** n - [transp] estación f para carga f
— **system** n - sistema m, de, or para, carga f
— **table** n - [mech] mesa f para carga f
— **terminal** n - [nav] embarcadero m
— **term(s)** n - [transp] condición(es) f para carga f
— **test** n - [constr] ensayo m de carga f
— **time** n - [transp] tiempo m, de, or empleado para, carga f
— — **delay** n - [transp] tiempo m de demora f para carga f
— **to** @ **performance test** n - carga f hasta límite m de resistencia f
— **tower** n - torre f para carga f
— **tunnel** n - [transp] túnel m para carga f
— **type** n - tipo m de carga f
— **up** n - [mech] atoramiento m
— **velocity** n - velocidad f de carga f
— **zone** n - [ind] zona f para carga f
— — **expediter** n - [ind] coordinador m en zona f para carga f
loadless a - sin carga f
— **changer** n - [mech] cambiador m sin carga f
loadout n - [mech] evacuación f; expedición f
— **conveyor** n - [ind] (cinta) transportadora f para evacuación f

loaf n - . . . | v - zanganear • [sports] correr, con calma f, or sin apresuramiento m
— **home** n - [sports] llegar, or arribar, or permitir(se) correr, sin apresuramiento m
loafed a - [sports] (corrido,da, con calma f) sin apresuramiento m
loafing n - [sports] corrida f, con calma f, or sin apresuramiento m • [Arg.] fiaca f
— **home** n - [sports] llegada f sin apresuramiento m
loam n - [soils] . . .; mantillo m; humus m; barro m gredoso; tierra f vegetal; arcilla y arena f • barro m; lodo m; greda f • limo m
loamy clay n - [soils] arcilla f margosa
loan n - . . . | v . . .; dar en préstamo m
— **agreement** n - [fin] acuerdo m, or convenio m, para préstamo m
— **amortization** n - [fin] amortizaciópn f de préstamo m
— **bank** n - [fin] banco m para préstamo(s) m
— — **official** n - [fin] funcionario m de banco m para préstamo(s) m
— **contract** n - [fin] contrato m para préstamo m
— **convention** n - [fin] convenio m para préstamo
— **guaranty** n - [fin] garantía f para, préstamo m, or empréstito m
— **resource(s)** n - [fin] recurso(s)) m (procedentes) de préstamo m
— **resource(s) use** n - [fin] uso m, or empleo m, de recurso(s) m (procedentes) de préstamo m
— —(s) **utilization** n - [fin] utilización f de recurso(s) m (procedentes) de préstamo m
loanable adv - prestadizo,za; prestable*
loaned a - prestado,da; dado,da en préstamo m
loaning n - [fin] préstamo m • concesión f en préstamo m; prestación f
. . . **lobe rotor** n - [int.comb] rotor m con . . . lóbulo(s) m
local n - . . . • [pol] residente m en localidad f | a - . . .; con aplicación f (sólo) en, sitio m, or localidad f • de país m; nacional • municipal • parcial
— **advertising agency** n - [com] agencia f publicitaria local
— **application** n - aplicación f, local, or en sitio m
— **assistance** n - [ind] asesoramiento m local
— **bank** n - [fin] banco, local, or de localidad
— **buckling** n - [constr] pandeo m en, zona f, or punto m
— — **prevention** n - [constr] evitación f de pandeo m en, zona f, or punto m
— **capital** n - [econ] capital m, local, or nacional
— — **participation** n - [econ] participación f de capital m nacional
— **chapter** n - filial f local
— **circuit** n - [hydr] circuito m local
— **coal** n - [miner] carbón m, local, or nacional
— **code** n - [pol] código m, municipal, or local, or para aplicación f, local, or en localidad
— **commercial competition** n - [com] competencia f comercial, local, or nacional
— **condition** n - condición f local
— **contractor** n - [constr] contratista m (local)
— **control** n - [electr-instal] regulación f local • regulador m local
— **cost** n - [accntg] costo m local
— **councillor** n - [pol] concejal m municipal
— **credit** n - [fin] crédito m nacional
— **currency** n - [fin] moneda f, local, or nacional, or corriente, or con curso m legal
— **deposit** n - [fin] depósito m en moneda f, local, or nacional
— — **devaluation** n - [fin] devaluación f, or desvalorización f, de moneda f nacional
— — **investment** n - [fin] inversión f en moneda f nacional
— — **part** n - parte f en moneda f nacional
— **dealer** n - [com] representante m, or concesionario m, local

local dignitary,ries n - [pol] dignatario(s) m local(es)
— **distributor** n - [com] distribuidor m local
— **electrical code** n - [electr-instal] código m, eléctrico, or para electricidad f, local
— — — **requirement** n - [electr-instal] exigencia f de código m, eléctrico, or para electricidad f, local
— — **utility** n - [elecr-distrib] empresa f, eléctrica, or para luz f y fuerza f, local
— **electrician** n - [electr] electricista m, local, or en localidad f
— **engineering** n - [econ] ingeniería f local
— **experience** n - experiencia f local
— **factory** n - [ind] fábrica f, local, or en localidad f
— **family** n - [pol] familia f de localidad f
— **fan** n - [sports] aficionado m local
— **financial structure** n - [econ] estructura f financiera f, local, or nacional
— **fire ordinance** n - [safety] ordenanza f (local) sobre incendio(s) m (con aplicación f en localidad f)
— **good(s)** n - [econ] bien(es) m nacional(es)
— **government** n • [pol] gobierno m, local, or municipal • gobierno m nacional
— **highway** n - [roads] carretera f vecinal
— — **contractor** n - [roads] contratista m local para obra(s) vial(es)
— — **department** n - [pol] dirección f local para vialidad f
— **hospital** n - [medic] hospital m local
— **industry** n - [ind] industria f local
— — **participation** n - [ind] participación f de industria f nacional
— **integration** n - [econ] integración f local
— **interest** n - interés f local • interés m nacional
— **railway** n - [rail] ferrocarril m con interés m local
— **investment** n - [fin] inversión(es) f local(es) • [econ] inversión f nacional
— **registration** n - [econ] registro m de inversión(es) f nacional(es)
— **item** n - [ind] elemento m de industria f nacional
— **labor** n - [labor] mano m de obra f local
— **law** n - [legal] ley f, or legislación f, municipal, or local; reglamentación f local • ley f, or legislación f, nacional
— **licensed electrician** n - [electr] electricista m, calificado, or matriculado, local
— **lving expense(s)** n - [labor] gasto(s) m local(es) para subsistencia f
— **manufacture** n - [ind] industria f, or fabricación f, or producción f, nacional, or local
— — **protection** n - [econ] protección f para, fabricación f, or industria f, nacional
— **manufacturer** n - [ind] fabricante m local
— —(s) **association** n - [ind] asociación f local de fabricantes m
— —('s) **protection** n - [ind] protección f para fabricante m nacional
— **market** n - mercado m local • mercado m, nacional, or interno
— **mason** n - [constr] albañil m, or mampostero m, local, or de localidad f
— **material(s)** n - material(es), local(es), or obtenible(s) en sitio m • [com] material(es) m nacional(es)
— —(s) **delivery** n - [com] entrega f de material(es) m nacional(es) m
— —(s) — **date** n - [com] fecha f para entrega f de material(es) m nacional(es)
— —(s) — **location** n - [com] lugar m para entrega f para material(es) m nacional(es)
— **mode** n - [comput] modalidad f local
— — **switch** n - [comput] conmutador m para modalidad f local
— **organization** n - organización f local • organización f nacional

local origin n - [com] origen m, or procedencia f, nacional; procedencia f local
— — material(s) n - [com] material(es) m con, origen m, or procedencia f, nacional
— overheating n - sobrecalentamiento m, or recalentamiento m, local
— paint plant n - [ind] fábrica f local para pintura(s) f
— participation n - participación f local • [econ] participación f nacional
— personnel n - [pers] personal m local • personal m nacional
— plant n - [ind] planta f, or fábrica f, local
— practice n - práctica f local
— producer n - [econ] productor m local
— production n - [ind] producción f local
— — protection n - [ind] protección f para fabricación f nacional
— purchase n - [com] compra f, local, or en plaza f • compra f nacional
— qualified electrician n - [electr] electricista m calificado de localidad f
— rainfall n - [meteorol] precipitación pluvial en localidad f
— — chart n - [meteorol] tabla de precipitación f pluvial en localidad f
— — intensity n - [meteorol] intensidad f de precipitación f pluvial en localidad f
— — — chart n - [meteorl] tabla f de intensidad(es) de precipitación f pluvial en localidad f
— regulation n - [legal] reglamentación f local
— representative n - [com] representante m, local, or en zona f
— requirement n - exigencia f local
— reserve(s) n - [miner] reserva(s) f local(es)
— road n - [roads] camino m, local, or vecinal
— saving(s) n - [fin] ahorro(s) m local(es)
— schoolchild(ren) n - [educ] escolar(es) m local(es)
— scrap n - [metal-prod] chatarra f local
— — generation n - [metal-prod] generación f de chatarra f local
— service(s) n - [com] servicio(s) m local(es) • servicio(s) m nacional(es)
— — representative n - [ind] representante m, local, or en localidad f para servicio m
— spare n - [ind] repuesto m nacional
— structure n - [econ] estructura f nacional
— supplier n - [com] proveedor m local • proveedor m nacional
— supply n - suministro m local • suministro m nacional
— switch n - [comput] conmutador m local
— tax n - [fisc] impuesto m, local, or municipal • impuesto m nacional
— technical service(s) n - [ind] servicio(s) m técnico(s) nacional(es)
— time n - [geogr] hora f local
— traffic n - [roads] tránsito m local
— transportation n - transporte m local
— — expense(s) n - [labor] gasto(s) m local(es) para transporte m
— travel n - [transp] viaje(s) m local(es)
— — expense(s) n - [transp] gasto(s) m para viaje(s) m local(es)
— trip n - [transp] viaje m local
— use n - uso m local • consumo m nacional
— work n - mano m de obra f local
— —(s) contractor n - [constr] contratista m local de obras(s) f
— yield(ing) n - [metal] deformación f local
locale n - . . .; paraje m
locality n - . . .; sitio m
localize v - . . .; ubicar
localized a - localizado,da; ubicado,da
— heating n - [weld] calentamiento m localizado
localizer n - localizador m
localizing n - localización f | a - localizador
locally adv - . . . • en país m
— manufactured a - [ind] de, industria f, or fabricación f, or producción f, nacional
locally manufactured equipment n - [ind] equipo m (de fabricación f) nacional
— — item n - elemento m de producción f nacional
— — part n - [ind] pieza f (de producción f) nacional
— mounted a - [ind] montado,da en obra
— — pressure gage n - [instrum] manómetro m para presión f montado en obra f
— — temperature gage n - [instrum] manómetro m para temperatura f montado en obra f
locate v - . . .; domiciliar • identificar; hallar • descubrir; determinar • distribuir
— @ cause v - hallar, or descubrir, or determinar, causa f
— @ chain v - [mech] colocar, or ubicar, cadena f
— @ conduit v - [constr] ubicar conducto m
— conveniently v - ubicar, or situar, convenientemente
— @ discontinuity v - descubrir, or determinar, discontinuidad f
— @ dowel pin v - [mech] ubicar espiga f
— @ equipment v - [ind] ubicar, or situar, or emplazar, equipo m
— @ event v - determinar, evento m, or ocasión f
— in v - introducir
— @ leak v - descubrir, or ubicar, fuga f
— on @ differential carrier v - [autom-mech] ubicar sobre portadiferencial m
— @ plant v - [ind] ubicar planta f
— properly v - ubicar apropiadamente
— @ sheetpiling n - [constr-pil] ubicar tablestacado m
— @ site v - determinar sitio m; localizar proyecto m
— @ station v - ubicar estación f
— strategically v - ubicar, or situar, estratégicamente
— @ structure v - ubicar estructura f
— @ substation n - [electr-distrib] ubicar subestación f
— @ washer v - [mech] ubicar, or verificar ubicación f de, arandela f
— @ weld leak v - [weld] descubrir, or determinar (sitio m de), fuga f en soldadura f
— @ welder v - [weld] ubicar soldadora f
located a - situado,da; sito,ta • determinado,da; hallado,da; ubicado,da • distribuido,da • domiciliado,da
— cause n - causa f, hallada, or determinada
— conduit n - [constr] conducto m ubicado
— conveniently a - ubicado,da, or situado,da, convenientemente
— dowel pin n - [mech] espiga f ubicada
— equipment n - [ind] equipo m, ubicado, or situado, or emplazado
— event n - evento m determinado • ocasión f determinada
— inside @ cabinet front door a - [mech] ubicado,da dentro de puerta f delantera de caja f
— on @ differential carrier a - [autom-mech] ubicado,da sobre portadiferencial m
— plant n - [ind] planta f, ubicada, or situada
— properly a - ubicado,da apropiadamente
— sheetpiling n - [constr-pil] teblestacado m, ubicado, or situado, or hallado
— station n - estación f ubicada
— strategically a - ubicado,da, or situado,da, estratégicamente
— structure n - estructura f ubicada
— substation n - [electr-distrib] subestación f ubicada
— washer n - [mech] arandela f ubicada
— welder n - [weld] soldadora f ubicada
locating n - situación f; ubicación f • determinación f; hallazgo m • distribución f | a - situador,ra, ubicador,ra
— method n - método m para localización f
location n - . . .; lugar m; punto m • emplazamiento m; situación f; localización f • di-

rección f • ambiente m • paraje m • domicilio m • sitio m para establecimiento m
location alternative n - alternativa para ubicación f; ubicación f alternativa
— **drawing** n - [drwng] planta f para ubicación f
— **by station** n - ubicación f por estación f
— **factor** n - factor m para ubicación f
— **giving** n - indicación f de ubicación f
— **lowering** n - bajada f para, colocación f, or ubicación f
— **natural soil** n - [soils] suelo m natural en sitio m
— **near @ mine** n - [miner] ubicación f cerca de mina f
— **plan** n - plano m de, ubicación f, or situación
— **showing** n - muestra f de ubicación f
— **significance** n - significado m de ubicación f
—('s) **soil** n - [soils] suelo m en lugar m
— **survey** n - reconocimiento m (para selección f) de sitio m
— **test(ing)** n - ensayo m de, sitio m, or punto
locator n - situador m | a - situador,ra
— **bushing** n - [mech] buje m, fijador, or para posición f, or posicionador*
— **post** n - [constr] poste m, para guía f, or situador*
lock n - . . . .; cierre m; cerrojo m; seguro m; traba f; retén m; pasador m; asegurador m (con candado m); fiador m | a - [mech] para traba f | v - cerrar; trabar; fijar; inmovilizar; afianzar, sujetar; asegurar
— **@ adjustment** v - [mech] fijar, or trabar en, or establecer, regulación f
— **against** v - [mech] afianzar contra
— **and block system** n - [mech] sistema m para enclavamiento m
— **around** n - ajuste m alrededor de | v - ajustar alrededor de
— **assembly** n - [mech] conjunto m para, cierre m, or traba f
— **bolt** n - [mech] perno m para, traba f, or sujeción f, or fijación f; perno m trabador
— —, **removal**, or **removing** n - [mech] remoción f, or saca f, de perno m trabador
— **@ brake** v - [mech] trabar freno m
— **@ cam** v - [mech] trabar, sujetador m, or leva
— **check(ing)** n - [mech] verificación f de, cerradura f, or traba f
— **closed** v - [mech] trabar en posición cerrada
— **cotter (pin)** n - [mech] chaveta f para, traba f, or cierre m, para seguridad f
— **@ device** v - [mech] trabar dispositivo m
— **@ differential** v - [autom-mech] acoplar diferencial m
— **disengagement** n - [mech] desengranaje m, or desacoplamiento m, de traba f
— **engagement** n - [mech] engranaje m, or acoplamiento m, or activación f, de traba f
— **engaging** n - see **lock engagement**
— **forming** a - engargolado,da
— — **quality** n - [metal-roll] calidad f para engargoladura f
— **@ gear table** v - [mech] inmovilizar mesa f con engranaje(s) m
— **@ hook** v - fijar, or afianzar, gancho m
— **@ idler** v - [weld] trabar dispositivo m para marcha f sin carga f
— **@ — in full speed** v - [weld] trabar regulador m para marcha f sin carga f en velocidad f plena
— **in** v - encerrar • mantener; trabar
— — **battle** v - [sports] trabar(se) en batalla
— — **full speed** v - [weld] trabar para velocidad f plena
— — **place** v - [mech] fijar, or trabar, or inmovilizar, en, sitio m, or posición t
— — — **@ liner** v - [mech] inmovilizar camisa f en sitio m
— — — **@ table** v - [mech] inmoviliar mesa f en sitio m
— — — **@ valve stem** v - [valv] trabar vástago

para válvula f en sitio m
lock in on @ speed v - mantener velocidad f
— **@ interaxle differential** v - [autom-mech] acoplar diferencial m entre eje(s) m
— **into @ groove** v - [mech] fijar, or trabar, en ranura f
— **@ jack** v - [mech] trabar gato m
— **@ jam nut** v - [mech] trabar contratuerca f
— **@ — against @ clevis** v - [mech] trabar contratuerca f contra horquilla f
— **joint** n - [mech] gargola* f | v - engargolar
— **latch** n - [mech] seguro m para, fijación, or evitar rotación f
— **lever** n - [mech] palanca f trabadora; also see **locking lever**
— **@ lever** v - [mech] trabar palanca f; fijar regulador m
— **link** n - [chains] eslabón m, con traba f, or para seguridad f • eslabón m enganchado
— — **chain** n - [chains] cadena f con eslabón(es) m, con traba f, or para seguridad f • cadena f con eslabón(es) m enganchado(s)
— — **coil chain** n - [chains] cadena f con eslabón(es) m enganchado(s) para adujar
— **mechanism** n - [mech] mecanismo m para traba
— **metal-to-metal** v - [mech] afianzar metal m contra metal m
— **nut** n - [mech] contratuerca f; tuerca f para, retención f, or seguridad, or trabar; tuerca f fiadora
— **@ nut** v - [mech] trabar, or afianzar, tuerca
— **@ — on @ camshaft** v - [int.comb] afianzar tuerca f para seguridad f sobre árbol m para leva(s) f
— **open** v - [mech] trabar en posición f abierta
— — **position** n - [mech] posición f con traba f abierta
— **opening** n - [mech] apertura f de cerradura f
— **out** n - exclusión f • [labor] cierre m (patronal) | v - excluir • [mech] desacoplar • mantener excluido,da • [electr-oper] desconectar
— — **@ differential** v - [autom-mech] desacoplar diferencial m
— — **@ inter-axle differential** v - [autom-mech] desacoplar diferencial m entre eje(s) m
— — **pin** n - [mech] pasador m para desconexión
—**out relay** n - [electr] relé m para (des)enclavamiento m
— **@ padlock** v - [mech] cerrar candado m
— **pawl** n - [mech] trinquete m para, traba(dura) f, or retención f
— — **check(ing)** n - [mech] verificación f de trinquete m para traba(dura) f
— — **control (handle)** n - [cranes] palanca f para regulación f, or regulador m, para trinquete m para traba(dura) f
— — — **(—) disengagement** n - [cranes] desengranaje m de, palanca f para regulación f, or regulador m, para trinquete m para traba f
— — **disengagement** n - [mech] desengranaje m de trinquete m para traba(dura) f
— — **engagement** n - [mech] engranaje m de trinquete m para traba(dura) f
— — **engaging** n - see **lock pawl engagement**
— — **fitting** n - [mech] pico m para engrase m para trinquete m para traba f
— — **flipping** n - [mech] accionamiento m de trinquete m para traba f
— — **grease fitting** n - see **lock pawl fitting**
— — **greasing** n - [mech] engrase m de trinquete m para traba f
— — **handle** n - [mech] palanca f para trinquete m para traba f
— — — **fitting** n - [mech] pico m para engrase m para palanca f para trinquete m para traba f
— — — **grease fitting** n - [mech] pico m para engrase m para palanca f para trinquete m para traba f
— — — **pin** n - [mech] pasador m para palanca f para trinquete m para traba f

lock pawl mechanism n - [mech] mecanismo m para trinquete m para traba(dura) f
— — **pin** n - [mech] pasador m para trinquete m para traba(dura) f
— — **setting** n - [mech] fijación f de trinquete m para traba(dura) f
— **@ pawl** v - [mech] trabar trinquete m
— **pin** n - [mech] pasador m, or perno m, para, traba(dura) f, or retención f
— **plate** n - [mech] placa f, sujetadora, or para, cierre m, or sujetar perno(s) m
— **@ plug into @ receptacle** v - [electr-instal] asegurar enchufe m en tomacorriente m
— **@ ram** v - [mech] trabar ariete m
—, **release, or releasing** n - [mech] desconexión f, or saca f, de traba(dura) f
— **renewal** n - [mech] renovación f de cierre m
— **retention** n - [mech] sujeción f para traba f
— — **clamp** n - [mech] abrazadera f para sujeción f para traba f
— **ring** n - [mech] aro m para cierre m
— **ring shim** n - [mech] calce m para aro m para cierre m
— **@ rope** v - trabar cuerda f
— **@ rotor** v - [electr-mot] trabar rotor m
— **screw** n - [mech] tornillo m, trabador, or para seguridad f, or para fijación f
— **seam** n - [mech] engargolado m; costura f, or junta f, engatillada, or engargolada | a - [mech] engargolado,da
— — **construction** n - [mech] construcción f engargolada
— — **fabrication** n - [mech] fabricación f engargolada
— — **pipe** n - [tub] tubería f con costura f engargolada
— — **tube** n - [tub] tubo m con costura f, engargolada, or engatillada
— — **tubing** n - [tub] tubería f con costura f, engargolada, or engatillada
— **setting** n - [mech] colocación f de traba f
— **shaft** n - [mech] árbol m para cierre m
— — **assembly** n - [mech] conjunto m de árbol m para cierre m
— **shim** n - [mech] calce m para cierre m
— **side** n - [mech] lado m de, cierre m, or seguro m
— **slot** n - [mech] ranura f para enganche m
— **@ spool lever** v - [agric-equip] trabar palanca f para carrete m
— **stud** n - [mech] prisionero m para cierre m
— **tab** n - [mech] orejeta f para cierre m
— **tight** v - fijar, or ajustar, firmemente, or sólidamente; ajustar, or establecer, firmemente; mantener(se) fijo,ja
— — **@ adjustment** v - fijar firmemente regulación f
— **tightly** v - [mech] apretar, or ajustar, fuertemente; fijar firmemente
— **type latch** n - [mech] pestillo m tipo cerradura f
— **washer** n - [mech] arandela f para, seguridad f, or presión f • arandela f Grover
— **wedge** n - [mech] see **locking wedge**
— **@ wedge** v - [mech] trabar cuña f
— **@ wheel** v - [mech] trabar rueda f
locked a - [mech] trabado,da; fijado,da; cerrado,da; sujetado,da; afianzado,da; inmovilizado,da • agarrotado,da
— **against** a - [mech] afianzado,da contra
— **around** a - ajustado,da alrededor de
— **brake** n - [mech] freno m trabado
— — **lever** n - [mech] palanca f para freno m trabada
— — **side** n - [mech] lado m con freno m trabado
— **cam** n - [mech] sujetador m trabado; leva f trabada
— **closed** a - [mech] trabado,da en posición f cerrada
— — **position** n - [mech] posición f con traba f cerrada

locked coil n - [cabl] trenzado m cerrado
— — **strand** n - [cabl] cordón m con trenzado m cerrado
— **differential** n - [autom-mech] diferencial m trabado • diferencial m acoplado
— **gear table** n - [mech] mesa f con engranajes m, trabada, or inmovilizada
— **hook** n - [mech] gancho m, trabado, or fijado
— **in** a - encerrado,da • mantenido,da
— **in @ battle** a - [sports] trabado,da en batalla f
— **on @ speed** a - velocidad f mantenida
— **@ place** a - fijado,da, or trabado,da, or inmovilizado,da, en sitio m
— — **table** n - [mech] mesa f trabada, or inmovilizada, en sitio m
— — **valve stem** n - [valv] vástago m para válvula f inmovilizada en sitio m
— — **stress** n - [metal] esfuerzo m encerrado
— **inter-axle differential** n - [autom-mech] diferencial m entre eje(s) m acoplado
— **into @ groove** a - [mech] fijado,da en ranura
— **jack** n - [mech] gato m trabado
— **jam nut** n - [mech] contratuerca f trabada
— **lever** n - [mech] palanca f trabada • regulador m fijado
— **metal-to-metal** a - [mech] afianzado,da metal contra metal
— **nut** n - [mech] tuerca f, trabada, or afianzada
— **out** a - excluido,da • desacoplado,da
— — **differential** n - [autom-mech] diferencial m desacoplado
— — **inter-axle differential** n - [autom-mech] diferencial m entre eje(s) m desacoplado
— **padlock** n - [mech] candado m cerrado
— **pawl** n - [mech] trinquete m trabado
— **rope** n - [cabl] cuerda f trabada
— **rotor** n - [electr-mot] rotor m trabado
— **spool lever** n - [agric-equip] palanca f para carrete m trabada
— **tight** a - ajustado,da firmemente
— **tightly** a - [mech] apretado,da, or ajustado,da, fuertemente; fijado,da firmemente
— **up stress** n - see **residual stress**
— **wedge** n - [mech] cuña f trabada
— **wheel** n - [mech] rueda f trabada
locker bench n - [ind] banco n para, vestuario m, or ropero m
— **room** n - [ind] vestuario m
locking n - [mech] . . .; afianzamiento m; sujeción f; inmovilización f
— **against** n - afianzamiento m contra
— **around** n - ajuste m alrededor de
— **assembly** n - [mech] conjunto m para, fijación f, or trabamiento m
— **bar** n - barra f para, cierre f, or retención f, or fijación f • barra f para seguridad f
— **bolt** n - [mech] perno m para, sujeción f, or retención f
— **clamp** n - [mech] mordaza f trabadora
— **clip** n - [mech] retén m, or traba f, or sujetador; perno m sujetador
— **device** n - dispositivo m, or sistema m, para cierre m; dispositivo m para bloqueo m - [electr-instal] dispositivo m inmovilizador
— **factor** n - factor m para traba(dura) f
— **force** n - [mech] fuerza f, trabadora, or para traba(dura) f
— **in** n - mantenimiento m; traba(dura) f
— **@ battle** n - [sports] traba f en batalla f
— — **on @ speed** n - mantenimiento m, or conservación f, de velocidad f
— — **@ place** n - [mech] traba(dura) f en sitio
— **into @ groove** n - [mech] fijación f en ranura
— **knob** n - [mech] perilla f para traba(dura) f
— **latch** n - [mech] seguro m para traba(dura) f • [cranes] seguro m para evitar rotación f
— **lever** n - [mech] palanca f, trabadora, or para traba(dura) f

locking lever driving pin n - [mech] pasador m, accionador, or impulsor, para palanca f trabadora
— **lug** n - [electr-instal] borne m para fijación
— **mechanism** n - [mech] mecanismo m, trabador, or para traba(dura) f
— **metal-to-metal** n - [mech] afianzamiento m metal m contra metal m
— **open** n - [electr-oper] inmovilización f en posición f abierta
— — **@ circuit** n - [electr-oper] inmovilización f de circuito m en posición f abierta
— — **device** n - [electr-oper] dispositivo m para inmovilización f en posición f abierta
— **out** n - exclusión f; desacoplamiento m
— **pawl** n - [mech] trinquete m para traba(dura) f
— **pin** n - [mech] pasador m, trabador, or para traba(dura) f; perno m, or pasador m, para, fijación f, or seguridad
— **pliers** n - [tools] pinza f trabadora
— **position** n - [mech] posición f para traba f
— **relay** n - [electr-equip] relé m para bloqueo
— **screw** n - tornillo m, trabador, or para traba(dura) f, or cierre m, or fijación f
— — **check(ing)** n - [mech] verificación f de tornillo m para, cierre m, or traba(dura) f
— — **secure** v - [mech] asegurar con tornillo m para, fijación f, or traba(dura) f
— — **securing** n - [mech] ajuste m, or aseguramiento m, de tornillo m para fijación f
— — **secured** a - [mech] asegurado,da con tornillo m para fijación f
— — **tightening** n - [mech] ajuste m, or apretadura f, de tornillo m para fijación f
— — **tightness** n - [mech] ajuste m, or apretadura f, de tornillo m para fijación f
— — — **check(ing)** n - [mech] verificación f, de ajuste m, or apretadura f, de tornillo m para, fijación f, or cierre m
— **spring** n - [mech] resorte m para cierre m
— **style** n - [mech] tipo m trabador
— **system** n - [mech] sistema m, trabador, or para, traba(dura) f, or cierre m
— **washer** n - [mech] arandela f para, seguridad f, or cierre m
— **wedge** n - [mech] cuña f para cierre m
— — **loosening** n - [mech] aflojamiento m de cuña f para, traba(dura) f, or cierre m
— — — **bar** n - [mech] barra f para aflojamiento m para cuña f para, traba(dura) f, or cierre m
— — **spring** n - [mech] resorte m para cuña f para, traba(dura) f, or cierre m
— — **tightening** n - [mech] ajuste m de cuña f para, traba(dura) f, or cierre m
— — — **bar** n - [mech] barra f para ajuste m para cuña f para, traba(dura) f, or cierre m
lockmaker n - cerrajero m
lockout n [mech] (mecanismo m, or dispositivo m) desacoplador; desengranador m • [elecr-oper] desconexión f • cierre m eléctrico • [labor] huelga f patronal; paro m
— **air line** n - [autom-mech] línea f neumática para desacoplador m
— — —, **connecting,** or **connection** n - [autom-mech] conexión f de línea f neumática para desacoplador m
— **assembling** n - [autom-mech] armado m de desacoplador m
— **assembly** n - [autom-mech] conjunto m de desacoplador m
— **body** n - [autom-mech= caja f para desacoplador m
— — **base** n - [autom-mech] base f para caja f para desacoplador m
— — **cover** n - [autom-mech] cubierta f para caja f para desacoplador m
— —, **installation** n, or **installing** n - [autom-mech] instalación f de caja f para desacoplador m
— **clutch** n - [mech] embrague m desacoplador
—, **disassembling,** or **disassembly** n - [mech] desarme m de desacoplador m
lockout disengagement n - [mech] desengranaje m de desacoplador m
—, **engaging,** or **engagement** n - [mech] engranaje m de desacoplador m
— **felt** n - [autom-mech] fieltro m para desacoplador m
— **gasket** n - [autom-mech] guarnición f para desacoplador m
— — **pattern** n - [autom-mech] aplicación f, or distribución f, de guarnición f para desacoplador m
— **installation** n - [autom-mech] instalación f de desacoplador m
— **mechanism** n - [mech] mecanismo m desacoplador
— **"O" ring** n - [autom-mech] anillo m circular para desacoplador m
— **pin** n - [mech] pasador m para exclusión f
— **piston** n - [autom-mech] émbolo m para desacoplador m
— **repair** n - [eutom-mech] reparación f de desacoplador m
— — **kit** n - [autom-mech] juego m, or conjunto m, para reparación f de desacoplador m
— **shift** n - [autom-mech] cambio m para desacoplador m
— **fork** n - [autom-mech] horquilla f para cambio(s) m para desacoplador m
— — **assembling** n - [autom-mech] armado m de horquilla f para cambio(s) m en desacoplador
— — **assembly** n - [autom-mech] conjunto m de horquilla f para cambio(s) m en desacoplador
— **silicone gasket** n - [autom-mech] guarnición f silicónica para desacoplador m
— — — **pattern** n - [autom-mech] disposición f de guarnición f silicónica para desacoplador
— **sliding clutch** n - [autom-mech] embrague m deslizante para desacoplador m
— **unit** n - [mech] dispositivo m, or mecanismo m, desacoplador
— — **assembling** n - [autom-mech] armado m de dispositivo m desacoplador
— — **assembly** n - [autom-mech] conjunto n de dispositivo m desacoplador
— —, **disassembling,** or **disassembly** n - [autom-mech] desarme m de dispositivo m desacoplador
lockscrew n - [mech] tornillo m para, seguridad f, or traba(dura) f
lockseam n - [mech] costura f, or junta f, engatillada | a - engatillado,da | v - [mech] engatillar
— **joint** n - [mech] junta f engatillada
lockwasher n - [mech] arandela f, trabadora, or para, traba(dura) f, or fijación f, or seguridad f; arandela f con resorte m; contratuerca f
— **collapse** n - [mech] apalstamiento m de arandela f para seguridad f
—, **installation,** or **installing** n - [mech] instalación f de arandela f para seguridad f
—, **removal,** or **removing** n - [mech] remoción f, or saca f, de arandela f para seguridad f
lockwire n - [mech] alambre m, or pasador m, or trabador m, para fijación f
locomotive and mobile equipment shop n - [ind] taller m para locomotora(s) f y equipo(s) m móvil(es)
— **boiler** n - [boilers] caldera f para, locomotora f, or locomóvil m
— **crane** n - [cranes] grúa f, locomotora, or locomóvil
— **drawn** a - [rail] arrastrado,da por locomotora
— — **platform** n - [aril] plataforma f, or chata f, arrastrada por locomotora f
— **driver** n - see **locomotive engineer**
— **engineer** n - [rail] maquinista m para locomotora f
— **firebox** n - [rail] hogar m para locomotora f
— **free axle** n - [rail-wheels] eje m libre para locomotora f
— — **front truck wheel** n - [rail-wheels] rueda f

locomotive light series spring

para carretón m delantero para locomotora(s)
locomotive light series spring n - [mech] resorte m liviano para locomotora f
— — — — **washer** n - [mech] arandela f liviana con resorte para locomotora f
— — **spring** n - [mech] resorte m liviano para locomotora f
— **maintenance** n - [rail] mantenimiento m, or conservación f, para locomotora(s) f
— — **shop** n - [rail] taller m para, mantenimiento m, or conservación f, para locomotoras
— **man** n - [ind] see **locomotive engineer**
— **modification** n - [rail] modificación f en locomotora f
— **repair** n - [rail] reparación f de locomotoras
— — **shop** n - [rail] taller m para reparación f de locomotora(s) f
— **screw jack** n - [rail] gato m para locomotoras
— **service station** n - [rail] taller m para servicio m para locomotora(s) f
— **shop** n - [rail] taller m para locomotora(s) f
— **trailer truck** n - [rail] bogie m, or carretón m, posterior para locomotora f
— — **wheel** n - [rail] rueda f en, bogie m, or carretón m, posterior para locomotora f
— **type boiler** n - [boilers] caldera f tipo m, para, locomotora f, or locomóvil m
— **wheel** n - [rail] rueda f para locomotora f
locust n - [entomol] . . . • [bot] . . .; acacia f falsa
— **tree** n - [bot] robinia f
Lode-Safe-T n - see **load safety**
— — -T **computer** n - [cranes] computador, Lode-safe-T, or para carga f segura
lodge n - . . . • [travel] hotel m turístico | v - penetrar; encajar; incrustar • [travel] posar; alojar • colocar
— @ **rope** v - [cabl] alojar cable m
lodged a - alojado,da • penetrado,da; encajado,da; incrustado,da
lodg(e)ment n - [travel] . . . • [mech] encaje m; encastre m; encajadura f; penetración f
lodging n - [travel] . . . • [mech] encaje m; encastre m; encajadura f; penetración f; incrustación f
— **cost** n - [travel] costo m para alojamiento m
— **expense(s)** n - [travel] gasto(s) m para alojamiento m
log n - borrador n; registro m • [lumber] . . .; rollizo m; troza f • [transp] planilla f para ruta f • [nav] (cuaderno m de) bitácora f; diario m de navegación f • [ind] parte m, or informe m, diario
— **book** n - [nav] cuaderno m de bitácora f; diario m de navegación f
— **cabin** n - [constr] . . .; cabaña f de troncos
— **chain** n - [chains] cadena f para rollizo(s) m
— **check(ing)** n - [transp] verificación f de planilla f para ruta f
— **grip** n - [lumber] grampa f para tablón(es) m para cierre m
— **washer** n - [lumber] lavadora f para, troncos m, or tozas f
logarithmically adv - [math] logarítmicamente
logging n - explotación f, maderera, or forestal; trabajo f forestal; tala f (de bosques) • [petrol] perfiladura f
— **arch** n - [lumber] cabría f para transporte m de, troncos m, or troza(s) f
— **chain** n - [lumber] cadena f para, transporte m de, rollizo(s) m, or tronco(s) m, or para explotación f forestal
— **gear** n - [lumber] chata f, or cangrejo m, para acarreo m de, rollizo(s) m, or tronco(s)
— **truck** n - [lumber] camión m para, rollizo(s) m, or industria, or explotación f, maderera, or forestal
logic n - . . . • [electron] see **logic circuit**
— **board** n - [electron] see **logic printed circuit board**
— **circuit** n - [electron] circuito m lógico

- 990 -

logic keyer n - [electron] manipulador m lógico
—, **connecting**, or **connection** n - [electron] conexión f, de, or para, manipulador m lógico
— — **logic, connecting**, or **connection** n - [electron] conexión f, de, or para manipulador m para nivel m lógico
— **level** n - [electron] nivel m lógico
— —, **change**, or **changing** n - [electron] cambio m en nivel m lógico
— — **circuit** n - [electron] circuito m con nivel m lógico
— —, **gate**, or **gating** n - [electron] activación f en nivel m lógico
— — **input** n - [electron] entrada f en nivel m lógico
— — **keyer** n - [electron] manipulador m para nivel m lógico
— — **keying** n - [electron] manipulación f en nivel m lógico
— — **output** n - [electron] salida f para nivel m lógico
— — — **change** n - [electron] cambio m en salida f para nivel m lógico
— **positive/negative screw** n - [electron] tornillo m lógico positivo/negativo
— **printed circuit board** n - [electron] tablilla f lógica con circuito m estampado
— **theme** n - tema m de lógica f
logical allocation n - asignación f lógica
— **answer** n - respuesta f, or solución f, lógica
— **approach** n - enfoque m lógico
— **assigning** n - asignación f lógica
— **assignment** n - asignación f lógica
— **circuit** n - [electron] circuito m lógico
— — **maintenance** n - [electron] mantenimiento m de circuito m lógico
— **classification** n - clasificación f lógica
— **consequence** n - consecuencia f lógica
— **control** n - regulación f lógica
— — **diagram** m - diagrama m para, control m lógico, or regulación f lógica
— **definition** n - definición f lógica
— — **basis** n - base f para definición f lógica
— **diagram** n - diagrama m lógico
—**digital drawing** n - plano m lógico-digital
— **drawing** n - [drwng] plano m lógico
— **grouping** n - agrupamiento m lógico
— **management system** n - [managm] sistema m, administrativo lógico, or lógico para administración f
— — — **development** n - [managm] creación f de sistema m, administrativo lógico, or lógico para administración f
— **method** n - método m lógico
— **organization** n - organización f lógica
— **separation** n - separación f lógica
— **solution** n - solución f lógica
— **system** n - sistema m lógico
— **terminology** n - terminología f lógica
— — **classification** n - clasificación f lógica de terminología f
— **theme** n - tema m lógico
— **work** n - trabajo m lógico
— — **allocation** n - [managm] asignación f lógica de trabajo m
— —, **assigning**, or **assignment** n - [labor] asignación f lógica de trabajo m
— — **organization** n - [managm] organización f lógica para trabajo m
logically assigned a - asignado,da lógicamente
— — **work** n - trabajo m asignado lógicamente
— **organized** a - organizado,da lógicamente
— — **work** n - [managm] trabajo m organizado lógicamente
logistics command n - [milit] comando m para logística f
logo n - [ind] see **logotype**
London interchange rate n - [fin] tasa f intercambiaria de Londres
lone victory n - victoria f única
lonely place n - lugar m, or sitio m, solitario

long a - ... | adv - con, largo m, or extensión f de | v - ...
— **approach** n - [roads] rampa f suave
— **arc** - n - [weld] arco m largo
— **arm** n - [mech] brazo m largo
— **asbestos fiber** n - [miner] fibra f larga de, asbesto m, or amianto m
— **bar** n - [mech] barra f larga
— — **stock** n - [metal-roll] barra f larga de acero m
— **blast** n - [metal-prod] viento m prolongado
— — **shut-off** n - [metal-prod] corte m prolongado de viento m
— **bolt** n - [mech] perno m largo
— **boom** n - [mech] brazo m largo • [cranes] aguilón m largo
— **bridge** n - [bridges] puente m largo
— **cable** n - [cabl] cable m largo
— — **run** n - [electr-instal] recorrido de cable m largo • extensión f; distancia f
— — — **over** ... n - [electr-instal] recorrido m de cable m largo en exceso m de ...
— **cap screw** n - [mech] tornillo m, largo con casquete, or con casquete m largo
— **carton** n - [transp] caja f larga de cartón m
— **case** n - [mech] caja f larga
— **cell** n - [bot] célula f larga
— **circuit** n - Circuito m largo
— **column** n - columna f larga
— **conductor** n - [electr-cond] conductor m largo
— **continuous weld** n - [weld] soldadura f, continuada, or ininterrumpida, larga
— **course** n - curso m largo • [sports] pista f larga
— **culvert** n - [constr] alcantarilla f larga
— — **discharge** n - [hydr] descarga f de alcantarilla f larga
— **cylindrical coil** n - [instrum] bobina f cilíndrica larga
— **delay** n - demora f larga
— **delivery delay** n - [transp] demora f larga para entrega f
— **descending grade** n - [roads] pendiente f descendente larga
— **discharge line** n - [tub] línea f, or tubería f, larga para descarga f
— **distance** n - distancia f larga • tramo m largo
— — **call** n - [telecom] llamada f (telefónica) sobre distancia f larga
— — **dialing** n - [telef] telediscado* m
— — **race** n - [sports] carrera f sobre distancia f larga
— — **telephone call** n - [telecom] llamada f telefónica sobre distancia f larga
— — **toll call** n - [telecom] llamada f (telefónica) (con pago m) sobre distancia f larga
— **electrical stickout** n - [weld] electrodo m electrizado muy sobresaliente
— — **lead** n - [weld] conductor m largo hasta electrodo m
— — **length** n - [weld] largo m considerable de electrodo m
— **length** n - largo(r) m considerable
— **engine life** n - [int.comb] vida f (útil), larga, or prolongada, para motor m
— **enough** adv - tiempo m suficiente
— **experience** n - experiencia f larga
— **feed(ing) tube** n - [tub] tubería f larga para alimentación f
— **fiber** n - [textil] fibra f larga
—**fibered** a - [textil] con fibra(s) f larga(s)
— — **product** n - [textil] producto m con fibra(s) f larga(s)
... — **fillet weld** n - [weld] cordón m de soldadura f con extensión f larga
— **flame** n - [combust] llama f larga
— — **burner** n - [combust] quemador m con llama f larga
— **flank** n - flanco m largo
— **flux hose** n - [weld] mang(uer)a f larga para fundente m
— **footprint** n - [autom-tires] huella f larga

long for v - anhelar
— **frequency** n - [electron] frecuencia f larga
— **grade** n - [roads] pendiente f larga
— **ground lead** n - [weld] conductor m largo hasta tierra f
— **guide roll arm** n - [weld] brazo m largo para rueda f para guía f
— — **tip** n - [weld] boquilla f larga para guía
— **hot bar** n - [metal-roll] barra f caliente larga
— **industrial life** n - [ind] vida f industrial (útil) larga
— **interval** n - intervalo m largo
— **lasting bearing** n - [mech] cojinete m, duradero, or con vida f larga
— — **result(s)** n - resultado(s) m duradero(s)
— — — **(s) assurance** n - seguridad f de resultado(s) m duradero(s)
— **lease** n - [com] arriendo sobre plazo m largo
— **leg** n - [anat] pierna f larga • [mech] brazo m largo
— **length** n - tramo m largo; sección f larga
— **corrugated steel pipe** n - [tub] tubo m, largo, or tubería f larga, de acero m corrugado
— **life** n - [ind] vida f (útil), larga, or extendida; duración f larga, vida f prolongada • desempeño m prolongado
— — **bearing** n - [mech] cojinete m con vida f larga
— — **spring** n - [mech] resorte m para vida f útil, larga, or prolongada
— **lightweight length** n - [tub] tramo m largo y liviano
— **line** n - [constr] tubería f larga
— **link** n - [chains] eslabón m largo
— **metal pipe** n - [tub] tubo m metálico largo • tubería f metálica larga
— **mileage** n - [autom-tires] kilometraje m, elevado, or mayor
— — **radial tire** n - [autom-tires] neumático m radial para kilometraje m mayor
— — **tire** n - [autom-tires] neumático m para kilometraje m mayor
— **motor life** n - [electr-mot] vida f (útil) larga de motor m
— **nose plier(s)** n - [tools] pinza(s) f con punta(s) f larga(s)
— **operation** n - operación f larga
— **panel** n - [mech] panel m largo; plancha f larga
— **period** n período m, or plazo m, largo
— **pick-up** n - [autom] camioneta f larga
— **pipe** n - [tub] tubo m largo; tubería f larga
— — **line** n - [tub] tramo m largo de tubería f
— **product(s)** n - [metal-roll] producto(s) m largo(s)
— **protruding** a - protuberante largo,ga
— — **flank** n - flanco m protuberante largo
— **puddle** n - [weld] cráter m alargado
— **radius** n - radio m largo
— — **elbow** n - [tub] codo m con radio m largo
— — **plate** n - [constr] plancha f con radio m largo
— **range** n - plazo m, or alcance m, largo • [cranes] alcance m grande • [aeron] radio m de acción f, or vuelo m, largo; autonomía f de vuelo grande | a - para, plazo m, or alcance m, largo; duradero,ra
— —. **aircraft, or airplane** n - [aeron] avión m con, radio m de acción f, or autonomía f de vuelo m, grande
— — **flight** n - [aeron] vuelo m largo
— — **jet (air)plane** n - [aeron] avión m por reacción con, radio m de acción f, or autonomía f de vuelo, grande
— — **objective** n - objetivo para plazo m largo
— — **plane** n - see **long range airplane**
— — **planning** n - planificación f para plazo m largo
— — **saving** n - ahorro m, a plazo m largo, or duradero

long reach n - alcance m largo | a - para alcance m largo
— **recognized** a - reconocido,da desde hace mucho
— **retaining plate** n - [mech] placa f para retención f larga
— **roller** n - [mech] rodillo m largo
— **run** n - corrida f larga | adv - a largas f
— **running** adv - [mech] con operación f larga
— — **period** n - [mech] período para operación f largo
— **screw** n - [mech] tornillo m largo
— **seam** n - [weld] costura f larga
— **section** n - tramo m largo
— **service** n - servicio m, largo, or de duración f larga
— — **life** n - vida f útil larga
— **shaft** n - [mech] árbol m, or eje m, largo
— — **gear** n - [mech] engranaje m con, árbol m, or eje m largo
— **sharp leg** n - [mech] brazo m largo afinado
— **sheet pile** n [constr-pil] tablestaca f larga
— — **shearing line** n - [metal-roll] línea f para cortar chapa(s) f larga(s)
— **shutdown** n - [ind] parada f, larga, or prolongada
— **sleeved** a - [vest] con manga(s) f larga(s)
— — **shirt** n - [Vest] camisa f con manga(s) f larga(s)
— **slope** n - [constr] talud m amplio • [topogr] pendiente f, larga, or extendida
— **span** n - tramo m grande • luz f grande
— **spool roller** n - [mech] rodillo m largo (de) tipo m carrete m
— — **type roller** n - [mech] rodillo m largo de tipo m (de) carrete m
— **stage** n - [sports] etapa f larga
— **standing** n - almacenamiento m prolongado • envejecimiento
— — **dream** n - sueño m muy acariciado
— **stick** n - palo m largo • [constr] brazo m, or cabo m, largo
— — **hoe** n - [constr-equip] azadón m con, brazo m, or cabo m, largo
— — — **attachment** n - [constr-equip] accesorio m para azadón m con, brazo m, or cabo, largo
— **stickout** n - [weld] electrodo m muy sobresaliente
— — **application** n - [weld] aplicación f con electrodo m muy sobresaliente
— — **extension** n - [weld] prolongación f para electrodo m muy sobresaliente
— — **nozzle extension** n - [weld] prolongación f con boquilla f para electrodo m muy sobresaliente
— — **procedure** n - [weld] procedimiento m con electrodo m muy sobresaliente
— — **technique** n - [weld] técnica f con electrodo m muy sobresaliente
— — **weld(ing)** n - [weld] soldadura f con electrodo m muy sobresaliente
— — — **circuit** n - [weld] circuito m para soldadura f con electrodo m muy sobresaliente
— **stop** n - [sports] detención f larga
— **storage** n - almacenamiento m prolongado
— **strand** n - [textil] hebra f larga
— — **fiberglass** n - [ceram] fibra f de vidrio m con hebra(s) f larga(s)
— — — **filler** n - [ceram] relleno m de fibra f de vidrio m con hebra(s) f larga(s)
— **streak** n - [sports] serie f, or racha, larga
— **stride** n - zancada
— **stringer** n - [constr] larguero m largo
— **stroke** n - [mech] carrera f larga
— — **engine** n - [int.comb] motor m con carrera f larga
— — **wire drawer** n - [wiredrwng] trefilador m con carrera f larga
— **stud** n - [mech] perno m, or prisionero m, largo
— **taphole** n - [metal-prod] piquera f larga
— **tee handle** n - [mech] mango m largo en T

long tee handle liner clamp lifting bolt n - [tools] perno m con mango m en T largo para elevar sujetador m para camisa f
— **term** n - duración f larga • plazo m largo | a - con duración f larga
— — **bank deposit** n - [fin] depósito m bancario con plazo m largo
— — **bond** n - [fin] bono m, or título m, con plazo m largo
— — **contract** n - [legal] contrato m con plazo m largo
— — **credit** n - [fin] crédito m con plazo largo
— — **debt** n - deuda f con plazo m largo
— — **deposit** n - [fin] depósito m con plazo m largo
— — **financing** n - [fin] financiamiento m, or financiación f, con plazo m largo
— — **foreign financing** n - [fin] financiamiento m, or financiación f, exterior con plazo m largo
— — **fund(s)** n - [fin] fondo(s) con plazo m largo
— — **investment** n - [fin] inversión f con plazo m largo
— — — **program** n - [fin] programa m de inversión(es) f con plazo m largo
— — **lease** n - [miner] contrato m con plazo m largo para explotación f
— — **liability** n - [accntg] pasivo m a plazo m largo
— — **local credit** n - [fin] crédito m nacional con plazo m largo
— — **marketable security,ties** n - [fin] valor(es) m negociable(s) con plazo m largo
— — **measure** n - medida f para plazo m largo
— — **obligation** n - [fin] obligación f con plazo m largo
— — — **maturity** n - [fin] vencimiento m de obligación f con plazo m largo
— — **operation** n - [ind] operación f, or funcionamiento m, con plazo m largo
— — **program** n - programa m para plazo m largo
— — **security** n - [fin] valor m con plazo m largo
— — **shortage** n - escasez f con duración f, mayor, or larga
— — **solution** n - solución f con plazo m largo
— — **stability** n - estabilidad f con plazo m largo
— — **trend** n - tendencia f con plazo m largo
— **terne** n - [metal-treat] acero m emplomado | a - [metal-treat] emplomado,da
— — **sheet** n - [metal-treat] chapa f emplomada
— — **steel** n - [metal-prod] acero m emplomado
— — — **sheet** n - [metal-treat] chapa, or lámina f, de acero m emplomada
— — **strip** n - [metal-treat] chapa f emplomada
— **test** n - prueba f larga; ensayo m largo
— **time** adv - desde hace mucho (tiempo m)
— — **basis (on @)** adv - a las largas
— — **lubrication** n - [mech] lubricación f para tiempo m prolongado
— — **observation** n - observación f durante, período m largo, or mucho tiempo m
— — **observe** v - observar durante mucho tiempo
— — **observed** a - observado,da durante mucho tiempo m
— — **period** n - período m largo (de tiempo m)
— — **trip(ping)** n - [electr-oper] disparo m diferido
— **tire** n - [autom-tires] neumático m largo
— **ton** n - [metric] tonelada f de 2250 libras
— **track** n - [sports] pista f larga
— **track time** n - [metal-prod] tiempo m largo sobre vía f
— **tread life** n - [autom-tires] vida f (útil) larga de banda f para rodamiento m
— **treadwear** n - [autom-tires] vida f prolongada de banda f para rodamiento m
— **trouble free life** n - [ind] vida f larga sin problema(s) f (para conservación f)

long trouble free operation n - operación f, or vida (útil), larga sin problema(s) para conservación f
— — **welder life** n - [weld] vida f larga (y) sin problema(s) m de soldadora f
— **truck life** n - [autom] vida f (útil) larga para camión f
— **turn** n - [labor] turno m largo
— **type** n - tipo m largo
— — **pick-up** n - [autom] camioneta f, larga, or de tipo m largo
— **used** a - aceptado,da largamente
— **wait** n - espera f larga
— **wave** n - [electron] onda f larga
— — **gamma ray** n - [electron] rayo m gamma con onda f larga
— — **length** n - [electron] largo(r) m de onda f larga
— **wear** n - [mech] desgaste m lento
— **wearing compound** n - [autom-tires] compuesto m, or composición f, para desgaste m lento
— — **quality** n - calidad f con desgaste mínimo
— — **surface** n - [autom-tires] superficie f para desgaste m lento
— — — **compound** n - [autom-tires] compuesto m, or composición f, para desgaste m lento de superficie f
— **weld** n - [weld] soldadura f larga
— **welder life** n - [weld] vida f (útil) larga para soldadora f
— **welding cable** n - [weld] cable m, or conductor m, largo para soldadura f
— **wheelbase** n - [autom-mech] distancia f, larga, or grande, entre eje(s) m
— — **car** n - [autom] automóvil m con distancia f larga entre eje(s) m
— — **pick-up** n - [autom] camioneta f con distancia f larga entre eje(s) m
— **win(ning) streak** n - [sports] serie f larga de triunfos m
— **working life** n - vida útil prolongada
longer arc n - [weld] arco m más largo
— — **length** n - [weld] arco m con largo m mayor
— **case** n - [mech] caja f más larga
— **delivery period** n - [com] plazo m mayor para entrega f
— **footprint** n - [autom-tires] huella f más larga
— **heating period** n - período m, or tiempo m, or plazo m, mayor para calentamiento m
— **length** n largo(r) m, or largura f, mayor • [tub] tramo m, or sección f, mayor
— **life** n - vida f (útil), or duración f, más larga, or mayor
— **period** n - período m, or plazo m, mayor, or más largo, or más prolongado
— **radius** n - radio m mayor
— **reach** n - [cranes] alcance m mayor
— **service (life)** n - vida f útil más prolongada
— **stickout** n - [weld] electrodo m más sobresaliente, or sobresaliente más largo | a - que sobresale más
— **stroke** n - [mech] carrera f más larga
— **time** n - tiempo m mayor; más tiempo m
— — **period** n - tiempo m, or plazo m, mayor
— **tire** n - [autom-tires] neumático m más largo
— **track** n - [sports] pista f más larga
— **truck life** n - [autom] vida f (útil) más larga para (auto)camión m
— **wave length** n - [electron] largo m de onda f mayor
longest day n - [chronol] día m más largo
— **life** n - vida f (útil), más larga, or mayor
— **route** n - ruta f más larga
— **span** n - [cranes] luz f máxima
longevous a - longevo,va
longitudinal application n aplicación f longitudinal
— **axis** n - eje m longitudinal
— — — **allowable deviation** n - desviación f admisible en eje m longitudinal

longitudinal axis deflection n - flecha f según eje m longitudinal
— — — **allowable deviation** n - desviación f admisible para flecha f según eje m longitudinal
— — — **deviation** n - desviación f de flecha f de eje m longitudinal
— — **deviation** n - desviación f de eje m longitudinal
— **band** n - [metal-roll] banda f, or zuncho m, longitudinal
— **camber** n - combadura f longitudinal
— **contact** n - [mech] contacto m longitudinal
— **crack** n - grieta f longitudinal
— **cracking** n - [weld] agrietamiento m longitudinal
— — **best resistance** n - [weld] resistencia f máxima a agrietamiento m longitudinal
— — **resistance** n - [weld] resistencia f a agrietamiento m longitudinal
— **current** n - [electr-distrib] corriente f longitudinal
— — **transmission** n - [electr-distrib] transmisión f longitudinal de corriente f
— **deflection** n - flecha f longitudinal
— **deviation** n - desviación f longitudinal
— **direction** n - dirección f, or sentido m, longitudinal • [weld] en sentido m longitudinal a, unión f, or costura f
— **distribution** n - distribución f longitudinal
— **edge** n - borde m longitudinal
— **force** n - [constr] esfuerzo m, or empuje m, longitudinal
— — **line** n - [electr-distrib] línea f de fuerza f longitudinal
— **joint** n - [mech] junta f longitudinal
— — **lap(ping)** n - [mech] traslapo m de junta f longitudinal • traslapo m longitudinal
— — **lap(ped) joint** n - [mech] junta f longitudinal traslapada
— **line** n - línea f longitudinal
— **magnetic force** n - [electr] fuerza f magnética longitudinal
— — — **line** n - [electr] línea f de fuerza f magnética, longitudinal, or paralela
— — **line** n - [electr] línea f magnética longitudinal
— **mechanical characteristic** n - [metal-roll] característica f mecánica longitudinal
— **member** n - [mech] pieza f longitudinal
— **partition** n - [mech] mamparo m longitudinal
— **profile** n - perfil m longitudinal
— **reinforcement** n - refuerzo m longitudinal
— **reinforcing bar** n - [constr] barra f para refuerzo m longitudinal
— **rod** n - [constr] varilla f longitudinal
— **sample** n - muestra f, or probeta f, longitudinal
— **seam** n - costura f longitudinal
— — . . . **hole punching** n - [mech] perforación f de . . . orificio(s) para costura f longitudinal
— — **riveting** n - [mech] remachado m de costura f longitudinal
— — **strength** n - [mech] resistencia f de costura f longitudinal
— — **ultimate strength** n - [mech] resistencia f final de costura f longitudinal
— **seepage** n - [hydr] escurrimiento m longitudinal
— **shell joint** n - [boilers] junta f longitudinal de, coraza f, or virola f
— **specimen** n - probeta f longitudinal
— **strut** n - [constr] jabalcón m longitudinal
— **tension member** n - [constr] pieza f para esfuerzo m longitudinal
— **test(ing)** n - ensayo m longitudinal
— — **piece** n - [metal-roll] probeta f longitudinal
— **to @ joint** a - [weld] (sentido m) longitudinal a unión f
— **transmission** n - transmisión f longitudinal

longitudinal transportation n - transporte m longitudinal
— **travel** n - [mech] desplazamiento m, or avance m, longitudinal
— **weld** n - [weld] soldadura f longitudinal
longshoreman's certification n - [cranes] certificación f, or aprobación f, de estibador(es)
—'s **cost(s)** n - [transp] gasto(s) m en estibador(es) m
—'s **expense(s)** n - [transp] gasto(s) m de estibador(es) m
—'s **strike** n - [labor] huelga f de estibadores
—'s — **beginning** n - [labor] comienzo m de huelga f de estibador(es) m
—'s — **end** n - [labor] fin m de huelga f de estibador(es) m
—'s — **termination** n - [labor] terminación f, or fin m, de huelga f de estibador(es) m
longtime a - desde hace (mucho) tiempo m; consuetudinario,ria
look n - . . .; vista f • observación f • . . .; aspecto m | v . . .; observar • aparecer
— **across** v - mirar, por encima, or a otro lado
—**alike** a - idéntico,ca
— **at** v - mirar; contemplar
— **back** n - mirada f retrospectiva | v mirar retrospectivamente
— **box** n - [ind] see **looking box**
— **briefly at** v - mirar, or observar, brevemente
— **closer** v - observar más, de cerca, or cuidadosamente
— **easy** v - (a)parecer (como cosa f) fácil
— **encouraging** v - (a)parecer animador; pintar bien
— **for** v - aguardar; esperar • buscar; verificar
— — **@ seal** v - buscar, or verificar, sello m
— **forward** v - mirar hacia adelante
— — **to** v - aguardar (con agrado m)
— **good** v - (a)parecer bien; tener apariencia f buena
— **green** v - verdear
— **into** v - . . .; investigar
— **like** v - aparecer (como)
— **machine made** v - [weld] parecer hecho,cha automáticamente
— **mixing** n - desmejoramiento en apariencia f
— **over @ shoulder** n - mirada f, hacia atrás, or por sobre hombro m | v - mirar hacia atrás
— **terrific** v - aparecer estupendo; tener apariencia f impresionante
— **up** v - . . .; constatar; averiguar
looked a - mirado,da; observado,da
— **at** a - observado,da; contemplado,da
— **briefly at** a - observado,da brevemente
— **closer** a - observado,da más, de cerca, or cuidadosamente
— **for** a - buscado,da; verificado,da
— — **seal** n - sello m, verificado, or buscado
— **forard to** a - aguardado,da
looking n - . . .; mirada f; observación f | a - mirador,ra
— **alike** a - con aspecto, como, or de
— **at** n - observación f; contemplación f | adv - observación f, contemplación f
— **forward** adv - mirando hacia adelante
— **back** n - mirada f, hacia atrás, or retrospectiva
— **box** n - [ind] boca f, or caja f, para, registro m, or inspección f
— **down** adv - mirando, hacia abajo, or desde arriba | a - visto,ta desde arriba
— **for** n - busca f; búsqueda f • verificación f
— **forward to** n - aguardo m
— **from** adv - visto,ta desde
— **over @ shoulder** n - mirada, por encima, or por sobre hombro m, or hacia atrás
— **toward @ front** adv - mirando hacia frente m
— — **@ rear** adv - mirando hacia atrás
looks n - apariencia f • fisionomía f • figura f • [fam] facha f
loom n - [electr-cond] conducto m, or vaina f, flexible (de fibra f, or fibroso,sa flexible; protector m para mazo de conductores m • forro m de tela • [tub] tubo m flexible
loom clip n - [mech] sujetador m para tubo m flexible
loop n - . . .; espira f ; gaza f; ojal m • aro m; ojo m • [cabl] aduja f • [electron] circuito m (cerrado) • [roads] camino m, or carretera f, para circunvalación f • [metal-roll] flojedad f • [electr-instal] circuito m cerrado; red f | v - adujar
— **and radial pattern** n - [roads] combinación f de carretera(s) f para circunvalación f y radial(es)
— **antenna** n - [electron] antena f de cuadro m
— **area** n - [pol] . . .; eje m urbano
— **between @ stand(s)** n - flojedad f entre cajas
— **car** n - [metal-treat] carro m, or carrito m, para, bucle(s) m, or lazo(s) m
— **chain** n - [chains] see **looping chain**
. . . — **control** n - [mech] regulación f con . . . circuito(s) m
— **edge adz** n - [tools] azuela f
— **@ end** v - [mech] hacer gaza f en extremo m
— **expressway** n - [roads] supercarretera f para circunvalación f
— **input** n - [electron] entrada f a circuito m
— **pit** n - [metal-roll] see **looping pit**
— **road** n - [roads] camino m circular
— **structure** n - [constr] estructura f anular
— **twist(ing)** n - torcimiento m de, lazo m, or gaza f, or bucle m
—**type course** n - [sports] pista f, or recorrido m, con figura f de lazo m
— — **race** n - [sports] pista f, or carrera f, con figura f de lazo m
loopback n - [comput] retorno m | a - [comput] con retorno m
— **mode** n - [comput] modalidad f con retorno m
— **operating** n - [comput] operación f con retorno m
— — **mode** n - [comput] modalidad f para operación f con retorno m
— **reading** n - [comput] lectura f de retorno m
— **receiver** n - [comput] receptor m con retorno
looped a - [cabl] adujado,da
— **end** n - [mech] extremo m con, gaza f, or lazo
looper n - [metal-roll] rodillo m para tensión f • enlazador • [Arg.] engazador m
— **table** n - [metal-roll] mesa f para, lazo m, or compensación f
looping box n - [metal-roll] caja f para, desenrollar, or compensación f, or lazo m
— **car** n - [metal-roll] carro m para bucle(s) m
— — **line** n - [metal-roll] línea f con carro m para bucle(s) m
— **chain** n - [chains] cadena f para adujar
— **pit** n - [metal-roll] fosa f para, compensación f, or desenrollar, or lazo m, or rizo m, or bucle m
— — **feeding line** n - [metal-roll] entrada f a foso m para bucle(s) m
— — — — **pinch roll** n - [metal-prod] rodillo m para arrastre para entrada f a foso m para bucle(s) m
— — **pinch roll** n - [metal-roll] rodillo m para arrastre m para foso m para bucle(s)
loose n - [miner] suelto(s) m | a - . . .; flojo,ja; aflojado,da • deleznable • fláccido,da • separado,da; a granel • [mech] loco,ca; sin montar • [bearings] con holgura f | v - largar; soltar
— **backfill** n - [constr] relleno m suelto
— **bearing** n - [mech] cojinete m flojo
— — **nut** n - [mech] tuerca f, floja para cojinete, or para cojinete m flojo
— **belt** n - [mech] correa f, floja, or aflojada, or suelta
— **blade** n - [fans] paleta f, suelta, or floja
— **bolt** n - [mech] perno m, flojo, or aflojado, or suelto, or desajustado

loose bolt check(ing) n - [mech] verificación f de perno m suelto
— bolts n - [mech] pernería f, suelta, or floja
— brake n - [mech] freno m, flojo, or aflojado
— brush n - [electro-mot] escobilla f suelta
— cable n - [cabl] cable m flojo
— — connection n - [electr-instal] conexión f floja para conductor m
— — device n - [metal-prod] dispositivo m para cable m flojo
— canopy n - [mech-fans] campana f floja
— chain n - [mech] cadena f floja
— clothing n - [vest] ropa f, or prenda f, floja, or suelta
— coiler n - [mech] bobinadora f, or enrolladora f, or devanadora f, floja
— collar n - [mech] collar m, suelto, or loco
— connection n - [electr-cond] conexión f floja
— (ly) coupled a - [mech] acoplado,da, flojamente or sueltamente
— (ly) — coil n - [electr-instal] devanado m acoplado, flojamente, or sueltamente
— (ly) — secondary (coil) n - [electr-instal] devanado m secundario acoplado, flojamente, or sueltamente, or desajustadamente
— crankshaft n - [int.comb] cigüeñal m flojo
— dirt n - [constr] tierra f suelta
— earth n - tierra f suelta
— electrode n - [weld] electrodo m flojo
— — connection n - [weld] conexión f, floja para electrodo m, or para electrodo m flojo
— electrode lead n - [weld] conductor m a electrodo, flojo, or suelto
— end n - extremo m suelto
— exciter bursh n - [electr-prod] escobilla f suelta para excitador m
— fan belt n - [int.comb] correa f floja para ventilador m
— fastener n - [mech] sujetador m, suelto, or flojo
— feeling n - sensación f de flojedad
— fill n - [constr] relleno m suelto
— fit n - [mech] ajuste m, flojo, or suelto
— fitting n - [mech] dispositivo m flojo
— formation n - formación f suelta
— — soil n - [soils] suelo m con formación f suelta
— garment n - [vest] ropa f, or prenda, suelta
— generator brush n - [electr-prod] escobilla f suelta para generador m
— ground n - tierra f suelta
— — lead n - [weld] conductor m a tierra f, flojo, or suelto
— lister planter n - [agric] sembradora f para maíz para tierra f suelta
— — planter n - [agric-equip] sembradora f para tierra f suelta
— headstock n - [mech-lathes] cabezal m movible
— hold down nut n - [mech] tuerca f para sujeción f aflojada
— hose n - mang(uer)a f suelta
— installation n - [mech] instalación f floja
— item n - [mech] elemento m, or cuerpo, suelto
— leaf n - [print] hoja f suelta
— binder n - [print] carpeta f, con anillo(s), or para hoja(s) f suelta(s)
— — — hardware n - [print] herraje(s) m para carpeta f con anillo(s) m
— light fixture n - [electr-instal] artefacto m flojo m para alumbrado m
— lining n - revestimiento m, suelto, or flojo
— load n - transp] carga f suelta
— loading n - [transp] carga f suelta • carga f de suelto(s) m
— lock(ing) wedge n - [mech] cuña f para cierre m flojo
— material n - [constr] material m suelto
— — clam (shell) bucket n - [constr] cucharón m de almeja f para material(es) m suelto(s)
— —(s) hauling n - [miner] transporte m, or acarreo m, de material(es) m suelto(s)

loose material(s) transportation n - [miner] transporte m de material(es) m suelto(s)
— mill scale n - [metal-roll] costra f, or cascarilla f, suelta de laminación f
— nut n - [mech] tuerca f floja
— object n - objeto m suelto
— ore n - [miner] (mineral) suelto m
— — loading n - [miner] carga f de mineral m suelto
— part n - [mech] pieza f suelta
— pin n - [mech] pasador m flojo
— piston n - pistón m flojo
— plate n - [mech] plancha f suelta
— pulley n - [mech] polea f suelta • polea f loca
— rock(s) n - [geol] roca(s) f suelta(s)
— sand n - [geol] arena f suelta
— scale n - [metal-roll] costra f, or cascarilla f, suelta
— screw n - [mech] tornillo m flojo
— sheet n - [metal-roll] chapa f, or lámina f, suelta
— — metal part n - [mech] pieza f de metal m laminado suelta
— side n - [mech] lado m, or costado m, suelto
— slag n - [metal-prod] escoria f suelta
— soil n - tierra t suelta; suelo m suelto
— — formation n - [soils] suelo m con formación f suelta
— stator n - [electr-mot] estator m flojo
— stone n - [geol] piedra f floja • [constr] roca f floja
— switch, connecting, or connection n - [electr-instal] conexión f floja para, conmutador m, or interruptor m
— — housing n - [electr-instal] caja f floja f para conmutador m
— tail n - cola f suelta
— tapping n - [mech] aflojamiento m (mediante golpeteo m)
— throttle lever n - [int.comb] palanca f floja f de acelerador m
— through bolt n - [mech] perno m, pasante, or atravesado, flojo
— valve n - [valv] válvula f, suelta, or floja
— — cover n - [valv] tapa f para válvula f, floja, or suelta
— — — adjusting nut n - [valv] tuerca f para ajuste m para tapa f para válvula f, floja, or suelta
— — — nut n - [valv] tuerca f floja para tapa f para válvula f
— wedge n - [mech] cuña f, floja, or aflojada
— wheel n - [mech] rueda f floja
— wire n - alambre m flojo • alambre m suelto • [electr-instal] cable m, or conductor, flojo, or suelto
loosed a - largado,da
loosely adv - . . . ; flacamente
— applied expression n - [gram] expresión f con, significado m, or aplicación f amplia
— — term n - [gram] término m con, aplicación f amplia, or significado m amplio
— coupled a - [mech] acoplado,da, flojamente, or sueltamente
— — coil n - [electr-instal] devanado m acoplado, flojamente, or sueltamente
loosen v - [mech] aflojar; soltar; desajustar • separar • suavizar • [agric] excavar
— @ adjuster v - [mech] aflojar ajustador m
— @ adjusting screw nut v - [mech] aflojar tuerca f para tornillo m para ajuste m
— @ bearing adjuster v - [mech] aflojar ajustador m para cojinete m
— @ belt v - [mech] aflojar, or soltar, correa f
— @ blade v - [fans] aflojar paleta f
— @ bleeder v - [metal-prod] aflojar, or suavizar, chapín m
— @ bleeding screw b - [mech] aflojar tornillo m para, purga f, or sangría f
— @ bolt v - [mech] aflojar, or desajustar,

loosen @ brake

perno m
loosen @ brake v - [mech] aflojar freno m
— **@ butterfly valve** v - [metal-prod] aflojar, or suavizar, mariposa f
— **@ cap screw** v - [mech] aflojar tornillo m con casquete m
— **@ crankshaft** v - [int.comb] aflojar cigüeñal
— **@ dowel** v - [mech] aflojar pasador m
— **@ drive gear nut** v - [mech] aflojar tuerca f para engranaje m para impulsión f
— **@ electrode lead** v - [weld] aflojar, or soltar, conductor m a electrodo m
— **far enough** v - [mech] aflojar, or soltar, suficientemente
— **@ fastener** v - [mech] aflojar sujetador m
— **@ fitting** v - aflojar, dispositivo m, or accesorio m, or pieza f, para ajuste m
— **@ gas washer bleeder** v - [metal-prod] aflojar, or suavizar, cañpín m para lavador m
— **@ gear nut** v - [mech] aflojar tuerca f para engranaje m
— **@ ground lead** v - [weld] aflojar, or soltar, conductor m a tierra f
— **@ high pressure line** v - [int.comb] aflojar línea f para presión f alta
— **@ hold-down bolt** v - [mech] aflojar, or soltar, perno m para sujeción f
— **@ —— nut** v - [mech] aflojar, or soltar, tuerca f para sujeción f
— **@ hose** v - [mech] aflojar, or soltar, manguera f
— **@ injector line** v - [int.comb] aflojar línea f a inyector m
— **@ —— nut** v - [int.comb] aflojar tuerca f para línea a inyector m
— **@ — nut** v - [int.comb] aflojar tuerca f para inyector m
— **@ inlet line fitting** v - [mech] aflojar accesorio m, or dispositivo m, para línea f para entrada f
— **@ input yoke nut** v - [autom-mech] aflojar tuerca f para horquilla f para entrada f (de fuerza f)
— **@ line fitting** v - [mech] aflojar, dispositivo m, or accesorio m, para línea f
— **@ lock(ing) screw** v - [mech] aflojar tornillo m para fijación f
— **@ —(ing) wedge** v - [mech] aflojar cuña f para cierre m
— **@ low pressure line** v - [int.comb] aflojar línea f con presión f, baja, or reducida
— **@ mounting screw** v - [mech] aflojar tornillo m para montaje m
— **@ nut** v - [mech] aflojar, or desajustar, tuerca f
— **@ pin** v - [mech] aflojar pasador m
— **@ pump** v - [pumps] aflojar bomba f
— **@ — fitting** v - [mech] aflojar dispositivo m para bomba f
— **@ regulating valve** v - [metal-prod] aflojar, or suavizar, válvula f reguladora
— **@ retaining screw** v - [mech] aflojar tornillo m para retención
— **@ screw** v - [mech] aflojar tornillo m
— **@ rotor through bolt** v - [electro-mot] aflojar perno m que atraviesa rotor m
— **@ screw** v - [mech] aflojar tornillo m
— **@ — nut** v - [mech] aflojar tuerca f para tornillo m
— **@ set screw** v - [mech] aflojar tornillo m para ajuste m
— **@ shaft** v - [mech] aflojar, árbol m, or eje m
— **@ stack valve** v - [metal-prod] aflojar, or suavizar, válvula f en chimenea f
— **@ stone** v - [constr] aflojar, piedra f, or roca f
— **@ thumb screw** v - [mech] aflojar m tornillo m para ajuste m manual;
— **@ tie rod** v - [mech] aflojar barra f para acoplamiento m
— **@ valve** v - [valv] aflojar, or suavizar, válvula f
loosen @ valve cover v - [valv] aflojar tapa f para válvula f
— **@ —— adjusting nut** v - [valv] aflojar tuerca f para ajuste m para tapa f para válvula f
— **@ —— screw nut** v - [valv] aflojar tuerca f para tornillo m para ajuste m para tapa f para válvula f
— **@ —— nut** v - [valv] aflojar tuerca f para tapa f para válvula f
— **@ wedge** v - [mech] aflojar cuña f
— **@ wheel** v - [mech] aflojar rueda f
loosened a - aflojado,da; soltado,da • [mech] desenroscado,da • [agric] excavado,da
— **adjuster** n - [mech] ajustador m aflojado
— **adjusting screw nut** n - [mech] tuerca f para tornillo m para ajuste m aflojada
— **bearing adjuster** n - [mech] ajustador m para cojinete m aflojado
— **belt** n - [mech] correa f, soltada, or suelta, or aflojada, or floja
— **bleeding screw** n - [mech] tornillo m para, purga f, or sangría f, aflojado
— **bolt** n - [mech] perno m, aflojado, or desajustado
— **brake** n - [mech] freno m aflojado
— **cap screw** n - [mech] tornillo m con casquete m aflojado
— **crankshaft** n - [int.comb] cigüeñal m aflojado
— **dowel** n - [mech] pasador m aflojado
— **drive gear nut** n - [mech] tuerca f para engranaje m para impulsión f aflojada
— **earth** n - tierra f aflojada • [constr] tierra f suelta
— **electrode lead** n - [weld] conductor m a electrodo m aflojado
— **far enough** a - [mech] aflojado,da, or soltado,da, suficientemente
— **fastener** n - [mech] sujetador m aflojado
— **fitting** n - [mech] dispositivo m, or accesorio m, aflojado; pieza f para ajuste m aflojada
— **gear nut** n - [mech] tuerca f para engranaje m aflojada
— **ground lead** n - [weld] conductor m a tierra f aflojado
— **high pressure line** n - [int.comb] línea f con presión f alta aflojada
— **hold-down bolt** n - [mech] perno m para sujeción f, aflojado, or soltado
— **—— nut** n - [mech] tuerca f para sujeción f aflojada
— **input yoke nut** n - [autom-mech] tuerca f para horquilla f para entrada f (de fuerza f) aflojada
— **inlet line fitting** n - [mech] accesorio m, or dispositivo m, para línea f para entrada f aflojado
— **line fitting** n - [mech] dispositivo m, or accesorio m, para línea f aflojado
— **lock(ing) wedge** n - [mech] cuña f para cierre m aflojada
— **low pressure line** n - [int.comb] línea f con presión f, baja, or reducida, aflojada
— **mounting screw** n - [mech] tornillo m para montaje m aflojado
— **nut** n - [mech] tuerca f, floja, or aflojada, or desajustada
— **pin** n - [mech] pasador m aflojado
— **pump** n - [pumps] bomba f aflojada
— **— fitting** n - [mech] dispositivo m para bomba f aflojado
— **retaining screw** n - [mech] tornillo m para retención f aflojado
— **rotor through bolt** n - [electr-mot] perno m, pasante de, or que atraviesa, rotor m, aflojado
— **screw** n - [mech] tornillo m aflojado
— **— nut** n - [mech] tuerca f para tornillo m aflojada

loosened shaft n - [mech] árbol m, or eje m, aflojado
— **through bolt** n - [mech] perno m, pasante, or atravesador, aflojado
— **thumb screw** n - [mech] tornillo m para ajuste m manual aflojado
— **tie rod** n - [mech] barra f para acoplamiento m aflojada
— **valve** n - [valv] válvula f, (a)floja(da)
— — **cover** n - [valv] tapa f para válvula f aflojada
— — — **adjusting nut** n - [valv] tuerca f para ajuste m para tapa f para válvula f aflojada
— — — — **screw nut** n - [valv] tuerca f para tornillo m para ajuste m para tapa f para válvula f aflojada
— — — **nut** n - [valv] tuerca f para tapa f para válvula f aflojada
— **wedge** n - [mech] cuña f aflojada
— **wheel** n - [mech] rueda f aflojada
looseness n - . . .; desajuste m; flaccidez f • [medic] viaraza f
loosening n . . .; soltura f • [mech] . . .; desenroscamiento m • separación f
— **danger** n - [mech] peligro m de, soltar(se), or aflojar(se)
— **far enough** n - [mech] aflojamiento m, or suelta f, suficiente
lop off v - . . .; truncar; reducir
lopped off a - desmochado,da; podado,da; descabezado,da; truncado,da; reducido,da
lopping off n - desmochadura f; podadura f; descabezamiento m; truncamiento m; reducción f
loquacity n - . . .; verba f
lorry n - [autom] (auto)camión m • [metal-prod] see **larry car**
lose v - . . .; extraviar • mermar
— @ **air** v - [pneumat] perder aire m
— @ **balance** v - perder equilibrio m
— @ **brake** v - [mech] perder freno m
— **by distillation** v - [chem] perder por destilación f
— @ **charge** v - [ind] perder carga f
— @ **circuit** v - [electr-oper] perder circuito m
— @ **contact** v - perder contacto m
— @ **coolant** v - [int.comb] perder (líquido) refrigerante m
— @ **embankment** v - [constr] perder terraplén m
— @ **encounter** v - perder en encuentro m
— @ **energy** v - perder energía f
— @ — **in @ pipe** v - [hydr] perder energía f en tubería f
— @ **equipment** v - [insur] perder equipo m
— **excitation** v - [electr] perder excitación f
— @ **fan** v - [mech] perder ventilador m
— @ **field voltage** v - [electr-oper] perder voltaje m en campo m
— @ **fluid** v - perder fluido m
— **frequently** v - perder, frecuentemente, or con frecuencia f
— @ **friction head** v - [mech] perder carga f por fricción f
— @ **gear** v - [autom] perder velocidad f • [mech] perder engranaje m
— @ **headlight** n - [autom-electr] perder faro m
— @ **heat** v - [metal-prod] perder(se) colada f
— @ **hydrostatic pressure** v - [mech] perder presión f hidrostática
— @ **light** v - [autom-electr] perder faro m
— @ **lubricating water** v - perder agua m para lubricación f
— @ **memory** v - perder memoria f
— @ **machinery** v - [insur] perder maquinaria f
— @ **oil pressure** v - [int.comb] perder presión f en aceite m
— **out** v - perder • fallar
— @ **performance** v - perder, or reducir, rendimiento m
— @ **pinch** v - [mech] perder mordedura f
— @ **power** v - [mech] perder fuerza f; perder, or mermar, potencia f

lose @ **power steering** v - [autom] perder servodirección f
— @ **pressure** v - perder presión f
— @ **production** v - [ind] perder producción f
— @ **race** v - [sports] perder carrera f
— @ **refrigerant** v - [int.comb] perder (líquido) refrigerante m
— @ **sale** v - [com] perder venta f
— @ **shock (absorber)** v - [autom-mech] perder amortiguador m
— @ **slag notch** v - [metal-prod] perder(se), or desaparecer(se), toberín m
— @ **stockline** v - [metal-prod] perder(se), or bajar(se), (nivel m de) carga f
— @ — **level** v - [metal-prod] perder(se), or bajar(se), (nivel m de) carga f
— @ **strength** v - perder, fuerza, or resistencia
— @ **surface area** v - perder área m en superficie f
— @ **taphole brick(s)** v - [metal-prod] perder, or marchar(se), ladrillo(s) m de boca f
— @ **temperature** v - perder temperatura f • [metal-prod] enfriar(se) horno m
— @ **time** v - perder tiempo m
— @ **touch** v - perder contacto m
— @ **traction** v - perder(se) tracción f
— @ **transmission** v - [autom-mech] perder transmisión f
— @ **tuyere** v - [metal-prod] perder(se), or desaparecer, tobera f
— @ **volume** v - perder volumen m
— @ **water** v - [hydr] perder agua m
loss n - . . .; merma f; fuga f, perdimiento m • exravío m - [insur] . . .; percance m; perjuicio m • [fin] quebranto m; yactura f
— **amount** n - [insur] monto m de pérdida f
— **analysis** n - análisis m de fuga f
— **approval** n - aprobación f de pérdida f
— **before @ income tax(es)** n - [fin] pérdida f, or quebranto m, antes de impuesto m, sobre, renta f, or rédito(s) m
— **by calcination** n - [miner] pérdida f por calcinación f
— — **swaging** n - [metal-fabr] pérdida f, por, or debida a, recalcadura f
— — **volatilization** n - [miner] pérdida f por volatilización f
— **cause** n - causa f de pérdida f • [insur] causa f de siniestro m
— **claim** n - [insur] reclamo m por pérdida f
— **coefficient** n - [hydr] coeficiente f para pérdida f
— — **value** n - valor m para coeficiente m para pérdida(s) f
—, **computation**, or **computing** n - cómputo m de pérdida f
— **condenser** n - [electr-instal] condensador m para pérdida(s) f
— **control** n - [safety] reducción f de pérdidas
— **(es) curve** n - curva f de fuga(s) f
— **detector** n - [instrum] detector m, or indicador m, de pérdida(s) f
— **during transportation** n - [transp] pérdida(s) f, durante, or en, transporte m
— **effect** n - efecto m de pérdida(s) f
— **establishing** n - establecimiento m de pérdida
— **event** n - [insur] caso m de, pérdida f, or siniestro m
— **expense** n - [insur] gasto(s) m por siniestros
— **explanation** n - [insur] explicación f de siniestro m
— **flow** n - flujo m de fuga f
— **measurement** n - [instrum] medida f de pérdida(s) f
— **of alignment** n - pérdida f de alineación f
— — **shape** n - [cabl] deformación f
— — **stockline level** n - [metal-prod] pérdida f de nivel m de carga f
— **origin** n - [insur] origen m de siniestro m
— **participation** n - [insur] participación f en pérdida f • contribución f a pérdida f

loss payment n - [insur] pago m por pérdida(s) f
— —(s) **decrease** n - [insur] disminución f en pago m por pérdida(s) f
— —(s) **from ceded insurance** n - [insur] pago m por pérdida(s) f por seguro(s) m cedido(s)
— — — **reinsurance** n - [insur] pago(s) m por pérdida(s) por reaseguro(s) m cedido(s)
— —(s) **increase** n - [insur] aumento m en pago(s) m por pérdida(s) f
— —(s) **payable** n - [insur] pago(s) m por pérdida(s) f por pagar
— —(s) **payable decrease** n - [insur] disminución f en pago(s) m por pérdida(s) por pagar
— —(s) **payable from ceded insurance** n - [ins] paago(s) m por pérdida(s) f por pagar por seguro(s) m cedido(s)
— —(s) — — — **increase** n - [insur] aumento m en pago(s) m por pérdida(s) f por pagar por seguro(s) m cedido(s)
— —(s) — — **reinsurance** n - [insur] pago(s) m por pérdida(s) f por pagar por reaseguro(s) m cedido(s)
— —(s) — — — **decrease** n - [insur] disminución f en pago(s) m por pérdida(s) f por pagar por reaseguro(s) m cedido(s)
— —(s) — — — **increase** n - [insur] aumento m en pago(s) m por pérdida(s) f por pagar por reaseguro(s) m cedido(s)
— —(s) — — **insurance increase** n - [insur] disminución f en pago(s) m por pérdida(s) por pagar por seuros m
— —(s) — **reinsurance decrease** n - [insur] disminución f en pago(s) m por pérdida(s) f por pagar por reaseguro(s) m
— —(s) — — **increase** n - [insur] aumento m en pago(s) m por pérdida(s) f por pagar por reaseguro(s) m
— —(s) **increase** n - [insur] aumento m en pago(s) m por pérdida(s) f por pagar
— —(s) **receivable** n - [insur] pago(s) m por pérdida(s) f por cobrar
— —(s) — **decrease** n - [insur] disminución f en pago(s) m por pérdida(s) f por cobrar
— —(s) — **ceded insurance** n - [insur] pago(s) m por pérdida(s) f por seguro(s) m cedido(s)
— —(s) — — — **decrease** n - [insur] disminución f en pago(s) m por pérdida(s) f por cobrar por seguro(s) m cedido(s)
— —(s) — — **increase** n - [insur] aumento m en pago(s) m por pérdida(s) por cobrar por seguro(s) m cedido(s)
— —(s) — **reinsurance** n - [insur] pago(s) m por pérdida(s) f por cobrar por reaseguro(s) m cedido(s)
— —(s) — **decrease** n - [insur] disminución f en pago(s) m por pérdida(s) f por cobrar por seguro(s) m
— —(s) — — **decrease** n - [insur] disminución f en pago(s) por pérdida(s) por cobrar por reaseguro(s) m
— —(s) — — **increase** n - [insur] aumento m en pago(s) m por pérdida(s) por cobrar por reaseguro(s) m
— —(s) **increase** n - [insur] aumento m en pago(s) m por pérdida(s) f por cobrar
— , **predicting**, or **prediction** n - previsión f de pérdida f
— **probable cause** n - causa f probable de pérdida • [insur] causa f probable de siniestro
— **rate** n - razón f, or tasa f, de pérdida f
— **recognition** n - [accntg] contabilización f de, pérdida f, or quebranto m • [insur] reconocimiento m de pérdida f
— **reduction** n - reducción f de pérdida f
— —(es) **reserve** n - [fin] previsión f para, pérdida(s) f, or quebranto(s) m
— (es) — **change** n - [fin] cambio m en previsión f para pérdida(s) f
— (es) — **decrease** n - [fin] disminución f en previsión f para pérdida(s) f

loss(es) reserve increase n - [fin] aumento m en previsión(es) f para pérdida(s) f
— (es) — **net change** n - [fin] cambio m neto en previsión f para pérdida(s) f
— — **restriction** n - restricción f en pérdida f
— (es) **risk** n - riesgo m de pérdida(s) f
— **time** n - [insur] tiempo m de siniestro m
— **understanding** n - [insur] comprensión f de siniestro m
lost a - . . . . • mermado,da
— **air** n - aire m perdido
— **balance** n - equilibrio m perdido
— **brake** n - [mech] freno m perdido
— **by amputation** a - [medic] perdido,da por amputación f
— — **distillation** a - [chem] perdido,da por destilación f
— **certificate** n - [rin] título m perdido
— **charge** n - [ind] carga f perdida
— — **level** n - [metal-prod] nivel f de carga f perdido
— **circuit** n - [electron] circuito m perdido
— **contact** n - contacto m perdido
— **coolant** n - [int.comb] (líquido) refrigerante m perdido
— **day(s)** n - [labor] día(s) m perdido(s)
— **embankment** n - [constr] terraplén m perdido
— **energy** n - energía f perdida
— **equipment** n - equipo m perdido
— **excitation** n - [electr-prod] excitación f perdida
— **fan** n - [ind] ventilador m, perdido, or inoperante
— **field voltage** n - [electr-oper] voltaje m en campo m perdido
— **fluid** n - fluido m perdido
— **frequently** a - perdido,da, frecuentemente, or con frecuencia f
— **friction head** n - [mech] carga f por fricción f perdida
— **gear** n - [mech] engranaje m perdido • [autom-mech] velocidad f perdida
— **headlight** n - [autom] faro m perdido
— **hydrostatic pressure** n - [mech] presión f hidrostática perdida
— **light** n - luz f perdida • [autom-electr] faro m perdido
— **lubricating water** n - agua m para lubricación f perdida
— **machinery** n - [insur] maquinaria f perdida
— **memory** n - memoria f perdida
— **motion** n - movimiento m improductivo
— **oil pressure** n - [int.comb] presión f de aceite m perdida
— **performance** n - rendimiento m perdido
— **pinch** n - [mech] mordedura f perdida
— **power** n - [mech] fuerza f, or potencia f, perdida • potencia f mermada
— **pressure** n - presión f perdida
— **production** n - [ind] producción f perdida; pérdida f de producción f
— **recovery** n - [ind] recuperación f de produicción f perdida
— **push** n - empuje m perdido • [metal-coke] deshornada f perdida
— **race** n - [sports] carrera f perdida
— **refrigerant** n - (líquido) refrigerante m perdido
— **sale** n - [com] venta f perdida • pérdida f de venta f
— **shock (absorber)** - [autom-mech] amortiguador m perdido m
— **stockline (level)** n - [metal-prod] nivel m de carga f perdido
— **strength** n - resistencia f perdida • fuerza f perdida
— **time** n - tiempo m perdido • [safety] pérdida f de día(s) f • [ind] tiempo m de espera f | a - [safety] con pérdida f de día(a) m
— — **accident** n - [safety] accidente m con pérdida f de día(s) m

lost time injury n - [safety] accidente m con pérdida f de día(s) f
— — **accident** n - [safety] accidente m con pérdida f de día(s) m
— **touch** n - contacto m perdido
— **traction** n - [autom] tracción f perdida
— **transmission** n - [autom-mech] transmisión f perdida
— **volume** n - volumen m perdido
— **water** n - [hydr] agua m perdida
— **wax** n - cera f perdida | a - con cera f perdida
— — **method** n - método m con cera f perdida
— — **process** n - see **lost wax method**
lot n - . . . • [accntg] partida f • [constr] solar m; sitio m; lote m; parcela f; terreno m • baldío m
— **easier** adv - menos oneroso,sa; más fácil
— **more** adv - mucho más
— **number** n - número m de, lote m, or partida f
— **purchaser** n - comprador m, or adquirente m, de, lote m, or solar
— **weight** n - [transp] peso m de lote m
— **tolerance** n - [transp] tolerancia f en peso m de lote m
lots of adv - mucho,cha; muchos,chas
— — **handwork** n - mucho trabajo m manual
— — **time** n - mucho tiempo m
— — **traffic** n - [roads] tráfico m intenso; mucho, tráfico m, or tránsito m
loud arc n - [weld] arco m ruidoso
— **buzzing (sound)** n - sonido m zumbante fuerte
— **noise** n - ruido m fuerte
— **sound** n - sonido m fuerte
— **welding arc** n - [weld] arco m fuerte (para soldadura f)
loudspeaker system n - [electron] sistema m, or red f, de altavoces m
lounge n - [constr] . . .; salón m, social, or para, estar, or descanso m
louver n - [mech] persiana f; (abertura f tipo) celosía f; veneciana f • respiradero m
— **blade** n - [constr] tablilla f para persiana f
— **closing** n - [mech] cierre m de celosía f
— **opening** n - [mech] abertura f en celosía f • apertura f de celosía f
— **type** a - tipo m celosía f
— — **air intake** n - entrada f tipo celosía f para aire m
— — — — **control** n - regulación f de entrada f tipo celosía f para aire m
— — — — — **mechanism** n - [mech] mecanismo m tipo m celosía f para regulación f de entrada f de aire m
— — **intake** n - entrada f tipo m celosía f
louvered a - [constr] con celosía f
— **door** n - [constr] puerta f con persiana f
— **shield** n - [constr] escudo m con persiana(s) f
loved a - amado,da; querido,da
lovegrass n - [botan] eragrostis m
low n - [mech] posición f baja • velocidad f baja | a - . . .; reducido,da; exiguo,gua • [metal] con, tenor m, or contenido m, bajo
— **abrasion** n - [mech] abrasión f, baja, or reducida
— — **resistance** n - [autom-tires] resistencia f, baja, or reducida, a abrasión f
— **absorbing** n - absorción f baja
— — **material** n - material m con absorción f baja
— **acid** n - [chem] ácido m, bajo, or reducido | a - con ácido m, bajo, or reducido
— — **corrosion** n - [chem] corrosión f de ácido, baja, or reducida
— — — **resistance** n - [metal] resistencia f, baja, or reducida, a corrosión f de ácido m
— — **corrosiveness** n - [chem] ácido con corrosividad f baja
— — — **resistance** n - [metal] resistencia f, baja, or reducida, a corrosividad f de ácido
— **activity** n - actividad f, baja, or reducida

low activity waste n - [nucl] desecho(s) m, or residuo(s) m, con (radi)actividad f baja, or reducida
— **admixture** n - [weld] mezcla f reducida
— **air delivery** n - [mech-fans] entrega f reducida de aire m
— — **pressure** n - [autom-tires] presión f baja de aire m
— — — **alarm** n - [instrum] alarma para presión f baja de aire m
— — — — **light** n - [instrum] luz f de alarma f para presión f baja de aire m
— — **temperature** n - temperatura f baja de aire
— **alloy** n - [metal] aleación f, débil, or baja; tenor m bajo de aleación f | a - [metal] con aleación f, débil, or baja; bajo,ja en; con, tenor m, or contenido m, bajo de aleación f; aleado,da débilmente; hipoaleado,da
— — **build-up electrode** n - [weld] electrodo m con aleación f baja para recargue m
— — **build-up job** n - [weld] trabajo para recargue m con soldadura con aleación f baja
— — **cast iron** n - [metal] hierro m fundido con aleación f baja
— — — **gate valve** n - [valv] válvula f de esclusa f de hierro f fundido con aleación f baja
— — — — **shear type gate valve** n - [valv] válvula f de esclusa f tipo guillotina f de hierro m fundido con aleación f baja
— — **content** n - [metal] contenido m bajo de aleación f
— — **deposit** n - [weld] aportación f con aleación f baja
— — **electrode** n - [weld] electrodo m con aleación f baja; electrodo m con, tenor m, or contenido m, bajo de aleación f
— — **flux** n - [weld] fundente m con aleación f baja
— — **grade** n - [metal] calidad f con aleación f baja
— — — **steel** n - [metal-prod] acero m (de calidad f) con aleación f baja
— — **high strength steel** n - [metal-prod] acero m con aleación f baja y resistencia f alta
— — — — **rolling** n - [metal-roll] laminación f de acero m con aleación f baja y resistencia f alta
— — — **tensile** a - [metal-prod] con aleación f baja y resistencia f alta (a tensión f)
— — — — **electrode** n - [weld] electrodo m con aleación f baja y resistencia f alta a tensión f
— — — — **steel** n - [metal-prod] acero m con aleación f baja y resistencia f alta a tensión f
— — **metal** n - [metal-prod] metal m con aleación f baja, or tenor m bajo, de aleación f; metal m aleado débilmente; metal m hipoaleado
— — **old deposit** n - [weld] aportación f anterior con aleación f baja
— — **pick-up** n - [weld] poca absorción f de elemento m para aleación f
— — **pipe** n - [tub] tubo m, or tubería f, con aleación f baja
— — **plate** n - [weld] plancha f con aleación f baja
— — **sheet** n - [metal-roll] chapa f con aleación f baja
— — **stainless steel** n - [metal-prod] acero m inoxidable con, aleación f baja, or tenor m bajo de aleación f; acero n inoxidable, aleado débilmente, or hipoaleado
— — **steel** n - [metal-prod] acero m con, aleación f baja, or tenor, or contenido, bajo de aleación f; acero m, aleado debilmente, or hipoaleado
— — — **fabrication** n - [metal-fabr] fabricación f con acero m con aleación f baja • fabricación f de acero m con aleación f baja • [weld] soldadura f de acero m con aleación f

low alloy steel plate

baja
low alloy steel plate n - [weld] plancha f de acero m con aleación f baja
— — — **rolling** n - [metal-roll] laminación f de acero m con aleación f baja
— — — **round(s)** n - [metal-roll] redondo(s) m de acero m con aleación f baja
— — — — **production** n - [metal-roll] producción f de redondo(s) m de acero m con aleación f baja
— — — — **rolling** n - [metal-roll] laminación f de redondo(s) m de acero m con aleación f baja
— — — **welding** n - [weld] soldadura f de acero m con aleación f baja
— — **strip** n - [metal-roll] fleje m, or banda f, or cinta f, or chapa f, con aleación baja
— — **tube** n - [tub] tubo m, or tubería f, con aleación f baja
— — **welded steel tubing** n - [tub] tubería f soldada con aleación f baja
— **alloyed** a - [metal] con aleación f baja
— **ambient temperature** n - tamperatura f ambiente, baja, or reducida
— **amperage** n - [electr-distrib] (corriente f con) amperaje m, bajo, or reducido
— — **range** n - [electr-distrib] escala f, baja de amperaje(s) m bajo(s), or de amperaje(s) m bajo(s)
— **ampere(s) minimum current** n - [electr-distr] corriente mínima con amperaje m bajo
— **and medium voltage control cable** n - [electr-cond] cable m para regulación f de voltaje(s) m bajo y mediano
— — — — **insulated cable** n - [electr-cond] cable m aislado para voltaje(s) bajo(s) y mediano(s)
— — — — **power cable** n - [electr-cond] cable m para potencia para voltaje(s) m bajo(s) y mediano(s)
— **angle** - ángulo m, reducido, or bajo
— — **impact** n - [mech] impacto m con ángulo m, bajo, or reducido
— — — **condition** n - [mech] condición f para impacto(s) m con ángulo m, bajo, or reducido
— **area** n - zona f baja
— **armature** n - [electr-mot] inducido m bajo
— **aspect** n - [autom-tires] relación f baja entre altura f y anchura f | a - con pared(es) f lateral(es) baja(s)
— — **ratio** n - [autom-tires] relación f baja entre altura f y anchura f
— — — **tire** n - [autom-tires] neumático m con relación f baja entre altura f y anchura f; neumátaico m con paredes f (laterales) bajas
— **banking** n - [roads] peralte m bajo
— **basicity** n - [chem] basicidad f baja
— **bed truck** n - [autom] (auto)camión m con plataforma f baja
— **bench** n - [domest] tarima f
— **bid** n - [com] propuesta f, or postura f, or cotización f, (más) baja, or mejor, or menor
— **bidder** n - [com] postor m mejor
— **bin** n - [ind] tolva f baja
— — **unloader** n - [ind] descargador m para tolva f baja
— **blast** n - [metal-prod] soplado m bajo
— — **temperature** n - [metal-prod] falta f de temperatura f en, soplado m, or viento m
— **boom** n - [cranes] aguilón m bajo
— — **angle** n - [cranes] ángulo m bajo de aguilón m
— — — **limiter** n - [cranes] limitador m para ángulo m bajo para aguilón m
— — — — **system** n - [cranes] sistema m limitador para ángulo m bajo para aguilón m
— **boy** n - [transp] (semi)remolque m con plataforma f baja
— — **truck** n - [transp] (auto)camión f con plataforma f baja
— **bridge** n - [bridges] puente m bajo

low capacity n - capacidad f, baja, or reducida | a - con capacidad f, baja, or reducida
— — **crane** n - [cranes] grúa f con capacidad f reducida
— — **pile** n - [constr-pil] pilote m con capacidad f reducida
— **carbon** n - [metal] carbono m, bajo, or reducido | a - bajo,ja en carbono m, or con tenor, or contenido m, bajo, or reducido, de carbono
— — **cap screw** n - [mech] tornillo m con casquete m, bajo en carbono m, or con carbono m bajo
— — **chain** n - [chains] cadena f (de acero m) con carbono m bajo
— — **content** n - [metal-prod] proporción f, or contenido m, or porcentaje m, bajo,ja, or reducido,da, de carbono m
— — **electrodo** n - [weld] electrodo m con carbono m, bajo, or reducido
— — **general purpose electrode** n - [weld] electrodo m con carbono m, bajo, or reducido, para aplicación(es) f general(es)
— — **grade** n - [metal-prod] calidad f con carbono m bajo
— — — **steel** n - [metal] acero m, bajo en, or con tenor m bajo de, carbono m
— — **material** n - [metal-prod] material m con, carbono m bajo, or tenor m bajo de carbono m
— — **pipe** n - [tub] tubo m, or tubería f, con carbono m bajo
— — **plate** n - [metal-roll] plancha f con carbono m bajo
— — **stainless plate** n - [metal-prod] plancha f inoxidable con carbono m bajo
— — — **steel** n - [metal-prod] acero m inoxidable con, carbono m bajo, or, tenor m, or contenido m, bajo de carbono m
— — — — **plate** n - [metal-roll] plancha f (de acero m) inoxidable con carbono m bajo
— — — **steel** n - [metal-prod] acero m con carbono m, bajo, or reducido; acero m con, tenor m, or contenido m, bajo de carbono m
— — — **casting** n - [metal-prod] colada f de acero m con carbono m bajo • pieza f fundida con carbono m bajo
— — — **chain** n - [chains] cadena f de acero m con carbono m bajo
— — — **continuous casting** n - [metal-concast] colada f continua de acero m con carbono bajo
— — — **electrode** n - [weld] electrodo m de acero m con carbono m bajo
— — — **externally threaded fastener** n - [mech] sujetador m de acero m con carbono m bajo roscado exteriormente
— — — — **standard fastener** n - [mech] sujetador m, estándar, or de norma f, de acero m con carbono m bajo roscado exteriormente
— — — **fastener** n - [mech] sujetador m de acero m con carbono m bajo
— — — **internally threaded fastener** n - [mech] sujetador m de acero m con carbono m bajo roscado interiormente
— — — — **standard fastener** n - [mech] sujetador m, estándar, or de norma f, de acero m con carbono m bajo roscado interiormente
— — — **part** n - [mech] pieza f de acero m con carbono m bajo
— — — **specification** n - [metal-prod] especificación f para acero m con carbono m bajo
— — — — **standard specification** n - [metal-prod] especificación f, estándar, or de norma f, para acero m con carbono m bajo
— — — **threaded fastener** n - [mech] sujetador m (roscado) de acero m con carbono m bajo (roscado)
— — — **weld(ing)** n - [weld] soldadura f de acero m con carbono m bajo
— — — **rod** n - [weld] electrodo m de acero m con carbono m bajo
— — **structural quality** n - [metal-prod] calidad f estructural con carbono m bajo

low carbon type n - [metal-prod] tipo m con carbono m bajo | a - de tipo m con carbono bajo
— — **weld deposit** n - [weld] metal m para aportación f con carbono m bajo
— **charge level** n - [metal-prod] nivel m bajo de carga f
— **circuit voltage** n - [electr-distrib] voltaje m, bajo, or reducido, en circuito m
— **clutch** n - [mech] embrague m inferior
— — **air connection** n - [petrol] conexión f para aire m para embrague m inferior
— — — **fitting** n - [petrol] pico m para engrase m para conexión f para aire m para embrague m inferior
— — — — **grease fitting** n - [petrol] pico m para engrase m para conexión f para aire m para embrague m inferior
— — **center plate** n - [mech] placa f, or disco m, central para embrague m inferior
— — **drum** n - [mech] tambor m para embrague m inferior
— — — **spider** n - [mech] araña f para tambor m para embrague m inferior
— — — — **(grease) fitting** n - [mech] pico m para engrase f para araña f para tambor m para embrague m inferior
— — **(grease) fitting** n - [mech] pico m para engrase m para embrague m inferior
— — **guard** n - [mech] resguardo m para embrague m inferior
— — **hub** n - [mech] cubo m para embrague m inferior
— — **plate** n - [mech] plato m, or placa f, or disco m, para embrague m inferior
— — **shifter** n - [mech] cambiador m, or desplazador m, para embrague m inferior
— — — **installation** n - [mech] instalación f, or colocación f, de, cambiador m, or desplazador m, para embrague m inferior
— — — **rod** n - [mech] vástago m para, cambiador m, or desplazador m, para embrague m inferior
— — — — **spring** n - [mech] resorte m para vástago m para, cambiador m, or desplazador m, para embrague m inferior
— — — — — **washer** n - [mech] arandela f para resorte m para vástago m para, cambiador m, or desplazador m, para embrague m inferior
— — — — **washer** n - [mech] arandela f para vástago m para, cambiador m, or desplazador m, para embrague m inferior
— — — **washer** n - [mech] arandela f para, cambiador m, or desplazador m, para embrague m inferior
— — **spider** n - [mech] araña f para embrague m inferior
— — — **spline tooth** n - [mech] diente m ranurado de araña f para embrague m inferior
— — — **spider tooth** n - [mech] diente m de araña f para embrague m inferior
— — **water connection** n - [petrol] conexión f para agua m para embrague m inferior
— — — — **fitting** n - [petrol] pieza f para conexión f para agua m para embrague m inferior
— **collapse resistance** n - [mech] resistencia f reducida a aplastamiento m
— **compression** n - [mech] compresión f, baja, or reducida | a - [mech] con compresión f, baja, or reducida
— — **cylinder** n - [int.comb] cilindro m para compresión f baja
— — — **head** n - [int.comb] culata f para cilindro m para compresión f baja
— — **head** n - [int.comb] culata f para compresión f baja
— **concrete wall** n - [constr] pretil m, or pared f baja, de hormigón m
— **concentration** n - concentración f, baja, or reducida
— — **conveying** n - conducción f de concentración f baja

low concentration high pressure pneumatic conveying n - [environm] conducción f neumática con presión f, alta, or elevada, con concentración f baja
— **low pressure pneumatic conveying** n - [environm] conducción f neumática con presión f baja con concentración f baja
— — **pneumatic conveying** n - [environm] conducción f neumática con concentración f baja
— **conductivity** n - conductividad f, or conductibilidad f, baja
— **content** n - contenido m, or tenor m, or porcentaje m, bajo, or reducido; proporción f, baja, or reducida | a - con, contenido m, or tenor m, or porcentaje m, bajo; con proporción f baja
— — **iron ore** n - [miner] mineral m de hierro m de ley f baja
— — — **deposit** n - [miner] yacimiento m de hierro m de ley f baja
— — **ore** n - [miner] mineral m, de ley f baja, or con contenido m bajo
— — **tailing** n - [miner] lama f, or relave m, con, contenido m, or porcentaje m, bajo de sal(es) f
— **corrosion** n - corrosión f, baja, or reducida
— **resistance** n - resistencia f, baja, or reducida, a corrosión f
— **corrosiveness** n - corrosividad f baja
— **cost** n - costo m, or precio m, bajo, or reducido | a - económico,ca; con costo, bajo, or reducido
— — **alternative** n - alternativa f con costo m, bajo, or reducido
— — **barrel** n - [milit] cañón m con costo m reducido
— — **crane operation** n - [cranes] operación f económica, or funcionamiento m económico, de grúa f
— — **energy** n - [electr-prod] energía f con costo m reducido
— — **engine driven machine** n - [ind] máquina f con costo m bajo con motor m con combustión f interna • [weld] soldadora f con costo m bajo con motor m con combustión f interna
— — — **welder** n - [weld] soldadora f con costo m bajo con motor m con combustión f interna
— — **flat position weld** n - [weld] soldadura f económica en posición f plana
— — **headshield** n - [safety] casco m con costo m reducido
— — **hoisting** n - [cranes] elevación f, económica, or con costo m reducido
— — **horizontal position weld(ing)** n - [weld] soldadura f económica en posición f horizontal
— — **inert gas welder** n - [weld] soldadora f económica con gas m inerte
— — **inspection** n - inspección f con costo m reducido
— — **lifting** n - [cranes] elevación f con costo m reducido
— — **machine** n - [ind] máquina f con costo m, bajo, or reducido • [weld] soldadora f con costo m, bajo, or reducido
— — **material(s)** n - material(es) m con costo m reducido
— — **operation** n - operación f económica
— — **mine** v - [miner] minar con costo(s) m reducido(s)
— — **mined** a - [miner] minado,da con costo(s) m reducido(s)
— — **operation** n operación f, económica, or con costo(s) m reducido(s); funcionamiento m económico
— — **pin** n - [mech] pasador m, or clavija f, con costo m, bajo, or reducido
— — **piston** n - [mech] émbolo m con costo m, bajo, or reducido
— — **plate welding** n - [weld] soldadura f con

costo m reducido de plancha(s) f
low cost process n - proceso m con costo m reducido
— — **product** n - producto m con costo m, bajo, or reducido
— — **repetitive weld** n - [weld] soldadura(s) f repetida(s) económica(s)
— — **replacement** n - reposición f con costo m reducido; costo m reducido para reposición f | a - con costo m reducido para reposición f
— — — **barrel** n - [milit] cañón m con costo m reducido para reposición f
— — — **pin** n - [mech] pasador m, or clavija f, con costo m reducido para reposición f
— — — **piston** n - [mech] émbolo m con costo m reducido para reposición f
— — **separation** n - [miner] separación f, económica, or con costo m reducido
— — **single pass weld(ing)** n - [weld] soldadura f económica con pasada f única
— — **spare** n - [ind] repuesto m con costo m reducido
— — **system** n - [comput] sistema m con costo m único
— — **unit** n - elemento m, or unidad* f, con costo m bajo
— — **weld(ing)** n - [weld] soldadura f, económica, or con costo m reducido
— — **welder** n - [weld] soldaodra f, económica, or con costo m, bajo, or reducido
— **curb** n - [roads] bordillo m bajo
— **current** n - [electr-distrib] corriente f, baja, or con amperaje m bajo; amperaje m bajo • [weld] amperaje m, bajo, or reducido | a - [electr-distrib] con, amperaje m bajo, or intensidad f baja
— — **application** n - [weld] aplicación f, con, or que requiere, amperaje m reducido
— — **drain** n - [electr-oper] consumo m bajo de, corriente, or energía f
— — **operation** n - [weld] operación f con amperaje(s) m bajo(s)
— — **range** n - [electr-oper] escala f de amperaje(s) m bajo(s)
— — — **stud** n - [weld] borne m para escala f de amperaje(s) m bajo(s)
— — **setting** n - [weld] regulación f para amperaje(s) m bajo(s)
— — **starting** n - [electr-oper] arranque m con amperaje m bajo • [weld] encendido m con amperaje(s) m bajo(s) | a - [weld] para encendido m con amperaje(s) m bajo(s)
— — — **circuit** n - [weld] circuito m, con amperaje m bajo para encendido, or para encendido m con amperaje(s) m bajo(s)
— — **welder model** n - [weld] modelo m de soldadora f para amperaje(s) m bajo(s)
— — **weld(ing)** n - [weld] soldadura f con amperaje(s) n bajo(s)
— **cutoff wall** n - [constr] muro m interceptor bajo; pared f interceptora baja
— **degree** n - grado m reducido
— — **metallization** n - [metal] nivel m, bajo, or reducido, de metalización f
— **delivery** n - entrega f reducida
— **demand** n - demanda f reducida
— **demand peak** n - [electr] punta f de demanda reducida
— **density** n - densidad, reducida, or baja
— — **agent** n - [chem] agente m con densidad f baja
— — **material** n - material m con densidad f, reducida, or baja
— — **system** n - [comput] sistema m con densidad f baja
— **deposition** n - [weld] aportación f, lenta, or baja
— — **rate** n - [weld] aportación f lenta; coeficiente m bajo para aportación f
— **dielectric strength** n - [electr] resistencia f dieléctrica baja

low dielectric strength material n - [electr-instal] material m con resistencia dieléctrica baja
— **direct current current** n - [weld] corriente f continua con amperaje(s) m bajo(s)
— **discharge pressure** n - presión f, baja, or reducida, para descarga f
— — **temperature** n - temperatura f baja para descarga f
— **drive** n - [mech] accionamiento m, or impulsión f, inferior | a - [mech] inferior para, accionamiento m, or impulsión f
— — **guard** n - [mech] resguardo m para accionamiento m inferior
— — **sprocket** n - [mech] rueda f dentada inferior para, accionamiento m, or impulsión f
— **driven sprocket** n - [petrol] rueda f dentada inferior impulsada
— **drum** n - [mech] tambor m, bajo, or inferior
— — **clutch** n - [petrol] embrague m para tambor m inferior
— — — **driving** n - [mech] accionamiento m para tambor m inferior
— — **drive** n - accionamiento m para tambor m inferior
— — — **pitch** n - [mech] diente m para accionamiento m para tambor m inferior
— — **shaft** n - [mech] árbol m, or eje m, para tambor m inferior
— — — **drive** n [mech] accionamiento m para árbol m para tambor m inferior
— **ductility** n - [metal] ductilidad f baja
— **duty cycle** n - [electr] ciclo m bajo para carga f
— **efficiency** n - eficiencia f, baja, or reducida; rendimiento m, bajo, or reducido | a - con eficiencia f, baja, or reducida; con rendimiento m, bajo, or reducido
— **elastic limit** n - [metal] límite m elástico, reducido, or bajo
— **electric resistance** n - [electr-oper] resistencia f baja a (paso m de) corriente f
— **electrode cost** n - [weld] costo m bajo de electrodo(s) m
— **embankment** n - [constr] terraplén m bajo
— **end** n - extremo m bajo
— **energy** n - energía f reducida | a - para energía f reducida
— — **loss** n - pérdida f baja de energía f
— —, **release**, or **releasing**, **feature** n - [mech] dispositivo m, soltador, or dispersador, para energía f reducido
— **engine speed** n - velocidad f reducida para motor m
— — **wear** n - [int.comb] desgaste m, reducido, or mínimo, de motor m
— **equipment cost** n - costo m inicial bajo; costo m, bajo, or reducido, para equipo m
— **erosion** n - erosión f lenta; desgaste m lento
— **exciter output** n - [electr-mot] producción f baja de excitador m
— **external hydrostatic pressure** n - [hydr] presión f hidrostática externa baja
— **field intensity** n - [electr] intensidad f de campo m, baja, or reducida
— **figure** n - cifra f baja
— **fill** n - [constr] terraplén m bajo
— **fines content** n - [miner] contenido m bajo de fino(s) m
— **fire** n - [combust] fuego m bajo • combustión f, reducida, or baja
— — **setting** n - [combust] regulación f para combustión f baja
— **first cost** n - costo m inicial bajo
— **fixed carbon** n - [miner] carbono m fijo bajo
— — **content** n - [miner] contenido m bajo de carbono m fijo | a - con contenido m bajo de carbono m fijo
— **flow** n - [hydr] flujo m, reducido, or bajo • caudal m, reducido, or bajo
— — **level** n - [hydr] nivel m de corriente bajo

low flow piston n - [mech] émbolo m para caudal m reducido
— — — **displacement** n - [mech] desplazamiento m de émbolo m para caudal m reducido
— — — **lap fit** n - [mech] ajuste m traslapado de émbolo m para caudal m reducido
— **flux consumption** n - [weld] consumo m reducido de fundente m
— **force** n - fuerza f, or impulsión f, reducida
— **frequency** n - [electr-prod] frecuencia f baja | a - [electr-prod] con frecuencia f baja
— —, **change**, or **changing** n - [electron] cambio m en frecuencia f baja
— — **current** n - [electr-prod] corriente f con frecuencia f baja
— — **extra high (amperage) current** n - [electr-prod] corriente f con frecuencia f baja y amperaje m (muy) alto
— — — **current range** n - [electr-prod] escala de corriente f con frecuencia f baja y amperaje m muy alto
— — — **low (amperage) current** n - [electr-prod] corriente f con frecuencia f baja y amperaje m (muy) bajo
— — — **current range** n - [electr-prod] escala f de corriente f con frecuencia baja y amperaje muy bajo
— — **generator** n - [weld] generador m para frecuencia f baja
— — **high amperage current** n - [electr-prod] corriente f con frecuencia f alta y amperaje m bajo
— — — **current** n - [electr-prod] corriente f con frecuencia f baja y amperaje m alto
— — — **range** n - [electr-prod] escala f de corriente con frecuencia f baja y amperaje m alto
— — **logic** n - [electron] lógica f con frecuencia f baja
— — — **level** n - [electron] nivel m para lógica f con frecuencia f baja
— — **low amperage current** n - [electr-prod] corriente f con frecuencia f baja y amperaje m bajo
— — — **current** n - [electr-prod] corriente f con frecuencia f baja y amperaje m bajo
— — — **range** n - [electr-prod] escala f de corriente f con frecuencia f baja y amperaje m bajo
— **friction** n - fricción f, baja, or reducida
— — **factor** n - factor m bajo para fricción f
— **fuel consumption** n - [int.comb] consumo m reducido de combustible m
— **gas pressure** n - [combust] presión f baja de gas m combustible
— — — **safety switch** n - [combust] interruptor m para seguridad f para presión f baja de gas m combustible
— **furnace** n - [metal-prod] horno m bajo
— — **gas reduction** n - [metal-prod] reducción f de gas m para horno m bajo | a - [metal-prod] para reducción f de gas m para horno m bajo
— — — **process** n - [metal-prod] proceso m para reducción f de gas m para horno m bajo
— — **process** n - [metal-prod] proceso m con horno m bajo
— — **temperature** n - [metal-prod] temperatura f, baja, or reducida, en horno m • temperatura en hono m bajo
— **gangue** n - [metal-prod] ganga f reducida | a - [metal-prod] con ganga f reducida
— — **iron** n - [metal-prod] hierro m con ganga f reducida
— — **sponge iron** n - [metal-prod] hierro m esponja con ganga f reducida
— **gas pressure** n - [combust] presión f baja de gas m
— — — **safety switch** n - [combust] interruptor m para seguridad f para presión f baja de gas
— **gear** n - [mech] engranaje m bajo • [autom-mech] engranaje m para velocidad f baja • velocidad f, baja, or primera | a - [mech] con multiplicación f baja
low gear ratio n - [mech] razón f de engranaje(s) m baja • razón de multiplicación f baja
— **grade** n - calidad baja f - [miner] ley f baja | a - con calidad f baja
— — **backfill** n - [constr] relleno m con calidad f, pobre, or baja
— — — **soil** n - [constr] suelo m, or tierra f, con calidad f pobre para relleno m
— — **concentrate** n - [miner] concentrado* m con ley f baja
— — **deposit** n - [miner] yacimiento m, de ley f baja, or con calidad f pobre
— — **iron** n - [miner] hierro m de ley f baja
— — — **ore deposit** n - [miner] yacimiento m (de mineral m) de hierro m de ley f baja
— — **mine** n - [miner] mina f de ley f baja
— — **ore** n - [miner] mineral f, de ley f baja, or con calidad f baja
— — — **beneficiation** n - [miner] beneficiación f de mineral m de ley f baja
— — — **deposit** n - [miner] yacimiento m de mineral m de ley f baja
— — **pipe backfill soil** n - [constr] suelo m, or tierra f, con calidad f pobre para relleno m para tubería(s) f
— — — **soil** n - [constr] suelo m, or tierra f, con calidad f pobre
— — — **backfill** n - [constr] relleno m de tierra f con calidad f pobre
— **ground water table** n - [hydr] capa f freática baja
— **guard** n - [mech] resguardo m inferior
— **hanging** a - bajo,ja; con altura f limitada
— — **cloud** n - [meteorol] nube f baja
— **hardness point** n - punto m de dureza f bajo
— **head dam** n - [hydr] dique m, or presa f, con altura f, escasa, or reducida
— — **screen** n - [miner] criba f baja
— **headroom** n - [constr] altura f limitada; limitación f en altura f - [mech] altura f libre baja
— **headwall** n - [constr] muro m con cabecera f baja
— **headwater** n - [hydr] agua m, baja para entrada, or para entrada f baja
— **heat** n - calor m, bajo, or reducido • calentamiento m reducido • [weld] amperaje m reducido
— — **conductivity** n - [metal] conductibilidad f térmica baja
— — **loss** n - [therm] pérdida f, pequeña, or baja, or reducida, de calor m
— — **resistance** n - resistencia f baja a calor
— — **value** n - [combust] poder m calorífico bajo
— **heating** n - [therm] calentamiento m reducido
— **height headwall** n - [constr] see **low headwall**
— **hoist(ing)** n - [cranes] elevación f baja
— — **speed** n - [cranes] velocidad f, baja, or lenta, para elevación f
— **hook speed** n - [cranes] velocidad f baja para gancho m
— **humidity** n - [meteorol] humedad f baja, or reducida
— **hydraulic oil level** n - nivel m bajo de aceite m hidráulico
— **hydrogen** n - hidrógeno m bajo | a - bajo,ja en hidrógeno m; con, contenido m, or índice m, or tenor m, bajo de hidrógeno
— — **atmosphere** n - [metal-prod] atmósfera f con hidrógeno m bajo
— — **characteristic(s)** n - [weld] característica(s) de tenor m bajo de hidrógeno m
— — **coated electrode** n - [weld] electrodo m, con recubrimiento m de hidrógeno m bajo, or recubierto con hidrógeno m bajo
— — — **low alloy electrode** n - [weld] electrodo m con aleación f baja con recubrimiento m con hidrógeno m bajo

low hydrogen coated manganese electrode n - [weld] electrodo m con manganeso m con recubrimiento m de hidrógeno m bajo
— — **coating** n - [weld] recubrimiento m, con hidrógeno m bajo, or bajo en hidrógeno m
— — **content** n - [metal] tenor m bajo, or proporción f baja, de hidrógeno m
— — — **atmosphere** n - [metal-treat] atmósfera f con contenido m bajo en hidrógeno m
— — **covering** n - recubrimiento m con hidrógeno m bajo
— — **deposit** n - [weld] aportación f con hidrógeno m bajo
— — **electrode** n - [weld] electrodo m, bajo en hidrógeno, or con, contenido m, or índice m, or tenor m, bajo de hidrógeno m; electrodo m con hidrógeno m bajo
— — —**(s) group** n - [weld] grupo m de electrodo(s) m (con tenor m) bajo en hidrógeno m
— — **welding** n - [weld] soldadura f con electrodo m con hidrógeno m bajo
— — **group** n - [weld] grupo m (de electrodos m) con hidrógeno m bajo, or con tenor m bajo de hidrógeno m | a - [weld] de grupo m con hidrógeno m bajo
— — **group electrode** n - [weld] electrodo m de grupo m con hidrógeno m bajo
— — **material(s)** n - [metal] material(es) m, con proporción f baja de hidrógeno, or de hidrógeno m bajo
 mild steel electrode n - [weld] electrodo m de acero m dulce, bajo en hidrógeno m, or con tenor m bajo de hidrógeno m
 procedure n - [weld] procedimiento m con hidrógeno m bajo
 process n - [weld] proceso m con hidrógeno m bajo
— — **producing material** n - [weld] material m que produce hidrógeno bajo
— — — **welding material** n - [weld] material m para soldadura f que produce hidrógeno m bajo
— — **property** n - propiedad f con, tenor m bajo de hidrógeno, or hidrógeno m bajo
— — **protective atmosphere** n - [metal-treat] atmósfera f protectora con hidrógeno m bajo
— — **rod** n - [weld] varilla f con hidrógeno m bajo
— — **seal bead** n - [weld] cordón n con hidrógeno m bajo para obturación f
— — **steel** n - [metal-prod] acero m con hidrógeno m bajo
— — — **electrode** n - [weld] electrodo m de acero m con hidrógeno m bajo
— — — **type coating** n - [weld] recubrimiento m de tipo m con hidrógeno m bajo
— — — — **electrode** n - [weld] electrodo m con recubrimiento m de tipo m con hidrógeno bajo
— — — **coating low alloy electrode** n - [weld] electrodo m con aleación f baja con recubrimiento m de tipo m con hidrógeno m bajo
— — **weld(ing)** n - [weld] soldadura f con hidrógeno m bajo
— — — **material(s)** n - [weld] material(es) m para soldadura f, bajo(s) en, or con proporción f baja de, hidrógeno m
— — — **rod** n - [weld] varilla f, or electrodo m, con hidrógeno m bajo
— **hydrostatic pressure** n - [hydr] presión f hidrostática baja
— **idle** n - [mech] regulación f baja; also see **low idle speed** | a - [mech] para regulación f baja; bajo,ja sin carga
— — **no load engine speed** n - [int.comb] velocidad f, baja, or mínima, sin carga f para motor m
— — — **speed** n - [omt.comb] velocidad f, baja, or mínima, sin carga f
— — **position** n - [int.comb] posición f para. marcha f, or velocidad f, lenta sin carga f
— — **operating speed** n - [mech] velocidad f de, marcha f, or operación f, baja sin carga

low idle position n - [int.comb] posición f para regulación f baja sin carga f
— — **setting** n - [mech] regulación f baja sin carga f
— — **speed** n - [int.comb] velocidad f para marcha f lenta, sin carga f, or en vacío
— — —, **adjusting**, or **adjustment** n - [int-comb] ajuste m para velocidad f baja en vacío
— — — **screw** n - [mech] tornillo m para velocidad f baja sin carga f
— — — — **adjustment** n - [weld] ajuste m para tornillo m para velocidad f baja sin carga f
— — — — **throttle** n - [int.comb] regulador m para velocidad f baja sin carga f
— — — — **lever** n - [int.comb] palanca f para regulador m para velocidad f baja en vacío m
— — — — **set screw** n - [int.comb] tornillo m para ajuste m para palanca f para regulador m para velocidad f en vacío
— **impact** n - [mech] impacto m reducido | a - con resistencia f baja a impacto(s) m
— — **material(s)** n - [mech] material(es) m con resistencia f baja a impacto(s) m
— — **resistance** n - resistencia f, baja, or reducida, a impacto(s) m
— **impedance** n - [electron] impedancia f baja | a - [electron] con impedancia f baja
— **impurity** n - impureza f reducida | a - con poca(s) impureza(s) f
— — **content** n - [miner] contenido m, bajo, or reducido, de impureza(s) f
— — — **ore** n - [miner] mineral m con contenido m bajo de impureza(s) f
— — **ingot iron** n - [metal-prod] hierro m dulce con poca(s) f impureza(s) f
— — **iron** n - [metal-prod] hierro m con pocas impurezas f
— **infiltration** n - infiltración f reducida
— — **rate** n - [hydr] ritmo m lento de infiltración f
— — **sewer line** n - [sanit] línea f, or tubería f, cloacal con infiltración f reducida
— — — **system** n - [sanit] red f cloacal con infiltración f reducida
— **initial cost** n - costo m inicial bajo
— **input voltage** n - [electr-distrib] voltaje m para entrada f, bajo, or reducido, or exiguo
— — **welder** n - [weld] soldadora f con voltaje m para entrada f, bajo, or reducido
— **installed cost** n - costo m instalado reducido
— **intensity** n - intensidad f, baja, or reducida
— — **arc** n - [weld] arco m con intensidad f baja
— — **magnetic field** n - [electr] campo m magnético con intensidad f, baja, or reducida
— — **radiation** n - irradiación f con intensidad f baja
— — **storm** n - [meteorol] tormenta f con intensidad f reducida
— **internal hydrostatic pressure** n - [hydr] presión f hidrostática interna baja
— — **stress** n - tensión f interna baja
— **investment** n - [fin] inversión f, baja, or reducida
— **iron** n - [metal] hierro m bajo | a - [metal] con hierro m bajo
— — **content** n - [metal] contenido m bajo de hierro m
— — — **ore** n - [miner] mineral m con contenido m bajo de hierro m
— **jackshaft** n - [mech] contraeje m inferior
— — **assembly** n - [mech] conjunto m de contraeje m inferior
— — **bearing** n - [mech] cojinete m para contraeje m inferior
— — — **lubrication** n - [mech] lubricación f para cojinete m para contraeje m inferior
— — **(grease) fitting** n - [mech] pico m para engrase m para contraeje m inferior
— **jaw** n - [mech] mandíbula f, baja, or inferior
— — **clutch** n - [mech] embrague m para mandíbula f, baja, or inferior

low jaw clutch pedal n - [mech] pedal m para embrague m para mandíbula f inferior
— **keeping** n - mantenimiento m bajo
— **key advertising** n - propaganda f indirecta
— **level** n - nivel m, bajo, or reducido, or exiguo • [nucl] radiactividad f, baja, or reducida | a - con nivel m bajo • [nucl] con radiactividad f, baja, or reducida
— — **alarm contact** n - [electr] contacto m para alarma f para nivel m bajo
— — **casting** n - [metal-concast] colada f a nivel m bajo
— — **circuit** n - [electr] circuito m con nivel m bajo
— — **control** n - [mech] regulador m para nivel m bajo
— — **keying** n - [electron] manipulación f con nivel m bajo
— — **liquid radioactive waste** n - [nucl] desecho(s) m, or residuo(s) m, líquido(s) con radiactividad f baja
— — — **waste** n - [nucl] desecho(s) m, or residuo(s) m, líquido(s) con radiactividad f baja
— — — — **storage** n - [nucl] almacenamiento m de, desecho(s) m, or residuo(s) m, líquido(s) con radiactividad f baja
— — **radiation** n - [nucl] (ir)radiación f, baja, or reducida
— — — **waste** n - [nucl] desecho(s) m, or residuo(s) m con (nivel m) de (ir)radiación f, baja, or reducida
— — **sewer** n - [sanit] cloaca f con nivel m inferior
— — **signal circuit** n - [electr] circuito m para señalización f con nivel m bajo
— — **solid radioactive waste** n - [nucl] desecho(s) m, or residuo(s) m, sólido(s) con radiactividad f baja
— — — **waste** n - [nucl] desecho(s) m, or residuo(s) m, sólido(s) con radiactividad f baja
— — — — **storage** n - [nucl] almacenamiento m de, desecho(s) m, or residuo(s) m, sólido(s) con radiactividad f baja
— — **straight mold** n - [metal-concast] molde m recto con nivel m bajo
— — — **continuous casting** n - [metal-concast] colada f continua con molde m recto con nivel m bajo
— — **waste** n - [nucl] desecho(s) m, or residuo(s) m, con radiactividad f baja
— — — **holding tank** n - [nucl] depósito m para, captación f, or recogida, de, desecho(s) m, or residuo(s) m, con radiactividad f baja
— — — **waste line** n - [nucl] línea f para, desecho(s), or residuo(s) m, con radiactividad f baja
— — — **operation** n - [nucl] explotación f de línea f para, desecho(s) m, or residuo(s) m, con radiactividad f baja
— — — **liquid** n - [nucl] desecho(s) m, or residuo(s) m, líquido(s) con radiactividad f baja
— — — — **storage** n - [nucl] almacenamiento m de, desecho(s) m, or residuo(s) m, líquido(s) con radiactividad f, baja, or reducida
— — — **solid(s)** n - [nucl] desecho(s) m, or residuo(s) m, sólido(s) con radiactividad f baja
— — — — **storage** n - [nucl] almacenamiento m de, desecho(s) m, or residuo(s) m, con radiactividad f, baja, or reducida
— — — **tank** n - [nucl] depósito m para, desecho(s) m, or residuo(s) m con radiactividad f, baja, or reducida
— — — **transfer** n - [nucl] transferencia f de, desecho(s) m, or residuo(s) m, con radiactividad f baja
— — — **treatment** n - [nucl] tratamiento m de, desecho(s) m, or residuo(s) m, con radiactividad f baja
— **limit control** n - [combust] limitador m para temperatura f, baja, or inferior
low limit temperature controller n - [combust] regulador m para temperatura f límite baja
— **line speed** n - [cranes] velocidad f, lenta, or baja, para cable m
— — **voltage** n - [electr-distrib] voltaje m, bajo, or reducido, en línea f
— — **welding voltage** n - [weld] voltaje m bajo para soldadura f
— **liquid level** n - nivel m, bajo, or reducido, para líquido m
— — — **control** n - [mech] regulación f para nivel m bajo de líquido m • regulador m para nivel m bajo de líquido m
— **loss** n - pérdida f, baja, or reducida | a - con pérdida f baja
— — **condenser** n - [electr-equip] condensador m con pérdida f baja
— **lubricating oil** n - [mech] aceite m bajo para lubricación f
— **maintenance** n - [ind] mantenimiento m reducido; conservación f reducida
— — **cost** n - [ind] costo m, bajo, or reducido, para, mantenimiento m, or conservación f
— **manganese** n - [metal] manganeso m, bajo, or reducido | a - [metal] con manganeso m, bajo, or reducido
— — **electrode** n - [weld] electrodo m con manganeso m, bajo, or reducido
— — **general purpose electrode** n - [weld] electrodo m con manganeso m, bajo, or reducido, para aplicación f general
— **magnetic permeability** n - [metal] permeabilidad f magnética, baja, or reducida
— **margin** n - margen m, bajo, or exiguo
— **mark** n - marca f baja
— **mechanical resistance** n - resistencia f mecánica, baja, or débil, or reducida
— — **slag** n - [metal-prod] escoria f con resistencia f mecánica, baja, or débil
— — **value** n - valor m mecánico bajo
— **melting point** n - punto m de fusión f, bajo, or reducido
— **metal alloy** n - [metal] metal m hipoaleado
— **metallization** n - [metal] metalización f baja
— — **level** n - [metal] nivel m, bajo, or reducido, para metalización f
— **metaloid** a - [metal-prod] con contenido m bajo de impureza(s) f
— — **content** n - [metal-prod] contenido m bajo de impureza(s) f
— — **quality** n - [metal-prod] calidad f con contenido m bajo de impureza(s) f
— — — **wire** n - [metal-wire] alambre m con contenido m bajo de impureza(s) f
— — **wire** n - [metal-wire] alambre m con contenido m bajo de impureza(s) f
— **minimum current** n - [electr-distrib] corriente f mínima baja • [weld] amperaje m mínimo bajo
— **moisture absorbing material** n - material m con absorción f baja de humedad
— — **absorption** n - absorción f baja de humedad
— **molecular weight** n - peso m molecular bajo
— **motor input voltage** n - [electr-distrib] voltaje m, bajo, or exiguo, de entrada f a motor m
— **motor speed** n -]electr-mot] velocidad f, baja, or reducida, de motor m
— **mountable type** n - tipo m bajo montable
— **no load engine speed** n - [int.comb] velocidad f, baja, or mínima, para motor m sin carga f
— — — **speed** n - [int.comb] velocidad f, baja, or mínima, sin carga f
— **noise** n - ruido m, bajo, or reducido
— — **level** n - [acoust] nivel m, bajo, or reducido, de ruido(s) m
— **octane** n - [petrol] octanaje* m bajo
— — **gasoline** n - [petrol] gasolina f con octanaje* m, bajo, or reducido

low octane rating n - [petrol] octanaje* m bajo
— **oil** n - [mech] aceite m bajo • also see **low oil pressure**
— — **level** n - nivel m bajo de aceite m
— — **pressure** n - [mech] presión f, baja, or reducida, de aceite m
— — — **override switch** n - disyuntor m contrarrestador para presión f baja de aceite
— — — **switch** n - [int.comb] disyuntor m para presión f baja de aceite m
— — — **warning** n - [mech] prevención f para presión f, baja, or reducida, de aceite m
— — — — **device** n - [mech] dispositivo m para prevención f contra presión f, baja, or reducida, de aceite m
— — **price** n - [petrol] precio m bajo de petróleo m
— — **supply** n - [int.comb] nivel m bajo de aceite m
— **open circuit voltage** n - [weld] voltaje m, bajo, or reducido, en circuito m abierto
— — — — **alternating current transformer welder** n - [weld] soldadora f transformadora para voltaje m bajo en circuito m abierto para corriente f alterna
— — — — **setting** n - [weld] regulación f baja de voltaje m en circuito m abierto
— — — — **transformer welder** n - [weld] soldadora f transformadora para voltaje m bajo en circuito m abierto
— — — — **welding machine** n - [weld] soldadora f transformadora para voltaje m bajo en circuito m abierto
— — — — **welder** n - [weld] soldadora f con voltaje m bajo en circuito m abierto
— **operating cost(s)** n - [ind] costo(s) m reducido(s) para operación f
— — **pressure** n - [petrol] presión f baja para operación f
— — **speed** n - [mech] velocidad f, baja, or lenta, para operación f
— **output** n - rendimiento n reducido • [electroper] amperaje m bajo • [weld] corriente f de salida f bajo • [labor] producción f, baja, or reducida
— **oxygen cost** n - costo m, bajo, or reducido, para oxígeno m
— **pass** n - [electron] pasabajo(s) m
— — **filter** n - [electron] filtro m pasabajo(s)
— — **circuit** n - [electron] circuito m para filtro m pasabajo(s) m
— **peak** n - máximo m, bajo, or reducido
— — **demand** n - demanda f máxima reducida
— **pedal** n - [mech] pedal m, bajo, or inferior
— — **clevis** n - [mech] horquilla f para pedal m inferior
— **penetrating** a - con penetración f escasa
— — **weld** n - [weld] soldadura f con penetración f escasa
— **penetration** n - penetración f, baja, or reducida, or escasa
— — **weld** n - weld] soldadura f con penetración f escasa
— **percentage** n - porcentaje m, bajo, or reducido
— **permeability** n - [metal] permeabilidad f baja
— **phosphorus** n - [miner] fósforo m bajo
— — **content** n - [miner] contenido m bajo de fósforo m
— — — **period** n - [metal-prod] período m con fósforo m bajo
— **pitch angle** n - [mech-fans] ángulo m de inclinación f bajo
— **place** n - (lugar m, or sitio m) bajo m
— **plasticity** n - [soils] plasticidad f baja
— **point** n - punto m bajo • [constr] zona f con nivel m bajo • [mech-corrugation] valle m
— **position** n - posición f baja
— **power** n - potencia f baja
— — **device** n - [electron] dispositivo m para, potencia f baja, or energía f reducida
— — **filter** n - [electron] filtro m con potencia f baja

low pressure n - presión f baja | a - con presión f baja
— — **accumulator** n - [pneumat] acumulador m con presión f baja
— — **air** n - aire m con presión f baja
— — **blowing (out)** n - soplado m, or limpieza f, con aire m con presión f baja
— — **compressor** n - [pneumat] compresor m para aire m con presión f baja
— — — **wear item** n - [pneumat] elemento m para desgaste m para compresor m para aire m con presión f baja
— — **infiltration** n - [tub] infiltración f de aire m con presión f baja
— — — **test** n - [tub] ensayo m de infiltración f para aire m con presión f baja
— — **alarm** n - [instrum] alarma f para presión f baja
— — — **light** n - [instrum] luz f para alarma f para presión f baja
— — **area** n - zona f con presión f baja
— — **boiler** n - [steam] caldera f para presión f baja
— — **chemical feed** n - [boilers] alimentación f química con presión f baja
— — **centrifugal pump** n - [pumps] bomba f centrífuga para presión f baja
— — **compressed air system** n - [pneumat] sistema m, or red f, para aire m comprimido para presión f baja
— — **conveying** n - conducción f bajo presión f baja
— — **cylinder** n - [mech] cilindro m con presión f baja
— — **drilling** n - perforación f bajo presión f baja
— — **drop** n - caída de presión f baja
— — **extraction steam** n - [boilers] vapor m para extracción f con presión f baja
— — **filter** n - filtro m para presión f baja
— — **filtering** n - filtración f bajo presión f baja
— — **gas** n - [petrol] gas m, licuado, or embotellado, or envasado; supergas m; gas m propano
— — **heater drip return** n - [boilers] retorno m de drenaje m sin calentador con presión baja
— — **high flow pump** n - [hydr] bomba m con presión f baja para caudal m grande
— — **hose** n - [mech] mang(uer)a f para presión f baja
— — **hydraulic pump** n - [hydr] bomba f hidráulica con presión f baja
— — **infiltration** n - infiltración f bajo presión f baja
— — — **test** n - [tub] ensayo m de infiltración f con presión f baja
— — **line** n - [tub] línea f, or tubería f, con presión f baja
— — — **loosening** n - [int.comb] aflojamiento m de línea f con presión f, baja, or reducida
— — **lubricator** n - [mech] lubricador m con presión f baja
— — **natural gas** n - [petrol] gas m natural con presión f baja
— — **operation** n - operación f, or funcionamiento m, con presión f baja
— — **pneumatic conveying** n - conducción f neumática con presión f baja
— — **pump** n - [pumps] bomba f con presión baja
— — — **maintenance** n - [pumps] mantenimiento m, or conservación f, de bomba f con presión f baja
— — — — **oil tank** n - [int.comb] depósito m para aceite m para bomba f con presión f baja
— — **safety switch** n - [combust] interruptor m para seguridad para presioón f baja
— — **service** n - servicio m, or uso m, con presión f, baja, or reducida
— — **spray** n - pulverización f con presión baja

low pressure spraying n - pulverización f con presión f baja
— — **steam** n - [boilers] vapor m con presión f baja
— — — **line** n - [steam] tubería f para vapor m con presión f baja
— — — **piping** n - [tub] tubería f para vapor m con presión f baja
— — **superheated steam** n - [boilers] vapor m sobrecalentado con presión f baja
— — **switch** n - [mech] interruptor m para presión f baja
— — — **jumping** n - conexión f en derivación f de interruptor m para presión f baja
— — **test** n - ensayo m con presión f baja
— — **tire** n -]autom-tires] neumático m con presión f baja
— — **water** n - [hydr] agua m con presión f baja
— — — **infiltration** n - [tub] infiltración f de agua m con presión f baja
— — — — **test** n - [tub] ensayo m de infiltración f de agua m con presión f baja
— — **water spray** n - riego m con agua m con presión f baja
— — **price** n - precio m, or costo m, bajo, or reducido
— — **computer** n - [comput] computador m, or ordenador m, con precio m, bajo, or reducido
— — **production** n — producción f, baja, or reducida
— — **cost** n - costo m reducido para, producción f, or elaboración f
— — **rate** n - [ind] ritmo m lento para producción f
— — **volume** n - [ind] volumen m de producción, bajo, or reducido
— — **productive output** n - [labor] producción f, baja, or reducida
— — **profile** n - perfil m bajo • [constr] nivel m reducido; elevación f reducida • inconspicuidad f | a - con perfil m bajo
— — **arch** n - [constr] bóveda f con perfil bajo
— — **bias ply** n - [autom-tires] tela(s) f a bies m con perfil m bajo
— — **profile float** n - [cranes] flotador m con perfil m bajo
— — **radial (tire)** n - [autom-tires] neumático m radial con perfil m bajo
— — **profit** n - utilidad f, baja, or reducida
— — **ratio** n - [econ] margen m bajo de rentabilidad f
— — **profitability** n - rentabilidad f baja | a - con rentabilidad f baja
— — **ratio** n - [econ] margen m de rentabilidad f, bajo, or exiguo
— — **proportion** n - proporción f, baja, or reducida
— — **quality** n - calidad f, baja, or reducida, or inferior | a - con calidad f baja
— — **coal** n - [miner] carbón m con calidad f, baja, or inferior
— — **deposit** n - [weld] aportación f con calidad f baja
— — **magnesite** n - [miner] magnesita f con calidad f baja
— — **scrap** n - [metal-prod] chatarra f con calidad f inferior
— — **steel** n - [metal-prod] acero m con calidad f baja
— — **work** n - trabajo m con calidad f baja
— — **zinc** n - [metal] cinc f de, calidad, or pureza f, baja
— — **radiation** n - [nucl] (ir)radiación f, baja, or reducida
— — — **intensity** n - [nucl] intensidad f baja de (ir)radiación f
— — — **level** n - [nucl] nivel m, bajo, or reducido, de (ir)radiación f
— — **radioactivity** n - [nucl] radiactividad f baja
— — — **waste** n - [nucl] desecho(s) m, or residuo(s) m, con radiactividad f baja
— — **rampart** n - [constr] falsabraga f
— — **range** n - escala f baja; nivel m bajo •
[autom-mech] posición f, or regulación f, (para velocidad f) baja | a - [autom-mech] para velocidad(es) f baja(s)
low range cam pin n - [autom-mech] pasador m para leva f para velocidad(es) f baja(s)
— — **operation** n - [autom-mech] operación f con velocidad(es) f baja(s)
— — **position** n - [autom-mech] posición f, or regulación f, para velocidad(es) f baja(s)
— — **shifting** n - [autom-mech] cambio(s) n, entre, or en, grupo m de velocidad(es) baja(s)
— — **switch** n - [autom-mech] conmutador m para velocidad(es) f baja(s)
— — — **contact** n - [autom-mech] contacto m para conmutador m para velocidad(es) f baja(s)
— — **rate** n - razón f, or relación f, ritmo m, lento, or reducido • [hydr] caudal m bajo
— — **filter** n - [hydr] filtro m lento
— — **rating** n - potencia f baja
— — **ratio** n - razón f baja • [econ] margen m exiguo
— — **recoil** n - [mech] reculada f, mínima, or reducida | a - con reculada f, mínima, or reducida
— — — **driver** n - [constr-pil] hincadora f con reculada f reducida
— — — **operation** n - [mech] operación f con reculada f, reducida, or mínima
— — — **stud driver** n - [tools] hincadora f para borne(s) m con reculada f reducida
— — **reduction** n - [metal-prod] reducción f, baja, or reducida, or mínima
— — **refrigerant** n — (líquido) refrigerante m bajo
— — **charge** n - [ind] carga f reducida de (líquido) refrigerante m
— — **replacement cost(s)** n - costo(s) m reducido(s) para reposición f
— — **residual** n - [ind] residuo(s) m reducido(s)
— — — **benefit(s)** n) beneficio(s) m residual(es) reducido(s) • beneficio(s) m de residuo(s) m reducido(s)
— — **resistance** n - resistencia f, baja, or reducida
— — — **path** n - [electr-oper] camino m con resistencia f baja
— — **resistivity** n - [chem] resistencia f eléctrica (efectiva) baja
— — — **trend** n - tendencia f a resistencia f eléctrica (efectiva) baja
— — — **water** n - [chem] agua m con resistencia f eléctrica (efectiva) baja
— — **rise** n - altura f reducida
— — **rod** n - [mech] vástago m, bajo, or inferior
— — **rolling resistance** n - [autom-tires] resistencia f, baja, or reducida, a rodadura f
— — — **compound** n - [autom-tires] compuesto m para resistencia f baja a rodadura f
— — **room temperature** n - [environm] temperatura f ambiente, baja, or reducida
— — **rubber-to-void ratio** n - [autom-tires] razón f, or relación f, baja entre caucho m y, oquedad(es) f, or vacío m
— — **price** n - [metal-prod] precio m reducido para chatarra f
— — **screen** n - [miner] criba f baja
— — **setting** n - regulación f, or posición f, baja; ajuste m bajo • regulación f para velocidad f baja • [electr-oper] posición f baja • [weld] poosición f baja | a - en posición f, baja, or mínima; para marcha m mínima
— — **short circuit current** n - [electr-oper] corriente f en cortocircuito, baja, or reducida
— — **side** n - lado m, or costado m, bajo; borde m bajo • tolerancia f en defecto
— — **sidewall** n - [autom-tires] pared f lateral baja
— — **silica** n - [metal] sílice m bajo | f - [metal] con sílice m bajo
— — — **content** n - [metal-prod] contenido m bajo de sílice m
— — **silicon** n - [metal-prod] silicio m, bajo, or

reducido | a - [metal] con silicio m bajo, or reducido
low silicon deposit n - [weld] aportación f con silicio m bajo
— — **electrode** n - [weld] electrodo m con silicio m, bajo, or reducido
— — **general purpose electrode** n - [weld] electrodo m con silicio m, bajo, or reducido, para aplicación(es) f general(es)
— — **steel** n - [metal-prod] acero m con, proporción f baja de silicio m, or con silicio m bajo
— **site** n - [topogr] sitio m bajo
— **slag electrode** n - [weld] electrodo m con escoria f, baja, or reducida
— **slip angle** n - [autom-tires] ángulo m con corrimiento m reducido
— **spatter** n - salpicadura f reducida | a - con salpicadura f reducida
— — **spray type arc** n - [weld] arco m de tipo m rociador con salpicadura f reducida
— **specific activity** n - actividad f específica, baja, or reducida
— — **weight** n - peso m específico bajo
— **speed** n - velocidad f, baja, or reducida, or lenta, or mínima | a - con velocidad f, baja, or reducida, or lenta, or mínima
— — **adjuster** n - [mech] ajustador m para velocidad f mínima
— — **circuit** n - [electr-instal] circuito m para velocidad f baja
— — **clutch** n - [autom-mech] embrague m para velocidad f baja
— — — **plate** n - [autom-mech] placa f para embrague m para velocidad f baja
— —, **connecting**, or **connection** n - [electr-mot] conexión f para velocidad f baja
— — **drum drive** n - [mech] velocidad f baja para accionamiento m de tambor
— — **engine** n - [int.comb] motor m con velocidad f, baja, or lenta
— — — **operation** n - [int.comb] operación f de motor m con velocidad f lenta
— — **field circuit** n - [electr-instal] circuito m para campo m para velocidad f baja
— — **handling** n - [autom] conducción f con velocidad f baja
— — **jet** n - [int.comb] inyector m con velocidad f baja
— — **mixer** n - [culin] mezcladora f para velocidad f baja
— — **operation** n - [mech] operación f con, velocidad f, or marcha f, lenta
— — **pitch** n - [mech] diente m para velocidad f baja
— — **relay** n - [electr-equip] relé m para velocidad f, lenta, or baja
— — **setting** n - [mech] regulación f para velocidad f baja
— — **shaft** n - [mech] árbol m, or eje m, para, or con, velocidad, baja, or lenta
— — **shimmying** n - [autom] bamboleo m de rueda(s) f delantera(s) con marcha f lenta
— — **sprocket** n - [mech] rueda f dentada para velocidad f baja
— — **switch, connecting,** or **connection** n - [electr-mot] conexión f para velocidad f baja en conmutador m
— — **travel** n - [autom-oper] marcha f con velocidad f, baja, or reducida
— **spool force** n - [cranes] esfuerzo m reducido en carrete m
— **spot** n - bajo • [metal-prod] pozo m; fosa f • [topogr] punto m bajo
— **sprocket** n - [mech] rueda f dentada inferior
— **stability** n - estabilidad f baja
— **starting current** n - [weld] amperaje m reducido para encendido m
— **step** n - [constr] escalón m, or peldaño m, bajo
— **stockline** n - [metal-prod] nivel m bajo para

carga f
low strength deposit n - [weld] aportación f con resistencia f baja
— — **material** n - material m con resistencia f baja
— — **/weight ratio** n - [metal] relación f baja entre resistencia f y peso m
— **stress** n - [metal] esfuerzo m reducido; resistencia f baja a tensión f • [mech] tensión f baja | a - [metal] con resistencia f baja a tensión f
— **structure** n - [constr] estructura f baja
— **sulfur** n - [metal] azufre m bajo | a - [metal] con azufre m bajo
— — **ore** n - [miner] mineral m con azufre m bajo
— — **raw material** n - [miner] materia f prima con azufre m bajo
— **sun** n - [astron] sol m bajo
— **surface** n - superficie f baja
— **tailwater** n - [hydr] agua m de salida f baja
— **tariff** n - [econ] arancel m bajo
— — **level** n - [econ] nivel m arancelario bajo
— **teen(s)** n - [meteorol] vario(s) grado(s) m bajo cero (C)
— **temperature** n - temperatura f, baja, or reducida • [metal-prod] falta f de temperatura
— — **alloy** n - [metal-prod] aleación f para temperatura(s) f baja(s)
— — — **welding** n - [weld] soldadura f de aleación(es) f para temperatura(s) f baja(s)
— — **application** n - [weld] aplicacipm f, con, or de, temperatura(s) f baja(s)
— — **carbon and alloy pipe** n - [tub] tubo m, or tubería f, con carbono m y aleación f para temperatura(s) f baja(s)
— — — **steel pipe** n - [tub] tubo m, or tubería f, de acero m con carbono m y aleación f para temperatura(s) f baja(s)
— — **casting** n - [metal-prod] pieza f fundida para temperatura(s) f baja(s)
— — **cement** n - [constr-concr] cemento m para temperatura(s) f baja(s)
— — **conductor** n - [electr-cond] conductor m para temperatura(s) f baja(s)
— — **degrading** n - [metal-prod] degradación f con temperaturaq(s) f baja(s)
— — **discharge** n - [ind] descarga f, or entrega f, con temperatura f, baja, or reducida
— — **engine start-up** n - [int.comb] puesta f en marcha de motor m con templeratura f baja
— — — **device** n - [int.comb] dispositivo m para puesta f en marcha de motor m con temperatura f baja
— — **environment** n - ambiente m con temperatura f baja
— — **fitting** n - [metal-fabr] accesorio m para temperatura(s) f baja(s)
— — **grade** n - [metal-prod] calidad f para temperatura(s) f baja(s)
— — **impact** n - impacto m con temperatura f baja
— — **motor start-up** n - [electr-mot] puesta f en marcha f de motor m con temperatura f baja
— — — **device** n - [electr-mot] dispositivo m para puesta f en marcha f de motor m con temperatura(s) f baja(s)
— — **notch toughness** n - [metal-prod] resistencia f a impacto(s) m con temperatura f baja
— — **pipe** n - [tub] tubo m, or tubería f, para temperatura(s) f baja(s)
— — **piping** n - [tub] tubería f para temperatura(s) f baja(s)
— — **plate** n - [metal-prod] plancha f para temperatura(s) f baja(s)
— — **pressure vessel** n - [boilers] recipiente f para presión f para temperatura(s) f baja(s) | a - [boilers] para recipiente(s) f para presión f para temperatura(s) f baja(s)
— — — **plate** n - [metal-roll] plancha f para recipiente(s) m para presión f para temperatura(s) f baja(s)
— — — — **steel** n - [metal-prod] acero m para

recipiente(s) m para presión f para temperatura(s) f baja(s)
low temperture product n - [ind] producto m para temperatura(s) f, baja(s), or reducida(s)
— — — **discharge** n - [ind] descarga f, or entrega f, de producto(s) m para temperatura, baja, or reducida
— — **resistance** n - resistencia f a temperatura(s) f baja(s) • resistencia f baja a temperatura f
— — **service** n - uso(s) m con temperatura(s) f baja(s) | a - para uso(s) con temperatura(s) f baja(s)
— — — **carbon and alloy pipe** n - [tub] tubo m, or tubería f, con carbono m y aleación f para uso(s) m con temperatura(s) f baja(s)
— — — — **steel pipe** n - [tub] tubo m, or tubería f, de acero m con carbono m y aleación f para uso(s) con temperaturas f bajas
— — — **pipe** n - [tub] tubo m, or tubería f, para uso(s) m con temperatura(s) f baja(s)
— — — **pressure vessel steel** n - [metal-prod] acero m para recipiente(s) m para presión f para servicio m con temperatura(s) f baja(s)
— — **start-up system** n - [int.comb] sistema m para arranque m con temperatura(s) f baja(s)
— — **steel** n - [metal-prod] acero m para temperatura(s) f baja(s)
— — — **alloy** n - [metal-prod] acero m con aleación f para temperatura(s) f baja(s)
— — **treatment** n - [metal-treat] tratamiento m con temperatura(s) f baja(s)
— **tensile** a - [metal-prod] con resistencia f baja a tensión f
— — **carbon steel** n - [metal-prod] acero m con carbono m con resistencia f baja a tensión f
— — **steel** n - [metal-prod] acero m con resistencia f baja a tensión f
— — **strength** n - [metal-prod] resistencia f baja a tensión f
— — — **deposit** n - [weld] aportación f con resistencia f baja a tensión f
— — **stress** n - [metal-prod] esfuerzo m con tensión f baja
— — **structural quality** n - [metal] calidad f estructural con resistencia f baja a tensión f | a - [metal-prod] con calidad f estructural con resistencia f baja a tensión f
— — — **quality carbon steel** n - [metal-prod] acero m con carbono m con calidad f estructural con resistencia f baja a tensión f
— — — — **strip** n - [metal-prod] chapa f, or lámina f, de acero m con carbono m con calidad f estructural con resistencia f baja a tensión f
— — — — **steel** n - [metal-prod] acero m con calidad f estructural con resistencia f baja a tensión f
— — **wire** n - [wire] alambre m con resistencia f (baja a tensión f)
— **tension** n - [mech] tensión f baja | a - [mech] con, or para, tensión f baja
— — **bushing** n - [mech] buje m para tensión f baja
— — **circuit** n - [electr-instal] circuito m para tensión f baja
— **thermal conductivity** n - [metal] conductibilidad f térmica baja
— **thrust** n - [mech] empuje m bajo
— **tide** n - [hydr] mar f baja; bajamar f; marea f baja
— — **draft** n - [naut] calado m con mar f baja
— — **level** n - [hydr] bajamar f
— **to middle range portion current** n - [weld] amperaje m en parte f baja a media de escala
— **tone** n - tono m bajo
— **torque** n - torsión f baja • momento m torsional, or par m motor, bajo
— — **valve** n - [mech] válvula f con, momento m torsional, or par m motor, bajo
— **traffic volume** n - [transp] tránsito m escaso

low transportation cost n - [transp] costo m bajo para transporte m
— **type** n - tipo m bajo | a - de tipo m bajo
— **vaporization** n - [int.comb] vaporización f baja
— **velocity** n - velocidad f, baja, or reducida | a - con velocidad f, baja, or reducida
— — **driver** n - [tools] hincadora f para velocidad r reducida
— — **fastener** n - [mech] sujetador m para, velocidad f, reducida, or baja • clavija f para velocidad f reducida
— — **pin** n - [mech] pasador m, or clavija f, para velocidad f, baja, or reducida
— — **stud driver** n - [tools] hincadora f para borne(s) m para velocidad f reducida
— — **tool** n - [tools] herramienta f para velocidad f reducida
— **viscosity** n - viscosidad f baja | a - con viscosidad f baja; poco viscoso,sa
— — **oil** n - [petrol] aceite m, or petróleo m, con viscosidad f baja
— — **silicone oil** n - [lubric] aceite m silicónico con viscosidad f baja
— — **slag** n - [metal] escoria f con viscosidad f baja
— **visibility** n - visibilidad f reducida
— **volatile** a - con volatilidad f, baja, or reducida
— — **coal** n - [miner] carbón m con, volatilidad f baja, or tenor m bajo de volátil(es) m
— **volatility** n - volatilidad f baja
— **voltage** n - [electr-prod] voltaje m, bajo, or reducido, or exiguo | a - [electr-distrib] con voltaje m bajo
— — **alternating current** n - [electr-distrib] corriente f alterna con voltaje m bajo
— — — **motor** n - [electr-mot] motor m para corriente f alterna con voltaje m bajo
— — **application** n - [weld] aplicación f con voltaje m, bajo, or reducido
— — **bushing** n - [electr-instal] buje m, or boquilla f, para voltaje m bajo
— — **cable** n - [electr-distrib] cable m, or conductor m, para voltaje m bajo
— — **check(ing)** n - [electr-oper] verificación f de voltaje m bajo
— — **circuit** n - [electr-instal] circuito m para voltaje m bajo
— — **conductor** n - [electr-cond] conductor m para voltaje m bajo
— — **connection** n - [electr-instal] conexión f para, voltaje m, bajo, or reducido
— — **contactor** n - [electr-equip] contactador m, or interruptor m, para voltaje m bajo
— — **control cable** n - [electr-cond] cable m para regulación f para voltaje m bajo
— — **direct current** n - [electr-distrib] corriente f continua con voltaje m bajo
— — — **motor** n - [electr-mot] motor m para corriente f continua con voltaje m bajo
— — **distribution** n - [electr-distrib] distribución f de voltaje m bajo
— — — **panel** n - [electr-instal] tablero m para distribución f de voltaje m bajo
— — — — **spare(s)** n - [electr-equip] repuesto(s) m para tablero m para distribución f para voltaje m bajo
— — **equipment** n - [electr-equip] equipo m para voltaje m bajo
— — **gun** n - [weld] pistola f para voltaje m bajo
— — — **trigger** n - [weld] gatillo m para pistola f para voltaje m, bajo, or reducido
— — **heater link** n - [weld] conexión f para elemento m térmico para voltaje m bajo
— — **input** n - [electr-oper] alimentación f, de, or con, voltaje m bajo • voltaje m para entrada f bajo
— — **insulated cable** n - [electr-cond] cable m aislado para voltaje m bajo

low voltage lead n - [electr-cond] cable m, or conductor m, para voltaje m bajo
— — **machine** n - [electr-equip] máquina f para voltaje bajo m - [weld] soldadora f para voltaje m bajo
— — **motor** n - [electr-mot] motor m para voltaje m bajo
— — — **control equipment** n - [electr-mot] equipo m para regulación f para motor(es) m para voltaje m bajo
— — **open arc process** n - [weld] proceso m con arco m abierto con voltaje m bajo
— — **panel** n - [electr-distrib] tablero m para voltaje m bsjo
— — **power cable** n - [electr-cond] cable m para potencia f para voltaje m bajo
— — **protection** n - [electr] protección f para voltaje m bajo • protección f contra voltaje m bajo
— — **range** n - [electr] escala f de voltaje(s) m bajo(s)
— — **setting** n - [weld] regulación f para voltaje m bajo
— — **switchgear** n - [electr-instal] tablero m (blindado) para voltaje m bajo
— — **transformer welder** n - [weld] soldadora f transformadora para voltaje m bajo
— — **trigger transformer** n - [weld] transformador m para gatillo m para voltaje m bajo
— — **welder** n - [weld] soldadora f para voltaje(s) m bajo(s)
— — **winding** n - [electr-mot] devanado m para voltaje m bajo
— **volts** n - [electr-distrib] voltaje m bajo en línea f
— **volume** n - volumen m, bajo, or reducido
— — **mechanization** n - [weld] mecanización f para trabajo(s) m de volumen m reducido
— **wall** n - [constr] pretil m; muro m bajo; pared f baja
— **washer** n - [mech] arandela f inferior
— **waste** n - [nucl] descecho(s) m, or residuo(s) m, con radiactividad f baja
— — **level** n - [nucl] nivel m, bajo, or reducido, de radiactividad f en, desecho(s) m, or residuo(s) m
— **water** n - [hydr] agua m baja; bajamar m • estiaje m • also see **low water pressure**
— — **flow** n - [hydr] caudal m de agua reducido
— — **level** n - [hydr] nivel m, bajo, or reducidop, de agua • estiaje m • agua con nivel m bajo
— — **pressure** n - [hydr] presión f, baja, or reducida, de agua m
— — — **warning** n - advertencia f contra presión f, baja, or reducida, de agua m
— — — — **device** n - [hydr] dispositivo m para advertencia f contra presión f, baja, or reducida, de agua m
— — **table** n - [hydr] capa f freática baja
— **wattage** n - [electr-oper] vataje m, bajo, or reducido
— — **load** n - [electr-oper] carga f con vataje m, bajo, or reducido
— — **sensor** n - [electr-equip] sensor m para vataje m, bajo, or reducido
— — — **switch** n - [electr-equip] conmutador m sensor para vataje m, bajo, or reducido
— **wear** n - desgaste m, reducido, or mínimo
— **weight** n - peso m reducido
— **weld(ing) cost** n - [weld] costo m, bajo, or reducido, de soldadura f
— — **amperage** n - [weld] amperaje m bajo para soldadura f
— — **current** n - [weld] amperaje m bajo para soldadura f • amperaje m, demasiado bajo, or exiguo, para soldadura f
— **wide profile** n - perfil m bajo y ancho
— **working load** n - carga f útil reducida
— — — **limit** n - [mech] límite m bajo para carga f útil

low yield n - rendimiento m, bajo, or reducido | a - con rendimiento m, bajo, or reducido
— — **loss** n - [ind] pérdida f reducida en rendimiento m
lowball v - cobrar menos que costo m
lower n - [cranes] see **lower cab** | a - menor; inferior; más bajo,ia • [chem] proporción f (algo) menor | v - bajar; rebajar; descender; arriar • hacer bajar | [adv] más (a)bajo; en nivel m inferior
— **acid** n - [chem] ácido m, menor, or más bajo
— — **corrosion** n - [metal- corrosión f menor de ácido m
— — **corrosiveness** n - [metal] corrosividad f menor de ácido
— **activity** n - actividad f menor
— **air pressure** n - [autom-tires] presión f menor de aire m
— **allowance** n - [mech] tolerancia f menor
— **alloy** n - [metal] aleación f menor | a - [metal] con aleación f menor
— **altitude** n - [geogr] altitud f, or elevación f, menor
— **ambient temperature** n - [meteorol] temperatura f ambiente inferior
— **amperage** n - [electr-distrib] amperaje m, más bajo, or menor
— **analysis** n - análisis m más bajo • [chem] proporción f, or contenido, or porcentaje, menor
— **arm** n - [mech] brazo m inferior
— @ **armature shaft** v - [electr-mot] bajar árbol m para armadura f
— **backwall** n - [constr] pared f, posterior, or trasera, inferior
— **ball joint** n - [mech] junta f esférica inferior
— **bank** n - banco m inferior
— **bar** n - [mech] barra f inferior
— **barrel** n - [mech] cilindro m inferior
— **basicity** n - [chem] basicidad f menor | a - con basicidad f menor
— — **sinter** n - [metal-coke] sínter m con basicidad f menor
— **bearing** n - [mech] cojinete n inferior
— — **guide bearing** n - [mech] cojinete m para guía f para cojinete m inferior
— **bell** n - [metal-prod] campana f inferior • cono m inferior
— **blade** n - [mech] cuchilla f inferior
— @ **blast temperature** v - [metal-prod] bajar, or reducir, temperatura f de soplado m
— **block** n - [mech] bloque m inferior
— @ **block** v - [cranes] bajar motón m
— @ **blowpipe** v - [metal-prod] bajar busa f
— **boom** n - [cranes] aguilón m inferior
— @ **boom** v - [cranes] bajar, aguilón m, or pluma
— — **angle** n - [cranes] ángulo m menor para aguilón m
— — **section** n - [cranes] sección f, de aguilón m inferior, or inferior de aguilón m
— — **weight** n - [cranes] peso m menor de aguilón
— **bracket** n - [mech] ménsula f, or soporte m, inferior
— **burner** n - [combust] quemador m inferior
— **bursting strength** n - [metal] resistencia f menor contra estallido(s) m
— **cab** n - [cranes] cabina f inferior
— — **heater** n - [cranes] calentador m para cabina f inferior
— — **propane heater** n - [cranes] calentador m con propano m para cabina f inferior
— — **sealed roller (bearing)** n - [mech] cojinete m con rodillo(s) blindado para cabina f inferior
— — **signal horn** n - [cranes] alarma f sonora para cabina f inferior
— — **sucker fan** n - [cranes] ventilador m por aspiración f para cabina f inferior
— — **windshield wiper** n - [cranes] limpiaparabrisa(s) m para cabina f inferior
— **cable** n - cable m inferior

lower cable clamp n - [electr-instal] sujetador m para cable m inferior
— — **compartment** n - [electr-instal] compartimiento m inferior para cable(s) m
— — **roller** n - [cranes] tambor m para cable m inferior • tambor
— **cage** n - [mech] jaula f inferior
— **California** n - [geogr] Baja California f
— **camlock ring** n - [mech] anillo m inferior para cierre m
— **capacity** n - capacidad f menor | a - con capacidad f menor
— — **crane** n - [cranes] grúa f con capacidad f menor
— — **pile** n - [constr-pil] pilote m con capacidad f menor
— **carbon** n - [chem] carbono m más bajo | a - [chem] con, carbono m más bajo, or proporción f menor de carbono
— — **content** n - [metal-prod] proporción f menor de carbono m | a - [metal-prod] con proporción f menor de carbono m
— — **steel** n - [metal-prod] acero m con, carbono m más reducido, or menos carbono m
— **case** n - [print] caja f baja; minúscula(s) f | a - [print] minúsculo,la
— @ **charge** v - [metal-prod] bajar carga f
— **chord** n - [constr] cuerda f, or tirante m, inferior
— **circle pipe** n - [tub] tubo m, or tubería f, circular inferior
— **clamp** n - [mech] sujetador m inferior
— **clutch** n - [mech] see **low clutch**
— **compartment** n - compartimento m inferior
— @ **concave** v - [mech] bajar pieza f cóncava
— **concentration** n - concentración f, menor, or inferior
— **conductivity** n - [electr] conductibilidad f menor
— **cone** n - [metal-prod] campana f, or cono m, inferior
— **conglomerate** n - conglomerado m inferior
— **connecting rod** n - [mech] biela f inferior
— — **bearing** n - [int.comb] cojinete m inferior para biela f
— **construction cost** n - [constr] costo m menor para construcción f
— **contact** n - [electr-instal] contacto m inferior
— **content** n - [chem] contenido, or proporción f, menor
— **control arm** n - [mech] brazo m inferior para regulación f
— **cooling cone** n - [ind] cono m inferior para enfriamiento m
— **corrosion** n - corrosión f menor
— — **resistance** n - resistencia f menor a corrosión f
— **corrosiveness** n - corrosividad f menor
— — **resistance** n - resistencia f menor a corrosividad f
— **cost** n - costo m, menor, or inferior, or más reducido, or bajo
— — **alternative** n - [com] alternativa f con costo m menor
— — **process** n - proceso m con costo m menor
— @ **cost(s)** v - reducir costo m
— **crane** n - [cranes] grúa f inferior
— **cretaceous** n - [geol] cretáceo m inferior | a - [geol] cretáceo,cea inferior
— **current** n - [electr-distrib] corriente f menor • [weld] (corriente f con) amperaje m menor | a - [electr] con amperaje m menor
— @ **current** v - [weld] reducir, or disminuir, amperaje m, or corriente f
— — **application** n - [weld] aplicación r que requiere amperaje m, menor, or más reducido
— — **range** n - [electr-oper] escala f de amperaje(s) m, menor, or más baja
— — — **stud** n - [weld] borne m para escala f de amperaje(s), menor, or más baja

lower curve n - [mech] curva f inferior
— **cushion** n - [mech] amortiguador m inferior
— **cutoff knife** n - [metal-fabr] cuchilla f inferior para corte m
— **degree** n - grado m, menor, or inferior
— **deposition rate** n - [weld] (coeficiente m de) aportación f más lenta
— **device** n - dispositivo m inferior
— **die** n - [mech] troquel m, or matriz f, inferior
— — **shoe** n - [mech] patín m, para matriz f inferior, or inferior para matriz f
— **discharge valve** n - [valv] válvula f inferior para, purga f, or salida, or descarga f
— @ **door** v - [mech] bajar puerta f
— @ **drill(ing) pipe** v - [petrol] bajar tubo m para perforación f
— **drive roll** n - [weld] rodillo m, impulsor, or motor, inferior
— — **assembly** n - [weld] conjunto m de rodillo m impulsor inferior
— **discharge valve** n - [metal-prod] válvula f inferior para polvo m (de primario m)
— **ductility** n - [metal] ductilidad f menor
— **dust discharge valve** n - [metal-prod] válvula f inferior para, polvo m, or polvillo m, (de primario m)
— — **valve** n - [metal-prod] válvula f inferior para polvo m (de primario m)
— **edge** n - borde m inferior
— **electrical resistance** n - [electr-oper] resistencia f menor para paso m de corriente f; conductibilidad f eléctrica mayor • [weld] resistencia f eléctrica menor
— **end** n - extremo m, or punta f, inferior
— **energy loss** n - pérdida f menor de energía f
— **engine** n - [mech] motor m inferior
— — **alternate** n - [mech] motor m inferior optativo
— — **horsepower** n - [int.comb] potencia f menor de motor m
— **equipment cost** n - [ind] costo m, or precio m (de compra f) inferior de equipo m
— **expansion plug** n - [mech] tapón m inferior para, dilatación f, or expansión f
— **face plate** n - [mech] placa f inferior para sujeción f
— **fan** n - [mech-fans] ventilador m inferior
— **fastening pad** n - [mech] taco m inferior para fijación f
— — **wear** n - [mech] desgaste m de taco m inferior para fijación f
— **filter valve** n - [valv] válvula f para filtro m inferior
— **floor** n - [constr] piso m inferior
— **flow level** n - [hydr] nivel m inferior de corriente f
— **foundation** n - [constr] cimiento m con nivel m inferior
— **frame** n - [mech] bastidor m inferior
— **frequency** n—frecuencia f, inferior, or menor
— — **flood discharge** n - [hydr] caudal m para creciente(s) f menos frecuente(s)
— **friction factor** n - factor m, menor para fricción f, or para fricción f menor
— @ **furnace charge** v - [metal-prod] bajar carga f en horno m
— @ — **temperature** v - [metal-prod] reducir temperatura f en horno m
— — **cooling cone** b - [metal-prod] cono m inferior para enfriamiento m para horno m
— **gib** n - [mech] ménsula f inferior
— — **wear** n - [mech] desgaste m de ménsula f inferior
— **gooseneck** n - [metal-prod] codo m inferior
— — **joint** n - [metal-prod] junta f inferior para codo m
— **grade** n - calidad f inferior • [constr] rasante f inferior
— **guide** n - [mech] guía f inferior
— **guide bearing** n - [mech] cojinete m inferior

lower guide bearing cooler(s) set

para guía f
- **lower guide bearing cooler(s) set** n - [turb] juego m de enfriador(es) m para cojinete m inferior para guía f
- **— half** n - mitad f inferior
- **— hardness** n - dureza f menor
- **— heat** n - calor m, menor, or más bajo
- **— heat conductivity** n - [metal] conductibilidad f térmica menor
- **— — loss** n - pérdida f menor de calor m
- **— — resistance** n - resistencia f menor a calor
- **— heater** n - calentador m inferior
- **— hole** n - [mech] orificio m inferior
- **— hood edge** n - [environm] borde m inferior de sombrerete m
- **— @ hook** v - [cranes] bajar gancho m
- **— horsepower** n - [mech] potencia f menor
- **— hose** n - [mech] mang(uer)a f inferior
- **— illustration** n - ilustración f inferior
- **— in molybdenum** a - [metal] con proporción f (algo) menor de molibdeno m
- **— in place** v - bajar, a, or en, sitio m
- **— incidence** n - incidencia f menor
- **— inflation** n - [autom-tires] inflación f menor
- **— — level** n - [autom-tires] nivel m, or presión f, inferior (para inflación f)
- **— injector(s) bank** n - [metal-prod] banco m inferior de inyector(es) m (venturi)
- **— insert** n - [mech] suplemento m inferior
- **— inspection level** n - [ind] nivel m menor de inspección f
- **— intake** n - [hydr] (boca f para) admisión f, inferior, or en nivel m bajo
- **— intensity** n - intensidad f menor
- **— — radiation** n - [nucl] (ir)radiación f con intensidad f menor
- **— into @ pile** v - [constr-pil] bajar (hasta) dentro de pilote m; insertar en pilote m desde de arriba
- **— — @ place** v - bajar a sitio m
- **— investment** n - [fin] inversión f menor
- **— inwall** n - [constr] pared f interior inferior
- **— jaw** n - mandíbula f inferior
- **— joint** n—[mech] junta f, or unión f, inferior
- **— knife** n - [mech] cuchilla f inferior
- **— @ ladle** v - [metal-prod] bajar cuchara f
- **— lane** n - [roads] franja f inferior
- **— layer** n - [constr] capa f, or hilada f, or camada f, or manto m, inferior
- **— left hand** adv - inferior izquierdo,da
- **— — — corner** n - esquina f inferior izquierda
  • rincón n inferior izquierdo
- **— level** n - nivel m, inferior, or menor •
  [hydr] cota f, or nivel m, inferior
- **— — duct** n - [tub] conducto m con nivel m inferior
- **— — manager** n - [managm] admnistrador m, or gerente m, de nivel m inferior
- **— @ level** v - bajar nivel n
- **— lid covering plate** n - [mech] placa f para cubrir tapa f inferior
- **— — lining plate** n - [mech] placa f para revestir tapa f inferior
- **— limit** n - límite m, inferior, or mínimo
- **— — value** n - valor m límite inferior
- **— line wire** n - [metal-wire] alambre m longitudinal inferior
- **— link** n - [chains] eslabón m inferior
- **— — pin** n - [chains] pasador m para eslabón m inferior
- **— @ load** v—[cranes] bajar, or descender, carga
- **— @ location** v - bajar, colocación f, or posición f
- **— loss** n - pérdida f menor
- **— machine** n - [mech] máquina f inferior •
  [weld] soldadora f inferior
- **— — base rail** n - [mech] viga f de base f para máquina f inferior • [weld] viga f de base f para soldadora f inferior
- **— manhole insert** n - [mech] suplemento m para boca f para, registro m, or entrada f para

hombre m, inferior
- **lower maximum amperage** n - [electr-oper] amperaje m máximo, inferior, or más bajo
- **— — current** n - [weld] amperaje m máximo más bajo
- **— — load** n - [transp] carga f máxima menor
- **— — temperature** n temperatura f máxima menor
- **— — —(s) capability** n - [lubric] capacidad f para temperatura(s) f máxima(s) menor(es)
- **— mill** n - [metal-roll] rodillo m inferior
- **— — generator** n - [metal-roll] generador m para motor m para rodillo m inferior
- **— — motor** n - [metal-roll] motor m (para rodillo m) inferior para laminador m
- **— minimum load** n - [transp] carga f mínima menor
- **— molybdenum content** n - [metal-prod] proporción f menor de molibdeno m
- **— morale** n - [managm] moral f más baja
- **— @ morale** v - [managm] bajar, or socavar, moral f
- **— motor** n - motor m inferior
- **— mounting bracket** n - [mech] soporte m inferior para montaje m
- **— number** n - número m inferior
- **— oil seal** n - [mech] sello m inferior para aceite m
- **— oiler tube** n - [mech] tubo m aceitador inferior
- **— open circuit voltage** n - [weld] voltaje m, menor, or inferior, en circuito m abierto
- **— @ operating cost(s)** v - reducir costo(s) f para operación f
- **— over @ thread** v - [mech] bajar sobre rosca f
- **— overall cost** n - costo m total menor
- **— — welding cost** n - [weld] costo m total menor para soldadura f
- **— pad** n - [mech] taco m inferior
- **— — wear** n - [mech] desgaste m, menor de taco m, or de taco m inferior
- **— pair** n - par m inferior
- **— pan** n - [mech] bandeja f inferior
- **— panel** n - [mech] panel m, or tablero m, inferior
- **— — mounting** n - [mech] montaje m de, tablero m, or panel m inferior
- **— part** n - parte f, inferior, or más baja
- **— peninsula** n - [geogr] península f inferior
- **— pin** n - [mech] pasador m inferior
- **— @ piston** v - [mech] bajar émbolo m
- **— plate** n - [mech] placa f inferior
- **— — even wear** n - [mech] desgaste m parejo de placa f inferior
- **— — lateral wear** n - [mech] desgaste m lateral de placa f inferior
- **— — side wear** n - [mech] desgaste m lateral de plancha f inferior
- **— — unequal wear** n - [mech] desgaste m desigual de plancha f inferior
- **— plug** n - [mech] tapón m inferior
- **— @ position** v - bajar posición f
- **— pressure** n - presión f, menor, or disminuida
- **— production cost** n - [ind] costo m menor para, producción f, or elaboración f
- **— profile arch** n - [constr] bóveda f con perfil m bajo
- **— proportion** n - proporción f menor
- **— protective device** n - [mech] dispositivo m protector inferior
- **— quadrant** n - cuadrante m inferior
- **— quality** n - calidad f inferior | a - con calidad f inferior
- **— — steel** n - [metal-prod] acero m con calidad f inferior
- **— race** n - [mech-bearings] ranura f inferior collar m inferior
- **— radiation** n - [nucl] (ir)radiación f, inferior, or menor
- **— — intensity** n ~ [nucl] intensidad f menor de (ir)radiación f
- **— — level** n - [nucl] nivel m inferior de

(ir)radiación f
lower radiator n - [int.comb] radiador m inferior
— — **hose** n - [int.comb] mang(uer)a f inferior para radiador m, or para radiador m inferior
— **rail** n - [mech] riel m, or carril m, inferior
— **protective device** n - [mech] defensa f protectora para, riel, or carril m, inferior
— **ram** n - [mech] ariete m inferior
— @ **ram** v - bajar ariete m
— **range** n - escala f, or nivel m, inferior
— **rate** n - tasa f inferior
— **rating** n - capacidad f (nominal), inferior, or menor • potencia f menor
— **reading** n - [instrum] lectura f, or marca f, inferior
— **rear panel** n - panel m posterior inferior
— **receptacle** n - recipiente m inferior • [electr-instal] tomacorriente m inferior
— — **pair** n - [electr-instal] par m inferior de tomacorriente(s) m
— @ **reel** v - [mech] bajar carrete m
— **resistance** n - resistencia f (algo) menor
— **resistivity** n - [chem] resistencia f eléctrica (efectiva) menor
— **rheostat** n - [electr] reóstato m inferior
— **right hand** adv - inferior derecho,cha
— — — **corner** n - esquina f inferior derecha • rincón m inferior derecho
— — — **side** n - lado m, or costado m, inferior derecho
— **road** n - [roads] camino m inferior
— **road** n - [roads] camino m inferior
— — **grade** n - [roads] rasante f, inferior de camino, or de camino m inferior
— **roll** n - [mech] rodillo m inferior
— **roll block** n - [mech] bloque m inferior para rodillo(s) m
— **roll motor** n - [metal-roll] motor m para rodillo m inferior
— — — **generator** n - [metal-roll] generador m para motor m para rodillo m inferior
— **roller** n - [mech] rodillo m inferior
— **room** n - [constr] habitación f, or pieza f, inferior
— **rotator roll** n - [grind.med] rodillo m inferior para rotadora f
— **roughness coefficient** n - coeficiente m menor para rugosidad f
— **run crane** n - [cranes] grúa f inferior
— — **craneway** n - [metal-prod] vía f, or carrilera f, para grúa f inferior
— **seal** n - sello m inferior
— **section** n - sección f inferior
— **setting** n - [mech] regulación f, más baja, or inferior; ajuste m, más bajo, or inferior
— **shaft** n - [mech] árbol m, or eje m, inferior • [metal-prod] parte f inferior de tragante m
— **short circuit current** n - [electr-oper] corriente f en cortocircuito m, más reducido, or menor
— **side** n - lado m, or costado m, inferior • [constr] banda f inferior; lado m barranco
— — **manhole** n - [constr] boca f para registro m lateral inferior
— **sidewall** n - [constr] pared f lateral, inferior, or más baja • parte f inferior de pared f lateral
— **slip angle** n - [autom-tires] ángulo m, de corrimiento m menor, or menor para corrimiento
— **spacer** n - [mech] separador m inferior
— **specific activity** n - [mech] actividad f específica menor
— **spray** n - [mech] rociador m menor
— **spring** n - [mech] muelle m inferior
— — **support** n - [mech] soporte m, inferior para muelle, or para muelle m inferior
— **sprocket** n - [mech] rueda f dentada inferior
— **stage flow** n - [hydr] caudal m relativamente bajo
— @ **stockline** v - [ind] bajar carga f

lower strength n - resistencia f (algo) menor • [weld] resistencia f menor a tensión f
— **structure** n - [constr] estructura f más baja
— **sucker fan** n - [mech] ventilador m aspirador inferior • [cranes] ventilador m aspirador para cabina f inferior
— **suction roll** n - [paper] rodillo m, aspirante inferior, or inferior aspirante
— **support** n - [mech] soporte m inferior
— — **angle** n - [mech] ángulo m inferior para soporte m
— — **plate** n - [mech] placa f inferior para soporte m
— — — **even wear** n - [mech] desgaste m parejo de placa f inferior para soporte m
— — — **lateral wear** n - [mech] desgaste m lateral de placa f inferior para soporte m
— — — **unequal wear** n - [mech] desgaste m desigual de placa f inferior para soporte m
— — — **wear** n - [mech] desgaste m de, placa f, or plancha f, inferior para soporte
— — @ **suspension** v - [autom-mech] bajar suspenpensión f
— **tank** n - [hydr] depósito m, or estanque m, or tanque* m, inferior
— **temperature** n - temperatura f, menor, or inferior, or más baja
— @ **temperature** v - bajar, or reducir, temperatura f
— — **condenser cooling water** n - [ind] agua m con temperatura f más baja para enfriamiento m de condensador
— — **resistance** n - resistencia f menor a temperatura f, or a temperatura f menor
— **tensile strength** n - [metal] resistencia f menor a tensión f
— **terminal** n - [electr-instal] borne m inferior
— **than grade level** adv - a nivel m inferior que (el) de rasante f
— — **ground level** n - nivel m inferior que (el) de suelo m
— — **listed** adv - más bajo,ja que (el) indicado
— — **normal** adv - inferior a (el/la) normal
— — — **welding output** n - [weld] energía f inferior a normal para soldadura f
— — **rated** a - inferior que nominal m/f
— — @ **weld** adv - [weld] más bajo,ja que soldadura f
— — **welding procedure(s) adjustment** n - [weld] ajuste m, or regulación f, a nivel m inferior que para procedimiento m para soldadura
— — @ **work** adv - [weld] más bajo que soldadura
— **thermal conductivity** n - [weld] conductibilidad f térmica menor
— @ **thermostat** v - [instrum] bajar termostato m
— **time proportion** n - [managm] proporción f menor de tiempo m
— **tip** n - borde m inferior
— **transportation cost(s)** n - [transp] costo(s) m menor(es) para transporte m
— **trough** n - [metal-prod] artesa f inferior
— **truss chord** n - [constr] cuerda f inferior de cabriada f
— **tunnel sidewall** n - [constr] parte f inferior de pared f lateral de túnel m
— **turntable** n - [mech] mesa f giratoria inferior
— **under power** v - [mech] bajar mecánicamente
— **value** n - valor m menor
— **valve** n - [valv] válvula f inferior
— — **installation** n - [valv] instalación f, or colocación f, de válvula f inferior
— — **removal** n - [valv] remoción f, or saca f, de válvula f inferior
— —, **rod**, or **stem** n - [valv] vástago m para válvula f inferior
— — **stem guide** n - [valv] guia(dera) f para vástago m para válvula f inferior
— — — — **installation** n - instalación f, or colocación f, de guia(dera) f para vástago m para válvula f inferior
— — — — **removal** n - [valv] remoción f, or

lower valve stem installation

o̱r saca f̱, de guia(dera) f̱ para vástago m̱ para vástago m̱ para válvula f̱ inferior
lower valve stem installation ṉ - [valv] instalación f̱, o̱r colocación f̱, de vástago m̱ para válvula f̱ inferior
— — — **removal** ṉ -]valv] remoción f̱, o̱r saca f̱, de vástago m̱ para válvula f̱ inferior
— **velocity** ṉ - velocidad f̱ menor
— **vessel** ṉ - [ind] vasija f̱ inferior
— **viscosity** ṉ - viscosidad f̱ menor
— @ **viscosity** v̱ - reducir viscosidad f̱
— **voltage** ṉ - [electr-distrib] voltaje m̱, menor, o̱r inferior
— — **application** ṉ - [weld] aplicación f̱ que requiere voltaje m̱, más reducido, o̱r menor
— — **equipment** ṉ - [electr-equip] equipo m̱ que requiere voltaje m̱, inferior, o̱r menor
— — **heater link** ṉ - [weld] conexión f̱ de elemento m̱ térmico para voltaje m̱ más bajo
— @ **voltage** v̱ - [electr-oper] reducir voltaje m̱
— @ **water table** v̱ - [hydr] bajar nivel m̱ freático; deprimir(se) napa f̱
— **welder** ṉ - [weld] soldadora f̱ inferior
— — **base rail** ṉ - [weld] viga f̱ para base f̱ para soldadora f̱ inferior
— @ **welder('s) operating cost(s)** v̱ - [weld] reducir costo(s) m̱ para operación f̱ de soldadora f̱
— **welding cost(s)** ṉ [weld] costo m̱ menor para soldadura f̱
— — **current** ṉ - [weld] amperaje m̱ menor para soldadura f̱
— **weldment** ṉ - [weld] pieza f̱ soldada inferior
— **well block** ṉ - [metal-prod] bloque m̱, o̱r ladrillón f̱, inferior (para cuchara f̱)
— **wheel** ṉ - [mech] rueda f̱ inferior
— **windshield wiper** ṉ - [autom-electr] limpiaparabrisa(s) m̱ inferior
— **wire** ṉ - [wire] alambre m̱ inferior
lowered a̱ - (re)bajado,da
— **armature shaft** ṉ - [fans] árbol m̱, o̱r eje m̱, para armadura f̱ bajado
— **block** ṉ - [cranes] motón m̱ bajado
— **boom** ṉ - [cranes] aguilón m̱ bajado
— **concave** ṉ - [mech] pieza f̱ cóncava bajada
— **cost(s)** ṉ - costo(s) m̱ reducido(s)
— **door** ṉ - [mech] puerta f̱ bajada
— **drill(ing) pipe** ṉ - [petrol] tubo m̱ para perforación f̱ bajado; tubería f̱ para perforación f̱ bajada
— **furnace temperature** ṉ - [metal-prod] temperatura f̱ de horno m̱ reducida
— **hook** ṉ - [cranes] gancho m̱ bajado
— **in place** a̱ - bajado,da en sitio m̱
— **into its place** a̱ - bajado,da a su sitio m̱
— **load** ṉ - [cranes] carga f̱, bajada, o̱r descendida
— **morale** ṉ - [managm] moral f̱, bajada, o̱r reducida, o̱r socavada
— **operating cost(s)** ṉ - costo(s) m̱ para operación f̱ reducido(s)
— **over @ thread** a̱ - [mech] bajado,da sobre rosca f̱
— **position** ṉ - posición f̱ bajada
— **rate** ṉ - tarifa f̱ rebajada • [fin] canon m̱ rebajado
— **reel** ṉ - [mech] carrete m̱ bajado
— **suspension** ṉ - [autom-mech] suspensión f̱ bajada
— **temperature** ṉ - temperatura f̱, rebajada, o̱r reducida
— **thermostat** ṉ - [environm] termostato m̱ bajado
— **range** ṉ - [weld] escala f̱ mínima; punto m̱ mínimo
— **under power** a̱ - [mech] bajado,da mecanizadamente
— **viscosity** ṉ - viscosidad f̱ reducida
— **water table** ṉ - [hydr] nivel m̱ freático bajado
— **welder operating cost(s)** ṉ - [weld] costo(s) m̱ para operación f̱ de soldadora f̱ reducido(s)
lowerer ṉ - (re)bajador m̱

lowering ṉ - . . . . • bajada f̱ descendimiento m̱
— **control valve** ṉ - [mech] válvula f̱ para regulación f̱ de bajada f̱
— **in place** ṉ - bajada f̱ a sitio m̱
— — **its place** ṉ - bajada f̱ a su sitio
— **over @ thread** ṉ - [mech] bajada f̱ sobre rosca
— **speed** ṉ - [cranes] (velocidad f̱) para descenso
— **stroke** ṉ - [mech] carrera f̱ para descenso m̱
— **valve** ṉ - válvula f̱ para bajada f̱
lowest a̱ - más bajo,ja; inferior
— **ball** ṉ - [mech-bearings] bolilla f̱ inferior
— **bid** ṉ - [com] propuesta f̱ más baja
— **carbon content** ṉ - [metal] proporción f̱ mínima de carbono m̱
— **cost** ṉ - costo m̱, menor, o̱r más, bajo, o̱r reducido
— — **process** ṉ - proceso m̱ con costo m̱, menor, o̱r más reducido
— **current** ṉ - [weld] amperaje m̱ menor
— — **possible** ṉ - [weld] amperaje m̱ menor posible
— — **range** ṉ - [weld] escala f̱ más baja de amperaje(s) m̱
— — **stud** ṉ - [weld] borne m̱ para escala f̱ más baja de amperaje(s) m̱
— **current stud** ṉ - [weld] borne m̱ para amperaje m̱ más bajo
— **degree** ṉ - grado m̱, mínimo, o̱r menor
— **energy consumption** ṉ - [electr-oper] consumo m̱ mínimo de energía f̱
— **flux consumption** ṉ - [weld] consumo m̱ mínimo de fundente m̱
— **fuel consumption** ṉ - [int.comb] consumo m̱ mínimo de combustible m̱
— **heat(ing) value** ṉ - [combust] poder m̱ calorífico, menor, o̱r inferior
— **limit** ṉ - límite m̱ inferior
— — **value** ṉ - valor m̱ límite, inferior, o̱r menor, o̱r más bajo
— **pedal** ṉ - [mech] pedal m̱, más bajo, o̱r inferior
— **point** ṉ - punto m̱ más bajo
— **position** ṉ - posición f̱ más baja
— **possible** a̱ - menor posible
— — **current** ṉ - [weld] amperaje m̱ menor posible
— **practical limit** ṉ - límite m̱ práctico inferior
— — **processing speed limit** ṉ - [metal-roll] límite m práctico inferior para velocidad f̱ para proceso m̱
— — **speed limit** ṉ - límite m̱ práctico inferior para velocidad f̱
— **price** ṉ - porecio m̱ más bajo
— **priced** a̱ - con precio m̱ más, bajo, o̱r reducido; más económico,ca
— **quality** ṉ - calidad f̱ más baja
— **reading** ṉ - [instrum] lectura f̱, o̱r registración f̱, menor
— **roller** ṉ - [mech] rodillo m̱ inferior
— **setting** ṉ - marcha f̱ mínima; regulación f̱, o̱r posición ṯ, mas baja, o̱r inferior
— **temperature** ṉ - temperatura f̱, más baja, o̱r menor
— **value** ṉ - valor m̱, más bajo, o̱r inferior
lowly metallized a̱ - [metal] con metalización f̱ baja
lt bl - see **light blue**
lt br - see **light brown**
lt gr - see **light gray**
Ltd. a̱ - see **limited**
ltr/min ṉ - [metric] see **liter(s) per minute**
lubr ṉ —see **lubricant; lubricating; lubrication**
lubed a̱ - see **lubricated**
lubricant amount ṉ - cantidad f̱ de lubricante m̱
— **approval** ṉ - aprobación f̱ de lubricante m̱
— **capacity** ṉ - capacidad f̱ para lubricante m̱
— **change** ṉ - [lubric] cambio m̱ de lubricante m̱
— — **interval** ṉ - [lubric] intervalo m̱ entre cambio(s) m̱ de lubricante m̱
— **check(ing)** ṉ - [lubric] verificación f̱, o̱r comprobación f̱, de lubricante m̱

lubricant coat v - [mech] recubrir con lubricante; lubricar exteriormente
— **coated** a - [mech] recubierto,ta con lubricante m; lubricado,da exteriormente
— **coating** n - [mech] recubrimiento m con, or capa f de, lubricante; lubricación f exterior
— — **inspection** n - [mech] inspección f de capa f lubricante
— **drainage** n - [mech] purga f de lubricante m
— **draining** n - [mech] purga f de lubricante m
— **fill(ing) capacity** n - [lubric] capacidad f para abastecimiento m de lubricante m
— **flow** n - [mech] flujo m de lubricante m
— **grade** n - [lubric] calidad f, or categoría f, de lubricante m
— **hole** n - [mech] orificio m para lubricante m
— **inspection** n - inspección f de lubricante m
— **leakage** n - [lubric] fuga f de lubricante m
— —, **preventing**, or **prevention** n - [mech] evitación f de fuga f de lubricante m
— **level** n - [lubric] nivel m de lubricante m
— **plate** n - [mech] placa f para lubricante m
— **pump** n - [pumps] bomba f para lubricante m
— — **assembling** n - [pumps] armado m de bomba f para lubricante m
— — **assembly** n - [pumps] conjunto m de bomba f para lubricante m
— — **drive gear** n - [pumps] engranaje m, impulsor, or para impulsión f, para bomba f para lubricante m
— — —, **installation**, or **installing** n - [autom-mech] instalación f de engranaje m para mando m para bomba f para lubricante m
— — — — **lockout**, **installation**, or **installing** n - [autom-mech] instalación f de desacoplador m para engranaje m para mando m para bomba f para lubricante m
— — — **nut** n - [pumps] tuerca f para engranaje m, impulsor, or para impulsión f, para bomba f para lubricante m
— — **gear** n - [pumps] engranaje m para bomba f para lubricante m
— —, **instaling**, or **installation** n - [lubric] instalación f de bomba f para lubricante m
— **recommendation** n - [lubric] recomendación f sobre lubricante m
— **reservoir** n - [mech] depósito m (para reserva f) para lubricante m
— **type** n - [lubric] tipo m de lubricante m
— **viscosity** n - [lubric] viscosidad f de lubricante m
— — **classification** n - [lubric] clasificación f para viscosidad f de lubricante m
lubricate @ air line v - [pneumat] lubricar línea f, neumática, or para aire m
— **@ auxiliary brake** v - [mech] lubricar freno m auxiliar
— **@ — coupling splined tooth** v - [mech] lubricar diente(s) m ranurado(s) para acoplamiento m para freno m auxiliar
— **@ back stop** v - [mech] lubricar tope m para contención f
— **@ bearing** v - [mech] lubricar cojinete m
— **@ — sleeve** v - [mech] lubricar manguito m para cojinete m
— **@ boom** v - [cranes] lubricar aguilón m
— **@ — back stop** v - [cranes] lubricar tope m para contención f para aguilón m
— **@ — bushing** v - [cranes] lubricar buje m para aguilón m
— **@ — foot** n - [cranes] lubricar, pie m, or base n, para aguilón m
— **@ — — bushing** v - [cranes] lubricar buje m para, pie m, or base f, para aguilón m
— **@ — stop** v - [cranes] lubricar tope m para aguilón m
— **@ brake** v - [mech] lubricar freno m
— **@ — coupling** v - [mech] lubricar acoplamiento m para freno m
— **@ — — splined tooth** v - [mech] lubricar diente(s) m ranurado(s) para acoplamiento m para freno m
lubricate @ brake coupling tooth n - [mech] lubricar diente m para acoplamiento m para freno m
— **@ — equalizer beam** v - [lubric] lubricar viga f para compensación f para freno m
— **@ bushing** v - [mech] lubricar buje m
— **@ carburetor** v - [int.comb] lubricar carburador m
— **@ — joint** v - [int.comb] lubricar junta f
— **@ cathead** v - [petrol] lubricar torno m
— **@ — bearing** v - [petrol] lubricar cojinete m para torno m
— **@ chain** v - [mech] lubricar cadena f
— **@ clevis pin** v - [mech] lubricar pasador m para, horquilla f, or grillete m
— **completely** v - lubricar completamente
— **constantly** v - lubricar constantemente
— **@ coupling** v - [lubric] lubricar acoplamiento
— **daily** v - [mech] lubricar diariamente
— **@ differential bearing** v - [autom-mech] lubricar cojinete m para diferencial m
— **@ — carrier** v - [autom-mech] lubricar portadiferencial m
— **@ drawworks** v - [petrol] lubricar malacate m
— **@ — (grease) fitting** v - [petrol] lubricar pico m para engrase m para malacate m
— **@ driller('s) console hand lever** v - [petrol] lubricar palanca f para mano f en consola f para perforador m
— **@ drive coupling** v - [mech] lubricar acoplamiento m para accionamiento m
— **@ engine** v - [int.comb] lubricar motor m
— **@ — fan pulley** v - [int.comb] lubricar polea f para ventilador m para motor m
— **@ — pulley** v - [int.comb] lubricar polea f para motor m
— **every day** v - [mech] lubricar diariamente
— — **month** v - [mech] lubricar mensualmente
— — **week** v - [mech] lubricar semanalmente
— **@ fan** v - [mech] lubricar ventilador m
— **@ — pulley** v - [mech] lubricar polea f para ventilador m
— **@ fitting** v - [mech] lubricar pico m para engrase m
— **@ hoisiting boom hoist sheave** v - [cranes] lubricar polea f para elevación f para aguilón m flotante
— **@ foot** v - [mech] lubricar pie m
— **@ gantry boom hoist sheave** v - [cranes] lubricar polea f para elevación f para aguilón m para caballete m
— **@ — hoist sheave** v - [cranes] lubricar polea f para elevación f para caballete m
— **@ — peak** v - [cranes] lubricar ápice m de caballete m
— **@ — sheave** v - [cranes] lubricar polea f para caballete m
— **@ — traveling sheave** v - [cranes] lubricar polea f, viajera, or movible, para caballete
— **@ gear** v - [mech] lubricar engranaje m
— **@ governor** v - [int.comb] lubricar regulador m
— **@ — joint** v - [int.comb] lubricar junta f para regulador m
— **@ grease fitting** v - [lubric] lubricar pico m para engrase m
— **@ hand lever** b - [mech] lubricar palanca f para mano f
— **@ high jackshaft bearing** v - [mech] lubricar cojinete m para contraeje m superior
— **@ hole** v - [mech] lubricar orificio m
— **@ inside surface** v - lubricar superficie f interior
— **@ intermediate rod** v - [petrol] lubricar vástago m intermedio
— **@ — — wiper** v - [petrol] lubricar enjugador m para vástago m intermedio
— **@ — wiper** v - [petrol] lubricar enjugador m intermedio
— **internally** v - [cabl] engrasar interiormente

lubricate @ jackshaft v - [mech] lubricar contraeje m
— @ — bearing v - lubricar cojinete m para contraeje m
— @ low jackshaft bearing v - [mech] lubricar cojinete m para contraeje m inferior
— @ machine v - [mech] lubricar, máquina f, or equipo m
— monthly v - [mech] lubricar mensualmente
— @ motor v - [mech] lubricar motor m
— @ — bearing v - [mech] lubricar cojinete m para motor m
— @ — coupling v - [mech] lubricar acoplamiento m para motor m
— @ — drive v - [mech] lubricar accionamiento m para motor m
— @ — — coupling v - [mech] lubricar acoplamiento m para accionamiento m para motor m
— @ "O" ring v - [mech] lubricar aro m circular
— @ oil ring v - [mech] lubricar, aro m, or guarnición f, anular, or circular
— @ part v - [mech] lubricar pieza f
— @ peak v - [cranes] lubricar ápice m
— periodically v - lubricar periódicamente
— @ pin v - [mech] lubricar, pasador m, or clavija f
— positively v - lubricar positivamente
— @ power unit v - lubricar unidad f motriz
— properly v - lubricar apropiadamente
— @ pulley v - [mech] lubricar polea f
— @ rod v - [mech] lubricar vástago m
— @ — wiper v - [petrol] lubricar enjugador m para vástago m
— @ seal v - [mech] lubricar sello m
— @ — lip v - [mech] lubricar borde m para sello m
— @ sheave v - [cranes] lubricar, polea f, or roldana f, or garrucha f
— @ spline clutch v - [mech] lubricar embrague f con ranura f
— @ splined tooth v - [mech] lubricar diente m ranurado
— @ stop v - [mech] lubricar tope m
— @ surface v - lubricar superficie f
— @ swing bearing v - [cranes] lubricar cojinete m para rotación f
— @ — pinion v - [cranes] lubricar piñón m para rotación f
— @ switch housing stem v - [mech-fans] lubricar vástago m para caja f para conmutador m
— @ thread v - [mech] lubricar rosca(s) f
— @ throttle shaft v - [int.comb] lubricar, varilla f, or vástago m, para regulador m
— thoroughly v - lubricar, bien, or totalmente
— @ tooth v - [mech] lubricar diente m
— @ transmission gear v - [mech] lubricar engranaje m para transmisión f
— @ traveling sheave v - [cranes] lubricar polea f, movible, or viajera
— weekly v - [mech] lubricar semanalmente
— @ wheel v - [mech] lubricar rueda f
— @ — bearing v - [mech] lubricar cojinete n para rueda f
— @ wiper v - [mech] lubricar enjugador m
lubricated a - lubricado,da
— air n - [pneumat] aire m lubricado
— — line n - [cranes] línea f neumática lubricada
— auxiliary brake n - [mech] freno m auxiliar lubricado
— — — coupling splined tooth n - diente m ranurado para acoplamiento m para freno m auxiliar lubricado
— back stop n - [mech] tope m para contención f lubricado
— backfill n - [constr] (material m) para relleno m lubricado
— bearing n - [mech] cojinete m lubricado
— — housing n - [mech] caja f para cojinete m lubricado
— — sleeve n - [mech] manguito m para cojinete m lubricado
lubricated boom n - [cranes] aguilón m lubricado
— — back stop n - [cranes] tope m para contención f para aguilón m lubricado
— — bushing n - [cranes] buje m para aguilón m lubricado
— — foot n - [cranes] pie m, or apoyo m, lubricado para aguilón m
— — bushing n - [cranes] buje m lubricado para, pie m, or apoyo m, para aguilón m
— — stop n - [cranes] tope m lubricado para aguilón m
— brake n - [mech] freno m lubricado
— — coupling n - [mech] acoplamiento m lubricado para aguilón m
— — — splined tooth n - [mech] diente m ranurado lubricado para acoplamiento m para freno m
— — coupling tooth n - [mech] diente m lubricado para acoplamiento m para freno m
— brake equalizer beam n - [mech] viga f lubricada para compensación f para freno m
— bushing n - [mech] buje m lubricado
— cable n - [cabl] cable m lubricado
— carburetor n - [int.comb] carburador m lubricado
— — joint n - [int.comb] junta f lubricada para carburador m
— cathead n - [petrol] torno m lubricado
— — bearing n - [petrol] cojinete m lubricado para torno m
— chain n - [mech] cadena f lubricada
— clevis pin n - [mech] pasador m lubricado para, horquilla f, or grillete m
— completely a - lubricado,da completamente
— constantly a - lubricado,da constantemente
— coupling n - acoplamiento m lubricado
— differential bearing n - [autom-mech] cojinete m lubricado para diferencial m
— differential carrier n - [autom-mech] portadiferencial m lubricado
— drawworks n - [petrol] malacate m lubricado
— — (grease) fitting n - [petrol] pico m para engrase m para malacate m lubricado
— driller('s) console hand lever n - [petrol] palanca f para mano f lubricada en consola f para perforador m
— drive coupling n - [mech] acoplamiento m para accionamiento m lubricado
— engine n - [int.comb] motor m lubricado
— fan n - [int.comb] ventilador m lubricado para motor m
— — — pulley n - [int.comb] polea f lubricada para ventilador m para motor m
— — pulley n - [int.comb] polea f lubricada para motor m
— every day a - [mech] lubricado,da diariamente
— — month a - [mech] lubricado,da mensualmente
— — week a - [mech] lubricado,da semanalmente
— fan n - [mech] ventilador m lubricado
— — pulley n - [mech] polea f lubricada para ventilador m
— fill n - [constr] (material m para) relleno m lubricado
— fitting n - [mech] pico m para engrase m lubricado
— floating boom hoist sheave n - [cranes] polea lubricada para elevación f para aguilón m flotante
— — sheave n - [cranes] polea f lubricada para aguilón m flotante
— foot n - pie m lubricado
— for life a - see self-lubricating
— gantry boom hoist sheave n - [cranes] polea f lubricada para caballete m para elevación f de aguilón m
— — hoist sheave n - [cranes] polea f lubricada para elevación f para caballete m
— — peak n - [cranes] ápice m lubricado para caballete m
— — sheave n - [cranes] polea f lubricada para caballete m

lubricated gantry traveling sheave n - [cranes] polea f lubricada, movible, or viajera, para caballete m
— **gear** n - [mech] engranaje m lubricado
— **governor** n - [int.comb] regulador m lubricado
— — **joint** n - [int.comb] junta f lubricada para regulador m
— **(grease) fitting** n - [lubric] pico m para engrase m lubricado
— **hand lever** n - [mech] palanca f lubricada para mano f
— **high jackshaft bearing** n - [mech] cojinete m lubricado para contraeje m superior
— **hole** n - [mech] orificio m lubricado
— **intermediate rod** n - [petrol] vástago m intermedioo lubricado
— **inside surface** n - superficie f interior lubricada
— **intermediate rod wiper** n - [petrol] enjugador m lubricado para vástago m intermedio
— — **wiper** n - [petrol] enjugador m lubricado intermedio
— **internally** a - [cabl] lubricado,da interiormente
— **jackshaft** n - [mech] contraeje m lubricado
— — **bearing** n - [mech] cojinete m lubricado para contraeje m
— **low jackshaft bearing** n - [mech] cojinete m lubricado para contraeje m inferior
— **monthly** a - [mech] lubricado,da mensualmente
— **motor** n - [mech] motor m lubricado
— — **bearing** n - [mech] cojinete m lubricado para motor m
— — **coupling** n - [mech] acoplamiento m lubricado para motor m
— — **drive** n - [mech] accionamiento m lubricado para motor m
— — — **coupling** n - [mech] acoplamiento m lubricado para accionamiento m para motor m
— **"O" ring** n - [mech] aro m circular lubricado
— **oil ring** n - [mech] guarnición f, anular, or circular, lubricada
— **outside surface** n - superficie f exterior lubricada
— **part** n - parte f lubricada • [mech] pieza f lubricada
— **peak** n - [cranes] ápice m lubricado
— **periodically** a - lubricado,da periódicamente
— **pin** n - [mech] pasador m lubricado; clavija f lubricada
— **plug** n - [tub] tapón m lubricado
— — **intake valve** n - [tub] válvula f para entrada f para tapón m lubricado
— — **valve** n - [valv] válvula f obturadora lubricada
— **positively** a - lubricado,da positivamente
— **power unit** n - [mech] unidad f motriz lubricada
— **properly** a - lubricado,da apropiadamente
— **pulley** n - [mech] polea f lubricada
— **rod** n - [mech] vástago m lubricado
— — **wiper** n - [petrol] enjugador m lubricado para vástago m
— **seal** n - [mech] sello m lubricado
— — **lip** n — [mech] borde m de sello m lubricado
— **sheave** n - [cranes] polea f, or roldana, or garrucha f, lubricada
— **spline(d) clutch** n - [mech] embrague m con ranura(s) f lubricado
— — **tooth** n - [mech] diente m ranurado lubricado
— **stop** n - [mech] tope m lubricado
— **surface** n - superficie f lubricada
— **swing bearing** n - [cranes] cojinete m para rotación f lubricado
— — **pinion** n - [cranes] piñón m para rotación f lubricado
— — **housing stem** n - [mech-fans] vástago m lubricado para caja f para conmutador m
— **thouroughly** a - lubricado,da completamente
— **thread** n - [mech] rosca f lubricada

lubricated throttle shaft n - [int.comb] árbol or eje m, lubricado para regulador m
— **tooth** n - [mech] diente m lubricado
— **transmission bearing** n - [mech] cojinete m para transmisión f lubricado
— **transmission gear** n - [mech] engranaje m lubricado para transmisión f
— **traveling sheave** n - [cranes] polea f, movible, or viajera, lubricada
— **weekly** a - [mech] lubricado,da semanalmente
— **wheel bearing** n - [mech] cojinete m lubricado para rueda f
— **wiper** n - [mech] enjugador m lubricado
lubricating n - lubricación f | a - . . .
— **coating** n - [metal-treat] capa f, or recubrimiento m, lubricante
— **compound** n - [lubric] compuesto m lubricante
— **effect** n - efecto m lubricante
— **equipment** n - [ind] equipo m, lubricante, or para lubricación f
— **grease** n - [lubric] grasa f lubricante
— **oil** n - [lubric] aceite m, lubricante, or para lubricación f
— — **capacity** n - [int.comb] capacidad f para aceite m lubricante
— — **cooler** n - [lubric] enfriador m para aceite m lubricante
— — **cooling** n - [lubric] enfriamiento m de aceite m lubricante
— — **demulsibility test** n - [petrol] ensayo m de demulsibilidad para aceite m lubricante
— — **filter** n - [mech] filtro m para aceite m lubricante
— — **groove** n - [mech] ranura f para (circulación f de) aceite m lubricante
— — **level** n - [mech] nivel m de aceite m lubricante
— — — **indicator** n - [mech] indicador m para nivel m de aceite m lubricante
— — **piping** n - [ind] tubería f para aceite m lubricante
— — **pump** n - [pumps] bomba f para aceite m lubricante
— — — **control** n - [pumps] regulación f para bomba f para aceite m lubricante
— — — **type** n - [pumps] tipo m de regulación f para bomba f para aceite m lubricante
— — — **type** n - [pumps] tipo m de bomba f para aceite m lubricante
— — **strainer** n - [mech] colador m para aceite m lubricante
— — **sump** n - [mech] colector m, or sumidero m, para aceite m lubricante
— — — **strainer** n - [mech] colador m para, colector m, or sumidero m, para aceite m lubricante
— — **system** n - [int.comb] red f para aceite m lubricante
— — — **diagram** n - [lubric] diagrama m de red f para aceite m lubricante
— — **tank** n - [mech] depósito m para aceite m lubricante
— — **trough** n - [mech] canal m, or ranura f, para aceite m lubricante
— — — **brace** n - [mech] soporte m, or refuerzo m, para canal m para aceite m lubricante
— — **tubing** n - [mech] tubería f para aceite m lubricante
— **pipe** n - [mech] tubo m, or tubería f, para aceite m para, lubricación f, or engrase m
— **plant** n - [mech] planta f lubricadora
— **program** n - programa m para lubricación f
— **property** n - propiedad f, or característica f, para lubricación f
— **pump** n - [pumps] bomba f, lubricante, or para lubricación f
— **quality** n - [lubric] calidad f, lubricante, or para lubricación f
— **ring** n - [mech] anillo m, lubricante, or para lubricación f
— **system** n - [mech] red f para lubricación f

lubricating system cooler n - [lubric] enfriador m para, red f, or sistema m, para lubricación
— — **detail(s)** n - [lubric] detalle(s) m para, sistema n, or red f, para lubricación f
— — **priming** n - [int.comb] cebadura f de, red f or sistema n, para lubricación f
— **thread compound** n - see **thread lubricating compound**
— **tube** m - [ind] tubo m para, lubricación f, or engrase m
— **water** n - [ind] agua m para lubricación f
— — **leak** n - [ind] fuga f de agua m para lubricación f
— — **loss** n - [ind] pérdida f de agua m para lubricación f
— **wheel** n - [mech] rueda f lubricadora
lubrication box n - [mech] caja f para, lubricación f, or engrase
— **cellar** n - [ind] fosa f, or sótano m, para lubricación f
— **chart** n - [ind] tabla f para lubricación f
— **check(ing)** n - [mech] verificación f de lubricación f
— **date** n - [mech] fecha f de lubricación f
— **form** n - [ind] impreso m, or formulario* m, para lubricación f
— **frequency** n - [ind] frecuencia f de lubricación f
— **groove(s)** n - [mech] pata(s) f de araña f; ranura(s) f, or raya(s) f, para lubricación f
— **guide** n - [mech] guía f para lubricación f
— **header** n - [mech] cabezal m para lubricación
— **hole** n - [lubric] orificio m para lubricación
— **installation** n - [mech] instalación f para lubricación f
— **instruction(s)** n - [mech] instrucción(es) f para lubricación f
— **line** n - [mech] línea f, or tubería f, para lubricación f
— **piping** n - [mech] tubería f para lubricación
— — **installation** n - [mech] instalación f de tubería f para lubricación f
— **plug** n - [mech] tapón m para (orificio m para) lubricación f
— — **installation** n - [mech] instalación f, or colocación f, de tapón m para (orificio m para) lubricación f
— **procedure** n - [mech] procedimiento m para lubricación f
— **program** n - programa m para lubricación f
—, **providing**, or **provision** n - [ind] provisión f de lubricación f
— **pump** n - [pumps] bomba f para lubricación f
— **quality** n - [ind] calidad f para lubricación
— **schedule** n - [mech] programa m para lubricación f
— **service** n—[mech] servicio m para lubricación
— **system** n - sistema m, or red f, para, lubricación f, or engrase m
— — **head** n - [mech] cabezal m para, sistema m, or red f, para, lubricación f, or engrase m
— **tube** n - [mech] tubería f para lubricación f
— **type** n - tipo m de lubricación f
lubricator n - . . .; lubricante m | a - [mech] lubricador,ra
— **block** n - [mech] bloque m, lubricador, or para lubricación f
— **filter** n - [tub] filtro m lubricador
— **fitting** n - [mech] grasera f
— **pump** n - bomba f, lubricadora, or lubricante
—**regulator filter** n - [tub] filtro m lubricador (y) regulador
luck n - . . .; fortuna f
luckily adv - . . .; venturosamente
lucky a - . . .; venturado,da; venturero,ra
— **miss** n - [fam] coincidencia f feliz
Luder line n - línea f (de) Luder
luffing n - [nav] inclinación f (variable) | a - [cranes] inclinado,da; con inclinación f (variable)
lug n - [mech] . . .; muñón m; diente m; tope m; armella f; aleta f; orejeta f • arrastre m • [electr-equip] lengüeta f; terminal m; talón m; borne m • taco m; uña f; talón m; tetón m; espárrago m; resalto m; conectador m; pieza f conectadora • [ceram] talón m • [autom-tires] taco m | v - [mech] tironear; tirar arrastrar • [autom-mech] engargantar inapropiadamente; forzar • arrastrar
lug bolt n - [autom-mech] perno m para rueda f
— **design** n - [autom-tires] conformación f, or configuración f, de taco m
— **drive** n - [mech] accionamiento m con aletas f | a - [mech] accionado,da con aleta(s) f
— — **master bushing** n - [petrol] buje m maestro accionado con aleta(s) f
— **driven** a - [mech] accionado,da, or impulsado,da, con aleta(s) f
— **end** n - [electr-cond] extremo m de lengüeta f
— @ **engine** v - [autom-mech] forzar motor m • no aprovechar potencia f de motor m; engargantar inapropiadamente motor m
— **hammering** n - [mech] martilleo m de aleta f
— **mounting** n - [electr] montaje m de talón m
— **soldering** n - [electron] soldadura f de terminal m
— **type** n - [autom-tires] tipo m de talón m | a - [autom-tires] de tipo m con talón m
luggage handling n - [travel] manejo m, or atención f, de equipaje m
lugged a - tirado,da; tironeado,da; arrastrado,da • [mech] ajustado,da • [autom-mech] engargantado,da inapropiadamente • [electr-cond] provisto,ta con lengüeta(s) f
— **cable** n - [electr-cond] conductor m con lengüeta f (terminal) • cable m arrastrado
— **engine** n - [autom-mech] motor m engargantado,da inapropiadamente
— **lead** n - [electr-cond] conductor m con lengüeta f (terminal)
lugging n - [mech] tirón(eo) m; tironeamiento m • arrastre m • [autom-mech] engargante m inapropiado
lugubrious a . . .; fúnebre
lumber sheathing form n - [constr] encofrado m de entablado m de madera f
— **tie** n - [rail] traviesa f, or durmiente m, de madera f
— **transportation** n - [lumber] transporte m de madera f
luminaire n - [electr-instal] artefacto m (para. alumbrado m, or iluminación f)
— **area** n - [electr-instal] superficie f para artefacto m
— **arm** n—[electr-instal] brazo m para artefacto
— **cross section** n - [electr-instal] corte m transversal de artefacto m
— **dead weight** n - [roads] peso m muerto de artefacto m
— **height** n - [roads] altura f para artefacto m
— **ice load** n - [roads] carga f de hielo m sobre artefacto m
— **location** n - [electr-instal] ubicación f de artefacto m (para iluminación f)
— **projected area** n - [electr-ilumin] superficie f estimada para artefacto m
— **support** n - [roads] columna f, or soporte m, para (artefacto m para), alumbrado m, or iluminación f
— **type** n - [constr] tipo m de artefacto m (para iluminación f)
— **wind load** n - [roads] carga f de viento m sobre artefacto m
luminary n - . . .; also see **luminaire**
luminous device n - dispositivo m luminoso
— **dial** n - [instrum] esfera f luminosa; cuadrante m luminoso
— **flame** n - [combust] llama f luminosa
— **flow** n - flujo m luminoso
— **flux** n - flujo m luminoso
— **sign** n - letrero m luminoso
— — **builder** n - instalador, or constructor m,

para letrero(s) m luminoso(s)
luminous sign erector n - [electr-instal] instalador m de letrero(s) m luminoso(s)
— — installer n - [electr-instal] instalador m de letrero(s) m luminoso(s)
— signal n - [electr-instal] señal f luminosa
— signalling system n - [ind] sistema m, or red f, para señalización f luminosa
— system n - sistema m luminoso
lump n - . . . . • montón m • grumo m; nódulo m; terrón m (aglomerado) • [miner] grueso(s) m • colpa f | a - total; global | v - . . .
— amount n - suma f total
— batch n - partida f en terron(es) m
— — direct reduction n - [metal-prod] reducción f directa de partida f en terrón(es) m
— — reduction n - [metal-prod] reducción f de partida(s) f en terrón(es) m
— breaker n - trituradora f
— coal n - [miner] carbón m, grueso, or en, terrón(es) m, or trozo(s) m, or de más de 4"
— eluvial ore n - [miner] mineral m eluvial en terrón(es) m
— iron n - [metal-prod] hierro m en terrón(es)
— pile n - [metal-prod] pila f de grueso(s) m
—, reducing, or reduction n - [metal-prod] reducción f de terrón(es) m
— screening(s) n - [miner] cribado m de gruesos
— sum n - suma f, total, or global • tanto m alzado
— — basis n - [fin] modalidad f, or base f, de tanto m alzado
— — contract n - [com] contrato m, global, or con precio m fijo
—(s) under . . . n - [miner] grueso(s) m, or terrón(es) m, menor(es) de . . .
lumps n - [miner] grueso(s) m; terrón(es) m
lumpy a - . . .; grumoso,sa
— start n - [weld] encendido m irregular
luncheon n - [culin] . . .; refacción f
— meat(s) n - [culin] fiambre(s) m
lunette eye n - [mech] armella f
— tank n - [ind] depósito m pulmón m
luster finish n - acabado m, lustroso, or (muy) pulido
lusty a - . . .; fornido,da; forzudo,da
lutation* n - [metal] cementación f
lutite n - [geol] see shale
luxury n - . . . | a - suntuario,ria; de lujo m
— article n - artículo m suntuario, or de lujo
— car n - automóvil m, lujoso. or de lujo m
— expense n - gasto m suntuario
— sedan n - [autom] sedán* m de lujo m
luxuriate v - [fam] regodear(se); complacer(se)
lw n - [mech] see lockwasher
lying position n - posición f, acostada, or reclinada, or yaciente
lyre shaped a - liriforme
— — bend n - [tub] curva f liriforme
— — pipe n - [tub] tubería f liriforme

M

M n - [geogr] see meridian; midday
M B A n - [educ] see Master of Business Administration
m c n - [constr] see medium cure • [ind] see machinery center • [metric] see cubic meter
M C M n - see thousand circular mills
M D L n - [metric] see maximum distance legible
M D L fuse n - [electr-equip] fusible m con reacción f lenta
M D machine tension resistance n - [paper] tensión (M. D.) de máquina f

M D R n - see maximum distance readable
M D V n - see maximum distance viewable
M E n - [educ] see Master of Education
M G n - [electr-prod] see motor-generator
M G D n - [metric] see million gallons per day
M H n - [constr] see manhole
M I G n - [metal] see metal inert gas
M P n - [pol] see Member of Parliament; Parliament Member
M S L n - [hydr] see mean sea level
M T P D n - [metric] see metric tons per day
M & S a - [autom-tires] see mud and snow
MA n - [pol] see Massachusetts
mA n - [electron] see milliamperes
macadam base course n - [roads] (capa f de) material m ara base f para macadán n
— pavement n - [constr] calzada f, or pavimento m, de macadán m
—surfaced county road n - [roads] camino m rural con macadán m
— — road n -]roads] camino m con macadán m
macadamized a - [roads] macadanizado,da
— highway n - [roads] carretera f con macadán m
— road n - [roads] camino m, macadanizado, or con macadán m
machinability n - [metal] labrabilidad f; fresabilidad f; facilidad f para fresado m • avoid maquinabilidad* f; trabajabilidad* f
machinable a - [metal] labrable; fresable
— cast iron n - [metal-prod] hierro m fundido labrable
— — arc welding n - [weld] soldadura f por arco m de hierro m fundido labrable
— — electrode n - [weld] electrodo m para hierro m fundido labrable
— deposit n - [weld] aportación f labrable
— surface n - [mech] superficie f labrable
— weld n - [weld] soldadura f, labrable, or fresable
machinated a - maquinado,da
machine n - . . .; equipo m • motor m; unidad f de equipo m • [weld] modelo m de soldadora f | v - labrar, or fresar, or trabajar, con máquina f; tornear; mecanizar
— accessory n - [mech] accesorio m para, máquina f, or equipo m
— adjusting n - [mech] ajuste m de máquina f | a - [mech] ajustador,ra para máquina f
— adjustment n - [mech] ajuste m, de, or para, máquina f
— after welding v - [mech] labrar(se) luego de, soldado,da, or de soldadura f
— air intake end n - [weld] extremo m de soldadora f con, toma f, or admisión f, para aire
— approach table n - [mech] mesa f para entrada f de máquina f
— assembly n - [mech] conjunto m de máquina f
— @ axle v - [mech] labrar, or mecanizar, eje m
— base n - [mech] base f para máquina f
— base rail n - [weld] viga f para base f para soldadora f
— @ bevel v - [mech] labrar, or mecanizar, chaflán m
— @ blade v - [mech-fans] labrar, or mecanizar. paleta f
— block n - [wiredrwng] tambor m giratorio para estiradora f
— bolt n - perno m, común, or mecánico, or para máquina(s) f, or para metal(es) • tornillo m para máquina(s) f
— breakdown n - [ind] falla f de, or avería f en, máquina f, or equipo m
— building n - [mech] construcción f de máquina f • [weld] construcción f de soldadora f • [constr] casa f para máquina(s) f
— burner end n - [combust] extremo m de máquina f con quemador m
—('s) capability n - [mech] posibilidad(es) f de máquina f
— catcher n - [mech] colector n para máquina f
— category n - [mech] cargoría f de máquina f

machine chain

machine chain n - [mech] cadena f para máquinas
— **cleaning** n - [mech] limpieza f de, máquina f, or equipo m
— **code number** n - [ind] número m de código m para máquina f • [weld] número m de código m para soldadora f
— **component** n - [mech] (pieza f) componente, or elemento m, para máquina f
— **consolidating** n - [constr-concr] consolidación f mecánica
— **contactor** m - [weld] contactador para soldadora f
— **control** n - [mech] regulador m para máquina f
— **controlled** a - regulado,da mecánicamente
— — **variable** n - [mech] variable f regulada mecánicamente
— **cover** n - [mech] cubierta f para máquina f • [weld] cubierta f para soldadora f • [int. comb] cubierta f, or tapa f, para motor m
— — **inside** n - [mech] lado m interior de cubierta f para máquina f • [weld] lado m interior de cubierta f para soldadora f
— — **outside** n - [mech] lado m exterior de cubierta f para máquina f • [weld] lado m exterior de cubierta f para soldadora f
— **cut** a - [mech] torneado,da
— **cutting** n - [mech] torneado* m, or corte m con torno m
— **cycle** n - [mech] ciclo m para máquina f
— **delivery table** n - [mech] mesa f para salida f para máquina f
— **design** m - [mech] diseño m para máquina f • [weld] diseño m para soldadora f
— **discount** n - [ind] descuento m sobre, máquina f, or equipo m
— **dressed bit** n - [petrol] barreno,na m/f afilado,da con máquina f
— **drive** n - [mech] accionamiento m para máquina f
— **driving** n - impulsión f de máquina f
— @ **edge** v - [mech] mecanizar borde m
— **end** n - [mech] extremo m de máquina f • [weld] extremo m de soldadora f
— **energizing** n - [weld] provisión f de energía f para, soldadora f, or máquina f
— **equipment** n - [mech] equipo m para máquina f
— (s) **family** n - [ind] serie f de máquina(s) f
— **feed(ing) roll** n - [mech] rodillo m, alimentador, or para alimentación f, para máquina f
— **first helper** n - [ind] (ayudante) primero m para máquina f
— @ **flat** v - [mech] mecanizar f superficie f, plana, or aplanada
— **frame** n - [mech] bastidor m, or armazón m, para máquina f • [weld] bastidor m para soldadora f
— — **grounding** n - [mech] conexión f con, or puesta f a, tierra f de máquina f • [weld] conexión f con, or puesta f a, tierra, de soldadora f
— **front** n - [mech] frente f de máquina f • entrada f a máquina f • panel m fontal para máquina f • [weld] frente m de soldadora f • panel m frontal para máquina f
— — **panel** n - [mech] panel m frontal para máquina f
— **generator** n - [int.comb] generador m para motor m
— @ **gland** v - [metal-prod] rebajar prensaestopa(s) m
— **grate** n - [mech] parrilla f para máquina f
— **greasing** n - [mech] engrase m de máquina f
— @ **groove** v - [mech] mecanizar ranura f
— **grounding** n - [weld] conexión f con, or puesta f a, tierra f de soldadora f
— — **stud** n - [weld] borne m para conexión f con tierra f) para máquina f
— **guarding** n - [ind] colocación f de protección f alrededor de máquina f
— **height** n - [mech] altura f de máquina f • [weld] altura f de soldadora f
— **helper** n - [ind] ayudante m para máquina f

— 1020 —

machine hopper n - [mech] tolva f para máquina f
— **hour** n - [ind] hora f (de) máquina f
— **in operation** n - máquina f en operación f
— **incorporation** n [ind] incorporación f de máquina(s) f
— — **schedule** n - [ind] programa m para incorporación f de máquina(s) f
— **inside** n - [mech] interior m de máquina f
— **inspection** n - [ind] inspección f de máquina f
— **jogging** n - [mech] movimiento m, or empuje m, (intermitente) de máquina f
— @ **journal** v - [ind] mecanizar muñón m
— **left side** n - [mech] costado m izquierdo m de máquina f • [weld] costado m izquierdo de soldadora f
— **life** n - [mech] vida f (útil), or duración f, de máquina f
— **link** n - [mech] eslabón m para máquina f
— **loading** n - [mech] carga f de máquina f
— **lubricant reservoir** n - [mech] depósito m para lubricante m para máquina f
— **made weld** n - [weld] soldadura f, automática, or hecha automáticamente
— **magnetic circuit** n - [electr] circuito m magnético para máquina f
—, **maintaining**, or **maintenance** n - [ind] mantenimiento m para máquina f
— **model** n - [ind] modelo m de máquina f
— — **code number** n - [ind] número m de código m para modelo m de máquina f
— — **serial number** n - [ind] número m de serie f para modelo m de máquina f
— **motor** n - [ind] motor m para máquina f
— **nameplate** n - [mech] placa f para identificación f para máquina f
— @ **non-ferrous metal** v - [mech] mecanizar metal no ferroso m
— **number** n - [ind] número m de máquina f
— **operating** n - [ind] operación f de máquina f • máquina f en, marcha f, or operación f • [autom] operación f, or conducción f, or manejo m, de automóvil m
— **operating part** n - [mech] pieza f con movimiento m para máquina f
— — **precaution** n - [safety] precaución f para, operación f, or manejo m de máquina f
— — **safety precaution** n - [weld] precaución f para seguridad f en operación f de máquina f
— — **standard** n - [ind] norma f para operación f de máquina f
— **operation** n - [mech] see **machine operating**
— **operator** n - [mech] operador m para máquina f
— **outside** n - [mech] exterior m de máquina f
— **package, defining,** or **definition** n - [ind] definición f de conjunto m de máquina f
— **panel** n - [electr] tablero m para máquina f
— **part** n - [mech] parte f de máquina f • pieza f para máquina f
— (s) **set** n - [mech] juego m de pieza(s) f para máquina f
— **performance** n - [ind] rendimiento m, or desempeño m, de máquina f
— @ **pocket** v - [mech] mecanizar depresión f
— **position** n posición f (correspondiente) para máquina f • [weld] posición f en (misma) soldadora para regulación f
— **price** n - [mech] precio m para máquina f
— **ratchet assembly** n - [mech] conjunto m de carraca f para máquina f
— **rating** n - [mech] potencia f (nominal) de máquina f
— **reamer** n - [mech] escariador m mecánico
— **rear** n - [mech] dorso m, or respaldo m, de máquina f
— **reservoir** n - [mech] depósito m (para reserva f) para máquina f
— **retooling** n - [ind] preparación f de máquina
— **revaluation** n [ind] revaluación f de máquina
— **right side** n - [mech] costado m derecho de máquina f
— **ring** n - [mech] anillo m para máquina f

machine rotation n - [mech] rotación f, or giro m, de máquina f
— **run-in table** n - [mech] mesa f para entrada f para máquina f
— **——out table** n - [mech] mesa f para salida f para máquina f
— **running** n - [mech] operación f de máquina f
— **screw** n - [mech] tornillo m para metal m • tornillo m con cabeza f
— **sealed** a - [mech] sellado,da mecánicamente
— **second helper** n - [ind] (ayudante) segundo m para máquina f
— **serial number** n - [ind] número m de serie f para máquina f
— **setting** n - [mech] regulación f para máquina f • [int.comb] regulación f para motor m
— **@ shaft** v - [mech] mecanizar, árbol m, or eje m
— **shop** n - [ind] taller m, mecánico, or con máquina(s) f; taller m para mecanización f
— **—— building** n - [ind] edificio m para taller m mecánico
— **—— equipment** n - [mech] equipo m para taller m mecánico
— **side** n - [mech] costado m de máquina f
— **size** n - [mech] tamaño m de máquina f • potencia f de máquina f
— **—— in amperes** n - [weld] capacidad f, or potencia f, de soldadora f en amperio(s) m
— **spare (part)** n - [mech] (pieza f para) repuesto m para máquina f
— **stability** n - estabilidad f de máquina f
— **stacking** n - [weld] apilamiento m de soldadora(s) f
— **steel** n - [metal-prod] acero m para máquinas
— **—— trowel** n - [tools] paleta f mecánica de acero m • cuchara f de acero m para herramienta(s) f
— **stopped** n - máquina f, parada, or detenida
— **straighten** v - [mech] enderezar mecánicamente
— **straightened** a - enderezado,da mecánicamente
— **—— carbon steel grinding rod** n - [grind.med] barra f para molineda f de acero m con carbono m enderezada mecánicamente
— **—— grinding rod** n - [grind.med] barra f para molineda f enderezada mecánicamente
— **—— high carbon steel grinding rod** n - [grind.med] barra f de acero m con carbono m alto para molienda f enderezada mecánicamente
— **straigtening** n - enderezamiento m mecánico
— **table** n - [mech] mesa f para máquina f
— **tap** n - [mech] macho m, mecánico, or girado mecánicamente
— **telegraphy** n - [communic] telégrafo m automático
— **tension resistance** n - [paper] resistencia f a tensión f
— **third helper** n - [ind] (ayudante) tercero m para máquina f
— **time** n - [ind] tiempo m de máquina f
— **—— hour** n - [ind] hora f de tiempo-máquina m
— **tiring** n - [mech] cansancio m de máquina f
— **tool** n - [mech] máquina f herramienta
— **tooling** n - [ind] preparación f de máquina f
— **tools shop** n - [ind] taller m para máquina(s) f herramienta(s)
— **top** n [mech] tapa f, or parte f superior de máquina f
— **towing** n - [ind] remolque m de máquina f
— **track** n - [ind] vía f para máquina f
— **turning** n - [mech] torneado m mecánico • viruta f de torneado
— **type** n - [mech] tipo m de máquina f
— **vibration** n - [mech] vibración f de máquina f
— **vise** n - [mech] prensa f, or tornillo m, para banco m
— **voltage** n - [mech] voltaje m para máquina f
— **weld(ing)** n - [weld] soldadura f automática
— **wheel** n - [mech] rueda f para máquina f
— **wiring instruction(s)** n - [mech] instrucción(es) f para conexión(es) f para máquina f
— **with condenser(s)** n - máquina f con condensador(es) m

machine work n - [ind] trabajo m mecánico; mecanización f • trabajo m con máquina(s) f
machined a - [mech] mecanizado,da; labrado,da; trabajado,da; preparado,da
— **after welding** a - [mech] labrado,da luego de soldado,da
— **axle** n - [mech] árbol m, or eje m, mecanizado
— **blade** n - [fans] paleta f, labrada, or mecanizada
— **edge** n - [mech] borde m, labrado, or mecanizado
— **flat** n - [mech] superficie f f (a)plana(da) mecanizada
— **groove** n - [mech] ranura f, or estría f, mecanizada
— **journal** n - [mech] muñón m mecanizado
— **non-ferrous metal** n - [mech] metal m no ferroso mecanizado
— **pad** n - [mech] base f preparada
— **parallel edge** n - [mech] borde m paralelo mecanizado
— **pedestal** n - [mech] pedestal m, mecanizado, or fresado
— **—— adapter** n - [mech] adaptador m, mecanizado, or fresado, para pedestal
— **pocket** n - [mech] depresión f mecanizada
— **pulley** n - [mech] polea f mecanizada
— **rod** n - [mech] vástago m mecanizado
— **shaft** n - [mech] árbol m, or eje m, mecanizado
— **steel bearing housing** n - [mech] caja f de acero m mecanizada para cojinete m
— **surface** n - [mech] superficie f, mecanizada, or labrada, or fresada
machinery access n - [mech] acceso m a maquinaria f
— **acquisition** n - [ind] adquisición f de maquinaria(s) f
— **and equipment division** n - división f para equipo(s) m y maquinaria f
— **builder** n - fabricante m de maquinaria f
— **center** n - [petrol] almacén m para repuestos
— **chain** n - [chains] cadena f para maquinaria f
— **compartment** n - [mech] compartim(i)ento m para, máquina(s) f, or maquinaria f
— **division** n - división f para maquinaria(s) f
— **, equipment and installation(s)** n - maquinaria f, equipo(s) m, e instalación(es) f
— **fabrication** n - [weld] fabricación f de maquinaria f
— **generation** n - generación f de maquinaria f
— **handbook** n - [ind] manual m para maquinaria f
— **importation** n - [ind] importación f de maquinaria(s) f
— **installation** n - instalación f de maquinaria
— **line** n - [mech] renglón m de maquinaria(s) f
— **loss** n - [insur] pérdida f de maquinaria f
— **maintenance** n - [ind] mantenimiento m, or conservación f, para maquinaria(s) f
— **operating** n - [ind] operación f de maquinaria
— **operation** n - [ind] operación f de maquinaria
— **parcel** n - [ind] paquete m con maquinaria f
— **part** n - [ind] pieza f para maquinaria f
— **—— fabrication** n - [mech] fabricación f, or elaboración f, de pieza(s) f para maquinaria
— **partial loss** n - [insur] pérdida f parcial de maquinaria f
— **piece** n - pieza f de maquinaria f
— **protection** n - protección f para maquinaria f
— **purchase** n - [ind] compra f de maquinaria f
— **replacement part** n - [mech] pieza f para repuesto para maquinaria f
— **revaluation** n - [ind] revaluación f de maquinaria f
— **supplier** n - [ind] proveedor m de maquinaria
— **table** n - [ind] base f para maquinaria f
— **type** n - [mech] tipo m de maquinaria f
machining n - [mech] mecanización f; labrado m con máquina f; torneado m; fresado m
— **advantage** n - [mech] ventaja f para, mecanización f, or labrado m

machining chip forming n - [mech] virutamiento m en, mecanización f, or labrado
— **cost** n - [mech] costo m para labrado m
— **critical parameter** n - [mech] parámetro m crítico para mecanización f
— **dimension** n - [mech] dimensión f, or medidas(s) f, para mecanización f
— **direction** n - [mech] sentido m de mecanización
— **equipment** n - equipo m para mecanización f
— **finishing** n - [mech] acabado m, or terminación f, de mecanización f
— **operation** n - [metal-fabr] operación f para torneado m
— **parameter** n - parámetro m para mecanización f
— **speed** n - [mech] rapidez f, or velocidad f, para, mecanización f, or labrado, or fresado
— **time** n - [mech] tiempo m para, mecanización f, or labrado m
machinist's file n - [tools] lima f para, mecánico m, or banco m
— **hammer** n - [tools] martillo m para mecánico m
— **vise** n - [mech] prensa f para banco m
macle n - . . .; macla f
macroeconomic forecast n - [com] proyección f macroeconómica
macroetch v - [metal] macrograbar*
macroetched a - [metal] macrograbado,da*
macroetching n - [metal] macrograbado* m; ataque m masivo con ácido(s) m
macrograph n - . . .; macrografía f
macrographic a - macrográfico,ca
— **examination** n - [metal] ensayo m, or examen m, macrográfico
— **photograph** n - [photogr] fotografía f macrográfica; macrofotografía f
— **test** n - [metal] ensayo m, or examen m, macrográfico
macroscopic deep etch test(ing) n - [metal-treat] ensayo m macroscópico con grabación f profunda
— **defect** n - [weld] defecto m macroscópico
— **flaw** n - [weld] defecto m macroscópico
— **test** n - [metal-treat] ensayo m macroscópico | v - [metal-treat] ensayar macroscópicamente
— **testing** n - [metal-treat] ensayo m macroscópico
macrospecimen n - macromuestra* f
macrostructure n - macroestructura f
mad dash n - [sports] arremetida f (furiosa)
made a - . . .; confeccionado,da; construido,da; efectuado,da; practicado,da; realizado,da • valido,da • constituido,da
— **accessible** a - tornado,da accesible
— **adjustment** n - ajuste m, hecho, or efectuado • [insur] ajuste m practicado
— **award** n - adjudicación f hecha; fallo m emitido
— **bolt** n - [mech] tuerca f fabricada
— **certain** a - cerciorado,da; asegurado,da
— **check** n - [ind] comprobación f, or verificación f, efectuada
— **clear** a - hecho,cha evidente
— **connection** n - [mech] conexión f, ejecutada, or efectuada, or hecha
— **contact** n - contacto m, hecho, or efectuado
— **correction** n - corrección f hecha
— **correctly** a - hecho,cha en forma f correcta
— **crane** n - [cranes] grúa f fabricada
— **decision** n - decisión f, hecha, or tomada
— **delivery** n - entrega f, hecha, or realizada, or efectuada
— **diamond** n - [chem] diamante m fabricado
— **die** n - [mech] matriz f, hecha, or fabricada
— **down shift** n - [autom] reducción f de velocidad f efectuada
— **drilling** n - perforación f efectuada
— **electrically hot** a - [electr] activado,da eléctricamente
— **equal** a - igualado,da
— **error** n - error m cometido
— **estimation** n - estimación f efectuada

made estimate n - estimación f efectuada
— **evident** a - patentizado,da
— **famous** a - inmortalizado,da
— **good** a - indemnizado,da
— **good showing** n - [sports] desempeño m bueno efectuado
— **hole** n - [mech] orificio m, or agujero m, hecho, or practicado, or efectuado
— **hot** n - [electr-oper] activado,da
— **improvement** n - mejora f, hecha, or efectuada
— **in pairs** a - [mech] hecho,cha en juego(s) (de dos)
— — **sets of two** a - [mech] hecho,cha en juego(s) m de dos
— **inspection** n - inspección f hecha
— **into coke** a - [combust] coquizado,da
— **investigation** n - investigación f hecha
— **investment** n - [fin] inversión f hecha
— **joint** n - [mech] empalme m ejecutado
— **known** a - hecho,cha saber; dado,da a conocer
— **lift** n - [cranes] elevación f efectuada
— **mistake** n - error m cometido; falta f cometida
— **modification** n - modificación f hecha
— **multiple pass weld(s)** n - [weld] soldadura(s) f con pasadas(s) f múltiples efectuada(s)
— **necessary** a - hecho,cha necesario,ria
— **notch** n - [mech] entalladura f hecha
— **of** a - fabricado,da con
— **operative** a - [mech] puesto,ta en funcionamiento
— **order** n - pedido, efectuado, or colocado
— **payment** n - pago m, efectuado, or realizado
— **possible** a - posibilitado,da
— **practical** a - tornado,da práctico,ca
— **profit** n - utilidad f, producida, or creada
— **properly** a - hecho,cha, or ejecutado,da, apropiadamente, or debidamente
— **repair** n - reparación f efectuada
— **riprap** n - [constr] empedrado m hecho
— **shift** n - [autom] cambio m de velocidad f efectuado
— **shipment** n - [transp] envío m efectuado
— **short turn** n - [autom] viraje m cerrado efectuado
— **single pass weld** n - [weld] soldadura f, efectuada, or ejecutada, con pasada f única
— **specific** a - concretado,da
— **stable** a - estabilizado,da; hecho,cha estable
— **substitution** n - substitución f, hecha, or efectuada
— **sure** a - asegurado,da; cerciorado,da
— **to length** a - fabricado,da para largo(r) m
— — **measure** a - hecho,cha a medida f
— — **order** a - [mech] hecho,cha, or fabricado,da, or confeccionado,da, contra pedido m
— **transition** n - transición f, hecha, or efectuada
— **turn** n - [autom] viraje m efectuado
— **unique** a - caracterizado,da; diferenciado,da
— **up** a - recuperado,da; recobrado,da • compensado,da • compuesto,ta • consistido,da; constituido,da • [mech] armado,da; ensamblado,da; preparado,da
— — **cover** n - [mech] tapa f, preparada, or armada
— — **delay** n - [ind] demora f recuperada
— — **of** a - consistente de
— — **shift** n - [labor] turno m recuperado • [autom] aumento m de velocidad f efectuado
— — **supply** n - suministro m compuesto
— **wide turn** n - [autom] viraje m amplio efectuado
madly adv - . . .; frenéticamente
mag a - see **magnetic**
mag-amp n - [electr] see **magnetic amplifier**
magazine n - [ind] almacén m; depósito m • [print] revista f; periódico m
magic number n - número m mágico
magically adv - . . .; como por encanto
magmatism n - [geol] magmatismo m
Magna-Die die n - [mech] matriz Magna-Die

Magna Die die assembly n - [mech] conjunto m de matriz Magna Die
— — **punch** n - [mech] punzón m Magna Die
— — — **assembly** n - [mech] conjunto m de punzón m Magna Die
— — **simplicity** n - sencillez f de sistema m Magna Die
— — **system** m - sistema Magna-Die
— — — **simplicity** n - [mech] sencillez f de sistema Magna Die
Magnaflux inspection n - [metal-treat] inspección f magnética
— **non destructive test** n - [electron] ensayo m magnético no destructivo
— **test** n - [electron] ensayo m magnético
— **testing** n - [metal] ensayo m, Magnaflux, or magnético; inspección f magnética
Magne-Gage n - see **magnetic permeability meter**
magnesic a - [metal] magnésico,ca
— **chloride** n - [chem] cloruro m magnésico
— — **crystal** n - [chem] cristal m de cloruro m magnésico
— — — **damp crystal** n - [chem] cristal m húmedo de cloruro m magnésico
— — — **dry crystal** n - [chem] cristal m seco de cloruro m magnésico
— **sulfate** n - [chem] sulfato m manganésico
magnesite brick n - [refract] ladrillo m (refractario) de magnesita f
—-**chromium brick** n - [refract] ladrillo m de cromo-magnesita m
— — — **Fairless type arch basic open hearth furnace** n - [metal-prod] horno m Siemens-Martin básico con bóveda tipo Fairless con ladrillo(s) de cromo-magnesita m
— **firebrick** n - [ceram] ladrillo m refractario con magnesita f
magnesium n - [chem] . . . | a - magnésico,ca
— **alloy** n - [metal] aleación f con magnesio n
— **anode** n - [electr] ánodo m de magnesio m
— **chlorate** n - [chem] clorato m de magnesio m
— **housing** n - [mech-bear] caja f de magnesio m
— **nitrate** n - [chem] nitrato m de magnesio m
— **oxide** n - [chem] óxido m de magnesio m
— **perchlorate** n - [chem] perclorato m de magnesio m
— **powder** n - [chem] polvo m de magnesio m
— **sulfate** n - [chem] sulfato m de magnesio m
— **weld(ing)** n - [weld] soldadura f con magnesio
— **zinc coated plate** n - [metal-treat] plancha f con magnesio m galvanizada
— **Zinc-Grip** n - [metal-treat] plancha f con magnesio m, Zinc-Grip, or galvanizada
— — **plate** n - [metal-treat] plancha f con magnesio m galvanizada
magnet n - . . . • [cranes] electroimán m
— **battery** n - batería f de imán(es) m
— **bell** n - [cranes] campana f, magnética, or imantada
— **chain** n - [cranes] cadena f para imán m
— **coil** n - [electr] bobina f para electroimán m
— **core** n - núcleo m para electroimán m
— **crane** n - [cranes] grúa f con (electro)imán m
— **equipment** n - [cranes] equipo m para electroimán m
— **equipped** a - provisto,ta con (electro)imán m
— — **crane** n - [cranes] grúa f, provista, or electroimán m
— — **piston** n - [mech] émbolo m provisto con (electro)imán m
— **generator** n - [cranes] generador m para (electro)imán m
— — **control(ler)** n - [cranes] regulador m para generador m para (electro)imán m
— — **master switch** n [cranes] conmutador m, maestro, or principal, para generador m para (electro)imán m
— **magnetic property** n - [magnet] propiedad f magnética f de (electro)imán m
— **measurement** n - medida(s) f de (electro)imán m
— **property,ties** n - propiedad(es) de imán m

magnet rectifier n - [cranes] rectificador m para (electro)imán m
— **reel** n - [cranes] tambor m para (electro)imán
— — **and tagline winder combination** n - [cranes] combinación f de tambor m para imán m y carrete m para cable m (de cola f)
— **roll** n - [weld] rodillo m, imantado, or para (electro)imán m
— **size** n - tamaño m, or medida(s) f, de imán m
— **specimen** n - [electr] probeta f de imán m
— — **cross sectional area** n - [electr] área m transversal de probeta f de imán m
— **steel** n - [metal-prod] acero m (extradulce) para (electro)imán(es) m
magnetic a - . . . ; imanado,da; imantado,da
—, **activating, or activation** n - activación f magnética
— **aging** n - [metal] envejecimiento m magnético
— **amplification** n - [electr] amplificación f magnética
— — **circuit** n - [electr] circuito m para amplificación f magnética
— **amplifier** n - [electr] amplificador m magnético
— — **assembly** n - [electron] conjunto m de amplificador m magnético
— — **box** n - [electr] caja f para amplificador m magnético
— — **circuit** n - [electr] circuito m para, amplificación f magnética, or amplificador m magnético
— — **coil** n - [electr] bobina f, or devanado m, para, amplificación f magnética, or amplificador m magnético
— — — **and core assembly** n - [weld] conjunto m de núcleo m y bobina f para amplificador m magnético
— — — **assembly** n - [electr] conjunto m de devanado para, amplificador m magnético, or amplificación f magnética
— — **control circuit** n - [electr] circuito m para regulación para amplificador m magnético
— — **core** n - [electr-mot] núcleo m para amplificador m magnético
— — **core assembly** n - conjunto m de núcleo m para, amplificación f magnética, or amplificador m magnético
— — **lead** n - [weld] conductor m a amplificador m magnético
— — **load** n - [electr] carga f para amplificador m magnético
— — — **coil** n - [electr-instal] bobina f para carga f para amplificador m magnético
— — **motor control** n - [electr] regulación f para motor m para amplificación f magnética
— — — — **circuit** n - [electr-instal] circuito m para regulación f para motor m para amplificación f magnética
— — **mounting** n - [electr-instal] montaje m para amplificador m magnético
— — — **self tapping screw** n - [mech] tornillo m autorroscante para montaje m para amplificador m magnético
— — **panel** n - [electr-instal] tablero m para, amplificación f magnética, or amplificador m magnético
— — **platform** n - [weld] plataforma f para amplificador m magnético
— — **rectifier** n - [electr-instal] rectificador m para amplificación f magnética
— — **starter** n - [electr] arrancador m para amplificador m magnético
— — **supply** n - [electr] provisión f a amplificador m magnético
— — **terminal strip** n - [electr-instal] panel m para borne(s) m terminal(es) para amplificador m magnético
— **amplifying coil** n - [electr-instal] devanado m para amplificación f magnética
— **anomaly** n - [geol] anomalía f magnética
— **assembly** n - conjunto m magnético

magnetic attraction n - [magnet] atracción f magnética
— — **break(ing)** n - [magnet] anulación f de atracción f magnética
— **axis** n - eje m magnético
— **battery** n - batería f de imán(es) m
— **blow** n - [weld] soplo m magnético
— **blowout** n - [weld] extinción f magnética para arco m
— **brake** n - [electr] freno m magnético
— **breaker** n - [electr] interruptor m magnético
— **bridge crane** n - [cranes] grúa f puente magnética
—, **carrier**, or **carrying, piston** n - [mech] émbolo m portador para imán m
— **character** n - [electr] carácter m magnético
— **characteristic** n - característica f, magnética, or de imán m
— —(s) **change** n - [electr] cambio m en característica(s) f magnética(s)
— — **recovery** n - recuperación f de característica f magnética
— **chuck** n - [mech-lathes] plato m, or mandril m, magnético
— **circuit** n - [electr] circuito m magnético
— — **(air) gap** n - [electr] entrehierro m en circuito m magnético
— — **element** n - [electr] elemento m, para, or en, circuito m magnético
— — **hard material** n - [electr] material m duro para circuito m magnético
— — **magnetic material** n - [electr] material m magnético para circuito m magnético
— — **magnetically hard material** n - [electr] material m magnéticamente duro para circuito m magnético
— — — — — — **recoil** n - [electr] reversión f de material(es) magnéticamente duro(s) para circuito m magnético
— — — — — — — — **line** n - [electr] línea f para reversión f para material(es) m magnéticamente duro(s) para circuito m magnético
— — **material** n - [electr] material m para circuito m magnético
— **clutch** n - [mech] emgrague m magnético
— **coil** n - [electr-mot] inducido m magnético
— **concentration** n - [miner] concentración f magnética
— — **process** n - [miner] proceso m para concentración f magnética
— **condition** n - condición f magnética
— **conductivity** n - [electr] conductividad f, or conductibilidad f, magnética
— **contact** n - [electr] contacto m magnético
— **contactor** n - [electr] contactador m magnético
— **control** n - [electr] regulación f magnética
— — **equipment** n - [electr] equipo m para regulación f magnética
— **core** n - núcleo m magnético
— **crane** n - [cranes] grúa f magnética
— **die** n - [mech] matriz f magnética
— **dirt** n - [weld] partícula(s) f magnética(s)
— **discontinuity** n - [electr] descontinuidad f magnética
— **drain** n - purgador m magnético
— — **plug** n - [mech] tapón m, magnético m para purga(dor), or para purgador m magnético
— **equipment** n - [cranes] equipo m, magnético, or para (electro)imán m
— — **control** n - [electr] regulación f para equipo m magnético
— **explorer** n - [electr] detector m magnético
— **field** n - campo m, magnético, or de magnetismo
— — **current** n - [electr] corriente f en campo m magnético
— — **discharge** n - [electr] descarga f de campo m magnético
— — **discontinuity** n - [electr] descontinuidad f en campo m magnético
— — **induction** n - [electr] inducción f para campo m magnético

magnetic field intensity n - [electr] intensidad f de campo m magnético
— — — **measurement** n - [electr] medida f de intensidad f de campo m magnético
— — — **measuring** n - [electr] medición f de intensidad f de campo m magnético
— — — **unit** n - [electr] unidad f (para medición f) de intensidad f de campo m magnético
— — **measurement** n - [electr] medida f de campo m magnético
— — **measuring** n - [electr] medición f de campo m magnético
— — **rheostat** n - [electr] reóstato m para campo m magnético
— — **value** n - [electr] valor m de campo m magnético
— **figure** n - [electr] espectro m magnético
— **fill(ing) plug** n - [mech] tapón m magnético para henchimiento m
— **filler** n - [mech] llenador m magnético
— — **plug** n - [mech] tapón m para llenador m magnético
— **filter screen** n - [mech] rejilla f filtro magnético
— **flow density** n - [electr] densidad f de flujo m magnético
— — **measurement** n - [electr] medida f de flujo m magnético
— — **measuring** n - [electr] medición f de flujo m magnético
— — **variation** n - [electr] variación f en flujo m magnético
— — — **measurement** n - [electr] medida f de variación f en flujo m magnético
— — — **measuring** n - [electr] medición f de variación f en flujo m magnético
— **flux** n - [electr] flujo m magnético • [weld] fundente m magnético
— — **density measurement** n - [electr] medida f de inducción f (de flujo m) magnético
— — **force** n - [electr] fuerza f magnética • empuje m magnético
— — **line** n - [electr] línea f para fuerza f magnética
— **hysteresis** n—[electr] histéresis f magnética
— **indication** n - [electr] indicación f magnética; indicio m magnético
— **induction** n - [electr] inducción f magnética
— **ingot iron** n - [metal-prod] hierro m puro (Ingot Iron) magnético
— **inspection** n - [weld] inspección f magnética
— **instrument** n - instrumento m magnético
— **intensity** n - intensidad f magnética
— — **unit** n - [electr] unidad f para intensidad f magnética
— **handling plate** n - [mech] plato m magnético para manipuleo m
— **induction change** n - [electr] modificación f, or cambio m, en inducción f magnética
— — **measurement** n - [electr] medida f de inducción f magnética
— — **measuring** n - [electr] medición f de inducción f magnética
— — **total** n - [electr] total m, or totalidad f, de inducción f magnética
— — — **error** n - [electr] error m total en inducción f magnética
— — **uniformity** n - [electr] uniformidad f en inducción f magnética
— — — **measurement** n - [electr] medida f de uniformidad f en inducción f magnética
— — — **measuring** n - [electr] medición f de uniformidad f en inducción f magnética
— — **variation** n - [electr] variación f en inducción f magnética
— **intensity** n - [electr] intensidad f magnética
— — **measurement** n - [electr] medida f de intensidad f magnética
— — **measuring** n - [electr] medición f de intensidad f magnética
— **iron** n - [miner] hierro m magnético

magnetic iron bar n - [metal-roll] barra f de hierro m magnético
— — **material** n - material m de hierro m magnético
— — **ore** n - [miner] magnetita f
— — **plate** n - [metal-prod] placa f, or plancha f, de hierro m magnético
— — **oxide** n - [chem] óxido m, magnético, or ferroso-férrico
— — **rod** n - [metal-roll] varilla f de hierro m magnético
— — **sheet** n - [metal-roll] lámina f, or chapa f, de hierro m magnético
— — **strap** n - [metal-treat] tira f de hierro m magnético
— — **strip** n - [metal-roll] fleje m, or banda f, or cinta f, or chapa f, de hierro m magnético
— **latching** n - sujeción f magnética
— — **relay** n - [comput] relé m con pestillo m magnético
— **line** n - [electr] línea f magnética
— — **contactor** n - [weld] contactador m magnético para línea f
— — **starter** n - [electr] arrancador m magnético para línea
— **loss** n - [electr] pérdida f magnética
— **loud speaker** n - [electron] altavoz m, or altoparlante m, magnético
— **material** n - material m magnético
— —(s) **discontinuity,ties** n - [metal] discontinuidad(es) f en material(es) m magnético(s)
— **mean(s)** n - [miner] medio(s) m magnético(s)
— **measurement** n - [electr] medida f magnética
— **measuring** n - [electr] medición f magnética
— **microstructure** n - [metal] microestructura f magnética
— **moment** n - [electr] momento m magnético
— **ore** n - [miner] mena f magnética; mineral m magnético
— — **deposit** n - [miner] yacimiento m de, mineral m magnético, or mena f magnética
— **overload** n - [electr] sobrecarga f magnética
— — **relay** n - [electr] relé m, para sobrecarga f magnética, or magnético para sobrecarga f
— **oxide** n - [miner] óxido m magnético
— **particle** n - partícula f magnética
— — **inspection** n - [metal] inspección f, or examen m, con, or por medio de, partícula(s) f magnética(s)
— — — **equipment** n - [electron] equipo m para inspección f, con, or por medio de, partícula(s) magnética(s)
— — — **method** n - [metal] método m para, inspección f, or examen m, con, or por medio de, partícula(s) f magnética(s)
— — — **unit** n - [electron] equipo m para inspección f, con, or por medio de, partícula(s) f magnética(s)
— — **nondestructive test** n - [electron] ensayo m no destructivo con partículas f magnéticas
— —(s) **process** n - [ind] proceso m con partícula(s) f magnética(s)
— —(s) **technique** n - [metal] técnica f, con, or por medio de, partícula(s) f magnética(s)
— — **test** n - ensayo m, con, or por medio, de partícula(s) f magnética(s)
— — **tested** a - [metal] ensayado,da, con, or por medio de, partícula(s) f magnética(s)
— — **testing** n - ensayo m, con, or por medio de, partícula(s) f magnética(s)
— — — **method** n - [metal] método m para ensayo m, con, or por medio de, partícula(s) f magnética(s)
— — — **principle** n - [weld] principio m para ensayo m, con, or por medio de, partícula(s) f magnética(s)
— **perforating die** n - [mech] matriz f perforadora magnética
— **performance** n - [electr] desempeño m magnético
— **permeability** n - permeabilidad t magnética

magnetic permeability, gage, or **meter** n - [instrum] medidor m para permeabilidad f magnética
— **plate** n - [cranes] plato m magnético
— — **coiler** n - [cranes] enrollador m para plancha f magnética
— — **diameter** n - [cranes] diámetro m de plato m magnético
— — **rectifier** n - [cranes] rectificador m para plato m magnético
— — **reel** n - [cranes] carrete m para plancha f magnética
— **plug** n - [mech] tapón m magnético
— **polarization** n - [electr] polarización f magnética
— **pole** n - [electr] polo m magnético
— **post** n - [mech] poste m magnético
— — **plug** n - [mech] tapón m para poste m magnético
— **potentiometer** n - [instrum] potenciómetro m magnético
— **powder** n - polvo m magnético
— — **application** n - aplicación f para polvo m magnético
— — **dry method application** n - [electr] aplicación f de polvo m magnético por vía f seca
— — **wet method application** n - [electr] aplicación f de polvo m magnético por vía húmeda
— **process** n - proceso m magnético
— **property** n - [metal] propiedad f magnética
— —, **change,** or **changing** n - [electr] cambio m en propiedad(es) f magnética(s)
— —,**ties measuring** n - [metal] medición f de propiedad(es) f magnética(s)
— — — **method(s)** n - [metal] método(s) m para medición f de propiedad(es) f magnética(s)
— **pulley** n - [mech] polea f magnética
— **recorder** n - [electron] grabadora f (con cinta f) magnética
— **relay** n - [electr] relé m magnético
— — **contactor** n - [electr] contactador m, or interruptor m automático, con relé magnético
— **requirement** n - exigencia f magnética
— **resistance** n - [electr] resistencia f magnética
— —, **retentiveness,** or **retentivity** n - [electr] retentividad f magnética
— **rotor** n - [electr-mor] rotor m magnético
— **screen** n - [mech] rejilla f magnética
— — **assembling** n - [mech] armado m de rejilla f mecánica
— —, **instaling,** or **installation** n - [mech] instalación f de rejilla f magnética
— **separation** n - separación f magnética
— — **process** n - [miner] proceso m para separación f magnética
— **separator** n - separador m magnético
— **sheet** n - [metal-roll] chapa f magnética
— — **loss** n - [metal] pérdida f de chapa f magnética
— —(s) **pack** n - [metal-roll] paquete m de chapa(s) f magnética(s)
— **speaker** n - [electron] altavoz m, or (alto)-parlante m, magnético
— **starter** n - [mech] arrancador m magnético
— **stator** n - [electr-mot] estator m magnético
— — **coil** n - [electr-mot] inducido m para estator m magnético
— — **winding** n - [electr-mot] devanado m para estator m magnético
— **steel** n - [metal-prod] acero m magnético
— **strainer** n - [mech] colador m magnético
— — **screen** n - [mech] rejilla f coladora magnética
— **strip** n - [metal-roll] banda f, or cinta, or chapa f, magnética; fleje m magnético
— — **continuous furnace** n - [metal-treat] horno m continuo para, banda, or cinta, or chapa f, magnética, or para fleje m magnético
— — **cutting** n - [metal-fabr] corte m de banda f, or cinta f, or chapa f, magnética

magnetic strip dimensioning n - [electr-mot] medida(s) f, or dimensión(es) f, de chapa f magnética
— — **test(ing)** n - [metal-prod] ensayo m de, banda f, or cinta f, or chapa f, magnética, or de fleje m magnético
— — **result(s)** n - [metal-prod] resultado(s) m de ensayo(s) m de, banda f, or cinta f, or chapa f, magnética, or fleje m magnético
— — **treatment continuous furnace** n - [metal-prod] horno m continuo para tratamiento m de, banda f, or cinta f, or chapa f, magnética, or fleje m magnético
— **switch** n - [electr-instal] interruptor m magnético
— — **assembly** n - [electr-equip] conjunto m de interruptor m magnético
— — **mounting** n - [electr-instal] montaje m de interruptor m magnético
— — — **lockwasher** n - [electr-instal] arandela f para seguridad f para montaje m de interruptor m magnético
— — — **nut** n - [electr-instal] tuerca f para montaje m de interruptor m magnético
— **system performance** n - [electr] desempeño m, or comportamiento m, de sistema m magnético
— — **property,ties** n - [electr] propiedad(es) f de sistema m magnético
— **tape** n - [electron] cinta f, grabadora, or magnética, or magnetofónica
— **telegraph** n - [telecom] telégrafo m magnético
— **test(ing)** n - [metal] ensayo m magnético
— **type** n - [electr] tipo m magnético | a - de tipo m magnético
— — **overload relay** n - [electr-instal] relé m, para sobrecarga(s) f de tipo m magnético, or de tipo m magnético para sobrecarga(s) f
— — **relay** n - [electr] relé m de tipo m magnético
— **value** n - [metal] valor m magnético
— **valve** n - [valv] válvula f magnética • válvula f con mando m magnético
— **voltmeter** n — [instrum] voltímetro m magnético
— **winding** n - [electr-mot] devanado m magnético
magnetically hard material n - [electr] material m, magnéticamente duro, or duro magnéticamente
— — **property,ties** n - [electr] propiedad(es) f de material m magnéticamente duro
— — **recoil** n - [electr] reversión f de material m magnéticamente duro
— — — **line** n - [electr] línea f para reversión f de material m magnéticamente duro
— **latched** n - [mech] sujetado,da magnéticamente
— — **relay** n - [electron] relé m sujetado magnéticamente
magnetimeter n - [instrum] see **magnetometer**
magnetite n - [miner] . . .; óxido m ferroso-férrico
— **body** n - [miner] cuerpo m de magnetita f
— **stratum,ta** n - [geol] estrato(s) m de magnetita f
magnetitic a - [miner] magnetítico,ca
magnetization n - [electr] . . .; imantación f
— **control** n - [electr] regulación f de, magnetización f, or iman(t)ación f
— **curve** n - [electr] curva f de magnetización f
— — **drop** n - [electr] caída f en curva f de magnetización f
— **direction** n - [electr] dirección f, or sentido m, de, magnetización f, or iman(t)ación f
magnetize v - [electr] . . .; imantar
magnetized a - magnetizado,da; iman(t)ado,da
magnetizer n - [electr] . . .; imantador
magnetizing n - [electr] magnetización f; iman(t)ación f | a - [electr] magnetizador,ra; magnetizante*; iman(t)ador,ra
— **control** n - [electr] regulación f de, magnetización f, or iman(t)ación f
— **current** n - [electr] corriente f, magnetizadora, or magnetizante, or iman(t)adora

— **current control** n - [electr] regulación f de, corriente f, iman(t)adora, or para magnetización f
— — **intensity** n - [electr] intensidad f de corriente f, magnetizadora, or iman(t)adora
— **curve** n - [electr] curva f de, magnetización f, or iman(t)ación f
— — **determination** n - [electr] determinación f de curva f de, magnetización f, or imanación f
— **field** n - [electr] campo m magnetizante
— **force** n - fuerza f magnetizadora
magneto assembly n - [int.comb] conjunto m de magneto m
— **coil** n - [int.comb] bobina f para magneto m
— **flashing coil** n - [int.comb] bobina f destelladora para magneto m
— **gasket** n - [int.comb] empaquetadura f, or guarnición f, para magneto m
— **group** n - [int.comb] grupo m de magneto m
— **hole** n - [int.comb] orificio m para magneto m
— — **cover** n - [int.comb] tapa f, or cubierta f, para orificio m para magneto m
— **ignition** n - [int.comb] encendido m, or ignición f, con magneto m
— **inside** n - [int.comb] interior m de magneto m
— **keeper** n - [int.comb] armadura f para electroimán f para magneto m
— **mounting** n - [int.comb] montaje m de magneto m
— **outside** n - [int.comb] exterior m de magneto m
— **point** n - [int.comb] platino m para magneto m
— — **adjustment** n - [int.comb] ajuste m de platino m para magneto m
— — **dressing** n - [int.comb] rectificación f de platino m para magneto m
— — **pitting** n - [int.comb] picadura f de platino m para magneto m
— **service** n - [int.comb] servicio m para magnetoi m
— — **instruction(s)** n - [int.comb] instrucción(es) f para servicio m para magneto m
— **side** n - [int.comb] costado m de magneto m
— **switch plate** n - [int.comb] placa f para interruptor m para magneto m
— **wire** n - [int.comb] conductor m a magneto m
magnetohydrodynamics n - [electr-prod] magnetohidrodinámica f
magnetometric a - [miner] magnetométrico,ca
— **study** n - [miner] estudio m magnetométrico
Magnetorque swing n - [cranes] rotación f, or giro m, Magnetorque
magnetoscopic a - magnetoscópico,ca
— **control** n - control m magnetoscópico
magnetoscopics n - magnetoscopía f
magnification n - . . .; ampliación f
— **examination** n - examen m con aumento(s) m
magnificence n - . . .; esplendor m
magnificent a - . . .; espléndido,da
— **dining facility** n - [culin] restaurant m, or establecimiento m, gastronómico
— **magnificent tour** n - [travel] gira f magnífica
magnified a - aumentado,da; ampliado,da
magnifying n - aumento m | a - . . .
— **glass** n - [optics] lupa f; vidrio m, or cristal m, or lente m, para aumento m
magnitude n - . . . • [electr-oper] intensidad f
— **change** n - cambio m en magnitud f
— **order** n - orden m de magnitud f
maid's room n - [constr] pieza f para servicio m
mail n - . . . | v - [comunic] enviar; remitir
— **bag** n - [comunic] valija f
— **car** n - [rail] furgón m, or vagón m, postal; coche m correo
— **carrier** n - valijero m; estafetero m
— **ferry** n - [comunic] barco m correo
— **order** n - pedido m por correo m
— — **dealer** n - [com] revendedor m por correo m
— **out** n - [com] (carta) circular m • pieza f postal
— **pouch** n - [comunic] valija f
— **service** n - [comunic] servicio m de, correo m, or mensajero(s) m (y correspondencia f)

mail ship n - [communic] barco m correo
mailed a - [comunic] enviado,da; remitido,da • [milit] . . .
mailing n - [comunic] envío m; remisión f
— — address n - [comunic] dirección f postal
— — department n - [com] sección f despacho(s)
maim v - [medic] . . .; tullecer
maimed a - [medic] tullido,da; zopo,pa
maiming n - [medic] tullidez f; tullimiento m
main n - [constr] conducto m, or tubería f principal; tubería f maestra • [electr-distrib] cable m, principal, or maestro, or alimentador, or distribuidor • [archit-arch] toral m | a - . . .; mayor; fontal • [cranes] cable m, principal, or a motón m
— activity n - actividad f principal
— address n - [comunic] dirección f principal • [oratory] discurso m principal
— air n - [mech] aire m principal
— — duct n - [environm] conducto m principal para aire m
— — jet n - [int.comb] chorro m, or surtidor m, or boquilla f, principal para aire m
— — side n - [int.comb] costado m hacia, chorro m, or boquilla f, principal para aire
— arch n - [constr] bóveda f principal • [archit] (arco) toral m
— arterial road n - [roads] supercarretera f; camino m arterial principal
— assembly n - [mech] conjunto m principal • [cranes] conjunto m de cable m a motón m
— — shaft n - [mech] árbol m, or eje m, para conjunto m de cable m a motón m
— axle n - [mech] eje m principal
— ball bearing n - [mech] cojinete m con bolas f principal
— bar n - [electr] barra f principal
— base quality n - calidad f base principal
— basic quality n - calidad f básica principal
— beam n - [constr] viga f principal
— — pin n - [mech] pasador m central (para viga f)
— — rod n - [mech] biela f principal
— — strut n - [constr] apoyo m, principal para viga f, or para viga f principal
— bearing n - [mech] cojinete m, principal, or para, cigüeñal, or bancada
— — assembly n - [mech] conjunto m de cojinete m principal
— — cage n - [mech] jaula f para cojinete m para bancada f
— — — oil n - [mech] aceite m para jaula f para cojinete m para bancada f
— — — — retainer n - [mech] retén m para aceite m para jaula f para cojinete m para bancada f
— — cap n - [mech] parte f superior de cojinete m principoal
— — — bolt n - [int.comb] perno m para parte f superior de cojinete m principal
— — — mounting n - [int.comb] montaje m de parte f superior de cojinete m principal
— — — — bolt n - [int.comb] perno m para montaje m para parte f superior de cojinete m principal
— — — — — place bolt n - [int.comb] perno m para fijación f para montaje m de parte f superior de cojinete m principal
— — end n - [mech] extremo m de cojinete m para bancada f
— — — cap n - [mech] casquillo m para extremo m de cojinete m para bancada f
— — — — gasket n - [mech] guarnición f para casquillo m para extremo m de cojinete m para bancada f
— — gasket n - [mech] guarnición f para conjunto m para bancada f
— — lock n - [mech] cierre m para cojinete m para bancada f
— — — ring n - [mech] aro m para cierre m para cojinete m para bancada f

main bearing lock ring shim n - [mech] calza f para aro m para cierre m para cojinete m para bancada f
— — oil seal n - [mech] sello m para aceite m para cojinete m principal
— — — retainer n - [mech] retén m para cojinete m para bancada f
— — — — plate n - [mech] placa f para retén m para cojinete m para bancada f
— — — — shim n - [mech] calza f para retén m para cojinete m para bancada f
— — support n - [mech] soporte m para cojinete m para bancada f
— — — bolt n - [mech] perno m para soporte m para cojinete m para bancada f
— — — shim n - [mech] calza f para soporte m para cojinete m para bancada f
— — — spacer n - [mech] separador m para soporte m para cojinete m para bancada f
— bed n - [mech] bancada f principal
— block n - [mech] bloque m principal • [cranes] motón m principal
— — assembly n - [electr-instal] conjunto m para bloque m principal
— — contact n - [electr-instal] contacto m para bloque m principal
— — contactor n - [electr-instal] contactador m para bloque m principal
— blower n - [mech] soplador m principal
— brake n - [mech] freno m principal • [cranes] freno m para cable m, principal, or a motón m
— — check(ing) n - [mech] verificación f de freno m principal • [cranes] verificación f de freno m para cable m, principal, or a motón m
— — lever n - [mech] palanca f para freno m principal • [cranes] palanca f para freno m para cable m, principal, or a motón m
— breaker n - [electr-instal] disyuntor m, or interruptor m, principal
— brushholder n - [electr-mot] portaescobillas m principal
— building n - edificio m principal • [ind] taller m principal
— burner n - [combust] quemador m principal
— — trail n - [combust] pista f para quemador m principal
— bus (bar) n - [electr-instal] barra f colectora principal
— — — connection n - [electr-instal] conexión f, de, or para, barra f colectora principal
— — joint n - [electr-instal] conexión f, or junta f, para barra f colectora principal
— — connection n - [electr-instal] conexión f, de, or para, barra f colectora principal
— — joint n - [electr] conexión f, or junta f, de, or para, barra f (colectora) principal
— canal n - [hydr] canal m maestro
— cap n - [mech] casquete m principal
— car n - [ind] vagón m, or carro m, principal
— carburetor n - carburador m principal
— — Venturi n - [int.comb] difusor m principal (para carburador m)
— case n - [mech] caja f principal
— cause n - causa f principal
— center bearing n - [mech] cojinete m central principal
— — — cap n - [mech] parte f superior de cojinete m central principal
— — — mounting n - [int.comb] montaje m de parte f superior de cojinete m central principal
— channel n - canal m, or cauce m, principal
— characteristic n - característica f principal
— check(ing) n - [cranes] verificación f de cable m a motón m
— — valve n - [valv] válvula f para retención f (en tubería f principal)
— circuit n - [electr] circuito m principal
— — breaker n - [electr-instal] disyuntor m,

or interruptor m, principal en circuito m
main circuit fuse n - [electr-instal] fusible m para circuito m principal
— **clock** n - reloj m principal
— **clutch** n - [mech] embrague m principal
— **collector** n - colector m principal
— — **rail** n - [electr-instal] riel m colector porincipal
— **column** n - [constr] columna f principal
— **combustion fan** n - [combust] ventilador m prinipal para combustión f
— — **motor** n - [combust] motor m para ventilador m principal para combustión f
— **component** n - [ind] componente m principal
— **conduit** n - [tub] conducto m principal
— — **centerline** n - [tub] eje m de conducto m principal
— — **side** n - [tub] lado m, or costado m, de conducto m principalk
— **connection** n - conexión f principal
— **consultant** n - consultor m, or asesor m, principal
— **contact** n - [electr-instal] contacto m principal
— — **block** n - [electr-instal] bloque m principal para contacto m
— —(s) **set** n - [electr-instal] juego m de contacto(s) m principal(es)
— — **spring** n - [electr-instal] resorte m para cointacto m principal
— **contract** n - [com] contrato m principal
— **contactor** n - [electr-instal] contactador m principal
— — **block** n - [electr-instal] bloque m para contactador m principal
— — **spring** n - [electr-instal] resorte m, or muelle m, para contactador m principal
— **contractor** n - contratista m principal
— **control** n - regulación f, or mando m, principal • regulador m principal
— — **column** n - columna f principal para regulación f
— — — **installation** n - [mech] instalación f,s
ss or colocación f, de columna f principal para regulación f
— — **housing** n - [mech] caja f principal para regulación f
— — — **hose** n - [mech] mang(uer)a f para caja f principal para regulación f
— — — — **installation** n - [mech] instalación f de mang(uer)a f para caja f principal para regulación f
— — **panel** n - [electr-instal] tablero m principal para regulación f
— — **relay** n - [electr-equip] relé m, regulador principal, or principal para regulación f
— — **valve** n - [mech] válvula f principal para regulación f
— **controlling** n - regulación f, or mando m, principal • [cranes] regulación f para cable m a motón m • regulador m para cable a motón m
— — **switch** n - [electr-instal] conmutador m, or llave f, principal para regulación f
— **cover** n - tapa f, or cubierta f, principal
— — **installation** n - [mech] instalación f, or colocación f, de, tapa f, or cubierta f, principal
— — **removal** n - [mech] remoción f, or saca f, de, tapa f, or cubierta f, principal
— **crankshaft** n - [mech] cigüeñal m principal
— **current adjuster** n - [weld] regulador m principazl para amperaje m
— — **adjustment** n - [weld] ajuste m principal para ampoeraje m
— **cut-off valve** n - [tub] válvula f principal para corte m
— **dam** n - [hydr] presa f principal
— **difference** n - diferencia f principal
— **dimension** n - medida f principal
— **disconnect (switch)** n - [electr-instal] disyuntor m principal

main disconnecting switch n - [electr-instal] disyuntor m principal
— **distribution** n - distribución f principal
— — **network** n - [electr-distrib] red f principal para distribución f
— **divider** n - partidor m principal
— **division box** n - [hydr] partidor m principal
— **dock** n - [transp] muelle m, or espigón m, principal
— **drive** n - [mech] mecanismo m principal para, impulsión f, or mando m; accionamiento m principal
— — **clutch** n - [mech] embrague m principal para accionamiento m
— — — **lever** n - [mech] palanca f para embrague m principal para accionamiento m
— — **gear** n - [autom-mech] engranaje m principal para, impulsión f, or mando m
— — **gear box** n - [autom-mech] caja f con cambio(s), or engranaje(s), principal para impulsión f
— — **motor** n - [mech] motor m principal para. accionamiento m, or impulsión f
— — **shaft** n - [mech] árbol m principal para accionamiento m
— — — **center line** n - [mech] árbol m, or eje m, or línea f central, principal para accionamiento m
— — — **end** n - [mech] extremo m de árbol m principal para accionamiento m
— — — **group** n - [mech] grupo m, or conjunto m, de árbol m principal para accionamiento m
— — — **speed** n - [mech] velocidad f de árbol m principal para accionamiento m
— **driveline** n - [autom-mech] transmisión f, or árbol m, principal (para transmisión f)
— — **connection** n - [autom-mech] conexión f de, árbol m, or transmisión f, principal (para transmisión f)
— — **disconnection** n - [autom-mech] desconexión f de, árbol m, or transmisión f, principal (para transmisión f
— **drum** n - [mech] tambor m principal • [cranes] tambor m para cable a motón m
— — **brake** n - [cranes] freno m para tambor m para cable m a motón m
— — — **check(ing)** n - [cranes] verificación f de freno m para tambor m para cable m a motón
— — — **pressure** n - [cranes] presión f de freno m sobre tambor m para cable m a motón m
— — — — **check(ing)** n - [cranes] verificación f de presión f de freno m sobre tambor m para cable m a motón m
— — **center line** n - [mech] eje m, or línea f central, para tambor m principal
— — **check(ing)** n - [cranes] verificación f de tambor m para cable m a motón m
— — **clutch** n - [cranes] embrague m para tambor m principal
— — **indicator** n - [cranes] see **main drum turn indicator**
— — **shaft** n - [cranes] árbol para tambor m principal
— — **turn indicator** n - [cranes] cuentarrevoluciónes f para tambor m principal
— **duct** n - [mech] conducto m principal • [environm] tubería f principal
— **electrical power supply disconnect switch** n - [electr-instal] disyuntor m principal para [provisión f de] energía f eléctrica
— — — **switch** n - [electr-instal] interruptor m principal para provisión f de energía f eléctrica
— **electrical switchboard** n - [electr-instal] tablero m principal para regulación eléctrica
— — **room** n - [electr-instal] sala f principal para regulación f eléctrica
— **entrance** n - [constr] entrada f principal
— **equipment** n - [ind] equipo m principal
— **exciter** n - [electr-equip] excitador m principal

main export n - exportación f principal
— **factor** n - factor m principal
— **fan** n - [mech] ventilador m principal • aspirador m principal
— —, **change**, or **changing** n - [mech] cambio m, or reemplazo m, de, ventilador, or aspirador m, principal
— — **impeller** n - [mech] impulsor m para, ventilador m, or aspirador m, principal
— —, **change**, or **changing** n - [mech] cambio m, or reemplazo m, de impulsor m para, ventilador m, or aspirador m, principal
— — — **replacement** n - [mech] reemplazo m de, ventilador m, or aspirador m, principal
— — **motor** n - [ind] motor m para, ventilador m, or aspirador m, principal
— — **replacement** n - [mehc] reemplazo m de, ventilador m, or aspirador m, principal
— **feed(ing) cable** n - [electr-cond] conductor m alimentador, maestro, or principal
— — **conductor** n - [electr-cond] conductor m alimentador, maestro, or principal
— **filter** n - [mech] filtro m principal
— **flame** n - [combust] llama f principal
— **floor** n - [constr] planta f, principal, or baja, or primera
— — **beam** n - [constr] viga f, principal para piso m, or para, piso m, or planta, principal
— **form(s)** n - [print] impreso(s) m, or forma(s) f, or formulario(s) m, principal(es)
— **frame** n - [mech] armadura f, or armazón m, principal • [electr-mot] carcasa f principal
— — **cover** n - [mech] tapa f para armadura f principal
— — — **gasket** n - [mech] guarnición f para tapa f para armadura f principal
— — **gasket** n - [mech] guarnición f para armadura f principal
— — **inspection** n - [mech] inspección f de armadura f principal
— — **joint** n - [electr-mot] junta f, principal en carcasa f, or en carcasa f principal
— — **piping** n - [mech] tubería f para armadura f principal
— **front bearing** n - [mech] cojinete m frontal principal
— — — **cap mounting** n - [int.comb] montaje m de parte f superior de cojinete m frontal principal
— **fuel gas manual reset safety shut-off valve** n - [combust] válvula f principal para seguridad f para corte m con reajuste m manual para gas combustible m
— — **safety shut-off valve** n - [combust] válvula f principal para seguridad f para corte m de gas m combustible
— — — **supply line** n - [combust] línea f, or tubería f, principal para abastecimiento m de gas m combustible
— — — — **shut-off valve** n - [combust] válvula f principal para corte m de abastecimiento m de gas m combustible
— — — — — **valve** n - [combust] válvula f principal para suministro m de gas m combustible
— — **system** n - [int.comb] red f principal para combustible m
— **fuse** n - [electr-instal] fusible m principal
— **gas collector** n - [coke] colector m principal para gas m
— — **latch** n - [combust] cierre m principal para gas m
— — — **valve** n - [combust] válvula f principal para cierre m para gas m
— — **safety shut-off valve** n - [combust] válvula f principal para seguridad f para corte m de gas m
— — **supply line** n - [combust] línea f, or tubería f, principal para abastecimiento m de gas m
— — **valve** n - [combust] válvula f principal para gas m

main gear n - [mech] engranaje m principal
— — **pinion** n - [mech] piñón m, principal para engranaje m, or para engranaje m principal
— **generator** n - [electr] generador m principal
— **grandstand** n - [sports] tribuna f principal
— **gravity gradient** n - vector m principal de
— **group** n - grupo m, or agrupación f, principal
— **handle** n - [mech] manija f principal • palanca f para cable m a motón m
— **harness** n - [electr-instal] mazo m principal (de cables m)
— **highway** n - [roads] carretera f troncal
— **hoist** n - elevador m principal; mecanismo m principal para elevación f • cable m a motón
— — **check(ing)** n - [cranes] verificación f de, elevador m principal, or cable m a motón m
— — **control** n - [cranes] regulación f de, elevador m principal, or cable m a motón m • regulador m para, elevador m principal, or cable m a motón m
— — — **check(ing)** n - [cranes] verificación f de, regulación para, elevador m principal, or cable a motón m • verificación f de regulador m para, elevador m principal, or cable m a motón m
— — — **handle** n - palanca f para regulador m para, elevador m principal, or cable a motón
— — — — **check(ing)** n - [cranes] verificación f de palanca f para regulador m para, elevador m principal, or cable m a motón m
— — **drive** n - [cranes] mecanismo m principal para impulsión f para elevación f
— — **drum** n - [cranes] tambor m para, elevador m principal, or cable m a motón m
— — **hook** n - [cranes] gancho m para, elevador m, or motón m, principal
— — — **load** n - [cranes] carga f para gancho m para, elevador m, or motón m, principal
— — **line** n - [cranes] cable m para elevador m principal • cable m a motón m
— — — **drum** n - [cranes] tambor m para elevador m para cable m, principal, or a motón m
— — — **speed** n - [cranes] velocidad f para cable m a elevador m principal • velocidad f para cable m a motón m
— — **load** n - [cranes] (capacidad f para) carga f para elevador m principal
— — — **capacity** n - [cranes] capacidad f para carga f para elevador m principal
— — **motor** n - [cranes] motor m principal para elevación f • motor m para, elevador m principal, or cable a motón m
— — **rope** n - [cranes] cable m, para elevador m principal, or a motón m (principal)
— — **trolley** n - [cranes] carro m principal para elevación f
— **hoist(ing) motor** n - [cranes] motor m principal para elevación f
— **hook** n - [cranes] gancho m principal
— — **block** n - [cranes] motón m para gancho m principal
— — **load** n - [cranes] carga f para gancho m principal
— — **rope** n - [cranes] cable m para gancho m principal
— — **sheave** n - [cranes] polea f para gancho m principal
— **hopper** n - [mech] tolva f, or cubeta f, principal
— **housing** n - [mech] caja f principal
— — **bottom** n - [mech] fondo m para caja f principal
— — — **plug** n - [mech] tapón m para fondo m para caja f principal
— — **plug** n - [mech] tapón m, para caja f principal, or principal para caja f
— **import** n - [com] importación f principal
— **incoming (line) breaker** n - [electr-instal] disyuntor m principal para (línea f) para entrada f
— — (—) **circuit breaker** n - [electr-instal]

main indicating instrument — 1030 —

disyuntor m principal en circuito m para (línea f) para entrada f
— **main indicating instrument** n - [electr-instal] instrumento m indicador principal
— **ingredient** n - ingrediente m principal
— **interest** n - interés m principal
— **item(s) inspection** n - inspección f de elemento(s) m principal(es)
— **jet** n - [int.comb] boquilla f, or surtidor m, principal
— — **holder** n - [int.comb] portaboquilla(s) m, or portasurtidor m, or sujetador m, para boquilla f principal
— — **latch** n - [mech] cierre m, or picaporte m, or cerrojo m, principal
— — **lever** n - [mech] palanca f principal
— **line** n - línea f, principal, or general • [tub] tubería f principal • [cranes] cable m, principal, or a motón m • [rail] línea f, principal, or troncal • [electr-distrib] línea f principal
— — **brake pressure** n - [mech] presión f de freno sobre, línea f principal, or a motón m
— — **breaker** n - [electr-instal] disyuntor m principal para línea f
— — **circuit breaker** n - [electr-instal] disyuntor m principal en circuito m para línea f
— — **foot brake pressure** n - [cranes] presión f de freno m para pie n sobre, línea f principal, or cable a motón m
— — — — — **check(ing)** n - [cranes] verificación f de presión f de freno m para pie m sobre, línea f principal, or cable a motón m
— — **free fall** n - [cranes] caída f libre de cable m a motón m
— — — — **operation** n - [cranes] operación f para caída f libre de cable m a motón m
— — **hoist** n - [cranes] elevador m para cable m, principal, or a motón m
— — **knife switch** n - [electr-instal] interruptor m con cuchilla f para línea f principal
— — **pressure** n - [cranes] presión f sobre, línea f principal, or cable a motón m
— — **railway** n - [rail] línea f troncal
— — **sheave** n - [cranes] polea f para cable m, principal, or a motón m
— — **switch** n - [electr] interruptor m (principal) para línea f
— — **wedge socket** n - [cranes] casquillo m para cuña f para cable m, principal, or a motón m
— — — **inspection** n - [cranes] inspección f de casquillo m para cuña f para cable m, principal, or a motón m
— **load** n - carga f principal
— **block** n - [cranes] motón m, principal, para carga, or para cable m principal
— — **line** n - [cranes] cable m principal para elevación f
— — — **sheave** n - [cranes] polea f para cable m, principal, or a motón m
— — **sheave** n - [cranes] motón m, or polea f or garrucha f, principal para carga m
— **lubricating oil pump** n - [pumps] bomba f principal para aceite m lubricante
— — — — **control** n - [pumps] regulación f, or mando m para bomba f principal para aceite m lubricante
— — — — **type** n - [pumps] tipo m de, regulación f, or mando m, para bomba f principal para aceite m lubricante
— **manual reset safety valve** n - [combust] válvula f para seguridad f principal para reajuste m manual
— **market** n - [com] mercado m, or plaza f, principal
— **material(s)** n - material(es) m principal(es)
— **(s) inspection** n - inspección f de material(es) m principal(es)
— **measurement** n - medida f principal
— **mechanism** n - [mech] mecanismo m principal
— **metering jet** n - boquilla f, aforadora, or medidora, principal
— **main method** n - método m principal
— **mill motor** n - [metal-roll] motor m principal para laminador m
— — **price** n - [ind] precio m de planta f principal
— **motor** n - motor m principal
— — **gear** n - [mech] engranaje m principal para motor m
— — **gear guard** n - [electr-mot] guardaengranaje(s) m para motor m principal
— — **generator set** n - [electr-prod] juego m, motogenerador, or motor-generador, principal
— — — **set heater** n - [electr-prod] calentador m para juego m motogenerador principal
— — — — **spacer heater** n - [electr-prod] calentador m para juego m motogenerador m principal
— — **protection** n - [electr-mot] protección f de motor m principal
— — **pulley** n - [electr-mot] polea f para motor m principal
— **nozzle** n - [int.comb] boquilla f, or tobera f, principal
— — **top** n - [int.comb] parte f superior de, boquilla f, or tobera f, principal
— **object** n - objeto m, or objetivo m, principal
— **objective** n - objetivo m, or finalidad f, principal
— **office** n - [com] oficina f principal
— **oil pump** n - [pumps] bomba f principal para aceite m
— **one** n - principal m/f
— **operator** n - operador m principal
— — **control** n - regulador m principal para mando m
— **order** n - pedido m principal
— **overload valve** n - [valv] válvula f principal para sobrecarga f
— **panel** n - [electr-distrib] tablero principal
— **part** n - parte f principal • [mech] pieza f principal
— **pedestal** n - [mech] soporte m principal
— **pedestal bearing** n - [mech] cojinete m, principal sobre soporte m, or sobre, pedestal m, or soporte m, principal
— **piler** n - [ind] apiladora f principal
— — **station** n - [metal-prod] estación f apiladora principal
— **pinion** n - [mech] piñón m principal
— **pipe** n - [tub] tubo m, or tubería f, principal
— — **run** n - [tub] tubería f principal
— **pit** n - [sports] fosa f principal
— **pivot** n - pivote m, or gorrón m, principal
— **support** n - [mech] soporte m, principal, para, pivote m, or gorrón; soporte m para, pivote m, or gorrón, principal
— **plant** n - [ind] planta f principal
— **sewer** n - [ind] cloaca f, principal para planta f, or para planta f principal
— **platform** n - [metal-prod] plataforma f para tragante m
— **plaza** n - [pol] plaza f principal
— **point** n - punto m principal
— **pole** n - [electr] polo m principal
— **coil** n - [electr] devanado m para polo m principal
— — **set** n - [electr] conjunto m de devanado m para polo m principal
— — **lamination** n - [electr-prod] pieza f polar laminada principal
— — — **assembly** m - [electr] laminación f, or pieza f laminada, para pieza polar principal
— — **piece** n - [electr] pieza f polar principal
— — **top shunt field coil** n - [electr] devanado m para campo m en derivación f para polo m principal
— **post office** n - [communic] correo m, principal, or central, or mayor
— **power disconnect(ing switch)** n - [electr-instal] disyuntor m principal para energía f

main power rectifier n - [electr-prod] rectificador m principal para energía f
— — **supply** n - [electr-distrib] provisión f principal para energía f
— — — **switch** n - [electr-instal] interruptor m principal para (provisión f de) energía f
— — **switch** n - [electr-instal] interruptor m principal para energía f
— — **transformer** n - [electr-prod] transformador m principal para energía f
— **pressure** n - [tub] presión f en tubería f (principal)
— **problem** n - problema m, principal, or mayor
— **process** n - [ind] proceso m principal
— — **characteristic** n - característica f, principal para proceso, or de proceso m principal
— — **panel** n - [ind] tablero m principal para regulación f de proceso m
— **production** n - producción f principal
— — **process** n - [ind] proceso m principal para producción f
— **pump** n - [pumps] bomba f principal
— **purpose** n - propósito m, or fin, or objetivo m, principal
— **quality** n - calidad f principal
— **rear bearing** n - [mech] cojinete m posterior principal
— — — **cap mounting** n - [int.comb] montaje m de parte f superior de cojinete m posterior principal
— **reason** n - razón f principal
— **relay** n - [electr-equip] relé m principal
— **rectifier** n - [electr-equip] rectificador m principal
— **reservoir** n - [hydr] embalse m, or depósito m para reserva, principal
— **road** n - [roads] camino m, or carretera f, principal
— **roll** n - [metal-roll] rodillo m principal
— **room** n - [constr] sala f principal
— **route** n - [roads] ruta f principal
— **run** n - [environm] tramo m, or tubería f, principal
— **runner** n - [metal-prod] canal n, or ruta f, principal • ruta f general
— **sanctioning body** n - [sports] entidad f reguladora principal
— **section** n - sección f, or parte f, principal
— **set** n - juego m principal
— **sewer** n - [sanit] cloaca f principal
— **shaft** n - [mech] árbol m, or eje m, principal, or maestro, or motor
— — **assembly** n - [mech] conjunto m de, árbol m, or eje m, principal • [cranes] conjunto m de árbol m para cable, principal, or a motón m
— — — **check(ing)** n - [cranes] verificación f de conjunto m de, árbol m, or eje m, para cable m, principal, or a motón m
— — — **oil** n - [cranes] aceite m para conjunto m de árbol m para cable m, principal, or a motón m
— — — — **check(ing)** n - [cranes] verificación f de aceite m para conjunto m de árbol m para cable m, principal, or a motón m
— — — — **level** n - [cranes] nivel m de aceite m para conjunto n de árbol m para cable m, principal, or a motón m
— — — — — **check(ing)** n - [cranes] verificaación f de nivel m de aceite m para conjunto m de árbol m para cable m, principal, or a motón m
— — **bearing** n - [mech] cojinete m para árbol m principal
— — — **support** n - [mech] soporte m para cojinete m para árbol principal
— — — **bushing** n - [mech] buje m para, árbol m, or eje, principal
— — — **cap** n - [mech] casquete m para, árbol m, or eje m, principal
— — — — **stud** n - [mech] prisionero m para casquete m para, árbol m, or eje m, principal

main shaft check(ing) n - [cranes] verificación f de árbol m para cable m a motón m
— — **end** n - [mech] extremo m de árbol m, principal, or maestro
— — **support** n - [mech] soporte m para árbol m principal
— **sheave** n - [cranes] garrucha f principal
— **sill** n - [petrol] viga f, or larguero m, principal (para retención f)
— **shop** n - [ind] taller m principal
— **side** n - lado m, or costado m, principal • [environm] costado m de tubería f principal
— **sinter fan** n - [miner] aspirador m principal para sínter m
— — — **impeller** n - [miner] impulsor m para aspirador m principal para sínter m
— — — —, **change**, or **changing** n - [miner] cambio m, or reemplazo m, de impulsor m para aspirador m principal para sínter m
— — — — **replacement** n - [miner] reemplazo m de impulsor m para aspirador m principal para sínter m
— **siphon** n - [constr] sifón m principal
— **skip bucket** n - [metal-prod] cubeta f principal para, montacarga(s) m, or skip m
— — **car** n - [metal-prod] vagoneta f principal para, montacarga(s) m, or skip n
— — **hopper** n - [metal-prod] cubeta f principal para, montacarga(s) m, or skip m
— **socket** n - [mech] casquillo m principal
— **spring** n - [mech] muelle m, or resorte m, principal
— — **contact** n - [electr] contacto m, principal para, resorte m, or muelle, or para, resorte m, or muelle m, principal
— — **contactor** n - [electr] contactador m para, resorte m, or muelle m, principal
— **stationary contact** n - [electr] contacto m, fijo principal, or principal fijo
— — **contactor** n - [electr] contactador m, fijo principal, or principal fijo
— **steam piping** n - [steam] tubería f principal para vapor m
— **straightway** n - [sports] recta f principal
— **strand** n - [cabl] (cordón m) guía f
— **strategy** n - estrategia f principal
— **strut** n - [constr] apoyo m principal
— **subject** n - tema m principal
— **substation** n - [electr-distrib] subestación f principal; subusina f principal
— — **breaker** n - [electr-distrib] disyuntor m, or interruptor m, principal en, subestación f, or subusina f
— **supplier** n - [com] proveedor m, or abastecedor m, principal
— **supply line** n - línea f principal para suministro m
— **support** n - [constr] apoyo m principal
— **switchboard** n - [electr-instal] tablero m principal
— — **room** n - [electr-distrib] sala f, principal para regulación f, or para tablero m principal
— **swivel** n - [cranes] cabeza f principal para inyección f; placa f giratoria principal
— — **bearing** n - [cranes] cojinete m principal para, cabeza f para inyección f, or placa f giratoria; cojinete m para placa f giratoria principal
— **system** n - sistema m, or red f, principal
— **theme** n - tema m principal
— **thoroughfare** n - [roads] avenida f principal
— **to @ stove** n - [metal-prod] tubería f (general) a estufa(s)) f
— **top** n - [environm] parte f superior de tubería f principal
— **transformer** n - [electr-prod] transformador m principal
— **transmission** n - [mech] transmisión f principal
— **trolley** n - [cranes] carrillo m principal

main truss beam

main truss beam n - [constr] viga f principal para armadura f
— **tube** n - [tub] tubo m principal
— **unit** n - [mech] elemento m principal • [ind] instalación f principal
— **valve** n - [valv] válvula f principal
— — **unit** n - [valv] elemento m, or unidad f, de válvula f principal
— **vent** n - ventilación f principal
— — **tube** n - [tub] tubo m principal para ventilación f
— **wedge** n - [cranes] cuña f para cable m a motón
— — **inspection** n - [cranes] inspección f de cuña f para cable m a motón m
— — **socket** n - [mech] casquillo m, principal para cuña f, or para cuña f principal • [cranes] casquillo m para cuña f para cable m a motón m
— — — **inspection** n - [cranes] inspección f de casquillo m para cuña f para cable m a motón m
— **wheel** n - [mech] rueda f principal
— **winch** n - [cranes] malacate m principal
— — **drum** n - [cranes] tambor m para malacate m principal
— — — **indicator** n - [cranes] cuentarrevolución(es) f, or indicador m para tambor m, para malacate m principal
— — **turn** n - [cranes] giro m, or revolución f, de tambor m para malacate m principal
— — — **turn indicator** n - [cranes] cuentarrevolucion(es) m para tambor m para malacate m principal
— **wire rope** n - [cranes] cable principal de alambre m
mainline railroad n - [rail] ferrocarril m, principal, or troncal
— **route** n - [rail] línea f principal
— **track** n - [rail] vía f principal
mainly adv - . . . .; mayormente
maintain v - . . . .; conservar; asegurar • asegurar; sujetar • amparar • alimentar • llevar
— **@ accurate ground speed** v - [autom] mantener velocidad f de traslación f precisa
— **@ adequate pressure** v - [mech] mantener presión f adecuada
— **adequately** v - matener adecuadamente
— **@ advantage** v - mantener ventaja f
— **@ air conditioner** v - [environm] mantener acondicionador m para aire m
— **@ alignment** v - [mech] mantener alineación f
— **@ alternator operation** v - [electr-oper] mantener operación f de alternador m
— **@ apparatus** v - [ind] mantener aparato m
— **@ arc length** v - [weld] mantener largo(r) m de arco m
— **@ arch shape** v - [constr] mantener, conformación f, or configuración f, de bóveda f
— **@ asphalt pavement** v - [roads] mantener pavimento m asfáltico
— **@ ball weight** v - [grind.med] mantener peso m de bola(s) f
— **@ bridge** v - [constr] mantener m, or conservar, puente m
— **@ carrier (wave)** v - [electron] mantener onda f portadora
— **@ choke system** v - [petrol] mantener, or conservar, sistema m para estrangulador m
— **comfortably** v - mantener cómodamente
— **@ consistent quality** v - [ind] mantener calidad f constante
— **@ constant pressure** v - mantener presión f constante
— **constantly** v - mentener constantemente
— **@ correct arc length** v - [weld] mantener largo(r) m correcto de arco m
— **correctly** v - [ind] mantener correctamente
— **@ drainage structure** v - [constr] mantener estructura f para drenaje m
— **@ drilling choke system** v - [petrol] mantener, or conservar, sistema m para estrangulador m para perforación f

— **@ drilling system** v - [petrol] mantener m, or conservar, sistema m para perforación f
— **easily** v - [ind] conservar fácilmente
— **@ effectiveness** v - mantener efectividad f
— **@ elevation** v - mantener, cota f, or elevación
— **@ equilibrium** v - mantener equilibrio m
— **@ equipment** v - [ind] mantener, or conservar, equipo m
— **@ facility,ties** v - conservar instalación(es)
— **@ fill** v - [constr] mantener, or conservar, terraplén m
— **@ flow** v - [environm] mantener caudal m
— **@ forging temperature** v - [metal-prod] mantener temperatura f para forja(dura) f
— **@ foundation** v - [constr] mantener, or conservar, cimiento(s) m
— **@ fuel system** v - [int.comb] mantener red f para combustible m
— **@ gap** v - [mech] mantener, or conservar, separación f, or entrehierro m
— **@ good fusion** v - [weld] mantener fusión f buena
— **@ grade** v - [constr] mantener pendiente f
— **in operation** v - mantener en operación f
— **in safe operation** v - mantener en operación f segura
— **in United States currency** v - [accntg] mantener en moneda f de Estados Unidos m
— **@ integrity** v - mantener integridad f
— **@ inventory** v - mantener existencia(s) f
— **@ line** v - [constr] mantener alineación f
— **@ low profile** v - mantener, inconspicuidad f, or posición f inconspicua
— **@ machine** v - [ind] mantener máquina f
— **@ machinery** v - [ind] conservar, or mantener, maquinaria f
— **@ maximum** v - mantener máximo m
— **@ — temperature** v - mantener temperatura f máxima
— **@ minimum** v - mantener mínimo m
— **@ — temperature** v - mantener temperatura f mínima
— **molten** v - [metal] mantener fundido,da
— **@ negative pressure** v - mantener presión f negativa
— **@ operation** v - mantener operación f
— **@ parity** v - mantener, or sostener, paridad f
— **@ pipe-arch shape** v - [constr] mantener conformacion f de tubería f abovedada
— **@ pipe shape** v - [constr] mantener conformación f de tubería f
— **@ policy** v - [insur] mantener póliza f
— **@ positive pressure** v - mantener presión f positiva
— **@ pressure** v - mantener presión f
— **properly** v - [ind] mantener, or conservar, apropiadamente, or en estado m, apropiado, or bueno de conservación f
— **@ quality** v - mantener, or asegurar, calidad
— **@ record** v - llevar registro m
— **@ relation** v - mantener, or guardar, relación f, or proporción f
— **@ rigid alignment** v - mantener alineación f rígida
— **@ road(s)** v - [roads] mantener camino(s) m • [miner] conservar pista(s) f
— **@ safe operation** v - mantener operación f segura
— **@ shape** v - mantener conformación f
— **@ shelf** v - [weld] mantener escalón m
— **@ specification** v - mantener especificación f
— **@ spectrometer** v - [instrum] mantener espectrómetro m
— **@ speed** v - mantener velocidad f
— **@ structural integrity** v - mantener integridad f estructural
— **@ structure foundation** v - [constr] mantener, or conservar, cimiento(s) m para estructura f
— **@ subgrade** v - [constr] mantener, or conservar, subrasante f
— **@ system** v - [ind] mantener, or conservar,

red f, or sistema m
maintain @ system pressure v - [mech] mantener presión f en, sistema m, or red f
— **@ temperature** v - mantener temperatura f
— **@ tendency** v - mantener tendencia f
— **@ turbocharger** v - [int.comb] mantener turboalimentador* m
— **@ velocity** v - mantener velocidad f
— **@ weight** v - mantener peso f
— **@ weld** v - [weld] mantener soldadura f
— **@ weld quality** v - [weld] mantener, or asegurar, calidad f de soldadura f
— **well** v - cuidar, or conservar, bien
maintained a - mantenido,da • sujetado,da
— **accurate ground speed** n - [autom] velocidad f de traslación f precisa mantenida
— **activity** n - actividad f mantenida • [labor] actividad f sostenida
— **adequate pressure** n - [mech] presión f adecuada mantenida
— **adequately** a - mantenido,da adecuadamente
— **advantage** n - ventaja f mantenida
— **air conditioner** n - [environm] acondicionador m para aire m mantenido
— **alignment** n - alineación f mantenida
— **alternator operation** n - [electr-oper] operación f de alternador m mantenida
— **apparatus** n - [ind] aparato m mantenido
— **arch shape** n - [constr] conformación f de bóveda f mantenida
— **asphalt pavement** n - [roads] pavimento m asfáltico mantenido
— **ball weight** n - [grind.med] peso m de bola f mantenida
— **bridge** n - [constr] puente m conservado
— **carrier (wave)** n - [electron] onda f portadora mantenida
— **choke system** n - [petrol] sistema m para estrangulador, matentenido, or conservado
— **comfortably** a - matenido,da cómodamente
— **consistent quality** n - calidad f constante mantenida
— **constantly** a - mantenido,da constantemente
— **correctly** a - [ind] mantenido,da correctamente
— **drainage structure** n - [constr] estructura f para drenaje m conservada
— **drilling choke system** n - [petrol] sistema m para estrangulador m para perforación f, mantenido, or conservado
— — **system** n - [petrol] sistema m para perforación f, mantenido, or conservado
— **easily** a - [ind] conservado,da fácilmente
— **effectiveness** n - efectividad f mantenida
— **elevation** n - [constr] elevación f, or cota f, mantenida
— **equilibrium** n - equilibrio m mantenido
— **equipment** n - [ind] equipo m, conservado, or mantenido
— **facility,ties** n - instalación(es) f, mantenida(s), or conservada(s)
— **fill** n - [roads] terraplén m conservado
— **foundation** n - [constr] cimiento(s) m, mantenido(s), or conservado(s)
— **fuel system** n - [int.comb] red f para combustible m mantenida
— **gap** n - [mech] separación f, mantenida, or conservada; entrehierro m mantenido
— **grade** n - [constr] pendiente f mantenida; nivel m mantenido
— **improperly** a - mantenido,da inapropiadamente; en condición(es) f mala(s)
— **in United States currency** a - [accntg] llevado,da en moneda f de Estados Unidos
— **inflation pressure** n - [autom-tires] presión f (de inflación f) mantenida
— **integrity** n - integridad f mantenida
— **inventory** n - existencia(s) f mantenida(s)
— **line** n - [com] renglón m, mantenido, or llevado • [constr] alineación f mantenida
— **machine** n - [ind] máquina f mantenida
— **machinery** n - [ind] maquinaria f, matenida, or conservada
maintained maximum n - máximo m mantenido
— — **temperature** n - temperatura f máxima mantenida
— **minimum** n - mínimo m mantenido
— — **temperature** n - temperatura f mínima mantenida
— **negative pressure** n - presión f negativa mantenida
— **parity** n - paridad f, mantenida, or sostenida
— **pipe-arch shape** n - [constr] conformación f de tubería f abovedada mantenida
— **pipe shape** n - [constr] conformación f de tubería f mantenida
— **policy** n - [insur] póliza f mantenida
— **positive pressure** n - presión f positiva mantenida
— **pressure** n - presión f mantenida
— **properly** a - [ind] mantenido,da, or conservado,da, apropiadamente; en estado m bueno de conservación f
— **road** n - [roads] camino m, mantenido, or conservado • [miner] pista f conservada
— **shape** n - conformación f mantenida
— **specification** n - especificación f mantenida
— **spectrometer** n - [instrum] espectrómetro m mantenido
— **speed** n - velocidad f mantenida
— **structural integrity** n - integridad f estructutal mantenida
— **structure foundation** n - [constr] cimiento m para estructura f, mantenida, or conservada
— **subgrade** n - [constr] subrasante f, mantenida, or conservada
— **system** n - [ind] sistema m, mantenido, or conservado • red f, mantenida, or conservada
— — **pressure** n - [mech] presión f en, sistema m, or red f, mantenida
— **tendency** n - tendencia f mantenida
— **turbocharger** n - [int.comb] turboalimentador* m mantenido
— **velocity** n - velocidad f mantenida
— **watertightness** n - hermeticidad f, or estanqueidad f, mantenida
— **weight** n - peso m mantenido
— **well** n - [hydr] pozo m, mantenido, or conservado | a - bien, cuidado,da, or conservado,da
maintainer n - . . .; conservador m
maintaining n - mantenimiento m • sujeción f
maintenance n - . . .; entretenimiento m • gasto(s) m, or tarea(s) f, or trabajo(s) m, para conservación f • atención f • [rail] vía(s) f y obra(s) f | a - para, conservación f, or mantenimiento m, or entretenimiento m
— **access** n - [mech] acceso m para, mantenimiento m, or conservación f
— — **platform** n - [ind] plataforma f para acceso m para, matenimiento m, or conservación f
— **alteration** n - [ind] modificación f en, mantenimiento m, or conservación f
— **and power department** n - [Spa.] subdirección f para mantenimiento m y energía f
— — **welding requirement** n - [weld] exigencia f para soldadura f por arco m para reparación f
— **assistant superintendent** n - [ind] subjefe m para, mantenimiento m, or conservación f
— **attempt(ing)** n - intento m para mantenimiento
— **building** n - [ind] edificio m para, mantenimiento m, or conservación f
— **chart** n - [ind] tabla f para mantenimiento m
— **check(ing)** n - [ind] comprobación f, or verificación f, de mantenimiento f
— **checklist** n - [ind] lista f para verificación f para, mantenimiento m, or conservación f
— **cost(s)** n - [ind] costo(s) m para, mantenimiento m, or conservación f
— —**(s) decrease** n - [ind] reducción f, or disminución f, de costo(s) m para conservación f
— —**(s) increase** n - [ind] aumento m en costo(s) para conservación f; encarecimiento m de, conservación f, or mantenimiento m

maintenance cost per ton n - [ind] costo(s) m para, mantenimiento m, or conservación f, por tonelada f
— — — **produced** n - [ind] costo m para, mantenimiento m, or conservación f, por tonelada f producida
— **crew** n - [ind] cuadrilla f para, mantenimienbto m, or conservación f
— **decrease** n - [ind] reducción f, or disminución f en (costos m para) conservación f
— **department** n - [ind] departamento m, or subdirección f, para, mantenimiento m, or conservación f
— **determination** n - [ind] determinación f sobre, mantenimiento m, or conservación f
— **device** n - [ind] dispositivo m para, mantenimiento m, or conservación f
— **director** n - [pol] director m para, mantenimiento m, or conservación f
— **division** n - [ind] división f para, mantenimiento m, or conservación f
— **downtime** n - [ind] (hora f, or tiempo m, de) parada f para, mantenimiento, or conservación
— **ease** n - [ind] facilidad f para, mantenimiento m, or conservación f; conservación f fácil
— — **feature** n - característica f para facilidad f para, conservación f, or mantenimiento
—, **eliminating**, or **elimination** n - eliminación f de conservación f
— **engineer** n - [ind] ingeniero m para, mantenimiento m, or conservación f
— **engineering** n - [ind] ingeniería f para, mantenimiento m, or conservación f
— — **department** n - [ind] departamento m para ingeniería f para, mantenimiento m, or conservación f
— **expense(s)** n - [ind] gasto(s) m para, mantenimiento m, or conservación f
— **expert** n - [ind] experto m, or perito m, para, mantenimiento m, or conservación f
—, **explaining**, or **explanation** n - [ind] explicación f de, mantenimiento m, or conservación | a - que explica, mantenimiento m, or conservación f
— **facility** n - [ind] taller m para, mantenimiento m, or conservación f
— **factor** n - [ind] factor m, or coeficiente m, para, mantenimiento m, or conservación f
— **feature** n - característica f, or detalle m, para, mantenimiento m, or conservación f
— **fitting** n - accesorio m, or dispositivo m, para, mantenimiento m, or conservación f
— **free** a - [ind] libre de (costos m para), mantenimiento m, or conservación; que no requiere(n), mantenimiento m, or conservación f
— — **battery** n - [electr-prod] acumulador m, or batería f, libre de mantenimiento m
— — **culvert** n - [constr] alcantarilla f que no requiere, mantenimiento m, or conservación f
— **foundry** n - [ind] fundición f para, mantenimiento m, or conservación f
— **function** n - [ind] función f para, mantenimiento m, or conservación f
— **group** n - [ind] grupo m para, mantenimiento m, or conservación f
— **hangar** n - [aeron] hangar m, or cobertizo m, para, mantenimiento m, or conservación f
— **head** n - [ind] jefe m para mantenimiento m
— **incentive study** n - [labor] estudio m de incentivo(s) para mantenimiento m
— **increase** n - [ind] aumento n en costo(s) m para, mantenimiento m, or conservación f
— **index** n - [ind] índice m para, mantenimiento m, or conservación f
— **head** n - [ind] jefe m para, mantenimiento m, or conservación f
— **instruction(s)** n - [ind] instrucción(es) m para mantenimiento m, or conservación f
— **journeyman** n - [ind] maestro m, or oficial m, para, mantenimiento m, or conservación f
— **kit** n - [mech] equipo m para mantenimiento m

maintenance labor n - [ind] mano f de obra f para, mantenimiento m, or conservación f
— — **cost(s)** n - [ind] costo m para mano f de obra f para, mantenimiento m, or conservación f
— — **per ton** n - [ind] costo m para mano f de obra f para, mantenimiento m, or conservación f, por tonelada f
— — — **produced** n - [ind] costo m para mano f de obra f para, mantenimiento m, or conservación f, por tonelada f producida
— — **per ton** n - [ind] mano f de obra m para. mantenimiento m, or conservación f, por tonelada f
— — — **produced** n - [ind] mano f de obra f para, mantenimiento m, or conservación f, por tonelada f producida
— — **time** n - [ind] tiempo m, or mano f de obra f, para, mantenimiento m, or conservación f
— — **per ton** n - [ind] tiempo m, or mano m de obra f para, mantenimiento m, or conservación f, por tonelada f
— — — **produced** n - [ind] tiempo m, or mano f de obra f, para, mantenimiento m, or conservación f, por tonelada f producida
— **log book** n - [ind] bitácora f para, mantenimiento m, or conservación f
— **lubrication** n - [ind] lubricación f para, mantenimiento m, or conservación f
— **man** n - [ind] obrero m, or operario m, para, mantenimiento m, or conservación f; pl - personal m para, mantenimiento m, or conservación
— **manual** n - [ind] manual m, or vademécum m, para, mantenimiento m, or conservación f
— **material(s)** n - [ind] material(es) m para, mantenimiento m, or conservación f
— **method** n - [ind] método m para, mantenimiento m, or conservación f
— **minded** a - para facilitar tarea(s) f para, mantenimiento m, or conservación f
— — **advance** n - [ind] avance m, or mejora f, para (facilitar) tarea(s) f para, mantenimiento m, or conservación f
— **official** n - [pol] funcionario m para, mantenimiento m, or conservación f
— **operation** n - [ind] operación f, or servicio m, para, mantenimiento m, or conservación f
— **organization** n - [ind] organización f para, mantenimiento m, or conservación f
— **per ton** n - [ind] (costo m de), mantenimiento m, or conservación f, por tonelada f
— — **produced** n - [ind] (costo m de), mantenimiento m, or conservación f, por tonelada f producida
— **personnel** n - [ind] personal m, or cuadrilla f, para, mantenimiento m, or conservación f
— — **training** n - [ind] capacitación f, or entrenamiento m, para personal m para, mantenimiento m, or conservación f
— **planning** n - [ind] planificación f para, mantenimiento m, or conservación f
— — **division** n - [ind] división f para planificación f para mantenimiento m
— **platform** n - [ind] plataforma f para, mantenimiento m, or conservación f
— **practice** n - [ind] práctica f para, mantenimiento m, or conservación f
— **problem** n - [ind] problema m con, mantenimiento m, or conservación f
— **procedure** n - [ind] procedimiento m para, mantenimiento m, or conservación f
— — **discussion** n - plática f sobre procedimiento(s) m para, mantenimiento, or conservación f
— **product** n - [ind] producto m para, mantenimiento m, or conservación f
— **program** n - [ind] programa m para, mantenimiento m, or conservación f
— **prone** a - [inc] con problema(s) m múltiple(s) para, mantenimiento m, or conservación f
— **recommendation** n - [ind] recomendación f para, mantenimiento m, or conservación f

maintenance record(s) n - registro(s) m sobre, mantenimiento m, or conservación f
— **repair** n - [ind] reparación f para, mantenimiento m, or conservación f
—, **repeating,** or **repetition** n - repetición f de (trabajos m para), mantenimiento m, or conservación f
— **replacement** n - [constr] reemplazo m para, mantenimiento m, or conservación f
— — **cost** n - [ind] costo m para reemplazo m para, mantenimiento m, or conservación f
— — **material(s)** n - [ind] material(es) m para, reemplazo n para (trabajos m para), mantenimiento m, or conservación f
— — **work** n - [ind] trabajo n para reemplazo m para conservación f
— **requirement** n - exigencia f, or requisito m, para (trabajos m para), mantenimiento m, or conservación f
— **safety** n - [safety] seguridad f para (trabajos m para) mantenimiento m, or conservación f
— **schedule** n - [ind] programa m para, mantenimiento m, or conservación f
— **scheduling** n - [ind] programación f para, mantenimiento m, or reparación f
— **schematic** n - [ind] esquema m, or dibujo m esquemático para, mantenimiento m, or conservación f
— **section** n - [ind] sección f para, mantenimiento m, or conservación f
— — **head** n - [ind] jefe m para sección f para, mantenimiento m, or conservación f
— — **supervisor** n - [ind] supervisor m para sección f para, mantenimiento m, or conservación
— **service(s)** n - [ind] servicio(s) m para, mantenimiento m, or conservación f
— **shop** n - [ind] taller m para, mantenimiento m, or conservación f
— — **building** n - [ind] edificio m para taller m para, mantenimiento m, or conservación f
— — **substation** n - [electr-distrib] subestación f para taller m para, mantenimiento m, or supervisión f
— — **superintendent** n - [ind] jefe m para taller m para, mantenimiento m, or conservación f
— **shut down** n - [ind] paralización f, or parada f, de, mantenimiento m, or conservación f
— **sign** n - [roads] letrero m sobre conservación
— **simplification** n - [ind] simplificación f de, mantenimiento m, or conservación f
— **spare(s) (parts)** n - [ind] (pieza f para) repuesto(s) m para, mantenimiento m, or conservación f
— **standpoint** n - [ind] punto m de vista de, mantenimiento m, or conservación f
— **superintendent** n - [ind] superintendente, or jefe m, para, mantenimiento, or conservación
— **supervisor** n - [ind] supervisor m para, mantenimiento m, or conservación f
— **supply, lies** n - [ind] material(es) m, or suministro(s) m, para, mantenimiento, or conservación f
— **system** n - [ind] sistema m para, mantenimiento m, or conservación f
— **task** n - [ind] tarea f para, mantenimiento m, or conservación f
— **technician** n - [ind] técnico m para, mantenimiento m, or conservación f
— **technique** n - [ind] técnica f para, mantenimiento m, or conservación f
— **time** n - [ind] tiempo m, or hora(s) f, para, mantenimiento m, or conservación f
— **tool** n - [tools] herramiente f para, mantenimiento m, or conservación f
— **trainee** n - [ind] aprendiz m, or persona(l) para entrenar, para (trabajos m para, mantenimiento m, or conservación f
— **training** n - [ind] aprendizaje m, or entrenamiento m, para (trabajos m para), mantenimiento m, or conservación f
— **work** n - [ind] trabajo m, or tarea(s) m, or obra(s) f, para, mantenimiento m, or conservación f

maize binder n - [agric-equip] atadora f para maíz m
— — **tractor hitch** n - [agric-equip] enganche m a tractor m para atadora f para maíz m
— **chute** n - [agric-equip] rampa f para maíz m
— **cultivator** n - [agric-equip] cultivador m para maíz m
— **drill** n - [agric-equip] sembradora f para maíz
— **husker** n - [agric-equip] deschaladora f, or despatadora f, para maíz
— **lister (plow)** n - [agric-equip] arado m para siembra f de maíz m
— **picker** n - [agric-equip] arrancadora f, or juntadora f, para, mazorca(s) f, or maíz m
— — **tractor hitch** n - [agric-equip] enganche m a tractor m para arrancadora f para, maíz m, or mazorca(s) f
— **planter** n - [agric-equip] sembradora f para maíz m
— **sheller** n - [agric-equip] desgranadora f para maíz m
— **shredder** n - [agric-equip] desmenuzadora f, or picadora f, para maíz m

major n - . . . . • [educ] especialidad f; especialización f • [safety] accidente m mayor • [legal] mayoría f de edad f | a . . . .; importante • de envergadura • sensacional | v - [educ] especializar(se)
— **accident** n - [safety] accidente m, mayor, or grave
— **action idea** n - idea f importante sobre medida(s) f a tomar(se)
— **advance** n - innovación f de importancia
— **advantage** n - ventaja f mayor
— **airport** n - [aeron] aeropuerto m importante
— **amount** n - [legal] cuantía f mayor
— **appliance** n - [domest] artefacto m mayor
— **area hazard** n - [safety] peligro m principal en zona f
— **axis** n - [geom] eje m mayor
— **bracing** n - [constr] arriostramiento m mayor
— **break** n - [weld] rotura f mayor
— **breakthrough** n - avance m sensacional
— **category** n - categoría f, principal, or mayor
— **cause** n - causa f, principal, or mayor
— **city** n - [pol] ciudad f, mayor, or principal
— **company** n - [com] empresa f, mayor, or de importancia f, or destacada
— **complex** n - complejo m mayor
— **component** n - [ind] (pieza f) componente, mayor, or principal
— **corporation** n - empresa f, or sociedad f, mayor, or grande, or de importancia
— **cost advantage** n - ventaja f, mayor en costo m, or económica mayor
— **culvert** n - [constr] alcantarilla f, mayor, or con tamaño m grande
— **damage** n - daño m mayor
— **defect** n - defecto m mayor
— **desert race** n - [sports] carrera f desértica mayor
— **diameter** n - diámetro m, grande, or mayor
— **difference** n - diferencia f, mayor, or principal
— **electrical equipment** n - [electr-equip] equipo m eléctrico mayor
— **element** n - elemento m, mayor, or principal
— **energy loss** n - [hydr] pérdida mayor de energía f
— **engine overhaul** n - [int.comb] reparación f general mayor para motor m
— **equipment** n - [ind] equipo m mayor; gran herramental m
— — **footing** n - [constr] (viga f para) cimentación f para equipo m mayor
— — **foundation** n - [constr] cimentación f para equipo m mayor
— — — **footing** n - [constr] viguería f para cimentación f para equipo m mayor

major equipment foundation mat n - [constr] base f, or platea f, para cimentación f para equipo m mayor
— — — **structure** n - [constr] estructura f para cimentación f para equipo m mayor
— **expansion** n - [ind] ampliación f, mayor, or de importancia f
— **facility,ties** n - [ind] instalación(es) f mayor(es)
— **factor** n - factor, mayor, or importante
— **field of study** n - [educ] especialidad f
— **function** n - función f mayor
— **gain** n - ganancia f, or progreso m, mayor
— **general overhaul** n - [ind] reparación f general mayor
— **hazard** n - [safety] peligro m principal
— **highway** n - [roads] carretera f principal
— **idea** n - idea f, mayor, or principal
— **in chemistry** v - [chem] especializar(se) en química f
— **industry** n - [ind] industria f mayor
— **injury** n - [safety] lesión f mayor
— — **report(ing)** n - [safety] denuncia f de lesión(es) f mayor(es)
— **inspection** n - [ind] inspección f mayor
— **interruption** n - interrupción f mayor
— **kit** n - [tools] conjunto m, or juego m, principal
— **levee** n - [hydr] dique m, mayor, or principal
— **loss** n - pérdida f mayor • [insur] siniestro m mayor
— **main part** n - [mech] pieza f principal mayor
— **maintenance** n - [ind] mantenimiento m mayor
— — **function** n - [ind] función f mayor para, mantenimiento m, or conservación f
— **manufacturer** n - [ind] fabricante m mayor
— **market** n - [com] mercado m, mayor, or principal • centro m principal
— **member** n - [mech] pieza f principal
— **method** n - método m principal
— **modification** n - modificación f mayor
— **overhaul** n - [mech] reparación f general mayor • reajuste m, or revisión f, general
— **part** n - parte f, principal, or importante • [ind] pieza f principal
— —**(s) kit** n - [mech] juego m, or conjunto m, de pieza(s) f principales, or principal de pieza(s) f
— **pipe culvert** n - [constr] alcantarilla f de tubería f de, diámetro m, or tamaño m, grande
— **preventive maintenance** n - [ind] mantenimiento m preventivo mayor
— **problem** n - problema m, mayor, or importante
— **proportion** n - proporción f mayor | a - de envergadura
— **quantity** n - cantidad f, or cuantía f, mayor
— **race** n - [sports] carrera f mayor
— **radiographic defect** n - [weld] defecto m radiográfico mayor
— **repair** n - [ind] reparación f, mayor, or grande
— — **function** n - [ind] función f mayor para reparación f
— — **work** n - trabajo m mayor para reparación f
— **requirement** n - exigencia f mayor
— **road scheme** n - [roads] proyecto m vial, mayor, or grande
— **roof bracing** n - [constr] arriostramiento m mayor para techo m
— **soil group** n - [soils] grupo m mayor de suelo(s) m
— **source** n - fuente f mayor
— **subassembly** n - [mech] conjunto m parcial, mayor, or principal
— **suspension damage** n - [autom-mech] daño m mayor a suspensión f
— **test** n - [sports] prueba f mayor
— **tire company** n - [autom-tires] empresa f destacada para fabricación f de neumático(s) m
— — **manufacturer** n - [autom-tires] fabricante m mayor de neumático(s) m

major wall n - pared f, or muro m, principal
— **work** n - trabajo m, mayor, or principal
— **weld** n - [weld] soldadura f mayor
— — **category** n - [labor] categoría f principal para soldadura f
majoring n - [educ] especialización f
majority group n - grupo m mayoritario
— **interest** n - [fin] interés m mayoritario
make n - . . . | v - . . .; ejecutar; realizar • construir; confeccionar • convertir • establecer • tener, or tomar, lugar • valer(se) • armar • constituir
— **accessible** v - hacer, or tornar, accesible
— **@ adjustment** v - hacer, or efectuar, ajuste m • [insur] practicar ajuste n
— **@ allowance** - hacer(se) provisión; tener, or tomar, en cuenta f
— **and break** n - [mech] enroscadura f y desenroscadura f; conexión f y desconexión; enroscamiento m y desenroscamiento m | v - conectar y desconectar; armar y desarmar; abrir y cerrar
— — **model** n - [ind] marca f y modelo m
— **@ arrangement(s)** v - hacer arreglo(s) m; tomar medida(s) f
— **@ assumption** v - presumir
— **@ attempt** v - procurar; hacer esfuerzo m
— **available** v - hacer disponible; poner a disposición; proporcionar
— **@ award** v - adjudicar; hacer adjudicación f • emitir fallo m
— **@ bead** v - [weld] soldar; ejecutar, or efectuar, or producit, cordón m
—**before-break** v - [electr-equip] cerrar antes de abrir
— — **breaking type** n - [electri-equip] configuración f para cerrar antes de abrir
— **@ bid** v - cotizar; hacer propuesta f
— **@ bolt** v - [mech] fabricar perno m
— **@ burden, drop, or slip** v - [metal-prod] hacer, bajar, or descender, carga f
— **carefully** v - hacer, cuidadosamente, or con cuidado m
— **certain** v - asegurar(se); cerciorar(se); estar seguro,ra
— **@ check** v - efectuar, comprobación f, or verificación f
— **@ circuit** v - [electr] cerrar circuito m
— **@ claim** v - efectuar reclamo m • sentar real(es) m
— **clear** v - aclarar; hacer evidente
— **@ connection** v - [electr-instal] conectar; efectuar, or hacer, conexión f
— **@ contact** v - hacer, or tomar, or establecer, or entrar en, contacto m
— **@ correction** v - corregir; hacer corrección f
— **@ crane** v - [cranes] fabricar grúa f
— **@ customer** n - [com] atraer cliente m
— **@ decision** v - decidir; hacer, or tomar, or arribar a, decisión f
— **@ delivery** v - entregar; hacer, or efectuar, or realizar, entrega f
— **@ determination** v - determinar; hacer, or efectuar, determinación f
— **@ diamond** v - [chem] fabricar diamante m
— **@ die** v - [mech] hacer, or fabricar, troquel m, or matriz,ces f
— **difficult** v - dificultar; hacer difícil
— **@ down shift** v - [autom-mech] reducir, or hacer reducción f en, velocidad f
— **@ drilling** v - [metal-prod] hacer taladro(s) m • [petrol] efectuar perforación(es) f
— **easy to weld** v - [weld] facilitar soldadura f
— **@ effective decision** v - [managm] hacer decisión f efectiva
— **electrically cold** v - [weld] cortar corriente
— — **hot** v - [electr-oper] activar eléctricamente; dar corriente f
— **@ electrode electrically hot** v - [weld] activar eléctricamente electrodo m
— **@ enemy** v - enemistar(se); granjearse enemigo

make equal v - igualar; equilibrar
— **@ error** v - cometer error m; equivocar(se)
— **@ estimate** v - hacer, or efectuar, estimación
— **@ estimation** v - hacer estimación f
— **evident** v - hacer evidente; patentizar
— **@ experiment** v - hacer, or efectuar, ensayo m
— **famous** v - hacer famoso,sa; inmortalizar
— **fast** v - fijar; establecer
— **felt** v - hacer sentir
— **firm** v - afirmar; fijar
— **@ friend** v - amistar(se); granjear(se) amigo
— **@ full contact** v - [mech] hacer contacto, total, or completo, or pleno
— **@ first pass** v - [weld] ejecutar pasada f primera
— **good** v - compensar; indemnizar
— **@ good showing** v - [sports] correr, or desempeñar(se) bien
— **happy** v - alegrar; hacer feliz
— **@ head(s) equal** v - [mech] igualar cabeza(s)
— **@ hole** v - [mech] horadar; hacer, or efectuar, or practicar, or perforar, agujero m
— **hot** v - calentar • [electr-oper] electrizar; activar
— **ill** v - [medic] enfermar
— **@ improvement** v - mejorar; hacer, or efectuar, mejora f
— **in pairs** v - [mech] hacer en juegos (de dos)
— — **sets of two** v - [mech] hacer en, pares, or juegos m de dos
— **inadequate** v - inadecuar*; volver inadecuado,da
— **inoperative** v - anular; cancelar
— **@ inspection** v - hacer, or efectuar, inspección f
— **@ — hole** v - [metal-prod] hacer registro m
— **into coke** v - [coke] coquizar
— **@ investigation** v - investigar; hacer investigación f
— **@ investment** v - [fin] realizar inversión f
— **irridescent** v - tornasolar
— **it** v - hacerlo,a • [fam] avanzar hasta
— — **through** v - proseguir
— — **work** v - poner en práctica
— **@ joint** v - [mech] ejecutar empalme m
— **@ jumper** v - [electr-instal] hacer puente m
— **known** v - dar a conocer • denunciar
— **@ less effective decision** v - [managm] hacer decisión f menos efectiva
— **@ liberal gift(s), or grant(s)** v - franquear
— **@ life easy** v - [fig] favorecer
— **@ lift** v - [cranes] hacer elevación f
— **@ line (on @ ground)** v - [fam] hacer raya f
— **@ mechanical repair(s)** v - reparar mecánicamente
— **@ mistake** v - equivocar(se); cometer, error m, or falta f
— **@ modification** v - hacer modificación f
— **@ more effective decision** v - [managm] hacer decisión f más efectiva
— **@ moulding(s)** v - [mech] moldurar
— **@ multiple pass downhill weld** v - [weld] hacer, or efectuar, or ejecutar, soldadura f descendente con pasada(s) f múltiple(s)
— **@ — — horizontal weld** v - [weld] hacer, or efectuar, or ejecutar, soldadura f horizontal con pasada(s) f múltiple(s)
— **@ — — weld** v - [weld] hacer, or efectuar, or ejecutar, soldadura f con pasada(s) f múltiple(s)
— **@ — — — in @ downhill position** n - [weld] hacer, or efectuar, or ejecutar, soldadura f con pasadas(s) f múltiple(s) en posición f descendente
— **@ — — — — @ flat position** v - [weld] hacer, or efectuar, or ejecutar, soldadura f con pasada(s) f múltiple(s) en posición plana
— **@ — — — — @ horizontal position** v - [weld] hacer, or efectuar, or ejecutar, soldadura f con pasada(s) f múltiple(s) en posición f horizontal

make @ name v - hacerse famoso,sa; lograr fama f
— **necessary** v - hacer, or volver, necesario,ria • necesitar
— **@ notch** v - [mech] entallar; hacer entalladura f
— **@ note of** v - tomar razón f • anotar
— **of** v - fabricar con
— **operative** v - [mech] poner en funcionamiento
— **@ order** v - efectuar pedido m; ordenar
— **@ partial payment** v - [com] hacer pago m parcial
— **@ — shipment** v - [transp] despachar, en forma f parcial, or parcialmente
— **@ pass** v - [weld] hacer, or efectuar, or ejecutar, pasada f • [fam] hacer requiebro(s) m
— **@ payment** v - efectuar, or realizar, pago m
— **place** v - hacer, sitio m, or lugar
— **@ point** v - destacar punto m
— **possible** v - hacer posible; posibilitar
— **practical** v - tornar práctico,ca
— **@ practice** v - tener por costumbre f
— **@ profit** v - crear utilidad f
— **@ proper connection** v - hacer, or efectuar, conexión f apropiada
— **properly** v - hacer, or ejecutar, debidamente
— **@ proposal** v - cotizar; hacer propuesta f
— **@ provision** v - proveer; hacer provisión f
— **quickly** v - hacer, or efectuar, rápidamente
— **rationalization** n - racionalización f de marca
— **reference** v - hacer referencia f
— **@ repair** v - hacer, or efectuar, reparación f
— **@ representation** v - pretender
— **@ resistivity determination** v - [chem] efectuar determinación f de resistencia f eléctrica (efectiva)
— **@ riprap** v - [constr] hacer empedrado m
— **@ room** v - hacer sitio • [constr] construir habitación f
— **@ — for @ cooler** v - [metal-prod] hacer sitio m para toberón m
— **@ — @ slag notch** v - [metal-prod] hacer sitio m para toberón m
— **@ — — @ tuyere** v - [metal-prod] hacer sitio m para tobera f
— **@ — — @ — cooler** v - [metal-prod] hacer sitio m para toberón m
— **@ — with oxygen** v - [metal-prod] hacer sitio m con oxígeno m
— **@ sale** v - [com] efectuar venta f
— **sense** v - hacer sentido m
— **@ shift** v - [autom-mech] efectuar cambio m en velocidad f
— **@ shipment** v - [transp] efectuar envío m
— **@ short turn** v - [autom] efectuar viraje m cerrado
— **simply** v - hacer en forma f sencilla
— **@ single pass downhill (position) weld** v - [weld] hacer, or efectuar, or ejecutar, soldadura f (en posición f) descendente con pasada f única
— **@ — — horizontal weld** v - [weld] hacer, or efectuar, or ejecutar, soldadura horizontal con pasada f única
— **@ — — flat weld** v - [weld] hacer, or efectuar, or ejecutar, soldadura f plana con pasada f única
— **@ — — weld** v - [weld] hacer, or efectuar, or ejecutar, soldadura f con pasada f única
— **@ — — — in @ downhill position** v - [weld] hacer, or efectuar, or ejecutar, soldadura f en posición f descendente con pasada f única
— **@ — — — — flat position** v - [weld] hacer, or efectuar, or ejecutar, soldadura f en posición f plana con pasada f única
— **@ — — — — horizontal position** v - [weld] hacer, or efectuar, or ejecutar, soldadura f en posición f horizontal con pasada f única
— **@ small bead** v - hacer, or efectuar, or ejecutar, cordón m pequeño
— **specific** v - hacer específico,ca; concretar
— **@ splice** v - efectuar empalme m
— **stable** v - hacer estable • fijar

make @ steel v - [metal-prod] producir acero m
— **@ stringer bead** v - [weld] hacer, or efectuar, or ejecutar, cordón m recto
— **@ stripe(s)** v - [textil] varetear
— **@ study** v - estudiar; efectuar, or realizar, estudio m
— **@ substitution** v - hacer, or efectuar, substitución f, or reemplazo m
— **sure** v - asegurar(se); cerciorar(se)
— **@ thing(s) worse** v - empeorar cosa(s) f
— **to order** v - [ind] confeccionar, or fabricar, or hacer, contra pedido m
— **@ transition** v - hacer, or efectuar, transición f
— **@ turn** v - [autom] efectuar viraje m
— **unequal** v - desigualar; volver desigual
— **unique** v - caracterizar; diferenciar
— **up** n - formación f; constitución f; composición f • armado m • [mech] preparación f; armadura f; ensambladura f • [petrol] armadura f; empalme m; enroscamiento m | a - suplementario,ria • [petrol] para, armar, or empalmar, or enroscar; enroscador,ra | v ensamblar; armar; componer; integrar; formar (parte f) • abarcar • constituir • recobrar; recuperar • compensar • constituir
—— **air tower** n - ventilador m para renovación f para aire m
—— **cathead** n - [petrol] torno m para, enroscadura, or enroscamiento; torno m enroscador
—— — **(grease) fitting** n - [petrol] pico m para engrase m para torno m para, enroscadura f, or enroscamiento m
—— — **guard** n - [petrol] defensa f para torno m para, enroscadura f, or enrosamiento m
—— — **installation** n - [petrol] instalación f de torno m para, enroscadura f, or enroscamiento m
—— **catshaft** n - [petrol] cabezal m para torno m para, enroscadura f, or enroscamiento m
—— — **bearing** n - [petrol] cojinete m para cabezal m para torno m para, enroscadura f, or enroscamiento m
—— — — **(grease) fitting** n - [petrol] pico m para engrase m para cojinete m para cabezal m para torno m para, enroscadura f, or enroscamiento m
—— **@ backwall** v - [metal-prod] enarenar
—— **clutch** n - [petrol] embrague m para, enroscadura f, or enroscamiento m
—— — **friction plate** n - [petrol] placa f para fricción f para embrague m para, enroscadura f, or enroscamiento m
—— — — **lining** n - [petrol] revestimiento m para placa f para fricción f para embrague m para, enroscadura f, or enroscamiento m
—— — **plate** n - [petrol] placa f para embrague m para, enroscadura f, or enroscamiento m
—— — — **lining** n - [petrol] revestimiento m para placa f para embrague m para, enroscadura f, or enroscamiento m
—— **@ cover** v - [mech] preparar, or armar, tapa f, or cubierta f
—— **@ delay** v - [ind] recuperar demora f
—— **@ gap** v - recuperar, or eliminar, ventaja
—— **plate** n - [petrol] placa f para, desenroscadura f, or desenroscamiento m
—— **post** n - [petrol] poste m para, enroscadura f, or enroscamiento m
—— **rope guard** n - [petrol] defensa f para cable m para, enroscadura f, or enroscamiento m
—— — **bracket** n - [petrol] ménsula f para defensa f para cable m para, enroscadura f, or enroscamiento m
—— **@ — shift** v - [autom] pasar a velocidad f mayor
—— **@ special train** v - [rail] formar tren m especial
—— **spool** n - [petrol] carrete m para, enroscadura f, or enroscamiento m
—— — **assembly** v - [petrol] conjunto m de carrete m para, enroscadura f, or enroscamiento m

make up @ supply v - componer suministro m
—— **supply air system** n - sistema m suplementario para provisión f de aire m
—— **supply system** n - [ind] sistema m suplementario para provisión f
—— **tongs** n - [petrol] tenaza(s) f para, enroscadura f, or enroscamiento m
—— **track** n - [rail] vía f para formación f (de tren m)
—— **@ train** v - [rail] formar tren m
— **use of** v - valer(se) de; usar; emplear; aprovechar; explotar; disponer de
—— — **@ capacity** v - aprovechar, potencia f, or capacidad f
—— — **@ rating** v - aprovechar potencia f
—— **@ sail(s)** v - [naut] velejar
— **@ weld** v - [weld] soldar; hacer, or efectuar, or ejecutar, soldadura f
— **well** n - [constr] construir bien • [medic] sanar
— **@ wide turn** v - [autom] efectuar viraje m amplio
— **worse** v - empeorar
makeshift a - . . .; improvisado,da
makeup water n - [boilers] agua m para reposición
making n - . . .; realización f; efectuación f; producción f; construcción f • constitución f • valimiento m | a - hacedor,ra
— **accessible** a - tornando accesible
— **and breaking** a - armar y desarmar
— **available** n - puesta f a disposición
— **certain** n - aseguración f, cerciormiento m
— **equal** n - igualación f
— **evident** n - patentización f
— **good** n - compensación f; indemnización f
— **in pair(s)** n - [mech] fabricación f en juego(s) m (de dos)
— **set(s) of two** n - [mech] fabricación f en juego(s) m de dos
— **of** n - fabricación f, or hechura f, de
— **operative** n - [mech] puesta f en funcionamiento m
— **possible** n - posibilitación f
—, **Shaping and Treating of Steel** n - [metal-prod] Producción f, Laminación f, y Tratamiento m, de Acero m
— **sure** n - aseguramiento m; aseguración f; cercioramiento m
— **to order** n - [ind] fabricación f, or elaboración f, or producción f, contra pedido m
— **unique** n - caracterización f; diferenciación f
— **up** n - recuperación f; recobro m • [mech] armadura f; preparación f • compensación f • composición f; constitución f
maladjustment n - . . . • desequilibrio m
maladjust v - desajustar
— **@ linkage** v - [mech] desajustar eslabonamiento m
maladjusted a - desajustado,da
— **linkage** n - [mech] eslabonamiento m desajustado
maladjustment n - desajuste m • falla f
male adapter n - [tub] adaptador m macho
— **amphenol** n - [electr-instal] enchufe m, múltiple, or polarizado
—— **connector** n - [electr-instal] enchufe m polarizado
— **blade** n - [mech] cuchilla f macho
— **connector** n - [electr-instal] conectador m, or enchufe m, macho • [tub] enchufe m macho
— **coupling** n - [mech] conexión f macho
— **elbow** n - [tub] codo m macho
— **end** n - [mech] extremo m macho
— **female** a - [tub] macho-hembra; M H
— **gage** n - [instrum] calibrador m, macho, or interno, or interior
— **hose coupling** n - [mech] conexión f macho para mang(uer)a f
— **jaw** n - [mech] mandíbula f macho
—— **clutch** n - [mech] embrague m macho con

— 1038 —

mandíbula f
male-male a - [tub] macho-macho; M M
— **pin** n - [mech] pasador m macho
— **pipe adapter** n - [tub] adaptador m macho para tubería f
— **plug** n - [electr-instal] tomacorriente m; enchufe m (macho)
— **polarized connector** n - [electr-instal] conectador m, or enchufe m, polarizado macho
— **to @ cathode ray tube** n - [comput] enchufe m macho para tubo m para rayos m catódicos
— **punch** n - [mech] punzón m macho
— **screw** n - [mech] tornillo m (macho)
— **socket** n - [electr-instal] enchufe m macho
— **thread** n - [mech] rosca f, or resalto m, macho, or exterior
— — **screw** n - [mech] tornillo m con, rosca f, or resalto m, macho, or exterior
— **to @ cathode ray tube** n - [comput] enchufe m macho para tubo m para rayos m catódicos
— — **elbow** n - [mech] codo m macho para tubería
malfunction n - funcionamiento m, deficiente, or defectuoso, or pobre, or malo, or inapropiado; mal funcionamiento m | v - funcionar, deficientemente, or defectuosamente, or inapropiadamente, or malamente
— **area** n - zona f con funcionamiento m deficiente
— —, **isolating**, or **isolation** n - aislación f de zona f con funcionamiento m deficiente
—, **detecting**, or **detection** n - detección f de funcionamiento m inapropiado
— **nature** n - naturaleza f de funcionamiento m inapropiado
— **sign(al)** n - señal f, or indicación f, de funcionamiento m inapropiado
malfunctioned a - funcionado,da, deficientemente, or defectuosamente, or inapropiadamente, or pobremente; malfuncionado,da*
malfunctioning n - malfuncionamiento m; funcionamiento m, malo, or pobre, or deficiente
mall n - . . . ; paseo m cubierto; galería f • [roads] franja f, or faja f, divisoria elevada • [tools] . . . ; maza f; also see **maul**
— **booth** n - [com] pabellón f, or puesto m, en galería f
— **show** n - [com] exhibición f en galería f
malleabilizer n - [metal] maleabilizador m
malleabilizing n - [metal-prod] maleabilización f | a - [metal-prod] maleabilizador,ra
malleable a - [metal-treat] . . . ; forjable
— **cast iron** n - [metal-prod] hierro m, maleable fundido, or fundido maleable; fundición f maleable
— **casting** n - [metal-prod] pieza f fundida (de metal) maleable
— **endlock** n - cierre m maleable, frontal, or en extremo m
— **flange** n - [metal-fabr] brida f (de metal) maleable
— **iron** n - [metal-prod] hierro m, maleable, or forjable • acero m, maleable, or extradulce
— — **casting** n - [mech] pieza f, maleable fundida, or fundida de acero m maleable
— — **coupling** n - [tub] unión f de hierro m maleable
— — **fitting** n - [constr] accesorio m de hierro m maleable
— — **joint** n - [tub] junta f, or unión f, de hierro m maleable
— — **pipe** n - [tub] tubo m, or tubería f, de hierro m maleable
— **lock** n - cierre m, or cerrojo m, maleable
— **steel** n - [metal-prod] acero m, maleable, or forjable
mallet n - [tools] . . . ; martillo m de madera f
— **tap** n - [tools] golpe(te)ar con mazo m
— **tapped** a - [tools] golpe(te)ado,da con mazo m
— **tapping** n - [tools] golpe(te)o m con mazo m
— **use** n - [mech] uso m, or empleo m, de mazo m
malodor n - malolor m; olor, malo, or pestilente

man n - . . . • [labor] . . . ; operario m; obrero m | v - tripular
—**('s) action** n - [econ] acción f de hombre m
. . . — **binder control tractor hitch** n—[agric-equip] enganche m para atadora f para . . . hombre(s) m para manejo m de tractor m
—**cause** n - [safety] causa f humana
—**('s) clothing** n - [vest] ropa f para, hombre m, or caballero m
. . . — **control(led)** a - [agric-equip] manejado,da por . . . hombre(s) m
. . .— **crew** n - [labor] cuadrilla f de . . . hombre(s) m
—**('s) development** n - [labor] desarrollo m, or perfeccionamiento, m de, hombre, or operario
—**day** n - [labor] día m hombre
—**('s) effort(s)** n - esfuerzo(s) m de hombre m
. . . — **header control tractor hitch** n - [agric-equip] enganche m para espigadora f para . . . hombre(s) m para manejo de tractor
— **hole** n - see **manhole**
—**hour** n - [labor] hombre-hora m
——**(s) available** n - [ind] hombre-hora(s) m disponible(s)
—— **cost** n - [labor] costo [por] hora/hombre m
—— **service(s)** n - [labor] servicio(s) m por hombre-hora m
——**(s) used** n - [labor] hora(s) hombre m, usado(s), or utilizado(s)
—**machine** n - [labor] hombre-máquina m
——, **combination**, or **ensemble** n - [labor] conjunto m hombre-máquina
— **made** a - manufacturado,da; elaborado,da • artificial; sintético,ca; also see **synthetic**
—— **alloy** n - [metal-prod] aleación f artificial
—— **canal** n - [hydr] canal m artificial
—— **diamond** n - [chem] diamante m, sintético, or fabricado, or artificial
—— — **crystal** n - [chem] cristal m de diamante m sintético
—— **snow** n - nieve f artificial
—**('s) mistake(s))** n - error(es) m humano(s)
—**related** a - [labor] vinculado,da con personal
—— **incentive** n - [labor] estímulo m vinculado con personal m
—**('s) used clothing** n - [vest] ropa f usada para, hombre m, or caballero m
—**year** n - [labor] año-hombre m
manage v - . . . • gestar; administrar; dirigir • lograr • ingeniar(se) • supervisar, tener a cargo v
— **@ time** v - [managm] administrar tiempo m
— **to** v - lograr
— — **win** v - [sports] lograr triunfar
manageability n - maniobrabilidad f
manageable adv - . . . ; maniobrable • flexible
managed a - manejado,da • logrado,da; ingeniado,da • gestado,da • supervisado,da
— **time** n - [managm] tiempo m administrado
management n - [com] . . . ; conducción f; gestión f • régimen m • directivo(s) m; grupo m directivo; superioridad f; personal m, superior, or para administración f, or supervisor • supervisión f] trabajo m, or tarea(s) f, administrativo; supervisión f | a - administrativo,va
— **action** n - [managm] acción f administrativa
— **program** n - [managm] programa m para acción f, administrativa, or directiva
— **activity** n - [managm] actividad f administrativa
— **approach** n - [managm] enfoque m administrativo; alternativa f para administración f
— **board** n - [legal] junta f, administrativa, or para administración f; consejo administrativo
— **by objective(s)** n - [managm] administración f en base a objetivo(s) m
— **career** n - [managm] carrera f administrativa
— **certificate** n - [legal] certificado m de gerencia f

management commitment n - compromiso n de administración f
— **control** n - [managm] verificación f, or fiscalización f, por administración f
— —**(ling) function** n - [managm] función f administrativa para, verificación f, or fiscalización f, or contol m
— —**(ling) service** n - [managm] servicio m administrativo para, fiscalización, or control
— **data processing service** n - [comput] servicio m administrativo para procesamiento m de datos m
— **day** n - [managm] día m administrativo
— **expertise** n - [managm] pericia f administrativa
— **fee** n - [fin] honorario(s) m por administración f
— **function** n - [managm] función f, administrativa, or para administración f
— — **subdivision** n - [managm] subdivisión f de función f administrativa
— **gap** n - [managm] brecha f, administrativa, or en administración f
— — **closing** n - [managm] cierre m de brcha f, administrativa, or en administración f
— **information** n - [managm] información f administrativa
— **knowledge** n - [managm] conocimiento(s) m administrativo(s); información f administrativa
— — **communication** n - [managm] comunicación f con información f administrativa
— — **dissemination** n - [managm] diseminación f de información f administrativa
— **leader** n - [managm] director m, administrativo, or para administración f
— **leadership** n - [managm] conducción f, or dirección f, or conducción f, administrativa
— — **stage** n - [managm] etapa f de, dirección f, or conducción f, administrativa
— — **style** n - [managm] estilo m de, dirección f, or conducción f, administrativa
— **level** n - [managm] nivel m, administrativo, or de administración f
— — **personnel** n - [managm] personal m directivo
— **manual** n - [managm] manual m para administración f
— **member** n - [managm] componente m de dirección
— **meeting** n - [com] reunión f administrativa
— **('s) opinion** f - [managm] opinión f de, dirección f, or administración f
— **organization** n - [managm] organización f, administrativa, or para administración f
— **personnel** n - [managm] personal m , administrativo, or directivo, or superior
— — **list** n - [managm] nómina f de personal m, administrativo, or superior
— **planning** n - [managm] planificación f, administrativa, or de administración f
— — **function** n - [managm] función f administrativa para planificación f
— — **work** n - [managm] trabajo m, or función f, administrativo,va para planificación f
— **position** n - [managm] cargo m administrativo
— **power (of attorney)** n - [legal] poder m para administración f
— **principle** n - [managm] principio m, administrativo, or para administración f
— **procedure** n - procedimiento m administrativo
— **profession** n - profesión f administrativa
— **program** n - [managm] programa m, administrativo, or para administración f
— **purpose** n - [managm] propósito m, administrativo, or para administración f
— **report** n - [managm] informe f de, administración f, or gerencia f
— **responsibility** n - [managm] responsabilidad f, administrativa, or para administración f
— **result(s)** n - [managm] resultado(s) m de administración f
— —**(s) principle** n - [managm] principio m de resultado(s) de administración f

management safety meeting n - [safety] reunión f administrativa sobre seguridad f
— **service** n - [managm] servicio m, administrativo, or para administración f
— **skill** n - habilidad f, or destreza f, administrativa, or directiva, or conductiva • técnica f administrativa
— — **application** n - [managm] aplicación f de, habilidad f, or destreza f, administrativa, or directiva, or conductiva
— — **practice** n - [managm] práctica f para. habilidad f, or destreza f, administrativa, or directiva, or conductiva
— **specialization** n - [managm] especialización f en, administración f, or dirección f, or conducción f
— **system** n - [managm] sistema m, administrativo, or para, administración f, or dirección f, or conducción f
— — **approach** n - [managm] enfoque m de administración f en base a sistema(s) m para administración f
— **team** n - [managm] equipo m, or personal m, administrativo
— **technique** n - [managm] técnica f, administrativa, or para administración f
— **term(s)** n - [managm] término(s), administrativo(s), or para administración f
— —**(s) definition** n - [managm] definición f de término m administrativo
— — **logical definition** n - [managm] definición f lógico para término m administrativo
— **terminology** n - [managm] terminología f administrativa
— **understanding** n - [managm] comprensión f de, administración f, or dirección f, or conducción
— **work** n - [managm] trabajo(s) m, or tarea(s) f, or función f, para administración f
— — **breakdown** n - [managm] desdoblamiento m, or descomposición f, de trabajo(s) m administrativo(s)
— — **category** n - [managm] categoría f de trabajo m administrativo
— — **classification** n - [managm] clasificación f de, trabajo(s) m administrativo(s), or tarea(s) f administrativa(s)
— — **emphasis** n - [managm] realce m de trabajo m administrativo
— — **exposure** n - [managm] exposición f a, trabajo(s) m, or tarea(s) f, para administración
— — **function** n - [managm] función f de trabajo m administrativo
— — **kind** n - [managm] clase f, or tipo m, de tarea(s) f administrativa(s)
— — **logical classification** n - [managm] clasificación f lógica de tareas f administrativas
— — **objective** n - [managm] objetivo m para trabajo(s) para administración f
— — — **achievement** n - [managm] logro m de objetivo(s) m para trabajo m administrativo
— — **order** n - [managm] orden m para trabajo m administrativo
— — — **function** n - [managm] función de orden m de trabajo m administrativo
— — **performance** n - [managm] ejecución f de trabajo m administrativo
— — **purpose** n - [managm] propósito m de trabajo(s) m administrativo(s)
— — **related** a - [managm] vinculado,da a tarea(s) f administrativa(s)
— — **specialization** n - [managm] especialización f en tarea(s) f administrativa(s)
— — **subcategory** n - [managm] subcategoría f de trabajo m administrativo
— — **time** n - [managm] tiempo m en trabajo m administrativo

manager n - [com] . . . • principal m; jefe m; directivo(s) m - [ind] intendente m • [pol] director m (general); titular m
— **background** n - [managm] antecedente(s) m, or formación f, de administrador

manager(s) board n - [legal] consejo m para administración f
—**('s) office** n - [managm] gerencia f
— **performed** a - efectuado,da por administrador
— — **work** n - [managm] trabajo m efectuado por administrador m
—**('s) position** n - cargo m de administrador m
— **qualification** n - [menagm] capacitación f como administrador m
—**('s) viewpoint** n - [managm] punto m de vista f de administrador m
managing n - administración f; gestión f; conducción f • supervisión f • a - . . . ; para administración f
— **board** n - [managm] junta f, or consejo m para administración f
— **director** n - [managm] director m, gerente, or general • administrador m, or director m, or consejero m, delegado
— **editor** n - [public] director m gerente
— **partner** n - [managm] socio m gerente
— **underwriter** n - [insur] asegurador m administrador
mancer rod n - [metal-treat-galv] tirante m
mandatorily adv - obligatoriamente; obligadamente; imprescindiblemente; indispensablemente; preceptivamente; forzosamente
mandatory n - . . . . • obligatorio,ria; imprescindible; forzoso,sa; indispensable; absoluto,ta; imperativo,va
— **classroom instruction** n - [educ] instrucción f obligatoria en aula m
— **instruction** n - instrucción f obligatoria
— **quality control test** n - [ind] prueba f preceptiva, or ensayo m preceptivo, para, control m, or determinación f, de calidad f
— **requirement** n - requisito m, indispensable, or absoluto, or forzoso, or obligatorio
— **rule** n - [safety] regla f obligatoria
— **use** n - uso m obligatorio; utilización f obligatoria
— **safety rule** n - [safety] regla f obligatoria sobre seguridad f
— **test** n - [ind] ensayo m preceptivo; prueba f preceptiva
mandrel n - [tools] . . . . • [lathes] . . . ; polea f para torno m (pequeño) •[constr-pil] mandril m
— **changer** n - [metal-roll] cambiador m para mandril(es) m
— **contraction** n - contracción f de mandril m
— **decoiler** n - [metal-roll] desabobinadora f con mandril n
— **deflection** n - [tub] deformación f de mandril
— **diameter** n - [mech] diámetro m de mandril m
—-**driven** a - [constr-pil] hincado,da con mandril
— — **pile** n - [constr-pil] pilote m hincado con mandril m; tubería f hincada con mandril m
— — — **shell** n - [constr-pil] pilote m con camisa f perdida hincada con mandril m
— — — — **interior** n - [constr-pil] interior m de pilote m con camisa f perdida hincada con mandril m
— — **pipe shell** n - [constr-pil] tubería f para pilote m hincada con mandril m
— — **shell** n - [constr-pil] tubería f (para pilote m) hincada con mandril m
— **finish** n - [tools] acabado m con mandril m
— **holder concentricity** n - [tools] concentricidad f de portamandril(es) m
— **socket** n - [mech] casquillo m para mandril m
— **swaging** n - [mech] recalcado m sobre mandril
maneuver ferrule n - [mech] manguito m
— **@ vehicle** v - [transp] maniobrar vehículo m
maneuverable adv - . . . ; manuable
— **clamp** n - [mech] mordaza f ajustable
maneuvered a - maniobrado,da
— **vehicle** n - [transp] vehículo m maniobrado
mang n - [metal] see **manganese**
manganese n - [metal] . . . | a - manganésico,ca
— **buildup** n - [weld] acumulación f de manganeso

manganese build-up electrode n - [weld] electrodo m con manganeso m para recargo m
— **chloride** n - [chem] cloruro m, manganésico, or de manganeso m
— — **solution** n - [chem] disolución f de cloruro, manganésico, or de manganeso m
— **content** n - [metal-prod] contenido m, or proporción f de manganeso m
— **deposit** n - [weld] aportación f con manganeso
— **electrode** n - [weld] electrodo m con manganeso
— — **weld(ing)** n - [weld] soldadura f con electrodo m con manganeso m
— **front** n - [cranes] borde m con manganeso m
— — **dipper** n - [constr] cucharón m, or cangilón m, con borde m con manganeso m
— **grade** n - [metal] calidad f con manganeso m
— **weldment** n - [weld] soldadura f de calidad f con manganeso m
— **limit** n - [chem] límite m para manganeso m
— **lip** n - [constr] borde m con manganeso m
—**nickel-copper steel** n - [metal-prod] acero m con manganeso m, níquel m, y cobre m
— **ore** n - [miner] mineral m con manganeso m
— **oxide** n - [chem] óxido m de manganeso m
— **silicate** n - [chem] silicato m de manganeso m
— — **base** n - [miner] base f de silicato m de manganeso m
— — **based** a - [chem] con base f de silicato m de manganeso m
— — — **flux** n - [weld] fundente m con base f de silicato m de manganeso m
— **steel** n - [metal-prod] acero m, manganésico, or con manganeso m
— — **ball** n - [grind.med] bola f de acero m con manganeso m
— — **deposit** n - [weld] aportación f de acero m, manganésico, or con manganeso m
— — **dragline bucket** n - [constr] cucharón m para arrastre m de acero m con manganeso m
— — **front dipper** n - [constr-equip] cucharón m, or cangilón m, con borde m de acero m con manganeso m
— — **grinding ball** n - [grind.med] bola f para molienda f de acero m con manganeso m
— — **jaw plate** n - [mech] placa f de acero m con manganeso m para mandíbula(s) f
— — **lip** n - [constr-equip] borde m de acero m con manganeso m
— — **part** n - [mech] pieza f de acero m, manganésico, or con manganeso m
— — — **rebuilding** n - [weld] reconstrucción f de pieza f de acero m con manganeso m
— — **piece** n - [metal] pieza f de acero m con manganeso m
— — — **rebuilding** n - [weld] reconstrucción f de acero m, manganésico, or con manganeso m
— **sulfate** n - [chem] sulfato m de manganeso m
manganesian a - [chem] manganésico,ca
— **chloride** n - [chem] cloruro m manganésico
— — **solution** n - [chem] disolución f de cloruro m manganésico
— **sulfate** n - [chem] sulfato m manganésico
Magnjet deposit n - [weld] aportación f con electrodo m Mangjet
manhandle v - . . . ; castigar • [autom] conducir manualmente
manhandled a - maltratado,da; castigado,da • [autom] conducido,da manualmente
manhandling n - maltrato m; castigo m • [autom] conducción f manual
manhole n - [constr] . . . ; boca f para, registro m, or inspección f; cámara f, or compuerta f, or galería f, or tapa f, para inspección f, or acceso m; cámara f subterránea • [hydr] boca f para tormenta f
— **baffle** n - [metal-prod] tabique m, or deflector m, en, registro, or entrada f para hombre
— **base** n - [electr-instal] base f para cámara f subterránea
— **cover** n - [constr] tapa f para, boca f, or cámara f, subterránea, or para registro m

manhole cover plate n — [constr] tapa f para, boca f, or cámara f, para registro m
— **cross section** n - [constr] corte m transversal de boca f para registro m
— **floor** n - [electr-instal] piso m de, cámara f subterránea, or boca f para registro m
— **insert** n - [constr] injerto m en, boca f para registro, or cámara subterránea
— **roof** n - techo m de cámara f subterránea
— **shop fabrication** n - [mech] armado m, or preparación f, en taller m de, cámara f para inspección f, or boca f para registro m
— **size** n - [constr] medida(s) f, or tamaño m, or diámetro m, de cámara f para inspección f
— **wall** n - [electr-instal] pared f de cámara f, subterránea, or para inspección f
— **water stop** n - [constr] guarnición f para unión f estanca con base f de boca f para registro m
— **with @ grate** n - [constr] boca f para registro m con rejilla f
manifest n - [transp] . . .; sobordo m | a - . . . | v - . . .; expresar; denunciar
— **@ agreement** v - manifestar, or expresar, conformidad f
manifestation n - . . .; expresión f
manifested a - manifestado,da; expresado,da
— **agreement** n - conformidad f, manifestada, or expresada
manifold n - . . . • [tub] colector m • difusor m; distribuidor m; tubo m, or caja, para distribución f
— **flange** n - [mech] pestaña f múltiple • [int-comb] pestaña f en múltiple m
— **gasket** n - [int.comb] guarnición f, or empaquetadura f, para múltiple m
— **header** n - [int.comb] colector m para múltiple
— **seal** n - [mech] cierre m para, múltiple m, or colector m
— **support** n - [mech] soporte m para, múltiple m, or distribuidor m
— **to @ block** a - [int.comb] de múltiple m a bloque m
— — — **center hole** n - [int.comb] orificio m central de múltiple m a bloque m
— — — — **stud** n - [int.comb] espárrago m (roscado) para orificio m central de múltiple m a bloque m
— — — — — **stud** n - [int.comb] espárrago m roscado central de múltiple m a bloque m
— — — — — — **washer** n - [int.comb] arandela f para espárrago m roscado central de múltiple a bloque m
— — — **end hole** n - [int.comb] orificio m en extremo m de múltiple m a bloque m
— — — — **stud** n - [int.comb] espárrago m roscado en extremo m de múltiple m a bloque m
— — — — — **washer** n - [int.comb] arandela f para espárrago m roscado en extremo m de múltiple a bloque m
— — — **hexagonal nut** n - [int.comb] tuerca f hexagonal para múltiple m a bloque m
— — — **hole** n - [int.comb] orificio m para múltiple m a bloque m
— — — — **stud** n - [int.comb] espárrago m roscado para orificio m de múltiple m a bloque m
— — — **nut** n - [int.comb] tuerca f para múltiple m a bloque m
— — — **stud** n - [int.comb] espárrago m roscado para múltiple m a bloque m
— — — — **washer** n - [int.comb] arandela f para espárrago m roscado para múltiple a bloque
— **valve** n - [valv] válvula f para, múltiple m, or distribuidor m
manila cable n - [cabl] cabo m, or cable m, de, cáñamo m, or manila f, or abacá f
— **rope** n - [cabl] cuerda f, or soga f, or cabo m, de, cáñamo m, or manila f, or abacá f
— — **block** n - [cranes] motón m para, cable m, or, soga f, or cuerda f, de manila, or abacá f
— — **block** n - [cabl] motón m para cable m de,

manila f, or cáñamo m, or abacá f
manila rope splice n - [cabl] empalme m de, cabo m, or cable m, de manila f, or cáñamo m
manioc flour n - [culin] fariña f
manipulation n - . . . . • [fig] especulación f
manipulate @ variable v - manipular variable f
manipulated a - manipulado,da • especulado,da
— **variable** n - variable f manipulada
manipulation n - . . .; manejo m; maniobra f • especulación f agiotaje m • [medic] exploración • [weld] manipulación f
manipulator n - [mech] . . .; volteador m; tumbador m
— **drive** n - [mech] accionamiento m para, manipulador m, or tumbador m, or volteador m
— **driving rack** n - [mech] cremallera f para accionamiento m para manipulador m
— **finger** n - [mech] uña f para manipulador m
— — **drive** n - [mech] accionamiento m para uña f, para, manipulador m, or volteador m
— **operator** n - [mech] operador m para, manipulador m, or volteador m, or tumbador m
manly a - . . . | adv - virilmente
manned interplanetary flight n — [astronaut] vuelo m interplanetario tripulado
— **space program** n - [astronaut] programa m espacial tripulado
manner n - . . .; forma f
manning n - tripulación f | a - tripulador,ra
Manning('s) energy loss equation n - [hydr] ecuación f de Manning para pérdida de energía
— **equation** n - [hydr] ecuación f de Manning
— **formula** n - [hydr] fórmula f de Manning
— ('s) **friction factor** n - [hydr] factor m, de Manning para fricción f, or para fricción f según Manning
— **Kutter formula** f - [hydr] fórmula f de Manning-Kutter
— **method** n - [hydr] método m Manning-Kutter
— ('s) **roughness coefficient** n - [hydr] coeficiente Manning para rugosidad f
— ('s) **value** n - [hydr] valor m según Manning
manpower n - [ind] personal m; mano m de pbra f • fuerza f humana
— **analysis** n - análisis de mano f de obra f
— **program** n - [labor] programa m para personal
— **schedule** n - [ind] programa m para personal m
— **scheduling** n - [ind] programación f para, personal m, or mano f de obra f
— **staff** n - [labor] plantel m de personal m
— **study** n - [ind] estudio m de mano f de obra f
—, **use**, or **utilization** n - [labor] uso m, or utilización f, de mano f de obra f
— **utilization analysis** n - [ind] análisis m de, uso m, or empleo m, de mano f de obra f
— — **study** n - [ind] estudio m de, uso m, or empleo m, de mano f de obra f
mantle n - [vest] . . . • [metal-prod] vientre m; madrastra f; soportal m; soporte m, or placa f, para madrastra f - [incandescent lamp] camisa f
— **discharge pipe** n - [metal-prod] tubo m para desagüe m, or descarga f, para madrastra f
— **piece** n - [domest] vasar m
— **plate** n - [mech] plancha para manto m
— **ring** n - [metal-prod] aro m para soporte m de, cuba f, or madrastra f
— **platform** n - [metal-prod] plataforma f para cuba f
— **steel plate** n - [metal-roll] plancha f de acero m para manto m
manual n - manual m • [public] . . .; folleto m
— **accelerator** n - [int.comb] acelerador m, manual, or para mano f
— **alternating current welder** n - [weld] soldadora f manual para corriente f alterna
— **angling device** n - [agric] dispositivo m manual para alineación f angular
— **application** n - aplicación f manual
— **assembly section** n - [ind] sección f de manual m sobre armado m

manual back n - [public] parte f final de manual
— **bead** n - [weld] cordón m manual
— **bleeder** n - [metal-prod] chapín m manual
— **burner fuel valve** n - [combust] válvula f manual para combustible m para quemador m
— **calculator** n - calculadora f manual
— **check(ing)** n - verificación f manual
— **choke** n - [int.comb] cebador m manual
— **closing** n - cierre m manual
— **clutch** n - [mech] embrague m manual
— **conditioning** n - acondicionamiento m manual
— — **area** n - zona f para acondicionamiento m manual
— **control** n - regulación f manual • regulador m manual • control m de manual m
— **controller** n - regulador m, manual, or para mano f
— **controlling** n - regulación f manual
— **cycle** n - [ind] ciclo m manual
— **deenergizing** n - desactivación f manual
—, **delivering**, or **delivery** n entrega f manual • entrega f de manual m
—, **depressing**, or **depression** n - depresión f, manual, or con mano f
— **derail(er)** n - [rail] descarrilador m, or trampa f, manual
— **design(ing)** n—[print] proyección f de manual
— **desktop decoder** n - [comput] decodificador m manual para escritorio m
— **encoder** n - [comput] codificador m manual para escritorio m
— **device** n - dispositivo m manual
— **drive cable** n - [mech] cable m para accionamiento m manual
— **drop** n - caída f manual
— **electric control** n - [ind] regulación f eléctrica manual • regulador m eléctrico manual
— **electrode** n - [weld] electrodo m (para soldadura f) manual
— **decoder** n - [comput] decodificador m manual
— **encoder** n - [comput] codificador m manual
— **energizing** n - activación f manual
— **engine idler** n - [int.comb] regulador m manual para marcha f, lenta, or sin carga f, de motor m
— **extension** n - extensión f, or prolongación f, manual | a - extendible manualmente
— **feeding** n - [mech] alimentación f manual
— **flux valve** n - [weld] válvula f manual para fundente m
— **gas valve** n—[valv] válvula f manual para gas
— **gear shift** n - [mech] cambio m manual para, marcha f, or velocidad f
— **grinding** n - [mech] esmerilado m manual
— **hoist** n - [mech] torno m manual
— **hydraulic control** n - [hydr] regulador m hidráulico manual
— **idler** n - [weld] regulador m manual para marcha, lenta, or sin carga f
— **insert** n - [mech] suplemento m manual
— **instrument** n - [instrum] instrumento m manual
— **jib** n - [cranes] pescante m manual
— **method** n - método m manual
— **mixing station** n - estación f, para mezcla f manual, or manual para mezcla
— **mode** n - [comput] módulo m manual
— **moving** n - movimiento m manual
— **opening** n - apertura f manual • [metal-roll] deshojado m manual
— — **system** n = [metal-roll] sistema m, manual para deshojado, or para deshojado m manual
— **operating controller** n - [mech] regulador m manual para marcha f
— **operation** n - operación f, or regulación f, or accionamiento m, manual
— **overriding switch** n - [electr-instal] interruptor m general manual
— **picking** n - selección f manual
— **priming lever** n - [pumps] palanca f, manual para cebadura f, or para cebadura f manual
— **pull-out** n - [cranes] extracción f manual

manual pull-out boom n - [cranes] aguilón m extraible* manualmente
— — **jib** n - [cranes] pescante m extraible* manualmente
— **pump rotation** n - [pumps] rotación f, or giro m, manual de bomba f
—, **receipt**, or **receiving** n - [ind] recibo m, or recepción f, manual
— **reset(ting)** n - [mech] reajuste m manual • reposición f manual
— — **(push)button** n - [electr-instal] botón manual para reposición f
— — **safety shut-off valve** n - [valv] válvula f para seguridad f con reajuste m manual para corte m
— — — **valve** n - [valv] válvula f con reajuste m manual para corte m
— — **type** n - [valv] tipo m para reajuste m manual | a - de tipo m para reajuste m manual
— — **valve** n - [valv] válvula f con reajuste m manual
— **rotation** n - rotación f, or giro m, manual
— **scarfing** n - [metal-prod] escarpado m manual
— **seal(ing)** n - [weld] obturación f manual
— — **bead** n - [weld] cordón m manual para obturación f
— **section** n - [public] sección f de manual m
— **selection** n - selección f manual
— **semiautomatic Squirt weld(ing)** n - [weld] soldadura f manual con alimentación f automática de alambre m
— — **weld(ing)** n - [weld] soldadura f semiautomática manual
—**(s) set** n - juego m de manual(es) m
— **shift** n - [mech] cambio m manual de velocidad
— — **type starting engine** n - [int.comb] motor m para arranque m de tipo m con acoplamiento m con pedal
— **signalling** n - [comput] señalización f manual
—**(ly) sliding wall panel** n - [constr] panel m de pared f deslizable manualmente
— **speed control(ler)** n - [mech] regulador m manual para marcha f
— **start(ing)** n - [int.comb] arranque m, or arrancador m, manual
— **starter** n - [int.comb] arrancador m manual
— **station** n - [ind] estación f manual (para mezcla f)
— **stick electrode** n - [weld] electrodo m manual
— **stock rod** n - [metal-prod] sonda f manual
— **switch** n - [electr-instal] conmutador m, or interruptor m, manual
— **system** n - sistema m manual
— **temperature control** n - regulación f manual de temperatura f
— **throttle** n - [int.comb] acelerador m manual
— **tool** n - [tools] herramienta f manual
— **torch** n - [tools] soplete m manual
— **transmission** n - [mech] transmisión f, manual, or con palanca f
— — **lubricant** n - [lubric] lubricante m para transmisión f manual
— — — **classification** n - [lubric] clasificación f para lubricante(s) m para transmisión f manual
— — — — **viscosity** n - [lubric] viscosidad f de lubricante m para transmisión f manual
— — — — **classification** n - [lubric] clasificación f para viscosidad(es) f de lubricante(s) m para transmisión f manual
— **truck throttle** n - [autom] acelerador manual para (auto)camión m
— **weld(ing)** n - [weld] soldadura f (con electrodo m) manual
— **welding carbon** n - [weld] electrodo m de carbono m para soldadura f manual
— — **control** n - [weld] regulación f para soldadura f manual • regulador m para soldadura f manual
— — **wire** n - [weld] alambre m para soldadura f manual

manual welding work n - [weld] trabajo n de soldadura f manual
— **work** n - [labor] trabajo m manual
manually adv - manualmente
— **activated brake** n - [mech] freno m accionado manualmente
— — **parking brake** n - [mech] freno m para, estacionamiento m, or aparcamiento m, accionado manualmente
— — — **shoe parking brake** n - [agric-equip] freno n para, estacionamiento m, or aparcamiento m, con zapata(s) f accionado manualmente
— **controlled** a - (para regulación f) manual
— — **band machine** n - [tools] máquina f con banda f con regulación f manual
— — **swing brake** n - [cranes] freno m contra rotación f regulado manualmente
— **operated** a - operado,da manualmente
— — **circuit breaker** n - [electr-instal] disyuntor m manual
— — **control** n - [mech] regulador m, operado manualmente, or para operación f manual
— — — **switch** n - [electr-oper] conmutador m regulador, operado manualmente, or para operación f manual
— — **sliding wall panel** n - [constr] panel m de pared f deslizable con operación f manual
— **primed system** n - [pumps] red f cebada manualmente
— **rotate @ pump** v - [pumps] rotar, or girar, manualmente bomba f
— **rotated pump** n - [pumps] bomba f, rotada, or girada, manualmente
manufacturable* a - fabricable*; elaborable*
manufacture n - . . .; producción f; confección f; ejecución f • industria f | v - . . .; elaborar; producir; ejecutar • [ind] construir
— **@ attachment** v - [mech] fabricar accesorio m • [chains] fabricar herraje m
— **@ auxiliary item(s)** v - [ind] fabricar, or elaborar, elemento(s) m auxiliar(es)
— **@ burner** v - [combust] fabricar quemador m
— **@ chain sling** n - [chains] fabricar eslinga f de cadena(s) f
— **@ component** v - [ind] fabricar (elemento) componente m
— **@ crane** v - [cranes] fabricar grúa f
— **date** n - [ind] fecha f de fabricación f
— **@ diamond** v - fabricar diamante m
— **@ diesel engine** v - [int/comb] fabricar motor m diesel
—, **discouragement**, or **discouraging** n - desaliento a fabricación f | a - desalentador,ra para fabricación f
— **@ drainage pipe** v - [tub] fabricar, tubo m, or tubería f, para drenaje m
— **economically** v - fabricar económicamente
—, **encouragement**, or **encouraging** n - aliento m a fabricación f | a - alentador,ra para fabricación f
— **@ engine** v - [int.comb] fabricar motor m
— **entrusting** n - [ind] encomendamiento m de fabricación f
— **@ equipment** v - [ind] fabricar equipo m
— **follow-up** n - [ind] seguimiento m de fabricación f
— **inspection** n - inspección f de fabricación f
— **limit(s)** n - [ind[límite(s) para fabricación
— **@ material(s)** v - fabricar material(es) m
— **method** n - [ind] método m para, manufactura f, or fabricación f, or elaboración f
— **number** n - [ind] número m de fabricación f
— **period** n - plazo m para fabricación f
— **process** n - [ind] proceso m para fabricación
— **@ product** v - [ind] fabricar producto m
— **progress** n - [ind] progreso m de fabricación
— **@ radial tire** v - [autom-tires] fabricar neumático(s) m radial(es)
— **@ raw material(s)** v - [ind] elaborar materia(s) f prima(s)
— **@ sling** v - [cabl] fabricar eslinga f

manufacture step n - [ind] paso m para, fabricación f, or producción f
— **@ tap changer** n - [electr-equip] fabricar cambiador m para, toma(s) f, or borne(s) m
— **@ weldment** v - [weld] fabricar, or elaborar, or producir, conjunto m soldado
manufactured a - . . .; elaborado,da • construido,da • hecho,cha contra pedido m • con, fabricación f, or elaboración f, especial
— **attachment** n - [mehc] accesorio m fabricado • [chains] herraje m fabricado
— **auxiliary item(s)** n - [ind] elemento(s) m auxiliar(es), fabricado(s), or elaborado(s)
— **burner** n - [combust] quemador m fabricado
— **chain sling** n - [chains] eslinga f de cadena(s) f fabricada
— **component** n - [ind] componente m fabricado
— **crane** n - [cranes] grúa f fabricada
— **diamond** n - [chem] diamante m sintético
— **disel engine** n - [int.comb] motor m diesel fabricado
— **drainage pipe** n - [tub] tubo m fabricado, or tubería f fabricada, para drenaje m
— **economically** a - [ind] fabricado,da económicamente
— **engine** n - [int.comb] motor m fabricado
— **equipment** n - [ind] equipo m fabricado
— **in** . . . a - fabricado,da en . . .
— **iron and steel product(s)** n - [metal-fabr] producto(s) m manufacturado(s)) de hierro m y acero m
— — **product(s)** n - [metal-fabr] producto(s) m manufacturado(s) de hierro m
— **material** n - [ind] material m fabricado
— **product** n - [ind] producto m, manufacturado, or fabricado, or elaborado, or producido
— —(s) **record** n - [ind] registro m de producto(s) m, fabricado(s), or elaborado(s)
— —(s) **specification** n - [ind] especificación f para producto(s) m fabricado(s)
— **radial tire(s)** n - [autom-tires] neumático(s) m radial(es) fabricado(s)
— **raw material(s)** n - [ind] materia(s) f prima(s), fabricadas(s), or elaborada(s)
— **sling** n - [cabl] eslinga f fabricada
— **steel product** n - [metal-fabr] producto m, manufacturado, or fabricado, con acero m
— **tap changer** n - [electr-equip] cambiador m para, toma(s), or borne(s) m, fabricado
— **weldment** n - [weld] conjunto m soldado, fabricado, or elaborado, or producido
manufacturer n - . . .; manufacturero m; productor m; elaborador m • constructor m
— **acceptable** a - aceptable a fabricante m
— — **quality** n - [ind] calidad f aceptable a fabricante m
— — **quantity** n - [ind] cantidad f aceptable a fabricante m
—(s') **association** n - asociación f de fabricantes m; cámara f sindical
—('s) **brand** n - [ind] marca f de, fábrica f, or fabricante m
—('s) **brochure** n—[ind] folleto m de fabricante
—('s) **catalog** n—[ind] catálogo m de fabricante
—(s') **championship** n - campeonato m para fabricante(s) m
—('s) **code** n - [ind] código m de fabricante m
—('s) **column** n - columna f, de, or para, fabricante(s) m
—('s) **control** n - verificación f de, fabricante m, or productor
—('s) **data** n - [ind] dato(s) m, or información f, de fabricante
—('s) — **sheet** n - [ind] hoja f de fabricante m con, dato(s) m, or información f
—('s) **design** n - [ind] proyección f de fabricante m
—('s) **drawing** n - dibujo m, or plano m, de fabricante
—('s) —(s) **reference table** n - cuadro m para referencia para dibujo m de fabricante m

manufacturer('s) erection supervisor n - [ind] supervisor m de fabricante para, armado m, or montaje m
— **('s) erector** n - montador m para fabricante m
— **('s) field director** n - montador m para fabricante m en obra f
— **('s) guaranty** n - garantía f de fabricante m
— **('s) identification** n - [ind] identificación f de fabricante m
— **('s) instruction(s)** n - instrucción(es) f de fabricante m
— **('s) list** n - lista f, or relación f, de fabricante m
— **('s) literature** n - [ind] publicación(es) f, or impreso(s) m, de fabricante m
— **('s) manual** n - manual m de fabricante m
— **mark** n - marca f de fabricante m
— **('s) name** n - nombre m de fabricante m
— **('s) number** n - [ind] número m de fabricante m
— **('s) operating instruction(s)** n - [ind] instrucción(es) f de fabricante m para, operación f, or manejo m
— **('s) operating manual** n - [ind] manual m de fabricante m para operación f
— **('s) original brochure** n - [ind] folleto m original de fabricante m
— **('s) — catalog** n - [ind] catálogo m original de fabricante m
— **('s) plant** n - [ind] fábrica f de origen; local m, or planta f, de fabricante m
— **('s) product line** n - [ind] renglón m de producción f de fabricante m
— **('s) recommendation** n - recomendación f de fabricante m
— **('s) recommended air pressure** n - [automtires] presión f para aire m recomendada por fabricante m
— **('s) requirement(s)** n - [ind] exigencia(s) f de fabricante m
— **('s) responsibility** n - [ind] responsabilidad f de fabricante m
— **('s) sales staff** n - [ind] personal m para venta(s) f de, fabricante m, or productor m
— **('s) security bond** n - [com] fianza f, or seguro m para garantía f, de fabricante m
— **specification** n - especificación f de fabricante m
— **('s) staff** n - [ind] personal m de fabricante
— **('s) trade mark** n - [ind] marca f, registrada, or de fábrica f, de fabricante m
— **('s) wire** n - [metal-wire] alambre m, corriente, or común, or para fabricación f corriente
— **('s) association** n - asociación f, or gremio m, de fabricante(s); cámara f sindical
manufacturing n - . . .; producción f • industria f | a - . . .
— **activity** n - [ind] actividad f manufacturera, or para fabricación f; sector m manufacturero
— **approach** n - [ind] enfoque m para fabricación
— **area** n - [ind] zona f (para producción f) industrial; zona f para fabricación f
— **batch** n - [ins] lote m para fabricación f
— **capability** n - [ind] capacidad f para, fabricación f, or producción f
— **capacity** n - capacidad f para fabricación f
— **concern** n - [ind] empresa f, or firma f, manafacturera, or fabricante
— **control** n - verificación f, or control* m, de fabricación f
— **cost(s)** n - [ind] costo(s) m de producción f
— **—(s) variable(s)** n - [ind] variable(s) f de costo(s) m para producción f
— **— — effect** n - [ind] efecto m de variables f en costo(s) para producción f
— **date** n - fecha f, de, or para, fabricación f
— **defect(s)** n - [ind] defecto(s) en fabricación f
— **document** n - documento m para fabricación f
— **drawing** n - dibujo m para fabricación f
— **— approval** n - aprobación f de dibujo m para fabricación f
— **excellence** n - excelencia f en fabricación f

manufacturing expense(s) n - gasto(s) m para fabricación f
— **facility** n - [ind] instalación f, manufacturera, or fabril, or para fabricación f; establecimiento m para fabricación f
— **fault** n - [mech] defecto m en fabricación f
— **firm** n - [ind] firma f, manufacturera, or industrial, or fabricante
— **giant** n - [ind] gigante m para fabricación f
— **industry** n - [ind] industria f, manufacturera, or fabril
— **innovation** n - innovación f manufacturera
— **inspection** n - inspección f de fabricación f
— **— right(s)** n - [ind] derecho(s) m para inspección f de fabricación f
— **installation** n - [ind] instalación f fabril
— **joint** n - unión f en fabricación f
— **lathe** n - [tools] torno m para, fabricación f, or producción f
— **leadership** n - vanguardia f en fabricación f
— **level** n - [ind] nivel m para fabricación f
— **location** n - [ind] lugar m, or sitio m, para fabricación f
— **method** n - [ind] método m para, fabricación f, or manufactura f, or para elaboración f
— **number** n - [ind] número m para, fabricación f, or fabricante m
— **operation** n - [ind] operación f, fabril, or para fabricación f
— **period** n - plazo m para fabricación f
— **phase** n - [ind] etapa f en fabricación f
— **plan** n - [ind] plan m para fabricación f
— **plant** n - [ind] planta f, manufacturera, or industrial, or fabril, or para, fabricación f, or producción f; planta f, or establecimiento m, fabril; fábrica f; factoría f; establecimiento m, fabril, or industrial • fábrica f, or planta f, de origen
— **— deliver** v - entregar en fábrica f
— **— delivered** a - entregado,da en fábrica
— **— delivery** v - entrega f en fábrica f
— **— test(ing)** n - [ind] prueba f en fábrica f
— **— thermal shock test** n - [ind] prueba f con choque m térmico en planta f manufacturera
— **possibility,ties** n - [ind] probabilidad(es) f, or perspectiva(s)) f, para fabricación f
— **practice** n—[ind] práctica f para fabricación
— **procedure** n - [ind] procedimiento m, or práctica f, para fabricación f
— **process** n - [ind] proceso m, fabril, or para, fabricación f, or manufactura, or elaboración f
— **production** n - producción f manufacturera
— **quality variable(s)** n - [ind] variable(s) f en calidad f de producción f
— **range** n - [mech] límite(s) m para fabricación
— **requirement** n - exigencia(s)) f para, fabricación f, or producción f
— **schedule** n - [ind] programa m, or plan m, para fabricación f
— **scrap** n - [ind] desecho(s) m de fabricación f
— **sector** n - [ind] sector m para fabricación f
— **service** n - servicio m para fabricación f
— **shop** n [ind] taller m para fabricación f
— **staff** n - [ind] personal m, or planta f, para, fabricación f, or elaboración f
— **stage** n - [ind] etapa f de, fabricación f, or elaboración f
— **site** n - [ind] sitio m, or lugar m, para fabricación f
— **standard** n - [ind] norma f para fabricación f
— **step** n - [ind] paso m, or etapa f, para, fabricación f, or producción f
— **subsidiary** n - subsidiaria f manufacturera
— **technical activity** n - [ind] actividad f técnica, manufacturera, or para fabricación f
— **technique** n - técnica f para fabricación f
— **tolerance** n - tolerancia f para fabricación f
— **transfer** n - transferencia f de fabricación f
— **unit** n - [accntg] unidad f fabril
— **variable** n - variable f para producción f
— **—(s) effect** n - [ind] efecto m de variables

en producción f
manufacturing variation(s) n - [ind] variación(es) f en fabricación f
manure n - [agric] . . .; bosta f
— **spreader** n - [agric-equip] distribuidor m, or extendedor m, para abono m m
— —**tractor hitch** n - [agric-equip] enganche m para distribuidor m para abono m a tractor m
many a - . . . • numerosos,sas
— **application(s)** n - mucha(s) aplicación(es) f distinta(s)
— **different application(s)** n - mucha(s) aplicación(es) f distinta(s)
— **ways** n - mucho(s) sentido(s) m
map n - . . . | v - [topogr] levantar
— **@ course** v - (de)marcar curso m
maphic a - [miner] máfico,ca
— **mineral** n - [miner] mineral m máfico
— **ore** n - [miner] mineral m máfico
mapped course n - curso m (de)marcado
mar v - . . .; estropear • enlutar; malograr
marathon n - . . . | a - . . . • continuado,da
Marbut's great soil group n - [soils] grupo m mayor de suelo(s) m según Marbut
marching band n - [music] banda f desfilante
mares stud n - [cattle] yeguada f
margarine production n - [chem] producción f, or fabricación f, de margarina f
marginal a - . . .; en borde m
— **condition** n - condición f, en, or de, borde m
— **export** n - [econ] exportación f marginal
— **import** n - [econ] importación f marginal
— **land** n - terreno(s) m marginal(es)
— **road** n - [roads] camino m, or carretera f, marginal
— **scrap** n - [metal-prod] chatarra f marginal
— — **build-up** n - [metal-prod] acumulación f de chatarra f marginal
— **scrap price** n - [metal-prod] precio m para chatarra f marginal
marina f - [naut] . . .; embarcadero m para navegación f para recreo m • centro m para navegación f para recreo m
marine n - [milit] . . .; infante m de marina; tropa f para desembarco m | a - . . .
— **application** n - aplicación f marina
— **approved** a - aprobado,da para fin(es) m marítimo(s)
— — **spark arresting muffler** n - [int.comb] silenciador m guardachispa(s) aprobado para, uso(s) m, or fin(es) m, marítmo(s)
— **boiler** n - [boilers] caldera f marina
— **crane** n - [cranes] grúa f marina
— **engine** n - [int.comb] motor m marino
— **field** n - actividad f marina
— **industry** n - industria f marina
— **insurance** n - [insur] seguro m marítimo
— **market** n - mercado m marino
— **motor** n - [náut] motor m marino
— **quality** n - calidad f marina
— — **steel** n - [metal-prod] acero m con calidad f marina
— **transport** n - [transp] transporte m marítimo
— **type boiler** n - [boilers] caldera f de tipo m, marino, or marítimo, or naval
maritime insurance n - [insur] seguro m marítimo
— — **certificate** n - [insur] certificado m de seguro m marítimo
— — **premium** n - [insur] prima f para seguro m marítimo
— **packing** n - [transp] see **export packing**
— **risk** n - [insur] riesgo m marítimo
— **terminal** n - [transp] terminal m marítimo
— **transportation** n - transporte m marítimo
— — **insurance** n - [insur] seguro m sobre transporte m marítimo
mark n - . . .; indicación f; seña f • identificación f | v - . . . • rotular
— **and space** n - [electron] marca f y espacio m; also see **mark/space**
— **@ article** v - marcar artículo m

mark @ ball v - [grind-med] marcar bola f
— **@ bolt head** v - marcar cabeza f de perno m
— **clearly** b - marcar, or señalar, claramente
— **current** n - [electron] corriente f para marca
— — **switch** n - [electron] conmutador m para corriente f para marca f
— **destruction** n - destrucción f de marca f
— **eclipsing** n - eclipsamiento m de marca f
— **@ envelope** v - rotular sobre m
— **@ equipment** v - [ind] marcar equipo m
— **@ grade** v - [ind] marcar calidad f
— **indelibly** v - marcar indeleblemente
— **input** n - [electron] entrada f para marca f
— **@ level** v - [topogr] acotar
— **@ limit** v - marcar, or señalar, límite m
— **@ material** v - [ind] marcar material m
— **oscillator** n - [electron] oscilador m para marca f
— — **output** n - [electron] salida f de oscilador m para marca f
— **output** n - [electron] salida f para marca f
— — **condition** n - [electron] condición f de salida f para marca(s) f
— **pulse** n - [electron] pulsación f, or impulso(s) m, para marca(s) f
— — **rate** n - [electron] régimen m de impulso(s) para marca(s) f
— **punching** n—[mech] punzadura f para marcación
— **signal** n - [electron] señal f para marca f
—/**space** n - [electron] marca/espacio f
—/— **gating** n - [electron] activación f marca/espacio f
—/— — **circuit** n - [electron] circuito m para activación f marca/espacio f
—/— **input signal polarity** n - [electron] polaridad f para señal f para emtrada f para marca/espacio f
—/— **oscillator** n - [electron] oscilador m para marca/espacio f
—/— — **frequency** n - [electron] frecuencia f de oscilador m para marca/espacio f
—/— — **gating circuit** n - [electron] circuito m para, activación f, or conmutación f, de oscilador m marca/espacio f
—/— **polarity** n - [electron] polaridad f para marca/espacio f
— — **state** n—[electr] estado m marca-espacio f
— — **tone** n - [electron] tono m (para) marca-espacio f
— — — **frequency** n - [electron] frecuencia f para tono m marca-espacio f
— — — — **selection** n - [electron] selección f de frecuencia f de tono m marca-espacio f
— **@ stud** v - [weld] marcar borne m
— **@ timing** v - [int.comb] marcar regulación f para encendido m
— **to ground** v - [electr-instal] marcar para (conexión f con) tierra f
— **tone** n - [electron] tono m para marca f
— — **frequency** n - [electron] frecuencia f para tono m para marca f
— **@ tooth** v - [mech] marcar diente m
— **@ type** v - [ind] marcar tipo m
— **up** n - [com] recargo m | v - [com] recargar
— **with @ symbol** v - marcar con símbolo m
marked a - marcado,da; rotulado,da; señalado,da • con marca f
— **article** n - [com] artículo m marcado
— **ball** n - [grind.med] bola f marcada
— **base** n - [com] base f, or zona f, marcada
— **bolt head** n - [mech] cabeza f de perno m marcada
— **carving** n - [com] creación f de mercado m
— **clearly** a - (de)marcado,da, or señalado,da, claramente
— **cost decrease** n - disminución f, or (a)minoración f, categórica de costo(s) m
— **decrease** n - disminución f, or (a)minoración f, categórica
— **diameter reduction** n - [mech] reducción f marcada en diámetro m

marked envelope n—sobre m, marcado, or rotulado
— **equipment** n - [ind] equipo m marcado
— **grade** n - [ind] calidad f marcada
— **indelibly** a - marcado,da indeleblemente
— **legibly** a - marcado,da, legiblemente, or en forma f legible
— **level(s)** a - [topogr] acotado,da
— **limit** n - límite m, marcado, or señalado
— **material** n - [ind] material m marcado
— **reduction** n - reducción f marcada
— **stud** n - [mech] borne m marcado
— **test(ing) ball** n - [grind.med] bola f marcada para, prueba(s) f, or ensayo(s) m
— **timing** n - [int.comb] regulación f para encendido m, or sincronización f, marcada
— **to ground** a - [electr-instal] marcado,da, a, or para, [puesta f a) tierra f
— **tooth** n - [mech] diente m marcado
— **type** n -tipo m marcado
— **up** a - [com] recargado,da
— **with @ symbol** a - marcado,da con símbolo m
marker n - . . .; indicador m; rótulo ml señal f; etiqueta f; marbete m; letrero m; cédula f
— **attachment** n - dispositivo m, or accesorio m, marcador
— **disk** n - [mech] disco m marcador
— **light** n - [autom-electr] luz t marcadura
market n - . . . | v - mercadear; comercializar
— **analysis** n - [com] análisis m de mercado m
— **analyst** n - [com] analista f para mercado m
— **area** n - [com] especialidad f (en mercado m) • zona f para, venta f, or comercialización f
— **availability** n - disponibilidad f en mercado
— **available** a - disponible en mercado m
— **coming on** n - [com] aparición f en mercado m
— **conquering** n - [econ] conquista f de mercado
— **cost** n - [com] precio m corriente
— **demand** n - demanda f de mercado m
— **development** n - desarrollo m de mercado m
— — **director** n - [com] director m para desarrollo m de mercado m
— **@ equipment** v - [com] mercadear equipo m
— **estimate** n - [com] estimación f de mercado m
— **expansion** n - [com] ampliación f de mercado m
— **experience** n - experiencia f en mercado m
— **extension** n - [com] extensión f, or amplitud f, de mercado m
— **factor** n - [econ] factor m en mercado m
— **forecast** n - [econ] proyección f de mercado m
— **introduce** v - [com] introducir en mercado m
— **introduced** a—[com] introducido,da en mercado
—, **introducing**, or **introduction** n - [com] introducción f en mercado m
— **knowledge** n - [com] conocimiento m de mercado
— **opportunity** n - [com] oportunidad f comercial
— **participation** n - [com] participación f en mercado m
—, **penetrating**, or **penetration** n - [com] penetración f en mercado m
— **place** n - [com] plaza f
— **portion** n - [com] (pro)porción f de mercado m
— **possibility,ties** n - [com] posibilidad(es) f, de, or en, mercado m
— **price** n - [com] precio m en mercado m
— **quality demand** n - [ind] demanda f de calidad f en mercado m
— **quotation** n - [fin] cotización f en mercado m
— **research** n - [com] investigación f, or estudio m, de mercado m
— **researcher** n - [com] investigador m, or analista m, de mercado(s) m
— **sale** n - [com] venta f en mercado m
— **segment** n - [com] segmento m de mercado m
— **study** n - estudio m de mercado m
— **supply** n - [com] provisión f en plaza f
— **@ supply,plies** v - [com] mercadear, or comercializar, elemento(s) m, or provisión(es) f
— — **term(s)** n - [com] condición(es) f para provisión f en plaza f
— **survey** n - [com] estudio m de mercado m
— **value** n - [com] valor m, or cotización f, en, plaza f, or mercado m • [fin] valor m, bursátil, or en bolsa f
market value approximation n - [fin] aproximación f, a cotización f en mercado m, or a valor m bursátil
marketability n - comerciabilidad* f
marketable a - . . .; negociable
— **equity security** n - [fin] valor m negociable para especulación f
— — —,**ties accounting** n - [accntg] contabilización f de valor(es) m negociable(s) para especulación f
— — — — **change(s)** n - [accntg] cambio(s) m en contabiliz ación f de valor(es) negociable(s) para especulación f
— **security,ties** n - valor(es) m negociable(s)
— — **decrease** n - [fin] disminución f, or reducción f, en valor(es) m negociable(s)
— — **increase** n - [fin] aumento m en valor(es) m negociable(s)
— **security** n - [fin] valor m, or título m, negociable
marketed a - [com] comercializado,da
— **equipment** n - [com] equipo m mercadeado
— **supply,plies** n - [com] elemento(s) m, comercializado(s), or mercadeado(s); provisión(es) f, comercializada(s), or mercadeada(s)
marketer n - . . .; mercader m; comerciante m
marketing n - . . .; mercadeo m; comercialización f • investigación f y estudio m de mercado m; mercadotecnía* f; distribución f
— **area** n - [com] zona f para, comercialización f, or mercadeo m, or distribución f
— **arm** n - [ind] subsidiaria f para, comercialización f, or mercadeo m, or distribución f
— **effort** n - [com] esfuerzo m para, comercialización f, or mercadeo m, or distribución f
— **expense** n - [com] gasto m para, comercialización f, or mercadeo m, or distribución f
— **experience** n - [com] experiencia f en, comercialización f, or mercadeo m, or distribución
— **information** n - [com] información f para, comercialización f, or mercadeo m, or venta(s)
— **management** n - [com] administración f de, comercialización f, or mercadeo m, or venta(s)
— **manager** n - [com] gerente m para, comercialización f, or mercadeo m, or distribución f
— **mechanism** n - [com] mecanismo m para, comercialización f, or mercadeo m, or distribución
— **organization** n - [com] organización f para, comercialización f, or mercadeo m
— **planning** n - [com] plan f, or planificación f, para, comercialización f, or mercadeo m
— **research** n - [com] investigación f para, comercialización f, or mercadeo m
— — **department** n - [com] departamento m para investigación f para, comercialización f, or mercadeo m, or distribución f, or venta(s) f
— **strategy** n - [com] estrategia f para, comercialización f, or mercadeo m, or venta(s) f
— **support** n - [com] apoyo m, or ayuda f, para, comercialización f, or mercadeo m, or venta f
— — **program** n - [com] programa m para, apoyo m, or ayuda f, para comercialización f
— **technique** n - [com] técnica f para, comercialización f, or mercadeo m, or venta(s) f
— **vice president** n - [legal] vicepresidente m para, comercialización f, or mercadeo m, or distribución f, or venta(s) f
marketplace dynamics n - dinámica f de mercado m
— **introduce** v - [com] introducir en mercado m
— **introduced** a - introducido,da en mercado m
— **introduction** n - introducción f en mercado m
— **response** n - [com] reacción f de mercado m
marking n - . . .; marcación f; indicación f; rótulo • identificación f; señalización f; rotulación • [mech] estampación f; estampado m | a - marcador,ra
— **anomaly** n - [ind] anomalía f en marcación f
— **area** n - [ind] zona f para, marcación f, or estampación f, or estampado m

marking awl n - [tools] punta f para marcar
— **check(ing)** n - verificación f de marcación f
— **compound** n - compuesto m, marcador, or para marcación f
— **control** n - [ind] control m para marcación f
—, **destroying**, or **destruction** n - destrucción f de marcación f
— **die** n - [mech] troquel n, or punzón m, para marcación f
— **gage** n - [instrum] gramil m; calibrador m
— **iron** n - [tools] ferrete m
— **length** n - largo(r) m de marcación f
— **off** n - trazado m
—— **table** n - mesa f para trazado m
— **operation** n - operación f para marcación f
— **procedure** n - procedimiento m para marcación f
— **station** n - [ind] puesto m para marcación f
— **up** n - recargo m
— **wire** n - [wire] alambre m para marchamo(s) m
— **with @ symbol** n - marcación f con símbolo m
— **zone** n - [ind] zona f para, marcación f, or estampado m, or estampación f
marlin n - [icthiol] . . . • [cabl] filástica f alquitranada
marline n - [cabl] . . .; filástica f
— **clad** a—[cabl] revestido,da con, merlín, or filástica f
—— **rope** n—[cabl] cable m de alambre m, revestido, or forrado, con, merlín m, or filástica f alquitranada
—— **strand** n - [cabl] cordón m revestido con, merlín m, or filástica f (alquitranada)
— **spike** n - [cabl] punzón m para empalmar cable(s) m; pasador m para cabo m
— **spirally wrapped** a - [cabl] revestido,da en hélice con filástica f
marred a - estropeado,da • malogrado,da • enlutado,da
married a - , . . . • [fam] atado,da
— **name** n - apellido m de casada
marring n - estropeo m; malogro m; malogramiento m | a - estropeador,ra; marcador,ra; que deja, marca(s) f, or huella(s)
marsh n - [hydr] . . .; estero m
— **gage** n - [instrum] manómetro m de Marsh
marshland n - tierra f pantanosa
marshy area n - [geol] zona f anegadiza
— **land** n - [soils] terreno m pantanoso
martempering n - [metal-treat] martensitación f
martensite n - [metal-prod] martensita f
martensitic a - [metal-prod] martensítico,ca
— **grade** n - [metal] calidad f martensítica
— **microstructure** n - [metal] microestructura f martensítica
— **stainless steel** n - [metal-prod] acero m inoxidable martensítico
——— **blade** n - [mech] paleta f de acero inoxidable martensítico
— **steel** n - [metal-prod] acero m martensítico
—— **blade** n - [mech] paleta f de acero m martensítico
—— **weld(ment)** n - [weld] soldadura f de acero m martensítico
—— **structure** n - [miner] estructura f martensítica
mask cleaning n - [safety] limpieza f de, máscara f, or careta f
— **face piece** n - [safety] pieza f, facial, or para cara, para, máscara f, or careta f
— **type** n - [safety] tipo m de máscara f | a - de tipo, de, or con, máscara f
masking (tape) n - cinta f de papel m adhesivo
mason n—[constr] . . .; mampostero m; cantero m
—('s) **chisel** n - [tools] cincel m para, albañil m, or cantero m
—('s) **level** n - [tools] nivel m para, albañil m, or cantero m
—('s) **rule** n - [tools] reglón m
—('s) **trowel** n - [tools] cuchara f, or paleta f, para, albañil m, or cantero m
masonry n - [constr] . . .; fábrica f; froga f •
[metal-prod] refractario(s) m
masonry abutment n - [bridges] estribo m de mampostería f
— **arch** n - [constr] bóveda f de mampostería f
— **building** n - [constr] edificio m, or estructura f, de, mampostería f, or obra f
— **channel** n - [sanit] cauce m de mampostería f
— **construction** n - [constr] construcción f, con albañilería f, or mampostería f
— **culvert** n - [constr] alcantarilla f de, albañilería f, or mampostería f
— **department** n - [ind] departamento m de albañilería f
— **duct** n - [constr] conducto m de albañilería f
— **foundation** n - [constr] cimiento m, or base f, de mampostería f
— **headwall** n - [constr] muro m para cabecera f de, mampostería f, or fábrica f
— **material** n - material m para albañilería f
— **mortar specification** n - [constr] especificación f para mortero m para albañilería f
— **personnel** n - [constr] albañil(es) m
— **priming** n - [constr] imprimación f de, mampostería f, or albañilería f
— **reinforce** n - [constr] reforzar con mampostería f
— **reinforced** a - [constr] reforzado,da con mampostería f
—, **reinforcement**, or **reinforcing** n - [constr] refuerzo m con mampostería f
— **saw** n - [tools] sierra f para mampostería f
— **sewer** n - [constr] cloaca f de albañilería f
—— **channel** n - [sanit] cauce m cloacal de mampostería f
— **structure** n - [constr] estructura f de, mampostería f, or albañilería • conducto m de mampostería f, or albañilería f
— **supervisor** n - [constr] supervisor m, or encargado m, de, albañilería f, or refractarios
— **unit** n - [constr] elemento m de albañilería f
—— **standard specification** n - [constr] especificación f de norma f para elemento m de albañilería f
— **work** n - [constr] trabajo m de mampostería f
mass n - . . . • [constr] macizo m | adv - en masa; en escala f grande
— **action law** n - [phys] ley f de acción f de masa(s) f
— **charging** n - [metal-prod] carga f masiva
— **dump** v - [constr] volcar en masa f
— **dumped** a - [constr] volcado,da en masa f
— **dumping** n - [constr] vuelco m en masa f
— **marketing** n - [com] comercialización f, or mercadeo m, en, masa f, or escala f grande
— **of fibers** n - masa f de fibras f
— **produce** v - [ind] producir en, masa, or serie
— **produced** a - [ind] producido,da en, masa, or serie
—, **producing**, or **production** n - [ind] producción f en, masa, or serie, or cantidad
— **ratio** n - [mech] razón f de masa f
— **spectrometer** n - [instrum] espectrómetro m para masa f
—— **helium leak detector** n - [instrum] detector m para fuga(s) f de helio m con espectrómetro m para masa f
— **transportation** n - [transp] transporte m, de, or en, masa(s) f
massive a - . . .; masivo,va
— **bridge replacement program** n - [constr] programa m, masivo, or extenso, para reemplazo m de puente(s) m
— **change** n - cambio m masivo
— **crane** n - [cranes] grúa f masiva
— **machinery** n - [ind] maquinaria f masiva
— **part** n - [mech] pieza f masiva
— **product** n - [ind] producto m masivo
——(s) **magnetic property,ties measuring** n - [metal-prod] medición f de propiedad(es) f magnética(s) de producto(s) m masivo(s)
———— **method** n - [metal-prod] método m

para medición f de propiedad(es) f magnética(s) de producto(s) m masivo(s)
massively adv - masivamente
mast n - [nav] . . . . • [constr] montante m; pie m derecho • asta m
— **arm** n - [cranes] pescante m • aguilón m
— **gantry** n - [cranes] caballete m con montante
— **head** n - see **masthead** • [petrol] tope m de torre f para perforación f
master n - . . . . • patrón m; dueño m | a - . . .
— **bushing** n - [mech] buje m, maestro, or principal • buje m para transmisión f • [petrol] buje m principal para mesa f rotatoria
— — **inspection** n - [mech] inspección f de buje m maestro
— — **lifter** n - [petrol] alzaprima m para buje m maestro; levantabuje(s) m, or alzabuje(s) m, maestro
— **cable** n - [weld] cable m maestro • [weld] cable m dicho propiamente
— **clock** n - . . .; reloj m, maestro, or principal
— **clutch** n - [mech] embrague m, maestro, or principal
— **control** n - regulación f maestra
— — **panel** n - [electr] tablero m principal para regulación f
— **cylinder** n - [mech] cilindro m, maestro, or principal
—**('s) degree** n - [educ] doctorado m
—**('s) — thesis** n - [educ] tesis f doctoral
— **die** n - [mech] matriz f maestra
— — **shoe** n - [mech] patín m para matriz maestra
— **drain** n - [hydr] desgüe m principal
— **fixture control panel** n - [weld] tablero m principal para regulación f para instalación f soldadora
— **gage** n - [tools] calibrador m, or calibre m, principal • [instrum] manómetro m principal
— **gate (valve)** n - [valv] válvula f esclusa, maestra, or principal
— **key** n - [mech] llave f maestra
— **keyed lock** n - [mech] candado m, or cerradura f, or cerrojo m, con llave f maestra
— **link** n - eslabón m, maestro, or principal
— **lower die shoe** n - [mech] patín m para matriz f maestra inferior
— **main** n - [hydr] conducto m principal
— **male punch** n - [mech] punzón m maestro macho
— **mechanic** n - [mech] mecánico m, jefe, or principal • maestro m, or oficial m, mecánico
— **of business administration** n - [educ] doctor m en ciencias f económicas • perito m mercantil
— — **science** n - [educ] doctorado m en ciencias f • maestro m en ciencias f
— **oscillator** n - [instrum] oscilador m principal
— **plan** n - plan m, maestro, or general
— **punch** n - [mech] punzón m maestro
— — **with @ adapter** n - [mech] punzón m maestro con adaptador
— **relay** n - [electr-instal] relé m, maestro, or principal
— — **control** n - [electr] regulación f para relé m, maestro, or principal • regulador m para relé m, maestro, or principal
— **set** n - juego m, or conjunto m, maestro
— — **die** n - [mech] matriz f para conjunto m maestro
— — — **shoe** n - [mech] zapata f, or base f, para matriz f para conjunto m maestro
— — **face** n - cara f de conjunto m maestro
— — **punch** n - [mech] punzón m para conjunto m maestro
— **spring** n - [mech] resorte m, or muelle m, principal
— **switch** n - [electr-instal] interruptor m, or llave f, principal • llave f maestra
— — **lead** n - [electr-cond] conductor m desde interruptor m principal
— **upper and lower die shoe(s)** n - [mech] pa-

tín m para matriz,ces f maestra(s) superior e inferior
— **master upper die shoe** n - [mech] patín f para matriz f maestra superior
— **urbanization plan** n - [pol] plan m general para urbanización f
masterful a - . . .; brillante; brillantísimo,ma
— **driving** n - [autom] conducción f, brillante, or brillantísima
masterful adv - . . .; superiormente
mastermind v - ingeniar
masterminded a - ingeniado,da
masterminding n - ingenio m
masthole n - [constr] [naut] fogonadura f
mastic n - . . .; masilla f • cemento m
mat n - . . . . • [constr] . . .; platea f base f para cimiento m • colchón m - [mech] malla f
— **change** n - [mech] cambio m, or reemplazo m, de malla f
— **complete set** n - [mech] juego m completo de malla(s) f
— **foundation** n - [constr] cimiento m con platea
— **replacement** n - [mech] reemplazo m de malla f
— **set** n - [mech] juego m de malla(s) f
— — **change** n - [mech] cambio m de juego m de malla(s) f
— — **replacement** n - [mech] reemplazo m de juego m de mallas f
— **weed** n - [agric] esparto m
— — **patch** n - [agric] espartal m
match n - . . . . • desafío m; competencia f • equivalencia f • hermanamiento m | v - . . . . adaptar; ajustar; adecuar • equilibrar • coincidir; corresponder; armonizar; conformar; equivaler; uniformar • desafiar • aparear
— @ **adjoining surface** v - [mech] armonizar con superficie f adyacente
— **against** n - comparación f con | v - comparar con
— @ **assembly** v - [mech] aparear conjunto m
— **box** n - [domest] fosforera f; cerillera f
— **carefully** v - aparear, or comparar, cuidadosamente
— @ **corrugation(s)** v - corresponder corrugación(es) f
— **drill** v - [mech] taladrar apareadamente
— **drilled** a - [mech] taladrado,da apareadamente
— **drilling** n - [mech] taladrado m apareado
— **exactly** v - corresponder exactamente
— @ **example** v - aparear ejemplo m
— @ — **with** @ **principle** v - aparear ejemplo m con principio m
— @ **gear(s)** v - [mech] hermanar, or aparear, engranaje(s) m
— @ — **set** v - [mech] hermanar, or aparear, juego m de engranaje(s) m
— @ — — **number** v - [mech] hermanar, or aparear, número m de juego m de engranaje(s) m
— @ **hood** v - [mech] corresponder con campana f
— @ **horsepower** v - [mech] corresponder con potencia f
— **lighting** n - [combust] encendimiento m de, fósforo m, or cerilla f
— **mark** n - [mech] marca f para apareamiento m | v - [mech] marcar apareadamente
— **marked** a - [mech] marcado,da, para apareamiento n, or apareadamente • con apareamiento m marcado
— **mark(ing)** n - [mech] marca(ción) f para apareamiento m
— **nicely** v - corresponder bien
— @ **part(s)** v - [mech] hermanar, or aparear, pieza(s) f
— @ **principle** v - aparear principio m
— **precisely** v - corresponder exactamente
— **ream** v - escoriar apareadamente
— **reamed** a - [mech] escoriado,da apareadamente
— **reaming** n - [mech] escoriado* m apareado
— @ **set** v - [mech] hermanar, or aparear, juego
— @ **set number** v - [mech] hermanar, or aparear, número m de juego m

match @ speed v - igualar velocidad f
matchable a - ...; igualable; equiparable
matchboard n - [lumber] ...; madera f or tabla f, machihembrada
matched a - igualado,da; conformado,da; compatible; apareado,da; hermanado,da; correspondido,da; equivalente • uniforme • adecuado,da • [lumber] machihembrado,da
— **against** a - comparado,da con
— **assembly** n - [mech] conjunto m apareado
— **boom and accessory,ries** n - [cranes] aguilón m y accesorio(s) m compatible(s)
— **carefully** a - apareado,da, or comparado,da, cuidadosamente
— **example** n - ejemplo m apareado
— **gear** n - [mech] engranaje(s) m, hermanado(s), or apareado(s)
— **—(s) set** n - [mech] juego m de engranaje(s) m, hermanado(s), or apareado(s)
— **— — number** n - [mech] número m de juego m de engranaje(s) m, hermanados, or apareados
— **horsepower** n - [mech] potencia f equiparada
— **joint** n - [lumber] junta f machihembrada
— **part(s)** n - [mech] pieza(s) f, hermanada(s), or apareada(s)
— **principle** n - principio m apareado
— **set** n - juego m, hermanado, or apareado
— **— number** n - [mech] número m de juego m, hermanado, or apareado
— **speed** n - [mech] velocidad f igualada
— **tire** n - [autom-tires] neumático m apareado
— **wheel** n - [cranes] rueda f apareada
matcher n - [lumber] machihembrador m
matching n - .... • adecuación f; conformación f; uniformización f; correspondencia f • desafío m | a - apropiado,da; correspondiente; idéntico,ca • [lumber] machihembrado,da
— **against** a - comparación f con
— **corrrugation(s)** n - [metal-fabr] corrugación(es) f, correspondientes, or apareadas
— **flange(s)** n - [mech] brida(s) f apareada(s)
— **machine** n - [tools] machihembradora f
— **plane** n - [tools] juntera f; cepillo m machihembrador
— **receptacle** n - [electr-instal] tomacorriente correspondiente
— **slot** n - [mech] ranura f correspondiente
matchless a - inequiparable
matchlessness n - ...; inequiparabilidad f
matchmark n - [mech] señal f para, ajuste m, or apareamiento m
mate n - .... | v - ....; encajar; corresponder; hermanar
— **correctly** v - [mech] aparear correctamente
— **properly** v - [mech] hermanar, or aparear, or encajar, or ajustar, debidamente, or apropiadamente
mated a - apareado,da; hermanado,da; encajado,da • correspondido,da • [rail] emparejado,da
— **correctly** a—[mech] apareado,da correctamente
— **properly** a - [mech] hermanado,da, or apareado,da, or ajustado,da, or encajado,da, apropiadamente
— **wheels** n - [rail-wheels] rueda(s) f apareadas
material n - ...; materia f; mercadería f; producto m • [weld] plancha f
—**(s) acceptance specification** n - especificación f para aceptación de material m
—**(s) acquiring** n - adquisición f de materiales
—**(s) acquisition**—adquisición f de materiales m
—**, advance,** or **advancing** n - [mech] avance m de material(es) m
— **amount** n - [ind] cantidad f de material m
— **application** n - aplicación f, de, or para, material(es) m
—**(s) applied** n - material(es) m aplicado(s)
—**(s) availability** n - [ind] disponibilidad f de material(es) m
—**(s) balance** n - [ind] balance m, or equilibrio m, de material(es) m
— **base** n - base f material

material batch n - [ind] lote m, or partida f, de material(es) m
—**(s) bill** n - [ind] lista f de material(es) m
—**(s) billed but not shipped** n - [com] material m facturado pero no despachado
— **buckling** n - [mech] combadura f, or pandeo m, or encorvadura f, de material m
— **caking** n - aterronamiento m de material m
—**(s) carrying** n - acarreo m, or transporte m, de material(es) m
—**(s) catalog** n - [ind] catálogo m de materiales
— **category** n - categoría f de material m
—**(s) certificate** n - certificado m para material(es) m
— **certification** n - certificación f de material
—**(s) chemistry** n - [chem] análisis m químico de material(es) m
—**(s) choice** n - (s)elección f de material(es) m
— **class** n - clase f de material m
—**(s) clean-up** n - limpieza f de material(es) m
—**(s) code** n - código m para material(es) m
—**('s) coercive field** n - [electr] campo m coercitivo de material(es) m
— **coked** n - [coke] material m coquizado
—**(s) combination** n—combinación f de materiales
— **compacted carefully** n - material m compactado cuidadosamente
— **compacting** n - compactación f de material m
— **completing** n - completamiento* m de material
— **completion** n - completamiento* de material m
— **component** n - componente m de material m
—**(s) condition** n - condición f, or estado m, de material(es) m
—**(s) consistency** n - consistencia f de material
—**(s) consolidating,** or **consolidation** n - consolidación f de material(es) m
—**(s) content** n - contenido m de material(es) m • proporción f de material(es) m
—**(s) control** n - control m de material(es) m
— **covered** n - material m cubierto | a - (re)cubierto,ta con material m
— **covering** n - cobertura f de material m
— **damage** n - daño m (a) material
—**(s) damaged** n - material(es) m dañado(s)
—**— in transit** n - [transp] material(es) m dañado(s) en tránsito m
—**(s) defect(s)** n - defecto(s) m en material(es)
—**(s) delivery** n - entrega f de material(es) m
—**(s) — date** n - fecha f para entrega f de material(es) m
—**(s) — location** n - [com] sitio m, or lugar m, para entrega f de material(es) m
—**(s) density** n - densidad f de material(es) m
—**(s) — measurement** n - medida f de densidad f de material(es) m
—**(s) — measuring** n - medición f de densidad f de material(es) m
—**(s) description** n - descripción f de material
—**(s) design** n - proyección f, or diseño m, de material(es) m
—**(s) — problem** n - [ind] problema m con diseño m de material(es) m
—**(s) designing** n - proyección f de materiales m
—**(s) determination** n - [ind] determinación f, or selección f, de material(es) m
—**(s) dewatering** n - desecamiento m de material
—**(s) diameter** n - diámetro de, material, or producto m
—**(s) dimension(s)** n - dimensión(es) f de material(es) m
—**(s) discontinuity** n - descontinuidad f de material(es) m
—**(s) dispersion** n - dispersión f de materiales
— **disposal** n - [ind] disposición f, or eliminación f, or evacuación f, de material(es) m
—**(s), distributing,** or **distribution** n - distribución f de material(es) m
—**(s) distributor** n - distribuidor m para material(es) m
—**(s) diversion** n - [hydr] apartamiento m de material(es) m

material(s) division n - [ind] división f de material(es) m
—(s) **dock** n - [ind] muelle m para material(es)
— **downgrading** n - [ind] degradación f de material(es) m
—(s) **drawing** n - dibujo m para material(es) m
— **ductility** n - ductilidad f de material(es) m
— **durability** n - durabilidad f de material m
—(s) **economics** n - economía f en material(es)
—, **excavating**, or **excavation** n - [constr] excavación f de material m
— **exposure** n - exposición f de material m
—(s) **external and internal quality** n [ind] calidad f externa e interna de material(es) m
— — — — — **evaluation** n [ind] evaluación f de calidad f externa e interna de materiales
— — — — — **equipment** n - [ind] equipo m para evaluación f de calidad f externa e interna de material(es) m
—(s) — **quality** n - [ind] calidad f externa de material(es) m
—(s) — — **evaluation** n - [ind] evaluación f de calidad f externa de material(es) m
—(s) — — **equipment** n - [ind] equipo m para evaluación f de calidad f externa de material
— **fastening** n - [mech] fijación f, or sujeción f, de material
— **fill** v - llenar con material m
— **filled** a - llenado,da con material m
— **filling** n - henchimiento m con material(es) m
— **finishing** n - terminación f, de, or con, material m
—(s) **first cost** n - [ind] costo m primero de material(es) m
—(s) **flow** n - [ind] flujo m de material(es) m
—(s) — **chart** n - [ind] diagrama n para flujo m de material(es) m
—(s) **forward speed** n - [ind] velocidad f para avance m de material(es) m
— **function** n - [constr] función f de material m
—(s) **gage** n - escala f de material(es) m
—(s) **gathering** n - [ind] acopio m de materiales
—(s) — **plan** n - [ind] plan m para acopio m de material(es) m
—(s) **general catalog** n - [ind] catálogo m general de material(es) m
—(s), **gradation**, or **grading** n - clasificación f de material(es) m
—(s) **guaranty** n - [com] garantía f para calidad f de material(es) m
—(s) **handler** n - [ind] manipulador m para material(es) m
—(s) **handling** n - [ind] manejo m, or manipuleo m, or movimiento m, de material(es) m
—(s) — **clamp** n - [chains] mordaza(s) f para manipuleo m de material(es) m
—(s) — **equipment** n - [ind] equipo m para manipuleo m de material(es) m
—(s) — **capacity** n - [ind] capacidad f para movimiento m de material(es) m
—(s) — **dock** n - [ind] muelle m para (manipuleo m de) material(es) m
—(s) — **specialist** n - [ind] especialista m para manipuleo m de material(es) m
—(s) — **system** n - [ind] sistema m para manipuleo m de material(es) m
—(s) — — **design** n - [ind] proyección f de sistema m para manipuleo m de material(es) m
— **hardening** n - endurecimiento m de material m • [metal-treat] temple m de material m
— **hardness** n - [ind] dureza f de material m
—(s) **heat treatment** n - [metal-treat] tratamiento m térmico para material(es) m
—(s) — **unit** n - [metal-treat] instalación f para tratamiento m térmico para material(es)
— **heating** n - [ind] calentamiento m de material
—, **homologating**, or **homologation** n - [ind] homologación f de material m
—(s) **identification** n - [ind] identificación f de material(es) m
—(s) **identifying trade mark** n - [ind] marca f para identificación f de material(es) m
—(s) **importation** n - [ind] importación f de material(es) m
—(s) **importing** n - importación f de materiales
— **in process** n - [ind] material m en proceso m
—(s) **in stock** n - [ind] existencia f de material(es) m; material(es) m en existencia
—(s) **induction heat treatment** n - [metal-treat] tratamiento m térmico por inducción f de material(es) m
—(s) — — — **unit** n - [metal-treat] instalación f para tratamiento m térmico por inducción f de material(es) m
—(s) **inflow** n - aportación f de material(es) m
—(s) — **weld(ing)** n - [weld] soldadura f con aportación f de material(es) m | v - [weld] soldar con aportación f de material m
—(s) — **welded** a - [weld] soldado,da con aportación f de material(es) m
—(s) **inspecting** n - inspección f de materiales
—(s) **inspection** n - inspección f de materiales
—(s) **insurance** n - [insur] seguro m sobre material(es) m
—(s) **insuring** n - [insur] seguro m sobre material(es) m
—(s) **internal and external quality evaluation** n - [ind] evaluación f de calidad f interna y externa de material(es) m
—(s) **internal quality** n - [ind] calidad f interna f de material(es) m
—(s) — — **evaluation** n - [ind] evaluación f de calidad f interna de material(es) m
—(s) — — **equipment** n - [ind] equipo m para evaluación f de calidad f interna de material(es) m
— **lengthening** n - [mech] alargamiento m, or extensión f, considerable
—(s) **loading** n - [transp] carga f de material m
— **loss** n - pérdida f (de) material m
— **maintenance** n - conservación f mayor
—(s) **manufacture** n - fabricación f de material
— **manufactured in** ... n - [ind] material m fabricado en ...
—(s) **manufacturer** n - [ind] fabricante m de material(es) m
— **marking** n - marcación f de material(es) m
—(s) **minimum strength** n - [weld] resistencia f mínima (especificada) para material(es) m
—(s) **mix** n - [ind] mezcla f de material(es) m
—(s) **mixing** n - [ind] mezcla f de material(es)
— **not shipped** n - [ind] material m no, enviado, or despachado, or embarcado
— **of U(nited) S(tates of) A(merica) origin** n - material m de origen m norteamericano; país m de origen, Estados Unidos de (Norte) América
—(s) **packing** n - [transp] embalaje m de material(es) m
— **painting** n - [ind] pintura f de material m
—(s) **partial identification** n - [ind] identificación f parcial de material(es) m
—, **perforating**, or **perforation** n - [mech] perforación f de material m
—(s) **performance** n - desempeño m, or comportamiento m, de material(es) m
— **permeability** n - [metal] permeabilidad f de material m
— **placement** n - colocación f de material m
—(s) — **method** n - [ind] método m para colocación f de material(es) m
— **placing** n - colocación f de material m
— **preference** n - preferencia f de material m
—(s) **problem** n - [ind] problema m con material m
—(s) **process** n - [ind] proceso m de materiales
—(s) **processing** n - [ind] proceso m, or procesamiento m, de material(es) m
—(s) **processing product** n - [ind] producto m para procesamiento m de material(es) m
— **productivity** n - productividad f material
—(s) **proper use** n - uso m, or empleo m, apropiado de material(es) m
— **property,ties** n - propiedad(es) f de mate-

material(s) property,ties report   - 1052 -

rial(es) m
material(s) property,ties report n - [ind] informe m sobre propiedad(es) f de material(es)
— **(s)** — **test** n - prueba f, or ensayo m, de propiedad(es) f de material(es) m
— **(s), protecting, or protection** n - [ind] protección f para material(es) m
— **(s) purchase** n - compra f de material(es) m
— **(s)** — **(s) control** n [ind] control* m para compra(s) f de material(es) m
— **(s) purchase specification(s)** n - [com] especificación(es) f para compra f de materiales
— **(s) range** n - escala f de material(es) m
— **(s) receipt** n - recibo m, or recepción f, de material(es) m
— **(s) received** n - material(es) m recibido(s)
— **(s), recirculating, or recirculation** n - [ind] recirculación f, or reprocesamiento m, de material(es) m
— **(s), reclaiming, or reclamation** n - [ind] recuperación f de material(es) m
— **recoil(ing)** n - [electr] reversión f de material m
— — **line** n - [electr] línea f para reversión f de material m
— **(s) recovery** n - [ind] recuperación f de material(es) m
— **(s) recycling** n - [ind] recirculación f, or reprocesamiento m, or reelaboración f, or recuperación f, de material(es) m
— **reduced partially** n - material m reducido parcialmente
— — — **recovery** n - [metal-prod] recuperación f de material(es) m reducido(s) parcialmente
— **(s) rehandling** n - [ind] reelaboración f de material(es) m
— **(s) rejection** n - rechazo m de material(es) m
— **(s) related failure** n - [ind] falla f debida a material m, deficiente, or defectuoso
— **removal** n - remoción f, or saca f, de material
— **removed from @ duct** n - [environm] material m sacado de, conducto m, or tubería f
— **removing** n - remoción f, or saca f, de material m
— **(s) repair shop** n - [ind] taller m para reparación f de material(es) m
— **(s), replacement, or replacing** n - reemplazo m de material(es) m
— **(s) reprocessing** n - [ind] reprocesamiento m, or reelaboración f, de material(es) m
— **(s) requisition number** n - [ind] número m de pedido m interno para material(es) m
— **requisitioning** n - [ind] requisición f de, materia(s) f, or material(es) m
— **(s) resource(s)** n - [ind] recurso(s) m (de materiales m)
— **(s) return** n - devolución f de material(es) m
— **reward** n - recompensa f material
— **(s) reworking** n - [ind] reelaboración f de material(es) m
— **(s) rupture** n - [constr] ruptura f de material
— **(s)** — **plane** n - [constr] plano m de ruptura f de material(es) m
— **saturation** n - saturación f de material m
— **(s) saving(s)** m - ahorro(s) de material(es) m
— **(s) schematic flow chart** n - [ind] diagrama m esquemático para flujo m de material(es) m
— **screening out** n - separación f de material m
— **(s) section** n - sección f para material(es) m
— **(s), selecting, or selection** n - (s)elección f de material(es) m
— **(s) sensitivity** n - [ind] sensibilidad f de material(es) m
— **(s) service design** n - proyección f de, material(es) m para servicio(s) m, or de servicio m para material(es) m
— **(s) sintering time** n - tiempo m para sinterización f para material(es) m
— **(s) size** n - tamaño m de material(es) m
— **(s) specification(s)** n - especificación f para material(es) m

material(s) specified thickness n - espesor m especificado de material(es) m
— **('s) speed** n - [ind] velocidad f de material m
— **(s) storage** n - [ind] almacenamiento m para material(es) m
— **(s)** — **bin** n - [ind] tolva f para almacenamiento m de material(es) m
— **(s)** — **pile** n - [ind] pila f para almacenamiento m de material(es) m
— **(s) strength** n - resistencia f de materiales m
— **subject to deterioration** n - material m capaz de deteriorar(se)
— **(s) supply** n - suministro m, or provisión f, de material(es) m
— **(s) supplying** n - aprovisionamiento m, or provisión f, or suministro m, de material(es) m
— **surface** n - superficie f de material m
— **('s)** — **condition** n - condición f, superficial, or de superficie f, de material m
— **tamping** n - apisonamiento m de material m
— **tape** n - cinta f de material m
— **technique** n - técnica f para material m
— — **revealing** n - revelación f de técnica f para material m | a - revelador,ra de técnica f para material m
— — **revelation** n - revelación f de técnica f para material m
— **(s) test(ing)** n - ensayo m, or prueba f, para material(es) m
— **thickness** n - [weld] espesor m de material m, or plancha f, (a soldarse)
— — **specification** n - especificación f para espesor m para material m
— **to be converted** n - see **converting material**
— — — **rolled** n - [metal-roll] material m para, laminación f, or laminar(se)
— — — **soldered** n - [weld] material m para soldar(se)
— — **used** n - [ind] material m a, usar(se), or utilizar(se)
— — **welded** n - [weld] material m a soldarse
— **(s) tolerance** n - [ind] tolerancia f en material(es) m
— **trade mark** n - marca f (de fábrica] de material m
— **(s) transportation** n - [transp] transporte m de material(es) m
— **(s)** — **cost(s)** n - [transp] costo(s) m para transporte m de material(es) m
— **(s)** — **system** n - [transp] sistema m para transporte n de material(es) m
— **type** n - tipo m (de) material m
— — **used** n - [ind] tipo m de material m, usado, or utilizado, or empleado
— **(s) unloading** n - [Transp] descarga f de material(es) m
— **(s) use** n - uso m, or empleo m, de materiales
— **(s) used** n - [ind] material(es) m, usado(s), or utilizado(s), or empleado(s)
— **(s) variation(s)** n variación(es) f en material(es) m
— **(s) variety** n - [ind] variedad f de materiales
— **(s) warranty** n - [ind] garantía f sobre material(es) m
— **(s) wastage** n - desperdicio m de material(es)
— **(s) weight** n - peso m de material(es) m
— **(s) working** n - labrado m de material(es) m
— **(s) yard** n - [ind] parque m para material(es)
materially adv - . . .; considerablemente; mayormente; principalmente
— **affected** a - afectado,da mayormente
— **greater** adv - considerablemente mayor
materials analysis n - [ind] análisis de materiales m
— **availability** n - disponibilidad f de materiales m
— **balance** n - equilibrio m, or balance m, de materiales m
— — **development** n - desarrollo m de, equilibrio m, or balance m, de materiales m
— **balling** n - [miner] aglomeración f (en frío)

de material(es) m
materials bay n - [ind] nave f para materiales m
— — **supervisor** n - [ind] encargado m de nave f para materiales m
— **characteristic** n - característica f de materiales m
— **combination** n - combinación f de materiales m
— **consumption** n - [ind] consumo m de materiales
— — **variation** n - [ind] variación f en consumo m de materiales
— — — **analysis** n - [ind] análisis m de variación f en consumo m de materiales m
— **cost(s)** n - [ind] costo m de materiales m
— **defect** n - defecto m en materiales m
— —**(s) free** a - libre de defecto(s) m en materiales m
— **deficiency** n - deficiencia f en materiales m
— **delivery** n - entrega f de material(es) m
— **flow** n - [ind] flujo m de materiales m
— — **diagram** n - [ind] diagrama m de flujo m de materiales m
— **handling** n - [ind] manipulación f, or manejo m, de materiales m
— — **technique** n - [ind] técnica f para, manipulación f, or manejo m, de materiales m
— **heating** n - [ind] calentamiento m de materiales m
— **hoist** n - [ind] montacargas m para, materiales m, or suministro(s) m
— **in transit** n - [accntg] materiales m en tránsito m
— **identification** n - identificación f de materiales m
— **list** n - [com] lista f de materiales m
— **magnetic characteristic(s)** n - [electr] características f magnéticas de materiales m
— **number** n - [ind] número m para materiales m
— **obsolescence** n - [accntg] obsolescencia f de materiales m
— — **reserva** n - [accntg] previsión f, or reserva f, para obsolescencia f de materiales m
— **order** n - pedido m, or orden f, para materiales m
— **preparation** n - preparación f de materiales m
— **price** n - precio m de materiales m
— **quality** n - calidad f de materiales m
— **receipt** n - boleta f, or nota f, de recepción
— **replacement** n - reemplazo m, or substitución f, de materiales m
— **requirement(s)** n - exigencia(s) f de materiales m
— —**(s) determination** n - [ind] determinación f de exigencia(s) f de material(es) m
— **sale(s)** n - [com] venta f de materiales m
— —**(s) profit(s)** n - [com] utilidad f sobre venta f de material(es) m
— **science** n - [miner] ciencia f de materiales
— **segregation** n - [ind] segregación f de materiales m
— **soundness** n - solidez f de materiales m
— **specification** n - especificación f para materiales m
— — **by product(s)** n - especificación f de materiales m por producto m
— **substitution** n - substitución f, or reemplazo m, de materiales m
— **supervisor** n - [ind] encargado m, or jefe m, para materiales m
— **supply** n - suministro m de materiales m
— — **deficiency** n - deficiencia f en suministro m de materiales m
— **turn supervisor** n - [ind] encargado m para turno m para materiales m
— **variation** n - variación f en materiales m
— — **analysis** n - [ind] análisis m de variación f en materiales m
maternal grandafather n - [social] abuelo m materno
— **grandmother** n - [social] abuela f materna
— **parent(s)** n - [social] abuelo(s) m materno(s)
Matheson and Dresser joint n - [petrol] junta f (de) Matheson y Dresser
Matheson joint n - [petrol] junta f (de) Matheson
mathematical analysis n - [math] análisis m matemático
— **chance** n - posibilidad f matemática
— **deriving** n - establecimiento m matemático; determinación f matemática
— **formula** n - [math] fórmula f matemática
— **model** n - [math] modelo m matemático
— — **preparation** n - [math] preparación f, or elaboración f, de modelo m matemático
— **pattern** n - [math] modelo m, or patrón m, matemático
— **quantity** n - [math] valor m matemático
— **table** n - [math] tabla f (de) matemática
mating n - . . . • [mech] . . . encajamiento m; correspondencia f | a - correspondiente; coincidente
— **connector** n - [electr] conectador m correspondiente
— **surface** n - superficie f, correspondiente, or coincidente, or apareada, or en contacto m
matrass n - . . . • [domest] colchón m
matriculated a - matriculado,da
matrix n - . . .; cuño m; forma f • [chem] aglomerante m
matte n - . . . | a matc
— **finish** n - [mech] terminación f, or acabado m, mate
— **surface** n - [metal-treat] superficie f mate
— — **finish** n - acabado m para superficie mate
matted roots n - [constr] maraña f de raíces f
matter n - . . .; material m • asunto m; punto m; cuestión f
— **analysis** n - [chem] análisis m de materia f
matting n - . . .; malla f; red f • [domest] esterilla f; alfombra f; carpeta f; tapete m; cañamazo m • [textil] lona f
matured a - madurado,da • [fin] vencido,da
maturing n - maduración f | a - . . . • [fin] vencedero,ra; con vencimiento m
— **concept** n - concepto m maduro; concepción f madura
maturity date n - [fin] (fecha f para) vencimiento m
— — **extension** n - [fin] ampliación f, or prórroga f de (fecha f para) vencimiento m
maul n - [tools] . . .; maceta f; martillo m grande de madera f
max a - see **maximum**
maxi mill n - [ind] planta f grande
Maxibrake (brake) n - [mech] freno m Maxibrake
maximal headroom n - altura f libre máxima
maximization n - maximización* n • extensión f
maximize v - . . . • extender
— @ **benefit** v - extender beneficio m
— @ **life** v - extender vida f (útil)
— @ **mechanization** v - [weld] automatizar a máximo m
— @ **ruggedness** v - aumentar (a máximo) solidez
— @ **throughput** v - [mech] asegurar producción f máxima
maximized a - (aumentado, or extendido,) a máximo
— **benefit** n - beneficio m aumentado (a máximo)
— **life** n - vida f (útil) extendida (a máximo m)
— **ruggedness** n - solidez f aumentada (a máximo)
— **throughput** n - producción f máxima asegurada
maximizing n - aumento m, or extensión f, a máximo m • extensión f
maximum n - . . . • punto m máximo | a - . . .; óptimo,ma
— **abrasion resistance** n - [weld] resistencia f máxima a abrasión f
— **acceptable quality** n - cantidad f máxima aceptable
— — **size** n - tamaño m máximo aceptable
— **accessibility** n - accesibilidad f máxima
— **activity** n - actividad f máxima
— **adjustment** n - ajuste m máximo
— **admixture** n - [weld] incorporación f máxima

maximum advance n - [mech] avance m máximo
— **air blast flow** n - [combust] caudal m, or flujo m, máximo para aire m soplado
— — **outflow** n - máximo m de caudal m de aire m a salida f
— — **pressure** n - presión f máxima de aire m
— — **temperature** n - temperatura f máxima de aire m
— **alkalinity** n - alcalinidad f máxima
— **allowable** a - máximo,ma admisible
— — **bleeding** n - [constr-concr] afloramiento m máximo admisible
— — **camber** n - [mech] combadura f, or curvatura f, or flecha f, máxima admisible
— — **distance** n - distancia f máxima admisible
— — **flame temperature** n - [combust] temperatura f máxima admisible para llama f
— — **increase** n - aumento m máximo permisible
— — **operating pressure** n - [tub] presión f máxima permitida para trabajo m
— — **performance** n - desempeño m máximo admisible
— — **permeability** n - [electr] permeabilidad f máxima admisible
— — **pressure** n - presión f máxima permitida
— — **saber** n - [metal-roll] combadura f máxima admisible
— — **span** n - [constr] luz f máxima admisible • tramo m máximo admisible
— — **specification** n - [metal-prod] especificación f máxima, admisible, or tolerable
— — **speed** n - velocidad f máxima admisible
— — **stress** n - esfuerzo m máximo admisible
— — **strip camber** n - [metal-roll] flecha f, or combadura f, máxima admisible para chapa f
— — **sulfur** n - [metal-prod] azufre m máximo, admisible, or tolerado
— — — **limit** n - [metal-prod] límite m máximo, admisible, or tolerado, para azufre m
— — — **specification** n - [metal-prod] especificación f máxima tolerable para azufre m
— — **temperature** n - temperatura f máxima, admisible, or permitida, or tolerada
— — — **variation** n - variación f máxima admisible en temperatura f
— — **thrust** n - [mech] empuje m máximo admisible
— — **variation** n - variación f máxima admisible
— — **wall stress** n - [mech] esfuerzo m máximo admisible para pared f
— — **wear** n - desgaste m máximo admisible
— — **working pressure** n - [boilers] presión f máxima admisible para trabajo m
— **allowed alloy content** n - [metal-prod] proporción f máxima permitida de (elemento m de) aleación f
— — **content** n - [metal-prod] proporción f máxima permitida
— **alloy content** n - [metal-prod] proporción f máxima de (elemento m de) aleación f
— **alternating current output** n - [electr-prod] producción f máxima de corriente f alterna
— **amperage** n - [electr-prod] amperaje m máximo
— **and minimum** n - máximo m y mínimo | a - máximo,ma y mínimo,ma; also see **maximum-minimum**
— **angle** n - ángulo m máximo
— — **limitation** n - limitación f de ángulo m máximo
— — **limiter** n - [cranes] limitador m para ángulo m máximo
— **annual temperature** n - [meteorol] temperatura f anual máxima
— **approach** n - [cranes] acceso m máximo
— **area** n - superficie f máxima
— **ash(es)** n - [combust] ceniza f máxima
— — **moisture** n - [combust] humedad f máxima en ceniza f
— **assurance** n - seguridad f máxima
— — **provision** n - [safety] provisión f de seguridad f máxima
— **attenuation** n - atenuación f máxima
— **available head** n - [hydr] carga f máxima disponible
maximum average attentuation n - [telecom-cond] promedio m máximo para atenuación f
— **axial load** n - [constr] carga f axial máxima
— — **thrust** n - [mech] empuje m axial máximo
— **back-up** n - [mech] retroceso m máximo
— **bearing** n - [constr] apoyo m máximo
— **bearing area** n - [mech] superficie f máxima de contacto m
— **bearing pressure** n - [constr] capacidad f portante máxima
— **bed space** n - [cranes] superficie f máxima para apoyo m
— **bending** n - flexión f máxima
— **bend(ing) radius** n - [mech] radio m máximo para, dobladura f, or curvatura f, or flexión f
— — **stress** n - [mech] esfuerzo m máximo para flexión f
— **billing** n - [com] facturación f máxima
— **billing charge** n - [com] cargo m máximo para facturación f
— **blast** n - [metal-prod] caudal m, or volumen m, máximo de, viento m, or soplado m
— **bleeding** n - [constr] afloramiento m máximo
— **body thickness** n - [mech] espesor m máximo de cuerpo m
— **bolt(s) number** n - [mech] número m máximo de perno(s) m
— **boom angle** n - [cranes] ángulo m máximo para aguilón m
— — **limitation** n - [cranes] limitación f de ángulo m máximo para aguilón m
— — **limiter** n - [cranes] limitador m para ángulo m máximo para aguilón m
— — **operation** n - [cranes] funcionamiento m de limitador m para ángulo m máximo para aguilón m
— **boost(ing) pressure** n - [int.comb] presión f elevada máxima
— **breakage** n - rotura f máxima
— **brake horse power** n - [mech] potencia f máxima a freno m
— **braking** n - [mech] frenado m máximo
— **braking (horse) power** n - [mech] potencia f máxima a freno m
— **build-up** n - [weld] recargue m máximo
— **burner output** n - [combust] rendimiento m máximo de quemador m
— **cable life** n - [cabl] vida f máxima de cable
— **camber** n - combadura f, or curvatura f, máxima • [metal-roll] flecha f máxima
— **capacitance** n - [electr] capacitancia f máxima
— **capacity** n - capacidad f máxima
— — **crane** n - [cranes] grúa f con capacidad f máxima
— **capital** n - [fin] capital m máximo
— **carbon** n - [metal-prod] carbono m máximo; máximo m de carbono m
— — **content** n - [metal-prod] contenido m, or porcentaje m, máximo de carbono m
— **cartage** n - [transp] acarreo m máximo
— **charge** n - [transp] cargo m máximo por acarreo m
— **casing pressure** n - [petrol] presión f máxima en tubería f para entubación f
— **character duration** n - [comput] duración f máxima de carácter m
— **charge** n - [accntg] cargo m máximo • [ind] carga f máxima • [transp] carga f máxima
— **chemical composition** n - [chem] análisis m químico máximo
— **clearance** n - [mech] holgura f, or luz f, máxima; espacio n máximo
— **closing time** n - tiempo m máximo para cierre
— **coating** n - [metal-treat] recubrimiento m máximo
— **coil diameter** n - [metal-roll] diámetro m máximo de bobina f
— — **weight** n - [metal-roll] peso m máximo para bobina f
— **coke content** n - [combust] contenido m máximo

de coque m
maximum comfort n - comodidad f máxima
— **commission** n - [com] comisión f máxima
— **compaction** n - compactación f máxima
— **compressed air pressure** n - [ind] presión f máxima para aire m comprimido
— — — **temperature** n - [ind] temperatura f máxima para aire m comprimido
— **concrete line** n - [constr] extensión f máxima de hormigón m
— **condition** n - condición f máxima
— **conductor tension** n - [electr-instal] voltaje m máximo en conductor m
— **connection force** n - [mech] resistencia f máxima de conexión f
— **consistency** n - consistencia f máxima • [mech] precisión f, or regularidad f, máxima
— **consumption** n - consumo m máximo
— **contamination** n - contaminación f máxima
— **content** n - contenido m, or porcentaje m, máximo; proporción f máxima
— **continuous current** n - [electr-oper] corriente f máxima continua
— — **speed** n - velocidad f continua máxima
— **control** n - regulación f máxima
— **convenience** n - conveniencia f máxima
— **cooling** n - enfriamiento n máximo
— **copper temperature** n - [electr-instal] temperatura f máxima de cobre m
— **core loss** n - [electr-magnet] pérdida f máxima en núcleo m
— **cored wire size** n - [weld] diámetro m máximo de alambre m con núcleo m
— **cornering capability** n - [autom] capacidad f máxima para viraje(s) m
— — **force** n - [autom-tires] esfuerzo m máximo causado por viraje(s) m
— — —, **generating**, or **generation** n - [autom-tires] esfuerzo m máximo generado por virajes
— **corrosion** n - corrosión f máxima
— — **allowance** n - tolerancia f máxima para corrosión f
— — **resistance** n - [metal] resistencia f máxima a corrosión f
— **cover** n - cobertura f máxima; recubrimiento m máximo; altura f máxima de cobertura f
— — **height** n - [constr] altura f máxima para, cobertura f, or recubrimiento m
— **covering** n - cobertura f máxima
— **crack** n - grieta f máxima
— — **depth** n - profundidad f máxima de grieta f
— — **length** n - largo(r) m máximo de grieta f
— — **resistance** n - [weld] resistencia f máxima a agrietamiento m
— — **width** n - ancho(r) m máximo, or anchura f máxima, de grieta f
— **cracking tendency** n - [weld] tendencia f máxima a agrietamiento m
— **crane velocity** n - [cranes] velocidad f máxima para grúa f
— **credible incident** n - caso m, probable, or previsto, máximo
— **current** n - [electr-oper] corriente f máxima • [weld] amperaje m máximo
— — **draw(ing)** n - [electr-oper] consumo m máximo de corriente f
— — **output** n - [electr-prod] producción f máxima de corriente f
— **curving** n - curvatura f máxima
— **damage** n - daño m máximo
— **decontamination factor** n - factor m máximo para descontaminación f
— **decreasing load** n—carga f máxima decreciente
— **deflection** n - desviación f, or flexión f, or flecha f, or deformación f, máxima
— **daily infiltration** n - [sanit[(in)filtración f diaria máxima
— **delay** n - demora f máxima
— **density** n - densidad f máxima
— **deposit rate** n - [weld] velocidad f máxima para aportación f

maximum deposit thickness n - [weld] espesor m máximo de aportación f
maximum depth n - profundidad f máxima • peralte m máximo
— **design flow** n - caudal m máximo previsto
— **deviation** n - desviación f máxima
— **diameter** n - diámetro m máximo
— **distance** n - distancia f máxima
— — **legible** n - distancia f máxima para legibilidad f
— — **readable** n - distancia f máxima para, legibilidad f, or reconocimiento m
— — **viewable** n - distancia f máxima para visibilidad f
— **diesel engine performance** n - [int.comb] rendimiento m máximo para motor m diesel
— **differential** n - diferencial m máximo; diferencia f máxima
— **discharge** n - [constr] caudal m máximo
— **displacement** n - desplazamiento m máximo
— **distortion** n - distorsión f máxima
— **downhill** n - [weld] inclinación f descendente máxima
— — **angle** n - [weld] ángulo, descendente máximo, or máximo en descenso; inclinación f descendente máxima
— **driller('s) convenience** n - [petrol] conveniencia f máxima para perforador m
— **drinking water alkalinity** n - [hydr] alcalinidad f máxima de agua m potable
— — — **hardness** n - [hydr] dureza f máxima de agua m potable
— — — **temperature** n - [hydr] temperatura f máxima de agua m potable
— — **turbidity** n - [hydr] turbieza f, or turbiedad f, máxima de agua m potable
— **duct velocity** n - [environm] velocidad f máxima en tubería f
— — **wall thickness** n - [tub] espesor m máximo de pared f de tubería f
— **ductility** n - [metal] ductilidad f máxima
— **durability** n - durabilidad f máxima
— **duration** n - duración f máxima
— **duty** n - rendimiento m máximo
— — **welder** n - [weld] soldadora f para rendimiento m máximo
— — **welding** n - [weld] soldadura f con rendimiento m máximo
— **eccentric throw** n - [mech] carrera f excéntrica máxima; recorrido m excéntrico máximo
— **economy** n - economía f máxima
— **effect** n - efecto m máximo
— **efficiency** n - eficiencia f máxima
— **effort** n - esfuerzo, or empeño m, máximo
— **electrical efficiency** n - [electr] eficiencia f eléctrica máxima
— **electrode size** n - [weld] diámetro m máximo para electrodo m
— **elevation** n - elevación f máxima
— — **differential** n - [roads] diferencia f máxima en, nivel m, or elevación f
— **elongation** n - alargamiento m máximo
— **energy** n - [mech] energía f, or potencia f, máxima
— — **transfer** n - [constr-pil] transferencia f máxima de energía f
— **engine performance** n - [int.comb] rendimiento m máximo de motor m
— — **wear** n - [int.comb] desgaste m máximo de motor m
— **escalation limit** n - tope m máximo para, reajuste m, or ajuste m alzado
— **excentricity** n - excentricidad f máxima
— **exposure** n - exposición f máxima
—, **extension**, or **extent** n - extensión f máxima
— **external diameter** n - diámetro m exterior máximo
— **extrusion resistance** n - [mech] resistencia f máxima a extrusión f
— **face** n - cara f máxima
— — **width** n - anchura f máxima de cara f

maximum factor

- **maximum factor** n - factor, or coeficiente m, máximo
- — **fan yield** n - [fans] rendimiento m máximo de ventilador m
- — **fatigue** n - fatiga f máxima
- — **field** n - [electr] campo m máximo
- — — **limitation** n - limitación f de campo m máximo
- — **fill** n - [constr] cobertura f máxima; altura f máxima de, cobertura f, or terraplén m
- — — **height** n - [constr] altura f máxima de, cobertura f, or terraplén m
- — — — **over @ pipe-arch** n - [constr] altura f máxima de terraplén sobre tubería f abovedada
- — **firing rate** n - [combust] tasa f máxima para combustión f
- — **flame temperature** n - [combust] temperatura f máxima para llama f
- — **flange** n - [metal-roll] ala f máxima; anchura f máxima, or ancho(r) m máximo, de ala(s) f
- — — **thickness** n - [metal-roll] espesor m máximo de ala m
- — — **width** n - [metal-roll] ancho(r) m máximo, or anchura f máxima, de ala m
- — **flat dimension** n - medida f plana máxima
- — **flexibility** n - flexibilidad f máxima
- — — **factor** n - [constr] factor m, máximo para flexibilidad f, or para flexibilidad f máxima
- — **flexion** n - flexión f máxima
- — **flotation** n - flotación f máxima
- — **flow** n - flujo m, or caudal m, máximo
- — — **burner** n - [combust] quemador m, de máxima, or con, flujo m, or caudal m, máximo
- — — — **system** n - [metal-prod] sistema m de quemador(es) m, de máxima, or con, caudal, or flujo m, máximo
- — — **loss** n - pérdida f de caudal m máximo
- — — **time** n - [metal-prod] tiempo con, caudal m, or flujo m, máximo
- — **for accessories** n - [electr-instal] máximo m para artefacto(s) m
- — **force** n - fuerza f máxima
- — **forming ductility** n - [weld] ductilidad f máxima para conformación f
- — **frequency** n - frecuencia f máxima
- — — **shift** n - [electron] desplazamiento m máxico de frecuencia f; desfasamiento m máximo
- — **friction** n - [mech] fricción f máxima
- — **fuel economy** n - [combust] economía f máxima de combustible m
- — **gage** n - [metal-roll] espesor m máximo
- — — **indication** n - [instrum] indicación f máxima en manómetro m
- — — **limit** n - [metal-roll] límite m máximo para espesor m
- — — — **value** n - [metal-roll] valor m límite máximo para espesor m
- — **gap** n - [mech] entrehierro m máximo; abertura f, or separación f, máxima
- — **gas moisture** n - [combust] humedad f máxima en gas m
- — — **pressure** n - [combust] presión f máxima para gas m
- — — **welding quality** n - [weld] calidad f máxima de soldadura f con gas m
- — **girth** n - perímetro m máximo
- — **grade** n - declive f, or inclinación f, or pendiente f, máxima
- — **grip** n - [mech] mordedura f máxima
- — **grouting pressure** n - [constr] presión f máxima para (inyección f de) lechada f
- — **guaranteed overspeed** n - sobrevelocidad f máxima garantizada
- — — **presssure** n - presión f máxima garantizada
- — **handling capability** n - [autom-tires] reacción f máxima a maniobra(s) f (con volante m)
- — — **charge** n - [fin] cargo m máximo por tramitación f
- — **hardening** n - endurecimiento m máximo
- — **hardness** n - dureza f máxima • [weld] endurecimiento m máximo
- **maximum head** n - [hydr] carga f máxima • altura f máxima; salto m máximo
- — **headroom** n - altura f libre máxima
- — **heat** n - calor m máximo
- — **height** n - altura f máxima
- — **high speed load** n - [cranes] carga f máxima para velocidad f alta
- — — **rated load** n - [cranes] carga f nominal máxima para velocidad f alta
- — **hoisting** n - elevación f máxima
- — — **height** n—altura f máxima para elevación f
- — **hook approach** n - [cranes] acceso m máximo con gancho m
- — — **load** n - [cranes] carga f máxima para gancho m
- — — **speed** n - [cranes] velocidad f máxima para gancho m
- — — **travel** n - [cranes] recorrido m máximo para gancho m
- — **horizontal acceleration** n - [mech] aceleración f horizontal máxima
- — — **load** n - carga f horizontal máxima
- — **horse power** n - [mech] potencia f máxima
- — **humidity** n - humedad f máxima
- — **idle speed** n - [mech] velocidad f máxima (de marcha f), en vacío m, or sin carga f
- — **impact** n - impacto m máximo • [weld] resistencia f máxima a impacto(s) m
- — **importance** n - importancia f máxima
- — **incoming power** n - [electr-distrib] potencia f, aferente máxima, or máxima para entrada f
- — **increase** n - aumento n máximo
- — **increasing load** n - carga f máxima ascendente
- — **indication** n - [instrum] indicación f máxima
- — **individual length** n - largo m individual máximo
- — — **pair, unbalance, or unbalancing** n - [telecom-cond] desequilibrio m máximo de par m individual
- — **industrial water alkalinity** n - [hydr] alcalinidad f máxima de agua m industrial
- — — **hardness** n - [hydr] dureza f máxima de agua m industrial
- — — — **temperature** n - [hydr] temperatura f máxima de agua m industrial
- — — **turbidity** n - [hydr] turbieza f, or turbiedad f, máxima de agua m industrial
- — **inert gas welding quality** n - [weld] calidad f máxima de soldadura f con gas m inerte
- — **infiltration** n - [sanit] (in)filtración f máxima
- — **inflation** n - inflación f máxima
- — — **pressure** n - [autom-tires] presión f máxima para inflación f
- — **ingot height** n - [metal-prod] altura f máxima para lingote m
- — **injecting pressure** n - [constr] presión f máxima para inyección f
- — **injection flow** n - [hydr] flujo m, or caudal m, máximo, para inyección f
- — **input horsepower** n - [mech] potencia f máxima, aportada, or para entrada f
- — — **voltage** n - [electr-oper] voltaje m, máximo para entrada, or para entrada f máximo
- — **inside diameter** n - [tub] diámetro m, máximo interior, or interior máximo
- — **inside dimension** n - medida f interior máxima
- — **insulation level** n - [electr-instal] nivel m máximo para aislación f
- — **intensity** n - intensidad f máxima
- — **interest (rate)** n - [fin] interés m máximo
- — **interference** n - interferencia f máxima
- — **internal diameter** n - diámetro m interior máximo
- — **interval(s)** n - intervalo(s) m máximo(s)
- — **investment** n - [econ] inversión f máxima
- — **iron** n - hierro m máximo
- — — **content** n - contenido m, or tenor m, máximo, or proporción f máxima, de hierro m
- — **knowledge** n - conocimiento(s) m máximo(s)
- — **knuckle radius** n - radio m máximo de transi-

ción f
maximum lapse n - lapso m, or tiempo m, máximo
— **laydown rate** n - [constr] ritmo m máximo para colocación f, or tendido m
— **length** n - largo(r) máximo; longitud f, or extensión f, máxima
— **lengthening** n - alargamiento m máximo
— **level** n - nivel m máximo
— — **variation** n - variación f máxima entre nivel(es) m
— **life** n - vida f (útil), or duración f, máxima
— — **expectancy** n - vida f prevista máxima
— **limit(s)** n - límite(s) m máximo(s); limitación(es) f máxima(s)
— **limitation** n - limitación f máxima
— **line part** n - [cranes] sección f máxima de cable m
— — **speed** n - [metal-roll] velocidad f máxima de línea f
— **load** n - carga f máxima
— — **held** n - [mech] carga f máxima frenada
— — **holding** n - frenado m para carga f máxima
— — **operation** n - [mech] operación f, or funcionamiento m, con carga f máxima
— — **period** n - período m con carga f máxima
— — **ratio** n - [constr] razón f máxima para carga f
— **local industry participation** n - [ind] participación f máxima de industria f nacional
— **loss flow** n - flujo m con pérdida f máxima
— **low speed load** n - [cranes] carga f máxima para velocidad f baja
— — — **rated load** n - [cranes] carga f nominal máxima para velocidad f baja
— **lubrication** n - [lubric] lubricación f máxima
— **machinability** n—[weld] labrabilidad f máxima
— **maintenance** n - [ind] matenimiento m máximo; conservación f máxima
— **manganese limit** n - [metal-prod] límite m máximo para manganeso m
— **mass** n - masa f máxima
— **metal stress** n - [metal] esfuerzo m, or solicitación f, máxima para metal m
— **metered current** n - [weld] amperaje m, máximo medido, or medido máximo
— **mid-open deflection** n - [mech] deformación f máxima en centro m de molde m
—**minimum thermometer** n - [instrum] termómetro m de máxima y mínima
— **mobility** n - movilidad f máxima
— **moisture** n - humedad f máxima
— **moment(um)** n - momento m máximo
— **no load shaft speed** n - [mech] velocidad f máxima de, árbol m or eje m, sin carga f
— — — **speed** n - [mech] velocidad f máxima sin carga f
— **number** n - número m máximo
— **offset** n - [weld] desnivel m máximo
— **oil pressure** n - presión f máxima para aceite
— **open circuit voltage** n - [electr] voltaje m máximo en circuito m abierto
— — **current voltage** n - [electr] voltaje m máximo, en vacío m, or con corriente f abierta
— **open height** n - [mech] altura f máxima estando, da abierto, ta
— **opening** n - abertura f máxima
— **operating efficiency** n - eficiencia f, operativa, or funcional, máxima
— — **point** n - punto m máximo para operación f
— — **pressure** n - [ind] presión f máxima para, trabajo m, or operación f
— — **safety** n - [safety] seguridad f máxima para operación f
— — **speed** n - [mech] velocidad f máxima para, operación f, or marcha, or funcionamiento m
— — **temperature** n - [ind] temperatura f, tope, or máxima, para, trabajo m, or operación f
— — **voltage** n - [electr-oper] voltaje m, máximo para operación f, or operativo máximo
— **operator fatigue** n - [weld] fatiga f máxima de soldador m

maximum ore charge n - [metal-prod] carga f máxima de mineral m
— **outflow** n - caudal m máximo para salida f
— **output** n - capacidad f, or producción f, máxima; rendimiento m máximo • [electr] voltaje m máximo
— — **horsepower** n - [mech] potencia f máxima de salida f
— — **voltage** n - [electr-oper] voltaje m máximo en salida f
— **outside diameter** n - [tub] diámetro m exterior máximo
— — **dimension** n - medida f exterior máxima
— — **of @ fork(s)** n - [mech] máximo m fuera de brazo(s) m
— **overspeed** n - sobrevelocidad f máxima
— **pack height** n - [metal-roll] altura f máxima de paquete m
— — **girth** n - perímetro m máximo de paquete m
— — **height** n - altura f máxima de paquete m
— — **length** n - largo(r) m máximo de paquete m
— — **width** n - ancho(r) máximo de paquete m
— **part(s) interchangeability** n - [mech] intercambiabilidad f máxima de pieza(s) f
— **participation** n - participación f máxima
— **payment** n - [fin] pago m máximo
— **peak** n punta f máxima
— — **value** n - valor m máximo de punta f
— **penetration** n - penetración f máxima
— **per cent of carbon** n - [chem] por ciento m máximo de carbono m
— **percentage** n - porcentaje m máximo
— **performance** n - rendimiento m, or desempeño m, máximo
— **permeability** n - [electr] permeabilidad f máxima
— **permissible engine speed** n - [int.comb] velocidad f máxima permisible para motor m
— — **fill height** n - [constr] altura f máxima admisible para terraplén m
— — **headwater** n - [hydr] agua m permisible máxima en entrada f
— — **speed** n - [mech] velocidad f, permisible, or admisible, máxima
— — **temperature** n - [ind] temperatura f máxima admisible
— — **velocity** n - velocidad f máxima admisible
— **pipe diameter** n - [tub] diámetro m máximo para tubería f
— — **length** n - [tub] largo m máximo de tubería f
— — **stiffness** n - [tub] rigidez f máxima de tubería f
— — **wall thickness** n - [tub] espesor m máximo para pared f de tubería f
— **pit time** n - [metal-prod] tiempo m máximo en fosa f
— **plate allowable camber** n - [mech] combadura f, or curvatura f, or flecha f, máxima admisible para, placa f, or plancha f
— — **camber** n - [mech] combadura f máxima de, plancha f, or placa f
— **play** n - [mech] juego m máximo
— **point** n - punto m máximo; punta f máxima
— **portability** n - movilidad f máxima
— **positive bending** n—flexión f positiva máxima
— — — **moment(um)** n - momento m positivo máximo para flexión f
— **possible load** n - carga f máxima posible
— **power** n - potencia f, or energía f, máxima
— — **use** n - uso m, or empleo m, máximo de, energía f, or potencia f
— — — **efficiency** n - [electr] eficiencia f máxima en, uso m, or empleo, de energía f
— **preheat(ing)** n - [weld] precalentamiento m máximo
— **preheater temperature** n - [metal-treat] temperatura f máxima en precalentador m
— **press capacity** n - [mech] capacidad f máxima de prensa f
— **pressure** n - presión f, máxima, or límite
— **price** n - precio m máximo

maximum processing efficiency n - [ind] eficiencia f máxima en, procesamiento, or elaboración f
— **production** n - producción f máxima
— **productivity** n - productividad, or producción f máxima
— **protection** n - protección f máxima; máximo m de protección f
— **pulling stress** n - [electr-instal] tensión f máxima para tendido m
— **quality** n - calidad f máxima
— — **assurance, providing,** or **provision** n — provisión f de seguridad f máxima en calidad f
— — **provided** n - calidad f máxima prevista; seguridad f máxima en calidad f
— — **weld** n - [weld] soldadura f con calidad f máxima
— **quantity** n - cantidad f máxima
— **radial load** n - carga f radial máxima
— — **runout** n - [mech-bearings] excentricidad f radial máxima
— **radius** n - radio m máximo
— **rainfall** n—[meteorol] precipitación f máxima
— — **per hour** n - [hydr] precipitación f horaria máxima
— **rate** n - tasa f máxima; ritmo m máximo
— **rated load** n - [cranes] carga f nominal máxima
— — **power** n - [electr-distrib] corriente f, or potencia f, nominal máxima
— **rating** n - [mech] capacidad f nominal máxima; rendimiento m máximo • [electr-distrib] potencia f máxima
— — **power** n - [electr-distrib] corriente f nominal máxima
— **ratio** n - razón f máxima
— **raw material increase** n - [ind] incremento m máximo de material m, bruto, or crudo
— — — **percentage** n - [ind] porcentaje m máximo en incremento m de material m crudo
— **reading** n - [instrum] lectura f máxima
— **recommendation** n - recomendación f máxima
— **recommended size** n - tamaño máximo recomendado • [tub] diámetro m máximo recomendado
— **value** n - valor máximo recomendado
— **refrigerant condensing pressure** n—[ind] presión f máxima para condensación f de (líquido) refrigerante m
— **refund** n - [fisc] reintegro m, or reembolso m, máximo
— **reimbursement** n - reembolso m máximo
— **relative humidity** n - humedad f relativa máxima
— **reliability** n - confiabilidad f máxima
— **requirable** n - máximo m exigible
— **required flow** n - caudal m, or flujo m, máximo, exigido, or requerido
— — **pressure** n—[tub] presión f máxima exigida
— — **strength** n - resistencia f máxima exigida
— — **test pressure** n - [tub] presión f máxima para ensayo m exigida
— **requirement** n - requisito m máximo; exigencia máxima
— **resistance** n - resistencia f máxima; máximo m de resistencia f
— — **to compression** n - resistencia f máxima a compresión f
— **resistivity** n - [electr-oper] resistencia f (efectiva) máxima; resistividad* f máxima
— **revolutions per minute** n - [mech] velocidad f máxima; máximo m de revolución(es) por minuto
— **rope stress** n - [cabl] esfuerzo m máximo para, cable m, or cabo m
— **run-up speed** n - [mech] velocidad f máxima para aceleración f
— **runout** n - [mech-bearings] excentricidad f máxima
— **saber** n - [metal-roll] combadura f máxima
— **safe operating pressure** n - [ind] presión f máxima segura para operación f
— — — **temperature** n - [ind] temperatura f máxima segura para operación f; temperatura f tope segura para trabajo m
— **maximum safe temperature** n - temperatura f, máxima, or tope, segura
— **safety** n - [safety] seguridad f máxima
— **security** n - seguridad f máxima
— **sensitivity** n - sensibilidad f máxima
— **service** n - servicio m máximo
— — **life** n - [ind] vida f útil máxima
— **setting** n - regulación f máxima
— — **point** n - [mech] punto m máximo para regulación f
— — — **differential** n - diferencial m máximo para punto(s) m para regulación f
— **shaft speed** n - [mech] velocidad f máxima para, árbol m, or eje m
— **shift(ing)** n - desplazamiento m máximo
— **short circuit current** n - [electr] corriente f máxima para cortocircuito m
— **shut height** n - [mech] altura f máxima (estando) cerrado,da
— **side** n - [mech] lado m mayor
— **single pass fillet weld** n - [weld] soldadura f, máxima, or con medida(s) f máxima(s), con pasada f única en ángulo m interior
— — — **weld(ing)** n - [weld] soldadura f máxima, or con medida(s) f máxima(s), con pasada f única
— **size** n - tamaño m máximo • [tub] diámetro m máximo
— — **liner** n - [petrol] camisa f con tamaño m máximo
— **slag interference** n - [weld] interferencia f máxima de escoria f
— **slope** n - declive m máximo; pendiente f, or inclinación f, máxima
— — **condition(s)** n - condición(es) f de pendiente f máxima
— **soil resistivity** n - [soils] resistencia f eléctrica (efectiva) máxima de suelo m
— **space** n - [mech] espacio m máximo
— **spacing** n - [mech] separación f máxima
— — **distance** n - [electr-instal] distancia f máxima de separación f
— **span** n - [mech] luz f máxima
— **specification** n especificación f máxima
— **specified compressive strength** n - [mech] resistencia f especificada máxima a compresión
— — **strength** n - [mech] resistencia f especificada máxima
— **speed** n - velocidad f máxima
— — **capability** n - capacidad f máxima para velocidad f
— **standard** n—estándar m máximo; norma f máxima
— **static head** n - [hydr] carga estática máxima • [turb] salto m estático máximo
— — **wheel load** n - [cranes] carga f estática máxima por (cada) rueda f
— **steam flow** n - [steam] caudal m, or flujo m, máximo de vapor m
— **stiffness** n - rigidez f máxima
— **strength** n - fuerza f, or resistencia f, máxima; máximo m de resistencia f
— **stress** n - [constr] tensión f, or solicitación f, máxima; esfuerzo m máximo
— **strip camber** n - [metal-roll] flecha f máxima en banda f, or cinta f, or chapa f, or fleje f
— — **speed** n - [metal-roll] velocidad f máxima de, banda f, or cinta f, or chapa f, or fleje f
— **stripping time** - [metal-prod] tiempo m máximo para deslingotado m
— **stroke** n - [mech] carrera f máxima • desplazamiento m máximo
— **sulfur** n - [metal-prod] máximo m de azufre m; azufre m máximo
— — **content** n - contenido m máximo de azufre m
— — **limit** n - límite m máximo de azufre m
— — **specification** n - [metal-prod] especificación f máxima para azufre m
— **supervised staff** n - [labor] personal m máximo para supervisar
— **support spacing** n - [mech] distancia f máxi-

ma entre soporte(s) m
maximum supporting interval n - intervalo m máximo entre punto(s) m para suspensión f
— **surface** n - superficie f máxima
— — **contamination** - [metal- contaminación f máxima de superficie f
— — **hardness** n - dureza f máxima de superficie
— — **roughness** n - rugosidad f, superficial máxima, or máxima de superficie f
— **surge power** n - [electr-distrib] potencia f máxima instantánea
— **switch current** n - [electron] corriente f máxima en conmutador m
— — **setting** n - [weld] regulación f máxima para conmutador m
— **system pressure** n - presión f máxima en red f
— **tariff** n - [fisc] arancel m máximo
— **tax rate** n - [fisc] tasa f, máxima de impuesto m, or impositiva máxima
— **temperature** n—temperatura f, máxima, or tope
— — **maintaining** n - mantenimiento m de temperatura f máxima
— **terminal(s) rating** n - [electr-instal] potencia f máxima en borne(s) m
— — **variation** n - variación f máxima en temperatura f
— **tendency** n - tendencia f máxima
— **tensile strength** n - [mech] resistencia f máxima a, tensión f, or tracción f
— **tension** n - tensión f máxima
— **test load** n - [constr] carga f máxima para ensayo m
— — **pressure** n - [tub] presión f máxima para ensayo(s) m
— — **voltage** n - [electr] voltaje m máximo para ensayo(s) m
— **theoretical frequency** n - frecuencia f teórica máxima
— — **limit** n - límite m teórico máximo
— **thermal shock** n - choque m térmico máximo
— **thermometer** n - [instrum] termómetro para máxima f
— **thickness** n - espesor m, or grosor m, máximo
— — **irregularity factor** n - [metal-roll] coeficiente m de irregularidad f para espesor m máximo
— **thrust** n - [mech] empuje m máximo
— **time** m - tiempo m máximo
— — **calculation** n - cálculo m máximo de tiempo
— **tire size** n - [autom-tires] medida(s) f máxima(s) para neumático m
— **to ground tipping momentum** n—[electr-instal] momento m máximo para vuelco m a suelo m
— **tolerance** n - tolerancia máxima
— **torque** n - [mech] par m (motor) máximo; torsión f máxima
— **total** n - total m máximo
— — **depth** n - [constr] peralte m máximo total
— **toughness** n - [mech] tenacidad f máxima
— **track time** n - [metal-prod] tiempo m máximo para reposo m
— **traction** n - [mech] tracción f máxima
— — **effort** n - [mech] esfuerzo m máximo para tracción f
— **traffic** n - tráfico m, or tránsito, máximo
— **transfer** n - transferencia f máxima
— **travel** n - [mech] recorrido m máximo • carrera f máxima
— — **length** n - largo(r) m máximo de recorrido
— **trend** n - tendencia f máxima
— **tubo wall thickness** n - [tub] espesor m máximo de pared para tubería f
— **tungsten inert gas welding quality** n - [weld] calidad f máxima en soldadura f con gas inerte de tungsteno m
— **turbidity** n - turbieza f, or turbiedad f, máxima
— **twist(ing)** n - [mech] torsión f máxima
— **unbalance** n - desequilibrio m máximo
— **unbalancing** n - desequilibrio m máximo
— **uphill** n - inclinación f ascendente máxima

maximum uphill angle n - [weld] ángulo m, ascendente máximo, or máximo para ascenso m
— **usable speed** n—velocidad f máxima utilizable
— — **width** n - ancho(r) útil máximo
— **use** n - uso m, or empleo m, máximo; utilización f máxima
— — **efficiency** n—eficiencia f máxima en uso m
— — **promotion** n - promoción f de utilización f máxima
— **useful life** n - vida f útil máxima
— **value** n - [fin] valor m, or monto m, máximo
— **variance** n - desviación f máxima
— **variation(s)** n - variación(es) f máxima(s)
— **velocity** n - velocidad f máxima
— **versatility** n - adaptabilidad f máxima
— **voltage** n - [electr-distrib] voltaje m máximo
— **volume** n - volumen m máximo • caudal m máximo
— **wall stress** n - esfuerzo m máximo para pared
— — **thickness** n - espesor m máximo para pared
— **water alkalinity** n - [hydr] alcalinidad f máxima para agua m
— — **content** n - contenido m máximo de agua m
— — **hardness** n - [hydr] dureza f máxima para agua m
— — **iron content** n - [hydr] contenido m máximo, or proporción f máxima, de hierro m en agua m
— — **level** n - [hydr] nivel m máximo para agua
— — **pressure** n - [hydr] presión f máxima para agua m
— — **temperature** n - [hydr] temperatura f máxima para agua m
— — **turbidity** n - [hydr] turbieza f, or turbiedad f, máxima para agua m
— **watertightness** n - estanqueidad f máxima
— **wear** n - desgaste m máximo
— **wear index** n - índice m para desgaste máximo
— — **resistance** n - [mech] resistencia f máxima a desgaste m
— **weld** n - [weld] soldadura f (con medidas) máxima(s)
— **weight** n - peso m máximo
— — **quality** n - [weld] calidad f máxima en soldadura f
— **welding current** n - [weld] ampearje m máximo para soldadura f
— — **economy** n - [weld] economía f máxima en soldadura f
— — **efficiency** n - [weld] eficiencia f máxima para soldadura f
— — **quality** n - [weld] calidad f máxima en soldadura f
— — **speed** n - [weld] velocidad f máxima para soldadura f
— **wheel life** n - [mech-wheels] duración f, or vida f útil, máxima de rueda(s) f
— — **load** n - [mech-wheels] carga f máxima para (cada) rueda f
— **whip(ping)** n - [mech] vibración f máxima
— **width** n - ancho(r) m máximo; anchura f máxima
— **wind load** n - [constr] carga f máxima para viento m
— — — **moment** n - [constr] momento m máximo para carga f de viento m
— **wire, diameter, or size** n - diámetro m máximo para alambre m
— **work** n - trabajo m máximo
— — **quantity** n - cantidad f máxima de trabajo
— **working pressure** n - presión f máxima para trabajo m
— **yield** n - rendimiento m máximo
— — **strength** n - [metal] resistencia f máxima a, fluencia f, or tensión f; límite m máximo de fluencia f; resistencia f máxima a tensión (en límite m para fluencia f)
May n - [chronol] mayo m
may be omitted adv - (que) puede omitir(se)
mayor n - [pol] . . .; intendente m • [milit] mayor m
—**council form of government** n - [pol] administración f por alcalde m y ayuntamiento m

maybe adv - . . .; posible(mente)
maze n - . . .; maraña f
McGill bearing n - [mech] cojinete m McGill
McQuaid-Ehn test n - ensayo m McQuaid-Ehn
MD n - [pol] see **Maryland**
ME n - [pol] see **Maine**
me n - [metric] see **meter**
meadow n - [topogr] . . .; vega f
meadowy a - [topogr] veguero,ra
meager economy n - [econ] economía f pobre
meal halt n - [sports] parada f para refrigerio
mean n - . . .; promedio | a . . .; promedio,dia | v - . . .; significar; implicar; involucrar
— **activity** n - actividad f media
— — **index** n - índice m, or coeficiente m, de actividad f media
— **annual peak discharge** n - [hydr] descarga f máxima media anual;
— **depth** n - [hydr] profundidad f media
— **discharge** n - [hydr] descarga f media
— **high tide** n - [hydr] pleamar f promedio; nivel m medio de marea f alta
— **interval** n - intervalo m promedio
— **level** n - nivel m medio
— **low tide** n - [hydr] bajamar f promedio; nivel m medio de marea f baja
— **low water** n - see **mean low tide**
— **normally** v - significar normalmente
— **peak discharge** n - [hydr] descarga f máxima media
— **precipitation** n—[hydr] precipitación f media
— **recurrence** n - repetición f promedia
— — **interval** n - intervalo m promedio para repetición f
— **sea level** n - [hydr] nivel m medio de mar m
— **seasonal precipitation** n - [hydr] precipitación f media para estación f
— **temperature** n - temperatura f media
— **tide** n - [hydr] altura f media de marea f
— **value** n - valor m medio
— **velocity** n - velocidad f media
— — **determination** n - determinación f de velocidad f media
— — **flow(ing)** n - [hydr] flujo m, or caudal m, con velocidad f media
meander n - . . .; sinuosidad f | v . . .; vagar
meandering n - vagancia f; descamino m • ondulación f; sinuosidad | a . . .; sinuoso,sa
meanest a - más vil
meaning n - . . .; implicación f • efecto m
meaningful a - significativo,va
— **interpretation** n - interpretación f significativa
— **pretesting** n - preensayo m significativo
— **result(s)** n - resultado(s) m significativo(s)
— **test(ing)** n - ensayo m significativo
meanly adv - . . .; ruinmente
meanness n - . . .; ruindad f
means n - medios m
meant a - significado,da; implicado,da; involucrado,da
meanwhile adv - . . .; a mismo tiempo m
measurability n - mensurabilidad f
measure n . . . • providencia f | v - . . .; mensurar; efectuar medición f; constatar; determinar • cubicar • apreciar
— **accurately** v - medir con precisión f
— **across** v - [electron] medir entre borne(s) m
— @ **backlash** v - [mech] medir contragolpe m
— @ **band thickness** v - [mech-brakes] medir grosor de, banda f, or cinta f
— @ **bearing cover clearance** v - [mech] medir holgura f de cubierta f para cojinete m
— **by weight** v - pesar
— @ **clearance** v - [mech] medir holgura f
— @ **clutch lining thickness** v - [mech] medir grosor m de cinta f para embrague m
— **continuously** v - medir continuamente
— @ **cover clearance** v - [mech] medir holgura f de cubierta f
— @ **dead load** v - [constr] medir, or determinar, carga f muerta
measure @ **distance** v - medir distancia f
— @ **efficiency** v - [ind] medir eficiencia f
— @ **end play** v - [mech] medir juego m longitudinal
— **from** @, **line, or point** v - escantillar
— @ **infinite resistivity** v - [electr] medir resistencia f eléctrica (efectiva) infinita
— @ **input shaft end play** v - [autom-mech] medir juego m longitudinal de árbol m para, entrada f, or aporte m, de fuerza f
— @ **lining thickness** v - [mech] medir grosor m de cinta f
— **mark** n - marca(ción) f de, medida f, or mensura f | v - marcar, medida f, or mensura f
— — **chain** n - cadena f con marcación(es) f para medida(s) f
— **marked** a - con marca(s) f para medida(s)
— **marking** n - marcación f de medida(s) f
— @ **movement** v - medir movimiento m
— **partially** v - medir parcialmente
— @ **performance** v - medir, comportamiento m, or rendimiento m, or desempeño m
— @ **phenomenon** v - medir fenómeno m
— @ **pipe nipple movement** v - [mech] medir movimiento m de entrerrosca f para tubo m
— @ **preload** v - [mech] medir precarga f
— @ **production** v - [ind] medir producción f
— @ — **efficiency** v - [ind] medir eficiencia f, productiva, or en producción f
— @ **quality** v - medir calidad f
— @ **resistivity** v - [chem] medir resistencia f eléctrica (efectiva)
— @ **rigidity** v - medir rigidez f
— @ **sewage** v - [sanit] medir líquidos cloacales
— @ **round trip** v - [comput] medir viaje m redondo
— @ **time** v - medir tiempo m
— @ **understanding** v - [managm] medir, or determinar, comprensión f
— @ **voltage** v - [electr] medir voltaje m
— @ **wall thickness** v - [constr] medir espesor m de pared f
— @ **water sample resistivity** v - [hydr] medir resistencia f eléctrica (efectiva) de muestra f de agua m
— @ — **resistivity** v - [hydr] medir resistencia f eléctrica (efectiva) de agua m
— **with** @ **dial indicator** v - [instrum] medir con indicador m con esfera f
— @ **work** v - medir trabajo m
measured n - valor m | a - . . .; me(n)surado,da • determinado,da • [labor] cronometrado,da • [miner] cubicado,da
— **across** a - [electron] medido,da entre bornes
— **backlash** n - [mech] contragolpe m medido
— **band thickness** n - [mech-brakes] grosor m medido de banda f
— **bearing cover clearance** n - [mech] holgura f medida de cubierta f para cojinete m
— **change** n - modificación f medida
— **circle perimeter** n - [geom] perímetro m medido de círculo m
— **circumference** n - circunferencia f medida
— **clearance** n - [mech] holgura f medida
— **clutch lining thickness** n - [mech] grosor m medido de cinta f para embrague m
— **continuously** a - medido,da continuamente
— **cover clearance** n - [mech] holgura f medida de cubierta f
— **dead load** n - [constr] carga f muerta, medida, or determinada
— **domestic sewage** n - [sanit] líquido(s) m cloacal(es) doméstico(s) medido(s)
— **end play** n - [mech] juego m longitudinal medido
— **induction** n - [electr] inducción f medida
— — **change** n - [electr] modificación f medida en inducción f
— **infinite resistivity** n - [electr] resistencia f eléctrica (efectiva) infinita medida

measured input shaft end play n - [autom-mech] juego m longitudinal medido de árbol m para, entrada f, or aporte m, (de fuerza f)
— **lining thickness** n - [mech] grosor m medido de, cinta f, or banda f
— **load** n - [mech] carga f medida • valor m de carga f
— — **required** n - [mech] valor m de carga f necesaria
— **magnetic induction** n - [electr] inducción f magnética medida
— — — **change** n - [electr] modificación f medida en inducción f magnética
— **movement** n - movimiento m medido
— **ore** n—[miner] mineral m, medido, or cubicado
— **partially** a - medido,da parcialmente
— **performance** n - comportamiento m, or rendimiento m, or desempeño m, medido
— **perimeter** n - [geom] perímetro m medido
— **phenomenon** n - fenómeno m medido
— **pipe nipple movement** n - [mech] movimiento m medido de entrerrosca f para tubo m
— **preload** n - [mech] precarga* f medida
— **production** n - producción f medida
— **quality** n - calidad f medida
— **reserve(s)** n - [miner] reservas f cubicadas
— **resistivity** n - [chem] resistencia f eléctrica (efectiva) medida
— **rigidity** n - rigidez f medida
— **round trip** n—[comput] viaje m redondo medido
— **sewage** n - [sanit] líquido(s) m cloacal(es) medido(s)
— **time** n - [labor] tiempo m cronometrado
— **ton** n - [miner] tonelada f medida
— **voltage** n - [electr] voltaje m medido
— **wall thickness** n—espesor m medido de pared f
— **water sample resistivity** n - [hydr] resistencia f eléctrica (efectiva) de muestra f de agua m medida
— — **resistivity** n - [hydr] resistencia f eléctrica (efectiva) de agua m medida
— **with @ dial indicator** a - [mech] medido,da con indicador m con esfera f
measurement n - . . . .; dimensión f • índice m • comprobación f
— **across** n - [electron] medida f, or medición f, entre borne(s) m
— **and control system** n - [ind] sistema m para medición f y regulación f
— **calculation** n - cálculo m, or cómputo m, de, medida f, or medición f
— **(s) comparison** n - comparación f de medida(s)
— **cost(s)** n - [ind] costo m para medición f
— **difference** n - diferencia f en medida(s) f
— **error** n - error m en, medición f, or medida f
— **for transportation** n - dimensión f para transporte m
— **frequency** n - frecuencia f de medición(es) f
— **(s) number** n - número m de medición(es) f
— **orifice** n—[combust] orificio m para medición
— — **calculation** n - [combust] cálculo m para orificio m para medición f
— — **plate** n - [combust] placa f, calibrada, or con orificio m, para medición f
— — — **calculation** n - [combust] cálculo m para placa f, calibrada, or con orificio m, para medición f
— **performing** n - efectuación f de medición f
— **principle** n - principio m para medición f
— **system** n - sistema m para medición f • [metric] sistema m de medida(s) f
— **taking** n - toma f de medida(s) f
— **(s) tolerance(s)** n - tolerancia(s) f en medida(s) f
— **unit** n - [metric] unidad f para medida(s) f
— **(s) variety** n - variedad f de medida(s) f
measuring n - . . . . constatación f; determinación f • comprobación f de, peso(s) m, or medida(s) f | a - medidor,ra; mensurador,ra; mensural • para medición f
— **across** n - [electron] medición f entre bornes

measuring coil n - [instrum] bobina f, medidora, or para medición f
— — **surface** n - [instrum] superficie f de bobina f para medición f
— — — **measurement** n - [instrum] medida f de superficie f de bobina f para medición f
— — **useful surface** n - [instrum] superficie f útil de bobina f para medición f
— — — **measurement** n - [instrum] medida f de superficie f útil de bobina f para medición f
— — **voltage** n - [instrum] voltaje m en bobina f para medición f
— — — **comparison** n - [instrum] comparación f de voltaje(s) m en bobina(s) f para medición f
— — — **method** n - [instrum] método m para comparación f de voltaje(s) m en bobina(s) f para medición f
— **concave fillet(s)** n - [weld] medición f de cordón(es) m cóncavo(s) (en ángulo interior)
— **connection** n - conexión f para medición f
— **convex fillet(s)** n - [weld] medición f de cordon(es) m convexo(s) (en ángulo interior)
— **equipment** n - [tools] equipo m para medición
— **maintenance** n - [instrum] mantenimiento m, or conservación f, de equipo m para medición
— **fillet size** n - [weld] medición f (de tamaño m) de soldadura(s) f en ángulo m interior
— **@ flat fillet** n - [weld] medición f de cordón m plano en ángulo m interior
— **@ — — with equal legs** n - [weld] medición f de cordón m plano con cateto(s) m iguales en ángulo m interior
— **installation** n - instalación f para medición
— **instrument** n - instrumento m para medición f; aparato m, medidor, or para medida(s) f
— **—(s) control** n - [ind] control* m, or regulación f, de instrumento(s) m para medición
— **kit** n - [tools] conjunto m para medición f
— **line** n - línea f para medición f • [petrol] alambre m, or cable m, medidor
— **method** n - método m para medición f
— **orifice plate** n - [combust] placa f, calibrada, or con orificio m, para combustión f
— **performance** n - [managm] medición f, or determinación f, de, actuación f, or desempeño m, or cumplimiento m
— **position** n - punto m para medición f
— **principle** n - principio m para medición f
— **pump** n - [pumps] bomba f medidora
— **rim width** n - [autom-tires] anchura f de llanta f para medición f
— **rod** n - [mech] vara f, or varilla f, medidora, or para medición f
— **stick** n - [petrol] vara f para medición f
— **system** n - [ind] sistema m para medición f • [metric] sistema m de medida(s)
— **table** n - mesa f medidora • [coke] mesa f cubímetro
— **tank** n - depósito m, or estanque m, or tanque m, medidor, or para medir
— **tape** n - [tools] cinta f, medidora, or métrica, or para medir
— **time** n - tiempo m para, medida f, or medición f • [labor] tiempo m cronometrado
— **tool** n - [tools] herramienta f para medición f
— **unit** n - unidad f para, medida, or medición
— **vessel** n—vaso m, or recipiente m, para medir
— **voltage** n - [instrum] voltaje m para medición
— — **comparison** n - [instrum] comparación f de voltaje m para medición f
— — **method** n - [instrum] método m para comparación f de voltaje m para medición f
— **with @ dial indicator** n - [mech] medición f con indicador m con esfera f
meat cage n - [comest] fresquera f
— **packing** n - [ind] congelación f de carne(s) f
— **center** n - [ind] centro m para congelación f de carne(s) f
mechanic n - [ind] . . . ; ajustador m | a . . .
mechanical a . . . . • [tub] para aplicación(es) f

mechanical aerator n - aireador m mecánico
— **assigned maintenance** n - [ind] mantenimiento m mecánico, asignado, or delegado
— **capped steel** n - [metal-prod] acero m calmado mecánicamente
— **collector equipment** n - [mech] equipo m colector mecánico
— **equipment change** n - [ind] modificacion f en equipo m mecánico
— — **proposal** n - propuesta f para equipo m mecánico
— — **provision** n - [ind] suministro m de equipo m mecánico
— — **specification** n - especificación f para equipo m mecánico
— — **start-up** n - [ind] puesta f en marcha de equipo m mecánico
— — **supply** n - [ind] suministro m de equipo m mecánico
— **equivalent** n - equivalente m mecánico
— — **of heat** n - equivalente m mecánico de calor
— **expander** n - [mech] expandidor m, or dilatador m, mecánico
— **failure** n - falla f, or avería f, mecánica
— **feature** n - [mech] característica f mecánica; detalle m, or rasgo m, mecánico
— **feeder** n - [mech] alimentador m mecánico
— **field** n - [mech] sector m mecánico
— **filter** n - [hydr] filtro m mecánico
— **gadget** n - [mech] artefacto m mecánico
— **goblin** n - [mech] duende m mecánico
— **guaranty** n - [mech] garantía f mecánica
— — **period** n - [mech] período m de garantía f mecánica
— **hand travel welder** n - [weld] soldadora f mecanizada para avance m manual
— **handling** n - [mech] manipulación f mecánica, or mecanizada
— **heat equivalent** n - equivalente m mecánico para calor m
— **hoist** n - [mech] elevador m mecánico • [miner] malacate m mecánico
— — **brake** n - [mech] freno m mecánico para, malacate m, or elevador m
— — — **crane** n - [cranes] grúa f, con freno m mecánico en elevador, or con elevador m con freno m mecánico
— **hysteresis** n - [mech] histéresis f mecánica
— **ill** n - [mech] mal m mecánico
— **indicator** n - [mech] indicador m mecánico
— **industry** n - [mech] industria f mecánica
— **injection** n - inyección f mecánica
— **installation** n - instalación f mecánica
— **interlock(ing)** n - [mech] enclavamiento m mecánico
— **jack** n - [tools] gato m mecánico
— **joint** n - [tub] junta f mecánica
— **latching** n - [mech] enganche m mecánico
— — **device** n - dispositivo m, para enganche m mecánico, or mecánico para enganche m
— **limit** n - [mech] límite m mecánico
— **limitation** n - [mech] limitación t mecánica
—, **linkage, or linking** n - [mech] eslabonamiento m mecánico; conexión f mecánica
— **load** n - carga f mecánica
— **lock** n - [mech] cierre m mecánico
— **lockout** n - [mech] desconexión f mecánica; desconectador m mecánico
— **magnitude** n - magnitud f mecánica
— **maintenance** n - [mech] mantenimiento m mecánico; conservación f mecánica
— — **division** n - [ind] división f para, mantenimiento m mecánico, or conservación mecánica
— — **head** n - [ind] jefe m para, mantenimiento m mecánico, or conservación f mecánica
— — **personnel** n - [ind] personal m para, mantenimiento m mecánico, or conservación mecánica
— — **scheduling** n - [ind] programación f para mantenimiento m mecánico
— — **section** n - [ind] sección f para, mantenimiento m mecánico, or conservación f mecánica

mechanical maintenance section head n - [ind] jefe m para sección f para, mantenimiento m mecánico, or conservación f mecánica
— — **shop** n - taller m para, mantenimiento m mecánico, or conservación f mecánica
— — **supervisor** n - [ind] supervisor m para mantenimiento m mecánico
— — **trainee** n - [ind] aprendiz m para mantenimiento m mecánico
— **means** n - [mech] medio(s) m mecánico(s)
— — **elimination** n - eliminación f por medio(s) mecánico(s)
— — **eliminate** v - [mech] eliminar por medio(s) m mecánico(s)
— — **eliminated** a - [mech] eliminado,da por medio(s) m mecánico(s)
— — **elimination** n - [mech] eliminación f por medio(s) m mecánico(s)
— **method** n - [mech] método m mecánico
— **mishap** n - [mech] contratiempo m mecánico
— **mystery** n - [mech] misterio m mecánico
— **opening** n - [mech] apertura f mecánica
— **operation** n - [mech] operación f mecánica; accionamiento m, or mando m, mecánico
— **part** n - [mech] parte m mecánica • pieza f mecánica; repuesto m mecánico
— **pipe cleaning operation** n - [tub] operación f mecánica para limpieza f de, tubo, or tubería
— **pickling** n - [metal-treat] decapado m mecánico
— **polishing** n - [mech] pulimento m mecánico
— — **line** n - [metal-roll] raya f; línea f de pulido m
— **preparation** n - preparación f mecánica
— **press** n - [mech] prensa f mecánica
— **pressure relief valve** n - [valv] válvula f mecánica para alivio m de presión f
— **preventive maintenance** n - [ind] mantenimiento m preventivo mecánico
— **problem** n - [mech] problema m mecánico
— **process** n - [ind] proceso m, or procedimiento m, mecánico
— **product** n - [mech] producto m mecánico
— **property** n - [mech] propiedad f mecánica
— — **difference** n - diferencia f en propiedad f mecánica
— — **test** n - [mech] ensayo m de propiedad f mecánica
— — — **result(s)** n - [mech] resultado m de ensayo m de propiedad(es) f mecánica(s)
— **protection** n - [metal-treat] protección f mecánica
— **reactor** n - reactor m mecánico
— **refrigeration** n - refrigeración f mecánica
— **relief valve** n - [valv] válvula f, mecánica para alivio m, or para alivio m mecánico
— **repair** n - [mech] reparación f mecánica
— — **shop** n - [ind] taller m para reparación f mecánica
— — — **equipment** n - [ind] equipo m para taller m, mecánico, or para reparación(es) f mecánica(s)
— **requirement** n - exigencia f mecánica
— **resistance** n - resistencia f mecánica
— — **improvement** n - mejoramiento m de resistencia f mecánica
— **resource(s)** n - recurso(s) m mecánico(s)
— **rigidity** n - rigidez f mecánica
— **rod descaling** n - [metal-treat] descascarillado m mecánico de varilla f
— **routine** n - rutina f mecánica
— **scraper** n - [constr] pala f mecánica
— **seal** n - [mech] sello m mecánico
— **service** n - [mech] servicio m mecánico
— **shifter** n - [mech] desplazador m mecánico • dispositivo m mecánico para cambio(s) m
— — **bell crank** n - [mech] manivela f con campana f para, desplazador m mecánico, or dispositivo mecánico para cambio(s) m
— — **crank** n - [mech] manivela f para, desplazador m mecánico, or dispositivo m mecánico para cambio(s) m

mechanical shifter installation n - [mech] instalación f, or colocación f, de desplazador m mecánico
— **linkage** n - [mech] eslabonamiento m de, desplazador m mecánico, or dispositivo m mecánico para cambio(a) m
— **shop** n - [ind] taller m mecánico
— — **equipment** n - [ind] equipo m para taller n, mecánico, or para reparaciones f mecánicas
— **shunt switch** n - [electr-equip] interruptor m, or conmutador m, mecánico para conmutación f; interruptor m para conmutación f mecánica
— **spare (part)** n - [mech] repuesto m mecánico
— **specification** n - [mech] especificación f mecánica
— **speed limitation** n - [mech] limitación f mecánica para velocidad f
— **spillway** n - [hydr] vertedero m mecánico; tubo m para rebose m
— **spindle** n - huso m, or husillo m, mecánico
— **spring** n - [mech] resorte m mecánico
— — **wire** n - [wire] alambre m para resorte(s) m mecánico(s)
— **stoker** n - [combust] cargador m, or alimentador m, mecánico
— **stop** n - parada f mecánica; tope m mecánico
— **stopping** n - parada f, or detención f, mecánica
— **strength** n - resistencia f mecánica
— — **quality** n - calidad f para resistencia f mecánica
— **surrounding(s)** n - medio(s) m mecánico(s)
— **sweeper** n - barredora f mecánica
— **system** n - [mech] sistema m mecánico
— **tamper** n - [tools] apisonador m mecánico
— **temper** n - [metal-treat] temple m mecánico
— **tension** n - [mech] tensión f mecánica
— **terminal (point)** n m - [mech] borne m, or punto m terminal, mecánico
— **test(ing)** n - [mech] ensayo m mecánico
— —(s) **laboratory** n - [ind] laboratorio m para ensayo(s) m mecánico(s)
— **tong(s)** n - [mech] pinza f motorizada
— **tool** n - [tools] herramienta f mecánica
— **travel** n - [weld] avance m mecanizado
— — **power pack** n - [weld] equipo m motor para avance m mecanizado
— **trouble** n - [mech] avería f mecánica
— **tubing** n - [tub] tubería f, mecánica, or para, uso(s) m mecánico(s), or aplicación(es) f mecánicas; also see **welded tubing**
— **type** n - tipo m mecánico
— — **filter** n—[hydr] filtro m de tipo mecánico
— **unloading** n - descarga f mecánica
— — **system** n - [mech] sistema m para descarga f mecánica
— **value** n - [mech] valor m mecánico
— **valve** n - [valv] válvula f mecánica
— — **shaft** n - [mech] árbol m, or eje m, mecánico para válvula f
— **vibrating equipment** n - [constr] equipo m, mecánico para vibración f, or para vibración f mecánica
— **vibration** n - [mech] vibración f mecánica
— **woe** n - [mech] mal m mecánico
— **work(ing)** n - trabajo m mecánico • [mech] mecanización f
mechanically air cooled a - enfriado,da por aire m mecánicamente
— — **slag** n - [metal-prod] escoria f enfriada con aire m mecánicamente
— **capped** a - [mech] tapado,da mecánicamente
— — **steel** n - [metal-prod] acero m tapado mecánicamente
— **carried** a - [weld] mecanizado,da
— **gun** n - [weld] portapistola(s) mecanizado
— **cleaned** a - limpiado,da mecánicamente
— **screen** n - [sanit] rejilla f, or criba f, con limpieza f mecánica
— **controlled** a - regulado,da mecánicamente; con regulación f mecánica

mechanically cooled a—enfriado,da mecánicamente
— **descaled rod** n - [metal-treat] varilla f descascarillada mecánicamente
— **driven** a - con mando m mecánico
— **fastened** a - fijado,da mecánicamente
— **fed** a - [mech] alimentado,da mecánicamente • [weld] alimentado,da automáticamente
— **operated** a - [mech] con mando m mecánico
— — **open type valve** n - [valv] válvula f de tipo m abierto con mando m mecánico
— — **valve** n - [valv] válvula f con mando m mecánico
— **pickled** a - [metal-treat] decapado,da mecánicamente
— — **wire rod** n - [wire] alambrón m decapado mecánicamente
— **secured** a - [mech] asegurado,da, or inmovilizado,da, en forme mecánica, or mecánicamente
— **trimmed** a - [mech] recortado,da mecánicamente
— — **edge** n - [metal-roll] borde m (re)cortado mecánicamente
— **trip free** a - [electr-oper] con desenganche m mecánicamente libre
mechanism arrangement n - [mech] disposición f de mecanismo m
— **assembly** n - [mech] conjunto m de mecanismo m
— **crown** n - [mech] corona f para mecanismo m
— **operation** n - [mech] operación f, or funcionamiento m, de mecanismo m
— **reducer** n - [mech] reductor m para mecanismo
— **roll(er)** n - [mech] rodillo m para mecanismo
mechanized a - [mech] mecanizado,da • motorizado,da
— **area** n - zona f mecanizada
— **gun holder** n - [weld] portapistola(s) f mecanizado
— **hand travel** n - [weld] avance m manual mecanizado
— — — **attachment** n - [weld] dispositivo m para avance m manual mecanizado
— — — **unit** n - [weld] soldadora f, or dispositivo m, para avance m manual mecanizado
— **ring** n - [mech] anillo m mecanizado
— **semiautomatic squirt welding** n - [weld] soldadora f mecanizada con alimentación f automática para alambre m
— — **welding** n - [weld] soldadura f, semiautomática mecanizada, or con alimentación f automática para electrodo m
— **squirt welder** n - [weld] soldadora f con alimentación f automática de electrodo m; soldadora semi-automática (Squirt Welder)
— **thrust ring** n - [mech] anillo m mecanizado para empuje m
— **travel** n - [weld] avance m mecanizado
— — **attachment** n - [weld] dispositivo m para avance m (manual) mecanizado
— — **equipment** n - [weld] equipo m para avance m mecanizado
— — **motor field** n - [electr-mot] campo m con magnetismo para motor m para avance m mecanizado
— — **power pack** n - [weld] fuente f portátil mecanizada para energía f; fuente f para energía f para avance m mecanizado; equipo m motor para avance m mecanizado
— — **unit** n - [weld] dispositivo m para avance m (manual) mecanizado
— **welder** n - [weld] soldadora f mecanizada
— **welding** n - [weld] soldadura f mecanizada
— — **power source** n - [weld] fuente f para energía f para soldadura f mecanizada
— — **process** n - [weld] proceso m para soldadura f mecanizada
— — **welder** n - [weld] soldadora f (para soldadura f) mecanizada
mechanizer n - motorizador* m
mechanizing n - mecanización f | a - mecanizador,ra; motorizador,ra
med a - see **medium**
medling n - . . .; interposición f

media

media n - [public] publicación(es) f; periodismo; medio(s) m, informativo(s), or para difusión f, or publicitario(s) • [telecom] difusión f • [grind.med] cuerpos m (moledores)
— **attention** n - [public] atención f de medio(s) m publicitario(s)
— **car** n - [autom] automóvil m para (cuerpo m de) periodista(s) m, or cronista(s) m, or reportero(s), deportivo(s)
— **coverage** n - atención f de medio(s) m informativo(s)
— **member** n - representante m de medio(s) m informativo(s); periodista m
— **professional** n - periodista m profesional
— **wear** n - [grind.med] desgaste m de cuerpo m moledor
median n - . . . . • [roads] (división f) medianera f; divisoria f | a - medianero,ra
— **area** n - [roads] zona f divisoria
— **barrier** n - [roads] valla f divisoria f
— **crossing** n - [transp] cruce m, or cruzamiento m, de franja f divisoria
— **dike** n - [roads] murete m longitudinal
— **drain** n - [roads] desaguadero m para franja f, medianera, or divisoria
— — **method** n - [roads] método m para drenaje m de franja(s) f medianera(s)
— — **trench** n - [roads] trinchera f, or zanja f, para drenaje m de franja f divisoria
— **guardrail** n - [roads] valla f medianera
— **protection** n - [roads] protección f medianera
— **rail** n - [roads] viga f divisoria
— **retaining wall** n - [constr-roads] muro m medianero para retención f, or contención f
— **section** n - [roads] sección f medianera
— **-separated** a - [roads] con franja f divisoria
— — **highway** n roads] carretera f con franja f, divisoria, or medianera
— — **multi-lane highway** n - [roads] carretera f con vía(s) f múltiple(s) con franja f, divisoria, or medianera
— **strip** n - [roads] franja f divisoria (central)
— — **dike** n - [roads] murete m en franja f, medianera, or divisoria
— — **rail(ing)** n - [roads] viga f para, franja f, or faja f, divisoria, or medianera
— **swale** n - [roads] franja f, divisoria, or medianera, hundida
— — **design(ing)** n - [roads] proyección f de franja, divisoria, or medianera, hundida
— **terminal section** n sección f, or pieza divisoria, terminal; extremo m de defensa f divisoria (doble)
— **water, intercepting, or interception** n - recolección f de agua m en franja f divisoria
— — **removal** n - [hydr] remoción f, or conducción f de agua m en franja f divisoria
mediated a - mediado,da; intervenido,da
mediating n - mediación f | a - mediador,ra
mediation contract n - [legal] contrato m para mediación f
medical a - [medic] . . . ; para salubridad f
— **Association** n - [medic] Colegio m de Médicos
— **attention** n - [medic] . . . ; atención f médica
— **care** n - cuidado m médico; atención f médica
— **center** n - [medic] centro m médico; hospital m
— **checkup** [medic] revis(ac)ión f médica
— **drug** n - [medic] especia f
— **emergency** n - [medic] emergencia f médica
— **equipment** n - [medic] equipo m médico
— **examination** n - [medic] examen m médico
— **facility** n - [medic] instalación f médica
— **fee** n - [medic] honorario m médico
— **field** n - [medic] campo m, or especialidad f, de medicina f
— **information** n - [medic] información f médica
— **insurance** n - [medic] seguro m médico
— **personnel** n - [medic] personal m médico
— **(and) psychological checkup** n - [medic] revis(ac)ión f medicopsicológica
— **service(s)** n - [medic] servicio m, médico, or sanitario
medical service(s) division n - [ind] división f de servicio(s) m médico(s)
— **supervisor** n - [ind] supervisor m médico
— **supply,lies** n - [medic] material(es) m, or elemento(s) m, médico(s)
— **treatment** n - [medic] tratamiento m médico
medication n - [medic] medicamento m
medicine bottle n - frasco m con medicamento m
— **field** n - [medic] campo m, or especialidad f, de medicina f
medieval tennis n - [sports] tenis m medieval
mediocre corrosion n - corrosión f mediocre
— **resistance** n - [metal] resistencia f mediocre a corrosión f
— **determination** n - determinación f mediocre
— **resistance** n - resistencia f mediocre
meditate about v - especular; [fam] rumiar
Mediterranean Shield n - [geogr] Escudo m Mediterráneo
medium aggregate n - [constr] agregado m mediano
— — **distribution** n - [roads] distribución f de agregado m mediano
— **air pressure** n - [pneumat] aire m con presión f mediana; presión f de aire, mediana, or intermedia
— **alloy** n - [metal-prod] aleación f mediana
— **electrode** n - [weld] electrodo m con aleación f mediana
— — **hardsurfacing electrode** n - [weld] electrodo m con aleación f mediana para endurecimiento m de superficie f
— — **steel** n - [metal-prod] acero m con aleación f mediana
— **alumina chamotte** n - [refract] chamote m con alúmina f mediana
— **blue** n - azul m mediano m
— **breakfast** n - [culin] desayuno m mediano
— **bristle brush** n - [tools] pincel m con cerda(s) f mediana(s)
— **carbon** n - [metal-prod] carbono m mediano | a - [metal-prod] con, tenor m, or contenido m, mediano en carbono m
— — **content** n - [metal-prod] tenor m, or contenido m, mediano en carbono m
— — **crack sensitive steel** n - [metal-prod] acero m mediano en carbono m susceptible a agrietamiento m
— — **electrode** n - [weld] electrodo m con carbono m mediano • electrodo m para acero m con carbono m mediano
— — **general purpose electrode** n - [weld] electrodo m con carbono m mediano para aplicación(es) f general(es)
— — **silicon killed steel** n - [metal-prod] acero m con carbono m mediano calmado con silicio m
— — **steel** n - [metal-prod] acero m con carbono m mediano; acero m con, tenor m, or contenido m, mediano de carbono m
— — **part** n - [ind] pieza f de acero con carbono m mediano
— — **structural quality** n - [metal-prod] calidad f estructural con carbono m mediano
— — **welding rod** n - [weld] varilla f con carbono m mediano para soldadura f
— **carton** n - [transp] caja f (de cartón m) (con tamaño m) mediano (3,1 pies^3; 0,088 m^3)
— **content** n - [metal- contenido m, or tenor m, mediano
— **creosote oil** n - aceite m de creosota f mediano
— **cure** n - [constr] curación f mediana
— **curing** n - [constr] curación f mediana
— **cut washer** n - arandela f plana mediana
— **deposit rate** n - [weld] rapidez f mediana para aportación f
— **duty** n - servicio m mediano
— — **arc torch** n - [weld] antorcha f con, dos polos m, or arco(s) m, para trabajo(s) m mediano(s)

medium duty boom n - [cranes] aguilón m para servicio m mediano
— — **bucket** n - [constr-equip] cangilón m, or cucharón f, para servicio m mediano
— — **gun** n - [weld] pistola f para trabajo(s) m mediano(s)
— — **lifting** n - [cranes] elevación f de carga(s) f mediana(s)
— — **production** n - [weld] soldadura f para producción f en escala f mediana
— — **torch** n - [weld] antorcha f para trabajo(s) m mediano(s)
— — **welder** n - [weld] soldadora f para trabajo(s) m mediano(s)
— **fill** n - [constr] terraplén m con altura f mediana
— **gravel** n - [constr] grava f mediana
— **guide tip** n - [weld] pico m para guía f, mediano, or intermedio
— — **for electrical stickout** n - [weld] pico m para guía f para electrodo m electrizado mediano
— **heat** n - calor m, mediano, or intermedio
— **heating** n - calentamiento m mediano
— **height** n - altura f media(na)
— **jacket** n - [vest] chaqueta f mediana
— **length** n - largo(r) m, mediano, or intermedio
— — **guide tip** n - [weld] pico m para guía f con largo(r), mediano, or intermedio
— **lime weight** n - [wiredrwng] encalamiento* m mediano
— **low open circuit voltage** n - [weld] voltaje m medianamente bajo en circuito m abierto
— **manganese** n—[metal-prod] manganeso m mediano
— — **electrode** n - [weld] electrodo m con manganeso m mediano
— — **general purpose electrode** n - [weld] electrodo m con manganeso m mediano para aplicación(es) f general(es)
— **manufacturing plant** n - [ind] planta f, or establecimiento m, fabril mediano
— **open circuit voltage** n - [weld] voltaje m mediano en circuito m abierto
— **penetration** n - penetración f mediana
— **plasticity** n - plasticidad f media(na)
— **plate** n - [metal-roll] plancha f mediana
— — **mill** n - [metal-roll] laminadora f, or tren m laminador, para plancha(s) mediana(s)
— **point** n - punto m medio
— **pressure** n - [mech] presión f, media(na), or intermedia
— — **hose** n - [mech] mang(uer)a f para presión f, media(na), or intermedia
— — — **assembly** n - [mech] conjunto m de mang(uer)a f para presión f intermedia
— **profile** n - [metal-roll] perfil m mediano
— **quality steel** n - [metal-prod] acero m con calidad f mediana
— **range** n - [electr] límite(s) m mediano(s) • [aeron] radio m para acción f mediano
— —, **aircraft**, or **airplane** n - [aeron] avión m con radio m para acción f mediano
— — **jet plane** n - [aeron] avión por reacción f con radio m para acción f mediano
— — **plane** n - [aeron] avión m con radio m para acción f mediano
— — **planning** n - planificación f para plazo m mediano
— **relative density** n—densidad f relativa media
— **sand** n - [constr] arena f mediana
— **sandpaper** n - [mech] papel m con lija f mediano; lija f mediana
— **scale** n - escala f, media, or mediana
— — **foreign mining concern** n - [miner] empresa f minera extranjera mediana
— — **mining** n - [miner] minería f (en escala f) mediana
— — — **concern** n - [miner] empresa f minera (en escala f) mediana
— — — **national mining concern** n - [miner] empresa f minera nacional (en escala f) mediana

medium section n - sección f (inter)media • [metal-roll] perfil m mediano
— — **mill** n - [metal-roll] (tren) laminador m para perfil(es) m mediano(s)
— **series** n - serie f media(na)
— **shape** n - [metal-roll] perfil m mediano
— **silicon** n - [metal-prod] silicio m mediano
— — **electrode** n - [weld] electrodo m con silicio m mediano
— — **general purpose electrode** n - [weld] electrodo m con silicio m mediano para aplicación(es) f general(es)
— **size** n - tamaño m, mediano, or intermedio
— — **aggregate** n - [constr] agregado m en tamaño m mediano
— — **fitting** n - [tub] conexión f, or accesorio m, con tamaño m, mediano, or intermedio
— **sized** a - con tamaño m mediano
— — **city** n - [pol] ciudad f con tamaño m mediano
— — **welder** n - [weld] soldadora f con tamaño m mediano
— **speed operation** n - operación f con velocidad f media(na)
— **strip** n - [metal-roll] banda f, or cinta f, or chapa f, mediana; fleje m mediano • [roads] franja f medianera
— **sweater** n - [vest] suéter m mediano
— **temperature** n - temperatura f media(na)
— **tensile** a - [metal] con resistencia f media (a tensión f)
— — **hose wire** n - [wire] alambre m con resistencia f media (a tensión f) para manguera(s)
— — **strength** n - [metal] resistencia f media a tensión f
— — **wire** n - [wire] alambre m con resistencia f media (a tensión f)
— **tension** n - tensión f mediana
— — **circuit** n - [electr-distrib] circuito para voltaje m, medio, or mediano
— **term** n - [com] plazo m, medio, or mediano
— — **contract** n - [com] contrato m con plazo m, medio, or mediano
— — **credit** n - [com] crédito m para plazo m, medio, or mediano
— — **debt** n - [com] deuda f con plazo m mediano
— — **fund(s)** n - [fin] fondo(s) m con plazo m mediano
— — **liability,ties** n - [fin] pasivo m con plazo m mediano
— **transformer** n - [electr-transf] transformador m mediano
— **voltage** n - [electr-distrib] voltaje m, medio, or mediano
— — **cable** n - [electr-cond] conductor m para voltaje m, medio, or mediano
— — **circuit** n - [electr-instal] circuito m para voltaje m, medio, or mediano
— — **control cable** n - [electr-cond] conductor m para regulación f de voltaje m medi(an)o
— — **distribution** n - [electr-distrib] distribución f de voltaje m, medio, or mediano
— — — **panel** n - [electr-instal] tablero m para distribución f de voltaje m medi(an)o
— — — — **spare (part)** n - [electr-distrib] repuesto m para tablero m para distribución f de voltaje m, medio, or mediano
— — **equipment** n - [electr-equip] equipo m para voltaje m, medio, or mediano
— — **input** n - [electr-oper] alimentación f, or aportación f, de voltaje m, medio, or mediano
— — **insulated cable** n - [electr-cond] conductor m aislado para voltaje m mediano
— — **motor** n - [electr-mot] motor m para voltaje m mediano
— — — **control equipment** n - [electr-mot] equipo m para regulación f para motor(es) m para voltaje m mediano
— — **power cable** n - [electr-instal] conductor m para potencia f para voltaje m mediano
— **washer** n - [mech] arandela f mediana

medium water temperature n - temperatura f media de agua m
meekness n - . . .; dulzura f
meet n - . . .; convención f | v . . .; aguardar; esperar; hallar • . . .; cumplir; cubrir; conformar • lograr; alcanzar; responder • igualar; cumplir con; realizar; suplir • juntar; reunir • confluir • topar • complimentar • contemplar • [labor] entrevistar • [social] conocer
— @ **acceptability standard** v - [ind] cumplir con, or satisfacer, norma f de aceptabilidad
— **adequately** v - cumplir con, or satisfacer, adecuadamente
— **approximately** v - conformar aproximadamente
— @ **challenge** v - enfrentar, or hacer frente f, a, desafío m, or exigencia f
— @ **deadline** v - aparecer a hora f fijada
— @ **demand** v - satisfacer, demanda f, or exigencia f • [com] abastecer demanda f
— @ **expense(s)** v - [fin] sufragar gasto(s) m
— **fully** v - cumplir, or satisfacer, cabalmente
— @ **grade** v - [constr] cumplir con nivel m
— @ **import(s)** v - confrontar, or hacer frente f, a importación(es) f
— @ **interest(s)** v - contemplar interés(es) m
— @ **line** v - [constr] cumplir con alineación f
— @ **minimum requirement** v - satisfacer exigencia f mínima
— @ — **property requirement** b - satisfacer exigencia f mínima para propiedad(es) f
— @ **objective** v - [managm] lograr objetivo m
— @ **obstacle** v - tropezar con obstáculo m
— @ **problem** v - tropezar, or topar, con problema
— **properly** v - confrontar adecuadamente
— @ **qualification** v — cumplir con especificación
— @ **quota** v - llenar, or alcanzar, or cumplir con, cuota f
— @ **radiographic specification** v - [weld] cumplir con, or satisfacer, especificación f radiográfica
— @ **regulation** v - cumplir con, or satisfacer, exigencia f, or reglamentación f
— @ **requirement** v - conformar; satisfacer, exigencia f, or condición f; responder a exigencia f; cumplir con, exigencia f, or requisito m
— @ **rigid acceptability standard** v - [ind] satisfacer norma f rígida para aceptabilidad f
— @ — **standard** v - satisfacer norma f rígida
— @ **specific requirement** v - satisfacer, exigencia f específica, or requerimiento m específico
— @ **specification** v - satisfacer, or cumplir con, or acordar con, or responder a, especificación f
— @ **schedule** v - cumplir (con) programa m
— @ **standard** v - [ind] satisfacer, or cumplir con, estándar m, or norma f
meeting n - . . .; convención f; jornada f • encuentro m • aguardo m; espera f • igualación f; alcance m; conformación f • hallazgo m • satisfacción f; cumplimiento m; realización f • contemplación f
— **approximately** adv - conformando aproximadamente (con)
— **attendance** n - concurrencia f a reunión f
— @ **objective** n - [managm] logro m de objetivo
— **room** n - sala f para reunión(es) f
megawatt n - [electr-distrib] megavatio m
megger n - [electr] see **megohmmeter**
megohm n - [electr] megohmio m
megohmmeter n - [instrum] megóhmetro m
— **ground tester** n - [instrum] megóhmetro m para ensayo(s) m a tierra f
— **tester** n - [instrum] megóhmetro m para ensayos m
meld v - aunar; combinar
melded a - aunado,da; combinado,da
melding n - aunamiento m; combinación f
melt n - [metal-prod] . . .; colada f; baño m | v - [metal-prod] . . . • colar

melt again v - [metal-prod] fundir nuevamente; refundir
— **autogenously** v - [metal-prod] fundir en forma f autógena
— @ **charge** v - [metal-prod] fusionar, or fundir, carga f
— @ **concentrate** v - [metals-copper] fundir concentrado* m
— @ — **in @ converter** v - [metal-copper] fundir concentrado* m en convertidor m
— @ **edge** v - [weld] fundir borde m
— @ — (**back**) **too far** (**back**) v - [weld] fundir excesivamente borde m
— @ **electrode** v - [weld] fundir electrodo m
— @ **epoxy** v - fundir, or derretir, epoxia f
— @ **filler metal** v - [weld] fundir metal m para aportación f
— @ **glass** v - [ceram] fundir vidrio m
— @ **green charge** v - [metal-prod] fundir carga f verde
— **immediately** v - [metal] fundir inmediatamente
— **in @ arc** v - [weld] fundir(se) en arco m
— @ **metal** v - [metal] fundir metal m
— **off** n - [metal] fusión f | v - derretir(se) • [weld] fundir extremo m
— — @ **brazing rod** v - [weld] fundir extremo m de varilla f para soldadura f, fuerte, or de latón m
— — **rate** n - [weld] velocidad f, or rapidez f, para fusión f • fusión f unitaria
— **requirement(s)** n - [metal-prod] exigencia(s) f para fundición f
— **shop** n - [metal-prod] (taller m para) fundición f
— — **operation** n - [metal-prod] operación f para fundición f
— — **production** n - [metal-prod] producción f en (taller n para) fundición f
— — **supervisor** n - [metal-prod] supervisor m para fundición f
— **system** n - [**metal**] sistema m para fundición f
— **through** n - [weld] fusión f total | v - [weld] perforar
— **to billet yield** n - [metal-prod] rendimiento m (de) fundición f a palanquilla f
— **without overheating** v - [metal-prod] fundir sin, sobrecalentamiento, or recalentamiento m
meltable a - [metal] fundible; fúsil*
meltdown n - [metal-prod] fusión f
— **analysis** n - [metal] análisis m de fusión f
— **and feeding cycle** n - [metal-prod] ciclo m para fusión f y, carga f, or alimentación f
— **beginning** n - [metal-prod] comienzo m de fusión f
— **cycle** n - [metal-prod] ciclo m para fusión f
— **end** n - [metal-prod] fin m de fusión f
melted a - fusionado,da; fundido,da; also see **molten**
— **autogenously** a - [metal-copper] fundido,da en forma f autógena
— **concentrate** n - [metal-copper| concentrado* m fundido
— **epoxy** n - epoxia f, fundida, or derretida
— **green charge** n - [metal-prod] carga f verde fundida
— **immediately** a - [metal] fundido,da inmediatamente
— **snow** n - [meteorol] nieve f derretida
— **without overheating** a - [metal] fundido,da sin, sobrecalentamiento m, or recalentamiento
melter n - . . .; principal m, or maestro m, para horno m
— **area** n - [ceram] zona f para (horno) fundidor
— **bottom** n — [ceram] fondo m de (horno) fundidor
— **builder** n - [ceram] constructor m de horno m fundidor m • edificio m para (horno) fundidor
— **furnace area** n - [ceram] zona f para horno m fundidor
melting n - . . . • [metal-prod] horno(s) m; acería f | a - [metal] fundente; fundidor,ra
— **bay** n - [metal-prod] nave f para fusión f

melting bay closed end n - [metal-prod] extremo m cerrado de nave f para fusión f
— — **end** n - [metal-prod] extremo m de nave f para fusión f
— — **open end** n - [metal-prod] extremo m abierto de nave f para fusión f
— **bed** n - [metal-prod] lecho m para fusión f
— — **iron content** n - [metal-prod] contenido m, or ley f, de hierro m en lecho m para fusión f
— **capacity** n - [metal-prod] capacidad f para fusión f
— **condition** n - [metal-prod] condición f para fusión f
— **control** n - [metal-prod] regulación f, or fiscalización f, de fusión f
— **converting capacity** n - [metal-prod] capacidad f para, fusión f y conversión f
— **department** n - [metal-prod] departamento m para, fundición f, or horno(s) m
— **equipment** n - [metal-prod] equipo m para fundición f
— **furnace** n - [metal-prod] horno m, fundidor, or para, fusión f, or fundición f
— — **foundation** n - [metal-prod] cimiento m, or fundación f, para horno m para fusión f
— **kettle** n - calderín m
— **loss** n - [metal-prod] pérdida f por fuego m
— **need** n - [melting] exigencia f para fundición
— **point** n - punto m, or temperatura f, para, fusión f, or fundición f
— **pot** n - [metal-prod] crisol m
— **practice** n - [metal-prod] práctica f, para fundición f, or en acería f
— **process** n - [metal] proceso m para fusión f
— **rate** n - [metal-prod] rapidez f de fusión f
— **requirement** n - [melting] exigencia f para, fundición f, or fusión f
— **shop** n - [metal-prod] taller m para, fundición f, or fusión f
— **snow** n - [meteorol] nieve f semiderretida
— **speed** n - velocidad f, or rapidez f, para, fusión f, or licuación f, or derretimiento m
— **stock** n - [metal-prod] material(es) f para fusión f
— **system** n - [melting] sistema f para fundición
— **temperature** n - temperatura f para fundición f
— **time** n - [metal] tiempo m para fusión f
— **without overheating** n - [metal] fusión f sin, sobrecalentamiento m, or recalentamiento m
— **zone** n - [metal-prod] zona f para fusión f • lecho m para fusión f • zona f para horno(s)
member n - . . .; componente m; asociado m • [metal-roll] perfil m • [mech] pieza f • [legal] vocal m
— **country** n - [pol] país m miembro
— **cross section** n - [mech] corte m, or sección f transversal, de pieza f
— **deformation** n - [mech] deformación f de pieza
— **depth** n - [metal-roll] altura f de perfil m
— **design** n - [constr] proyección f de pieza f
— **dislocation** n - [mech] desplazamiento m de pieza f
— **distortion** n - deformación f de pieza f
— **state** n - [pol] estado m miembro
— **thickness** n - [weld] espesor m de pieza f
membrane flashing n - [constr] tapajunta(s) f de membrana f
— **forming compound** n - [mech] compuesto m, or composición f, para producción f de membrana
membranous sac n - [anat] folículo m
memento n - . . .; reliquia f
memoranudm n - . . . • [com] . . .; circular f
— **account** n - [accntg] cuenta f, de orden, or para compensación f
memorial n - . . .; memoria f descriptiva
Memorial Day n - Día f para Rememoración f de, Muerto(s) m, or Caído(s), en Guerra(s) f
— **gift** n - homenaje m póstumo
— **marker** n - vítor m
memorize @ code v - memorizar código m
— — **@ numerical code** v - memorizar código m numérico

memorized code n - código m memorizado
— — **numerical code** n - código m numérico memorizado
memory chip n - [comput] microplaqueta f para memoria f
— **loss** n - pérdida f de memoria f
— **storage** n - [comput] almacenamiento m en memoria f
men n - . . . • [labor] see **personnel**
— **at work** n - [constr] hombre(s), or obrero(s) m, or personal m, trabajando
men's clothing n - [vest] ropa f para, hombre(s) or caballero(s)
— **'s magazine** n - [print] revista f para, hombre(s), or caballero(s) m
menaced a - amenazado,da
mancing a - amenazante; amenazador,ra; ominoso,sa
mend n . . .; parche m; reparación f • [textil] zurcido m; zurcidura f | v - . . .; parchar
— **@ metal** v - [mech] remendar metal m
mended a - remendado,da • zurcido,da
— **metal** n - [mech] metal m remendado
mender n - . . .; remendador m • zurcidor m • [metal-treat] chapa f corregible
menderman n - [ind] reparador m
mending n - . . .; emparchado m; zurcido m | a - remendador,ra; reparador,ra; remediador,ra • zurcidor,ra
mental acuity n - agudeza f mental
— **effort** n - esfuerzo m mental
— **energy** n - energía f mental
— — **application** n - aplicación f de energía f mental
— **error** n - error m mental
— **faculty** n - facultad f mental
— **impairment** n - [labor] reducción f de, habilidad f, or capacidad f, mental
— **malady** n - [medic] mal m mental
— **reserve** n - reserva f mental
— **work** n - [managm] trabajo m mental
mentally adv - mentalmente
mentionability n - mencionabilidad* f
mentioned a - mencionado,da
mentioner n - mencionador m
mentioning n - mención f | a - mencionador,ra
mercantile mediation n - [com] mediación f mercantil
— — **contract** n - [com] contrato m para mediación f mercantil
— **mediator** n - [com] mediador m mercantil
merchant bar n - [metal-roll] barra f comercial
— **mill** n - [metal-roll] laminador m para perfil(es) m comercial(es)
— **product** n - [metal-roll] perfil m comercial
— **shape** n - [metal-roll] perfil m comercial
— **wire** n - [wire] alambre m, comercial, or común • alambre m negro galvanizado
merchandise n - . . . | v - mercadear; comercializar
— **arrival** n - arribo m, or entrada f, de mercadería f
— **delivery** n - [com] entrega t de mercadería(s)
— **for resale** n - [com] mercadería f para reventa f
— **in transit** n - [transp] mercadería f en tránsito m
— **origin** n - [com] origen m de mercadería f
— **price** n - [com] precio m de mercadría f
— **reexportation** n - [fisc] reexportación f de mercadería f
— **replacement** n - [com] reposición f de mercadería f
— **shipment** n - [transp] embarque m de mercadería f • expedición f de mercadería f
— **transit** n - [fisc] tránsito m de mercadería f
— **transportation** n - [transp] transporte m de mercadería f
merchandised a - comercializado,da
merchandiser n - [mech] (dispositivo) portacarrete(s) m

merchandising n - [com] mercadeo m; comercialización f
— **cost** n - [com] costo m para, mercadeo m, or comercialización f
— **information** n - [com] información f para, mercadeo m, or comercialización f
— **material(s)** n [com] material(es) m para, mercadeo m, or comercialización f
— **strategy** n - [com] estrategia f para, mercadeo m, or comercialización f, or venta f
— **technique** n - [com] técnica f para, mercadeo m, or comercialización • técnica f para, presentación f, or exhibición f
merchant bank n - [fin] banco m, mercantil, or comercial
— **fleet** n - [nav] flota f mercante
— **mill** n - [metal-roll] tren m comercial
— **shape(s) shaper** n - [metal-roll] perfilador m para, perfil(es) m, or sección(es) f, comercial(es)
— **—(s) storage** n - [metal-roll] almacenamiento m de, or depósito m para, perfil(es) m comercial(es)
— **—(s) warehouse** n - [metal-roll] depósito m para perfil(es) m comercial(es)
merchantability m - comerciabilidad* f; vendibilidad f
— **warranty** n - garantía f de, comerciabilidad* f, or vendibilidad f
mercuric chloride n - [chem] cloruro m mercúrico
— **solution** n - [chem] disolución f de cloruro m mercúrico
— **nitrate** n - [chem] nitrato m mercúrico
mercury addition to silver ore n - [miner] yapa
— **arc** n - [electr] arco m de mercurio m
— **— lamp** n - [electr] lámpara f (con arco m) de mercurio m
— **— rectifier** n - [electr] rectificador m para, arco m, or vapor m, de mercurio m
— **conductor** n - [electr-instal] conductor m de mercurio m
— **gage** n - [instrum] calibrador m con mercurio
— **nitrate** n - [chem] nitrato m de mercurio m
— **pump** n - bomba f para mercurio m
— **switch** n - [electr] interruptor m con mercurio
— **thermometer** n - [instrum] termómetro m con mercurio m
. . . — **vacuum** n - vacío m equivalente a columna f de mercurio m de . . .
— **vapor** n - [electr] vapor m de mercurio m
— **— lamp** n - [electr-ilumin] lámpara f con vapor m de mercurio m
— **— rectifier** n - [electr] rectificador m con vapor m de mercurio m
— **— turbine** n - turbina f para vapor m de mercurio m
mere a - . . .; de por sí
— **bolt torquing** n - [mwxh] torsión f, or ajuste m, de perno de por sí
merged a - fusionado,da
merit n - . . . | v - caber
merited a - merecido,da
— **mention** n - mención f merecida
meriting n - merecimiento m
merlon n - [constr] almena f
merriment n - . . .; festividad f
merrymaking n - . . .; holgura f; zamba f
mesh n - . . . • [mech] engranaje m; engrane* m • cambio m • [constr] malla f de alambre m | v - [mech] . . .; encajar • corresponder; coincidir
— **enclosure** n - recinto m de alambre m tejido
— **fence** n - [constr] cerca f, or cercado m, de, malla f de alambre, or de alambre m tejido
— **fencing** n - cerca f de alambre m tejido
— **@ gear** v - [mech] engranar, or engargantar, engranaje m
— **@ helical gear** v - [mech] engranar, or engargantar, engranaje m helicoidal
— **lath** n - [constr] metal m, expandido, or desplegado

mesh net n - red f de malla f
— — **method** n - método m con red f de malla f
— — **reinforced** a - reforzado,da con malla f
— — — **glass** n - vidrio m reforzado con malla f
— — — **wool** n - fibra f de vidrio m reforzada con malla f
— **section** n - [constr-concr] sección f con malla
— **sheet** n - [mech] pliego m de malla f
— **sieve** n - [tools] tamiz m de malla f
— **silently** v - [mech] engranar silenciosamente
— **size** n - [miner] calibre m de, tamiz m, or malla f
— **wire** n - [wire] alambre m para malla f
meshed a - [fig] correspondido,da; coincidido,da • [mech] engranado,da; engargantado,da; encajado,da; endentado,da
— **gear** n - [mech] engranaje m engargantado
— **helical gear** n - [mech] engranaje m helicoidal engargantado
meshing n - [fig] correspondencia f; coincidencia f • [mech] engranaje m; engargante m; endentado m
— **gear(s)** n - [mech] engranaje(s) m engargantado(s)
— **helical gear(s)** n - [mech] engranaje(s) m helicoidal(es) engargantado(s)
Mesozoic antisyncline n - [geol] antisinclinal m mesozoico
message acknowledgement n - [electron] acuse m recibo de mensaje m
— **coding** n - [telecom] codificación f de mensaje m
— **storing** n - [comput] almacenamiento m de mensaje m
messenger n - . . .; recadista m; veredero m • paloma f mensajera | a - mensajero,ra
— **cable** n - [electr-cond] cable m, mensajero, or para soporte m
— **dove** n - [ornith] paloma f mensajera
— **line** n - [electr-cond] see **messenger cable**
— **pigeon** n - [ornith] paloma f mensajera
— **strand** n - [cabl] cordón m mensajero
— **support** n - [electr] soporte m mediante cordón m mensajero
— **wire** n - [cabl] alambre m mensajero
met a - encontrado,da; hallado,da; esperado,da; aguardado,da • conformado,da • contemplado,da • satisfecho,cha; cumplimentado,da; realizado,da; cumplido,da • reunido,da • igualado,da; alcanzado,da
— **adequately** a - cumplido,da, or realizado,da, adecuadamente
— **approximately** a - conformado,da aproximadamente
— **challenge** n - exigencia f confrontada
— **fully** a - cumplido,da cabalmente
— **grade** n - [constr] nivel m cumplido
— **importation** n - importación f confrontada
— **interest(s)** n - interés(es) m contemplado(s)
— **line** n - [constr] alineación f cumplida
— **objective** m - [managm] objetivo m logrado
— **qualification** n - especificación f cumplida
— **quota** n - cuota f, llenada, or alcanzada, or cumplida
— **radiographic specification** n - [weld] especificación f radiográfica, cumplida, or satisfecha
— **requirement** n - exigencia f, cumplida, or satisfecha; requerimiento m cumplido
— **specific requirement** n exigencia f específica cumplida
— **specification** n - especificación f, cumplida, or satisfecha
metal n - . . . • [mech] pieza f, or parte f, metálica | a - metálico,ca
— **absorption** n - absorción f de metal m
— — **characteristic** n - [weld] característica f de absorción f de metal
— **accessory** n - [mech] accesorio m de metal m
—, **adding**, or **addition** n - adición f, or aportación f, de metal m

metal alloy n - [metal] aleación f metálica
— — content n - [metal-prod] proporción f de metal en aleación f
— — analysis n - [metal] análisis m de metal m
— — — chemical requirement n - [metal-prod] exigencia f química para análisis m de metal m
— arc n - [weld] arco m metálico • arco m entre metal(es) m
— — in @ inert gas n - [weld] arco m metálico en gas m inerte
— — shielding n - [weld] protección f de arco m entre metal(es) m
— — weld(ing) n - [weld] soldadura f por arco m, metálico, or entre metal(es) m • also see short circuiting metal transfer in gas weld
— band n - [metal-roll] zuncho m metálico
— base n - base f metálica
— basket fabrication n - [metal-fabr] fabricación f de canasto m metálico
— batch n - [metal] partida f, or hornada f, de metal
— bath n - [metal-prod] baño m metálico
— — deoxidation n - [metal-prod] desoxidación f de baño m metálico
— bearing n - [mech] cojinete m de metal m
— bending n - [mech] plegadura f, or dobladura f, de metal m
— bin n - [mech] tolva f, metálica, or de metal; silo m metálico, or de metal m
— body n - cuerpo m metálico • [autom] carrocería f, metálica, or de metal m
— bond(ing) n - liga(dura) f metálica
— — drilling n - [petrol] barrenado,da m/f, or perforación f, con liga f metálica
— — grinding n - amoladura f con liga f metálica
— — sawing n - [metal-fabr] aserrado m, or corte m (con disco m) con liga f metálica
— brightness n - [metal] brillo m de metal m
— building n - [constr] edificio m metálico
— bundle n - [transp] paquete m, or atado, or fardo m, de metal m
— cab n - [autom] cabina f metálica
— carpentry n - [constr] carpintería f metálica
— casing n - envolvente m metálico; tubería f metálica para entubación f
— chain n - [chains] cadena f, metálica, or de metal m
— charging spout n - [metal-prod] canal m para carga f para metal m
— chemistry n - [metal-prod] composición f, or análisis m, de metal
— characteristic n - característica f de metal
— clad a - blindado,da
— — switchgear n - [electr] tablero m blindado
— color n - color m de metal m
— component n - [mech] componente m metálico
— conditioning n - [metal] acondicionamiento m de metal m
— — purpose(s) n - [metal] fin(es) m para acondicionamiento m de metal
— conduit n - [constr] conducto m metálico
— construction n - construcción f metálica
— contact n - [mech] contacto m de metal
— container n - recipiente m, or envase m, metálico, or de metal m
— content n - [miner] contenido m de metal m
— control n - [metal] regulación f de metal m
— core n - [cabl] alma m, or núcleo m, metálico
— corner n - [weld] arista m metálico
— — bracket n - [mech] cantonera f metálica
— corrosion n - [chem] corrosión f de metal m
— cover n—[mech] tapa f, metálica, or de metal
— covering n - cobertura f, or envoltura f, de metal m
— crack n - [mech] grieta f en metal m
— cracking n - [metal] agrietamiento m de metal
— culvert n - [roads] alcantarilla f, metálica, or de metal m
— — design n - [tub] proyección f para alcantarilla f metálica

metal culvert pipe - [metal-fabr] tubería f metálica para alcantarilla(s) f
— — shape n - [[constr] (con)forma(ción) f de alcantarilla f mecánica
— deoxidation n - [metal-prod] desoxidación f de metal m
— deposit n - [weld] metal m aportado; aportación f, or depósito m, de metal m
— — mechanical property n - [weld] propiedad f mecánica de metal m aportado
— — property n - [weld] propiedad f de metal m aportado
— deposited n - [weld] metal m aportado
— — per pass n - [weld] metal m aportado por pasada
— deterioration n - deterioración f de metal m
— diaphragm n - diafragma m, metálico, or de metal m
— dilution n - [weld] dilución f de metal m
— disk n - [mech] disco m, metálico, or de metal
— displacement n - [metal-fabr] desplazamiento m de metal m
— distribution n - distribución f de metal m
— door n - puerta f, metálica, or de metal m
— — and window frames n [constr] carpintería f metálica (para obra f)
— drain pipe n - tubo m metálico para drenaje m
— — spillway n - [constr] vertedero m tubular metálico para drenaje m
— droplet n - [weld] gotita f de metal m
— edge n - [weld] borde m, metálico, or de metal
— electrode n - [weld] electrodo m metálico
— — holder n - [weld] portaelectrodo(s) m, metálico, or de metal m
— elongation n - [metal] elongación f de metal
— — percentage n - [metal-fabr] porcentaje m de elongación f de metal
— enclosure n - recinto m metálico
— expansion shim n - [mech] calza f de metal m para dilatación f
—, exposing, or exposure n - exposición f de metal m
— fitting n - [mech] accesorio m, metálico, or de metal m
— flange n - [mech] brida f metálica
— flashing n - [constr] tapajunta(s) f metálica
— floor n - [constr] piso m, metálico, or de metal
— flooring n - [constr] plancha f metálica para piso(s) m
— flume n - [hydr] canal m, or conducto m, metálico, or de metal
— form n - [metal-prod] molde m metálico
— frame n - marco m, metálico, or de metal m
— framework n - [weld] armazón m metálico
— friction pad n - [mech] zapata f, or almohadilla f, metálica para fricción f
— gage n - [metal-roll] espesor m de metal m
— — decrease n - [metal-roll] reducción f, or disminución f, de espesor m de metal m
— — increase n - [metal-roll] aumento m de espesor m de metal m
— globule n - [weld] glóbulo m, metálico, or de metal m
— grain bin n - [agric] tolva f, or silo m, metálico, or de metal m, para grano(s) m
— grating n - rejilla f, metálica, or de metal
— hardness n - [metal] dureza f de metal m
— heat n - [metal-prod] partida f de metal m
— hose n - mang(uer)a f, metálica, or de metal
— identification tag n - [ind] etiqueta f metálica para identificación f
— inert gas n - [weld] gas m metálico inerte; gas m inerte de metal m; M I G
— insert n - [mech] suplemento m metálico
— — component n - [mech] pieza f con suplemento m metálico
— jacket n - envolvente m metálico
— jet n - [metal-prod] chorro m de metal m
—(s) joining n - [weld] unión f de metal(es) m
— lath n - [constr] metal m desplegado

metal layer n - [weld] capa f de metal m
— **lens holder** n - [optics] portacristal(es) m de metal m
— **leveling** n - [mech] nivelación f de metal m
— **light pole** n - [electr-instal] poste m metálico para alumbrado m
— **line** n - [metal-treat] línea f metálica
— **lined** a - revestido,da con metal
— **loss** n - [metal] pérdida f de metal m
— — **rate** n - razón f, or tasa f, de pérdida f de metal m
— **lump** n - nódulo m metálico; [Spa.] barrillo m
—**mechanical** a - metal-mecánico,ca
— — **field** n - [ind] sector m metal-mecánico
— — **industry** n - industria f metal-mecánica
— — **property** n - [metal] propiedad f mecánica de metal m
— **mending** n - [mech] remiendo m de metal m
— **mixer** n - [metal-prod] mezclador m para arrabio m, or metal m (fundido)
— **object** n - objeto m, metálico, or de metal m
— **part** n - [mech] pieza f, metálica, or de metal
— **particle** n - partícula f, metálica, or de metal m
— **phosphorous** n - [metal-prod] fósforo m en metal m
— **piece** n - [mech] pieza f metálica
— **pile** n - [constr-pil] pilote m metálico
— **pipe** n - [tub] tubo m, metálico, or de metal
— — **column** n - [tub] columna f tubular metálica
— — **culvert** n - [constr] alcantarilla f tubular, metálica, or de metal m
— — — **drop inlet spillway** n - [hydr] vertedero m con sumidero m tubular, metálico, or de metal
— — **electric resistance heating** n - [weld] calentamiento m con resistencia f eléctrica de tubería f metálica
— — **resistance heating** n - [weld] calentamiento m con resistencia f de tubería f metálica
— — **riser** n - [constr] tubería f vertical, metálica, or de metal m
— — **spillway** n - [constr] vertedero m tubular metálico
— **plate** n - [metal-roll] plancha f, metálica, or de metal m
— **platform** n - [ind] plataforma f metálica
— **plug** n - [mech] tapón m, or tarugo m, metálico
— **pole** n - [constr] poste m metálico
— — **anchoring** n - anclaje m para poste metálico
— — **fitting** n - herraje m para poste metálico
— **pool** n - [weld] charco m de metal m
— **porosity** n - [metal] porosidad f de metal m
— **post** n - [constr] poste m metálico
— **pour(ing)** n - [metal-prod] colada f, or vertimiento m, de metal m
— **power washer** n - [metal-prod] lavadora f, or limpiadora f, para metal m
— **precipitation** n - [metal-prod] precipitación f, or cementación f, de metal m
— **Products Division** n - [metal-prod] División f para Productos m Metálicos
— **property** n - [metal] propiedad f de metal m
— **protection** n - [weld] protección f de metal
— **quality** n - [metal] calidad f de metal m
— **rail** n - [constr] travesaño m metálico
— **refining** n - [metal-prod] refinación f, or afino m, or afinación f, de metal m
— **reinforcement** n - [mech] refuerzo m metálico
— — **component** n - [mech] pieza f con refuerzo m, metálica, or de metal m
— **removal** n - [mech] eliminación f de metal(es)
— **rung** n - [tools] escalón m metálico
— **scaffold** n - [tools] andamio m metálico
— **scoop** n - [tools] cuchara f de metal m
— **scratching** n - rascadura f en metal m
— **screen(ing)** n - [mech] rejilla f metálica
— **seat** n - asiento m, metálico, or de metal m
— **shape** n - [metal-roll] perfil m metálico
— **sheet** n - [metal-roll] chapa f, or hoja f, or lámina f, metálica, or de metal
— **shelf** n - [comest] estante m, or anaquel m, metálico, or de metal m
metal shell - [constr-pil] tubería f metálica
— **shelves** n - [domest] estantería f de metal m
— **shelving** n - [domest] estantería f de metal m
— **shim** n - [mech] calza f de metal m
—**shrink** n - [weld] see **metal shrinking**
— **shrinking** n - [weld] encogimiento m de metal m
— — **attachment** n - [weld] dispositivo m para encogimiento m de metal m
— **shroud** n - [mech] defensa f metálica
— **sleeve** n - [mech] manga f metálica • [tub] camisa f metálica
— **solidification** n - [weld] solidificación f de metal m
— **spacer** n - [mech] separador m, metálico, or de metal m
— **specified thickness** n - [metal-roll] espesor m especificado de metal m
— **stand** n - [metal-roll] partida f de metal m laminado
— **straightening** n - [mech] enderezamiento m de metal m
— **strand** n - [cabl] cordón m metálico
— **strap** m—zuncho m (metálico); correa f metálica
— **strength** n - fuerza f, or resistencia f, de metal
— — **and resistance** n - [metal] fuerza f y resistencia f de metal(es) m
— **stress** n - [metal] esfuerzo m para metal m; solicitación f sobre metal m
— **strip** n - tira f, metálica, or de metal m] [electr] cinta f metálica
— — **to @ overload relay** n - [electr-instal] tira f metálica a relé m para sobrecarga f
— — — **@ relay** n - [electr-instal] tira f metálica a relé m
— — — **@ terminal** n - [electr-instal] tira f metálica a borne m
— **structure** n - [constr] estructura f, or construcción f, metálica
— **stub** n - [mech] tocón m, or muñón m, metálico
— **suitability** n - [metal] aptitud f de metal m
— **surface** n—superficie f, metálica, or de metal m
— — **contaminant** n - [metal] elemento m contaminante en superficie f
— — **deterioration** n - deterioración f, or deterioro m, de superficie f de metal m
— **surfacing** n - [weld] revestimiento m con metal
— **tackle block** n - [cabl] motón m de metal m
— — **box** n - sports] caja f, metálica, or de metal f, para avío(s) m para pesca f
— **tag** n - etiqueta f, or tarjeta f, or ficha f, metálica, or de metal m
— **tensile strength** n - [metal] resistencia f de metal m a tensión f
— **thickness** n - [metal-roll] espesor m de metal
— — **factor** n - factor m de espesor m de metal m
— **thinness** n - delgadez f de metal m
— **tie** n - [constr] amarre m, or enlace, metálico
— **to be heated** n - metal a calentar(se)
— — **ground wear** n - desgaste m de metal m contra suelo m
— —**metal** a - [mech] de metal m contra metal m; entre metal(es) m
— — — **connection** n - [mech] conexión f metal m con(tra) metal m
— — — **contact** n - [petrol] contacto m metal m con(tra) metal m; contacto m entre metal(es) m
— — — **fit** n - ajuste m, or contacto m, (perfecto) entre metal m y metal m
— — — **joining** n - [weld] unión f, metal m contra metal m, or entre metal(es) m (entre sí)
— — **mating surface(s)** n - [mech] superficie(s) f coincidente(s) de metal m con metal m
— — **retention** n - [petrol] retención f de camisa f metal m contra metal m
— — **shouldering** n - [petrol] contacto m (de) metal m con metal m
— — **wear** n - desgaste m metal con(tra) metal
— **tool** n - [tools] herramienta f metálica
— — **box** n - [tools] caja f de metal para herra-

mienta(s) f
— **touch** n - toque m, de, or con, metal m
— **transfer** n - [weld] transferencia f de metal
— — **through @ arc** n - [weld] transferencia f de metal a través de arco m
— — **welding** n - [weld] soldadura f con transferencia f de metal m
— — — **process** n - [weld] proceso m para soldadura f con transferencia f de metal m
— **tube** n - [tub] tubo m, metálico, or de metal
— **tubing** n - tubería f, metálica, or de metal m
— **two gages heavier** n - metal m con calibre m superior en dos números m
— **type** n - tipo m de metal m
— **upsetting** n - [mech] recalcadura f metálica
— — **removal** n - [mech] remoción f, or saca f, de recalcadura f metálica
— **volume** n - volumen m de metal m
— **weight** n - peso m de metal m
— **walkway** n - [constr] pasarela f metálica
— **wall** n - [constr] pared f metálica
— — **flange** n - brida f metálica para pared f
— — **plug** n - [constr] tarugo m, metálico para pared, or para pared f metálica
— **water pipe** n - [tub] tubo m, metálico, or de metal m, para agua m
— — **piping** n - [tub] tubería f, metálica, or de metal m, para agua m
— **wear** n - [mech] desgaste m de metal m
— **weldability** n - [weld] aptitud f para soldadura f de metal(es) m
— **welding** n - [weld] soldadura f de metal(es) m
— **window** n - [constr] ventana f metálica
— — **Institute** n - [constr] Instituto m para Ventanas f Metálicas
— **wire rope** n - [cabl] cable m de alambre m
— **work** n - [metal-fabr] metalistería f
— **worker** n - [metal-fabr] metalista m
— **working** n - [metal-fabr] metalistería f | a - [metal-fabr] metalista m
— **zone** n - zona f, metálica, or de metal m
Metaldom n - see **Complejo Metalúrgico Dominicano**
metallic aggregate n - agregado m metálico
— **alloy** n - [metal-prod] aleación f metálica
— **arc** n - [weld] arco m metálico
— — **cut(ting)** n - [weld] corte m con arco m metálico
— — **electrode** n - [weld] electrodo m para arco m metálico
— — — **mild steel electrode** n - [weld] electrodo m de acero m dulce para arco m metálico
— — — **steel electrode** n - [metal-weld] electrodo m de acero m para arco m metálico
— — **weld(ing)** n - [weld] soldadura f con arco m metálico
— — **welding electrode** n - [weld] electrodo m para soldadura f con arco m metálico
— — — **mild steel electrode** n - [weld] electrodo m de acero m dulce para soldadura f con arco m metálico
— — — **steel electrode** n - [weld] electrodo m de acero m para soldadura f con arco metálico
— **area** n - área m, or zona f, metálica
— **base** n - [mech] base f metálica
— **basket** n - canasto m metálico
— **bellows** n - [environm] fuelle m metálico
— — **joint** n - [environm] junta f para fuelle m metálico
— **carbide** n - [metal] carburo m metálico
— **cation** n - [chem] catión m metálico
— — **salt** n - [chem] sal f de catión m metálico
— **chain** n - [chains] cadena f metálica
— **charge** n - [metal-prod] carga f metálica
— **chart** n - [metal-prod] carta f, or tabla f, metálica
— **chemical element** n - [chem] elemento m químico metálico
— **circuit** n - circuito m metálico
— **coating** n - [metal-treat] recubrimiento m metálico
— **concentration** n - concentración f metálica

metallic continuity n - continuidad f metálica
— **copper** n - [metal] cobre m metálico
— **core** n - [cabl] alma m, or núcleo m, metálico, or de metal m
— **corrosion** n - [metal] corrosión f metálica
— **covering** n - [electr-cond] cubierta f metálica
— **electrical path** n - [electr-oper] trayectoria f eléctrica, metálica, or de metal m
— **electrode** n - [weld] electrodo m metálico
— **element** n - [miner] elemento m metálico
— **end section** n - [metal-fabr] sección f, or pieza f, terminal metálica
— **filler** n - [autom-body] relleno m, or rellenador* m, metálico
— **film** n - [metal] película f metálica
— **finger** n - [mech] dedo m metálico; uña f metálica f • trinquete m metálico
— **fitting** n - [mech] accesorio m metálico
— **floor** n - [constr] piso m metálico
— **frame** n - [mech] marco m metálico
— **fuel** n - [chem] combustible m metálico
— **gasket** n - [mech] guarnición f, or empaquetadura f, metálica
— **grating** n - [mech] rejilla f metálica
— **inclusion** n - [metal] inclusión f metálica
— **ion** n - [chem] ión m metálico
— **iron** n - [metal-prod] hierro m metálico
— **luster** n - lustre m, or brillo m, metálico
— **material** n - [metal-prod] material m metálico
— **mineral** n - [geol] mineral m metálico
— **object** n - objeto m metálico
— **ore** n - [miner] mineral m metálico
— **output** n - [metal] producción f metálica
— — **value** n - [miner] valor m de producción f metálica
— **packing** n - [mech] empaquetadura f metálica
— **pad** n - [mech] zapata f, or almohadilla f, metálica
— **paint** n - [paint] pintura f metálica • tinte m metálico
— **particle** n - [metal] partícula f metálica
— **pigment** n - [paint] pigmento m metálico
— **pile** n - [constr-pil] pilote m metálico
— **polyvalent cation** n - [chem] catión m polivalente metálico
— — **salt** n - [chem] sal f de catión m polivalente metálico
— **primer** n - [paint] imprimador m metálico
— **priming** n - [paint] imprimación f metálica
— **product** n - producto m metálico
— **production** n - [metal] producción f metálica
— — **value** n - [miner] valor m de producción f metálica
— **property** n - propiedad f metálica
— **purity** n - [metal-prod] pureza f metálica
— **scrap** n - [metal-prod] chatarra f metálica
— **charge** n - [metal-prod] carga f, de chatarra f metálica, or metálica de chatarra f
— **sealed end** n - [tub] extremo m sellado con metal m
— **shield** n - [electr-cond] protección f metálica
— **sponge iron** n - [metal-prod] hierro m esponja metálico
— — — **charge** n - [metal-prod] carga f, metálico de hierro m esponja, or de hierro m esponja metálico
— **strip** n - [electr-cond] tira f metálica
— **structure** n - [constr] estructura f metálica
— **surface** n - superficie f metálica
— **track** n - huella f metálica
— **weld(ing)** n - [weld] soldadura f metálica
— **wire mesh** n - [wire] malla f de alambre m metálico
— **wire rope** n - [cabl] cable m metálico
— **yield** n - [metal] rendimiento m metálico
metallization degree n - [metal] grado m, or nivel m, de metalización f
— **level** n - [metal] nivel m de metalización f
— **under control** n - [metal] metalización f bajo, control m, or fiscalización f
— **uniformity** n - uniformidad f de metalización f

metallized

metallized a - metalizado,da
— **iron** n - [metal] hierro m metalizado
— — **problem** n - [metal-prod] problema m con hierro m metalizado
— **iron ore** n - [metal] mineral m de hierro m metalizado
— **ore** n - [miner] mineral m metalizado
— **paper** n - [electr-cond] papel m metalizado
— — **ribbon** n - [electr-cond] cinta f de papel m metalizado
— — — **type** n - [electr-cond] tipo m de cinta f de papel m metalizado
— — **tape** n - [electr-cond] cinta f de papel m metalizado
— **pellet** n - [miner] pella f metalizada
— **product** n - [metal] producto m metalizado
— — **cost** n - costo m de producto m metalizado
metallizer n - [metal] metalizador m
metallizing n - metalización f | a - metalizador,ra
— **gun** n - pistola f para metalización f
— **machine** n - máquina f metalizadora
— **nozzle** n—[wire] boquilla f para metalización
— **process** n - proceso m para metalización f
metallographic a - metalográfico,ca
— **analysis** n - análisis m metalográfico
— **check(ing)** n - [metal] verificación f, or observación f, metalográfica
— **etching** n - ataque m con ácido m diluido (sobre muestra f metalográfica)
— **examination** n—[metal] examen m metalográfico
— **inspection** n - inspección f metalográfica
— — **method** n - método m para inspección f metalográfica
— **method** n - método m metalográfico
— **observation** n - observación f metalográfica
— **sample** n - muestra f metalográfica
— **structure** n - estructura f metalográfica
— **study** n - [metal] estudio m metalográfico
— **test** n - ensayo m metalográfico
metallurgical a - [metal] . . .; espagírico,ca*
— **activity** n - [metal] actividad f metalúrgica
— **and mechanical** a - metalmecánico,ca
— — — **activity,ties** n - actividad f metalmecánica; sector m metalmecánico
— — — **industry** n - industria f metalmecánica
— **aspect** n - [metal] aspecto m metalúrgico
— **assistance** n - [metal] ayuda f, or asistencia f metalúrgica
— **assistant** n - [metal] ayudante m metalúrgico
— **bond** n - [metal] liga f metalúrgica
— **calculation** n - [metal] cálculo m metalúrgico
— — **data** n - [metal] dato(s) m para, cálculo(s), or cómputo(s) m, metalúrgico(s)
— — — **analysis** n - [metal-prod] análisis m de dato(s) m para cálculo(s) m metalúrgico(s)
— **center** n - [metal-prod] centro m, metalúrgico, or para metalurgia f
— **characteristic** n - característica f metalúrgica
— **coal** n - [miner] carbón m metalúrgico
— **coating division** n - [metal-prod] división f para revestimiento(s) m metalúrgico(s)
— **coke** n - [coke] coque m, metalúrgico, or en trozo(s) m
— — **screening** n - (planta f, or estación f, para) cribado m de coque m metalúrgico
— — — **station** n - (planta f, or estación f, para) cribado m de coque m metalúrgico
— **complex** n - complejo m metalúrgico
— **control** n - control m metalúrgico; verificación f, or comprobación f, metalúrgica
— — **laboratory** n [ind] laboratorio m para control m metalúrgico
— **correctness** n - corrección f metalúrgica
— **department** n - [metal-prod] departamento m, metalúrgico, or para metalurgia f
— — **expense** n - [metal-prod] gasto(s) m para departamento m metalúrgico
— — **operating expense(s)** n - [metal-prod] gasto(s) para operación f para departamento m metalúrgico

metallurgical effect n efecto m metalúrgico
— **engineer** n - [metal] ingeniero m metalúrgico
— **engineering** n - ingeniería f metalúrgica
— **equipment** n - [metal] equipo m metalúrgico
— **expense(s)** n gasto(s) m metalúrgico(s)
— **facility** n - instalación f metalúrgica
— **field** n - [metal] campo m metalúrgico
— **flux** n - [metal] fundente m, metalúrgico, or para metalurgia f
— **fusion** n - [metal] fusión f metalúrgica
— **history** n - [metal] historia f metalúrgica
— **industry** n - [metal] industria f metalúrgica
— **installation** n - instalación f metalúrgica
— **laboratory** n - laboratorio m metalúrgico
— — **activity** n - [metal] actividad f de laboratorio m metalúrgico
— **maintenance** n - [metal] mantenimiento m metalúrgico
— **observer** n - observador m metalúrgico
— **personnel** n - [metal-prod] personal m, metalúrgico, or para metalurgia f
— **plant** n - [metal] planta f metalúrgica
— **policy** n - política f metalúrgica
— **practice** n - [metal] práctica f metalúrgica
— **process** n - [metal] proceso m metalúrgico
— **property** n - [metal] propiedad f metalúrgica
— **quality** n - [metal] calidad f metalúrgica
— **recovery** n - recuperación f metalúrgica
— — **process** n - [miner] proceso m metalúrgico para recuperación f
— **recuperation process** n - [metal] proceso m metalúrgico para recuperación f
— **report** n - [metal] informe m, metalurgico, or sobre metalurgia f
— — **review** n - [metal] verificación f de informe m metalúrgico
— **representative** n - see **mill representative**
— **requirement** n - exigencia f metalúrgica
— **research** n—[ind] investigación f metalúrgica
— — **center** n - [metal] centro m para investigación(es) f metalúrgica(s)
— **rolling division** n - [metal-roll] división f de metalurgia f para laminación f
— **specification** n - [metal] especificación f metalúrgica
— **supervision** n - supervisión f metalúrgica
— — **department** n - departamento m para supervisión f metalúrgica
— — **personnel** n - [metal-prod] personal m para supervisión f metalúrgica
— **technician** n - [metal] técnico m, metalúrgico, or metalurgista
— **technology** n - tecnología f metalúrgica
— **test** n - [metal] ensayo m metalúrgico
— **treatment** n - tratamiento m metalúrgico
— **use** n - [metal-prod] uso m metalúrgico
— **value** n - [metal] valor m metalúrgico
— **viewpoint** n - [metal-prod] punto m de vista, metalúrgico, or de metalurgia f
— **weakness** n - [metal] debilidad f metalúrgica
metallurgically adv - metalúrgicamente
— **bonded** a - [petrol] con liga f metalúrgica
— **correct** a - con corrección f metalúrgica
metallurgist n - [metal] . . .; metalurgista m
—('s) **participation** n - [metal] participación f de metalurgista m
metallurgy n - [metal] . . .; espagírica* f
— **department** n - departamento m para metalurgia
— **division** n - división f (para) metalurgia f
— **report** n - [metal] informe m sobre metalurgia
— — **review** n - [metal] verificación f de informe m sobre metalurgia f
— **verification** n - [metal] verificación f de metalurgia f
metalworking n - elaboración f de metal(es) m
— **machine** n - [metal-fabr] máquina f para, metalistería f, or para elaborar metal(es) m
— **plant** n - [ind] planta, metalista*, or para metalistería* f, or elaboración f de metales
metamorphism degree n - [geol] grado m de meta-

morfismo m
metasilicate n - [chem] metasilicato m
metastable a - metaestable
meteorization n - [geol] meteorización f
— **enrichment** n - [Geol] enriquecimiento m de meteorización f
meteorological condition n - [meteorol] condición f meteorológica
— **disturbance** n - [meteorol] disturbio m, or trastorno m, meteorológico
— **equipment** n - equipo m meteorológico m
— **organization** n - [meteorol] organización f meteorológica
meter n - . . . • [instrum] . . .; indicador m; aparato m para medición f | v - medir; aforar
— **amplifier** n - [electron] amplificador m para medidor m
— — **circuit** n - [electron] circuito m para amplificador m para medidor m
— — **circuit option** n - [electron] opción f de circuito m para amplificador m para medidor m
— **check(ing)** - [instrum] verificación f, or contraste m, de medidor m
— **circuit** n - [electr] circuito m para medición
— **close-up** n - [instrum] vista f desde cerca de medidor m
meter guard n - (rejilla f para) protección f para, medidor m, or indicador m
— **housing** n - [weld] caja f para medidor m
— — **and panel assembly** n - [weld] conjunto m de caja f para medidor(es) m y tablero m
— — **assembly** n - [mech] conjunto m de caja f para medidor(es) m
— **installation** n - instalación f medidora
— **kit** n - [instrum] conjunto m, de medidor(es) m, or para medición f
— — **shunt** n - conjunto m de desviación f para medición f; conjunto m optativo para medición
meter(s)/minute n - see **meter(s) per minute**
— **motor** n - [instrum] medidor m para medidor m
— **panel** n - tablero m con medidor(es) m
— — **assembly** n - [weld] conjunto m de tablero m, or panel m, con medidor(es) m
— — **enclosure** n - recinto m, or caja f, para, tablero m, or panel m, con medidor(es) m
—(s) **per drum** n - metro(s) m por tambor m
—(s) — **metric ton** n - metro(s) m por tonelada f (métrica)
—(s) — **minute** n - metro(s) m por minuto m
—(s) — **pail** n - [chains] metro(s) m por cubo m
—(s) — **reel** n - [chains] metro(s) m por carrete
—(s) — **second** n - metro(s) m por segundo m
—(s) — **ton** n - metro(s) m por tonelada f
— **polarity switch** n - [electr-instal] conmutador m para polaridad f para medidor m
— — — **nameplate** n - [electr-instal] placa f para identificación f para conmutador m para polaridad f para medidor m
— **reading** n - [instrum] lectura f en medidor m
— **shunt** n - [weld] derivación f para medidor m
— **spare** n - [ind] repuesto m para medidor m
— — **part** n - [ind] repuesto m para medidor m
— **speed** n - [instrum] velocidad f de medidor m
— — **selector** n - [instrum] selector m para velocidad(es) para medidor m
— **standardizing** n - [instrum] estandarización f de medidor(es) m
— **supply** n - alimentación f para medidor(es) m
— **tank** n - depósito m, or tanque m, medidor
— **use** n - [instum] uso m de medidor m
— **voltage** n - [electr] voltaje m en medidor m
— — **reading** n - [electr] voltaje m en medidor
metered a - [instrum] aforado,da; medido,da
— **bypass** n - desplazamiento m aforado
— **current** n - [weld] amperaje m medido
— **service** n - servicio m, medido, or aforado
metergate n - [hydr] compuerta f aforadora
metering n - medición f; aforo m; aforamiento m | a - medidor,ra; aforador,ra
— **equipment** n - equipo m para medición f
— — **installation** n - instalación f de equipo m

para, aforo m, or medición f
matering equipment maintenance n - [instrum] mantenimiento m, or conservación f, de equipo m para, aforo m, or medición f
— **instrument** n - [instrum] instrumento m, or aparato m, medidor, or para medición f
— **jet** n - boquilla f, aforadora, or medidora
— **kit** n - conjunto m, or equipo m, medidor, or para medición f
— **land** n - [mech] parte f plana para medición f
— — **diameter** n - [mech] diámetro m de parte f plana (que sirve) para medición f
— **orifice** n - [mech] orificio m, calibrado, or aforador, or para medición f (de gasto m)
— — **hole** n - [mech] orificio m, aforador, or para medir gasto m
— **pin** n - [mech] aguja f, aforadora, or para, medición f, or calibración f
— **pump** n - [pumps] bomba f medidora
— **station** n - [tub] estación f, aforadora, or para medición f
— **tank** n - depósito m, or tanque m, medidor
— **transformer** n - [electr-transf] transformador m, medidor, or aforador
— **valve** n - [valv] válvula f, aforadora, or medidora, or para medición f
meters n - metraje m
— **of weld/hour** n - [weld] metros m de soldadura/hora f
— — — **per hour** n - [weld] metros m de soldadura f por hora f
methanol n - [chem] metanol m
method n - . . .; sistema m • criterio m; norma f • forma f
— **accuracy** n - exactitud f de método m
— **adherence** n - cumplimiento m con método m
—(s) **and development** n - método(s) y desarrollo
—(s) — — **department** n - [ind] departamento m para método(s) m y desarrollo m
—(s) **change** n - cambio m en método(s) m
— **control** n - regulación f, or control* m, de método m
—(s) **department** n - [ind] departamento m para método(s) m
— **detail(s)** n - detalle(s) sobre método m
— **development** n - desarrollo m de método(s) m
—, **employing**, or **employment** n - empleo m de método m
—, **establishing**, or **establishment** n—establecimiento m de método m
— **for dry powder magnetic particle inspection** n - método m para inspección f de partícula(s) magnéticas con polvo m seco
— — **wet powder magnetic particle inspection** n - método m para inspección f de partícula(s) magnética(s) con polvo m húmedo
—, **knowing**, or **knowledge** n - conocimiento m de método m
— **misapplication** n - aplicación f, errónea, or mala, or ianpropiada, de método m
— **precision** n - precisión f de método m
—(s) **range** n - [ind] límite(s) m de método m
— **sensitivity** n - sensibilidad f de método m
— **used** n - método m, usado, or empleado
— — **previously** n - método m, usado, or empleado, anteriormente, or previamente
—(s) **wide range** n - [ind] escala f amplia de método(s) m
methodical a - . . . • formal
— **arrival** n - arribo m metódico
— **fashion** n - forma f, or manera f, metódica
methodically adv - . . .; en forma f metódica
methomyl n - [chem] metomil* m
methyl n - [chem] . . . | a - [chem] metilico,ca
methyl-ethyl n - [chem] metil-etilo m
— — **ketone** n - [chem] metiletilcetona m | a - [chem] metiletilcetónico,ca
— **ethylic** a - [chem] metiletílico,ca
— **ketone** n - [chem] metilcetona m
— **ketonic** a - [chem] metilcetónico,ca
methylic alcohol n - [chem] alcohol m metílico

methylene blue n - [sanit] azul m de metileno m
metric equivalent n - equivalente m métrico
— **measurement** n - medida f métrica
— **or British standard** n - [tub] norma f métrica o inglesa
— — — **for taper pipe thread(s)** n - [tub] norma f métrica o inglesa para rosca f cónica para tubería f
— **radial** n - [autom-tires] (neumático) radial m métrico | a - [autom-tires] radial métrico,ca
— — **tire** n - [autom-tires] neumático m radial métrico
— **size** n - tamaño m métrico | a - con medida(s) métrica(s)
— **sizing system** n - [autom-tires] sistema m de medida(s) f métrica(s)
— **standard** n - norma f métrica; estándar m metrico
— — **for taper pipe thread** n - [tub] norma f métrica para rosca f cónica para tubería(s) f
— **system bearing(s)** n - [mech-bearings] cojinete(s) m, or rodamiento(s) m, métrico(s), or según sistema m métrico
— — **inch conversion** n - [metric] conversión f de sistema m métrico a pulgada(s) f
— **thread** n - [mech] rosca f, internacional, or métrica; paso m, internacional, or métrico
— **tire** n - [autom-tires] neumático m métrico
— **ton** n - [metric] tonelada f (métrica)
— — **of production** n - [ind] tonelada f (métrica) de producción f
— —**(s) per day** n - [ind] tonelada(s) f métrica(s) por día f
— —**(s)** — **kilometer** n - tonelada(s) f métrica(s) por kilómetro m
metropolitan area n - [pol] zona f metropolitana
— **council** n - [pol] concejo m metropolitano
— **county** n - [pol] condado m metropolitano
— **sewer** n - [sanit] cloaca f metropolitana
— — **Board** n - [pol] Junta f Cloacal Metropolitana; distrito m metropolitano de cloaca(s)
— **statistical area** n - [pol] zona f estadística metropolitana
—**Vickers permeameter** n - [instrum] permeámetro Metropolitan-Vickers
— — **type permeameter** n - [instrum] permeámetro m de tipo m Metropolitan-Vickers
Mexican border n - [pol] frontera f mejicana
— — **point** n - [transp] punto en frontera f mejicana
— **corporation** n - [legal] sociedad f mejicana
— **frontier** n - [pol] frontera f mejicana
— **Institute for Mineral Resources Research** n - [pol] Instituto m Nacional para Investigación f de Recursos Minerales
— **offer** n - oferta f mejicana
— **origin** n - origen m mejicano; procedencia f mejicana
— **port** n - [transp] puerto m mejicano
— **proposal** n - propuesta f mejicana
— **Standards Authority** n - Dirección f General de Normas (para Méjico)
— **Steel Research Institute** n - [metal] Instituto m Mejicano para Investigación(es) Siderúrgicas
— **tile** n - [constr] teja f española
Mexicanization n - mejicanización f
Mexicanize v - mejicanizar
Mezozoic n - [geol] mezozoico m | a - [geol] mezozoico,ca
mfd n - [electron] see **microfarad**
mhd n - see **magnetohydrodynamics**
MI n - [pol] see **Michigan**
mica condenser n - [electr-equip] condensador m con mica f
— **lamina(e)** n - [miner] lámina f de mica f
— **removal** n - desmicado m
— **schist** n - [miner] micaesquisto m; micacita f
micaceous formation n - [geol] formación f micácea
— **ore** n - [miner] mineral m micáceo

micaceous rock n - [miner] roca f micácea
— **slate** n - [geol] pizarra f micácea
— — **formation** n - [Geol] formación f de pizarra f micácea
micarta n - [electr-instal] micarta* f
— **barrier** n - [mech] barrera f de micarta* f
— **block** n - [electr-instal] bloque m de micarta*
— **board** n - [electr-instal] tabla f de micarta*
— **panel** n - [electr-instal] panel m de micarta*
— **support** n - [electr-instal] soporte m de micarta* f
— **cracking** n - [weld] microagrietamiento* m
— **delay** n - [electr] micro retardo m
—**-switch** n - [electr] micro-interruptor m
microalloy n - [metal] microaleación f
microammeter n - [instrum] microamperímetro m
microanalysis n - microanálisis m
microcleanliness n - [metal] limpieza f microscópica
microcomputer n - [comput] microordenador m; microcomputador m
microfarad n - [electron] microfaradio m
microfiche n - [photogr] microficha f
microfilm n - [photogr] microfilm(e) n | v - [photogr] microfilmar; poner en microfilm(e)
microfilmed a - [photogr] microfilmado,da; puesto,ta en micofilm(e) n
microfilming n - [photogr] microfilmación f; puesto,ta en microfilm(e) m
microfilter n - microfiltro m
—**(s) set** n - juego m de microfiltro(s) m
microfissure n - microfisura f
microfossil n - [geol] microfósil m
microfuse n - [electr-inestal] microfusible m
micrograph n - . . .; micrografía f
micrographic check(ing) n—examen m micrográfico
— — **after corrosion** n - [metal] examen m micrográfico después de corrosión f
— — **before corrosion** n - [metal] examen m micrográfico antes de corrosión f
— **photograph** n - [photogr] fotografía f micrográfica; fotomicrografía* f
microleveling n - micronivelación f | a - micronivelador,ra
— **elevator** n - [constr] ascensor m, or elevador m, micronivelador
micrometric caliper n - [instrum] calibrador m, or calibre m, or tornillo m, micrométrico; tornillo m de Palmer
— **gage** n - [instrum] calibrador m micrométrico
— **screw** n - [mech] tornillo m micrométrico
micron diamond n - diamante m micrométrico
— **powder** n - polvo m micrométrico
microphone button n - [electron] botón m en micrófono m
— **push-to-talk button** n - [electron] botón m en micrófono m para deprimir para hablar
microprocessor n - [comput] microprocesador m
— **capability** n - [comput] capacidad de microporocesador m
— **control** n - control m, or regulación f, con microprocesador* m
— — **system** n - [comput] sistema m para. control m, or regulación f, con microprocesador*
— **system** n - [comput| sistema m con microprocesador*(m
microscope observation n - observación f, con, or bajo, microscopio m
microscopic bubble n - burbuja f microscópica
— **chromium-carbide crystal** n - [metal] cristal m microscópico con cromo-carburo m
— **crystal** n - [metal] cristal m microscópico
— **defect** n - defecto m microscópico
— **examination** n - examen m microscópico
— **flaw** n - defecto m microscópico
— **glass subble** n - burbuja f microscópica en vidrio m
— **test** n - [ind] ensayo m microscópico
microseparation n - [metal] microseparación f
microstructure n - [metal] microestructura f
microswitch n - . . .; microconmutador m

microwave n - [electron] microonda f • [telecom] see **microwave line** | a - microonda
— **facility,ties** n - [telecom] instalación f para microonda(s) f
— **line** n - [telecom] línea f para microonda(s)
— **oven** n - [domest] horno m (con) microonda(s)
— **relay station** n - [electron] estación f retransmisora para microondas f
— **station** n - [telecom] estación f para microondas f
microwire n - [wire] microalambre* m
micum n - micum* m; norma f británica para alambre m
mid-block sign n - [roads] indicador en mitad f de, manzana f, or cuadra f
—**continent** n—[geogr] centro m de continente | a - [geogr] mediterráneo,nea
—**diameter** n - [tub] mitad f de altura f
—**height** n - altura f media; mitad f de altura
—**ordinate** n - [math] semiordenada f; ordenada f media
— — **determination** n - [math] determinación f de semiordenada f
— **point** n - punto m medio
— — **suspension** n - [mech] suspensión f en punto m (inter)medio
—**race** adv - [sports] a mediado(s) de carrera f
—**range temperature** n—temperatura f en parte f media de escala f
— **season** n - [sports] mitad f de temporada f
— — **hiatus** n - [sports] intervalo m en mitad f de temporada f
— **span** n - [mech] punto m medio de vano m • [bridges] punto m medio, or mitad f, de tramo
— — **deflection** n - [mech] deformación f en centro m de molde m
—**stream** n - [sports-fig] mitad f de carrera f
—**stroke** n—[int.comb] punto m medio de carrera
— **summer** n - [meteorol] verano m pleno
— **middle** n - . . . parte f media; intermedio m • [print] cuerpo m | a - . . .; central; de medio m; medio,dia
— **backwall** n - [constr] pared f, trasera, or posterior, media
— **bent** n - [constr] armadura f en medio m
— **bleeder** n - [metal-prod] chapín m central
— — **valve** n - [metal-prod] chapín m central
— **breaker bottom** n - [agric-equip] fondo m de arado m aporcador
— **buster** n - [agric-equip] aporcador m
— **cable** n - [mech] cable m intermedio
— — **roller** n - [mech] rodillo m, para cable m intermedio, or intermedio para cable m
— **cleaning circuit** n - [minet] circuito m medio para limpieza f
— **East** n - [geogr] Medio Oriente m
— **file** n - [tools] lima f mediana
— **gear** n - [autom-mech] velocidad f media
— **guide** n - guía f central
— **inwall** n - pared f interior media
— **lead** n - [electr-instal] conductor m de medio
— **level** n - nivel m medio
— **machine** n - [mech] máquina f de medio m - [weld] soldadora f de medio m
— **name** n - nombre m segundo
— **of nowhere** adv - en punto m muy apartado; allá por donde diablo m perdió poncho m
— **part** n - parte f media • [mech] pieza f (inter)media
— **piston ring** n - [int.comb] aro m medio para émbolo m
— **point** n - punto m medio
— **race** n - [mech-bearings] ranura f intermedia
— **rail** n - [rail] riel m central, or de medio m
— **ring** n - [mech] aro m, or anillo m, central, or de medio m
— **roller** n - [mech] rodillo m, intermedio, or de medio m
— **seam** n - costura f de medio m
— **sidewall** n - [constr] pared f lateral media
— **section** n - sección f, media, or de medio m

middle spacer n - [mech] separador m intermedio
— **tap** n - [mech] macho m intermedio
— **to high portion** n - parte f media a alta
— — — **range portion current** n - [weld] amperaje m en parte f media a alta de escala f
— — **low portion** n - parte f media a alta
— **wall** n - [constr] tabique m (intermedio)
— **welder** n - [weld] soldadora f de medio m
midi mill n - [ind] planta f mediana
midnight meal n - [culin] comida f, or refección f, a medianoche f
midpoint n - punto m medio | adv - a mediado(s)
midrange n - escala f media
Midrex n - see Midland-Ross Corporation
— **design** n - [metal-steel] diseño m Midrex*
— **process** n - [metal-prod] proceso m Midrex*
midway n - . . .; mitad f de distancia f • [sports] parque m para diversión(es) f | adv - a mitad f de, camino m, or distancia f, or recorrido m
Midwest n - [geogr] Medio Oeste m estadounidense • región f, or parte f, centrica. or central, de Estaddos m Unidos
midwestern area n - [geogr] zona f de medio m oeste
midwesterner adv - de, medio oeste estadounidense, or parte f central de Estados m Unidos
mien n . . . • figura f • frente f
might be adv - podría, ser, or estar
— — **expected** adv - ser de esperar
— **need** adv - podría(n) necesitar(se); necesidad f posible
mightily adv - . . .; forzudamente
mighty n - . . . | a - . . .; forzudo,da
migraine headache n - [medic] migraña f; jáqueca
migrate v - . . . • [mech] correr; desplazar
Mikado locomotive n - [rail] locomotora f Mikado
mil spec n - see military specification
mild a - . . . • [metal] dulce
— **abrasion** n - [hydr] abrasión f leve
— **carbon steel** n - [metal-prod] acero m dulce con carbono m
— — **rod** n - [metal-prod] varilla f de acero m dulce con carbono m
— **chop** a - picado,da ligeramente | v - picar ligeramente
— **climate** n - [climat] clima m benigno
— **corrosion** n - [metal] corrosión f leve
— **detergent** n - [chem] detergente m suave
— **grade** n - [topogr] declive m suave
— **nature** n - naturaleza f benigna; carácter m benigno
— **plow steel** n - [metal-prod] acero m dulce para arado(s) m
— — — **rope** n - [cabl] cable m de acero m dulce para arado(s) m
— — — **wire rope** n - [cabl] cable m (de alambre m) de acero m dulce para arado(s) m
— **rimmed steel** n - [metal-prod] acero m dulce, efervescente, or vivo
— **rimming steel** n - [metal-prod] acero m dulce, efervescente, or vivo
— **slope** n - pendiente f, or declive m, suave
— — **culvert** n - [constr] alcantarilla f con declive m suave
— — — **full flow** n - [hydr] caudal m pleno en aalcantarilla f con declive suave
— — — **full flow culvert** n - [constr] alcantarilla f con declive m suave con caudal m pleno
— **steel** n - [metal-prod] acero m, dulce, or aleado debilmente, or con aleación f baja
— — **application** n - [weld] aplicación f, con, or para, acero m dulce
— — **arc welding electrode** n - [weld] electrodo m de acero m dulce para soldadura f por arco
— — — **specification** n - [weld] especificación f para electrodo(s) m de acero dulce
— — **bead** n - [weld] cordón m de acero m dulce
— — **cover** n - [metal-treat] campana f de acero m dulce
— — **electrode** n - [weld] electrodo m de, acero

m, dulce, or aleado débilmente, or con aleación f baja
mild steel equipment n - [mech| equipo m de acero m dulce • [metal-prod] equipo m para acero m dulce
— — **flat** n - [metal-roll] planchuela f de acero m dulce
— — — **bar** n - [metal-roll] planchuela f de acero m dulce
— — **flux** n - [weld] fundente m para acero m dulce
— — **heavy wall pipe** n - [tub] tubo n, or tuberíaa f, de acero m dulce con pared f gruesa
— — — **tube** n - [tub] tubo m, or tubería f, de acero m dulce con pared f gruesa
— — — — **weld(ing)** n - [weld] soldadura f de, tubo m, or tubería f, de acero m dulce con pared f gruesa
— — **inner cover** n - [metal-treat] campana f interior de acero m dulce
— — **pipe** n - [tub] tubo m de acero m dulce
— — — **weld(ing)** n - [weld] soldadura f, tubo m, or tubería f, de acero m dulce
— — **plate** n - [metal-roll] plancha f de acero m dulce
— — — **stock** n - [metal-roll] material m, or producto m, de acero m dulce
— — — **weld(ing)** n - [weld] soldadura f de plancha(s) f de acero m dulce
— — **process(ing equipment** n - [ind] equipo m de acero m dulce para elaboración f • recipiente m de acero m dulce para elaboración f
— — **product** n - [metal-prod] producto m de acero m dulce
— — **storage equipment** n - [ind] equipo m de acero m dulce para almacenamiento • recipiente m de acero m dulce para almacenamiento m
— — — **vessel** n - [ind] recipiente m de acero m dulce para almacenamiento m
— — **submerged arc weld(ing)** n - [weld] soldadura f por arco m sumergido de acero m dulce
— — **tube** n - [tub] tubo m, or tubería f, de acero m dulce
— — — **weld(ing)** n - [weld] soldadura f de, tubo m, or tubería f, de acero m dulce
— — **vessel** n - [ind] recipiente m de acero m dulce
— — **weld(ing)** n - [weld] soldadura f de acero m dulce
— — — **electrode** n - [weld] electrodo m para soldadura f de acero m dulce
— — **wire** n - [wire] alambre m de acero m dulce
— **summer climate** n - [climat] clima m estival benigno
— **to flat grade** n - [topogr] declive m suave a nulo
— **winter climate** n - [climat] clima m invernal benigno
mildewed a - enmohecido,da
mildewing n - enmohecimiento m
mildly adv - . . . ; ligeramente
— **chopped** a - picado,da ligeramente
mile track n - [sports] pista f de una milla f
mileage n - . . . ; número m de milla(s) m - ı [weld] producción f, or distancia f soldada
— **driven** a - [autom] (kilometraje) recorrido m
— **improvement** n - mejora f, or mejoramiento m, en kilometraje m
milepost n - [roads] hito m, or mojón m, kilométrico
milestone n - [roads] hito m; mojón m
military age n - [pol] edad f militar
— **base** n - [milit] base f militar
— **household** n - [pol] casa f militar
— **manufacture(s)** n - [milit] fabricación(es) f militar(es)
— **Manufacturing Authority** n - [milit] Dirección f (General) de Fabricación(es) f Militar(es)
— **plane** n - [milit] avión m militar
— **Specification(s)** n - [milit] Especificaciónes Militares (Estadounidenses)

milk cooler n - [agric] enfriador m para leche f
— **product** n - [agric] producto m lácteo
milking n - . . . | a - [agric] ordeñador,ra
— **barn** n - [agric] ordeñadero m; galpón m para ordeño m
— **machine** n - [agric] . . .; máquina f para ordeño m; ordeñadora f
mill n - . . . . • [ind] planta f; instalación f • [metal-prod] acería f • [metal-roll] laminador m; tren m (para laminación f) • [mech] fresa f | a - en, planta f, or fábrica f (de origen) | v - . . . . • [mech] fresar; rectificar; esmerilar; pulir; refrentar • [metal-roll] laminar
— **acceleration** n - [metal-roll] aceleración f de, laminador m, or tren m
— **addition** n - [ind] adición f a planta f
— **adjustment** n - [metal-roll] ajuste m de laminador m
— **air** n - [ind] aire m (comprimido) para planta
— **application** n - [metal-roll] aplicación f en laminador m
— **approach** n - [metal-roll] entrada f a, laminador m, or tren m
— — **roller table** n - [metal-roll] mesa f con rodillo(s) m para entrada f a, laminador m, or tren m
— — — **line** n - [metal-roll] línea f de mesa f con rodillo(s) m para entrada f a tren m
— — **table** n - [metal-roll] mesa f para entrada f para alimentación f para, laminador m, or tren m
— **area** n . - [metal-prod] zona f para producción
— **assigned maintenance** n - [metal-prod] mantenimiento m, asignado, or delegado m, para laminador m
— **back-up roll** n - [metal-roll] rodillo m para apoyo m para, laminador m, or tren m
— — **shatter(ing)** n - [metal-roll] tableteado m de rodillo m para apoyo m para, laminador m, or tren n
— **ball** n - [miner] bola f para, molino m, or trituradora f
— **—(s) charge** n - [miner] carga f de bola(s) f para, molino m, or trituradora f
— **basement** n - [metal-roll] sótano m para tren
— **bearing** n - [mech-roll] cojinete m, or rodamiento m para (rodillo) laminador m
— **breakdown** n - [metal-roll] falla f en, tren m, or laminador m
— **building** n - [ind] edificio m para planta f
— — **column** n - [ind] columna f para edificio m para planta f
— **change** n - [metal-roll] modificación f en laminador m
— — **mechanical equipment** n - [metal-roll] equipo m mecánico para modificación f en laminador m
— — **request** n - [ind] pedido m para cambio m para planta f
— **—(es) start-up** n - [metal-prod] puesta f en marcha f de modificación(es) f en laminador m
— **cinder** n - [metal-roll] escoria f de laminación f
— **cleaner** n—[metal-roll] limpiador m para tren
— **clerk** n - [metal-prod] empleado m para escritorio m en acería f
— **coat** n - [ind] capa f (protectora) aplicada en fábrica f | v - [ind] aplicar capa f protectora en fábrica f
— **coated** a - [ind] con capa f (protectora) aplicada en fábrica
— — **pipe** n - [tub] tubo m, or tubería f, con capa f (protectora) aplicada en fábrica f
— — **spiral welded pipe** n - [tub] tubería f soldada en espiral con capa f (protectora) aplicada en fábrica f
— — **welded pipe** n - [tub] tubería f soldada con capa f (protectora) aplicada en fábrica f
— **coating** n - [ind] capa f (protectora) aplicada en fábrica f

mill compressed air n - [ind] aire m comprimido para planta f
— **console** n - [ind] tablero m (para instrumentos m) para planta f
— **constant potential control** n - [electr] regulador m para potencial m constante para laminación f
— **contractor** n - [metal-roll] contratista m para laminadora f
— **control** n - [metal-roll] regulación f de laminador n • regulador m para laminador m
— — **adjustment** n - [metal-roll] ajuste m para regulación f para laminador m; ajuste m de regulador m para laminador m
— — **corrective adjustment** n - [metal-roll] ajuste m para corrección f de regulador m para laminador m
— — **panel** n - [metal-roll] tablero m para regulación f para, tren m, or laminador m
— **cooling bed** n - [metal-roll] lecho m para enfriamiento m para, tren m, or laminador m
— **crane** n - [cranes] grúa f para planta f • [metal-roll] grúa f para laminador m
— **crew** n - [metal-roll] cuadrilla f para laminador m
— **critical spare (part)** n - [metal-roll] repuesto m crítico para laminador m
— **cropping(s)** n - [metal-roll] despunte(s) m de laminación f
— — **removal** n - [metal-roll] remoción f, or saca f, de despunte(s) m de laminación f
— **delivery** n - [ind] entrega f en planta f • [metal-roll] salida f de laminador m
— — **deflecting roll** n - [metal-roll] rodillo m deflector para salida f de laminador m
— — **end** n - [metal-roll] salida f de laminador
— — **ramp** n - [metal-roll] canaleta f para salida f para laminador m
— — **side** n - see **mill delivery end**
— **descaling equipment** n - [metal-roll] eliminación f de escama(s) f en tren m laminador
— **design(ing)** n - [ind] proyección f para planta f • [mech] proyección f para molino m • [metal-roll] proyección f para caja f
— **distribution panel** n - [metal-roll] tablero m para distribución f para laminador m
— **draft** n - [metal-roll] reducción f en (tren) laminador m
— **drive** n - [metal-roll] accionamiento m para laminador m
— — **chain** n - [metal-roll] cadena f para transmisión f para laminador m
— — **side** n - [metal-roll] lado m para accionamiento m para laminador m
— **edge** n - [metal-roll] borde m, or canto m, de laminación f
— — **coil** n - [metal-roll] bobina f con borde m de laminación f
— — — **strip** n - [metal-roll] fleje m en bobina(s) f con borde m de laminación f
— — **sheet** n - [metal-roll] hoja f, or lámina f, con borde m de laminación f
— — — **strip** n - [metal-roll] fleje m para chapa(s) f con borde m de laminación f
— — **steel plate** n - [metal-roll] plancha f de acero m con, borde m de laminación f
— — **strip** n - [metal-roll] fleje m, or chapa f, con borde m de laminaación f
— **electrical equipment** n - [metal-roll] equipo m eléctrico para laminador m
— — **change** n - [metal-roll] modificación f de equipo m eléctrico para laminador m
— — **erection** n - [metal-roll] montaje m de equipo m eléctrico para laminador m, or tren
— — **start-up** n - [metal-roll] puesta f en marcha de equipo m eléctrico para laminador
— **end** n - [metal-roll] extremo, como laminado, or de lamminación f
— **engineer** n - [metal-roll] ingeniero m para laminador m
— **entry** n - [metal-roll] entrada f a laminador

mill entry end n - [metal-roll] entrada f a laminador m
— — **side** n - see **mill entry end**
— **equipment** n - [metal-roll] equipo m para, laminador m, or laminación f
— — **change** n - [metal-roll] modificación f en equipo m para, laminador m, or laminación f
— **feed end** n - [metal-roll] entrada a laminador
— — **coil storage ramp** n - [metal-roll] rampa f para almacenamiento m de bobina(s) f en entrada f (a laminador m)
— **feeding** n - [metal-roll] alimentación f de laminador m
— **feeding guide** n - [metal-roll] guía f para entrada f a laminador m
— @ **fiberglass** v - [ceram] moler fibra f de vidrio m
— **file** n - [tools] lima f pulidora
— **finish** n - [metal-roll] terminación f, de laminación f, or en planta f | a - [metal] laminado,da terminado,da
— **finished** a - terminado,da en planta f; laminado,da terminado,da
— **finishing** n - [metal-roll] terminación f de laminación f
— — **line** n - [metal-roll] línea f para terminación f de laminación f
— — **section** n - [metal-roll] sección f en laminador m para terminación f
— **foreman** n - [metal-roll] capataz m para, laminador m, or laminación f
— **forging** n - [metal-prod] forja(dura) f (en planta f)
— **front and back tables** n - [metal-roll] mesas f anterior y posterior para laminador m
— **gage** n - [metal-roll] espesor m de laminación
— — **setting** n - [metal-roll] regulación f de espesor m de laminación f
— **generator** n - [ind] generador m para planta f • [metal-roll] generador m para laminador m
— — **exciter** n - [metal-roll] excitatriz f para generador m para laminador m
— **grinding** n - [metal-roll] amoladura f en laminador m
— — **ball** n - [miner] bola f para molienda f para, molino m, or trituradora m
— — — **charge** n - [miner] carga f de bola(s) f para, molino m, or trituradora f
— — **requirement** n - [metal-roll] exigencia f para amoladura • amoladura f en tren m (laminador)
— @ **groove(s)** v - [mech] fresar ranura(s) f
— **guide** n - [metal-roll] guía f para tren m
— **heat** n - [metal-prod] hornada f; colada f
— **housing** n - [metal-roll] caja f de laminador m; castillete m para caja f (de laminador m)
— **hydrostatic test** n - [ind] ensayo m hidrostático en, planta f, or fábrica f
— **intake system** n - [metal-roll] sistema f para entrada f a laminador m
— **length** n - [metal-roll] largo m de laminación m; medida f tal como laminado,da
— — **setting** n - [metal-roll] regulación f para largo m de laminación f
— **liner** n - [miner] camisa f para, moledora f, or trituradora f
— — **change** n - [ceram] modificación f en revestimiento m para, molino m, or trituradora f
— — — **specification** n - [ceram] especificación f para modificación f en revestimiento m para, molino m, or trituradora f
— **lining** n - see **mill liner**
— **looper** n - [metal-roll] rodillo m para tensión f (en tren m)
— **maintenance** n - [metal-roll] mantenimiento m, or conservación f, para, tren m, or laminador
— **manipulator** n - [metal-roll] manipulador m para, tren m, or laminador m
— **mechanical equipment** n - [metal-roll] equipo m mecánico para laminador m
— — **change** n - [metal-roll] modificación f en equipo m mecánico para laminador m

mill mechanical equipment start-up n - [metal-roll] puesta f en marcha f de equipo m mecánico para laminador m
— **motor** n - [mech] motor m para molino m • [ind] motor m para planta f (industrial) • [metal-roll] motor m para, laminador m, or laminación f, or rodillo m, or tren m
— — **application** n - [metal-roll] aplicación f en motor(es) m para laminador(es) m
— — **circuit** n - [metal-roll] circuito para motor m para, laminador m, or rodillo m
— — — **breaker** n - [metal-roll] interruptor m para circuito m para motor m de, laminador m, or rodillo m, or tren m
— — **exciter** n - [electr-mot] excitador m para motor m para, laminador m, or rodillo m
— — **permissive switch** n - [metal-roll] interuptor m permisivo para motor m para, laminador m, or rodillo m, or tren m
— — **space heater** n - [metal-roll] calefaccionador m para motor m para, laminador m, or rodillo m, or tren m
— — **speed** n - [metal-roll] velocidad f de motor m para, laminador m, or rodillo m
— — — **adjustment** n - [metal-roll] ajuste m para velocidad f para motor m para laminador
— **operating practice** n - [metal-roll] práctica f operativa para laminador m
— **operation** n - [metal-roll] operación f de laminador m
— **operation selector** n - [metal-roll] selector m para operación f de laminador m
— **operator** n - [mech] operador m para molino m • [metal-roll] operador m para (tren) laminador m
— — **pulpit** n - [metal-roll] puesto m para mando m para, operador m, or laminador m
— — **('s) side** n - [metal-roll] lado m para operador m de, tren m, or laminador m
— **oxide** m - [metal-prod] óxido de planta f siderúrgica
— — **direct reduction plant** n - [metal-prod] planta f para reducción f directa de óxido m de planta f siderúrgica
— — **plant** n - [metal-prod] planta f para óxido de planta f siderúrgica
— — **reduction plant** n - [metal-prod] planta f para reducción f de óxido m de planta f siderúrgica
— **pass** n - [metal-roll] pasada f en laminador m
— — **draft** n - [metal-roll] reducción f en pasada f en laminador m
— **pass(es) programmer start=up** n - [metal-roll] puesta f en marcha f de programador m para pasada(s) f en laminador m
— — **(es)** — — **technical service(s)** m - [metal-roll] servicio m técnico para puesta f en marcha f de programador m para pasada(s) f en laminador m
— **practice** n - [metal-roll] práctica f para laminación f
— **preparer** n - [metal-roll] preparador m para, tren m, or laminador m
— **price** n - [ind] precio m de planta • precio m en planta f
— **primed** a - [paint] imprimado,da en fábrica f
— — **. . . grade steel pipe** n - [tub] tubo m, or tubería f, de acero de calidad f . . . imprimado,da en fábrica f
— — **outside** a - [paint] imprimado,da exteriormente en fábrica f
— — **pipe** n - [tub] tubo m imprimado, or tubería f imprimada, en fábrica f
— — **steel pipe** n - [tub] tubo m, or tubería f, de acero m imprimado,da en fábrica f
— **primer** n - [paint] imprimación f aplicada en, fábrica f, or planta f
— **production** n - [metal-roll] producción f de, laminador m, or tren m
— — **capacity** n - [metal-roll] capacidad f para producción f para, laminador m, or tren m

mill programmer n - [metal-roll] programador m para, laminador m, or tren m
— **rectifier substation** n - subestación f, or subusina f, rectificadora para laminador m
— **reduction** n - [metal-roll] reducción f mediante laminación f
— **repeater** n - [metal-roll] repetidor m para laminador m
— **report** n - [ind] informe f de planta f
— **representative** n - [ind] representante m de, planta f, or fábrica f - [metal-prod] representante m metalúrgico
— **requirement** n - [ind] exigencia f de planta f • [metal-roll] exigencia f de, laminador m, or tren m
— **resetting** n - [metal-roll] reajuste m, or regulación f nueva, de, laminador m, or tren m
— **roll** n - [metal-roll] rodillo m para, laminador m, or tren m, or laminación f
— — **alignment** n - [metal-roll] alineación f de rodillo m para laminador m
— — **condition** n - [metal-roll] condición f de rodillo m para laminador m
— — **shop** n - [metal-roll] taller m para rodillo(s) m para laminación f
— **rototrol** n - [metal-roll] regulador n giratorio, or Rototrol m, para laminador m
— — **motor-generator** n - [metal-roll] motogenerador m para, regulador m giratorio, or Rototrol m, para laminador m
— — **set** n - see **mill Rototrol motor-generator set**
— **scale** n - [metal-roll] cascarilla f, or costra f, or laminilla f, de laminación f; laminilla f; escama(s) f de óxido m (de hierro m); batidura(s) f (de óxido m)
— — **build up** n - [weld] acumulcación f de cascarilla f de laminación f
— — **characteristic(s)** n - [metal-roll] característica(s) f de cascarilla f de laminación
— — **feeding equipment** n - [metal-roll] equipo m para alimentación f para cascarilla f de laminación f
— — **removal** n - evacuación f de cascarilla(s) f de laminación f
— — — **system** n - [metal-roll] sistema m para evacuación f de cascarilla f de laminación f
— **scales operator** n - [metal-roll] operador m para báscula f de laminador m
— **scarfer** n - [metal-roll] escarpadora f para laminador m
— **scrap** n - [metal-prod] chatarra f de, laminación f, or circulación f, or laminador m
— **screwdown** n - [metal-roll] tornillo m para ajuste m para laminador m
— **section** n - [metal-roll] sección f para laminación f
— — **supervisor** n - [metal-roll] jefe m para sección f para laminación f
— **service** n - [ind] servicio m para planta f
— — **piping** n - [ind] tubería f para servicio m para planta f
— — **pump** n - [pumps] bomba f para servicio m para planta f
— — — **piping** n - [tub] tubería f para bomba f para servicio m para planta f
— **side** n - [metal-roll] costado m de laminador
— **silent drive chain** n - [mech] cadena f silenciosa para transmisión f para laminador m
— **spare (part)** n - [metal-roll] repuesto m para, laminador m, or tren m para laminación f
— **speed** n - [metal-roll] velocidad f de, laminador m, or tren m (para laminación f)
— — **adjustment** n - [metal-roll] ajuste m de velocidad f de laminador m
— **spindle** n - [metal-roll] árbol m para laminador m
— **stand** n - [metal-prod] caja f • [Spa.] castillete m
— **start-up** n - [metal-roll] puesta f en marcha f de laminador m

mill start-up critical spare(s) (parts) n - [metal-roll] (piezas f) para respuesto(s) m crítico(s) para puesta f en marcha de laminador m
— **superintendent** n - [metal-roll] superintendente m, or gerente m, para acería f
— **supervisor** n - [metal-roll] supervisor m, or encargado m, de, laminador m, or tren m
— **supply,plies** n - [ind] material(es) m para planta(s) f
— **table** n - [metal-roll] mesa f para laminador
— **test** n - [ind] ensayo m en, fábrica f, or planta f
— — **pressure** n - [tub] presión f para ensayo m en planta f
— — **report** n - [ind] informe m sobre ensayo m en planta f
— — **throughput** n - [metal-roll] producción f de laminador m
— — **in @ time unit** n - [metal-roll] producción f de laminador en unidad f de tiempo m
— — **tolerance** n - [metal-roll] tolerancia f para laminación f
— **traveling approach roller table** n - [metal-roll] mesa f con rodillo(s) m, deslizante, or corrediza, para entrada f para laminador m
— — **table** n - [metal-roll] mesa f, deslizante, or corrediza, para entrada f para laminador m
— — **roller table** n - [metal-roll] mesa f con rodillo(s) m, deslizante, or corrediza, para laminador m
— — **table** n - [metal-roll] mesa f, deslizante, or corrediza, para laminador m
— **turn** n - [metal-roll] turno m para (tren) laminador m
— — **foreman** n - [metal-roll] capataz m, or jefe m, para turno m para (tren) laminador m
— **type** n - [metal-roll] tipo m para laminación
— — **constant potential control** n - [metal-roll] regulador m para potencial m constante de tipo m para laminación f
— — **motor** n - [metal-roll] motor m de tipo m para laminación f
— **unpacked** a - [transp] sin embalar en, planta f, or fábrica f (de origen m)
— **water system** n - [metal-roll] sistema m, or red f, para agua m para laminación f
— **width** n - [metal-roll] ancho m de laminación
— — **setting** n - [metal-roll] regulación f de ancho m para laminación f
— **wobbler** n - [metal-roll] cabezal m motor (para laminador m)
— **work** n - [metal-roll] trabajo m para laminación f
— — **(ing) roll** n - [metal-roll] rodillo m para trabajo m para (tren) laminador m
— **zone** n - [metal-roll] zona f para (tren) laminador m
milled a - molido,da; desmenuzado,da • [mech] fresado,da; refrentado,da • [metal-roll] laminado,da
— **fiberglass** n - [ceram] fibra f de vidrio m molida
— **gear tooth** n - [mech] diente m, or engranaje m, fresado, or tallado, or refrentado
— **lead** n - [metal-roll] plomo m en lámina(s) f
— **steel** n - [metal-roll] acero m, en, lámina(s) f, or chapa(s) f
— **tooth** n = [mech] diente m, fresado, or tallado, or refrentado
miller n - . . . • [mech] fresador m
—**('s), fee, or share** n - maquila f
milligram(s) per liter n - miligramo(s) m por litro m
. . . **millimeter tight** a - ajuste m de . . . mm
—**(s) to @ . . . power per millimeter** n - milímetro(s) m a . . . potencia f por milímetro m
milling n - . . . ; desmenuzamiento m • [mech] fresado m; mecanización f
— **cutter** n - [tools] cuchilla f, fresadora, or para fresar • fresa f
milling machine n—[mech] fresa f; máquina f, fresadora, or para fresar
— **shoe** n - [mech] zapata f fresadora • [tub] zapata f rotatoria para cortar tubo(s) m
— **tool** n - [mech] fresa f; fresadora f; herramienta f para fresar
— — **holder** n - [tools] portafresa(s) m
millisecond n - [chron] milisegundo m
millivolt n - [electr] milivoltio m
millstone hole n - [mech] foramen m
millwork n - [mech] carpintería f, metálica, or mecánica
millwright n - [mech] . . . ; montador m, or instalador m, mecánico; mecánico m para conservación f • [metal-roll] mecánico m para conservación f para laminador m
mimeograph n - . . . | v - [print] . . . ; mimeografiar
mimeographed a - [print] mimeografiado,da
mimeographer n - [print] mimeografiador m
min n - see **minimum**
mind n - . . . ; ingenio m • voto m | v - . . . • escuchar
— **change** n - cambio m de, opinión f, or idea f
mine abandoning n - [miner] abandono m de mina
— **area** n - [miner] zona f, minera, or de mina
— **car** n - [miner] vagoneta f, minera, or para mina f
— **@ coal** v - [miner] minar, carbón m, or hulla f
— **cut** n - [miner] tajo m en mina f
— **@ diamond(s)** v - [miner] minar diamante(s) m
—**(s) director** n - [minet] director m para mina
— **drainage** n - [miner] drenaje m, or desagotamiento m, de mina f
— **entrance** n - [miner] entrada f a mina f
— **entry shaft** n—[constr] pozo m para acceso m para mina f
— **expansion** n - [miner] ampliación f de mina f
— **exploitation** n - [miner] explotación f, minera, or de mina f
— — **problem** n - [miner] problema m con explotación f, minera, or de mina f
— **inside** n - [miner] interior m de mina f
— **maintenance** n - [miner] conservación f de mina f
— **overburden** n - [miner] desmonte m de mina f
— **preparation** n - [miner] preparación f, or acondicionamiento m, de mina f
— **road** n - [miner] camino m, or pista, en mina
— **rock** v - [miner] minar, roca f, or piedra f
— **safety** n - [miner] seguridad f en mina f
— **site** n - [miner] sitio m de mina f
— **stone** v - [miner] minar piedra f
— **tie(s)** n - [miner] traviesa(s) f para mina f
— **tipple** n - [miner] volcadero m, or vaciadero m, para (vagonetas f para) mina f
— **ventilation duct** n - [miner] conducto m para ventilación f para mina f
— **water** n - [miner] agua m en mina f
— — **drainage** n - [miner] derenaje m, or desagotamaiento m, de agua m en mina f
— **work** n - [miner] minería f; explotación f de mina f
— **working** n - [miner] explotación f de mina f
mined a - minado,da
— **area** n - zona f, minada, or explotada
—, **reclaiming, or reclamation** n - [miner] recuperación f de zona f, explotada, or minada
— — **restoration** n - [miner] restauración f de zona f, explotada, or minada
— **coal** n - [miner] carbón m minado; hulla f minada
— **diamond(s)** n - [miner] diamante(s) m minado(s) • diamante(s) m natural(es)
miner n - [miner] minero m; minador m • [constr] excavador m
—**('s) dial** n - [miner] brújula f para mineros m; instrumento m topográfico minero
—**('s) dip needle** n - [miner] declinatorio m;

mineral aggregate

brújula f para inclinación f
mineral aggregate n - [constr-concr] agregado m mineral
— **coal** n - [miner] carbón m, mineral, or de piedra f
— **component** n - [miner] componente m mineral
— **covering** n - recubrimiento m (con) mineral m
— **deposit** n - [geol] depósito m (de) mineral m • yacimiento m mineral
— **grain** n - [miner] grano m mineral
— **greasing oil** n - [mech] aceite m mineral para engrase m
— **line** n - [rail] see **mineral railway line**
— **lubricating oil** n - [mech] aceite m mineral para lubricación f
— **material** n - [miner] material m mineral
— **matter** n - [miner] materia f mineral
— **oil** n - [ind] aceite m mineral • [petrol] petróleo m
— — **piping** n - [petrol] tubería f para aceite m mineral
— **origin** n - [miner] origen m mineral
— **part** n - [miner] parte f mineral
—(s) **pending final settlement** n - [miner] mineral(es) pendiente(s) de liquidación f final
— **pitch** n - [petrol] betún m (mineral)
—(s) **processing** n - [miner] procesamiento m de mineral(es) m
—(s) — **industry** n - [miner] industria f para procesamiento m de mineral(es) n
— **railway (line)** n - [rail] ferrocarril m minero
— **reserve(s)** n - [miner] reservas f minerales
— **resource(s)** n - [miner] recursos m minerales
— —(s) **concentration** n - [miner] concentración f de recurso(s) m mineral(es)
— —(s) **extraction** n - [miner] extracción f de recurso(s) m minero(s)
— —(s) **reduction** n - [miner] reducción f de recurso(s) m mineral(es)
— **rich** a - [miner] rico,ca en mineral(es) m
— — **country** n - [miner] país m rico en mineral(es)
— **seal** n - sello m, or sellador m, mineral
— — **oil** n - [lubric] aceite m mineral tipo m foca
— **sealant** n - sellador m mineral
—(s) **size** n - [miner] tamaño m de mineral(es) m
— **spirits** n - [petrol] esencia f mineral; espíritu m de petróleo m; disolvente, or diluyente m, de petróleo m; alcohol m mineral
— **wool** n - [metal-prod] lana f de escoria f
mineralized a - [miner] mineralizado,da
— **area** n - [geol] zona f mineralizada
— **gangue** n - [geol] ganga f de zona f mineralizada
— **zone** n - [miner] zona f mineralizada
mineralogical analysis n - [geol] análisis m mineralógico
— **content** n - [geol] contenido m mineralógico
— **fraction** n - [miner] fracción f mineralógica
— **identification** n - [miner] identificación f mineralógica
— **sample** n - [miner] muestra f mineralógica
— **study** n - [miner] reconocimiento m mineralógico
mini n - [autom] see **minitruck**
— -**gym(nasium)** n - [sports] minigimnasio m
— **mill** n - [ind] miniplanta f; planta f pequeña
— **pickup** n - [autom] minicamioneta* f
— -**racer** n - [autom] automóvil m pequeño para carrera f
— **sling** n - [cabl] eslinga f mínima
— **steel mill** n - see **mini steel plant**
— — **plant** n - [metal-prod] mini-acería f; miniplanta f siderúrgica
— **ammeter** m - [electr-equip] amperímetro m (en) miniatura f
— **facility** n - [ind] instalación f miniatura
— **golf course** n—[sports] campo m, mini para golf m, or para minigolf* m
— **indicating ammeter** n - [instrum] amperímetro indicador en miniatura
miniature indicating voltmeter n - [instrum] voltímetro m indicador en miniatura
— **terminal block** n - [electr-instal] tablero m de borne(s) f en miniatura
— **voltmeter** n - [electr] voltímetro m en miniatura
minibus n - [autom] microbús m
minimal damage n - daño m mínimo
— **effect** n - efecto m mínimo
— **headroom** n - altura f libre mínima
— **tensile strength** n - [mech] resistencia f mínima a tensión f
minimill n - [metal-prod] see **miniplant**
minimization n - reducción f a mínimo m; avoid minimización* f
minimize v - . . .; disminuir; reducir; avoid minimizar*
— @ **arcing** v - [weld] minimizar*, or evitar, or reducir a mínimo, formación f de arco m
— @ **consumption** v - reducir (a mínimo) consumo
— @ **corrosion** v - [metal] minimizar*, or reducir a mínimo m, corrosión f
— @ — **effect**(s) v - [metal] minimizar*, or reducir a mínimo m, efecto(s) de corrosión f
— @ **cost**(s) v - minimizar*, or reducir a mínimo m costo(s) f
— @ **crack** v - [weld] minimizar*, or reducir a mínimo m, grieta f
— @ **cracking** v - [weld] minimizar*, or reducir a mínimo, agrietamiento m
— @ — **tendency** v - [weld] minimar, or reducir a mínimo m, tendencia f a agrietamiento m
— @ **cycling** v - minimar*, or reducir a mínimo m, ciclo m
— @ **damage** v - minimizar*, or reducir a mínimo m daño m
— @ **danger** v - [safety] minimizar*, or reducir a mínimo m, peligro m
— @ **debris** v - [constr] minimizar*, or reducir a mínimo m, escombro(s) m
— @ **dirt** v - minimizar*, or reducir a mínimo m, tierra f, pr polvo m, or suciedad f
— @ — **amount** v - minimizar*, or reducir a mínimo m, tierra f, or polvo m, or humo m
— @ **distortion** v - minimizar*, or reducir (a mínimo m) distorsión f
— @ **downtime** v - [ind] minimizar*, or reducir a mínimo m, tiempo m, inactivo, or de parada f, or de detención f
— @ **downtime cost**(s) v - minimizar*, or reducir a mínimo, costo(s) m de tiempo m, inactivo, or de parada f, or de detención f
— @ **effect** v - minimizar*, or reducir a mínimo m, efecto(s) m
— @ **erosion** v - minimizar*, or reducir a mínimo m, erosión f
— @ **fine spatter** v - [weld] minimizar*, or reducir a mínimo m, salpicadura f fina
— @ **flash through** v - [weld] minimizar*, or reducir a mínimo m, destellado m
— @ **flux consumption** v - [weld] minimizar*, or reducir a mínimo m, consumo m de fundente m
— @ **hazard** v - [safety] minimizar*, or reducir a mínimo m, riesgo m
— @ **heat input** v - [weld] minimizar*, or reducir a mínimo, aportación f de calor m
— @ **hydroplaning** v - [autom] minimizar*, or reducir a mínimo m, deslizamiento m sobre agua m
— @ **inventory cost**(s) v - [ind] minimizar, or reducir a mínimo m, inversión f en material(es) m
— @ **leakage** v - minimizar*, or reducir a mínimo m, fuga(s) f
— @ **maintenance** v - [ind] minimizar*, or reducir a mínimo m, conservación f, or mantenimiento m
— @ — **cost**(s) v - [ind] minimizar*, or reducir a mínimo m, costo(s) m para, conservación f, or mantenimiento m

minimize to @ maximum degree v - disminuir a máximo m
— **@ on/off cycling** v - [mech] minimizar*, or reducir a mínimo m posible, ciclo n marcha/detención f
— **@ pavement crack** v - [constr] minimizar*, or reducir a mínimo m, frieta f en, pavimento m, or calzada f
— **@ pavement cracking** v - [constr] minimizar*, or reducir a mínimo m, agrietamiento m en, pavimento m, or calzada f
— **@ penetration** v - [weld] minimizar*, or reducir a mínimo m, penetración f
— — **into @ base metal** v - [weld] minimizar*, or reducir a mínimo, penetración f dentro de metal m de base f
— **@ resistance** v - minimizar*, or reducir a mínimo m, resistencia f
— **@ rig downtime** v - [petrol] minimizar*, or reducir a mínimo m, tiempo m de detención f para torre f para perforación f
— **@ smoke** v - minimizar*, or reducir a mínimo, humo m
— **spilling** v - [weld] minimizar*, or reducir a mínimo m, derrame m
— **@ tendency** v - minimizar*, or reducir a mínimo m, tendencia f
— **@ undercut(ting)** v - [weld] minimizar*, or reducir a mínimo m, socavación f
— **@ voice traffic** v - [electron] minimizar*, or reducir a mínimo m, tráfico m, or comunicación f, vocal, or verbal
— **@ wear** v - [mech] minimizar*, or reducir a mínimo m, desgaste m
— **@ weight** v - minimizar*, or reducir a mínimo m, peso m
minimized a - minimizado,da*; reducido,da a mínimo m
— **arcing** n - [weld] formación f de arco m, minimizada*, or reducida a mínimo m
— **compressor on/off cycling** n - [mech] ciclo m para marcha/detención f de compresor m, minimizada*, or reducida a mínimo m
— **corrosion** n - [mech] corrosión f, minimizada*, or reducida a mínimo m
— **crack** n - grieta f, minimizada*, or reducida a mínimo m
— **cracking** n - agrietamiento m, minimizado*, or reducido a mínimo m
— **cycling** n - ciclo m, minimizado*, or reducido a mínimo m
— **damage** n - daño m, minimizado*, or reducido a mínimo m
— **danger** n - [safety] peligro m, minimizado*, or reducido a mínimo m
— **debris** n - [constr] escombro(s) m, minimizado(s)*, or reducido(s) a mínimo m
— **distortion** n - distorsión f, minimizada* f, or reducida a mínimo m
— **downtime** n - [ind] tiempo m, inactivo, or de detención f, minimizado, or reducido a mínimo
— **effect** n - efecto m, minimizado*, or reducido a mínimo m
— **erosion** n - erosión f, minimizada*, or reducida a mínimo m
— **fine spatter** n - [weld] salpicadura f, minimizada*, or reducida a mínimo m
— **hazard** n - [safety] riesgo m, minimizado*, or reducido a mínimo m
— **inventory cost(s)** n - [ind] inversión f en material(es) m, minimizada*, or reducida a mínimo n
— **hydroplaning** n - [autom] deslizamiento m sobre agua m, minimizado*, or reducido a mínimo
— **, leakage, or leak(ing)** n - fuga f, minimizada*, or reducida a mínimo m
— **on/off cycle** n - [mech] ciclo m para marcha/detención f, minimizado, or reducido a mínimo
— **pavement crack** n - [constr] grieta f en, pavimento m, or calzada f, minimizada*, or reducida a mínimo m

minimized pavement cracking n - [constr] agrietamiento m en pavimento m, minimizada*, or reducida a mínimo m
— **penetration** n - [weld] penetración f, minimizada*, or reducida a mínimo m
— **resistance** n - resistencia f, minimizada*, or reducida a mínimo m
— **rig downtime** n - [petrol] tiempo m de detención f, minimizada*, or reducida a mínimo m, para torre f para perforación f
— **spangle** n - [metal-treat] dibujo m mínimo; acabado m sin estrella(s) f
— — **galvanized strip** n - [metal-treat] chapa f galvanizada con dibujo m mínimo
— **voice traffic** n - [electron] tráfico m, or comunicación f, vocal, or verbal, minimizado,da*, or reducido,da a mínimo m
— **wear** n - [mech] desgaste m, minimizado*, or reducido a mínimo m
— **weight** n - peso m minimizado*, or reducido a mínimo m
minimizing n - reducción f a mínimo; avoid minimización* f
minimum acceptable ambient condition n - [ind] condición f mínima aceptable para ambiente m
— — **quantity** n - cantidad f mínima aceptable
— — **size** n - tamaño m mínimo, aceptado, or admisible
— **access** n - [cranes] acceso m mínimo
— **activity** n - actividad f mínima
— **adjustment** n - ajuste m mínimo
— **admixture** n - [weld] incorporación f mínima; mezcla f mínima (de metal m de aportación f con (metal m) de base f
— **advance** n - [mech] avance m mínimo
— **air pressure** n - presión f mínima de aire m
— — **temperature** n - temperatura f mínima de aire m
— **alkalinity** n - alcalinidad f mínima
— **allowable** n - mínimo m admisible
— — **compaction** n - [constr] compactación f mínima admisible
— — **diameter** n - diámetro m mínimo admisible
— — **(s), chart, or table** n - tabla f de diámetro(s) m mínimo(s) admisible(s)
— — **performance** n - desempeño m mínimo admisible
— — **permeability** n - [electr] permeabilidad f mínima admisible
— — **size** n - [tub] diámetro m mínimo admisible
— — **space** n - espacio m mínimo admisible
— — **stress** n - esfuerzo m mínimo admisible
— — **temperature** n - temperatura f mínima admisible
— — — **variation** n - variación f mínima admisible en temperatura f
— — **thrust** n - [mech] empuje m mínimo admisible
— — **variation** n - variación f mínima admisible
— — **wear** n - [mech] desgaste m mínimo admisible
— **allowed alloy content** n - [metal-prod] proporción f mínima permitida de (elemento m para) aleación f
— — **content** n - [metal-prod] proporción f mínima permitida
— **alloy content** n - [metal-prod] proporción f mínima de (elemento m de) aleación f
— **ambient condition** n - [ind] condición f mínima para ambiente m
— **amount** n - cantidad f mínima
— **amperage** n - [electr-oper] amperaje m mínimo
— **ampere rating** n - [electr-oper] corriente f, or energía f, nominal en amperio(s) m
— **angle** n - ángulo m mínimo
— — **limitation** n - [cranes] limitación f para ángulo m mínimo
— **annual temperature** n - [meteorol] temperatura f anual mínima
— **area** n - superficie f mínima
— **ash** n - [combust] ceniza f mínima
— — **moisture** n - [combust] humedad f mínima en ceniza f

minimum average n—promedio m mínimo
— **axial thrust** n - [mech] empuje m axial mínimo
— **back-up** n - [mech] retroceso m mínimo
— **base metal heating** n - [weld] calentamiento m mínimo de metal m de base f
— **bearing** n - [constr] apoyo m mínimo; carga f mínima
— — **area** n - [mech] superficie f mínima para contacto m
— **bed space** n - [cranes] superficie f mínima para apoyo m • [autom] área f mínima sobre superficie f
— **bedding requirement** n - [constr] exigencia f mínima para preparación f de lecho m
— **bending** n - flexión f mínima; plegamiento m mínimo
— — **radius** n - [tub] radio m mínimo de, curvatura f, or dobladura f
— **bill of lading** n - [transp] conocimiento m (de embarque m) mínimo
— **billing** n - [com] facturación f mínima
— — **charge** n - [com] cargo m mínimo por facturación f
— **bleeding** n - [constr-concr] afloramiento m mínimo
— **bolt(s) number** n - [mech] número m mínimo de perno(s) m
— **boom angle limitation** n - [cranes] limitación f de ángulo m mínimo para aguilón m
— **bore** n - [mech] diámetro m interior mínimo
— **brake horse power** n - [mech] potencia f mínima a freno m
— **braking** n - [mech] frenado m mínimo
— — **horse power** n - [mech] potencia f mínima a freno m
— **breakage** n - rotura f mínima
— **burn through** n - [weld] perforación f mínima
— **burner output** n - [combust] rendimiento m mínimo de quemador m
— **camber** n - [metal-roll] combadura f, or flecha* f, mínima
— **capacity** n - [cranes] capacidad f mínima
— **capital** n - [fin] capital m mínimo
— **carbon** n - [metal-prod] mínimo m de carbono m • carbono m mínimo | a - [metal-prod] con, mínimo m de carbono m, or carbono m mínimo
— — **content** n - [metal-prod] proporción f mínima de carbono m
— **cartage** n - [transp] acarreo m mínimo
— — **charge** n - [transp] cargo m mínimo por acarreo m
— **casing pressure** n - [petrol] presión f mínima en tubería f para entubación f
— **character duration** n - [comput] duración f mínima de carácter m
— **charge** n - [accntg] cargo m mínimo • [ind] [electr-oper] carga f mínima
— **chemical composition** n - [chem] análisis m químico mínimo
— **circuit pressure** n - presión f mínima en circuito m
— **clearance** n - luz f, or holgura, or distancia f mínima; espacio m mínimo
— **closing time** n - tiempo m mínimo para cierre
— **coat(ing)** n - [metal-treat] recubrimiento m mínimo
— **coil diameter** n - [metal-roll] diámetro m mínimo para bobina f
— — **weight** n - [metal-roll] peso m mínimo para bobina f
— **coke content** n - [combust] contenido m mínimo de coque m
— **comfort** n - comodidad f mínima
— **commission** n - comisión f mínima
— **compaction** n - compactación f mínima
— — **density** n - densidad f, mínima para compactación f, or para compactación f mínima
— **compressed air pressure** n - [ind] presión f mínima para aire m comprimido
— — — **temperature** n - [ind] temperatura f mínima para aire m comprimido

minimum compressive strength n - [constr-pil] resistencia f mínima a compresión f
— **concrete line** n - [constr] extensión f mínima de hormigón m
— **condition** n - condición f mínima
— **cone bore** n - [mech-bearings] diámetro m interior mínimo para cono m
— **consumption** n - consumo m mínimo
— **contactor continuous rating** n - [electr-oper] corriente f nominal mínima (en amperios m) para funcionamiento m ininterrumpido de contactador m
— **contamination** n - contaminación f mínima
— **content** n - contenido m, or porcentaje m, mínimo; proporción f mínima
— **continuous rating** n - [electr-oper] corriente f nominal mínima (en amperios m) para funcionamiento m ininterrumpido
— — **speed** n - velocidad f continua mínima
— **cooling** n - enfriamiento m mínimo
— — **condition** n - [ind] condición f mínima para enfriamiento m
— **core loss** n - [electr-mot] pérdida f mínima en núcleo m
— **corrosion** n - corrosión f mínima
— —, **allowance**, or **tolerance** n - tolerancia f mínima para corrosión f
— **cost** n - costo m mínimo
— **cover** n - cobertura f mínima; altura f mínima para cobertura f; recubrimiento m mínimo
— — **check(ing)** n - [constr] comprobación f de, cubierta f, or cobertura f, mínima
— — **height** n - [constr] altura f mínima, or mínimo m de recubrimiento m, or cobertura f
— — **cover pass hardness** n - [weld] dureza f mínima para pasada f para cierre m
— — — **weld hardness** n - [weld] dureza f mínima para pasada f para cierre para soldadura
— — **requirement** n - [constr] exigencia f, mínima para cobertura, or para cobertura f mínima
— — **table** n - [constr] tabla f de cobertura(s) f mínima(s)
— **crack** n - grieta f mínima
— — **depth** n - profundidad f mínima de grieta f
— — **length** n - largo(r) m mínimo, or longitud f mínima, de grieta f
— — **width** n - ancho(r) m mínimo, or anchura f mínima, de grieta f
— **cracking tendency** n - [weld] tendencia f mínima a agrietamiento m
— **crane speed** n - [cranes] velocidad f mínima de grúa f
— **cross talk loss** n - [telecom] pérdida f mínima por diafonía f
— **culvert entrance** n - [constr] luz f mínima para entrada f a alcantarilla f
— **current** n - [electr-oper] corriente f mínima • [weld] amperaje m mínimo
— — **change** n - [weld] cambio m mínimo en amperaje m
— **daily maintenance** n - [petrol] mantenimiento m diario mínimo
— **damage** n - daño m mínimo
— **danger** n - [safety] peligro m mínimo
— **defect** n - defecto m mínimo
— **deflection** n - desviación f mínima • [constr] flexión f mínima • deformación f mínima
— **delay** n - demora f mínima
— **density** n - densidad f mínima
— **depth** n - profundidad f mínima • [mech] peralte m mínimo
— **design flow** n - caudal m mínimo previsto
— —(**ing**) **time** n - tiempo m mínimo para proyección f
— **deviation** n - desviación f mínima
— **diameter** n - diámetro m mínimo
— — **tolerance** n - tolerancia f mínima en diámetro m
— **diesel engine performance** n - [int.comb] rendimiento m mínimo de motor m diesel

minimum differential n - diferencial m mínimo
— **dimension(s)** n - dimensión f, or medida(s) f, mínima(s)
— **discharge** n = [hydr] descarga f mínima
— **displacement** n - desplazamiento m mínimo
— **distance** n - distancia f mínima
— **distortion** n - [weld] distorsión f mínima
— **downhill** n - [weld] inclinación f descendente mínima
— — **angle** n - [weld] ángulo m mínimo para descenso; inclinación f descendente mínima
— **drinking water alkalinity** n - [hydr] alcalinidad f mínima de agua m potable
— — — **hardness** n - [hydr] dureza f mínima de agua m potable
— — — **temperature** n - [hydr] temperatura f mínima de agua m potable
— — — **turbidity** n - [hydr] turbieza f, or turbiedad f, mínima de agua m potable
— **duct velocity** n - [environm] velocidad f mínima para tubería f
— — **thickness** n - [environm] espesor m mínimo de pared de tubería f
— **ductility** n - [metal-] ductilidad f mínima
— **duration** n - duración f mínima
— **eccentric throw** n - [mech] carrera f excéntrica mínima; recorrido m excéntrico mínimo
— **eccentricity** n - excentricidad f mínima
— **effect** n - efecto m mínimo
— **efficiency** n - eficiencia f mínima
— **effort** n - esfuerzo m mínimo
— **elongation** n - alargamiento m mínimo
— **energy** n - energía f, or potencia f, mínima
— **engine performance** n - [int.comb] rendimiento mínimo de motor m
— — **wear** n - [int.comb] desgaste mínimo de motor m
— **engineering cost(s)** n - [ind] costo(s) mínimo(s) para ingeniería f
— **erosion** n - erosión f mínima
— **excavation** n - [constr] excavación f mínima; mínimo m de excavación f
— **extent** n - extensión f mínima; alcance m mínimo
— **external diameter** n - diámetro m exterior mínimo
— **face** n - cara f mínima
— — **width** n - ancho(r) m mínimo, or achura f mínima, de cara f
— **factor** n - factor m, or coeficiente m, mínimo
— **fan yield** n - [combust] rendimiento m mínimo de ventilador m
— **fatigue** n - fatiga f mínima
— **fill** n - [constr] relleno m mínimo; altura f mínima, de, cobertura f, or terraplén m
— — **height** n - [constr] altura f mínima de, cobertura f, or terraplén m, or relleno m
— — **finishing** n - terminación f mínima
— — — **time** n — tiempo m mínimo para terminación f
— **firing rate** n - [combust] tasa f mínima para combustión f
— **fixturing** n - [weld] dispositivo m mínimo para sujeción f; mínimo m de instalación(es) f
— **flange** n - [metal-roll] ala m mínima; ancho(r) m mínimo para ala(s) f
— — **thickness** n — [constr] espesor m mínimo de patín m • [metal-roll] espesor m mínimo para ala m
— — **width** n - [metal-roll] ancho(r) m mínimo para, ala m, or patín m
— **flash point** n = [combust] punto m mínimo para, inflamación f, or combustión f
— **flat dimension** n - medida f plana mínima
— **flexibility** n - flexibilidad f mínima
— — **factor** n - factor m mínimo para flexibilidad f
— **flexion** n - flexión f mínima
— **float** n - see **minimum flotation**
— **flotation** n - flotación f mínima
— **flow** n - caudal m, or flujo m, or gasto m, mínimo

minimum flow burner n - [metal-prod] quemador m para, mínima f, or, caudal m, or flujo m, mínimo
— — — **system** n - [metal-prod] sistema m de quemador(es), para mínima, or flujo m mínimo
— — **recirculation system** n - red f para recirculación f para flujo m mínimo
— — **regulator** n - [instrum] regulador m para, flujo m, or caudal m, mínimo
— — **time** n - [metal-prod] tiempo m con, flujo m, or caudal m, mínimo
— **force** n - fuerza f mínima
— **forming ductility** n - [weld] ductilidad f mínima para conformación f
— **foundation** n - [constr] cimiento m mínimo
— **requirement(s)** n - [constr] exigencia(s) f mínima(s) para cimento(s) m
— **framing** n - [mech] armadura f mínima
— **frequency** n - frecuencia f mínima
— — **shift** n - [electron] desfasamiento m mínimo; desplazamiento m mínimo de frecuencia f
— **friction** n - [mech] fricción f mínima
— **gage** n - calibre m, or espesor m, mínimo
— — **indication** n - [instrum] indicación f mínima en manómetro m
— — **limit** n - [metal-roll] límite m mínimo para espesor m
— — — **value** n - [metal-roll] valor m límite mínimo para espesor m
— **gap** n - [mech] entrehierro m mínimo; separación f mínima
— **gas pressure** n - [combust] presión f mínima para gas m
— **grade** n - [constr] inclinación f, or pendiente f, mínima
— **gradient** n - [topogr] pendiente f mínima
— **grouting pressure** n - [constr] presión f mínima para (inyección f de) lechada f
— **handling** n - manipuleo m mínimo; mínimo m de manipuleo m
— — **charge** n - cargo m mínimo por tramitación
— — **equipment** n - [ind] equipo m mínimo para manipuleo m
— **hardening** n - endurecimiento m mínimo
— **hardness** n - dureza f mínima
— **hazard** n - riesgo m, or peligro m, mínimo
— **head** n - [hydr] salto m mínimo
— **headroom** n - altura f libre mínima
— **heat** n - calor m mínimo
— **heating** n - calentamiento m mínimo
— — **condition** n - [ind] condición f mínima para calentamiento m
— **height** n - altura f mínima
— **high speed load** n - [cranes] carga f mínima para velocidad f alta
— — — **rated load** n - [cranes] carga f nominal mínima para velocidad f alta
— **hook approach** n - [cranes] acceso m mínimo para gancho m
— — **load** n - [cranes] carga f mínima para gancho m
— — **speed** n - [cranes] velocidad f mínima para gancho m
— — **travel** n = [cranes] recorrido m mínimo para gancho m
— **horsepower** n - [mech] potencia f mínima
— **humidity** n - humedad f mínima
— **indication** n - [instrum] indicación f mínima
— **industrial water alkalinity** n - [hydr] alcalinidad f mínima para agua m industrial
— — — **hardness** n - [hydr] dureza f mínima para agua m industrial
— — — **temperature** n - [hydr] temperatura f mínima para agua m industrial
— — — **turbidity** n - [hydr] turbieza f, or turbiedad f, mínima para agua m industrial
— **inertia momentum** n - [mech] momento m mínimo de inercia f
— **infiltration** n - infiltración f mínima
— **inflation** n - inflación f mínima
— — **pressure** n - [autom-tires] presión f míni-

minimum injection pressure

ma para inflación f
- **minimum injection pressure** n - presión f mínima para inyección f
- — — **flow** n - flujo m, or caudal m, mínimo para inyección f
- — — **input voltage** n - [electr-oper] voltaje m, mínimo para entrada f
- — — **inside diameter** n - [tub] diámetro m interior mínimo
- — — — — **tolerance** n - [tub] tolerancia f mínima en diámetro m interior
- — — **inspection cost(s)** n - costo(s) m minimo(s) para inspección f
- — — **installation(s)** n - instalación(es) f mínima(s); mínimo m de instalación(es) f
- — — **insulation** n - [electr-cond] aislación f mínima
- — — — **resistance** n - [electr-cond] resistencia f mínima para aislación f
- — — **intensity** n - intensidad f mínima
- — — **interest rate** n - [fin] interés m mínimo; tasa f mínima para interés m
- — — **interference** n - interferencia f mínima
- — — **interior diameter pipe** n - [tub] diámetro m interior mínimo para tubería f
- — — **internal diameter** n - diámetro m interior mínimo
- — — **interruption** n - interrupción f mínima
- — — **interval** n - intervalo m mínimo
- — — **investment** n - [fin] inversión f mínima
- — — **iron content** n - [contenido m, or tenor m, mínimo, or proporción f mínima, de hierro m
- — — **knowledge** n - conocimiento(s) m mínimo(s)
- — — **knuckle radius** n - radio m mínimo para transición f
- — — **lapse** n - lapso m, or tiempo m, mínimo
- — — **lease payment** n - pago m mínimo por arriendo
- — — **length** n - largo(r) m mínimo; largura f, or longitud f, mínima
- — — — **tolerance** n - tolerancia f, mínima, or en menos, en largo(r) m
- — — **lengthening** n - alargamiento m mínimo
- — — **level** n - nivel m, or límite m, mínimo
- — — — **variation** n - variación f mínima entre nivel(es) m
- — — **life expectancy** n - [medic] vida f, prevista, or esperada, or probable, or útil, mínima
- — — **limit** n - límite m, mínimo, or inferior
- — — **limitation** n - limitación f mínima
- — — **living wage** n - [labor] sueldo m vital mínimo
- — — **load** n - [transp] carga f mínima
- — — — **operation** n - [mech] operación f, or funcionamiento m, con carga f mínima
- — — — **period** n - período m con carga f mínima
- — — — **ratio** n - razón f mínima para carga f
- — — **local industry participation** n - [ind] participación f mínima de industria f nacional
- — — **loss flow** n - caudal m, or flujo m, con fuga f mínima
- — — **low speed load** n - [cranes] carga f mínima para velocidad f baja
- — — — **rated load** n - [cranes] carga f nominal mínima para velocidad f baja
- — — **lubrication** n - [lubric] lubricación f mínima
- — — **maintenance** n - [mech] conservación f mínima; mantenimiento m, or entretenimiento m, mínimo; costo m mínimo para conservación f
- — — — **cost** n - costo m mínimo para conservación
- — — **mass** n - masa f mínima
- —**maximum operating voltage** n - voltaje m, operativo mínimo-máximo, or mínimo-máximo para operación f
- — — **metal heating** n - [weld] calentamiento m mínimo de metal m
- — — — **stress** n - [metal] esfuerzo m mínimo para, or solicitación f mínima sobre, metal m
- — — **metered current** n - [weld] amperaje m mínimo medido
- — — **miss** n - [weld] falla f mínima
- — — **mobility** n - movilidad f mínima
- — — **moisture** n - humedad f mínima

- **minimum momentum** n - momento m mínimo
- — — **movement** n - movimiento m mínimo
- — — **no load shaft speed** n - [mech] velocidad f mínima para, árbol m, or eje m, sin carga f
- — — **nominal gage** n - [metal-roll] espesor m nominal mínimo
- — — — **oil pressure** n - presión f nominal mínima para aceite m
- — — **number** n - número m mínimo
- — — **offset** n - [mech] desnivel m mínimo
- — — **oil pressure** n - presión f mínima para aceite
- — — **open circuit voltage** n - [electr-oper] voltaje m mínimo en circuito m abierto
- — — — **height** n - [mech] altura f mínima estando abierto,ta
- — — **operating pressure** n - [ind] presión f mínima para, operación f, or trabajo m
- — — — **rating** n - [electr-oper] corriente f nominal mínima para, funcionamiento, or operación
- — — — **speed** n - [mech] velocidad f mínima para operación f
- — — — **temperature** n - [ind] temperatura f mínima para operación f
- — — — **weight** n - peso m mínimo para operación f
- — — — **voltage** n - [electr-oper] voltaje m, mínimo para operación f, or operativo mínimo
- — — **operator fatigue** n - [ind] fatiga f mínima para operario m • [weld] fatiga f mínima para soldador m
- — — **output** n - producción f, or capacidad f, mínima; rendimiento m mínimo • [electr] voltaje m mínimo
- — — — **voltage** n - [electr-oper] voltaje m de salida f mínimo, or mínimo de salida f
- — — **outside diameter** n - [tub] diámetro m exterior mínimo
- — — — — **tolerance** n - tolerancia f mínima en diámetro m exterior
- — — — **dimension** n - medida f exterior mínima
- — — **pack height** n - [metal-roll] altura f mínima de paquete m
- — — **package girth** n - perímetro m mínimo de paquete m
- — — — **height** n - altura f mínima de paquete m
- — — — **length** n - largo(r) m mínimo de paquete m
- — — — **width** n - ancho(r) m mínimo de paquete m
- — — **part(s) interchangeability** n - [mech] intercambiabilidad f mínima entre pieza(s) f
- — — **pass hardness** n - [weld] dureza f mínima de pasada f
- — — **payment** n - [fin] pago m mínimo
- — — **peak** n - [ind] punta f mínima
- — — **penetration** n - penetración f mínima
- — — **per cent** n - por ciento m mínimo
- — — — **ultimate elongation** n - [metal] porecntaje m mínimo de alargamiento (a rotura f)
- — — — — **for @ test specimen length** n - [metal] porcentaje m mínimo de alargamiento para trozo m de probeta f
- — — **percentage** n - porcentaje m mínimo
- — — **performance** n - rendimiento m, or desempeño m, mínimo
- — — **permeability** n - [electr] permeabilidad f mínima
- — — **pinholing** n - [metal-prod] mínimo m de, picadura(s) f, or sopladura(s) f
- — — **pipe diameter** - [tub] diámetro mínimo de, tubo m, or tubería f
- — — — **stiffness** n - [tub] rigidez f mínima de, tubo m, or tubería f
- — — — — **requirement** n - [tub] exigencia f mínima para rigidez f de, tubo m, or tubería f
- — — **pit time** n - [metal-prod] tiempo n mínimo en fosa f
- — — **play** n - [mech] juego m mínimo
- — — **point** n - punto m mínimo
- — — **partability** n - movilidad f mínima
- — — **possible cover** n - [constr] cobertura f mínima posible
- — — **power** n - potencia f mínima • [electr-distr] energía f mínima

minimum practice n - práctica f mínima
— **preheat** n - [weld] precalentamiento m mínimo
— — **recommendation** n - [weld] precalentamiento m mínimo recomendado; recomendación f mínima para recalentamiento m
— **preheater temperature** n - [metal-treat] temperatura f mínima para precalentador m
— **preheating** n - precalentamiento m mínimo
— **pressure** n - presión f mínima
— **price** n - [com] precio m mínimo
— **production** n - producción f mínima
— **productivity** n - productividad f, or producción f, mínima
— **property requirement** n - exigencia f mínima de propiedad(es) f
— **quality** n - calidad f mínima
— **quantity** n - cantidad f mínima
— **radial load** n - carga f radial mínima
— — **runout** n - [mech-bearings] excentricidad f radial mínima
— **radius** n - [mech] radio m mínimo
— **rate** n - tasa f, or razón f, mínima
— **rated load** n - [cranes] carga f nominal mínima
— — **power** n - [electr] corriente f nominal mínima
— **rating** n - [mech] capacidad f nominal mínima; rendimiento m mínimo • [electr] potencia f, or corriente f nominal (mínima) en amperios
— — **power** n - corriente f nominal mínima
— **ratio** n - razón f mínima
— **reading** n - [instrum] lectura f mínima
— **recommendation** n - recomendación f mínima
— **recommended preheat(ing)** n - [weld] precalentamiento m mínimo recomendado
— **refund** n - [fisc] reintegro m mínimo
— **reimbursement** n - reembolso m mínimo • [fisc] reintegro m mínimo
— **relative compaction** n - compactación f relativa mínima
— — — **density** n - [constr] densidad f mínima de compactación f relativa; densidad f de compactación f relativa mínima
— — **density** n - densidad f relativa mínima
— — **humidity** n - humedad f relativa mínima
— **reliability** n - confiabilidad f mínima
— **requirable** n - mínimo m exigible
— **required** n - mínimo m requerido
— — **flow** n - flujo m, or caudal m, mínimo, exigido, or requerido
— — **capital** n - [fin] capital m mínimo requerido
— — **pressure** n - presión f mínima exigida
— — **strength** n - resistencia f mínima, exigida, or requerida
— — **test pressure** n - [tub] presión f mínima para ensayo(s) m exigida
— **requirement** n - requisito m mínimo; exigencia f mínima
— — **specification** n - especificación f para exigencia(s) f mínima(s)
— **resistance** n - resistencia f mínima
— — **to @ compression** n - resistencia f mínima a compresión f
— **resistivity** n - [electr] resistencia f eléctrica (efectiva) mínima
— — **determination** n - [chem] determinación f de resistencia f eléctrica (efectiva) mínima
— — **value** n - valor m mínimo de resistencia f eléctrica (efectiva)
— **risk** n - riesgo m mínimo
— **rope replacement downtime** n - [constr] interrupción f mínima para reemplazo m de cables
— **runout** n - [mech-bearings] excentricidad f mínima
— **saber** n - [metal-roll] combadura f mínima
— **safe operating pressure** n - [ind] presión f mínima segura para operación f
— — — **temperature** n - temperatura f mínima segura para operación f
— — **temperature** n - temperatura f mínima segura
— **satisfactory requirement** n - exigencia f satisfactoria mínima
minimum selected size n - tamaño m mínimo escogido • [tub] diámetro m mínimo escogido
— **sensitivity** n - sensibilidad f mínima
— **setting** n - [mech] regulación f mínima
— **shaft speed** n - [mech] velocidad f mínima para, árbol m, or eje m
— **shift(ing)** n - desplazamiento m mínimo
— **shut height** n - [mech] altura f mínima (estando) cerrado,da
— **size** n - tamaño m mínimo • [tub] diámetro m mínimo
— — **liner** n - [petrol] camisa f con tamaño m mínimo
— **skip** n - [weld] interrupción f mínima
— **slag** n - [weld] escoria f mínima
— — **interference** n - [weld] interferencia f mínima de escoria f
— **slope** n - declive m mínimo; pendiente f, or inclinación f, mínima
— — **condition(s)** n - condición(es) f de pendiente f mínima
— — **conduit** n - [tub] conducto m con declive m mínimo
— **soil resistivity** n - [soils] resistencia f eléctrica (efectiva) mínima de suelo m
— — — **value** n - [soils] valor m mínimo de resistencia eléctrica (efectiva) de suelo m
— **space** n - espacio m mínimo; separación f mínima
— — **between fork(s)** n - [mech] separación f mínima entre, brazo(s) m, or hoquilla(s) f
— **spacing distance** n - distancia f mínima para separación f
— **span** n - [constr] tramo m mínimo • [cranes] luz f mínima
— **spangle** n - [metal-treat] estrella f mínima; dibujo m mínimo
— — **galvanized strip** n - [metal-treat] fleje m galvanizado, or banda f, or cinta f, or chapa f, galvanizada, con dibujo m mínimo
— **specified compressive strength** n - [mech] resistencia f especificada mínima a compresión
— — **material(s) strength** n - resistencia f mínima especificada para material(es) n
— — **strength** n - [mech] resistencia f, especificada mínima, or mínima especificada
— — **tensile strength** n - [mech] resistencia f mínima especificada contra tensión f
— — **thickness** n - espesor m, especificado mínimo, or mínimo especificado
— — — **required** n - espesor m mínimo especificado exigido
— — **yield point** n - punto m especificado mínimo para fluencia f
— **speed** n - velocidad f mínima
— — **capability** n - capacidad f, mínima para velocidad f, or para velocidad f mínima
— **spilling** n - [weld] derrame m mínimo
— **staff** n - [labor] personal m mínimo
— **standard** n — estándar m mínimo; norma f mínima
— **static head** n - [hydr] salto m estático mínimo; altura f estática mínima
— **steam flow** n - caudal m mínimo de vapor m
— **sticking** n - [weld] adherencia f mínima
— **stiffness** n - rigidez, or tiesura f, mínima
— — **requirement** n - exigencia f mínima para rigidez f
— **strength** n - fuerza f mínima • [mech] resistencia f mínima; mínimo m de resistencia f
— **stress** n - [constr] tensión f mínima; esfuerzo m mínimo
— **strip speed** n - [metal-roll] velocidad f mínima de, banda f, or cinta f, or chapa f, or fleje m
— **stripping time** n - [metal-prod] tiempo m mínimo para, deslingotado m, or desmoldeo m
— **stroke** n - [mech] carrera f mínima • desplazamiento m mínimo
— **structural design** n - [constr] proyección f estructural mínima

minimum structural requirement n - [constr] exigencia f estructural mínima
— — **thickness** n - [constr] espesor m estructural mínimo
— **support spacing** n - [mech] distancia f mínima entre soporte(s) m
— **supporting interval** n - [constr] intervalo m mínimo entre punto(s) m para suspensión f
— **surface** n - superficie f mínima
— — **contamination** n - [metal] contaminación f mínima en superficie f
— — **roughness** n - rugosidad f, mínima en superficie, or superficial mínima
— **swelling factor** n - [metal] coeficiente m mínimo de esponjamiento m
— **switch current** n - [electron] corriente f mínima para, conmutador m, or conmutación f
— **system pressure** n - presión f mínima para red
— **tariff** n - [fisc] arancel m mínimo
— **tax rate** n - [fisc] tasa f, impositiva mínima, or mínima para impuesto m
— **temperature** n - temperatura f mínima
— — **difference** n - diferencia f mínima en temperatura f • diferencia f en temperatura f mínima
— — **maintaining** n - mantenimiento m de temperatura f mínima
— — **variation** n - variación f mínima en temperatura f
— **tendency** n - tendencia f mínima
— **tensile strength** n - [weld] resistencia f mínima a, tensión f, or tracción f
— **terminal(s) rating** n - [electr-instal] potencia f mínima en borne f
— **test pressure** n - [tub] presión f mínima para ensayo(s) m
— **theoretical frequency** n - frecuencia f teórica mínima
— — **limit** n - límite m teórico mínimo
— **thermal shock** n - choque m térmico mínimo
— **thermomemter** n - [instrum] termómetro m para mínima f
— **thickness** n - espesor m, or grosor m, mínimo
— — **required** n - espesor m mínimo requerido
— **thrust** n - [mech] empuje m mínimo
— **time** n - tiempo m mínimo
— — **calculation** n - cálculo de tiempo m mínimo
— **tire size** n - [autom-tires] medida(s) f mínima(s) para neumático(s) m
— **tolerance** n - tolerancia f mínima
— **torque** n - [mech] torsión f mínima; (par) motor m mínimo
— **total depth** n - [metal-roll| peralte m mínimo total
— **track time** n - [metal-prod] tiempo m mínimo, en vía f, or para reposo m
— **traction** n - tracción f mínima
— — **effort** n - [mech] esfuerzo m mínimo para tracción f
— **traffic** n - tráfico m, or tránsito m, mínimo
— — **disruption** n - [roads] interrupción f mínima de tránsito m
— — **hazard** n - riesgo m mínimo para tránsito m
— **travel** n - [transp] viaje m mínimo • [mech] recorrido m mínimo; carrera f mínima
— **treated water temperature** n - [sanit] temperatura f mínima de agua m depurada
— **trend** n - tendencia f mínima
— **tube stiffness requirement** n - [tub] exigencia f mínima para rigidez f de tubería f
— — **wall thickness** n - [tub] espesor m mínimo para pared f de, tubo m, or tubería f
— **turbidity** n - [hydr] turbieza f, or turbiedad f, mínima
— **twist(ing)** n - [mech] torsión f mínima
— **uphill** n - [weld] inclinación f ascendente mínima
— — **angle** n - [weld] ángulo m mínimo de ascenso m; inclinación f ascendente mínima
— **upkeep** n - gasto(s) m mínimo(s) para conservación f

minimum useful life n - vida f útil mínima
— **value** n - valor m, or monto m, mínimo
—, **variance**, or **variation** n - variación f mínima; mínimo m de variación f • desviación f mínima
— **velocity** n - velocidad f mínima
— — **conduit** n - [hydr] conducto m para velocidad f mínima
— **voltage** n - [electr] voltaje m mínimo
— **wage** n - [labor] sueldo m mínimo
— **wall thickness** n - espesor m mínimo para pared f
— **water alkalinity** n - [hydr] alcalinidad f mínima de agua m
— — **content** n - contenido m mínimo de agua m
— — **hardness** n—[hydr] dureza f mínima de agua
— — **iron content** n - [hydr] contenido m mínimo, or proporción f mínima, de hierro m en agua m
— — **level** n - [hydr] nivel m mínimo para agua
— — **pressure** n - [hydr] presión f mínima para agua m
— — **resistivity value** n - [hydr] valor m mínimo para resistencia f eléctrica (efectiva) para agua m
— — **temperature** n - [hydr] temperatura f mínima para agua m
— — **tubidity** n - [hydr] turbieza f, or turbiedad f, mínima para agua m
— **wear** n - [mech] desgaste m mínimo
— — **resistance** n - [mech] resistencia f mínima contra desgaste m
— **web thickness** n - [metal-roll] espesor m mínimo para ala m
— **weight** n - peso m mínimo
— — **tolerance** n - tolerancia f, mínima, or en menos, en peso m
— **weld hardness** n - [weld] dureza f mínima para soldadura f
— **welding current** n - [weld] amperaje m mínimo para soldadura f
— **wheel load** n - [mech-wheels] carga f mínima por (cada) rueda f
— **whip(ping)** n - [mech] vibración f mínima • chicoteo* m mínimo
— **width** n - ancho(r) m mínimo; anchura f mínima
— **wire diameter** n - [metal-wire] diámetro m mínimo para alambre m
— **work** n - trabajo m mínimo
— — **fatigue** n - [constr] fatiga f mínima en trabajo m
— — **quantity** n - cantidad f mínima de trabajo
— **working pressure** n - presión f mínima para trabajo m
— — **space** n - [ind] espacio m mínimo para trabajo m
— **yield** n - rendimiento m mínimo • [weld] fluencia f mínima
— — **limit** n - [metal] límite m mínimo para fluencia f; resistencia f mínima a fluencia f
— — **point** n - [metal] punto m mínimo para fluencia f
— — **strength** n - [metal] resistencia f mínima a tensión f (en límite m para fluencia f); límite m mínimo para fluencia f
— — — **internal pressure** n - [tub] presión f interna con límite m mínimo de fluencia f
mining n - [miner] . . .; extracción f; explotación f • [constr] excavación f • [legal] empresa f minera | a-. . . .
— **activities** n - [miner] sector m minero
— **activity** n - [miner] actividad f minera
— **and metallurgical activity** n - [miner] actividad f minera y metalúrgica
— **application** n - [miner] aplicación f, minera, or para minería f
— **area** n - [miner] zona f minera
— **authority** n - [miner] dirección f de, minas f or minería f
— **center** n - [miner] centro m, minero, or para minería f

mining community n - [miner] comunidad f minera
— company n - [legal] compañía f, or empresa f, minera
— compensation n—[miner] compensación f minera
— — Community n - [miner] Comunidad f para Compensación f Minera
— concentration technique n - [miner] técnica f minera para concentración f
— concern n - [legal] empresa f, minera, or para minería f
— consortium n - [legal] consorcio m minero
— control n - [miner] regulación f para minería
— — area n - [miner] área f de regulación f de minería f
— cost(s) n - [miner] costo(s) f para, minería f, or mineración* f, or extracción f
— country n - [miner] país m minero • zona f minera
— development n - [miner] desarrollo m minero
— dial n - [miner] brújula f para minero(s) m; instrumento m topográfico minero
— economic research n - [miner] investigación f económica minera
— economy n - [miner] economía f minera
— — research n - [miner] investigación f de economía f minera
— — teaching n - [miner] enseñanza f de economía f minera
— engineer n - [miner] ingeniero m de mina(s) f
— engineering n - [miner] ingeniería f de minas
— — profession n - [miner] profesión f de ingeniería f minera
— enterprise n - [miner] empresa f minera
— entrepreneur n - [miner] empresario m minero
— equipment n - [miner] equipo m, minero, or para minería f
— exploitation n - [miner] explotación f minera
— extraction n - [miner] extracción f minera
— — problem n - [miner] problema m para extracción f minera
— facility,ties n - [miner] instalación(es) f minera(s)
— field n - [miner] campo m minero
— fund(s) n - [miner] fondo(s) m, minero(s), or para minería f
— history n - [miner] historia f, minera, or de minería f; anal(es) m de minería f
— industry n - [miner] industria f, minera, or de minería f; minería f
— installation(s) n - [miner] instalación(es) f minera(s)
— investment n - [miner] inversión f minera
— — fund(s) n - [miner] fondo(s) m para inversión f minera
— knowledge n - [miner] conocimiento(s) m, minero(s), or de minería f
— law n—[legal] ley f, minera, or para minería
— legislation n - [legal] legislación f minera
— machine n - [miner] máquina f, minadora, or excavadora; minadora f
— machinery n - [miner] máquina f minera
— — type n - [miner] tipo m de maquinaria f minera
— metallurgical a - minero-metalúrgico,ca
— — project n - [miner] proyecto m minero-metalúrgico; obra f minero-metalúrgica
— operation n - [miner] operación f, or explotación f, minera • [constr] operación f para excavación f
— personnel n - [miner] personal m minero
— perspective n - [miner] perspectiva f, minera, or para minería f
— policy n - [miner] política f minera
— pool n - [miner] consorcio m minero
— problem n - [miner] problema m minero
— process(es) control n - [miner] regulación f de proceso(s) m, minero(s), or para minería f
— — — area n - [miner] área f de regulación f de proceso(s) m para minería f
— producer n - [miner] productor m minero
— production n - [miner] producción f minera

mining productivity n - [miner] productividad f de minería f
— profession n - [miner] profesión f minera
— project n - [miner] proyecto m minero; explotación f minera; minería f
— Public Registry n - [miner] Registro m Público para Minería f
— Registry n - [miner] Registro m de Minería f
— related a - [miner] vinculado,da con minería
— — technology n - [miner] tecnología f vinculada con minería f
— research n - [miner] investigación f minera
— reserve(s) n - [miner] reserva(s) f minera(s)
— resource(s) n - [miner] recurso(s) minero(s)
— — development n - [miner] desarrollo m de recurso(s) m minero(s)
— —, use, or utilization n - [miner] aprovechamiento m de recurso(s) m minero(s)
— round table n - [miner] mesa f redonda, minera, or sobre minería f
— science n - [miner] ciencia f minera
— shovel n - [miner] pala f minera
— stage n - [miner] etapa f de minería f
— study n - [miner] estudio m minero
— subsidence n - [miner] asentamiento m, en mina, or debido a minería f
— technician n - [miner] técnico m minero
— technique n - [miner] técnica f minera
— technological research n - [miner] investigación f tecnológica minera
— technology n - [miner] tecnología f minera
— town n - [miner] población f minera
— transportation n - transporte m minero
— — technique n - [miner] técnica f minera para transporte m
— year n - [miner] año m, or ejercicio m, minero, or para minería f
minipickup* n - [autom] camionetita* f; microcamioneta* f; minicamion(et)ita* f
miniplant n - [ind] miniplanta* f
— construction n - [metal-prod] construcción f de miniplanta* f
— development n - [metal-prod] desarrollo m de miniplanta* f
— facility n - [metal-prod] instalación f de miniplanta* f
— — system n - [metal-prod] sistema m para instalación f de miniplanta* f
— installation n - [metal-prod] instalación f de miniplanta* f
— operation n - [metal-prod] operación f, or explotación f, de miniplanta* f
— —, output, or production n - [metal-prod] producción f de explotación f de miniplanta*
— — production cost n - [metal-prod] costo m de producción f de explotación f de miniplanta* f
— , output, or production n - [metal-prod] producción f de miniplanta* f
minister n - [pol] ministro m; secretario m • [relig] ministro m; pastor m; sacerdote m
ministry n - [pol] ministerio m; also see department • [relig] ministerio m
minitruck n - [autom] minicamión* m; camionetita* f
— driver n - [autom] conductor m para, camionetita* f, or minicamioneta* f
minor n - . . . • [pol] menor m de edad • [safety] accidente m menor
— accident n -]safety] accidente m menor (cuya recuperación f requiere hasta seis días)
— adjustment n - ajuste m menor
— amount n - [fin] menor cuantía f
— axis n - eje m menor
— bracing n - [constr] arriostramiento m menor
— damage n - dano m menor
— defect n - defecto m menor
— diameter n - [tub] diámetro m menor
— energy loss n - [hydr] pérdida f menor de energía f
— factor n—factor m, menor, or sin importancia

minor injury n - [safety] lesión f menor
— — **accident** n - [safety] accidente m con lesión(es) f menor(es)
— — **reporting** n - [safety] denuncia f de lesión(es) f menor(es)
— **loss** f - pérdida f menor
— **member** n - [constr] pieza f menor
— **modification** n - modificación f menor
— **problem** n - problema m menor
— **quantity** n - cantidad f menor • [legal] cuantía f menor
— **question** n - problema m menor
— **radiographic defect** n - [weld] defecto m radiográfico menor
— **requirement** n - exigencia f menor
— **roof bracing** n - [constr] arriostramiento m menor de techo m
— **stream** n - [hydr] curso m (de agua m) menor
— **structural member** n - [constr] pieza f estructural menor
— **substitution** n - substitución f menor
— **suspension damage** n - [autom-mech] daño m menor a suspensión f
minority n - . . . | a - minoritario,ria
— **group** n - [pol] grupo m minoritario
— **interest** n - [fin] interés m minoritario
mint die keeper n - guardacuño(s) m
minus n - . . . • desventaja f | adv - en menos • sin; faltándo(le)
— **camber tolerance** n - [metal-roll] tolerancia f en menos en flecha f
— **length tolerance** n - [metal-roll] tolerancia f en menos en, largo(r) m, or largura f
— **polarity** n - _weld] polaridad f negativa
— **tolerance** n - tolerancia f en, menos, or defecto
— **weight tolerance** n - tolerancia f en menos en peso m
— **width tolerance** n - [metal-roll] tolerancia f en menos en, ancho(r) m, or anchura f
minute n - . . . | a - . . .; mínimo,ma; reducidísimo,ma
. . . —**(s) apart** a - separado,da(s) por . . . minuto(s) m
. . . — **demand attachment** n - [electr] dispositivo m, or accesorio m, or artefacto m, para demanda f de . . . minuto(s)
. . . — **intensity** n - [meteorol] intensidad f, en . . . minuto(s) m, or para período m de . . . minuto(s) m
. . . —**(s) interval** n - intervalo m de . . . minuto(s) m
— **particle** n - partícula f menuda
— **percentage** n - porcentaje m reducidísimo
. . . — **rainfall** n - [meteorol] precipitación f en . . . minuto(s) m
. . . — **intensity** n - [meteorol] intensidad f de precipitación f en . . . minuto(s) m
— **trace** n - vestigio m insignificante
— **used** n - [labor] minuto m, usado, or empleado
minuteness n - menudencia f; finura f
minutes n - [legal] acta m (de reunión f)
— **of @ common shareholder's meeting** n - [legal] acta m de asamblea f ordinaria de accionistas
— — @ — **stockholders meeting** n - [legal] acta m de asamblea f ordinaria de accionistas f
— — @ **meeting** n - [legal] acta m de, reunión f, or asamblea f
— — @ **shareholders meeting** n - [legal] acta m de asamblea f (de accionistas m)
— — @ **stockholders meeting** n - [legal] acta m de asamblea f (de accionistas m)
— — @ **special stockholders meeting** n - [legal] acta m de asamblea f extraordinaria de accionistas m
Miocene deposit n - [geol] yacimiento m mioceno
— **salt deposit** n - [geol] yacimiento m salino mioceno
miracle n - . . . | a - milagroso,sa
— **drug** n - [medic] remedio m milagroso; droga f milagrosa

mired a - [autom] atascado,da; empantanado,da
miring n - [autom] atascamiento m
mirror n - . . . • [autom] see **rear view mirror** | v - . . .; espejar; espejear
— **carton** n - [transp] caja f (de cartón m) para espejo(s) m
— **factory** n - espejería f
— **maker** n - espejero m
— **shop** n - espejería f
— **smooth water** n - [hydr] agua m espejada
— **support** n - [domest] soporte m para espejo m
— **vendor** n - espejero m
mirrored a - espejeado,da
mirroring n - espejeamiento* m; espejeo* m | a - espejeante*
mirrorlike a - espejado,da
misadjust v - ajustar mal
— @ **governor** v - [mech] ajustar mal regulador m
— @ — **screw** v - [mech] ajustar mal tornillo m para regulador m
— @ — **spring** v - [mech] ajustar mal resorte m para regulador m
— @ — — **screw** v - [mech] ajustar mal tornillo m para resorte m para regulador m
— @ **idle speed screw** v - [mech] ajustar mal tornillo m para velocidad(es) f sin carga f
— @ **screw** v - [mech] ajustar mal tornillo m
— @ **spring** v - [mech] ajustar mal resorte m
— @ — **screw** v - [mech] ajustar mal tornillo m para resorte m
misadjusted a - mal ajustado,da
— **governor** n - [mech] regulador m mal ajustado
— **governor screw** n - [mech] tornillo m mal ajustado para regulador m
— — **spring** n - [mech] resorte m mal ajustado para regulador m
— — — **adjustment screw** n - [mech] tornillo m mal ajustado para resorte m para regulador m
— — **spring screw** n - [mech] tornillo m mal ajustado para resorte m para regulador m
— **screw** n - [mech] tornillo m mal ajustado
— **idle speed screw** n - [mech] tornillo m mal ajustado para velocidad(es) f sin carga f
— **spring** n - [mech] resorte m mal ajustado
— — **screw** n - [mech] tornillo m mal ajustado para resorte m
misadjustment n - [mech] ajuste m malo
misalign v - [mech] desalinear
— @ **bearing** v - [mech] desalinear, or alinear mal, cojinete m
— @ **contact** v - [electr-instal] alinear mal contacto m
— @ **stator** n - [electr-mot] desalinear, or alinear mal, estator m
misaligned a - mal alineado,da; desalineado,da; fuera de alineación f
— **axle** n - [mech] eje m, desalineado, or mal alineado,da,
  bearing n - [mech] cojinete m, mal alineado, or desalineado
— **aligned** n - [electr-instal] contacto m mal alineado
— **shaft** n - [mech] árbol m, or eje m, mal alineado, or desalineado, or fuera de alineación
— **stator** n - [electr-mot] estator m, mal alineado, or desalineado
misaligning n - [mech] falta f de alineación f
misalignment n - alineación f, mala, or defectuosa, or deficiente; desalineación f; falta f de alineación f • [constr] desviación f; descentrado* m
—, **correcting**, or **correction** n - corrección f de, desalineación, or falta f de alineación f
misapplication n - . . .; aplicación f errónea
misapplied a - mal aplicado,da; aplicado,da, malamente, or erróneamente
— **method** n - método m, aplicado, malamente, or erróneamente, or mal aplicado
misapply @ method v - aplicar, mal(amente), or erróneamente, método m
misbehavior n - . . .; falta f

miscellaneous n - [ind] material(es) m vario(s) • [accntg] varios m | a - . . .; varios, rias; also see **sundry**
— **account** n - [com] cuenta f (de) varios
— **application** n - aplicación(es) f varia(s)
— —(s) **output control** n - [weld] amperaje m para soldadura f para aplicación(es) varia(s)
— —(s) **welding current** n - [weld] amperaje m para soldadura f para aplicación(es) varia(s)
— **concentrated load(s)** n - [constr] carga(s) f concentrada(s) diversa(s)
— **contingency,cies reserve** n - [fin] previsión f, or reserva f, para imprevisto(s) m, vario(s), or diverso(s)
— **cost(s)** n - costo(s) m misceláneo(s)
— **creditor(s)** n - [accntg] acreedor(es) m vario(s)
— **data** n - información f, diversa, or varia
— **debtor(s)** n - [accntg] deudor(es) m vario(s)
— **equipment** n - [mech] equipo(s) m, diverso(s), or vario(s)
— **expenditure(s)** n - [accntg] egreso(s), or gasto(s) m, vario(s)
— **expense(s)** n - gasto(s) m vario(s) • accntg] egreso(s) m vario(s)
— **file** n - archivo m, or carpeta f, para varios
— **fitting(s)** n - [mech] accesorio(s) m vario(s)
— **grade** n - calidad f diversa
— **income** n - [com] ingreso(s) m vario(s)
— **item(s)** n - artículo(s) m vario(s)
— **job(s)** n - trabajo(s) m vario(s)
— —(s) **crew** n - [ind] cuadrilla f para trabajo(s) m, vario(s), or general(es)
— **liability,ties** n - [accntg] pasivos m varios
— **literature** n - [public] publicación(es) f varia(s); impreso(s) m vario(s)
— **load** n - [transp] carga f, varia, or diversa
— **machine(s)** n - [ind] máquina(s) f varia(s) • [weld] soldadora(s) f varia(s)
— **material(s)** n - material(es) m vario(s)
— **part(s)** n - [ind] pieza(s) f varia(s)
— **scene(s)** n - see **miscellaneous view(s)**
— **security,ties** n - [fin] valor(es) m vario(s)
— **spare(s) (parts)** n - [ind] repuesto(s) m vario(s)
— **statistic(s)** n - estadística(s) f varia(s)
— **steel(s)** n - [metal-prod] acero(s) m vario(s)
— — **work** n - [constr] trabajo(s) m con acero(s) m vario(s)
— **tax(es)** n - [fisc] impuesto(s) m vario(s)
— **technical data** n—información f técnica varia
— **use(s)** n - uso(s) m vario(s)
— **view(s)** n - vista(s) f, or escena(s), diversa(s), or varia(s)
— **welder(s)** n - [weld] soldadora(s) f varia(s)
— **well(s)** n - pozo(s) m vario(s)
— **work** n - trabajo(s) m vario(s)
miscible a - . . .; mezclable
misconduct n - . . .; inconducta f • [legal] hecho m culposo
misdemeanor n - . . .; falta f
misery loves company n - (fam) mal m de mucho(s) consuelo m de tonto(s) m
misfire v - [int.comb] fallar, encendido m, or chispa f
misfiring n - [int.comb] falla f, en encendido m, or chispa f; explosión f irregular
misfortune n - . . .; desventura f • yeta(tura)
mishap n - . . .; frangente m • [safety] accidente m
— **case** n - caso m de accidente m
misinterpretation n - . . . interpretación f errónea
misleading n - . . .; equívoco,ca
— **indication** n - indicación f equívoca; indicio m equívoco
— **news** n - especiota f
misplaced a - extraviado,da; malcolocado,da
— **bead** n - [weld] cordón m mal colocado
— **certificate** n - [fin] título m extraviado
misplacement n - extravío m

misrun n - [metal-prod] colada f fría
miss n - pérdida • soslayo m • [comb.int] falla f • [weld] falla f | v - . . .; extrañar • fallar • dejar de
— @ **fire** v - [int.comb] fallar chispa f
— **narrowly** v - [sports] perder, a penas, or por poco
missed a - perdido,da • soslayado,da
— **fire** n - [int.comb] chispa f fallada
missing n - pérdida f; soslayo m | a - . . .; faltante
— **armature base notch** n - [mech] entalladura f faltante en base f para armadura f|
— — — **oil notch** n - [mech] entalladura f faltante para aceite m en base f para armadura f
— — **notch** n - [mech] entalladura f faltante en armadura f
— **base notch** n - [mech] entalladura f faltante en base f
— **oil notch** n - [mech] entalladura f faltante para aceite m en base f
— **brush** n - [electr-mot] escobilla f faltante
— **cap** n - casquete m, or casquillo m, faltante
— **contact bumper pin** n - [mech] pasador m para tope m para contacto m faltante
— **cotter** n - [mech] pasador m faltante
— **check(ing)** n - [mech] verificación f de pasador m faltante
— — **pin** n - [mech] pasador m, or chaveta f, faltante
— — **check(ing)** n - [mech] verificación f de, pasador m, or chaveta f, faltante
— **detail** n - detalle m faltante
— **exciter brush** n - [electr-prod] escobilla f para excitador m faltante
— **generator brush** n - [electr-prod] escobilla f para generador m faltante
— **groove** n - [mech] ranura f faltante
— **hole** n - [mech] orificio m faltante
— **information** n - información f faltante; falta f de detalle(s) m
— **notch** n - [mech] entalladura f faltante
— **oil groove** n - [mech] ranura f para aceite m faltante
— — **return hole** n - [mech] orificio m faltante para retorno m para aceite m
— — **notch** n - [mech] entalladura f faltante para retorno m para aceite m
— **part** n - [mech] pieza f faltante
— **pin** n - [mech] pasador m faltante
— — **check(ing)** n - [mech] verificación f de pasador m faltante
— **tag** n - etiqueta f, or rótulo m, faltante
mission tile n - [constr] teja f colonial
missionary work n - trabajo m misionero • [fig] servicioi m desinteresado
mist n - . . .; vaharina f • pulverización f
— **elimination** n - eliminación f de niebla f
— **eliminator** n - eliminador, or disipador m, para, niebla f, or neblina f
— **separation** n - [chem] separación f de niebla
— — **equipment** n - [chem] equipo m para separación f de, niebla f, or neblina f
mistake n - . . .; falta f; gabarro m | v - confundir
mistaken a - equivocado,da; equívoco,ca; erróneo,nea; errado,da • confundido,da
mistaking n - confusión f
mistreat v - . . .; vejar; zamarrear
mistreated a - maltratado,da
misty cloud n - [meteorol] nube f brumosa
misunderstand v - malcomprender*
misunderstanding n - malentendido m; incomprensión f • confusión f • [legal] controversia f; situación f controvertida
misuse n - uso m indebido; aplicación f equívoca | v - usar indebidamente
misused a - usado,da indebidamente
miter n - . . . | a - cónico,ca | v - [mech] ingletear
— **bend** n - [tub] codo m con inglete m

miter board n - [mech] tabla f, or caja f, para inglete(s) m
— @ end v - [mech] ingletear, extremo m, or entrada f
— gear n - [mech] engranaje m cónico
— joint n - [mech] junta f angular; also see mitered joint
— square n - [tools] escuadra f, falsa f, or para inglete m, or de 45 grados
— to conform to @ fill slope n - [constr] inglete m para conformar con talud m de, terraplén m, or relleno | v - [constr] ingletear para conformar con talud m de, terraplén m, or relleno m
— — — @ slope n - [constr] inglete m para conformar con talud m | v - [constr] ingletear para conformar con talud m
— type a - [constr] tipo m inglete
— saw n - [tools] sierra f tipo inglete m
— valve n - [valv] válvula f cónica
— wheel n - [mech] engranaje m cónico; rueda f dentada cónica
mitered a - [carp] ingleteado,da; cónico,ca
— at @ corner(s) a - [carp] mitrado,da en esquina(s) f
— construction n - [mech] construcción f ingleteada
— corner n - [carp] esquina f ingleteada
— culvert and slope n - [constr] talud m ingleteado en extremo m de alcantarilla f
— end n - [mech] extremo m ingleteado
— gear n = [mech] engranaje m cónico
— inlet n - [constr] entrada f ingleteada
— joint n - [mech] junta f ingleteada
— outlet n - [constr] salida f ingleteada
— slope n - [constr] talud m ingleteado
— to conform to @ fill slope a - [constr] ingleteado,da para conformar con talud m de, terraplén m, or relleno m
— — — @ slope a - [constr] ingleteado,da para conformar con talud m
— wheel gear n - [mech] engranaje m cónico
miterer n - [mech] ingleteador m
mitering a - ingleteador,ra
— to conform to @ fill slope n - [constr] ingleteadura f para conformar con talud m de, terraplén m, or relleno m
— — — @ slope n - [constr] ingleteadura f para conformar con talud m
mitten n - [safety] mitón m; manopla f
mix n - . . . . • agitación f; agitamiento m • combinación f • intercalación f • [constr] mezcla f; argamasa f; mortero f | v - . . . • agitar; revolver; entreverar • asociar; confraternizar • intercalar
— acceptably v - mezclar aceptablemente
— balance n - equilibrio m en mezcla f
— @ compound v - [chem] mezclar compuesto m
— @ cake v - [culin] mezclar torta f
— @ clay(s) v - [constr] mezclar arcilla(s) f
— design n - proyección f para mezcla f
— @ flow v - mezclar, flujo m, or caudal m
— @ fuel v - [combust] mezclar combustible m
— grating n - [constr] criba f para mezcla f
— improperly v - mezclar inapropiadamente
— @ insecticide v - [chem] mezclar insecticida
— @ look v - desmejorar apariencia f
— @ material(s) v - [ind] mezclar material(es)
— @ product(s) v - [ind] mezclar producto(s) m
— properly v - mezclar apropiadamente
— proportion n - proporción f de mezcla f
— — by volume n - proporción f de mezcla f por volumen m
— — — weight n - proporción f de mezcla f por peso m
— thoroughly v - mezclar, totalmente, or acabadamente
— @ size v - mezclar, or combinar, medida(s) f
— @ stream v - mezclar, flujo m, or caudal m
— thoroughly f - mezclar acabadamente
— @ tire(s) v - [autom-tires] mezclar neumáticos

mix @ tire construction v - [autom-tires] mezclar tipo(s) m para construcción f de neumático(s) m
— @ — size(s) v - [autom-tires] mezclar medidas f de neumático(s) m
— to @ homogeneity v - [chem] mezclar hasta homogeneidad f
— -up n - entrevero m
mixed a - . . . . • agitado,da • entreverado,da • intercalado,da
— acceptably a - mezclado,da aceptablemente
— bead(s) n - [weld] combinación f de cordones
— bed n - [ind] lecho m mixto
— — column n - columna f en lecho m mixto
— — ion(s) exchange column n - columna f para intercambio m de ión(es) m en lecho m mixto
— — — exchanger n - lecho m mixto para intercambio m de ión(es) m
— cake n - [culin] torta f mezclada
— capital n - [fin] capital m mixto
— — company n - [legal] compañía f, or empresa f, mixta, or con capital m mixto
— — concern n - [legal] sociedad f, or empresa f, mixta, or con capital m mixto, or con participación f estatal
— charge n - [ind] carga f mixta
— clay n - [constr] arcilla f mezclada
— company n - [legal] compañía f, or empresa f, mixta, or con capital m mixto
— compound n - [chem] compuesto m, mezclado, or mixto
— concern n - [legal] sociedad f, or empresa f, mixta
— concrete n - [constr] hormigón m mezclado
— corporation n - [legal] sociedad f, or empresa f, mixta
— flow n - flujo m, or caudal m, mezclado
— — pump n - [pumps] bomba f para, flujo m, or caudal m, mixto
— — type n - tipo m para, flujo m, or caudal m, mixto
— — — pump n - [pumps] bomba f de tipo m para, flujo m, or caudal m, mixto
— fraction n - [math] fracción f mixta; quebrado m mixto
— fuel n - [combust] combustible m mezclado
— gas n - [combust] gas m, mixto, or mezclado; mezcla f de gas m
— improperly a - mezclado,da inapropiadamente
— insecticide n - insecticida m mezclado
— line n - [metal-roll] línea f mixta
— liquor n - [sanit] líquido m combinado
— look n - apariencia f desmejorada
— manufacture n - [ind] fabricación f mixta
— material(es) n - material(es) m mezclado(s)
— operation n - operación f, mixta, or mezclada
— properly a - mezclado,da apropiadamente
— schedule n - [ind] programa m mixto
— scrap/sponge (iron) burden n - [metal-prod] carga f mixta de chatarra f y hierro esponja
— —/— charge n - [metal-prod] carga f mixta chatarra f y hierro m esponja
— size(s) n - medida(s) f, mezclada(s), or combinadas(s) f
— stockholder(s) meeting n - [legal] asamblea f general mixta
— stream n - caudal m, mixto, or mezclado
— thoroughly a - mezclado,da acabadamente
— tire(s) n - [autom-tires] neumático(s) m mezclado(s)
— to homogeneity a - mezclado,da hasta homogeneidad f
mixer n - . . .; mezcladora f • constr] hormigonera f • [Mex.] revolvedora* f • [metal-prod] mezcladora f; molino m; caldero m mezclador • [int.comb] difusor • [nucl] reactor m; evaporador m; also see reactor | a - mezclador,ra • also see **mixing**
— bay n - [metal-prod] nave f para mezcladoras
— bin n - [ind] tolva f mezcladora
— body n - [nucl] cuerpo m de reactor m

mixer building n - [ind] planta f mezcladora; edificio m para mezcladora f
— **campaign** n.- [nucl] campaña f para reactor m
— **car** n - [constr] vagón m mezclador
— **cleaning** n - [nucl] limpieza f de reactor m
—**concentrator** n—[nucl] reactor m concentrador
— **covering** n - [nucl] tapamiento m de reactor m
— **crane** n - [ind] grúa f para mezcladora f
— — **operator** n - [Cranes] operador m para grúa f para mezcladora f
— **drive cable** n - [metal-prod] cable m para accionamiento para válvula f igualadora
—**evaporator** n - [nucl] reactor-evaporador m; also see **reactor-evaporator**
— — **inside surface** n - [nucl] superficie f interior de reactor- evaporador m
— — **surface** n - [nucl] superficie f de reactor -evaporador m
— **first helper** n - [metal-prod] (ayudante) primero m para, horno (mezclador), or mezclador
— **gas** n - [metal-prod] gas m para mezcladora f
— **helper** n - [metal-prod] ayudante m para horno m, mezclador, or para mezcla f
— **hopper** n - tolva f (para) mezcladora f
— **main** n - [metal-prod] tubería f, para mezcla f, or igualadora
— — **check valve** n - [metal-prod] válvula f para retencion t para tubería f igualadora
— — **drop valve** n - [metal-prod] válvula f para caída f para línea f para viento para mezclar
— **main window** n - [metal-prod] ventanal m, or ventana f principal, en tubería f mezcladora
— **plant** n - [ind] planta f mezcladora
— **rocker arm shaft** n - [mech] árbol m, or eje m, para balancín m para mezcladora f
— **roll** n - [mech] rodillo m para mezcladora f
— **roller stand** n - [metal-prod] caja f, or estante m para rodillo(s) m para mezcladora f
— **sand** n - arena f para mezcladora f
— — **feed(ing)** n - [constr] alimentación f, or suministro m, de arena f para mezcladora f
— — — **hopper** n - [constr] tolva f para, suministro m, or alimentación f, de arena f para mezcladora f
— — **hopper** n - [constr] tolva f para arena f para mezcladora f
— **screw** n - [mech] (tornillo) sin fin m, or eje m para balancín m, para mezcladora f
— — **shield** n - [ind] cubierta f para (tornillo) sin fin m, or eje m para balancín m, para mezcladora f
— **tank** n - [ind] mezcladora f; tanque mezclador
— **truck** n - [constr] camión m mezclador
— **uncovering** n - [nucl] destapamiento m de reactor m
— **valve** n - válvula f para mezcla • válvula f igualadora
— — **cable** n - [metal-prod] cable m para válvula f igualadora
— — **disc** n - [metal-prod] disco m para válvula f, para mezcla f, or mezcladora
— — **drive cable** n - [metal-prod] cable m para accionamiento m para válvula f igualadora
— **bin** n - [constr] tolva f, mezcladora, or para mezcla f
mixing n - mezcla(dura) f • intercalación f • operación f para mezcla(dura) f • agitación f | a - . . . ; para mezcla f; revolvedor,ra; also see **mixer** • convergente
— **car** n - [metal-prod] vagón m mezclador
— **chamber** n - [ind] cámara f, mezcladora, or para mezcla f • [combust] recipiente m, mezclador, or para mezcla f
— **conveyor** n - [ind] transportador m mezclador
— **crane** n - [cranes] grúa f mezcladora
— — **operator** n - [cranes] operador m para grúa f mezcladora
— **drum** n - [constr] tambor m, mezclador, or para mezcla(dura) f
— — **operator** n - [constr] operador m para tambor m, mezclador, or para mezcla(dura) f

mixing floor n - playa f para mezcla(r)
— **furnace** n - [metal-prod] horno m mezclador
— — **first helper** n - [metal-prod] (ayudante) primero m para horno m, mezclador, or para mezcla f
— — **helper** n - [metal-prod] ayudante m para horno m, mezclador, or para mezcla f
— — **second helper** n - [metal-prod] (ayudante) segundo m para horno m, mezclador, or para mezcla f
— — **third helper** n - [metal-prod] (ayudante) tercero m para horno m, mezclador, or para mezcla f
— **grade** n - [ind] calidad f para mezcla(r)
— — **asphalt** n - [constr] asfalto m con calidad f para mezcla(r)
— **gun** n - [petrol] inyector m mezclador
— **hopper** n - tolva f mezcladora
— **operation** n - operación f para mezcla f
— **pile** n - [miner] pila f para mezcla(dura) f
— **pipe** n - [metal-prod] tubo m para mezcla f
— **plant** n - [constr] instalación f mezcladora
— **point** n - [constr] sitio m para mezcla(dura)
— **ratio** n - [int.comb] proporción f en mezcla f
— **station** n - [metal-prod] estación f para mezcla(dura f
— **time** n - [constr-concr] tiempo m para mezcla
— **to @ homogeneity** n - mezcla f hasta homogeneidad f
— **traffic** n - [roads] tránsito m convergente
— **valve** n - [valv] válvula f, mezcladora, or para mezcla F
— **water** n - [constr-concr] agua m para mezcla f
— **wheel** n - [mech] rueda f mezcladora
mixture n - . . . • [int.comb] mezcla f explosiva • also see **blend**
— **control** n - regulación f de mezcla f
—, **igniting**, or **ignition** n - [int.comb] encendido m de mezcla f
MO n - [pol] see **Missouri**
mob n - . . .; turba f
mobile n - [electron] see **mobile unit**; **musical mobile**
— **cobalt unit** n - [instrum] unidad f móvil con cobalto m
— **decoder** n - [electron] decodificador m, móvil, or en vehículo m
— **crane** n - [cranes] grúa f, movil, or movible • grúa f automóvil
— **equipment** n - equipo m, móvil, or movible
— — **pool** n - [ind] parque m de equipo m móvil
— — **traffic** n - [ind] movimiento m, or tránsito m, de equipo m móvil
— **fleet** n - [autom] flota f de vehículo(s) (automotor(es))
— **shop** n - [mech] taller m, movible, or móvil
— **status** n - [electron] estado m de equipo(s) m en vehículo(s) m
— — **poll(ing)** n - [electron] determinación f de estado m de equipo(s) m en vehículo(s) m
— **support** n - [electron] soporte m para, altavoz m portátil, or portátil para altavoz m
— **system** n - sistema m, movible, or móvil
— — **design(ing)** n - [electron] proyección f de sistema m movible
— **tire shop** n - [autom-tires] taller m movible para neumático(s) m
— **transponder** n - [electron] transpondedor* m, or transmisor m respondedor, or Transponder m, movible
— — **system** n - [electron] sistema m transpondedor* movible
— — **design(ing)** n - [electron] proyección f de sistema m transpondedor movible
— **unit** n - unidad f móvil • [electron] equipo m, movible, or en vehículo m
— — **status** n - [electron] estado m de equipo m en vehículo(s) m
— — — **poll(ing)** n - [electron] determinación f de estado m de equipo m en vehículo(s) m
mobility n - traslado m, or movimiento m, fácil

mobilized

mobilized a - movilizado,da
mobilizer n - movilizador m
mobilizing n - movilización f | a - movilizador,ra
mock-up n - modelo m (en tamaño m, real, or natural); prototipo m | a - para ensayo m
—— layered carefully n - [weld] modelo m con capa(s) f ejecutada(s) cuidadosamente
—— weld n - [weld] soldadura f, para ensayo m
mode n - . . . • módulo m • función f; operación f • definición f • [comput] modalidad f • modo m
— analysis n - [managm] análisis de forma f
— reset(ting) n - [electron] reajuste m de modalidad f
— selection n - [comput] selección f de modalidad f
— self-initiation n - [comput] autoiniciación f de modalidad f
— switch n - [comput] conmutador m para modalidad f
model n - . . .; ejemplar m; maqueta f • [mech] molde m; plantilla f; patrón m; muestra f | a - modelo; ejemplar
—(s) choice n - selección f de modelo(s) m • variedad f de modelos m
— @ circuit v - [comput] modelar circuito m
— code number n—número m de código para modelo
— @ grounding circuit v - [grind.med] modelar circuito m para puesta f a tierra f
— identification n - identificación f de modelo
— laboratory research n - investigación f en laboratorio m con modelo(s) m
— name n - nombre m de modelo m
— number n - número m de modelo m
— — identification n - identificación f de número m de modelo m
— preparation n - preparación f de modelo m
— rationalization n - racionalización f de modelo(s) m
— registration n - [legal] registración f, or registro m, de modelo m
— series n - serie f de modelo m
— — identification n - identificación f de serie f de modelo m
— study n - estudio m modelo • estudio m de modelo(s) m
— — analysis n - análisis m de estudio m de modelo(s) m
— type n - tipo m de modelo m
— without flux tank n - [weld] modelo m sin depósito m para fundente m
modeled a - modelado,da
— circuit n - [comput] circuito m modelado
— grinding circuit n - [grind.med] circuito m para molienda f modelado
modeling board n - tarraja f
moderate n - . . . . | a - . . .; prudencial; prudente; reglado,da | v - . . .
— amount n - cantidad f moderada
— backfill compacting n - [constr] compactación f moderada de relleno m
— braking n - [mech] frenado m moderado
— change n - cambio m moderado
—, compacting, or compaction n - [constr] compactación f moderada
— curvature n - curva(tura) f moderada
— design(ing) process n - proceso m moderado para proyección f
— dust n - polvo m moderado
— — content n - contenido m moderado de polvo
— — location n - [ind] sitio m, or ambiente m, con contenido m moderado de polvo
— expansion n - expansión f, or dilatación f, moderada
— fiscal expansion n - [fisc] expansión f fiscal moderada
— hammering n - [mech] martilleo m moderado
— height n - altura f, moderada, or mediana
— horizontal curvature n - curvatura f horizontal moderada

- 1092 -

moderate impact n - [metal] impacto m moderado
— — load n - [weld] carga f de impacto(s) m moderado(s)
— level n - nivel m moderado
— load n = carga f moderada
— magnitude load n - [geol| carga f con magnitud f moderada
— monetary expansion n - [fin] expansión f monetaria moderada
— mottling n - atruchamiento* m moderado
— quantity n - cantidad f moderada
— speed n - velocidad f moderada
— stress n - [mech] solicitación f moderada
— — level n - [mech] esfuerzo m de solicitación f moderado
— temperature n - temperatura f moderada
— water amount n - cantidad f moderada de agua
— — quantity n - cantidad f moderada de agua m
— weather n - [meteorol] tiempo m moderado; época f templada • temperatura f moderada
moderately adv - . . .; con moderación f; prudencialmente; prudentemente
— abrasive a - moderadamente abrasivo,va
— material n - material m moderadamente abrasivo
— compacted backfill n - [constr] relleno m compactado moderadamente
— corrosive a - moderadamente corrosivo,va
— forceful arc n - [weld] arco m, moderadamente, or medianamente, activo, or fuerte, or vivo, or enérgico, or potente, or vigoroso
— heavy a - moderadamente pesado,da
— — slag n - [weld] escoria f moderadamente pesada
— high a - medianamente alto,ta; con altura mediana
— — fill n - [constr] terraplén m con altura f mediana
— mottled a - atruchado,da moderadamente
— pervious a - permeable moderadamente
— — soil n - [soils] suelo m permeable moderadamente
— progressive a - moderadamente progresivo,va
— — heating n - calentamiento m moderadamente progresivo
— — manner n - forma moderadamente progresiva
moderating n - . . . | a - moderador,ra
moderation n - . . .; prudencia f
modern airport design n - [constr] proyección f para aeropuerto m moderno
— appraisal n - evaluación f moderna
— civilization n - civilización f moderna
— code n - código m moderno
— coke oven machinery n - [coke] maquinaria f moderna para horno m para coque m
— concept n - concepto m moderno
— construction n - construcción f moderna
— — engineering n—ingeniería f para construcción(es) f moderna(s)
— — equipment n - [constr] equipo m moderno para construcción f
— control n - [ind] control moderno • verificación f moderna
— criterion,ria n - criterio(s) m moderno(s)
— design n - proyección f moderna
— development n - desarrollo m moderno
— engine n - [int.comb] motor m moderno
— engineering n - ingeniería f moderna
— — construction n - [constr] ingeniería f moderna para construcción f
— equipment n - equipo m moderno
— facility n - [ind] instalación f moderna
— jet n - [aeron] avión m moderno con propulsión f a reacción f
— machinery n - [mech] maquinaria f moderna
— — design n - [ind] proyección f para maquinaria f moderna
— manufacturing facility n - [ind] instalación f, manufacturera, or fabril, moderna
— mill n - [ind] planta f moderna
— practice n - [ind] práctica f moderna

modern research n - investigación(es) f, reciente(s), or moderna(s)
— — **appraisal** n - evaluación f de investigación(es) f, reciente(s), or moderna(s)
— **shop practice** n - [ind] práctica f, actual, or usual, para taller m
— **statistical control** n - [ind] control m estadístico moderno; verificación f estadística moderna
— **time(s)** n - [chron] tiempo(s) m moderno(s)
— **warfare** n - [milit] guerra f moderna
modernized a - modernizado,da
modernizer a - modernizador m
modernizing n - modernización f | a - modernizador,ra
modest a - . . .; módico,ca
— **increase** n - aumento m, modesto, or módico
— **price** n - precio m módico
— — **increase** n - aumento m módico en precio m
modification making n - ejecución f de modificación f
modified a - modificado,da
— **bin** n - [constr] arcón m, or cajón m, modificado; tolva f modificada
— **body** n - [autom] carrocería f modificada
— **design** n - proyección f modificada
— **equipment** n - [ind] equipo m modificado
— **facility** n - [ind] instalación f modificada
— **formula** n - [chem] fórmula f modificada
— **letter of credit** n - [fin] carta f de crédito m modificada
— **product** n - [ind] producto m modificado
— **recipe** n - receta f modificada • [chem] fórmula f modificada
— **standard equipment** n - [ind] equipo m, estándar, or según norma f, modificado
— **structure** n - estructura f modificada
— **suspension** n—[autom] suspensión f modificada
— **transaxle** n - [autom-mech] eje m para transmisión f modificado
— **four-wheel-drive (car)** n - [autom] automóvil m con tracción f en cuatro ruedas f modificado
— **type face** n - [print] tipo m de letra f modificado
modify @ body v - [autom] modificar carrocería f
— **@ design** v - modificar proyección f
— **@ equipment** n - modificar equipo m
— **@ facility** v - [ind] modificar instalación f
— **@ formula** v - [chem] modificar fórmula f
— **@ four-wheel-drive (car)** v - [autom] modificar automóvil m con tracción f en cuatro ruedas f
— **@ product** v - [ind] modificar producto m
— **@ recipe** v - modificar, receta f, or fórmula f
— **@ standard equipment** v - [ind] modificar equipo m, estándar, or según norma f
— **@ structure** v - modificar estructura f
— **@ suspension** v - [autom-mech] modificar suspensión f
— **@ tool** n - [tools] modificar herramienta f
— **@ transaxle** v - [autom] modificar eje m para transmisión f
— **@ type face** v - [print] modificar tipo m de letra f
modifying n - modificación f | a - modificador,ra; modificante
— **effect** n - efecto m, modificador, or modificante
modular cast(ing) n - [metal-prod] fundición f modular | a - con fundición f modular
— — **roll** n - [metal-roll] rodillo m con fundición f modular
— **component** n - [ind] (pieza f) componente m modular
— **construction** n - construcción f (de tipo m) modular
— **design** n - proyección f, or configuración f, modular
— **die** n - [mech] plantilla f modular
— — **retainer** n - retén m para matriz f modular

modular die(s) system n - [mech] sistema f, de plantilla(s) f modular(es), or modular para plantilla(s) f
— **fluid end** n - [petrol] extremo m hidráulico modular
— **punch** n - [mech] punzón m modular
— — **retainer** n - [mech] retén m, or soporte m, para punzón m modular
— **retainer** n - [mech] retén m, modular, or intercambiable
— **roll** n - [mech] rodillo m modular
— **system** n - sistema m modular
modulated a - modulado,da; entonado,da
modulator tube n - [electron] válvula f moduladora f
modulatory a - modulador,ra
— **tube** n - [electron] válvula f moduladora
module n - . . . • [mech] unidad f, or elemento m, independiente • [math] módulo m • coeficiente m
— **basis** n - base f modular | a - modular
— — **construction** n - construcción f de tipo m modular
— **construction** n - construcción f modular
— **design** n - [mech] proyección f de elemento(s) independiente(s)
— **seal** n - [mech] cierre m para módulo m
modulus determination n - determinación f de módulo m
— — **method** n - método m para determinación f de módulo m
— **function** n - función f de módulo m
Moh('s) hardness scale n - [metal] escala f de Moh para dureza f
moist area n - zona f húmeda
— **condition** n - condición f húmeda
— **earth** n - tierra f húmeda
— **test** n - ensayo m (en) húmedo | v ensayar, or analizar, en húmedo
— **tested** a - ensayado,da, or analizado,da, en húmedo
moistened a - humedecido,da; humectado,da
moistening n - humedecimiento m; humectación f
moisture absorbing a - absorbente, or absorbedor, de humedad f
— — **material** n — material m que absorbe humedad
— **absorption** n - absorción f de humedad f
— **accumulation** n - acumulación f de humedad f
— **barrier** n - [constr] barrera f contra humedad
— **bleeding** n - [mech] sangría f de humedad f
— **box** n - [electrode extrusion plant] caja f para humedad f
— **check(ing)** n - verificación f de humedad f
— — **equipment** n - equipo m, or dispositivo m, para verificación f de humedad f
— **condensation** n - condensación f de humedad f
— **content** f - contenido m, or grado m, or proporción f, de humedad f
— — **difference** n - diferencia f en contenido m de humedad f
— **control(ling)** n - regulación f de humedad f
— **device** n - [ind] dispositivo m para regulación f para humedad f
— **degree** n - grado m de humedad f
— **determination** n - determinación f de humedad f
— — **method** n - método m para determinación f de humedad f
— — **system** n - sistema m para determinación f de humedad f
— **difference** n - diferencia f en humedad f
— **discharge** n - [ind] desagotamiento m de humedad f
— — **connection** n - [ind] conexión f para desagotamaiento m de humedad f
— **draining** n - purga f, or eliminación f, de humedad f
— **expose** v - exponer a humedad f
— **exposed** a - expuesto,ta a humedad f
— — **storage** n - almacenamiento m expuesto a humedad f
— **exposing** n - exposición f a humedad f

moisture exposure

moisture exposure n - exposición f a humedad f
— **extreme value** n - valor m extremo para humedad f
— **film** n [hydr] película f de humedad f
— **form** n - forma f de humedad f
— — **hydrogen** n - [chem] hidrógeno m en forma f de humedad f
— **hydrogen** n - [chem] hidrógeno m en forma f de humedad f
— **injection** n - inyección f de humedad f
— — **unit** n - aparato m para inyección f de humedad f
— **level** n - nivel m de humedad f
— **loss** n - pérdida f de humedad f
— **penetration** n - penetración f de humedad f
— — **test(ing)** n - prueba f de penetración f de humedad f
— **percentage** n - porcentaje m de humedad f
— **pickup** n - absorción f de humedad f
— **presence** n - presencia f de humedad f
— **proof** a - a prueba f de humedad f
— **protection** n - protección f contra humedad f
— **repellent** a - impermeable
— — **bag** n - saco m impermeable
— **resistance** n - resistencia f a humedad f
— — **test(ing)** n - prueba f de resistencia f a humedad f
— **resistant** a - resistente a, or contra, humedad f
—, **retaining**, or **retention** n - retención f de humedad f
— **retentive soil** n - [soils] suelo m retentivo de humedad f
— **seal** n - sello m contra humedad f | v - sellar contra humedad f
—**sealed** a - sellado, da contra humedad f
— **seepage** n - [constr] infiltración f de humedad f
— **test** n - ensayo m, or prueba f, de humedad f
— **value** n - valor m de humedad f
molasses pump n - [sugar] bomba f para melaza f
mold n - molde m; forma f; caja f • [mech] matriz f; modelo m; plantilla f; matriz f; norma f • [metal-prod] lingotera f; molde m (para lingoteadora f) • [constr] encofrado n • [agric-equip] see **moldboard** • moho m | v - moldear • plasmar • [metal-prod] colar • [mech] moldurar
— **addition** n - [metal-prod] adición f a, molde m, or lingotera f
— **aluminum stabilized steel** n - [metal-prod] acero m estabilizado con aluminio m en lingotera f
— **cap** n - [metal-prod] tapa f para, molde m, or lingotera f
— — **cooling** n - [metal-prod] refrigeración f de tapa f (para, molde m, or lingotera f)
— **car** n - [metal-prod] vagón m, lingotero, or para lingotera(s) f, or portalingotera(s) f
— **chain** n - [metal-prod-pigcaster] cadena f con molde(s) m
— **change** n—cambio m, or reemplazo m, de molde
— **circulation** n - [metal-prod] circulación f de lingotera(s) f
— — **cycle** n - [metal-prod] ciclo m para circulación f de lingotera(s) f
— **cleaning** n - [metal-prod] limpieza f de lingotera(s) f
— — **pulpit** n - [metal-prod] plataforma f para limpieza f de lingotera(s) f
— — **system** n - [metal-prod] sistema m para limpieza f de lingotera(s) f
— **coating** n - [metal-prod] revestimiento m para lingotera(s) f • pintura f de lingoteras
— **cooling** n - [metal-prod] enfriamiento m de lingotera(s) f
— **cost** n - costo m de molde(s) m • [metal-prod] costo m de lingotera(s) f
— — **per ton (produced)** n - [metal-prod] costo m por lingotera(s) f por tonelada f (producida)

mold crane n - [metal-prod] levantador m, or elevador m, or grúa f, para lingote(s) m
— **deoxidation** n - [metal-prod] desoxidación f, de, or en, molde m, or lingotera f
— **dimension(s)** n - [metal-prod] dimensión(es) f, or medida(s) f, de lingotera(s) f
— **handling** n - [mech] manejo m de molde(s) m
— **inventory** n - [metal-prod] existencia(s) f, or inventario m, de molde(s) m
— **life** n - [metal-prod] vida f (útil) para lingotera(s) f
— **lifter** n - [metal-prod] alzalingotera(s) m; levantador m, or elevador m, para lingoteras
— **lining** n - [metal-prod] revestimiento m para lingotera(s) f
— — **application** n - [metal-prod] aplicación f para revestimiento m para lingotera(s) f
— — — **method** n - [metal-prod] método m para aplicación f para revestimiento m para lingotera(s) f
— — — **type** n - [metal-prod] tipo m de revestimiento m para lingotera(s) f
— **measurement(s)** n - [metal-concast] medida(s) f de molde m
— **painting** n - [metal-prod] pintura f de lingotera(s) f
— — **process** n - [metal-prod] proceso m para, pintura f, or pintado m, de lingotera(s) f
— @ **plastic(s)** v - [plast] moldear plástico(s)
— **pouring temperature** n - [metal-prod] temperatura f, a m colar, or para colada • temperatura f de lingotera f para colada f
— **preparation** n - [metal-prod] preparación f de lingotera(s) f
— —, **building**, or **shop** n - [metal-prod] taller m para preparación f de lingotera(s) f
— **raising** n - [metal-prod] elevación f de lingotera(s) f
— **replacement** n - [ind] reemplazo m de molde m
— **size** n - tamaño m, or medida(s) f, de molde
— **stabilized aluminum steel** n - [metal-prod] acero m estabilizado en lingotera f con aluminio m
— — **steel** n - [metal-prod] acero m estabilizado en lingotera f
— **stool** n - [metal-prod] placa f, (para, base m, or fondo m, para, lingotera(s) f, or lingote(s) m, or molde(s) m
— — **dimension(s)** n—[metal-prod] dimensión(es) para placa f para lingotera f
— — **lining** n - [metal-prod] revestimiento m para placa f para lingotera(s) f
— — — **application** n - [metal-prod] aplicación f para revestimiento m para placa f para lingotera(s) f
— — — — **method** n - [metal-prod] método m para aplicación f de revestimiento m para placa(s) f para lingotera(s) f
— — — **type** n - [metal-prod] tipo m de revestimiento m para placa(s) f para lingotera(s) f
— — **type** n - [metal-prod] tipo m de placa(s) f para lingotera(s) f
— **storage** n - [metal-prod] almacenamiento m, de, or para, lingotera(s) f
— **yard** n - [metal-prod] parque m, or depósito m, para, molde(s) m, or lingotera(s) f
— **temperature** n - [metal-prod] temperatura f de lingotera(s) f
— **test(ing)** n - [metal-prod] ensayo n para molde(s) n
— **time** n - [metal-prod] tiempo m en lingotera f
— **type** n - [metal-prod] tipo m de, lingotera f, or molde m
— **use** n - [metal-prod] uso m, or utilización f, de lingotera(s) f
— — **cycle** n - [metal-prod] ciclo m para utilización f de lingotera(s) f
— **wall** n - [metal-prod] pared f de lingotera f
— **water** n - [metal-concast] agua m para molde m
— — **automatic control** n - [metal-concast] regulación f automática para agua m para molde m
— — **yard** n - [metal-prod] parque m, or playa f,

para, lingotera(s) f, or molde(s) m
moldboard n - [agric-plow] vertedera f
— **attachment** n—[agric] dispositivo m vertedor
— **plow** n - [agric] arado m con vertedera f
molded a - moldeado,da • plasmado,da
— **connector** n - conectador m moldeado
— **depth** n - [naut] puntal m para construcción
— **facing** n - [mech] revestimiento m moldeado
— **fiberglass** n - [plast] fibra f de vidrio m moldeada
— — **headshield** n - [weld] casco m, or careta f, de vidrio m moldeado
— — **lens holder** n - [optics] portacristal(es) m de fibra f de vidrio m moldeado
— **gasket** n - [mech] empaquetadura f moldeada
— **hose** n - [mech] mang(uer)a f moldeada
— **packing** n - [mech] empaquetadura f moldeada
— **part** n - [mech] pieza f moldeada
— **plastic(s)** n - [ceram] plástico m moldeado
— **rubber** n - [plast] caucho m moldeado
— **rubber gasket** n - [tub] empaquetadura f de caucho m moldeado
— — **hose** n - [mech] mang(uer)a f, de caucho moldeado, or moldeado de caucho m
— — **tire** n - [autom-tires] llanta f de caucho m moldeado
— **shield** n - [weld] máscara f, or careta f, moldeada
— **steel** n - [metal-prod] acero m moldeado
— — **plate** n - [rail-wheels] alma m de acero m moldeado
molder n - moldeador m; moldero m; modelador m
—('s) **need** n - [plast] necesidad f, or exigencia f, de moldeador m
molding n - moldura f; moldeo m
— **clay** n - arcilla f, or tierra f, para moldeo
— **color** n - [constr] color m de moldura f
— **knife** n - [mech] cuchilla f para, tupí m, or moldurar
— **machine** n - [tools] tupí f; máquina f, para, moldear, or moldurar; máquina f moldeadora
— **sand** n - [metal-prod] arena f para moldear
— **shop** n - [metal-prod] taller m para moldeo m
molecular formula n—[chem] fórmula f molecular
— **sieve** n - [chem] filtro m molecular
molten base metal n - [weld] metal m para base f fundidio
— **bath** n - [metal-prod] baño m, metálico, or fundido, or derretido, or líquido
— — **temperature** n - [metal-prod] temperatura f de baño m, fundido, or líquido
— **burden** n—[metal-prod] carga f incandescente
— **cadmium** n - [chem] cadmio m, fundido, or derretido
— **concentrate** n - [metal-prod] concentrado* m fundido; concentración f fundida
— **crater** n - [weld] cráter m fundido
— **electrode** n - [weld] electrodo m fundido
— **filler metal** n - [weld] metal m para aportación f fundido
— — **rod** n - [weld] metal m fundido de varilla f para aportación f
— **flux** n - [weld] fundente m, derretido, or fundido
— — **bath** n - [weld] baño m fundente derretido
— — **pool** n - [weld] cráter m, fundido de fundente, or de fundente m fundido
— **glass** n - [ceram] vidrio m fundido
— **globule** n - [weld] glóbulo m fundido
— **iron** n - [metal-prod] hierro m, fundido, or líquido
— **lead** n - plomo m, derretido, or fundido
— **metal** n - [weld] metal m, or baño m, or cráter m, fundido, or derretido; metal m en fusión f
— — **beneath @ arc** n - [weld] metal m fundido debajo de arco m
— — **distribution** n - [weld] distribución f de metal m fundido
— — **droplet** n - [weld] gotita f de metal m, fundido, or derretido, or líquido

molten metal feed(ing) n - [metal-prod] alimentación f de metal m fundido
— — **grade** n - [metal-prod] ley f, or calidad f, de metal m fundido
— — **globule** n - [weld] glóbulo m de metal m fundido
— — **oxidation** n - [metal] oxidación f de metal fundido
— — **processing** n - [metal-prod] procesamiento m de metal m fundido
— — **puddle** n - [weld] cráter m de metal m fundido
— **purity** n - [metal-prod] ley f, or pureza f, de metal m fundido
— **off brazing rod** n - [weld] extremo m fundido de varilla f de, soldadura f fuerte, or latón
— **pig (iron)** n - [metal-prod] arrabio m, líquido, or fundido; hierro m fundido
— — **analysis** n - [metal-prod] análisis m de arrabio m líquido
— — , **charge**, or **charging** n - [metal-prod] carga f, or vaciado m, de arrabio m líquido
— **pool** n - [weld] baño m; metal m, fundido, or derretido; charco m, or cráter m, de metal m fundido
— **puddle** n - [weld] cráter m; metal m fundido
— — **control** n - [weld] regulación f de, cráter m, or metal m fundido
— — **looks** n - [weld] apariencia f de cráter m fundido
— **rubber** n - [plast] caucho m, fundido, or derretido
— **slag** n - [weld] escoria f, fundida, or derretida, or líquida
— — **ball** n - [weld] pelotilla f de escoria f fundida
— — **droplet** n - [weld] gotita f de escoria f, fundida, or derretida
— **steel** n - [metal-prod] acero m, fundido, or líquido, or derretido
— — **covering** n - [metal-prod] recubrimiento m de acero m líquido
— **sulfur** n - [chem] azufre m, derretido, or fundido
— **synthetic slag** n - [metal-prod] escoria f sintétiuca fundida
— **tin** n - [metal] estaño m, fundido, or derretido
— **weld** n - [weld] metal m en fusión f
— — **metal** n - [weld] metal m de soldadura f fundido
— **zinc** n - [metal] cinc m, fundido, or derretido, or sin solidificar
— — **coating** n - [metal] recubrimiento m de cinc m fundido
moly n - [metal] see molybdenum
Moly-Cop grinding ball n - [grind.med] bola f (con molibdeno m) Moly-Cop para molienda f
— — **rod** n - [grind-med] barra f (con molibdeno m) Moly-Cop para molienda f
— — **media** n - [grind-med] cuerpo(s) m (con molibdeno m) Moly-Cop para molienda f
— — **rod** n - [grind-med] barra f (con molibdeno m) Moly-Cop (para molienda f)
molybdenum alloy n - [metal] aleación f con molibdeno m
— — **ball** n - [grind-med] bola f con (aleación f de) molibdeno
— — **electrode** n - [weld] electrodo m con (aleación f de) molibdeno m
— — **grinding ball** n - [grind-med] bola f para molineda f con (aleación f de) molibdeno m
— **base** n - [metal-prod] base f de molibdeno m
— **based** a—[metal-prod] con base f de molibdeno
— — **alloy** n - [metal-prod] aleación f con base f de molibdeno m
— — — **electrode** n - [weld] electrodo m con aleación f con base f de molibdeno m
— — **electrode** n - [weld] electrodo m con base f de molibdeno m
— **content** n - [metal] proporción f de molibdeno

molybdenum deposit n - [weld] aportación f, or aporte m, de molibdeno m
— **disulfide** n - [chem] bisulfuro m de molibdeno
— **electrode** n - [weld] electrodo m con molibdeno m
— **grade** n - [metal] calidad f con molibdeno m
— **oxide** n - [miner] óxido m de molibdeno m
— **steel** n - [metal-prod] acero m con molibdeno
— — **plate** n - [metal-roll] plancha f de acero m con molibdeno m
molydisulfide n - [chem] molibisulfuro* m
moment capacity n - capacidad f momentánea, or para momento m
— **due to excentricity** n - [mech] momento m debido a excentricidad f
— **resistance** n - resistencia f, momentánea, or para momento m
— **strength** n - [mech] resistencia a flexión f
• momento m resistente
momentarily adv - . . . . inmediatamente
— **stopped rolling** n - [metal-roll] laminación f detenida momentáneamente
momentary n - [comput] see **momentary switch**
— **output** | a - . . brusco,ca
— **buzzer** n - [electron] zumbador m, momentáneo or intermitente; chicharra f intermitente
— **compressive force** n - [mech] fuerza f compresiva brusca
— **current** n - [electr] corriente f momentánea
— **force** n - [mech] fuerza f brusca
— **latch** n - [comput] pestillo m, or retén m, momentáneo | [mech] traba f momentánea; sujetador m momentáneo
— **latching** n - [mech] trabadura f momentánea • [comput] retención f momentánea
— **stop(ping)** n - detención f momentánea
— **switch** n - [comput] conmutador m momentáneo
— — **output** n - [comput] salida f, momentánea de conmutador, or de conmutador m momentáneo
momentum n - [phys] . . .; momento m; fuerza f impulsora; inercia f; cantidad f de movimiento m; impulsión f
— **imposition** n - imposición f de momento m
monel n - [metal] (metal) monel m
— **bushing** n - [mech] buje m de (metal) monel m
— **metal** n - [metal] metal m monel
monetary a - . . . . económico,ca
— **expansion** n - [fin] expansión f monetaria
— **fund** n - [fin] fondo m monetario
— **incentive** n - incentivo m monetario
— **penalty** n - sanción f, or pena f, monetaria
— **policy** n - [fin] política f monetaria
— **proposal** n - propuesta f monetaria
— **restriction** n - [fin] restricción f monetaria
— **structure** n - [fin] estructura f monetaria
— **value** n - [fin] valor m monetario
money n - [fin] . . .; numerario m; fondo(s) m • [fam] plata f
— **earning** n - ganancia f de dinero m
— **saver** n - ahorrador m de dinero m
— **saving** n - ahorro m de dinero | a - ahorrador,ra de dinero m; ahorrativo,va
— **supply** n - [fin] dinero m disponible; medio(s) m para pago m
monitor n - . . . • [lathes] castillete m | v - vigilar; observar; fiscalizar • supervisar
— **@ battery** v - [electr-oper] fiscalizar acumulador m
— **@ — condition** v - [electr-oper] fiscalizar condición f de acumulador m
— **@ casing pressure** v - [petrol] fiscalizar presión f de tubería f para entubación f
— **@ circuit** v - [electron] fiscalizar circuito
— **continuously** v - fiscalizar, or vigilar, en forma f continua, or continuamente
— **@ drill casing pressure** n - [petrol] fiscalizar presión f en tubería para entubación
— **@ — pipe pressure** v - [petrol] fiscalizar presión f en tubería f para perforación f
— **@ engine** v - [int.comb] fiscalizar motor m
— **@ engine('s) revolution(s) per minute** v - [int.comb] fiscalizar revolución(es) por minuto m de motor m
monitor @ instrumentation v - [instrum] fiscalizar, or vigilar, instrumentación f
— **@ lateral acceleration** v - [autom] verificar, or comprobar, aceleración f lateral
— **@ line** v - [comput] fiscalizar línea f
— **@ — quality** v - [comput] fiscalizar, or vigilar, calidad f de, línea f, or renglón m
— **@ particle(s) size** v - fiscalizar, or vigilar, granulometría f de partícula(s)
— **@ pin** v - [electron] fiscalizar, or observar, or vigilar, pasador m, or clavija f
— **precisely** v - fiscalizar, precisamente, or en forma f precisa
— **@ pressure** v - fiscalizar presión f
— **@ pump** v - [pumps] fiscalizar bomba f
— **remotely** v - fiscalizar, or vigilar, desde distancia, or remotamente
— **@ revolution(s) per minute** v - [mech] fiscalizar revolución(es) f por minuto
— **@ safety** v - [safety] fiscalizar seguridad f
— **@ signal** v - fiscalizar, or observar, or vigilar, señal(es) f
— **@ speed** v - fiscalizar, or observar, velocidad
— **system** n - [ind] sistema m para fiscalización
— **@ tire** n - [autom-tires] fiscalizar neumático
monitored a - fiscalizado,da; observado,da; vigilado,da; supervisado,da
— **battery** n - [electr-oper] acumulador m fiscalizado
— — **condition** n - [electr-oper] condición f de acumulador m fiscalizada
— **casing pressure** n - [petrol] presión f en tubería f para entubación f fiscalizada
— **circuit** n - [electron] circuito m fiscalizado
— **continuously** a - fiscalizado,da, or vigilado,da, continuamente, or en forma f continua
— **drill casing pressure** n - [petrol] presión f en tubería f para entubación f fiscalzada
— — **pipe pressure** n - [petrol] presión f en tubería f para perforación f fiscalizada
— **engine** n - [int.comb] motor m fiscalizado
— **('s) revolution(s) per minute** n - [int.comb] revolución(es) f por minuto m de motor m fiscalizada(s)
— **instrumentation** n - [instrum] instrumentación f, fiscalizada, or vigilada
— **lateral acceleration** n - [autom] aceleración f lateral, verificada, or comprobada
— **line** n - línea f, fiscalizada, or vigilada; renglón m, fiscalizado, or vigilado
— — **quality** n - [comput] calidad f de, línea f fiscalizada, or de renglón m fiscalizado
— **particle size** n - [miner] granulometría f de partícula(s) f fiscalizada
— **pin** n - [electron] clavija f, fiscalizada, or observada, or vigilada • [mech] pasador m fiscalizado
— **precisely** a - fiscalizado,da, or observado,da, precisamente, or en forma f precisa
— **pressure** n - presión f fiscalizada
— **pump** n - [pumps] bomba f fiscalizada
— **remotely** a - fiscalizado,da, or vigilado,da, desde distancia f, or remotamente
— **revolution(s) per minute** n - [mech] revolución(es) f por minuto m fiscalizada(s)
— **safety** n - [safety] seguridad f fiscalizada
— **signal(s)** n - señal(es) f, fiscalizada(s), or observada(s), or vigilada(s)
— **speed** n - velocidad f, fiscalizada, or observada, or vigilada
— **tire** n - [autom-tires] neumático m fiscalizado
monitoring n - fiscalización f; observación f; vigilancia f; supervisión f
— **equipment** n - [ind] equipo m para, fiscalización f, or observación f, or vigilancia f
— **screen** n - [electron] pantalla f para, fiscalización f, or observación f
— **system** n - [ind] sistema m para, fiscalización f, or observación f, or vigilancia f

monkey n - . . . • [metal-prod] see slag notch
— cooler n—[metal-prod] see slag notch cooler
— hammer n - [tools] martillo m mecánico
— spanner n - [tools] llave f inglesa
— wall n - [metal-prod] see slag notch wall
— wrench n - [tools] . . .; llave f universal
monoblock bench n - [tools] banco m monobloque
monoclinal a - [geol] monoclinal
monocrotophos n - [chem] monocrotofos* m
monoethanolamine n - [chem] monoetanolamina* f
monolithic arch n—[constr] bóveda f monolítica
— box n - [constr] caja f, monolítica, or de hormigón m armado
— concrete n—[constr] hormigón m monolítico
— — arch n - [constr] bóveda f monolítica de hormigón m
— — pipe n - [tub] tubo m monolítico, or tubería f monolítica, de hormigón m
— cradle n - [constr] lecho m, or soporte m, monolítico
— formation n - [Geol] formación f monolítica
— pipe n - [tub] tubo m monolítico; tubería f monolítica
— plain concrete arch n - [constr] bóveda f monolítica de hormigón m simple
— pouring n - [constr-concr] vaciado m monolítico
— product n - [constr] producto m monolítico
— reinforced concrete n - [constr] hormigón m armado monolítico
— — — arch n - [constr] bóveda f monolítica de hormigón m armado
— shape n - [constr] forma f monolítica
— structure n - [constr] construcción f monolítica
monolithically adv - en forma f monolítica
monomer n - [chem] manómero m
monomeric a - [chem] monomérico,ca
monomethyl n - [chem] monometilo* m
— nitrate n - [chem] nitrato m de monometilo m
— — solution n - [chem] disolución f de nitrato m de monometilo m
mononitrotuolene n - [chem] mononitrotolueno* m
monophase a - [electr-distrib] see single phase
monopolize @ conversation v - monopolizar conversación f
monopolized a - monopolizado,da
— conversation n - conversación f monopolizada
monoply* n - [autom-tires] tela f única
— carcass n - [autom-tires] carcasa f con tela f única
— tire n - [autom-tires] neumático con tela f única
monorail n - [mech] . . .; monocarril; monorail
— capacity n - [mech] capacidad f de monorriel
— conveyor n - [mech] transportador m, monorriel, or monocarril
— electrification n - [cranes] electrificación f de, monorriel m, or monocarril m
— hoist n - [cranes] aparejo m monorriel • [metal-prod] monorriel m (para horno m)
— capacity n - [cranes] capacidad f de (aparejo m) monorriel
— load n - [constr] carga f de monorriel m
monorchid n - [anat] monorquidio m |a - [anat] monorquidio,dia
monorchidism n - [anat] monorquidia f
monovalence n - [chem] monovalencia f
monsoon-like condition n - [meteorol] condición f, monzónica, or como de monzón m
Montecarlo theory n - teoría f para juego(s) m
month('s) down time n - [ind] parada f de mes m
—('s) sale(s) n - [com] venta(s) f de mes m
—('s) stoppage n - [ind] parada f de mes m
—('s) total down time n - [ind] parada f total de mes m
—('s) total sale(s) n - [com] venta(s) f total(es) para mes m
monthly a - . . . | adv - mensualmente
— basis n - base f mensual
— bonus n - [labor] premio m mensual

monthly certificate n - [com] certificado m mensual
— certification n - certificación f mensual
— committee meeting n - [managm] reunión f mensual de comisión f
— computation n - cómputo m mensual
— debit memorandum n - [accntg] nota f de débito mensual
— delivery n - [con] entrega f mensual
— by gages n - [metal-roll] entrega f mensual por espesor(es) m
— — width(s) n - [metal-roll] entrega f mensual por ancho(s) m
— economic report n - [fin] informe m económico mensual
— employee safety meeting n - [safety] reunión f mensual sobre seguridad f para personal m
— frequency n - frecuencia f mensual
— inspection n - inspección f mensual
— procedure n - procedimiento m, mensual para inspección f, or para inspección f mensual
— installment n - [com] cuota f mensual
— invoice n - [com] factura f mensual
— invoicing n - facturación f mensual
— lubrication n - lubricación f mensual
— maintenance procedure n - [ind] procedimiento m mensual para conservación f
— meeting n - reunión f mensual
— pig iron production n - [metal-prod] producción f mensual de arrabio m
— premium n - [insur] premio m, or prima f, mensual
— primary iron output n - [metal-prod] producción f mensual de hierro m primario
— — — production n - [metal-prod] producción f mensual de hierro m primario
— pro rata n - prorrata f, or prorrateo m, mensual
— — — basis n - base f de, prorrata f, or prorrateo m, mensual; base f mensual para prorrateo m
— procedure n - procedimiento m mensual
— production n - producción f mensual
— — record n - record m mensual de producción
— — report n - informe m mensual de producción
— raw steel output n - [metal-prod] producción f mensual de acero m bruto
— — — production n - [metal-prod] producción f mensual de acero m bruto
— record n - record m mensual
— report n - informe m mensual
— safety meeting n - [safety] reunión f mensual sobre seguridad f
— steel, output, or production n [metal-prod] producción f mensual de acero m
— time computation n - [ind] cómputo m mensual de tiempo(s) m
— work n - trabajo m mensual
— visit n - visita f mensual
montmorillonite clay n - [geol] arcilla f montmorillonita
monument n - . . . . • [topogr] hito m; mojón m; punto m de referencia f
monumental arch n - [archit] arco m de monumento
monzonite n - [miner] monzonita f
mood n - . . .; (estado m de) ánimo m • emoción f • personalidad f; manera f de ser
moor @ vessel v - [nav] amarrar embarcación f
moored a - [nav] amarrado,da
mooring n - amarre m; amarradura f; fondeo m
— beam n - [constr] viga f para amarre m
— chain n - [nav] cadena f para amarre f
— cleat n - [hydr] cornamusa f
— line n - [nav] cabo m, or cable m, or cadena f, para, amarre m, or amarrar
— post n - poste m para amarre m • [nav] noray m; bolardo m
— site n - [nav] amarradero m; atracadero m
Moorish arch n - [archit] see horseshoe arch
— carpet n - [domest] zofra f; alfombra f morisca; tapete m morisco

moorland n - [topogr] brezal m
mop n - . . . . | v - . . . .; lampacear; estropajear
— **solidly** v - [domest] estropajear bien
mopped a - [domest] estropajeado,da
mopping n - [domest] estropajeo m
moral compensation n - compensación f moral
— **person** n - persona f moral
— **victor** n - vencedor m moral
— **victory** n - victoria f moral
morale drop n - [labor] decaimiento m de moral
— **lowering** n - [managm] baja f, or socavación f de moral f
more acreage n - [agric] superficie f mayor
— **care** n - cuidado m mayor
— **clearance** n - holgura f mayor
— **consistent starting** n - [weld] encendido m, normalmente, or consistentemente, mejor
— **corrosion** n - corrosión f mayor
— **costly** a - más costoso,sa
— **critical** a - más crítico,ca
— — **application** n - aplicación f más crítica
— **dead load** n - [constr] carga f muerta mayor
— **detail** n - más detalle(s); detalle(s) m adicional(es)
— **detailed** a - más, detallado,da, or amplio
— — **information** n - información f más, detallada, or mayor
— — **safety information** n - [safety] información f más detalla sobre seguridad f
— **direct** a - más directo,ta
— — **response** n - respuesta f más directa • [mech] reacción f más directa
— **downtime** n - [ind] tiempo, inactivo, or improductivo, mayor
— **dramatic** a - más dramático,ca
— — **sense** n - sentido m más dramático
— **economical** a - más económico,ca
— — **maintenance** n - conservación f más económica
— **effective decision** n - [managm] decisión f más efectiva
— **effort** n - esfuerzo m mayor
— **electrode(s)** n - [weld] cantidad f mayor de electrodo(s) m
— **expensive** a - más costoso,sa; con costo m mayor
— — **product** n - producto m más costoso
— — **measure(s)** n - medida(s) f, más extensiva(s), or mayor(es), or más costosa(s)
— **fluid** a - más fluido,da
— — **puddle** n - [weld] cráter m, or charco m, más fluido
— — **weld** n - [weld] soldadura f más fluida
— **frequent** a - más frecuente
— — **storm** n - [meteorol] tormenta f, or tempestad f, más frecuente
— **frequently** adv - más frecuentemente; con frecuencia f mayor
— **grave** a - más grave
— **heat** n - más calor m; calor m mayor
— **importance** n - importancia f mayor
— **length** n - largo(r) m, or largura f, mayor
— **manpower** n - [labor] mano f de obra, or personal m, mayor
— **modern** a - más moderno,na
— **neutral flux** n - [weld] fundente m más neutral
— **often** adv - más frecuentemente; con frecuencia f mayor
— **or less** adv - más o menos
— **personnel** n - [labor] más personal m
— **positive start(ing)** n - [weld] encendido m más positivo
— **powerful** a - más, poderoso, or potente
— **productivity** n - [ind] productividad f mayor
— **prosperous** a - más próspero,ra
— **recent** adv - más reciente
— **resistant** a - más resistente
— — **weld** n - soldadura f más resistente
— **rigorously** adv - más rigurosamente

more rigorouly tested a - ensayado más rigurosamente
— **satisfactory** a - más satisfactorio,ria
— **scrap** n - [ind] desperdicio(s) m mayores
— **serious** a - más serio,ria
—, **settling**, or **settlement** n - asentamiento m, or sedimentación f, mayor
— **skilled labor** n - [ind] personal m especializado mayor; más personal m especializado
— **slowly** adv - más lentamente
— **spatter** n - [weld] salpicadura f mayor
— **stable** a - más estable
— **storage** n - [ind] más almacenamiento m; almacenamiento m aumentado
— **tension** n - [mech] tensión f mayor
— **than** adv - más de
— — **compensate** v - compensar con creces f
— — . . . **cubic centimeters** n - [int.comb] cilindrada f superior a , , , centímetros m cúbico(s)
— — **customary** adv - más que de costumbre f
— — **enough** adv - basta y sobra
— — **normal** adv - más que de costumbre f
— — **passing** adv - más que casual
— — **skin deep** n - hermosura más adentro que, piel f, or costra f
— **time consuming** a - más demoroso,sa; que insume más tiempo m
— **tread wicth** n - [autom-tires] ancho(r) m mayor de banda f para rodamiento m
— **truck** n - [autom] más camión m
— **width** n - ancho(r) m, or achura f, mayor
moreover adv - . . .; por añadidura; en adición
Morgan mill n - [metal-roll] see **continuous billet mill**
Morgoil back-up roll n - [metal-roll] rodillo m Morgoil para apoyo m
— **bearing** n - [mech] cojinete m Morgoil
— **lubrication system** - [metal-roll] sistema m Morgoil para lubricación f
— **roll** n - [metal-roll] rodillo m Morgoil
— **system** - [metal-roll] sistema m Morgoil
— — **piping** n - [ind] tubería f para sistema m Morgoil
morning fog n - [meteorol] neblina f matinal
Morocco leather n - [print] tafilete m
mortality factor n - coeficiente m de mortalidad f
mortar attack n - [milit] ataque m con morteros
— **board** n - [tools] esparavel m • [educ] see **mortarboard**
—, **bed**, or **box** n - [constr] masera f; cuezo m; artesa f; artesón m
— **coated welded steel pipe** n - [tub] tubería f de acero m soldado con recubrimiento m de mortero m
— **dam** n - [hydr] caballón n, or camellón m, de mortero m
— **fill** v - [constr] (re)llenar con mortero m
— **fire** n - [milit] fuego m de mortero(s) m
— **grout(ing)** n - [constr] lechada f de mortero
— **hod** n - [constr] capacho m
— **hoe** n - [tools] azada f, or paleta f, para mortero m
— **lined pipe** n - [tub] tubería f revestida con mortero m
— —**steel pipe** n - [tub] tubería f de acero m revestida con mortero m
— — — **water pipe** n - [tub] tubería f de acero m para agua m revestida con mortero m
— — **water pipe** n - [tub] tubería f para agua m revestida con mortero m
— — **welded steel pipe** n - [tub] tubería f soldada de acero m revestida con mortero m
— **mix** n - [constr] argamasa f
— **mixer** n - [constr] mezcladora f para, mortero m, or argamasaz f; hormigonera f
— **sand** n - [constr] arena f para, mortero m, or argamasa f
— **specification** n - [constr] especificación f para mortero m

mortar tight a - [constr] ajustado,da para evitar pérdida f de mortero m
— **tote box** n - [constr] capacho m
— **type** n - [constr] tipo m de mortero m
— — **used** n - [constr] tipo m de mortero m, usado, or utilizado, or empleado; tipo m de mezcla f, usada, or utilizada, or empleada
— **used** n - [constr] mortero m, usado, or utilizado, or empleado; mezcla f, usada, or utilizada, or empleada
mortarboard n - [tools] esparavel m • [educ] birrete m
mortared headwall n - [constr] muro m para cabecera f de fábrica f
mortgage bank n - [fin] banco m, hipotecario, or para préstamo(s) m hipotecario(s)
— — **official** n - [fin] funcionario m de banco m hipotecario
— **banker** n - [fin] funcionario m de banco m (de préstamo(s) m) hipotecario(s)
— **bond** n - [fin] bono m hipotecario; cédula f hipotecaria f
— **credit** n - [fin] crédito m hipotecario
— **guaranty** n - [fin] garantía f hipotecaria
— **loan bank** n - [fin] banco m para préstamo(s) m hipotecario(s)
— — — **official** n - [fin] funcionario de banco m para préstamo(s) m hipotecario(s)
— **payable** n - [fin] hipoteca f por pagar
mortgaged a - [fin] hipotecado,da
mortise n - [carp] ensambladura f; mortaja f; escopleadura f • muesca f; cotana f | v - [carp] ensamblar • mortajar; entallar; escoplear | a - see **mortised**
— **gage** n - [tools] gramil m para escopleadura
— **joint** n - [carp] ensambladura f con caja f y espiga f
—(d) **lock** n - [carp] cerradura f, embutida, or para embutir
— **twinbill** n - [tools] azuela f
—(d) **type** n - [constr] tipo m embutido
mortised a - [carp] ensamblado,da; mortajado,da
— **joint** n - [carp] junta f ensamblada
— — **seal** n - [carp] sello m de junta f ensamblada
— **wheel** n - [mech] rueda f dentada
mortiser n - [mech] mortajadora f; escopleadora f; máquina f para escoplear • [carp] mortajadora f
mortising n - [carp] mortajado* m; muescado* m | a - [carp] escopleador,ra; mortajador,ra
— **machine** n - [mech] (máquina f), escopleadora f, or molduradora f
Muscow Steel Research Institute n - [metal] Instituto m de Investigación(es) Siderúrgica(s) de Moscú
mosquito breeding n - [entomol] crianza f de mosquito(s) m
— **elimination** n - [hydr] eliminación f de mosquito(s) m
— **netting** n - . . .; (tejido) mosquitero m
most n - máximo m; mayoría f | adv - . . .; mayor(mente); mayoría f (de)
— **abrasion resisting electrode** n - [weld] electrodo m más resistente a abrasión f
— **applications** n - mayoría f de aplicación(es)
— **case(s)** n - mayoría f de caso(s) m
— **common** a - más común
— — **choice** n - selección f más corriente
— — **weld** n - [weld] soldadura f más común
— **condition(s)** n—mayoría f de condición(es) f
— **costly** a - más costoso,sa
— **definitely** adv - en forma f absoluta
— **effective result(s)** n - [managm] resultado(s) m más efectivo(s)
— **enjoyable** a - totalmente satisfactorio,ria
— **expensive** a más costoso,sa; con costo mayor
— **favorable rate** n—[fin] tipo m más favorable
— **forward position** n - posición f más avanzada
— **hotly contested** a - [sports] más reñido,da; disputado,da más reñidamente

most hotly contested class n - [sports] categoría más disputada, or disputada más reñidamente
— **job(s)** n - mayoría f de trabajo(s) m
— **modern** a - más moderno,na
— **needed** a - más, necesitado,da, or necesario,ria
— **often** adv - más a menudo
— — **specified** a - preferido,da más frecuentemente, or con más frecuencia
— **people** n - soler(se)
— **popular alternating current welder** n - [weld] soldadora f más popular para corriente f alterna
— — **direct current welder** n - [weld] soldadora f más popular para corriente f continua
— — **portable heavy duty alternating direct current welder** n - [weld] soldadora f portátil más popular para corriente f alterna para servicio m pesado
— — — — — **direct current welder** n - [weld] soldadora f portátil más popular para coriente continua para servicio m pesado
— — — **welder** n - [weld] soldadora f portátil más popular
— — **welder** n - [weld] soldadora f más popular
— **probable** adv - más probable
— — **cause** n - causa f más probable
— **prosperous** n - más próspero,ra
— **recent** a - más reciente
— —**(ly) completed fiscal year** n - [accntg] ejercicio m financierop último
— **satisfactory** a - más satisfactorio,ria
— **severe** a - más severo,ra
— — **deformation** n - deformación f más severa
— **situation(s)** n - mayoría f de caso(s) m | adv - comúnmente
— **value** n - valor m, or beneficio m, mayor
— **wear** n - desgaste m mayor
— **widely used weld** n - [weld] soldadura f empleada más comúnmente
mostly adv - . . .; mayormente
motel n - [travel] hotel m para automovilistas m • [Mex.[autel* m
mother casting n - [metal-prod] colada f madre
Mother Hubbard bit n - [petrol] barreno,na m/f con paleta f
— **liquor** n - agua m madre
— — **tank** n - depósito m para agua m madre
— **Nature** f - Madre f Natura; Naturaleza f
motion n - . . . . • [legal] . . .; propuesta f
— **bar** n - [miner] guía f para cruceta f
— **method** n - método m para movimiento m
— **picture** n - [photogr] película f, or cinta f, cinematográfica | a - cinematográfico,ca
— — **camera** n - [photogr] cámara f cinematográfica
— — **film** n - [photogr] cinta f cinematográfica
— — **projector** n - [photogr] proyector m cinematográfico
motivate @ investment v—[fin] motivar inversión
— **@ people** v - [labor] motivar personal m
motivated a - motivado,da
— **investment** n - [fin] inversión f motivada
— **people** n - [labor] personal m motivado
motivating n - [labor] motivación f; estimulación f; incitación f | a - motivador,ra; estimnulador,ra; incitador,ra
— **activity** n - [managm] actividad f, motivadora, or para motivación f
— **force** n - fuerza f, motivadora, or motriz
— **people** n - [managm] motivación f de personal
— — **activity** n - [managm] actividad f para motivación f de personal m
motivation n - motivación f; móvil m • [labor] motivación f; estimulación f; incitación f
— **problem** n - [labor] problema m de motivación f
— — **review** n - examen m de problema m para motivación f
— — **strategy** n - [managm] estrategia f para problema(s) m para motivación f

motivation strategy n - [labor] estrategia f para motivación f
— **to work safely** n - [labor] motivación f, or incentivo m, para trabajar con seguridad f
motivational a - motivo,va
— **program** n - programa m para motivación f
motivative a - motivador,ra
motivator n - motivador m
— **power** n - fuerza f impulsora • [electr-prod] fuerza f motriz; energía f eléctrica
moto* n - [sports] corrida f para ensayo m; see **heat**
motor n - . . . . | a - . . . .; mecánico,ca | v - [autom] . . .; conducir
— **accelerated rapidly** n - [electr-mot] motor m acelerado rápidamente
— **acceleration** n - [mech] aceleración de motor
— **air** n - aire m para motor m
— — **double filter** n - [int.comb] filtro m doble para aire m para motor m
— — — — **restriction** n - [int.comb] restricción f para filtro m doble para aire m para motor m
— — — — — **indicator** n - [int.comb] indicador m para restricción f para filtro m para aire m para motor m
— — **filter** n - [int.comb] filtro m para aire m para motor m
— — — **restriction** n - restricción f para filtro m para aire m para motor m
— — — — **indicator** n - [int.comb] indicador m para restricción f para filtro m para aire m para motor m
—, **aligning,** or **alignment** n - [electr-mot] alineación f de motor
— **and gear box assembly** n - [weld] conjunto m de motor m y caja f con engranaje(s) m
— — **unit** n - [mech] conjunto m de motor m y engranaje(s) m
— **armature** n - [electr-mot] inducido m para motor m
— — **shaft** n - [electr-mot] árbol m para inducido m para motor m
— **assembly** n—[electr-mot] conjunto m de motor
— **away** v - [autom] adelantar(se) fácilmente
— **axis** n - [mech] eje m de motor m • [weld] eje m de motor m (para alimentación f para alambre m)
— **base** n - [mech] base f para motor m
— **bearing** n - [electr-mot] cojinete m para motor m
— — **check(ing)** n - [electr-mot] verificación f de cojinete m para motor m
— — **lubrication** n - [mech] lubricación f para cojinete m para motor m
— — **repair** n - [mech] reparación f de cojinete(s) m para motor m
— **bed** n - [mech] lecho m para motor m
— **bike** n - [transp] velomotor m; motoneta* f
— **boat** n - [naut] bote m (con) motor m
— **bolt** n - [mech] perno m para motor m
— **brake** n - [electr-mot] freno m para motor m
— **braking power** n - [mech] potencia f de motor m contra freno m
— **breakdown** n - [mech] avería f de motor m
— **brush** n—[electr-mot] escobilla f para motor
— **cable** n - [electr-mot] cable m, or conductor m, a, or para, motor m
— — **clip** n - [electr-mot] abrazadera f, or broche m, para, cable m, or conductor m, a, or para, motor m
— **cap screw** n - [mech] tornillo m con casquete m para motor m
— **case** n - [electr-mot] carcasa f (para motor)
—, **change,** or **changing** n - [mech] cambio m de motor m
— **check(ing)** n—[mech] verificación f de motor
— **circuit** n - [electr-mot] circuito m, para, or a, motor m
— — **breaker** n - [electr-instal] disyuntor m, or interruptor m, para motor m

motor circuit breaker starting n - [electr-mot] arranque m de motor por medio de, disyuntor m, or interruptor m; arranque m por medio de disyuntor m en circuito m para motor m
— — **unit** n - [electr-mot] elemento m, or dispositivo m, para circuito m para motor m
— **cleaning** m—[electr-mot] limpieza f de motor
— **coil** n - [electr-mot] devanado m para motor
— **component** n - [mech] (pieza f) componente m para motor m
— **connecting** n - [electr-instal] conexión f de motor m
— **connection** n - conexión f para motor m
— **construction** n - [electr-mot] construcción f, or fabricación f, de motor m
— **control** n - [electr-mot] regulación f, or gobierno m, or control m, de motor m • regulador m para motor m
— — **center** n - [electr-instal] puesto m, or centro m, or central f, para, regulación f, or control m, para motor(es) m
— — — **spare (part)** n - [electr-instal] (pieza f para) repuesto m para, puesto m, or centro m, or central f, para, regulación f, or control m, para motor(es) m
— — **circuit** n - [electr-instal] circuito m para, regulación f, or control m, de motor(es)
— — **equipment** n - [electr-mot] equipo m para, regulación f, or control m, de motor(es) m
— — **lead** n - [weld] conductor m para, regulación f, or control m, de motor(es) m
— — **plug** n - [weld] enchufe m para conductor m para, regulación f, or control m, de motor m
— — **panel** n - [electr-instal] tablero m para, regulación f, or control m, de motor(es) m
— — **switch** n - [electr-instal] interruptor m para circuito(s) m para, regulación f, or control m, de motor m
— —(s) **wiring** n - [electr-instal] conexión(es) m para regulador(es) m para motor m
— **cord** n - [electr-mot] cordón m para motor m
— **coupling** n—[mech] acoplamiento m para motor
— — **installation** n - [mech] instalación f de acoplamiento m para motor m
— — **lubrication** n - [mech] lubricación f para acoplamiento m para motor m
— **cover** n - [electr-mot] tapa f, or caja f, para motor m
— **crane** n - [cranes] grúa f móvil
— **cultivator** n - [agric] cultivador m, con motor m, or motorizado
— **data book** n - vademécum m para motor(es) m
— **de-energizing** n - [electr-mot] desactivación f, or desconexión f, or corte m de corriente f, para motor m
— **deaccelerator** n - desacelerador m para motor
— **direct coupling** n - [electr-mot] acoplamiento directo para motor m   m
—, **disassembling,** or **disassembly** n - [electr-mot] desarme m de motor m
— **drive** n - [mech] accionamiento m, de, or con, motor m | a - con accionamiento m, or impulsado,da, or accionado,da, con motor m
— — **brake** n - [mech] freno m con accionamiento m con motor m
— — **check(ing)** n - [mech] verificación f de accionamiuento m con motor m
— — **coupling** n - [mech] acoplamiento m para accionamiento m con motor m
— — — **check(ing)** n - [mech] verificación f de acoplamiento m para accionamiento m con motor m
— — — **lubricant** n - [mech] lubricante m para acoplamiento m para accionamiento m con motor m
— — — — **check(ing)** n - [mech] verificación f de lubricante m para acoplamiento m para accionamiento m para motor m
— — — **lubrication** n - [mech] lubricación f para acoplamiento m para accionamiento m pa-

ra motor m
motor drive coupling lubrication check(ing) n - [mech] verificación f de lubricación para acoplamiento m para accionamiento m para motor
— — **group** n - [mech] conjunto m, or grupo m, para accionamiento m para motor m
— — **inertia brake** n - [mech] freno m por inercia f para accionamiento m para motor m
— — **lubrication** n - [mech] lubricación f para accionamiento m para motor m
— — **mechanism** n - [mech] see **motor driven mechanism**
— — **shaft** n - [electr-mot] árbol m, or eje m, para accionamiento m para motor m
— — — **misalignment** n - [electr-mot] alineación f inapropiada para, árbol m, or eje m, para impulsión f para motor m
— — — **slippage** n - [electr-mot] resbalamiento m de eje m para impulsión f para motor m
— — **unit** n - [mech] elemento m para impulsión f para motor m
— **driven** a - impulsado,da, or con impulsión m con motor m; propulsado,da, or accionado,da, con motor m • [weld] con motor m eléctrico
— — **arc welder** n - [weld] soldadora f con (accionamiento m con) motor m eléctrico
— — **carborundum saw** n - [tools] sierra f con carborundo m accionada con motor m eléctrico
— — **diamond saw** n - [tools] sierra f con diamante(s) m accionada con motor n (eléctrico)
— — **machine** n - [mech] máquina f (impulsada) con motor m (eléctrico) • [weld] soldadora f (impulsada) con motor m eléctrico
— — **mechanical reactor** n - [electr] reactor m mecánico (impulsado) con motor m (eléctrico)
— — **mechanism** n — [weld] mecanismo m motorizado
— — **model** n - [weld] modelo m, or soldadora f, con motor m (eléctrico)
— — **reactor** n - [mech] reactor m impulsado con motor m (eléctrico)
— — **remote current control** n - [weld] regulador m desde distancia f para amperaje m (impulsado) con motor m (eléctrico)
— — — **output control** n - [weld] regulador m desde distancia f para amperaje m (impulsado) con motor m (eléctrico)
— — **roll** n - [metal-roll] rodillo m motorizado
— — **rotation unit** n - [mech] dispositivo m, rotador, or para rotación f, accionado con motor m (eléctrico)
— — **rotor type mechanical reactor** n [electr] reactor m mecánico de tipo m con rotor m (impulsado) con motor m (eléctrico
— — **saw** n - [tools] sierra f (accionada) con motor m (eléctrico), or motorizada
— — **unit** n - elemento m, or dispositivo m, (accionado) con motor m (eléctrico)
— — **welder** n - [weld] soldadora f (accionada) con motor m (eléctrico)
— — **wheel** n - [weld] rueda f accionada, con motor m (eléctrico), or mecánicamente
— **driving** n — [electr-mot] impulsión f con motor m (eléctrico)
— **electrical problem** n - [electr-mot] problema m eléctrico con motor m
— **end** n - [electr-mot] extremo m de motor m
— **equipment** n - [electr-mot] equipo m para motor m
— **erection** n - [electr-mot] montaje m de motor
— **exciter** n - [electr-mot] excitador m para motor m
— **failure** n [mech] falla f, or avería f, de motor m
— **fan** n - [electr-mot] ventilador m con motor m
— **feature** n - [electr-mot] característica f de motor m
— **field** n [electr-mot] campo m de motor m
— — **coil** n - [electr-mot] devanado m para campo m de motor m
— — **lead** n - [electr-mot] conductor m (para entrada) a campo m de motor m

motor field panel n - [electr-mot] tablero m para campo m de motor m
— **filter** n - [int.comb] filtro m para motor m
— — **screen** n - [int.comb] malla f para filtro m para motor m
— **frame** n - [electr-mot] carcasa f, or armadura f, para motor m
— — **brake** n - [mech] freno m para carcasa f para motor m
— — **inertia brake** n - [mech] freno m por inercia f para carcasa f de motor m
— **fuel** n - [int-comb] combustible m para motor m
— — **column** n - [petrol] columna f (rectificadora f para combustible m para motor(es) m
— **gasket** n - [electr-mot] empaquetadura f, or guarnición f, or junta f, para motor(es) m
— — **overhaul** n - [electr-mot] reparación f de, empaquetadura f, or guarnición f, para motor
— — **set** n - [electr-mot] juego m de, empaquetadura(s) f, or guarnición(es) f, para motor
— — — **complete overhaul** n - [electr-mot] reparación f completa de juego m de, empaquetadura(s) f, or guarnición(es) f para motor m
— — **arc overhaul** n - [electr-mot] reparación f de juego m de, empaquetadura(s) f, or guarnición(es) f, para motor m
— **gear** n - [mech] engranaje m para motor m
— — **guard** n - [mech] guardaengranaje(s) m para motor m
— **general arrangement** n - [mech] arreglo m, or disposición f, general para motor m
— — **layout** n - [mech] arreglo m, or disposición f, general para motor m
— **generator** n - motor m generador; motogenerador m; grupo m motogenerador | a - [weld] autónomo,ma
— — **arc welder** n - [weld] soldadora f (por arco) con motor eléctrico
— — **control box** n - [weld] caja f para regulación f para, motogenerador m, or unidad f motogeneradora
— — **control exciter** n - [weld] excitador m para regulación f, de, or con, motogenerador m
— — **driven, machine**, or **welder** n - [weld] soldadora f con motogeneradora f
— — **exciter** n - [electr] excitador m (para) motogenerador m
— — **group** n - [weld] grupo m motogenerador • [Spa.] grupo m autónomo
— — **machine** n - [weld] soldadora f motogeneradora
— — **model** n - [weld] modelo m (de) motogenerador m
— — **power source** n - [weld] fuente f para energía f, motogeneradora, or con motogeneradora f
— — — **output** n - [weld] producción f de fuente f para energía f motogeneradora
— — **set** n - [electr-prod] grupo m, or equipo m, motogenerador, or motor-generador; grupo m electrógeno
— — — **heater** n - [electr-mot] calentador m para juego m motogenerador
— — — **space heater** n - [electr-mot] calefaccionador m para juego m motogenerador
— — **type** n - [weld] tipo m motogenerador
— — — **power source** n - [weld] fuente f para energía f de tipo m motogenerador
— — — — **open circuit voltage** n - [weld] voltaje m en circuito m abierto de fuente f para energía f de tipo m motogenerador
— — — **type welder** n - [weld] soldadora f de tipo m motogenerador
— — — **welder** n - [weld] soldadora f motogeneradora
— — — — **paralleling** n - [weld] puesta f en paralelo de soldadora f motogeneradora
— **grader** n - [constr] motoniveladora f
— **guard** n - [electr-mot] defensa f, or protección f, para motor m

motor half winding n - [electr-mot] media bobina f para motor m
— **heater** n - [electr-mot] calentador m para motor m
— **heating** n - [electr-mot] calentamiento m, or caldeo m, de motor(es) m
— — **resistance** n - [electr-mot] resistencia f a, calentamiento m, or caldeo m, de motor m
— **home** n - [autom] casa f rodante
— **horsepower** n - [electr-mot] potencia f, or fuerza f nominal, de motor n
— — **intermittent rating** n - [electr-mot] potencia f de motor m (en HP) para funcionamiento m intermitente
— — **rating** n - [electr-mot] potencia f de motor m (en HP)
— **hose** n - [electr-mot] manguera f para motor
— **housing** n - [electr-mot] caja f para motor m
— — **assembly** n - [mech] conjunto m de caja f para motor m
— — **cover** n - [autom] cubierta f para caja f para motor m
— — **hole** n - [electr-mot] orificio m en caja f para motor m
— **hub** n - [electr-mot] cubo m para motor m
— — **bolting face** n - [mech] cara f para empernar cubo m para motor m
— — **face** n - [electr=mot] cara f de cubo m para motor m
— **inertia** n - [electr-mot] inercia f de motor
— **brake** n - [mech] freno por inercia f para motor m
— **input voltage** n - [electr] voltaje m para entrada f para motor m
— **installation** n - [mech] instalación f, or colocación f, de motor m
— **insulation** n - [electr-mot] aislación f para motor m
— **interruptor** n - [electr-mot] interruptor m para motor m
— **lead** n - [electr-mot] conductor m, or cable m, de, or a, motor m
— — **connection** n - [electr-instal] conexión f de conductor m a motor m
— — **wire** n - [electr-mot] conductor m a motor
— **life** n - [electr-mot] vida f (útil) de motor
— **(s) list** n - lista f de motor(es) m
— **load** n - carga f para motor m
— **location** n - ubicación f de motor m
— **lock-out pin** n - [mech] pasador m para exclusión f de motor m
— **lubrication** n - [mech] lubricación f para motor m
— , **manufacture,** or **manufacturing** n - [electr-mot] fabricación f de motor(es) m
— **mechanical problem** n - [electr-mot] problema m mecánico con motor m
— **meter** n - [instrum] medidor m para motor m
— **mount** n - [mech] montaje m para motor m
— **mounting** n - [mech] montaje m, para, or de, motor m
— — **bracket** n - [mech] ménsula f para montaje m para motor m
— — **lockwasher** n - [electr-mot] arandela f para seguridad f para montaje m para motor m
— — **screw** n - [electr-mot] tornillo m para montaje m para motor m
— — **side** n - [mech] costado m para montaje m, de, or sobre, motor m
— — **washer** n - [electr-mot] arandela f para montaje m para motor m
— , **move,** or **moving** n - [mech] movimiento m, or mudanza f, de motor m
— **nameplate** n - [electr-mot] placa f para identificación f para motor m
— **neutral (stud)** n - [electr-mot] borne m neutro m para motor m
— **nominal voltage** n - [electr-mot] voltaje m nominal para motor m
— **oil** n - [int.comb] aceite m para motor(es) m
— — **fill** v - [mech] llenar con aceite m para motor(es) m
motor oil filled n - [mech] llenado,da con aceite m para motor(es) m
— — **filling** n - [mech] henchimiento m con aceite m para motor(es) m
— — **filter** n - [int.comb] filtro m para aceite m para motor(es) m
— — **heat** n - [int.comb] calor m de aceite m para motor mj
— — , **exchange,** or **interchange** n - intercambio m de calor en aceite m para motor m
— — **interchanger** n - [int.comb] intercambiador m para calor m de aceite m para motor
— — **pressure** n - [int.comb] presión f de aceite m para motor m
— — — **gage** n - [instrum] indicador m, or manómetro m, para presión f de aceite m para motor m
— — — **indicating gage** n - [int.comb] manómetro m indicador para presión f de aceite m para motor m
— **operated** a - motorizado,da; con motor m; operado,da con motor m
— — **door** n - [constr] puerta f operada con motor m
— — **double leaf sliding door** n - [constr] puerta f con dos hojas f corredizas operadas con motor m
— — **rig** n - [metal-roll] aparejo m con motor m
— — **roll changing rig** n - [metal-prod] aparejo m con motor para cambio m de rodillo(s) m
— — **screw-down** n - [metal-roll] tornillo(s) m para ajuste m, con motor, or motorizado
— — **sliding door** n - [constr] puerta f corrediza operada con motor m
— **overheating** n - [electr-mot] recalentamiento m, or sobrecalentamiento m, de motor m
— — **problem** n - [electr-mot] problema m con, recalentamiento m, or sobrecalentamiento m, de motor m
— **overload(ing)** n - [electr-mot] sobrecarga f para motor m
— **pad** n - [mech] descanso m para motor m
— **panel** n - [autom] panel m de motor m • [electr] tablero m para motor(es) m
— **part** n - [electr-mot] pieza f (para repuesto m) para motor m
— **permissive switch** n - llave f permisiva, or conmutador m permisivo, para motor m
— **power** n - [mech] fuerza f motriz
— — **consumption** n - [electr-oper] consumo m de energía f por motor m
— **problem** n - [electr-mot] problema m con motor
— , **protecting,** or **protection** n - [int.comb] protección f para motor m
— **pulley** n - [mech] polea f para motor m
— **radiator** n - [int.comb] radiador m para motor
— — **protective device** n - [autom] defensa f protectora para radiador m para motor m
— **rated running torque** n - [mech] par m motor, or momento m torsional, nominal de motor m en operación f
— — **torque** n - [mech] par m motor, or momento m torsional, para motor m
— **rating** n - [electr-mot] potencia f (nominal) de motor m
— **rear mounting** n - [mech] montaje m trasero para motor m
— , **rectification,** or **rectifying** n - [electr-mot] rectificación f para motor m
— **reducer** n - [mech] reductor m para motor m
— **regulator** n - [electr-mot] regulador m para motor m
— **repair(ing)** n - [electr-mot] reparación f para motor m
— **replacement** n - [mech] cambio m de motor m • [electr-mot] reemplazo m para motor m
— **replacing** n - [electr-mot] reemplazo m de motor m
— — **requirement** n - [electr-mot] exigencia f para motor m

motor room n - [metal]roll] sala f para motores
— **rotation** n - [electr-mot] rotación f, or giro m, de motor(es) m
— — **direction** n - [electr-mot] sentido m de, giro m, or rotación f, de motor m
— **rotor** n - [electr-mot] rotor m para motor m
— **Rototrol** n - [electr-mot] regulador m giratorio para motor m
— — **antihunt** n - [electr-mot] regulador m giratorio para antifluctuación f para motor m
— — **current limit(er)** n - [electr-mot] limitador m para corriente f para regulador m giratorio para motor m
— — **droop** n - [electr-mot] caída f de regulador m giratorio para motor m
— — — **control** n - [electr-mot] regulación f para caída f de regulador m giratorio oara motor • regulador m para caída f de regulador m giratorio para motor m
— — **pattern** n - [electr-mot] patrón m para regulador m giratorio para motor m
— **running torque** n - [mech] par m motor, or momento m de torsión f, de motor m en operación f
— **screw** n - [electr-mot] tornillo m para motor
— **seal** n - [electr-mot] sello m para motor m
—(s) **set** n - [electr-mot] juego m de motor(es)
— **shaft** n - [electr-mot] árbol m para motor m
— — **hole** n - [electr-mot] orificio m para árbol m para motor m
— — **rotation** n - [electr-mot] rotación f de, árbol m, or eje m, para motor m
— — **seal** n - [electro-mot] sello m para, árbol m, or eje m, para motor m
— **sheave** n - [mech] polea f para motor m
— **shimming** n - [mech] calzadura f para motor m
— **shunt field lead** n - [electr-instal] conductoir m para campo m para derivación f para motor m
— **side** n - [mech] extremo m, or lado m, or costado m, que da a motor m
— **size** n - tamaño m de motor m • potencia f de motor m
— **skid** n - [mech] patín m para motor m
— **space heater** n - [ind] calefaccionador m para ambiente m para motor m
— **spare (part)** n - [electr-mot] (pieza f para repuesto m para motor m
— **specification** n - [electr-mot] especificación f para motor m
— **speed** n - velocidad f, de, or para, motor m
— — **adjustment** n - [electr-mot] ajuste m de velocidad f, de, or para, motor m
— **speedway** n - [sports] autódromo m
— **sport** n - [sports] deporte m, mecánico, or motorizado
— — (s) **observer** n - [sports] observador m, or aficionado m, deportivo
— **stall(ing)** n—[electr-mot] parada f de motor
— **start(-up)** n - [electr-mot] puesta f en marcha f de motor m
— — **device** n - [electr-mot] dispositivo m para puesta f en marcha f de motor(es) m
— — **starter** n - [electr-mot] arrancador m para motor m
— — **enclosure** n - [electr-instal] gabinete m para arrancador m para motor m
— — **reset(ting)** n - [electr-mot] puesta f a punto m, or regulación f nueva, para arrancador m para motor m
— **starting** n - [electr-mot] puesta f en marcha f de motor m
— **starving** n - [electr-mot] estrangulación f de motor m
— **stator** n - [electr-mot] inductor m, or estator m, para motor m
— **stop(ping)** n - [electr-mot] parada f, or detención f, de motor m
— **structure** n - [electr-mot] estructura f para motor m
— **stud** n - [electr-mot] borne m para motor m

motor supply voltage n - [electr-mot] voltaje m para entrada f para motor m
— **sweeper** n - [tools] (moto)barredora f
— **switch** n - [electr-instal] conmtador m para motor m
— **tag** n - [electr-mot] rótulo m para motor m
— **temperature** n - [electr-mot] temperatura f de motor m
— — **gage** n = [electr-mot] indicador m para temperatura f de motor m
— **term** n - [electr-mot] término m para motores
— **terminal** n - [electr-mot] terminal m, or borne m, para motor m
— — **box** n - [electr-instal] caja f para conexión(es) f para motor m
— — **end** n - [electr-mot] extremo m terminal de motor; extremo m de motor m con borne(s) m
— — **plate** n - [electr-mot] placa para borne(s) m para motor m
— **thermal protection** n—[electr-mot] protección f térmica, or protector m térmico, para motor m
— **thermocouple** n - [electr-mot] termocupla f, or termopar* m, para motor m
— **thrust bearing** n - [mech] cojinete m, or chumacera f, para empuje m para motor m
— **tilted** a - con movimiento m mecánico para inclinación f
— **tilting** n - [mech] movimiento m mecánico para inclinación f | a - con movimiento m mecánico para inclinación f
— **timer** n - [electr-mot] sincronizador m para motor m
— **torque** n - [mech] par m motor; momento m, de torsión f, or torsional
— **travel guard** n - [constr] defensa f para motor m para, traslación f, or transporte m
— **traversed** a - con movimiento m lateral mecánico
— **transversing** n—movimiento m lateral mecánico
— **troubleshooting** n - [electr-mot] determinaciuón f de falla(s) f en motor m
— — **guide** n - [electr-mot] guía f para determinación f de falla(s) f en motor(es) m
— **truck** n - [autom] (auto)camión m; camión m automóvil
— **turning** n - [int.comb] rotación f de motor m
— **type** n - tipo m con motor m • [electr-mot] tipo m de motor m
— **valve** n - [int.comb] válvula f para motor m
— **variable speed** n - [mech] velocidad f variable de motor m
— — **control** n - [mech] regulación f de velocidad f variable de motor m • regulador m para velocidad f variable de motor m
— — **control lever** n - [mech] palanca f para, regulador m, or regulación f, para velocidad f variable de motor m
— **vehicle** n - [autom] vehículo m, motor(izado), or automotor; automotor m
— **voltage** n - [electr-mot] voltaje m de motor m
— **water** n - [int.comb] agua m, en, or para, motor m
— — **temperature** n - [int.comb] temperatura f de agua m en motor m
— — — **gage** n - [int.comb] manómetro m, or indicador m, de temperatura f de agua en motor
— **wiring** n - [electr-mot] conexión(es) f, en, or para, motor m
— **worm** n - [electr-mot] sinfín m de motor m
— **yield** n - [electr-mot] rendimiento m para motor m
motorboat n - [nav] barco m con motor m
motorcade n - [autom] caravana f de automóviles
motorcoach n - [autom] ómnibus m de lujo m; autobus m; autocar m
motorcycle tire n - [tires] neumático m para motocicleta f
— **speedway** n - [sports] motódromo m, or velódromo m, para motocicleta(s) f
motored a - [autom] conducido,da
motoreducer n - [mech] motorreductor m

motoring n - [autom] automovilismo m • conducción f | a - [autom] automovilístico,ca
— **environment** n - [autom] ambiente m, automovilístico, or motorista
— **public** n - [transp] (público) automovilista f; público m motorista
— **publication** n - [autom] publicación f automovilística
motorist assurance n - [transp] certeza f, or confianza f, or tranquilidad f, de motorista
— **convenience** n - [transp] conveniencia f de motorista m
— **inconvenience** n - [transp] molestia f para motorista(s) m
— **response** n - [autom] reacción f de motorista
—('s) — **time** n - [autom] tiempo m para reacción f de motorista m
— **safety** n - [transp] seguridad f de motorista
motorized a - motorizado,da • mecánico,ca
— **belt** n - [mech] cinta f mecanizada
— **conveyor belt** n - [mech] cinta f transportadora mecanizada
— **closing valve** n - [valv] válvula f obturadora motorizada
— **cross slide** n - [mech] mecanismo m motorizado con desplazamiento m lateral
— **current adjustment** n - [weld] ajuste m motorizado para amperaje m
— **equipment** n - [ind] equipo m motorizado • equipoo m mecánico
— **opening valve** n - [valv] válvula f motorizada para apertura f
— **operator** n - [mech] mando m mecánico; impulsión f mecánica
— **slide** n - [mech] corredera f mecanizada
— **valve** n - [valv] válvula f motorizada
— **vehicle** n - [autom] vehículo m motorizado
— **voltage control** n - [weld] regulación f motorizada, or ajuste m motorizado, para voltaje m
motorizer n - motorizador m
motorizing n - motorización f | a - motorizador,ra
motorsport n - [sports] deporte m motorizado | a - deportivo,va motorizado,da
— **event** n - [sports] evento m (deportivo) motorizado
—(s) **program** n - [telecom] programa m (deportivo) automovilístico
motorway n - [roads] supercarretera f; autopista f; autoestrada f
— **extension** n - prolongación f de supercarretera f
— **need(s)** n - [roads] exigencia(s) f de (super)carretera f
— **network** n - [roads] red f de supercarreteras
motovariating a - motovariador,ra
motovariator n - motovariador m | a - motovariador,ra
— **equipment** n - equipo m motovariador
mottle v - . . .; atruchar
— **heavily** v - atruchar pesadamente
— **moderately** v - atruchar moderadamente
— **slightly** v - atruchar levemente
mottled a - . . .; atruchado,da
— **iron** n - [metal-prod] hierro m atruchado; fundición f atruchada
mottling n - atruchamiento m
mould n - see **mold**
moulded a - see **molded**
moulding n - [mech] moldura f • also see **molding**
mound n - . . . . • [topogr] banco m; escarpa f • [agric] barra f transversal • [constr] terraplén m • [hydr] malecón m; dique m
mount n - [geogr] . . . . • [mech] soporte m; montura f; almohadilla f (de caucho m) | v - [mech] . . .; instalar; armar; montar sobre; efectuar montaje m - [fin] ascender a
— **@ baffle** v - [mech] montar deflector m
— **@ beam** v - [constr] montar viga f

mount @ bracket cover v - [mech] montar cubresoporte* m
— **@ cab** v - [autom] montar (a) cabina f
— **@ cable** v - [constr] montar cable m
— **@ case compartment** v - [mech] montar compartimento m para caja f
— **@ coil** v - [electr-mot] montar bobina f
— **@ combine** v - [agric] montar segadora f trilladora
— **@ compartment** v - [mech] montar compartimento
— **@ conduit** v - [electr-instal] montar conducto m (para cable(s) m)
— **directly** v - [mech] montar directamente
— — **to @ welder** v - [weld] montar directamente sobre soldadora f
— — — — **base** v - [weld] montar directamente sobre base f para soldadora f
— **door** n - [mech] puerta f para soporte m
— **@ drawworks** v - [petrol] montar malacate m
— **@ end cover** v - [mech] montar casquete m para extremo m
— **@ fan** v - [mech] montar ventilador m
— **@ gage** v - [instrum] montar, or instalar, manómetro m
— **@ header** v - [mech] montar cabezal m
— **horizontally** v - montar, horizontalmente, or en posición f horizontal
— **@ housing** v - [mech] montar caja f
— **@ hydraulic winch** v - [cranes] montar malacate m hidráulico
— **@ implement** v - [agric] montar implemento m
— **improperly** v - montar, inapropiadamente, or incorrectamente
— **in @ position** v - montar en posición f
— — **@ vase** v - [mech] montar en tornillo m para banco m
— **incorrectly** v - montar incorrectamente
— **@ motor** v - [electr-mot] montar motor m
— **on @ baseboard** v - [electr-instal] montar sobre zócalo m
— — **@ holder** v - [mech] montar sobre soporte m
— — **@ pole** v - [electr-instal] montar sobre poste m
— — **@ wall** v - [electr-instal] montar sobre, or ir en, pared f
— **@ output shaft** v - [autom-mech] montar árbol m para salida f de fuerza f
— **parallely** v - montar paralelamente
— **permanently** v - [mech] montar permanentemente
— **@ pilot valve** v - [valv] montar, or instalar, válvula f piloto
— **@ receptacle** v - [electr-instal] montar tomacorriente m
— **@ pipe-type material** v - [tub] montar material tubular
— **properly** v - montar, apropiadamente, or correctamente
— **@ retainer** v - [mech] montar retén m
— **rigidly** v - [mech] montar rígidamente
— **@ selector switch** v - [electr-instal] montar conmutador m, selector, or para selección f
— **@ shaft** v - [mech] montar árbol m
— **@ sign** v - [roads] montar, or fijar, indicador
— **temporarily** v - [mech] montar temporariamente
— **@ tire** v - [autom-tires] montar neumático m
— **@ valve** v - [valv] montar, or instalar, válvula f
— **vertically** v - montar, verticalmente, or en posición f vertical
— **@ welder** v - [weld] montar soldadora f
— **@ welder case** v - [weld] montar caja f para soldadora f
— **@ — — compartment** v - [weld] montar compartimento m para caja f para soldadora f
— **@ winch** v - [mech] montar malacate m
— **with @ handle towards @ rear** v - [weld] montar con lanza f hacia atrás
— **within @ flywheel** v - [int.comb] montar dentro de volante m
mountable curb n - [roads] bordillo m montable
— **type** n - tipo m montable
— — **curb** n - [roads] bordillo m de tipo m mon-

table
mountain n - . . . | a - . . .; serrano,na
— **area** n - geogr] zona f montañosa
— **base** n - [topogr] base f de montaña
— **course** n - [sports] pista f, or recorrido m, entre montaña(s) f
— **green** n - verdemontaña m | a - verdemontaña
— **highway** n - [roads] carretera f serrana
— **pass** n - [geogr] portezuelo m; paso m (entre montañas f)
— **range** n - [topogr] sierra f; cadena f
— **resort** n - sitio m serrano para recreo m
— — **area** n - zona f, or sitio m, serrano para recreo m
— — **project** n - [constr] obra f, or proyecto m, para sitio m serrano para recreo m
— **range** n - [geogr] cordillera f
— **route** n - [roads] ruta f serrana
— **side** n - [topogr] . . .; falda f de montaña
— **slope** n - [topogr] cuesta f de montaña f
— **stream** n - [hydr] arroyo m serrano; corriente f serrana
— **terrain** n - [geogr] terreno m montañoso
— **top** n - [topogr] cima f, or cumbre f, de montaña f
mountainous area n - [topogr] zona f montañosa; terreno m montañoso
— **country** n - [topogr] país m montañoso • terreno m montañoso
— **terrain** n - [topogr] terreno m montañoso
mountainside n - [topogr] ladera f de montaña f
mounted a - . . .; armado,da
— **assembly** n - [mech] conjunto m montado
— **attitude** n - [mech] posición f para montaje
— **auger** n - [mech] taladro m montado
— **axle** n - [rail-wheels] eje m montado
— **baffle** n - [mech] deflector m montado
— **beam** n - [constr] viga f montada
— **boom** n - [cranes] pluma f montada; aguilón m montado
— **bracket cover** n - [mech] cubresoporte m montado
— **by pairs** a - [mech] montado,da en pares m
— **cab** n - [autom] cabina f montada
— **cable** n - [constr] cable m montado
— **case** n - [mech] caja f montada
— — **compartment** n - [mech] compartimento m de caja f montado
— **coil** n - [electr-mot] bobina f montada
— **combine** n - [agric-equip] segadora f trilladora montada
— **compartment** n - [mech] compartimento m montado
— **conduit** n - [electr-instal] conducto m (para cable(s) m) montado
— **cutting torch** n - [weld] soplete m cortador montado
— **directly** a - montado,da directamente
— — **to @ welder** a - [weld] montado,da directamente sobre soldadora f
— — — **@ — base** a - [weld] montado,da directamente sobre base f para soldadora f
— **drawworks** n - [petrol] malacate m montado
— **earth auger** n - [tools] taladro m para tierra f montado
— **electric motor** n - motor m eléctrico montado
— **end cover** n - [mech] casquete m para extremo m montado
— **engine** n - [int.comb] motor m montado
— **fan** n - [mech] ventilador m montado
— **gage** n - [instrum] manómetro m, montado, or instalado
— **header** n - [mech| cabezal m montado
— **horizontally** a - montado,da, horizontalmente, or en posición f horizontal
— **housing** n - [mech] caja f montada
— **hydraulic winch** n - [cranes] cabrestante m, or malacate m, hidráulico montado
— **implement** n - [agric] implemento m montado
— — **drive** n - [agric] mando m, or accionamiento m, para implemento m montado

mounted improperly a - montado,da, inapropiadamente, or incorrectamente
— **in opposition** a — montado,da en contraposición
— — **@ position** a - montado,da en posición f
— **in @ vise** a - [mech] montado,da en tornillo m para banco m
— **incorrectly** a - montado,da incorrectamente
— **magnifying glass** m - [optics] lupa f montada
— **motor** n - [mech] motor m montado
— **output shaft** n - [autom-mech] árbol m para salida f (para fuerza f) montado
— **parallely** a - montado,da paralelamente
— **permanently** a - [mech] montado,da permanentemente
— **pilot valve** n - [mech] válvula f piloto, montada, or instalada
— **pipe-type material** n - [tub] material m tubular montado
— **pressure gage** n - [instrum] manómetro m para presión f montado
— **properly** a - montado,da, apropiadamente, or correctamente
— **receptacle** n - [electr-instal] tomacorriente m montado
— **retainer** n - [mech] retém m montado
— **rigidly** a - [mech] montado,da rígidamente
— **selector switch** n - [electr-instal] conmutador m, selector, or para selección f, montado
— **shaft** n - [mech] árbol m, or eje m, montado
— **sign** n - [roads] indicador m, montado, or fijado, or instalado
— **stabilizer** n - [cranes] estabilizador m montado
— **temporarily** a - montado,da temporariamente
— **tilt drive** n - [mech] accionamiento, inclinado montado, or montado para inclinación f
— **tire** n - [autom-tires] neumático m montado
— **torch** n - [weld] soplete m montado
— **valve** n - [mech] válvula f, montada, or instalada
— **vertically** a - montado,da, verticalmente, or en posición f vertical
— **welder** n - [weld] soldadora f montada
— — **case compartment** n - [weld] compartimento m de caja para soldadora f montado
— **winch** n - [cranes] malacate m montado
— **within @ flywheel** a - [int.comb] montado,da dentro de volante n
mounting n - . . .; montura f; instalación f • armazón m • soporte m; suspensión f; pedestal m • fijación f • [jewels] engaste | a - engastador,ra
— **assembly** n - [mech] conjunto m para montaje m
— **axis** n - [mech] eje m para montaje m
— **bedplate** n - [mech] base f para montaje m
— **block** n - [mech] bloque m, or pieza f, or base f, para montaje m
— **bolt** n - [mech] perno m para montaje m
— **bracket** n - [mech] ménsula f, or abrazadera f, or can m, or pieza f angular, para, montaje m, or soporte m
— — **assembly** n - [mech] conjunto m para ménsula f para montaje m
—, **change, or changing** n - [mech] cambio m, de, or para, montaje m
— **clamp** n - [mech] sujetador m para montaje m
— **clip** n - [mech] sujetador m para montaje m
— **device** n - [mech] dispositivo m para, montaje m, or fijación f
— **flange** n - [mech] pestaña f, or brida f, para montaje m
— **frame** n - [mech] bastidor m para montaje m
— **framework** n - [mech] estructura f, or bastidor m, para montaje m
— **group** n - equipo m para montaje m
— **hardware** n - [mech] herraje(s) m, or elemento(s) m, para montaje m
— **height** n - [mech] altura f para montaje m
— **hole** n - [mech] orificio m, or agujero m, para montaje m
— **implement** n - implemento m para montaje m

mounting in @ position n - montaje m en posición
— **in @ vise** n - [mech] montaje m en tornillo m (para banco m)
— **information** n - [mech] información f para montaje m
— **inspection** n—[ind] inspección f para montaje m
— **instruction(s)** n - instrucción(es) f para montaje m
— **insulation** n—[mech] aislación f para montaje m
— **isolator** n - [mech] aislador m para montaje m
— **key** n - [mech] chaveta f para montaje m
— **kit** n - juego m, or equipo m, para montaje m
— **location** n - [mech] sitio m para montaje m
— **lockwasher** n - [mech] arandela f para seguridad f para montaje m
— **material(s)** n - [mech] material(es) m para montaje m
— **method** n - [mech] método m para montaje m
— **nut** n - [mech] tuerca f para montaje m
— **package** n - [mech] conjunto m para montaje m
— **pad** n - base m para montaje m
— **panel** n - [mech] panel m, or tablero m, para montaje m
— — **stud** n - [weld] borne m en panel m para montaje m
— **part** n - [mech] pieza f para montaje m
— **plate** n - [mech] placa f para montaje m
— — **insulation** n - [mech] aislación f para, plancha f, or placa f, para montaje m
— **position** n - [mech] posición f para montaje m
— **principle** n - principio m para montaje m
— **rail** n - riel m, or viga f, para montaje m
— **removal** n - [mech] remoción f, or saca f, de montaje m
— **replacement** n - reemplazo m para montaje m
— **replacing** n - [mech] reemplazo m de montaje m
— **requirement** n - exigencia f para montaje m
— **rubber vibration, insulator,** or **isolator** n - [mech] aislador m de caucho m contra vibración f para montaje m
— **screw** n - [mech] tornillo m para montaje m
— — **loosening** n - [mech] aflojamiento m de tornillo m para montaje m
— — **tightening** n - [mech] ajuste m de tornillo m para montaje m
— **shaft** n - [mech] árbol m, or eje m, para montaje m
— — **assembly** n - [mech] conjunto m de, árbol m, or eje m, para montaje m, or para montaje m para, árbol m, or eje m
— **side** n - [mech] costado m para montaje m
— **spacer** n - [mech] separador m para montaje m
— **strap** n - [mech] planchuela f para montaje m
— **spring** n - [mech] resorte m para montaje m
— **stud** n - [mech] espárrago m (roscado), or prisionero m, or perno m, or pasador m, para montaje m
— — **clip** n - [mech] abrazadera f para espárrago m (roscado), or prisionero m, para montaje
— **surface** n - [mech] superficie f para montaje
— **system** n - [mech] sistema m para montaje m
— **vibration isolator** n - [mech] aislador m contra vibración f para montaje m
— **washer** n - [mech] arandela f para montaje m
— **within @ flywheel** n - [int.comb] montaje m dentro de volante m
mournful a - . . . ; fúnereo,rea; elegíaco,ca
mournfully adv - . . . ; funestamente
mouse n - [zool] . . . ; laucha f
— **trap** n - [domest] trampa f para, ratón(es), or laucha(s) f • [petrol] pescador m con, trampa f, or zopapa f; pescadespojo(s) m
mouth use n - uso m, or empleo m, de boca f
movable a - . . . ; mueble • vertible
— **arm** n - [mech] brazo m movible
— **asset** n - [fin] bien m mueble • propiedad f movible
— —(s) **procurement** n - adquisición f de bien(es) m mueble(s)
— **blade** n - [mech] paleta f movible
— — **surface** n - [mech] superficie f de paleta movible
— **movable bottom** n - [mech] fondo m movible
— — **device** n - [mech] dispositivo m para fondo m movible
— **coil** n - [metal-roll] bobina f movible
— **column** n - [constr] columna f movible
— **contact** n - contacto m, móvil, or movible
— — **support(ing)** n - [electr-equip] sostén(imiento) m de contacto m movible
— **cooling platform** n - plataforma f movible para enfriamiento m
— **core** n - [electr-mot] núcleo m movible
— — **transformer** n - [electr-transf] transformador m con núcleo m movible
— — **type** n - [electr-mot] tipo m con núcleo m movible
— — — **transformer** n - [electr-transf] transformador m de tipo m con núcleo m movible
— **dam** n - [hydr] presa f, móvil, or movible
— **die** n - [mech] troquel m movible
— **duct** n - [mech] conducto m movible
— — **connection** n - [mech] conexión f para conducto m movible
— **head** n - [mech] cabezal m movible
— **bolt** n - [mech] perno m movible con cabeza
— — **control bolt** n - [mech] perno m con cabeza f movible para regulación f
— **hearth** n - [combust] solera f movible
— — **billet reheating furnace** n - [metal-roll] horno m para recalentamiento m para palanquilla f con horno m movible
— — **device** n - [metal-prod] dispositivo m para solera f movible
— — **furnace** n - [combust] horno m con solera f movible
— — — **device** n - [metal-prod] dispositivo m para horno m con solera f movible • dispositivo m para solera f movible para horno m
— — **reheating furnace** n - [metal-prod] horno m con solera f movible para recalentamiento m
— **hood** n - [mech] campana f, movible, or desplazable
— **hopper** n - [electrode extrusion plant] tolva f movible
— **jaw** n - [mech] mandíbula f movible
— **no voltage release crossing arm** n - [electr] brazo m movible para cruzar protector m para voltaje m nulo
— **outrigger** n - [mech] estabilizador m movible • [nav] arbotante m movible
— **platform** n - [mech] plataforma f, móvil, or movible; tarima f
— **stop** n - [mech] tope m movible
— **transponder** n - [electron] transmisor m respondedor, or Transponder* m, movible, or en vehículo m (automotor)
— **unit** n - unidad f movible • dispositivo m movible
movableness n - . . . ; verticidad f
move n - . . . ; mudanza f; cambio m; traslado m; transferencia f | v - . . . ; correr; impulsar; transferir; llevar; ir; cambiar; transportar; desplazar; cambiar sitio m • espirar • conmover • [weld] avanzar • [cranes] trasladar
— **across** v - trasponer; mover (hacia) otro lado
— **@ row** n - corrimiento m, por, or a largo n de, renglón m - v - correr(se), por, or a largo m de, renglón m
— **@ footprint** n - [autom-tires] mover(se) a largo n de huella f
— — **@ weld** v - [weld] mover(se) hacia otro lado m de soldadura f
— **@ adjustment** v - llevar regulación f
— **@ adjustment to @ feeder** v - [weld] llevar regulación f a alimentador m
— **@ — — @ wire feeder** v - [weld] llevar regulación f a alimentador m para alambre m
— **along** n - avance m | v - avanzar
— — **@ seam** v - [weld] avanzar, por, or a largo m, de costura f
— — **slowly** v - [weld] avanzar lentamente

move apart v - separar(se)
— — @ **plate** v - separar plancha f
— — @ **arc** v - [weld] mover arco m
— @ — **torch** v - [weld] mover, antorcha f, or soplete m, con dos electrodo(s) m de carbono
— @ — **to** @ **joint beginning** v - [weld] mover, antorcha f, or soplete m, con dos electrodo(s) m de carbono m a comienzo m de junta
— @ **arm in and out** v - [mech] mover brazo m hacia adentro y (hacia) afuera
— **away** v - correr(se); apartar; separar; alejar; mover desde
— — **from** v - alejar(se) de(sde)
— — — @ **pinion** v - [mech] elejar(se) de(sde) piñón m
— — @ **ring gear** v - [mech] alejar corona f dentada
— **axially** v - [mech] mover, axialmente*, or en sentido m axial
— — @ **input shaft** v - [autom-mech] mover en sentido m axial, árbol m, or eje m, para, entrada f, or aportación f, de fuerza f
— **back** v - mover(se) hacia atrás; retroceder
— **back and forth** v - mover(se) en, vaivén m, or en ambos sentidos m
— — **into** @ **crater** v - [weld] retroceder a cráter m
— — **over** @ **finished bead** v - [weld] retroceder sobre cordón m terminado
— — — @ **weld** v - [weld] volver, or retroceder, sobre cordón m
— — **quickly** v - retroceder rápidamente
— — **backwards** v - mover hacia atrás; retroceder
— @ **cam** v - [mech] mover, leva f, or sujetador
— **closer** v - acercar(se)
— — **together** v - acercar, or allegar, entre sí
— @ **connecting rod** v - [mech] mover biela f
— @ **contact pattern** v - [mech] mover, or desplazar, patrón m para contacto m
— @ **control** v - [mech] mover, or llevar, regulador m, or gobierno m
— @ **coupling** v - [mech] mover, or correr, acoplamiento m
— @ — **sleeve** v - mover, or correr, or llevar, manguito m para acoplamiento m
— @ **die box** v - [wiredrwng] mover caja f portahilera(s)
— **down** v - mover, or impulsar, hacia abajo; (hacer) descender, or bajar
— **downwards** v - mover hacia abajo; descender; bajar
— @ **drive pinion** v - [mech] mover, or desplazar, piñón m impulsor
— @ **earth** v - [constr] (re)mover tierra f
— **easily** v - mover, or mudar, or trasladar; fácilmente • mover uniformemente
— @ **electrode** v - [weld] mover electrodo m
— **excessively** v - mover(se) excesivamente
— **farther apart** v - alejar(se), or apartar(se), (entre sí)
— **fast(ly)** v - mover rápidamente • [weld] avanzar rápidamente
— @ **flywheel** v - [mech] mover volante n
— **forward** n - avance m | v - avanzar; mover hacia adelante
— **freely** v - mover libremente
— — **from side to side** v - [mech] mover libremente de lado m a lado m
— **from** @ **neutral position** n - [mech] movimiento m desde posición f neutral | v - [mech] mover desde posición f neutral
— — @ **side to** @ **side** v - [mech] mover de lado m a lado m
— @ **hood** v - [mech] mover campana f
— **in** v - mover hacia adentro; meter; acercarse (entre sí) • retraer(se)
— — **and out** v - mover(se) hacia adentro y (hacia) afuera; meter y sacar
— — @ — **of** @ **arc** v - [weld] mover hacia adentro y (hacia) afuera de arco m
— — **any direction** v - mover(se) en cualquier dirección f

move in @ **outward direction** v - mover(se) hacia afuera
— — @ **soil** v - [soils] mover en suelo m
— @ **input shaft** v - [autom-mech] mover, árbol m, or eje m, para, entrada f, or aportación f, de fuerza f
— @ — **axially** v - [autom-mech] mover en sentido m axial, árbol m, or eje m, para, entrada f, or aportación f, de fuerza f
— **into** v - penetrar; mover hasta
— @ **backfill** v - [constr] penetrar relleno m
— — @ **car** v - entrar en automóvil • [sports] pasar a conducir
— — @ **final position** n - [mech] colocación f en posición f final | v - [mech] colocar en posición f final
— — **position** n - movimiento m hasta posición f | v - mover hasta posición f
— **inwards** v - movimiento m hacia adentro | v - mover hacia adentro
— **left** n - movimiento m hacia izquierda f | v - mover hacia izquierda f
— @ **lever** v - [mech] mover palanca f
— @ — **forward(s)** v - [mech] mover palanca f hacia adelante; avanzar palanca f
— @ **livestock** v - [cattle] conducir ganado m
— **manually** v - mover manualmente
— @ **material(s)** v = [constr] mover materiale(s) m • [mech] agitar material m
— @ **motor** v - [mech] mover, or mudar, motor m
— @ **nut** v - [mech] mover tuerca f
— @ **oscilloscope lead** n - [electron] mover conductor m para osciloscopio m
— **out** v - mover hacia afuera; sacar • extender
— — **of** @ **puddle** v - [weld] salir de baño m
— **outdoor(s)** v - trasladar a, exterior m, or intemperie f
— @ **output adjustment** v - [weld] variar regulación f de corriente f para salida f
— @ — **to** @ **(wire) feeder** v - [weld] variar regulación f de corriente f para salida a alimentador (para alambre n)
— @ — **control** v - [weld] variar regulación f de corriente f para salida f
— @ — **to** @ **(wire) feeder** v - [weld] variar regulación f de corriente f para salida f para alimentador m (para alambre m)
— **outward(s)** v - mover hacia afuera; abrir(se)
— @ **people** v - llevar, or conducir, peatón(es)
— @ **pinion** v - [mech] mover piñón m
— @ **pipe nipple** v - [tub] mover entrerrosca f para tubo(s) m
— @ **piston** v - [mech] mover émbolo m
— @ **product** v - mover producto m
— **quickly** v - mover rápidamente
— — **back** v - retroceder rápidamente
— — — **into** @ **crater** v - [weld] retroceder rápidamente (hast)a cráter m
— **rapidly** v - mover rápidamente • [weld] avanzar rápidamente
— **right** v - mover hacia derecha f
— @ **ring gear** v - [mech] mover, or desplazar, corona f dentada
— @ **shaft** v = [mech] mover, árbol m, or eje m
— @ **sheeting** v - [constr] mover, tablestaca f, or tablestacado m
— @ **shift fork** v - [mech] mover horquilla f para cambio(s) m
— **sideways** v - mover hacia costado m
— @ **sleeve** v - [mech] correr manguito m
— @ **sliding clutch** v - [mech] mover embrague m, deslizante, or corredizo
— **slowly** v - mover lentamente • [weld] avanzar lentamente
— — **along** @ **joint** v - [weld] mover, or avanzar, lentamente a largo n de junta f
— @ **steering wheel** v - [autom] mover volante m (para dirección f)
— @ **stick** v - mover palo m - [autom-mech] mover palanca f (para cambio m de marcha f)

move @ suspended solid(s)

move @ suspended solid(s) v - mover, or transportar sólido(s) m suspendido(s)
— **@ switch** v - [electr-oper] mover, conmutador m, or llave f, or palanca f, or interruptor m
— **@ — back and forth** v - [electr-oper] mover conmutador en ambo(s) sentido(s) m
— **@ throttle** v - [int.comb] mover, acelerador m, or regulador m
— **@ — lever** v - [int.comb] mover palanca f para, acelerador m, or regulador m
— **through** v - trasponer; atravesar; avanzar a largo m de
— — **@ pipe** v - [tub] avanzar a largo m de tubo
— — **@ range** v - [mech] mover por todo curso m; mover por toda escala f
— **to @** v - acercar(se) a
— **to @ front** v - mover hacia, frente f, or adelante
— — **@ rear** v - mover hacia atrás
— **too fast** v - [weld] mover(se) demasiado rápidamente
— — — **in any direction** v - mover(se) demasiado rápidamente en cualquier sentido m
— **@ torch** v - [weld] mover, antorcha f, or soplete m (con dos electrodos m de carbono m)
— **@ — slowly** v - [weld] mover lentamente, antorcha f, or soplete m, con dos electrodo(s) m de carbono m
— **@ — to @ joint beginning** v - [weld] mover antorcha f a cominezo m de junta f
— **toward(s)** v - mover hacia; acercar(se); acercar a
— — **@ left** v - mover hacia izquierda f
— **@ pinion** v - [mech] acercar a piñón m
— — **@ right** v - mover hacia derecha f
— **@ tower** v - mover, or trasladar, torre f
— **under . . . own power** v - [mech] tener movimiento m independiente
— **uniformly** v - mover uniformemente
— **up** n - ascenso m; promoción f | v - ascender; mover(se), or impulsar, hacia arriba; avanzar; adelantar(se)
— — **across** v - mover(se) hacia arriba hacia otro lado m
— — — **@ weld** v - [weld] mover(se) hacia arriba hacia otro lado m de soldadura f
— — **and down** v - mover hacia arriba y (hacia) abajo
— **upwards** v - mover(se) hacia arriba
— **@ valve** v - [valv] mover, or mudar, válvula f
— **@ vehicle** v - [roads] conducir vehículo m
moved a - movido,da; mudado,da; cambiado,da; corrido,da • trasladado,da; transferido,da • conmovido,da
— **across @ row** a - corrido,a por renglón m
— **along** a - avanzado,da
— **away** a - movido,da desde; alejado,da; corrido,da
— — **from** a - alejado,da
— — — **@ pinion** a - [mech] alejado,da de(sde) piñón m
— — **ring gear** n - [mech] corona f dentada, movida, or alejada
— **axially** a - [mech] movido,da en sentido m axial
— — **input shaft** n - [autom-mech] árbol m, or eje m, para, entrada f, or aportación f (de fuerza f) movido en sentido m axial
— **axle** n - [mech] eje m movido
— **back** a - retrocedido,da
— — **and forth** a - movido,da en ambos sentidos
— **backwards** a - movido,da hacia atrás
— **cam** n - [mech] leva f movida • sujetador m movido
— **closer** a - acercado,da; allegado,da
— **connecting rod** n - [int.comb] biela f movida
— **contact pattern** n - [mech] patrón m para contacto m, movido, or desplazado
— **coupling** n - [mech] acoplamiento m movido
— — **sleeve** n - [mech] manguito m para acoplamiento m, movido, or corrido

moved die box n - [wiredrwng] (caja) portahilera f movida
— **down** a - movido,da hacia abajo; descendido,da
— **downward(s)** a - movido,da hacia abajo
— **drive pinion** n - [mech] piñón m impulsor, movido, or desplazado
— **earth** n - [constr] tierra f (re)movida
— **easily** a - movido,da, or mudado,da, or trasladado,da, fácilmente
— **evenly** a - movido,da uniformemente
— **excessively** a - movido,da excesivamente
— **farther apart** a - alejado,da; separado,da
— **flywheel** n - [mech] volante m movido
— **forward(s)** a - movido,da hacia adelante; avanzado,da; progresado,da
— **freely** a - movido,da libremente
— — **from side to side** a - [mech] movido,da libremente de lado a lado
— **from @ neutral position** a - [mech] movido,da desde posición f neutral
— — **side to side** a - [mech] movido,da de lado a lado
— **hood** a - [mech] campana f movida
— **in** a - movido,da hacia adentro • metido,da • retraído,da
— — **and out** a - movido,da hacia adentro y (hacia) afuera
— — — **of @ arc** a - [weld] movido,da hacia adentro y (hacia) afuera de arco m
— — **@ outward direction** a - movido,da hacia afuera
— **input shaft** n - [autom-mech] árbol m, or eje m, para entrada f (de fuerza f) movido
— **into** a - penetrado,da; movido,da hasta
— — **@ final position** a - [mech] colocado,da en posición f final
— — **@ position** a - movido,da hasta posición f
— **lever** n - [mech] palanca f movida
— **livestock** n - [cattle] ganado m conducido
— **manually** a - movido,da manualmente
— **motor** n - [mech] motor m, movido, or mudado
— **nut** n - [mech] tuerca f movida
— **oscilloscope lead** n - [electron] conductor m para osciloscopio m movido
— **out** a - movido,da hacia afuera • sacado,da • salido,da • extendido,da
— **outdoor(s)** a - trasladado,da a, exterior m, or intemperie f
— **people** n - [roads] persona(s) f conducida(s)
— **pinion** n - [mech] piñón m movido
— **pipe nipple** n - [tub] entrerrosca f para tubo(s) m movida
— **piston** n - [mech] émbolo m movido
— **product** n - producto m movido
— **ring gear** n - [mech] corona f dentada, movida, or desplazada
— **shaft** n - [mech] árbol m, or eje m, movido
— **sheeting** n - [constr] tablestacado m movido
— **shift fork** n - [mech] horquilla f para cambio(s) m movida
— **sideway(s)** a - movido,da, lateralmente, or a costado m
— **sleeve** n - [mech] manguito m, movido, or corrido
— **sliding clutch** n - [mech] embrague m deslizante movido
— **slowly** a - movido,da lentamente
— **slowly along @ joint** a - [weld] movido,da lentamente a largo m de junta f
— **stick** n - [autom] palanca f (para cambio(s) m de marcha f) movida
— **steering wheel** n - [autom-mech] volante m (para dirección f) movido
— **switch** n - [electr-instal] conmutador m movido
— **throttle** n - [int.comb] regulador m, or acelerador m, movido
— — **lever** n - [int.comb] palanca f para regulador m movida
— **through** a - transpuesto,ta
— — **@ range** n - movido,da por todo curso m • movido,da por toda escala f

- 1108 -

moved to @ front a - movido,da hacia adelante
— — rear a - movido,da hacia atrás
— toward(s) a - movido,da hacia; acercado,da
— — @ pinion a - [mech] movido,da hacia piñón m
— tower n - torre f, movida, or trasladada
— uniformly a - movido,da uniformemente
— up a - movido,da hacia arriba • ascendido,da • avanzado,da; adelantado,da
— upward(s) a - movido,da hacia arriba
— valve n - [valv] válvula f movida
— vehicle n - [roads] vehículo m conducido
movement n . . .; desplazamiento m • fluctuación f • [cranes] traslación f
— allowance n - permiso m para movimiento m
— allowing n - permiso m para movimiento m
— away n - movimiento m desde; alejamiento m
— between engagement and disengagement n - movimiento m entre engranaje m y desengranaje f
— character n - carácter m de movimiento m
— — factor n - factor m para carácter m de movimiento m
— control n - [mech] regulación f de movimiento
— forward n - movimiento m hacia adelante; avance m
— from @ neutral position n - [mech] movimiento m desde posición f neutral
— — side to side n - [mech] movimiento m de lado a lado
— interruption n - interrupción f en movimiento
— into @ position n - movimiento m hasta posición f
— — @ seat rate control n - [mech] regulación f de régimen m para movimiento m hacia adentro en asiento m
— magnitude n - magnitud f de movimiento m
— — factor n - factor m de magnitud f de movimiento m
— measurement n - medida f de movimiento m
— measuring n - medición f de movimiento m
—, preventing, or prevention n - [mech] evitación f de movimiento m
— rate n - [mech] régimen m, or rapidez f, de movimiento m
— — control n - [mech] regulación f de régimen m para movimiento m
— restriction n - restricción f de movimiento m • movimiento m restringido
— skill n - destreza f, or habilidad f, en movimiento m
— speed n - rapidez f, or velocidad f, de movimiento m
— through @ range n - [mech] movimiento m por todo curso m
— to @ front n - movimiento m hacia adelante
— — @ rear n - movimiento m hacia atrás
— toward(s) n—movimiento m hacia; acercamiento m
— under @ flashing n - [constr] movimiento m debajo de tapajunta(s) m, or babeta(s) f
— usefulness n - utilidad f de movimiento m
movie n - [photogr] . . .; see moving picture
— projector n - [photogr] proyector m cinematográfico
— studio n—[photogr] estudio m cinematográfico
moving n - . . .; cambio m; transferencia f • [mech] corrimiento m • a - en movimiento m • movible; móvil • motriz
— across @ row n - corrimiento m por renglón m
— along n - avance m
— — @ seam n - [weld] avance m a largo m de costura f
— assembly n - [mech] conjunto m movible
— away n - movimiento m desde; alejamiento m • corrimiento m
— — away n - alejamiento m
— — from @ pinion n - [mech] alejamiento m desde piñón m
— bed n - lecho m, móvil, or movible
— closer n - acercamiento m
— coil n - [electr-mot] bobina f, or devanado m, móvil
— — galvanometer n - [instrum] galvanómetro m

con, bobina f, or devanado m, móvil
moving column n - columna f móvil
— contact n - [electr-instal] contacto m movible; pieza f móvil para contacto m; contacto m, móvil, or en movimiento m
— — assembly n - [electr] conjunto m movible para contacto m
— contactor n - [electr-equip] contactador m, móvil, or movible; interruptor m automático movible
— conveyor belt n - [mech] cinta f transportadora, movible, or en movimiento m
— core meter n - [instrum] medidor m para núcleo m móvil
— cost n - [transp] costo m para acarreo m
— down n - movimiento m hacia abajo; descenso m
— equipment n - [mech] equipo m, movible, or en movimiento m
— expense(s) - gasto(s) m para, mudanza f, or traslado m
— force n - [phys] fuerza f motriz
— forward n - movimiento m hacia adelante; avance m
— from side to side n - [mech] movimiento de lado a lado m
— hood n - [mech] campana f, movible, or desplazable
— — assembly n - [mech] conjunto m para campana f movible
— in n - movimiento m hacia adentro; metimiento m - retraimiento m
— interlock contact assembly n - [electr-equip] conjunto m movible para contacto m para enclavamiento m
— into @ final position n - [mech] colocación f en posición f final
— — @ position n - movimiento m hasta posición
— iron meter n - [instrum] medidor m para núcleo m móvil
— lamination n - [electr] núcleo m laminar movible
— — assembly n - [electr] conjunto m de núcleo m laminar movible
— load n - [transp] carga f en movimiento m
— mass n - masa f en movimiento m
— mechanism n - mecanismo m con movimiento
— out n - movimiento m hacia afuera; extensión f • saca f
— overhead equipment n - [ind] equipo m elevado en movimiento m
— part f - parte f, en movimiento m, or activa, or viva • pieza f, movible, or en movimiento
— —(s), inspecting, inspection n - [mech] inspección f de pieza f con movimiento m
— pipe n - [tub] tubo m en movimiento m
— scratch across @ beam n - [weld] movimiento m de raspado m cruzando costura f
— seal n - [mech] cierre m, movible, or corredizo
— through n - movimiento m a través de • transposición f
— — @ range n - [mech] movimiento m por (todo) curso n
— towards n - movimiento m hacia; acercamiento m • alejamiento m
— — @ piston n - [mech] acercamiento m hacia piñón n
— up n - movimiento m hacia arriba • ascenso m • avance m; adelanto m
— valve n - [valv] válvula f, móvil, or movible, or en movimiento
— van n - [transp] (auto)camión f para mudanza
— weight n - peso m en movimiento m
mow v - [agric] segar • recortar
— @ grass v - (re)cortar césped m
mowable a - [agric] segable; segadero,ra
mowed a - [agric] (re)cortado,da
— grass n - césped m, or pasto m, (re)cortado
mower tractor hitch n - [agric] enganche m en tractor m para guadañadora f
— trailer n - guadañadora f para remolque m

mowing n - . . . ; corte m de, hierba f, or pasto m; recorte m; recortadura f
— **equipment** n - equipo m para (re)cortar pasto
— — **impediment** n - impedimento m para equipo m para recortar pasto m
MS n - [pol] see Mississippi
ms n - [chronol] see millisecond
MT n - [pol] see Montana
mt n - [geogr] see mount(ain)
mth power n - [math] potencia f emésima
much n - parte f grande | a - . . .; parte f, grande, or buena
— **deposited weld** n - [weld] mucho metal m aportado
— **hand work** n - mucho trabajo m manual
— **intensity** n - mucha intensidad f
— **of @ way** n - [sports] parte f buena de, carrera f, or corrida f, or camino m
— **protection** n - mucha protección f
— **smaller** adv - mucho menor
— **space** n - mucho espacio m
— **to @ surprise** adv - para sorpresa f grande
— **vacuum** n - [pneumat] mucho vacío m
mucilaginous a - . . .; viscoso,sa
muck n - . . . • [soils] tierra f turbosa; [hydr] fango m; cieno m; lodo m • [constr] escombro(s) m; residuo(s) m
— **handling equipment** n - [constr] equipo m para remoción f de, fango m, or escombro(s) m
— **plastered** a - [constr] embarrado,da
— **plasterer** n - [constr] embarrador,ra
— **plastering** n - [constr] embarradura f | a - [constr] embarrador,ra
— **removal equipment** n - [constr] equipo m para remoción f de, fango m, or escombro(s) m
mucous a - . . .; flemoso,sa
mud accumulation n - acumulación f de lodo m
— **and snow tire** n - [autom-tires] neumático m para barro m y nieve f
— **apron** n - [constr] platea f de tierra f
— **ball** n - [sanit] bola f, or pelot(ill)a f, de, barro m, or lodo m
— **box** n - [petrol] caja f, or cajón m, or artesa f, para inyección f • caja f retenedora para inyección f • [constr] artesa f
— **circulated to @ new choke** n - [petrol] lodo m circulado a estrangulador m nuevo
— **circulation** n - circulación f de lodo m
— — **diverted from @ choke** n - [petrol] circulación f de lodo m desviado desde estrangulador m
— — **diverted from @ choke** n - [petrol] desviación f desde estrangulador m de circulación f de lodo m
— — **switch(ing)** n - [petrol] reencaminamiento m de circulación f de lodo m
— — **(ing) to @ new choke** n - [petrol] reencaminamiento m de circulación f de lodo m a estrangulador m nuevo
— — **switched to @ new choke** n - [petrol] circulación f de lodo m reencaminado a estrangulador m nuevo
— — **to @ new choke** n - [petrol] circulación f de lodo m a estrangulador m nuevo
— **cleaning** n - limpieza f de lodo m
— **collar** n - [petrol] collar m para circulación
— **conditioner** n - [petrol] acondicionador m para lodo m
— **conditioning** n - [petrol] acondicionamiento m de lodo m
— **conveyor** n - [petrol] tubería f conductora para (lodo m para) inyección f
— **corrosiveness** n - corrosividad f de lodo m
— **ditch** n - [petrol] canal m para lodo(s) m
— **diversion** n - [petrol] desviación f de lodo m
— **end** n - [petrol] parte f hidráulica de bomba f para, inyección f, or lodo m
— **flow** n - circulación f de lodo m
— — **switch(ing)** n - [petrol] reencaminamiento m de circulación f de lodo m
— **gun** n - [metal-prod] cañón m (para arcilla f, or tapa-piquera; máquina f para tapar piquera f; inyector m para arcilla f; lanzador m, or obturador m, or inyector m, para lodo m
mud gun breakdown n - [metal-prod] avería f de cañón m
— — **catch** n - [metal-prod] uña f para cañón m
— — **change** n - [metal-prod] cambio m, or reemplazo m, de cañón m (para arcilla f)
— — **clay** n - [metal-prod] arcilla f, or pasta f, tapapiqueras, or para cañón m
— — **control room** n - [metal-prod] sala f para (gobierno m para) cañón m
— — — **panel** n - [metal-prod] panel m, or tablero m, en sala f para gobierno para cañón
— — **cylinder** n - [metal-prod] cilindro m para cañón m
— — **failure** n - [metal-prod] avería f en cañón
— — — **to plug** n - [metal-prod] fallar cañón m
— — **feeder** n - [metal-prod] alimentador m para, cañón m, or inyector m para lodo m
— — **fitting plate** n - [metal-prod] chapa f para enganche m para cañón m en piquera f
— — **holding latch** n - [metal-prod] brazo m acoplador para cañón m (para arcilla f)
— — **installation** n - [metal-prod] instalación f de cañón m
— — **latch** n - [metal-prod] uña f para cañón m
— — **nozzle** n - [metal-prod] boca f, or boquilla f, de cañón m
— — **piston** n - [metal-prod] émbolo m para cañón m
— — — **reducer** n - [metal-prod] reductor m para émbolo m para cañón m
— — — **stop** n - [metal-prod] final m, or tope m, para émbolo m para cañón m
— — — **screw nut** n - [metal-prod] tuerca f con husillo m para émbolo m para cañón m
— — **replacement** n - [metal-prod] cambio m, or reemplazo m, de cañón m
— — **swing arm** n - [metal-prod] brazo m para movimiento m de rotación f para cañón m
— — **tilt(ing)** n - [metal-prod] inclinación f de cañón m
— — **tilting arm** n - [metal-prod] brazo m para inclinación f para cañón m
— — — **bolt** n - [metal-prod] perno m para brazo m para inclinación f para cañón m
— — — **chain** n - [metal-prod] cadena f para inclinación para cañón m
— — — **device bolt** n - [metal-prod] perno m para dispositivo m para inclinación f de cañón m
— — — **mechanism** n - [metal-prod] mecanismo m para inclinación f para cañón m
— — — **support chain** n - [metal-prod] cadena f para sostén m de inclinación f de cañón m
— — **system** n - [metal-prod] sistema m para inclinación f de cañón m
— — — **bolt** n - [metal-prod] perno m para sistema m para inclinación f de cañón m
— — — **system front arm** n - [metal-prod] brazo m delantero para sistema n para inclinación f para cañón m
— — **wiring** n - [metal-prod] instalación f, or conexión(es) f, para cañón m
— **laden fluid** n - [petrol] lodo m para, perforación f, or inyección f
— **level** n - [petrol] nivel m de lodo m
— **line** n - [petrol] tubería f conductora para inyección f
— **lubricator** n - [petrol] lubricador m para, lodo m, or inyección f
— **mat** n - [constr] platea f, or base f, de tierra f, para cimiento m
— **mixer** n - [petrol] mezcladora f para, lodo m, or inyección f
— **mixing gun** n - [petrol] inyector m mezclador, para lodo m
— **pit** n - [petrol] foso m para lodo m
— **plaster** v - [constr] embarrar
— **plugged** a - atascado,da con lodo m

mud plugged pipe n - [metal-prod] tubería f atascada con lodo(s) m
— pressure indicator n - [petrol] indicador m de presión f para lodo m
— pump n - [petrol] bomba f para, lodo(s) m, or inyección f
— — fluid end n - [petrol] extremo m hidráulico de bomba f para, lodo(s) m, or inyección f
— — — maintenance n - [petrol] mantenimiento m, or conservación f, para extremo m hidráulico de bomba f para lodo(s) m
— — — part n - [petrol] pieza f para extremo m hidráulico de bomba f para lodo(s) m
— — gear end n - [petrol] extremo m con motor m para bomba f para, lodo(s) m, or inyección
— — maintenance n - [petrol] mantenimiento m, or conservación f, para bomba f para lodo(s)
— — — procedure n - [petrol] procedimiento m para mantenimiento de bomba f para lodo(s) m
— — pressure n - [petrol] presión f en bomba f para, lodo(s) m, or inyección f
— — — gage n - [petrol] manómetro m para presión f en bomba f para, lodo(s), or inyección
— — release n - [petrol] purga f, or descarga f, de bomba f para, lodo(s) m, or inyección f
— — — valve n - [petrol] válvula f para, purga f, or descarga f, de bomba f para lodo(s) m
— — routine maintenance n - [petrol] mantenimiento m, or conservación f, de rutina para bomba para, lodo(s) m, or inyección
— — — procedure n - [petrol] procedimiento m para, mantenimiento m, or conservación f, de rutina f para bomba f para lodo(s) m
— — removal n - [petrol] remoción f, or saca f, or eliminación f de, lodo(s) m, or inyección f
— pumping n - [petrol] bombeo m de lodo(s) m
— race n - [sports] carrera f en, barro m, or lodazal m
— saver n - [petrol] economizador m, or recuperador m, para, lodo(s) m, or inyección f
— screen n - [petrol] rejilla f, or zaranda f, para, lodo(s) m, or inyección f
— seal n - cierre m con, barro m, or lodo m
— shaker n - [petrol] zaranda f vibratoria para, lodo(s) m, or inyección f
— sill n - [petrol] solera f, or viga f para asiento m, para apoyo m (para torre f para perforación f)
— socket n - [petrol] cuchara f para extracción f de, lodo(s) m, or inyección f
— tanque m - [petrol] (es)tanque m, or depósito m, para lodo m
— terrain tire n - [autom-tires] neumático m para barro m y terreno(s) m abierto(s); pantanera f
— thinner n - [petrol] dilu(y)ente para. lodo m, or inyección f
— tire n - [autom-tires] neumático m para, barro m, or fango m; pantanera f
— trap n - colector m para, lodo m, or barro m
— volcano n - [petrol] volcán m de lodo m
— wiper n - [petrol] enjugador m, or recuperador m, para, lodo(s) m, or inyección f
middied a - embarrado,da
mudding n - embarradura f
muddy a - . . . | v - embarrar
— condition n - condición f, barrosa, or lodosa, or fangosa
— off-road condition n - [autom] condición f barrosa fuera de carretera f
— road n - [roads] camino m barroso
muddying n - embarramiento m
mudhole n - . . .; lodazal m
mudline n - [petrol] fondo m de mar debajo de lama f
— suspension n - [petrol] suspensión f sobre fondo m de mar m
— — system n - [petrol] sistema m suspendido sobre fondo m de mar
muff room n - [telecom-inst] sala f para mufas f
muffle n - [mech] mufla f | v - silenciar

muffle furnace n - [combust] horno m con mufla f
muffler n - . . . • [int.comb] . . .; amortiguador m; silenciador m, or amortiguador m, para escape m
— assembly n - [int.comb] conjunto m de silenciador m
— cut out n - [int.comb] escape m libre
— flange n - [int.comb] pestaña f en silenciador m
— — gasket n - [int.comb] guarnición f para pestaña f en silenciador m
— mounting n - [int.comb] montaje m, or instalación f, de silenciador m
— — gasket n - [int.comb] guarnición f para, montaje m, or instalación f, de silenciador
— — nut n - [int.comb] tuerca f para, montaje m, or instalación f, de silenciador
— — stud n - [int.comb] espárrago m para, montaje m, or instalación f, de silenciador
mufti n - [vest] . . .; ropa f (de) civil
mulch n - [agric] hoja(s) f; paja f; hojarasca f; capa f protectora | v - [agric] mullir; cubrir con, hoja(s), or paja f, or hojarasca f; proteger con capa f
mulched a - [agric] mullido,da; cubierto,ta con, hoja(s) f, or hojarasca f
mulching n - [agric] cubrimiento m con, hoja(s) f, or hojarasca f
mule n - . . . | a - [mech] (en estado m) experimental
— pulley n - [mech] polea f guía
mull v - . . .; recapacitar • [mech] pelverizar • mezclar
Mullen n - [paper] resistencia f Mullen
Muller tire n - [mech] llanta f de rueda f moledora
mulling n - [miner] mezcladura f; moledura f; pulverización f | a - mezclador,ra
— wheel n - [mech] rueda f, moledora, or mezcladora, or para, mezcladura f, or moledura f, or pulveverización f
mullor n - [miner] mezcladora f • moledora f] pulverizadora f
— flushing n - [miner] lavado m de mezcladora f
— wheel n - [miner] rueda f para, mezcladora f • rueda f para moledora f
multi- a - see multiple
— conductor cable n - [electr-cond] cable m multiconductor
— — control cable n - [electr-cond] cable m multiconductor para regulación f
— digit code n - [comput] código m, multidígito*, or con dígito(s) m múltiple(s)
— directional a - multidireccional*; en dirección(es) f múltiple(s)
— — slip base n - [mech] base f embutible multidireccional*
— driver n - [tools] hincadora f múltiple
— functional control n - [comput] regulación f para función(es) f múltiple(s)
— — module n - [comput] módulo m para controlador* m para función(es) f múltiple(s)
— — tachometer n - [instrum] tacómetro m para fin(es) m múltiple(s)
— lane a - [roads] con vía(s) f múltiple(s)
— — highway n - [roads] carretera f con vía(s) múltiple(s)
— line block n - [cranes] motón m con varias polea(s) f
— media n - medio(s) m audiovisual(es) | a - audiovisual*
— output n - [comput] see multiple output
— pass a - see multiple pass
— phase a - [electr-prod] multifásico,ca
— — current n - [electr-prod] corriente f multifásica
— — power n - [electr-prod] energía f, or corriente f, multifásica
— — rectifier n - [electr-prod] rectificador m multifásico
— plant a - [ind] can varias plantas f

Multi-Plate

Multi-Plate n - [metal-fabr] (tubería f) Multi-Plate; tubo m, or tubería f, de plancha(s) f múltiples • [Spa.] Multi-Placa
—— **arch** n - [metal-fabr] bóveda f de planchas f múltiples, or Multi-Plate
—— —— **bridge** n - [constr] puente m (con) bóveda f de, planchas f múltiples, or Multi-Plate
—— —— **lining** n - [constr] revestimiento m con bóveda Multi-Plate, or de planchas múltiples
—— —— **installation** n - [constr] instalación f de bóveda f, Multi-Plate, or de planchas f múltiples
—— —— **bolt** n - [tub] perno m para tubería f, con planchas f múltiples, or Multi-Plate
—— —— **bridge** n - [constr] puente m de planchas f múltiples, or Multi-Plate
—— —— **circular pipe arrangement** n - [tub] disposición f de tubería f circunferencial Multi-Plate
—— —— —— **plate** n - [tub] plancha f para tubería f circunferencial Multi-Plate
—— —— —— **arrangement** n - [tub] disposición f de plancha(s) f para tubería circunferencial Multi-Plate
—— —— —— **shell** n - [tub] plancha f para tubería f circunferencial Multi-Plate
—— —— **conduit** n - [metal-fabr] conducto m, or estructura f, Multi-Plate
—— —— **corrugated, plate,** or **sheet** n - [metal-fabr] plancha f corrugada Multi-Plate
—— —— —— **steel drainage structure** n - [metal-fabr] estructura f de acero m corrugado, de planchas f múltiples, or Multi-Plate, para drenaje m
—— —— —— **plate** n - [metal-fabr] plancha f Multi-Plate de acero m corrugado
—— —— **structure** n - [hydr] estructura f de acero m corrugado, con planchas f múltiples, or Multi-Plate
—— —— **disk clutch** n - [mech] embrague m con disco(s) m múltiple(s)
—— —— **elliptic(al) pipe arrangement** n - [tub] disposición f de tubería f elíptica, Multi-Plate, or con planchas f múltiples
—— —— —— **plate** n - [tub] plancha f para tubería f elíptica, con planchas f múltiples, or Multi-Plate
—— —— —— **arrangement** n - [tub] disposición f de plancha(s) f para tubería f elíptica, con planchas f múltiples, or Multi-Plate
—— —— **erection** n - [constr] armado m de tubería f, con planchas f múltiples, or Multi-Plate
—— —— **manual** n - [tub] manual m para tubería f, con planchas f múltiples, or Multi-Plate
—— —— **nut** n - [tub] tuerca f para (tubería f), con planchas f múltiples, or Multi-Plate
—— —— **pedestrian tunnel** n - [constr] túnel m, con planchas f múltiples, or Multi-Plate, para peatón(es) m
—— —— **pipe** n - [tub] tubo m, or tubería f, con planchas f múltiples, or Multi-Plate, or multi-placa*
—— —— **pipe arch** n - [tub] tubería f abovedada, con planchas f múltiples, or Multi-Plate
—— —— —— **structure** n - [constr] estructura f con tubería f abovedada, con planchas f múltiples, or Multi-Plate
—— —— —— **arrangement** n - [tub] disposición f de, tuberías f, múltiples, or Multi-Plate
—— —— —— **bolt** n - [tub] perno m para, tuberías f múltiples, or Multi-Plate
—— —— —— **installation** n - [tub] instalación f de tubería f, con planchas f múltiples, or Multi-Plate
—— —— —— **nut** n - [tub] tuerca f para tubería f, con planchas f múltiples, or Multi-Plate
—— —— —— **plate** n - [tub] plancha f para tubería f, con planchas f múltiples, or Multi-Plate
—— —— —— **arrangement** n - [tub] disposición f plancha(s) f para tubería f, con planchas f múltiples, or Multi-Plate
Multi-Plate pipe tool kit n - [tub] juego m de herramienas para armar tubería f, con planchas f múltiples, or Multi-Plate
—— —— **underpass** n - [constr] paso m inferior de tubería f, con planchas f múltiples, or Multi-Plate
—— —— **seam strength** n - [metal-fabr] resistencia f de costura f de tubería f, con planchas f múltiples, or Multi-Plate
—— —— —— **test(ing)** n - [metal-fabr] ensayo m de resistencia f de costura f en tubería f, con planchas f múltiples, or Multi-Plate
—— —— **section** n - [metal-fabr] sección f (de tubería f) Multi-Plate
—— —— **strength** n - [tub] resistencia f de (tubería f) Multi-Plate m
—— —— —— **test(ing)** n - [tub] ensayo m de resistencia f de tubería f, con planchas f múltiples, or Multi-Plate
—— —— **structure** n - [metal-fabr] estructura f, con planchas f múltiples, or Multi-Plate
—— —— **Super-Span structure** n - [constr] estructura f, con planchas f múltiples, or Multi-Plate, con porte m grande
—— —— **test(ing)** n - [tub] ensayo m de tubería f, con planchas f múltiples, or Multi-Plate
—— —— **tunnel** n - [constr] túnel m (de tubería f), con planchas f múltiples, or Multi-Plate
—— —— **underpass** n - [constr] paso m inferior (de tubería f, con planchas f múltiples, or Multi-Plate
—— —— **structure** n - [constr] estructura f de tubería f, con planchas f múltiples, or Multi-Plate, para paso(s) m inferior(es)
—— **point(s)** m - punto(s) m múltiple(s) | a - con punto(s) m múltiple(s), or multipunto*
—— **process Squirt welder** n - [weld] soldadora f con alimentación f automática (de electrodo m) para cualquier procedimiento m
—— **welder** n - [weld] soldadora f para cualquier procedimiento m
—— **purpose** a - para aplicación(es) f múltiple(s)
—— **clamp** n - [mech] mordaza f para fin(es) m múltiple(s)
—— **Squirt welder** n - [weld] soldadora f (Squirt) con alimentación f automática (de electrodo m) para aplicación(es) f múltiple(s)
—— **welder** n - [weld] soldadora f para aplicación(es) f múltiple(s)
—— **string** a - [petrol] con tubería f compuesta
—— **equipment** n - [petrol] equipo m con tubería f compuesta
—— **well head equipment** n - [petrol] equipo m con tubería f compuesta para cabeza f de pozo
—— **unit house** n - [constr] casa f múltiple
—— **viscosity oil** n - [lubric] aceite m con viscosidad f múltiple
—— **wire weld(ing)** n - [weld] soldadura f con electrodo(s) m múltiple(s)
multicompany n - [com] compañía f múltiple | a - [com] de varias compañías
—— **program** n - programa m de varias compañías f
multiconductor aerial cable n - [electr-cond] cable m aéreo con conductor(es) m múltiples; conductor m aéreo múltiple
—— **cable** n - [electr-cond] cable m, multiconductor, or multipolar; cable m con múltiple(s) conductor(es)
—— **control cable** n - [weld] conductor m múltiple para regulación f
multicylinder engine n - [int.comb] motor m, con varios cilindros m, or multicilíndrico
multicylindered a - con cilindro(s) m múltiple(s)
multifrequency n - [electron] frecuencia f múltiple; multifrecuencia* f; also see **multiple frequency**
—— system n - [electron] sistema m con, frecuencia(s) f múltiple(s), or multifrecuencias f
multigap n - [electr] entrehierro m múltiple
—— **arrester** n - [electr] pararrayo(s) m, catódi-

dico, or con entrehierro m múltiple
multigap lightning arrester n - [electr] pararrayos m con retardo m catódico, or entrehierro m múltiple
multilayer sheet n - [metal-roll] lámina f con capa(s) f múltiple(s)
— **weld** n - [weld] soldadura f en capa(s) f múltiple(s)
multilingual a - multilingüe
— **country** n - [pol] país m multilingüe
multimillion a - con costo m de varios millones
multinational Andean company n - [legal] compañía f, or empresa f, multinacional andina
— — **corporation** n - [legal] sociedad f, or empresa f, multinacional andina
— **company** n - [legal] compañía f, or empresa f, multinacional
— **corporation** n - [legal] sociedad f, or empresa f, multinacional
multipass weld n - [weld] see **multiple pass weld**
multiphase n - [electr] fase(s) f múltiple(s) | a - [electr] multifásico,ca; con fase(s) f múltiple(s)
— **transformer** n - [electr-transf] transformador m multifásico
multiple application n - aplicación f múltiple
— **arc(s)** n - [weld] arco(s) m múltiple(s)
— — **application** n - [weld] aplicación f con arco m múltiple
— — **weld(ing)** n - [weld] soldadura f con arco m múltiple
— **arch(es)** n - [archit] arco(s) m, or bóveda(s) f, múltiple(s); arcada f
— **bent(s)** n - [constr] armaduras f múltiples
— **branch(es)** n - [telecom-cond] derivación(es) f múltiple(s) • [com] varias sucursales f
— **cause(s)** n - causa(s) f múltiple(s)
— — **principle** n - principio m de causa(s) f múltiple(s)
— **circuit** n - [electr] circuito m múltiple
— **combination** n - combinación f múltiple
— **company** n - [legal] compañía f múltiple
— **conduit** n - [hydr] conducto(s) m múltiple(s)
— **correlation** n - correlación f múltiple
— — **model** n - modelo m con correlación f múltiple
— **corrugatedd steel conduit** n - [hydr] conducto(s) m múltiple(s) de acero m corrugado
— — — **culvert** n - [constr] alcantarilla f múltiple de acero m corrugado
— **culvert** n - [constr] alcantarilla(s) múltiple(s) (paralelas)
— —(s) **installation** n - [constr] instalación f de alcantarilla f múltiple
— **disk(s)** n - [mech] disco(s) m múltiple(s)
— — **brake** n - [mech] freno m con disco(s) múltiple(s)
— — — **system** n - [mech] sistema m de freno m con disco(s) m múltiple(s)
— — **clutch** n - [autom] embrague m con disco(s) m múltiple(s)
— — **drive** n - [mech] transmisión f, or accionamiento m, con disco(s) m múltiple(s)
— — — **system** n - [mech] sistema m con disco(s) m múltiple(s) para transmisión f
— — **hdraulic brake** n - [mech] freno m hidráulico con disco(s) m múltiple(s)
— — — **power brake** n - [mech] freno m mecánico hidráulico con disco(s) m múltiple(s)
— — **internal swing brake** n - [cranes] freno m interior con disco(s) m múltiple(s) contra rotación f
— — **swing brake** n - [cranes] freno m con disco(s) m múltiple(s) contra rotación f
— — **system** n - [mech] sistema m con disco(s) m múltiple(s)
— **drill** n - [tools] taladro m, or taladradora f, múltiple
— **electrode** n - [weld] electrodo m múltiple
— — **method** n - [weld] método m con electrodos m múltiples

multiple electrode submerged arc n - [weld] arco m sumergido con electrodos m múltiples
— **expansion** n - expansión f múltiple
— — **engine** n - [int.comb] motor m con expansión f múltiple
— **exposure** n - [photogr] exposición f múltiple
— **feeder** n - [ind] alimentadora f múltiple
— **full width steel belt(s)** n - [autom-tires] banda(s) f circunferencial(es) múltiple(s) ancha(s) de acero m
— — — — **tire** n - [autom-tires] neumático m con banda(s) f circunferencial(es) múltiple(s) ancha(s) de acero m
— **head installation** n - [weld] instalación f de, cabeza(s) f múltiple(s), or de varia(s) cabeza(s) f
— **helix machine** n - [ind] máquina f helicoidal múltiple
— **injury** n - [safety] lesión f múltiple
— **installation** n - [ind] instalación f múltiple
— **layer** n - capa f, or camada f, múltiple
— — **strand** n - [cabl] cordón m con capa(s) f múltiple(s)
— **leg chain sling** n - [chains] eslinga f con varias cadenas f
— — **sling** n - [chains] eslinga f con, más que una, or varia(s) cadena(s) f
— **length(s)** n - [metal-roll] largos m varios
— **lift package** n - [cranes] carga)s f varia(s) para elevación f
— **line** n - [tub] tubería f múltiple
— — **installation** n - [tub] instalación f de tubería f múltiple
— **load** n - [transp] carga f, múltiple, or varia
— — **transportation** n - [transp] transporte m de carga(s) f varia(s)
— **machine** n - [ind] máquina f múltiple
— **opening(s)** n - abertura(s) f, or orificio(s) m, múltiple(s)
— **operation(s)** n - operación(es) f, múltiple(s), or diversa(s) • operación(es) f simultánea(s)
— — **strand** n - [cabl] cordón m fabricado en varia(s) operación(es) †
— **output controller** n - [comput] controlador m para salida f múltiple
— **pass** n - [weld] pasada(s) f múltiple(s)
— — **all position semiautomatic weld(ing)** n - [weld] soldadora f con pasadas f múltiples en posición f cualquiera con alimentación f automática de electrodo m
— — **butt weld** n - [weld] soldadura f a tope m con pasadas f múltiples
— — **deep groove butt weld(ing)** n - [weld] soldadura f a tope m, en ranura f profunda con pasadas f múltiples, or con pasadas f múltiples en ranura f profunda
— — — **weld(ing)** n - [weld] soldadura f, con pasadas f profundas en ranura f profunda, or en ranura f profunda con pasadas múltiples
— — **downhand (weld(ing)** n - [weld] soldadura f plana con pasadas f múltiples
— — — **(position) weld making** n - [weld] ejecución f de soldadura f (en posición f) descendente plana con pasadas f múltiples
— — **fabrication welding** n - [weld] soldadura f para fabricación f con pasadas f múltiples
— — **fillet (weld(ing)** n - [weld] soldadura f en ángulo m (interior) con pasadas f múltiples
— — **flat fillet (weld(ing)** n - [weld] soldadura f plana en ángulo m (interior) con pasadas f múltiples
— — — **(position) weld making** n - [weld] ejecución f de soldadura f (en posición f) plana con pasada(s) f múltiple(s)
— — **horizontal fillet (weld(ing)** n - [weld] soldadura f horizontal en ángulo m (interior) con pasadas f múltiples
— — — **position weld making** n - [weld] ejecución f de soldadura f (en posición f) hori-

multiple pass lap weld(ing)
zontal con pasadas f múltiples
multiple pass lap weld(ing) n - [weld] soldadura f de solapo con pasadas f múltiples
— — **overhead plate weld(ing)** n - [weld] soldadura f sobrecabeza de plancha(s) f con pasadas f múltiples
— — — **weld(ing)** n - [weld] soldadura f sobrecabeza con pasadas f múltiples
— — **plate welding** n - [weld] soldadura f de planchas f con pasadas f múltiples
— — **procedure** n - [weld] procedimiento m con pasada(s) f múltiple(s)
— — **pump** n - [pumps] bomba f con paso múltiple
— — **steel weld(ing)** n - [weld] soldadura f de acero m con pasada(s) f múltiple(s)
— — **submerged arc (welding)** n - [weld] soldadura f con arco m sumergido con pasadas f múltiples
— — **vertical plate weld(ing)** n - [weld] soldadura f vertical de plancha(s) f con pasada(s) f múltiple(s)
— — — **weld(ing)** n - [weld] soldadura f vertical con pasada(s) f múltiple(s) | v - [weld] soldar con pasada(s) f múltiple(s)
— — — **making** n - [weld] ejecución f de soldadura f con pasadas f múltiples
— — — **root pass** n - [weld] pasada f para raíz en soldadura f con pasada(s) f múltiple(s)
— — **weld(ing)** n - [weld] soldadura f con pasada(s) f múltiple(s)
— — — **in all position(s)** n - [weld] soldadura f en posición f cualquiera con pasada(s) f múltiple(s)
— — — **on @ plate** n - [weld] soldadura f de plancha(s) f con pasada(s) f múltiple(s)
— — — **in all position(s)** n - [weld] soldadura de plancha(s) f en posición f cualquiera con pasada(s) f múltiple(s)
— — **resistance** n - [weld] resistencia f a soldadura f en pasada(s) f múltiple(s)
— **perforating method** n - [mech] método m para perforación f múltiple
— **phase** a - [electr] multifásico,ca
— **pipe(s)** n - [tub] tubo(s) m múltiple(s); serie f de, tubo(s) m, or tubería(s) f
— — **line(s)** n - [tub] tubería(s) f múltiple(s) paralela(s)
— **pneumatic roller** n - [constr] aplanadora f con neumático(s) m múltiple(s)
— **pole** n - multipolo* m | a - multipolar
— **problem** n - problema m múltiple
— **process** n - [ind] proceso(s) m múltiple(s) | a - [ind] para proceso(s) m múltiple(s)
— — **wire feeder** n - [weld] alimentadora f para alambre m para proceso(s) m múltiple(s)
— **purpose(s)** n - fin(es) m múltiple(s)
— **regression process** n - [metal-prod] procedimiento m con regresión f múltiple
— **remote site(s)** n - [comput] sitio(s) m, remoto(s), or distante(s), múltiple(s)
— **sample(s)** n - muestra(s) f múltiple(s)
— — **plan** n - plan m con muestras f múltiples
— **shock absorbers** n - [autom] amortiguador(es) m múltiple(s)
— **signals** n - [electron] señales f múltiples
— — **circuit** n - [electr-instal] circuito m múltiple para señal(es) f
— **site(s)** n - sitio(s) m múltiple(s)
— **speed(s)** n - velocidad(es) f múltiple(s)
— — **transmission** n - [autom] transmisión f para velocidades f múltiples
— **spindle** n - [mech] husillo m múltiple
— **spline combination** n - [mech] combinación f múltiple de estría(s) f
— **spot weld(ing)** n - [weld] soldadura f múltiple con puntos • soldadura f con puntos m múltiples
— **steel belt(s)** n - [autom-tires] banda(s) f circunferencial(es) múltiple(s) de acero m
— — — **tire** n - [autom-tires] neumático m con banda(s) f circunferencial(es) múltiple(s) de acero m
— **multiple steel conduit** n - [hydr] conducto m múltiple de acero m
— **structure(s)** n - [constr] estructura(s) f múltiple(s)
— **switch** n - [electr- interruptor m múltiple
— **starter** n - [mech] arrancador m con interruptor m múltiple
— **telephone circuit** n - [electr] circuito m, telefónico múltiple, or múltiple para teléfono m
— **thread** n - [mech] rosca f múltiple
— **track(s)** n - [rail] vía(s) f múltiple(s)
— **use** n - uso m múltiple
— **V-belts** n - [mech] correas en V múltiples
— **viscosity** n - [lubric] viscosidad f múltiple
— — **oil** n - [lubric] aceite m con viscosidad f múltiple
— **weakness** n - debilidad f múltiple
— **wear** n - [rail-wheels] con vida f múltiple
— — **car wheel** n - [rail-wheels] rueda f con llanta, gruesa, or de 2-1/2" (o más) para vagón m
— — **freight car wheel** n—[rail-wheels] rueda f con llanta f, gruesa, or de 2-1/2" (o más) para vagón m para carga f
— — **steel wheel** n - [rail-wheels] rueda f de acero m con llanta f, gruesa, or de 2-1/2" (o más), or para varias rectificación(es) f, or de vida múltiple*
— — **wheel** n - [rail-wheels] rueda f, con llanta f gruesa, or de 2-1/2" (o más), or para varias rectificaciones f, or para vida f múltiple
— — **wrought steel wheel** n - [rail-wheels] rueda f de acero m forjado con llanta f, gruesa, or de 2-1/2" (o más), or para varias rectificación(es) f, or para vida f múltiple
— **weld** n - [weld] soldadura f múltiple
— **well** n - [petrol] pozo f múltiple
— **winging method** n - [mech-bearings] método m para conformación f múltiple
— **wire(s)** n - [weld] electrodo(s) m múltiple(s) (de alambre m) | a - [weld] con electrodo(s) m múltiple(s); multifilar
— — **electrode(s)** n - [weld] electrodo(s), multifilar(es), or de alambre(s) m múltiple(s)
— — **method** n - [weld] método m con electrodos m múltiples
Multiplex plunger pump n - [petrol] bomba f Multiplex con émbolo m buzo
multiplicability* n - multiplicabilidad* f
multiplier factor n - factor m multiplicador
multiplication ratio n - [mech] razón f, or relación f, para multiplicación f
multiplicative a - multiplicativo,va
multiplied a - multiplicado,da
multiplier effect n - progresión f geométrica
multiply n - [autom-tires] con telas f múltiples
— **carcass** n - [autom-tires] carcasa f con telas f múltiples
— **tire** n - [autom-tires] neumático m con telas f múltiples
multiplying n - [math] multiplicación f | v - multiplicador,ra
— **factor** n - [math] factor m multiplicador
multipole n - multipolo m | a - multipolar
multipower reverse unit n - [petrol] equipo m con varios motores m para contramarcha f
multiprocess n - [ind] procedimiento(s) m múltiple(s); also see **multiple process**
— **alternating current power source** n - [electr-prod] fuente f para energía f para corriente f alterna para procedimiento(s) m múltiple(s)
— **direct current power source** n - [electr-prod] fuente f para energía f para corriente f continua para procedimiento(s) m múltiple(s)
— **Squirt welder** n - [weld] soldadura f (Squirt) para alimentación f automática de electrodo m para procedimiento(s) m múltiple(s)
multipurpose a - para fin(es) m múltiple(s); u-

niversal; also see **multipurpose**
multipurpose anti-sieze lubricating thread compound n - [petrol] compuesto m lubricante anteaferrador* para fin(es) m múltiple(s) para rosca(s) f
— **compound** n - [petrol] compuesto m para fines m múltiples
— **grease** n - [mech] grasa f para fin(es) m múltiple(s)
— **lithium base grease** n - [lubric] grasa f con base f de litio m para fin(es) m múltiple(s)
— **lubricating thread compound** n - [lubric] compuesto m lubricante para fin(es) m múltiple(s) para rosca(s) f
— **machine** n - [mech] máquina f para fin(es) m múltiple(s)
— **thread compound** n - [lubric] compuesto m para fin(es) m múltiple(s) para rosca(s)
— **tool** n - [tools] herramienta f, para fin(es) m múltiple(s), or universal
— **type grease** n - [lubric] grasa f de tipo m para fin(es) m múltiple(s)
multispan reinforced concrete bridge n—[constr] puente m de hormigón m armado con tramo(s) m múltiple(s)
multispindle a - [mech] con husillo(s) m múltiple(s)
— **milling machine** n - [tools] fresadora f con husillo(s) m múltiple(s)
multispot car n - [coke] vagón m convencional
— **door machine** n - [coke] (máquina f) sacapuertas m convencional
— **operation** n - [coke] operación f de vagón m convencional
— **quench((ing) car** n - [coke] vagón m convencional para apagamiento m
— **system** n - [coke] instalación f, or sistema m, convencional
multistage a - con etapa(s) f múltiple(s)
— **cementing** n - [petrol] cementación f en etapa(s) f múltiple(s)
multitude n - . . . • [fig] infinidad; variedad f grande | a - multitudinario,ria
multiuse a - para uso m múltiple
— **plastic** n - [plast] [material[plástico m para uso(s) m múltiple(s)
multivalence n - [chem] multivalencia f; polivalencia f
multivalent a - [chem] . . .; polivalente
multiwire a - multifilar
municipal airport n - [aeron] aeropuerto m municipal
— **application** n - aplicación f, municipal, or urbana
— **betterment** n - [pol] mejora f municipal
— **commissioner** n—[pol] comisionado m municipal
— **crew** n - [pol] cuadrilla f municipal
— **department** n - [pol] departamento m, or repartición f, municipal
— **district** n - [pol] [Cub.] término m municipal
— **employee** n - [pol] empleado m, or obrero m, municipal
— **engineer** n - [pol] ingeniero m municipal
— **expenditure** n - [fin] erogación f municipal
— **expense** n - [fin] gasto m municipal
— **finance(s)** n - [pol] finanzas f municipales
— **forest** n - [pol] bosque m municipal
— **government** n - [pol] gobierno m municipal
— **hangar** n—[aeron] cobertizo m municipal
— **highway** n - [roads] carretera f municipal
— **improvement** n - [pol] mejora f municipal
— **inspector** n - [pol] inspector m municipal
— **installation** n - [pol] instalación municipal
— **service** n - [pol] servicio m municipal
— **solvency** n - [fisc] solvencia f municipal
— — **certificate** n - [fisc] certificado m de solvencia f municipoal
— **tax(es)** n - [fisc] impuestos m municipales
— **utility** n - [fisc] servicio m municipal
munition(s) plant n - [milit] planta f para, munición(es) f, or pertrecho(s) m

Munsell('s) color note(s) n - anotación(es) f de Munsell sobre color(es) m
muntin* n - [constr] montante m
— **bar** n - [constr] barra f central
Muntz metal n - [metal] metal m (de) Muntz
murder v - . . . • [fam] vendimiar
muriatic acid n - [chem] ácido m muriático
— — **soluution** n - [chem] disolución f de ácido m muriático
Murphy('s) law n - [fam] todo lo que puede fallar, fallará
muscle n - . . . | [fig] luchar
— **@ way** v - luchar fuertemente; lograr por fuerza f
muscling n - lucha f; imposición f por fuerza f
muscular trauma n - [medic] trauma f, or traumatismo n, muscular
mushroom n - . . . | v - [fig] . . .; expandir, or dilatar, or ensanchar, rápidamente
— **type** n - tipo m de hongo m
mushrooming n - [weld] abombamiento m
musical instrument n - instrumento m músico
— **mobile** n - [electron] altavoz m portátil
— — **support** n - [electron] soporte m para altavoz m portátil
musically gifted person n - [mus] persona f con don m para música f
must n - . . .; imperativo m
— **be** v - necesitar(se); deber ser
— **not be** v - no necesitar(se); no deber ser
mutilate @ chain v - [chains] mutilar cadena f
— **visibly** v - mutilar visiblemente
mutilated chain n - [chains] cadena f mutilada
— **visibly** a - mutilado,da visiblemente
mutual n - mutualidad f | a - . . .
— **agreement** n - [legal] acuerdo m, or convenio m, mutuo
— **base(s)** n - base(s) f mutua(s)
— **capacitance** n - [telecom-cond] capacitancia f mutua
— **consent** n - [legal] consentimiento m mutuo
— **effort** n - [legal] esfuerzo m, mutuo, or mutual
— **effort application** n - [managm] aplicación f de esfuerzo m mutuo
— — **direct application** n - [managm] aplicación f directa de esfuerzo m mutuo
— **inductance** n - [electr] inducción f mutua; autoinducción f • inductancia f mutua
— **induction** n - [electr] inducción f mutua
— — **coil** n - [electr] bobina f para inducción f mutua
— **respect** n - respeto m mutuo
mutually agreeable a - agradable, or aceptable, mutuamente
— — **basis** n - base f agradable mutuamente
— — **contractual basis** n - [legal] base contractual agradable mutuamente
— — — **specification** n - especificación f, agradable, or aceptable, mutuamente
— **agreed** a - convenido,da mutuamente
mutilated a - mutilado,da
mutilating n - mutilación f | a - mutilador,ra; mutilante
muzzle n— . . . • [mech] casquete m; casquillo m
— **cap** n - [mech] casquete m, or casquillo m, (para hincadura f)
mV n - [electr] see **millivolt**
MW n - [electr] see **megawatt**
my baby n - [fam] hechura f mía
mystical quality n - f calidad f mística
mystification n - . . .; mistificación f

N

N n - see **noon**

N A C M n - [chains] see **National Association of Chain Manufacturers**
N A S A n - [astron] see **National Aeronautical and Space Agency**
N A S C A R n - [autom] see **National Association for Stock Car Auto(mobile) Racing**
n b n - [electron] see **narrow band**
N B S n - see National Bureau of Standards
n c a - [electr-oper] see **normally closed**
N C E L b - see **Naval Civil Engineering Laboratory**
N C H R P n - [roads] see **National Cooperative Highway Research Program**
N C S P A n - [tub] see **National Corrugated Steel Pipe Association**
N C T n - [autom-tires] see **Neutral Contour Theory**
N E C n - [electr] see **National Electrical Code**
N E C O n - [nucl] see **Nuclear Engineering Company (Inc.)**
N E E C n - [nucl] see **National Export Expansion Council**
N E L n - [electr] see **National Electrical Code**
N E M A n - [electr] see **National Electric Manufacturer's Association**
N E P A n - [electr] see **National Electric Products Association**
N E S C n - [electr] see **National Electric Safety Code**
N F P A n - [safety] see **National Fire Protection Association**
N H₃ n - [chem] see **ammonia**
N I O S H n - [safety] see **National Institute for Occupational Safety and Health**
N L G I n - [lubric] see **National Lubricating Grease Institute**
N L R B n - [labor] see **National Labor Relations Board**
n o a - [electr-oper] see **normally open**
N P A n - [pol] see **National Production Authority**
N P L permeameter n - [instrum] permeámetro m N P L
N P L type permeamter n - [instrum] permeámetro m tipo N P L
N P S T n - [tub] see **National Pipe Straight Thread**
N P T n - [tub] see **National Pipe Thread; American Pipe Thread; American National Taper Pipe Thread**
N S S a - see **not serviced separately**
N T P I n - [metal-prod] see **net tons of pig iron**
N V R n - [electr] see **no voltage relay; no voltage release (coil); no voltage return**
n factor n - see **roughness coefficient**
nag n - . . . | v - . . .; molestar; fastidiar; persistir
nagged a - molestado,da; fastidiado,da; persistido,da
nagging n - molestia f; fastidio m; persistencia f | a; molesto,ta; fastidioso,sa; persistente
— **interruption** n - interrupción f molesta
— **mechanical problem** n - problema m mecánico, molesto, or fastidioso, or persistente
— **problem** n - problema m, molesto, or fastidioso, or persistente
nail n - [mech] clavo m (con cabeza f); punta f;
    2 penny 1 inch | 9 penny 2-3/4 inch
    3 penny 1-1/4 inch | 10 penny 3 inch
    4 penny 1-1/2 inch | 12 penny 3-1/4 inch
    5 penny 1-3/4 inch | 16 penny 3 1/2 inch
    6 penny 2 inch | 20 penny 4 inch
    7 penny 2-1/4 inch | 30 penny 4-1/2 inch
    8 penny 2-1/2 inch | 40 penny 5 inch
v - clavar; sujetar; fijar; enclavar
— **down** v - [sports] asegurar; lograr; merecer; conquistar
— **head** n - [nails] cabeza f de clavo m
— **point** n - [nails] punta f de clavo m
— **puller** n - [tools] sacaclavo(s) m
— **punch** n - [tools] punzón m para clavo(s) m

nail shop n - [mech] taller m para clavo(s) m
nailed a - (en)clavado,da
— **down** a - [sports] asegurado,da; merecido,da; logrado,da
nailer n - [constr] listón m para clavar
nailing n - (en)clavadura f; enclavación f
— **down** n - [sports] aseguramiento m; merecimiento m; logro m
— **strip** n - [mech] listón m para clavar
nails n - [mech] clavería f
naked a - . . .; nudo,da; descubierto,ta
— **eye** n - ojo m desnudo
name n - . . .; designación f | v - . . .; designar; denominar; nominar
— **@ guarantor** v—nombrar, or designar, garante
—**(s) index** n - índice m con nombre(s) m
named a - nombrado,da; denominado,da; designado,da; nominado,da
— **guarantor** n - garante m, nombrado, or designado
— **witness** n - [legal] testigo m, nombrado, or nominado, or designado
nameless company n - [legal] compañía f, or sociedad f, anónima
naming n - nombramiento m; designación f
nameplate n - chapa f, or placa f, para identificación f; marbete m; rótulo m; placa f, rótulo, or con marca f
— **amperage** n - [electr] amperaje m según, chapa f, or placa f, para identificación f
— **check** n - verificación f de, chapa f, or placa f, para identificación f
— **check(ing)** n - verificación f de, chapa f, or placa f, para identificación f
— **datum,ta** n - dato(s) m en, chapa f, or placa f, (para identificación f)
— **mounting** n - montaje m, or colocación f, de, chapa f, or placa f, para identificación f
— **rating** n - clasificación f, or valor m nominal, según, chapa f para identificación f
— **voltage** n - [electr] voltaje m según, chapa f, or placa f, para identificación f
namesake n - . . . | a - homónimo,ma
naming n - nominación f • nombramiento m | a - nombrador,ra
naphtha solvent n - [petrol] disolvente m de nafta f
— **gas** n - [petrol] gas m de nafta f
naphthalene wash n - lavado m con naftalina f
nappe n - [hydr] napa f
naptha n - [petrol] see **naphtha**
narrated a—narrado,da; relatado,da; referido,da
narrating n - narración f; relación f; referencia f | a - narrador,ra; relator,ra
narration n - . . .; relato m
narrator n - . . .; relator m
narrow n - [geogr] angostura f; estrecho m | a - . . . | v - . . .; enangostar
— **angle** n - [geom] ángulo m estrecho
— **application** n - aplicación f estrecha
— — **range** n—escala f estrecha de aplicaciones
— — **variety** n - variedad f estrecha de aplicación(es) f
— **band** n - banda f, estrecha, or angosta
— — **bandpass filter output spectrum** n - [electron] escala f, or límite(s) m, para salida f con banda f angosta para filtro m, pasabanda, or para paso m de banda f
— **bead** n - [weld] cordón m angosto
— **bridge** n - [constr] puente m, estrecho, or angosto
— **case** n - [mech] caja f angosta
— **channel** n - [geogr] freo* m
— **circuit** n - [sports] circuito m, estrecho, or angosto
— **coil** n - [metal-roll] bobina f angosta
— **current range** n - [electr] escala f estrecha de amperaje(s) m
— **design(ing)** n - configuración f, or proyección f, angosta
— **embankment** n - [constr] terraplén m angosto

narrow footprint n - [autom-tires] huella f angosta
— **fringe** n - [vest] flequezuelo m
— **full weave technique** n - [weld] técnica f de tejido m completo angosto
— **gage** n - [rail] vía f, or trocha f, estrecha, or angosta • decauville m
— — **car** n - [rail] vagón m para, vía f, or trocha f, angosta, or estrecha • vagón m decauville m; vagoneta f
— — **railway** n - [rail] ferrocarril m con, vía f, or trocha f, angosta, or estrecha • vía f, decauville, or para vagoneta(s) f
— — **track** n - [rail] vía f (con trocha f), angosta, or estrecha • vía f, decauville, or para vagoneta(s) f
— **gap** n - [weld] separación f angosta • [mech] entrehierro m angosto
— @ **gap** v - [fig] (a)minorar diferencia(s) f
— **groove** n - [weld] ranura f angosta
— — **weld** n - [weld] soldadura f en ranura f, angosta, or estrecha
— **hem** n - [vest] filete m
— **joint weld first pass** n - [weld] pasada f primera de soldadura f en ranura f angosta
— **lace** n - [vest] puntilla f
— **ledge road** n - [roads] camino m angosto en cornisa f
— **link** n - [chains] eslabón m angosto
— — **design(ing)** n - [chains] configuración f angosta de eslabón m
— **median** n - [roads] franja f divisoria, or división f medianera, angosta, or estrecha
— — **area** n - [roads] franja f divisoria angosta
— **nut** n - [mech] tuerca f, angosta, or delgada
— **outrigger** n - [nav] arbotante m angosto • [cranes] estabilizador m angosto
— **pass** n - [weld] pasada f angosta • [topogr] paso m angosto
— **power sprocket** n - [mech] rueda f dentada motriz, delgada, or angosta
— **range** n - escala f, estrecha, or ajustada, or reducida, or limitada; variedad f estrecha; límite(s) m estrecho(s)
— **river valley** n - [topogr] valle m fluvial, estrecho, or angosto
— **road** n - [roads] camino m angosto
— @ **roadway** v - [roads] estrechar calzada f
— **sheave** n - [mech] polea f angosta
— **shoulder** n - [roads] berma f angosta
— **side-to-side weave** n - [weld] (movimiento m de) tejido m angosto
— **sprocket** n - [mech] rueda f dentada, delgada, or angosta
— **stabilizer** n - [mech] estabilizador m angosto
— **strip** n - franja f angosta
— — **mill** n - [metal-roll] tren m angosto para, banda f, or cinta f, or chapa f, or fleje m
— **throat** n - garganta f angosta • [mech] acanaladura f angosta
— **tile** n - [constr] baldosa f angosta
— **tire** n - [autom-tires] neumático m angosto
— **track** n - [rail] vía f, or trocha f, angosta
— — **seeder** n - [agric-equip] sembradora f con, trocha f, or vía f, angosta
— **tread** n - [autom-tires] banda f para rodamiento m angosta • [autom] trocha f angosta
— — **width** n - [autom-tires] anchura f reducida de banda f para rodamiento m
— **trench** n - [constr] zanja f angosta
— **tunnel** n - [constr] túnel m, estrecho, or angosto
— **V-joint** n - [weld] junta f en ranura f angosta (con chaflán m en V)
— **V— weld** n - [weld] soldadura f en ranura f angosta con chaflán en V
— **V— — first pass** n - [weld] pasada f primera para soldadura f en ranura f angosta con chaflán en V
— **valley** n - [topogr] valle m, estrecho, or angosto; desfiladero m

narrow variety n - variedad f, estrecha, or limitada, or reducida
— **weave** n - [weld] (movimiento m de) tejido m angosto
— — **technique** n - [weld] técnica f para tejido m angosto
— **weld** n - [weld] soldadura f angosta
— **wheel** n - [mech] rueda f angosta
— **white sidewall (tire)** n - [autom-tires] neumático m con pared lateral con franja f blanca angosta
— **width coil** n - [metal-roll] bobina f con ancho m reducido
— **zone** n - zona f, estrecha, or angosta
narrowed a - enangostado,da
— **gap** n - [mech] entrehierro m aminorado • [fig] diferencia f aminorada
— **roadway** n - [roads] calzada f estrechada
narrower footprint n - [autom-tires] huella f más angosta
— **gap** n - [weld] separación f menor
— **range** n - diversidad f menor
narrowing n - estrechamiento m; enangostamiento
— **transition** n - transición f para, estrechamiento m, or enangostamiento m
narrowly adv - . . .; a penas
nascent state n - [pol] estado m naciente
nastiness n - . . . • desvergüenza f
nasty a - . . .; desagradable; desvergonzado,da
— **challenge** n - desafío m desvergonzado
natch* adv - see **naturally**
nation('s) economy n - [econ] economía f de país
National Academy of Professional Drivers n - [autom] Academia f Estadounidense de Conductores m Profesionales
— **accomplishment** n - realización f nacional
— **activity** n - [econ] actividad f nacional
— **administration** n - [pol] (poder) ejecutivo m nacional
— **Advisory Committee** n - [pol] Junta Consultiva Nacional
— **Aeronautical and Space Agency** n - [pol] Dirección f Estadounidense Aeronáutica y Espacial; also see N A S A
— **agency** n - [pol] organismo m nacional
— **air clutch** n - [petrol] embrague m neumático de National
— **Association for Stock Car Auto Racing** n - [autom] Asociación f Estadounidense para Carreras de Automóviles m de Serie f
— — **of Chain Manufacturers** n - [chains] Asociación f Estadounidense de Fabricantes m de Cadenas f
— — — **Sheet Metal Contractors** n - [constr] Asociación f Estadounidense de Contratistas m para Construcción f con Planchas f Metálicas
— **authority** n - [pol] dirección f, general, or nacional
— — **for Military Fabrications** n - [pol] Dirección f General para Fabricaciones f Militares
— —,**ties** n - [pol] autoridades f nacionales
— **bank** n - [fin] banco m nacional
— **Board of Underwriters** n - [insur] Junta f Estadounidense de Aseguradores contra Incendios
— — — — **standard** n - [insur] norma f de Junta f Estadounidense de Aseguradores m contra incendios m
— **boundary,ries** n - [pol] límite(s) m nacionales • territorio m nacional
— **Bureau of Standards** n - [pol] Dirección f, or Junta f, Estadounidense para Normas
— **Bridge Inspection Standards** n - [pol] Norma f Estadounidense para Inspección f de Puentes m
— **capital** n - [pol] capital f nacional
— **champion** n - [sports] campeón m nacional
— **character** n - carácter m nacional
— — **project** n - proyecto m de carácter m nacional
— **characteristic** n - característica f nacional
— **clutch** n - [petrol] embrague m (de) National

national coal purchase n - [miner] compra f de carbón m nacional
— **commercial competition** n - [com] competencia f comercial, nacional, or interna
— **commission** n - [pol] comisión f nacional
— **company** n - [legal] compañía f nacional
— **Congress** n - [pol] Congreso m, Nacional, or de, Nación f, or República f
— **consulting concern** n - empresa f consultora nacional
— — **Firm(s) Registry** n - [pol] Registro m Nacional de Firma(s) Consultora(s)
— **contribution** n - [fin] contribución f, or aporte m, nacional
— **Controller('s) Office** n - [pol] Contraloría f General de, Nación f, or República f
— **convention** n - convención f nacional
— **Cooperative Highway Research Program** n - [roads] Programa m Cooperativo Estadounidense para Investigaciones f sobre Carreteras f
— **Corrugated Steel Pipe Association** n - [tub] Asociación f Estadounidense para tuberías f Corrugadas de Acero m
— **court** n - [pol] tribunal m nacional
— **currency** n - [fin] moneda f nacional
— — **credit** n - [fin] crédito m en moneda f nacional
— **defense** n - [milit] defensa f nacional
— — **Department** n - [pol] Ministerio m, or Secretaría f, para Defensa f Nacional
— **deputy** n - [pol] diputado m nacional
— **development** n - desarrollo m nacional
— — **Bank** n - [fin] Banco m Nacional para, Desrrollo m, or Fomento m
— — **Council** n - [pol] Consejo m Nacional para Desarrollo m
— — **Plan** n - [pol] Plan f Nacional para Desarrollo m
— — **program** n - [econ] programa m (nacional) para desarrollo m (nacional)
— **director** n - [pol] director m nacional
— **drawworks** n - [petrol] malacate m, or aparejo m para maniobra(s) f, (de) National
— **driller('s) console** n - [petrol] consola f para perforador m para malacate m National
— **Driver('s) Test** n - [autom] Examen m Nacional para Conducción f
— **economic development** n - [econ] desarrollo m económico nacional
— **Economic Planning and Coordinating Council** n - [pol] Junta f Nacional para Planificación f y Coordinación f Económica
— **economy** n - [econ] economía f nacional
— **effort** n - [econ] esfuerzo m nacional
— **Electrical Code** n - [electr] Código m Estadounidense para Electricidad f • código m nacional para instalación(es) f eléctrica(s)
— — **requirement** n - [electr-instal] exigencia f de código m nacional para instalaciones f eléctricas
— — **Manufacturer's Association** n [electr] Asociación f Estadounidense de Fabricantes m de Artículo(s) m Eléctrico(s); also see **N E M A**
— — — — **rated** a - [electr] clasificado por, Asociación f Estadounidense de Fabricantes m de Artículo(s) m Eléctrico(s), or **N E M A**
— — — — **specification** n - [electr] especificación f de, Asociación f Estadounidense de Fabricantes de Artículos Eléctricos, or N E M A
— — — — **tagging** n - [electr] rotulación f según Asociación f Estadounidense de Fabricantes m de artículos m eléctricos
— — **Safety Code** n - [electr] Código m Estadounidense para Seguridad f Eléctrica
— — **Code** n - [electr] Código Eléctrico Estadounidense
— — — **Handbook** n - [electr] Manual m para Código m Eléctrico Estadounidense
national equipment n - [ind] equipo m nacional
— — n - [petrol] equipo m (de) National

National Fire Protection Association n - [insur] Asociación f Estadounidense para Protección f Contra Incendios m
— **forest** n - [lumber] bosque m nacional
— — **land(s)** n - [lumber] tierra(s) f de bosque(s) m nacional(es)
— **good(s)** n - [econ] bien(es) m nacional(es)
— **government** n - [pol] gobierno m nacional • gobierno m supremo
— **highway system** n - [roads] sistema m, or red f, nacional de carretera(s) f
— **historical site** n - [hist] sitio m histórico nacional
— **hook block** n - [cranes] motón m para gancho m (de) National
— **Housing Authority** n - [pol] Dirección f Nacional para Vivienda f
— — **Council** n - [pol] Consejo m Nacional para Vivienda f
— **Industrial Authority** n - [pol] Dirección f Nacional para Industria(s) f
— **Industries Institute** n - [pol] Instituto m Nacional para Industria(s) f
— **industry** n - [ind] industria f nacional
— — **promotion** n - [ind] promoción f, or fomento m, de industria f nacional
— **interest** n - [econ] interés m nacional
— **investment** n - [fin] inversión f nacional
— **investor** n - [fin] inversionista m nacional
— — **participation** n - [fin] participación f de iunversionista(s) m nacional(es)
— **Labor Relations Board** n - [pol] Junta f Nacional para Relación(es) f Laboral(es)
— **level** n - nivel m nacional
— **lifting system** n - [cranes] sistema m, or equipo m, (de) National para elevación f
— **Lubricating Grease Institute** n - [ind] Instituto n Estadounidense para Grasas f Lubricantes; also see **N L G I**
— — — **classification** n - [ind] clasificación f según, Instituto m Estadounidense para Grasa(s) f Lubricante(s), or N L G I
— — — **multipurpose grease** n - [ind] grasa f para fin(es) m múltiple(s) según Instituto Estadounidense para Grasa(s) f Lubricante(s)
— **machinery** n - [ind] maquinaria f nacional
— **machinery** n - [petrol] maquinaria f (de) National
— **market analysis** n - [econ] análisis m de mercado m nacional
— — **analyst** n - [econ] analista m para mercado m nacional
— **material(s)** n - [ind] material(es) m, or insumo(s) m, nacional(es)
— —(s) **purchase** n - [com] compra f de material(es) m nacional(es)
— **meet(ing)** n - reunión f nacional
— **mining industry** n - [miner] minería f, or industria f minera, nacional
— —**steelmaking study** n - [miner] estudio m minero-siderúrgico nacional
— — **study** n [miner] estudio m minero nacional
— **mud pump** n - [petrol] bomba f para lodo(s) m (de) National
— **Multiplex plunger pump** n - [petrol] bomba f con émbolo m buzo Multiplex (de) National
— **Nuclear Energy Commission** n - [nucl] Comisión f Nacional para Energía f Nuclear
— **Old Trails Highway** n - [roads] Camino m Nacional Antiguo
— **origin** n—origen m nacional • origen m étnico
— **park** n - [pol] parque m nacional
— —(s) **Service** n - [pol] Dirección f, de Parque(s) m Nacional(es), or Nacional de Parques
— **participation** n - participación f nacional
— **personnel** n - [labor] personal m nacional
— — **chart** n - [labor] cuadro m para personal m nacional
— **Physical Laboratory** n - [pol] Laboratorio m Físico Nacional
— **Pipe Straight Thread** n - [tub] rosca f esta-

douinidense común
National pipe thread n - [tub] rosca f estado-
unidense para tubería f
— — — **half coupling** n - [tub] semiacoplamien-
to m con rosca f (de tipo m) estadounidense
— **plan** n - plan nacional
— **plate clutch** n - [petrol] embrague m con disc-
co(s) m (de) National
— **plunger pump** n - [petrol] bomba f con émbolo
m buzo (de) National
— **policy** n - política f nacional
— **Pollution Control Administration** n - [pol]
Dirección f, Nacional, or Estadounidense, pa-
ra Fiscalización f de Contaminación f
— **Ports Authority** n - [pol] Dirección f General
para Puertos m • Empresa f Portuaria Nacional
— **possibility** n - [econ] posibilidad f nacional
— **Preinvestment Institute** n - [fin] Instituto m
Nacional para Preinversión(es) m; INALPRE
— **Pro Rally** n - [sports] Pro Rally f Nacional
— **product** n - [ind] producto m, nacional, or
interno
— **Production Authority** n - [pol] Dirección f
Nacional para Producción f
— **program** n - [pol] programa m nacional
— **Project(s) Committee** n - [pol] Comisión f Na-
cional para Proyecto(s) m
— **public sector** n - [pol] sector m público na-
cional
— **Quintuplex pump** n - [petrol] bomba f Quintu-
ple(x) (de) National
— **radioactive waste storage** n - [nucl] almace-
namiento m nacional de, residuo(s), or dese-
cho(s) m, radiactivo(s)
— **Recording Authority** n - [pol] Dirección f Na-
cional para Registro(s) m Oficial(es)
— **Resources Department** n - [pol] Secretaría f
para Patrimonio m Nacional
— **resource(s)** n - recurso(s) m, or patrimonio
m, nacional
— **Roads Department** n - [roads] Servicio m Na-
cional para Caminos m
— **rotary table** n - [petrol] mesa f rotatoria
(de) National
— **safety** n - [milit] seguridad f nacional
— — **Council** n - [safety] Concilio m, or Comi-
sión f, Nacional para Seguridad f
— **Sanitation Department** n -[pol] Obras f Sani-
tarias de Nación f; O.S.N.
— **scale** n - escala f nacional
— **securities** n - [fin] valor(es) m, or títu-
lo(s) m, nacional(es)
— **Securities Commission** n - [fin] Comisión f
Nacional para Valores m
— **security** n - [pol] seguridad f nacional
— **service** n - servicio m nacional
— **Social Security Administration** n - [pol] Caja
f Nacional para Seguridad f Social
— — — **Authority** n - [pol] Caja f Nacional pa-
ra Seguridad f Social
— **Society of Professional Engineers** n - Socie-
dad f Estadounidense de Ingenieros Profesio-
nales
— **soil** n—[pol] suelo m, or terreno m, nacional
— **standard** n - norma f nacional
— —**(s) comparison** n - comparación f de norma(s)
f nacional(es)
— **Standardization Organization** n - Organismo m
Nacional para Normalización f
— **Statistics and Census Bureau** n - [pol] Direc-
ción f Nacional para Estadísticas y Censos
— **steelmaking policy** n - [metal-prod] política
f siderúrgica nacional
— — **study** n - [metal-prod] estudio m siderúr-
gico nacional
— **storage** n - almacenamiento m nacional
— **study** n - estudio m nacional
— **supply** n - suministro m nacional
— **survey** n - estudio m nacional
— **swivel** n - [petrol] cabeza f para inyección f
(de) National

national system n—sistema m, or red f, nacional
— **System of Interstate and Defense Highways** n -
[roads] Red Nacional de Carreteras f Inter-
estastales y para Defensa f
— **tax** n - [fisc] impuesto m nacional
— **taxation registry** n - [fisc] registro m tri-
butario nacional
— **technical service(s)** n - [ind] servicio(s) m
técnico(s) nacional(es)
— **technician** n - técnico m nacional
— **technique** n - técnica f nacional
— **technology** n - tecnología f nacional
— **tendency** n - tendencia f nacional
— **territory** n - [pol] territorio m nacional
— **title** n - título m nacional • [sports] campe-
onato m nacional
— **treasury** n - [pol] tesoro m nacional; fisco m
— **trend** n - tendencia f nacional
— **Triplex mud pump** n - [petrol] bomba f Triplex
(de) National para inyección f de lodo(s) m
— **Triplex slush pump** n - [petrol] bomba f Tri-
plex (de) National para inyección f de lodos
— **unitized wellhead** n - [petrol] cabezal (de)
National unificado (para pozos m)
— **university** n - [educ] universidad f nacional
— **urban development plan** n - [pol] plan m na-
cional para desarrollo m urbano
— **Waterworks Authority** n - [pol] Dirección f
Nacional para Aguas f Corrientes; Obras f
Sanitarias de Nación f; O.S.N.
— **wellhead** n - [petrol] cabezal m (de) National
(para pozos m)
— — **equipment** n - [petrol] equipo para cabezal
(de) National para pozo(s) m
nationalized a - nacionalizado,da
nationalizer n - nacionalizador m
nationalizing n - nacionalización f | a naciona-
lizador,ra
nationally-known brand n - [com] marca f (regis-
trada) conocida nacionalmente
nation-wide storage n - almacenamiento m nacional
natural ability n - habilidad f natural; facili-
dad f
— **advantage** n - ventaja f natural
— **animal** n - [zool] animal m autóctono
— **aspiration** n - aspiración f natural
— **aspiration** n - aspiración f natural
— **basin** n - [topogr] cuenca f natural
— **cause** n - causa f natural
— **cement** n - cemento m natural
— **channel** n - [hydr] cauce m natural
— **condition** n - [phys] condición f, or estado
m, natural
— **content** n - contenido m natural
— **cooling** n - enfriamiento m natural
— **crystal** n - [miner] cristal m natural
— **death** n - muerte f (por causa f) natural
— **diamond** n - diamante m natural
— — **crystal** n—cristal m de diamante m natural
— **draft** n - [combust] tiro m nacional
— **drainage** n - [hydr] drenaje m natural
— — **channel** n - [hydr] canal m, or cauce m, or
acequia f, natural para, drenaje m or desagüe
— **extension** n - extensión f natural; prolonga-
ción f natural
— **feed(ing)** n - alimentación f natural
— —**(ing) system** n - [int.comb] sistema m natu-
ral para alimentación f
— **fine(s)** n - [miner] fino(s) m natural(es)
— **flow line** n - [hydr] línea f superior natural
para corriente f
— **gas** n - [petrol] gas m natural
— **gas/air blend** n - [combust] mezcla f de gas m
natural y aire m
— —/— **ratio** n - [combust] razón f de gas m
natural y aire m
— —/— — **regulator** n - [combust] regulador m
para razón gas m natural y aire m
— — **and acetylene torch** n - [combust] soplete
m para gas m natural y acetileno m
— — — **air blending station** n [metal-prod]

estación f mezcladora para gas m natural y aire m
natural gas consumption n - [fuels] consumo m de gas m natural
— — **control and metering station** n - [petrol] estación f para regulación f y medición f de gas m natural
— — **distribution study** n - [fuels] estudio m de distribución f de gas m natural
— — **flow** n - [fuels] flujo m, natural de gas m, or de gas m natural
— — — **meter** n - [instrum] medidor m para flujo m de gas m natural
— — **lack** n - [fuels] carencia f de gas m natural
— — **line** n - [petrol] línea f para conducción f, or tubería f, para gas m natural
— — **preheating** n - [fuels] precalentamiento m de gas m natural
— — **scarcity** n - [fuels] escasez f de gas m natural
— — **shortage** n - [fuels] carencia f, or escasez f, de gas m natural
— — **torch** n - [weld] soplete m para gas m natural
— **gift** n - don m, or dote m, natural
— **grade** n - [constr] nivel m natural
— **ground** n - [constr] suelo m natural • talud m natural
— — **elevation** n - [geol] elevación f de suelo m natural
— — **level** n - [hydr] nivel m natural de suelo
— **guar** n - [chem] guar* m natural
— **harbor** n - [nav] puerto m natural
— **hour(s)** n - [ind] hora(s) f natural(es)
— **hydrocarbon** n - [petrol] hidrocarburo m natural
— **inclination** n - inclinación f natural
— **leader** n - [managm] líder r·, or director m, or conductor m, natural
— —**('s) orientation** n - [managm] orientación f, natural de líder, or de líder, or director m, or conductor m, natural
— **leadership** n - [managm] liderazgo m, or liderato m, or conducción f, or dirección f, natural
— — **stage** n - [managm] etapa f de, liderazgo m, or liderato m, or conducción f, or dirección f natural
— — — **characteristic** n - [managm] característica f de etapa f de, liderazgo, or liderato m, or conducción f, or dirección f, natural
— **light** n - [phys] luz f natural
— **lighting** n - alumbrado m natural
— **market** n - [econ] mercado m natural
— **material** n - material m (en estado m) natural
— **moisture content** n - [soils] contenido m natural de humedad f
— **musical ability** n - [mus] habilidad f, or aptitud f, natural para música f
— **musician** n - [mus] músico m natural; persona f con don m para música f
— **ore** n - [miner] mineral m natural
— **orientation** n - orientación f natural • inclinación f natural
— **person** n - [legal] persona f natural
— **polymer** n - [chem] polímero m natural
— **radioactive material** n - [nucl] material m radiactivo natural
— — — **source** n - [nucl] fuente f para material m radiactivo natural
— **resource(s)** n - [econ] recurso(s) natural(es)
— — **Authority** n - [pol] Dirección f, or Consejo m, para Recursos(s) m Naturai(es)
— —**(s) decline** n - mengua f de recurso(s) m natural(es)
— —**(s) Department** n - [pol] Ministerio m, or Dirección f, de Recursos(s) m Natural(es)
— —**(s) development** n - [econ] desarrollo m de recursos(s) m natural(es
— —**(s) poor** a - [econ] pobre en recursos(s) m natural(es)
— —**(s) — country** n - [econ] país m pobre en recurso(s) m natural(es)
— —**(s) rich** a - [econ] rico,ca en recurso(s) m natural(es)
— —**(s) — country** n - [econ] país m rico en recurso(s) m natural(es)
— —**(s) use** n - aprovechamiento m de recurso(s) m natural(es)
— **river channel** n - [hydr] cauce m natural de río m
— **rock riprap** n - [constr] encachado m de roca f natural
— **rubber** n - caucho m natural
— **sand** n - [constr] arena f natural
— **settling** n - asentamiento m natural
— — **area** n - [hydr] zona f para asentamiento m natural
— **size** n - tamaño m natural
— **slope** n - [roads] talud m natural
— **sludge settling** n - asentamiento m natural de lodo(s) m
— — — **area** n - [hydr] zona f para, decantación f, or asentamiento m, natural de lodo(s)
— **soil** n - [soils] suelo m, or terreno m, natural
— — **repose** n - reposo m natural de suelo m
— **state** n - estado m natural
— — **coke** n - [coke] coke m en estado m natural
— **stone** n - [constr] piedra f natural
— **stream** n - [hydr] curso m de agua m natural
— — **channel** n - [hydr] cauce m natural para curso m de agua m
— — **flow line** n - [hydr] línea f natural superior de corriente f
— — **velocity** n - [hydr] velocidad f de curso m de agua m natural
— **suction** n - [phys] aspiración f, or succión f, natural
— — **condition** n - [petrol] condición f, or estado m con, aspiración f, or succión f, natural
— **system** n - sistema m natural
— **terrain** n - terreno m natural
— **ventilation** n - ventilación f natural
— **water** n - agua m natural
— **wooded area** n - zona f arbolada natural
naturally aspirated burner n - [combust] quemador m con aspiración f natural
nature n - . . .; característica f • índole m | a - [meteorol] meteorológico,ca
— **change** n - cambio m de naturaleza f
—**('s) effect** n - efecto m de naturaleza f
—**('s) element(s)** n - [meteorol] agente(s) m atmosférico(s)
—**('s) freak** n - [meteorol] trastorno m meteorológico
— **observation** n - observación f de naturaleza f
— **study** n - estudio m, or observación f, de naturaleza f
nautical reference point n - [nav] punto m de referencia f náutico
naval architect n - [nav] arquitecto m naval
— **base** n - [milit] base f naval
— **civil engineer** n - ingeniero m naval civil
— — **Engineering Laboratory** n - [milit] Laboratorio m de Ingeniería f Civil de Marina f
— **engagement** n - [milit] encuentro m naval
— **station** n - [milit] apostadero m; base f naval
— **type boiler** n - [boilers] caldera f de tipo m naval
— **collar** n - [mech-wheels] collar m para cubo m
navigability n - navegabilidad* f
navigable river n - [nav] río m navegable
— **waterway** n - [nav] vía f, or curso m de agua m, navegable
— —**(s) Commission** n - [pol] comisión f para vía(s) f navegable(s)
navigate carefully v—navegar cuidadosamente
— **@ course** v - [sports] recorrer; hacer reco-

rrido m
navigated a - navegado,da
— **carefully** a - navegado,da cuidadosamente
— **course** n - [sports] curso m navegado
navigation time n - [nav] tiempo n para navegación f • distancia f virtual
navigational penalty n - [sports] sanción f por conducción f
— **problem** n - problema m con navegación f
navigator n - [nav] . . .; oficial m de derrota • [sports] acompañante m; oficial m para ruta
— **('s) seat** n - [autom] asiento m para, acompañante, or navegante m
navy aquanaut n - [milit] acuanauta m de armada
— **civil service** n - [pol] servicio m civil en marina f
— **household** n - [milit] casa f, or familiar(es) m, de personal m de marina
— **officer** n - [milit] oficial m para marina f
— **personel** n - [milit] porsonal m de marina f
— **retiree** n - [milit] jubilado m de marina f
NB n - [pol] see **Nebraska**
NC n - [pol] see **North Carolina**
ND n - [pol] see **North Dakota**
near-accident n - [safety] casi accidente m
— **@ allowable maximum** a - próximo,ma a máximo m admitido
— **@ bead** adv - [autom-tires] cerca de talón m
— **@ bottom** adv - cerca de, fondo m, or parte f inferior
— **@ — of @ range** adv - cerca de parte f inferior de escala f
— **@ conduit** adv - cerca de conducto m
— **disabling** a - [safety] casi incapacitante
— — **accident** n - [safety] accidente m casi incapacitante
— — **injury** n - [safety] lesión f casi incapacitante
— — — **accident** n - [safety] accidente m con lesión(es) f casi incapacitante(s)
— **full scale** a - [instrum] cerca de, tope, or parte f superior, de escala f
— — **reading** n - [instrum] lectura f cerca de parte f superior de escala f
— **future** n - futuro m, próximo, or cercano
— **@ lamination** a - [mech] cerca de, or próximo,ma a, núcleo m laminar
— **miss** n - safety] casi impacto m
— **side** n - lado m cercano; cara f anterior
— **sine wave** n - [electron] onda f casi sinusoidal
— — **waveform** n - [electron] (con)forma(ción) f de onda f, próxima a, or casi, sinsoidal
— **term** adv - de inmediato
— **@ top** adv - cerca f de parte f superior
— **@ — of @ range** adv - cerca de parte f superopr de escala f
— **trolley** n - [cranes] carrillo m, próximo, or cercano
— **zero** adv - cerca de, or aproximado a, cero m
nearby city n - [pol] ciudad f cercana
— **source** n - fuente f cercana
— **supplier** n - proveedor m, cercano, or próximo
nearest a - . . .; más cercano,na; inmediato,ta
— **competition** n - [sports] competidor m, or rival m, más próximo
— **decimal fraction** n - [math] fracción f decimal más, próxima, or aproximada
— **design** n - [constr] proyección f más aproximada; aproximación f mayor
— **fraction** n - [math] fracción f más aproximada
— **inch fraction** n - [metric] fracción f de pulgada más aproximada
— **@ lamination** adv - más próximo,ma a núcleo m laminar
— **lead** n - [electr-instal] conductor m más próximo
— **location** n - ubicación f más próxima
— **rival** n - [sports] rival m más próximo
nearly flat bead n - [weld] cordón m casi plano
— — — **surface** n - [weld] superficie f casi plana de cordón m
nearly flat surface n - [weld] superficie f casi plana
neat a - . . .; atractivo,va; especioso,sa
— **appearance** n - aspecto m atrayente; apariencia f atractiva
— **bead** n - [weld] cordón m prolijo
— **cement** n - [constr] cemento m limpio
— **end finish** n - [constr] terminación f, or extremo m, con aspecto m bueno
neatly cut a - [mech] cortado,da con cuidado
— **fitted** a - ajustado,da bien
— **fitted to @ wall** a - [constr] ajustado,da bien a pared f
necessarily exposed a - expuesto,ta necesariamente
— — **bar** n [grind.med] barra f expuesta necesariamente
necessary a - . . .; forzado,da; imperativo,va; exigido,da; vital
— **accessory** n - accesorio m necesario
— **act** n - [legal] acto m necesario
— **bolt** n - [mech] perno m necesario
— **capability** n - capacidad f necesaria
— **column strength** n - [constr] resistencia f necesaria como columna f
— **condition(s) establishment** n - establecimiento m de condición(es) f necesaria(s)
— **control** n - regulación f necesaria
— — **valve** n - [valv] válvula f necesaria para regulación f
— **financing** n - [fin] fondo(s) m necesario(s)
— **foundation** n - base f necesaria
— **function** n - función f necesaria; responsabiliudad f forzosa
— **major work category** n - categoría f principal de trabajo m necesario
— **nut(s)** n - [mech] tuerca(s) f necesaria(s)
— **part** n - [mech] pieza f necesaria
— **physical property** n - propiedad f física necesaria
— **plate(s)** n - plancha(s) f necesaria(s)
— **requirement** n - requisito m necesario; exigencia f necesaria
— **rest** n - descanso m, or reposo m, necesario
— **rotation movement** n - [mech] movimiento m, rotatorio, or de rotación f, necesario
— **signal connection** n - [electron] conexión f necesaria para señal f
— **speed capability** n - [autom-tires] capacidad f necesaria para velocidad f
— **strength** n - resistencia f necesaria
— **task** n - tarea f necesaria
— **term** n - término m necesario
— **training** n - [labor] entrenamiento m necesario; capacitación f necesaria
— **translation movement** n - [mech] movimiento m necesario para traslación f
— **valve** n - [valv] válvula f necesaria
— **work** n - trabajo m necesario; tarea f necesaria
necessity n - . . .; exigencia f
neck n - . . . . angostura f • [mech] muñón m • corte m • soporte m • [metal-prod] boquilla f superior para suspensión f de codo m • [topogr] portezuelo m; paso m
— **bearing** n - [mech] cojinete m para cuello m
— **down** n - [mech] adelgazar; afinar
— **gasket** n - [int.comb] guarnición f para gollete m
— **shape** n - forma f de cuello m
— **shaped** a - con forma f de cuello
— — **guide** n - [mech] guía(dera) f con forma f de cuello m
— — **stop** n - [mech] tope m con forma f de cuello m
— **structure** n - [mech] estructura f para cuello
— **type** n - tipo m, de, or con, cuello m | a - de tipo m con cuello m
— **yoke** n - [agric] cejadera f
necked down a - adelgazado,da; afinado,da

necking down

necking down n - [mech] adelgazamiento m
need n - . . .; requisito m; exigencia f • requerimiento m; imperativo m • proyecto m; trabajo m • interés m | v - . . .
— **analysis** n - análisis m de necesidad f
— **@ assistance** v - necesitar auxilio m
— **change** n - cambio m en exigencia f
— **@ cleaning** v - necesitar limpieza f
— **determination** n - determinación f de necesidad f; necesidad f de determinación f
— **elimination** n - eliminación f de necesidad f
—**(s) grouping** n - agrupación f de necesidad(es)
— **identification** n - identificación f de necesidad f | v - necesitar identificación f
— **@ part** v - necesitar parte f • [mech] necesitar pieza f
— **@ replacement** v - necesitar reemplazo n
—**(s) study** n - estudio m de necesidad(es) m
—**(s) supplying** n - satisfacción f de, necesidad(es) f, or exigencia(s) f
— **to determine** n - necesidad f de determinar
— — **know** n - necesidad f de, saber, or conocer
needed a - necesario,ria; necesitado,da; forzoso,sa • requerido,da; exigido,da
— **assistance** n - auxilio m necesario
— **authorization** n - autorización f necesaria
— **corrosion resistance** n - [weld] resistencia f requerida contra corrosión f
— **current** n - [weld] amperaje m requerido
— **equipment** n - [ind] equipo m necesario
— **heat** n - [weld] calor m requerido
— **identification** n - identificación f necesaria
— **length** n - largo m requerido • [electr-inst] trozo m con largo(r) m apropiado
— **part** n - parte f necesaria • [mech] pieza f, necesaria, or buscada
— **preheating** n - [weld] precalentamiento m necesario
— **quality** n - calidad f, exigida, or requerida, or necesaria
— **replacement** n - reemplazo m necesario
— **resource(s)** n - recurso(s) m necesario(s)
— **size** n - tamaño m, necesario, or requerido
— **time** n - tiempo m necesario
— **training material** n - material m necesario para instrucción f
— **unit** n - dispositivo m necesario
— **weld quality** n - [weld] calidad f exigida en soldadura f
needful a - . . .; imperativo,va
needfully adv - . . .; por necesidad f; forzosamente
needing n—necesidad f; requisito m; exigencia f
needle n - . . . • [mech] púa f • [instrum] indicador m digital
— **beam** n - [mech] barra f de aguja f
— — **method** n - método m con barra f de aguja f
— **bearing** n - [mech] cojinete m con aguja(s) f
— **disk valve** n - [valv] válvula con disco m con aguja f
— **nose pliers** n - pinza(s) f con punta(s) f aguzada(s); also see **electrician's pliers**
needle point n - [nails] punta f de aguja • [drwng-compass] punta f seca
— — **nail** n - [nails] clavo m con punta f aguja
— **type** n - tipo m de aguja f
— **type disk** n - [valv] disco m de tipo de aguja
— — — **valve** n - [valv] válvula f con disco m de tipo m de aguja f
— **valve** n - [valv] válvula f con, aguja f, or espiga f; aguja f para cierre m
needless downtime n - [ind] parada f innecesaria
— **shutdown** n - [ind] parada f innecesaria
— **to say** adv - sin decir; no hacer falta mencionar
needlessly adv - . . .; ociosamente
negate v - . . .; desbaratar
negated a—negado,da; anulado,da; desbaratado,da
negating n - negación f • desbaratamiento m
negation n - . . .; desbaratamiento m
negative angle n - ángulo m negativo

negative brushholder n - [electro-mot] portaescobillas m negativo
— — **assembly** n - [electr-prod] conjunto m de portaescobillas m negativo
— **camber** n - [autom-tires] combadura f hacia afuera negativa
— — **angle** n - [autom-tires] ángulo m de combadura f hacia afuera negativo
— **caster** n - [autom] inclinación f hacia adelante negativa
— — **angle** n - [autom] ángulo m de inclinación f hacia adelante negativa
— **base heat sink** n - [weld] disipador m, negativo, or con base f negativa, para calor m
— **conductor** n - [electr-instal] conductor m, or cable m, negativo
— **conduit** n - [constr] conducto m negativo
— **connected** a - [weld] conectado,da para polaridad f negativa
— — **electrode** n - [weld] electrodo m conectado para polaridad f negativa
— **connection** n - [weld] conexión f (para polaridad f) negativa
— **diode** n - [electron] diodo m negativo
— **direct current** n - [electr] corriente f continua negativa
— — — **carbon (electrode)** n - [weld] electrodo m de carbono m para corriente f eléctrica negativa
— — — **connected carbon (electrode)** n - [weld] electrodo m de carbono m conectado para corriente f directa negativa
— — — **stud connected carbon (electrode)** n - [weld] electrodo m de carbono m conectado con borne m para corriente f continua negativa
— **effect** n - efecto m negativo
— **electricity** n - [electr-prod] electricidad f negativa
— **electrode** n - [weld] electrodo m negativo
— **ground** n - [int.comb] conexión f, negativa a tierra f, or a tierra f negativa
— — **system** n - [electr-instal] sistema m con conexión f, negativa a tierra f, or a tierra f negativa
— **grounding** n - [electr-instal] conexión f, negativa a tierra f, or a tierra f negativa
— — **system** n - [electr-instal] sistema m, con, or para, conexión f, negativa a tierra f, or a tierra f negativa
— **head** n - [hydr] desnivel m negativo
— **heat sink** n - [weld] disipador m negativo para calor m
— — **and diode assembly** n - [electr-instal] conjunto m de disipador m negativo para calor m y diodo m
— **interpretation** n - interpretación f negativa • [photogr] interpretación f de, negativo m, or película f
— **lead** n - [electr-instal] conductor m negativo
— —, **attachment**, or **connection** n - [electr-instal] conexión f para conductor m negativo
— **marker** n - [electr-instal] marbete m negativo
— **output terminal** n - [electr-instal] borne m para salida f negativo
— **part** n - parte f negativa
— **peak** n - [electron] punta f, or cresta f, negativa
— **polarity** n - [weld] polaridad f negativa
— — **mark** n - [electr-instal] marca f para polaridad f negativa
— — — **input** n - [electron] entrada f, con polaridad f negativa para marca(s) f, or para marca(s) f con polaridad f negativa
— — — **space input** n - [electron] entrada f, con polaridad f negativa para espacio m, or para espacio(s) m con polaridad f negativa
— **pole** n - [electr-instal] polo m negativo
— **winding** n - [electr-mot] devanado m, or bobinado m, polar negativo
— **post** n - [electr-battery] borne m negativo
— **premium** n - [labor] premio m negativo

nestable pipe and pipe arch

negative premium point n - [labor] punto m para premio m negativo
— pressure n - presión f negativa
— — maintaining n - mantenimiento m, or conservación f, de presión f negativa
— projection n - proyección f negativa
— projective conduit n - [constr] conducto m negativo en voladizo
— reply n - respuesta f negativa
— self-aligning torque n - [autom-tires] momento m torsional autoalineador negativo
— sequence n - secuencia f negativa; orden m negativo
— — current n - [electr-oper] corriente f con secuencia f negativa
— — reactance n - [electr-equip] reactancia f con secuencia f negativa
— setting n - [instrum] posición f negativa
— side n - [electr-battery] borne m negativo
— stud n - [electr] borne m negativo
— — connection n - [weld] conexión f con borne m negativo
— — selector switch n - [electr] conmutador m selector para borne m negativo
— terminal n - [electr-instal] borne m negativo
— transition point n - [electron] punto m negativo para transición f
— winding n - [electr-mot] devanado m, or bobinado m, negativo
neglect n - . . . ; desatención f; omisión f; desconocimiento m | v - . . . ; ignorar; omitir; desconocer
neglected a - descuidado,da; desatendido,da; omitido,da; ignorado,da; desconocido,da
— injury n - [safety] lesión f descuidada
— minor injury n - [safety] lesión f menor descuidada
neglecting n - descuido m; omisión f; desconocimiento m
negligence n - . . . ; descuido m
negligent n - . . . ; dejado,da; descuidado,da; follón,na
negligible a - . . . ; omisible; descartable; mínimo,ma
— fleet angle n - [mech] ángulo m de, esviaje m mínimo, or desviación f mínima; ángulo m mínimo de, esviaje m, or desviación f
— spatter n - [weld] salpicadura f insignificante
negotiable against @ monthly invoice(s) a - negociable contra factura(s) f mensual(es)
— certificate n - [fin] título m, or certificado m, negociable
— document n - [fin] documento m, or efecto m, negociable, or por negociar
— security n - [fin] valor m negociable
— share n - [fin] acción f negociable
negotiate @ contract v - [legal] negociar contrato m
— @ draft v - [fin] negociar, letra f, or giro m
negotiated a - negociado,da; gestionado,da; tramitado,da
— contract n - [legal] contrato m negociado
— draft n - [fin] letra f negociada; giro m negociado
negotiating n - negociación f; tramitación f; tratativa f | a - . . . ; negociador,ra
— committee n - comisión f negociadora; comité m negociador
negotiation n - . . . ; tramitación f; tratativa f
— agreement report n - acta m de acuerdo m para negociación f
— expense(s) n - [fin] gasto(s) m para negociación f
— phase n - fase f de negociación f
— neighbor n - . . . | v - . . . ; vecindar
neighbored a - vecindado,da
neighborhood area n - zona f vecinal
— business n - [com] comercio m vecinal
— — area n - [com] zona f comercial vecina
— development n - [pol] fomento m vecinal

Neighborhood Development Program n - [pol] Programa m para Fomento m Vecinal
— improvement n - [pol] mejora f, vecinal, or para vecindario m
— — program n - [pol] programa para mejora(s) f en vecindario
— shop n - [com] comercio m vecinal
neighboring a - . . . ; circumvecino,na; fínitimo
— business n - [comp comercio m, vecino, or próximo
— country n - [pol] país m vecino
— obstruction n - obstrucción f, vecina, or próxima
neither party n - [legal] ninguna de parte(s) f
neoandinic a - [geol] neoandínico,ca
neon sign n - [com] letrero m luminoso
neophyte a - . . . ; novel
— designer n - proyectista m novel
neoprene n - [chem] neopreno m
— band n - banda f de neopreno m
— bearing pad n - [constr] placa f portadora de neopreno
— gasket n - [mech] guarnición f de neopreno m
— insulating sheath n - [electr-cond] vaina f aislante de neopreno m
— insulation n - [electr-cond] aislación f de neopreno m
— jacket n - [electr-cond] vaina f, or cubierta f, de neopreno m
— jacketed a - [electr-cond] con vaina f de neopreno m
— — cable n - [electr-cond] cable m con vaina f de neopreno m
— outer sheath n - [electr-cond] vaina f exterior de neopreno m
— protective sheath n - [electr-cond] vaina f protectora de neopreno m
— rubber n - [plast] caucho m de neopreno m
— sheath n - [electr-cond] vaina f de neopreno m
— sheeting n - [electr-instal] revestimiento m de neopreno m
— sleeve n - manguito m de neopreno m
— sponge n - [plast] esponja f de neopreno m
— — rubber n - [plast] esponja f de caucho m de neopreno m
— strip n - tira f de neopreno m
nerve n - [anat] . . . ; [fam] . . . ; agalla(s) f
— center n - [anat] centro m nervioso
nervetesting dropoff n - [sports] caída f, precipitosa, or espeluznante
nest n - . . . • [tub] armadura f | v - . . . • [mech] encajar
— in @ pack v - [transp] encajar en paca f
nestability n - [transp] facilidad f para encaje
nestable a - encajable; anidable • [tub] encajable para armar en obra f
— corrugated pipe n - [tub] tubo m, acanalado, or corrugado, or ondulado, encajable; tubería f, acanalada, or corrugada, or ondulada, encajable
— — steel pipe n - [tub] tubo m, or tubería f, encajable de acero m corrugado, acanalado, or corrugado, or ondulado
— culvert n - [metal-fabr] alcantarilla f (de piezas f) encajable(s)
— design n - [tub] tipo m encajable
— half-circle section n - [tub] sección f encajable semicircular
— interchangeable corrugated pipe n - [tub] tubo m, or tubería f, encajable intercambiable, corrugado,da, or ondulado,da, or corrugado,da
— — steel pipe n - [tub] tubo m, or tubería f, encajable intercambiable de acero m, corrugado,da, or acanalado,da, or ondulado,da
— — pipe n - [tub] tubo m, or tubería f, encajable (e) intercambiable
— pipe n - [tub] tubo m, or tubería f, encajable; tubería f desarmable
— — accessory,ries n - accesorio m para tubería f encajable
— — pipe and pipe arch n - [tub] tubería f circu-

lar y abovedada encajable; tubería f y tubería abovedada encajable
nestable pipe arch n - [tub] tubo m abovedado, or tubería f abovedada, encajable
— — — **accessory,ries** n - [tub] accesorio(s) m para, tubo m, or tubería f, encajable
— — — **bottom** n - [tub] parte f, or pieza f, inferior de, tubo m, or tubería f, abovedado,da encajable
— — — **invert** n - [tub] parte f, or pieza f, inferior de, tubo m, or tubería f abovedado,da encajable
— — — **section** n - [tub] sección f de, tubo m, or tubería f, abovedado,da encajable
— — — **top** n - [tub] parte f superior de, tubo m, or tubería f, abovedado,da encajable
— — **bottom** n - [tub] parte f, or pieza f, inferior de, tubo m, or tubería f, encajable
— — **culvert** n - [tub] alcantarilla f de, tubo m, or tubería f, encajable
— — **invert** n - [tub] fondo m, or parte f inferior de, tubo m, or tubería f, encajable
— — **top** n - [tub] parte f, or pieza f, superior de tubería f encajable
— — **section** n - [tub] sección f encajable
— — **steel pipe** n - [tub] tubo m, or tubería f, encajable de acero m
— — — **and pipe arch** n - [tub] tubería f y tubería f abovedada encajable de acero m
— — — **arch** n - [tub] tubo m, or tubería f, abovedado,da encajable de acero m
— — **storm sewer** n - [tub] desagüe m pluvial de, tubo m, or tubería f, encajable
nested a - anidado,da • [tub] encajado,da
— **in @ pack** a - [transp] encajado,da en paca f
nesting n - [tub] encajadura f • [transp] estibación f
— **charge** n - [transp] cargo m, or gasto m, para estibación f
nestle v - . . . .; acurrucar(se)
nestled a - anidado,da; acurrucado,da
nestling n - . . . . • [fam] acurrucamiento m
net n - . . . . | a - . . . . | v - . . . . • [sports] brindar
— **against @ receivable** n - [fin] neto m contra efecto m por cobrar
— **area** n - zona f neta • zona f de red f
— **asset(s)** n - [fin] activo m neto
— **bolt area** n - [constr] zona f neta para perno(s) m
— **book value** n - [accntg] valor m neto según registro(s) m contable(s)
— **cash** n - [com] contado m neto
— — **against document(s)** n - contado m neto contra documento(s) n
— — **against invoice** n - contado m neto contra factura f
— — **flow** n - [fin] movimiento m neto de, fondo(s) m, or caja f, or efectivo m, or fondos m generados
— — **share** n - [econ] participación f líquida en efectivo m
— — **receipt upon receipt of @ invoice** n - contado m neto contra recibo m de factura f
— **change** n - cambio m neto
— **claim** n - reclamación f neta
— **coking time** n - [coke] tiempo m neto para coquización f
— **cost** n - costo m neto
— **discharge capacity** n - capacidad f neta para descarga f
— — **per pump** n - [pumps] capacidad f neta para descarga f por bomba f
— **domestic income** n - [econ] ingreso(s) m interno(s) neto(s)
— **domestic investment** n - [fin] inversión f interna neta
— **earning(s)** n - [accntg] utilidad f, neta, or líquida
— **erection time** n - [ind] tiempo m neto para montaje m

net federal tax n - [fisc] impuesto m nacional neto m
— **fence** n - [constr] cerca f de malla f
— **fixed income** n - [econ] ingreso(s) m fijo(s) neto(s)
— — **investment** n - [econ] inversión f fija neta
— **flow** n - [fin] movimiento m neto
— **foreign currency exchange gain** n - [fin] ganancia f neta en cambio m de moneda f extranjera
— — — — **loss** n - [fin] pérdida f neta en cambio m de moneda f extranjera
— **free area** n - [environm] área m libre neto
— **gain** n - [fin] ganancia f neta; beneficio m neto
— **head** n - [turb] salto m neto
net height module n - [mech] módulo m con altura f neta
— **holding** n - [fin] reserva f, or posición f, neta
— **income** n - [fin] ingreso(s) m neto(s); utilidad f neta
— — **decrease** n - [fin] reducción f en ingreso(s) m neto(s)
— — **increase** n - [fin] aumento m en ingreso(s) m neto(s)
— **indemnification amount** n - monto m neto de indemnización f
— **investment** n - inversión f neta
— — **income** n - [fin] ingreso(s) m neto(s) por inversión(es) f
— **invoice value** n - [accntg] valor m neto de factura f
— **liability,ties** n - [fin] pasivo m neto
— **loss** n - [fin] pérdida f neta; quebranto m neto
— — **on sale(s)** n - [com] pérdida f neta sobre venta(s) f
— **national tax** n - [fisc] impuesto m nacional neto
— **of amortization** a - [fin] luego, or neto,ta, de amortización f
— — **expense(s)** a - libre de, or menos, gastos f
— — **unrealized gains(s)** n - [accntg] neto,ta sin ganancia(s) f no realizada(s)
— **power** n - [ind] potencia f neta
— — **to @ flywheel** n - [mech] potencia f neta a volante m
— **premium** n - [insur] prima f neta
— — **(s) written** n - [insur] prima(s) f neta(s) sobre, seguro(s) m emitido(s), or póliza(s) f emitida(s)
— **productive time** n - [ind] hora f neta de producción f
— **profit** n - [accntg] utilidad f líquida (y realizada); utilidad f neta; beneficio m neto
— — **on sale(s)** n - [accntg] beneficio m neto sobre venta(s) f
— **proven profit** n - utilidad f neta comprobada
— **rating** n - [mech] potencia f neta
— — **at fly wheel** n - [mech] potencia f neta a volante m
— **realized gain** n - [fin] utilidad f, or ganancia f, neta realizada
— **retention** n - retención f neta
— **royalty** n - regalía f neta; cánon m líquido
— **sales** n - [accntg] venta(s) f neta(s)
— **saving** n - ahorro m neto; economía f neta
— **settlement** n - [constr] asentamiento m neto
— **share** n - [econ] participación f, neta, or líquida
— **shareholder(s')equity** n - [accntg] patrimonio m neto
— **span** n - [constr] luz f neta
— **tax** n - [fisc] impuesto m neto
— **time** n - [ind] hora f neta; tiempo m neto
— **ton** n - tonelada f neta
— —**(s) of pig iron** n - [metal-prod] tonelada(s) f neta(s) de arrabio m
— **total weight** n - peso m total neto
— **underwriting income** n - [insur] ingreso(s) m

neto(s) por, seguro(s) m, or emisión f (de póliza(s) f
net underwriting loss n - [insur] pérdida f neta, or quebranto m neto, por emisión f (de pólizas f), or sobre seguro(s) m emitido(s)
— **unrealized gain** n - [fin] utilidad f, or ganancia f, no realizada neta
— — — **on marketable equity security,ties** n - [fin] utilidad f neta no realizada sobre valor(es) para especulación f
— — **loss on marketable equity security,ties** n - [fin] quebranto m neto no realizado sobre valor(es) para especulación f
— — **loss** n - [accntg] quebranto m neto no realizado
— — — **on marketable equity security,ties** n - [fin[quebranto m neto no realizado sobre valor(es) para especulación f negociable(s)
— **value** n - [accntg] valor m neto • patrimonio m neto
— **weight** n - peso m neto
— **width** n - ancho(r) m neto; anchura f neta
— **withholding** n - [fisc] retención f neta
— **working time** n - [ind] hora f neta de trabajo
— **worth** n - [accntg] valor m neto; patrimonio m (neto); [Chi.] capital m neto
— — **registration** n - [legal] registro m de, valor m neto, or patrimonio m
— **yield** n - rendimiento m neto
— — **factor** n - [fin] coeficiente m para rendimiento m neto
netted a - [sports] brindado,da
netting n - . . . . • [constr] tejido m • [wire] malla f, or tela f, or red f, de alambre m
network capacity n - capacidad f de red f
— **operator** n - [ind] operador m de red f
— **problem** n - problema m con red f
Neumann band n - banda f de Neumann
neutral n - . . . . • [autom] see **neutral position**
— **adjustment** n - ajuste m neutral
— **atmosphere plant** n - [ind] planta f con atmósfera neutra(l)
— **axis** n - eje m neutro
— **blend** n - mezcla f neutra(l)
— **chemistry** n - [chem] análisis m neutral
— **circuit input** n - [electron] entrada f con circuito m neutral
— **conductor** n—[electr-cond] conductor m neutro
— **connection** n - [electron] conexión f, neutral, or de neutro m
— **contour** n - contorno m, neutral, or neutro
— — **theory** n - [autom-tires] teoría f de contorno m neutral
— **effect policy** n - [econ] política f con efecto m, neutral, or neutro
— **flame** n - [weld] llama f neutral
— **flux** n—[weld] fundente m, neutro, or neutral
— — **blend** n - [weld] mezcla f de fundente m neutral
— **gasoil** n - [petrol] gasóleo m neutral
— **ground connection** n - [electr-instal] conexión f con tierra f neutra(l) • conexión f de neutro m con tierra f
— **grounded** a - [electr-instal] con neutro m (conectado) con tierra f
— — **through resistor(s)** a - [electr-instal] con neutro m (conectado) con tierra f por medio de resistencia(s) f
— **input** n - [electron] entrada f neutral
— — **loop current** n - [electron] corriente f neutral para entrada f para circuito con nivel m alto para teleimpresor m
— **keying** n - [electron] manipulación f neutral
— — **operation** n - [electron] operación f para manipulación f neutral
— **line** n - [electr-cond] cable m neutral
— **loop** n - [electron] circuito m (cerrado) neutral
— — **input** n - [electron] entrada f con circuito m (cerrado) neutral
— **oil** n - [lubric] aceite m, neutral, or neutro

neutral operation n - operación f neutral
— **point** n - [mech] punto m, neutral, or muerto
— **polymer** n - [chem] polímero n neutro,tral
— **potential** n - [electr-instal] potencial m neutral
— **power line** n - [electr-instal] cable m, or conductor m, neutral en línea f
— **stress** n - [electr] esfuerzo m neutro,tral
— **stud** n - [electr-instal] borne m neutro,tral
— **telegraph circuit** n - [electron] see **neutral teleprinter circuit**
— **teleprinter circuit** n - [electron] circuito m neutral para teleimpresor m
— — **loop** n - [electron] circuito m (cerrado) neutral para teleimpresor m
— **terminal** n - [electr-instal] terminal m, or borne m, neutral
— **wire** n - [electr-instal] conductor m neutro
neutralize @ waste v - [nucl] neutralizar, residuo(s) m, or desecho(s) m
neutralized a - neutralizado,da
— **waste** n - [nucl] residuo(s) m, or desecho(s) m, neutralizado(s)
neutralizer n - neutralizador m
neutralizing n - neutralización f | a - neutralizador,ra
neutron probe n - [instrum] sonda f con neutrones m
never adv - . . .; en momento m ninguno
—**ceasing search** n - búsqueda f incesante
— **easy on @ driver** a - que no favorece a conductor(es) m
— **give up** v - no dar(se) nunca por vencido
— **increasing** a - nunca creciente
— **operate** v - no, operar, or hacer funcionar, nunca
— **say die** v - no dar(se) nunca por vencido
— **touch** v - no tocar, nunca, or jamás
new a - . . .; novel; novato,ta; novedoso,sa • desusado,da • [mech] para recambio m
— **alignment** n - [constr] trazado m nuevo
— **assembly** n - [mech] conjunto m nuevo
— **ball machine** n - [grind-med] máquina f nueva para bola(s) f
— **battery** n - [coke] batería f nueva
— **billet** n - [metal-prod] palanquilla f nueva
— — **steel** n - [metal-prod] acero m nuevo en palanquilla f
— **bloom** n - [metal-prod] tocho m nuevo
— **bolting** m - [mech] pernería* f nueva
— **breakthrough at @ taphole** n - [metal-prod] venir(se) nuevamente sangría f
— **bridge construction** n - [constr] construcción f de puente m nuevo
— **business** n - [com] negocio(s) m nuevo(s)
— **cable** n - [weld] conductor m nuevo
— **calendar roll** n - [paper] rodillo m nuevo para calandria f
— **car** n - [autom] auto(móvil), nuevo, or flamante, or novedoso
— — **dealer** n - [autom] distribuidor m de auto(móvile)s m nuevo(s)
— — **sale(s)** n [autom] venta f de auto(móvile)s m nuevo(s)
— **channel** n - [hydr] cauce m nuevo
— **choice** n - opción f nueva
— **choke** n - [mech] estrangulador m nuevo
— **class** n - clase f nueva • [sports] categoría f nueva
— **clutch** n - [mech] embrague m nuevo
— **coal production** n - [miner] producción f nueva de, carbón m, or hulla f
— — **investment program** n - [miner] programa m nuevo para inversión(es) f para producción f, carbonera, or hullera
— — **program** n - [miner] programa m nuevo para producción f, carbonera, or hullera
— **coil** n - [wiredrwng] rollo m nuevo
— **coke battery** n - [coke] batería f nueva (de hornos m) para coque m
— **concrete** n - [constr] hormigón m nuevo

new corrugated structure n - [constr] estructura f corrugada nueva
— — **steel structure** n - [constr] estructura f de acero m corrugado nueva
— **crystal** n - cristal m nuevo
— **culvert** n - [constr] alcantarilla f nueva
— **customer** n - [com] cliente m nuevo
— **deck** n - [bridges] cubierta f, or calzada f, nueva
— **design(ing)** n - proyección f nueva
— **development** n - novedad f
— **draft** n - [legal] borrador m nuevo
— **dry packing** n - [mech] empaquetadura f, or guarnición f, seca nueva
— **electric shift(ing) unit** n - [autom-mech] mecanismo m cambiador eléctrico nuevo
— **employment** n - [labor] empleo m nuevo
— **engine** n - [int.comb] motor m nuevo
New England n - [geogr] estados m, or región f, de norodeste, or nordoriental(es) (de los Estados m Unidos); Nueva Inglaterra f
— — **state** n - [geogr] estado m de Nueva Inglaterra f
— **equipment** n - [ind] equipo m nuevo • [rail] material m, rodante, or móvil, nuevo • [weld] soldadora f nueva
— — **requisitioning** n - [ind] pedido m interno por equipo m nuevo
— **experience** n - incidente m nuevo
— **facility,ties** n - [ind] instalación(es) f nueva(s)
— **feature** n - característica f nueva
— **fitment** n - [autom-tires] apareamiento m nuevo; correspondencia f nueva
— **flux** n - [weld] fundente m nuevo
— **fuel** n - [combust] combustible m nuevo
— — **delivery** n - [int.comb] entrega f de combustible m nuevo
— **gear** n - [ind] equipo m nuevo • [mech] engranaje m nuevo
— **gearing** n - [mech] (conjunto m, or juego m de) engranaje(s) m nuevo(s)
— **grip block** n - [mech] bloque m nuevo para sujeción f
— **housing** n - [constr] construcción f residencial
— **improved oil seal** n - [mech] sello m mejorado nuevo para aceite m
— **imported part** n - [mech] pieza f importada nueva
— **investment program** n - [fin] programa m nuevo para inversión(es) f
— **job** n - trabajo m nuevo • [labor] empleo m nuevo
— **knowledge** n - conocimiento(s) m nuevo(s); información f nueva
— **Lessons in Arc Welding** n - [weld] Nuevas Lecciones f para Soldadura f por Arco
— **level** n - nivel m nuevo • nivel m desusado
— **liner** n - [petrol] camisa f nueva
— — **diameter** n - [constr] diámetro m de revestimiento m nuevo
— **machine** n - [mech] máquina f nueva; equipo m nuevo • [weld] soldadora f nueva
— — **price** n - [ind] precio m para, máquina f nueva, or equipo m nuevo
— **management knowledge** n - [managm] información f administrativa nueva; conocimiento(s) administrativo(s) nuevo(s)
— — — **communication** n - [managm] comunicación f de, información f administrativa nueva, or conocimiento(s) m administrativo(s) nuevo(s)
— — — **dissemination** n - [managm] diseminación f de, información f adminsitrativa nueva, or conocimiento(s) m administrativo(s) nuevo(s)
— **manager** n - [managm] gerente m, or administrador m, nuevo
— **material processing** n - [ind] procesamiento m de material m nuevo
— **mill** n - [ind] planta f nueva • molino m nuevo • [metal-roll] laminador m nuevo

new mill operator n - [ind] operador m para molino m nuevo, or nuevo para molino m• [metal-roll] operador m, para laminador m nuevo, or nuevo para laminador m
— — **roll** n - [metal-roll] rodillo m, para laminador m nuevo, or nuevo para laminador m
— **mining legislation** n - [min] legislación f minera nueva
— **oil seal** n - [mech] sello m nuevo para aceite m
— **order** n - pedido m nuevo
— **overpass** n - [roads] paso m superior nuevo
— **packing** n - [mech] empaquetadura f, or guarnición f, nueva
— — **installation** n - [mech] instalación f, or colocación f, de empaquetadura f nueva
— **part** n - parte f nueva • [mech] pieza f nueva
— — **hardsurfacing** n - [weld] endurecimiento m de superficie f de pieza f nueva
— **position** n - [labor] cargo m nuevo
— **process** n - proceso m, or procedimiento m, or sistema m, nuevo
— — **transmission** n - [mech] transmisión f con, proceso m, or sistema m, nuevo
— **product introduction** n - [com] presentación f de producto m nuevo
— — **manufacture** n - [ind] fabricación f de producto(s) m nuevo(s)
— — **offer(ing)** n - ofrecimiento m, or oferta f, de producto m nuevo
— **project** n - [constr] obra f nueva
— **racer** n - [autom] automóvil m para carrera, nuevo, or flamante, or novedoso
— **radial (tire)** n - [autom-tires] neumático m radial nuevo
— **replacement tire** n - [autom-tires] neumático m nuevo para reemplazo m
— **request** n - solicitud f nueva
— **requirement** n - exigencia f nueva
— **requisition** n - solicitud f nueva
— **rim** n - [autom-tires] llanta f nueva
— — **diameter** n - [autom-tires] diámetro m de llanta f nueva
— — **size** n - [autom-tires] medida f de llanta f nueva
— **roll** n - [metal-roll] rodillo m nuevo
— **share** n - [fin] acción f nueva
— —, **issue**, or **issuing** n - [fin] emisión f de acción(es) nueva(s)
— **shift** n - [ind] relevo m (nuevo) • [mech] cambiador m nuevo
— **shifting unit** n - [mech] mecanismo m, nuevo para cambio(s) m, or cambiador nuevo
— **size** n - tamaño m nuevo; medida(s) f nueva(s)
— **status system** n - [comput] sistema m nuevo para, estado m, or posición f, or condición f
— **steel structure** n - [constr] estructura f, de acero m nueva, or nueva de acero m
— **style** n - estilo m, or tipo m, or modelo m, nuevo
— — **nozzle** n—[weld] boquilla f de tipo m nuevo
— **surfacing deposit** n - [weld] aportación f de superficie f nueva
— **taphole breakthrough** n - [metal-prod] venida f nueva de sangría f
— — — **when removing @ gun** n - [metal-prod] venida f nueva de sangría a(l) sacar(se) cañón m
— **technology application** n - [ind] aplicación f de tecnología f nueva
— — **incorporation** n - [ind] incorporación f de tecnología f nueva
— **templet** n - [mech] plantilla f nueva
— **tire** n - [autom-tires] neumático m nuevo
— — **installation** n - [autom-tires] instalación f, or colocación f, de neumático m nuevo
— — **product** n - [autom-tires] producto m nuevo para neumático(s) m
— — **size** n - [autom-tires] neumático m en tamaño m nuevo • medida(s) f de neumático m nuevo
— **tonnage** n - tonelaje m nuevo
— — **mill** n - [ind] planta f para tonelaje nuevo
— **tool** n - [tools] herramienta f nueva

new unit n - unidad f nueva; elemento m nuevo
— — use n - uso m, or empleo m, nuevo
— — welder n - [weld] soldadora f nueva
— — welding cable n - [weld] conductor m nuevo para soldadura f
— — wire reel n - [weld] carrete m para alambre m nuevo
newcomer n - recién llegado m; advenedizo m
newer a - más, nuevo, or reciente
newest a - . . .; más reciente
newly come a - recién llegado,da; fresco,ca
— engineered a - proyectado,da recientemente
— — mast n - [mech] pie m derecho proyectado recientemente
— formed a - acabado,da de formar(se)
— — weld metal n - [weld] metal m aportado acabado de formar(se)
— installed a - recién instalado,da; inmediatamente de instalado,da
— poured a - [constr-concr] vaciado,da recientemente; acabado,da de colar
— — concrete n - [constr-concr] hormigón m recién vaciado
— solidified a - [weld] acabado,da de solidificar(se)
— — weld n - [weld] soldadura f acabada de solidificar(se)
news n - . . .; novedad(es) f
— item n - [print] novedad f • reporte m
newsboy n - [print] gacetero m
newsletter n - . . .: noticioso m
newsman n - [print] . . .; gacetero m
newspaper advertisement n - [print] anuncio m en, periódico m, or diario m
— reporter n—[print] cronista m; gacetillero m
newswoman n - [print] gacetera f
next heaviest a - que (le) sigue en peso m
— — crane n - [cranes] grúa f que (le) sigue en peso m
— higher setting n - [mech] regulación f inmediatamente superior
— — car n - [autom] automóvil que le sigue en calificación f
— larger a - inmediatamente mayor
— — electrode n - [weld] electrodo m con, diámetro m, or tamaño m, inmediatamente mayor
— — size n - tamaño m inmediatamente mayor • [weld] diámetro m inmediatamente mayor
— — — electrode n - [weld] electrodo m con diámetro m inmediatamente mayor
— — — wire n - [wire] alambre m con diámetro m inmediatamente mayor
— lower a - inmediatamente, menor, or inferior
— — setting n - [mech] regulación f inmediatamente inferior
— operation n - operación f siguiente
— order n - pedido m siguiente
— pass n - [metal-roll] pasada f siguiente
— — position n - [metal-prod] posición f para pasada f siguiente
— , reline, or relining n - [metal-prod] reconstrucción f próxima
— setting n - [mech] regulación f, siguiente, or inmediata
— size n - tamaño m, or diámetro m, siguiente
— smaller a - inmediatamente menor
— — electrode n - [weld] electrodo m con, diámetro m, or tamaño m, inmediatamente menor
— — size n - tamaño m inmediatamente menor • [weld] diámetro m inmediatamente menor
— — — electrode n - [weld] electrodo m con diámetro m inmediatamente inferior
— — — wire n - [wire] alambre m con diámetro m inmediatamente menor
— smallest a - inmediatamente menor
— stage n - etapa f, siguiente, or próxima
— step n - paso m, siguiente, or próximo
— storm n - [meteorol] tormenta f siguiente
— test n - ensayo m, próximo, or siguiente
— time n - vez f próxima
— to adv - junto,ta, or próximo,ma, a

next-to-last a - penúltimo,ma
— — @ switch adv - [electr-instal] próximo,ma a conmutador f
NH - [pol] see New Hampshire
Ni-chrome n - [metal] see nickel and chrome
— -resist(ing) cast iron n - [metal] hierro m fundido con níquel (Ni-Resist)
— — cast iron gate n - [metal-prod] compuerta f de hierro m fundido con níquel m
— — — wall thimble n - [hydr] marco m empotrado de hierro m fundido con níquel m
nib rough cored to size . . . n - [wiredrwng] punta f (para trafilación f) sin rectificar para diámetro m de . . .
— — — — standard size n - [wiredrwng] punta f (para trefilación f) sin rectificar para diámetro(s) m según norma f
— — without casing n - [wiredrwng] punta f (para trefilación f) sin montaje m
nice arc n - [weld] arco m bueno
nicely adv - . . .; bien; buenamente
niche n . . . . • compartimento n • [fig] exclusividad f | adv - subdividido,da
— marketing n - [com] comercialización f por, nicho(s), or compartimento(s) m, or segmentos
nick n - [mech] . . .; hendidura f; entalla f | v - . . , entallar
— break n - [mech] muesca f; entalla f | a - [weld] con fractura f por plegado m con entalla f de cordón m (de soldadura f)
— — specimen n - [metal] probeta f para ensayo m de, muesca f, or entalla f
— — test n - [mech] prueba f de fractura f por plegado m con entalla f • [weld] prueba f de fractura f por plegado m con entalla f en cordón m (de soldadura f)
— check(ing) n - [mech] verificación f de melladura f, or muesca f, or entalladura f
— creating n - [mech] creación f de mella f
— effect n - [weld] efecto m de entalla f
nicked a - mellado,da; entallado,da
— blade n - [tools] cuchilla f mellada
nickel alloy n - [metal] aleación f con níquel m
— — electrode n - [weld] electrodo m con base m de míquel m
— base n - [miner] base f de níquel m
— based a - [miner] con base f de níquel m
— — alloy n - [metal] aleación f con (base f con) níquel m
— — — blade n - [mech] cuchilla f de aleación f con níquel m • paleta f de aleación f con níquel m
— — — electrode n - [weld] electrodo m de aleación f con base f de níquel m
— — — steel n - [metal-prod] acero m, aleado, or con aleación f, con base f de níquel m
— — electrode n - [weld] electrodo m con base f de níquel m
— bearing a - [metal] con níquel m
— — electrode n—[weld] electrodo m con níquel m
— — iron n - [metal-prod] hierro m con níquel m
— cast iron gate n - [hydr] compuerta f de hierro m fundido con níquel m
— chrome n - [metal-prod] níquel m y cromo m; níquel m crómico
— — steel n - [metal-prod] acero m con cromo m y níquel m
— chromium steel n - [metal-prod] acero m con cromo m y níquel m
— coated diamond n - diamante m, niquelado, or con recubrimiento m de níquel m
— coating n - [metal-treat] capa f, or recubrimiento m, de níquel m
— core wire n - [weld] alambre m con núcleo m de níquel m
— deposit n - [weld] aportación f con níquel m
— deposition n - [weld] aportación f con níquel m
— electrode n - [weld] electrodo m con níquel m
— grade n - [metal] calidad de níquel m | a - calidad f con níquel m
— — steel n - [metal-prod] acero m (de calidad

nickel iron

 f) con níquel m
nickel iron n - [metal-prod] hierro m con níquel m; hierro-níquel m
— **layer** n - [metal-treat] capa f de níquel m
— **manganese build-up job** n - [weld] trabajo m para recargue m con soldadura f con níquel m y manganeso m
—— **deposit** n - [weld] aportación f de níquel m y manganeso m
—— **steel** n - [metal-prod] hierro m con níquel m y manganeso m
——— **deposit** n - [weld] aportación f de acero m con níquel m y manganeso m
— **percentage** n - porcentaje m de níquel m
— **plated** a - [metal-treat] niquelado,da
— **steel** n - [metal-prod] acero m con níquel m; aceroníquel* m
— **type electrode** n - [weld] electrodo m de tipo m con níquel m
nicker n - mellador m
nicking n - melladura f | a mellador,ra
nickname n - . . .; sobrenombre m
night crew n - [labor] turno m nocturno; cuadrilla f nocturna
— **festival** n - verbena f
— **hour(s)** n - hora(s) f nocturna(s)
— **middle** n - mitad de noche f; medianoche f
— **run** n - [sports] corrida f, nocturna, or en noche f
— **shift** n - [labor] turno m, nocturno, or para noche f
— **stand** n - [domest] mesa f de luz f
— **study** n - [educ] vigilia f
— **turn** n - turno m, nocturno, or para noche f
— **work** n - [labor] trabajo m nocturno
nighttime illumination n—iluminación f nocturna
— **operation** n - operación f nocturna
— **work** n - [labor] trabajo m nocturno
nine hundreds n - [chronol] siglo m de novecientos; siglo, décimo, or X
nine-to-fiver n - [labor] empleado m con jornada f de ocho horas f
monepenny nail n - [nails] clavo de 2-3/4"
nineteen hundreds n - [chronol] siglo m, de mil novecientos; or veinte, or vigésimo, or XX
nineteenth century n - [chronol] siglo, decimonoveno, or del mil ochocientos
ninth century n - [chronol] siglo m, noveno, or de ochocientos m
nineties n - [chronol] década f de noventa f
ninety degree a - [mech] con ángulo m recto
—— **angle** n - ángulo m recto; also see **right angle**
—— **connector** n - [tub] conectador m, con, or para, ángulo m recto
nip n - [mech] mordedura f • [paper] (zona f de mordedura f | v - morder
— **angle** n - [mech] ángulo f de mordedura f
— **load** n - [paper] fuerza f de mordedura f
— **loading** n - [paper] fuerza f de mordedura f
— **opening** n - [paper] apertura f de mordedura f
— **pressure** n - [paper] presión f de mordedura f
nipped a - mordido,da
nipper(s) n - [tools] . . .; tenaza(s) f; cortalambre* n • cortafrío m
nipping n - . . . | a - mordedor,ra; mordiente
nipple n - [mech] . . .; entrerrosca f; manguito m roscado; boquilla f roscada; manguito m para unión m • casco m; casquillo m; capuchón m • protuberancia f • mamelón m • avoid niple m • [electr] sombrerete m para protección f; capuchón f • conector m - [tub] unión f
— **sleeve** n - [mech] manguito m para entrerrosca
nite n - see **night**
nitrate n - [chem] . . . | v - [chem] nitrar
—(s) **concentration** n - [chem] concentración f de nitrato(s) m
— **crystal** n - [chem] cristal m de nitrato(s) m
—(s) **presence** n - presencia f de nitrato(s) m
nitrated a - [chem] nitrado,da
— **derivate** n - [chem] derivado m nitrado

- 1128 -

nitrated toluene derivate n - [chem] derivado m nitrado de tolueno m
nitrating n - [chem] nitración f | a - [chem] nitrador,ra
nitric acid bath n - [metal-treat] baño m en ácido m nítrico
—— **electrolytic bath** n - [metal-treat] baño m electrolítico en ácido m nítrico
—— **equipment** n - [ind] equipo n para ácido m nítrico
—— **plant** n - [ind] planta f para ácido m nítrico
—— **solution** n - [chem] disolución f de ácido m nítrico
— **bath** n - [chem] see **nitric acid bath**
— **hydrofluoric acid** n - [chem] ácido m nítrico fluorhídrico
——— **bath** n - [chem] baño m en ácido m nítrico fluorhídrico
—— **bath** n - [chem] see **nitric hydrofluoric acid bath**
nitride n - . . . | v - [chem] nitrurar
— **analysis** n - [chem] análisis m de nitruro m
— **chemical analysis** n - [chem] análisis m químico de nitruro m
—— **process analysis** n - [chem] análisis f de proceso m químico para nitruro m
——— **analysis progress** n - [chem] marcha f de análisis poor vía f química de nitruro m
—— **wet process analysis** n - [chem] análisis m químico de nitruro m por vía f húmeda
—(s) **formation** n - [chem] formación f de nitruro(s) m
nitrided a - [chem] nitrurado,da
— **steel** n - [metal-prod] acero m nitrurado
nitrider n - [chem] nitrurador m
nitriding n - [chem] nitruración f | a - [chem] nitrurador,ra
nitriding n - [metal-treat] nitruración f
— **steel** n - [metal-prod] acero m para nitruración f
— **treatment** n - [metal-treat] tratamiento m para nitruración f
nitrocotton n - . . .; nitroalgodón* m
nitrogelatine n - nitrogelatina* f
nitrogen analysis n - [chem] análisis m de nitrógeno m
— **blowing** n - [metal-prod] soplado m con nitrógeno m
— **chamber** n - cámara f para nitrógeno m
— **chemical analysis** n - [chem] análisis m químico de nitrógeno m
—— **process analysis** n - [chem] análisis m de nitrógeno m con proceso m químico
——— **progress** n - [chem] marcha f de análisis por vía f química de nitrógeno m
——— **analysis** n - [cjem] marcha f de análisis f por vía f química de nitrógeno
—— **wet process analysis** n - [chem] análisis m químico por vía f húmeda de nitrógeno m
— **content** n - [chem] contenido m de nitrógeno m
— **distribution** n - [ind] distribución f de nitrógeno m
—— **operational study** n - [ind] estudio m operativo de distribución f de nitrógeno m
—— **study** n - [ind] estudio m de distribución f de nitrógeno m
— **filled** a - [electr-relleno m con nitrógeno m
— **finished material** n - [metal-treat] material m, acabado, or terminado, con nitrógeno m
— **finishing** n - [metal-treat] terminación f, or acabado m, con nitrógeno m
— **material** n - [metal-treat] material m con nitrógeno m
— **pickup** n - [chem] captación f de nitrógeno m
— **purge** n - purga f con nitrógeno m
— **recovery** n - recuperación f de nitrógeno m
—— **equipment** n - equipo m para recuperación f de nitrógeno m
— **sealed** a - sellado,da con nitrógeno m
—— **transformer** n - [electr-transf] transfor-

mador m sellado con nitrógeno m
nitrogen sealed type transformer n - [electr-transf] transformador m de tipo sellado con nitrógeno m
nitrogenous fertilizer n - [agric] abono m nitrogenado
nitroglycerine base explosive n - [explos] explosivo m con base f de nitroglicerina f
— **explosive** n - [Explos] explosivo m con base f de nitroglicerina f
nitronaphthalene n - [chem] nitronaftalina* f
NJ n - [pol] see **New Jersey**
NM n - [pol] see **New Mexico**
no air supply n—falta f de suministro m, or abastecimiento m, or provisión f, de aire m
— **bevel** a - sin chaflán m
— **bottom required** a - (que) no requiere fondo m
— **build-up** n - [weld] sin recargue m
— **cable** a - [cranes] sin cable m
— **cage clearance** n - [mech-bearings] holgura f, or espacio m libre, sin jaula f; jaula f sin, holgura f, or espacio m libre
— **change** n - sin cambio m alguno
— **charge** a - sin cargo m; gratis
— — **sample** n - [com] muestra f gratis
— **commercial value** a - sin valor m comercial
— — **sample** n - [com] muestra f sin valor m comercial
— **competition** n - [com] competencia f nula; sin competencia f
— **contest** n - fuera de concurso m
— **deposited metal** n - [weld] sin, or ningún, metal m aportado
— **dry tapping** n - [metal-prod] colada f incompleta
— **fixturing** n - [weld] que no requiere empleo m de accesorio(s) m
— **gap** a - [mech] sin, separación f, or entrehierro m
— **getting around** adv - no, or sin, poder(se) negar
— **good** a - inútil
— **headwall** a—[constr] sin muro m para cabecera
— **intensity** n - ninguna intensidad f
— **load** a - [electr] sin carga f; descargado,da; neutro,tra; muerto,ta; de mínima f
— — **changer** n - [electr-equip] cambiador m sin carga f
— — **circuit breaker** n - [electr-cond] interruptor, de, or para, mínima f para circuito
— — **condition** n - [mech] condición f sin carga
— — **current** n - [electr] corriente f en vacío
— — **engine** n - [int.comb] motor m sin carga f
— — **speed** n - [int.comb] velocidad f de motor m sin carga f
— — **maximum shaft speed** n = [mech] velocidad f máxima de, eje m, or árbol m, sin carga f
— — **minimum shaft speed** n - [mech] velocidad f mínima de, eje m, or árbol m, sin carga f
— — **running** n - [mech] funcionamiento m, or operación f, sin carga f
— — — **speed** n - [mech] velocidad f de, eje m, or árbol m, sin carga f
— — **speed** n - [int.comb] velocidad f sin carga f • operación f sin carga f | a - int.comb] para operación f sin carga f
— — — **position** n - [int.comb] posición f para operación f sin carga f
— — — **throttle position** n - [int.comb] posición f para regulador m para operación f sin carga f
— — **tap changer** n - [electr-instal] cambiador m (para tomas f) sin carga f
— — **voltage** n - [electr] voltaje m sin carga f
— **longer** adv - ya no
— **in production** n - que no se produce ya
— **more** adv - nada más
—**nonsense** a - formal
— — **transaction** n - [com] transacción f formal
— **one** adv - nadie
— **overflow section** n - sección f no rebosable

no-oxide tape n - [electr-cond] cinta f, antioxidante, or No-Oxide
— **par value** a - [fin] sin valor a par f
— **parity** a - [comput] sin paridad f
— **parking!** interj--[roads] prohibido, aparcar, or estacionar
— **power** n - [electr-distrib] carencia f, or falta f, de, energía f, or corriente f
— **protection** n - ninguna protección f
— **return** adv - [electr] sin retorno m
— **spark** n - [int.comb] falta f, or carencia f, de chispa | adv - sin chispa f
— **spin** a - [mech] see **non-spin(ning)**
— **stopping!** interj - [roads] prohibido, parar, or detener(se)
— **structures** a - sin estructura(s) f
—**take apart** a - no desarmable
— — — **model** n—[mech] modelo m no desarmable
— — **version** n - [mech] modelo m no desarmable
—**two-operate** n - ninguno(s) dos opera(n)
— **vacuum** n - [pneumat] ningun vacío m
— **value** a - sin valor m
— — **sample** n - [com] muestra f sin valor m
— **voltage** n - [electr] sin voltaje m • tensión f nula; falta f de voltaje m
— — **protection** n - [electr] protección f para tensión f nula
— — **relay** n - [electr-equip] relé m para falta f de voltaje m
— — — **coil** n - [electr-equip] bobina f para relé m para, falta de voltaje m, or tensión f nula
— — **release** a - [electr-instal] protector m para, voltaje m nulo, or tensión f nula, or falta de voltaje m
— — — **arm** n - [electr-instal] brazo m de protector m de, voltaje m nulo, or tensión f nula
— — — — **pin** n - [electr-instal] pasador m de brazo m para (devanado) protector m para, voltaje m nulo, or tensión f nula
— — — — **stop** n - [electr-instal] tope m para brazo m para protector m para, voltaje m nulo, or tensión f nula
— — — — **coil** n - [electr-instal] (devanado m) protector para interruptor de, voltaje m nulo, or tensión f nula
— — — — **clamp** n - [electr-mot] abrazadera f para (devanado) protector m para, voltaje m nulo, or tensión f nula
— — — — — **insulation** n - [electr-mot] aislación f para abrazadera f para (devanado) protector m para, voltaje m nulo, or tensión f nula
— — — — **crossing arm** n - [electr-instal] brazo m para cruzar (devanado) protector m para, voltaje m nulo, or tensión f nula
— — — — **fiber retainer** n - [electr-instal] sujetador m de fibra para (devanado) protector m para, voltaje m nulo, or tensión f nula
— — **return** a - [electr] sin retorno m de voltaje m
— **water in @ radiator** n - [int.comb] radiador m sin agua m
nod n - . . .; asentimiento m | v - . . .; asentir; convenir
node n - . . .; nódulo m
nadular cast iron n - [metal-prod] hierro m fundido, or fundición f, nodular
noise n - . . .; estruendo m; estrépito m; barahunda f; voz f; fragor m
— **check(ing)** n - comprobación f, or verificación f, de ruido m
— **level** n - [phys] nivel m, sonoro, or de sonido m, or de ruido m
— **pick-up** n - captación f de sonido(s) m
— **presence** n - [comput] presencia f de ruidos m
noiseless chain n [mcch] cadena f silenciosa
noiselessness n - silencio m
noisier a - más ruidoso,sa
noisiest a - más ruidoso,sa

noisy a - . . .; estruendoso,sa; fragoroso,sa
— **flame** n - [combust] llama f ruidosa
nomenclature assigning n - asignación f de nomenclatura f
— **standardizing** n - normalización f, or estandarización f, de nomenclatura f
nominal allowance n—[mech] tolerancia f nominal
— **analysis** n - análisis m nominal
— **arc length** n - [weld] largo m nominal de arco
— **attenuation** n - [electr-oper] atenuación f nominal
— **bearing spacer thickness** n - [mech] espesor m nominal de separador m para cojinete m
— **capacity** n - capacidad f nominal
— — **design load** n - carga f proyectada con capacidad f nominal
— **characteristic** n - característica f nominal
— **circumference** n - circunferencia f nominal
— **consumption** n - consumo m nominal
— **covering width** n - ancho m nominal para cobertura f
— **current** n - corriente f nominal
— **datum,ta** n - dato(s) m, or información f, nominal(es)
— **deposit** n - [weld] aportación f nominal
— — **analysis** n - [weld] análisis m nominal de aportación f
— **depth** n - profundidad f nominal • [constr] peralte m nominal
— — **range** n - [petrol] límite(s) m nominal(es) para profundidad f
— — **rating** n - [petrol] (capacidad f para) profundidad f nominal para perforación f
— **diameter pipe** n - [tub] tubería f con diámetro m nominal
— **dimension** n - dimensión f, or medida f, nominal
— **finish** n - terminación f, or acabado m, nominal
— **flow** n - [hydr] caudal m nominal
— **gage** n - espesor m, or calibre m, nominal
— **hardness** n - dureza f nominal
— —, **providing**, or **provision** n - provisión f de dureza f nominal
— **head** n - [hydr] salto m nominal
— **input voltage** n - [electr-oper] voltaje m nominal para entrada f
— **internal diameter** n - [tub] diámetro m interior nominal
— — **pipe diameter** n - [tub] diámetro m interior nominal de tubería f
— **length** n - largo(r) m, or largura f, nominal
— **mechanical characteristic** n - característica f mecánica nominal
— **motor voltage** n - [electr-mot] voltaje m nominal de motor m
— **oil pressure** n—presión f nominal para aceite
— **operating condition** n - condición f nominal para operación f
— — **voltage** n - [electr-oper] voltaje m, operativo nominal, or nominal para operación f
— **output** n - [ind] producción f nominal
— — **voltage** n - [electr-oper] voltaje m nominal para salida f
— **pinion bearing spacer** n - [mech] separador m para cojinete m para piñón m con espesor m nominal
— **pipe weight** n - [tub] peso m nominal de tubo
— **rating** n - capacidad f nominal • [electr] potencia f nominal
— — **prior operation** n - [mech] operación f previa, or funcionamiento m previo, con potencia f nominal
— **rise** n - [metal-fabr] peralte m nominal
— **rod size** n - [wiredrwng] diámetro m nominal de varilla f
— **share** n - [fin] acción f, nominal, or nominativa
— **shim allowance** n - [mech] tolerancia f nominal para calza f
— — **pack** n - [mech] paquete m de laminilla(s)

— **nominal**
nominal size n - tamaño m nominal • diámetro m nominal
— — **spacer** n - [mech] separador m con espesor m nominal
— — **spacer** n - [mech] separador m (con medida f) nominal
— — **thickness** n - [mech] espesor m nominal para separador m
— **stock** n - [fin] acción(es) f nominal(es)
— **thickness** n—espesor m, or grosor m, nominal
— — **tolerance** n - tolerancia f en espesor m nominal
— **torque** n - [mech] par m (motor) nominal
— — **with @ load** n - [mech] par m (motor) nominal, or momento m torsional, con carga f
— **value guaranty** n - garantía f de valor nominal
— **volt(s)** n - [electr-distrib] voltio(s) m nominal(es); voltaje m nominal
— —(s) **in alternating current** n - [electr-distrib] voltio(s) m nominal(es), or voltaje m nominal, en corriente f alterna
— —(s) **in direct current** n - [electr-distrib] voltio(s) m nominal(es), or voltaje m nominal, en corriente f continua
— **wall thickness** n - [weld] espesor m nominal de pared f
— **weight** n - peso m nominal
— — **per foot** n - peso m nominal por pie m (prefer por metro m)
— **width** n - ancho(r) m, or anchura f, nominal
— — **tolerance** n - tolerancia f en, ancho(r) m, or anchura f, nominal
nomogram n - gráfico m; avoid nomograma* m
nomograph n - gráfico m; avoid nomograma* f
— **use** n - uso m, or empleo m, de gráfico m
nomographic a - gráfico,ca; avoid nomográfico,ca
— **method** n - método m de gráfico(s) m; avoid método m nomográfico*
non . . . adv - no . . .; also see **no** . . .
—**adequacy** n - inadecuación f
—**affected equipment** n - [ind] equipo m no afectado
—**allowable defect** n - defecto m inadmisible
— **application** n—inaplicación f; desaplicación
—**approved material(s)** n - [ind] material(es) m, no approbado(s), or no conforme(s)
—**availability** n - falta f de suministro m
— **available** a - indisponible; no disponible
— **awarding** n - no adjudicación f
—**carbonated drink** n - [culin] bebida f, no gaseosa, or sin gas m
—**choking concave** n - [mech] cóncavo sin obstrucción(es)
— **cohesive** a - no cohesivo,va
—**conducting surface** n - superficie no conductora
— **current carrying equipment part** n - [electr] pieza f de equipo m sin corriente f
—**destructive examination** n - examen m no destructivo
—**disk brake** n - [autom] freno m sin disco(s) m
— — — **equipped vehicle** n - [autom-mech] vehículo m equipado con freno(s) m sin disco(s) m
—**European Economic Community (member) country** n - [pol] país m no miembro de Comunidad f Económica Europea
—**ferrous metal** n - [metal] metal m no ferroso
— — — **brazing** n - [weld] soldadura f de metal(es) m no ferroso(s)
— — — **machining** n - [mech] mecanización f, or labrado m, de metal m no ferroso
—**finisher** n - [sports] abandono m
—**flat rolled product(s)** n - [metal-roll] (producto) laminado m no plano
— **free fall** a - [cranes] sin caída f libre
— — — **auxiliary winch** n - [cranes] malacate m sin caída f libre
— — — **main winch** n - [cranes] malacate m sin caída f libre

non free fall winch n - [cranes] malacate m sin caída f libre
—**functioning** a - inoperante
— — **valve** n - [valv] válvula f inoperante
—**hunting season** n - [sports] veda f
—**hygroscopic dielectric material** n - [electr] material m dieléctrico no higroscópico
— — **material** n - material n no higroscópico
— — **tape** n - [telecom-cond] cinta f de material m no higroscópico
—**impact** a - [electron] sin impacto(s) m
— **print** n - [electron] impresión f sin impacto(s) m | v - imprimir sin impacto(s) m
— **printed** a - [electron] impreso,sa sin impacto(s) m
— **printing** n - [electron] impresión f sin impacto(s) m
— **imputable** a - no imputable
—**included work** n - trabajo m no incluido
—**indicating controller** n - [instrum] regulador m no registrador
— — **dial type controller** n - [instrum] regulador m calibrador no indicador
—**interest** a - [fin] que no devenga interés m
— — **bearing** a - [fin] que no devenga interés m
— — — **account** n - [fin] cuenta f que no devenga interés m
—**locking clamp** n - [mech] mordaza f no trabadora
— — **style** n - [mech] tipo m no trabador
—**magnetic** a - [metal] no magnético,ca
—**marring** a - no, estropeador,ra, or marcador,ra; que no deja, marca f, or huella f
— — **clamp** n - [mech] mordaza f no, marcadora, or estropeadora
—**offensive approach** n - enfoque m no ofensivo
—**operability*** n - falta f de operabilidad* f
—**operating inter-axle differential** n - [autom-mech] diferencial m entre eje(s) m, fuera de operación f, or sin operar
—**ox(idizing)** a - no oxidante
—**production personnel** n - [labor] personal m de empleados m
—**profit group** n - [fisc] entidad f, or grupo m, para beneficio m público
— — **organization** n - [fisc] entidad f para beneficio m público
—**radial light truck tire** n - [autom=tires] neumático m no radial para (auto)camión(es) m liviano(s)
— — **passenger tire** n - [autom-tires] neumático m no radial para automóvil(es) m para pasajero(s) m
— — **tire** n - [autom-tires] neumático m no radial
—**renounceability*** n - [legal] no renunciabilidad f; prohibición f de renuncia f
—**repeating** a - no repetidor,ra
—**repetitive** a - no, repetitivo,va, or repetidor,ra
—**resident corporation(s) tax** n - [fisc] impuesto m sobre sociedad(es) no residente(s)
— **rising** a - [valv] fijo,ja; no ascendente
— — **stem** n - [valv] vástago m, fijo, or no ascendente
— — **type** n - [valv] tipo m, fijo, or no ascendente
— — — **stem** n - [valv] vástago m de tipo m, fijo, or no ascendente
—**rotating bearing pin** n - [mech] pasador m, fijo, or no rotante, para cojinete m
— — **pin** n - [mech] pasador m, fijo, or no rotante
— **rusting** a - [metal] inoxidable
—**sag(ging)** a - contra pandeo m
— — **feature** n - propiedad f contra pandeo m
—**self-supporting cable** n - [telecom-cond] cable m sin soporte m
— — **overhead cable** n - [telecom-cond] cable m aéreo sin soporte m
— —**self-supporting overhead cable** n - [telecom-cond] cable m aéreo sin soporte m
non-separating a - contra, or a prueba f de, separación f, or segregación f
— — **formula** n - fórmula f contra separación f
—**shrinking** a - contra, or a prueba f de, encojimiento m
— — **formula** n - [ind] fórmula f contra encojimiento m
— **silting velocity** n - [hydr] velocidad f que no permite, asentamiento m, or decantación f
—**solid** a - no sólido,da
—**sparking** a - antichispeante*; antidestellante
— — **blade** n - [mech] cuchilla f antichispeante
—**standard color** n - color m especial
— — **crane** n - [cranes] grúa f sin normalizar
— — **steel** n - [metal-prod] acero m no estándar
— — **valve hole location** n - [autom-tires] ubicación f no estándar para orificio m para válvula f
—**tilting furnace roof** n - [metal-prod] bóveda f de horno m fijo
—**verbal statement** n - expresión f no verbal
—**waterproof** a - permeable
—**workable** a - [mech] no labrable
nonabrasive application n - aplicación f no abrasiva
— **bed load** n - [hydr] carga f no abrasiva para lecho m
— **flow** n - [hydr] caudal m, or flujo m, no abrasivo
— **load** n - carga f no abrasiva
— **material** n - material m no abrasivo
— **acceptance** n - no aceptación f; rechazo m; falta f de aceptación f
nonaccepted cost n - costo m no aceptado
nonaccumulatable length n - [metal-roll] largo m, or longitud f, no acumulable
nonaccumulative a - no acumulable
— **length** n - [metal-roll] largo(r) m, or largura f, or longitud, no acumulable
nonadaptation n - inadaptación f
nonadministrative a - no administrativo,va
nonadmitted a - no admitido,da
— **asset(s)** n - [fin] activo m no admitido
— **equity** n - [fin] patrimonio m (social) no admitido
nonaging n - no envejecimiento m | a - no envejecedor,ra
— **guaranty** n - garantía f de no envejecimiento
nonalcoholic beverage n - [culin] bebida f no alcohólica
— **drink** n - [culin] bebida f no alcohólica
nonaustenitic bar n - [metal-roll] barra f no austenítica
— **approved** a - sin aprobación f
— **billet** n - [metal-prod] palanquilla f no austenítica
— **steel** n - [metal-prod] acero m no austenítico
— — **bar** n - [metal-roll] barra f de acero m no austenítico
— — **billet** n - [metal-prod] palanquilla f de acero m no austenítico
nonauthorized a - see unauthorized
— **work** n - trabajo m no autorizado
nonavailability n - indisponibilidad f
nonavailable a - indisponible; no disponible
nonbreakaway design n - tipo m no abatible
— — **light pole** n - [constr] poste m (de tipo) no abatible para alumbrado m
nonbraking axle n - [rail-wheels] eje m, sin freno, or no frenable
nonburned out slag notch n - [metal-prod] toberín m no quemado
— — **tuyere** n - [metal-prod] tobera f no quemada
— — — **cooler** n - [metal-prod] toberón m no quemado
noncapital good(s) n - bien(es) m no de capital
nonchargeable a - no imputable
— **hour(s)** n - [labor] parada f, or tiempo m, no imputable

nonchargeable idle time n - [labor] parada f no imputable
— **time** n - [labor] tiempo m no imputable
noncoaxial a - [electr-cond] no coaxil
— **cable** n - [electr-cond] cable m no coaxil
noncode a - sin, aprobar, or aprobación f
noncohesive a - no cohesivo,va
— **soil** n - [soils] suelo m no cohesivo
noncoking a - [combust] no coquizante; no aglutinante
— **coal** n - [miner] carbón m, no coquizante, or no aglutinante
noncollapsible reel n - carrete m no plegable
noncolloidal a - no coloidal
— **alluvial silt** n - [geol] limo m aluvial no coloidal
— **coarse gravel** n - [geol] grava f gruesa no coloidal
— **sandy loam** n - [geol] greda f arenosa no coloidal
— **silt loam** n - [geol] greda f limosa no coloidal
noncombustibility n - incombustibilidad f
noncombustible a - incombustible; calorífugo,ga
— **adhesive** n - (material) adhesivo m incombustible
— **material** n - material m adhesivo incombustible
— **material** n - material m incombustible
noncommercial a - no comercial
— **sale** n - [com] venta f no comercial
noncommunist n - no comunista | a - no comunista
— **country** n - [pol] país m no comunista
noncompliance n - . . . . • falta f en rendimiento
— **penalty** n - pena(lidad) f por incumplimiento
— **with @ obligation** n - [legal] incumplimiento m con obligación f
nonconcentric a - no concéntrico,ca
noncondensing a - no condensante; sin condensación f
nonconducting a - no conductor,ra • antitérmico,ca
— **material(s)** n - [electr] material(es) m no conductor(es
— **part** n - [electr] pieza f no conductora
— **roof** n - [constr] techo m no conductor
nonconfined a - sin confinar • sin encerrar
— **bar** n - [metal-roll] barra f sin encerrar
— **hot bar** n - [metal-roll] barra f caliente sin encerrar
nonconformance n - . . .; incumplimiento m
noncontrolled a - sin fiscalizar; no fiscalizado,da; no controlado,da
— **hour** n - [labor] hora f no fiscalizada
— **time** n - [labor] hora f no fiscalizada; tiempo m no fiscalizado
noncorrosive a - no corrosivo,va; anticorrosivo,va
— **application** n - aplicación f no corrosiva
— **characteristic** n - característica f no corrosiva
noncontributory pension n - [labor] jubilación f sin aporte(s) m (de empleado m)
— — **plan** n - [labor] (plan n para) jubilación f sin aporte(s) m de empleado(s) m
— **plan** n - [labor] plan m sin aporte(s) m por empleado m
noncritical a - no crítico,ca
— **pipe** n - [tub] tubo m no crítico
— **piping** n - [tub] tubería f no crítica
— **small diameter piping** n - [tub] tubería no crítica con diámetro m reducido
noncurrent a - no corriente; no común
— **steel** n - [metal-prod] acero m, no corriente, or no común
nondemand a - [fin] no exigible • no disponible
— **asset(s)** n - [accntg] activo m no exigible
— **deposit** n - [fin] depósito m no exigible
— **liability** n - [accntg] pasivo m no exigible
nondescript a - . . . . • heterogéneo,nea
nondestructive a - no destructivo,va

nondestructive chemical inspection n = [chem] inspección f química no destructiva
— — **method** n - [chem] método m para inspección f química no destructiva
— **control** n - verificación f, or comprobación f, no destructiva
— — **plan** n - plan m para verificación f no destructiva
— **data** n - información f sobre ensayo(s) m no destructivo(s)
— — **interpreter** n - intérprete m para información sobre ensayo(s) m no destructivo(s)
— **inspection** n - inspección f no destructiva
— — **method** n - método m para inspección f no destructiva
— — **procedure** n - procedimiento m para inspección f no destructiva
— **method** n - método m no destructivo
— **procedure** n - procedimiento m no destructivo
— **proof** n - prueba f no destructiva
— **test** n -ensayo m no destructivo; prueba f, or evaluación f, no destructiva
— — **data** n - información f sobre ensayo(s) m no destructivo(s)
— — **interpreter** n - intérprete m para información f sobre ensayo m no destructivo
— — **laboratory** n - [ind] laboratorio m para ensayo(s) m no destructivo(s)
— — **revealed defect** n - defecto m revelado por ensayo(s) m no destructivo(s)
— — **flaw** n - falla f revelada por ensayo m no destructivo
— **testing** n - ensayo m no destructivo; evaluación f no destructiva
— — **building** n - [ind] edificio m para ensayo(s) m no destructivo(s)
— — **center** n - [ind] centro m para ensayo(s) m no destructivo(s)
— — **method** n - [ind] método m no destructivo para ensayo(s) m
— — **technique** n - [ind] técnica f para ensayo(s) m no destructivo(s)
— **weld testing** n - [weld] ensayo m no destructivo para soldadura(s) f
— — **method** n - [weld] método m para ensayo m no destructivo para soldadura(s) f
nondestructively revealed a - revelado,da por ensayo(s) m no destructivo(s)
— **defect** n - defecto m revelado por ensayo m no destructivo
— **flaw** n - falla f revelada por ensayo m no destructivo
— **tested** a—ensayado,da en forma no destructiva
nondetergent a - [chem] no detergente
— **oil** n - [lubric] aceite m no detergente
nondeteriorating a - a prueba f de deterioro(s)
nondirectional a - [autom-mech] no director(es)
— **tire** n—[autom-tires] neumático m no director
nondisabling a - no incapacitante
— **accident** n - [safety] accidente m no incapacitante
— **injury** n - [safety] lesión f no incapacitante
— — **accident** n - [safety] accidente m que no cause lesión(es) f incapacitante(s)
nondraining type n - tipo m no drenante
— — **type insulation** n - [electr-instal] masa f aislante, or aislación f, de tipo no drenante
nonedible a - no comestible
— **oil** n - [culin] aceite m no comestible
nonerosive channel flow n - [hydr] corriente f no erosiva en cauce m
nonescalating a - [fin] fijo,ja; inamovible
nonescalatable a - [fin] fijo,ja; inamovible
nonexclusive a - no exclusivo,va
— **mediator** n - mediador m no exclusivo
— **mercantile mediator** n - [com] mediador m comercial no exclusivo
nonexpanded a - [metal-fabr] sin, expandir, or desplegar
— **pipe** n - [tub] tubo m sin expandir
nonexpanding a - inexpansible

nonexpanding bearing n - [mech] cojinete m inexpansible
— — **box** n - [mech] caja f para cojinete n inexpansible
nonexplosive a - no explosivo,va
— **area** n - zona f no explosiva
nonextendable a - [fin] improrrogable
nonfermented a - [chem] no fermentado,da
nonferrous a - [chem] no ferroso,sa
— **metal weld(ing)** n - [weld] soldadura f de metal(es) m no ferroso(s)
nonflammable a - no inflamable; incombustible
— **insulation** n [electr-cond] aislación f incombustible
— **material** n - material m, no inflamable, or incombustible
— **screen(ing)** n - [ind] mampara f, or pantalla f, or rejilla f, or guardafuego m, or biombo m, no inflamable, or incombustible
nonflat a - falto de aplanado m; no plano,na
— **product(s)** n - [metal-roll] producto(s) m no plano(s)
— — **sale(s)** n - [metal-roll] venta(s) f de producto(s) m no plano(s)
nonflatness n - falta f de aplanado m
nonfluid gear box grease n - [mech] grasa f no fluida para caja f para engranaje(s) m
— — **lubricant** n - [mech] lubricante m no fluido para caja f para engranaje(s) m
— **grease** n - [lubric] grasa f no fluida
nonfunctioning arc control n - [weld] regulación f sin funcionar para arco m • regulador m sin funcionar para arco m
nongalvanized a - no galvanizado,da; sin galvanizar
— **steel** n—[metal-treat] acero m sin galvanizar
— — **wire rope** n - [cabl] cable m (de alambre m) de acero m sin galvanizar
— **wire rope** n - [cabl] cable m (de alambre m) sin galvanizar
nonhardenable a - [metal] no endurecible
— **steel** n - [metal- acero m no endurecible
nonhardening a - antiendurecedor,ra
nonhomogenous a - no homogéneo,nea
— **profile** n - [geol] perfil m no homogéneo
nonimportant a - no importante
nonindicating a - no indicador,ra
— **calibrated dial type control(ler)** n [instrum] regulador m no indicador calibrado de tipo m con cuadrante m
— **control(ler)** n - regulador m no indicador
— **dial type control(ler)** n regulador m no indicador de tipo m con cuadrante m
noninflammable a - no inflamable
— **sheath** n—[electr-cond] vaina f no inflamable
noninsistence n - falta f de insistencia f
nonintegrated a - no integrado,da
— **facility** n - [ind] instalación f no integrada
— **plant** n - [ind] planta no integrada
— **steel plant** n - [metal-prod] planta f para acero m, or acería f, no integrada
noninterrupted a - ininterrumpido,da
— **feeding** n - alimentación f ininterrumpida
nonleaded a - [petrol] sin plomo m
— **gasoline** n - [petrol] gasolina f sin plomo m
— **type** n - [petrol] tipo m sin plomo m
— — **gasoline** n - [petrol] gasolina f de tipo m, or tipo m de gasolina f, sin plomo m
nonleak a - contra filtración f
— **head** n - [nails] cabeza f contra filtración • [Mex] cabeza f elástica
— — **barbed nail** n - [nails] clavo m escamado con cabeza f con plomo m
— — **galvanized barbed nail** n - [nails] clavo m escamado galvanizado con cabeza f con plomo m
— — — **nail** n - [nails] clavo m galvanizado con cabeza f con plomo m
— — **nail** n - [nails] clavo m con cabeza f, con plomo m, or elástica
nonleaking type n - tipo m a prueba f de goteo m
nonlinear character n - carácter m no lineal

nonmachinable a - [metal] no, mecanizable, or labrable, or fresable, or trabajable
— **deposit** n - [weld] aportación f no, mecanizable, or labrable
— **weld** n - [weld] soldadura f no, mecanizable, or labrable, or fresable, or trabajable
nonmagnetic a - no magnético,ca
— **chromium nickel** a - [weld] no magnético,ca con cromo-níquel m
— — **deposit** n - [weld] aportación f de cromo-níquel m no magnético
— — **weld** n - soldadura f con cromo-níquel m no magnético
— — — **deposit** n - [weld] aportación f de soldadura con cromo-níquel m no magnético
— **material** n - material m no magnético
— **relay contactor** n - [electr] interruptor m automático, or contactador m, sin relé magnético
— **weld deposit** n - [weld] aportación f de soldadura f no magnética
nonmalleable a - [metal] no maleable; fuerte
nonmanagement a - no administrativo,va
nonmaterial a - no material; inmaterial
— **want** n - anhelo m, or necesidad f, inmaterial
nonmember n - no miembro | a - no miembro
— **country** n - [pol] país m no miembro
nonmetallic compound n - [chem] compuesto m no metálico
— **conduit** n - [electr-instal] conducto m no metálico
— **filler** n - relleno m no metálico
— **inclusion** n - [weld] inclusión f, or impureza f, no metálica
— —(s) **analysis** n - [metal] análisis m de, inclusión(es) f, or impureza(s) f, no metálicas
— — — **determination** n - [metal] determinación f contenido m de, inclusión(es) f, or impureza(s) f, no metálica(s)
— —(s) **content** n - [metal] contenido m, or análisis m, de inclusión(es) f no metálica(s)
— — — **determination** n - [metal] determinación f de, análisis m, or contenido m, de, inclusión(es) f, or impureza(s) f, no metálica(s)
— **material** n - [miner] material m no metálico
— **output** n - [miner] producción f no metálica
— **production** n—[miner] producción f no metálica
— **substance** n - [chem] sustancia f no metálica
nonnegotiable a - no negociable
— **certificate** n - [fin] título m, or certificado m, no negociable
— **copy** n - [com] copia f no negociable
— **share** n - [fin] acción f no negociable
nonoily s - no aceitoros,sa
— **lubricant** n—[lubric] lubricante m no aceitoso
— **solution** n - disolución f no aceitosa
nonoperating a - [ind] no afectado,da a explotación f
— **contactor** n - [electr-equip] interruptor m automático, or contactador m, sin operar
— **equipment** n - [ind[equipo m no afectado a explotación f
nonoriented a - no orientado,da; sin orientar
— **electrical steel** n - [metal-prod] acero m eléctrico, sin orientar, or no orientado
— **grain** n - [metal-prod] grano m, no orientado, or sin orientar
— — **electrical steel** n - [metal-prod] acero m eléctrico con grano(s) m, no orientado(s), or sin orientar
— — **steel** n - [metal-prod] acero m con grano(s) m, no orientado(s), or sin orientar
— **steel** n - [metal-prod] acero m (con granos m) no orientado(s), or sin orientar
nonoverflow dam n - [hydr] presa f para retención
— **section** n - [hydr] presa f para retención f
nonoxidizing a - no oxidante
— **furnace** n - [metal-treat] horno m no oxidante
— **preheater** n - [metal-treat] precalentador m no oxidante
— **preheating furnace** n - [metal-treat] horno m precalentador no oxidante

nonpartisan a - [pol] . . .; sin afiliación, política, or con ningún partido m político
nonperforated pipe n - [tub] tubo m, or tubería f, sin perforar
nonperformance n - . . . • [ind] falta f de rendimiento m
— **penalty** n - pena(lidad) f por, incumplimiento m, or falta f de rendimiento m
nonpermanent a - no permanente
— **fatigue** n - [labor] fatiga f no permanente
nonpermissible a - inadmisible
— **defect** n - defecto m inadmisible
nonplentiful human resource(s) n - [econ] recurso(s) m humano(s) restringido(s)
— **resource(s)** n - [econ] recursos m restringidos
nonpreformed a - no preformado,da
nonpremium a - corriente
— **cylinder liner** n - [petrol] camisa f corriente para cilindro m
nonpressure welding n - [weld] soldadura f sin presión f
nonproductive a . . .; no productivo,va
— **inspección** n - [ind] inspección f, improductiva, or no productiva
— **time** n - [labor] tiempo m, improductivo, or no productivo, or muerto
— **type** n - tipo m no productivo
nonprofessional a - aficionado n | a - no profesional; aficionado,da
— **beginner** n - principiante m no profesional; aficionado m
— — **weldor** n - [weld] soldador m principiante no profesional
— **weldor** n - [weld] soldador m, no profesional, or aficionado
nonprofit a . . . .; no lucrativo,va; para beneficio m público
nonpulsating a - sin pulsación(es) f
nonradioactive hazardous waste n - [nucl] residuo(s) m, or desecho(s) m, radiactivo(s) peligroso(s)
— **nonhazardous waste** n - [nucl] residuo(s) m, or desecho(s) m, no radiactivo(s) no peligroso(s)
nonrecoverable a - no recuperable
nonreheated strip n - [metal-treat] banda f, or cinta f, or chapa f, no recalentada; fleje m no recalentado
nonreinforced pipe n - [tub] tubo m, or tubería f, sin reforzar
— **rigid pipe** n - [tub] tubo m rígido, or tubería f rígida, sin reforzar
nonresident status n - [pol] condición f de no residente
nonresidential a - no residencial
nonreturn valve n - [válv] válvula f para retención f
nonreversibility n - irreversibilidad f
nonreversible a - irreversible
— **blade** n - [mech] cuchilla f irreversible
— **outlet** n - [electr-instal] tomacorriente f no reversible
nonreversing a - no reversible
— **line starter** n - [electr] arrancador m no reversible para línea f
— **magnetic starter** n - [electr-mot] arrancador m magnético no reversible
— **starter** n - [electr-mot] arrancador no reversible
nonrigid a - no rígido,da
— **joint** n - [weld] junta f, or empalme m, no rígido, or flexible
— **liner** n - [constr] revestimiento m no rígido
— **lining** n - [constr] revestimiento m no rígido
— **tunnel** n - [constr] túnel m no rígido
— — **liner** n - [constr] revestimiento m no rígido para túnel(es) m
nonrising a - [mech] fijo,ja; no levadizo,za
— **stem valve** n - [valv] válvula f con vástago m, fijo, or no ascendente
nonrotating a - no rotante; no giratorio,ria

nonrotating bar n - [metal-prod] barra f no rotante
— **cable** n - [cabl] cable m antidestorcedor*
— **rope** n - [cabl] cable, no giratorio, or antidestorcedor*
— **wire** n - [wire] alambre m no giratorio
— — **rope** n - [cabl] cable m de alambre m no giratorio
nonsalaried a - no remunerado,da
nonsensitive a - insensible; no sensible
— **explosive** n - [explos] explosivo m no sensible
— **material** n - material m no sensible
nonshrink a - no encogible
— **grout** n - [constr] lechada f no encogible
nonskid(ding) corrugated surface n - [constr] superficie f antideslizante corrugada
— **surface** n - superficie f antideslizante
nonslam n - [valv] silencioso,sa
— **valve** n - [valv] válvula f silenciosa
nonslip(ping) a - . . .; antideslizante
— **corrugated surface** n - [constr] superficie f antideslizante corrugada
— **surface** n - superficie f antideslizante
nonspatter a - a prueba f de, or contra, salpicadura(s) f
— **cover glass** n - [weld] cristal m, a prueba f de, or contra, salpicadura(s) f
— **glass** n - [safety] cristal m a prueba f de salpicadura(s) f
— **type** n - [safety] tipo m contra salpicaduras
nonspin axle n - [mech] eje m, fijo, or no rotativo
— **(ning) cable** n - [cabl] cable m antidestorcedor
— **front axle** n - [autom-mech] eje m delantero, no, giratorio, or rotativo
— **rear axle** n - [autom-mech] eje m trasero no, giratorio, or rotativo
— **wire rope** n - [cabl] cable m (de alambre m) no giratorio, or antidestorcedor*
nonsquared a - see unsquared
nonsquareness n - falta f de escuadra(do)
nonstaining a - que no mancha
— **liquid sealer** n - [constr] sellador m líquido que no mancha
— **paper** n - [constr] papel m que no mancha
nonstandard a - no, estándar, or corriente • fuera f de norma f
— **gage** n - [metal-roll] espesor m fuera de norma f
— **item** n - elemento m no corriente
— **nominal gage** n - [metal-roll] espesor m nominal fuera de norma f
— **quantity** n - cantidad f no estándar
nontilting furnace n - [metal-prod] horno m fijo
— **open hearth furnace** n - [metal-prod] horno m fijo Siemens (Martin)
— — — **roof** n - [metal-prod] bóveda f de horno m fijo Siemens (Martin)
— — — **temperature** n - [metal-prod] temperatura f de bóveda f de horno m fijo Siemens (Martin)
— — — **roof** n - [metal-prod] bóveda f de horno m fijo Siemens (Martin)
nontransferability n - intransferibilidad f
nontransferable share n - [fin] acción f intransferible
nontransversable a - no trasponible
— **hazard** n - [safety] peligro m no trasponible
nontreatable a - [metal] no apto,ta para tratamiento m
nontunelling use n - [constr] uso(s) m otro(s) que para túnel(es) m
nonturning rolling n - [metal-roll] laminación f sin, giro m, or rotación f
— **tong(s)** n - [metal-prod] pinza f sin giro m
nonuniform a - no uniforme
— — **bearing capacity** n [constr] capacidad f portante, no uniforme, or desigual
— — — **material** n - [constr] material m con capacidad f portante no uniforme
— **circumference** n - circunferencia f no uniforme
— **flow** n - [hydr] caudal m no uniforme

nonuniform flow n - flujo m no uniforme • caudal m no uniforme
— — **hydraulic profile** n - [hydr] perfil m hidráulico para caudal m no uniforme
— **loading** n - [constr] carga f, no uniforme, or desigual
— **shrinkage** n—[weld] contracción f no uniforme
— — **force** n - [weld] esfuerzo m de contracción f no uniforme
nonurban a - no urbano,na; rural; extraurbano,na
— **transportation** n - [transp] transporte m, no urbano, or extraurbano
— **travel** n - [transp] viaje(s) m no urbano(s)
nonventilated a - sin ventilación f; no ventilado,da
— **motor** n—[electr-mot] motor m sin ventilación
— **type** n - tipo m sin ventilación f
— — **motor** - [electr-mot] motor m de tipo m sin ventilación f
nonweldable a - [weld] no soldable
Norbide Norton abrasive boron carbide n - [weld] carburo m de boro m abrasivo Norton Norbide
Norgren filter n - [mech] filtro m (de) Norgren
norm n - . . .; criterio m
— **describing document** n - documento m normativo
normal accident n - accidente m normal
— **accomplishment** n - realización f normal
— — **rate** n - régimen m, normal para realización f, or de realización f normal
— **advantage** n - ventaja f normal
— **after tapping repair** n - [metal-prod] reparación f normal después de colada f
— **air combustion** n - [combust] combustión f con aire m normal; combustión f normal de aire m
— **alternating current value** n - [weld] valor m nominal en corriente f alterna
— **amount** n - cantidad f normal
— **amperage control** n - regulación f,normal para amperaje m, or para amperaje m normal • regulación f normal para amperaje m
— — **operation** n - [weld] operación f con amperaje m normal
— **ampere rating** n - [electr] amperaje m nominal normal | a - [electr] con amperaje m nominal normal
— **arc length** n - [weld] largo m nominal de arco
— **Askania** n - [metal-prod] Askania m normal
— — **butterfly alve** n - [metal-prod] válvula f (de) mariposa para Askania m normal
— — **valve** n - [metal-prod] válvula f Askania normal
— **audible signal** n - [electron] señal f audible normal
— **audio** n - [electron] señal f audible normal
— **backfilling** n - [constr] relleno m normal
— — **procedure** n - [constr] procedimiento m normal para relleno m
— **bar furnace** n - [metal-roll] horno m (corriente) para barra(s) f (normales)
— — **type furnace** n - [metal-roll] horno m (corriente) de tipo m para barra(s) f (normales)
— **blast** n - [metal-prod] soplado m normal
— — **rate** n - [metal-prod] régimen m normal para soplado m
— — — **volume** n - [metal-prod] volumen m con régimen m normal para soplado m
— **blood** n - [medic] sangre f normal
— — **cholinesterase** n - [medic] colinesterase m, normal en sangre f, or en sangre f normal
— — — **level** n - [medic] nivel m normal de colinesterase m en sangre m
— **blowing capacity** n - [metal-prod] capacidad f normal para soplado m
— **braking** n - [mech] frenado m normal
— — **requirement** n - [mech] exigencia f (normal) para frenado m (normal)
— **breaker point gap** n - [int.comb] entrehierro m normal para platino m para rotor m
— **budget** n - presupuesto m normal
— **butterfly valve** n - [valv] válvula f (de) mariposa f normal

normal by-pass n - [petrol] pérdida f normal
— **capacity** n - capacidad f normal
— **care** n - cuidado m normal
— — **exercise,sing** n - puesta f de cuidado m normal
— **carrying** n - porte m normal
— **center** n - centro m, or medio m, normal • [metal-roll] medio m normal (de cilindro m)
— **charge level** n - [ind] nivel m, normal para carga f, or para carga f normal
— **check(ing)** n - [accntg] verificación f normal
— **cholinesterase level** n - [medic] nivel m normal para colinesterase m
— **closing** n - cierre m, or cerramiento m, normal
— — **stroke** n - [mech] carrera f, normal para cierre f, or para cierre m normal
— **coating** n - [metal-treat] recubrimiento m normal
— **company operation** n - [com] operación f normal de, compañía f, or empresa f
— **competition condition** n - condición f normal para competencia f
— **competitive condition** n - condición f normal para competencia f
— **condition(s) operation** n - [ind] operación f bajo condición(es) f normal(es)
— **control** n - [ind] regulación f, or control* m, normal • regulador m normal
— **corporation operation** n - [com] operación f normal de, sociedad f, or empresa f
— **corrective procedure** n - [labor] procedimiento m correctivo normal
— **current** n - [weld] amperaje m normal
— — **control** n - [weld] regulación f normal para amperaje n • regulador m, para amperaje m normal, or normal para amperaje m
— **current operation** n - [weld] operación f con amperaje m normal
— **deflection** n - [mech] deformación f normal
— **delay** n - retraso m, or demora f, normal
— **delivery** n - entrega normal • [medic] parto m normal
— **depth** n - profundidad f normal
— **discharge pipe** n - [Tub] tubo m, normal para descarga f, or para descarga f normal
— **draft** n - tiro m, or tiraje m, normal
— **drawing** n - [wiredrwng] trefilería f normal
— **driving** n - [autom] conducción f normal
— **drop** n - caída f normal
— **duty cycle** n - [weld] factor m de, utilización f normal, or normal para utilización f
— — **operation** n - [weld] operación f con factor m de utilización f normal
— **economic condition** n - [econ] condición f económica normal
— **efficiency level** n - [ind] nivel m normal para eficiencia f
— **effort** n - esfuerzo m normal
— **electric service** n - [electr-distrib] suministro m, or provisión f, normal de energía f
— **electrode holder** n - [weld] portaelectrodo(s) m normal
— — **length** n - [weld] largo(r) m, or largura f, normal para electrodo m
— — **stickout** n - [weld] prolongación f, or largo m sobresaliente, normal de electrodo m
— **employ(ment)** n - [labor] empleo m normal
— — **place** n - [labor] sitio m normal de empleo
— **environment** n - ambiente m normal
— **fabrication** n - [ind] elaboración f normal
— **field equipment** n - [constr] equipo m normal empleado en obra f
— — **method** n - [constr] método m normal empleado en obra f
— **fill(ing)** n - [constr] relleno m normal
— **fit up** n - [weld] presentación f normal
— **flange** n - [rail-wheels] pestaña f normal
— — **thickness** n - [rail-wheels] espesor m normal para pestaña f
— **flow** n flujo m, or caudal m, normal
— — **depth** n - profundidad de corriente f normal

normal flow line

- **normal flow line** n - [hydr] nivel m normal de caudal m
- — **furnace** n - [combust] horno m corriente
- — — **operation** n - [combust] operación f normal de horno m
- — **galvanized coating** n - [metal-treat] recubrimiento m galvanizado normal
- — **gravity axis** n - eje m normal de gravedad f
- — **guaranty** n - garantía f normal
- — **handling** n - manipulación f normal
- — **heating cycle** n - [metal-prod] ciclo m normal para calentamiento m
- — **highway driving** n - [autom] conducción f normal por carretera f
- — **holder** n - [weld] portaelectrodo(s) m normal
- — **index value** n - valor m normal para índice m
- — **industry practice** n - [ind] procedimiento m normal en industria f
- — — **requirement** n - [ind] exigencia f normal en industria f
- — **international guaranty** n - garantía f internacional normal
- — **length** n - largo(r) m, or largura f, normal
- — **level** n - nivel m normal
- — **life** n - vida f (útil) normal
- — **limit** n - límite m normal
- — **load** n - carga f normal
- — **maintenance** n - [ind] matenimiento m, or conservación f, normal
- — — **exercising** n - [ind] puesta f de atención f normal
- — — **personnel** n - [labor] personal m normal para, mantenimiento m, or conservación f
- — **manufacturing procedure** n - [ind] práctica f normal para, fabricación f, or elaboración f
- — **maximum pressure** n - presión f máxima normal
- — — **refrigerant condensing pressure** n - [ind] presión f normal máxima para condensación f de refrigerante f
- — **meaning** n - significado m, or significación f, normal
- — **mechanical failure** n - [mech] falla f mecánica normal
- — **mill scale** n - cascarilla f normal en laminación f
- — **minimum practice** n - práctica f normal mínima
- — **mode** n - [comput] modalidad f normal
- — **oil level** n - [mech] nivel m normal para aceite m
- — **open circuit voltage** n - [electr] voltaje m normal en circuito m abierto
- — **opening** n - apertura f normal
- — — **stroke** n - [mech] carrera f, para cierre m normal, or normal para cierre m
- — **operating** n - operación f, or funcionamiento m, normal
- — — **budget** n - [managm] presupuesto m normal para operación f
- — — **circumstance(s)** n - [ind] circunstancia(s) f, para operación f normal, or normal para, operación f, or funcionamiento m
- — — **condition(s)** n - condición(es) f normal(es) para operación f
- — **operating mode** n - [comput] modalidad f normal para operación f
- — — **personnel** n - [labor] personal m mormal para operación f
- — — **pressure** n - [boilers] presión f, normal, or media, para, operación f, or trabajo m
- — — **temperature** n - [boilers] temperatura f, normal, or media, para, operación f, or trabajo m
- — **operation** n - [ind] operación f, or funcionamiento m, or marcha f, normal; funcionamiento m bueno
- — **overflow** n - [hydr] derrame m, or rebose m, normal
- — **packing** n - [transp] embalaje m normal
- — **part(s) cost** n - [ind] costo m normal de piezas f; costo m de pieza(s) f normal(es)
- — **penetration test(ing)** n - ensayo m de penetración f normal, or normal para penetración f
- **normal performance** n - ejecución f normal
- — **personnel** n - [labor] personal m normal
- — **pipe** n - [tub] tubo m, or tubería f, normal
- — **place** n - sitio m normal
- — **plant limitation** n - [ind] limitación f, normal de planta f, or de planta f normal
- — — **size** n - [ind] tamaño m normal para planta
- — — **limitation** n - [ind] limitación f para tamaño m normal para planta f
- — — **width** n - [metal-roll] ancho(r) m normal para plancha f
- — **play** n - [mech] juego m, or holgura f, normal
- — **practice** n - [ind] práctica f, normal, or corriente
- — **premium** n - [insur] prima f normal
- — **pressure condition(s)** n - condición(es) f de presión f normal(es)
- — **probe** n - comprobación f, normal, or según norma f
- — — **application** n - aplicación f de comprobación f según norma f
- — — **detection** n - detección f mediante comprobación f según norma f
- — **probing** n - comprobación f según norma f
- — **procedure** n - procedimiento m normal
- — **production practice** n - [ind] práctica f normal para producción f
- — — **shape** n - [metal-roll] perfil m de producción f normal
- — — **size** n - [ind] tamaño m normal para producción f
- — **qualified person** n - [labor] persona f normal capacitada
- — **range** n - escala f, or límite(s), normal(es)
- — **rate** n - [mech] régimen m normal
- — — **volume** n - volumen m con régimen m normal
- — **refrigerant condensing pressure** n - [ind] presión f normal para condensación f de refrigerante m
- — **repair** n - [ind] reparación f normal
- — **requirement** n - exigencia f normal
- — **roll center** n - [metal-roll] medio m normal (de cilindro m)
- — **rope life** n - [cabl] vida f (útil) normal para cable m
- — **run(ning) position** n - [mech] posición f normal para operación f
- — **sequence** n - secuencia f, or orden m, normal
- — — **principle** n - principio m para, secuencia f, or orden m, normal
- — **service** n - servicio m normal; condición(es) f, para servicio m normal, or normal(es) para servicio m • [electr-distrib] suministro m, or provisión f, normal
- — — **condition** n - condición f, normal para servicio m, or para servicio m normal
- — — **pressure** n - presión f normal para, trabajo m, or servicio m
- — **setting** n - [mech] regulación f normal
- — **size** n - tamaño m normal
- — — **ingot** n - [metal-prod] lingote m (de tamaño m) normal
- — — **limitation** n - [ind] limitación f, normal para tamaño m, or para tamaño m normal
- — **soft arc** n - [weld] arco m suave normal
- — **solution** n - solución f normal • [chem] disolución f normal
- — **source** n - [econ] fuente f normal
- — **spare (part)** n - [ind] (pieza f para) repuesto m normal
- — — **cost** n - [ind] costo m, normal de (pieza f para) repuesto m, or de (pieza f para) repuesto m normal
- — — — **per crane** n - [cranes] costo m normal de (pieza f para) repuesto m por (cada) grúa f
- — **specific coke requirement** n - [coke] consumo m específico normal de coque m
- — — **requirement** n - [ind] consumo m específico normal

normal speed n - velocidad f normal
— — par curve n - curva f par para velocidad f normal
— staff n - [labor| plantilla f normal
— start n - comienzo m normal
— starting n - [int.comb] arranque m, or puesta f en marcha f, or encendido m, normal • [weld] encendido m, or arranque m, normal
— — procedure n - [int.comb] procedimiento m normal para, arranque m, or puesta en marcha
— — standard circuit n - [weld] circuito m según norma f para encendido m normal
— steam flow n - flujo m normal de vapor m
— stick electrode weld(ing) n - [weld] soldadura f, con electrodo m manual corriente, or normal con electrodo m manual
— stickout weld(ing) n soldadura f con prolongación f normal (de electrodo m)
— stockline n - [ind] nivel m de carga f normal
— storage condition(s) n - [ind] condición(es) f normal(es) para almacenamiento
— street driving n - [autom] conducción f callejera normal
— — tire n - [autom-tires] neumático m normal para carretera f
— strength n - fuerza f, or resistencia f, normal, or usual
— stress n - esfuerzo m normal
— strip structure n - [metal-roll] estructura f normal de, banda f, or cinta f, or chapa f, or fleje m
— subdrainage n - [hydr] subdrenaje* m normal
— supervisory control n - [labor] control m normal para supervisión f
— temperature drop n - [metal-prod] caída f normal de temperatura f
— — range n - escala f normal de temperaturas
— test[ing] n - ensayo m normal
— thickness n - espesor m, or grosor m, normal
— time n - tiempo m, normal, or corriente
— to @ centerline a - normal a eje m
— — @ longitudinal axis a - normal a eje m longitudinal
— — @ web axis a - [metal-roll] normal a eje m de alma m
— tread n - [rail-wheels] plano m para rodadura f normal
— tuyere n - [metal-prod] tobera f (de tipo m) normal
— type n - tipo m normal
— — tuyere n - [metal-prod] tobera f (de tipo m) normal
— usage n - uso m normal
— use n - uso m, or empleo m, acostumbrado, or normal
— vehicle wear n - [autom] desgaste m normal para vehículo m
— Venturi washer Askania n - [metal-prod] Askania f normal para Venturi m
— water n - [hydr] agua m normal
— wear (and tear) n - [mech] desgaste m normal
— weather n - [meteorol] tiempo m normal
— — start(ing) n - [int.comb] arranque m, or puesta f en marcha f, con tiempo m normal
— weight n - peso m normal
— weld(ing) n - [weld] soldadura f normal
— — condition n - [weld] condición f normal para soldadura f
— — range n - [weld] escala f, or límite(s) m, normal(es) para soldadura f
— — voltage n - [weld] voltaje m normal para soldadura f
— width n - ancho(r) m, or anchura f, normal
— — coil n - [metal-roll] bobina f con ancho m normal
— wind n - [meteorol] viento m normal
— — pressure n - [meteorol] presión f normal de viento m
— wire rope life n - [cabl] vida f (útil) normal para cable m de alambre m
— working pressure n - presión f normal para trabajo m
normal working time n - [labor] horario m normal
— — yield n - rendimiento m normal
— — — strength n - [mech] esfuerzo m, or tensión f, (normal) en límite m de fluencia f
— — — value n - valor m normal para rendimiento
normalization n - normalización f • [metal-treat] normalización f; enfriamiento en aire
normalize v - . . . • [metal-treat] enfriar en aire m; also see temper; anneal; quench; controlled air cool
— before drawing v - [wiredrwng] normalizar antes de trefilería f
— @ blast v - [metal-prod] normalizar, or recuperar, soplado m
— @ condition v - normalizar condición f
— @ steel v - [metal-prod] normalizar acero m
normalized a - normalizado,da; regularizado,da • [metal-treat] normalizado,da; enfriado,da en aire m
— before drawing a - [wiredrwng] normalizado,da antes de trefilería f
— carbon steel n - [metal-prod] acero m con carbono m normalizado
— condition n - condición f normalizada; estado m normalizado
— characteristic(s) n - [metal-treat] característica(s) en, condición f normalizada, or estado m normalizado
— element n - elemento m normalizado
— forged carbon steel n - [metal-prod] acero m con carbono m forjado (y) normalizado
— — — — hook n - [mech] gancho m de acero m con carbono m forjado (y) normalizado
— head n - [boilers] cabezal m normalizado
— high strength a - [metal-treat] normalizado,da con resistencia f alta (a tensión f)
— — — structural (shape) n - [metal-roll] pieza f estructural normalizada con resistencia f alta (a tensión f)
— plate n - [metal-treat] plancha f normalizada
— steel n - [metal-treat] acero m normalizado
— — hook n - [mech] gancho m de acero m normalizado
— — plate n - [metal-treat] plancha f de acero m normalizado
— structural n - [metal-roll] pieza f estructural normalizada
normalizer n - normalizador | a—normalizador,ra
normalizing f - normalización f - [metal-treat] normalización f; enfriamiento en aire m | a - normalizador,ra
— before @ drawing n - [wiredrwng] normalización f antes de trefilería f
— furnace n - [metal-treat] horno m, normalizador, or para normalización f
— heat treatment n - [metal-treat] tratamiento m térmico normalizador
— line n - [metal-treat] línea f para normalización f
— temperature n - [metal-treat] temperatura f para normalización f
normally adv - . . . ; acostumbradamente; en forma f normal; bajo condición(es) f normal(es)
— closed a - cerrado,da normalmente • [electr-oper] conectado,da normalmente
— — interlock n - [electr] contacto m para enclavamiento cerrado normalmente
— — valve n - válvula f cerrada normalmente
— open a - abierto,ta normalmente
— — interlock n - [electr] contacto m para enclavamiento m abierto normalmente
— — valve n - válvula f abierta normalmente
— opened a - abierto,ta normalmente • [electr-oper] desconectado,da normalmente
— required personnel n - [labor] personal m exigido normalmente
normative a - normativo,va
North Atlantic port n - [transp] puerto m sobre Atlántico norte
— — — United States port n - [transp] puerto m

estadounidense sobre Atlántico norte
north branch n - [hydr] brazo m, norte, or septentrional
— **of @ Alps** adv - [geogr] transalpino,na
— **Patagonian** a - [geogr] norpatagónico,ca
— **pipe** n - [tub] tubo m, or tubería f, hacia, or (de lado m) norte m
— **point** n - [instrum] punta f norte
— **rolling** n - [metal-roll] laminación f norte
— **running** a - see **northbound**
— **side** n - lado norte • [hydr] ribera f, norte, or septentrional
— **track** f - [rail] vía f, or línea f, norte
— **wall** n - [constr] pared f norte
northbound a - [roads] (en dirección f) hacia norte m; de sur a norte
— **lane** n - [roads] vía f con dirección f norte
— **right-of-way** n—[roads] calzada f hacia norte
— **track** n - [rail] vía f hacia norte m
northcenter n - centro m norte | a - nordcentral
northcentral a - nordcentral
northeast n - . . . | a - nordeste; nordoriental
northeastern a - nordoriental
— **state(s)** n - [geogr] estado(s) m de nordeste
Northern Hemisphere n - [geogr] hemisferio m, norte, or septentrional
— **market** n - [com] mercado m norte
— **slope** n - [topogr] falda f septentrional
Northwest n - [geogr] noroeste m; norueste m | a - . . .; nordoccidental
northwestern a - nordoccidental
Norton abrasive boron carbide n - [weld] carburo m con boro m abrasivo (de) Norton
nose n - [anat] . . . • [mech] oreja f; aleta f • [weld] cara f (de chaflán m) • [metal-prod] petaca f de quemador m • [Spa.] morro m
— **insulation** n - aislación f frontal
— **out** v - [sports] desplazar; aventajar; sobreponer(se)
— **ring** n - [mech] anillo m para, oreja f, or aleta f
— **sill** n - [petrol] solera f en frente m
— **to-tail** adv - [sports] en fila f; uno,na detrás de otro,tra
— **tuyere** n - [metal-prod] tobera f con morro m
nosed out a - [sports] desplazado,da; aventajado,da; sobrepuesto,ta
— **out** n - [sports] aventajamiento* m
not accept v - no aceptar • no reconocer
— — **@ charge** v - no, aceptar, or reconocer, cargo(s) m
— **accessible** a - see **inaccessible**
— **according to @ specification(s)** a - fuera de especificación f
— — — **casting** n - [metal-prod] colada f fuera de especificación f
— **allow @ blowing** v - [metal-prod] no, admitir, or aguantar, soplado m (la tobera)
— — **to close** v - impedir cerrar
— **apply** v - no tener aplicación f
— **approved** a—que no se aprueba; sin aprobación
— **available** a - no disponible • no vender(se); no proveer(se)
— **award** v - no adjudicar
— — **@ offer** v - no adjudicar oferta f
— — **@ bid** v - no adjudicar propuesta f
— — **@ proposal** v - no adjudicar propuesta f
— **awarded** a - no adjudicado,da
— — **bid** n - propuesta f no adjudicada
— — **offer** n - oferta f no adjudicada
— — **proposal** n - propuesta f no adjudicada
— **awarding** n - no adjudicación f
— **be available** v - no disponer de
— **be important** v - no ser, importante, or de importancia f
— — **necessary** v - no ser necesario,ria; no hacer falta
— — **pertinent** v - no, poder(se), or deber(se), aplicar; no venir a caso m
— — **sufficient** v - no bastar
— **be turned on** v - [electr-distrib] estar sin

conectar(se); no estar prendido,da
not blow v - [metal-prod] no soplar (horno m)
— — **away** v - resistir acción f de viento m
— **blown away** a - resistente a acción f de viento m; inamovible
— **booming** m - [cranes] no operar aguilón m
— **by much** adv - no por mucho; sin ventaja f apreciable
— **care** v - no interesar(se)
— **centered** a - sin centrar; descentrado,da
— — **polarity switch** n - [electr-instal] conmutador m sin centrar para polaridad f
— **change** v - no, modificar, or cambiar, or variar
— **chargeable** a - sin, cargo m, or cargar
— — **to @ consumer** a - sin cargo m a consumidor
— — **@ customer** a - sin cargo m a cliente m
— **closing** a - [electr-oper] sin hacer contacto
— **connected** a - sin conectar; desconectado,da
— — **circuit** n - [electr-oper] circuito m, sin conectar, or desconectado
— — **lead** n - [electr-instal] conductor m, sin conectar, or desconectado
— **deburred** a - [metal-fabr] sin, rebabar, or desbarbar
— — **flash-in aluminized steel square tubing** n - [tub] tubería f cuadrada de acero m aluminizado con filete m interior sin rebabar
— — — — **tubing** n - [tub] tubería f de acero m aluminizado con filete m interior sin rebabar
— — — **electri(ally) welded round aluminized steel tubing** n - [tub] tubería f redonda de acero m aluminizado soldada eléctricamente con filete m interior sin rebabar
— — — — **square tubing** n - [tub] tubería f cuadrada de acero m aluminizado soldada eléctricamente con filete m interior sin rebabar
— — — **round welded hot rolled steel tubing** n - [tub] tubería f de acero m laminado en caliente con filete m interior redondeado sin rebabar
— — — **welded aluminized steel tubing** n - [tub] tubería f de acero m aluminizado soldado con filete m interior sin rebabar
— — — — **round tubing** n - [tub] tubería f redonda de acero m aluminizado soldado con fielete m interior sin rebabar
— — — — **square tubing** n - [tub] tubería f cuadrada de acero m aluminizado soldado con filete m interior sin rebabar
— — — **cold rolled steel round tubing** n - [tub] tubería f redonda de acero m laminado en frío m soldado con filete m interior sin rebabar
— — — — **square tubing** n - [tub] tubería f cuadrada de acero m laminado en frío m soldado con filete m interior sin rebabar
— — — — **tubing** n - [tub] tubería f de acero m laminado en frío m soldado con filete m interior sin rebabar
— — — **hot rolled steel tubing** n - [tub] tubería f de acero m laminado en caliente m con filete m interior sin rebabar
— — — — **steel square tubing** n - [tub] tubería f cuadrada de acero m soldada con filete m interior sin rebabar
— — — — **tubing** n - [tub] tubería f de acero m soldada con filete m interior sin rebabar
— — — — **type . . . aluminized steel tubing** n - [tub] tubería f de acero m aluminizado (de) tipo . . . soldado con filete m interior sin rebabar
— — **round flash-in aluminized steel tubing** n - [tub] tubería f redonda de acero m aluminizado con filete m interior sin rebabar
— — — — **welded aluminized steel tubing** n - [tub] tubería f redonda de acero m alumini-

zado soldado con filete interior sin rebabar
not deburred round flash-in welded cold rolled steel tubing n - [tub] tubería f redonda de acero m laminado en frío soldado con filete m interior sin rebabar
— — **square flash-in welded aluminized steel tubing** n - [tub] tubería f cuadrada de acero m aluminizado soldado con filete m interior sin rebabar
— **dimensioned** a - no medido,da; sin medir • no indicado,da
— **drain @ slag** v - [metal-prod] no salir escoria
— **enough** adv - insuficiente
— — **backlash** n - [mech] contragolpe m insuficiente
— **even** a - desparejo,ja | adv - ni aún
— — **close** adv - ni por mucho
— — **necessary** a - ni aún necesario,ria
— **exposed** a - no expuesto,ta; invisible
— **fit** v no, ajustar, or asentar
— — **into place** v - [metal-prod] salir(se) de encaje m
— **for profit** a - sin fin(es) m de lucro; no lucrativo; para beneficio m público
— — — **concern** n - [legal] empresa f, or entidad f, para beneficio m público
— — — **corporation** n - sociedad f, or empresa f, sin fin(es) m de lucro, or para beneficio m público
— **full width** n - ancho m menor que total
— **function** v - no funcionar
— — **still** v - no funcionar aún
— **get hot enough** v - no calentar(se) suficientemente; no alcanzar temperatura f necesaria
— **give @ pattern** v - [weld] no dibujar(se)
— **grooved** v - see ungrooved
— **have** v - no tener; carecer de
— — **in stock** v - no, tener, or haber, (en) existenci
— **heat treatable** a - [metal-treat] no apto para tratamiento m térmico
— — **treated** a - [metal-treat] sin, tratamiento m térmico, or tratar termicamente
— — — **steel** n - [metal-treat] acero m sin tratamiento m térmico
— **hold @ heat** v - [metal-prod] no aguantar estufa f
— **hurt** v no dañar; revelar • [fam] venir como anillo m a dedo m; resultar como mandado hacer
— **illustrated** a - sin ilustrar; que no se ilustra
— **in @ circuit** a - [electr] fuera de circuito m
— — **employ** a - [labor] ajeno,na
— — **tension surface** n - [weld] superficie f sin tensión f
— **included** a - no incluido,da; sin incluir; que no se incluye
— **including** adv - sin incluir; excluido,da
— **inhale** v - no inhalar
— **invoiced** a - [com] sin facturar; no facturado,da
— **involving cash** a - sin movimiento m de efectivo m
— **leave much** v - dejar poco m; anular (casi)
— **long ago** adv - hace poco; recientemente
— **many years** adv - pocos años m
— **necessarily machinable** a - [mech] no necesariamente labrable
— — **weldable** a - [weld] no necesariamente soldable
— **necessary** a - innecesario,ria
— **oiled** a - sin aceitar; no aceitado,da
— **open** a - sin abrir | v - no abrir(se)
— **operate** v - no, operar, or trabajar; quedar sin actuación f
— **over** adv - hasta; no en exceso m de
— — ... **deep** adv - hasta profundidad f de ...; profundidad f no en exceso de ...
— **perform** v - no funcionar
— — **properly** v - fallar; no funcionar apropiadamente
— **plug** v - [mech] no, taponar, or obturar damente

not plug v - no tap(on)ar, or obturar
— **plugged** a - sin taponar; no taponado,da
— **quite** adv - casi
— — **full width** n - [weld] ancho m algo menor que total
— **recommended** a - sin, or no de, recomendar
— — **combination** n - combinación f no recomendada
— **reel packed** a - [transp] sin carrete(s) m
— **remove** v - no, or sin, remover
— **renewable** a - no renovable
— **reported** a - no informado,da; sin informar
— **representative** a - no representativo,va; que no representa
— **require** v - no, exigir, or requerir
— — **grease** v - [mech] no, exigir, or requerir, grasa f, or engrase m
— — **maintenance** v - [ind] no, exigir, or requerir, mantenimiento m
— **required** a - no, exigido,da, or requerido,da; que no se exige(n)
— **resquared** a - [mech] sin escuadrar
— **rotating** n - sin, rotar, or estar en rotación
— **run** n - [mech] no operar
— **running** adv - no estar, marchando, or en, marcha f, or operación f
— **serviced separately** a - no atendido,da separadamente
— **slag** v - [metal-prod] no salir escoria f
— — **through @ iron notch** v - [metal-prod] no salir escoria f por piquera f
— — — **@ slag notch** v - [metal-prod] no salir escoria f por escorial m
— **start** v - [mech] no arrancar
— **started** a - [mech] no arrancado,da; sin arrancar
— — **machine** n - [mech] máquina f sin arrancar • [weld] soldadora f sin arrancar
— — **welder** n - [weld] soldadora f sin arrancar
— **steeper** a - con inclinación f no mayor
— **subject to escalation** a - [com] inamovible; no sujeto a ajuste m • [legal] no modificable
— — **@ fine(s)** a - no sujeto,ta a multa(s) f
— — — **revision** adv - no revisable
— **submerged** a - no sumergido,da
— — **free outlet** n - [hydr] salida f libre no sumergida
— — — **culvert** n - [hydr] alcantarilla f con salida f libre no sumergida
— — **outlet** n - [hydr] salida f no sumergida
— — — **crown** n - [constr] corona f con salida f no sumergida
— — — **culvert** n - [hydr] alcantarilla f con salida f no sumergida
— **suffice** v - no bastar
— **suitable** a - inapropiado,da; no prestar(se) para
— **take @ blast** v - [metal-prod] no admitir soplado m
— **tight** a - [mech] flojo,ja; sin ajustar
— **to be able to plug @ mud gun** v - [metal-prod] no poder, or impedir, tapar cañón m
— — — **outdone** v - no dejar(se) aventajar
— — **close** v - [electr-oper] no hace contacto m
— — **exceed** v - no exceder; no ser mayor
— — **scale** a - sin escala f
— **tolerate** v - no tolerar; no admitir
— **@ blast** v - [metal-prod] no admitir soplado
— **touch** v - no tocar(se)
— **turned on** a - [electr-distrib] (estar) sin conectar
— **vary** v - no variar
— **weighing** a - [transp] (por) no pesar
— **withstanding** adv - sin perjuicio m de
notable a - .... • espectable; destacado,da • sensible
notably adv - ...; interesantemente; sensiblemente; ser de notar
notarial law n - [legal] ley f, or código m, notarial
notary public n - [legal] escribano m, or notario m, público; cartulario m

notary('s) office n - [legal] notaría f; escribanía f; oficina f, or despacho m, notarial
— **retirement fund** n - [fisc] (fondo m para) jubilación f notarial
— — **stamp** n - [fisc] sello m para jubilación f notarial
—**,ries society** n - [legal] colegio m de, notarios m, or escribanos m
—**('s), statement, or writ** n - [legal] acta notarial
notarial office n - [legal] notaría f
notation n - . . . • marca f; indicación f • apunte m
notch n - [mech] . . .; corte m; incisión f encaje m; tajadura f; escotadura f; entalla f; escote m; resalto m; entalladura f • [topogr] depresión f • [metal-prod] boca f; piquera f | v - . . . (a)muescar; dentar; ranurar; tajar; dentellar; escotar; amellar; ejecutar muesca(s) f • [sports] obtener; lograr
— **@ block** v - [autom-tires] entallar elemento m
— **brittle fracture** n - rotura f frágil con entalla f
— **brittleness** n - [metal] fragilidad f de entalladura f
— **cleaning** n - [mech] limpieza f de entalladura
— **cooler** n - [metal-prod] enfriador m para, toberón m, or piquera f
— — **holding device** n - [metal-prod] dispositivo m sujetador para toberón m
— **cutting** n - [mech] corte m de muesca(s) f
— — **press** n - [mech] prensa f para corte m de muesca(s) f
— **die** n - [mech] matriz f para, muesca f, or entalladura f
— **effect** n - [metal] efecto m de, entalle m, or entalladura f
— **engagement** n - [mech] engranaje m para muesca
— **engaging** n - [mech] engranaje m de muesca f
— **fatigue** n - [metal] fatiga f por muesca(s) f
— — **factor** n - [metal] factor m para fatiga f por muescas(s) f
— **making** n - [mech] hechura f de en talladura f
— **plug** n - [metal-prod] tapón m para piquera f
— **press** n - [mech] prensa f muescadora
— **punch** n - [mech] punzón m para, muesca f, or entalladura f
— **sensitivity** n - [metal] sensibilidad por entalladura f
— **strength** n - [mech] resistencia f, de, or con, entalladura f
— **test** n - [weld] ensayo m con entalladura f
— **toughness** n - [metal] tenacidad f, or resistencia f, a entalladura f • resistencia f a impacto(s) m; also see **impact resistance**
— — **test** n - [mech] ensayo n, or prueba f, de, tenacidad f, or resistencia f, a entalladura
— **tube** n - [metal-prod] tubo m de, tobera f, or toberín m
— **type** n - [mech] tipo m de muesca f; also see **notched type** | a - de tipo m con muesca(s) f
— **@ win** v - [sports] triunfar; conquistar, or lograr, triunfo m
notchable a - entallable
notched a - [mech] con muesca(s) f; muescado,da; entallado,da; ranurado,da; amuescado,da; mellado,da • [sports] obtenido,da; logrado,da
— **bar test** n - [metal] emsayo m de choque(s) m
— **beam** n—[constr] viga f, muescada, or dentada
— **block** n - [autom-tires] elemento m, amuescado, or entallado
— **coulter** n - [agric] cuchilla f circular, amuescada, or entallada, or recortada
— **ingot** n - [metal-prod] lingote m ranurado
— **rolling coulter** n - [agric] cuchilla f circular, amuescada, or entallada, or recortada
— **tread** n - [autom-tires] banda f para rodamiento m, entallada, or amuescada
— **type** n - [mech] tipo m con, muesca(s), or resalto(s) m | a - de tipo m con muesca(s) f
— — **nestable pipe** n - [tub] tubo m, or tubería f, encajable de tipo m con, muesca(s) f, or resalto(s) m
notched type nestable pipe arch n - [tub] tubo m, or tubería f, encajable de tipo m con, muesca(s) f, or resalto(s) m
notcher n - [mech] muescador m; mellador m | a - mellador,ra; muescador,ra
notching n - [mech] entalladura f | a - muescador,ra
— **die** n - [mech] matriz f para corte m de muesca(s) f
— —**(s) system** n - [mech] sistema m de matrices f para corte m (de muescas f)
— **need(s)** n - [mech] exigencia f para muescado*
— **operation** n - [mech] operación f para, entalladura f, or muescado* n
note n - . . . • [fin] . . .; letra f; obligación f; efecto m | v - . . .; (a)notar; tomar nota f • comentar • reconocer
note(s) discounted n - [fin] documento(s) m descontado(s)
—**(s) payable** n - [com] documento(s) m, or obligación(es) f, or letra(s) f, or efecto(s) m, por pagar
— **a reading** v - [instrum] notar, lectura f, or medida f indicada
—**(s) receivable** n - [com] documento(s) m, or obligación(es) f, or letra(s) f, or efecto(s) m, por cobrar
— **receiving** n - [fin] recepción f de, obligaación f, or documento, or pagaré m, or letra
— **without collateral** n - [fin] documento m a sóla firma f
notebook n - [print] . . .; cuaderno m; apuntador m; anotador m • vademécum m
noted a - notado,da • anotado,da; marcado,da • señalado,da • comentado,da • reconocido,da
— **reading** n - [instrum] lectura f, or medida f, (a)notada
noteworthy a - . . .; digno,na de mención f
— **finish** n - [sports] terminación f, or finalización f, notable, or digna de atención f
notice n - . . . • [legal] . . .; convocatoria f • [labor] preaviso m | v - . . .; observar
— **delay(ing)** n - demora f de aviso m
— **period** n - [legal] preaviso m; período m de aviso m
— **to @ contractor(s)** n - [constr] aviso m, or notificación f, a contratista(s) m
— — **proceed** n - [legal] notificación f para inciación f de trabajo(s) m
noticeable a - . . .; detectable • evidente • relevante
— **decrease** n - reducción f notoria
— **increase** n - aumento m notorio
— **variation** n - variación f detectable
noticeably adv - . . .; detectablemente
notification n - . . .; aviso m • comunicación f
— **date** n - fecha f para, notificación f, or (pre)aviso m, or comunicación f
notified a -notificado,da; advertido,da; (pre)avisado,da • comunicado,da
— **award** n - [com] adjudicación f notificada
— **change** n - cambio m notificado
— **counter charge** n - [accntg] contracargo m notificado
— **in advance** a - avisado,da, anticipadamente, or previamente, or por anticipado
— **in writing** a - notificado,da por escrito
notify @ award v - notificar adjudicación f
— **@ change** v - notificar cambio m
— **@ countercharge** v - [accntg] notificar contracarago m
— **in advance** v - notificar, anticipadamente, or previamente, or por anticipado
— **in writing** v - notificar por escrito
notifying n - notificación f; aviso m; comunicación f | a - notificador,ra
noting n - notación f; apuntamiento m; reconocimiento m
notorious a - . . .; fragante

notwithstanding conj - . . .; sin perjuicio
novice('s) school n - [sports] escuela f para (conductores m) novicios
nourished a - nutrido,da; alimentado,da
nourishing n - nutrición f | a . . .; nutricio,cia • substancioso,sa
nourishment n - . . .; nutrimento m
novelty n . . . . • [domest] . . .; objeto m de arte m
novice driver n - [sports] corredor m, novicio, or novel
now adv - en actualidad f; ahora mismo; a continuación f
— **delivery** n - [com] entrega f inmediata
— **solidified** a - solidificado,da ya
— — **puddle** n - [weld] cráter ya solidificado
— **therefore** adv - see **therefore**
nowhere adv - . . . • [fam] allá donde diablo m perdió poncho m
noxious odor n - olor m, nocivo, or desagradable
nozzle n . . . . tobera f; pulverizador m - avoid boquerel* m • [metal-prod] boquilla lanza f; buseta f; buzeta f; casquillo m para buza f • [weld] boquilla f • [int.comb-carburetor] inyector m; pulverizador m; surtidor m • [metal-prod] tobera f; buza f - [boilers] conexión f
— **assembly** n - [weld] conjunto m de boquilla f
— **attack angle** n - [mech] ángulo m de, ataque m, or incidencia f, de boquilla f
— — **angle change** n = [mech] modificación f de ángulo m de ataque m de boquilla f
— **body** n - cuerpo m de boquilla f
— **bolt** n - [mech] perno m para boquilla f
— **burr** n - [metal-prod] rebaba f en buza f
— **clamp** n - [mech] abrazadera f, or sujetador m, para boquilla f
— **clogging** n - atascamiento m de boquilla f
— **contact tip** n - [weld] pico m para contacto m para boquilla f
— **conductor tube** n - [weld] tubo m conductor para boquilla f
— **diameter** n - [metal-prod] diámetro m de, buceta f, or boquilla f
— **end** n - [mech] extremo m de boquilla f
— **extension** n - [weld] prolongación f de boquilla f
— — **housing** n - [weld] cilindro m metálico para prolongación f para boquilla f
— — **insert** n - suplemento m, or portaguía m, para prolongación f para boquilla f
— — **tip** n - [weld] pico m, or guía m, para prolongación f para boquilla f
— **fitting** n - [metal-prod] colocación f de buza f
— **flux cone** n - [weld] cono m para fundente m para boquilla f
— **gasket surface** n - [boilers] superficie f para junta f para conexión f
— **heating** n - calentamiento m de boquilla f
— **holder** n - [mech] portaboquilla(s) m
— **hole plug screw** n - [int.comb-carburetor] tornillo m para tapón m para orificio m para, pulverizador m, or inyector m
— **horizontal displacement** n - [mech] desplazamiento m horizontal de boquilla f
— **ingoing end** n - [weld] extremo m para entrada f para boquilla f
— **insert** n - [weld] suplemento m para boquilla f
— — **holder** n - [weld] portasuplemento m para boquilla f
— — **retainer** n - [mech] retén(edor) m para suplemento m para boquilla f
— **installation** n - [mech] instalación f de boquilla f • [metal-prod] instalación f de buceta f
— — **material(s)** n - [metal-prod] material(es) m para instalación f para buceta f
— — — **acceptance specification** n - [metal-prod] especificación f para aceptación f de material(es) m para instalación f de buceta f
— **intake pipe** n - [metal-prod] tubo m para entrada f para toberín m

nozzle intermediate cooler and cooler n - [metal-prod] tobera, f, toberón m y toberín m
— **liner** n - [weld] camisa f para boquilla f
— **location** n - [mech] ubicación f de boquilla f
— **lowering** n - [mech] descenso m de boquilla f
— **movement** n - [mech] movimiento m de boquilla f
— **nut** n - [mech] tuerca f para boquilla f
— **outlet** n - salida f para boquilla f
— **part** n - [weld] (pieza f de) repuesto m para boquilla f
— **preparation** n - preparación f de boquilla f
— **purchase** n - [mech] compra f de boquilla f • [metal-prod] compra f de buceta f
— — **specification** n - [mech] especificación f para compra f de boquilla f • [metal-prod] especificación f para compra f de buceta f
— **quality** n - [mech] calidad f de boquilla f
— — **used** n - [mech] calidad f de boquilla f, usada, or empleada
— **raising** n - [mech] elevación f de boquilla f
— **specification** n - [mech] especificación f para boquilla f
— **removal** n - [mech] remoción f, or saca f, de boquilla f
— **size** n - [mech] tamaño m de boquilla f
— **support** n - [mech] portaboquilla(s) f • [int.comb-carb] portaboquilla(s) para pulverizador
— **temperature** n - [metal-prod] temperatura f de boquilla f
— **tip** n - [weld] pico m para boquilla f
— — **change** n - [mech] cambio m de pico m para boquilla f
— — — **frequency** n - [mech] frecuencia f para cambio m de pico m para boquilla f
— — **opening** n - [mech] abertura f, or separación f, de labio(s) m de boquilla f
— **tube** n - [weld] tubo m para boquilla f
— — **assembly** n - [weld] conjunto m de tubo m para boquilla f
— **type** n - [mech] tipo m de boquilla f
— **vertical displacement** n - [mech] desplazamiento m vertical de boquilla f
Nth power n - [math] potencia f enésima
nubble n - bollón m | v - abollonar
nubbled a - abollonado,da
nuclear blast n - [explos] detonación f nuclear • [constr] voladura f nuclear
— — **effect** n - [explos] efecto m de detonación f nuclear
— **charge** n - [miner] carga f nuclear
— **corporation** n - empresa f nuclear
— **device** n - [nucl] dispositivo m nuclear
— — **blast** n - [nucl] detonación f de dispositivo m nuclear
— — — **effect** n - [nucl] efecto m de detonación f de dispositivo m nuclear
— **energy** n - [nuclear] energía f nuclear
— **Energy Authority** n - [nucl] Junta f, or Comisión f para Energía f Nuclear
— — **Board** n - [nucl] Junta f para Energía f Nuclear
— **engineering experience** n - [nucl] experiencia f en ingeniería f nuclear
— — **expertise** n - habilidad f, or capacidad f, or destreza f, para ingeniería f nuclear
— **expertise** n - [nucl] habilidad f, or capacidad f, or destreza f, nuclear
— **field** n - [nucl] campo m, or actividad(es) f, nuclear(es)
— **fuel cycle** n - [nucl] ciclo m para, combustible m, or combustión f, nuclear
— **material class** n - [nucl] clase f de material m nuclear • clase f nuclear de material m
— **plant** n - [electr-prod] planta f, or central f, nuclear
— **power** n - [nucl] energía f nuclear
— — **industry** n - [nucl] industria f, nuclear para energía f, or de energía f nuclear
— — **plant** n - [electr-prod] planta f, or central f, eléctrica nuclear, or nuclear para energía f; central f nuclear

nuclear power plant construction n—[nucl] construcción f de, central f, or planta f nuclear (para energía f)
— — — **plan** n - [nucl] plan(o) m para construcción f de, central f, or planta f, nuclear (para energía f)
— — **reactor** n - [nucl] reactor m nuclear para energía f
— — **quality** n - [nuclear] calidad f nuclear
— — **tubing** n - [tub] tubería f con calidad f nuclear
— **reactor** n - [nucl] reactor m nuclear
— **Regulatory Commission** n - [pol] Comisión f Reguladora (para Energía f) Nuclear
— — — **Rules and Regulations** n - [nucl] Reglas y Reglamentos m de Comisión f Reguladora (para Energía f) Nuclear
— **submarine** n - [milit] submarino m nuclear
nucleus n - . . .; centro m
— **covering** n - [telecom-cond] cubierta f, or envoltura f, para núcleo m
— **expansion** n - ensanche m de núcleo m
— **formation** n - [telecom-cond] formación f de núcleo m
— **insulated conductor** n - [telecom-cond] conductor m aislado para núcleo m
nuisance n - . . .; inconveniente m; inconveniencia f • [fam] verruga f
null and void adv - . . .; sin efecto m
nullified a - anulado,da
numbed a - entumecido,da
number n - . . . • variedad f | v . . .
— **above** n - número m superior a
— **below** n - número m inferior a
— **between** n - número m entre
—(s) **block** n - bloque m de número(s) m
— . . . **cable** n - [electr-cond] cable m (conductor) número . . .
— **consecutively** v - numerar, consecutivamente, or correlativamente, or progresivamente, or en secuencia f, or en orden m
— **entering** n - [comput] entrada f, or registración f, or marcación f, de número m
— @ **hole** v - numerar, agujero m, or orificio m
— **identification** n - identificación f de número
— @ **item** v - numerar, partida f, or ítem m
— **of back-up speed(s)** n - [autom-mech] número m de velocidad(es) f para retroceso m
— — **blow(s)** n - número m de golpe(s) m
— — **cylinder(s)** n - [int.comb] número m de cilindro(s) m
— — **pair(s)** n - número m de par(es) m
— — **pass(es)** n - [weld] número m de pasada(s)
— — **reason(s)** n - variedad f de razón(es) f
— **one choice** n - opción f preferida
— **plate** n - placa f, identificadora, or para identificación f • [autom] chapa f para, matrícula f, or patente f
— **presetting** n - prerregulación f de número m
— **serially** v - numerar en orden; serializar*
—(s) **set** n - juego m de, número(s), or cifra(s)
— . . . **wire** n - [electr-cond] conductor m número . . .
numbered a - (e)numerado,da
— **consecutively** a - (e)numerado,da, consecutivamente, or correlativamente, or progresivamente, or en, orden m, or secuencia f
— **hole** n - agujero m, or orificio m, numerado
— **item** n - partida f numerada; ítem m numerado
— **lead** n - [electr-cond] conductor m numerado
— — **connection** n - [electr-instal] conexión f para conductor m numerado
— **serially** a—numerado,da en serie; serializado,da*
— **terminal block** n - [electr-instal] panel m para borne(s) numerado
numbering n - numeración f | a - numerador,ra
— **machine** n - [com] foliadora f; numeradora f
— **system** n - sistema m para numeración f
numbers (game, or racket) n—[lottery] quinelas
numbing n - entumecimiento m | a—entumecedor,ra

numbing wind n - [meteorol] viento m entumecedor
numerability n - numerabilidad f
numerical code n - código m numérico
— — **memorization** n - memorización f de código m numérico
— **coefficient** n - coeficiente m numérico
— **computer** n - [comput] ordenador m, or computador m, numérico
— **index** n - índice m numérico
— **light emitting diode** n—[comput] diodo m emisor de luz f numérico
— **scale** n - escala f numérica
— **sequence** n - orden m, numérico, or de números
— **series** n - serie f numérica
— **system** n - sistema m numérico
— **value** n - valor m numérico
numerically correct a correcto,ta numéricamente
— — **result(s)** n - resultado(s) m correcto(s) numéricamente
nurse n - . . . | v - [autom] conducir con cuidado m; apañar
— @ **automobile** v - [autom] apañar automóvil m
—(s) **station** n - [medic] sala f, or oficina f, para enfermero(s) m
nursed a - cuidado,da • apañado,da
nut adjusting wrench n - [tools] llave f para (ajuste f para) tuerca(s) f
— **and bolt kit** n - [mech] juego m, or surtido m, de perno(s) m y tuerca(s) f
— — — **set** n - [mech] juego m de perno(s) m y tuerca(s) f
— **arm** n - [mech] brazo m de tuerca f
— **attached** a - [mech] con tuerca f colocada
— **coal** n - [miner] carbón m bituminoso (de 3/4 a 3-1/2")
— **contact bumper** n - [mech] tope m para contacto m para tuerca f
— **dimension(s)** n - dimensión f, or medida(s),f f, de, or para tuerca f; tamaño m de tuerca f
—, **galvanization**, or **galvanizing** n - [mech] galvanización f, de, or para, tuerca f
— **gasket** n - [mech] guarnición f para tuerca f
—, **installation**, or **installing** n - colocación f, or instalación f, de tuerca f
— **jamming** n - [mech] atascamiento m de tuerca f
— **lever** n - [mech] palanca f para tuerca f
— **locking** n - [mech] trabamiento m, or trabadura f, or afianzamiento m, de tuerca f
— **loosening** n - aflojamiento m, or desajuste m, de tuerca f
— **loss** n - [mech] pérdida f de tuerca • salir(se) tuerca f
— **material** n - [mech] material m para tuerca f
—, **movement**, or **moving** n - [mech] movimiento m de tuerca f
— **overtightening** n - [mech] ajuste m excesivo, or apretadura f excesiva, de tuerca f
— **pin** n - [mech] pasador m para tuerca f
— —, **adjusting**, or **adjustment** n - [mech] ajuste m, de, or para, pasador m para tuerca f
— **recheck(ing)** n - [mech] vuelta a, comprobar, or verificar, de tuerca f
—, **removal**, or **removing** n - [mech] remoción f, or saca, de tuerca f
—, **retaining**, or **retention** n - [mech] retención f, de tuerca f
— **retightening** n - [mech] reajuste m, or reapretadura f, or ajuste m nuevo, de tuerca f
— **slot, alignment**, or **aligning** n - [mech] alineación f de ranura f en tuerca f
— **snug tightening** n - [mech] apretadura f ajustada de tuerca f
— **specification** n - [mech] especificación f para tuerca f
— **tightened to @ correct torque** n - [mech] tuerca f apretada hasta par m motor correcto
— **tightening** n - [mech] ajuste m, or apretadura f, de tuerca f
— — **to @ correct torque** n - [mech] apretadura f de tuerca f hasta par m motor correcto
— **torque** n - [mech] torsión f para tuerca f

nut torque tightening instruction(s) n - [mech] instrucción(es) f para par m de torsión f para tuerca f
— — **tightening** n - [mech] par m de torsión f para tuerca(s) f
— **torqued to . . .** n - [mech] tuerca f ajustada hasta momento m torsional de . . .
— **torquing** n - [mech] torsión f para tuerca f; apretadura f de tuerca hasta, par m motor, or momento m torsional de . . .
— **turning** n - [mech] giro m de tuerca f
— **undertightening** n - [mech] ajuste m, or apretadura f, en menos de tuerca f
— **washer** n - [mech] arandela f para tuerca f
— **weight** n - [mech] peso m de tuerca f
— **weld(ing)** n - [weld] soldadura f para tuerca f
— **wrench** n - [tools] llave, atornilladora, or para tuerca(s) f
nutcracker n - [domest] . . . ; rompenueces m
nutrition n - . . . ; nutrimento m
nutritional a - nutrimental*; nutritivo,va
nuts and bolts n - [mech] tornillería f
nutshell n - . . . | adv - (**in @**) brevemente | a - breve; condensado,da
— **description** n - descripción f breve
NV n - [pol] see **Nevada**
NY n - [pol] see **New York**
nylon brush n - [tools] cepillo m de nilón m
— **cap ply** n - [autom-tires] tela f exterior de nilón m
— **clamp** n - [mech] sujetador m de nilón m
— **insert** n - [weld] tapón m horadado de nilón m
— — **size** n - [weld] diámetro m de tapón m horadado de nilón m
— **overhead** n - [autom-tires] capa f superior de nilón m
— **ply** n - [autom-tires] tela f de nilón m
— **puller** n - [mech] tirador m de nilón m
— **shell** n - [mech-pulleys] cajera f de nilón m
— **shell block** n - [mech] motón m, de nilón m para cajera f, or para cajera f de nilón m
— **strip** n - [textil] tira f de nilón m
— **tube brush** n - [tools] cepillo m de nilón m para tubo(s) m

O

o c n - [petrol] see **oil country**
O C A S n - [pol] see **Organization of Central American States**
o c c n - [petrol] see **oil country casing**
o c t n - [tub] see **oil country tubing**
o c t c n - [petrol] see **oil country casing and tubing**
O C V n - [electr] see **open circuit voltage**
o d n - [mech] see **outside diameter**
O E n - [ind] see **original equipment**
O E C D n - [pol] see **Organization for Economic Cooperation and Development**
O E E C n - [pol] see **Organization for European Economic Cooperation**
O E M n - [ind] see **other equipment manufacturer(s)**
O H n - [metal-prod] see **open hearth**
O I T n - [pol] see **Office of International Trade**
O K n - visto bueno m | adj - satisfactorio,ria; en condición(es) f, or en forma f, satisfactoria | adv - correctamente | v - aprobar
O K check(ing) n - comprobación f, or verificación f, conforme
O K R T n - [sports] see **Otto Kross Racing Team**
O L P n - [ind] see **oxygen lime injection**
O S n - [domest] see **overstuffed**
O S H A n - [safety] see **Occupational Safety and Health, Administration**, or **Act**

O S & Y n - [mech] see **outside screw and yoke**
O₂ n - [chem] see **ozone**
O forming press n - [tub] prensa f conformadora en O
O press die n - [mech] matriz f de prensa en O
O — die center n - [mech] punto m central de matriz f para prensa en O
O-ring n - [mech] aro m, or anillo m, or guarnición f, circular, or anular • [tub] empaquetadura f; guarnición f; junta f
O-ring gasket n - [tub] guarnición f anular
O— guide n - [mech] guía(dera) f para, guarnición f, or anillo m circular
O—, installation, or **installing** n - [mech] instalación f de anillo m circular
O— lubricant n - [lubric] lubricante m para aro m circular
O —, lubricating, or **lubrication** n - [mech] lubricación f de aro m circular
O—, removal, or **removing** n - [mech] remoción f, or saca f, de anillo m, or guarnición f, circular
O— replacement n - [mech] reemplazo m para guarnición f, circular, or anular
O— replacing n - [mech] reemplazo m de guarnición f, circular, or anular
O— seal n - [mech] sello m anular
O— type rubber gasket n - [tub] guarnición f, anular, or circular, de caucho m
O— — — gasketed bell and spigot joint n - [tub] junta f con espiga f y campana f con guarnición f circular de caucho m
O— — — joint n - [tub] unión f con guarnición f anular de caucho m
O-shape n - [mech] conformación f, circular, or en O
oak tree n - [bot] roble m; encina f
oath of allegiance n - [pol] jura f, or juramento m, a bandera f
obedience n - . . . ; guarda f
obey v - . . . ; observar; escuchar
object n - . . . ; efecto m - [safety] cuerpo m extraño | v - . . . ; protestar; reclamar
— **computer** n - [comput] ordenador m objeto
— **of @ contract** n — [legal] objeto m de contrato
objected a - objetado,da; reclamado,da
objecting n - reclamo m; objeción f | a - objetador,ra
objectable n - objetable
objctionable pool n - [hydr] charco m objetable
— **savor** n - sabor m objetable
— **taste** n - gusto m, or sabor m, objetable
objective n - . . . ; fin m; finalidad f • rumbo m | a - . . . ; imparcial
— **achievement** n - [managm] logro m, or obtención f, or consecución f, de objetivo m
— — **organization** n - [managm] organización f para logro m de objetivo(s) m
— **arithmetical exercise** n - [math] ejercicio m aritmético objetivo
— **developing** n - [managm] desarrollo m, or creación f, de objetivo m
— **development** n - desarrollo m objetivo
— **evaluation** n - evaluación f objetiva
— **exercise** n - ejercicio m objetivo
— **preparation** n - [managm] preparación f de objetivo m
— **setting** n - fijación f de objetivo m
objectivity n - . . . • imparcialidad f
obligated a - obligado,da • responsable
obligation n - . . . • obligatoriedad f
obligation capitalization n - [accntg] capitalización f de obligación f
— **compliance** n - cumplimiento m con obligación
obligatoriness n - obligatoriedad f
obliged a - obligado,da; forzado,da • inevitable
— **delay** n - demora f obligada
— **process delay** n - [ind] demora f obligada en proceso m
obliger n - . . . ; obligador m
obligingly adv - . . . ; servicialmente

oblique a - . . .; esviajado,da; esconzado,da*
— **arch** n - [archit] arco m, oblicuo, or esviajado, or esconzado*
oblong n - . . . | a - . . .; rectangular • apaisado,da
— **ingot** n - [metal-prod] lingote m rectangular
— **link** n - [chains] eslabón m, ovalado, or alargado
obscure a - . . . | v - obscurecer
obscured a - obscurecido,da
obscurely adv - obscuramente; turbiamente
obscuring n - obscurecimiento m |
observable corrosion n - corrosión f observable
observance n - . . .; guarda f
observation n - . . .; consideración f • vigilancia f • ventaneo m
— **base** n - base f para observación(es) f | v - basar sobre observación(es) f
— **basing** n - base f sobre operación(es) f
— **based** a - basado,da sobre observación(es) f
— **bay** n - [ind] nave f, or puesto m, para observación f
— **deck** n - [constr] tribuna f para observación
— **coefficient** n - [labor] coeficiente m para, observacióin f, or vigilancia f
— **factor** n - coeficiente m de observación f
— **point** n - punto m para vigilancia f
— **post** n - puesto m para, observación f, or vigilancia f
— **summary** n - resumen m de observación(es) f
— **through @ microscope** n - observación f bajo microscopio m
observe v - . . .; presenciar • ventanear • escuchar
— **@ condition** v - observar condición f
— **@ control panel** v - [electr-oper] observar tablero m para regulación f
— **@ corrosion** v - observar corrosión f
— **@ damage** v - observar daño m
— **@ gap** v - [mech] observar entrehierro m
— **@ liner condition** v - [mech] observar condición f de camisa f
— **@ piston condition** v - [mech] observar condición f de émbolo m
— **@ polarity** v - [electr-instal] observar polaridad f
— **@ practice** v - observar práctica f
— **@ precaution(s)** v - observar precaución(es) f
— **@ quality** v - observar, or vigilar, calidad f
— **@ warning** v - [safety] observar advertencia f
observed a - observado,da; vigilado,da
— **average metal loss rate** n - [chem] tasa f promedio f de pérdida f de metal observada
— **condition** n - condición f observada
— **condition(s) contact** n - [labor] entrevista f sobre condición(es) f observada(s)
— **control panel** n - [electr-oper] tablero m para regulación f observado
— **corrosion** n - corrosión f observada
— **damage** n - daño m observado
— **frequency** n - [labor] frecuencia f observada
— **gap** n - [mech] entrehierro m observado
— **liner condition** n - [mech] condición f de camisa f observada
— **loss** n - pérdida f observada
— — **rate** n - tasa f observada de pérdida f
— **metal loss rate** n - [chem] tasa f de pérdida f de metal observada
— **piston condition** n - [mech] condición f de émbolo m observada
— **practice(s) contact** n - [labor] entrevista f sobre práctica(s) f observada(s)
— **rate** n - tasa f, or medida f, observada
— **strength** n - [weld] resistencia f (a tensión f) observada
— **warning** n - [safety] advertencia f observada
observer n - . . .; mirador m; espectador m • curioso m | a - observador,ra; atento,ta
observing n - observador m; mirador m • a - observador,ra; atento,ta
obsolescense n - [accntg] obselescencia* f; baja f • desuso m
obsolescence scrap n - [metal-prod] chatarra f por obsolescencia f
— **reserve** n - [accntg] previsión f para obsolescencia f
obsolescent a - obsolescente; anticuado,da; en desuso m
obsolete a - obsoleto,ta; . . .; vetusto,ta; vencido,da; en desuso m; desusado | v - desusar; radiar*; eliminar
— **bridge** n - [constr] puente m vetusto
— **concrete deck(ing)** n - [bridges] cubierta f de hormigón m obsoleta
— **deck(ing)** n - [bridges] cubierta f obsoleta
— —, **replacement**, or **replacing** n - [bridges] reemplazo m de cubierta f obsoleta
— **facing** n - afrontamiento m, or confrontación f, de obstáculo m
— **good(s)** n - [accntg] mercadería f obsoleta
— — **reserve** n - [accntg] previsión f para obsolencia f de mercadería f
— **material(s)** n - [accntg] obsolencia f de material(es) f
— — **reserve** n - [accntg] previsión f para obsolescencia f de material(es) m
— **model** n - modelo m, obsoleto, or antiguo
— **part** n - pieza f, obsoleta, or anticuada
— **welder** n - [weld] soldadora, obsoleta, or antigua, or anticuada
obstacle n - . . .; inconveniente m
— **avoidance** n - evitación f de obstáculo m
— **course** n - [sports] pista f con, obstáculos m, or vallas f
obstruct v - . . .; dificultar • vedar; atascar • [tub] azolvar
— **@ pipe** v - [tub] atascar(se), or azolvar(se) tubería f
— **@ tuyere hose** v - [metal-prod] atascar(se) manga f para tobera f
obstructed a - obstruido,da; obstaculizado,da
obstructed with slag a - [metal-prod] obstruido,da, or tomado,da, con escoria f
obstructing n—obstrucción f | a - obstructor,ra
obstruction n - . . . • atasco m • [tub] azolve m
— **free** a - libre de obstrucción(es) f
obstructor n - obstructor m
obtain v - . . .; realizar • recabar; tramitar; gestionar; diligenciar • determinar
— **@ access** v - lograr acceso m
— **@ agreement** v - obtener acuerdo m
— **@ authorization** v - obtener autorización f
— **by interpolation** v—obtener por interpolación
— **@ converter fastening** n - [metal-prod] obtener fijación f de convertidor m
— **@ copyright** v - [legal] obtener, propiedad f intelectual, or derecho(s) m literario(s)
— **@ correct speed** v - lograr velocidad f correcta
— **@ datum,ta** v - obtener, dato(s) m, or información f
— **@ energy from @ ponding** v - [hydr] obtener energía f de embalse m
— **fastening** v - [mech] obtener fijación f
— **information** v - obtener, or recabar, información f
— **@ judgement** v - [legal] ejecutoriar
— **@ patent** v - [legal] obtener patente f (de invención f)
— **@ — right(s)** v - [legal] obtener derechos m de patente f (de invención f)
— **@ pattern** v - [mech] obtener patrón m
— **@ perfect converter fastening** v—[metal-prod] obtener fijación f perfecta de convertidor m
— **@ — fastening** v - [mech] obtener fijación f perfecta
— **@ pig iron sample(s)** v - [metal-prod] sacar muestra(s) f de arrabio m
— **proper bead size** v - [weld] obtener cordón m con tamaño m apropiado
— **@ right(s)** v - [legal| obtener derecho(s) m
— **@ solution** v - determinar solución f

obtain @ speed v - lograr velocidad f
— **@ status** v - [comput] obtener estado m
— **@ trade mark** v - [legal] obtener marca f, registrada, or industrial, or de fábrica f
— **@ — name** v - [legal] obtener nombre m comercial
— **@ yield** v - obtener rendimiento m
obtainable adv - . . .; adquirible; que puede obtener(se)
— **readily** adv - obtenible fácilmente
obtained a - obtenido,da; logrado,da • alcanzado,da • determinado,da
— **access** n - acceso m logrado
— **agreement** n - acuerdo m obtenido
— **authorization** n - autorización f obtenida
— **by interpolation** a - obtenido,da por interpolación f
— **commercially** a - obtenido,da en mercado m
— **concession** n - [com] concesión f obtenida
— **converter fastening** n - [metal-prod] fijación f obtenida de convertidor m
— **copyright** n - [legal] propiedad f intelectual obtenida; derecho m literario obtenido
— **correct speed** n - velocidad f correcta, obtenida, or lograda
— **desired number** n - número m deseado obtenido
— **fastening** n - [mech] fijación f obtenida
— **patent** n - [legal] patente f (de invención f) obtenida
— **pattern** n - [mech] patrón m obtenido
— **percentage premium** n - [labor] porcentaje m de prima f obtenida
— **perfect converter fastening** n - [metal-prod] fijación f perfecta de convertidor obtenida
— **perfect fastening** n - [mech] fijación f perfecta obtenida
— **premium** n - premio m obtenido; prima f obtenida
— **profit** n - [fin] beneficio(s) m obtenido(s); utilidad f obtenida
— **result(s) assessment** n - valoración f, or valuación f, de resultado(s) m obtenido(s)
— **solution** n - solución f, obtenida, or determinada
— **speed** n - velocidad f, obtenida, or lograda
— **status** n - [comput] estado m obtenido
— **trade mark** n - [legal] marca f, registrada, or industrial, or de fábrica f, obtenida
— **— name** n - [legal] nombre m comercial obtenido
— **yield** n - rendimiento m obtenido
obtaining n - obtención f; logro m; alcance m; consecución f • determinación f
obtainment n **by interpolation** n - obtención f por interpolación f
obtention n - see **obtainment**
obtuse angle n - [geom] ángulo m obtuso
— **arch** n - [archit] arco m obtuso m
obviate v - . . .; zanjar
obvious a - . . .; aparente
— **don't** n - advertencia f obvia
occasion n - . . .; vez f | v - . . .
occasional a - . . .; infrecuente
— **cleaning** n - limpieza f ocasional
— **disability** n - impedimento m ocasional
— **fabrication job** n - [weld] trabajo m, ocasional, or infrecuente, de producción f
— **flow** n - flujo m, or caudal m, ocasional
— **job** n - [weld] trabajo m infrecuente
— **repair job** n - [mech] trabajo m infrecuente para reparación f
— **use** n - uso m, or empleo m, ocasional
occasionally adv - ocasionalmente; . . .; infrecuentemente
occlude @ air bubble v - [explos] ocluir burbuja f de aire m
— **@ bubble** v - ocluir burbuja f
— **@ gas** v - ocluir gas m
occluded a - ocluido,da
— **air bubble** n - [explos] burbuja f de aire ocluida

occluded bubble n - burbuja f ocluída
— **gas** n - gas m ocluido
occluding n - oclusión f | a - ocluidor,ra
occupation n - . . .; vocación f
occupational eye protection n - [safety] protección f (en industria f) para, ojo(s) m, or vista f
— **Safety and Health Act** n - [legal] Ordenanza f sobre Seguridad f Industrial y Salud f
— **— — Administration** n - [pol] Dirección f para Seguridad f y Salud f Industrial
— **— — — requirement** n - [safety] exigencia f de Dirección f para Seguridad f y Salud f Industrial
— **skin protection** n - [safety] protección f en industria f para piel f
occupying n - ocupación f | a - ocupador,ra
occur v - . . .; sobrevenir; presentar(se); producir(se)
— **suddenly** v - ocurrir repentinamente
— **unwittingly** v - ocurrir inconscientemente
occurred a - ocurrido,da; sucedido,da; acontecido,da; acaecido,da
— **corrosion** n - [chem] corrosión f ocurrida
— **suddenly** a - ocurrido,da repentinamente
— **unwittingly** a - ocurrido,da inconscientemente
occurrence n - . . .; ocasión f; evento m; suceso m; hecho m • [insur] siniestro m
— **frequency** n - frecuencia f de acontecimiento
occurring n - ocurrencia f | a - ocurrente • sucedido,da; acontecido,da
— **irregularily** a - de ocurrencia f irregular
ocean n - . . . | a - oceánico,ca; marítimo,ma; ultramarino,na; de ultramar
— **atmosphere** n - ambiente m marino
— **bill of lading** n - [transp] conocimiento m marítimo
— **breeze** n - [meteorol] brisa f marina
— **engineering** n - [constr] ingeniería oceánica
— **environment** n - ambiente m marino
— **floor** n - [hydr] fondo m de mar m; suelo m de océano m
— **— construction** n - [constr] construcción f sobre fondo m de mar m
— **freight** n - [transp] flete m marítimo • carga f oceánica
— **— and packing charge(s)** n - [transp] cargo m por flete m y embalaje m marítimos
— **— cost** n - [transp] costo m de flete m marítimo
— **— escalation** n - [transp] ajuste m alzado de flete m marítimo
— **— value** n - [transp] valor m de flete m marítimo
— **going vessel** n - [transp] barco m, para mar f alta, or con bordo m alto
— **line** n - [transp] línea f marítima
— **navigation** n - [transp] navegación f, ultramarina, or de ultramar
— **— route** n - [transp] ruta f de navegación f, ultramarina, or de ultramar
— **outfall** n - [hydr] (tubería f para) descarga f (directamente) a océano m
— **shipment** n - [transp] embarque m, or despacho m, marítimo
— **— evidence** n - [transp] evidencia f de embarque m marítimo
— **storage** n - [hydr] almacenamiento m en océano
— **vessel** n - [nav] barco m, or buque m, marítimo, or para ultramar
— **water** n - [hydr] agua m de mar m
. . . **o'clock position** n - [instrum] posición f correspondiente a . . . f (en reloj m)
octagonal pole n - [constr] poste m octagonal
— **ring** n - anillo m octagonal
— **— joint** n - [tub] junta f con anillo m octagonal
— **— — type** n - tipo m con anillo m octagonal
— **— — — gasket** n - [tub] guarnición f de tipo m con anillo m octagonal
— **shaft** n - [constr] columna f octagonal •

octagonal shape

[mech] árbol m, or eje m, octagonal
octagonal shape n - conformación f octagonal
... **octane gasoline** n - [petrol] gasolina f con ... octano(s) m
— **index** n - [petrol] índice m octano(s) m
— **number** n - [petrol] número m de octano(s) m
— **rating** n - [chem] número m de octano(s) m; octanaje* m
octanes n - [chem] número m de octano(s) m
odd-job man n - factótum m
— **number** n - [math] número m impar
— **quantity** n - cantidad f suelta; sobrante m
— **shape** n - conformación f insólita
— **shaped** a - insólito,ta; con conformación f insólita
—— **structural beam** n - [metal-roll] viga f estructural con conformación f, insólita, or desusada
odds n - ...; inconvenientes m • desventajas f
—**on favorite** n—[sports] favorito m (absoluto)
odometer n - [instrum] ...; cuentakilómetros m
— **calibration** n - [instrum] calibración f de odómetro m
odontograph n - [tools] ...; odontógrafo m
odor n - ...; emanación(es) f
— **control** n - [sanit] control* m, or abatimiento m, de olor(es) m • regularización f de emanación(es) f
odorized a - odorizado,da*
odorizing n - odorización* f
— **system** n - sistema m para odorización f
odorless a - inodoro,ra
oersted n - [magnet] oersted m
of age a - mayor m de edad f
— **almost** adv - de casi
— **course** adv - naturalmente; como es de imaginar; por supuesto; lógicamente
— **greater depth than width** a - apaisado,da
— **identical content** a - [legal] de mismo tenor
— **late** adv - recientemente; frescamente
— **my acquaintance** adv - [legal] de mi conocimiento m
— **no account** a - nulo,la
— **not more than** adv - no mayor(es) de
— **record** a - [legal] cartular(io,ia)
— **which** adv - cuyo,ya
off adv - ... • [electr] posición f de desconectado,da | a - [electr] desconectado,da; apagado,da; abierto,ta; sin hacer contacto m
— **activating** n - [electr-oper] desactivación f
— **activation** n - [electr-oper] desactivación f
— **analysis** a - [metal] de composición f (química) dudosa
—— **steel** n - [metal-prod] acero m con composición f (química) dudosa
— **brake** n - [mech] freno m sin aplicar
—— **off light** n - [mech] luz f para freno m sin aplicar apagada
— **breaker** n - [electr-instil] disyuntor m desconectado
—**bridge** adv - [constr] fuera de puente m
— **button** n - botón m para, parada f, or detención f
— **bypass cycle** n - [ind] ciclo m para desviación f desconectado
—**center** a - descentrado,da; no centrado,da; no equidistante
—— **allowable deviation** n - desviación f admisible en descentración f
—— **deviation** n - descentración f; desviación f en descentración f
—— **lengthwise** adv - no equidistante de extremo(s) m
—— **ring** n - [mech] anillo m descentrado
—— **stator** n - [electr-mot] estator m descentrado
—— **tolerance** n - tolerancia f en descentración f
—— **web** n - [metal-roll] alma m descentrada; descentración f de alma m
—**course excursion** n - [sports] excursión f fuera de pista f
off cycle n - [ind] ciclo m desconectado
—**deck** a - [constr] fuera f de puente m
—— **guardrail** n - [bridges] defensa f lateral fuera de puente m
—— **railing** n - [bridges] baranda f fuera de puente m
—— **driller('s) end** n - [petrol] extremo m alejado de perforador m
—— **side** n - [petrol] lado m, or costado m, alejado de perforador m
— **engine** n - [int.comb] motor m detenido
— **fan** n - [mech-fans] ventilador m detenido
— **frequency** n - [comput] frecuencia f inapropiada
—— **tone input** n - [comput] entrada f de tono m con frecuencia f inapropiada
— **gage** a - [mech] con calibre m inexacto
—**gas system** n - sistema m sin gas
—— **connection** n - conexión f de sistema f sin gas m
— **@ ground** a - con nivel m superior a m de terreno m
—**highway** a - fuera de, or alejado,da, de carretera f
—— **transportation** n - [transp] transporte m fuera de carretera f
— **indicator** n - [mech] indicador n de desactivación f
—**@-job** a - fuera de, or ajeno,na, a trabajo m
—**@**— **frustration** n - frustración f ajena a trabajo m
—**@**— **satisfaction** n - [labor] satisfacción f ajena a trabajo m
—**@ level** n - [constr] desnivelación f
— **light emitting diode** n - [electron] diodo m emisor de luz f desconectado
— **line** a - [comput] estátioo,ca
—— **control** n—[comput] regulación f estática
— **@** — **trip(ping)** n - [electr] desconexión f de línea f
—**load** a - [electr-equip] see no load
—**loading point** n - punto m para descarga f
— **position** n - [electr] posición f, desconectada, or de desconectado
— **power source** n - [weld] fuente f, or interruptor m, de energía f desconectada,do
—— **switch** n - [electr-instal] interruptor m para energía f desconectado
—**@-rack suit** n - [vest] traje m confeccionado
— **ramp** f - [roads] rampa f para egreso m
—**road** adv - fuera de carretera f; sobre camino m de tierra f
—— **buggy** n - [sports] automóvil m con carrocería f tubular para carrera(s) f fuera de carretera f
—— **championship** n - [sports] campeonato m fuera de carretera f
—— **circuit** n - [autom] circuito m (para carrera f) fuera de carretera f
—— **classic** n - [sports] clásico m, or carrera f clásica, fuera de carretera f
—— **course** n - [sports] recorrido m, or pista f, fuera de carretera f
—— **driver** n - [sports] corredor m, or conductor m, fuera de carretera f
—— **event** n - [sports] carrera f fuera de carretera f
—— **fan** n - [sports] aficionado m a carrera(s) f fuera de carretera f
—— **legend** n - [sports] legendario para carrera(s) f fuera de carretera f
—— **performance event** n - [sports] evento m, or carrera, fuera de carretera f para determinar rendimiento m
—— **radial tire** n - [autom-tires] neumático m radial para rendimiento m alto fuera de carretera f
—— **photographer** n - [sports] fotógrafo m para carrera(s) f fuera de carretera f
——, **race, or racing** n - [sports] (corrida f

f -) or carrera f, fuera de carretera f
off-road racing driver n - [sports] conductor m para carrera(s) f fuera de carretera f
—— —— **sanctioning body** n - [sports] entidad f organizadora para carrera(s) fuera de carretera f
—— —— **series** n - [sports] serie f de carrera(s) f fuera de caretera f
—— —— **team** n - [sports] equipo m (de corredores f) para carrera(s) f fuera de carretera
—— —— **top driver** n - [sports] conductor m mejor para carrera(s) fuera de carretera f
—— —— **vehicle** n - [autom] vehículo m para carrera(s) f fuera de carretera f
—— —— **team** n - [sports] equipo m (de corredodores m) para carrera(s) fuera de carretera
—— —— **(tire)** n - [autom-tires] neumático m radial para conducción f fuera de carretera
—— —— **serie(s)** n - [sports] serie f (de carreras f) fuera de carretera f
—— —— **serious use** n - [autom-tires] uso n rudo fuera de carretera f
—— —— **service** n - [autom] servicio m fuera de carretera fr
—— —— **team** n - [sports] equipo m (de corredores n) para carrera(s) f fuera de carretera f
—— —— **use** n - [autom-tires] uso m fuera de carretera f
—— —— **vehicle** n - [autom] automóvil m (para carreras f) fuera de carretera f
—— —— **victory** n - [autom] victoria f, or triunfo m, fuera de carretera f
—— —— **world championship** n - [sports] campeonato m mundial fuera de carretera f
—— **roader** b - [sports] corredor m, or conductor m, fuera de carretera f
—— —— **enthusiast** n - [sports] aficionado a carrera(s) f fuera de carretera f
—— **roading** n - [sports] (corrida f de) carrera(s) f fuera de carretera f
—— **roadsman** n - [sports] corredor m fuera de carretera f
—— **season** n - [sports] veda f
—— —— **flood storage** n - [hydr] almacenamiento m de agua m (aluvial) para temporada f de seca
—— **shore** a - see **offshore**
—— @ **side** adv - hacia, lado m, or costado m
—— **site location** n - [constr] lugar m, or sitio m, otro que, or distinto de, obra f
—— **size** a - fuera de medida f
—— **suspension** n - [autom] suspensión f mala
—— **system funding** n - [roads] fondo(s) m de otra fuente f
—— @ **tooth root** adv - fuera de raíz f de diente
—— @ —— **toe** adv - fuera de pie m de diente m
—— @ **track** adv - [sports] fuera de pista f
—— **vertical** adv - de vertical f
—— **welder** n - [weld] soldadora f, parada, or detenida
—— @ **work** adv - [weld] sin tocar trabajo m
offcenter a - descentrado,da; mal centrado,da; sin centrar
—— **blade hole** n - [mech-fans] agujero m, descentrado, or mal centrado, en paleta f
—— **hole** n - [mech] agujero m, descentrado, or mal centrado
offend v - . . . . • cometer infracción f • injuriar
offending n - ofensa f | a - ofensor,ra
—— **individual** n - persona f infractora
offense n - . . . .; infracción f
offensive a - . . . .; injuriador,ra; injuriante; injurioso,sa
——, **odor**, or **smell** n - tufo m; olor m malo
offensively adv - . . . .; injuriosamente
offer n - . . . . • cotización f | v - . . . .; ofertar; deparar
—— **acceptance** n - aceptación f de, propuesta f, or oferta f
—— @ **advantage** v - ofrecer ventaja f
——, **close**, or **closing** n - cierre m de oferta f

offer(s) comparison n - comparación f de, oferta(s) f, or propuesta(s) f
—— **condition** n - condición f para, oferta f, or propuesta f
—— **copy** n - copia f de oferta f
—— **date** n - fecha f de oferta f
—— @ **equipment** v - ofertar, or ofrecer, or proponer, equipo m
—— **evaluation** n - evaluación f de oferta f
—— **general condition(s)** n - condición(es) f general(es) para, oferta f, or propuesta f
—— **(s) negotiation** n - negociación f de oferta(s)
—— @ **new product** v - ofrecer producto m nuevo
—— **non awarding** n - no adjudicación f de oferta
—— **(s) presentation** n presentación f de oferta(s) f • período m para presentación f
—— —— **date** n - fecha f para presentación f de oferta(s) f
—— —— **period** n - plazo m para presentación f de oferta(s) f
—— **price** n - precio m de, oferta f, or propuesta
—— @ **price** v - ofrecer, or ofertar, precio m
—— @ **problem** v - presentar problema m
—— **rejection** n - [com] rechazo m de oferta f
—— @ **resistance** v - ofrecer resistencia f
—— @ **service** v - ofrecer, or prestar, servicio m
—— @ **surprise** v - deparar sorpresa f
—— @ **system** v - ofrecer, or ofertar, or proponer, sistema m
—— **(s) technical comparison** n - comparación f ténica de, oferta(s) f, or propuesta(s) f
—— @ **thermal insulation** v - ofrecer, or proporcionar, aislamiento m térmico
—— **uniform wear** v - ofrecer desgaste m uniforme
—— **validity** n - validez f de oferta f | v - ofrecer validez f
—— —— **period** n - período para validez f de oferta f
—— **value** n - valor m para oferta f
—— **weighted yield** n - rendimiento m ponderado para oferta f
—— **withdrawal** n - retiro m de oferta f
—— **yield** n - rendimiento m para oferta f
—— —— **value** n - [fin] valor m para rendimiento m para oferta f
offered a - ofrecido,da; ofertado,da • deparado,da; brindado,da; provisto,ta
—— **advantage** n - ventaja f ofrecida
—— **equipment** n - [ind] equipo m, ofertado, or ofrecido, or provisto
—— **price** n - precio m, ofrecido, or ofertado
—— **service** n — servicio m, ofrecido, or prestado
—— **surprise** n - sorpresa f deparada
—— **system** n - sistema m, ofrecido, or ofertado, or propuesto
—— **technical condition** n - condición f técnica, ofrecida, or ofertada
—— **thermal insulation** n - aislamiento m térmico ofrecido
—— **uniform wear** n - desgaste m uniforme ofrecido
office n - . . . .; gabinete m • cargo m; puesto m • [pol] secretaría f; dirección f (general); negociado m; dependencia f; repartición f; sección f - [legal] estudio m
office building n - [constr] edificio m para, oficina(s) f, or escritorio(s) m
—— **cost(s)** n [com] costo(s) m para, oficina(s) f, or escritorio(s)
office division n - división f, or mampara f para, oficina f, or despacho m
—— **equipment** n - equipo m para, oficina f, or escritorio m
—— —— **maintenance** n - mantenimiento m, or conservación f, de equipo(s) m para, oficina f, or escritorio m
—— **expense(s)** n - [accntg] gastos m de, oficina f, or escritorio m
—— **expert** n - perito m en, oficina f, or escritorio m
—— **fixture(s)** n - útil(es) m para escritorio m
—— **furniture** n - mueble(s) m para escritorio m

office janitor n - peón f de limpieza f para, oficina f, or escritorio m
— **manager** n - [com] gerente m, or jefe f, para, oficina, or escritorio m
— **operation(s)** n - operación f de oficina f
— **personnel** n - [labor] personal m para oficina f; empleado(s) m para escritorio m
— — **incentive** n - [labor] incentivo m para personal m para, oficina f, or escritorio m
— **space** n - [com] (espacio m para), oficina(s) f, or escritorio(s) m
— **supervisor** n - [com] jefe m para, oficina f, or escritorio m, or secretaría f
— **supply,lies** n útil(es) m, or artículo(s) m, or material(es) m, para, oficina, or escritorio
official n - . . . • jefe m; funcionario m | a - . . .; gubernamental • protocolar; con carácter m oficial • gubernamental • [legal] legal; de oficio m
— **authorization** n - autorización f oficial
— **capacity** n - capacidad f, or calidad f, oficial
— **certificate('s) expense** n - gasto m para certificado m oficial
— **character** n - carácter m oficial
— **confirmation** n - . . .; homologación f
— **consumption statistic(s)** n - [pol] estadística(s) f oficial(es) sobre consumo m
— **documentary paper** n - [legal] (papel) sellado m oficial
— **dollar reserve(s)** n - [fin] reserva(s) f oficial(es) en dólares m
— **exchange market** n - [fin] mercado m oficial para cambio(s) m
— **factory price** n - precio m oficial en fábrica
— — — **list** n - lista f oficial de precio(s) m en fábrica f
— **gazette** n - [legal] diario m, or boletín m, or gaceta f, oficial
— **import(s) statistic(s)** n - [econ] estadística(s) f oficial(es) sobre importación f
— **language** n - [philol] idioma m oficial
— **market** n - [com] mercado m oficial
— **notice** n - [legal] noticia f, or notificación f, oficial; oficio m
— **opening** n - habilitación f oficial
— **organism** n - organismo m oficial
— **price list** n - lista f, oficial de precio(s) m, or de precio(s) m oficial(es)
— **production statistic(s)** n - [pol] estadística(s) f oficial(es) sobre producción f
— **record** n - registro m oficial • [legal] protocolo m
— **recording** n - [legal] protocolización f
— **registration** n - registro m, or inscripción f, oficial
— **reserve(s) accumulation** n - [econ] acumulación f de reserva(s) f oficial(es); reserva(s) f oficial(es) acumulada(s)
— **ruling** n - reglamento m, or reglamentación f, oficial
— **seal** n - [legal] sello m oficial • [pol] escudo m oficial
— **transcript** n - [legal] testimonio m
offset n - . . . .; saliente m; resalto m, rebajo m; rebajada f; pestaña f; desnivel m • renuevo m; estolón m • . . . .; contrafuerte n • desplazamiento m • anulación f • [archit] retallo m; saledizo m; salidizo m; modillón m; can m • [electr-instal] línea f secundaria; ramal m • [print] . . .; impresión f fotolitográfica • [mech] desviación f; descentramiento m; pieza f para inflexión f; pieza f en S; codo m doble; tubo m en S • desnivel m; desigualdad f; cambio m en desalineación f • [autom] desplazamiento m lateral • [topogr] . . .; desviación f ortogonal • [miner] recorte m; labor f atravesada • [constr] terraplén m | a - rebajado,da; sobresaliente; fuera de eje m • recuperado,da • [autom] desplazado,da lateralmente • [print] . . .; por transferencia f • [archit] con, retallo m, or saliente f; en voladizo • [mech] descentrado,da; fuera de eje m; desnivelado,da; desviado,da; acodado,da • anulado,da; contrarrestado,da • excéntrico,ca; compensado,da;desplazado,da | v - neutralizar; contrarrestar; contrapesar; balancear; compensar; equilibrar • anular • desplazar; recuperar; retallar; rebajar; hacer rebajo(s) m; descentrar; desplazar; desviar • superar
offset alignment n - [mech] alineación f desplazada
— — **check(ing)** n - [mech] verificación f de alineación f desplazada
— **backstrap** n - correa f occipital rebajada
— **blade** n - [mech] cuchilla f excéntrica • [constr] cuchilla f sobrepuesta
— **design** n - [mech] tipo m con resalto(s) m
— **disk harrow** n - [agric] rastra f con diente(s) con tiro m excéntrico
— **edge** n - [mech] canto m, or borde m, or canto m, con resalto(s) m, or pestañado
— **end** n - [mech] extremo m rebajado
— — **joint** n - [mech] junta f, or unión f, con extremo(s) m rebajado(s)
— **extension** n - [mech] prolongación f con resalto m • prolongación f desplazada
— **head** n - [constr-pil] cabeza f con, rebajo m, or retallo m
— — **pile** n - [constr-pil] pilote m con cabeza f con, rebajo m, or retallo m
— **hinge** n - [constr] bisagra f acodada
— **joint** n - [mech] junta f, or unión f, rebajada, or con resalto m; unión f fuera de eje m
— **lap weld** n - [weld] soldadura f con solapo m con rebajo m
— **mount** v - [mech] montar en voladizo m
— **mounted** a - [mech] montado,da en voladizo
— **mounting** n - [mech] montaje m, or montura f, en voladizo m
— **notch** n - [mech] resalto m
offset partially v - [fin] recuperar parcialmente | a - [fin] recuperado,da parcialmente
— **properly** a - [autom] desplazado,da lateralmente apropiadamente | v - [autom] desplazar lateralmente apropiadamente
— **sheave extension** n - [cranes] prolongación f con resalto m para polea f • prolongación f para polea f desplazada
— **type** a - [mech] con lado(s) pestañado(s) y extremos m traslapado(s)
— — **liner plate** n - plancha f para revestimiento con lado(s) m pestañado(s) y extremo(s) m traslapado(s)
— **wheel** n - [autom] rueda f, desplazada, or desviada
— **wrench** n - [tools] llave f con ángulo m
offsetting n - desplazamiento m • compensación f; anulación f; contrarresto m • [autom] desplazamiento m lateral • [fin] recuperación f
— **entry** n - [accntg] contraasiento m
offshoot n - . . . . • [fig] derivación f
offshore a - mar m, or río m, adentro • [petrol] costa afuera; marino,na
— **application** n - [petrol] aplicación f costa afuera
— — **condition** n - [petrol] condición f para aplicación f costa afuera
— **center** n = [com] centro m en, exterior m, or extranjero
— **condition** n—[petrol] condición f costa afuera
— **drawworks** n - [petrol] equipo m costa afuera para perforación f
— **drilling** n - [petrol] perforación f costa afuera
— **equipment** n - [petrol] equipo m para perforación f costa afuera
— — **platform** n - [petrol] plataforma f, perforadora, or para perforación f, costa afuera
— — **rig** n - [petrol] plataforma f, submarina, or marítima, or costa afuera, or flotante,

peforadora, or para perforación f
offshore economy n - [petrol] economía f costa afuera
— **equipment** n - [petrol] equipo m (para perforación f) costa afuera
— **gas drilling** n - perforación f costa afuera para gas m
— — — **rig** n - [petrol] equipo m, or plataforma f, costa afuera para perforación f para gas m
— — **rig** n - [petrol] equipo m, or plataforma f, costa afuera para perforación f para gas m
— **installation** n - [petrol] instalación f costa afuera
— **need(s)** n - [petrol] exigencia(s) f costa afuera
— **oil drilling rig** n - [petrol] equipo m, or plataforma f, costa afuera para perforación f para petróleo m
— — **rig** n - [petrol] equipo m, or plataforma f, costa afuera para perforación f para petróleo m
— **operation** n—[petrol] operación f, or trabajo m, costa afuera, or marina
— **operator** n - [petrol] empresa f, costa afuero, or marina • operador m, or perforador m, costa afuera
— **package** n - [petrol] conjunto m costa afuera
— **performance** n - [petrol] desempeño m costa afuera
— **platform** n - plataforma f costa afuera
— **production** n - [petrol] producción f costa afuera
— **use** n - [petrol] uso m costa afuera
— **rig** n - [petrol] torre f, or plataforma f, costa afuera, or marina, or marítima
— **state** n - [pol] estado m no contiguo
— **versatility** n - [petrol] adaptabilidad f costa afuera
— **well** n—[petrol] pozo m, costa afuera, or marino, or marítimo
— **work** n - [petrol] trabajo m costa afuera
offspring n - . . .; descendiente m
offtake n - [tub] toma f; acometida f
often adv - . . .; con frecuencia • fácilmente
— **overlooking** n - descuido m frecuente
oftentimes adv - . . .; con frecuencia f
ogee a - [archit] canopial; ojival apuntado • (perfil m) de gola f
— **arch** n - [archit] arco m, canopial, or ojival apuntado
ogival arch n - [archit] arco m, canopial, or ojival apuntado
ogive n - [archit] arco m, apuntado, or en punta, or de ojiva f; ojiva f | a - [archit] apuntado,da; en punta f
OH n - [pol] see **Ohio**
Ohio n - [pol] Ohío m
— **corporation** n - [legal] sociedad f, or empresa f, or corporación f (de estado m) de Ohío
Ohm's law n - [electr] ley f, or principio m, de Ohm m
ohmic resistance n - [electr] resistencia f ohmica
ohmmeter check(ing) n - [instrum] verificación f de ohmímetro m
— **connecting** n - [instrum] conexión f de ohmímetro m
— **connection** n - [instrum] conexión f de ohmímetro m • conexión f para ohmímetro m
—, **disconnecting, or disconnection** n - [electrinstal] desconexión f de ohmímetro m
— **lead** n - [electr-instal] conductor m, or cable m, a ohmímetro m
— — **reversal** n - [weld] inversión f de conductor m a ohmímetro m
— **reading** n - [instrum] lectura f, or indicación f en ohmímetro m
Ohmstone n - [electr] Ohmstone m
oil added to @ tank n - [mech] aceite m agregado a depósito m

oil addition n - [mech] adición f de aceite m • [lubric] adición f para aceite m
— —**(s) technique** n—técnica para adición(es) f de aceite m
— **addition to @ tank** n - [mech] adición f de aceite a depósito m
— **additive** n - [lubric] aditamento m, or aditivo* m, para aceite m
— **and compound mixture** n - [wiredrwng] mezcla f de aceite m y compuesto m
— **and gas field processing system** n - [petrol] sistema m para procesamiento m de petróleo m y gas m en yacimiento m
— — — — **product** n - [petrol] producto(s) m para yacimiento(s) m de petróleo m y gas m
— — — **industry** n - [petrol] industria f de petróleo m y gas m
— — — **processing** n - [petrol] procesamiento m de petróleo m y gas m
— **appearance** n - [mech] aparición f de aceite m
— **baffle** n - [mech] deflector m para aceite m
— — **assembly** n - [mech] conjunto m de deflector m para aceite m
— **barge** n - [petrol] barcaza f para petróleo m • barquilla f petrolera
— **barrel** n - [petrol] barril m para petróleo m
— **bath** n - [mech] baño m, or inmersión f, en aceite m • [int.comb] baño m con aceite m
— **air cleaner** n - [int.comb] depurador m para aire m para baño m con aceite m
— — — **filter** n - [int.comb] filtro m para aire m para baño m con aceite n
— — — — **cleaning** n - [comb.int] limpieza f de filtro m para aire m para baño con aceite
— — **filling** n - [int.comb] henchimiento m de baño m con aceite m
— — **type** n - [mech] tipo m con baño m con aceite m
— **bearing** n - [mech] cojinete m en aceite m • cojinete m para retención f (para aceite m) | - [petrol] petrolífero,ra
— — **formation** n - [petrol] formación f, petrolífera, or productiva (de petróleo m)
— — — **drilling** n - [petrol] perforación f, or penetración f, de formación f petrolífera
— — **structure** n - [petrol] estructura f petrolífera
— **bottle** n - [domest] alcuza f
— **burner** n - [combust] quemador m, or mechero m, para petróleo m
— — **nozzle** n - [combut] boquilla f para quemador m para petróleo m
— **by-product** n - [petrol] subproducto m, or derivado m, de petróleo m
— **can** n - [mech] aceitera f; alcuza f
— **catcher** n - [mech] [Spa.] cazoleta f
— **cellar** n - [ind] foso m, or sótano m, para, aceite m, or engrase m
— **change** n - [mech] cambio m, or renovación f, de aceite m
— **check** n - verificación f de aceite m | v - verificar, or comprobar, aceite m • comprobar con aceite m
— **checked** a - comprobado,da con aceite m
— **checking** n - verificación f de aceite m
— **circuit breaker** n - [electr-equip] disyuntor m en aceite m
— — — **tank** n - [electr] depósito m para disyuntor m (en aceite m)
— **circulation hydraulic brake cooling** n—[mech] enfriamiento m de freno m hidráulico con circulación f de aceite m
— — — **cooling** n - [mech] enfriamiento m hidráulico con circulación f de aceite m
— **cleaning** n - [lubric] limpieza f de aceite • [mech] limpieza f con aceite m
— **clearance** n - [mech] holgura f, or luz f, para aceite m
— **coat(ing)** n - capa f de aceite m
— **coil** n - [mech] serpentina f para aceite m
— **combustion** n - combustión f de petróleo m

oil condenser n - condensador m para aceite m
— conditioner n - acondicionador m para aceite
— connection switch n - [mech] conmutador m con aceite m para conexión f
— contamination n - contaminación f de aceite m • contaminación f con aceite m
— control piston ring n - [int.comb] aro m para émbolo m para, regulación f, or control m, de aceite m
— — ring n - [int.comb] aro m, or anillo m, regulador, or para regulación f, para aceite
— controlling system valve n - [lubric] válvula f para, red f, or sistema m, para regulación f de aceite m
— cool v - [mech] enfriar, con, or en, aceite m
— cooled a - [mech] enfriado,da, or con enfriamiento m, con aceite m
— cooler n - [int.comb] enfriador m para aceite
— — by-pass valve n - [int.comb] válvula f para derivación f para enfriador m para aceite m
— — hose n - [int.comb] mang(uer)a f para enfriador m para aceite m
— — line n - [int.comb] tubería f para enfriador m para aceite m
— cooling n - enfriamiento m con aceite m • enfriamiento m para aceite m
— — system n - [int.comb] sistema m, or red t, para enfriamiento m, para, or con, aceite m
— country n - [petrol] país m petrolero • zona f petrolera | a - [petrol] petrolero,ra; para industria f petrolera
— — casing (pipe) n - [petrol] tubería f para entubación f para industria f petrolera
— — — and tubing (pipe) n - [petrol] tubería f para entubación f y conducción f para industria f petrolera
— —, pipe, or tubing n - [petrol] tubería f para, industria f, or conducción f, petrolera
— crisis n - [petrol] crisis f petrolera
— cruet n - aceitera f; alcuza f
— cup n - [mech] copa f, or cubeta f, or taza f, para, aceite m, or combustible m
— — time delay magnetic relay n - [electr] relé m magnético para retardo m para cubeta f para aceite m
— — — overload relay n - [electr] relé m magnético para sobrecarga f para retardo m para cubeta f para aceite m
— — — — overload relay n - [electr] relé m para sobrecarga f para retardo m para cubeta f para aceite m
— — — — — relay n - [electr] relé m para retardo m para cubeta f para aceite m
— cushion n - [mech] colchón m de aceite m
— — lack n - [mech] falta f de colchón m de aceite m
— demulsibility test n - [petrol] ensayo m de desemulsibilidad* f para aceite m
— density recommendation n - [int.comb] recomendación f para densidad f de aceite m
— deposit n - [petrol] yacimiento m, petrolífero, or de petróleo m
— derrick n - [petrol] torre f para perforación f • [Ven.] cabría f
— dip v - sumergir en aceite m
— dipped a - sumergido,da en aceite m
— dipper n - [int.comb] cucharilla f para lubricación f (para biela f)
— dipping n - sumersión f en aceite m
— dipstick n - [mech] varilla f medidora para aceite m
— directing n - encaminamiento m de aceite m
— direction n - dirección f, or sentido m, de aceite m
— distillation n - [petrol] destilación f de petróleo m
— discard(ing) n - descarte m de aceite m
— drain n - [int.comb] orificio m para drenar aceite m
— — plug n - [int.comb] tapón m para orificio m para drenar aceite m

oil draining n - [int.comb] drenaje m, or purga f, or extracción f, de aceite m
— draw v - [wiredrwng] trefilar, en, or con, aceite m
— drawing n - [wiredrwng] trefilería f, en, or con, aceite m
— drawn a - [wiredrwng] trefilado,da, en, or con aceite m
— drilling n - [petrol] perforación f para petróleo m
— — platform n - [petrol] plataforma f para perforación f para petróleo m
— — rig n - [petrol] equipo m, or torre f, or plataforma f para perforación f para petróleo
— drip(ping) n - [lubric] goteo m de aceite m
— drop n - gota f de aceite m
— duct n - canal m, or conducto m, para aceite m
— emulsification n - [lubric] emulsión f de aceite m
— engine n - [int.comb] motor m para petróleo m
— escape n - [mech] fuga f de aceite m
— — prevention n - evitación f de, or prevención f contra, fuga f de aceite m
— excess n - exceso m, or excedente m, de aceite m; aceite m excesivo
— feeder n - [lubric] aceitera f
— field n - [petrol] yacimiento m, or campo m, petrolero, or petrolífero, or para petróleo m
— — chain n - [petrol] cadena f para yacimiento m petrolífero
— — derrick n - [petrol] torre f para perforación f en yacimiento m petrolífero
— — — equipment n - [petrol] equipo m para torre f para perforación f en yacimiento m petrolífero
— — equipment n - [petrol] equipo m para yacimiento m petrolífero
— — gear n - [petrol] chata f, or carro m, or congrejo m, para campo m petrolífero
— — machinery n - [petrol] maquinaria f para yacimiento m petrolífero m
— — operation n - [petrol] operación f en yacimiento m petrolífero
— — processing system n - [petrol] sistema m para, procesamiento m, or elaboración f, de petróleo m en yacimiento m
— — product n - [petrol] producto m para yacimiento m petrolífero
— — roller chain n - [petrol] cadena f con rodillo(sa) m para yacimientos m petrolíferos
— — scene n - [petrol] vista f de, yacimiento m, or campo m, petrolífero
— — skid n - [petrol] patín m para campo m petrolífero
— — type skid n - [petrol| patín m de tipo m para campo m petrolífero
— fill n - [int.comb] orificio m para aceite m | v - llenar, or henchir, con aceite m
— — @ crankcase v - [int.comb] llenar con aceite m carter m
— — hole n - [mech] orificio m para (aporte m de) aceite m
— — label n - [int.comb] rótulo m para orificio m para aceite m
— — @ oil sump v - [mech] llenar, or henchir, con aceite m colector m para aceite m
— — pipe n - [int.comb] tubo m para aporte m de aceite m
— filled a - llenado,da, or henchido,da, con aceite m
— — crankcase n - [int.comb] cárter m, henchido, or llen(ad)o, con aceite m
— — oil sump n - [mech] colector m para aceite m, llenado, or henchido, con aceite m
— — swivel n - [petrol] cabeza f para inyección f, llenada, or henchida, con aceite m
— filler n - [mech] orificio m para, aporte m, or abastecimiento m, de aceite m; gollete m
— — boss n - [mech] protuberancia f para aporte m de aceite m
— — cap n - [int.comb] tapa f para gollete m

para henchimiento m de aceite m
oil filler hole n - [mech] orificio m para abastecimiento m de aceite m
— — — **plug** n - [mech] tapón m para orificio m para (abastecimiento m de) aceite m
— — **plug** n - [mech] tapón m para orificio m para (abastecimiento m de) aceite m
— — **dip stick** n - [int.comb] varilla f medidora para orificio m para aceite m
— — **filler plug** n - [int.comb] tapón m para orificio m para aceite m
— — **tube** n - [int.comb] tubo m para, henchimiento m, or aportación f de aceite m
— — **vented plug** n - [int.comb] tapón m con respiradero m para orificio m para aceite m
— **filling** n - henchimiento m con aceite m
— **film** n - película f de aceite m
— **filter** n - filtro m para aceite m
— **filter cap** n - tapón m para filtro m para aceite m
— — **cartridge** n - [mech] cartucho m filtrante para aceite m
— —, **change**, or **changing** n - [int.comb] cambio m de filtro m para aceite m
— — **cleaning** n - [mech] limpieza f de filtro m para aceite m
— — **differential** n - [mech] diferencial m para filtro m para aceite m
— — **draining** n - [int.comb] drenaje m, or purga f, de filtro m para aceite m
— — **element** n - [mech] elemento m para filtro m para aceite m
— — **removal** n - [int.comb] remoción f, or saca f, or extracción f, de filtro m para aceite m
— **filtering** n - filtración f de aceite m
— **fired** a - [combust] con combustión f de petróleo m
— — **furnace** n - [combust] horno m (con combustión f) de petróleo m
— **flotation** n - [petrol] flotación f en aceite
—**flood stuffing box** n - [petrol] prensaestopa(s) m para inundación f con aceite m
—**flooded** a - inundado,da, en, or con, aceite m
— **flow** n - [lubric] flujo m, or desplazamiento m, or paso m, de aceite m; caudal m de aceite
— — **filter** n - filtro m para flujo m de aceite m
— — **indicator** n - [instrum] indicador m para, flujo m, or caudal m, de aceite m
— — — **with @ alarm contact(s)** n - [instrum] indicador m para flujo m de aceite m con contacto(s) m para alarma f
— — **lack** n - [int.comb] falta f de caudal m de aceite m
— — **restriction** n - restricción f para desplazamiento m de aceite m • [petrol] restricción f para desplazamiento m de petróleo
— **forced cooling** n - enfriamiento m forzado con aceite m
— — **hydraulic brake** n - [autom-mech] freno m hidráulico con circulación f de aceite m
— **free** a - libre de aceite m
— **clothing** n - [safety] ropa f libre de aceite m
— — **garment** n - [safety] prenda f, or ropa f, libre de aceite m
— — **glove** n - safety] guante m libre de aceite m
— — **leather glove** n - [safety] guante m de cuero m libre de aceite m
— — **protective clothing** n - [safety] ropa f protectora libre de aceite m
— — — **garment** n - [safety] prenda f, or ropa f, protectora libre de aceite m
— — **furnace** n - [combust] horno m (con combustión f) con petróleo m
— **gage** n - [int.comb] manómetro m, or medidor m, or indicador m, para aceite m
— — **full mark** n - [instrum] marca f de lleno en medidor m para aceite m
— — **mark** n - [instrum] marca f en medidor m para aceite m
— — **rod** n - [mech] varilla f indicadora para nivel m de aceite m
oil gas n - [petrol] gas m de petróleo m
— **gear(s)** n - [mech] engranaje(s) m en aceite m
— — **pump** n - [pumps] bomba f con engranaje(s) m, en, or para, aceite m
— — — **part** n - [pieza f para) repuesto m para bomba f con engranaje(s) m para aceite m
— **gland** n - [lubric] prensaestopa(s) m con aceite m
— **grade** n - calidad f de aceite m
— **grant** n - [petrol] concesión f petrolera
— **gravity** n - [petrol] peso m específico de petróleo m
— — **improvement** n - [petrol] mejora f en peso m específico de petróleo m
— **groove** n - [mech] ranura f para, aceite m, or luricación f, or circulación f de aceite m • [mech-bearings] pata f de araña f
— — **clogging** n - [mech] atascamiento m de ranura f para aceite m
— **guard** n - [mech] retén m para aceite m
— — **assembly** n - [mech] conjunto m de retén m para aceite m
— — **felt** n - [mech] fieltro m para retén m para aceite m
— **hardening** n - [metal-treat] templadura f, or endurecimiento m, en aceite m
— **heat** n - calor m en aceite m
— — **exchange** n - [mech] intercambio m de calor m en aceite m
— — **exchanger** n - [mech] intercambiador m para calor m en aceite m
— — **interchange** n - [int.comb] intercambio m de calor m en aceite m
— — **interchanger** n—[mech] intercambiador m para calor m en aceite m
— **heater** n - [petrol] calentador m con petróleo m
— **heating** n - calentamiento m con petróleo m
— **hole** n - [mech] orificio m para aceite m
— **house** n - [ind] taller m para engrase m
—**hydraulic chart** n - [mech] esquema m óleo-hidráulico
— **imbibe** v - embeber en aceite m
— **imbibed** a - embebido,da en aceite m
—, **imbibing**, or **imbibition** n - embebimiento m en aceite m
— **immersed** a - sumergido,da en aceite m
— — **disconnect switch** n - [electr-instal] disyuntor m, or interruptor m (automático) sumergido en aceite m
— — **equipment** n - [ind] (elemento m de) equipo m sumergido en aceite m
— — — **oil** n - [ind] aceite m en (elemento m de) equipo m sumergido en aceite m
— — **primary disconnect switch** n - [electr-instal] disyuntor m, or interruptor m (automático), primario sumergido en aceite m
— — **switch** n - [electr-instal] conmutador m sumergido en aceite m
— — **transformer** n - [electr-transf] transformador m sumergido en aceite m
— **impregnated paper** n - [electr-cond] papel m impregnado con aceite m
— — **insulation** n - [electr-cond] aislación f de papel m impregnado con aceite m
— **indicating gage** n - [instrum] manómetro m indicador para aceite m
— **industry** n - [petrol] industria f, petrolera, or de petróleo m
—, **injecting**, or **injection** n - inyección f de aceite m
— **injector** n - inyector m para aceite m
— — **filled with @ motor oil** n - [mech] inyector m para aceite m llenado con aceite m para motor(es) m
— — **filling** n - [mech] henchimiento m de inyector m para aceite m
— — — **with @ motor oil** n - [mech] henchimiento m de inyector m para aceite m con aceite m para motor(es) m
— **ionization** n - ionización f de aceite m

oil jar

- **oil jar** n - aceitera f
  - — **joint retainer** n - [mech] retén m, or arandela f, para junta f para aceite m
  - — **lack** n - [mech] falta f, or carencia f, de aceite m
  - — **lag** n - [int.comb] retardo m, or retraso m, de aceite m
  - — **leak** n - [mech] fuga f de aceite m
  - — — **check** n - [mech] verificación f de fuga f de aceite m | v - verificar fuga f de aceite
  - — — **checking** n - [mech] verificación f de fuga f de aceite m
  - — **level** n - nivel m de aceite m
  - — — **check(ing)** n - [mech] comprobación f, or verificación f, de nivel m de aceite m
  - — — **dipstick** n - [mech] varilla f medidora para nivel m de aceite m
  - — — **dipstick** n - [int.comb] varilla f medidora para nivel m de aceite m
  - — — **plate** n - [mech] placa f para varilla f medidora para nivel m de aceite m
  - — — — **gasket** n - [mech] guarnición f para placa f para varilla f medidora para nivel m de aceite m
  - — — **gage** n - [mech] manómetro m para nivel m de aceite m
  - — — **indicator** n - [mech] indicador m para nivel m de aceite m
  - — — **label** n - [int.comb] rótulo m para nivel m de aceite m
  - — — **plate** n - [mech] placa f para nivel m de aceite m
  - — — **plug** n - [int.comb] tapón m para (orificio m para) nivel m de aceite m
  - — — — **installation** n - [mech] instalación f, or colocación f, de tapón m para nivel m de aceite m
  - — — — **removal** n - [mech] remoción f, or saca f, de tapón m para nivel m de aceite m
  - — — **sight glass** n - [mech] mirilla f para observar nivel m de aceite m
  - — **lift pressure switch** n - [electr] llave f limitadora para presión f de aceite m
  - — — **pump motor** n - [cranes] motobomba f para presión f de aceite m
  - — **line** n - [ind] línea f, or tubería f, para aceite m • [petrol] conducto m para petróleo
  - — — **control** n - [ind] regulación f de, línea f, or tubería f, para aceite m
  - — — **gage** n - [mech] manómetro m para tubería f para aceite m
  - — — **pressure** n - [ind] presión f en, línea f, or tubería f, para aceite m
  - — — — **control** n - [ind] regulación f de presión f en, línea f, or tubería f, para aceite m
  - — **lubricate** v - lubricar con aceite m
  - — **lubricated** a - [mech] lubricado,da con aceite
  - — **bearing** n - [mech] cojinete m lubricado con aceite m
  - — — **housing** n - [mech] caja f para cojinete m lubricado con aceite m
  - — — **transmission bearing** n - [mech] cojinete m para transmisión f lubricado con aceite n
  - — — — **gear** n - [mech] engranaje m para transmisión f lubricado con aceite m
  - — **lubricating** n - lubricación f con aceite m
  - — — **system** n - sistema m, or red f, para lubricación f con aceite m
  - — — — **cooler** n - [lubric] enfriador m para, sistema m, or red f, para lubricación f con aceite m
  - — **lubrication** n - lubricación f con aceite m
  - — — **installation** n - [mech] instalación f, or colocación f, de lubricación f con aceite m
  - — — — **instruction(s)** n - [mech] instrucción(es) f para lubricación f con aceite m
  - — — — **piping** n - [mech] tubería f para lubricación f con aceite m
  - — — — — **installation** n - [mech] instalación f, or colocación f, de tubería f para lubricación f con aceite m

- **oil lubrication procedure** n - [mech] procedimiento m para lubricación f con aceite m
  - — — **system** n - [mech] sistema m, or red f, para lubricación f con aceite m
  - — **lubricator** n - [mech] lubricador con aceite m
  - — **manifold** n - [mech] distribuidor m, or múltiple m, para aceite m
  - — **mill flat stone** n - [agric] yusera f
  - — **mist** n - vaho m de aceite m
  - — **mixture** n - mezcla f de aceite(s); aditamento m para aceite m
  - — **outgoing temperature** n - [mech] temperatura f de aceite m en salida f
  - — **overfill** n - [mech] colmadura f con aceite m | v - colmar con aceite m
  - — — **@ transmission** v - [mech] colmar con aceite m transmisión f
  - — **overfilled** a - [mech] colmado,da con aceite m
  - — — **transmission** n - [mech] transmisión f colmada con aceite m
  - — **overfilling** n - [mech] colmadura f con aceite
  - — **overrun** n - [mech] rebase m de aceite m
  - — **paint** n - [paint] pintura f, con aceite m, or a óleo m
  - — **painting** n - [paint] pintura f con, aceite m, or óleo m • [art] cuadro m a óleo m; óleo m
  - — **pan** n - [mech] cárter m; colector m, or batea f, para aceite m; aceitera f
  - — — **drain plug** n - [int.comb] tapón m para, drenaje m, or drenar, or vaciar, batea f, or colector m, para aceite m, or cárter m
  - — — **gasket** n - [int.comb] empaquetadura f, or guarnición f, para colector m para aceite m
  - — — **plug** n - [int.comb] tapón m para, cárter m, or colector m para aceite m
  - — — **puncture** n - [int.comb] perforación f de cárter m
  - — — **to filler block** a - [int.comb] de colector m para aceite m a pieza f para relleno m
  - — — — **cork** n - [int.comb] empaquetadura f de corcho m entre colector m para aceite m y pieza f para relleno m
  - — — **front filler block** a - [int.comb] de colector m para aceite m a pieza f frontal para relleno m
  - — — — **cork** n - [int.comb] empaquetadura f de corcho m para colector m para aceite m a pieza f frontal para relleno m
  - — — **rear fillet block** a - [int.comb] colector m para aceite m a pieza f posterior para relleno m
  - — — — **cork** n - [int.comb] empaquetadura f de corcho m entre colector m para aceite m y pieza f posterior para relleno m
  - — **@ part** v - [mech] aceitar pieza f
  - — **particle** n - partícula f de aceite m
  - — **passage** n - pasaje m, or paso m, para aceite m
  - — — **screw** n - [mech] tornillo m (regulador) para paso m de aceite m
  - — **passageway** n - [mech] paso m para aceite m
  - — **penetration** n - penetración f de aceite m
  - — **@ pin** v - [mech] aceitar pasador m
  - — **pipe** n - [mech] tubo m, or tubería f, para aceite m • [metal-prod] tubo m para oleoducto m • [petrol] tubería f para oleoducto m
  - — — **and cover** n - [mech] tubo m para aceite m y tapa f
  - — — **line** n - [petrol] oleoducto m
  - — **piping** n - tubería f para aceite m
  - — **pit** n - [ind] sótano m, or foso m, para aceite
  - — — **operator** n - [ind] operador m para, sótano m, or foso m, para aceite m
  - — **@ point** v - [mech] aceitar punto m
  - — **pool** n - [petrol] criadero m, or acumulación f, or depósito m subterráneo, de, petróleo m, or de hidrocarburo(s) m fluido(s)
  - — **presence** n - presencia f de aceite m
  - — **pressure** n - [mech] presión f de aceite m
  - — — **attaining** n - [mech] logro m de presión f para aceite m
  - — — **buildup** n - [int.comb] elevación f, or ob-

tención f, or logro, de presión f para aceite
oil pressure check(ing) n - [int.comb] comprobación f, or verificación f, de presión f para aceite m
— — **gage** n - [mech] manómetro m, or indicador m, or medidor, para presión f para aceite m
— — **indicating gage** n - [int.comb] manómetro m indicador para presión f para aceite m
— — **light** n - [int.comb] luz f (indicadora) para presión f para aceite m
— — **line** n - [mech] tubería f para presión f para aceite m
— — **loss** n - [int.comb] pérdida f en presión f para aceite m
— — **relief** n - [mech] alivio m de presión f para aceite m; also see **oil pressure relief valve spring**
— — — **spring** n - [mech] resorte m para alivio m para presión f para aceite m
— — — **valve** n - [mech] válvula f para alivio m para presión f de aceite m
— — — — **washer** n - [mech] arandela f para válvula f para alivio m para presión f para aceite m
— — — — **spring washer** n - [mech] arandela f para resorte m para válvula f para alivio m para presión f para aceite n
— — — — **gasket** n - [mech] guarnición f para válvula f para alivio m para presión f para aceite m
— — — — **plug** n - [mech] tapón m para válvula f para alivio m para presión f para aceite m
— — — — **spring** n - [mech] resorte m para válvula f para alivio m para presión f para aceite m
— — **showing** n - [mech] muestra f, or indicación f, or señalamiento m, de presión f para aceite m
— — **switch** n - [int.comb] interruptor m, or conmutador m, para presión f para aceite m
— **price** n - [lubric] precio m para aceite m · [petrol] precio m para petróleo m
— **processing** n - [petrol] procesamiento m, or elaboración f, de petróleo m
— — **system** n - [petrol] sistema m para, procesamiento m, or elaboración f, de petróleo m
— **producing** n - [petrol] extracción f de petróleo m
— — **company** n - [petrol] empresa f extractora de petróleo m
— **production** n - [petrol] extracción f de petróleo m
— **pullover** n - [int.comb] arrastre m de aceite
— **pulp** n - [petrol] pulpa f de petróleo m; jabón m de aluminio m
— **pump** n - [pumps] bomba f para aceite m - [petrol] bomba f para petróleo m
— — **assembly** n - [int.comb] conjunto m de bomba f para aceite m
— — **body** n - [int.comb] cuerpo m de bomba f para aceite m
— — — **to bearing cap hexagonal nut** n - [int.comb] tuerca f hexagonal para cuerpo m para bomba f para aceite m a parte f superior de cojinete m
— — — — **lockwasher** n - [int.comb] arandela f para seguridad f para cuerpo m de bomba f para aceite m a parte f superior de cojinete m
— — — — **nut** n - [int.comb] tuerca f para cuerpo m para bomba f para aceite m a parte f superior de cojinete m
— — — — **washer** n - [int.comb] arandela f para cuerpo m para bomba f para aceite m a parte f superior de cojinete m
— — — **center main bearing cap hexagonal nut** n - [int.comb] tuerca f hexagonal para cuerpo m para bomba f para aceite m a parte f superior de cojinete m principal central
— — — — **lockwasher** n - [int-comb] arandela f para seguridad f para cuerpo para bomba f para aceite m a parte f superior de cojinete m principal central

oil pump body to center main bearing cap nut n - [int.comb] tuerca f para cuerpo m para bomba f para aceite m a parte f superior de cojinete m principal central
— — — — **nut** f - [int.comb] tuerca f para bomba f para aceite m a parte f superior de cojinete m principal central
— — — — **stud** n - [int.comb] espárrago m roscado para cuerpo m para bomba f para aceite m a parte f superior de cojinete m principal central
— — — — **washer** n - [int.comb] arandela f para cuerpo m para bomba f para aceite m a parte f superior de cojinete m
— — **control** n - [pumps] mando m para bomba f para aceite m
— — — **type** n - [pumps] tipo m de mando m para bomba f para aceite m
— — **cover** n - [pumps] tapa f para bomba f para aceite m
— — — **cap screw** n - [pumps] tornillo m con casquete m para cubierta f para bomba f para aceite m
— — — **gasket** n - [int.comb] empaquetadura f para tapa f para bomba f para aceite m
— — — **lockwasher** n - [pumps] arandela f para seguridad f para cubierta f para bomba f para aceite m
— — **discharge** n - [pumps] bomba f para descarga f para aceite m
— — **drive** n - [int.comb] impulsión f para bomba f para aceite m
— — — **gear** n - [int.comb] engranaje m para impulsión f para bomba f para aceite m
— — — — **to shaft** a - [int.comb] de engranaje m para impulsión f para bomba f para aceite m a árbol m
— — — **pin** n - [int.comb] pasador m para engranaje m para impulsión f para bomba f para aceite m a árbol m
— — — **shaft** n - [int.comb] árbol m para impulsión f para bomba f para aceite m
— — — **shaft snap ring** n - [mech] aro m para resorte para árbol m para impulsión f para bomba f para aceite m
— — **driven** a - [int.comb] impulsado,da por bomba f para aceite m
— — — **gear** n - [int.comb] engranaje m impulsado por bomba f para aceite m
— — **driver** a - [pumps] para impulsión f para bomba f para aceite m
— — — **gear** n - [int.comb] engranaje m para impulsión f para bomba f para aceite m
— — **gear** n - [int.comb] engranaje m para bomba f para aceite m
— — — **idler** a - [int.comb] para marcha f sin carga de bomba f para aceite m
— — — **gear** n - [int.comb] engranaje m para marcha f sin carga f de bomba f para aceite m
— — — — **stud** n - [int.comb] prisionero m para engranaje m para marcha f sin carga f de bomba f para aceite m
— — — — — **snap ring** n - [int.comb] aro m con resorte m para prisionero para engranaje m para marcha f sin carga f de bomba f
— — **shim** n - [mech] calza f para bomba f para aceite m
— — **spacer** n - [int.comb] separador m para bomba f para aceite m
— — — **washer** n - [int.comb] arandela f para separador m para bomba f para aceite m
— — **type** n - [pumps] tipo m de bomba f para aceite m
— **pumping** n - [int.comb] bombeo m para aceite m · [petrol] bombeo m para petróleo m
— **quality** n - calidad f de aceite m
— **quench** v - [weld] enfriar por inmersión f en aceite m
— — **tank** n - [weld] recipiente m para aceite m

para enfriamiento m
oil quenched a - [weld] enfriado,da por inmersión f en aceite m
— **quenching** n - [weld] enfriamiento m por inmersión f en aceite m • templadura f, or endurecimiento m, en aceite m
— **radiator** n - [int.comb] radiador m para aceite m
— — **protective device** n - [mech] defensa f protectora para radiador m para aceite m
— **recheck(ing)** n - [lubric] verificación f nueva de aceite m
— **recirculation system** n - [mech] sistema m para recirculación f para aceite m
— **rectifying** n - [petrol] rectificación f de aceite m
— — **column** n - [petrol] columna f rectificadora para aceite m
— **refill** v - reabastecer con aceite m
— **refilled** a - reabastecido,da con aceite m
— **refilling** n - reabastecimiento m con aceite m
— **removal** n - remoción f, or saca f, de aceite m
— **replacement** n - [mech] reposición f, or reemplazo m, de aceite m
— **reservoir** n - [mech] depósito m (para reserva f) para aceite m • [petrol] depósito m para petróleo m
— — **draining** n - [mech] purga f de depósito m (para reserva f) para aceite m
— **resistant** a - resistente a aceite m
— — **sheath** n - [electr-cond] vaina f resistente a aceite m
— **retainer** n - [mech] retén(edor) m para aceite m
— **return** n - [mech] retorno m de aceite m
— — **block(ing)** n - [mech] obturación f de retorno m para aceite m
— — **collector** n - [mech] colector m para retorno m para aceite m
— — — **manifold** n - [mech] múltiple m colector para retorno m para aceite m
— — **hole** n - [mech] orificio m para retorno m para aceite m
— — — **clogging** n - [mech] obturación f, or atascamiento m, de orificio m para retorno m para aceite m
— — **manifold** n - [mech] múltiple m para retorno m para aceite m
— — **notch** n - [mech] entalladura f para retorno m para aceite m
— — **oil hole** n - [mech] orificio m para aceite m para retorno m de aceite m
— **rig** n - [petrol] equipo m, or torre f, or plataforma f, para perforación f (de pozo m) (para petróleo m) • [Ven.] cabria f
— **right(s)** n - [petrol] derecho(s) m, petrolero(s), or de subsuelo m petrolífero
— **ring** n - [lubric] anillo m, lubricador, or con aceite m • aro m para (regulación f) de aceite m
— — **lubrication** n - [mech] lubricación f para guarnición f, anular, or circular
— **@ rivet** v - [mech] aceitar remache m
— **rod** n - [int.comb] varilla f, or vástago m, para aceite m
— — **support** n - [int.comb] soporte m para, varilla f, or vástago m, para (medición f de) aceite m
— **safety switch** n - [electr-instal] disyuntor m para seguridad f para aceite m
— **sample** n - muestra f de aceite m
— **sand** n - [petrol] arena f petrolífera
— **saver** n - [mech] economizador m para aceite m • [petrol] economizador m para petróleo m
— **scraper** n - [int.comb] raspador m, or rascador m, para aceite m
— — **cap screw** n - [mech] tornillo m con casquete m para raspador m para aceite m
— **screen** n - [int.comb] rejilla f para aceite m
— **screw** n - [mech] tornillo m para aceite m
— **scrubber** n - [coke] lavador m para aceite m
— **seal** n - [mech] sello m, or cierre m, or obturador m, para aceite m; guardaaceite m •
sistema m para estanqueidad f para aceite m • sello m con aceite m
oil seal and retainer assembly n - [mech] conjunto m de sello m para aceite y retén(edor)
— — **application** n - [mech] aplicación f para sello m para aceite m
— —, **damage, or damaging** n - [mech] daño m a sello m para aceite m
— — **installation** n - [mech] instalación f de sello m para aceite m
— — **leak** n - [mech] fuga f en sello m para aceite m
— — **lip** n - [mech] labio m, or reborde m, de sello m para aceite m
— — **plate** n - [mech] placa f para, sello m, or cierre m, para aceite m
— — **pressing** n - [mech] apretadura f de sello m para aceite m
— — **removal** n - [mech] remoción f, or saca f, de sello m para aceite m
— — **retainer** n - [mech] retén(edor) m para, sello m, or cierre m, para aceite m
— — **spacer** n - [mech] separador m para, sello m, or cierre m, or junta f, para aceite m
— **sedimentation** n - sedimentación f de aceite m
— **seeepage** n - [petrol] afloramiento m, or exudación f, or rezumadero m, de petróleo m • filtración f de petróleo m
— **separation** n - separación f de aceite m
— — **tank** n - [petrol] estanque m para separación f, or separador m, para aceite m
— **separator** n - [mech] separador m para aceite m • [petrol] separador m para petróleo m
— — **tower** n - [coke] torre m lavador para aceite m
— **settling** n - asentamiento m, or sedimentación f, de aceite m
— — **tank** n - depósito m, or estanque m, para sedimentación f de aceite m
— **shale** n - [geol] esquisto m bituminoso
— **shield** n - [mech] guardaaceite m
— **side** n - [mech] lado m para aceite m
— **sleeve** n - [mech] mang(uit)o m para aceite m
— **slinger** n - [mech] arrojador m, or lanzador m, para aceite m • deflector m para aceite m
— **soaked** a - impregnado,da, or empapado,da, con aceite m
— — **cable** n - [electr-cond] conductor m empapado con aceite m
— **spattering** n - [lubric] salpicadura f de aceite m
— **splash(ing)** n—[mech] salpicadura f de aceite m
— — **system** n - [mech] sistema m para salpicadura f de aceite m
— **spray** n - [mech] rocío m, or rociadura f, de aceite m
— — **pipe** n - [mech] tubo m, or tubería f, para rociadura f de aceite m
— **sprinkle** v - rociar con aceite m
— **sprinkled** a - rociado,da con aceite m
— **sprinkling** n - rociadura f, or rociamiento m, con aceite m
— **stain** n - mancha f de aceite m
— **starter** n - arrancador m con aceite m
— **still** n - alambique f m, or destilador m, para aceite m • [petrol] alambique m para petróleo
— **storage** n - [lubric] almacenamiento m para aceite m • [petrol] almacenamiento m para petróleo
— **strainer** n - [int.comb] filtro m, or colador m, para aceite m
— — **screen** n - [int.comb] rejilla f para colador m para aceite m
— — **support** n - [mech] soporte m para colador m para aceite m
— **string** n - [petrol] (sarta f de) tubo(s), or tubería f para, revestimiento, or producción
— **sump** n - [int.comb] recipiente m, or sumidero m, para aceite m • [petrol] colector m para aceite m
— **supply** n - aprovisionamiento m de aceite m -

[int.comb] nivel m de aceite m
oil supply line n - [int.comb] línea f, or tubería f, para abastecimiento m de aceite m
— supplying n - aprovisionamiento m de aceite m
— switch n - [electr-instal] interruptor m, or disyuntor m, or conmutador m, en (baño m de) aceite m
— system('s) valve n - [lubric] válvula f para, red f, or sistema m, para aceite m
— tank n - [mech] (es)tanque m, or depósito m, para aceite m • [petrol] (es)tanque m para petróleo m
— capacity n - [lubric] capacidad f de depósito m para aceite m
— — check(ing) n - verificación f de depósito m para aceite m
— — level n - [mech] nivel m en depósito m para aceite m
— — — check(ing) n - verificación f de nivel m en depósito m para aceite m
— tar n - [petrol] alquitrán m de petróleo m
— temperature n - temperatura f de aceite m
— — check(ing) n—verificación f, or comprobación f, de temperatura f de aceite m
— — gage n - termómetro m, or indicador m. para temperatura f de aceite m
— — indicator n - [instrum] indicador m para temperatura f de aceite m
— — sender n - [instrum] emisor m para temperatura f de aceite m
— — thermometer n - [instrum] termómetro m para temperatura f de aceite m
— tempered a - [metal-treat] templado,da, or revenido,da, en aceite m
— — wire n - [wire] alambre m, templado, or revenido, en aceite m
— tempering n - [metal-treat] templadura f, or temple m, en aceite m
— test n - prueba f, en, or de, aceite m
— thermometer n - termómetro m para aceite m
— thirst n - [mech] sed f por aceite m
— thrower n - [mech] lanzador m, or arrojador m, para aceite m • deflector m para aceite m
— tight a - [mech] estanco,ca, or impermeable, or hermético,ca, a, or a prueba f de, aceite m
— — case n—[mech] caja f estanca a aceite m
— — gear case n - [mech] caja f para engranaje(s) f, estanca a, or a prueba f de aceite m
— — housing n - [mech] caja f, estanca a, or a prueba f de pérdida(s) f de, aceite m
— — neoprene n - [electr-cond] neopreno m impenetrable a aceite n
— — type n - tipo m impenetrable a aceite m
— — — neoprene n - [electr-cond] neopreno m de tipo impenetrable a aceite m
— tool n - [tools] herramienta f petrolera
— — pipe n - [petrol] tubería f para petróleo m
— transfer n - transferencia f de aceite m • [petrol] transferencia f, or bombeo m, de petróleo m
— transformer n - [electr-transf] transformador m con aceite m
—, treating, or treatment n - tratamiento m de aceite m
— trough n - [mech] ranura f, or canal m, or reguero m, para aceite m
— — brace n - [mech] soporte m para, ranura f, or canal m, or reguero m, para aceite m
— tube n - tubo m para aceite m
— type n - [lubric] tipo m de aceite m
— viscosity n - [lubric] viscosidad f de aceite
— warming n - calentamiento m de aceite m
— water cooler n - enfriador m aceite-agua
— @ wear point v - [mech] aceitar punto m con desgaste m
— weight n - [lubric] peso m, or viscosidad f, or densidad f, de aceite m
— — recommendation n - [int.comb] recomendación f para, peso m, or densidad f, or viscosidad f, de aceite m
— well n - [petrol] pozo m petrolífero

oil well bottom n - [petrol] fondo m de pozo m, petrolífero, or para petróleo m
— — — cleaning [out] n - [petrol] limpieza f de fondo m de pozo m petrolífero
— — — tool n - [petrol] herramienta f para limpieza f de fondo m de pozo m petrolífero
— — casing n - [petrol] entubación f para pozo m, petrolífero, or para petróleo m
— — — installation n - [petrol] instalación f, or colocación f, de entubación f para pozo m, petrolífero, or para petróleo m
— — packing n - [petrol] empaquetadura f para (cabezas f prensaestopas para) pozo m (petrolífero, or para petróleo m
— — plunger pump m - [petrol] bomba f (para profundidad f) con émbolo m para pozo m, petrolífero, or para petróleo m
— — pump n - [petrol] bomba f (para profundidad f) para pozo m, petrolero, or para petróleo m; pozo m, profundo, or para profundidad
— — tubing n - [petrol] tubería f para pozo m, petrolífero, or para petróleo m
— wiper n - [mech] enjugador m para aceite m
— retainer n - [mech] retén(edor) m para enjugador m para aceite m
— — — gasket n - [mech] guarnición f para retén(edor) para enjugador m para aceite m
— — — plate n - [mech] placa f, or disco m, para retén(edor) m para enjugador m para aceite m
— — — — gasket n - [mech] guarnición f para, disco m, or placa f, para retén(edor) m para enjugador m para aceite m
— — spacer n - [mech] separador m para enjugador m para aceite m
— wiping n - [mech] limpieza f de aceite m
— zone n - [petrol] zona f petrolífera
oiled a - aceitado,da; lubricado,da • untado,da
— coil n - [metal-roll] bobina f aceitada
— filter air cleaner n - [int.comb] depurador m para aire m con filtro m aceitado
— — cleaner n - [int.comb] depurador m, or limpiador m, con filtro m aceitado
— — type air cleaner n - [int.comb] depurador m para aire m de tipo m con filtro m aceitado
— iron circle n - [metal-roll] disco m metálico aceitado
— part n - [mech] pieza f lubricada
— pin n - [mech] pasador m aceitado
— rivet n - [mech] remache m, or roblón m, or perno m, aceitado
— sheet n - [metal-roll] hoja f, or chapa f, or lámina f, aceitada
— strip n - [metal-roll] banda f, or cinta f, or chapa f, aceitada; fleje m aceitado
— — coil n - [metal-roll] bobina f de, banda f, or cinta f, or chapa f, aceitada
— — sheet n - [metal-roll] lámina f de, bobina f, or cinta f, or chapa f, aceitada; lámina f de fleje m aceitado
— wear(ing) point n - [mech] punto m para desgaste m aceitado
oiler n - [mech] . . .; aceitadora f; untador m
| a - aceitador,ra
— installation m - [mech] instalación f de aceitador m
— plate n - [int.comb] placa f lubricadora
— — to @ block a - [int.comb] de placa f lubricadora a bloque m
— — and thrust plate to @ block a - [int.comb] de placa f lubricadora y placa f para empuje m a bloque m
— — — — lockwasher n - [int.comb] arandela f para seguridad f para placa f lubricadora y placa f para empuje m a bloque m
— pump n - [petrol] bomba f para lubricación f
— soaking n - remojo m de aceitador m
— tube n - [mech] tubo m aceitador
oilfield n - see oil field
oiling n - [mech] . . .; untadura f; untamiento
| a - aceitador,ra; untador,ra

oiling cup n - [mech] copa f aceitadora
— **degree** n - [metal-roll] grado m de aceitado m
— **groove** n - [mech] ranura f para, lubbricación f, or aceite m
— **machine** n - [ind] máquina f para, aceitar, or engrasar
— **pipe** n - [lubric] tubo m aceitador
— **requirement** n - [mech] exigencia f para lubricación f
— **roll** n - [mech] rodillo m para engrase m
— **type** n - [mech] tipo m de lubricación f
— **washer** n - [lubric] arandela f, aceitadora, or para aceitado m
Oilite n - Oilite m
— **bushing** n - [mech] buje m (de) Oilite m
oilless a - [lubric] sin aceite m • [mech] autolubricante
— **bearing** n - [mech] cojinete m autolubricante
Oilmaster control n - [petrol] regulador m (de) Oilmaster
— — **manifold** n - [petrol] múltiple m de Oilmaster para lubricación f
— **hydraulic pumping** n - [petrol] bombeo m hidráulico Oilmaster
— — **system** n - [petrol] sistema m hidráulico Oilmaster
— **manifold** n - [petrol] múltiple m Oilmaster
— **plunger pump** n - [petrol] bomba f Oilmaster con émbolo m buzo
— **pneumatic pumping system** n - [petrol] sistema m Oilmaster para bombeo m neumático
— **power control manifold** n - [petrol] múltiple m Oilmaster con regulación f motriz
— — **fluid pump** n - [petrol] bomba f Oilmaster para fluido m motriz
— **product** n - [petrol] m - producto m Oilmaster (para industria f petrolera)
— — **unit** n - [petrol] elemento m, or unidad f, Oilmaster para producción f
— **pump** n - [petrol] bomba f Oilmaster
— **pumping system** n - [petrol] sistema m Oilmaster para bombeo m
— **subsurface hydarulic engineered system** n - [petrol] sistema m hidráulico bajo tierra f, proyectado, or, diseñado, por Oilmaster
— — **production unit** n - [petrol] elemento m, or unidad f, Oilmaster para producción f subterránea
— — **pumping system** n - [petrol] sistema m Oilmaster para bombeo m submarino
— **system** n - [petrol] sistema m Oilmaster
— **Unidraulic Pumping System** n - [petrol] sistema m Oilmaster Unidraulic para bombeo m
— — **system** n - [petrol] sistema m Oilmaster Unidraulic
— **unit** n - [petrol] unidad m, or elemento m, Oilmaster
— **wellhead control** n - [petrol] regulador m Oilmaster para cabeza f para pozo m
oilstone n - [mech] . . .; piedra f asentadora
oily condition n - condición f aceitosa
— **plate** n - [mech] plancha f aceitosa
— **solution** n - [ind] disolución f aceitosa
— **waste** n - [ind] estopa f usada
OK n - [pol] see Oklahoma
old age n - . . .; edad f (vetusta)
— **ball machine** n - [grind.med] máquina f vieja para bola(s) f
— **brdige** n - [constr] puente m, viejo, or antiguo, or vetusto
— **cable** n - [electr] conductor m viejo
— **cavern** n - [miner] galería f vieja
— **chain** n - [chains] cadena f vieja
— **channel** n - [hydr] cauce m viejo
— **civilization** n - [hist] civilización f antigua
— **clutch** n - [mech] embrague m viejo
— **corrugated steel structure** n - [constr] estructura f vieja de acero m corrugado
— — **structure** n - [constr] estructura f corrugada vieja
— **customer** n - [com] cliente m viejo

old day(s) n - tiempo(s) m ido(s)
— **deck** n - [bridg] cubierta f, or calzada f, vieja
— **deposit** n - [weld] aportación f anterior
— — **remain(s)** n - [weld] remanente m, or residuo m, de aportación(es) f anterior(es)
— **document** n - documento m, viejo, or antiguo
— **engine** n - [int.comb] motor m viejo
— **equipment** n - [ind] equipo m, viejo, or anticuado, or vetusto
— — **installation** n - [ind] instalación f de equipo m viejo
— — **purchase** n - compra f de equipo m viejo
— — **revision** n - revisión f de equipo m viejo
— **existing structure** n - [constr] estructura f, vieja, or antigua, existente
— **grip block** n - [mech] bloque m viejo para sujeción f
— **hardsurfacing deposit** n - [weld] aportación f anterior para endurecimiento de superficie
— — **remains** n - [weld] remanente m de aportación(es) f anterior(es) para endurecimiento de superficie(s) f
— **high alloy deposit** n - [weld] aportación f anterior con aleación f alta
— — — **remain(s)** n - [weld] remanente m de aportación(es) f anterior(es) con aleación f alta
— — — **hardsurfacing deposit** n - [weld] aportación f anterior con aleación f alta para endurecimiento m de superficie f
— — — — **remain(s)** n - [weld] remanente m de aportación(es) f anterior(es) con aleación f alta para endurecimiento m de superficie f
— **idea** n - idea f vieja
— **installation** n - instalación f vieja • [constr] estructura f vieja
— **law** n - [legal] ley f, vieja, or antigua
— **machine** n - [mech] máquina f vieja • [weld] soldadora f vieja
— **mill** n - [metal-roll] laminador m viejo
— — **roll** n - [metal-roll] rodillo m para laminador m viejo
— **oil** n - aceite m viejo
— **order** n - [com] pedido m viejo
— **overpass** n - [constr] paso m superior, viejo, or antiguo
— **parameter** n - parámetro m, viejo, or anterior
— **parking lot** n - [constr] parque m viejo para estacionamiento m
— **part hardsurfacing** n - [weld] endurecimiento m de superficie f en pieza f vieja
— **portable welder** n - [weld] soldadora f portátil antigua
— **road** n - [roads] camino m viejo
— **roll** n - [metal-roll] rodillo m viejo
— **scrap** n - [metal-prod] chatarra f vieja
— **supply** n - [metal-prod] provisión f de chatarra f vieja
— **series** n - serie f, vieja, or anterior
— **steel** n - [metal-prod] acero m viejo
— **steel structure** n - [constr] estructura f, vieja de acero, or de acero m viejo
— **street** n - [constr] calle f vieja
— **structure** n - [constr] estructura f, vieja, or antigua
— — **lining** n - [tub] revestimiento m para estructura f vieja
— — **retiring** n - [constr] eliminación f de estructura f vieja
— **style** n - tipo m, or modelo m, viejo, or antiguo
— — **nozzle** n - [weld] boquilla f de tipo viejo
— **technology** n - [ind] tecnología f vieja
— **templet** n - [mech] plantilla f vieja
— **theory** n - teoría f vieja
— **time** n - antaño m ┐ adv - de antaño; veterano
— **tire** n - [autom-tires- neumático m viejo
— **tool** n - [tools] herramienta f vieja
— **unit** n - unidad f antigua; elemento m viejo
— **welder** n - [weld] soldadora f vieja

old welding cable n - [weld] conductor m viejo para soldadura f
— West n - [geogr] Oeste Norteamericano Antiguo
— — menu n - [culin] menú m, or comida f tipo Oeste (norteamericano) antiguo
— wheel n - [mech] rueda f, vieja, or antigua
older a - más, viejo, or antiguo; anticuado,da; antiguo,gua; anterior; veterano,na • mayor
— machine n - [mech] máquina f de modelo anticuado • [weld] soldadora f de modelo m anticuado
— model n - modelo m más antiguo
— portable welder n - [weld] soldadora portátil más antigua
— size n - tamaño m anterior; medida(s) f anterior*(es)
— tire n - [autom-tires] neumático m anterior
— — size n - [autom-tires] medida(s) f anterior(es) para neumático(s) m
— truck n—[autom] camión m, viejo, or veterano
— welder n - [weld] soldadora f, (más) antigua, or de modelo m, anticuado, or anterior
oldest a - más viejo,ja
olympic athlete n - [sports] atleta m olímpico
— commission n - [sports] comisión f olímpica
— stadium n - [sports] estadio m olímpico
ominous a - . . .; amenazante
— weather n - [meteorol] tiempo m, ominoso, or amenazante
omit @ finish(ing) paint coat v - [paint] omitir mano f final de pintura f
— @ perforation(s) v - [mech] omitir perforación(es) f
— @ rheostat v - [electr] omitir reóstato m
omitted a—omitido,da; suprimido,da; excluido,da
— finish(ing) paint coat n - [paint] mano f final de pintura f omitida
— perforation n - [mech] perforación f omitida
— rheostat n - [electr] reóstato m omitido
omitting n - omisión f
omnibus n - [autom] . . .; autobús m
on n - [electr-oper] (posición f de) conectado,da | a - [electr-oper] en, or haciendo, contacto m; conectado,da; cerrado,da
— account disbursement n - [fin] desembolso m a cuenta
— — payment n - [fin] pago m a cuenta
—, activating, or activation n - [electr-oper] activación f
— air n - [mech] aire m aplicado
— @ air connection adv - [mech] en conexión f, neumática, or para aire m
— — pressure n - presión f de aire m aplicada
— and off button n - [electr-instal] botón m para parada f y puesta f en marcha
— — — pulsing n - [weld] encendido m y apagado m, automático(s), or por sí mismo(s)
— @ back a - trasero,ra | adv - detrás de
— @ — printing n—[print] impresión f en dorso
— @ basis of adv - en función f de; en base a
— board adv - a bordo • [transp] dentro de
— — bill of lading n - [transp] conocimiento m de embarque m a bordo
— — @ car adv - [transp] a bordo de, or sobre, vagón m (ferroviario)
— — — damage n - [transp] avería f a bordo
— — — statement n - [transp] acta m de avería f a bordo
— — — . . . Hertz test tone n - [comput] tono m a prueba, a bordo m, or integral, de . . . hercio(s) m
— — — instrument n - instrumento m a bordo
— — @ railway car adv - [transp] a bordo, or sobre, vagón m (ferroviario)
— — sense option n - [electron] opción f para sentido m cn tablero m
— — — tone n - [comput] tono m de prueba f, integral, or a bordo m
— @ bottom adv - sobre, fondo m, or parte f inferior
—bound a - para acceso m

on-bound ramp n - [roads] rampa f para acceso m
— blast n - [metal-prod] fase f para calentamiento m
— brake n - [mech] freno m aplicado
— — off light n - [mech] luz f para freno m sin aplicar encendida
— breaker n - [electr-instal] disyuntor m conectado
— bypass cycle n - [ind] ciclo m para desviación f conectado
— @ cathead adv - [petrol] sobre torno m
— center(s) a - entre, centro(s), or sí
— — feel n - [autom] sensación f de equilibrio
— @ coil adv - [electr-instal] sobre bobina f
— commission a - [labor] con comisión f
— — agent n - [labor] agente m con comisión f
— — distributor n - [com] distribuidor con comisión f
— course instruction n - [autom] instrucción f sobre pista f
— credit a - [com] con crédito m; a fiado
— cycle n - [ind] ciclo m conectado
— @ daily basis adv - diariamente
— delivery adv - en momento m de entrega f
— demand adv - contra, demanda f, or pedido m
— deposit a - [fin] en depósito; depositado,da
— @ dot adv - en punto m
— @ dry pavement adv - [autom-tires] sobre pavimento m seco
— elevation a - nivelado,da
— end adv - de punta, con eje m vertical
— fan n - [mech] ventilador m en marcha f
— file a - archivado,da
— @ fill highway n - [roads] carretera f sobre terraplén m
— @ fly a - [weld] sin detener soldadora f • simultáneo,nea; simultáneamente
— @ — start(ing) n - [weld] encendido m sin detener soldadora f • encendido m simultáneo de arco m
— @ fortnightly basis adv - quincenalmente
— frequency n - [comput] frecuencia f conectada • frecuencia f apropiada | a - [comput] con frecuencia f apropiada
— — tone input n - [comput] entrada f de tono m con frecuencia f apropiada
— gas n - [metal-prod] fase f gaseosa
— grade a - a nivel m
— — concrete slab n - [constr] losa f de hormigón m a nivel m (de suelo m)
— — slab n - [constr] losa f a nivel de suelo
— ground floor slab n - [constr] losa f para piso m sobre suelo m
— — slab n - [constr] losa f sobre suelo m
— hand adv - en mano f; disponible; en existencia f
— @ heel(s) adv - pisando talón(es) m; muy de cerca; a distancia f escasa
— @ high side adv - en, exceso m, or más m
— @ hook adv - [autom] remolcado,da
— indicator n—[mech] indicador m de activación
— @ inside adv - en lado m de adentro
— @ installed basis a - en base a precio m instalado
— its own adv - de por sí
— @ job adv - en, obra f, or sitio m; in situ • vinculado,da con trabajo m
— @ job, assembling, or assembly n - armado m en obra f
— @ — bolted a - empernado,da en obra f
— @ — bolting n - [mech] empernado m en obra f
— @ — experience n - [ind] experiencia f (obtenidas) n
— —matter n - asunto m vinculado con trabajo
— @ — repair n - reparación f en obra f
— @— performance n - rendimiento m, or desempeño m, en, obra f, or uso m
— @ — record n - tabulación f efectuada en obra f
— @ — replacement n - reemplazo m en, obra f, or sitio m

on @ job training n - [ind] capacitación f en obra f
— **@ land** a - sobre tierra f; terrestre; tierra f adentro • [petrol] costa f adentro
— — **drawworks** n - [petrol] equipo m, or malacate m, tierra f, or costa f, adentro, para perforación f; malacate m sobre tierra f
— — **equipment** n - [petrol] equipo m costa f adentro
— **@ left side** adv - sobre, or hacia, izquierda
— **light** n - luz f encendida
— — **emitting diode** n - [electron] diodo m emisor de luz f conectado
— **line** a - alineado,da • [comput] dinámico,ca
— — **conditioning** n - [ind] acondicionamiento m en línea f
— — — **equipment** n - [ind] equipo m para acondicionamiento m en línea f
— — **control** n - [comput] regulación f dinámica
— — **equipment** n - [ind] equipo m en línea f
— — **experience** n - [ind] experiencia f, práctica, or (obtenida) en obra f
— — **inspection** n - [ind] inspección f en línea
— — **equipment** n - [ind] equipo m para inspección f en línea f
—**load** a - [electr-equip] see **load**
— **location** n - en obra f
— **@ low side** adv - en, defecto, or menos
— **@ market** a - puesto,ta en mercado m | adv - en mercado m; obtenible; que puede obtenerse
— **maximum** adv - en, posición f, or regulación f, máxima
— **minimum** adv - en, posición f, or regulación f, mínima
— **@ money** adv - sobre marca f; fenomenal
— **@ monthly basis** adv - mensualmente
— **no load** a - [weld] regulado,da para (operación f) sin carga f
— **@ nose** adv - [autom] sobre, punto m, or punta f delantera
—**off** n - [electr-instal] luz-no
— — **button(s)** n - [electr-equip] llave f interruptora con dos botones m
—/— **cycle minimization** n - [mech] reducción f a mínimo m, or minimización f, de ciclo m para marcha/detención f
—/— **cycling** n - ciclo m para marcha/detención
— — **face plate** n - [electr-instal] placa f indicadora Luz-No
— — **highway** a - [autom] para (uso m) en o fuera de carretera f
— — — **tire** n - [autom-tires] neumático m para uso m en o fuera de carretera f
— — — **use** n - [autom] uso m en o fuera de carretera f
— — **power switch** n - [electr-instal] interruptor m con dos puntos m para, corriente f, or energía f, para entrada f
— — **pushbutton(s)** n - [electr-instal] botonera f, arranque-parada m, or arranque-detención m
—/—/**start-only switch** n - [electr-equip] interrupt m con posición(es) para Detenido/En Marcha /Arrancar solamente
— — **switch** n - interruptor m; disyuntor m; conmutador m Luz-No
— — **valve** n - [mech] válvula f para, conexión f y desaconexión f, or activación f y desactivación f, or con dos pisiciones f
— **@ order of** adv - en orden de
— **@ other hand** adv - por otra parte f
— **@ outside** adv - en lado m de afuera
— **@ par** a - equiparado,da
— **@ plus side** adv - por otra parte f; en cambio
— **position** n - [electr-oper] posición f de conectado,a
— **power source** n - [weld] fuente f para energía f conectada • interruptor m para energía f conectado
— **ramp** n - [roads] rampa f para acceso m
— **request** adv - contra pedido m
— **@ right side** adv - sobre, or hacia, derecha f

— **on @ road** a - [roads] sobre carretera f; en, camino m, or gira f
— **@ — driving** n - [autom] conducción f sobre carretera f
— **@ — tread width** n - [autom-tires] ancho m, or anchura f, de banda f para rodamiento m sobre carretera f
— **@ roof** adv - techo m hacia abajo
— **@ salary** a - [labor] con, or a, sueldo m
— **@ — agent** n - [com] agente m con sueldo m
— **@ — distributor** n - [com] distribuidor m con sueldo m
— **sale here** adv - [com] en venta aquí
— **schedule** adv - puntualmente; en plazo m previsto; en forma f programada
— **service requirement** n - exigencia f (cuando se está) en servicio m
— **shore** adv - sobre ribera f • [petrol] tierra f, or costa f adentro
— — **operation** n - [petrol] operación f, or trabajo m, costa f adentro
— — **performance** n - [petrol] rendimiento m, or desempeño m, costa f adentro
— — **work** n - [petrol] trabajo m costa adentro
— **@ side** adv - [mech] sobre costado m; con eje m horizontal
— **@ site** adv - en, obra f, or sitio m; in situ • [ind] dentro de taller m
— **@ — assembly** n - [constr] montaje m en obra
— **@ — erection** n - [constr] erección f en obra
— **@ — mobility** n - [ind] transporte m dentro de taller m; movilidad f, movimiento n, or traslado m, fácil en obra f
— **@ site resistance** n - resistencia en sitio m
— **@ — welding** n - [weld] soldadura f, en obra f, or en terreno m
— **@ skid(s)** a - [ind] sobre patín(es) m
— **@ special order** adv—contra pedido m especial
— **@ spot** adv - allí mismo • [fam] sobre pucho m
— **@ strength of** adv - en base f a
— **@ structure highway** n - [constr] carretera f sobre viaducto m
— **@ top** adv - encima de; sobre parte f superior
— **@ track** adv - [sports] sobre, or en, pista f
— **@ water connection** adv - [mech] sobre conexión f para agua m
— **@ weekly basis** adv - semanalmente
— **welder** n - [weld] soldadora f, en marcha, or conectada f, or en operación f
— **wheel(s)** adv - sobre rueda(s) f
— **@ yearly basis** adv - anualmente
— **@ day** adv - diariamente; una vez f por día f
— **@ week** adv - semanalmente
— **@ — check(ing)** n - verificación f semanal
— **again** adv - nuevamente
— **each . . .** adv - una vez, por, or cada, . . .
— — **day** adv - diariamente; una vez f por día f
— — **fortnight** adv - quincenalmente; una vez por quincena f
— — **month** adv - mensualmente; una vez por mes
— — **week** adv - semanalmente; una vez f por semana f
— — **year** adv - anualmente; una vez f por año m
— — **week** adv - semanalmente; una vez f por semana f
— **upon a time** adv - érase, una vez, or que se era
oncoming traffic n - [roads] tráfico m de frente
one n - . . . • persona f | [pron] aquel,llo,-lla; lo(s),la(s) | [adv] un,o,a
— **at @ time** adv - uno,na por uno,na
— **bent width** n - [constr] ancho m de una armadura f
—**color injection molding machine** n - [plast] máquina f moldeadora para inyección f de un (sólo) color m
— **cylinder engine** n - [int.comb] motor m con un (sólo) cilindro m
—**day accident** n - [safety] accidente m con pérdida f de un (sólo) día m
— — **case** n - [safety] see **one-day accident**

one direction (only) n - una, misma, or sóla, dirección f; un (mismo), sentido m, or dirección f | a - para, dirección f única, or sentido m único
— **end flanged** a - [tub] rebordeado,da en un extremo m
— — **only flanged** a - [tub] rebordeado,da en un (sólo) extremo m
— **half** adv - see **half**
— — **diameter** n - medio diámetro m; radio m
— — **@ tread depth** n - [autom-tires] mitad f de, profundidad f, or espesor m, de banda f para rodamniuento m
— — **turn** n - media vuelta f
— **hole clamp** n - [tools] collar m con un (sólo) agujero m
— **pipe clamp** n - [tub] collar m con un (sólo) agujero m para tubo(s) m
— **horse walking lister attachment** n - [agric-equip] accesorio m para sembradora f con mancera f para un (sólo) caballo m
— **hour rating** n - estado m de régimen m durante una hora f
— **hundred** n - cien(to) m; un centenar m
— — **per cent** adv - cien por ciento m; totalmente; also see **fully**
— — — **weld from one side** n - [weld] soldadura f ejecutada íntegramente desde un lado m
— — **scale** n - [instrum] escala f de cien m
— **hundreds** n - [chronol] siglo de cien m; siglo m, segundo, or II
— **hundredth** n - centésimo | a - centésimo,ma
— **inch nail** n - [nails] clavo m de una pulgada
— **lane** n - [roads] una vía f; un carril m | a - [roads] - con una (sóla) vía f
— — **bridge** n - [roads] puente m con, vía f única, or una (sóla) vía f
— **line diagram** n - [drwng] diagrama m de, línea(s) f, or trazos m; esquema f linear; diagrama m, con trazo m único, or una (sóla) línea f
— **man** a - para un (sólo) hombre m; unipersonal
— **of @ kind** a - único en clase f
— **operation strand** n - [cabl] cordón m fabricado en una (sóla) operación f
— **pass forming** n - [mech] conformación f con una (sola) pasada f
— — **large weld** n - [weld] soldadura f grande en una (sóla) pasada f
— — **vertical fillet** a - vertical en ángulo m (interior) con una (sóla) pasada f
— — — **weld** n - [weld] soldadura f vertical en ángulo m (interior) con una (sóla) pasada
— — **V-butt weld** n - [weld] soldadura f vertical a tope con ranura (en V) con una (sóla) pasada f
— — **weld** n - [weld] soldadura f con una [sóla) pasada f
— **phase** n - [electr-prod] fase f única; also see **single phase**
— — **band** n - [mech] banda f de una (sóla) pieza
— **piece** a - enterizo,za; de una (sóla) pieza f
— — **blade** n - [mech] cuchilla f, enteriza, or en una (sóla) pieza f
— — **construction** n - construcción f en una (sóla) pieza f
— — **forged** a - [metal-prod] forjado,da de una (sóla) pieza f
— — — **wheel** n - [rail-wheels] rueda f forjada de una (sóla) pieza f
— — **glove** n - [Vest] guante m de una (sóla) pieza f
— — **rolled wheel** n - [rail-wheels] rueda f laminada de una (sóla) pieza f
— — **wheel** n - [rail-wheels] rueda f de una (sóla) pieza f
— — **liner** n - [mech] camisa f de una (sóla) pieza f
— **plane only** adv - un plano m solamente
— **quart bottle** n - botella f para un litro m
— **rotor engine** n - [int.comb] motor m con un (sólo) rotor m
one-rotor rotary engine n - [int.comb] motor rotativo con un (sólo) rotor m
— **row bearing** n - [mech-bearings] cojinete m, or rodamiento m, con una (sóla) hilera f (de rodillos m)
— **same direction** n - una misma dirección f; un mismo sentido m
— **setting** n - [weld] ajuste m único
— — **capability** n - [weld] facilidad f (sólo) para ajuste m único (solamente)
— **side** n - un lado m | a - de un (sólo) lado m
— — **adhesive paper** n - papel m engomado en un (sólo) lado m
— — **flanged** a - [tub] rebordeado,da en un (sólo) extremo m
— — **galvanization** n - [metal-treat] galvanización f en, un (sólo) lado, or en una (sóla) cara f
— — **galvanize** v - [metal-treat] galvanizar en un (sólo) lado m
— — **galvanized** a - [metal-treat] galvanizado,da en un (sólo) lado m
— — — **sheet** n - [metal-treat] lámina f, or chapa f, galvanizada en un (sólo) lado
— — **galvanizing** n - [metal-treat] galvanización f en un (sólo) lado m
— — **gummed paper** n - [paper] papel m engomado en un (sólo) lado m
— — **only** n - un lado m solamente
— — **flanged** a - [tub] rebordeado,da en un (sólo) extremo m
— — — **typewritten sheet** n - hoja f escrita con máquina f en una (sóla) cara f
— **sided connection** n - [weld] junta f soldada en un (sólo) lado m
— **size** n - tamaño m único
— — **material** n - [constr] material m en tamaño m único
— **smelting down process** n - [metal-prod] procedimiento m único para fusión f
— **stand** n - [metal-roll] con una (sóla) caja f
— — **cold strip mill** n - [metal-roll] laminador m en frío m para chapa(s) f con una caja f
— — **temper mill** n - [metal-roll] (tren) laminador m con una (sóla) caja f para temple m
— **stop** a - con parada f única
— — **bit** n - [comput] dígito m, or bit* m, binario, or con parada f única
— **third** n - un tercio m
— **thousand** n - mil m
— **time** a - (por una) sóla vez f
— **only** a - por una sóla vez f
— **turn operation** n - [ind] operación f con un (sólo) turno m
— **two** a - [sports] primero m y segundo m
— — **finish** n - [sports] finalización f en dos primeras, colocación(es) f, or posición(es) f
— — **three sweep** n - [sports] serie f, or barrida f, de tres posición(es) f mejor(es)
— **up** v - [sports] superar
— **upped** a - [sports] superado,da
— **upping** n - [sports] superación f
— **way** n - [roads] dirección f única; sentido m único | a - con dirección f única; con sentido m único; de una (sóla) vía • [transp] para ida f (solamente)
— — **bottom fired soaking pit** n - [metal-roll] horno m de fosa con quemador m inferior único
— — **bridge** n - puente m con una (sóla) vía f
— — **communication** n - comunicación f en un (sólo) sentido m
— — **fired** a - [combust] con quemador m único; con calentamiento m en sentido m único
— — — **soaking pit** n - [metal-roll] horno m de fosa f con quemador m único
— — **firing** n - [combust] calentamiento m en sentido m único
— — **street** n - [roads] calle f para tránsito m en, un (sólo) sentido, or sentido m único
— — **top fired soaking pit** n - [metal-roll]

horno m de fosa f con quemador m superior único
one-way traffic n - [roads] tránsito m en, una (sóla) dirección f, or un (sólo) sentido m
— **wear** a - [rail-wheels] con una (sóla) vida f
—— **car wheel** n - [rail-wheels] rueda f no rectificable para vagón m; rueda f con llanta f delgada, or de 1-1/2" (o menos), para vagón m • [Mex.] rueda f de una vida f para vagón m
——— **freight car wheel** n - [rail-wheels] rueda f, no rectificable, or con llanta f, delgada, or de 1-1/2" (o menos), para vagón m para carga f • [Mex.] rueda f de una vida f para vagón m para carga f
—— **steel wheel** n - [rail-wheels] rueda f de acero m, no rectificables or con llanta f delgada, or de 1-1/2" (o menos) • [Mex.] rueda f de acero m para una vida f
—— **wheel** n - [rail-wheels] rueda f, no rectificable, or con llanta f, delgada, or de 1-1/2" (o menos) • [Mex] rueda f de una vida
—— **wrought steel wheel** n - [rail-wheels] rueda f de acero m forjado, no rectificable, or con llanta f delgada, or de 1-1/2" (o menos) • [Mex.] rueda f de acero m forjado para una vida f
one who appears n - [legal] compareciente m
— **signs another's work** n - firmón m
ongoing a - constante; contínuo,nua; ininterrumpido,da; continuado,da
— **consultation** n - [ind] asesoramiento m continuado
— **problem** n - problema m subsistente
— **testing** n - ensayo(s) m continuado(s)
— **transmission problem** n - [mech] problema m, subsistente, or continuado, con transmisión f
— **trouble** n - problema m, continuado, or subsistente
onlooker n - mirón m; circunstante m; curioso m
only a - . . . | [adv] . . .; sólo; único; unicamente • sino
— **amount** n - monto m único; cantidad f única
— **employer** n - [labor] empleador m único
— **loss** n - pérdida f única
— **one way** adv - de, sólo, or solamente una manera f
— **then** adv - recién, or sólo, entonces
— **thing** n - único m; única f
onshore a - [petrol] costa f adentro
oölitic ore n - [miner] mineral m oolítico
ooze n - fango m; limo m | v - . . .; exudar; filtrar
oozed a - exudado,da; sudado,da; manado,da
oozing n - exudación f; sudor m; manantío m; rezumado m; brotado m • filtración f | a - manantío,tía; rezumante
opaque covering n - cubierta f opaca
— **iron, mineral,** or **ore** n - [miner] mineral m opaco de hierro m
— **ore** n - [miner] mineral m opaco
— **shell** n - [safety] casco m opaco
open a - . . .; despejado,da; establecido,da • [constr] habilitado,da; librado,da a servicio m• [mech] desengranado,da • [electr-oper] desconectado,da; en posición f abierta • [electron] interrumpido,da | v - . . .; calar • establecer • desembocar • habilitar; librar a servicio m • [metal-roll- deshojar • [mech] desengranar • [electr-oper] desconectar
— **account** n - cuenta f, abierta, or corriente
— **@ account** v - [com] abrir cuenta f
—— **credit** n - [fin] crédito m en cuenta f abierta
——— **request** n - [fin] solicitud f por crédito m en cuenta f abierta
— **adequately** v - abrir adecuadamente
— **air** n - [aire m libre | a en, or a, aire m libre, or intemperie f, or descubierto; descubierto,ta
—— **plant** n - [ind] planta f, or fábrica f, en, or a, aire m libre
open air transformer bank n - [electr-distrib] puesto m para transformación en aire m libre
—— **type** n - tipo m para intemperie f
— **annealing** n - [metal-treat] recocido m, abierto, or a descubierto m
— **arc** n - arco m abierto | a con arco m abierto
—— **application** n - [weld] aplicación f con arco m abierto
—— **procedure** n - [weld] procedimiento m con arco m abierto
—— **process** n - [weld] proceso m con arco m abierto para soldadura f
——— **semiautomatic process** n - [weld] proceso m con arco m abierto con alimentación f automática para electrodo m
——— **Squirt process** n - [weld] proceso m con arco m abierto con alimentación (Squirt) automática para electrodo m
—— **Squirt procedure** n - [weld] procedimiento m Squirt (para alimentación f automática de electrodo m) con arco m abierto
——— **welding** n - [weld] soldadura f (Squirt) con alimentación f automática de electrodo m con arco m abierto
—— **welding** n - [weld] soldadura f con, arco m, abierto, or descubierto
——— **application** n - [weld] aplicación f de soldadura f con arco, abierto, or descubierto
——— **process** n - [weld] procedimiento m para soldadura f con arco m abierto
— **area** n - zona f, abierta, or despejada; descampado m; sitio m abierto
— **at both ends** a - abierto,ta en ambos extremos
— **automatically** a - abierto,ta automáticamente | v - abrir(se) automáticamente
— **(ed) band** n - [mech] banda f abierta
— **@ band** v - [mech] abrir banda f
— **(ed) bias winding** n - [electr-equip] devanado m a bies m abierto
— **@ bias winding** v - [electr-equip] abrir devanado m a bies m
— **bleeder** n - [metal-prod] chapín m, abierto, or disparado
— **@ bleeder** v - [metal-iron] abrir, or disparar, chapín m, or sangrador m
— **bleeder valve** n - [metal-prod] chapin m abierto
— **body** n - [autom] carrocería f abierta
— **bottom** n - fondo m abierto | a con fondo m abierto
— **@ — cock** v - abrir grifo m inferior
—— **drain cock** n - grifo m para purga f inferior abierto
— **@ ——— v** - abrir grifo m inferior para purga f
— **butt** n - [mech] tope m abierto | a - [weld] con tope m abierto
—— **joint** n - [weld] junta f con tope abierto
— **by-pass** n — derivación f, abierta, or conectada
— **@ by-pass** v - abrir, or conectar, derivación
—— **port** n - orificio m para derivación f abierto
— **@ ——— port** v - abrir orificio m para derivación f
— **(ed) ——— valve** n - [ind] válvula f para desviación f abierta
— **@ ——— valve** v - [mech] abrir válvula f para derivación f
— **cable** n - [electr-cond] conductor m unipolar
— **car** n - [autom] faetón m
— **carefully** v - abrir, cuidadosamente, or con cuidado m
— **(ed) case** n - [mech] caja f abierta
— **@ case** v - [mech] abrir caja f
— **cast** a - [miner] cielo m abierto; a descubierto m
—— **mining** n - [miner] extracción f, or explotación f, con, cielo m, or tajo m, abierto
— **center** n - centro m abierto

open central groove n - [autom-tires] ranura f, central abierta, or abierta en centro m
—— press wheel n - [agric-equip] rueda f para presión f con centro m abierto
—— wheel n - [mech] rueda f con centro m abierto
— channel n - [nav] canal m abierto • [constr] zanja f abierta • [hydr] cauce m abierto • [telecom] n canal m desocupado
— @ — v - [telecom] desocupar canal m
—— asphalt lining n - [hydr] revestimiento m de asfalto m para cauce m abierto
—— brick lining n - [hydr] revestimiento m con ladrillo(s) m para cauce m abierto
—— concrete lining n - [hydr] revestimiento m de hormigón m para cauce m abierto
—— design n - [hydr] proyección f para, cauce m, or canal m, abierto
—— flow n - [hydr] corriente f en cauce m abierto
—— chart n - [hydr] gráfico m para cauce m abierto
——— flow n - [hydr] caudal m, or corriente f, en cauce m abierto
——— hydraulics n - [hydr] hidráulica f para corriente f en cauce m abierto
—— riprapping n - [hydr] empedrado m, or encachado m, para cauce m abierto
—— rubble lining n - [hydr] revestimiento m con cascote(s) m de cauce m abierto
—— vegetation lining n - [hydr] revestimiento m con vegetación f de cauce m abierto
— choke n - [int.comb] estrangulador m abierto
— @ choke v - [int.comb] abrir estrangulador m
— circuit n - [electr] circuito m abierto | a - [electr] con circuito m abierto
— @ circuit v - [electr] abrir, or desconectar, circuito m
—— condition n - [electr-oper] condición f con circuito m abierto
—— total voltage n - [electr-oper] voltaje m total con circuito m abierto
—— volt(s) n - [weld] voltio(s) m en circuito m abierto
—— voltage n - [electr-oper] voltaje m, or voltio(s) m, en circuito m abierto
——— adjustment rheostat n - [electr-oper] reóstato m para ajuste m de voltaje m en circuito m abierto
——— control n - [weld] regulación f de voltaje m con circuito m abierto • regulador m para voltaje m con circuito m abierto
——— cut n - [electr-oper] reducción f, or corte m, de voltaje m en circuito m abierto
——— fine adjustment rheostat n - [electr-oper] reóstato m para ajuste m preciso de voltaje m en circuito m abierto
——— voltage range n - [weld] escala f, or límite(s) m, para voltaje m en circuito abierto
——— rheostat n - [electr-equip] reóstato m para voltaje m en circuito m abierto
———— position n - [electr-oper] posición f de reóstato m para voltaje m en circuito m abierto
———— setting n - [electr-oper] posición f de reóstato m para voltaje m en circuito m abierto
——— setting n - [weld] regulación f, or ajuste m, para voltaje m en circuito m abierto
——— transformer welder n - [weld] soldadora f transformadora, or con transformador m para voltaje m, en circuito m abierto
———— welding machine n - [weld] soldadora f, transformadora, or con transformador m, para voltaje m, en circuito m abierto
—— variation n - [wcld] variación f para voltaje m en circuito m abierto
—— welder n - [weld] soldadora f con voltaje m en circuito m abierto
—— welder n - [weld] soldadora f en circuito m abierto

open circuited a - [electr] en circuito m abierto; con circuito m, cortado, or interrumpido
—— armature n - [electr-instal] devanado m con circuito m abierto
—— armature circuit n - [electr-mot] circuito con devanado con circuito m abierto; circuito m abierto con devanado m
—— — circuit n - [electr-instal] circuito m (con circuito m) abierto
——— field n - [electr-instal] campo m con circuito m abierto
—— series n - [electr-instal] serie f con circuito m abierto
——— field n - [electr-instal] campo m en serie f con circuito m abierto
— clamp n - mordaza f, or abrazadera f, abierta
— @ clamp v - [mech] abrir, or soltar, mordaza f, or abrazadera f.
— clamshell n - [constr-equip] almeja f abierta
— @ clamshell v - [constr-equip] abrir (cucharón m con) almeja f
— class n - [sports] clase f, or categoría f, libre, or abierta
—— championship n - [sports] campeonato m para, categoría f, or clasificación f, libre, or abierta
—— car n - [autom] automóvil m, para, or de, clase f, or categoría f, libre, or abierta
—— winner n - [sports] ganador m para categoría f, libre, or abierta
— clutch n - [mech] embrague m abierto
— @ clutch v - [mech] abrir embrague m
— cock n - [mech] grifo m abierto
— @ cock v - abrir, grifo m, or espita f
— coil n - [metal-roll] bobina f abierta | a - con bobina f abierta
—— annealing n - [metal-treat] recocido m con bobina f abierta
— communication channel n - [telecom] canal m desocupado para comunicación f
— @ — v - [telecom] desocupar canal m para comunicación f
— compressor overload n - [ind] sobrecarga f para compresor m sin conectar
— @ choke fully v - [mech] abrir totalmente estrangulador m
—— position n - [mech] posición f abierta para estrangulador m
— contact n - [electr-oper] contacto m, abierto, or desconectado
— @ — v - [electr-oper] abrir, or desconectar, contacto m
— @ contactor v - [electr-oper] abrir, or desconectar, interruptor m automático
—— coil n - [electr-equip] bobina f de interruptor m automático, abierto, or desconectado
—— @ — v - [electr-oper] abrir, or desconectar, bobina f para interruptor m automático
— container n - recipiente m abierto
— @ container v - abrir recipiente m
— control n - [electr-oper] regulación f abierta • regulador m abierto
— @ — v - [electr-oper] abrir regulador m
—— purpose(s) n - [electr-oper] fin(es) de regulación f abierta
— corner, joint, or weld n - [weld] junta abierta en, or sobre, ángulo m exterior
— country n - país m abierto • terreno m despoblado
— @ credit v - [fin] abrir, or establecer, crédito m
— current voltage adjuster n - [weld] regulador m para voltaje m en circuito m abierto
—— — control n - [weld] regulación f de voltaje m en circuito m abierto • regulador m para voltaje m en circuito m abierto
— cut n - [miner] corte m, or tajo m, abierto; trinchera f abierta • [constr] corte m, or cielo m abierto | a - [miner] en corte m abierto | a - [miner] en, corte, or tajo m, abierto; en trinchera f abierta

open cut construction n - [constr] construcción f, en corte m abierto, or bajo cielo abierto
— — **installation** n - [constr] instalación f, en corte m abierto, or bajo cielo m abierto
— — **method** n - [constr] método, en corte m abierto, or bajo cielo m abierto
— — **placement** n - [constr] colocación f, en corte m abierto, or bajo cielo m abierto
— **cutting** n - [constr] trinchera f abierta
— **date** n - fecha f, abierta, or sin determinar
— **debate** n - debate m abierto
— **die** n - [mech] troquel m abierto
— **@ die** v - [mech] abrir troquel m
— **diode** n - [electr-instal] diodo m abierto
— **@ diode** v - [electr-instal] abrir diodo m
— **discussion** n - debate m abierto
— **@ —** v - abrir debate m
— **ditch elimination** n - [constr] eliminación f de zanja f abierta
— — **grade** n - [constr] pendiente f de zanja f abierta
— **door** n - puerta f abierta | a - de, or con, puerta(s) f abierta(s)
— **@ door** v - abrir puerta f
— **drain** n - [hydr] desagüe m abierto
— — **cock** n - grifo m para purga f abierto
— **@ drain cock** v - abrir grifo m para purga f
— — **plug** n - [mech] tapón m para purga f abierto
— **@ — —** v - [mech] abrir tapón m para purga f
— **drainage channel** n - [hydr] canal m abierto para drenaje m
— **duct** n - conducto m abierto
— **@ duct** v - [tub] abrir conducto m
— **economy** n - [econ] economía f abierta
— — **price** n - [econ] precio m para economía f, abierta, or libre
— **end** n - [mech] extremo m abierto • extremo m (a) descubierto m | a - con extremo m abierto
— — **bolt snap** n - [mech] gancho m con, pasador m, or pestillo m, con extremo m abierto
— — **driving** n - [constr-pil] hincadura f con extremo(s) m abierto(s)
— — **harrow** n - [agric-equip] rastra f con extremo(s) m abierto(s)
— — **pile** n - [constr-pil] pilote m con extremo m abierto
— — **steel pipe** n - [constr-pil] tubo n de acero m con extremo m abierto
— — **wrench** n - [tools] llave f, con boca f (fija), or española
— **ended pipe shell** n - [constr-pil] camisa f con extremo m abierto para pilote m
— — **shell** n - [constr-pil] camisa f con extremo m abierto
— **exciter field circuit** n - [electr-prod] circuito m abierto para campo m para excitador m
— **exhaust** n - [int.comb] escape m libre
— **eye** n - [mech] ojo m abierto
— — **bolt snap** n - [mech] gancho m con, pasador m, or pestillo m, con ojo m abierto
— — **swivel snap** n - [mech] gancho m con resorte m con ojo m, giratorio, or rotatorio, abierto
— **face** n - [constr] frente m abierto
— **facility** n - [ind] instalación f abierta
— **failing** n - [electr-oper] falla f, con circuito m abierto, or en condición f, abierta
— **failure** n - [electr-oper] falla f con circuito m abierto
— **feeding roll** n - [mech] rodillo m alimentador abierto
— **field** n - [electr-instal] campo m abierto • [sports] pelotón n de automóvil(es) en categoría f libre
— — **circuit** n - [electr-oper] circuito m con campo m abierto
— **flame** n - [combust] llama f abierta | a - [combust] con llama f abierta
— — **annealing** n - [metal-treat] recocido m con llama f abierta

open flame annealing furnace n - [metal-treat] horno m para recocido m con llama f abierta
— — **coil annealing** n - [metal-treat] recocido m de bobina(s) f con llama f abierta
— — — **furnace** n - [metal-treat] horno m para recocido m de bobina(s) f con llama f abierta
— **flange clamp** n - [mech] mordaza f con brida f abierta
— **@ flange clamp** v - [mech] abrir mordaza f para brida f
— **for bid(s)** a - [com] licitado,da | v - licitar; solicitar propuesta(s) f
— — **discussion** a - abierto,ta para debate m | v - abrir para debate m
— — **traffic** a - [roads] librado,da para servicio m | v - [roads] librar para servicio m
— **frame** n - [weld] portacarrete m abierto
— — **wire reel mounting** n - [weld] portacarrete m abierto para rollo m de alambre m
— **front end** n - [mech] extremo m frontal abierto
— **@ full field relay contact** v - [weld] abrir contacto m para relé m para excitación total
— **fully** a - abierto,ta totalmente | v - abrir totamente
— **generator field circuit** n [electr-prod] circuito m abierto para campo m para generador m
— **grill** n - [mech] rejilla f abierta • [hydr] sumidero m con reja f, or enrejado f
— **grillwork** n - [mech] enrejado m abierto
— **grip** n - [mech] sujetador m abierto
— **groove** n - [mech] ranura f abierta
— **@ groove** v - [mech] abrir, or labrar, ranura f
open half way a - abierto,ta a medias | v abrir a medias
— **hearted** a - francote,ta
— **hearth** n - [metal-prod] solera f abierta • (planta f Siemens-Martin | a - [metal-prod] Siemens Martin; con solera f abierta
— — **assigned maintenance** n - [metal-prod] mantenimiento m asignado para (horno) Siemens Martin
— — **bay** n - [metal-prod] nave f (para hornos) Siemens Martin
— — **blocking** n - [metal-prod] bloqueo m de horno m Siemens Martin
— — **building** n - [metal-prod] edificio m, or nave f, para horno(s) m Siemens Martin
— — **casting pit** n - [metal-prod] foso m, or fosa f, para colada f para horno m Siemens Martin
— — **checker** n - [metal-prod] regenerador m para (horno m) Siemens Martin m
— — **complete thermal balance** n - [metal-prod] balance m, or equilibrio m, térmico completo para horno m Siemens Martin
— — **department** n - [metal-prod] acería f; departamento m (de hornos m) Siemens Martin m
— — **flush hole** n - [metal-prod] escoriero m de horno m Siemens Martin
— — **furnace** n - [metal-prod] horno m, Siemens Martin, or con solera f abierta, or para aceración f; acería f Siemens Martin
— — —**(s) assigned maintenance** n —[metal-prod] mantenimiento m asignado para horno(s) m Siemens Martin
— — — **charging machine** n [metal-prod] (máquina) cargadora f para horno m Siemens Martin
— — — **door** n - [metal-prod] puerta f para horno m Siemens Martin
— — — **flush hole** n - [metal-prod] escoriero m para horno m Siemens Martin
— — — **process** n - [metal-prod] proceso m con horno m Siemens Martin
— — — **processing** n - [metal-prod] procesamiento m en horno m Siemens Martin
— — — **slag** n - [metal-prod] escoria f de horno m Siemens Martin
— — — — **fines** n - [metal-prod] fino(s) m de escoria f de (horno m) Siemens Martin
— — — — **steel** n - [metal-prod] acero m (de hor-

no) Siemens Martin m
open hearth furnace thermal balance n - [metal-prod] balance m, or equilibrio m, térmico en horno m Siemens Martin
— — — **wicket hole** n - [metal-prod] mirilla f, or mirador m, para puerta f para carga f para horno m Siemens Martin
— — **iron ore** n - [miner] mineral m de hierro m para. horno m Siemens Martin, or acería f
— — **method** n - [metal-prod] método m Siemens Martin
— — **ore** n - [metal-prod] mineral m para acería
— — **pig iron** n - [metal-prod] arrabio m, or lingote(s) m de hierro m, básico, or para horno m Siemens Martin
— — — — **ingot** n - [metal-prod] lingote m de arrabio n para horno m Siemens Martin
— — **plant** n - [metal-prod] planta f Siemens Martin; acería f
— — **pour(ing) blocking** n - [metal-prod] bloqueo mde colada f (de horno m) Siemens Martin
— — **practice** n - [metal-prod] práctica f para, horno m Siemens Martin, or acería f
— — **process** n - [metal-prod] proceso m (para horno m) Siemens Martin
— — **processing** n - [metal-prod] procesamiento m (en horno m) Siemens Martin
— — **scrap** n - [metal-prod] chatarra f (para horno m) Siemens Martin
— — **shop** n - [metal-prod] planta f, or acería f, (de hornos m) Siemens Martin • [Spa.] subdirección para producción f de acero m
— — **slag** n - [metal-prod] escoria f de, (horno m) Siemens Martin, or acería f
— — — **fines** n - [metal-prod] fino(s) m de escoria f (de horno m) Siemens Martin
— — — **incorporation** n - [metal-prod] incorporación f de fino(s) m de escoria f (de horno m) Siemens Martin
— — **stack** n - [metal-prod] chimenea f, or conducto m para humos m), para horno m Siemens Martin
— — **steel** n - [metal-prod] acero m, Siemens Martin, or de solera f
— — — **production** n - [metal-prod] producción f de acero m Siemens Martin
— — — **process** n - [metal-prod] proceso m para producción f de acero m Siemens Martin
— — — **(wire) rope** n - [cabl] cable m (de alambre m) de acero m Siemens Martin
— — **strand** n - [cabl] cordón m de acero m Siemens Martin
— — **strand** n - [cabl] cordón m (de acero m) Siemens Martin
— — **stripping** n = [metal-prod] desmoldeo m, Siemens Martin, or en acería f
— — **thermal balance** n - [metal-prod] balance m, or equilibrio m, térmico en horno(s) m Siemens Martin
— — **wicket (hole)** n - [metal-prod] mirilla f, or mirador m, en puerta f para carga f para horno m Siemens Martin
— **@ heaven** v - abrir(se) cielo m
— **height** n - altura f estando abierto,ta
— **house** n - [ind] puerta(s) f abierta(s); programa m para visita(s) f
— **hydraulic lever** n - [mech] palanca f hidráulica abierta
— **@ — —** v - [mech] abrir palanca f hidráulica
— **inadequately** a - [mech] abierto,ta inadecuadamente | v - abrir inadecuadamente
— **inching grip** n - [wiredrwng] sujetador m para avance m gradual abierto
— **@ input line contactor** v - [weld] desconectar interruptor m automático para línea f para, alimentación f, or entrada f
— **intake box** n - [paper] caja f para entrada f abierta
— **interlock** n - [electr] contacto m para enclavamiento m abierto
— **@ interlock** n - [weld] desconectar, enclavamiento m, or enclavador
open into v - desembocar (en)
— **invitation** n - invitación f franca • invitación f sin (determinar) fecha f
— **jacking face** n - [constr] frente m abierto para inserción f con gato(s) m
— **jaw** n - mandíbula f, or quijada f, abierta
— **@ —** v - abrir, mandíbula f, or quijada f
— **joint** n - [constr] junta f abierta • [weld] empalme m abierto • [tub] junta f, or unión f, abierta
— **@ —** v - [tub] abrir unión f
— — **sectional pipe** n - [tub] tubería f en sección(es) f con unión(es) f abierta(s)
— — **short sectional pipe** n - [tub] tubería f en sección(es) f corta(s) con unión(es) f abierta(s)
— **jointed drain** n - [constr] desagüe m con junta(s) f abierta(s)
— **longitudinal drain** n - [constr] desagüe m longitudinal con junta(s) f abierta(s)
— — **pipe drain** n - [constr] desagüe m longitudinal con junta(s) f abierta(s)
— **lead** n - [electr-oper] conductor m, abierto, or desconectado
— **@ lead** v - [sports] establecer ventaja f • [electr-instal] desconectar conductor m
— **repair** n - [electr-instal] reparación f de conductor m desconectado
— **line** n - [tub] línea f abierta • [electr-oper] línea f desconectada
— **@ —** v - [tub] abrir línea f • [electr-oper] desconectar línea f
— — **check(ing)** n - [electr-instal] verificación f de línea f desconectada
— **@ — contactor** v - [electr-oper] desconectar interruptor m automático para línea f
— — **repair** n - [electr-instal] reparación f de línea f desconectada
— **lock** v - [mech] cerradura f abierta | v - trabar en poisición f abierta
— **@ —** v - [mech] abrir cerradura f
— **locked** a - [mech] trabado,da en posición f abierta
— — **clamp** n - [mech] mordaza f trabada en posición f abierta
— **locking** n - [mech] trabadura f, or trabamiento m, en posición f abierta • [electr-oper] inmovilización f en posición f abierta
— **loop** n - [electron] lazo m, or ciclo m, abierto
— — **control** n - [electron] regulación f de, lazo m, or ciclo m, abierto • regulador m para, lazo m, or ciclo m, abierto
— **louver** n - [mech] celosía f abierta
— **@ —** v - [mech] abrir celosía f
— **manually** v - abrir manualmente
— **market** n - [fin] mercado m, abierto, or libre
— — **company** n - [fin] compañía f, or empresa f, en mercado m, abierto, or libre
— — **corporation** n - [fin] sociedad f, or empresa f, en mercado m, abierto, or libre
— — **sale** n—[fin[venta f en mercado m abierto
— — **share** n - [fin] acción f (vendida) en mercado m, abierto, or libre
— — — **sale** n - [fin] venta f de acción(es) f en mercado m, abierto, or libre
— **materials competition** n - [constr] licitación f sin especificación f de material(es) m
— **mechanically** v - abrir mecánicamente
— **mouthed** a - boquiabierto,ta; pasmado,da; con boca f abierta
— **nip** n - [paper] mordedura f abierta
— **@ —** v - [paper] abrir mordedura f
— **no voltage release coil** n - [electr-equip] devanado m para interruptor m con voltaje m nulo desconectado
— **normally** a - [electron] normalmente abierto,ta • [electr-oper] normalmente desconectado,da
— **orange peel bucket** n - [constr-equip] cucha-

rón m, or balde m, con cáscara f de naranja f abierta
open @ orange peel bucket v - [constr-equip] abrir, cucharón m, or balde m, con cáscara f de naranja f
— **out** v - abrir(se) hacia afuera
— — **ventilator** n - [constr] ventilador m abisagrado
— **partially** a - abierto,ta parcialmente | v - abrir parcialmente
— **pattern** n - [autom-tires] configuración f abierta
— **pit** n - [miner] tajo m abierto • [ind] fosa f abierta | a - [miner] con tajo m abierto; bajo cielo m abierto; a descubierto m
— — **coal mine** n - [miner] mina f de carbón m, bajo cielo m, or con tajo m, abierto
— — — **mining** n - [miner] minería f de carbón m, bajo cielo m, or con tajo m, abierto
— — **extraction** n - [miner] extracción f, bajo cielo m, or con tajo m, abierto
— — — **method** n - [miner] método m para extracción f, bajo cielo m, or con tajo m, abierto
— — — **system** n - [miner] sistema m para extracción f, bajo cielo m, or con tajo m, abierto
— — — **land reclamation** n - [miner] rehabilitación f, or recuperación f de terreno(s) m para minería f, bajo cielo m, or con tajo m, abierto
— — **mine** n - [miner] mina f (explotada), bajo cielo m, or con tajo m, abierto | v - minar, bajo cielo m, or en tajo m, abierto
— — **mined** a - [miner] minado,da, or extraído,da, bajo cielo m, or en tajo m, abierto
— — **mining** n - [miner] minería f, or extracción f, or explotación f, bajo cielo m, or en tajo m, abierto
— — — **area** n - [miner] zona f, minera, or para minería f, bajo cielo m, or en tajo m, abierto
— — — **land reclamation** n - [miner] rehabilitación f, or recuperación f, de terreno(s) m para minería f, bajo cielo m, or en tajo m, abierto
— — **quarry** n - [miner] cantera f bajo cielo m abierto
— **plug** n - [mech] tapón m, abierto
— **@ plug** v - [mech] abrir tapón m
— **@ plugged tuyere** v - [metal-prod] destapar, or comunicar, or calar, tobera f tapada
— **@ — — with oxygen** v - [metal-prod] destapar, or calar, tobera f con oxígeno m
— **points** n - [int.comb] platino(s) m abierto(s)
— **position** n - posición f abierta f - [electr-oper] posición f desconectada | a - [electr-oper] abierto,ta
— — **guiding vane** n - [turb] paleta f directriz en posición f abierta
— — **valve** n - [valv] válvula f en posición f abierta
— **potentiometer** n - [electr-oper] potenciómetro m desconectado
— **pressure switch** n - conmutador m por presión f desconectado
— **@ — — —** v - [mech] desconectar conmutador m por presión f
— **proposal** n - [com] propuesta f abierta
— **@ — —** v - [com] abrir propuesta f
— **rectifier** n - [electr-oper] rectificador m abierto
— **resistance** n - resistencia f abierta
— **resistor** n - [electr-instal] resistencia f abierta
— **@ resistor** v - [electr-instal] abrir resistencia f
— **rolling country** n - terreno(s) m despoblado(s) y ondulado(s)
— **safety switch** n - [electr-instal] interruptor m para seguridad f sin conectar

open seam n - costura f abierta | a - con costura f abierta
— **sensor** n - sensor* m abierto
— **@ — —** v - [electr-oper] abrir sensor* m
— **shelter** n - [constr] tinglado m abierto
— **@ short** v - [electr-oper] restablecer contacto m; abrir cortocircuito m
— **@ — across @ inch rheostat** v - [weld] restablecer contacto m a través de reóstato m para avance m gradual
— **@ — — @ rheostat** v - [weld] restablecer contacto m a través de reóstato m
— **side** n - lado m, or costado m, abierto
— — **upwards** n — con lado m abierto hacia arriba
— **slot** n - [mech] rendija f, or ranura f, or rejilla f, abierta
— — **along @ length** n - [mech] abertura f (longitudinal) ininterrumpida
— **socket** n - [cabl] casquillo m abierto
— **space** n - espacio m abierto
— **spandrel arch** n - [archit] arco m con tímpano(s) m, abierto(s), or de celosía f
— **specification** n - [com] especificación f sin restricción(es) f
— **spillway** n - [hydr] vertedero m, abierto, or (a) descubierto
— **storage** n - [ind] almacenamiento m (a) descubierto
— **stream** n - [hydr] cauce m, or curso m de agua m, abierto, or descubierto • chorro m abierto
— — **tapping** n - [metal-prod] colada f con chorro m abierto
— **sufficiently** v - abrir suficientemente
— **supported** a - [electr-instal] sostenido,da a descubierto m
— **switch** n - [electr-oper] interruptor m, or conmutador m, abierto, or desconectado
— **@ — —** v - [electr-oper] abrir, or desconectar, interruptor m, or conmutador m
— **tank** n - depósito m, or (es)tanque m, abierto
— **@ — —** v - abrir, depósito m, or (es)tanque m
— **tap changer** n - [electr-oper] cambiador m para, toma(s) m, or borne(s) m, abierto
— **tee pipe** n - [tub] T m de tubería f abierta
— **thermostat** n - termostato m abierto
— **@ — —** v - abrir termostato m
— **throat** n - garganta f abierta | a - con garganta f abierta
— — **pump** n - [pumps] bomba f con garganta f abierta
— **throttle** n - [int.comb] acelerador m abierto
— **@ throttle** v - [int.comb] abrir acelerador m
— **@ thumbscrew** v - [mech] abrir, or aflojar, tornillo m para ajuste m
— **tire wheel** n - [mech] rueda f con, llanta f abierta, or neumático m abierto
— **to @ atmosphere** a - abierto,ta a atmósfera | v - abrir a atmósfera f
— — **traffic** a - [roads] habilitado,da, or librado,da, a tránsito m; habilitado,da | v - librar a servicio m; habilitar
— **tong(s)** n - [mech] tenaza(s) f abierta(s); garfio(s) m abierto(s)
— **@ tong(s)** v - [mech] abrir, tenaza(s) f, or garfio(s) m
— **@ tongue** v — [mech] abrir, or soltar, lengüeta
— **top** n - tope m abierto | a - con tope m abierto; sin tapa; abierto,ta
— — **bin** n - tolva f, or cajón m, sin tapa
— **@ top cock** v - abrir grifo m superior
— — **drain cock** n - grifo m superior para purga abierto
— **@ — — —** v - abrir grifo m superior para purga f
— — **(ingot) mold** n - molde m, or lingotera f, con tope m abierto
— — — **(—) — rimming steel** n - [metal-prod] acero m efervescente en molde m con tope m abierto
— — **rimming steel** n - [metal-prod] acero m e-

fervescente en [lingotera f) con tope m abierto
open transformer circuit n - [electr-instal] circuito m para transformador m, abierto, or desconectado
— @ - v - [electr-oper] abrir, or desconectar, circuito m para transformador m
— **tread** n - [autom-tires] banda f para rodamiento m abierta
— — **pattern** n - [autom-tires] configuración f abierta para banda f para rodamiento m
— **trench** n - [constr] zanja f abierta
— @ - v - [constr] abrir, or excavar, zanja f
— — **emplacement** n - [constr] emplazamiento m, or instalación f, en zanja f abierta
— — **install** v - [constr] instalar en zanja f abierta
— — **installation** n - [constr] instalación f en zanja f abierta
— — **installed** a - [constr] instalado,da en zanja f abierta
— — **method** n - [constr] método m con zanja f abierta
— **trenching** n - [constr] (en) zanja f abierta
— **trough** n - canaleta f abierta
— **tuyere** n - [metal-prod] tobera f abierta
— @ - v - [metal-prod] franquear tobera f
— @ - **with oxygen** v - [metal-prod] calar tobera f con oxígeno m
— **type** n - tipo m abierto | a - de tipo m abierto
— — **gear** n—[mech] engranaje m de tipo m abierto
— — **valve** n - [valv] válvula f de tipo m abierto
— **up** v - abrir • ventear • [metal-prod] calar • [metal-joints] dislocar(se)
— — @ **[plugged] tuyere** v - [metal-prod] calar (a fondo m) tobera f
— **vacuum breaker** n - [electr-oper] interruptor m por vacío m abierto
— @ — — v - [electr-oper] abrir interruptor m por vacío m
— — **interruptor** n - [electr-equip] interruptor m por vacío m abierto
— @ — — v - [electr-oper] abrir interruptor n por vacío m
— **valve** n - [valv] válvula f abierta
— @ - v - [valv] abrir válvula f
— @ **vapor pressure switch** v - [mech] desconectar conmutador m por presión f de vapor m
— **variable resistor** n - [electr-oper] resistencia f variable abierta
— @ — v - [electr-oper] abrir resistencia f variable
— **vessel** n - vaso m, or recipiente m, abierto
— — **flash point** n - punto m para inflamación f en, vaso m, or recipiente m, abierto
— **voltage control potentiometer** n - [electr-equip] potenciómetro m para regulación f de voltaje m desconectado
— **water** n - agua m abierta
— @ **way** v - abrir camino m
— **web bridge** n - [bridges] puente f con, celosía f, or armadura f
— — **joist** n - [constr] viqueta f con celosía f
— — **steel joist** n - [constr] viqueta f con celosía f de acero m
— **weld(ing)** n - [weld] soldadura f en descubierto
— **wheel** n - [mech] rueda f, en descubierto, or abierta, or sin guardabarro(s) m
— — **car** n - [autom] automóvil m sin guardabarro(s) m
— — **class** n - [autom] categoría f sin guardabarro(s) m
— — — **car** n - [autom] automóvil m de categoría f sin guardabarro(s) m
— — **division** n - [autom] división f con rueda(s) f sin guardabarro(s) m
— **while cold** a - abierto,ta estando frío | v - abrir estando frío,ría
open while hot a - abierto,ta estando caliente | v - abrir estando caliente
— **wide** a - abierto,ta ampliamente | v - abrir ampliamente
— **wide circuit** n - [electr-oper] circuito m (bien) abierto
— **with difficulty** a - abierto,ta con dificultad | v - abrir con dificultad
— **wound** n - [medic] herida f abierta
opened a - abierto,ta • habilitado,da • [metal-roll] deshojado,da • [electr-oper] desconectado,da • [mech] desengranado,da
— **account** n - [com] cuenta f abierta
— **adequately** a - abierto,ta adecuadamente
— **automatically** a - abierto,ta automáticamente
— **bleeder** n - [metal-prod] chapín m, abierto, or disparado
— **bottom drain** n - purga f inferior abierta
— — — **cock** n - grifo m para purga f inferior abierto
— **by-pass port** n - orificio m para derivación f abierto
— **carefully** a - abierto,ta, cuidadosamente, or con cuidado n
— **channel** n - [telecom] canal m abierto
— **choke** n - [int.comb] estrangulador m abierto
— **clamshell** n - [constr-equip] cucharón m con almeja f abierto; almeja f abierta
— **clutch** n - [mech] embrague m abierto
— **cock** n - [mech] grifo m abierto
— **communication channel** n - [telecom] canal m para comunicación m desocupado
— **contactor** n - [electr-oper] interruptor m automático, abierto, or desconectado
— — **coil** n - bobina f para interruptor m automático, abierta, or desconectada
— **container** n - recipiente m abierto
— **control** n - regulador m abierto
— **diode** n - [electr-oper] diodo m abierto
— **door** n - puerta f abierta
— **drain cock** n - grifo m para purga f abierto
— **duct** n - conducto m abierto
— **fully** a - abierto,ta totalmente
— **groove** n - [mech] ranura f, abierta, or labrada
— **half way** a - semiabierto,ta; abierto,ta a medias
— **hydraulic lever** n - [mech] palanca f hidráulica abierta
— **inadequately** a - [mech] abierto,ta inadecuadamente
— **input line contactor** n - [weld] interruptor m automático para línea f para entrada f desconectado
— **jaw** n - mandíbula f, or quijada f, abierta
— **joint** n - [tub] unión f abierta
— **lead** n - [electr-instal] conductor m desconectado
— — **repair(ing)** n - [electr-instal] reparación f de conductor m desconectado
— **line** n - [tub] línea f abierta
— **lock** n - [mech] cerradura f abierta
— **louver** n - [mech] celosía f abierta
— **manually** a - abierto,ta manualmente
— **mechanically** a - abierto,ta mecánicamente
— **nip** n - [paper] mordedura f abierta
— **normally** a - abierto,ta normalmente
— **orange peel bucket** n - [constr-equip] cucharón m, or balde m, con cáscara f de naranja f abierto
— **partially** a - abierto,ta parcialmente
— **point** n - [int.comb] platino m abierto
— **pressure switch** n - [mech] conmutador m por presión f desconectado
— **proposal** n - propuesta f abierta
— **resistor** n - [electr-oper] resistencia f abierta
— **sensor** n - [electr-oper] sensor* m abierto
— **switch** n - [electr-oper] conmutador m desconectado

opened tap changer n - [electr-equip] cambiador m para, borne(s) m, or toma(s) f, abierto
— **thermostat** n - termostato m abierto
— **throttle** n - [int.comb] acelerador m abierto
— **thumbscrew** n - [mech] tornillo m para ajuste m manual, abierto, or aflojado
— **to @ atmosphere** a - abierto,ta a atmósfera f
— **tong(s)** n - [mech] tenaza(s) f abierta(s); garfio(s) m abierto(s)
— **top drain cock** n - grifo m superior para purga f abierto
— **trench** n - [constr] zanja f, abierta, or excavada
— **up** a - abierto,ta
— **vacuum breaker** n - [electr-oper] interruptor m, or disyuntor m, por vacío abierto
— — **interruptor** n - [electr-oper] interruptor m, or disyuntor m, por vacío abierto
— **valve** n - [valv] válvula f abierta
— **vapor pressure switch** n [mech] conmutador m por presión f de vapor desconectado
— **variable resistor** n - [electr-instal] resistencia f variable abierta
— **way** n - camino m abierto
— **while cold** a - abierto,ta estando frío,ría
— — **hot** a - abierto,ta estando caliente
— **wide** a - abierto,ta ampliamente
opener n - . . . ; [sports] carrera f primera
opening n - . . . ; rendija f; entrada f - habilitación f • establecimiento m • [mech] orificio m; boquete m; vano m • desengranaje m • [metal-roll] deshojamiento m; deshojadura f • [archit] abertura f; luz f; diámetro m • [constr] área m transversal • ventana f; luz f • brecha f; separación f; excavación f; cavadura f • [electr-oper] desconexión f • [hydr] abertura f; conducto m; vía f
— **and closing system** n - [mech] sistema m para apertura f y cierre m
— **between beads** n - [weld] claro(s) m, or luz f, entre cordón(es) m
— **bit** n - [tools] escariador m
— **ceremony** n - acto m para apertura f
— **control** n - [mech] regulación f de, abertura f, or orificio m • regulador m para, abertura f, or orificio m
— **cover** n - [mech] tapa f removible
— **date** n - fecha, de, or para, apertura f
— **direction** n - [mech] sentido m de apertura f
— **elevation** n - [soils] cota f de boca f
— **event** n - evento m inicial • [sports] carrera f inicial
— **excavation** n - [constr] excavación f de cavadura f
— **in @, jacket, or casing, or shell** n - [metal-prod] ventana f en envolvente f
— **placement** n - [constr] colocación f de abertura f
— **plugging** n - taponamiento m, or obturación f, de orificio m
— **pressure** n - presión f en boca f
— **punch(ing)** n - [mech] punzadura f de abertura
— **reinforcement** n - [boilers] refuerzo m para abertura f
— — **calculation** n - [boilers] cálculo m para refuerzo m para abertura f
— **repair** n - [electr-instal] reparación f de desconexión f
— **replacement** n - [electr-instal] reemplazo m para desconexión f
— **round** n - [sports] vuelta f inicial; torneo m, primero, or preliminar
— **size** n - medida f, tamaño m, or diámetro m, de, abertura f, or orificio m • sección f transversal
— **stage** n - etapa f inicial
— **stroke** n - [mech] carrera f para apertura f
— **system** n - [metal-roll] sistema m para, deshojamiento m, or deshojadura f
— **to @ atmosphere** n - abertura f a atmósfera f
— **up** n - apertura f • abertura f • franqueo m

opening up policy n - [econ] política f para apertura f
— **while cold** b - apertura f estando frío,ría
— — **hot** n - apertura f estando caliente
openness n - . . . ; frescura f
operability n - operabilidad f; facilidad f para operación f • posibilidad f de empleo m
— **program** n - [ind] programa m para operabilidad f
— — **analysis** n - [ind] análisis m de programa m para operabilidad f
operable a - . . . ; en condición f para (poderse) operar; listo,ta para trabajar
operatability* n - operatividad* f; also see operability
operate v - . . . ; funcionar; actuar; marchar; trabajar; dirigir; accionar; manejar; manipular; gobernar • impulsar; impeler; mandar; deprimir • usar; hacer funcionar
— **against each other** v - [weld] contraponerse
— **@ air conditioner** v - [environm] operar acondicionador m para aire m
— **all day** v - trabajar, or funcionar, día m entero, or en forma continua(da)
— **alone** v - operar (por sí) sólo,la
— **@ alternator** v - [electr-oper] operar alternador m
— **appropriately** v - operar apropiadamente
— **as @ power generator** v - [weld] operar, or funcionar, como generador m para energía f
— **as @ welder** v - [weld] operar como soldadora
— **at @ duty cycle consistent with @ rating** v - [weld] operar con factor m para utilización f adecuado para capacidad f (nominal)
— **at full speed** v - operar, or marchar, or funcionar, con marcha f plena
— — **low speed** v - operar, or marchar, or funcionar, con marcha f lenta
— — **normal amperage** v - [weld] operar con amperaje m normal
— — **@ — current** v - [weld] operar con amperaje m normal
— — **slow speed** b - funcionar con, velocidad f, reducida, or baja
— **automatically** v - operar, or funcionar, automáticamente, or en forma f automática
— **@ automobile** v - [autom] operar, or conducir, or manejar, automóvil m
— **badly** v - funcionar mal(amente)
— **@ bailer** v - [nav] manejar balde m para achique m
— **@ boom** v - [cranes] operar, or hacer funcionar, aguilón m
— **@ — hoist** v - [cranes] operar, or hacer funcionar, elevador m para aguilón m
— **@ breaker** v - [electr-oper] operar, or conectar, interruptor m
— **@ carburetor** v - [int.comb] operar carburador m
— **@ choke** v - [mech] operar estrangulador m
— **@ circuit** v - [comput] operar circuito m
— **@ compressed air system** v - [ind] (hacer) operar red f para aire m comprimido
— **continuously** v - operar, continuamente, or en forma f continua(da)
— **@ control** v - [mech] operar regulador m
— **@ converter** v - [metal-prod] operar convertidor m
— **correctly** v - funcionar correctamente
— **@ cover** v - [mech] operar, or hacer funcionar, tapa f
— **@ crane** v - [cranes] operar, or hacer funcionar, grúa f
— **@ — boom** v - [cranes] operar aguilón m para grúa f
— **@ — without @ load** v - [cranes] operar grúa f sin carga f
— **@ critical function** v - [comput] operar función f crítica
— **@ drier** v - [ind] operar secador m
— **@ — continuously** v - [ind] operar secador m,

continuamente, or en forma f continua(da)
operate easily v - operar, or utilizar, or hacer funcionar, fácilmente
— **economically** v - operar económicamente
— **efficiently** v - [ind] operar, or funcionar, eficientemente
— @ **electric furnace** v - [metal-prod] operar horno m eléctrico
— @ **engine** v - [int.comb] operar, or hacer, funcionar, motor m
— @ — **at full speed** v - [int.comb] marchar, or (hacer) funcionar motor m con marcha f plena
— @ — **low speed** v - [int.comb] marchar, or (hacer) funcionar motor m con marcha f lenta
— @ **equipment** v - [ind] operar equipo m
— **erratically** v—funcionar erráticamente
— @ **fan** v - operar, or marchar, or funcionar, ventilador m
— @ — **cold** v - [mech] operar ventilador m en frío
— @ **farm equipment** v - [agric] operar equipo m agrícola
— **freely** v - operar libremente
— **from battery(ies)** v - funcionar con, pila(s) f, or batería(s) f, or acumulador(es) m
— @ **fuel lifting pump** v - [int.comb] operar bomba f para elevación f de combustible m
— @ — **pump** v - [int.comb] operar bomba f para combustible m
— **full** v - operar, or funcionar, lleno,na
— @ **function** v - [comput] operar función f
— @ **handle** v - [mech] operar manija f
— @ **heater** v - operar calentador m
— @ **horn** v - [safety] tocar, or operar, bocina
— @ **idler** v - [int.comb] funcionar dispositivo m para marcha f sin carga f
— **improperly** v - operar inapropiadamente
— **in @ black** v - [fin] operar con superávit m
— — @ **country** v - operar en país m
— — @ **red** v - [fin] operar con déficit
— — @ **vacuum** v - operar en vacío m
— **independently** v - operar independientemente
— @ **keyer** v - [electron] operar, manipulador m, or teclado m
— @ **lever** v - [mech] operar palanca f
— @ **lift pump** v - [int.comb] operar bomba f para elevación f
— @ **line** v - [ind] operar línea f
— @ **machine** v - [ind] operar máquina f • [weld] operar soldadora f • [autom] operar, or con= ducir, or manejar, automóvil m
— @ **machinery** v - [mech] operar maquinaria f
— **manually** v - operar, or accionar, manualmente, or en forma f manual
— @ **mechanism** v - [ind] operar mecanismo m
— @ **motor** v - [electr-mot] operar motor m
— **normally** v - operar, or funcionar, normalmente, or bien, or en forma f normal
— @ **office** v - dirigir, or supervisar, oficina
— **offshore** v - [petrol] operar costa f afuera
— **on shore** v - [petrol] operar costa f adentro
— **over @ band** v - operar sobre banda f
— — @ **pulley** v - [mech] operar, or pasar sobre, roldana f, or rodaja f
— **parallely** v - operar paralelamente
— **poorly** v - funcionar, or ir, mal(amente) [metal-prod] presentar(se) mal trabajo m
— @ **power unit** v—[mech] operar unidad f motriz
— @ **press** v - [mech] operar prensa f
— @ **pressurizer** v - [mech] operar ventilador m para compresión f
— @ **product** v - [ind] operar producto m
— **properly** v - operar, or trabajar, apropiadamente
— @ **pump** v - [pumps] operar bomba f
— @ — **handle** v - [mech] operar palanca f para bomba f
— @ **rotation lock** v - [cranes] operar seguro m para evitar rotación f
— **safely** v - [safety] operar con seguridad f
— **satisfactorily** v - [ind] operar, or funcionar, or trabajar, satisfactoriamente
operate separately v - operar separadamente
— **smoothly** v - operar debidamente
— @ **spectrometer** v - [instrum] operar espectrómetro m
— @ **swing** v - [cranes] operar (palanca f para) rotación f
— @ **system** v - operar, sistema m, or red f
— @ **tone keyer** n - [electron] operar, manipulador m, or teclado m, para tono(s) m
— **under @ abnormal condition(s)** v - [ind] operar bajo condición(es) f anormal(es)
— — @ **normal condition(s)** v - operar bajo condición(es) f normal(es)
— **up to** v - operar con capacidad f de hasta
— @ **valve cover** v - [valv] operar, or hacer, funcionar, tapa f para válvula f
— @ **vehicle** v - [autom] operar vehículo m
— @ **voltmeter** v - [electr-oper] operar voltímetro m
— @ **welder** v - [weld] operar soldadora f
— **well** v - operar, or funcionar, bien
— **with @ maximum load** v - [mech] operar, or funcionar, con carga f máxima
— — @ **minimum load** v - [mech] operar, or funcionar, con carga f mínima
— — @ **normal duty cycle** v - [weld] operar con factor m de utilización f normal
— **within @ budget** v - [fin] operar dentro de presupuesto m
— **without air** v - [mech] operar, or funcionar, sin aire m
— — @ **high pressure** v - [metal-prod] operar, or marchar, or trabajar, sin presión f alta
— — @ **interruption** v - operar sin interrupción(es) f
— — **pressure** v - operar, or marchar, or trabajar, sin presión f
— — **throat high pressure** v - [metal-prod] operar, or marchar, or trabajar, sin presión f alta en tragante m
operated a - operado,da; trabajado,da; funcionado,da • gobernado,da; impulsado,da • con accionamiento m • intervenido,da
— **air conditioner** n - [environm] acondicionador m para aire m operado
— **alone** a - operado,da, sólo,la
— **alternator** n - [electr-oper] alternador m operado
— **appropriately** a - operado,da apropiadamente
— **as @ welder** a - [weld] operado,da como soldadora f
— **at @ duty cycle consistent with @ rating** a - [weld] operado,da con factor m para utilización f adecuado para capacidad f
— — **full speed** a - operado,da con marcha f plena
— — **low speed** a - operado,da con marcha f lenta
— — @ **normal amperage** a - [weld] operado,da con amperaje m normal
— — @ **normal current** a - [weld] operado,da con amperaje m normal
— — @ **slow speed** a - funcionado con velocidad f, reducida, or baja
— **automobile** n - [autom] automóvil m, operado, or conducido, or manejado
— **boom** n - [cranes] aguilón m operado
— — **hoist** n - [cranes] elevador m para aguilón m operado
— **breaker** n - [electr-oper] interruptor m, or disyuntor m, operado
— **by** a - operado,da por • sensible a
— **carburetor** n—[int.comb] carburador m operado
— **choke** n - [mech] estrangulador m operado
— **circuit** n - [comput] circuito m operado
— **clutch** n - [mech] embrague m accionado
— **compressed air system** n - [ind] red f para aire m comprimido operado
— **continuously** a - operado,da, continuamente, or en forma f continua

operated control n - [mech] regulador m operado
— **converter** n - [metal-prod] convertidor m operado
— **cover** n - [mech] tapa f operada
— **crane** n - [cranes] grúa f operada
— — **boom** n - [cranes] aguilón m para grúa f operado
— **critical function** n - [comput] función f crítica operada
— **drier** n - [ind] secador m operado
— **easily** a - operado,da, or funcionado,da, fácilmente, or con facilidad f
— **economically** a - operado,da económicamente
— **efficiently** a - operado,da, or funcionado,da, eficientemente
— **electric furnace** n - [metal-prod] horno m eléctrico operado
— **engine** n - [int.comb] motor m operado
— **equipment** n - [ind] equipo m operado
— **erratically** a - funcionado,da erráticamente
— **externally** a - [electr] gobernado,da desde afuera
— **fan** n - [mech] ventilador m operado
— **farm equipment** n - [agric-equip] equipo m agrícola operado
— **freely** a - operado,da libremente
— **fuel lifting pump** n - [int.comb] bomba f para elevación f de combustible m operada
— — **pump** n - [int.comb] bomba f para combustible m operada
— **function** n - [comput] función f operada
— **handle** n - [mech] palanca f, or manija f, operada
— **heater** n - calentador m operado
— **horn** n - [safety] bocina f, operada, or tocada
— **improperly** a - operado,da inapropiadamente
— **in @ country** a - operado,da en país m
— — **@ vacuum** a - operado,da en vacío m
— **independently** a - operado,da independientemente
— **keyer** n - [electron] manipulador m, or teclado m, operado
— **lever** n - [mech] palanca f operada
— **lift(ing) pump** n - [int.comb] bomba f para elevación f operada
— **machine** n - [mech] máquina f operada • [autom] automóvil m, operado, or conducido, or manejado
— **machinery** n - [ind] maquinaria f operada
— **manually** a - operado,da, or accionado,da, manualmente; con accionamiento m manual
— **normally** a - operado,da, or funcionado,da, normalmente, or en forma f normal
— **office** n - [com] oficina f, operada, or dirigida, or supervisada
— **offshore** n - [petrol] operado,da costa afuera
— **on shore** a - [petrol] operado,da costa adentro
— **over @ band** a - [mech] operado,da sobre banda
— **parallely** a - operado,da paralelamente
— **power unit** n - unidad f motriz operada
— **press** n - [mech] prensa f operada
— **pressurizer** n - [mech] ventilador m para compresión f operado
— **properly** a - operado,da apropiadamente
— **pump** n - [pumps] bomba f operada
— — **handle** n - [pumps] palanca f, or manija f, para bomba f operada
— **rotation lock** n - [cranes] seguro m contra rotación f operado
— **safely** a - [ind] operado,da con seguridad f
— **satisfactorily** a - [ind] operado,da, or funcionado,da, or trabajado,da, satisfactoriamente
— **separately** a - operado,da separadamente
— **smoothly** a - operado,da debidamente
— **spectrometer** n - [instrum] espectrómetro m operado
— **system** n - sistema m operado; red f operada
— **tone keyer** n - [electron] manipulador m, or teclado m, para tono(s) m operado
— **under @ abnormal condition(s)** a - [ind] operado,da bajo condición(es) f anormal(es)

operated under @ normal condition(s) a - operado,da bajo condición(es) f normal(es)
— **valve** n - [valv] válvula f operada
— — **cover** n - [valv] tapa f para válvula f operada
— **vehicle** n - [transp] vehículo m operado
— **voltmeter** n - [instrum] voltímetro m operado
— **welder** n - [weld] soldadora f operada
— **with @ maximum load** a - [mech] operado,da con carga f máxima
— — **@ minimum load** a - [mech] operado,da con carga f mínima
— — **@ normal duty cycle** a - [weld] operado,da con factor m de utilización f normal
— **without air** a - [mech] operado,da, or funcionado,da, sin aire m
— — **interruption(s)** a - operado,da, or funcionado,da, sin interrupción(es) f, or ininterrumpidamente

operating n - operación f; explotación f - gobierno m • uso m • trabajo m • [autom] conducción f | a - en, funcionamiento m, or operación f, or servicio m; funcional; en marcha f; operador,ra; operante • [petrol] activo,va
— **advantage** n - ventaja f, operativa, or funcional, or para operación f
— **agent** n - [transp] agente m operador
— **alone** n - operación f sólo
— **alternative** n - [ind] alternativa f para producción f
— **aspect** n - aspecto m operativo
— **bar** n - [mech-vise] tornillo m para operación
— **budget** n - [accntg] presupuesto m, operativo, or para operación f • [fisc] renta(s) f general(es)
— **cable** n - [mech] cable m para accionamiento m
— **capacity** n - [ind] capacidad f para operación
— **capital** n - [fin] capital m operativo
— — **application** n - aplicación f para capital m operativo
— **characteristic** n - característica f, operativa, or, para, operación f, or funcionamiento m, or servicio m, or trabajo m
— **circumstance** n - circunstancia f para operación f
— **clevis** n - [mech] grillete m para, operación f, or funcionamiento m, or accionamiento m
— **code** n - [comput] código m para operación f
— **coil** n - [electr-equip] bobina f para, mando m, or accionamiento m, or funcionamiento m
— **company** n - empresa f operadora
— **concept** n - concepto m para operación f
— **condition** n - condición f para, operación f, or funcionamiento m, or marcha f; condición f operativa
— — **water** n - [ind] agua m en condición f para operación f
— **consultation** n - asesoramiento m operativo
— — **agreement** n - convenio m para asesoramiento m, operativo, or para operación f
— **contactor** n - [electr-equip] interruptor m automático, or contactador* m, en operación f, or en funcionamiento m, or conectado
— **control** n - [int.comb] regulador m para, marcha f, or operación f • [comput] regulador m, or control*, para operación • regulación f para operación f
— **cost(s)** n - [ind] costo(s) m, operativo(s), or para operación f; gasto(s) m para, operación f, or explotación f
— **cost(s) control** n - control m de gasto(s) m, operativo(s), or para operación f
— — **(s) increase** n - aumento m en costo(s) m, operativo(s), or para operación f
— — **(s) lowering** n - reducción f en costo(s) m, opeativo(s), or para operación f
— **crane** n - [cranes] grúa f en, operación f, or funcionamiento m
— **crank** n - [mech] manivela f para operación f
— **crew** n - [ind] cuadrilla f para, producción f, or operación f, or trabajo m

operating current n - [electr-oper] corriente f para operación f
— **curve inflection** n - inflexión f de curva f para operación f
— **cycle** n - ciclo m para operación f
— — **completion** n - [ind] terminación f, or finalización f, de ciclo m para operación f
— **cylinder** n - [mech] cilindro m para, operación f, or trabajo m
— **data** n - dato(s) m, or información f, sobre, operación f, or uso m, or empleo m; característica f operativa
— **decision** n - [ind] decisión f operativa
— **deck** n - [ind] plataforma f, or piso m, para. operación f, or trabajo m
— **deficit** n - [accntg] déficit m operativo
— **detail** n - [ind] detalle m sobre operación f
— **diagram** n - [ind] esquema m para operación f
— **dial** n - [mech] cuadrante m, or esfera f, para operación f
— **efficiency** n - [ind] eficiencia f en, operación f, or funcionamiento m
— **efficiently** a - que opera(n) eficientemente
— **equipment** n - [ind] equipo m, operativo, or para, operación f, or trabajo, or explotación f • equipo m, en marcha
— — **maintenance** n - [ind] mantenimiento m, or copnservación f, de equipo m, operativo, or para, producción f, or trabajo m
— — — **determination** n - [ind] determinación f de mantenimiento m para equipo m, operativo, or para, producción f, or trabajo m
— — — **planning** n - [ind] planificación f para mantenimiento m de equipo m, operativo, or para, producción f, or trabajo m
— — **repair** n - [ind] reparación f de equipo m, operativo, or para, producción f, or trabajo m
— — — **determination** n - [ind] determinación f de reparación f para equipo m, operativo, or para, producción f. or trabajo m
— — — **planning** n - [ind] planificación f para reparación f de equipo m, operativo, or para, producción f, or trabajo m
— **expenditure** n - [ind] gasto m, or erogación f, para, operación f, or explotación f
— **expense** n - [accntg] gasto m, operativo, or para, operación f, or producción f
— — **control** n - [ind] control* n de gasto(s) m para operación f
— **experience** n - [ind] experiencia f, operativa, or de, or para, or en, operación f
— **facility** n- [ind] instalación f para, producción f, or funcionamiento • instalación f en, operación f, or funcionamiento m
— **factor** n - [ind] factor m de utilización f • coeficiente m, or factor m, para, trabajo m, or marcha f, or operación f, or explotación f
— — **evaluation** n - evaluación f de factor m para operación f
— **fan** n - ventilador m en, marcha f, or operación f, or funcionamiento m
— **feature** n - [ind] característica f, operativa, or para operación f • detalle m sobre operación f
— **floor** n - [ind] planta f para, operación(es) f, or trabajo m
— — **space** n - [ind] superficie f de piso m para operación(es) f
— **force** n - [labor] plantel m (obrero); personal m para operación(es) f
— **frequency** n - [electron] frecuencia f, operativa, or de operación(es) f
— **function** n - función f, operativa, or para operación(es) f
— **guaranty** n - [ind] garantía f para, operación f, or funcionamiento m
— **handle** n - asidero m para operación f • asidero m, operativo, or en operación f
— **in** a - que opera(n) en • expuesto,ta a
— — **@ vacuum** n - operación f en vacío m
— **index** n - [ind] índice m para operación f

operating instruction(s) n - [ind] indstrucción(es) f para, operación f, or manejo m, or empleo m, or uso m, or funcionamiento m
— **interaxle differential** n - [autom-mech] diferencial m entre eje(s) m en operación f
— **labor** n - [ind] mano f de obra f operativa
— — **cost(s)** n - [ind] costo m de mano f de obra f, operativa, or para operación(es) f
— — — **(s) per ton** n - [ind] costo(s) m para mano f de obra f operativa por tonelada f
— — — **(s) — produced** n - [ind] costo(s) para mano f de obra f operativa por tonelada f producida
— **lease** n - contrato m para operación f • contrato m para arrendamiento m
— **level** n - nivel m para, operación f, or trabajo m, or operación f
— **lever** n - [mech] palanca f accionadora; brazo m accionador
— **limit** n - límite m, operativo, or para operación f
— **machine** n - [mech] máquina f, para, or en, operación f, or marcha f
— **management** n - [ind] personal m supervisor para operación(es) f
— **maintenance** n - [ind] mantenimiento m, or conservación f, durante, or para, operación f, or funcionamiento m
— **manual** n - [ind] manual m, or instrucción(es) f, para, operación f, or funcionamiento m
— **mechanism** n - [mech] mecanismo m para, operación f, or accionamiento m, or mando m, or maniobra(s) f • mecanismo m con movimiento m
— **method** n - método m para, operación f, or trabajo m • método m funcional
— — **(s) adherence** n - [ind] cumplimiento m con método(s) m para, operación f, or funcionamiento m
— — **(s) compliance** n - [ind] cumplimiento m con método(s) m para operación f
— **mode** n - [comput] modalidad f para operación
— **motor** n - motor m para accionamiento m
— **normally** a - que opera(n) normalmente • sin novedad f
— **office** n - [com] oficina f en operación f
— **organization** n - organización f operativa
— **oven** n - [coke] horno m en funcionamiento m
— **package** n - [int.comb] unidad f motriz; conjunto m, or elemento m motor
— **parameter** n - parámetro m para, operación f, or funcionamiento m
— **part** n - [mech] pieza f, operativa, or mecánica, or con movimiento m, or de mecanismo m
— **pedal** n - [mech] pedal m operante
— **pedestal** n - [hydr] pedestal m para maniobras
— **performance** n - desempeño m en trabajo m
— **period** n - período m de operación m
— **personnel** n - [ind] personal m, operativo, or para, operación(es) f, or producción m • [Spa.] productor(es) m; plantilla f para producción f
— — **labor** n - [ind] mano f de obra f de personal m, operativo, or para producción f
— — — **cost(s)** n - [ind] costo(s) para mano f de obra f de personal m operativo
— — **training** n - [ind] capacitación f de personal m para, operación(es) f, or producción
— **platform** n - [ind] piso m para, operación(es) f, or trabajo m
— **point** n - [ind] punto m para operación f • [electr-instal] punto m para contacto m
— **position** n - posición f para, operación f, or operar, or para trabajo m
— **pressure** n - presión f para operación f
— **power** n - [electr-distrib] corriente f para, operación f, or funcionamiento m
— **practice** n - [ind] práctica f, operativa, or para, trabajo m, or producción f • práctica f, or costumbre m, para trabajo m
— **pressure** n - presión f, operativa, or para, trabajo m, or operación f

operating prime cost(s) n - [ind] gasto(s) m, (netos, or directos), para explotación f
— **principle** n - principio m para, operación f, or trabajo m
— **procedure** n - [ind] procedimiento m para, operación f, or producción f
— **program** n - [comput] programa m, operacional, or para operación f
— **pump** n - [pumps] bomba f en, funcionamiento m, or marcha f
— **radius** n - radio m para operación f • escala f para operación f
— **railroad** n - [rail] ferrocarril m, operante, or en, operación f, or funcionamiento m
— **range** n - límite(s) m, or escala f, para, operación f, or funcionamiento m
— **rate** n - [ind] régimen m, or ritmo m, para operación f, or marcha f, or trabajo m • velocidad f para, operación f, or trabajo m
— **record** n - [ind] registro m de, operación(es) f, or producción f
— **report** n - [ind] informe m de, operación(es) f, or producción f
— **result(s)** n - [fin] fresultado(s), operativo(s), or de operación(es) f
— **rod** n - [mech] varilla f, or palanca f, para, operación f, or mando m; varilla f con gancho
— **rope** n - [cranes] cable m para, trabajo m, or maniobra(s) f
— **safety** n - [safety] seguridad f para, operación(es) f, or trabajo m, or producción f
— **sash** n - [constr] vidriera f, movible, or que puede abrirse
— **schedule** n - [ind] régimen m operativo; programa m, operativo, or para trabajo m
— — **change** n - [ind] cambio m en programa m para trabajo m
— **sequence** n - [ind] orden m para operación(es) • orden m, or secuencia f, para pasos para operación f
— **shipping agent** n - [trans] agente m (operador) para despacho(s) m; despachante m
— **situation** n - [ind] situación f verosímil
— **skill** n - destreza f para operación f
— **slag notch** n - [metal-prod] escorial m útil
— **space** n - espacio m para operación(es) f
— **spare(s) (parts)** n - [ind] repuesto(s) m para operación f
— **speed** n - velocidad f, or rapidez f, or ritmo m, para, operación f, or funcionamiento m, or marcha f, or trabajo m; velocidad f de régimen • [weld] velocidad f para avance m
— **stability** n - estabilidad f para operación f
— **staff** n - [labor] personal m operativo
— **stage** n - [ind] etapa f de operación f
— **standard** n - [ind] norma f, or estándar m para operación f
— —(s) **compliance** n - [ind] cumplimiento m con norma(s) f para operación f
— —(s) — **check(ing)** n - verificación f de cumplimiento m con norma(s) f para operación f
— **statement** n - [accntg] estado m de resultados
— **subsidiary** n - [legal] (empresa) subsidiaria f en operación f
— **supervision** n - [ind] supervisión f de, operación(es) f, or producción f
— — **personnel** n - [ind] personal m para supervisión f de producción f
— **supervisor** n - [ind] supervisor m para producción f
— **supply,ies** n - [ind] material(es) f para producción f • [petrol] material(es) m para explotación f
— **surplus** n - [accntg] superávit m en operación(es) f
— **system** n - [ind] sistema m para operación(es)
— **team** n - [labor] equipo m, or cuadrilla f, para operación(es) f
— **technician** n - [ind] técnico m para, operación(es) f, or fabricación f
— **technique** n - técnica f para operación(es) f

operating temperature n - [ind] temperatura f para, operación f, or trabajo m, or marcha f
— **test** n - prueba f, or ensayo m, de funcionamiento m
— **through** a - operando a través de; resultando en
— **time** n - tiempo m, operativo, or para operación(es) f; tiempo m de trabajo m; hora(s) f de operación f
— **trainee** n - [ind] personal m de producción f a entrenar(se)
— **training** n - [ind] capacitación f para producción f
— **turn foreman** n - [labor] supervisor m para turno m para producción f
— — **supervisor** n - [labor] supervisor m de turno m para producción f
— **under abnormal condition(s)** n - [ind] operación f bajo condición(es) f anormal(es)
— — **inlet control** a - regulado,da a la entrada f
— — **outlet control** a - regulado,da a la salida f
— **unit** n - [ind] unidad f, operativa, or funcional, or para producción f
— —, **program, or schedule** n - [ind] programa m para unidad f, operativa, or funcional, or para producción f
— **valve** n - [valv] válvula f para mando m
— **variable** n - variación f, or cambio m, en, operación f, or regulación f • variable f para (factores m para) operación f
— —(s) **effect** n - [weld] efecto m de variable(s) f para operación f
— **versatility** n - [ind] adaptabilidad f para operación f
— **voltage** n - [weld] voltaje m para, trabajo m, or operación f • [electr-oper] voltaje m. operativo, or para operación f
— **weight** n - peso m para operación f
— **well** n - [petrol] pozo m activo
— **wheel** n - valv] rueda f para manejo m
— — **packing** n - [valv] empaquetadura f, or guarnición f, para rueda f para manejo m
— **without @ interruption** n - operación f, ininterrumpida, or sin interrupción(es) f
operation n - . . .; conducción f; accionamiento m; desarrollo m • intervención f; comportamiento m • uso m • transcurso m • negocio m - [mech] paso m • [ind] producción f • [autom] conducción f • [constr] trabajo m; obra f | a - (**in**) en operación f • para mando m • [ind] para producción f
— **allowing** n - permisión f para operación f
— **alone** n - operación f sólo
— **analysis** n - análisis m operativo; investigación f operativa
— **as @ power source** n - [weld] operación f, como fuente f, or para producción f, de energía f
— — **@ welder** n - [weld] operación f, or empleo m, como soldadora f, or para soldadura f
— —(s) **base** n - base f para operación(es) f
— **basic sequence** n - [ind] secuencia f básica, or orden m básico, para operación f
— **block** n - bloqueo m para operación f
— **blocking** n - bloqueo m de operación f
— **characteristic(s)** n - característica(s) f para operación f
— **check(ing)** n - verificación f de, operación f, or funcionamiento m
— **completion** n - terminación f, or finalización f, de operación f
— **concept** n - concepto m para operación f
— **control** n - control m, or regulación f, de operación f
— **cost(s)** n - costo(s) m para, operación f, or explotación f
— **cover(ing)** n - cobertura f, or amparo m, para operación f
— **cycle** n - ciclo m para operación f
— — **duration** n - [labor] duración f de ciclo m

para operación f
operation day n - día f de operación f
— **detail** n - [mech] detalle m para operación f
— **ease** n - facilidad f para operación f
— — **featuring** n - caracterización f de facilidad f para operación f
— **expansion** n - [ind] ampliación f de operación
—(s) **electrical sequence** n - [electr-oper] paso(s) m eléctrico(s) para operación f
— **explanation** n - [ind] explicación f de operación f
—(s) **floor** n - [ind] planta f para operaciónes
—(s) **general management** n - [ind] gerencia f general para operación(es) f
— **hour** n - [ind] hora f de, operación f, or funcionamiento m
— **improvement** n - mejora f, or mejoramiento m, en operación f
— **in @ country** n - operación f en país m
— — **@ vacuum** n - operación f en vacío m
— **instruction(s)** n - instrucción(es) f para operación f
— **interruption** n - [ind] interrupción f en operación f
— **irregularity** n - irregularidad f en, operación f, or marcha f
—(s) **management** n - [managm] gerencia f para operación(es) f
—(s) **manager** n - [ind] gerente m, or director m, para, operación(es) f, or explotación f
—(s) **manual** n - [ind] manual m para operación f
— **method** n - método m para operación f
— **month** n - mes m de funcionamiento m
— **observation** n - [ind] observación f de, operación f, or manejo m
—(s) **order** n - orden m de operación(es) f
— **output** n - [ind] producción f de operación f
—, **overseeing**, or **oversight** n - supervisión f de operación f
— **parameter** n - parámetro m para, operación f, or funcionamiento m
— **performance** n - ejecución f de operación f
— **period** n - período m de operación f
— **permitting** n - [ind] permisión f para, operación f, or funcionamiento m
— **personnel** n - [labor] personal m, operativo, or para, operación f, or explotación f • (integrante(s) de) cuadrilla f operativa
—, **people, or person(s)** n - [labor] personal para, operación f, or producción f
— **pin** n - [mech] pasador m para operación f
— **point** n - punto m para operación f
— **practice** n - [ind] práctica f para, operación f, or manejo m, or operación f
— **pressure** n - [ind] presión f para operación f
— **principle** n - principio m para operación f
— **problem** n - [ind] problema m, operativo, or para operación f; falla f operativa
— **procedure** n - [ind] precedimiento m, operativo, or para operación f
— **production** n - [ind] producción f de explotación f
— — **cost(s)** n - [ind] costo(s) m de producción f de explotación f
— **profit** n - [com] utilidad f, or ganancia f, operativa, or en operación f
— **programming** n - [comput] programación f de operación f
—(s) **range** n - escala f de operación(es) f
— **record** n - [ind] registro m de operación(es)
— **repeating** n - repetición f de operación f
— **requirement** n - exigencia f de, operación f, or trabajo m
— **result(s)** n - [fin] resultado(s) m de operación f
—(s) **review** n - [ind] verificación f de operación(es) f
— **safety** n - [safety] seguridad f para operación
— **selector** n - [mech] selector m para operación f
—(s) **sequence** n - orden m (de pasos m para) operación f

operation speed n - [mech] rapidez f, or velocidad, de, operación f, or funcionamiento m
— **stability** n - estabilidad f de operación f
— **stage** n - [ind] etapa f de operación f
— **standard** n - [ind] norma f, or estándar, para operación f
— **start(ing)** n - [ind] comienzo m, or iniciación f, de operación(es) f
— **start-up** n - iniciación f de operación(es) f
— **station** n - [ind] puesto m para operación f
—(s) **status** n - estado m de operación(es) f
— **stress** n - esfuerzo m para operación f
—(s) **suspension** n - suspensión f de operaciónes
— **test(ing)** n - [ind] prueba f, or comprobación f, de, operación f, or funcionamiento m
— **time study** n - [labor] estudio m de tiempos, or cronometraje m, de operación(es) f
— **timing** n - [comput] cronometraje m de operación f
— **type** n - tipo m de operación f
— **under @ abnormal condition(s)** n - [ind] operación f bajo condición(es) f anormal(es)
— **uniformity** n - [ind] uniformidad f en operación f
— **variable** n - variación f para operación f
— **verification** n - verificación f de operación
— **weight** n - peso m para operación f
— **without air** n - [mech] operación f, or funcionamiento m, sin aire
— **without @ interruption(s)** n - operación f sin interrupción(es) f
operational a - operativo,va; funcional; para operación f; operacional
— **amplifier** n - [electron] amplificador m, operativo, or para operación f, or operacional
— **capacity** n - capacidad f, operativa, or para operación f, or operacional
— **condition** n - condición f operativa
— **control** n - regulación f, operativa, or para operación f, or operacional
— **cost(s)** n - costos,tas m/f para operación(es)
— **ease** n - [ind] facilidad f, operativa, or para operación f, or operacional
— **level** n - [ind] nivel m, operacional, or operativo, or operacional
— **investigation** n - investigación f operativa
— **pattern** n - patrón m operativo; pauta f, operativa, or operacional
— **problem** n - problema m para, operación f, or funcionamiento m
— **quality** n - calidad f, operativa, or operacional
— — **level** n - [ind] nivel m para calidad f, operativa, or operacional
— **stress** n - esfuerzo m, en, or para, operación
— **study** n - estudio m, operativo, or operacional
— **technique** n - [ind] técnica f, operativa, or operacional
— — **development** n - [ind] desarrollo m de técnica f, operativa, or operacional
— **trouble** n - [ind] problema m, operativo, or operacional, or en operación f
— **unit** n - [ind] unidad f operativa
operations n - [aeron] dirección f de vuelo(s)
— **director** n - [ind] director m para, operación(es) f, or producción f
—(s) **personnel** n - personal m para producción f • [Spa.] productor(es) m
operative n - . . . . | a - . . . .; operante; eficaz
— **element** n - elemento m, operativo, or operacional, or para operación f
— **method** n - método m operativo
— **refrigeration system** n - [ind] sistema m, or red f, operante para refrigeración f
— **system** n - sistema m, or red f, operante
operator n - . . . .; operador m; conductor m • supervisor m; encargado m • [mech] mando m • [petrol] perforador m • [weld] soldador m
—('s) **ability** n - [weld] capacidad f de soldador
—('s) **activity** n - actividad f de operario m

operator appeal n - [ind] atracción f, or preferencia f, de operador m • [weld] atracción f, or satisfacción f, de soldador m
— **assistant** n - [ind] operador m auxiliar; ayudante m para operador m
— **cab** n - cabina f, or casilla f, or puesto m, (de mando m) para operador m
— — **light** n - [autom] luz f para, cabina f, or casilla f, or puesto m, (de mando m) para operador m
— **cabinet** n - puesto m, or mando m, para operador m
— **choke control**(ling) n - [mech] regulación f de estrangulador m por operador m
— **comfort** n - [ind] comodidad f de, operario m, or operador • [weld] comodidad f de soldador m
—('s) **complete control** n - gobierno m total por operador m • [petrol] gobierno m total por perforador m
—['s] — **crane control** n - [cranes] gobierno m total de grúa f por operador m
—('s) **control** n - [mech] regulación f, or gobierno m, por operador m • regulación f para, mando m, or operación f • [petrol] gobierno m por perforador m
— — **panel** n - [weld] tablero m para, mando m, or regulación f, (para operador m)
— **controlled** a - regulado,da por operador m
— **controlling** n - regulación f por operador m
— **convenience** n - conveniencia f, or comodiad f, de, operario m, or operador m
—('s) **efficiency** n - eficiencia f de operador m • [petrol] eficiencia f de perforador; [weld] eficiencia f de soldador m
—('s) **efficiency facilitating** m - [mech] facilitación f para eficiencia f de operador m • [petrol] facilitación f para eficiencia f de perforador m
—('s) **electrode, handling, or manipulation** n - [weld] manejo m de electrodo m por soldador m
— **fatigue** n - [labor] fatiga f de operador m • [weld] fatiga f de soldador m
—('s) **desk** n - [ind] pupitre m, or mesa f, para operador m
—('s) **foot** n [ind] pie m de operador m
—('s) **hand** n - [ind] mano f de operador • [weld] mano f de soldador m
— **handling** n - [ind] manejo m por operario m • [weld] manejo m por soldador m
— **initiated** a - iniciado,da, or activado,da, por, operador m, or operario m
— — **system** n - [ind] sistema m iniciado por operador m
—('s) n - [ind] ayudante m para operador m
— **hour** n - [labor] hora f (de) operario m
— — **classification** n - [labor] clasificación f de hora(s) f operario m
—('s) **individual technique** n - [ind] técnica f individual de operario m
—(s) — **welding technique** n - [weld] técnica f individual de operario m para soldadura f
—('s) **instruction(s)** n - [ind] instrucción(es) f para operador m
—('s) **left foot** n - [ind] pie m izquierdo de operador m
—('s) — **hand** n - [ind] mano f izquierda de operador m
— **license** n - [autom] permiso m para conducción
— **manipulation** n - [weld] manejo m por soldador
—('s) **manual** n - [ind] manual m para operador m
—('s) **output** n - [ind] producción f de operario m • [weld] producción f de soldador m
—('s) **platform** n - [mech] plataforma f para, operador m, or operario m
—('s) **preference** n - [ind] preferencia f de operador m • [weld] preferencia f de soldador m
— **procedure** n - procedimiento m de operador m
— **qualification** n - calificación f, or capacitación f, (práctica) de operario m • [weld] capacitación f de soldador m
— — **test** n - [ind] examen m para capacitación de operador m - [weld] examen m para capacitación f de soldador m
operator('s) right foot n - [ind] pie m derecho de operador m
—(s) — **hand** n - [ind] mano f derecha f de operador m
—('s) **safety** n - seguridad f de operario m
— **selected** a - [electron] seleccionado,da por operador m
— — **status** n - [electron] estado m seleccionado por operador m
—('s) **side** n - [mech] lado m hacia, or de, operador m
—('s) **skill** n - [ind] habilidad f de operario m • [weld] habilidad f, or aptitud f, de soldador m
— **stand-in** n - [ind] cubrebajas m para operador
—('s) **station** n - [ind] puesto m para operador m • [weld] puesto m para soldador m
—('s) **technique** n - técnica f, de operador m, or para, manejo m, or operación f
— **training** n - [ind] capacitación f de operario m • [weld] capacitación f de soldador m
— **variation** n - variación f debida a operario m
—('s) **visibility** n - visibilidad f de operador
—('s) **weight** n - peso m de operador m
—('s) **welding technique** n - [weld] técnica f de operario m para soldadura f
—('s) **work** n - [labor] trabajo m de operario m
operators n - [ind] personal m (para operación)
opinion n - . . .; criterio m; juicio m • voto m • [legal] dictamen m
— **difference** n - diferencia f en opinión f
— **expounding** n - exposición f de opinión f
— **expressing** n - expresión f, or exposición f, de opinión f
— **expression** n - expresión f de opinión f
—, **formation, or forming** n - formación f de opinión f
opportune time n - tiempo m, or momento m, oportuno
oppose v - . . .; contraponer(se); estar en contraposición f
— @ **force** v - [mech] oponer resistencia f
— @ **spring force** v - [mech] oponer(se) a resistencia f de, resorte m, or muelle m
opposed a - . . .; enemigo,ga
— **to** @ **force** a - [mech] opuesto,ta a resistencia f
— — @ **spring force** a - [mech] opuesto,ta a resistencia f de, resorte m, or muelle m
opposing n - oposición f | a - opositor,ra
— **direction** n—sentido m, opuesto, or contrario
— **freeway lane** n - [roads] franja f de supercarretera f para circulación f opuesta
— **highway lane** n - [roads] franja f de carretera f para circulación f opuesta
— **lane** n - [roads] franja f, or carril m, para circulación f opuesta
— **side wall** n - [constr] pared f lateral opuesta
— **wall** n - [constr] pared f opuesta
opposite n - . . .; forma f, contraria, or opuesta, or inversa | a - encontrado,da; contrapuesto,ta • fronterizo,za | adv - frente a
— **adjuster** n - [mech] ajustador m, opuesto, or contrario — **axle range** n - [autom-mech] grupo m de velocidad(es) f contraria(s) para eje
— **bolt(s)** n - [mech] perno(s) m opuesto(s)
— **corner** n - esquina f opuesta • rincón m opuesto
— **direction** n - dirección f opuesta; sentido m, opuesto, or contrario
—, or, **extreme, end** n - extremo m opuesto
— **frequency** n - frecuencia f opuesta
— **hand** n - mano f, opuesta, or contraria
— **headwall** n - [constr] muro m para cabecera f opuesto m
— **manner** n - manera f, or forma f, contraria, or inversa, or opuesta
— @ **outlet** adv - frente a, or en extremo m opuesto a, salida f

opposite page n - [print] página f opuesta
— **polarity** n - [electr] polaridad f, opuesta, or contraria
— — **electrode** n - [weld] electrodo m con, polaridad f, opuesta, or contraria
— **range** n - [autom-mech] grupo m opuesto de velocidad(es) f
— **shoulder** n - [roads] banqueta f opuesta
— **side** n - lado m, opuesto, or contrario; cara f opuesta
— — **wall** n - pared f lateral opuesta
— **tone** n - [electron] tono m opuesto
— — **frequency** n - [electron] frecuencia f de tono m opuesto
— **wall** n - pared f opuesta
opposition to @ force n - [mech] oposición f a resistencia f
— — **@ spring force** n - [mech] oposición f a resistencia f de resorte n, or muelle m
oppressed a - oprimido,da
oppressing n - opresión f | a - opresor,ra
oppressive a - . . .; duro,ra
optical equipment n - [optics] equipo m óptico
— **level** n - [instrum] nivel m de anteojo m
— **part** n - [instrum] parte f óptica
— **section** n - [instrum] sección f, or parte f, óptica
optically adv - ópticamente
— **isolated input** n - [comput] entrada f aislada ópticamente
— — **output** n - [comput] salida f aislada ópticamente
optics n - . . . .; fotología
optimal a - óptimo,ma
— **determination** n - determinación f óptima
— **rigidity** n - rigidez f óptima
optimally adv - óptimamente
optimistic result(s) n - resultado(s) m optimista(s)
optimization* n - optimización f
—* **for @ fuel economy** n - [combust] optimización f para economía f de combustible m
optimize* v - optimizar*; avoid optimar*
—* **for @ fuel economy** v - [combust] optimizar para economía f de combustible m
—* **gear ratio** v - [autom] optimizar razón f para engranaje(s) m
optimized* a - optimizado,da*
—* **adjustment** n - ajuste m optimizado
—* **adjustment life** n - [ind] duración f optimizada de ajuste m
—* **for @ fuel economy** a - [combust] optimizado,da para economía f de combustible m
—* **forge temperature** n - [metal-prod] temperatura f optimizada para forja f
—* **gear ratio** n - [autom] razón f optimizada para engranaje(s) m
—* **life** n - vida f, or duración f, optimizada
—* **tooling** n - [ind] ajuste m optimizado, or optimización f, de máquina(s) f
—* — **life** n - [ind] duración f optimizada para ajuste m de máquina(s) f
optimizing* n - optimización* f | a - optimizador,ra*
—* **for @ fuel economy** n - [combust] optimización f para economía f de combustible m
optimum activity n - actividad f óptima
— **adjustment life** n - [ind] duración f óptima para ajuste m
— **amperage** n - [electr] amperaje m óptimo
— **appearance** n - apariencia f óptima; aspecto m óptimo
— **axle life** n - [mech] vida f (útil) óptima para eje m
— **bar** n - [metal-roll] barra f óptima
— — **length** n - [grind.med] largo(r) m de barra f óptima
— **brake performance** n - funcionamiento m óptimo para freno m
— **compacting** n - [constr] compactación f óptima
— **compaction requirement** n - [constr] exigencia de compactación f máxima
optimum compression resistance n - resistencia f óptima a (com)presión f
— **condition** n - dondición f óptima
— **conversion** n - conversión f óptima
— **content** n - contenido m óptimo • [chem] proporción f óptima
— **cost** n - costo m óptimo
— **current** n - [weld] amperaje m óptimo
— — **range** n - [weld] escala f óptima de amperaje(s); escala f de amperaje(s) m óptimo(s)
— **forge temperature** n - [metal-prod] temperatura f óptima para forja(dura) f
— **import(s) source** n - fuente f óptima para importación f
— **index value** n - valor m óptimo de índice m
— **life** n - vida f (útil), or duración f, óptima
— **moisture content** n - contenido m óptimo, or proporción f óptima, de humedad f
— **operation** n - operación f óptima; optimización f
— **particle size** n - tamaño m óptimo para partícula(s) f
— **performance** n - rendimiento m óptimo • funcionamiento m óptimo; operación f óptima
— **pressure** n - presión f óptima
— **range** n - escala f óptima; límites m óptimos
— **recovery** n - [chem] recuperación f óptima
— **resistance to compression** n - resistencia f óptima a compresión f
— **response** n - [electron] respuesta f óptima
— **safety** n - [safety] seguridad f óptima
— **saving(s)** n - economía f óptima
— **service life** n - [ind] vida f (útil) óptima
— **set** n - juego m óptimo; serie f óptima
— **setting** n - [instrum] ajuste m, or punto m, óptimo
— **size** n - tamaño m óptimo • [tub] diámetro m óptimo
— **skin thickness** n - [metal-prod] espesor m óptimo para piel m
— **space utilization** n - utilización f óptima de espacio m
— **standard** n - norma f óptima
— — **minute** n - minuto m estándar óptimo
— **striking** n - [weld] encendido m óptimo
— **supply source** n - fuente f óptima para suministro m
— **thickness** n - espesor m óptimo
— **tire performance** n - [autom-tires] rendimiento m óptimo para neumático m
— — **safety** n - [automt-tires] segúridad f óptima para neumático m
— **tooling life** n - [ind] duración f óptima para ajuste m de máquina(s) f
— **track time** n - [metal-prod] tiempo m óptimo en vía f
— — **calculation** n - [metal-prod] cálculo m de tiempo m óptimo en vía f
— **weld quality** n - [weld] calidad f óptima para soldadura f
— **yield** n - rendimiento m óptimo
— — **value** n - [labor] valor óptimo para rendimiento m
option n - . . . . • [ind] equipo m optativo • [mech] dispositivo m, or equipo m, optativo, or opcional
—**(s) choice** n - variedad f de opción(es) f
— **condition** n - condición f para alternativa f
— **exercising** n - ejercicio m de opción f
— **exploration** n - exploración f de opción f
— **exploring** n - exploración f de opción f
—**(s) line** n - variedad f de opción(es) f
— **privilege** n - privilegio m de opción f
— **selection** n - selección f, or precisión f, de opción f
— **understanding** n - comprensión f de opción f
— **accessory** n - accesorio m, optativo, or opcional • [electr-instal] artefacto m optativo
— **adjuster** n - ajustador m, optativo, or opcional
— **air conditioning** n - aire m acondicionado op-

cional; acondicionamiento m de aire opcional
optional alternate bid n - [com] propuesta f substitutiva, optativa, or opcional
— **ammeter** n - [instrum] amperímetro m, optativo, or opcional
— **angle** n - [metal-roll] pieza f angular, optativa, or opcional
— **arc control** n—[weld] regulación f optativa para arco m • regulador m, optativo, or opcional, para arco m
— **arrangement** n - disposición f, optativa, or opcional • [petrol] combinación f optativa
— **assembly** n - [mech] conjunto m optativo
— **attachment** n - accesorio m, or dispositivo m, optativo, or opcional
— **auxiliary equipment** n - [ind] equipo m auxiliar, optativo, or opcional
— — **power** n - [weld] energía f auxiliar, optativa, or opcional
— **bandpass** n - [electron] pasabanda m, or paso m de banda f, optativo, or opcional
— — **filter** n - [electron] filtro m, pasabanda, or para paso m de banda, optativo or opcional
— — —, **aligning**, or **alignment** n - [electron] alineación f de filtro m, pasabanda, or para paso m de banda f, optativo, or opcional
— — — **assembly** n - [electron] conjunto m para filtro m, pasabanda, or para paso m de banda f, optativo, or opcional
— — — **diagram** n - [electron] diagrama n para filtro m, pasabanda, or para paso m de banda f, optativo, or opcional
— — — **installation** n - [electron] instalación f de filtro m, pasabanda, or para paso m de banda f, optativo, or opcional
— — — **output spectrum** n - [electron] espectro m a salida f para filtro m, pasabanda, or para paso m de banda f, optativo, or opcional
— — — **printed circuit board** n - [electron] tablero m con circuito m impreso para filtro m, pasabanda, or para paso m de banda f, optativo, or opcional
— — — **schematic diagram** n - [electron] diagrama m esquemático para filtro m, pasabanda, or para paso m de banda f, optativo, or opcional
— — — **test(ing)** n - [electron] ensayo m de filtro m, pasabanda, or para paso m de banda f, optativo, or opcional
— — — **board** n - [electron] tablero m para filtro m, pasabanda, or para paso m de banda f, optativo, or opcional
— **battery driven electric starter** n - [int.-comb] arrancador m eléctrico, optativo, or opcional, con acumulador m
— **bid** n - [com] propuesta f optativa
— **board** n - [electron] tablero m opcional
— **cathode ray tube display** n - [electron] pantalla f con tubo m para rayo(s) m catódico(s), optativo, or opcional
— **catwalk** n - [cranes] pasarela f, optativa, or opcional
— **character** n - carácter m optativo
— **circuit** n - circuito m, optativo, or opcional
— **concession** n—[miner] concesión f facultativa
— **condenser** n - [electr-equip] condensador m, optativo, or opcional
— **contact nozzle** n - [weld] boquilla f para contacto m, optativa, or opcional
— **control** n - regulación f, or gobierno m, opcional • regulador m, optativo, or opcional
— **cooling attachment** n - dispositivo m, optativo, or opcional, para enfriamiento m
— **cover kit** n - [mech] conjunto m, optativo, or opcional, para, tapa f, or cubierta f
— — **part(s) kit** n - [mech] conjunto m optativo de pieza(s) f para, tapa f, or cubierta f
— **crater printed circuit board** n - [weld] tablilla f, optativa, or opcional, con circuito m, impreso, or estampado, para cráter m
— **crosswalk** n - [constr] pasarela f optativa

optional current reducing starter n - [weld] arrancador m reductor optativo para corriente
— **decoder section** n - [comput] sección f de decodificador m, optativa, or opcional
— **device** n - dispositivo n, optativo, or opcional
— **diameter** n—diámetro m, optativo, or opcional
— **door** n - puerta f, optativa, or opcional
— — **assembly** n - conjunto m para puerta f, optativa, or opcional
— — **kit** n - [mech] conjunto m, or juego m, optativo, or opcional, para puerta f
— — **part(s)** n—[mech] pieza(s) f, optativa(s) para puerta f, or para puerta f, optativa, or opcional
— — —**(s) kit** n - [mech] conjunto m optativo de, pieza(s) f, or repuesto(s) m, para puerta
— **drive sprocket** n - [mech] rueda f dentada, opcional, or optativa, para accionamiento m
— **electric starter** n - [int.comb] arrancador m eléctrico, optativo, or opcional
— **element** n - elemento m, optativo, or opcional
— **emergency drive sprocket** n - [mech] rueda f dentada, optativa, or opcional, para accionamiento m para emergencia(s) f
— **engine idler** n - [int.comb] regulador m, optativo, or opcional, para marcha f sin carga
— **equipment** n - [ind] equipo m, optativo, or opcional
— **ether starting kit** n - [int.comb] dispositivo m, optativo, or opcional, para arranque m con éter m
— **exciter** n - [electr-mot] excitador m, optativo, or opcional
— **extension cable** n - [electr-cond] cable m, optativo, or opcional, para prolongación f
— — **kit** n - [weld] conjunto m, optativo, or opcional, para prolongación f
— **feature** n - característica, optativa, or opcional; dispositivo m, or elemento m, or accesorio m, optativo, or opcional
— — **installation** n - instalación f de, característica f, optativa, or opcional, or de, dispositivo m, or elemento m, or accesorio m, optativo, or opcional
— **feed extension kit** n - [weld] equipo m, optativo, or opcional, para prolongación f para alimentador m
— **feeding cone** n - [mech] cono m, optativo, or opcional, para alimentación f
— **filter** n - filtro m, optativo, or opcional
— — **supply** n - [electron] suministro m, para filtro m, optativo, or opcional, or, optativo, or opcional, para filtro m
— **flux system** n - [weld] sistema m, optativo, or opcional, para fundente m
— **gravity feed flux cone** n - [weld] cono m, optativo, or opcional, para alimentación f de fundente m por gravedad f
— — **feeding cone** n - [mech] cono m, optativo, or opcional, para alimentación f por gravedad
— **guide** n - [mech] guia(dera) f optativa
—, —, or **guiding, wheel** n - [autom] rueda f, guiadora, or para guía, optativa, or opcional
— **handle** n - [mech] asidero m optativo
— **head adjuster** n - [weld] ajustador m, optativo, or opcional, para, cabeza f, or cabezal m
— **head to control extension cable** n - [weld] cable m, or conductor, optativo, or opcional, para prolongación f desde cabeza f (soldadora) hasta regulador m
— **horizontal adjuster** n - ajustador m horizontal, optativo, or opcional
— — **head adjuster** n - [weld] ajustador m horizontal, optativo, or opcional, para cabeza
— **inclusion** n - inclusión f, optativa, or opcional
— **input current reducing starter** n - [weld] arrancador m reductor, optativo, or opcional, para corriente f para entrada f
— — — **starter** n - [weld] arrancador m, opta-

tivo, or opcional, para corriente de entrada
optional input reducing starter n - [weld] a-
rrancador m reductor optativo para entrada f
— **item** n - ítem m, optativo, or opcional
— **kit** n - [mech] conjunto m, or dispositivo m,
optativo, or opcional
— **lifting lug** n - [mech] armella f, optativa,
or opcional, para elevación f
— **Lincolntrol** n - [weld] telerregulador m, op-
tativo, or opcional, Lincolntrol
— — **remote current control** n - [weld] telerre-
gulador m optativo Lincolntrol para amperaje
— **Linc-Fill low current starting circuit** n -
[weld] circuito (Linc-Fill) optativo para en-
cendido con amperaje m bajo con electrodo m
muy sobresaliente
— **line** n - línea f, optativa, or opcional
— — **compensator** n - [electr-distrib] compensa-
dor m, optativo, or opcional, para entrada
f, or en línea f
— — **voltage compensator** n - [electr-distrib]
compensador m, optativo, or opcional, para
voltaje m, para entrada f, or en línea f
— **long stickout low current starting circuit** n
- [weld] circuito m, optativo, or opcional,
para encendido m con amperaje m bajo con e-
lectrodo m muy sobresaliente
— **lug** n - [mech] armella f, optativa, or opcio-
nal
— **measuring kit** n - [weld] conjunto m, optati-
vo, or opcional, para medición f
— **meter** n - [instrum] medidor m, optativo, or
opcional
— — **kit** n - [instrum] conjunto m, optativo, or
opcional, para medición f
— **metering kit** n - [weld] conjunto m, optativo,
or opcional, para medición f
— **nature** n - carácter m, optativo, or opcional
— **oversize(d) exciter** n - [electr-mot] excita-
dor m, optativo, or opcional, con capacidad f
excepcional
— **plate** n - [mech] plancha f, optativa, or op-
cional
— **portable field control** n - [weld] regulador m
portátil, optativo, or opcional, para campo
— **power** n - [electr-prod] energía f, optativa,
or opcional
— — **pack** n - [weld] equipo m motor, optativo,
or opcional
— **powered guide wheel** n - [autom] rueda f mo-
triz, optativa, or opcional, para guía f
— — **wheel** n - [autom] rueda f motriz, optati-
va, or opcional
— **price** n - precio m, optativo, or opcional
— **printed circuit** n - [weld] circuito m, impre-
so, or estampado, optativo, or opcional
— — — **board** n - [weld] tablilla f, optativa,
or opcional, con circuito, impreso, or estam-
pado
— **printer** n - [comput] impresor m, optativo, or
opcional
— **protective circuit** n - [weld] circuito m pro-
tector, optativo, or opcional
— **range** n - escala f, optativa, or opcional;
alcance m, optativo, or opcional
— **reducing starter** n - [weld] arrancador m re-
ductor, optativo, or opcional
— **reel** n - carrete m, optativo, or opcional
— — **cover** n - [mech] tapa f, or cubierta f,
optativa, or opcional, para carrete m
— — — **part(s)** n - [mech] conjunto m, optati-
vo, or opcional, de (piezas f para) repues-
to(s) m, para, tapa f, or cubierta f, para
carrete m
— **remote control** n - [electr] (regulador m, or
dispositivo m para) telemando, or telegobier-
no m, optativo, or opcional
— — — **connection** n - [weld] conexión f, para
telemando m, or telegobierno m, optativo, or
opcional
— — — — **installation** n - [weld] instalación f

para telemando m, optativo, or opcional
optional remote current control n—(regulación f
para) telemando m optativo para amperaje m
— **reserve** n - [fin] reserva f facultativa
— **scope** n - alcance m, optativo, or opcional
— **size** n - tamaño m, optativo, or opcional; me-
dida(s) f, optativa(s), or opcional(es)
— **spindle** n - [mech] husillo m, optativo, or
opcional
— **start(ing) printed circuit board** n - [weld]
tablilla f, optativa, or opcional, con cir-
cuito m, impreso, or estampado, para arranque
— **starter** n - arrancador m, optativo, or op-
cional
— — **control** n - regulación f, optativa, or
opcional, para arranque m • regulador m, op-
tativo, or opcional, para arranque m
— **starting circuit** n - [weld] circuito m, opta-
tivo, or opcional, para, arranque m, or en-
cendido m
— — **kit** n - [int.comb] dispositivo m, optati-
vo, or opcional, para arranque m
— **system** n - sistema m, optativo, or opcional
— **tie** n - [vest] corbata f, optativa, or op-
cional
— **tire** n - [autom-tires] neumático m opcional
— — **size** n - [autom-tires] medida(s) f, opta-
tiva(s), or opcional(es), para neumático(s)
— **toe plate** n - [mech] plancha f para guardia
f, optativa, or opcional
— **undercarriage** n - [mech] tren m rodante, or
rodaje m, optativo, or opcional
— **unit price** n - precio m unitario, optativo,
or opcional
— **valve** n - [valv] válvula f, optativa, or op-
cional
— **vertical adjuster** n - ajustador m vertical.
optativo, or opcional
— — **head adjuster** n - [weld] ajustador m ver-
tical, optativo, or opcional, para cabeza f
— . . . **volt battery driven electric starter** n
- [int.comb] arrancador m, optativo, or op-
cional, con acumulador m con . . . voltio(s)
— . . . — **exciter** n - [electr-mot] excitador
m, optativo, or opcional, para . . . voltios
— **voltage** n - [electr-oper] voltaje m, optati-
vo, or opcional
— — **compensation** n - [electr] compensación f,
optativa, or opcional, para voltaje m
— — **control** n - [weld] regulación f, optativa,
or opcional, para voltaje m • regulador m,
para, voltaje m, optativo, or opcional, or
optativo, or opcional, para voltaje m
— **voltmeter** n - [instrum] voltímetro m, optati-
vo, or opcional
— **walkway** n - [constr] pasarela f, optativa, or
opcional
— **water cooling attachment** n - dispositivo m,
optativo, or opcional, para enfriamiento m,
de, or con, agua m
— **wheel** n - rueda f, optativa, or opcional
— **wire feed extension kit** n - [weld] conjunto
m, or equipo m, optativo, or opcional, para
prolongación f para alimentadora f para alam-
bre m
— — **reel** n - [weld] carrete m, optativo, or
opcional, para alambre m
— — — **cover** n - [weld] tapa f, or cubierta f,
para carrete m, optativo, or opcional, para
alambre m
— — — — **part** n - [weld] pieza f para, tapa
f, or cubierta f, optativa, or opcional, para
carrete m para alambre m
optionally adv - optativamente; como alternativa
OR n - [pol] see **Oregon**
— **gate** n - [electron] compuerta f 0
— — **control(ling)** n - [electron] regulación f,
de, or para, compuerta f 0
— **so** adv - más o menos
oral form n - forma f, oral, or verbal
— **guaranty** n - garantía f, oral, or verbal

oral recommendation n - recomendación f, oral, or verbal
— **remark(s)** n - observación(es) f oral(es)
— **warranty** n - garantía f, oral, or verbal
orally adv - . . .; vocalmente
orange coating n - recubrimiento m anaranjado
— **color** n - (color) anarnajado
— **peel** n - cáscara f de naranja f | a - tipo m (de) cáscara f de naranja f
— — **bucket** n - [constr] cucharón m tipo cáscara f de naranja f
— — — **closing** n - [constr] cierre m de, cucharón m, or balde m, de tipo m cáscara f de naranja f
— — — **opening** n - [constr] apertura f de, cucharón m, or balde m de tipo m cáscara f de naranja f
— — **type** n - tipo m (de) cáscara f de naranja
Orbitrol* motor n—[electr-mot] motor m Orbitrol
orchard gang plow n - [agric-equip] arado m con varias rejas f para huerto(s) m
— **guard** n - [agric] defensa f para huerto m
— **harrow** n - [agric-equip] rastra f (con discos m) para huerto m
— **plow** n - [agric] arado m para huerto(s) m
orchestrate v - organizar • [mus] . . .
orchestration n - organización f • [mus] . . .
ordaining n - [legal] ordenación f
order n - . . . • voz f • partida f • tipo m • [com] . . .; orden m para compra f • [pol] resolución f | v - . . .; pedir | adv - orden
— **acceptance** n - aceptación f de pedido m
— **analysis** n - [com] análisis m de, orden m, or pedido m
— **award(ing)** n - [com] adjudicación f de, pedido m, or orden f
— — **date** n - [com] fecha f de adjudicación f de, pedido m, or orden f
— **backlog** n - [com] cartera f de pedido(s) m
— **cancellation** n - [com] cancelación f, or anulación f, de, pedido m, or orden f
— **change** n—[com] cambio m en, pedido, or orden
— **code** n - [com] código m para pedido(s) m
— **condition** n - condición f de, pedido m, or orden f
— **@ coupler** v - [comput] pedir acoplador m
— **date** n - [com] fecha f de, pedido m, or orden
— **department** n - [com] departamento m para pedido(s) m
— **efficiently** v - [com] pedir, or ordenar, eficientemente
— **follow-up** n - seguimiento m de, pedido m, or orden f
— **finalizing** n - finalización f de pedido m
— **form** n - [com] impreso m, or formulario m, para pedido(s) m
— **information** n - [com] información f, sobre, or, para pedido m
— **invoice** n - [com] factura f para pedido m
— **invoicing** n - [com] facturación f de pedido m
— **issuing** n - [com] emisión f, or formulación f, de pedido m
— **making** n - [com] efectuación f de pedido m
— **nature** n - naturaleza f de pedido m
— **number** n - número m de, pedido m, or orden f
— **of (in @)** adv - en orden m de
— — **@ day** n - [legal] orden f de día m
— **@ part(s)** v - [ind] pedir, or ordenar, pieza(s) f (para repuesto), or repuesto(s) m
— **@ —(s) efficiently** v - [ind] pedir, or ordenar, eficientemente, pieza(s) f (para repuesto), or repuesto(s) m
— **partial** n - [com] see **partial order**
— **payment** n - pago m de, pedido m, or orden f
— **placement** n - [com] colocación f de pedido m
— — **date** n - [com] fecha f, de, or para, colocación f de pedido m
— **principle** n - principio m para pedido m
— **processing** n - procesamiento m de órden(es) f
— — **division** n - [ind] división f para procesamiento m de órden(es) m

— **order @ quantity** v - pedir cantidad f
— **reapplication** n - [ind] recolocación f de, pedido m, or orden f
— **receipt** n - recepción f de pedido m
— **(in @)** adv - en orden m recibido
— **release sheet** n - [metal-roll] planilla f de ruta f para orden f
— **@ replacement** v - [ind] pedir reemplazo m
— **@ — part** v - [ind] pedir f pieza f para, repuesto m, or reemplazo
— **section** n - [ind] sección f, or oficina f, para órdenes f (para producción) f
— **separately** v - pedir separapadamente
—, **service,** or **servicing** n - [com] atención f a pedido m
— **specially** v - [com] pedir especialmente
— **specification** n - especificación f, en, or para, pedido m, or orden f
— **stipulation** n - [com] estipulación f, de, or para, pedido m
— **term** n - término m, or condición f, de, or para, pedido m, or orden f
— **unit** n - unidad f para pedido(s) m
— **variation** n - [ind] variación t en, pedido m, or orden f
ordered a - ordenado,da; pedido,da; encomendado,da; solicitado,da
— **efficiently** a - [com] pedido,da, or ordenado,da, eficientemente
— **length** n - largo(r) m pedido
— **part** n—parte f pedida • [ind] (pieza f para) repuesto m, pedido,da, or ordenado,da
— **quantity** n - cantidad f pedida
— **replacement** n - [ind] reemplazo m pedido
— **separately** a - pedido,da, or ordenado,da, separadamente
ordering n - ordenamiento m; encomendamiento m | a - ordenador,ra
— **information** n - información f para pedido(s)
— **instruction(s)** n - instrucción(es) f para pedido(s) m
— **party** n - (parte m) ordenante m
— **procedure** n - procedimiento m para pedido m
— **process** n - procedimiento m para ordenar
— **question** n - [com] pregunta f, sobre, or con referencia f, a pedido m
orderly n - ordenanza m | a - ordenado,da • parejo,ja; . . .
— **condition** n - condición f ordenada
— **showroom** n - [com] salón m para, venta(s), or exposición f, ordenado
ordinance n - . . . ; ordenamiento m
ordinarily adv - . . . ; acostumbradamente; comúnmente; regularmente; por n común
ordinariness* n - ordinariez f
ordinary a - . . . ; regular
— **ambient temperature** n - [environm] temperatura f ambiente común
— **amount** n - cantidad f corriente
— **bedding** n - [constr] lecho m, or asiento m, corriente
— **business course** n - [com] curso m normal para negocio(s) m
— **capacity** n - capacidad f corriente
— — **range** n - límite(s) m de capacidad f corriente
— **carburization** n - [metal-treat] carburización f, común, or corriente
— **carburize** v - [metal-treat] carburizar, comúnmente, or corrientemente
— — **@ steel** v - [metal-treat] carburizar, comúnmente, or corrientemente, acero m
— **carburized** a - [metal-treat] carburizado,da, comúnmente, or corrientemente; con carburización f, común, or corriente
— **carburized steel** n - [metal-treat] acero m carburizado, comúnmente, or corrientemente
— **carburizing** n - [metal-treat] carburización f, común, or corriente
— **care** n - cuidado, común, or corriente
— **case** n - caso m, común, or corriente

ordinary condition n - condición f ordinaria
— **construction** n - [constr] construcción f, ordinaria, or corriente
— **corrugated steel sewer** n - [sanit] cloaca f corriente de acero m corrugado
— **coupling** n - [tub] acoplamiento m, or conexión f, corriente
— **culvert** n - [constr] alcantarilla f, ordinaria, or corriente, or común
— **depth** n - profundidad f, corriente, or común
— **dirt** n - tierra f, ordinaria, or corriente
— — **removal** n - [constr] remoción f, or saca f, de tierra, ordinaria, or corriente
— **dust** n - polvo m, ordinario, or corriente
— — **removal** n - remoción f, or saca f, de polvo m, ordinario, or corriente
— **earth** n - tierra f, ordinaria, or corriente
— **filler** n - [autom-body] relleno m corriente
— **firm loam** n - [geol] greda f firme, común, or corriente
— **installation** n - instalación f, ordinaria, or corriente, or común
— **light** n - luz f, ordinaria, or natural
— **loam** n - [geol] greda f, común, or corriente
— **magnitude** n - magnitud f corriente
— **mild steel** n - [metal-prod] acero m dulce corriente
— **practice** n - práctica f, general, or corriente, or común
— **range** n - escala f corriente
— **room temperature** n - [environm] temperatura f ambiente común
— **seepage** n - [hydr] escurrimiento m, or filtración f, corriente, or ordinaria
— **shipping** n - [transp] expedición f, corriente, or acostumbrada
— **specification** n - especificación f corriente
— — **tolerance** n - tolerancia f corriente según especificación(es) f
— **steel** n - [metal-prod] acero m, corriente, or común
— **tap water** n - [hydr] agua m corriente común
— **thickness** n - espesor, común, or corriente
— **tolerance** n - tolerancia f corriente
— **trench** n - [constr] zanja f ordinaria
— — **depth** n - [constr] profundidad f corriente para zanja f
— **tunnel construction** n - [constr] construcción f corriente (de túnel m) con excavación f frontal (y armado m progresivo de revestimiento m metálico)
— **tunneling** n - [constr] horadación f (de tipo m) corriente
— **use** n - uso m, or empleo m, corriente
— **wall thickness** n - [constr] espesor m, corriente para pared f, or de pared f corriente
— — — **pipe** n - [tub] tubería f con pared f con espesor m corriente
— **water** n - [hydr] agua m común
— **watershed** n - [hydr] cuenca f corriente
— **wheel** n - [mech] rueda f, común, or corriente
— — **section** n - [mech-wheels] sección f de rueda f común
— **wrench** n - [tools] llave f corriente (para tuercas f)
ordinate(s) axis n - [geom] eje m de ordenada(s)
— **stress** n - esfuerzo m sobre ordenada f
ordnance n - [milit] . . .; pertrecho m bélico
— **steel** n - [metal-prod] acero m para cañones m
Ordovician n - [geol] ordoviciano m | a - [geol] ordoviciano,na
ore addition n - [metal-prod] adición f, de, or a, mineral m
— **amount** n - [miner] cantidad f de mineral m
—**(s) and concentrate(s) blended mixture** n - [miner] mezcla f homogénea de mineral(es) m y concentrado(s) m
— **assay(ing)** n - [miner] ensayo m, or análisis m, de mineral m
— **bed** n - [miner] yacimiento m de mineral(es) m
— **beneficiation** n - [miner] beneficiación f de mineral m
ore beneficiation plant n - [miner] planta f para beneficiación f de mineral(es) m
— **benefitting** n - [miner] beneficiación f, or beneficio m, de, or para mineral(es) m
— — **training center** n - [miner] centro m para, enseñanza f, or instrucción f, para beneficio m de mineral(es) m
— **bin** n - [metal-prod] tolva f (para entrega f) de mineral(es) m
— — **gate** n - [metal-prod] compuerta f para tolva f para mineral(es) m
— **blanket** n - [metal-prod] capa f de mineral m
— **boat** n - [nav] (barco m para) transporte m para mineral m
— **bridge** n - [metal-prod] puente m grúa para mineral(es) m; (grúa) f pórtico m para parque m para mineral(es) m
— — **cable** n - [metal-prod] cable m para (grúa f) pórtico m para mineral(es) m
— — **crane** n - [metal-prod] see **ore bridge**
— — **rail** n - [metal-prod] riel m para (grúa f) puente m para mineral(es) m
— **bucket** n - [miner] balde m para mineral(es) m; caleza* f
— **charge** n - [metal-prod] carga f de mineral m
— — **column** n - [metal-prod] columna f para carga f de mineral(es) m
— **chute** n - [metal-prod] rampa f, or vertedero m, para mineral(es) m
— **circuit** n - [miner] circuito m para mineral
— — **wear plate** n - [miner] placa f para desgaste m para circuito m para mineral m
— **classification** n - [miner] clasificación f de mineral m
— — **plant** n - [miner] planta f para clasificación f para mineral(es) m
— **classifier** n - [miner] clasificador m para mineral(es) m
— — **classifying** n - see **ore classification**
—**/coke** a - [miner] mineral/coque m
—**/— ratio** n [metal-prod] relación f (entre) mineral m y coque m
— **column** n - [metal-prod] columna f de mineral
— **concentrate** n - [miner] concentrado* m de mineral m
— **concentration** n - [miner] concentración f de mineral • ley f de mineral m
— — **study,dies** n - [miner] estudio(s) m para concentración f de mineral(es) m
— **consumption** n - [metal-prod] consumo m de mineral(es) m
— **content** n - [miner] ley f de mineral m
— **conveyor** m - [miner] (cinta) transportadora f para mineral m
— — **belt** n - [miner] cinta f transportadora para mineral m
— **cost** n - [miner] costo m de mineral m
— — **adjustment** n - [miner] ajuste m de costo m de mineral m
— **crusher** n - [miner] trituradora f para mineral m
— **crushing** n - [miner] trituración f de mineral m
— — **and screening** n - trituración f y cribado m de mineral m
— — — **plant** n - planta f para trituración f y cribado m de mineral m
— — **plant** n - [miner] planta f para trituración f de mineral m
— **delivery bin** n - [metal-prod] tolva f para entrega f de mineral m
— **demand** n - [miner] demanda f de mineral m
— **deposit** n - [miner] yacimiento m, mineral, or minero • [geol] depósito m mineral
— — **exploitation** n - [miner] explotación f de yacimiento m minero m
— — **exploration** n - [miner] exploración f de yacimiento m, minero, or mineral
— **direct reduction** n - [metal-prod] reducción f directa de mineral m
— — — **facility** n - [metal-prod] instalación

f para reducción f directa de mineral m
ore direct reduction process n - [metal-prod] proceso m para reducción f directa de mineral
— **dock** n - [miner] muelle m para mineral(es) m
— **dressing** n - [miner] preparación f de mineral
— — **machinery** n - [miner] maquinaria f para, preparación f, or concentración f, de mineral
— **dust** n - [miner] lama* f
— — **bearing** a - [miner] portador,ra de lama* f
— — — **solution** n - [miner] disolución f portadora de lama* f
— **export** n - [miner] exportación f de mineral m
— — **bonus** n - [miner] subsidio m sobre exportación f de mineral(es) m
— **exportation** n - [miner] exportación f de mineral m
— — **terminal** n - [miner] terminal f para exportación f de mineral m
— **extraction** n - [miner] extracción f de mineral
— — **royalty** n - [fisc] impuesto m sobre extracción f de mineral m
— **financing** n - [miner] financiamiento m de mineral(es) m
— **fine grain size** n - [miner] granulometría f fina de material m
— **fine(s)** n - [miner] fino(s) m (de mineral m)
— —**(s) on hand** n - [miner] fino(s) m de mineral m en existencia f
— —**(s) to be sintered** n - [metal-prod] fino(s) m (de mineral m) a sinterizar(se)
— **furnace** n - [miner] horno m para mineral m
— **grade** n - [miner] calidad f de mineral m
— **grader** n - [miner] clasificador m para mineral(es) m
— **grading** n - [miner] clasificación f de mineral(es) m
— — **plant** n - [miner] planta f para clasificación f de mineral m
— — **size** n - [miner] granulometría f de mineral
— **grinding** n - [miner] trituración f, or molienda f, de mineral(es) m
— **handling** n - [miner] manipuleo m de mineral m • [metal-prod] traspile m de mineral m
— — **equipment** n - [metal-prod] equipo m para, manipuleo m, or traspile m, de mineral(es) m
— — **facility** n - [miner] instalación f para manipuleo m de mineral m - [metal-prod] instalación f para traspile m de mineral m
— **hardness** n - [miner] dureza f de mineral m
— **homogeneization** n - [miner] homogeneización f de mineral m
— **loading** n - [miner] carga f de mineral m
— — **method** n - [miner] método m para carga f de mineral m
— **lump(s)** n - [miner] mineral m grueso; gruesso(s) m en mineral m
— **mass** n - [miner] masa f de mineral m
— **mineral** n - [miner] parte f mineral de, mineral m, or mena f
— **moving** n - [miner] movimiento m, or traspile m, de mineral m
— **output** n - [miner] producción f de mineral m
— **particle** n - [miner] partícula f de mineral m
— — **average size** n - [miner] tamaño m promedio de partícula f de mineral m
— — **size** n - [miner] tamaño m de partícula f de mineral m
— **pellet** n - [metal-prod] pella f de mineral m; mineral m granulado
— **pelletizing study,dies** n - [miner] estudio(s) m sobre peletiziación f de mineral m
— **pending final settlement** n - [miner] mineral n pendiente de liquidación f final
— — **settlement** n - [miner] mineral m pendiente de liquidación f
— **pipe line** n - [miner] tubería f para conducción f de mineral m; ferroducto* m
— **preparation** n - [metal-prod] preparación f de mineral(es) m
— — **station** n - [miner] estación f, or puesto m, or centro m, para preparación f de mineral

ore preparation superintendent n - [metal-prod] jefe m, or ingeniero m, para preparación f de mineral(es) m
— — **yard** n - [metal-prod] parque m, or planta f, para preparación f de mineral(es) m
— **prereduction** n - [miner] prerreducción f de mineral m
— **price** n - [miner] precio m para mineral m
— **processing** n - [miner] procesamiento m de mineral(es) m
— **procurement** n - [miner] adquisición f de mineral(es) m
— **producer** n - [miner] productor m de mineral
— **production** n - [miner] producción f de mineral(es) m
— — **center** n - [miner] centro m para producción f de mineral m
— — **loss** n - [miner] perdida f en producción f de mineral(es) m
— — — **by volatilization** n - [miner] pérdida f en producción f de mineral(es) m por volatilización f
— **pulverization** n - [miner] pulverización f de mineral(es) m
— **ramp** n - [metal-prod] rampa f para minerales
— — **wear plate** n - [metal-prod] chapa f para desgaste m para rampa f para mineral(es) m
— **range** n - [miner] yacimiento m de mineral m
— **reduced price** n - [miner] precio m reducido para mineral m
— **reducibility** n - [metal-prod] reducibilidad* f de mineral m
— **reducing furnace** n - [metal-prod] horno m para reducción de mineral m
— **reduction** n - [metal-prod] reducción f de mineral m
— — **facility** n - [metal-prod] instalación f para reducción f de mineral m
— **replacement** n - [miner] substitución f de mineral m
— **requirement** n - [miner] exigencia f de mineral m • cantidad f de mineral m necesario
— **reserve(s)** n - [miner] reserva(s) f de mineral m
— **resource(s)** n - [minet] recursos m de mineral(es) m
— **sale** n - [miner] venta f de mineral(es) m
— — **on @ market** n - [miner] venta f de mineral(es) (puestos) en mercado m
— **sampling** n - [miner] muestreo m de mineral m
— **screen** n - [miner] criba f para mineral m
— — **mat** n - [metal-prod] malla f para criba f (para mineral m)
— **screening** n - [miner] cribado m, or zarandeo m, de mineral m
— **scrubbing** n - [miner] lavado m de mineral m
— **shipment** n - [miner] embarque m de mineral m
— **shortage** n - [metal-prod] escasez f de mineral m
— **sinter** n - [miner] sínter m, or conglomerado m, de mineral m
— **size** n - [miner] tamaño m, or granulometría f, de mineral m
— — **reduction** n - [miner] reducción f en tamaño de mineral m
— **sizing** n - [miner] clasificación f de mineral m (por tamaños m)
— — **plant** n - [miner] planta f para clasificación f de mineral m (por tamaños m)
— **slurry** n - [miner] lechada f, or pulpa f, de mineral m
— **smelting** n - [miner] beneficio m, or beneficiación f, de mineral m
— **sorter** n - [miner] clasificador m para mineral(es) m
— **source** n - [miner] fuente f, or origen m, de mineral m
— **stock(s)** n - [miner] existencia(s) f de mineral(es) m
— —**(s) at cost** n - [miner] existencia(s) f de mineral(es) a costo m

ore stockyard n - [metal-prod] parque m, or playua f, or depósito n, para mineral(es) m
— **storage** n - [metal-prod] almacenamiento m para mineral(es) m
— — **facility,ties** n - [metal-prod] instalación f para almacenamiento m de mineral(es)
— **supply** n - [miner] abastecimiento m, or existencia(s) f, de mineral(es) m
— **test(ing)** n - [miner] ensayo(s) m, or pruebas f, de mineral(es) m
— **transportation** n - [miner] transporte m de mineral(es) m
— — **method** n - [miner] método m para transporte m de mineral(es) m
— **treatment** n - [miner] tratamiento m para mineral(es) m
— **truck** n - [miner] (auto)camión m para mineral
— **type** n - [miner] tipo m de mineral(es) m
— **use** n - [miner] uso m, or utilización f, or consumo m, or gasto m, de mineral m
— **washing** n - [miner] lavado m para mineral m
— — **plant** n - [miner] lavadero m, or planta f paraz lavado m, de mineral(es) m
— **yard** n - [metal-prod] parque m, or playa f, para mineral(es) m
— — **reclaimer** n - [metal-prod] recogedora para parque m para mineral m
organ bench n - [domest] banco m para órgano m
organic(s) n - [chem] elemento(s) m, or material(es), orgánico(s); materias f orgánicas
— **acid** n - [chem] ácido m orgánico
— **amine** n - [chem] amina f orgánica
— **compound** n - [chem] compuesto m orgánico
— **contaminant** n - [we;d] materia f orgánica, copntaminadora, or contaminante
— **contamination** n - contaminación f orgánica
— — **porosity** n - [metal] porosidad f debida a contaminación f orgánica
— — **porosity resistance** n - [metal] resistencia f a porosidad f debida a contaminación f orgánica
— **material** n - [geol] material m orgánico
— **matter** n - [hydr] materia f orgánica
— — **analysis** n - [hydr] análisis m de materia f orgánica
— **origin** n - [geol] origen m orgánico
— — **siliceous element** n - [geol] elemento m silicoso con origen m orgánico
— **salt** n - [chem] sal f orgánica
— **soil** n - [geol] suelo m orgánico
— **statute** n - [pol] estatuto m orgánico
— **synthetic (matter)** n - [plast] materia f sintética orgánica
organization n - . . . ., fundación f; constitución f • . . . .; organismo m; entidad f • plantel m; empresa f
— **activity** n - [managm] actividad f, de, or para, organización f
— **and start-up expense(s)** n - [accntg] gasto(s) n para organización f y puesta f en marcha f
— **building** n - [managm] desarrollo m de organización f
— **chart** n - [managm] organigrama m; gráfico m de estructura f de organización f; plantilla f, or planilla f, de personal m
— — **box** n - [managm] casilla f en organigrama
— **completion** n - [ind] finalización f, or afinbamiento m, de organización f
— **development** n - [managm] desarrollo m, or crecimiento m, de entidad f
— **expense** n - [legal] gasto(s) m para, constitución f, or organización f
— **for Economic Cooperation and Development** n - [pol] Organización f para Cooperación f y Desarrollo m Económico
— **for European Economic Cooperation** n - [pol] Organismo m paraa Cooperación f Económica Europea
— **frame** n - [managm] marco m para organización f; also see **organization chart**

organization('s) growth n - [managm] crecimiento m de, organización f, or entidad f
— **level** n - [managm] nivel m, de, or en, organización f
— —**(s) principle** n - [managm] principio m de nivel(es) m, de, or en, organización f
— **management** n - administración f de organización f
— — **work** n - [managm] trabajo m administrativo, or función f administrativa, para organización f
— **member** n - [managm] miembro m, or integrante m, or componente m, de organización f
— **need(s)** n - necesidad(es) f de organización f
— **('s) objective(s)** n - [managm] objetivo(s) m de, organización f, or entidad f
— **of Central American States** n - [pol] Organización f de Estados m Centro Americanos; O E C A
— **principle** n - [managm] principio m de organización f
— **service** n - [managm] servicio m para organización f
— **sprawl** n - [managm] extensión f, or alcance m, or desparramiento m, de organización f
— — **sensing** n - [managm] sensación f, or concienia f, de extensión f excesiva, or desparramiento m, de organización f
— **structure** n - [managm] estructura f de organización f; cuadro m orgánico; also see **organization structuring**
— — **activity** n - [managm] see - **organization structuring activity**
— — **development** n - [managm] creación f, or desarrollo m de, organigrama m, or estructuración f de organización f
— — **divisionalizing** n - [managm] subdivisión f, de cuadro m orgánico, or estructura f, orgánica, or de organización f
— **structuring** n - [managm] estructuración f, de, organización f, or entidad f
— — **activity** n - [managm] actividad f para estructuración f de, organización f, or entidad
— — **development** n - [managm] desarrollo m de estructuración f de, organización f, or entidad f
— — — **activity** n - [managm] actividad f para desarrollo m de estructuración f de, organización f, or entidad f
— **study** n - [managm] estudio m de organización
— **tax** n - [fisc] impuesto m, or tributo m, sobre organización f
— **type** n - tipo m de organización f
— **wide** a - que abarca, organización f, or entidad f, or empresa f, íntegra
— — **framework** n - [managm] marco m que abarca, organización f, or entidad f, íntegra
— — **work** n - [managm] trabajo m para organización
— — **approach** n - [managm] enfoque m de trabajo m para organización f
organizational a - . . . .; de organización f; orgánico,ca
— **and start-up expense(s)** n - [accntg] gasto(s) m para organización f y puesta f en marcha f
— **chart** n - [managm] organigrama m; cuadro m para organización f
— **cost(s)** n - [accntg] costo(s) m para organización f
— **efficiency** n - [managm] eficiencia f de organización f
— **expense(s)** n - [accntg] gasto(s) m para organización f
organize @ accounting v - [àccntg] organizar contabilidad f
— **@ administration** n - [managm] organizar administración f
— **around @ personality,ties** v - [managm] organizar en torno a personalidad(es) t
— **@ consumer(s)** v - [econ] organizar consumidores m
— **logically** v - organizar lógicamente

organize @ management v - [managm] organizar administración f
— **@ productivity** v - [ind] organizar productividad f
— **to achieve @ objective(s)** v - [managm] organizar para lograr objetivo(s) m
— **@ work** v - [managm] organizar trabajo m
— **@ — logically** v - [managm] organizar lógicamente trabajo m
organized a - organizado,da; constituido,da • [labor] agremiado(s),da(s)
— **accounting** n - [accntg] contabilidad f organizada
— **administration** n - [managm] administración f organizada
— **around @ personality,ties** a - [managm] organizado,da en torno a personalidad(es) f
— **consumer(s)** n - [econ] consumidor(es) m organizado(s)
— **function** n - función f, or actividad f, organizada
— **management** n - [managm] administración f organizada
— **productivity** n - [ind] productividad f organizada
— **to achieve @ objective(s)** a - organizado,da para lograr objetivo(s) m
— **way** n - forma f organizada
— **work** n - trabajo m organizado
organizer n - . . . . • [legal] propulsor m
organizing n - organización f • [managm] trabajo m para organización f | a - organizador,ra
— **activity** n - [managm] actividad f para organización f
— **committee** n - comisión f organizadora
— **function** n - [managm] función f, organizadora, or para organización f
— — **activity** n - [managm] actividad f (para función f), organizadora, or para organización f
— — **objective(s)** n - [managm] objetivo m de función f, organizadora, or para organización f
— **service** n - [managm] servicio m para organización f
— **work** n - [managm] trabajo m, or tarea(s) f, para organización f
organo-phosphate n - [chem] fosfato m orgánico | a - [chem] fosfato-orgánico,ca
— — **insecticide** n - [chem] insecticida m fosfato-orgánico
orient @ magnetic field v - orientar campo m magnético
— **@ potential** v - [econ] orientar potencial m
— **towards @ consumerism** v - [econ] orientar hacia consumerismo* m
orientating n - orientación f | a - orientativo,va; orientador,ra
— **purpose** adv - a título m orientativo
orientation guide n - manual m para orientación
— **period** n - [labor] período m para orientación
orientator n - orientador m
oriented a - orientado,da • interesado,da; con miras f a
— **electrical steel** n - [metal-prod] acero m, eléctrico, or con grano m, orientado
— **grain** n - [metal-prod] grano m orientado | a - [metal-prod] con grano m orientado
— — **coil** n - [metal-prod] bobina f con, grano m orientado, or control de grano(s) m
— — **electrical steel** n - [metal-prod] acero m eléctrico con grano(s) m orientado(s)
— — — **magnetic strip** n - [metal-prod] banda f, or cinta f, or chapa f, magnética con grano m orientado; fleje m magnético con grano m orientado
— — — **silicon steel** n - [metal-prod] acero m con silicio m con grano m orientado
— — **sheet** n - [metal-roll] lámina f con grano m orientado
— — **steel** n - [metal-prod] acero m con grano m orientado
oriented grain steel sheet n - [metal-roll] lámina f de acero m con grano(s) m orientado(s)
— **potential** n - [Econ] potencial m orientado
— **sheet** n - [metal-lam] lámina f con grano(s) m orientado(s)
— **steel** n - [metal-prod] acero m (con granos m) orientado(s)
— — **sheet** n - [metal-roll] lámina f de acero m con grano(s) m orientado(s)
— **towards consumerism** a - [Econ] orientado,da hacia consumerismo* m
orienting n - orientación f | a - orientador,ra
— **nature** n - carácter m orientador
— **presence** n - presencia f orientadora
orifice calculation n - cálculo m para orificio
— **clogging** n - obturación f de orificio m
— **meter** n - [instrum] medidor m con orificio m
— **metering** n - aforo m con orificio m
— **plate** n - [mech] placa, calibrada, or con orificio m
— — **calculation** n - [instrum] cálculo m para placa f, calibrada, or con orificio m
— — **type meter** n - [instrum] see orifice meter
— **valve** n - [valv] válvula f con orificio m
origin n - . . . . • oriundez f; proviniencia f • fundamento m; raíz f | a - con, procedencia f, or proviniencia f
— **certificate** n - certificado m de origen m
— **country** n - país m de origen m
— **of goods** n - [com] origen m de mercadería f
— — **certificate** n - [com] certificado m de origen de, mercadería f, or mercancía f
— **place** n - lugar m de origen m
— **point** n - punto m de origen m
— **port** n - [transp] puerto m de origen m
original accessory,ries n - accesorio(s) m original(es)
— — **list** n - [ind] lista f de accesorio(s) m original(es)
— **adherence** n - adherencia f original
— **axle component** n - [autom-mech] (pieza f) componente m original para eje m
— **bearing** n - [mech] cojinete m original
— **bed level** n - [hydr] nivel m original de lecho m
— **bench wall** n - [constr] muro m de estribo m original
— **bid** n - [com] oferta f, or propuesta f, original
— **bill of lading** n - [transp] conocimiento m (para embarque m) original
— **brightness** n - [electron] brillantez f, or intensidad f, original
— **brochure** n - [publ] folleto m original
— **buy** n - compra f original
— **buyer** n - [com] comprador m original
— **buying** n - [com] compra f original
— **capacity** n - capacidad f original
— **capital** n - [fin] capital m original
— **car** n - [autom] automóvil m original
— **catalog** n - [com] catálogo m original
— **choke** n - [mech] estrangulador m original
— **component** n - [indd] (pieza f) componente m original
— **construction** n - construcción f original
— **container** n - envase m, or recipiente, original
— **currency** n - [fin] moneda f, original, or de origen
— **design(ing)** n - proyección f original
— **diameter** n - [mech] diámetro m, original, or primitivo
— **document** n - documento m original
— **engine** n - [int.comb] motor m original
— **equipment** n - equipo m original
— — **business** n - [com] venta(s) f de equipo m original
— — **car wheel** n - [autom-mech] rueda f como equipo m original para automóvil m
— — — **cast aluminum wheel** n - [autom-mech] rueda

f de aluminio m colado de equipo m original
original equipment light truck wheel n - rueda f de equipo m original para camión m liviano
— — **manufacturer** n - [ind] fabricante m de equipo m original
— — **market** n - mercado m de equipo m original
— — **requirement(s)** n - exigencia(s) f para equipo m original
— — **rubber** n - [autom-tires] neumático m para equipo m original
— — **sale(s)** n - [com] venta f de equipo m original
— — **tire** n - [autom-tires] neumático m para equipo m original
— — — **manufacturer** n - [autom-tires] fabricante m de neumático para equipo m original
— — **truck wheel** n - [autom] rueda f de equipo m original para (auto)camión m
— — **vehicle** n - [autom] vehículo m con equipo m original
— — **warranty** n - [ind] garantía f para equipo m original
— — **wheel** n - rueda f de equipo m original
— **estimate** n - estimación f, or cálculo m, or presupuesto m, or cotización f, original
— **fitting(s) list** n - [ind] lista f de accesorio(s) m original(es)
— **furnishing** n - provisión f original • equipo m, or accesorio(s) m original(es)
— **groove** n - [weld] ranura f original
— **ground level** n - rasante f, or nivel m, original de suelo m
— — **line** n - [topogr] cota f original de suelo
— **grout(ing)** n - [constr] enlechado m original
— **heat treatment** n - [metal-treat] tratamiento m térmico original
— **investment** n - [fin] inversión f original
— **lading bill** n - [transp] conocimiento m (para embarque m) original
— **language** m - [philol] idioma m, original, or de origen m
— **level** n - nivel m original
— **media car** n - [sports] automóvil m original para (cuerpo m de) periodista(s) m
— **mixing** n - mezcladura f original
— **name** n - nombre m original
— **offer** n - oferta f original
— **order** n - pedido m, or orden f, original
— **outisde diameter** n - diámetro m exterior. original, or inicial
— **package** n - envase m original
— **part** n - [mech] pieza f original
— **pipe thickness** n - [tub] espesor m, or grosor m, original de, or tubo m, or tubería f
— **proposal** n - [com] propuesta f original
— **purchase** n - compra f original
— — **order** n - [com] orden f para compra f original
— **purchaser** n - [com] comprador m original
— **receipt** n - [com] recibo m original
— **record** n - [legal] matriz f
— **remittance** n - [fin] remesa f, or remisión f, original
— — **proof** n - [fin] prueba f, or constancia f, original de remesa f
— — **voucher** n - [fin] comprobante m original para remesa f
— **retail purchaser** n - [com] comprador m usuario original
— **rim** n - [autom-mech] llanta f original
— — **diameter** n - [autom-mech] diámetro m de llanta f original
— **round shape** n - conformación f circular, or redondez f, original
— **roundness** n - redondez f original
— **shape** n - (con)forma(ción) f original
— **shim** n - [mech] calce m, or calza f, original
— **shipping document** n - [transp] documento m original para embarque m
— **size** n - tamaño m original; medida(s) f original(es) • [tub] diámetro m original

original soil n—suelo m, or terreno m, original
— **spacer** n - [mech] separador m original
— **strength** n - fuerza f original • resistencia f original
— **surface** n - superficie f original
— **team** n - [labor] equipo m original
— **term** n - [fin] plazo m original
— **thickness** n—espesor m, or grosor m, original
— **tire** n - [autom-tires] neumático m original
— — **size** n - [autom-tires] medida(s) f de neumático m original
— **ton** n - tonelada f original
— — **capacity** n - [ind] capacidad f original en tonelada(s) f
— **transformer accessory,ries** n - [electr-trans] accesorio(s) m original(es) para transformador m
— **value** n - valor m, original, or primitivo
— **wall thickness** n - espesor m, or grosor m, original de pared f
— **waterway capacity** n - [hydr] capacidad f, original de cauce, or de cauce m original
— **wheel** n - [mech] rueda f original
originally adv - . . .; originariamente
— **furnished** a - provisto,ta originalmente
originate v . . .; iniciar • provenir de
— @ **fault** v - originar falla f
— **from** v - origiar, de, or en
— **in** v - originar en; proceder, or provenir, de
— @ **value** v - originar, valor m, or importe m
— @ **waste(s)** v - [nucl] originar, or producir, residuo(s) m, or desecho(s) m
originated a - originado,da; iniciado,da
— **fault** n - falla f originada
— **value** n - valor m, or importe, originado
— **waste(s)** n - [nucl] desecho(s) m, or residuo(s) m, originado(s), or generado(s)
originating n - originación* f | a - originario,ria; proviniente (de); originado,da
origination n - . . .; originación* f; iniciación f
orn n - see **orange**
ornament n - . . . . • [vest] vestido m
ornamental line n - [print] filete m
ornate a - ornado,da; ornamentado,da; vistoso,sa; aderezado,da • figurado,da
orogenic zone n - [geol] zona f orogénica
orogeny n - [geol] orogenia f
orthogeosyncline n - [geol] ortogeosinclinal n | a - ortogeosinclinal
orthorhombic crystal n - cristal m ortorrómbico
— — **structure** n - estructura f cristalina ortorrómbica
oscillate v - oscilar; . . . . • dar balanceo(s)
— **at @ right angle(s)** v - oscilar en ángulo(s) m recto(s)
— — @ — —(s) **to @ direction of travel** v - oscilar a ángulo(s) m recto(s) con dirección f para avance m
— @ **frequency** v - [electron] oscilar frecuencia
— **properly** v - oscilar apropiadamente
— @ **tone** v - [electron] oscilar tono m
oscillated a - oscilado,da
— **frequency** n—[electron] frecuencia f oscilada
— **properly** a - oscilado,da apropiadamente
— **tone** n - [electron] tono m oscilado
oscillating n - oscilación f | a . . .; oscilador,ra; oscilatorio,ria
— **current** n - [electr-] corriente f oscilante
— **leveler** n - [constr] nivelador m, or emparejador m, oscilante
— **motion** n - movimiento m, oscilante, or oscilatorio
— **shaper** n - [constr-equip] máquina f oscilante para ataluzar
— **smoother** n - [constr-equip] emparejador m oscilante
— **type mold** n - [metal-concast] molde m de tipo m oscilante
oscillation lockout n - [cranes] eliminador m por oscilación f

oscillation(s) per minute n - oscilación(es) f por minuto m
— **width** n - ancho(r) m, or anchura f, de oscilación f
oscillator cabinet n - [electr-instal] caja f, or gabinete m, para oscilador m
— **circuit** n - [electron] circuito m oscilante
— **frequency** n - [electron] frecuencia f para oscilador m
— **option** n - [electron] opción f de oscilador m
— **output** n - [electron] salida f de oscilador m
— — **selection** n - [electron] selección f de salida f para oscilador m
— **selection** n - [electron] selección f de oscilador m
— **signal** n - [electron] señal f de oscilador m
— **tube** n - [electron] tubo m oscilador • válvula f, osciladora, or de oscilador m
oscilloscope n - [instum] osciloscopio m | a - [electron] osciloscópico,ca
— **check(ing)** n - [electron] comprobación f de osciloscopio m | v - [electron] comprobar con osciloscopio m
— **checked** a - [electron] comprobado,da con osciloscopio m
— **connecting** n - conexión f de osciloscopio m
— **connection** n - [electron] conexión, para, or de, osciloscopio m
— **lead** n - [electron] conductor m a osciloscopio m
— — **moving** n - [electron] movimiento m, or traslado m, de conductor m a osciloscopio m
— **line** n - [electron] línea f osciloscópica
— **reading** n - [instrum] lectura f con osciloscopio m
—, **reconnecting**, or **reconnection** n - [electron] reconexión f de osciloscopio m
— **setting** n - [electron] regulación f, para, or de, osciloscopio m
osmotic pressure n - [phys] presión f osmótica
ostentatiously adv - . . .; fastuosamente
other n - . . . | a - . . .; distinto,ta; de otra laya f • restante(s); adicional(es)
— **account(s) payable** n - [accntg] acreedor(es) m vario(s); cuenta(s) f varia(s) por pagar
— —(s) **receivable** n - [accntg] deuedor(es) m vario(s); cuenta(s) f varia(s) por pagar
— **application(s)** n - aplicación(es) f adicional(es); otra(s) aplicación(es) f
— **area(s)** n - otra(s) zona(s) f
— **asset(s)** n - [accntg] otro(s) activo(s) m; activo(s) m vario(s) • bien(es) m, or efecto(s) m restante(s)
— **coating(s)** n - recubrimiento(s) m, varios, or distinto(s); otro(s) recubrimiento(s) m
— **code** n - otro código m; código m distinto
— **color** n - otro color m; color m distinto
— **component(s)** n - otro(s) m (elementos m) componente(s); (elemento componente m distinto
— **consideration(s)** n—otra(s) consideración(es) f; consideración(es) f distinta(s)
— **country,ries** n - [pol] otro(s) m país(es) m' país(es) m distinto(s)
— **creditors** n - [accntg] acreedores m varios; otro(s) acreedor(es) m
— **currency** n - [fin] otra f moneda; moneda f distinta
— **debtor(s)** n - [accntg] otro(s) deudor(es); deudores m varios • deuodor(es) n distinto(s)
— **device** n - otro dispositivo m; dispositivo m distinto
— **diameter(s)** n - diámetro(s), vario(s), or distinto(s), or adicional(es)
— **end** n - otro extremo; extremo m distinto
— **equipment** n - [ind] otro equipo m; equipo m distinto
— — **manufacturer** n - [ind] otro fabricante m de equipo m • fabricante m original de equipo
— — — **catalog** n - [ind] catálogo de fabricante m original de equipo m
— **expenses** n—otros gastos m; gastos m varios
— **function** n - otra función f; función f, distinta, or restante
other grade n - otra calidad f; calidad f distinta
— — **stainless steel** n - [metal-prod] acero m inoxidable de, otra calidad f, or calidad f distinta
— — **steel** n - [metal-prod] acero m de, otra calidad, or de calidad f distinta
— **income** n - [accntg] ingreso(s) m distintos m • ingreso(s) m varios; otro(s) ingreso(s) m
— **industry** n - otra industria f; industria f distinta
— **information** n - información f, distinta, or adicional; otra información f
— **instruction(s)** n - instrucción(es) f, distinta(s), or restante(s)
— **lead(s)** n - [electr=instal] conductor(es) m, distinto(s), or restante(s)
— **level(s) management position(s)** n - [managm] cargo(s) m administrativo(s) en nivel(es) m, distinto(s), or restante(s)
— **liability,ties** n - [accntg] otro(s) pasivo(s) m; pasivo(s) n vario(s)
— **lining(s)** n - otro(s) revestimiento(s) m; revestimiento(s) m distinto(s)
— **loss(es)** n - otra(s) périda(s) f; pérdida(s) f varias • [fin] otro(s) quebranto(s) m; quebranto m vario(s)
— **management position** n - [managm] otro cargo m administrativo; cargo m administrativo, restante, or distinto
— **material** n - otro material m; material m, distinto, or diferente, or restante
— **mean(s)** n - otro(s) medio(s) m; medio(s) m distinto(s)
— **open arc welding (type)** n - [weld] soldadura f por arco m de, otro(s) tipo(s) m, or de tipo(s) m distinto(s)
— **operation(s)** n - operación(es) f restante(s)
— —(s) **completion** n - terminación f, or finalización f, de operación(es) f restante(s)
— **parte** n - otro m • otra parte f
— **piece** n - otra pieza f; pieza f restante
— **procedure** n - procedimiento m distinto
— **protection** n - otra protección f; protección f distinta
— **reason(s)** n - otra(s) razón(es) f; razón(es) f de, otro tipo m, or otra laya f
— **run** n - [ind] otra partida f; partida f distinta
— **selling** n - [com] otra(s) venta(s); venta(s) f, distinta(s), or restante(s)
— **setting(s)** n - [mech] otra regulación f; regulación f, distinta, or restante
— **shape(s)** n - [mech] otra(s) configuración(es) • configuración(es), distinta(s), or varia(s)
— **side** n - otro lado m; lado m, opuesto, or contrario; cara f opuesta • [weld] lado m opuesto a flecha f
— **state(s)** n - [pol] otro(s) estado(s) m; estado(s) m, distinto(s), or vario(s)
— **test(s)** n - otro(s) ensayo(s) m; ensayo(s) m distinto(s)
— **than** adv - . . .; otro,ra que; aparte de
— — **low hydrogen electrode(s)** n - [weld] electrodo(s) m no con hidrógeno m bajo
— — **@ right angle** n - ángulo m, otro, or distinto, que recto m
— — **standard** a - otro,ra que, estándar, or según norma f
— — — **color** n - color m, otro, or distinto, que, estándar, or de norma f
— **type(s)** n - otro(s) tipo(s) m; tipo(s) m distinto(s)
— —(s) **electrode(s)** n - [weld] electrodo(s) de otro(s) tipo(s)
— **variable(s)** n - otra(s) variable(s); variable(s) f restante(s)
— **voltage(s)** n - [electr-distrib] otro(s) voltaje(s) m; voltaje(s) m distinto(s)
— —(s) **available** n - [lectr] otro(s) volta-

je(s) m disponible(s) | adv - poder(se) obtener para, otro(s) voltaje(s), or voltaje(s) m distinto(s)
other voltage(s) available at extra charge adv - poder(se) obtener para, otro(s) voltaje(s), or voltaje(s) m distinto(s), con recargo m en precio m
— —(s) — — no extra charge adv - poder(se) obtener para, otro(s) m voltaje(s) m, or voltaje(s) m distinto(s), sin recargo en precio m
others n - otros m; otras personas f; tercero(s) m | a - ajeno,na(s); de terceros m
—('s) effort(s) n - esfuerzo(s) m, de otro(s), or tercero(s) m; or ajeno(s)
otherwise adv - . . . ; contrariamente; por otra parte f • de no proceder(se) así • en contra
— implied a - [legal] implícito,ta en, otra forma f, or forma f distinta
— specified a - especificado,da, de otra manera, or de contrario n
Otto Cross racing team n - [sports] equipo m para carrera(s) Otto Kross
our drawing n - [drwng] plano m, nuestro, or de proveedor m
— order n - [com] pedido m nuestro; orden f nuestra
— reference n - referencia f nuestra
out-and=down outrigger n - [cranes] estabilizador m con movimiento m hacia afuera y abajo
— conveyor n - [mech] (cinta) transportadora f para salida f
— in front adv - en delantera f
— leading track n - [rail] vía f para salida f
— movement n - movimiento m hacia afuera
— of @ action adv - fuera de acción f
— adjustment adv - fuera de ajuste m
— — — (brush)holder n - [electr-mot] portaescobilla(s) m fuera de ajuste m
— — — spring n - [mech] resorte m, or muelle m, fuera de ajuste m
— — alignment n - desalineación f | a - desalineado,da; mal alineado,da
— — equipment n - [mech] equipo m, desalineado, or fuera de alineación f
— — — heavy equipment n - [ind] equipo m pesado, desalineado, or fuera de alineación f
— — machine n - [ind] máquina f, desalineada, or fuera de alineación f
— — — machinery n - [ind] maquinaria f, desalineada, or fueraa de alineación f
— — balance a - fuera de equilibrio m; en desequilibrio m; desequilibrado,da
— — — armature n - [electr-mot] armadura f, fuera de equilibrio m, or en desequilibrio m, or desequilibrada
— — — blade n - [mech-fans] paleta f, fuera de equilibrio m, or en desequilibrio m, or desequilibrada
— — —-center a - descentrado,da
— — — deviation n - [constr] desviación f admisible en descentrado m
— — contention adv - fuera de combate m
— — control adv - fuera de, gobierno m, or control* m
— — @ country adv - fuera de país m; en exterior m
— — —doors adv - a intemperie f also see outdoor
— — — weld(ing) n - [weld] soldadura f en intemperie f
— — fuel adv - [combust] sin combustible
— — —-guaranty adv - fuera de garantía f
— — — repair n - reparación f fuera de garantía f
— — —-line a - [mech] desalineado,da; descentrado,da
— — —-operation adv - fuera de operación f
— — — @ ordinary a - excepcional • desusado,da
— — —-parallel a - fuera de, paralelo m, or paralelismo m
— — — @ place adv - fuera de sitio m
— — — plane adv - fuera de plano m
out-of-plane to each other a - [chains] inclinado,da(s), or con inclinación f, entre sí
out of plumb a - desplomado,da; fuera de plomo m
— — — equipment n - [ind] equipo m desplomado
— — — machine n - [mech] máquina f desplomada
— — — machinery n - [mech] maquinaria f desplomada, or fuera de plomo m
— —-pocket cost(s) n - costo m, erogado, or desembolsado
— — —-position a - [weld] posición(es) f otra(s) que plana f | [adv] fuera de posición f
— — — application n - [weld] aplicación f fuera de posición f
— — — electrode n - [weld] electrodo m (para soldadura f) fuera de posición f
— — — quality n - [weld] calidad f de soldadura f fuera de posición f
— — — weld(ing) n - [weld] soldadura f, fuera de posición f, or en posición f fuera de plana
— — — — electrode n - [weld] electrodo m para soldadura f fuera de posición f
— — — work n - [weld] trabajo m, or soldadura f, fuera de posición f, or en posición f otra que plana f
— — — X-ray quality weld(ing) n - [weld] soldadura f fuera de posición f con calidad f para inspección f con rayos-X
— — — print a - [publ] agotado,da
— — of @ race a - [sports] fuera de carrera f
— — reach adv - fuera de alcance m
— — — ventilator n - [constr] ventilador m fuera de alcance m
— — round n - [mech] ovalamiento m; ovalidad f | adv - no redondo,da; falto de redondez; deformado,da
— — — armature n - [electr-mot] armadura f no redonda
— — — armature shaft n - [electr-mot] árbol m no redondo para armadura f
— — — indication n - indicación f de falta f de redondez f
— — —-shaft n - [electr-mot] árbol m, no redondo, or falto de redondez f
— — — tolerance n - [tub] tolerancia f para, falta f de redondez f, or ovalidad f, or ovalamiento
— — schedule n - fuera de programa m • [sports] fuera de hora f
— — @ series a - fuera de serie f
— — — shape n [metal-roll] perfil m fuera de serie f
— — service a - fuera de servicio m; radiado,da*
— — —-shape a - deformado,da • desbarajustado,da
— — —-specification a - fuera de especificación(es) f
— — — square(ness) a - fuera de escuadra f
— — — tolerance n - [mech] tolerancia f en fuera f de escuadra f
— — —-state a - fuera de estado m; de otro(s) estado(s) m
— — stock a - [com] agotado,da
— — @ turn adv - [autom-mech] en sentido m contrario al en que se está virando
— — @ track a - [mech-fans] fuera de camino m
— — —-warranty a - fuera de garantía f
— — — repair n - reparación f fuera de garantía f
— position n - [mech] posición f extendida
—-qualify v - sobreponer(se); imponer(se)
— there adv - (allí, or allá,) afuera
— to sea adv - mar adentro
— tough v - [fam] sobreponer(se); resistir más que
outage n - [electr-distrib] corte m
outboard a - fuera de bordo,da; • exterior
— bearing n - [mech] cojinete m, or chumacera f, exterior
— tire n - [autom-tires] neumático m hacia, afuera, or exterior m, de curva f

outbound

outbound a - . . .; saliente
— **measurement** n - [comput] medida f, saliente, or en salida f
— **river shipment** n - [nav] embarque m fluvial salido
— **shipment** n - [transp] embarque m saliente
— **train** n - tren m, ascendente, or hacia afuera
outcome n - . . .; consecuencia f
outcropped a - [geol] aflorado,da
outcropping n - [geol] afloramiento m; crestón m
outdated a—. . .; desactualizado,da; vencido,da
— **product** n - [com] producto m, vencido, or desactualizado
— — **display** n - [com] estante m anticuado, or vitrina f anticuada, para exhibición f de producto(s) • exhibición f de producto(s) m anticuado(s)
outdistance v - . . .; aventajar
outdistanced a - distanciado,da; aventajado,da
outdistancing n distanciamiento m; aventajamiento m • ventaja f
outdo v - . . . • [sports] echar tierra f
outdoor n—intemperie f | a - . . .; exterior; en aire m libre
— **facility** n - [ind] instalación f exterior
— **identification** n - [com] identificación f exterior
— **installation** n - [ind] instalación f, exterior, or puerta(s) f afuera, or en intemperie
— **insulated power transformer** n - [electr-distrib] transformador m para potencia para puerta(s) f afuera con aislación f
— — **transformer** n - [electr-distrib] transformador m para puerta(s) f afuera con aislación
— **life** n - vida f en aire m libre
— **line** n - [tub] tubería f exterior
— **liquid insulated power transformer** n - [electr-distrib] transformador m para potencia f para puerta(s) f afuera con aislación f por medio de líquido m
— — — **transformer** n - [electr-distrib] transformador m para puerta(s) f afuera con aislación f por medio de líquido m
— **living** n - vida f en aire m libre
— **paint** n - [paint] pintura f (para) exterior m
— **panorama** n - panorama m exterior
— **performance** n - [ind] desempeño m, or rendimiento m, fuera de planta f
— — **test(ing)** n - [ind] ensayo m fuera de planta f para determinar rendimiento m
— **power transformer** n - [electr-distrib] transformador m para potencia f para puerta(s) f afuera
— **recreation** n - [sports] deporte m, or recreación f, or actividad f deportiva, or actividad f recreativa, en aire m libre
— **recreational living** n - vida f recreativa en aire m libre
— **run** n - [electri-instal] tramo m exterior
— **sport(s)** n - [sports] deporte m en aire m libre
— **structural erection** n - [constr] montaje m estructural en intemperie f
— **surface** n - superficie f bajo cielo m abierto
— **test(ing)** n - ensayo m, or prueba f, en intemperie f • [ind] ensayo m fuera de planta f
— **track** n - [rail] vía f exterior, or bajo cielo m abierto
— **transformer** n - [electr-distrib] transformador m para, intemperie f, or puertas f afuera
— **type** n - tipo m, exterior, or para intemperie
— — **transformer** n - [electr-distrib] transformador m de tipo m para puerta(s) afuera
outdoors n - aire m libre; intemperie f • a - puerta(s) f afuera; en, aire m libre, or intemperie f, or raso m; fuera de edificio(s) m
outer angle n - ángulo m exterior
— **arris** n - arista f, exterior, or externa
— **ball ring** n - [mech-bearings] aro m portabola(s) exterior
— **bay** n - [constr] nave f exterior

outer ball race n - [mech-bearings] ranura f exterior para bola(s) f
— **bearing** n - [mech] cojinete m exterior
— — **cone** n - [mech-bearings] cono m, para cojinete m exterior, or exterior para cojinete
— — — **back face** n - [mech] respaldo m para cono m exterior para cojinete m
— — — **cup** n - [mech-bearings] pista f, exterior para cojinete m, or para cojinete exterior
— — **race** n - [mech-bearings] ranura f exterior en cojinete m
— — **spacer** n - [mech-bearings] separador m exterior para cojinete m
— **bolt** n - [mech] perno m exterior
— **diameter** n - [mech] diámetro m, exterior de perno, or de perno m exterior
— **boom** n - [cranes] aguilón m exterior
— **bushing** n - [mech] buje m exterior
— — **diameter** n - [mech] diámetro m, exterior de buje m, or de buje m exterior
— **cap** n - [mech] tapa f, or casquete m, exterior
— **coating** n - recubrimiento m exterior
— **commutator end** n - [electr-mot] extremo m de colector m exterior
— **cone** n - [mech] cono m exterior
— **cover** n - cubierta f exterior
— **curve** n - curva f exterior
— **cylinder** n - [mech] cilindro m exterior
— **diameter** n—diámetro m, exterior, or externo
— **dust cap** n - [mech] tapa f, or casquete m, exterior contra polvo m
— **edge** n - borde m exterior
— **end** n - extremo m exterior
— **element** n - elemento m exterior
— — **dust cap** n - [electr-mot] tapa f guardapolvo(s) para extremo m exterior
— **face** n - extradós m • [weld] superficie f (exterior)
— — **in tension** n - [weld] superficie f, bajo, or en, tensión f
— — **stressed in tension** n - [weld] superficie f en tensión f
— **fill erosion** n - [constr] erosión f de relleno m exterior
— **filter** n - filtro m exterior
— **finishing** n - terminación f, or acabado m, exterior
— **fluid cylinder** n - [petrol] cilindro m exterior para fluido(s) m
— **flux cone** n - [weld] cono m exterior para fundente m
— **heat zone** n - [weld] zona f exterior con calor m
— **insulation** n - [electr-cond] aislación f exterior
— **jacket** n - chaqueta f, or camisa f, exterior • [electr-cond] vaina f exterior
— — **outside** n - (lado) exterior m de chaqueta f exterior
— **lap** n - [mech] traslapo m exterior
— **layer** n - [cabl] capa f, exterior, or externa, or para cubierta f • [petrol] capa f exterior
— — **wire** n - [cabl] alambre m en capa f exterior
— **line** n - línea f exterior
— **loop** n - espira f exterior • [roads] ruta f exterior para circunvalación f
— — **hook** n - [mech] gancho m en espira f exterior
— **motor end** n - [electr-mot] extremo m exterior de motor m
— — — **dust cap** n - [electr-mot] tapa f, or casquillo m, guardapolvo(s) para extremo m exterior de motor m
— **mounting screw** n - [mech] tornillo m, exterior para montaje, or para montaje m exterior
— **neoprene sheath(ing)** n - [electr-cond] vaina f exterior de neopreno m
— — **sheeting** n - [electr-cond] recubrimiento

exterior de neopreno m
outer nozzle n - [metal-prod] buza f externa • casquillo para buza f externa
— **nut** n - [mech] tuerca f exterior
— **packing** n - envoltorio m exterior • [mech] empaquetadura f, or guarnición f, exterior
— **perimeter** n - perímetro m exterior
— **pinion bearing** n - [mech] cojinete m exterior para piñón m
— **pipe wall** n - [tub] pared f exterior de, tubo m, or tubería f
— **plaster** n - [constr] revoque m, or enlucido m, exterior
— **race** n - [mech-bearings] pista f, or guiadera f, or collar m, or ranura f, exterior
— — **tapping** n - [mech-bearings] golpeteo m de pista f exterior
— **radius** n - radio m, exterior, or externo
— **rail** n - [rail] riel m, or carril m, exterior
— **rim** n - borde m exterior
— **ring** n - [mech-bearings] aro m, or anillo m, (portabolas) exterior • anillo m exterior para rodamiento m
— — **ball race** n - [mech-bearings] ranura f (para bolas f) en aro m exterior
— **route** n - [roads] ruta f exterior
— **screw** n - [mech] tornillo m exterior
— **sheath(ing)** n—[electr-cond] vaina f exterior
— — **insulation** n - [electr-cond] aislación f de vaina f exterior
— **sheave** n - [mech] polea f exterior
— **sheeting** n - [mech] revestimiento m exterior
— **shoulder** n - [autom-tires] reborde m exterior
— **snap ring** n - [mech] anillo m, circular, or con resorte m, exterior
— — **installation** n - [mech] instalación f, or colocación f, de anillo m, circular, or con resorte m, exterior
— **spacer** n - [mech] separador m exterior
— — **ring** n - [mech] aro m, or anillo m, separador exterior
— **spring** n - [mech] resorte m, or muelle m, exterior
— **spray** n - [hydr] riego m, or rociadura f, exterior
— — **ring** n - [metal-prod] aro m, or anillo m, para, riego m, or rociadura f, exterior
— **strand** n - [cabl] cordón m exterior
— **surface** n - superficie f, or cara, exterior, or externa
— — **plaster** n - [constr] revoque m, or enlucido m, (de pared f) exterior
— **tread** n - [autom-tires] franja f, or parte f, exterior de banda f para rodamiento m
— **turf** n - cesped m exterior
— **turn** n - [metal-roll] espira f exterior
— **vertical wall** n - [constr] pared f vertical exterior
— **wall** n - [constr] pared f exterior
— — **finishing** n - [constr] acabado m, or terminación f, de pared f exterior
— — **surface** n - [constr] superficie f de pared f exterior
— **wheel** n - [mech] rueda f exterior
— **wire** n - [cab;] alambre m, exterior, or para cubierta f
— — **layer** n - [cabl] capa f exterior de alambre(s) m
— **wrapping** n - envoltorio m exterior
outerbelt freeway n - [roads] supercarretera f (exterior) para circunvalación f
outfall n - . . .; descarga • [hydr] tubería f para descarga f; vertedero m
— **ditch** n - [hydr] zanja f para descarga f
— **end finish** n - [tub] terminación f para (tubo m para) descarga f
— **installation** n - [hydr] instalación f, or colocación f de (tubo m para) descarga f
— **line** n - [hydr] tubo m, or tubería f, or línea f, para, descarga f, or salida f, or vertimiento m

outfall sewer n - [sanit] cloaca f para descarga f
— — **discharge** n - [sanit] cloaca f para descarga f
— — **structure** n - [constr] estructura f para descarga f
outfield n - [sports] zona f fuera de pista f
outfit n - . . .; conjunto m de, utensilio(s) m, or accesorio(s) m; utillaje m • [mech] juego de herramienta(s) f; útiles m • [ind] tren m | v - proveer. or dotar, con • habilitar
outfitted a - provisto,ta, or dotado,da, con
outfitting n - provisión f, or dotación f, con • [ind] habilitación f
— **credit** n - [fin] crédito m para habilitación
outflow n - . . .; descarga f • [hydr] corriente f emanante; rebalse m; avoid efluente* m
— **control** n - [hydr] regulación f de rebalse m
— **level** n - [hydr] nivel m de rebalse m
outflowing n - [hydr] rebalse m | a - rebalsante
— **acid** n - ácido m rebalsante
— **temperature** n - [sanit] temperatura f de ácido m rebalsante
— **water** n - [hydr] agua m rebalsante
— **turbidity** n - [hydr] turbieza f, or turbiedad f, de agua m rebalsante
outgoing a - eferente; para salida f
— **flow** n - [hydr] flujo m eferente
— **circuit conduit** n - conducto m para circuito m para salida f
— **code** n - [comput] código m para salida f
— **conductor block** n - [weld] bloque m conductor para salida f
— **connection** n - [electr-instal] conexión f para salida f
— **control lead** n - [electr-instal] conductor m, eferente, or para salida f, para regulación f
— — **wiring** n - [electr-instal] encablado* m, or conductores m, eferente(s), para regulaciçon f
— **current intensity** n - [electr-oper] intensidad de corriente,f eferente, or para salida f
— **end** n - extremo m para salida f
— **flow** n - caudal m, aferente, or para salida f
— **gas** n - gas m, eferente, or saliente
— **reverse current** n - contracorriente f de gas(es) m, eferente(s), or de salida f
— **guide** n - [mech] guía(dera) f de salida f
— **insert** n - [weld] suplemento m para guíadera f para salida f; tapón m horadado para guía(dera) f para salida f
— — **tube** n - [mech] tubo m guía(dor) para salida f
— — — **insert** n - [weld] tapón m horadado para guia(dor) m para salida f
— **guiding tube** n - [mech] tubo m guiador para salida f
— **lead** n - [electr-instal] conductor m, eferente, or para salida f
— **line** n - línea f, eferente, or para salida f
— **live circuit** n - [electr-instal] circuito m para línea f para salida f
— **material(s)** n - [accntg] material(es) m salido(s) • salida f de material(es) m
— **numerical code** n - [comput] código m numérico para salida f
— **power connection** n - [electr-distrib] conexión f para salida f de, energía f, or fuerza f motriz
— **signal** n - [comput] señal f para salida f
— **speed** n - [mech] velocidad f para salida f
— **temperature** n - temperatura f en salida f
— **trough** n - [mech] canaleta f para salida f
— **tube clamping screw** n - [mech] tornillo m para sujeción f para guiadera f para salida f
— **valid signal** n - [comput] señal f válida para salida f
— **wire** n - [electr-instal] conductor m eferente • [weld] alambre m para salida f
— — **guide** n - [weld] guía f para salida f de alambre m
— **wiring** n - [electr-instal] encablado m, or conductor(es) m, eferente(s), or para salida f

outlast @ normal life v - [safety] dar vida f útil más larga
outlay n—. . .; erogación f • costo m; precio m
outlet n - . . .; sección f para salida f; boca f para escape m; descarga f • surtidor m • [petrol] boca f para descarga f • [electr-instal] tomacorriente m; base f para enchufe m • derivación f • [hydr] boca f, or tubo m, or conducto m, para salida f • [mech] respiradero m • [com] comercio m, or establecimiento m para, venta f (a detalle), or distribución f
— **air flow** n - caudal m de aire m en salida f
— **air pressure** n - [pneum] presión f de aire en salida f
— — **temperature** n - temperatura f de aire en salida f
— **appearance** n [com] apariencia f de, establecimiento m, or comercio m (para venta(s) f)
— **assembly** n - [tub] conjunto n, de, or para, descarga f
— **blocking system** n - sistema m para bloqueo m de salida f
— **box** n - [electr-instal] caja f para salida f; boca f para conexión f
— **channel** n - [hydr] cauce m para salida f
— — **tailwater** n - [hydr] agua m de salida f en cauce m para desagüe m
— **circuit** n - [electr-instal] circuito m para tomacorriente(s) m
— **condition** n - condición f en salida f
— **configuration** n - [constr] configuración f de salida f
— **connection** n - conexión f para salida f
— — **check(ing)** n - verificación f de conexión f para salida f
— — **packer** n - [mech] obturador m para conexión f para salida f
— **control** n - [hydr] regulación f, de, or en, salida f | v - [hydr] regular en salida f
— — **culvert** n - [constr] alcantarilla f con regulación f en salida f
— — **flow** n - [hydr] caudal m, or corriente f, con regulación f en salida f
— — — **chart** n - tabla f, or cuadro m, de gasto(s) m para regulación f en salida f
— — **headwater** n - [hydr] (profundidad f, or altura f de) agua m para entrada f con regulación f en salida f
— — — **depth** n - [hydr] (profundidad f de) aguaa m para entrada f con regulación f en salida f
— — **nomograph** n - [hydr] nomograma m para regulación f para salida f
— **controlled** a - [hydr] regulado,da en salida f
— **controlling** n - [hydr] regulación f en salida f
— **crown** n - [constr] corona f para salida f
— **design(ing)** n - [constr] proyección f de sección f para salida f
— **ditch** n - [constr] zanja f, or acequia f, para, desagüe m, or salida f, or descarga f
— **drain** n - [hydr] desagüe m para descarga f
— **edge** n - [hydr] borde m de descarga f
— — **geometry** n - [hydr] conformación f de borde m de descarga f
— **elbow** n - [tub] codo m para, salida f, or descarga f
— — **gasket** n - [int.comb] guarnición f para codo m para salida f
— **end** n - extremo m para, salida f, or descarga f • extremo m para derivación f
— — **treatment** n - [constr] tratamiento m, or procedimiento m, para extremo m para salida f
— **fitting** n - [mech] accesorio m para salida f
— **flow** n - [hydr] caudal m en salida f
— **geometry** n - [constr] conformación f, or medida(s) f, or geometría f, para salida f
— — **hopper** n - colector m, or tolva f, para salida f
— **hydraulic pipe** n - [tub] tubo m hidráulico, or tubería f hidráulica, para salida f

outlet improvement n - [hydr] mejoramiento m de salida f
— **lead** n - [electr-instal] conductor m, or cable m, para salida f
— **loss** n - [turb] pérdida f en salida f
— **measurement(s)** n - [constr] medida(s) f para salida f
— **oil line** n - [int.comb] tubo m para salida f. de aceite m
— **packer** n - [mech] obturador m para salida f
— **part** n - [mech] pieza f para salida f
— **pipe** n - [tub] tubo m, or tubería f, para salida f
— **ponding** n - [hydr] embalse m en salida f
— **port** n - orificio m para, salida f, or escape f
— **pressure** n - presión f en (tubería f) para salida f
— — **measurement** n - medida f de presión f en salida f
— — **measuring** n - medición f de presión f en salida f
— — — **connection** n - conexión f para medición f de presión f en salida f
— **protection** n - [hydr] protección f para salida
— **side** n - [hydr] lado m, or costado m, or extremo m, para, salida f, or descarga f
— **structure** n - [constr] estructura f para salida f
— **support** n - [constr] soporte m para salida f
— **(s) system** n - [electr-instal] red f de tomacorrientes m
— **tube cap** n - [tub] tapón m para tubo m para, salida f, or descarga f
— **type** n - tipo m de salida f
— **undermining** n - [hydr] socavación f en salida
— **valve** n - [valv] válvula f para salida f
— **velocity** n - [hydr] velocidad f en salida f
— — **computation** n - cálculo m, or cómputo m, de velocidad f en salida f
— **vicinity** n - [constr] cercanías f de salida f
outline n - . . .; silueta f; rasgo m; línea(s) f general(es); delineación f; planteamiento m • esquema m • compendio m; reseña f; indicación f • esqueleto m | v - . . .; diseñar; reseñar • exponer; plantear; indicar • bosquejar; compendiar • contornear • establecer
— **drawing** n - [drwng] dibujo m de, líneas, or trazos m; dibujo m, or plano m, de contornos, or distribución f; bosquejo m
— **@ image** v - destacar(se) imagen f
— **sharpness** n - [drwng] nitidez m de contorno m
outlined a - delineado,da; reseñado,da; trazado,da; esbozado,da • indicado,da • establecido,da
— **procedure** n - procedimiento m, esbozado, or establecido
outlining n - delineación f; reseña f; indicación f • establecimiento m
outlook n - . . .; panorama m • viso m; atisbo m
outlying a - . . .; alejado,da
— **area** n - zona f, alejada, or distante
— **district** n - [pol] zona f suburbana
— **point** n - punto m, alejado, or distante
— **spot** n - punto m, alejado, or distante
outpatient department n - [medic] consultorio m externo
outperform v - rendir, or durar, más; tener rendimiento m mayor
output n - . . .; tasa f • fabricación f; volumen m • intensidad f • salida f; producto m • [electr-prod] intensidad f de corriente f de salida f; energía f, or corriente f, producida • [weld] corriente f para trabajo m • [mech] . . .; salida f, or aportación f, de fuerza f • [comput] salida f • [fin] emisión f | a - productivo,va
— **accumulation** n - acumulación f de, producto m, or producción f
— **adjustment** n - [weld] regulación f, or ajuste m, de corriente f para salida f
— **amperage** n - [electr-prod] amperaje m de sa-

lida f
output amperage range n - [electr-prod] escala f, or límite(s) f, de amperaje(s) m de salida f
— amperes n - [electr] amperaje m de salida f
— amphenol n - [weld] base f para enchufe m polarizado para salida f
— audio n - [electron] señal f audible para salida f, or para salida f audible
— balance n - [electron] equilibrio m de salida f
— balancing n - [electron] equilibrio m en salida f
— barrier n - [electron] barrera f para salida f
— — strip n - [electr-instal] tira f de barrera(s) f para salida f
— boosting n - aumento m de, salida, or producción f
— by-pass condenser n - [electr-prod] condensador para derivación f de corriente de salida
— cable n - [electr-instal] cable m, or conductor m, para salida f
— — assembly n - [electr-cond] conjunto m de cable(s) m para salida f
— — connected to @ stud n - [weld] conductor m para salida f conectado a borne m
— — connection n - [weld] conexión f de conductor m para salida f
— — — to @ stud n - [weld] conexión f de conductor m para salida f a borne m
— — disconnected from @ stud n - [weld] conductor m para salida f desconectado de borne m
— — disconnection n - [weld] desconexión f de conductor m para salida f
— — — from @ stud n - [weld] desconexión f de conductor m para salida f de borne m
— — size n - [electr-prod] diámetro m de, cable m, or conductor m, para salida f
— capacity n - capacidad f para salida f • [ind] capacidad f, productiva, or para producción f
— change n - [electron] cambio m en salida f
— changing n - [electron] cambio m en salida f
— characteristic n - [weld] característica f de (corriente f de) salida f
— — curve n - [electr] curva f característica de (corriente f de) salida f
— check(ing) n - [electr-prod] verificación f de producción f
— circuit n - [electr-instal] circuito m para salida f
— code n - [comput] código m para salida f
— coil n - [electr] bobina f para salida f
— condition n - [electron] condición f para salida f
— conductor n - [electr-instal] conductor m para salida f
— configuration n - [comput] configuración f para salida f
— connection n - [weld] conexión f para salida f
— — diagram n - [weld] diagrama m de conexión(es) f para salida f
— — instruction(s) n - [electr-instal] instrucción(es) f para conexión f para salida f
— contactor n - [weld] interruptor m automático, or contactador* m, para (corriente f para) salida f
— — circuit n - [electr-instal] circuito m para, interruptor m automático, or contactador* m, para salida f
— — model n - [weld] modelo m con, interruptor m automático, or contactador* m, para salida
— control n - [electr-prod] regulación f de corriente f de salida f; reóstato m para voltaje m • [weld] regulación f para corriente f para soldadura f • regulador m para corriente f de salida f • reóstato para voltaje m
— current n - [electr-prod] corriente f, or energía f, producida, or salida • [weld] amperaje m para salida f
— — dial n - [instrum] cuadrante m indicador, or esfera f indicadora, para corriente f para salida f

ouput current limit n - [electr] límite m para corriente f para salida f
— — limitation n - [electr] limitación f para corriente f para salida f
— — pointer n - [weld] puntero m, or indicador m, para amperaje m para salida f
— — range n - [electr] escala f de amperaje(s) m para salida f
— data n - [electron] dato(s) m sobre salida f
— drive n - [comput] impulsión f para salida f
— drop n - caída f en producción f
— duty cycle n - [weld] factor m de utilización
— end n - [mech] extremo m para, salida f, or aportación f
— — metallurgical value n - [metal-prod] valor m metalúrgico en extremo m para salida f
— expansion n - [ind] ampliación f de producción
— frequency n - [electron] frecuencia f para salida f
— function n - [electron] función f para salida
— filter n - [electr-prod] filtro m para, producción f, or salida f
— — choke n - [electr] estabilizador f, or estrangulador m, para filtro m para salida f
— gear n - [autom-mech] engranaje m para salida f (de fuerza f)
— horsepower n - [mech] potencia f en salida f
— impedance n - [comput] impedancia(s) f en salida f
— increase n - [ind] aumento m en producción f
— index n - [ind] índice m para producción f
— inverter n - [electr-equip] inversor m para salida f
— isolation n - [electron] aislación f para salida f
— — transformer n - [electron] transformador m para, aislación f, or aislamiento m, para salida f
— keying n - [electron] manipulación f para salida f
— lead n - [electr-distrib] conductor m para salida f
— — clamp n - [weld] sujetador m para conductor m para salida f
— — disconnection n - [electr-distrib] desconexión f de conductor m para salida f
— — grommet n - [weld] arandela f (aisladora) para conductor m para salida f
— — size n - [electr-cond] diámetro m de conductor m para salida f
— level n - nivel m en salida f • [ind] nivel m de producción f
— — adjustment n - [electron] ajuste m de nivel m para salida f
— — reading n - [electron] lectura f, de, or correspondiente a, nivel m para salida f
— lug n - [electron] terminal m para salida f
— mark tone frequency n - [electron] frecuencia f de tono m para salida f para marca f
— — and space tone n - [electron] tono m para marca f y espacio m para salida f
— — — — frequency n - [electron] frecuencia f para marca(s) f y espacio(s) m para tono m, or de tono m para marca f y espacio m, para salida f
— memory n - [comput] memoria f para salida f
— noise n - [comput] sonido m para salida f
— — level n - [comput] nivel m de sonido m para salida f
— numerical code n - [comput] código m numérico para salida f
— panel n - [mech] tablero m (con bornes m) para salida f
— — and female amphenol assembly n - [electr] conjunto m de tablero m para salida y base f para enchufe m múltiple
— — — receptacle assembly n - [electr-instal] conjunto m de tablero m para salida f y base f para enchufe m
— — assembly n - [electr-instal] conjunto m de tablero m para salida f

output panel stud n - [weld] borne m en tablero m para salida f
— **plug** n—[electr-instal] enchufe m para salida
— **pointer** n - [weld] puntro m, or indicador m, para amperaje m para salida f
— **polarity** n - [electr] polaridad f de salida f
— **polarized plug** n - [electr-instal] enchufe m polarizado para salida f
— **port** n - [comput] ventanilla f para salida f
— **power** n - [electr] potencia f en salida f
— — **control** n - [electr] regulación f de corriente f en salida f • regulador m para corriente f para salida f
— **pressure** n - presión f en salida f
— **programming** n - [comput] programación f para salida f
— — **configuration** n - [comput] configuración f para programación f para salida f
— **rate** n - [ind] productividad f; rendimiento m • [electron] régimen para, producción f, or salida f
— **rating** n - [weld] corriente f nominal en salida f; rendimiento m (nominal); capacidad f; producción f
— — **current** n - [weld] corriente f, or amperaje f, nominal en salida f
— **readjustment** n—[weld] reajuste m de amperaje
— **receptacle** n - [electr-instal] base f para enchufe m para (corriente f de) salida f
— **requirement** n - [electr-distrib] exigencia f, or requerimiento m, para salida f
— **selection** n—[electron] selección f de salida
— **setting** n - [weld] establecimiento n, or regulación f, de voltaje; also see **voltage setting**
— **shaft** n - [mech] árbol m, or eje m, para, motor m, or para salida f (de fuerza f) • salida f para caja f reductora
— — **assembling** n - [autom-mech] armado m de árbol m para salida f (para fuerza f)
— — **assembly** n - conjunto m de árbol m para salida f (de fuerza f)
— — — **installation** n - [autom-mech] instalación f, or colocación f, de conjunto m de, árbol m, or eje m, para salida f (de fuerza)
— — — **pulling** n - [autom-mech] tiro m de conjunto m de árbol m para salida f (de fuerza)
— — **bearing** n - [autom-mech] cojinete m para árbol m para salida f (de fuerza f)
— — — **face** n - [autom-mech] frente m de cojinete m para árbol m para salida f (de fuerza f)
— — — **part** n - [autom-mech] pieza f para cojinete m para árbol m para salida f (de fuerza f)
— — **bushing** n - [autom-mech] buje m para árbol m para salida f (de fuerza f)
— — **cavity** n - [mech] orificio m, or oquedad f, en, or para, eje m motor
— — **disassembly** n - [autom-mech] desarme m de, árbol m, or eje m, motor
— — **end** n - [autom-mech] extremo m de árbol m para salida f (de fuerza f)
— — **gear** n - [mech] engranaje m en árbol m para, salida f, or aportación f, de fuerza f
— — — **installation** n - [autom-mech] instalación f de árbol m para salida f (de fuerza f)
— — **mounting** n - [autom-mech] montaje m de árbol m para salida f (de fuerza f)
— — **nut** n - [autom-mech] tuerca f para árbol m para salida f (de fuerza f)
— — **"O" ring** n - [autom-mech] anillo m circular para árbol m para salida f (de fuerza f)
— — — — **removal** n - [autom-mech] remoción f, or saca f, de anillo m circular para árbol m para salida f (de fuerza f)
— — **opening** n - [mech] abertura f en eje motor
— — **rear bearing** n - [autom-mech] cojinete m posterior para árbol m para salida f (de fuerza f)
— — — — **installation** n - [autom-mech] instalación f de cojinete m posterior sobre árbol m para salida f (de fuerza f)
output shaft rear bearing part n - [autom-mech] pieza f para cojinete m posterior para árbol m para salida f (de fuerza f)
— — — — **retaining washer** n - [autom-mech] arandela f, retenedora, or para retención f, para cojinete m posterior para árbol m para salida f (de fuerza f)
— — — — **washer** n - [autom-mech] arandela f para cojinete m posterior para árbol m para salida f (de fuerza f)
— — **removal** n - [autom-mech] remoción f, or saca f, de árbol m para salida f (de fuerza f)
— — **seal** n - [autom-mech] sello m en árbol m para salida f (de fuerza f)
— — **side gear** n - [autom-mech] engranaje m lateral para árbol m para salida f (de fuerza f)
— — — **bearing** n - [autom-mech] cojinete m para engranaje m lateral para árbol m para salida f (de fuerza f)
— — — — **cup** n - [autom-mech] taza f para cojinete m para engranaje m lateral para árbol m para salida f (de fuerza f)
— — — **spline** n - [autom-mech] ranura f en eje m para salida f (de fuerza f)
— — — **turn(ing)** n - [autom-mech] giro m, or rotación f, de árbol m para salida f (de fuerza f)
— — **yoke** n - [autom-mech] horquilla f para árbol m para salida f (de fuerza f)
— — — **removal** n - [autom-mech] remoción f, or saca f, de horquilla f para árbol m para salida f de fuerza f
— **side** n - lado m para salida f
— — **gear** n - [autom-mech] engranaje m lateral para salida f (de fuerza f)
— — — **cone** n - [autom-mech] cono m para engranaje m lateral para salida f (de fuerza f)
— — — **cup** n - [auomt-mech] pista f para engranaje m lateral para salida f (de fuerza f)
— — — **and cone** n - [autom-mech] pista f y cono m para engranaje m lateral para salida f (de fuerza f)
— **signal** n - [electron] señal f para salida f
— — **connection** n - [electron] conexión f para señal f para salida f
— **sine wave** n - [electron] onda f sinusoidal para salida f
— **space tone frequency** n - [electron] frecuencia f para tono m para salida f para espacio m
— **specification(s)** n - [electr] característica(s) f de corriente f para salida f
— **spectrum** n - [electron] escala f para salida
— **speed** n - [mech] velocidad f, para salida f, or final
— **stability** n - [electr-prod] estabilidad f de corriente f producida
— **state** n - [electron] estado m para salida f
— **stud** n - [electr] borne m para (corriente f para) salida f
— — **assembly** n - [electr-instal] conjunto m de borne m para salida f
— — **part** n - [electr-instal] pieza f, or repuesto m, para conjunto m de borne(s) m para salida f
— — **nut** n - [electr-instal] tuerca f para borne m para salida f
— — **panel** n - [weld] tablero m para borne(s) m para salida f
— — **part** n - [electr-instal] pieza f, or repuesto m, para borne m para salida f
— — **selection** n - [electr-instal] selección f de borne(s) m para salida f
— **sum** n - [ind] suma f de, producción f, or capacidad f, or rendimiento m
— **terminal** n - [electr-instal] borne m, or terminal m, para corriente f (para salida f); borne m terminal, or para salida f
— **—(s) compartment** n - [weld] compartimento m para borne(s) m para (corriente f para) salida

output tone frequency n - [electron] frecuencia f para tono m para salida f
— **transformation** n - [electron] transformación f (de corriente f) para salida f
— **voltage** n - [electr-prod] voltaje m, producido, or de salida f
— — **check(ing)** n - [electr-prod] verificación f de voltaje m para salida f
— — **number plate** n - [weld] placa f indicadora para voltaje m para salida f
— — **range** n - [electr-prod] escala f para voltaje m para salida f
— **volts** n - see **output voltage**
— **waveform** n - [electron] (con)forma(ción) f de onda f para salida f
— **wire** n - [electr-instal] conductor m para salida f
— **yoke** n - [autom-mech] horquilla f para salida f (para fuerza f)
— — **installation** n - [autom-mech] instalación f de horquilla f para salida f
outrage n - . . . .; violencia f
outrigger n - . . . . • [nav] . . ., arbotante m • [cranes] estabilizador m
— **automatic check valve** n - [cranes] válvula f automática para retención para estabilizador
— **beam** n - [cranes] viga f para estabilizador m
— **check valve** n - [cranes] válvula f para retención f para estabilizador m
— **end** n - [cranes] extremo m de estabilizador m
— **housing** n—[cranes] caja f para estabilizador
— **span** n - [cranes] extensión f (total) de estabilizador(es) m
outshine v - . . . .; deslumbrar
outshining n - deslumbramiento m
outshone a - deslumbrado,da
outside n - . . . .; lado m, or cara f, exterior | adv - afuera; fuera; puerta(s) f afuera; en exterior m
— **air** n - aire m exterior
— — **infiltration** n - infiltración f de aire m exterior
— — **intake** n - [environm] toma f de aire m (desde) exterior m
— — **temperature** n - temperatura f de aire m aire m en intemperie f
— **and inside field asphalt coated** a - [constr] recubierto,ta en obra f exterior(mente) e interiormente con asfalto m
— — — **coated** a - [constr] recubierto,ta en obra f exterior(mente) e interiormente
— **angle** n - ángulo m exterior
— **band** n - [mech] banda f exterior • [metal-roll] zuncho m perimetral
— **bay** n - [constr] nave f exterior
— **bearing** n - [mech] cojinete m exterior
— — **bolt** n - [mech] perno m para cojinete m exterior
— **@ bench** adv - [mech] fuera de prensa f
— **bent** n - [constr] armadura f externa
— **blow** n - [mech] golpe m exterior
— **bolt** n - [mech] perno m exterior
— **bolted** a - [mech] empernado,da desde afuera
— **bolting** n - [mech] empernado m desde afuera
— **boom** n - [cranes] aguilón m exterior
— **brickwork** n - [constr] mampostería f exterior
— **catwalk** n - pasarela f exterior
— **circumference** n - circunferencia f exterior
— **coated** a—[tub] recubierto,ta (exteriormente)
— **coating** n - recubrimiento m exterior
— **coil diameter** n - [metal-roll] diámetro m exterior de bobina f
— **collar** n - [mech] collar m exterior
— **conduit** n - [electr-instal] conducto m exterior
— **connecting band** n - [tub] banda f exterior para acoplamiento m
— **connection** n - conexión f exterior
— **cooling** n - [metal-prod] refrigeración f exterior
— **corner** n - esquina f exterior

outside corner radius n - radio m angular exterior
— **cover** n - [mech] tapa f exterior
— **covering** n - [telecom-cond] cubierta f exterior
— **crest** n - [mech] cresta f exterior
— **curve** n - curva f exterior
— **cylinder** n - cilindro m exterior
— — **locomotive** n - [rail] locomotora f con cilindro(s) m exterior(es)
— **diameter** n - diámetro m exterior; exterior m
— — **area** n - [tub] área m de diámetro m exterior
— — **girth weld** n - [weld] soldadura f circunferencial exterior
— — **pass** n - [weld] pasada f (circunferencial exterior
— — **reduction during swaging** n - [metal-fabr] reducción f de diámetro m exterior durante recalcadura f
— — **tolerance** n - [tub] tolerancia f en diámetro m exterior
— — **weld(ing)** n - [tub] soldadura f exterior
— — — **bead** n - [weld] cordón m exterior para soldadura f
— — — **operation** n - [weld] operación f para soldadura f exterior (de tubería f
— — **welder** n - [tub] soldadora f exterior (para tubería f)
— — — **run-out conveyor** n - [weld] cinta f transportadora extensible para soldadura f exterior
— **dimension** n—dimensión f, or medida f, exterior
— **divider** n - divisor m exterior
— **drive roll** n - [weld] rodillo m impulsor exterior
— — **assembly** n - [weld] conjunto m de rodillo m impulsor exterior
— — **pressure** n - [weld] presión f de rodillo m impulsor exterior
— — — **spring** n - [weld] resorte m para presión f de rodillo m impulsor exterior
— **economic resource** n - [fin] recurso m económico exterior
— **edge** n - borde m exterior
— — **wear** n - [autom-tires] desgaste m, exterior de borde m, or de borde m exterior
— **end** n - extremo m exterior
— **face** n - [archit] cara f, externa, or exterior; extradós m; trasdós m - [rail-wheels] cara f externa
— **factory maintenance** n - [ind] mantenimiento m, or conservación f, industrial, exterior, or puerta(s) f afuera
— **field coated** a - [constr] recubierto m exteriormente en obra f
— **flash** n - [weld] rebaba f exterior
— **@ fork(s)** adv - fuera de brazo(s) m
— **form** n - [constr-concr] encofrado m exterior
— **frame** n - [electr-mot] carcasa f exterior
— **free end** n - extremo m libre exterior
— **@ fusion zone** adv - [weld] fuera de zona f de fusión f
— **groove** n - ranura f exterior
— **handle** n - [mech] palanca f exterior
— **ignition** n - [int.comb] ignición f, or encendido m, en exterior m
— **in @ dusty area** adv - puerta(s) f afuera en zona f polvorienta
— **@ in-place temperature** adv - [ind] fuera de temperatura f para sitio para, uso, or empleo
— **@ — — — limit(s)** adv - fuera de límite(s) m para temperatura(s) f en sitio m para, uso m, or empleo m
— **ingot yard** n - [metal-prod] parque m exterior para lingote(s) m
— **inserted** a - insertado,da, or colocado,da, desde afuera
— **inspection** n - inspección f exterior
— **intake** n - toma f en intemperie f

outside jacket n—[electr-cond] vaina f exterior
— **labor** n - mano f de obra externa
— **ladder** n - [constr] escalera f exterior
— **lane** n - [roads] franja f, or carril m, exterior
— **lap** n - [metal-roll] espira f exterior
— **layer** n - [Cabl] capa f, exterior, or externa
— **lead** n - [electr-cond] conductor m, or cable m, exterior
— **length** n - largo(r) m exterior
— **lever** n - [mech] palanca f exterior
— **look** n - vista f exterior
— **lubrication** n - [mech] lubricación f exterior
— **maintenance** n - [inc] conservación f, or mantenimiento m, exterior, or puerta(s) f afuera
— **measurement** n - medida f exterior
— **membrane** n - membrana f exterior
— **micrometer** n - [tools] micrómetro m exterior
— **mill-primed** a - [paint] imprimado,da exteriormente en fábrica f
— — **primer** n - [paint] imprimación f exterior en fábrica f
— — **priming** n - [paint] imprimación f exterior en fábrica f
— **of @ company** adv - fuera de empresa f
— — **@ curve** n - [radio] exterior m de curva f
— — **@ joint** n - [weld] exterior m de junta f
— — **@ organization** adv - fuera de, empresa f, or organización f
— — **@ system** adv - fuera de sistema m
— — **@ turn** n - lado m exterior de curva f
— **outline** n - [tools-lathe] contorno m exterior
— **paint** n - [paint] pintura f para exterior(es)
— **perimeter** n - perímetro m exterior
— **power** n - [electr] energía f desde exterior m
— **pressure** n - presión f exterior
— **primed** a - [paint] imprimado,da exteriormente; con imprimación f exterior
— — **only** a - [paint] imprimado,da, or con imprimación f exterior, únicamente
— — — **pipe** n - [tub] tubo m, or tubería f, con imprimación f exterior únicamente
— — **pipe** n - [tub] tubo m, or tubería f, con imprimación f exterior
— — **primer** n - [paint] imprimación f exterior
— — **priming** n - [paint] imprimación f exterior
— **protection plate** n - [mech] chapa f, or plancha f, exterior para protección f
— **radius** n - radio m exterior
— **rail** n - [rail] riel m exterior
— **@ recommended in-place temperature** adv - fuera de temperatura(s) f recomendada(s) en sitio m para, uso m, or empleo m
— **@ — temperature** adv—fuera de temperatura(s) f recomendada(s)
— **reel support** n - [mech] soporte m exterior para, carrete m, or molinete m
— **release** n - [mech] disparador m, or trinquete m, exterior
— **reroll** v - [tub] relaminar exteriormente
— **rerolled** a—[tub] relaminado,da exteriormente
— **rerolling** n - [tub] relaminación f exterior
— **resource** n - [fin] recurso m exterior
— **rib** n - [mech] nervadura f exterior
— **rim** n - [mech] llanta f exterior
— — **diameter** n - [rail-wheels] diámetro m exterior de llanta f
— **roll** n - [metal-roll] rodillo m exterior | v - [tub] laminar exteriormente
— **rolled** a - [tub] laminado,da exteriormente
— **rolling** n - [tub] laminación f exterior
— **salesman** n - [com] viajante m (de comercio m)
— **scaffold** n - [constr] andamio m exterior
— — **removal** n - [constr] desmontaje m de andamio m exterior
— **scaffolding** n - [constr] andamiaje m exterior
— — **removal** n - [constr] desmontaje m de andamiaje m exterior
— **screw** n - [mech] tornillo m exterior • rosca f exterior
— **shape** n - conformación f exterior

outside sheath[ing] n - [electr-cond] vaina f exterior
— **shoulder** n - [autom-tires] borde m exterior
— — **groove** n - [autom-tires] ranura f, en, or hacia, borde m exterior
— **spray** n - [ind] rociado(r) m exterior
— **spraying** n - [ind] rociadura f, or riego m, exterior
— **stairway** n - [constr] escalera f exterior
— **storage yard** n - [ind] parque m exterior para almacenamiento m
— **strand** n - [cabl] cordón m exterior
— —, **deformation, or distortion** n - [cabl] deformación f de cordón m exterior
— — **permanent, deformation, or distortion** n - [cabl] deformación f permanente de cordón m exterior
— **surface** n - superficie f, exterior, or externa
— — **height** n—altura f de superficie f exterior
— — **length** n - largo(r) m de superficie f exterior
— — **lubrication** n - [mech] lubricación f de superficie f, exterior, or externa
— — **temperature** n - temperatura f de superficie f, exterior, or externa
— — **width** n - ancho(r) m de superficie f exterior
— **swing bearing bolt** n - [cranes] perno m, exterior para cojinete m para rotación, or para cojinete m exterior para rotación f
— **@ system** adv - fuera de sistema m
— **table** n - [domest] mesa en aire m libre
— **temperature** n - temperatura f, exterior, or ambiente, or atmosférica, or en intemperie f • ambiente m exterior
— **thread** n - [mech] rosca f, exterior, or macho
— **tolerance** n - tolerancia f exterior
— **track** n - [riel] vía f exterior
— **transmission line** n - [electr-distrib] línea f exterior para transmisión f
— **transportation** n - [transp] transporte m, externo, or exterior
— — **control** n - [ind] control* m, or administración f, para transporte m externo
— **trim** n - [autom] guarnición f, or adorno m, exterior
— **turn** n - [metal-roll] espira f exterior
— **venting** n - [ind] conducción f a exterior m
— — **of @ engine (exhaust) fume(s)** n - [int.-comb] conducción f a exterior de gas(es) m de escape m de motor m
— **vertical wall** n - [constr] pared f, or muro m, vertical exterior, or exterior vertical
— **visual inspection** n - inspección f visual (desde) exterior m
— **wall** n - [constr] pared f, or muro m, vertical
— **water spraying** n - [ind] riego m exterior (con agua m)
— **wear** n - [mech] desgaste m exterior
— **weather** n - [meteorol] tiempo m (en) ambiente m, exterior; intemperie f
— — **resisting** a - resistente a intemperie f
— **@ weld** adv - [weld] fuera de soldadura f
— **welder** n - [tub] soldadora f (para) exterior m (para, tubería f)
— **@ —** adv - [weld] fuera de soldadora f
— **welding** n - [weld] soldadura f en exterior m
— **wheel** n - [mech] rueda f exterior
— **wire** n - [wire] alambre m exterior • [cabl] cable m exterior
— — **break(ing)** n - [cabl] rotura f de alambre m exterior
— —, **deformation, or distortion** n - [cabl] deformación f de alambre m exterior
— — **permanent, deformation, or distortion** n - [cabl] deformación f permanente de alambre m exterior
— — **wear(ing)** n - [cabl] desgaste m de alambre m exterior
— **wiring conduit** n - [electr-instal] conducto m para encablado m exterior

outside work n - trabajo m, exterior, or en intemperie f • [ind] trabajo m en obra f
— **yard** n - [ind] parque m, or patio m, exterior, or externo; playa f, exterior, or externa
— **@ zone** adv - fuera de zona f
outskirts n - . . .; aledaño(s) m
outstanding a - . . .; excepcional; señalado,da; notable; eximio,mia; preponderante; extraordinario,ria; caracterizado,da • [fin] en circulación f
— **capital** n - [fin] capital m en circulación f
— **stock** n - [fin] capital m social en circulación f • capital m social, pendiente, or no integrado, or sin integrar
— **characteristic** n - característica f, destacada, or sobresaliente
— **control** n - [ind] regulación f muy precisa
— **crack resistance** n - [weld] resistencia f, destacada, or excepcional, a agrietamiento m
— — **resistant** a - [weld] muy resistente a agrietamiento m
— **credit** n - [fin] crédito m pendiente
— **durability** n - durabilidad f, destacada, or larga
— **example** n - ejemplo m destacado
  fast follow characteristic n - [weld] caracteríostica f destacada para avance m rápido
— **feature** n - característica f, destacada, or principal
— **follow characteristic** n - [weld] característica f destacada para avance m
— **impact resistance** n - [metal] resistencia f excepcional a impacto(s) m
— — **wear resistance** n - [metal] resistencia f excepcional a desgaste m debido a impacto(s)
— **loan** n - [fin] préstamo m pendiente
— **matter** n - asunto m pendiente
— **mechanical property** n - [mech] propiedad f mecánica destacada
— **offshore performance** n - [petrol] desempeño m, or rendimiento m, destacado costa f afuera
— **on shore performance** n - [petrol] desempeño m, or rendimiento m, destacado costa adentro
— **operator appeal** n - [weld] atracción f, or atrativo, grande para soldador m
— **option** n - opción f, or alternativa f, señalada, or excepcional
— **performance** n - rendimiento m, or desempeño m, destacado; funcionamiento m, óptimo, or seguro; cumplimiento m excelente
— **position** n - posición f destacada
— **pro rally** n - [sports] carrera f rally sobresaliente
— **professor** n - [educ] profesor m destacado
— **quality** n - calidad f destacada
— **race** n - [sports] carrera f destacada
— **reliability** n - confiabilidad f destacada
— **resistance** n - resistencia f, destacada, or excepcional, or extraordinaria
— **traction** n - tracción f, sobresaliente, or extraordinaria, or excepcional
— **share** n - porción f excepcional • [fin] acción f en circulación f
— **specialist** n - especialista m destacado
— **strength** n - fuerza f excepcional • resistencia f destacada
— **structural strength** n - resistencia f estructutal, destacada, or excepcional
— **teacher** n - [educ] maestro m, or profesor m, destacado
— **wear resistance** n - [metal] resistencia f excepcional a desgaste m
— **weld** n - [weld] soldadura f excepcional
— — **quality** n - [weld] calidad f destacada de soldadura f
— **welding characristic** n - [weld] característica f, destacada, or sobresaliente, para soldadura f
outward movement n - movimiento m hacia afuera
— **speed** n - [mech] velocidad f, centrífuga, or hacia, afuera f, or exterior m
outward motion n - movimiento m hacia afuera
outwear v - [mech] . . .; desgastar menos
outweigh v - . . .; anular; contrarrestar
oval n - . . . • [metal-roll] acero m ovalado
— **counterunk head** n - [nails] cabeza f, perdida, or embutida, ovalada; cabeza f avellanada ovalada
— **deformation** n - deformación f oval(ada)
— **head** - [nails] cabeza f, gota f (de sebo m), or redonda, or bola
— — **machine screw** n - [mech] tornillo m con cabeza f ovalada para metal(es) m
— — **nail** n - [nails] clavo m con cabeza f, gota f (de sebo m), or redonda, or bola
— — **screw** n - [mech] tornillo m con cabeza f ovalada
— **hole** n - agujero m, or orificio m, ovalado
— **joint** n - [mech] junta f ovalada
— — **ring** n - [mech] aro m para junta f ovalada
— **neck bolt** n - [mech] perno m con, cuello m, or fuste m, ovalado
— **pattern** n - (con)forma(ción) f ovalada
— **point** n - [mech] punta f esférica; remate m esférico
— **ring** n - aro m, or anillo m, ovalado
— — **gasket** n - [tub] guarnición f para, aro m, or anillo m, ovalado
— — **type** n - [mech] tipo m de anillo m ovalado
— — **gasket** n - [tub] guarnición f de tipo m con anillo m ovalado
— **section** n - sección f ovalada
— — **strand** n - [cabl] cordón m con sección f ovalada
— **shape** n - forma f ovalada
— **shaped** a - aovado,da; con forma f ovelada
— **shaping** n - ovalamiento m
— **shoulder** n - [mech] resalto m ovalado • cuello m ovalado
— **shouldered** a - [mech] con resalto m ovalado
— **weep hole** n - aliviadero m, or orificio m aliviador, ovalado
ovalization n - ovalización f; ovalamiento m
— **test** n - ensayo m, or prueba f, de ovalización
ovalness n - ovalidad f
oven(s) battery n - [coke] batería f de horno(s)
— **bin** n - [coke] torre f, or tolva f, para carbón
— **blowout** n - [combust] estallido m de horno m • protección f contra estallido(s) m de horno m
— — **protection** n - [combust] protección f contra estallido(s) m de horno m
— **chamber** n - [combust] cámara f de horno m
— **check(ing)** n - verificación f de horno m
— **clearing** n - [combust] despejo m de horno m
— **collector** n - [coke] colector m para horno m
— **coal bin** n - [coke] tolva f para carbón m para horno m para coque m
— **door** n - [combust] puerta f para horno m
— — **extractor** n - [coke] removedor m para puerta(s) para horno m
— — **machine** n - [coke] removedor m para puerta(s) para horno m
— — **remover** n - [coke] removedor m para puertas f para horno m
— **gas** n - [combust] gas en horno m • [coke] gas m para horno m
— — **line** n - [coke] tubería f para gas m para horno m
— — — **valve** n - [combust] válvula f para tubería f para gas m para horno m
— **heating** n - [coke] calentamiento m de horno m
— — **prior to @ operation** n - [coke] calentamiento m de horno(s) m antes de entrada f en operación f
— **interior** n - [combust] interior m de horno m
— **joint** n - [mech] junta f para horno m
— **lubricant** n - [mech] lubricante m para horno m
— **push(ing)** n - [coke] deshornamiento m
— **spray** n - rociador m para horno m
— **tuyere** n - [coke] tobera f para horno m
over adv - . . . • por encima de; en exceso m de

over and above

- excesivamente; en más • por
- **over-all** adv - see **over all**
- **— and above** adv - por encima de; en exceso de
- **— and over (again)** adv - vez f tras vez f
- **—-and-under sewer** n - [hydr] cloaca f con dos pisos m
- **— @ — band** a - [culin] sobre banda f
- **—-@— cut(ting)** n - [culin] corte sobre banda
- **— @ — machine** n - [culin] máquina f cortadora sobre banda f
- **— @ — operating** n - [culin] operacuón f sobre banda f
- **— @ — — machine** n - [culin] máquina f que opera sobre banda f
- **—-@— rotary cookie (cutting) machine** n - [culin] máquina f rotatoria f para corte m sobre banda f de galletita(s) f
- **— @ — wire cutting** n - [culin] corte m con alambre m sobre banda f
- **—-@— — — machine** n - [culin] máquina f para corte m con alambre m sobre banda f
- **— @ canal** adv - [hydr] sobre canal m
- **—-@ cathead** adv - [petrol] encima de torno m
- **—-center** a - epicéntrico,ca
- **— — — latch** n - [mech] sujetador m epicéntrico
- **— @ counter** adv - en, or por sobre, mostrador m
- **— excavate** v - [constr] sobreexcavar; excavar, excesivamente, or en demasía f
- **— — @ bore** v - [constr] sobreexcavar, or excavar excesivamente, horadación t
- **— excavated** a - [constr] sobreexcavado,da; exavado,da excesivamente
- **— — bore** n - [constr] horadación f, sobreexcavada, or excavada excesivamente
- **— excavating** n - [constr] sobreexcavación f; excavación f excesiva
- **— @ iron notch** adv - [metal-prod] sobre, or vertical a, piquera f
- **— grease** v - [mech] sobreengrasar; engrasar excesivamente
- **—-greased** a - [mech] sobreengrasado,da; engrasado,da excesivamente
- **—-greasing** n - [mech] sobreengrase; engrase m excesivo
- **— @ . . . minute(s)** adv - durante . . . minuto(s); en exceso m de . . . minuto(s) m
- **@ outer shaft spline(s)** adv - [mech] por sobre ranura(s) f de árbol m exterior
- **— @ pass** adv - [weld] por sobre pasada(s) f
- **— @ paste** adv - [metal-prod] sobre pasta f
- **— @ quota** adv - por encima, or en exceso m, de cuota f
- **— @ range** adv - (por) sobre escala f
- **—-rear-crane rating** n - [cranes] carga f según régimen indicada para parte f posterior de grúa f
- **— @ rectifier** adv - por encima de rectificador
- **—-@-road gang** n - [roads] cuadrilla f ambulante
- **— @ root pass(es)** adv - [weld] (por) sobre pasada(s) f de raíz f
- **—-run** n - carga f excesiva
- **— @ seam accurate guiding** n - [weld] conducción f precisa por sobre cordón m
- **— @ spline** adv - [mech] (por) sobre ranura(s) f
- **— @ spot** adv - sobre punto m
- **—-strain(ing)** n - esfuerzo m excesivo
- **— @ stringer** adv—[constr] por sobre larguero m
- **—-structure fill** n - [constr] relleno m sobre estructura f
- **— @ temperature range** adv - [por] sobre escala f completa de temperatura(s) f
- **— @ — — expansion** n - dilatación f (por) sobre escala f completa de temperatura f
- **—-tightening** n - [mech] sobreajuste m; apretadura f, en más, or excesiva
- **— @ transformer** adv - [electr-instal] (por) encima de transformador f
- **— @ work** adv - [mech] (por) sobre trabajo m
- **— @ year(s)** adv - a través de año(s) m; con, paso m, or decurso m, de año(s) m
- **overabsorbed overhead cost(s)** n - [accntg] gas-

to(s) m indirecto(s), cargado(s) en más, or excesivo(s) cargado(s)
- **overage** n - diferencia f en más
- **overall** n - [sports] clasificación general; posición f absoluta | a - total; general; global • comprensivo,va • en conjunto m • de extremo m a extremo m | adv - [sports] en general; a término m de carrera f
- **— activity** n - [ind] actividad f general
- **— — planning** n - [ind] planificación f de actividad(es) f general(es)
- **— — scheduling** n - [ind] programación f de actividad(es) f general(es)
- **— average** n - promedio m, general, or global
- **— base area** n - [topogr] superficie f proyectada
- **— capacity** n - capacidad f total
- **— champion** n - [sports] campeón m, general,or absoluto
- **— championship** n - [sports] campeonato m, general, or absoluto
- **— compatibility** n - compatibilidad f en general
- **— computation** n - [math] cálculo m de conjunto m
- **— coordination** n - [com] coordinación f total
- **— cost** n - costo m, total, or global, or general, or completo
- **— department activity** n - [ind] actividad f general para departamento m
- **— — (al) operation(s)** n - [ind] operación(es) f general(es) de departamento m
- **— design** n - proyección f total
- **— diameter** n - diámetro m total
- **— dimension(s)** dimensión(es) f, or medida(s) f, total(es) • medida(s) f exterior(es)
- **— displacement** n - [constr] desplazamiento m total
- **— driver** n—[sports] competidor m mejor absoluto
- **— — title** n - [sports] título m de competidor m mejor absoluto
- **— economic activity** n - [com] actividad f económica general
- **— economy** n - [econ] economía f, global, or general
- **— face** n - [mech] cara f, or frente f, total
- **— facility** n - instalación f total • instalación f en sí
- **— finish** n - [sports] finalización f en clasificación f general; colocación f absoluta
- **— finisher** n - [sports] finalista m, general, or para toda(s) categoría(s); ganador m absoluto
- **— forecast** n - [com] proyección f global
- **— gear ratio** n - [mech] razón f, total, or general, para engranaje m
- **— height** n - altura f total
- **— honor(s)** n - [sports] premio m general
- **— information** n - información f general; generalidad(es) f
- **— length** n - largo(r) m, or longitud f, total
- **— measurement** n - medida f, general, or total
- **— mechanic** n - [mech] mecánico m general
- **— motivation** n - motivación f total
- **— — strategy** n - estrategia f total para motivación f
- **— operation(s)** n - [ind] operación(es) f general(es)
- **— performance** n - rendimiento m (en) general
- **— — characteristic(s)** n - característica(s) f general(es) para rendimiento m
- **— plan** n - plan m general
- **— price** n - precio m, global, or total
- **— production cost(s)** n - [ind] costo(s) total(es) para poroducción f
- **— quality** n - [ind] calidad f en general
- **— quotation** n - cotización f global
- **— rank(ing)** n - clasificación f general
- **— rating** n - clasificación f general • concepto m, or opinión f, general
- **— ratio** n - razón f, total, or general
- **— repair** n - reparación f general
- **— requirement(s)** n—exigencia(s) f total(es) • consumo m global
- **— safety** n - [safety] seguridad f (en) general

overall season('s) championship n - [sports] campeonato m general para temporada f total
— **shoulder width** n - [roads] ancho(r) m, or anchura f, total de berma f
— **solution** n - solución f comprensiva
— **standing** n - posición f, or colocación f, en clasificación f general
— **steady state cornering behavior** n - [autom] comportamiento m, or desempeño m, general desde punto m de vista f de invariabilidad f en estado m
— **steel requirement(s)** n - [econ] consumo m global de acero m
— **strategy** n - estrategia f total
— **study** n - estudio m general
— **value** n - costo m, or valor, total, or final
— **victory** n - [sports] triunfo m absoluto
— **view** n - vista f general
— **welding cost** n - [weld] costo m total para soldadura f
— **width** n - ancho(r) m, or anchura f, total
— **win** n - [sports] triunfo m absoluto
— **winner** n - [sports] ganador m absoluto
— **work quality** n - [ind] calidad f (en) general de trabajo m
overalls n - [vest] . . .; pantalón(es) m para trabajo m • [Arg.] mameluco m
overarm rotation n - [mech] rotación f de brazo m para soporte m
overbend v - sobredoblar; doblar excesivamente
— @ **rod** v - [mech] sobredoblar, or doblar, excesivamente, varilla f
oberbending n - sobredoblamiento* m; doblamiento m excesivo
overbent a - sobredoblado,da; doblado,da excesivamente
— **rod** n - [mech] varilla f, sobredoblada, or doblada excesivamente
overburden n - . . . • [constr] sobrecarga f • [miner] desmonte m; material m inerte • [accntg] gasto m indirecto | v - . . .; recargar
overburdened a - sobrecargado,da
overcast n - [mech] paso m superior (para aire m) • [meteorol] nublado,da; encapotado,da
— **day** n - [meteorol] día m, nublado, or encapotado
overcharge n - [electr] sobrecarga f; carga f excesiva, or alta • [int.comb] sobrecarga f carga f excesiva | v - sobrarcargar • cobrar, de más, or excesivamente • [int.comb] cargar excesivamente
— @ **battery** n - [int.comb] cargar excesivamente acumulador m
— **current** n - [electr-oper] corriente f de sobrecarga f
overcharged a — sobrecargado,da; cargado,da excesivamente • [com] cobrado,da de más
overcharging n - [electr] carga f excesiva
overcollect v - see **overcharge**
overcollected a - see **overcharged**
overcome v - . . .; superar; sobreponer(se); dominar; eliminar; solucionar, or resolver, problema m | a - . . .; sobrepuesto,ta; superado,da; dominado,da
— @ **arc blow** v - [weld] eliminar soplo m [magnético] de arco m
— **crisis** n - crisis f superada
— @ — v - superar crisis f
— **grade** n - [roads] pendiente f superada
— @ — v - superar pendiente f
— **partially** v - superar, or dominar, parcialmente, or en parte f
— @ **rolling resistance** v - [autom-tires] superar resistencia f contra rodadura f (cuesta abajo)
— @ **roughness** v - sobreponerse, or superar, rugosidad f
— **steep grade** n - pendiente f fuerte superada
— @ — — v - superar pendiente f fuerte
overcoming n - superación f; victoria f

overcorrection n - sobrecorrección f; corrección f, excesiva, or en exceso
overcost n - costo m excesivo
overcrowd v - . . .; hacinar
overcrowded a - . . .; hacinado,da
overcrowding n - hacinamiento m
overcurrent n - [electr] sobrecorriente f
— **fault relay** n - [electr] relé m para, pérdida f, or falla de sobrecorriente f
— **ground fault relay** n - [electr] relé m para, pérdida f, or falla f, de sobrecorriente f a tierra f
— **protection** n - [electr-equip] protección f contra sobrecorriente f
— **protective device** n - [electr-equip] dispositivo m para protección f contra sobrecorriente f
— **relay** n - [electr-instal] relé m para sobrecorriente f
— — **induction** n - [electr] inducción f de relé para sobrecorriente; relé m de fase para sobrecorriente f para inducción f
— — — **type** n - [electr-instal] tipo m de relé m para sobrecorriente f
— — **set** n - [electr-instal] juego m de relé(s) m para sobrecorriente f
— — **signal** n - [electr-oper] señal f de relé m para sobrecorriente f
— **transformer** n - [electr-transf] transformador m para sobrecorriente f
— — **to neutral** n - [electr-equip] transformador m para sobrecorriente f a neutro m
overdesign n - proyección f, excesiva, or en exceso m | v - proyectar, excesivamente, or en exceso; exceder
overdesigned a - proyectado,da, excesivamente. or en exceso m
overdesigning n - proyección f, excesiva, or en exceso m
overdraft n - . . . • [fin] giro m en descubierto
overdrawn a - [fin] girado,da en descubierto m
overdrive n - [mech] esfuerzo m excesivo
— **condition** n - [mech] condición f con esfuerzo m excesivo
overdue a - . . .; en mora f
— **account** n - [accntg] cuenta f vencida • deudor(es) m en gestión f
— **note receivable** n - [accntg] obligación f por cobrar en gestión f
overelevate @ temperature v - sobreelevar, or elevar excesivamente, temperatura f
— @ **winding temperature** v — sobreelevar temperatura f en devanado
overelevated temperature n - temperatura f sobreelevada
— **winding temperature** n - temperatura f sobreelevada en devanado m
overexcavate v - [constr] sobreexcavar
overexcavated a - [constr] sobreexcavado,da
overexcavating n - [constr] sobreexcavación f | a - sobreexcavador,ra
overexcavation n - [constr] sobreexcavación f; excavación f excesiva
overexcavator n - sobreexcavador m
overexertion n - [safety] esfuerzo m excesivo
overfed a - sobrealimentado,da
overfeed n - . . .; alimentación f excesiva
overfeeder n - sobrealimentador m
overfeeding n - . . . | a - sobrealimentador,ra
overfill n - [constr] terraplén n sobre tubería | v - colmar; sobrehenchir; llenar, or henchir, excesivamente, or con exceso m
— @ **axle** v - [lubric] llenar con exceso eje m
— @ **crankcase** v - [int.comb] llenar excesivamente cárter m
— **height** n - [constr] altura f de terraplén m sobre tubería f
— **table** n - [constr] tabla f para terraplén(es) m
— @ **transmission** v - [mech] colmar transmisión
overfilled a - colmado,da • sobrehenchido,da; llenado,da, or henchido,da, excesivamente

overfilled axle n - [lubric] eje m, colmado, or llenado con exceso m
— **crankcase** n - [int.comb] cárter m, colmado, or llenado, con exceso, or excesivamente
— **transmission** n - [mech] transmisión f colmada
overfilling n - colmamiento* n; sobrehenchimiento m; henchimiento m con exceso m
overflow n - . . .; rebose m; desborde m; rebalse m • [hydr] exceso m de caudal • reflujo m • tubo m para rebose m; rebosadero m; rebasadura f • [sanit-lavat] rebasadero | v - rebasar; rebalsar; desbordar(se); colmar; rebosar • [hydr] salir(se) de madre f
— @ **bank** v - [hydr] desbordar(se) ribera f; salir(se) de madre f
— **basin** n - [sanit] pileta f para, desborde m, or rebalse m
— **car** n - [metal-prod] carro m para burro(s) m
— **control** n - [hydr] regulación f de rebalse m
— **gate** n - [hydr] compuerta f para rebalse m
— **handling** n - [hydr] contención f de derrame m
— **hole** n - [lubric] orificio m para rebalse m
— **pig iron** n - [metal-prod] arrabio m rebosante
— @ — — - [metal-prod] desbordar(se), hierro m, or arrabio m
— @ — — **into** @ **slag pit** v - [metal-prod] desbordar(se), arrabio m, or hierro m, en fosa f para escoria f
— **pipe** n - [hydr] tubo m, or tubería f, para derrame m • [metal-prod] tubo m, or tubería f, para rebose m
— **plug** n - [lubric] tapón m para rebalse m
— @ **runner** v - [metal-prod] desbordar(se) ruta f
— **section** n - [hydr] sección f de aliviadero m
— **slag** n - [metal-prod] escoria f desbordada | v - [metal-prod] desbordar(se) escoria f
— — **into** @ **runner** v - [metal-prod] desbordarse escoria f en ruta f
— **trough** n - [metal-prod] artesa f superior
— **tube** n - tubo m para rebalse m
— **type** n - [hydr] tipo m con rebalse m
— — **gate** n - [hydr] compuerta f (de tipo m) con rebalse m
— — **heavby duty roller gate** n - [hydr] compuerta f rodante reforzada de tipo m con rebalse m
— — **roller gate** n - [hydr] compuerta f rodante de tipo m con rebalse m
— **valve** n - [metal-prod] válvula para rebalse m
— — **from washer to dustcatcher** n — [metal-prod] válvula para rebalse para colector m para lavador m
— **water** n - [hydr] agua m rebalsada • exceso m de agua m
overflowed a - desbordado,da; rebalsado,da; rebosado,da; rebasado,da
— **bank** n - [hydr] ribera f desbordada
overflower n - [hydr] rebosador m; rebalsador m
overflowing n - . . .; rebalse m | a - desbordado,da; desbordante; colmado,da • rebosador,ra
— **torrent** n - [hydr] torrente m desbordante
overfuel v - [int.comb] abastecer combustible m en exceso m
overfueled a - [int.comb] con exceso m de combustible m
— **condition** n - [int.comb] condición f con exceso m de combustible m
overfueling n - [int.comb] (provisión f con) exceso m de combustible m
overgrease v - [lubric] sobreengrasar; engrasar excesivamente
overgreased a - [lubric] sobreengrasado,da; engrasado,da con exceso m
overgreasing n - [lubric] sobreengrase m; engrase m excesivo
overhang n - . . .; sobremonta f; superposición f; traslapo m • mordedura f • recubrimiento m | v - solapar; extender(se) sobre; sobrepasar
overhanging rock n - [geol] roca f voladiza
overhaul n - [transp] acarreo m excesivo; material m transportado desde otro(s) punto(s) m | v - hacer reparación f general; reparar a nuevo; reacondicionar; poner en estado m de nuevo,va
overhaul @ **axle** v - [mech] acondicionar, or reparar eje m
— @ **differential carrier** v - [autom-mech] reparar portadiferencial m
— @ **divider** v - [autom-mech] reparar distribuidor m
— @ **drive axle** v - [autom-mech] reparar, árbol m, or eje m, motor, or para impulsión f
— **kit** n - [mech] equipo m, or conjunto m, or juego m, (de herramientas f) para reparación
— @ **power divider** v - [autom-mech] reparar distribuidor m para fuerza f
— @ **tandem drive axle** v - [autom-mech] reparar eje m motor en tándem
overhauled a - [mech] reparado,da a nuevo; acondicionado,da
— **axle** n - [mech] eje m reparado a nuevo
— **differential carrier** n - [autom-mech] portadiferencial m reparado
— **divider** n - [autom-mech] distribuidor m reparado
— **drive axle** n - [autom-mech] eje m, or árbol m, motor para impulsión f reparado
— **power divider** n - [autom-mech] distribuidor m para fuerza f reparado
— **tandem drive axle** n - [autom-mech] eje m, or árbol m, motor, en tándem reparado
overhauling n - reparación f (a nuevo); revisación f; acondicionamiento m
— **kit** n - [mech] equipo m, or conjunto m, or juego m, (de herramientas f) para reparación
overhead n - [com] gasto(s) m indirecto(s) • gasto(s) m general(es) • [autom-tires] capa f superior | a - elevado,da; aéreo,rea • [weld] sobrecabeza • [Mex.] de techo m | adv - por encima; por parte f superior; en sitio m elevado; sobcrecabeza
— **and vertical range** n - [weld] escala f, or límite(s) m, para soldadura f sobrecabeza (y) vertical
— — **welding range** n - [weld] escala f, or límite(s) m, para soldadura f sobrecabeza y vertical
— **beam** n - [constr] viga f elevada
— **bin** n - [mech] tolva f elevada
— **bulk bin** n - [mech] tolva f elevada para granel m
— **butt weld** n - [weld] soldadura f, a tope sobrecabeza, or sobrecabeza f a tope
— **cable** n - [telecom] cable m aéreo
— — **sleeve** n - [telecom-cond] manguito m para cable m aéreo
— **cam** n - [int.comb] leva f en culata f
— **camshaft** n - [mech] árbol m con leva(s) m, superior, or en tope m
— **coil** n - [electr-instal] bobina f aérea
— **conduit** n - [tub] conducto m elevado
— **conveyor** n - [mech] (cinta) transportadora f elevada
— **corner weld** n - [weld] soldadura f sobrecabeza sobre ángulo m exterior
— **cost** n - [accntg] gasto(s) m, or costo(s) m, indirecto(s); gasto(s) m general(es)
— — **advantage** n - [ind] ventaja f de gasto(s) m general(es)
— **crane** n - [cranes] grúa f, puente, or aérea; puente m grúa móvil
— — **application** n - [cranes] aplicación f para puente m grúa
— — **bearing** n - [cranes] cojinete m para, grúa f, puente, or aérea
— — **oil seal** n - [cranes] sello m para aceite m para grúa f, puente, or aérea
— — **spare part** n - [cranes] (pieza f para) repuesto m para grúa f, puente, or aérea
— **door** n - [constr] puerta f, elevada, or corediza f vertical

overhead door chain n - [chains] cadena f para puerta f corrediza vertical
— **duct** n - [telecom-cond] conducto m aéreo
— **eccentric** n - [mech] excéntrica f, en tope m, or superior
— **edge weld** n - [weld] soldadura f en canto m sobrecabeza
— **electrical wiring** n - [electr-instal] cables m eléctricos aéreos
— **equipment** n - [ind] equipo m elevado
— **expense(s)** n - [com] gasto(s) m, indirectos, or generales
— **fabricating** n - [weld] soldadura f en posición f sobrecabeza para montaje m
— **fillet weld** n - [Weld] soldadura f sobrecabeza en ángulo m (interior)
— **girder** n - [constr] viga f (maestra), elevada, or sobrecabeza
— **grade separation structure** n - [roads] estructura f elevada para separación f de nivel(es) m
— **haul(age) road** n - [constr] camino m elevado para acarreo m
— **installation** n - [telecom-cond] instalación f (en forma f) aérea
— **job** n - [weld] trabajo m sobrecabeza
— **lifting** n - [cranes] transporte m, aéreo, or suspendido • elevación f suspendida • carga f suspendida • suspensión f de, peso(s) m, or carga(s) f • elevación f, sobrecabeza, or aérea
— — **application** n - [cranes] aplicación f para elevación f sobrecabeza
— **line** n - [tub] tubería f, or línea f, elevada
— **load carrying equipment** n - [ind] equipo m elevado para portar carga(s) f
— **moving equipment** n - [safety] equipo m elevado en movimiento m
— **obstruction** n - obstrucción f elevada
— **operation** n - [weld] operación f sobrecabeza
— **passing** n - paso m por encima
—, **pipe**, or **piping** n - [tub] tubería f elevada
— **plate** n - [weld] plancha f sobrecabeza
— — **welding** n - [weld] soldadura f sobrecabeza de plancha(s) f
— **position** n - [weld] posición f sobrecabeza
— — **procedure** n - [weld] procedimiento m para (soldadura f en) posición f sobrecabeza
— — **welding procedure** n - [weld] procedimiento m para soldadura f en posición f sobrecabeza
— **range** n - [weld] escala f, or límite(s) m, para soldadura f sobrecabeza
— **road** n - [roads] camino m elevado
— **run** n - [electr-instal] tramo m aéreo • conductor m aéreo
— **sign** n - [roads] indicador m, or letrero m, elevado
— — **bridge** n - [roads] pórtico m para, indicador(es), or letrero(s) m, elevado(s)
— **steel sign** n - [constr] letrero m elevado de acero m
— **structure** n - [constr] estructura f, elevada, or sobrecabeza; construcción f elevada
— **service water piping** n - [tub] tubería f elevada para agua m para servicio m
— **surface water** n - [tub] agua m elevada para servicio m
— **technique** n - [weld] técnica f (para soldadura f) sobrecabeza
— **telephone cable** n - [telecom-cond] cable m telefónico aéreo
— **track** n - [cranes] vía f elevada; riel m elevado
— **traveling crane** n - [cranes] grúa f puente (viajera)
— — — **specification** n - [cranes] especificación f para grúa f puente (viajera)
— — **service crane** n - [cranes] grúa f puente (viajera) para servicio m
— — — — **specification** n - especificación f para grúa f puente (viajera) para servicio m

overhead use n - uso m sobrecabeza; carga f suspendida
— **utility** n - red f (para servicio m público) elevada
— **valve** n - [int.comb] válvula f en culata f
— — **engine** n - [int.comb] motor m con válvulas f en culata f
— **visibility** n - visibilidad f hacia arriba
— **water** n - [hydr] agua m elevada
— — **piping** n - [tub] tubería f elevada para agua m
— **weld(ing)** n - [weld] soldadura f, sobrecabeza, or desde abajo, or de techo m
— — **procedure** n - [weld] procedimiento m para soldadura f sobrecabeza
— — **range** n - [weld] escala f, or límite(s) m, para soldadura f sobrecabeza
— — **technique** n - [weld] técnica f para soldadura f sobrecabeza
— **well water** n - [hydr] agua n de pozo m elevada
— — — **piping** n - [hydr] tubería f elevada para agua m de pozo m
— **whip technique** n - [weld] técnica f con chicoteo m en soldadura f sobrecabeza
— **wiring** n - [electr-instal] cable(s) m aéreo(s)
overheat v - . . . ; sobrecalefaccionar; calentar, excesivamente, or en exceso
— @ **asphalt** v - [constr] sobrecalentar asfalto m
— @ **bearing** v - [mech] recalentar cojinete f
— @ **condenser** v - [electr-equip] recalentar condensador m
— @ **engine** v - [int.comb] sobrecalentar, or recalentar, motor m
— @ **field rheostat** v - [electr-oper] recalentar reóstato m para campo m
— @ **hinge** v - [mech] recalentar, or sobrecalentar, bisagra f
— @ **motor** v - [electr-mot] recalentar motor m
— @ **receptacle** v - [electr-oper] recalentar tomacorriente m
— @ **rheostat** v - [electr] recalentar reóstato m
— **switch** n - [electr-equip] interruptor m para sobrecalentamiento m
— @ **valve** v - [int.comb] sobrecalentar válvula f
— @ **welder** v - [weld] recalentar soldadora f
overheated a - sobrecalentado,da; recalentado,da; sobrecalefaccionado,da; calentado,da, excesivamente, or en exceso
— **asphalt** n - [constr] asfalto m sobrecalentado
— **bearing** n - [mech] cojinete m recalentado
— **condenser** n - [electr-oper] condensador recalentado
— **engine** n - [int.comb] motor m, sobrecalentado, or recalentado
— **field rheostat** n - [electr-oper] reóstato m para campo m recalentado
— **hinge** n - [mech] bisagra f, recalentada, or sobrecalentada
— **locally** a - sobrecalentado,da, or recalentado,da, localmente
— **motor** n - [electr-mot] motor m recalentado
— **receptacle** n - [electr-oper] tomacorriente m recalentado
— **rheostat** n - [electr-oper] reóstato m recalentado
— **steam** n - [boilers] vapor m sobrecalentado
— **valve** n - [int.comb] válvula f sobrecalentada
— **welder** n - [weld] soldadora f recalentada
overheating n - . . . ; calentamiento m, excesivo, or en exceso | a - sobrecalentador,ra
— **cause** n - causa f de, recalentamiento m, or sobrecalentamiento m
— **danger** n - [weld] peligro m de recalentamiento
— **problem** n - problema m con recalentamiento m
overidentified a - [com] caracterizado,da excesivamente
— **business** n - [com] comercio m, or negocio m, caracterizado excesivamente
overland a - . . . ; a campo m traviesa
— **equipment** n - [transp] equipo m terrestre

overland flow n - [hydr] escurrimiento m, superficial, or sobre superficie f; curso m de agua m, sobre tierra f, or a campo m traviesa
— — **detention** n - [hydr] retención f de escurrimiento m sobre superficie f
— — **length** n - [geol] longitud f de escurrimiento m superficial
— **transportation** n - transporte m terrestre
— — **equipment** n - [transp] equipo m para transporte m terrestre
overlap n - [mech] . . .; sobremonta f; superposición f - recubrimiento m; exceso m • mordedura f; entalla f |
v - . . . • sobrepasar; extender(se) sobre • recubrir; cubrir; imbricar
— **circumferentially** v - solapar circunferencialmente
— @ **groove** v - [weld] cubrir, or extender, a costado(s) m de ranura f
— **on @ roundabout** n - [weld] traslapo m en soldadura f circunferencial
— @ **part** v - [mech] traslapar pieza f
— @ **pipe end** v - [tub] traslapar extremo m de tubería f
— @ **range** v - sobreponer parcialmente, escala f, or límite(s) m
— @ **shield(ing)** v - [electr-cond] traslapar blindaje m
overlapped a - traslapado,da; imbricado,da
— **part** n - [mech] pieza f traslapada
— **pipe end** n - [tub] extremo m traslapado de tubería f
— **range** n - escala f, traslapada, or superpuesta; límite(s) m superpuesta(s) (parcialmente)
— **shield(ing)** n - [electr-cond] blindaje m traslapado
overlapper n - traslapador m; imbricador m
overlapping n - . . . .; superposición f; traslapo m; imbricación f | a - traslapante; solapante; sobrelapante; con, solapo m, or traslapo m, or sobrelapo m • traslapador,ra; imbricador,ra; superpuesto,ta parcialmente
— **current range** n - [weld] límite(s) f de amperaje m superpuesto(s) parcialmente; escala f de amperaje m superpuesta parcialmente
— **part** n - parte f traslapada • [mech] pieza f traslapada
— **piece(s)** n - [mech] pieza(s) f traslapada(s)
— **range(s)** n escala(s) f, traslapante(s), or superpuesta(s), parcialmente
— **seam** n - [mech] costura f traslapante
— **step** n - [weld] sector m sobrepuesto parcialmente
— **voltage** n - [electr-oper] voltaje m traslapante
— — **range** n - [electr] límite(s) m, or escala f, de voltaje m traslapante
— **weld** n - [weld] soldadura f, traslapante, or traslapada
overlay n - recubrimiento • [weld] capa f superpuesta | v - recubrir • [roads] agregar capas
overload n - . . .; carga f excesiva • [weld] sobrecorriente | v - . . . .; cargar, excesivamente, or con exceso m
— **capacity** n - capacidad f, or margen, para sobrecarga(s) f
— **condition** n - [electr] condición f con sobrecarga f
— **current** n - [electr-oper] corriente f excesiva • [weld] amperaje m excesivo
— @ **drier** v - [ind] sobrecargar secador m
— **element** n - [electr] elemento m contra sobrecarga(s) f
— @ **engine** v - [int.comb] sobrecargar motor m
— **heater** n - [combust] calentador m para sobrecarga(s) f
— — **link** n - [electr-equip] protección f contra sobrecarga(s) f
— **magnetic relay** n - [electr-equip] relé m magnético para sobrecarga(s) f

overload pressure n - [constr-pil] presión f de, sobrecarga f, or carga f excesiva
— **problem** n - problema m con, sobrecarga f, or carga f excesiva
— **protect** v - proteger contra sobrecarga(s) f
— **protected** a - protegido,da contra sobrecargas
— **protecting device** n - dispositivo m para protección f contra sobrecarga(s) f
— **protection** n - protección f contra sobrecarga(s) f
— — **switch** n - [weld] conmutador m para protección f contra sobrecarga(s) f
— **protector** n - protector m contra sobrecargas
— **relay** n - [electr] relé m para sobrecarga(s)
— — **control** n - regulación f con relé m para sobrecarga(s) • regulador m para relé m para sobrecarga(s) f
— — **controlled** a - regulado,da con relé m contra sobrecarga(s) f
— **relay switch** n - [electr-instal] conmutador m, or regulador m, para relé m contra sobrecarga(s) f
— **shock (absorber)** n - [autom-mech] amortiguador m para, sobrecarga(s) f, or carga(s) f excesiva(s)
— **sign(s)** n - indicación f de, sobrecarga(s) f, or carga(s) f excesiva(s)
— — **check(ing)** n - verificación f de indicación(es) f de, sobrecarga(s) f, or carga(s) f excesiva(s)
— **thermostat** n - [electron] termostato m contra sobrecarga(s) f
— **valve** n - [valv] válvula f para sobrecarga(s)
— **warning** n - [cranes] alarma f contra sobrecarga(s) f
— — **device** n - [cranes] dispositivo m para alarma(s) f contra sobrecarga(s) f
— — **system** n - [cranes] sistema m para alrma f contra, sobrecarga(s) f, or cargas excesivas
overloaded a - sobrecargado,da; cargado,da, excesivamente, or con exceso m; recargado,da; con carga t excesiva
— **drier** n - [ind] secador m sobrecargado
— **engine** n - [int.comb] motor m sobrecargado
overloader n - sobrecargador m
overloading n - carga f excesiva • sobrecarga f | a - sobrecargador,ra
— **condition** n - condición f con sobrecarga f
overlook n - [topogr] observatorio m | v - . . .
— @ **area** v - pasar por alto zona f
— **often** v - descuidar, or pasar por alto, frecuentemente
overlooked a - pasado por alto; descuidado,da
— **area** n - zona f, pasada por alto, or descuidada, or olvidada
— **area** a - descuidado,da, or olvidado,da, or pasado,da por alto, frecuentemente
overlooking n - paso m, or pasada f, por alto; descuido m; olvido m
overly adv - sobradamente; excesivamente
— **cautious** a - excesivamente cauteloso,sa
— — **approach** n - enfoque m excesivamente cautelosop; actitud f excesivamente cautelosa
— **healthy abundance** n - abundancia f excesiva
— **simplified** a - pecar de sencillo,lla
overmining n - [miner] mineración f, or excavación f, excesiva
overnight adv - . . . .; hasta mañana f
— **temperature** n - [meteorol] temperatura f, nocturna, or durante noche f
— **rest** n - descanso m nocturno • parada f nocturna; pernoctación f
— **visitor** n - visitante m pernoctador
overnighter n - pernoctador m
overpack with grease v - [mech] engrasar con demasía f
overpacked a - con demasía f
— **with grease** a - [mech] sobreengrasado,da; engrasado,da con demasía f
overpaid a - pagado,da en más
overpass n - [roads] paso m, superior, or elevado
— — **fill** n - [constr] terraplén m para paso m su-

perior
overpass railing n - [constr] baranda f para paso m superior
— **structure** n - [roads] estructura f para paso m superior
overpay v - pagar en más
overpitch n - [mech-fans] inclinación f excesiva; sobreinclinación f | v - [mech-fans] inclinar excesivamente; sobreinclinar
overpitched a - [mech-fans] sobreinclinado,da; inclinado,da en exceso; con inclinación f excesiva
— **blade** n - [mech-fans] paleta f, inclinada excesivamente, or con inclinación f excesiva
overpowered a - sobrepuesto,ta; vencido,da
overpressure n - sobrepresión f; exceso m de presión f; presión f excesiva
— **atmosphere(s)** n - [pneumat] atmósfera(s) f de sobrepresión f
— **cut-off valve** n - [valv] válvula f para corte m de, sobrepresión f, or presión f excesiva
— **valve** n - [valv] válvula f para sobrepresión
— — **with @ alarm** n - [valv] válvula f con alarma f para sobrepresión f
— — — **@ contact(s)** n - [valv] válvula f con contacto(s) m para alarma f para sobrepresión f
— **venting** n - liberación f de sobrepresión f
overprice n - sobreprecio m | v - asignar precio m excesivo
overprimed a - [int.comb] cebado,da excesivamente; sobrecebado,da
overprotect v - proteger excesivamente
overprotected a - sobreprotegido,da*
overprotecting n - protección f excesiva; sobreprotección* f | a - sobreprotector,ra*
overprotection n - protección f excesiva; sobreprotección* f
override v - . . . .; limitar; cercenar • sobreponer(se) | a - see **overriding**
— **disable** n - see **override disabling**
— **disabling** n - [mech] anulación f de sobrepaso
— — **valve** n - [mech] válvula f anuladora para sobrepaso m
— **@ pressure** v - [mech] sobrepasar presión f
— **switch** n - [electr-instal] conmutador m, contrarrestador, or limitador, or general
— **system** n - [petrol] sistema m para sobrepaso
— — **off indicator** n - [mech] indicador m de desactivación f para sistema m para sobrepaso
— — **on indicator** n - [mech] indicador m de activado para sistema m para sobrepaso m
— — **test valve** n - [petrol] válvula f para verificación f para sistema m para sobrepaso m
— — — **valve** n - [petrol] válvula f para sistema m para sobrepaso m
— **test valve** n - [petrol] válvula f para verificación f para sobrepaso m
— **valve** n - [petrol] válvula f para sobrepaso m
— **@ valve** v - [mech] sobrepasar válvula f
overridden a - sobrepasado,da; contrarrestado,da; limitado,da; cercenado,da
— **pressure** n - [mech] presión f sobrepasada
— **valve** n - [mech] válvula f sobrepasada
overriding n - sobrepaso m • anulación f; limitación f; cercenamiento m | a - sobrepasador,ra • contrarrestador,ra; anulador,ra; limitador,ra; cercenador,ra
— **relay** n - [electr-instal] relé m contrarrestador
— **switch** n - [electr-instal] interruptor m general • conmutador m, contrarrestador, or limitador
overripe a - . . . .; zocato,ta
— **nut** n - [mech] tuerca f pasada
overrun n - exceso m • [mech] alimentación f excesiva; sobrealimentación f • desenrollamiento m excesivo • [weld] arrastre m excesivo (de electrodo m); sobrealimentación f de electrodo m | a - plagado,da | v - plagar
— **prevention** n - [mech] evitación f de desenrrollamiento m excesivo; prevención f contra desenrollamiento m excesivo
— **shift(ing)** n - [autom-mech] cambio(s) m, en exceso m, or excesivo(s)
overrunning n - [mech] sobrealimentación f
— **clutch** n - [mech] embrague m con rueda f libre
— — **assembly** n - [mech] conjunto m de embrague m con rueda f libre
— — **name plate** n - [mech] placa f para identificación f para embrague m con rueda libre
— — **roller** n - [mech] rodillo m para embrague m con rueda f libre
overseas n - . . . . | a - . . . .; en exterior m
— **culvert plant** n - [metal-fabr] planta f en ultramar para fabricación f de alcantarillas
— **customer** n - [com] cliente m, en ultramar, or en exterior m
— **equipment marketing** n - [com] mercadeo m en exterior m de equipo(s) m
— **marketing** n - [com] mercadeo m en exterior m
— **operation** n - operación f, ultramarina, or en ultramar
— **plant** n - [ind] planta f en exterior m
— **sale(s)** n - [com] venta(s) f en, exterior m, or extranjero m
— **shipment** n - [transp] embarque m marítimo • transporte m, marítimo, or por mar f alta
— — **cost(s)** n - [transp] costo(s) m, or gasto(s), para transporte m marítimo; flete m marítimo
— **subsidiary** n - [legal] compañía f, or empresa f, or sociedad f, subsidiaria, en ultramar m, or extranjero m
— **welding equipment marketing** n - [weld] mercadeo m en exterior m de equipo(s) m para soldadura f
— — **supplies marketing** n - [weld] mercadeo m en exterior m de, elemento(s) m, or provisión(es) f, para soldadura f
oversee v - . . . .; supervisar • intervenir
— **@ operation** v - supervisar operación f
overseeing n - [managm] supervisión f
overseen a - supervisado,da • intervenido,da
— **operation** n - operación f supervisada
overseer n - . . . .; encargado m; supervisor m; mayordomo m
overshoe n - [vest] . . . .; zapatón m; zoclo m
overshoot v - . . . .; exceder(se)
— **@ turn** v - [sports] sobrepasar curva f
overshooting n - exceso m
overshot n - [petrol] pescador m con, enchufe m, or cuello m, para pesca f | a - . . . . | adv - por encima
— **feeding** n - alimentación f por encima
— **hay stacker** n - [agric-equip] emparvadora f, or hacinadora f, superior para heno m
— **turn** n - [sports] curva f sobrepasada
oversight n - . . . .; imprevisión f • . . . .; dirección f • intervención f
oversimplification n—simplificación f excesiva
oversimplified a—simplificado,da excesivamente
oversimplify v - simplificar excesivamente; decir en forma f, más, or demasiado, sencilla
oversize n - diámetro m mayor; sobremedida f; sobretamaño m; sobrediámetro m | a - sobredimensionado,da; also see **oversized** | v - sobredimensionar; aumentar medida(s) f
— **exciter** n - [electr-instal] excitador m con capacidad f excepcional
— **(d) particle** n - partícula f en tamaño m, mayor, or excepcional
— **@ structure** v - [constr] sobredimensionar, or aumentar medida(s) f, para, estructura f
oversized a - sobredimensionado,da; desproporcionado,da; con, tamaño m extraordinaria, or medida(s) f aumentada(s), or tamaño m mayor
— **rock** n - roca f desproporcionada
— **exciter** n - [electr] excitador m con capacidad f excepcional

oversized structure n - [constr] estructura f, desproporcionada, or con medidas f aumentadas
— **tire** n - [autom-tires] neumático m con, medida(s), or tamaño m, excepcional(es)
— **weld** n - [weld] soldadura f, desproporcionada, or con tamaño m excesivo
oversizing n - aumento f en medida(s) f
overspeed n - velocidad f excesiva; sobrevelocidad* f
— **device** n - dispositivo m para sobrevelocidad* f • limitador m para velocidad f
— **electronic device** n - dispositivo m electrónico para sobrevelocidad f
— **guaranty** n - garantía f para sobrevelocidad f
— **mechanical device** n - dispositivo m mecánico para sobrevelocidad f
overstated a - exagerado,da
— **inventory** n - inventario m exagerado
overstatement n - . . . . • [gram] hipérbole f
overstay n - . . . . [labor] permanencia f excesiva
oversteer(ing) n - [autom-mech] dirección f en más; also see swingout
overstocking n - [com] existencia(s) f excesiva(s); exceso m de existencia(s) f
overstress n - [constr] sobretensión f; tensión f excesiva | v - [constr] exceder resistencia f
overstressing n—sobreesfuerzo m; sobretensión f
overstuffed a - [domest] . . .; acolchado,da
— **chair** n - [domest] sillón m, rellenado, or acolchado
— **couch** n - [domest] sofá m acolchado
oversupply n - . . .; sobreprovisión f
overtake v - . . .; aventajar; adelantar(se)
— @ **car** v - [sports] adelantar(se) a automóvil
overtaken a - alcanzado,da; aventajado,da • [sports] desplazado,da
overtaking n - alcance m • [sports] desplazamiento m
overtight a - apretado,da excesivamente
pvertighten v - [mech] apretar, or ajustar, excesivamente
— @ **belt** v - [mech] ajustar excesivamente correa f
— @ **bolt** v - [mech] ajustar, or apretar, excesivamente perno m
— @ **nut** v - [mech] ajustar, or apretar, excesivamente, tuerca f
overtightened a - [mech] apretado,da, or ajustado,da, excesivamente
— **belt** n - [mech] correa f ajustada excesivamente
— **bolt** n - [mech] perno m, apretado, or ajustado, excesivamente
— **nut** n - [mech] tuerca f, apretada, or ajustada, excesivamente
overtightening n - [mech] apretadura f excesiva; ajuste m excesivo • tensión f excesiva
overtime n - [labor] . . .; hora f, extra, or suplementaria; sobretiempo m • a - extra; con recargo m
— **hour** n - [labor] hora f extra
— **performed work** n - [int] trabajo m ejecutado en hora(s) f extraordinaria(s)
— **work** n - [labor] trabajo m en hora(s) f extraordinaria(s)
— — **performance** n - [labor] realización f, or ejecución f, de trabajo m en hora(s) extraordinaria(s)
overtopping n - [hydr] rebalse m; superación f
overturn n - tumbo m | v—. . .; voltear; tumbar
overturned a - volcado,da; volteado,da; tumbado,da • trastornado,da
overturning n - vuelco m; volteo m; tumbo m • [hydr] circulación f total
overtravel n - [mech] recorrido m excesivo
overview n - vista f, or visión f, general • vista f anticipada | v - ver anticipadamente
overvoltage n - [electr] sobrevoltaje m; voltaje m excesivo

overvoltage problem n - [electr] problema m con, sobrevoltaje m, or voltaje m excesivo
— **welding** n - [weld] soldadura f con, sobrevoltaje m, or sobreintensidad f
overweld n - [weld] soldadura f excesiva; sobreespesor; abultamiento m; aportación f excesiva | v - soldar con exceso; sobresoldar; aportar metal m excesivo
— **welding** n - soldadura f desmedida; cordón m desmedido
overwhelm v - . . . . deprimir
overwhelmed a - abrumado,da • deprimido,da
overwhelming n - abrumamiento m | a - abrumador,ra • deprimente
— **majority** n - [legal] mayoría f abrumante
overworking n - [constr-concr] fraguado m excesivo
overwrite v - superescribir; testar; superponer
overwriting n - superposición f; testación f
overwritten a - superpuesto,ta; testado,da
owe @ premium v - [insur] deber prima f
owed a - debido,da; adeudado,da
— **premium** n - [insur] prima f debida
own adv - . . .; personal | v - . . .
— **capital** n - [fin] capital m propio
— **company** n - compañía f, or empresa f, propia
— @ **copyright** v - [legal] poseer, or ser dueño m, or propietario m, de derecho(s) m literario(s), or propiedad f intelectual
— **currency** n - [fin] moneda f propia
— **decision** n - decisión f propia
— **drive** n - impulso m propio • [mech] impulsión f propia; mecanismo m impulsor propio
— **effort** n - esfuerzo m propio
— **evaluation** n - evaluación f propia
— **experience** n - [managm] experiencia f propia
— — **term(s)** n - término(s) m de experiencia f propia
— **exposure** n - [managm] exposición f propia
— **market** n - [com] mercado m propio
— **need(s)** n - necesidad(es) f propia(s)
— @ **patent** v - [legal] poseer, or ser, dueño m, or propietario m, de patente f de invención f
— @ — —(s) v - [legal] poseer, or tener, or ser dueño m de, patente f de invención f
— **personnel** n - [labor] personal m propio
— **preference** n - preferencia f, personal, or propia
— **problem** n - problema m propio
— **production** n - [ind] producción f propia • [electr-prod] generación f propia
— **protection** n - [safety] protección f propia; autoprotección f
— **resource(s)** n - [fin] recurso(s) m propio(s)
— **right(s)** n - [legal] derecho(s) m propio(s)
— @ **right(s)** v - [legal] poseer, or ser dueño m, de derecho(s) m
— **supervision** n - supervisión f propia
— **support** n - [constr] soporte(s) m propio(s)
— **technology** n - [ind] tecnología f propia
— **time** n - tiempo m propio • [labor] hora(s) f fuera de, trabajo m, or empleo m; hora(s) f, de ocio m, or libre(s)
— **trade mark** n - [legal] marca f, registrada, or industrial, or de fábrica f, propia
— @ — — v - [legal] tener, or poseer, or ser dueño m, or ser propietario m, de marca f, registrada, or industrial, or de fábrica
— @ — **name** v - [legal] tener, or poseer, or ser dueño m, or ser propietario m, de nombre m, comercial, or industrial
— **work** n - trabajo m propio
owned a - poseído,da; tenido,da
— **copyright** n - [legal] propiedad f intelectual poseída; derecho(s) m literario(s) poseído(s)
— **patent** n - [legal] patente f de invención f poseída fd
— **trade mark** n - [legal] marca f, de fábrica(ción) f, or registrada, or industrial, po-

seída
owned trade name n - [legal] nombre m comercial poseído
owner n - . . . .; patrón m • consumidor m • [legal] titular m
— **disassembled** a - [Transp] desarmado,da por propietario m
—**('s) manual** n - manual m para propietario m
—**('s) name** n - nombre m de, dueño m, or propietario m
—**('s) operator** n - [ind] operador m para propietario m
— **packed** a - [transp] embalado,da por propietario m
—**('s) representative** n - representante m de propietario m
ownership n - [legal] (derecho m de) propiedad f; dominio m; posesión f; patrimonio m; pertenencia f
— **limitation** n—[legal] limitación f de dominio
— **tax** n - [fisc] impuesto m patrimonial
— **transfer** n - [fin] transferencia f de propiedad f
owning n - posesión f | a - poseedor,ra; poseyente
ox driver n - [transp] yuntero m
— **hitch** n - enganche m para buey(es) m
— **team** n - [transp] yunta f de bueyes m
— **tongue** n - [transp lanza f para buey(es) m
exbow n - [hydr] recodo m
oxi-gas n - see **oxygen and gas**
oxidation n - . . . .; corrosión f; herrumbre f
— **area** n - [miner] zona f con oxidación f
— **control** n - [metal] regulación f de oxidación
— **degree** n - [metal] grado m de oxidación f
— **device** n - [sanit] dispositivo m para oxidación f
— **film** n—[metal-treat] película f de oxidación
— **gas** n - [metal-prod] gas m para oxidación f
— — **reforming** n - [metal-prod] reformación f, de, or con, gas m para oxidación f
— **index** n - índice m de oxidación f
— **inhibitor** n - inhibidor m, antioxidante, or contra oxidación f
— **kinetic(s)** n - cinética f de oxidación f
— — **acceleration** n - aceleración f de cinética f para oxidación f
— **laboratory scale test** n - [metal-prod] ensayo m de oxidación en escala f de laboratorio m
— — **test** n - [metal-prod] ensayo m de oxidación f en laboratorio m
— **prevention** n - prevención f contra oxidación
— **stopping** n - detención f de oxidación f
— **test(ing)** n - [metal] ensayo m de oxidación f
oxide n - [metal] . . .; herrumbre f
— **coated** a - recubierto,ta con óxido m
— — **electrode** n - [weld] electrodo m con recubrimiento m de óxido
— **coating** n - [metal] recubrimiento m, or capa f, de óxido m
— **content** n - [chem] tenor m de óxido m
— **covered** a - (re)cubierto,ta con óxido m
— **film** n - [metal] película f de óxido
— **fine(s)** n - [miner] fino(s) m de óxido m
— **formation** n - [chem] formación f de óxido(s) m
— **free** a - libre de óxido(s) m
— — **contact** n - [electr-equip] contacto m libre de óxido m
— **layer** n - [metal] capa f de óxido m
— **lump** n - [miner] terrón m de óxido m
— **molecule** n - [chem] molécula f de óxido m
— **pellet** n - [miner] pella f de óxido m
— **metallization** n - [miner] metalización f de pella f de óxido m
— **porosity** n - [metal] porosidad f debida a óxido m
— **problem** n - [metal] problema m con óxido m
— **sample** n - muestra f de óxido m
— **scale** n - [metal-roll] escama f de óxido m • [hydr] costra f de óxido m
— **skin** n -[metal] cáscara f de óxido m

oxidizability n - [chem] oxidabilidad f
oxidize anodically v—[chem] oxidar anódicamente
oxidized a - oxidado,da
— **anodically** a - [chem] oxidado,da anódicamente
— **ore** n - [miner] mineral m oxidado
— **plate** n - [metal-roll] plancha f oxidada
— **wire rod** n - [wiredrwng] alambrón m oxidado
oxidizing n - oxidación f | a - oxidante
— **acid** n - [weld] ácido m oxidante
— **agent** n - [metal-prod] agente n, or elemento m, oxidante
— **anion** n - [chem] anión m oxidante
— **atmosphere** n - [metal-roll] atmósfera f oxidante
— **element** n - [metal-prod] elemento m oxidante
— **enzyme** n - [chem] enzima f oxidante
— **flame** n - [combust] llama f oxidante
— **furnace** n - [metal-treat] horno m para oxidación f
— **inorganic acid** n - [chem] ácido m inorgánico oxidante
— — **salt** n - [chem] sal f de ácido m inorgánico oxidante
— — **salt** n - [chem] sal f inorgánica oxidante
— **metallic film** n - [metal-treat] película f metálica oxidante
— **organic acid** n - [chem] ácido m orgánico oxidante
— — **salt** n - [chem] sal f orgánica oxidante
— **preheater** n - [metal-treat] precalentador m oxidante
— **salt** n - [chem] sal f oxidante
— **solvent** n - [chem] disolvente con sal f oxidante
— **solution** n - [chem] disolución f oxidante
— — **preparation** n - [chem] preparación f de disolución f oxidante
oxime carbamate n - [chem] carbamate* m de oxime
oxochlorination n - [chem] oxoclorinación f
oxyacetylene n - . . . | a - oxiacetilénico,ca
— **cutter** n - [weld] soplete m para oxicorte m
— **cutting** n - [weld] oxicorte m; corte m oxiacetilénico
— — **shop** n - [weld] taller m para, oxicorte m, or corte m oxiacetilénico
— **equipment** n - [weld] equipo m, oxiacetlénico, or para oxiacetileno m
— **flame** n - [weld] llama f oxiacetilénica
— **gas** n - [weld] gas m, oxiacetilénico, or de oxiacetileno m
— **goggles** n - [weld] gafa(s) f para soldadura f, oxiacetilénica, or autógena
— **preheating torch** n - [weld] soplete m oxiacetilénico para precalentamiento m
— **torch** n - [weld] soplete m, oxiacetilénico, or para oxiacetileno m
— — **operator** n - [weld] operador m para soplete m oxiacetilénico [Spa.] sopletero m
— **weld(ing)** n - [weld] soldadura f oxiacetilénica
— **welding equipment** n - [weld] equipo m para soldadura f oxiacetilénica
— — **goggles** n - [weld] gafa(s) f para soldadura f, oxiacetilénica, or autógena
— — **group** n - [weld] grupo m, or conjunto m, para soldadura f oxiacetilénica
oxychloride n - [chem] oxicloruro m
— **cement** n - cemento m de oxicloruro m
oxygen addition n - [metal-prod] adición f de oxígeno m
— — **to @ blast** n - [metal-prod] adición f de oxígeno m a, viento m, or soplado m
oxygen and gas n - [combust] oxígeno m y gas m | a - con oxígeno m y gas m
— — — **burner** n - [combust] quemador m para oxígeno m y gas m
— — **water fitting(s)** n - [erlf] vonrción(es) f para oxígeno m y (para) agua m
— **balance** n - [chem] balance m, or equilibrio m, de oxígeno m
— **blast** n - [metal-prod] soplado m de oxígeno

oxygen blast steel plant n - [metal-prod] acería f con soplado n con oxígeno m
— **blown** a - [metal-prod] soplado,da con oxígeno
— — **converter** n - [metal-prod] convertidor m soplado con oxígeno m
— **compressor** n - [ind] compresor m para oxígeno
— **concentration** n - [chem] concentración f de oxígeno m
— — **cell** n - [chem] célula f con concentración f de oxígeno m
— **connection** n - [ind] conexión f, or toma f, para oxígeno m
— **consumption** n - [ind] consumo m de oxígeno m
— — **data** n - [combust] dato(s) m sobre consumo m de oxígeno m
— — — **gathering** n - [combust] recolección f de dato(s) m sobre consumo m de oxígeno m
— — — **processing** n - [combust] procesamiento m de dato(s) m sobre consumo m de oxígeno m
— — **per ton** n - [ind] consumo m de oxígeno m por tonelada f
— — — **produced** n - [ind] consumo m de oxígeno m por tonelada f producida
— — **content** n - [chem] contenido m, or proporción f, or tenor m, de oxígeno m
— — **control** n - [metal-prod] regulación f de, proporción f, or contenido m, de oxígeno m
— **converter** n - [metal-prod] convertidor m con oxígeno m
— — **process** n - [metal-prod] proceso m con convertidor m con oxígeno m
— — **shop** n - [metal-prod] planta f de convertidor(es) m con oxígeno m
— **cost** n - [ind] costo m de oxígeno m
— — **per ton** n - [ind] costo m de oxígeno m por tonelada f
— — — **produced** n - [ind] costo m de oxígeno m por tonelada f producida
— **demand** n - demanda f, or exigencia f, de oxígeno m
— **determination** n - [chem] determinación f de oxígeno m
— **distribution** n - [ind] distribución f, para, or de, oxígeno m
— — **operational study** n - [ind] estudio m operativo de distribución f de oxígeno m
— — **study** n - [ind] estudio m de distribución f de oxígeno m
— — **system** n - [ind] red f para (distribución f de) oxígeno m
— **enrich** v - [metal-prod] sobreoxigenar; enriquecer con oxígeno m
— — **@ air blast** v - [combust] enriquecer con oxígeno m aire m soplado
— — **@ blast** v - [combust] enriquecer con oxígeno m (aire m) soplado
— **enriched** a - [combust] sobreoxigenado,da; enriquecido,da con oxígeno m
— — **air blast** n - [combust] aire m soplado enriquecido con oxígeno m
— — **blast** n - [combust] viento m, or soplado m, enriquecido con oxígeno m; viento m sobreoxigenado
— **enriching** n - [combust] enriquecimiento m con oxígeno m; sobreoxigenación f
— — **effect** n - [combust] efecto m de enriquecimiento m con oxígeno m
— — **level** n - [combust] nivel m de enriquecimiento m con oxígeno m
— **enrichment** n - [combust] enriquecimiento m con oxígeno m; sobreoxigenación f
— **excess** n - [combust] exceso m de oxígeno m
— **flow** n - [ind] flujo m de oxígeno m • caudal m de oxígeno m
— — **meter** n - [instrum] medidor m para, flujo m, or caudal m, de oxígeno m
— **gas** n - [chem] gas m de oxígeno m; oxígeno m gaseoso
— — **burner** n - [combust] quemador m para oxígeno m y gas m
— — — **requirement** n - [combust] demanda f, or consumo m, de quemador m para oxígeno m y gas
oxygen gas oxidation n - [metal-prod] oxidación f con gas m de oxígeno m
— — — **base reforming** n - [metal-prod] reformación f en base a oxidación f con gas m de oxígeno m
— — — **test** n - [metal-prod] ensayo m de reformación f en base a oxidación f con gas m de oxígeno m
— — **partial oxidation** n - [metal-prod] oxidación f parcial; con gas m de oxígeno m
— — — **base reforming test** n - [metal-prod] ensayo m de reformación f en base f a oxidación f parcial con gas m de oxígeno m
— — — **reforming** n - [metal-prod] reformación f en base f de oxidación f parcial con gas m de oxígeno m
— **generating plant** n - [ind] planta f para, generación f, or producción f, de oxígeno m
— **hose** n - [weld] manga f para oxígeno m
— — **with oxygen and water fittings** n - [weld] manga f para oxígeno m con conexión(es) f para oxígeno m y agua m
— — **proper oxygen and water fittings** n - [weld] manga f para oxígeno m con conexiónes f apropiadas para oxígeno m y agua m
— **injection** n - [metal-prod] inyección f de oxígeno m
— — **converter** n - [metal-prod] convertidor m con inyección f de oxígeno m
— — **open hearth furnace** n - [metal-prod] horno m Siemens-Martin con inyección f de oxígeno m
— — **through @ roof** n - [metal-prod] inyecciónn f de oxígeno m por bóveda f
— **intake** n - [ind] toma f para oxígeno m
— **intensive use** n - [ind] uso m intensivo de oxígeno m
— **lance** n - [metal-prod] lanza f, or varilla f, para oxígeno m | v - [metal-prod] emplear oxígeno m
— — **cooling hose** n - [metal-prod] mang(uer)a f para refrigeración f para lanza para oxígeno
— — **@ ladle** v - [metal-prod] pinchar cuchara f con oxígeno m
— — **operating system** n - [metal-prod] sistema f para operación f de lanza f para oxígeno m
— — **operation** n - [metal-prod] operación f, de, or con, lanza f para oxígeno m
— — **portable pressure reducer** n - [metal-prod] manorreductor* m
— — **system** n - [metal-prod] sistema m con lanza f para oxígeno m
— **lanced** a - [metal-prod] picado,da con oxígeno
— **lime injection** n - [metal-prod] inyección f de oxígeno m y (piedra) caliza f
— **lime injection steel** n - [metal-prod] acero m por inyección f de oxígeno m y (piedra) caliza f
— **line** n - [ind] tubería f, or línea f, para oxígeno m
— **oil burner** n - [combust] quemador m para oxígeno m y petróleo m
— — **use** n - [combust] uso m de quemador(es) m con oxígeno m y petróleo m
— **operation** m - [combust] operación f con oxígeno m
— **oxidation gas reforming** n - [metal-prod] reformación f con gas m para oxidación f con oxígeno m
— **pickup** n - [chem] captación f de oxígeno m
— **pipe** n - tubo m, or tubería f, para oxígeno m
— **plant** n - [metal-prod] planta f para oxígeno
— — **drain outlet** n - salida f para desagüe m para planta f para oxígeno m
— — **high compressor** n - [metal-prod] compresor m de alta para planta f para oxígeno m
— — — **cooler** n - enfriador m para compresor m de alta para planta f para oxígeno m
— — — **. . . stage cooler** n - enfriador m para la . . . etapa f para compresor m de alta para planta f para oxígeno m

oxygen plant intake filter n - filtro m para entrada f para planta f para oxígeno m
— — nomenclature n - [ind] nomenclatura para planta f para oxígeno m
— — outlet n - salida f de planta f para oxígeno m
— — practice n - [metal-prod] aceración f con oxígeno m
— — pressure n - [ind] presión f de oxígeno m
— — process n - [metal-prod] proceso m con oxígeno
— — pump n - [pumps] bomba f para oxígeno m
— — reduction n - [metal-prod] reducción f con oxígeno m
— — removal n - eliminación f de oxígeno m
— — requirement n - [combust] demanda f, or consumo m, or gasto m, de oxígeno m
— — service n - [ind] red f para, or servicio m de, oxígeno m
— — shortage n - [combust] falta f, or defecto m, or carencia f, de oxígeno m
— — smelt v - [metal-prod] fundir con oxígeno m
— — smelted a - [metal-prod] fundido,da con oxígeno m
— — smelting n - [metal-prod] fundición f con oxígeno m
— — — process n - [metal-prod] proceso m para, fundición f, or fusión f, con oxígeno m
— — steel n - [metal-prod] acero m con oxígeno m
— — storage n - [ind] almacenamiento m para oxígeno m
— — — facility n - instalación f para almacenamiento m para oxígeno m
— — tank n - [ind] (es)tanque m, or depósito m, para oxígeno m
— — use n - [ind] uso m, or utilización f, or empleo m, or consumo m, de oxígeno m
— — vessel n - [ind] recipiente m, or envase m, para oxígeno m
oxygenate v - [chem] oxigenar
oxygenated a - [chem] oxigenado,da
— water n - [chem] see (hydrogen) peroxide
oxygenating n - [chem] oxigenación f | a - [chem] oxigenador,ra
oxygenator n - [chem] oxigenador m | a - oxigenador,ra
— flame n - [weld] llama f oxhídrica
oyster shell n - [geol] conch(illa)a f (de ostras f)
oz n - [metric] see ounce
ozokerite n - [geol] see ozocerite
ozone analyzer n - [chem] analizador m para ozono
— resistant a - [electr-cond] resistente a ozono
— resisting a - [electr-cond] resistente a ozono
— — butilic rubber n - [electr-cond] caucho m butílico resistente a ozono m
— — — insulated conductor n - [electr-cond] conductor m aislado con caucho m butílico resistente a ozono m
— — — — insulation n - [electr-cond] aislación f de caucho m butílico resistente a ozono m
— — rubber n - [electr-cond] caucho m resistente a ozono m
— — silicone rubber n - [electr-cond] caucho m silicónico resistente a ozono m

P

P n - [autom] see passenger car
p n - see pink
P A n - [tub] see pipe-arch
P A H O n - see Pan American Health Organization
P B n - [fisc] see professional books
P B O a - [transp] see packed by owner
p c n - [electron] see printed circuit

P C A n - see Portland Cement Association
P D R n - [mech] see planetary double reduction
p e n - [mech] see plain ends • see professional equipment • see professional engineer
p e bev a - [mech] see plain end beveled
P E R T n - see Program Evaluation and Review Technique
p g a n - [agric] see power(ed) Giode axle
p-H n - [hydr] p-H
p-H value n - [hydr] valor m p-H
P I V n - see positive infinite variation
p l i n - see pound(s) per linear inch
P M a - [chronol] see past meridian; past midday
P meter n - [magnet] see magnetic permeability meter
P-metric a - [autom-tires] P-métrico,ca
P— size n - [autom-tires] medidas f P-métricas
P— designation n - [autom-tires] designación f de medida(s) f P-métrica(s)
P— — tire n - [autom-tires] neumático m con medida(s) P-métrica(s)
P— substitute size n - [autom-tires] medida(s) P-métrica(s) substitutiva(s)
P— — tire n - [autom-tires] neumático m P-métrico substitutivo
P— — — size n - [autom-tires] medida(s) f de neumático m P-métrico substitutivo
P/N n - [mech] see part number
P O n - see purchase order
P P n - see professional paper(s); permanent partial
p p m n - [metric] see part(s) per million
P P S B n - see Program Planning System of Budgeting
P R n - [electr-equip] see power relay
P R O M n - [comput] see programmable read only memory
p s i n - [metric] see pound(s) per square inch
... p s i tensile strength weld n - [weld] soldadura f con resistencia f a tensión f de ...
p s i a n - [metric] see pound(s) per square inch, absolute
p s i g n - [metric] see pound(s) per suare inch, gage • prefer Kg/cm²/ ... mm
P S M n - [electron] see particle size monitor
P T n - see permanent total
P T O n - [mech] see power take off
p t t v - [electron] see push to talk
P V C n - [chem] see polivynil chloride
P W R n - [nucl] see pressurized water reactor
PA n - [pol] see Pennsylvania
pace n - paso m; ritmo m; marcha f | v - marcar, paso m, or rumbo(s) m • medir con pasos m • amblar
— car n - [sports] automóvil, marcador de, or para marcar, paso m, or amblador
— change n - cambio m de ritmo m
— keeping n - mantenimiento m de, paso m, or ritmo m
— — up n - [sports] mantenimiento m de ritmo m
— setter n - see pacesetter
— setting n - [sports] establecimiento m de ritmo m
paced a - medido,da con paso(s) m
pacer n - [zool] amblador m | a - amblador,ra
pacesetter n - [sports] marcarrumbo(s) m; marcapaso(s) m; marca rumbo(s) m; marcador m de rumbo(s) • puntero m
Pacific coast n - [geogr] costa m de, or litoral m, Pacífico
— seabord n - [transp] costa f de Pacífico m
— — port n - [transp] puerto m (de costa f de) Pacífico m
— port n - [transp] puerto m de Pacífico m
pacify v - ... ; serenar
pacing n - medición f con paso(s) m
pack n - ... ; caja f; also see package • [metal-roll] paquete m • [zool] vecería f; vecera f • [sports] pelotón m | v - ... ; embalar; envasar; acondicionar; preparar •

pack angle

[tub] empaquetar • [mech] . . .; compactar; apelmazar • empujar; forzar • recalcar; risar • [transp] preparar equipage(s) m
pack angle n - [metal-roll] ángulo m de paquete
— **animal** n - [transp] animal m para carga f
— **around** v - [mech- retacar periféricamente
— — @ **cooling plate** n - [metal-prod] retacar periféricamente petaca f
— — @ — **with asbestos** v - [metal-prod] retacar periféricamente con amianto petaca f
— — @ **edge** v - retacar periféricamente
— — **with asbestos** v - [metal-prod] retacar periféricamente con amianto m
pack back n - [sports] posición f zaguera
— @ **bag(s)** v - [travel] preparar bártulo(s) m
— **carefully** v - empacar, or embalar, cuidadosamente
— @ **cooling plate** v - [metal-prod] retacar, or rellenar, petaca f
— @ — **joint** v - [metal-prod] retacar junta f de petaca f
— **deficiently** v - [transp] embalar, or empacar, deficientemente
— @ **equipment** n - [transp embalar equipo m
— @ **good(s)** v - [transp embalar bien(es) m
— @ **grip** v - [mech] empaquetar, sujetador m, or mordaza f
— **height** n - [metal-roll] altura f de paquete m
— **identification** n - [transp] identificación f de, bulto m, or fardo m, or paca f
— — **tag** n - [transp] marbete m, or etiqueta f, para, paquete m, or bulto m, or fardo m
— **in plastic** v - envolver con plástico m
— @ **joint** v - [metal-prod] retacar junta f
— @ **material(s)** v - embalar material(es) m
— **middle** n - [sports] centro m de pelotón m
— **nesting** n - [transp] encaje en paca f
— **number** n - [transp] número m de paquete m
— **opener** n - [metal-roll] (máquina) deshojadora
— **opening** n - [metal-roll] deshojadura f, or deshojamiento m, de paquete m
— — **machine** n - [metal-roll] máquina f deshojadora
— **properly** v - [transp] embalar, or empacar, apropiadamente, or debidamente
— **rolling** n - [metal-roll] laminación f, en paca(s), or en paquete(s) m, or en fardo(s) m
— @ **sand** v - apelmazar arena f
— @ **telephone cable** v - [telecom-cond] empacar cable(s) m telefónico(s)
— **temporarily** v - [ind] retacar, or (re)llenar, temporariamente
— **tightly** v - tupir
— **up** n - [labor] suplencia f
— **up @ joint** v - [metal-prod] retacar junta f
— **with asbestos** v - [metal-prod] retacar con, amianto m, or asbesto m
— — **mortar** v - [constr] retacar con mortero m
— — **paste** v - [metal-prod] retacar, or rellenar, con pasta f
— — **refractory mortar** v - [metal-prod] retacar con mortero m refractario
package n - . . .; caja f; envase m • [mech] unidad f; conjunto m • [ind] combinación f; conjunto m; [com] oferta especial | v - empaquetar; embalar
package girth n - periferia f de paquete m
— **height** n - [transp] altura f de paquete m
— **kind** n - [transp tipo m, or clase m, de bulto
— **length** n - [transp] largo(r) m de paquete m
— **number** n - [transp] número m de bulto m
— **plant** n - [ind] planta f integral
— **quantity** n - cantidad f por, paquete m, or bulto m, or caja f, or envase m
— **sewage treatment plant** n - [sanit] planta f integral para tratamiento m de líquido(s) m cloacal(es)
— **storage** n - almacenamiento m de paquete m
— — **area** n - [metal-roll] zona f para almacenamiento m de paquete(s) m
— **storing** n - almacenamiento m de paquete m

package together v - [com] vender en conjunto m
— **treatment plant** n - [sanit] planta f integral para depuración f
— **type** n - [transp] tipo m de bulto m • [mech] tipo m integral
— — **sewage treatment plant** n - [sanit] planta f depuradora de tipo m integral para líquido(s) m cloacal(es)
— — **treatment plant** n - [sanit] planta f depuradora de tipo m integral
— **updating** n - [ind] actualización f de envase
— **width** n - ancho(r) m de paquete m
— **wrapper** n - envoltorio m para paquete m
packaged a - embalado,da; enpacado,da; empaquetado,da • encajonado,da
— **plant** n - [sanit] planta f integral
— **product(s)** n - [ind] productos m embalados
— —**(s) bay** n - [ind] nave f para producto(s) m, empaquetado(s), or embalado(s)
— **together** a - en conjunto m
packaging n - embalaje m; empaquetado m; encajonamiento m • acondicionamiento m • [mech] empaquetadura f
— **and forwarding charge** n - [transp] cargo m por embalaje m y reexpedición f
— **area** n - [ind] zona f para embalaje m
— **class** n - [ind] tipo m, or clase f, de embalaje m
— **code** n - [ind] código m para embalaje m
— **data** n - [ind] información f sobre embalaje
— **line** n - [ind] línea f para empaque m
— **material** n - material m para embalaje m
— **together** a - en conjunto m
— **updating** n - [ind] actualización f de envase
packed a - embalado,da; empacado,da; empaquetado,da • acondicionado,da; encajonado,da • apretado,da; apelmazado,da; compactado,da • empujado,da • forzado,da • [domest] preparado,da • [nav] recalcado,da
— **as follows** a - embalado,da como sigue
— **by @ owner** a - [transp] embalado,da por propietario m
— **carefully** a - embalado,da cuidadosamente
— **deficiently** a - [transp] embalado,da deficientemente
— **earth** n - tierra f apretada
— **equipment** n - [transp] equipo m embalado
— **expansion joint** n - [tub] junta f para dilatación f con empaquetadura f
— **goods** n - [transp] bien(es) m embalado(s) • mercadería f embalada
— **grip** n - [mech] sujetador con empaquetadura
— **joint** n - [metal-prod] junta f retacada
— **material(s)** n - material(es) m embalado(s)
— **merchandise** n - mercadería f embalada
— **mud** n - [soils] lodo m apretado
— **properly** a - embalado,da, or empacado,da, debidamente, or apropiadamente
— **sand** n - arena f apelmazada
— **telephone cable** n - [telecom-cond] cable m telefónico empacado
— **temporarily** a - retacado,da temporariamente
— **type expansion joint** n - [tub] junta f para dilatación f de tipo m con empaquetadura f
packer n - . . . • [petrol] obturador m, anular, or para empaque m • tapón m
— **building** n - [ind] edificio m para empacadora
— **plate** n - [mech] placa f para, obturador m, or tapón m
packet loading n - [transp] carga f de, paquete(s) m, or bulto(s) m
packing n - . . .; empaquetado m • acondicionamiento m • acondicionamiento m; preparación f • envoltorio m • [mech] empaquetadura f; junta f; guarnición f • apelmazamiento m | a - empacador,ra
— **adjustment** n - [mech] ajuste m de empaquetadura f
— — **nut** n - [petrol] tuerca m para ajuste m de empaquetadura f
— — **screw** n - [petrol] tornillo m para ajuste

m de empaquetadura f
packing assembly n - [mech] conjunto m de empaquetadura f
— — **close-up** n - [petrol] vista f desde cerca de conjunto m de empaquetadura f
— — **part** n - [mech] pieza f para conjunto m de empaquetadura f
— — **drop(ping)** n - [mech] bajada f de conjunto m de empaquetadura f
— **bead** n - [weld] see seal(ing) bead
— **bore** n - [petrol] taladro m, or interior m, de empaquetadura f
— **box** n - [mech] prensaestopa(s) m
— — **assembly** n - [mech] conjunto m de prensaestopa(s) m
— — **bore** n - [mech] taladro m en prensaestopas
— — **bore** n - [mech] taladro m, or interior m, de prensaestopa(s) m
— — **installation** n - [mech] instalación f, or colocación f, de prensaestopa(s) m
— — **inversion** n - [mech] inversión f de prensaestopa(s) m
— — **outside** n - [mech] exterior m de prensaestopa(s) m
— — **packing** n - [petrol] empaquetadura f para prensaestopa(s) m
— — **part** n - [mech] pieza f para prensaestopas
— — **push(ing)** n - empuje m de prensaestopas m
— — **removal** n - [mech] remoción f, or saca f, de prensaestopa(s) m
— — **slip(ping)** n - [mech] deslizamiento m de prensaestopa(s) m
— — **spacer** n - [mech] separador m para prensaestopa(s) m
— **cage** n - [mech] caja f para empaquetadura f
— **case** n - [transp] cajón m para embalaje m
— **center** n - [ind] (conjunto m de) establecimiento(s) m para congelación f de carne(s) f; conjunto m de frigorífico m
— **change** n - [mech] cambio m, or reemplazo m, de empaquetadura f
— **charge** n - [transp] cargo m por, empaque m, or embalaje m
— **class** n - [transp] clase f de embalaje m
— **concrete** n - [metal-prod] hormigón m para relleno m
— **deficiency** n - [transp] deficiencia f en embalaje m
— **follower** n - [mech] seguidor m para empaquetadura f
— **gland** n - [mech] prensaestopa(s) m
— — **stud** n - [mech] espárrago m para prensaestopa(s) m
— **house** n - [ind] frigorífico m; planta f para congelación f de carne(s) f
— **housing** n - [mech] caja f para empaquetadura
— **including** n - inclusión f de embalaje m
— **lip** n - [mech] borde m de empaquetadura f
— **list** n - [transp] lista f, or nota f, de empaque n; remito m • Spa.[especificación f de envío m
— **material** n - material m para embalaje m
— **nut** n - [mech] tuerca f para prensaestopa(s)
— **plant** n - [ind] frigorífico m; planta f para congelación f de carne(s) f
— **problem** n - [mech] problema m con empaquetadura(s) f
— **procedure** n - procedimiento m para embalaje m
— **provided opening** n - [mech] abertura f provista con empaquetadura f
— **removal** n - remoción f, or saca f, de embalaje m, or empaquetadura f
— **replacement** n - [mech] reemplazo m para empaquetadura f
— **restriction** n - restricción f impuesta por embalaje m
— **retainer** n - [petrol] retén(edor) m para empaquetadura f
— **retaining** n - retención f de empaquetadura f
— **ring** n - [mech] aro m, or anillo m, para empaquetadura f; anillo m empaquetador

packing ring installation n - [mech] instalación f, or colocación f, de, aro m, or anillo m, para empaquetadura f
— — **removal** n - [mech] remoción f, or saca f, de, aro m, or anillo m, para empaquetadura f
— — **set** n - [mech] juego m de anillo(s) m para empaquetadura f
— **seal** n - [mech] sello m, or cierre m, para empaquetadura f
— — **filter** n - [mech] filtro m para sello m para empaquetadura f
— — **water filter** n - [mech] filtro m para agua m para sello m para empaquetadura f
—**(s) set** n - [mech] juego m de empaquetaduras f • elemento(s) m para empaquetadura(s) f
— **setscrew** n - [mech] tornillo m para ajuste m para empaquetadura f
— **sleeve** n - [petrol] manguito m para empaquetadura f
— **slip(ping)** n [mech] deslizamiento m, or corrimiento m, de empaquetadura f
— **standard** n - [ind] norma f para empaquetadura(s) f • [transp] norma f para embalaje m
— **surface** n - [mech] superficie f de empaquetadura f
— **table** n - [ind] mesa f para empaque m
— **trouble** n - [petrol] problema m, or dificultad f, con empaquetadura f
— **type** n - [transp] tipo m, or clase f, de, embalaje m, or empaquetadura f
— **wear** n - [mech] desgaste m de empaquetadura f
— — **area** n - [mech] zona f para desgaste m para empaquetadura f
packoff surface n - [petrol] superficie f interior
— **head** n - [petrol] see packing head
packworm n - [mech] sacaestopa(s) m
pact ruling n - [pol] reglamentación f para pacto
pad n - . . . ; colchón m; acolchado m; forro m • [mech] . . . ; descanso m • [constr] capa f de relleno m • [constr-equip] zapata f para, oruga f, or pala f mecánica • [electr] atenuador m • [roads] pavimento m • [mech] mango m; manguito m • portabroca(s) m • tope m; apoyo m; apoyatura f; zapata f
— **bolting** n - [mech] fijación f con perno(s) de apoyo m
— **center** n - [mech] centro m, or eje m, de apoyo
— **contact** n - [mech] contacto m de apoyo m
— — **area** n - [mech] superficie f para contacto m de apoyo m
— **cover** n - recubrimiento m para apoyo m
— **dragging** n - [mech-brakes] arrastre m de zapata f
— **driving out** n - [mech] expulsión f de apoyo m
— **mount** v - [mech] montar sobre base f
— **mounted** a - [mech] montado,da sobre base f
— **mounting** n - [mech] montaje m sobre base f
— **pin** n - [mech] pasador m para apoyo m
— **replacement** n - [mech] reemplazo m para apoyo
— **replacing** n - [mech] reemplazo m de apoyo
— **rivet** n - remache m para apoyo m
— **seat** n - [mech] asiento m para apoyo m
— **serration** n - [mech] estría(s) f en apoyo m
— **tong** n - [mech] vástago m para apoyo m
— **way** n - [mech] ranura f, or acanaladura f, (para apoyo m)
padded n - acolchado,da
padding m - . . . ; acolchado m • forro m
paddle n - [tools] paleta f • [nav] . . . ; agual m • [mech-fans] paleta f; hoja f
— **boat** n - [nav] canoa f con canalete(s) m
— **centerline** n - [fans] eje m central de hoja
— **pitch** n - [fans] inclinación f de paleta f
— **roll** n - [agric-equip] rodillo m embocador
padlock n - [mech] . . . • [constr] roldana f para, cucharón m, or cangilón m | v - . . .
— **locking** n - [mech] cierre m con candado m
— **sheave** n - [mech] roldana f loca
— **unlocking** n - [mech] apertura f de candado m
padlocked a - (cerrado,da) con candado m

padlocked door n - puerta f cerrada con candado
page n - . . . | v - . . .; recorrer
— check(ing) n - verificación f de página f
— through v - [public] hojear; recorrer
— top n - [public] parte f superior de página f
paged through a - [public] hojeado,da
paging through n - [public] hojeada f
paid a - pagado,da; saldado,da; cancelado,da; liquidado,da; hecho efectivo
— account n - [accntg] cuenta f pagada
— advertisment n - aviso m pagado; solicitada f
— against a - pagado,da contra
— — first presentation a - pagado,da contra presentación f primera
— — presentation a - pagado,da contra presentación f
— — second presentation a - [fin] pagado,da contra presentación f segunda
— attention n - atención f prestada
— balance n - [fin] saldo m pagado
— bill n - [com] cuenta f pagada
— by @ transfer a - [fin] pagado,da por transferencia f
— capital f - [fin] capital m pagado
— charge n - cargo m pagado
— claim n - reclamo m pagado
— credit n - [fin] crédito m pagado
— directly a - pagado,da directamente
— dividend n - [fin] dividendo m pagado • [fig] ventaja f brindada
— fee(s) n - [legal] honorario(s) m pagado(s) • [fisc] derecho(s) m pagado(s)
— hour point n - [labor] punto m hora pagado
— in a - [fin] aportado,da; ingresado,da
— — capital n - [fin] capital m integrado
— indemnity n - [insur] indemnización f pagada
— invoice n - [com] factura f pagada
— liability,ties n - [fin] pasivo m pagado
— off a - pagado,da (totalmente)
— out a - [fin] erogado,da • [mech] desenrollado,da; desplegado,da
— — cable n - [cranes] cable m desenrollado
— point hour n - [labor] punto m hora pagado
— premium n - [insur] premio m pagado • prima f pagada
— promptly a - [fin] pagado,da puntualmente
— share n - [accntg] acción f pagada
— tax n - [fisc] impuesto m pagado
—up a - [com] pagado,da (totalmente) • [fin] realizado,da; integrado,da
— — capital n - [fin] capital m, realizado, or integrado, or realizado • [Mex.] capital invertido
— — foreign investment n - [fin] inversión f extranjera, integrada, or realizada
pain in @ neck n - [fig] dolor m de cabeza f
pain killer n - [medic] analgésico m
painfully adv - . . .; fatigosamente
painstakingly adv - esmeradamente
paint adherence n - [paint] adhesión f de pintura
— adhesion n - [paint] adhesión f de pintura f
— at @ plant v - pintar en planta f
— coat n - [paint] mano f de pintura f
— curing n - [paint] fraguado m de pintura f
— drop n - [paint] gota f de pintura f
— emulsion spray(ing) n - [paint] pulverización f de emulsión f para pintura f
— @ gear tooth v - [mech] pintar diente m de engranaje m
— gun n - soplete m, or pistola f, para pintar
— holding n - [metal-treat] adhesión f de pintura f
— — quality n - [metal-treat] calidad f apta para pintura f
— manufacture n - fabricación f de pintura f
— @ material v - [ind] pintar material m
— @ message v - [com] pintar aviso m
— oil n - [paint] aceite m para pintura f
— pigment n - [paint] pigmento m para pintura f
— — grinding n - [paint] molienda f de pigmento m para pintura f

paint pigment pulverizing n - [paint] pulverización f de pigmento m para pintura f
— plant n - [paint] fábrica f para pintura(s)
— prime v - [paint] imprimar (con pintura f)
— — @ pole v - [paint] imprimar (con pintura f) poste m
— primed a - [paint] imprimado,da (con pintura)
— — pole n - [paint] poste m imprimado (con pintura f)
— priming n - [paint] imprimación f (con pintura f)
— @ ring gear v - [mech] pintar corona f dentada
— @ — — tooth v - [mech] pintar diente m de corona f dentada
— scheme n - [paint] tema m nuevo
— @ sign face v - [roads] pintar frente m de, letrero m, or indicador m
— spray(ing) n - [paint] pulverización f con pintura f
—(ing) system n - [paint] procedimiento m para pintura f
— spray(ing) n - [paint] pintura f con soplete
— spraying n - [paint] pistola f para pintar
— — unit n - [paint] equipo m para pintura f con soplete m
— @ surface v - [paint] pintar superficie f
— thinner n - [paint] dilu(y)ente m (para pintura f)
— @ tooth v - [paint] pintar diente m
paintability n - [paint] aptitud f para pintura
painted a - [paint] pintado,da
— at @ plant a - pintado,da en planta f
— coating n - [paint] recubrimiento m pintado
— gear tooth n - [mech] diente m de engranaje m pintado
— equipment n - [ind] equipo m pintado
— identification n - identificación f pintada
— ring gear n - [mech] corona f dentada pintada
— — tooth n - [mech] diente m de corona f dentada pintado
— sign face n - [roads] frente m de, letrero m, or indicador m, pintado
— steel welding n - [weld] soldadura f de acero m pintado
— steelwork n - [struct] estructura f de acero m pintada
Paintgrip n - [metal-treat] Paintgrip m
— type sheet n - [metal-treat] lámina f tipo Paintgrip
pair balance n - [mech] equilibrio m de par m
— braiding n - [electr-cond] trenzado m en par(es) m
— casting n - [metal-prod] fundición f gemela
—(s) twisting process n - [telecom-cond] (proceso m para) torcedura f de par(es) m
pale a - | . . . • [fam] vomitado,da
— complexion n - piel f, or tez f, pálida
— fence n - [constr] empalizada f
palette knife n - [tools] espátula f
pall n - . . . • see pawl
pallet n - . . . • [mech] fiador m; retén m; lingüete m • [transp] bandeja f (para, embalaje m, or expedición f); plataforma f (con patines); tarima f; tablero m; calzo m
— cage n - [transp] jaula f para bandeja f
— conveyor n - [mech] transportador m con bandeja(s) f
— delivery n - [transp] entrega f de bandejas
— fork n - [cranes] horquilla f para bandejas
— pulling n - [mech] arrastre m de bandejas f
palletize v - montar sobre bandeja(s) f
palletized a - montado,da sobre bandeja(s) f
palliated a - paliado,da; reducido,da
palm oil piping n - [ind] tubería f para aceite m de palma f
pan n caja f; bandeja f; gamella f; recipiente m; fuente f; pailla f • [ind] bandeja f; caja f; tolva f - [constr-equip] balde m para arrastre • [int.comb] cárter m • [mech] bote m
— conveyor n - [mech] transportador m con, ban-

deja(s) f, or paila(s) f
pan drain plug n - [int.comb] tapón m para vaciar colector m
— — — **gasket** n - [int.comb] guarnición f para tapón m para vaciar colector m
— **gasket** n - [int.comb] guarnición f para colector m
pan head n - [mech] cabeza f plana biselada
— — **machine screw** n - [mech] tornillo m para metal(es) m con cabeza f plana biselada
— — **screw** n - [mech] tornillo m con cabeza f plana biselada
— **headed** a - con cabeza f plana biselada
— **machine** n - [cilin] máquina f para bandeja(s)
— **screw** n - [mech] tornillo m con cabeza f plana
Panamerican, Commission, or Committee n - [pol] Comisión f Panamericana
— **Committee for Technical Standards** n - [pol] Comisión f Panamericana para Normas Técnicas
— **Games** n - [sports] Juegos m Panamericanos
— **Health Organization** n - [pol] Organización f Panamericana para Salud f
— **Highway** n - [roads] Carretera f Panamericana
— **Standards Commission** n - Comisión f Panamericana para Normas f (Técnicas)
pancake n - . . . . • [metal-prod] tortilla f de escoria f
panel n - . . .; cuadro m • [mech] . . .; base f • artesón m • [pol] grupo m deliberativo
— **application** n - [electr-instal] aplicación f para tablero m
— **assembly** n - [mech] conjunto m de, panel m, or tablero m
— **back** n - [mech] dorso m de tablero m
— **board** n - [instrum] tablero m, or cuadro m, para mando m
— **bracket** n - [mech] ménsula f para tablero m
— **connection** n - [electr-instal] conexión f con tablero m
— **control** n - [electron] regulación f con tablero m
— **design** n - proyección f para, panel m, or tablero m
— **discussion** n - [pol] mesa f redonda
— **door** n - [mech] puerta f para, panel m, or tablero m
— — **nameplate** n - [electr-instal] placa f para identificación f para puerta f para tablero m
— — **number plate** n - placa f para identificación f con número(s) m para puerta f para tablero m
— — **retaining spring** n - [mech] muelle m para retención f para puerta f para tablero m
— — **spring** n - [mech] muelle m, or resorte m, para puerta f para tablero m
— **front** n - [mech] frente m de tablero m
— **group** n - [electr-instal] grupo m de tableros
— **interconnection** n - [electr-instal] interconexión f, con, or para, tablero m, or panel m
— — **installation** n - [electr-instal] instalación f de interconexión f con tablero m
— **mounting** n - [mech] montaje m de panel m
— — **bracket** n - [mech] ménsula f para montaje m de panel m
— **output receptacle** n - [electr-instal] tomacorriente m, or base m de enchufe m, en panel m para salida f de corriente m
— **outside** n - [mech] exterior m de panel m
— **point** n - [constr] nudo m (en viga f armada)
— **reapplication** n - [electr-instal] aplicación f nueva f para tablero m
— **rear** n - [electr-instal] dorso m de tablero m
— **section** n - [constr] sección f de panel m; plancha f
— **side** n - lado m, or costado m, de tablero m
— **spare (part)** n - [electr-instal] (pieza f de) repuesto m para tablero m
— **terminal** n - [electr-instal] borne m para tablero m
— **top** n - [mech] tope m, or parte f superior, de, panel m, or tablero m

panel track n - [rail] vía f (prearmada) en sección(es) f
— **truck** n - [autom] furgoneta f; furgón(cito) m
— **type** n - [instrum] tipo m con tablero m
— **unit** n - [constr] sección f de panel m
paneled a - [mech] artesonado,da
— **door** n - [constr] puerta f con tablero(s) m
— **frame,ming** n - [mech] armazón m artesonado
panel(l)ing n - . . . • [autom] panelería f
— **steel** n - [metal-fabr] acero m para panelería
Pangborn finish m - [metal-roll] granallado m; terminación f, rugosa, or Pangborn
— **machine** n - [metal-roll] granalladora f; máquina f, granalladora, or para granallar rodillo(s) m
— **requirement** n - [metal-roll] exigencia f de, granallado m, or rugosidad f
— **roll** n - [metal-roll] rodillo m rugoso
— **shop** n - [metal-roll] taller m, or sala f, para granallado m (de rodillos m)
panic bolt n—[constr] falleba f para emergencia
panoramic scenery n—panorama m escénico
pantograph trolley n—[electr-instal] pantógrafo
pantsuit n - [vest] traje m (para diario)
pap, composition, or compounding n - [explos] composición f de papilla f
— **final sensitivity** n - [explos] sensibilidad f final de papilla f
— **sensitivity** n - [explos] sensibilidad f de papilla f
— **viscosity** n—[explos] viscosidad f de papilla f
paper n - . . . . . . ; escrito m; estudio m; exposición f; comunicación f científica; trabajo m; presentación f; documento m; conferencia f; disertación f
— **aluminum coating** n - [paper] recubrimiento m de papel m con aluminio m
— **clip** n - . . .; broche m (para papel(es) m
— **coating** n - recubrimiento m de papel m
— **cup** n - [paper] vaso m de papel m
— **empty** a - sin papel m
— **feed** n - alimentación f de, or alimentador m para, papel(es) m
— **feeder** n - alimentador m para papel m
— **feeding** n - alimentación f de papel m
— **finishing** n - [paper] terminación f, or acabado m, de papel m
— **gold** n - [fin] papel m oro
— **impregnation** n - [electr-cond] impregnación f de papel m
— **industry** n - [paper] industria f, papelera, or para papel m
— — **equipment** n - [paper] equipo m para industria f, papelera, or para papel m
— **insulated** a - [electr-cond] aislado,da con, or con aislación f de, papel m
— — **cable** n - [electr-cond] conductor m, aislado con, or con aislación f de, papel m
— — — **lead covered cable** n - [electr-cond] conductor m con aislación f de papel bajo plomo
— — — — **telephone cable** n - [telecom-cond] cable m telefónico con aislación f de papel bajo plomo m
— **insulation** n - [electr] aislación f de papel
— — **impregnation compound** n - [electr-cond] compuesto m para impregnación f para aislación f de papel m
— — — **lead covered** a - [electr-cond] con aislación f de papel m bajo plomo m
— — **thickness** n - [electr-cond] espesor m de aislación f de papel m
— — **type** n - [electr-cond] tipo m de aislación f de papel m
— **layer** n - [electr-cond] capa f de papel m
— — **impregnation** n - [electr-cond] impregnación f de capa f de papel m
— **maker** n - [paper] fabricante m de papel m; empresa f papelera
— **machine** n - [paper] máquina f, papelera, or para, (fabricación f de) papel m
— **manufacture** n - fabricación f de papel m

paper manufacturer n - [paper] fabricante n de papel m; empresa f papelera
— **manufacturing** n - fabricación f de papel m
— — **machine** n - [paper] máquina f para fabricación f de papel m
— **membrane** n - [paper] membrana f de papel m
— **mill** n - [paper] fábrica f para papel m; planta f papelera
— **plant** n - [paper] planta f papelera
— **press** n - [paper] prensa f para papel m
— **requirement** n - [comput] requerimiento m, or exigencia f, de papel m
— **ribbon** n - [electr-cond] cinta f de papel m
— — **type** n - [paper] tipo m de cinta de papel
— **tissue** n - [domest] servilleta f de papel m
— **towel** n - [paper] toalla f de papel m
— **weight** n - [domest] pisapapel(es) m • [paper] gramaje m de papel m
papers n - papelería f
paperwork n - expedienteo m
par curve n - curva f par
— **multiplication ratio** n - [mech] razón f para multiplicación f par
parabola degree n - [meth] grado m de parábola
— **exponent** n - [math] exponente m para parábola
— **shaped contraction joint** n - [mech] junta f para contracción f con perfil m parabólico
— **function** n - [math] función f parabólica
paraffin and asphalt petroleum n - [petrol] petróleo m, asfáltico parafínico, or con base f mixta, or con parafina f y asfalto m
— **base oil** n - aceite m, parafínico, or con base f de parafina f
— **distillate** n - [petrol] destilado m, parafínico, or de parafina f
— **oil** n - [petrol] aceite m, parafínico, or de parafina f • petróleo m parafinoso
paragraph n - . . . • [legal] . . .; artículo m; apartado m; acápite m; inciso m | v - . . .
— **above** n—párrafo m, anterior, or que antecede
— **below** n - párrafo m, siguiente, or que sigue
Paraguayan tea n - [botan] (yerba) f mate n
parallel n - [geogr] paralelo m - a - . . .
— **alternating right (lay) and left lay rope** n - [cabl] cable m paralelo trenzado alternadamente a derecha f e izquierda f
— — **rope** n - [cabl] cable m paralelo alternado
— **bead** n - [weld] cordón m paralelo
— **blower connection** n - [metal-prod] conexión f de soplante(s) en paralelo
— **circuit(s)** n - circuito(s) m paralelo(s)
— — **relation** n - [electr] paralelismo
— **columns** a - yuxtalineal
— **computer** n - [comput] computador m, or ordenador m, paralelo
— **conductor(s)** n - [electr-instal] conductores m paralelos
— **connected** a - [electr-instal] conectado,da(s) en paralelo
— —, **machine(s), or welder(s)** n - [weld] soldadora(s) f conectada(s) en paralelo
— **connection** n - conexión f en paralelo
— — **diagram** n - [weld] diagrama m para conexión(es) f para puesta f en paralelo
— **crack** n - grieta f paralela
— **endless wire rope** n - [cabl] cable m de alambre(s) m paralelo(s) sin fin m
— **engine driven welder** n - [weld] soldadora f con motor(es) m con combustión f interna paralelo(s)
— **force line** n - [electr] línea f de fuerza(s) f paralela(s)
— **increase** n - aumento m paralelo
— **instrument runway** n - [aeron] pista f paralela para aterrizaje m con instrumento(s) m
— **lead(s)** n - [electr-instal] conductor(es) m paralelo(s)
— **length** n - [electr-cond] tramo m paralelo
— **machined edge** n - [mech] borde m paralelo mecanizado
— **misalignment** n - desalineación f paralela

parallel magnetic force line n - [electr-oper] línea f de fuerza f magnética paralela
— — **line** n - línea f magnética f paralela
— **manner** n - forma f paralela
— **market** n - [fin] mercado m paralelo, or libre
— **misalignment** n - desalineación f paralela
— **pass(es) weld** n - [weld] soldadura f con pasada(s) f paralela(s)
— **pipe line** n - [tub] conducto m paralelo
— **reactor lead(s)** n - [electr-instal] conductor(es) m paralelo(s) a reactor m
— **rope(s)** n - [cabl] cable(s) m paralelo(s)
— **runway** n - [aeron] pista f paralela
— **seat** n - asiento m paralelo; silla f paralela
— — **gate valve** n - [valv] válvula f con compuerta f con asiento m paralelo
— **shaft** n - [mech] árbol m, or eje m, paralelo
— — **gearing** n - [mech] engranaje(s) m con, árbol(es) m, or eje(s) m, paralelo(s)
— **split switch** n - [rail] cambio m con agujas f paralelo
— **starter** n - [weld] arrancador m paralelo
— **to @ flow** a - paralelamente a flujo m
— — **@ material(s) flow** a - paralelamente a flujo m de material(es) m
parallel track n - [rail] vía f paralela
— **wire(s) endless rope** n - [cabl] cable m sin fin con alambre(s) m paralelo(s)
— —(s) **rope** n - [cabl] cable m con alambre(s) m paralelo(s)
— **wound motor** n - [electr-mot] motor m (con devanado m) en paralelo
paralleled a - puesto,ta en paralelo • [electr-instal] conectado,da en paralelo
— **starter** n - [weld] arrancador m puesto en paralelo
— **welder** n - [weld] soldadora f puesta en paralelo
paralleling n - puesta f en paralelo • [electr-instal] conexión f en paralelo
— **assistance** n - [weld] ayuda f, or asesoramiento m, para puesta f en paralelo
— **connection** n - [electr-instal] conexión f para puesta f en paralelo
— **diagram** n - [weld] diagrama m para puesta f en paralelo m
— **instruction** n - [weld] instrucción f para puesta f en paralelo
— **switch** n - [weld] conmutador m para puesta f en paralelo
parallelism tolerance n - tolerancia f de paralelismo m
parallely adv - . . .; en forma f paralela
— **mounted** a - montado,da paralelamente
paralyzed a - paralizado,da
— **construction in progress** n - [constr] obra f en construcción f paralizada
— — — **reserve** n - [accntg] previsión f para obra f en construcción f paralizada
— — **job** n - [constr] obra f en construcción f paralizada
paralyzer n - paralizador m
paramedic n - [medic] persona(l) para auxilio(s) m primero(s)
parameter n - . . .; lineamiento(s) m
paraphrased a - parafraseado,da
parcel n - . . .; paquete m • envoltorio m • [land] . . .; parcela f
parcel receipt n - [transp] recibo m de paquete
parent n - [social] . . . • [legal] . . .; empresa f, or compañía f, matriz • [chem] base f
— **company** n - [legal] compañía f, or empresa f, matriz
— **corporation** n - [legal] sociedad f, or empresa f, matriz
— **material** n - [ind] material m original
— **metal** n - [weld] metal m, original, or base
parenthetical a - . . .; parentético,ca*
parity guaranty contract n - [fin] contrato m para garantía f sobre paridad f
park n - . . .; vedado m | v - [autom] . . .; a-

parcar • [sports] apartar; detener; sacar, or salir, or hacer abandono m, de carrera f
Park Board n - [pol] Dirección f de Paseos m Público(s)
— @ **car** v - estacionar automóvil m - [sports] abandonar vehículo m
— **crew** n - [pol] cuadrilla f para parque m
— **position** n - [autom-mech] posición f para, aparcamiento m, or estacionamiento m
— **road** n - [roads] camino m en parque m
parked n - [autom] aparcado,da; estacionado,da • [sports] detenido,da; salido,da de carrera f
— **aircraft** n - [aeron] avión m, aparcado, or en tierra f
— **car** n - [autom] automóvil m estacionado
— **vehicle** n - [transp] vehículo m estacionado
Parker 400 n - [sports] 400 (millas) de Parker
parkerize n - [metal-treat] parquerizar*
parking n - [autom] (sitio m para) estacionamiento m, or aparcamiento m • [sports] detención f; salida f de carrera f
— **aisle** n - [autom] hilera f, or línea f, para, aparcamiento m, or estacionamiento m
— **area** n - [constr] zona f para, aparcamiento m, or estacionamiento m
— **brake** n - [autom-mech] freno m para, aparcamiento m, or estacionamiento m
— — **adjustment** n - [autom] ajuste m de freno m para, aparcamiento m, or estacionamiento m
— — **engaging** n - [autom-mech] engranaje m, or aplicación f, de freno m para estacionamiento m
— — **lock** n - [autom-mech] traba f, or dispositivo m trabador, para freno m para estacionamiento m
— — **release,sing** n - [autom-mech] suelta f de freno m para estacionamiento m
— **facility** n - [roads] instalación(es) f para, estacionamiento m, or aparcamiento m
— **garage** n - garaje m para estacionamiento m
— **light(s)** n - [autom-electr] luz,ces, para estacionamiento m, or situación f
— **lot** n - [autom] parque m, or sitio m, para, estacionamiento m, or aparcamiento m
— **meter** n - [roads] medidor m para, estacionamiento m, or aparcamiento m
— — **slug** n - ficha f para medidor m para, estacionamiento m, or aparcamiento m
— **pad** n - [roads] playa f para estacionamiento m
parkway n - [roads] carretera f con obras f para embellecimiento m; bulevar m; vía f jardín; avenida f parque; carretera f parque
Parliament Member n - [pol] miembro m de parlamento m
Parmac brake n - [mech] freno m Parmac
parrell truck ball n - [naut] vertello m
part n - . . .; elemento m • cupo m • lote m • [mech] (pieza f para) repuesto m | v . . . • renunciar
—(s) **alignment** n—[weld] alineación f de piezas
—(s) **assembly** n - [mech] conjunto m de pieza f • armado m, or montaje m, de pieza f
—(s) **availability** n - [ind] disponibilidad f de pieza(s) f
—(s) **bag** n - [ind] bolsa f con repuesto(s) m
—(s) **book** n - [ind] libro m, or catálogo m, de, pieza(s) f, or repuesto(s) m
—(s) — **check(ing)** n - [ind] consulta f, or verificación f, en libro m de repuesto(s) m
—(s) — **index** n - [mech] índice m en catálogo m de pieza(s) f
. . . —(s) **boom** n - [cranes] aguilón m con . . . sección(es) f
. . . —(s) — **hoist** n - [cranes] elevador m para aguilón m con . . . sección(es) f
. . . — — **reeving** n - [cranes] recubrimiento m, or forro m, en . . . sección(es) f para elevador m para aguilón m
—(s) **bulletin** n - [ind] boletín m sobre piezas
— **by weight** n - parte f por peso m
—(s) **car** n - [autom-mech] automóvil m con repuesto(s) m

part(s) catalog n - [ind] catálogo m de, piezas f, or repuesto(s) m
— **center** n - [mech] centro m de pieza f
. . . — **chain sling** n - [chains] eslinga f con cadena(s) con . . . ramal(es) m
— **check(ing)** n—[mech] verificación f de pieza
— **circle** n - segmento m de círculo m • arco m rebajado
— — **channel** n - [constr] viga f de segmento m de círculo m
— — **corrugated culvert** n - [constr] alcantarilla f corrugada con arco m rebajado
— — **culvert** n -[hydr] alcantarilla f, de segmento m de círculo m, or de arco m rebajado
— — **steel culvert** n - [constr] alcantarilla f de acero m con arco m rebajado
— — **edge** n—[mech] borde m de arco m rebajado
—(s) **control** n - [ind] control m de pieza(s) f
— **controlled temperature** n - [mech] temperatura f regulada para pieza f
—(s) **cost** n - [ind] costo m de pieza f
—(s) —(s) **saving(s)** n - [ind] ahorro m, or economía f, en costo m de pieza(s) f
— **damage** n - [mech] daño m, or avería f, a pieza f
—(s) **delivery** n - [ind] entrega f de, repuesto(s) m, or pieza(s) f
—(s) **department** n - [ind] departamento m, or sección f, para repuesto(s) m
— **design** n - [mech] proyección f para pieza f
— **designation** n - [mech] identificación f, or individualización f, de pieza f
— **dimension(s)** n - [ind] dimensión(es) f, or medida(s) f, de pieza f
— **drawing** n - [mech] dibujo m para pieza f • plano m de despiece m
— **drop forging** n - [mech] forja(dura) f de pieza f con martinete m
—(s) **elongation** n - [mech] alargamiento m de pieza f
— **embedding** n - [constr] empotramiento m, parcial, or de pieza f
— **expanding** n - [mech] ensanche m de pieza f
—(s) **expense** n - [ind] gasto(s) m para, pieza(s) f, or repuesto(s) m
—(s) **fabrication** n - [weld] fabricación f, or confección f, de pieza(s) f
— **failure** n - [mech] falla f de pieza f
—(s) **family** n - [ind] familia f de pieza(s) f
— **finding** n - [mech] hallazgo m de, pieza f, or repuesto m
—(s) **fit-up** n - [weld] presentación f de pieza
—(s) **follow up** n - [mech] seguimiento m de pieza(s) f
— **forming** n - [mech] matrizado* m de pieza f
— **greasing** n - [mech] engrase m de pieza f
— **hardsurfacing** n - [weld] endurecimiento m de superficie f de pieza f
— **heat treatment** n - [mech] tratamiento m térmico, de, or para, pieza f
. . . —(s) **hoist line** n - [cranes] cable m para elevación f en . . . sección(es) f
. . . —(s) — **reeving** n - [cranes] recubrimiento m, or forro m, en . . . sección(es) f para aguilón m
—(s) **identification** n—identificación f de parte f • [mech] identificación f de pieza(s) f
—(s) **illustration** n - [mech] ilustración f de pieza(s) f
—(s) **installing** n - [mech] instalación f, or colocación f, de pieza(s) f
—(s) **interchange** n - [mech] intercambio m de pieza(s) f
—(s) **interchangeability** n - [mech] intercambiabilidad f de pieza(s) f
. . . —(s) **jib hoisting line** n - [cranes] cable m en . . . sección(es) f para elevación f para pescante m
. . . — — — — **single sheave block** n - motón m con polea f única para cable m en . . . sección(es) f para elevación f para pescante

... part(s) jib line n - [cranes] cable m con
... sección(es) f para pescante m
—(s) kit n - [mech] conjunto m, or juego m, de, pieza(s) f, or repuesto(s) m
—(s) life n - [mech] vida f (útil), or duración f, de, pieza f, or repuesto m
... part(s) line n - [cranes] cable m con ... sección(es) f
... —(s) — crane hook block single sheave [cranes] polea f única para motón m para gancho m para cable m en ... sección(es) f para grúa f
... —(s) — single sheave n - [cranes] polea f única para cable m en ... sección(es) f
—(s) list n - [ind] lista f de, pieza(s) f, or repuesto(s) m, or despiece m
—(s) listing n - [ind] nómina f de pieza(s) f
— lowest temperature n - temperatura f menor de pieza f
—(s) lubrication n - [mech] lubricación f de pieza(s) f
—(s) maintenance n - mantenimiento m para pieza
—(s) manual n - [ind] manual m para repuesto(s)
—(s) manufacture n - fabricación f de pieza(s)
—(s) matching n - [mech] apareamiento m, or hermanamiento m, de pieza(s) f
— measurement n - medida f para pieza f
— of body n - [medic] parte f de cuerpo m
— — weight n - [mech] parte f de peso m
— oiling n - [mech] lubricación f de pieza f
— payable n - parte f pagadera
—(s) per million n - parte(s) por millón m • miligramo(s) m por litro m
—(s) pickling n - [metal-treat] decapado m de pieza(s) f
—(s) preheating n - [weld] precalentamiento m de pieza(s) f
—(s) procurement n - [ind] adquisición f de, pieza(s) f, or repuesto(s) m
—(s) prompt delivery n - [ind] entrega f, rápida, or pronta, de repuesto(s) m
—(s) publication n - [mech] publicación f sobre pieza(s) f
— rebuilding n - reconstrucción f de pieza(s) f
—(s) recovery n - recuperación f de pieza(s) f
... part(s) reeving n - [cranes] recubrimiento m, or forro m, en ... sección(es) f
—(s) replacement drawing n - dibujo m para reemplazo m para pieza f
—(s) return policy n - [com] condición(es) f para devolución f de pieza(s) f
—(s) scrapping n - [ind] descarte m de pieza(s)
— service life n - vida f útil de pieza f
— shaft n—[mech] árbol m, or eje m, para pieza
—(s) shop weld(ing) n - [weld] soldadura f de pieza(s) f en taller m
... — sling n - [chains] eslinga f con ... ramal(es) m
—(s) storage requirement(s) n - [ind] exigencia(s) f para almacenamiento m de pieza(s) f
—(s) subcontracting n - subcontratación f de pieza(s) f
... —(s) suspension n - [mech] suspensión f en ... parte(s) f
— taking n - see partaking
—(s) thermoforming* n - [plast] termoformación* f de pieza(s) f
— time a - ocasional; de temporada f
— — job n - trabajo m, or empleo m, ocasional, or de temporada
— — production welding n - [weld] soldadura f ocasional para producción f
— — repair welding n - [weld] soldadura f ocasional para reparación f
— — welding n - [weld] soldadura f ocasional
—(s) unification n - unificación f de pieza(s)
—(s) useful life n - vida f útil de pieza(s) f
— way crack n - [mech] hendedura f
—(s) welding n - [weld] soldadura f de pieza(s)
— weight n - [mech] peso m de pieza f
partaking n - participación f

partial admixture n - [weld] incorporación f parcial
— advance payment n - [com] pago m parcial, anticipado, or adelantado
— area n - área f, or zona f, parcial
— assembly n - [mech] armado m parcial • conjunto m parcial
— austenitizing n - [metal-treat] austenitización f parcial
— award(ing) n - [com] adjudicación f parcial
— bolting n - [mech] empernado m parcial
— carbonization n - carbonización f parcial
— carrying n - porte m parcial
—, closing, or closure n - cierre m parcial; entrecierre* m
— cooling n - enfriamiento m parcial
— credit n - [fin] crédito m parcial
— damage n - [insur] daño m, or avería f, parcial
— delay n - demora f, or detención f, parcial
— delivery n - [com] entrega f parcial
— — allowed n - [transp] entrega f parcial permitida
— dip(ping) n - inmersión f parcial
— disability n - [insur] incapacitación f, or incapacidad f, parcial
— dividend n - [fin] dividendo m, parcial, or a cuenta f
— exemption n - [legal] exención f, or exoneración f, parcial
— flow n - [hydr] caudal m parcial
— — filter n - [mech] filtro m para caudal m parcial
— — motor oil filter n - [mech] filtro m de caudal m parcial de aceite m para motor m
— — oil filter n—[mech] filtro m de caudal m parcial de aceite m
— headwall n - [constr] muro m de cabecera f parcial
— heat dip asphalt coating n - [constr] recubrimiento m parcial por inmersión f en asfalto m (en) caliente
— — coat(ing) n - [constr] recubrimiento m parcial; por inmersión f en caliente
— — dipping n - inmersión f parcial en caliente
— job n - trabajo m, or tarea f, parcial
— loss n - daño m parcial • [insur] pérdida f, or siniestro m, parcial
— map n - [geogr] mapa m, or plano m, parcial
— material(s) identification n - [ind] identificación f parcial de material(es) m
— —(s) recovery n - [ind] recuperación f parcial de material(es) m
— —(s) reduction n - reducción f parcial de material(es) m
— measurement n - medición f parcial
— offsetting n - [fin] recuperación f parcial
— order n - [com] pedido m parcial
— overlapping n - superposición f parcial
— oxidation gas reforming n - [combust] reformación f de gas m por oxidación f parcial
— — laboratory test n - [metal] ensayo m con oxidación f parcial en laboratorio m
— — scale test n - [metal] ensayo m de oxidación f parcial en escala f para laboratorio m
— — test n - [metal] ensayo m de oxidación f parcial
— oxygen oxidation gas reforming n - [metal] reformación f de gas m por oxidación f parcial con oxígeno m
— range overlapping n - superposición f parcial de, escala(s) f, or límite(s) m
— recovery n - recuperación f parcial
— rejection n - rechazamiento m parcial
— report n - [com] informe m parcial • [legal] acta m parcial
—, rescinding, or rescission n [legal] rescisión f parcial
— shipment n - [transp] embarque m parcial

partial shipment(s) allowed n - [transp] embarque(s) m parcial(es) permitido(s)
— —(s) **option** n - [transp] opción f de embarque(s) m parcial(es)
— —(s) **schedule** n - [transp] programa m para embarque(s) m parcial(es)
— **stop(ping)** n detención f parcial
— **strength** n - [mech] resistencia f parcial
— **joint** n - [weld] junta f con resistencia f, parcial, or reducida
— **transfer(ring)** n transferencia f parcial
— **vacuum** n - vacío m parcial
— **view** n - vista f, parcial, or seccional
— **withholding** n - retención f parcial
partially absorb v - absorber, or incorporar, parcialmente
— **burned (out)** a - quemado,da parcialmente
— **cancelled** a - cancelado,da parcialmente
— **clogged** a - semiatascado,da
— **closed** a - semicerrado,da
— — **magnet** n - [electr] imán m semicerrado
— **collected** a - [com] cobrado,da en menos
— **exempt** a - exento,ta parcialmente | v - exceptuar, or exonerar, parcialmente
— **exempted** a - [legal] exceptuado,da, or exonerado,da, parcialmente
— **free state** n - [pol] estado m libre parcialmente
— **hardened concrete** n - [constr-concr] hormigón m endurecido parcialmente
— **heat dipped asphalt coated** a - recubierto,ta parcialmente por inmersión f en asfalto m en caliente
— **manufactured good(s)** n - [ind] bien(es) m, semielaborado(s), or intermedio(s)
— **open setting** n - ajuste m en posición, semiabierta, or abierta parcialmente
— **overlap @ range** v - sobreponer parcialmente límite(s) m
— **overlapped** a - superspuesto,ta parcialmente
— **paid** a - pagado,da, parcialmente, or en menos
— **reduced material** n - [miner] material m reducido parcialmente
— — — **recovery** n - [miner] recuperación f de material m reducido parcialmente
partially reducing n - parcialmente reductor,ra
— **set** n - [constr] fraguado,da parcialmente | v - [constr] fraguar parcialmente
— **superimpose** v - sobreponer parcialmente
— **superimposed** a - sobrepuesto,ta parcialmente
— **withheld** a - retenido,da parcialmente
— **withhold** v - retener parcialmente
participant n - . . .; interviniente m
participate v - . . .; intervenir • concurrir • [legal] asociar
— **in @ ownership** v - participar en propiedad f
— — **@, performance, or race** v - [sports] participar en carrera f
participated a - participado,da • asociado,da
participating n - participación f • asociación f | a - participante
— **firm** n - [legal] firma f participante • coejecutor m
participation n - . . . . • concurrencia f • [legal] asociación f
— **bonus reserve** n - [fin] reserva f para participación f
— **guaranty** n - garantía f para participación f
— **purchase** n - [fin] compra f, or adquisición f, de participación f
— **sale** n - [fin] venta f de participación f
— **share** n - parte f de participación f
particle n - . . . | a - [electron] corpuscular
— **accelerator** n - see **synchrotron**
— **intermediate separation** n - separación f intermedia de partícula(s) f
— — — **tank** n - [ind] estanque m intermedio para separación f de partícula(s) f
— **monitor** n - [electron] monitor m para partícula(s) f
— —**ing) system** n - [miner] sistema m para fiscalización f de partícula(s) f
particle(s) production n - [ind] producción f de partícula(s) f
—(s) **separation** n - separación f de partículas
— — **tank** n - [ind] estanque m para separación de partícula(s) f
— **size** n - tamaño m de partícula(s) f • [miner] granulometría f de partícula(s) f
— — **monitor** n - [electron] monitor m, or fiscalizador m para, tamaño m, or granulometría f, de partícula(s) f
— — —(ing) **system** n - [ind] sistema m para fiscalización f de, tamaño m, or granulometría f, de partícula(s) f
— — **output** n - [comput] salida f de granulometría f
— — **projecting** n - [miner] anticipación f de granulometría f
— — **variability** n - [miner] variabilidad f de granulometría f
particular a - . . . .; especial; específico,ca; determinado,da; preciso,sa; definido,da
— **application** n - aplicación f, particular, or específica, or precisa, or definida
— **advantage** n - ventaja f particular
— **assembly process** n - [mech] proceso m específico para montaje m
— **attention** n - atención f, particular, or especial
— **axle** n - [mech] eje m, preciso, or específico • eje m individual
— **care** n cuidado m especial
— **case** n - caso m particular
— **importance** n - importancia f especial
— **job** n - trabajo m específico; tarea f, or obra f, específica, or determinada
— **kind** n clase f específica; tipo m específico
— **material** n - material m, específico, or determinado, or preciso
— **oil viscosity** n - [lubric] viscosidad f específica de aceite m
— — — **selection** n - [lubric] selección f de viscosidad f específica para aceite m
— **process** n - proceso m específico
— **purpose** n - fin m preciso
— **recognition** n - reconocimiento m especial
— **remote (place)** n - punto m, or sitio m, particular, or específico, remoto
— **rig** n - [petrol] torre f para perforación f específica
— **scheme** n - [constr] parte f específica (de obra f)
— **setting** n - regulación f, or posición f, precisa
— **sewer** n - [sanit] cloaca f, específica, or en cuestión f
— **shape** n - conformación f particular
— **site** n - sitio m (en) particular
— **soil type** n - [soils] tipo m, or clase f, particular, or específica, de suelo m
— **tube** n - [autom-tires] cámara f específica
— **type** n - tipo m, particular, or específico
— **viscosity** n - viscosidad f específica
— — **oil** n - [lubric] aceite m con viscosidad f específica
— **welding condition** n - [weld] condición f especial para soldadura f
— **work** n - trabajo m específico
particularly adv - . . . .; excepcionalmente; especialmente; singularmente
— **dirty location** n - sitio m excepcionalmente sucio
— **important** a - muy importante; con importancia f mayor
— **popular** a - especialmente popular
— **suited** a - adaptado,da especialmente
— **true** a - particularmente cierto,ta
— **useful** n - particularmente útil
particulate v - reducir a partícula(s) f
— **drop out** n - asentamiento m de partícula(s) f (en suspensión f)

particulate fog n - [meteorol] neblina f de partícula(s) f (de, tierra f, or agua m, etc.)
particulated a - particulado,da*; reducido,da a partícula(s) f
— **aluminum** n - [metal] aluminio m particulado*
particulation* n - particulación f; reducción f a partícula(s) f
parting n - . . . • [mech] . . .; ruptura f
partisan n - . . . | a - . . .; faccionario,ria
partisanship defender n - [pol] partidarista f
partition around @ pipe n - [constr] tabique m alrededor de, tubo m, or tubería f
partitioned radiator n - [int.comb] radiador m tabicado
Partlon controller n - [combust] regulador m Partlon para temperatura f
partly adv - parcialmente; . . .
— **gone** a - desaparecido,da parcialmente
— — **galvanization** n - [metal-treat] galvanización f desaparecida parcialmente
partner n - . . .; consocio m
— **corporation** n - [legal] empresa f socia
— ('s) **death** n - [legal] fallecimiento m de socio
— ('s) **name** n - [legal] nombre m de socio m
partnership n - [legal] . . .; asociación f • participación f
— **with @ silent partner(s)** n - [legal] sociedad f en comandita
parts catalog n - [ind] catálogo m de, pieza(s) f, or repuesto(s) m
— **inventory** n - [ind] existencia f de repuestos
— **list** n - [ind] lista f de repuesto(s) m
— — **number** n - [ind] número m en lista f de repuesto(s) m
— **per million** n - partes f por millón m
party n - [social] . . .; festejo m; fiesta f; celebración f • [com] organismo m • [labor] persona f • cuerpo m; equipo m; cuadrilla f; grupo m
— **chief** n - [labor] jefe m de grupo m
— **that appears** n - [legal] compareciente m
Pascal's law n - [phys] ley f de Pascal
pass n - pase m; pasaje m • [weld] pasada f • [geogr] . . .; paso m; pasillo m • [constr- pil] pasada f • [hydr] canal m • [mech] rosca f • cuerda f; desarrollo m • social requiebro m | v - . . .; transcurrir • omitir • [roads] adelantar(se) • [legal] votar(se) • [hydr] dar paso a
— **application** n - [weld] ejecución f, or aplicación f, de pasada f
— **around** v - pasar alrededor' circuir
— **beneath** v - [constr] pasar, or atravesar, por debajo de
— **@ buck** v - [fam] hacer, vista gorda, or chancho m rengo; hurtar cuerpo m; escurrir bulto m
— **completely through** v - atravesar totalmente
— **@ current** v - [electr-oper] pasar corriente f
— **depth** n - [weld] profundidad f de pasada f
— **draft** n - [metal-roll] reducción f en pasada f
— **each other** v - pasar uno(s) a otro(s)
— — **freely** v - pasar(se) uno(s) a otro(s) libremente
— **for good** v - [sports] pasar en definitiva
. . . — **forming** n - [metal-roll] conformación f en . . . pasada(s) f
. . . — **girth weld** n - [weld] pasada f . . . de soldadura f circunferencial • soldadora f circunferencial para . . . pasada(s) f
— **hardness** n - [weld] dureza f de pasada f
— **judgement** v - hacer juicio m; juzgar
— **@ material** v - [hydr] dar paso m a material m
— **number** n - número m de pasada f • [weld] pasada f número
— **on** v - comunicar; divulgar • trasladar; dar
— **over** n - paso m sobre | v - pasar sobre
pass one another v - pasar(se) uno(s) a otro(s)
— **overhead** v - pasar por encima
— **position** n - [mech] posición f para pasada f
— **@ practical splicing test** v - [electr-instal] aprobar examen m práctico en empalme(s) m
pass(es) programmer n - [metal-roll] programador m para pasada(s) f
— (es) — (spare) part(s) n - [metal-roll] repuesto(s) m para programador m para pasadas
— (es) — start-up n - [comput] puesta f en marcha f de programador m para pasada(s) f
— (es) — — technical service(s) n - [metal-roll] servicio(s) m técnico(s) para puesta f en marcha de programador m para pasada(s) f
— **setting** n - [metal-roll] regulación f de pasadas(s) f
— **@ stringent X-ray test** v - [electron] aprobar examen m radiográfico riguroso
— **@ test** v - aprobar examen m
— **through** v - atravesar • [comput] dar paso a
— — **completely** v - atravesar totalmente
— — **@ cooler** n - paso m por enfriador m | v - pasar por enfriador m
— — **@ feeding roll(s)** n - [mech] paso m por rodillo(s) m alimentador(es) | v - [mech] pasar por rodillo(s) m alimentador(es)
— — **@, mesh, or screen** v - pasar por tamiz m
— **@ title** v - [legal] pasar (título m de) propiedad f
— **to @ purchaser** v - pasar a comprador m
— **up** v - [fam] ignorar
. . . — **vertical-down weld(ing)** n - [weld] soldadura f vertical descendente con . . . pasada(s) f
. . . — **-up weld(ing)** n - [weld] soldadura f vertical ascendente con . . . pasada(s) f
— **water** v - [hydr] dar paso m a agua m • [medic] orinar
— **@ — through @ culvert** v - [hydr] pasar, or dar paso m, a agua m por alcantarilla f
— **weld(ing)** n - [weld] soldadura f de pasada f
— **@ X-ray test** v - [electron] aprobar examen m radiográfico
passability n - pasabilidad*; transitabilidad f
passable a - . . .; pasable; franqueable
passage n - . . .; conducto m • [legal] promulgación f
— **blocking** n - bloqueo m de pasaje m
— **clogging** n -obturación f de pasaje m
— **door** n - [constr] puerta f para paso m
— **latch** n pestillo m, pasante, or corredizo
— **restriction** n - restricción f para, pasaje m, or paso m
— **screw** n - [mech] tornillo m (regulador) para paso m
passageway n - [constr] pasaje m; pasadizo m • galería f • pasaje m inferior
passed a - pasado,da; franqueado,da • omitido,da • transcurrido,da
— **around** a - pasado,da alrededor; circuido,da • repartido,da
— **current** n - [electr-oper] corriente f pasada
— **on** a - dado curso m • divulgado,da; dado,da
— **over** a - pasado,da sobre • omitido,da • ignorado,da
— **stringent X-ray test** n - [electron] examen m radiográfico riguroso aprobado
— **text** n - examen m aprobado
— **through** a - atravesado,da
— — **@ cooler** a - pasado,da por enfriador m
— — **@ feed(ing) roll(s)** a - [mech] pasado,da por rodillo(s) m alimentador(es)
— **title** n - [legal] (título m de) propiedad f pasada
— **to @ purchaser** a - pasado,da a comprador m
— **up** a - ignorado,da; omitido,da
— **water** n - [hydr] agua m pasada
— **X-ray test** n - [electron] examen m radiográfico aprobado
passenger and light truck tire(s) limited warranty n - [autom-tires] garantía f limitada para neumático(s) para automóvil(es) pasajeros y para camión(es) m liviano(s)
— — — — **warranty** n - [autom-tires] ga-

rantía f para neumático(s) para automóvil(es) m para pasajero(s) m y para camión(es) m liviano(s)
passenger car n - [autom] automóvil m para pasajero(s) m • [rail] coche m (para pasajeros m)
— — **tire** n - [autom-tires] neumático m para automóvil(es) m para pasajero(s) m
— — — **combination guide** n - [autom-tires] guía f para combinación(es) f de neumático(s) m para automóvil(es) m para pasajero(s) m
— — — **size** n - [autom-tires] medida(s) f de neumático(s) m para automóvil(es) m para pasajero(s) m
— — — **substitution guide** n - [autom-tires] guía f para substitución f de neumático(s) m para automóvil(es) m para pasajero(s) m
— — **wheel** n - [rail-wheels] rueda f para, coche m, or vagón m, para pasajeros m
— **comfort** n - [transp] comodidad f de viajero m
— **convenience** n - conveniencia f de viajero m
— **door** n - [autom] puerta f para, pasajero m, or acompañante m
— — **jamb** n - [autom] jamba f para puerta f para, pasajero m, or acompañante m
— **ferry** n - [nav] embarcación f para pasajeros
—**oriented vehicle** n - [autom] vehículo m para transporte m de pasajero(s) m
. . . — **plane** n - [aeron] avión m para . . . pasajero(s) m
— **radial (tire)** n - [autom-tires] neumático m radial para automóvil(es) m para pasajero(s)
— **ship** n - [naut] embarcación f para pasajeros
—**sized tube** n - [autom-tires] cámara f con medida(s) f para automóvil(es) m para pasajeros
— **terminal** n - [transp] terminal m para pasajero(s) m
— **tire** n - [autom-tires] neumático m para (automóvil m para) pasajero(s) m
— — **stand** n - [autom-tires] pie m (para exhibición f de) neumático(s) m para vehículo(s) m para pasajero(s) m)
— — **warranty** n - [autom-tires] garantía f para neumático(s) m para automóvil(es) m para pasajero(s) m
— **transportation vehicle** n - [autom] vehículo m para transporte m de pasajero(s) m
passing n - . . . ; omisión f | a - pasador,ra
— **around** n - paso m alrededor; circuición* f
passing away n—[medic] muerte f; fallecimiento m • [fig] partida f
— **chain** n - [chains] cadena f deslizante
— **glance** n - ojeada f ligera
— **interest** n - interés m casual
— **link** n - [chains] eslabón m, deslizante, or para paso m
— — **chain** n - [chains] cadena f con eslabón f, deslizante, or para paso m
— **material** n - [ind] material m, tamizado, or pasado por, cedazo m, or tamiz m
— **motorist** n - [autom] motorista m, pasante, or que pasa
— **on** n - divulgación f
— **over** n - paso m sobre
— **play** n - [sports] jugada f con pasada(s) f
— @ **sieve** a - [mech] que pasa por zaranda f
— @ **standard American Society for Testing and Materials sieve** a - que pasa por zaranda f estándar según Sociedad f Estadounidense para Ensayo(s) m y Material(es) m, or A S T M
— @ — **sieve** a - [ind] que pasa por zaranda f estándar
— **through @ cooler** n - paso m por enfriador m
— — @ **feeding roll(s)** n - [mech] paso m por rodillo(s) m alimentador(es)
— — @ **purchaser** n - paso m a comprador m
— **traffic** n - [roads] tránsito m pasante
— **up** n - ignoración* f
passion n - . . . • [fam] fiebre f
passivate v - pasivar*; hacer, or volver, pasivo,va, or inactivo,va, or menos reactivo,va
passivated a—vuelto,ta, pasivo,va, or inactivo

passivation n - inactivación f; pasivación* f
passivator n - pasivante* m | a - pasivador,ra
passive earth pressure coefficient n - [soils] coeficiente m para presión f pasiva de suelo
— — **pressure coefficient value** n - [soils] valor m de coeficiente m para presión f pasiva
— — — **determination** n - [soils] determinación f de presión f pasiva
— **side** n - lado m pasivo
— **side pressure** n - presión f lateral pasiva
— **soil pressure** n - [soils] presión f pasiva de suelo m
Passport West Connection n - [sports] evento m, or celebración f, Passport West
passtime n - pasatiempo m; see **pastime**
past n - . . . | a - . . . | [adv] atrás • más allá
— **description** n - descripción f existente
past due a - [fin] vencido,da; en mora f
— **experience** n - . . .; experiencia f anterior
— — **basis** n - base f de experiencia f pasada
— **industrial activity** n - [ind] actividad industrial pasada
— **meridian** a - pasado, meridiano m, or mediodía
— **midday** a - pasado, meridiano m, or mediodía m
— **season** n - [chronol] temporada f pasada
— **test(ing)** n - ensayo(s) m anterior(es)
— **tournament** n - [sports] torneo m anterior
paste n - . . . | v - . . .; adherir; montar
— **box** n - [electrode extrusion plant] cajón f para pasta f
—**in** n - rótulo m; marbete m • [print] see **call out**
— **mixer** n - [ind] mezcladora f para pasta f
— **pack** v - [metal-prod] rellenar con pasta f
— **refining equipment** n - [ind] equipo m para refinación f de pasta f
pasted a - pegado,da; adherido,da • montado,da
pasting n - pega f; pegadura f; adhesión f • montaje m
pastoral economy n - [econ] economía f pastoral
pasture land n - [agric] tierra f para pastoreo
pasty abrasive n - [mech] abrasivo m pastoso
— — **state** n - [mech] estado m abrasivo pastoso
— **ingot** n - [metal-prod] lingote m pastoso
— **pig iron** n - [metal-prod] arrabio m pastoso
— **slag** n - [metal-prod] escoria f pastosa
— **state** n - estado m pastoso
— — **abrasive** n - [mech] abrasivo m en estado m pastoso
— **steel** n - [metal-prod] acero m pastoso • lingote m (de acero m) con exterior m semifundido
— — **ingot** n - [metal-prod] lingote m de acero m pastoso
patch n - . . . • pega f • zona f • [agric] era f - . . .; (em)parchar; reparar
— @ **asphalt pavement** v - [roads] (em)parchar pavimento m asfáltico
— **permanently** v - (em)parchar permanentemente
— @ **road** v - [roads] (em)parchar camino m
— **temporarily** v - (em)parchar temporariamente
— @ **tire** v—[autom-tires] (em)parchar neumático
— **weld** n - [weld] soldadura f para remiendo m
— **welder** n - [weld] soldadora f para remiendos
— — **run-in conveyor** n - [weld] cinta f transportadora (extensible) para entrada f para soldadora f para remiendo(s) m
— — —**out table** n - [weld] cinta transportadora (extensible) para salida f para soldadora f para remiendo(s) m
— **welding** n - [weld] soldadura f para remiendo
patched area n - zona f (em)parchada
— **asphalt pavement** n - [roads] pavimento m asfáltico (em)parchado
— **permanently** a - (em)parchado,da permanentemente
— **temporarily** a - (em)parchado,da temporariamente
— **tire** n - [autom-tires] neumático m (em)parchado

patching

patching n - (em)parchado m
— **grout** n - [concr] enlechado m para emparchado
patent n - . . . . | a - . . . . | v - [legal] patentar; obtener patente f
— **acquisition** n - [legal] obtención f, or adquisición f, de patente f (de invención f)
— **application** n - [legal] solicitud f, or gestión f, de patente f (de invención f)
— **attorney** n - [legal] abogado m para patentes
• oficina f técnica para propiedad industrial
— **development** n - creación f de patente f (de invención f)
— **@ device** v - patentar dispositivo m
— **exploitation** n - explotación f de patente f
— **holder** n - [legal] titular m de patente f
— **infringment** n - violación f de patente f
— **office** n - [legal] Registro m de Patente(s) f
— **ownership** n - [legal] propiedad f de patente
— **@ pattern** v - patentar proyección f
— **registration** n - [legal] registro m, or registración f, de patente f (de invención f)
— **registry** n - [legal] registro m de patente(s)
— **request** n - [legal] solicitud f para registro m de patente f (de invención f)
— **right(s)** n - [legal] derecho(s) m de patente f (de invención f)
— **(s) registration** n - [legal] registro m, or registración f, de derecho(s) m a patente f
— **seeking** n - [legal] gestión f de patente f (de invención f)
—, **use**, or **utilization** n - [legal] uso m de patente f (de invención f)
— — **agreement** n - [legal] convenio m para uso m de patente f (de invención f)
— **validity** n - [legal] validez f de patente f
— **violation** n - [legal] violación f de patente
patented a - [legal] patentado,da
— **lock** n - [mech] cierre m patentado
— **pattern** n - proyección f patentada
patenting n - [legal] obtención f de patente f (de invención f) • [metal-treat] recocido* m antes de, trabajo m, or labrado m, en frío
patently adv - patentemente
paternal grandfather n - abuelo m paterno
— **grandmother** n - abuela f paterna
— **grandparent** n - abuelo m paterno
path n - . . . ; huella f; trocha f; recorrido m; ruta f
patio furniture n - [domest] mueble(s) m para patio m
— **table** n - [domest] mesa f para patio m
— **umbrella** n - [domest] sombrilla f para patio
patrimoniality n - patrimonialidad f
patriotic bond n - [fin] bono m patriótico
patrol car n - [pol] automóvil m patrullero
— **grader** n - [constr] niveladora f de patrulla
patrolled a - [milit] patrullado,da
patron n - . . . • usuario m | concurrente m; visitante m | a - patrocinador,ra; patrocinante
pattern n - . . . .; plantilla f; forma f | estilo m; detalle m; norma f; configuración f; distribución f • muestra f; dechado m; tipo m; ecantillón m • modalidad f; pauta f • aplicación f; disposición f; agrupamiento m • [drwng] diseño m
—, **adjusting**, or **adjustment** n - ajuste m de patrón m
— **and carpenter shop** n - [metal-prod] taller m para modelo(s) m y carpintería f
— **characteristic** n - característica de patrón m
— **check(ing)** n - verificación f, or comprobación f, de patrón m
— **development** n - desarrollo m de, molde m, or patrón m
— **dominant characteristic** n - característica f dominante de patrón m
— **interpretation** n - interpretación f de imágen(es) f
— **length** n - [mech] largo(r) m de patrón m
— **maker** n - [ind] modelista m

- 1212 -

pattern mill n - [metal-roll] laminador m para relieve(s) m
— **miller** n - [ind] fresador m para modelo(s) m
— **molder** n - [ind] modelista m mecánico
— **patent** n - patente f para conformación f
— **rolled** a - laminado,da con dibujo(s) m
— — **design** n - diseño m de laminación f, decorativa, or con dibujo(s) m
— — **steel** n - [metal-roll] acero m laminado con dibujo(s) m; fleje m decorativo
— — **strip** n - [metal-roll] fleje m decorativo
— **shape** n - [mech] configuración f, or conformación f, de patrón m
— **shop** n - [ind] taller m para modelo(s) m
— **width** n - ancho(r) m de patrón m
patterned surface n - superficie f con diseño m
— — **design** n - [metal-roll] diseño m en superficie f
paul n - [mech] see **pawl**
paused a - pausado,da
pave @ invert v - [hydr] encachar
— **@ section** v - [roads] pavimentar tramo m
— **@ surface** v - [constr] pavimentar superficie f
— **with brick(s)** v - [constr] enladrillar
paved a - pavimentado,da • [tub] encachado,da
— **after installation** n - [constr] pavimentado, or encachado, luego de instalado,da
— **apron** n - [constr] escarpe m pavimentado
— **corrugated steel pipe** n - [tub] tubería f corrugada de acero m revestida
— **ford** n - [roads] vado m pavimentado
— **gutter** n - [constr] acequia f pavimentada
— **invert** n - [tub] fondo m pavimentado
— — **corrugated steel pipe** n - [tun] tubería f de acero m corrugado con fondo m, pavimentado, or encachado
— — **pipe** n - [metal-fabr] tubo m con fondo m, pavimentado, or encachado; tubo m encachado
— — **pipe-arch** n - [metal-fabr] tubo m abovedado con fondo m, pavimentado, or encachado
— — **slotted drain** n - [hydr] conducto m ranurado con fondo m pavimentado
— — **steel pipe** n - [tub] tubo m, or tubería f, de acero m, encachado,da
— — **structure** n - [tub] estructura f encachada
— **outdoor surface** n - superficie exterior pavimentada
— **pipe** n - [tub] tubería f pavimentada
— — **arch** n - [tub] tubería f abovedada, pavimentada, or revestida, or encachada
— — **section** n - [tub] sección f de tubería f pavimentada
— **roadway** n - [roads] calzada f (pavimentada)
— **section** n - sección f pavimentada; trozo m pavimentado
— **steel pipe arch** n - [tub] tubería f abovedada de acero m revestida
— **strip** n - [roads] franja f pavimentada
— **surface** n - [constr] superficie f pavimentada • [roads] calzada f
pavement n - . . . .; firme m; calzada f; afirmado m • [tub] encachado m; revestimiento m
— **construction** n - [constr] construcción f de pavimento m
— **cover** v - [roads] cubrir con pavimento m
— **covered** a - [roads] cubierto,ta con pavimento
— **crack** n - [constr] grieta f en pavimento m
— — **minimizing** n - [constr] reducción f a mínimo de grieta(s) f en pavimento m
— **cracking** n - agrietamiento m de pavimento m
— — **minimization** n - [constr] reducción f a mínimo de agrietamiento m de pavimento m
— **design** n - [constr] proyección f para pavimento m • [aeron] proyección f para pista f
— **evening** n - [constr] emparejamiento m de pavimento m
— **foundation** n - [constr] cimiento m para, pavimento m, or calzada f
— **life** n - [roads] vida f (útil) de calzada f
— **material** n - material m para pavimentación f
— **mesh** n - [constr] malla f para pavimento m

pavement performance n - [constr] desempeño m de pavimento
— **race** n - [sports] carrera f sobre camino m pavimentado
— **rupturing** n - [roads] ruptura f de pavimento
— **smoothing** n - [constr] alisamiento m, or emparejamiento m, de pavimento m
— **subdrain** n - [hydr] desagüe m inferior para zona f pavimentada
— **subdrainage** n - [hydr] subdrenaje m para zona f pavimentada
— **support** n - [constr] sostén m, or soporte m, para pavimento m
— **thickness** n - [roads] espesor m de pavimento
— **top surface** n - [constr] superficie f (superior) de pavimento m
— **width** n - [constr] ancho(r) m de pavimento n
paver n - [constr] pavimentador m
paving n - . . . .; firme m; afirmado m; carpeta f [tub] encachado m; revestimiento m | a - pavimentador,ra
— **block** n - [constr] adoquín m; bloque m para pavimentación f
— **brick** n - ladrillo m para pavimentación f
— **contract** n - contrato m para pavimentación f
— **contractor** n - contratista m pavimentador
— **finisher** n - terminadora f para pavimento(s)
— **performance** n - desempeño m de pavimento
— **speed** n - rapidez f para pavimentación f
— **stone** n - [constr] adoquín m
pawl n - [mech] . . .; lingüete m; cruz ahorquillada • [electr-instal] tablero m
— **arm** n - [mech] brazo m para trinquete m
— **assembly** n - [mech] conjunto m de trinquete m
— **disengagement** n - [mech] desengran(aj)e m de trinquete m
— **dog** n - [mech] gatillo m para trinquete m
— **end** n - [mech] extremo m de trinquete m
— — **link** n - [mech] eslabón m para extremo m de trinquete m
— **engagement** n - engranaje m de trinquete m
— **handle** n - [mech] palanca f para trinquete m
— — **pin** n - [mech] pasador m para palanca f para trinquete m
— **link** n - [mech] eslabón m para trinquete m
— — **end** n - [mech] extremo m de eslabón m para trinquete m
— **locking** n - [mech] traba f, or trabamiento m, de trinquete m
— **mechanism** n - [mech] mecanismo m de trinquete
— **pin** n - [mech] pasador m para trinquete m
— **setting** n - [mech] ajuste m de trinquete m
— **shaft** n - [mech] árbol m para trinquete m
— — **assembly** n - [mech] conjunto m de árbol m para trinquete m
— **spring** n - [mech] resorte m para trinquete m
pawned a - [legal] empeñado,da; prendado,da
pay n - . . . .; pago m • [com] tasa f retributiva • [labor] . . .; haber(es) m | v - . . .; hacer efectivo; liquidar; cancelar; responder
— **as you go** v - pagar por etapa(s) f
— **attention** v - prestar atención f
— **back** v - (de)volver; reintegrar; reponer
— **by transfer** v - [fin] pagar por transferencia
— @ **charge** v - pagar cargo m
— @ **claim** v - pagar reclamo m
— @ — **promptly** v - [insur] pagar prontamente reclamo m
— @ **contribution** v - [fisc] tributar
— @ **credit** v - [fin] pagar crédito m
— **cubic yard(s)** n - [transp] pie(s) m cúbico(s) de carga f útil; use metro(s) m cúbico(s)
— **day** n - [labor] día f para pago m
— **directly** v - pagar directamente
— **dirt** n - [fig] filón m
— @ **dividend** v - [fin] pagar dividendo m • [fig] rendir beneficio m; brindar ventaja f
— @ **fee** v - pagar honorario(s) m • [fisc] pagar derecho(s) m
— **for itself** v - amortizar(se) solo,la
— **homage** v - . . .; homenajear

pay in v - [fin] aportar; integrar
— @ **income tax** v - [fisc] pagar impuesto m, sobre renta f, or a rédito(s) m
— @ **indemnity** v - [insur] pagar indemnización f
— @ **interest** v - [fin] pagar interés m
— **item** n - renglón m de pago m
— **length** n - [tub] sección f, or tramo m, útil
— @ **liability,ties** v - [fin] pagar pasivo m
— **load** n - [transp] carga f útil
— **off** n - . . . . • recompensa f; compensación f • beneficio m • [metal-roll] desabobinado m • [labor] liquidación f | v pagar • convenir; resultar conveniente • (re)compensar; resultar valioso,sa • [labor] liquidar
— — **equipment** n - [metal-roll] equipo m para desabobinado m
— — **reel** n - [metal-roll] bobina f para, alimentación f, or entrada f, or desenrollado n; desembobinadora f; desenrolladora f; carrete f para entrada f
— — **section** n - sección f de salida f
— **out** v - desembolsar; erogar • [metal-roll] desenrollar
— — @ **cable** v - [cranes] dar salida f, or desenrollar, cable m
— @ **premium** v - [insur] pagar premio m; pagar prima f
— **promptly** v - [fin] pagar prontamente
— **rate** n - [labor] (tipo m de) jornal m; razón f para pago m
— @ **tax** v - [fisc] pagar impuesto m; tributar
— **up** v - [com] saldar • [fin] integrar
— — @ **stock** v - [fin] integrar acción(es) f
— **yard** n - [transp] yarda f (cúbica) de carga g útil; use metro(s) m cúbico(s)
payability n - pagabilidad* f
payable a - . . . . • [fin] por pagar
— **account** n - [fin] cuenta f por pagar
— **against** a - pagadero,ra contra
— — **delivery proof presentation** a - [com] pagadero,ra contra presentación f de, evidencia f, or comprobación f, de entrega f
— — @ **document(s)** a - [com] pagadero,ra contra (presentación f de) documento(s) m
— — @ — **delivery** a - [com] pagadero,ra contra entrega f de documento(s) m
— — **first presentation** a - [fin] pagadero,ra contra presentación f primera
— — @ **following document(s)** a - [com] pagadero,ra contra documento(s) m siguiente(s)
— — @ — — **delivery** a - [com] pagadero,ra contra entrega f de documento(s) siguiente(s)
— — @ **invoice** a - [com] pagadero,ra contra (presentación f de) factura f
— — **presentation** a - [fin] pagadero,ra contra presentación f
— — **presentation of document(s)** a - [fin] pagadero,ra contra presentación f de documentos
— — — — **shipping document(s)** a - [fin] pagadero,ra contra presentación f de documento(s) para embarque m
— — **proof** a - [fin] pagadero,ra contra evidencia f
— — — **of delivery** a - [com] pagadero,ra contra evidencia f de entrega f
— — **second presentation** a - [fin] pagadero,ra contra presentación f segunda
— — **shipping document(s)** a - [fin] pagadero,ra contra documento(s) m para embarque m
— **by** . . . a - [com] pagadero,ra para . . .
— **commission** n - [com] comisión f por pagar
— **in . . . fund(s)** a - [fin] pagadero,ra en fondo(s) m de . . .
— **on sight** a - [com] pagadero,ra a vista f
— **part** n - [com] parte f pagadera
— **premium(s)** n - [insur] premio(s) m por pagar • prima(s) f por pagar
— **through** . . . a - [com] pagadero,ra por (intermedio de) . . .
payback n - [fin] reembolso m; reintegro m
— **period** n - [fin] período m para reembolso m

payback potential n - rentabilidad f posible
paying in n - [fin] aporte m; aportación f; ingreso m
— **up** n - [fin] integración f
payloader n - [ind] motoestibadora f; autocargadora f
— **space** n - [transp] espacio m (útil) para carga f (útil)
payment n - [com] . . .; acción f de pago m; cancelación f; liquidación f
— **assuming** n - asunción f de pago m | a asumidor,ra de pago m
— **assumption** n - asunción f de pago m
—**(s) balance** n - [fin] balanza f, or balance m, de pago(s) m
— **bond** n - [fin] fianza f, or garantía f, de pago m
— **by transfer** n—[fin] pago m por transferencia
— **certificate** n - [fisc] certificado m, or constancia f, de pago m
— **condition(s) establishing** n - [fin] establecimiento m de condición(es) f para pago m
— **currency** n - [fin] moneda f para pago m
— **date** n - fecha f, or día m, or plazo m, para pago
— **document** n - [com] documento m, or efecto m, para pago m
— — **date** n - [fin] fecha f de vencimiento m para pago m
— **term(s)** n - [fin] condición(es) f para pago m
— **guaranty** n - [com] garantía f para pago m
— — **letter** n - [com] carta f de garantía f para pago m
— **letter** n - [com] carta f de pago m
— **manner** n - [fin] forma f para pago m
— **on sight** n - [com] pago m a vista f
— **order** n - [com] orden f para pago m
— **per quarter** n - [fin] pago m por trimestre m
— **period** n - [fin] período m, or plazo m, para pago m
— **place** n - lugar m, or sitio m, para pago m
— **plan** n - [fin] plan m para pago m - [econ] régimen m económico
— **share** n - [com] acción f de pago m
— **term** n - [com] condición f, or término m, para pago • plazo m para pago m
— **through** . . . n - pago m por intermedio m de
— **to be made** n - [fin] pago m a realizar(se)
payoff n - . . . • beneficio m • descubrimiento m; solución f
— **unit** n - [wiredrwng] dispositivo m desenrollador
—**(s) withholding** n - retención f de pago(s) m
payroll n - [labor] nómina f, or lista f, de sueldo(s) m, or salario(s), or jornal(es), or haber(es) m • total m de salarios(s) m • costo m de personal m • liquidación f de haber(es) m • salario m anual
— **division** n - [ind] división f para sueldo(s) m y salario(s) m
— **level(s)** n - [labor] nivel(es) m de sueldo(s) m y salario(s) m
— —**(s) and structure** n - [labor] nivel(es) m y estructura f de sueldo(s) m y salario(s) m
— **office** n - [labor] oficina f para liquidación f de haber(es) m
— **structure** n - [labor] estructura f de sueldo(s) m y salario(s) m
pct n - see **per cent**
pea coal n - [miner] antracita f entre 1/2 hasta 1-1/16 pulgadas (12,7 hasta 27,0 mm)
— **coke** n - [coke] gravilla f de coque m; coque m de 5/8 hasta 1 pulg. (15,87 hasta 25,4 mm)
— **gravel** n - [constr] gravilla f; granza f
pea n - [botan] . . .; arveja f
— **and bean attachment** n - [agric-equip] accesorio m para, guisante(s) m y judía(s), or arveja(s) f y poroto(s) m
— **attachment** n - [agric-equip] accesorio m para, guisante(s) m, or arveja(s) f
— **gravel** n - [constr] morrillo m (menudo)

pea gravel graded uniformly n - [constr] gravilla f clasificada uniformemente
— — **mix** n - [constr] mezcla f con morrillo m menudo
— — **uniform grading** n - [constr] clasificación f uniforme de gravilla f
peaches and cream adv - a pedir de boca
peak n - . . .; punto m, or valor m, máximo • ápice m; cresta f • [geogr] pico m; cerro m; espigón m; risco m • [ind] punta f; capacidad f momentánea; máximo m | a - máximo,ma
— **altitude** n - [topogr] elevación f máxima
—**(ed) arch** n - [archit] arco m apuntado
— **demand** n - demanda f pico; pico m de demanda
— **discharge** n - [hydr] descarga f máxima; caudal m máximo
— **flood flow** n - [hydr] caudal m máximo con inundación f
— **flow** n - [hydr] caudal m, or gasto m, máximo; afluencia f máxima • creciente f
— **hour** n - hora f con, afluencia f máxima, or movimiento m máximo
— **lubrication** n - [cranes] lubricación f de ápice m
— **performance** n - [ind] desempeño m, or rendimiento m, máximo
— **period** n - [ind] período m de punta f
— **pump(ing) pressure** n - [pumps] presión f, máxima, or de punta f, para bombeo m
— **rainfall** n - [meteorol] precipitación f máxima • precipitación f extraordinaria
— — **period** n - [meteorol] período m de precipitación f extraordinaria
— **rate** n - tasa f máxima; gasto m máximo • [meteorl] intensidad f máxima
— **reliability** n - confiabilidad f máxima
— **runoff** n - [hydr] escurrimiento m máximo
— — **rate** n - [hydr] tasa f máxima para escurrimiento m
— **storm flow** n - [meteorol] gasto m, or caudal m, pluvial máximo
— — **runoff** n - [hydr] escurrimiento m máximo; caudal m máximo de escurrimiento m
— **(up)** v - formar pico m
peaked a - [constr] para dos aguas
— **roof** n - [constr] tejado m, or techo m, para dos aguas
— **up** a - formado pico(s) m
peaking (up) n - formación f de pico(s) m
peanut attachment n - [agric-equip] accesorio m para, cacahué(te)s m or maní(es) m
— **plow** n - [agric-equip] arado m para, cacahué(te)s m, or maní(es) m
pear n - [botan] . . . | a - periforme
— **shaped** a - periforme
— — **structure** n - estructura f periforme
pearled a - perlado,da
pearlite n - [metal] perlita f; cementita f; fonolita f
pearlitic a - [metal] perlítico,ca
— **cast iron** n - [metal-prod] fundición f perlítica
— **malleable cast iron** n - [metal-prod] fundición f perlítica maleable
peat bog n - [geol] . . .; ciénaga f de turba f
— **tar** n - [combust] alquitrán m de turba f
pabble dashed a - [constr] azotado,da
— **dashing** n - [constr] azotado m
— **heater** n - estufa f para calentamiento m de aire m por contacto con magnesia f
— **mill** n - [miner] molino m con guijarro(s) m
pecan n - . . . | [colors] nogal m claro
pecked a - picado,da
peculiar n - . . .; especial; propio,pia
pedal actuate v - accionar con pedal m
— — **@ clutch** v - [mech] accionar embrague m con pedal m
— **actuated** a - [mech] accionado,da con pedal m
— — **clutch** n - [mech] embrague n accionado con pedal m
— — **jaw** n - [mech] mandíbula f accionada con

pedal m
pedal actuated jaw clutch n - [mech] embrague m con mandíbula f accionada con pedal m
— **actuating** n - [mech] accionamiento m, or mando m, con pedal m
— **adjustment** n - [mech] ajuste m de pedal m
— **arm** n - [mech] brazo m para pedal m
— **assembly** n - [mech] conjunto m de pedal m
— **breaker** n - [electr-instal] interruptor m, or disyuntor m, con pedal m
— **control** n - regulación f de pedal m • regulador m para pedal m • regulación f con pedal m
— **controlled** a - [mech] con regulación f con pedal m
— **depressing** n - [mech] depresión f de pedal m
— **down pushing** n - [mech] depresión f de pedal
— **footpad** n - [mech] apoyapié m para pedal m
— **depressing** n - [mech] depresión f de pedal
— **pad** n - [mech] apoyapié m para pedal m
— **plunger** n - [mech] émbolo m para pedal m
— — **adjustment** n - [mech] ajuste m de émbolo m para pedal m
— **pressing** n - [mach] depresión f de pedal m
— **release** n - [mech] suelta f de pedal m
— **releasing** n - [mech] suelta f de pedal m
— **switch** n - [electr-equip] interruptor m, or conmutador m, con pedal m
— **throttle** n - [mech] regulador m con pedal m
pedestal adapter n - [mech] adaptador m para pedestal m
— **bearing** n - [mech] cojinete m para, pedestal m, or soporte m • soporte m vertical
— **crane** n - [cranes] grúa f sobre pedestal m • poste m grúa
— — **design** n - [cranes] proyección f para grúa f sobre pedestal m
— — **load** n - [cranes] carga f para grúa f sobre pedestal m
— — — **chart** n - [cranes] tabla f para cargas f para grúa f sobre pedestal m
— — **performance** n - [cranes] desempeño m, or rendimiento m, de grúa f sobre pedestal m
— — **safety feature** n - [cranes] característica f para seguridad f para grúa f sobre pedestal
— — **yield** n - rendimiento n de grúa f sobre pedestal m
— **model** n - [mech] modelo m de pie
— **mounted crane** n - [cranes] grúa f montada sobre pedestal m
— — **hand wheel** n - [hydr] volante m manual sobre pedestal m
— — **hydraulic crane** n - [cranes] grúa f hidráulica montada sobre pedestal m
— — — **marine crane** n - [cranes] grúa f marina montada sobre pedestal m
— — **lift** n - [hydr-gates] mecanismo m para elevación f (montado) sobre pedestal m
— — — **crane** n - [cranes] grúa f para elevación f montada sobre pedestal m
pedestrian access n - [roads] acceso m para peatón(es) m
— **access step(s)** n - [constr] peldaño(s) m para acceso m para peatón(es) m
— **approach slope** n - [constr] rampa f para acceso m para peatón(es) m
— **door** n - [ind] puerta f para (paso m de) personal m
— **mall** n - [constr] galería f (cubierta), or paseo m (cubierto), para peatón(es) m
— **pass** n - [roads] paso m para peatón(es) m
— **passageway** n - [roads] paso m, or pasaje m, para peatón(es) m
— **separation** n - [roads] separación f, or segregación f, de peatón(es) m
— **sidewalk** n - [constr] vereda f para peatónes
— **subway** n - [constr] paso m inferior para peatón(es) m
— — **interior** n - [constr] interior m de paso m inferior para peatón(es) m
— **traffic** n - [roads] tránsito m, pedestre, or de peatón(es) m

pedestrian tunnel n - [constr] túnel m para peatón(es) m
— **underpass** n - [constr] pasaje m, or paso m, inferior para peatón(es) m
— **walkway** n - [roads] vereda f, or trocha f, para peatón(es) m
pedology n - [soils] . . .; ciencia f de suelos
peel n - . . . - [metal-prod] brazo m, para carga f, or de máquina f cargadora; cañón n - [metal-roll] exfoliadura f | v - . . . • [metal-roll] exfoliar; descamar
— **left** int - [metal-prod] brazo a izquierda f
— **off** v - exfoliar; desconchar • [weld] desprender(se); pelar(se)
— **right** int - [metal-prod] brazo a derecha f
— **@ tire** v - [autom-tires] sacar neumático m
— **toward(s) @ outside** v - [autom-tires] pelar(se) hacia afuera
— **turn** n - [metal-prod] giro m de brazo n de máquina f cargadora
— — **left** b - [metal-prod] girar brazo m de máquina f cargadora hacia izquierda f
— — **right** n - [metal-prod] girar brazo m de máquina f cargadora hacia derecha f
peeled a - pelado,da; mondado,da
— **off** a - exfoliado,da; desconchado,da; desprendido,da
— **tire** n - [autom-tires] neumático m sacado
— **towards @ outside** a - [autom-tires] pelado,da hacia afuera
peeling n - . . . . [metal-roll] exfoliadura f • [metal-prod] desprendimiento m (de refractarios m) | a - pelador,ra
peeling off n - exfoliación f; desconchadura f
— **towards @ outside** n - [autom-tires] peladura f hacia afuera
peen n - [tools] . . . | v - martillar
— **@ bolt end** v - [mech] martillar extremo m de perno m
— **@ end** v - [mech] martillar extremo m
— **(ing) hammer** n - [tools] martillo m con cabeza f doble
— **@ tack** v - [weld] martillar punto m de soldadura f
— **throughly** v - [weld] martillar acabadamente
peened a - [mech] martillado,da
— **bolt** n - [mech] perno m martillado
— — **end** n - [mech] extremo m de perno m martillado
— **end** n - [mech] extremo m martillado
peening n - [mech] martilleo m
— **action** n - [mech] acción f de martilleo m
peep, hole, or **sight** n - mirilla f; conjunto m óptico; mirador m; abertura f, or ventana f, para, otear, or oteado m
— **sight assembly** n - [metal-prod] (conjunto m de) mirilla f; conjunto m óptico
— — — **joint** n - [metal-prod] junta f para conjunto m óptico
— — **cover** n - [metal-prod] tapa f para, conjunto m óptico, or mirador m
— — **joint** n - [metal-prod] junta f para, mirilla f, or conjunto m óptico
peephole n - dee **peep sight**
peeping a - fisgador,ra
peeve n - cojijo m
peevish a - [fam] vidrioso,sa
peg n - . . .; tope m; estaca f; muñón m | v - clavijar
— **board** n - [mech] clavijero m
— **tooth** n - [agric-equip] diente m rígido
— **harrow** n - [agric-equip] rastra f con diente(s) m rígido(s)
pegmatitic a - [geol] pegmatítico,ca
— **dike** n - [geol] dique m pegmatítico
pellet n - [miner] . . .; aglomerado m; nódulo m; pelota f; pellet* m
— **batch** n - [miner] partida f de pella(s) f
— — **direct reduction** n - [miner] reducción f directa de partida f de pella(s) f

pellet batch reduction

pellet batch reduction n - [miner] reducción f de partida f de pella(s) f
—**(s) bin** n - [miner] tolva f para pella(s) f
— **charge** n - [metal-prod] carga f de pella(s) f
— **charged furnace** n - [metal-prod] horno m cargado con pella(s) f
— **charging** n - [metal-prod] carga f de pella(s)
—**(s) chemical composition** n - [metal-prod] composición f química de pella(s) f
— **compression** n - [miner] compresión f de pella(s) f
— — **resistance** n - [miner] resistencia f de pella(s) f a compresión f
— **cooling** n - [miner] enfriamiento m de pella(s)
— **discharge rate** n - [miner] ritmo m para, salida f, or descarga f, de pella(s) f
— **fine(s)** n - [metal-prod] fino(s) m de pellas
—**(s) hopper** n - [metal-prod] tolva f para pellas
— **phosphorus content** n - [metal-prod] contenido m de fósforo en pella(s) f
— **production process** n - [miner] proceso m para producción f de pella(s) f
— **rate** n - [miner] ritmo m de pella(s) f
— **recycling** n - [miner] recirculación f de pella(s) f
—**(s) reduction** n - [metal-prod] reducción f de pella(s) f
— — **compression** n - [miner] compresión f en reducción f de pella(s) f
— **screening** n - [metal-prod] zarandeo m de pella(s) f
— **supply** n - [miner] suministro m de pella(s) f
— **test(ing)** n - [miner] ensayo m de pella(s) f
pelletize v - [miner] formar pella(s) f
pelletization n — [miner] formación f de pella(s)
pelletized a - [miner] peletizado,da; en pellas; apelotonado,da; formado,da
— **concentrate** n - [miner] concentrado* m peletizado
— **ore** n - [miner] mineral m peletizado
pelletizing n - [miner] peletización f; formación f de pella(s) f
— **capacity** n - [miner] capacidad f para peletización f
— **plant** n - [miner] planta f para peletización
— **technological procssing** n - [miner] proceso m tecnológico para peletización f
Pelton hydraulic wheel n - [hydr] rueda f hidráulica (de) Pelton
pen n - . . .; estilográfica f; lapicera f
— **filling** n - henchimiento m de pluma f
— **ink filling** n - henchimiento m de pluma f con tinta f
— **inking** n - entinte* n de pluma f
— **recording** n - registración f con pluma f - a - (provisto,ta) con pluma f
— — **potentiometer** n - [instrum] potenciómetro m registrador con pluma f
penal code ruling(s) n - [legal] reglamentación f, or disposición(es) f, de código m penal
— **judge** n - [legal] juez m, penal, or de crimen
— **law** n - [legal] código m penal
penalist n - [legal] penalista m
penalization n - [legal] penalización f
penalize v - [legal] . . .; sancionar; castigar
penalized a — [legal] sancionado,da; castigado,da
penalizing n - [legal] penalización f - [labor] sanción f; castigo m
— **acceptance** n - aceptación f de pena(lidad) f
— **accumulation** n - acumulación f de pena(s) f
— **discipline** n - [labor] disciplina f con, pena(s) f, or sanción(es) f
pencil clip n - sujetador m para lápiz m
— **lead** n - mina f para lápiz m
— **sharpening** n - sacar punta f a lápiz m
— **tip guard** n - guardapunta(s) m
pendant line n - [cranes] cable m suspendido
— — **inspection** n - [cranes] inspección f de cable m suspendido
pending change order n - [ind] orden f de cambio m pendiente

- 1216 -

pending claim n - reclamación f pendiente
— **delivery** n - entrega f pendiente | a pendiente de entrega f
— **final settlement** a - [com] pendiente f de liquidación f final
— **job** n - trabajo m, or empleo m, pendiente
— **patent** n - [legal] patente f, pendiente, or en gestión
— **request** n—pedido m, pendiente, or en trámite
— **settlement** n - liquidación f pendiente | a - pendiente de liquidación f
pendulant a - péndulo,la; colgante
pendulant movement n - movimiento m, pendular, or oscilante
penetrameter n - [tools] penetrámetro m
— **identification** n - identificación f de penetrámetro m
— — **number** n - [instrum] número m, or cifra f, para identificación f de penetrámetro m
— **shadow** n - [instrum] sombra de penetrámetro m
penetrant n - [metal] líquido m penetrante | a - penetrante
— **inspection** n - inspección f con líquido m penetrante
— **system** n - sistema m de líquido(s) m penetrante(s)
—**(s) technique** n - [metal] técnica f, de, or con, líquido(s) m penetrante(s)
penetrate beyond @ corner v - [weld] penetrar más allá de ángulo m (de encuentro m)
— **completely through** v - penetrar totalmente a través (de)
— **@ concrete** v - [constr] penetrar hormigón m
— **directly** v - penetrar directamente
— **@ leak** v - penetrar fuga f
— **@ market** v - [com] penetrar mercado m
— **@ metal** v - penetrar metal(es) m
— **normally** v - penetrar normalmente
— **@ steel** v - penetrar acero m
— **@ system** v - penetrar sistema m
— **through** v - penetrar a través (de)
— **well** v - penetrar bien
penetrated a - penetrado,da
— **completely through** a - penetrado,da, completamente, or totalmente, a través de
— **market** n - [com] mercado m penetrado
— **normally** a - penetrado,da normalmente
— **steel** n - [metal] acero m penetrado
— **system** n - sistema m penetrado
— **through** a - penetrado,da a través de
penetrater n - penetrador m
penetrating n - penetración f | a - . . .; penetrador,ra
— **arc** n - [weld] arco m, penetrante, or mordiente
— **dye** n - [ind] anilina f, or tinta f, penetrante
— **edge** n - [mech] borde m, or arista f, penetrante; borde m; filo m
— **gamma radiation** n - [electr] radiación f, penetrante gamma, or gamma penetrante
— **liquid** n - líquido m penetrante
— — **nondestructive test(ing)** n - ensayo m no destructivo con líquido m penetrante
— — **test(ing)** n - ensayo m con líquido m penetrante
— **quality** n - característica f de penetración f
— **radiation** n - [electron] radiación f penetrante
— **substance** n - substancia f penetrante
— **through** n - penetración f a través (de)
— **X-radiation** n - [electron] radiación-X f penetrante
penetration achievement n - [weld] logro m de penetración f
— **auscultation test** n - [geol] ensayo m de auscultación f por penetración f
— **beyond @ corner** n - [weld] penetración f más allá de ángulo m (de encuentro m)
— **completely through** n - penetración f total a través (de)

penetration control n - regulación f, or control m de penetración f
— **depth** n - profundidad f de penetración f
— **difference** n - diferencia f en penetración f
— **electrode** n - [weld] electrodo m para penetración f
— **evidence** n - evidencia f de penetración f
— **fillet (weld)** n - [weld] soldadura f penetrante en ángulo m interior
— — **(weld) throat** n - [weld] garganta f de soldadura f penetrante en ángulo m interior
— **limitation** n - [weld] limitación f de penetración f
— **method** n - [weld] método m, con, or para, penetración f
— **possibility** n - posibilidad f de penetración
— **through** n - penetración f a través (de)
— — @ **roof(s)** n - [environm] penetración f, a través de, or por, techo(s) m
— — @ **wall(s)** n - [environm] penetración f, a través de, or por, pared(es) f
— **weld** n - [weld] soldadura f con penetración f
— — **throat** n [weld] garganta f de soldadura f penetrante
peniplain n - [geogr] peniplanicie f
Pennsylvania Dutch n - [geogr] residente m en (Estado m de) Pensilvania f descendiente m de inmigrante(s) m alemán(es) m
— **Turnpike** n - [roads] supercarretera f con peaje m en (Estado m de) Pensilvania f
penny n - [fin] penique m; centavo m; centésimo m; céntimo m
... — **nail** n - see below: ("d" = "penny")
2d = 1	pulgadas	10d = 3	pulgadas
3d = 1-1/4	pulgadas	12d = 3-1/4	pulgadas
4d = 1-1/2	pulgadas	16d = 3-1/2	pulgadas
5d = 1-3/4	pulgadas	20d = 4	pulgadas
6d = 2	pulgadas	30d = 4-1/2	pulgadas
8d = 2-1/4	pulgadas	40d = 5	pulgadas
8d = 2-1/2	pulgadas	50d = 5-1/2	pulgadas
9d = 2-3/4	pulgadas	60d = 6	pulgadas

pension cost(s) funding n - [labor] previsión f para costo m de jubilación(es) f
— **expense** n - [labor] gasto(s) m para jubilación(es) f
— **expert** n - [legal] experto m en, pensión(es) f, or jubilación(es) f
— **fund** n - [labor] fondo m, or caja f, para jubilación(es) f
— **plan** n - [labor] plan m, or sistema m, para jubilación(es) f
— — **revision** n - [labor] revisión f de, or enmienda f a, plan m para jubilación(es) f
pensioned a - [labor] pensionado,da; jubilado,da
pensione(e)r n - [labor] . . .; jubilado m
penthouse n - [constr] altillo m; casa f en azotea f; , , ,
pentoxide n - [chem] pentóxido m
pentrite n - [explos] pentrita f
people n - . . .; persona(s) f; individuo(s) m · [labor] personal m; empleados m; also see **personnel**; **employees**; **persons** | v - . . .
— **choice** n - [managm] selección f de personal m
— **compensation** n - [labor] compensación f, or pago m, para personal
—('s) **cooperative effort(s)** n - [managm] esfuerzo(s) m cooperativo(s) de personal m
— **development** n - [managm] capacitación f, or adiestramiento m, para personal m
— — **activity** n - [managm] actividad, capacitadora, or para, capacitación f, or adiestramiento m, para personal m
— **finding** n - [labor] hallazgo m de personal m · búsqueda f de personal m
— **hired unnecessarily** n - [managm] personal m empleado innecesariamente
— **motivation** n - [managm] motivación f de personal
— **movement** n - [roads] conducción f, or movimiento m, or tránsito m, de, persona(s) f, or peatón(es) m · [managm] traslado(s) m de personal m
— **protection** n - [safety] protección f para persona(s) f
— **screening** n - [managm] selección f de personal
— **selecting** n - [labor] selección f de personal
— — **activity** n - [managm] actividad f, selectora, or para selección f, de personal m
— **selection** n - [managm] selección f de personal
— **training** n - [labor] capacitación f de personal m
— **used** n - [labor] personal m, usado, or empleado
peopled a - poblado,da
peopling n - [pol] población f; poblamiento* m
per adv - por; de acuerdo m con
— **annum** a - . . .; por año m; anual
— **attached packing list** a - [transp] según lisra f de empaque m adjunta
— **buyer** adv - por comprador m (individualmente)
— **capita** adv - por, cabeza f, or persona f, or habitante m, or individuo m
— — **consumption** n - consumo m por, cabeza f, or persona f; or habitante m, or individuo m
— — **requirement(s)** n - [Econ] consumo m por habitante
— — **sewage flow** n - [sanit] caudal m de líquido(s) m cloacal(es) por, habitante m, or individuo m, or persona f
— — **steel consumption** n - [metal-prod] consumo m de acero m por cabeza f
— **cent** n - tanto m por ciento m; porcentaje m
— — **area reduction** n - porcentaje m de reducción f en área
. . . — — **chromium steel** n - [metal-prod] acero m con . . . por ciento m de cromo m
— — **compaction** n - [constr] compactación f porcentual
— — **conductor fill** n - [electr-instal] por ciento m de henchimiento m de conductor m
. . . — — **discount** n - [com] descuento m de . . . por ciento m
— — **elongation** n - [metal-roll] alargamiento m porcentual
— — **fill** n - por ciento m de henchimiento m
. . . — — **magnesia** n - [insul] magnesia f a . . . por ciento m
— — **maximum** n = porcentaje m máximo de . . . por ciento m
. . . — — **carbon** n - [metal-prod] por ciento m máximo de carbono m
— — — **steel** n - [metal-prod] acero m con . . . por ciento m máximo de carbono m
. . . — — — **plate** n - [metal-prod] plancha f de acero m con . . . por ciento m máximo de carbono m
. . . — — **molybdenum steel** n - [metal-prod] acero m con . . . por ciento m de molibdeno m
. . . — — **nickel steel** n - [metal-prod] acero m con . . . por ciento m de níquel m
— — **of correct procedure speed** n - [weld] porcentaje m de rapidez f para avance m correcta para procedimiento m
— — **of earning** n - [com] (tanto) por ciento m de utilidad f
— — **of elongation** n - [mech] porcentaje m de alargamiento m
— — **reduction** n - [metal-fabr] porcentaje m de reducción f
— — — **in @ area** n - [metal-fabr] porcentaje m de reducción f en área m
. . . **per cent treatment** n - [sanit] depuración f de . . . por ciento m de impureza(s) f
— **coil** a - por bobina f
— **day** a - por día m; diario,ria; diariamente
— — **average flow** n - [hydr] caudal m medio diario
— **diem** n - [labor] victo m; prest m; viático m (diario); asignación f, diaria, or por día m; gasto(s) m para estadía f
— — **allowance** n - [labor] asignación f diaria, or por día m

per foot adv - por pie m (use metros m)
— **gate** adv - [hydr] por compuerta f
— **inhabitant** adv - por habitante m
— **length** adv - por trozo m
— **linear meter** adv - por metro m, lineal, or de longitud f
— **list** adv - de acuerdo, or según, lista f
— **loss deductible** adv - [insur] deducible por cada, pérdida f, or siniestro m
— **meter of length** n - por metro m de longitud f
— **metric ton** adv - por tonelada f (métrica)
— **@ National Electrical Code** adv - [electr-instal] de acuerdo con Código Eléctrico Estadounidense
— **net ton** adv - por tonelada f neta
— **packing list** adv - [transp] de acuerdo m con, or según, lista f de empaque m
— **pair** adv - por, par m, or yunta f
— **person** adv - por persona f
— **pound** adv - por libra f (use kilogramos m)
— **roll** adv - por rollo m
— **se** adv - por sí • como tal(es)
— **short ton** adv - por tonelada f de 2000 libras
— **structure** adv - por estructura f
— **ton** adv - por tonelada f (de 2000 libras f)
— — **product cost** n - [ind] costo m de producto por tonelada f (de 2000 libras f)
— **unit** adv - por unidad f
— **wheel** adv - por (cada) rueda f
perceive @ fluoroscopic image v - [electron] percibir imagen f fluoroscópica
— **@ image** v - [optics] percibir imágen f
— **@ value** v - percibir valor(es) m
perceived a - percibido,da
— **fluoroscopic image** n - [electron] imagen f fluoroscópica percibida
— **image** n - [optics] imagen f percibida
— **value** n - valor m percibido
perceiving n - percepción f | a - . . .
per cent n - [math] por ciento m
. . . — — **carbon iron** n - [metal] hierro m con . . . por ciento m de carbono m
. . . — — **duty cycle alternating current constant voltage power source** n - [weld] fuente f para energía f con voltaje m constante con corriente f alterna con factor m para utilización f de . . . por ciento m
. . . — — — — **power source** m - [weld] fuente f para energía f con corriente f alterna con factor m para utilización f de . . . por ciento m
. . . — — — — **constant voltage power source** n - [weld] fuente f para energía f con voltaje m constante con factor m para utilización f de . . . por ciento m
. . . — — — — **direct current constant voltage power source** n - [weld] fuente f para energía f con voltaje m constante y corriente f continua con factor m para utilización f de . . . por ciento m
. . . — — — — **power source** n - [weld] fuente f para energía f con corriente f continua con factor m para utilización f de . . . por ciento m
. . . — — — — **power source** n - [weld] fuente f para energía f con factor m para utilización f de . . . por ciento m
. . . — — — — **variable voltage** n - [weld] voltaje m variable con factor m para utilización f de . . . por ciento m
. . . — — — — **power source** n - [weld] fuente f para energía f con voltaje m variable con factor m para utilización f de . . . por ciento m
— — **finer by weight** n - [constr] por ciento m más fino por peso m
. . . — — **for @ impact** n - . . . por ciento m para impacto m
. . . — — **paved** a - . . . por ciento m pavimentado
. . . — — **pellet charge** n - [metal-prod] carga con . . . por ciento m de pella(s) f
per cent slope n - pendiente f, or inclinación f, de . . . por ciento
percentage n - . . . • proporción f
— **in weight** n - porcentaje m en peso m
— **increase** n - aumento m de porcentaje m • porcentaje m de aumento m
— **loss** n - porcentaje m de pérdida f
— **proportion** n - proporción f de porcentaje m
— **ratio** n - razón f, or relación f, en, porcentaje m, or tanto por ciento m
— **speed** n - porcentaje m de, velocidad f, or rapidez f
— **value** n - valor m, porcentual, or de porcentaje m
— **variation** n - variación f, porcentual, or en porcentaje m
perceptive a - . . .; perceptor,ra; perspicaz
— **observation** n - observación f perspicaz
perch n - . . .; ménsula f
perched a - [hydr] aislado,da
— **reservoir** n - [hydr] depósito m aislado
— **underground reservoir** n - [hydr] depósito m subterráneo aislado
— **water table** n - [hydr] nivel m freático aislado
percolated a - percolado,da; (in)filtrado,da; rezumado,da
percolating n - . . . | a - percolante; percolador,ra; infiltrador,ra
percolation through @ crack(s) n - [hydr] percolación f, or filtración f, por grieta(s) f
percolator n - . . .; infiltrador m
percussion bit n - [petrol] barra f para percusión f
— **drill** n - [hydr] taladro m por percusión f • [petrol] perforadora f por percusión f
— **drilling** n - [petrol] perforación f por percusión f
— — **system** n - [petrol] sistema m para perforación f con percusión f
— **system** n - [petrol] sistema m con percusión
percussive weld(ing) n - [weld] soldadura f, percuciente, or por, percusión f, or impacto(s) m
parennial n - [bot] . . .; planta perenne | a -
— **champion** n - [sports] campeón m perenne
— **shrub** n - [bot] frútice m
— **winner** n - [sports] ganador m perenne
perfect a - . . .; fino,na | v - . . .; completar • [legal] concretar
— **alignment attaining** n - logro m de alineación f perfecta
— **control** n - regulación f perfecta
— **converter fastening** n - [metal-prod] fijación f, or sujeción f, perfecta para convertidor m
— **emission control** n - [combust] regulación f, or control* m, perfecto,ta de emisión(es) f
— — **scheme** n - plan m perfecto para, regulación f, or control* m, de emisión(es) f
— —(s) **scheme** n - [combust] plan f perfecto para emisión(es) f
— **enclosure** n - [tub] entubamiento m perfecto
— **featheredge** n - [mech] borde m muy sutil
— **fit** n - [mech] calce m, or ajuste m, perfecto
— **closing** n - [mech] cierre m perfecto
— **condition** n - . . .; estado m perfecto
— **glass homogeneity** n - [ceram] homogeneidad f perfecta de vidrio m
— **holding** n - [mech] sujeción f perfecta
— **homogeneity** n - homogeneidad f perfecta
— **job** n - trabajo m perfecto
— **metal-to-metal fit** n - [mech] ajuste m perfecto, de, or entre, metal m y metal m
— **prebuilt enclosure** n - [tub] entubamiento m prefabricado perfecto
— **@ production** v - perfeccionar producción f
— **scheme** n - plan m perfecto
— **state for @ use** n - estado m perfectp para uso m

perfect weather n - [meteorol] tiempo m perfecto
— winding n - [electr-mot] bobinado m perfecto
perfected a - perfeccionado,da; completado,da; complementado,da • [legal] concretado,da
perfecting n—. . .; complementación f • [legal] concreción f
perfectly dry a - perfectamente, or completamente, seco,ca
— — earth n - tierra f completamente seca
— fastened converter n - [metal-prod] convertidor m, fijado, or sujetado, perfectamente
— matched wheel(s) n - [cranes] ruedas f apareada(s) perfectamente
— smooth surface n - superficie f perfectamente lisa
— squared end n - [mech] extremo m escuadrado perfectamente
perfidious a - . . .; fementido,da
perfidiously a - . . .; fementidamente
perfidy n - . . .; falacia f
perforate v - . . .; calar
— @ furnace stack v - [metal-prod] taladrar cuba f
— @ material v - [mech] perforar material m
perforated a - perforado,da; agujereado,da; taladrado,da • [print] - . . .; trepado,da
— air intake n - [int.comb] admisión f perforada para aire m
— blowpipe n - [metal-prod] busa f perforada
— bottom n - [mech] fondo m perforado
— corrugated deck drain n - [bridges] desagüe m perforado corrugado para piso m
— — half circle deck drain n - [bridges] desagüe m semicircular perforado y corrugado para piso m
— — steel pipe n - [tub] tubería f de acero m corrugada (y) perforada
— head band n - [safety] tafilete m perforado
— Hel-Cor pipe n - [metal-fabr] tubería f perforada (Hel-Cor) con corrugación f helicoidal
— intake n - [int.comb] admisión f perforada
perforated pipe n - . . . . • [mech] tubo m filtro
— — relief well n - [hydr] pozo m para alivio m para tubería f perforada
— — subdrain n - [hydr] subdrén* m de tubería f perforada
— plastic sideshield n - [safety-glasses] protección f lateral perforada de plástico m
— plate n - [mech] plancha f perforada
— relief well n - [hydr] pozo m perforado para alivio m
— screen bottom n - [mech] fondo m de criba f perforado
— sideshield n - [safety-glasses] protección f lateral perforada
— steel n - [mech] acero m perforado
— — pipe n - [tub] tubería f, de acero m perforado, or perforada de acero m
— — — relief well n - [hydr] pozo n para alivio m para tubería f de acero m perforado
— — — section n - [tub] sección f, or tramo m, de tubería f perforada de acero m
— — — subdrain n - [tub] tubería f de acero m perforada para subdrenaje m
— — plate n - [metal-roll] plancha f perforada de acero m
— — underdrain n - see perforated steel subdrain
— structural plate n - [metal-roll] plancha f estructural perforada
— — — pipe n - [tub] tubería f perforada de plancha(s) f estructural(es)
— — — — line n - [tub] línea f de tubería f perforada de plancha(s) f estructural(es)
— subdrainage pipe n - [hydr] tubería f perforada para subdrenaje m
perforating n - perforación f | a . . .; perforante
— die n - [mech] matriz f perforadora
— need(s) n - [mech] exigencia(s) f para, perforación f, or punzonamiento* m

perforating operation n - [mech] operación f, perforadora, or para perforación f
— requirement n - [mech] exigencia f para perforación f
perforation n - . . .; hueco m; pozo m
— diameter n - [petrol] diámetro m de, perforación f, or taladro m
— down n - [mech] perforación f hacia abajo
— — subdrainage pipe n - [tub] tubería f para subdrenaje m con perforaciones f hacia abajo
— end n - [soils] fin m de perforación f
— need(s) n - [mech] exigencia f para perforación(es) f
— omitting n - [mech] omisión f de perforación
— record(s) analyzing n - [Geol] análisis m de registro(s) de perforación(es) f
— requirement n - [mech] exigencia f para perforación(es) f
— tool joint n - [tools] unión f (cónica) para herramienta(s) f para perforación f
— turning up n - [mech] vuelta f hacia arriba de perforación f
perforator n - . . . | a - perforador,ra
perform v - . . .; efectuar; lograr • operar; desempeñar(se); producir; desarrollar; comportar; actuar; satisfacer • actuar; funcionar; trabajar; operar; llevar a cabo; prestar servicio(s) m; llevar a efecto • satisfacer
— @ adjustment v - efectuar ajuste m
— by sampling v - realizar mediante muestreo(s)
— @ command v - [comput] cumplir (con), orden f, or mandato m, or (co)mando m
— @ contract v - [legal] ejecutar contrato m
— @ converter repair v - [metal-prod] realizar, or efectuar, reparación f de convertidor m
— @ delivery v - realizar, or efectuar, entrega
— @ drilling v - efectuar perforación f
— economically v - [ind] ejecutar, económicamente, or en forma f económica
— efficiently v - efectuar, or ejecutar, eficientemente, or en forma. eficaz, or eficiente
— frequently v - ejecutar frecuentemente
— @ function v - desempeñar función f
— @ maintenance task frequently v - realizar frecuentemente tarea f para conservación f
— @ management work v - [managm] efectuar, or realizar, trabajo m administrativo
— @ measurement v efectuar medición f
— normally v - efectuar, or realizar, normalmente
— @ operation v - efectuar operación f
— optimally v - funcionar óptimamente
— overtime work v - [labor] efectuar, or realizar trabajo m en hora(s) f extraordinaria(s)
— @ procedure v - efectuar procedimiento m
— @ project v [ind] ejecutar obra f
— properly v - realizar apropiadamente
— reliably v efectuar confiablemente
— @ repair v - efectuar, or realizar, reparación
— safely v - efectuar con seguridad f
— satisfactorily v - efectuar, or realizar, or cumplir, satisfactoriamente
— @ service(s) v - prestar servicio(s) m
— simultaneously v - efectuar, or realizar, simultáneamente, or en forma f simultánea
— @ specialized work v - efectuar, or realizar, trabajo m especializado
— @ study v - realizar estudio m
— @ task v - ejecutar, or realizar, tarea f
— @ — frequently v - ejecutar, or realizar, frecuentemente tarea f
— technical work v - efectuar, or realizar, trabajo(s) m técnico(s)
— @ test v - realizar, prueba f, or ensayo m
— @ transportation v - [transp] efectuar, or realizar, transporte m, or transportación f
— @ weld v - [weld] efectuar soldadura f
— @ work v - efectuar, or realizar, trabajo m
— @ — currently v - efectuar, or realizar, corrientemente, actualmente, trabajo m, or tarea f

performance n - . . .; ejecución f; realización f; efectuación f; llevada a, cabo, or efecto; prestación f de servicio m; actuación f · régimen m; resultado m; efectividad f; eficiencia f · reacción f · utilidad f · práctica f · satisfacción f
— **activity,ties** n - actividad(es) f para, rendimiento m, or determinación f de desempeño m
— **affecting** n - afectación f de rendimiento m
— **analysis** n - análisis m de comportamiento m
— **appraisal** n - [managm] evaluación f de desempeño m
— **area** n - sentido m, or aspecto m, de rendimiento m
— **aspect** n - aspecto m de, rendimiento m, or comportamiento m
— **assessment** n - evaluación f, or verificación f, de, desempeño m, or cumplimiento m
— **assurance** n - seguridad f, or cerciorameinto m, de, desempeño m, or funcionamiento m
— **bond** n - [legal] fianza f, or garantía f, (de cumplimiento m)
— — **return** n - devolución f de fianza f
— **calculation** n—[ind] cálculo m de rendimiento
— **car** n - [autom] automóvil m para rendimiento m alto
— **characteristic** n - [sports] característica f para, comportamiento m, or rendimiento m
— **check(ing)** n - verificación f, or comprobación f, de rendimiento
— comparison method n - método m para comparación f de, rendimiento m, or comportamiento m
— **criterion,ria** n - [managm] criterio(s) m para, cumplimiento m, or rendimiento m
— **curve** n - curva f para rendimiento m
— — **rotameter chart** n - [instrum] tabla f correspondiente a curva f para rendimiento m de rotámetro m
— **customer** n - [autom-tires] cliente m para neumático(s) m para rendimiento m alto
— **datum,ta** n - dato(s) m, or información f, sobre, rendimiento m, or desempeño m
— **design** n - [autom-tires] proyección f para, desempeño m, or rendimiento m
— **driving** n - [autom] conducción f para rendimiento m alto
— **enhancement** n - realce m de rendimiento m
— **event** n - [sports] carrera f para rendimiento m alto
— **feature** n - característica f para rendimiento
— **goal** n - blanco m para rendimiento m
— **guaranty** n - fianza f garantía f para, cumplimiento m, or rendimiento m, or ejecución f
— **improvement** n - mejora f, or mejoramiento m, en, rendimiento m, or desempeño m
— **learning experience** n - [autom] aprendizaje m para rendimiento m alto
— **measure(ment)** n - medida f de efectividad f
— **measuring** n - medición f, or constatación f, or evaluación f, de rendimiento m
— **-minded** a - interesado,da en rendimiento m
— **organization** n - [autom] organización f que promueve rendimiento m alto
— **participant** n - [sports] participante m en carrera f para rendimiento m alto
— **period** n - período m, or plazo n, para, realización f, or ejecución f
— — **extension** n - prórroga f en período m para, realización f, or ejecución f
— **potential** n—posibilidad f para rendimiento m
— **program** n - [autom-tires] programa m para rendimiento m alto
— **proposal** n - propuesta f para realización f
— **radial (tire)** n - [autom-tires] neumático m radial para rendimiento m alto
— **range** n - escala f de posibilidad(es) m, or límite(s) m, para, trabajo m, or servicio m
— **ranking** n - clasificación f para rendimiento
— **rating** n - rendimiento m nominal
— **record(ing)** n - [managm] registro m, or registración f, de, desempeño m, or rendimiento m, or cumplimiento m, or actuación f

performance regulation n - reglamentación f para, rendimiento m, or desempeño m
— **report(ing)** n - [managm] informe m sobre. desempeño m, or cumplimiento m, or actuación f
— **requirement** n - exigencia f, or requisito m, para, ejecución f, or realización f
— **result(s)** n - resultado(s) m de desempeño m
— **sacrifice** n - sacrificio m en rendimiento m
— **schedule** n - programa m, or cronograma* m, para ejecución f
— **service specialist** n - especialista m para servicio m para rendimiento m (alto)
— **specialist** n - especialista m en rendimiento m alto
— **spectrum** n - límite(s) m para, desempeño m, or rendimiento m
— **sponsorship** n - patrocinio m de rendimiento m (alto)
— **standard** n - [managm] norma f, or estándar f, para, rendimiento m, or desempeño m, or actuación f, or cumplimiento m
— — **(s) development** n - [managm] creación f de norma(s) f para, ejecución f, or desempeño m, or actuación f, or realización f
— **study** n - estudio m de, rendimiento m, or comportamiento m, or desempeño m
— **table** n - tabla f de rendimiento(s) m
— **team** n - (equipo m de) personal m, or plantel m, para (comprobación f) de rendimiento m
— — **driver** n - [sports] conductor m para equipo m para [comprobación f de rendimiento m
— — **instructor** n - [sports] instructor m para equipo m para comprobación f de) rendimiento
— — **member** n - componente m para equipo m para (comprobación f de) rendimiento m (alto)
— — **warehouse** n - taller m (móvil) para personal m para rendimiento m alto
— **technology** n - tecnología f para rendimiento
— **test** n - ensayo m, or prueba f, de, comportamiento m, or rendimiento m, or desempeño m
— **time** n - tiempo m de, or plazo m para, ejecución f, or cumplimiento m
— **tire** n - [autom-tires] neumático m para rendimiento m alto
— — **development** n - [autom-tires] promoción f, or fomento m, de rendimiento m para neumáticos
— — — **specialist** n - [autom-tires] especialista m para promoción f de rendimiento m alto para neumático(s) m
— — **inflation guide** n - [autom-tires] guía f para inflacioón f para neumático(s) m para rendimiento m alto
— — **leader** n - [autom-tires] puntero m en producción f de neumático(s) m para rendimiento m alto
— — **market** n - [autom-tires] mercado m para neumático(s) m para rendimiento m alto
— **touring quality** n - [autom-tires] característica(s) f para rendimiento m para turismo m
— **type** n - tipo m para rendimiento m alto | a - de tipo m para rendimiento m alto
— **verification** n - verificación f de desempeño m
performed a - efectuado,da; realizado,da; desempenado,da; actuado,da; cumplido,da; llevado,da a, cabo, or efecto; funcionando,da
— **adjustment** n - ajuste m, efectuado, or realizado
— **command** n - orden f cumplida; mando m cumplido
— **contract** n - [legal] contrato m ejecutado
— **converter repair** n - [ind] reperación f de convertidor m, ejecutada, or realizada
— **delivery** n - [com] entrega f, efectuada, or realizada
— **drilling** n - perforación f ejecutada
— **function** n - función f, realizada, or cumplida
— **job** n - [ind] obra f, realizada, or ejecutada
— **management work** n - [managm] trabajo m administrativo, efectuado, or realizado
— **optimally** a - realizado,da óptimamente
— **overtime work** n - [labor] trabajo m realizado

en hora(s) f extraordinaria(s)
performed project n - [constr] obra f ejecutada
— **properly** a - ejecutado,da apropiadamente
— **simultanously** a - efectuado,da, or realizado,da, simultáneamente
— **study** n - estudio m realizado
— **task** n - tarea f, realizada, or ejecutada
— **weld** n - [weld] soldadura f efectuada
— **work certificate** n - certificado m por trabajo m realizado
performing n - ejecución f; realización f; llevada f a, cabo, or efecto; prestación f de servicio m • actuación f • funcionamiento m • práctica | a - ejecutante
— **department** n - [ind] departamento m ejecutor
perfume burning pan n - fumigatorio m
perfunctorily adv - . . .; sin cuidado m; a ligera f
perfunctory a - . . .; descuidado,da
pericycloid a - pericicloide
— **gear** n - [mech] engranaje m pericicloide
perilous dropoff n - [topogr] precipicio m, or despeñadero m, peligroso
perimeter n - . . .; contorno m | a - see - **perimetrical**
— **road** n - [roads] camino m, perimétrico, or de circunvalación †
perimetrical metallic band n - [transp] zuncho m, perimétrico, or perimetral
period n - . . .; lapso m
— **adjustment** n - ajuste m, or regulación f, de período m
— **certification** n - certificación f de período
— **establishing** n - establecimiento m, or fijación f, or determinación f, de plazo m
— **extension** n - prórroga f de, período, or plazo
— **maturity** n - [fin] vencimiento m de plazo m
— **noncompliance** n - incumplimiento m con plazo
— **not in excess of** n - [legal] plazo m no mayor
— **paragraph** n - [gram] punto m (y) aparte
— **same paragraph** n - gram] punto m (y) seguido
— **termination** n - vencimiento m de, período m, or plazo m • expiración f de término m
periodic a - . . .; recurrente; con plazo(s) m regular(es)
— **cash check** n - [fin] arqueo m periódico de caja f
— **change** n - cambio m periódico; reemplazo m periódico
— **check(ing)** n verificación f, or comprobación f, periódica
— **field inspection** n - [constr] inspección f periódica en obra f
— **flooding** n - [hydr] inundación f periódica; anegamiento m, periódico, or recurrente
— **flush(ing)** n - enjuague m periódico; purga f periódica
— **furnace inspection** n - [combust] inspección f periódica de horno m
— **lifting** n - levantamiento m periódico; elevación f periódica
— **maintenance** n - [ind] mantenimiento m periódico; conservación f periódica
— **monthly visit** n - visita f periódica mensual
— **oiling** n - aceitado m periódico; lubricación f periódica
— **operation inspection** n - [ind] inspección f periódica de operación f
— **removal** n - remoción f, or saca f, periódica
— **rotation** n - [mech] rotación f periódica
— **sample** n - [ind] muestra f periódica
— **smapling** n - [ind] (des)muestreo m periódico
— **shop inspection** n - [ind] inspección f periódica, de, or en, taller m
— **specimen test(ing)** n - ensayo m periódico de muestra(s) f
— **test(ing)-to-destruction** n - ensayo m periódico hasta destrucción f
— **update,ing** n - actualización f periódica
periodical n - . . . | a - periódico,ca
— **blowing** n - [metal-prod] soplado m periódico

periodical blowing out n - [combust] apagamiento m periódico
— **check(ing)** n verificación f periódica
— **flush(ing)** n - enjuague m periódico; purga f periódica
— **report** n - informe m periódico
— **reporting** n - información f periódica
— **steam cleaning** n - limpieza f periódica con vapor m
periodically adv - . . .; en forma f periódica
— **inspected** a - inspeccionado,da periódicamente
peripheral model n—modelo m periférico
peripherally a - periféricamente
periphery n - . . . • [hydr] tubería f periférica
— **plate number** n - [tub] número m de plancha f en, periferia f, or circunferencia f
— **point** n - punto m en periferia f
perishable tool n - [tools] herramienta f desgastable
Perkins diesel engine n - [int.comb] motor m diesel Perkins
— **engine** n - [int.comb] motor Perkins
— **joint** n - [petrol] junta f, or unión f, Perkins
— **method** n - [petrol] método m de Perkins
perma-press a - [textil] inarrugable
permanence n - . . .; duración f
permanent n - [vest] permanente f | a - . . .; durable; duradero,ra
— **advice** n - asesoramiento m permanente
— **antifreeze** n - [int.comb] (líquido) anticongelante m permanente
—, **attaching**, or **attachment** n - fijación f, or enganche m, or acople m, or acoplamiento m. permanente
— **back-up** n - [mech] respaldo m, or reserva f, permanente
— — **equipment** n - [ind] equipo m permanente para, respaldo, or reserva
— **bend** n - [cabl] coca f, or pliegue m, or encorvadura f, permanente
— **bond** n - liga f permanente
— **bridge deck form** n - [constr] molde m, or encofrado m para, calzada f, or piso m, permanente para puente m
— **cable liner** n - [mech] camisa f permanente para cable m
— **capital** n - [fin] capital m permanente
— **coolant** n - [int.comb] (líquido) refrigerante m permanente
— **core** n - [mech] núcleo m permanente • [weld] camisa f permanente
— **core cable** n - [weld] cable m con camisa f permanente
— **cover** n - [mech] cobertura f permanente • [botan] herbaje m permanente
— **crane** n - [cranes] grúa f permanente
— **cutoff wall** n - [constr] muro m interceptador, or pared f interceptadora, permanente
— **dam** n - [hydr] presa f permanente
— **deformation** n - deformación f permanente
— **disability** n - [safety] incapacidad f permanente
— **distortion** n - [mech] deformación f permanente
— **farm** n - [agric] granja f permanente
— **fastening** n - [mech] sujeción f, or fijación f, permanente
— **financing** n - [fin] financiación f permanente
— **fixture** n - [ind] instalación f (fija)
— **floodwall** n - [hydr] dique m permanente (para defensa f)
— **form** n - [constr-concr] molde m, or encofrado m, permanente
— **gun cable liner** n - [weld] camisa f permanente para cable m para pistola f
— **home** n - [constr] residencia f, or domicilio m, permanente
— **impairment** n - [safety] impedimento m permanente
— **incapacitation** n - [safety] incapacidad f, or incapacitación f, permanente
— **installation** n - instalación f permanente

permanent investment n - [fin] inversión f permanente
— **kink** n - [cabl] coca f permanente
— **liner** n - [mech] camisa f permanente
— **lining** n - revestimiento m permanente
— **location** n - ubicación f permanente
— **loss** n - pérdida f, permanente, or definitiva
— **magnet** n - [magnet] imán m permanente
— — **characteristic(s)** n - [electr] característica f de imán m permanente
— — — **generator** n - [electr-prod] generador m con imán(es) m permanente(s)
— — — — **armature** n - [electr-prod] armadura f para generador m con imán(es) m permanente(s)
— — — — **rotor** n - [electr-prod] rotor m para generador m con imán(es) m permanente(s)
— — — — **stator** n - [electr-prod] estator m para generador m con imán(es) m permanente(s)
— — — **magnetic property,ties** n - [magnet] propiedad(es) f magnética(s) de imán(es) m permanente(s)
— — — — **,ties measuring method** n - [magnet] método m para medición f de propiedad(es) f magnética(s) de imán(es) m permanente(s)
— — **property,ties** n - [magnet] propiedad(es) f de imán m magnético
— — — **,ties measuring method(s)** n - [magnet] método(s) f para medición f de propiedad(es) f magnética(s) de imán(es) m permanente(s)
— — **roll** n - [weld] rodillo m para imán m permanente
— **mold** n - molde m permanente
— **partial** n - [safety] incapacidad f parcial permanente | a - parcial permanente
— — **incapacitation** n - [safety] incapacitación f parcial permanente
— **patch** n - parche m permanente
— **place** n - sitio m, or lugar, or punto m, permanente
— **radioactive waste storage** n - [nucl] almacenamiento m permanente para, desecho(s) m, or residuo(s)) m, radiactivo(s)
— **record** n - registro m, or constancia f, permanente • documento m permanente • gráfico m de tipo m permanente
— **reserve equipment** n - [ind] equipo m permanente para reserva f
— **right of way** n - [rail] vía f permanente
— **sealing** n - sellado m permanente
— **shape** n - (con)forma(ción) f permanente
— **short bend** n - [cabl] coca f, or encorvadura f, corta permanente
— **steel bridge deck form** n - [bridges] molde m, or encofrado m, permanente de acero m para, piso m, or calzada f, para puente m
— — **form** n - [constr] encofrado m permanente de acero m
— **storage** n - almacenamiento m permanente
— — **deposit** n - depósito m para almacenamiento m permanente
— — **place** n - sitio m, or lugar, or punto m, para almacenamiento m permanente
— **surcharge** n - sobrecarga f permanente
— **tool** n - [tools] herramienta f permanente • [mech] matriz f rígida
— **total** n - [safety] incapacidad f total permanente | a - [safety] total permanente
— — **incapacitation** n - [safety] incapacidad f total permanente
— **type coolant** n - [int.comb] (líquido) refrigerante m de tipo m permanente
— **water storage** n - [hydr] embalse m permanente
— **wire distortion** n - [cabl] deformación f permanente de alambre m
— — **rope distortion** n - [cabl] deformación f permanente de cable m (de alambre m)
permanently bonded a - [metal] ligado,da, permanentemente, or en forma f permanente
— **controlled production** n - [ind] producción f verificada permanentemente
— **crippled** a - [med] lisiado,da permanentemente

permanently damaged n—dañado,da permanentemente
— **distorted strand** n - [Cabl] cordón m deformado permanentemente
— — **wire** n - [wire] alambre m deformado permanentemente
— **distorted wire rope** n - [cabl] cable m (de alambre m) deformado permanentemente
— **exposed** a - expuesto,ta permanentemente
— — **concrete** n - [constr] hormigón m expuesto permanentemente
— — — **surface** n - [constr] superficie f de hormigón m expuesta permanentemente
— — **surface** n - superficie f expuesta permanentemente
— — **to view** a - expuesto,ta permanentemente a vista f
— — — **view surface** n - [constr] superficie f expuesta permanentemente a vista f
— **installed** a - instalado,da permanentemente
— — **drainage product** n - [constr] producto m para drenaje m instalado permanentemente
— — **product** n - [constr] producto m instalado permanentemente
— — — **steel drainage product** n - [constr] producto m de acero m para drenaje m instalado permanentemente
— **lubricated** a - [mech] lubricado,da permanentemente; con lubricación f permanente
— — **motor** n - [electr-mot] motor m, lubricado permanentemente, or con lubricación f permanente
— **number** v - numerar en forma f permanente
— **sealed** a - sellado,da permanentemente
— — **bearing** n - [mech] cojinete m sellado permanentemente
— **statistically controlled production** n - [ind] producción f verificada permanentemente con estadística(s) f
— **to view** a - permanentemente a vista f
permeability approval n - aprobación f de permeabilidad f
— **improvement** n - mejora f, or mejoramiento m, de permeabilidad f
— **level** n - nivel m de permeabilidad f
— **meter** n - [instrum] medidor m para permeabilidad f
permeable backfill n - [constr] material m permeable para relleno m
permeameter application n - aplicación f de permeámetro m
— **range** n - amplitud f, or límite(s) m, para aplicación f de permeámetro m
— **principle** n - [instrum] principio m para permeámetro m
— **range** n - amplitud f, or límite(s) m, para permeámetro m
Permian system n - [geol] sistema m pérmico
permissibility n - permisibilidad f
permissible adv - . . .; admisible; tolerable; permitido,da • permitidero,ra
— **auxiliary power load** n - [weld] carga f de energía f auxiliar permitida
— **defect** n - defecto m admisible
— **engine speed** n - [int.comb] velocidad f permisible para motoOr m
— **fill height** n - [constr] altura f admisible para terraplén m
— **headwater** n - [hydr] agua m admisible en entrada f
— **infiltration** n - [hydr] infiltración f permitida
— **limit** n - límite m permisible
— **power load** n - [weld] carga f permitida de energía f
— **speed** n - velocidad f, permisible, or admisible, ar admitida
— **variation** n - variación f, permisible, or permitida
— **velocity** n - velocidad f, permisible, or admisible
permission n - . . .; permisión f • autorización f; venia f

f; venia f
permissive n - [electr-equip] see **permissive switch** | a - ...
— **control** n - regulación f permisiva
— **switch** n - [electr-equip] llave f permisiva
— **waste** n - [ind] desperdicio(s) m admisible(s) • pérdida f permitida
permissiveness n - permisibilidad* f
permit n - ...; autorización f • paso m | v - ...; autorizar • proporcionar
— **@ adjustment** v - permitir ajuste m
— **compliance** n - [legal] cumplimiento m con, permiso m, or autorización f
— **disengagement** v - [mech] permitir desengranaje m
— **@ draining** v - [hydr] permitir desagüe m
— **engagement** v - [mech] permitir engranaje m
— **@ full flow** v - [hydr] permitir, corriente f plena, or caudal m pleno
— **getting** n - obtención f de permiso m
— **operation** n - [ind] permitir, operación f, or funcionamiento m
— **@ pipe displacement** v - [tub] permitir desplazamiento m de tubería f
— **@ release** v - [mech] permitir desengranaje m
— **room** v - proporcionar sitio m
— **@ transfer** v - permitir transferencia f
— **@ visit** v - permitir visita f
permitted a - permitido,da • autorizado,da • proporcionado,da
— **adjustment** n - ajuste m permitido
— **disengagement** n - [mech] desengranaje m permitido
— **engagement** n - [mech] engranaje m permitido
— **operation** n - [ind] operación f permitida; funcionamiento m permitido
— **release** n - [mech] desengranaje m permitido
— **transfer** n - transferencia f permitida
— **visit** n - visita f permitida
permitting n - permisión f • proporciónamiento m | a - permisor,ra; permitente, permitidor,ra
perpendicular arc n—[weld] arco m perpendicular
— **corner** n - esquina f, or canto n, perpendicular • rincón m perpendicular
— **crack** n - grieta f perpendicular
— **edge** n - borde m, or canto m, perpendicular
— **electrode** n -[weld] electrodo m perpendicular
— **line drawing** n - [drwng] trazo m, or trazado m, con línea(s) f perpendicular(es)
perpendiular to adv - perpendicular(es) a
— — **axle** a - [mech] perpendiular a eje m
— — **@ drum axle** a - [mech] perpendiular a eje m de tambor m
— **to each other** a - perpendiular(es) entre sí
— — **@ edge** a - perpendicular a eje m
— — **@ road** adv - [autom-tires] perpendicular a camino m
— **view** n - [drwng] vista f perpendiular
perpendicularly drawn line n - [drwng] línea f trazada perpendicularmente
— **joined** a - unido,da perpendicularmente
— **crack** n—grieta f unida perpendicularmente
perpetual a - ... • ilimitado,da
— **care** n - cuidado m perpetuo
— — **formulation** n - formulación f de cuidado m perpetuo
— — **plan** n - plan m, para cuidado m perpetuo, or perpetuo para cuidado m
— — — **formulation** n - formulación f de plan m para cuidado m perpetuo
— **duration** n - duración f, perpetua, or ilimitada
— **maintenance** n - [ind] mantenimiento m perpetuo; conservación f perpetua
— — **formulation** n - [ind] formulación f para, mantenimiento m perpetuo, or conservación f perpetua
— — **plan formulation** n - [ind] formulación f de plan m para, mantenimiento m perpetuo, or conservación f perpetua
— **ownership right(s)** n - [legal] juro m

perpetual plan formulation n - formulación f de plan m perpetuo
perpetuate v - ... • conservar
— **a mistake** v - perpetuar error m
perpetuated a - perpetuado,da
— **mistake** n - error m perpetuado
persecution complex n - [medic] delirio m, or manía f, or complejo m, de persecución f
perseverance n - ... • dureza f
persevered a - perseverado,da
persevering n - perseverancia f | a - ...
persist v - ...; continuar
persistent effort n esfuerzo m persistente
— **sales effort** n - [com] esfuerzo m persistente para venta(s) f
persisting n - persistencia f | a - persistente
persnickety a - [fam] fuñique
person n - ... • [labor] empleado m
... **person(s) basket** n - [cranes] cesta f para ..., operario(s) m, or persona(s) f
—**('s) role** n - [managm] papel m de persona f • cargo m de persona f
—**(s) used** n - persona(s) f, usada(s), or empleada(s)
personal a - ...; individual
— **accident** n - [safety] accidente m personal
— **account** n - cuenta f personal
— **asset(s)** n - [fin] peculio m, or patrimonio m, personal, or propio
— **car** n - [autom] automóvil m personal
— **challenge** n - [labor] desafío m personal
— **check** n - [fin] cheque m personal
— **claim** n - [labor] reclamo m personal
— **clothing** n - [vest] ropa f personal
— **commitment** n - compromiso m personal
— **contact** n - contacto m personal • [safety] entrevista f personal
— — **possibility** n - posibilidad f de contacto m personal
— — **potential** n - posibilidad f de contacto m personal
— **copy** n - copia f personal
— **description** n - [labor] filiación f
— **dossier** n - [labor] legajo m personal
— **driving excursion** n - [sports] excursión f automovilística personal
— **effect(s) without commercial value** n - efecto(s) m personales, sin valor m comercial
— **effort reservation** n - reserva f de esfuerzo m personal
— **equipment** n - [ind] equipo m, personal, or individual
— **expense(s)** n - gasto(s) m personal(es)
— **experience** n - experiencia f personal • incidente m personal
— **factor(s) cause** n - causa f de factor(es) m personal(es)
— **feeling(s)** n - sentimiento(s), or opinión f, personal(es)
— **good(s)** n - [accntg] bien(es) m mueble(s)
— **hygiene** n - [medic] higiene m personal
— **injury** n - [safety] daño m, or lesión f, personal
— — **possibility** n - [safety] posibilidad f de lesión(es) f personal(es)
— **inspection control** n - [managm] control m mediante inspección f personal
— — **controlled** a - [managm] controlado,da mediante inspección f personal
— **interface** n - [managm] careo m personal
— **judgment** n - [labor] juicio m personal
— **name** n - nombre m personal
— **need(s)** n - necesidad(es) f personal(es)
— **news column** n - [print] gacetilla f
— **possession(s)** n - [legal] propiedad f, or pertenencia(s) f, personal(es)
— **property** n - propiedad f personal • [legal] bien(es) m mueble(s)
— **protective equipment** n - [safety] equipo m, protector, or para protección f, personal, or individual

personal record n - filiación f - [labor] legajo m personal
— relation(ship) n - relación f, or vinculación f, personal
— relation(s) n - relación(es) f, personal(es), or con persona(s) f
— —(s) director n - [managm] director m para relación(es) f personal(es)
— safety n - [safety] seguridad f personal
— — contact n - [safety] entrevista f (individual) sobre seguridad f
— service(s) n - servicio(s) m personal(es)
— technique n - [ind] técnica f personal
— touch n - toque m personal
personality n - . . .; característica(s) f de persona f | a - personal; individual; característico,ca
— trait n - rasgo m, personal, or individual, or característico, or de personalidad f
— —(s) set n - conjunto m de rasgo(s) m, característico(s) f, personal(es), or individualk(es)
personalized computer n - [comput] computador m personalizado
personalty* n - see personal property
personification n - . . . . • caracterización f
personified a - personificado,da • caracterizado,da
— account n - [accntg] cuenta f personificada
personify v - . . .; caracterizar; ser exponente
— @ account v - [accntg] personificar cuenta f
personifying n - personificación f; caracterización f | a - personificante; caracterizante
personnel n - . . .; operario(s) m; plantilla f (de personal m) • [managm] departamento m, or oficina f, para personal m
— absence n - [labor] ausencia f de personal m
— absent n - [labor] personal m ausente
— accident n - [safety] accidente m a personal
— — definition n - [safety] definición f de accidente m a personal m
— — account n - [accntg] cuenta f (de) personal m
— administrative dependance n - [managm] dependencia f administraiva de personal m
—, assigning, or assignment n - asignación f, or destino m, de personal m
— chart n - [managm] organigrama m; cuadro m para personal m
— complaint n - [labor] queja f de personal m
— decontamination n - [nucl] descontaminación f de personal m
— department n - [managm] departamento m para personal m
— dependence n - [labor] dependencia f de personal m
— development n - [labor] capacitación f de personal m
— dues n - [labor] aporte(s) m de personal m
—('s) experience n - [labor] experiencia f de personal m
— file n - [labor] prontuario m
— finding n - [managm] búsqueda f de personal m
— grievance n - [labor] agravio m de personal m
— group(ing) n - [labor] agrupación f de personal m
— — assistant head n - [labor] asistente m de jefe m para agrupación f de personal
— — head n - [labor] jefe m para agrupación f de personal m
— — supervisor n - [labor] jefe m para agrupación f de personal m
— handling n - [managm] dirección f, or conducción f, or manejo m, de personal m
— in attendance n - [labor] personal m presente
— incentive n - [labor] incentivo m para, or incentivación f, de personal m
— indemnity n - [labor] indemnización f para personal m
— — reserve n - [labor] previsión f para indemnización f para personal m
— insurance n - seguro m sobre personal m

— 1224 —

personnel insuring n - [insur] aseguramiento m de personal m
— internal transportation n - [ind] transporte m interno de personal m
— labor n - [ind] mano f de obra f de personal
— list n - [labor] nómina f de personal m
— manager n - [managm] gerente m para personal
— matter(s) n - [labor] asunto(s) m de personal
— motivating n - [managm] motivación f de personal m
— — activity n - [managm] actividad f para motivación f de personal m
— office n - [managm] oficina f para personal m
— —, head, or supervisor n - [labor] jefe m para oficina f para personal m
— officer n - [labor] oficial m de personal m
— pay n - [labor] pago m, or compensación f, de personal m
— performance n - desempeño m de personal m
— placing n - [managm] asignación f de personal
— platform n - [cranes] plataforma f para personal m
— qualification n - [labor] capacitación f, or preparación f, de personal m
— — homologation n - [labor] homologación f de calificación f de personal m
— level n - [labor] nivel m de, capacitación f, or preparación f, de personal m
— recruiting n - [labor] reclutamiento m de personal m
— requirement n - exigencia f de personal m • necesidad(es) f de personal m
— safety n - [safety] seguridad f de personal m
— — contact n - [safety] entrevista f individual sobre seguridad f
— salary,ries n - [labor] salario(s) m para personal m
— scheduling n - [labor] programación f de personal m
— screening n—[managm] selección f de personal
— selection n—[managm] selección f de personal
— service(s) n - [labor] servicio(s) m para personal m
— — proposal n - [labor] propuesta f de servicio(s) m para personal m
— supervision n - [labor] supervisión f para personal m
— training n - [labor] capacitación f, or formación f, de personal m
— transfer n - [labor] traslado m de personal m
— transportation n - [labor] transporte m para personal m
— — bus n - [transp] ómnibus f para transporte m para personal m
— travel n - [labor] viaje(s) m de personal m
—, use, or utilization n - uso m de personal m
— work n - [labor] trabajo m, con, or de, personal m
— — activity n - [ind] actividad f de trabajo m de personal m
perspective analysis n - análisis m de perspectiva f
— view n - vista f (de) perspectiva f
perspicacity n - . . .; viveza f
persuade v - . . .; volver
persuaded a - persuadido,da
persuader n - . . .; inducidor m
persuading n - persuasión f | a - persuadidor,ra • inducidor,ra
persuant to conj - [legal] de acuerdo con
persuasion n - . . .; inducción f
pert n - [legal] see performance schedule
pertaining a - . . .; correspondiente
— to @ faculty a - facultativo,va
pertinent a - . . .; relativo,va; relevante • perteneciente
— contract n - contrato m pertinente
— fact n - hecho m pertinente
— literature n - [ind] publicación f pertinente
— remark n - comentario m, or observación f, pertinente

pertinent step(s) n - paso(s) m pertinente(s) • trámite m pertinente • acción f pertinente
pertinently adv - . . .; en lo conducente
perturb v - . . .; turbar
perturbation protection n - protección f contra perturbación f
perturbed a - (per)turbado,da
perturber n - . . .; turbador m
perturbing n - (per)turbación f | a - . . .; (per)turbador,ra; turbativo,va; turbante
Peruvian Mining Authority n - [pol] Empresa f Minera de Perú
— **Steel Corporation** n - [metal-prod] Empresa f Siderúrgica f de Perú; Siderperú
pervasive a - . . .; predominante
pervious area n - [hydr] zona f permeable
— — **infiltration capacity** n - [hydr] capacidad f para infiltración f de zona f permeable
— **backfill** n - [constr] relleno m permeable
— **filter** n - filtro m permeable
— **granular soil** n - [soils] suelo m granular permeable
— **material seam** n - [geol] manto m de material m permeable
— — **thick seam** n - [geol] manto m grueso de material permeable
— — **thin seam** n - [geol] manto m delgado de material m permeable
— **scrap** n - [metal-prod] chatarra f permeable
— **seam** n - [geol] manto m permeable
— **soil** n - [soils] suelo m permeable
— **stratum,ta** n - [geol] estrato(s) permeable(s)
— —**,ta depth** n - [geol] espesor m, or profundidad f, de estrato m permeable
— **thick seam** n - [geol] manto m permeable grueso
— **thin seam** n - [geol] manto m permeable fino
— **zone** n - [hydr] zona f permeable
peso n - [fin] peso m
— **portion** n - [fin] parte f en, peso(s) m, or moneda f nacional
pesticide n - [chem] pesticida m
pet peeve n - concepto m personal • [fam] berretín* m
petition n - . . . | v - peticionar; solicitar
petitioned a - peticionado,da*; solicitado,da
petitioner n - . . . • solicitante m
petitioning n - petición f; solicitación f | a - peticionante; peticionario,ria
petrified animal n - [geol] animal m petrificado m; zoolito m
petrochemical center n - [petrol] centro m petroquímico
— **facility,ties** n - [petrol] instalación(es) f petroquímica(s)
— **industry** n - [petrol] industria f petroquímica
— **installation** n - [petrol] instalación f petroquímica
petrographic microscope n - [instrum] microscopio m petrográfico
petroleum application n - [petrol] aplicación f, petrolera, or para petróleo m
— **asphalt** n - [petrol] brea f
— **coke** n - [petrol] coque m de petróleo m
— **distillate** n - [petrol] destilado m de petróleo m
— **distillation** n - [petrol] destilación f de petróleo m
— **engineer** n - [petrol] ingeniero m de petróleo
— **engineering** n - [petrol] ingeniería f de petróleo m
— **ether** n - [petrol] éter m de petróleo m
— **furnace** n - [combust] horno m, or hogar n, para petróleo m
— **gas** n - [combust] gas m de petróleo m
— — **analysis** n - [combust] análisis m de gas m de petróleo m
— — **bottle** n - [petrol] cilindro m para gas m de petróleo m
— — **heat(ing)** n - [combust] calefacción f con gas m de petróleo m
— — — **value** n - [combust] poder m calorífico de gas m de petróleo m
petroleum gas heating n - [combust] calefacción f con gas m de petróleo m
— — **typical analysis** n - [combust] análisis f típico de gas m de petróleo m
— **grease** n - [lubric] grasa f de petróleo m
— **hearth** n - [combust] hogar m para petróleo m
— **industry** n - [petrol] industria f petrolera
— **jelly** n - [petrol] vaselina f de petróleo m
— **oil** n - [petrol] aceite m de petróleo m
— **pipeline** n - [petrol] tubería f para conducción f para petróleo m; oleoducto m
— **refinery** n - [petrol] refinería f para petróleo m
— — **piping** n - [petrol-instal] tubería f para refinería f para petróleo m
— — **system** n - [petrol-instal] red f de tubería(s) f para refinería f para petróleo m
— **refining** n - [petrol] refinación f de petróleo
— **still** n - [petrol] alambique m para petróleo
— **transportation piping** n - [petrol] tubería f para transporte m de petróleo m
— — **system** n - [petrol] red f de tubería f para transporte m de petróleo m
petroliferous a - [petrol] petrolífero,ra
petroline n - [petrol] petrolina f
petrolization n - [petrol] petrolización f
petrolize v - [petrol] petrolizar
petrolized a - [petrol] petrolizado,da
petrolizing n - [petrol] petrolización f | a - [petrol] petrolizador,ra
petrological a - [geol] petrológico,ca
— **analysis** n - [geol] análisis m petrológico
petty offense n - [legal] falta f
PF n - [electron] see **picofarad**
pH n - see (effective) **hydrogen ion concentration; hydrogen ion activity**
Ph D n - [educ] see **doctor in philosophy**
pH narrow range n - [chem] límite(s) m estrecho(s), or escala f limitada, de concentración f de ión(es) m de hidrógeno m
pH range n - [chem] límite(s) m, or escala f, de concentración f de ión(es) f de hidrógeno m
pharmaceutical n - [chem] producto m farmacéutico | a - . . .
— **company** n - [chem] compañía f, farmecéutica, or de producto(s) m farmacéutico(s)
— **dictionary** n - [medic] diccionario m farmacéutico
— **industry** n - [chem] industria f farmacéutica
— — **equipment** n - [chem] equipo m para industria f famacéutica
— **plant** n - [chem] planta f farmacéutica
— **product** n - [medic] producto m farmacéutico
— **specialty** n - [medic] especialidad f farmacéutica
— —**,ties dictionary** n - [medic] diccionario m de especialidad(es) f farmacéutica(s)
pharmaceuticals n - [chem] farmacéutica f
pharmacist n - [medic] farmacéutico m
phase n - . . . • detalle m - [electr-prod] fase f • [constr] etapa f • trabajo(s) m
. . . — **a** - [electr-prod] . . . fásico,ca
. . . — **alternating power** n - [electr-distrib] energía f . . . fásica en corriente f alterna
. . . — — **current power source** n - [weld] fuente f para energía . . . fásica en corriente f alterna
. . . — — — **cable** n - [electr-cond] conductor m . . . fásico
— **changer** n - [electr-equip] cambiador m para fase(s) f
— **coherence** n - [electron] coherencia f de fase
— **compensator** n - [electr-equip] compensador m para fase(s) f
— **connection** n - [electr-instal] conexión f para fase f
. . . — **connection** n - [electr-instal] conexión f con . . . fase(s) f
. . . — **constant voltage alternating current power source** n - [weld] fuente f para energía

. . . fásica para corriente f alterna con voltaje n constante
. . . **phase constant voltage direct current power source** n - [weld] fuente f para energía f . . . fásica para corriente f continua con voltaje m constante
. . . **phase constant voltage power source** n - [weld] fuente f para energía f . . . fásica con voltaje m constante
— **construction** n - [constr] construcción f por etapa(s) f
— **controlled** a - regulado,da por fase(s) f
. . . — **current** n - [electr-prod] corriente f, or energía f, . . . fásica
— **diagram** n - [electr] diagrama m de fase(s) f
. . . — **direct current power** n - [electr-distr] energía f . . . fásica en corriente f continua
. . . — — — **power source** n - [electr-prod] fuente f para energía f . . . fásica en corriente f continua
. . . — **fan motor** n - [electr-mot] motor m . . . fásico para ventilador m
. . . — **generator** n - [electr-prod] generador m . . . fásico
. . . — . . . **Hertz generator** n - [electr-prod] generador . . . fásico para . . . hercio(s) m
— **identification** n - [electr-oper] identificación f de fase(s) f
. . . — **induction regulator** n - [electr-equip] regulador m . . . fásico para inducción f
. . . — **input** n - [electr-oper] energía f de entrada . . . fásica
. . . — — **power** n - [electr-oper] energía f de entra . . . fásica
—, **inspecting**. or **inspection** n - [electr-oper] inspección f de fase(s) f
. . . — **insulated cable** n - [electr-cond] cable m, or conductor m, . . . fásico aislado
. . . — **interrupting capacity** n - [electr-oper] capacidad f . . . fásica para ruptura f
. . . — **line** n - [electr-distr] línea f . . . fásica
. . . — **machine** n - [weld] soldadora f (para corriente f) . . . fásica
. . . **meter** n - [electr-equip] medidor m para fase(s) f
. . . — **model** n - [electr-equip] modelo m, para . . . fase(s) f, or . . . fásico
. . . — **motor** n - [electr-mot] motor m, . . . fásico, or para . . . fase(s) f
. . . — — **generator** n - [electr-prod] motogeneradora f . . . fásica
—(s) **number** n - [electr] número m de fase(s) f
— **out** v - ir eliminando
. . . — **power** n - [electr-prod] energía f, or corriente f, . . . fásica
. . . — — **connection** n - [electr-instal] conexión f para energía f . . . fásica
. . . — **power source** n - [electr-prod] fuente f para energía f . . . fásica
. . . — — **transformer** n - [electr-prod] transformador m para energía f . . . fásica
. . . — **rectified current** n - [electr-distr] corriente f . . . fásica rectificada
. . . — **rectifier** n - [electr-equip] rectificador m, . . . fásico, or para . . . fase(s) f
. . . — — **type constant voltage direct current power source** n - [electr-equip] fuente f para energía f . . . fásica para corriente f continua en voltaje m constante de tipo m rectificador m
. . . — — — **power source** n - [electr-distrib] fuente f para energía . . . fásica en voltaje m constante de tipo m rectificador
. . . — **rectifier type direct current power source** n - [electr-prod] fuente f para energía f . . . fásica en corriente f continua de tipo m rectificador
. . . — — **power source** n - [electr-prod] fuente f para energía f . . . fásica de tipo m rectificador

phase relay n - [electr-equip] relé m para fase
— — **setting** n - [electr-equip] regulación f de relé m para fase(s) f
— **reversal** n - [electr-oper] inversión f de fase(s) f
— **separate** v - [petrol] separar por etapa(s) f
— **separation** n - [petrol] separación f por etapas f
— **sequence relay** n - [electr] relé m para cambio m de fase(s) f
— **shift(ing)** n - [electr] cambio m de fase(s) f
— **shifting transformer** n - [electr-transf] transformador m para cambio m de fase(s) f
. . . — **squirrel cage induction motor** n - [electr-mot] motor . . . fásico con jaula f de ardilla f para inducción f
. . . — — **motor** n - [electr-mot] motor m . . . fásico con jaula f de ardilla f
. . . — — — **type motor** n - [electr-mot] motor m . . . fásico de tipo m con jaula f de ardilla f
. . . — **supply** n - [electr-distrib] energía f . . . fásica
. . . — **system** n - [electr-distrib] red f . . . fásica
— **to ground fault** n - [electr-oper] falla f de fase f a tierra f
— — — **overcurrent** n - [electr-oper] sobrecorriente f de fase f a tierra f
— — — **protection** n - [electr-oper] protección f contra sobrecorriente f de fase f a tierra f
— — **path** n - [electr-oper] camino m, or recorrido m, de fase f a tierra f
— — **phase fault** n - [electr-oper] falla f de fase f a fase f
— — **overcurrent** n - [electr-oper] sobrecorriente f de fase f a fase f
— — **protection** n - [electr-oper] protección f contra sobrecorriente f de fase a fase
— — **path** n - [electr-oper] camino m, or recorrido m, de fase f a fase f
. . . — **undervoltage relay** n - [electr-equip] relé m para tensión f mínima . . . fásico
— **variation** n - variación f de fase(s) f
. . . — **welder** n - [weld] soldadora f (para corriente f) . . . fásica
phenocrystal n - [geol] fenocristal m
—, **mineral**, or **ore** n - [geol] mineral m fenocristal(ino)
phenolic a - [chem] fenólico,ca
— **material** n - [chem] material m fenólico
phenolphthaleinic a - [chem] fenolftaleínico,ca
phenomenic(al) a - fenoménico,ca
phenomenon measurement n - medida f de fenómeno
— **measuring** n - medición f de fenómeno m
philanthropic effort n - esfuerzo m filantrópico
philanthropically adv - filantrópicamente
philatelia n - **filatelia** f
Phillips head screw n - [mech] tornillo m con, cabeza f Phillips, or, ranura(s) f en cruz f
philosophizing n - filosofización* f | a - filosofador,ra
phlebotomic(al) a - [medic] flebotómico,ca
phlegmous a - a - flemoso,sa
phlogosis n - [medic] flogosis f
phon n - [physics] fonio m
phone n - [telecom] see **telephone**
— **answer(ing)** n - contestación f de teléfono m
— **consultation** n consulta f telefónica
— **in** v - [telecom] transmitir por teléfono m
— **line** n - [telecom] línea f telefónica
— — **leasing** n - [telecom] arrendamiento m de línea f telefónica
phoned a - [telecom] see **telephoned**
— **in** a - [telecom] transmitido,da por teléfono m
phonemic a - [gram] fonémico,ca
phonendoscope n - [medic] fonendoscopio m
phonendoscopic a - [medic] fonendoscópico,da
phonendoscopy n - [medic] fonendoscopía f
phonetist n - [gram] fonetista m

phoning n - see telephoning
— in n - telecom] transmisión f por teléfono m
phonoscopic a - [phys] fonoscópico,ca
phonoscopist n - [phys] fonóscopo m
phonoscopy n - [phys] fonoscopía f
phonotypist n - [electron] fonotipista f
phos n - [chem] see phosphorus
phoscoat v - [metal-treat] fosfatar
phoscoated a - [metal-treat] fosfatado,da
— rod n - [metal-treat] varilla f fosfatada
phoscoating n - [chem] fosfatización f
phosphate n - ... | v - see fosfatize
— coat n - [wire] recubrimiento m con fosfato m
  | v - [wire] recubrir con fosfato(s) m
— coated a - [wire] recubierto,ta con fosfato m; fosfatado,da
— — wire n - [wire] alambre m recubierto con fosfato(s) m
— coating n—capa f, or mano m, de fosfato(s) m
  • [wire] recubrimiento m con fosfato(s) m
— conditioning n - [chem] acondicionamiento m, con, or de, fosfato(s) m
— — facility,ties n - [chem] instalación(es) f para acondicionamiento m, de, or con, fosfato(s) m
— solution n - [chem] disolución f de fosfato m
phosphating n - [chem] fosfat(iz)ación f
phosphene gas n - [chem] gas m (de) fosfeno m
phosphorated a - [chem] fosforado,da
phosphoric pig iron n - [metal-prod] arrabio m fosforoso; fundición f fosforosa
phosphorization n - fosforización f
phosphorize v - fosforizar
phosphorized a - fosforizado,da
phosphorizing n - fosforización f | a fosforizante
phosphoroscopic a - [chem] fosforoscópico,ca
phosphoroscopist n - [chem] fosforoscopista m
phosphoroscopy n - [chem] fosforoscopía f
phosphorous bronze n - [metal] bronce m fosforoso
— ore n - [miner] mineral m fosforoso
phosphorus bearing a - [metal] fosforoso,sa
— — steel n - [metal-prod] acero m fosforoso
— bronze n - [metal] bronce m con fósforo m
— — electrode n - [weld] electrodo m con fásforo m y bronce m
— content n - [chem] contenido m, or análisis m, de fósforo m
— distribution n - [chem] distribución f de fósforo m
— trace n - [miner] traza(s) f, or vestigio(s) m, de fósforo m
photo session n - [sports] corrida f para fotógrafo(s) m
— stage n - [photogr] sesión f con fotógrafo(s)
photoactive a - fotoactivo,va
photoactivated a - fotoactivado,da
photoactivation n - fotoactivación f
photocathodic a - [phys] fotocatódico,ca
photocell n - ... • [electron] fotocélula f
photocomposition n - [print] fotocomposición f
photocopied a - [photogr] fotocopiado,da
photocopy n - [phptogr] fotocopia f; fotostato m
  | v - [photogr] fotocopiar
photoelastic a - [metal] fotoelástico,ca
photoelasticity n - [metal] fotoelasticidad f |
  a - fotoelástico,ca
— study n - [metal] estudio m, fotoelástico, or de fotoelasticidad f
photoelectric tube n - [electron] tubo m fotoeléctrico; fototubo m
photoelectricity n - [phys] fotoelectricidad f
photoelectron n - [phys] fotoelectrón m
photogram n - [photogr] fotograma f
photogrammetric a - [photogr] fotogramétrico,ca
photogrammetry n - [photogr] fotogrametría f
photograph n - [photogr] ..., representación gráfica • v - [photogr] ... ; representar fotográficamente
— attachment n - anexión f de fotografía f
photographed a - fotografiado,da
photographic album n - [photogr] álbum m fotográfico
photographic camera n - [photogr] cámara f fotográfica
— equipment n - [photogr] equipo m fotográfico
— section n - [print] sección f, fotográfica, or con fotografía(s) f
— supply,lies n - [photogr] material(es) m fotográfico(s)
— survey n—[topogr] relevamiento m fotográfico
photography director n - [theater] director m para fotografía f
photoisolator n - [electron] fotoaislador m; fotodisyuntor m
— output n - [electron] salida f de fotodisyuntor m
photolithographically adv - [print] fotolitográficamente
photomap n - [photogr] fotomapa m
photologic a - [phys] fotológico,ca
photologist n - [phys] fotologista f
photomacrograph n - [photogr] fotomacrografía f; fotografía f macrográfica
photometrist n - [phys] fotometrista m
photomicrograph n—[photogr] fotomicrografía f; fotografía f micrográfica
photomicrographic a - [photogr] fotomicrográfico,ca
photomultiplication n—[phys] fotomultiplicación
photomultiplying n - [phys] fotomultiplicación f
  | fotomultiplicador,ra
photomural n - [photogr] fotomural m | a - [phtogr] fotomural
photoparticle n - [phys] fotopartícula f
photophobic a - [medic] fotofóbico,ca; fotófobo
photophonic a - [phys] fotofónico,ca
photophony n - [phys] fotofonía f
photophysic a - [phys] fotofísico,ca
photophysics n - [phys] fotofísica f
photoplate n - [photogr] fotoplaca f
photosensitive a - [phys] ... ; fotosensible
photosensitivity n - [phys] fotosensibilidad f
photospectroscopic a - [phys] fotospectroscópico,ca
photospectroscopist n - [phys] fotospectorscopista m
photospectroscopy n - [phys] fotospectroscopía f
photospheric a - [astron] fotosférico,ca
phototelegraph n - [telecom] fototelégrafo m
phototelegraphic a—[telecom] fototelegráfico,ca
phototelegraphist n - [telecom] fototelegrafista
phototelephonic a - [telecom] fototelefónico,ca
phototherapic a - [medic] fototerápico,ca
phototherapist n - [medic] fototerapista m
phototropic a - [botan] fototrópico,ca
phototropist n - [botan] fototropista m
phototube n - [electron] fototubo m
phototype n - [print] fototipografía f
phototypic a - [print] fototipográfico,ca
phototypist n - [print] fototipógrafo m
phototypographer n - [print] fototipógrafo m
phototypographic a - [print] fototipográfico,ca
photozincographic a - [photogr] fotocincográfico,ca
phraseologic a - [gram] fraseológico,ca
phreatic a - [hydr] freático,ca
— level n - [hydr] nivel m freático
— table n - [hydr] napa f freática
— water n - [hydr] agua m freática
— water nappe n—[hydr] napa f de agua freática
— — table n - [hydr] napa f de agua freática
phrenopath n - [medic] frenópata m
phrenopathic a - [medic] frenopático,ca
phycological a - [botan] ficológico,ca
phylologic(al) a - [phylol] filológico,ca
phylologically adv - [philol] filológicamente
phylologist n - [phylol] filólogo m
philomel n - [ornith] filomela f
physical n - [medic] examen m, físico, or médico
  | a - ...
— acceptance n - recepción f física
— aeration n - [chem] aireación f física

physical agent n - agente m, or medio m, físico
— analysis n - análisis m físico
— arrangement n - disposición f física
— availability n - disponibilidad f física
— characteristic n - característica f física
— —(s) control n - regulación f de característica(s) f física(s)
— — determination n - determinación f de característica f física
physical-chemical a - físico-químico,ca
— — characteristic n - característica f físico-química
— — test n - ensayo m físico-químico
— closing n - cierre m físico
— condition n - condición f física
— connection n - conexión f física
— datum,ta n - dato(s) m físico(s)
— difference n - diferencia f, física, or en característica(s) f física(s)
— effort n - [labor] esfuerzo m físico
— — application n - aplicación f de esfuerzo m físico
— — direct application n - aplicación f directa de esfuerzo m físico
— energy application n - aplicación fm de energía f física, or física de energía f
— examination n - [medic] examen m físico
— facility,ties n - [ind] instalación(es) f física(s)
— impairment n - [labor] reducción f de, habilidad f, or capacidad f, física
— mechanical characteristic n - [geol] característica fisco-mecánica
— model n - maqueta f
— person n - [legal] persona f física
— property difference n - diferencia f en propiedad f física
— quality change n - [electr-cond] discontinuidad f
— requirement n - exigencia f física
— resource(s) n - recurso(s) m físico(s)
— state n - estado m físico
— — freezing n - [chem] congelación f de estado m físico
— surrounding(s) n - medio m, or ambiente m, físico
— test n - ensayo m físico
— work n - [managm] trabajo m físico
physician('s) information n - [medic] información f para médico(s) m
physiochemist n - [chem] fisi[c]oquímico m
physics discipline n - [phys] disciplina f de física f
— manual n - [mech] manual m para física f
— safety n - [safety] seguridad f para física f
— — manual n - [safety] manual m para seguridad f para física
physiognomic(al) a - fisionómico,ca
physiognomist n - . . . .; fisónomo m
physiotherapeutic(al) a - [medic] fisioterápico,ca; fisioterapéutico,ca
physostigmine n - [chem] fisostigmina f
phytogeographic(al) a - [geogr] fitogeográfico,ca
phytogeographist n - [geogr] fitogeógrafo m
phytographer n - [botan] fitógrafo m
phytographic a - [botan] fitográfico,ca
phytologic(al) a - [botan] fitológico,ca
phytonomic(al) a - [botan] fitonómico,ca
phytonomist n - [botan] fitónomo m
phytopathologic(al) a—[botan] fitopatológico,ca
phytopathologist n - [botan] fitopatólogo m
phytopathology n - [botan] fitopatología f
phytophag n - [zool] fitófago m
phytophagic a - [zool] fitófago,ga
phytophagy n - [zool] fitofagia f
phytotomic(al) a - [botan] fitotómico,ca
phytotomist n - [botan] fitótomo m
piano wire n - [mus] cuerda f para piano m
pic-nic n - see picnic
pick-up n - redogida f; captación f; also see

picking up | v - . . .; levantar • obtener
pick-up area n - [ind] zona f para remoción f
— — attachment n - [agric] accesorio m, or dispositivo m, para recogida f
— — @ cable v - [cranes] recoger, or enrollar, cable m
— — fee n - [transp] cargo m por, recolección f, or recogida f
— — @ moisture v - absorber humedad f
— — nonsensitive a - [weld] insensible a absorción f
— — point n - [environm] punto m de captación
— — — attachment n - [environm] dispositivo f para punto m para captación f
— — sensitive a - [metal] sensible a absorción
— — setting n - [electr] regulación f, or corriente f, para operación f
— — @ signal v - [electron] captar señal f
— — speed v - [mech] acelerar; embalar
— — @ ticket v - [transp] recoger billete m
— — truck n - [autom] camioneta f
— — @ wire v - [weld] tomar alambre m
— @ way v - [fam] ir a tientas
picked a - escogido,da; seleccionado,da
— up a - alzado,da; levantado,da; recogido,da
— — cable n - [cranes] cable m, recogido, or enrollado
picker arm n - [agric-equip] brazo m arrancador
— chamber n - [agric-equip] cámara f para arancador(es) m
— wheel n - [agric-equip] rueda f despojadora
picket n - . . . • [wire] segmento m
— fence n - [constr] . . .; estacada f • [comput] cerca f de estaca(s) f
— — falsing n - [comput] falseo m causado por cerca f de estaca(s) f
— — — problem n - [comput] problema m de falseo m causado por cerca f de estaca(s) f
— — problem n - [comput] problema m causado por cerca f de estaca(s) f
— line n - [constr] estacada f; línea f, or cerca f, de estaca(s) f
picking n - selección f; escogimiento m
— up n - alzamiento n; levantamiento m; recogida f; recogimiento m • captación f
— while green n - [agric] verdeo m
pickle n - [culin] . . . | v - [culin] . . . • [metal-treat] decapar
— @ part v - [metal-treat] decapar pieza f
— @ rod n - [metal-treat] decapar varilla f
pickled a - [culin] escabechado,da • [metal-treat] decapado,da
— coil n - [metal-treat] bobina f decapada
— — storage n - [metal-treat] depósito m para bobina(s) f decapadas(s)
— cold rolled coil n - [metal-roll] bobina f laminada en frío decapada
— — — sheet n - plancha f laminada en frío decapada; lámina f fría decapada
— — — plate n - [metal-treat] plancha f, or placa f, laminada en frío decapada
— — — stainless plate n - [metal-treat] plancha f inoxidable laminada en frío decapada
— — — — steel plate n - [metal-treat] plancha f de acero m inoxidable laminada en frío decapada
— fish n - [culin] escabeche m
— hot rolled coil n - [metal-roll] hoja f laminada, or lámina f, en caliente decapada
— — — plate n - [metal-treat] plancha f laminada en caliente decapada
— — — stainless plate n - [metal-treat] plancha f inoxidable laminada en caliente decapada
— — — stainless steel n - [metal-treat] acero m inoxidable laminado en caliente decapado
— — — — plate n - [metal-treat] plancha f de acero m inoxidable laminada en caliente decapada
— only strip n - [metal-treat] banda f, or cinta f, or chapa, decapada únicamente
— part n - [metal-treat] pieza f decapada

pickled plate n - [metal-treat] plancha f decapada
— **rod** n - [metal-treat] varilla f decapada
— **sheet** n - [metal-treat] hoja f decapada
— **steel** n - [metal-treat] acero m decapado
— — **plate** n - [metal-treat] plancha f de acero m decapada
— — **steel** n - [metal-treat] acero m inoxidable decapado
— — — **plate** n - [metal--treat] plancha f de acero m inoxidable decapada
— **strip** n - [metal-treat] banda f, or cinta f, or chapa f, decapada; fleje m decapado
— **surface** n - [metal-treat] superficie f decapada
— — **protection** n - [metal-treat] protección f, de, or para, superficie f decapada
— **wire rod** n - [wire] alambrón m decapado
pickler n—[metal-treat] decapador m; decapadora
— **bath** n - [metal-treat] baño m para decapador
— **shear** n - [metal-treat] cizalla f para decapadora f
— — **blade** n - [metal-treat] cuchilla f para cizalla f para decapadora f
pickling n - [chem] • [metal-treat] decapado m | a - [metal-treat] decapador,ra
— **area** n - [metal-treat] zona f para decapado m
— **bath** n - [metal-treat] baño m, decapante, or para decapado m
— — **acid** n - [metal-treat] ácido m para baño m, decapante, or para decapado m
— — **acid** n - [metal-treat] ácido m para baño m, decapante, or para decapado m
— — — **dosing** n - [metal-treat] dosificación f de ácido m en baño m, decapante, or para decapado m
— — **dosing** n - [metal-treat] dosificación f de baño m, decapante, or para decapado m
— — **heating** n - [metal-treat] calentamiento m para baño m, decapante, or para decapado m
— — — **system** n - [metal-treat] sistema m para calentamiento m de baño m para decapado m
— — **temperature** n - [metal-treat] temperatura f de baño m, decapante, or para decapado m
— **cleaner** n - [metal-treat] limpiador m para decapadora f
— **grate** n - [metal-treat] parrilla f, or cesto m, para decapado m
— **inspection** n - [metal-treat] inspección f de decapado m
— **installation** n - [metal-treat] instalación f para decapado m
— **line** n - [metal-treat] línea f, or equipo m, para decapado m
— — **supervisor** n - [metal-treat] encargado m para línea f para decapado m
— — **used liquor** n - [metal-treat] licor m, de salida f de línea f para decapado, or para líquido m usado en línea f para decapado m
— **operation** n - [metal-treat] operación f para decapado m
— **solution** n - [metal-treat] disolución f para decapado m
— — **tank** n - [metal-treat] depósito m, or estanque m, para disolución f para decapado m
— **tank** n - [metal-treat] cuba f, or (es)tanque m, or baño m para decapado m, or decapante
— **unit** n - [metal-treat] instalación f para decapado m
— **vat** n - [metal-treat] cuba f para decapado m
— **welder** n - [metal-treat] soldadora f decapadora f
pickman n - picador m
pickup n - [autom] camioneta f • [electr-instal] colector m • [electron] fonocapt(ad)or • [instrum] captador m
— **attachment** n - [agric] accesorio m recogedor
— **baler** n - [agric-equip] enfardadora f recolectadora; recolectora f prensadora
— **body** n - [autom] carrocería f para camioneta
— **home** n - [autom] camioneta f vivienda

pickup roll n - [mech] rodillo m captador
— **truck** n - [autom] camioneta f
picnic m - picnic m; excursión f; comida f, campestre, or en aire m libre
— **item(s)** n - [sports] vajilla para, picnic m, or excursión(es) m
— **table** n - [domest] mesa en aire m libre
picofarad n - [electron] picofaradio m
picture arraying n - [electron] disposición f de imagen f
— **providing** n—[electron] provisión f de imagen
— **schematic** n - esquema m de imagen f
— **taking** n - [photogr] toma f de fotografía f
— **writing** n - . . .; inscripción f pictórica
pictured a - imaginado,da
picturing n - imaginación f
pie-in-the-sky a - [fig] ilusorio,ria
—, **slice**, or **wedge** n - [culin] tajada f de, pastel m, or torta f
piece n - . . .; elemento m • [constr] perfil m
. . .-**piece band** n - [mech] banda f de . . . pieza(s) f
. . .-**blade** n - [mech] cuchilla f con . . . pieza(s) f
. . .— **corrugated band** n - [mech] banda corrugada (compuesta) de . . . pieza(s) f
. . .— **corrugated band** n - [mech] banda f corrugada (compuesta) de . . . pieza(s) f
. . .— **elbow** n - [mech] codo m en . . . piezas
. . . — **jib** n - [cranes] pescante en . . . sección(es) f
. . . — **miter bend** n - [tub] codo m de inglete m con . . . pieza(s) f
— **mounting** n - [mech] montaje m de pieza f
— **of brick(work)** n - [constr] trozo m de ladrillo(s) m
— — (**work**) **and gunite** n - [metal-prod] trozo m de ladrillo m y gunita f
piece of (one's) mind n - [fam] fresca f
— — **scrap** n - [metal] trozo m de chatarra f
—(**s**) **per card** n - pieza(s) f por (cada) ficha f
— **proportionately** v - subdividir proporcionalmente
— **rate** n - [labor] jornal m, or (tipo m de) trabajo m, a destajo m, or por pieza f
— **type work** n - [labor] tipo m de trabajo m a destajo m
. . . **piece steel flareless tube fitting** n - [tub] accesorio m de acero m sin abocinar con . . . pieza(s) f para tubería f
. . . — — **type tube fitting** n - [tub] accesorio m de acero m de tipo m sin abocinar con . . . pieza(s) f para tubería f
— **together** v - reparar; componer
. . . —(**s**) **type** n - tipo m con . . . pieza(s) f
. . . — **type band** n - [mech] banda f de tipo m con . . . pieza(s) f
. . . — **work** n - [labor] trabajo m a destajo m
pieced together a - reparado,da; compuesto,ta
piecing together n - reparación f
piedmont n - [topogr] pie m de monte m; Piamonte
pier n - [constr] . . .; contrafuerte m • [roads] pila f • [archit] . . .; pilar m; contrafuerte m • [hydr] . . .; malecón n • [mech] dado m (pequeño)
— **delivery** n - [transp] entrega f en muelle m
— — **charge** n - [transp] cargo m por entrega f en muelle m
— **footing** n - [constr] estribo m, or base f, para, pila f, or muelle m
— **foundation** n - [constr] cimiento m, or cimentación f, para, pila f, or muelle m
— — **pile** n - [constr-pil] pilote m para cimentación f para, pila f, or muelle m
— **leg wall** n - [cranes] muro m para riel m para, (puente) grúa, or descargadora f
— **pile** n - [constr] pilote m para pila f
— **splice** n - [constr] empalme m para pilar(es)
— **top** n - [constr] tope m, or coronamiento m, de pilar m
pierce v - . . .; horadar; perforar; agujerear; penetrar • [fam] espetar

pierce @ hole v - [mech] horadar, or perforar, agujero m
— **@ slag notch** v - [metal-prod] perforar, or romper, escorial m
— **@ soil** v - [topogr] sobresalir de suelo m
— **@ steel** v—[weld] perforar, or horadar, acero
pierced a - horadado,da; perforado,da; agujereado,da; penetrado,da
— **hole** n - [mech] agujero m, horadado, or perforado
— **steel** n - [weld] acero m, horadado, or perforado
piercer n - [mech] penetrador m • [petrol] barreno,na mf
piercing n - . . .; horadamiento m; penetración f | a - penetrador,ra; penetrativo,va
— **injuty** n - [safety] herida f punzante
— **mill** n - [mech] tren m para perforación f; taladradora f
— **object** n - [safety] objeto m punzante
— **ram** n—[metal-prod] ariete m punzador; punzón
piezoelectric material n - [electron] material m piezoeléctrico
— **target** n - [electron] blanco m piezoeléctrico
pig n - [zool] . . . • [metal-prod] see **pig iron** • lingote m (de primera fusión f; lingotillo
— **bed** n - [metal-prod] lecho m para colada f; era f de arena f
— **caster** n - [metal-prod] see **pig casting machine**
— — **bay** n - [metal-prod] nave para, colada f, or coladora f, para lingote(s) m
— — **machine** n - [metal-prod] lingotera f; lingoteadora f; máquina f para colar (arrabio); máquina f, lingotera, or lingoteadora, or para moldeo m; moldeadora f automática para lingote(s) m; máquina f para colar lingotes m; lingoteadora f automática; máquina f para (colar) lingotillo(s) m
— — — **breakdown** n - [metal-prod] avería f en lingoteadora f
— — — **casting standard** n - [metal-prod] norma f para colada f para máquina f para, colar, or moldeo m
— — — — **for basic pig iron** n - [metal-prod] norma f para colada f para máquina f para, colar, or moldeo, or para arrabio m para afino m
— — — **chain fork** n - [metal-prod] horquilla f para cinta f para, lingoteadora f, or máquina f para colar
— — — — **link** n - [metal-prod] eslabón m para máquina f para colar
— — — **chill** n - [metal-prod] molde m para máquina f lingoteadora
— — — **chute** n - [metal-prod] vertedero m para, máquina f para colar, or lingoteadora f
— — — — **discharge chute** n - [metal-prod] vertedero m para descarga f para, máquina f para colar, or lingoteadora; rampa f para máquina f para colar
— — — — **dumper** n - [metal-prod] volcador m (para máquina f para colar)
— — — — — **cable** n - [metal-prod] cable m para volcador m para máquina f para colar
— — — — — **hook** n - [metal-prod] gancho m para volcador m para máquina f para colar
— — — **electrical equipment** n - [metal-prod] equipo m eléctrico para máquina f para colar
— — — **equipment** n - [metal-prod] equipo m para, máquina f para colar, or lingoteadora f
— — — — **change** n - cambio m, or modificación f, en equipo m para, máquina f para colar, or lingoteadora f
— — — — — **replacement** n - [metal-prod] reemplazo m para equipo m para, máquina f para colar, or lingoteadora f
— — — — **failure** n - [metal-prod] avería f en, máquina f para colar, or lingoteadora
— — — — **general gearbox** n - [metal-prod] reductor general para, máquina f para colar, or lingoteadora f

pig casting machine mechanical equipment n - [metal-prod] equipo m mecánico para máquina f para colada f
— — — **mold** n - [metal-prod] molde m para, máquina f para colada f, or lingoteadora
— — — — **change** n - [metal-prod] cambio m, or modificación f de molde(s) m para, máquina f para colada, or lingoteadora f
— — — — **replacement** n - [metal-iron] reemplazo m para molde m para, máquina f para colada f, or lingoteadora
— — — **pile** n - [metal-prod] pilote m para, máquina f para colada, or lingoteadora f
— — — **strand** n - [metal-prod] cinta f para, máquina f para colada, or lingoteadora
— — — — **scrap** n - [metal-prod] burro m (de hierro m) en cinta f de máquina f para colada
— — — — **holder** n - [metal-prod] retén m para cinta f para máquina f para colada f
— — — **wheel** n - [metal-prod] rueda f para, máquina f para colada f, or lingoteadora
— — — — **change** n - [metal-prod] cambio m, or reemplazo m, de rueda f para, máquina f para colada f, or lingoteadora f
— — — — **replacement** n - [metal-prod] reemplazo m de rueda f para, máquina f para colada f, or lingoteadora f
— **dripping** n - [metal-prod] burro m (de hierro)
— **iron** n - [metal-prod] arrabio m; hierro m • lingote m de, hierro m, or arrabio m; hierro m, or arrabio m, en lingote(s) m • fundición f; lupia f • hierro m, fundido, or de fusión f primera
— — **analysis** n - [metal-prod] análisis m, or composición f, de arrabio m
— — **appearance** n - [metal-prod] venida f de, or venir, arrabio m
— — — **at @ tap hole** n - [metal-prod] venida f de, or venir, arrabio a piquera f
— — **balance** n - [metal-prod] balanza f para arrabio m • equilibrio m de arrabio m
— — **car** n - [metal-prod] vagón m para arrabio
— — **carbon content** n - [metal-prod] ley f, or proporción f, de carbono m en arrabio m
— — **casting** n - [metal-prod] colada f de arrabio m
— — **charge** n - [metal-prod] carga f de arrabio
— — **charged continuously through @ pipe** n - [metal-prod] arrabio m cargado continuamente por, tubo m, or tubería f
— — **charging** n - [metal-prod] carga f de arrabio m
— — — **start(ing)** n - [metal-prod] comienzo m de carga f de arrabio m
— — **chemical analysis** n - [metal-prod] análisis m químico de arrabio m
— — — **composition** n - [metal-prod] composición f química de arrabio m
— — **chute over @ ladle** n - [metal-prod] vertedero m para arrabio m
— — **consumption** n - [metal-prod] consumo m de arrabio m
— — **coordinator** n - [metal-prod] coordinador m para arrabio m
— — **cost** n - [metal-prod] costo m de arrabio m
— — — **per ton** n - [metal-prod] costo m de arrabio m por tonelada f
— — — **produced** n - [metal-prod] costo m de arrabio m por tonelada f producida
— — **demand** n - [metal-prod] consumo m de arrabio m
— — **desulfurization** n - [metal-prod] desulfuración f de arrabio m
— — **distributor** n - [metal-prod] distribuidor m para arrabio m
— — **for casting(s)** n - [metal-prod] (carga f de) arrabio m para moldería f
— — **ladle** n - [metal-prod] cuchara f (para, colada f, or arrabio m)
— — — **slag** n - [metal-prod] escoria f en cu-

chara f para arrabio m
pig iron ladle slag remover n - [metal-prod] desescoriador m para cuchara f para arrabio m
— — **making** n - [metal-prod] producción f de arrabio m
— — **plant** n - [metal-prod] planta f para producción f de arrabio m
— — **output** n - [metal-prod] producción f de arrabio m
— — **phosphorus content** n - [metal-prod] proporción f de fósforo m en arrabio m
— — — — **variation** n - [metal-prod] variación f en proporción f de fósforo m en arrabio m
— — **plant** n - [metal-prod] planta f para (producción f de) arrabio m
— — **production** n - [metal-prod] producción f de arrabio m
— — — **practice** n - [metal-prod] práctica f para, producción f, or fabricación f, de arrabio m
— — — **standard practice** n - [metal-prod] práctica f, estándar, or según norma f, para, producción f, or fabricación f, de arrabio m
— — **quality** n - [metal-prod] calidad f de arrabio m
— — **quantity** n - [metal-prod] cantidad f de arrabio m
— — **removal** n - [metal-prod] remoción f, or evacuación f, de arrabio m
— — **runner** n - [metal-prod] canal m para arrabio m
— — — **refractory,ries** n - [metal-prod] refractario(s) m para ruta f para arrabio m
— — **sample** n - [metal-prod] muestra f de arrabio m
— — — **preparation** n - [metal-prod] preparación f de muestra(s) f de arrabio m
— — **scales** n - [metal-prod] balanza f, or báscula f, para arrabio m
— — **shortage** n - [metal-prod] carencia f, or falta f, de arrabio m
— — **temperature** n - [metal-prod] temperatura f de arrabio m
— — **transfer** n - [metal-prod] transferencia f, or transvase m, de arrabio m
— — — **assistant operator** n - [metal-prod] ayudante m para transvasador m para arrabio m
— — — **operator** n - [metal-prod] transvasador m para arrabio m
— — **transportation** n - [metal-prod] transporte m, para, or de, arrabio m
— **machine** n - [metal-prod] see **pig casting machine**
— **splashing** n—[metal-prod] burro m (de hierro)
piggyback car n - [rail] vagón m para (transporte m de) semirremolque(s) m carretero(s)
— **facility,ties** n - [transp] instalación(es) f para (carga f de) semirremolque(s) m carretero(s) para transporte m sobre vagón(es) m (de) plataforma f
— **ramp** n - [transp] rampa f para (carga f de) semirremolque(s) m carretero(s) para transporte m sobre vagón(es) m (de) plataforma f
— **trailer** n - [transp] semirremolque m, or semiacoplado m, (carretero) para transporte m sobre vagón m (de) plataforma f • furgón m; vagón m
— — **interchange** n - [transp] intercambio m de semirremolque(s) m para transportar(se) sobre vagón m (de) plataforma f
— — — **pool** n - [transp] parque m para intercambio m de semirremolque(s) m para transportar(se) sobre vagón m (de) plataforma f
— — **yard** n - [transp] parque m para semirremolque(s) m carretero(s) para transportar sobre vagón(es) m (de) plataforma f
pigment grinding n - [paint] molienda f de pigmento(s) m
— **pulverization** n - [paint] pulverización f de pigmento(s) m
pigtail n - . . . . • [electr-instal] cable m flexible para conexión f; chicote m • [print]

see **to delete**
pike n - . . . . • [roads] see **turnpike** • [topog] escarpa f; pico m
Pike's Peak climb n - [sports] ascenso m, or trepa a (cerro m) Pike's Peak
pile n - . . . . • [constr] pilote m; estaca f; tablestacada f - [textil] pelusa f • [fam] carretada f; ponchada f
— @ **aggregate** v - [constr] apilar agregado m
— **bent** n - [constr] pila f, or caballete m, sobre pilote m
— **bottom** n - [constr-pil] parte f inferior, or punta f, or fondo m, de pilote m
— **butt** n - [constr-pil] extremo m de pilote m
— — **end** n - [constr-pil] extremo m inferior de pilote m
— **cap** n - [constr-pil] sombrerete m, or casquillo m, para pilote m
— **cleaning** n - [constr-pil] limpieza f de pilote m
— **cluster** n - [constr] duque m de Alba
— — **transverse beam** n - [constr] cabeza f para duque m de Alba
— — **transverse beam** n - [constr] cabeza f, or viga f transversal, para duque m de Alba
— **collapse** n - [constr-pil] aplastamiento m de pilote(s) m
— **component** n - [constr-pil] (pieza f) componente m, para pilote m
— **compression** n - [constr-pil] compresión f de pilote m
— **damage prevention** n - [constr-pil] evitación f de daño m a pilote(s) m
— **design bearing** n - [constr] carga f prevista para pilote(s) m
— **diameter factor** n - [constr-pil] coeficiente m para diámetro m de pilote m
— **dimension** n - [constr-pil] dimensión(es) f, or medida(s) f, para pilote m
— **driven to @ required bearing** n - [constr-pil] pilote m hincado hasta capacidad f portante exigida
— — — @ — **penetration** n - [constr-pil] pilote m hincado hasta penetración f exigida
— **driver** n - [constr-equip] martinete m
— — **hammer rope** n - [cabl] cable m para mazo m para martinete m
— — **lead** n - [cabl] cable m para martinete m
— **driving** n - [constr-pil] hincadura f de pilote(s) m
— — **cap** n - [constr-pil] casquillo m, or casquete m para hincar pilote(s) m
— — **contractor** n - [constr-piles] contratista m para hincadura f de pilote(s) m
— — **energy** n - [constr-pil] energía f para hincadura f de pilote(s) m
— — **equipment** n - [constr-pil] equipo m para, hincar, or hincadura f de, pilote(s) m
— — **firm** n - [constr-pil] empresa f para pilote(s) m
— — **hammer** n - [constr-pil] martinete m para hincadura f de pilote(s) m
— — **head** n - [constr] maza f para martinete m para hincadura f (de pilotes m)
— — **phase** n - [constr-pil] fase f, or trabajo(s) para hincadura f de pilote(s) m
— — **rig** n - [constr-pil] martinete m para (hincadura f de) pilote(s) m
— — **technique** n - [constr-pil] técnica f para hincadura f de pilote(s) m
— **elastic compression** n - [constr-pil] compresión f elástica de pilote(s) m
— **embedded** a - [constr-pil] encajado,da en pilote m
— — **concrete plug** n - [constr-pil] tapón m de hormigón m encajado en pilote m
— — **plug** n - [constr-pil] tapón m encajado en pilote m
— **end** n - [constr-pil] extremo m de pilote m; azuche m
— **evaluation** n - [constr-pil] evaluación f de pilote m

pile footing

pile footing n - [constr-pil] zapata f para pilote(s) m
— **group** n - [constr-pil] duque m de Alba
— **hammer** n - [constr-pil] martinete m
— — **blow** n - [constr-pil] golpe m de martinete
— — **lead** n - [constr-pil] guía f para martinete
— **interior** n - [constr-pil] interior m de pilote m
— **length** n - [constr-pil] largo(r) m de pilote
— **load** n - [constr-pil] carga f para pilote m
— — **test** n - [constr-pil] prueba f para carga f para pilote m
— **location** n - [constr-pil] sitio m, or ubicación f, para pilote m
— **pipe** n - [tub] tubo m, or tubería f, para pilote(s) m
— **piping** n - [tub] tubería f para pilote(s) m
— **point** n - [constr-pil] azuche m
— **property** n - [constr-pil] propiedad f de pilote m
— **pusher** n - [ind] empujadora f para, pila(s) m, or pilote(s) m
— — **drive** n - accionadora f para empujadora f para, pila(s) f, or pilote(s) m
—**(s) row** n - [constr-pil] hilera f de pilote(s)
— **section** n - [constr-pil] trozo m, or sección f, de pilote m
— **shaft** n - [constr-pil] columna f de pilote m
— **sheeting** n - [constr-pil] see **sheet piling**
— **shell** n [constr-pil] tubo m, or tubería f, or camisa f, para pilote m; [tubo m de] camisa f para pilote m; pilote m con camisa f perdida
— — **interior** n - [constr-pil] interior m de pilote m con camisa f perdida
— **shoe** n - [constr-pil] zapato m para, pilote m, or columna f
pile shoe type a - [constr] de tipo m de zapato m para, pilote m, or columna f
— — **foundation** n - [constr] cimiento m de tipo m zapato m para, pilote m, or columna f
— **stringer** n - [constr-pil] longrina f; cabecera f para pilote m
— **support** n - [constr-pil] soporte m de pilote
— **system** n - [constr] sistema m de, pila(s) f, or pilote(s) m
— **thickness** n - [constr-pil] espesor m, or diámetro m, de pilote m
— **tip** n - [constr-pil] punta f de pilote m
— **top** n - [constr-pil] tope m, or parte superior, de pilote m
— **type** n - [constr-pil] tipo m de pilote m
— **up** n - acumulación f | v - apilar; acumular
— **wall** n - [constr-pil] pared f de pilote m
— — **thickness** n - [constr-pil] espesor m de pared f de pilote m
piled a - apilado,da • sobrepuesto,ta
— **aggregate** n - [constr] agregado m apilado
— **sheet(s)** n - [metal-roll] chapas f apiladas
— — **lift** n - [metal-roll] bulto m de chapa(s) f apilada(s)
— **up** a - apilado,da • acumulado,da
piledriving n - [constr-pil] hincadura f de, tablestaca(s) f, or tablestacado m
— **effect** n - [constr-pil] efecto m de hinca(dura) f de tablestaca(s) f
piler a - apilador • [ind] apiladora f; estibadora f
— **anchor bolt** n - [mech] perno m para anclaje m para apiladora f
— **circuit** n - [ind] circuito m para apiladora f
— **end stop** n - [metal-roll] tope m final para apiladora f
— **grid** n - [metal-roll] base f para apiladora f
— **lift** n - [ind] elevador m para, apiladora f, or estibadora f
— **operator** n - [ind] operador m para apiladora
— **performance test** n - [ind] prueba f de rendimiento m para apiladora f
— **pusher** n - [ind] empujador m para apiladora f
— **roller** n - [mech] rodillo m para apiladora f
— — **table** n - [ind] mesa f de rodillo(s) f para apiladora f

- 1232 -

piler station n - [metal-roll] estación f (para) apiladora f
— **stop** n - [metal-roll] tope m para apiladora f
— **table** n - [mech] mesa f (para) apiladora f
— **top** n - [mech] parte f superior, or tope m, de apiladora f
pilfer v - . . .; robar
pilferage n - robo m; ratería f; . . .
pilfered a - robado,da
piling n - apilamiento m • [constr] pilote(s) m; empalizada f; estacada f • [pil] . . .; tablestaca(s) f; tablestacado f | a - apilador,ra
— **area** n - [ind] sitio m, or parque m, para apilamiento m
— **arm** n - [mech] brazo m para, apilar, or estibar, or apilamiento m, or estibación f
— **cap** n - [constr] viga f transversal
— **chamber** n - [metal-prod] cámara f para apilamiento m
— **contractor** n - [constr-pil] contratista m para (hincadura f de) pilote(s) m
— **cradle** n - [ind] armadura f, or estantería f, or caballete m, para, apilamiento m, or estibación f, or almacenamiento m
— **driving** n - [constr-pil] hincadura f de tablestaca(s) f
— **duty** n - [ind] trabajo m para apilamiento m
— **equipment** n - [ind] equipo m para, apilamiento m, or apilar
— **factor** n - [metal-roll] factor m para apilamiento m
— **fitting** n - [pil] accesorio m para pilote(s)
— **foundation** n - [constr-pil] cimiento m con pilote(s) m
— **line** n - [constr-pil] línea f de pilote(s) m
— **manager** n - [constr-pil] jefe m para departamento m para (hincadura f de) pilote(s) m
— **manipulation** n - [ind] manipulación f de apilamiento m
— **operation** n - [ind] operación f para apilamiento m
— **pipe,ping** n - [constr-pil] tubo m, or tubería f, para pilote(s) m
— **set** n - [constr-pil] grupo m de pilote(s) m
— **superintendent** n - [constr-pil] jefe m para hincadura f de pilote(s) m
— **supervisor** n - [constr-pil] jefe m para pilotaje(s) m
— **support** n - [constr-pil] sostén m con pilotes
— **unit** n - [metal-roll] dispositivo m apilador
— **up** n - apilamiento m • acumulación f
— **work** n - [ind] trabajo m para apilamiento m
— **yard** n - [ind] parque m para apilamiento m
pillar m - . . .; parante m • machón m • [Spa.] chimenea f
pillaring n - [metal-prod] colgamiento m de carga f • [Spa.] formación f de chimenea(s) f
pillow n - [domest] . . . • [mech] . . .; tejuelo m
pillow block n - [mech] . . .; (cojinete m para) descanso m; caja f para chumacera f
— — **adjusting screw** n - [mech] tornillo m para ajuste m de chumacera f
— — **bearing** n - [mech] cojinete m con chumacera f
— — **grease** n - [mech] grasa f en chumacera f
pilon n - [roads] pilón m; cono m
— **gantlet** n - [sports] recorrido m entre, conos m, or pilones m
pilot n - [mech] . . .; guiador m • [combust] (llama f) piloto m; also see **pilot flame** • [autom] piloto m; conductor m • [sports] piloto m | a - guiador,ra; para guía(miento) | v - pilotear; conducir; guiar
— **bearing** n - [mech↔bearings] cojinete m, guiador, or piloto, or para guía(r) m
— **burner** n - [combust] quemador m para llama f piloto m
— **bushing** n - [mech] buje m piloto

pilot bushing coating n - [mech] recubrimiento m para buje m piloto m
— — **installation** n - [mech] instalación f, or colocación f, de buje m piloto
— — **removal** n - [mech] remoción f, or saca f, de buje m piloto
— — — **tool** n - [mech] herramienta f para, remoción f, or saca, de buje m piloto
— **cable** n - [electr-cond] cable m piloto
— @ **connection** v - [mech] pilotear, or encaminar, or guiar, or dirigir, conexión f
— **diameter** n - [mech] diámetro m de piloto m • diámetro m ajustado
—('s) **fee(s)** n - [nav] derecho(s) n para pilotaje m
— **filter** n - [hydr] filtro m piloto
— **flame** n - [combust] llama f piloto
— — **burner** n - [combust] quemador m para llama f piloto
— — **circuit** n - [combust] circuito m para llama f piloto
— — — **gas** n - [combust] gas m para llama f piloto
— — — **cock** n - [combust] grifo m, or espita f, para gas m para llama f piloto
— — — **line** n - [combust] línea f, or tubería f, para gas m para llama f piloto
— — **ignition push button** n - [combust] botón m para encendido m de llama f piloto
— — **pushbutton** n - [combust] botón m para llama f piloto
— — **lighting** n - [combust] encendido m de llama f piloto
— — **safety circuit** n - [combust] circuito m para seguridad f para llama f piloto
— — **solenoid** n - [combust] solenoide m para llama f piloto
— — — **valve** n - [combust] válvula f solenoide para llama f piloto
— — **spark plug** n - [combust] bujía f para (encendido m de) llama f piloto
— **gas** n - [combust] gas m para (llama f) piloto
— — **cock** n - [combust] grifo m, or espita f, para gas m (para llama f) piloto m
— — **line** n - [combust] línea f, or tubería f, para gas m para (llama f) piloto m
— — **solenoid valve** n - [combust] válvula solenoide para gas m para (llama f para) piloto m
— **generator** n - [electr-prod] generador m piloto
— **ignition** n - [combust] encendido m de (llama f) piloto m
— — **push button** n - [combust] botón m para encendido m de (llama f) piloto m
— **installation** n - [ind] instalación f piloto
— **jet** n - surtidor m piloto
— **light** n - [electr-instal] luz f, piloto, or indicadora • [combust] piloto m
— — **solenoid valve** n - [combust] válvula f solenoide para luz f piloto
— **lighting** n - [combust] encendido m, or encendimiento m, de llama f piloto
— **off** n - [combust] (llama f) piloto m apagada
— **on** n - [combust] (llama f) piloto encendida,do
— **operation** n - [ind] operación f piloto
— **plant** n - [ind] planta f, or instalación f, piloto
— — **scale** a - [ind] en escala f de planta f piloto
— — — **test** n - [ind] prueba f, or ensayo m, en escala f de planta f piloto
— — **tire** n - [autom-tires] neumático m para planta f piloto
— **relay** n - [electr-instal] relé m piloto
— — **contact** n - [electr-instal] contacto m para relé m piloto
— — — **replacement** n - [electr-instal] reemplazo m, or cambio m, de contacto m para relé piloto
— — — **sticking** n - [electr-oper] pegamiento m de contacto m para relé m piloto
— — **lead** n - [electr-instal] conductor a relé m piloto
— — — **replacement** n - [electr-instal] reemplazo m, or cambio n, de relé m piloto
— **pilot resistance** n - [electr-instal] resistencia f de piloto m
— **safety shield** n - [autom-electr] defensa f para seguridad f para piloto m
— **scale** n - escala f piloto
— — **coal blend(ing) test** n [coke] ensayo m de mezcla f de carbón m en escala f piloto
— — **laboratory** n = laboratorio m en escala f piloto
— — **test** n - ensayo m, or prueba f, en laboratorio m en escala f piloto
— **scale test** n - prueba f en escala f piloto
— **screw** n - [mech] tornillo m piloto
— — **spring** n - [mech] resorte m para tornillo m piloto
— **servomotor** n - servomotor m piloto
— **shutdown** n - [combust] apagamiento m de (llama f) piloto m
— **solenoid** n - [combust] solenoide m para llama f piloto
— — **valve** n - [combust] válvula f solenoide para llama f piloto • [electr-instal] válvula f solenoide para (luz f) piloto m
— **spark plug** n - [combust] bujía f para llama f piloto
— **stem** n - [mech] vástago m piloto
— **test** n - ensayo m piloto
— — **plant** n - [ind] planta f piloto para, ensayo(s) m, or prueba(s) f
— **tire plant** n - [autom-tires] planta f piloto para neumático(s) m
— **trail** n - pista f (para) piloto m
— **transformer** n - [electr-transf] transformador m piloto
— **truck** n - [rail] bogie m, piloto, or delantero
— — **wheel** n - [rail] rueda f para bogie m, pilote, or delantero
— **valve** n - [valv] válvula f piloto • [ind] válvula f para piloto m
— — **inlet** n - [mech] admisión f, or entrada f, para válvula f piloto
— — **installation** n - [mech] instalación f, or colocación f, de válvula f piloto
— — **mounting** n - [mech] montaje m, or instalación f, de válvula f piloto
— — **outlet** n - [mech] salida f para válvula f piloto
— **well** n - [petrol] pozo m, piloto, or descubridor
piloted a - pilot(e)ado,da; encaminado,da; dirigido,da; guiado,da
— **connection** n - [mech] conexión f, pilot(e)ada, or encaminada, or dirigida, or guiada
piloting n - [naut] pilotaje m
pin n - . . . . • [mech] . . .; clavija f, empotrable, or insertable; tarugo m; prisionero m; espárrago m - [electr-equip] terminal m • [domest] palote m (para amasar); also see rolling pin • distintivo m; escarapela f
— **adjusting screw** n - [mech] tornillo m para ajuste m para pasador m
—, **aligning, or alignment** n - [mech] alineación f de, pasador m, or clavija f
— **anchor shackle** n - [naut] grillete m con pasador m para ancla m
— **and slot** n - [mech] pasador m, or espárrago m, y ranura f
— — — **arrangement** n - [mech] combinación f, or disposición f, de, pasador m, or espárrago m, y ranura f
— **arrangement** n - [mech] disposición f de, pasador m, or espárrago m
— **bearing** n - [mech] cojinete m para pasador m • cojinete m con aguja(s) f
— — **ring** n [mech] aro m, or anillo m, para cojinete m para pasador m
— — **snap ring** n - [mech] aro m, or anillo m, con resorte m para cojinete m para pasador m
— **break shovel** n - [agric-equip] reja f rompedora con pasador m

pin bushing n - [mech] buje m para, pasador m, or eje m
— **check(ing)** n - [mech] verificación f de pasador m
— **clip** n - abrazadera f para pasador m
— **cold heading** n - [mech] recalcadura f en frío de, pasador m, or clavija f
— **connected** a - montado,da, or conectado,da con pasador m • [cranes] conectado,da, or enhebrado,da, con pasador m
— **connected boom** n - [cranes] aguilón m conectado con pasador m (enhebrado)
— — **to @ ground** n - [electron] clavija f conectada con tierra f
— **connection** n - [electron] conexión para, clavija f, or pasador m; clavija f, or pasador m, para conexión f; montaje m con pasador m; espiga f
— **diameter** n - [mech] diámetro m de pasador m
— **down** v - afirmar; sujetar • establecer
— **drive** n - [mech] espárrago m roscado
— **driving** n - [mech] inserción f de, pasador m, or clavija f
— — **out** n - [mech] expulsión f de pasador m
— **forming** n - [mech] (con)formación f de, pasador m, or clavija f
— **fulcrum** n - [mech] fulcro m, or punto m para apoyo m, para pasador m
— **handle** n - [mech] manivela f de cabilla f
— **head** n - see pinhead
— **hole** n - [mech] orificio m para pasador m • also see pinhole
— , **inserting**, or **insertion** n - [mech] inserción f de pasador m
— **interlocking** n - [mech] enclavamiento m de pasador m
— **key** n - [mech] chaveta f para pasador m
— **loosening** n - [mech] aflojamiento m de pasador m
— **lubrication** n - [mech] lubricación f de, pasador m, or clavija f
— **monitoring** n - [electron] observación f, or vigilancia f, or fiscalización f, de, pasador m, or clavija f
— **movement** n - [mech] movimiento m de pasador m
— **oiling** n - [mech] aceitado m de pasador m
. . . — **receptacle** n - [electr-equip] base f para, enchufe, or tomacorriente, para . . . clavija(s) f
— **removal** n - [mech] remoción f, or saca f, de, pasador m, or clavija f
— **retainer** n - [mech] retén m para pasador m
— — **shim** n - [mech] calza f para retén m para pasador m
— **ring** n - [mech] aro m para pasador m
— **rivet** n - [mech] remache m para pasador m
— **rotation** n - [mech] rotación f de pasador m
— **screw** n - [mech] tornillo m para pasador m
— **shaping** n - [mech] conformación f de, pasador m, or clavija f
— **shearing** n - [mech] tronzadura f de pasador m
— **snap ring** n - [mech] aro m, or anillo m, con resorte m para pasador m
— **socket** n - [petrol] pescaespiga(s) m
— **style** n - [mech] estilo m de pasador m
— **template** n - [mech] calibrador m para espigas
— **to ground, connecting,** or **connection** n - [electron] conexión f de clavija f con tierra
— **type** a - [mech] de tipo m con pasador m
— — **cage** n - [mech-bearings] jaula f de tipo m con pasador(es) m
— — **connector** n - [mech] conectador m (de tipo m) con pasador m
— — **coupling** n - [mech] acoplamiento m (de tipo m) con pasador m
— — **joint** n - [mech] junta f (de tipo m) con pasador m
— — **universal joint** n - [mech] junta f universal (de tipo m) con pasador m
— **wheel gear** n - [mech] engranaje m linterna para husillo m
— **wire** n - [wire] alambre m para alfiler(es) m

pin wrench n - [tools] llave f con horquilla f
pinata f - piñata f
pincer jaw n - [ind] mandíbula f
pinch n - . . . .; mordedura f; constricción f • [tools] pinza | v - . . .; morder
— **bar** n - [tools] barreta f
— **effect** n - [weld] efecto m de constricción f
— **@ groove** v - [cabl] morder acanaladura f
— , **losing,** or **loss** n - [mech] pérdida f de mordedura f
— **pass** n - [metal-roll] pasada f para reducción f pequeña
— **roll** n - [mech] rodillo m para, arrastre m, or agarre m, or tiro m, or tracción f, or presión; rodillo m motriz • [Spa.] rodillo m guía • [metal-concast] rodillo m extractor
— — **cost** n - [metal-roll] costo m de rodillo m para tracción f
— — **drive** n - [mech] accionamiento m para rodillo m para arrastre m
— — **grinding** n - [metal-roll] amoladura f de rodillo m para tracción f
— — — **cost** n - [metal-roll] costo m de amoladura f de rodillo(s) m para tracción f
— — **mechanism** n - [mech] mecanismo m para rodillo m para arrastre m
— — **turning** n - [metal-roll] torneado m para rodillo m para tracción f
— — — **cost** n - [metal-roll] costo m para torneado m para rodillo m para tracción f
— — **unit** n - [mech] equipo m para rodillo(s) m para, arrastre m, or agarre m, or tracción f
— **valve** n - [valv] see pinching valve
— **@ wire** v - [electr-instal] morder conductor
pinched a - pellizcado,da • mordido,da • aplastado,da
— **end** n - [mech] extremo m mordido
— **wire** n - [electr-instal] conductor m mordido
pincher bar n - see pinch bar
pinching n - pellizco m • compresión f; mordedura f • constricción f | a - constrictor,ra
— **bar** n - [tools] see pinch bar
— **groove** n - [cabl] mordedura f de acanaladura
— **pressure** n - [mech] presión f de mordedura f
— **valve** n - [valv] válvula f constrictora
pine pitch n - [botan] zopisa f
— **wood** n - [lumber] madera f de pino m
pineapple n - [botan] piña f; ananás
pinhead n - cabeza f de alfiler m | a - pequeño,ña
— **blister** n - [metal-prod] ampolla f, pequeña f, or de cabeza f de alfiler m
pinhole n - [metal] poro m • [weld] poro m, de gas m, or en superficie f; picadura f
— **detector** n - [metal-prod] detector m para poro(s) m
— **free** a - [metal-roll] libre de picaduras f
— — **repair** n - [metal] reparación f libre de picadura(s) f
— **porosity** n - [weld] porosidad f (pequeña)
pinholing n - [metal-prod] picadura(s) f; producción f de picadura(s) f
pinion adapter n [mech] adaptador m para piñón
— , **adjusting,** or **adjustment** n - [mech] ajuste m, de, or para, piñón m
— **and crosshead(s)** n - [pumps] piñón m y cruceta(s) f
— — — **section** n - [pumps] corte m (transversal) de piñón m y cruceta(s) f
. . . . **side gear design** n - [mech] tipo m con piñón(es) m y . . . engranaje(s) m lateral(es)
— **bearing** n - [mech] cojinete m, or engranaje m, para piñón m
— — **cage** n - [mech] jaula f, or caja f, para cojinete m para piñón m
— — — **and cup assembly** n - [mech] conjunto m de, jaula f, or caja, y pista f para cojinete m para piñón m
— — — **assembly** n - [mech] conjunto m de jaula f para cojinete m para piñón m

pinion bearing cage disassembling n - [mech] desarme m de jaula f para cojinete m para piñón m
— — — plate n - [mech] placa f para jaula f para cojinete m para piñón m
— — — rotation n - [mech] rotación f de jaula f para cojinete m para piñón m
— — — shim n - [mech] calza f, or laminilla f, para jaula f para cojinete m para piñón m
— — — pack n - [mech] conjunto m de, calza(s) f, or laminilla(s) f, para jaula f para cojinete m para piñón m
— — — unit n - [mech] dispositivo m de jaula f para cojinete m para piñón m
— — — — assembly n - [mech] conjunto m de dispositivo m de jaula f para cojinete m para piñón m
— —, change, or changing n - [mech] cambio m de cojinete m para piñón m
— — cone n - [mech] cono m para cojinete m para piñón m
— — cup n - [mech] pista f para cojinete m para piñón m
— — — assembly n - [mech] conjunto m para pista f para cojinete m para piñón m
— — design type n - [mech] tipo m de cojinete m para piñón m
— — lubricating n - [mech] lubricación f de cojinete m para piñón m
— — — oil n - [mech] aceite m para lubricación f de cojinete m para piñón m
— — — trough n - [mech] canal m para aceite m para lubricación f de cojinete m para piñón m
— — oil n - [mech] aceite m para cojinete m para piñón m
— — — seal n - [mech] cierre m para aceite m para cojinete m para piñón m
— — preload n - [mech] precarga f sobre cojinete m para piñón m
— — — adjustment n - [mech] ajuste m para precarga f para cojinete m para piñón m
— — — measuring n - [mech] medición f de precarga f para cojinete m para piñón m
— — — test(ing) n - [mech] ensayo m de precarga f para cojinete m para piñón m
— — — — specification n - [mech] especificación f para ensayo m de precarga f para cojinete m para piñón m
— — retainer n - [mech] retén m para cojinete m para piñón m
— — — gasket n - [mech] guarnición f para retén m para cojinete m para piñón m
— — spacer n - [mech] separador m para cojinete m para piñón m
— — —, change, or changing n - [mech] cambio m de separador m para cojinete m para piñón m
— — — washer n - [mech] arandela f, separadora, or para separador m, para cojinete m para piñón m
— — specification n - [mech] especificación f para cojinete m para piñón m
— — trial build-up preload test(ing) n - [mech] ensayo m de precarga f para armado m para ensayo m para cojinete m para piñón m
— — — — — — evaluation n - [mech] especificación f para ensayo m de precarga f para armado m para ensayo m para cojinete m para piñón m
— — washer n - [mech] arandela f para cojinete m para piñón m
— cage n - [mech] jaula f para piñón m
— cap n - [mech] casquillo m para piñón m
— case n - [mech] caja f para ataque m
—, change, or changing n - [mech] cambio m de piñón m
— cone n - [mech] cono m para piñón m
— depth n - [mech] profundidad f de piñón m
— — adjustment n - [mech] ajuste m para profundidad f de piñón m
—('s) determined position n - [mech] posición f determinada para piñón m
pinion drive n - [mech] impulsor m para piñón m
— — assembly n - [electr-mot] conjunto m de impulsor m para piñón m
— — cover n - [mech] tapa f para impulsor m para piñón m
— — retainer n - [electr-mot] retén m, or fiador m, para impulsor m para piñón m
— — — clip n - [electr-mot] abrazadera f para fiador m para impulsor m para piñón m
— — return spring n - [electr-mot] resorte m para retorno m para impulsor m para piñón m
— — stop n - [electr-mot] limitador m para impulsor m para piñón m
— — — assembly n - [electr-mot] conjunto m de limitador m para impulsor m para piñón m
— end n - [mech] extremo m de piñón m
— — cap n - [mech] casquillo m para extremo m de piñón m
— gear n - [mech] piñón m diferencial
— —, installation, or installing n - [mech] instalación f de engranaje m para piñón m
— — pin n - [mech] pasador m para piñón m diferencial
— — shaft n - [mech] árbol m, or eje m, para piñón m diferencial
— — Woodruff key n - [mech] chaveta f en media luna f para, árbol m, or eje m, para piñón m diferencial
— helical gear n - [mech] engranaje m helicoidal para piñón m
— — installation n - [mech] instalación f de engranaje m helicoidal para piñón m
— installation n - [mech] instalación f de piñón m
— kit n - [mech] juego m, de, or para, piñón m
— lubricating pump n - [mech] bomba f para, lubricación f, or engrase m, de piñón(es) m
— lubrication n - [mech] lubricación f, or engrase m, para piñón(es) m
— movement n - [mech] movimiento m de piñón m
— nut n - [mech] tuerca f para piñón m
— — torqued to specification n - [mech] tuerca f para piñón m apretada hasta, par m motor, or momento m torsional, especificado
— — torquing n - [mech] apretadura f, or ajuste m, para tuerca f para piñón m hasta, par m motor, or momento m torsional
— — — to specification n - [mech] apretadura de tuerca f para piñón m hasta, par m motor, or momento m torsional, especificado
— — variation n - [mech] variación f en tuerca f para piñón m
— — washer n - [mech] arandela f para tuerca f para piñón m
— oil n - [lubric] aceite m para piñón m
— seal n - [mech] sello m para aceite m para piñón m
— — wiper n - [mech] enjugador m para aceite m para piñón m
— pilot bearing n - [mech] cojinete m, piloto, or guiador, para piñón m
— pin n - [mech] pasador m para piñón m
— position n - [mech] posición f, de, or, para, piñón m
— — adjustment n - [mech] ajuste m de posición f para piñón m
—('s) — determination n - [mech] determinación f de posición f para piñón m
— removal n - [mech] remoción f de piñón m
— rotation n - [mech] rotación f de piñón m
— rotating adapter n - [tools] adaptador m para rotación f para piñón m
— — — wrench n - [tools] llave f, para adaptador m, or adaptadora, para rotar piñón m
— seal n - [mech] sello m para piñón m
— self-locking nut n - [mech] tuerca f autotrabadora para piñón m
— shaft n - [mech] árbol m, or eje m, para piñón m
— — bearing n - [mech] cojinete m para, árbol

m, or eje m, para piñón m
pinion shaft housing n - [mech] caja f para, árbol m, or eje m, para piñón m
— — **nut** n - [mech] tuerca f para. árbol m, or eje m, para piñón m
— — **rotation** n - [mech] rotación f de, árbol m, or eje m, para piñón m
— **shank** n - [mech] fuste m para piñón m
— — **fist hole** n - [mech] agujero m primero en fuste m para piñón m
— — **hole** n - [mech] agujero m, or orificio m, en fuste m para piñón m
— **shim** n - [mech] calza f, or laminilla f, para piñón m
— — **addition** n - [mech] adición f de, calza f, or laminilla f, para piñón m
— — **removal** n - [mech] remoción f, or saca f, de, calza f, or laminilla f, para piñón m
— — **specification** n - [mech] especificación f para piñón m
— **stand** n - [mech] caja f con, piñón(es) m, or engranaje(s) m
— — **lubricating system** n - [mech] sistema m para, lubricación f, or engrase m, de caja f para, engranaje(s) m, or piñón(es) m
— — **lubrication** n - [mech] lubricación f, or engrase m, para caja f, para engranaje(s) m, or piñón(es) m
— **teeth** n - [mech] diente(s) en piñón m
— **thrust washer** n - [mech] arandela f para empuje m para piñón m
— **tooth** n - [mech] diente m en piñón m
— **washer** n - [mech] arandela f para piñón m
— **wiper** n - [mech] enjugador m para piñón m
pink n - . . .; calidad f más alta | a - . . .
| v - . . . taladrar • vaciar
— **rock** n - [geol] roca f rosada
pinnacle n - . . . • [fig] súmmum m
pinpoint n - . . . | a - preciso,sa
— **identification** n - identificación f precisa
— **identified** a - identificado,da precisamente
— **identify** v - identificar precisamente
pinpointed a - puntualizado,da
pinpointing n - puntualización f
pint n - [metric] . . .; octavo m de galón m
pintle n - [mech] . . .; pivote m
— **hitch** n - [mech] enganche m para pivote m
— **hook** n - [mech] gancho m, con clavija f, or para seguridad f
pinwheel n - [mech] . . .; soporte m giratorio; rueda f giratoria
pioneer n - . . . . • . . .; propulsor m • avanzada f | v - . . .; propulsar • marcar rumbo(s)
— **cabin** n cabaña f de colonizador m
— **road** n - [roads] camino m para penetración f
— **settlement** n - [pol] población f fronteriza
pioneered a - explorado,da • propulsado,da • inventado,da
pioneering n - exploración f
pious a - . . . .; justo,ta
pip n - . . . • [veterin] gabarro m
pipe n - [tub] . . . • [metal-prod] rechupe m; grieta f; cavidad f; línea f de segregación f • bolsa f de contracción f | v . . .; conducir por tubería f • conectar
— **and fitting tongs** n - [tools] tenaza(s) f para tubo(s) m y accesorio(s) n
— — **flume spillway** n - [constr] (vertedero m para) tubería f y canalón m
— — **pipe-arch** n - [tub] tubería f (circular) y (tubería f) abovedada
— **annular corrugation** n - [tub] corrugación f anulara de tubería f
— **arch** n - [tub] tubo m abovedado; tubería f abovedada • [C.A.] tubo m achatado
— — **backfill(ing)** n - [constr] relleno m para, tubo m abovedado, or tubería f abovedada
— — **bending strength** n - [constr] resistencia f a flexión f de tubería f abovedada
— — **bottom** n - [constr] fondo m, or pieza f, or parte f, inferior, de tubería f abovedada

pipe-arch conduit n - [hydr] conducto m de, tubo m abovedado, or tubería f abovedada
— — **corner** n — [constr] esquina f para tubería f abovedada
— — **cover height limit** n - [constr] límite m para altura f de cobertura f para, tubo m abovedado, or tubería f abovedada
— — **culvert** n - [tub] alcantarilla f (de, tubo m abovedado, or tubería f abovedada), or abovedada, or achatada
— — — **structural design** n - [constr] proyección f estructural para alcantarilla f de, tubo m abovedado, or tubería f abovedada
— — **design** n - [tub] proyección f para, tubo m abovedado, or tubería f abovedada
— — **detail** n - [tub] detalle m de proyección f para, tubo m abovedado, or tubería f abovedada
— — **dimension(s)** n - [tub] medida(s) f de, tubo m abovedado, or tubería f abovedada
— — **drainage calculator** n - [hydr] regla f para cálculo m para drenaje m con, tubo(s) m, abovedado(s), or tubería f abovedada
— — **end** n - [constr] extremo m de, tubo m abovedado, or tubería f abovedada
— — — **section** n - [tub] sección f terminal para tubería f abovedada
— — **galvanized steel end section** n - [tub] sección f terminal para tubería f abovedada de acero m galvanizado
— — **headwall** n - [constr] muro m para cabecera f para tubería f abovedada
— — **installation** n - [constr] instalación f de tubería f abovedada
— — **invert** n - [constr] fondo m, or parte f inferior, de tubería f abovedada
— — **joined with stitch(es)** n - [tub] tubo m abovedado, or tubería f abovedada, con costura f con grapa(s) f
— — **layer cover(ing)** n - [constr] cubierta t por capa(s) f para tubería f abovedada
— — **length** n - [tub] largo(r) m de tubería f abovedada
— — **load** n - [constr] carga f sobre tubería f abovedada
— — **measurement** n - [tub] medida f de tubería f abovedada
— — **nominal length** n - [tub] largo(r) m nominal de tubería f abovedada
— — **plate** n - [tub] plancha f para, tubo m abovedado, or tubería f abovedada
— — — **section** n - [tub] sección f de, tubo m abovedado, or tubería f abovedada
— — **pressure** n - [constr] presión f en tubería f abovedada
— — **shape** n - [constr] conformación f para tubería f abovedada
— — — **(d) conduit** n - [constr] conducto m con conformación f de tubería f abovedada
— — **shaping** n - [constr] conformación f de tubería f abovedada
— — **size** n - [constr] tamaño m, or medida(s) f, de tubería f abovedada
— — **steel culvert** n - [constr] alcantarilla f de acero m de tubería f abovedada
— — **steel end section** n - [constr] sección f terminal de acero m para tubería f abovedada
— — **stream enclosure** n - [hydr] entubación f, para, or de, curso m de agua m, de tubería f abovedada
— — **structural plate** n - [tub] plancha f estructural para tubería f abovedada
— — — **specification** n - [tub] especificación f para plancha(s) f estructural(es) para tubería f abovedada
— — — **standard specification** n - [tub] especificación f estándar para plancha(s) f estructureal(es) para tubería f abovedada
— — **structure** n - [metal-fabr] estructura f, de tubo m abovedado, or tubería f abovedada
— — — **backfill(ing)** n - [constr] (colocación

f de) relleno m para estructura f tubular abovedada
pipe-arch thickness n - [constr] espesor m de tubería f abovedada
── **top** n - [constr] tope m, or corona f, or parte f superior, de tubería f abovedada
── **typical cross section** n - [tub] corte m transversal típico, or sección f transversal típica, de tubería f abovedada
── **wall** n - [tub] pared f de tubería f abovedada
────── **bending strength** n - [constr] resistencia f, a flexión f de pared f de tubería f abovedada, or de pared f de tubería f abovedada a flexión f
──── **with @ headwall** n - [constr] tubería f abovedada con muro m para cabecera f
──── **without @ headwall** n - [constr] tubería f abovedada sin muro m para cabecera f
── **arrangement** n - [tub] disposición f de tubería f
── **assembly** n - [tub] conjunto m de tubería(s) f
── **attack** n - [chem] ataque m a tubería f
── **axis** n - [tub] eje m de, tubo m, or tubería f
──── **horizontal** n - see **horizontal pipe axis**
──── **vertical** n - see **vertical pipe axis**
── **backfill** n - [constr] (material m para) relleno m, sobre, or alrededor, de tubería f
── **compaction** n - [constr] compactación f de (material m para) relleno m para tubería f
────── **percent(age)** n - [constr] porcentaje m de compactación f de relleno m para tubería f
── **backfilling** n - [constr] relleno m para tubería f
── **balance** n - [constr] saldo m, or resto m, de tubería f
── **bar** n - [mech] barra f tubular
── **barrel** n - [tub] tubería f; parte f cilíndrica de tubería f
──── **bottom** n - [tub] fondo m de tubería f
──── **inside diameter** n - [tub] diámetro m interior de parte f cilíndrica de tubería f
──── **outside diameter** n - [tub] diámetro m exterior de parte f cilíndrica de tubería f
──── **support** n - [tub] sostén m para parte f cilíndrica de tubería f
──── **uniform support** n - [tub] sostén m uniforme para parte f cilíndrica de tubería f
──── **width** n - [tub] ancho(r) m, or anchura f, de parte f cilíndrica de tubería f
── **battery** n - [constr] conjunto m de tubería(s) f
── **bed** n - [constr] lecho m para tubería f
── **bedding** n - [constr] lecho m, or asiento m, para tubería f
──── **factor** n - [tub] coeficiente m para, lecho m, or asiento m, para tubería f
──── **material** n - [constr] material m para, lecho m, or asiento m, para tubería f
── **behavior** n - [constr] comportamiento m de tubería f
── **bell** n - [tub] campana f, or parte, ensanchada, or abocinada, de, tubo m, or tubería f
── **bender** n - [tools] doblatubos m; curvatubos m
── **bending** n - [tub] doblamiento m de tubería f
── **bevelling cutter** n - [tools] cortatubos(s) m biselador
── **body** n - [tub] cuerpo m de, tubo m, or tubería f
── **bolt** n - [mech] perno m para tubería(s) f
── **bottom** n - [tub] fondo m, or parte f, or pieza f inferior, de, tubo m, or tubería f
──── **half** n - [tub] mitad f inferior de tubería f
── **box** n - [Spa.] pote m
── **breakage** n - [tub] rotura f de tubería f
── **bridge** n - [constr] tubería f, suspendida, or aérea; tubo m, suspendido, or aéreo
── **burn(ing)** n - [weld] corte m de, tubo m, or tubería f, con soplete m
── **caisson** n - [constr-pil] pilote m tubular
── **camber** n - [tub] combadura f de tubería f
── **cap** n - [tub] tapa f para tubo m; caperuza f
── **carbon content** n - [tub] proporción f, or contenido f, de carbono m en (acero m para) tubería f

pipe carriage n - [tub] zorra f para tubos m
── **casing** n - [tub] tubería f para, entubación f, or camisa f; revestimiento m para tubo m
── **catchbasin** n - [hydr] sumidero m con tubería
── **cell** n - [tub] célula f de tubería f
──── **arrangement** n - [tub] disposición f de célula(s) en tubería f
── **centerline** n - [tub] eje m de tubería f • mitad f de altura f de tubería f
── **circumference** n - circunferencia f de tubería
── **clamp** n - [mech] mordaza f, or sujetador m, or abrazadera f, or collar m, para tubería f
──── **base** n - [mech] base f para abrazadera f para tubería f
── **cleaner** n - [tools] limpiatubos m
── **cleaning machine** n - [tub] máquina f limpiadora para, tubo(s) m, or tubería(s) f
──── **operation** n - [tub] operación f para limpieza f de tubería f
── **clearance** n - [tub] luz f interior
── **clogging** n - [tub] atascamiento m de tubería
── **close nipple** n - [mech] entrerrosca con, largo m mínimo, or rosca f corrida, para tubería
── **coating** n - [tub] recubrimiento m, or pintura f, para tubería(s) f
── **code** n - [tub] código m para tubería(s) f
── **coil** n - [tub] serpentín m de tubería t
── **cold expanding** n - [tub] expansión f en frío de tubería(s) f
── **collapse** n - [tub] aplastamiento m de tubería
── **color code** n - [ind] código m de color(es) m para tubería(s) f
── **column** n - [tub] columna f de, tubo m, or tubería f • [constr-pil] columna f tubular
──── **code** n - [constr-pil] código m para columna(s) f tubular(es)
── **compounding** n - [plast] combinación f y mezcla f para tubo(s) m
── **compressive stress** n - [tub] esfuerzo m compresivo para tubería f
── **conditioning** n - [tub] acondicionamiento m de tubería f
── **connection** n - [tub] junta f, or conexión f, para tubo(s) m; comunicación f entre tubo(s) m
──── **spinning out** n - [petrol] desenroscamiento m, or desenroscadura f, de conexión f para tubería(s) f
── **contour** n - [tub] contorno m de, tubo m, or tubería f
── **conveyed on @ skid(s)** n - [transp] tubería f, or cañería f, transportada sobre patín(es) m
── **conveying** n - [tub] transporte m, or traslado m, de, tubería f, or cañería f
── **corrosion protection** n - [tub] protección f de tubería f contra corrosión f
── **coupling** n - [tub] acoplamiento m, or armado m, de tubería f • acoplamiento m, or unión f, or manguito m para unión f, para, tubo m, or tubería f
── **course** n - [tub] recorrido m de tubería f
── **cover** n - [mech] cubierta f para tubería f
──── **height** n - [constr] altura f de relleno m sobre tubería f
── **covering** n - [constr] cubrimiento m para tubería f • relleno m sobre tubería f
── **cradle** n - [tub] cuna f para tubería f
── **cross** n - [tub] (tubos m en) cruz f
── **crown** n - [tub] corona f de tubería f
── **culvert** n - [tub] alcantarilla f, tubular, or de tubería f
──── **design** n - [constr] proyección f de tubería f para alcantarilla f
──── **head** n - [hydr] carga f para alcantarilla f de tubería f
──── **structural design** n - [constr] proyección f estructural para alcantarilla f de tubería f
── **cushioning** n - sostenimiento m de tubería f
── **cutter** n - [tools] cortatubo(s) m; cortador m para, tubo(s) m, or tubería(s) f
── **cutting machine** n - [tub] máquina f, cortatu-

bos, or para cortar, tubo(s) m, or tubería f
pipe deflection failure n - [tub] falla f de tubería f por deformación f
— **delivery** n - [tub] entrega f de tubería f
— — **point** n - [tub] punto m para entrega f de tubería f
— **design** n - [tub] proyección f de tubería f • tipo m de, tubo m, or tubería f
— **designer** n - [constr] proyectista m para tubería f
— **diameter correction** n - [tub] corrección f en diámetro m de tubería f
— — **range** n - [tub] escala f de diámetro(s) m de tubería f
— **die** n - [tub] cojinete m, or dado m, or matriz f, para (terraja f para) tubo(s) m
— **dimension** n - [tub] dimensión f, or medida(s) f, para tubería f
— **disjointing** n — [tub] dislocación f de tubería
— **displacement** n - [tub] desplazamiento m de tubería f
— **double riveting** n - [tub] remachado m doble de tubería f
— **downhill welding** n - [weld] soldadura f descendente en tubería(s) f
— **downstream half** n - [tub] mitad f aguas abajo de tubería f
— **drain** n - [tub] purga f para tubería f
— **drop** n - [hydr] bajada f tubular • [tub] codo m vertical
— — **inlet** n - [constr] sumidero m tubular
— — **spillway** n - [hydr] vertedero m con sumidero m tubular
— **drying** n - [tub] secado m, or secamiento m, de, tubo m, or tubería f
— **durability** n - [tub] durabilidad f, or permanencia f, de tubería f
— **effective length** n - [tub] largo(r) efectivo, or longitud f efectiva, de tubo m, or tubería f
— **elastic compression** n - [constr-pil] compresión f elástica de tubería f
— **elbow** n - [tub] codo m, de, or para, tubería
— **electrical resistance heating** n - [weld] calentamiento m de tubería f con resistencia f eléctrica
— **elevator** n - [tub] alzatubo(s) m; elevador m para, tubo(s) m, or tubería f
— — **link** n - [tub] eslabón m para, alzatubo(s) m, or elevador m para tubo(s) m
— **emptying** n - [ind] vaciamiento m de tubería f
— **encased** a - [constr-pil] recubierto,ta con tubería f; entubado,da
— — **pile** n - [constr-tub] pilote m, recubierto con tubería f, or entubada
— **enclosure** n - [tub] entubación f en tubo(s) m
— **end corrugation** n - [tub] corrugación f de extremo m de tubería f
— — **overlapping** n - [tub] traslapo m de extremo m de tubería f
— — **preparation** n - [tub] preparación f de extremo m de, tubo m, or tubería f
— — **roundness** n - [tub] redondez f de extremo m de, tubo m, or tubería f
— — — **press** n - [tub] prensa f para redondear extremo m de, tubo m, or tubería f
— — **section** n - [tub] sección f terminal de tubería f
— — — **X-ray test(ing)** n - [tub] ensayo m con rayos-X de extremo m de, tubo(s) m, or tubería
— **energy loss** n - [hydr] pérdida f de energía f en tubería f
— **erection** n - [tub] montaje m de tubería f • tendido m de tubería f
— **expander** n - [tub] mandril m, or ensanchador m, or escariador m, para expansión f para tubería f
— **expander** n - [tub] dilatación f de tubería f
— **expansion** n - [tub] dilatación f de tubería f
— **exterior** n - [tub] exterior m de, tubo m, or tubería f
— — **corrosion** n - [tub] corrosión f (de) exterior m de tubería f
pipe exterior protection n - [tub] protección f de exterioor m de tubería f
— **fabricating plant** n - [metal-fabr] planta f para producción f de, tubo(s) m, or tubería f
— **fabrication** n - [metal-fabr] fabricación f de, tubo(s) m, or tubería f
— — **steel** n - [metal-fabr] acero m para producción f de, tubo(s) f, or tubería f
— **failure** n - [tub] falla f de tubería f
— **far end** n - [tub] extremo m alejado de tubo m
— **fillet weld** n - [weld] junta f en ángulo m de tubería f
— **filter** n - filtro m en tubería f; tubo m filtrador
— **fitting** n - [metal-fabr] accesorio m para, tubo m, or tubería f
— — **tong(s)** n - [petrol] tenaza(s) f para tubería f para, bombeo m, or filtración f
— — **shop** n - [tub] taller m para accesorio(s) m para tubería f
— **flange** n - [tub] brida f para tubo m
— **flap valve** n - [tub] chapaleta f para tubería
— **flow** n - [hydr] caudal m, or flujo m, en tubería f
— **foreman** n - [constr] supervisor m para (instalación f de) tubería(s) f
— **foundation** n - [constr] base f, or cimentación f, para tubería f
— **friction** n - [hydr] fricción f, de, or en, or causada por, tubería f
— — **energy loss** n - [hydr] pérdida f de energía f en tubería f debida a fricción f
— — **factor** m - factor m, or coeficiente m, de fricción f debida a tubería f
— — **loss** n - [hydr] pérdida f en tubería f debida a fricción f
— **gage** n - [tub] calibre m para tubo(s) m
— **gallery** n - galería f para tubería(s) f
— **galvanized female union** n - [tub] unión f galvanizada hembra para tubería f
— — **hexagonal lock nut** n - [mech] tuerca f para seguridad f, or contratuerca f, hexagonal galvanizada para tubería f
— — **steel end section** n - [tub] sección f terminal de acero m galvanizado para tubería f
— **grab** n - [tub] enganchatubo(s) m; agarratubo(s) m; pescatubo(s) m
— — **size** n - [mech] tamaño m de agarratubos m
— **grabber** n - [cranes] see **pipe grab**
— **grade** n - [tub] calidad f de tubería f • nivel m, or declive m, de tubería f
— **grating** n - [tub] rejilla f en tubería f
— **grip** n - [tub] mordaza f para tubería f
— **grooving** n - [tub] estriación f de tubería f
— **guide** n - [tub] guía f para tubería f
— **half** n - [tub] mitad f de tubería f
— **handling** n - [tub] manejo m de tubería f
— — **stiffness** n - [tub] rigidez f de tubería f para manejo m
— — **weight** n - [tub] peso m para, manipulación f, or manejo m, de, tubería f
— **hanger** n - [petrol] colgador m, or sujetador m, or soporte m colgante, para tubería f
— — **part** n - [tub] pieza f para soporte m colgante m para tubería f
— **header** n - [hydr] tubería f colectora
— **headwall** n - [constr] muro m para cabecera f para tubería f
— **heat treatment** n - [tub] tratamiento m térmico para tubería f
— **heating** n - [weld] calentamiento m de tubería f
— **holding** n - [tub] sujeción f, or sostenimiento m, de, tubo m, or tubería f
— **hydraulic element** n - [tub] elemento m hidráulico para tubería f
— **in @ trench** n - [tub] tubería f en zanja f
— **inner diameter** n - [tub] diámetro m interior de tubería f
— — **wall** n - [tub] pared f interior de tubería
— **inside** n - [tub] interior m de tubería f

pipe pile

pipe inside diameter n - [tub] diámetro m interior de tubería f
— — inspection n - [tub] inspección f interior de tubería f
— — radius n - [tub] radio m interior de tubería f
— — surface n - superficie f interior de tubería f
— — wall n - [tub] pared f interior de tubería
— inspection n - [tub] inspección f de tubería
— — report n - [tub] informe m de inspección f de tubería f
— installation n - [tub] instalación f de tubería f
— — site n - [tub] sitio m para instalación f de tubería f
— insulation n - [insul] aialación f de tubería
— interior n - [tub] interior m de, tubo m, or tubería f
— — corrosion n - [tub] corrosión f (de) interior n de tubería f
— — protection n - [tub] protección f (de) interior m de tubería f
— invert n - [tub] fondo m, or parte f inferior, de tubería f
— jack n - [tub] gato m, alzatubos, or para tubería f · gato m para inserción f de tubería
— jacking n - [tub] inserción f de tubería f con gato(s) m
— joining n - [constr] unión f, or conexión f, de tubería(s) f
— joint n - [tub] junta f, or unión f, para tubo m, or tubería f
— — clamp n - [tub] abrazadera f para unión f para, tubo(s) m, or tubería(s) f
— — cover pass n - [weld] pasada f para cierre m en junta f de, tubo m, or tubería f
— — — weld n - [weld] soldadura f de pasada f para cierre n en junta f de tubería f
— kicker n - [mech] botador m para tubería f
— layer n - [tub] fontanero m
— — covering n - [constr] cubierta f por capas f para tubería f
— laying n - [tub] fontanería f; colocación f, or tendido m, de tubería f
— — speed n - [tub] rapidez f para, tendido m, or colocación f, de tubería f
— length n - [tub] largo(r) m, or longitud f, de, tubo m, or tubería f · sección f, or tramo m, de tubería f
— — center n - [tub] mitad f, or centro m, de, sección f, or tramo m, de tubo m, or tubería
— — end n - [tub] extremo m de, sección f, or tramo m, de, tubo m, or tubería f
— — placement n - [tub] colocación f de, sección(es) f, or tramo(s) m, de tubería f
— lid n - [tub] tapa f para, tubo m, or tubería f
— life n - [tub] vida f (útil) de tubería f
— lifting and rotating unit n - [tub] dispositivo m para elevación f y rotación f de tubo
— line n - [metal-fabr] conducto m de tubería f · [petrol] línea f para conducción f · [transp] tubería f para conducción f; also see pipeline
— — material(s) n - [transp] material(es) m para tubería f para conducción f
— — practice n - [weld] práctica f (de soldadura f) para línea(s) f para conducción f
— — — transmission n - [tub] transmisión f por tubería f para conducción f
— — welding n - [weld] soldadura f de tuberías f para conducción f
— — — standard n - [weld] estándar m, or normaz f, para soldadura f de tubería(s) f para conducción f
— linear foot n - [tub] pie m lineal de tubería f; (use metro m lineal)
— liner n - [tub] revestimiento m para tubería f
— lining n - [tub] revestimiento m para tubería m
— lip n - [tub] borde m de, tubo m, or tubería f
— loading n - [tub] carga f de tubo(s) m
— — crane n - [tub] grúa f para carga f de, tubo(s) m, or tubería f
— — loss n - [tub] pérdida f de tubería f
pipe lower half n - [tub] mitad f inferior de tubería f
— making n - producción f, or fabricación f, or elaboración f, de tubo(s) m, or tubería(s) f
— — condition n - [tub] condición f para, producción f, or fabricación f, or elaboración f, de, tubo(s) m, or tubería(s) f
— — —(s) controlled carefully n - [tub] condición(es) f regulada(s) cuidadosamente para, producción f, or fabricación f, or elaboración f, de, tubo(s) m, or tubería(s) f
— man n - [tub] tubero m
— manganese content n - contenido m, or proporción f, de manganeso m en acero para tubo m
— manifold n - [mech] múltiple m, or distribuidor m, para tubería f
— — support n - [mech] soporte m para, múltiple m, or distribuidor m, para tubería f
— manufacturer n - [metal-fabr] fabricante m de, tubo(s) m, or tubería(s) f
— mark n - [tub] marca f en tubo m
— material n - [tub] material m, de, or para, tubería f · acero m para tubería f
— maximum stiffness n - [tub] rigidez f máxima para tubería f
— — yield strength n - [tub] límite m máximo para fluencia f de tubería f
— metal electrical resistance heating n - [weld] calentamiento m de metal m de tubería f, con resistencia f eléctrica f, or con resistencia f eléctrica de metal m para tubería f
— material n - [tub] material m para tubería f
— — resistance heating n - [weld] calentamiento m de metal m en tubería con resistencia eléctrica
— mill n - [tub] planta f para laminación f de, tubo(s) m, or tubería f
— — equipment n - [tub] equipo m para, planta f, or laminador m, para tubo(s) m
— minimum stiffness n - [tub] rigidez f mínima para tubería f
— misalignment n - [tub] desalineación f, or alineación f, mala, or pobre, de tubería f
— movement after @ laying n - [tub] movimiento m de tubería después de colocación f
— nipple n - [tub] entrerrosca f, or manguito m roscado, para, tubo m, or tubería f
— nominal length n - [tub] largo m nominal de tubería f
— — weight n - [tub] peso m nominal de tubería f
— nut n - [mech] tuerca f para tubería f
— obstruction n - [tub] obstrucción f, or atasco m, de tubería f; [Mex] azolve m
— open joint n - [tub] unión f abierta en tubería f
— opener n - [tub] abretubos m
— outer diameter n - [tub] diámetro m exterior de tubería f
— outlet n - [tub] salida f para tubería f · [hydr] tubería f para salida f
— outside n - [tub] exterior m de tubería f
— — diameter n - [tub] diámetro m exterior de tubería f
— — inspection n - [tub] inspección f (de) exterior m de tubería f
— — radius n - [tub] radio m exterior de tubería f
— overburden n - [constr] altura f de terraplén m sobre tubería f
— package n - [tub] lío m, or bulto m, de tubos
— — in size . . . n - [tub] lío m, or bulto m, de tubos m en diámetro m de . . .
— — — — . . . and smaller n - [tub] lío m, or bulto m, de tubos en diámetro(s) de . . . o menos
— pay length n - [tub] sección f, or trozo m, or tramo m, útil de tubería f
— performance n - [tub] comportamiento m, or desempeño m, de tubería f
— pile n - [tub] pila f de tubos m - [constr-

pil] pilote m, tubular, or de, tubo m, or tubería f; tubería f para pilote(s) m
pipe pile bottom n - [constr-pil] extremo m inferior, or punta f, or fondo m, de pilote m tubular
— — **butt end** n - [constr-pil] extremo m inferior de pilote m tubular
— — **corrosion** n - [constr-pil] corrosión f de pilote m tubular
— — **diameter** n - [constr-pil] diámetro m de pilote m tubular
— — — **factor** n - [constr-pil] coeficiente m para diámetro m de pilote m tubular
— — **dimension** n - [constr-pil] dimensión f, or medida(s) f, de pilote m tubular
— — **driven to @ required bearing** n - [constr-pil] pilote m tubular hincado hssta capacidad f portante exigida
— — — **@ required penetration** m - [constr-pil] pilote m tubular hincado hasta penetración f exigida
— — **driving** n - [constr-pil] hincadura f de pilote m tubular
— — **elastic compression** n - [constr-pil] compresión f elástica de pilote m tubular
— — **length** n - [constr-pil] largo(r) m de pilote m tubular
— — **property,ties** n - [constr-pil] propiedad(es) f de pilote m tubular
— — **section** n - [constr-pil] sección f, or trozo m, de pilote m tubular
— — **shaft** n - [constr-pil] columna f de pilote m tubular
— — — **strength** n - [constr-pil] resistencia f de columna f de pilote m tubular
— — **support** n - [constr-pil] soporte m de pilote m tubular
— — **tip** n - [constr-pil] punta f de pilote m tubular
— — **top** n - [constr-pil] tope m, or parte f superior, de pilote m tubular
— — **type** n - [constr-pil] tipo m de pilote m tubular
— **piling** n - [constr-pil] pilotes m tubulares
— — **fitting** n - [constr-pil] accesorio m para pilote(s) m tubular(es)
— — **support** n - [constr-pil] sostén(imiento) m con pilote(s) m tubular(es)
—, **placement**, or **placing** n - [constr] colocación f de, tubo m, or tubería f
— **plate** n - [tub] plancha f para tubería f
— — **arrangement** n - [tub] disposición f de plancha(s) f para tubería f
— **plug** n - [mech] tapón m para, tubo m, or tubería f
— — **installation** n - [mech] instalación f, or colocación f, de tapón m para tubo(s) m
— **post** n - [constr] poste m de tubería f
— — **removal** n - [mech] remoción f, or saca f, de tapón m para, tubo(s) m, or tubería(s) f
— **portion** n - [tub] parte f de tubería f
— **positioned for @ tack weld** n - [tub] tubería f colocada en posición f (apropiada) para soldadura f por punto(s) m
— **positioning** n - [tub] colocación f de tubería f en posición f (apropiada)
— — **for @ tack weld** n - [tub] colocación f de tubería f en posición f (apropiada) para soldadura f por punto(s) m
— **prepared end** n - [tub] extremo m preparado de tubo m
— **press** n - [mech] prensa f para, tubo m, or tubería f
— — **building** n - [tub] edificio m para prensa(s) f para, tubo(s) m, or tubería f
— **pressure** n - [tub] presión f, de, or en, tubería f
— — **gage** n - manómetro m para presión f en tubería f
— **procedure** n - [tub] procedimiento m para tubería f

pipe producer n - [tub] fabricante m de tuberías
— **product** n - [tub] producto m tubular
— **production** n - [tub] producción f, or fabricación f, de, tubo(s) m, or tubería f
— — **line** n - [metal-fabr] línea f para fabricación f de, tubo(s) m, or tubería f
— — **range** n - [tub] escala f, or límite(s) m, para, producción f, or fabricación f, de, tubo(s) m, or tubería f
— **property,ties** n - [tub] propiedad(es) f de tubería f
— **protection** n - [tub] protección f, de, or para, tubería f
— **pulling up** n - [petrol] extracción f de tubería f
— **pushing** n—[constr] impulsión f, or empuje m, de tubería f
— **quality** n - [tub] calidad f de, tubo m, or tubería f
— — **final assurance** n - [tub] seguridad f final de calidad f de tubería f
— **quantity** n - [tub] cantidad f de tubería f
— **racker** n - [petrol] arrumadora f
— **radius** n - [tub] radio m de tubería f
— **reaming** n - [tub] escariado m de tubería f
— — **and drifting** n - [tub] escariado m y mandrilado m de tubería f
— **resistance heating** n - [weld] calentamiento m con resistencia f (eléctrica) de tubería f
— **ring deflection** n - [constr] deformación f anular de tubería f
— **riser** n - [constr] tubería f vertical
— **rising stem cover** n - [hydr-gates] tubería f para cubierta f para vástago m ascendente
— **rotation unit drive** n - [tub] accionamiento m para dispositivo m para rotación f de tubería f
— **roundness** n - [tub] redondez f de tubería f
— **saddle** n - [tub] sillete m para, tubo m, or tubería f
— **sample** n - [tub] muestra f de tubería f
— **schedule** n - see **schedule . . . pipe**
— **seam** n - [tub] costura f en tubería f
— — **construction** n - [tub] tipo m de costura f para tubería f
— — **type** n - [tub] tipo m de costura f para tubería f
— **seat** n - [mech] asiento m para tubería f
— **section** n - [tub] sección f, or tramo m, or trozo m, de, tubo m, or tubería f • corte m transversal de tubería f
— — **bottom** n - [constr] fondo m de, sección f, or tramo m, or trozo m, de tubería f
— — **diameter** n - [tub] diámetro m de sección f de tubería f
— — **inside** n - [tub] interior m de sección f de tubería f
— — — **diameter** n - [tub] diámetro m interior de, sección f, or tramo m, de tubería f
— — **outside** n - [tub] exterior m de sección f de tubería f
— — — **diameter** n - [tub] diámetro m exterior de, sección f, or tramo m, de tubería f
— — **top** n - [constr] corona f, or parte f superior, de sección f, or tramo m, de tubería f
— **segment** n - [constr] segmento m de tubería f
— **sewer** n - [sanit] cloaca f tubular
— **shape** n - [constr] conformación f de tubería f
— — **factor** n - [tub] coeficiente m para conformación f de tubería f
— — **maintaining** n - [constr] mantenimiento m de conformación f de tubería f
— **shaping** n—[constr] conformación f de tubería f
— **shell** n - [constr] camisa f, or tubo m, de pilote m
— **shop** n - [tub] taller m para tubería f
— — **equipment** n - [tub] equipo m para taller m para tubería f
— **short nipple** n - [tub] entrerrosca f corta para tubería f
— **side** n - [tub] lado m, or costado m, de, tubo m, or tubería f

- **pipe size** n - [tub] diámetro m, or tamaño m, de, tubo m, or tubería f
- — **(s) design** n - [tub] proyección f de diámetro(s) m para tubería f
- — **(s) range** n - [tub] escala f de diámetro(s) para tubería f
- — — **selection** n - [tub] selección f, or determinación f, de diámetro(s) m de tubería f
- — **skid** n - [tub] patín m para tubo(s) m
- — **sleeve** n - [constr] manguito m; tubería f para camisa f
- — **slope** n - [constr] inclinación f, or pendiente f, or declive m, de, tubo m, or tubería f
- — **sloping** n - [constr] declive m de tubería f
- — **specification** n - [tub] especificación f para tubería f
- — **spider** n - [tub] araña f para tubería f
- — **spillway** n - [hydr] (tubo m) vertedero m (tubular; tubo m para bajada f
- — **spraying** n - [tub] rociada f, de, or con, tubo m, or tubería f
- — **stabilization** n - [tub] estabilización f, or inmovilización f, de, tubo m, or tubería f
- — **stand** n - [petrol] rimero m de tubo(s) m • tira f de tubo(s) m • tramo m de tubo(s) m en pie
- — **steel** n - [metal-prod] acero m para tuberías
- — — **analysis** n - [tub] análisis m de acero m, para, or en, tubería f
- — — **carbon content** n - proporción f de carbono n en acero m, en, or para, tubería f
- — — **chemistry** n - [tub] análisis m de acero m, en, or para, tubería f
- — — **end section** n - [constr] sección f terminal de acero m para tubería f
- — — **manganese content** n - [tub] proporción f de manganeso m en acero m para tubería f
- — — **specification** n - [tub] especificación f para acero m para tubería f
- — **stem cover** n - [hydr-gates] tubería f para cubierta f para vástago m
- — — **assembly** n - [hydr-gates] conjunto m de tubería f para cubierta f para vástago m
- — **stiffness** n - [tub] rigidez f de tubería f
- — — **requirement** n - [tub] exigencia f para rigidez f para tubería f
- — **still** n - [petrol] alambique m tubular
- — — **distillation** n - [petrol] destilación f en alambique(s) m tubular(es)
- — — **unit** n - [petrol] planta f para destilación f con alambique(s) m tubular(es)
- — **unit** n - [petrol] planta f con alambiques m tubulares
- — **straightener** n - [tub] (máquina) enderezadora f para tubo(s) m
- — **straightening machine** n - [tub] máquina f enderezadora para tubo(s) m
- — **strain** n - [constr] silicitación f de, or esfuerzo m a que se somete, tubería f
- — **strap** n - [tub] abrazadera f, or zuncho m, para tubo(s) m
- — **stream enclosure** n - [hydr] entubación (en forma f de tubería f) para curso m de agua m
- — **strength** n - [tub] resistencia f, or rigidez f, de tubería f
- — — **ratio** n - [tub] razón f, or coeficiente m, or índice m, para resistencia f de tubería f
- — **stretch(ing)** n - [tub] estiramiento m de tubería f
- — **stress** n - [tub] esfuerzo m, de, or a que se somete, tubería f
- — **structural plate** n - [tub] plancha f estructural para tubería f
- — — **specification** n - [tub] especificación f para plancha(s) f estructural(es) para tubería f
- — — — **standard specification** n - [tub] especificación f estándar para plancha(s) f estructural(es) para tubería f
- — **structure** n - [tub] estructura f de, tubo m, or tubería f

- **pipe structure backfilling** n - [constr] colocación f de relleno m sobre estructura f tubular
- — **subdrain** n - [hydr] tubería f para subdrenaje • also see **subdrainage pipe**
- — **supply** n - [tub] provisión f de tubería f
- — **support** n - [tub] soporte m (corriente) para, tubo m, or tubería f
- — — **bracket** n - [tub] ménsula f para soporte m para tubería f
- — — — **assembly** n - [tub] conjunto m de ménsula f para soporte m para tubería f
- — — **center line** n - [constr] eje m de soporte m para tubería f
- — — **frequency** n - [tub] distancia f entre soportes m para tubería f
- — — **roller** n - [tub] rodillo m para soporte m para, tubo m, or tubería f
- — — **saddle** n - [constr] sillete m para soporte m para tubería
- — **supporting** n - [constr] sosten(imiento) m de tubería f
- — **strength** n - [constr] capacidad f portante de tubería f • [tub] resistencia f de tubería f para sustentación f
- **pipe surface** n - [tub] superficie f de tubería f
- — **swage** n - [tub] abretubos m; mandril m desabollador
- — **swedge** n - [tub] see **pipe swage**
- — **system** n - [mech] sistema m para tubo(s) m • [tub] red f, or instalación f, de, tubo(s) m, or tubería(s) f
- — **taper tap(ping)** n - [tub] rosca f cónica para tubo m
- — **temperature** n - [tub] temperatura f de, tubo m, or tubería f
- — **test piece** n - [tub] probeta f de tubería f
- — **thawing** n - [weld] descongelación f de tubería(s) f, or tubo(s) m
- — — **procedure** n - [weld] procedimiento m para descongelación f de, tubería(s) f, or tubo(s)
- — — **setting** n - [weld] regulación f para descongelación f de, tubería(s) f, or tubo(s) m
- — **thickness** n - [tub] espesor m de tubería f
- — **thread** n - [tub] rosca f para, tubo(s) m, or tubería(s) f
- — — **basic standard** n - [tub] norma f básica para rosca(s) f para, tubería(s) f, or tubos
- — — **standard** n - [tub] norma f para rosca f para, tubería(s) f, or tubo(s) m
- — **threader** n - [tub] roscadora f, or terraja f, para, tubería f, or tubo(s) m
- — **threading** n - [constr] inserción f de tubería • [tub] corte m de rosca f en tubo(s) m
- — — **machine** n - [tub] máquina f roscadora para tubo(s) m
- — **to be welded** n - [weld] tubería f por soldar
- — **to @ trough to @ thickenner** n - [metal-prod] tubería f para conducción f a artesa f (que va) a espesador m
- — **tolerance** n - [tub] tolerancia f para tubo m
- — — **specification** n - [tub] especificación f para tolerancia(s) f para tubo(s) m
- — — **standard** n - [tub] norma f para tolerancia(s) f para, tubo(s) m, or tubería f
- — **tong(s)** n - [tools] tenaza(s) f para tubos m • [petrol] llave f para tubería f (para bombeo m)
- — **tool(s) kit** n - [tub] juego m de herramientas f para (armar) tubería f
- — **top** n - [tub] tope m, or corona f, de tubo m; parte f superior de tubería f
- — — **half** n - [tub] mitad f superior de tubería
- — **transfer** n - [tub] transferencia f, or traslado m, de tubería f • transferidor m para tubería f
- — — **between @ in-conveyor and @ out-conveyor** m - [tub] transferencia f de tubería f entre cinta(s) transportadora(s) para entrada f y salida f
- — **transport(ing)** n - transporte m de tubería f

pipe transportation n - transporte m de tubería
— travel n - [mech] dirección f, or sentido m de avance m para tubo m; avance m de tubo m
— — direction n - [mech] dirección f, or sentido m de avance m para tubería f
— —ling) down into @ well n - [petrol] bajada f (a pozo m) de tubería f para perforación f
— trench n - [constr] zanja f para tubería f
— — bottom n - [constr] fondo m de zanja f para tubería f
— tunnel n - [constr] túnel m para tubería f
— type n - tipo m de, tubo m, or tubería f
— — cable circuit n - [electr-instal] circuito m de tipo m tubular para cable(s) m
— typical cross section n - [tub] corte m transversal típico de tubería f
— — material mounting n - [tub] montaje m de material m tubular
— ultimate compressive stress n - [tub] esfuerzo m compresivo máximo para tubería f
— uncoupling n - [tub] desacoplamiento m, or desarme m, de tubería f
— undermining n - [constr] socavación f de tubería f
— underpass n - [constr] paso m inferior de tubería f
— union n - [tub] unión f para tubería f
— — disconnection n - [tub] desconexión f de unión f para tubería f
— upper half n - [tub] mitad f superior de tubería f
— upstream half n - [tub] mitad f aguas m arriba de tubería f
— valve n - [valv] válvula f para tubería f
— — cover n - [tub] tapa f para válvula f para tubería f
— variation n - [tub] variación f en tubería f
— veretical deflection n - [tub] deformación f vertical de tubería f
— vise n - [tub] mordaza f (para tubos m)
— wall n - [tub] pared f de tubería f
— — compression n - [tub] compresión f en pared f de tubería f
— — — computation n - [tub] cálculo m de compresión f en pared f de tubería f
— — compressive stress n - [tub] esfuerzo m compresivo de pared f de tubería f
— — design n - [tub] proyección f para, or diseño m de, pared f de tubería f
— — — load n - [tub] carga f para proyección f de pared f de tubería f • carga f prevista para pared f de tubería f
— — elasticity modulus n - [tub] módulo m para elasticidad f de pared f para tubería f
— — — inertia moment n - [tub] momento m de inercia f de pared f de tubería f
— — load n - [tub] carga f para pared f de tubería f
— — moment strength n - [constr] momento m resistente de pared f de tubería f
— — strength n - [tub] resistencia f de pared f de tubería f
— — stress n - [tub] esfuerzo m, or solicitación f, de pared f de tubería f
— — thickness n - [tub] espesor m de pared f de tubería f
— — ultimate compression n - [tub] compresión f máxima para pared f de tubería f
— — — stress n - esfuerzo m compresivo máximo de, or solicitación f compresiva máxima sobre, pared f de tubería f
— — yield point n - [tub] límite m elástico máximo para pared f de, tubo m, or tubería f
— washer n - [mech] arandela f para tubería f
— wear(ing) n - [tub] desgaste m de tubería f
— wedge n - [tub] cuña f para tubería f
— weight n - [tub] peso m de, tubo m, or tubería f
— weld(ing) n - [weld] soldadura f de, tubo(s) m, or tubería f
— — electrode n - [weld] electrodo m para soldadura f de tubería(s) f

pipe welding standard n - [weld] norma f para soldadura f de, tubo(s) m, or tubería f
— — technique n - [weld] técnica f para soldadura f de tubo(s) m, or tubería f
— weldor n - [weld] soldador m para, tubo(s) m, or tubería f
— width n - [tub] ancho(r) m, or anchura f, de tubería f
— with @ headwall n - [constr] tubería f con muro m para cabecera f
— without headwall n - [constr] tubería f sin muro m para cabecera f
— — pressure n - [ind] tubería f sin presión f
— work n - [tub] trabajo m con tubería(s) • instalación f de tubería(s) f
— wrench n - [tools] llave f para, tubo(s) m, or tubería f • [petrol] llave f para tubería f (para bombeo m)
— yield strength n - [tub] límite m de fluencia f para tubería f
piped a - [tub] conectado,da • conducido,da
pipefitter n - [tub] instalador m, or montador m, para, tubo(s) m, or tubería(s); ajustador m; tubero m
— journeyman n - [tub] oficial m ajustador de primera
— welder n - [weld] montador m soldador para tubería(s) f
— Welder's Review of Metallic Welding for Qualification Under ASME Rules n - [tub] manual m para Soldadura f Metálica para Capacitación f de Montadores para Tubería Bajo Reglas f de la A S M E
pipeline n - [tub] tubería f para conducción f; tubería f; cañería f; conducto m • [petrol] oleoducto m; gasoducto m; tubería f para petróleo m • [hydr] acueducto n; canalización f • conducto m • vinculación f - [electr-distr] cable m coaxi(a)l
— boom n - [petrol] aguilón m para tubería(s) f
— company n - [petrol] empresa f para conducción f por tubería(s) f
— — experience n - [petrol] experiencia f de empresa f en conducción f por tubería(s) f
— — study n - [petrol] estudio m por empresa f para conducción f por tubería(s) f
— conduit n - [constr] conducto m para conducción f (por tuberías f)
— construction n - [petrol] construcción f de tubería(s) f para conducción f
— flow n - [petrol] caudal m, or gasto m, de línea f para conducción f
— laying n - [tub] tendido m de tubería(s) f para conducción f
— oil pumping n - [petrol] bombeo m de petróleo m por red f de oleoducto(s) m
— practice n - [tub] práctica f para línea f para conducción f • [petrol] práctica f para soldadura f para tubería(s) f para conducción f
— procedure n - [weld] procedimiento m para soldadura f para tubería(s) f para conducción f
— protection n - [tub] protección f para tubería(s) f para conducción f
— pumping n - [petrol] bombeo m por, tubería(s) f, or red f, para conducción f
— — station n - [petrol] estación f para bombeo m para tubería f para conducción f
— technique n - [weld] técnica f para soldadura f de tubería(s) f para conducción f
— welding n - [weld] soldadura f en tubería(s) f para conducción f
— — procedure n - [weld] procedimiento m para soldadura f en tubería(s) f para conducción f
— — technique n - [weld] técnica f para soldadura f en tubería(s) f para conducción f
— work n - [weld] trabajo m en tubería(s) f para conducción f
pipeliner n - [tub] constructor m de, oleoductos m, or gasoductos, or tuberías f para conducción f • [weld] soldadora m para tubería(s) f
pipes and fittings n - [tub] tubos y accesorios

piping n - [tub] tubería f (para conducción f • conexión f • [transpl] conducción f • [soils] capilar(es) m; espacio(s) m vacío(s)
— **adjusting** n - [tub] ajuste m de tubería(s) f
— **bend(ing)** n - [tub] dobladura f de tubería f
— **code** n - [tub] código m para tubería(s) f
— **crossing** n - [tub] cruce m de, or debajo de, tubería(s) f
— **datum,ta** n - [tub] información f sobre tubería
— **equipment** n - [tub] equipo m, or instalación(es) f, para conducción f
— **finish cover** n - [tub] cubierta f para terminación f, para, or de, tubería f
— **general arrangement** n - [tub] arreglo m, or disposición f, general de tubería f
— **installation** n - [tub] instalación f, or colocación, f, de tubería f
— **line** n - [petrol] sistema m de tubería(s) f
— **list** n - [tub] lista f de tubería(s) f
— **load** n - [constr] carga f para tubería(s) f
— **schematic** n - [tub] esquema m de conexión(es)
— **specification(s)** n - [tub] especificación(es) f para tubería(s) f
— **system** n - [tub] sistema m, or red f, de tubería(s) f
— — **code** n - [tub] código m para red f de tubería(s) f
— — **construction** n - [tub] construcción f de red f de tubería(s) f
— — — **code** n - [tub] código m para construcción f de red f de tubería(s) f
— — **design(ing)** n - [tub] proyección f de red f de tubería(s) f
— — — **code** n - [tub] código m para proyección f de red f de tubería(s) f
pirate n - ... .; filibustero m
— **ship** n - [nav] barco m de pirata(s) m
piscicultoric a - [piscic] piscicultor,ra
piston n - ... . • [pumps] chupón m
— **air pressure** n - [pneumat] presión f de aire m en émbolo m
— — **shift unit** n - [pneumat] dispositivo m para cambio m de aire m para, pistón m, or émbolo m • [autom-mech] dispositivo m neumático con émbolo m para cambio(s) m • also see **air shift unit piston**
— — — **assembly** n - [autom-mech] conjunto m de dispositivo m neumático con émbolo m para cambio(s) m
— **and (piston) rod assembly** n - [mech] conjunto m de émbolo m y (su) vástago m
— —(—) — **installation in @ liner** n - [mech] instalación f de émbolo m y (su) vástago m en camisa f
— — (—) **installed in @ liner** n - [mech] émbolo m y vástago m instalado(s) en camisa f
— **area** n - [mech] superficie f de émbolo m
— **assembly** n - [mech] émbolo m armado; conjunto m para, émbolo m, or pistón m • armado m de émbolo m
— — **kit** n - [int.comb] elemento(s) m para conjunto m de émbolo m
— **back side** n - [mech] respaldo m para émbolo m
— **back-springing** n - [mech] rebote m de émbolo m
— — **stroke** n - [int.comb] carrera f, or golpe m, de retroceso m para émbolo m
— **base** n - [mech] base f de émbolo m
— **bolt** n - [mech] perno m para émbolo m
— **brace** n - [pumps] armazón f para émbolo m
— **bushing** n - [mech] buje m para émbolo m
— **change** n - [mech] cambio m, or reemplazo m, de émbolo m
— — **out** n - [mech] reemplazo m de émbolo m
— **changing** n - [mech] cambio m, or reemplazo m, de émbolo m
— **clearance** n - [mech] luz f, or espacio m libre, para émbolo m
— **component** n - [mech] (pieza f) componente m, para émbolo m
— **condition** n - [mech] condición f, or estado m, de émbolo m

piston condition observing n - [mech] observación f de, condición f, or estado, de émbolo
— **coolant** n - [mech] (líquido) refrigerante m para émbolo m
— — **check(ing)** n - [mech] verificación f de (líquido) refrigerante m para émbolo m
— — **supply** n - [mech] provisión f de (líquido) refrigerante m para émbolo m
— **damage** n - [int.comb] daño m a émbolo m
— **disk** n - [valv] disco m para émbolo m
— **diameter** n - [mech] diámetro m de émbolo m
— **displacement** n - [int.comb] desplazamiento m de émbolo m; cilindrada f
— **drive crown gear** n - [mech] corona f para accionamiento m para émbolo m
— — **mechanism** n - [metal-prod] mecanismo m para movimiento m de émbolo m (en cañón m)
— **end** n - [mech] extremo m de émbolo m
— **engine** n - [int.comb] motor m con, émbolos f, or piston(es) m
— **felt oiler** n - [mech] aceitador m con fieltro m para, émbolo m, or pistón m
— — — **soaking** n - empapamiento m, or remojo m de aceitador m con fieltro m para émbolo m
— **fit(ting)** n - [mech] ajuste m de émbolo m
— **flange** n - [mech] brida f de émbolo m
— **flanged end** n - [mech] extremo m embridado de émbolo m
— **grease** n - [lubric] grasa f para émbolo m
— **greasing** n - [mech] engrase m de émbolo m
— **groove** n - [int.comb] ranura f en émbolo m
— **guiding** n - [mech] guiamiento* m de émbolo m
— **head** n - [mech] cabeza f para émbolo m
— **heating** n - [int.comb] calentamiento m de émbolo m
— **hole** n - [mech] orificio m en émbolo m
— **hub** n - [mech] cubo m, or mazo m, para émbolo
— **installation** n - [mech] instalación f, or colocación f, de émbolo m
— — **on @ rod** n - [mech] instalación f, or colocación f, de émbolo m sobre vástago m
— **installed on @ rod** n - [mech] émbolo m, instalado, or colocado, sobre vástago m
— **jamming** n - [mech] trabadura f de émbolo m
— **land** n - [mech] parte f plana de émbolo m • superficie f lisa entre estría(s) f en émbolo
— — **diameter** n - [mech] diámetro de superficie f, lisa, or plana, en émbolo m
— **life** n - [mech] vida f (útil), or duración f, de, émbolo m, or pistón m
— **liner** n - [mech] camisa f émbolo
— — **manifold** n - [mech] múltiple m para émbolo m y camisa f
— — **pump** n - [petrol] bomba f para émbolo m y camisa f
— — **spray** n - [mech] rociadora f para émbolo m y camisa f
— — — **manifold** n - [mech] múltiple m, or distribuidor m, para rociadora f para émbolo m y camisa f
— — — **pump** n - [petrol] bomba rociadora f para émbolo m y camisa f
— — — — **bracket** n - [petrol] ménsula f para bomba f rociadora para émbolo m y camisa f
— — — — **sheave** n - [petrol] polea f para bomba f rociadora para émbolo m y camisa f
— — — — **support** n - [mech] soporte m para bomba f rociadora para émbolo m y camisa f
— — — — **sump** n - [mech] colector m para rociador m para émbolo m y camisa f
— — **spray system** n - [mech] sistema m rociador para émbolo m y camisa f
— — **sump** n - [mech] colector m para émbolo m y camisa f
— **lip** n - [petrol] labio m de émbolo m
— **lock nut** n - [mech] contratuerca f para émbolo
— **metering land diameter** n - [mech] diámetro m de parte f, lisa, or plana, que sirve) para medición f de émbolo m
— **movement** n - [mech] movimiento m de émbolo m
— **O-ring** n - [mech] guarnición f anular para em-

piston oiler

bolo m
piston oiler n - [mech] aceitador m para émbolo
— **outside** n - [mech] exterior m de émbolo m
— **pin** n - [mech] eje m, or pasador m, or perno m, para émbolo m
— — **bushing** n - [mech] buje m para, pasador m, or eje m, para émbolo m
— — **diameter** n - [mech] diámetro m de pasador m para émbolo m
— — **end** n - [mech] extremo m de pasador m para émbolo m
— — **hole** n - [mech] orificio m en pasador m para émbolo m
— — **lock** n - [mech] cierre m para pasador m para émbolo m
— — **retaining ring** n - [mech] aro m para retención f para pasador m para émbolo m
— — **ring** n - [mech] aro m para pasador m para émbolo m
— — **snap ring** n - [mech] anillo m sujetador para pasador m para émbolo m
— **pinion** n - [mech] piñón m para émbolo m
— **positioning** n - colocación f de émbolo m en posición f (apropiada)
— **power pump** n - [pumps] bomba f con émbolo m para potencia f
— **problem** n - [mech] problema m con émbolo m
— **pump** n - [pumps] bomba f con émbolo m
— **rack** n - [mech] cremallera f para émbolo m
— **reducer** n - [mech] reductor m para émbolo m
— **removal** n - [mech] remoción f, or saca f, de émbolo m
— **replacement** n - [mech] reposición f, or reemplazo m, para émbolo m
— **replacing** n - [mech] reposición f, or reemplazo m, de émbolo m
— **retaining ring** n - [mech] aro m para retención f para émbolo m
— **return** n - [mech] retorno m de émbolo m
— **ring** n - [mech] anillo m, or aro m, para émbolo m • segmento m
— — **gap** n - [int.comb] separación f para aro m para émbolo m
— — **groove** n - [mech] ranura f en aro m para émbolo m
— — **kit** n - [int.comb] juego m de aro(s) m para émbolo m
— — **land** n - [mech] superficie f entre ranura(s) f en émbolo m
— — **set** n - [int.comb] juego m de, aro(s) m, or anillo(s) m, para émbolo m
— **rod** n - [mech] vástago m, or varilla f, para émbolo m
— — **condition** n - [mech] condición f, or estado m, de vástago m para émbolo m
— — **connecting** n - [mech] conexión f de vástago m para émbolo m
— — **connection** n - [mech] conexión f para vástago m para émbolo m
— — **connection** n - [mech] conexión f para vástago m para émbolo m
— — **end** n - [mech] extremo m de vástago m para émbolo m
— — **face** n - see **piston rod end**
— — **flange** n - [mech] brida f de vástago m para émbolo m
— — **flanged end** n - [mech] extremo m embridado de vástago m para émbolo m
— — **nut** n - [mech] tuerca f para vástago m para émbolo m
— — — **wrench** n - [mech] llave f para tuerca f para vástago m para émbolo m
— — **taper** n - [petrol] ahusado m de vástago m para émbolo m
— **run** n - [mech] carrera f de émbolo m
— **screw nut** n - [mech] tuerca f para husillo m para émbolo m
— **section** n - [mech] corte m transversal de émbolo m
— **seal** n - [mech] sello m para émbolo m
— — **set** n - [mech] juego m de sello(s) m para

émbolo m
— **piston set** n - [mech] juego m de émbolo(s) m
— **shoulder** n - [mech] hombro m de émbolo m
— **skirt** n - [mech] falda f, or faldón m, or camisa f, para émbolo m
— — **bottom** n - [mech] parte f inferior, or pie m, de falda f para émbolo m
— — **top** n - [mech] parte f superior de falda f para émbolo m
— **slap(ping)** n - [mech] golpeteo m de émbolo m
— **spray manifold** n - [mech] múltiple m rociador para émbolo m
— **spring** n - [mech] resorte m para émbolo m
— — **return** n - [mech] retorno m de resorte m para émbolo m
— **stairway** n - [mech] ascenso m a émbolo m
— **stop** n - [mech] final m de carrera f, or tope m, para émbolo m
— **stroke** n - [int.comb] carrera f de émbolo m; embolada f
— **sub-assembly** n - [int.comb] sub-conjunto m para émbolo m
— **subrod** n - [petrol] segmento m de vástago m para émbolo m
— **sump** n - [mech] colector m para émbolo m
— **surface** n - [mech] superficie f de émbolo m
— **surge valve** n - [mech] válvula f para alivio m para sobrepresión f de émbolo m
— **tightening** n - [mech] ajuste m de émbolo m
— **top** n - [mech] parte f superior de émbolo m
— **travel** n - [int.comb] carrera f de émbolo m
— **type** n - [mech] tipo m de émbolo m | a - de tipo m con émbolo m
— — **valve** n - [valv] válvula f de tipo m con émbolo m
— **valve** n - [int.comb] válvula f para émbolo m
— **walk** n - [mech] pasarela f de émbolo m
— **wear(ing out)** n - [mech] desgaste m de émbolo
pit n - . . .; tragadero m; cárcamo m • [constr] fosa f; zanja f • [metal-prod] pozo m (para carga f • [sports] foso m para servicio m • [ind] sótano m; foso m; yacija f • platea f • [miner] socavón m; explotación f; tajo m; hueco m | v - [sports] ir a fosa f | interj [sports] ¡a fosa f! | n - [metal] picadura f
— @ **bearing** v - [mech] picar cojinete m
— **against** v - [sports] competir con(tra)
— **bottom** n - fondo m de, foso m, or pozo m, or hoyo m • [metal-roll] solera f, or fondo m, de horno m, de fosa f, or para igualación f de temperatura f
— @ **car** v - [sports] entrar automóvil m a fosa
—, **charge**, or **charging** n - [metal-roll] enfosamiento m • carga f en fosa f
— — v - [metal-roll] enfosar
— **charged** a - [metal-roll] enfosado,da
— **charging beginning** n - [metal-prod] comienzo m de carga f en fosa f
— — **end(ing)** n - fin(al) n, or término m, de carga f en fosa f
— — **temperature** n - [metal-prod] temperatura f de fosa f al cargar
— **cover** n - [metal-prod] tapa f, or cubierta f, para horno m [de fosa f)
— **crane** n - [metal-prod] grúa f para nave f (de horno(s) m de fosa f)
— **crew** n - [sports] cuadrilla f en fosa f
— **drain** n - [hydr] desagüe m, a, or de, pozo m
— **enclosure** n - [sports] encierro m, or recinto m, para fosa(s) f
— **furnace** n - [metal-prod] horno m de, fosa f, or cubilote m
— **generator** n - [turb] generador m en foso m
— **heating** n - [metal-prod] calentamiento m, en, or de, fosa(s) f
— — **cycle** n - [metal-prod] ciclo m para calentamiento m, en, or de, fosa(s) f
— **helper** n - [ind] ayudante m en fosa f
— **ingot charging** n - [metal-roll] carga f de lingote(s) m en fosa f
— — — **order** n - [metal-roll] orden m para

carga f de lingote(s) en, fosa f, or horno
pit inspector n - [ind] inspector m para sótanos
— **lane** n - [sports] vía f para fosa(s) f
— **location** n - [miner] ubicación f, or sitio m, para explotación f
— @ **magneto point** v - [int.comb] picar platino m para magneto m
— **now! interj** - ¡a fosa f ahora!
— **operator** n - [ind] operador m para, fosa f, or sótano m
— **personnel** n - [sports] personal m en fosa(s)
— **pipe** n - [constr-pil] see **pile pipe**
— @ **point** n - [int.comb] picar platino m
— **practice** n - [metal-roll] práctica en fosas f
— **pump** n - [metal-prod] bomba f en pozo m
— **rolling** n - [metal-prod] descarga f de horno m de fosa f
— — **gravel** n - [constr] grava f sin cribar
— **side** n - [metal-prod] sala f para colada f
— **slab** n - [constr] losa f para fosa f
— — **joint** n - [constr] costura f en loza f para fosa f
— **stop** n - [sports] detención f, or parada f, en fosa f
— **straight** n - [sports] recta f con fosa(s) f
— **sump pump** n - [pumps] bomba f para, achique m, or desagüe m, para, pozo m, or sumidero m
— **support team** n - [autom] cuadrilla en fosa f para respaldo m para corredor(es) m
— **temperature** n - [metal-prod] temperatura f en fosa f
— **time** n - [metal-prod] tiempo m (de permanencia f) en horno m de fosa f
— —/**track time ratio** n - [metal-prod] razón f, or relación f, de tiempo en fosa f y tiempo m en vía f
— **track** n - [sports] vía f para fosa(s) f
— @ **valve** v - [int.comb] picar válvula f
— **wall** n - [metal-prod] pared f de fosa f
— — **joint** n - junta f, or costura f, en pared f de fosa f
— **work** n - [aitp,] trabajo m en fosa f
pitch n - . . . • [cabl] paso m de cable m • longitud f de trenzado m • [metal-fabr] paso m (de corrugaciones) f • [weld] paso m (entre centros m en soldadura f intermitente) • [mech] paso m (para rosca f) • inclinación f • sentido m • [miner] buzamiento • [fans] inclinación f; ángulo m
— **and gather** n - [mech] inclinación f y convergencia f
— **angle** n - [mech] ángulo m de inclinación f
— **barreling** n - [petrol] embarrilado de brea
— — **tank** n - [petrol] (es)tanque m, or depósito m, para embarrilado de brea f
— **buggy** n - carro m, or vagoneta f, para brea f
— **coating** n - [constr] capa f de brea f
— **diameter** n - [tub] diámetro m, efectivo, or medio • [mech] diámetro m de paso m
— **dump tank** n - [byprod] (es)tanque m, or depósito m, para descarga f de brea f
— **painted** a - [constr] pintado,da con brea f
— **sequencing** n - [autom-tires] orden m (sucesivo) para paso(s) m
— **temperature** n - [constr] temperatura f para brea f
— **variation** n - [mech] variación f en paso m • [fans] variación f en inclinación f
— **versus depth dimension(s)** n - [mech] medida f de separación f, or de paso m, en relación f con profundidad f
pitched battle n - . . .; batalla f reñida
— **head** n - [agric-equip] cabeza f volcadora
pitman n - . . . • [metal-roll] encargado de foso(s) m
— **arm** n - [mech] barra f para conexión f • brazo m de biela f
— — **seal** n - [mech] sello m para, barra f para conexión f, or biela f
— **assembly** n - [mech] armado m de biela f
— **bearing** n - [mech] cojinete m para biela f

pitman bearing clamp n - [mech] sujetador m para cojinete m para biela f
— — — **ring** n - [mech] aro m sujetador para cojinete m para biela f
— — **ring** n - [mech] aro m para cojinete m para biela f
— — **spacer** n - [mech] separador m para cojinete m para biela f
— — — **ring** n - [mech] aro m separador para cojinete m para biela f
— **bushing** n - [mech] buje m para biela f
— **knockoff nut** n - [mech] tuerca f, sujetadora, or con aleta(s) f, para biela f
— **nut** n - [mech] tuerca f para biela f
— **oil seal** n - [mech] sello m para aceite m para biela f
— **ring** n - [mech] aro m para biela f
— **spacer ring** n - [mech] aro m separador para biela f
— **spherical bearing** n - [mech] cojinete m esférico para biela f
— **stirrup** n - [mech] estribo m para biela f
Pitot connection n - [environm] conexión f de Pitot
— **opening** n - [environm] abertura f de Pitot m
— **tube** n - [petrol] tubo m de Pitot
— **type opening** n - [environm] abertura f de tipo Pitot
pitted against a - [sports] competido,da con(tra)
— **bearing** n - [mech] cojinete m picado
— **car** n - [sports] automóvil m entrado en fosa
— **contact** n - [electr-instal] contacto m picado
— **link** n - [chains] eslabón m picado
— **magneto point** n - [int.comb] platino m para magneto m, picado, or con picadura(s) f
— **point** n - [int.comb] platino m, picado, or con picadura(s) f
— **valve** n - [int.comb] válvula f picada
pitting n - [metal-prod] . . .; viruela f
— **against** n - [sports] competición f con(tra)
— **corrosion** n - [metal] corrosión f, con, or en forma f de, picadura(s) f
— **immunity** n - [metal] inmunidad f contra picadura(s) f
— **resistance** n - [metal] resistencia f contra picadura(s) f
— **tendency** n - [metal] tendencia a picaduras f
Pittsburgh seam n - [environm] costura Pittsburgh
— **testing laboratory** n - laboratorio m Pittsburgh para, ensayo(s) m, or prueba(s) f
pivot n - [mech] . . .; articulación f; pieza f giratoria | v - . . .; girar
— **axle cultivator** n - [agric-equip] cultivador m con eje m con pivote m
— **block** n - [mech] bloque m giratorio; pieza f giratoria
— **joint** n - [mech] articulación f con pivote m
— **knuckle joint** n - [mech] articulación f con charnela f para pivote m
— **lever attachment** n - [mech] accesorio m con palanca f para pivote m
— **pin** n - [mech] pasador m para, pivote m, or gorrón m, or pieza f giratoria
— **pole cultivator** n - [agric-equip] cultivador m con lanza f con pivote m
— **reamer** n - [tools] escariador m hueco
— **ring** n - [mech] anillo m para, pivote m, or pieza f giratoria
— **shaft** n - [mech] eje m para pieza f giratoria
— **support** n - [mech] soporte m para, pivote m, or gorrón m
— **tongue attachment** n - [agric-equip] accesorio m con lanza f con pivote m
pivoted a - giratorio,ria • girado,da
— **bucket** n - [constr] cangilón m con pivote(s) m
— **elevator** n - [mech] elevador m con cangilón(es) m con pivote(s) m
pivoting n - giro m
— **point** n - [mech] punto m para giro m
— **structure** n - [metal-concast] estructura f giratoria

PK

PK n - [transp] see package
pkg n - [transp] see package
pl a - [metal-treat] see plated
placable a - placable
placard n - . . . . • [mech] rótulo m informativo • [autom] plaqueta f
— pressure n - [autom-tires] presión f según plaqueta f
placated a - aplacado,da
placating n - aplacamiento m | a - aplacador,ra
placator n - aplacador m
place n - . . . . cupo m | v - . . .; instalar; introducir; meter; acomodar; colocar en sitio m | v - . . .; instalar; introducir; meter; acomodar; colocar en sitio m • imponer • [constr-concr] vaciar; colar
— accurately v - colocar, precisamente, or con precisión f
— against v - adosar
— alternately v - colocar alternadamente
— @ anchor bolt v - [mech] colocar perno m para anclaje m
— automatically v - [mech] colocar automáticamente
— @ backfill v - [constr] colocar relleno m
— @ — material v - [constr] colocar material m para relleno m
— @ block v - colocar bloque m
— @ blocking v - colocar bloqueo m
— bolt n - [mech] perno m para fijación f
— @ bolt v - [mech] colocar perno m
— @ bond v - [fin] colocar, título m, or obligación f, or bono m
— by each other v - yuxtaponer
— @ capital v - [fin] colocar capital(es) m
— @ clamp v - [mech] colocar sujetador m
— @ concrete v - [constr] colocar hormigón m
— @ conduit v - [constr] colocar conducto m
— . . . — decimal n - [math] decimal m con . . . cifra(s) f
— @ electrode v - [weld] colocar electrodo m
— @ embankment material v - [constr] colocar material m para, relleno m, or terraplén m
— @ embedded plate v - [constr] colocar plancha f empotrada
— . . . — finish n - posición f final . . .
— fast(ly) v - colocar rápidamente
— @ gear shift lever n - [mech] colocar palanca f para cambio m de, marcha f, or velocidad f
— @ grout v - [constr] colocar enlechado m
— @ guardrail v - [constr] colocar defensa f lateral
— in v - introducir (en)
— — @ conduit v - colocar, en, or, dentro, de conducto m
— — @ dormitory v - [educ] internar
— — @ layer(s) v - colocar en capa(s) f
— — @ neutral (position) v - [mech] colocar, or poner, en (posición f) neutral
— — @ press v - [mech] colocar en prensa f
— — @ service v - colocar, or poner, en servicio m • habilitar
— — @ shaft slot n - [mech] colocar en ranura f en árbol m
— — @ slot v - [mech] colocar en ranura f
— @ key v - [mech] colocar chaveta f
— @ limitation v - colocar limitación f
— @ lining v - colocar, revestimiento m, or forro m
— manually v - colocar manualmente
— @ material v - colocar material m
— near v - colocar cerca; arrimar
— @ obstacle(s) v - colocar obstáculo(s) m; dificultar
— of destination n—[transp] punto m de destino
— — origin n - [transp] punto m de origen m
— on end v - colocar, de, or sobre, punta f
— — @ exact grade v - [constr] colocar con, pendiente f exacta, or declive m exacto
— — @ soil v - [constr] colocar sobre suelo m
— — @ track v - [rail] encarrilar

- 1246 -

place @ opening v - [constr] colocar abertura f
— @ part v - [mech] colocar pieza f
— @ pipe v - [constr] colocar tubería f
— @ plate v - [mech] colocar plancha f
— @ — side by side v - [mech] adosar, or colocar, plancha f lado m, a, or contra, lado m
— pneumatically v - [constr] colocar neumáticamente
— @ refractory,ries v - [ceram] colocar refractario(s) m
— @ reinforcing bar v - [constr] colocar barra f para armadura f
— safely v - colocar con seguridad f
— @ sheetpiling v - [constr-pil] colocar tablestacado m
— @ shift(ing) lever v - [mech] colocar palanca f para cambio m de marcha f
— shim n - [mech] calza f para fijación f
— @ shim v - [mech] colocar, calce m, or calza f, or laminilla f
— side by side v - colocar lado, a, or contra, lado m; yuxtaponer
— @ slide plate in @ dustcatcher lower discharge valve v - [metal-prod] colocar guillotina f en salida f para polvo m de botellón m
— @ sling v - [transp] colocar eslinga f
— @ steel plate v - [mech] colocar plancha f de acero m
— @ straightedge v - colocar (borde m de) regla f
— @ switch v - [electr-oper] colocar, or poner, or correr, conmutador m
— symmetrically v - colocar simétricamente
— temporarily v - colocar provisoriamente
— @ throttle v - [mech] colocar acelerador m
— @ — in @ low idle position v - [mech] colocar acelerador m en posición f para marcha f lenta sin carga f
— tightly v - colocar, ajustadamente, or apretadamente
— to grade v - colocar con declive m debido
— — pass n - espacio m para adelantar(se)
— relax n - sitio m para descanso m
— @ transmission in @ neutral (position) v - [mech] colocar transmisión f en (posición f) neutral
— @ underground conduit v - [constr] colocar conducto m subterráneo m
— @ welder v - [weld] colocar, or ubicar, soldadora f
— with @ back against v - adosar
— within @ conduit v - colocar dentro de conducto m
placebo n - [medic] placebo m
placed a - colocado,da; instalado,da; puesto,ta; situado,da; acomodado,da • metido,da • impuesto,ta
— accurately a - colocado,da, precisamente, or con precisión f
— alternately a - colocado,da alternativamente
— anchor bolt n - [mech] perno m para anclaje m colocado
— automatically a - [mech] colocado,da automáticamente
— backfill n - [constr] relleno m colocado
— — material n - [constr] material m para relleno m colocado
— below @ grade a - [constr] colocado,da a nivel inferior a declive m
— — @ — culvert v - [constr] alcantarilla f colocada a nivel m inferior a declive m
— — @ proper grade a - [constr] colocado,da a nivel m inferior a declive m apropiado
— — — culvert n - [constr] alcantarilla f colocada a nivel m inferior a declive m apropiado
— block n - [mech] bloque m colocado
— blocking n - [mech] bloque(o) m colocado
— bolt n - [mech] perno m colocado
— bond n - [fin] título m, or bono m, colocado; obligación f colocada
— capital n - [fin] capital m colocado

placed clamp n - [mech] sujetador m colocado
— **concrete** n - [constr] hormigón m colocado
— **conduit** n - [constr] conducto m colocado
— **electrode** n - [weld] electrodo m colocado
— **embankment material** n - [constr] material m para relleno m colocado
— **embedded plate** n - [constr] plancha f empotrada colocada
— **fast(ly)** a - colocado,da rápidamente
— **gear shift lever** n - [mech] palanca f para cambio m de, marcha f, or velocidad f, colocada
— **grout** n - [constr] enlechado m colocado
— **guardrail** n - [constr] defensa f lateral colocada
— **in @ conduit** a - colocado,da en conducto m
— **in @ layer** a - [constr] colocado,da en capas f
— — **@ neutral (position)** a - [mech] colocado,da, or puesto,ta, en (posición f) neutral
— — **@ press** a - [mech] colocado,da en prensa f
— **in service** a - colocado,da, or puesto,ta, en servicio m; habilitado,da
— — **@ shaft slot** a - [mech] colocado,da en ranura f en árbol m
— — **@ slot** a - [mech] colocado,da en ranura f
— **key** n - [mech] chaveta f colocada
— **limitation** n - limitación f colocada
— **lining** n - revestimiento m, or forro m, colocado
— **material** n - material m colocado
— **on @ end** a - colocado,da, sobre, or de, punta
— — **@ soil** a - [constr] colocado,da sobre suelo m
— — **top of @ soil** a - [constr] colocado,da sobre suelo m
— — **@ track** a - [rail] encarrilado,da
— **opening** n - [constr] abertura f colocada
— **pipe** n - [constr] tubo m colocado; tubería f colocada
— **plate** n - [mech] plancha f colocada
— **pneumatically** a - [constr] colocado,da neumáticamente
— **reinforcing bar** n - [constr] barra f para armadura f colocada
— **safely** a - colocado,da con seguridad f
— **sheetpiling** n - [constr-pil] tablestacado m colocado
— **shift(ing) lever** n - [mech] palanca f para cambio m de marcha f colocada
— **shim** n - [mech] calza f, or laminilla f, colocada; calce m colocado
— **sling** n - [transp] eslinga f colocada
— **steel plate** n - [mech] plancha f de acero m colocada
— **straightedge** n - borde f de regla f colocado
— **switch** n - [electr-instal] conmutador m, colocado, or puesto
— **temporarily** a - colocado,da provisoriamente
— **throttle** n - [mech] acelerador m colocado
— **tightly** a - colocado,da, ajustadamente, or apretadamente
— **underground conduit** n - [constr] conducto m subterráneo m colocado
— **welder** n - [weld] soldadora f, colocada, or ubicada, or emplazada
— **within @ conduit** a - colocado,da dentro de conducto m
placement n - . . . .; instalación f; acomodación f; ubicación f; situación f; localización f
— **condition** n - condición f para colocación f
— **date** n - fecha f de colocación f
— **of @ filled crater** n - [weld] ubicación f, or colocación f, de cráter m rellenado
— **on @ soil** n - colocación f sobre suelo m
— — **top of @ soil** n - colocación f, sobre, or encima, de suelo m
— **operation** n - (operación f para) colocación f
— **requirement** n - exigencia f para colocación f
— **sequence** n - [weld] orden m de colocación f
— **technique** n - [ind] técnica f para colocación f
placer n - posicionador m • [mech] polín m

placer backing plate n - [mech] placa f para respaldo m para posicionador m
— **bracket** n - [mech] ménsula f para posición f
— — **pin** n - [mech] pasador m para ménsula f para posición f
— **cam** n - [mech] leva f para posicionador m
— **roller** n - [mech] rodillo m de, polín m, or dedo m, levantador, or leva f levantadora
— **finger** n - [mech] dedo m de polín m (levantador) • dedo m, or uña f, de posicionador m
— **pin** n - [mech] pasador m para, posición f, or posicionador m
— **sleeve** n - [mech] manga f para posicionador m
— **stop** n - [mech] tope m para posicionador m
placing n - . . . .; ubicación f; situación f; acomodación f; puesta f • imposición f • [constr-concr] vaciado m; colada f
— **condition** n - condición f para colocación f
— **drawing** n - [drwng] plano m de, colocación f, or ubicación f
— **in @ conduit** n - colocación f en conducto m
— — **@ layer(s)** n - colocación f en capa(s) f
— — **@ neutral (position)** n - [mech] colocación f, or puesta f, en (posición f) neutral
— — **@ press** n - [mech] colocación f en prensa f
— — **service** n - colocación f, or puesta f, en servicio m; habilitación f
— — **@ shaft slot** n - [mech] colocación t en ranura f en árbol m
— — **@ slot** n - [mech] colocación f en ranura f
— **(to) storage** n - almacenamiento m
— **method** n - método m para colocación f
— **end** n - colocación f, de, or sobre, punta
— **@ soil** n - [constr] colocación f sobre suelo m
— — **top of @ soil** n - [constr] colocación f sobre suelo m
— — **@ track** n - [rail] encarrilamiento m
— **requirement** n - exigencia f para colocación f
— **@ throttle in @ low idle position** n - [mech] colocación f de acelerador m en posición f para marcha f lenta sin carga f
— **within @ conduit** n - colocación f dentro de conducto m
plagio-porphyry n - [geol] plagio-pórfido f
— **bank** n - [geol] banco m de plagio-pórfido
plagio-porphyric a - [geol] plagiopórfírico,ca
plagiostomes,stomi n - [zool] plagioóstomo(s) m
plague n - . . . . • vejamen m | v - . . . .; asediar; acosar
plagued a - plagado,da; vejado,da; asediado,da; acosado,da
plaguing n - vejación f; asedio m; acosamiento m | a - plagador,ra
plain n - [topogr] . . . .; planada f | a - plano,na; liso,sa; raso,sa • [fam] familiar
— **band** n - banda f simple
— **bearing** n - [mech] cojinete m, liso, or corriente
— **beveled end** n - [mech] extremo m liso achaflanado
— **calender** n - [paper] calandria f simple
— **carbon** n - [chem] carbono m simple
— — **scrap** n - [metal-prod] chatarra f, corriente con carabono m, or con carbono m corriente
— — **steel** n - [metal-prod] acero m, común, or corriente, or simple, con carbono m
— — — **pipe** n - [tub] tubo m, or tubería f, de acero m, común, or corriente, con carbono m
— **case** n - [mech] caja f simple
— **clear cover glass** n - cubrecristal m claro sencillo
— — **glass** n - cristal m claro sencillo
— **cold rolled high carbon steel** n - [metal-prod] acero m con carbono m alto común laminado en frío m
— — — **low carbon steel** n - [metal-prod] acero m con carbono m bajo común laminado en frío m
— — — **strip** n - [metal-roll] fleje m común laminado en frío m

plain concrete n - [constr] hormigón m simple
— — **arch** n - [constr] bóveda f de hormigón m, simple, or común
— — **cradle** n - [constr] cuna f, or soporte m, de hormigón m, simple, or común
— — **monolithic cradle** n - [constr] cuna f, or soporte m monolítico de hormigón m simple
— **copy** n - [legal] copia f simple
— **cover glass** n - [optics] sobrecristal m sencillo
— **cradle** n—[constr] cuna f, or soporte, simple
— **cut** a - común cortado,da
— — **type** n - tipo m común cortado
— **differential case** n - [autom-mech] caja f plana para diferencial m
— **edge** n - [mech] borde m liso
— **end** n - [mech] extremo m liso
— — **beveled** a - [metal-fabr] con extremo(s) m liso(s) achaflanado(s)
— — **black pipe** n - [tub] tubo m, or tubería f, de hierro m negro con extremo(s) m liso(s)
— — **galvanized iron pipe** n - [tub] tubo m, or tubería f, de hierro m galvanizado con extremo(s) m liso(s)
— — — **pipe** n - [tub] tobo m galvanizado, or tubería f galvanizada, con extremo(s) liso(s)
— — **pipe** n - [tub] tubo m, or tubería f, con extremo(s) m liso(s)
— **face** n - [mech] cara f lisa
— **faced** a - [mech] con cara f lisa f simple
— **galvanized** a - [metal-treat] con galvanización f simple
— — **band** n - [constr] banda f galvanizada simple
— — — **bituminous coated** a - [metal-treat] con galvanización f simple y recubrimiento bituminoso
— — — — **and paved** a - [metal-treat] con galvanización f simple, recubrimiento m bituminoso, y encachado
— — **conventional roof panel** n [constr] panel m, or chapa f, corriente de acero m galvanizado para techo(s) m
— — — **wall panel** n - [constr] panel m corriente de acero m común galvanizado para pared f
— — **corrugated steel** n - [metal-fabr] acero m corrugado galvanizado corriente
— — — **pipe** n - [tub] tubo m, or tubería f, de acero m corrugado con galvanización simple
— — — **double full coated** a - [metal-treat] con galvanización f simple y capa f asfáltica doble
— — — — **and paved** a - [metal-fabr] con galvanización f simple, capa asfáltica doble, y pavimento m
— — — **full-bituminous coated (and) paved** a - [metal-fabr] con galvanización f simple, recubrimiento m bituminoso total, (y) encachado
— — — —, — — **riveted corrugated steel pipe** n - [metal-fabr] tubería f remachada de acero m corrugado, con galvanización f simple, recubrimiento bituminoso total (y) encachado
— — — **half-bituminous coated, and paved** a - [metal-fabr] con galvanización f simple, recubrimiento m bituminoso parcial, (y) encachado
— — — —, — — **riveted corrugated steel pipe** n - [metal-fabr] tubería f remachada de acero corrugado con galvanización f simple, recubrimiento m bituminoso parcial, (y) encachada
— — **pipe** n - [tub] tubería f galvanizada, simple, or sencilla • tubo m galvanizado remachado
— — —**arch** n - [metal-fabr] tubo m abovedado, galvanizado corriente, or con galvanización f corriente
— — **riveted corrugated steel pipe** n - [tub] tubería f remachada de acero m corrugado con galvanización f simple

vanización f simple
plain galvanized sheet n - [metal-roll] lámina f galvanizada unicamente
— — **steel** n - [metal-treat] acero m galvanizado m común
— — — **conventional roof panel** n - [metal-roll] panel m, or chapa f, corriente de acero m galvanizado común para techo m
— — — **panel** n - [metal-roll] panel m de acero m galvanizado común
— — — **pipe** n - [tub] tubo m, or tubería f, de acero m galvanizado simple
— — — **roof panel** n - [constr] panel m para techo m de acero m galvanizado común
— **gasket** n - [mech] guarnición f, or empaquetadura f, sencilla
— **glass** n - [ceram] cristal m sencillo • vidrio m simple
— **grain drill** n - [agric-equip] sembradora f sencilla para grano(s) m
— **half** n - [mech] mitad f, plana, or lisa
— **hardened washer** n - [mech] arandela f común endurecida
— **header** n—[agric-equip] espigadora f sencilla
— **hot rolled strip** n - [metal-roll] fleje m común laminado en caliente; banda f, or cinta f, or chapa f, laminada en caliente
— **lens** n - [optics] lente m sencillo
— **lumber** n - [lumber] madera f corriente
— **mold** n - [metal-prod] molde m liso; lingotera f lisa
— **monolithic cradle** n - [constr] soporte m monolítico simple
— **paving brick** n - [ceram] ladrillo m común para pavimentación f
— **printout** n - [comput] salida f impresa simple
— **rod** n - [constr] varilla f, or barra f, lisa
— **rolled strip** n - [metal-roll] fleje m común laminado; banda f, or cinta f, or chapa, común laminada
— **staple** n - [mech] grapa f lisa
— **steel** n - [metal-prod] acero m común
— — **conventional roof panel** n - [constr] panel m, or chapa f, corriente de acero m común para techo m
— — — **wall panel** n - [constr] panel m corriente de acero m común para pared f
— — **strip** n - [metal-roll] fleje m común de acero m; banda f, or cinta f, or chapa f, común de acero m
— — **washer** n - [mech] arandela f, plana de acero m, or de acero m plana
— **strip** n - [metal-roll] fleje m común; banda f, or cinta f, or chapa f, común
— **thermit** n - [weld] termita f simple
— **trolley** n - [mech] trole m común
— **type** n - tipo m común
— **washer** n - [mech] arandela f común
— **water** n - [hydr] agua m común
— **wire cut** a - [ceram] común(es) cortado,da(s) con alambre m
— — — **type** n - [ceram] tipo m común cortado con alambre m
— — — **paving brick** n - [ceram] ladrillo m común para pavimentación f cortado con alambre
— **wood** n - [lumber] madera f corriente
— — **fiberboard** n - [constr] cartón m de fibra f de madera f corriente
plaint n - [legal] . . .; querella f
plaintiff n - [legal] . . .; (parte) compareciente; querellante m; reclamante m; parte f actora • demanda f
plan n - . . . . régimen m • disposición f • [drwng] . . .; planta f | v - . . .; concebir; idear; prever; pensar; organizar; fraguar • replantear
— **agenda** n - temario m para plan m
— **and elevation drawing** n - [drwng] dibujo m de planta f y elevación f
— **section drawing** n - [drwng] plano m de planta f y corte m
— **drawing** n - [drwng] dibujo m de planta f;

plano m de, planta f, or distribución f
plan @ expansion v - [econ] planificar, expansión f, or ampliación f
—— **formulation** n - formulación f de plan m
— **@ installation** v - planear instalación f
— **on winning** v - [sports] pensar ganar
— **profile** n - [topogr] dibujo m de perfil m
— **revision** n - enmienda f de plan m
— **@ street** v - [roads] proyectar calle f
— **@ test** v - planear ensayo m
— **view** n - [drwng] vista f, or plano m, or dibujo m, de, planta f, or distribución f, or disposición f • corte m horizontal
plane image n - imagen f plana
— **reflector** n - reflector m plano
— **survey(ing)** n - [topogr] planimetría f
— **ticket** n - [transp] billete m para avión m
planed gear tooth n - [mech] see **planed tooth**
planed tooth n - [mech] diente m, fresado, or tallado, or cepillado, or mecanizado
planer n - [tools] . . .; máquina f cepilladora
— **drive** n - [mech] impulsión f, or mando m, para cepilladora f
— **run-out and shear approach table** n - [mech] mesa f para salida f para cepilladora f y para entrada f para cizalla(dora) f
—— **table** n - [mech] mesa f (extensible) para salida f para cepilladora f
— **table** n - [mech] mesa f para cepilladora f
—— **caster** n - [mech] rodaja f para mesa f para cepilladora f
planetary axle n - [mech] eje m planetario
— **bridge drive** n - [cranes] impulsión f planetaria para puente m (de grúa f)
— **device** n - [mech] dispositivo m planetario
— **double reduction** n - [mech] reducción f, planetaria doble, or doble planetaria
—— **axle** n - [mech] eje m, planetario para reducción f doble, or doble planetaria
—— **single drive axle** n - [autom-mech] eje, m propulsor, or impulsor, simple, or sencillo, con reducción f planetaria doble
— **drive** n - [mech] mando m, or mecanismo m impulsor, planetario; impulsión f planetaria | a - [mech] con impulsión f planetaria
—— **axle** n—[mech] eje m planetario para mando
— **front axle** n - [autom-mech] eje m delantero (con) planetario para mando m
—— **rear axle** n - [autom-mech] eje m trasero (con) planetario para mando m
— **front axle** n - [autom-mech] eje m, frontal, or delantero, (de tipo m) planetario
— **gear** n - [mech] engranaje m planetario
— **drive** n - [mech] mecanismo m con engranaje(s) f planetario(s) para impulsión f
—— **speed reducer** n - [mech] reductor m para velocidad f para engranaje m planetario
— **gearing** n - [mech] engranaje(s) m planetarios
— **hoisting** n - [mech] elevación f planetaria
—— **device** n - [mech] dispositivo m planetario para elevación f
— **idler pinion** n - [mech] piñón m planetario loco
—— **pin** n - [mech] pasador m para piñón m planetario loco
— **lowering** n - [mech] descenso m planetario
—— **device** n - [mech] dispositivo m planetario para, descenso m, or bajada f (de carga f)
—— **to @ dual brake(s) conversion** n—[cranes] conversión f de descenso m planetario con freno(s) m doble(s)
— **pinion** n - [mech] piñón m planetario
— **rear axle** n - [autom-mech] eje m, trasero, or posterior, (de tipo m) planetario
— **reduction** n - [mech] reducción f planetaria
—— **axle** n - [mech] eje m planetario para reducción f
—— **single drive axle** n - [autom-mech] eje m impulsor simple con reducción f planetaria
—— **system** n - [mech] sistema m planetario para reducción f

planetary reduction system stage n - [mech] etapa f de sistema m planetario para reducción f
— **rotation** n - [cranes] rotación f, planetaria, or de tipo m planetario
— **single drive axle** n - [autom-mech] eje m propulsor sencillo planetario
— **system** n - [mech] sistema m planetario
—— **disk** n - [mech] disco m para sistema m planetario
—— **plate** n - [mech] plato m para sistema m planetario
— **type** n - tipo m planetario | a - de tipo m planetario
—— **axle** n - [mech] eje m de tipo m planetario
—— **differential axle** n - [mech] eje m diferencial de tipo m planetario
—— **drive** n - [mech] mando m de tipo m planetario
—— **drive axle** n - [mech] eje m de tipo m planetario para mando m
——— **front axle** n - [mech] eje m delantero de tipo m planetario para mando m
——— **rear axle** n - [mech] eje m trasero de tipo m planetario para mando m
— **wheel** n - [mech] rueda f planetaria
planimetric a - [topogr] planimétrico,ca
planish v - [mech] . . .; allanar • batir; martillar; forjar en frío
planished a - alisado,da; allanado,da; pulido,da • batido,da; martillado,da; forjado,da en frío m
planisher n - [mech] . . .; batidor m
planishing n - alisadura f; pulimento m • batidura f; martilleo m; forja f en frío
— **stake** n - [mech] bigorneta f para desabollamiento m
plank n - . . . • [constr-concr] sección f | v - [constr] . . . • [naut] forrar
— **erection** n - [constr] instalación f de sección(es) f
— **floor** n - [constr] piso m de, tablón(es) m, or de tabla(s) f
— **flooring** n - [constr] piso m de, tablón(es) m, or tabla(s) f; tablado m; entarimado m; tarima f
— **joint** n - [constr] junta f entre sección(es)
— **manufacturer** n - [constr] fabricante m de sección(es) f
planned a - planeado,da; planificado,da; programado,da; proyectado,da; previsto,ta
— **activity** n - actividad f planeada
— **contact** n - [labor] entrevista f planeada
— **discussion** n - [labor] plática f planeada
— **expansion** n - [econ] expansión f planificada
— **facility** n - [ind] instalación f planeada
— **group contact** n - [safety] entrevista f colectiva planeada
—— **safety contact** n - [safety] entrevista f colectiva planeada sobre seguridad f
— **increment** n - [mech] incremento m planeado
— **inflation** n - [autom-tires] inflación f planeada
—— **pressure** n - [autom-tires] presión f planeada para inflación f
— **inspection** n - inspección f planeada
— **instructional contact** n - [safety] entrevista f planeada para instrucción f
—— **safety contact** n - [safety] entrevista f planeada para instrucción f sobre seguridad f
— **observation** n - observación f, or vigilancia f, planeada
— **personal contact** n - [safety] entrevista f individual planeada
—— **safety contact** n - [$afety] entrevista f individual planeada sobre seguridad f
— **program** n - programa m, planeado, or preestablecido
— **safety contact** n - [safety] entrevista f planeada sobre seguridad f
—— **inspection** n - [safety] inspección f planeada sobre seguridad f

planned safety observation n - [safety] vigilancia f, or observación f, planeada para seguridad f
— **sewer** n - [sanit] cloaca f, planeada, or prevista
— **street** n - [roads] calle f, planeada, or proyectada
— **test** n - ensayo m planeado
— **time** n - tiempo n previsto
— **use** n - uso m, or aprovechamiento m, planeado
— **welding sequence** n - [weld] pasos m para soldadura f planeado(s)
— — **step** n - [weld] paso m para soldadura f planeado
planner n - . . . .; planificador m; planeador m; coordinador m; programista m
planning n - planeamiento m; planteamiento m; planificación m; planes m; proyecto(s) m; estudio(s) m y proyecto(s) m • previsión m • pensamiento m | a - planeador,ra; planificador,ra
— **activity** n - actividad f para planificación f
— **and control** n - [managm] planificación f y, fiscalización f, or control m
— — **Coordination Department** n - [pol] Ministerio m para Planeamiento y Coordinación f
— — **Design Division** n - [ind] División m para Planeamiento m y Proyección f
— — **order processing division** n - [ind] división f para planificación f y procesamiento m de órdenes f
— **area** n - zona f para planificación f
— **department** n - [ind] departamento m para planificación f
— **division** n - división f para planificación f
— **engineer** n - ingeniero m para planificación f
— **engineering** n - ingeniería f para planificación f
— **function** n - [managm] función f, planificadora, or para planificación f
— **grant** n - [pol] subsidio m para planificación
— **management work** n - [managm] trabajo m, or función f, administrativa para planificación
— **officer** n - [pol] funcionario m, or ingeniero m, para planificación f
— **personnel** n - [managm] personal m para planificación f; personal m planificador
— **process** n - proceso m para planificación f
— **program** n - programa m para planificación f
— **programming** n - [managm] programación f para planificación f
— — **system** n - [managm] sistema m para programación f para planificación f
— **project** n - proyecto m para planificación f
— **service** n - [managm] servicio m para. planificación f, or planeamiento m
— **stage** n - etapa f para planeamiento m
— **system** n - [managm] sistema m para, planificación f, or planeamiento m
— **work** n - [managm] trabajo m, or tarea(s) f, para planificación f
— **zone** n - zona f para planificación f
plant n - [botan] . . . . [ind] . . . .; taller m; instalación f; factoría f • [electr-prod] planta f; central f; usina f | v - . . . . colocar
— **acceptance** n - [ind] aceptación f de planta f
— **accepted provisionally** n - [ind] planta aceptada provisionalmente
— **addition** n - [ind] ampliación f de planta f
— **analysis** n - análisis m, en, or de, planta f
— **area** n - [ind] zona f de planta f
— — **contamination** n - [ind] contaminación f de zona f de planta f
— **automatic sampling** n - [ind] muestreo m automático en planta f
— — — **system** n - [ind] sistema m, automático para muestreo m, or para muestreo m automático, de planta f
— **bottleneck** n - [fig] cuello m de botello m en planta
— **building** n - [ind] edificio m para planta f •
construcción f de planta f
— **plant code** n - [ind] código m para planta f
— **combustion** n - [ind] combustión f en planta f
— — **process** n - [combust] proceso m de combustión f en planta f
— **communication(s)** n - [ind] comunicación(es) f en planta f
— — **system** n - [ind] red f para comunicaciones para planta f
— **compressed air system** n - [ind] red f para aire m comprimido para planta f
— **cooling** n - [ind] enfriamiento m, or refrigeración f, para planta f
— — **water** n - [ind] agua m para refrigeración f para planta f
— — — **line** n - [ind] tubería f para agua m para refrigeración f para planta f
— **crane** n - [cranes] grúa f para planta f
— /**date code** n - [ind] código m para planta f y fecha f
— **department** n - [ind] departamento m de planta
— **distribution steam** n - [boilers] vapor m para distribución f en planta f
— — **pipe** n - [steam] tubería f para vapor m para distribución f en planta f
— — **system** n - [electr-distrib] red f para distribución f, en, or dentro, de planta f
— **drain(age) outlet** n - [hydr] salida f para desagüe m para planta f
— **electrical requirement(s)** n - [electr-distr] exigencia(s) f eléctrica(s) de planta f
— **element** n - [ind] elemento m de planta f
— **engineering (work)** n - [ind] trabajo(s) m de ingeniería f en planta f
— **entrance** n - [ind] entrada f para planta f
— **erection** n - [ind] montaje m de planta f
— **expansion** n - [ind] ampliación f de, planta f, or fábrica f
— — **program** n - [ind] programa m para ampliación f de planta f
— **experience** n - [ind] experiencia f en planta
— **facility,ties** n - [ind] instalación(es) f para, planta f, or factoría f
— **feeder table wear plate** n - [mech] plancha f para desgaste n para mesa f alimentadora para planta f
— **fiber** n - [botan] vena f
— **final acceptance** n - [ind] aceptación f definitiva de planta f
— **flow chart** n - [ind] diagrama m de flujo m para planta f
— **formed** a - [metal-roll] laminado,da en fábrica
— — **angle** n - [metal-roll] ángulo m formado, or pieza f angular formada, en planta f
— **foundation** n - [constr] cimiento(s) m para, planta f, or fábrica f
— **gate** n - [hydr] compuerta f para planta f • [ind] puerta f, or portón m, para planta f
— **grade** n - [constr] nivel m para planta f
— **hanging** n - [domest] colgamiento m de planta f
— **hazard** n - [safety] peligro m, or riesgo m, en planta f
— **heating unit** n - [ind] instalación f para calentamiento m para planta f
— **high compressor cooler** n - [ind] enfriador m para compresor m de alta para planta f
— — — . . . **stage cooler** n - [ind] enfriador m con . . . etapa(s) f para compresor m de alta para planta f
— **industrial power house** n - [electr-prod] usina f industrial para planta f
— — — **plant operation programming** n - [comput] programación f para operación f para usina f industrial para planta f
— — — — **electrical maintenance scheduling** n - [electr-prod] programación f para mantenimiento m eléctrico para usina f industrial para planta f
— — — — **mechanical maintenance** n - [electr-prod] mantenimiento m mecánico para usina f industrial para planta f
— **insurance company** n - [insur] compañía f ase-

guradora para planta f
plant insurer n - [insur] asegurador m para planta f
— **intake filter** n - [ind] filtro m para entrada f para planta f
— — **pump** n - [pumps] bomba f para entrada f para planta f
— **janitor** n - [ind] limpiador m, or peón f para limpieza f, para planta f
— **key personnel** n - [ind] personal m clave para planta f
— **layout** n - [ind] distribución f para planta f
— **level** n - [ind] nivel m para planta f
— **line supervision** n - [ind] personal m supervisor para planta f
— **load** n - [ind] carga f en planta f
— **location** n - [ind] sitio m, or ubicación f, or emplazamiento m, para planta f
— **main substation** n - [electr-distrib] subestación f principal para planta f
— **maintenance** n - [ind] mantenimiento m, or conservación f, or entretenimiento m, de planta f; intendencia f de planta f
— **management** n - [ind] dirección f para planta f; factor(es) m para planta f
— **manager** n - [ind] director m, or gerente m, para, planta f, or fábrica f
— **material(s) yard** n - [ind] parque m para material(es) m para planta f
— **mounted gage** n - [instrum] manómetro m montado en planta f
— — **pressure gage** n - [instrum] manómetro m para presión f montado en planta f
— — **temperature gage** n - [instrum] manómetro m para temperatura f montado en planta f
— **office** n - [ind] oficina f en planta f
— **operating department** [ind] departamento m, operativo, or de operación(es) f, de planta f
— — **personnel** n - [ind] personal m, operativo, or para operación(es), para planta f
— — **staff** n - [ind] personal m operativo para planta f
— **outlet** n - [ind] salida f para planta f
— **overhead** n - [ind] gasto(s) m, indirecto(s), or general(es), para planta f
— **oxygen consumption** n - [ind] consumo m de oxígeno m en planta f
— **physician** n - [ind] médico m para planta f
— **piping** n - [ind] tubería f para planta f (industrial)
— **power house** n - [ind] usina f, or planta f eléctrica, para planta f
— — **plant electrical maintenance** n - [ind] mantenimiento m eléctrico para, usina f, or planta f eléctrica, para planta f
— — — **mechanical maintenance** n - [ind] mantenimiento m mecánico para, usina f, or planta f eléctrica, para planta f
— — — **maintenance** n - [ind] mantenimiento m para, usina f, or planta f eléctrica, para planta f
— **preform** v - conformar anticipadamente en planta f
— **preformed** a - conformado,da anticipadamente en planta f
— **preforming** n - conformación f anticipada en planta f
— **pressure** n - [ind] presión f en planta f
— **primary voltage** n - [electr-prod] voltaje m primario para planta f
— **prime** v - [paint] imprimar en planta f
— **primed** a - [paint] imprimado,da en planta f
— **priming** n - [ind] imprimación f en planta f
— **process** n - [ind] proceso m en planta f
— **production** n - [ind] producción f, or fabricación, en, planta f, or fábrica f • rendimiento m de, planta f, or fábrica f
— — **capacity** n - [ind] capacidad f para producción f para planta f
— **property** n - [ind] propiedad f para planta f • planta f industrial

plant protection n - [ind] protección f para planta f • policía f interna
— — **division** n - [ind] división f para protección f para planta f
— **provisional acceptance** n - [ind] aceptación f provisional por planta f
— **quality control** n - [ind] fiscalización f, or control m, de calidad f en planta f
— **raw material(s)** n - [ind] materia f prima para planta f
— **record(s)** n - [ind] registro(s) m para planta f
— **remainder** n - [ind] saldo m, or resto m, de planta f
— **repair job** n - [ind] trabajo m para reparación f en planta
— **requirement(s)** n - [ind] exigencia(s) f para planta f • consumo m de planta f
— **road** n - [ind] camino m, interno, or en planta
— **safety** n - [safety] seguridad f para planta f
— — **contact** n - [safety] entrevista f sobre seguridad f en planta f
— — **office** n - [safety] oficina f para seguridad f para planta f
— — **program** n - [safety] programa m para seguridad f para planta f
— — **regulation** n - [ind] reglamentación f, or exigencia f, para seguridad f para planta f
— — **rule** n - [safety] regla f para seguridad f para planta f
— — — **contact** n - [safety] entrevista f sobre regla(s) f para seguridad f para planta f
— — **supervisor** n - [ind] encargado m para seguridad f para planta f
— **sampling system** n - [ind] sistema m para muestreo(s) m para planta f
— **saturator** n - [ind] saturador m para planta f
— **scrap** n - [metal-roll] despunte(s) m de laminación f
— — **removal** n - remoción f, or retiro, or saca f, de despunte(s) m de laminación f
— **secondary voltage** n - [electr-prod] voltaje m secundario para planta f
— **service(s)** n - [ind] servicio(s) m, de, or para planta f
— **sewer** n - [sanit] cloaca f, or desagüe m, para planta f
— **shaped angle** n - [metal-roll] ángulo m formado en planta f
— **shut down** n - [ind] parada f de planta f
— **silo** n - [ind] silo m para planta f
— **site** n - [ind] sitio m, or ubicación f, para planta f • perímetro m de planta f
— **size** n - [ind] tamaño m de planta f
— — **limitation** n - [ind] limitación f de tamaño m de planta f
— **staff** n - [ind] personal m para planta f
— **standard** n - [ind] norma f para planta f
— **standardization program** n - [ind] programa m para, estandarización f, or normalización f, para planta f
— **start-up** n - [ind] puesta f en marcha para planta f
— **steam distribution pipe** n - [tub] tubería f para distribución f de vapor m para planta f
— **storage yard** n - [ind] parque m para almacenamiento m para planta f
— **substation** n - [electr-distrib] subestación f para planta f
— **superintendent** n - [ind] director m, or gerente m, or superintendente m, or jefe m, para planta f
— **supervising group** n - [ind] grupo m, or personal m, para supervisión f para planta f
— — **personnel** n - [ind] personal m para supervisión f para planta f
— **supervision** n - [ind] supervisión f para planta f
— **supervisor** n - [ind] supervisor m para planta
— **supervisory staff** n - [ind] personal m, or plantilla f, para supervisión f para planta f
— **system** n - [ind] red f general

plant system pressure n - [ind] presión f en red f general
— **tool** n - [ind] herramienta f, fabril, or para planta f
— **transportation** n - [ind] transporte m interno
— **tree(s)** v - [botan] arbolar
— **upkeep** n - [ind] intendencia f, or mantenimiento m, para planta f
— **ventilation** n - [ind] ventilación f para planta f
— **view** n - [ind] (vista f de) planta f
— **voltage** n - [electr-distrib] voltaje m para planta f
— **water** n - [ind] agua m para planta f
— — **intake** n - [pumps] entrada f para agua m para planta f
— — — **pump** n - [pumps] bomba f para entrada f de agua m para planta f
— — **need** n - necesidad f, or exigencia f, de agua m para planta f
— — **outlet** n - [ind] salida f para agua m para planta f
— — **pressure** n - [ind] presión f para agua m para planta f
— — — **seal** n - [ind] cierre m, hidráulico, or para agua m, para planta f
— **yard** n - [ind] parque m para planta f
— — **service(s)** n - [ind] servicio(s) m interno(s) para planta f
— **zone contamination** n - [ind] contaminación f de zona f para planta f
planted a - plantado,da • colocado,da
planter n - . . . . • [agric-equip] plantadora f • [constr] macetón f; macetero m
— **boot** n - [agric-equip] zapata f sembradora
— **box** n - [hortic] macetón m; caja f para, planta(s) f, or plantar
— **slot** n - ranura f para planta(s) f
planting n . . . . • colocación f | a - plantador,ra
— **attachment** n - [agric-equip] accesorio m, plantador, or sembrador
plasma arc n - [weld] arco m de plasma f
— — **welding** n - [weld| soldadura f con arco m de plasma f
plaster n - [constr] . . .; revoque m • enyesado m • [Nic.] repillado m
— **border** n - [constr] fajón m
— **cast** n - [medic] yeso m
— **discard(s)** n - [constr] yesón m
— **finish(ing)** n - [constr] enlucido m
plastered a - [constr] enlucido,da; enyesado,da
plastering n - . . .; guarnecido m | a - [constr] revocador,ra
— **trowel** n - [tools] fratás m; llana f para enlucir
plasterwork n - [constr] . . .; escayola f
plastic n - . . .; (material) plástico m
— **accessory** b - [constr] accesorio m de (material) plástico m
— **anticorrosive sheet** n - [electr-cond] cubierta f anticorrosiva de (material) plástico m
— **bearing** n - [mech] cojinete m de (material) plástico m
— **clay** n - [soils] arcilla f plástica
— **coat** n - recubrimiento m plástico | v - recubrir con (material) plástico m
— **coated** a - [plast] recubierto,ta con (material) plástico m
— — **coiled steel tubing** n - [tub] tubería f arrollado de acero m recubierto con (material) plástico m
— — — **tubing** n - [tub] tubería f arrollada recubierta con (material) plástico m
— — **drill pipe** n - [petrol] barra f para sondeo m revestida con (material) plástico m
— — **pipe** n - [tub] tubería f recubierta con aterial) plástico m
— — **scrubber** n - [ind] depurador m recubierto con (material) plástico m
— —, **tube**, or **tubing** n - [tub] tubería f recubierta con (material) plástico m
— **coating** n - recubrimiento m con (material) plástico m
— **cover** n - cubierta f, plástica, or de (material) plástico
— **covered cable** n - [electr-cond] cable m recubierto con (material) plástico m
— — **roll** n - rodillo m recubierto con (material) plástico m
— **covering** n - [electr-cond] recubrimiento m, or cobertura f, de (material) plástico m
— **deformation** n - [metal-fabr] deformación f plástica • fluencia f
— **dish(es)** n - [domest] vajilla f de (material) plástico m
— **expansion nut** n - [mech] tuerca f expansible de (material) plástico m
— **filler** n - [autom-body] relleno m, or rellenador m, de (material) plástico m
— **flow** n - [metal] escurrimiento m plástico
— **footstool** n - [domest] banquillo m, or escabel m, or piso m, de (material) plástico m
— **half** n - mitad f de (material) plástico
— **handle** n - [mech] asidero m de (material) plástico
—**(s) industry** n - [plast] industria f para (material) plástico(s) m
— **insert** n - suplemento m, or inserto* m, de (material) plástico
— **insulated** a - [electr-cond] aislado,da con (material) plástico m
— — **cable** n - [electr-cond] cable m, or conductor m, con aislación f de (material) plástico m
— — **conductor** n - [electr-cond] conductor m con aislación f de (material) plástico m
— — **copper cable** n - [electr-cond] cable m, or conductor m, de cobre m aislado con (material) plástico
— — **telephone cable** n - [telecom] cable m telefónico con aislación f de (material) plástico m
— **item** n - [domest] artículo m de (material) plástico m
— **jacket** n - [electr-cond] vaina f de (material) plástico m
— **layer** n - capa f plástica • capa f de (material) plástico m
—**(s) leadership** n - [plast] vanguardia f en (materiales) plásticos m
— **limit** n - [soils] límite m plástico
—**(s) machine** n - [plast] máquina f para (materiales) plásticos m
—**(s) machinery** n - [plast] maquinaria f para (materiales) plásticos m
— **material** n - [plast] material m plástico
— — **anticorrosive sheath** n - [electr-cond] cubierta f anticorrosiva de (material) plástico
— — **sheath(ing)** n - [electr-cond] vaina f de (material) plástico m
—**(s) molding** n - [plast] moldeo m de (materiales) plástico(s) m
— **nut** n - [mech] tuerca f de (material) plástico m
— **part** n - [mech] pieza f de (material) plástico
— **pack** v - envolver con (material) plástico m
— **packed** a - envuelto,ta con (material) plástico
— **packing** n - envoltura f con (material) plástico m
— **part(s) assembly** n - [mech] conjunto m de pieza(s) f de (material) plástico m
— **pipe** n - [tub] tubería f, plástica, or de (material) plástico m
— **plug** n - [mech] tapón m, or tarugo m, de (material) plástico m
— **pot** n - [domest] maceta f de (material) plástico m
—**(s) processing** n - [plast] procesamiento m de (materiales) plásticos m
—**(s)** — **machine** n - [plast] máquina f para procesamiento m de (materiales) plásticos m

plastic(s) processing machinery n - [plast] maquinaria f para procesamiento m de (materiales) plástico(s) n
— **(s) production** n - [plast] producción f de (materiales) plástico(s) m
— — **phase** n - [plast] fase f para producción f de (materiales) plásticos m
— **protection** n - protección f con (material) plástico m
— **reflector** n - [electr] reflector m de material m plástico
— **screen** n - [plast] malla f de (material) plástico m • [weld] cristal m de (material) plástico m
— **sealing band** n - [plast] banda f, or tira f, de (material) plástico m
— **sheath(ing)** n - [electr-cond] revestimiento m, or vaina f, de (material) plástico m
— **shield(ing)** n - protección f con (material) plástico m
— **sideshield(ing)** n - [safety] protección f lateral de (material) plástico m
— **soil** n - [soils] suelo m plástico
— **steel electrode** n - [weld] electrodo m de acero m plástico
— — **welding rod** n - [weld] (varilla f de) soldadura f de acero m plástico
— **surface** n - [constr] superficie f plástica
— **system** n - [plast] sistema n para (materiales) plásticos n
— **(s) —(s) leadership** n - [plast] vanguardia f en sistema(s) m para (materiales) plástico(s)
— **table** n - [domest] mesa f, de, or con, (material) plástico m
— **theory** n - teoría f plástica
— **tie** n - [electr-instal] lazo m de (material) plástico m
— **tube** n - [tub] tubo m de (material) plástico
— **tubing** n - tubería f de (material) plástico m
— **wire** n - [plast] alambre de (material) plástico m
— — **screen** n - [plast] malla f de (material) plástico m
— — — **sideshield** n - [safety-glasses] protección f lateral de malla f de (material) plástico m
— — — — **glasses** n - [safety] anteojos m con protección f lateral de malla f de (material) plástico m
— — — — **safety glasses** n - [safety] anteojos m para seguridad f con protección f lateral de malla f de (material) plástico m
— **yielding** n - deformación f plástica
plasticity index n - [soils] índice m para plasticidad f
plasticized a - plastificado,da*
plastifier n - plastificador* m
plastifying n - plastificación f | a - plastificador,ra
plat n - . . . .; trazado m
plate n - . . . . • [metal-roll] . . . .; chapa f gruesa; plano m; llantón m; palastro m; hoja f • [metal-prod] chapa f (para coraza f) • [cooling] petaca f; placa f para refrigeración f • [mech] mesa f; bandeja f; plato m • [tools-lathe] escudo m • [rail-wheels] alma m • [crystal] lámina f • [optics] cristal m | v - [metal-treat] planchear; platear • bañar; enchapar
— **adapter** n - [mech] adaptador m para, placa f, or plato m, or disco m
— **aerial bridge** n - [constr] puente m elevado de plancha(s) f
— **allowable camber** n - [mech] combadura f, or curvatura, admisible para placa f
— **alloy content** n - [metal-prod] proporción f, or composición f, de aleación f en plancha f
— **and forge shop** n - [metal-prod] taller m para forja f y plancha(s) f
— — **retainer assembly** n - [mech] conjunto m de placa f y retén m
— **approximate weight** n - [mech] peso m aproximado de plancha f
plate arch n - [constr] bóveda f de plancha(s) f
— — **installation** n - [constr] instalación f de bóveda f de plancha(s) f
— **area** n - [ind] zona f para plancha(s) f • [metal-roll] superficie f de, placa f, or plancha f
— **arrangement** n - [tub] disposición f de plancha(s) f
— **assembly** n - [mech] conjunto m de, placa f, or plancha f, or chapa f • [int.comb] conjunto m de plato m • [constr] armado m de plancha(s) f
— — **drawing** n - [constr] plano m para armado m de plancha(s) f
— — **line** n - [mech] línea f para, armado m, or erección f, de plancha(s) f
— — **time** n - [mech] tiempo m, or plazo m, para, armado m, or erección f, de plancha(s) f
— **back [face]** n - [rail-wheels] cara f interna de alma m
— **bearing pressure** n - [mech] presión f de apoyo sobre plancha f
— **bevel wheel** n - [tools-lathe] rueda f cónica de escudo m
— **block** n - [mech] bloque m para alma m
— **blow out** n - [metal-prod] explosión f en caja f para refrigeración f
. . . — **boom** n - [cranes] aguilón m con . . . plancha(s) f
— **bottom** n - [metal-roll] lado m inferior de, plancha f, or placa f
— **bracket** n - [mech] ménsula f para placa f
— **bridge** n - [bridges] puente m de plancha(s) f
— — **plank** n - [Bridges] plancha f para puente
— **calculation** n - cálculo m para plancha f
— **camber** n - [mech] combadura f, or curvatura f, de, plancha f, or placa f
— **carbon content** n - [metal-prod] proporción f de carbono m en plancha f
— **center** n - centro m de plancha f
— **chain** n - [mech] cadena f para plancha f
— **change** n - cambio m, or modificación f, or reemplazo m, de plancha f
— **changing** n - [mech] modificación f de plancha
— **chemistry** n - [weld] análisis m químico de plancha f
— **circuit** n - [metal-prod] serie f de petacas f
— **circumferential seam** n - [mech] costura f circunferencial en plancha f
— **clamp** n - [mech] mordaza f para plancha(s) f
— **clarifier** n - [miner] clarificador m para, placa f, or plancha f
— **cleaning** n - [mech] limpieza f de plancha f
— **clutch** n - [mech] embrague m con, disco(s) m, or placa(s) f, or plato(s) m
— **coil** n - [metal-roll] bobina f para planchas
— **column** n - [mech] columna f de plato(s) m
— **(s) component** n - [nucl] (pieza f) componente m para placa f
— **conduit** n - [tub] conducto m de plancha(s) f
— — **end** n - [tub] extremo m de conducto m de plancha(s) f
— **connecting ring** n - [metal-prod] anillo m para unión f para placa f
— **contact** n - contacto m, de, or con, placa f, or plancha f • [mech] contacto m con zapata f
— — **area** n - [mech] superficie f para contacto m para zapata f
— **cooling** n - [metal-prod] enfriamiento m de plancha(s) f
— — **bed** n - [metal-roll] lecho m para enfriamiento m para plancha(s) f
— — **ring** n - [metal-prod] anillo m para refrigeración f para petaca f
— **corner** n - esquina f de plancha f
— **cover** n - [metal] cubierta f para plancha f
— **cradle** n - [constr] cuna f, or soporte m, para plancha f
— **cut(ting)** n - [mech] corte m de, plancha f, or placa f
— **cutting shear** n - [mech] guillotina, or tije-

ra f, or cizalla f, para cortar plancha(s) f
plate description n - descripción f de plancha f
— **design** n - proyección f de plancha f
— **diameter** n - diámetro m de plato m
— **drain** n - [hydr] desagüe m de plancha(s) f
— **drying** n - [constr] secado m de plancha(s) f
— **edge** n - [mech] borde m de plancha f
— **electrode cutting** n - [weld] corte m de, placa(s) f, or plancha(s) f, con electrodo m
— **embedding** n - [constr] empotramiento m de plancha f
— **end** n - [mech] extremo m de, placa f, or plancha f
— **face** n - frente f, or cara f, de plancha f
— **finishing** n - [metal-roll] (taller m, or planta f para) terminación f, or acabado m, de plancha(s) f
— — **shop** n - [metal-roll] taller m, or planta f, para, terminación f, or acabado m, de plancha(s) f
— **fit(ting)** n - [mech] encaje m de plancha f • colocación f de plancha f
— **floor** n - [constr] piso m de plancha(s) f
— **frame** n - [mech] bastidor m para placa f
— **front (face)** n - [rail-wheels] cara f externa de alma m
— **gage** n - [instrum] calibre m para plancha(s) | a - con espesor m de plancha f
— — **flooring** n - [bridges] plancha(s) f para piso(s) m para puente(s) m
— **gasket** n - [mech] guarnición f, or empaquetadura f, para, disco m, or placa f, or plancha f, or plato m
— **girder** n - [metal-roll] viga f con alma llena
— **grade** n - [metal-roll] calidad f de plancha f
— — **made pipe** n - [tub] tubería f elaborada en calidad f para plancha(s) f
— — **pipe** n - [tub] tubería f con calidad f para plancha(s) f
— **greasing** n - [mech] engrase m de plancha f
— **handling** n - [mech] manipuleo m de plancha f
— **hardened zone** n - [weld] zona f endurecida de plancha f
— — — **remelting** n - [weld] refundición f de zona f endurecida de plancha f
— **heating furnace** n - [metal-treat] horno m para palastro m
— **holddown** n - [mech] sujetador m para plancha
— **hole** n - [mech] agujero m en plancha f • [rail-wheels] agujero m en alma m
— **hub fillet** n - [rail-wheels] caja f de alma m de cubo m
— **inspection** n - [metal-roll] inspección f de, plancha(s) f, or placa(s) f
— — **turn-up** n - [metal-roll] tumbador m, or volcador m, para inspección f de, plancha(s) f, or placa(s) f
— **installation** n - [constr] instalación f de plancha(s) f
— **insulation** n - [electr-instal] aislación f de, plancha f, or placa f
— **iron** n - [metal-roll] palastro m; hierro m en plancha(s) f
— **layout** n - [metal-fabr] trazado m de, plancha(s) f, or placa(s) f
— — **man** n - [metal-fabr] trazador m para, placas f, or plancha(s) f
— **length** n - [mech] largo(r) m, or largura f, de, plancha f, or placa f
— **level** n - [electr-battery] nivel m de placas
— **leveller** n - [metal-roll] nivelador m para, plancha(s) f, or placa(s) f
— **levelness** n - [metal-roll] planitud f de plancha(s) f
— **lifting** n - [cranes] elevación f de planchas
— — **clamp** n - [mech] mordaza f para elevación f de plancha(s) f
— **line** n - [metal-roll] línea f, or laminador m, para plancha(s) f
— — **turntable** n - [metal-roll] mesa f giratoria para, línea f, or laminador m, para plancha(s) f
plate lining n - [mech] revestimiento m para, plancha(s) f, or placa(s) f, or disco(s) m
— **lockscrew** n - [mech] tornillo m para seguridad f para, plancha(s) f, or placa(s) f
— **longitudinal seam** n - [mech] costura f longitudinal en plancha f
— **material** n - [metal-roll] material m para, plancha f, or placa f
— —(s) **component** n - [nucl] componente m en material m para, plancha f, or placa f
— **maximum allowable camber** n - [mech] combadura f, or curvatura f, máxima admisible para, plancha f, or placa f
— — **camber** n - [mech] combadura f, or curvatura f, máxima para, plancha f, or placa f
— **middle** n - centro m de plancha f
— **mill** n - [metal-roll] tren m, or laminador m, or tren m para laminación f, para, plancha(s) f, or placa(s) f
— **mounted** a - [mech] montado,da sobre placa f
— **mounting** n - [mech] montaje m para placa f
— — **screw** n - [mech] tornillo m para montaje m para placa f
— **nominal length** n - [mech] largo m nominal para plancha f
— **normalizing** n - [metal-treat] normalización f de, plancha(s) f, or placa(s) f
— — **furnace** n - [metal-treat] horno m para normalización f de, plancha(s) f, or placa(s) f
— **orifice** n - [mech] orificio m en plancha f
— **oven** n - [culin] horno m de placa(s) f
— **over @ tap hole** n - [metal-prod] llantón m frontal para piquera f
— **packing** n - [petrol] empaquetadura f para, plancha f, or placa f
—(s) **per belt** n - [constr-equip] zapata(s) f por (cada) carril m
—(s) **per ring** n - [metal-fabr] plancha(s) f por (cada) anillo m
— **pipe** n - [tub] tubería f de plancha(s) f
— — **cover height limit(s)** n - [constr] límite m para altura f de cobertura f para tubería f de plancha(s) f
— — **installation** n - [constr] instalación f de tubería f de plancha(s) f
— **placement** n - [mech] colocación f de planchas
— **placing** n - [mech] colocación f de plancha(s)
— **platform** n - [mech] plataforma f de planchas
— **position** n - [mech] posición f para, or colocación f de, plancha(s) f
— **positioning** n - [weld] colocación f de plancha(s) f
— **prebending** n - [weld] preflexión f, or doblamiento m anticipado, de plancha(s) f
— **preparation** n - [weld] preparación f de plancha(s) f
— — **building** n - [tub] edificio m para preparación f de plancha(s) f
— **pressure** n - presión f sobre plancha(s) f
— **property,ties** n - [metal-roll] propiedad(es) f de plancha(s) f
— — **function** n - [constr] función f de propiedad(es) f de plancha(s) f
— **radius** n - [mech] radio m de plancha(s) f
— **reel** n - [cranes] carrete m para plato m
— **reinforcing liner** n - [constr] revestimiento m para refuerzo m para plancha f
— — **steel liner** n - [constr] revestimiento m (interior) de acero m para refuerzo m para plancha f
— **reject(or)** n - [metal-roll] eyector m, or expulsor m, para plancha(s) f
— —(or) **pinch roll** n - [metal-roll] rodillo m para tracción f para, eyector m, or expulsor m, para plancha(s) f
— —(or) **roll** n - [metal-roll] rodillo m, eyector, or expulsor, para plancha(s) f
— **relining** n - [mech-brakes] revestimiento m (nuevo) para, plato m, or disco m
— **removal** n - [mech] remoción f, or saca f, de,

plancha(s) f, or placa(s) f
— **repair** n - [mech] reparación f de plancha f
— **replacement** n - [mech] reemplazo m de, plancha f, or placa f
— **retainer** n - [mech] retén m para placa f
— **rib** n - [mech] nervadura f en plancha f
— **rim fillet** n - [rail-wheels] caja f para alma m para llanta f
— **ring** n - [mech] anillo m para plancha f
— — **dowel** n - [int.comb] buje m para plato m
— **roll(er)** n - [metal-roll] rodillo m para, palastro m, or plancha f • laminador m para palastro m
— — **guide** n - [mech] guiadera f para rodillo m para plancha(s) f
— **scale** n - [metal-prod] báscula f para, plancha(s) f, or placa(s) f • cascarilla f en, plancha(s) f, or placa(s) f
— **screw** n - [mech] tornillo m para placa f
— **section** n - [mech] sección f de plancha f • [tub] plancha f
— — **detail** n - [metal-roll] detalle m para sección f de plancha f
— — **removal** n - [mech] remoción f, or saca f, de scción f de plancha f
— — **weight** n - [mech] peso m de sección f de plancha f
— **separation** n - [mech] separación f, entre, or de, plancha(s) f, or placa(s) f, or chapa(s) f
— **separator** n - [electr-instal] separador m, or aislador m, para placa(s) f
—**(s) set** n - [mech] juego m de placa(s) f • [domest] juego m de, plato(s) m, or loza f
— **shear** n - [mech] guillotina f para (cortar) plancha(s) f
— **shim** n - [mech] calza f para placa f
— **shop** n - [metal-roll] taller m para, plancha(s) f, or placa(s) f
— — **equipment** n - [metal-roll] equipo m para taller m para, plancha(s) f, or placa(s) f
— **side wear** n - [mech] desgaste m lateral en, plancha f, or placa f
— **single pass weld(ing)** n - [weld] soldadura f con pasada f única en plancha(s) f
— **size** n - [metal-roll] tamaño m de plancha f • also see **plate thickness**
— **spacer** n - [mech] separador m para plancha(s)
— — **block** n - [mech] bloque m separador para, plancha(s) f, or placa(s) f
— **specialist** n - [metal-roll] especialista m en, plancha(s) f, or placa(s) f
— **specified thickness** n - [mech] espesor m especificado para, plancha f, or placa f
— **spillway** n - [hydr] vertedero m de planchas f
— **squaring** n - [metal-roll] escuadría f de plancha(s) f
— — **rig** n - [metal-roll] dispositivo m para, escuadrar, or escuadría f de, plancha(s) f
— **stacking** n - apilamiento m de plancha(s) f
— **steel** n - [metal-roll] acero m en plancha(s) f • plancha f de acero m
— — **pipe** n - [tub] tubería f de, acero m en plancha(s) f, or de plancha(s) f de acero m
— — **liner** n - [constr] revestimiento m (interior) de refuerzo m para plancha f
— — **spillway** n - [hydr] vertederu m de acero m en plancha(s) f
— — — **drain** n - [hydr] desagüe m vertedor de acero m en plancha(s) f
— **storage** n - almacén(amiento) m de plancha(s)
— **structure end** n - [constr] extremo m de estructura f de plancha(s) f
— **submerged arc weld(ing)** n - [weld] soldadura f por arco m sumergido de plancha(s) f
— **surface** n - [weld] superficie f de plancha f
— **tab** n - [mech] oreja f en, plancha, or placa
— **test** n - [mech] ensayo m de, plancha f, or placa f
— **thickness** n - [metal-roll] espesor m de plancha f
— — **specification** n - [mech] especificación f para espesor m de plancha f

plate thickness specification n - [mech] especificación f para espesor m de plancha f
— — **tolerance** n - [metal-roll] tolerancia f en espesor m de plancha f
— **to be pierced** n - [weld] plancha f para perforar(se)
— **tolerance** n - [metal-roll] tolerancia f en plancha f
— **top** n - [metal-roll] parte f superior de, plancha f, or placa f
— **transfer** n - [mech] transportador m para, or transporte m de, plancha(s) f
— **travel** n - [mech] recorrido m de, plancha f, or placa f, or plato m, or disco m
— **tunnel** n - [constr] túnel m de plancha(s) f
— **turnover** n - [mech] volcador m para planchas f • vuelco m de plancha(s) f
— — **drive** n - [metal-roll] accionamiento m para volcador m para plancha(s) f
— **turntable** n - [mech] plataforma f giratoria para plancha(s) f
— **type resistor** n - [electr-instal] resistencia f de tipo m de plancha f
— **unequal wear** n - [mech] desgaste m desigual de, plancha(s) f, or placa(s) f
. . . **plate wafer oven** n - [culin] horno m con . . . plato(s) para oblea(s) f
— **warping** n - [weld] deformación f de plancha f
— **washer** n - [mech] arandela f para placa f
— **wear** n - [mech] desgaste m de, plancha f, or placa f
— **web** n - [metal-roll] alma m llena
— — **beam** n - [metal-roll] viga f con alma m llena
— — **girder** n - [metal-roll] viga f maestra con alma m llena
— **weight** n - [metal-roll] peso m de plancha f
— **weld(ing)** n - [weld] soldadura f de plancha f
— —**(ing) application** n - [weld] aplicación f para soldadura f de plancha(s) f
. . . —**(s) wide** a - [mech] con ancho m de . . . plancha(s) f; con . . . planchas f contiguas
— **width** n - [mech] ancho(r) m de, plancha f, or placa f
— —**(s) combination** n - [mech] combinación f de ancho(s) m de plancha(s) f
— — **tolerance** n - [metal-roll] tolerancia f en ancho(r) m de, plancha f, or placa f
plateau n - [topogr] . . . • nivel m
plated a - plancheado,da; enchapado,da; recubierto,ta; revestido,da; bañado,da
— **cadmium** n - [metal] cadmio m plaqueado
— — **bolt** n - [mech] perno m de cadmio m plaqueado
— — **nut** n - [mech] tuerca f de cadmio m plaqueado
— **finish** n - [metal] terminación f, plaqueada, or enchapada
— **hexagonal nut** n - [mech] tuerca f hexagonal, plaqueada, or enchapada
— **nut** n - [mech] tuerca f, plaqueada, or enchapada
— **steel** n - [metal-treat] acero m, enchapado, or plaqueado, or plancheado
— **strip** n - [metal-roll] fleje m, plaqueado, or enchapado, or plancheado; banda f, or cinta f, or chapa f, plaqueada, or enchapada, or plancheada
platen n - [mech] . . .; placa f; plancha f; mesa f • placa f para aplicación f de presión f
plater n - [metal-roll] . . .; plancheador m
platform n - . . . . - [constr] piso m; plataforma f para trabajo m • [petrol] plataforma f (para perforación f) • [rail] (vagón) plataforma f; chata f
— **assembly** n - [mech] armado m de plataforma f
— **base** n - [mech] base f para plataforma f
— **delivery** n - [ind] entrega f de plataforma(s)
— **drilling** n - [petrol] perforación f desde plataforma f

platform erection n - [ind] montaje m de plataforma f
— **extension** n - [mech] extensión f, or prolongación f, para plataforma f
— **floor(ing)** n - [mech] piso m para plataforma
— **mounting** n - a - de tipo n para plataforma f
— **scales** n - [mech] báscula f; balanza f con plataforma f
— **transformer** n - [electr-instal] transformador m aéreo
— — **bank** n - [electr-instal] puesto n para, transformador m aéreo, or aéreo para transformación f
— **type** n - tipo m (de) plataforma | a - de tipo con plataforma f
plating n - [metal-treat] . . .; plancheado m; enchapado m • departamento m para plancheado | a - plancheador,ra
— **charge** n - [metal] cargo m por enchapado m
— **department** n - [metal-treat] departamento m, or sección f, para plancheado m
— **efficiency** n - eficiencia f en plancheado m
— **unit** n - [metal-treat] unidad f para, plancheado m, or plaqueado m, or enchapado m
platinum plate n - [metal-treat] plancha f platinada | v - [metal-treat] platinar
— **plated** a - [metal-treat] platinado,da
— **plating** n - [metal-treat] platinado m
—**platinum immersion thermocouple** n - [instrum] termocoupla f platino-platino para inmersión
platten* n - [mech] see **platen**
platter full n - [culin] fuentada
plausibly adv - plausiblemente
play n - . . . • [mech] juego m; huelgo m; holgura f; luz f; espacio m libre • [sports] . . . | v - . . . • [music] tocar; tañer
play @ arc v - [weld] mover arco m
— @ — **back and forth** v - [weld] mover arco m en ambos sentidos m
— @ — — — — **along @ seam** v - [weld] mover arco m en ambos sentidos m a largo n de, costura f, or junta f
— @ — **up and down @ joint** v - [weld] mover arco m hacia arriba y hacia abajo a largo n de, costura f, or junta f
— **by ear** v - tantear; hacer con corazonadas f
— **catch-up** v - [sports] recuperar posiciones f; dar alcance m
— @ **music** v - [mus] tocar música f
— @ **role** v - jugar, desempeñar, papel m
— **test** n - [mech] ensayo m, or prueba f, de holgura f
— @ **thing** v - [fam] ensayar • proceder
played a - jugado,da • desempeñado,da • [mus] tocado,da; tañido,da
— **music** n - [mus] música f tocada
— **role** n - papel m desempeñado
player n - . . . • [mus] . . .; tañedor m
playfield n - [sports] campo m deportivo
playground n - [sports] campo m, or cancha f, para, juego m, or deporte m; terreno m deportivo; sitio m, or zona f, para recreo m
— **application** n - [sports] aplicación f en parque m para recreo m
— **equipment** n - [sports] equipo m, deportivo (exterior), or para parque m para recreo m
— — **Association** n - [sports] Asociación f de Fabricante(s) m de Equipo(s) m Deportivo(s) (Exteriores)
playing n - [fam] desempeño m
plea n - . . .; petición f; rogativa f • [legal] instancia f
plead a - rogado,da • v - rogar
pleader n - rogador m; rogante m • [legal] . . .
pleading n - . . . | a - rogador,ra, rogante; rogatorio,ria
pleasant a - . . .; entretenido,da
— **stream** n - [hydr] curso m, or arroyo m, manso, or afable, or tranquilo
please v - . . . | [interj] sírva(n)se
pleasing n - complacencia f | a - . . .; entretenido,da

pleasing aesthetical appearance n - aspecto m estético agradable
— **appearance** n - apariencia f, or aspecto, agradable
pleasure n - . . . • recreo m
— **boat** n - [nav] embarcación f para recreo m
— **boating** n - [nav] navegación f para recreo m
— **ride** n - [autom] viaje m por placer m
pledge n - . . . | a - . . . • [legal] prendario,ria | v - . . . | [legal] prendar, caucionar
pledged a - [legal] prendado,da; comprometido,da
— **payment** n - [fin] pago m comprometido
plenary assembly n - [comput] conjunto m plenario
— **meeting** n - [legal] reunión f plenaria
plenteous a - . . .; suficiente
plentiful a - . . .; nutrido,da • prevenido,da
plenty n - . . .; suficiencia f | adv - . . .; suficiente; bastante; suficientemente; en abundancia f
— **strong** a - suficientemente fuerte
pliers n - [tools] . . .; pinza(s) f
plot n - . . .; lote m • planteo m • [math] representación f gráfica • [agric] era f • [pol] trama f | v - . . .; plantear; trazar • [math] representar gráficamente; hacer tabla f • [drwng] graficar
— @ **curve** v - [drwng] trazar curva f
— **plan** n - plano m general
— @ **traffic flow** v - [autom] analizar flujo m de tránsito m
plotted a - planteado,da • [drwng] trazado,da • [pol] tramado,da • [pol] representado,da gráficamente
— **curve** n - curva f trazada
— **record** n - gráfico m; planilla f en forma f de gráfico m
plotter n - [pol] . . . • [instrum] instrumento m, or dispositivo m, trazador; máquina f trazadora
plotting n - [pol] . . . • [drwng] (re)planteo m; trazado m | a - [pol] tramador,ra
— **machine** n - [tools-lathe] trazadora f
plow n - [agric] . . .; roturador m • [mech] roturador m • [mech] paleta f | v - [agric] arar; roturar
— @ **acreage** v - [agric] arar superficie f
— **action** n - [agric] acción f de arado m
— **beam** n - [agric-equip] timón m para arado m
— **bolt** n - [mech] perno m con cabeza f, con talón f, or para arado m
— **bottom** n - [agric] parte f inferior de arado m
— **clasp ring** n - [agric] vilorta f
— **handle** n - [agric] esteva f - mancera f
— **into** v - [autom] embestir; arremeter contra
— **screw** n - [mech] tornillo m, para arado m, or con cabeza f con talón m
— **share** n - [agric] reja f para arado m
— — **cracking chance** n - [agric] posibilidad f de agrietamiento m de reja f para arado m
— — **edge** n - [agric-equip] borde m de reja f para arado m
— — **end** n - [agric-equip] extremo m, or punta f, de reja f para arado m
— — **grinding** n - [agric-equip] esmerilado m, or amoladura f, de reja f para arado m
— — **hardsurfacing** n - [agric] endurecimiento m de superficie f de reja f para arado m
— — **heel** n - [agric] talón m de reja f para arado m
— — **positioning** n - [agric-equip] colocación f (en posición f) de reja f para arado m
— — **sharpening** n - [agric] esmerilado m, or aguzamiento m, de reja f para arado m
— **topside** n - [agric] borde m superior de reja f para arado m
— — **underside** n - [agric] borde m inferior de rejas f para arado m
— **steel** n - [metal-prod] acero m para arados m
— — **rope** n - cable m de acero m para arado(s) m

plow wear n - [agric] desgaste m de arado m • [mech] desgaste m de paleta f
— **wire** n - [wire] alambre m (para) arado m
plowboy n - [agric] yuguero m
plowed a - [agric-equip] arado,da
— **acreage** n - [agric] superficie f arada
— **into** a - [autom] embestido,da; arremetido,da
plowing n - [agric] arada f; aradura f; roturamiento m • [autom] desplazamiento m lateral (de tren m) delantero; arada f • also see **understeering** | a - [agric] roturador,ra
— **action** n - [agric] acción f de arada f
— **into** n - [autom] embestida f; arremetida f
plowshare n - [agric-equip] see **plow share**
pluck n - . . . . • [mus] . . .; tañer
plucked a - pelado,da • [mus] . . .; tañido,da
plucking n - pela(dura) f
plug n - . . . .; atasco m; obstrucción f • [mech] . . .; espiga f • [electr] ficha f, or clavija f, (para enchufar) • [tub] . . .; macho m • [valv] obturador m • [int.comb] see **spark plug** • [weld] see **plug wire** | v - . . .; retacar; taponar; atascar; obstruir • [metal-prod] dejar con tapón m; condenar • [tub] dotar(se) con tapón m • [electr-oper] enchufar | adv - [electr-instal] con enchufe m
— **adjuster** n - [petrol] ajustador m para tapón
— **assembly** n - [petrol] conjunto m para ajustar tapón m
— **@ air vent hole** v - [int.comb] obturar, respiradero m, or orificio m para ventilación f
— **and cable** n - [electr-cond] ficha f, or enchufe m, y, cordón m, or cable m
— **receptable** n - [electr-instal] enchufe m y tomacorriente m
— **assembly** n - [electr-cond] conjunto m de enchufe m
— **@ atomizer** v - [int.comb] obturar atomizador
— **axis** n - [mech] eje m para obturador m
— **back** v - [mech] retrotaponar
— **bearing** n - [mech] cojinete m para obturador m
— **(s) set** n - [mech] juego m de cojinete(s) m para obturador m
— **bottom** n - [mech] parte f inferior de tapón m
— **break[ing]** n - [mech] rotura f de, tapón m, or clavija f
— **bushing** n - [pumps] buje m para tapón m
— **button** n - tarugo m • [tub] tapón m
— **case** n - [mech] caja f para, tapón(es) m, or tarugo(s) m
— **clamp** n - [electr-instal] sujetador m en enchufe m
— **closing** n - [mech] cierre m para tapón m
— **condition** n - [mech] condición f, or estado m, de tapón m
— **connection** n - [electr=instal] conexión f para tapón m
— **@ cooling plate** v—[metal-prod] rellenar(se), or taponar, or condenar, petaca f
— **coupling** n - [mech] unión f para tapón m
— **disconnecting** n - [electr-oper] desconexión f de, enchufe m, or ficha f
— **disk** n - [mech] disco m para tapón m
— **globe valve** n - [valv] válvula f esférica con disco m para obturación f
— **embedded in @ pile** n - [constr-pil] tapón m encajado en pilote m
— **enclosure** n - [electr-instal] caja f para enchufe m
— **end** n - [electr-mat] extremo m de enchufe m • [Spa.] botella f para entrada f
— **fit** n - ajuste m de tapón m
— **gage** n - [instrum] calibre n, cilíndrico, or para tapón m
— **holder** n - [electr-instal] portaenchufe m
— **assembly** n - [electr-instal] conjunto m de portaenchufe m
— **in** n - [mech] enchufe m | a - [mech] enchufable | v - enchufar
— **component** n - [mech] elemento m, constitutivo, or componente, enchufable, or insertable, or de tipo m enchufable, or para enchufar
plug-in connector n - [electr-instal] conectador m enchufable
— **crystal** n—[electron] cristal m enchufable
— **@ crystal** v - [electron] enchufar cristal
— **draw-out type** n - [electr-instal] tipo m enchufable y desenchufable
— **@ light** v - [electr] enchufar luz f
— **printer circuit board** n - [electron] tablero m enchufable con circuito m impreso
— **properly** v - enchufar debidamente
— **pull out** a - see **push-pull**
— **type** n - [electr-instal] tipo m enchufable
— **unit** n - [electron] unidad f, or dispositivo m, enchufable
— **@ unit** v - [electr-oper] enchufar, unidad f, or dispositivo m
— **installation** n - [mech] instalación f, or colocación f, de tapón m
— **intake valve** n - [valv] válvula f para entrada f para tapón m
— **into** v - enchufar, en, or dentro de
— **@ receptacle** v - [electr-oper] enchufar en tomacorriente m
— **blocking** n - [electr-instal] fijación f or bloqueo m, de enchufe m en tomacorriente m
— **@ iron notch** v - [metal-prod] cegar, or tapar, or taponar, piquera f, or boca f
— **itself** v - [metal-prod] tap(on)ar(se) por sí solo,la
— **@ leak** v - [mech] taponar, or retacar, fuga f
— **@ load** v - [electr-oper] enchufar carga f
— **lock screw** n - [mech] tornillo m para seguridad f para tapón m
— **locked into @ receptacle** n - [electr-instal] enchufe m fijado en tomacorriente m
— **manually** v - [mech] tapar, a mano, or manualmente
— **mill** n - [tub] laminador m cerrador sobre mandril m; laminador m de tren m mandril
— **process** n - [tub] procedimiento m con tren m mandril, or para perforación f automática
— **movement** n - [mech] movimiento m de tapón m
— **into @ seat rate control** n - [mech] regulación f de régimen m para movimiento m de tapón m hacia adentro en asiento m
— **rate** n - [mech] régimen m para movimiento m de tapón m
— **control** n - [mech] regulación f de régimen m para movimiento m de tapón m
— **@ mud gun** v - [metal-prod] tapar(se) cañón m
— **nameplate** n - [electr-instal] placa f indicadora para base f para enchufe m
— **opening** n - [mech] apertura f de tapón m • abertura f en tapón m
— **@ opening** v - taponar, or obturar, orificio m
— **packing** n - [petrol] empaquetadura f para tapón m
— **poorly @ iron notch** v - [metal-prod] tapar, or taponar, mal(amente) piquera f
— **pulling** n—[electr-oper] saca f, or extracción f de enchufe m
— **radius** n - [mech-bearings] radio m de mandril
— **removal** n - [mech] remoción f, or saca f, de tapón m
— **set** n - [mech] equipo m para sacar tapones
—, **replacement**, or **replacing** n - [mech] reemplazo m, or reposición f, para, or de, tapón
— **screw** n - [mech] tornillo m, sin cabeza f, or obturador, para tapón • [petrol] tapón m con rosca f
— **seal** n - sello m para, tapón m, or obturador
— **@ slag notch** v - [metal-prod] tapar, or eliminar, escorial m
— **@ taphole** v - [metal-prod] tapar, or cerrar, piquera f, or colada f
— **@ taphole without casting** v - [metal-prod] tapar (piquera f) sin, colar, or sangrar
— **@ test opening** v - obturar orificio m para, comprobación f, or verificación f

plug top n - [weld] parte f superior de tapón m
— **type** n - [mech] tipo m de tapón m • tipo m con, tapón m, or obturador m | a - [mech] de tipo m con, tapón m, or obturador m
— — **disk** n - [valv] disco m de tipo m, obturador, or con tapón m
— — **metal disk** n - [valv] disco m, metálico, or de metal m, de tipo m obturador
— — **metal seat** n - [valv] asiento m de metal m de tipo m obturador
— — **seat** n - [valv] asiento m de tipo obturador
— **uniform fit** n - ajuste m uniforme de tapón m
— **valve** n - [valv] válvula f, obturadora, or con, cono m, or obturador, or para obturación
— **weld** n - [weld] soldadura f, obturadora, or para taponar, or con tapón m
— — **countersink angle** n - [weld] ángulo m de avellanado m de soldadura f para taponar
— — **welding filling depth** n - [weld] profundidad f de relleno m de soldadura f para taponar
— **wire** n - [electr-cond] conductor a enchufe m
— **with iron** v - [metal-prod] rellenar(se) con, hierro m, or burro m
— — **@ mud gun** v - [metal-prod] tapar con cañón m
— **without casting** v - [metal-prod] tapar sin, sangrar, or salir hierro m
plugged a - obstruido,da; obturado,da; taponado,da; tapado,da • [metal-prod] tobera f, tapada, or reducida • [electr-oper] enchufado,da
— **air vent hole** n - [int.comb] respiradero m, or, orificio m para ventilación f, obturado
— **atomizer** n - [int.comb] atomizador m obturado
— **burner orifice** n - [combust] orificio m obturado en quemador m
— **connection** n - [tub] conexión f taponada; pico m, or empalme m, taponado
— **cooling plate** n - [metal-prod] petaca f obturada • petaca f condenada
— **pipe** n - [metal-prod] tubo m, obturado, or tapado, or atascado; tubería f obturada, or taponada, or atascada
— **in** a - [mech] enchufado,da
— — **crystal** n - [electron] cristal m enchufado
— — **light** n - [electr-oper] luz f enchufada
— — **unit** n - [electr-oper] dispositivo m enchufado; unidad f enchufada
— **into** a - enchufado,da, en, or dentro de
— — **@ receptacle** a - [electr-instal] enchufado,da en tomacorriente m
— **load** n - [electr-oper] carga f enchufada
— **opening** n - [mech] irufucui m obturado
— **orifice** n - [mech] orificio m obturado
— **test opening** n - orificio m para comprobación f obturado
— **tuyere** n - [metal-prod] tobera f tapada • tobera f, reducida, or soldada interiormente
— **with slag** a - [metal-prod] obturado,da, or tomado,da, con escoria f
plugger n - . . . .; taponador m
plugging n - obturación f; obstrucción f; taponamiento m; atasco m; atascamiento m • [mech] frenado m para contramarcha f • [electr-oper] enchufamiento* m | a - obturador,ra; taponador,ra
— **contactor** n - [electr] contactador m para frenado m para contramarcha f
— **in** n - [electr-oper] enchufamiento* m
— **into** n - enchufamiento* m, en, or dentro de
— — **@ receptacle** n - [electr-instal] enchufamiento* m en tomacorriente m
— **resistor** n - [electr-equip] resistencia f para frenado m para contramarcha f
— **valve** n - [valv] válvula f para obturación f
plumb n - [tools] plomada f • [constr] perpendicularidad f | adv - a plomo | v - [constr] aplomar; poner a plomo
plumbed a - aplomado,da
plumber('s) chain n - [mech-chains] cadena f para plomero m
—**('s) safety chain** n - [chains] cadena f para seguridad f para plomero m

plumbing n - [constr] plomería f; aplomadura * f • [sanit] instalación f, or conexión(es) f para tubería(s) f
— **fixture** n - [sanit] artefacto m, or accesorio m, para plomería f
— **shop** n - (taller m para) plomería f
— **supply,lies** n - [constr] material(es) m para plomería f
plummet n - [tools] . . . • [constr] perpendículo m; vertical f
plunge saw n - [tools] sierra f escopleadora
plunged a - sumergido,da
plunger n - [mech] . . . • [pumps] émbolo m, sólido, or para bomba f • [electr-mot] émbolo m (para núcleo m para bobina f • [mech] vástago m; núcleo m móvil; mandril m • [constr] pestillo m • [electr-instal] pulsador m
— **adjustment** n - [mech] ajuste m para émbolo m
— **bar** n - [constr] pasador m
— **head** n - [mech] cabeza f para émbolo m
— **lift** n - [petrol] aspiración f de émbolo m
— **motor** n - [petrol] motor m para émbolo m
— **pulling** n - [mech] tiro m de émbolo m
— **pump** n - [petrol] (bomba f con) émbolo m buzo m; bomba f con émbolo m múltiple
— **pushing** n - [mech] empuje m de émbolo m
— **seat** n - [mech] asiento m para émbolo m
— **shaft** n - [mech] vástago m para émbolo m
— **size** n - [petrol] tamaño m, or medida(s) f, de émbolo m buzo
— **stop** n - [mech] tope m para vástago m • [pumps] tope m para émbolo m
plunging n - sumersión f
plurality n - . . . . • conjunto m; variedad f
plus n - ventaja f (adicional); adición f • adv - con adición f de • en más; además de; amén de • [math] más
— **adding** n - adición f de ventaja f
— **air charge** adv - [transp] más cargo m por expedición f aérea
— **air express (charge)** adv - [transp] más (cargo m por) expreso m aéreo
— — **freight (charge)** adv - [transp] más (cargo m por) flete m aéreo
— — **mail (charge)** adv - [transp] más (cargo m por) correo m aéreo
— **postage** n - [transp] más, franqueo m, or porte m, aéreo, or por vía f aérea
— — **parcel (charge)** adv - [transp] más (cargo m por) paquete m aéreo
— — **post (charge)** adv - [transp] más (cargo m por) paquete m postal aéreo
— — — **postage** n - [transp] más, franqueo m, or porte m, por paquete m postal aéreo
— — **shipping charge** adv - [transp] más cargo m por expedición f aérea
— **airport delivery** adv - [transp] más, entrega f, or transporte m, a aeropuerto m
— **boxing** adv - [transp] más, encajonamiento m, or empaque m
— **camber tolerance** n - [metal-roll] tolerancia f en más en flecha f
— **carriage** adv - [transp] más acarreo m
— **cartage** adv - [transp] más acarreo m
— **charge** adv - [transp] más cargo m por acarreo m
— . . . **concept** n - [autom-tires] concepto m de más . . . pulgada(s) f
— **@ consular charge(s)** adv - [com] más derecho(s) m consular(es)
— — **fee(s)** adv - [com] más derecho(s) m consular(es)
— **container drayage** n - [transp] más acarreo m para container* m
— **containerization charge** adv - [transp] más cargo m por, acondicionamiento m, or empaque m, en container* m
— **contingency,cies** adv - más imprevisto(s) m
— **crating** adv - [transp] más empaque m
— **delivery (charge)** adv - [transp] más (cargo m por) entrega f
— **delivery to airport (charge)** adv - [transp]

más, transporte m a, or entrega f en, aeropuerto m
plus double decking charge adv - [transp] más cargo m por estiba en dos pisos m
— **excess freight** adv - [transp] más, exceso m por flete m, or flete m excesivo
— **expense(se)** adv - más gasto(s) n
— **export packing** adv - [transp] más, empaque m, or embalaje m, para exportación f
— — **case** adv - [transp] más caja f para exportación f
— — **charge** adv - [transp] más cargo m para. empaque m, or embalaje m, para exportación
— — **materials** adv - [com] más materiales n para embalaje m para exportación f
— **express** adv - [transp] más (gastos m para envío m por) expreso
— **fees** adv - [com] más derechos m
— **forwarding charge(s)** adv - [transp] más gasto(s) m para (re)expedición f
— **freight** adv - [transp] más flete(s) m
— — **and insurance** adv - [transp] más flete m y seguro m
— — **as @ separate item** adv - [transp] más flete m como partida f separada
— — **charge** adv - [transp] más cargo m por flete
— — **differential** adv - [transp] más diferencial m por flete(s) m
— **handling charge** n - [com] más cargo m por (gastos para) tramitación f • [transp] más cargo m por manipulación f
— **inland freight** adv - [transp] más flete n terrestre
— — — **charge(s)** adv - [transp] más cargo(s) m por flete m terrestre
— — — **forwarding charge(s)** adv - [transp] más cargo(s) por flete m por expedición f terrestre
— **inland truck** adv - [transp] más (cargo m por) expedición f por) camión m terrestre
— — **freight charge** adv - [transp] más cargo m por flete m por camión m (terrestre)
— **installation** adv - [ind] más instalación f
— **insurance** adv - más, (cargo m por) seguro m, or prima f por seguro m
— — **on** . . . adv - [insur] más seguro m sobre . . .
— — **premium** adv - [insur] más prima f por seguro m
— **insured parcel post** adv - [transp] más paquete m postal asegurado
— — **air parcel post** adv - [transp] más paquete m postal aéreo asegurado
— — **parcel** adv - [transp] más paquete m asegurado
— — **post** adv - [transp] más paquete m postal asegurado
— **land express** adv - [transp] más (flete m por) expreso m terrestre
— — **mail postage** adv - [transp] más porte m postal (por vía f) terrestre
— **length tolerance** n - [metal-roll] tolerancia f en más en, largo(r) m, or largura f
— **material(s)** adv - [ind] más material(es) m
— **maximum cartage charge** adv - [transp] más cargo m máximo por acarreo m
— — **charge** adv - más cargo m máximo
— **minimum cartage charge** adv - [transp] más cargo m mínimo por acarreo m
— — **charge** adv - [com] más cargo m mínimo
— **ocean freight** adv - [transp] más flete m marítimo
— **one Inch)** adv - [autom-tires] más una pulgada
— **or minus** adv - más o menos • [mech] tolerancia f en más o (en) menos
— **overload** adv - [ade)más de sobrecarga f
— **packaging material(s)** adv - [ind] más material(es) m para embalaje m
— **packing** adv - [transp] más, empaque m, or embalaje m
— — **charge** adv - [transp] más cargo m por, empaque m, or embalaje m
plus parcel post n - [transp] más (franqueo m por) paquete m postal
— — — **charge(s)** n - [transp] más cargo(s) m por paquete m postal
— **pick-up** adv - [transp] más (cargo m por) recolección f
— — **fee** adv - [transp] más cargo m por recolección f
— — **truck (fee)** adv - más (cargo m por) recolección f con camión m
— **pier delivery (charge)** adv - [transp] más (cargo m por) entrega f en muelle m
— **polarity** n - [weld] polaridad f positiva
— **postage** adv - [transp] más, franqueo m, or porte m
— — **per parcel post** adv - [transp] más franqueo m por paquete m postal
— **potential** n - [electron] portencial m en más
— **premium** adv—más premio m • [insur] más prima
— **prepaid freight** adv - [transp] más flete m pagado (por anticipado)
— — **inland freight** adv - [transp] más flete m, terrestre, or interior, pagado (por, anticipado, or adelantado)
— — **insurance** adv - [insur] más seguro m pagado (por anticipado)
— **@ reel** adv - más carrete m
— — **charge** adv - más cargo m por carrete m
— **shipping (charge)** adv - [transp] más cargo m por expedición f
— **tolerance** adv - tolerancia f en, más, or exceso
— **three** adv - [autom-tires] más tres pulgadas f
— — **concept** n - [autom-tires] concepto m de más tres pulgadas
— — — **wheel** n - [autom] rueda f según concepto m de más tres pulgadas f
— — **inches** n - [autom-tires] más tres pulgadas
— **truck pick-up** adv - [transp] más (cargo m por) recolección f con camión m
— **two** n - [autom-tires] más dos pulgadas
— — **inches** n - [autom-tires] más dos pulgadas
— **weight tolerance** n - tolerancia f en más en peso m
— **width tolerance** n - [metal-roll] tolerancia f en más en, ancho(r) m, or anchura f
plush n - [textil] . . .; frisado m | a - lujoso,sa • muelle • [textil] frisado,da | v - [textil] felpar
— **ride** n - [autom] andar m muelle
plushy a - [textil] felpado,da; felpudo,da
ply n - . . .; capa f • [autom-tires] tela f; capa f
. . . — a - [autom-tires] con . . ., tela(s), or capa(s) f
. . . — **bag** n - bolsa f con . . . capas f
. . . — **belt** n - [mech] correa f con . . . capa(s) • [autom-tires] banda f circunferencial con . . . tela(s) f
. . . — **construction** n - [autom-tires] fabricación f con . . . tela(s) f
. . . — **cut belt** n - [autom-tires] banda f circunferencial con . . . tela(s) f cortada(s)
. . . — **carcass** n - [autom-tires] carcasa f con . . . tela(s) f
. . . — **tire** n - [autom-tire] neumático m con carcasa f con . . . tela(s) f
. . . — **folded rayon belt** n - [autom-tires] banda f circunferencial plegada con . . . tela(s) f de rayón m
— **metal** n - [metal-roll] metal m laminar
. . . — **paper bag** n - [paper] bolsa f, or saco m, de papel con . . . capa(s) f
. . . — **radial carcass** n - [autom-tires] carcasa f radial con . . . tela(s) f
. . . — — **construction** n - [autom-tires] fabricación f de carcasa f radial con . . . tela(s) f
. . . — **rating** n - [autom-tires] clasificación f de . . . tela(s) f

...-ply rating load

...-**ply rating load** n - [autom-tires] carga f para neumático(s) m con clasificación f para ... tela(s) f
...— — **range** n - [autom-tires] escala f, or límite(s) m, para carga f para neumático(s) m con clasificación f para ... telas
...— — **rayon belt** n - [autom-tires] banda f circunferencial con ... tela(s) f de rayón
...— — **construction** n - [autom-tires] fabricación f con banda f circunferencial con ... tela(s) f de rayón m
...— — **carcass** n - [autom-tires] carcasa f, con ... tela(s) f de rayón m, or de rayón m con ... tela(s) f
...— — **tire** n - [autom-tires] neumático m con carcasa f con ... tela(s) f de rayón
...— — **folded belt construction** n - [autom-tires] fabricación f con banda f circunferencial plegada con ... tela(s) f de rayón m
...— — **sidewall** n - [autom-tires] pared f lateral con ... tela(s) f
...— — **construction** n - [autom-tires] construcción f de pared(es) f lateral(es) con ... tela(s) f
...— — **tire** n - [autom-tires] neumático m, or cubierta f, con ... tela(s) f
plyers n - [tools] see **pliers**
plywood n - [lumber] ...; madera f laminada
— **form** n - [constr] encofrado m de madera f, terciada, or laminada
— **sheet** n - [lumber] plancha f de madera f, terciada, or laminada
pn a - see **plain**
pneumatic chipping hammer n - [tools] (martillo) cincelador m neumático
— **chisel** n - [tools] buril m neumático
— **clay spade** n - [tools] azadón m (neumático) para arcilla f
— **command** n - [ind] comando m neumático
— **compactor** n - [tools] compactador m neumático
— **control** n - mando m neumático; regulación f neumática
— — **valve** n - [valv] válvula f, neumática para regulación f, or para regulación f neumática
— **conveying** n - [environm] conducción f neumática
— **crusher** n - [constr] trituradora f, or quebrantadora f, neumática
— **cylinder** n - [pneumat] cilindro m neumático
— — **base** n - [ind] base f para cilindro m neumático
— ´...-**way valve** n - [valv] válvula f con ... vía(s) para cilindro m neumático
— **distribution system** n - [ind] red f, neumática para distribución f, or para distribución f neumática
— **drill** n - [tools] taladro m neumático; perforadora f neumática
— **driver** n - [constr] martinete m neumático para hincadura f
— **element** n - [tools] elemento m neumático
— **gas control (air) valve** n - [combust] válvula f neumática para regulación f de gas m
— **grinder** n - [tools] amoladora f neumática
— **hammer** n - [tools] martillo m neumático; [constr-pil] martinete m neumático
— **knife** n - [tools] espátula f neumática
— **motor** n - motor m neumático
— **pick** n - [tools] (martillo) picador m neumático
— **pile driver** n - [constr-pil] martinete m neumático para hincadura f (para pilotes m)
— **placement** n - [constr] colocación f neumática
— **placing** n - [constr] colocación f neumática
— **pump** n - [ind] bomba f neumática
— **pumping** n - [pumps] bombeo m neumático
— — **system** n - [petrol] sistema m para bombeo m neumático
— **roll(er)** n - [roads] rodillo m neumático
— **servomotor** n - [ind] servomotor m neumático
— **signal** n - [instrum] señal f neumática

pneumatic signal transmission n - [instrum] transmisión f neumática de señal(es) f
— **system** n - [ind] sistema m neumático • red f neumática
— **tamper** n - [constr] pisón m, or apisonador m, neumático
— **tire** n - [autom-tires] llanta f neumática; neumático m
— **tool** n - [tools] herramienta f neumática
— **operator** n - [constr] picador m; operador m para martillo m neumático
— **torque wrench** n - [tools] llave f neumática para torsión f
— **trail** n - [autom-tires] rezago m neumático
— **transmission** n - [instrum] transmisión f neumática
— **tube** n - [pneumat] tubo m neumático
— **type tool** n - [tools] herramienta f de tipo m neumático
— **valve** n - [valv] válvula f neumática
— **wheel** n - [hydr] rueda f neumática
— — **set** n - juego m de rueda(s) f neumática(s)
poached a - [culin] escalfado,da
pock n - ... • [weld] picadura f
— **mark** n - [medic] picadura f
— **marked** a - [medic] virolento,ta; picado,da; picoso,sa
— **marking** n - [weld] (formación f de) picaduras f; cráter(es) m menudo(s)
— — **resistance** n - [weld] resistencia f a picadura(s) f
pocked a - [medic] picado,da
pocket n - ...; bolsón m • depresión f; corte m; (con)cavidad f • [miner] masa f • [metal-prod] tolva f en carro m báscula | v ...; embolsar; encajar
— **area** n - zona f hundida
— **end** n - [mech] extremo m de (con)cavidad f
— **extension** n - [mech] extensión f, or prolongación f, de, concavidad f, or depresión f
— **machining** n - [mech] mecanización f de, depresión f, or (con)cavidad f
— **rule** n - [instrum] regla f para bolsillo m
— **shield** n - [weld] pantalla f para bolsillo m
— **size** a - formato m, or tamaño m, para bolsillo m
— **slide card** n - [meth] tarjeta f para cálculo m para bolsillo m
— **slip** n - [environm] junta f enchufada con un extremo m embridado y tira f moldeada
— **watch** n - [instrum] reloj m para bolsillo m
pocketed a - embolsado,da; encajado,da
pocketing n - embolsamiento m; encajamiento m
pocky a - [medic] virolento,ta
pod n - ... • [instrum] elemento m (portátil); [metal-roll] trébol m
— **terminal** n - [weld] borne m para elemento m (portátil)
— — **strip** n - [weld] panel m, or tira f, para borne(s) m para elemento m portátil
point n - ... • sitio m; lugar m • particular m • aseveración f • [games] tanto m • [rail] aguja f; [int.comb] platino m • [tools] punzón m; buril m | v - ... • marcar • [constr] rejuntar | adv - (at @) a altura f de
—(s) **adjusting** n - [int.comb] ajuste m de platino(s) m
— **against** n - punto m en contra
—(s) **allowed** n - [labor] puntos m concedidos
—(s) **and condenser kit** n - [int.comb] juego m de platino(s) m y condensador m
—(s) — — **mounting** n - [int.comb] montaje m de platino(s) m y condensador m
—(s) — — **hardware set** n - [int.comb] juego m de elemento(s) m para montaje m de platino(s) m y condensador m
—(s) **and crossing(s)** n - [rail] aguja(s) f, or punta(s) f, y cruce(s) f
—(s) **awarding** n - adjudicación f de punto(s) m
— **bracket** n - [int.comb] ménsula f para platinos
— — **lockwasher** n - [int.comb] arandela f para

point(s) bracket mounting n - [int.comb] ménsula f para montaje m para platino(s) m
— — — screw n - [int.comb] tornillo m para ménsula f para montaje m para platino(s) m
— — washer n - [int.comb] arandela f para ménsula f para montaje m de platino(s) m
—(s) classification n — [labor] clasificación f por punto(s) m
— closing n — [int.comb] cierre m de platino(s)
— considered n - punto m considerado
— controlling n - [mech] regulación f de punto
—(s) cover n — [int.comb] tapa f para platino(s)
—(s) — lockwasher n - [int.comb] arandela f para seguridad f para tapa f para platino(s)
—(s) — mounting n - [int.comb] montaje m de tapa f para platino(s) m
—(s) — screw n - [int.comb] tornillo m para montaje m de tapa f para platino(s) m
— directly v - apuntar directamente
— — into v - [weld] apuntar directamente hacia interior m
— — — @ joint v - [weld] apuntar directamente hacia interior m de junta f
— down(wards) v - apuntar hacia abajo
— — @ electrode v - [weld] apuntar electrodo m hacia abajo
— dressing n - [int.comb] rectificación f de platino m
— @ electrode v - [weld] apuntar electrodo m
— @ electrode down v - [weld] apuntar electrodo m hacia abajo
— @ — up v - [weld] apuntar electrodo m hacia arriba
—(s) fusing n - [int.comb] fusión f de platinos
—(s) gap n - [int.comb] entrehierro m entre platino(s) m
. . . —(s) harness n - [safety] correaje m con . . . punto(s) m
. . . —(s) hitch n - [mech] enganche m con . . . punto(s) m
— hour n - [labor] punto m hora
— in favor n - punto m en contra
— indicator n - indicador m de punto(s) m
— into v - apuntar hacia interior m
— — @ joint v - [weld] apuntar hacia interior m de junta f
—(s) leader n - [sports] puntero m en (número m de) punto(s) m
. . . —(s) point(s) lift situation n - [mech] suspensión f en . . . punto(s) m
— @ mortar v - [constr] tomar(se) mortero m
— oiling n - [mech] aceitado m de punto m
— of order n - [legal] cuestión f de, orden m, or privilegio m
— of view n - see viewpoint
—(s) opening n - [int.comb] abertura f de platino m • abertura f, or entrehierro m, en platino m
— out v - señalar; marcar; indicar; destacar; recalcar; precisar • dar a conocer • dejar constancia f
— — expressly v - señalar expresamente; dejar constancia f expresa
— — specifically v - señalar, especificamente, or expresamente; dejar constancia f expresa
— pitting n - [int.comb] picadura f de platino
— protection guard n - [mech] defensa f para protección f de punta f
— proving n - demostración f de aseveración f
. . . —(s) recorder n - [instrum] registrador m con . . . punto(s) m
—, replacement, or replacing n - [int.comb] reemplazo m de platino m
— section n - sección f de, or para, punta f
—(s) set n - [int.comb] juego m de platino(s) m
— sheave n - [cranes] polea f para, punta f, or extremo m (de aguilón m)
— — protection n - [cranes] protección f para polea f para extremo m (de aguilón m)
— — — guard n - [cranes] defensa f para protección f de polea f para punta (de aguilón)

point slightly v - apuntar ligeramente
— — downward(s) v - apuntar ligeramente hacia abajo
— — upward(s) v - apuntar ligeramente hacia arriba
—(s) structure n - [sports] asignación f de punto(s) m
. . . —(s) suspension n - [mech] suspensión f en . . . punto(s) m
—(s) system n - [hydr] sistema m de punta(s) f
— to v - señalar (a, or hacia)
— to be witnessed a - [ind] punto para presenciar
—(s) total n - total m de punto(s) m
— towards v - señalar hacia
— type n - tipo m puntiforme
— — inclusion n - [metal] inclusión f (de) tipo m puntiforme
— under design n - [hydr] punto m considerado; also see design point
— up(wards) v - apuntar hacia arriba
— — @ electrode v - [weld] apuntar electrodo m hacia arriba
— within @ duct run n - [environm] punto m de tramo m de, tubería f, or conducto m
— witnessing n - [legal] atestiguación f de punto m
pointed a - . . .; con punta f • señalado,da • [arachit] apuntado,da
— arch n - [archit] arco m, apuntado, or con punta f
— base n - [mech] base f afilada
— cusp n - [arcbit] lóbulo con punta f
— dog point n - [mech] núcleo, prolongado, or alargado, apuntado
— down(wards) a - apuntado,da hacia abajo
— extrados n - [archit] extradós m, or trasdós m, apuntado, or con punta f
— — arch n - [archit] arco m con, extradós m, or trasdós m, apuntado, or con punta f
— horseshoe n - herradura f, apuntada, or con punta f, or puntiaguda
— — shaped a - [archit] con forma f de herradura f, apuntada, or en punta, or puntiaguda
— joint n - [constr] junta f tomada
— lancet n - [archit] ojiva f, apuntada, or con punta f, or puntiaguda, or de lanceta f | a - [archit] ojival, apuntado,da, or con punta
— — arch n - [archit] arco m ojival, apuntado, or con punta(s) f
— out a - señalado,da; precisado,da • recalcado,da • dado,da a conocer • destacado,da
— — expressly a - señalado,da expresamente
— — specifically a - señalado,da, específicamente, or expresamente
— slightly down(wards) a - apuntado,da ligeramente hacia abajo
— — up(wards) a - apuntado,da ligeramente hacia arriba
— to a - señalado,da, or apuntado,da, hacia
— towards a - señalando,da hacia
— up(wards) a - apuntado,da hacia arriba
pointer n — . . .; aguja f indicadora; indicador m (digital) • [scales [. . .; fiel m • [constr] rejuntador m; fijador m - [sports]
— actuator n - [instrum] accionador m para aguja f; palanca f para manecilla f
— assembly n - [mech] conjunto m de indicador m
— binding n - [instrum] trabadura f de aguja f
— guide bar n - [instrum] barra f para guía f para aguja f
pointing n - . . .; señalamiento m • [constr] rejuntado m; toma f de junta(s) f | a - rejuntador,ra; rejuntante
— mixture n - [constr] mezcla f rejuntadora
— mortar n - [constr] mortero m para, rejuntado m, or toma f de junta(s) f
— out n - señalamiento m • recalcadura f
— to(wards) n - señalamiento m, a, or hacia
points and crossing n - [rail] agujas f y cruce
— distance n - distancia f entre puntas f

poise n - . . . . • [petrol] balanza f; poise* m
poison n - . . . . | v - . . .; contaminar
poisoned a - envenenado,da; emponzoñado,da; toxicado,da • contaminado,da
poisonedly adv - envenenadamente; ponzoñosamente
poisoning n - . . . .; envenenador • toxicación f; contaminación f | a - envenenador,ra; toxicador,ra
— **sign** n - [safety] indicio m de envenenamiento
— **symptom** n - [medic] síntoma n de envenenamiento m
poisonous a - . . .; ponzoñoso,sa
— **dust** n - [safety] polvo m nocivo
Poisson('s) ratio n - razón f de Poisson
poke iron n - [tools] espetón m
poker n - . . . • [petrol] barreta f
polar circle n - [geogr] círculo m polar
— **circuit** n - [electron] circuito m polar
— **input** n - [electron] entrada f polar
— — **signal** n - [electron] señal f de entrada f polar
— — **signalling** n - [electron] señalamiento m de entrada f polar
— **logic level circuit** n - [electron] circuito m polar con nivel m lógico
— **loop** n - [electron] circuito m (cerrado) polar
— **night** n - [geogr] noche f polar
— **operation** n - operación f polar • [electron] funcionamiento m polar(izado)
— **piece** n - [electr] pieza f polar
— **telegraph loop** n - [electron] see **polar teleprinter circuit**
— **teleprinter circuit** n - [electron] circuito m (cerrado) polar para teleimpresor m
— **winding** n - [electr-mot] devanado m, or bobinado* m polar, or para polo m
polarity change n - [electr-oper] cambio m en polaridad f • [weld] inversión f de polaridad f
— — **switch** n - [electr] conmutador m para cambio m de polaridad f
— — — **knob** n - [electr] perilla f para conmutador m para cambio m de polaridad f
— **check(ing)** n - [electr] verificación f de polaridad f
— **control** n - [weld] regulación f de polaridad
—, **observation**, or **observing** n - [electr-oper] observación f de polaridad f
— **position** n - posición f para polaridad f
— **rectifier** n - [electr] rectificador m para polaridad f
— — **circuit** n - [weld] circuito m para rectificador m para polaridad f
— — — **lead** n - [weld] conductor m para circuito m para rectificador m para polaridad f
—, **reversal**, or **reversing** n - [electr] inversión f de polaridad f
— **reversing switch** n - [weld] conmutador m para (inversión f de) polaridad f
—, **selecting**, or **selection** n - [electron] selección f de polaridad f
— **switch** n - [electr-instal] conmutador m, or llave f (inversora), para polaridad f
— — **centering** n - [electr-instal] centrado* m de conmutador m para polaridad f
— — **change** n - [weld] cambio m de conmutador m para polaridad f
— — **nameplate** n - [weld] chapa f, or placa f, indicadora para conmutador m para polaridad f
— — **plate** n - [weld] placa f para conmutador m para polaridad f
polarization angle n - [phys] ángulo m para polarización f • índice f para, refracción f, or desviación f
— **index** n - [electr] índice m de polarización f
polarized a - polarizado,da
— **connector** n - [electr-instal] enchufe m, or conectador m, polarizado, or múltiple
— **input plug** n - [electr-instal] enchufe m polarizado para entrada f
— **output plug** n - [electr-instal] enchufe m polarizado para salida f

polarized plug n - [electr-instal] enchufe m, or conectador m, polarizado, or múltiple; clavija f polarizada
— — **clamp** n - [electr-instal] abrazadera f en enchufe m polarizado
— **receptacle** n - [electr-instal] tomacorriente m polarizado
polarizing n - polarización f | a - [electr] polarizante; polarizador,ra
pole n - . . . . • [electr] . . .; pieza f polar • [mech] percha f • [constr] . . .; palo m; columna f - [vehíc] lanza f; vara f • [nav] mástil m; palo m | a - [sports] contra palo(s) m • [electr] polar
— **alignment** n - [constr] alineación f de postes
— — **grab** n - [cranes] grapa f para alineación f de poste(s) m
— **assembly** n - [electr] conjunto m de polo m
— **box** n - [telecom-cond] caja f para poste m
— **coil** n - [electr-mot] devanado m polar
— — **set** n - [electr-mot] conjunto m de devanado m polar
— **contour** n - [electr] contorno m de polo m
— **core** n - [electr-mot] núcleo m para polo m
— — **screw** n - [electr-mot] tornillo m para núcleo m para polo m
— **cross section** n - [electr-instal] sección f, or corte m, transversal, de, polo m, or poste m
— — **contour** n - [electr-instal] contorno m de, sección f, or corte m, transversal, de, polo m, or poste m
— **drill(ing)** n - [petrol] perforación f con, varilla f rígida, or cable m rígido
— **field** n - [electr-mot] campo m para polo m
— — **coil** n - [electr-instal] devanado m para campo m para polo m
— **grab** n - [constr] grapa f para poste(s) m
— **induction** n - [electr-oper] inducción f, de, or para, polo m
— **lamination** n - [electr-prod] pieza f polar laminada
— — **assembly** n - [electr-mat] conjunto m de laminación f para pieza f polar
— **magnetic induction** n - [electr-oper] inducción f magnética de polo m
— **manufacturer** n - [electr-instal] fabricante m de, poste m, or columna f
— **measurement(s)** n - [electr] medida(s) para polo m
— **mount** v - [electr-instal] colocar en poste m
— **mounted** a - [electr-instal] colocado,da en poste m
— **mounting** n - [electr-instal] colocación f en poste m
— **nucleus** n - [electr-mot] núcleo m para polo m
— **paint-priming** n - imprimación f de poste m con pintura f
— **piece insulation** n - [electr-mot] aislación f para pieza f polar
— — **magnetic induction** n - [electr-mot] inducción f magnética para pieza f polar
— **position** n - [sports] posición f, or puesto m, or colocación f, contra palo(s) m
— **piece** n - [electr-mot] pieza f polar
— **insulation** n - [electr-mot] aislación f para pieza f, polar, or para polo m
— — **mounting** n - [electr-mot] montaje m de pieza f polar
— **shaft** n - [constr-instal] columna f
— **to frame** a - [electr-prod] de polo m a caja f
— — **hexagonal head screw** n - [electr-prod] tornillo m con cabeza f hexagonal para polo m a caja f
— — — **screw** n - [electr-instal] tornillo m para polo m a caja f
— **ground winding** n - [electr-mot] devanado m, or bobinado* m, de polo m a tierra f
— **type** n - [constr] tipo m de poste • [electr-mot] tipo m de polo m
— **weight** n - [electr-instal] peso m de poste m
— **winding** n - [electr-mot] devanado m, or bobinado* m, para polo m

police n - [pol] . . .; vigilancia f | v verificar cumplimiento m
— **department** n - [pol] departamento m de policía
— **drawing** n - [legal] dibujo m de policía f
— **force** n - [pol] fuerza f, policial, or policíaca
policing n - verificación f de cumplimiento m
— **activity** n - [ind] actividad(es) f para, previsión f, or vigilancia f
policy n - . . .; norma f; pauta f; régimen m; curso m para acción f; práctica f; norma f operativa • recomendación(es) f • [insur] póliza f
— **administration** n - [insur] administración f de póliza f
— **copy** n - [insur] copia f de póliza f
— **creation** n - creación f, or establecimiento m, or proyección f, de, política, or plan m para acción f
— **currency** n - [insur] moneda f, según, or fijada por, póliza f
— **declaration** n - [insur] declaración f, en, or de, póliza f
— **development** n - creación f, or desarollo m, de, política f, or plan f para acción f
— **establishing** n - establecimiento m de plan m para acción f
— **framework** n - [econ] marco m para política f
— **implementation** n - implantación f de, política f, or plan m para acción f
— **instrument** n - instrumento m para, política f, or plan m para acción f
— **interpretation** n - [insur] interpretación f de póliza f
— **maintenance** n - [insur] mantenimiento m de póliza f
— **revision** n - [managm] modificación f, or reforma f, de, política f, or norma f, or plan m para acción f
— ,**cies summary** n - resumen m de, norma(s) f, or plan(es) m para acción f
— **term** n - [insur] término m, or validez f, or vigencia f, de póliza f
— **type** n - tipo n de política f
— **validity** n - [insur] validez f, or vigencia f, de póliza f
— **year** n - [insur] año m para vigencia f para póliza f
poling board n - [constr] tabla f para, revestimiento m, or blindaje m; costilla f
— **plate** n - [constr] plancha f, or costilla f, para, avance m, or blindaje m
poliomyelitic a - [medic] poliomielítico,ca
polish n - . . .; pulidez f | v - . . .; satinar
— **electrolytically** v - [metal-treat] pulir electrolíticamente
— @ **groove** v - [mech] pulir ranura f
— **mechanically** v - [mech] pulir mecánicamente
— @ **ring** v - [mech] pulir, aro m, or anillo m
— @ **rod** v - [mech] pulir vástago m
— @ **surface** v - pulir superficie f
polished a - lustrado,da; pulido,da
— **(on) both side(s)** a—pulido,da en ambos lados
— **common wire** n - [wire] alambre m común pulido
— **cutting wire rope** n - [cabl] cable m de alambre m pulido para cortar
— **dowel wire** n - [wire] alambre m pulido para pasador(es) m
— **electrode wire** n - [wire] alambre m pulido para electrodo(s) m
— **electrolytically** a - [metal-treat] pulido,da electrolíticamente
— **finish** n - [metal-roll] terminación f pulida; acabado m pulido
— **galvanized wire** n - [wire] alambre m galvanizado pulido
— **groove** n - [mech] ranura f pulida
— **high spot** n - [mech] punto m alto, pulido, or brillante
— **lightly** a - [mech] pulido,da ligeramente
— **mechanically** a - [mech] pulido,da mecánicamente

— **mesh wire** n - [wire] alambre m pulido para malla f
— **nail** n - [nails] clavo m pulido
— **on one side** a - pulido,da en un (sólo) lado m
— **ring** n - [mech] aro m, or anillo m, pulido
— **rod** n - [mech] vástago m pulido; barra f pulida • [petrol] vástago m (intermedio) pulido para bombeo m
— — **clamp** n - [petrol] grapa f, or abrazadera f, para vástago m para bombeo m
— **roll** n - [mech] rodillo m pulido
— **screw wire** n - [wire] alambre m pulido para tornillo(s) m
— **shot wire** n - [wire] alambre m pulido para, munición(es) m, or balín(es) m
— **spot** n - punto m, pulido, or brillante
— **staple** n - [nails] grapa f pulida
— **steel staple** n - [nails] grapa f, de acero m pulida, or pulida de acero m
— **stone cutting wire rope** n - [cabl] cable m de alambre m pulido para corte m de piedra(s) f
— **surface** n - superficie f pulida
— — **finish** n - [metal-roll] terminación f, or acabado m, con superficie f pulida
— **traction wire rope** n - [cabl] cable m, pulido para tracción f, or para tracción f pulido
— **welded mesh wire** n - [wire] alambre m pulido para malla f soldada
— **wire** n - [wire] alambre m pulido
— — **rope** n - [cabl] cable m (de alambre m) pulido
polisher n - . . .; lustrador m; satinador m • [tools] pulidora f
polishing n - . . . | a - pulidor,ra; lustrador,ra; satinador,ra
— **ball** n - [mech] bola f pulidora
— **line** n - [metal-roll] línea f para pulimento
— **operation** n - [ind] operación f, pulidora, or para pulimento m
political consensus n - [pol] consenso m político
— **coverage endorsement** n - [insur] endoso m por cobertura f de riesgo(s) m político(s)
— **independence** n - [pol] independencia f política
— **need** n - [pol] necesidad f política
— **requirement** n - [pol] exigencia f política
— **risk** n - riesgo m político
— —, **coverage, or cover(ing)** n - [insur] cobertura f de riesgo(s) m político(s)
— — **occurrence** n - [insur] ocurrencia f de riesgo(s) m político(s)
— **stone** n - [domest] piedra f, pulidora, or asentadora f; flin* m
politically (pre)dominant a - [pol] con predominio m político
poll n - . . .; determinación f | v - determinar
— @ **mobile (unit) status** v - [electron] determinar estado m de unidad f en vehículo m
— @ **status** v - [electron] determinar estado m
polled a - encuestado,da; determinado,da
— **mobile (unit) status** n - [electron] estado m determinado de unidad(es) en vehículo(s) m
— **status** n - [electron] estado m determinado
polling n - . . .; encuesta f; determinación f
— **code** n - [electron] código m para, determinación f, or averiguación f
pollutant n - contaminante* m
— **collecting** n - [environm] captación f de contaminante(s)* m
— **collection** n - [environm] captación f de contaminante(s) m
— **dust system** n - [environm] red f de tubería(s) f para captación f de contaminantes m
— — **system** n - [environm] red f para captación f de contaminantes m
polluted a - contaminado,da; viciado,da
pollution n - . . .; impureza(s) f
— **abatement** n - [environm] reducción f de contaminación f
— **aspect** n - [environm] punto m de vista de

pollution control   - 1264 -

contaminación f
pollution control n - regulación f, or eliminación f, or fiscalización f, de contaminación
— — **Agency** n - [pol] Dirección f para Regulación f de Contaminación f
— — **Board** n - [pol] Junta f (Nacional) para Regulación f de Contaminación f
— — **facility** n - [environm] instalación f para regulación f de contaminación f
— — **project** n - [environm] obra(s) f, or proyecto m, para regulación f de contaminación f
— — **system** n - [ind] sistema m para regulación f de contaminación f
—**free** a - [environm] libre de, contaminación f, or impureza(s) f
— — **air** n - [environm] aire m libre de, contaminación f, or impureza(s) f
— **prevention facility** n - [ind] instalación f para evitación f de contaminación f
— **problem** n - problema m con contaminación f
— **(s) control** n - [environm] regulación f de problema(s) m con contaminación f
— **repression** n - [environm] represión f de contaminación f
— **zone** n - [environm] zona f con contaminación
polo field n - [sports] campo m, or cancha f, para polo m - [metal-prod] era f, de arena f, or para colada f; playa f para salamandra f
poly n - .... • [chem] see **polyester, polyethylene, polyvinyl,** etc.
—**coated chain** n - [chains] cadena f con recubrimiento m de poliestero m
polybag n - bolsa f de polietileno m; bolsa f multilaminar
polychloride n - [chem] policloruro m
polycyclic a - policíclico,ca
polycoat v - revestir con poliestero m
polycoated a - revestido,da con poliestero m
polycoating n - revestimiento m con poliestero m
polyduct n - [petrol] poliducto* m
polyelectrolyte n - [sanit] polielectrolito m
polyester n - [plast] ... ; poliéster m
— **carcass** n - [autom-tires] carcasa f de poliestero m
— — **tire** n - [autom-tires] neumático m con carcasa f de poliestero m
— **coat** v - recubrir con poliestero m
— **coated** a - recubierto,ta con poliestero m
— — **chain** n - [chains] cadena f, recubierta, or con recubrimiento m, con poliestero m
— — **coating** n - recubrimiento m con poliestero m
— **ply** n - [autom-tires] tela f de poliestero m
— **resin** n - [plast] resina f poliestérica*
— **material** n - [plast] material m de resina f poliestérica
— — **system** n - [plast] sistema m de resina f poliestérica*
— **tire** n - [autom-tires] neumático m de poliestero m
polyethylene bag n - bolsa f de polietileno m
— **layer** n - capa f de polietileno m
— **material** n - material m de polietileno m
— — **sample** n - [plast] muestra f de material, polietilénico, or de polietileno m
— **packing** n - (material m de) polietileno m para, empaque m, or embalaje m
polygonal cross section n - corte m transversal, or sección f, poligonal
polymer base n - [chem] base f de polímero m
— — **compound** n - [chem] compuesto m con base f de polímero m
— **system** n - [chem] sistema m de polímero(s) m
polypropylene n - [chem] polipropileno m
polystyrene foam n - [chem] espuma f de poliestireno m
— — **filled** a - [chem] (re)llenado,da con espuma f de poliestireno m
polysulfide liquid polymer n - [chem] polímero m líquido de polisulfuro m
— — — **base** n - [chem] base f de polímero m líquido de polisulfuro m

polysulfide liquid polymer base compound n - [chem] compuesto m con base f de polímero m líquido de polisulfuro m
polyurethane n - poliuretano m
— **gasket** n - [mech] guarnición f de poliuretano
— **insert** n - [valv] suplemento m, or injerto m, de poliuretano m
— — **valve** n - [valv] válvula f con, suplemento m, or injerto m, de poliuretano m
— **pot gasket** n - [valv] guarnición f de poliuretano m para pote m
— **valve disk** n - [petrol] disco m de poliuretano m para válvula f
— — **gasket** n - [valv] guarnición f de poliuretano m para válvula f
— **piston** n - [petrol] émbolo m de poliuretano m
— **valve** n - [valv] válvula f de poliuretano m
— — **pot gasket** n - [valv] guarnición f de poliuretano m para pote m para válvula f
polyvalence n - [chem] polivalencia f
polyvalent cation n—[chem] catión m polivalente
— — **salt** n - [chem] sal f de catión m polivalente
— **ion** n - [chem] ión m polivalente
— **metallic cation** n - [chem] catión m polivalente metálico
— — — **salt** n - [chem] sal f de catión m polivalente metálico
— — **ion** n - [chem] ión m metálico polivalente
— **salt** n - [chem] sal f polivalente
polyvinyl n - [chem] polivinilo m | a - [chem] polivinílico,ca
— **bag** n - bolsa f de polivinilo m
— **chloride** n - [chem] cloruro m de polivinilo m • policloruro m de vinilo m | a - [chem] polivinílico,ca
— — **adapter** n - [tub] adaptador m de cloruro m de polivinilo m
— — **bell and spigot adapter** n - [tub] adaptador m de cloruro m de polivinilo m con campana f y espiga f
— — **coating** n - [electr-cond] recubrimiento m de cloruro m de polivinilo m
— — **coupling** n - [tub] unión f de cloruro m de polivinilo m
— — **covering** n - [electr-cond] recubrimiento m de cloruro m, de polivinilo, or polivinílico
— — **elbow** n - [tub] codo m de cloruro m de polivinilo m
— — **insulated** a - [electr-cond] aislado,da con, or con aislación f de, cloruro m de polivinilo m
— — **insulation** n - [electr-cond] aislación f de cloruro m de p;olivinilo m
— — **jacket** n - [electr-cond] vaina f de cloruro m de polivinilo m
— — **outer sheathing** n - [electr-cond] vaina f exterior de cloruro m de polivinilo m
— —, **pipe,** or **piping** n - [tub] tubería f de cloruro m de polivinilo m
— — **plant** n - [chem] planta f para (fabricación f de) cloruro m de polivinilo m
— — **plastic covering** n - [electr-cond] recubrimientoi n de (material) plástico m de cloruro m, polivinílico, or de polivinilo m
— — **protective cover** n - [electr-cond] recubrimiento m protector de cloruro m de polivinilo m
— — — **thickness** n - [electr-cond] espesor m de recubrimiento m protector de cloruro m de polivinilo m
— — **sheath** n - [electr-cond] vaina f de cloruro m de polivinilo m
— — **tee** n - [tub] T m, or te m, de cloruro m de polivinilo m
— —, **tube,** or **tubing** n - [tub] tubo m, or tubería f, de cloruro m de polivinilo m
— **compound** n - [chem] compuesto m de polivinilo m
— **plastic anticorrosive sheath** n—[electr-cond] vaina f anticorrosiva de (material) plástico m de polivinilo m

pomposity n - [gram] . . .; fraseología f
pompous a - . . .; fastuoso,sa
pmpously adv - . . .; fastuosamente
pond n - [hydr] . . .; charco m; laguna f; embalse m; encharcamiento m; encharcada f • [petrol] alberca f | v - enlagunar; encharcar; embalsar
— **cleaning** n - [hydr] limpieza f de embalse m
— **draining** n - [hydr] desagüe m de embalse m
— **end** n - [hydr] extremo m de embalse m • [constr] extremo m que da a embalse m
— **evaporation** n - [hydr] evaporación f de embalse m
— @ **headwater** v - [hydr] embalsar agua m a entrada f
— **scum** n - [hydr] verdín m
— **temporarily** v - embalsar temporariamente
— @ **water** v - [hydr] embalsar agua m
ponded a - [hydr] embalsado,da; encharcado,da; enlagunado,da
— **headwater** n - [hydr] agua m, en entrada f embalsada, or embalsada en entrada f
— **temporarily** a - [hydr] embalsado,da temporariamente
— **water** n - [hydr] agua m, embalsada, or acumulada
ponder v - . . .; ponderar; especular
ponderability n - penderabilidad f
pondered a - ponderado,da; especulado,da
— **average** n - [math] promedio m ponderado; media f ponderada
— **mean** n - [math] media f ponderada
pondering n - ponderación f | a -ponderativo,va; especulativo,va
ponding n - [hydr] charco m • encharcamiento m; embalse m; enlagunamiento m; acumulación f • anegación f | a - encharcador,ra
— **area** n - [hydr] zona f para acumulación f • cisterna f
— **problem** n - [hydr] problema m con encharcamiento m
pony bent n - [constr] armadura f, or viga f, rebajada f
— **rod** n - [petrol] trozo m de barra f para bombeo m
— **truss** n - [constr] armadura f, rebajada, or sin arriostramiento m superior
— — **bridge** n - [bridges] puente m con, armadura f, rebajada, or sin arriostramiento m superior
pool n - . . .; pileta f; laguna f; charca f • fondo m común; polla f • [metal-prod] piscina f; balsa f • [weld] cráter m (fundido) • [transp] parque m • [com] consorcio m • [fin] (co)participación f • [hydr] rezumadero m • [petrol] see **oil pool** | [hydr] . . .; enlagunar • [com] mancomunar; juntar; fusionar; (co)participar
— **area** n - [hydr] zona f, or superficie f, de embalse m
— @ **interest(s)** v - [fin] mancomunar, or fusionar, interés(es) m
— **riprap(ping)** n - [hydr] empedrado m, or encachado m, de embalse m
pooled a - [hydr] enlagunado,da • rebalsado,da • [fin] fusionado,da; mancomunado,da; (co)participado,da
— **interest(s)** n - [fin] interés(es), mancomunado(s), or fusionado(s)
pooling n - embalse m; embalsamiento m; enlagunamiento m • [fin] mancomunación f; fusión f | a - embalsador,ra
pooped core n - [cabl] alma m reventada
poor a - . . . | adv - mal(amente)
— **access** n - acceso m, pobre, or malo
— **adherence** n - adherencia f, pobre, or mala
— **administration** n - [com] administración f, pobre, or mala
— **alignment** n - alineación f, pobre, or mala; fuera de alineación f • [constr] desalineación f (horizontal)

poor appearance n - apariencia f, pobre, or mala; aspecto m, malo, or pobre
— **arc characteristic** n - [weld] característica f de arco m, pobre, or mala
— **backfilling practice** n - [constr] práctica f, pobre, or mala, para relleno m
— **bead** n - [weld] cordón m, pobre, or malo
— — **contour** n - [weld] cordón m con contorno m, pobre, or malo
— — **shape** n - [weld] cordón m con conformación f pobre; cordón m mal conformado
— **bearing capacity** n - [constr] capacidad f portante pobre
— — **material** n - [constr] material m con capacidad f portante pobre
— **casting** n - [metal-prod] sangría f mala
— **cleaning** n - limpieza f deficiente
— **condition** n - condición f, pobre, or mala; estado m, pobre, or malo
— **connection** n - [electr-instal] conexión f, pobre, or mala, or deficiente
— — **check(ing)** n - [electr-instal] verificación f de conexión f, pobre, or mala
— **construction** n - construcción f, pobre, or mala
— **control** n - regulación f, pobre, or deficiente
— **conversion resistance** n - resistencia f pobre a conversión f
— **corrosion resistance** n - [metal] resistencia f pobre a corrosión f
— **crane** n - [cranes] grúa f, pobre, or mala
— **descent** n - [metal-prod] descenso m, pobre, or malo
— **design** n - [weld] configuración f pobre
— **drainage** n - [hydr] drenaje m, pobre, or malo
— **electrode connection** n - [weld] conexión f, pobre, or mala, or deficiente, con electrodo
— — **lead connection** n - [weld] conexión f pobre para conductor m a electrodo
— **end** n - extremo m, pobre, or malo
— **eyesight** n - visión f, pobre, or mala
— **feed speed control** n - [weld] regulación f, pobre, or mala, or deficiente, para velocidad f para alimentación f
— **finish** n - [mech] terminación f, pobre, or mala • [sports] (colocación f) final m pobre
— **fit-(up)** n - [weld] presentación f pobre
— — **handling** n - [weld] solución f para presentación f, pobre, or mala
— **flow** n - [hydr] flujo m pobre • caudal m pobre
— — **characteristic** n - [hydr] característica f para flujo m mala
— **foundation** n - [constr] cimentación f pobre
— — **soil** n - [constr] suelo m pobre para cimentación f
— **fuel-air mixture** n - [int.comb] mezcla f, pobre de combujstible m y aire, or de combustible m y aire m pobre
— — **mixture** n - [int.comb] mezcla f, pobre de combustible, or de combustible m pobre
— **fusion** n - [weld] fusión f, pobre, or mala
— **gas** n - [combust] gas m pobre
— — **holder** n - [combust] gasómetro m, or gasógeno m, (para gas m pobre)
— **geometry** n - configuración f pobre
— **get-away** n - [hydr] eliminación f pobre
— **grade** n - calidad f, pobre, or mala • [mech] desalineación f vertical • [constr] declive m pobre
— — **gasoline** n - [petrol] gasolina f (de calidad f), pobre, or mala
— **ground connection** n - [electr-instal] puesta a, or conección f con, tierra f pobre; conexión f, pobre, or mala, or deficiente, con tierra f
— **ground** n - [soils] tierra f pobre • [electr-instal] (conexión f con) tierra f pobre
— — **condition** n - [constr] condición f pobre de suelo m
— — **connection** n - [weld] conexión f pobre con

tierra f
poor ground lead connection n - [weld] conexión f pobre de conductor m a tierra f
— — **location** n - [weld] ubicación f inapropiada de conexión f con tierra f
— **hamlet** n - [pol] villorrio m (pobre)
— **handling** n - trato m, or tratamiento m, pobre
— **heat transfer** n - [thermol] transferencia f pobre de calor m
— —, **transmission**, or **transmittal** n—[thermol] transmisión f pobre de calor m
— **heating** n - [thermol] calentamiento m, or calefacción f, pobre
— **housekeeping** n - [ind] desorden m
— **initiative** n - iniciativa f pobre
— **internal connection** n - [electr-equip] conexión f interna, pobre, or mala, or deficiente
— **joint(ing)** n - [tub] unión f, pobre, or mala
— — **design** n - [weld] configuración f pobre de junta f
— — **geometry** n - [weld] configuración f pobre de junta f
— **labor relation(s)** n - [labor] relación(es) f laboral(es), pobre(s), or mala(s)
— **lighting** n—alumbrado m, pobre, or inadecuado
— **lime** n - [constr] cal f pobre
— **location** n - ubicación f, pobre, or inapropiada
— **lubricant** n - [lubric] lubricante m pobre
— **lubrication** n - [lubric] lubricación f, pobre, or mala
— **luck** n - suerte f mala
— **maintenance procedure** n - [ind] procedimiento m pobre para mantenimiento m
— **metallurgical quality** n - [metal] calidad f metalúrgica pobre
— **metallurgy** n - [metal] metalurgia f pobre
— **mixture** n - [int.comb] mezcla f pobre
— **operation** n - operación f, pobre, or mala • [metal-prod] presentar(se) mal trabajo m
— **packing** n - [transp] empaquetamiento m, or embalaje m, deficiente • [mech] empaquetadura f deficiente
— **penetration** n - [weld] penetración f, pobre, or insuficiente
— — **quality** n - característica(s) f pobre(s) para penetración f
— **planning** n - planeamiento m pobre
— **procedural selection** n - selección f inapropiada para procedimiento m
— **quality** n - calidad f, pobre, or deficiente
— — **deposit** n - [weld] aportación f con calidad f, pobre, or deficiente
— — **metal** n - [metal] metal m (con calidad f) inferior
— — **work** n - trabajo m con calidad f pobre
— **racing luck** n - [sports] suerte f mala en carrera(s) f
— **ratio** n - razón f, or relación f, pobre
— **reducibility** n - [metal-prod] reductibilidad f pobre
— **relation(s)** n - relación(es) f, pobre(s), or mala(s)
— **resistance** n - resistencia f, pobre, or mala
— , **rinse**, or **rinsing** n - enjuague m, pobre, or malo
— **seating** n - asiento(s) m malo(s)
— **selection** n - selección f inapropiada
— **settling** n - [constr] asentamiento m, pobre, or malo • [metal-prod] descenso m, pobre, or malo
— **shape** n - conformación f, pobre, or mala
— **slag** n - [metal-prod] escoria f mala
— — **removal** n - [weld] remoción f, mala, or difícil, de escoria f
— **soil** n - [geol] suelo m pobre
— **soil condition** n - [soils] condición f pobre de suelo m
— **speed control** n - regulación f, pobre, or mala, or deficiente, de velocidad f
— **start(ing)** n - [weld] encendido m pobre

poor starting bead shape n - [weld] conformación f pobre de cordón m en punto m, inicial, or de encendido m
— — **shape** n - [weld] conformación f pobre en punto m, inicial, or de encendido m
— **steel** n - [metal-prod] acero m (de calidad f) pobre, or malo
— — **heating** n - [metal-roll] calentamiento m, pobre, or malo, de acero m
— **storage** n - almacenamiento m inadecuado
— — **facility** n - [ind] instalación(es) f inadecuada(s) f para almacenamiento m
— **subdrainage** n - [hydr] subdrenaje* m, or drenaje m inferior, pobre, or inadecuado
— **submerged arc welding** n - [weld] soldadura f pobre con arco m sumergido
— **surface** n - superficie f, pobre, or mala
— — **quality** n - calidad f, pobre de superficie, or superficial, pobre, or mala
— **technique** n - [weld] técnica f pobre
— **thermal yield** n - [ind] rendimiento m térmico, pobre, or malo
— **traction condition(s)** n - [autom] condición(es) f pobre(s) para tracción f
— **treatment** n - tratamiento m, pobre, or malo
— **village** n - [pol] villorrio m (pobre)
— **visibility** n - visibilidad f pobre
— **water supply** n - [hydr] provisión f, inadecuada de agua, or de agua inadecuada; agua m insuficiente; poca agua m
— **weather** n - [meteorol] tiempo m desfavorable
— — **landing** n - [aeron] aterrizaje m con tiempo m desfavorable
— **weld** n - [seld] soldadura f, pobre, or mala
— — **appearance** n - [weld] apariencia f, or aspecto m, pobre de soldadura f
— — **head to plate thickness ratio** n - [weld] razón f pobre entre espesor m de cordón m y (espesor m de) plancha f
— — **throat** n - [weld] espesor m útil, or garganta f, pobre de cordón m
— — — **to plate thickness ratio** n - [weld] razón f pobre entre espesor m útil de cordón m y (espesor m de) plancha f
— **weldability** n - [weld] característica(s) f pobre(s) para soldadura f
— **welding** n - [weld] soldadura f pobre
— **wiring connection** n - [electr-instal] conexión f pobre en(tre) conductor(es) m
— **workmanship** n - [ind] mano f de obra f pobre
poorer adv - más pobre; menor
poorly adv - pobremente; mal(amente)
poorly brazed joint n - [weld] junta f pobre con soldadura f, fuerte, or con latón m
— **cast furnace** n - [metal-prod] horno m mal sangrado
— **centered** a - mal centrado,da
— **chosen** a - mal, escogido,da, or seleccionado,da
— **covered** a - mal(amente) tapado,da
— **divided** adv - mal(amente), dividido,da, or seccionado,da
— **documented** a - mal(amente) documentado,da
— — **fact** n - hecho m mal(amente) documentado
— **formed bead** n - [weld] cordón m, mal(amente) conformado, or con conformación f pobre
— **made motor** n - [electr-mot] motor m mal(amente) construido
— **plugged** a - [mech] mal(amente) tapado,da
— — **iron notch** n - [metal-prod] piquera f mal(amente) tapada
— **shaped bead** n - [weld] cordón m mal(amente) conformado
— **trained personnel** n - [labor] personal m mal-(amente), calificado, or capacitado
— **tapped** a - [metal-oper] mal(amente) sangrado,da
— **ventilated** a - mal(amente) ventilado,da
— — **area** n - zona f mal(amente) ventilado,da
pop can n - [culin] envase m (metálico) con bebida f, gaseosa, or carbonatada

pop off v - [mech] saltar; disparar
— — valve n - [autom-mech] válvula f para seguridad con disparo m
— on v - [mech] colocar (con presión f); montar
— out n - interrupción f; salto m • [weld] interrupción f de arco m | v - [mech] saltar (hacia afuera) • [electr-oper] saltar • [weld] interrumpir; apagar
— — @ arc v - [weld] (hacer) apagar arco m
— — @ circuit v - [electr-oper] (hacer) saltar circuito m
— — resistance n - [weld] resistencia f para interrupción f de arco m
— safety valve n - [valv] válvula f para seguridad (con disparo m)
— up v - surgir • aparecer; presentar(se)
— — drain n - [sanit] desagüe m con tapón m levadizo
— — — fitting n - [sanit] accesorio n para desagüe m con tapón m levadizo
— — fitting n - [sanit] accesorio m levadizo
— valve n - [valv] válvula f para seguridad f (con disparo m)
popcorn n - [culin] . . .; pororó m
poplar wood n - [lumber] (madera f de) álamo m
popout n - see pop out
popped a - saltado,da
— cable n - [cabl] cable m roto
— core n - [cabl] núcleo m (sobre)salido
— off a - [mech] saltado,da
— on a - [mech] montado,da; colocado,da
— out a - [electr-oper] saltado,da (hacia afuera); apagado,da
— — arc n - [weld] arco m apagado
— — circuit n - [electr-oper] circuito m saltado
— up a - saltado,da (hacia arriba) • aparecido,da; presentado,da
popper n - [culin] . . .; hornillo m para, pororó m, or roseta(s) f de maíz
poppet n - [valv] . . .; obturador m
— ball n - [mech] bolilla f para retención f
— spring n - [mech] resorte m para bolilla f para retención f
— breather n—[valv] respiradero m, or respirador m, con obturador m
— — valve n - [valv] válvula f, obturadora para respiración f, or para respiración f con obturador m
— spring n - [mech] resorte n para bolilla f para retención f
— type breather valve n - [valv] válvula f, obturadora para respiración f, or para respiración f de tipo m con obturador m
— — valve n - [valv] válvula f, obturadora, or de tipo m obturador
— valve n - [valv] válvula f, obturadora, or (con movimiento m) vertical
popping off n - [mech] salto m; disparo m
— on n - [mech] montaje m; colocación f
— out n - [electr-oper] salto m
— up n - salto m hacia arriba • aparición f; presentación f
popular designation n - nombre m, popular, or corriente
— driver n - [sports] corredor m popular
— fitment n - apareamiento m, or correspondencia f, popular
— gathering place n - sitio m popular para reunión(es) m
— grade n - calidad f popular
— heavy duty portable welder n - [weld] soldadora f portátil para servicio m pesado
— — — welder n - [weld] soldadora f popular para servicio m pesado
— measurement n - medida f popular
— model n - modelo m popular
— opinion n - opinión f popular
— portable heavy duty alternating current welder n - [weld] soldadora f portátil popular para corriente f alterna para servicio m pesado
popular portable heavy duty direct current welder n - [weld] soldadora f portátil popular para corriente f continua para servicio m pesado
— — — — welder n - [weld] soldadora f portátiol popular para servicio m pesado
— — welder n - [weld] soldadora f popular portátil
— race n - [sports] carrera f popular
— recreation(al) center n - [sports] centro m, recreativo, or deportivo, popular
— size n = tamaño m, or medida f, popular
— style n - estilo m, or tipo m, popular
— welder n - [weld] soldadora f popular
popularized a - popularizado,da
popularizer n - popularizador m
popularizing n - popularización f | a - popularizador,ra
population concentration n - [pol] concentración f de población f
— density n - [pol] densidad f de población f
— ('s) essential need(s) n - [econ] necesidad(es) f esencial(es) de población f
— expert n - [pol] experto m censal
— growth n - [pol] crecimiento m de población f
— increase n - incremento m de población f
— — prediction n - [pol] predicción f, or pronóstico m, de aumento m de población f
— movement n - [pol] movimiento m de población
— ('s) need(s) n - necesidad(es) f de población f
porcelain coat n - [ceram] recubrimiento m con percelana f - v - [ceram] recubrir con porcelana f
— coated a —[ceram] recubierto,ta con porcelana
— coating n - [ceram] recubrimiento m con porcelana f
— — damage n - [ceram] daño m a recubrimiento m con porcelana f
— enameling sheet n - [metal-treat] chapa f para esmaltado m, porcelánico, or con porcelana
— — iron n - [metal-prod] hierro m para esmaltado m, porcelánico, or con porcelana f
— — steel n - [metal-prod] acero m para esmaltado m, porcelánico, or con porcelana f
— insulator n - [electr-mat] aislador m de porcelana f
porcelanized a - porcelanizado,da*
porch n - . . . . [mech] plataforma f
pore free a - sin, or libre de, poro(s) m
— pressure n - [constr] subpresión f; presión f atmosférica en poro(s) m de relleno m
pork n - [cattle] . . .; porcino(s) m
porosity n - . . . . [weld] burbuja(s) f
— condition(s) n - condición(es) f de porosidad f
— control n - evitación f de porosidad f
— due to organic contamination n - [metal-prod] porosidad f debida a contaminación f orgánica
— — oxide n - [metal-prod] porosidad f debida a óxido(s) m
— — rust n - [metal-prod] porosidad f debida a óxido(s) m
— elimination n - [weld] eliminación f de porosidad f
— free a - libre de, or sin, porosidad f
— — deposit n - [weld] aportación f, libre de, or sin, porosidad f
— — weld n - [weld] soldadura f, sin, or libre de, porosidad f
— reduction n - reducción f de porosidad f
— resistance n - [weld] resistencia a porosidad
— spot n - punto m, or mancha f, debida a porosidad f
— tendency n - [weld] tendencia f a porosidad f
porous alloy n - [metal] aleación f porosa
— casting n - pieza f de aleación f porosa
— backfill n - [constr] relleno m poroso
Porsche Club of America n - [autom] Club m Porsche Estadounidense
porous cooler n - [metal-prod] toberón m poroso
— loam n - [soils] greda f porosa

porous mass n - masa f porosa
— sample n - muestra f porosa
— wall n - [constr] pared f porosa
porphyrite n - [geol] porfirita f; porfidita f
— hornblend n - [geol] hornablenda f porfirít-t(ic)a
porphyritic a.- [geol] . . .; porfirítico,ca
— texture n - [miner] textura f porfídica
port n - puerto m - [mech] . . .; lumbrera f; o-rificio m • conducto m - [ind] mirilla f; ventanilla f - [metal-prod] quemador m • [comput] ventanilla f; portillo m
— Authority n - [pol] Dirección f de Puerto(s)
— chill n - [metal-prod] refrigeradora f para puerta(s) f
— closing (off) n - [mech] obturación f de orificio m
— disbursement n - [nav] gasto m para estadía f en puerto m
— due(s) n - [transp] derecho(s) m portuario(s)
— —(s) fee n - [transp] tasa f, or arancel m, por derecho(s) m portuario(s)
— end n - [metal-prod] parte f fija (tilting open hearth furnace)
— — chill n - [metal-prod] enfriador m para parte f fija (tilting open hearth furnace)
— equipment n - [nav] equipo m portuario
— fee(s) n - [transp] derecho(s) m portuario(s)
— hole n - [nav] see porthole
— installation(s) n - [nav] instalación(es) f portuaria(s); equipo m portuario
— of call n - [nav] (puerto m para) escala f
— — entry n - [nav] puerto m para entrada f; frontera f
— plug n - [mech] tapón m para orificio m
— pointing down(wards) n - [mech] orificio m hacia abajo
— — sideways n - [mech] orificio m hacia costado m
— — upward(s) n - [mech] orificio m hacia arriba
— service(s) n - [nav] servicio(s) m portuario(s)
— valve n - [valv] válvula f para abertura f
portability n - calidad f de portátil; movilidad f; para, transporte m, or traslado m, fácil • avoid portabilidad* f
— decrease n - [mech] reducción f, or disminución f, en facilidad f para traslado m
— increase n - [mech] aumento en facilidad f para traslado m
portable a - . . .; movible; transportable; móvil; manuable; traedizo,za
— accessory n - [mech] accesorio m portátil
— —,ies set n - [mech] juego m portátil de accesorio(s) m
— aggregate plant n - [constr] planta f portátil para agregado(s) m
— airless spray equipment n - [paint] equipo m portátil para pulverización f sin aire m
— amperage control n - [electr] regulador m portátil para amperaje m
— approach and delivery table(s) n - [mech] mesa(s) f portátil(es) para entrada f y salida f
— — table n - [mech] mesa f portátil para entrada f
— arc welding equipment n - [weld] equipo m portátil para soldadura f con arco m
— asphalt mixer n - [constr] mezcladora f, asfáltica, or para asfalto m, portátil
— automatic station n - [weld] estación f portátil automática
— — welding station n - [weld] estación f portátil para soldadura f automática
— cable n - [cabl] cable m portátil
— centrifuge n - [mech] centrifugadora f portátil
— commercial gamma ray unit n - [electron] equipo m portátil para rayo(s) m gamma, corriente, or obtenible en plaza f
— — unit n - equipo m portátil, corriente, or obtenible en plaza f
portable control n - regulador m portátil
— — box n - [electr-equip] caja f portátil para regulación f
— — assembly n - [electr-equip] conjunto m de caja f portátil para regulación f
— — cable n - [electr-equip] cable m portátil para regulación f
— conveyor n - [mech] transportador m portátil
— crusher n - [constr] trituradora f portátil
— delivery table n - [mech] mesa f portátil para salida f
— drilling machine n - [petrol] perforadora f portátil
— earth resistivity meter n - [instrum] medidor m portátil para resistencia f eléctrica (efectiva) de suelo m
— elevator n - [constr] elevador m portátil
— engine n - [int.comb] motor m portátil
— equipment n - [ind] equipo m portátil
— field control n - [weld] regulador m portátil para campo m
— — cable n - [weld] cable m portátil para regulación f de campo m
— furnace n - [domest] fornelo m; horno m portátil
— gamma ray unit n - [electron] equipo m, portátil para rayo(s) m gamma, or para rayo(s) m gamma portátil
— galvanized pipe n - [tub] tubería f galvanizada desarmable
— hand shield n - [weld] careta f, or máscara f, portátil para soldadura f
— hopper n - [mech] tolva f portátil
— inspection unit n - [ind] equipo m portátil para inspección f
— installation n - instalación f portátil
— leveller n - niveladora f portátil
— lighting n - [electr] alumbrado m portátil
— loading hopper n - [ind] tolva f cargadora portátil
— magnetic particle inspection unit n - [electron] equipo m portátil para inspección f de partícula(s) f magnética(s)
— mixer n - [constr] hormigorera f portátil
— operation n - [constr] trabajo(s) en obra f
— oven n - [domest] horno m portátil; fornelo m
— pipe n - [tub] tubería f desarmable
— plant n - [ind] planta f portátil
— power plant n - planta f portátil para fuerza f motriz
— pump n - [pumps] bomba f portátil
— pumping plant n - [petrol] planta, bombeadora portátil, or portátil para bombeo m
— radiographic unit n - [electron] equipo m radiográfico portátil
— recorder n - [electron] grabadora f (en cinta f) portátil
— repair rig n - [mech] equipo m móvil para reparación(es) f
— resistivity meter n - [instrum] medidor m portátil para resistencia f eléctrica (efectiva)
— roll(er) table n - [mech] mesa f con rodillo(s) m, portátil, or movible • [metal-roll] mesa f, portátil, or movible, para rodillo(s)
— service operation n - [utilities] trabajo(s) m en obra f por empresa f para servicio(s) m público(s)
— set n - juego m portátil
— shed n - [constr] casilla f transportable
— soil resistivity meter n - [instrum] medidor m portátil para resistencia f eléctrica (efectiva) de suelo m
— spray equipment n - [paint] equipo m portátil para pulverización f
— station n - estación f portátil
— table n - mesa f, portátil, or movible
— tape recorder n - [electron] grabadora f en cinta f (magnética) portátil
— television n - [electron] televisor m portátil

portable transformer n - [electr-transf] transformador m portátil
— **transistorized (tape) recorder** n - [electron] grabadora f (en cinta f) portátil con transistor(es) m
— **unit** n - máquina f, or equipo m, portátil
— **vacuum cleaner** n - [domest] aspiradora f portátil
— **voltage control** n - [electr-prod] regulador m portátil para voltaje m
— — — **box** n - [electr-distrib] caja f para regulador m portátil para voltaje m
— — — — **assembly** n - [electr-distrib] conjunto m de caja f para regulador m portátil para voltaje m
— **water resistivity meter** n - [instrum] medidor m portátil para resistencia f eléctrica (efectiva) de agua m
— **welder** n - [weld] soldadora f, portátil, or transportable, or movible
— **welding equipment** n - [weld] equipo m portátil para soldadura f
portal n - [constr] . . .; pórtico m; entrada f • [miner] boca f de túnel m
— **crane** n - [cranes] grúa f (con) pórtico m
porter n - . . .; cargador m • [RPl.] changador m • traedor m • [com] portero m
porthole n - [nav] . . .; ojo m de buey m
portion n - . . .; sección f
— **completion** n - terminación f de sección f
— **tapping off** n - [electr-distrib] bifurcación f, or derivación f, de, sección f, or porción f
Portland Cement Association n - [ind] Asociación f de Cemento m Portland
— — **concrete** n - [constr] hormigón m con cemento m (de) Portland
— — **grout(ing)** n - [constr] enlechado m con cemento m (de) Portland
— — **grouted** a - [constr] enlechado,da con cemento m (de) Portland
— — **standard specification** n - [constr] especificación f, estándar, or de norma f, para cemento m (de) Portland
portrait n - . . .; vera efigie f
Ports and Navigable Waterways Construction Authority n - [pol] Dirección f para Construcción f de Puertos m y Vías f Navegables
position n - . . .; postura f • lugar m; sitio m • condición f • orientación f • [weld] posición f; presentación f • [legal] . . .; puesto m • planteamiento m | v - colocar, or poner, (en posición f apropiada; ubicar; fijar; situar • ajustar, or establecer, or regular, posición f • sostener; sujetar; emplazar • determinar; posicionar* • [mech] girar • [weld] presentar
. . . **position(s)** a - con . . . posición(es) f
. . . — **adjustable drive roll pressure** n - [metal-roll] presión f de rodillo m, impulsor, or para impulsión f, regulable con . . . posición(es) f
—, **adjusting**, or **adjustment** n - ajuste m de posición f
— **@ alternator** v - [autom-electr] colocar en posición f alternador m
— **and stroke end transducer** n - [electr-equip] transductor* m para posición f y fin de carrera f
— — — — **set** n - [electron] juego m de transductor* m para posición f y fin de carrera f
— **as shown** v - [mech] colocar como se muestra
— **at @ angle** v - [mech] colocar en ángulo m
— **automatically** v - [mech] colocar automáticamente en posición f (apropiada)
— **axis** n - [weld] eje m para colocación f
— — **limit** n - [weld] límite m de eje m para colocación f
— **@ axle** v - [mech] colocar en posición f eje m
— **@ bearing** v - ubicar, or colocar en posición f, cojinete m

position @ boom v - [cranes] colocar en posición f aguilón m
— **@ brake lever** v - [mech] colocar f en posición f palanca f para freno m
— **@ car** v - [autom] ubicar, or colocar, (en posición f) automóvil m
—, **change**, or **changing** n - cambio m en posición f
— **check(ing)** n verificación f de posición f
— **@ choke** v - [mech] colocar en posición f estrangulador m
— **@ — rapidly** v - [mech] colocar rápidamente en posición estrangulador m
— **code number** n - [labor] número m de código m para cargo m
— **control(ling)** n - regulación f de posición f
— **@ — lever** v - [mech] colocar en posición f palanca f para regulación f
— **correctly** v - ubicar, or colocar (en posición f), correctamente
— **effect** n - [weld] efecto m de posición f
— **@ electrode** v - [weld] colocar en posición f electrodo m • mantener electrodo m
— **establishing** n — establecimiento m de posición
—, **evaluating**, or **evaluation** n - (e)valuación f de cargo m
— **evolution** n - [managm] evolución f de, cargo m, or puesto m
— **@ filter** v - [mech] colocar en posición filtro m
— **@ flame** v - [weld] colocar llama f
— **for @ downhand weld(ing)** n - [weld] posición f, or presentación f, para soldadura f plana
— **function** m - [labor] función f de cargo m
— **@ gear** v - [mech] ubicar, or colocar (en posición f, engranaje m
— **@ — ring** v - [mech] colocar (en posición f) corona f dentada
— **@ idler** v - [mech] colocar (en posición f) polea f tensora
— **improvement** n - mejoramiento m en posición f
— **in @ liner** v - [mech] colocar en posición f dentro de camisa f
— **incumbent** n - [managm] titular m de cargo m
— **indicator** n — [mech] indicador m para posición
— — **check(ing)** n - verificación f de indicador m para posición f
— **@ ladder** v - [mech] colocar (en posición f) escalera f
— **@ lever** v - colocar (en posición f), or regular, palanca f
— **light** n - [autom] luz f para posición f
— **lowering** n - bajada f de posición f
— **marking** n - [transp] señalización f para posición f
— **nature** n - [labor] naturaleza f de cargo m
— **@ new choke** v - [mech] colocar en posición f estrangulador m nuevo
— **objective** n - [labor] objetivo m para cargo m
— **orientation** n - [labor] orientación f para. puesto m, or cargo m
— — **guide** n - [labor] manual m para orientación f para cargo m
— **@ pig iron ladle** v - [metal-prod] colocar (en posición f) cuchara f para arrabio m
— **@ pipe for @ tack weld** v - [tub] colocar en posición f tubería f para soldadura f por punto(s) m
— **@ piston** v - [mech] colocar en posición f émbolo m
— **@ plate** v - [weld] colocar (en posición f) plancha f
— **procedure** n - procedimiento m para posición f
— **properly** v - [mech] ubicar, or colocar, apropiadamente
— **rapidly** v - [mech] colocar en posición f rápidamente
— **requirement** n - [labor] exigencia f para cargo m
— **@ ring gear** v - [mech] colocar (en posición f) corona f dentada
— **@ rod** v - [mech] colocar (en posición f),

vástago m
position safety n - [labor] seguridad f en, cargo m, or puesto m
— — **orientation** n - [safety] orientación f para seguridad f en, cargo m, or puesto m
... — **selector switch** n - [electr-instal] conmutador m selector con ... posición(es)
... — — **controlled** a - [weld] regulado,da con conmutador m para selección f con ... posición(es) f
— **statement** n - [fin] cuadro m demostrativo de, estado m, or situación f
— @ **steering column** v - [autom] colocar (en posición f) columna f para dirección f
— **stop** n - [mech] tope m para posición f
— — **adjustment** n - [mech] tope m para ajuste m para posición f
— @ **strainer** v - [mech] colocar (en posición f) colador m
... — **swing lock** n - [cranes] cierre m, or traba f, con ... posición(es) f contra rotación f
— @ **switch** v - [electr-oper] regular conmutador
... — n - [electr-instal] regulador m, or conmutador m, con ... posición(es) f
— @ **template** v - [mech] colocar (en posición f) plantilla f
— @ **throttle** v - [mech] colocar (en posición f) regulador m
— @ — **lever** v - [int.comb] colocar (en posición f), or regular, palanca f para regulador m, or acelerador m
— **transducer** n - [electr-equip] transductor* m para posición f
— —(s) **set** n - [electron] juego m de transductor(es)* para posición f
— @ **unit** v - [mech] colocar (en posición f), elemento m, or equipo m
... — **voltmeter** n - [electr-oper] voltímetro m (con llave f selectora) con ... posición(es) f
— **washer** n - [mech] arandela f indicadora) para posición f
— **weld** n - [weld] soldadura f (en posición f) plana
— **welded** a - [weld] soldado,da en posición f plana
— @ **work** v - [weld] colocar (en posición f) trabajo m
positioned a - colocado,da, or puesto,ta, (en posición f • con posición f, ajustada, or regulada, or establecida • [weld] colocado,da, or presentado,da, or puesto,ta, en posición f para soldadura f plana
— **adapter** n - [weld] adaptador m colocado (en posición f)
— **alternator** n - [autom-electr] alternador m colocado en posición f
— **as shown** a—[mech] colocado,da como se muestra(n)
— **at @ angle** a - colocado,da en ángulo m
— **automatically** a - con posición f establecida automáticamente
— **axle** n - [mech] eje m colocado (en posición)
— **bearing** n - [mech] cojinete m colocado (en posición f)
— **boom** n - [cranes] aguilón m colocado (en posición f)
— **brake lever** n - [mech] palanca f para freno m colocada (en posición f)
— **car** n - [autom] automóvil m, ubicado, or colocado, en posición f
— **choke** n - [mech] estrangulador m colocado en posición f
— **control lever** n - [mech] palanca f para regulación f colocada (en posición f)
— **correctly** a - ubicado,da correctamente
— **downhill** a—[weld] en posición f descendente
— **electrode** n - [weld] electrodo m colocado en posición f (apropiada)
— **fillet adapter** n - [weld] adaptador m para soldadura f en ángulo m interior colocado en posición f (para soldadura f plana)
positioned fillet weld n - [weld] soldadura f en ángulo m interior (de piezas f puestas en posición f para soldadura f plana)
— **filter** n - [mech] filtro m colocado en posición f
— **flame** n - [weld] llama f colocada (en posición f)
— **for @ downhand weld(ing)** a - [weld] presentado,da, or puesto,ta, or colocado,da, en posición f para soldadura f plana
— — **weld(ing)** a - [weld] colocado,da, or puesto,ta en posición f para soldadura f
— **gear** n - [mech] engranaje m colocado en posición f
— — **ring** n - [mech] corona f dentada colocada (en posición f)
— **idler** n - [mech] polea f tensora colocada (en posición f)
— **in @ liner** a - [mech] colocado,da en posición f dentro de camisa f
— **ladder** n - [mech] escalera f colocada (en posición f)
— **lever** n - [mech] palanca f colocada (en posición f)
— **new choke** n - [mech] estrangulador m nuevo colocado en posición f
— **piston** n - [mech] émbolo m colocado en posición f
— **plate** n - [weld] plancha f colocada en posición f
— **properly** a - ubicado,da apropiadamente
— **rapidly** a - [mech] colocado,da en posición f, rápidamente, or en forma f rápida
— **ring gear** n - [mech] corona f (dentada) colocada en posición f (apropiada)
— **rod** n - [mech] vástago m colocado en posición
— **steering column** n - [autom-mech] columna f para dirección f colocada (en posición f)
— **strainer** n - [mech] colador m colocado en posición f
— **switch** n—[electr-oper] conmutador m regulado
— **template** n - [mech] plantilla f colocada en, posición f, or sitio m
— **throttle** n - [int.comb] regulador m colocado en posición f
— — **lever** n - [int.comb] palanca f para regulador m colocado en posición f
— **unit** n - [mech] elemento m, or equipo m, colocado en posición f
positioner n - regulador m para, posición f, or colocación f; dispositivo m para regulación f de posición f
— **spring** n - [mech] resorte m para dispositivo m para colocación f en posición f
positioning n - colocación f en posición f • [weld] emplazamiento m en posición f
— **as shown** n - [mech] colocación f como se muestra
— **at @ angle** n - colocación en ángulo m
— — @ **liner** n - [mech] colocación f en posición f dentro de camisa f
— **roller** n - [mech] rodillo m para colocación f en posición f
— **screw** n - [mech] tornillo m para colocación f en posición f
positive n - ... | a - ...; firme
— **accuracy** n - precisión f positiva
— **act** n - acto m, or hecho m, positivo
— **alignment** n - alineación f positiva
— **angle** n - ángulo m positivo
— **answer** n - respuesta f positiva
— **arc starting** n - [weld] encendido m positivo m para arco m
— **attitude** n - actitud f positiva
— **base heat sink** n - [electr-instal] disipador m, positivo, or con base f positiva, para calor m
— **bending** n - flexión f positiva
— — **moment(um)** n - [mech] momento m positivo

de flexión f
positive brushholder n - [electr-mot] portaescobillas m positivo
— — **assembly** n - [electr-mot] conjunto m de portaescobillas m positivo
— — **cable connection** n - [electr-instal] conexión f de cable m positivo
— — **cam lock** n - [mech] traba f positiva para sujetador m
— — **camber** n - [mech] combadura f positiva; alabeo m positivo • [autom-mech] inclinación f (positiva) hacia afuera
— — — **angle** n - [autom-mech] ángulo m (positivo) de inclinación f hacia afuera
— — **car coupling** n - [rail] acoplamiento m, or enganche m, positivo de vagón(es) m
— — **caster** n - [autom-mech] inclinación f positiva hacia adelante
— — — **angle** n - [autom-mech] ángulo m de inclinación f positiva hacia adelante
— — **clutch** n - [mech] embrague m positivo
— — **commitment** n - compromiso m positivo
— — **conclusion** n - conclusión f positiva
— — **conductor** m - [electr-instal] conductor m positivok
— — **connected** a - [weld] conectado,da para polaridad f positiva
— — — **electrode** n - [weld] electrodo m conectado para polaridad f positiva
— — **connection** n - [mech] conexión f positiva • [weld] conexión f para polaridad f positiva • [electr-instal] conexión f, positiva, or efectiva • [tub] firmeza f de conexión f
— — **contact** n - [electr-instal] contacto efectivo
— — **continual alignment** n - [mech] alineación f continua positiva
— — **control** n - control m positivo • regulación f positiva • [ind] comprobación f positiva
— — **cooling** n - enfriamiento m positivo
— — **cost** n - costo m positivo
— — **coupling** n - [rail] acoplamiento m, or enganche m, positivo
— — — **system** n - [mech] sistema m positivo para, acoplamiento m, or enganche m
— — **deflection control** n - gobierno m positivo para deformación f
— — **design verification** n - verificación f positiva para proyección f
— — **diode** n - [electron] diodo m positivo
— — **direct current** n - [electr-prod] corriente f continua positiva
— — — **carbon (electrode)** n - [weld] electrodo m de carbono m para corriente f continua positiva
— — — **connected carbon electrodo** n - [weld] electrodo m de carbono m conectado para corriente f continua positiva
— — — **stud carbon (electrode)** n - [weld] electrodo m de carbono m para borne m para corriente f continua positiva
— — — **connected carbon (electrode)** n - [weld] electrodo m de carbono m conectado a borne m para corriente f continua positiva
— — **displacement** n - desplazamiento m positivo
— — — **compressor** n - [mech] compresor m para desplazamiento m positivo
— — — **pump** n - [pumps] bomba f con desplazamiento m positivo
— — — **rotary compressor** n - [mech] compresor m rotativo para desplazamiento m positivo
— — — **volumetric meter** n - [instrum] medidor m volumétrico para desplazamiento m positivo
— — **distribution** n - distribución f positiva
— — **drive** n - impulso m positivo • impulsión f positiva
— — **effect** n - efecto m positivo
— — **electrical connection** n - [electr-instal] conexión f eléctrica, positiva, or efectiva
— — **electricity** n - [electr-distrib] electricidad f positiva
— — **electrode** n - [weld] electrodo m positivo

positive electrode polarity n - [weld] polaridad f positiva de electrodo m • polaridad f de electrodo m positivo
— **emergency clutch** n - [mech] embrague m para emergencia f positivo
— **experience** n - experiencia f positiva
— **feedback** n - [comput] retorno m positivo
— **feeding** n - alimentación f positiva
— **grip(ping)** n - [mech] sujeción f firme
— **ground** n - [electr-instal] conexión f, positiva con tierra, or con tierra f positiva
— **grounding** n - [electr-instal] conexión f positiva con tierra f
— **head** n - [hydr] desnivel m positivo
— **heat sink** n - [electr-instal] disipador m positivo para calor m
— — **and diode assembly** n - [electr-instal] conjunto m de disipador m positivo y diodo m
— **hold** n - sujeción f positiva
— **identification** n - identificación f, positiva, or inequívoca
— **infinite variation** n - variación f positiva infinita
— — **gear case** n - [mech] caja f para velocidad(es) con variación f (positiva) infinita
— — **transmission** n - [mech] transmisión f para variación(es) f infinita(s)
— **iron ore reserve(s)** n - [miner] reserva(s) f, positiva(s), or comprobada(s), de mineral m de hierro m
— — **reserve(s)** n - [miner] reserva(s) f, positiva(s), or comprobada(s), de hierro m
— **joint** n - [mech] junta f, or unión f, positiva, or efectiva
— **lead** n - [electr-instal] conductor m positivo
— — **attachment** n - [electr-instal] conexión f positiva de conductor, or de conductor m positivo
— — **connection** n - conexión f, positiva para conductor m, or para conductor m positivo
— **lock** n - [mech] cierre m positivo; traba f positiva
— — **retention clamp** n - [mech] abrazadera f para, retención f, or traba f, positiva
— **lubrication** n - [mech] lubricación f positiva
— **marker** n - [electr-instal] marbete m positivo
— **moment(um)** n - [phys] momento m, or impulso m, positivo; inercia f positiva
— **ore reserve(s)** n - [miner] reserva(s) f, positiva(s), or comprobada(s), de mineral m
— **ouput, stud, or terminal** m - [electr-instal] borne m, positivo para salida f, or para salida f positivo
— **part** n - parte f positiva • [mech] pieza f positiva
— **peak** n - [electron] punta f, or cresta f, positiva
— **performance** n - desempeño m, or servicio m, positivo
— **polarity** n - [electr] polaridad f positiva
— **pole** n - [electr-instal] polo m positivo
— — **winding** n - [electr-mot] devanado m, para polo m, or polar, positivo
— **post** n - [electr-batteries] borne m positivo
— **premium point** n - [labor] punto m positivo para premio m
— **pressure** n - presión f positiva
— — **maintaining** n - mantenimiento m de presión f positiva
— — **type radiator** n - [int.comb] radiador m m (de tipo m) con presión f positiva
— **projecting conduit** n - [tub] conducto m positivo en voladizo
— **proof** n - prueba f, or comprobación f, positiva
— **quality** n - calidad f positiva
— — **proof** n - prueba f, or comprobación f, positiva de calidad f
— **reaction** n - reacción f positiva
— **reserve(s)** n - [miner] reservas f positivas
— **resistance** n - resistencia f positiva

positive retention n - retención f positiva
— **seal** n - sello m, or cierre m, positivo
— **self-aligning torque** n - [autom-tires] momento m torsional autoalineador positivo
— **sequence** n - secuencia f positiva
— — **current** n - [electr-oper] corriente f con secuencia f positiva
— — **reactance** n - [electr-equip] reactancia f, or resistencia f, con secuencia f positiva
— — **setting** n - [instrum] regulación f positiva
— **side** n - [electr-batteries] borne m positivo
— **start(ing)** n - [weld] encendido m positivo
— **steering response** n - [autom-mech] reacción f positiva a movimiento(s) m de dirección f
— **striking** n - [weld] encendido m positivo
— **stud** n - [electr] borne m positivo
— — **connection** n - [weld] conexión f, con, or para, borne m positivo
— — **selector switch** n - [electr-instal] conmutador m selector para borne m positivo
— **swing lock** n - [cranes] cierre n positivo, or traba f positiva, contra rotación f
— **tactile feedback** n - [comput] retorno m positivamente sensible a tacto m
— — — **keypad** n - [comput] teclado m con retorno m positivamente sensible a tacto m
— **terminal** n - [electr-equip] borne m positivo
— **transition point** n - [electron] punto m positivo para transición f
— **uniform distribution** n - [constr] distribución f uniforme positiva
— **variation** n - variación f positiva
— **way** n - manera f terminante
— **winding** n - [electr-mot] devanado m positivo
— **wire feeding** n - [weld] alimentación f positiva de alambre m
positively adv - . . .; firmemente; efectivamente • terminantemente
— **connected** a - [electr] conectado,da, positivamente, or efectivamente; con conexión f positiva
— **connected joint** n - unión f con conexión f positiva
— **gripped** a - sujetado,da firmemente
positiveness n - firmeza f; efectividad f
possessing n - posesión f | a - poseedor,ra, posesor,ra; poseyente*
possibility n - . . . . . perspectiva f • previsión f
— **decrease** n - reducción f, or disminución f, de posibilidad f
— **increase** n - aumento m de posibilidad f
— **lessening** n - reducción f, or aminoramiento m, de posibilidad f
— **reduction** n - reducción f de posibilidad f
possible a - . . .; eventual
— **action** n - acción f, or medida f, posible
— **alternative** n - alternativa f posible
— **answer** n - respuesta f posible
— **bidder** n - [com] proponente m
— **brake requirement(s)** n - [mech] exigencia(s) f posible(s) para freno(s) m
— **breakdown** n - [managm] desdoblamiento m posible
— **choice** n - selección f, or alternativa f, posible
— **control** n - regulación f posible
— **corrective action** n - [safety] acción f, or medida f, correctiva posible
— **corrosion factor** n - [chem] factor m, posible de corrosión f, or de corrosión f posible
— **cracking** n - agrietamiento m posible
— **damage** n - daño m posible
— **dangerous electrical shock** n - choque m eléctrico peligroso posible
— — **shock** n - [safety] choque m peligroso posible
— **death** n - safety muerte f posible
— **detour** n - [roads] desvío m posible
— **electrical shock** n - [safety] choque m eléctrico posible

— **possible equipment failure** n - [ind] falla f posible de equipo m
— **failure** n - falla f posible
— **fender requirement(s)** n - [autom-body] exigencia(s) f posible(s) para guardabarro(s) m
— **fine** n - [fisc] multa f posible
— **future detour** n - [roads] desvío m, futuro posible, or posible futuro
— **ground(ing)** n - [electr-oper] contacto m, or conexión f, posible con tierra f
— **hour** n - hora f posible
— **injury** n - [safety] lesión f posible
— **light requirement(s)** n - exigencia(s) f posible(s) para, luz,ces, or alumbrado m
— **loss** n - pérdida f posible
— **machine hour** n - [ind] hora f máquina posible
— **measure** n - medida f posible
— **obstruction** n - obstrucción f posible
— **order** n - orden m posible
— **overload** n - sobrecarga f, or carga f excesiva, poosible
— **personal injury** n - [safety] lesión f personal posible
— **purchaser** n - [com] comprador m posible
— **rectifier failure** n - [electr-oper] falla f posible en rectificador m
— **replacement** n - reemplazo m posible
— **requirement** n - exigencia f posible
— **saving** n - ahorro m, or economía f, posible
— **scenario** n - argumento m posible
— **seepage** n - filtración f posible
— **sequence** n - orden m, or secuencia f, posible
— **serious injury** n - [safety] lesión f grave posible
— **shock** n - [safety] choque m posible
— **stock tank vapor(s)** n - [petrol] vapor(es) m, or emanación(es) f, posibles en, (es)tanque m, or depósito m, para almacenamiento m
— **structural failure** n - [constr] falla f estructural posible
— **tank vapor(s)** n - [petrol] vapor(es) m, or emanación(es), posible(s) en, (es)tanque n, or depósito m
— **traffic** n - [roads] tránsito m posible
— **trouble** n dificultad f, or problema m, posible
— **use** n - uso m, or empleo m, posible
— **vapor(s)** n - [petrol] vapor(es) m, or emanación(es) f, posible(s)
—, **warpage**, or **warping** n - alabeo m posible
— **wash(ing)** n - lavado m posible
— **washout** n - [hydr] socavación f, or derrubio m, posible
post n - . . .; [constr] . . .; parante m; pilar m; puntal m • árbol m • soporte m - [pol] correo m | v - . . . . • [roads] señalizar; marcar • [accntg] asentar; entrar
— **above ground portion** n - [constr] parte f sobre tierra f de poste m
— **and beam building** n - [constr] edificio m de montante(s) m y viga(s) f
— **annealing** n - [metal-treat] recocido m posterior
— **bolt** n - perno m para poste m • perno m para fijación a poste m
— — **and nut** n - [mech] perno m y tuerca f para poste m
— — **slot** n - ranura f para perno m para sujeción f a poste m
— — **washer** n - [roads] arandela f para perno m para poste m
— **@ bond** v - [fin] prestar garantía f
— **brace** n - [mech] tornapunta f para poste m
— **bracket** n - [constr] ménsula f para poste m
— **buried portion** n - [constr] parte f bajo tierra f de poste m
— **corrosion** adv - después de corrosión f
— **drill** n - [tools] taladro m vertical • taladro m para poste(s) m
— **emulsifier** n - postemulsificador* m
— **exchange** n - pulpería f • economato m

post measurement(s) n - [constr] medida(s) f para poste m
— nut n - [mech] tuerca f para poste m
— office n - [pol] correo m; oficina f de correos m
— — box n - [communic] apartado m, or casilla f, (postal, or de correos m)
— — drawer n - [communic] gaveta f, or cajón m, postal, or de correo(s) m
— on @ bulletin board v - anunciar en cartelera
— plug n - [mech] tapón m para poste m
— @ poster v - colocar, or fijar, aviso m
— script n - pos(t)data f
— selection n - [constr] selección f de poste m
— size n - [constr] tamaño m, or medida(s) f, de poste m
— snag v - [transp] enganchar en poste m
— snagged a - [transp] enganchado,da en poste m
— snagging n - [transp] enganche m en poste m
— spacing n - [constr] distancia f, or luz f, entre poste(s) f
— spade n - [tools] pala f para hoyo(s) m
— top n - [constr] cabezal m de poste m
— war a - (chronol) de postguerra f
— — year(s) n - año(s) m de postguerra f
— @ win v - [sports] lograr triunfo m
postal address n - [communic] dirección f postal
— code n - [communic] código m postal
— savings n - [fin] ahorro m postal
— service n - [communic] servicio m, postal, or de correo(s) m
— union n - [communic] unión f postal
postdate n - . . . . | v - . . . .; actualizar
postadated a - posfechado,da • actualizado,da
— check n - [fin] cheque m posfechado; cheque m con fecha f atrasada
postadating n - actualización f
posted a - . . . .; avisado,da • señalizado,da; marcado,da
— bond n - [fin] garantía f prestada
poster n - . . . .; aviso m; anuncio m; cartelón m
— board n - [domest] tablilla f para, nota(s) f, or recordatorio(s) m
— panel n - [com] panel m para, aviso(s) m, or anuncio(s) m, or cartel(es) m; cartelera f
— — , section, or unit n - sección f de cartelera f; sección f de panel m para anuncio(s) m, or aviso(s) m, or cartel(es) m
postheat v - [weld] poscalentar; calentar posteriormente
postheated a - poscalentado,da
postheating n - [weld] poscalentamiento m; calentamiento m posteriór
posthole n - [constr] hoyo m para poste m
— digger n - [tools] pala f, or barrena f, para hoyo(s) m (para postes m)
posthumous homage n - homenaje m póstumo
posting n - señalización f; marcación f • [accntg] asiento m
postpone v - . . . .; demorar
postponed a - pospuesto,ta; demorado,da; postergado,da; diferido,da; aplazado,da
postponer n - postergador m
postponing n - postergación f | a - postergador,ra; postergante
postpurchase n - compra f posterior | a - después de, or posterior a, compra f
— personnel training n - [ind] capacitación f de personal después de compra f
— service n - [ind] servicio m, or atención f, despues de, or posterior a, compra f
— training n - capacitación f de personal m, después de, or posterior a, compra f
poststress v - postensar*; postcomprimir*
poststressed a - postensado,da*; postcomprimido,da*
poststressing n - posttensión* f; postcompresión* f
pot n - . . . .; tacho m; tazón m • [metal-treat] pote m; cuba f; crisol m pote m con cinc m caldero m

pot(s) and pan(s) n - [domest] batería f para cocina f
— annealing n - [metal-treat] recocido m en caja
— assembling n - [valv] armado m, or montaje m, de pote m
— assembly n - [valv] conjunto m de pote m
— car n - [metal-prod] vagón m para pote(s) m
— cleaning n - [valv] limpieza f de pote m
— diameter n - [valv] diámetro m de pote m
— drain(ing) n - [valv] purga f de pote m
— furnace n - horno m de, crisol m, or pote m
— gasket n - [valv] guarnición f, or empaquetadura f, para pote m
— inside diameter n - [valv] diámetro m interior de pote m
— outside diameter n - [valv] diámetro m exterior de pote m
— roll(er) n - [metal-treat] rodillo m para pote m
— — groove n - [metal-treat] estría f en rodillo m para pote m
— seat v - [valv] asentar en pote m
— seated a - [valv] asentado,da en pote m
— seating n - [valv] asentamiento m en pote m
— shard n - [ceram] tiesto m
— sludge n - [metal-treat] lodo m en cuba f
— tapered diameter n - [valv] diámetro m ahusado de pote m
— — outside diameter n - [valv] diámetro m exterior ahusado de pote m
— yield n - [ind] rendimiento n de pote m • [metal-treat] peso m bruto
potability n - [hydr] potabilidad f
potable use n - [hydr] uso m potable
potash basin n - [Geol] cuenca f potásica
potassic acetate n - [chem] acetato m potásico
— chloride n - [chem] cloruro m potásico
— — saturated solution n - [chem] disolución f saturada de cloruro m potásico
— hypochlorite n - [chem] hipoclorito m potásico
— — diluted solution n - [chem] disolución f diluida de hipoclorito m potásico
— — solution n - [chem] disolución f de hipoclorito m potásico
— iodide n - [chem] yoduro m potásico
— — aqueous solution n - [chem] disolución f acuosa de yoduro m potásico
— — solution n - [chem] disolución f de yoduro m potásico
— sulfate n - [chem] sulfato m potásico
potassium n - . . . . | a - [chem] potásico,ca
potassium acetate n - [chem] acetato m, potásico, or de potasio m
— chlorate n - [chem] clorato m de potasio m
— chloride n - [chem] cloruro m, potásico, or de potasio m
— — saturated solution n - [chem] disolución f saturada de cloruro m, potásico, or de potasio m
— — solution n - [chem] disolución f de cloruro, potásico, or de potasio m
— compound n - [chem] compuesto m de potasio m
— hypochlorite n - [chem] hipoclorito m, potásico, or de potasio m
— — diluted solution n - [chem] disolución f diluida de hipoclorito m, potásico, or de potasio m
— — solution n - [chem] disolución f de hipoclorito m, potásico, or de potasio m
— iodide n - [chem] yoduro m, potásico, or de potasio m
— — aqueous solution n - [chem] disolución f acuosa de yoduro m, potásico, or de potasio m
— — solution n - [chem] disolución f de yoduro m, potásico, or de potasio m
— nitrate n - [chem] nitrato m de potasio m
— perchlorate n - [chem] perclorato m de potasio m
— sulfate n - [chem] sulfato m, potásico, or de potasio m
potato digger n - [gric-equip] arrancador f para, patata(s) f, or papa(s) f

potential

potential n - potencial m; posibilidad(es) m; capacidad f • [electr] potencial m • a . . .
— **accident** n - [safety] accidente m posible
— **application** n - aplicación f, potencial, or posible
— **control** n - [electr] regulación f de potencial
— **corrosion focal point** n - [weld] punto m focal posible para corrosión f
— **corrosiveness** n - [chem] corrosividad f posible
— **cracking** n - [weld] agrietamiento m posible
— **customer** n - [com] cliente m, or comprador m, posible
— **difference** n - diferencia f, potencial, or posible • [electr] diferencia f en potencial
— **drop** n - caída f, potencial, or posible • [electr] caída f en potencial m
— **exciter** n - [electron] excitador m para potencial m
— — **supply** n - [electr] alimentador m para excitador m para potencia(l)
— **exporter** n - [econ] exportador m, potencial, or posible
— **fall** n - caída f potencial • [electr] caída f en potencial m
— **fatigue** n - fatiga f, potencial, or posible
— — **focal point** n - [weld] punto m focal posible para fatiga f
— **focal point** n - punto m focal posible
— **hazard** n - [safety] peligro m posible
— **importer** n - [econ] importador m, potencial, or posible
— **industrial concern** n - [ind] empresa f industrial, potencial, or posible
— **industrial organization** n - [ind] organización f industrial, potencial, or posible
— **industry** n - [ind] industria f, or empresa f industrial, potencial, or posible
— **orientation** n - [econ] orientación f, potencial, or posible
— **orienting** n - [econ] orientación f de potencial m
— **output** n - [ind] capacidad f, or producción f, potencial, or posible
— **problem** n - problema m posible
— **racorder** n - [instrum] registrador m (para) potencial
— **reserve(s)** n - [miner] reservas f posibles
— **severity** n - [safety] gravedad f posible
— **slipping hazard** n - [safety] peligro m posible de resbalamiento m
— **soil corrosiveness** n - [soils] corrosividad f posible de suelo m
— **stress riser** n - [weld] generador n posible de esfuerzo(s) m
— **tire customer** n - [autom-tires] comprador m posible de neumático(s) m
— **transformer** n - [electr-transf] transformador m para, tensión f, or potencial m
— — **primary winding** n - [electr-distrib] devanado m primario para transformador m para potencia(l)
— — **secondary winding** n - [electr-transf] devanado m secundario para transformador m para potencia(l)
— — **winding** n - [electr] devanado m para transformador m para potencia(l)
— **tripping hazard** n - [safety] peligro m posible de traspié(s) m
— **win** n - [sports] triunfo m posible
potentiometer adjustable a - [electron] ajustable con potenciómetro m
— — **level** n - [electron] nivel m ajustable con potenciómetro m
—, **adjusting**, or **adjustment** n - [electron] ajuste m, de, or con, potenciómetro m
— **amplitude** n - [electron] amplitud f de potenciómetro m
— —, **adjusting**, or **adjustment** n - [electron] ajuste m de amplitud en potenciómetro m
— **recorder** n - [instrum] registrador m (para) potenciómetro m

pothead n - [electr-instal] botella f terminal; terminación f de cable m
poultry n - . . .; avicultura f | a - avícola
— **fence** n - [agric] malla f de alambre m para gallinero(s) m
— **house** n - [avicul] gallinero m; casa f para ave(s) f
— — **light** n - [avicul] luz f para, gallinero m, or casa f para ave(s) f
pound n - [metric] . . . | a - [rail] see **pound per yard** | v—martillar; golpear; batir
. . . — **coil** n - [mech] rollo m de . . . libra(s); use kilogramo(s) m
. . . — **counterweight punching** n - [mech] punzadura f para contrapeso m de . . . libras; use kilogramo(s) m
—(s) **of electrode/foot of weld** n - [weld] libra(s) f de electrodo m/pie m de soldadura f; use kilogramo(s) m de electrodo m/metro m de soldadura f
— **of pressure** n - [mech] libra(s) f de presión
— **out** v - machacar
—(s) **per inch** n - libra(s) f por pulgada f; use kilogramo(s) m por centímetro m
—(s) — — **of width** n—libra(s) f por pulgada f f de ancho; use kilogramo(s) m por centímetro m de ancho
—(s) — **linear inch** n - [paper] libra(s) f por pulgada f linear; use kilogramo(s) por centímetro m lineal
—(s) — — **at @ nip** n - [paper] libra(s) f por pulgada f lineal en (zona f) de mordedura
—(s) — **seam foot** n - [mehc] libra(s) f por pie m de costura f; use kilogramos m por metro m de costura f
—(s) — **square inch** n - libra(s) f por pulgada cuadrada; use kilogramo(s) m por centímetro m cuadrado
—(s) — — **absolute** n - libra(s) f por pulgada f cuadrada absoluto
. . —(s) — — — **concrete** n - [constr] hormigón m con . . . libra(s) f por pulgada f cuadrada; use kilogramo(s) m por centímetro m cuadrado
—(s) — — — **minimum** n - [constr] hormigón con mínimo m de . . . libra(s) f por pulgada f cuadrada; use kilogramo(s) m por centímetrop m cuadrado
—(s) — — — **gage** n - libra(s) f por pulgada f cuadrada según escala f; use kilogramos m por centímetro m cuadrado según escala f
—(s) — **yard** n - [rail] lubra(s) f por yarda f; use kilogramos m por metro m; (conversion factor .49605465)
. . . — **rail** n - [rail] riel con . . . libra(s) por yarda f; use kilogramos m por metro m
pounded a - martillado, da
— **in service** a - [metal] de recibir impacto(s) m en servicio m
pounding n - martilleo m • percusión f • impacto(s) m; golpe(s) m
pour n - [metal-prod] colada f | v - . . . • [metal-prod] colar; sangrar; vaciar; lingotear • [meteorol] llover (a torrentes m)
— **@ beam** v - [constr] vaciar viga f
— **blocking** n - [metal-prod] bloqueo m de colada
— **@ channel** v - [constr] verter cauce m
— **@ concrete** v - [constr] verter, or vaciar, or colar, hormigón m
— **@ — beam** v - [constr] vaciar viga f de hormigón m
— **@ — foundation(s)** v - [constr] vaciar cimiento(s) m de hormigón m
— **@ — thrust beam** v - [constr] vaciar viga f para empuje m de hormigón m
— **@ — wall** v - [constr] vaciar muro m de hormigón m
— **continuously** v - [constr] colar ininterrumpidamente
— **end** n - [metal-prod] fin(al) m de, colada f, or vaciado m

pour @ floor v - [constr] vaciar piso m
— @ foundation v - [constr] vaciar cimiento m
— from @ ladle v - [metal-prod] colar desde cuchara f
— hot v - [metal-prod] verter (en) caliente
— @ ingot v - [metal-prod] colar, or vaciar, or verter, lingote m; lingotear
— into @ mold v - [metal-prod] colar, or verter, dentro de molde m
— @ metal v - [metal-prod] colar, or verter, metal m
— number n - [metal-prod] número m de colada f
— off v - decantar; trasegar
— out v - verter • difundir • [metal-prod] purgar (salamandra f)
— — on @ (casting) floor v - [metal-prod] inundar(se) nave f
—(ing) point n - [metal-prod] punto m de fluidez f
— @ retaining wall v - [constr] vaciar muro m para retención f
— @ smoke v - echar, or arrojar, or emitir, humo(s) m
— @ thrust beam v - [constr] colar, or vaciar, viga f para empuje m
poured a - vertido,da; vaciado,da; escanciado,da • arrojado,da; echado,da; emitido,da
— around v - [constr] vertido,da, or vaciado,da, alrededor (de)
— asphalt n - [constr] asfalto m, vertido, or colado, or vaciado
— — pavement n - [constr] pavimento m de asfalto m, vertido, or colado, or vaciado
— beam n - [constr] viga f, vaciada, or colada
— channel n - [constr] cauce m vertido
— concrete n - [constr] hormigón m, vertido, or vaciado, or colado
— — beam n - [constr] viga f de hormigón m, vaciada, or colada
— — curb n - [roads] bordillo m, or encintado m, or cordón m, de hormigón m colado
— — — base n - [roads] base f, or pie m, de hormigón m colado para, bordillo m, or encintado m, or cordón m
— — foundation n - [constr] cimiento m de hormigón m vaciado
— — thrust beam n - [constr] viga f para empuje m de hormigón m vaciada
— — wall n - [constr] muro m de hormigón m vaciado
— curb n - [roads] bordillo m, or encintado m, or cordón m, colado, or vaciado
— floor n - [constr] piso m, vaciado, or colado
— footing n - [constr] estribo m vaciado (en obra f)
— foundation n - [constr] cimiento m vaciado
— hot a - [constr] vertido,da (en) caliente
— in @ mold v - vertido,da en molde m
—in-place a - [constr] colado,da en, sitio m, or obra f
— — — concrete pipe n - [tub] tubería f de hormigón m colado en, sitio m, or obra f
— — — reinforced concrete pipe n - [tub] tubería f de hormigón m armado colado en sitio
— ingot n - [metal-prod] lingote m, vaciado, or colado
— into @ mold a - [metal-prod] vertido, or vaciado, dentro de molde m
— lead n - [metal] plomo m vertido
— — sealant n - [constr] sello m, or sellador m, de plomo m vertido
— metal n - [metal-prod] metal m, vertido, or colado
— off a - decantado,da
— out a - vertido,da
— reinforced concrete pipe n - [tub] tubería f de hormigón m armado colado
— retaining wall n - [constr] muro m para retención f vaciado
— smoke n - [combust] humo m, echado, or arrojado, or emitido
— steel n - [metal-prod] acero m colado

poured thimble n - [constr] marco m vaciado
— thrust beam n - [constr] viga f para empuje m, colada, or vaciada
pouring n - vertimiento m • efusión f • escancia f; escanciado m • transvase m • [constr] vaciado m • [metal-prod] vaciado m; colada f (en lingotera f); lingote(ad)o m; moldería f | a - vertiente; para volcar • [metal-prod] vaciador,ra • [constr] vaciador,ra
— aisle n - [metal-prod] nave f, or sala f, para, colada f, or vaciado m
— assistant supervisor n - [metal-prod] adjunto m para jefe m para colada(s) f
— bay n - [metal-prod] nave f para, colada f, or vaciado m
— — crane n - [metal-prod] grúa f para nave f para colada f
— — — operator n - [metal-prod] operador m para nave f para colada f
— — expediter n - [metal-prod] coordinador m para nave f para colada f
— — foreman n - [metal-prod] capataz m para nave f para colada f
— — operator n - [metal-prod] operador m para nave f para colada f
— — section n - [metal-prod] sección de nave f para colada f
— — — assistant supervisor n - [metal-prod] subjefe m para sección f de nave f para colada f
— — — supervisor n - [metal-prod] jefe m para sección f de nave f para colada f
— — supervisor n - [metal-prod] jefe m, or encargado m, para nave f para colada f
— blocking n - [metal-prod] bloqueo m de colada f
— box n - [metal-prod] caja f para colada f; vertedero m • vía f para cuchara f
— equipment n - [metal-prod] equipo m para. colada f, or vaciado m
— end n - [metal-prod] extremo m para, colada f, or vaciado m • fin(al) m de, colada f, or vaciado m
— floor n - [metal-prod] nave f para colada f
— operator n - [metal-prod] operador m para nave f para colada f
— height n - [metal-prod] altura f para, colada f, or vaciado m
— hole n - [constr-concr] agujero m, or orificio m, para colada f
— hook n - [metal-pigcaster] gancho m para vuelco m
— in(to) @ mold n - [metal-prod] vertimiento m, or colada f, dentro de molde m
— ladle n - [metal-prod] cuchara f, para colada f, or con pico m • [concast] cuchara f para distribución f
— lip n - [metal-prod] piquera f de cuchara f
— nozzle n - [metal-prod] boquilla f, or buza f, para vaciado m; vertedero m
— off n - decantamiento m; trasiego m
— operation n - [metal-prod] operación f para colada f • [constr] operación f para vaciado
— out n - vertimiento m; decantación f
— pit n - [metal-prod] pozo m, or fosa f, para colada f
— platform n - [metal-prod] palataforma f para, colada f, or vaciado m
— point n - [metal-prod] punto m de fluidez f
— practice n - [metal-prod] práctica f para colada f
— problem n - problema m con, colada f, or vaciado m
— runner n - [metal-prod] canal m para, colada f, or vertido m
— side n - [metal-prod] nave f para colada f; dorso m de horno m
— — crane n - [metal-prod] grúa f para colada
— — track time n - [metal-prod] tiempo m en vía f, or reposo m, para tren m en nave f para colada f
— speed n - [metal-prod] velocidad f, or rapidez f, de, colada f, or vaciado m

pouring supervisor n - [metal-prod] jefe m para colada f
— **temperature** n - [metal-prod] temperatura f para colada f • [electr-insul] temperatura f para vertido m
— **time** n - [metal-prod] tiempo m para, colada f, or vaciado m, or vertido m
— **turn supervisor** n - [metal-prod] jefe f para turno m para colada(s) f
— **with @ hot top** n - [metal-prod] colada f con mazarota f
— **without @ hot top** n - [metal-prod] colada f sin mazarota f
powder activate v - [explos] accionar con, pólvora f, or explosivo(s) m
— **activated** a - [explos] accionado,da con, pólvora f, or explosivo(s) m
— **activation** n - [explos] accionamiento m con, pólvora f, or explosivo(s) m
— **application** n - aplicación f de polvo m
— **build up** n - [electr] acumulación f de polvo m (de hierro m)
— **content** n - contenido m de polvo m
— **driven tool** n - [tools] herramienta f accionada con, pólvora f, or explosivo(s) m
— **extrusion** n - [plast] extrusión* m de polvo m
— **flash** n - [explos] fogonazo m
— **flask** n - [explos] frasco m para pólvora f
— **gun** n - pistola f para polvo(s) m
— **layer** n - capa f de polvo m
— **load** n - [explos] carga f, explosiva, or de pólvora f
— **@ magnesium** v - [chem] pulverizar magnesio m
— **metallurgy** n - [metal] metalurgia f de polvo
— **pattern** n - [magnet] configuración f de, or línea(s) f de polvo m (de hierro m)
— — **formation** n - [magnet] formación f de línea(s) f de polvo m de hierro m
— **@ sulfur** v - [chem] pulverizar azufre m
powdered a - . . .; desmenuzado,da; molido,da
— **aluminum** n - [chem] aluminio m, pulverizado, or en polvo m
— **amber soap** n - jabón m ámbar pulverizado
— **balsa wood** n - [lumber] madera f de balsa f pulverizada
— **flux** n - [weld] fundente m en polvo m
— **iron** n - [metal] hierro m en polvo m
— **lime** n - cal f, desmenuzada, or en polvo m
— **magnesium** n - [chem] magnesio m, pulverizado, or en polvo m
— **metal** n - metal m pulverizado
— **mineral** n - [miner] mineral m pulverizado
— **pumice (material)** n - [miner] piedra f pómez pulverizado
— — (—) **pocket** n - [miner] masa f de piedra f pómez pulverizada
— **sulfur** n - [chem] azufre m, en polvo m, or pulverizado
powdering n - espolvoreo m • pulverización f
power n - . . . . • virtud f • alcance m • [math] potencia f; grado m • [electr] corriente f • tomacorriente m (para energía f) • carga f • [legal] poder m • derecho m; facultad f; atribución f; autoridad f • [cranes] elevación f mecánica • [mech] accionamiento m; impulsión f | a - motorizado,da; motor; motriz • [electr] en circuito m | v impulsar; propulsar; proveer energía f para • [weld] actuar como fuente f de energía f
— **above** . . . n - potencia f superior a . . .
— **activated** a - [mech] con impulsión f mecánica
— **and mining ore dressing machinery** n - [miner] maquinaria f para concentración f de mineral
— **application** n - [electron] aplicación f de energía f
— **at @ shift unit check(ing)** n - [autom-mech] verificación f de presencia f de energía f en dispositivo m para cambio(s) m
— **availability** n - [electr-distrib] disponibilidad f, eléctrica, or de electricidad f
— **available** n - [electr] energía f disponible

— **power below** . . . n—potencia f inferior a . . .
— **blower** n - [mech] soplador m, or ventilador m, mecánico, or con fuerza f motriz
— **boat** n - [nav] bote m, or embarcación f, con motor m
— — **race** n - [sports] carrera f de, bote(s) f, or embarcación(es) f, con motor m
— — **racer** n - [sports] carrerista m con, bote(s), or embarcación(es) f, con motor m
— **brake** n - [mech] freno m, mecánico, or hidráulico
— **breakdown** n - [electr-distrib] corte m (de corriente f)
— **brush** n - [tools] cepillo m, mecánico, or motorizado
— **brushing** n - [mech] cepillado m mecanizado
— **cable** n - [electr-cond] cable m, or conductor m, para, energía f, or fuerza f motriz
— **calculation** n - cálculo m de potencia f
— **characteristic(s)** n - [electr-prod] característica(s) f de energía f
— **check(ing)** n - [electr-oper] comprobación f, de potencia f, or de energía f
— **circuit** n - [electr-distrib] circuito m para, energía f, or fuerza f motriz, or para, alimentación f, or entrada f
— — **printed circuit** n - [electron] circuito m, estampado, or impreso, para circuito m para, energía f, or entrada f
— — — — **board** n - [electr-instal] tablilla f con circuito m, estampado, or impreso, para circuito m para, energía f, or entrada f
— **clutch** n - [mech] embrague m (con accionamiento m) motorizado
— **company** n - [electr-prod] empresa f, eléctrica, or para energía f, or para luz f y fuerza f, or para fuerza f motriz
— — **meter** n - [electr-instal] medidor m de empresa f para energía f
— **conductor** n - [electr-cond] conductor m para, energía, or alimentación f, or paso m de corriente f
— **connected to @ terminal** n - [electr-instal] energía f conectada a borne m
— **connection** n - [electr-instal] conexión f para, energía f, or fuerza f motriz, or potencia f, or entrada f
— — **to @ terminal** n - [electr-instal] conexión f de energía con borne m
— **consumption** n - [electr-distrib] consumo m de, energía f (eléctrica), or fuerza f motriz
— **control** n - regulación f, energética, or de, potencia f, or fuerza f motriz
— — **manifold** n - [petrol] múltiple m para regulación f, motriz, or para potencia f
— — **unit** n - [mech] dispositivo m regulador para, energía f, or fuerza f motriz
— — **unit** n - elemento m, or equipo m, para regulación f para potencia f
— **controlled** a - [electr] regulado,da con energía f; mecanizado,da
— — **boom lowering** n - [cranes] descenso m mecanizado regulado, or bajada f mecanizada regulada, para aguilón m
— — **jib boom lowering** n - [cranes] descenso m mecanizado regulado, or bajada f mecanizada regulada, para aguilón m para pescante m
— — **jib lowering** n - [cranes] descenso m mecanizado regulado, or bajada f mecanizada regulada, para pescante m
— — **load lowering** n - [cranes] bajada f mecanizada regulada, or descenso m mecanizado regulado, para carga f
— — **lowering** n - [cranes] descenso m mecanizado regulado; bajada f mecanizada regulada
— **conversion** n - [electr] conversión f de energía f
— **cord** n - [electr-cond] conductor m para energía f
— **corn sheller** n - [agric] desgranadora f para maíz m con impulsión f mecánica

power cost n - [electr-prod] costo m de, energía f, or electricidad f
— — **per ton** n - [ind] costo m de energía f por tonelada f
— — — **produced** n - [ind] costo m de energía f por tonelada f producida
— **coupler** n - [mech] acoplador m para impulsión
— — **assembly** n - [mech] conjunto m de acoplador m para impulsión f
— **crisis** n - [electr-prod] crisis f energética; interrupción f de fuerza f motriz
— **curve** n - curva f de, potencia f, or energía f
— **cycle(s)** n - [weld] ciclo(s) m de fuerza f motriz
— **degree** n - grado m de potencia f
— **demand** n - [electr-distrib] demanda f, or exigencia f, de, energía f, or fuerza f motriz
— **department** n - [ind] departamento m para energía f - [Spa.] control m energético
— — n - [pol] Ministerio m, or Secretaría f, para Energía f
— **dipper trip(per)** n - [constr] fiador m impulsado mecánicamente para, cucharón m, or cangilón m
— **disconnect** n - see **power disconnection**
— —**(ion) switch** n - [electr-instal] conmutador m interruptor, or disyuntor m, para energía f
— **disconnection** n - [electr-oper] desconexión f de, corriente f, or energía f
— **distribution** n - [electr-distrib] distribución f, de energía f, or eléctrica
— — **network** n - [electr-distrib] red f para distribución f de energía f
— — **system** n - [electr-distrib] red f para distribución f de energía f (eléctrica)
— — **unit** n - [electr-distrib] instalación f para distribución f de energía f
— **divider** n - [autom] distribuidor m para, fuerza f, or potencia f
— — **assembling** n - [autom-mech] armado m de distribuidor m para, fuerza f, or potencia f
— — **assembly** n - [autom-mech] conjunto m de distribuidor m para, fuerza f, or potencia f
— — — **installation** n - [autom-mech] instalación f de conjunto m de distribuidor m para, fuerza f, or potencia f
— — — **removal** n - [autom-mech] remoción f, or saca f, de conjunto m de distribuidor m para, fuerza f, or potencia f
— — **cover** n - [autom-mech] cubierta f para distribuidor m para, fuerza f, or potencia f
— — — **assembly** n - [autom-mech] conjunto m de cubierta f para distribuidor m para fuerza f
— — — **installation** n - [autom-mech] instalación f de conjunto m de cubierta f para distribuidor m para, fuerza f, or potencia f
— — — **cap screw** n - [autom-mech] tornillo m con casquete m para cubierta f para distribuidor m para, fuerza f, or potencia f
— — — **dowel pin** n - [autom-mech] pasador m para cubierta f para distribuidor m para, fuerza f, or potencia f
— — — — **location** n - [autom-mech] ubicación f de pasador n para cubierta f para distribuidor m, para, fuerza f, or potencia f
— — — **expansion plug** n - [mech] tapón m, cónico, or para dilatación f, en cubierta f para distribuidor m para fuerza f
— — — — **ring cover** n - [autom-mech] tapón m, cónico, or para dilatación f, en cubierta f para distribuidor m para fuerza f
— — — — — **check(ing)** n - [autom-mech] verificación f de tapón m, cónico, or para dilatación f, en cubierta f para distribuidor m para fuerza f
— — — **input shaft bore** n - [autom-mech] taladro m para árbol m para entrada f de fuerza f en cubierta f para distribuidor m para fuerza f
— — — **mounting surface** n - [autom-mech] superficie f para montaje m para cubierta f para distribuidor m para fuerza f

power divider cover installation n—[autom-mech] instalación f de cubierta f para distribuidor m para fuerza f
— — — **lockwasher** n - [autom-mech] arandela f para seguridad f para cubierta f para distribuidor m para fuerza f
— — **disassembly** n - [autom-mech] desarme m de distribuidor m para fuerza f
— — **fork** n - [autom-mech] horquilla f para distribuidor m para fuerza f
— — **installation** n - [autom-mech] instalación f de distribuidor m para fuerza f
— — **lockwasher** n - [autom-mech] arandela f para seguridad f para distribuidor m para fuerza f
— — **overhaul(ing)** n - [autom-mech] reparación f (mayor) de distribuidor m para fuerza f
— — **part** n - [autom-mech] pieza f para distribuidor m para fuerza f
— — **reassembly** n - [autom-mech] rearme m de distribuidor m para fuerza f
— — **removal** n - [mech] remoción f, or saca f, de distribuidor m para fuerza f
— — **replacing** n - [autom-mech] reemplazo m de distribuidor m para fuerza f
— — **shift(ing)** n - [autom-mech] cambio m para distribuidor m para fuerza f
— — — **fork** n - [autom-mech] horquilla f para cambio(s) para distribuidor m para fuerza f
— — **support(ing)** n - [autom-mech] sostén(imiento) m para distribuidor m para fuerza f
— — **unit** n - [autom-mech] dispositivo m, or equipo m, para distribuidor m para fuerza f
— — **vital part** n - [autom-mech] pieza f vital para distribuidor m para fuerza f
— **division** n - división f de, fuerza f, or energía f
— **division maintenance personnel** n - [ind] personal m para conservación para división f para energía f
— — **operating personnel** n - [ind] personal m para producción f de división f para energía f
— **down** n - [electr-distrib] interrupción f de energía f
— **draw** n - [electr-oper] consumo m de energía f
— **drawing for light(s)** n - [electr-oper] consumo m de energía f para alumbrado m
— — — **tools** n - [electr-oper] consumo m de energía f para herramienta(s) f
— **drawn** n - [electr-oper] energía f consumida
— — **for light(s)** n - [electr-oper] consumo m de energía f para alumbrado m
— — — **tools** n - [electr-oper] consumo m de energía f para herramienta(s) f
— **drive** n - [autom-mech] transmisión f automática | v - [mech-rivets] instalar mecánicamente
— — **shaft** n - [mech] árbol m transmisor para, energía f, or fuerza f
— **driven** a - [mech] mecánicamente
— — **grinding wheel** n - [tools] rueda f amoladora motorizada
— — **rivet** n - [mech] remache m instalado mecánicamente
— **driver** n - [mech] hincadora f mecánica
— **duty cycle** n - [weld] ciclo m para carga f para fuerza f motriz
— **end** n - [petrol] parte f motriz (de bomba f para inyección f) • extremo m hacia motor m
— — **dipstick** n - [petrol] varilla f medidora (para aceite m) en extremo m hacia motor m
— — **drain(ing)** n - [petrol] drenaje m en extremo m hacia motor m
— — **extension** n - [petrol] prolongación f para extremo m hacia motor m
— — — **skid** n - [petrol] patín m para prolongación f para extremo m hacia motor m
— — **oil** n - [petrol] aceite m en extremo m hacia motor m
— — — **drain(ing)** n - [petrol] drenaje m de aceite m en extremo m hacia motor m

power end oil escape n - [petrol] pérdida f de aceite m en extremo m hacia motor m
— — — **refill(ing)** n - [petrol] reabastecimiento m de aceite m en extremo m hacia motor
— — **refill(ing)** n - [petrol] reabastecimiento m de extremo m hacia motor m
— — **section** n - [petrol] corte m (transversal) de extremo m hacia motor m
— **factor** n - [electr-oper] factor m para potencia f
— — **condenser** n - [electr-equip] condensador m para factor m para potencia f
— — — **factory installation** n - [weld] instalación f en fábroca de condensador m para factor m para potencia f
— — — **field installation** n - [weld] instalación f, en obra f, or por comprador m, de condensador m para factor m para potencia f
— — **correction** n - [weld] corrección f de factor m para potencia f
— — — **condenser** n - [electr-equip] condensador m para corrección f de factor m para potencia f
— — — — **factory installation** n - [weld] instalación f en fábrica de condensador m para corrección f para factor m para potencia f
— — — — **field installation** n - [weld] instalación f, en obra f, or por comprador m, de condensador m para corrección f para factor m para potencia f
— — **improvement** n - [electr] mejora f en factor m para potencia f
— **failure** n - [electr-oper] falla f, or falta f, de, energía f, or fuerza f motriz; corte m, or interrupción f, en suministro m de, corriente f, or electricidad f • [metal-prod] corte m; quedar sin, corriente m, or voltaje
— **feed** n - [mech] alimentación f mecanizada
— — **roll** n - [mech] rodillo m para alimentación f mecanizada
— — — **feature** n - [mech] característica f de rodillo m para alimentación f mecanizada
— **feeding** n - [mech] alimentación f mecanizada
— — **roll** n - [mech] rodillo m para, alimentación f mecanizada, or alimentador mecanizado
— — — **feature** n - [mech] característica f de rodillo m para alimentación f mecanizada
— — **unit** n - [mech] dispositivo m para alimentación f mecanizada
— **feeling** n - [managm] sensación f de poder m
— **flow** n - [mech] flujo m, or transmisión f, de, fuerza f, or potencia f • [electr-oper] flujo m energético
— **fluid** n - [petrol] fluido m motor
— — **pump** n - [petrol] bomba f para fluido m motor
— **forecasting** n - [electr] predicción f, or pronóstico m, de, fuerza f, or potencia f
— **frequency** n - [electr-distrib] frecuencia f para, energía f, or fuerza f motriz
— **fuse** n - [electr-instal] fusible m para. energía f, or fuerza f motriz
— — **blowing** n - [electr-oper] quema f de fusible m para energía f
— **gear** n - [mech] engranaje m, motor, or impulsor
— **generating complex** n - [electr-prod] complejo m generador para energía f
— **generation** n - [electr-prod] generación f de energía f
— **generator** n - [electr-prod] generador m para, corriente f, or electricidad; generador m eléctrico • [weld] generador m para, energía f, or fuerza f motriz
— — **output** n - [electr-prod] producción f de generador m para energía f; energía f generada; producción f de energía f
— **guide axle** n - [agric] eje m guía motor
— — **wheel** n - [agric] rueda f, guía, or directriz, motriz, or mecanizada
— — — **control** n - [agric] regulación f para rueda f directriz mecanizada

power guide wheel control switch n - [agric] conmutador m para regulación f de rueda f motriz mecanizada
— — — — **indicator light** n - [agric] luz f indicadora para rueda f motriz mecanizada
— — — **light** n - [agric] luz f para rueda f directriz mecanizada
— **hand tool** n - [tools] herramienta f, manual, or para mano m, motorizada
— **hay baler** n - [agric] enfardadora f para pasto m, or prensa f para heno m, con impulsión f, mecánica
— **hay press** n - [agric] enfardadora f para pasto m, or prensa f para heno m, con impulsión f mecánica
— **hill drop** n - [agric] accesorio m para siembra f automática (de maíz m) en montoncillos
— **hoist** n - [mech] aparejo m mecanizado (para elevación f)
— — **(ing)** n - [cranes] elevación f, mecánica, or mecanizada
— **house** n - [electr-prod] (central) térmica f, or usina f, or planta f, (termo)eléctrica
— — **type crane** n - [cranes] grúa f, de tipo m para planta(s) f eléctrica(s)l or para servicio m liviano intermitente
— **in kilowatt(s)** n - [electr-distrib] kilovatios; potencia f en kilovatio(s) m
— **increment** n - [electr] incremento m en potencia f
— — **forecast(ing)** n - [electr-prod] predicción f, or pronóstico m, de incremento m en potencia f
— — **level** n - [electr-prod] nivel m de incremento m en potencia f
— — — **forecast(ing)** n - [electr-prod] predicción f, or pronóstico n, de nivel m de incremento m en potencia f
— **independently** v - [mech] accionar, or impulsar, independientemente
— **input** n - [electr-oper] entrada f, or alimentación f, de energía f
— — **cable** n - [electr-distrib] cable m, or conductor m, para energía f para, entrada, or alimentación f
— — — **assembly** n - [electr-distrib] conjunto m de, cable(s) m, or conductor(es) m, para alimentación f
— — **requirement** n - [electr-distrib] corriente f para entrada f exigida
— — **shaft** n - [mech] árbol m, or eje m, para, aportación f, or entrada f, para fuerza f
— — — **adjustment** n - [autom-mech] ajuste m de, árbol m, or eje m, para, entrada f, or aportación f, de fuerza f
— — — **end play** n - [autom-mech] juego m longitudinal en, árbol m, or eje m, para, entrada f, or aportación f, de fuerza f
— **jet** n - [int.comb] inyector m de, potencia f, or alta
— **kit** n - [weld] see **power pack/compactor kit**
— **lack** n - falta f de potencia f
— **lamp** n - [electron] luz f (piloto) para energía f
— **lead** n - [electr-instal] conductor m para, entrada f, or alimentación f, or energía f
— — **break(ing)** n - [electr-instal] rotura f de conductor m para, entrada f, or alimentación
— **level** n - [electr-distrib] nivel m de, energía f, or potencia f
— — **control(ling)** n - [electr-distrib] regulación f de nivel m de, energía f, or potencia
— — **forecast(ing)** n - [electr-oper] predicción f, or pronóstico m, de nivel m de energía f
— — **supply** n - [electr-oper] nivel m para suministro m de energía f
— — — **control(ling)** n - [electr-oper] regulación f de nivel m de suministro m de energía
— **lift** n - [mech] elevador m mecánico
— **tractor disk plow** n - [agric-equip] arado m con disco(s) m para tractor m con elevación f mecánica

power lift tractor drill n - [agric-equip] sembradora f (para granos m) para tractor m con elevación f mecánica
— — — plow n - [agric-equip] arado m para tractor m con elevación f mecánica
— — lifting n - [mech] elevación f, mecánica, or mecanizada
— — light n - [electron] luz f (piloto) para energía f
— — line n - [electr-instal] línea f (de conductores m eléctricos) para, energía f, or fuerza f motriz; línea f para distribución f; red f eléctrica
— — — connecting n - [electr-distrib] conexión f de línea f para, energía f, or fuerza motriz
— — — connection n - [electr-distrib] conexión f para línea f para, energía f, or fuerza f motriz
— — — side n - [electr-distrib] mitad f, or parte f, de línea f para energía f, or de conductor(es) m eléctrico(s)
— — — voltage n - [electr-distrib] voltaje m (en línea f) para alimentación f
— — load n - [electr-oper] carga f (de energía f) • consumo m de energía f • [explos] carga f explosiva; also see powder load
— — — lowering n - [cranes] bajada f mecanizada planetaria, or descenso m mecanizado planetarioi, para carga f
— — — restart(ing) n - [electr-oper] reiniciación f de consumo m de energía f
— — — starting n - [electr-oper] iniciación f de consumo m de energía f
— — — turning off n - [electr-oper] corte m de, consumo m, or carga f, de energía f
— — loss n - [mech] pérdida f de, fuerza f, or potencia f • merma f de, fuerza, or potencia
— — lowering n - [cranes] descenso m mecanizado; bajada f mecanizada
— — maize sheller n - [agric-equip] desgranadora f mecanizada para maíz m
— — meter n - [electr-instal] medidor m para energía f
— — mowing n - [agric] corte m mecanizado de, hierba f, or pasto m
— — network n - [electr-distrib] red f eléctrica
— — of attorney n - [legal] (carta f) poder m
— — — granting n - [legal] otorgamiento m de poder m
— — off n - [electr-oper] energía f desconectada | a - [electr-oper] desconectado,da
— — oil installation n - [petrol] instalación f para, impulso m, or inyección f, de, petróleo m, or aceite m, motor
— — — plunger pump n - [petrol] bomba f con émbolo m buzo para aceite m motor
— — — pump n - [petrol] bomba f para petróleo m motor
— — — service n - [petrol] servicio m para, petróleo m, or aceite m, motor; inyección f de aceite m motor
— — on n - [electr-oper] energía f conectada | a - [electr-oper] conectado,da
— —-off switch n - [electr-instal] disyuntor m, or llave f interruptora, para energía f
— — operation n - [weld] operación f con fuerza f motriz • regulación f para fuerza f motriz
— — out v - [electr-oper] desconectar
— — — @ lever v - [mech] desconectar palanca f
— — outage n - [electr-distrib] interrupción f, or corte m, en suministro m (de energía f)
— — outlet n - [electr-instal] tomacorriente m (para, energía f, or fuerza f motriz)
— — output n - [weld] energía f (producida) para fuerza f motriz
— — — shaft n - [mech] árbol m, or eje m, para salida f de fuerza f
— — pack n - [weld] equipo m motor; fuerza f, surtidora, or para alimentación f; fuente f de energía f
— — — adapter n - [weld] adaptador m para equipo m motor

power pack adapter box n - [weld] caja f para adaptador m para fuerza f motriz
— —/contactor kit n - [weld] equipo m motor para interrupción f automática
— —/— terminal strip n - [weld] panel m con borne(s) f para equipo m motor/interruptor m automático
— —/— wiring n - [weld] devanado m para equipo motor/interruptor automático
— — kit n - [weld] conjunto m de equipo motor
— — pod n - [weld] caja f para equipo m motor
— — to wire feeder lead n - [weld] conductor m desde fuente f para energía f a alimentador m para alambre m
— — wiring n - [electr-instal] devanado m para equipo m motor
— — package n - [petrol] fuente f para energía f; equipo m motor
— — — combination m - [petrol] fuente f combinada para energía f; equipo m motor combinado
— — per ton n - [ind] energía f por tonelada f
— — phase n - [weld] fase f de, energía f, or fuerza f motriz
— — pilot, lamp, or light n - [electr-instal] luz f, or lámpara f, piloto para energía f
— — piping n - [tub] tubería f para vapor m
— — plant - [electr-prod] planta f, or central f, or usina f, eléctrica, or para energía f, or termoeléctrica
— — — addition n - [electr-prod] ampliación f para planta f eléctrica
— — — bridge crane n - [cranes] grúa f puente para central f (eléctrica)
— — — cooling n - [electr-prod] enfriamiento m, or refrigeración f para planta f generadora
— — — — water n - [electr-prod] agua m para, enfriamiento m, or refrigeración f de planta f generadora
— — — demand n - [electr-prod] demanda f de usina f
— — — — control n - [electr-prod] regulación f de demanda f de usina f
— — — — — system n - [electr-prod] sistema m para regulación f de demanda f de usina f
— — — — — spare(s) n - [electr-prod] repuesto(s) m para sistema m para regulación f de demanda f de usina f
— — — electrical maintenance n - [electr-prod] mantenimiento m eléctrico para usina f
— — — — scheduling n - [electr-prod] programación f para mantenimiento m eléctrico para usina f
— — — maintenance n - [electr-prod] mantenimiento m para usina f
— — — — scheduling n - [electr-prod] programación f para mantenimiento m para usina f
— — — mechanical division n - [electr-prod] división f mecánica de, usina f, or central f, (eléctrica)
— — — — maintenance n - [electr-prod] mantenimiento m mecánico para usina f
— — — — — scheduling n - [electr-prod] programación f de mantenimiento m mecánico para usina f
— — — operation n - [electr-prod] operación f de usina f
— — — — programming n - [comput] programación f para operación f de usina f
— — — overflow basin n - [electr-prod] pileta f para rebalse m para usina f
— — — turn foreman n - [electr-prod] capataz m, or jefe m, de turno m para usina f
— — — water n - [electr-prod] agua m para, usina f, or planta f generadora
— — plug n - [electr-instal] tomacorriente m para, energía f, or fuerza f motriz
— — pool n - [electr-prod] consorcio m energético
— — portion n - [electr-distrib] porción f, or parte f, de energía f
— — printed circuit board n - [electr-instal] tablilla f con circuito m, impreso, or estampado, para energía f

power printed circuit control board n - [electr-instal] tablilla f con circuito m, impreso, or estampado, para regulación f para energía
— **production** n - [electr-prod] producción f de energía f
— **project** n - [electr-prod] instalación f, hidroeléctrica, or, productora, or generadora
— **provision** n - [electr-distrib] provisión f, or suministro m, de, energía f, or fuerza f motriz
— **pump** n - [pumps] bomba f, con motor m, or mecánica, or con potencia f
— — **unit** n - [pumps] bomba f mecánica
— **rating** n - [electr-mot] potencia f nominal
— **receptacle** n - [electr-instal] tomacorriente m para, fuerza f (motriz), or corriente f, or energía f, or potencia f
— — **load(ing)** n - [electr-oper] carga f para tomacorriente m para energía f
— **rectifier** n - [electr-instal] rectificador m para, potencia, or energía f (para entrada)
— **reduction** n - [electr-distrib] reducción f de, energía f, or corriente f
— **reel** n - [metal-roll] carrete m tractor
— **relay** n - [electr-instal] relé m motor
— **removable** a - removible con potencia f
— **counterweight** n - [cranes] contrapeso m removible con potencia f
— **removal** n - [electr-distrib] corte m de energía f
— **requirement(s)** n - [electr] consumo m, or demanda f, de energía f (eléctrica) • energía f, or potencia f, absorbida • exigencia f, or consumo m, de energía f
— — **calculation** n - [ind] cálculo m de potencia f, exigida, or absorbida
— **restoring** n - [electr-oper] reconexión f, or conexión f nueva, de energía f
— **robbing** a - cercenador,ra de fuerza(s) f
— **roll** n - [mech] rodillo m, motor, or mecanizado, or motorizado
— **saver switch** n - [electron| conmutador m para, ahorro m, or economía f, de energía f
— **saw** n - [tools] sierra f mecanizada
— **scraper** n - [constr] pala f mecánica
— **setting** n - regulación f de fuerza f (motriz) | a - regulado,da para, fuerza f motriz, or producción f de energía f
— **setup** n - [ind] organización f para energía f
— **shaft** n - [mech] árbol m motor
— **shaper** n - [tools] limadora f (mecánica)
— **shift** n - [mech] cambio m (de marcha f) mecanizado; transmisión f mecanizada • cambio m de velocidad sobre marcha f
— — **transmission** n - [mech] transmisión f mecanizada para cambio(s) de velocidad f • transmisión f para cambio m (de velocidad f, or de maracha f) mecanizado
— **shoe** n - [mech] zapata f motriz
— **shortage** n - [electr-distrib] falta f, or corte m, de corriente f • escasez f, or deficiencia f, de energía f
— **shovel** n - [constr] pala f, or excavadora f, mecánica; pala f cargadora; excavadora f con cuchara f; excavadora f; (a)paleadora f
— — **bucket** n - balde m, or cuchara f, or cucharón m, or cubo m, para, pala f mecánica, or excavadora f
— — **tumbler** n - [mech] rueda f (dentada) motriz para oruga f (para pala f mecánica)
— **shut off** n - [electr-oper] corte m de, energía f, or corriente f
— **source** n - [electr-oper] fuente f de, energía f, or corriente f, eléctrica • generadora f de corriente f; fuente f para, alimentación f, or suministro m • red f, or conexión f, para alimentación f; toma f para energía f
— — **cable** n - [weld] cable m, or conductor m, a fuente f para energía f
— — **characteristic(s)** n - [electr-oper] característica(s) de fuente f para energía f

power source circuit control switch n - [weld] conmutador m para regulación f para circuito m para fuente f para energía f • conmutador m para circuito m para regulación f para fuente f para energía f
— — **connection** n - [weld] conexión f con fuente f para energía f
— — **contactor** n - [electr-instal] interruptor m automático para fuente f para energía f
— — **control** n - [electr] regulación f, or mando m, para fuente f para energía f • regulador m para fuente f para energía f
— — **control box** n - [weld] caja f para, regulación f, or mando m, para fuente f para energía f
— — — **cable** n - [weld] cable m para, regulación f, or mando m, a fuente f para energía f
— — — **circuit** n - [weld] circuito m para regulación f para fuente f para energía f
— — — **setting** n - [weld] ajuste m de regulador m para fuente f para energía f
— — **current control** n - [weld] regulador m para amperaje m para fuente f para energía f
— — **electrode** n - [weld] electrodo m para fuente f para energía f
— — — **stud** n - [Weld] borne m para electrodo m para fuente f para energía f
— — — **lead** n - [weld] conductor m a borne m para elecvtrodo m para fuente f para energíua f
— — **end** n - [weld] extremo m hacia fuente f para energía f
— — **exciter** n - [electr=prod] excitador m para fuente f para energía f
— — **frequency** n - [electr-prod] frecuencia f de fuente f para energía f
— — **input** n - [weld] (corriente f de) entrada f desde fuente f para energía f
— — — **cycle(s)** n - período(s) f de (corriente f de) entrada f desde fuente f para energía f
— — — **starter** n - [electr] interruptor m para entrada f desde fuente f para energía f
— — — **motor side** n - [weld] lado m de interruptor m para entrada f desde fuente f para energía f que da a motor m
— — — **voltage** n - [weld] voltaje m para entrada f desde fuente f para energía f
— — **installation** n - [electr-instal] instalación f de fuente f para energía f
— — **instruction manual** n - [electr--oper] manual m con in streucción(es) f para fuente f para energía f
— — **lead** n - [weld] conductor m desde fuente f para energía f
— — **manual** n - [electr-oper] manual m para fuente f para energía f
— — **marker** n - [weld] rótulo m, or marbete m, or indicador m, para fuente f para energía f
— — **nameplate** n - [electr-instal] placa f indicadora f para fuente f para energía f
— — **open circuit voltage** n - [electr-oper] voltyaje m en circuito m abierto para fuente f poara energía f
— — — **rheostat** n - [electr-instal] reóstato m para voltaje m en circuito m abierto para fuente f para energía f
— — **output** n - [electr-oper] corriente f de salida f, or producción f, de fuente f para energía f • [weld] salida f de energía f de fuen te f
— — **package** n - [electr-prod] conjunto m de fuente f para energía f
— — **performance** n - [electr-oper] desempeño m, or rendimiento m de fuente f para energía f
— — **characteristic(s)** n - [electr-prod] característica(s) f de, desempeño m, or rendimien to m, de fuente f para energía f
— — **polarity** n - [weld] polaridad f de fuente f para energía f
— — **switch** n - [weld] conmutador m para polaridad f para fuente f para energía f

power source preventive maintenance n - [electr-oper] mantenimiento m preventivo para fuente f para energía f
— — problem n - [electr-distrib] problema m con fuente f para energía f
— — rheostat n - [electr-equip] reóstato m para fuente f para energía f
— — selection switch n - [electr-equip] conmutador m para selección f para fuente f para energía f
— — setting n - [weld] regulación f de fuente f para energía f
— — side n - [electr-instal] lado f de fuente f para energía f
— — specification n - [electr-distrib] especificación f para fuente f para energía f
— — starter n - [weld] interruptor m para entrada f para fuente f para energía f
— — — motor side n - [weld] lado m de interruptor m para entrada f para fuente f para energía f que da a motor m
— — tap n - [electr] conexión f, or borne m, para fuente f para energía f
— — terminal strip n - [weld] panel m con borne(s) m para fuente f para energía f
— — to @ control n — [weld] fuente f para energía m a regulador m
— — — @ head a - [weld] desde fuente f para energía f hsta cabeza f (soldadora)
— — — @ — cable n - [weld] cable m, or conductor m, desde fuente f para energía f hasta cabeza f (soldadora)
— — — @ — control cable n - [weld] conductor m, or cable m, para regulación f desde fuente f para energía f hasta cabeza f (soldadora)
— — turning off n - [weld] desconexión f de fuente f para energía f
— — type n - [weld] tipo m de fuente f para energía f
— — voltage n - [weld] voltaje m de fuente f para energía f
— — — control n - [weld] regulación f para voltaje m de fuente f para energía f • regulador m para voltaje m de fuente f para energía f
— —/wire feeder n - [weld] fuente f para energía f y alimentadora f para alambre m
— —/— — package n - [weld] combinación f de fuente f para energía f y alimentadora f para alambre m
— spring n - [mech] muelle m (motor)
— — inner loop n - [mech] espira f interior de muelle m motor
— — loop n - [mech] espira f de muelle m motor
— — notch n - [mech] muesca f en, muelle m, or resorte m, motor
— — outer loop n - [mech] espira f exterior de muelle m motor
— sprocket n - [mech] rueda f dentada motriz
— — hole n - [mech] agujero m, or orificio m, en rueda f dentada motriz
— — roll n - [mech] rodillo m mecanizado para iniciar, marcha f, or operación f
— — — unit n - [wiredrwng] dispositivo m con rodillo m mecanizado para iniciar operación f
— — — — centerline n - [wiredrwng] eje m central de dispoositivo m con rodillo m mecanizado para iniciar operación f
— station n - [electr-prod] estación f, or planta f, or central f, generadora, or térmica, or para energía f
— steering n - [autom-mech] servodirección f; dirección f, mecanizada, or motorizada, or automática f, or hidráulica
— — control n - [autom-mech] regulación f de, servodirección f, or dirección f mecanizada
— — — motor n - [autom-mech] motor m para regulación f de, servodirección f, or dirección f, mecanizada
— — cylinder n - [autom-mech] cilindro m para, servodirección f, or dirección f mecanizada

power steering cylinder retraction n - [autom-mech] retracción f de cilindro m para dirección f mecanizada
— — loss n - [autom-mech] pérdida f de, servodirección f, or dirección f mecanizada
— — motor n - [autom-mech] motor m para servodirección f, or dirección f mecanizada
— — pressure n - [autom-mech] presión f para, servodirección f, or dirección f mecanizada
— — problem n - [autom-mech] problema m con, servodirección f, or dirección f mecanizada
— stroke n - [int.comb] carrera f, motriz, or de explosión f, or para potencia f
— supply n - [electr-distrib] fuerza f motriz, or energía f, or corriente f, de entrada f; provisión f, or suministro m, de energía f, or electricidad f • fuente f para energía f
— — area n - [electr=distrib] zona f con línea(s) f para abastecimiento m (de energía f)
— — assembly n - [electr-distrib] conjunto m para, suministro m, or abastecimiento m, de energía f
— — board n - [electron] tablero m para suministro m de energía f
— — — hole n - [electron] orificio m en tablero m para suministro m de energía f
— — check(ing) n - [electr-distrib] comprobaciuón f de suministro m de energía f
— — circuit n - [electr-distrib] circuito m para fuerza f motriz
— — conductor n - [electr-instal] conductor m para suministro m de energía f
— — control(ling) n - [electr-distrib] regulación f para suministro m de energía f
— — diagram n - [electr-instal] diagrama m para abastecimiento m de energía f
— — disconnect(ing) switch n - [electr-instal] disyuntor m para (provisión f) de energía f
— — disconnection n - [electr-distrib] desconexión f, or desactivación f, de suministro m de energía f
— — energizing n - [electr-distrib] activación f de suministro m de energía f
— — interruption n - [electr-distrib] interrupción f en suministro m de energía f
— — level n - [electr-distrib] nivel m de suministro m de energía f
— — repair n - [electr-distrib] reparación f para (fuente m para), suministro m, or abastecimiento n, de energía f
— — schematic diagram n - [electr-instal] diagrama m esquemático para abastecimiento m de energía f
— — switch n - [electr-instal] interruptor m para (provisión f de) energía f
— — transformer n - [electr-distrib] transformador m para suministro m de energía f
— — transforming n - [electron] transformación f de suministro m de energía f
— — turning off n - [electr-distrib] corte m, or desconexión f, de, abastecimiento m, or provisión f, de energía f
— — — on n - [electr-distrib] conexión f de, abastecimiento m, or provisión f, de energía
— switch n - [electr-instal] conmutador m, or interruptor m, para energía f
— — turning off n - [electr-distrib] corte m, or desconexión f, de energía f para entrada f
— switchboard n - [electr-instal] tablero m para energía f
— switching n - [electr-distrib] conmutación f de corriente f
— system n - [electr-prod] tipo m de fuerza f motriz • [electr-distrib] red f para energía f • [mech] sistema m para accionamiento m
— system n - [electr-distrib] tipo m de fuerza f (motriz) • red f para energía f • [mech] sistema m para accionamiento m
— table feed n - [mech] alimentación f mecanizada para mesa f
— takeoff n - [mech] toma f de, fuerza f, or

power takeoff drum

potencia f • [weld] toma f de, energía f, or fuerza f (motriz)
power takeoff drum n - [cabl] tambor m para toma f de, fuerza f, or potencia f, or mando m, or propulsión f
— — **end** n - [int.comb] extremo m, para, or hacia, toma f de fuerza f
— **tamper** n - [constr] apisonador m mecánico; compactadora f mecánica
— **tamping tool** n - apisonador m mecanizado
— **tax** n - [fisc] impuesto sobre (consumo m de) energía f eléctrica
— **tight** a —[mech] con, ajuste m mecánico, or apretadura f mecánica
— **tightened** a - ajustado,da, or apretado,da, mecánicamente
— **tightening** n [mech] ajuste m mecánico; apretadura f mecánica
— **tong(s)** n - [tools] tenaza f mecánica
— **tool** n - [tools] herramienta f, mecánica, or motorizada, or eléctrica
— — **cleaning** n - [tools] limpieza f, con, or de, herramienta(s) f, mecánica(s) f, or motorizadas(s)
— — **housing** n - [tools] carcasa f para herramienta f mecánica
— **transformation** n - [electr-transf] transformación f de energía f
— **transformer** n - [electr-transf] transformador m para, energía f, or potencia f
— **transmission** n - [electr-distrib] transmisión f de energía f
— — **line** n - [electr-distrib] línea f para transmisión f de energía f
— **turn(ing) off** n - [electr-distrib] corte m, or desconexión f, de energía f
— —(ing) **on** n - [electr-oper] conexión f de energía f
— **type** n - [electr-distrib] tipo m de energía f
— **unit** n - [mech] dispositivo m, or mecanismo m, motor, or motorizado,da • [electr-oper] unidad f de, energía f, or potencia f • [electr-prod] planta f, or grupo m, para producción f de, energía f, or fuerza f motriz
— — **and welder** n - [weld] grupo m, or elemento m, productor, or generador, para fuerza f motriz para soldadura f
— — **back side** n - [agric] parte f posterior de unidad f motriz
— — **control** n - [agric] regulación f para unidad f motriz
— — — **side** n - [agric] lado m para regulación f de unidad f motriz
— — **engine** n - [agric] motor m para unidad f motriz
— — — **performance** n - [agric] rendimiento m, or desempeño m, de motor m para unidad motriz
— — **yield** n - [agric] rendimiento m de motor m para unidad f motriz
— — **fuel** n - [agric] combustible m para unidad f motriz
— — — **supply tank** n - [int.comb] depósito m para abastecimiento m de combustible m para unidad f motriz
— — — **tank** n - [agric] depósito m para combustible m para unidad f motriz
— — **housing** n - [agric] alojamiento m para unidad f motriz
— — **ignition** n - [agric] encendido en unidad f motriz
— — — **switch** n - [agric] interruptor m para encendido m en unidad f motriz
— —(s) **lot** n - [agric] partida f de unidad(es) f motriz,ces
— — — **number** n - [agric] número m para partidas f de unidad(es) f motriz,ces
— — — **lubrication** n - [mech] lubricación f de unidad f motriz
— — — **operation** n - operación f de unidad motriz
— — — **operator** n - [ind] operador m para unidad f motriz

power unit operator('s) manual n - [ind] manual m para operador m para unidad f motriz
— — — **schematic** n - [agric] esquema f para unidad f motriz
— — **seat** n - [mech] asiento m para unidad f motriz
— — **serial number** n - [mech] número m de serie f para unidad f motriz
— — **service** n - [agric] servicio m para unidad f motriz
— — **servicing** n - [agric] prestación f de servicio m a unidad f motriz
— — **slowing** n - [agric] retardo m, or retardación f, de unidad f motriz
— — **speeding** n - [agric] aceleración f de unidad f motriz
— —, **stoppage**, or **stopping** n - [agric] detención f de unidad f motriz
— — **storage** n - [mech] almacenamiento m, or puesta f a resguardo m, de unidad f motriz
— — **tank** n - [agric] depósito m para unidad f motriz
— — **towing** n - [agric] remolque m de unidad f motriz
— — **weight** n - [agric] peso m de unidad f motriz • pesa f para unidad f motriz
— — **wiring harness** n - [agric] mazo m de conductor(es) m para unidad f motriz
— — **with alternating current power** n - [weld] generador m para fuerza f motriz con soldadora f para corriente f alterna
— — — — **welder** n - [weld] generador m para fuerza f motriz con soldadora f para corriente f alterna
— — **direct current welder** n - [weld] generadoir m para fuerza f motriz con soldadora f para corriente f continua
— **use** n - [electr] uso m, or empleo m, de energía f
— — **efficiency** n - [electr-oper] empleo m eficiente de energía f
— **verification** n - comprobación f de potencia
— **voltage** n - [weld] voltaje m (disponible) para fuerza f motriz
— —('s) **return to normal** n - [electr-oper] retorno m de voltaje m de energía f a nivel m normal
— — **returned to normal** n - [electr-oper] voltaje m de energía f retornado a nivel normal
— **wheel** n - [mech] rueda f, motora, or motriz
— **winding** n - [electr-prod] devanado m para energía f
— — **short circuiting** n - [electr-prod] cortocircuito m para energía f
— **window** n - [autom-mech] ventan(ill)a f, automática, or mecanizada
— **wire brush** n - [tools] cepillo m de alambre m motorizado
— — **brushing** n - [metal-treat] cepillado m mecanizado con cepillo m de alambre m
— **wrench** n - [tools] llave f, mecánica, or mecanizada • llave f para impacto(s) m
powered a - propulsado,da; activado,da; mecanizado,da; motorizado,da; accionado,da; movido,da • [electr] alimentado,da
— **counterweight remover** n - [cranes] removedor m, or desmontador m, mecanizado para contrapeso m
— **guide axle** n - [agric] eje m guía motriz
— — — **weight** n - [agric] pesa f para eje m guía motriz
— — **wheel** n - [autom=mech] rueda f, guía motriz, or directriz motorizada
— **independently** a - accionado,da independientemente
— **reel** n - [mech] carrete m motorizado
— **rod reel** n - [wiredrwng] carrete m motorizado para varilla f
— **wheel** n - [mech] rueda f, motriz, or mecanizada

powerful drawworks n - [petrol] malacate m, or

- 1282 -

aparejo m para maniobra(s) f, poderoso, or potente
— **magnet** n - imán m, poderoso, or potente
— **permanente magnet** n - imán m permanente, poderoso, or potente
— **reducing gas** n - [metal-prod] gas m reductor potente
— **vehicle** n - [autom] vehículo m potente
powerfully adv - . . . ; potentemente
powering n - impulsión f
PR n - see **pair** • [pol] see **Puerto Rico**
practicability n - . . . ; practicabilidad* f
practicable a - . . . ; práctico,ca; posible; ejecutable
practicably adv - practicablemente*
practical a - . . . • satisfactorio,ria
— **alternative** n - alternativa f práctica
— **assumption** n - asunción f práctica
— **breakdown** n - desdoblamiento m práctico
— **bridge** n - [constr] puente m práctico
— **choice** n - selección f práctica
— **contact performance measure** n - [labor] medida f práctica de efectividad f de entrevista
— **design factor** n - factor m práctico para proyección f
— — **method** n - método m práctico para proyección f
— **drainage** n - [hydr] drenaje m, práctico, or satisfactorio
— **experience** n - experiencia f práctica • experiencia f en trabajo m
— **handling** n - manipulación f práctica
— **information** n - información f práctica • antecedente m práctico
— **installation method** n - método m práctico para instalación f
— **limit** n - límite m práctico
— **limiting factor** n - factor m limitativo práctico
— — **design factor** n - factor m limitativo práctico para proyección f
— **magnitude** n - magnitud f práctica
— **measure** n - medida f práctica
— **mechanized process** n - [weld] proceso m mecanizado práctico
— — **welding process** n - [weld] proceso m mecanizado práctico para soldadura f
— **performance measure** n - medida f práctica para efectividad f
— **processing speed** n - [metal-roll] velocidad f práctica para proceso m
— — **limit** n - [metal-roll] límite m práctico para velocidad f para proceso m
— **purpose** n - propósito m, or fin m, práctico
— **restriction** n - restricción f (en) práctica f
— **relationship** n - relación f práctica
— **safety contact measure** n - [safety] medida f práctica para entrevista(s) f sobre seguridad
— — **performance measure** n - [safety] medida f práctica para efectividad f de entrevista f sobre seguridad f
— **sense** n - sentido m práctico
— **shape** n - (con)forma(ción) f práctica
— **speed** n - [mech] velocidad f práctica
— — **limit** n - [mech] límite m práctico para velocidad f
— **splicing test** n - [electr-instal] examen m práctico para empalme(s) m
— **technical information** n - información f técnica práctica
— **technician** n - técnico m práctico
— **test** n - examen m, or ensayo m, práctico
— **training** n - [labor] formación f, or capacitación f práctica; adiestramiento m práctico
— **use** n - uso m, or empleo m, práctico
— **usefulness** n - utilidad f práctica
— **watertightness** n - hermeticidad f relativa
— **way** n - forma f práctica
— **welding process** n - [weld] proceso m práctico para soldadura f
— **width** n - anchura f práctica; ancho(r) m práctico

practically adv - . . . ; casi; a punto m de; para todo(s) efecto(s) m (necesarios)
— **none** adv - prácticamente, or casi, nulo,la
practice n - . . . • método m; técnica f; método m para operación f; práctica f usual; ejercicio m; ejercitación f • [miner] beneficio m • [ind] . . . ; experiencia f; ensayo m; norma f | a - para ensayo(s) m | v - . . . ; ejemplificar • [medic] ejercer
— **acceptance** n - [ind] aceptación f en uso m
— **adherence** n - [ind] cumplimiento m con práctica f
— **change** n - [ind] cambio m en práctica f
— @ **correct arc length** v - [weld] cumplir con largo(r) m arco m, correcto, or apropiado
— **determination** n - [ind] determinación f de práctica f
— **error** n - [ind] error m en, práctica, or trabajo m
— **green** n - [sports] zona f, or cancha f, para práctica f
— **lap** n - [sports] vuelta f, or etapa f, para ensayo m
— — **time** n - [sports] tiempo m para, vuelta f, or etapa f, para ensayo m
— **manual** n - manual m para práctica f; vademécum m
— **observation** n - observación f de práctica f
— **procedure** n - procedimiento m para práctica
— **report** n - informe m sobre práctica f
— @ **technique** v - ensayar técnica f
— **time** n - [sports] tiempo m para ensayo(s) m
— **to be followed** n - [ind] práctica f a seguir(se)
— **usury** v - [fin] usurear
— **variable** n - [ind] variable f en práctica f
— **welding** n - [weld] soldadura f para ensayo m
practiced a - . . . ; ensayado,da • [medic] ejercido,da
practicing n - ejercitación f; ensayo m | a - practicante • en ejercicio m
— **engineer** n - ingeniero m profesional
— **manager** n - [managm] administrador m en ejercicio m
praise n - . . . | v - . . . ; elogiar
praiseworthy a - . . . ; elogiable; ponderable
prattle n - . . . ; floreo m | v - . . . ; vanear
pre-aeration n - [sanit] preaereación f
—— **building** n - [sanit] edificio m para preaereación f
—— **control** n - [sanit] regulación f de preaereación f
——— **building** n - [sanit] edificio m para regulación f de preaereación f
—**assemble** v - prearmar; premontar
—— **before** @ **installation** v - [constr] prearmar, or premontar, antes de instalación f
—— @ **bevel(led) end** v - [constr] prearmar extremo m achaflanado
—**assembled** a - prearmado,da; premontado,da
—— **before** @ **installation** a - [constr] prearmado,da, or premontado,da, antes de instalación f
—**assembling** n - prearmado m; premontaje m
—— **before** @ **installation** n - [constr] prearmado m, or premontaje m, antes de instalación f
—— **bevel(led) end** n - [constr] extremo m achaflanado prearmado
—— **structural plate pipe** n - [tub] tubería f prearmada de plancha(s) f estructural(es)
—— **structure** n - estructura f prearmada
—**assembly** n - prearmado m; premontaje m
—— **before** @ **installation** n - [constr] premontaje m, or prearmado m, antes de instalación f
—— **feature** n característica f para, armado m previo, or, prearmado m, or premontaje m
—**bore** v — [mech] prehoradar; preagujerear
—**bored** a - [mech] prehoradado,da; preagujere-

pre-boring
    ado,da
pre-boring n - [mech] prehoradación f
—**camber** n - [mech] combadura f previa | v - [mech] combar previamente
—**cambered** a - [mech] combado,da previamente
—**cambering** n - [mech] combadura f previa
—**clean** v - prelimpiar; predepurar | a - [mech] prelimpio,pia; predepurado,da
—**cleaned** a - [mech] prelimpiado,da; predepurado,da
—**cleaner** n - [mech] prelimpiador m; predepurador m | a - [mech] prelimpiador,ra; predepurador,ra
—— **screen** n - [int.comb] rejilla f, prelimpiadora, or para prelimpieza f
—**cleaning** n - [mech] prelimpieza f; predepuración f
—**curve** v - [mech] precurvar
—**curved** a - [mech] precurvado,da
—— **corrugated sheet** n - [mech] chapa f corrugada precurvada
—— **sheet** n - [mech] chapa f precurvada
—**curving** n - [mech] precurvatura f
—**dawn** n - [meteorol] alborada f
—— **fog** n - [meteorol] niebla f, or neblina f, en alborada f
—**dawning** n - [meteorol] alboreada f
—**delivery** n - entrega f anticipada | a - antes de entrega f
—— **check(ing)** n—verificación f, or comprobación f, antes de entrega f | v - verificar, or comporobar, antes de entrega f
—— — **list** n - [ind] lista f para, verificación f, or comprobación f, antes de entrega f
—**drill** v - [mech] pretaladrar
—**drilled** a - pretaladrado,da
—— **hole** n - [mech] agujero m pretaladrado
—**engineer** v - proyectar anticipadamente
—**engineered** a - proyectado,da anticipadamente
—— **building** n - [constr] edificio m prediseñado
—— **steel building** n - [constr] edificio m prediseñado de acero m
—**engineering** n - proyección f anticipada
—**erect** v - [mech] prearmar
—**erected** a - [mech] prearmado,da
—**erection** n - prearmado m
—**establish** v - preestablecer; prefijar
—**established** a—preestablecido,da; prefijado
— **value** n - valor m prefijado
—**flow** a - [weld] antes de suministro m de gas
—— **timer** n - [weld] retardador m para frecuencia f alta
—— — **harness** n - [weld] mazo m (de conductores m) para retardador m para frecuencia f alta
—— — **lead** n - [weld] conductor m en mazo m para retardador m para frecuencia f alta
—— — **lead** n - [weld] conductor m para retardador m para frecuencia f alta
—**form** v - preformar
—**formed** a - preformado,da
—**heat** v - see **preheat**
—**heated** a - see **preheated**
—**heater** n - see **preheater**
—**heating** n - see **preheating**
—**job** a - anterior a (comienzo m de) trabajo m
—— **instruction** n - [safety] instrucción f anterior a comienzo m de trabajo m
—— **physical** n - [safety] examen m, físico, or médico, antes de empleo m
—— **safety instruction(s)** n—[safety] instrucción(es) f sobre seguridad f antes de comenzar trabajo m
—**load** v - precargar; cargar anticipadamente
—**loaded** a - precargado,da; cargado,da anticipadamente
—**loading** n - precarga f; carga f anticipada
—**machine** v - [weld] labrar de antemano
—**machined** a - [weld] labrado,da de antemano
—**machining** n - [weld] labrado m de antemano

pre-market test(ing) n - ensayo m antes de lanzamiento m a mercado m
—**plan** v - preplanear; preplanificar
—**planned** a - preplaneado,da; preplanificado,da
—— **procedure** n—procedimiento m preplaneado
—— **welding procedure** n - [weld] procedimiento m para soldadura f preplaneado
—**planning** n - preplaneamiento m; preparación f previa
—**plate** v - preplanchear
—**plated** a - preplancheado,da
—**plating** n - preplancheado m
—**process** n - preproceso m; proceso m previo | v - preprocesar
—— @ **solid waste** v - preprocesar residuo m sólido
—— @ **waste solid** v - preprocesar residuo m sólido
—**processed** a - preprocesado,da
——, **solid waste**, or **waste solid** n - residuo m sólido, preprocesado, or procesado anteriormente
—**processing** n - preprocesamiento m; procesamiento m previo
—**punch** v - [mech] prepunzonar
—**punched** a - [mech] prepunzonado,da
—**punching** n - [mech] prepunzonado m; punzonamiento m previo
—**race** a - antes de carrera f
—— **speculation** n - [sports] especulación f antes de carrera f
—— **tweak(ing)** n - [sports] ajuste m final antes de carrera f
—**register** v - registrar anticipadamente
—**registered** a - registrado,da anticipadamente • [travel] reservado,da con anticipación f
—— **room** n - [travel] habitación f reservada, con anticipación f, or de antemano
—— — **key** n - [travel] llave f para habitación f reservada, con anticipación f, or de antemano
—-**runner** n - precursor m
—**set time** n tiempo m prefijado
—— **voltage** n - [weld] voltaje m prefijado
—**shape** v - [mech] preformar
—**shaped** a - [mech] preformado,da
—**shaping** n - [mech] preformación f
—**start(ing)** a - preliminar; antes de encendido m | adv - antes de, encendido m, or puesta f en marcha f
——(ing) **check list** n - [mech] verificación f, or comprobación f, antes de, encendido m, or puesta f en marcha f
—**tax** a - [fisc] antes de (aplicarse) impuesto m
—— **income** n - [fisc] ingreso(s) m, or renta f, antes de (aplicarse) impuesto m
—**tinned copper surface** n - [metal-treat] superficie f de cobre (ya) estañada
—**treatment** n - [sanit] predepuración f | a - [sanit] antes de depuración f
—— **conduit** n - [sanit] conducto m para predepuración f
—**trip information** n - [travel] información f antes de viaje m
preached a - predicado,da; sermoneado,da
preadvice n - [legal] preaviso m
preadvise v - [legal] preavisar
preadvised a - [legal] preavisado,da
preaerate v - [sanit] preairear
preaerated a - [sanit] preaireado,da
preaerating n - [sanit] preaireación f | a - preaireador,ra
preaerator n - [sanit] preaireador m
preassemble v - [mech] prearmar; premontar; armar anticipadamente; preensamblar; preunir
preassembled a - [mech] prearmado,da; premontado,da; preensamblado,da; preunido,da
— **aerial cable** n - [electr-cond] cable m aéreo prearmado
— **cable** n - [electr-cond] cable m prearmado

preassembled Multi-Plate structure n - [constr] estructura f Multi-Plate prearmada
— **structure** n - [constr] estructura f prearmada
— **washer** n - [mech] arandela f, prearmada, or premontada, or preunida
—— **screw** n - [mech] tornillo m con arandela f, prearmado, or premontado, or preunido • tornillo m Sems; also see **Sems screw**
preassembler n - [mech] prearmador m; premontador m; preensamblador m
preassembling n - [mech] prearmado m; premontaje m; preensambladura m; preensamble m | a - prearmador,ra; premontador,ra
preassembly n - [mech] prearmado m; premontado m; preensambladura f • conjunto m, prearmado, or premontado, or preensamblado. or preunido
prebending n - [mech] preflexión f; flexión f, anticipada, or previa
prebuilt enclosure n - [constr] entubamiento m prefabricado
precamber n - [mech] combadura f previa
precast a - [metal-prod] prevaciado,da; precolado,da; premoldeado,da; prefabricado,da | v - [constr] prevaciar; precolar; premoldear; prefabricar
— **closure plug** n - [constr-pil] tapón m para obturación f precolado
— **concrete** n - [constr] hormigón m armado, prevaciado, or precolado, or premoldeado, or prefabricado
—— **closure plug** n - [constr-pil] tapón m de hormigón m precolado para obturación f
——— **deck** n - [constr] piso m, or tablado m, de hormigón m, prevaciado, or precolado
—— **flume** n - [hydr] zubia f de hormigón m, prevaciado, or precolado, or premoldeado
— **concrete pile** n - [constr] pilote m, prefabricado de hormigón m, or de hormigón m prefabricado
—— **pipe** n - [tub] tubo m prevaciado m de hormigón m; tubería f prefabricada de hormigón m
—— **piping** n - [tub] tubería f prevaciada f de hormigón m
—— **plug** n - [constr-pil] tapón m precolado de hormigón m
—— **structural member** n - [constr] sección f, or viga f, estructural prefabricada de hormigón m armado
— **cover** n - [electr-instal] tapa f prefabricada
— **pile** n - [constr-pil] pilote m prefabricado
— **pipe** n - [tub] tubo m, prevaciado, or precolado
— **piping** n - [tub] tubería f prevaciada
— **plug** n - [constr-pil] tapón m prevaciado
— **reinforced cover** n - [electr-instal] tapa f reforzada prefabricada
— **stone granite finish** n - [constr] acabado m premoldeado como piedra f granítica
precaster n - [constr-concr] premoldeador m; prefabricante m
precasting n - [constr-concr] premoldeo m; prefabricación f | a premoldeador,ra
— **yard** n - [constr] playa f para prefabricación
precaution n - . . . .; cuidado m • medida f
— **observing** n - cumplimiento n con precaución f
— **recommendation** n - recomendación f sobre precaución(es) f
— **taking** n - toma f de precaución(es) f
precautionary measure n - [safety] medida f, precaucionaria, or para precaución f
preceded a - precedido,da; antecedido,da
precedence n . . . . • [legal] anticipación f
preceding a - . . . .; antecedente
— **bin** n - [constr] arcón m, or cajón m, anterior
— **day(s)** n - día(s) f, precedente(s), or anterior(es)
— **event** n - evento m, precedente, or anterior
— **page** n - página f, precedente, or anterior, or que, precede, or antecede
— **paragraph** n - párrafo m precedente

preceeding year n - año m, precedente, or anterior
precept n - . . .; voluntad f • [legal] yusión f
precharge n - precarga f • [pumps] see **charge**; **injection**
— **pump** n - see **charge pump**
precious speed n - [sports] velocidad f, or celeridad f, valiosa
precipitate n - . . . . | v - . . .; precipitar • cementar
— **@ metal** v - [metal-prod] precipitar, or cementar, metal m
precipitated a - precipitado,da; despeñado,da • [metal-prod] precipitado,da; cementado,da
— **metal** n - [metal-prod] metal m, precipitado, or cementado
precipitating n - precipitación f | a - precipitador,ra; precipitante
precipitation n - . . . . • despeñamiento m • [metal-prod] precipitación f, cementación f
— **accumulation** n - acumulación f de precipitación f
— **chamber** n - [geol] cámara f para precipitación f
— **control** n - [metal-prod] regulación f de precipitación f
— **degree** n - grado m de precipitación f
— **harden** v - [weld] endurecer por precipitación
— **hardened** a - [weld] endurecido,da por precipitación f
— **hardening** n - [weld] endurecimiento m por precipitación f
— **intensity** n - [meteorol] intensidad f de precipitación f
— **laberynth** n - [miner] laberinto m para precipitación f
— **resistance** n - [metal] resistencia f a precipitación f
— **scantiness** n - [meteorol] escasez f en precipitación f
— **site** n - sitio m para precipitación f
precipitator n - [chem] precipitador m
— **board** n - tablero m para precipitador m
— **goggle valve** n - [metal-prod] válvula f de anteojo m para precipitador m
— **half** n - [metal-prod] mitad f de precipitador
— **pump** n - [metal-prod] bomba f para precipitador m
— **section** n - [metal-prod] sección f de precipitador m
—— **door** n - [metal-prod] puerta f para sección f de precipitador m
— **steam** n - vapor m para precipitador m
— **water feed(ing)** n - [metal-prod] alimentación f de agua m para precipitador m
——— **pipe** n - [metal-prod] tubería f para alimentación f para agua m para precipitador
precipituously adv - precipitosamente
precise adjustment n - ajuste m, preciso, or exacto
— **amperage control** n [electr-oper] regulación f precisa para amperaje m • [weld] regulación f precisa para corriente f
— **analysis method** n - método m, preciso para análisis m, or para análisis m preciso
— **anchoring** n - anclaje m, preciso, or con precisión f
— **arc** n - [weld] arco m, preciso, or exacto
—— **characteristic(s)** n - [weld] característica(s) f precisa(s) para arco m
——— **(s) adjustment** n - [weld] adjuste m preciso, or regulación f precisa, para característica(s) f para arco m
—— **control** n - [weld] regulación f precisa para arco m
— **blend(ing)** n - combinación f, or mezcla f; precisa
— **characteristic(s) adjustment** n - [weld] ajuste preciso, or regulación f precisa, de característica(s) f
—— **control** n - regulación f, exacta, or precisa

precise current setting n - [electr-oper] ajuste para amperaje m preciso • [weld] regulación f, precisa, or exacta, para amperaje m
— **cut** n - corte m, preciso, or exacto
— **geometrical shape** n - (con)forma(ción) f geométrica precisa
— **length** n - largo(r) m, preciso, or exacto
— **monitoring** n - fiscalización f precisa
—, **perforating**, or **perforation** n - [mech] perforación f, precisa, or exacta
— **punch(ing)** n - [mech] punzada f precisa
— **quantity** n - cantidad f, precisa, or exacta, or fija
— **rack and pinion rotation** n - [cranes] rotación f precisa, or giro m preciso, con, or para, cremallera f y piñón m
— **rotation** n - rotación f precisa • [cranes] giro m preciso
— **setting** n - regulación f, exacta, or precisa • fijación f, exacta, or precisa
— **shape** n - (con)forma(ción) f precisa
— **statement** n - declaración f precisa
— **straightening** n - enderezamiento m preciso
— **understanding** n - comprensión f precisa
—, **use**, or **usage** n— uso m, or empleo m, preciso
— **voltage** n - [electr-prod] voltaje m preciso
— — **adjustment** n - [weld] ajuste m preciso, or regulación f precisa, para voltaje m
— — **control** n - [electr-distrib] regulación f precisa f para voltaje m
— — **setting** n - [weld] regulación f, or fijación f, precisa para voltaje m
— **welding voltage setting** n - [weld] regulación f, or fijación f, precisa, or exacta, para voltaje m para soldadura f
precisely adv - . . .; con precisión f; en forma f, precisa, or exacta
precision ballistic point n - [mech] punta f balística, precisa, or con precisión f
— **boom hoist** n - [cranes] elevador m preciso para aguilón m
— **bore @ hole** v - [mech] perforar con precisión agujero m
— **bored hole** n - [mech] agujero m perforado con precisión f
— **build** v - construir con precisión f
— **building** n - construcción f con precisión f
— **built** a - construido,da con precisión f
— **control** n - regulación f con precisión f • regulador m, preciso, or con precisión f
— **cut length** n - largo m cortado con precisión f
— **device** n - dispositivo m preciso
— **divider** n - [electron] divisor m preciso
— — **resistor** n - [electron] resistencia f divisora precisa
— **forge** v - [mech] forjar con precisión f
— **forged** a - [mech] forjado,da con precisión f
— — **product** n - [metal-fabr] producto m forjado con precisión f
— **grind** v - [mech] esmerilar con precisión f
— **grinding** n—[mech] esmerilado m con precisión
— **ground** a - [mech] esmerilado,da con precisión f
— **hoist** n - [cranes] elevador m con precisión f
— **hole boring** n - [mech] perforación f con precisión f de agujero m
— **instrument** n - instrumento m, preciso, or con precisión f
— **machine** n - [tools] máquina f con precisión f | v - [mech] mecanizar con precisión f
— **machined** a - [mech] mecanizado,da, precisamente, or con precisión f
— **machining** n - [mech] mecanización f, precisa, or con precisión f
precision made a - fabricado,da con precisión f
— **make** v - fabricar con precisión f
— **making** n - fabricación f con precisión f
— **perforate** v - perforar con precisión f
— **perforated** a - perforado,da con precisión f
—, **perforating**, or **perforation** n - perforación f con precisión f
— **point** n - [mech] punta f, precisa, or con precisión f • punto m preciso
precision punch v - [mech] punzar con precisión f
— **punch(ing)** n - [mech] punzonado m preciso
— **punched** a - punzado,da con precisión f
— **reproduction** n - [electron] reproducción f con precisión f
— **time** v - [electron] cronometrar or sincronizar, con precisión f
— **timed** a - [electron] cronometrado,da, or sincronizado,da, con precisión f
— — **tone** n - [electron] tono m sincronizado, precisamente, or con precisión f
— — — **duration** n - [comput] duración f de tono m sincronizada, precisamente, or con precisión f
— — — — **feature** n - [comput] característica f de duración f de tono m sincronizada, precisamente, or con precisión f
— **timing** n - [electron] cronometraje m, or sincronización f, precisa, or con precisión
— **unit** n - [mech] dispositivo m preciso
— **voltage divider** n - [electron] divisor m, preciso, or con precisión f, para voltaje m
— — — **network** n - [electron] red f para división f precisa para voltaje m
— — — **resistor** n - [electron] resistencia f divisora precisa para voltaje m
preclude v— . . .; descartar; hacer inaceptable
precluded a - impedido,da; evitado,da, excluido,da; descartado,da; hecho,cha imposible
precluding n - impedimento m; evitación f; exclusión f; descarte m
preclusion n - impedimento m; evitación f; exclusión f; descarte m
preconized a - preconizado,da
preconizer n - preconizador m
preconizing n - preconización f | a - preconizador,ra
precurved section n - [metal-fabr] sección f curvada en fábrica f
predated check n - [fin] cheque m, antedatado, or prefechado, or con fecha adelantada
predefine v - predefinir; definir de antemano
predefined a - predefinido,da; predeterminado,da; preestablecido,da; definido,da, or establecido,da, de antemano
predesign v - proyectar anticipadamente
predesigned a - proyectado,da anticipadamente
— **designing** n - proyección f anticipada
predetermination n - . . .; determinación f anticipada; predefinición f
predetermine v - predeterminar; predefinir; determinar anticipadamente
— **@ action course** v - [managm] predeterminar curso m de acción f
— **@ level** v—predeterminar nivel m
— **@ price** v - predeterminar precio m
— **@ speed** v - [mech] predeterminar velocidad f
predetermined a - predeterminado,da; predefinido,da; determinado,da anticipadamente
— **action course** n - [managm] curso m de acción f predeterminado
— **distance** n - distancia f predeterminada
— **fixed speed** n - [mech] velocidad f fija predeterminada
— **length** n - [mech] largo(r) m predeterminado
— **level** n - nivel m predeterminado
— **point** n - punto m predeterminado
— **productive structure** n - [econ] estructura f productiva predeterminada
— **schedule** n - programa m predeterminado
— **sequence** n - secuencia f predeterminada; orden m predeterminado
— **speed** n - [mech] velocidad f predeterminada
— **statistical sequence** n - orden m estadístico predeterminado
predicated a - basado,da
predict v - . . .; prever
— **accurately** v - predecir, acertadamente, or precisamente, or exactamente
— **closely** v - predecir con precisión relativa

predict @ deflection v - predecir deformación f
— **@ effect** v - predecir, or pronosticar, efecto
— **@ external load** v - [constr] predecir, or prever, carga f externa
— **@ friction loss** v - prever pérdida f debida a fricción f
— **@ load** v - predecir, or prever, carga f
— **@ loss** v - predecir, or prever, pérdida f
— **@ population increase** v - [pol] predecir, or pronosticar, aumento m en población f
— **precisely** v - predecir, precisamente, or con precisión f, or con exactitud f
— **@ wear rate** v - [grind.med] predecir, ritmo m, or tasa, de desgaste m
predictability n - pronosticabilidad f; previsibilidad f
predictable a - pronosticable; previsible
— **ride** n - [autom] andar m, pronosticable, or previsible
— **way** n - forma f previsible
predicted a - pronosticado,da; previsto,ta; predicho,cha
— **accurately** a - predicho,cha, or pronosticado,da, acertadamente, or precisamente
— **closely** a - predicho,cha, or previsto,ta, con precisión f relativa
— **deflection** n - deformación f predicha
— **external load** n - [constr] carga f externa, predicha, or prevista
— **friction loss** n - pérdida f prevista para fricción f
— **load** n - carga f, prevista, or predicha
— **loss** n - pérdida f, prevista, or anticipada
— **performance** n - rendimiento m previsto
— — **data** n - información f sobre rendimiento m previsto
— **population decrease** n - [pol] reducción f, prevista, or pronosticada, para población f
— — **increase** n - [pol] aumento m, previsto, or pronosticado, para población f
— **precisely** a - predicho,cha con precisión f
— **wear rate** n - [grind.med] ritmo n previsto, or tasa f prevista, para desgaste m
predicting m - predicción f
prediction n - . . .; pronosticación f; vaticinio m • previsión f
— **confirmation** n - confirmación f de predicción
predictive a - predictivo,va
— **stage** n - etapa f predictiva
predistributor n - [turb] predistribuidor m
predominant a - . . .; frecuente
— **answer** n - respuesta f más frecuente
— **criterion,ria** n - criterio(s) m predominantes
— **wind** n - [meteorol] viento m predominante
— — **direction** n - [meteorol] dirección f (pre)dominante de viento m
predominantly adv - . . .; con predominio m
— **represented** a - representado,da predominantemente
— **clayey** a - predominantemente arcilloso,sa
— — **soil** n - [soils] suelo m predominantemente arcilloso
predried a - presecado,da*
  predry v - presecar*
predrying n - presecado* m
Preece test n - [metal-prod] ensayo m, or prueba f, de Preece, or de galvanización f de alambre m
preengineer v - prediseñar
preengineered a - prediseñado,da • de pieza(s) f prefabricada(s)
— **building** n - [constr] edificio m, prediseñado, or de pieza(s) f prefabricada(s)
— **steel building** n - [constr] edificio m prediseñado de acero m
preestablished a - preestablecido,da; establecido,da, anticipadamente, or de antemano
— **speed** n - velocidad f preestablecida
— **temperature** n - temperatura f preestablecida
preexisting a - preexistente
prefabricate v - . . .; armar en fábrica f

prefabricated a - prefabricado,da • [tub] armado,da en fábrica f
— **acronitrile-butadiene-styrene saddle** n - [tub] sillete m prefabricado de acronitrilo-butadieno-estireno m
— **bar and rod mat** n - [constr] emparrillado m prefabricado con barra(s) f y varilla(s) f
— **construction** n - [constr] construcción f prefabricada
— **corner** n - [constr] esquina f prefabricada
— — **reinforcing** n - [constr] refuerzo m prefabricado para esquina(s) f
— **elbow** n - [tub] codo m prefabricado
— **end section** n - [metal-fabr] sección f terminal, prefabricada, or fabricada en planta
— **fitting** n - [tub] conexión f, or pieza f (para conexión f) prefabricada
— **lining material** n - [constr] material m prefabricado para entibación f
— **mat** n - [constr] emparrillado m prefabricado
— **material** n - material m prefabricado
— **part** n - [mech] pieza f prefabricada
— **reinforcing** n - refuerzo m prefabricado
— **riveted corrugated pipe** n - [metal-fabr] tubería f corrugada remachada prefabricada
— — — **steel pipe** n - [metal-fabr] tubería f de acero m corrugado remachada prefabricada
— — — **arch** n - [metal-fabr] tubería f abovedada de acero m corrugado remachada prefabricada; tubería f abovedada remachada prefabricada con acero m corrugado
— **riveted pipe** n - [tub] tubería f remachada prefabricada
— — **arch** n - [tub] tubería f abovedada remachada prefabricada
— — **steel pipe** n - tubería f prefabricada de acero m remachada
— — — **arch** n - [tub] tubería f abovedada prefabricada de acero m remachada
— **saddle** n - [tub] sillete m prefabricado
— **truss type wall reinforcing** n [constr] refuerzo m para muro(s) m de tipo m entramado prefabricado
— **tunnel lining material** n - [constr] material m prefabricado para entibación f de túneles
prefabrication n - prefabricación f
preface n - [print] . . .; introducción f
prefer v - . . .; elegir
— **@ material** v - preferir material m
preferable affectability n - afectación f con preferencia f
— **affecting** n - afectación f con preferencia f
preferably solluble a - soluble preferentemente
— — **reducer** n - [chem] reductor m preferentemente soluble
prefered a - preferido,da; favorito,ta
— **margin** n - márgen m, preferido, or de preferencia f
preference criterion,ria n - criterio(s) m, preferido(s), or de preferencia
— **margin** n - márgen n de preferencia f
preferential heat treatment n - [metal-treat] tratamiento m térmico preferencial
preferentially solluble a - soluble preferentemente
— — **reducer** n - [cjem] reductor m preferentemente soluble
— — **compatible reducer** m - [chem] reductor m compatible preferentemente soluble
preferred a - . . .; preferido,da
— **analysis** n - [chem] análisis m preferido • proporción(es) f preferida(s)
— — **mild steel** n - [metal-prod] acero m dulce con análisis m preferido
— — **range** n - [chem] escala f de proporción(es) f preferida
— **attention** n - atención f preferente
— **combination** n - combinación f preferente
— **design** n - proyección f preferente
— **sequence** n - orden m preferido
— **share** n - [fin] acción f, preferida, or pre-

preferred slope

ferente
preferred slope n - [constr] declive m preferido
— **stock** n - [fin] acción(es) f preferida(s)
prefilter n - [mech] prefiltro* m; filtro m preliminar
— **installation** n - [mech] instalación f de, prefiltro* m, or filtro m preliminar
. . . **prefix part(s)** n - [mech] pieza f con prefijo m . . .
preflocculate v - [sanit] prefloculár*
preflocculated a - [sanit] prefloculado,da*
preflocculating n - [sanit] prefloculación* f | a - prefluculador,ra*; prefloculante*
preflocculation n - [sanit] prefloculación* f; floculación f previa
— **filter** n - [hydr] filtro m con prefloculación
preflocculator n - [sanit] prefloculador* m
preform v - preformar; premoldear • (con)formar, anticipadamente, or en planta f
— @ **strand** v - [cabl] preformar cordón m
preformed a - preformado,da; premoldeado,da; (con)formado,da anticipadamente
— **at @ site** a - preformado,da en obra f
— **cable laid around @ fiber core** n - [cabl] cable m preformado trenzado alrededor de alma f de fibra f
— — **laid rope** n - [cabl] cable m trenzado con cable(s) m preformado(s)
— **concrete paving expansion joint filler** n - [constr] relleno m preformado para junta(s) f para dilatación para pavimentación f con hormigón m
— **construction expansion joint filler** n - [constr] relleno m preformado para junta f para dilatación f para construcción f
— **expansion joint** n - [constr] junta f para dilatación f premoldeada
— — — **filler** n - [constr] relleno m preformado para junta f para dilatación
— — — — **for concrete paving** n - [constr] relleno m preformado para junta f para dilatación f para pavimentación f con hormigón m
— — — — **structural construction** n - [constr] relleno m preformado para junta f para dilatación f para construcción f estructural
— — — **material** n - [constr] material m preformado para junta(s) f para dilatación f
— **fabric reinforcing** n - [metal-fabr] armadura f tejida preformada
— **filler** n - [constr] relleno m preformado
— **joint filler** n - [constr] relleno m preformado para junta(s) f
— — **material** n - [constr] material m, preformado, or premoldeado, para junta(s) f
— **material** n - [constr] material m, proformado, or premoldeado
— **paving construction expansion joint filler** n [constr] relleno m preformado para junta(s) f para dilatación f para pavimentación f
— **rope** n - [cabl] cable m preformado
— **shape** n - forma f premoldeada
— **strand** n - [cabl] cordón m preformado
— **structural construction expansion joint filler** n - [constr] relleno m preformado para junta f para dilatación f para construcción f estructural
— **wire** n - [wire] alambre m preformado
— — **rope** n - [cabl] cable m, preformado de alambre, or de alambre m preformado
preformer n - preformador m; premoldeador m
preforming n - preformación f; (con)formación f anticipada | a - preformador,ra; premoldeador,ra
pregalvanize v - pregalvanizar; galvanizar de antemano
pregalvanized a - pregalvanizado,da; con, pregalvanización f, or galvanización f previa
pregalvanization, or **pregalvanizing** n - pregalvanización f; galvanización f previa
preheat v - [metal] precalentar; calentar previamente | n - see **preheating**
preheat before bending v - [weld] precalentar antes de doblar
— — **forming** v - precalentar antes de conformar
— — **weld(ing)** v - [weld] precalentar antes de soldar
—**(ing) carefully controlled** n - [weld] precalentamiento m regulado cuidadosamente
— @ **gas** v - [combust] precalentar gas m
— @ **natural gas** v - [combust] precalentar gas m natural
— @ **pipe** v - [tub] precalentar, tubo m, or tubería f
—**(ing) recommendation** n - [weld] recomendación f para precalentamiento m
—**(ing) temperature** n - [weld] temperatura f para precalentamiento m
—**(ing) — correct, estimating, or estimation** n - [weld] estimación f de temperatura f correcta para precalentamiento m
—**(ing) temperature picking** n - [weld] selección f de temperatura f para precalentamiento m
—**(ing) —, selecting, or selection** n - [weld] selección f de temperatura f para precalentamiento m
— @ **wire** v - [weld] precalentar, alambre m, or electrodo m
preheated a - precalentado,da; calentado,da, previamente, or anticipadamente
— **air** n - [combust] aire m precalentado
— **before bending** a - [weld] precalentado,da antes de doblar
— — **forming** a - [weld] precalentado,da antes dew (con)formar
— **gas** n - [combust] gas m precalentado
— **ladle** n - [metal-prod] cuchara f precalentada
— **pipe** n - [tub] tubo m precalentado; tubería f precalentada
— **natural gas** n - [combust] gas m natural precalentado
— **before @ weld(ing)** a - [weld] precalentado,da antes de soldar
— **scrap** n - [metal-prod] chatarra f precalentada
preheater n - precalentador m
— **anchor bolt** n - [mech] perno m para anclaje m para precalentador m
— **atmosphere** n - [ind] atmósfera f en precalentador m
— — **composition** n - [metal-prod] composición f f de atmósfera f en precalentador m
— **bolt** n - [mech] perno m para precalentador m
— **furnace** n - see **preheating furnace**
— **refractory,ries specification** n - [ceram] especificación f para refractario(s) m para precalentador m
— **requirement(s)** n [combust] exigencia(s) para precalentador m • consumo m de precalentador m
— **start(ing)** n - [int.comb] iniciación f de precalentamiento m
— —**(ing) button** n - [int.comb] botón m para, encendido m, or iniciación f, de precalentamiento m
— **temperature** n - [metal-treat] temperatura f en precalentador m
preheating n - precalentamiento m; calentamiento m, previo, or anticipado | a - precalentador,ra
— **avoidance** n — evitación f de precalentamiento m
— **before bending** n - [weld] precalentamiento m antes de doblar
— — **forming** n - [weld] precalentamiento m antes de (con)formar
— — @ **weld(ing)** n - [weld] precalentamiento m antes de soldar
— **furnace** n - [metal-prod] horno m precalentador

preheating means n - [weld] medio(s) m para precalentamiento m
— **need(s)** n - [weld] necesidad f de precalentamiento m
— **requirement** n - [metal-treat] exigencia f de precalentamiento m
— **station** n - estación f para precalentamiento
— **system** n - sistema m precalentador, or red f precalentadora, or para precalentamiento m
— **temperature** n - [weld] temperatura f para precalentamiento m
— — **correct estimation** n - [weld] estimación f de temperatura f correcta para precalentamiento m
— **torch** n - [weld] soplete m, precalentador, or para precalentamiento m
— **tower** n - [ceram] torre f para precalentamiento m
prehomogenize v - prehomogeneizar*
prehomogenized a - prehomogeneizado,da*
prehomogenizing n - prehomogeneización f
— **test** n - ensayo n, or prueba f, de prehomogeneización f
prejudged a - prejuzgado,da
prejudging n - prejuicio m • juicio m (por) anticipado
prejudice @ coverage v - [insur] perjudicar cobertura f
— **@ decision** v - perjudicar decisión f
prejudiced a - perjudicado,da
— **coverage** n - [insur] cobertura f perjudicada
— **decision** n - decisión f perjudicada
preliminary a - ....; preliminario,ria • previo,via • inicial
— **agreement** n - [legal] arreglo m, or convenio m, preliminar
— **analysis** n - [chem] análisis m preliminar
— **approval** n - aprobación f preliminar
— **assembling** n - [mech] armado m preliminar
— **assembly** n - [mech] armado m preliminar
— **boring crew** n - [constr] cuadrilla f para perforación(es) f preliminar(es)
— **data** n - información f preliminar
— **design** n - anteproyecto m
— **draft** n - anteproyecto m
— **drawing** n - [drwng] anteproyecto m; plano m, or dibujo m, preliminar
— **engineering** n - ingeniería f preliminar | a - [constr] en proyecto m
— **figure** n - cifra preliminar
— **geological survey(ing)** n - [geol] exploración geológica preliminar
— **manufacturing schedule** n - [ind] programa m preliminar para fabricación f
— **planning** n - planeamiento m, or estudio(s) m, preliminar(es)
— **project** n - proyecto m preliminar; anteproyecto m
— **requirement** n - exigencia f preliminar
— **research** n - investigación f preliminar
— **sample** n - muestra f preliminar
— **schedule** n - programa m preliminar
— **study** n - estudio m, preliminar, or previo; anteproyecto m
— —,**ies and engineering** n - estudio(s) m e ingeniería f preliminar(es)
— —,**ies** — — **general management** n - gerencia f general para estudio(s) m preliminar(es) e ingeniería f
— —,**ies** — — **management** n - gerencia f para estudio(s) m preliminar(es) e ingeniería f
— —,**ies general management** n - gerencia f general para estudio(s) m preliminar(es)
— —,**ies management** n - gerencia f para estudio(s) m preliminar(es)
— **survey** n - estudio m, preliminar, or previo • [geol] reconocimiento m, or exploración f preliminar
—, **take**, or **taking** n - toma f preliminar
— **test** n - ensayo m, or prueba f, preliminar
preload n - precarga* f; carga f, preliminar, or anticipada | v - [mech] precargar*; cargar anticipadamente
preload adjustment n - [mech] ajuste, de precarga* f, or antes de carga f
— **@ bearing** v - [mech] precargar* cojinete m
— **creation** n - creación f de, precarga* f, or carga f anticipada
—, **decrease**, or **decreasing** n - reducción f, or disminución f, de precarga f
—, **increase**, or **increasing** n - [mech] aumento m de precarga f
— **loss** n - [mech] pérdida de precarga f
— **measuring** n - [mech] medición f de precarga*
— **properly** v - [mech] precargar* apropiadamente
— **test(ing)** n - [mech] ensayo m de precarga* f
preloaded a - precargado,da*; ajustado,da anticipadamente
— **bearing** n - [mech] cojinete m, or rodamiento m, precargado
— **properly** a - [mech] precargado,da* apropiadamente
prelubricate v - prelubricar*
prelubricated a - prelubricado,da*
— **bearing** n - [mech] cojinete m prelubricado
— **lubricating** n - prelubricación* f | a - prelubricador,ra*
prelubrication n - [mech] prelubricación* f
prelubricator n - prelubricador* m
preluded a - preludiado,da
premachining n - [mech] mecanización f anticipada; premecanización* f
— **ageing** n envejecimiento m prematuro
— **axle failure** n - [mech] falla f prematura de eje m
— **contact failure** n - [electr-equip] falla f prematura de contacto m
— **equipment part(s) wear** n - [ind] desgaste m prematuro de pieza(s) f para equipo m
— — **wear** n - [ind] desgaste m prematuro de equipo
— **failure** n - [mech] falla f prematura
— **tool wear** n - [tools] desgaste m prematuro de herramienta(s) f
— **transmission** n - transmisión f prematura
— — **prevention** n - evitación f de transmisión f prematura
— **washout** n - [petrol] filtración f prematura • [constr] socavación f prematura
— **wear** n - [mech] desgaste m prematuro
prematurely adv - ....; tempranamente
premise following n - seguimiento m de premisa
— **wire,ring system** n - [electr-instal] red f eléctrica domiciliaria
premises n - terreno(s); predio m; local m
premimum n - ....; [insur] ... | a - óptimo,ma; excepcional; destacado,da; con calidad f (excepcional); primerísimo,ma
— **abrasion resistant liner** n - [petrol] camisa f extra(ordinariamente) resistente a abrasión f
— **amortization** n - [insur] amortización f de prima(s) f
— **and discount amortization** n - [insur] amortización f de prima(s) f y descuento(s) m
— **balance** n - [insur] saldo m de prima(s) f
— — **deemed uncollectible** n - [insur] saldo m de prima(s) f estimado incobrable
— **body filler** n - [autom-body] relleno m superior para carrocería f
— **cable** n - [electr-cond] cable m con calidad f excepcional
— **corrosion resistant liner** n - [petrol] camisa extra(ordinariamente) resistente a corrosión f
— **decrease** n - [insur] reducción f, or disminución f de prima f
— **due** n - [insur] prima f, debida, or adeudada
— **earned** n - [insur] prima f devengada
— **earning** n - devengo m de prima f
— **filler** n - [autom-body] relleno m superior
— **handling tire** n - [autom-tires] neumático m

con característica(s) f excepcional(es) para conducción f
premmium hour n - [labor] hora f con prima f
— **income** n - [insur] ingreso(s) m por premio(s)
—(s) **increase** n - [insur] aumento m en premios
— **material** n - material f de calidad f excepcional
— **obtained** n - [labor] prima f obtenida
— **payment** n - [insur] pago m de prima f
— **percentage** n - [labor] porcentaje m de, prima f, or premio m
— — **obtained** n - [labor] porcentaje m de, prima f obtenida, or premio m obtenido
— **piston** n - [petrol] émbolo m de calidad f (excepcional)
— **point** n - [labor] punto n con premio m
— **priced tire** n - [autom-tires] neumático m con sobreprecio m
— **quality** n - calidad f, excepcional, or primerísima
— — **autobody filler** n - [autom-body] relleno m con calidad f, máxima, or primerísima, para (chapistería f para) automóvil(es) m
— — **filler** n - [autom-body] relleno m con calidad f primerísima
— — **merchandise** n—[com] mercadería f con calidad f, excepcional, or primerísima
— **receivable** n - [insur] prima f por cobrar
—(s) — **decrease** n - [insur] reducción f, or disminución f, en prima(s) f por cobrar
—(s) — **increase** n - [insur] aumento m en prima(s) f por cobrar
— **repair** n - [mech] reparación f óptima
— **sleeve** n - [petrol] manguito m con calidad f excepcional
— **system** n - [labor] sistema m de premios m
— **time** n - [labor] hora f con premio m
— **tire** n—[autom-tires] neumático m excepcional
—(s) **wriitten** n - [insur] prima(s) f sobre póliza(s) f emitida(s)
premix v - premezclar
— @ **clay** v - [ind] premezclar arcilla(s) f
premixed clay n - [cement] arcilla(s) f premezclada(s)
— **material(s)** n - material(es) m premezclado(s)
premixer n - premezclador m
premixing n - premezcla(dura) f | a - premezclador,ra
premold v - premoldear
premolded a - premoldeado,da
— **expansion joint** n - [constr] junta f para dilatación f premoldeada
premolder n - premoldeador m
premolding n - premoldura f | a—premoldeador,ra
prepaid a - [fin] pagado,da, anticipadamente, or por adelantado; anticipado,da
— **customs duty** n - [fisc] derecho(s) m arancelartio(s) aticipado(s)
— **expense(s)** n - [accntg] cargo(s) m diferido(s); gasto(s) m anticipado(s)
— **freight** n - [transp] flete m, pago, or pagado, or prepagado, or pagado por, adelantado, or anticipado
— — **charge** n - [transp] cargo m por flete m pagado (por anticipado)
— — **to** . . . n - [transp] flete m pagado (por, anticipado, or adelantado), hasta . . .
— **income** n - [fin] ingreso(s) m anticipado(s)
— **inland freight** n - [transp] flete, terrestre, or interior, prepagado, or pagado por, anticipado, or adelantado
— **interest** n - [fin] interés m, prepagado, or pagado por, adelantado, or anticipado
— — **income** n - [fin] ingreso(s) m por interés(es) m anticipado(s)
— **postage** n - franqueo m, or porte m, prepagado
— , **railroad**, or **railway**, **freight** n - [transp] flete m ferroviario, prepagado, or pagado por, adelantado, or anticipado
— **sale** n - [com] venta f, prepagada, or pagada por, adelantado, or anticipado

prepaid tax(es) n - [fisc] impuesto(s) anticipado(s); anticipo m sobre impuesto(s) m
preparation n - . . .; aprontamiento m; apronte m; acondicionamiento m; previsión f; realización f • elaboración f; confección f
— — **office** n - oficina f para preparación f y verificación f
— — — **supervisor** n - jefe n de oficina f para preparación f y verificación f
— — **fitup** n - [weld] preparación f y presentación f
— **building** n - [ind] edificio m para preparación f
— **date** n - fecha f para preparación f
— **decision** n - decisión f sobre preparación f
— **equipment** n - [ind] equipo m para preparación f
— **expense(s)** n - gasto(s) m para preparación f
— **first helper** n - [metal-prod] preparador m primero
— **for operation** n - [ind] preparación f para operación f
— **improvement** n - mejora(miento) m en preparación f
— **office supervisor** n - [ind] jefe m para oficina f para preparación f
— **requirement** n - exigencia f para preparación
— **reserve** n - [miner] previsión f para preparación f
— **standard** n - norma f para preparación f
— **station** n - [ind] centro m, or estación f, para preparación f
— **yard** n - [ind] parque m, or playa f, or planta f, para preparación f
preparatory stage n - [ind] etapa f preparatoria
prepare v - . . .; aprontar; aparejar • acondicionar • elaborar; confeccionar
— **again** v - volver a preparar
— @ **blowpipe** v - [metal-prod] preparar busa f
— @ **car** v - [autom] preparar automóvil m
— **carefully** v - preparar cuidadosamente
— @ **casting** v - [metal-prod] preparar colada f
— @ **cast iron plate** v - [weld] preparar plancha f de hierro m fundido
— @ **claim** v - preparar, reclamo m, or reclamación f
— @ **cold cut(s)** v - [culin] fiambrar
— @ **compound** v - [chem] preparar compuesto m
— @ **draft** v - preparar borrador m
— @ **drier** v - [ind] preparar secador m
— @ **drawing(s)** v - [drwnq] preparar, or confeccionar, dibujo(s) m, or plano(s) m
— @ **explosive compound** v - [explos] preparar compuesto m explosivo
— @ **feeder** v - [ind] preparar alimentadora f
— **for** @ **operation** v - [ind] preparar(se) para operación f
— — @ **start(ing)** v - [ind] preparar(se) para puesta f en marcha f
— @ **foundation** v - [constr] preparar, fundación f, or cimentación f, or cimiento(s) m
— @ **furnace** v - [ind] preparar horno m
— @ — **shutdown** v - [ind] preparar parada f de horno m
— @ — **start-up** v - [ind] preparar puesta f en marcha f de horno m
— @ **hole** v - [mech] preparar hueco m
— @ **ingot mold** v - [metal-prod] preparar lingotera f
— @ **ladle** v - [metal-prod] preparar cucharón m
— @ **mathmatical model** v - [math] preparar, or elaborar, modelo m matemático
— @ **oxidizing solution** v - [chem] preparar disolución f oxidante
— @ **plate** v - [weld] preparar plancha f
— @ **pipe end** v - [tub] preparar extremo m de tubo m
— @ **proposal** v - preparar, or elaborar, propuesta f
— @ **race** v - [sports] preparar carrera f
— @ **racer** n - [sports] preparar máquina f para

prepare @ racer v - [sports] preparar, máquina f, or automóvil m, para carrera f
— **@ report** v - preparar informe m • [legal] levantar acta m
— **separately** v - preparar, separadamente, or por separado
— **@ shipment** v - [transp] preparar, embarque m, or remisión f, or remesa f, or envío m
— **@ similar study** v - preparar, or elaborar, estudio m, similar, or semejante
— **@ statement** v - preparar declaración f; levantar acta m
— **@ study** v - preparar, or elaborar, estudio m
— **@ tuyere** v - [metal-prod] preparar tobera f
— **with slag** v - [metal-prod] preparar con escoria f
prepared a - preparado,da; aderezado,da; alistado,da; aprontado,da; prevenido,da; previsto,ta • elaborado,da; confeccionado,da
— **car** n - [sports] automóvil m preparado
— **carefully** a - preparado,da, cuidadosamente, oir primorosamente
— **cast iron plate** n - [weld] plancha f de hierro m fundido preparado
— **charge** n - [metal-prod] carga f preparada
— **claim** n - reclamo m preparado; reclamación f preparada
— **class** n - clase f preparada • categoría f preparada
— **compound** n - [chem] compuesto m preparado
— **drawing(s)** n - [drwng] dibujo(s) m, or plano(s) m, preparado(s), or confeccionado(s)
— **drier** n - [ind] secador m preparado
— **end** n - [mech] extremo m preparado
— **explosive compound** n - [explos] compuesto m explosivo preparado
— **for operation** a - [ind] preparado,da para operación f
— — **@ start(ing)** a - [ind] preparado,da para puesta f en marcha f • [int.comb] preparado,da para encendido m
— **foundation** n - [constr] fundación f, or cimentación f, preparada; fundamento m, or cimiento m, preparado
— **furnace** n - [ind] horno m preparado
— — **shutdown** n - [ind] parada f preparada para horno m
— — **start-up** n - [ind] puesta f en marcha f preparada para horno m
— **hole** n - agujero m, or orificio m, or hueco m, preparado
— **ingot mold** n - [metal-prod] lingotera f preparada
— **ladle** n - [metal-prod] cucharón m preparado
— **mathmatical model** n - modelo m matemático, preparado, or elaborado
— **model** n - modelo m, preparado, or elaborado
— **oxidizing solution** n - [chem] disolución f oxidante preparada
— **pipe end** n - [tub] extremo m de tubo m preparado
— **plate** n - [weld] plancha f preparada
— **proposal** n - propuesta f, preparada, or elaborada
— **race** n - [sports] carrera f preparada
— **racer** n - [sports] máquina f preparada
— **report** n - informe m preparado • acta m levantada
— **separately** a - preparado,da, separadamente, or por separado
— **shipment** n - [transp] embarque m, or envío m, preparado; remisión f, or remesa f, preparada
— **similar study** n - estudio m, similar, or semejante, preparado, or elaborado
— **statement** n - declaración f preparada • acta m levantada
— **study** n - estudio m, preparado, or elaborado
preparer n - preparador m; confeccionador m
preparing n - preparación f • elaboración f; confección f | a - preparador,ra
—, or **preparation, for @ operation** n - [ind] preparación f para operación f
prepay v - . . .; anticipar • [communic] franquear
— **@ income** v - [fin] anticipar ingreso m
— **@ interest** v - [fin] anticipar interés f
prepayment n - . . .; pago m anticipado; adelanto m; anticipo m
— **correct investment** n - [fin] inversión f correcta de anticipo m
— **investment** n - [fin] inversión f de anticipo
— **on imports** n - [com] depósito m sobre importación(es) f
preplan v - preplanear*; planear, anticipadamente, or por adelantado
preplanned a - preplaneado,da*; planeado,da, or estipulado,da, con anticipación f
preplanner n - preplaneador* m
preplanning* n - preplaneamiento* m | a - preplaneador,ra*
preplate v - [metal-treat] preplanchear
preplating n - [metal-treat] preplancheado m
prepoint v - [mech] afinar*; adelgazar, or apuntar, de antemano
— **@ end** v - [wiredrwng] adelgazar extremo m
— **@ rod** v - [wiredrwng] adelgazar varilla f
— **@ section** v - [wiredrwng] adelgazar sección f
prepointed a - [mech] adelgazado,da, or apuntado,da de antemano; afinado,da*
— **end** n - [wiredrwng] extremo m adelgazado
— **rod** n - [wiredrwng] varilla f adelgazada
— **section** n - [wiredrwng] sección f adelgazada
prepointing n - [mech] adelgazamiento m, or afinamiento m, or apuntamiento m, de antemano
prepolymer* n - [chem] prepolímero* m
preponderance n - . . . • auge m
preposition n - . . . | v - preposicionar*
prepositional phrase n - [gram] frase f, or locución f, prepositiva, or preposicional
prepositioned a - [mech] preposicionado,da*
prepositioner n - preposicionador* m
prepositioning n - preposicionamiento* m; ajuste m anticipado | a - preposicionador,ra*
prepurchase n - compra f anticipada f | a - antes de compra f
— **application assistance** n - [ind] asesoramiento m antes de compra f para (determinar) aplicación f
— **service** n - [ind] servicio m antes de [efectuar] compra f
prequalification n - precalificación f
— **test** n - [weld] ensayo m para precalificación f
prequalified a - precalificado,da
— **concern** n - [legal] empresa f precalificada
— **consulting concern** n - empresa f consultora precalificada
— **joint** n - [weld] junta f precalificada
— **status** n - carácter m de precalificado,da
prequalifier n - precalificador m
prequalify v - precalificar
prequalifying n - precalificación f | a - precalificador,ra
prereduce v - [miner] prerreducir
prereduced a - [metal-prod] prerreducido,da
— **burden** n - [metal-prod] carga f prerreducida
— **charge** n - [metal-prod] carga f prerreducida
— **iron** n - [miner] (hierro) prerreducido m
— **handling** n - [metal-prod] manipuleo m de, or tratamiento m para, hierro m prerreducido
— — **ore** n - [miner] mineral m de hierro m porerreducido
— — **practice** n - [metal-prod] práctica f con, or beneficio m de, hierro m prerreducido
— — — **smelting** n - [miner] beneficio m de mineral m de hierro m prerreducido
— **ore use** n - [miner-prod] uso m, or utilización f, or empleo m, de mineral prerreducido
— **material** n - [metal-prod] material m prerreducido
— — **availability** n - [metal-prod] disponibi-

prereduced material replacement

lidad f de (material) prerreducido m
prereduced material replacement n - [miner] substitución f de (material) prerreducido m
— **ore** n - [metal-prod] mineral m prerreducido
— — **price** n - [metal-prod] precio m para mineral m prerreducido
— — **producer** n - [metal-prod] productor m de mineral m prerreducido
— **pellet** n - [metal-prod] pella f prerreducida
— **product** n - producto m prerreducido
prereducer n - [miner] prerreductor m
prereducing n - [miner] prerreducción f | a - [miner] prerreductor,ra
prereduction n - [miner] prerreducción f
— **center** n - [miner] centro m para prerreducción
— **development** n - [metal-prod] desarrollo m de prerreducción f
— **facility** n - [metal-prod] instalación f para prerreducciuón f
— — **cost** n - [metal-prod] costo m para instalación(es) f para prerreducción f
— — **specific cost** n - [metal-prod] costo m específico para instalación f para prerreducción f
— **operation** n - [metal-prod] operación f para prerreducción f
— **plant** n - [metal-prod] planta f para prerreducción f
— **practice** n - [metal-prod] práctica f, or uso m, para prerreducción f
— — **acceptance** n - [metal-prod] aceptación f de, práctica f, or uso m, de prerreducción f
— **technique** n - [metal-prod] técnica f para prerreducción f
— **technology** n - [metal-prod] tecnología f para prerreducción f
prescinded a - prescindido,da
prescribable a - prescriptible
prescribe v - . . .; especificar; indicar • [medic] . . .; formular
— @ **sampling procedure** v - [ind] prescribir procedimiento m para muestreo m
prescribed a - prescrito,ta; indicado,da • [medic] recetado,da; formulado,da
— **accounting principle** n - [accntg] principio m contable prescrito
— **alignment** n - [constrr] alineación f, indicada, or debida
— **design** n - proyección f indicada
— — **height** n - [constr] altura f indicada para proyección f
— **line** n - [constr] alineación f debida
— **preparation** n - [weld] preparación f indicada
— **principle** n - principio m prescrito
— **quality** n - calidad f prescrita
— — **standard** n - norma f para calidad prescrita
— **requirement** n - exigencia f prescrita
— **safety limit** n - límite m establecido para seguridad f
— **sampling procedure** n - [ind] procedimiento m prescrito para muestreo m
— **service** n - servicio m prescrito
— **standard** n - norma f prescrita
prescribing n - prescripción f; indicación f • [medic] formulación f
prescription n - . . .; indicación f • [medic] . . .; fórmula f; formulación f
preselect v - preseleccionar; seleccionar de antemano • predeterminar
preselected a - preseleccionado,da; seleccionado,da de antemano • predeterminado,da
— **point** n - punto m, preseleccionado, or predeterminado
preselection n - preselección f; selección f anticipada • predeterminación f
presence n - . . . | v - presenciar
present n - . . . | a - . . .; existente | adv - (at) actualmente | v - . . .; plantear; someter • ostentar • entrañar
— **activity** n - actividad f presente

- 1292 -

present application n - aplicación f actual
— **ball machine** n - [grind.med] máquina f actual para bola(s) f
— @ **bid** v - presentar propuesta f
— **capacity** n - [hydr] capacidad f actual
— **case** n - caso m presente
— @ **certificate** v - [legal] presentar certificado m
— **concentration** n - concentración f, presente, or actual
— **condition** n - condición f, or estado m, or situación f, actual
— **construction** n - [constr] construcción f actual
— — **condition** n - [constr] condición f, or estado m actual, de construcción f
— — **state** n - [constr] estado m actual de construcción f
— **contribution** n - contribución f, presente, or actual
— **cost** n - costo m, presente, or actual
— **customer** n - [com] cliente m actual
— **design procedure** n - procedimiento m, corriente, or actual, para proyección f
— **development** n - desarrollo m actual
— **document** n - documento m presente
— **economic situation** n - [econ] situación f económica actual
— **factor** n - factor m actual
— **fiscal year** n - [fin] ejercicio m, actual, or presente, or corriente
— **for approval** v - presentar para aprobación f
— — **study** v - presentar para, or poner a, consideración f
— — **test(ing)** v - presentar para ensayo(s) m
— @ **greeting(s)** v - presentar saludo(s) m
— **industrial activity** n - [ind] actividad f industrial, presente, or actual
— **insert** n - encastre m, or matriz f, or suplemento m, actual
— @ **invoice** v - [com] presentar factura f
— **limiting factor** n - factor m, limitador, or limitativo, actual
— **load** n - carga f, presente, or actual
— **machine** n - [ind] máquina f actual
— **member** n - miembro m presente • miembro m actual
— **method** n - método m actual
— **need** n - necesidad f actual
— @ **new project** v - [com] presentar producto m nuevo
— **objective** n - objetivo m actual
— @ **offer** v - presentar oferta f
— **outline** n - planteo m, or planteamiento m, or esbozo m, actual
— **outlining** n - planteo m, or planteamiento m, actual
— **percentage** n - porcentaje m actual
— **plant site** n - [ind] ubicación f, or sitio m, actual de planta f
— **poorly** v - presentar, mal(amente), or pobremente
— **position** n - situación f actual • [labor] posición f actual
— **practice** n - [ind] práctica f, actual, or moderna, or actualizada
— **priorly** v - presentar previamente
— @ **problem** v - presentar problema m
— **procedure** n - procedimiento, actual, or corriente
— @ **product** v - [com] presentar producto m
— **production** n - producción f actual
— — **capacity** n - [com] capacidad f productiva actual
— @ **proposal** v - [legal] presentar, propuesta f, or oferta f
— **quantity** n - [hydr] capacidad f, or caudal m, actual
— **radio** n - [telecom] instalación f radiotelefónica actual
— **requirement** n - exigencia f, or necesidad f,

actual
present river water requirement(s) n - [hydr] necesidad(es) f actual(es) de agua m de río m
— **safety standard** n - [safety] norma f actual para seguridad f
— **season** n - temporada f, or estación f, presente, or actual
— **signal** n - señal f presente
— **sine wave** n - [electron] onda f sinusoidal presente
— **site** n - [ind] ubicación f, or sitio m, actual
— **situation** n - condición(es) f actual(es)
— **standard** n - norma f actual
— **state** n - estado m actual
— **status** n - estado m actual
— **structure** n - [constr] estructura f existente
— **system** n - sistema m actual
— **time** n - tiempo m actual; actualidad f
— **vacuum** n - [pneumat] vacío m actual
— **visually** v - presentar visualmente
— **voltage** n - [electr-oper] voltaje m actual
— **water requirement(s)** n - [hydr] necesidad(es) f, presente(s), or actual(es), de agua m
— **wave** n - onda f presente
presentability n - presentabilidad f
presentation n - . . . . • exposición f • configuración f • legal] comparecencia f
— **alone** n - [legal] sola presentación f
— **change** n - cambio m en presentación f
— **chronograph** n—cronograma m para presentación
— **date** n - fecha f, or plazo m, de, or para, presentación f
— **for approval** n - presentación f para aprobación f
— — **@ test(ing)** n - presentación f para, ensayo(s) m, or prueba(s) f
— **letter** n - [com] carta f para presentación f
— **period** n - plazo m para presentación f
— **term** n - [legal] plazo m para presentación f
— **updating** n - [ind] actualización f de presentación f
presented a - presentado,da • entrañado,da • expuesto,ta
— **bid** n - propuesta f, or oferta f, presentada
— **for approval** a—presentado,da para aprobación
— — **test(ing)** a - presentado,da para prueba(s)
— **fully** a - presentado,da, completamente, or cabalmente
— **greeting(s)** n - saludo(s) m presentado(s)
— **invoice** n - factura f presentada
— **new product** n - producto m nuevo presentado
— **offer** n - oferta f presentada
— **priorly** a - presentado,da previamente
— **proposal** n - [com] propuesta f, or oferta f, presentada
— **visually** a - presentado,da visualmente
presenting n - presentación f; exposición f | a - presentador,ra
— **for @ test(ing)** n - presentación f para, prueba(s) f, or ensayo(s) m
presently adv - . . . . • actualmente
presents n - [legal] presentes m/f
preservation fundamental(s) n - principio(s) f - para preservación f
preservative treatment n - [lumber] tratamiento m preservativo
preserve @ competitiveness v - [econ] preservar competitividad* f
—(s) **dish** n - [domest] dulcera f
— **@ edge** v - [weld] conservar borde m
preserved a - preservado,da; conservado,da
— **competitiveness** n - [econ] competitividad f preservada
— **edge** n - borde m conservado
preserving n - preservación f; conservación f | a - preservador,ra
preset a - prefijado,da • prerregulado,da | v - fijar; prefijar; colocar, or disponer, antes de . . .
— **at @ factory** a - ajustado,da, or regulado,da, anticipadamente, en fábrica

preset before @ weld(ing) v - colocar, or disponer, (piezas f) antes de soldar(se)
— **position** n - posición f prefijada
— **screwdown control** n - [metal-roll] programador m para pasada(s) f
— **speed** n - velocidad f, prefijada, or preestablecida
— **time delay** n - retraso m, or retardo m, or lapso m, preregulado, or preestablecido
— **number** n - número m prerregulado
— **@ number** v - prerregular, or prefijar, número m
— **stroke** n - [mech] embolada f, or carrera f, prerregulada, or para prerregulación f
— **@ stroke** v - [mech] prerregular, embolada f, or carrera f
— **total** n - total, prefijado, or prerregulado
— **travel speed** n - [weld] rapidez f, or velocidad f, prefijada para avance m
presetting n - [mech] prefijación f; prerregulación f • [weld] disposición f de pieza(s) f antes de soldar(se)
preshape v - [mech] preformar
preshaped a - preformado,da
— **plate** n - [metal-fabr] plancha f, or placa f, preformada
— **steel** n - [metal-fabr] acero m preformado
— — **plate** n - [metal-fabr] plancha f, or placa f, de acero m preformada
preshaper n - [mech] preformador m
preshaping n - preformación f | a - preformador,ra
preside v - presidir
— **@ meeting** v - presidir reunión f
presided a - presidido,da
president n - . . . . • [com] gestor m principal
—('s) **committee** n - [managm] comisión f presidencial
presidential a - . . . . • [pol] de Poder m Ejecutivo
— **order** n - [pol] decreto m, presidencial, or de Poder Ejecutivo; decreto m presidencial
presplit a - hendido,da previamente | v - hender previamente
presplitting n - hendedura f previa
press. n - see **pressure**
press n - . . . . • [public] prensa f • representante de prensa f; medio(s) m informativo(s) | v - . . . ; deprimir; presionar; estampar • [instrum] pulsar; oprimir
— **and photo stage** n - [public] sesión f con periodista(s) m y fotógrafo(s) m
— **approach bed** n - [mech] lecho m para entrada f para prensa f
— **@ bearing cone** v - [mech] apretar cono m para cojinete m
— **@ — cup** v - [mech] apretar pista f para cojinete m
— **@ — — in @ differential carrier** n—[autommech] apretar pista f para cojinete m en diferencial m
— **bed** n - [mech] lecho m para prensa f
— **brake** n - [metal-treat] freno m prensa
— **@ button** v - [mech] deprimir botón m
— **capacity** n - [mech] capacidad f de prensa f
— **carriage** n - [mech] carro m para prensa f
— **conference** n - reunión f con prensa f
— **connect** v - [mech] conectar con prensa f
— **connected** a - [mech] conectado,da con prensa
— **connection** n - [mech] conexión f con prensa f • [electr] conexión f con presión f
— **conveyor** n - [mech] cinta f transportadora f para prensa f
— **copybock** n - [accntg] (libro) copiador m
— **corps** n - [public] cuerpo m de periodistas m
— **coverage** n - [public] atención f de, prensa f, or medio(s) m informativo(s)
— **cutoff blade** n - [tub] cuchilla f para corte m para prensa f
— — **knife** n - [tub] cuchilla f para corte m para prensa f

press cut(ting) n - [mech] corte m con prensa f
— **down** v - apretar hacia abajo; deprimir
— — **@ button** v - [mech] deprimir botón m
— — **time** n - [ind] (tiempo m de) inactividad f, or detención f, para prensa f
— — — **elimination** n - [mech] eliminación f de tiempo m de detención f de prensa f
— **drill** n - [agric-equip] sembradora f (para granos m) con rueda(s) f para compactación f
— **earning power** n - [ind] capacidad f de prensa(s) f para utilidad(es) f
— **entry conveyor motor** n - [mech] motor m para cinta f transportadora para entrada f para prensa f
— **exit conveyor** n - [mech] cinta f transportadora para salida f para prensa f
— — **motor** n - [mech] motor m para cinta f transportadora para salida f para prensa f
— **fit** n - [mech] colocar, or insertar, or apretar, con presión f • [weld] ajuste n, forzado, or con presión f; also see **pressure fitting** • a—[mech] para ajuste m con presión
— — **bearing** n - [mech] cojinete m, para ajuste m forzado, or con presión f, or Press-Fit
— — **cone** n - [mech] cono m para cojinete m para ajuste m mediante presión f
— — **joint** n - [weld] junta f con ajuste m, forzado, or con presión f
— — **outer bearing** n - [mech] cojinete m exterior, para ajuste m con presión f, or Press-Fit
— — — **pinion bearing** n - [mech] cojinete m exterior para ajuste m, forzado, or con presión, para piñón m
— **fitted** a - [mech] colocado,da, or insertado,da, or ajustado,da, con presión f
— **fitting** n - [mech] colocación f, or inserción f, forzada, or con presión f; ajuste m, forzado, or con presión f
— **forge** v - [metal-prod] forjar en prensa f
— **forged** a - [metal-prod] forjado,da en prensa f
— **forging** n - [metal-prod] forjadura f en prensa
— **@ gun trigger** v - [weld] deprimir gatillo m en pistola f
— **hard** v - apretar, or deprimir, fuertemente • [sports] apremiar; proseguir implacablemente
— **in** v - empujar hacia adentro • embutir
— **into** v - introducir con presión f; apretar dentro de
— — **@ cover** v - [mech] apretar dentro de cubierta f
— **introduction** n - [public] introducción f a prensa f
— **load** n - [mech] carga f, en, or para, prensa
— **lower cutoff, blade,** or **knife** n - [tub] cuchilla f inferior para corte m en prensa f
— **member** n - [public] miembro m de prensa f
— **method** n - [mech] método m con prensa f
— **motor** n - [mech] motor m para prensa f
— **oil pump** n - [mech] bomba f para aceite m para prensa f
— **@ oil seal** v - [mech] apretar sello m para aceite m
— **on** v - [mech] apretar, contra, or sobre • [fig] avanzar; (pro)seguir, or continuar, avance m, or hacia adelante
— — **determinedly** v - proseguir, determinadamente, or en forma f determinada
— — **@ input shaft** v - [mech] apretar (por) sobre árbol m para entrada f (de fuerza f)
— — **Regardless (Rally)** n - [sports] prueba f Adelante con Cualquier Costo
— — **relentlessly** v - [sports] proseguir, afanosamente, or implacablemente
—, **operating,** or **operation** n - [mech] operación f de prensa f
— **operator** n - [ind] operador m para prensa f; prensista m
— **out** v - expulsar
— **@ pedal** v - [mech] deprimir pedal m
— **production** n - [mech] producción f de prensa

press ram n - [mech] ariete m para prensa f
— **representative** n - [public] representante m de prensa f
— **roll** n - [metal-roll] rodillo m, compresor, or para compresión f, or laminador
— **set(ting) up** n - [mech] preparación f para prensa f
— **shaped** a - [mech] (con)formado,da en prensa
— **shop** n - [mech] taller m para prensado m • [public] taller m con prensa(s) f
— **skid** n - [mech] vigueta f en prensa f
— — **bed** n - [mech] lecho m con vigueta(s) f para prensa f
— **slide conveyor motor** n - [mech] motor m para cinta f transportadora deslizable para prensa f
— **stage** n - [public] sesión f con, prensa f, or periodista(s) m
— **@ start(er) button** n - [mech] deprimir botón m para, encendido m, or arranque m, or puesta f en marcha f
— **@ stop button** v - [mech] deprimir botón m para, parada f, or detención f
— **table** n - [mech] mesa f para prensa f
— **time** n - [ind] tiempo m para prensa f
— **together** v - comprimir; apretujar
— **too far in** v - embutir, demasiado, or excesivamente
— **tooling** n - [ind] preparación f de prensa f
— **@ trigger** v - [weld] apretar, or deprimir, gatillo m
— **upper cutoff, blade,** or **knife** n - [tub] cuchilla f superior para corte m para prensa f
—, **use,** or **using** n - [mech] uso de prensa f
— **wheel** n - [mech] rueda f para prensa f • rueda f para presión f
— — **attachment** n - [agric-equip] accesorio m con rueda(s) f para (com)presión f
— **work** n - [mech] trabajo m en prensa f
pressed a - prensado,da • presionado,da • deprimido,da
— **bearing cone** n - [mech] cono m para cojinete m apretado
— — **cup** n - [mech] pista f para cojinete m apretada
— **brick** n - [constr] ladrillo m prensado
— — **siding** n - [constr] revestimiento m, or tingladillo m, imitación f ladrillo m
— **button** n - botón m deprimido
— **distillate** n - [petrol] destilado* m, de filtro m prensa, or bajo presión f, or bruto de craqueo* m
— **down button** n - botón m deprimido
— **hard** n - [mech] apremiado,da • [sports] proseguido,da implacablemente
— **in** a - empujado,da hacia adentro • [mech] embutido,da • formado,da en prensa f
— **in(to)** a - introducido,da con presión f; apretado,da dentro de
— —**(to) @ cover** a - [mech] apretado,da dentro de cubierta f
— **in part** n - [metal-fabr] pieza f formada en prensa f
— **metal** n - [metal] metal m prensado
— — **frame** n - [constr] marco m de metal prensado
— **nut** n - [mech] tuerca f estampada
— **oil seal** n - [mech] sello m para aceite m, apretado, or ajustado
— **on** a - apretado,da, sobre, or contra
— — **@ input shaft** a - [autom-mech] apretado,da (por) sobre árbol m para entrada f (para fuerza f)
— — **relentlessly** a - [sports] proseguido,da, afanosamente, or implacablemente
— **out** a - expulsado,da
— **pedal** n - [mech] pedal m deprimido
— **standing seam** n - [metal-fabr] junta f con costura m saliente
— **start(ing) button** n - [mech] botón m para, arranque, or puesta f en marcha f, deprimido

pressed steel n - [metal-prod] acero m prensado
— — frame n - [mech] bastidor m, or marco m, de acero m prensado
— — liner plate n - [metal-roll] plancha f de acero m prensado para revestimiento m
— — pile point n - [constr] punta f de acero m prensado para pilote m
— — plate n - [metal-prod] plancha f de acero m prensado
— — point n - [metal-prod] punta f, de acero m prensado, or prensada de acero m
— — sleeve n - [tub] manga f de acero m prensado
— stop button n - [mech] botón m para, parada f, or detención f, deprimido
— together a - [mech] comprimido,da; apretujado,da
— too far in a - embutido,da excesivamente
— trigger n - [mech] gatillo m deprimido
pressing n - presión f • prensadura f | a - prensador,ra
— in n - presión f, or empuje m, hacia adentro
— —(to) n - [mech] introducción f con presión f; apretadura f dentro de
— —(to) @ cover n - [mech] apretadura f dentro de cubierta f
— on n - apretamiento m, contra, or sobre • proseguimiento m
— — @ input shaft n - [autom-mech] introducción f con presión f (por) sobre árbol m para entrada f (de fuerza f)
— relentlessly n - [sports] prosecución f, afanosa, or implacable
— out n - expulsión f
— quality n - [metal-prod] calidad f para, prensar, or prensadura f
— — head steel n - [metal-prod] acero m con calidad f para prensar para fondo(s) m
— — steel n - [metal-prod] acero m con calidad f para prensar
— speed n - [mech] rapidez f, or velocidad f, para prensadura f
— together n - [mech] compresión f; apretujamiento* m
— too far in n - embutición f excesiva
pressure n - . . .; compresión f | v - presionar
— acting on @ pipe n - [tub] presión f que actúa sobre tubería f
— actuate v - [mech] accionar con presión f
— — @ seal v - [mech] accionar con presión f, sello m, or cierre m
— actuated a - [mech] accionado,da con presión
— — seal n - [mech] sello m, or cierre m, accionado con presión f
— — sealing ring n - [petrol] anillo m, or labio m, sellador accionado por presión f
— actuating n - [mech] accionamiento m con presión f
—, adjusting, or adjustment n - ajuste m, de, or para, presión f
— amount n - [mech] cantidad f de presión f
—, application, or applying n - [mech] aplicación f de presión f
— area n - zona f con presión f
— arm n - [mech] brazo m para presión f
— at @ corner n - [constr] presión f en esquina
—, attaining, or attainment n - logro m de presión f
— between @ pump and @ valve n - presión f entre bomba f y válvula f
— bleeding (off) n - [mech] sangría f or reducción f, de presión f
— block n - [mech] bloque m para presión f
— boiler n - [boilers] caldera f para presión f
— — steel n - [metal-prod] acero m para caldera(s) f para presión f
— boost(ing) n - [mech] elevación f de presión
— booster n - [mech] elevador m para presión f
— boosting n - [mech] elevación f de presión f
— buildup n - generación f, or logro m, or obtención f, or aumento m, de presión f

pressure calculation n - cálculo m, or cómputo m de presión f
— casting n - [metal-prod] fundición f, bajo, or con, presión f
— cell n - [mech] célula f bajo presión f • [constr] celda f con presión f
— change n - cambio m, or variación f, en presión f
— check(ing) n - verificación f de presión f
— compensated valve n - [valv] válvula f compensada para presión f
— commpensation n - compensación f de presión f
— control valve n - [valv] válvula f para regulación f para presión f
— computation n - cómputo m, or cálculo m, de presión f
— conduit n - [tub] conducto m con presión f
— connection n - [mech] conexión f con presión f
— connector n - [electr-instal] conectador m, para presión f, or sin soldadura f
— control n - regulación f para presión f • regulador m para presión f
— —(ling) device n - dispositivo m para regulación f de presión f
— — test(ing) n - [metal-prod] ensayo m para regulación f para presión f
— — valve n - [valv] válvula f reguladora para presión f
— conveying n - [tub] conducción f con presión
— creosote v - [lumber] creosotar bajo presión
— crushing n - [mech] aplastamiento m bajo presión f
— cylinder n - [mech] cilindro m con presión f
— decrease n - reducción f, or disminución f, de presión f
— determination n - determinación f de presión
—, developing, or development n - ejercicio m de presión f
— die casting n - [metal-prod] fundición f (matrizada) inyectada bajo presión f
— difference n - diferencia f en presión f
— differential n - diferencial m en presión f
— direction n - dirección f de presión f
— discharge n - descarga f de presión f
— — pipe n - [tub] tubo m, or tubería f, para descarga f para presión f
— distill v - [petrol] destilar bajo presión f
— distillate n - [petrol] destilado m, bajo presión f, or con filtro m prensa, or bruto de craqueo* m
— — rerun n - [petrol] redestilación f de destilado m bruto de craqueo m
— — — unit n - [petrol] planta f para redestilación f de destilado m bruto de craqueo m
— distillation n - [petrol] destilación f bajo presión f
— distilled a - [petrol] destilado,da bajo presión f
— distribution valve n - [valv] válvula f para distribución f de presión f
— drill v - [petrol] perforar bajo presión f
— drilled a - [petrol] perforado,da bajo presión f
— drilling n - [petrol] perforación f bajo presión f
— drop n - caída f de presión f
— — decrease n - reducción f, or disminución f, en caída f de presión f
— — increase n - aumento m en caída de presión
—, equalization, or equalizing n - igualación f de presión f
— excess n - exceso m en presión f
—, exerting, or exertion n - ejercicio m, or producción f, or aplicación f, de presión f
— experiment n - ensayo m de presión f
— filter n - filtro m bajo presión f
— extraction steam n - [boilers] vapor m para extracción f bajo presión f
— filtered a - filtrado,da, bajo, or con, presión f
— filtering n - filtración f bajo presión f

pressure fit

pressure fit n - [mech] ajuste m con presión f | v - ajustar con presión f
— **fitting** n - [mech] ajuste m con presión f • [rail-wheels] calaje m con presión f - [lubr] pico m para engrase m con presión f
— **feed(ing)** n - alimentación f con presión f
— **feeling** n - sensación f de presión f
— **flow** n - [hydr] caudal m bajo presión f
— — **design(ing)** n - [hydr] proyección f de, corriente f, or caudal m, bajo presión f
— **gage** n - [instrum] manómetro m; manómetro m, or indicador m, para presión f • escala f de presión(es) f
— —, **attaching**, or **attachment** n - [instrum] conexión f, or acoplamiento m, de manómetro m (para presión f)
— —, **connecting**, or **connection** n - [instrum] conexión f de manómetro m (para presión f)
— — **cover** n - [mech] tapa f para manómetro m para presión f
— — **housing** n - [mech] caja f para manómetro m (para presión f)
— — **cover** n - [mech] tapa f, or cubierta f, para manómetro m para presión f
— — **valve** n - [ind] válvula f para manómetro m para presión f
— **gasket** n - [mech] empaquetadura f para presión f
— **gear oil** n - [mech] aceite m para engranajes m bajo presión f
— , **generating**, or **generation** n - generación f de presión f
— **grout** n - [constr] enlechado m bajo presión f | v - [constr] enlechar bajo presión f
— **grouted** a - [constr] enlechado,da bajo presión f
— **grouting** n—[constr] enlechado m bajo presión f
— **head** n - [hydr] carga f con presión f
— **heater drip return** n - [boilers] retorno m para drenaje m de calentador m bajo presión f
— **holding** n - [mech] mantenimiento m, or conservación f, de presión f
— **hose** n - [mech] mang(uer)a f para presión f
— — **assembly** n - [mech] conjunto m de manguera f para presión f
— **increase** n - aumento m de presión f
— **indicating gage** n - [instrum] manómetro m indicador para presión f
— **indicator** n - [instrum] indicador m para presión f
— **infiltration** n - infiltración f con presión f
— — **test** n - ensayo m de infiltración f con presión f
— **intake** n - [metal-prod] toma f de presión f
— — **connection** n - [metal-prod] conexión f para toma f para presión f
— , **interrupting**, or **interruption** n - interrupción f de presión f
— **interruptor** n - interruptor m para presión f
— **interval** n - intervalo m entre presión(es) m
— **level** n - nivel m de presión f
— , **limitation**, or **limiting** n - limitación f en presión f
— **limiting switch** n - [electr-instal] llave f limitadora para presión f
— **line** n - [hydr] cota f de presión f
— — **encasement** n - [tub] entubación f de tubería f con presión f
— **loss** n - pérdida f de presión f
— **lower than rated** n -presión f inferior a nominal m
— **lubricate** v - [mech] lubricar bajo presión f
— **lubricated** a - lubricado,da bajo presión f
— **lubricating** n - [mech] lubricación f bajo presión f
— — **system** n - [mech] sistema m, or red f, para lubricación f bajo presión f
— **lubrication** n - [mech] lubricación f bajo presión f
— — **system** n - [mech] sistema m, or red f, para lubricación f bajo presión f

pressure lubricator n - [mech] lubricador m con presión f
— **magnitude** n - magnitud f de presión f
— **maintaining** n - mantenimiento m de presión f
— **measurement** n - [instrum] medida f, or indicación f, de presión f
— **measuring** n - [instrum] medición f de presión f
— — **connection** n - conexión f para medición f de presión f
— **meter** n - [instrum] medidor m para presión f
— **monitoring** n - fiscalización f de presión f
— **oil system** n - [int.comb] red f para aceite m bajo presión f
— **on @ lining** n - [constr] presión f sobre revestimiento m
— — **@ pipe** n - [constr] presión f sobre tubo m
— — **@ — arch** n - [constr] presión f sobre tubería f abovedada
— — **@ soil** n - [constr] presión f sobre suelo
— **operation** n - operación f, or funcionamiento m, bajo presión f
— **override** n - sobrepaso m de presión f
— **pack** n - [petrol] empaquetadura f para presión f
— **peak** n - [petrol] presión f, de punta f, or máxima
— **pipe** n - [tub] tubo m, or tubería f, para (impulsión f bajo) presión f
— **piping** n - [tub] tubería f para (impulsión f con) presión f
— — **system** n - [tub] sistema n, or red f, de tubería f con presión f
— — — **code** n - [tub] código m para red f de tubería f con presión f
— — **construction** n - [tub] construcción f de red f de tubería(s) f con presión f
— — — **code** n - [tub] código m para construcción f de red f de tubería(s) f con presión f
— — — **design** n - [tub] proyección f de red f de tubería(s) f con presión f
— — — — **code** n - [tub] código m para proyección f de red f de tubería(s) f con presión f
— **plate** n - [mech] placa f para presión f
— **point** n - punto m para presión f
— — **setting** n - [mech] regulación f para punto m para presión f
— **pound(s)** n - [mech] libra(s) f de presión f
— **pump** n - [pumps] bomba f para presión f
— — **motor** n - [pumps] motor m para bomba f, or motobomba f, para presión f
— — **oil tank** n - depósito m para aceite m para bomba f para presión f
— **putting out** n - producción f de presión f
— **radiator** n—[int.comb] radiador m con presión f
— , **raise**, or **raising** n - elevación f de presión f
— **range** n - límite(s) m, or escala f, para presión f
— **reading** n - [instrum] lectura f de presión f
— — **taking** n - [instrum] toma f de lectura f de presión f
— **record** n - [instrum] registro m de presión f
— **recorder** n - [instrum] registrador m para presión(es) f
— **recording** n - [instrum] registración f de presión(es) f
— **reducing** n - reducción f de presión f | a - reductor,ra para presión f
— — **control valve** n - válvula f reguladora reductora para presión f
— — **device** n - [tub] dispositivo m reductor para presión f
— — **structure** n - [tub] dispositivo m reductor para presión f
— — **valve** n - [valv] válvula f, reductora, or para reducción f, para presión f
— — — , **adjusting**, or **adjustment** n - [valv] ajuste m de válvula f reductora para presión f
— **reduction** n - reducción f de presión f
— — **and control** n - reducción f y regulación f de presión f

pressure reduction and control system n - sistema m para reducción f y regulación f de presión f
— — **system** n - sistema m para reducción f de presión f
— **regaining** n - [mech] recuperación f de presión f
— **regulated with @ radiator cap** n - [int.comb] presión f regulada con tapa f para radiador m
— **regulating** n - regulación f de presión f
— — **device** n - dispositivo m para regulación f de presión f
— — **with @ radiator cap** n - [int.comb] regulación f de presión f con tapa f para radiador
— **regulation** n - regulación f de presión f
— **regulator** n - [mech] regulador m para presión
— — **gage** n - [mech] manómetro m, or calibrador m, para regulador m para presión f
— — **seal** n - sello m para regulador m para presión f
— — **with gage** n - [mech] regulador m para presión f con manómetro m
— **relay** n - [instrum] relé m para presión f
— **release** n - suelta f de presión f; desfogue m
— **relief** n - alivio m de presión f
— — **spring** n - [mech] resorte m para alivio m de presión f
— — — **adjusting** n - [mech] ajuste m de resorte m para alivio m de presión f
— — **valve** n - [mech] válvula f para, alivio m, or escape m, or descarga f, de presión f
— — — **gasket** n - [mech] guarnición f, or empaquetadura f, para válvula f para alivio m para presión f
— — — **plug** n - [mech] tapón f para válvula f para alivio m para presión f
— — — **spring** n - [mech] resorte m para válvula f para alivio m para presión f
— — — **washer** n - [mech] arandela f para válvula f para alivio m para presión f
— **relieving** n - alivio m de presión f
— **reversal** n - reversión f, or inversión f, de presión f
— **roll** n - [mech] rodillo m para presión f
— **seal** n - sello m para presión f
— — **bonnet** n - [valv] bonete m para sello m para presión f
— — — **type valve** n - [valv] válvula f de tipo m con bonete m para sello m para presión f
— — — **valve** n - [valv] válvula f con bonete m para sello m para presión f
— — **cover** n - [valv] bonete m para sello m para presión f
— **service** n - [ind] servicio m, or red f, para presión f
— — **casting** n - [metal-prod] pieza f fundida para, servicio m, or red, para presión f
— **set(ting)** n—[mech] regulación f para presión
— —**(ting) point** n - [mech] punto m para regulación f de presión f
— —**(ting) — control(ling)** n - [mech] regulación f de punto m para gobierno m para presión f
— **showing** n - [mech] muestra f, or indicación f, or señalamiento m, de presión f
— **shutdown** n - [mech] corte m de presión f
— **side** n - [turb] lado m para presión f • [pumps] lado m con presión f
— **signal** n - señal f, or indicación f, de presión f
— **situation** n - caso m de existir presión f
— **spray system** n - [hydr] red f para rociadura f bajo presión f
— — **tip** n - [hydr] boquilla f rociadora para presión f
— **sprayer** n - [roads] rociador m, or distribuidor m, con presión f
— **spraying** n - rociada f con presión f • pulverización f con presión f
— **spring** n - [mech] resorte m para presión f
— — **screw** n - [mech] tornillo m para resorte m con presión f
pressure stabilization n - estabilización f de presión f
— **steam** n - [boilers] vapor m con presión f
— **stress** n - tensión f debida a presión f • [tub] esfuerzo m de presión f
— — **relief** n - alivio m de tensión f debida a presión f
— **stud** n - [electr-instal] borne m con presión f
— **superheated steam** n - [boilers] vapor m sobrealentado con presión f
— **switch** n - [pneumat] interruptor m por (caída f de) presión f; disyuntor m neumático • [electr-instal] conmutador m, or interruptor m, accionado, or llave f accionada, por presión f
— — **adjusting** n - [mech] ajuste m de conmutador m (accionado) por presión f
— — **adjustment** n - [mech] ajuste m de conmutador m (accionado) por presión f
— — **assembly** n - [mech] conjunto m de conmutador m (accionado) con presión f
— — **closing** n - [mech] conexión f de conmutador m (accionado) por presión f
— — **opening** n - [mech] desconexión f de conmutador m (accionado) por presión f
— **system** n - [ind] sistema m, or red f, con presión f
— **taking** n - toma f de presión f
— — **orifice** n - orificio m para toma f de presión f
— — **plate orifice** n - [placa f con orificio m, or orificio m en placa f, para toma f de presión f
— **terminal lug** n - [electr-instal] lengüeta f terminal con presión f
— **test** n - ensayo m de presión f; ensayo m bajo presión f
— **testing** n - comprobación f de presión(es) f
— — **machine** n - [mech] máquina f para comprobar presión(es) f
— **thermit weld(ing)** n - [weld] soldadura f con presión f con termita f
— **transfer(ence)** n - transferencia f de presión
— **transmitter** n - transmisor m para presión f
— **treat** v - [lumber] tratar bajo presión f
— **treated** a - [lumb] tratado,da bajo presión f
— **treatment** n - [lumb] tratamiento m bajo presión f
— **tube** n - [tub] tubería f para recipiente(s) m
— **type** n - tipo m para presión f • tipo m, or clase f, de presión f | a - de tipo m para presión f
— — **radiator** n - [int.comb] radiador m (de tipo m) para presión f
— — **terminal lug** n - [electr-instal] lengüeta f terminal (de tipo m) para presión f
— **vacuum** n - presión f de vacío m
— — **gage** n - [instrum] escala f, or manómetro m, para presión f de vacío m
— — **valve** n - [valv] válvula f para presión f
— **, variance, or variation** n - variación f, en, or de, presión f; cambio m en presión f
— **vessel** n - recipiente m, or vasija f, para presión f
— — **code** n - [boilers] código m para recipiente(s) m para presión f
— — — **work** n - [weld] trabajo m según especificación(es) f de código m para recipientes m para presión f
— — **corrosion** n - [boilers] corrosión f de recipiente m para presión f
— — — **allowance** n - [boilers] tolerancia f para corrosión f en recipiente m para presión f
— — — **tolerance** n - [boilers] tolerancia f para corrosión f en recipiente m para presión f
— — **design** n - [boilers] proyección f para recipiente(s) m para presión f
— — **forging** n - [metal-prod] forja(dura) f para recipiente m para presión f
— — **leaded plate** n - [metal-treat] plancha f

emplomada para recipiente(s) m para presión
pressure vessel low temperature service steel n - [metal-prod] acero m para recipiente(s) m para presión para servicio m con temperaturas bajas
— — — **steel** n - [metal-prod] acero m para recipientes para presión f para temperaturas f bajas
— — **plate** n - [metal-roll] plancha f para recipientes m para presión f
— — **steel** n - [metal-prod] acero m para recipientes m para presión f
— **terne plate** n - [metal-treat] plancha f emplomada para recipientes m para presión f
—, **tube**, or **tubing** n - [tub] tubo m, or tubería f, para recipientes m para presión f
— **water**, **pipe**, or **piping** n - [tub] tubo m, or tubería f para agua m con presión f
—, **spray**, or **sprinkling** n - [hydr] riego m, or rociado m, con agua m con presión f
— **wave** n - [hydr] ola f, or onda f, or oleada f, de agua m con presión f
— **weld(ing)** n - [weld] soldadura f con presión
— **zone** n - [pumps] zona f con presión f
pressured packing n - [mech] empaquetadura f, presionada, or bajo presión f
— **temperature** n - temperatura f bajo presión f
pressureless, **pipe**, or **piping** n - [ind] tubo m, or tubería f, sin presión f
pressurestat n - [metal-prod] regulador m para presión f; manostato* m; presurestato* m
pressurization n - sometimiento m a presión f; avoid presurización* f
— **test** n - prueba f, or ensayo m, bajo, or con sometimiento m a, presión f
pressurize v - crear, or someter a, presión f
— @ **radiator** v - [int.comb] producir, or causar, presión f en radiador m
pressurized a - con presión f
— **air** n - [ind] aire m con presión f
— **carbon dust** n - [metal-prod] carbono m en polvo m con presión f
— — — **injection** n - [metal-prod] inyección f de carbono m en polvo m con presión f
— — **injection** n - [metal-prod] inyección f de carbono m con presión f
— **chemical injection** n - [chem] inyección f química, bajo, or con, presión f
— **cooling** n - enfriamiento m bajo presión f
— **fluid** n - [safety] fluido m con presión f
— **injection** n - inyección f bajo presión f
— **lubrication** n - [mech] lubricación f, con, or bajo, presión f
— **natural gas** n - [petrol] gas m natural, bajo, or con, presión f
— **oil** n - aceite m, con, or bajo, presión f
— **circulation** n - [lubric] circulación f de aceite m bajo presión f
— — **cooling** n - enfriamiento m con aceite m bajo presión f
— **forced cooling** n - enfriamiento m forzado con aceite m bajo presión f
— — **hydraulic brake** n - [mech] freno m hidráulico con circulación f de aceite m bajo presión f
— — — — **cooling** n - enfriamiento m hidráulico con circulación f de aceite m bajo presión
— — — **lubrication** n - lubricación f forzada con aceite m bajo presión f
— — — — **brake** n - [mech] freno m con lubricación f forzada de aceite m bajo presión f
— — — — **multiple disk hydraulic brake** n—[mech] freno m hidráulico con circulación f de aceite m bajo preesión f
— — — — — — **cooling** n - [mech] enfriamiento m de freno m hidráulico con circulación f de aceite m bajo presión f
— — **lubrication** n - [lubric] lubricación f con aceite m bajo presión f
— — **tank** n - depósito m para aceite m bajo presión f

pressurized, **pipe**, or **piping** n - [tub] tubo m, or tubería f, bajo presión f
— **radiator** n - [int.comb] radiador m con presión f
— **steam** n - [boilers] vapor m bajo presión f
— **superheated steam** n - [boilers] vapor m sobrecalentado bajo presión f
— **tank** n - depósito m con presión f
— **top** n - [metal-prod] tragante m con presión
— **water** n - agua m bajo presión f
— — **lubricate** v - lubricar con agua m bajo presión f
— — **lubricated** a - lubricado,da con agua m bajo presión f
— —, **lubricating**, or **lubrication** n - lubricación f con agua m bajo presión f
— — **reactor** n - [nucl] reactor m con agua m bajo presión f
pressurizer n - [mech] ventilador m para compresión f
— **operation** n - [mech] operación f de ventilador m para compresión f
prestige store n - [com] comercio m con artículo(s) con calidad f
prestigious a - prestigioso,sa; con prestigio m
— **honor** n - honor m prestigioso
— **manufacturer** n - [ind] fabricante m prestigioso
prestress n - esfuerzo m, previo, or anticipado; tensión f, previa, or anticipada | v - precomprimir • [mech] distender anticipadamente; pretensar
prestressed a - pretensado,da; precomprimido,da; distendido,da; preesforzado,da • [mech] distendido,da anticipadamente
— **concrete** n - [constr] hormigón m, pretensado, or precomprimido, or preesforzado
— — **box** n - [constr] caja f de hormigón m, pretensado, or precomprimido, or preesforzado
— — — **girder** n - [constr] viga f en caja f de hormigón m, pretensado, or precomprimido
— — — — **bridge** n - [constr] puente m de viga(s) f en caja f de hormigón m pretensado
— — **bridge** n - [constr] puente m de hormigón m, pretensado, or precomprimido
— — **deck** n - [constr] tablado m, or losa f, de hormigón m, pretensado, or precomprimido
— — **girder** n - [constr] viga f de hormigón m, pretensado, or precomprimido, or preesforzado
— — **girder bridge** n - [constr] puente m de viga(s) f de hormigón m pretensado
— —, **pipe**, or **piping** n [tub] tubo m, or tubería f, de hormigón m pretensado
— — **plug** n - [constr-pil] tapón m de hormigón m, pretensado, or precomprimido
— — **product** n - [constr] producto m de hormigón m, pretensado, or precomprimido
— — **strand** n - [cabl] cable m, or cordón m, para hormigón m, pretensado, or precomprimido
— — **wire** n - [metal-wire] alambre m para hormigón m, pretensado, or precomprimido
— **monolithic product** n - [constr] producto m monolítico, pretensado, or precomprimido
— **pipe** n - [tub] tubo m pretensado
— **piping** n - [tub] tubería f pretensada
— **plug** n - [constr-pil] tapón m pretensado
— **steel** n - [metal-prod] acero m pretensado
prestressing n - [metal] pre-tensión f; pretensado m; distensión f • [constr] distención f anticipada
— **steel strand** n - [cabl] cordón m de acero m para, pre-tensión f, or pretensado m
— **strand** n - [constr] cordón m para, pre-tensión f, or pretensado m
— **wire** n - [constr] alambre m para, pre-tensión f, or pretensado m
— — **strand** n - [constr] cordón m de alambre m para, pre-tensión f, or pretensado
prestudied a - estudiado,da de antemano
— **foreign market** n - [com] mercado m extranjero estudiado de antemano m

prestudied local market n - [com] mercado m local estudiado de antemano
— market n - [com] mercado m estudiado de antemano m
prestudy n - estudio m previo | v estudiar previamente
presumably adv - . . .; presumiblemente
presume v - . . .; asumir; considerar
— burned (out) v [metalprod] suponer quemado,da
presumed a - presumido,da; . . .; considerado,da
— location n - ubicación f presunta
— rock surface n - [geol] superficie f supuesta de roca f
presuming n - . . .; suposición f; consideración
presumingly adv - presuntivamente
presumptuous person n - presumido m
presupposed a - presupuesto,ta
presupposing n - presuposición f
pretax income n - [accntg] ingreso(s) m antes de (pago m de) impuesto(s) m
pretend v - pretender; . . .
— to contract v - pretender contratar
pretended a - pretendido,da
pretending n - pretensión f | a - pretendiente
pretension n - . . . • fingimiento m • viso m • [constr] tensión f previa
pretest n - . . .; preensayo* m; ensayo m previo | v - preensayar; ensayar, anticipadamente, or previamente
pretested a - preensayado,da*; ensayado,da, previamente, or anticipadamente, or de antemano
pretester n - preensayador* m
pretesting n - . . .; preensayo* m; ensayo m previo; comprobación f, previa, or anticipada | a - preensayador,ra*
— procedure n - procedimiento m para comprobación f previa
pretext n - . . .; viso m
pretreat v - tratar anticipadamente
— @ effluent v - [sanit] tratar, anticipadamente, or previamente, líquido m cloacal
pretreated effluent n - [sanit] líquido m cloacal tratado, anticipadamente, or previamente
prettiest a - más, bonito,ta, or hermoso,sa
pretty a - . . .; hermoso,sa
— good a - muy, or bastante, aceptable
— —, chauffeur, or driver n - [autom] conductor m, muy, or bastante, aceptable
— place n - sitio m, or lugar, delicioso
prevail v - . . .; imperar; primar
prevailed a - prevalecido,da; primado,da
prevailing n - prevalecimiento m | a - . . .; vigente; imperante
— rate n - tarifa f vigente
— wind n - [meteorl] viento m, predominante, or prevaleciente
prevent v - . . .; imposibilitar
— @ air entrance v - [pneumat] evitar, or prevenir (contra), entrada f de aire m
— @ bearing damage v - [mech] evitar daño m a cojinete m
— @ bending v - [mech] evitar, or prevenir contra, encorvadura f
— @ bond(ing) v - evitar, or prevenir (contra), adhesión f, or liga f
— @ breakage v - evitar rotura f
— @ build up v - [weld] evitar formación f
— @ burnthrough v - [weld] evitar perforación f
— @ cable connection loosening v - [electrcond] evitar, or prevenir (contra) aflojamiento m de conexión f para conductor m
— @ change v - evitar, or prevenir (contra), cambio(s) m
— @ clean out v - [constr-pil] evitar limpieza
— @ compressor stop(ping) v - [mech] evitar, or prevenir (contra), detención f de compresor m
— @ contraction v - evitar, or prevenir (contra) contracción f
— @ corrosion v - evitar, or prevenir (contra), corrosión f
— @ crack v - evitar grieta f

prevent @ cracking v - [weld] evitar, or prevenir (contra) agrietamiento m
— @ crater sticking v - [weld] evitar, or prevenir (contra) pegamiento m en cráter m
— @ damage v - evitar, or prevenir (contra), daño(s) m
— @ danger(s) v - [safety] evitar, or prevenir (contra) peligro(s) m
— @ deflection v - evitar, or prevenir (contra) desviación(es) f
— @ distortion(s) v [weld] evitar, or prevenir (contra), distorsión(es) f
— @ entering v - evitar, or prevenir (contra), entrada f
— @ entrance v - see prevent @ entering
— @ erosion v - [mech] evitar, or prevenir (contra), erosión f
— @ errant vehicle penetration v - [transp] evitar penetración f de vehículo m sin gobierno m
— @ escape v - evitar, or prevenir (contra). pérdida f
— evaporation v - evitar, or prevenir (contra), evaporación f
— @ excessive hardening v - [metal] evitar, or prevenir (contra), endurecimiento m excesivo
— @ — voltage drop v - [electr-distrib] evitar caída f excesiva en voltaje m
— @ fluid evaporation v - [petrol] evitar evaporación f de fluido(s) m
— from performing v - evitar, or prevenir (contra), or imposibilitar, cumplimiento m
— — turning v - [mech] evitar giro m
— @ fuel leakage v - [int.comb] evitar fuga(s) f de combustible m
— @ full cleanout v - [constr-pil] evitar limpieza f total de interior m
— @ galling v - [mech] evitar, or prevenir (contra), ludimiento m
— @ inhalation v - [safety] evitar inhalación f
— @ leak(age) v - evitar, or prevenir (contra), fuga(s) f
— @ load drop(ping) v - [cranes] evitar, or prevenir (contra), caída f de carga f
— @ — rotation v - [cranes] evitar, or prevenir (contra), rotación f de carga f
— @ local buckling v - [constr] evitar, or prevenir (contra), pandeo m en, zona f, or punto
— @ lubricant leak(age) v - [mech] evitar, or prevenir (contra), fuga f de lubricante m
— @ magnanese build up v - [weld] evitar acumulación f de manganeso m
— @ movement v - [mech] evitar movimiento m
— @ oil escape v - [mech] evitar, or prevenir (contra), pérdida f de aceite m
— @ overheating v - evitar, or prevenir (contra), recalentamiento m, or sobrecalentamiento m
— @ overrun v - [mech] evitar, or prevenir (contra), desenrollamiento m excesivo
— @ oxidation v - [metal] evitar, or prevenir (contra), oxidación f
— @ pile damage v - [constr-pil] evitar, or prevenir (contra), daño m a pilote(s) m
— @ poisoning v - [safety] evitar, or prevenir (contra), envenenamiento m
— @ premature transmission v - evitar, or prevenir (contra), transmisión f prematura
— @ problem v - evitar problema m
— @ procedure change v - evitar, or prevenir (contra), cambio m en procedimiento m
— @ rectifier damage v - evitar, or prevenir (contra), daño m a rectificador m
— @ — overheating v - [electr] evitar, or prevenir (contra), recalentamiento m, or sobrecalentamiento m, de rectificador m
— @ reel overrun v - [mech] evitar, or prevenir (contra), desenrollamiento m excesivo de carrete m
— @ reuse v - evitar uso m nuevo
— @ rotation v - evitar rotación f

prevent @ seizure v - [mech] evitar, or prevenir (contra), trabamiento m
— @, settlement, or settling v - evitar, or prevenir (contra), asentamiento m
— @ silicon build up v - [weld] evitar, or prevenir (contra), acumulación f de silicio m
— @ — rectifier damage v - [electr-equip] evitar, or prevenir (contra), daño m a rectificador m con silicio m
— skipping v - [weld] evitar, or prevenir (contra), interrupción(es) f en cordón(es) m
— @ slag inclusion v - [weld] evitar, or prevenir (contra), inclusión(es) f de escoria f
— @ slip(ping) v - [constr] evitar, or prevenir (contra), resbalamiento m
— @ sloughing v - [constr] evitar, or prevenir (contra), deslizamiento m, or derrumbamiento
— sticking n - evitar, or prevenir (contra), adhesión f, or pegamiento m
— @ stop(ping) v - evitar, or prevenir (contra), detención f
— @ stud damage v - [weld] evitar, or prevenir (contra), detención f
— @ transformer overheating n - [electr-transf] evitar, or prevenir (contra), recalentamiento, or sobrecalentamiento m, de transformador
— @ trouble v - evitar, or prevenir (contra), problema(s) m
— @ turn(ing) v - [mech] evitar rotación f
— @ undercut(ting) v - [weld] evitar socavación
— @ undermining v - [constr] evitar, or prevenir (contra), socavación f
— @ unexpected change v - evitar, or prevenir (contra), cambio m inesperado
— @ — procedure change v - evitar, or prevenir (contra), cambio m inesperado en procedimiento m
— @ vibration v - evitar, or prevenir (contra), vibración f
— @ volatile fluid evaporation v - [petrol] evitar evaporación f de fluido m volátil
— @ voltage drop v - evitar, or prevenir (contra), caída f en voltaje m
— @ weld crack v - [weld] evitar, or prevenir (contra), grieta f en soldadura f
— @ — cracking v - [weld] evitar, or prevenir (contra) agrietamiento m de soldadura f
preventative n - see preventive
prevented a - prevenido,da (contra); evitado,da; impedido,da; imposibilitado,da
— air entrance n - entrada f de aire evitada
— bearing damage n - [mech] daño evitado a cojinete m
— bending n - [mech] doblamiento m, or encorvadura f, evitada, or prevenida (contra)
— breakage n - rotura f evitada
— contraction n - contracción f, evitada, or prevenida (contra)
— corrosion n - corrosión f, evitada, or prevenida (contra)
— crater sticking n - [weld] pegamiento m en cráter, evitado, or prevenido
— compressor stop(ping) n - [mech] detención f de compresor evitada
— corrosion n - corrosión f, evitada, or prevenida (contra)
— damage n - daño m, evitado, or prevenido
— danger n - [safety] peligro m evitado
—, entering, or entrance n - entrada f, evitada, or prevenida
— erosion n - [constr] erosión f, evitada, or prevenida
— errant vehicle penetration n - [transp] penetración f de vehículo m sin gobierno evitada
— escape n - pérdida f, evitada, or prevenida • fuga f evitada
— evaporation n - evaporación f evitada
— fluid evaporation n - [petrol] evaporación f de fluido evitada
— from performing a - imposibilitado,da para cumplimiento m

prevented fuel leak(age) n - [int.comb] fuga f de combustible m evitada
— galling n - [mech] ludimiento m, evitado, or prevenido
— inhalation n - [safety] inhalación f evitada
— leak(age) n - fuga f evitada
— load drop(ping) n - [cranes] caída f de carga f evitada
— local buckling n - [constr] pandeo m en, zona f, or punto m, evitado
— lubricant leak(age) n - [mech] fuga f de lubricante m evitada
— movement n - [mech] movimiento m evitado
— oil escape n - [mech] pérdida f de aceite, evitada, or prevenida (contra)
— overrun n - [mech] sobrepaso m evitado; desenrollamiento m excesivo evitado
— oxidation n - [metal- oxidación f evitada
— premature transmission n - transmisión f prematura evitada
— problem n - problema m evitado
— procedure change n - cambio m en procedimiento m, evitado, or prevenido
— reuse n - uso m nuevo evitado
— seizure n - [mech] trabamiento m evitado
—, settling, or settlement n - [constr] asentamiento m evitado
— slip(ping) n - resbalamiento m evitado
— sloughing n - [constr] deslizamiento m, or derrumbamiento m, evitado
— sticking n - adhesión f, or pegamiento m, evitado, or prevenido (contra)
— stop(ing) n - [mech] detención f evitada
— trouble n - problema m, evitado, or prevenido
— turn(ing) n - [mech] giro m evitado
— undermining n - [constr] socavación f, prevenida, or evitada
— vibration n - vibración f, evitada, or prevenida (contra)
— volatile fluid evaporation n - [petrol] evaporación f de fluido(s) m volátil(es) evitada
preventing n - prevención f; evitación f; impedimento m
prevention n - . . . .; evitación f; impedimento m • imposibilitación* f
— administration n - [safety] conducción f de programa m para prevención f
— audit n - [safety] verificación f, or estudio m, de prevención f
— from performing n - imposibilitación f para cumplimiento m
— fundamental n - [safety] principio m básico para prevención f
— program n - safety] programa m para prevención f
— survey n - safety] estudio m de prevención f
— — and audit n - [safety] examen m y estudio m de prevención f
preventive n - preventivo m; medida f preventiva
— disciplinary measure n - [labor] medida f disciplinaria preventiva
— maintenance n - [ind] mantenimiento m preventivo; conservación f preventiva
— — procedure n - [ind] procedimiento m para mantenimiento m preventivo
— — program n - [ind] programa m para mantenimiento m preventivo
— — service n - [ind] servicio m para conservación f preventiva
— — supervisor n - [ind] supervisor m para mantenimiento m preventivo
— — system n - [ind] sistema m para mantenimiento m preventivo
— measure n - medida f preventiva
— policy n - política f preventiva; plan m preventivo
— procedure n - procedimiento m preventivo
— replacement program n - [ind] programa m para reemplazo m preventivo
preventively adv - preventivamente
preventorium n - [medic] preventorio m

preview n - . . . .; visión f, previa, or anticipada • [public] introducción f | v - revisar anticipadamente
previous a - . . . .; que antecede
— **agreement** n - acuerdo m previo
— **bead** n - [weld] cordón m anterior
— **buckling** n - pandeo m anterior
— — **curve** n - curva f anterior de pandeo m
— **champion** n - [sports] campeón m anterior
— **code** n - [legal] código m anterior
— **concentration** n - concentración f anterior
— **condition** n - condición f, previa, or anterior
— **contract** n - [legal] contrato m, previo, or anterior
— **curve** n - curva f, previa, or anterior
— **day(s)** n - día(s) m anterior(es)
— **description** n - descripción f, or explicación f, previa, or anterior
— **@ destructive speed** v - [mech] evitar velocidad(es) f destructiva(s)
— **digging** n - [constr] excavación f previa • arranque m previo
— **display(ing)** n - [electron] reproducción f, anterior, or previa
— **@ drip(ping)** v - evitar, goteo m, or escurrimiento m
— **experience** n - experiencia f, previa, or anterior
— **explanation** n - explicación f, previa, or anterior
— **failure** n - falla f, previa, or anterior
— **fiscal year** n - [accntg] ejercicio m anterior
— **guaranty** n - garantía f, previa, or anterior
— **information** n - información f anterior
— **machining** n - [mech] mecanización f anterior
— **meeting** n - reunión f, previa, or anterior
— **method** n - método m, previo, or anterior
— **mining legislation** n - [miner] legislación f minera anterior
— **page** n - [public] página f anterior
— **ripping** n - [miner] arranque m anterior
— **selection** n - selección f previa
— **signal** n - señal f, previa, or anterior
— — **display(ing)** n - [electron] reproducción f, or proyección f, de señal f, previa, or anterior
— — **recall(ing)** n - [electron] recuperación f de señal f, previa, or anterior
— **specification** n - especificación f, previa, or anterior
— **test(ing)** n - ensayo m previo m
— **use** n - uso m, or empleo m, anterior
— **weekend** n - fin d de semana f anterior
— **wheel** n - [mech] rueda f anterior
— **year** n - año m, previo, or anterior
previously adv . . . .; prevenidamente; ya; precedentemente • oportunamente
— **authorized** a - autorizado,da previamente
— **determined** a - determinado,da anteriormente
— — **factor** n - factor m, or coeficiente, determinado anteriormente
— **established condition** n - condición f establecida anteriormente
— **reported** a - informado,da previamente
— **shipped** a - embarcado,da anteriormente
— — **defective material(s)** n - material(es) m defectuoso(s) embarcado(s) anteriormente
— — **material(s)** n - material(es) m embarcado(s) anteriormente
prewelding heating n - [weld] calentamiento m antes de soldadura f
prewire v - [electr-instal] encablar en fábrica
prewired a - [electr-instal] encablado,da en fábrica f
pri see **primary**
price n - . . . .; valoría f | v - . . . .; valuar
— **adjustment** n - [com] ajuste m de precio m
— **advertising** n - [com] anuncio(s) m, or propaganda f, con precio(s) m
— **(s) analysis** n - análisis m de precio(s) m
— **at project site** n - precio m en obra f

price bidding n - oferta f, or ofrecimiento m, de precio(s) m
— **book** n - [com] libro m con precio(s) n
— **break down** n - desglose m de precio(s) m
— **change** n - cambio m, or modificación f, en precio m
— — **notice** n - [com] notificación f de cambio m en precio m
— **chart** n - cuadro m con precio(s) m
— **comparability** n - comparabilidad* f de precio(s) f
— **competitiveness** n - [com] competencia f de precio(s) m
— **condition** n - condición f, de, or para, precio(s) m
— **cut(ting)** n - [com] reducción f de precio(s)
— **defining** n - definición f de precio(s) m | a - definidor,ra de precio(s) m
— **definition** n - definición f de precio(s) m
— **(s) detail** n - detalle(s) m de precio(s) m
price determination n - determinación f de precio(s) n
— **determining** n - determinación f de precio(s) m | a - determinador,ra de precio(s) m
— **difference** n - diferencia f en precio m
— **escalating** n - aumento m en precio m
— **escalation** n - reajuste m, or ajuste m alzado, or aumento, en precio(s) m; revisión f de precio(s) m
— — **analysis** n - análisis m de ajuste m en precio m
— — **formula** n - [com] fórmula f para, reajuste m, or ajuste m (alzado) de precio(s) m
— — **sheet** n - planilla f para, reajuste, or ajuste m (alzado), de precio(s) m
— — **system** n - sistema m para, (re)ajuste) m, or ajuste m (alzado), de precio(s) m
— **(s) form** n - lista f, or formulario* m, para precio(s) m
— **giving** n - consignación f de precio m
— **improvement** n - mejora f en precio m
— **increase** n - aumento m, or incremento m, en precio m • sobreprecio m
— **level** n - nivel m de precio m
— **list** n - [com] lista f, or relación f, de precio(s) m
— **listing** n - [com] relación f de precio(s) m
— **mark-up** n - [com] aumento m en precio m
— **(s) not for separate sale** n - precio(s) m no válido(s) para venta f separada
— **offering** n - oferta f, or ofrecimiento m, de precio m
— **on board @ car** n - [transp] precio m sobre vagón m ferroviario
— — — **@** — **at @ plant** n - precio m sopre vagón m (ferroviario) en, planta f, or fábrica
— — — **@ railway car** n - [transp] precio m sobre vagón m (ferroviario)
— — — **@** — — **at @ plant** n - precio m sobre vagón m (ferroviario) en, planta, or fábrica
— **pattern** n - patrón m para precio(s) m
— **per meter** n - precio m por metro m
— — **ton** n - precio m por tonelada f (de 2000 libras f)
— **predetermination** n - predeterminación f de precio m
— **questionnaire** n - cuestionario m sobre precio(s) m
— **quotation** n - cotización f de precio m
— **quoting** n - cotización f de precio m
— **reduction** n - reducción f en precio m
— **request** n - [com] pedido m de precio(s) m
— **revision** n - revisión f de precio m
— **separately** n - precio m, por separado, or suelto | v - cotizar (precio m) separadamente
— **sensitive** a - sensible a precio m
— **sheet** n - lista de, or hoja con, precio(s) m
— **shopper** n - interesado m (en precio m)
— **structure** n - estructura f de precio(s) m
— **subject to @ escalation** n - [com] precio m sujeto a, reajuste m, or ajuste m (alzado)

price tag

price tag n - rótulo m para precio m • costo m
— **tender** n - [fin] pedido m, or (llamada f a) concurso m de precio(s) m; licitación f
— — **document** n - documento(s) m para concurso m de precio(s) m
— — **issuing** n - [com] llamada f a, concurso m de precio(s), or licitación f
— **term** n - [com] condición f para precio(s) m
— **variation** n - variación f en precio m
— — **analysis** n - análisis m de variación f en precio(s) m
—**volume elasticity** n - elasticidad (en) precio-volumen m
priced a - con precio m; valuado,da; preciado,da
— **at** a - con precio m de
— **list** n - [com] lista f, con precio(s) m, or valuada, or valor(iz)ada
pricing n - valor(iz)ación f; valuación f
prick n - . • púa f | v - . . .; espichar
— **with @ thorn(s)** v - espinar
pride n - . . . | v - . . . • preciar(se)
prided a - enorgullecido,da
priding n - enorgullecimiento m
pried a - espiado,da; acechado,da; atisbado,da; observado,da; escudriñado,da • alzaprimado,da; aplancado,da (hasta soltarlo,la)
— **loose** v - [mech] apalancado,da; soltado,da
— — **liner** n - [mech] camisa f apalancada (hasta soltarla)
prier n - . . .; fisgón m
primal a - . . .; básico,ca; primitivo,va
primarily adv - . . .; básicamente; esencialmente • ante todo • mayormente
— **important** a - con importancia f, primaria, or primordial, or básica
primary n - . . . . • [weld] see **input power** • [electr] also see **primary coil** | a - . . .; preliminar • primordial
— **approximation** n - aproximación f primaria
— **beam strut** n - [constr] apoyadero m, primario para viga f, or para viga f primaria
— **cable** n - [electr-cond] cable m primario
— **circuit** n - [electr-instal] circuito m, primario, or principal
— **clarifier** n - [sanit] clarificador m primario
— **cleaned gas** n -[metal-prod] gas m semi-limpio
— **cleaner** n - limpiador m primario • [metal-prod] primario m
— **coil** n - [electr-instal] bobina f primaria; devanado m primario
— — **thermostat** n - [weld] termostato m, para bobina f primaria, or primaria para bobina f
— — **wire** n - [int.comb] conductor m, primario a bobina f, or a bobina f primaria
— **conduit** n - [hydr] canal m primario
— **consideration** n - consideración f, primaria, or básica
— **consumable (product)** n - producto m, primario para consumo m, or para consumo m primario
— **contractor** n - [constr] constratista m, primario, or principal, or general
— **control** n - [electr] regulación f primaria
— **cooler** n - [ind] enfriador m primario
— —, **tube**, or **tubing** n - [ind] tubo m, or tubería f, para enfriador m primario
— **cooling** n - enfriamiento m primario; refrigeración f primaria
— — **plate** n - [metal-prod] petaca f primaria
— — **water** n - [ind] agua m para, enfriamiento m primario, or refrigeración f primaria
— **crack** n - [mech] grieta f, or hendedura f, primaria
— **critical speed** n—velocidad f crítica primera
— **crusher** n - [ind] trituradora f, or quebrantadora f, primaria
— **crushing** n - [miner] trituración f primaria
— — **plant** n - [miner] planta f para trituración f primaria
— **current** n - [electr-oper] corriente f primaria • corriente f inductora
— — **variation** n - [electr-distrib] variación f en corriente f primaria

- 1302 -

primary digester n - [sanit] digestor m primario
— **disconnect switch** n - [electr-instal] disyuntor m, or interruptor m, primario
— — **oil** n - [electr-instal] aceite m para, disyuntor m, or interruptor m, primario
— **distribution** n - distribución f primaria
— — **system** n - sistema m primario, or red f primaria, para distribución f
— **dust catcher** n - [metal-prod] colector m primario para polvo m • [Spa.] (botellón) primario
— — **bell** n - [metal-prod] campana f para colector m primario
— — **cone** n - [metal-prod] campana f para colector m primario
— — — **discharge valve** n - [metal-prod] válvula f en colector m primario (para polvo m) para descarga f
— — — **dust valve** n - [metal-prod] válvula f en colector m primario (para polvo m) para descarga f
— — — **flush(ing)** n - [metal-prod] purga f de (colector) primario m para polvo m
— — — **goggle valve** n - [metal-prod] válvula f de anteojo m para colector (primario) m para polvo m
— — **goggle valve** n - [metal-prod] válvula f de anteojo m, or guillotina f, para (colector) primario m
— — — **guillotine (valve)** n - [metal-prod] guillotina f para (colector) primario m
— — — **inner cone** n - [metal-prod] campana f (interior) para (colector) primario m
— — — **lower discharge valve** n - [metal-prod] válvula f inferior para (colector) primario m
— — — — **rod** n - [metal-prod] vástago m para válvula f inferior para (colector) primario m (para polvo m)
— — — — **discharge valve** n - [metal-prod] válvula f inferior para descarga f de (colector (primario) m para polvo
— — — — **valve** n - [metal-prod] válvula f inferior para purga f de (colector) primario m para polvo m
— — — — **rod** n - [metal-prod] vástago m para válvula f inferior para (colector) primario m para polvo m
— — — **pug mill** n - [metal-prod] amasadora f para (colector) primario m (para polvo m)
— — — — **blade** n - [metal-prod] paleta f para amasadora f para (colector) primario m
— — — **valve** n - [metal-prod] válvula f para polvo m en (colector) primario m
— **education** n - [educ] educación f, or instrucción f, primaria, or elemental
— **effluent conduit** n - [hydr] canal m primario para derrame m
— **electrical load** n - [electr-oper] carga f eléctrica primaria
— **enrichment** n - enriquecimiento m primario
— **evaluation** n - evaluación f preliminar • aprobación f preliminar
— **fuel filter** n - [int.comb] filtro m primario para combustible m
— **importance** n - importancia f, primaria, or primordial
— **information source** n - fuente f primaria para información f
— **inspection method** n - método m primario para inspección f
— **instruction** n - [educ] instrucción f primaria • instrucción f primordial
— **intake structure** n - [hydr] estructura f primaria para toma f
— **intention** n - intención f primaria
— **interest** n - interés m, primario, or primordial
— — **area** n - zona f, or punto m, de interés m primario
— **intermediate mill** n - [metal-roll] laminador m intermedio primario
— — **rolling mill** n - laminador m intermedio

primario
primary iron n - [metal-prod] hierro m primario
— — **monthly, ouput, or production** n - producción f mensual de hierro m primario
— — **production** n - [metal-prod] producción f de hierro m primario
— **lead** n - [electr-instal] conductor m primario
— **connection** n - [electr-instal] conexión f para conductor m primario
— **load** n - carga f primaria
— **magnetization** n - [electr] magnetización f, or imantación f, primaria
— — **curve** n - [electr] curva f para, megnetización f, or imantación f, primaria
— — — **determination** n - [electr-oper] determinación f de curva f para, magnetización f, or imantación f, primaria
— **member** n - [constr] pieza f primaria
— **mineral** n - [miner] mineral m primario
— **need** n — necesidad f, or exigencia f, primaria
— **pug mill** n - [miner] amasadora f primaria
— **reason** n - razón f, primaria, or principal
— **regulating plant** n - [ind] planta f para regulación f primaria
— **requirement** n - exigencia f primaria
— **road** n - [roads] carretera f principal
— **scale** n - escala f primaria • [metal-roll] cascarilla f, or escama(s) f, primaria(s)
— **scrubber** n — [metal-prod] depurador m primario
— **settling** n - asentamiento m primario • [hydr] decantación f primaria
— — **tank** n - [sanit] pileta f para decantación f primaria
— **side** n - [electr-distrib] lado m primario
— **source** n - fuente f primaria
— **stage** n - etapa f primaria
— **system** n - [electr-distrib] red f primaria, or sistema m primario (para distribución f)
— **tank** n - [sanit] digestor m primario
— **thermostat** n - [electr-instal] termostato m primario
— — **assembly** n - [electr-instal] conjunto m de termostato m primario
— **treatment** n - tratamiento m primario • [sanit] depuración f primaria
— — **plant** n - [sanit] planta f para depuración f primaria
— **venturi** n - [int.comb] venturi m primario
— **voltage** n - [electr-distrib] voltaje m primario • voltaje m para entrada f
— — **establishing** n - [electr-oper] establecimiento m de voltaje m primario
— **winding** n - [electr-mot] devanado m primario
— **wire** n - [electr-instal] conductor m primario
— **work category** n - [managm] categoría f primaria f para trabajo m
prime n - [paint] pintura f, de fondo m, or para imprimación f • [metal-roll] chapa f con calidad f primera | a . . .; primario,ria; primordial; favorecido,da; also see **primary** | v - [int.comb] cebar • [pumps] cebar
— **candidate** n - candidato m, or postulante m, favorecido
— **coat** n - [paint] imprimación f | v - [paint] imprimar
— **coated** a - [paint] imprimado,da
— **coating** n - [paint] imprimación f
— **commercial note** n - [fin] pagaré m comercial de primera f
— **contract** n - [com] contrato m, principal, or general • contrato m para administración f (de obras f)
— **contractor** n - [com] contratista m, principal, or general
— **cost** n - costo m, neto, or básico
— **curve** n - curva f primaria
— **duty** n - deber m primordial
— **electrical load** n - [electr-oper] carga f eléctrica primaria
— **example** n - ejemplo m primario
— **grade** n - calidad f primera

prime importance n - importancia f primaria
— **information source** n - fuente f primaria para información f
— **@ lifting pump** v - [pumps] cebar bomba f para elevación f
— **@ lubricating system** v - [lubric] cebar red f para lubricación f
— **material** n - [ind] material m de (categoría f) primera
— **minister** n - [pol] . . .; canciller m
— **mover** n - [petrol] motor m, primero, or para impulsión f; elemento m motriz
— — **drive** n - [cranes] accionamiento m, or impulsión f, para motor m primario
— **objective** n - objetivo m, primario, or básico
— **paint** v - [paint] imprimar
— **painted** a - [paint] imprimado,da
— — **steel** n - [metal-treat] acero m imprimado • acero m de primera pintado
— **painting** n - [paint] imprimación f
— **project contractor** n - [constr] contratista f principal para obra f
— **properly** v - [pumps] cebar apropiadamente
— **@ pump** v - [pumps] cebar bomba f
— **rate** n - [fin] tipo m más favorable
— **rolled sheet** n - [metal-roll] chapa f con calidad f primera
— **scrap** m - [metal-prod] chatarra f con calidad f primera
— — **grade** n - [metal-prod] chatarra f con calidad f primera
— **source** n - fuente f primaria
— **steel** n - [metal-prod] acero m de primera
— **@ system** v - cebar red f
— **@ manually** v - [pumps] cebar red f manualmente
— **@ trap** v - [mech] cebar trampa f
primed a - [paint] imprimado,da; con imprimación f • [pumps] cebado,da
— **properly** a - [pumps] cebado,da apropiadamente
— **for action** a - listo,ta para acción f
— **lifting pump** n - [pumps] bomba f para elevación f cebada
— **lubricating system** n - [int.comb] red f para lubricación f cebada
— **pipe** n - [tub] tubo m, imprimado, or con imprimación f
— **pump** n - [pumps] bomba f cebada
— **steel pipe** n - [tub] tubo m de acero m imprimado
— **surface** n - [paint] superficie f imprimada
— **system** n - [tub] red f cebada
— **trap** n - [mech] trampa f cebada
primer n - . . . • liga f; aglutinante m - [int.comb] cebador m; [paint] (pintura f, or mano, de imprimación f, or de fondo m - v - [paint] imprimar
— **application** n - [paint] aplicación f de imprimación f
— **coat(ing)** n - [paint] mano f, or capa f, de, imprimación f, or fondo m
— **coated** a - imprimado,da
— **for use with asphalt** n - [constr] imprimación f para uso m con asfalto m
— — — **for dampproofing** n - [constr] imprimación f para uso m con asfalto m, impermeable, or a prueba f de humedad f
— — — — **for waterproofing** n - [constr] imprimación f para uso m con asfalto m a prueba f de agua m
— **pump** n - [int.comb] bomba f, cebadora, or para cebadura f
— — **clamp** n - [comb.int] abrazadera f para bomba f cebadora
— **pumping** n - bombeo m con cebadora f
— **sealer** n - [paint] tapaporos m imprimador
— **shop coat** n - [paint] mano f de imprimación f en taller m
priming n - . . . • [petrol] cebadura f | a - [paint] imprimador,ra; para imprimación f
— **lever** n - [pumps] palanca f para cebadura f

priming oil n — [paint] aceite m para imprimación
— paint n - [paint] pintura f, imprimadora, or para imprimación f
— period n - [int.comb] período m para cebadura
— plug n - [mech] tapón m para cebadura f
— pump n - [pumps] bomba f, cebadora, or para cebadura f; also see primer pump
— tool n - [paint] imprimadera f
primitive a - . . . . • radical
prince n - [pol] . . .; infante m
princess n - [pol] . . .; infanta f
principal n - . . . • [legal] representado m • [educ] . . .; rector m | a - . . .; fontal
— centerline n - [constr] eje m principal
— competitor n - competidor m, or contendor m, principal
— conductor n - [electr-cond] conductor m principal
— contractor n - [constr] contratista m principal
— corrosion cell n - [chem] célula f principal para corrosión f
— embankment n - [constr] terraplén m principal
— highway n - [roads] carretera f principal
— — lighting n - [roads] iluminación f para carretera f principal
— kind n - clase f, or tipo m, principal
— part n - parte f principal • [mech] pieza f principal
— problem n - problema m, principal, or mayor
— purpose n - propósito m, or fin m, principal
— road n - [roads] camino m principal
— shareholder n - [fin] accionista m principal
— spillway n - [constr] vertedero m principal
— — centerline n - [constr] eje m de vertedero m principal
— structural member n - [constr] pieza f estructural principal
— use n - uso m, or empleo m, principal
principle n - . . . . • criterio m | a - (in) en principio m
— application n - aplicación f de principio m
— illustration n - ilustración f de principio m
— result(s) n - resultado(s) m de principio m
print n - . . . . • [constr] plano m • [phtogr] . . . • copia f (heliográfica) | v - . . .; usar letra f de imprenta f
— advertising n - [public] propaganda f impresa
— @ copy v - [print] imprimir copia f
— on @ back v - [print] imprimir en dorso m
—out n - [comput] impresión f | a - [comput] (de) impresión f
— — device n - [comput] dispositivo m impresor
printed a - impreso,sa
— booklet n - [print] folleto m impreso
— calibration and performance curve chart n - [instrum] diagrama m impreso con calibración f y curva f para rendimiento m
— — chart n - [instrum] diagrama m impreso para calibración f
— chart n - [comput] diagrama m impreso
— circuit n - [electron] . . .; circuito m, estampado, or impreso
— — assembly n - [electron] conjunto m de circuito m, impreso, or estampado
— — board n - [electron] tablero m, or tablilla f, con circuito m, impreso, or estampado
— — — assembly n - [electron] conjunto m de tablilla f con circuito m, estampado, or impreso
— — — — disconnection n - [electron] desconexión f de tablero m con circuito m, impreso, or estampado
— — — — insulation n - [electron] aislación f para tablilla f con circuito m, impreso, or estampado
— — — — location n - [electron] ubicación f para tablilla f con circuito m, impreso, or estampado
— — — — plug n - [electron] enchufe m para tablero m con circuito m estampado, or impreso

printed circuit board plug disconnection n - [electron] desconexión f de enchufe m para tablilla f con circuito, estampado, or impreso
— — — — position n - [electron] posición f de tablilla f con circuito m, estampado, or impreso
— — — — receptacle n - [electron] tomacorriente m, or base f para enchufe m, para tablilla f para circuito m, impreso, or estampado
— — — — replacement n - [electron] reemplazo m de tablilla f con circuito m, estampado, or impreso
— — card n - [electron] tarjeta f, or ficha f, con circuito m, estampado, or impreso
— — component n - [electron] elemento m constitutivo, or componente m, de circuito m, estampado, or impreso
— — connector n - [electron] conectador m para circuito m, estampado, or impreso
— — control board n - [electron] tablilla f, para regulación f con circuito m, estampado, or impreso, or con circuito m, estampado, or impreso, para regulación f
— — power board n - [electr-instal] tablilla f con circuito m, estampado, or impreso, para energía f
— —(s) set n - [electron] juego m de circuito(s) m, estampado(s), or impreso(s)
— copy n - [print] copia f impresa
— cotton n - [textil] zaraza f
— employee safety booklet n - [safety] folleto m impreso sobre seguridad f de personal m
— form n - [print] impreso m; formulario* m
— material n - [print] (material) impreso m
— matter n - [print] material(es) m impreso(s)
— on @ back a - [print] impreso,sa en dorso m
— — both sides a - [print] impreso,sa en ambos lados m
— — one side (only) a - [print] impreso,sa en un (sólo), lado m, or costado m
— performance curve chart n - [instrum] diagrama m impreso para curva f para rendimiento m
— personnel safety booklet n - [safety] folleto m impreso sobre seguridad f para personal m
— rotameter calibration and performance curve chart n - [instrum] diagrama m impreso para calibración f y curva f de rendimiento m para rotámetro m
— — calibration chart n - [instrum] diagrama f impreso para calibración f para rotámetro m
— — chart n - [instrum] diagrama m impreso para rotámetro m
— — performance curve chart n - [instrum] diagrama m impreso para curva f para rendimiento m para rotámetro m
— safety booklet n - [safety] folleto m impreso sobre seguridad f
printer n - [print] . . .; prensista m • [mech] impresora f
— connection n - [comput] conexión f para impresor m
— power requirement n - [electron] provisión f, or demanda f, de energía f para impresor m
— record v - [electron] registrar con impresor
— recorded a - [electron] registrado,da con impresor m
— recording n - [electron] registro m, or registración f, con impresor m
printing n - [print] . . .; impresión f • tirada f; edición f
— on @ back (side) of @ sheet n - [print] retiración f
— plant n - [print] imprenta f; planta f impresora
— roll n - [print] rodillo m impresor
printout n - [comput] salida f impresa; impresión f de salida f
— tailoring n - [comput] adaptación f, or adecuación f, de salida f impresa
prior a - . . . | adv - previamente; antes

prior agreement n - acuerdo m previo
— approval n - aprobación f previa
— contract obligation n - [legal] obligación f contractual, previa, or anterior
— experience n - experiencia f, previa, or anterior • práctica f, previa, or anterior
— gasification n - [combust] gasificación f, previa, or anticipada
— machining n - [mech] mecanización f anterior
— model n - modelo m anterior
— notice n - aviso m previo
— obligation n - obligación f, previa, or anterior
— omission n - omisión f, previa, or anterior
— operation n - [mech] operación f, previa, or anterior; funcionamiento m previo
— practice n - práctica, previa, or anterior
— presentation n - presentación f previa
— requirement n - requerimiento m, or requisito m, previo, or anterior
— sale n - venta f previa
— service n - servicio m, previo, or anterior • [labor] antigüedad f en empleo m
— —(s) cost(s) n - [labor] costo(s) m por antigüedad f en empleo m
— signature n - firma f previa
— study n - estudio m previo
— to @ assembly adv - [mech] antes de armado m
— — @ backfilling adv - [constr] antes de colocar(se) relleno m
— — @ finish adv - antes de término m
— — @ jacking up adv - [mech] antes de elevación f (con gatos m)
— — @ marketplace introduction adv - antes de, introducción f, or lanzamiento m, en mercado
— — @ purchase adv - antes de compra f
— — @ sale adv - antes de venta f
— — @ shipment adv - previo a embarque m; antes de, expedición f, or embarcar(se)
— — @ — from @ factory adv - antes de, expedición f, or expedir(se), de fábrica f
— — shipping adv - antes de expedición f
— — @ temporary acceptance adv - previo, via a, or antes de, recepción f provisional
— written authority n - [legal] autorización f escrita previa
— year n - año m, previo, or anterior
— —('s) adjustment n - ajuste m para año m, previo, or anterior
prioritization* n - prioritización* f
prioritize* v - priotirizar*
priotirized* a - priotirizado,da*
prioritizing* n - priotirización* f
priority analysis n - análisis m de prioridad f
— assigning n - asignación f de prioridad f
— attention n - atención f preferente
— giving n - dación f, or concesión f, de prioridad f
— principle n - [managm] principio de prioridad
prism diffraction n - [phys] difracción f por medio de prisma m
— unit pressure n - [constr] presión f unitaria de prisma m
private activity n - actividad f privada • sector m privado
— automobile n - [autom] automóvil m particular
— boat n - [nav] embarcación f privada
— bond n - [fin] bono m, or título m, privado
— business n - [com] negocio m privado • transacción f, privada, or con sector m privado
— buyer n - [com] comprador m privado
— capital n - [fin] capital m privado
— college n - [educ] colegio m privado
— commercial activity n - [com] actividad f comercial privada
— community n - [pol] comunidad f privada
— company n - [legal] compañía f, or empresa f, privada
— concern n - [legal] empresa f privada
— concessionaire m - [legal] concesionario m privado

private corporation n - [legal] corporación f, or sociedad f, or empresa f, privada
— dollar reserve(s) n - [fin] reserva(s) f privada(s) en dólar(es) m
— enterprise n - [com] empresa f privada • [fin] sector m privado
— —, company, or concern n - [econ] empresa f en sector m privado
— — corporation n - [econ] sociedad f en sector m privado
— entrance n - entrada f privada • [roads] entrada f domiciliaria
— entry n - [sports] inscripción f privada
— finance(s) n - [fin] finanza(s) f privada(s)
— financing n - [fin] financiación f privada; financiamiento m privado
— foreign dollar reserve(s) n - [fin] reservas f privada(s) extranjera(s) en dólar(es) m
— — gold reserve(s) n - [fin] reserva(s) f privada(s) extranjera(s) en oro m
— — reserve(s) n - [fin] reserva(s) f privada(s) extranjera(s)
— gold reserve(s) n - [fin] reserva(s) f privada(s) en oro m
— group n - agrupación f privada • [legal] empresa f privada
— held a - see privately held
— helicopter n - [aeron] helicóptero m privado
— home n - residencia f, or casa f, privada
— industry n - [ind] industria f privada
— investment n - [fin] inversión f privada
— life n - vida f privada
— loan n - [fin] préstamo m privado
— person n - particular m • [legal] persona f privada
— preserve a - privativo,va
— project n - propiedad f privada
— purchase n - [com] compra f privada
— purchaser n - [com] comprador m privado
— reserve(s) n - [fin] reserva(s) f privada(s)
— road n - [roads] camino m privado
— school n - [educ] escuela f privada; colegio m privado
— sector n - [econ] sector m privado
— — business n - [com] transacción f en sector m privado
— — market n - [com] mercado m en sector m privado
— security n - [fin] título m, or valor m, privado
— — personnel n - [ind] policía f privada
— service(s) n - servicio(s) m privado(s)
— share n - [legal] acción f privada
— —(s) subscription n - [legal] subscripción f de acción(es) f privada(s)
— ship n - [nav] embarcación f privada
— subscription n - [fin] subscripción f privada
— tender n - [com] licitación f privada
— tour n - [travel] gira f privada
— university m - [educ] universidad f privada
— work n - [constr] obra f privada
privateer n - . . . . • [sports] corredor m, or participante m, privado
privately adv - . . .; particularmente
— financed development n - [constr] urbanización f con, financiación f privada, or financiamiento m privado
— held company n - [legal] empresa f, or compañía f, privada
— — concern n - [legal] empresa f privada
— — corporation n - [legal] sociedad f, or empresa f, privada
— — enterprise n - [legal] empresa f privada
— owned a - de propiedad f privada
— recognized juristic person n - [legal] persona f jurídica de derecho m privado
prize money n - . . . . • [sports] recompensa f; bolsa f
— point n - punto(s) m en concurso m
pro n - see professional | a - professional
pro(s) and con(s) n - factor(es) m favorable(s)

pro-forma

y desfavorable(s)
pro-forma a - pro-forma; simulado,da
── **invoice** n - [com] factura f, pro-forma, or simulada
── **Rally** n - [sports] (carrera f, or justa f, or encuesta f) Pro Rally • carrera f, or justa f, profesional
── **car** n - [sports] automóvil m, Pro Rally, or para (carrerista) profesional m
── **champion** n - [sports] campeón m en, carrera(s) f, or justa(s) f, or encuesta(s) f, Pro-Rally, or profesional(es), or de regularidad f
── **circle** n - [autom] círculo m de aficionado(s) m a carrera(s) f, Pro-Rally, or (para) profesional(es)
── **circuit** n - [sports] circuito m para carrera(s) f, Pro-Rally, or profesional(es)
── **driver** n - [sports] conductor m para carrera(s) f, or encuesta(s) f, or justa(s) f, Pro-Rally, or profesional(es), or de regularidad f; conductor m profesional para carrera(s) f de regularidad f
── **of @ year** n - [sports] campeonato m, Pro-Rally, or profesional, para año m
── **race** n - [sports] carrera f, Pro-Rally, or profesional, or para regularidad f
── **racing team** n - [sports] equipo m para carrera(s) f, Pro Rally, or profesional(es) f
── **rookie** n - [sports] novicio m, or novato m, en carrera(s), Pro Rally, or profesionales
── **season** n - [sports] temporada f (para carreras f, Pro Rally, or para profesionales m
── **series** n - [sports] serie f (de carreras f), Pro Rally, or para profesionales m
── **team** n - [sports] equipo m para carrera(s) f, Pro Rally, or para profesionales m
── **vehicle** n - [sports] vehículo m, or automóvil m, para carrera(s) f, Pro Rally, or para profesionales m
── **victory** n - [sports] triunfo m (en carrera f), Pro Rally, or para profesionales m
──**Rallying** n - [sports] participación f en carrera(s) f, Pro Rally, or para profesionales
── **rata** n - prorrata f | a - con prorrateo m
── **basis** n - base f de prorrateo m
── **insurance** n - [insur] seguro(s) m a prorrata f
── **reinsurance** n - [insur] reaseguro(s) m a prorrateo m
── **shop** n - [sports] tienda f con artículo(s) m para profesional(es) m
── **tem(pore)** a - interino,na | adv - interinamente
probable a - . . .; posible
── **cause** n - causa f probable
── **delivery** n - [transp] entrega f, probable, or posible
── **schedule** n - [transp] programa m posible para entrega(s) f
── **event(s) sequence** n - orden m probable para evento(s) m
── **future quantity** n - cantidad f futura probable • [hydr] caudal m futuro probable
── **land use** n - [agric] probable, or posible, empleo de tierra(s) f
── **life** n - vida f (útil) probable
── **loss cause** n - [insur] causa f probable de siniestro m
── **need** n - necesidad f probable
── **oil land** n - [petrol] terreno m probablemente petrolífero
── **reserve(s)** n reserva(s) f probable(s)
── **schedule** n - programa m, probable, or posible
── **sequence** n - orden m, or secuencia f, probable, or posible
── **traffic expectation** n - [roads] tránsito m posible a preverse
── **value** n - valor m probable
probably adv - . . .; posiblemente; verosimilmente

probe n - . . .; sonda f • sondeo m - encuesta f; tanteo m | v - probar; ensayar; tentar; tantear • tocar • ventear
── **application** n──aplicación f para comprobación
── **detection** n - detección f de comprobación f
──, **inserting**, or **insertion** n - inserción f de sonda f
──, **removal**, or **removing** n - remoción f de sonda
── @ **wire** v - [electr-oper] tocar con, alambre m, or conductor m
── **with** @ **wire** v - [electr-oper] tocar, or ensayar, con alambre m
──, **withdrawl**, or **withdrawing** n - retiro m de sonda f
probed a - probado,da; ensayado,da; tentado,da • tanteado,da; tratado,da
prober n - tanteador m
probing n - prueba f; ensayo m • sondeo m • comporobación f • toque m | a - tanteador,ra
problem n . . . . • inconveniente m | a - difícil
── **area** n - area m de problema(s) m
── **avoiding** n - evitación f de problema(s) m
── **buying** n - creación f de problema m
── **cause** n - causa f de problema m
── **control** n - regulación f de problema m
──, **correcting**, or **correction** n──corrección f de problema f
── **elimination** n - eliminación f de problema m
── **employee** n - [labor] empleado m, con problemas, or difícil
── **evaluation** n - evaluación f de problema m
── **isolation** n - aislación f de problema m
── **occurring** n - ocurrencia f de problema m
──, **preventing**, or **prevention** n - evitación f de or prevención f (contra), problema m
── **resolving** n - (re)solución f de problema m
── **review** n - examen m de problema m
── **satisfactory solution** n (re)solución f satisfactoria de problema m
── **solution** n - (re)solución f de problema m
── **solver** n - resolvedor m, or solucionador m, de problema m
── **solving** n - (re)solución f de problema m
── **start(ing)** n - comienzo m, or inicio m, or iniciación f, de problema m
── **steel** n - [weld] acero m, problemático, or difícil
──── **weld(ing)** n - [weld] soldadura f, de acero m problemático, or problemática de acero m
── **understanding** n - [managm] comprensión f de problema m
problematic steel n - see **problem steel**
procedural a - para procedimiento m
── **change** n - cambio m en procedimiento m
── **selection** n - selección f de procedimiento m
procedure n - [ind] . . .; proceso m; método m; paso(s) m; trámite m - instrucción(es) m sobre procedimiento(s) m
── **adjustment** n──[ind] ajuste m de procedimiento
──── **detail** n - [ind] detalle m sobre ajuste m de procedimiento m
────── **information** n - [ind] información f sobre ajuste m de procedimiento m
──── **detailed information** n - [ind] información f detallada sobre ajuste m de procedimiento
── **and operator qualification** n - [weld] capacitación f técnica y práctica de operario m
──── **qualification requirement** n - [weld] requisito m para capacitación f técnica y práctica de operario m
── **approval** n - aprobación f de procedimiento m
── **approving** n - aprobación f de procedimiento m
── **change** n - [ind] cambio m en procedimiento m
──── **prevention** n - evitación f de cambio(s) m en procedimiento m
── **changeover** n - [ind] conmutación f de procedimiento m
── **choice** n - [weld] selección f de procedimiento m
── **communication(s)** n - [ind] comunicación(es) f, or instrucción(es) f, sobre procedimiento

- 1306 -

procedure contact n - [ind] entrevista f sobre procedimiento(s) m
— **control(ling)** n - regulación f para procedimiento m
— **detail** n - [ind] detalle m sobre procedimiento
— **detailed information** n - [ind] información f detallada sobre procedimiento(s) m
— **determination** n - [ind] determinación f de procedimiento m
— **(s), developing,** or **development** n - creación f, or desarrollo m, de procedimiento m
— **development director** n - [ind] director m para desarrollo m de procedimiento(s) m
— **discussion** n - conversación f sobre procedimiento m
— **economy** n - [ind] economía f de procedimiento
— **establishing** n establecimiento m de procedimiento m | a - establecedor,ra de procedimiento m
— **establishment** n - [ind] establecimiento m, or implantación f, de procedimiento(s) m
— **fault** n - [ind] falla f en procedimiento(s) m
— **following** n - seguimiento m de procedimientos
— **group contact** n - [labor] entrevista f colectiva sobre procedimiento(s) m
— **(s) homologation** n - [ind] homologación f de procedimiento(s) m
— **(s) improvement** n - [ind] mejora f de procedimiento(s) m
— **(s) index** n - [weld] índice m de procedimiento(s) m
— **(s) information** n - [ind] información f sobre procedimiento(s) m
— **instruction** n - [ind] instrucción(es) f sobre procedimiento(s) m
— **(s) manual** n - [ind] manual m sobre procedimiento(s) m
— — **of Arc Welding Design and Practice** n - [weld] Manual m de Procedimientos m para Proyección f y Práctica de Soldadura f por Arco
— **performance** n - ejecución f de procedimiento
— **personal contact** n - [labor] entrevista f individual sobre procedimiento(s) m
— **precise control** n - regulación f precisa para procedimiento m
— **qualification** n - [ind] calificación f (previa), or determinación f, de procedimiento m • [weld] capacitación f técnica (de operario) • requisito m para procedimiento m
— — **standard** n - [ind] norma f para aprobación f de procedimiento m
— **range** n - escala f, or límite(s) m, de procedimiento(s) m
— **repeating** n - repetición f de procedimiento
— **repetition** n - repetición f de procedimiento
— **requirement** n - [weld] conocimiento m técnico en materia f de procedimientos m • requisito m para capacitación f sobre procedimiento(s)
— **(s) standard** n - [ind] norma f para procedimiento(s) m
— **step** n - [ind] paso m en procedimiento(s) m
— **to start** v - [int.comb] proceder para, arrancar, or puesta f en marcha f
— **(s) table** n - tabla f de procedimiento(s) m
— **(s) variable(s)** n - [ind] variable(s) en procedimiento(s) m
— **(s) variation(s)** n - [weld] variación f en procedimiento(s) m
— **(s) wide range** n - [ind] escala f amplia, or límite(s) m amplio(s), en procedimiento(s) m
proceeded a - procedido,da; progresado,da
— **to start** a - [int.comb] procedido,da para, arranque m, or puesta f en marcha f
proceeding n - . . . . • progreso m; progresión f • [legal] diligencia f; actuación f; auto m • anal(es) m • acta n; memoria f • expediente m | a - procedente; proviniente
— **from** a - procedente, or proviniente, de
proceeding(s) order n - see **agenda**
— **to start** n - [int.comb] procedimiento m para, arranque m, or puesta f en marcha f

proceeds n - . . . .; producido m
process n - . . . .; operación f; método m • marcha f • [legal] trámite m | v - elaborar • tramitar; cursar; dar curso m
— **adjustment** n - [ind] ajuste m, or puesta f a punto m, de proceso m
— **advance(ment)** n - [ind] avance m en proceso m
— **advantage** n - ventaja f de proceso m
— **allowance** n - [ind] pérdida f por procesamiento m • [labor] tiempo m perdido por procesamiento m
— **analysis** n - análisis m de proceso m
— **annealing** n - [metal-treat] recocido m para tratamiento m
— **application** n - aplicación f para proceso m
— **applying** n - aplicación f de proceso m
— **attribute** v - imputar, or atribuir, a proceso
— **attributed** a - atribuido,da, or imputado,da, a proceso m
— **attributing** n - atribución f, or imputación f, a proceso m
— **bad thermal yield** n - [ind] rendimiento m térmico. malo, or pobre, para proceso m
— **calculation** n - cálculo m de proceso m
— **changeover** n - [weld] conmutación m de, proceso m, or procedimiento m
— **choice** n - [weld] selección f de proceso(s) m
— @ **compound** v - [chem] procesar compuesto m
— **computer** n - [comput] computador m para proceso(s) m
— @ **concentrate** v - [metal] procesar concentrado* m
— **control** n - [ind] regulación f, or control m, de proceso m • regulador m para proceso m • [comput] fiscalización f de proceso m
— — **area** n - área m para regulación f de proceso m
— — **panel** n - [ind] tablero m para regulación f de proceso m
— — **procedure** n - procedimiento m para regulación f de proceso m
— **delay** n - [ind] demora f en proceso m
— **description** n - descripción f de proceso m
— **designer** n - elaborador m, or proyectista m, or diseñador m, para proceso m
— **description** n - descripción f de proceso m
— **design(ing)** n - proyección f de proceso m
— **detail** n - detalle m de proceso m
— **development** n - [weld] mejora f, or avance m, de procedimiento(s) m
— @ **downgraded material** v - [ind] procesar material m degradado
— **dust** n - [ind] polvo m de proceso m
— **economy** n - [ind] economía f de proceso m
— **efficiency** n - eficiencia f de proceso m
— **emphasis** n - [ind] énfasis m de proceso m
— **engineering** n - [ind] ingeniería f para proceso m
— **equipment** n - equipo m para, proceso m, or procesamiento m
— **fault** n - [ind] falla f en proceso m
— **feed(ing)** n - [ind] alimentación f para proceso m
— **flow diagram** n - [ind] diagrama m para flujo m para proceso m
— @ **food(s)** v - [foods] procesar alimento(s) m
— **forecast** n - pronóstico m, or previsión f, para proceso m
— **improvement** n - [ind] mejora f, or mejoramiento m, de proceso m
— **(es) index** n - [ind] índice m de proceso(s) m
— **(ing) line** n - [ind] línea f para, procesamiento m, or producción f
— **(ing) — requirement** n - [ind] exigencia f de línea f para, proceso m, or procesamiento m
— @ **material** v - [ind] procesar material m
— **mechanic(s)** n [ind] mecánica f de proceso(s)
— **metallurgy** n - [metal-prod] metalurgia f para proceso(s) m
— **misuse** n - [ind] aplicación f equívoca para, proceso m, or procedimiento m

process @ molten metal v - procesar metal m fundido
— **operator** n - [ind] operador m para proceso m
— **@ order** n - [com] atender m, or dar curso m, a pedido m
— **pipe** n - [tub] tubería f para proceso(s) m industrial(es)
— **piping** n - [tub] tubería f para proceso(s) m industrial(es) • tubería f para elaboración f
— — **pipe** n - [weld] tubería f para proceso(s) m industrial(es)
— **@ plastic(s)** v - [plast] procesar plástico(s)
— **poor thermal yield** n - [ind] rendimiento m térmico, malo, or pobre, para proceso m
— **practice** n - [ind] práctica f de proceso m
— **product** n - [ind] producto m de proceso m
— **qualification** n - aprobación f (previa) de proceso(s) m
—**(es) range** n - [ind] escala f, or límite(s) m, para proceso(s) m
—, **repeating, or repetition** n - repetición f de proceso m
— **selection** n - [weld] selección f de, proceso m, or procedimiento i m
— — **freedom** n - [weld] libertad f para selección f de, proceso m, or procedimiento m
—, **simulating, or simulation** n—simulación f de proceso m
— **specification** n - [ind] especificación f de proceso m
— **speed** n - [ind] rapidez f, or velocidad f, de proceso m
— **sponsor** n - promotor m para proceso m
— **stage** n - [ind] etapa f de proceso m
— **step** n - [ind] paso m, or etapa f, de proceso
— **stoppage** n - [ind] detención f, or interrupción f, de proceso m
— **technology** n—[ind] tecnología f para proceso
— **totally** v - procesar íntegramente
—**(ing) turn foreman** n - [ind] jefe m de turno m para procesamiento m
— **updating** n - [ind] actualización f de proceso
— **variable** n - [ind] variable f para proceso m
—**(es) wide range** n - [ind] escala f amplia, or límite(s) m amplio(s), para proceso m
processed a - [ind] procesado,da; elaborado,da • [comput] procesado,da
— **coil** n - [metal-roll] bobina f procesada
— **compound** n - [chem] compuesto m procesado
— **concentrate** n - concentrado* m procesado
— **degraded material** n - [ind] material m degradado procesado
— **food(s)** n—[foods] alimento(s) m procesado(s)
— **material(s)** n - [ind] material(es) m procesado(s)
— **metal form** n - [metal-prod] molde m metálico procesado
— **molten metal** n - [metal-prod] metal m fundido procesado
— **plastic** n - [plast] (material) plástico m procesado m
— **product** n - [ind] producto m procesado
— **slab** n - [metal-roll] planchón m procesado
— **wire** n - [metal-wire] alambre m, procesado, or recocido durante fabricación f
processing n - [ind] procesamiento m; elaboración f • tratamiento m • [legal] registro m; registración f • atención f • [comput] procesamiento m | a - procesador,ra
— **area** n - [ind] zona f para procesamiento m
— **department** n - [ind] departamento m para, procesamiento m, or producción f
— — **personnel** n - [ind] personal m para (departamento m para, procesamiento m, or producción f
— **efficiency** n - [ind] eficiencia f en, procesamiento m, or elaboración f, or producción f
— **equipment** n - [ind] equipo m para, procesamiento m, or elaboración, or producción f, or preparación f; maquinaria f elaboradora • recipiente m para elaboración f

processing equipment function n - [ind] función f de equipo m para procesamiento m
— **facility** n - [ind] instalación(es) f, or equipo m, para procesamiento m
— **industry** n - [ind] industria f para procesamiento m
— **instruction(s)** n - [ind] instrucción(es) f para procesamiento m
— **line** n - [ind] línea f para, procesamiento m, or producción f
— **manager** n - [ind] gerente m para procesamiento m
— **oil** n - [ind] aceite m para procesamiento m
— **operation** n - [ind] operación f para procesamiento m
— **order** n - [ind] orden f para procesamiento m
— **problem** n—[ind] problema m con procesamiento
— **system** n - [comput] sistema m para, procesamiento m, or elaboración f
— **technology** n - [ind] tecnología f para procesamiento m
— **unit** n - [mech] equipo m, procesador, or para procesamiento m • [agric] implemento m (procesador, or para procesamiento m)
— —**('s) correct speed** n - [agric-equip] velocidad f correcta para equipo m para procesamiento m
— —**('s) need(s)** n - [agric] exigencia f de equipo m para procesamiento m
— —**('s) speed** n - [agric] velocidad f para equipo m para procesamiento m
processor n - procesador m
proclaimed a - proclamado,da
proclaiming n - proclamación f | a - proclamador,ra
Proctor density n - [constr] densidad f según escala f (de) Proctor
— **method** n - [constr] método m (de) Proctor
procure v - . . .; adquirir
— **@ goods** v - [com] adquirir, bien(es) m, or mercadería(s) f
— **@ movable asset(s)** v - adquirir bien(es) m mueble(s)
— **@ raw material(s)** v - [ind] adquirir materias f primas
— **@ service(s)** v - adquirir servicio(s) m
procured a - procurado,da • adquirido,da
— **goods** n - [com] bienes m adquiridos • mercadería(s) f, or mercancía(s) f adquirida(s)
— **movable asset(s)** n - bien(es) m mueble(s) adquirido(s)
— **raw material(s)** n - [ind] materia(s) f prima(s) adquirida(s)
— **service(s)** n - servicio(s) m adquirido(s)
procurement n - . . . • adquisición f • [Spa.] acopio m
— **activity** n - actividad(es) f para adquisición(es) f
— **condition** n - condición f para adquisición f
— **department** n - [com] departamento m para adquisición(es) f
— **govening** n - regencia f para adquisición(es)
—, **Leasing and Warehousing Law** n - [legal] Ley f sobre Adquisiciones f, Arrendamientos m y Almacenes m
— **management** n - [managm] gerencia f para, adquisición(es) f, or suministro(s) m
— **manager** n - [com] gerente m para adquisición(es) f
— **manual** n - [managm] manual m para adquisición(es) m
— **regulating** n - reglamentación f para adquisición(es) f
— **stage** n - etapa f en adquisición f
procuring n - procuración f • adquisición f | a - procurador,ra
prod n - picana f
prodigy n - . . .; fenómeno m
produce n - [foods] fruta(s) f y verdura(s) f | v - elaborar • desplegar • presentar • gestar
— **additionally** v - producir adicionalmente

produce @ ball(s) v - [grind.med] producir bolas
— **@ better result(s)** v - producir resultado(s) m mejor(es)
— **@ capital good(s)** v—[econ] producir bien(es) m de capital
— **@ carbon steel** v - [metal-prod] producir acero m con carbono m
— — — **profile billet(s)** v - [metal-roll] producir palanquilla f para perfil(es) m de acero m con carbono m
— — — **wire rod billet(s)** v - [metal-roll] producir palanquilla f de acero m con carbono m para alambrón m
— **code** n - código m para producto(s) m
— **concrete reinforcing bar billet(s)** v - [metal-roll] producir palanquilla f para barra(s) f para armadura f para hormigón m
— **consistent composition particle(s)** v - [ind] producir partícula(s) f con composición f constante
— — **quality particles** v - [ind] producir partículas f con calidad f constante
— **@ copper** v - [metal-copper] producir cobre m
— **cost(s)** v - [ind] generar costo(s) m
— **economically** v - producir económicamente
— **electric energy** n - [electr-prod] producir, or generar, energía f eléctrica, or fuerza f motriz
— — **power** v - [electr-prod] producir, or generar, fuerza f motriz
— **@ engine wear** v - [int.comb] producir, or causar, desgaste m en motor m
— **excessive spatter** v - [weld] producir, or causar, salpicadura(s) f excesiva(s)
— **@ film** v - [photogr] producir película f
— **@ food** v - [econ] producir alimento(s) m
— **@ fossil fuel** v - [combust] producir combustible m fósil
— **from** v - [ind] producir en base f a
— — **crude oil** v - [ind] producir en base a petróleo m crudo
— — **oil** v - [petrol] producir en base f a petróleo m
— **fume(s)** v - producir emanación(es) f
— **@ gas** v - producir, or generar, gas(es) m
— **@ gel** v - [chem] producir gel m
— **@ good result(s)** v - producir resultado(s) m bueno(s)
— **heat** v - [weld] producir calor m
— **@ high quality weld** v - [weld] producir soldadura f con calidad f alta
— **hot rolled concrete reinforcing bar(s)** v - [metal-roll] producir barra(s) f laminada(s) en caliente para armadura(s) f para hormigón m armado
— **@ image** v - [optics] producir imagen f
— **income** v - [fin] rentar
— **@ low engine wear** v - [int.comb] producir, or causar, desgaste m mínimo en motor m
— **@ minimum engine wear** v - [int.comb] producir, or causar, desgaste m mínimo en motor m
— **oil** v - [petrol] extraer petróleo m
— **partial carbonization** v - producir carbonización f parcial
— **@ particle(s)** v - producir partícula(s) f
— **@ poor result(s)** v - producir resultado(s), pobre(s), or malo(s)
— **@ product** v - [ind] elaborar producto m
— **@ profile billet(s)** v - [metal-roll] producir palanquilla f para perfil(es) m (de acero m)
— **@ rebar billet(s)** v - [metal-roll] producir palanquilla f para barra(s) f para armaduras f para hormigón m
— **@ spatter** v - [weld] producir salpicadura(s) f
— **@ technology** v - [ind] producir tecnología f
— **to controlled inside diameter** v - [tub] fabricar con diámetro m interior verificado
— — — **outside diameter** v - [tub] fabricar con diámetro m exterior verificado
— **@ toxic fume(s)** v - [ind] producir emanación(es) f tóxica(s)

produce uninterruptedly v - producir ininterrumpidamente
— **@ waste** v - [nucl] producir, or generar, residuo(s) m, or desecho(s) n
— **@ wear** v - [mech] producir, or causar, desgaste m
— **@ weld quality** v - [weld] producir calidad f en soldadura f
— **@ work** v - producir trabajo m
— **@ worse result(s)** v - producir resultado(s) m peor(es)
— **wire rod billet(s)** v - [metal-roll] producir palanquilla f para alambrón m
produced a - producido,da; generado,da • elaborado,da • obtenido,da • presentado,da
— **ball** n - [grind.med] bola f producida
— **by other(s)** a - producido(s) por, otro(s), or tercero(s)
— **capital good(s)** n - [econ] bien(es) m de capital m producido(s)
— **carbon steel** n - [metal-prod] acero m con carbono m producido
— **copper** n - [metal-copper] cobre m producido
— **elecric energy** n - [electr-prod] energía f eléctrica, or fuerza f motriz, producida, or generada
— — **power** n - [electr-prod] fuerza f motriz, producida, or generada
— **film** n - [photogr] película f producida
— **food** n - [econ] alimento(s) m producido(s)
— **fossil fuel** n - [combust] combustible(s) m fósil(es) producido(s)
— **from** a - [ind] producido,da en base f a
— — **crude oil** a - [ind] producido,da en base f a petróleo m crude
— — **oil** a - producido,da en base a petróleo m
— **fume(s)** n - emanación(es) f producida(s)
— **gas** n - [combust] gas m producido
— **gel** n - [chem] gel m producido
— **high quality weld** n - [weld] soldadura f con calidad f alta producida
— **hot rolled reinforcing bar(s)** n - [metal-roll] barra(s) f laminada(s) en caliente para armadura(s) f producida(s)
— **image** n - [optics] imagen f producida
— **locally** a - producido,da localmente
— **oil** n - [petrol] petróleo m extraído
— **particle** n - partícula f producida
— **product** n - [ind] producto m, producido, or elaborado
— **steel cost** n - [metal-steel] costo m de acero m producido
— — — **per ton** n - [metal-prod] costo m por tonelada (de 2.000 libras) de acero m producido
— **technology** n - [ind] tecnología f producida
— **to inside controlled diameter** a - [tub] fabricado,da con diámetro m interior verificado
— — — **outisde diameter** a - [tub] fabricado,da con diámetro f exterior verificado
— **ton** n - tonelada (de 2.000 libras) producida
— **toxic fume(s)** n - [ind] emanación(es) f tóxica(s) producida(s)
— **uninterruptedly** a - producido,da ininterrumpidamente
— **waste(s)** n - [nucl] desecho(s) m, or residuo(s), producido(s), or generado(s)
— **wear** n - [mech] desgaste m, producido, or causado
— **weld** n - [weld] soldadura f producida
— — **high quality** n - [weld] calidad f alta de soldadura f producida
— — **quality** n - [weld] calidad f de soldadura f producida
— **work** n - trabajo m producido
producer n - [ind] . . .; elaborador m; fabricante m • [combust] . . .
—**('s) advice** n - asesoramiento m de productor m
producing n - producción f • obtención f • presentación f | a - productor,ra
— **facility** n - [ind] instalación(es) f para

producing plant

producción f
producing plant n - [ind] planta f, productora, or elaboradora
— **unit** n - [ind] elemento m productor
product n - . . . . modelo m • [ind] producto m (refinado, or terminado)
— **acceptance** n - aceptación f de producto m
— **activity** n - actividad f con producto m
—, **adaptation**, or **adapting** n - [ind] adaptación f de producto m
— **adjustment** n - ajuste m de producto m
— **arrangement** n - disposición f de producto m
— **back-up** n - [ind] respaldo m para producto m
—(s) **bay** n - [ind] nave f para producto(s) m
—(s) **blend** n - [ind] mezcla f de producto(s) m
— **bought** n - producto m, comprado, or adquirido
— — **for distribution** n - producto m, comprado, or adquirido, para distribución f
— — — **sale** n - [com] producto m, comprado, or adquirido, para venta f
— **brochure** n - [print] folleto m sobre producto
— **cementing** n - cementación f de producto m
— **change** n - [ind] cambio m, or modificación f, de producto m
—, **choice**, or **choosing** n - selección f, or escogimiento m, de producto m
— **convenience communication** n - comunicación f sobre conveniencia f de producto m
— **cost per ton** n - [ind] costo m de producto m por tonelada (de 2.000 libras)
— — — **produced** n - [ind] costo m de producto m por tonelada f (de 2.000 libras) producida
— **cutting** n - [mech] corte m de producto m
— **cycle** n - [ind] ciclo m para producto m
— **data,tum** n - información f, or dato(s) m, sobre producto(s) m
— — **bulletin** n - [ind] boletín m con información f sobre producto(s) m
— — **file** n - conjunto m de información f sobre producto(s) m
— **delivery** n - entrega f de producto(s) m
— **design** n - [ind] proyección f de producto m
— **desirability** n - conveniencia f de producto m
—, **developing**, or **development** n - [ind] desarrollo, or perfeccionamiento m, or evolución f, de producto m
— — **research** n - [ind] investigación f, para, or sobre, perfeccionamiento m de producto m
— **discharge** n - [ind] descarga f, or entrega f, de producto m
— **display** n - [com] (estante m para) exhibición f de producto(s) m
— **disposal** n - disposición f de producto m
—(s) **exchange** n - [com] intercambio m de producto(s) m
— **feature** n - característica f de producto m
— **group** n - [com] grupo m de producto(s) m • [managm] grupo m para producto m
—(s) **handbook** n - [ind] vademécum m, or manual m, sobre producto(s) m
— **history compilation** n - [ind] compilación f de historia f de producto m
— **improvement** n - mejora f, or mejoramiento m, de producto m
— **inner side** n - [ind] lado m interior de producto m
— **inside** n - [ind] (parte f) interior m de producto m
—, **introducing**, or **introduction** n - [com] presentación f de producto m
— **inventory control** n - [ind] fiscalización f de inventario m de producto(s) m
— **knowledge** n - conocimiento m de producto m
— **label** n - marbete m, or etiqueta f, para producto m
— **life** n - vida f (útil) de producto m
— — **cycle** n - [ind] ciclo m para vida (útil) de producto m
— **line** n - [com] línea f, or renglón m, de producto(s) m - [tub] tubería f para producto(s)

— **product listing** n - [com] (puesta f en) lista f de producto m
— **literature** n - [print] impreso(s) m sobre producto(s) m
— **manager** n - [com] gerente m para producto m • gerente m para venta(s) f
— **manufacture** n - [ind] fabricación f. or elaboración f de producto(s) m
—(s) **mill** n - [metal-roll] laminador m para producto(s) m
—(s) **mix** n - [ind] mezcla f de producto(s) m • [com] porcentaje(s) m por producto(s) m • surtido m de producto(s) m
—(s) **mixture** n - [com] mezcla f de producto(s)
— **output** n - [ind] producción f por producto m
— **performance** n - rendimiento m, or comportamiento m, de, producto m, or artículo m
— **planning** n - planificación f para producto m • proyección f para producto m
—(s) **plant** n - [ind] planta f para producto(s)
— **production** n - producción f, or elaboración f, de producto(s) m
— **purchased** n - producto m, comprado, or adquirido
— — **for distribution** n - [com] producto m, comprado, or adquirido, para distribución f
— — — **sale** n - [com] producto m, comprado, or adquirido, para venta f
— **quality assessment** n - [ind] determinación f de calidad f de producto m
— — **evaluation** n - [ind] evaluación f de calidad f de producto m
— — **improvement** n - [ind] mejora f, or mejoramiento m, de calidad f de producto m
— — **specification** n - [ind] especificación f de calidad f de producto m
— **quantity improvement** n - [ind] mejora f, or mejoramiento m, en cantidad f de producto m
— **range** n - [ind] surtido m de producto(s) m
— **reduction** n - [metal-roll] reducción f de producto m
— **requirement** n - exigencia f de producto m
— — **determination** n - determinación f de exigencia(s) f de producto(s) m
— —(s) **scheduling** n - [ind] programación f de exigencia(s) f para producto m
— **research** n - [ind] investigación f para producto m
— **rolling** n - [metal-roll] laminación f de producto m
— **sale** n - venta f de producto m
— **scarfing degree** n - [metal-treat] grado m de escarpado* m de producto m
— **scheduling** n - [ind] programación f para producto(s) m
—(s) **scope** n - (amplitud f de) renglón m de producto(s) m
— **selling** n - [com] venta f de producto(s) m
— **serviceability** n - bondad f de producto m; aptitud f de producto m para servicio m
— **shipment** n - [ind] embarque m de producto(s)
— **shipping** n - [ind] expedición f de producto m
— — **control** n - [ind] fiscalización f de, expedición f, or despacho m, de producto(s) m
— **sold cost** n - [accntg] costo m de producto(s) m vendido(s)
— **specialist** n - [ind] especialista m para producto m • [com] técnico m (para producto m)
— **specification(s) consultation** n - [ind] consulta f sobre especificación(es) f para producto m
— **standardization** n - [ind] normalización f de producto m
—(s) **storage** n - [ind] almacenamiento m de producto(s) m
— — **yard** n - [ind] parque m, or playa f, para, almacenar, or almacenamiento m de, productos
— **suitability** n - [ind] adecuación f, or aptitud f, de producto m
—(s) **supervisor** n - [ind] supervisor m para producto(s) m

- 1310 -

product supply n - provisión f, or abastecimientyo m, de producto m
— **superficial quality** n - calidad f superficial de producto m
— **surface** n - superficie m de producto m
— — **quality** n calidad f de superficie f de producto m
. . . — **system** n - [ind] sistema m con . . . producto(s) m
— **test** n - ensayo m, or prueba f, de, producto m, or artículo m
— — **type** n - tipo m de ensayo m para, producto m, or artículo m
— **testing** n - ensayo m de, producto m, or artículo m
— **to be manufactured** n - [ind] producto m a fabricar(se)
— **ton** n - [ind] tonelada f (de 2.000 libras) de producto m
—**(s) training course** n - [ind] curso m para instrucción f sobre producto m
— **transfer(ing)** n - [ind] transferencia f, or traslado m, de producto m
— **type** n - tipo m de producto m
— **use** n - uso m de producto(s) m
—**(s) variety** n - variedad f de producto(s) m
—**(s) warehousing** n - [ind] almacenaje m de producto(s) m
— **warranty** n - garantía f para producto m
—**(s) wide range** n - [ind] surtido m amplio de producto(s) m
productimeter n - [ind] medidor m, or registrador m, de producción f
production n - . . . ; elaboración f; fabricación f; manufactura f • obtención f; presentación f • producido m • rendimiento m • [electr] generación f • [weld] ejecución f • [ind] departamento m para producción f
— **activity,ties** n - actividad(es) m, or sector m, para producción f
— **application** n - aplicación f para producción f • [petrol] aplicación f para extracción f • [weld] soldadura f en serie
— **arc welding** n - [weld] soldadura f por arco m para producción f (en serie); soldadura f por arco m en escala f industrial
— — **requirement** n - [weld] exigencia f de soldadura f por arco para producción f
— **area** n - [ind] zona f para producción f
— **assembly** n - [mech] conjunto m para producción f • montaje m para producción f
— — **number** n - [ind] número m de, or conjunto m para, or lote m para, producción f
— **asset(s)** n - [ind] activo m para producción f
—, **attaining**, or **attainment** n - logro m de producción f
— **base** n - base f para producción f
— **beginning** n - [ind] comienzo m, or iniciación f, de producción f
— **bonus** n - [ind] prima f por producción f
— **bottleneck** n - [ind] impedimento m para producción f
— **butt weld** n - [weld] soldadura f a tope en serie f
— **capability** n - capacidad f para producción f
— **capacity** n - [ind] capacidad f para producción
— **car** n - [autom] automóvil m (tipo) para producción f en serie f; also see **stock car**
— **center output** n - [ind] poducción f por centro m para producción f
— **characteristic** n - característica f, productiva, or para producción f (en serie f)
— **class** n - [autom] automóvil m, tipo m, or clase f, para producción f (en serie); categoría f (para) producción f (en serie f)
— — **car** n - [autom] automóvil m de categoría f para producción f (en serie f)
— **class champion** n - [autom] campeón m para categoría f (para) producción f (en serie f)
— — **championship** n - [autom] campeonato m para categoría f (para) producción f (en serie f)

production class win n - [autom] triunfo m en caategoría f (para) producción f (en serie f)
— — **winner** n - [sports] ganador m en categoría f (para) producción f en serie f
— **condition** n - condición f para producción f
— **control** n - fiscalización f, or regulación f, de producción f
— **controlled carefully** n - producción f regulada cuidadosamente
— **controller** n - [ind] fiscalizador m para producción f
— **cost(s)** n - [ind] costo(s) m para, producción f, or elaboración f
— —**(s) at @ mine** n - [miner] costo(s) m para producción f (puesto,ta) en mina f
— — **estimate** n - [ind] estimación f de costo m de producción f; costo m estimado para producción f
— — — **calculation** n - [ind] cálculo m estimado de costo m para producción f; estimación f de costo m para producción f
— — **per ton** n - [ind] costo m para producción f por tonelada f (de 2.000 libras)
— —**(s)** — — **produced** n - [ind] costo m para producción f por tonelada f (de 2.000 libras) producida
— —**(s) phase** n - [ind] fase f de costo(s) m de producción f
— —**(s) on @ market** n - [miner] costo(s) m para producción f (puesto,ta) en mercado m
— —**(s) statement** n - [fin] estado m de costo(s) m para producción f
— —**(s) — copy** n - [fin] copia f de estado m de costo(s) m para producción f
— **crane** n - [cranes] grúa f para, producción f, or trabajo m
— **customizing** n - [ind] producción f de acuerdo con especificación(es) de cliente m
— **data** n - [ind] información f, or dato(s) m, sobre producción f
— — **graph** n - [ind] gráfico m, or cuadro m, con dato(s) m sobre producción f
— — **processing** n - [comput] proceso m de dato(s) m sobre producción f
— — **report** n - [comput] informe m de dato(s) m sobre producción f
— **datum.ta** n - [ind] dato(s) m, or información f, sobre producción f
— **day** n - [ind] día m de producción f
— **decrease** n - [ind] reducción f, or disminución f, en producción f
— **defect** n - defecto m en producción f
— **delay** n - [ind] demora f en producción f
— **department** n - [ind] departamento m para producción f • [pol] ministerio m para producción f
— — **personnel** n - [ind] personal m para departamento m para producción f
— **director** n - [ind] director m para producción f
— **discouraging** n - [econ] desaliento m para producción f | a - [econ] desalentador,ra para producción f
— **discouragement** n - [econ] desaliento m para producción f
— **downtime** n - [ind] tiempo m de parada f en producción f
— **effect** n - efecto m sobre producción f
— **efficiency** n - [ind] eficiencia f, productiva, or en producción f
— — **measurement** n - [ind] medida f de eficiencia f productiva
— **electrode** n - [weld] electrodo m para (trabajos m) para, producción f, or fabricación f, en, serie f, or escala f grande, or escala f industrial; electrodo m para producción f industrial
— **encouraging** n - [econ] aliento m para producción f | a - alentador,ra para producción f
— **encouragement** n - [econ] aliento m para producción f
— **engineer** n - ingeniero m para producción f

prooduction equipment n - [ind] equipo m para, producción f, or elaboración f
— — **maintenance** n - [ind] mantenimiento m para equipo m para producción f (en serie f)
— — **manufacturer** n - [ind] fabricante m de e-quipo(s) m para producción f (en serie f)
— **examination** n - [ind] examen m de producción
— **expediter** n - [ind] coordinador m, or expedidor m, para producción f
— **fabrication** n - [ind] producción f en serie f
— **facility,ties** n - [ind] instalación f, or taller(es) m, or planta f, para producción f; instalación f industrial • activo (s) m para producción f
— **fall** n - [ind] caída f, or reducción f, en producción f
— **field** n - [sports] pelotón m de automóviles f en categoría f para producción f (en serie f)
— **fillet weld** n - [weld] soldadura f en ángulo m interior en serie f
— **floor** n - [ind] taller m, or piso m, para producción f
— **flow chart** n - [ind] diagrama m para flujo m para producción f
— **forcing** n - [ind] forzamiento m de producción
— **forecast** n - [ind] pronóstico m, or previsión f, para producción f
— **foreman** n - [ind] capataz m para producción f
— **furnace** n - [ind] horno m para producción f
— **growth** n - aumento m en producción f
— — **rate** n - [ind] tasa para crecimiento m para producción f
— **increase** n - [ind] aumento m en producción f
— **interference** n - [ind] interferencia f, or interrupción f, en producción f
— **interruption** n - [ind] interrupción f en producción f
— **investment** n - [ind] inversión f para producción f
— — **program** n - [ind] programa m para inversión(es) para producción f
— **lap weld** n - [weld] soldadura f con solapo m en serie f
— **level** n - [ind] nivel f de producción f
— — **attainment** n - [ind] logro m, or alcance m, de nivel m de producción f
— **line** n - [ind] línea f para, producción f, or montaje m (en serie), or fabricación f
— — **test** n - [ind] ensayo m de línea f para producción f (en serie f)
— **loss** n - [ind] pérdida f, or interrupción f, en producción f
— **management** n - [ind] gerencia f para producción f
— **manager** n - [ind] gerente m, or jefe m, para, producción f, or fabricación f
— **metallurgical requirement** n - [metal-prod] exigencia f metalúrgica para producto m
— **method** n - [ind] método m para producción f
— **minute** n - [labor] minuto m de producción f
— **mold** n - [ind] molde m para producción f
— **obtained** n - producción f obtenida
— **office** n - oficina f para producción f
— —, **head**, or **supervisor** n - [ind] jefe m para oficina f para producción f
— **operative method** n - [ind] método m operativo para producción f
— **order** n - [ind] orden f, or pedido m, para, producción f, or fabricación f
— — **number** n - [ind] número m de orden f para, producción f, or fabricación f
— —, **office**, or **section** n - [ind] oficina f, or sección f, para órdenes f para producción
— **overhead** n - [ind] gasto(s) m indirecto(s) para, porducción f, or fabricación f
— **parameter** n - [ind] parámetro m para producción f
— **passenger car** n - [autom] automóvil m para pasajero(s) m (de tipo m) para producción f (en serie f)
— **peak** n - [ind] punta f de producción f

production people n - [ind] personal m para producción f
— **perfecting** n - [ind] perfeccionamiento m para producción f | a - [ind] perfeccionador,ra para producción f
— **personnel** n - [metal-prod] personal m, productivo, or para producción f; plantilla f para producción f; personal m obrero
— **phase** n - [ind] fase f para, producción f, or fabricación f
— **planning** n - [ind] planificación f para producción f
— — **department** n - [ind] departamento m para planificación f para producción f
— **plant** n - [weld] planta f para, producción f, or fabricación f, en, serie f, or, escala f, grande, or industrial
— **policy** n - [ind] norma f, or práctica f, para producción f
— **practice** n - [ind] práctica f para, producción f, or fabricación f; producción f industrial
— **problem** n - [ind] problema m en producción f
— **procedure** n - [ind] procedimiento m para producción f
— **process** n - [ind] proceso m, productivo, or para, producción f, or fabricación f
— — **stage** n - [ind] etapa f para proceso m para, producción f, or fabricación f
— — **step** n - [ind] paso m, or etapa f, para proceso m para producción f
— **processing** n - [ind] procesamiento m para producción f
— **Promotion Institute** n - [pol] Corporación f para Fomento m para Producción f
— **quality** n - [ind] calidad f para producción f
— **quantity** n - [ind] cantidad f para producción
— **radial (tire)** n - [autom-tires] neumático m radial con producción f en serie f
— **raise** n - [ind] elevación f de producción f
— **range** n - [ind] límite(s) m, or escala f, para, producción f, or fabricación f • diversidad f en producción f
— **rate** n - [ind] velocidad f, or ritmo m, or régimen m, para producción f
— **rationalization** n - [ind] racionalización f de producción f
— **record** n - [ind] registro m de producción f • cifra f máxima, or record* m, para producción
— **recorder** n - [ind] registrador m para producción f
— **recovery** n - [ind] recuperación f de producción f
— **report** n - [ind] informe m sobre producción f
— — **review** n - verificación f de informe m sobre producción f
— **requirement** n - [ind] exigencia f para producción f
— **review** n - [ind] verificación f de producción
— **run** n - [ind] tanda f de producción f
— **sample** n - [ind] muestra f de producción f
— — **examination** n - [ind] examen m de muestra f de producción f
— — **testing** n - [ind] ensayo m de muestra f de producción f — — **solution** n - [ind] solución f para producción f en escala f (industrial)
— **schedule** n - programa m para producción f
— **scheduling office** n - [ind] oficina f para programación f para producción f
— **section** n - [ind] sección f para producción f
— **sector** n - [econ] sector m, productivo, or para producción f; actividad(es) f para producción f
— **set-up** n - organización f para producción f
— **shape** n - [metal-roll] perfil m de producción
— **shipper** n - [ind] expedidor m para producción f
— **shop** n - [weld] taller m para, producción f, or fabricación f, or trabajo m, en, serie f, or escala f, grande, or industrial
— **size** n - [ind] tamaño m, or porte m, para producción f • tamaño m final

production size equipment n - [ind] equipo m con tamaño (suficiente) para producción f
— — **specimen** n - [ind] muestra f con tamaño m final
— **solution** n - [ind] solución f para producción f (en escala f)
— **space** n - [ind] espacio m para producción f
— **specification** n - [ind] especificación f para producción f
— **specimen** n - muestra f para ensayo(s) m
— **sports car** n - [autom] automóvil m para producción f para carrera(s) f
— — — **class** n - [autom] categoría f de automóvil(es) para producción f para carrera(s) f
— **stage** n - [ind] etapa f en producción f
— **standard** n - [ind] norma f, or estándar, para producción f
— **standing** n - [sports] posición f, or colocación f, en producción f
— **steel** n - [metal-prod] acero m de producción
— **step** n - [ind] paso m, or etapa f, en, producción f, or fabricación f
— **start(ing)** n - [ind] comienzo m, or iniciación f, de producción f
— **status** n - [ind] estado m de producción f
—, **stoppage**, or **stopping** n - [ind] detención f de producción f
— **subunit** n - [ind] subunidad* f productiva
— **supervision** n - [ind] supervisión f de producción f
— — **personnel** n - [ind] personal m para supervisión f para producción f
— **supervisor** n - [ind] supervisor m, or encargado m, or jefe m, para producción f
— **supply, plies** n - [ind] suministro(s), or material(es) m, para producción f
— **system** n - [ind] sistema m para producción f
— **technical activity** n - [ind] actividad f técnica para producción f
— **technique** n - [ind] técnica f para producción
— **test** n - [ind] ensayo m, or prueba f, or comprobación f, en, or para, producción f | v - ensayar, or probar, en producción f
— **tested** n - [ind] ensayado,da, or probado,da, en producción f
— — **answer** n - [ind] respuesta f, ensayada, or probada, en producción f
— **testing** n - [ind] ensayo m, or prueba f, or comprobación f, en producción f
— **ton** n - [ind] tonelada f (de 2.000 libras f) de producción f
— **tonnage** n - [ind] tonelaje m, producido, or de producción f
— **tool** n - [ind] herramienta f para producción
— **turn foreman** n - [labor] supervisor n, or capataz m, para turno m para producción f
— — **supervisor** n - [labor] supervisor m para turno m para, producción f, or fabricación f
— **unit** n - [ind] unidad f productora, or elemento m productor, para, producción f, or fabricación f
— — **grouping** n - [ind] agrupamiento m de, unidades m, or elemento(s) m, para producción f
— — **produced** n - [labor] unidad f de producción f producida
— — **program** n - [ind] programa m para, unidad f, or elemento m, para producción f
— — **schedule** n - [ind] programa m para, unidad m, or elemento m, para producción f
— **value** n - [ind] valor m, or monto m, para producción f
— **variable** n - [ind] variable f en producción f
— **volume** n - [ind] volumen m de producción f
— **weld(ing)** n - [weld] soldadura f en (producción f en), serie, or escala f industrial
— — **pretesting** n - [weld] preensayo m de soldadura f, en, serie f, or escala f industrial
— — **welding efficiency** n - [weld] eficiencia f en soldadura, para producción f (en escala f industrial)
— — — **electrode** n - [weld] electrodo m para soldadura f para producción f (industrial)
production welding equipment n - [weld] equipo m para soldadura f para producción (industrial)
— **wire feeder** n - [weld] alimentadora f para alambre m para producción f, en serie f, or industrial
— **work** n - producción f, or fabricación f, or trabajo m, en, serie, or escala f, grande, or industrial
— **zone** n - [ind] zona f para producción f
productive assembler n - [mech] armador m productivo
— **hour** n - [ind] hora f, productiva, or útil
— **labor personnel** n - [labor] personal m obrero productivo
— **output** n - rendimiento m productivo
— **time** n - [ind] tiempo m, productivo, or útil; hora f, productiva, or útil
— **work(ing)** n - [ind] trabajo m productivo
productivity improvement n - [ind] mejora f, or mejoramiento m, or aumento m, en productividad f
— **increase** n - [ind] aumento m en productividad
— **organization** n - [ind] organización f para productividad f
— **organizing** n - [ind] organización f de productividad f
— **related** a - relativo,va a productividad f
— **tendency** n - tendencia f a productividad f
— **trend** n - [ind] tendencia f a productividad f
— **upping** n - elevación f de productividad f
— **variation** n - [ind] variación f en productividad f
products, work and services, in process n - [accntg] productos m, trabajos y servicios m, en, curso, or proceso
profane a - . . . | v - . . .; funestar
professing n - profesión f | a - profesante
profession of management n - [managm] profesión f, administrativa, or de administrador m, or de dirigente m
professional advice n - asesoramiento m profesional
— **association** n - colegio m profesional
— **beginner** n - [labor] profesional m principiante; principiante m profesional
— — **welder** n - [weld] soldador m profesional principiante
— **body** n - cuerpo m colegiado
— **book** n - [public] libro m profesional
— **capability** n - capacidad f, or habilidad f, profesional
— **center** n - centro m profesional
— **crew** n - cuadrilla f, or equipo m, profesional
— **degree** n - [educ] título m profesional
— **disease** n - [safety| enfermedad f profesional
— **driver** n - [autom] conductor m profesional
— **engineer** n - ingeniero m, profesional, or diplomado
— **engineering** n - ingeniería f profesional
— — **service(s)** n - servicio(s) m de ingeniería f profesional
— **fee(s)** n - honorario(s) m profesional(es)
— **golf course** n - [sports] campo m, or cancha f, para golf m profesional
—(s) **group** n - grupo m, or agrupación f, de profesional(es) m
— **improvement** n - mejoramiento m profesional
— **job** n - trabajo m profesional
— **paper(s)** n - documento(s) m profesional(es)
— **qualification** n - capacidad f profesional
— **rallying** n - [sports] carrera f, or justa f, or encuesta f, Rally profesional
— **representation resignation** n - [legal] renuncia f de representación f profesional
— — — **motion** n - [legal] moción f para renuncia f de representación f profesional
— **selling skill** n - [sales] aptitud f profesional para venta(s) f
— **service(s)** n - servicio(s) m profesional(es)
— **skill** n - aptitud f, or habilidad f, profe-

sional
professional syndicate(s) union n - unión f, or cámara f, or agrupación f de sindicato(s) m profesionales
— **tire salesman** n - [autom-tires] vendedor m de neumático(s) porofesional
— **tool** n - [tools] herramienta f profesional
— **training** n - formación f profesional
— **woman** n - mujer f profesional
professionalism n - profesionalismo m
— **level** n - nivel n de profesionalismo m
proficiency n - . . . .; destreza f • capacitación
proficient a - . . . .; capacitado,da
profile n - . . . . • [metal-roll] perfil m • [constr] nivel m; elevación f • [fig] revista
— **billet** n - [metal-roll] palanquilla f (de acero m) para perfil(es) m
— — **produced** a - [metal-roll] producido,da de palanquilla f (de acero m) para perfil(es) m
— — **production** n - [metal-roll] producción f de palanquilla f para perfil(es) m
— **characteristic** n - característica f de perfil
— **compounding** n - [plast] combinación f y mezcla f para perfil(es) m
— **crown** n - [metal-roll] corona f en perfil m
— **drawing** n - [drwng] plano m para perfil m
— **length increase** n - aumento m en largo(r) m de perfil m
— — — **due to corrugation** n - [metal-roll] aumento m en largo(r) m de perfil debido a corrugación f
— **map** n - [drwng] mapa, or plano m, or dibujo m, para perfil m
— **packer** n - [metal-roll] empacadora f para perfil(es) m
—**(s) storage** n - [metal-roll] almacén m, or depósito m, para perfil(es) m • almacenamiento m de perfil(es) m
—**(s) warehouse** n - [metal-roll] almacén m, or depósito m, para perfil(es) m
profilometer n - [instrum] perfilómetro m
— **reading** n - [instrum] lectura f del perfilómetro m
profit n - . . . . • renta f; usufructo m
—**(s) accounting** n - [accntg] contabilidad f de, urilidad(es) f, or beneficio(s) m
— **after @ income tax** n - [fin] utilidad f después de impuesto m a, renta f, or rédito(s) m
profit and loss n - [accntg] . . . .; resultado(s)
— — **account** n - [accntg] cuenta f de, ganancias f y pérdidas f, or resultado(s) m
— — — **debit account** n - [accntg] cuenta f de resultado(s) m deudora
— — — **expense account** n - [accntg] cuenta f de resultado(s) m deudora
— — — **forecast** n - [fin] proyección f, or pronóstico m, de resultado(s) m
— — — **income account** n - [accntg] cuenta f de resultado(s) m acreedora
— — — **statement** n - [accntg] estado m de ganancia(s) f y pérdida(s) f; cuadro m (demostrativo de ganancia(s) f y pérdida(s) f; estado de (cuenta f de) resultado(s) m
— — — **subaccount** n - [accntg] subcuenta f de ganancia(s) f y pérdida(s) f
— **before income tax(es)** n - [fin] utilidad f antes de impuesto m a, renta f, or rédito(s)
— **center** n - [fin] centro m de, beneficio(s) m, or utilidad(es) f
— **cost ratio** n - razón f, or relación f, entre beneficio m y costo m
— **distribution** n - [accntg] distribución f, or participación f, de utilidad(es) f
— — **reserve** n - [accntg] previsión f para participación f en utilidad(es) f
— **earning capacity** n - [com] rentabilidad f
—, **estimating**, or **estimation** n - estimación f de utilidad(es) f
— **from direct foreign investment(s)** n - [fin] utilidad(es) f proviniente(s) de inversión f extranjera directa

profit loss n - [accntg] lucro m cesante
— **maker** n - [fin] creador m de utilidad(es) f
— **on fixed assets sales** n - [accntg] utilidad f sobre venta f de activo(s) m fijo(s)
— **oriented** a - con, mira(s) f, or fin(es) m, para utilidad(es) f
— — **control(ling)** n - [managm] control m, or fiscalización f, con, fin(es) m, or objetivo(s) m, para utilidad(es) f
— — **planning** n - [managm] planificación f con, mira(s) f, or fin(es), para utilidad(es) f
— **producing** a - [accntg] reditual
— **ratio** n - razón f, or porcentaje m, or margen m, de rentabilidad f
—**(s) received** n - utilidad(es) f percibida(s)
— **recognition** n - [accntg] reconocimiento m, or contabilización f, de, utilidad f, or beneficio m
—**(s) reduction** n - [insur] disminución f en ganancia(s) f
— **reinvestment** n - [fin] reinversión f de utilidad(es) f
—**(share)** n - participación f, or beneficio m, en, utilidad(es) f, or ganancia(s) f
—**(s) sharing reserve** n - [fin] reserva f para participación f (en utilidades f)
—**(s) statement** n - [accntg] estado m de, utilidad(es) f, or ganancia(s) f
—**(s) tax** n - [fisc] impuesto m sobre, utilidad(es), or ganancia(s) f, or renta f
—**(s) transfer** n - [fin] transferencia f de utilidad(es) f
—**(s) — out of @ country** n - [rin] transferencia f de utilidad(es) f a exterior m
—**(s) transfereable out of @ country** n - [fin] utilidad(es) f transferible(s) a exterior m
— **transferred out of @ country** n - [fin] utilidad(es) f transferida(s) a exterior m
— **transformation** n - transformación f de, ganancia(s) f, or utilidad(es) f
profitability n - rentabilidad f; redituabilidad f • utilidad f
— **encouraging** n - [econ] estímulo m a rentabilidad f | a - [econ] estimulante, or alentador,ra, para rentabilidad f
— **increase** n - aumento m en rentabilidad f
— **restoration** n - restauración f, or recuperación f, de rentabilidad f | a - restaurador,ra, de rentabilidad f
— **ratio** n - [econ] porcentaje m, or margen m, de rentabilidad f
profitable a - . . . .; rentable; fructuoso,sa; reditual; de utilidad f
— **activity,ties tax** n - [fisc] impuesto m sobre actividad(es) f lucrativa(s)
— **dealership** n - [com] representación f rentable
— **line** n - [com] renglón m, lucrativo, or rentable, or provechoso
profitably adv - . . . .; fructuosamente; ventajosamente
profound change n - cambio m profundo
prognosticated a - pronosticado,da
prognosticating n - pronosticación f | a - pronosticador,ra
program, abandoning, or **abandonment** n - abandono de programa m
— **ad(vertisement)** n - aviso m en programa m
— **analysis** n - análisis m de programa m
— **card** n - [comput] ficha f para programación f
— **@ characteristic** v - [electron] programar característica f
— **@ chip** v - [comput] programar microplaqueta f
— **@ code** v - [comput] programar código m
— **control(ling)** n - fiscalización f de programa
— —, **developing**, or **development** n - [comput] desarrollo m de control m para programa m
— **core** n - núcleo m, de, or para, programa m
—, **developing**, or **development** n - [comput] desarrollo m de programa m
— **engineering** n - [constr] (trabajos m de) ingeniería f (para programa m)

program engineering cost n - [constr] costo m de (trabajos f de) ingeniería f (para programa)
— **evaluation** n - [managm] (e)valuación f de programa m
— — **review** n - [managm] revista f de (e)valuación f de programa m
— — — **technique** n - [managm] técnica f para revista f de (e)valuación f de programa m
— **flexibility** n - [comput] flexibilidad f en programa m
— **formulation** n - [comput] formulación de programa(s) m
— **guidance** n - dirección f para programa m
— **highlight** n - detalle m saliente en programa
— **in** n - [comput] programa m conectado | v - [comput] emprogramar*
— @ **interrogate,tion** v - [comput] programar interrogación f
— **into @ system** v - [comput] programar en sistema f
— **leading** n - dirección f de programa m
—, **organization**, or **organizing** n - organización f de programa m
— **out** n - [comput] programa m desconectado | v - [comput] desemprogramar*
— @ **output** v - [comput] programar salida f
— **planning** n - planeamiento m de programa m
— — **Budgeting System** n - [comput] see **Program Planning System of Budgeting**
— — **System of Budgeting** n - [managm] Sistema m para Estimaciones f para Planificación f de Programa(s) m
— **review** n - revista f de programa m
— **revision** n - revisión f de programa m
— @ **selectable characteristic(s)** v - [electron] programar características f seleccionables
— **sequence** n - orden m en programa
— **simply** v - programar sencillamente
— **specific code** n - [comput] código m específico para programa m
— **step** n - paso m en programa m
— @ **transponder** v - [electron] programar transpondedor* m
— **writing** n - [comput] preparación f, or redacción f, de programa m
programmable a - [comput] programable*
— **alarm input** n - [comput] entrada f programable para alarma f
— **code** n - [comput] código m programable
— **individually** a - [comput] programable individualmente
— **input** n - [comput] entrada f, or alimentación f, programable
— **interrogate,tion** n - [comput] interrogación f programable
— **output** n - [comput] salida f programable
— **read(ing) only memory** n - [comput] memoria f programada, para lectura f únicamente, or únicamente para lectura f
— —(ing) — — **chip** n - [comput] microplaqueta f, para memoria f programada para lectura f únicamente, or, P R O M
programmed a - programado,da
— **characteristic** n - [electron] característica f programada
— **chip** n - [comput] microplaqueta* f programada
— **code** n - [comput] código m programado
— **in** a - [comput] ya programado,da
— **interrogate,tion** n - [comput] interrogación f programada
— **into @ system** a - [comput] programado,da en sistema m
— **output** n - [comput] salida f programada
— **selectable characteristic(s)** n - [electron] característica(s) f seleccionable(s) programada(s)
— **simply** a - programado,da sencillamente
— **specific code** n - [comput] código m específico programado
— **transponder** n - [telecom] transpondedor* m programado

programmer n - [comput] programador m
— **cabinet** n - [metal-prod] gabinete m para programador m
— **spare part** n - [comput] (pieza f de) repuesto m para programador m
— **start-up** n - [metal-roll] puesta f en marcha f de programador m
— — **technical service(s)** n - [comput] servicio(s) m técnico(s) para puesta f en marcha f de programador m
programming n - [comput] programación f | a - [comput] programático,ca*
— **board** n - [comput] plano m para programación
— **card** n - [comput] ficha f para programación f
— **console** n - [comput] consola f para programación f
— **into @ system** n - [comput] programación f en sistema m
— **language** n - [comput] lenguaje m para programación f
— **switch** n - [comput] conmutador m para programación f
— **system** n - [managm] sistema m para programación f
progress n - . . . .; adelanto m; avance m | v - progresar | adv - (in) en ejecución f
— **check(ing)** n - verificación f, or constatación f, or comprobación f, de progreso m
— **downward(s)** n - [weld] progreso m hacia abajo | v - [weld] progresar, hacia abajo, or en sentido m, or dirección f, descendente
— **report** n - informe m sobre progreso m
— **speeding (up)** n - aceleración f de progreso m
— **through @ abatement** n - progreso m mediante investigación f
— **up @ joint** n - [weld] progreso m (en sentido m) ascendente por junta f | v - [weld] progresar en sentido m ascendente por junta f
— **upward(s)** n - [weld] progreso m, hacia arriba, or en sentido m ascendente | v - [weld] progresar, hacia arriba, or en sentido m ascendente
progressed a - progresado,da; avanzado,da
progressing n - progreso m; avance m | a - progresante*; progresivo,va
— **cavity** n - [miner] horadación f progresiva
— **technique** n - técnica f para progreso f
progressive analysis n - análisis m progresivo
— **cavity** n - [miner] horadación f progresiva
— — **pump** n - [miner] bomba f para horadación f progresiva
— **die** n - [mech] troquel m progresivo
— **edge forming roll** n - [mech] rodillo m para conformación f progresiva de borde m
— — — **set** n - [mech] juego m de rodillo m para conformación f progresiva de borde m
— **erosion problem** n - problema n progresivo con erosión f
— **forming roll set** n - [mech] juego m de rodillo(s) m para conformación f progresiva
— **fracture** n - fractura f progresiva
— **manufacturing process** n - [ind] proceso m fabril progresivo
— **melting** n - [weld] fusión f progresiva
— **payment(s)** n - [fin] pago(s) m progresivo(s)
— **problem** n - problema m progresivo
— **process** n - [ind] proceso m progresivo
— **roll** n - [mech] rodillo m progresivo
— — **set** n - [mech] juego m de rodillo(s) m progresivo(s)
— **rope wire fractura** n - [cabl] fractura f progresiva de alambre(s) m en cable m (de alambre m)
— **shear base** n - [mech] base f tronchable progresivamente
— **solidification** n - [weld] solidificación f progresiva
— **spot weld(ing)** n - [weld] soldadura f, progresiva, or automática, por punto(s) m
— **thinking** n - criterio m progresivo
— **towards @ quota** n - progreso m hacia cuota f

progressive trouble n - problema, or dificultad, progresiva
— **wear** n - [mech] desgaste m progresivo
— **weld(ing)** n - [weld] soldadura f progresiva
— **wire fracture** n - [cabl] fractura f progresiva de alambre(s) m
— — **rope wire fracture** n - [cabl] fractura f progresiva de alambre m en cable m (de alambra m)
prohibit v - . . .; inhibir
prohibited a - prohibido,da; vedado,da; inhibido,da; impedido,da
prohibiting n - prohibición f | a - prohibitivo,va; prohibitorio,ria
prohibition n - . . .; inhibición f • [pol] veto
prohibitively adv - prohibitivamente*
— **short** n - prohibitivamente, or demasiado, corto,ta, or breve
project n - . . . . • trabajo m; actividad f • propuesta f • presupuesto m • sección f • conjunto m • [constr] obra f; construcción f • operación f • ejercicio m • [miner] explotación f | v - . . .; planificar • prever; vaticinar; estimar • extender • crear • presupuestar
— **additional** n - [constr] adicional m a obra f
— **@ airplane weight** v - [aeron] estimar peso m de avión m
— **area** n - zona f, or región f, para proyecto m
— **beyond @ fill** v - extender, or sobresalir, fuera de terraplén m
— **building** n - [constr] construcción f de obra
— **change** n - [ind] cambio m, or modificación f, en proyecto m
— **('s) characteristic** n - característica f de proyecto m
— **@ characteristic** v - proyectar característica
— **chief engineer** n - [constr] ingeniero m principal para, proyecto m, or obra f
— **chronograph** n - [constr] cronograma m para, proyecto m, or obra f
— **description** n - [constr] descripción f de, proyecto m, or obra f
— **closing** n - [constr] terminación f, or paralización f, de, proyecto m, or obra f
—, **completing**, or **completion** n - terminación f de, proyecto n, or obra f, or trabajo m
— **completion agreement** n - [com] convenio m para terminación f de, obra f, or trabajo(s) m
— **construction** n - [constr] construcción f de obra f
—**('s) consulting engineer(s)** n - [constr] ingeniero(s) m consultor(es) para obra f
— **continuing** n - [constr] continuación f de, trabajo m, or obra f, or proyecto m
— **contracting** n - contratación f para, obra f, or trabajo(s) m, or proyecto m
— **cost** n - [constr] costo m, or valor m, de, obra f, or trabajo(s) m, or proyecto m
— **crew** n - [constr] cuadrilla f, or equipo m, aisgnado a, obra f, or trabajo(s) m
— **delay** n - [constr] demora f en, obra f, or trabajo(s) m, or proyecto m
—**(s) department** n - [constr] departamento m para, obra(s) f, or proyecto(s) m
— **description** n - descripción f de, obra f, or proyecto m, or trabajo(s) m
— **design** n - proyección f para, obra f, or proyecto m, or trabajo(s) m
— — **engineer** n - [constr] ingeniero m para (proyección f de), obra f, or proyecto m
— **designer** n - diseñador m para, proyecto m, or obra(s) f, or trabajo(s) m
— **designing** n - [constr] proyección f para, obra(s) f, or trabajo(s) m, or proyecto m
— **development** n - [constr] desarrollo m de, obra f, or proyecto m, or trabajo(s) m
— **director** n - [constr] director m para. obra f, or proyecto m; maestro m para obra f
— **engineer** n - ingeniero m, or director m, para, or a cargo de), obra f, or proyecto m

project('s) engineering team n - grupo m de ingeniero(s) m asignado(s) a obra f
— **execution** n - ejecución f de obra f
— **expansion** n - ampliación f de, proyecto m, or obra(s) f
— **feasibility** n - viabilidad f de proyecto m
— **from @ fill** v - extender, or sobresalir, (fuera) de terraplén m
— — **@ oscillator** v - extender, or sobresalir, (fuera) de oscilador m
— **group** n - [constr] grupo m, or equipo m, (de ingenieros m) asignado a obra f
— **horizontally** v - extender horizontalmente
— **@ image** v - crear imagen f • [photogr] proyectar imagen f
— **implementation** n - implementación* f, or ejecución f, de, obra f, or proyecto m
— **limit(s)** n - [constr] límite(s), or perímetro m, de obra f
— **load demand** n - demanda f de carga f para proyecto m
— **location** n - [constr] ubicación f de, obra f, or proyecto m
— **maintenance** n - [constr] mantenimiento m, or conservación f, de obra f
— **management** n - [constr] administración f de, proyecto m, or obra(s) f
— — **manual** n - manual m para administración f de, obra(s) f, or proyecto m
— **manager** n - [constr] ingeniero f (jefe) para obra f; director m, or administrador m, or gerente m para obra f
— **need** n - exigencia f de, proyecto m, or obra
— **owner** n - propietario m de obra f
— **part, completing**, or **completion** n - terminación f, de parte t de, obra f, or trabajo(s)
— **@ particle size** v - [miner] anticipar granulometría f
— **performance** n - ejecución f de, obra f, or trabajo(s) m, or proyecto m
— — **contract** n - [legal] contrato m para ejecución f de, obra f, or trabajo(s) m
— **phase** n - [constr] fase f de, trabajo(s) m, or obra f
— **planning** n - planificación f para, obra f, or trabajo(s) m
— **prime contractor** n - [constr] contratista f principal para, obra f, or trabajo(s) f
— **progress** n - [constr] progreso m de, obra f, or trabajo(s) m
— **properly** v - proyectar f apropiadamente • sobresalir, or extender(se), apropiadamente
— **requirement** n - exigencia f, or requisito m, or demanda f, de, trabajo(s) m, or obra f, or trabajo(s) m, or proyecto m
—**(s) reserve** n - [fin] previsión f para obras f
— **schedule** m programa m para, obra f, or trabajo(s) f
— **service** n - servicio m para, proyecto m, or obra(s) f
— **service(s) division** n - división f de servicio(s) f para, obra f, or proyecto m
— **shut down** n - [constr] paralización f de obra(s) f
— **site** n - [ind] emplazamiento m, or sitio m, para obra f; obra f; emplazamiento m
— — **assembling** n - [ind] armado m en obra f
— — **assembly** n - [ind] armado n en obra f
— — **erect** v - [ind] montar en emplazamiento m
— — **erected** a - montado,da en emplazamiento m
— —, **erecting**, or **erection** n - [ind] montaje m en, obra f, or emplazamiento m
— — **supervision** n - supervisión f en obra f
— — **work** n - [ind] trabajo m en obra f
— — — **safety** n - [safety] seguridad f en trabajo m en obra f
— — — — **schedule** n - [safety] programa m para seguridad f en trabajo m en obra f
— **size** n - [constr] magnitud f, or envergadura f, de obra(s) f
— **social-economic evaluation** n - (e)valuación f

socioeconómica de, proyecto m, or obra f
project specification n - [constr] especificación f para, proyecto m, or obra f
— **sponsor** n - promotor m para, proyecto m, or obra f, or empresa f
— **stage** n - etapa f de, proyecto m, or obra f
— **start-up** n - [ind] puesta f en marcha f de, equipo m, or instalación f • [constr] iniciación f de obra f
— **start year** n - [constr] año m de iniciación f de obra f
—(s) **starting date** n - [constr] fecha f de comienzo m para, obra f, or trabajo(s) m
— **superintendent** n - [constr] ingeniero m jefe para, obra f, or trabajo(s) m
— **supervision** n - [constr] dirección f de obra
— **supervisor** n - [pol] supervisor m, or inspector m, para obra f; residente m
— **synthesis** n - síntesis f de proyecto m
— **team** n - grupo m (de ingenieros) asignado a, obra f, or trabajo(s) m
— **technical supervision** n - [ind] supervisión f técnica para, obra f, or trabajo(s) m
— **to @ scale** v - proyectar a escala f
— **vertically** v - proyectar verticalmente
projected a - proyectado,da; proyecto,ta; previsto,ta; vaticinado,da; planificado,da • creado,da • estimado,da; presupuestado,da • extendido,da; sobresalido,da; sobresaliente
— **airplane weight** n - [aeron] peso m estimado de avión m
— **area** n - zona f, or superficie f, estimada; área m estimada • [drwng] área m proyectada
— **beyond @ fill** a - [constr] sobresaliente (fuera) de, relleno m, or terraplén m
— **characteristic** n—característica f proyectada
— **configuration** n - configuración f estimada
— **from @ fill** a - [constr] sobresalido,da, or sobresaliente, desde, relleno m, or terraplén m
— **horizontally** a—proyectado,da horizontalmente
— **image** n - imágen f, proyectada, or creada
— **international productivity tendency** n - [ind] tendencia f prevista para productividad f internacional
— **maximum test load** n - carga f para ensayo máxima proyectada
— **particle size** n - [miner] granulometría f, anticipada, or esperada
— **productivity, tendency, or trend** n - [ind] tendencia f prevista para productividad f
— **sash** n - [constr] vidriera f saliente
— **tendency** n - tendencia f prevista
— **test load** n - carga f para ensayo m prevista
— **to @ scale** a - proyectado,da a escala f
— **trend** n - tendencia f prevista
— **type sash** n - [constr] vidriera f de tipo m saliente
— **typical year** n - año m típico estimado
— **value** n - valor m, estimado, or previsto
— **vertically** a - proyectado,da verticalmente
— **wheel configuration** n - configuración f estimada por (cada) rueda f
— **year** n - año m estimado
projecting n - proyección f; previsión f; vaticinio m; estimación f; planificación f • estimación f • creación f | a . . .; sobresaliente; protuberante; resaltante • proyectador,ra; proyector,ra • [archit] en voladizo m
— **boom** n - [cranes] pluma f, or aguilón m, en voladizo
— **condition** n - condición f proyectante
— **conduit** n - [constr] conducto m, resaltante, or protuberante, or en voladizo
— **end** n - [hydr] extremo m sobresaliente
— **flange** n - [mech] brida f saliente
— **from @ fill** a - [constr] sobresaliente desde, relleno m, or terraplén m
— **inlet** n - [constr] entrada f sobresaliente
— — **end** n - [hydr] extremo m sobresaliente para entrada f
— **outlet** n - [constr] salida f sobresaliente

projecting outlet end n - [hydr] extremo m sobresaliente para salida f
— **to @ scale** n - proyección f a escala
— **window** n - [constr] ventana f saliente
projection n - . . . . • pronóstico m; creación f • [mech] resalto m; prolongación f; extensión f • [weld-resistance welding] con resalto m • [drwng] plano m • [archit] vuelo • estimación f • previsión f; vaticinio m
— **metallization** n - [weld] metalización f por proyección f
— **spot weld(ing)** n - [weld] soldadura con resalto m por punto(s) m
— **weld(ing)** n - [weld] punto m de soldadura f, por proyección f, or con resalto m
projector n - proyectador m • proyectista m • [optics] proyector m
proliferate v - . . .; proliferar
proliferated a - proliferado,da
proliferating n - proliferación f | a - . . .; prolífico,ca
prolong a life v - prolongar, or extender, vida f (útil)
— **@ service life** v - [ind] prolongar, or extender, vida f útil
— **@ tool('s) life** v - [tools] prolongar vida f (útil) de herramienta(s) f
— **@ useful life** v - prolongar vida f útil
prolongability n - prolongabilidad* f
prolongable a - prolongable
prolongation n - . . .; prolongamiento m
prolonged a - prolongado,da
— **exposure** n - exposición f prolongada
— **failure** n - [electr-distrib] corte m prolongado
— **flow** n - [hydr] flujo m prolongado
— **idling** n - [mech] marcha f lenta prolongada
— **illness** n - [medic] enfermedad f prolongada
— **life** n - vida f (útil), prlongada, or larga
— **part life** n - [mech] vida f (útil) prolongada para pieza f
— **performance** n - período m de utilidad f prolongado
— **power failure** n - [electr-distrib] corte m prolongado de energía f
— **service** n - servicio m prolongado
— — **life** n - [ind] vida f útil prolongada
— **useful life** n - vida f útil prolongada
— — **part life** n - [mech] vida f útil prolongada
— **@ usefulness** v - prolongar utilidad f
— **usefulness** n - utilidad f prolongada
prolonger n - prolongador m
prolonging n - prolongación f | a - prolongador,ra para pieza f
promenade n - . . . . • prado m
— **parkway** n - alameda f
promenading n - paseo m | a - paseador,ra
prominent a - . . .; esclarecido,da
promised a - prometido,da
promising n - promisión f | a - prometedor,ra
— **formula** n - [ind] fórmula f prometedora
— **recipe** n - receta f prometedora • [ind] fórmula prometedora
— **result(s)** n - resultado(s) m prometedor(es)
— **subject** n - tema m prometedor
promissory note n - [fin] . . .; obligación f
— — **guaranty** n - [fin] garantía f para pagaré
promote @ distortion v - [weld] promover distorsión f
— **@ efficiency** v - promover eficiencia f
— **@ maximum use** v - promover empleo m máximo
— **@ return** v - promover retorno m
promoted a - promovido,da
— **return** n - retorno m promovido
promoter n - . . .; fomentador m; propulsor m
promoting n - promoción f | a - promotor,ra; promovedor,ra; fomentador,ra
promotion n - . . . .; campaña f para promoción f
— **fund(s)** n - [econ] fondo(s) m para, promoción f, or fomento m

promotion institute n - [econ] instituto m, or corporación f, para fomento m
— **period** n - período m para promoción f
— **plan** n - [labor] plan m para promoción f
— **possibility** n - posibilidad f de promoción f
promotional a - promotor,ra; para promoción f; avoid, promotivo,va*, or promocional*
— **activity** n - actividad f, promotora, or para promoción f
— **campaign** n - [com] campaña f para promoción f
— **directive** n - directiva f para promoción f
— **fund(s)** n - fondo(s) m para promoción f
— **idea** n - [com] idea f para promoción f
— **potential** n - [labor] posibilidad(es) f para promoción f
prompt a - . . .; presto,ta; resuelto,ta | v - . . .; inducir; mover; causar
— **advice** n - aviso m inmediato
— **attention** n - atención f, pronta, or inmediata
— **backfilling** n - [constr] relleno m rápido
— **claim payment** n - pago m pronto de reclamo m
— **delivery** n - entrega f, pronta, or inmediata, or rápida
— **experiment** n - experimento m puntual
— **handling** n - manipuleo m, pronto, or rápido
— **payment** n - pago m pronto
— **response** n - respuesta f, rápida, or pronta
— **service** n - servicio m rápido
—, **storage**, or **storing** n - almacenamiento m, pronto, or rápido
— **unloading** n - descarga f, rápida, or pronta
promptly adv - prontamente; ejecutivamente
— **paid claim** n - [insur] reclamo m pagado prontamente
— **in payment(s)** n - [com] prontitud f en pago m • método(s) para pago m
promulgated a - promulgado,da; publicado,da
promulgating n - promulgación f | a - promulgador,ra
prone a - . . .; con tendencia f a
prong drag bit n - [petrol] barreno m, or barrena f, para arrastre m
. . .— **plug** n - [electr-cond] enchufe m, or tomacorriente m, . . .polar
. . .——**receptacle** n - [electr-instal] tomacorriente m, para . . . clavija(s) f, or con . . . polo(s) m
— **screw** n - [mech] tornillo m, hendido, or con cabeza f hendida • garra f con cabeza hendida
pronounced waviness n - [metal-roll] ondulación f pronunciada
pronouncement n - . . . • [pol] disposición f
Prony brake n - [mech] freno m, Prony, or determinador para, or para determinar, potencia f
proof n - . . .' comprobación f • constancia f; evidencia f • comprobante m | a - a prueba de
— **certificate** n - [legal] certificado m para comprobación f
— **chain** n - [chains] cadena f, comprobada, or verificada
— **coil chain** n - [chains] cadena f, comprobada, or verificada, para adujar, or soldada común
— **load** n - [mech] prueba f de carga; carga f de prueba f
— **of payment** n - justificante m para ingreso m
— **test** n - ensayo m para, prueba f, or demostración f, or comprobación f, or ensayo m | v - ensayar, or verificar, or comprobar, mediante prueba f; ensayar
— — **pressure** n - [boilers] presión f para ensayo m, or prueba f, para, comprobación f, or demostración f; presión f para prueba f para ensayo m
— — **stress** n - [metal] esfuerzo m para, prueba f para ensayo m, or para ensayo n para, comprobación f, or demostración f
— **tested** a - comprobado,da, or verificado,da, mediante, ensayo m, or demostración f, or comprobación f; ensayado,da
— **testing** n - ensayo m para, prueba f, or demostración f, or comprobación f; prueba f para ensayo m; comprobación f, or verificación f, mediante ensayo m; ensayo m
proof testing pressure n - [boilers] presión f para ensayo(s) f para ensayo m; presión f para ensayo m para, comprobación f, or demostración f
— — **stress** n - [metal] esfuerzo m para, ensayo m para, comprobación f, or demostración f, or prueba f para ensayo m
proofing n - . . .; verificación f; comprobación
prop n - ilustración f; elemento m, or medio m, ilustrativo; elemento m • [mech]. . .; puntal m • [tools] espeque m • [miner] zanca f | v - [mech] apoyar • [naut] escorar • [constr] apuntalar; entibar
— **clasp** n - [petrol] see **prop strap**
— **strap** n - [petrol] abrazadera f para puntal m
propagate v - . . .; extender
propagated a - propagado,da; extendido,da
propagating n - propagación f | a - . . .; propagador,ra
propane cab heater n - [cranes] calentador m con propano m para cabina f
— **consumption** n - [combust] consumo m de propano
— **fuel tank** n - [combust] depósito m para propano m combustible
— — **vapor** n - [combust] vapor m combustible de propano m
— **gas** n - [combust] gas m (de) propano m
— — **requirement(s)** n - [combust] consumo m de gas m (de) propano m
— — **storage** n - [combust] almacenamiento m de gas m (de) propano m
— — **strip heating** m - [metal-treat] calentamiento m de, banda f, or cinta f, or chapa f, or fleje m, con gas m (de) propano m
— **hose** n - [combust] mang(uer)a f para propano
— **leak** n - [combust] fuga f de propano m
— **line** n - [combust] línea f, or tubería f, para propano m
— **powered** a - [int.comb] impulsado,da con propano
— — **car** n - [autom] automóvil m impulsado con propano m
— **regulator** n - [combust] regulador m, or aforador m, para propano m
— — **gage** n - [combust] manómetro m, or aforador m, or regulador m, para propano m
— **requirement** n - [combust] consumo m, or exigencia f, de propano m
— **storage** n - [combust] almacenamiento m de gas m (de) propano m
— **tank** n - [combust] depósito m para propano m
— — **clamp** n - [combust] abrazadera f para depósito m para (gas) propano m
— — **hook(ing) up** n - [combust] acoplamiento m, or conexión f, de depósito m para propano m
— — **valve** n - [combust] válvula f para depósito m para propano m
— **vapor** n - [combust] vapor m, or gas m, de propano m
— — **fuel** n - [combust] combustible m de vapor m, or vapor m combustible, de propano m
— — — **tank** n - [combust] depósito m para, vapor m combustible, or combustible m de vapor m, de propano m
— — — **valve** n - [combust] válvula f para depósito m para vapor m combustible de propano m
— — **hose** n - [combust] mang(uer)a f para vapor m de propano m
— —, **purge**, or **purging** n - [combust] purga f, de, or con, vapor m de propano m
— **vaporizer** n - [combust] vaporizador m para propano m
propel v - . . .; impulsar
propelled a - propulsado,da; impelido,da
propeller shaft n - [autom] transmisión f • [mech] árbol m propulsor n - [(aero)naut] árbol m para hélice f
propelling n - propulsión f | a - propulsor,ra

propelling brake n - [mech] freno m para, accionamiento m, or impulsión f, or propulsión f
propensity n - . . . .; avoid propensidad* f
proper a - . . . .; propio,pia; debido,da; correspondiente; a caso m
— **action** n - acción f apropiada • funcionamiento m apropiado
— **adjusting** n - ajuste m, apropiado, or debido
— **adjustment check(ing)** n - [mech] verificación f de ajuste m debido
— **agency** n - [pol] organismo m apropiado
— **air charge** n - [pneumat] carga f apropiada de aire m
— — **cirulation** n - circulación f, apropiada, or adecuada, para, or de, aire m
— — **supply** n - suministro m, or abastecimiento m, debido, or provisión f debida, de aire m
— **alignment** n - alineación f, apropiada, or adecuada, or correcta
— — **assurance** n - [mech] aseguramiento m, or cercioramiento* n, de alineación f apropiada
— — **selection** n - [constr] selección f de alineación f, apropiada, or correcta
— **alloy** n - [metal] aleación f apropiada
— **amperage** n - [electr] amperaje m apropiado
— **angle** n - ángulo m apropiado
— **application** n - aplicación f, apropiada, or correcta
— **arc** n - [weld] arco m apropiado
— — **action** n - [weld] acción f apropiada de arco m
— — **length** n - [weld] largo(r) m apropiado de arco m; largo(r) de arco m apropiado
— — **voltage** n - [weld] voltaje m apropiado en arco m
—, **assembling**, or **assembly** n - armado m, or montaje m, apropiado
— **authority** n - [pol] autoridad(es) f, apropiada(s), or respeciva(s), or competente(s)
— **backfill material** n - [constr] material m, apropiado, or adecuado. para relleno m
— — **tamping** n - [constr] apisonamiento m apropiado, de, or para, relleno m
— **backfilling** n - [constr] relleno m apropiado
— **bead sequence** n - [weld] orden m, correcto, or apropiado, para cordón(es) m
— — **shape** n - [weld] conformación f apropiada de cordón m
— — **size** n - tamaño m apropiado de cordón m; tamaño de cordón m apropiado
— — **surface** n - [weld] superficie f apropiada de cordón m; cordón m con superficie f apropiada
— **bearing alignment** n - [mech] alineación f apropiada para cojinete m
— **bed(ding)** n - [tub] lecho m, or asiento m, apropiado
— **belt tension** n - [mech] tensión f apropiada para correa f
— **brake adjustment** n - [mech] ajuste m apropiado para freno m
— **capacitance** n - [electr] capacitancia f apropiada
— **capacitor** n - [electr-instal] capacitador m apropiado
— **care** n - cuidado m apropiado
— **centering** n - centrado* m apropiado
— **chain tension** n - [mech] tensión f apropiada para cadena f
— **change** n - modificación f procedente
— **chemical characteristic** n - [chem] característica f química apropiada
— **choice** n - (s)elección f apropiada
— **circulation** n - circulación f, apropiada, or adecuada
— **circumferential rivet** n - [mech] remache m circunferencial apropiado
— **cleaning** n - limpieza f apropiada
— **clearance** f - luz f, or holgura f, apropiada
— **closure** n - [mech] cierre m apropiado
— **compacting** n - compactación f apropiada

proper condition n - condición f apropiada
— **conditioning** n — acondicionamiento m apropiado
—, **connecting**, or **connection** n - conexión f apropiada
— **connection diagram** n - [weld] diagrama m, apropiado para conexión f, or para conexión f apropiada
— **construction** m - construcción f apropiada
— **contact** n - contacto m apropiado
— — **achieving** n - logro m de contacto m apropiado
— **control(ling)** n - regulación f apropiada
— **cost** n - costo m apropiado
— **cover plate** n - [safety] disco m apropiado, or placa f apropiada, para tapar (careta f)
— **coverage** n - cobertura f apropiada
— **cross sectional area** n - área m transversal apropiad
— **culvert grade** n - [constr] declive m apropiado para alcantarilla f
— **current** n - [electr-oper] corriente f apropiada f • [weld] amperaje m apropiado
— — **setting** n - [weld] regulación f apropiada para amperaje
— — — **technique** n - [weld] técnica f apropiada para regulación f para amperaje m
— **cylinder location** n - [mech] colocación f, or ubicación f, apropiada para cilindro m
— **deflector** n - deflector m apropiado
— **description** n - descripción f apropiada
— **design(ing)** n proyección f apropiada • [weld] configuración f apropiada
— **diagram** n - diagrama m apropiado
— **differential action** n - [autom-mech] funcionamiento m apropiado para diferencial m
— **direction** n - [mech] dirección f correcta; sentido m correcto
— **display(ing)** n - [com] exhibición f apropiada
— **doing** n - ejecución f, debida, or apropiada
— **drag angle** n - [weld] ángulo m para arrastre m apropiado
— **drainage** n - [hydr] drenaje m, apropiado, or adecuado • [environm] agotamiento m adecuado
— — **system** n - [hydr] red f apropiada para, drenaje m, or agotamiento m
— **drum speed** n - [mech] velocidad f apropiada para tambor m
— — — **selection** n - [mech] selección f de velocidad f apropiada para tambor m
—, **compacting**, or **compaction** n - compactación f apropiada de, suelo m, or terreno m
— **edge** n - [weld] borde m apropiado
— — **cleaning** n - [weld] limpieza f apropiada de borde(s) m
— **election** n - (s)elección f apropiada
— **electrical connection** n - [electr-instal] conexión f eléctrica, apropiada, or correcta
— **electrode** n - [weld] electrodo m apropiado
— — **application** n - [weld] aplicación f apropiada de electrodo m • aplicación f de electrodo m apropiado
— — **choice** n - [weld] (s)elección f, de electrodo m apropiado, or apropiada de electrodo
— — **(s)election** n - [weld] selección f, de electrodo m apropiado, or apropiada de electrodo m
— — **stickout** n - [weld] prolongación f apropiada para electrodo m
— **end(s)** n - fin(es) m, or efecto(s), apropiado(s), or oportuno(s)
— **engagement** n - [mech] engranaje m apropiado
— **engaging** n - [mech] engranaje m apropiado
— **engine speed** n - [int.comb] velocidad f apropiada para motor m
— **equipment** n - [ind] equipo m apropiado
— **kit** n - [mech] conjunto m apropiado de equipo m
— — **use** n - [ind] empleo m, or uso m, apropiado de equipo m
— **exterior identification** n - [com] caracterización f exterior apropiada

proper feeding n - alimentación f apropiada, or debida
— **fill level** n - nivel m apropiado para abastecimiento n • abastecimiento m hasta nivel m apropiado
— **filling** n - henchimiento m, or abastecimiento m, apropiado • [constr] relleno m apropiado
— **filter** n - [mech] filtro m apropiado
— — **plate** n - [safety] disco m apropiado, or placa f apropiada, para filtro m
— **fit** n - ajuste m, apropiado, or adecuado
— **fit-up** n - [weld] presentación f, apropiada, or debida
— **fitment** n - apareamiento m apropiado
— **flow** n - flujo m apropiado • caudal m apropiado
— **flux coverage** n - [weld] cobertura f, apropiada, or adecuada, con fundente m
— **foundation** n - [constr] cimiento m apropiado
— **fraction** n - [math] . . .; fracción f, propia, or directa
— **frequency** m - frecuencia f apropiada
— — **signal** n - [electron] señal f de frecuencia f apropiada
— **friction** n - [mech] fricción f apropiada
— **fuel handling** n - manejo m, apropiado, or debido, de combustible m
— — **mixture** n - [int.comb] mezcla f apropiada de combustible m
— —, **storage**, or **storing** n - almacenamiento m, apropiado, or debido, de combustible m
— **functioning** n - funcionamiento m, or comportamiento m, apropiado, or debido
— **fusion** n - [weld] fusión f apropiada
— **gage** n - [mech] calibre m apropiado
— **gear alignment** n - [mech] alineación f apropiada para engranaje m
— — **contact** n - [mech] contacto m apropiado para engranaje m
— — **tooth contact** n - [mech] contacto m apropiado para diente(s) m en engranaje m
— **grade** n - calidad f, or clasificación f, apropiada • [constr] declive m apropiado
— — **oil** n - [mech] aceite m con calidad f apropiada
— **grinding** n - [mech] esmerilado m apropiado • amoladura f apropiada
— — **equipment** n - [mech] equipo m apropiado para, amoladura f, or esmerilado m
— — — **use** n - [ind] empleo m apropiado de equipo m para, amoladura f, or esmerilado m
— **ground** n - [electr-instal] puesta f a, or conexión f, apropiada, or debida, con tierra f
— **grounding method** n - [weld] método m apropiado para, conexión f con, or puesta a, tierra
— — **detail(s)** n - [weld] detalle(s) m sobre método m apropiado para, conexión f con, or puesta f a, tierra
— — **procedure** n - [electr-instal] procedimiento m apropiado para, conexión f con, or puesta f, a tierra f
— **guidance** n - dirección f apropiada; encaminamiento m apropiado
— **handling** n - manejo m, apropiado, or debido, or correcto; manipulación f apropiada
— **hardness** n - [mech] dureza f apropiada
— **height** n - altura f apropiada
— **hydraulic pressure** n - [hydr] presión f hidráulica apropiada
— — — **check(ing)** n - [hydr] comprobación f, or verificación f, de presión f hidráulica apropiada
— **identification** n - identificación f apropiada • [com] caracterización f apropiada
— **idler operation** n - [int.comb] operación f, apropiada, or debida, (de regulador m) para marcha f sin carga f
— **installation** n - instalación f apropiada
— — **practice** n - [ind] práctica f apropiada para instalación f

proper installing n - instalación f apropiada
— **instruction** n - instrucción f apropiada
— **intent (to @)** adv - [legal] a (sus) efecto(s)
— **joint** n - [weld] junta f, apropiada, or debida
— — **configuration** n - [weld] configuración f apropiada para junta f
— — **design** n - [weld] configuración f, or proyección f, debida, or apropiada, para junta f
— — **preparation** n - [weld] preparación f debida de junta f
— **junction** n - [mech] encuentro m apropiado
— **kit** n - [tools] conjunto m apropiado
— **lead connection** n - [electr-instal] conexión f apropiada para conductor(es) m
— **level** n - nivel m, apropiado, or debido
— **limit** n - límite m apropiado
— **line voltage** n - [electr-distrib] voltaje m apropiado en línea f
— **load** n - [mech] carga f apropiada
—, **locating**, or **location** n - ubicación f apropiada
— — **insuring** n - aseguramiento m de ubicación f apropiada
— **lubricant** n - [mech] lubricante m apropiado
— — **flow** n - [mech] flujo m apropiado de lubricante m
— — **level** n - [mech] nivel m apropiado para lubricante m
— **lubrication** n - [mech] lubricación f apropiada
— **make-up** n - [mech] ensambladura f apropiada • [petrol] enroscadura f apropiada
— **maintenance** n - mantenimiento m, or entretenimiento m, apropiado, or adecuado, or bueno; conservación f, apropiada, or adecuada • estado m bueno de conservación f
— **mating** n - [mech] ajuste m, or encaje m, debido; hermanamiento m apropiado
— **method** n - método m apropiado
— **mix(ing)** n - mezcla(dura) f apropiada
— **mixing ratio** n - [int.comb] proproción f apropiada en mezcla f
— **mixture** n - mezcla(dura) f apropiada
— **motor speed** n - [electr-mot] velocidad f apropiada, de, or para, motor m
— **mounting** n - montaje m, apropiado, or correctp
— **offset(ting)** n - [mech] desplazamiento m lateral apropiado
— **oil** n - aceite m apropiado
— — **pressure** n - presión f, apropiada, or adecuada, para aceite m
— — — **light** n - [int.comb] luz f (indicadora) para presión f apropiada de aceite m
— **operating** n - operación f apropiada
— — **position** n - posición f apropiada para operación f
— — **range** n - [mech] límite(s) m apropiado(s) para, operación f, or funcionamiento m
— **operation** n - operación f, apropiada, or debida, or correcta; funcionamiento m, apropiado, or correcto, or bueno
— — — **gaging** n - [instrum] verificación f de manómetro m para operación f apropiada
— — **check(ing)** n - [mech] verificación f de opperación f, apropiada, or debida
— **order** n - orden m debido • condición f apropiada
— **oscillation** n - oscilación f apropiada
— **output connection** n - [weld] conexión f apropiada para salida f (de energía f)
— — — **diagram** n - [weld] diagrama m para conexión f apropiada para salida f (de energía)
— **overlap** n - [mech] traslapo m apropiado; sobremonta f apropiada
— **packaging** n - [transp] embalaje m, debido, or apropiado, or adecuado
— **packing** n - [transp] embalaje m, or empaque m, debido, or apropiado, or adecuado
— **paralleling instruction(s)** n - [weld] instrucción(es) f apropiada(s) para puesta f en paralelo m
— **part** n - [mech] pieza f apropiada

proper pavement construction an - [constr] construcción f apropiada de pavimento m
— **performance** n - [mech] rendimiento m apropiado • ejecución f, apropiada, or buena
— **personnel use** n - [ind] uso m debido de personal m
— **physical characteristic** n - característica f física apropiada
— **pipe bedding** n - [tub] lecho m, or asiento m, apropiado para, tubo m, or tubería f
— **pipeline procedure** n - [weld] procedimiento m apropiado para (soldadura f de) línea(s) f, or tubería(s) f, para conducción f
— — **technique** n - [weld] técnica f apropiada para (soldadura f de), línea(s) f, or tubería(s) f, para conducción f
— — **welding procedure** n - [weld] procedimiento m apropiado para soldadura f de, línea(s) f, or tubería(s) f, para conducción f
— — — **technique** n - [weld] técnica f apropiada para soldadura f de, línea(s) f, or tubería(s) f, para conducción f
— **placement** n - localización f, or ubicación f, adecuada, or apropiada
— **polarity** n - [electron] polaridad f apropiada
— — **signal** n - [electron] señal f para polaridad f apropiada
— **position** n - posición f apropiada
— **positioning** n - ubicación f, or colocación f, apropiada
— **power pack kit** n - [weld] conjunto m apropiado de equipo m motor
— **power supply** n - [electr-distrib] abastecimiento m apropiado de energía f
— **practice** n - [ind] práctica f apropiada
— **preload** n - [mech] precarga* f apropiada
— **preloading** n - [mech] precarga* f apropiada
— **preparation** n - preparación f, apropiada, or debida
— **pressure** n—presión f, apropiada, or adecuada
— — **light** n - [int.comb] luz f (indicadora) para presión f apropiada
— — **putting out** n - [mech] producción f de presión f apropiada
— **priming** n - [pumps] cebadura f apropiada
— **procedure** n - procedimiento m, apropiado, or adecuado
— —, **following**, or **taking** n - seguimiento m de procedimiento m apropiado
— **program** n - programa m apropiado
— , **protecting**, or **protection** n - portección f, apropiada, or debida
— **range** n - límite(s) m apropiado(s); escala f apropiada
— , **reinforcement**, or **reinforcing** n - refuerzo m, apropiado, or debido
— , **reinstallation**, or **reinstalling** n - [mech] reinstalación f apropiada
— **relay** n - [electr-instal] relé m apropiado
— **revetement** n - [constr] revestimiento m apropiado
— **rimming** n - [metal-prod] efervescencia f apropiada
— — **action** n - [metal-prod] acción f efervescente apropiada
— **rivet** n - [mech] remache m apropiado
— **roll grinding equipment** n - [metal-roll] equipo m apropiado para amoladura f de rodillo(s) m
— — **position** n - [metal-roll] posición f apropiada para fodillo m
— — **turning equipment** n - [metal-roll] equipo m apropiado para torneado m de rodillo(s) m
— — **use** n - [metal-roll] empleo m, or uso m, apropiado de rodillo(s) m
— **rolling practice** n - [metal-roll] práctica f apropiada para laminación f
— — **temperature** n - [metal-roll] temperatura f apropiada para laminación f
— **rotation** n - [mech] rotación f, apropiada, or en sentido m apropiado

proper rotation direction n - [mech] sentido m correcto para rotación f
— **running** n - operación f apropiada; funcionamiento m apropiado
— **seal** n - sello m apropiado
— — **life** n - [mech] vida f (útil) apropiada para sello m
— **sealing** n - selladura f apropiada
— **seating** n - [mech] asentamiento m apropiado
— **selection** n - selección f apropiada
— **sequence** n - orden m correcto
— **service** n - servicio m apropiado • servicio m público apropiado
— **service life** n - vida f útil apropiada
— **setting** n - [instrum] ajuste m apropiado
— **setup** n - instrum] instalación f apropiada • ajuste m apropiado
— **shape** n - conformación f apropiada
— — **control** n - [ind] control m adecuado, or regulación f apropiada, de (con)forma(ción) f
— **side support** n - soporte m lateral apropiado
— **size** n - tamaño m apropiado • [mech] calibre m apropiado • [electr-cond] sección f adecuada • [miner] granulometría f adecuada
— — **cable** n - [electr-cond] conductor m con sección f, apropiada, or adecuada
— — **circumferential rivet** n - [mech] remache m circunferencial con tamaño m apropiado
— — **conductor** n - [electr-cond] conductor m con, sección f, or diámetro m, apropiado, da
— — **rivet** n - [mech] remache m con tamaño m apropiado
— — **welding cable** n - [weld] cable m para soldadurea f con sección f apropiada
— **sizing** n - calibración f apropiada
— **soil inspection** n - [constr] compactación f apropiada de suelo m
— **specification** n - especificación f apropiada
— **speed** n - velocidad f apropiada
— — **selection** n - [mech] selección f de velociudad f apropiada
— **spooling** n - [mech] arrollamiento m apropiado
— — **check(ing)** n - verificación f de arrollamiento m apropiado
— **spring tension** n - [mech] tensión f apropiada para, resorte m, or muelle m
— **starter connection diagram** n - [weld] diagrama m apropiado para conexión f de arrancador
— — **diagram** n - [weld] diagrama m apropiado para arrancador m
— **statement** n - declaración f apropiada
— **step(s)** n - paso(s) m apropiado(s)
— **stickout** n - [weld] prolongación f apropiada (para electrodo m)
— **storage** n - almacenamiento m apropiado
— **store identification** n - caracterización f apropiada de comercio m
— **storing** n - almacenamiento m apropiado
— **strength** n - fuerza f apropiada • resistencia f apropiada
— — **assurance** n - seguridad f de resistencia f apropiada
— **stress** n - tensión f apropiada
— **strip tensional limit** n - [metal-roll] límite m apropiado para tensión f de, banda f, or cinta f, or chapa f, or fleje m
— **subdrainage** n - [hydr] subdrenaje m apropiado
— — **system** n - [constr] red f apropiada para subdrenaje* m
— **supply(ing)** n - suministro m apropiado
— **support** n - soporte m, or sostén m, apropiado
— **surface** n - superficie f apropiada
— — **bead** n - [weld] cordón m con superficie f apropiada
— — — **preparation** n - [weld] preparación f apropiada de superficie f
— **swivel lubrication** n - [petrol] lubricación f apropiada para cabeza f para inyección f
— **system** n - sistema m apropiado • [constr] red f apropiada
— **tamping** n - [constr] apisonamiento m apropiado

proper technique

proper technique n - técnica f apropiada
— temperature n - temperatura f, apropiada, or correcta
— templet n - [mech] plantilla f apropiada
— tension n - [mech] tensión f, apropiada, or correcta
— —(al) limit n - límite m apropiado para tensión f
— thickness n - espesor m apropiado
— tightening n - [mech] apretadura f apropiada; ajuste m apropiado
— time n - tiempo m, apropiado, or oportuno; oportunidad f debida • hora f apropiada
— timing n - [int.comb] encendido m, ajustado, or regulado, apropiadamente, or correctamente
— tire fitment n - [autom-tires] apareamiento m apropiado de neumático m
— — replacement n - [autom-tires] reemplazo m apropiado para neumático m
— tolerance n - [mech] tolerncia f apropiada
— tooth contact n - [mech] contacto m apropiado m para dien te m
— travel speed n - [weld] velocidad f de avance m, apropiado, or adecuado
— tread n - [autom-tires] superficie f apropiada de (banda f para) rodadura f
— — head n - [autom-tires] mordedura f apropiada de banda f para rodadura f
— turning n - giro m apropiado; rotación f apropiada
— — equipment n - [mech] equipo m apropiado para, torneado* m, or torneadura* f
— type n - tipo m apropiado
— upkeep n - conservación f apropiada
— use n—uso m, or empleo m, apropiado, or debido m
— ventilation n - ventilación f apropiada • ventilación f adecuada
— — hindering n - impedimento m para ventilación f apropiada
— voltage n - [electr-distrib] voltaje m apropiado
— Wash-in n - [weld] afinamiento m apropiado
— weight oil n - [lubric] aceite m con peso apropiado
— welding position n - [weld] posición f apropiada para, soldar, or soldadura f
— — procedure n - [weld] procedimiento m apropiado para soldadura f
— — technique n - [weld] técnica f apropiada para soldadura f
— width n - ancho m, apropiado, or correcto
— wire feeding n - [weld] alimentación f apropiada para alambre m
— wiring n - [electr-instal] conexión(es) f, apropiada(s), or debida(s); encablado* m, apropiado, or debido
— work n - trabajo m, apropiado, or correcto
— working n - funcionamiento m, apropiado, or debido, or correcto
— — condition n - [ind] condición f apropiada para trabajo m
properly adv - apropiadamente; propiamente; debidamente
— adjusted a - ajustado,da debidamente
— aligned gear n - [mech] engranaje m alineado apropiadamente
— banded a - [transp] zunchado,da, or flejado,da*, apropiadamente, or debidamente
— capitalized a - capitalizado,da adecuadamente
— cared for a - cuidado,da debidamente
— constructed pavement n - [constr] pavimento m construido apropiadamente
— embedded a - asentado,da, apropiadamente, or debidamente
— — structure n - [constr] estructura f asentada apropiadamente
— executed a - [legal] ejecutoriado,da debidamente
— — award n - [legal] laudo m ejecutoriado debidamente

- 1322 -

— properly handled fuel n - [combust] combustible m manejado, apropiadamente, or debidamente
— heated a - calentado,da apropiadamente
— identified n - identificado,da apropiadamente • caracterizado,da apropiadamente
— identified business n - [com] comercio m, or establecimiento m, caracterizado apropiadamente
— inflated tire n - [autom-tires] neumático m inflado en forma f apropiada
— installed a - instalado,da, apropiadamente, or debidamente
— made a - hecho,cha debidamente
— — revaluation n - revaluación f hecha debidamente
— maintained a - en condición(es) f buena(s); bien, conservado,da
— — sign n—[com] letrero m en condición(es) f buena(s)
— set a - ajustado,da debidamente; en posición, f, aporopiada, or correcta
— sized a - con calibre m apropiado
— — lead n - [electr-distrib] conductor m con capacidad f, apropiada, or suficiente
— — power lead n - [electr-cond] conductor m para energía f con capacidad f suficiente
— — tube n - [autom-tires] cámara f con medida(s) f, apropiada(s), or suficiente(s)
— stored fuel n - [combust] combustible m almacenado, apropiadamente, or debidamente
property n - . . .; terreno m; sitio m; finca f; predio m; bien m • . . .; característica f; calidad f
— addition n - adición f, a or de, propiedad f
— adjudication n - [legal] adjudicación f de bien(es) m
— attachment n - [legal] embargo m de bien(es)
— census n - [fisc] catastro m
— change n - cambio m en propiedad f
— ,ties computation n - cómputo m de propiedades
— damage n - daño m a, propiedad f, or equipo m
— degradation n - degradación f, or deterioro m, or menoscabo m, or deterioración f, de, propiedad f, or bien(es) m
—,ties difference n - diferencia f en(tre) propiedad(es) f
— disposal n - enajenamiento m de propiedad f
— fair value n - valor m razonable de propiedad
— fence n - [ind] cerca f para planta f
—,ties function n - [constr] función f de propiedad(es) f
— insurance n - [insur] seguro m sobre, propiedad(es) f, or bien(es) m raíz,ces, or inmueble(s) f
— — industry n - [insur] industria f de seguro(s) m sobre propiedad(es)
— item n - bien m
— line n - límite m de propiedad f
— — fencing n - [constr] cerca f, or cercado m, almbrado m, or valla f, or vallado m, en límite m de propiedad f
—,ties loss n - pérdida f de propiedad(es) f
— maintenance n - mantenimiento m, or conservación f, de propiedad(es) f
—,ties measuring n - medición f de propiedades
— — method n - método m para medición f de propiedad(es) f
— owner n - propietario m
— ownership n - dominio m de propiedad f
— range n - escala f, or límite(s) m, para propiedad(es) f
—,ties report n—informe sobre propiedad(es) f
— requirement n - exigencia f para propiedad f
—,ties set n - serie f de propiedad(es) f
— tax n [fisc] impuesto m inmobiliario, or territorial • [Arg.] contribución f territorial
—,ties test(ing) n - prueba(s) f, or ensayo(s) m, de propiedad(es) f
—,ties — result(s) n - resultado m de ensayo m de propiedad(es) f
— title n - [legal] título m de propiedad f

property transfer n - [legal] transferencia f, or transmisión f, de propiedad f
— **value** n - valor m de propiedad f
prophecy n - . . .; pronóstico m
prophetic a - . . .; vatídico,ca
proponent n - . . .; oferente m; postor m; promotor m
proportion n - . . . . • [math] . . .; regla f de tres | v - [constr-concr] dosificar; dosar proporcionalmente • colocar • calcular
proportional a - . . .; relativo,va
— **amortization** n - [accntg] amortización f proporcional
— **band** n - banda f proporcional
— **control** n - [combust] regulación f de dosificación f • regulador m para dosificación f
— **inversely** a - inversamente proporcional; proporcional inversamente
— **limit** n - límite m, proporcional, or de proporcionalidad f; límite m para elasticidad f
— **speed** n - velocidad f, proporcional, or relativa
— **value** n - valor m proporcional
proportionately adv - a prorrata f
proportioned a - . . . . • dosificado,da • calculado,da
proportioner n - proporcionador m
proportioning n - . . . . • cálculo m
— **method** n - [ind] método m para dosificación f
— **pump** n - [pumps] bomba f, proporcionadora*, or dosificadora
— **vent** n - [int.comb-carburetor] orificio m para dosificación f
proposal n - . . .; cotización f; ofrecimiento m • planteo m; planteamiento m • sugerencia f
— **acceptance** n - aceptación f de, propuesta f, or oferta f
— **adjusting** n - ajuste m de, propuesta f, or oferta f | a - ajustador,ra para oferta f
— **adjustment** n - ajuste m de, propuesta f, or oferta f
—(s) **comparison** n - comparación f de, propuesta(s) f, or oferta(s) f
— **condition** n - condición f para, propuesta f, or oferta f
— **content(s)** n - contenido m de propuesta f
— **date** n - fecha f de, propuesta f, or oferta f
—(s) **delivery** n - entrega f de propuesta(s) f
— **design** n - diseño m, or proyección f, para, propuesta f, or oferta f
— **disqualification** n - descalificación f de, propuesta f, or oferta f
— **document** n - [legal] documento m para, propuesta f, or oferta f
— **evaluation** n - evaluación f de, propuesta f, or oferta f
— — **factor(s)** n - factor(es) m para evaluación f de, propuesta f, or oferta
— **form** n - planilla f, or impreso m, or formulario m, para, propuesta f, or oferta f, or cotización f
— **general condition(s)** n - condición(es) f general(es) para, propuesta f, or oferta f
—(s) **grading** n - jerarquización* f, or jerarquía f, de, propuesta(s) f, or oferta(s) f
— **guaranty** n - [com] garantía f para, propuesta f, or oferta f, or contrato
— **guaranty return** n - [com] devolución f de garantía f sobre, propuesta f, or licitación
— **handling** n - tramitación f de propuesta f
— **letter** n - [com] carta f propuesta
—('s) **maintenance guaranty** n - garantía f para mantenimiento m de, propuesta f, or oferta f
—(s) **negotiation** n - negociación f de, propuesta(s) f, or oferta(s) f
— **non awarding** n - no adjudicación f de, propuesta f, or oferta f
—(s) **opening** n - apertura f de, propuesta(s) f, or oferta(s) f
—(s) — **ceremony date** n - fecha f, or día f, para acto m de apertura f de propuesta(s) f

proposal(s) opening date n - fecha f, or día f, para apertura f de, propuestas f, or ofertas
— **preparation** n - preparación f, or elaboración f, de, propuesta f, or oferta f
— **presentation** n - presentación f, or formulación f, de, propuesta f, or oferta f
—(s) **presentation guaranty** n - garantía f para seriedad f para presentación f de, propuesta(s) f, or oferta(s) f
— — — **bank deposit slip** n - [fin] boleta f bancaria por depósito m para seriedad f para presentación f de, propuesta f, or oferta f
— **price** n - precio m de, propuesta f, or oferta
— **qualification** n - calificación f de, propuesta(s) f, or oferta(s) f
— **qualifying** n - calificación f de propuesta f
— — **method** n - método m para calificación f de, propuesta(s) f, or oferta(s) f
— **receipt** n - recepción f de, propuesta f, or oferta f
— **receiving** n - recepción f de propuesta f
—, **rejecting**, or **rejection** n - rechazo m de, propuesta f, or oferta f
— **request** n - pedido m, or petición f, or pedimento m, de, propuesta f, or oferta f
—(s), **selecting**, or **selection**, **board** n - junta f para selección f de, propuestas, or ofertas
— **seriousness** n - [legal] seriedad f de, propuesta f, or oferta f
— — **sheet** n - planilla f para, propuesta f, or oferta f, or cotización f
— — **submittal** n - [legal] sometimiento m, or presentación f, de, propuesta f, or oferta f
—(s) **summary** n - resumen m de, propuesta(s) f, or oferta(s) f
—(s) — **statement** n - [com] planilla f con resumen m de oferta(s) f
—(s) **technical comparison** n - comparación f técnica de, propuesta(s) f, or oferta(s) f
—(s) — **condition(s)** n - condición(es) f técnica(s) para, propuesta f, or oferta f
— — **section** n - sección f técnica, or apartado m técnico, en, pliego m, or planilla f
— **total cost** n - costo m total para propuesta f
— **validity** n - validez f de, propuesta f, or oferta f
— — **guaranty** n - [legal] garantía f para validez f para, propuesta f, or oferta f
— — **period** n - período m, or plazo m, para validez f para, propuesta f, or oferta f
—(s) **value** n - valor m de, propuesta, or oferta
— **withdrawal** n - retiro m de, propuesta f, or oferta f
propose v - . . . . • plantear; sugerir • [com] . . .; cotizar; ofrecer; ofertar
— @ **condition** v - proponer condición f
— @ **equipment** v - proponer, or ofertar, equipo m
— @ **fabrication schedule** v - [ind] proponer programa m para fabricación f
— @ **personnel('s) service(s)** v - [labor] proponer servicio(s) m de personal m
— @ **refinement** v - proponer afinamiento m
— @ **schedule** v - [ind] proponer programa m
— @ **service** v - proponer servicio m
— @ **solution** v - proponer solución f
— @ **system** v - proponer sistema m • proponer red f
— @ **value** v - proponer, or sugerir, valor m
proposed a - propuesto,ta • planteado,da; sugerido,da • [com] . . .; ofrecido,da; ofertado,da; cotizado,da
— **assembly** n - [ind] conjunto m propuesto
— **assignor** n - [legal] cedente m, or transferidor m, propuesto
— **combination** n - combinación f propuesta; conjunto m propuesto
— **condition** n - condición f propuesta
— **contract** n - [legal] contrato m propuesto • proyecto m, or borrador m, para contrato m
— **crane** n - [cranes] grúa f propuesta
— **culvert** n - [constr] alcantarilla f propuesta

proposed culvert site n - [constr] sitio m propuesto m para alcantarilla f
— **cycle** n - ciclo m propuesto
— **drainage structure** n - [constr] estructura f propuesta para drenaje m
— **equipment** n—equipo m, propuesto, or ofertado
— **fabrication schedule** n - [ind] programa m propuesto para fabricación f
— **facility** n - [ind] instalación f propuesta
— **finished concrete surface** n - [constr] superficie f final propuesta para hormigón m
— — **surface** n - [constr] superficie f final propuesta
— **heating cycle** n - ciclo m propuesto para calentamiento m
— **mine site** n - [miner] sitio m propuesto para mina f
— **personnel service(s)** n - [labor] servicio(s) m de personal m propuesto(s)
— **pipe type** n - [tub] tipo m propuesto para tubería f
— **price** n - precio m, propuesto, or ofertado
— **project** n - obra f, propuesta, or proyectada
— **refinement** n - afinamiento m propuesto
— **road** n - [constr] camino m propuesto
— **service(s) cost** n - [labor] costo m propuesto para servicio(s) m
— **system** n - sistema m propuesto • red f propuesta
— — **type** n - tipo m de sistema m propuesto
— **technical condition(s)** n - condición(es) f técnica(s) propuesta(s)
— **transferor** n - [legal] transferidor m, or cedente f, propuesto
— **type pipe** n - [tub] tipo m propuesto de tubería f, or de tubería t propuesta
— **value** n - valor m, propuesto, or sugerido
— **wording** n - [gram] texto m propuesto
proposing n - propuesta f; cotización f; ofrecimiento m | a - proponedor,ra; proponente
— **bidder** n - [com] proponente m
propound v - . . .; propugnar • emitir; lanzar
propounded a - propugnado,da; propuesto,ta • emitido,da; lanzado,da
propped a - [naut] escorado,da
proprietarily adv - propietariamente
proprietary a - . . . • [legal] registrado,da; patentado,da
— **limited** a - see private company
— **right** n - [legal] derecho m, propietario, or de propiedad f
— **software** n - [electron] programa m, or sistema m, patentado, or registrado
— **use** n - [legal] uso m propietario
proprietor's name n - nombre m de propietario m
propriety n - . . .; procedencia f; conveniencia
— **approval** n - aprobación f de propiedad f
propwash n - [aeron] corriente f descendente (de aire m producida por helicóptero m)
propylene n - . . . | a - [chem] propilínico,ca
—/**ethylene crystalline copolymer** n - [chem] copolímero m cristalino propileno/etileno
prorate @ value v - prorratear valor m
prorated a - prorrateado,da; a prorrata
— **for @ fraction of @ day** a - [transp] prorrateado,da, or a prorrata f, por fracción de día
— **value** n - valor m, prorrateado, or a prorrata
prorating n - prorrateo m
— **for @ fraction of @ day** n - prorrata f por frección f de día m
proscribed a - proscrito,ta
proscribing n - proscripción f
prosecutable adv - fiscalizable
prosecuting n - [legal] fiscalización f
— **attorney** n - [legal] fiscal m acusador
prosecution n - [legal] demanda f; (parte) actora
prospect n - . . .; posibilidad f • esperanza f • candidato m • [com] cliente m en perspectiva f | adv - en perspectiva f | v - reconocer
prospected a - [miner] reconocido,da
prospecting n - [miner] reconocimiento m; prospección f; exploración f
prospecting drill n - [petrol] perforadora f para exploración f
— **permit** n - [miner] permiso m para, exploración f, or prospección f, or cateo m
— **technician** n - [miner] técnico m para, exploración f, or prospección f, or cateo m
— **technique** n - [miner] técnica f para, exploración f, or prospección f, or cateo m
prospective a - . . .; posible
— **buyer** n - [com] comprador m posible
— **dealer** n - [com] representante m, or distribuidor m, posible
— **maintenance** n - conservación f prevista; mantenimiento m previsto; previsión f para, conservación f, or mantenimiento m
— **oil land** n - [petrol] terreno m, probablemente, or posiblemente, petrolífero
— **resident** n - [pol] residente m, posible, or en perspectiva f
— **tire buyer** n - [autom-tires] comprador m posible de neumático(s) m
prosperity level n - [econ] nivel m de prosperidad f
prosperous area n - zona f próspera
Prosser swivel socket n - [petrol] portacable m con mandril m
protect v - . . .; escudar; guarecer; valer
— **against** v - proteger contra
— — **@ damage** v - proteger contra daño m
— — **@ direct impact** v - [mech] proteger contra impacto(s) m directo(s)
— — **@ — load(ing)** v - proteger contra carga(s) f directa(s)
— — **@ eddy action** v - [hydr] proteger contra acción f de, remolino m, or contracorriente f
— — **@ erosion** v - proteger contra erosión f
— — **@ excessive heat** v - proteger contra calor m excesivo
— — **@ extreme temperature(s)** v - proteger contra temperatura(s) f extrema(s)
— — **@ fast cooling** v - [weld] proteger contra enfriamiento m rápido
— — **@ heat** v - proteger contra calor m
— — **@ impact** v - proteger contra impacto m
— — **@ load(ing)** v - proteger contra carga f
— — **@ moisture** v - proteger contra humedad f
— — **@ sabotage** v - proteger contra sabotaje m
— — **@ scour(ing)** v - [hydr] proteger contra derrubio m
— — **@ temperature extreme(s)** v - proteger contra, temperatura(s) f extrema(s), or extremos m en temperatura f
— — **undermining** n - [constr] proteger contra socavación(es) f
— — **@ vandalism** v - proteger contra vandalismo
— **@ bank** v - [hydr] proteger margen m
— **@ bed** v - [hydr] proteger lecho m
— **@ bridge** v - [constr] proteger puente m
— **@ cable** v - [electr-cond] proteger cable m
— **carefully** v - proteger, cuidadosamente, or con cuidado m
— **@ casting** v - [weld] proteger pieza f, fundida, or de hierro m fundido
— **@ channel** v - [hydr] proteger cauce m
— **@ — slope** v - [hydr] proteger, borde m, or margen f, or talud m, de cauce m
— **@ cigarette(s)** v - [safety] proteger cigarrillo(s) m
— **@ connection** v - [electr-instal] proteger conexión f
— **@ control** v - proteger regulador m
— **@ drainage structure** v - [constr] proteger estructura f para drenaje m
— **economically** v - proteger económicamente
— **efficiently** v - proteger eficientemente
— — **against moisture** v - proteger eficientemente contra humedad f
— **@ electrical component** v - [electr-instal] proteger, componente m, or elemento m, eléctrico

protect @ **embankment** v - [constr] proteger terraplén m
— **en route** f - [transp] proteger en ruta f
— @ **engine** v - [int.comb] proteger motor m
— @ **equipment** v - [ind] proteger equipo m
— @ **eye** v - [safety] proteger, ojo m, or vista f
— **from** @ **arc ray(s)** v - [safety] proteger contra rayo(s) m de arco m
— — **corrosion** v - proteger contra corrosión f
— — @ **element(s)** v - proteger contra elementos
— — @ **fall** v - proteger contra caída(s) f
— — @ **spark(s)** v - [safety] proteger contra chispa(s) f
— **fully** v - proteger plenamente
— @ **gage** v - [instrum] proteger manómetro m
— @ **grade elevation** v - [constr] proteger contra separación f de nivel(es) m
— @ **human(s)** v - [safety] proteger persona(s) f
— @ **inlet** v - [hydr] proteger, toma f, or entrada f
— @ **internal part(s)** v - [mech] proteger pieza(s) f interior(es)
— @ **investment** v - [ind] proteger inversión f
— @ **iron casting** v - [weld] proteger pieza f, fundida, or de hierro m fundido
— @ **kiln** v - [ceram] proteger horno m rotatorio
— @ — **tire** v - [ceram] proteger llanta f para horno m rotatorio
— @ **lens** v - [optics] proteger, lente m/f, or cristal m
— @ **lip** v - [mech] proteger, borde m, or labio m
— @ **machinery** v - [mech] proteger maquinaria f
— @ **material** v - [ind] proteger material m
— @ **metal transfer** v - [weld] proteger transferencia f de metal m
— @ — **through** @ **arc** v - [weld] proteger transferencia f de metal a través de arco m
— @ **motor from** @ **overload** v - [electr] proteger motor m contra sobrecarga(s) f
— **other(s) (party,ties)** v - [safety] proteger a, otro(s) m, or tercero(s) m
— @ **outlet** v - [hydr] proteger salida f
— @ **part** v - [mech] proteger pieza f
— @ **people** v - [safety] proteger, gente f, or persona(s) f
— @ **person** v - proteger persona f
— @ **pipeline** v - [tub] proteger tubería f para conducción f
— @ **product** v - proteger producto m
— **properly** v - proteger, apropiadamente, or debidamente
— @ **public** v - safety] proteger público m
— @ **seal** v - [mech] proteger, sello m, or cierre m
— @ — **lip** v - [mech] proteger borde m de, sello m, or cierre m
— ...**self** v - proteger(se) (a sí mismo,ma)
— @ **skin** v - [safety] proteger piel f
— @ **slope** v - [hydr] proteger talud m
— @ **steel** v - [metal-treat] proteger acero m
— @ **strainer** v - [mech] proteger colador m
— @ **structure** v - [constr] proteger estructura f
— @ **stud(s)** v - [electr] proteger borne(s) m
— @ **subdrainage** v - [constr] proteger subdrenaje
— @ **tire** v - [mech] proteger llanta f
— @ **tuyere** v - [metal-prod] proteger tobera f
— @ **underpass** v - [constr] proteger paso m inferior
— **while en route** v - [transp] proteger en ruta f
— **with** @ **slope pavement** v - [constr] proteger con, pavimento m, or encachado m, sobre talud
— @ **working part** v - [mech] proteger pieza f, en movimiento m, or para trabajo m
protected a - protegido,da; amparado,da
— **against** a - protegido,da contra
— — @ **corrosion** a - protegido,da contra corrosión f
— — @ **damage** a - protegido,da contra daño(s) m
— — **direct impact(s)** a - protegido,da contra impacto(s) m directo(s)
— — — **load(ing)** a - protegido,da contra carga(s) f directa(s)
protected against @ **eddy action** a - [hydr] protegido,da contra acción f de, remolino(s) m, or contracorriente(s) f
— — @ **erosion** a - protegido,da contra erosión
— — @ **excessive heat** a - protegido,da contra calor m excesivo
— — @ **extreme temperature(s)** a - protegido,da contra temperatura(s) f extrema(s)
— — @ **fast cooling** a - [weld] protegido,da contra enfriamiento m, rápido, or súbito
— — @ **heat** a - protegido,da contra calor m
— — @ **impact** a - protegido,da contra impacto m
— — **load(ing)** a - protegido,da contra carga f
— — **moisture** a - protegido,da contra humedad f
— — **scouring** a - [hydr] protegido,da contra derrubio(s) m
— — @ **sabotage** a - [safety] protegido,da contra sabotaje m
— — @ **undermining** a - [constr] protegido,da contra socavación f
— — @ **vandalism** a - protegido,da contra vandalismo m
— **bank** n - [hydr] margen m protegido
— **bed** a - [hydr] lecho m protegido
— **bridge** n - [constr] puente m protegido
— **cable** n - [electr-cond] cable m protegido
— **carefully** a - protegido,da cuidadosamente
— — **against damage** a - protegido,da cuidadosamente contra daño(s) m
— **casting** n - [weld] pieza f, fundida, or de hierro m fundido, protegida
— **channel** n - [hydr] cauce m protegido
— **connection** n - [electr-instal] conexión f protegida
— **control** n - regulador m protegido
— **drainage structure** n - [constr] estructura f para drenaje m protegida
— **economically** a - protegido,da económicamente
— **edge** n - borde m protegido
— — **series** n - serie f con borde(s) m protegido(s)
— **specimen** n - [metal-treat] probeta f con borde m protegido
— **efficiently** a - protegido,da eficientemente
— — **against** @ **moisture** a - protegido,da eficientemente contra humedad f
— **electrical component** n - [electr-instal] componente m, or elemento m, eléctrico protegido
— **element** n - elemento m protegido
— **embankment** n - [constr] terraplén m protegido
— **engine** n - [int.comb] motor m protegido
— **equipment** n - [ind] equipo m protegido
— **eye(s)** n - [safety] ojo(s) m protegido(s); vista f protegida
— **from** @ **arc ray(s)** a - [safety] protegido,da contra rayo(s) m de arco m
— — **corrosion** a - protegido,da contra corrosión
— — @ **fall** a - protegido,da contra caída(s) f
— — @ **spark(s)** a - [safety] protegido,da contra chispa(s) f
— **fully** a - protegido,da plenamente
— **gage** n - [instrum] manómetro m protegido
— **grade elevation** n - [constr] separación f de nivel(es) m protegida
— **inlet** n - [hydr] entrada f protegida
— **internal part(s)** n - [mech] pieza(s) f interior(es) protegida(s)
— **investment** n - inversión f protegida
— **iron casting** n - [weld] pieza f de hierro m fundido protegida
— **kiln** n - [ceram] horno m rotatorio protegido
— — **tire** n - [ceram] llanta f para horno m rotatorio protegida
— **lens** n - [optics] lente m/f, or cristal m, protegido,da
— **lip** n - [mech] borde m, or labio m, protegido
— **machinery** n - [ind] maquinaria f protegida
— **material** n - [ind] material m protegido
— **outlet** n - [hydr] salida f protegida
— **part** n - [mech] pieza f protegida

protected people n - persona(s) f protegida(s); gente f protegida
— **pipline** n - [tub] tubería f para conducción f protegida
— **product** n - producto m protegido
— **properly** a - protegido,da, apropiadamente, or debidamente
— **public** n - [safety] público m protegido
— **seal** n - [mech] sello m, or cierre m, protegido
— — **lip** n - [mech] borde m de, sello m, or cierre m, protegido
— **skin** n - [safety] piel f protegida
— **slope** n - [hydr] talud m protegido
— **specimen** n - probeta f protegida
— **steel** n - [metal-treat] acero m protegido
— — **pipe** n - [tub] tubo m, or tubería f, de acero m con protección f
— **structure** n - [constr] estructura f protegida
— **strainer** n - [mech] colador m protegido
— **subdrainage** n - [constr] subdrenaje m protegido
— **thread** n - [mech] rosca f protegida
— **tire** n - [mech] llanta f protegida
— **underpass** n - [constr] paso m inferior protegido
— **working part** n - pieza f, para trabajo m, or en movimiento m, protegida
protecting n - protección f | a - protector,ra
— **against @ damage** n - protección f contra daño
— **frame** n - [mech] marco m protector
— **fuse** n - [electr-instal] fusible m, protector, or para protección f
protection n - . . .; salvaguardia f; guarda f • [safety] seguridad f personal
— **against @ ground(s)** n - [electr] protección f contra, conexión f, or puesta f, a tierra
— **against** n - protección f (en) contra
— — @ **corrosion** n - protección f contra corrosión f
— — @ **corrosive soil** n - [soils] protección f contra suelo(s) m corrosivo(s)
— — @ **damage** n - protección f contra daño(s) m
— — @ **direct impact(s)** n - protección f contra impacto(s) m directo(s)
— — @ — **load(ing)** n - protección f contra carga(s) f directa(s)
— — @ **eddy action** n - [hydr] protección f contra acción f de, remolino(s) m, or contracorriente(s) f
— — @ **erosion** n - protección f contra erosión
— — @ **excessive heat** n - protección f contra calor m excesivo
— — @ **extreme temperature(s)** n - protección f contra temperatura(s) f extrema(s)
— — @ **fast cooling** n - [weld] protección f contra enfriamiento m, rápido, or súbito
— — @ **flash(ing)** n - [weld] protección f contra destello(s) m
— — @ **heat** n - protección f contra calor m
— — @ **impact** n - protección f contra impacto m
— — @ **load(ing)** n - protección f contra carga
— — **mistake(s)** n - protección f contra errores
— — **moisture** n - protección f contra humedad f
— — @ **possible ground(s)** n - [electr] protección f contra posible(s), conexión(es) f con, or puesta(s) a, tierra f
— — — **mistakes** n — protección f contra errores m posibles
— — — **short(s)** n - [electr] protección f contra posible(s) cortocircuito(s) m
— — **short(s)** n - [electr] protección f contra cortocircuito(s) m
— — @ **spark(s)** v - [safety] protección f contra chispa(s) f
— — **sabotage** n - protección f contra sabotaje
— — @ **scour(ing)** n - [hydr] protección f contra derrubio(s) m
— — @ **temperature extreme(s)** n - protección f contra extremo(s) m en temperatura f
— — @ **undermining** n - [constr] protección f contra socavación f
protection against @ **vandalism** n - protección f contra vandalismo m
— — @ **wave front** n - [electron] protección f contra frente m de onda f
— **approval** n - aprobación f para protección f
— **arm top** n - [mech] tope m para brazo m para protección f
— **code** n - [safety] código m para protección f
— **criterion,ria** n - criterio(s) m para protección f
— **device** n - [safety] dispositivo m, or elemento m, protector, or para protección f
— —(s) **set** n - [safety] juego m de, dispositivo(s) m, or elemento(s) m, para protección f
— **division** n - [ind] división f para protección
— **equipment** n - equipo m para protección f
— **from** @ **arc ray(s)** n - [safety] protección f contra rayo(s) m de arco m
— — **corrosion** n - protección f contra corrosión
— — @ **fall(s)** n - protección f contra caída(s)
— — @ **spark(s)** n - protección f contra chispas
— **fuse** n - [electr-instal] fusible m, protector, or para protección f
— **installation** n - instalación f para protección f
— **kit** n - equipo m, or conjunto m, para protección f
— **placing** n - colocación f de protección f
— **plate** n - [metal-prod] placa f, or plancha f, or chapa f, protectora, or para protección f
— **procedure** n - procedimiento m para protección
— **project** n - [hydr] obra f para defensa f
—, **providing**, or **provision** n - provisión f de protección f
— **structure** n - estrucutra f para defensa f
— **switch** n - [electr-instal] conmutador m, or interruptor m, para protección f
— **system** n - sistema m para protección f • [electr-instal] red f para protección f • [ind] sistema m contra incendio(s) m
— — **approval** n - [safety] aprobación f de sistema m para protección f
— **tube** n - tubo m, protector, or para protección f
— **type** n - tipo m de protección f
— **wall** n - [constr] muro m protector
protective action n - acción f protectora
— **angle** n - [hydr] ángulo m protector
— **apron** n - [weld] peto m (protector)(
— **atmosphere** n - [ind] atmósfera f protectora
— — **control** n - [ind] regulación f de atmósfera f protectora
— — **controlled perfectly** n - atmósfera f protectora regulada perfectamente
— **barrier** n - barrera f protectora
— **cap** n - [mech] tapa f protectora; casquete m protector
— **circuit** n - [electr-oper] circuito m protector
—, **clothes**, or **clothing** n - [safety] ropa f, or prenda(s) f, protectora(s)
— — **laundering** n - [safety] lavado m de ropa f protectora
— **coat(ing)** n - capa f protectora; recubrimiento m protector • also see **protective lining**
— **cone** n - [mech] cono m, protector, or para protección f
— **corner piece** n - esquinero m para protección
— **cover** n - [mech] tapa f, or cubierta f, protectora, or para protección f; recubrimiento m protector
— — **plate** n - [mech] placa f protectora para cubierta f; recubrimiento m protector
— — **thickness** n - espesor de recubrimiento m
— **covering** n - cubierta f protectora; coraza f; armadura f
— **device** n - dispositivo m, protector, or para protección f; protección f; defensa f protectora • [electr-mot] dispositivo m para protección f (térmica)

protective element n - elemento m, protector, or para protección f
— **equipment** n - [safety] equipo m, protector, or para protección f
— **fill** n - [constr] relleno m protector
— **garment** n - [safety] prenda f, or ropa f, protectora
— **grid** n - [mech] rejilla f protectora
— **helmet** n - [safety] casco m protector
— **housing** n—caparazón f, or caja f, protectora
— **insulation** n - aislamiento m protector
— **lens** n - [safety] cristal m protector
— **lining** n - revestimiento m protector; camisa f, protectora, or para protección f
— **material** n - material m, protector, or para protección f
— **oxide** n - [metal] óxido m protector
— — **skin** n - [metal] recubrimiento m protector de óxido m
— **panel** n - tablero m, or panel m, protector, or para protección f
— **paper** n - [ind] papel m protector
— — **adhesive** n - adhesivo m en papel protector
— **plate** n - plancha f, or placa f, protectora
— **relay** n - [electr-instal] relé m, protector, or para protección f
— **relaying** n - [electr-instal] protección f con relé(s) m
— **ring** n - [mech] aro m, or anillo m, protector, or para protección f
— **scheme** n - [ind] plan m para protección f • instalación f protectora
— **screen** n - [mech] rejilla f, protectora, or para protección f
— **sheath** n - [electr-cond] vaina f protectora
— **shield** n - [weld] máscara f protectora
— **skin** n - [anat] piel f protectora • [metal] recubrimiento m protector
— **slag** n - [weld] escoria f protectora
— **sleeve** n - [mech] manguito m, protector, or para protección f
— **standard** n - [labor] norma f protectora
— **system** n - sistema m, protector, or para protección f
— **tariff** n - [fisc] arancel m protector; protección f aduanera
— **thermostat** n - [electr-equip] termostato m protector
— **valve cap** n - [mech] casquete m protector para válvula f
— **winding** n - [electr-mot] devanado m protector
— **zinc coating** n - [metal] capa f protectora de cinc m
— **treatment** n - tratamiento m protector
Protecto relay n—[electr-equip] relé m Protecto
protector n - . . . . • valedor m • padrino m
— **relay safety switch** n - [electr-instal] interruptor m, or disyuntor m, para seguridad f para relé m protector
— **weight** n - peso m de protector m
proteinic a - proteínico,ca
protest period n - período m, or plazo m, para, protesta(s) f, or reclamo(s) m
— **signing** n - [legal] firma f de protesto m
protested a - protestado,da
protester n - . . . .; protestador m
protesting n - protesta(ción) f | a - protestador,ra
protocolar* a - [pol] protocolar
prototype class n—[autom] categoría f prototipo
— **nuclear power plant** n - [nucl] planta f, or central f eléctrica, nuclear prototipo
— **part** n - pieza f prototipo
— **power plant** n - [electr-prod] planta f prototipo para energía f; central f eléctrica prototipo
— **size** n - tamaño m cabal
— **size laboratory research** n - investigación f en laboratorio m con elemento(s) en tamaño m cabal
— **wheel** n - [mech] rueda f prototipo

protracted a - . . . .; demorado,da
— **default** n - [fin] (de)mora f prolongada
protractedly adv - prolongadamente
protracting n - demora f | a - demorador,ra
protrude v - . . . .; extender(se); sobresalir(se)
— @ **lip** v - [mech] sobresalir borde m
protruded a - extendido,da; sobresalido,da
— **lip** n - [mech] borde m sobresalido
protruding n - extensión f | a - sobresaliente; sobresalido,da; protuberante
— **conduit** n - [tub] conducto m protuberante
— **lip** n - [mech] borde m, sobresaliente, or protuberante
— **thread** n - [mech] rosca f, sobresaliente, or protuberante
— **wire** n - alambre m, sobresaliente, or protuberante
protrusion n - protuberancia f; proyección f; extensión f
proud a - . . . . • [fam] hinchado,da
provable activity n - actividad f comprobable
prove v - . . . . • acreditar; resultar • [legal] constar
— **compatible** v - (de)mostar(se) compatible
— @ **experience** v - acreditar experiencia f
— @ **identity** v - comprobar identidad f
— @ **point** v - demostrar, aseveración f, or pretensión f
— @ **worth** v - demostar valía f
proved a - probado,da; demostrado,da; acreditado,da • consagrado,da
— **experience** n - experiencia f, comprobada, or demostrada, or acreditada
— **in** @ **service** a - comprobado,da, or consagrado,da, por uso m
— **maximum thickness** n - espesor m, or grosor m, máximo (com)probado
— **minimum thickness** n - espesor m, or grosor m, mínimo (com)probado
— **thickness** n - espesor m, or grosor m, (com)probado
proven area n - zona f comprobada
— **compatible** a - (de)mostado,da compatible
— **dependability** n - confiabilidad f (com)probada
— **derrick** n - [petrol] torre f (para perforación f) comprobada
— — **equipment** n - [petrol] equipo m (com)probado para torre f (para perforación f)
— **equipment** n - [mech] equipo m (com)probado
— **experience record** n - experiencia f amplia
— **gross profit** n - [fin] utilidad f bruta (com)probada
— **identity** n - identidad f comprobada
— **information** n - información f comprobada
— **net profit** n - [fin] utilidad f neta comprobada
— **oil land** n - [petrol] terreno m petrolífero comprobado
— **point** n - punto m comprobado; aseveración f, or pretensión f, demostrada, or comprobada
— **procedure** n - procedimiento m (com)probado
— **process** n - [ind] proceso m (com)probado
— **profit** n - [fin] utilidad f (com)probada
— **quality** n - calidad f (com)probada
— **record** n - registro m (com)probado; antecedente(s) m comprobado(s)
— **reserve(s)** n - [miner] reserva(s) f (com)probada(s)
— **thickness** n - espesor m comprobado
— **technique** n - técnica f (com)probada
— **tread design** n - [autom-tires] banda f para rodamiento m con proyección f comprobada
— **welding procedure** n - [weld] procedimiento m (com)probado para soldadura f
providable a - suministrable
provide v - . . . .; brindar; facilitar; dar; asegurar; prestar; poner; aportar; ofrecer; permitir; surtir; dotar • disponer (de); estipular • satisfacer; deparar; cumplir • reunir
— @ **additional lubrication** v - [lubric] proveer

provide @ adjustment

lubricación f adicional
provide @ adjustment v - proporcionar, ajuste m, or regulación f
— **@ advantage** v - proporcionar ventaja f
— **@ alternate location** v - proveer ubicación f substitutiva
— **@ auxiliary power** v - [electr-distrib] proveer, energía f, or potencia f, auxiliar
— **@ backlash** v - [mech] proveer, or proporcionar, contragolpe m
— **@ basis** v - proveer base f
— **@ bedding** v - [constr] proveer, lecho m, or asiento m
— **@ broad adjustment** v - [weld] proveer, or proporcionar, ajuste n aproximado, or regulación f aproximada
— **characteristic(s)** v - proporcionar característica(s) f
— **@ clearance** v - [mech] proveer, separación f, or luz f, or espacio m
— **completely** v - proveer totalmente
— **@ compound** v - proveer compuesto m
— **@ comprehensive engine service** v - [int.comb] brindar servicio m completo para motor m
— **@ comprehensive service** v - brindar servicio m completo
— **@ consultation** v - prestar asesoría f
— **@ control power** v - [weld] proveer energía f para regulación f
— **@ correct speed** v - [mech] proporcionar velocidad f correcta
— **@ deeper penetration** v - [weld] proveer, or proporcionar, penetración f más profunda
— **durability** v - brindar durabilidad f
— **electricity** v - [electr-distrib] proveer, corriente f, or energía f
— **@ electrode(s)** v - [weld] proveer electrodos
— **@ — stud** v - [weld] proveer, or proporcionar, borne(s) m para electrodo m
— **@ equipment** v - [ind] proveer equipo m
— **excellent characteristic(s)** v - proporcionar característica(s) f excelente(s)
— **— weld(ing) characteristic(s)** v - [weld] proporcionar característica(s) f excelente(s) para soldadura f
— **@ expertise** v - suplir, or proveer, pericia f
— **@ facility,ties** v - proveer instalación(es) f
— **for** v - cubrir; hacer frente; suplir
— **@ fresh air** v - proveer, or suplir, or proporcionar, aire m fresco
— **fully** v - proveer, or suplir, totalmente
— **@ hardness** v - proveer dureza f
— **high frequency** v - [weld] proporcionar frecuencia f alta
— **@ immediate melting** v - [metal-prod] proveer fusión f inmediata
— **@ incentive(s)** v - proporcionar incentivo(s)
— **@ information** v - proveer, or suministrar, información f
— **@ inherent short circuit protection** v - [electr-oper] proveer protección f inherente contra cortocircuito(s) m
— **instantly** v - proveer instantáneamente
— **@ instruction** v - proveer instrucción f
— **late(ly)** v - proporcionar tardíamente
— **liaison** v - coordinar
— **@ long tread life** n - [autom-tires] proporccionar vida f [útil] larga a banda f para rodamiento m
— **@ lubrication** v - proveer, or suplir, lubricación f
— **magnetization** v - [electr] proveer, or producir, magnetización f
— **@ material(s)** v - proveer material(es) m
— **@ maximum assurance** v - [safety] proveer seguridad f máxima
— **@ maximum quality assurance** v - proveer seguridad f máxima en calidad f
— **@ nominal hardness** v - proveer, or proporcionar, dureza f nominal
— **@ operator appeal** v - [weld] hacer, atrayente, or atractivo, para soldador m
provide @ output v - [electr-prod] proveer corriente f para salida f
— **— voltage** v - [electr-distrib] proveer, or suplir, voltaje m para salida f
— **outstanding operator appeal** v - [weld] hacer muy, atrayente, or atractivo, para soldador m
— **overlapping** v - [weld] proporcionar solapo m
— **@ part** v - [mech] suministrar, or proveer, pieza f, or repuesto m
— **@ path** v - proveer, camino m, or sendero m
— **@ pattern** v - proveer modelo m
— **@ penetration** v - proveer penetración f
— **@ picture** v - [electron] proporcionar imagen
— **@ pipe bedding** v - [tub] proveer, lecho m, or asiento m, para, tubo m, or tubería f
— **@ power** v - [electr-distrib] proveer, or suministrar, energía f, or fuerza f motriz
— **precise adjustment** n - [weld] proporcionar, ajuste m preciso, or regulación f precisa
— **— voltage** v - [weld] proveer, or proporcionar, voltaje m preciso
— **— — adjustment** v - [weld] proporcionar, ajuste m preciso, or regulación f precisa, para voltaje m
— **@ product** v - [ind] proveer, or suplir, producto m
— **@ production material(s)** v - [ind] proveer material(es) m para producción f
— **@ — supply,les** v - proveer material(es) m para producción f
— **— tool(es)** v - [tools] prover herramienta(s) f para producción f
— **@ proper pipe bedding** v - [tub] proveer, lecho m, or asiento m, apropiado para, tubo m, or tubería f
— **protection** v - proveer, or proporcionar, pretección f
— **@ resistance** v - proveer, or proporcionar, or ofrecer, resistencia f
— **@ selection** v - proveer selección f
— **@ separate electrode stud(s)** v - [weld] proveer borne(s) f separado(s) para electrodo(s)
— **@ — stud(s)** v - [weld] proveer borne(s) m separado(s)
— **@ service** v - proveer, or dar, or suplir, or brindar, servicio m • atender m servicio m
— **@ short circuit protection** v - [electr-oper] proveer protección f contra cortocircuito(s)
— **simultaneously** v - proporcionar simultáneamente
— **@ space** v - proveer espacio m
— **@ speed** v - [mech] proveer velocidad f
— **@ stability** v - proveer estabilidad f
— **@ steady output** v - [electr-prod] proveer corriente f para salida f uniforme
— **@ stop** v - [mech] proveer, or suplir, tope m
— **@ strength** v - proveer, or proporcionar, or brindar, fuerza f, or resistencia f
— **@ stud(s)** v - [weld] proveer borne(s) m
— **supply,lies** v [ind] proveer material(es) m
— **@ support** v - proveer, or proporcionar, sostén m
— **@ technique** v - [ind] aportar técnica f
— **@ television picture** v - [electron] proporcionar imágen en televisión f
— **@ threshhold** v - [electron] proveer umbral m
— **@ tool(s)** v - proveer herramienta(s) f
— **totally** v - proveer totalmente
— **@ transfer** v - [electron] proveer transferencia f
— **@ troubleshooting procedure** v - proveer procedimiento m para determinación f de falla(s)
— **@ utility,ties** v - proveer servicio(s) m público(s)
— **@ voltage** v - [electr-prod] proveer, or suplir, voltaje m
— **@ weld(ing)** v - [weld] proporcionar soldadura f
— **@ —(ing) characteristic(s)** v - [weld] proporcionar característica(s) f para soldadura f
— **with** v - proporcionar • colocar

provide with angle(s) v - esconzar
— **with compensation** v - proveer con compensación f
— — **@ proposal(s)** v - acompañar con oferta(s)
— **without compensation** v - proveer, or prestar, sin compensación f
provided a - provisto,ta; suplido,da; suministrado,da; proporcionado,da; facilitado,da; brindado,da; prestado,da; permitido,da; prevenido,da; puesto,ta • previsto,ta • satisfecho,cha; cumplido,da | conj - siempre que
— **additional lubrication** n - [lubric] lubricación f adicional provista
— **alternate location** n - ubicación f substitutiva provista
— **amount** n - suma f, or cantidad f, provista; monto m provisto
— **backlash** n - [mech] contragolpe m provisto
— **basis** n - base f provista
— **clearance** n - [mech] separación f provista; espacio m provisto; luz f provista
— **completely** a - provisto,ta totalmente
— **comprehensive engine service** n - [int.comb] servicio m completo brindado para motor m
— **compound** n - compuesto m provisto
— **consultation** n - asesoría f, provista, or prestada
— **correct speed** n - [mech] velocidad f correcta provista
— **durability** n - durabilidad f brindada
— **electricity** n - [electr-distrib] electricidad f, or corriente f, or energía f, provista
— **electrode** n - [weld] electrodo m provisto
— **equipment** n - [ind] equipo m provisto
— **expertise** n - pericia f suplida
— **facility,ties** n - [ind] instalación(es) f provista(s)
— **for** a - cubierto,ta
— **fresh air** n - aire m fresco provisto
— **fully** a - provisto,ta totalmente
— **hardness** n - dureza f, provista, or suplida
— **information** n - información f, provista, or suministrada, or suplida
— **instantly** a - provisto,ta instantáneamente
— **instruction** n - [educ] instrucción f provista
— **lately** a - proporcionado,da tardíamente
— **lubrication** n - [mech] lubricación f, provista, or suplida
— **maximum assurance** n - [safety] seguridad f máxima provista
— — **assurance** n - seguridad f máxima provista en calidad f
— **opening** n - abertura f provista
— **part** n - [mech] repuesto m suministrado; pieza f provista
— **path** n - sendero m provisto
— **pattern** n - modelo m provisto
— **picture** n - [electron] imagen f proporcionada
— **power** n - [electr-distrib] energía f, or fuerza f motriz, provista, or suministrada
— **product** n - [ind] producto m, provisto, or suministrado, or suplido
— **protection** n - protección f, provista, or suplida, or proporcionada
— **resistance** n - resistencia f, provista, or proporcionada
— **screw** n - [mech] tornillo n provisto
— **selection** n - selección f provista
— **service(s)** n - servicio(s) m, provisto(s), or prestado(s), or brindado(s), or atendidos; prestación f
— **simultanously** a - provisto,ta, or proporcionado,da, simultáneamente
— **space** n - espacio m provisto
— **speed** n - [mech] velocidad f provista
— **stability** n - estabilidad f provista
— **stop** n - [mech] tope m, provisto, or suplido
— **strength** n - fuerza f, or resistencia f, or solidez f, provista, or suplida, or brindada
— **support** n - sostén m, provisto, or proporcionado, or suplido
— **technique** n - [ind] técnica f, provista, or aportada, or suplida
— **provided television picture** n - [electron] imagen f en televisión f proporcionada
— **threshhold** n - [electron] umbral m provisto
— **totally** a - provisto,ta totalmente
— **transfer** n - [electron] transferencia f provista
— **troubleshooting procedure** n - procedimiento m para determinación f de falla(s) f provisto
— **utitility,ties** n - sevicio(s) m público(s) provisto(s)
— **with compensation** a - provisto,ta, or prestado,da, con compensación f
— — **proposal** a - acompañado,da a oferta f
— **without compensation** a - provisto,ta, or prestado,da, sin compensación f
providing n - provisión f; facilitación f; proporción f • puesta f; dotación f • cumplimiento m; satisfacción f • [labor] prestación f | a - suministrador,ra; suplidor,ra; surtidor,ra; brindador,ra | [conj] . . . siempre que
— **with compensation** n - provisión f, or prestación f, con compensación f
— **without compensation** n - provisión f, or prestación f sin compensación f
province n - [pol] . . .; intendencia f; departamento m
provincial agency n - [pol] dependencia f provincial
— **arbitrament** n - [fisc] arbitrio m provincial
— **department** n - [pol] ministerio m, or repartición* f, or dependencia* f, provincial
— **government** n - [pol] gobierno m provincial
— **highway system** n - [roads] red f, vial, or caminera, provincial
— **law** n - [legal] ley f, or legislación f, provincial
— **legislature** n - [pol] legislatura f provincial
— **tax** n - [fisc] impuesto m provincial
proving n - comprobación f • demostración f; acreditación f | a - comprobador,ra
— **air** n - aire m para, prueba f, or comprobación f, or demostración f
— **air switch** n - conmutador m para probar aire
— **element** n - [legal] elemento m para prueba f
— **ground** n - pista f para, ensayo(s) m, or prueba(s) f • polígono m
— **pump** n - [pumps] bomba f para, ensayo(s) m, or prueba(s) f
provision n - . . .; prestación f; suministro m; suministración f • previsión f • [legal] . . .; previsión f • apartado m
— **with compensation** n - provisión f, or prestación f, con compensación f
— **without compensation** n - provisión f, or prestación f, sin compensación f
provisional a - provisorio,ria; temporario,ria; provisional • interino,na
— **acceptance** n - aceptación f, or recepción f, provisional
— **filter** n - filtro m provisorio
— **index** n - [indice m provisional
— **solution** n - solución f, provisoria, or provisional
provisionally adv - . . .; provisoriamente
provisions n - [alim] vitualla(s) f; víveres m
proviso n - . . . • salvedad f
provocating n - provocación f | a—provocador,ra
provocator n - provocador m | a - provocador,ra
provoke v - . . .; espinar
provoked a - provocado,da
provoking n - provocación f | a - provocador,ra; provocante
prowl n - ronda f | v - . . .
prowled a - rondado,da
prowling n - ronda t
proxy n - . . . • mandatario m
prudent application n - aplicación f prudente
— **decision** n - decisión f prudente
— **judgment** n—juicio m, or criterio m, prudente

prudentially a - prudencialmente; prudentemente
pry v - . . .; fisgar • [mech] apalancar; alzaprimar
— **bar** n - [tools] alzaprima f; barreta f; barra f apalancadora
— — **support** n - [mech] soporte m para barra f apalancadora f
— **habitually** v - fisgonear (habitualmente)
— **loose** v - [mech] apalancar (hasta soltar)
— — **@ liner** v - [mech] apalancar camisa f hasta soltar(la)
prying n - [mech] apalancamiento; alzaprima m | a - fisgador,ra
— **loose** n - [mech] apalancamiento m (hasta soltar)
psychological checkup n - [medic] revisión f psicologica; examen m psicológico
— **deterrent** n - disuasión f psicológica
— **incentive** n - incentivo m psicológico
— **need** n - necesidad f psicológica
— **want** n - anhelo m psicológico; necesidad f psicológica
Pty. Ltd. n - see **proprietary limited**
public acceptance n - aceptación f, pública, or por público m
— **access area** n - zona f para acceso m (de) público m
— **accessibility** n—accesibilidad f para público
— **accesible** a - accesible para público m
— **accountant** n - [com] contador m público
— **activity,ties** n - actividad(es) f pública(s) • sector m público
— **address announcement(s)** n - aviso(s) m, or anuncio(s) m, para red f de altavoces f
— — **system** n - [electron] red f, or sistema m, de altavoces m (para conferencias f)
— **administration** n - [pol] administración f pública
— — **school** n - [educ] escuela f para administración f pública
— **agency** n - organismo m público
— **authority,ties** n - [pol] autoridad(es) f pública(s) • funcionario(s) m público(s)
— **benefit** n - beneficio m pblico
— **bond(s) sale(s) profit** n - [fin] utilidad f por venta f de título(s) m público(s)
— **business** f - transacción f, pública, or con sector m público • [pol] negocio m público
— **buyer** n - comprador m público • [pol] comprador m, público, or gubernamental
— **carrier** n - [trans] transportador m público
— **college** n - [educ] colegio m público
— **Commercial Registry** n - [pol] Registro m Público para Comercio m
— **company** n - see **publicly held company**
— **concern** n - see **publicly held concern**
— **construction** n - [constr] obra(s) f civil(es)
— **corporation** n - [legal] sociedad f pública; also see **publicly held corporation**
— **debenture** n - [fin] obligación f pública f; debenture* m público
— — **(s) subscription** n - [fin] subscripción f de, obligación(es) f públicas, or debentures* m públicos
— **demand** n - [pol] demanda f pública
— **documents recorder** n - [pol] registrador m de instrumento(s) m público(s)
— — **registration** n - [legal] registro m de documento(s) m público(s)
— — **registry** n - [legal] registro m para documento(s) m público(s)
— **domain** n - [legal] dominio m público
— **enterprise** n - [fin] empresa f pública
— **finance(s)** n - [fin] finanza(s) f pública(s); erario m público • [fisc] finanza(s) f
— **garden** n - jardín m, or paseo m, público
— **Health Department** n - [pol] Departamento m, or Ministerio m, para, Salud f, or Salubridad f Pública
— **held** a - see **publicly held**
— **highway** n - [roads] carretera f pública

public instrument n - [legal] instrumento m público; escritura f pública
— — **(s) record** n - [legal] registro m, or protocolo m, de instrumento(s) m público(s)
— — **(s) register** n - [legal] registro m, or protocolo m, de instrumento(s) m público(s)
— **instrument(s) registration** n - [legal] registro m, de, or para, instrumento(s) m público(s), or escritura(s) f pública(s)
— — **(s) registry** n - [legal] registro m, or protocolo m, de, instrumento(s) m público(s), or escritura(s) f pública(s)
— **investment** n - [econ] inversión f pública
— **knowledge** n - conocimiento m, or dominio m, público
— **land(s)** n - tierra(s) f pública(s); ejido(s) m
— **market** n - [fin] mercado m, abierto, or libre
— — **sale** n - [fin] venta f en mercado m, abierto, or libre
— — **share** n - [fin] acción f vendida en mercado m, abierto, or libre
— — — **(s) sale** n - [fin] venta f de acción(es) f en mercado m, abierto, or libre
— **meeting** n - reunión f pública • acto m público
— **mention(ing)** n mención f pública; reconocimiento m público
— **office** n - [pol] oficina f, or repartición f, pública
— **official** n - [pol] oficial m, or funcionario m, público
— **organization** n - [pol] organismo m público • entidad f pública
— **participation** n - [legal] participación f, pública, or de público m
— **project** n - [constr] obra f pública
— **property registry** n - [pol] registro m público para propiedad f
— **protection** n - [safety] protección f de público m
— **punishment** n - [legal] castigo m público; vindicta f pública; vergüenza f
— **purchase** n - [com] compra f pública
— **purchaser** n - [com] comprador m público
— **recognition** n - [managm] reconocimiento m (de) público m; mención f pública
— **registration** n - [legal] registro m público • registración f pública
— **registry** n - [pol] registro m público
— **relation(s)** n - relación(es) f pública(s)
— — **(s) director** n - [managm] director m para relaciones f públicas
— — **(s) effort(s)** n - [managm] actividad(es) f para relación(es) f pública(s)
— — **(s) manager** n - [managm] gerente m para relación(es) f pública(s)
— — **(s) office** n - [managm] oficina f para relación(es) f pública(s) • director m, or funcionario m, para relación(es) f pública(s)
— **release** n - publicación f; comunicado m (público); solicitada f
— **report** n - [legal] memoria f
— **road** n - [roads] camino m público; vía f pública
— **roadway** n - [roads] vía f pública
— **Safety and Traffic Authority** n - [pol] Dirección f para Seguridad f Pública y Tránsito m
— **sale** n - venta f pública; vendeja f
— **sector business** n - [com] transacción f con sector m público
— — **market** n - [com] mercado m de sector m público
— **service(s) director** n - [pol] director m para servicio(s) m público(s)
— **share** n - [fin] acción f pública
— — **(s) subscription** n - [fin] subscripción f de acción(es) f pública(s)
— **spending** n - [econ] erogación f pública
— — **cut-tack** n - [econ] reducción f, or limitación f de erogación(es) f pública(s)
— **subscription** n - [fin] subscripción f pública
— **tender** n - [com] licitación f pública

public till n - [pol] erario m (público)
— transit n - [transp] (vehículo m para) transporte m público
— treasury n - [pol] tesoro m, or erario m
— utility n - red f, or empresa f, para servicio m público
— — company n - empresa f para servicio m público
— water supplies n - [hydr] red f para agua(s) f corriente(s)
— work(s) n - [constr] obra(s) f pública(s)
— — and Service(s) Department n - [pol] Ministerio m, or Secretaría f, para Obra(s) f y Servicio(s) m Público(s)
— — — Transportation Secretary n - [pol] Secretario m, or Ministro m, para Obras f Pública(s) y Transportes m
— — — — Department n - [pol] Ministerio m, or Departamento m, para Obras f Pública(s) y Transportes m
— — assistant director n - [pol] subdirector m, or director m adjunto para obras públicas
— — department n - [pol] departamento m, or ministerio m, or secretaría f, para obras f públicas
— — director n - [pol] director m para obras públicas
— — engineer n - ingeniero m para obras f públicas
— — secretary n - [pol] ministro m, or secretario m, para obras f públicas
— zoo n - [pol] (jardín) zoológico m de propiedad f pública
publication n - . . . . [print] . . .; impreso m
—(s) committee n - [print] comisión f para publicación(es) f
publically held a - [legal] público,ca; de propiedad f pública
— — company n - [legal] compañía f, or empresa f, (de propiedad f) pública
— — concern n - [legal] empresa f pública
— — corporation n - [legal] sociedad f, or empresa f, or compañía f, pública
— — enterprise n - [legal] empresa f pública
publish v - . . . .] . . .; difundir
— @ information v - publicar información f
— @ standard v - publicar norma f
— @ value v - publicar valor m
publishable* a - publicable
published a - publicado,da; editado,da • divulgado,da; difundido,da
— information n - información f publicada
— procedure n - procedimiento m divulgado
— standard n - norma f publicada
— — procedure n - procedimiento m, estándar, or según norma f, publicado, or divulgado
— — production welding procedure n - [weld] procedimiento m, estándar, or según norma f, divulgado para soldadura f en serie
— — welding procedure n - [weld] procedimiento m, estándar, or según norma f, para soldadura f, publicada, or divulgada
— welding procedure n - [weld] procedimiento m para soldadura f, publicado, or divulgado
publishing n - publicación f; divulgación f; difusión f | a - publicador,ra; editor,ra; editorial
— value n - valor m publicado
puddle n - . . .; rebalsa f • [weld] baño m para fusión f; cráter m • [roads] bache m | v - [constr-concr] agitar; trabajar • batir con agua m; sedimentar • [metal-prod] . . .; formar colchón m
— apperance n - [weld] apariencia f, or aspecto m, de cráter m
— compact v - [constr] compactar mediante anegación f
— compacted a - [constr] compactado,da mediante anegación f
— compacting n - [constr] compactación f mediante anegación f

puddle control n - [weld] regulación f de, cráter m, or baño m
— elimination n - [hydr] eliminación f de charco(s) m
puddled a - [hydr] rebalsado,da • [constr] embarrado,da • [metal-prod] pudelado,da
— iron n - [metal-prod] hierro m pudelado
—('s) roll n - [metal-roll] rodillo m desbastador
puddling n - [hydr] rebalse m; rebalsamiento m • [metal-prod] . . .; refinación f • agitación f de fundición f • [weld] mezcla f de metal m de aporte con m de base f • [constr] embarrado m; batido m con agua m; sedimentación f | a - [metal-prod] pudelador,ra • [hydr] rebalsador,ra
— compaction n - [constr] compactación f mediante anegación f
pug n - . . . . • [metal-prod] barro m, or lodo m, amasado
— mill n - . . . . • [metal-prod] amasadora f; molino m para arcilla f • tornillo m sin fin para remover polvo m de base f de extractor m (para polvo m en horno m alto) • [miner] mortero m para, barro m, or lodo m; • [miner]
— blade n - [metal-prod] paleta f para amasadora f
— — operator n - [mech] operador m para amasadora f
— — paddle n - [metal-prod] paleta f para amasadora f
— — shaft n - [metal-prod] árbol m, or eje m, para amasadora f
Pugh car n - [metal-prod] vagón m para arrabio m, caliente, or líquido; vagón m torpedo
— type hot metal car n - [metal-prod] vagón m, or cuchara f, torpedo
— — — transfer car n - [metal-prod] vagón m, or cuchara f, torpedo
— — ladle n - [metal-prod] vagón m, or cuchara f, torpedo
pull n - arrastre m; tiro m; tracción f • esfuerzo m | v - . . . .; jalar • extraer; tirar hacia afuera
— and back haul rope n - [cabl] cable m para tiro m y retroceso m; cable m para arrastre m y retroceso m
— apart v - separar; dislocar • tirar hasta, separar, or apartar
— accidentally v - separar accidentalmente
— arm n - [mech] brazo m para, tracción f, or tiro m
— @ assembly v - [mech] extraer conjunto m
— away v - apartar(se); separar(se); adelantar y alejar(se); alejar(se)
— quickly v - separar, or apartar, rápidamente
— back n - [mech] dispositivo m para retroceso m; retención f | v tirar hacia atrás; hacer retroceder
— — @ column v - [mech] tirar hacia atrás columna f
— — device n - [mech] dispositivo m para retroceso m
— — out v - sacar(se) desde, atrás, or extremo
— — shifter n - [mech] cambio m para mesa f para retroceso m
— — @ steering column n - [mech] tirar hacia atrás columna f para dirección f
— — table n - [mech] mesa f para retroceso m
— — — roll(er) n - [mech] rodillo m para mesa f para retroceso m
— — — shift(er) n - [mech] cambio m para mesa f para retroceso m
— back(wards) v - tirar hacia atrás
— box n - [electr-instal] caja f, para tracción f, or para paso m, or para acceso m, or terminal
— @ bushing v - tirar, or extraer, buje m
— cable n - [mech] cable m para, tirar, or arrastre m, or tracción f; also see pull handle

pull @ cable v - [electr-instal] tirar, or halar, conductor m
— — **handle** n - [cranes] palanca f para cable m para, arrastre m, or tracción f
— **capacity** n - [mech] capacidad f para, tiro m, or tracción f
— **@ car** v - [rail] arrastrar vagón m • [autom] arrastrar, or tirar, automóvil
— **chain** n - [mech] cadena f para, tirar, or arrastrar
— **@ — tight** v - [mech] tensar cadena f
— **directly** v - tirar directamente
— **down** v - tirar hacia abajo
— **excessively** v - tirar, or arrastrar, excesivamente
— **@ feeder gun trigger** v - [weld] deprimir gatillo m en pistola f alimentadora
— **forward** v tirar hacia adelante
— **from** v - extraer; sacar
— **@ gun trigger** v - [weld] deprimir gatillo m en pistola f
— **handle** n - [mech] palanca f para tirar
— **@ handle** v - [mech] tirar, asidero m, or palanca f
— **@ — backward(s)** v - [mech] tirar palanca f hacia atrás
— **@ hydraulic valve seat** v - [valv] extraer, or sacar, asiento m para válvula f hidráulica
— **in** v - [electr-instal] conectar
— **knob** n - [mech] tirador m
— **lever** n - [mech] palanca f para tirar
— **@ lever** v - [mech] tirar (de) palanca f
— **@ — backward(s)** v - [mech] tirar palanca f hacia atrás
— **lift** n - [mech] aparejo m en carraca f
— **line** n - [cabl] cable f para, tracción f, or arrastre m
— **@ line** v - [cabl] tirar línea f
— **@ lining** v - [mech] extraer camisa f, or revestimiento m, or forro m
— **-off** n - [mech] apartador m; desviador m; deflector m
— — v -(tirar hasta) sacar
— — **motor** n - motor m para apartador m
— **out** - a - extraíble; desembutible; halable | v - tirar (hasta sacar); sacar, tirar, or salir, hacia afuera • [fam] sonsacar
— — **boom** n - cranes] aguilón m extraíble
— — **@ boom** v - [cranes] extraer aguilón m
— — **@ choke** v - [int.comb] tirar de estrangulador m
— — **element** n - elemento m, removible, or extraíble
— — **in front** v - [sports] adelantar(se)
— — **jib** n - [cranes] pescante m extraible
— — **of @ curve** v - [autom] enderezar(se)
— — **@ throttle** v - tirar regulador m hacia afuera
— **@ output shaft assembly** v - [autom-mech] tirar, or sacar, conjunto m de árbol para salida f (para fuerza f)
— **@ pallet** v - [mech] tirar bandeja f
— **plate** n - [mech] placa f para, tiro m, or tracción f
— **@ plug** v - [electr-oper] sacar enchufe m
— **point** n - [electr-instal] punto m para tracción f
— **rapidly** v - tirar rápidamente
— **@ receptacle** v - [electr-oper] sacar tomacorriente m
— **-ring** n - [mech] anillo m para tirar
— **rod** n - [mech] vástago m, or varilla f, para, tirar, or arrastre m, or tracción f
— — **arm** n - [mech] brazo m para vástago m para tirar
— — **assembly** n - [mech] conjunto m de vástago m para tirar
— — **drive assembly** n - [mech] conjunto m para accionamiento m para vástago m para tirar
— — **end** n - [mech] extremo m de vástago m para tirar

pull @ rod pin v - [mech] tirar pasador m para vástago m
— **rope** n - [cabl] cable m para, tirar, or tracción f, or arrastre m
— **@ seal retainer** v - [mech] tirar de, or sacar, retén m para, sello m, or cierre m
— **@ seat** v - [mech] extraer, or sacar, or arrancar, asiento m
— **shovel** n - [constr] pala f para, tirar, or arrastrar
— **straight back** v - tirar directamente hacia atrás
— **through** v - hacer, pasar, or atravesar
— **tight** v - [mech] (tirar hasta) tensar
— **to @ lead** v - [sports] colocarse en delantera
— — **@ out position** v - [mech] tirar (completamente) hacia afuera
— — **run** inter - tírese para (hacer) marchar
— — **start** interj - tírese para (hacer) arrancar
— **together** v - acercar entre sí
— **towards @ operator** v - [mech] tirar hacia operador m
— — **@ side** n - tiro m hacia costado | v - tirar hacia costado m
— **@ trigger** v - deprimir gatillo m
— **@ trick** v - tirar(se) broma f
— **up** v - tirar hacia arriba; elevar; subir • [petrol] extraer
— — **@ boom** v - [cranes] elevar aguilón m
— **up @ dirty pipe** v - [petrol] extraer, tubo m sucio, or tubería f sucia
— — **@ drive core pipe** v - [constr-pil] extraer tubería f para núcleo m hincador
— — **@ pipe** v - [constr-pil] subir tubería f • [petrol] extraer tubería f
— — **@ — on @ drive core** v - [constr-pil] extraer tubería f sobre núcleo m hincador
— — **@ valve seat** v - [valv] extraer, or sacar, asiento m en válvula f
— **(ing) wedge** n - [mech] cuña f para tirar
— **@ wheel** v - [autom-mech] sacar rueda f
— **@ wire** v - tirar, or halar, alambre m
— **@ — feeder gun trigger** v - deprimir gatillo m en pistola f alimentadora para alambre m
pulled a - tirado,da; halado,da; arrastrado,da • sacado,da; extraído,da
— **apart** v - tirado,da hasta, separar, or apartar; separado,da
— — **accidentally** a - separado,da accidentalmente
— **assembly** n - [mech] conjunto m extraído
— **away** a - apartado,da; alejado,da
— — **quickly** a - apartado,da rápidamente
— **back** a - tirado,da hacia atrás
— — **column** n - [mech] columna f tirada hacia atrás
— — **steering column** n - [autom-mech] columna f para dirección f tirada hacia atrás
— **bushing** n - [mech] buje m, extraído, or sacado, or tirado
— **down** a - tirado,da hacia abajo
— **excessively** a - tirado,da, or halado,da, or arrastrado,da, excesivamente
— **forward** a - tirado,da hacia adelante
— **from** a - extrído,da; secado,da de
— **handle** n - [mech] palanca f, or manija f, tirada; asidero m tirado
— **hydraulic valve seat** n - [valv] asiento m para válvula f hidráulica, arrancado, or sacado
— **lever** n - [mech] palanca f tirada
— **line** n - [cabl] línea f tirada
— **lining** n - [mech] camisa f extraída; revestimiento m, or forro m, extraído
— **off** a - sacado,da; tirado,da hasta sacar
— **out** a — tirado,da hacia afuera
— — **boom** n - [cranes] aguilón m extraído
— — **of** a - sacado,da; tirado,da hasta sacar
— — **throttle** n - regulador m tirado hacia afuera
— **output shaft assembly** n - [autom-mech] con-

junto m de árbol m para salida f (de fuerza f) tirado
pulled pallet n - [mech] bandeja f arrastrada
— **object** n - [mech] objeto m tirado
— **plug** n - [electr-instal] enchufe f sacado
— **plunger** n - [mech] émbolo m tirado
— **rapidly** a - tirado,da rápidamente
— **receptable** n - [electr-instal] tomacorriente m, extraído, or sacado
— **seal retainer** n - [mech] retén m para, sello m, or cierre m, extraído, or tirado
— **seat** n — [mech] asiento m, extraído, or sacado
— **through** v - hecho,cha, atravesar, or pasar
— **tight** a - [mech] tirado,da hasta tensar
— **towards @ operator** a - [ind] tirado,da hacia operador m
— — **@ side** a - tirado,da hacia costado m
— **up** a - tirado,da hacia arriba; elevado,da • [petrol] extraído,da
— — **boom** n - [cranes] aguilón m elevado
— — **dirty pipe** n - [petrol] tubería f sucia extraída
— — **pipe** n - [petrol] tubería f elevada
— **valve seat** n - [valv] asiento m para válvula f, arrancado, or extraído, or sacado
— **wheel** n — [autom] rueda f, sacada, or extraída
— **wire** n - [wire] alambre m, tirado, or halado
puller n - [mech] . . .; tirador m • [agric] arrancadora f - [combust] manguito m
— **base** n - [tools] base f para arrancador m
— **body** n - [tools] cuerpo m para arrancador m
— **head** n - [tools] cabeza f para arrancador m
— **hole** n - [mech] orificio m, or agujero m, para extracción f
— **removal** n - [mech] remoción f, or saca, or extracción f, de, or con, extractor m
— **remove** v - [mech] remover, or quitar, or sacar, con extractor m
— **removed** a - [mech] removido,da, or quitado,da, or sacado,da, con extractor m
— **stem** n - [mech] vástago m para extractor m
— **tool** n - [tools] herramienta f extractora
pulley n - [mech] . . .; roldana f; rodete m; rodaja f; (cada) ramal m (de polea f)
— **aligning**, or **alignment** n - [mech] alineación f de polea f
— **beam** n — [mech] viga f, or árbol m, para polea
— **block** n - [mech] motón m
— **change** n - [mech] cambio m, or reemplazo m, de polea f
— **head** n - [mech] cabeza f para polea f
— **hub** n - [mech] cubo m de polea f
— — **end** n - [mech] extremo m de cubo m, de, or hacia, polea f, or roldana f
— **inside diameter** n - [mech] diámetro m interior de, polea f, or roldana f
— **key** n - [mech] chaveta f para polea f
— — **end** n - [mech] extremo m de, chaveta f, or polea f
— — **oil seal** n - [mech] sello m para aceite m para chaveta f para polea f
— — **seal** n - [mech] sello m para chaveta f para polea f
— **lubrication** n - [mech] lubricación f para polea f
— **mounting** n - [mech] montaje m para polea f
— — **screw** n - [mech] tornillo m para montaje m para polea f
— **notch** n - [mech] muesca f en polea f
— **outside diameter** n - [mech] diámetro m exterior de, polea f, or roldana f
— **replacement** n - reemplazo m de polea f
— **rope** n - [cabl] cable m para aparejo m
— **shaft** n - [mech] eje m para polea f
— **shell** n - [mech] caja f para polea f • cuerpo m de polea f
— **system** n - [mech] sistema m de polea(s) f
— — **part** n - [mech] pieza f para sistema m de polea(s) f
— — **spare part** n - [mech] (pieza f para) repuesto m para polea f

pulley tail n - [mech] cola f de polea f
pulling n - tiramiento m; tiro m; tirón m; tirada f; tracción f; arrastre m • saca f; sacada f • [petrol] extracción f (de sarta f) • [electr-instal] tendido m
— **apart** n - separación f; tiramiento m hasta, apartar, or separar • desgarramiento m
— **arm** n - [mech] brazo m, tirador, or para, tiro m, or tiramiento m, or tracción f
— **away** n - alejamiento m; apartamiento m
— — **quickly** n - apartamiento m rápido
— **back** n - tiro m, or tiramiento m, hacia atrás
— **chain** n - [mech] cadena f para, tiro m, or tiramiento m, or tirar
— **cost(s)** n - [petrol] costo m para extracción f de sarta f (para producción f)
— **down** n - tiro m, or tiramiento m, hacia abajo
— **effort** n - [mech] esfuerzo m para tiro m
— **eye** n - [electr-instal] argolla f para arrastre m
— **force** n - [mech] fuerza f para tiro m
— **forward** n - tiro m, or tiramiento m, hacia adelante
— **from** n - saca f; extracción f
— **head** n - [mech] cabeza f para tracción f
— **hook** n - gancho m para, tiro m, or tracción f
— **in** n - [electr-instal] conexión f
— **iron** n - [electr-instal] estribo m para, anclaje m, or tiro m
— **off** n - saca f; tiro m hasta sacar
— **out** n - tiro m, or tiramiento m, hacia afuera
— **in front** n - [sports] adelantamiento m
— **of** n - saca f; tiro m hasta sacar
— **plate** n - [mech] placa f para, tiro m, or tiramiento m, or tracción f
— **roll** n - [mech] rodillo m para tracción f
— **stress** n - [elctr-instal] tensión f para tendido m
— **test** n - [mech] ensayo m, or prueba f, de tracción f
— **towards @ operator** n - [ind] tiramiento m hacia operador m
— — **@ side** n - tiro m hacia costado m
— **unit** n - [petrol] equipo m para reparación f (de pozos m)
— **up** n - elevación f
pullrod n - [mech] varilla f para tracción f
— **drive** n - [mech] accionamiento m con varilla f para tracción f
— — **support** n - [mech] soporte m para accionamiento m con varilla f para tracción f
— — — **assembly** n - [mech] conjunto m de soporte m para accionamiento m con varilla f para tracción f
pullulated a - pululado,da
pullulating n - pululación f | a - pululante
pulper n - [paper] máquina f preparadora para pasta f • [miner] pulpadora* f
pulpit n - . . . • [ind] puesto m, or cabina f, or plataforma f, para (co)mando m; pupitre m • puesto m para vigilancia f
— **operator** n - [ind] operador m para pupitre m
pulsated a - pulsado,da
pulsating n - pulsación f | a - . . .; pulsátil; pulsativo,va • pujante
— **city** n - [econ] ciudad f pujante
— **hum(ming)** n - zumbido m pulsante
pulsation n - . . .; pulso m
— **dampener** n - [mech] amortiguador m para pulsación(es) f
pulsative a - . . .; pulsátil
pulsator n - pulsador m
pulse n - . . . • [electron] pulsación f • impulso m | v - . . .
— **beat** n - [anat] pulsada f
— **echo** n - [electron] pulsación-eco f
— — **equipment** n - [electron] equipo m, para, or de tipo m, pulsación-eco f
— — **pattern** n - [instrum] configuración f (de tipo m) pulsación-eco f
— — — **type** n - [electron] tipo m pulsación-eco f

pulse-echo type equipment

pulse-echo type equipment n - [electron] equipo m de tipo m pulsación-eco f
──── ── **ultrasonic equipment** n - [electron] equipo m ultrasónico de tipo m pulsación-eco f
──── **ultrasonic equipment** n - [electron] equipo m ultrasónico (con) pulsación-eco m
── **generator** n - [electron] generador m para, impulso(s) m, or pulsación(es) f
── **on and off** v - [weld] encender(se) y apagar(se) por sí mismo,ma
──**(s) per second** n - [electron] impulso(s) m, or pulsación(es) f, por segundo m
── **rate** n - [anat] pulso m • [electron] régimen m de impulso(s) m; frecuencia f; also see frequency
──**(s) sending** n - [electron] envío m de impulsos
── **train** n - [electron] tren m de impulsos m
pulsed a - pulsado,da
── **on and off** a - [weld] encendido,da y apagado,da por sí mismo,ma
pulverator* n - see **pulverizer**
pulverized a - pulverizado,da
── **coal** n - [miner] carbón m pulverizado
── ── **injection** n - [metal-prod] inyección f de carbón m pulverizado
── **injection** n - inyección f pulverizada
── **paint pigment** n - [paint] pigmento m pulverizado para pintura(s) f
── **pigment** n - [paint] pigmento m pulverizado
pulverizer n - . . . . • [agric] desmenuzadora f
── **jaw** n - [mech] mandíbula f para pulverizadora
pulverizing n - pulverización f | a pulverizador,ra; para pulverización f
── **mill** n - molino m pulverizador
── **nozzle** n - [mech] boquilla f pulverizadora
── **unit** n - [mech] equipo m para pulverización f
pulverulent a - pulverulento,ta
── **hematite** n - [miner] hematita f pulverulenta
── **reserve(s)** n - [miner] reserva(s) f de hematita f pulverulenta
pumice material n - [miner] piedra f pómez
── ── **pocket** n - [miner] concentración f, or masa f, de piedra f pómez
── **pocket** n - [miner] concentración f, or masa f, de piedra f pómez
pump n - . . . . | v - . . . .; enviar con bomba f; impeler • desaguar; desagotar
── **and motor base** n - [mech] base f para bomba f y motor m
── **assembling** n - [pumps] armado m de bomba f
── **assembly** n - [pumps] conjunto m de bomba f
── **barrel** n - [pumps] cilindro m, or cuerpo m, para bomba f
── **base** n - [mech] base f para bomba f
──**(s) battery** n - [pumps] batería f, or conjunto m, de bomba(s) f
──**(s) ── control** n - [pumps] regulación f, de, or para, batería f de bomba(s) f
── **beam** n - [pumps] balancín f para bomba f
── **bearing** n - [pumps] cojinete m para bomba f
── **bleed(ing) screw** n - [pumps] tornillo m para, purga f, or sangría f, para bomba f
── **body** n - [pumps] cuerpo m para bomba f
── ── **fitting** n - [pumps] accesorio m para cuerpo m para bomba f
── **bolt** n - [pumps] perno m para bomba f
── **bore** n - [petrol] taladro m, or interior m, de bomba f
── **bracket** n - [pumps] ménsula f para bomba f
── **building** n - [ind] edificio m, para bomba(s) f, or para bombeo m
── **cap** n - [pumps] casquete f para bomba f
── **capacity** n - [pumps] capacidad f de bomba f
── **casing** n - [pumps] cuerpo m para bomba f
── **chamber** n - [pumps] cámara f, or cuerpo m, para bomba f
── **characteristic curve** n - [pumps] curva f característica para bomba f
── **check(ing)** n - [pumps] verificación f de bomba f
── ── **valve** n - [mech] válvula f para retención

f para bomba f
pump clamp n - [int.comb] abrazadera f para bomba f
── **column** n - [pumps] columna f para bomba f
── ── **bottom** n - [pumps] fondo m de columna f para bomba f
── **control** n - [pumps] mando n para bomba f
── ── **panel** n - [pumps] tablero m, or panel m, para regulación f para bomba f
── ── **type** n - [pumps] tipo m de mando m para bomba f
── **cover** n - [pumps] cubierta f, or tapa f, para bomba f
── ── **gasket** n - [pumps] guarnición f, or junta f, or empaquetadura f, para tapa f para bomba f
── ──, **installation**, or **installing** n - [pumps] instalación f de cubierta f para bomba f
── ──, **removal**, or **removing** n - [pumps] remoción f, or saca f, de cubierta f para bomba f
── **curve** n - [pumps] curva f para bomba f
── **cylinder** n - [petrol] cilindro m para bomba f
── **design** n - [pumps] proyección f para bomba f
── ── **capacity** n - [pumps] capacidad f proyectada para bomba f
── ── **load** n - [pumps] carga f, prevista, or proyectada, para bomba f
── ── **point** n - [pumps] punto m, or sitio m, para, proyección f, or diseño m, para bomba f
── **disassembling** n - [pumps] desarme m de bomba
── **discharge** n - [tub] descarga f de bomba f
── ── **capacity** n - [pumps] capacidad f para descarga f para bomba f
── ── **discharge connection** n - [pumps] conexión f para descarga f para bomba f
── ── **line** n - [hydr] tubería f para descarga f para bomba f
── ── **piping** n - [hydr] tubería f para descarga f para bomba f
── **drive** n - [pumps] impulsión f, or mando m, or accionamiento m, or transmisión f, para bomba f • mando m con bomba f • impulsor m para bomba f
── ── **assembly** n - [pumps] conjunto m para mando m para bomba f
── ── **chain** n - [pumps] cadena f para accionamiento m para bomba f
── ── ── **check(ing)** n - [pumps] verificación f de cadena f para accionamiento m para bomba f
── ── **gear** n - [pumps] engranaje m, impulsor, or para impulsión f, para bomba f
── ── ──, **installation**, or **installing** n ─[pumps] instalación f de engranaje m para impulsión f de bomba f
── ── ── **nut** n - [pumps] tuerca f para engranaje m, impulsor, or para impulsión f, para bomba f
── ── ── **shaft** n - [pumps] árbol m, impulsor, or para impulsión f, para bomba f
── ── ── ── **ring** n - [int.comb] aro m para árbol m para impulsión f para bomba f
── ── ── ── **sleeve** n - [pumps] manguito m para árbol m para impulsión f para bomba f
── ── ── ── **snap ring** n - [mech] aro m con resorte m para árbol m para impulsión f para bomba f
── **driven** a - [pumps] impulsado,da, or accionado,da, con bomba f
── **driver** a - [pumps] para impulsión f para bomba f
── ── **gear** n - [int.comb] engranaje m para impulsión f para bomba f
── **driving** n - [pumps] impulsión f para bomba f
── **duty** n - [pumps] rendimiento m de bomba f
── **early model** n - [pumps] modelo m primitivo de bomba f
── **erosion** n - erosión f de bomba f
── ── **wear** n - [pumps] desgaste m por erosión f de bomba f
── **fault** n - [pumps] falla f de bomba f
── **fetching** n - [pumps] cebadura f de bomba f
── **fitting** n - [pumps] dispositivo m, or accesorio m, or pieza f (para ajuste m), para bomba
── ── **loosening** n - [mech] aflojamiento m de,

dispositivo m, or accesorio m, para bomba f
- **pump flow** n - [pumps] caudal m de bomba f
- — **@ fluid** v - [pumps] bombear fluido m
- — **fluid end** n - [petrol] parte f hidráulica, or extremo m hidráulico, para bomba f
- — — — **maintenance** n - [petrol] n - mantenimiento m, or conservación f, para extremo m hidráulico para bomba f
- — — — **part** n - [petrol] pieza f para extremo m hidráulico para bomba f
- — — **shut-down solenoid** n - [int.comb] solenoide m para corte de combustible m para bomba f
- — **gate** n - [pumps] compuerta f para bomba f
- — **gear** n - [pumps] engranaje m para bomba f
- — —, **installation**, or **installing** n - [pumps] instalación f de engranaje m para bomba f
- — — **kit** n - [int.comb] conjunto m de repuesto(s) m para engranaje(s) m para bomba f
- — **@ grease stroke** v - [mech] bombear golpe m de grasa f
- — **@ hand primer** v - [int.comb] bombear cebadora f manual
- — **handle** n - [pumps] palanca f, or manija f, para bomba f
- — — **operation** n - [mech] operación f de, palanca f, or manija f, para bomba f
- — **handled water** n - [pumps] agua m manejada con bomba f
- — **hose** n - manguera f para bomba f
- — **house** n - [ind] casa f, or sala f, para bomba(s) f
- — — **breakdown** n - [ind] avería f en casa f para bomba(s) f
- — — **channel** n - [pumps] canal m en casa f para bomba(s) f
- — — **failure** n - [ind] avería f, or falla f, en casa f, or sala f, para bomba(s) f
- — — **intake** n - [pumps] toma f para casa f para bomba(s) f
- — — — **channel** n - [pumps] canal m para, toma f, or entrada f, para casa f de bomba(s) f
- — **housing** n - [pumps] caja f para bomba f
- — **idler gear** n - [pumps] engranaje para marcha f sin carga f de bomba f
- — — — **stud** n - [pumps] prisionero m para engranaje m para marcha f sin carga f de bomba
- — — — **ring** n - [pumps] aro m para prisionero m para engranaje m para marcha f sin carga f de bomba f
- — **in service** n - [pumps] bomba f en servicio m
- — **information** n - [pumps] información f sobre bomba f
- — **inside** n - [pumps] interior m de bomba f
- — **inspector** n - [pumps] inspector m para bombas
- — **installation** n - [pumps] instalación f, or colocación f, de bomba f
- — —, **supervising**, or **supervision** n - [pumps] supervisión f para instalación f para bomba f
- — **installing** n - [pumps] instalación f de bomba f
- — **instrument panel** n - [hydr] panel m para instrumento(s) m para bomba f
- — **intake** n - [pumps] entrada f, or toma f, para bomba f
- — — **channel** n - [pumps] canal m para entrada f para bomba f
- — **internal detail(s)** n - [pumps] detalle(s) m interior(es) para bomba f
- — **laminated shim** n - [mech] calza f laminada para bomba f
- — **late model** n - [pumps] modelo m reciente de bomba f; bomba f de modelo m reciente
- — **lever** n - [pumps] palanca f para bomba f
- — — **upper hole** n - [pumps] orificio m superior en palanca f para bomba f
- — — **lower hole** n - [pumps] orificio m inferior en palanca f para bomba f
- — **line** n - [pumps] línea f, or tubería f, para bomba f • [petrol] cable m para achicador m
- — **liner** n - [pumps] camisa f para bomba f
- — **linkage** n - [mech] conexión f, or conectador m, para bomba f
- **pump @ liquid** v - [pumps] bombear líquido m
- — **loosening** n - [pumps] aflojamiento m de bomba
- — **lubricating system** n - [lubric] red f, para lubricación f de bomba f, or para bomba f para lubricación f
- — **lubrication** n - [pumps] lubricación f para bomba f • [mech] lubricación f con bomba f
- — **maintenance** n - [pumps] mantenimiento m, or conservación f, de bomba f
- — — **procedure** n - [pumps] procedimiento m para conservación f para bomba f
- — **model** n - [pumps] modelo m de bomba f • modelo m con bomba f
- — — **only** n - modelo m con bomba f únicamente
- — **monitoring** n - [pumps] fiscalización f de bomba f
- — **motor** n - [pumps] motor m para bomba f • motobomba f
- — **torque** n - [pumps] par m para motor m para bomba f
- — **mud end** n - [petrol] parte f hidráulica, or extremo m hidráulico, para bomba f para inyección f
- — **@ oil** v - [int.comb] bombear aceite m
- — **check(ing)** n - [pumps] verificación f de aceite m para bomba f
- — — **level** n - [pumps] nivel m de aceite m en bomba f
- — — — **check(ing)** n - [pumps] verificación f de nivel m para aceite m para bomba f
- — — **tank** n - [mech] depósito m para aceite m para bomba f
- — **operating** n - [pumps] operación f de bomba f
- — — **cost(s)** n - [ind] gasto(s) m para operación f para bomba f
- — — **floor** n - [pumps] piso m para operación f para bomba f
- — — **platform** n - [pumps] piso m para operación f para bomba f
- — **operation** n - [pumps] operación f de bomba f
- — —**(s) range** n - [pumps] límite(s) m para operación f para bomba f
- — **operator** n - [pumps] operador m para bomba f
- — **out** v - [hydr] extraer con bomba f • (des)agotar; vaciar
- — — **periodically** v - bombear, or vaciar, or (des)agotar, periódicamente
- — — **@ settling area** v - [int.comb] vaciar, or desagotar, zona f para asentamiento m
- — **outlet hydraulic pipe** n - [hydr] tubería f hidráulica para salida f para bomba f
- — **pad** n - [mech] base f, or descanso m, para bomba f
- — **panel** n - [hydr] panel m para bomba f
- — **part** n - [pumps] (pieza f de) repuesto m para bomba(s) f; pieza f para bomba f
- — — **assembly** n - [pumps] conjunto m de pieza f para bomba f • armadura f de pieza f para bomba f
- — —, **installation**, or **installing** n - [pumps] instalación f, or colocación f, de pieza f para bomba f
- — — **removal** n - [pumps] remoción f, or saca f, de pieza f para bomba f
- — **performance** n - [pumps] comportamiento m, or desempeño m, de bomba f
- — — **curve** n - [pumps] curva f para comportamiento m para bomba f
- — **piping** n - [pumps] tubería f para bomba f
- — **power consumption** n - [pumps] consumo m de energía f por bomba f
- — **end** n - [petrol] extremo m (con) motor m de bomba f
- — **pressure** n - [pumps] presión f, de, or para, bomba f; presión f ejercida por bomba f • [petrol] presión f para bombeo m
- — — **check(ing)** n - [pumps] verificación f de presión f en bomba f
- — — **gage** n - [pumps] manómetro m para presión f para bomba f
- — — **side** n - [pumps] lado m, or costado m, con

presión f, de bomba f
pump pressure verification n - [pumps] verificación f de presión f en bomba f
— **@ primer** v - bombear cebadora f
— **priming lever** n - [int.comb] palanca f para cebadora f para bomba f
— **rate** n - [pumps] régimen m para bomba f
— **rear** n - [pumps] respaldo m de bomba f
— **, reassembling, or reassembly** n - [pumps] rearmado* m de bomba f
— **refilling** n - [pumps] reabastecimiento m de bomba f
— **release valve** n - [pumps] válvula f para, purga f, or descarga f, para bomba f
— **removal** n - [pumps] remoción f, or saca f, de bomba f
— **repair** n - [pumps] reparación f para bomba f
— — **kit** n - [pumps] equipo m, or conjunto m de herramientas f, para reparación f de bomba
— **replacement** n - [pumps] reemplazo m para bomba
— **replacing** n - [pumps] reemplazo m de bomba f
— **rod** n - [pumps] vástago m para bomba f
— **room** n - [pumps] sala f para bomba(s) f
— **rotation** n - [pumps] rotación f, or giro m, de bomba f
— —, **reversal, or reversing** n - [pumps] inversión f (en sentido m) de rotación f de bomba
— **motor** n - [pumps] rotor m para bomba f
— — **set** n - [pumps] juego m de rotor m para bomba f
— **routine maintenance** n - [pumps] mantenimiento n, or conservación f, de rutina para bomba f
— — — **procedure** n - [pumps] procedimiento m para conservación f de rutina para bomba f
— **screw** n - [pumps] tornillo m, en, or para, bomba f
— **@ scrubber liquid** v - [ind] bombear líquido m en depurador m
— **servicing** n - [pumps] atención f para bomba f; prestación f, or provisión f, de, servicio m, or atención f, para bomba f
— **@ settling area** v - [int.comb] bombear, or (des)agotar, zona f para asentamiento m
— **shaft** n - [int.comb] árbol n, or eje m, para bomba f
— — **end** n - [pumps] extremo m de, árbol m, or eje m, para bomba f
— — **extension** n - [int.comb] prolongación f de árbol m para eje m
— — **flat** n - [pumps] parte f plana de, árbol m, or eje m, para bomba f
— — **seal** n - [pumps] sello m para, árbol m, or eje m, para bomba f
— **sheave** n - [pumps] polea f para bomba f
— **shim** n - [mech] calza f para bomba f
— **side** n - [pumps] lado m, or costado m, de bomba f • [petrol] lado m, or extremo m, (que da) hacia bomba f
— **skid** n - [pumps] patín m para bomba f
— **@ solid** v - [pumps] bombear sólido(s) m
— **spare (part)** n - [pumps] (pieza f para (repuesto m para bomba f
— **speed** n - [pumps] velocidad f para bomba f
— **start-up** n - [pumps] arranque m, or puesta f en marcha f para bomba m
— — —, **supervising, or supervision** n - [pumps] supervisión f para, arranque m, or puesta f en marcha, de bomba f
— **starting** n - [pumps] puesta f en marcha de bomba f
— — **up** n - [pumps] arranque m, or puesta f en marcha, de bomba m
— **station** n - [hydr] estación f para bombeo m
— **stationary body** n - [pumps] cuerpo m fijo para bomba f
— **stopping** n - [pumps] detención f de bomba f
— **stroke** n - [pumps] embolada f, or carrera f, de bomba f
— — **counter** n - [instrum] cuentaembolada(s) m para bomba f
— — **(s) number** n - [pumps] número m de embolada(s) f de bomba f
pump stroke(s) preset number n - [pumps] número m prerregulado de emboladas f de bomba f
— **suction** n - [petrol] succión f, or aspiración f, de bomba f; capacidad f para succión f de bomba f
— — **capacity** n - [pumps] capacidad f para succión f de bomba f; capacidad f de bomba f para succión f
— — **line** n - [pumps] línea para aspiración f para bomba f
— — — **inspection** n - [pumps] inspección f de línea f para aspiración f para bomba f
— — **sump** n - [pumps] pozo m para aspiración f, or sumidero m, para bomba f
— **support** n - [pumps] soporte m para bomba f
— **switch** n - [int.comb] conmutador m para bomba
— **system** n - [pumps] sistema m de bomba(s) f
— **type** n - [pumps] tipo m de bomba f
— **unloader** n - [pumps] descargadora f para bomba f
— **up** v - [pumps] elevar (con bomba f)
— **use** n - [pumps] uso m, or empleo m, de bomba
— **view** n - [pumps] vista f de bomba f
— **viewing** n - [pumps] observación f de bomba f
— **walking beam** n - [petrol] balancín f para bomba f
— **wear** n - [pumps] desgaste m de bomba f
— **with @ primer** n - [int.comb] bomba f con cebador m
— **yield** n - [pumps] rendimiento m de bomba f
pumped a - bombeado,da; enviado,da con bomba f
— **air** n - aire m bombeado
— **fluid** n - [pumps] fluido m bombeado
— **grease stroke** n - [mech] golpe m de grasa f bombeado
— **hand primer** n - [int.comb] cebadora f manual bombeada
— **liquid** n - [pumps] líquido m bombeado
— — **lubricate** v - lubricar con líquido m bombeado
— — **lubricated** a - lubricado,da con líquido m bombeado
— —, **lubricating, or lubrication** n - [pumps] lubricación f con líquido m bombeado
— **nitrogen** n - nitrógeno m bombeado
— **oil** n - [int.comb] aceite m bombeado
— **out** a - agotado,da; desagotado,da; vaciado,da • extraído,da con bomba f
— — **periodically** a - vaciado,da, or agotado,da, periódicamente
— — **settling area** n - [int.comb] zona f para asentamiento m vaciada
— **primer** n - [pumps] cebadora f bombeada
— **scrubber liquid** n - [ind] líquido m en depurador m bombeado
— **settling area** n - [int.comb] zona f para asentamimento m bombeada
— **solid(s)** n - [pumps] sólidos m bombeados
— **up** a - [pumps] elevado,da (con bomba f)
pumper n - . . . . • pozo m para bombeo m
— **well** n - pozo m para bombeo m
pumping n - [pumps] bombeo m; envío m con bomba
— **action** n - [pumps] acción f, bombeadora, or para bombeo m
— **adjuster** n - [pumps] ajustador m, or acoplador m, para bombeo m
— **adjustment** n - ajuste m para bombeo m
— **cost(s)** n - costo m para bombeo m
— **ease** n - [pumps] facilidad f para bombeo m
— **element** n - [pumps] elemento m, bombeador, or para bombeo m
— **equipment** n - [petrol] aparato m para bombeo
— **installation** n - [petrol] instalación f para bombeo m
— **jack** n - [petrol] caballete m, or mecanismo m, para bombeo m
— **out** n - (des)agotamiento m; vaciamiento m • [hydr] extracción f con bomba f
— — **periodically** n - (des)agotamiento, or vaciamiento m, periódico

pumping pipe n - [pumps] tubería f para bombeo m
— **plant** n - planta f para bombeo m
— **pressure** n - [pumps] presión f para bombeo m
— **principle** n - [pumps] principio m para bombeo
— **rod** n - [petrol] vástago m para bombeo m
— **station** n - estación f para bombeo m • [nav] estación f para achique m
— — **piping** n - [tub] tubería f para estación f para bombeo m
— **system** n - [pumps] sistema m, or red f, para bombeo m
— **tank** n - depósito m para bombeo m
— **unit** n - [pumps] dispositivo m, bombeador, or para bombeo m
— — **complete electric motor** n - [pumps] motor m eléctrico completo para dispositivo m para bombeo m
— — **electric motor** n - [pumps] motor m eléctrico para dispositivo m para bombeo m
— **up** n - [pumps] elevación f (con bombeo m)
punch n - [metal-fabr] punz(on)ado m • [tools] punzón m; sacabocado(s) m | v - [mech] punzonar; estampar • perforar
— **(es) and die(s)** n - [mech] punzón(es) m y matriz,ces f
— — — **method** n - [mech] método m con punzonado m y troquelado m
— **assembling** n - [mech] armado m de punzón m
— **assembly** n - [mech] conjunto m de punzón(es) m; plantilla f con punzón(es) m
— **bar** n - [tools] barra f punzón(adora)
— @ **bore** v - [rail-wheels] punzonar, agujero m, or taladro m, or hueco m, or oquedad f
— **component** n - [mech] (pieza f) componente m para punzón m
— **holder** n - [mech] portapunzón(es) m; zapata f
— @ **hole** v - [mech] punzonar, or perforar, agujero m
— **, inserting,** or **insertion** n - inserción f de punzón m
— **life** n - [mech] vida f (útil) de punzón(es) m
— **mark** n - [mech] marca f, punzada, or con punzón m | v - [mech] marcar con punzón m
— @ **mark** v - marcar con punzón m
— — **, aligning,** or **alignment** n - [mech] alineación f de marca f, punzada, or con punzón m
— **marked** a - [mech] marcado,da con punzón m
— **marking** n - [mech] marca f con punzón m
— **method** n - [mech] método m con punz(ón)ado m
— @ **opening** v - [mech] punzar abertura f
— **part** n - [mech] pieza f para punzón(ador) m
— —**(s), assembling,** or **assembly** n - [mech] armado m de pieza(s) f para punzón(ador) m
— — **quality** n - [mech] calidad f de pieza(s) f para punzón(ador)es m
— —**(s) reassembling** n - [mech] rearme m de pieza(s) f para punzón(ador) m
— **press** n - [metal-fabr] prenza f troqueladora; punzón(ador) m
— **puncture** v - [mech] punzonar; perforar
— **quality** n - [tools] calidad f de punzón(es) m
— **retainer** n - [mech] retén m, or soporte m, or sujetador m, para punzón m
— — **base** n - [mech] base f para retén m para punzón m; cuerpo m para sujetador m para punzón
— — —**template assembly** n - [mech] conjunto m de retén m para punzón m y plantilla f
— **seat** n - [mech] asiento m para punzón(ador) m
— — **support** n - [mech] soporte m para asiento m para punzón(ador) m
— **section** n - [mech] sección f con punzón(es) m • plantilla f con punzón(es) m
— **support** n - [mech] soporte m para punzón m
punched a - punz(on)ado,da; perforado,da
— **hexagonal nut** n - [mech] tuerca f hexagonal punz(on)ada
— **hole** n - [mech] agujero m, or orificio m, punz(on)ado, or perforado
— **mark** n - [mech] marca(ción) f punz(on)ada
— **nut** n - [mech] tuerca f punz(on)ada
— **opening** n - [mech] abertura f punz(on)ada

punched semifinished hexagonal nut n [mech] tuerca f hexagonal punz(on)ada semiterminada
puncher n - [mech] . . .; punzador m; perforador
punching n - [medh] punzadura f; perforación f | a - punzador,ra; punzante; perforador,ra
— **and notching die(s) system** n - [mech] sistema f de matrices f para perforación f y corte m (de muescas f)
— —**component(s)** n - [mech] [piezas f) componentes m para, punzón(es) m y matriz,ces f
— **die** n - [mech] matriz f para, punzar, or perforar, or punzadura f, or perforación f; troquel m para punzadura f
— — **system** n - [mech] sistema m de matrices f para, punzadura f, or perforación f
— **need(s)** n - [mech] exigencia(s) f para, punzadura f, or perforación f
— **proofing** n - [metal] verificación f de, punzadura f, or perforación f
— **requirement** n - [mech] exigencia f para, punzadura f, or perforación f
— **test** n - [mech] ensayo m de, punzaudra f, or perforación f
punctuality n - . . . . • formalidad f
punctualization n - puntualización f
punctualized a - puntualizado,da
punctualizer n - puntualizador m
punctualizing n - puntualización f | a - puntualizador,ra
punctually adv - puntualmente
punctuated a - [gram] puntuado,da
puncture n - . . .; punzada f • [autom-tires] pinchadura f | a - punzante | v - horadar; perforar
— @ **container** v - [transp] punzar, or agujerear, recipiente m
— @ **oil pan** v - [int.comb] perforar cárter m
— @ **tire** v - [autom-tires] pinchar neumático m
— @ **tube** v - [autom-tires] pinchar cámara f
punctured a - punzado,da • [autom-tires] pinchado,da
— **container** n - [transp] recipiente m, punzado, or agujereado
— **oil pan** n - [int.comb] cárter m perforado
— **tire** n - [autom-tires] neumático m pinchado
— **tube** n - [autom-tires] cámara f pinchada
puncturer n - punzador m; pinchador m
puncturing n - punzadura f; pinchazo m • [autom-tires] pinchadura f | a - punzador,ra; punzante; pinchador,ra
— **wound** n - [medic] herida f punzante
punish v - . . .; punir
punishability adv - . . . . • [legal] punibilidad
punished a - castigado,da • [legal] penado,da
punishing n - castigo m | a - castigador,ra
— **terrain** n - [roads] terreno m castigador
punishment n - . . .; punición f • escarmiento m
pupinization n - pupinización f
pupinize v - pupinizar
pupinized a - pupinizado,da
pupinizer n - pupinizador m
pupinizing n - pupinización f | a - pupinizador,ra
— **coil** n - [electr-equip] bobina f para pupinización f
puppet n - . . . . • muñeca f • [mech] soporte m para mandril m
purchase n - . . .; obtención f | v - . . .; obtener
— **characteristic** n - característica de compra f
— **condition** n - condición f para compra f
— **contract** n - [com] contrato m para compra f
— **(s) control** n - fiscalización f de compra(s) f
— @ **copyright** v - [legal] comprar, propiedad f intelectual, or derecho(s) m literario(s)
— **date** n - [com] fecha f de compra f
— **document** n - documento m para compra f
— —**(s) control** n - fiscalización f de documento(s) m para compra f
— **documentation** n - documentación f para compra
— — @ **domestic scrap** v - [metal-prod] comprar

purchase domestically

    chatarra f por procesamiento m • comprar chatarra f en mercado m interior
- **purchase domestically** v - [com] comprar en mercado m interior
- — **@ facility** v - comprar, or adquirir, instalación f, or establecimiento m
- — **in @ kit form** n - [ind] compra en forma f de, conjunto m, or juego m | v - [ind] comprar en forma f de, conjunto m, or juego m
- — **in @ service assembly** n - [ind] compra en conjunto(s) m para servicio m | v - [ind] comprar en conjunto(s) m para servicio m
- — — **@ set** n - compra f en juego m | v - comprar en juego(s) m
- — **@ iron** v - [metal-prod] comprar hierro m
- — **lawfully** v - comprar legalmente
- — **legally** v - [legal] comprar legalmente
- — **locally** v - comprar en plaza
- — **@ machinery** v - [ind] comprar maquinaria f
- — **@ material(s)** v - comprar material(es) m
- — **option** n - [com] opción f para compra f
- — **order** n - [com] orden f para compra f
- — — **additional** n - [com] adicional m a orden f para compra f
- — — **date** n - [com] fecha f de, orden f, or pedido m, para compra f
- — — **extension** n - [com] adicional f a orden f para compra f
- — — **number** n - número m para orden f para compra f
- — — **transfer(ring)** n - [legal] transferencia f de orden f para compra f
- — **originally** v - comprar originalmente
- — **@ patent** v - [legal] comprar patente f (de invención f)
- — **@ — right(s)** v - [legal] comprar derecho(s) m para patente f de invención f
- — **price** n - precio m para compra f
- — —, **investing**, or **investment** n - [fin] inversión f de precio m para compra
- — **privately** v - [com] comprar privadamente
- — **publicly** v - [com] comprar públicamente
- — **resale** n - compra(re)venta f
- — — **condition(s)** n - condición(es) f, or modalidad f, para compra(re)venta f
- — **@ right(s)** v - [legal] comprar derecho(s) m
- — **(and) sale contract** n - [legal] contrato m para compraventa f
- — **scrap domestically** v - [metal-prod] comprar chatarra f en mercado m interior
- — **@ share(s)** v - [fin] comprar acción(es) f
- — **specification** n - especificación f para compra f
- — **@ stock(s)** v - [fin] comprar acción(es) f
- — **@ supply,lies** v - comprar material(es) m
- — **term(s)** n — [com] condición(es) f para compra
- — **time** n - tiempo m, or fecha f, or momento m, para compra f
- — **@ tire(s)** v - [autom-tires[comprar neumático(s) m
- — **@ trade mark** v - [legal] comprar marca f, registrada, or industrial, or de fábrica f
- — **@ — name** v - [legal] comprar nombre m comercial
- — **value** n - valor m para compra f

purchased a - comprado,da; adquirido,da; obtenido,da
- — **copyright** n - [legal] propiedad f intelectual comprada; derecho(s) m literario(s) comprado(s)
- — **domestically** a - [com] comprado,da en mercado m interior
- — **equipment** n - equipo m, comprado, or adquirido
- — — **value** n - valor m, or monto m, de equipo m adquirido
- — **facility,ties** n - instalación(es) f, comprada(s), or adquirida(s); establecimiento m, comprado, or adquirido
- — **fuel** n - [combust] combustible m comprado
- — — **distribution** n - [combust] distribución f de combustible m comprado

purchased imported equipment n - [ind] equipo m, importado, or de importación f, adquirido
- — — **value** n - valor m, or monto m, de equipo m, importado, or de importación f, adquirido
- — — **spare(s)** n - [ind] repuesto(s) m, importado(s), or de importación f, adquirido(s)
- — — **(s) value** n - [ind] valor m, or monto m, de repuesto(s) m, importado(s), or de importación f, adquirido(s)
- — **in @ kit form** a - [ind] comprado,da en forma f de, juego(s) m, or conjunto(s) m
- — — **@ service assembly** a - [ind] comprado,da en (forma f de) conjunto(s) para servicio m
- — — **@ set(s)** a - comprado,da en juego(s) m
- — **iron** n - [metal-prod] hierro m comprado
- — **lawfully** a - [com] comprado,da legalmente
- — **legally** a - [legal] comprado,da legalmente
- — **locally** a - comprado,da en plaza f
- — **machinery** n - [ind] maquinaria f comprada
- — **material(s)** n - material(es) m comprado(s)
- — **originally** a - comprado,da originalmente
- — **patent** n - [legal] patente f (de invención f) comprada
- — — **right(s)** n - [legal] derecho(s) m de patente f (de invención f) comprado(s)
- — **power** n - [electr-prod] energía f, or fuerza f motriz, comprada
- — **privately** a - [com] comprado,da privadamente
- — **product** n - [com] producto m comprado
- — **publically** a - [com] comprado,da públicamente
- — **right(s)** n - [legal] derecho(s) m comprado(s)
- — **scrap** n - [metal-prod] chatarra f comprada
- — — **cost** n - [metal-prod] costo m de chatarra f comprada
- — — **cost per ton** n - [metal-prod] costo m de chatarra f comprada por tonelada f (de 2.000 libras f)
- — — — **produced** n - [metal-prod] costo m de chatarra f comprada por tonelada f (de 2,000 libras f) producida
- — — **current price** n - [metal-prod] precio m, corriente, or actual, de chatarra f comprada
- — — **price** n - [metal-prod] precio m de chatarra f comprada
- — **share** n - [fin] acción f comprada
- — **spare(s)** n - [ind] repuesto(s) m, comprado(s), or adquirido(s)
- — — **(s) value** n - valor m, or monto m, de repuesto(s) m adquirido(s)
- — **stock(s)** n - [fin] acción(es) f comprada(s)
- — **tire(s)** n - [autom-tires] neumático(s) m comprado(s)
- — **trade mark** n - [legal] marca f, registrada, or industrial, or de fabrica(ción) f, comparada, or adquirida
- — — **name** n - [legal] nombre m comercial, comprado, or adquirido

purchaser n - . . . .; adquirente m; ordenante m • [com] cliente m
- — **('s) advice** n - consejo m, or asesoramiento m, de, comprador m, or cliente m
- — **('s) approval** n - aprobación f de comprador m
- — **('s) credit** n - [fin] crédito m de comprador m
- — **data** n - información f sobre comprador m
- — **('s) documentation** n - documentación f de comprador m
- — **('s) inspecting representative** n - inspecctor m representante de comprador m
- — **('s) inspection** n - inspección f por comprador m
- — **('s) inspection service** n - servicio m de comprador m para inspección f
- — **('s) — — representative** n - representante m de comprador m para servicio m para inspección f
- — **('s) inspector** n - inspector m de comprador m
- — **('s) representative** n - representante m de comprador m
- — **supplied** a - proporcionado,da, or suministrado,da, or suplido,da, por comprador m

purchaser supplied a - suplido,da, or suminis-
  trado,da, por comprador m
— — auxiliary equipment n - [ind] equipo n au-
  xiliar, suplido, or suministrado, por compra-
  dor m
—('s) warehouse n - [com] depósito m de compra-
  dor m
purchasing n - compra f; acopio m; adquisición f
— activity n - [managm] actividad f para compra
— agent n - [com] jefe m, or encargado m, or a-
  gente m, para compra(s) f; comprador m
— condition n - condición f para compra f
— criteria,rion n - criterio(s) m para compra f
— decision n - decisión f para compra f
— department n - departamento m para compra(s)
— — head n - [managm] jefe m para departamento
  m para compra(s) f
— — supervisor n - [managm] jefe m de departa-
  mento m para compra(s) f
— division n - división f para compra(s) f
— economy n - economía f en, compra(s) f, or
  adquisición(es) f
— habit(s) n - [com] hábito(s) m, or costum-
  bre(s) f, para compra(s) f
— information n - [com] información f, or ante-
  cedente(s) m, para compra(s) f
— manager n - [com] gerente m para compra(s) f
— in @ kit form n - [ind] compra f en forma f
  de, juego m, or conjunto m, or equipo m
— — @ service assembly n - [ind] compra f en
  (forma f de) conjunto(s) m para servicio m
— organization n - [managm] entidad f, or orga-
  nización f, compradora, or para compra(s) f
— person n - [managm] persona(1) para compra(s)
— power n - poder m adquisitivo
— record n - [com] registro m de compra f •
  factura f por compra f
— service n - servicio m para compra(s) f
— specification n - [com] especificación f para
  compra f
— standard n - [com] norma f para compra f
— technical activity n - [managm] actividad f
  técnica para compra f
— term(s) n - [com] condición(es) f para compra
pure a - . . . . • fino,na
— copper n - [metal] cobre m puro
— . . . digit number n - número m con (única-
  mente) . . . cifra(s) f
— fluid mechanics n - mecánica f pura para
  fluido(s) m
— iron n - [metal-prod] hierro m puro
— — oxide n - [metal-prod] óxido m puro de
  hierro m
— mechanics n - mecánica f pura
— oxide n - [chem] óxido m puro
— racing tire n - [autom-tires] neumático m ex-
  clusivamente para carrera(s) f
— still a - destilado,da puro,ra
— zinc n - [metal] cinc m puro
— — coating n - [metal-treat] recubrimiento m
  con cinc m puro
purgative and emetic n - [medic] vomipurgante m
  | a - [medic] vomipurgante
purge @ air v - [ind] purgar aire m
— cycle n - [ind] ciclo m para purga f
— @ dust catcher v - [metal-prod] purgar prima-
  rio m
— @ gas v - [ind] purgar gas m
— @ — scrubber v - [ind] purgar lavador m
— @ — washer v - [metal-prod] purgar lavadora
  f para gas m
— @ hose v - purgar mang(uer)a f
— lamp n - [ind] luz f, para, or indicadora de,
  purga(s) f
— light n - [ind] see purge lamp
— pipe n - tubería f para purga f
— @ primary dist catcher v - [metal-prod] pur-
  gar primario m
— @ propane vapor v - [combust] purgar vapor m
  de propano m
— runner n - [ind] ruta f para purga f

purge @ system v - [ind] purgar, sistema m, or
  red f
— timer n - [ind] sincronizador m para purga f
— @ timer v - [ind] purgar sincronizador m
— — circuit n - [ind] circuito m para sincro-
  nizador m para purga f
— — replacement n - [ind] reemplazo m para
  sincronizador m para purga f
— — replacing n - [ind] reemplazo m de sincro-
  nizador m para purga f
— @ vapor v - purgar vapor m
— @ Venturi water pipe v - [metal-prod] purgar
  tubería f para agua m para Venturi m
purged a - purgado,da
— air n - aire m purgado
— hose n - mang(uer)a f purgada
— propane vapor n - [ind] vapor m de propano m
  purgado
— signal lamp n - [ind] luz f indicadora de
  purgado,da
— system n - sistema m purgado; red f purgada
— timer n - sincronizador m purgado
— vapor n - vapor m purgado
purging n - . . .; purga f | a - purgativo,va;
  purgante
— cock n - [mech] grifo m, or llave f, or es-
  pita f, para purga f
— line n - línea f, or ramal m, para purga f
— signal lamp n - [ind] luz f indicadora de,
  purga f en ejecución f, or purgando
purification plant n - [ind] planta f para depu-
  ración f
purified a - purificado,da; depurado,da
— sewage n - [sanit] líquido(s) m cloacal(es),
  depurado(s), or purificado(s)
purifier n - . . .; depurador m
purifor* n - [metal-prod] see direct reduction
purify v - . . . . • [hydr] potabilizar
— @ sewage v - [sanit] depurar, or purificar,
  líquido m cloacal
purity n - . . . . • fineza f; finura f • [chem]
  riqueza f
— standard n - norma f para pureza f
purlin n - [constr] . . .; vigueta f; correa f;
  parhilera f; larguero m • [C.A.] carriola f
— support n - [constr] soporte m para, largue-
  ro m, or vigueta f • [C.A.] soporte m para
  carriola f
purpose n - . . .; destino m; efecto m; objeto
  m; objetivo m • manifestación f
—(s) of adv - efecto(s) m de
—(s) of @ calculation(s) adv - para efecto(s)
  m de cálculo m
purposely adv - de, or con, intento m; inten-
  cionalmente
purse n - . . .; cartera f • [sports] bolsa f
persuance n - . . .; perseguimiento m
persue actively v - perseguir activamente
— aggresively v - perseguir agresivamente
— closely v - perseguir de cerca
— hotly v - perseguir de cerca
persued a - perseguido,da
— actively a - perseguido,da activamente
— aggresively a - perseguido,da agresivamente
— closely a - perseguido,da de cerca
— hotly a - perseguido,da de cerca
— man n - (hombre) perseguido m; alma m perse-
  guida
persuing n - persecución f; perseguimiento m •
  a - perseguidor,ra
purulent a - [medic] . . .; virulento,ta
purveyance n - . . .; provisión f
purveyed a - suministrado,da; abastecido,da;
  provisto,ta
purveying n - suministro m; abastecimiento m;
  provisión f
push n - . . . . • [coke] deshornamiento m | v -
  . . . . • fustigar • [mech] insertar con pre-
  sión f mecánica
— against v - empujar contra
— @ air v - empujar, or expulsar, aire m

push @ arc v - [weld] empujar arco m
— arm n - [mech] brazo m, or barra f, para empuje n
— away v - alejar empujando; apartar; empujar hacia afuera
— — from @ body v - empujar (desde cuerpo m) hacia afuera
— — — @ operator v - [mech] empujar desde operador m
— — @ molten steel v - [weld] apartar metal m fundido
— bar n - [mech] barra f para empuje m
— barge n - [nav] lanchón m, or barcaza f, para empuje m
— bench n - [mech] banco n para empuje m • banco m para, tracción f, or estiramiento m
— binder n—[agric-equip] atadora f con empuje
— — elevator n - [agric]-equip] elevador m para atadora f para empuje m
— — tractor n - [agric-equip] tractor m para atadora f para empuje m
— — — hitch n - [agric-equip] enganche m para tractor m para atadoraa m para empuje m
— broom n - [domest] escobillón m
— button m - [electr-instal] botón m para contacto m; pulsador m; interruptor m; botón m, pulsador, or deprimible, or para, presión f, or empuje m | a - [electr] con botonera f
— — — @ button v - [mech] deprimir botón m
— — assembly n - [electr] conjunto m de botonera f
— — cabinet n - [ind] cabina f, or puesto m, para mando m con botonera f
— — circuit n - [electr-instal] circuito m para botón m, para contacto m, or pulsador
— — contact n - [electr-instal] contactador m para botón m para contacto m
— — control n - [electr-oper] regulación f con, botonera f, or pulsador • botón m para regulación f; regulador m con pulsador m
— — electric hoist n - [mech] elevador m eléctrico con botonera f
— — lighting n - [electron] encendimiento m con botón m deprimible
— — operated a - con mando m con, boton(es) m, or pulsador(es) m
— — — intercommunication system n - [electron] sistema m para intercomunicación f con (mando m con), botonera f, or pulsador
— — operation n - [electr] mando m con pulsador(es) m
— — production welding n - [weld] soldadura f para producción f con mando m con botonera
— — start(ing) n - arranque m con botonera f • [int.comb] encendido m con botonera f
— — starter n - [electr-oper] arrancador m con botón m (para contacto m)
— — — control n - [electr-oper] regulación f con arrancador m con, botonera f, or pulsador m • [electr-oper] regulador m con arrancador m con, botonera f, or pulsador m
— — starting n - [int.comb] arrancador m con botón m para contacto m • arranque m con botón m para contacto | a - [int.comb] con botón m para contacto m
— — station n - [ind] cabina f, or puesto m, para mando m con botonera f
— — type n - [electr-oper] tipo m con, botonera f, or poulsador(es) m | a - [electr-oper] de tipo m con, pulsador(es) m, or botonera f
— — — control n - [electr-oper] regulación f de tipo m con, botonera f, or pulsador(es) m • regulador m de tipo m con, botonera f, or pulsador(es) m
— — welding n - [weld] soldadura f con mando m con, botonera f, or pulsador(es) m
— @ button v - deprimir, or oprimir, botón m
— by hand v—empujar, manualmente, or con mano
— @ cable v - [mech] empujar cable m
— @ car v - [rail] empujar vagón m • [autom] empujar automóvil m
push @ coke v - [coke] deshornar coque m
— completely into v - insertar completamente
— completion n - [coke] terminación f de deshornamiento m
— @ conduit v - [constr] empujar, conducto m or tubería f
— down v—[mech] deprimir; empujar hacia abajo
— — @ (foot) pedal v - [mech] deprimir pedal m
— @ electrode v - [weld] empujar electrodo m
— @ — through @ molten puddle v - [weld] atravesar cráter m fundido con electrodo m
— @ fan v - [mech] empujar ventilador m
— forward v - [mech] avanzar; empujar hacia adelante
— from v - expulsar de(sde)
— @ gear v - [mech] empujar engranaje m
— @ handle v - [mech] empujar palanca f
— @ — forward v - [mech] empujar palanca f hacia adelante; hacer avanzar
— hard v - empujar fuertemente • [sports] apremiar; urgir
— harvester n - [agric-equip] cosechadora f para empuje m
— — flax bundler n - [agri-equip] gavilladora f, or atadora f, para lino m para cosechadora f para empuje m
— — — swathing attachment n - [agric-equip] accesorio m hilerador* para, gavilladora f, or atadora f, para lino m para cosechadora f para empuje m
— home v - [sports] llevar hasta meta f
— hydraulically v - empujar hidráulicamente
— in v - empujar hacia adentro; meter
— — @ choke v - [int.comb] empujar estrangulador m (hacia adentro)
— in progress n - [coke] deshornamiento m en, progreso m, or ejecución t
— into v - empujar hacia adentro; insertar
— — @ drawer v - [wiredrwng] empujar (hacia adentro) en trefilador m
— — @ fill v - [constr] insertar en terraplén
— @ lever v - [mech] empujar palanca f
— @ — forward v - [mech] avanzar palanca f; empujar palanca f hacia adelante
— @ liner completely into @ pilot bushing v - insertar camisa f completamente dentro de buje m piloto
— @ — into @ pilot bushing v - [mech] insertar camisa f dentro de buje m piloto
— @ metal v - [weld] empujar metal m
— @ molten metal (back) up @ joint v - [weld] empujar metal m hacia arriba, dentro de, or en, junta f
— nut n - [mech] tuerca f para empuje m
— off @ bead v - [autom-tires] desplazar talón
— — @ rim v - [autom-tires] hacer(se) salir llanta f
— —on joint n - [tub] junta f con encaje m
— @ packing box v - [mech] empujar prensaestopa(s) m
— @ — — assembly v - [mech] empujar conjunto m de prensaestopla(s) m
— @ pipe v - [constr] empujar, or impulsar, tubería f, or tubo m
— @ plunger v - [pumps] empujar émbolo m
— point v - [mech] adelgazar mediante empuje m
— pointed a - [mech] adelgazado,da mediante empuje m
— pointing n - [mech] adelgazamiento m mediante empuje m
— -pull a - simétrico,ca; also see plug in-pull out
— — — control switch n - [electr-equip] conmutador m simétrico para regulación f
— — — switch n - [electr-equip] conmutador m, or interruptor m, simétrico
— — — work n - [mech] trabajo m, simétrico, or push-pull*
— rod n - [mech] biela f; varilla f, or vástago m, or barra f, para empuje m

push rod assembly n - [mech] conjunto m de, varilla f, or vástago m, para empuje m
— — **nut** n - [mech] tuerca f para, biela f, or varilla f, or vástago m, para empuje m
— — **spring** n - [mech] resorte m para, vástago m, or varilla f, para empuje m
— @ **send(ing) button** v - [electron] deprimir botón m para transmisión f
— **sideways** v - empujar hacia costado m
— @ **small end first** v - [mech] empujar con extremo m pequeño hacia adelante
— @ **start button** v - [int.comb] oprimir, or deprimir, botón m para arranque m
— @ **strand(s) apart** v—[cabl] separar cordones
— **through** v - atravesar (empujando)
— — @ **molten puddle** v - [weld] atravesar cráter f fundido
— **to @ in position** v - [mech] empujar hacia adentro
— — @ **out position** v - [mech] empujar hacia afuera
— — **stop** interj - deprímase, or oprímase, parar, or detener
— ——**talk button** n - [electron] botón m a deprimir(se) para hablar
— **together** v - acercar, or allegar, entre sí • [mech] comprimir entre sí
— **tug** n - [nav] remolcador m para empuje m
— **up** v - [mech] empujar hacia arriba
— — @ **metal** v - [weld] empujar metal m hacia arriba
— **valve** n - [valv] válvula f para empuje m
— — **rod** n - [valv] vástago m para válvula f para empuje m
— @ **wire** n - [wiredrwng] empujar alambre m
pushbutton n - [mech] see **push button**
pushdozer* n—[constr] topadora f; empujadora f
pushed a - empujado,da • desplazado,da • [coke] deshornado,da
— **air** n - aire m, empujado, or expulsado
— **arc** n - [weld] arco m empujado
— **away** a - empujado,da hacia afuera; apartado,da; alejado,da empujando
— — **from @ operator** a - [mech] empujado,da desde operador m
— **button** n - botón m, deprimido, or oprimido
— **by hand** a - empujado,da, manualmente, or con mano f
— **cable** n - [mech] cable m empujado
— **closer together** a - acercado,da, or allegado,da (entre sí)
— **coke** n - [coke] coque m deshornado
— **completely into** a - insertado,da completamente
— **conduit** n - [constr] conducto m empujado; tubería f empujada
— **down** a - empujado,da hacia abajo; deprimido,da
— — **(foot) pedal** n - [mech] pedal m deprimido
— **electrode** n - [weld] electrodo m empujado
— **fan** n - [mech] ventilador m empujado
— **forward** a - [mech] empujado,da hacia adelante; avanzado,da
— — **lever** n - [mech] palanca f avanzada
— **from** a - empujado,da, or expulsado,da, desde
— **gear** n - [mech] engranaje m empujado
— **hard** a - empujado,da fuertemente • [sports] apremiado,da; urgido,da
— **in** a - empujado,da hacia adentro
— **into** a - insertado,da
— **into @ drawer** a - [wiredrwng] empujado,da (hasta) dentro de trefilador m
— — @ **fill** a - [constr] insertado,da en terraplén m
— **lever** n - [mech] palanca f empujada
— **off bead** n—[autom-tires] talón m desplazado
— — @ **rim** a - [autom-tires] hecho,cha salirse de llanta f
— **packing box** n - [mech] prensaestopa(s) m empujado
— — — **assembly** n - [mech] conjunto m de prensaestopa(s) m empujado
pushed pipe n - [constr] tubo m empujado; tubería f empujada
— **plunger** n - [mech] émbolo m empujado
— **send(ing) button** n - [electron] botón m para transmisión f, empujado, or deprimido
— **sideways** a - empujado,da hacia costado m
— **small end first** a - [mech] empujado,da con extremo m pequeño hacia adelante
— **start button** n - [int.comb] botón m para, arranque m, or encendido m, deprimido
— **together** a - acercado,da, or allegado,da empujando • [mech] comprimido,da entre sí
— **up** a - [mech] empujado,da hacia arriba
— **wire** n - [wire] alambre m empujado
pusher n - [coke] (máquina) deshornadora f • [metal-roll] introductor m para tocho(s); (equipo) m empujador m • [mech] introductor m; impulsor m • expulsor m | a - para empuje m
— **and loader** n - empujadora f y cargadora f
— — — **operator** n - operador m para empujadora f y cargadora f
— **beam** n - [constr] viga f para empuje m
— **drive** n - [mech] accionamiento m, or mando m, para empujadora f
— **finger** n - [mech] uña f para empuje m
— **furnace** n - [metal-prod] horno m con empuje
— **gear** n - [mech] engranaje m para empuje m
— **loading** n - [constr] carga f con empujadora
— **machine** n - see **pusher**
— **operator** n - operador m para empujadora f
— **plate** n - [mech] placa f para empuje m
— **ram** n - [coke] émbolo m para deshornadora f
— **('s) side** n - [coke] frente m, or lado, para deshornamiento m
— — **machine** n - [coke] deshornadora f
— **track** n - [coke] vía f para deshornadora f
pushing n - empuje m • desplazamiento m • [coke] deshornamiento m
— **away** n - empuje m hacia afuera; apartamiento m; alejamiento m empujando
— — **from @ operator** n - [mech] empuje m desde operador m
— **bank** n - [mech] banco m para empuje m
— **beam** n - [constr] viga f para empuje m
— **by hand** n - empuje m, manual, or con mano f
— **closer together** n - acercamiento; allegamiento m
— **completely into** n - inserción f completa
— **down** n - depresión f
— **emission(s)** n - [coke] emanación(es) f en deshornamiento m
— —(s) **control** n - [coke] regulación f de emanación(es) f en deshornamiento m
— —(s) — **system** n - [coke] sistema m, or instalación f, para regulación f de emanaciones f en deshornamiento m
— **equipment** n - [mech] equipo m, empujador, or para empuje m
— **force** n - [mech] fuerza f para empuje m
— **forward** n - empuje m hacia adelante; avance m
— **from** n - expulsión f desde
— **gas** n - [coke] gas (procedente) de deshornamiento m
— @ **gear** n - [mech] empuje m de engranaje m
— **hard** n - empuje m fuerte • [sports] apremio m
— **off @ rim** n - [autom-tires] forzamiento m de sobre llanta f
— **sideways** n - empuje m hacia costado m
— **in** n - empuje m hacia adentro
— **into** n - [mech] inserción f
— — @ **drawer** n - [wiredrwng] empuje m dentro de trefilador m
— — @ **fill** n - [constr] inserción f en terraplén m
— **machine** n - see **pusher**
— **machinery** n - [mech] maquinaria f empujadora
— **nut** n - [mech] tuerca f para empuje m
— **operation** n - [coke] deshornamiento m
— **together** n - acercamiento m; allegamiento m •

pushing unit

[mech] compresión f - entre sí
pushing unit n - [mech] see **pusher**
pushy a - agresivo,va • atropellador,ra
put a - . . . . • puesto,ta; colocado,da; apoya-
do,da • aplicado,da | v - . . .; apoyar;
plantar • aplicar
— **about** n - [naut] . . .; virar
— **back** a - repuesto,ta | v - . . .
— — **in(to) service** a - [ind] repuesto,ta en
servicio m | v - reponer en servicio m
— — **on @ track** v - [rail] (re)encarrilar
— **@ bead** v - [weld] colocar cordón m
— **@ check on @ furnace** v - [metal-prod[dar
corte(s) m (en horno m)
— **@ electrode** v - [weld] colocar electrodo m
— **@ — in @ (electrode) holder** v - [weld] co-
locar electrodo m en portaelectrodo m
— **@ end** v - poner fin m - [mech] colocar ex-
tremo m
— **in** a - instalado,da | [comp] introducido,da;
entrado,da | v - instalar • [comput] intro-
ducir; entrar
— — **@ cast** v - [medic] enyesar
— **in charge** v - poner a cargo; encomendar
— — **@ day** v - [labor] hacer acto de presencia
— — **@ feeder** a - colocado,da en alimentador m
| v - [mech] colocar en alimentador m
— — **information** n - [comput] información f,
introducida, or entrada
— — **@ information** v - [comput] introducir, or
insertar, or entrar, información f
— — **@ legal form** v - [legal] instruir
— —(**to**) **@ mouth** v—puesto,ta, or introduci-
do,da, en boca | v - poner, or introducir,
en boca f
— — **@ neutral** a - [mech] colocado,da en punto
m muerto | v - [mech] colocar en punto m
muerto
— — **@ neutral (position)** a - [mech] pues-
to,ta, or colocado,da, en posición f neutral
| v - [mech] poner, or colocar, en posición
f neutral
— —(**to**) **operation** v - poner en operación v •
encaminar
— — **park** a - [autom-mech] puesto,ta, or colo-
cado,da, en posición f para, aparcamiento m,
or estacionamiento m | v - [autom-mech] po-
ner, or colocar, en posición f para, aparca-
miento m, or estacionamiento m
— — **@ —[ing] position** a - [autom-mech]
puesto,ta en posición f para, aparcamiento
m, or estacionamiento m | v - [autom-mech]
poner en posición f para, aparcamiento m, or
estacionamiento m
— — **place** a - puesto,ta, or colocado,da, en
sitio m | v - poner, or colocar, en sitio m
— — **position** a - puesto,ta, or colocado,da,
en posición f | v - poner, or colocar, en
posición f
— —(**to**) **practice** a - puesto,ta en práctica f
| v - poner en práctica f
— — **reverse** a - [atom-mech] puesto,ta en, re-
troceso m, or marcha f atrás | v - [autom-
mech] poner en, or dar, marcha f atrás
— — **service** a - puesto,ta en servicio m | v -
poner en servicio m
— **into** a - metido,da | v - meter
— — **force** a - impuesto,ta; puesto,ta en vigor
• hecho,cha cumplir | v - imponer; poner en
vigor • hacer cumplir
— — **operation** a - [mech] puesto,ta en opera-
ción f | v - [mech] poner en operación f
— — **practice** a - puesto,ta en práctica f; e-
jercitado,da | v - poner en práctica; ejer-
citar
— **@ jumper** n—[electr] poner, or hacer, puente
— **lever** n - [mech] palanca f, puesta, or colo-
cada
— **@ — in reverse** v - [mech] poner palanca f
en (posición f para), retroceso m, or marcha
f atrás

- 1342 -

put more money on @ bottom line adv - dinero m
es (lo) que cuenta
— — **tread on @ road** v - [autom-tires] colocar
más banda f para rodamiento m sobre, pavimen-
to m, or carretera f
— **off** a - demorado,da | v - demorar; rezagar
— **on** a - colocado,da • [vest] calzado,da | v -
colocar • [vest] calzar
— — **@ automatic** a - puesto,ta en automático m
| v - poner en automático m
— -**on bead** n - [weld] cordón m colocado
— — **@ bead** v - [weld] colocar cordón m
— — **@ cover** v - poner tapa f
— — **@ hip-wader(s)** v - ponerse bota(s) f al-
ta(s) • [fig] penetrar hasta hondura(s) f
— **on record** v - registrar • fichar
— — **wheel(s)** v - poner sobre rueda(s) f
— **out** a - ejercido,da; producido,da • [combust]
apagado,da | v - ejercer; producir •
[combust] apagar
— — **furnace** n - [combust] horno m apagado
— — **@ furnace** v - [combust] apagar horno m
— — **of @ race** a - [sports] puesto,ta fuera de
carrera f | v - [sports] poner fuera de ca-
rrera f
— — **pressure** n - [mech] presión f, ejercida,
or producida
— — **@ pressure** v - [mech] ejercer, or produ-
cir, presión f
— — **proper pressure** n - [mech] presión f a-
propiada, producida, or ejercida
— — **@ proper pressure** v - [mech] producir, or
ejercer, presión f apropiada
— **right** a - corregido,da | v - corregir
— **through** a - pasado,da por | v - pasar por
— **to work** a - puesto,ta a trabajo m • imple-
mentado,dal implantado,da; empleado,da | v -
implementar; implantar; emplear
— **together** a - armado,da; montado,da; construi-
do,da; instalado,da • acopiado,da; confeccio-
nado,da; compaginado,da | v - armar; montar;
construir; instalar • acopiar; confeccionar;
compaginar | adv - en conjunto v
— **@ transmission in @ neutral (position)** v -
[mech] poner, or colocar, transmisión f en,
posición f neutral, or punto m muerto
— **up** a - instalado,da; erigido,da | v - insta-
lar; erigir
— — **@ sign** v - [com] erigir letrero m
— — **@ tent** v - armar, tienda f, or carpa f
— **wind back on @ furnace** v - [metal-prod] poner
viento m a, or arrancar, horno m
puttied a - [constr] masillado,da
puttier n - [constr] masillador m
putting back n - reposición f
— — **in(to) service** n - [ind] reposición f en
servicio m
— **in** n - [comput] introducción f; entrada f
— **in charge** n - puesta f a cargo; encomenda-
miento m
— — **@ feeder** n - [mech] colocación f en ali-
mentador m
— —(**to**) **@ mouth** n - puesta f, or inroducción
f, or metida f, en boca f
— —(**to**) **neutral (position)** n - [mech] coloca-
ción f en, posición f neutral, or punto m
muerto
— — **park(ing position)** n - [autom] puesta f,
or colocación f, en posición f para, aparca-
miento m, or estacionamiento m
— — **place** n - puesta f, or colocación f, en,
sitio m, or posición f
— —(**to**) **position** n—puesta f, or colocación f,
en posición f
— —(**to**) **service** n puesta f en servicio m
— —(**to**) **force** n - puesta f en vigor; imposi-
ción f
— —**to**) **operation** n - [mech] puesta f en opera-
ción f
— **@ lever in reverse** n - [mech] puesta f, or
colocación f, de palanca f en (posición f

para), retroceso m, or marcha f atrás
putting off n - demora f; retraso m
— **on** n - colocación f; puesta f • [vest] calce
— **out** n - [ind] producción f - [combust] apagamiento m
— — **of @ race** n - [sports] puesta f fuera de carrera f
— **right** n - corrección f
— **through** n - paso m, or pasada f, por
— **to work** n - puesta f a trabajo m • implementación f; implantación f; empleo m
— **together** n - agrupamiento m • acopiamiento m; confección f; compaginación f
putty type n - [constr] tipo m de masilla f
puttying n - [constr] enmasillado m | a - (en)masillador,ra
puzzolanic a - [miner] puzolánico,ca; con puzolana f
— **cement** n - [miner] cemento m puzolánico
PWR n - [electr-prod] see **power**
pylon n - [constr] pilastra f (para soporte m)
— **circuit** n - [sports] circuito m, or pista f, con pilón(es) m
— **course** n - [sports] pista f con pilón(es) m
pyramid base n - [geom] pirámide f truncada
pyramidation n - piramidación* f
pyramide v - piramidar*
pyramidized a - piramidizado,da*
pyramidizing n - piramidación* f
Pyrex fiberglass n - [plast] lana f de vidrio (de) Pyrex m
— **glass** n - [plast] vidrio m Pyrex
— **nozzle** n - [weld] boquilla f de Pyrex
pyrite n - [chem] . . .; bisulfito m de hierro
— **crystal** n - [geol] cristal m de pirita f
— **grain** n - [geol] grano m de pirita f
— **vein** n - [geol] vena f de pirita f
pyritic ore n - [geol] mineral m piritoso
pyroclastic n - [geol] piroclástica f | a - [geol] piroclástico,ca
— **rock** n - [geol] roca f piroclástica
— **texture** n - [geol] textura f piroclástica
pyrolization n - [chem] pirolización* f
pyrolize v - [chem] pirolizar*
pyrolized a - [chem] pirolizado,da*
— **component** n - [chem] (elemento) componente m pirolizado*
— **oil** n - [lubric] aceite m pirolizado* m • [petrol] petróleo m pirolizado*
— — **component** n - [petrol] componente m, de aceite n pirolizado*, or pirolizado* de aceite m
pyrolizing n - [chem] pirolización* f | a - [chem] pirolizador,ra*
pyrometer building n - [metal-prod] edificio m, or sala f, para pirómetro(s) m; edificio m para regulación f térmica
— **cost** n - [instrum] costo m de pirómetro(s) m
— **interference** n - [instrum] interferencia f de, or con, pirómetro(s) m
— **maintenance** n - mantenimiento m, or conservación f, de, or para, pirómetro(s) m
— — **cost** n - [instrum] costo m para, mantenimiento m, or conservación f, para pirómetros
— — — **per ton** n - [ind] costo m para, mantenimiento m, or conservación f, de pirómetros por tonelada (de 2.000 libras f)
— — — — **produced** n - [ind] costo m para, mantenimiento m, or conservación f, para pirómetro(s) m por tonelada (de 2.000 libras f) producida
— **operator** n - [ind] encargado m de pirómetros
— **room** n - [metal-prod] sala f para pirómetros m • [Spa.] control m térmico
pyrophoric a - pirofórico,ca
— **combustion** n - combustión f, pirofórica, or espontánea
— **tendency** n - tendencia f, pirofórica, or para combustión f espontánea

Q

Q B O P n - [metal-prod] see **quiet basic oxygen plant**
Q D a - [mech] see **quick-detachable**
Q tip n - [medic] palillo m envuelto con algodón
Qr n - [paper] see **quire**
Qu n - [metric] see **quintal**
quad stayer n - [culin] formadora f para, cajita(s) f, or bandeja(s) f
quadrangular broach n - [tools] escariador m cuadrado; broca f, cuadrada, or cuadrangular
quadrant n - [math] . . . • [metal-prod] zona f; sector m
— **and rotor assembly** n - [instrum] conjunto m de cuadrante m y rotor m
— **assembly** n - [instrum] conjunto m de cuadrante m
— **drive gear** n - [instrum] engranaje m para accionamiento m de cuadrante m
— **pinion** n - [instrum] piñón m para cuadrante
— **tooth** n - [instrum] diente m en cuadrante m
quadraphonic a - [electron] cuadrifónico,ca
— **sound** n - [electron] sonido m cuadrofónico
quadratic equation m - [math] ecuación f de segundo grado m
quadrature axis n - [mech] eje m en cuadratura f
quadrille n - . . .; cuadriculado m | a - cuadriculado,da
quadrilled a - cuadriculado,da
— **paper** n - [paper] papel m cuadriculado
— **sheet** n - [paper] hoja f cuadriculada; pliego m cuadriculado
quadruplicate n - cuadruplicado m | a - cuadruplicado,da | v - . . .
qualification n - . . .; capacitación f; idoneidad f • concordancia f • requisito m; especificación f • aprobación f • atributo m
— **base,sis** n - base f, or fundamento m, para calificación f
— **(s) examination** n - [labor] examen m de idoneidad f
— **, exceeding, or excess** n - excedimiento* m de especificación(es) f
— **explanation** n - explicación f de calificación
— **level** n - [labor] nivel m de, capacitación f, or preparación f
— **meeting** n - satisfacción f de especificación
— **of welding procedures and operators** n—[weld] requisito(s) m para procedimiento(s) m para soldadura f y soldador(es) m
— **program** n - [labor] programa m para calificación f
— **requirement** n - [labor] requisito m, or exigencia f, para calificación f (técnica)
— **standard** n - norma f para aprobación f
— **test** n - [labor] ensayo m para capacitación f
qualified a - calificado,da; capacitado,da; aprobado,da; hecho acreedor,ra • idóneo,nea; competente • [sports] clasificado,da; calificado,da en (carreras) eliminatoria(s) f
— **as @ manager** a - [managm] capacitado,da (para actuar) como administrador m
— **author** n - autor m calificado
— **car** n - [sports] automóvil m calificado
— **chemist** n - [chem] químico m capacitado
— **concern** n - empresa f, or firma f, calificada
— **contractor** n - [constr] contratista m, capacitado, or calificado
— **dealer** n - distribuidor m, or representante m, calificado, or capacitado, or competente, or acreditado
— **distributor** n - [com] distribuidor m, calificado, or capacitado, or competente
— **easily** a—[sports] calificado,da fácilmente

qualified electrician n - [electr-instal] electricista n, calificado, or capacitado, or competente, or idóneo
— **engineer** n - ingeniero m, calificado, or calificado, or competente
— **heat treatment personnel** n - [metal-treat] personal m calificado en tratamiento térmico
— **highly** a - calificado,da altamente; muy calificado,da
— **in @ . . . position** a - calificado,da en, lugar m . . ., or posición f . . .
— **mechanic** n - [mech] mecánico m, calificado, or capacitado, or competente, or idóneo
— **operator** n - [ind] operador m calificado
— **party** n - [labor] persona f, calificada, or capacitada, or idónea
— **proposal** n - propuesta f calificada
— **prospective dealer** n - [com] distribuidor m posible, calificado, or capacitado, or idóneo
— **refrigeration serviceman** n - [ind] mecánico m calificado para refrigeración f
— **representative** n - [com] representante m, calificado, or competente, or capacitado
— **serviceman** n - [ind] mecánico m calificado
— **soil(s) engineer** n - [soils] ingeniero m calificado para suelo(s) m
— **weldor** n - [weld] soldador m, calificado, or competente, or capaz
qualify v - . . .; aprobar; volver aceptable; cualificar; hacer(se) acreedor; estar capacitado,daz • [gram] modificar • [sports] clasificar(se); calificar(se) en carrera(s) f eliminatoria(s)
— **as @ manager** v - [managm] calificar(se), or estar capacitado, (para actuar) como administrador m
— **@ car** v - [sports] calificar automóvil m
— **easily** v - [sports] calificar fácilmente
— **in @ position** v - calificar(se) en, lugar m, or posición f
— **@ procedure** v - volver aceptable procedimiento m
— **@ proposal** v - calificar propuesta f
qualifying n - calificación f; capacitación f; hacer acreedor,ra • [sports] clasificación f; calificación f en carrera(s) eliminatoria(s) • prueba f para calificación f
— **chart** n - cuadro m para calificación f
— **in @ . . . position** n - calificación en, lugar m . . ., or posición f . . .
— **lap time** n - [sports] tiempo m (oficial) para, vuelta f, or etapa f (para clasificación)
— **method** n - método m para calificación f
— **methodology** n - metodología f para calificación f
— **procedure** n - procedimiento m para calificación f
— **position** n - [sports] posición f en calificación f
— **race** n - [sports] carrera f, eliminatoria, or para, calificación f, or eliminación f
— **session** n - corrida f para, clasificación f, or para determinar posición(es) f
— **test** n - prueba f para calificación f
— **time** n - [sports] tiempo m en prueba f para calificación f
— **vote** n - [legal] voto n, de calidad, or calificado
qualitative qualification n - calificación f cualitativa
qualitatively adv - cualitativamente
quality n - . . .; grado m • bondad f • efectividad f • composición f • característica f • [social] esfera f | a - desde punto m de vista de calidad f
— **advantage** n - ventaja f, en, or desde punto m de vista de, calidad f
— **assessment** n - determinación f de calidad f
— **assurance** n - garantía f sobre calidad f • [ind] seguridad f sobre calidad f
— **assurance level** n - nivel m de seguridad f en (lo) que a calidad se refiere
— **qualified assurance manager** n - [ind] gerente m para garantía f para calidad f
quality awareness n - [ind] conciencia f de calidad f
— **bead** n - [weld] cordón m con calidad f
— **bloom** n - [metal-roll] tocho m con calidad f
— **built crane** n - [cranes] grúa f con calidad f
— **carbon steel** n - [metal-prod] acero m, con carbono m con calidad f, or fino con carbono
— — **heavy plate** n - [metal-roll] chapa f, or plancha f, gruesa, or pesada, de acero m con carbono m con calidad f
— — **light plate** n - [metal-roll] plancha f, liviana, or delgada, de acero m con carbono m con calidad f
— **certificate** n - certificado m de calidad f
— **change** n - cambio m en calidad f
— **check(ing)** n - verificación f, or comprobación f, de, calidad f, or efectividad f
— **clay** n - [geol] arcilla f con calidad f
— **coil** n - [metal-roll] bobina f con calidad f
— **coke** n - [coke] coque m con calidad f
— **condition** n - condición f con calidad f
— **consciousness** n - conciencia f de calidad f
— **control** n - [ind] control m, or fiscalización f, or verificación f, or inspección f, or contraste m, de calidad f
— — **assistant** n - [ind] ayudante m para, control m, or fiscalización f, de calidad f
— — **chart** n - gráfico m para, control m, or verificación f, or comprobación f, de calidad
— — **condition** n - [ind] condición f para, control m, or fiscalización f, de calidad f
— — **criterion,ria** n - [ind] criterio(s) m para, control m, or fiscalización f, de calidad f
— — **department** n - [ind] departamento m para, fiscalización f, or verificación f, or comprobación f, or control m, de calidad f
— — — **manager** n - [ind] gerente m para departamento m para, fiscalización f, or verificación f, or comprobación f, or control m, de calidad f
— — **division** n - [ind] división f para, fiscalización f, or verificación f, or comprobación f, or control m, de calidad f
— — **during fabrication** n - [ind] fiscalización f, or verificación f, or comprobación f, or control m de calidad, durante, or en curso m de, fabricación f
— — **equipment** n - [ind] equipo m para, fiscalización f, or verificación f, or comprobación f, or control m, de calidad f
— —, **establishing**, or **establishment** n - [ind] establecimiento m de, fiscalización f, or verificación f, or comprobación f, or control m, de calidad f
— — **foreman** n - [ind] capataz m, or jefe m, or encargado m, de, fiscalización f, or verificación f, or control m, de calidad f
— — **graph** n - [ind] gráfico m para, verificación f, or comprobación f, or fiscalización f, or control m, de calidad f
— — **key** n - [ind] clave f para, fiscalización f, or verificación f, or comprobación f, or control m, de calidad f
— — **laboratory** n - [ind] laboratorio m para, fiscalización f, or verificación f, or comprobación f, or control m, de calidad f
— — **manual** n - [ind] manual m para, fiscalización f, or verificación f, or comprobación f, or control m, de calidad f
— — **metallurgical observer** n - [metal-roll] observador m metalúrgico para, fiscalización f, or verificación f, or comprobación f, or control m, de calidad f
— — **personnel** n - [ind] personal m para, fiscalización f, or verificación f, or comprobación f, or control m, de calidad f

quality control personnel supervision n - [ind] supervisión f para personal m para, verificación f, or fiscalización f, or control m, para calidad f
— — **plan** n - [ind] plan m para, fiscalización f, or verificación f, or comprobación f, or control m, para calidad f
— — **problem** n - [ind] problema m para, fiscalización f, or verificación f, or comprobación f, or control m, para calidad f
— — **procedure** n - [ind] procedimiento m para, fiscalización f, or verificación f, or comprobación f, or control m, para calidad f
— — **program** n - [ind] programa n para, fiscalización f, or verificación f, or comprobación f, or control m, para calidad f
— — **record** n - [ind] registro m de, fiscalización f, or verificación f, or comprobación f, or control m, para calidad f
— — **report** n - [ind] informe m sobre, fiscalización f, or verificación f, or comprobación f, or control m, para calidad f
— — **requirement** n - [ind] exigencia f, or requisito m para, fiscalización f, or verificación f, or comprobación f, or control m, para calidad f
— — **section** n - [ind] sección f para, fiscalización f, or verificación f, or comprobación f, or control m, para calidad f
— — **specification** n - [ind] especificación f para, fiscalización f, or verificación f, or comprobación f, or control m, para calidad f
— — **statistical criterion,ria** n - [ind] criterio m estadístico para, fiscalización f, or verificación f, or comprobación f, or control m, para calidad f
— — **system** n - [ind] sistema m para, fiscalización f, or verificación f, or comprobación f, or control m, para calidad f
— — **technique** n - [ind] técnica f para, fiscalización f, or verificación f, or comprobación f, or control m, para calidad f
— — **tensile test** n - [mech] ensayo m de tracción f para, fiscalización f, or verificación f, or comprobación f, or control m, para calidad f
— — **test** n - [ind] ensayo m, or prueba f, para, fiscalización f, or verificación f, or comprobación f, or control m, para calidad f
— — **tool** n - [instrum] dispositivo m, or elemento m, para, fiscalización f, or verificación f, or comprobación f, or control m, para calidad f
— — **turn foreman** n - [ind] jefe m, or capataz m, para turno m para, fiscalización f, or verificación f, or comprobación f, or control m, para calidad f
— **controlled** a - con calidad f, fiscalizada, or verificada, or comprobada, or controlada
— **cost** n - costo m de calidad f
— **council** n - [ind] consulta f sobre calidad f
— **crane** n - [cranes] grúa f con calidad f
— **custom forging** n - [mech] forja(dura) f sobre pedido m con calidad f
— **defect** n - [ind] defecto m en calidad f
— **demand** n - demanda f de calidad f
— **deficiency** n - deficiencia f en calidad f
— **degree** n - grado m de calidad f
— **deposit** n - [weld] aportación f con calidad f
— — **range** n - [weld] escala f de aportaciones f con calidad
— **designation** n - designación f para calidad f
— **disk** n - disco m con calidad f
— **document** n - documento m sobre calidad f
— **documentation** n - documentación f sobre calidad f
— **effect** n - [ind] efecto m de calidad f
— **electrode** n - [weld] electrodo m con calidad
— **enameling iron** n - [metal-roll] plancha f de hierro m con calidad f para esmaltar
— — — **circle** n - [metal-roll] disco m de hierro m con calidad f para esmaltar
— **quality equipment** n - [ind] equipo m con calidad
— **equivalence** n - equivalencia f de calidad f
— **evaluation** n - [ind] evaluación f de calidad f
— — **equipment** n - [instrum] equipo m para evaluación f de calidad f
— **flat rolled steel plate** n - [metal-roll] plancha f de acero m con calidad laminada en plano m
— **fluctuation** n - fluctuación f en calidad f
— **flux** n - [weld] fundente m con calidad f
— **forging** n - [mech] forja(dura) f con calidad f
— **gain** n - [ind] mejoramiento m en calidad f
— **gasoline** n - [petrol] gasolina f con calidad
— **glass** n - [ceram] vidrio m con calidad f
— **grade** n - categoría f con calidad f
— — **equivalence** n - equivalencia f en calidad
— **guaranty** n - garantía f en calidad f
— — **department** n - [ind] departamento m para garantía f en calidad f
— — **file** n - [ind] archivo m, or legajo m, para grantía f en calidad f
— — **group** n - grupo m para garantía f en calidad f
— — **manual** n - [ind] manual m para garantía f en calidad f
— — **program** n - [ind] programa m para garantía f en calidad f
— — **system** n - sistema m para garantía f en calidad f
— **heavy plate** n - [metal-roll] chapa f, or plancha f, pesada, or gruesa, con calidad f
— — **steel plate** n - [metal-roll] plancha f, de acero m, gruesa, or pesada, con calidad f
— **image** n - imagen f con claridad f
— **improvement** n - [ind] mejora f, or mejoramiento m, en calidad f
— — **team** n - [ind] equipo m para mejoramiento m en calidad f
—, **indicating**, or **indication** n - indicación f sobre calidad f
— **inspector** n - [ind] inspector m para calidad
— **laminated phenolic material** n - [plast] material f fenólico laminado con calidad f
— **level** n - nivel m de calidad f
— **light plate** n - [metal-roll] plancha f, delgada, or liviana, con calidad f
— — **steel plate** n - [metal-roll] plancha f de acero m, delgada, or liviana, con calidad f
— **loss** n - [ind] pérdida f, or disminución f, or reducción f, de calidad f
— **magnesite** n - [miner] magnesita f con calidad
— **material** n - material m con calidad f
— **measurement** n - medición f de calidad f
— **merchandise** n - [com] mercadería f con calidad f
— **observation** n - observación f, or vigilancia f, de calidad f
— **obtaining** n - obtención f, or logro m, or consecución f, de calidad f
— **ore** n - [miner] mineral m con calidad f
— **oxidized ore** n - [miner] mineral m oxidado con calidad f
— **Paintgrip type sheet** n - [metal-treat] lámina f tipo Paintgrip con calidad f
— **part** n - [ind] pieza f con calidad f
— **pipe** n - [tub] tubería f, or tubo m, con calidad f
— **plan** n - plan m para calidad f
— **plate** n - [metal-roll] placa f, or plancha f, con calidad f
— **product** n - [ind] producto m con calidad f
— **production** n - [ind] producción f con calidad
— — **welding** n - [weld] soldadura f con calidad f para producción f (en escala f grande)
— — **program** n - programa m para calidad f
—, **proof**, pr **proving** n - comprobación f de calidad f
—-**proved,ven** a - con calidad f comprobada
— **pushbutton production welding** n - [weld] soldadura f para producción f con calidad f con

quality range

mando m con botonera f
quality range n - escala f de calidad(es) f
— **recommendation** n - recomendación f sobre calidad f
— **related activity** n - [ind] actividad f relacionada con calidad f
— **report** n - informe n sobre calidad f
— **request(ing)** n - pedido m, or solicitud f, de calidad f
— **requirement** n - requisito m, or exigencia f, de calidad f
— **rolled steel plate** n - [metal-roll] plancha f de acero m laminada con calidad f
— **round** n - [metal-roll] redondo m con calidad
— **scrap** n - [metal-prod] chatarra f con calidad
— **service** n - servicio m, or atención f, con calidad f
— **shape** n - [metal-roll] perfil m con calidad f
— **sheet** n - [metal-roll] lámina f, or chapa f, or hoja f, con calidad f
— **sleeve** n - [mech] manguito m con calidad f
— **specification(s)** n - especificación(es) f para calidad f
— **stainless strip** n - [metal-roll] fleje m inoxidable con calidad f
— **standard** n - norma f para calidad f • [hydr] norma f para pureza f
— **steel** n - [metal-prod] acero m, fino, or con calidad f
— — **pipe** n - [tub] tubo m, or tubería f, de acero m con calidad f
— — **plate** n - [metal-roll] plancha f de acero m con calidad f
— — **rope** n - [cabl] cable m de acero m con calidad f
— — **wire** n - [wire] alambre m de acero m con calidad f
— **surcharge** n - recargo m, or sobrecargo m, por calidad f
— **system** n - sistema m para calidad f
— **test** n - [ind] ensayo m, or prueba f, de calidad f
— **variable** n - [ind] variable f para calidad f
— —**(s) effect** n - [ind] efecto m de variable(s) f en calidad f
— **weld(ing)** n - [weld] soldadura f con calidad; soldadura f óptima
— **wire** n - [wire] alambre m con calidad f
— **work** n - trabajo m con calidad f
— **workmanship** n - [ind] mano f de obra f con calidad f
quantified a - valuado,da; cuantiado,da
quantify v - valuar; cuantiar • determinar
quantifying n - apreciación f de cuantía f; cuantificación* f • determinación f
quantitative analysis n - [chem] análisis cuantitativo
— **aspect** n - aspecto m cuantitativo
— **qualification** n - calificación f cuantitativa
— **restriction** n - restricción f cuantitativa
— **summary** n - resumen m cuantitativo
quantity n - . . .; monto m; número m; valor m • proporción f
— **determination** n - cuantificación* f; determinación f de cantidad f
— **discount** n - descuento m por (mayor) cantidad
— **fluctuation** n - fluctuación f en cantidad f
— **for each axle** n - [mech] cantidad f por (cada) eje m
— **ties form** n - impreso m, or planilla f, or formulario m, para cantidad(es) f
— **improvement** n - [ind] mejora f, or mejoría f, or mejoramiento m, en cantidad(es) f
— **per axle** n - [mech] cantidad f por (cada) eje
— **rating** n - valoración f de cantidad f
— **recommendation** m—recomendación f de cantidad
— **required** n - cantidad f, requerida, or necesaria
—**,ties table** n - tabla f con cantidad(es) f
— **to be shipped** n - cantidad f a embarcar(se)
quantometer n - [phys] cuantómetro; also see flow meter
quantum leap n - mejora f contundente
quarrel n - . . .; escaramuza f; escarapela f; fullona f; zaragata f | v - querrellar; escaramuzar; escarapelar; zaragatear
quarelled a - querellado,da
quareller n - escaramazador m; querellante m
quarried a - [miner] extraído,da; sacado,da
— **slate** n - [miner] pizarra f extraída
— **stone** n - [miner] piedra f extraída
quarry n - [miner] . . .; mina f, bajo cielo m, or en tajo m, abierto | v - [miner] minar, or extraer, de cantera f
— **drill** n - [tools] barrena f para cantera f
—, **haulage**, or **hauling** n - [miner] acarreo m, or transporte m, en cantera f
— — **hoist** n - [miner] malacate m, or cabría f, para cantera f
— **job** n - [miner] trabajo m en cantera f
— **plant** n - [miner] planta f en cantera f
— @ **slate** v - [miner] extraer pizarra f
— @ **stone** v - [miner] extraer piedra f
— **tram** n - [miner] vagoneta f para cantera f
— **tile** n - [ceram] baldosa f sin vidriar
— **waste** n - [miner] cascajo m, or desperdicios f, de cantera f
— **work** n - [miner] trabajo m en cantera f
quarrying n - [miner] trabajo m de cantera(s)
— **bottle** n - botella f para cuarto m de galón
quarter elliptic* a - cuartoelíptico,ca*
— —* **spring** n - [mech] resorte m, or muelle m, cuartoelíptico*
— **cut** v - separar
— **point(s)** n - [public] cuatro por plancha f
— **round (molding)** n - [archit] esgucio m
—**turn** n - cuarto m de vuelta f
quartered out a - separado,da
quartering out n - separación f
quarterly basis n - base f trimestral
— **certification** n - certificación f trimestral
— — **estimate,tion** n - estimación f para certificación f trimestral
—, **estimating**, or **estimation** n - estimación f trimestral
— **in advance** a - por trimestre m anticipado
— **instalment** n - [fin] pago m, or cuota f, trimestral
— **payment** n - [fin] pago m trimestral
— **program** n - programa m trimestral
— **report** n - informe m trimestral
— **schedule** n - programa m trimestral
quartermaster n - [milit] . . .; furriel m
quartz/calcium oxide n - [miner] óxido m de calcio m y cuarzo m
— **crystal** n - [geol] cristal m de cuarzo m
— **ore** n - [miner] mineral m de cuarzo m
— — **vein** n - [geol] vena f, or filón m, de cuarzo
quartziferous diorite n - [geol] diorita f cuarcífera
— — **dike** n - [geol] dique m de diorita f cuarcífera
— — **intrusion** n - [geol] intrusión f de diorita f cuarcífera
— **intrusion** n - [geol] intrusión f cuarcífera
quartzite granite n - [miner] granito m, cuarcífero, or con predominio m de aluminio m
quarzose particle n - partícula f cuarzosa
quaternary alloy n - [metal] aleación f cuaternaria
quebracho n extract n - [lumber] extracto m de quebracho m
quench n - see **quenching** | v - [combust] apagar • [metal-treat] enfriar, con líquido m, or por inmersión f; templar • enfriar bruscamente
— **hardening** n - [metal-treat] temple m rápido
— **selectively** v - [metal-treat] enfriar selectivamente
quenchability n - [metal-treat] templabilidad f
quenched a - [metal-treat] apagado,da; enfriado,da • [weld] enfriado,da por inmersión f

quenched and tempered a - [metal-treat] enfriado,da por inmersión f y templado,da
— — — **steel** n - [metal] acero m enfriado por inmersión f y templado
— — — **welding** n - [weld] soldadura f de acero m enfriado por inmersión f y templado
— **coke** n - [coke] coque m apagado
— **grade** b - [metal-treat] calidad f enfriada por inmersión f
— — **steel** n - [metal-treat] acero m, enfriado, or de calidad enfriada, por inmersión f
— **selectively** a - [metal-treat] enfriado,da selectivamente
— **steel** n - [metal-treat] acero m enfriado por inmersión f
— — **weld(ing)** n - [weld] soldadura f de acero m enfriado por inmersión f
— **wheel** n - [rail-wheels] rueda f templada
quenching n - [combust] apagamiento m; enfriamiento m, (rápido, or brusco) por inmersión f; inmersión f; templadura f; enfriamiento m por rociadura f; templadura f • [coke] apagamiento m
— **and drawing** n - [metal-treat] enfriamiento m, or temple m, con revenido m
— — **subsequent drawing** n - [metal-treat] enfriamiento m, or temple m, con revenido m posterior
— — **tempering** n - [metal-treat] enfriamiento m por inmersión f y temple m
— **car** n - [coke] carro m, or vagón m, para apagamiento
— — **hood** n - [coke] campana f para vagón m para apagamiento m
— — **track** n - [coke] vía f (para vagón m) para apagamiento m
— **cooler** n - [miner] enfriador m apagador
— **crack** n - [metal-treat] grieta f por templadura f
— **effect** n - [weld] efecto m de enfriamiento m
— **locomotive** n - [coke] locomotora f para apagamiento m
— — **modification** n - [coke] modificación f en locomotora f para apagamiento m
— **rate** n - [weld] ritmo m, or rapidez f, de enfriamiento m
— **station** n - [coke] estación f para apagamiento m
— **system** n - [combust] sistema m para apagamiento m
— **tank** n - (es)tanque m, or depósito m, para, apagamiento m, or enfriamiento m
— **tower** n - [coke] torre f para apagamiento m
— **track** n - [coke] vía f para (vagón m para) apagamiento m
— — **structure** n - [coke] estructura f para vía f para apagamiento m
— **water** n - [coke] agua m para apagamiento m
— — **drawing** n - [metal-treat] temple m con revenido m
— **with subsequent drawing** n - [metal-treat] enfriamiento m, or temple m, con revenido m, subsiguiente, or posterior
query n - . . . . • consulta f
— **date** n - fecha f de consulta f
quest n - . . . • búsqueda f • procura f
question n - . . . . • investigación f • duda f | v - . . . . • investigar • rebatir
questionable a - . . . ; incierto,ta; impreciso,sa; indefinido,da; imprevisible
— **condition** n - condición f dudosa
— **effect** n - efecto m, dudoso, or impreciso
— **satisfaction** n - satisfacción f dudosa
— **soil condition** n - [soils] condición f, dudosa, or incierta, de suelo m
— **stability** n - estabilidad f dudosa
questioned a - preguntado,da; interrogado,da • rebatido,da
questioning n - investigación f; interrogación f • rebatimiento m | a - investigador,ra; interrogador,ra; interrogante

questioning attitude n - actitud f indagadora
questioningly adv - interrogativamente
queuing theory n - teoría f de cola(s) f
quick a - . . . .; pronto,ta • resuelto,ta • expeditivo,va; expedito,ta • somero,ra
— **accessibility** n - accesibilidad f fácil
— **acting bolt** n - [mech] perno m con, acción f rápida, or ajuste m rápido
— — **nut** n - [mech] tuerca f para, acción f rápida, or ajuste m rápido
— **action** n - acción f rápida
— **adjustment** n - ajuste m rápido; regulación f rápida
— — **change** b - cambio m rápido en ajuste m
Quick-Alloy n - [metal] Quick-Alloy m
— **answer** n - respuesta f rápida
— **arc starting** n - [weld] encendido m rápido de arco m
— **assembly** n - [mech] armado m rápido | a - para armado m rápido
— **assets** n - [fin] activo m disponible
— **bend(ing)** n - [mech] doblamiento m rápido
— **bolted** a - empernado,da rápidamente
— — **joining** n - [mech] unión f empernada rápida(mente)
— — **joint** n - [mech] junta f empernada rápida(mente)
— **break(ing) switch** n - [electr-instal] interruptor m para desconexión f brusca
— **burner igniting** n - [combust] encendimiento m rápido de quemador m
— **car** n - [autom] automóvil m veloz
— **carbon determiner** n - [instrum] determinador m rápido para carbono m
— **change** n - cambio m rápido | a - para cambio m rápido
— — **coiler** n - [metal-roll] bobinadora f con cambio m rápido
— **coupler** n - [mech] acoplamiento m, instantáneo, or rápido
— — **decoiler** n - [metal-roll] desbobinadora f con cambio m rápido
— — — **mandrel** n - [metal-roll] mandril m para cambio m rápido para desbobinadora f
— — **link** n - [mech] eslabón m para, cambio m, or reemplazo m, rápido
— — **mandrel** n - [metal-roll] mandril m para cambio m rápido
— — — **coiler** n - [metal-roll] bobinadora f con mandril m para cambio m rápido
— — — **decoiler** n - [metal-roll] desbobinadora f con mandril m para cambio m rápido
— — **union** n - [mech] unión f para, cambio m, or reemplazo m, rápido
— — **system** n - [mech] sistema m para cambio m rápido
— — **two-segment mandrel decoiler** n - [metal-roll] desbobinador m con mandril m con dos segmentos para cambio m rápido; desbobinadora f para cambio m rápido con mandril m con dos segmento(s) m
— — **type decoiler mandrel** n - [metal-roll] mandril m para desbobinadora f de tipo para cambio m rápido
— **closing valve** n - [valv] válvula f para cierre m rápido
—, **compacting**, or **compaction** n - compactación f rápida
— **comprehension** n - comprensión f rápida
quick connect(ing) a - para conexión f rápida
— — **and (quick-)release fastener** n - [mech] sujetador m para acoplamiento m y desacoplamiento m rápido(s)
— —(ing) **fastener** n - [mech] sujetador m para acoplamiento m rápido
— —(ing) **terminal** n - [electr-instal] terminal m para conexión f rápida
— **connection** n - conexión f rápida
— — **lug** n - [electr-instal] lengüeta f, or terminal m para conexión f rápida
— — — **welding cable lug** n - [weld] terminal m,

quick cut(ting)

    or lengüeta f, para cable m para soldadora f para conexión f rápida
- **quick cut(ting)** n - [mech] corte m rápido | a - para corte m rápido
- — **delivery** n - [com] entrega f rápida
- — **dismountable** a - para desmontaje m rápido
- — — **rim** n - [autom-mech] llanta f para desmontaje rápido
- — **dismounting** n - [mech] desmontaje m rápido
- — **depreciation** n - [accntg] depreciación f, or amortización f, rápida, or acelerada
- — **description** n - descripción f somera
- — **design method** n - método m, para proyección f rápida, or rápido para proyección f
- — **detachable** a - [mech] para desmontaje m rápido • [electr-cond] para desconexión f rápida
- — — **connector** n - [electr-cond] conectador m para desconexión f rápida
- — — **rim** n - [autom-mech] llanta f para desmontaje m rápido
- —**(ly) detachable share** n - [agric-equip] reja f para desmontaje m rápido
- — **detaching** n - [mech] desmontaje m rápido
- — **detachment** n - desconexión f rápida
- — **determination** n - determinación f rápida
- — **determiner** n - [instrum] determinador m rápido
- — **disconnect(ing)** a - para, desconexión f rápida, or desacoplamiento m rápido
- — —**(ing) connector** n - [mech] conectador m para desconexión f rápida
- — —**(ing) coupling** n - [electr-instal] conexión f para, desconexión f rápida, or desacoplamiento m rápido
- — —**(ing) type** a - [electr-instal] de tipo m para desconexión f rápida
- — —**(ing) — coupling** n - [electr-instal] conexión f de tipo m para desconexión f rápida
- — **disconnection** n - [mech] desconexión f rápida • desacoplamiento m rápido
- — **draining** n - [ind] (des)agotamiento m rápido
- — — **method** n - [ind] método m para (des)agotamiento m rápido
- — **drop(ping)** n - bajada f rápida
- — **erosion** n - [soils] erosión f rápida
- — **exhaust valve** n - [valv] válvula f para descarga f rápida
- — **factory authorized service** n - atención f rápida autoeizada, or servicio m rápido autorizado, por, fábrica f, or fabricante m
- — **filling pump** n - [pumps] bomba f para henchimiento m rápido
- — **film developing** n - [photogr] revelación f rápida de película f
- — **fix** n - remedio m, somero, or rápido
- — **freezing** n - congelación f rápida • [weld] solidificación f rápida | a - para congelación f rápida • [weld] para solidificación f rápida
- — **fuel loading** n—carga f rápida de combustible
- — **growing** a - con crecimiento m rápido
- — **hand-crank adjustment** n - [weld] ajuste m rápido con manivela f
- — **handling** n - manipuleo m rápido
- — **heat adjustment** n - [weld] ajuste m rápido, or regulación f rápida, de amperaje m
- — **hoisting** n - [cranes] elevación f rápida
- — **identification** n - identificación f rápida
- — **igniting** n - [combust] encendimiento n rápido
- — **inspection** n - inspección f rápida
- — **installation** n - instalación f rápida
- — **joining** n - [mech] unión f rápida
- — **joint** n - [mech] junta f rápida
- —**Label** n - etiqueta f Quick-Label
- — **liability** n—[fin] [Mex.] obligación f activa
- — **lift(ing)** n - [mech] elevación f rápida
- — **lime** n - [miner] cal f viva
- — **link** n - [chains] eslabón m (con ajuste m, or cierre m) rápido
- — **load(ing)** n carga f rápida
- — **lunch** n - [culin] merienda f; refrigerio m
- — **maneuver** v - maniobra f rápida
- **quick measurement** n - [metric] medida f rápida
- — **measuring** n - medición f rápida
- — **melting** n - [metal] fusión f rápida
- — **method** n - método m rápido
- — **opening valve** n - [valv] válvula f para acción f rápida
- — **oxygen determination** n - [chem] determinación f rápida de oxígeno m
- — **positive arc starting** n - [weld] encendimiento m rápido (y) positivo de arco m
- — — **starting** n - [weld] encendimiento m positivo (y) rápido
- — **procedure** n - procedimiento m rápido • paso m rápido
- — **pulling away** n - apartamiento m rápido
- — **raise,sing** n - elevación f rápida
- — **reaction** n - reacción f rápida
- — **reconnect(ing) panel** n - [electr-instal] tablero m para reconexión f rápida
- — **reflex** n - (re)acción f refleja rápida
- — **release** n - suelta f rápida • [mech] desconexión f rápida; desacoplamiento m rápido | a - [mech] para, desconexión f rápida, or desacoplamiento m rápido
- — — **fastener** n - [mech] sujetador m para desacoplamiento m rápido
- — — **fitting** n - [mech] dispositivo m para desconexión f rápida
- — — **valve** n - [valv] válvula f para, desconexión f rápida, or desacoplamiento m rápido
- — **removal** n - remoción f, or saca f, rápida
- — **repair** n - [mech] reparación f rápida
- — **replacement** n - [mech] reposición f rápida; reemplazo m rápido • cambio m rápido
- — **response** n - respuesta f, or reacción f, rápida • [electr] respuesta f rápida
- — — **magnetic amplifier** n - [electron] amplificador m magnético con respuesta f rápida
- — **retrieval** n - [comput] recuperación f rápida
- — **roll change** n - [metal-roll] cambio m rápido de rodillo(s) m
- — — — **system** n - [metal-roll] sistema m para cambio m rápido de rodillo(s) m
- — — — **turntable** n - [metal-roll] carro m (giratorio) para cambio m rápido de rodillos
- — **rope start** n - [int.comb] arranque m rápido con cuerda f
- — **service** n - servicio m rápido; atención f rápida
- — **set up** n - [mech] preparación f rápida; cambio m rápido
- — — **change** n - [weld] cambio m rápido en ajuste m preliminar
- — **setting** a - [chem] con fraguado m rápido
- — — **cement** n - [constr] cemento m con fraguado m rápido
- — — **Portland cement** n - [constr] cemento m Portland con fraguado m rápido
- — — **up** n - [mech] preparación f rápida
- — **shipment** n - [transp] embarque m rápido; expedición f rápida
- — **slanking** n - [hydr] escurrimiento m rápido
- — **start(ing)** n - [comb.int] arranque m, or encendimiento m, rápido
- — **steering response** n - [autom] reacción f rápida a, movimiento m de, or maniobra f de, dirección f, or volante m
- — **stepped triaxial test(s)** n - [electr] ensayo(s) m triaxial(es) escalonado(s) rápido(s)
- — **storage** n - almacenamiento m rápido
- — **stripping** n—[metal-prod] desmoldeo m rápido
- — **stub release** n - [weld] liberación f rápida de colilla(s) f
- — **substitution** n - substitución f rápida
- — **sulfur determiner** n - [instrum] determinador m rápido para azufre m
- — **test** n - ensayo m, rápido, or somero
- — **time** n - tiempo m, rápido, or corto • hora avanzada, or adelantada • [sports] tiempo m excelente
- — — **generating** n - generación f de tiempo m

rápido
quick triaxial test n - [electr] ensayo m triaxial rápido
— transient maneuver n - [mech] maniobra f transitoria rápida
— uncoupling n—[mech] desacoplamiento m rápido
— unloading n - [mech] descarga f rápida | a - para descarga f rápida
— weave technique n - [weld] técnica f para tejido m rápido
— welding heat adjustment n - [weld] regulación f rápida, or ajuste m rápido, de amperaje m para soldadura f
— whip(ping) technique n - [weld] técnica f para chicoteo m rápido
— zoom(ing) n - [photogr] aproximación f rápida
quicker adv - más, rápido,da, or veloz, or rápidamente • con aceleración f mayor
— bending n - [mech] doblamiento m más rápido
— cut(ting) n - [mech] corte m más rápido
— measurement n - [metric] medida f más rápida
— measuring n - [metric] medición f más rápida
— response n - reacción f más rápida • [electr] respuesta f más rápida
— steering response n - [autom-mech] reacción f más rápida a, movimiento m, or maniobra f, con, dirección f, or volante m
— time n - tiempo m menor
quickest a - más rápido,da m/f
Quickie saw n - [tools] sierra f rápida Quickie
quickly adv - . . .; rápidamente; en forma rápida; de inmediato; prestamente; velozmente
— adjusted a - ajustado,da, or regulado,da, rápidamente
— detachable a - [weld] para desconexión f rápida
— — connector n - [electr-cond] conectador m para desconexión f rápida
— developed film n - [photogr] película f revelada, rápidamente, or de inmediato
quickness n - . . . • viveza f
quicksand n - [geol] . . .; arena f, fluida, or corrediza
quiet basic oxygen furnace n - [metal-prod] horno m Linz Donawitz con inyección f, inferior, or por fondo m
— — plant n - [metal-prod] planta f, con oxígeno básico, or Linz Donawitz, con inyección f, inferior, or por fondo m
— dependable operation n - operación f silenciosa confiable
— driver n - [tools] hincadora f silenciosa
— flame n - [combust] llama f, silenciosa
— mode n - [comput] modalidad f silenciosa
— ride n - [transp] andar silencioso
— operation n - operación f silenciosa
— termination n - [comput] terminación f, silenciosa, or sin ruido(s) m
— — feature n - [comput] característica f de terminación f, silenciosa, or sin ruido(s) m
— — mode n - [comput] modalidad f para terminación f, silenciosa, or sin ruido(s) m
— — operating n - [comput] operación f con terminación f, silenciosa, or sin ruido(s) m
— — mode n - [comput] modalidad f para operación f con terminación f, silenciosa, or sin ruido(s) m
quieting n - aquietamiento m; apaciguamiento m
quietly adv - . . .; quietamente; quedamente
quill n - [mech] . . .; manguito m; bocina f
— gear n - [mech] engranaje m libre
— travel n - [mech] desplazamiento m de manguito m
Quintuplex pump n - [petrol] bomba f Quintuple(x)
quintuplicate n - quintuplicado f | a - quintuplicado,da
quintuplication n - quintuplicación f
quirk n - . . .; contrasentido m
quit v - . . .; cejar • quedar fuera de combate
quite another thing n - cosa f completamente distinta

quite @ long time n - tiempo m considerable
— @ pile n - montón m considerable • [fig] en cantidad f
— poorly adv - bastante mal(amente)
— some time n - tiempo m considerable
— — — later adv - algún tiempo m después; luego de demora f considerable
— @ team n - [sports] pareja f sobresaliente
— tough a - bastante tenaz
— trusworthy a - bastante confiable
— well a - bastante bien; sin problema(s) mayor(es)
quota n - . . .; complemento m
— filling n - alcance m, or cumplimiento m, de cuota f
— share insurance n - [insur] seguro m en participación f dentro de cuota f
— — reinsurance n - [insur] reaseguro m en participación f dentro de cuota f
— surpassing n - sobrepaso m, or excedimiento m, de cuota f
quotation n - [com] . . .; oferta f
— form n - planilla f para cotización f
— validity n - validez f para cotización f
quote n - cotización f; also see quotation
— @ price v - cotizar precio m
— separately v - cotizar separadamente
quoted a - citado,da • cotizado,da
— equipment n - [ind] equipo m cotizado
— item n - partida f cotizada
— price n - precio m cotizado
— separately a - cotizado,da separadamente
— value n - [com] valor m cotizado
quoting n - cotización f
Qty. n - see quantity

R

R n - see red • [autom-tires] see radial
R A C n - [autom] see Royal Automobile Club
r c n - [constr] see rapid cure
R E A n - [pol] see Rural Electrification Administration
R F C n - [electron] see radio frequency choke
R F n - [electron] see radio frequency • [metal-fabr] see raised face
R G A W R n - [autom] see rear gross axle weight rating
R H a - see right hand(ed)
R H I P n - see rank has its privileges
R O M n - [miner] see run of mine
R O N A n - [fin] see return on net assets
R O P S n - see roll over protective structures
r p m n - [mech] see revolutions per minute
. . . R P M - . . . R P M n - [weld] . . . rpm con recuperación f de . . . rpm cuando se enciende arco m
R S n - [metal-prod] see Republic Steel
r t d n - [instrum] see temperature detector
R type crusher n - [miner] trituradora f tipo R
R V n - [autom] see recreational vehicle
R V G diamond n - diamante R V G
R value n - [metal-prod] valor m R
R & D n - see research and development
R 3 M n - [electr-equip] see rectifier - three phase - manual
Ra value n - valor Ra
rabbet n - [mech] . . . • [screws] ranura f | v - . . . rebajar
— joint n - [carp] ensambladura f
rabble n - . . . • [metal-prod] rastrillo m; gancho m para pudelar | v - . . . • [metal-prod] rastrillar; remover
rabbled a - rastrillado,da; removido,da

rabbling

rabbling n - [metal-prod] rastrillado m; remoción f
race n - . . . . • [hydr] canal m para traída f • [mech-bearings] pista f; carrera f; ranura f (para bolas); guiadera f; collar m • [turb] desboque m | a - see **racing** | v - . . . • [sports] participar en carrera f • [int.comb] acelerar continuamente • [turb] desbocar(se)
— **back** n - [sports] comienzo m de carrera f
— **beginning** n - [sports] comienzo m de carrera
——**bred** a - [sports] producido,da, or obtenido,da, como resultado m de carrera(s) f • fogueado,da en, carrera(s) f, or competiciones
—— **development** n - [autom-tires] perfeccionamiento m, obtenido, or producido, como resultado de carrera(s) f; perfeccionamiento m obtenido por fogueo m en, carrera(s) f, or competición(es) f
— **car** n - [sports] automóvil m para carrera(s)
— **@ car** v - [sports] correr automóvil m
—— **braking system** n - [autom-mech] sistema m para frenado m de automóvil m para carrera(s)
— **checklist** n - [sports] lista f para verificación f antes de carrera f
— **cleaning** n - [mech-bearings] limpieza f de collar m
— **cleanly** v - sports] correr limpiamente
— **compete** v - [sports] competir en carrera f
— **competed** a - [sports] competido,da en carrera
— **competition** n - [sports] competencia f en carrera(s) f
— **condition** n - [sports] condición f para carrera f • condición f de pista f
— **course** n - [sports] pista f (para carreras f)
—— **condition** n—[sports] condición f de pista
— **day** n - [sports] día f para carrera f
—— **problem** n - [sports] problema m en día m para carrera f
—, **eliminating**, or **elimination** n - [sports] eliminación f de carrera f
— **end** n - [sports] fin m de carrera f
— **engine** n - [autom-mot] motor m para carrera f
— **experience** n - [sports] emoción f de carrera f
— **front** n - [sports] comienzo m de carrera f
— **gear** n - [sports] atavío m para carrera(s) f
— **grinding** n - [mech-bearings] refrentación f de ranura f (para bolas f)
— **hard** v - [sports] correr arduamente
— **hardening** n - [mech-bearings] endurecimiento m de ranura f (para bolas f)
— **headquarters** n - [sports] oficina f, or sede f, para carrera(s) f
— **lap** n - [sports] vuelta f de pista f
— **leg** n - [sports] tramo m de carrera f
— **life** n - [sports] vica f útil para carreras f
——**long lead** n - [sports] ventaja f, desde comienzo(s) de, or durante toda, carrera f
—, **losing**, or **loss** n - [sports] pérdida f de carrera f
— **midpoint** n - [sports] mitad, or punto m medio, or a mediados m, de carrera f
— **official** n - [sports] oficial m, or autoridad f, para carrera f
—('s) **overall winner** n - [sports] ganador m absoluto en carrera f
— **participant** n - [sports] participante en carrera f
— **preparation** n - [sports] preparación f para carrera f
— **prepare** v - [sports] preparar para carrera f
— **prepared** a - [sports] preparado,da para carrera f
—— **vehicle** n - [sports] vehículo m preparado para carrera f
— **problem** n - [sports] problema m en carrera f
— **proof** n - [autom] demostración f en carrera f
— **prove** v - [autom] demostrar en carrera f
— **proven** a - [sports] demostrado,da, or probado,da, en (muchas) carreras f
— **proving** n—[autom] demostración f en carreras
— **reentering** n—[sports] reingreso m en carrera

race site n - [sports] sitio m para carrera f
— **speed** n - [sports] velocidad f de carrera f
— **start** n - [sports] iniciación f de carrera f
— **strategy** n - [sports] estrategia f para carrera f
— **support** n - [sports] apoyo m para carrera(s)
— **tapping** n - [mech-bearings] golpeteo m en, pista f, or guiadera f, or ranura f
— **team** n - [sports] equipo m de corredores m
— **tire** n - [autom-tires] neumático m para carrera(s) f
— **@ tire** v—[autom-tires] correr n (con) neumático m
— **vehicle** n - [autom] vehículo m para carrera f
— **victory** n - [sports] triunfo m en carrera f
— **washing out** n - [sports] ahogamiento m de carrera f
— **watching** n - [sports] concurrencia f a, or observación f de, carrera(s) f
— **win(ning)** n - [sports] triunfo m en carrera
— **with @ tire** v - [autom-tires] correr con neumático m
— **work** n - [sports] trabajo m para carrera f
— **raced** n - [int.comb] acelerado,da (continuamente) • [sports] corrido,da
— **car** n - [sports] automóvil m corrido
— **cleanly** a - [sports] corrido,da limpiamente
— **hard** a - [sports] corrido,da arduamente
— **tire** n - [autom-tires] neumático m corrido
racer n - [sports] . . .; carrerista f • máquina f; automóvil m
—('s) **edge** n - [sports] ventaja f para corredor
— **preparation** n - [sports] preparación f de máquina f
racetrack n - [sports] hipódromo m • pista f para carrera(s) f • autódromo m; velódromo m
raceway n - . . . . • [mech-bearings] anillo m para rodadura f • [sports] autódromo m
— **system** n - [tub| red f de, conducto(s) m, or canal(es) m
— **racetrack** n - [sports] pista f para carrera(s) f
racing n - [sports] participación f, or corrida f, en carrera(s) f • conducción f • hipismo m • [mech] desbocamiento • [int.comb] aceleración f continuada
— **car** n - [sports] automóvil m para carreras f
— **category** n - [sports] categoría f en carrera
— **circle** n - [sports] círculo m automovilístico
— **circuit** n - [sports] circuito m para carreras
— **community** n - [sports] fraternidad f, de corredores m, or deportiva
— **competition** n - [sports] competición f en carrera f
— **condition** n - [sports] condición f para carrera f
— **debut** n - [sports] estreno m en carrera(s) f
— **driver** n - [sports] conductor m para carrera(s) f; carrerista m
— **effort** n - [sports] empeño m en carrera(s) f
— **engine** n - [autom] motor m para carrera(s) f
— **enthusiast** n - [sports] aficionado m a carrera(s) f
— **event** n - [sports] carrera f
— **experience** n - [sports] experiencia f, or fogueo* m, en carrera(s) f
— **form** n - [sports] tipo m de carrera f
— **fraternity** n - [autom] fraternidad f, carrerista, or de corredor(es) m
— **great** n - [sports] figura f legendaria f en carrera(s) f
— **heritage** n - [sports] antecedente(s) m, deportivo(s), or en carrera(s) f
— **envolvement** n - [sports] envolvimiento m en carrera(s) f
— **luck** n - [sports] suerte f en, or azar(es) m de, carrera(s) f
— **misfortune** n - [sports] infortunio m en carrera(s) f
— **performance** n - [autom-tires] rendimiento m, or desempeño m, en carrera(s) f
— **photography** n - [sports] fotografía(s) f de

carrera(s) f
racing pit n - [sports] fosa f • [naut] atracadero m para barco(s) m
— profile n - [autom-tires] perfil m, or conformación f, para carrera(s) f
— program n - [sports] programa m para carrera
— resource(s) n - [sports] recurso(s) m para carrera(s) f
— rubber n - [autom-tires] caucho m, or neumático(s) m, para carrera(s) f
— school n - [autom] escuela f para conducción
— season n - [sports] temporada f para carreras
— sedan n - [autom] sedán* m para carrera(s) f
— series n - [sports] serie f de carrera(s) f
— situation n - [sports] condición f para carrera(s) f
— slick (tire) n - [autom-tires] neumático m liso para carrera(s) f
— speed n - [sports] velocidad f en carrera f
— stable n - [sports] establo m hípico
— tire n - [autom-tires] neumático m para carrera(s) f
— — runoff n - [autom-tires] encuesta f para neumáticos m para automóviles m para carrera
— — technology n - [autom-tires] tecnología f para neumático(s) n para carrera(s) f
— veteran n - [sports] corredor m veterano; veterano m en carrera(s) f
— world n - [sports] mundo m de carrera(s) f
rack n - [domest] armario m (metálico); anaquel m; percha f; estantería f; soporte m; astillero m • reja f; enrejado m • [rail] . . .; riel m con cremallera f • [domest] vasera f | v - [mech] engranar
— and lever jack n - [mech] gato m con cremallera f y palanca f
— — pinion n - [mech] cremallera f y piñón m | a - con cremallera f y piñón m
— — — rotation n - [cranes] rotación f, or giro m, con cremallera f y piñón m
— assembly n - [mech] conjunto n de cremallera
— bar n - [mech] cremallera f
— cage n - jaula f enrejada
— clamp n - [mech] sujetador m para cremallera
— clamping n - [mech] sujeción f de cremallera
— closure n - [mech] cierre m para astillero m
— fastening n - [mech] fijación f de cremallera
— gear n - [mech] engranaje m para cremallera f
— head n - [mech] cabeza f de cremallera f
— in v - [mech] engranar cremallera f
— jack n - [mech] gato m con cremallera f
— lever n - [tools] palanca f dentada
— locking screw n - [mech] tornillo m trabador para cremallera f
— model n - [comput] modelo m para montar sobre anaquel m, or bastidor m
— mount v - [mech] montar sobre, anaquel m, or bastidor m
— mounted a - [mech] montado,da sobre, anaquel m, or bastidor m
— mounting n - [mech] montaje m sobre, astillero m, or anaquel m, or bastidor m
— — cabinet n - [mech] gabinete m para montaje m sobre, anaquel m, or bastidor m
— pinion n - [mech] piñón m para ataque m (con cremallera f)
— railway n - [rail] cremallera f; ferrocarril m, or vía f, con cremallera f
— scales n - [mech] balanza f para astillero m
— screw n - [mech] tornillo m para cremallera f
— tooth n - [mech] diente m en cremallera f
racked a - [mech] engranado,da
— in a - [mech] engranado,da en cremallera f
racking n - [mech] engranaje m
— in n - [mech] engranaje m en cremallera f
racket n - . . .; fragor m
racy rubber n - [autom-tires] neumático m para carrera(s) f
— — runoff n - [autom-tires] encuesta f para neumático(s) m (para automóviles) para carrera f

rad n - [nucl] see radioactivity | a - [nucl] see radioactive
radar system n - [electron] sistema m de radar
radial n - [autom-tires] see radial tire
— air input n - [combust] llegada f, or entrada f, radial de, aire m, or viento m
— all terrain (tire) n - [autom-tires] neumático m radial para cualquier terreno m
— band n - [metal-roll] zuncho m radial
— bearing n - [mech] cojinete m, or chumacera f, radial, or anular; cojinete m
— blast input n - [combust] llegada f, or entrada f, radial de, aire m, or viento m
— carcass ply n - [autom-tires] tela f radial para carcasa f
— construction n - [autom-tires] construcción f, or fabricación f, radial
— direction n - dirección f radial
— drill n - [tools] taladro m, or taladradora f, or barrenadora f, radial
— engaging n - [mech] engranaje m radial
— family n - [autom-tires] familia f de neumático(s) m radial(es)
— feeder n - alimentador m radial
— force n - [metal-fabr] fuerza f radial
— forming pressure n - [metal-fabr] presión f radial para conformación f
— gate n - [hydr] compuerta f radial
— highway n - [roads] carretera f radial
— input n - llegada f, or entrada f, radial
— joint n - [archit] junta f radial
— light truck tire n - [autom-tires] neumático m radial para camión m liviano
— load n - carga f radial
— market n - [autom-tires] mercado m para neumático(s) m radial(es)
— metallic band n - [transp] zuncho m radial
— movement n - movimiento m radial
— mud-terrain tire n - [autom-tires] neumático m radial para barro m y cualquier terreno m
— — tire n - [autom-tires] neumático m radial para, barro m, or lodo m; pantanera f radial
— passenger tire n - [autom-tires] neumático m radial para (automóvil m para) pasajero(s) m
— piler n - [ind] apiladora f radial
— ply n - [autom-tires] tela f radial
— — construction n - [autom-tires] fabricación f con tela(s) f radial(es)
— pressure n - [constr] presión f radial
— — equalization n - igualación f de presión f radial
— runout n - [mech-bearings] excentricidad f radial
— sale(s) - [autom-tires] venta f de neumático(s) m radial(es)
— series n - [autom-tires] serie f de (neumáticos m radiales)
— street tire n - [autom-tires] neumático m radial callejero
— system n - [electr-distrib] red f (para distribución f de energía f eléctrica) en abanico m; abanico m
— technology n - [autom-tires] tecnología f para neumático(s) m radial(es)
— thickness n - [mech] espesor m radial
— thrust n - [mech] empuje m radial
— tire n - [autom-tires] neumático m radial
— — construction n - [autom-tires] fabricación f de neumático(s) m radial(es)
— — manufacturing n - [autom-tires] fabricación f de neumático(s) m radial(es)
— — market n - [autom-tires] mercado m para neumático(s) m radial(es)
— —(s) sale(s) n - [autom-tires] venta(s) f de neumático(s) m radial(es)
— — series n - [autom-tires] serie f de neumático(s) m radial(es)
— — suitable n - [autom-tires] apropiado,da para neumático(s) m radial(es)
— — — ring n - [autom-tires] llanta f apro-

radial tire tube
    piada para neumático m radial
radial tire tube n - [autom-tires] cámara f para neumático m radial
— **tread** n - [mech-wheels] superficie f para rodadura f radial • [cranes] garganta f radial
— — **wheel** n - [mech-wheels] rueda f con superficie f para rodadura f radial • [cranes] rueda f con garganta f radial
— **tube** n - [autom-tires] cámara f para (uso m con) neumático m radial
— **type gate** n - [hydr] compuerta f (de tipo m) radial
radially engaged drum n - [mech] tambor m engranado radialmente
radiant n - (ir)radiante m | a - radiante; esplendoroso,sa
— **bell** n - [metal-treat] campana f radiante
— — **furnace** n - [metal-treat] horno m con campana f radiante
— **convector** n - [metal-treat] convector m radiante
— — **annealing** n - [metal-treat] recocido m con convector m radiante
— — **furnace** n - [metal-treat] horno m para recocido m con convector m radiante
— — **bell** n - [metal-treat] campana f convectora radiante
— — — **annealing** n - [metal-treat] recocido m con campana f convectora radiante
— — — — **furnace** n - [metal-treat] horno m para recocido m con campana f convectora radiante
— — — — — **furnace** n - [metal-treat] horno m con campana f convectora radiante
— — — **type annealing furnace** n - [metal-treat] horno m para recocido m (de tipo m) con campana f convectora radiante
— **energy** n - [electr-prod] energía f radiante
— **tube** n - [metal-treat] tubo m radiante
— — **annealing** n - [metal-treat] recocido m con tubo m radiante
— — **furnace** n - [metal-treat] horno m para recocido m con tubo(s) m radiante(s)
— — **furnace** n - [metal-treat] horno m con tubo(s) m radiante(s)
radiantly adv - . . .; esplendorosamente
radiate @ **fuel** v—[nucl] irradiar combustible m
radiated a - irradiado,da; radiante
— **fuel** n - [nucl] combustible m irradiado
— — **treatment** n - [nucl] tratamiento m para combustible m irradiado
— — — **plant** n - [nucl] planta f para tratamiento m para combustible m irradiado
— **heat** n - calor m, irradiado, o radiante
radiating n - irradiación f | a—irradiador,ra; irradiante
radiation beam n - haz m de irradiación f
— **detection** n - [nucl] detección f de (ir)radiación f
— — **instrument** n - [nucl] instrumento m para detección f de (ir)radiación f
— — **instrumentation** n - [nucl] conjunto m de instrumento(s) m para detección f de (ir)radiación f
— **intensity** n - intensidad f de (ir)radiación f
— **level** n - [nucl] nivel m de, (ir)radiación f, or radiactividad f; radiactividad f
— **penetrated** a - penetrado,da por radiación f
— **resistance** n - [nucl] resistencia a (ir)radiación f
— **shield** n - [electron] pantalla f, or protecación f contra (ir)radiación(es) f
— **shielded** a - [electron] protegido,da contra (ir)radiación(es) f
— — **cabin** n - [electron] cabina f, protegida contra, or a prueba f de, (ir)radiación(es)
— **test** n - [electron] prueba de (ir)radiación(es) f
radiator n - . . . . • [nucl] irradiador m
— **access** n - [int.comb] acceso m a radiador m
— **and shell assembly** n - [mech] conjunto m de radiador m y casco m

— 1352 —

radiator assembly n - [int.comb] conjunto m de radiador m
— **baffle** n - [autom] deflector m para radiador
— **cap** n - [int.comb] tapa f, or tapón m, or casquete m, para radiador m
— — **and chain** n - [int.comb] tapa f, or tapón m, para radiador m con (su) cadena f
— **casing** n - [autom] caja f para radiador m
— **check(ing)** n - [int.comb] verificación f, or comprobación f, de radiador m
— **cleaning** n - [int.comb] limpieza f de radiador m
— **clogging** n - [int.comb] atascamiento m de radiador m
— **core** n - [int.comb] núcleo m, or corazón m, para radiador m
— — **steam cleaning** n - [int.comb] limpieza f con vapor m de núcleo m para radiador m
— **fan** n - [int.comb] ventilador m para radiador
— **filler** n - [int.comb] gollete m para radiador
— — **cap** n - [int.comb] tapa f para gollete m para radiador m
— **filling** n - [int.comb] henchimiento m de radiador m
— **flushing** n - [int.comb] enjuague m de radiador m
— — **gun** n - [int.comb] pistola f para enjuague m para radiador m (con chorro m de agua m)
— **grill** n - [int.comb] rejilla f para radiador m
— **guard** n - [int.comb] defensa f, or blindaje m, or protección f, para radiador m
— **hood** n - [int.comb] capot m para radiador m
— **honeycomb** n—[int.comb] panel m para radiador
— **hose** n - [int.comb] manguera f para radiador
— — **clamp** n - [int.comb] abrazadera f para manguera f para radiador m
— **hose failure** n - [int.comb] falla f en manguera f para radiador m
— **leak** n - [int.comb] fuga f, or pérdida f, or escape m, en radiador m
— **level** n - [int.comb] nivel m en radiador m
— **lower hose** n - [int.comb] manguera f inferior para radiador m
— **mounting bracket** n - [int.comb] ménsula f para montaje m para radiador m
— **pad** n - [int.comb] calza f, or soporte m, para radiador m
— **part** n - [int.comb] elemento m de radiador m
— **pressure cap** n - [int.comb] tapa f para presión f para radiador m
—, **pressurization**, or **pressurizing** n - [int.comb] creación f de presión f en radiador m
— **protective device** n - [int.comb] defensa f protectora para radiador m
— **screen** n - [int.comb] rejilla f para radiador
— — **assembly** n - [int.comb] conjunto m de rejilla f para radiador m
— **shell** n - [int.comb] casco m para radiador m
— — **and screen assembly** n - [int.comb] conjunto m de casco m y rejilla f para radiador m
— — **assembly** n - [int.comb] conjunto m de casco m para radiador m
— **shield** n - fejilla f para radiador m
— **shroud** n - [int.comb] bóveda f para radiador
— **shutter** n - [int.comb] celosía f (graduable) para radiador m
— **steam cleaning** n - [int.comb] limpieza f con vapor m de radiador m
— **tank** n - [int.comb] depósito m, or (es)tanque m, para radiador m
— **upper hose** n - [int.comb] manguera f superior para radiador m
— **water** n - [¼int.comb] agua f, para, or en, radiador m
— — **level** n - [int.comb] nivel m de agua m en radiador m
radical amplification n - amplificación f radical
radio m - radio m • [electron] (aparato m para) radiotelefonía; receptor m radiotelefónico; radio f • radiotelegrafía f | v - [electron] radiotelegrafiar; radiar

radiographic inspection procedure

radio advertisement n - [electron] anuncio m, radial, or radiotelefónico
— **announcer** n - [telebom] anunciador m, or locutor m, radiotelefónico
— **application** n - [electron] aplicación f, radial, or radiotelefónica
— — **model** n - [electron] modelo m para aplicación f radio(tele)fónica
— **battery** n - [telecom] pila f para radio f
— **commentator** n - [telecom] comentarista m, radial, or radio(tele)fónico
— **frequency** n - [electron] radiofrecuencia f
— — **choke** n - [electron] reactor m, or estabilizador m, para radiofrecuencia f
— — **by-pass, capacitor, or condenser** n - [electron] condensador m para derivación f para radiofrecuencia f
— — **capacitor** n - [electron] condensador m para radiofrecuencia f
— — **cathode ray tube presentation** n - [electron] imagen f de radiofrecuencia en tubo m para rayo(s) m catódicos
— — **link** n - [electron] enlace m para radiofrecuencia f
— — **presentation** n - [electron] imagen f de radiofrecuencia f
— **linkage** n - [electron] radioenlace* m
— **listener** n - [electron] radioescucha m; radio oyente m
— **model** n - [electron] modelo m para radio(telefonía) f
— **part** n - [electron] pieza f para receptor m, radiotelefónico, or para radio(telefonía) f
— **receiver** n - [electron] . . .; receptor m radiotelefónico
— — **part** n - [electron] pieza f para receptor m, radiotelefónico, or para radio(telefonía)
— **set-up** n - [telecom] equipo m radiotelefónico
— **station** n - [electron] estación f radial
— **use** n - [electron] uso m radiotelefónico
radioactive deposit n - [miner] yacimiento m radiactivo
— **dose,sis** n - [nucl] dosis f radiactiva
— **element** n - [nucl] elemento m radiactivo; radioelemento m
— **isotope** n - [nucl] isotopo m radiactivo
— **material** n - [nucl] material m radiactivo
— —, **inducement, or inducing, or induction** n - [nucl] inducción f de material m radiactivo
— — (s) **management firm** n - [nucl] empresa f, or firma f, para manejo m de material(es) m radiactivo(s)
— — **source** n - [nucl] fuente m para material m radiactivo
— **substance** n - [nucl] sustancia f radiactiva
— **waste** n - [nucl] desecho(s) m, or residuo(s) m, radiactivo(s)
— — **classification** n - [nucl] clasificación f de, desecho(s) m, or residuo(s) m, radiactivo(s)
— — — **tank** n - [nucl] depósito m, or estanque m, para clasificación f de, desecho(s) m, or residuo(s) m, radiactivo(s)
— — — — **fram** n - [nucl] parque m de, depósito(s) m, or (es)tanque(s) f, para clasificación f, de, desecho(s) m, or residuo(s) m, radiactivo(s)
— — **collection** n - [nucl] recogida f de, desecho(s) m, or resiuduo(s) m, radiactivo(s)
— — — **tank** n - [nucl] depósito m, or (es)tanque m, para recogida de, desecho(s) m, or residuo(s) m, radiactivo(s)
— — — — **farm** n - [nucl] parque m de, depósito(s) m, or (es)tanque(s) n, para recogida f de, desecho(s) m, or residuo(s) m, radiactivo(s)
— — **conditioning** n - [nucl] acondicionamiento m de, desecho(s) m, or residuo(s) m, radiactivo(s)
— — **control** n - [nucl] regulación f para, desecho(s) m, or residuo(s) m, radiactivo(s)

radioactive waste control plan n - [nucl] plan m para regulación f para, desecho(s) m, or residuo(s) m, radiactivo(s)
— — — — **development** n - [nucl] desarrollo m de plan m para regulación f para, residuo(s) m, or desecho(s) m, radiactivo(s)
— — **disposal** n - [nucl] eliminación f de, desecho m, or residuo(s) m, radiactivo(s)
— — — **land disposal** n - [nucl] eliminación f en tierra f de, desecho(s) m, or residuo(s) m, radiactivo(s)
— — **management** n - [nucl] manejo m de, desecho(s) m, or residuo(s) m, radiactivo(s)
— — — **firm** n - [nucl] firma f, or empresa f, para manejo m de, desecho(s) m, or residuo(s) m, radiactivo(s)
— — **material(s)** n - [nucl] material(es) m de, desecho(s) m,m or residuo(s) m, radiactivo(s)
— — —(s) **disposal** n - [nucl] eliminación f de material(es) m de, desecho(s) m, or residuo(s) m, radiactivo(s)
— — —(s) **handling** m - [nucl] manejo m de material(es) m de, desecho(s) m, or residuo(s) m, radiactivo(s)
— — **preparation** n - [nucl] preparación f, or acondicionamiento m, de, desecho(s) m, or residuo(s) m, radiactivo(s)
— **sea disposal** n - [nucl] eliminación f de, residuo(s) m, or desecho(s) m, radiactivo(s) en mar f alta
— — **site** n - [nucl] sitio m para, desecho(s) m, or residuo(s) m, radiactivo(s)
— — —, **establishing, or establishment** n - [nucl] establecimiento m de sitio m para, desecho(s) m, or residuo(s) m, radiactivo(s)
— — — **operation** n - [nucl] operación f de sitio m para, desecho(s) m, or residuo(s) m, radiactivo(s)
— — **storage** n - [nucl] almacenamiento m, de, or para, desecho(s) m, or residuo(s) m, radiactivo(s)
— — — **development** n - [nucl] desarollo m de almacenamiento m para, desecho(s) n, or residuo(s) m, radiactivo(s)
— — **transportation** n - [nucl] transporte m de, desecho(s) m, or residuo(s) m, radiactivo(s)
— — **treatment** n - [nucl] tratamiento m, de, or para, desecho(s) m, or residuo(s) m, radiactivo(s)
— — — **facility** n - [nucl] instalación f para tratamiento m de, desecho(s) m, or residuo(s) m, radiactivo(s)
— — — **plant** m - [nucl] planta f para tratamiento m de, desecho(s) m, or residuo(s) m, radiactivo(s)
radioactivity accumulation n - [nucl] acumulación f de radiactividad f
— **dose,sis** n - [nucl] dosis f de radiactividad
— — **accumulation** n - [nucl] acumulación f de dosis f de radiactividad f
— **presence** n - [nucl] presencia f de radiactividad f
— **test** n - [nucl] ensayo m para radiactividad f
— **use** n - [nucl] empleo m de radiactividad f
radiograph properly v - [electron] radi(o)grafiar debidamente
— **transmittal** n - [electron] envío m, or transmisión f, de radi(o)grafía f
— @ **weld** v - [weld] radi(o)grafiar soldadura f
radiographed a - [electron] radi(o)grafiado,da
radiographer n - [electron] radí(o)grafo m
radiographic defect n - [electron] defecto m radi(o)gráfico
— **equipment** n - [electron] equipo m radi(o)gráfico
— **film** n - [electron] película f radi(o)gráfica
— **inspection** n - [electron] inspección f radi(o)gráfica
— — **method** n - [electron] método m para inspección f radi(o)gráfica
— — — **procedure** n - [electron] procedimiento m

para inspección f radi(o)gráfica
radiographic method n - [electron] método m radi(o)gráfico
— **pattern** n - [electron] configuración f radi(o)gráfica
— **picture** n - [electron] imagen f radi(o)gráfica • reproducción f radi(o)gráfica
— **procedure** n - [electron] procedimiento m radi(o)gráfico
— **reproduction** n - [electron] reproducción f radi(o)gráfica
— **specification** n—[electron] especificación f radi(o)gráfica
— — **meeting** n - [weld] cumplimiento m con, or satisfacción f de, especificación f radi(o)gráfica
— **technique** n - [electron] técnica radi(o)gráfica
— **test(ing)** n - ensayo m radi(o)gráfico
— **testing method** n - [electron] método m para ensayo(s) m radi(o)gráfico(s)
— **unit** n - [electron] unidad f radi(o)gráfica
radiographing n - [electron] (trabajos f de) radi(o)grafía f
radioisotope n - [chem] radioisótopo m
— **atomic desintegration** n - [nucl] desintegración f atómica de radioisótopo(s) m
— **decay** n - [chem] desintegración f, or degradación f, (radio)isotópica
— **disintegration** n - [nucl] desintegración f (radio)isotópica
— **produced gamma ray** n - [nucl] rayo m gamma producido con (radio)isótopo(s) m
— **source** n - [nucl] fuente (radio)isotópica
radioisotopic a - radioisotópico,ca
radiolary a - [geol] radiolario,ria
radiological a - [medic] radiológico,ca
— **health regulation(s)** n - [nucl] reglamentación f radiológica para salud f
— — **safety manual** n - [nucl] manual m para seguridad f radiológica para salud f
— **physics safety manual** n - [nucl] manual m para seguridad f física radiológica
— **regulation(s)** n - [nucl] reglamentación f radiológica
— **safety** n - [nucl] seguridad f radiológica
— — **manual** n - [nucl] manual m para seguridad f radiológica
— — **plan** n - [nucl] plan m para seguridad f radiológica
radiomatic pyrometer n - [instrum] (pirómetro) radiomático m
radiotelegraphic a - [electron] radiotelegráfico,ca
radiotelephone n - [electron] . . .; radiotelefonía f | v - [electron] radiotelefonear
— **application** n - [electron] aplicación f radiotelefónica
— — **model** n - [electron] modelo m para aplicación f radiotelefónica
— **use** n - [electron] uso m radiotelefónico
radiotelephonic a—[electron] radiotelefónico,ca
radius n - . . . | a - radial
. . . — **curve** n - curva f con radio m de . .
— **gage** n - [tools] plantilla f para radio(s) m
— **indicating** n - indicación f de radio m | a - indicador,ra, or para indicación f, de radio
— — **system** n - [cranes] sistema n para, indicar, or indicación f de, radio(s) m
— **indication** n - indicación f de radio m
— **indicator** n - [cranes] indicador m para radio
— **link** n - [chains] eslabón m radial • guía f para deslizadero m
— — **bending** n - [chains] curvatura f de eslabón m radial
— — **driving pin** n - [mech] pasador m impulsor para eslabón m radial
— — **pin** n - [mech] pasador m para eslabón m radial
. . . — **sweeper** n - [sports] curva f con radio m de . . . para velocidad(es) f alta(s)

radius tread n - [mech] superficie f, para rodadura f radial, or radial para rodadura f • [wheels] radio n de superficie f para rodadura f
— — **wheel** n - [mech] rueda f con superficie f radial para rodadura f
radwaste* n - [nucl] see **radioactive waste**
rafter n - [constr] . . .; vigueta f; par m; armadura f; cuchilla f, or par m, para armadura
rag n - . . .; paño m
— **bolt** n - [mech] perno m arponado
— **man** n - trapero m
rage n - . . .; furia f
ragged a - . . .; zarrapastroso,sa • despulido,da • desparejo,ja; rugoso,sa
— **edge** n - borde m, rugoso, or desparejo
ragging n - despulimiento m • [metal-roll] desigualdad f, or espereza f, (en rodillo m)
— **device** n - [metal-treat] dispositivo m para despulir
— **mark** n - [metal-roll] marcación f, or desigualdad f, en superficie f
raging a - . . .; furente
— **river** n—[hydr] río m, rugiente, or impetuoso
rail n - . . . • [constr] viga f; vigueta f; larguero m • travesaño m; várgano m • [mech] corredera f - [tools-ladder] pie m derecho
— **anchor** n - [rail] anclaje m para riel(es) m
— **and structural division** n - [metal-roll] división f para rieles m y perfiles m
— — — **mill** n - [metal-roll] tren m, or laminador m, para rieles m y perfiles m (estructural(es) • laminación f de rieles m y perfiles m (estructurales)
— — — **slab reheating furnace** n - [metal-roll] horno m para recalentamiento de tochos m (en tren m para rieles m y perfiles m)
— (s) — — (s) **scheduling** n - [metal-roll] programación f para riel(es) m y perfil(es) m
— **base** n - [rail] base f, or patín m, de riel m
— **bender** n - [rail] encorvadora f para, rieles m, or carriles m
— **bending** n - [rail] encorvadura f de riel(es)
— — **machine** n - [rail] encorvadora f para, riel(es) m, or carriles m
— **between @ pier(s)** n - [constr] viga f entre pilar(es) m
— **bolt** n - [rail] perno m para riel(es) m • perno m para eclisa(s) f
— **bottom** n - [rail] base f, or fondo m, de riel
— **branding** n - [metal-roll] marcación f (en relieve m) de riel m
— **camber** n - [rail] combadura f, or curvatura f, de riel(es) m
— **cambering** n - [rail] combadura f, or encorvamiento m, de riel(es) m | a - [rail] combadora f, or curvadora f, para riel(es) m
— — **machine** n - [rail] (máquina), combadora f, or encorvadora f, para rieles m
— **center** n - [rail] alma m, or centro m, de riel m • centro m, or empalme m, ferroviario
— — **line** n - [rail] eje m de vía f
— **clamp** n - [rail] grapa f para, riel(es) m, or carril(es) m • [cranes] abrazadera f para anclaje m (a riel m)
— **classifier** n - [metal-roll] clasificador m para riel(es) m
— **clip** n - [rail] sujetador m para riel m
— **coating** n - [constr] recubrimiento m para, viga f, or riel m
— **condition** n - [rail] condición f, or estado m, de riel m
— **configuration** n - [metal-roll] configuración de riel m • [bridges] configuración f de baranda f
— **cooling** n - [metal-roll] enfriamiento m de riel(es) m | a - [metal-roll] para enfriamiento m de riel(es) m
— — **pit** n - [metal-roll] foso m para enfriamiento m de riel(es) m
— **crossover** n - [rail] cruzamiento m de rieles

railroad embankment

rail curving n - [metal-roll] encorvamiento m de, riel m, or carril m
— distribution n - distribución f de riel(es) m
— — bed n - [metal-roll] lecho m para distribución f de riel(es) m
— — — skid bed n - [metal-roll] lecho m para distribución f de rieles m por delizamiento m
— dock area n - [aril] zona f de plataforma f ferroviaria
— drill n - [tools] taladradora f para riel(es)
— drilling machine n - [rail] máquina f taladradora para riel(es) m
— element n - [constr] elemento m, or sección f, de viga f • [rail] sección f de riel m • elemento m de vía f
— end n - [rail] extremo m, or punta f, de riel
—(s) —(s) hardening n - [metal-roll] endurecimiento m de extremo(s) m de riel(es) m
— — milling n - [metal-roll] fresado m de extremo(s) m de riel(es) m
— — — machine n - [metal-roll] (máquina) fresadora f, or fresa f, para extremo(s) m de riel(es) m
— finishing n - [metal-roll] terminación f, or acabado m, de riel(es) m
— frog n - [rail] corazón m de rieles m
— gag press n - [rail] enderezadora f para rieles m
— grizzly n - [miner] cribón m con rieles m
— guard n - [rail] contrarriel m
— hardsurfacing n - [weld] endurecimiento de superficie f de riel m
— head n - [metal-roll] cabeza f de riel m
— — corner n - [metal-roll] vértice f de cabeza f de riel m
— — — radius n - [metal-roll] radio m de vértice f de cabeza f de riel m
— — radius n - [metal-roll] radio m de cabeza f de riel m
— — width n - [metal-roll] ancho(r) m de cabeza f de riel m
— heat n - [metal-prod] colada f para rieles m
— hydraulic shock absorber n - [constr] amortiguador m hidráulico para carril m
— — tension device n - [constr] tensor m hidráulico para carril m (para oruga f)
— inside n - [mech] (lado) interior m de riel m
— joint n - [rail] junta f entre riel(es) m
— length n - [rail] largo(r) m de riel(es) m
— leveling n - [mech] nivelación f de, riel(es) m, or carril(es) m
— line n - [rail] línea f, or vía f, férrea, or ferroviaria • ramal m (ferroviario)
— loader n - [metal-roll] cargadora f, or apiladora f, para riel(es) m
— marking n - [metal-roll] marcación f de, rieles m, or carriles m
— mill n - [metal-roll] laminador m, or tren m, para riel(es) m
— mounted a - [mech] montado,da sobre riel(es)
— — end n - [mech] extremo m montado sobre riel(es) m
— mounting n - [mech] montaje m sobre riel(es)
— — shaft brake assembly n - [weld] conjunto m de freno m para, eje m, or árbol m, para montaje m de carrete m
— outside n - [mech] (lado) exterior m de riel
— protective device n - [mech] defensa f protectora f para, riel m, or carril m
— releveling n - [rail] renivelación* f de, riel m, or carril m
— research n - [rail] estudio m, or investigación f, sobre, riel(es) m, or carril(es) m • [bridges] estudio m, or investigación f, sobre baranda(s) f
—(s) rolling n - [metal-roll] laminación f de riel(es) m
— section n - [metal-roll] sección f de riel m
—(s) share(s) n - [fin] acción(es) f ferroviaria(s)
— side n - [mech] lado m, or costado m, de riel

rail size n - [metal-roll] tamaño m, or medida(s) f, de riel m
— span n - [constr] sección f de viga f
— splice n - [rail] junta f entre rieles m • [constr] empalme m de viga(s) f
— stamping n - [metal-roll] estampación f de riel(es) m
— — machine n - [metal-roll] (máquina) estampadora f para rieles m
— steel n - [metal-prod] acero m para, rieles m, or carriles m
— stem n - [rail] alma m de, riel m, or carril
— stool n - [rail] soporte m para riel(es) m
— stop n - [mech] tope m (para) riel(es) m
— straightener n - [metal-roll] enderezadora f para, riel(es) m, or carril(es) m
— straightening n - [metal-roll] enderezamiento m de, riel(es) m, or carril(es) m
— — machine n - [metal-roll] (máquina f) enderezadora f para, riel(es) m, or carril(es) m
— — — approach table n - [metal-roll] mesa f para entrada f para (máquina) enderezadora f para, riel(es) m, or carril(es) m
— — — delivery table n - [metal-roll] mesa f para salida f para (máquina) enderezadora f para, riel(es) m, or carril(es) m
— — — run-in table n - [metal-roll] see rail straightening machine approach table
— — — —out table n - [metal-roll] see rail straightening machine delivery table
— sweep n - [cranes] cepillo m, or escobilla f, para riel(es) m
— tensile strength n - [constr] resistencia f de viga f a tensión f
— tension n - [constr-caterpillar] tensión f de carril f
— — device n - [constr-caterpillar] tensor m para carril f
— top n - [rail] parte f superior, or superficie f para rodamiento m, or corona f, or tope m, de riel m
— traffic n - [rail] tránsito m ferroviario
— transfer n - [metal-roll] transferencia f, or transporte m de riel(es) m • desplazador m para riel(es) m
— — motor n - [metal-roll] motor m para transportador m para riel(es) m
— transfer run-in table n - [metal-roll] mesa f para entrada f para transportador m para riel(es) m
— — —out table n - [metal-roll] mesa f para salida f para transportador m para riel(es)
— turner n - [metal-roll] volvedor m para rieles
— turning machine n - [metal-roll] (máquina) volvedora f para riel(es) m
— wear n - [rail] desgaste m de riel(es) m
— weight (in lbs/yd) n - [rail] peso m de riel(es) m (en libras por yarda—(úsese en kilogramos m por metro m)
railhead n - [rail] punta f de riel(es) m
railing n - [fam] fisga f; fustigación f • [constr] baranda f; barandilla f, pasamanos m; enrejado m; parapeto m - [roads] defensa f, or valla f, lateral
railroad adz n - [tools] azuela f ferrocarrilera
—(er) arc welder n - [weld] soldadora f por arco, ferroviaria, or para ferrocarril(es) m
— bed n - [rail] lecho m, or base f, or terraplén m, para, ferrocarril m, or vía f
— bridge n - [rail] puente m ferroviario
— car n - [rail] vagón m ferroviario
— — axle n - [rail] eje m para vagón m ferroviario
— center line n - [aril] eje m de, vía f ferroviaria, or ferrocarril m
— classification yard n - [rail] playa f para clasificación f
— concentration n - [rail] concentración f ferroviaria; empalme m ferroviario
— crossing n - [roads] paso m a nivel
— embankment n - [rail] terraplén m ferroviario

railroad engineer n - [rail] ingeniero m ferroviario • maquinista m (ferroviario)
— **engineering** n - [rail] ingeniería f ferroviaria
— — **department** n - [rail] departamento m para ingeniería f ferroviaria
— **fill** n - [rail] terraplén m ferroviario
— **freight** n - [trans] carga f ferroviaria • flete m ferroviario
— — **car** n - [rail] vagón m ferroviario para carga f
— — **wheel** n - [rail] rueda f para vagón m ferroviario para carga f
— — **prepaid** n - [transp] flete m ferroviario pagado (por adelantado)
— — — **to . . .** n - [transp] flete m ferroviario m pagado (por adelantado) hasta . . .
— **grade crossing** n - [rail] paso m a nivel; cruce m ferroviario
— **loading** n - [transp] carga f para ferrocarril
— **locomotive** n - [rail] locomotora f, para ferrocarril, or ferroviaria
— — **wheel** n - [rail] rueda f para locomotora f ferroviaria
— **passenger car** n - [rail] vagón m (ferroviario) para pasajero(s) m
— — **wheel** n - [rail] rueda f para vagón m (ferroviario) para pasajero(s) m
— **realignment** n - [rail] trazado m ferroviario nuevo
— **right of way** n - [rail] franja f (de tierra f) expropiada para ferrocarril m
— **roadbed** n - [rail] lecho m, or base f, para, vía f, or ferrocarril m; trazado m
— **routing** n - [rail] trazado m (ferroviario)
— **tender** n - [rail] rueda f para ténder m (ferroviario)
— **track** n - [rail] vía f, ferroviaria, or férrea
— — **surcharge load** n - [rail] sobrecarga f para vía f férrea
— **trestle** n - [rail] viaducto m ferroviario (de caballetes m)
— **tunnel** n - [rail] túnel m ferroviario
— **underpass** n - [rail] paso m inferior ferroviario
— **use bearing** n - [rail] cojinete m, or chumacera f, para uso m ferroviario
— **yard** n - [rail] playa f ferroviaria (para clasificación f)
rails n - [fin] (acciones f) ferroviarias
— **and fittings** n - [metal-fabr] material(es) m ferroviario(s)
— **and joint bars** n - [rails] riel(es) m, or carril(es) m, y brida(s) f
railway n - [rail] . . .; ferrovía f • empresa f ferroviaria; also see **railroad** | a - ferroviario,ria
— **application** n - [rail] aplicación f ferroviaria
— **axle** n - [rail] eje m ferroviario
— — **steel** n - [metal-prod] acero m para eje(s) m ferroviario(s)
— **bridge** n - [rail] puente m ferroviario
— — **specification** n - [constr] especificación f para puente(s) m ferroviario(s)
— **car** n - [rail] vagón m, ferroviario, or para ferrocarril
— — **axle** n - [rail] eje m para vagón m ferroviario
— — **repair** n - [rail] reparación f para vagón m ferroviario
— — **wheel** n - [rail] rueda f para vagón m ferroviario
— **company** n - [rail] empresa f, ferroviaria, or de ferrocarriles m
— **conduit** n - [constr] conducto m debajo de ferrocarril m
— **construction** n - [rail] construcción f, ferroviaria, or de ferrocarril(es) m
— — **machinery** n - [rail] maquinaria f para construcción f ferroviaria

railway crossing n - [rail] paso m a nivel • [electr-instal] cruce m debajo de vía(s) férrea(s)
— **culvert** n - [rail] alcantarilla f, ferroviaria, or para ferrocarril m
— **damage** n - [rail] daño m a ferrocarril m
— **dead load** n - [constr] carga f, muerta ferroviari8a, or ferroviaria muerta
— **design** n - [rail] proyección f, ferroviaria, or para ferrocarril m
— — **office** n - [constr] oficina f para proyección f ferroviaria
— **engineer** n - [rail] ingeniero m ferroviario • maquinista m (ferroviario)
— **engineering** n - [rail] ingeniería f ferroviaria
— — **department** n - [rail] departamento m para ingeniería f ferroviaria
— **equipment** n - [rail] equipo m ferroviario
— **extension** n - [rail] prolongación f de ferrocarril m
— **flat car** n - [rail] (vagón m) plataforma para ferrocarril m
— **forging** n - [metal-prod] forjadura f, ferroviaria, or para ferrocarril m
— **freight** n - [transp] flete m ferroviario
— — **prepaid** n - [transp] flete m ferroviario pagado (por adelantado)
— — — **to . . .** n - [transp] flete m ferroviario pagado (por adelantado) hasta . . .
— **gage** n - [rail] trocha f de ferrocarril m
— — **change** n - [rail] cambio m en trocha f ferroviaria
— **line** - [rail] línea f, férrea, or ferroviaria; ferrocarril m
— **live load** n - [rail] carga f, viva ferroviaria, or ferroviaria f viva
— — — **plus @ impact** n - [rail] carga f ferroviaria viva más impacto(s) m
— **load** n - [rail] carga f ferroviaria
— **material(s)** n - [rail] material m, ferroviario, or para ferrocarril m
— **relocation** n - [rail] trazado m nuevo para ferrocarril m
— **repair** n - [rail] reparación f ferroviaria
— — **shop** n - [rail] taller m para reparaciones f ferroviarias
— **rolling stock** n - [rail] material m rodante ferroviario
— **scales** n - [rail] báscula f ferroviaria
— **siding** n - [rail] apartadero m ferroviario
— **standardization** n - [rail] unificación f ferroviaria
— **station** n - [rail] estación f, ferroviaria, or de ferrocarril m
— **structure** n - [constr] estructura f, or obra f, ferroviaria
— **subdrainage** n - [rail] subdrenaje m, ferroviario, or para ferrocarril(es) m
— — **problem** n - [rail] problema m con subdrenaje m, ferroviario, or para ferrocarril(es)
— **system** n - [rail] sistema m ferroviario; red f ferroviaria
— **track** n - [rail] vía f, ferrea, or ferroviaria, or de ferrocarril m
— — **axis** n - [rail] eje m de vía f férrea
— — **center line** n - [rail] eje m de vía f férrea
— — **crossing** n - [electr-instal] cruce m debajo de vía(s) f férrea(s)
— **tractor** n - [rail] tractor m sobre carriles m
— **traffic** n - [riel] tránsito m ferroviario
— **transportation** n - [rail] transporte m ferroviario m • movimiento m ferroviario
— **trestle** n - [rail] viaducto m ferroviario
— — **replacement** n - [rail] reemplazo m de viaducto m (ferroviario)
— **upgrading** n - [rail] mejora f, or mejoramiento m, de ferrocarril n; modernización f, or consolidación f ferroviaria
— **viaduct** n - [rail] viaducto m ferroviario

railway wheel n - [rail] rueda f para ferrocarril m
— **yard** n - [rail] playa f ferroviaria; estación f, or playa f, para clasificación f
rain n - [meteorol] . . .; precipitación f (pluvial)
— **cap** n - [mech] casquete m, or caperuza f, or tapa f, contra lluvia f
— **drop** n - [meteorol] see **raindrop**
— **erosion** n - [hydr] erosión f por lluvia f
——**lubricate** v - [hydr] lubricar con lluvia f
——**lubricated** a - [hydr] lubricado,da por lluvia
—— **backfill** n - [constr] material m para relleno m lubricado por lluvia f
—— **fill** n - [constr] (material m para) relleno m lubricado por lluvia f
— **runoff** n - [hydr] escurrimiento m de agua m de lluvia f
— **shutdown** n - [constr] tiempo m perdido por causa f de lluvia(s) f
— **water** n - [hydr] . . .; agua m llovida; precipitación f pluvial; also see **rainwater**
—— **removal** n - [hydr] eliminación f de agua m, llovida, or de lluvia f
rained a - llovido,da; precipitado,da
rainfall n [meterol] precipitación f pluvial; agua m, llovida, or (de) lluvia f; also see **precipitation**
— **average intensity** n - [meteorol] intensidad f media de precipitación f (pluvial)
— **calculation** n - [meteorol] cálculo m, or cómputo m, de precipiación f
— **chart** n - [meteorol] tabla f para precipitación(es) f pluvial(es)
— **data** n - [meteorol] información f pluviométrica
— **duration** n - [meteorol] duración f de precipitación f (pluvial)
— **expectancy** n - [meteorol] probabilidad f, pluvial, or pluviométrica
— **frequency** n - [meteorl] frecuencia f de precipitación f (pluvial)
— **intensity** n - [hydr] intensidad f de precipitación f (pluvial)
—— **chart** n - [hydr] tabla f para intensidad(es) de precipitación f pluvial
—— **conversion** n - [meteorol] conversión f de intensidad f de precipitación f (pluvial)
——— **factor** n - [meteorol] factor m para conversión f de intensidad f de precipitación f
— **per hour** n - [hydr] precipitación f horaria
— **period** n - [hydr] período m de precipitación
— **probability** n - [meteorol] probabilidad f, pluvial, or pluviométrica
— **quantity** n - [meteorol] cantidad f de precipitación f (pluvial)
— **rate** n - [meteorol] intensidad f, or tasa f, or valor n, de precipitación f (horaria)
— **recurrence interval** n - [meteorl] intervalo m para repetición f de precipitación f pluvial
rainwater n - [meteorol] see **rain water**; agua m pluvial
rainy a - . . .; llovedizo,za; pluvial
— **day** n - [meteorol] día m lluvioso • [fig] . . . • tiempo m malo
— **season** n - [meteorol] estación f, or temporada f, or época f, lluviosa, or de lluvia(s) f
— **weather** n - [meteorol] tiempo m lluvioso
raise n - . . . | v - . . .; izar; remontar; altear; peraltar; realzar • fundar
— **@ access door** v - [mech] levantar, or alzar, puerta f para acceso m
— **adequately** v - elevar adecuadamente
— **all @ way** v - levantar totalmente
— **and lower** v - subir y bajar
— —— **@ head** v - subir y bajar cabeza f
— **@ armature shaft** v - [fans] elevar árbol m para armadura f
— **@ block** v - [cranes] subir, or elevar, motón
— **@ boom** v—[cranes] elevar, aguilón m, or pluma f

raise @ concave (part) v · [mech] elevar pieza f cóncava
— **considerably** v - elevar, or aumentar, considerablemente
— **@ cover** n - [mech] levantar tapa f
— **@ drill(ing) pipe** v - [petrol] extraer, or levantar, tubo m, or tubería f, para perforación f
— **@ electrodo** v - [weld] levantar, or alzar, electrodo m
— **@ furnace temperature** v - [combust] elevar temperatura f en horno m
— **@ grade** v - [constr] elevar rasante f
— **@ handle** v - [mech] levantar manija f
— **@ — all @ way** v - [mech] levantar totalmente manija f
— **@ hook** v - [cranes] elevar, or subir, gancho
— **@ ingot mold** v - [metal-prod] elevar lingotera f
— **@ mold** v - [metal-prod] elevar lingotera f
— **off of** v - [mech] elevar, or remover, de sobre
— **@ piston** v - [mech] elevar, émbolo m, or pistón m
— **@ pressure** v - elevar presión f
— **@ production** v - [ind] elevar producción f
— **quickly** v - elevar, or llevar, rápidamente
— — **@ furnace temperature** v - [metal-prod] elevar rápidamente temperatura f en horno m
— — **to @ rolling temperature** v - [metal-roll] elevar, or llevar, rápidamente a temperatura f para laminación f
— — **@ soaking pit temperature** v - [metal-roll] elevar rápidamente temperatura f en horno m de fosa f
— **@ ram** v - [cranes] elevar ariete m
— **@ reel** v - [mech] elevar carrete m
— **@ soaking pit temperature** v - [metal-roll] elevar temperatura f en horno m de fosa f
— **@ storm** v - [fam] causar revuelo m
— **@ suspension** v - [autom-mech] levantar, or elevar, suspensión f
— **@ temperature quickly** v - elevar rápidamente temperatura f
— **@ thermostat** v—[environm] elevar termostato
— **to @ rolling temperature** v - [metal-roll] elevar, or llevar, a temperatura f para laminación f
— **@ torch** v - [weld] levantar, or elevar, soplete m, or antorcha f
— **@ track** v - [rail] levantar, or elevar, vía f
— **@ unit** v - [mech] elevar dispositivo m
— **@ vehicle** v - [autom-mech] levantar vehículo
— **@ voltage** v - [electr-oper] elevar voltaje m
— **@ water table** v - [hydr] elevar nivel m freático
raised a - levantado,da; alzado,da; elevado,da; subido,da • remontado,da; izado,da • [archit] peraltado,da
— **access door** n - [mech] puerta f para acceso m levantada
— **adequately** a - elevado,da adecuadamente
— **all @ way** a - levantado,da totalmente
— **arch** n - [archit-arch] arco m peraltado; bóveda f peraltada
— **armature shaft** n - [fans] árbol m para armadura f elevado
— **black letter(ing)** n - letra(s) f negra(s) en relieve
— — —(ing) **design(ing)** n - [autom-tires] configuración f con letra(s) f negra(s) en relieve m
— **block** n - [cranes] motón m elevado
— **boom** n - [cranes] aguilón m elevado
— **concave (part)** n - [mech] pieza f cóncava elevada
— **considerably** a - [mech] elevado,da considerablemente • [labor] aumentado,da considerablemente
— **cover** n - [mech] tapa f levantada
— **drilling pipe** n - [petrol] tubo m para perfo-

ración f, extraído, or levantado, or elevado; tubería f para perforación f, extraída, or levantada, or elevada
raised electrode n - [weld] electrodo m, levantado, or alzado
— **face** n - [mech] reborde m (elevado) | a - [mech] con reborde m (elevado)
— **figure** n - carácter m en relieve m
— **furnace temperature** n - [combust] temperatura f en horno m elevada
— **handle** n - [mech] manija f levantada
— **hook** n - [cranes] gancho m, elevado, or subido
— **ingot mold** n - [metal-prod] longotera f, elevada, or levantada
— **letter(ing)** n - letra(s) f en relieve m
— **(ing) design** n - configuración f de letra(s) f en relieve
— **mold** n - [mech] molde m levantado • [metal-prod] lingotera f elevada
— **numeral** n - número m en relieve
— **off of** a - [mech] elevado,da, or removido,da, de sobre
— **position** n - posición f, levantada, or elevada
— **pressure** n - presión f elevada
— **production** n - [ind] producción f, aumentada, or elevada
— **quickly** a - elevado,da, or levantado,da, rápidamente • llevado,da rápidamente
— — **furnace temperature** n - [ind] temperatura f en horno m elevada rápidamente
— — **soaking pit temperature** n - [metal-roll] temperatura f en horno m de fosa elevada rápidamente
— — **to @ rolling temperature** a - [metal-roll] elevado,da, or llevado,da, rápidamente, a temperatura f para laminación f
— **reel** n - [mech] carrete m elevado
— **soaking pit temperature** n - [metal-roll] temperatura f en horno m de fosa elevada
— **suspension** n - [autom-mech] suspensión f, levantada, or elevada
— **thermostat** n - [environm] termostato m elevado
— **three centered** a - [archit-arch] de carapanel, or tricéntrico, or con tres centros m, peraltado,da
— — **arch** n - [archit-arch] arco m, carapanel, or tricéntrico, or con tres centros m, peraltado
— — **@ rolling temperature** a - [metal-roll] elevado,da, or llevado,da, a temperatura f para laminación f
— **torch** n - [weld] soplete m levantado; antorcha f levantada
— **track** n - [rail] vía f, elevada, or levantada
— **unit** n - unidad f, levantada, or elevada • [agric] dispositivo m, elevado, or levantado
— **vehicle** n - [autom-mech] vehículo m levantado
— **water table** n - [hydr] nivel m freático elevado
— **white letter(ing)** n - letra(s) f blanca(s) en relieve m
— — **(ing) design** n - [autom-tires] configuración f con letra(s) f blanca(s) en relieve
raising n - . . . . • [constr] erección f; crianza f; remontamiento m
— **all @ way** n - levantamiento m total
— **cylinder** n - [mech] cilindro m para elevación
— **mechanism** n - [mech] mecanismo m para elevación f
— **off of** n - elevación f, or remoción f, de sobre
— **pond** n - [icthiol] criadero m
— **quickly @ furnace temperature** n - [metal-prod] elevación f rápida de temperatura f en horno m
— — **to @ rolling temperature** n - [metal-roll] elevación f rápida hasta temperatura f para laminación f
— **stroke** n - [mech] carrera f para elevación f
— — **end** n - [mech] fin m de carrera f para elevación f

raising to @ rolling temperature n - [metal-roll] elevación f hasta temperatura f para laminación f
rake n - [tools] . . . • [agric] rastrillo m (hacinador, or emparvador) | v - . . .
— **angle** n - (ángulo m de) inclinación f
raked a - rastrillado,da
raker n - . . . . • rastrillador m
raking n - rastrillado m | a - rastrillador,ra
raking brace n - [constr] puntal m inclinado
Raky system n - [petrol] sistema m Raky
rallied a - reanimado,da • [milit] reagrupado,da
Rally n - [sports] (carrera f) Rally* n
rally n - [sports] Rally* m; encuesta f; carrera f de regularidad f | a - de regularidad; Rally | v - reanimar • [milit] reagrupar • [sports] correr en (carrera f) Rally
— **car** n - [sports] automóvil m para carrera(s) f, Rally, or de regularidad f
— **chairman** n - [sports] coordinador m para, carrera f, or prueba f, Rally, or de regularidad f
— **champion** n - [sports] campeón m en carrera f, Rally, or de regularidad f
— **championship** n - [sports] campeonato m de carreras f, Rally, or de regularidad f
— **competition** n - [sports] competición f, or carrera f, Rally, or de regularidad f
— **cross** n - [sports] (carrera f) Rally m entre pilón(es) m
— **driver** n - [sports] conductor m para carrera f, Rally, or de regularidad f
— **enthusiast** n - [sports] aficionado a carrera(s) f, Rally, or de seguridad f
— **entrant** n - [sports] inscripto m en (prueba f), Rally, or de regularidad f
— **fan** n - [sports] aficionado m a carrera(s) f, Rally, or de regularidad f
— **headquarters** n - [sports] comando m, or (puesto m para) control m, or sede f, para carrera f, Rally, or de regularidad f
— **long battle** n - [sports] lucha f durante toda prueba f, Rally, or de regularidad f
— **midpoint** n - [sports] mediado(s) m, or mitad f, de carrera f, Rally, or de regularidad f
— **navigation** n - [sports] rumbo m, or derrota f, en carrera f, Rally, or de regularidad f
— **race** n - [sports] carrera f, Rally, or de regularidad f
— **route** n - [sports] ruta f para carrera f, Rally, or de seguridad f
— **standard** n - [sports] norma f para carrera f, Rally, or de seguridad f
— **team** n - [sports] equipo m, or tripulación f, para carrera, Rally, or de seguridad f
— **tire** n - [autom-tires] neumático m para carrera(s) f, Rally, or para seguridad f
Rallycrossing n - [sports] carrera f (Rally, or de regularidad f) entre pilón(es) m
rallying n - reanimación f • [milit] reagrupación f • [sports] corrida f, or participación f, en (carrera f) Rally
rallyist n - [sports] corredor m, or participante m, en carrera f, Rally, or de regularidad f • aficionado m a carrera(s) f, Rally, or de seguridad f
ram n - . . . . • [mech] ariete m; aguilón m; émbolo m; pisón m • corredera f; cabezal m deslizante • torpedo m • ariete m empaquetador; compuerta f empaquetadora | v - apretar; apisonar
— **change** n - [mech] cambio m de, ariete m, or émboplo m
— — **(ing) station** n - [mech] puesto m para cambio m de, ariete m, or émbolo m
— **gate** n - [valv] válvula f, or compuerta f, para cierre m (total)
— **('s) head** n - [tools] barreta f
— **in plug** n - [electr-instal] clavija f ariete
— **lock** n - [mech] traba f para ariete m
— **release** n - [mech] destrabador m para ariete
— **small piston** n - [mech] émbolo m pequeño pa-

ra ariete m
ram tractor n - [ind] tractor m con ariete m •
 carro m para transferencia f de bobina(s) f
— **type compactor** n - [constr] compactador m, or
 apisonador m, (neumático) con ariete m
— — **truck** n - [ind] (auto)camión m topador
rammed a - [constr] apisonado,da; compactado,da
ramming n - [constr] compactación f; apisonado m
 • [mech] empuje m | a - apisonador,ra
— **into place** n - [constr] apisonado en sitio m
ramp n - . . .; plano m inclinado • planchada f
 [roads] rampa f para acceso m
— **conveyor** n - [ind] transportador m para rampa
—**guide** n - [metal-roll] planchada-guía f
— **kickoff** n - [mech] disparador m para rampa f
— **wear plate** n - [metal-prod] chapa f para des-
 gaste m para rampa f
rampant a - [archit-arch] por tranquil m
— **arch** n - [archit-arch] arco m, or bóveda f,
 por tranquil m
rampart n - [constr] . . .; defensa f
Ramser formula n - fórmula f (de) Ramser
ramschakle structure n - [constr] casucha f
ranch n - [agric] . . .; finca f; hacienda f;
 establecimiento m ganadero
— **operation** n - [agric] explotación f de finca
random a - . . . . • diverso,sa • irregular; va-
 riable • parcial; ocasional • cualquiera
— **check(ing)** n - verificación f a azar m
— **length** n - [mech] largo(r) m, or largura f,
 variable, or irregular, or vario(s), or di-
 verso(s) • [tub] sección(es) f con largo(r),
 variable, or diverso
— — **pipe** n - [tub] tubería f con largo(s) m
 diverso(s)
— **mill length(s)** n - [mech] largo(s) diverso(s)
 de fábrica f
— — — **pipe** n - [tub] tubería f en largo(s) m
 diverso(s) de fábrica
— **sample** n - [ind] muestra f a azar m
— **section** n - sección f, cualquiera, or a azar
— **test** n - ensayo m parcial; comprobación f, or
 verificación f, parcial
randomly adv - a azar m
— **scattered** a - dispersado,da a azar m
range n - . . .; escala f; diversidad f, selec-
 ción f; alcance m; variedad f; variación f;
 surtido m; nivel m; amplitud f; parámetro(s)
 m; ámbito m; orden m; calibre m • zona f; am-
 plitud f (de variación f) • serie f; régimen
 m • curso m; fila f • avoid gama* f; rango* m
 • [com] renglón m; surtido m; selección f; a-
 copio m • [topogr] cordillera f • [optics]
 espectro m • [instrum] escala f | m; ám-
 bito m; sección f; campo m visual • [aeron]
 autonomía f (para vuelo m) • [autom-mech]
 grupo m, or escala f, de velocidad(es) f •
 [miner] yacimiento m | v - . . . ; oscilar
— **capability** n - capacidad f para amplitud f
— **center** n - [instrum] centro m, or (punto) me-
 dio m, de, sección f, or escala f
— **change** n - [autom-mech] cambio m en grupo m
 de velocidad(es) f
—, **establishing**, or **establishment** n - estable-
 cimiento m, or determinación f, de, límite(s)
 m, or escala f
— **from** v - variar desde
— **higher portion** n - parte f, superior, or al-
 ta, de escala f
— **in size** v - variar en tamaño(s) m
— **land** n - [agric] tierra f para pastoreo m
— **lower portion** n - [weld] parte f, baja, or
 inferior, de escala f
— — **current** n - [weld] amperaje m en parte
 f baja de escala f
— **middle** n - centro m, or mitad f, or parte f
 media, de escala f
— — **amperage setting** n - [electr-oper] ampera-
 je m en medio m de escala f
— — **current setting** n - [electr-oper] ampera-
 je m en medio m de escala f

range middle portion n — parte f media de escala
— — **to high portion** n - parte f media a alta
 de escala f
— **pole** n - [topogr] jalón m; vara f para agri-
 mensor(es) m
. . . — **power shift** n - [mech] cambio m para,
 marcha f, or velocidad f, mecanizada con
 . . . escalón(es) m
. . . — — **transmission** n - [mech] transmi-
 sión f mecanizada para cambio(s) m de velo-
 cidad f con . . . escalón(es) m
— **recommendation** n - recomendación f para es-
 cala f
— **selector** n - selector m para escala(s) f
. . . — — **switch** n - [electr-instal] conmuta-
 dor m. or llave f selectora, para . . . es-
 cala(s) f
— **switch** n - [electr-instal] conmutador m para
 escala(s) f • [autom-mech] conmutador m, or
 cambiador m, para grupo(s) m de velocidades
— **to** v - variar hasta
ranged a - variado,da
— **from** a - variado,da desde
— **to** a - variado,da hasta
ranging n - variación f | a - variado,da; va-
 riante; fluctuado,da; de . . . hasta . . .
ranging from a - (con variación f) desde
— **to** a - (con variación f) hasta
rank n . . .; calificación f; clasificación f;
 orden m; ordenamiento m; escalonamiento m;
 escalón m • tanda f • [social] esfera f | v
 - calificar; clasificar; ordenar; escalonar
ranked a - calificado,da; clasificado,da; orde-
 nado,da; escalonado,da
Rankine equation n - [soils] ecuación f (de)
 Rankine
— **method** n - [soils] método m (de) Rankine
— **theory** n - [soils] teoría f (de) Rankine
ranking n - calificación f; clasificación f;
 orden m; ordenamiento m; escalonamiento m;
 posición f (comparativa, or relativa)
rapid a - . . . . • [medic] formicante (pulso m)
— **achievement** n - realización f rápida
— **carbon determiner** n - [instrum] determinador
 m rápido para carbono m
— **cooling rate** n - rapidez f de enfriamiento m
—, **cure**, or **curing** n - [constr] fraguado m rá-
 pido; curación f rápida
— **decline** n - caída f rápida; decaimiento m
 rápido
— **distribution** n - distribución f rápida; dis-
 persión f rápida
— **fall** n - caída f rápida
— **feed(ing) motor acceleration** n - [mech] ace-
 leración f rápida de motor m para alimenta-
 ción f
— **filing** n - [mech] limadura f rápida
— **heating** n - calentamiento m rápido
— **manner** n - forma f rápida
— **motion** n - movimiento m rápido • [legal]
 propuesta f, or moción f, rápida
— **motor acceleration** n - [electro-mot] acele-
 ración f rápida de motor m
— **positioning** n - [mech] colocación f rápida
 en posición f
— **pressing** n - [mech] prensadura f rápida
— **pulling** n - tiro m rápido
— **receiving** n - recepción f rápida
— **roll change** n - [mech-roll] cambio m rápido
 de, rodillo(s) m, or cilindro(s) m
— **runoff** n - [hydr] escurrimiento m rápido
— **sedimentation asphalt(ic) emulsion** n - emul-
 sión f asfáltica con sedimentación f rápida
— **settling** n - sedimentación f rápida; asenta-
 miento m rápido
— — **asphalt(ic) emulsion** n - emulsión f as-
 fáltica con sedimentación f rápida
— **stepping technique** n - [weld] técnica f es-
 calonada rápida
— **stride** n - paso m, rápido, or acelerado
— — **stroke filing** n - [mech] limadura f con gol-

pe(s) m rápido(s)
rapid sulfur determiner n - [instrum] determinador m rápido para azufre m
— **transit** n - [rail] transporte m rápido
— — **District** n - [transp] Servicio m para Transporte(s) m Metropolitano(s)
— — **extension** n - [transp] prolongación m de ferrocarril. m urbano
— — **line** n - [transp] ferrocarril m para transporte m acelerado
— — **system** n - [transp] red f para transportes m (metropolitanos) acelerado(s)
— **wear(ing)** n - desgaste m rápido
— **zoom(ing)** n - [photogr] aproximación f rápida
rapidly adv - rápidamente; velozmente; prestamente
— **growing** adv - con crecimiento m rápido
— **positioned choke** n - [mech] estrangulador m colocado en posición f rápidamente
rapids n - [hydr] recial m; rápido m; rabión m
rapier n - . . . • [milit] verdugo m
rapport n - . . .; cordialidad f; relación f, cordial, or amistosa, or amigable
— **establishing** n - creación f de cordialidad f
rare metal n - [miner] metal m raro
rarely adv - . . .; desusadamente; infrecuentemente
— **attain** v - lograr(se), or presentar(se), con poca frecuencia f
— **attained** a - logrado,da, or presentado,da, con poca frecuencia f
Raschig ring n - [nucl] anillo m (de) Raschig
rash n - . . . • racha f
rasp n - [tools] . . .; limatón m | v - . . .; escarpar
rat hole n - [zool] ratonera • [petrol] ratonera
ratable a - . . . • proporcional
— **amortization** n - [accntg] amortización f proporcional
ratchet n - [mech] . . .; carraca f; fiador m; gatillo m; chicharra f • rueda f, dentada, or para trinquete m
— **and pawl** n - [mech] trinquete m y fiador m, or retén m; juego m de trinquete m; lingüete
— — — **hoist** n - [mech] elevador m con trinquete m y, fiador, or retén m, or lingüete m
— **arm** n - [tools] brazo m para carraca f
— — **bushing** n - [tools] buje m para brazo m para carraca f
— **assembly** n - [mech] conjunto m de carraca f
— **binder** n - [chains] atesador m para cadena f
— **brace** n - [tools] berbiquí m para trinquete m; carraca f
— **condition** m - [tools] estado m, or condición f, de, trinquete m, or carraca f
— **handle** n - [tools] mango m, or palanca f, para trinquete m
— **hoist** n - [mech] aparejo m con carraca f; atesador m para carraca f
— **knob** n - [tools] perilla f para trinquete m | a - [tools] de tipo m con trinquete m
— **lock** n - [mech] traba f para trinquete m
— — **pawl** n - [mech] trinquete m para traba f
— **pin** n - [mech] pasador m para carraca f
— **recess** n - [mech] rebajo m para trinquete m
— **removal** n - [mech] remoción f, or saca f, de trinquete m
— **retainer** n - [mech] retén m, or fiador m, para trinquete m
— — **removal** n - [mech] remoción f, or saca f, de, pasador m, or fiador m, para trinquete m
— **slot** n - [mech] ranura f, en, or para, retén m, or fiador m, para trinquete m
— **type** n - [mech] tipo m de trinquete m | a - de tipo m con trinquete m
— — **brake** n - [mech] freno m de tipo m con trinquete m
— — — **control** n - [mech] regulación f con freno m de tipo m con trinquete m
— — **load binder** n - [chains] atatronco(s) m, or atesador m, con trinquete m para carga(s)

ratchet wheel n - [mech] rueda f para trinquete
rate n - . . . • proporción f • tasa f; ritmo m; régimen m; medida f; canon m; rapidez f; capacidad f; coeficiente m; relación f; índice m; factor m • rata (in combined form only) | v - . . .; valorar; estimar; apreciar • calificar; proyectar • valer, or servir, para; tener valor m nominal • [weld] tener factor m para utilización f
— **control** n - regulación f de, rapidez f, or régimen m • regulador m para régimen m
— **controller** n - [mech] regulador m para ritmo
— **decrease** n - reducción f en rapidez f
— **establishing** n - establecimiento m de, tasa f, or tarifa f • [labor] establecimiento m, or implementación f. de retribución(es) f
—, **estimating**, or **estimation** n - estimación f de, razón f, or tarifa f
— **increase** n - aumento m en rapidez f
— **maintaining** n - [labor] mantenimiento m de retribución(es) f
— **of runoff to rate of rainfall ratio** n - [hydr] razón f entre rapidez f de escurrimiento m e intensidad f de precipitación f
— **regulated automatically** n - [ind] régimen m regulado automáticamente
— **setting** n - [fin] fijación f de tasa f
— **switch** n - [electr-instal] conmutador m para velocidad f
— — **nameplate** n - [electr-equip] marbete m para conmutador m para velocidad f
— **visually** v - clasificar, visualmente, or de vista
rated a - clasificado,da; calificado,da; aprobado,da; asignado,da; válido,da para; nominal • proyectado,da • con potencia f nominal • [weld] con factor m para utilización f
— **amp(eres) load** n - [electr-oper] carga f nominal en amperio(s) m
— **amperage** n - [electr-oper] amperaje m asignado
— **amperes** n - [electr-oper] amperaje m, nominal, or asignado; amperio(s) m nominal(es)
— —**(s) load** n - [electr-oper] carga f nominal en amperio(s) m
— **arc volt(s)** n - [weld] voltaje m, nominal, or asignado, para arco m
— **at** a - tasado,da en; nominal(es)
— — **over** . . . a - [mech] tasado,da, or con potencia f nominal, en exceso m de . . .
— **blocking voltage** n - [electr-oper] voltaje m nominal para bloqueo m
— **brake horsepower** n - [mech] potencia f nominal, para freno m, or con freno m aplicado
— **capacity** n - [electr-oper] capacidad f, nominal, or asignada; potencia f asignada
— **current** n - [electr-distrib] corriente f, or potencia f, establecida, or fijada, or nominal, or asignada • [weld] amperaje m nominal
— — **amperes** n - [electr-distrib] amperaje m, nominal, or asignado
— — **range** n - [electr-distrib] escala f, nominal, or asignada, en amperio(s) m
— **drilling horsepower** n - [petrol] potencia f nominal para perforación f
— **duty cycle** n - [weld] factor m, nominal, or establecido, para utilización f
— — — **output** n - [weld] corriente f nominal de salida con factor m para utilización f
— **energy** n - [mech] potencia f, nominal, or asignada
— **engine horsepower** n - [int.comb] potencia f nominal de motor m
— **flow** n - caudal m nominal
— **frequency** n - [electr-prod] frecuencia f, nominal, or asignada, or establecida
— **full load continuous** a - [electr-oper] previsto,ta para carga f plena continuada
— **hoist hook load** n - [cranes] carga f nominal para gancho m para elevación f
— **hook load** n - [cranes] carga f nominal para

gancho m
rated horsepower n - [mech] potencia f, nominal, or de régimen m
— **input** n - [electr-oper] corriente f, nominal, or asignada, para entrada f
— — **current** n - [weld] corriente f, nominal, para entrada f, or absorbida
— — **horsepower** n - [mech] consumo m nominal de ..., caballos m, or, HP, or CV
— **line load** n - [cranes] carga f nominal para, cable m, or línea f
— **load** n - [electr-oper] carga f, nominal, or asignada, or indicada, or de régimen; capacidad f, nominal, or asignada
— — **capacity** n - [transp] carga f de régimen
— — **input** n - [electr-oper] corriente f de entrada f con carga f nominal
— **main hoist hook load** n - [cranes] carga f nominal para gancho n para, motón m, or elevador m, principal
— **main hoist load** n—[cranes] carga f nominal para elevador m principal
— **output** n - salida f, or producción f, nominal • [electr-oper] rendimiento m, or capacidad f, or tasa f, nominal; potencia f efectiva, or garantizada • [weld] potencia f, nominal (de salida f), or de régimen; corriente f de salida f
— — **pressure** n - [mech] presión f nominal para salida f
— — **sum** n - [ind] suma f de, producción, or capacidad f, or rendimiento m, nominal
— **power output** n - [weld] potencia f nominal de salida f para fuerza f motriz
— **primary voltage** n - [electr-prod] voltaje m primario, nominal, or asignado
— **power** n - [electr-distrib] potencia f, or fuerza f, nominal
— **range** n - escala f nominal
— **running torque** n - [mech] momento m de torsión f nominal para operación f
— **secondary voltage** n - [electr-prod] voltaje m secundario, nominal, or asignado
— **speed** n - velocidad f nominal de régimen
— **static load** n - [phys] carga f estática nominal
— **torque** n - [mech] par m motor nominal
— **transformer current** n - [electr-transf] corriente f nominal de transformador(es) m
— **treatment capacity** n - [hydr] capacidad f nominal para, tratamiento m, or depuración f
— **visually** a - clasificado,da, visualmente, or con vista f
— **voltage** n - [electr-prod] voltaje m, nominal, or asignado
— **volts** n - [electr-prod] voltio(s) m, nominal(es), or asignado(s)
— **wage** n - [labor] sueldo m nominal • salario m según calificación f
— **water treatment capacity** n - [hydr] capacidad f nominal para, tratamiento m, or depuración f, de agua f
— **welder output** n - [weld] potencia f nominal de salida f para soldadora f
— **whip line load** n - [cranes] carga f nominal para cable m para gancho m
rather adv - . . .; relativamente • más bien
— **fast(ly)** adv - relativamente, or bastante. rápidamente
— **slow(ly)** adv - relativamente, or bastante, lentamente
— **taut** a - [mech] algo tirante; bastante tenso
— **than** adv - en lugar m de
ratification n - . . .; confirmación f
ratified a - ratificado,da; confirmado,da
ratifying n - . . .; confirmación f | a - . . .
rating n - . . .; calificación f; categoría f • régimen m; categoría f; norma f; potencia f de régimen • [com] tasa f; aforo m; apreciación f; valoración f • proyección f • [mech] potencia f, nominal, or estipulada • [weld] factor m para utilización f | a - indicado,da; de régimen m
rating at over . . . n - potencia f nominal en exceso m de . . .
— **characteristic** n - [ind] característica f de potencia f (nominal)
— **factor** n - factor m para potencia f (nominal)
— **flow curve** n - [turb] curva f potencia-caudal
— **plate** n - placa f indicadora de capacidad f nominal
— **purpose(s)** n - fin(es) m de valoración f
— **system** n - sistema m para calificación f
— **yield curve** n - [turb] curva f potencia-rendimiento
ratio n - . . .; coeficiente m; índice m; régimen m; m multiplicación f • velocidad f
— **control** n - regulación f de razón f
— **of rate of runoff to rate of rainfall** n - [hydr] razón f entre velocidad f de esucrrimiento m e intensidad f de precipitación f
— **regulator** n - regulador m para relación f
— **value** n - valor m de relación f
— **variation** n - variación f en rendimiento m
ratiocinated a - raciocinado,da
ratiocinating n - raciocinio m | a - raciocinador,ra
raciocinator n - raciocinador* m
rational control n - regulación f racional
— **corrosion design criterion,ria** n - criterio(s) n racional(es) para proyección f para corrosión f
— **criterion,ria** n - criterio m, racional, or lógico; norma f racional
— **design criterion,ria** n - criterio m, racional, or lógico, para proyección f
— — **method** n - [mech] método m racional para proyección f
— **development** n - desarrollo m racional • [miner] explotación f racional
— **output** n - [ind] producción f racional
— **ratio** n - razón f, racional, or lógica
— **use** n - uso m, or aprovechamiento m, racional
rationale n - . . .; razón f; razonamiento m • potencial
rationalization n - . . .; racionalización* f
rationalize v - . . .; racionalizar*
rationalized a - racionalizado,da*
rationally adv - razonadamente; racionalmente
Ratiotrol n - [mech] válvula f (Ratiotrol) para regulación f de mezcla f
rattle n - [toys] sonajero m • sacudida f | v - batir; sacudir • sonajear
rattled a - batido,da; sacudido,da • [fam] boleado,da*
rattling n - batido m; sacudida f | a—con sacudida(s) f
rattling noise n - zurrido m; ruido m de, batido m, or sacudida(s) f
ravaged a - estragado,da
ravenous a - [fam] feroz
ravine n - [topogr] . . .; quebrada f
raw a - . . . • primero,ra; prima • [sanit] sin, tratar, or depurar, or tratamiento m
raw coal n - [miner] carbón m, crudo, or bruto
— **dolomite** n - [miner] dolomi(t)a f, cruda, or bruta, or en bruto
— **gas** n - [combust] gas m (en) bruto
— **grinding** n - [cement] molienda f de crudo m
— **material(s)** n - [ind] materia(s) f, prima(s), or primera(s); material(es) m primero(s); insumo(s) m
— — **acceptance** n - [ind] recepción f de materia(s) f prima(s) • aceptación f de materia(s) f prima(s)
— — **acquisition** n - [ind] adquisición f de materia(s) f prima(s)
— —**(s) advice** n - [ind] asesoramiento m sobre materia(s) f prima(s)
— —**(s) balance** n - [ind] balance m, or equilibrio m, de materia(s) f prima(s)

raw material(s) bay n - [ind] nave f para materia(s) f prima(s)
— —(s) — **supervisor** n - [ind] encargado m, or supervisor m, para nave f para materia(s) f prima(s)
— — **blending** n - [ind] mezcla f, or combinación f de materia(s) f prima(s)
— —, **consultation, or consulting** n - [ind] consulta f sobre materia(s) f prima(s)
— —(s) **cost** n - [ind] costo(s) m de materia(s) f prima(s)
— —(s) **dock** n - [ind] muelle m para materia(s) f prima(s)
— — **even blending** n - [ind] combinación f homogénea de materia(s) f prima(s)
— —(s) **facility,ties** n - [ind] instalación(es) f para materia(s) f prima(s)
— —(s) **grading** n - [ind] clasificación f de materia(s) f prima(s)
— —(s) **grain size** n - [miner] granulometría f de materia(s) f prima(s)
— —(s) **grinding** n - [ind] molienda f de materia(s) f prima(s)
— — — **system** n - [ind] sistema m para molienda f de materia(s) f prima(s)
— —(s) **handling** n - [ind] manejo m, or manipuleo m, or movimiento m, de materias f primas
— —(s) — **capacity** n - [ind] capacidad f para movimiento m de materias f primas
— —(s) — **facility,ties** n - [ind] instalación(es) f para, manejo m, or manipuleo m, or movimiento m, de materia(s) f prima(s)
— — **increase percentage** n - [ind] porcentaje m de incremento m en materia(s) f prima(s)
— —(s) **manufacture** n - [ind] elaboración f de materia(s) f prima(s)
— —(s) **mill building** n - [ind] edificio m para molienda f para (material m) crudo(s) m
— —(s) **officer** n - [ind] oficial m para materia(s) f prima(s)
— —(s) **planning** n - [ind] planificación f para materia(s) f prima(s)
— —(s) **price** n - [ind] precio m para materia(s) f prima(s)
— —(s) — **pattern** n - [ind] patrón m para precio(s) m para materia(s) f prima(s)
— —(s) **procurement** n - [ind] adquisición f de materia(s) f prima(s)
— —(s) **receiving** n - [ind] recepción f de materia(s) f prima(s)
— —(s) **requirement(s)** n - [ind] exigencia f de materia(s) f prima(s)
— —(s) **requisitioning** n - procura f de materia(s) f prima(s)
— —(s) **section** n - [ind] sección f para materia(s) f prima(s)
— —(s) — **foreman** n - [ind] encargado m, or capataz m, or jefe m, para materia(s) f prima(s)
— —(s) **selection** n - [ind] selección f de materia(s) f prima(s)
— —(s) **shipment** n - [ind] embarque m de materia(s) f prima(s)
— — **specification(s)** n - [ind] especificación(es) f para materia(s) f prima(s)
— —(s) **storage** n - [ind] depósito m, or almacenamiento m, para materia(s) f prima(s)
— —(s) **supervisor** n - [ind] jefe m, or encargado m, de materia(s) f prima(s)
— —(s) **supply(ing)** n - [ind] aprovisionamiento m, or abastecimiento m, de materias f primas
— —(s) **test** n - [ind] prueba f, or ensayo m, de materia(s) f prima(s)
— —(s) **transformation** n - [ind] transformación f de materia(s) f prima(s)
— —(s) **transportation** n - [ind] transporte m de materia(s) f prima(s)
— —(s) — **cost(s)** n - [transp] costo(s) m para transporte m de materia(s) f prima(s)
— —(s) — **system** n - [ind] sistema m, or red f, para transporte m de materia(s) f prima(s)

raw material(s) yard n - [ind] parque m, or playa f, para materia(s) f prima(s)
— — **mill** n - [ind] molino m para crudo(s) m
— — — **building** n - [cement] edificio m para molino m para crudo(s) m
— **ore** n - [miner] mineral m crudo
— **sewage** n - [sanit] líquido m clocal, crudo, or sin, tratamiento, or tratar; agua(s) f, negra(s) cruda(s), or inmunda(s)
— — **line** n - [sanit] cloaca f para, agua(s), negra(s), or inmunda(s), (sin depurar)
— **steel** n - [metal-prod] acero m, crudo, or bruto
— — **output** n - [metal-prod] producción f de acero m crudo
— — **production** n - [metal-prod] producción f de acero m, crudo, or bruto
— **washing water** n - [hydr] agua m cruda para lavado m
— **water** n - [hydr] agua m, cruda, or natural, or sin, tratar, or depurar
— — **handling** n - [hydr] conducción f de agua m, cruda, or sin tratar, or sin depurar
— — **line** n - [hydr] tubería f para agua m, cruda, or sin, tratar, or depurar
— — **segment** n - [hydr] segmento m para agua m sin tratar, or depurar
— — **transmission** n - [hydr] conducción f de agua m sin, tratar, or depurar
— — — **line** n - [hydr] tubería f para conducción f de agua m sin, tratar, or depurar
rawhide hammer n - [tools] martillo m con cuero m sin curtir
— **seal** n - [mech] sello m de cuero m, crudo, or sin curtir
rawness n - crudeza f
ray burn n - [medic] quemadura f con rayo(s) m
— **generation** n - [electron] generación f de rayo(s) m
— **tube** n - [electron] tubo m de rayo(s) m
rayon belt construction n - [autom-tires] fabricación f con banda f para rodamiento m de rayón m
— — **ply** n - [autom-tires] tela f de rayón m para banda f circunferencial
— **body** n - [autom-tires] cuerpo m, or carcasa f, de rayón m
— **carcass** n - [autom-tires] carcasa f de rayón
— **construction** n - [autom-tires] fabricación f con rayón m
— **cord** n - [textil] cuerda f de rayón m
— — **belt** n - [autom-tires] banda f circunferencial con cuerda(s) f de rayón m
— — — **system** n - [autom-tires] sistema m con banda(s) f circunferencial(es) con cuerda(s) f de rayón m
— — **folded belt system** n - [autom-tires] sistema m con banda(s) f circunferencial(es) plegada(s) con cuerda(s) f de rayón m
— **folded belt** n - [autom-tires] banda f para rodamiento plegada de rayón m
— — — **construction** n - [autom-tires] fabricación f con banda(s) f para rodamiento m plegada(s) de rayón m
— — **ply** n - [autom-tires] tela f de rayón m
—/**rayon construction** n - [autom-tires] construcción f con rayón m y rayón m
razor blade n - . . . .; hoja f para navaja
— **sharp** a - agudo,da como navaja f; con arista(s) f como navaja f
— — **rock** n - [geol] roca f aguda como navaja
rd a - [geom] see **round** • [roads] see **road**
re-bar n - [metal-roll] see **reinforcing bar**
—**bore** v - [int.comb] rectificar
— — **@ engine** v - [int.comb] rectificar motor m
—**bored** a - [int.comb] rectificado,da
— — **cylinder** n - [int.comb] cilindro m rectificado
— — **engine** n - [int.comb] motor m rectificado
—**boring** n - [int.comb] rectificación f
—**check** v - [mech] verificar nuevamente

re-checked a - verificado,da nuevamente
── -checking n - verificación f nueva
── -enact v - see reënact • reconstruir
── ── @ accident v - [safety] reconstruir accidente m
── -enactment n - see reënactment • reconstrucción f
── -energize v - reactivar
── ── @ transformer n - [electr-oper] reactivar transformador m
── -energized a - [electr-oper] reactivado,da
── ── transformer n - [electr-oper] transformador m reactivado
── -energizing n - [electr-oper] reactivación f
── -engage v - see reëngage; [mech] reengranar
── ── @ starter v - [int.comb] reengranar, arranque m, or arrancador m
── ── @ ── motor v - [int.comb] reengranar motor m para, arranque m, or arrancador m
── -engaged a - [mech] reengranado,da
── ── starter n - [int.comb] arrancador m, or arranque m, reengranado
── ── ── motor n - [int.comb] motor m para, arrancador m, or arranque m, reengranado
── -engaging n - [mech] reengranaje m | a - reengranador,ra
── -entry n - see reëntry • . . .; reingreso m
── -expand v - reexpandir(se)
── -expanded a - reexpandido,da
── -expanding n - reexpansión f
── -expansion n - reexpansión f
── -form v - . . .; volver a formar
── -formed a - formado,da de nuevo; vuelto a formar
── -forming n - formación f de nuevo; vuelta f a formar
── -insert v - volver a insertar
── -inserted a - vuelto,ta a insertar
── -inserting n - vuelta f a insertar; reinserción f
── -plug v - taponar de nuevo; retaponar
── ── @ iron notch v - [metal-prod] volver a tapar, or tap(on)ar de nuevo, piquera f
── -program @ computer v - [comput] programar de nuevo , or reprogramar, computadora f
── -programmed computer n - [comput] computadora f reprogramada
── -ring v - [int.comb] reemplazar aro(s) m (para émbolos m)
── -ringed a - [int.comb] con aro(s) m para émbolo(s) m reemplazado(s)
── -ringing n - [int.comb] reemplazo m de aro(s) m para émbolo(s) m
── -routing n - reencaminamiento m • [roads] trazado m nuevo
── -sell for @ export v - [com] revender para exportación f
── -tighten v - [mech] volver a, ajustar, or apretar; reajustar; reapretar
── -use n - uso m repetido; empleo m nuevo | v - usar repetidamente; emplear nuevamente
── -used a - usado,da repetidamente; empleado,da nuevamente
── -using n - uso m repetido; empleo m nuevo
reach n - . . . • obtención f; consecución f • [hydr] tramo m (de curso m para agua m) • [petrol] vástago m | v - . . .; lograr • [legal] celebrar
── above @ truck frame v - [autom-mech] alcanzar por encima de plataforma f de camión m
── @ agreement v - llegar a, entendimiento m, or acuerdo m
── below @ truck frame v - [autom-mech] alcanzar por debajo de plataforma f de camión m
── @ brazing rod melting temperature n - [weld] alcanzar temperatura f para fusión f de varilla f para soldadura f fuerte
── @ compressor v - [mech] llegar a compresor m
── @ conclusion v - llegar a, or arribar a, or adoptar, conclusión f; concluir
── @ concurrence v - llegar a acuerdo m
── @ depth v - alcanzar profundidad f

reach @ desired temperature v - alcanzar tmperatura f deseada
── into v - alcanzar dentro de
── @ judgement v - arribar a, or adoptar, juicio m, or dictamen m
── @ level v - alcanzar nivel m
── @ maximum v - alcanzar a máximo m
── @ ── temperature v - alcanzar temperatura f máxima
── @ melting temperature v - [metal] alcanzar temperatura f para fusión f
── @ minimum v - alcanzar a mínimo m
── @ objective v - lograr objetivo m
── preset total v - alcanzar total m, preestablecido, or prerregulado
── @ pressure v - alcanzar presión f
── @ proper temperature v - alcanzar temperatura f apropiada
── rod n - [mech] varilla f para cambio m de marcha f
── ── bushing n - [mech] buje m para varilla f para cambio m de marcha f
── @ rod melting temperature v - [weld] calcanzar temperatura f para fusión f para varilla f para cambio m de marcha f
── ── pin n - [mech] pasador m para varilla f para cambio m de marcha f
── @ rod temperature n - [weld] alcanzar temperatura f para varilla f
── @ stage v - alcanzar etapa f
── @ stockline level v - [metal-prod] alcanzar nivel m para carga f
── @ temperature v - alcanzar temperatura f
── to v - alcanzar hasta
── @ understanding v - llegar a entendimiento m
reachable a - . . .; alcanzable
reached a - alcanzado,da; logrado,da; conseguido,da; obtenido,da • [legal] celebrado,da
── agreement n - acuerdo m alcanzado
── conclusion n - conclusión f adoptada
── depth n - profundidad f alcanzada
── judgment n - juicio m m, or dictamen m, arribado, or adoptado
── maximum temperature n - temperatura f máxima alcanzada
── minimum temperature n - temperatura f mínima alcanzada
── objective n - objetivo m logrado
── stage n - etapa f alcanzada
reaching n - logro m; obtención f; consecución f • [legal] celebración f
reaquire v - readquirir
reacquired a - readquirido,da
── stock n - [fin] acción(es) f readquirida(s)
react v - . . .; repercutir
── to @ identification v - [com] reaccionar a caracterización f
── with @ air v - reaccionar con aire m
── ── each other v - [chem] reaccionar entre sí
── ── @ solvent v - [chem] reaccionar con disolvente m
── ── @ ── vapor v - [chem] reaccionar con vaho m disolvente
reactance n - [electr] . . .; resistencia f
── coil n - [electr] bobina f para reactancia f
── ── with @ lamination n - [electr] bobina f para reactancia f con núcleo m laminar
reacted a - reaccionado,da
── with @ air a - reaccionado,da con aire m
── ── each other a - reaccionado,da entre sí
── ── @ solvent a - reaccionado con disolvente m
── ── @ ── vapor a - [chem] reaccionado,da con vaho m disolvente
reacting n - reacción f | a - reaccionante
── metal n - [chem] metal reaccionante
── substance n - [chem] substancia f reaccionante
reaction n - . . . • comportamiento m
── backing n - [constr] apoyo m contra reacción
── causing n causamiento m de reacción f | a - causante de reacción f
── heat n - [metal-prod] calor m de reacción f

reaction mechanism n - [mech] mecanismo m para reacción f
— **modulus** n - módulo m para reacción f
— **pressure** n - presión f, de, or para, reacción
— **rate** n - [chem] rapidez f, or velocidad f, or tasa f, para reacción f
— **turbine** n - [turb] turbina f por reacción f
— **with @ air** n - reacción f con aire m
— — **each other** n - reacción f entre sí
— — **@ solvent** n - [chem] reacción f con disolvente m
— — **@ — vapor** n - [chem] reacción f con vaho m disolvente
— **zone** n - zona f para reacción f
reactivate v - reactivar
reactivated a - reactivado,da
reactivation n - reactivación f
reactivating n - reactivación f | a - reactivador,ra; reactivante; reactivo,va
reactivator n - reactivador m
reactive n - reactivo m | a - . . .
— **chemically** a - reactivo,va químicamente
— **kilovolt-ampere** n - [electr-oper] kilovoltio-amperio m reactivo
— **load** n - carga f reactiva
— **voltage** n - [electr-oper] voltaje m reactivo
— —**(s)-ampere** n - [electr-oper] voltio-amperio m, or voltamperio* m, reactivo
reactor n - . . . • [electr-equip] . . . ; regulador m para corriente f; bobina f para reacción f; reactancia f • [nucl] reactor m; evaporador m | a - reaccionador,ra
— **assembly** n - [electr-equip] conjunto m de reactor • conjunto m de bobina f para reacción
— **body** n - [nucl] cuerpo m de reactor m
— **brushholder** n - [electr-equip] portaescobilla(s) m para, reactor m, or bobina f para reacción f
— — **assembly** n - [electr-equip] conjunto m de portaescobilla(s) f para, reactor m, or bobina f para reacción f
— **campaign** n - [nucl] campaña f de reactor m
— **circuit** n - [electr-equip] circuito m de reactor m
— **cleaning** n - limpieza f de reactor m
— **coil** n - [electr-equip] devanado m, or bobina f, para reactor m
— — **assembly** n - [electr-equip] conjunto m de, devanado m, or bobina f, para reactor m
— — **kit** n - [electr-equip] equipo m para (reparación f para) reactor m
— — **replacement** n - [electr-equip] reemplazo m de, bobina f, or devanado m, para reactor m
— — — **kit** n - [electr-equip] equipo m para reemplazo m de bobina f para reactor m
— —**concentrator** n—[nucl] reactor-concentrador m
— **connection** n - [nucl] conexión f para reactor
— **control** n - [electr-equip] regulador m para, bobina f, or devanado m, para reactor m
— **cover** n - tapa f para reactor m
— **covering** n - [nucl] tapamiento m de reactor m
— **current range** n - [weld] escala f, or límite(s) m, para amperaje m para reactor m
— — — **switch** n - [weld] conmutador m, or interruptor m, para, escala f, or límite(s), para amperaje m para reactor m
— —**evaporator** n - [nucl] reactor-evaporador m
— — **inside surface** n - [nucl] superficie f interior de reactor-evaporador m
— **field** n - [electr-equip] campo m de reactor m
— **flux field** n - [electr-equip] campo m de reactor m para flujo m
— **handle** n - [electr-equip] perilla f, or palanca f, para reactor m
— **knob** n—[electr-equip] perilla f para reactor
— **lamination assembly** n - [electr-equip] conjunto m laminar para reactor m
— **lead insulator** n - [electr-equip] aislación f para cable m para bobina f de reacción f
— **left coil** n - [electr-equip] bobina f izquierda para reactor m

reactor reprocessing campaign n - [nucl] campaña f de reactor n para reelaboración f
— **quadrant** n - [instrum] cuadrante m para reactor m
— — **drive gear** n - [instrum] engranaje m para accionamiento de cuadrante m para reactor m
— — **pinion** n - [instrum] piñón m para cuadrante m para reactor m
— — **tooth** n - [instrum] diente m de cuadrante m para reactor m
— **right coil** n - [electr-equip] bobina f derecha para reactor m
— **screw** n - [mech] tornillo m para reactor m
— **spring** n - [instrum] muelle m para reactor m
— — **clip** n - [mech] abrazadera f para muelle m para reactor m
— **transformer lead** n - [electr-instal] conductor m de reactor m a transformador m
— **winding** n - [electr] devanado m, or bobinado m, para reactor m
read a - leído,da • [instrum] registrado,da • interpretado,da | v - . . . . • [instrum] medir • registrar • determinar • interpretar
— **across** v - leer, transversalmente, or de izquierda a derecha
— **completely** a - leído,da completamente | v - leer completamente
— **@ dirt** v - [sports] reconocer terreno m
— **down** v - leer de arriba hacia abajo
— — **@ scale** v - [weld] registrar en forma descendente
— **instruction(s)** n—instrucción(es) f leída(s)
— **@ instruction(s)** v - leer instrucción(es) f
— **instrument** n - [instrum] instrumento m leído
— **@ instrument** v—[instrum] leer instrumento m
read pressure n - [instrum] presión f leída
— **@ pressure** v - [instrum] leer presión f
—**punch** n - [comput] lectora-perforadora f
— — **console** n - [comput] consola f lectora-perforadora
— **sign** n - letrero m, or cartel m, leído
— **@ sign** v - leer, letrero m, or cartel
— **up @ scale** v - [instrum] leer, or desplazar(se) aguja f en sentido m ascendente; registrar en, forma f, or dirección f, ascendente
— **information** n - información f legible
readability n - . . . ; legibilidad f
— **problem** n - problema m con legibilidad f
readable a - . . . ; reconocible; poder(se) leer
— **instantly** a - [comput] legible instantáneamente
reader board n - [com] letrero m; cartelón m
readied a - alistado,da; aprontado,da; preparado,da
— **for @ assembling** a - [mech] alistado,da, or aprontado,da, para armado m
— — **@ assembly** a - [mech] alistado,da, or aprontado,da, para armado m
— — **@ operation** a - aprontado,da, or alistado,da, or preparado,da, para operación f
— — **@ use** a - alistado,da para uso m
readily adv - . . . ; muy; bien
— **accessible** a - fácilmente accesible; con acceso m fácil
— — **bearing** n - [mech] cojinete, accesible fácilmente, or con acceso m fácil
— — **brush** n - [electr-mot] escobilla f, accesible fácilmente, or con acceso m fácil
— **apparent** a - muy aparente
— **available** a - accesible, inmediatamente, or de inmediato; disponible inmediatamente
— **removable** a - removible fácilmente
— **visible** a - visible fácilmente
readiness n - . . . ; preparación f; aprontamiento n - [nav] alistamiento m
— **notice** n - [nav] carta f, or nota f, para alistamiento m
reading n - . . . . • [instrum] leída f; medida f, indicado, or obtenida; registración f; registro n • interpretación f • constatación f; medida f

reading assignment n - asignación f de lectura f
f • lectura f asignada; material m de, or pa-
ra, lectura f
— **material** n - material m para lectura f
— **panel** n - [instrum] panel m para lectura f
— — **circuit** n - [instrum] circuito m para pa-
nelk m para lectura f
— @ **same** a - de mismo tenor m
— @ — **and to, one,** or @ **single purpose** a -
[legal] de mismo tenor y a, un sólo, or mis-
mo, efecto m
— **stabilization** n - [instrum] estabilización f
de lectura f
— **system** n - [instrum] sistema m de indica-
ción(es) f
— **taking** n - [instrum] toma f, or efectuación
f, de lectura(s) f
readjust v - . . . ; reajustar
— @ **gap** v - [mech] reajustar entrehierro m
— @ **carbon stickout** v - [weld] reajustar pro-
longación f de (electrodo m de) carbono m
— @ **output** v - [weld] reajustar amperaje m
— @ **return spring** v - [mech] reajustar resorte
m para retorno m
— @ **spring** v - [mech] reajustar resorte m
— @ **throttle linkage** v - [int.comb] reajustar
conexión f para, acelerador m, or regulador m
readjustability n - reajustabilidad f
readjustable a - reajustable*
readjusted a - reajustado,da
— **gap** n - [mech] entrehierro m ajustado
— **carbon stickout** n - [weld] prolongación f re-
ajustada de (electrodo m de) carbono m
— **output** n - [weld] amperaje m reajustado
— **return spring** n - [mech] resorte m para re-
torno m reajustado
— **spring** n - [mech] resorte m reajustado
— **throttle linkage** n - [int.comb] conexión f
para, acelerador m, or regulador m, ajustada
readjuster n - reajustador m
readjusting n - reajuste m | a - reajustador,ra
— **(of) ground location** n - [weld] reajuste m,
or cambio m en punto m, de conexión f con
tierra f
readjustment n - . . . ; reajuste m
— **formula** n - fórmula f para reajuste m
readmit v - . . . ; readmitir
readmitted a - readmitido,da
ready a - . . . ; presto,ta; prevenido,da; alis-
tado,da | v - alistar; aprontar; preparar
— **absorption** n - absorción f, fácil, or rápida
— **access** n - acceso m fácil
— **accessibility** n - acceso m, or accesibilidad
f, fácil
— **apron** n - [constr] plataforma f para aprontá-
miento m
— **availability** n—disponibilidad f, inmediata,
or rápida
— **design(ing)** n - proyección f pronta
— **flow** n - [hydr] circulación fácil
— **for assembly,bling** a - [mech] listo,ta, or a-
prontado,da, para armado m
— — **customs clearance** a - [fisc] listo,ta para
despacho m, aduanero, or a plaza f
— — **erection** a - [mech] listo,ta para, montar,
or instalar
— — **operation** a - aprontado,da, or listo,ta,
para operación f | v—aprontar para operación
— — **restarting** a - [mech] listo,ta, or a pun-
to m, para puesta f en marcha f • [int.comb]
listo,ta para encendido m
— — **rolling ingot** n - [metal-roll] lingote m
listo para laminación f
— — **start-up** a - listo,ta para puesta f en
marcha f; a punto m para poner(se) en marcha
— — **use** a - listo,ta para uso m | v - alistar
para uso m
— **light** n - [electron] luz f para "listo"
—**mix** n - [constr] mezcla f para hormigón m
— —**concrete truck** n - [constr] (auto)camión
m mezclador para hormigón m

ready-mix truck n - [constr] (auto)camión m
mezclador
—**mixed** a - premezclado,da
— — **concrete** n - [constr] hormigón m premez-
clado
— **obtaining** n - pbtención f fácil
—**pull starter** n - [int.comb] arrancador m con
cuerda para arrollamiento m automático
— **removal** n - remoción f, fácil, or rápida
— **salvaging** n - salvataje m, or recuperación
f, fácil
— , **stabilization,** or **stabilizing** n - estabili-
zación f, fácil
— **to go** a - en condición(es) f debida(s) •
[sports] listo,ta para largar(se)
— — **install** a - listo,ta para instalar(se)
— — **operate** a—[mech] listo,ta para funcionar
— — **run** a - [mech] listo,ta para operar
— — **use** a - listo,ta para, usar, or uso m
— — **weld** a - [weld] listo,ta para soldar(se)
readying n - alistamiento m, aprontamiento m;
preparación f
— **for assembly** n - [mech] alistamiento m, or a-
prontamiento m, para armado m
— — **operation** n - aprontamiento m para ope-
ración f
reaffirm v - reafirmar • repetir; reiterar
reaffirmation n - . . . • confirmación f; repe-
tición f
reaffirmed a - reafirmado,da; confirmado,da •
repetido,da; reiterado,da
reagent dosing n - [chem] dosificación f de re-
activo m
real a - . . . • [fin] inmueble
— **axle** n - [mech] eje m real
— **challenge** n - desafío m, real, or verdadero
— **consumption** n - consumo m, real, or verdadero
— **energy consumption** n - consumo m, real, or
verdadero, de energía f
— **estate** n - bien(es) m, raíz,ces, or inmue-
ble(s); propiedad f; terreno(s) m • predio m
• finca f
— — **acquisition** n - adquisición f de, inmue-
ble(s) m, or bien(es) m raíz,ces
— — **alteration** n - [constr] modificación f,
de inmueble m
— — **appraisal** n - avalúo m, or (a)valuación
f, de, inmueble(s) m, or bien(es) m raíz,ces
— — **boom** n - auge m en (mercado m de) bienes
raíces
— — **company** n - [com] empresa f inmobiliaria
— — **construction** n - construcción f de inmue-
ble(s) m
— — **department** n - [ind] departamento m para,
propiedad(es) f, or bien(es) f raíz,ces
— — **development** n - urbanización f
— — **expansion** n - [constr] ampliación f de
inmueble(s) m
— — **investment** n - [fin] inversión f, inmobi-
liaria, or en, inmueble(s) m, or bien(es) f
raíz,ces
— — **revaluation** n - revaluación f de, inmue-
ble(s) m, or bien(es) m raíz,ces
— — **tax** n - [fisc] impuesto m inmobiliario;
contribución f sobre bien(es) m raíz,ces
— **racing tire** n - [autom-tires] neumático m
exclusivamente para carrera(s) f
— **threat** n - amenaza f, real, or verdadera
— **time satellite computer** n - [comput] compu-
tador satélite para tiempo m real
— **work time** n - tiempo m real para trabajo m
— **world fleet testing** n - [transp] ensayo m de
flotilla f bajo condición(es) f real(es)
— — **testing** n - [ind] ensayo m bajo condi-
ción(es) f real(es)
realign v - . . . ; alinear, de nuevo, or nueva-
mente • reordenar • [constr] modificar tra-
zado m
realigned a - realineado,da; alineado,da, nue-
vamente, or de nuevo • reordenado,da
realigning n - realineación f, alineación f de
nuevo • [constr] trazado m nuevo

realignment n - . . .; realineación f • reordenamiento m • [constr] trazado m nuevo • modificación f en, trazado m, or recorrido
realistic a - . . .; verosímil
— **breakdown** n - desdoblamiento m práctico
— **test** n - [ind] ensayo m verosímil
realizable asset(s) n—[fin] activo n realizable
realization n - . . . • reconocimiento m • logro m • obra f
realize v - . . . • comprender; dar(se) cuenta f; percatar(se)
realized a - realizado,da • percatado,da; dado cuenta f
— **capital gain** n - [fin] ganancia f realizada sobre capital m • ganancia sobre capital realizado
— — **loss** n - [fin] pérdida f realizada sobre capital m; pérdida f sobre capital m realizado
— **gain(s)** n - [fin] utilidad(es) f realizada(s) • ganancia f realizada • also see **converted profit(s)**
realizer n - realizador m
realizing n - realización f | a - realizador,ra
really adv - . . .; efectivamente
realted cost n - [fin] valor en fecha f (de balance m)
— **market value** n - [fin] valor m bursátil en fecha f (de balance m)
ream n - . . . | v - [mech] . . .; ensanchar • rectificar • [petrol] rectificar perforación
— **and drift** v - [tub] escariar y mandrilar
— — — **@ pipe** v - [tub] escariar y mandrilar, tubo m, or tubería f
— **@ drill hole** v - [petrol] rectificar perforación f
— **@ hole** v - [mech] escariar, agujero m, or orificio m
— **@ pipe** v - [tub] escariar, tubo m, or tubería f
reamed a - [mech] escariado,da; ensanchado,da
— **and drifted** a - [tub] escariado,da y mandrilado,da
— — — **pipe** n - [tub] tubo m escariado y mandrilado; tubería f escariada y mandrilada
— **drill hole** n - [petrol] perforación f rectificada
— **hole** n - [mech] agujero m, or orificio m, escariado
— **pipe** n - [tub] tubo m escariado; tubería f escariada
reamer n - [tools] . . .; rectificador m
— **bank** n - [metal-prod] banco m (de Venturi m)
— **block** n - [metal-prod] bloque m para escariador m (para Venturi m)
— **enlarge** v - [mech] escariar; ensanchar
— **enlarged** a - [mech] escariado,da
— **enlarging** n - [mech] escariado* m
reaming n - [mech] escariado* m; ensanche m; ensanchamiento m— **and drifting** n - [tub] escariado* m y mandrilado* m
— **edge** n - [mech] borde m, or filo m, escariador, or ensanchador; arista f escariadora
reanimated a - reanimado,da
reanimating n - reanimación f | a—reanimador,ra
reanimator n - reanimador m
reapable a - [agric] segable; segadero,ra; cosechable
reaping n - siega f | a - segador,ra
— **attachment** n - [agric] accesorio m segador
reappear v - . . .; resurgir • [botan] retoñar
reappearance n - . . .; resurgimiento m
reappeared a - reaparecido,da; resurgido,da
reappearing n - reaparición f; resurgimiento m
reapplication n - reaplicación f aplicación f nueva
reapplied a - reaplicado,da; aplicado,da nuevamente
reapply v - reaplicar*; aplicar nuevamente
reapplying n - reaplicación* f; aplicación f nueva
reappraisal n - revaluación f; retasación f

rear n - . . .; dorso m; respaldo m; parte f trasera; extremo m, posterior, or trasero • [milit] retaguardia f; zaga f | a - . . . • dorsal
— **apron** n - [constr] losa f trasera • [electr-instal] defensa f posterior
— — **terminal** n - [electr-instal] terminal m en losa f trasera
— **assembly** n - [mech] conjunto m, posterior, or de rueda(s) f trasera(s) • [autom-mech] tren m, trasero, or posterior
— — **bearing** n - [autom-mech] cojinete m para tren m, trasero, or posterior
— **axle** n - [autom-mech] eje m, trasero, or posterior • tren m, trasero, or posterior
— — **assembly** n - [autom-mech] conjunto m de eje, trasero, or posterior; tren m, trasero, or posterior
— — **gear** n - [autom-mech] engranaje m para eje m posterior
— — **gearing** n - [autom-mech] conjunto m de engranaje(s) m para eje m posterior
— — **housing** n - [mech] caja f para eje m trasero
— — **only** n - [mech] eje m, trasero, or posterior, únicamente
— — **pinion** n - [autom-mech] piñón m para eje m, trasero, or posterior
— — **ratio** n - [autom-mech] razón f, or relación f, para eje m, trasero, or posterior
— — **reduction** n - [autom-mech] reducción f, or desmultiplicación f, para eje m trasero
— — **spindle** n - [autom-mech] husillo m, or huso m, en eje m, posterior, or trasero • casquillo m para eje m, posterior, or trasero
— — **tube** n - [autom-mech] tubo m para eje m, posterior, or trasero
— — **unit** n - [autom-mech] conjunto m para, eje m, or tren m, trasero, or posterior
— **baffle** n - [mech] pantalla f posterior
— **bank** n - [mech] banco m, posterior, or trasero
— — **baffle** n - [mech] pantalle f para banco m, posterior, or trasero
— **beam** n—[mech] viga f, trasera, or posterior
— **bearing** n - [mech] cojinete m, posterior, or trasero
— — **assembly** n - [mech] conjunto m de cojinete m, posterior, or trasero
— — **cap** n - [mech] parte f superior de cojinete m, posterior, or trasero
— — — **mounting** n - [mech] montaje m, de, or para, parte f superior de cojinete m, posterior, or trasero
— — **oil guard** n - [mech] retén m para aceite m para cojinete m, posterior, or trasero
— — — **assembly** n - [mech] conjunto m de retén m para aceite m para cojinete m, posterior, or trasero
— — — — **felt** n - [mech] fieltro m para retén m para aceite m para cojinete m, posterior, or trasero
— — **retaining washer** n - [mech] arandela f retenedora para cojinete m posterior
— **block** n - [mech] bloque m posterior • pieza f posterior para relleno m
— **bogie** n - [mech] bogie m trasero
— **bracket** n - [mech] ménsula f, or cartela f, posterior, or trasera
— **brake** n - [autom-mech] freno m, trasero, or posterior, or en parte f trasera
— **brass block** n - [mech] bloque m, posterior, or trasero, de latón m
— **bucket** n - [autom-mech] caja f trasera • [constr-equip] cangilón m trasero
— **bumper** n - [autom-mech] paragolpe(s) m, posterior, or trasero
— — **counterweight** n - [cranes] contrapeso m para paragolpe(s) m posterior
— — **extension** n - [autom-mech] prolongación f

para paragolpe(s), posterior, or trasero
rear bumper float n - [cranes] flotador m para paragolpe(s) m, posterior, or trasero
— — **jack float** n - [cranes] flotador m auxiliar para paragolpe(s) m posterior
— **bushing** n - [mech] buje m posterior
— **case panel** n - [mech] panel m posterior para caja f
— **connector** n - [mech] conectador m, posterior, or trasero
— **counterweight** n - [cranes] contrapeso m, posterior, or trasero
— **cover** n - tapa, posterior, or trasera
— — **assembly** n - [mech] conjunto m para tapa f, posterior, or trasera
— — **hole** n - [mech] orificio en, tapa, or cubierta f, posterior, or trasera
— — — **location** n - [mech] ubicación f de orificio m en, tapa f, or cubierta f, posterior
— **cross member** n - [mech] travesaño m posterior
— **differential** n - [autom-mech] diferencial m, posterior, or trasero
— **door** n - [mech] puerta f, posterior, or trasera
— **drive** m - [autom-mech] tracción f, posterior, or trasera | a - [autom-mech] con tracción f, posterior, or trasera
— — **axle** n - [autom-mech] eje m para mando m, posterior, or trasero
— — **car** n - [autom-mech] automóvil con tracción f trasera
— — **driver** n - [autom-mech] see **rear drive car**
— **driving axle** n - [autom-mech] eje m, motor, or impulsor, trasero, or posterior
— **drum** n - [mech] tambor m, posterior, or trasero
— — **audiovisual turn indicator** n - [cranes] cuentarrevolución(es) m audiovisual para tambor, posterior, or trasero
— — **turn indicator** n - [cranes] cuentarrevolución(es) m para tambor m posterior
— **dual wheel(s)** n - [autom-mech] rueda(s) f trasera(s) doble(s)
— **dump** n - [mech] descarga f, posterior, or trasera | a - con descarga f, posterior, or trasera
— — **truck** n - [autom] (auto)camión m con descarga f, posterior, or trasera; volquete m trasero
— **end** n - extremo m, posterior, or trasero; parte f, posterior, or trasera; fondo m • [autom-mech] tren m, posterior, or trasero
— — **brake** n - [autom-mech] freno m, trasero, or en parte f trasera
— — **controlability** n - [autom-mech] gobierno m sobre (desplazamiento m lateral de) tren m, posterior, or trasero; bamboleo m
— — **dump trailer** n - [constr] remolque m con descarga f, posterior, or trasera
— — **equipment** n - [miner] equipo m en parte f, posterior, or trasera
— — **power unit** n - [constr-equip] unidad f motriz, posterior, or trasera
— — **radius** n - [mech] radio m para sección f trasera
— — **service brake** n - [autom-mech] freno m para servicio m para parte f trasera
— **engine mounting** n - [int.comb] montaje m posterior para motor • montaje m para motor m, posterior, or trasero
— — **support** n - [int.comb] soporte m trasero para motor m • soporte m para motor m trasero
— **face** n—cara f posterior; respaldo m; reverso
— **feed(ing)** n - [mech] alimentación f, trasera, or posterior, or desde atrás | a - [mech] con alimentación f, trasera, or posterior, or desde atrás
— — **bracket** n - [mech] ménsula f, or cartela f, para alimentación f, posterior, or trasera, or desde atrás
— — — **bronze bushing** n - [mech] buje m de bronce m para, ménsula f, or cartela f, para alimentación f, trasera, or desde atrás
— — **feed bracket bushing** n - [mech] buje m para, ménsula f, or cartela f, para alimentación f, trasera, or desde atrás
— **fender** n - [autom-mech] guardabarro(s) m, or guardafango(s) m, posterior, or trasero
— — **panel** n - [autom-mech] panel m para guardabarro(s) m, posterior, or trasero
— **fenderwell** n - [autom-mech] poceta f en, guardabarro(s) m, or guardafango(s) m, posterior, or trasero
— — **leading edge** n - [autom-mech] borde m delantero en poceta f de, guardabarro(s) m, or guardafango(s) m, posterior, or trasero
— **filler block** n - [mech] pieza f posterior para relleno m
— — **seal** n - [mech] sello m para pieza f posterior para relleno m
— — **to engine block** a - [int.comb] para pieza f posterior para relleno a bloque m para motor m
— **floodlight** n - [autom-electr] reflector m, posterior, or trasero
— **foot** n - pie m trasero; pata f trasera
— **frame** n - [mech] bastidor m, or armadura f, posterior
— **gang** n - [electr-instal] see **rear switch section**; **switch rear section**
— **gear** n - [mech] engranaje m, posterior, or trasero
— **gearing** n - [mech] conjunto m posterior de engranajes m • conjunto m de engranaje(s) m posterior(es)
— **gross axle weight rating** n - [autom] peso m nominal bruto para eje m trasero
— **guard** n - [mech] resguardo m posterior
— — **access door** n - [safety] puerta f para acceso m para resguardo m posterior
— **guide wheel** n - [weld] rueda f posterior para guía f
— **half** n - mitad f, posterior, or trasera
— **handle attachment** n - [agric] accesorio m para mancera f posterior
— **harness** n - [electr-instal] mazo m, posterior, or trasero
— **headlight** n - [autom-electr] see **rear floodlight**; faro m, trasero, or posterior
— **hood** n - [mech] cubierta f trasera • [autom] capot m, or capota f, posterior
— **hook** n - [mech] gancho m trasero
— **housing** n - [mech] caja f posterior
— — **assembly** n - [mech] conjunto m de caja f, posterior, or trasera
— **inlet** n - [mech] admisión f posterior
— — **manifold** n - [mech] colector m, or múltiple m, posterior
— — **suction manifold** n - [mech] colector m, or múltiple m, para aspiración f para admisión f posterior
— **interlock(ing)** n - [electr-instal] interconexión f posterior
— **jack post** n - [petrol] poste m posterior para rueda f motriz
— — **box** n - [mech] cojinete m, or chumacera f, para poste m posterior para rueda f motriz
— **lagging** n - [cranes] recubrimiento m, or forro m, posterior
— **leg** n - pierna f trasera • [mech] pata trasera • [zool] pata f trasera
— **light** n - [autom-electr] luz f trasera
— **main bearing** n - [mech] cojinete, posterior, or trasero, principal
— — **assembly** n - [mech] conjunto m para cojinete m posterior, or trasero, principal
— — **cap** n - [mech] parte f superior para cojinete m, posterior, or trasero, principal
— — — **bolt** n - [int.comb] perno m para parte f superior para cojinete m, posterior, or trasero, principal

rear main bearing cap mounting n - [int-comb] montaje m para parte f superior para cojinete m posterior principal
— — — — bolt n - [int.comb] perno m para montaje m para parte f superior para cojinete m posterior principal
— — frame n - [mech] armadura f posterior principal
— mount n - [mech] montaje m sobre parte f superior | v - montar, detrás, or sobre, parte f posterior
— mounted a - montado,da sobre, respaldo m, or parte f, posterior, or de atrás
— — electric motor n - [electr-mot] motor m eléctrico montado en parte f posterior | a - con motor m eléctrico montado en parte f posterior
— — — — driven a - [mech] accionado,da con motor m eléctrico montado en parte posterior
— — — — piston liner spray n - [mech] rociador m para émbolo m y camisa f accionado con motor m eléctrico montado en parte f posterior
— — engine n - [autom] motor m montado detrás de conductor m
— — motor n - [electr-mot] motor m montado en parte f posterior
— —, outrigger, or stabilizer n - [cranes] estabilizador m montado trasero
— mounting n - [mech] montaje m, trasero, or (sobre parte f) posterior
— oil guard n - [mech] guardaaceite m, or retén m para aceite m, posterior
— — — felt n - [mech] fieltro m guardaaceite posterior
— outlet n - [sanit] descarga f trasera
— outrigger n - [cranes] estabilizador m trasero m - [nav] arbotante m, trasero, or posterior
— panel n - panel m, posterior, or trasero, or dorsal, or de atrás • [mech] pared f posterior • [constr] plancha f posterior
— — assembly n - [mech] conjunto m de panel posterior
— — bottom corner n - [mech] ángulo m, or esquina f, inferior de panel m posterior
— — connection n - [electr-instal] conexión f para panel m posterior
— — connector n - [electron] conectador m para panel m posterior
— — ground lug n - [electr-instal] terminal m en panel m posterior para conexión f con tierra f
— — inside n - [mech] interior m de panel m posterior
— — mounting n - [mech] montaje m de panel m posterior
— — outside n - [mech] exterior m de panel m posterior
— — removal n - [mech] remoción f, or saca f, de panel m posterior
— — top corner n - [mech] ángulo m, or esquina f, superior de panel m posterior
— paw n - [zool] pata f trasera
— pintle hook n - [autom] gancho m con clavija f trasero
— position - [mech] posición f, posterior, or trasera
— post n - [mech] poste m posterior
— pulling hook n - gancho m posterior para tiro
— rim n - [autom-mech] llanta f trasera
— ring gear n - [autom-mech] corona f (dentada) posterior
— roller n - [constr] tambor m trasero
— — table n - [mech] mesa f con rodillo(s) m posterior
— roof support n - [mech] soporte m trasero para cubierta f
— rotor support assembly n - [electr-mot] conjunto m posterior para soporte m de rotor m
— shock (absorber) n - [autom-mech] amortiguador m, trasero, or posterior
— rear side bumper n - [autom-mech] paragolpe(s) m, lateral, or esquinero, trasero
— — member n - [mech] pieza f lateral posterior
— skid n - [mech] patín m, posterior, or trasero
— — beam n - [mech] viga f para patín m, posterior, or trasero
— spring n - [autom-mech] resorte m. or muelle m, trasero, or posterior
— stabilizer n - [autom] estabilizador m, trasero, or posterior
— — bar n - [autom-mech] barra f estabilizadora, trasera, or posterior
— — box n - [cranes] caja f para estabilizador m, trasero, or posterior
— stop light n - [autom-electr] luz f trasera para, detención f, or parada
— striking face n - [mech] respaldo m golpeable
— stringer n - [constr] larguero m posterior
— strut n - [mech] puntal m, or apoyadero m, or apoyo m, trasero
— support n - [mech] soporte m, posterior, or trasero
— — assembly n - [mech] conjunto m posterior para soporte m
— suspension n - [autom-mech] suspensión f trasera
— — bolt n - [autom-mech] perno m para suspensión f trasera
— switch section n - [electr-instal] sección f posterior de conmutador m
— swivel bracket n - [mech] ménsula f, or cartela f, giratoria trasera
— table n - mesa f, posterior, or trasera
— tire n - [autom-tires] neumático m trasero
— — carrier n - [autom-mech] portaneumático(s) m, posterior, or trasero
— — pressure n - [autom-tires] presión f para neumático m trasero
— top deck n - parte f superior trasera
— towing hook n - [autom-mech] gancho m trasero para remolque m
— track n - [autom-mech] trocha f trasera; distancia f entre rueda(s) f trasera(s)
— traction n - [autom-mech] tracción f trasera
— — drive wheel n - [autom-mech] rueda f motriz para tracción f trasera
— — wheel n - [autom-mech] rueda f, motriz, or para tracción f, trasera
— vertical connector n - [mech] conectador m vertical, posterior, or trasero
— view n - vista f, posterior, or desde atrás, or dorsal • retrovisión f | a - visto,ta desde atrás; por retrovisión f
— — mirror n - [autom] espejo m retrovisor
— wall n - [constr] muro m, or pared f, posterior; pared f trasera
— wheel n - [autom-mech] rueda f, posterior, or trasera
— — attachment n - [autom-mech] dispositivo m, or accesorio m, para rueda f posterior
— — drive n - [autom-mech] tracción f en rueda(s) f, trasera(s), or posterior(es)
— — — vehicle n - [autom-mech] vehículo con tracción f (en ruedas f) trasera(s)
— — location n - ubicación f de rueda f trasera
— — position n - [autom-mech] posición f de rueda f, posterior, or trasera
— — protective device n - dispositivo m protector, or defensa f protectora, para rueda trasera
— — toe-in an - [autom-mech] convergencia f de rueda(s) f, posterior(es), or trasera(s)
— — -out n - [autom-mech] divergencia f de rueda(s) f, posterior(es), or trasera(s)
— wiper motor n - [autom-electr] motor m para limpiaparabrisa(s) m trasero
— wiring harness n mazo m de conductor(es) m,

trasero, or posterior
rearing pond n - [icthiol] laguna f para crianza
rearrage v - . . .; reordenar
— **@ schedule** v - [ind] reordenar programa m
— **@ term(s)** v - reordenar término(s) n
rearranged a - reordenado,da
— **term(s)** n - término(s) m reordenado(s)
rearrangement n - . . .; reordenación f
rearranging n - reordenación f | a - reordenador,ra
rearward side n - lado m posterior
reason n - . . .; fundamento m; justificativo m • consideración f • prudencia f • concepto m; causal f | v - . . .
— **and judgment** n - [legal] juicio n (cabal) y entendimiento m (claro)
— **check(ing)** n - verificación f de razón f
—, **expressing,** or **expression** n - expresión f de razón f
— **for @ exception** n - razón f, or motivo m, para excepción f
reasonability n - razonabilidad f; racionalidad f
reasonable a - . . .; prudencial; prudente
— **additional cost** n - costo m adicional razonable
— **business** n - comercio m razonable
— — **hour(s)** n - [com] hora(s) f, or horario m, comercial(es) razonable(s)
— **care** n - cuidado m razonable
— **closeness** n - [mech] aproximación f, or ajuste m, razonable
— **depth** n - profundidad f razonable
— **die wear** n - [mech] desgaste m razonable de matriz,ces f
— **estimate,tion** n - estimación f razonable
— **exchange level** n - [econ] nivel n cambiario razonable
— **fusion depth** n - [weld] profundidad, razonable para fusión f, or de fusión f razonable
— **maintenance** n - [ind] mantenimiento m, or conservación f, razonable
— **precision** n - precisión f, or exactitud f, razonable
— **pricing** n - fijación f razonable de precio m
— **return** n - [com] rendimiento m razonable
— **section** n - sección f, or tramo m, razonable
— **speed** n - velocidad f razonable
— **step** n - paso m razonable; medida f razonable
— **term(s)** n - [com] condición(es) f razonable(s)
— **time** n - tiempo m, razonable, or prudencial
— **wear** n - desgaste m razonable
reasonably adv - . . .; racionalmente; prudentemente; prudencialmente
— **equal** a - razonablemente, or aproximadamente, igual
— **flat** a - razonablemente plano,na
— **furnace bottom** n - [metal-prod] fondo n, or solera f, para horno m razonablemente plano,na
— — **pit bottom** n - [metal-prod] fondo m, or piso m, de fosa f razonablemente plano; solera f de fosa f razonablemente plana
— — **soaking pit bottom** n - [metal-roll] fondo m, or piso m, de horno m de fosa f razonablemente plano; solera f de horno m de fosa f razonablemente plana
— **good** a - razonablemente bueno,na
— **long distance** n - distancia f razonablemente larga
— **priced** a - con precio m razonable
— — **scrap (iron)** n - [metal-prod] chatarra f con precio m razonable
— **short distance** n - distancia f razonablemente corta
— **steady** a - razonablemente firme
reasoned a - razonado,da; raciocinado,da
reasoner n - . . .; raciocinador m
reasoning n - . . . • discurrimiento m | a - razonador,ra; raciocinador,ra
reassemble v - . . .; rearmar; volver a armar; armar nuevamente • reconectar
— **@ carburetor** v - [int.comb] rearmar carburador

reassemble @ die part(s) v - [mech] armar nuevamente pieza(s) f para matriz f
— **@ engine** v - [int.comb] rearmar motor m
— **on @ templet** v - [mech] armar, or montar, nuevamente sobre plantilla f
— **@ part** v - [mech] volver a armar pieza f
— **@ power divider** b - [autom-mech] rearmar distribuidor m para, fuerza f, or potencia f
— **@ pump** v - [pumps] rearmar bomba f
— **@ punch part(s)** v - [mech] armar nuevamente pieza(s) f para punzón m
— **@ valve fitting** v - [valv] rearmar accesorio m para válvula f
reassembled a - [mech] rearmado,da; vuelto,ta a armar; armado,da nuevamente
— **carburetor** n - [int.comb] carburador m rearmado
— **die part(s)** n - [mech] pieza(s) f para matriz f armada(s) nuevamente
— **engine** n - [int.comb] motor m rearmado
— **input shaft** n - [mech] árbol m para, entrada f, or aportación f, de fuerza f rearmado
— **on @ templet** a - [mech] armado,da, or montado,da, nuevamente sobre plantilla f
— **part** n - [mech] pieza f, rearmada, or vuelta a armar, or armada nuevamente
— **power divider** n - [autom-mech] distribuidor m para fuerza f rearmado
— **pump** n - [pumps] bomba f rearmada
— **punch part(s)** n - [mech] pieza(s) f para punzón m armada(s) nuevamente
— **valve fitting** n - [valv] accesorio m rearmado para válvula
reassembling n - rearme m; vuelta f a armar
— **instruction(s)** n - instrucción(es) f para rearmado m
— **on @ templet** n - [mech] rearme m, or armado m nuevo, sobre plantilla f
— **procedure** n - procedimiento m para rearmado
reassembly n - [mech] rearmado m; vuelta a armar • conjunto m rearmado
— **instruction(s)** n - instrucción(es) f para rearmado m
— **on @ templet** n - armado m, or montaje m, nuevo, or rearmado m, sobre plantilla f
— **operation** n - [mech] operación f para rearmado m
— **order** n - [mech] orden m para rearmado m
— **point** n - [mech] altura f de rearmado m
— **procedure** n - procedimiento m para rearmado
reassumed a - reasumido,da
reassumer n - reasumidor m
reassuming n - reasunción f | a - reasumidor,ra
reassurance n - . . .; tranquilización f
reassured a - tranquilizado,da
reassuring n - tranquilización f | a - . . .; tranquilizante
rebar n - [metal-roll] barra f para armadura f; also see **reinforcing bar**
— **billet** n - [metal-roll] palanquilla f para barra(s) f para armadura(s) f
— — **production** n - [metal-roll] producción f de palanquilla f para barras f para armadura
— **steel** n - [metal-prod] acero m para barra(s) f para armadura(s) f
rebate n - [com] . . .; quita f; bonificación f • [mech] see **rabbet** | v - rebajar; bonificar
rebated a - rebajado,da; bonificado,da
rebating n - bonificación f | a ; bonificante
rebel n - . . . | a - . . . | v - . . .; insurreccionar
rebelling n - rebelión f | a - rebelante
rebellion n - [pol] . . .; alzamiento m; insurrección f
rebellious a - . . . [pol] insurreccional
rebore @ cylinder v - rectificar cilindro m
rebored a - [mech] rectificado,da
— **cylinder** n - [mech] cilindro m rectificado
— **liner** n - [petrol] camisa f rectificada
reboring n - [int.comb] rectificación f
rebound clip n - [mech] abrazadera f para rebote m; grapa f

rebound hardness n - [mech] dureza f para rebote
— **test** n - [mech] ensayo m de rebote m
rebounded a - rebotado,da; repercudido,da; repercutido,da
rebounder n - rebotador m
rebounding n - rebotación f; rebotadura f; rebote m | a - rebotador,ra
rebrand v - nombrar, de nuevo, or nuevamente
rebranded a - nombrado,da, de nuevo, or nuevamente
rebranding n - nombramiento m nuevo
rebuild v - . . . • rehacer
— **@ clutch** v - [mech] reconstruir embrague m
— **@ engine** v - [int.comb] reconstruir motor m
— **@ iron notch** n - [metal-prod] reconstruir, or rehacer, piquera f, or boca f (con ladrillos)
— **@ lining** v - [metal-prod] reconstruir revestimiento m
— **@ mechanical clutch** v - [mech] reconstruir embrague m mecánico
— **@ refractories** v - [metal-prod] reconstruir, or rehacer, refractarios m
— **@ tap changer** v - [electr-instal] reconstruir cambiador m para toma(s) f
— **@ taphole** v - [metal-prod] reconstruir, or rehacer, piquera f
— **to new** v - reconstruir a nuevo
— — — **condition** v - reconstruir a condición f nueva
— **with brick** v - [metal-prod] reconstruir con ladrillo(s) m
— **with carbon paste** v - [metal-prod] reconstruir con pasta f de carbono m
— — — **and brick** n - [metal-prod] reconstruir con pasta f de carbono m y ladrillo(s)
— — **@ new part(s)** v - [mech] reconstruir con pieza(s) f nueva(s)
— — **@ used part(s)** v - [mech] reconstruir con pieza(s) f usada(s)
— **@ worn area** v - [weld] reconstruir zona f desgastada
— **@ worn part(s)** v - [weld] reconstruir, or rellenar, pieza f (des)gastada
rebuildable a - reconstruible
— **part** n - [mech] pieza f reconstruible • [weld] pieza f rellenable
rebuilder n - reconstructor m - [weld] soldador m, reconstructor, or para reconstrucción f
rebuilding n—reconstrucción f • [weld] relleno
— **control** n - [constr] fiscalización f de reconstrucción f
— **electrode** n - [weld] electrodo m para, reconstrucción f, or relleno m
— **phase** n - [constr] fase f de reconstrucción f
— **procedure(s)** n - [mech] procedimiento(s) m para reconstrucción f
— **process** n - [weld] proceso m para reconstrucción f
— **report** n - [constr] informe m sobre reconstrucción f
— **system** n - [constr] sistema m para reconstrucción f
— **time** n - [constr] tiempo m para reconstrucación f • [weld] tiempo m para relleno m
— **to new** v - reconsttrucción f a nuevo
— — **@ — condition** n - [mech] reconstrucción f a condición f nueva; condición f reconstruida a nuevo
— — **@ — size** n - [weld] reconstrucción f hasta tamaño m nuevo
— — **original size** n - [weld] reconstrucción f hasta tamaño m original
— **with @ new part(s)** n - reconstrucción f con pieza(s) f nueva(s)
— — **@ used part(s)** n - [mwxh] reconstrucción f con pieza(s) f usada(s)
rebuilt a - reconstruido,da
— **clutch** n - [mech] embrague m reconstruido
— **engine** n - [int.comb] motor m reconstruido
— — **test(ing)** n - [int.comb] ensayo m de motor m reconstruido

rebuilt equipment n - equipo m reconstruido
— **lining** n - [metal-prod] revestimiento m reconstruido
— **mechanical clutch** n - [mech] embrague m mecánico reconstruido
— **tap changer** n - [electr-equip] cambiador m para toma(s) f reconstruido
— **to new** a - reconstruido,da a nuevo
— — **@ new condition** a - [mech] reconstruido,da a condición f nueva
— **with new part(s)** a - [mech] reconstruido,da con pieza(s) f nueva(s)
— — **@ used part(s)** a - [mech] reconstruido,da con pieza(s) f usada(s)
— **worn part** n - [weld] pieza f (des)gastada, reconstruida, or rellenada
rebuked a - reprendido,da
recalculate v - recalcular; calcular de nuevo
recalculated a - recalculado,da; calculado,da de nuevo
recalculating, or **recalculation** n - recálculo m
recalescent a - [metal] recalescente*
recall n - . . . • [electron] recuperación f
| v - . . . • [electron] recuperar
— **@ previous signal** b - [electron] recuperar señal f, previa, or anterior
— **@ signal** v - [electron] recuperar señal f
recalled a - recordado,da; rememorado,da • [electron] recuperado,da
— **previous signal** n - [electron] señal f, previa, or anterior, recuperada
— **signal** n - [electron] señal f, recuperada, or reclamada
recalling n - recuerdo m; recordación f • [electron] recuperación f
recap n - see **recapitulation** • [autom-tires] recauchutado m | v - [autom-tires] recauchutar
recapitulation n - . . . . [accntg] liquidación
recapped a - [autom-tires] recauchutado,da
recapping n - [autom-tires] recauchutado m
recarbonate v - [chem] recarbonatar
recarbonated a - [chem] recarbonatado,da
recarbonation n - [chem] recarbonatación f
— **basin** n - [hydr] depósito m, or cuenca f, para recarbonatación f
recarburate v - [chem] recarburar
recarburated a - [metal-prod] recarburado,da
recarbureting, or **recarburation** n—[metal-prod] recarburación f
recarburization n - [metal-prod] recarburación f
recarburize v - [metal-prod] recarburar
recarburized a - [metal-prod] recarburado,da
recarburizer n - [metal-prod] recarburador m | a - [metal-prod] recarburante
recarburizing n - [metal-prod] recarburación f
— **material** n - material m recarburante
— **substance** n - substancia f recarburante
recast a - refundido,da | v - . . .
recaster n - [metal] refundidor m
recasting n - [metal] refundición f | a - refundidor,ra
receipt n - . . . . • [fin] . . .; percepción f • [fisc] tasa f
— **acknowledgment** n - acuse m de recibo m
— **date** n - fecha f de, recepción f, or recibo m
— **receipt** n - recepción f de, recibo, or conformidad f
— **receiving** n - recepción f de, recibo m, or conformidad f
— **slip** n - [com] parte m de recepción f
receivable n - [fin] importe m, or valor m, por cobrar • [accntg] cuenta f por cobrar | a - [fin] por cobrar
— **account** n - [fin] [fin] cuenta f por cobrar
— **commission** n - [com] comisión f por cobrar
— **dividend** n - [accntg] dividendo m por cobrar
— **from @ affiliate** n - [fin] importe(s) m por cobrar de (empresa) afiliada
— **invoice** f - [accntg] factura f por cobrar
— **note** n - [accntg] efecto m por cobrar

receivable premium(s) n - [insur] prima(s) f por cobrar
receive v - . . .; ingresar
— @ **advance** v—recibir, anticipo m, or adelanto
— @ **application** v - recibir solicitud f
— @ **audio** v - [comput] recibir señal f audible
— **aux cap** n - [electron] see **receive @ auxiliary capacitor**
— **auxiliary capacitor** n - [electron] condensador m, or capacitador m, auxiliar para recepción f
— @ **bid** v - recibir, propuesta f, or oferta f
— @ **boost** v - recibir impulso m
— **button** n - [electron] see **receiving button**
— @ **code** v - recibir código m
— @ **drum** v - [ind] recibir, tambor m, or bidón
— @ **equipment** v - [ind] recibir equipo m
— @ **force** v - [mech] recibir fuerza f
— **insufficient water** v - [ind] recibir agua m insuficiente • [metal-prod] quedar sin agua m
— @ **manual** v - [ind] recibir manual m
— @ **material(s)** v - recibir material(es) m
— @ **note** v - recibir nota f • [fin] recibir obligación f
— @ **order** n - recibir orden f • [com] recibir pedido m
— @ **proposal** v—recibir, propuesta f, or oferta
— @ **question** v - recibir pregunta f
— **rapidly** v - recibir rápidamente
— @ **raw material(s)** v - [ind] recibir materia(s) f prima(s)
— @ **receipt** v - recibir, recibo m, or conformidad f
— **ring** n - [electron] see **receiver ring**
— @ **shipment** n - [transp] recibir embarque m
— @ **signal** v - [electron] recibir senal f
— @ **thrust** v - [mech] recibir empuje m
— **receive tip** n - [electron] see **receiver tip**
received a - recibido,da; percibido,da
— **advance** n - anticipo m, or adelanto m, recibido
— **application** n - solicitud f recibida
— **audio signal** n - [comput] señal f audible recibida
— **bid** n - propuesta f, or oferta f, recibida
— **boost** n - impulso m recibido
— **code** n - código m recibido
— **drum** n - [ind] tambor m, or bidón m, recibido
— **note** n - [fin] obligación f recibida
— **order** n—orden f recibida • pedido m recibido
— **question** n - pregunta f recibida
— **rapidly** a - recibido,da rápidamente
— **raw material(s)** n - [ind] materia(s) f prima(s) recibida(s)
— **receipt** n - recibo m recibido • conformidad f recibida
— **shipment** n - [transp] embarque m recibido
— **signal** n - [electron] señal f recibida
— **thrust** n - empuje m recibido
receiver and transmitter equipment n—[electron] equipo m receptor y transmisor
— **cylinder** n - [mech] cilindro m recibidor
—**drier** n - [agric] recibidor-secador m
— **equipment** n - [comput] equipo m receptor
— **installation** n - [electron] instalación f de receptor m
— **part** n - [electron] pieza f para receptor m
— **ring** n - [electron-jack] anillo m (con clavija f) para receptor m
— **tank** n - [ind] depósito m (receptor)
— — **inlet** n - [ind] entrada f a depósito m
— — **outlet** n - [ind] salida f de depósito m
— **tip** n - [electron-jack] punta f (de clavija f) para receptor m
receiver tip n - [electron-jack] punta f (de clavija f) para recepción f
receiving n - recepción f • ingreso m; percibo m • percepción f
— **and distribution** n - [legal] entrada(s) f y salida(s) f
— — **routing office** n—[pol] mesa f de entradas

receiving bin n - [ind] tolva f receptora
— **button** n - [electron] botón m para recepción
— **cycle** n - [electron] ciclo m para recepción
— **cylinder** n - [mech] cilindro m, recibidor, or receptor, or para recepción f
— **dock** n - [nav] muelle m para descarga f
— **fluid** n - fluido m receptor
— **hopper** n - [ind] tolva f, receptora, or de caída f, or para carga f
— — **circular ring** n - [metal-prod] anillo m circular para tolva f receptora
— —**('s) platform** n - [metal-prod] plataforma f para tolva(s) f para carga f
— — **wear plate** n - [metal-prod] placa f para desgaste m para tolva f receptora
— **office** n - [legal] mesa f general
— **procedure** n - procedimiento m para recepción
— **report** n - informe m sobre recepción f
— **storeroom** n - [ind] almacén m, or depósito m, para recepción f
— **table** n - [mech] mesa f, receptora, or para recepción f, or para entrada f
— **track** n - [rail] vía f para entrada f
— **trough** n - [metal-prod] reposadero m
— **type electron tube** n - [electron] tubo m electrónico, or válvula f electrónica, (de tipo m) para recepción f
recent a - . . .; fresco,ca
— **autocross** n - [sports] carrera f entre pilón(es) m reciente
— **check(ing)** n - verificación f reciente
— **completion** n - terminación f reciente
— **finding** n - descubrimiento m reciente
— **investment** n - [fin] inversión f reciente
— **month** n - mes m reciente
— **research** n - investigación(es) f reciente(s)
— **signal** n - [electron] señal f reciente
— — **display(ing)** n - [electron] reproducción f de señal f reciente
— **status** n - [comput] estado m, or condición f, or posición f, reciente
— **year** n - año m reciente
recenter v - [mech] volver a centrar
— @ **stator** v - [electr-mot] volver a centrar estator m
recentered a - [mech] vuelto,ta a centrar
— **stator** n - [electr-mot] estator m vuelto a centrar
recentering n - [mech] vuelta f a centrar
recently adv - . . .; últimamente; nuevamente
receptacle n - . . .; vaso m • [electr-instal] tomacorriente m; base f para enchufe f; enchufe m (hembra) • caja f para contacto m • portalámpara(s) m • [mech] casquillo m • cazoleta f • [constr] sumidero m
— **adapter** n - [electr-instal] adaptador m para tomacorriente m
— **center contact** n - [electr-instal] contacto m central en tomacorriente m
— **clamp** n - [electr-instal] abrazadera f para base f para enchufe m
— **connecting** n - [electr-instal] conexión f de tomacorriente m
— **connection** n - [electr-instal] conexión f para tomacorriente f
— **customer connecting** n - [electr-instal] conexión f de tomacorriente m por cliente m
— **damage,ging** n - [electr-instal] daño m a tomacorriente m
— **enclosure** n - [electr-instal] caja f para. tomacorriente m, or base f para enchufe m
— **half** n - [electr-instal] mitad f de tomacorriente m
—, **inserting**, or **insertion** n - [mech] inserción f en casquillo m
receptacle('s) inside n - [mech] interior m de, casquillo m, or receptáculo m
— **load(ing)** n - [electr-oper] carga f para tomacorriente m
— **mounting** n - [electr-instal] montaje m de tomacorriente m

receptacle mounting plate n - [electr-instal] placa f para montaje m de tomacorriente m
— **nameplate** n - [electr-instal] placa f, indicadora, or identificadora, para tomacorriente
—('s) **open front end** n - [mech] extremo m frontal abierto en, casquillo m, or receptáculo m
— **overheating** n - [electr-oper] recalentamiento m de tomacorriente m
— **pair** n - [electr-inestal] par de tomacorriente(s) m
— **pulling** n - [electr-instal] extracción f de tomacorriente m
— **replacement** n - [electr-instal] reemplazo m de tomacorriente m
— **to @ power supply connection** n - [electr-instal] conexión f entre tomacorriente m y fuente f para energía f
reception n - . . . .; aceptación f; also see acceptance
— **date** n - fecha f de, recepción f, or recibo m
— **report** n - acta m para recepción f
— **room** n - [constr] vestíbulo m • gabinete m
receptive environment n - ambiente m receptivo
— **setting** n - [fig] ambiente m receptivo
recess n - . . . . • [mech] . . .; concavidad f; rebajo m; escotadura f; cavidad; recata* f • [legal] cuarto m intermedio; suspensión f • [metal-prod] timpa f en cubilote m | v - [mech] recatar • [legal] pasar a cuarto m intermedio; suspender
— **contour** n - [mech] contorno m de concavidad f
recessed a - deprimido,da; hundido,da • recatado,da • [legal] pasado,da a cuarto m intermedio; suspendido
— **arch** n - [archit] arco m hundido
— **base** n - [mech] base f, rebajada, or hundida
— **bottom panel** n - [mech] panel m inferior, deprimido, or hundido
— **control** n - regulador n, hundido, or en panel m deprimido
— — **panel** n - [electr-instal] tablero m, or panel m, hundido para regulación f
— **front panel** n - [mech] panel m, or tablero m, frontal, hundido, or deprimido
— **output stud** n - [weld] borne m hundido para salida f
— — **terminal** n - [electr-instal] borne m, or terminal n, hundido para salida f
— **panel** n - [mech] panel m, or tablero m, hundido, or deprimido
— **pocket** n - [mech] concavidad f
— **rear panel** n - [mech] panel m dorsal, hundido, or deprimido
— **side panel** n - [mech] panel m lateral, hundido, or deprimido
—, **stud, or terminal** n - [electr-instal] borne m, or terminal m, hundido, or deprimido
— **top panel** n - [mech] panel m superior, hundido, or deprimido
recessing n - [constr] recata f • [legal] paso m a cuarto m intermedio; suspensión f
recession n - . . . . • [econ] depresión f
recharge v - [electr-oper] carga f nueva | v - [electr-oper] cargar nuevamente
— **ratio** n - [grind.med] razón f de carga f nueva
rechargeable a - recargable
recharged a—[electr-oper] cargado,da nuevamente
recharging n - [electr-oper] carga f nueva
— **ratio** n—[grind.med] razón f de carga f nueva
recheck n - verificación f, or comprobación f, nueva; vuelta f a, verificar, or comprobar | v - volver a, verificar, or comprobar; verificar, or comprobar, nuevamente
— **@ backlash** v - [mech] volver a, verificar, or comprobar, contragolpe m; verificar nuevamente contragolpe m
— **@ bolt** v - [mech] volver a, verificar, or comporobar, perno m
— **@ clamp** v - [mech] verificar, or comprobar, nuevamente sujetador m
— **for @ tightness** v - [mech] verificar, or comprobar, nuevamente ajuste m
recheck @ force v - [mech] volver a, verificar, or comprobar, esfuerzo m
— **@ liner** v - [mech] verificar, or comprobar, nuevamente camisa f
— **@ — and rod** v - [mech] verificar, or comprobar, nuevamente, camisa f y vástago m
— **@ — — — clamp** v - [mech] verificar, or comprobar, nuevamente, sujetador m para camisa f y vástago m
— **@ — clamp** v - [mech] verificar, or comprobar, nuevamente sujetador m para camisa f
— **@ nut** v - [mech] volver a, verificar, or comprobar, tuerca f
— **@ oil** v - [mech] verificar, or comprobar, nuevamente aceite m
— **@ rod** v - [mech] verificar, or comprobar, nuevamente vástago m
— **@ tightness** v - [mech] verificar, or comprobar, nuevamente ajuste m
— **@ timing** v - [int.comb] verificar, or comprobar, regulación f de encendido m
rechecked a - verificado,da, or comprobado,da, nuevamente; vuelto,ta a, verificar, or comprobar
— **backlash** n - [mech] contragolpe m, verificado, or comprobado, nuevamente
— **bolt** n - [mech] perno m vuelto a, verificar, or comprobar
— **clamp** n - [mech] sujetador m, vuelto a verificar, or comprobar
— **force** n - [mech] esfuerzo m vuelto a, verificar, or comprobar
— **liner** n - [mech] camisa f, verificada, or comprobada, nuevamente
— — **and rod** n - [mech] camisa f y vástago m vuelto a, verificar, or comprobar
— — — **clamp** n - [mech] sujetador m para camisa f y vástago m vuelto a, verificar, or comprobar
— — **clamp** n - [mech] sujetador m para camisa vuelto a, verificar, or comprobar
— **nut** n - [mech] tuerca f vuelta a, verificar, or comnprobar
— **oil** n - [int.comb] aceite m vuelto a, verificar, or comprobar
— **rod** n - [mech] vástago m vuelto a, verificar, or comprobar
— **tightness** n - [mech] ajuste m vuelto a, verificar, or comprobar
— **timing** n - [int.comb] regulación f de encendido m vuelta a, verificar, or comprobar
rechecking n - vuelta f a, verificar, or comprobar; verificación f, or comprobación f, nueva
recipe developing n - [chem] perfeccionamiento m de receta f, or fórmula f
— **fine tuning** n - afinación f, or perfeccionamiento m, de, receta f, or fórmula f
— **ingredient(s)** n - ingrediente(s) m para, receta f, or fórmula f, or mezcla f
— **modification** n - modificación f de, receta f, or fórmula f
reciprocal action n - acción f recíproca
reciprocate v - . . . .; desplazar(se) con movimiento, recíproco, or alternante
reciprocating n - . . . | a - [mech] con movimiento m, alternativo, or recíproco; alternante; de vaivén
— **engine** n - [int.comb] motor m (con movimiento m) alternativo
— **feeder** n - [ind] alimentador m con movimiento m, alternativo, or de vaivén m
— **movement** n - [mech] movimiento m alternativo
— **part** n - [mech] pieza f con movimiento m alternativo
— **pump** n - [pumps] bomba m con movimiento m alternativo
— **rotary swager** n - [tools] pieza f recalcadora alternante fijada a plato m girante
— **swager** n - [tools] (pieza f) recalcadora f

(con movimiento m) alternante
recirculate v - recircular
— @ **air** v - recircular aire m
— @ **cooling air** v - recircular aire m para, enfriamiento m, or refrigeración f
— @ **inside air** v - recircular aire m interior
— @ **material(s)** v - [ind] reprocesar material(es) m
— @ **submerged arc flux** v -[weld] recircular fundente m para arco m sumergido
recirculated a - recirculado,da
— **cooling air** n - aire m recirculado para, enfriamiento m, or refrigeración f
— **flux** n - [weld] fundente m recirculado
— **inside air** n - aire m interior recirculado
— **material(s)** n - [ind] material(es) m reprocesado(s)
— **scrap** n - [metal-prod] see **domestic scrap**
— **sinter** n - [metal-prod] sínter m recirculado
— **submerged arc flux** n - [weld] fundente m recirculado para (soldadura por) arco sumergido
recirculating n - n - recirculación f | a - recirculante
— **blower** n—[ind] soplante m para recirculación
— **fan** n - [combust] ventilador m, recirculante, or para recirculación f
— — **interlock(ing) contact** n - [combust] contacto m enclavador para ventilador m para recirculación f
— **system** n - sistema m, or red f, recirculante, or para recirculación f
recirculation n - recirculación f
— **blower** n - [ind] soplante m, or soplador m, recirculante, or para recirculación f
— **circuit** m - [hydr] circuito m para recirculación f
— **flow** n - gasto m, or flujo m, or caudal m, para recirculación f
— — **condition** n - condición f para flujo m para recirculación f
— — **pressure** n - [steam] presión con gasto m para recirculación f
— **system** n - sistema m, or red f, para recirculación f
— — **drawing** n - [drwng] dibujo m, or plano m, para red f para recirculación f
— — **information** n - información f sobre, sistema m, or red f, para recirculación f
recirculator n - recirculador m
reckoned a - contado,da
reckoner n - contador m; apuntador m
— **leader** n - jefe m apuntador; apuntador m jefe
reclaim v - . . . • recuperar • sanear
— @ **land** n - [topogr] recuperar terreno(s) m
— @ **material(s)** v - recuperar material(es) m
— @ **mined area** n - [miner] recuperar zona f, explotada, or minada
— **tunnel** n - [constr] túnel m para recuperación f • [miner] túnel m para carga f
reclaimed a - reclamado,da; recuperado,da • saneado,da
— **asphalt mix** n - [constr] mezcla f asfáltica recuperada
— **land** n - [topogr] terreno m recuperado
— **material** n - material m recuperado
— — **composition** n - composición f de material n recuperado
— **mined area** n - [miner] zona f, explotada, or minada, recuperada
— **pump** n - [pumps] bomba f recuperada
— **water** n - [hydr] agua m recuperada
— — **pump** n - [pumps] bomba f para, agua m recuperada, or para recuperación f de agua m
reclaimer n - reclamador m • [metal-prod] (máquina) recogedora f
reclaiming n - recuperación f • [constr] saneamiento m | a - reclamador,ra • [constr] saneador,ra
— **machine** n - [metal-prod] máquina f recogedora
— **pump** n - [pumps] bomba f para recuperación f
— **tunnel** n - [constr] túnel m para recuperación f • [miner] túnel m para carga f

reclamation n - . . . • [hydr] saneamiento m; desagotamiento m; avenamiento m; drenaje m; recuperación f; aprovechamiento m • [soils] recuperación f, or conservación f, de suelos
— **district** n - [pol] oficina f regional para recuperación f (de suelos)
reclassification n - reclasificación f
— **operator** n - [ind] operador m, or operario m, reclasificador, or para reclasificación f
reclassified a - reclasificado,da
reclassify v - reclasificar
reclassifying n - reclasificación f
reclean v - relimpiar*; limpiar nuevamente
recleaner n - relimpiador* m
recline v - . . .; yacer
reclining a - yacente
— **position** n posición f, yacente, or reclinada
recognition n - . . . • adopción f; aceptación f • aprobación f • advertencia f • [accntg] contabilización f
— **action** n—[labor] acción f de reconocimiento
— **element** n - [com] elemento m para reconocimiento m
recognize v - . . .; aceptar; aprobar • advertir • agradecer • [accntg] contabilizar
— @ **characteristic** v—reconocer característica
— @ **contract loss** v - [accntg] contabilizar, quebranto m, or pérdida f, para contrato m
— @ — **profit** v - [accntg] contabilizar, utilidad(es) f, or beneficio(s) m, para contrato
— @ **datum,ta** v - [comput] reconocer, información f, or dato(s) m
— @ — **instantaneously** v - reconocer inmediatamente, información f, or dato(s) m
— @ **depreciation** v - [accntg] contabilizar, amortización f, or depreciación f
— **formally** v - reconocer formalmente
— @ **income** v - [accntg] contabilizar ingreso m
— @ **insolvency** v - reconocer insolvencia f
— @ **interest income** v - [accntg] contabilizar ingreso(s) m por interés(es) m
— @ **loss** v - [insur] contabilizar, pérdida f, or quebranto m - [insur] reconocer pérdida
— @ **profit(s)** v - [accntg] contabilizar, or reconocer, utilidad f, or beneficio(s) m
— **universally** v - reconocer universalmente
recognized a - reconocido,da; aceptado,da; adoptado,da • aprobado,da • advertido,da • agradecido,da • [legal] según derecho m • [accntg] contabilizado,da
— **as valid** a - reconocido,da como válido,da
— **contract loss** n - [accntg] pérdida f contabilizada, or quebranto m contabilizado, para contrato m
— — **profit** n - [accntg] utilidad f para contrato m contabilizada; beneficio m para contrato m contabilizado
— **data** n - [comput] información f reconocida
— **depreciation** n - [accntg] depreciación f, or amortización f, contabilizada
— **field** n - campo m, or alcance m, reconocido; especialidad f reconocida
— **formally** a - reconocido,da formalmente
— **income** n - [accntg] ingreso(s) m, reconocido(s), or contabilizado(s)
— **insolvency** n - insolvencia f reconocida
— **interest income** n - [fin] ingreso(s) m por intés(es) n contabilizado(s)
— **juristic person** n - [legal] persona f jurídica, reconocida, or de derecho m
— **leader** n - líder m reconocido
— **loss** n - [accntg] pérdida f contabilizada; quebranto m contabilizado • [insur] pérdida f reconocida
— **profit** n - utilidad f, reconocida, or contabilizada; beneficio m, reconocido, or contabilizado
— **quality** n - calidad f reconocida
— **scope** n - alcance m reconocido
— **specialty** n - especialidad f reconocida
— **standard** n - norma f reconocida; estándar m reconocido

recognized test(ing) n - ensayo m reconocido; prueba f reconocida
— —(ing) standard n - [ind] norma f reconocida, or estándar reconocido, para prueba f, or ensayo m
— trade mark n - [ind] marca f industrial, reconocida, or registrada
— universally a - reconocido,da universalmente
— valid a - reconocido,da (como) válido,da
recognizing n - reconocimiento m • aceptación f • [accntg] contabilización f
recoil n - . . . . • [electr-instal] inversor m | v - . . . • [mech] reenrollar; rebobinar
— law n - [electr] ley de reversibilidad f
— — determination n - [electrp determinación f de ley f de reversibilidad f
— permeability n - [electr] permeabilidad f reversible
— starter n - [int.comb] arrancador m con arrollamiento m automático; recuperador m (automático) de cuerda f para arranque m; arrancador m con cuerda f con arrollamiento m automático; also see rewind starter
— — assembly n - [int.comb] conjunto m de arrancador m con arrollamiento m automático
— — mounting n - [int.comb] montaje m de arrancador m con arrollamiento m automático
— — — screw n - [int.comb] tornillo m para montaje n de arrancador m con arrollamiento m automático
recoiled a—[mech] reenrollado,da; rebobinado,da
recoiler n - [mech] rebobinador m; rebobinadora f; reenrolladora f
recoiling n - reenrollado m; rebobinado m | a - [mech] reenrollador,ra; rebobinador,ra
— end n - [mech] extremo m, or punta f, para, reenrollamiento m, or rebobinado m
— line n - [metal-roll] sección f para, rebobinado, or reenrollamiento m
— reel n - [mech] carrete m para, rebobinado m, or reenrollamiento m
recommend v - . . . .; proponer
— @ action v - recomendar medida(s) f
— @ appropriate recognition v - recomendar reconocimiento m apropiado
— @ cable size v - [electr-cond] recomendar diámetro m para cable m
— corrective action v - recomendar medida(s) f correctiva(s)
— @ current v - [weld] recomendar amperaje m
— @ design v - recomendar proyección f
— @ engine idle speed v - [int.comb] recomendar, velocidad f, or régimen m, sin carga para motor m
— @ engine speed v - [int.comb] recomendar, velocidad f, or régimen m, para motor m
— @ filter v - [mech] recomendar filtro m
— @ grade v - recomendar calidad f
— @ gun v - [weld] recomendar pistola f
— @ maintenance v - [ind] recomendar, mantenimiento m, or conservación f
— @ oil weight v - [mech] recomendar peso m para aceite m
— @ precaution v - recomendar precaución f
— @ quality v - recomendar calidad f
— @ quantity v - recomendar cantidad f
— @ range v - recomendar, escala f, or límites
— @ recognition v - recomendar reconocimiento m
— @ rim v - [autom-mech] recomendar llanta f
— @ size v - recomendar tamaño m
— @ torque value v - [mech] recomendar valor m para, par m motor, or momento m torsional
— @ spare part v - [ind] recomendar (pieza f para) repuesto m
— @ stock(ing) quantity v - [ind] recomendar (cantidad f de) existencia(s) f
— strongly v - recomendar, fuertemente, or enfáticamente
— @ system v - recomendar sistema m
— @ type v - recomendar tipo m
— @ value v - recomendar valor m

recommend @ wire feeder v - [weld] recomendar alimentador m para alambre m
recommendation correction n - corrección f para recomendación f
— giving n - concesión f de recomendación(es) f
— report n - informe m sobre recomendaciones f
— rivision n - revisión f, or corrección f, de recomendación(es) f
recommended a - recomendado,da; de recomendar
— air pressure n - [autom-tires] presión f recomendada para aire m
— allowable liner wear n - [petrol] desgaste m máximo recomendado para camisa f
— — wear n - [petrol] desgaste m máximo recomendado
— amperage n - [electr-oper] amperaje m recomendado
— application n - aplicación f recomendada
— backfilling practice n - [constr] práctica f recomendada para relleno m
— bevel n - [mech] bisel m, or chaflán m, recomendado
— cable size n - [electr-cond] diámetro m, or tamaño m, recomendado para cable m
— camber n - [metal-roll] flecha f recomendada
— carbon electrode n - [weld] electrodo m de carbono m recomendado
— — (—) size n -[weld] diámetro m recomendado para electrodo m de carbono m
— copper cable n - [electr-cond] cable m de cobre m recomendado
— — size n - [electr-cond] diámetro m recomendado para cable m de cobre m
— current n - [weld] amperaje m recomendado
— — check(ing) n - [weld] verificación f de amperaje m recomendado
— — setting n - [weld] regulación f recomendada, or ajuste m recomendado, para amperaje m
— design n - proyección f recomendada
— drag technique n - [weld] técnica f para arrastre m recomendada
— drying time n - [ind] tiempo m recomendado para, secado m, or secamiento m
— duct velocity n - [environm] velocidad f recomendada para tubería f
— edge preparation n - [mech] preparación f recomendada para, borde(s) m, or canto(s) m
— electrode length n - largo(r) m recomendado para electrodo m
— engine idle speed n - [int.comb] velocidad f recomendada, or régimen m recomendado, para (marcha f de) motor m sin carga f
— — lubricating oil n - [lubric] aceite m recomendado para lubricación f de motor m
— — oil n - [lubric] aceite m recomendado para motor m
— — speed n - [int.comb] velocidad f recomendada, or régimen m recomendado, para motor m
— filler rod n - [weld] varilla f recomendada para aportación f
— for a - [que] se recomienda para
— — American Iron and Steel Institute type a - [weld] (que) se recomienda para acero(s) m tipo(s), AISI, or Instituto m Estadounidense para Hierro m y Acero m
— for steel a - [metal-prod] recomendado,da para acero m
— fuse size n - [electr-instal] capacidad f recomendada para fusible m
— gage n - [tub] calibre m recomendado
— gap n - separación f recomendada; entrehierro m recomendado
— grade n - calidad f recomendada
— ground wire n - [weld] conductor m para (puesta f a) tierra f recomendado
— Guide for Making Dielectric Measurements in @ Field n - Recomendación(es) f para Ejecución f de Medición(es) f Dieléctricas en Obra
— gun n - [weld] pistola f recomendada
— high idle no load engine speed n - [int.comb] velocidad f en vacío m alta sin carga f reco-

mendada para motor m
recommended high idle speed n - [int.comb] velocidad f en vacío alta recomendada
— **inflation pressure** n - [autom-tires] presión f recomendada para inflación f
— **input cable** n - [electr-cond] diámetro m recomendado para cable m para entrada f
— — **wire** n - [electr-instal] conductor m recomendado para entrada f
— — — **size** n - [electr-cond] diámetro m recomendado para conductor m para entrada f
— **inspection method** n - método m recomendado para inspección f
— **installation practice** n - práctica f recomendada para instalación f
— **job procedure** n - [ind] procedimiento m recomendado para trabajo m
— **length** n - largo(r) m recomendado
— **low idle no load engine speed** n - [int.comb] velocidad f en vacío m baja sin carga recomendada para motor m
— — — **speed** n - [int.comb] velocidad f en vacío baja recomendada
— **lubricating oil** n - [lubric] aceite m lubricante recomendado
— **lubrication procedure** n - [mech] procedimiento m recomendado para lubricación f
— **maintenance** n - [ind] mantenimiento m recomendado; conservación f recomendada
— — **procedure** n - procedimiento m recomendado para, mantenimiento m, or conservación f
— — **schedule** n - [ind] programa m recomendado para, mantenimiento m, or conservación f
— **manufacturing process** n - [ind] proceso m recomendado para, fabricación f, or elaboración f
— **maximum allowable liner wear** n - [petrol] desgaste m máximo recomendado para camisa f
— — **value** n - valor m máximo recomendado
— **minimum height** n - altura f mínima recomendada
— **oil** n - aceite m recomendado
— — **weight** n - [mech] peso m recomendado para aceite m
— **optimum amperage** n - [electr-oper] amperaje m óptimo recomendado
— — **current** n - [weld] amperaje m óptimo recomendado
— **output cable** n - [electr-cond] cable m recomendado para salida f
— — **wire** n - [electr-instal] conductor m recomendado para salida f
— **oxygen pressure** n - [ind] presión f recomendada para oxígeno m
— — **for insulation testing** n - [electr-instal] práctica f recomendada para ensayo(s) m para aislación f
— — — **resistance testing for rotating machinery** n - [electr-instal] práctica f recomendada para ensayo(s) m de resistencia de aislación en máquina(s) f con movimiento m, giratorio, or rotativo
— — **manual** n - manual m de práctica(s) f recomendada(s)
— **preventive maintenance** n - [ind] mantenimiento m preventivo recomendado
— — **procedure** n - [inc] procedimiento m preventivo recomendado
— **range** n - escala f recomendada; límite(s) m recomendado(s)
— **rim** n - [autom-tires] llanta f recomendada
— — **width** n - [autom-tires] anchura f recomendada, or ancho(r) recomendado, para llanta f
— — **range** n - [autom-tires] límite(s) m recomendado(s) para, ancho(r) m, or anchura f, de llanta f; anchura(s) f recomendadas para llanta(s) f
— **roll camber** n - [metal-roll] flecha f recomendada para rodillo(s) m
— **safe job procedure(s)** n - [safety] procedimiento(s) m recomendado(s) seguro(s) para trabajo m

recommended safe procedure n - [safety] procedimiento m seguro recomendado
— — **way** n - forma f segura recomendada
— **safety procedure** n - [safety] procedimiento m recomendado para seguridad f
— **schedule** n - programa m recomendado
— **setting** n - regulación f recomendada; ajuste m recomendado
— **size** n - tamaño m recomendado; medida(s) f recomendada(s)
— **soft arc** n - [weld] arco m suave recomendado
— **spare (part)** n - [ind] (pieza f para) repuesto m recomendado
— — **part(s) list** n - [ind] lista f de (piezas f para) repuestos m recomendadas,dos
— **speed** n - velocidad f, or rapidez f, recomendada • [weld] rapidez f de avance f recomendada
— **stickout** n - [weld] prolongación f recomendada
— **stock(s)** n - [com] existencia(s) f recomendada(s)
— **stocking** n - [com] acopiamiento m recomendado
— **testing practice** n - [ind] práctica f recomendada para ensayo(s) m
— **time** n - tiempo m recomendado
— **tire size** n - [autom-tires] medida(s) f, recomendada(s) para neumático m
— **torque value** n - [mech] valor m recomendado para, par m motor, or momento m torsional
— **track time** n - [metal-prod] tiempo m recomendado en, vía f, or tránsito m
— **visible stickout** n - [weld] largo(r) m recomendado para, electrodo m visible, or prolongación f
— **way** n - forma f recomendada
— **weight** n - peso m recomendado • [mech] pesa f recomendada
— — **oil** n - [mech] aceite m con peso m recomendado
— **welding procedure** n - [weld] procedimiento m recomendado para soldadura f
— **wheel size** n - [mech] tamaño m recomendado, or medida(s) f recomendada(s), para rueda f
— — **width** n - [mech] ancho(r) m recomendado, or anchura f recomendada, para rueda f
— **width** n - ancho(r) m recomendado; anchura f recomendada
— — **range** n - [autom-tires] límite(s) m recomendado(s) para, ancho(r) m, or anchura f
— **wire feeder** n - [weld] alimentadora f recomendada para alambre m
— — **size** n - [wire] diámetro m recomendado para alambre m
reconciled a - reconciliado,da
reconditioned a - reacondicionado,da
reconditioner n - reacondicionador* m
reconditioning n - reacondicionamiento* m | a - reacondicionador,ra*
reconfiguration n - reconfiguración* f
reconfigure v - reconfigurar*
reconfigured a - reconfigurado,da*
reconfiguring n - reconfiguración* f | a - reconfigurador,ra*
reconnaisance survey n - estudio m de reconocimiento m
reconnect v - reconectar; conectar nuevamente
— **@ battery** v - [int.comb] reconectar acumulador m
— **from one voltage to another** v - [electr-distrib] reconectar de un voltaje m a otro
— **incorrectly** v - [electr-instal] reconectar incorrectamente
— **@ lead** v - [electr-instal] reconectar conductor m
— **@ linkage** v - [mech] reconectar acoplamiento m
— **@ oscilloscope** v - [electron] reconectar osciloscopio m
— **panel** n - [electr-instal] panel m, or tablero m, para reconexión f
— **@ — terminal** v - [electr-instal] borne m para tablero m para reconexión f

reconnect @ panel terminal supply line v -
[electr-instal] reconectar línea para suministro m para borne m en tablero m
— @ sequence v - [electron] reconectar pasos m
— @ stop and start sequence v - [electron] reconectar paso(s) m para puesta f en marcha y detención f
— terminal n - [electr-instal] borne m para reconexión f
— @ terminal v - [electr] reconectar borne m
reconnected a - reconectado,da
— battery n - [int.comb] acumulador n reconectado • [electr] batería f reconectada
— from one voltage to another a - [electr] reconectado,da de un voltaje m para otro m
— incorrectly a - [electr-instal] reconectado,da incorrectamente
— lead n - [electr-instal] conductor m reconectado
— linkage n - [mech] acoplamiento m reconectado
— oscilloscope n - [electron] osciloscopio m reconectado
— panel terminal n - [electr-instal] borne m en tablero m reconectado
— terminal n - [electr-instal] borne m reconectado
reconnecting n - reconexión f | a - reconectador,ra
— from one voltage to another n - [electr-inst] reconexión f de un voltaje m para otro m
— panel n - [electr-instal] tablero m or borne m, para reconexión f
— — terminal n - [electr-instal] borne m para, tablero m, or panel m, para reconexión f
— — — supply line n - [electr-instal] línea f para suministro m para borne m para tablero m para reconexión f
— terminal n - [electr-instal] borne m, or terminal m, para reconexión f
reconnection n - reconexión f
— from one voltage to another n - [electr-inst] reconexión f de un voltaje m para otro m
— instruction(s) n - [electr-instal] instrucción(es) f para reconexión f
— panel n - [electr-instal] tablero m, or panel m, para reconexión f
reconnoitered a - reconocido,da
reconnoitering n - reconocimiento m
reconstructed a —reconstruido,da; reedificado,da
— stone n - [constr] roca f reconstruida
— — headwall n - [constr] muro m de roca f reconstruida para cabecera f
— control n - [constr] fiscalización f de reconstrucción f
— phase n - [constr] fase f de reconstrucción f
— time n [constr] tiempo m para reconstrucción
record n - . . . .; acta m; anotación f; apunte m; planilla f; antecedentes m; constancia f; [labor] foja f (de servicios m); prontuario m • [sports] record m; marca f • legal] protocolo m | v - . . . .; anotar; dejar constancia f; hacer constar • [legal] protocolizar; cartular; tomar nota • inscribir; fichar • [electron] grabar
— @ activity v - registrar actividad f
—, bettering, or breaking n - [sports] mejora f, or mejoramiento n, de marca f, or record m
— cabinet n - [domest] discoteca f
— card n - tarjeta f, or ficha f, para registro
—(s) check(ing) n - verificación f, or examen m, de, antecedente(s) m, or informe(s) m
—(s) clerk n - [com] archivista m
— @ contract v - [legal] registrar, or protocolizar, contrato m
— @ damage v - registrar daño m
— @ datum,ta v - registrar información f
— documentation n - documentación f de registro
— @ expansion v - registrar, expansión f, or ensanchamiento m
— @ — pressure v - [instrum] registrar presión f para, expansión f, or encanchamiento m

— record @ failure v - registrar falla f
— holder n - poseedor m de, marca f, or record
—(ing) in @ test n - registro en ensayo m | v - registrar en ensayo m
— @ invoice v - [com] registrar factura f
— keeping n - registración f; preparación f de registro(s) m • lleva f, or guarda f, de cuenta(s) f
— @ load v - registrar carga f
— officially v - [legal] protocolizar
— @ performance v - registrar, desempeño m, or cumplimiento m, or actuación f
— player n - [electron] tocadisco(s) m
— @ pressure v - [instrum] registrar presión f
— setting a - superador,ra de marca(s) f; sin, precedente m, or antecedente(s) m
— @ speed v - registrar velocidad f
— @ test v - registrar ensayo m
— @ — datum,ta v - registrar información f sobre ensayo(s) m
— trustworthiness n - confiabilidad f de registro m
— @ weight v - registrar, or anotar, peso m
recorded a - registrado,da; anotado,da • inscrito,ta • [legal] protocolizado,da
— activity n - actividad f registrada
— contract n - [legal] contrato m, registrado, or protocolizado
— damage n - daño m registrado
— datum,ta n - información f registrada
— expansion n - ampliación f, or expansión f, registrada; ensanchamiento m registrado
— expansion pressure n - [instrum] presión f para, ampliación f, or expansión f registrada
— failure n - falla f registrada
— in @ test a - registrado,da en ensayo m
— invoice n - [com] factura f registrada
— load n - carga f registrada
— officially a - [legal] protocolizado,da
— performance n - desempeño m, or cumplimiento m, registrado; actuación f registrada
— pressure n - [instrum] presión f registrada
— speed n - velocidad f registrada
— test n - ensayo m registrado
— test datum,ta n - información f sobre ensayo m registrada
— time n - [labor] tiempo m registrado
recorder n - registrador m; apuntador m • [electron] grabadora f, magnética, or en cinta f
— clock n - [instrum] reloj m registrador
— equipment n - [instrum] equipo m (para) registrador • [electron] equipo m grabador
— feeding n - [electron] aportación f de información f para registrador m
— ink pen n - [instrum] pluma f (con tinta f) para registrador m
— trustworthiness n - [instrum] confiabilidad f de registrador m
recording n - informe m; registro m; registración f • relación f • [legal] protocolización f | a - registrador,ra
— assembly n - conjunto m registrador
— attorney n - [legal] escribano m, or notario m, público
— chart n - [instrum] gráfico m registrador; registro m gráfico; planilla f para registro
— counter n - [instrum] contador m, indicador, or registrador
— date n - fecha f de registración f
— device n - dispositivo m registrador
— electronic potentiometer n - [instrum] potenciómetro m electrónico registrador
— equipment n - [instrum] equipo m (para) registrador
— gage n - [instrum] manómetro m, or medidor m, registrador
— instrument n - [instrum] instrumento m registrador
— kit n - conjunto m registrador
—(s) library n - [electron] fonoteca* f

recording meter n - [instrum] medidor m registrador
— — **motor** n - [instum] motor m para medidor m registrador
— — **speed selector** n - [instrum] selector m para velocidad(es) f de medidor m registrador
— — **supply(ing)** n - [instrum] alimentación f para medidor m registrador
— **office** n - [pol] organismo m, registrador, or para registro m • escribanía f; notaría f
— **potentiometer** n - [instrum] potenciómetro m registrador
— **pressure gage** n - [instrum] manómetro m registrador para presión f
— **pyrometer** n - [instrum] pirómetro m registrador
— **regulator** n - [instrum] regulador m registrador
— **scales** n - balanza f, or báscula, registradora, or con registrador m
— **sheet** n - [instrum] gráfico m
— **system** n - [instrum] sistema m para, registro m, or registración f
— **tape** n - [electron] cinta f, magnética, or magnetofónica, or grabadora, or registradora
— **trustworthiness** n - confiabilidad de, registro m, or registración f
records n - anales m
recoup v - . . . .; recuperar; recobrar
recouped a - recuperado,da; recobrado,da
recouping n - recuperación f; recobro m
— **power** n - poder n, recuperador, or para recuperación f
recourse n - . . . .; paliativo m • [legal] compromiso m, or obligación f, or convenio m, para retroventa f
— **sale** n - [com] venta con, compromiso m, or convenio m, para retroventa f
— **sell** v - [com] vender con, compromiso m, or convenio m, para retroventa f
— **selling** n - [com] venta f con, compromiso m, or convenio m, para retroventa f
— **sold** a - [com] vendido,da con, compromiso m, or convenio m, para retroventa f
— **taking** n - [legal] ejercicio m de recurso m
recover v - . . . . • [medic] . . .; convalecer
— @ **blast** v—[metal-prod] restablecer soplado m
— @ **capital** v - [fin] recuperar capital m
— @ **lost production** v - [ind] recuperar producción f perdida
— @ **production** v - [ind] recuperar producción f
— @ **material(s)** s [ind] recuperar material(es)
— @ **partially reduced material(s)** v - [metal-prod] recuperar material(es) m reducido(s) parcialmente
— @ **reduced material(s)** v - [metal-prod] recuperar material(es) m reducido(s)
— @ **reserve(s)** v - [miner] recuperar reservas f
— @ **scrap** v - [metal-prod] recuperar chatarra f
— @ **stockline level** v - [metal-prod] recuperar nivel m para carga f
recoverability n - recuperabilidad* f
— **reinsurance** n - [insur] reaseguro(s) m recuperable(s)
— **reserve(s)** n - reserva(s) f recuperable(s)
— **scrap** n - [metal-prod] chatarra f recuperable
— — **reserve(s)** n - [metal-prod] reserva(s) f de chatarra f recuperable(s)
— **steel** m - [metal-prod] acero m recuperable
— — **reserve(s)** n - [metal-prod] reserva(s) f de acero m recuperable(s)
recovered a - recuperado,da; recobrado,da • restablecido,da • [medic] repuesto,ta
— **acid** n - [ind] ácido m, recuperado, or regenerado
— **capital** n - [fin] capital m recuperado
— **flux** n - [weld] fundente m recuperado
— **lost production** n - [ind] producción f perdida recuperada
— **material(s)** n - [ind] material(es) m recuperado(s)

recovered oil n - [ind] aceite m, recuperado, or regenerado
— **part** n - [mech] pieza f recuperada
— **partially reduced material(s)** n - [metal-prod] material(es) m reducido(s) recuperado(s) parcialmente
— **production** n - [ind] producción f recuperada
— **reduced material(s)** n - [metal-prod] material(es) m reducido(s) recuperado(s)
— **reserve(s)** n - [miner] reserva(s) f recuperada(s)
— **scrap** n - [metal-prod] chatarra f recuperada
— **sludge** n - lodo(s) m recuperado(s)
recovering n - recuperación f | a - recuperador,ra
recovery n - . . . . • rendimiento m
— **additional profit(s)** n - [ind] beneficio(s) m, or utilidad(es) adicional(es) con recuperación f
— **conveyor** n - [mech] transportador m para, recuperación f, or recuperador m
— **cost(s)** n - costo(s) m para recuperación f
— **equipment** n - equipo m para recuperación f
— **facility** n - [miner] instalación(es) f para recuperación f
— **hose** n - mang(uer)a f para recuperación f
— **mill** n - [ind] planta f para recuperación f
— **pan** n - [electrode extrusion plant] [Mex.] bote m para recuperado* m
— **period** n - período m para recuperación f
— **phase** n - [metal-prod] fase f para recuperación f
— **plant** n - [ind] planta f para recuperación f
— **profit(s)** n - [ind] beneficio(s) m, or utilidad(es) f, en recuperación f
— **rate** n - tasa f, or rapidez f, de recuperación f
— **tank** n - [ind] (es)tanque m, or depósito m, para recuperación f
— **teechnique** m - técnica f para recuperación f
— **test** n - [ind] ensayo m de recuperación f
— **time** n - [ind] tiempo m para recuperación f
recovery tool n - [tools] herramienta f para recuperación f
— **tunnel** n - [ind] túnel m para resuperación f
— **unit** n - equipo m, or dispositivo, or unidad* f, para recuperación f
— — **block** n - [ind] conjunto m de equipo m para recuperación f
— — — **diagram** n - [ind] diagrama m, or distribución f, de conjunto m de equipo m para recuperación f
— **unit rate** n - [ind] rapidez f de, equipo m, or dispositivo m, para recuperación f
— **value** n - [ind] valor m de recuperación f
recreation n - . . . .; actividad f recreativa | a - recreativo,va; also see **recreational**
— **area** n - zona f recreativa; sitio m para, recreación f, or recreo m
— **center** n - [sports] centro m recreativo
— **equipment** n - equipo m recreativo
— **room** n - [constr] sala f recreativa
recreational a - . . . .; con instalación(es) f recreativa(s) • [sports] deportivo,va
— **activity** n - [sports] actividad, recreativa, or deportiva
— **advantage** n - [sports] ventaja f, recreativa, or deportiva
— **area** n - [sports] zona f, recreativa, or deportiva
— **camp** n - [sports] campamento m, recreativo, or deportivo
— **community** n - [sports] población f, or villa f, recreativa, or para recreo m
— **development** n - [sports] urbanización f, para recreo m, or con instalaciones f recreativas
— **end(s)** n - fin(es) m, recreativo(s), or deportivo(s)
— **equipment building** n - [sports] construcción f de equipo m recreativo
— **facility,ties** n - [sports] instalación(es) f,

recreativas, or deportivas
recreational lake n - [sports] laguna f, recreatia, or para fin(es) m recreativo(s)
— **living** n - vida f recreativa
— **need** n - necesidad f, or actividad f, recreativa
— **potential** n - posibilidad f recreativa
— **purpose(s)** n - [sports] fin(es) m, recreativo(s), or deportivo(s)
— **space** n - [sports] zona f, recreativa, or deportiva; espacio m, recreativo, or deportivo
— **use** n - [sports] uso m, or fin, recreativo, or deportivo
— **vehicle** n - [autom] vehículo m para, recreo m, or turismo m
recrystalization* n - recristalización* f
— **temperature** n - temperatura f para recristalización* f
recrystalize* v - recristalizar*
— **partially** v - recristalizar* parcialmente
recrystallized a - recristalizado,da*
— **form** n - [chem] forma f recristalizada*
— — **state** n - [chem] estado n de forma recristalizada*
— **partially** a - [chem] recristalizado,da * parcialmente
rectangular arm n - [mech] brazo n rectangular
— **channel** n - [hydr] cauce m rectangular
— **conduit** n - [tub] conducto m rectangular
— — **head** n - [hydr] carga f en conducto m rectangular
— — **specific head** n - [hydr] carga f específica en conducto m rectangular
— **culvert** n - [constr] alcantarilla f rectangular
— — **height** n - [constr] altura f de alcantarilla f rectangular
— — **span** n - [constr] cuerda f de alcantarilla f rectangular
— **duct** n - [environm] tubería f rectangular
— — **construction** n - [enfironm] construcción f, or confección f, de tubería f rectangular
— — — **sheet metal gage** n - [environm] espesor m de chapa f metálica para confección f de alcantarilla(s) f rectangular(es)
— **entrance** n - [tub] abertura f rectangular
— **gasket** n - [mech] guarnición f rectangular
— **hole** n—agujero m, or orificio m, rectangular
— **opening** n - abertura f rectangular
— **packing** n—[mech] empaquetadura f rectangular
— **picture** n - cuadro m rectangular • [electron]
— **section** n - sección f rectangular • [drwng] corte m rectangular
— — **gasket** n - [mech] guarnición f con corte m rectangular
— — **plyurethane gasket** n - [mech] guarnición f de poliuretano m con corte m rectangular
— **shape** n - conformación f rectangular
— **shaped tubing** n - [tub] tubería f redtangular
— **specimen** n - [ind] probeta f rectangular
— **stainless steel** n - [metal-roll] acero m inoxidable rectangular
— — — **bar** n - [metal-roll] barra f rectangular de acero m inoxidable
— **steel** n - [metal-roll] acero m rectangular
— **test piece** n - [ind] probeta f rectangular
— **tube** n - [tub] tubo m rectangular
— **tubing** n - [tub] tubería f rectangular
rectified a - rectificado,da; corregido,da
— **deficiency** n - deficiencia f rectificada
— **edge** n - [mech] borde m rectificado
— — **wear** n - [autom-tires] desgaste m de borde(s) m, rectificado(s), or corregido(s)
— **work** n - trabajo m rectificado
rectifier n - rectificador,ra m/f - [electr-equipo] rectificador m • [weld] rectificadora f
— **alternating current input terminal** n - [electr] borne m para entrada f de corriente f alterna a rectificador m
— — — **terminal** n - [electr-instal] borne m para corriente f alterna para rectificador m

rectifier aluminum heat sink n - [electron] disipador m para calor m de aluminio m para rectificador m
— — **heat sink lead** n - [electron] conductor m a disipador m para calor m de aluminio m para rectificador m
— — **sink** n - [electron] disipador m de aluminio m para rectificador m
— — — **lead** n - [electron] conductor m de aluminio m a disipador m para rectificador m
— **assembly** n - [electr-equip] conjunto m de rectificador m
— **bracket** n - [electr-instal] soporte m para rectificador m
— **bridge** n - [electron] puente m para, rectificador m, or rectificación f
— **by-pass** n - [electr-instal] derivación f para rectificador m
— — — **capacitor** n - [electr--equip] condensador m para derivación f para rectificador m
— **check(ing)** n - [electr-oper] verificación f, or conmprobación f, de rectificador m
— **circuit cable** n - [electr-instal] conductor m para circuito m para rectificador m
—, **connecting**, or **connection** n - [electr-inst] conexión f de rectificador m
— **damage** n - [electr] daño m a rectificador m
— **direct current negative terminal** n - [electr-instal] borne m negativo para corriente f continua para rectificador m
— — — **positive terminal** n - [electr-instal] borne m positivo para corriente f continua para rectificador m
— — — **terminal** n - [electr-instal] borne m para corriente f continua para rectificador
—, **disconnecting**, or **disconnection** n - [electr-instal] desconexión f de rectificador m
— **failure** n - [weld] falla f de rectificador m
— **heat sink lead** n - [electron] conductor m a disipador m para calor m para rectificador m
— — — **connection** n - [electron] conexión f de conductor m a disipador m para calor m para rectificador m
— **input lead** n - [electr-instal] conductor m para entrada f para rectificador m
— — **terminal** n - [electr-equip] borne m para entrada f para rectificador m
— **kit** n - [electr-instal] (conjunto m de) equipo m para rectificador m
— **lead** n - [electr-instal] conexión f de conductor m a rectificador m
— —, **disconnecting**, or **disconnection** n - [electr] desconexión f de conductor m a rectificador m
— **left bracket** n - [electr-instal] soporte m izquierdo para rectificador m
— **machine** n - [electr] máquina f rectificadora
— **mounting** n - [electr-instal] montaje m de rectificador m
— — **baffle** n - [electr-instal] deflector m para montaje m de para rectificador m
— — **washer** n - [electr-instal] arandela f para montaje m para rectificador m
— **negative output terminal** n - [electr] borne m para salida f negativo para rectificador m
— — **terminal** n - [electr-instal] borne m negativo para rectificador m
— **output lead** n - [electr-instal] conductor m para salida f para rectificador m
— — **terminal** n - [electr-instal] borne m para salida f para rectificador m
— **overheating** n - [electr-oper] recalentamiento m, or sobrecalentamiento m, de rectificador m
— **overload(ing)** n - [electr-oper] sobrecarga f para rectificador m
— — **thermostat** n - [electr-instal] termostato m para sobrecarga f para rectificador m
— **positive output terminal** n - [electr] borne m para salida f positivo para rectificador m
— — **terminal** n - [electr-instal] borne m positivo para rectificador m

rectifier power source n - [electr] fuente f de energía f rectificadora
— **protection** n - [electr-inestal] protección f para rectificador m
— **right bracket** n - [electr-instal] soporte m derecho m para rectificador m
— **shorting** n - [electr-oper] cortocircuito m en rectificador m
— **sink lead** n - [electron] conductor m a disipador m para rectificador m
— **stack** n - [electr-equip] pila f rectificadora
— — **negative output terminal** n - [electr-equip] borne m para salida f negativo para pila f rectificadora
— — **output terminal** n - [electr-equip] borne m para salida f para pila f rectificadora
— — **positive output terminal** n - [electr-equip] borne m para salida positivo para pila f rectificadora
— **starting unit** - [electr-equip] dispositivo m para encendido m de rectificador m
— **substation** n - [electr-distrib] subestación f rectificadora
— **terminal** n - [electr-instal] borne m para rectificador m
— **test** m - [electr-oper] ensayo m de rectificador m
— — **instruction(s)** n - [electr-oper] instrucción(es) f para ensayo m de rectificador m
— **thermostat** n - [electr-instal] termostato m para rectificador m
rectifier three-phase manual a - rectificador m trifásico manual
— **trouble** n - [electr-oper] falla f, or problema m, en rectificador m
— — **shooting** n - [weld] determinación f de falla(s) f en rectificador m
— **type** n - [electr-] tipo m rectificador
— — **direct current power source** n - [weld] fuente f para energía f en corriente f continua de tipo m rectificador
— — **power source** n - [weld] fuente f para energía f de tipo m rectificador
— **welder** n - [weld] soldadora f rectificadora
rectify @ deficiency v—rectificar deficiencia f
— **@ edge wear** v - [autom-tires] corregir, or rectificar, desgaste m de borde(s) m
— **@ work** v - rectificar trabajo m
rectifying n - rectificación f; corrección f • a - rectificador,ra; para rectificación f
— **bridge** n - [electron] puente m para rectificación f
— **column** n - [petrol] columna f rectificadora
Rector head n - [petrol] cabeza f Rector
recuperate v - . . . • [medic] . . .; convalecer
recuperated a - recuperado,da; recobrado,da • [medic] repuesto,ta; convalecido,da
recuperating n - . . . | a - recuperador,ra • [medic] convaleciente
— **boiler** n - [boilers] caldera f para recuperación f
— — **exhaust** n - [boilers] escape m para caldera f para recuperación f
— **furnace** n - horno m, recuperador, or para recuperación f • horno m para recalentamiento m
— **invalid** n - [medic] inválido m convaleciente
— **mill** n - [electrode extrusion] molino m, recuperador, or para recuperación f
— **phase** n - [metal-prod] fase f para recuperación f
recuperation cost(s) n - [ind] costo(s) m para recuperación f
— **facility,ties** n - [miner] instalación(es) f para recupoeración f
— **plant** n - [ind] planta f para recuperación f
— **process** n - proceso m para recuperación f
— **tank** n - [ind] depósito m para recuperación f
— **time** n - [boilers] tiempo m para recuperación f
recuperative air heater n - calentador m recuperativo para aire m
— **heater** n - calentador m recuperativo

recuperator n - recuperador m • [metal-roll] horno m, recuperador, or para recuperación f, or para recalentamiento m
— **anchor bolt** n - [ind] perno m para anclaje m para recuperador m
— **arch** n - [combust] bóveda f de recuperador m
— — **cleaning system** n - [combust] sistema m para limpieza f para bóveda f, recuperadora, or para recuperación f
— **drawing** n - [metal-roll] plano m para recuperador m
— **rail** n - [ind] riel m, or carril m, para recuperador m
recur v - . . . .; recurrir
— **frequently** v - repetir(se) frecuentemente
recurred a - repetido,da
— **frequently** a - repetido,da frecuentemente
recurrence frequently n - [meteorol] frecuencia f de repetición f
— **interval** n - intervalo m de repetición f
— — **factor** n - [meteorol] factor m para intervalo m para repetición f
— — **rainfall** n - [meteorol] intervalo m para repetición f de precipitación f (pluvial)
recurrent a - recurrente • repetido,da
— **fault** n - falla f repetida
recurribility* n - posibilidad f de repetición
recurrible a - repetible
recurring n - repetición f • a - repetidor,ra
— **flooding** n - [hydr] inundación f repetida; anegamiento m repetido
recycle v - . . . • recuperar • [ind] reprocesar
— **@ material** v - [ind] recircular, or recuperar, or reprocesar, material m
— **@ steel** v - [metal-prod] reprocesar acero m
recycled a - recirculado,da; recuperado,da • [ind] recprocesado,da
— **material** n - material m, recirculado, or recuperado • material m reprocesado
— **steel** n - [metal-prod] acero m reprocesado
recycling n - recirculación f; recuperación f • reprocesamiento m
recycle v - recircular; recuperar • reprocesar • avoid reciclar
— **@ asphalt** v - [constr] reprocesar, or recircular, asfalto m
— **@ material** v - [constr] reprocesar material
recycled a - recirculado,da; reprocesado,da • avoid reciclado,da
— **asphalt** n - [constr] asfalto m reprocesado
— **material** n - [constr] material m reprocesado
recycler n—recirculador m; reprocesador m
recycling n - recirculación f; reprocesamiento m
— **drum** n - [ind] tambor m, reprocesador, or para reprocesamiento m
red brass n - [metal] latón m rojo
— — **bearing** n - [mech] cojinete m de latón m rojo
— — **pipe** n - [tub] tubo m de latón m rojo
— — **piping** n - [tub] tubería f de latón m rojo
—, **breccia**, or **breech** n - [geol] brecha f roja
— **brown coating** n - recubrimiento castaño rojo
— **caution light** n - [safety] luz f roja para prevención f
— **clip** n - [electr-instal] mordaza f roja
— **dot** n - punto m rojo
— **dust** n - [roads] polvo m, rojo, or rojizo; polvareda f, roja, or rojiza
— **hardwood** n - [botan] . . .; ñandubay m
red hot n - rojo m (vivo) | a - incandescente; calentadop,da a rojo; vuelto rojo,ja • [spoorts] triunfante | adv - [metal] a rojo m
— — **team** n - [sports] equipo m triunfante
— **lead** n - [electr-cond] cable m, or conductor m, rojo • [paint] minio m; albayalde, or plomo m, rojo
— **lens** n - [optics] lente m rojo
— **light** n - [safety] luz f roja
— **mill primer** n - [metal-prod] imprimación f en fábrica f con minio m; pintura f roja para imprimación f en fábrica

red mill scale n - [metal-prod] cascarilla f roja de laminación f
— **oak** n - [lumber] roble m, rojo, or rojizo
— **oxide** n - [chem] óxido m rojo • [paint] minio
— — **chromate primer** n - [paint] imprimación f con cromato m de óxido m rojo
— **pilot light** n - [safety] luz f piloto roja
— **point** n - punto m rojo
— **primed** a - [paint] imprimado,da con minio m
— — **grade . . . steel pipe** n - [tub] tubo m, or tubería f, de acero con calidad . . . imprimada con minio m
— — **pipe** n - [tub] tubo n imprimado con minio m
— — **piping** n - [tub] tubería f imprimada con minio m
— — **steel** n - [paint] acero m imprimado con minio m
— — — **pipe** n - [tub] tubo m de acero m imprimado con minio m
— — — **piping** n - [tub] tubería f de acero m imprimada con minio m
— **primer** n - [paint] imprimación f con) minio m • pintura f roja para imprimación f
— **reflector** n - [autom-electr] reflector m rojo
— **rotating caution light** n - [safety] luz f rotatoria roja para prevención f
— — **light** n - [safety] luz f rotatoria roja
— **rust** n - [metal] herrumbre m rojo
— **shale** n - [geol] esquisto(s) m rojo(s)
— **short iron** n - [metal] hierro m quebradizo (a) rojo m
— **shortness** n—[metal] fragilidad f en caliente
— **sapphire** n - [miner] zafiro m rojo
— **tailight** n—[autom-electr] luz f de cola roja
— **tape** n - [pol] expedienteo m; papeleo m; tramitación f; trámite m; formalidad f; gestión
— **terminal** n - [electr-instal] borne m rojo
— **wear zone** n - zona f roja para desgaste m
— **zinc ore** n - [miner] óxido m rojo de cinc m
— — **oxide** n - [chem] óxido m rojo de cinc m
redcap n - [transp] mozo n de cordel m
redesign n - reproyección f; rediseño* m | v - reproyectar*
redesigned a - reproyectado,da; rediseñado,da*
redesigner n - rediseñador* m
redesigning n - reproyección f; rediseño m | a - rediseñador,ra*
redevelopment n - [pol] reurbanización f • rehabilitación f
— — **project** n - [constr] obra(s) f para, urbanización f, or rehabilitación f
redimension v - medir de nuevo; redimensionar*
redimensioned a - medido,da de nuevo; redimensionado,da*
redimensioning n - medición f de nuevo; redimensión(amiento)* n
redirect v - dirigir de nuevo; redirigir*
— **@ errant vehicle** v - [transp] redirigir vehículo m, errante, or sin gobierno m
— **@ vehicle** v - [transp] redirigir vehículo m
redirected a - redirigido,da
— **vehicle** n - [transp] vehículo m redirigido
redirecting n - redirección f; reencaminamiento
redish brown n - castaño m rojizo; rojizo m parduzco
— — **coating** n - recubrimiento castaño m rojizo
redline n - línea f roja • [autom-instrum] línea f roja para velocidad f máxima
redn. n - see **reduction**
redo v - rehacer
redoing n - rehechura f; rehacimiento m
redraft n - [legal] borrador m nuevo | v - preparar borrador m nuevo | v - preparar de nuevo; volver a preparar
redress v - [mech] . . .; reconstruir
— **@ grip block** v - [mech] reconstruir bloque m, sujetador, or para sujeción f
— **@ groove** v - [mech] reconstruir ranura f
redressed a - [mech] . . .; reconstruido,da
— **grip block** n - [mech] bloque m, sujetador, or para sujeción f, reconstruido

redressed groove n - [mech] ranura f reconstruida
redressing n - [mech] reconstrucción f
redry a - eseco,ca | v - secar nuevamente
reduce v - . . .; paliar; aliviar; mitigar; menguar
— **@ accident severity** v - [safety] reducir severidad f de accidente m
— **@ admixture** v - [weld] reducir incorporación f; reducir mezcla f (de metales m)
— **@ air blast** v - [metal-prod] reducir soplado m
— **@ aluminum dispersion** v - [metal-prod] reducir dispersión f de aluminio m
— **@ amperage** v - [electr-distrib] reducir amperaje m
— **@ arc amount** v - [weld] reducir cantidad f de arco m
— **@ — blow** v - [weld] reducir soplo m (magnético) de arco m
— **@ — length** v - [weld] reducir largo(r) m de arco m
— **@ — time** v - [weld] reducir tiempo m para soldadura f
— **@ backfill saturation** v - [constr] reducir saturación f de, relleno m, or terraplén m
— **@ backlash** v - [mech] reducir contragolpe m
— **@ blast** v - [metal-prod] reducir, or acortar, or bajar, soplado m, or viento m
— **@ blow** v—[weld] reducir soplo m (magnético)
— **@ burn through** v—[weld] reducir perforación
— **by grinding** n - [mech] reducir mediante esmerilado m
— — **swaging** v - [metal-fabr] reducir mediante recalcado m
— **@ capacity** v - reducir capacidad f
— **@ capital** v - [fin] reducir capital m
— **@ carbide precipitation** v - [metal-prod] reducir precipitación f de carburo m
— **@ chance(s)** v reducir posibilidad(es) f
— **@ coercitivity** v - reducir coercividad f
— **@ connection load** v - [electr-oper] reducir carga f sobre conexión f
— **@ collision(s)** v—[transp] reducir choque(s)
— **considerably** v - reducir, considerablemente, or notablemente
— **@ consumption** v - reducir consumo m
— **continuously** v - [metal-roll] reducir en continuo
— **@ cost** v - reducir costo m
— **@ cracking** v [weld] reducir agrietamiento m
— **@ — tendency** v - [weld] reducir tendencia f a agrietamiento m
— **@ culvert area** v - [hydr] reducir área f transversal de alcantarilla f
— **@ current** v - [weld] reducir amperaje m
— **@ cycling** v - reducir ciclo(s) m
— **@ danger** v - reducir peligro m
— **@ deflection** v - reducir deformación f
— **@ deformation** v - reducir deformación f
— **@ diameter** v - reducir diámetro m
— **directly** v - reducir directamente
— **@ dispersion** v - reducir dispersión f
— **@ distortion tendency** v - [Weld] reducir tendencia f a distorsión f
— **@ downtime** v - [ind] reducir tiempo m, inactivo, or de inactividad f
— **dramatically** v - reducir marcadamente
— **@ engine noise** v - [int.comb] reducir ruido m de motor m
— **@ — speed** v - [int.comb] reducir velocidad f de motor m
— **@ — temperature** v - [int.comb] reducir temperatura f de motor m
— **@ — wear** v - [int.comb] reducir desgaste m de motor m
— **@ feeding speed** v - reducir velocidad f para alimentación f
— **@ fire hazard** n - [safety] reducir riesgo m de incendio(s) m
— **@ flash through** v - [weld] reducir destellos
— **@ flux consumption** v - [weld] reducir consu-

mo m de fundente m
reduce @ **fuel pressure** v - [combust] reducir presión f de combustible m
— **further** v - reducir adicionalmente
— @ **gradient** v - [constr] reducir pendiente f
— @ **hardness** v - reducir dureza f
— @ **hazard** v - [safety] reducir riesgo m
— @ **heating** v - [weld] reducir calentamiento m
— @ **hydrocarbon(s) atmosphere emission** v - [petrol] reducir emisión f de hidrocarburo(s) m a atmósfera f
— @ **hydroplaning** n - [autom-tires] reducir deslizamiento m (sobre agua m)
— @ **inlet velocity** v - [hydr] reducir velocidad f para entrada f
— @ **input** v - [weld] reducir aportación f
— @ **iron ore** v - [miner] reducir mineral m de hierro m
— @ **length** v - reducir, largo(r) m, or largura
— @ **load** v - reducir carga f
— @ **loss** v - reducir pérdida f
— @ **lump** v - [metal-prod] reducir terrón m
— @ **magnetic iron blow** v - [weld] reducir soplo m magnético de arco m
— @ **material partially** v - reducir parcialmente material m
— @ **operator fatigue** v - [weld] reducir fatiga f para soldador m
— @ **ore directly** v - [metal-prod] reducir directamente metal m
— @ — **proportion in** @ **burden** v - [metal-prod] bajar carga f
— @ **outlet velocity** v - [hydr] reducir velocidad f para salida f
— @ **oxygen** v - [metal-prod] reducir oxígeno m
— **partially** v - reducir parcialmente
— @ **pellet(s)** v - [metal-prod] reducir pella(s) f
— @ — **batch** v - [miner] reducir partida f de pella(s) f
— @ **penetration into** @ **metal** v - [weld] reducir penetración f dentro de metal m
— @ **replacement cost** v - reducir costo m para reemplazo m
— @ **rope diameter** v - [cabl] reducir diámetro m de cable m
— @ **scour hazard** v - [hydr] reducir peligro m de derrubio m
— @ **separation possibility** v - reducir posibilidad f de separación f
— **seriously** v - reducir seriamente
— @ **share** v - [fin] reducir participación f
— @ **silting** v - [hydr] reducir sedimentación f
— @ **size** v - reducir, or disminuir, tamaño m, or diámetro m
— @ **slag** v - [metal-prod] reducir chatarra f
— **slightly** v - reducir levemente
— @ **spatter** v - [weld] reducir salpicadura(s) f
— @ **speed** v - reducir, or disminuir, velocidad f
— @ **squirm** v - [autom-tires] reducir serpenteo m
— **to** @ **proper size** v - reducir a tamaño m apropiado
— @ **tread wear** v - [autom-tires] reducir desgaste n de banda f para rodamiento m
— @ **warpage** v - [mech] reducir alabeo m
— @ **waste** v - reducir desperdicio(s) m
— @ **water velocity** n - [hydr] reducir velocidad f de agua n
— @ **waterway** v - [hydr] reducir sección f hidráulica
— @ **wear** v - reducir desgaste n
— @ **weight** v - reducir peso m
— @ **welding time** v - [weld] reducir tiempo m para soldadura f
— @ **weldor fatigue** v - [weld] reducir, or disminuir, fatiga f para soldador m
— @ **wind** v - [metal-prod] reducir, or bajar, or acortar, soplado m, or viento m
— @ **work** v - reducir trabajo m
— @ **yield** v - [ind] reducir rendimiento m
reduced a - reducido,da; menguado,da; (a)minorado,da; paliado,da - [metal-prod] acortado,da

reduced accident severity n - [safety] severidad f de accidente m reducida
— **air blast** n - [metal-prod] soplado m, reducido, or acortado
— — **flow** n - [ind] caudal m de aire m reducido
— **area in** @ **tuyere** n - [metal-prod] tobera f reducida
— **backfill saturation** n - [constr] saturación f de, relleno m, or terraplén m, reducida
— **backlash** n - [mech] contragolpe m reducido
— **blast** n - [metal-prod] soplado m, reducido, or acortado; marcha f acortada
— **boom** n - [cranes] aguilón m reducido
— — **tip** n - [cranes] punta f de aguilón m reducida
— **by swaging** a - [metal-fabr] reducido,da mediante recalcado m
— **chance** n - posibilidad f reducida
— **collision(s)** n - [transp] choque(s) m reducido(s)(
— **connection load** n - [electr-equip] carga f sobre conexión f reducida
— **continuously** a - [metal-roll] reducido,da en, continuo, or forma f continua
— **culvert area** n - [hydr] área m transversal de alcantarilla f reducida
— **current** n - [electr-oper] amperaje m reducido
— — **starting** n - [weld] encendido m con amperaje m reducido
— **danger** n - [safety] peligro m reducido
— **deflection** n - [mech] deformación f, or desviación f, reducida
— **directly** a - reducido,da directamente
— — **iron ore** n - [metal-prod] mineral m de hierro m reducido directamente
— — **ore** n - [metal-prod] mineral m reducido directamente
— **downtime** n - [ind] tiempo m, inactivo, or de inactividad f, reducido
— **dramatically** a - reducido,da marcadamente
— **effort** n - esfuerzo m reducido
— **engine noise** n - [int.comb] ruido m reducido de motor m
— — **speed** n - [int.comb] velocidad f reducida de motor m
— — **temperature** n - [int.comb] temperatura f de motor m reducida
— — **wear** n - [int.comb] desgaste m reducido de motor m
— **flow** n - caudal m reducido
— **fatigue** n - [ind] fatiga f, reducida, or disminuida
— **fire hazard** n - [safety] riesgo m de incendio m reducido
— **force** n - [weld] impulsión f reducida
— **fuel pressure** n - [combust] presión f de combustible m reducida
— **further** a - reducido,da adicionalmente
— **gap** n - [weld] separación f reducida • [mech] entrehierro m reducido
— **gradient** n - [constr] pendiente f reducida
— **hardness** n - dureza f reducida
— **hazard** n -]safety] riesgo m reducido
— **headwater** n - [hydr] agua f para entrada f reducida
— **heating** n - [weld] calentamiento m reducido
— **height** n - altura f reducida
— — **boom** n - [cranes] aguilón m con altura f reducida
— — — **point** n - [cranes] punta f de aguilón m con altura f reducida
— **high oxide content** n - [metal-prod] contenido m, alto, or elevado, reducido, de óxido m
— **hydrocarbon atmosphere emission(s)** n - [petrol] emisión(es) f de hidrocarburo(s) m a atmósfera f reducida(s) f
— **hydroplaning** n - [autom-tires] deslizamiento m (sobre agua m) reducido
— — **possibility** n - [autom-tires] posibilidad f reducida de deslizamiento m (sobre agua m)
— **inlet velocity** n - [hydr] velocidad f para

reduced internal stress

 entrada f reducida
reduced internal stress n - [metal] tensión f interna f, reducida, or menor
— — **high oxide content** n - [metal-prod] contenido m, alto, or elevado, de óxido en acero m reducido
— — **ore** n - [metal-prod] mineral m de hierro m reducido
— — **oxide content** n - [metal-prod] contenido m reducido de óxido en hierro m
— — **purchase(s)** n - [metal-prod] compra f reducida de, hierro m, or arrabio m • compra f de hierro m reducido
— — **purity** n - [metal-prod] pureza f de hierro m reducido • pureza f reducida de hierro m
— — **refining** n - [metal-prod] afino m, reducido de hierro, or de hierro m reducido
— **load** n - carga f reducida
— **loss** n - pérdida f reducida
— **lump** n - [metal-prod] terrón m reducido
— **maintenance cost** n - [ind] costo m reducido para, mantenimiento m, or conservación f
— **material** n - [miner] material m, reducido, or para reducción f
— —**(s) recovery** n - [metal-prod] recuperación f de material(es) m reducido(s) • recuperación f reducida de material(es) m
— **operator fatigue** n - [ind] fatiga f, reducida, or disminuida, de operador m • [weld] fatiga f, reducida, or disminuida, para soldador m
— **ore** n - [metal-prod] mineral m reducido
— — **price** n - [miner] precio m reducido para mineral m • [metal-prod] precio m para mineral m reducido
— **outlet velocity** n - [hydr] velocidad f para salida f reducida
— **pellet(s)** n - [metal-prod] pella(s) f reducida(s)
— — **batch** n - [miner] partida f de pella(s) f reducida(s)
— **property** n - propiedad f, reducida, or exigua
— **rate** n - tasa f reducida; canon m reducido
— **ratio** n - razón f reducida
— **replacement cost** n - costo m reducido para, reemplazo m, or substitución f
— **risk** n - riesgo m reducido
— **rope diameter** n - [cabl] diámetro m reducido de cable m
— **scale physical model** n - maqueta f en escala reducida
— **scour hazard** n - [hydr] peligro m reducido de derrubio m
— **scrap** n - [ind] desperdicio(s) m menor(es); cantidad f menor de desperdicio(s) m; [metal-prod] chatarra f reducida; cantidad f menor de chatarra f
— **section** n - [metalroll] paso m reducido; poco paso m
— **separation possibility** n - posibilidad f, de separación f reducida, or reducida de separación f
— **seriously** a - reducido,da seriamente
— **share** n - [fin] participación f reducida
— **silting** n - [hydr] sedimentación f reducida
— **size** n - tamaño m, reducido, or disminuido • [tub] diámetro m, reducido, or disminuido
— **slag** n - [metal-prod] escoria f, reducida, or menor
— — **volume** n - [metal-prod] volumen m, reducido, or menor, de escoria f
— **slightly** a - reducido,da levemente
— **speed** n - velocidad f reducida
— **squirm** n - [autom-tires] serpenteo m reducido
— **strength joint** n - [weld] junta f con resistencia f reducida
— **stress** n - [metal] tensión f, reducida, or menor
— **strip** n - [metal-roll] fleje m reducido
— **tax rate** n - [fisc] canon m, tributario, or impositivo, rebajado, or reducido, or menor;

tasa f, tributaria, or impositiva, reducida
— **reduced tip** n - [mech] punta f reducida
— **to @ proper size** a - reducido,da a tamaño m apropiado
— **travel speed** n - [weld] velocidad f para avance m reducida
— **tread wear** n - [autom-tires] desgaste m reducido de banda f para rodamiento m
— **tuyere area** n - [metal-prod] tobera f reducida
— **voltage starter** n - [electr-oper] arrancador m para voltaje m reducido
— **volume** n - volumen m, reducido, or menor
— **warpage** n - [mech] alabeo m reducido
— **waste** n - desperdicio(s) m, reducido(s), or menor(es)
— **water velocity** n - [hydr] velocidad f de agua m reducida
— **waterway** n - sección f hidráulica reducida
— **wear** n - desgaste m reducido
— **weldor fatigue** n - [weld] fatiga f, reducida, or disminuida, para soldador m
— **wire feed(ing) speed** n - [weld] velocidad f reducida para alimentación f de alambre m
— **work** n - trabajo m reducido
— **yield** n - [ind] rendimiento m reducido
reducer n - . . .; menguador m • [petrol] alambique m, reductor, or para reducción f
—**(s) blend** n - [chem] mezcla f de reductor(es)
— **drive** n - accionamiento m de reductor m
— **gear** n - [mech] engranaje m de reductor m
— **mechanism** n - [mech] mecanismo m reductor
— **motor** n - [electr-mot] motor m reductor
— **shaft** n - [mech] eje m, or árbol m, (de) reductor m
— **sheave** n - [mech] polea f para reductor m
reducibility n - reduc(t)ibilidad f
— **test** n - [miner] prueba f de reduc(t)ibilidad
reducible n - reduc(t)ible
reducing n - reducción f; reducimiento m; (a)minoración f; paliación f | a - reductor,ra; menguador,ra; con reducción f
— **agent** n - [ind] agente m, reductor, or para reducción f
— **atmosphere** n - [ind] atmósfera f reductora
— **bushing** n - [mech] buje m para reducción f
— **compound** n - [chem] compuesto m reductor
— **control valve** n - válvula f reguladora reductora
— **crusher** n - [miner] trituradora f reductora
— **device** n - [mech] dispositivo m reductor
— **elbow** n - [tub] cono m, reductor, or para reducción f
— **facility,ties** n - [ind] instalación(es) f para reducción f
— **fitting** n - [tub] reductor m; reducción f
— **flame** n - [weld] llama f reductora
— **furnace** n - [metal-treat] horno m, reductor, or para reducción f
— **gas** n - [metal-prod] gas m, reductor, or para reducción f
— — **analysis** n - [metal-prod] análisis m, or composición f, de gas m para reducción f
— — **percentage** n - [metal-prod] porcentaje m de gas m, reductor, or para reducción f
— — **requirement** n - [metal-prod] exigencia f para gas m reductor
— **mechanism** n - [mech] mecanismo m reductor
— **mill** n - [metal-roll] laminador m, or tren m, reductor, or para reducción f • taller m para reducción f
— **motor** n - [metal-roll] motor m reductor
— **nipple** n - [tub] entrerrosca f, reductora, or para reducción f
— **period** n - [metal-roll] período m para reducción f
— **phase** n - [metal-prod] fase f, reductora, or para reducción f
— **plant** n - [metal-prod] planta f, reductora, or para reducción f
— — **process** n - proceso m para reducción f

reducing reaction n - reacción f, reductora, or para reducción f
— **solid** n - [chem] sólido m reductor
— **starter** n - [electr-mot] arrancador m (con) reductor m (para intensidad t)
— **still** n - [petrol] alambique m, reductor, or para reducción f
— **street reducer** n - [tub] codo m macho y hembra, reductor, or para reducción f
— **tee** n - [tub] te m, reductor, or para reducción f
— **time** n - tiempo m para reducción f
— **to @ proper size** n - reducción f a tamaño apropiado
— **valve** n - [tub] válvula f, reductora, or para reducción f
— — **adjustment** n - [valv] ajuste m para válvula f, reductora, or para reducción f
reductant* n - reductor m
reductibility n - see **reducibility**
reductio ad absurdum n - reducción a, or demostración f por, absurdo m
reduction n - . . . .; reducimiento m; (a)minoración f; paliación f • deducción f • extricción f • [tub] reductor m | a - reductor,ra
— **agent** m - [ind] agente m, reductor, or para reducción f
— **amount** f - cantidad f de reducción f
— **and control** n - reducción f y regulación f
— — — **system** n - [ind] sistema m para reducción f y regulación f
— **application** n - aplicación f de reducción f
— **average** n - promedio m de reducción f
— **axle** n - [mech] eje m para reducción f
— **compression loss** n - reducción f en compresión f para reducción f
— **crusher** n - [miner] trituradora f para reducción f
— **degree** n - [mech] grado m de reducción f
— **department** n - [metal-roll] departamento m para reducción f
— **facility,ties** n - [miner] instalación(es) f para reducción f
— **factor** n - factor n, or coeficiente m, para reducción f
— **furnace bottom** n - [metal-prod] fondo m, or parte f inferior, de horno m para reducción f
— — **top** n - [metal-prod] tope m, or parte f superior, de horno m para reducción f
— **gas** n - [metal-prod] gas m, reductor, or para reducción f
— — **analysis** n - [metal-prod] análisis m, or composición f, de gas m para reducción f
— — **percentage** n - [metal-prod] porcentaje m de gas m, reductor, or para reducción f
— **gear(s)** n - [mech] engranaje(s) m, reductores, or para reducción f
— — **unit** n - [mech] unidad m, or conjunto m, de engranaje(s) m para reducción f
— **installation cost** n - [metal-prod] costo m para instalación f para reducción f
— **instrinsic yield** n - [metal-prod] rendimiento m intrínseco de reducción f
— **line** n — [metal-roll] sección f para reducción
— **loss** n - pérdida f en reducción f
— **mechanism** n - [mech] mecanismo m, reductor, or para reducción f
— **mill** n - [metal-roll] tren m, or laminador m, para reducción f
— **operation** n - operación f para reducción f
— **parameter** n - [miner] parámetro m para reducción f
— **percentage** n - porcentaje m de reducción f
— **period** n - período m para reducción f
— **phase** n - [metal-prod] fase f, reductora, or para reducción f
— **plant** n - [metal-prod] planta f, reductora, or para reducción f
— **practice** n - [metal-roll] práctica f para reducción f
— **process** n - [ind] proceso m para reducción f

reduction process description n -[metal-prod] descripoción f de proceso m para reducción f
— — **parameter** n - [miner] parámetro m para proceso m para reducción f
— **reaction** n - [metal-prod] reacción f, reductora, or para reducción f
— **stand** n - [metal-roll] caja f para reducción
— **stage** n - etapa f para reducción f
— — **stage** n - [mech] etapa m en sistema m para reducción f
— **temperature** n - [metal-iron] temperatura f para reducción f
— **time** n - tiempo m para reducción f
— **to iron** n — [metal-prod] reducción f a hierro
— **to @ proper size** n - reducción f a tamaño m apropiado
— **sponge iron** n - [metal-prod] reducción f a hierro m esponja
— **table** n - tabla f para reducción(es) f
— **unit** n - [mech] dispositivo m reductor, or instalación f reductora, or para reducción f
— — **cover** n - [int.comb] cubierta f para dispositivo m, reductor, or para reducción f
— — **housing** n - [int.comb] caja f para dispositivo m para reducción f
— **yield** n - [metal-prod] rendimiento m de reducción f
redundantly adv - redundantemente
Redwood viscosimeter n - [instrum] viscosímetro m (de) Redwood
reecho n - repercusión f | v - repercutir
reed(s) assembly n - [electr-instal] conjunto m de lámina(s) f
— **mace** n - [botan] espadaña f
— **patch** n - [agric] espadañal m
— **part** n - [mech] pieza f (de) Reed
— **switch** n - [electr-equip] interruptor m con lámina f
— — **assembly** n - [electr-equip] conjunto m de interruptor m con lámina f
— — **coil** n - [electr-equip] devanado m, or bobina f, para interruptor m con lámina f
— — — **assembly** n - [electr-instal] conjunto m para devanado m para interruptor m con lámina f
— — **energizer** n - [electr-equip] excitador m para interruptor m con lámina f
— — — **assembly** n - [electr-equip] conjunto m de excitador m para interruptor m con lámina
reef type n - tipo m de arrecife m
— — **trap** n - trampa f tipo m arrecife m
reel n - . . . .; tambor m; molinete m; bobina f • [mech] devanadora | v - . . . .; enrollar; (a)bobinar; arrollar
— **and wire** n - [mech] carrete(l) m y alambre m
— **assembly** n - [petrol] conjunto m de, carrete m, or tambor m, para alambre m
— **base** n - [weld] base m para carrete(l) m
— **bracket** n - ménsula f, or abrazadera f, para carrete(l) m
— — **brake** n - freno m para, ménsula f, or abrazadera f, para carrete(l) m
— — — **disk** n - [mech] disco m para freno m para, ménsula f, or abrazadera f, para carrete(l) m
— **brake** n - [mech] freno m para carrete(l) m
— — **adjustment** n - [weld] ajuste m de freno m para carrete(l) m
— — **lever** n - [mech] palanca f para freno m para carrete(l) m
— — — **bracket** n - [mech] ménsula f para palanca f para freno m para carrete(l) m
— — **rim** n - [mech] pestaña f de freno m para carrete(l) m
— — — **underside** n - [mech] lado m inferior de pestaña f de freno m para carrete(l) m
— — **screw** n - [mech] tornillo m para freno m para carrete(l) m
— — — **adjustment** n - [mech] ajuste m de tornillo m para freno m para carrete(l) m
— — **shaft** n - [mech] árbol m, or eje m, para

reel case

    freno m para carrete m
reel case n - [mech] caja f para carrete m
— — **assembly** n - [mech] conjunto m de caja f para carrete m
— **cavity** n - [mech] cavidad f para carrete m
—, **change**, **or changing** n - [mech] cambio m, or reemplazo m, de carrete m
— **chime** n - [cabl] pestaña f en tambor m
— **clutch** n - [mech] embrague m para carrete m
— — **valve** n - [petrol] válvula f para embrague m para carrete m
— **control** n - [mech] regulación f de carrete m • regulador m para carrete m
— **cover** n - [weld] cubierta f, or tapa f, para carrete m
— — **assembly** n - [weld] conjunto m de, cubierta f, or tapa f, para carrete m
— — **hole** n - [mech] agujero m, or orificio m, en, cubierta f, or tapa f, para carrete m
— — **kit** n - [mech] conjunto m de, cubierta f, or tapa f, para carrete m
— — **part** n - [mech] pieza f para, cubierta f, or tapa f, para carrete m
— — —**(s) kit** n - [mech] conjunto m, or juego m, de pieza(s) f para, cubierta f, or tapa f, para carrete m
— **door** n - [mech] puerta f para carrete m
— **drum** n - [cabl] tambor m para cable m
— — **assembly** n - [mech] conjunto m de tambor m para cable m
— **enclosure** n - [weld] caja f para carrete m
— — **door** n - [mech] puerta f para caja f para carrete m
— **extension** n - [mech] prolongación f, or suplemento m, para carrete m
— — **sheath** n - [mech] caja f para, prolongación f, or suplemento m, para carrete m
— — — **assembly** n - [mech] conjunto m de caja f para, prolongación f, or suplemento m, para carrete m
— **fitting** n - [mech] pico m para engrase m para carrete m
— **grease fitting** n - [mech] pico m para engrase m para carrete m
— **groove** n - [mech] ranura f en carrete m
— — **hole** n - [mech] agujero m, or orificio m, en ranura f en carrete m
— **housing** n - [mech] caja f para carrete m
— — **back** n - [mech] dorso m, or respaldo m, para caja f para carrete m
— — **bottom** n - [mech] fondo m de caja f para carrete m
— — **door** n - [mech] puerta f para caja f para carrete m
— — **front** n - frente de caja f para carrete m
— — **side** n - [mech] costado m de caja f para carrete m
— — **top** n - tapa f, or parte f superior, de caja f para carrete m
— **hub** n - [mech] cubo m de carrete m
— — **hole** n - [mech] orificio m en cubo m de carrete m
— **in @ win** v - [sports] lograr triunfo m
— **latch** n - [mech] pestillo m para carrete m
— **lift** n - [mech] elevador m para carrete m
— — **cylinder** n - [agric] cilindro m para elevación f de carrete m
— **lifting** n - elevación f, or levantamiento m, de carrete m
— **loading** n - [mech] carga f de carrete m
— **lowering** n - [mech] bajada f de carrete m
— **mount** n - [mech] soporte m para carrete m
— — **door** n - [mech] puerta f para soporte m para carrete m
— **mounting** n - [mech] soporte m para carrete m
— — **bracket** n - [mech] ménsula f para montaje m de carrete m
— — **shaft** n - [mech] eje m, or árbol m, para montaje m de carrete m
— — — **assembly** n - [mech] conjunto m de eje m para montaje m para carrete m

reel notch n - [mech] muesca f en carrete m
— **outer rim** n - [mech] borde m exterior de carrete m
— **packed** a - [transp] sobre carrete(s) m
— **pay-off** n - [mech] desenrollamiento m de (sobre) carrete m
— — — **equipment** n - [weld] equipo m para, desabobinado, or desenrollamiento m, de bobina(s) f
— — **unit** n - [wiredrwng] equipo m desenrollador para carrete m
— **pulley** n - [mech] polea f para carrete m
— — **notch** n - [mech] muesca f en polea f para carrete m
— **rack** n - [mech] (dispositivo m) portacarrete
— **raising** n - [mech] elevación f de carrete m
— **reach** n - [petrol] vástago m para, tambor m, or malacate m
— **replacement** n - [mech] reemplazo m de carrete m
— **rim** n - [mech] borde m de carrete m
— **shaft** n - [mech] eje m para carrete m • [petrol] árbol m para tambor m para cable m
— — **assembly** n - [mech] conjunto m de eje m para carrete m • [petrol] conjunto m de árbol m para tambor m para cable m
— — **mounting assembly** n - [weld] conjunto m para montaje m para eje m para carrete m
— — — **bracket** n - [weld] can m para montaje m de eje m para carrete m
— **spacer** n - [mech] (manguito) separador m para carrete m
— **speed** n - [mech] velocidad f de carrete m
— — **switch** n - [agric-equip] conmutador m para velocidad f de carrete m
— **support** n - [mech] portacarrete(s) m; soporte m para carrete m
— — **assembly** n - [mech] conjunto m de, portacarrete(s) m, or soporte m para carrete m
— **switch** n - [agric-equip] conmutador m para carrete m
— **tang** n - [mech] saliente m en carrete m
— **turn** n - [mech] giro m, or rotación f, de carrete m
— **unit** n - [mech] mecanismo m para carrete m
— **unwinding** n - [mech] desenrollamiento m de carrete m
— **valve** n - [mech] válvula f para carrete m
— — **air** n - [mech] aire m para válvula f para carrete m
— — — **supply** n - [mech] provisión f, or suministro m, de aire m para válvula f para carrete m
— **weight** n - [cabl] peso m de, carrete m, or tambor m
— **width** n - [mech] ancho(r) m de carrete m
reeled a - [cabl] bobinado,da
— **in** a - [sports] triunfo m logrado
— — **win** n - [sports] triunfo m logrado
reeling n - bobinado m; enrollado m
— **drum** n - [mech] tambor m para, abobinado m, or enrollamiento m
— **operation** n - [mech] operación f para enrollamiento m
Reelite n - [mech] Reelite m
reëmphasize v - recalcar
reëmphasized a - recalcado,da
reënter @ race v - [sports] reingresar en carrera f
reëntered a - reingresado,da; reincorporado,da
reëntering n - reingreso m; reincorporación f
reëntrant angle n - [constr] ángulo m para, constricción f, or reentrada f
reëstablished a - restablecido,da
reëstablishing n - restablecimiento m; replanteo m
reëstablishment n - restablecimiento m; replanteo m
reeve v - [cabl] . . . . • enhebrar; pasar por
reeved a - enhebrado,da; pasado,da por
Reeves alternating current control n - [electr-

instal] regulador m (de) Reeves para corriente f alterna
reeving n - [cabl] enhebrado m; paso m por • laboreo m • guarnición f; recubrimiento m; forro m (exterior) • [cabl] colocación f sobre tambor m
reëxport @ capital v - [fin] reexportar capital
reëxportability n - [com] reexportabilidad f
reëxportable a - reexportable • con derecho m para reexportación f
— **capital** n - [fin] capital m reexportable
— **('s) true value** n - [fin] valor m real de capital m reexportable
— **('s) value** n - [fin] valor m de capital m reexportable
— **in convertible currency** a - [fin] reexportable en moneda f convertible
— — **freely convertible currency** a - [fin] reexportable en moneda f convertible libremente
reëxportation right(s) n - [com] derecho(s) m para reexportación f
— **(s) asset(s)** n - [fin] activo(s) m con derecho(s) m para reexportación f
— **(s) capital** n - [fin] capital m con derecho m para reexportación f
reëxported a - reexportado,da
— **capital** n - [fin] capital m reexportado
reëxporter n - [com] reexportador m
reëxporting n - [econ] reexportación f | a - [com] reexportador,ra
reface v - [mech] refrentar*
refacing n - refrentado* m; refrentamiento* m
refeeding n - [electron] realimentación f
— **response** n - [electron] respuesta a realimentación f
refer directly v - referir directamente
— **to** v - hacer referencia, or referir(se), a • consultar; citar; remitir(se) • consultar
— — **@ directory** v - [public] referir(se a guía f
— — **@ ground** v - [electron] referir(se) a tierra f
reference n - . . . • consulta f • [public] obra f para referencia f | v - referenciar; hacer referencia f
— **beam** n - [constr] viga f para referencia f
— **book** n - [public] libro m para referencia f • manual m
— **circuit** n - [electr-instal] circuito m para referencia f
— **code** n - código m para referencia f
— **coil** n - [instrum] bobina f para referencia
— **contract** n - [legal] contrato m referido
— **document** n - [legal] documento m referido
— **@ document** v - referenciar documento m
— **documentation** n - documentación f para referencia f
— **guide** n - guía f para referencia f
— **index** n - índice m para referencia f
— **line** n - [weld] línea f para referencia f
— **(s) list** n - lista f para, referencia f, or consulta f
— **making** n - efectuación f de referencia f
— **mark** n - [public] llamada f
— **number** n - número m para referencia f
— **pattern** n - [electr-instal] gráfico m para referencia f
— **plate** n - placa f para referencia f
— **point** n - punto m para referencia f
— **purpose(s)** n - fin(es) m de referencia f
— **source** n - fuente f para referencia f
— **standard** n - norma f para referencia f
— **system** n - sistema m para referencia f
— **table** n - tabla f, or cuadro m, para referencia f
— **term** n - término m para referencia f
— — **(s) interpretation** n - interpretación f de término(s) m para referencia f
— — **(s) objective** n - objetivo m para términos m para referencia f
— **to @ ground** n - [electron] referencia f a tierra f
reference voltage n - [weld] voltaje m para referencia f
— — **circuit** n - [weld] circuito m para voltaje m para referencia f
— **work** n - [public] obra f de referencia f
referenced a - referenciado,da; con referencia a
— **to @ ground** a - [electron] referido,da, or con, referencia f, or respecto m, a tierra f
referencing to @ ground n - [electron] referencia f a tierra f
referent adv - referente
referred a - referido,da
— **directly** a - referido,da directamente
— **to** a - referido,da a; citado,da
referring n - referencia f | a - referente
— **to** a - referente, or con referencia f, a; citado,da
refigure v - calcular, nuevamente, or de nuevo
refigured a - calculado,da, nuevamente, or de nuevo; recalculado,da*
refiguring n - cálculo m nuevo; calculación f nueva; recálculo* m
refill n - reabastecimiento • recambio m; also see **refilling** | v - (re)llenar (de nuevo)
— **@ battery** v - [electr-oper] llenar nuevamente, or rellenar, acumulador m
— **@ body** v - [mech] reabastecer, cuerpo m, or armadura f
— **@ chain case** n - [mech] reabastecer caja f para cadena f
— **@ fuel tank** n - [int.comb] reabastecer, or llenar de nuevo, depósito m para combustible
— **@ gasoline tank** n - [int.comb] reabastecer depósito m para gasolina f
— **@ oil reservoir** n - [mech] reabastecer, or llenar de nuevo, depósito m de reserva para aceite m
— **@ power end** b - [petrol] reabastecer extremo m, hacia, or que da a, motor m
— **@ — — oil** v - [petrol] reabastecer aceite m en extremo m hacia motor m
— **@ pump** v - [pumps] reabastecer bomba f
— **@ with oil** v - [pumps] reabastecer bomba f con aceite m
— **reel** n - [mech] carrete m para recambio m
— **@ reservoir** v - reabastecer depósito m para reserva f
— **@ sump** v - [mech] (re)llenar colector m
— **@ system** v - llenar sistema m
— **@ tank** v - [int.comb] reabastecer, or rellenar, depósito m
— **@ unit** v - reabastecer dispositivo m
— **with oil** v - reabastecer con, or reponer, aceite m
refillable adv - rellenable
refilled a - reabastecido,da; (re)llenado,da; repuesto,ta; recambiado,da
— **chain case** n - [mech] caja f para cadena f reabastecida
— **fuel tank** n - [int.comb] depósito m para combustible m, reabastecido, or rellenado
— **gasoline tank** n - [int.comb] depósito m para gasolina reabastecido
— **power end** n - [petrol] extremo m hacia motor m reabastecido
— **pump** n - [pumps] bomba f reabastecida
— **sump** n - colector m, or sumidero m, rellenado
— **system** n — sistema m, reabastecido, or llenado
— **tank** n - [int.comb] depósito m, reabastecido, or rellenado
refiller n - reabastecedor m; rellenador m
refilling n - reabastecimiento m; rellenamiento m • [mech] recambio m | a - abastecedor,ra; rellenador,ra
— **@ fuel tank** n - [int.comb] reabastecimiento m, or rellenamiento m, de depósito m para combustible m
refinance v - [fin] refinanciar
refinanced a - [fin] refinanciado,da
refinancer n - [fin] refinanciador m

refinancing

refinancing n - [fin] refinanciamiento m | a - refinanciador,ra
refine @ copper v - [metal-prod] refinar, or afinar, cobre m
— **@ metal** v - [metal-prod] refinar, or afinar, metal m
— **@ petroleum** v - [petrol] refinar petróleo m
— **@ scrap** v - [metal-prod] refinar chatarra f
— **@ skill** v - afinar destreza f
refined a - . . . .; perfeccionado,da • preciso,sa
— **copper** n - [metal-prod] cobre m, refinado, or afinado
— **design approach** n - abocamiento m preciso para proyección f
— **metal** n - [metal-prod] metal m, refinado, or afinado
— **pig iron** n - [metal-prod] arrabio m refinado
— **raw steel** n - [metal-prod] acero m crudo refinado
— **scrap** n - [metal-prod] chatarra f refinada
— **steel** n - [metal-prod] acero m refinado
— **suspension** n - [autom-mech] suspensión f mejorada
refinement n - . . .; afinamiento m; mejora f
— **proposing** n - propuesta f para afinamiento m
refinery distillery tube n - [tub] tubo m para destilación f para refinería f
— **still** n - [petrol] alambique m para refinería
— — **tube** n - [tub] tubo m para alambique m para refinería f
refining n - . . .; afino m; refinadura f; afinamiento m; afino m | a - refinador,ra
— **agent** n - agente m refinador
— **fuel use** n - uso m, or empleo m, or consumo m, or gasto m, de combustible m para afino m
— **material(s) used** n - [metal-prod] materiales m para afino m, usado(s), or empleado(s), or utilizado(s)
— **period** n - período m para, refinación f, or afino m, or purificación f
— **process** n - proceso m para, refinación f, or afino m
— **reaction** n - [metal-prod] reacción f para refinación f, or afino m
— **temperature** n - [metal-prod] temperatura f para, refinación f, or afino m
— **time** n [metal-prod] tiempo m para, refinación f, or afino m
— **unit** n - [ind] dispositivo m, or equipo m, para, refinación f, or afino m
— **zone** n - [weld] zona f para refinamiento m
reflect v - . . . .; reflectar; espejar • repercutir
— **back** v - reflejar hacia atrás
— **in @ earning(s)** v - [fin] relejar(se) en utilidad(es) f
— **@ unknown variable** v - reflejar variable f desconocida
— **@ variable** v - reflejar variable f
reflected a - . . . . • reflexionado,da
— **energy** n - energía f reflejada
— **signal** n - señal f reflejada
— **unknown variable** n - variable f desconocida reflejada
— **variable** n - variable f reflejada
reflectable a - reflejable
reflecting n - reflexión f; reflejo m | a - reflectante; reflector,ra
— **device** n - dispositivo m, reflectante, or reflector
— **stud** n - borne m reflector
reflection microscope n - [instrim] microscopio m, reflector, or por reflexión f
— **point** n - [optics] punto m para reflexión f
— **seismograph** n - [intrum] sismógrafo m por reflexión f
— **seismic work** n - [petrol] trabajo m sísmico por sistema m por reflexión f
reflective paint n—[paint] pintura f reflectora
— **sign** n - señal f reflectora
— **surface** n - superficie f reflectora

reflector n - [electr-ilum] reflector | a - reflector,ra
——**type vest** n - [safety] chaleco m (tipo) reflector
— **washer** n - [roads] arandela f reflectora
reflectorized sheeting n - plancha f reflectante
— **washer** n - [roads] arandela f reflectora
reflex n - [medic] see reflex action | a - reflejo,ja
reflexively adv - reflexivamente
refloor v - [bridges] repavimentar
— **@ bridge** v - [constr] repavimentar puente m
refloored a - [bridges] repavimentado,da
— **bridge** n - [bridges] puente m repavimentado
reflooring n - [bridges] repavimentación f
reflux n . . . . • recirculación f
— **pump** n - [pumps] bomba f para recirculación
— **pumping** n - [pumps] bombeo m para recirculación f
— — **tank** n - [ind] depósito m para bombeo m para recirculación f
reformed a - reformado,da
— **cold gas** n - [metal-prod] gas m frío reformado
— **gas** n - [metal-prod] gas m reformado
— — **plant** n - [metal-prod] planta f para gas m reformado
— — **reduction plant** n - [metal-prod] planta f para reducción f con gas m reformado
reforming n - reforma(ción) f | a - reformador,ra
— **catalyst** n - [metal-prod] catalizador m para reformación f
— — **contamination** n - [metal-prod] ccntaminación f de catalizador m para reformación f
— **furnace** n - [metal-prod] horno m para reformación f
— **gas exhaust temperature** n - [metal-prod] temperatura f a salida f de gas m para reformación f
— — **outgoing temperature** n - [metal-prod] temperatura f a salida f de gas m para reformación f
— — **temperature** n - [metal-prod] temperatura f de gas m para reformación f
— **installation** n - [metal-prod] instalación f para reformación f
— **production** n - [metal-prod] producción f de reformación f
— **system** n - [metal-prod] sistema m para reformación f
— **temperature** n - [metal-prod] temperatura f para reformación f
— **test** n - [metal-prod] ensayo m, or prueba f, para reformación f
reformulate v - reformular
reformulated a - reformulado,da
reformulation n - reformulación f
refracted a - refractado,da; refracto,ta
refracting n - refracción f | a - refractor,ra
refraction index n - índice m para refracción f
refractive a - . . .; refractivo,va*
— **index** n - índice m, refractivo, or para refracción f
refractory,ries n - [constr] ladrillo(s) refractario(s) m | a - refractario,ria
— **alloy** n - [chem] aleación f refractaria
— — **part** n - [mech] pieza f de aleación f refractaria
— **ball** n - [ceram] bola f, refractaria, or de material m refractario
— **breakout** n - [metal-prod] reventón m de (ladrillos) refractarios
— **brick(s)** n - [ceram] ladrillo(s) m refractario(s)
— —**(s) baffle** n - [constr] deflector m, or diafragma m, de ladrillo(s) m refractario(s)
— — **covered** a - [ceram] recubierto,ta con ladrillo(s) m refractario(s)
— **bricklayer** n - [ceram] refractarista m
— — **supervisor** n - jefe m refractarista

refractory brickwork n - [constr] enladrillado m refractario
— — **hearth** n - [combust] hogar m, or crisol m, de, ladrillo(s) m, or enladrillado m, refractario(s)
— — **cylindrical hearth** n - [combust] hogar m, or crisol m, cilíndrico de, ladrillo(s) m, or enladrillado m, refractario(s)
— **cement** n - [ceram] cemento m refractario
—,**ries chemical analysis** n - [ceram] análisis m químico, or composición f química, de refractario(s) m
— **clay** n - [ceram] arcilla f, or tierra f, refractaria
—,**ries concern** n - [ceram] empresa f, or firma f, pare refractario(s) m
—,**ries consumer** n - [ceram] usuario m de refractario(s) m
—,**ries cooling** n - [ceram] enfriamiento m, or refrigeración f, de refractario(s) m
—,**ries cost** n - [ceram] costo(s) m de refractario(s) m
—,**ries —(s) per ton** n - [ceram] costo(s) m de refractario(s) m por tonelada (de 2000 lbs.)
—,**ries —(s) — produced** n - [ceram] costo(s) m de refractario(s) m por tonelada (de 2000 libras) producida
— **covering** n - [ceram] recubrimiento m refractario
—,**ries — useful life** n - [combust] vida f útil de refractario(s) m para recubrimiento m
—,**ries crew** n - [ind] cuadrilla f para refractario(s) m
—,**ries department** n - [ind] departamento m para refractario(s) m
—,**ries — representative** n - [ind] representante m de departamento m para refractario(s) m
—,**ries destruction** n - [ceram] destrucción f de refractario(s) m
—,**ries dimension(s)** n - [ceram] dimensión(es) f, or medida(s) f, de refractario(s) m
—,**ries division** n - [ind] división f para refractario(s) m
—,**ries duration** n - [ceram] duración f de refractario(s) m
— **earth** n - [ceram] tierra f refractaria
— **electrode** n - [weld] electrodo m refractario
—,**ries industry** n - [ceram] industria f, refractaria, or de refractario(s) m
— **insulation** n - aislación f refractaria
—,**ries life** n - [ceram] vida f (útil), or duración f, de refractario(s) m
— **lining** n—[ceram] revestimiento m refractario
—,**ries maintenance** n - [ceram] mantenimiento m, or conservación f, de refractario(s) m
—,**ries make** n - [ceram] marca f de refractarios
—,**ries manufacturer(s)** n - [ceram] fabricante(s) m de refractario(s) m
—,**ries mason** n - [ceram] refractarista m
— **material(s)** n - [ceram] material(es) m refractario(s)
— —**(s) ball** n - [ceram] bola f de material m refractario
— —**(s) comparison** n - [ceram] comparación f de material(es) m refractario(s)
— **mortar** n - [ceram] mortero m refractario; argamasa f refractaria
—,**ries problem** n - [ceram] problema m con refractario(s) m
—,**ries rebuilding** n - [ceram] reconstrucción f de refractario(s) m
—,**ries repair** n - [ceram] reparación f de refractario(s) m
—,**ries repairman** n - [ceram] refractarista m
—,**ries —, assistant, or helper** n - [ceram] ayudante m para refractarista m
—,**ries requirement(s)** n - [ceram] exigencia(s) f para refractario(s) m • consumo m de refractario(s) m
—,**ries saving** n - [ceram] ahorro m, or economía f, de refractario(s) m

refractory shape n - [ceram] pieza f, refractaria, or de refractario(s) m; ladrillo m refractario
— **soil** n - [refract] suelo m refractario
— **supervisor** n - [ceram] jefe m refractarista
— **system** n - [ceram] sistema m refractario
— **thickness** n - [ceram] espesor m de refractario(s) m
—,**ries useful life** n - [ceram] vida f útil de refractario(s) m
refreshed a - refrescado,da
refreshing n - refrescamiento m | a - .... • reconfortante
refreshment parlor n - [culin] fresquería f
— **patio** m - [culin] merendero m
— **shop** n - [culin] fresquería f
refrigerant n - ....; líquido m refrigerante
— **addition** n - [ind] adición f de (líquido) refrigerante m
— **charge** n - carga f de (líquido) refrigerante | v - cargar (líquido) refrigerante m
— **charged** a - cargado,da con (líquido) refrigerante m
— **charging** n - carga f con (líquido) refrigerante m
— **check(ing)** n - [ind] verificación f de (líquido) refrigerante m
— **condensing** n - [ind] condensación f de (líquido) refrigerante m
— — **pressure** n - [ind] presión f para condensación f de (líquido) refrigerante m
— **contaminant check(ing)** n - [ind] verificación f de contaminante m en (líquido) refrigerante m
— **evaporator** n - [ind] evaporador m para (líquido) refrigerante m
— — **pressure** n - [ind] presión f en evaporador m para (líquido) refrigerante m
— **full charge** n - [ind] carga f, completa, or plena f, de (líquido) refrigerante m
— **high pressure cut-off switch** n - [ind] disyuntor m, or interruptor m, para presión f alta para (líquido) refrigerante m
— — — **switch** n - [ind] conmutador m, or interruptor m, para presión f alta para (líquido) refrigerante m
— **leakage** n - fuga f de (líquido) refrigerante
— **loss** n - pérdida f de (líquido) refrigerante
— — **switch** n - interruptor m para pérdida f de (líquido) refrigerante m
— **low pressure switch** n - [ind] conmutador m, or interruptor m, para presión f baja para (líquido) refrigerante m
— **pressure** n - [ind] presión f de (líquido) refrigerante m
— **type** n - tipo m de (líquido) refrigerante m
refrigerated a - refrigerado,da; enfriado,da
— **air drier** n - [ind] secador m por aire m refrigerado
— **ammonia** n - [chem] amoniaco m refrigerado
— — **barge** n - [nav] lanchón m, or barcaza f, para amoniaco m refrigerado
— **compressed air drier** n - [ind] secador m por aire m comprimido refrigerado
refrigerating n - .... | a - frigorífico,ca; enfriador,ra
refrigeration control n - [ind] regulación f para refrigeración f • regulador m para refrigeración f
— — **adjustment** n - [ind] ajuste m para regulación f para refrigeración f
— **equipment** n - equipo m para, refrigeración f, or enfriamiento m
— — **frame** n - [metal-prod] carcasa f para equipo m para refrigeración f
— **industry** n - [ind] industria f, frigorífica, or para refrigeración f
— **piping** n—[tub] tubería f para refrigeración
— **service** n - [ind] servicio m para refrigeración f
— — **valve** n - [ind] válvula f para servicio m para refrigeración f

refrigeration serviceman n - [ind] mecánico m para refrigeración f
— **station** n - [ind] estación f, or planta f, para refrigeración f
— **system** n - [ind] sistema m, or red f, para refrigeración f
refrigerator n - [domest] . . .; refrigeradora f; nevera f
— **condenser** n - condensador m para refrigerador m; condensadora f para refrigeradora f
refuel v - [int.comb] reabastecer; repostar
refueled a - [int.comb] reabastecido,da (con combustible); repostado,da
refueling n - [int.comb] reabastecimiento m, or reaprovisonamiento m, (con combustible m)
refuge n - . . . | v - refugiar
refuged a - refugiado,da
refulgent a - . . .; fúlgido,da; fulgente
refund n - [fin] . . .; reintegro m; reintegración f • devolución f | v - devolver • [fin] . . .; reintegrar; restituir
— **endorsement** n - [insur] endoso m para devolución f
refunded a - reembolsado,da; reintegrado,da; reembolsado,da; devuelto,ta
refunder n - reembolsador m; restituidor m
refunding n - devolución f; restitución f - | a - devolvedor,ra; restituidor,ra
refusal n - . . .; rechazo m
— **right** n - derecho m para rechazo m • prioridad f para rechazo m
— **to register** n - [legal] denegación f de, registro m, or registración f, or inscripción f
refuse n - desecho(s) m; desperdicio(s) m • basura f | v - rehusar; denegar
— **collection** n - [sanit] recolección f de, basura(s) f, or desperdicio(s) m, or residuo(s) f
— **dump** n - [constr] escombrera f; vaciadero m
— **fill material** n - [constr] basura f para material m para relleno m
refused a - rehusado,da; denegado,da
Reg Spr Lk n - [mech] see **regular spring lock**
regain v - . . .; retomar* • lograr nuevamente
— **@ casing pressure** v - lograr nuevamente presión f en tubería f (para entubación f)
— **@ control** v - [autom] recobrar gobierno m
— **@ desire casing pressure** v - [petrol] lograr nuevamente presión f deseada en tubería f para entubación f
— **@ lead** v - retomar, or tomar nuevamente, delantera f
— **possession of** v - [legal] reivindicar
— **@ pressure** v - [mech] lograr nuevamente presión f
regained a - recobrado,da; recuperado,da; retomado,da • logrado,da nuevamente
— **casing pressure** n - [petrol] presión f en tubería f para entubación f lograda nuevamente
— **control** n - [autom] gobierno m recobrado
— **desired casing pressure** n - [petrol] presión f deseada en tubería f para entubación f lograda nuevamente
— **pressure** n - [mech] presión f lograda nuevamente
regaining n - recobro m; recuperación f; retoma* f - logro m nuevamente
regaled a - agasajado,da
regaling n - agasajo m
regard n - . . . • aspecto m • particular m | a - (in) con referencia f | v - . . .
regarding adv - referente a
regardless a—cualquiera sea • a cualquier costo
— **of @ depth** a - sin tener(se) en cuenta profundidad; a cualquier(a) profundidad f
regenerate @ fuel v - [nucl] regenerar combustible m
regenerated a - regenerado,da
— **bacterial solution** n—disolución f bacteriana regenerada
— **fuel** n - [nucl] combustible m regenerado
— **solution** n - disolución f regenerada

regenerating n - regeneración f | regenerador,ra
— **fluid** n—fluido n regenerador; eluyente* m
— — **preparation** n - preparación f de fluido m regenerador
— **stove** n - [ind] estufa f regeneradora
regeneration n - . . .; elución* f
— **activity** n - [nucl] actividad f para, regeneración f, or reelaboración f
— **chamber** n - [metal-prod] cámara f, regeneradora, or para regeneración f
regenerative air heater n - calentador m regenerador para aire m
— **heater** n - calentador m regenerador
— **quenching** n - [metal-treat] inmersión f regenerativa; apagamiento m regenerativo
— **soaking pit** n - [metal-roll] fosa f para, recalentamiento m, or igualación f para temperatura f, regenerativa
— **stove** n—[metal-prod] estufa f regenerativa
— **type soaking pit** n - [metal-roll] fosa f para, recalentamiento m, or igualación f para temperatura f, de tipo m regenerativo
regenerator n - . . . • [metal-prod] . . .; ajedrezado m; emparrillado m; enladrillado m
— **chamber** n - [metal-prod] cámara f, regeneradora, or para regeneración f
regia water n - [chem] see **aqua regia**
region n - . . .; comarca f; zona f
regional a - . . .; comarcal
— **airport** n - [aeron] aeropuerto m regional
— **Andean Group** n - [pol] Grupo m Regional Andino
— **as @ whole** n - [geogr] región f en conjunto
— **country** n - [pol] país m en región f
— **development** n - desarrollo m de región f
— **Dock Supervisor** n - [pol] Inspector m Regional de Muelle(s) m
— **highway** n - [roads] carretera f, regional, or comarcal
— **interest railway** n - [rail] ferrocarril m con interés m regional
— **manager** m - [managm] gerente m regional
— **race** n - [sports] carrera f regional
— **sales administration** n - [managm] administración f regional para venta(s) f
— **steel making industry** n - [metal-prod] industria f siderúrgica regional
register n - . . . • registro m de firmas f | v - . . . • filiar
— n - [pol] Boletín m, or Gaceta f, Oficial
— **@ agreement** v - [legal] registrar, or protocolizar, convenio m, or acuerdo m
— **between** v - registrar entre
— **clock** n - [electron] reloj m para registro m
— **@ contract** v - registrar, or protocolizar, or inscribir, contrato m
— **@ copyright** v - [legal] registrar, propiedad f intelectual, or derecho(s) m literario(s)
— **depth** n - [naut] puntal m de arqueo m
— **@ engine hour(s)** v - [instrum] registrar hora(s) f de operación f para motor m
— **@ invoice** v - registrar factura f
— **of interested party,ties** n - registro m de firma(s) f interesada(s)
— **officially** v - registrar, or inscribir, oficialmente
— **on @ dial** v - [instrum] registrar en esfera f
— **@ patent** v - [legal] registrar patente f (de invención f)
— — —**('s) right(s)** v - [legal] registrar derecho(s) m de patente f (de invención f)
— **@ right(s)** v - [legal] registrar derecho(s)
— **(ing) stage** n - etapa f para registro n
— **@ trade mark** v - [legal] registrar marca f, de fábrica(ción) f, or industrial; registrar nombre m, comercial, or de comercio m
— **@ — name** v - [legal] registrar, nombre m, comercial, or de comercio m
— **with @ official notary** v - protocolizar
registered a - regitrado,da; matriculado,da;

inscripto,ta • marcado,da • [legal] protocolizado,da • [commun] certificado,da
registered agreement n - [legal] convenio m, or acuerdo m, registrado, or protocolizado
— **between** a - registrado,da entre
— **copyright** n - [legal] propiedad f intelectual registrada; derecho(s) m literario(s) registrado(s)
— **direct foreign investment** n - [fin] inversión f extranjera directa registrada
— **engineer** n - ingeniero m, matriculado, or inscripto
— **headquarters** n - [legal] sede f oficial
— **investment** n - [fin] inversión f registrada
— **invoice** n - factura f registrada
— **letter** n - [communic] carta f certificada
— **mail** n - [communic] correo m certificado
— **model** n - modelo m registrado • modelo m, útil, or con utilidad f
— **office** n - [legal] domicilio m, or sede f, oficial
— **officially** a - inscripto,ta oficialmente
— **on @ dial** a - [instrum] registrado,da en esfera f
— **patent** n - [legal] patente f (de invención f) registrada
— — **right(s)** n - [legal] derecho(s) m de patente f (de invención f) registrado(s)
— **right(s)** n - [legal] derecho(s) registrado(s)
— **security** n - [fin] valor m registrado
— **share** n - [fin] acción f nominal
— **stock** n - [fin] acción(es) f nominal(es)
— **trade mark** n - [legal] marca f, industrial, or de fabrica(ción) f, registrada
— — **name** n - [legal] nombre m, comercial, or de comercio m, registrado
— **with @ official notary** a - [legal] protocolizado,da
registering n - registración f • marcación f • [legal] protocolización f ⌐ a - registrador,ra; matriculador,ra
— **between** n - registro m, or registración f, entre
— **device** n—[instrum] dispositivo m registrador
— **on @ dial** n - [instrum] registro m, or registración f, en esfera f
registrar n - . . . .; matriculador m • [legal] [G.B.] síndico m
registration n - . . . .; registración f; matrícula f • [communic] certificación f
— **certificate** n - certificado m de inscripción
— **charge** n - [communic] cargo m por, certificación f, or registración f
— **date** n - fecha f de registración f
— **division** n - [legal] división f para, registro m, or registración f
— **form** n - planilla f, or impreso m, or formulario* m, para, registro m, or registración f
— **procedure** n - procedimiento m para, registro m, or registración f
— **requested** n - [legal] registración f en trámite n
— **time** n - tiempo m, or hora f, or momento m, de, registro m, or registración f
registry n - . . . . • [legal] protocolo m
regrease n - [mech] reengrasar
regreased a - [mech] reengrasado,da
regreaser n - [mech] reengrasador m
regreasing n - [mech] reengrase m ⌐ a - [mech] reengrasador,ra
regressive condition n - condición f regresiva
regrettable a - . . . .; funesto,ta
regrettably adv - . . . .; sentidamente; funestamente
regrind v - [mech] volver a esmerilar; refrentar
regrindable a - [mech] refrentable
— **disk** n - [valv] disco m refrentable
— **metal disk** n - [mech] disco m metálico refrentable
— — **seat** n - [valv] asiento m metálico refrentable

regrindable plug n - [valv] tapón m, or obturador m, refren⁺able
— — **type** a - [valv] de tipo m, taponador, or obturador, refrentable
— — — **disk** n - [valv] disco m de tipo m, taponador, or obturador, refrentable
— — — **metal disk** n - [valv] disco m metálico de tipo m obturador refrentable
— — — — **seat** n - [valv] asiento m metálico de tipo obturador refrentable
— — — **seat** n - [valv] asiento m refrentable de tipo m obturador
regrinding n - [mech] refrentación f; reesmerilado* m
— **instruction(s)** n - [mech] instrucción(es) f para, refrentación f, or reesmerilado* m
reground a - [mech] refrentado,da; reesmerilado,da*
regroup v - reagrupar
regrouped a - reagrupado,da
regrouping n - reagrupación f
regrout n - [constr] volver a enlechar; enlechar nuevamente
regrow v - recrecer; volver a crecer
regrowth n - recrecimiento m
regular a - . . . . • periódico,ca
— **advertiser** n - [public] avisador m regular
— **basis** n - base f, or forma f, regular
— **check(ing)** n - verificación f regular
— **co-driver** n - [sports] copiloto m regular; acompañante m acostumbrado
— **commercial bright finish** n - [wire] acabado m brillante comercial regular
— **contact** n - . . . . • [safety] entrevista f periódica
— **control** n - regulación f común
— — **mixer** n - [culin] mezcladora f con regulación f común
— **equipment** n - equipo m, normal, or corriente
— **fashion** n - forma f regular
— **flow** n - [hydr] caudal m regular
— **feed(ing)** n - alimentación f regular
— **flux flow** n - [weld] alimentación f regular de fundente m
— **gasoline** n - [combust] gasolina f, regular, or corriente
— — **grade** n - [petrol] gasolina f de tipo corriente
— **grade** n - calidad f, or tipo m, corriente
— — **gasoline** n - [petrol] gasolina f de, calidad f, or tipo m, corriente
— — **leaded gasoline** n - [petrol] gasolina f con plomo m de tipo m corriente
— — — **type gasoline** n - [petrol] gasolina f con plomo m de tipo m corriente
— — **non-leaded gasoline** n - [petrol] gasolina f sin plomo m de tipo m corriente
— — — — **type gasoline** n - [petrol] gasolina f sin plomo m de tipo m corriente
— **hex(agonal) nut** n - [mech] tuerca f hexagonal, común, or corriente
— **installation** n - instalación f corriente
— — **quality** n - calidad f corriente de instalación f
— **interval application** n - aplicación f a intervalo(s) m regular(es)
— —(s) **attached** a - [mech] fijado,da a intervalo(s) m regular(es)
— —(s) **check(ing)** n - verificación f a intervalo(s) m regular(es)
— **jam nut** n - [mech] contratuerca f corriente
— **lay** n - [cabl] trenzado m, or corchado* m, regular, or normal
— — **rope** n - [cabl] cable m con trenzado m, regular, or normal
— — **lay** n - [cabl] trenzado m regular hacia izquierda f
— **maintenance** n - [ind] mantenimiento m, or conservación f, regular
— — **procedure** n - [ind] procedimiento m regular para mantenimiento m

regular manner n - forma f regular
— **meeting** n - reunión f regular • [legal] asamblea f general (ordinaria) (de accionistas m)
— **monthly meeting** n - reunión f mensual regular
— — **safety meeting** n - [Safety] reunión f mensual regular sobre seguridad f
— **operation** n - operación f, regular, or normal
— **period** n - período m, or plazo m, regular
— **plant compressed air system** n - [ind] red f para aire comprimido para planta f
— **production** n - [ind] producción f, or fabricación f, corriente • producción f en serie
— — **radial (tire)** n - [autom-tires] neumático m radial de producción f corriente
— — **street tire** n - [autom-tires] neumático de producción f, regular, or corriente, para carretera(s) f
— — **tire** n - [autom-tires] neumático m de, fabricación f corriente, or en serie f
— **quality** n - calidad f corriente
— **reducer** n - [mech] reductor m, regular, or común, or corriente
— **right lay** n - [cabl] trenzado m, or corchado* m, regular hacia derecha f
— **safety contact** n - [safety] entrevista f periódica sobre seguridad f
— **scheduled flight** n - [Transp] vuelo m comercial, corriente, or regular
— **section** n - . . . . • [metal-roll] perfil m corriente
— **session** n - [legal] sesión f, or reunión f, ordinaria • [legal] asamblea f ordinaria
— **shape** n - (con)forma(ción f regular
— **shareholders meeting** n - [legal] asamblea f (general) ordinaria (de accionistas m)
— **socket slip** n - [petrol] campana f para pesca f (sencilla) con aleta(s) f
— **spangle** n - [metal-treat-galv] floreado m normal
— **spring lock washer** n - [mech] arandela f para seguridad f común con resorte m
— **square nut** n - [mech] tuerca f cuadrada corriente
— **stockholders meeting** n - [legal] asamblea f (general) ordinaria (de accionistas m)
— **style thimble** n - [cabl] guardacabo(s) m de tipo m, regular, or corriente
— **tire** n - [autom-tires] neumático m corriente
— **trough** n - [mech] canaleta f común
— **type** n - tipo m, corriente, or regular
— — **engine lathe** n - [mech] torno m mecánico de tipo m corriente
— — **lathe** n - [mech] torno m de tipo corriente
— **wire feeding** n - [mech] alimentación f regular de alambre m
— **work** n - trabajo m regular
— — **week** n - [labor] horario m semanal, or semana f, regular para trabajo m
regularizing n - regularización f | a - regularizador,ra
regularly adv - . . . ; en forma f regular
regulatability* n - regulabilidad* f
regulatable a - regulable
regulate v - . . . ; reglar
— @ **alternating current voltage** v - [electr-prod] regular voltaje m en corriente alterna
— @ **bead size** v - [weld] regular tamaño m de cordón m
— @ **burner** v - [combust] regular quemador m
— @ **direct current voltage** v - [electr-distrib] regular voltaje m en corriente f continua
— @ **flow** v - regular, flujo m, or caudal m
— @ **performance** v - regular, actuación f, or desempeño m, or cumplimiento m
— @ **pressure** v - regular presión f
— @ — **with @ radiator cap** v - [int.comb] regular presión f con tapa f para radiador m
— @ **procurement** v—reglamentar adquisición f
— @ **voltage** v - [electr-oper] regular voltaje m
— **with @ radiator cap** v - [int.comb] regular con tapa f para radiador m

regulate @ work in progress v - [managm] regular trabajo m en ejecución
regulated a - regulado,da; reglamentado,da
— **alternating current voltage** n - [electron] voltaje m en corriente f alterna regulado
— — — **check(ing)** n - [electron] verificación f de voltaje m en corriente f alterna regulado
— **automatically** a - [ind] regulado,da automáticamente
— **bead size** n - [weld] tamaño m regulado para cordón m
— **burner** n - [combust] quemador m regulado
— **compliance** n - [legal] cumplimiento m con, reglamento m, or reglamentación f
— **direct current voltage** n - [electron] voltaje m en corriente f continua regulado
— — — **check(ing)** n - [electron] verificación f de voltaje m en corriente f continua regulado
— **output** n - [electr-prod] salida f regulada • [ind] producción f regulada
— — **type** n - tipo m con salida f regulada
— **performance** n - actuación f regulada; desempeño m, or cumplimiento m, regulado
— **pressure** n - presión f regulada
— **procurement** n - adquisición f reglamentada
— **voltage** n - [electr-oper] voltaje m regulado
— **with @ radiator cap** a - [int.comb] regulado,da con tapa f para radiador m
regulated a - regulado,da; regularizado,da
— **work in progress** n - [managm] trabajo m en ejecución f regulado
regulating n - regulación f • [legal] reglamentación f; ordenamiento m | a - regulador,ra; regulativo,va
— **authority** n - [pol] autoridad f reguladora
— **butterfly valve** n - [valv] válvula f (de) mariposa reguladora
— **device** n - [instrum] dispositivo m regulador
— **equipment** n - equipo m, regulador, or para regulación f
— — **installation** n - instalación f de equipo m, regulador, or para regulación f
— — **maintenance** n - mantenimiento m, or conservación f, de equipo m para regulación f
— **material** n - material m, regulador, or para regulación f
— **oil system** n - sistema m, or red f, para regulación f de aceite m
— **plant** n - planta f, reguladora, or para regulación f
— **valve** n - [valv] válvula f, reguladora, or para regulación f
— **with @ radiator cap** n - [int.comb] regulación f con tapa f para radiador m
regulation n - . . . . • norma f; reglamentación f; disposición f • régimen m • exigencia f
—(s) **code** n - [legal] estatuto(s) m
—(s) **code draft** n - [legal] proyecto m, or borrador m, para estatuto(s) m
—(s) **noncompliance** n - [legal] incumplimiento m con, reglamento m, or reglamentación f
— **type** n - tipo m de reglamentación f
regulator n - . . . ; reguladora f - [mech] regulador m; volante m | a - regulador,ra
— **circuit** n - [electron] circuito m regulador
— **device** n - [instrum] dispositivo m regulador
— **expansion** n—[mech] expansión f de reguladorr
— **gage** n - [mech] manómetro m, or aforador m, regulador, or para regulación f
— **gate** n - [hydr] compuerta f, reguladora, or para regulación f
— **room** n - [electr-oper] sala f para regulador
— **with @ gage** n - [mech] regulador m con calibrador m
regulatory a - . . . ; regulatorio,ria
— **authority** n - [pol] autoridad f reguladora
— **decree** n - [pol] decreto m reglamentario
— **purpose** n - propósito m, or fin m, regulatorio

regulatory ruling n — disposición f reglamentaria
— **sign** n - [roads] letrero m, or indicador m, regulatorio
rehabilitate with @ relining v - [constr] rehabiitar con revestimiento m nuevo
rehabilitated a - rehabilitado,da
— **with @ relining** a - [constr] rehabilitado,da con revestimiento m nuevo
rehabilitating n - rehabilitación f | a - rehabilitador,ra
rehabilitation program n - programa m para rehabilitación f
— **with @ relining** n - [constr] rehabilitación f con revestimiento m nuevo
rehabilitator n - rehabilitador m
rehandle v - [ind] reelaborar; reprocesar
— **@ fuel** v - [nucl] reelaborar combustible m
rehandled a - [ind] reelaborado,da; reprocesado,da
— **fuel** n - [nucl] combustible m reelaborado
rehandling n - [ind] reelaboración f; reprocesamiento m
reheat n - see **reheating** | v - recalentar; recocer
— **locally** v - recalentar localmente
— **@ steam** v - [steam] recalentar vapor m
— **treat** v - [weld] tratar térmicamente con recalentamiento m
reheated a - recalentado,da; recocido,da
— **locally** a - recalentado,da localmente
— **steam** n - [steam] vapor m recalentado
— **strip** n - [metal-roll] banda f, or cinta f, or chapa f, recalentada; fleje m recalentado
reheater tubing n - [tub] tubería f para recalentador m
reheating causing a - causante m de recalentamiento m
— **furnace** n - [metal-roll] horno m, recalentador, or para recalentamiento m
— — **base** n - [metal-roll] base f para horno m para recalentamiento m
— — **bottom** n - [metal-roll] base f de horno m para recalentamiento m
— — **charge** n - [metal-roll] carga f para horno m para recalentamiento m
— — **charging equipment** n - [metal-roll] equipo m para carga f para horno m para recalentamiento m
— — **combustion** n - [metal-roll] combustión f en horno(s) m para recalentamiento m
— — — **problem** n - [metal-roll] problema m con combustión f en horno m para recalentamiento
— — — **process** n - [metal-roll] proceso m para combustión f en horno m para recalentamiento m
— — **equipment** n - [metal-roll] equipo m para horno m para recalentamiento m
— — **extracting equipment** n - [metal-roll] equipo m para descarga f para horno m para recalentamiento m
— — **problem** n - [metal-roll] problema m en horno m para recalentamiento m
— **slab furnace** n - [metal-roll] horno m para recalentamiento m para planchón(es) m
reignition n - [weld] reencendido m
reimbursable a - reembolsable • reintegrable
— **cost** n - costo m reembolsable
— **expense(s)** n - [com] gasto(s) reembolsable(s)
— **fund** n - [fin] fondo m, reembolsable, or reponible
reimburse v - . . . .; restituir
— **@ cost** v - reembolsar costo m
— **@ documentary tax** v - [fisc] reembolsar, or reintegrar, (papel) sellado m
reimbursed a - reembolsado,da • reintegrado,da
— **cost** n - costo m reembolsado
— **documentary tax** n - [fisc] (papel) sellado m, reintegrado, or reembolsado
reimbursement n - . . . .; reintegro m; restitución f
— **certificate** n - [fisc] certificado m para, reintegro m, or reembolso m

reimbursement guaranty n - [fin] garantía f para reembolso m
— — **request** n - [fin] solicitud, or pedido m, de garantía f para reembolso m
— **request** n - [fin] solicitud m, or pedido m, de reembolso m
reimburser n - [fin] reintegrador m
reimbursing n - reembolso m | a - reembolsador,ra; reintegrador,ra
reindeer herding n - [zool] cría f de reno(s) m
reindustrialization n - [econ] reindustrialización f
— **stage** n - [econ] etapa f para reindustrialización f
reindustrialize v - [ind] reindustrializar
reindustrialized a - [econ] reindustrializado,da
reindustrializing n - [econ] reindustrialización f | [econ] reindustrializador,ra
reinforce v - . . . . [constr] entibar
— **@ arch** v - [constr] reforzar bóveda f
— **@ cut end** v - reforzar extremo m cortado
— **@ edge** v - [mech] reforzar borde m
— **@ end** v - [constr] reforzar extremo m
— **properly** v - reforzar, apropiadamente, or debidamente
— **@ top arch** v - [constr] reforzar bóveda f (superior)
— **@ winch** v - [mech] reforzar cabrestante m
reinforced a - reforzado,da • [constr-concrete] armado,da
— **arch** n - [constr] bóveda f reforzada
— **bar slip** n - [environm] junta f enchufada con tira f moldeada; refuerzo m con, barra f, or pletina f
— — **joint** n - [mech] junta f enchufada con tira f moldeada reforzada
— **base** n - base f reforzada
— **channel** n - [metal-roll] viga f acanalada reforzada
— **concrete** n - [constr] hormigón m, armado, or reforzado
— — **arch** n - [constr] bóveda f de hormigón m armado
— — **abutment** n - [constr] estribo m de hormigón m armado
— — **arch** n - [constr] bóveda f de hormigón m armado
— — **base** n - [constr] base f de hormigón m armado
— — **billet steel bar** n - [metal-roll] acero m de tocho m en barra f para hormigón m armado
— — **box** n - [constr] caja f de hormigón m armado
— — **culvert** n - [constr] alcantarilla f rectangular de hormigón m armado
— — **bridge** n - [constr] puente m de hormigón m armado
— — **construction** n - [constr] construcción f con hormigón m armado
— — **corner post** n - [constr] poste m esquinero de hormigón m armado
— — **counterfort abutment** n - [constr] estribo m para contrafuerte m de hormigón m armado
— **concrete cradle** n - [constr] soporte m de hormigón m armado
— — **design** n - [constr] proyección f con hormigón m armado
— — **detailing** n - (determinación f de) detalle(s) m de hormigón m armado
— — **foundation** n - [constr] cimiento(s) m de hormigón m armado
— — **girder bridge** n - [constr] puente m de vigas f (maestras) de hormigón m armado
— — **headwall** n - [constr] muro m para cabecera f de hormigón m armado
— — **line post** n - [constr] poste m para línea de hormigón m armado
— — **monolithic cradle** n - [constr] soporte m monolítico de hormigón m armado
— — **pavement** n - [roads] pavimento m, or calzada f, de hormigón m armado

reinforced concrete pier n - [constr] pilar m de hormigón m armado
— —, **pipe, or piping** n - [tub] tubo m, or tubería f, de hormigón armado
— — **post** n - [constr] poste m de hormigón m
— — **product** n - [constr] producto m de hormigón m armado
— — **retaining wall** n - [constr] muro m para retención f de hormigón m armado
— — **round** n - [metal-roll] redondo m para hormigón m armado
— — **sewer** n - [sanit] cloaca f, or desagüe m, de hormigón m armado
— — **smooth, pipe, or piping** n - [tub] tubo m liso, or tubería f lisa, de hormigón m armado
— — **structure** n - [constr] estructura f de hormigón m armado
— — — **detailing** n - [constr] (determinación f de) detalle(s) m para estructura(s) f de hormigón m armado
— — **slab** n - [roads] losa f, or carpeta f, de hormigón m armado
— — **support** n - [constr] soporte m de hormigón m armado
— — **vault** n - [constr] bóveda f de hormigón m armado
— — **wall** n - [constr] muro m, or pared f, de hormigón m armado
— — **wing wall** n - [constr] muro m alero, or pared f alera, de hormigón m armado
— **construction** n - [constr] construcción f reforzada
— **corner** n - [constr] esquina f reforzada
— **cover** n - [electr-instal] tapa f reforzada
— **cradle** n - [constr] soporte m reforzado
— **cut end** n - extremo m cortado reforzado
— **edge** n - [mech] borde m reforzado
— — **supplementation** n - [mech] suplementación f para borde m reforzado
— **end** n - [constr] extremo m reforzado
— **fiberglass filler** n - [ceram] relleno m, or rellenador* m, reforzado de fibra f de vidrio
— **filler** n - [ceram] relleno m, or rellenador* m, reforzado
— **flashing** n-[constr] tapajunta(s) m reforzado
— — **membrane** n - [constr] tapajunta(s) m con membrana f reforzada
— **glass** n - [ceram] vidrio m reforzado
— — **wool** n - [ceram] fibra f de vidrio m reforzada
— **highway slab** n - [constr] losa f reforzada para carretera f
— **monolithic cradle** n - [constr] soporte m monolítico reforzado
— **pier** n - [constr] pilar m, (de hormigón m, armado, or) reforzado
— **pile** n - [constr] pilote m reforzado
— **pipe** n - [tub] tubo m, reforzado, or armado
— **piping** n - tubería f reforzada
— **plastic** n - [plast] (material) plástico reforzado • [metal-treat] poliestero m armado con fibra f de vidrio m
— **polyester** n - [metal-treat] poliestero m armado (con fibra f de vidrio m)
— **portland cement concrete** n - [constr] hormigón m reforzado
— **properly** a - reforzado,da, apropiadamente, or debidamente
— **reel** n - [mech] carrete m reforzado
— **section** n - [mech] sección f reforzada
— **sheet metal hood** n—caja f metálica reforzada
— **slab** n - [constr] losa f reforzada
— **soil** n—[constr] tierra f armada
— **top arch** n - [constr] bóveda f (superior) reforzada
— **weld** n - [weld] soldadura f, reforzada, or con cubrejunta(s) m
— **welded section** n - [weld] sección f soldada reforzada
— — **steel wire fabric** n - [constr] malla f de acero m soldada para armadura f

reinforced winch n - [mech] cabrestante m reforzado
reinforcement n - . . . . • [constr] . . .; acero m, or pieza f, para armadura f • [weld] recargue m; sobreespesor m; abultamiento m
— **calculation** n - cálculo m para refuerzo m
— **construction** n - [constr] construcción f de refuerzo m
— **leg** n - [constr] ala m para refuerzo m
— **material** n - [constr] material m para armadura f
— **placing** n - [constr] construcción f de refuerzo(s) m
— **wall** n - [constr] muro m, or pared f, para refuerzo m
reinforcer n - reforzador m
reinforcing n - refuerzo m • [constr] enferradura f | a - reforzador,ra
— **arch** n - [archit] bóveda f para refuerzo m
— **band** n - [constr] banda f para refuerzo m
— **bead** n - [mech] filete m para refuerzo m
— **bar** n - [metal-roll] barra f para armadura f (para hormigón m); barra f, or varilla f, para, refuerzo m, or hormigón m
— — **allowable stress** n - [constr] esfuerzo m admisible para barra(s) f para armadura f
— — **cage** n - [constr] jaula f de barra(s) f para, armadura f, or refuerzo m
— — **placement** n - [constr] colocación f de barra(s) f para, armadura f, or refuerzo m
— —(s) **spacing** n - [constr] separación f entre barra(s) f para, armadura f, or refuerzo
— **billet steel bar** n - [metal-roll] barra f de acero m en tocho(s) m para armadura f
— — — **specification** n - [metal-roll] especificación f para barra(s) f de acero m en tocho(s) m para, armadura f, or refuerzo m
— **cage** n - [constr] jaula f con armadura f
— **concrete protection** n - [constr] protección f de hormigón m para armadura f
— **filler** n - [autom-tires] agregado m, or adición f, para relleno m
— **material** n - [constr] material m para, armadura f, or refuerzo m
— **plate** n - [metal-roll] plancha f, or placa f, or chapa f, para refuerzo m
— **rib** n - [metal-roll] nervio m para refuerzo
— **ring** n - [mech] anillo m para refuerzo m
— **rod** n - [constr] barra f, or varilla f para, refuerzo m, or hormigón m
— — **cage** n - [constr-pil] armadura f de jaula f con barra(s) f
— — **round** n - [metal-roll] redondo m para, armadura f, or hormigón m
— **steel** n - [metal-roll] acero m para, armadura f, or hormigón m armado; armadura f de acero m
— — **bar** n - [metal-roll] barra f de acero m para armadura f
— — — **specification** n - [constr] especificación f para barra(s) f de acero m para, armadura(s) f, or hormigón m
— — **liner** n - [metal-fabr] revestimiento m de acero m para refuerzo m
— **wall** n - [constr] muro m para refuerzo m
— **web** n - [metal-roll] nervio m para refuerzo m
— **welded wire fabric** n - [constr] malla f soldada para armadura f
— **wire tie** n - [constr] alambre m para atar armadura(s) f
reinitiate v - reiniciar • [weld] reencender
— **@ arc** v - [weld] reencender arco m
reinitiated a - reiniciado,da • [weld] reencendido,da
— **arc** n - [weld] arco m reencendido
reinitiating, or reinitiation n - reiniciación f • [weld] reencendido m
reinject v - volver a inyectar; reintroducir
— **@ gas** v - [combust] reintroducir gas m
reins n - [petrol] tijeras f
reinstall @ bolt v - [mech] volver a, instalar,

or colocar, perno m
reinstall improperly v - reinstalar inapropiadamente
— @ **part** v - [mech] reinstalar pieza f
— **properly** v—[mech] reinstalar apropiadamente
— @ **switch** v - [electr-instal] reinstalar, conmutador m, or interruptor m
— @ **washer** v - [mech] reinstalar arandela f
reinstallation n - reinstalación f
reinstalled a - reinstalado,da
— **bolt** n - [mech] perno m, reinstalado, or colocado, or instalado, nuevamente
— **improperly** a - [mech] reinstalado,da inapropiadamente
— **part** n - [mech] pieza f reinstalada
— **properly** a - [mech] reinstalado,da apropiadamente
— **switch** n - [electr-instal] conmutador m, or interruptor m, reinstalado
— **washer** n - [mech] arandela f reinstalada
reinstaller n - reinstalador m
reinstalling n - reinstalación f | a - reinstalador,ra
reinstate v - . . .; reponer • volver
reinstatement n - . . .; reposición f
reinstruction n - instrucción f repetida •
 [labor] instrucción f, adicional, or renovada
— **correction** n - corrección f mediante instrucción f repetida
reinsurance authorization n - [insur] autorización f para reaseguro m
— **balance** n - [insur] saldo m de reaseguro m
— — **payable** n - [insur] saldo m de reaseguro m por pagar
— **company** n - [insur] compañía f de reaseguros
— **deduction** n - [insur] deducción f por reaseguro(s) m
— **payable** n - [ins] reaseguro*(s) m por pagar
— **treaty** n—[insur] convenio m sobre reaseguros
— **with another insurance company** n - [insur] reaseguro m con otra compañía f de seguro(s)
— — **other insurance companies** n - [insur] reaseguro m con otras compañías f de seguros m
— **written** n - [insur] reaseguros m contratados
reinsured n - [insur] reasegurado m | a—[insur] reasegurado,da
reinsurer n - [insur] reasegurador m
— **authorization** n - [insur] autorización f para reasegurador m
reinsuring n - [insur] reaseguro m | a - [insur] reasegurador,ra
— **company** n - [insur] compañía f reaseguradora
reintegrate v - reintegrar
reintegrated a - reintegrado,da
reintegrating n - reintegración f | a - reintegrador,ra
reintegration n - reintegración f; reintegro m
reintroduce v - reintroducir
reintroduced a - reintroducido,da
reintroduction n - reintroducción f
reinvest v - [fin] reinvertir
— @ **profit(s)** v—[econ] reinvertir utilidad(es)
reinvested a - [fin] reinvertido,da
— **profit(s)** n—[econ] utilidades f reinvertidas
— **resource(s)** n - [econ] recurso(s) m reinvertido(s)
reinvestment authorization n - [fin] autorización f para reinversión f
— **promotion** n - [econ] promoción f para reinversión f
— **registration** n - [fin] registro m, or registración f, de reinversión f
reissue @ **share(s)** v - [fin] volver a emitir acción(es) f
— @ **stock** v - [fin] volver a emitir acciones f
reissued a - emitido,da nuevamente
— **share(s)** n - [fin] acción(es) f reemitida(s)
— **stock** n - [fin] acción(es) f reemitida(s)
reissuing n - emisión f nueva; reemisión f
reiterate v - . . .; repetir; reafirmar
reiterated a - reiterado,da; repetido,da; reafirmado,da
reiterating, or **reiteration** n - reiteración f; repetición f; reafirmación f
reject n - rechazo m; rezago m; descarte m • [ind] material m de rechazo m; pieza f rechazada | v - . . .; • rebatir • [metal-prod] no admitir • [com] . . . • observar
— @ **bid** v - [com] rechazar propuesta f
— @ **blast** v - [metal-prod] no admitir soplado
— **by gravimetry** v - descartar por gravimetría
— @ **code sequence** v - [comput] rechazar, secuencia f, or orden m, en código m
— **conveyor** n - [ind] (cinta) transportadora f para rechazo(s) m
— **definitely** v rechazar definitivamente
— @ **load** v - rechazar carga f
— @ **proposal** v - [com] rechazar, propuesta f, or oferta f
— @ **order** v - rechazar pedido m
— **piler** n - [metal-roll] apiladora f para rechazo(s)(n
— — **station** n - estación f (de) apiladora f para rechazo(s) m
— @ **product** v - [ind] rechazar producto m
— @ **signal** v - [comput] rechazar señal f
— @ **signalling** v - [comput] rechazar señalización f
— @ **spare part(s)** v - [ind] rechazar (pieza f para) repuesto(s) m
— @ **weld** v - [weld] rechazar soldadura f
rejectable a - rechazable; descartable
rejected a - rechazado,da; descartado,da; desechado,da • rebatido,da • [com] observado,da
— **bid** n - [com] propuesta f rechazada
— **by gravimetry** a - descartado,da por gravimetría f
— **code sequence** n - [comput] secuencia f de código rechazada; orden m en código m rechazado
— **coil** n - [metal-roll] bobina f rechazada
— **definitely** a - rechazado,da definitivamente
— **ingot mold** n - [metal-prod] lingotera f descartada
— — **stool** n - [metal-prod] placa f para lingotera f descartada
— **load** n - carga f rechazada
— **material** n - material f, rechazado, or de rechazo m
— **mold** n—[metal-prod] lingotera f descartada
— — **stool** n - [metal-prod] placa f para lingotera f descartada
— **offer** n - [com] oferta f rechazada
— **part** n - [mech] pieza f rechazada
— **partially** a - rechazado,da parcialmente
— **pile** n - [constr-pil] pilote m rechazado
— **proposal** n - [com] propuesta f, or oferta f, rechazada
— **signal** n - [comput] señal f rechazada
— **signalling** n - [comput] señalización f rechazada
— **spare part(s)** n - [ind] (pieza f para) repuesto m rechazado,da
— **stool** n - [metal-prod] placa f (para lingotera f) descartada
rejector n - rechazador m
rejecting n - rechazo m; rechazamiento m; desechamiento m | a - rechazador,ra
rejection n - rechazo m; rechazamiento m • desechamiento m • rebatimiento m | a - de rechazo m
— **and recuperation committee** n - [ind] comisión f para rechazo m, or recuperación f
— **by gravimetry** n - descarte m por gravimetría
— **condition** n - condición f para rechazo m
— **decision** n - decisión f para rechazo m
— **level** n - nivel m para rechazo m
— **notice** n - aviso m, or anuncio m, de rechazo
— **number** n - número m de rechazo m
relate v - . . .; conectar; relacionar entre sí • vincular • corresponder

relate directly v - relacionar, or vincular, directamente
— **to** v - relacionar con; guardar relación f con
— **@ understanding** v - aplicar conocimiento(s) m
— **@ work** v - [managm] relacionar trabajo m
related a - . . .; conectado,da; vinculado,da; relativo,va • referido,da; referente; correspondido,da; correspondiente • relatado,da
— **area** n - campo m, or especialidad f, afín
— **auxiliary** n - [ind] instalación f anexa
— **caution** n - advertencia f, or precaución f, vinculada
— **class** n - clase f vinculada
— **construction (work)** n - (obra de) construcción f relacionada
— **cost** n - costo m, vinculado, or asociado
— **device** n - [instrum] aparato m vinculado
— **directly** a - relacionado,da, or vinculado,da, directamente
— **duty** n - tarea f, conexa, or vinculada
— **equipment** n - equipo m vinculado; máquina f asociada
— **facility** n—instalación f, conexa, or anexa
— **field** n - campo m afín
— **incentive** n - incentivo m, or estímulo n, vinculado
— **industry** n - [ind] industria f vinculada
— **kind** n - clase f vinculada
— **market value** n - [fin] valor m (relativo) en mercado m
— **matter** n - asunto m vinculado
— **part** n - [mech] pieza f, relacionada, or vinculada, or conexa
— —, **check(ing)** n - [mech] verificación f de pieza f conexa
— —, **installation**, or **installing** n - [mech] instalación f de pieza f conexa
— —, **replacement**, or **replacing** n - [mech] reemplazo m, de, or para, pieza f conexa
— **precaution** n - precaución f vinculada
— **result(s)** n - resultado(s), vinculado(s), or respectivo(s), or correspondiente(s)
— **ruling(s)** n - [pol] reglamentación f, or disposición f, conexa, or vinculada
— **service** n - servicio m, relacionado, or vinculado
— **specification** n - especificación f, relacionada, or conexa
— **standard** n - norma f, vinculada, or aplicable
— **technology** n - [ind] tecnología f, vinculada, or pertinente
— **to** a - vinculado,da con
— **value** n - [fin] valor m vinculado
— **with** a - relacionado, or vinculado,da, con
— **understanding** n - conocimientos m aplicados
— **work** n - [managm] trabajo n, relacionado, or vinculado; also see **interrelated work** • [constr] obra f complementaria
relation n - . . .; vinculación f; vínculo m; conexión f • referencia f; correspondencia f
—(s) **developing** n - [managm] creación f, or promoción f, or desarrollo m, de relación(es)
—(s) — **activity** n - [managm] actividad f para, creación f, or promoción f, de relación(es) f
— **director** n - [legal] director m de relaciones
—(s) **division** n - [managm] división f para relación(es) f
— **manager** n - [managm] gerente m de relaciones
relationship n - . . .; conexión f; vinculación f; correlación f • filiación f
—(s) **devloping** n - [managm] creación f, or promoción f, de relación(es) f
— **trend** n - tendencia f de relación f
— **establishment** n - establecimiento m de, relación f, or vinculación f
relative n - [social] pariente m | a - . . .
— **abrasion** n - [weld] abrasión f relativa
— — **resistance** n - [weld] resistencia f relativa a abrasión f
— **compaction density** n - [constr] densidad f (relativa) para compactación f (relativa)

relative corner movement n - [constr] movimiento m esquinero relativo
— **ease** n - facilidad f relativa
— **equipment utilization** n - [ind] uso m relativo, or utilización f relativa, de equipo m
— **facility,ties utilization** n - [ind] utilización f relativa de instalación(es) f
— **flat** n - [topogr] llanura f relativa
— **impact resistance** n - [weld] resistencia f relativa a impacto(s) m
— **imperviousness** n - [constr] impermeabilidad f relativa
— **insensitivity** n - insensibilidad f relativa
— **motion** n - movimiento m relativo
— **operator utilization** n - [labor] utilización f relativa, de, or por, operario m
— **performance** n - rendimiento m relativo
— **rate** n - tasa f relativa; relación f
— **rating** n - calificación f relativa
— — **system** n - sistema m, relativo para calificación f, or para calificación f relativa
— **service utilization** n - [labor] utilización f relativa de servicio m
— **significance** n - significado m relativo
— **simplicity** n - sencillez f relativa
— **speed** f - velocidad f relativa
— **yielding** n - cesión f relativa
relatively brief time n - tiempo m relativamente breve
— **bright** a - relativamente brillante
— **expensive** n - relativamente costoso,sa
— — **equipment** n - [ind] equipo m relativamente costoso
— **fast** a - relativamente m, rápido, or veloz
— **flat top arch** n - [constr] bóveda f relativamente plana
— **fluid** a - [weld] relativamente fluido,da
— — **slag** n - [weld] escoria f relativamente fluida
— **heavy** n - relativamente pesado,da
— — **load** n - carga f relativamente pesada
— **high speed** n—velocidad f relativamente alta
— **inexpensive** a - con costo m relativamente, reducido, or bajo
— — **equipment** n - [ind] equipo m con costo m relativamente, reducido, or bajo
— **large** n - relativamente grande
— — **cylinder** n - [mech] cilindro m relativamente grande
— — **diameter** n - diámetro m relativamente grande
— — — **cylinder** n - [mech] cilindro m con diámetro m relativamente grande
— **light** a = relativamente liviano,na; con peso m relativamente, liviano, or reducido
— — **cover** n - [constr] cobertura f relativamente liviana • tapa f relativamente liviana
— — **load** n - carga f relativamente liviana
— — **weight** n - peso m relativamente, liviano, or reducido
— **long** n - relativamente largo,ga
— — **culvert** n - [constr] alcantarilla f relativamente larga
— **loose** a - relativamente suelto,ta
— — **formation** n - [soils] formación f relativamente suelta
— **low** a - relativamente bajo,ja
— — **cost** n - costo m relativamente, bajo, or reducido
— — — **method** n - método m con costo m relativamente, bajo, or reducido
— **near future** n - futuro m, relativamente, or más o menos, cercano
— **new** a - relativamente nuevo,va
— — **product** n - producto relativamente nuevo
— **short** a - relativamente, corto,ta, or breve
— — **culvert** n - [constr] alcantarilla f relativamente corta
— — **time** n - tiempo m relativamente, corto, or breve
— **slow cooling rate** n - [weld] rapidez f rela-

tivamente, corta, or reducida, or breve, para enfriamiento m
relatively slow speed n - velocidad f relativamente lenta, or baja
— **small** a - relativamente, pequeño,ña, or reducido,da
— **car** n - [rail] vagón m relativamente pequeño • [autom] automóvil m relativamente pequeño • [ind] vagoneta f relativamente pqueña
— — **cylinder** n - [mech] cilindro m relativamente, pequeño, or reducido
— — **diameter** n - diámetro m relativamente, reducido, or pequeño
— — — **cylinder** n - [mech] cilindro m con diámetro m relativamente, reducido, or pequeño
— **smooth** n - relativamente liso,sa
— — **metal** n—[mech] metal m relativamente liso
— **steady** a - relativamente constante
— **thin** a - relativamente delgado,da
— — **weld(ment)** n—[weld] soldadura f relativamente delgada
— **weak** a - relativamente débil
— **yielding** n - relativamente cedente
— — **support** n - [constr] sostén m, or apoyo m, relativamente cedente
relax v - . . .; descansar; solazar(se); desahogar(se); poner(se), or hacer(se), cómodo,da; aliviar tensión(es) f • descuidar(se)
relaxation n - . . .; descanso m; desahogo m; alivio m de tensión(es) f • tolerancia f
— **time** n - tiempo m para descanso m
relaxed a - descansado,da; desahogado,da; solazado,da; con tensión(es) f aliviada(s); libre de preocupación(es) f • descuidado,da
relaxing n - descanso m; solaz m; desahogo m; alivio m de tensión(es) f • descuido m
relay n - . . . • [mech] . . . • [electr-equip] relé m; relevador m; disyuntor m | v - . . . • [electr] relevar • [comunic] (re)transmitir; comunicar
— **assembly** n - [electr] conjunto m de relé m
— **back** n - [electr-instal] revés m de relé m | v - [electr=oper] relevar en retorno m
— **bottom view** n - [electr-instal] vista f inferior de relé m
— **coil** n - [electr-equip] bobina f para relé m
— **contact** n - [electron] contacto m para relé m
— — **change** n - [electr-instal] cambio m de contacto m para relé m
— — **repair** n - [electr-instal] reparación f de contacto m para relé m
— — **replacement** n - [electr-instal] reemplazo m, or cambio m, de contacto m para relé m
— **contactor** n - [electr-equip] interruptor m automático, or contactador m, para relé m
— — **repair** n - [electr-instal] reparación f de, interruptor m automático, or contactador m, para relé m
— **control** n - [electr-oper] regulación f para relé • regulador m para relé m | a - [electr-oper] see **relay controlled**
— — **@ function** v - [comput] controlar función f con relé m
— **controlled** a - [electr-oper] regulado,da, con, or por medio m de, relé(s) m
— — **drive** n - [electron] accionamiento m, or impulsión f, con regulación f con relé m
— — **fan** n - [fans] ventilador m, regulado, or con regulación f, con, or por medio de, relés
— — **function** n - [comput] función f, controlada, or regulada, con relé(s) m
— **cover** n - [electr-equip] tapa f para relé m
— — **mounting** n - [weld] montaje m de tapa f de relé m
— **function** n - [electr-oper] función f, or operación f, de relé m
— **induction** n - [electr-equip] inducción f para relé m
— **kit** n - [electr-equip] equipo m para relé m
— **latching** n - [electron] sujeción f, or retención f, con relé m

relay lead n - [electr-instal] conductor m, or cable m, a relé m
— **lever** n - [mech] palanca f, auxiliar, or para transferencia f
— **model** n - [electr-equip] modelo m de relé m • modelo m con relé m
— **mounting bracket** n - [electr-instal] soporte m para montaje m de relé m
—, **operating**, or **operation** n - [electr-oper] opración f de relé m
— **output** n - [comput] salida f en relé m
— **panel** n - [electr-instal] tablero m, or cuadro m, para relé m
— — **case** n - [electr-instal] caja m para, tablero m, or cuadro m, para relé m
— **piece** n - [electr-equip] pieza f para relé m
— **receptacle** n - [electr-instal] tomacorriente m para relé m
— **replacement** n - [electr-instal] reemplazo m para relé m
— **replacing** n - [electr-instal] reemplazo m de relé m
— **(s) sequence** n - [electr-instal] orden m de relé(s) m
— **set** n - [electr-instal] juego m de relé(s) m
— **signal** n - [electron] señal f para relé m
— **socket** n - [electr-instal] tomacorriente m para relé m
— **station** n - [electron] estación f, retransmisora, or para retransmisión f, or retransmisora
— **switch** n - [electr-instal] interruptor automático, or disyuntor m, para relé m
— **top view** n - [electr-instal] vista f, superior, or desde arriba, de relé m
— **tripping** n - [electr-oper] desconexión f de relé m
— **type** n - [electr-equip] tipo m de relé m
— **voltage** n—[electr-oper] voltaje m para relé
relaying n - [electr-oper] retransmisión f • protección f
— **approved track** n - [rail] riel m aprobado para uso m nuevo
— **purpose(s)** n - [electr-instal] fin(es) m para protección f
— **transformer** n - [electr-equip] transformador m para, retransmisión f, or protección f
relayless contactor n - [electr-equip] interruptor m automático, or disyuntor, sin relé
release n - desconexión f • aflojamiento m; suelta f; largada f; despido m; arrojamiento • soltador m; desenganche m • dispersión f; difusión f • [legal] relevo m; relevación f • [comunic] publicación f; liberación f; anuncio m • [pumps] purga f; descarga f | v - . . .; desconectar; aflojar; largar; dejar libre; destrabar; liberar; descargar • difundir; disparar; despedir; arrojar • [pumps] subir émbolo m eyector • [mech] desembragar; desacoplar; destrabar | n - alivio
— **@ air pressure** v - [pneumat] soltar presión f de aire m
— **arm** n - [electr-instal] brazo m de protector m • [mech] desembrague m; palanca f para desembragar
— — **pin** n - [mech] pasador m para brazo m para (devanado) protector m
— **automatically** v - soltar, or liberar, automáticamente
— **bracket** n - [mech] ménsula f para soltador m
— **@ brake** v - [mech] soltar, or aflojar, freno
— **@ — lock** v - [mech] desconectar, or sacar, traba f para freno m
— **@ button** v - soltar botón m
— **by hand** v - [mech] soltar manualmente; also see **hand release**
— **@ clamp** v - [mech] aflojar, or soltar, sujetador m, or abrazadera f, or mordaza f
— **@ — flange** v - [mech] soltar abrazadera f para, brida f, or pestaña f
— **@ clutch** v - [mech] soltar embrague m

release cock n - espita f para escape m
— **easily** v - soltar fácilmente
— **@ energy** v - liberar, or difundir, energía f • [metal-prod] despedir, or dispersar, energía f
— **@ — symmetrically** v - [metal-prod] dispersar energía f simétricamente
— **@ — uniformly** v - [metal-prod] dispersar, or despedir, energía f uniformemente
— **feature** n - [mech] dispositivo m, soltador, or disparador, or dispersador
— **fork** n - [mech] horquilla f para desacoplamiento m
— **fully** v - [mech] soltar, or aflojar, totalmente • [legal] relevar totalmente
— **@ gun trigger** v - [weld] soltar gatillo m de pistola f
— **handle** n - [mech] mango m [para], soltador m, or soltar
— **@ —** v - [mech] soltar, manija f, or palanca
— **hydraulically** v - [mech] soltar, or disparar, or desconectar, hidráulicamente
— **into @ sewer** n - [hydr] descarga f en cloaca f | - [hydr] descargar en cloaca f
— **latch** n - [mech] pestillo m para suelta f
— **lever** n - [mech] palanca f, soltadora, or para, suelta f, or desacoplamiento m • palanca f para soltador m
— **@ lever** v - [mech] soltar, or aflojar, palanca
— — **bracket** n - [mech] ménsula f para palanca f soltadora
— — **pin** n - [mech] pasador m para palanca f, soltadora, or para soltador m
— **@ load** v - [mech] soltar carga f
— **@ lock** v - [mech] desconectar, or sacar, pestillo m, or traba f
— **@ parking brake** v - [autom-mech] aflojar freno m para, aparcamiento m, or estacionamiento
— **@ pedal** v - [mech] soltar pedal m
— **permitting** n - [mech] permisión f para, suelta f, or desengranaje
— **pin** n - [mech] pasador m, soltador, or para suelta f
— **quickly** v - soltar, or liberar, rápidamente
— **@ ram** v - [mech] destrabar ariete m
— **@ reset button** v - [mech] soltar botón m para rerregulación f
— **sheet** n - [ind] pliego m para ruta f
— **@ stub** v - [weld] liberar colilla f
— **@ spring tension** v - [mech] soltar tensión f de resorte m
— **symmetrically** v - [metal-prod] difundir, or dispersar, or difundir, simétricamente
— **@ tension** v - [mech] soltar, or aflojar, tensión f
— **@ trigger** v - [mech] soltar gatillo m
— **uniformly** v - [metal-prod] dispersar, or despedir, or difundir, uniformemente
— **valve** n - [valv] válvula f para, liberación f, or purga f, or descarga f • [metal-prod] válvula f para, alivio m, or escape m
— **@ waste water** v - [hydr] desaguar
released a - [mech] soltado,da; liberado,da; desconectado,da; destrabado,da • descargado,da; arrojado,da; largado,da • difundido,da; dispersado,da; despedido,da • aflojado,da • [legal] relevado,da
— **air pressure** n - [pneumat] presión f de aire m soltada
— **automatically** a - soltado,da, or liberado,da, automáticamente
— — **brake** n—[mech] freno m, soltado, or aflojado
— — **lock** n - [mech] traba f para freno m, desconectado, or sacado
— **button** n - [mech] botón m soltado
— **clamp** n - [mech] sujetador m, aflojado, or soltado; mordaza f, aflojada, or soltada
— **clutch** n - [mech] embrague m soltado
— **easily** a - soltado,da fácilmente
— **energy** n - energía f, liberada, or difundida • [metal-prod] energía f, despedida, or dispersada
released fully a - [legal] relevado,da totalmente
— **gun trigger** n - [weld] gatillo m de pistola f, suelto, or soltado, or aflojado
— **handle** n - [mech] manija f, or palanca f, soltada
— **hydraulically** a - [mech] soltado,da, or disparado,da, or desconectado,da, hidráulicamente
— **into @ sewer** a - [hydr] descargado,da en cloaca f
— **lever** n - [mech] palanca f, soltada, or aflojada
— **load** n - [mech] carga f soltada
— **lock** n - [mech] traba f, desconectada, or sacada; pestillo m, desconectado, or sacado
— **parking brake** n - [autom-mech] freno m para, aparcamiento m, or estacionamiento m, aflojado
— **pedal** n - [mech] pedal m, soltado, or aflojado
— **position** n - [mech] posición f floja
— **quickly** a - liberado,da rápidamente
— **reset button** n - [mech] botón m para rerregulación f soltado
— **spring tension** n - [mech] tensión f de resorte m soltada
— **stub** n - [weld] colilla f liberada
— **symmetrically** a - [metal-prod] difundido, or dispersado,da, or despedido,da, simétricamente
— **tension** n - [mech] tensión f, soltada, or aflojada
— **trigger** n - gatillo m, aflojado, or soltado
— **uniformly** a - [metal-prod] difundido,da, or dispersado,da, or despedido,da, uniformemente
— **valve** n - [mech] válvula f soltada
releasing n - aflojamiento m; suelta f; largada f • arrojamiento m • relevación f • liberación f; descarga f • desconexión f • difusión f; dispersión f; despido m
— **and circulating spear** n - [petrol] arpón m para circulación f y desprendimiento m
— **into @ sewer** n - [hydr] descarga f en cloaca
— **overshot** n - [petrol] pescador m para mordaza(s) (recuperables); enchufe m pescador
— **spear** n - [petrol] arpón m para desprendimiento m
— **feature** n - [mech] dispositivo m soltador; dispersador m
relegated a - relegado,da
relegating n - relegación f | a - relegador,ra
relentless a - . . . .; afanoso,sa
relentlessly adv—implacablemente; afanosamente
relevant a - . . . .; aplicable; conexo,xa • significativo,va; importante
— **condition** n - condición f significativa
— **fact** n - hecho m pertinente
— **indication** n - indicio m importante
— **opinion** n - opinión f pertinente
— **pattern** n - configuración f significativa
— **surface condition** n - condición f significativa de superficie f
relevel v - renivelar; volver a nivelar
— **@ rail** v - [rail] renivelar, riel m, or carril m
releveled rail n - [rail] riel m, or carril m, renivelado
reliability n - . . . .; calidad f de confiable; regularidad f; seguridad f; confianza f; regularidad f, or seguridad f, en funcionamiento m; infalibilidad f
— **assurance level** n - nivel m de seguridad en confiabilidad f
reliable a - confiable; fidedigno,na; (digno,na) de confianza f; seguro,ra; fehaciente; formal; responsable • infalible
— **arc starting** n - [weld] encendido m seguro (de arco m)
— **backfill** n - [constr] relleno m confiable
— **bridge rail** n - [constr] baranda f confiable

para puente(s) m
reliable bridge rail system n - [constr] sistema m de baranda(s) f confiable(s) para puentes(s)
— **corrosion criterion,ria** n—[chem] criterio(s) m confiable(s) sobre corrosión f
— **criterion,ria** n - criterio(s) m confiable(s)
— **diesel engine** n - [int.comb] motor m diesel, confiable, or seguro
— **engine** n - [int.comb] motor m, confiable, or seguro
— **established laboratory** n - laboratorio m establecido confiable
— — **testing laboratory** n - laboratorio m para ensayos establecido confiable
— **indication** n - indicación f confiable
— **indicator** n - indicador m confiable
— **information** n - información f, confiable, or fidedigna
— **low cost operation** n - [ind] operación f confiable, económica, or con costo m reducido
— **operation** n - operación f, confiable, or segura
— **performance** n - operación f confiable • rendimiento m confiable
— **procedure** n - [ind] procedimiento m confiable
— **result(s)** n - resultado(s) m confiable(s)
— **testing laboratory** n - laboratorio m confiable para ensayos m
— **starting** n - [weld] encendido, confiable, or seguro
— **weld(ing) procedure** n - [weld] procedimiento m confiable para soldadura f
reliance n - . . . . dependencia f
— **on @ meter(s)** n - [instrum] dependencia f en medidor(es) m
relied a - confiado,da; dependido,da
relief n - . . .; desahogo m • liberación f • relieve m • [fisc] desgravación f • [labor] relevo m • [mech] rebajo m; rebaja f | a - para alivio • [labor] para relevo m; cubrebaja(s) • [mech] see **embossed**
— **conduit** n - [hydr] conducto m aliviador
— **culvert** n - [constr] alcantarilla f para alivio m
— **device** n - [int.comb] dispositivo m para alivio m
— **fitting** n - [mech] pico m de reserva para engrase m
— **grease fitting** n - [mech] pico m de reserva para engrase m
— **grinding** n - [mech] esmerilado m para alivio
— **loop** n - [mech] lazo m para alivio m
—, **number, or numeral** n - número m en relieve m
— **opening** n - [mech] orificio m para alivio m
— **paint(ing)** n - [paint] pintura f en relieve m
— **part** n - [mech] pieza f para alivio m
— **plug** n - [mech] tapón m para alivio m
— **ring** n - [mech] anillo m en relieve m
— **sewer** n - [sanit] cloaca f para alivio m
— **spring** n - [mech] resorte m para alivio m
— — **adjusting** n - [mech] ajuste m para resorte m para alivio m
— **tab** n - pieza f para alivio m
— **valve** n - [valv] válvula f para, alivio m, or desahogo m, or descarga f, or seguridad f
— — **gasket** n - [mech] guarnición f para válvula f para alivio m
— — **plug** n - [mech] tapón m para válvula f para alivio m
— — **spring** n - [mech] resorte m para válvula f para alivio m
— — **vent** n - [boilers] respiradero m para válvula f para alivio m
— — **washer** n - [valv] arandela f para válvula f para alivio m
— **well** n - [hydr] pozo m para alivio m
— — **section** n - [hydr] corte m de pozo m para alivio m
— — **vertical section** n - [hydr] corte m vertical de pozo m para alivio m
relieve v - . . . .; desahogar • liberar; librar •

desgravar
relieve @ corner v - [mech] aliviar esquina f
— **@ diaphragm** v - [mech] aliviar diafragma m
— **@ explosion** v - aliviar explosión f
— **@ furnace** v - [combust] desahogar horno m
— **@ groundwater pressure** v - [hydr] aliviar presión f de agua m freática
— **@ import(s)** v - [fisc] desgravar importación(es) f
— **@ load** v - aliviar carga f
— **@ pressure** v - aliviar presión f
— **@ residual stress** v - [weld] aliviar tensión f residual
— **@ shrinkage stress** v - [metal-prod] aliviar esfuerzo m de contracción f
— **@ stress(es)** v - [metal-prod] aliviar esfuerzo(s) m • [weld] aliviar tensión(es) f
— **totally** v - [fisc] desgravar a cero m
— **@ weld** v - [weld] aliviar soldadura f
relieved a - aliviado,da; relevado,da; liberado,da • desahogado,da • [fisc] desgravado,da
— **condition** n - [metal] condición f aliviada
— **corner** n - [mech] esquina f aliviada
— **diaphragm** n - [mech] diafragma m aliviado
— **explosion** n - explosión f aliviada
— **groundwater pressure** n - [hydr] presión f (de) agua m) freática aliviada
— **import(s)** n - [fisc] importación(es) f aliviada(s)
— **pressure** n - presión f aliviada
— **property** n - [metal] propiedad f con alivio
— **residual stress** n - [weld] tensión f residual aliviada
— **stress** n - [metal-prod] esfuerzo m aliviado • [weld] tensión f aliviada
— **totally** a - [fisc] desgravado,da totalmente
— **weld** n - [weld] soldadura f aliviada
relieving n - alivio m; liberación f; aligeramiento m • [fisc] desgravación f | a - aliviador,ra; para alivio m • [fisc] desgravante • [archit] para, descarga f, or aligeramiento m
— **arch** n - [archit] arco para, descarga f, or aligeramiento m
relight v - reencender
— **@ burner** v - [combust] reencender quemador m
— **@ furnace** v - [combust] reencender horno m
relighted a - reencendido,da
relighting n - [combust] reencendido m
religious society n - [relig] corporación f, or sociedad f, religiosa
reline n - [metal-prod] see **relining** | v - [metal-prod] reconstrucción f; also see **relining** | v - [metal-prod] reconstruir (revestimiento m); revestir nuevamente; reparar • [tub] insertar tubería f
— **@ clutch plate** v - [mech] revestir, plato m, or disco m, para embrague m
— **@ furnace** v - [ind] reconstruir horno m
— **@ plate** v - [mech-brakes] revestir, plato m, or disco m
relining shutdown n - [metal-prod] parada f para reconstrucción f (general)
relined a - forrado,da de nuevo • [combust] con, tubería f, or camisa f, insertada • [combust] con revestimiento m reconstruido • [metal-prod] reconstruido,da; reparado,da
— **clutch plate** n - [mech] plato m, or disco m, revestido para embrague m
— **furnace** n—[metal-prod] horno m reconstruido
— **plate** n - [mech-brakes] plato m, or disco m, revestido
relining n - [tub] inserción f de, tubería f, or camisa f • [combust] reconstrucción f (de revestimiento m; revestimiento m nuevo; reparación f (general)
— **control** n - [metal-prod] fiscalización f de reconstrucción f
— — **supervisor** n - [metal-prod] supervisor m para fiscalizacióon f de reconstrucción f
— **method** n - [metal-prod] método m para reves-

relining phase

timiento m
relining phase n - [metal-prod] fase f para reconstrucción f
— **report** n - [metal-prod] informe m sobre reconstrucción f
— **system** n - [metal-prod] sistema m para reconstrucción f
— **time** n - [metal-prod] tiempo m para reconstrucción f
relinquish v - . . . • [legal] remitir
— **@ jurisdiction** v - [legal] renunciar fuero m
relinquished a - renunciado,da; abandonado,da • [legal] remitido,da
— **jurisdiction** n - [legal] fuero m renunciado
relinquishing, or **relinquishment** n - renuncia f; renunciación f; renunciación f; renunciamiento m; abandono m - [legal] remisión f; dejación f
relit a - reencendido,da
— **burner** n - [combust] quemador m reencendido
— **furnace** n - [ind] horno m reencendido
relive v - revivir
relived a - revivido,da
reliving n - reavivamiento m
relocate v - reubicar; cambiar, sitio m, or ubicación f, or emplazamiento m; trasladar • [roads] modificar trazado m; dar trazado m nuevo
— **@ appurtenance** v - reubicar, or cambiar, sitio m, or ubicación f, or emplazamiento m, para instalación f accesoria
— **@ discharge** v - reubicar descarga f
— **@ highway** v - [roads] dar trazado m nuevo a carretera f
— **@ railway** v - [constr] dar trazado m nuevo a ferrocarril m
— **@ station** v - reubicar estación f
— **@ substation** v - reubicar subestación f
— **@ township road** v - [roads] dar trazado m nuevo a camino m vecinal
relocated a - reubicado,da; trasladado,da; cambiado de, sitio m, or ubicación f, or emplazamiento m • [roads] con trazado m nuevo
— **appurtenance** n - instalación f accesoria cambiada de, sitio m, or ubicación f, or emplazamiento m
— **discharge** n - descarga f reubicada
— **highway** n - [roads] carretera f, reubicada, or con trazado m nuevo
— **railway** n - [rail] ferrocarril m, reubicado, or con trazado m nuevo
— **road** n - [roads] camino m con trazado m nuevo
— **station** n - estación f reubicada
— **substation** n - subestación f reubicada
— **township road** n - [roads] camino m vecinal con trazado m nuevo
relocating, or **relocation** n - reubicación f; desplazamiento m; traslado m | [roads] cambio m de, trazado m, or ubicación f, or sitio m, or emplazamiento m • [rail] variante f
— **application** n - [constr] aplicación f para reubicación f • [roads] solicitud f para cambio m de trazado m
relubricate v—[mech] volver a lubricar; lubricar nuevamente
reluctance n - . . . . • [electr-oper] resistencia f magnética; reluctancia* f
reluctant n - . . . . • [electr] reluctante* m
— **to delegate** a - [managm] renuente, or vacilante, para delegar
rely v - . . .; depender; atener(se); poner confianza f en; valer(se) de • [pol] remitir
— **on for shielding** v—[weld] obtener protección
— — **molten slag for @ shielding** v - [weld] obtener protección f de escoria f fundida
— **totally** v - confiar en, or depender, totalmente, or absolutamente
relying n - dependencia f | [adv] - dependiendo
remachining operation n - [mech] operación f para remecanización f
remain at rest v - permanecer en reposo m

- 1398 -

remain closed v - permanecer cerrado,da
— **concentrated** a - permanecer concentrado,da
— **constant** v - permanecer constante
— **cool** v - mantener(se), or permanecer, fresco,ca
— **engaged** v - [mech] quedar engranado,da • [social] quedar comprometido,da
— **firm** v - permanecer firme
— **fluid** v - [weld] permanecer fluido,da
— **full** v - permanecer, or quedar(se), lleno,na
— **in effect** v - permanecer en vigencia f
— **in force** v - permanecer en, vigencia f, or vigor m
— — **full force** v - permanecer en, vigencia f plena, or vigor m pleno
— **in-place** a - permanente; also see **permanent**
— — **@** — v—permanecer, or quedar, en sitio m
— — — **bridge form** n - [bridges] see **permanent bridge form**
— — — **form** n - [brdiges] molde m, or encófrado m, permanente
— — **@ runner** v - [metal-prod] quedar(se) en ruta f
— — **service** v - mantener(se) habilitado,da
— — **@ system** v - [int.comb] quedar, or permanecer, en, sistema m, or red f
— **intact** v - permanecer intacto,ta
— **motionless** v - quedar sin, movimiento m, or actividad f, or actuación f
— **open** v - permanecer, abierto,ta
— **relatively fluid** v - [weld] permanecer relativamente fluido,da
— **round** v - permanecer redondo,da; conservar, or mantener, conformación f circular
— **@ same** v - permanecer inalterable
— **set** v - permanecer fijo,ja
— **stationary** v - permanecer, estacionario,ria, or fijo,ja
— **stuck** v - quedar(se) pegado,da
— **unbroken** v - permanecer intacto,ta
— **valid** v - permanecer, or restar, válido,da; mantener, validez f, or vigencia f
— **visible** v - permanecer visible
— **within** v - permanecer, or mantener(se), dentro de
remainder n - . . . .; remanente m; rezago m • saldo m • desecho m
— **determination** n - determinación f de, remanente m, or saldo m
remained a - quedado,da; permanecido,da
— **in place** a - permanecido,da en sitio m
— **intact** a - permanecido,da intacto,ta
— **open** a - permanecido,da abierto,ta
— **unbroken** a - permanecido,da intacto,ta
— **valid** a - permanecido,da válido,da
remaining n - permanencia f | a - . . . .; remanente; faltante • permaneciente | adv - demás
— **backfill** n - [constr] relleno m restante
— **bolt(s)** n - [mech] perno(s) m restante(s)
— **in place** n - permanencia f en sitio m
— **induction** n - [electr] inducción f remanente
— — **determination** n - [electr] determinación f de inducción f remanente
— **lead** n - [electr-cond] conductor m restante
— **material** n - material m restante
— **nut** n - [mech] tuerca f restante
— **open** n - permanencia f abierto,ta
— **pass** n - [weld] pasada f restante
— **period** n - plazo m faltante
— **plate** n - [mech] plancha f restante
— **slag** n - [metal-prod] escoria f restante • [weld] residuo m de escoria f
— **stage(s)** n - etapa(s) f restante(s)
— **step** n - paso m restante
— **stroke** n - [mech] golpe m restante • embolada restante
— **valid** n - permanencia f válido,da
remaking n - rehechura f
remanence n - remanente m; avoid remanencia* f
remanent n - remanente m
remark n - . . . .; comentario m; consideración f

| v - comentar; observar
remark(s) summary n - resumen m de, comentarios m, or observaciones f
remarkable a - excepcional; asombroso,sa; sobresaliente; destacado,da; significativo,va; considerable
— **agreement** n - acuerdo m significativo
— **driving** n - [autom] conducción f admirable
— **finish** n - [sports] finalización f asombrosa
— **performance** n - desempeño m destacado
— **success** n - éxito m destacado
— **win** n - [sports] triunfo m admirable
remarkably adv - . . .; sumamente; excepcionalmente; extraordinariamente; señaladamente
remarked a - comentado,da; observado,da
rematch n - desempate m | v - desempatar
remedial a - . . .; correctivo,va
— **action** n - medida f, or acción f, correctiva
— **design** n - proyección f correctiva
— **measure** n - medida f correctiva
remedied a - remediado,da; subsanado,da
remedy n - . . .; solución f; subsanación f; reparación f • reemplazo m • [legal] recurso m | v - . . .; subsanar
remedying n - subsanación f
remelt v - [metal-prod] refundir
— @ **hardened zone** v - [weld] refundir zona f endurecida
— @ **plate hardened zone** v - [weld] refundir zona f endurecida de plancha f
— @ **tack weld** v - [weld] refundir soldadura f por punto(s) m
— @ **weld** v - [weld] refundir soldadura f
— @ **zone** v - [weld] refundir zona f
remelted a - refundido,da
remelter n - [metal] refundidor m
remelting n - [metal] refundición f | a - [metal] refundidor,ra
— **tank** n - [metal-prod] cuba f para, (re)fundición f, or fusión f
remembered a - recordado,da; rememorado,da
remembering n - recordación f; rememoración f
reminding n - recordación f; rememoración f | a - recordativo,va; rememorativo,va
— **correction** n - corrección f recordativa
remittable a - remisible
remittance n - [fin] . . .; remisión f
— **in transit** n - [fin] remesa f en tránsito m
—(s) — **and with correspondents** n - [accntg] remesa(s) f en tránsito y con corresponsales
— **proof** n - [fin] comprobante m, or prueba f, de, remesa f, or remisión f
remitted a - remitido,da
remix v - remezclar
remixed a - remezclado,da
remixing n - remezclado m
remnant determination n - determinación f de remanente m
remodel v - . . .; remozar
remodeled a - remodelado,da; remozado,da
remodeling n - remodelación f; remozamiento m
— **work** n - [constr] (trabajo m para) reconstrucción f
remold v - remoldear • [agric] remoldar
remolded a - remoldeado,da; vuelto a moldear
remolding n - remolda f
remote n - punto m, or sitio m, remoto • [electr] see **remote control** | a - remoto,ta; [electron] para telemando m
— **alarm** n - [comput] alarma f remota
— — **and status encoder** n - [comput] codificador m, remoto, or a distancia f, para alarma f, y, estado m, or condición f, or posición f
— — **encoder** n - [comput] codificador m para alarma f remota
— **alternating current control box** n - [weld] caja f para telemando m para corriente f alterna
— **amperage control** n - [electr] regulador m a distancia f para amperaje m
— **box** n - [weld] caja f para telemando m
remote breaker control n - [electron] regulación f, remota, or desde distancia f para, interruptor m, or disyuntor m
— **coil control** n - [electr] regulador m remoto para, bobina f, or devanado m
— **control** n - . . .; mando m, remoto, or a distancia f; telerregulación f • telemando m; telegobierno m; telerregulador m; regulador m, por telemando, or a distancia f | a - [electron] telemandado,da; telegobernado,da; con, telemando, or telegobierno; desde distancia f
— — **and arc start(ing) plug** n - [weld] enchufe m para telemando m y encendido m de arco m
— — — — — (ing) — **and receptacle** n - [weld] enchufe m y tomacorriente m para telemando m y encendido m de arco m
— — — — — (ing) **receptacle** n - [weld] tomacorriente m para telemando m y encendido m de arco m
— — **application** n - [electron] aplicación f para control m remoto m
— — **box** n - [electr-oper] caja f para, telemando m, or regulación f a distancia f
— — — **assembly** n - [electr-instal] conjunto m de caja f para telemando m
— — — **cable** n - [electr-instal] cable m para caja f para telemando m
— — — **cover** n - [weld] tapa f para caja f para telemando m
— — — **grommet** n - [weld] arandela f aisladora para caja f para telemando m
— — — **grommeted hole** n - [weld] agujero m, or orificio m, con arandela f aisladora para caja f para telemando m
— — — **hole** n - [weld] agujero m, or orificio m, en caja f para telemando m
— — — **location** n - sitio m, or ubicación f, para caja f para telemando m
— — — **mounting** n - [weld] montaje m para caja f para telemando m
— — **bridge crane** n - [cranes] puente m grúa con, telemando m, or mando m, remoto, or a distancia f
— — **connection** n - [electr-instal] conexión f, de, or para, telemando m
— — **cord** n - [electr-cond] cordón m para telemando m
— — **crane** n - [cranes] grúa f con, telemando m, or mando m, remoto, or a distancia f
— — **device** n - [electr-equip] dispositivo m para telemando m
— — **installation** n - [weld] instalación f de telemando m
— — **outrigger** n - [cranes] estabilizador m con telemando m
— — — **from** @ **upper cab** n - [cranes] estabilizador m con telemando m desde cabina f superior
— — **plug** n - [weld] enchufe m para telemando m
— — **and receptacle** n - [weld] enchufe m y tomacorriente m para telemando m
— — **position** n - [electr] posición f para telemando m
— — **receptacle** n - [electron] tomacorriente m, or conexión f, para telemando m
— **controlled** a - [electron] telemandado,da telegobernado,da; con telemando m; con telegobierno m
— **current control** n - [weld] telemando m, or regulador m, a distancia f para amperaje m • regulación f a distancia f de amperaje m
— **diagnosis** n - [comput] diagnóstico m, remoto, or a distancia f
— **encoder** n - [comput] codificador m, remoto, or a distancia f
— **equipment** n - [comput] equipo m remoto
— **field control** n - [weld] telerregulador m para campo m
— **foot operated control** n - [electr] regulador m para telemando m operado con pie m

remote hand operated control

remote hand operated control n - [electr-instal] regulador m para, telemando, or telegobierno m, operado con mano f
— **indicator** n - [instrum] indicador m remoto
— **installation** n - instalación f, remota, or alejada, or distante
— **interrogation** n - [electron] interrogación f, remota, or a distancia f
— **location** n - sitio m, or punto m, or lugar m, remoto, or distante; ubicación f, or posición f, remota, or distante, or alejada
— **manual control** n - regulador m para mando m manual
— **monitoring** n - fiscalización f, or vigilancia f, remota, or, desde, or a, distancia f
— **mount** v - [mech] montar para telemando m
— **mounted** a - [ind] montado,da para telemando m
— **mounting** n - [mech] montaje m para telemando
— **outlet** n - [electr-instal] tomacorriente m remoto
— **output adjustment** n - [weld] ajuste m, remoto, or a distancia f, de corriente m, or amperaje m, de salida f
— — **control** n - [weld] regulador m, remoto, or a distancia f, para amperaje m
— **part** n - punto m remoto • [mech] pieza remota
— **plant location** n - ubicación f, remota, or (en región f) apartada, de planta f
— **place** n - sitio m, or lugar, remoto
— **polarity control** n - [weld] telemando m, or regulación f a distancia, de polaridad f • telemando, or regulador m a distancia f para polaridad f
— **position** n - posición f remota • [electr-instal] posición f para telemando m
— **process** n - [ind] teleproceso m
— — **operator** n - [ind] operador m para teleproceso m
— — — **stand-in** n - [ind] cubrebaja(s) m para operador m para teleproceso m
— **receiver** n - [comput] receptor m remoto
— — **and transmitter** n - [comput] receptor m y transmisor m remoto(s)
— — **equipment** n - [comput] equipo m receptor remoto
— **rheostat** n - [electr] reóstato m remoto
— **site** n - sitio m, or punto m, remoto
— — **address** n - [comput] dirección f para sitio m remoto
— — — **application** n - [comput] aplicación f para mando m desde sitio m remoto
— — **name** n - [comput] nombre m para, sitio m, or punto m, remoto, or distante
— — **report** n - [electron] informe m desde, sitio m, or punto m, remoto | v - informar desde, sitio, or punto m, remoto
— — **reported** a - [electron] informado,da desde, punto m, or sitio m, remoto
— — **reporting** n - [electron] información f desde, punto m, or sitio m, remoto
— — **unit** n - [comput] unidad f en, sitio m, or punto m, remoto
— **start(ing)** n - [int.comb] puesta f en marcha f con telemando m
— **switch** n - [weld] conmutador m, or interruptor, remoto, or a distancia, or para telemando m
— **voltage control pod** n - [weld] elemento m portátil para, telemando, or regulación f a distancia f, para voltaje m
— **testing** n - [comput] prueba f, remota, or a distancia f
— **transmitter** n - [comput] transmisor m remoto
— — **equipment** n - [comput] equipo m, transmisor remoto, or remoto para transmisión f
— — **control pod terminal** n - [weld] borne m para elemento m portátil para telemando m para voltaje m
remotely control v - [mech] telemandar*; mandar, remótamente, or a distancia f
— **controlled** a - [mech] telemandado,da; mandado,da a distancia f
remotely controlled bridge crane n - [cranes½ puente m grúa con, telemando m, or mando m, remoto, or a distancia f
— — **coupler** n - [rail] enganche m con telemando m
— — **crane** n - [cranes] grúa f con, telemando m, or mando m, remoto, or a distancia f
— — **retarder** n - [rail] freno m para vía f con, telemando m, or mando m remoto
remoter a - más remoto,ta
remotest a - (el/la) más remoto,ta
— **part** n - punto m más remoto
remounted a - vuelto,ta a montar
remounting n - [mech] remonta f; vuelta f a montar
removable a - . . . . • desarmable; desmontable; abatible • reemplazable
— **brake** n - [mech] freno m removible
— —, **band**, or **lining** n - [mech] cinta f, or banda f, removible para freno m
— **circuit breaker** n - [electr-instal] disyuntor m removible
— **clevis** n - [mech] horquilla f, or grillete m, removible
— — **pin** n - [mech] pasador m para, horquilla f, or grillete m
— **concrete cover** n - [constr] tapa f removible de hormigón m
— — **hatch cover** n - [constr] tapa f removible de hormigón m para escotilla f
— **counterweight** n - [mech] contrapeso m, removible, or desmontable
— **cover** n - [mech] tapa f, or cubierta f, removible
— — **plate** n - placa f desmontable para tapa f
— — **sheet** n - [mech] chapa f removible para, tapa f, or cubierta f
— **crawler frame** n - [mech] bastidor m removible para oruga f
— **fastening** n - [mech] fijación f removible
— **floor** n - [constr] piso m removible
— — **plate** n - [mech] plancha f removible para piso m
— **for cleaning** a - [mech] removible para limpieza f
— **frame** n - [mech] bastidor m removible
— **front stabilizer** n - [cranes] estabilizador m frontal removible
— **hatch cover** n - [constr] tapa f removible para escotilla f
— **head** n - [int.comb] culata f removible
— **housing** n - [mech] caja f, removible, or desmontable
— **laberynth ring** n - [mech] anillo m laberinto removible
— **liner** n - [weld] camisa f removible
— — **cable** n - [weld] cable m de camisa f removible
— **material** n - material m, removible, or desplazable
— **outrigger** n - [cranes] estabilizador m, removible, or desmontable
— — **housing** n - [cranes] caja f demontable para estabilizador m
— **pin** n - [mech] pasador m removible
— **plate** n - placa f, or plancha f, removible, or desmontable
— **plate section** n - [mech] sección f removible de plancha f
— **plug** n - [mech] tapón m removible
— **protective lining** n - [mech] camisa f protectora desmontable
— **rear cover** n - [mech] tapa f posterior removible
— — **stabilizer** n - [cranes] estabilizador m trasero removible
— **ring** n - [mech] anillo m, removible, or desmontable
— **section** n - [mech] sección f removible
— **sheet** n - [mech] chapa f removible

removable side panel n - panel m lateral, removible, or amovible
— **spray nozzle** n - [mech] boquilla f removible para, rociadora f, or rociadura f
— **steel cover** n - [constr] tapa f removible de acero m
— **sump** n - [mech] colector m removible
— — **cover** n - [mech] tapa f removible para colector m
— **threaded ring** n [mech] aro m roscado reemplazable
— **top cover** n - [mech] tapa f, or cubierta f, superior removible
— **tray** n - bandeja f, amovible, or removible
removal n - . . .; retiro m; desarme m; desmontaje m; saca f • extracción f; evacuación f • anulación f • [hydr] decantación f
— **equipment** n - equipo m para. eliminación f, or evacuación f
— — **general maintenance** n - [mech] conservación f general de equipo m para remoción f
— **maintenance** n - [ind] conservación f de equipo m para evacuación f
— **for cleaning** n - [mech] remoción f, or saca f, para limpieza f
— — **inspection** n - remoción f, or saca f, para inspección f
— **from @ axle** n - [mech] remoción f, or saca f, de (sobre) eje m
— — @ — **housing** n - [autom-mech] remoción f de (sobre) caja f para eje m
— — @ **base** n - [mech] remoción f de (sobre) base f
— — @ **container** v - [transp] remoción f, or saca f, de cajón m, or container* m
— — @ **crosshead** v - [mech] remoción f, or saca f, de (sobre) cruceta f
— — @ **engine** v - [int.comb] remoción f, or saca, de (sobre) motor m
— — @ **hole** n — [mech] remoción f desde orificio
— — @ **input shaft** n - [autom-mech] remoción f de sobre árbol m para entrada (de fuerza f)
— — @ **packing box** v - [mech] remoción f, or saca f, de prensaestopa(s) m
— — @ **piston** n - [mech] remoción f desde (sobre) émbolo m
— — @ **push rod** n - remoción f, or saca, de (sobre) varilla f para empuje m
— — @ **shaft** n - [mech] remoción f, or saca f, de (sobre) árbol m
— — @ **spacer** n - [mech] remoción f, or saca f, de (sobre) separador m
— **gas** n - [metal-prod] gas m para remoción f
— **in favor of** n - reemplazo m
— **method** n - método m para remoción f
— **of excavated material** n - [constr] remoción f de material m excavado
— **practice** n - [ind] práctica f para, remoción f, or eliminación f
— **system** n - sistema m para, remoción f, or extracción f, or evacuación f, or saca f
remove v - . . .; extraer; desplazar; retirar; alejar; desmontar; repeler; descargar; pelar • desglosar • anular • decantar • [electr] desconectar • [hydr] retener
— **from** v - remover, or sacar, or quitar, de (sobre), or desde
removed a - removido,da; sacado,da; quitado,da; retirado,da; alejado,da • anulado,da • decantado,da • desglosado,da
— **from** a - removido,da, or sacado,da, or quitado,da, de (sobre), or desde
removing n - remocion f; saca f • desarmado m • anulación f • [ind] recogida f | a - removedor,ra; removiente; sacador,ra
— **from** n - remoción f, or saca f, de (sobre), or desde
— **in favor of** n - reemplazo m
remunerate v - . . .; retribuir
remunerated a - remunerado,da; retribuido,da
remunerating n - remuneración f | a - rmunera-
dor,ra; remunerante; retribuidor,ra
remuneration n - . . .; retribución f
rename v - cambiar, or permutar, or trocar, nombre m
renamed a - con nombre m cambiado
renaming n - cambio m de nombre
render v - . . .; proveer
— **in writing** v - expedir(se) por escrito
— **judgment** v - [legal] juzgar
— **possible** v - posibilitar
— **satisfactory service(s)** v - [labor] prestar servicio(s) f satisfactorio(s)
— @ **sentence** v - [legal] fallar
— @ **service** v - prestar servicio m
— @ **statement** v - presentar documento m
— **useless** v - inutilizar
— @ **tribute** v - tributar
— @ **verdict** v - [legal] fallar
rendered a - rendido,da • provisto,ta
— **in writing** a - expedido,da, or presentado,da, por escrito
— **statement** b - documento m presentado
rendering n - rendimiento m • previsión f • [constr] dibujo n; proyecto m; concepción f (artística); proyección f
renegotiate v - volver a negociar
renegotiated a - vuelto,ta a negociar
renogitiating n - vuelta f a negociar
renegotiation n - vuelta f a negociar
renew @ **arch culvert** v - [constr] renovar, or reconstruir, alcantarilla f abovedada
— @ **contract** v - [legal] renovar contrato m
— @ **culvert** v - renovar, or reconstruir, alcantarilla f
renewable composition disk n - [valv] disco m renovable de composición f
— **disk** n - disco m renovable
— **lining** n - [mech] camisa f renovable
— **plug type** n - [valv] tipo m con, tapón m, or obturador m, renovable
— — — **disk** n - [valv] disco m de tipo m con, tapón m, or obturador m, renovable
— — — **metal disk** n - [valv] disco m metálico de tipo m con, tapón m, or obturador m, renovable
— — — — **seat** n - [valv] asiento m metálico de tipo m con, tapón m, or obturador m, renovable
— — — **seat** n - [valv] asiento m de tipo m con, tapón m, or obturador m, renovable
— **ring** n — [mech] aro m, or anillo m, renovable
— **seat** n - [valv] asiento m renovable
— — **ring** n - [valv] anillo m renovable para asiento m
— **seat valve** n - [valv] válvula f con asiento m renovable
renewal option n - opción f para renovación f
— **problem** n - problema n para renovación f
— **project** n - (plan m para) renovación f (urbana)
renewed a - renovado,da
— **arch culvert** n - [constr] alcantarilla f abovedada, renovada, or reconstruida
— **contract** n - [legal] contrato m renovado
— **culvert** n - [constr] alcantarilla f, renovada, or reconstruida
— **life** n - vida f (útil), extendida, or prolongada
Renn-Krupp process nodule n - [metal-prod] nódulo m por proceso m Renn-Krupp
renounceable a - renunciable
renounced a - renunciado,da
renouncer n - renunciante m
renunciation n - renuncia f
renouncing n - renuncia f | a - renunciante
renowned a - . . .; mentado,da
rent n - . . . • [mech] . . .; rajadura f; hendedura f • avoid renta* f | v - . . .
— **expense** n - gasto m por alquiler m
rental n - . . . • [legal] foro m
— **expense** n - gasto m por alquiler m

rental fleet n - [transp] flota f para arriendo
— **house** n - [com] casa f para arriendo m • casa f, or empresa f, arrendataria
reopen v - . . . • rehabilitar
— @ **road** v - [roads] rehabilitar camino m
reopened a - reabierto,ta • rehabilitado,da
— **road** n - [roads] camino m rehabilitado
reopening n - . . . . • rehabilitación f
reorganization n - . . . . • [legal] reconstitución f
reorganize v - . . . • [legal] reconstituir
reorganized a - reorganizado,da • [legal] reconstituido,da
reorganizing n - reorganización f | a - reorganizador,ra
reoxidation* n - [chem] reoxidación* f
reoxidize* v - reoxidar*
reoxidized* a - reoxidado,da*
reoxidizing* n - reoxidación* f | a - reoxidante
repack m - reempaquetadura* f | v - reempaquetar
— **annually** v - [mech] reempaquetar* anualmente
— @ **bearing** n - [mech] reempaquetar* cojinete m
repackage* v - reempaquetar* • transvasar
— **for** @ **reshipment** v - [transp reembalar para reexpedición f
— — @ **storage** v - [ind] reembalar para almacenamiento m
repackaged for @ **reshipment** a - reembalado,da para reexpedición f
— — @ **storage** a - reembalado,da para almacenamiento m
repackaging for @ **reshipment** n - reembalaje m para reexpedición f
— — @ **storage** n - reembalaje m para almacenamiento m
repacked a - reempaquetado,da • transavasado,da
— **bearing** n - [mech] cojinete m reempaquetado*
— **annually** a - [mech] reempaquetado,da* anualmente
repacking n - . . .; reempaquetadura* f; transvasado* m; transvase* m | a - reempaquetador,ra; transvasador,ra
repaid a - [fin] reembolsado,da; reintegrado,da; restituido,da
repair n - . . . .; parche m; refacción f • [weld] corrección f | a - estado m bueno de conservación f | v - (em)parchar; sanear; refaccionar; hacer reparación f • [roads] bachear
— @ **air valve** v - [mech] reparar válvula f, neumática, or para aire m
— **and cleaning shut down** n - [ind] parada f para reparación f y limpieza f
— — **maintenance** n - [ind] reparación f y mantenimiento m
— **area** n - [ind] zona f para reparación(es) f
— @ **axle** v - [mech] reparar eje m
— **bay** n - [ind] nave f para reparación(es) f
— **beginning** n - [ind] comienzo m, or iniciación f, de reparación f
— @ **blower** v - [metal-prod] reparar soplante f
— **bracket** n - [mech] abrazadera f para reparación f
— @ **break** v - reparar rotura f
— **by patching** v - repara con parche(s) m; (em)parchar
— @ **carburetor** n - [int.comb] reparar carburador
— @ **cast iron** v - [weld] reparar hierro m fundido
— @ **closed lead** b - [electr-instal] reparar conductor m conectado
— **compound** n - compuesto m para reparación f
— **cost breakdown** n - [ind] desglose m de costo m para reparación f
— **coupling** n - [tub] unión f para reparación f
— @ **crack** v - reparar, grieta f, or fisura f
— **crew** n - [ind] cuadrilla f, or equipo m, para reparación(es) f
— @ **cut** v - [miner] reparar tajo m
— @ **damage** v - reparar daño m
— @ **defective weld** v - [weld] reparar soldadura f defectuosa
— **ease** n - facilidad f para reparación(es) f
— **easily** v - reparar fácilmente
— @ **electric shift unit** v - [mech] reparar, mecanismo m, or dispositivo m, para cambio(s) m
— @ **equipment part** v - [ind] repara pieza f para equipo m
— **facility** n - instalación f para reparación f
— **form** n - [ind] impreso m, or formulario m, para reparación f
— @ **furnace** v - [combust] reparar horno m
— **group** n - [ind] cuadrilla f, or equipo m, para reparación(es) f
— @ **hearth** v - [combust] reparar solera f
— @ **heat processing equipment** v - [ind] reparar equipo m para procesamiento m térmico
— @ **hole** v - reparar, or taponar, agujero m or orificio m, or boquete m
— **identification** n - [ind] identificación f de, reparación f, or refacción f
— @ **iron notch** v - [metal-prod] reparar, or rehacer, piquera f, or boca f
— **job** n - trabajo m para reparación f
— **kit** n - juego m, or conjunto m, or juego m, or equipo m, de repuestos para reparación(es) f
— @ **ladle** v - [metal-prod] reparar cucharón m
— @ **lead** v - [electr-instal] reparar conductor
— @ **leak** v - reparar fuga f
— **link** n - [chains] eslabón m reparador
— **man** n - see **repairman**
— **need(s) analysis** n - [ind] análisis m de necesidad f de reparación(es) f
— @ **open** v - [electr-instal] reparar desconexión f
— @ **open(ed) lead** v - [electr-instal] reparar conductor m desconectado
— **out of guaranty** v—reparar fuera de garantía
— **performance** n - [mech] ejecución f de reparación f
— **pit** n - [ind] foso m para reparación(es) f
— **planning** n - [ind] planificación f de reparación(es) f
— **quickly** v - [ind] reparar rápidamente
— **record(s)** n - [ind] registro(s) m de reparación(es) f
— @ **relay contact** v - [electr-instal] reparar contacto m para relé m
— **requirement** n - [ind] exigencia f para reparación f
— @ **rewind starter** v - [int.comb] reparar arrancador con arrollamiento m automático
— **rig** n - [mech] aparejo m para reparación f
— @ **road** v - [roads] bachear camino m
— @ **runner** v - [metal-prod] reparar ruta f
— **schedule** n - [ind] programa m para reparación
— **scheduling** n - [ind] programación f para reparación f
— @ **shell** v - [metal-prod] reparar, or sanear, coraza f
— **shop** n - [ind] taller m para reparación(es) f
— **shutdown** n - [ind] parada f para reparación f
— **skid(s)** n - [mech] patín(es) m para reparación(es) f
— —**(s) conveyor** n - [ind] transportadora f con patín(es) para reparación(es) f
— —**(s) — elevator** n - [ind] elevador m para (cinta) transportadora con patín(es) m para reparación f
— —**(s) elevator** n - [mech] elevador m para patín(es) m para reparación f
— @ **spectrometer** v - [instrum] reparar espectrómetro m
— **speeding** n - [ind] aceleración f de reparación f
— **stand** n - [mech] mesa f, or banco m, or pedestal m, or puesto m, para reparación(es) f
— **start(ing)** n - [ind] comienzo m, or iniciación f, de reparación f
— **station** n - [ind] puesto m para reparación f
— @ **surface** v - reparar superficie f
— @ **tire** v - [autom-tires] reparar neumático m
— **type solution** n - solución f reparativa

repair @ underground cable v - [electr-instal] reparar cable m subterráneo
— **@ weld** v - [weld] reparar, or corregir, soldadura f
— **welding** n—[weld] soldadura f para reparación
— **@ wharf** v - [naut] reparar atracadero m
— **while operating** v - [Spa.] reparar sobre marcha f
— **@ wiring** v - [electr-instal] reparar conexión(es) f
— **without cooling @ furnace** v - [metal-prod] reparación f en caliente | v - [metal-prod] reparar en caliente
— **work** n - [ind] trabajo m para, reparación f, or conservación f, or mantenimiento m
— **yard** n - [ind] parque m para reparación(es) f
repairability* n - reparabilidad f
repairable a - reparable; con posibilidad(es) de, corregir(se), or reparar(se)
repaired a - reparado,da; refaccionado,da; refeccionado,da
— **air valve** n - [valv] válvula f, neumática, or para aire m, reparada
— **axle** n - [mech] eje m reparado
— **break** n - rotura f reparada
— **by patching** a - reparado,da con parche(s) m; (em)parchado,da
— **carburetor** n - [int.comb] carburador m reparado
— **cast iron** n—[weld] hierro m fundido reparado
— **chain** n - [chains] cadena f reparada
— **closed lead** n - [electr-instal] conductor m conectado reparado
— **cut** n - [miner] tajo m reparado
— **damage** n - daño m reparado
— **defective weld** n - [weld] pieza f defectuosa reparada
— **easily** a - reparado,da fácilmente
— **electric shift unit** n - [mech] mecanismo m, or dispositivo m, eléctrico para cambio(s) m reparado
— **equipment part** n - [ind] pieza f para equipo m reparada
— **furnace** n - [combust] horno m reparado
— **heat processing equipment** n - [ind] equipo m para procesamiento m térmico reparado
— **hole** n - agujero m, or orificio m, or boquete m, reparado
— **ladle** n - [metal-prod] cucharón m reparado
— **lead** n - [electr-instal] conductor m reparado
— **leak** n - fuga f reparada
— **open** n - [electr-instal] desconexión f reparada
— **open lead** n - [electr-instal] conductor m desconectado reparado
— **out of guaranty** a - reparado,da fuera de garantía f
— **power supply** n - [electr-prod] fuente f para suministro m reparada
— **quickly** a - reparado,da rápidamente
— **relay contact** n - [electr-instal] contacto n para relé m reparado
— **rewind starter** n - [int.comb] arrancador m con arrollamiento m automático reparado
— **spectrometer** n - [instrum] espectrómetro m reparado
— **surface** n - superficie f reparada
— **tire** n - [autom-tires] neumático m reparado
— **underground cable** n - [electr-instal] cable m subterráneo reparado
— **weld** n - [weld] soldadura f reparada
— **wharf** n - [naut] atracadero m reparado
— **wiring** n—[electr-instal] conexión f reparada
repairer n - . . . ; refaccionador m
repairing n - reparación f; compostura f | a - reparador,ra; refaccionador,ra; refaccionario
— **by patching** n - reparación t con parche(s) m; (em)parchado m
repatriated a - repatriado,da
repatriating n - repatriación f | a - repatriador,ra

repatriator n - repatriador m
repave v - [constr] repavimentar
— **@ invert** v - [tub] repavimentar fondo m
repaved a - [constr] repavimentado,da
— **invert** n - [tub] fondo m repavimentado
repaving n - [constr] repavimentación • [tub] encachado m nuevo
repay v - . . . ; restituir
repayable a - . . . ; reintegrable; reingresable
repayer n - reintegrador m; reingresador m
repaying n - reintegro m; restitución f | a - reintegrador,ra
repayment n - . . . ; reintegro m; reintegración f; restitución f
— **term(s)** n - [fin] condición(es) f para reintegro m
repealed a - revocado,da; abrogado,da; derogado,da
repeat n - . . . | a - repetido,da | v - repetir; reiterar; reafirmar; duplicar • frecuentar
— **alarm** n - [electron] alarma f repetidora
— — **option** n - [electron] opción f de alarma f, repetidora, or con repetición f
— **@ condition** v - repetir condición f
— **cycle** n - [electron] ciclo m, repetido, or con repetición f
— **@ maintenance** v - [ind] repetir, mantenimiento m, or conservación f
— **resetting** n - [electr-oper] regulación f nueva repetida
— **send(ing)** n - [electron] emisión f repetida
— —**(ing) alarm** n - [electron] alarma f con emisión f repetida
— —**(ing) capability** n - [electron] capacidad f para emisión f repetida
— —**(ing) vehicle alarm** n - [electron] alarma f con emisión f repetida en vehículo m
— **weld** n - [weld] soldadura f, repetida, or con repetición f
— **work** n - [ind] trabajo n, repetitivo, or con repetición f
repeated a - repetido,da; reiterado,da; reafirmado,da
— **alarm** n - alarma f repetida
— **contact** n - contacto m, repetido, or continuo
— **crossing(s)** n - [roads] cruces m repetidos
— **dip(ping)** n - sumersión f, or inmersión f, repetida
repeated experience n - práctica f continuada
—, **flexing**, or **flexure** n - [mech] flexión f repetida
— **impact blow(s)** n - [mech] impacto(s) m repetido(s)
— —**(s), resistance**, or **strength** n - [mech] resistencia a impacto(s) m repetido(s)
— — **test** n - [mech] ensayo m con, impacto(s) m, or caída(s) f, or choque(s) m, repetido(s)
— **maintenance** n - mantenimiento m repetido; conservación f repetida
— **question** n - pregunta f repetida
— **reset(ting)** n - [electr-oper] regulación f nueva repetida
— **stress** n - [mech] esfuerzo m repetido
— — **test** n - [metal] ensayo m de esfuerzo(s) m repetido(s)
— — **variation** n - [constr] variación f repetida en esfuerzo(s) m
repeater site n - [comput] ubicación f para repetidor m
— **station** n - [comput] estación f, repetidora, or para repetidor m, or repetidora f
repeating n - repetición f; reiteración f; reafirmación f | a - repetidor,ra
— **alarm** n - [electron] alarma f repetidora
— — **option** n - [electron] opción f de alarma f, repetidora, or con repetición f
— **sending capability** n - [comput] capacidad f para repetición f en, envío m, or emisión f
repellant n - see repellent
repellent a - repelente
— **carton** n - [transp] caja f, de cartón m im-

permeable, or impermeable de cartón m
repellent paper n - [paper] papel m impermeable
repelling a - repelente
repetition n - . . . .; reafirmación f
repetitive a - repetidor,ra; repetido,da
— **dumping** n - [mech] vuelco m repetido
— — **operation** n - [mech] operación(es) f repetida(s) de vuelco(s) m
— **joint** n - [weld] junta f repetida
— **problem** n - problema m, repetitivo, or repetidor
— **question** n - cuestión f, repetitiva*, or repetidora • pregunta f, repetitiva*, or repetidora
— **technique** n - [ind] técnica f repetida,dora
— **weld(ing)** n - [weld] soldadura f repetida
— **work** n - trabajo m, repetitivo*, or repetidor • [weld] soldadura(s) f repetida(s)
— — **standardization** n - estandarización f, or normalización f, de trabajo(s) m repetido(s)
repetivity n - repetibilidad* f
replace v - . . . .; reponer; (re) cambiar; volver a colocar; colocar nuevamente; suplantar
— @ **armature** v - [mech] reemplazar armadura f
— **at @ factory** v - reemplazar en fábrica f
— @ **axle shaft** v - [autom-mech] reemplazar semieje m
— @ **barrel** v - [milit] reponer cañón m
— @ **bearing part** v - [mech] reemplazar pieza f para cojinete m
— @ **blowpipe** v - [metal-prod] cambiar busa f
— @ **breaker point** v - [int.comb] reemplazar platino m en rotor m
— @ **brick(s)** v - [constr] cambiar ladrillo(s) m
— @ **bridge** v - [constr] reemplazar puente m
— @ **brush** v - [electr-mot] reemplazar escobilla
— @ — **spring** v - [electr-mot] reemplazar resorte m para escobilla f
— @ **bulb** v - [electr-ilum] reemplazar bombilla f
— @ **burned out refractory,ries** v - [metal-prod] reemplazar refractario(s) m quemado(s)
— @ **cable** v - reemplazar, or reponer, or cambiar, cable m
— @ **cam** v - [mech] reemplazor, leva f, or sujetador m
— @ **canister** v - [safety] reemplazar elemento m
— @ **cartridge** v - [mech] reemplazar, cartucho m, or elemento m
— @ **chain** v - [mech] reemplazar cadena f
— @ **clogged reamer** v - [metal-prod] cambiar escariador m atascado
— @ **clutch** v - [mech] reemplazar embrague m
— @ — **plate** v - [mech] reemplazar, plato m, or disco m, para embrague m
— @ **coil** v - [electr-instal] reemplazar bobina f
— @ **concrete deck** v - [bridges] reemplazar cubierta f de hormigón m
— @ **conductor** n - [electr-instal] reemplazar, or reponer, conductor m, or cable m
— @ **contact** v - [electr-instal] reemplazar, or cambiar, contacto m
— @ **contactor** v - [electr-inestal] reemplazar, or cambiar, contactador* m, or interruptor m automático
— @ **control circuit fuse** v - [electr-oper] reemplazar fusible m en circuito m para regulación f
— **conveniently** v - reemplazar convenientemente
— @ **converter** v - [metal-prod] reemplazar, or substituir, convertidor m
— @ **cooler** v - [metal-prod] reemplazar, or cambiar, toberón m
— @ **cooling plate** v - [metal-prod] reemplazar, or cambiar, petaca f
— @ **county bridge** v - [constr] reemplazar puente m departamental
— @ **cover** v - reemplazar, or colocar, tapa f
— @ **crystal** v - reemplazar cristal m
— @ **cylinder** v - [mech] reemplazar cilindro m
— @ **deck(ing)** v - [bridges] reemplazar cubierta
— @ **defect** v - reemplazar defecto m

replace @ defective part v - [mech] reemplazar pieza f defectuosa
— @ **divider** n - [autom-mech] reemplazar distribuidor m
— @ **drain plug** v - [mech] reemplazar tapón m para drenaje m
— @ **drawing** v - reemplazar dibujo m
— @ **drive belt** v - [mech] reemplazar correa f para impulsión f
— @ **engine** v - [int.comb] reemplazar motor m
— @ **ether cylinder** v - [int.comb] reemplazar cilindro m con éter m
— @ **fan** v - [mech] reemplazar ventilador m
— @ **faulty switch** v - [electr-instal] reemplazar conmutador m defectuoso
— @ **foundation soil** v - [constr] reemplazar suelo m para cimentación f
— **free(ly)** v - reemplazar sin cargo m
— @ **frequency counter** v - [electron] reemplazar, contador m para frecuencia(s) f, or frecuencímetro* m
— @ **fuel shut-down solenoid** v - [int.comb] reemplazar solenoide m para corte m de combustible m
— @ **gooseneck** v - [metal-prod] reemplazar codo
— @ **highway bridge** v - [bridges] reemplazar puente m carretero
— @ **hoist clutch** v - [cranes] reemplazar embrague m (para mecanismo m) para elevación f
— @ **housing** v - [mech] reemplazar, carcasa f, or caja f
— @ **hydraulic filter cartridge** v - [mech] reemplazar cartucho m para filtro m hidráulico
— @ **idler** v - [mech] reemplazar rueda f loca
— @ — **sprocket** v - [mech] reemplazar rueda f dentada loca
— @ **light emitting diode** v - [electron] reemplazar diodo m emisor de luz f
— @ **mud gun** v - [metal-prod] reemplazar, or cambiar cañón m (para lodo m)
— @ **O ring** v - [mech] reemplazar guarnición f, anular, or circular
— @ **open** v - [electr-instal] reemplazar desconexión f
— @ **pad** v - [mech] reemplazar apoyo m
— @ **piston** v - [mech] reemplazar émbolo m
— @ **point** v - [int.comb] reemplazar platino m
— @ **power divider** v - [autom-mech] reemplazar distribuidor m para fuerza f
— @ **printed circuit board** v - [electron] reemplazar tablero m con circuito m, estampado, or impreso
— @ **purge timer** v - [combust] reemplazar sincronizador m para purga f
— @ **railway trestle** v - [rail] reemplazar viaducto m ferroviario
— @ **slag notch (nozzle)** v - [metal-prod] cambiar, or reemplazar, toberín m
— @ **sprocket** v - [mech] reemplazar rueda f dentada
— @ **stick** v - [weld] reemplazar electrodo m (manual)
— @ **stock rod** v - [metal-prod] cambiar sonda f
— @ **swing clutch** v - [cranes] reemplazar embrague m (para mecanismo m) para rotación f
— @ **swivel** v - [petrol] reemplazar cabeza f para inyección f
— @ **toggle** v - [mech] reemplazar fiador m
— @ **trestle** v - [rail] reemplazar viaducto m
— @ **trim** v - [autom] reemplazar guarnición f
— @ **tuyere** v - [metal-prod] cambiar tobera f
— @ — **and cooler** v - [metal-prod] cambiar tobera f y toberón m
— @ **utility** v - [constr] reemplazar red f para servicio m público
— @ **wash pipe** v - [petrol] reemplazar tubo m para agua m
— @ **wiper** v - [mech] reemplazar enjugador m
— **with @ suitable fill** v - [constr] reemplazar con relleno m apropiado
— @ **worn part** v - [mech] reemplazar pieza f

(des)gastada
replaceability* n - reemplazabilidad* f
replaceable a - . . .; amovible*; reponible*
— **nose insulation** n - [weld] aislación f frontal reemplazable
— **point** n - [mech] púa f reemplazable
— **rim** n - [autom-mech] llanta f reemplazable
— **rubber tire** n - [autom-tires] neumático m reemplazable de caucho m
replaced a - reemplazado,da; repuesto,ta; cambiado,da; substituido,da
— **at @ factory** a - reemplazado,da en fábrica f
— **axle shaft** n - [autom-mech] semieje m reempolazado
— **barrel** n - [milit] cañón m repuesto
— **bearing part** n - [mech] pieza f para cojinete m reemplazada
replaced breaker point n - [int.comb] platino n para rotor m reemplazado
— **brick(s)** n - [constr] ladrillo(s) cambiado(s)
— **bridge** n - [constr] puente m reemplazado
— **brush** n - [electr-mot] escobilla f reemplazada
— — **spring** n - [electr-mot] resorte m para escobilla f reemplazado
— **bulb** n - [electr-ilum] bombilla f reemplazada
— **cam** n - [mech] leva f reemplazada; sujetador m reemplazado
— **canister** n - [safety] elemento m reemplazado
— **cartridge** n - [mech] cartucho m, or elemento m, reemplazado
— **chain** n - [mech] cadena f reemplazada
— **clutch** n - [mech] embrague m reemplazado
— — **plate** n - [mech] plato m, or disco m, para embrague m reemplazado
— **coil** n - [electr-instal] bobina f reemplazada
— **concrete deck(ing)** n - [bridges] cubierta f de hormigón m reemplazada
— **conductor** n - [electr-instal] conductor m, or cable m, reemplazado, or cambiado
— **contactor** n - [electr-instal] interruptor m automático, reemplazado, or cambiado
— **control circuit fuse** n - [electr-oper] fusible m en circuito m para regulación f reemplazado
— **conveniently** a - reemplazado,da convenientemente
— **converter** n - [metal-prod] convertidor m reemplazado
— **cooler** n - [metal-prod] toberón f reemplazado
— **cooling plate** n - [metal-prod] petaca f, reemplazada, or cambiada
— **county bridge** n - [constr] puente m departamental reemplazado
— **crystal** n cristal m reemplazado
— **cylinder** n - [mech] cilindro m reemplazado
— **deck(ing)** n - [bridges] cubierta f reemplazada
— **defect** n - defecto m reemplazado
— **defective part** n - [mech] pieza f defectuosa reemplazada
— **divider** n - [autom-mech] distribuidor m reemplazado
— **drain plug** n - [mech] tapón m para repuesto m para drenaje m
— **drawing** n - dibujo m reemplazado
— **drive belt** n - [mech] correa f para impulsión f reemplazada
— **engine** n - [int.comb] motor m reemplazado
— **ether cylinder** n - [int.comb] cilindro m con éter m reemplazado
— **faulty switch** n - [electr-inestal] conmutador m defectuoso reemplazado
— **foundation soil** n - [constr] suelo m para cimentación f reemplazado
— **free(ly)** a - reemplazado,da sin cargo m
— **frequency counter** n - [electron] contador m para frecuencia(s) f, or frecuencímetro* m, reemplazado
— **highway bridge** n - [bridges] puente m carretero reemplazado
— **hoist clutch** n - [cranes] embrague m [para mecanismo m) para elevación f reemplazado

replaced housing n - [mech] carcasa f, or caja f, reemplazada
— **hydraulic filter cartridge** n - [mech] cartucho m para filtro m hidráulico reemplazado
— **idler** n - [mech] rueda f loca reemplazada
— — **sprocket** n - [mech] rueda f dentada loca reemplazada
— **light emitting diode** n - [electron] diodo m emisor de luz f reemplazado
— **O ring** n - [mech] guarnicipm f, anular, or circular, reemplazada
— **open** n - [electr-instal] desconexión f reemplazada
— **pad** n - [mech] apoyo m reemplazado
— **piston** n - [mech] émbolo m reemplazado
— **point** n - [int.comb] platino m reemplazado
— **power divider** n - [autom-mech] distribuidor m para fuerza f reemplazado
— **printed circuit board** n - [electron] tablero m con circuito m, impreso, or estampado, reemplazado
— **purge timer** n - [combust] sincronizador m para purga f reemplazado
— **railway trestle** n - [rail] viaducto m ferroviario reemplazado
— **sprocket** n - [mech] rueda f dentada reemplazada
— **stick** n - [weld] electrodo m (manual) reemplazado
— **swing clutch** n - [cranes] embrague m (para mecanismo m) para rotación f reemplazado
— **swivel** n - [petrol] cabeza f para inyección f reemplazada
— **toggle** n - [mech] fiador m reemplazado
— **trestle** n - [rail] viaducto m reemplazado
— **trim** n - [autom] guarnición f reemplazada
— **utility** n - [constr] red f para servicio m público reemplazado
— **wash pipe** n - [petrol] tubería f para agua m reemplazada
— **wiper** n - [mech] enjugador m reemplazado
— **with @ suitable fill** a - [constr] reemplazado con relleno m apropiado
— **worn part** n - [mech] pieza f (des)gastada reemplazada
replacement n - . . . .; renovación f; cambio m; recambio m; repuesto m • reinstalación f • [labor] cubrebaja(s) m; suplente m | a - para reemplazo m; reemplazante m; para recambio m; para substitución f
— **application** n - aplicación f para reemplazo m • solicitud m para reemplazo m
— **axle** n - [mech] eje m para reemplazo m
— **barrel** n - [milit] cañón m para reemplazo m
— **brush** n - [electr-mot] escobilla f para, repuesto m, or reemplazo m
— **circulating water system** n - [hydr] red f para reemplazo m para agua m para circulación f
— **crew** n - [labor] cuadrilla f para reemplazo
— **disel engine** n - [int.comb] motor m diesel para, reemplazo m, or recambio m
— **electric motor** n - [electr-mot] motor m eléctrico para, recambio m, or reemplazo m
— **engine** n - [int.comb] motor m para, recambio m, or reposición f, or reemplazo m
— **forged cylinder** n - [petrol] cilindro m forjado para, reemplazo m, or recambio m
— **frequency counter** n - [electron] contador m para frecuencia(s) f, or frecuencímetro m, para, reemplazo m, or recambio m
— **gasoline engine** n - [int.comb] motor m con gasolina f para, reemplazo m, or recambio m
— **housing** n - [mech] carcasa f para reemplazo m • [autom-mech] caja f para reemplazo m; reemplazo m para caja f
— **housing** n - [mech] carcasa f para reemplazo m
— **item** n - [mech] pieza f, or elemento m, para reemplazo m
— **job** n - [labor] trabajo m para, reemplazo m, or substitución f

replacement kit n - [mech] juego m, or conjunto m, para, reemplazo m, or recambio m
— **market** n - [com] mercado m para reemplazo m
— **order(ing)** n - [ind] pedido m para, repuesto m, or recambio m, or reemplazo m
— **pad** n - [mech] apoyo m para recambio m
— — **serration** n - [mech] estría(s) f en apoyo m para recambio m
— **part** n - [mech] pieza f para, reemplazo m, or repuesto m, or recambio m, or reposición f
— —(s) **identification** n - [ind] identificación f de pieza(s) f para repuesto m
— —(s) **procurement** n - [ind] adquisición f de pieza(s) f para repuesto m
— —(s) **order** n - [ind] pedido m para pieza(s) f para repuesto m
— —(s) **stock(s)** n - [ind] existencia f de pieza(s) f para, reemplazo m, or repuesto m
— —(s) **stocking** n - [ind] mantenimiento m de existencia f de piezas f para repuesto m
— **piston** n - [mech] émbolo m para repuesto m
— **price** n - precio m para reposición f
— **rim** n - [autom-mech] llanta f para repuesto m
— **size option** n - [autom-tires] opción f de medida(s) f para reemplazo m
— **solution** n - [chem] disolución f para reemplazo m
— **starter** n - [weld] arrancador m para recambio m
— **tire** n - [autom-tires] neumático m para, reemplazo m, or recambio m, or reposición f
— — **manufacturer** n - [autom-tires] fabricante m de neumático(s) f para recambio m
— **water analysis** n - [hydr] análisis m, or composición f, de agua m para reemplazo m
— **windshield** n - [autom] parabrisa(s) m para recambio m
— **with @ suitable fill** n - [constr] reemplazo m con relleno m apropiado
— **work** n - trabajo m para reemplazo m
replacer n - reemplazador m; substituidor m
replacing n - reemplazo m; reposición f; substitución f | a - reemplazador,ra; reemplazante; substituidor,ra
replacing at @ factory n - reemplazo m, or substitución f, en fábrica f
— **in @ set** n - [mech] reemplazo m en juego m
replenish v - . . .; reponer; reabastecer
replenished a - rellenado,da; rehenchido,da; reabastecido,da; repuesto,ta
replenisher n - reabastecedpr.ra; rellenador,ra
replenishing n - reabastecimiento,ta; reposición f | a - reabastecedor,ra; rellenador,ra
replete a - lleno,na
repleviner n - [legal] reivindicador m
replevy n - . . .; reivindicación f | v - reivindicar
replica type n = tipo m (de) réplica f
report n -1. . . .; aviso m; notificación f; presentación f; denuncia f • estudio m; reseña f • estadística f • determinación f • [fisc] declaración f • [legal] acta m; memoria f • protocolo m • [comput] informe | v - . . . • presentar • determinar • [fisc] declarar • notificar
— **automatically** v - informar automáticamente
— **back** v - [comput] colacionar; retornar informe m • recuperar
— — **@ command** v - [comput] colacionar, or retornar, or recuperar, orden f, or mandato m
— — — **verification** n - [comput] verificación f de, orden f, or mandato m, mediante, colación f, or retorno m de informe m
— — **verification** n - [comput] verificación f, colacionada, or mediante informe m retornado
— **@ conclusion** v - informar conclusión f
— **correctness** n - exactitud f de informe m
— **date** m - fecha f de informe m
— **directly** v - informar directamente • [managm] ser responsable directamente
— **failure** n - [fisc] falta f de denuncia f
— **filing** n - presentación f de informe m

report form n - [com] impreso m, or formulario* m, para informe m
— **from @ remote site** v - [electron] informar desde, sitio m, or punto m, remoto
—, **generating**, or **generation** n - [comput] generación f de informe(s) m
—, **initiating**, or **initiation** n - [comput] iniciación f de informe m
— **@ inspection** v - informar inspección f
—, **issue**, or **issuing** n - emisión f de informe m
— **periodically** v - informar periódicamente
— **preparation** n - preparación f de informe m • [legal] preparación f, or levantamiento m, de acta m
— **preparer** n - preparador m, or confeccionador m, de, parte m, or informe m
— **processing** n - procesamiento m de informe m
— **quarterly** v - informar trimestralmente
— **@ recommendation(s)** v - informar recomendación(es) f
— **review** n - revista f, or verificación f, de informe m
— **@ self-initiated alarm** v - [comput] informar alarma f autoiniciada
— **sending** n - envío m de informe m
— **separately** v - informar, separadamente, or por separado • [accntg] contabilizar, separadamente, or por separado
— **sheet** n - planilla f, or hoja f, con informe
— **spontaneously** v - espontearse
— **@ status** v - [electron] informar (sobre) estado m
— **@ — change** v - [electron] informar (sobre) cambio m en, estado m, or condición f, or posición f
—, **submission**, or **submitting** n - presentación f de informe m
— **system** n - sistema m para información f
— **@ — status** v - [comput] informar (sobre), estado m, or condición f, or posición f
— **to** v - [managm] trabajar bajo (órdenes f de)
— **writing** n - redacción f de informe(s) m
reported a - informado,da • comunicado,da; denunciado,da; presentado,da • reseñado,da • determinado,da • [fisc] declarado,da
— **accident** n - [safety] accidente m, comunicado, or denunciado
— **automatically** a - informado,da automáticamente
— **back** a - [comput] colacionado,da • recuperado,da
— — **command** n - [electron] orden f, colacionada, or retornada; mandato m, colacionado, or retornado, or recuperado
— — — **verification** n - [electron] verificación f, retornada, or colacionada, or recuperada, de, orden f, or mandato m
— **from @ remote site** a - [electron] informado,da desde, sitio m, or punto m, remoto
— **inspection** n - inspección f informada
— **net income** n - [fisc] ingreso(s) m neto(s) declarado(s)
— **periodically** a - informado,da periódicamente
— **quarterly** a - informado,da trimestralmente
— **self-initiated alarm** n - [comput] alarma f autoiniciada informada
— **separately** a - informado,da, separadamente, or por separado • [accntg] contabilizado,da, separadamente, or por separado
— **shareholders' equity** n - [fisc] patrimonio n social declarado
— **status** n - [electron] estado m informado
— — **change** n - [comput] cambio m en, estado m informado, or condición f informada
— **system status** n - [comput] estado m de sistema m informado; condición f, or posición f, de sistema m, informada
reported to a - trabajado,da bajo (órdenes f de)
reporter n - informador m; informante m • [public] periodista f; cronista m | a - informador,ra

reporting n - notificación f • denuncia f • determinación f • [public] reportaje | a - informante
— **back** n - [comput] colación f • recuperación f
— **failure** n - falta f de denuncia f
— **from @ remote site** n - [electron] información f desde, sitio m, or punto m, remoto
— **purpose(s)** n - fin(es) m para información f
— **requirement** n - [insur] exigencia f para presentación f de informe(s) m
— **system** n - sistema m para información f
— **to** n - trabajo n bajo (órdenes f de)
repose angle n - ángulo m para reposo m
reposition n - . . . . | v - colocar nuevamente; volver a colocar (en posición f); reponer; cambiar de lugar
— **@ alternator** v - [autom-electr] volver a colocar alternador m
— **@ axle** v - [mech] volver a colocar, or reponer, eje m
— **@ column** v - [mech] volver a colocar, or colocar nuevamente, en posición columna f
— **@ electrode** v - [weld] modificar posición f de electrodo m
— **@ ladder** v - [mech] colocar nuevamente (en posición f) escalera f
repositioned a - colocado,da nuevamente, or vuelto,ta a colocar, en posición f; repuesto,ta; reposicionado,da*
— **alternator** n - [electr-instal] alternador m vuelto a colocar
— **axle** n - [mech] eje m repuesto
— **column** n - [mech] columna f, vuelta a colocar, or colocada nuevamente, en posición f
— **electrode** n - [weld] electrodo m con posición f modificada
— **ladder** n - [mech] escalera f colocada nuevamente (en posición f)
repositioner n - reposicionador* m
repositioning n - colocación f nueva, or vuelta a colocar, (en posición f); cambio m de lugar m • reposición f | a - reposicionador,ra*
repossess v - . . . . • [legal] (rei)vindicar
repossessed a - recobrado,da; recuperado,da • [legal] reivindicado,da
repossessing n - [legal] reivindicación f | a - [legal] reivindicador,ra
repossession n - . . . . | [legal] reivindicación
repossessor n - [legal] reivindicador m
repps n - [lubric] see **repsol aries**
repreparation n - reelaboración f
reprepare v - reelaborar
reprepared a - reelaborado,da
represent v - . . . . • pretender
— **adequately** v - representar adecuadamente
representable a - representable
representation n . . . . • pretensión f
— **expense(s)** n - [acctg] gasto(s) m para representación f
— **power** n - [legal] poder m para representación
representative accreditation n - [legal] acreditación f como representante m
— **circuit** n - [electr-instal] circuito m representativo
— **indication** n - [weld] indicio m típico
—**('s) responsability** n - [com] responsabilidad f de representante m
— **sample** n - [com] muestra f, or probeta f, representativa
— **size** n - tamaño m representativo
— **specific weight** n - peso m específico representativo
— **standard** n - norma f representativa
— **test piece** n - [ind] probeta f representativa
— **weight** n - peso m representativo
— **workmanship standard** n - norma f representativa para ejecución f buena
represented a - representado,da • pretendido,da; manifestado,da
— **adequately** a - representado,da adecuadamente
— **legally** a - representado,da legalmente

representing n - representación f • pretensión f • manifestación f
repress v - . . . . • [mech] deprimir nuevamente
— **@ environmental, contamination, or pollution** v - [environm] reprimir contaminación f de ambiente m
repressed a - reprimido,da • [mech] deprimido,da nuevamente
— **contamination** n - [environm] contaminación f reprimida
— **environmental, contamination, or pollution** n - [environm] contaminación, reprimida de ambiente f, or de ambiente m reprimida
repressing n - represión f • [mech] depresión f, nueva, or renovada
repressor n - represor m
reprimanded a - reprendido,da
reprimanding n - reprensión f | a - reprendiente; reprensor,ra
reprint n - [print] . . .; separata f • reproducción f | v - [print] . . .; reproducir
— **directly** v - [print] reimprimir directamente
reprinted a - [print] reimpreso,sa; reproducido,da
— **directly** a - [print] reimpreso,sa directamente
reprinting n - [print] reimpresión f • reproducción f | a - [print] reimpresor,ra • reproductor,ra
reprocess v - [ind] reprocesar; reelaborar
reprocessed a - [ind] reprocesado,da; reelaborado,da
— **material(s)** n - [ind] material(es) m reprocesado(s)
reprocessor n - [ind] reprocesador m
reprocessing n - [ind] reprocesamiento m; reelaboración f | a - [ind] reprocesador,ra
— **campaign** n - [ind] campaña f para, reprocesamiento m, or reelaboración f
— **drum** n - [ind] tambor m, reprocesador, or para reprocesamiento m
— **plant** n - [ind] planta f para reprocesamiento
reproduce @ actual condition v - reproducir condición f real
— **@ — field load condition** v - [constr] reproducir condición f real de carga f en obra f
— **@ — — condition** v - [constr] reproducir condición f real en obra f
— **@ — condition** v - [constr] reproducir condición f real
— **@ condition** v - reproducir condición f
— **@ field load condition** v - [constr] reproducir condición f de carga f en obra f
— **precisely** v - [electron] reproducir, precisamente, or con precisión f
reproduced a - reproducido,da
— **actual condition** n - condición f real reproducida
— — **field condition** n - [constr] condición f real en obra f reproducida
— — — **load condition** n - [constr] condición f real de carga f en obra f reproducida
— — **load condition** n - [constr] condición f real de carga f reproducida
— — **condition** n - condición f reproducida
— **field load condition** n - [constr] condición f de carga f en obra f reproducida
— **preisely** a - [electron] reproducido,da, precisamente, or con precisión f
reproducibility n - reproducibilidad f
— **precision** n - [electron] precisión f de reproducibilidad f
reproducible n - [drwng] original m; copia f reproducible; transparencia f; matriz f | a - [drwng] reproducible; transparente
— **diagram** n - [drwng] diagrama m reproducible
— **drawing** n - [drwng] (dibujo) transparente m
— **wiring diagram** n - [electr] diagrama m, or matriz f, reproducible para conexión(es) f
reproducing n - reproducción f | a - reproductor,ra

Repsol Aries n - [lubric] (aceite m industrial) Repsol Aries
Republic of South Africa n - [pol] República f, de Africa f de Sur n, or Sudafricana
repudiate @ contract v - [legal] repudiar contrato m
repudiated a - repudiado,da
— **contract** n - [legal] contrato m repudiado
repulp* v - [paper] repulpar
repulped a - [paper] repulpado,da
repulper n - [paper] repulpadora f
reputable a - . . .; reconocido,da
— **brand** n - [ind] marca f reconocida
reputation n - . . .; tradición f
— **earning** n - granjeo m de reputación f
repute v - . . .; reconocer
reputed a - reputado,da; reconocido,da • . . .
reputer n - reputante n
reputing n - reputación f; reconocimiento m | a - reputante
request n - . . .; pedido m; requisición f • rogativa f; requerimiento m | v - . . .; rogar; recabar
— **@ credit** v - [fin] solicitar crédito m
— **@ extension** v - solicitar prórroga f
— **@ information** v - solicitar, or recabar, información f
— **@ inspection** v - solicitar inspección f
— **pending** n - [legal] pedido m, pendiente, or en trámite m
— **@ quality** v - pedir, or solicitar, calidad f
— **@ spare (part)** v - [mech] solicitar (pieza f para) repuesto m
— **@ tolerance** v - solicitar tolerancia f
requested a - pedido,da; solicitado,da; rogado,da • recabado,da; en trámite m
— **analysis** n - análisis m solicitado
— **credit** n - [fin] crédito m solicitado
— — **value** n - [fin] monto m de crédito m solicitado
— **document(s)** n - [com] documento(s) m solicitado(s)
— **information** n - información f, solicitada, or recabada
— **inspection** n - inspección f solicitada
— **quality** n - calidad f, pedida, or solicitada
— **registration** n - [legal] registración f, solicitada, or en trámite m
— **shipping document(s)** n - [com] documento(s) m para embarque m solicitado(s)
— — — **original** n - [com] original m de documento m para embarque m solicitado
— **spare (part)** n - [mech] (pieza f para) repuesto m solicitado
— **test** n - prueba f solicitada
— **tolerance** n - tolerancia f solicitada
requirable a - exigible
— **point** n - [labor] punto m exigible
— **yield** n - rendimiento m exigible
require v - . . .; desear; hacer necesario • implicar • precisar • absorber • ser de rigor • [legal] condenar; sentenciar
require adjustment v - requerir, or exigir, ajuste m
— **@ advice** v - requerir, or exigir, asesoramiento m
— **by law** v - [legal] exigir por ley f
— **@ care** v - exigir cuidado m
— **@ cleaning** v - exigir, or requerir, or necesitar, limpieza f
— **@ clearance** v - exigir, holgura f, or luz f
— **@ datum,ta** v - exigir, or requerir, información f
— **@ design** v - exigir, or requerir, proyección f
— **@ — datum,ta** v - [ind] exigir, or requerir, información f para proyección f
— **@ device** v - exigir, or requerir, dispositivo m, or accesorio m
— **@ energy** v - exigir, or requerir, energía f, or fuerza f
— **@ fitting** v - exigir accesorio m

require @ flow v - [hydr] exigir caudal m • [ind] exigir aprovisionamiento m
— **grease** v - [mech, exigir, or requerir, grasa f, or engrase m
— **@ guardrail** v - [roads] exigir defensa f lateral
— **@ horsepower** v - [mech] exigir potencia f
— **@ information** v - requerir, or exigir, información f
— **inspection** v - requerir, or exigir, inspección f
— **@ insurance** v - [insur] exigir, or requerir, seguro m
— **less time** v - exigir, or requerir, menos tiempo m
— **@ maintenance** v - requerir, or exigir, mantenimiento m, or conservación f, or atención f
— **@ material** v - [ind] requerir, or exigir, or precisar, material m
— **@ measure** v - exigir, or requerir, medida f
— **more time** v - exigir, or requerir, más tiempo
— **@ oiling** v - requerir, or exigir, aceitado m, or lubricación f
— **@ operator('s) skill** v - [ind] exigir habilidad f por (parte f de) operador m • [weld] exigir habilidad f por parte de soldador m
— **periodic inspection** v - requerir, or exigir, inspección f periódica
— — **lubrication** v - [mech] requerir, or exigir, lubricación f periódica
— **@ . . . .-phase power** v - [electr-distrib] exigir energía f ...fásica
— **@ piece** v - [mech] exigir pieza f
— **@ precaution(s)** v - exigir, precaución(es) f, or medida(s) f
— **previously** v - requerir, or exigir, previamente
— **@ repair** v - requerir, or exigir, reparación f, or corrección f
— **@ replacement** v - exigir reemplazo m
— **@ ribbon** v - requerir, or exigir, cinta f
— **@ riveting** v - [mech] exigir remachado m
— **@ safety precaution(s)** v - [safety] exigir, or requerir, precaución(es) f, or medida(s) f, para seguridad f
— **@ service** v - exigir, or requerir, servicio m, or atención f, or trabajo(s) m para conservación f
— **@ servicing** v - exigir, or requerir, atención
— **skill** v - exigir habilidad f
— **@ solution** v - requerir, or exigir, solución
— **@ subdrainage** v - [hydr] exigir subdrenaje m
— **@ technology** v - [ind] exigir tecnología f
— **@ time** v - requerir, or exigir, tiempo m
— **@ torque** v - [mech] requerir par m motor
— **usually** v - exigir, or exigir, generalmente, or acostumbradamente
required n - [math] incógnita f | a - requerido,da; exigido,da; requisito,ta; que se requiere ; preciso,sa; precisado,da; implicado,ra; demandado,da; nescesario,ria • de rigor; forzoso,sa • absorbido,da • [legal] condenado,da; sentenciado,da
— **acid** n - ácido m, necesario, or requerido
— **action** n - acción f, requerida, or exigida
— **additional cover** n - [constr] cobertura f adicional exigida
— **advice** n - asesoramiento m, requerido, or exigido
— **alloy** n - [metal] aleación f requerida
— — **content** n - [metal- proporción f requerida de aleación f
— **amount** n - importe m, or valor m, exigido
— **analysis** n - [metal] liga f predeterminada
— **area** n - zona f, or área m, or superficie f, exigida
— **assurance** n - seguridad f exigida
— **avilability** n - disponibilidad f requerida
— **backfill soil density** n - [constr] densidad f exigida para suelo m para relleno m
— **bearing** n - [constr] capacidad f portante,

or sustentación f, prevista, or exigida
required by law a - requerido,da, or exigido,da, por ley f
— **caloric input** n - [combust] consumo m calórico necesario
— **capacity** n - capacidad f, requerida, or exigida
— **care** n - cuidado m, exigido, or requerido
— **chattel(s)** n - bien(es) m requerido(s)
— **cleaning** n—limpieza f, exigida, or requerida
— **clearance** n - holgura f, or luz f, exigida, or requerida, or necesaria
— **constant voltage** n - [weld] voltaje m constante, exigido, or requerido, or necesaria
— — **output** n - [weld] corriente f de salida necesaria con voltaje m constante
— **control** n - regulación f, exigida, or requerida, or necesaria
— — **valve** n - [valv] válvula f, requerida, or exigida, para regulación f • válvula f para regulación f, requerida, or exigida
— **cooling water** n - [ind] agua m, exigida para enfriamiento m, or para enfriamiento exigida
— **device** n - dispositivo m, or accesorio m, exigido, or requerido
— **cover** n - [constr] cobertura f exigida
— **cross section** n - [weld] corte m transversal, requerido, or exigido
— — **area** n - área m de corte m transversal, exigido, or requerido
— **culvert length** n—[hydr] largo m requerido para alcantarilla f
— **current** n - [weld] amperaje m, requerido, or exigido
— **datum,ta** n - información f, requerida, or exigida, or necesaria
— **density** n - densidad f, exigida, or requerida
— **depth** n - [constr] profundidad f exigida
— **design** n - proyección f, exigida, or requerida, or necesaria • diseño m exigido
— — **axial load(ing)** n - [constr] carga f axial para diseño exigida
— — **data** n - [ind] información f, exigida, or requerida, or necesaria, para proyección f
— — **life** n - [constr] vida f prevista exigida
— — **load(ing)** n - [constr] carga f requerida, or exigida, para, proyección f, or diseño m
— **drawing** n - dibujo m, requerido, or exigido
— **driving power** n - [weld] potencia f, requerida, or exigida, para impulsión f
— **energy** n - energía f, or fuerza f, requerida, or exigida
— **equipment** n - equipo m, exigido, or necesario
— **exposure time** n - [photogr] tiempo m exigido para exposición f
— **external excitation** n - [electr] excitación f externa requerida
— **final thickness** n - [metal-roll] espesor m final requerido
— **fitting** n - accesorio m exigido
— **flow** n - [hydr] caudal m exigido • [ind] aprovisionamiento m exigido
— **for all machine(s)** a - [mech] requerido,da, or que se requiere, para todo(s) equipo(s) m
— — **@ operation** a - exigido,da para operación
— **force** n - esfuerzo m exigido
— **furniture** n - [comest] mobiliario m exigido
— **gage** n - [constr] calibre m, or espesor m, requerido
— **good(s)** n - bien(es) m requerido(s)
— **grease** n - [mech] grasa f, exigida, or requerida
— **guardrail** n - [constr] defensa f lateral exigida
— **head** n - [hydr] carga f, exigida, or requerida, or necesaria
— — **flow** n - caudal m, or flujo m, exigido, or necesario, para calentamiento
— **horsepower** n - [ind] potencia f exigida
— —, **developing, or development** n - desarrollo m de potencia f exigida

required input n - consumo m necesario • [ind] energía f, necesaria, or exigida
— **inspection** n - inspección f, exigida, or requerida, or que habrá de exigirse
— **instrument** n - [instrum] instrumento m, requerido, or exigido, or necesario
— **insulation** n - aislación f necesaria
— **insurance** n - [insur] seguro m exigido
— **investment** n - inversión f, requerida, or exigida, or necesaria
— **job procedure** n - procedimiento m exigido para trabajo n
— **labor** n - mano f de obra f, exigida, or requerida
— **length** n - largo(r) m, requerido, or exigido, or necesario, or apropiado; longitud f, requerida, or exigida, or necesaria
— **level** n - nivel m, requerido, or exigido
— **load** n - carga f, exigida, or requerida, or necesaria
— **loading** n - [constr] carga f exigida
— **magnetic property** n - [magnet] propiedad f magnética. requerida, or exigida
— **maintenance** n - mantenimiento m, requerido, or exigido; conservación f, requerida, or exigida, or necesaria
— **maximum pipe wall thickness** n - [tub] espesor m máximo exigido para pared f de tubería f
— — **thickness** n - espesor m máximo exigido
— — **tube wall thickness** n - [tub] espesor m máximo exigido para pared f de tubería f
— — **wall thickness** n - espesor m máximo exigido para pared f
— **measure load** n - carga f necesaria medida
— **minimum cover** n - [constr] cobertura f mínima exigida
— — **pipe wall thickness** n - [tub] espesor m mínimo para pared f de, tubo m, or tubería f
— — **thickness** n - espesor m mínimo exigido
— — **tube wall thickness** n - [tub] espesor m mínimo exigido para pared f de tubería f
— — **wall thickness** n - espesor m mínimo exigido para pared f
— **number** n - número m requerido; cantidad f, requerida, or de unidades f
— — **of passes** n - [metal-roll] número m de pasada(s) f exigida(s)
— **oiling** n - [mech] aceitado m, requerido, or exigido; lubricación f, requerida, or exigida
— **opening** n - [constr] abertura f exigida
— **opening torque** n - torsión f, inicial, or para apertura f, exigida
— **output** n - [ind] producción f, requerida, or exigida • salida f requerida
— — **frquency** n - [electron] frecuencia f exigida para salida f
— **part** n - [ind] pieza f, exigida, or requerida, or necesaria
— **pass(es)** n - [metal-roll] pasada(s) f, exigida(s), or requerida(s), or necesaria(s)
— **penetration** n - penetración f exigida
— **period** n - período m, or plazo m, exigido
— **periodic inspection** n - inspección f periódica, requerida, or exigida
— — **lubrication** n - [lubric] lubricación f periódica, requerida, or exigida
— **personnel** n - [labor] personal m exigido
— **piece** n - [mech] pieza f exigida
— **pile diameter** n - [constr-pil] diámetro m exigido para pilote(s) m
— — **thcikness** n - [constr-pil] espesor m exigido para pilote(s) m
— — **wall** n - [constr-pil] pared para pilote(s) m exigida
— — — **thickness** n - [constr-pil] espesor m exigido para pared f de pilote m
— **pipe** n - [tub] tubo m exigido • tubería f exigida
— — **diameter** n - [tub] diámetro m exigido para, tubo m, or tubería f
— — **thickness** n - [tub] espesor m exigido pa-

ra pared f
required pipe wall thickness n - [tub] espesor m exigido para pared f de, tubo m, or tubería f
— **power** n - [electr-distrib] potencia f, or energía f, exigida, or absorbida; fuerza f motriz, requerida, or exigida, or necesaria
— **power source** n - [weld] fuente f, requerida, or exigida, para energía f
— — **supply** n - [electr-distrib] provisión f apropiada, or abastecimiento m, or suministro m, apropiado, de energía f • [weld] corriente f, exigida, or requerida
— — — **system** n - [electr-distrib] (tipo m de), potencia f, or fuerza f motriz, requerida, or exigida
— **practice** n —práctica f, requerida, or exigida
— **previously** a - requerido,da, or exigido,da, previamente
— **protective equipment** n - [safety] equipo m, protector, or para protección f, exigido
— **pull** n - esfuerzo m requerido • tracción f requerida
— **quorum** n - [legal] quórum m reglamentario
— **rate** n - [mech] régimen m requerido
— **replacement** n - reemplazo m exigido
— **requirement** n - requisito m exigido
— **ribbon** n - cinta f, requerida, or exigida
— **riveting** n - [mech] remachado m exigido
— **safe job procedure** n - [safety] procedimiento m seguro exigido para trabajo m
— — **supporting strength** n - [constr] resistencia f portante, exigida, or requerida, segura
— **safety** n - [safety] seguridad f exigida
— — **practice** n - [safety] práctica f, segura, or para seguridad f, requerida, or exigida
— **sensitivity** n - sensibilidad f exigida
— **service** n - servicio m exigido • [ind] mantenimiento m, or trabajo m para conservación f, requerido, or exigido; conservación f, or atención f, requerida, or exigida
— — **life** n - vida f (útil), anticipada, or requerida, or exigida
— — **(s) break(ing) down** n - desglose m de, requerimiento(s) m, or exigencia(s) f
— — **(s), program, or schedule** n - programa m exigido para servicio(s) m
— **servicing** n - [ind] atención f, requerida, or exigida
— **size** n - tamaño m, requerido, or exigido • diámetro m, requerido, or exigido
— **skill** n - destreza f, or habilidad, requerida, or exigida, or necesaria
— **slope** n - [constr] declive m requerido
— **soil density** n - [constr] densidad f, requerida, or exigida, para suelo m
— **solution** n - solución f, requerida, or exigida • disolución f, requerida, or exigida
— **space** n - espacio m, requerido, or exigido
— **specified thickness** n - espesor m especificado, requerido, or exigido
— **speed** n - velocidad f, requerida, or exigida • ritmo m, requerido, or exigido
— **stage** n - etapa f, requerida, or exigida
— **standard time** n - [labor] tiempo m normal, exigido, or requerido
— **step** n - paso m exigido • trámite m exigido
— **subdrainage** n - [hydr] subdrenaje m exigido
— **support** n - [constr] sustentamiento m exigido • sustentación f exigida
— **supporting strength** n - [constr] resistencia f, portante, or para soporte m, exigida
— **tension capacity** n - [constr] capacidad f exigida para tensión f
— **term** n - plazo m exigido
— **test(ing) equipment** n - equipo m, requerido para ensayo(s) m, or para ensayos requeridos
— **thickness** n —espesor m, requerido, or exigido
— —, **determining**, or **determination** n - determinación f de espesor m requerido
— **tight fit-up** n - [weld] presentación f ajustada, requerida, or exigida, or necesaria
— **time** n - tiempo m, requerido, or exigido
— **to operate** a - exigido,da para operación f

- 1410 -

required torque n - [mech] par m motor requerido • torsión f necesaria
— **tube wall thickness** n - [tub] espesor m exigido para pared de, tubo m, or tubería f
— **unit** n - unidad f necesaria • dispositivo m, or elemento m, requerido, or exigido
— **usually** a - requerido,da, or exigido,da, acostumbradamente
— **value** n - valor, requerido, or exigido • [int.comb] régimen m necesario
— **valve** n - [valv] válvula f, requerida, or exigida
— **variable voltage** n - [weld] voltaje m variable, requerido, or exigido, or necesario
— — **output** n - [weld] corriente f de salida necesaria con voltaje m variable
— **voltage** n - [electr-prod] voltaje m, requerido, or exigido
— — **output** n - [electr-prod] producción f de voltaje m, requerido, or exigido
— **wall area** n - superficie f, or área m, exigida para pared f
— — **thickness** n - espesor m exigido para pared f; espesor m para pared f exigido
— **weighting** n - lastre m exigido
— **weld(ing)** n - [weld] soldadura f, requerida, or exigida, or necesaria
— — **cross section** n - [weld] corte m transversal de soldadura, requerido, or exigido
— — **metal** n - [weld] metal m para aportación f, requerido, or exigido, or necesario
— **width** n - ancho(r) m, requerido, or exigido; anchura f, requerida, or exigida
— **wiring** n - [electr-instal] conexión(es) f, requerida(s), or exigida(s), or necesaria(s)
requirement n - . . .; exigencia f; especificación f; estipulación f; demanda f; reglamentación f; consumo m; demanda f; abastecimiento m; precisión f; condición f; implicación f • llamada f • norma f • formalidad f • [legal] condena f; sentencia f
—**(s) break(ing) down** n - desglose m de, requerimiento(s) m, or exigencia(s) f
— **calculation** n - cálculo m de exigencia(s) f
— **change,ging** n - cambio m en exigencia(s) f
— **check(ing)** n - verificación f de exigencias
— **compliance** n - cumplimiento m con exigencias
— **defining** n - definición f de exigencia(s) f
— **definition** n - definición f de exigencia(s)
— **determination** n - determinación f de exigencia(s) f
— **difference** n - diferencia f en exigencia(s)
—, **establishing**, or **establishment** n - establecimiento m de, exigencias f, or requisitos
— **forecast(ing)** n - [com] proyección f de consumo m
— **growth** n - [com] crecimiento m en consumo m
— —, **index**, or **rate** n - tasa f para crecimiento m en consumo m
— **index** n - índice m para consumo m
— **level** n - nivel m para norma f
— **meeting** n - cumplimiento m con, or satisfacción f de, exigencia(s) f, or requisito(s) m
— **quantification** n - cuantificación* f de exigencia(s) f
—**(s) scheduling** n - programación f de exigencia(s) f
requiring n - implicación f • [legal] condena f
— **by @ law** n - [legal] exigencia f de ley f
requisite n • formalidad f
requisition n - . . .; obtención f; consecución f; requisa f - [ind] pedido m, interno, or para material(es) m | v - . . .; solicitar; pedir • [ind] pedir material(es) m
— **number** n - [com] número m para pedido m (interno)
requisitioned a - requisado,da; obtenido,da; conseguido,da • pedido,da
requisitioning n - requisición f; consecución f; obtención f • [ind] pedido m por material(es) m

reroll v - [metal-roll] relaminar
— inside v - [metal-roll] relaminar interiormente
— outside v - [metal-roll] relaminar exteriormente
— @ seam v - [metal-roll] relaminar costura f
— @ weld v - [weld] relaminar soldadura f
rerolled a - [metal-roll] relaminado,da
— inside n - [metal-roll] relaminado,da interiormente
— outside a - [metal-roll] relaminado,da exteriormente
— product n—[metal-roll] producto m relaminado
— seam n - [metal-roll] costura f relaminada
— weld n - [weld] soldadura f relaminada
reroller n - [metal-roll] relaminador m
rerolling n - [metal-roll] relaminación f | a - [metal-roll] relaminador,ra
— coil n - [metal-roll] bobina f para relaminación f
— quality n - [metal-roll] calidad f para relaminación f
— — billet n - [metal-roll] palanquilla f con calidad f para relaminación f
— — bloom n - [metal-roll] tocho m con calidad f para relaminación f
— semifinished product n - [metal-roll] producto m, semiterminado, or semielaborado, or semiproducto m, para relaminación f
reroute v - [transp] reencaminar; reencausar
— @ traffic v - [transp] rencaminar, or reencausar, tránsito m, or circulación f
rerouted a - [transp] reencaminado,da; reencausado,da; con trazado m nuevo
— traffic n - [transp] tránsito m, reencaminado, or reencausado; circulación f, reencaminada, or reencausada
rerouting n - [transp] reencaminamiento m; reencausamiento m
rerun n - reconducción f; conducción f nueva • [petrol] redestilación f | a—reconducido,da; conducido,da nuevamente • [petrol] redestilado,da | v - reconducir; conducir nuevamente • [petrol] redestilar
rerunning n - reconducción f; conducción f nueva
resale good(s) n - [com] mercadería(s) f para reventa f
— for export n - [com] reventa f para exportación f
— price n - precio m para reventa f
resampling n - remuestreo* m
rescind @ award v - [legal] rescender adjudicación f
— @ contract v - [legal] rescindir contrato m
— partially v - [legal] rescindir parcialmente
— totally v - [legal] rescindir totalmente
— unilaterally v - [legal] rescindir unilateralmente
rescinded a - rescindido,da
— award n - [legal] adjudicación f rescindida
— contract n - [legal] contrato m rescindido
— partially a - [legal] rescindido,da parcialmente
— totally a - [legal] rescindido,da totalmente
— unilaterally a - [legal] rescindido unilateralmente
rescindibility* n - rescindibilidad* f
rescindible* a - rescindible
rescinding n - rescisión f | a - rescisorio,ria*
rescindment n - rescisión f
— cause n - [legal] causal m para rescisión f
— hereof n—[legal] rescisión f de presente m/f
rescue equipment n - [safety] equipo m para socorro n
rescued a - rescatado,da; socorrido,da
rescuer n - . . . .; socorredor m
rescuing m - rescate m; socorro m | a - rescatador,ra; socorredor,ra
reseal v - resellar*; sellar de nuevo
resealable a - resellable
— drum n - [transp] tambor m resellable*

resealable drum bead n - reborde m en tambor m resellable*
research n - . . . .; estudio m; verificación f (de información f) • [ind] laboratorio m (para investigación f) | a - investigador,ra | v - investigar • verificar (información f)
— activity n - [ind] actividad f para investigación f
— and development n - investigación f y, desarrollo m, or perfeccionamiento m
— — arm n - [ind] rama f para investigación f y, desarrollo m, or perfeccionamiento m
— — department n - [ind] departamento m, or dirección f, para investigación f y, desarrollo m, or perfeccionamiento m
— — division n - [ind] división f para, investigación f y, desarrollo m, or perfeccionamiento m
— — service(s) n - [ind] servicio(s) m para investigación f y, desarrollo m, or perfeccionamiento
— engineering n - [ind] investigación(es) f e ingeniería f
— — Industrial Technology Institute for Central America n - [pol] Instituto m Centro Americano para Investigación f y Tecnología f Industrial
— — technology n - [ind] investigación f y tecnología f
— appraisal n - evaluación f de investigación
— arm n - rama f para investigación(es) f
— Board n - Junta f para Investigaciones f
— center n - [ind] centro m para investigación(es) f
— council n - junta f para investigación(es) f
— — on Riveted and Bolted Structural Joints n - [constr] Junta f para Investigaciones de Juntas Estructurales Remachadas y Empernadas
— department n - [ind] departamento m para investigación(es) f
— division n - [ind] división f para investigación(es) f
— engineer n - ingeniero m, investigador, or para investigación(es) f
— equipment n - [ind] equipo m para investigación(es) m
— extensively v - investigar apliamente
— force n - [ind] plantel m, or equipo m, or personal m, para investigación(es) f
— group n - grupo m para investigación(es) f
— institute n - instituto m para investigación(es) f
— laboratory n - laboratorio m para investigación(es) f
— organization n - organización f, or entidad f, para investigación(es) f
— personnel n - [ind] personal m para investigación(es) f
— physicist n - [ind] físico m investigador
— planning n - [ind] planificación f de (trabajos m para) investigación(es) f
— priority n - [ind] prioridad f para investigación(es) f
— program n - programa m para investigaciónes
— project n - estudio m; investigación f
— scientist n - científico m investigador
— service n - [ind] servicio m para investigación(es) f
— staff n - [ind] plantel m, or personal m, para investigación(es) f
— team n - [ind] equipo m, or personal m, para investigación(es) f
— @ value(s) v - investigar valor(es) m
— vice president n - [managm] vicepresidente m para investigación(es) f
— work n - [ind] trabajo(s) m para investigación(es) f
— — level n - [ind] nivel m de trabajo(s) m para investigación(es) f
— — planning n - [ind] planificación f de trabajo(s) m para investigación(es) m

researched a - investigado,da • verificado,da
— **extensively** a - investigado,da ampliamente
— **value(s)** n - valor(es) m investigado(s)
researching n - investigación f; verificación f | a - investigador,ra
resell v - [com] revender
— @ **share** v - [fin] revender acción f
— @ **stock** v - [fin] revender acción(es) f
reselling n - reventa f
resemblance n - . . . . • paralelo m
resembled a - (a)semejado,da; parecido,da
resembling n - semejanza f; parecido m - a - semejable; semejante
resemblingly* adv - semejablemente
resented a - resentido,da
reservation n - . . . . • limitación f; límite m • salvedad f
reservative* a - reservativo,va*
reserve n - . . . . • [fin] . . . ; previsión f; provisión f; apartado m | a - para, reserva f, or repuesto m | v - . . . ; apartar
— @ **accomodation(s)** v - [travel] reservar alojamiento m
— @ **authority** v - [managm] reservar autoridad f
- @ — **to oneself** v - [managm] reservar(se) autoridad (para sí mismo)
—(s) **balance** n - [fin] saldo m de reserva(s) f
— **bridge (crane)** n - [cranes] (grúa f) pórtico m para reserva f
— **capacity** n - capacidad f de reserva
— **carrying capacity** n - [electr-cond] capacidad f de reserva f para conducción f
— **change(s)** n - [fin] cambio(s) m en previsión
— **coke stock** n - [metal-prod] existencia(s) f de reserva de coque m
—(s) **computation** n - [miner] cómputo m de reserva(s) f
— **current carrying capacity** n - [electr-distr] capacidad f de reserva para conducción f de energía f
—(s) **development** n - [miner] explotación f de reserva(s) f
— @ **effort** v - reservar esfuerzo m
— @ **exclusive right(s)** v - [legal] reservar derecho(s) m exclusivo(s)
—(s) **exploration** n - [miner] exploración f de reserva(s) f
— **fund** n - [fin] fondo m para, reserva, or previsión f
— @ **hotel accomodation(s)** v - [travel] reservar alojamiento m, hotelero, or en hotel m
—(s) **increase** n - [fin] aumento m en, reserva(s) f, or previsión(es) f
— **load capacity** n - capacidad f de reserva para carga f
—(s) **net change** n - [fin] cambio m neto en, reserva(s) f, or previsión f
— **ore** n - [miner] mineral m de reserva
— — **bridge** n - [cranes] (grúa f) pórtico m de reserva para mineral(es) m
— @ **personal effort** v - reservar esfuerzo m personal
—(s) **provision** n - [fin] previsión f para reserva(s) f
—(s), **recovering**, or **recovery** v - [miner] recuperación f de reserva(s) f
— @ **right(s)** v - reservar derecho(s) m
— **steel** n - [metal-prod] acero m de reserva
— **storage** n - [ind] almacén(amiento) m secundario; parque m para reserva(s) f
— — **yard** n - [ind] parque m para reserva(s) f
— — **ore bridge** n - [metal-prod] (grúa f) pórtico m para (parque m para) reserva(s) f
— **strength** n - [mech] resistencia f de reserva
— **to onewelf** v - reservar(se) (para sí mismo)
—(s) **transformation** n - [fin] transformación f de,reserva(s) f, or previsión(es) f
— **underground storage** n - [nucl] almacén(amiento) m subterráneo secundario
—(s) **used** n - consumo m de reserva(s) f
reserved authority n - autoridad f reservada
reserved effort n - esfuerzo m reservado
— **exclusive right(s)** n - [legal] derecho(s) m exclusivo(s) reservado(s)
— **personal effort** n - esfuerzo m personal reservado
— **right(s)** n - derecho(s) m reservado(s)
— **to oneself** a - reservado,da para sí mismo
reservedly adv - con medida f
reserver n - reservador m
reserving n - reserva(ción) f | a - reservador,ra; reservante
reservoir n - [hydr] . . . ; embalse m; represa f; balsa f; estanque m; tanque m para captación f; presa f; lago m; almacén m; reserva f; depósito m para reserva f; tanque m; recipiente m | a - almacenador,ra
— **capacity** n - [hydr] capacidad f de embalse m
— **drain(ing)** n - [mech] purga f de depósito m para reserva f
— **entrance** n - entrada f a depósito m (para reserva f)
— **equalizer** n - [hydr] igualador m, or regulador m, para embalse m para reserva f
— **filling** n - henchimiento m de depósito m
— **keeper** n - [hydr] guardapresa(s) m
— **level** n - [hydr] nivel m en embalse m
— **oil level** n - [mech] nivel m de aceite m en depósito m (para reserva f)
— — **pressure check(ing)** n - [int.comb] verificación f, or comprobación f, de presión f de aceite m en depósito m
— **rock** n - [petrol] roca f almacenadora
— **storage capacity** n - [hydr] capacidad f para almacenamiento m en embalse m
— **system** n - [hydr] sistema m para retención f
reset n - [electr-instal] reconexión f; reposición f | a - vuelto,ta • [instrum] reconectado,da; regulado,da, or puesto,ta, a punto, nuevamente; rerregulado,da • [comput] reajustado,da | v - [instrum] reconectar; regular, or poner a punto m, nuevamente • [electr-oper] reconectar; volver a conectar; reponer • [comput] reajustar
— **automatically** a - [electr-oper] reconectado,da, or restablecido,da, automáticamente | v - [electr-oper] reconectar, or restablecer, or volver a conectar, automáticamente
— **breaker** n - [electr-oper] interruptor m, or disyuntor m, reconectado
— @ **breaker** v - [electr-oper] reconectar, interruptor, or disyuntor m
— **button** n - [electron] botón m para, reajuste m, or reconexión f
— @ **button** v - [electron] reajustar, or volver a regular, botón m
— — **depressing** n - [mech] depresión f de botón m para, reajuste, or regulación f nueva
— — **release** n - [mech] suelta f de botón m para, reajuste, or regulación f nueva
— **group latch** n - [comput] retén(edor) m para grupo m para reajuste m
— **independently** a - [comput] reajustado,da independientemente | v - reajustar independientemente
— **latch** n - [comput] retén(edor) m para reajuste m
— **mode** n [electron] modalidad f para reajuste
— @ **mode** v - [electron] reajustar modalidad f
— **motor starter** n - [electr-mot] arrancador m para motor, reajustado, or regulado nuevamente
— @ — v - [electr-mot] regular, or poner a punto m, nuevamente, arrancador m para motor
— **push button** n - [electr] botón m para, reajuste m, or reconexión f
— **starter** n - arrancador m puesto a punto m nuevamente
— @ **starter** v - [electr-oper] poner a punto m nuevamente arrancador m
— **switch** n - [electr-oper] interruptor m, or disyuntor m, reconectado

reset @ switch v - [electr-oper] reconectar, interruptor, or disyuntor m
resetting n - regulación f, or puesta f a punto, nueva; reajuste m • [instrum] reconexión f • [comput] reajuste m
— **mode** n - [electron] modalidad f para reajuste
reshape v - remoldear; moldear nuevamente
reshaped a - remoldeado,da; moldeado,da nuevamente
reshaping n - remolda f; remoldeo m
resharpen v - [mech] (re)afilar; (re)aguzar; afilar, or aguzar, nuevamente
resharpened a - [mech] (re)afilado,da; (re)aguzado,da; afilado,da, or aguzado,da, de nuevo, or nuevamente
resharpening n - [mech] (re)afilación f; (re)aguzamiento m
reshear v - recortar • reesquilar*
resheared a - recortado,da; reesquilado,da*
reshearing n - recorte m; recortadura f • reesquileo* m
reshipment n - [transp] reembarque m • reexpedición f • reintegro m; reintegración f
reship v - [transp] . . . ; reexpedir
reshipped a - [transp] reembarcado,da; reexpedido,da
resident n - residente m; poblador n - a - . . .
— **agent** n - [com] agente m residente
— **engineer** n - ingeniero m residente; ingeniero m para, obra, or distrito m • representante m de propietario m a cargo m de obra f
— **status** n - [pol] condición f de residente m
residential a - residencial
— **area** n - zona f, or área m, residencial
— **building** n - [constr] edificio m residencial
— **community** n - [pol] población f residencial
— **development** n - [constr] urbanización f residencial
— **section** n - barrio m residencial
— **setting** n - marco m residencial
— **street** n - calle f residencial
— **structure** n - [constr] edificio m residencial
residing n - residencia f | a - residente; que reside; domiciliado,da
— **therein** adv - [legal] residente en mismo,ma
residual n - residuo(s) m | a - . . . ; remanente
— **acid** n - [ind] ácido m residual
— — **recovery** n - [ind] recuperación f de ácido m residual
— — — **plant** n - [ind] planta f para recuperación f de ácido(s) m residual(es)
— **ash** n - [combust] ceniza f residual
— **benefit(s)** n beneficio(s) m residual(es)
— **carbon** n - [chem] carbono m residual
— **chlorine** n - [chem] cloro m residual
— **gas temperature** n - [combust] temperatura f, de gas m residual, or residual de gas m
— **liquid** n - [sanit] agua m residual; vertido m
— **magnetism** n - magnetismo m, residual, or remanente
— **moisture** n - humedad f residual
— **oil** n - aceite m residual
— **ore** n - [miner] mineral m residual
— **slag** n - [metal-prod] escoria f residual
— **soil** n - [soils] suelo m, or terreno m, residual
— **steam** n - [steam] vapor m residual
— **stress** n - [metal] esfuerzo m residual • tensión f residual
— — **pattern** n - [metal] diagrama m, or modalidad f, de esfuerzo m residual
— — **relief** n - [weld] alivio m para tensión f residual
— — **relieved** a - [weld] aliviado,da de tensión f residual
— — — **weld** n - [weld] soldadura f aliviada de tensión f residual
— — **relieving** n - [weld] alivio m para tensión f residual
— **surface tension** n - [metal] tensión f residual, en superficie f, or superficial

residual toleration n - [ind] tolerancia f residual; tolerancia f para residuo(s) m
residually adv - residualmente
— **connected relay** n - [electr-equip] relé m conectado residualmente
residue n . . . ; restante m
— **bottom** n - [petrol] residuo m (en fondo m)
resignation motion n - [legal] moción f para renuncia f
resigned a - renunciado,da; dimitido,da; . . .
resigner n - renunciante m
resigning n - renuncia f | a - renunciante
resilience beneficial influence n - [mech] influencia f beneficiosa de elasticidad f
— **influence** n - [mech] influencia f de elasticidad f
— **requirement** n - exigencia f para elasticidad
— **test** n - [mech] ensayo m de, elasticidad f, or rebote m
— **value** n - [mech] valor m, or índice m, de elasticidad f
resiliency n - see **resilience**
resilient belt ply n - [autom-tires] tela f elástica para banda f circunferencial
— **coupling** n - [mech] acoplamiento m elástico
— **floor tile** n - [constr] baldosa f elástica para piso m
— **mass** n - masa f elástica
— **rayon belt ply** n - [autom-tires] tela f elástica de rayón m para banda f circunferencial
— **tile** n - [constr] baldosa f elástica
— — **floor(ing)** n - [constr] piso m de baldosa(s) f elástica(s)
resin bed n - lecho m de resina f
— **bond grind** v - amolar con liga f resinosa
— — **grinding** n - amoladura f con liga f resinosa
— — **ground** a—amolado,da con liga f resinosa
— **paper** n - [insul] papel m con resina f
— — **membrane** n - [insul] membrana f de papel m con resina f
— **pipe** n - [tub] tubería f de resina
— **regeneration** n - [nucl] regeneración f, or elución* f, de resina f
resinoid n - resinoide* m | a - resinoso,sa
— **grinding wheel** n - [mech] muela f resinosa
resinous membrane n - membrana f resinosa
— — **forming compound** n - [concr] compuesto m para producción f de membrana f resinosa
resist v - . . . ; neutralizar; contrarrestar; impedir
— @ **abrasion** v - [weld] resistir abrasión f
— @ **alloy build-up** v - [weld] resistir acumulación f de elemento(s) m de aleación f
— @ **bending** v - [mech] resistir, doblamiento m, or torcimiento m
— @ **breakage** v - resistir rotura f
— @ **build-up** v - [weld] resistir acumulación f
— @ **collapsing** v - [constr] resistir, derrumbamiento, or desmoronamiento m
— @ — **pressure** v - [constr] resistir presión f de, derrumbamiento, or desmoronamiento m
— @ **corrosive element** v - resistir elemento m corrosivo
— @ **cracking** v - [weld] resistir agrietamiento
— @ — **from deformation** v - [metal] resistir agrietamiento m debido a deformación f
— @ — — @ **impact(s)** v - [metal] resistir agrietamiento m debido a impacto(s) m
— @ **cross cracking** v - [weld] resistir agrietamiento m transversal
— @ **crushing** v - resistir aplastamiento m
— @ **damage** v - resistir daño m
— @ **deformation cracking** v - [weld] resistir agrietamiento m debido a deformación f
— @ **disjointing** v - resistir dislocación f
— @ **failure** v - resistir falla f
— @ **fire** v - [safety] resistir fuego m
— @ **heat** v - resistir calor m
— @ **heavy compression** v - resistir compresión

elevada
resist @ impact(s) v - resistir impacto(s) m
— @ — **breakage** v - resistir rotura f por impacto(s) m
— @ — **cracking** v - [weld] resistir agrietamiento m debido a impacto(s) m
— @ — **load(s)** v - [weld] resistir carga f de impacto(s) m
— @ **infiltration** v - resistir infiltración f
— @ **manganese build-up** v - [weld] resistir acumulación f de manganeso m
— @ **metal-to-metal wear** v - [mech] resistir desgaste (de) metal m con metal m
— **mild corrosion** v - [metal] resistir corrosión f leve
— **moderate abrasion** v - [weld] resistir abrasión f moderada
— @ **moderate impact(s)** v - [weld] resistir impacto(s) m moderado(s)
— @ **overturning** v - resistir, or evitar, volteo
— @ **pressure** v - resistir presión f
— @ **radiation** v - [nucl] resistir (ir)radiación
— @ **restraint cracking** v - [weld] resistir agrietamiento m transversal
— @ **ring compression** v - [constr] resistir compresión f anular
— @ **rust** v — resistir, corrosión f, or oxidación
— **safely** v - [safety] resistir con seguridad f
— **satisfactorily** v — resistir satisfactoriamente
— @ **settlement** v — [soils] resistir asentamiento
— @ **severe impact(s)** v - [weld] resistir impacto(s) m severo(s)
— @ **shock(s)** v - [mech] resistir, choque(s) m, or golpe(s) m
— @ — **load(ing)** v - resistir carga(s) f con impacto(s) m
— **silicon build-up** v - [weld] resistir acumulación f de silicio m
— @ **soil** v - [soils] resistir suelo m
— @ — **collapse,sing** v - [soils] resistir aplastamiento m de suelo m
— @ — **pressure** v - [soils] resistir presión f de aplastamiento m de suelo m
— @ — **pressure** v - [soils] resistir presión f de suelo m
— @ **spatter sticking** v - [weld] resistir adherencia f de salpicadura(s) f
— @ **static load** v - [constr] resistir carga f estática
— @ **sticking** v - [weld] resistir pegamiento m
— @ **stress** v - resistir esfuerzo m
— @ **twisting** v - [mech] evitar torcimiento m
— @ **unbalanced loading** v - resistir carga f desequilibrada
— @ **undermining** v - [hydr] resistir socavación
— @ **vibration(s)** v - resistir vibración(es) f
— @ **washout** v - [hydr] resistir, socavación f, or derrumbamiento m
— @ **wear** v - [mech] resistir desgaste m
— @ **weather** v - [meteorol] resistir, intemperie f, or tiempo m
— @ **weld porosity** v - [weld] resistir porosidad f en soldadura f
resistance bank n - [electr-equip] conjunto m de resistencia(s) f
— **butt weld(ing)** n - [weld] soldadura f a tope por resistencia f (eléctrica)
— **check(ing)** n - [electr-oper] verificación f de resistencia(s) f
— **coefficient** n - [electr-oper] coeficiente m para resistencia f
— **coil** n - [electr-equip] bobina f, para, or de, resistencia
— **connection** n - [electr-instal] conexión f con resistencia f • conexión f de resistencia f
— **corpuscle** n - [botan] corpúsculo m de resistencia f
— **decrease** n - reducción f, or disminución f, de resistencia f
— **furnace** n - [metal-prod] horno m por resistencia f

resistance grid n - [electron] rejilla f para resistencia f
— **grounded** a - [electr-instal] con conexión f con tierra f por medio de resistencia(s) f
— **grounding** n - [electr-instal] conexión f con tierra f por medio de resistencia(s) f
— **heating** n - [electr-equip] calentamiento m de resistencia f • calentamiento m con resistencia f
— **improvement** n - mejora f, or mejoramiento m, de resistencia f
— **increase** n - aumento m de resistencia f
— **lead** n - [electr-instal] conductor m a resistencia f
— **loss** n pérdida f de resistencia f
— **measurement** n - medición f de resistencia f
— **minimization** n — minimización f de resistencia f
— **moment** n - momento m de resistencia f
— **pressure** n - [environm] presión f de resistencia f
— **providing** n - provisión f de resistencia f
— **rating** n - resistencia f nominal
— **spot weld(ing)** n - [weld] soldadura f por punto(s) m por resistencia f
— — — @ **lap seam** v - [weld] soldar por punto(s) por con resistencia costura f solapada
— — — @ **seam** v - [weld] soldar costura f con punto(s) m con resistencia f
— — **welded lap seam** n - [weld] costura f traslapada soldada con punto(s) m por resistencia f
— **spot-welded pipe** n - [tub] tubo m soldado, or tubería f soldada, con punto(s) m por resistencia f
— — **seam** n - [weld] costura f soldada con punto(s) m por resistencia f
— **study** n - estudio m de resistencia f
— **(s) table** n - tabla f de resistencia(s) f
— **test(ing)** n - ensayo m, or prueba f, de resistencia(s) f
— **to @ arc blow** v - [weld] resistencia a soplo m (magnético) (de arco m)
— — @ — **porosity** n - [weld] resistencia f a porosidad f debida a soplo m (magnético) de arco m
— — @ **atmospheric corrosion** n - [metal] resistencia f a corrosión f atmosférica
— — **compression** n - resistencia f a compresión
— — **cracking due to high carbon** n - [weld] resistencia f a agrietamiento m debido a proporción f elevada de carbono m
— — — — — **sulfur** n - [weld] resistencia f a agrietamiento m debido a proporción f alta de azufre m
— **to crushing** n - resistencia f a aplastamiento
— — **drum load** n - [cabl] resistencia f a carga f de aplastamiento m en tambor m
— — **drilling** n - [soils] resistencia f a perforación f
— — **driving** n - [constr] resistencia f a hincadura f
— — **high restraint cracking** n - [weld] resistencia f a agrietamiento m debido a inmovilización f total
— — **voltage** n - [weld] resistencia a voltaje(s) m, alto(s), or elevado(s)
— — @ **insulation** n - resistencia f a, aislamiento m, or aislación f
— — **multiple pass welding** n - [weld] resistencia f a soldadura f con pasadas múltiples
— — **organic contamination porosity** n - [metal] resistencia f a poorosidad f debida a contaminación f orgánica
— — @ **porosity** v - [weld] resistencia f a porosidad f
— — **rust porosity** n - [metal] resistencia a porosidad f debida a óxido m
— — @ **soil(s) chemical condition** n - [soils] resistencia a condición(es) f química(s) de suelo m
— — @ **soil(s) condition** n - [soils] resisten-

cia f a condición f de suelo m
resistance to @ thrust n - [mech] resistencia f a empuje m • [archit] resistencia f a empuje m oblícuo
— **tube** n - tubo m de resistencia f
— **unbalance** n - [telecom-cond] desequilibrio m de resistencia f
— **value** n - valor n, or coeficiente m, para resistencia f
— **weld(ing)** n - [weld] soldadura f (eléctrica) por resistencia f
— **welded** a - [weld] soldado,da por resistencia
— — **pipe** n - [tub] tubo m soldado, or tubería f soldada, por resistencia f (eléctrica)
— **wire lead** n - [electr-cond] conductor m a alambre m para resistencia f
— **zone** n - zona f para resistencia f
resistant hardsurfacing n - [weld] recrecimiento m, or endurecimiento m de superficie f, resistente
— **layer** n - capa f resistente
— **liner** n - [petrol] camisa f resistente
— — **size** n - [petrol] diámetro m de camisa f resistente
— **nodule** n - [soils] nódulo m resistente
— **rubber** n - [plast] caucho m resistente
— **sheath** n - [electr-cond] vaina f resistente
— **silicone rubber** n - [plast] caucho m silicónico resistente
— **soil** n - [soils] suelo m resistente
resisted bending moment n - [mech] momento m para flexión f resistido
— **concussion** n - [explos] concusión f resistida
— **disjointing** n - dislocación f resistida
— **failure** n - falla f resistida
— **fire** n - [safety] fuego m resistido
— **overturning** n - volteo m resistido
— **radiation** n - [nucl] (ir)radiación f resistida
— **ring compression** n - [constr] compresión f anular resistida
— **rust** n - corrosión f resistida
— **safely** a — [safety] resistido,da con seguridad
— **satisfactorily** a - resistido,da satisfactoriamente
— **shock** n - [metal] choque m resistido
— **spatter sticking** n - [weld] adherencia f de salpicadura(s) f resistida
— **stress** n - esfuerzo m resistido
— **undermining** n - [hydr] socavación f resistida
— **vibration** n - [mech] vibración f resistida
— **washout** n - [hydr] derrumbamiento m resistido
resisting n - resistencia f | a - resistidor,ra
— **corpuscle** n - [botan] corpúsculo m resistente
— **force** n - fuerza f resistente
— **moment** n - momento m resistente
— **soil** n - [soils] suelo m resistente
resistive a - resistivo,va*
— **component** n - [math] componente m resistivo
resistivity n - resistencia f, eléctrica, or efectiva, or específica, or eléctrica f efectiva; avoid resistividad* f
— **coefficient** n - coeficiente m para resistencia f, eléctrica, or específica, (efectiva)
— **decrease** n - reducción f de resistencia f, eléctrica, or específica, (efectiva)
— **determination** n - [chem] determinación f de resistencia f, eléctrica, or específica, (efectiva)
— **increase** n - aumento m de resistencia f, eléctrica, or específica, (efectiva)
— **measure** n - [chem] medida f de resistencia f, eléctrica, or específica, (efectiva)
— **measuring** n - [chem] medición f de resistencia f, eléctrica, or específica, (efectiva)
— **meter** n - [instrum] medidor m para resistencia f, eléctrica, or específica, (efectiva)
— **narrow range** n - [chem] límite(s) m estrecho(s), or escala f limitada, de resistencia, eléctrica, or específica, (efectiva)
— **range** n - [chem] límite(s) m estrecho(s), or escala f limitada, de resistencia f, eléctrica, or específica, (efectiva)
resistivity survey n - [hydr] investigación f de resistencia f, eléctrica, or específica, (efectiva)
— — **method** n - [hydr] método m para investigación f de resistencia f, eléctrica, or específica, (efectiva)
— **test** n - [hydr] ensayo m de resistencia f, eléctrica, or específica, (efectiva)
— **trend** n - [hydr] tendencia f de resistencia f, eléctrica, or específica, (efectiva)
— **value** n - [chem] valor m de resistencia f, eléctrica, or específica, (efectiva)
— **volume** n - [electr] volumen m de, resistencia f, eléctrica, or específica, (efectiva)
resistor n - [electr] resistencia f; resistor* m
— **check(ing)** n - [electron] verificación f, or comprobación f, de resistencia f
— **coil** n - [electr] bobina f para resistencia
— **connecting** n - [electron] conexión f de resistencia f
— **connection** n - [electron] conexión f para resistencia f
— **holder** n - [electr-instal] portarresistencia f
— , **inserting**, or **insertion** n - [electron] inserción f de resistencia f
— **mounting** n - [electr-instal] montaje m, de, or para, resistencia f
— — **bracket** n - [electr-instal] ménsula f para montaje m de resistencia f
— — **flat washer** n - [electr-instal] arandela f plana para montaje m de resistencia f
— — **hexagonal nut** n - [electr-instal] tuerca f hexagonal para montaje m de resistencia f
— — **insulating washer** n - [electr-instal] arandela f aisladora para montaje m de resistencia f
— — **lockscrew** n - [electr-instal] arandela f para seguridad f para montaje m de resistencia f
— — **round head(ed) screw** n - [electr-instal] tornillo m con cabeza f redonda para montaje m de resistencia f
— **removal** n - [electron] remoción f, or saca, de resistencia f
— **tube** n - [electron] bobina f para resistencia f sobre base f cilíndrica
resold a - revendido,da
— **for export** a - revendido,da para exportación
— **share** n - [com] porción f, or participación f, revendida • [fin] acción f revendida
— **stock** n - [fin] acción(es) f revendida(s)
resolder v - [weld] resoldar*; soldar de nuevo
— **@ jumper wire** n - [electron] resoldar* conductor m para puente m
resoldered a - [weld] resoldado,da*; soldado,da, nuevamente, or de nuevo
— **jumper wire** n - [electron] conductor m para puente m, resoldado*, or soldado de nuevo
resoldering n - [weld] resoldadura* f
resolute a - . . .; resolutorio,ria
resolutely adv - . . .; resolutamente; resolutivamente; resolutoriamente
resolution n - . . . . • disposición f • [math] . . .; descomposición f
resolutive a - [medic] resolutivo,va
resolutory a - resolutorio,ria
resolve @ erosion problem v - resolver problema m con erosión f
resolved erosion problem n - problema m con erosión f resuelto
resolving n - resolución f; acuerdo m | a - resolvente -
— **power** n - [optics] poder m, resolvente, or para resolución f
resonance factor n - factor m para resonancia f
resort n - . . .; sitio m para recreo m • recurso m | a - para, recreo m, or turismo m
— **area** n - zona f, veraniega, or para recreo m
— **atmosphere** n - ambiente m, or carácter m, para, recreo m, or turismo m

resort center n - centro m para recreo m
— **city** n - ciudad f, turística, or para turismo
—**type area** n - sitio m para, recreación f, or descanso m, or turismo m
resorted a - recurrido,da; acudido,da
resorting n - recurso m; acudimiento m
resource(s) n - . . . . • [fin] patrimonio m; fortuna f • [ind] material(es) m
—**(s) allocation** n - asignación f de recurso(s)
—**(s) application** n - aplicación f de recurso(s)
—**(s) assigning** n - asignación f de recurso(s) m | a - asignador,ra para recurso(s) m
—**(s) Board** n - [pol] Comisión f para Recurso(s)
—**(s) completion** n - completamiento* m de recurso(s) m
—**(s) development** n - [econ] desarrollo m de recurso(s) m
—**(s) improvement** n - [econ] mejora f, or mejoramiento m, or aprovechamiento m, de recursos
— — **program** n - [econ] programa m para aprovechamiento m de recurso(s) m
— **transfer** n - [econ] transferencia f de recurso(s) m
—**(s) undersecretary** n - [pol] subsecretario m para recurso(s) m
—**(s), use, or utilization** n - [econ] uso m, or empleo m, or aprovechamiento m, de recurso(s)
—**(s) with reexportation right(s)** n - [econ] recurso(s) m con derechos m para reexportación
resourceful a - . . . ; experimentado,da
— **engineer** n - ingeniero m experimentado
respected a - respetado,da; considerado,da
respective a - . . . .; correspondiente • a efecto
— **agency** n - [pol] organismo m, respectivo, or competente, or correspondiente
— **building code** n - [constr] código m respectivo para, construcción f, or edificación f
— **cation** n - [chem] catión m respectivo
— **championship** n - campeonato m respectivo
— **circuitry** n - [electr-instal] circuito(s) m respectivo(s)
— **code** n - código m respectivo
— **company** n - compañía f, or empresa f, respectiva
— **connection replacement** n - cambio m de conexión f correspondiente
— **conversion** n - [fin] conversión f, respectiva, or correspondiente
— **corporation** n - sociedad f, or empresa f, correspondiente, or respectiva
— **cost(s)** n - costo(s) m respectivo(s)
— **country** n - [pol] país m respectivo
— **die** n - [mech] matriz f, or troquel m, respectivo, or correspondiente
— **evaluation** n - evaluación f, correspondiente, or respectiva
— **fare** n - [transp] pasaje m correspondiente
— **financing** n - [fin] financiación f, or financiamiento m, correspondiente
— **fitting** n—[mech] accesorio m correspondiente
— **form** n - forma f, correspondiente, or respectiva • [print] impreso m, or formulario* m, correspondiente, or respectivo
— **header** n - [mech] cabezal m respectivo
— **ingot** n - [metal-prod] lingote m, respectivo, or correspondiente
— **invoice** n - [com] factura f, respectiva, or correspondiente
— **limestone** n - [miner] (piedra) caliza f correspondiente
— **manufacturer** n—[ind] fabricante m respectivo
— **manufacturing** n - [ind] fabricación f correspondiente
— **payment** n - [fin] pago m correspondiente
— **per diem** n - viático m correspondiente
— **position** n - posición f, respectiva, or correspondiente
— **product brochure** n - [print] folleto m descriptivo, correspondiente, or respectivo
— **report** n - informe m, or acta m, respectivo, or correspondiente

respective result(s) n - resultado(s) m respectivo(s)
— **service(s)** n - servicio(s) m, correspondiente(s), or respectivo(s)
— **specification(s)** n - especificación(es) f, correspondiente(s), or respectiva(s)
— **standard** n - [ind] norma f, respectiva, or correspondiente; estándar, respectivo, or correspondiente
— **statement** n - declaración f correspondiente
— **step** n - paso m respectivo • trámite m, respectivo, or correspondiente
— **stipulation** n - estipulación f, respectiva, or correspondiente
— **technical specification** n - especificación f técnica, respectiva, or correspondiente
— **test** n - ensayo m, respectivo, or correspondiente; prueba f, respectiva, or correspondiente
— **unit** n - unidad f respectiva • [managm] sección f respectiva
respirator n - respiradero m - [medic] . . .
— **approval** n - [safety] aprobación f de, respiradero m, or respirador m
— **cleaning** n - [safety] limpieza f de, respiradero m, or respirador m
— **storage** n - [safety] guarda f de respirador m
— **use** n - [safety] uso m, or empleo m, or utilización f, de respirador m
respiratory disorder n - [medic] trastorno m respiratorio
— **protection device** n - [safety] dispositivo m para protección f respiratoria
resplendent a - . . . .; flagrante; flamante; fulgurante; fulgoroso,sa • esplendente
respond directly v - reaccionar directamente
— **instantly** v - responder, or reaccionar, instantáneamente
— **promptly** v - responder, prontamente, or rápidamente
— **quickly** v - responder rápidamente
— **smoothly** v - [mech] reaccionar suavemente
respond to v - corresponder con
— — **@ circuit** v - [comput] responder a circuito m
— — **@ frequency** v - [comput] responder a frecuencia(s) f
— — **@ steering wheel** n - [autom-mech] responder a volante m
— — **@ tone** v - [comput] responder a tono m
— — **@ variation(s)** v - responder a variación(es) f
responded a - respondido,da; correspondido,da
— **directly** a - [mech] reaccionado,da, or respondido,da, directamente
— **quickly** a - respondido,da prontamente
— **smoothly** a - [mech] reaccionado,da suavemente
responding n - correspondencia f | a - correspondiente
— **to a steering wheel** n - [autom-mech] reacción f a volante m
response n - . . . . • reacción f • acogida f • capacidad f
— **frequency** n - [comput] frecuencia f de. respuesta f, or reacción f
— **parameter** n - parámetro m para, respuesta f, or reacción f
— **speed** n - velocidad f de, respuesta f, or reacción f
— **time** n - tiempo m para, respuesta f, or reacción f
— **to @ circuit** v - respuesta f a circuito m
— — **@ steering wheel** n - [autom-mech] reacción f a volante m
— — **@ throttle** n - [mech] reacción f a acelerador m
responsibility n - . . . . • atribución f • [managm] cargo m; función f; deber m
— **acceptance** n—aceptación f de responsibilidad
— **assumed solidarily** n - [legal] responsabilidad f asumida solidariamente

responsibility, assuming, or **assumption** n - asunción f de responsabilidad f
— **carrying** n - [managm] lleva f de responsabilidad f
— **clouding** n - [managm] nublamiento m, or dilución f, de responsabilidad f
—, **delegating,** or **delegation** n - [managm] delegación f de responsabilidad f
— **denial** n - (de)negación f de responsabilidad
— **entrusting** n - comisión f de responsabilidad
— **establishing** n - establecimiento m de responsabilidad f
— **limitation** n—limitación f de responsabilidad
— **to @ purchaser** n - [com] responsabilidad f para con comprador m
responsible a - . . . . • obligado,da
— **department** n - departamento m, or servicio m, responsable
— **official** n - [pol] oficial m, or funcionario m, responsable
— **party** n - (persona f) responsable m
responsibly adv - responsablemente; con responsabilidad f
responsive a . . .; responsivo,va • sensible • [autom-tires] que reacciona apropiadamente a maniobra(s)(f (con volante m)
— **feeling** n - sensación f de reacción f rápida causada
— **organization** n - organización f, responsiva, or que, responde, or corresponde
— **service organization** n - organización f, responsiva, or que responde, para servicio m
— **tire-vehicle system** n - [autom-tires] combinación f neumático-vehículo que reacciona apropiadamente a maniobra(s) f (con volante m)
responsiveness n - . . .; (rapidez f para) reacción f; reacción f rápida • [autom-tires] reacción f apropiada a maniobra(s) f (con volante m)
— — **@ steering wheel** n - [autom-mech] reacción f a (maniobras f de) volante m
resquare v - [mech] (r)escuadrar
resquared a - (r)escuadrado,da
— **flat** n - [metal-roll] plano m (r)escuadrado
— **sheet** n - [metal-roll] hoja f, or lámina f, (r)escuadrada
— **shear** n - [mech] tijera f, or cizalla f, (r)escuadradora, or para (r)escuadrar
— — **operator** n - [mech] operador m para, tijera f, or cizalla f, (r)escuadradora
rest n - resto m; saldo m • [mech] . . .; encastre m • [labor] feria f; respiro m; período m para descanso m • [constr] descansillo m • [lathes] luneta f | v - . . . • [mech] apoyar
— **allowance** n - [labor] tiempo m (permitido) para descanso m
— **area** n - [roads] parador m; punto m para descanso m
— **by gravity** v - descansar, or apoyar, por gravedad f
— **extension** n - [mech] prolongación f para, descanso m, or apoyo m
— **factor** n—[labor] coeficiente m para descanso
— **handwheel** n - [lathes] rueda f manual para, soporte m, or apoyo m
— **in @ up position** v - [mech] descansar en posición f vertical
— **increment** n - [labor] incremento m por descanso m
— **on @ idler** v - [mech] descansar sobre, rueda f loca, or rodillo m loco
— — **@ roller** v—[mech] descansar sobre rodillo
— **period** n - [labor] período m para descanso m
— **station** n - [roads] descansadero m; paradero m; parador m; parada f
— **time** n - [labor] tiempo m para, descanso m, or reposo m
restart n - [int.comb] puesta f en marcha nuevamente | v - reiniciar; reanudar • [int.comb] poner en marcha f nuevamente
— **@ air blast** n - [metal-prod] reanudar, or reiniciar, or restablecer, soplado m

restart @ bead v - [weld] reanudar cordón m
— **@ blast** v - [metal-prod] reaunidar, or reiniciar, or restablecer, soplado m
— **@ furnace** v - [ind] arrancar, or restablecer, horno m
— **@ power load** v - [electr-distrib] reiniciar consumo m de energía f
— **@ weld(ing)** v - [weld] reiniciar soldadura f
— **@ wind** v - [metal-prod] reanudar, or reiniciar, or restablecer, soplado m
restarted a - reiniciado,da • [int.comb] puesto,ta en marcha f nuevamente
— **power load** n - [electr-distrib] consumo m de energía f reiniciado
— **weld(ing)** n - [weld] soldadura f reiniciada
restarting n - reiniciación f • [int.comb] nueva puesta f en marcha
restate v - reiterar
restated a - reiterado,da
restating n - reiteración f
rested a - descansado,da; reposado,da • [mech] apoyado,da
restful a - . . .; descansado,da
— **living** n - vida f descansada
resting n - . . . | a - apoyado,da
— **on** adv - que descansa sobre
— **part** n - [mech] parte f que descansa • [mech] gollete m superior para árbol m vertical
— **platform** n - [constr] descanso m; descansillo m • meseta f
— **time** n - tiempo m para reposo m
restitute v - restituir
restlessly adv - inquietamente
restorability n - restaurabilidad
restorable a - restaurable
restoration to @ service n - retorno m a, or puesta f nuevamente, en servicio m
— **work** n - trabajo m para restauración f
restore v - . . .; tornar; volver; rehabilitar
— **@ abrasion resistance** v - [weld] restaurar resistencia f a abrasión f
— **@ compression** v - [int.comb] restaurar compresión f
— **@ corrosion resistance** v - [weld] restaurar resistencia f a corrosión f
— **@ ground water level** v - [hydr] restaurar nivel m de agua m freática
— **@ mined area** v - [miner] restaurar, or rehabilitar, zona f, explotada, or minada
— **@ power** v - [ind] conectar nuevamente energía f
— **@ profitability** v - restituir rentabilidad f
— **@ resistance** v - restaurar resistencia f
— **to service** v - rehabilitar; retornar a, or poner (nuevamente) en, servicio m • [weld] restaurar para poder volver a emplear
— **@ usability** v - restaurar utilidad f
restored a - restablecido,da; restituido,da; devuelto,ta • rehabilitado,da
— **compression** n - [int.comb] compresión f restaurada
— **mined area** n - [miner] zona f, explotada, or minada, restaurada, or rehabilitada
— **power** n - [electr-distrib] energía f conectada nuevamente
— **profitability** n - rentabilidad f restituida
— **to service** a - retornado,da a, or puesto,ta nuevamente en, servicio m
— **usability** n - utilidad f restaurada
restorer n - . . .; rehabilitador m
restoring n - restauración f | a - restaurador,ra; restituidor,ra; rehabilitador,ra
— **for service** n - [weld] restauración f para, servicio m, or utilización f
— **@ gas** n - reposición f de gas m
— **to service** n - retorno m a servicio m
restrain v - . . . . • contener; inmovilizar
restrainability n - refrenabilidad f; restringibilidad
restrainable a - . . . .; refrenable
restrained a - restringido,da; refrenado,da;

frenado,da; contenido,da • [weld] inmoviliza-
do,da; inmovible • rígido,da
restrained joint n - [weld] unión f, or junta f, inmovilizada, or restringida
— **weld** n - [weld] soldadura f, restringida, or inmovilizada
restrainer n - refrenador m • [weld] inmovilizador m | a - [weld] inmovilizador,ra
restraining n - frenado m; contención f | a - . . .; refrenador,ra; inmovilizador,ra
— **force** n - [constr] fuerza f para contención f
— **nut** n - [mech] tuerca f para contención f
restraint n - . . .; restricción f; contención f; fijación f; refrenamiento m • rigidez f • espera f - [weld] inmovilidad f; inmovilización f
— **condition** n - [metal] condición f de, restricción f, or inmovilización f
— **crack(ing)** n - [weld] agrietamiento m transversal
— **factor** n - [mech] factor m de, restricción f, or rigidez f, or fijación f
restrict @ **air circulation** v - restringir circulación f de aire m
— @ **air cleaner** v - [int.comb] restringir depurador m para aire m
— @ **circulation** v - restringir circulación f
— @ **component** v - restringir componente m
— @ **exhaust** v - [int.comb] restringir escape m
— @ **filtration** v - restringir filtración f
— @ **flow** v - restringir desplazamiento m
— @ **leakage** v - restringir, fuga f, or pérdida f, or filtración f
— @ **load** v - [constr] limitar carga f
— @ **loss** v - restringir pérdida f
— @ **oil flow** v - [petrol] restringir desplazamiento m de petróleo m • [mech] restringir desplazamiento m de aceite m
— @ **passage** v - restringir, paso m, or pasaje m
— @ **street('s) width** v - [roads] restringir, or limitar, ancho(r) m, or anchura f, de calle f
— **within @, core,** or **nucleus** v - restringir dentro de núcleo m
restricted a - restringido,da; limitado,da • impedido,da
— **air circulation** n - circulación f de aire restringida
— — **cleaner** n - [int.comb] depurador m para aire m restringido
— **area** n - [ind] zona f restringida
— **availability** n - disponibilidad f restringida
— **capital** n - [fin] capital m restringido
— **circulation** n - circulación f restringida
— **component** n - componente m restringido
— **exhaust** n - [int.comb] escape m restringido
— **filtration** n - filtración f restringida
— **flow** n - desplazamiento m restringido
— **gas availability** n - disponibilidad f restringida de gas m
— **leakage** n - fuga f, or pérdida f, restringida
— **load** n - [constr] carga f limitada
— **loss** n - pérdida f restringida
— **movement** n - movimiento m restringido
— **oil flow** n - [petrol] desplazamiento m restringido de petróleo m • [mech] desplazamiento m restringido de aceite m
— **operation** n - operación f restringida
— **ownership transfer** n - [fin] transferencia f restringida para propiedad f
— **passage** n - paso m, or pasaje m, restringido
— **practice** n - práctica f, restringida, or limitada
— **share** n - participación f restringida • [fin] acción f restringida
— —(s) **transfer** n - [fin] transferencia f de acción(es) f restringida(s)
— **stock** n - [fin] acción(es) f restringida(s)
— **strand movement** n - [cabl] movimiento m restringido de cordón(es) m
— **street width** n - [roads] ancho(r) m restringido, or anchura f restringida, de calle f
— **tolerance** n - tolerancia f restringida
— **transfer** n - [fin] transferencia f restringida
— **within @, core,** or **nucleus** a - restringido,da dentro de núcleo m
rstrictibility* n - restringibilidad* f
restrictible a - restringible
restricting n - restricción f | a - restringente
— **within @, core,** or **nucleus** - restricción f dentro de núcleo m
restriction n - . . . • [mech] . . .; estrangulación f; estrechamiento m
— **indicator** n - indicador m para restricción f
— **point** n = punto m para restricción f
— **removal** n - remoción f, or saca f, de restricción f
— **within, core,** or **nucleus** n - restricción f dentro de núcleo m
restrictive a - . . .; limitativo,va
restrike v - [weld] reencender
restriking n - [weld] reencendido m
— **property** n - [weld] propiedad f para reencendido m
restruck a - [weld] reencendido,da
restructure v - reestructurar
restructured a - reestructurado,da
restructuring n - reestructuración f | a - reestructurador,ra
result n - . . .; consecuencia f • fruta f | v - resultar
—(s) **accomplishment** n - logro m, or obtención f, or consecución f, de resultado(s) m
—(s) **accountability** n - responsabilidad f por resultado(s) m
—(s), **adjusting,** or **adjustment** n - ajuste m de resultado(s) m
—(s) **analysis** n - análisis m de resultado(s) m
—(s) **assessment** n - evaluación f, or valoración f, de resultado(s) m
—(s) **assurance** n - seguridad f de resultado(s)
—(s) **check(ing)** n - verificación f de resultados
—(s) **desire** n - deseo m de resultado(s) m
— **from** v - resultar de
—(s) **obtained** n - resultado(s) m obtenido(s)
—(s) **report** n - informe m de resultado(s) m
—(s) **secured** n - resultado(s) m obtenido(s)
—(s) **securing** n - obtención f de resultado(s) m
—(s) **to be accomplished** n - resultado(s) m por, lograr(se), or obtener(se)
resultant cornering force n - [autom-tires] esfuerzo m resultante causado por viraje(s) m
— **fit** n - [mech] ajuste m resultante
— **force** n - esfuerzo m resultante
resulted a - resultado,da
resulting a - resultante; que resulta
— **fault** n - falla f resultante
— **fit** n - [mech] ajuste m resultante
— **indication** n - indicio m, or indicación f, resultante
— **reserve** n - [fin] reserva f resultante
— **salt** n - [chem] sal f resultante
— **slag** n - [metal-prod] escoria f resultante
— **therefrom** a - que resulta de ello
resume v - . . .; retomar; reiniciar
— @ **direction** v - retomar rumbo m
resumed a - retomado,da; reiniciado,da; reanudado,da • reasumido,da
— **direction** n - rumbo m retomado
resumer n - reanudador m
resuming n - retoma f; reiniciación f | a - reanudador,ra; retomador,ra
resumption n - . . .; retoma f; reiniciación f
resupplied a - reabastecido,da; reaprovisonado,da; reprovisto,ta
resupplier n - reabastecedor m; reaprovisonador
resupply v - reabastecer; reaprovisonar
resupplying n - reaprovisonamiento m | a - reaprovisonador,ra
resurface v - . . . • [roads] repavimentar; recubrir superficie f para rodamiento m

resurface @ bridge v - [bridges] repavimentar puente m
resurfaced a - [roads] repavimentado,da
— **bridge** n - [bridges] puente n repavimentado
resurfacing n - [roads] repavimentación f
resurged a - resurgido,da
resurging n - resurgimiento m | a - resurgente
resurrect v - . . . . • [fig] readnudar
resurrected a - rescucitado,da • [fig] reanudado,da
resurrecting n - resurrección f • [fig] reanudación f | a - resucitador,ra • reanudador,ra
resurrection n - . . . . • [fig] reanudación f
ret n - see **retainer**; **retaining**
retail n - [com] menudeo m | a - [com] detallista; minoristal a por menor; a menudeo m | v - [com] expender; revender
— **basis** n - [com] base f (de ventas f) a por menor
— **business** n - [com] comercio m, or sector m, minorista • venta(s) f a detalle m
— **customer** n - [com] comprador m particular
— **grocery** n - [com] pulpería f; almacén n, or tienda f para comestible(s) m
— **outlet** n - [com] establecimiento m minorista
— **price** n - precio m, minorista, or a por menor, or para consumidor m
— **purchaser** n - comprador m usuario
— **sale(s)** n - [com] venta(s) a, detalle m, or menudeo m, or por menor
— **—(s) center** n - [com] centro m para venta(s) a, menudeo m, or por menor
— **tire business** n - [autom-tires] (comercio m para) venta f de neumático(s) m a detalle m
— **— sale(s)** n - [autom-tires] venta f de neumático(s) a detalle m
retailer n - [com] . . .; expendedor m distribuidor m • revendedor m
retailing n - [com] venta(s) a, por menor, or detalle f; expedición f | a - revendedor,ra
retain v - . . . . • [legal] contratar
— **@ earth** v - [constr] contener suelo m
— **@ earning(s)** v - [fin] retener, utilidad(es) f, or ingreso(s) m
— **@ fill** v - [constr] contener terraplén m
— **@ — slope** v - [constr] contener talud m para terraplén m
— **@ heat** v - retener calor m
— **in @ holder** v - [mech] retener en, recipiente m, or soporte m
— **— @ power** v—retener, or conservar, en poder
— **@ lead** v - [sports] mantener delantera f
— **@ nut** v - [mech] retener tuerca f
— **@ property,ties** v - retener propiedad(es) f
— **@ seal** v - retener, sello m, or cierre m
— **@ service(s)** v—[legal] contratar servicio(s)
— **@ shape** v—retener, or mantener, conformación
— **@ slope** v - [constr] contener talud m
— **@ structural integrity** v - [constr] mantener integridad f estructural
— **@ tension** v - [mech] conservar tensión f
— **@ watertightness** v - mantener, or conservar, hermeticidad f, or estanqueidad f
retained a - retenido,da; contenido,da; conservado,da
— **earning(s)** n - utilidad(es) f retenida(s); ingreso(s) m retenido(s)
— **—(s) statement** n - [accntg] cuadro m demostrativo de utilidad(es) f retenida(s)
— **earth** n - [constr] suelo m contenido
— **fill** n - [constr] terraplén m contenido
— **— slope** n - [constr] talud m de terraplén m contenido
— **heat** n - calor m retenido
— **in @ power** a - retenido,da, or conservado,da, en poder m
— **lead** n - [sports] delantera f retenida
— **nut** n - [mech] tuerca f retenida
— **seal** n—[mech] sello m, or cierre m, retenido
— **shape** n - conformación f, retenida, or mantenida

retained slope n - [constr] talud m contenido
— **soil** n - [constr] suelo m contenido
— **structural integrity** n - [constr] integridad f estructural mantenida
— **symbol** n - símbolo m retenido
retainer n - . . . . [mech] retén(edor) m; fiador m; seguro m; soporte m; apoyo m; asiento m • [fin] anticipo m
— **assembly** n - [mech] conjunto m de retén m
— **ball** n - [mech] bola f para fiador m
— **base** n - [mech] base f, or cuerpo m, para, retén m, or sujetador m
— **bearing** n - [mech] cojinete m para retén m
— **block** n - [mech] bloque m retenedor
— **bolt** n - [mech] perno m para retén m
— **clip** n - [mech] abrazadera f, or grapa f, or sujetador m, para, retén m, or fiador m
— **cupped washer** n - [mech] arandela f acopada para, fiador m, or retén m
— **gasket** n - [mech] guarnición f para retén m
— **holder** n - [mech] soporte m para, fiador m, or retén m
— **— insert** n - [mech] suplemento m, or injerto m, para soporte m para. retén m, or fiador m
— **hook** n - [mech] gancho m para retén m
— **— bolt** n - [mech] perno m para gancho m para retén m
— **installation** n - [mech] instalación f, or colocación f, de, fiador m, or retén m
— **lock** n - [mech] traba f, or fiador m, or chaveta f, para retén m
— **— washer** n - [mech] arandela f para traba f para, fiador m, or retén m
— **mounting** n - [mech] montaje m para, fiador m, or retén m
— **— nut** n - [mech] tuerca f para montaje m para fiador m
— **opening** n - [mech] orificio m en, retén m, or fiador m
— **place shim** n - [mech] calza f para fijación f de, fiador m, or retén m
— **plate** n - [mech] plato m, or disco m, or placa f, para retención f
— **— block** n - [mech] bloque m para placa f retenedora
— **— gasket** n - [mech] guarnición f para, disco m, or placa f, para retención f
— **plate shim** n - [mech] calza f para, disco m, or placa f, para retención f
— **— spacer** n - [mech] separador m para, disco m, or placa f, para retención f
— **— — block** n - [mech] bloque m separador para, disco m, or placa f, para retención f
— **puller** n - [tools] extractor m para retén m
— **removal** n - [mech] remoción f, or saca f, de, retén(edor) m, or fiador m
— **reversal** n - [mech] inversión f de, fiador m, or retén(edor) m
— **ring** n - [mech] anillo m, or aro m, retenedor, or para retención f
— **shim** n - [mech] calza f para, retén m, or fiador m
— **slot** n - [mech] ranura f en, retén(edor) m, or fiador m
— **spacer** n - [mech] separador m para retenedor
— **— block** n - [mech] bloque m separador para retenedor m
— **spacing washer** n - [mech] arandela f separadora para fiador m
— **spring** n - [mech] resorte m para fiador m
— **steel ball** n - [mech] bola f de acero m para fiador m
— **strap** n - [electr-instal] tira f para sujetar
— **surface** n - [mech] superficie f de, retén m, or fiador m
— **wall** n - [constr] muro m para retención f
— **washer** n - [mech] arandela f para, fiador m, or retén m
retaining n - retenimiento m; retención f; contención f • conservación f | a - . . . .; rete-

nedor,ra; retentivo,va • para retención f
retaining backfill n - [constr] relleno m para contención f
— **bar** n - [mech] barra f retenedora
— — **collar screw** n - [mech] tornillo m para collar m para barra f retenedora
— — **screw** n - [mech] tornillo m para barra f retenedora
— **basin** n - [hydr] bahía f para retención f
— **cap** n - [mech] casquete m, retenedor, or para retención f
— **clamp** n - [mech] grapa f para contención f
— **collar** n - [mech] collar m para retención f
— **in @ power** n - retención f en poder m
— **nut** n - [mech] tuerca f para retención f
— **packer** n - [mech] tapón m, or obturador m, para retención f
— — **plate** n - [mech] placa f para, tapón m, or obturador m, para retención f
— **pin** n - [mech] pasador m, retenedor, or para retención f
— **plate** n - [mech] placa f para retención f
— **ring** n - [mech] anillo m, or aro m, para retención f • [mech-bearings] anillo m portabola(s)
— **screw** n - [mech] tornillo m para retención f
— **spring** n - [mech] resorte m, or muelle m, para retención f
— **structure** n - [constr] estructura f para retención f
— **wall** n - [constr] muro m para, retención f, or contención f
— — **backfill** n - [constr] relleno m para muro m para, retención f, or contención f
— — **construction** n - [constr] construcción f de muro m para, retención f, or contención f
— — **control** n - [hydr] regulación f con muro m para retención f
— — **controlled** a - [hydr] regulado,da con muro m para retención f
— — **load** n - [constr] carga f de muro m para retención f
— — **pouring** n—[constr] vaciado m de muro m para retención f
— — **spreading arch principle** n - [constr] principio m de bóveda f distribuidora para muro n para retención f
— **washer** n - [mech] arandela f, retenedora, or para retención f
retake v - . . . .; retomar*
retaken a - vuelto,ta a tomar; retomado,da*
retaking n - vuelta a tomar; retoma* f
retaliated a - desquitado,da
retard n - see retardation; **retarding** | v - retardar; retrasar
— **@ cracking** v - retardar agrietamiento m
— **@ flow** v - retardar, flujo m, or desplazamiento m
— **@ ignition** v—[int.comb] retrasar encendido m
— **@ leakage** v - demorar, or retardar, fuga f
— **@ spark** v - [int.comb] retrasar, or retardar, or atrasar, chispa f, or encendido m
— **@ speed** —retrasar, or retardar, velocidad f
retardative a - retardativo,va; retardatriz
retardatory a - retardatorio,ria; retardativo,va
retarded a - retardado,da
— **flow** n - flujo m retardado
— **ignition** n - [int.comb] encendido m atrasado
— **leakage** n - fuga f, demorada, or retardada
— **spark** n - [int.comb] chispa f, retardada, or atrasada, or retrasada
retarder n - retardador m • [rail] retardadora f or moderada m, para velocidad; freno m para vía f • [roads] rampa f para desaceleración f
— **operator** n - [rail] operador m para retardadora f (para velocidad f)
retarding n - retardación f; retardo m • [int.-comb] atraso m | a - retardador,ra
— **track** n - [rail] vía f para, retardación f, or desaceleración f
retemper v - [metal-treat] retemplar

retempered a - [metal-treat] retemplado,da
retemperer n - [metal-treat] retemplador m
retempering n - [metal-treat] retemplado* m | a - [metal-treat] retemplador,ra
retention n - . . .; retenimiento m
— **basin** n - [hydr] depósito m, or hoya f, para, captación f, or retención f • cisterna f
— **clamp** n - [mech] anrazadera f, or mordaza f, para retención f
— **in @ power** n - retención f, or conservación f, en poder m
— **period** n - [sanit] período m para retención
— **system** n - sistema m para retención f
retentive soil n - [soils] suelo m retentivo
retentively adv - retentivamente; retenidamente
rethread v - enhebrar de nuevo; reenhebrar*
rethreaded a - enehebrado,da de nuevo; reenhebrado,da*
rethreading n - enhebrado m de nuevo; reenhebrado m
— **down time** n - [weld] tiempo m de, parada f, or detención f, para reenhebrado* m
reticular test n - [metal-roll] ensayo m reticular
reticulated a - reticulado,da; reticular
reticule n - retícula f
retighten v - [mech] ajustar, or apretar, nuevamente; reajustar*
— **@ bolt** v - [mech] ajustar nuevamente, or reajustar, perno m
— **@ fitting** v - [mech] reajustar, or reapretar, accesorio m
— **lightly** v - [mech] reapretar* ligeramente
retightened a - apretado,da, or ajustado,da, nuevamente; reapretado,da*; reajustado,da*
— **@ nut** v - [mech] volver a, apretar, or ajustar, or reapretar*, or reajustar*, tuerca f
— **bolt** n - [mech] perno m, vuelto a ajustar, or reajustado*
— **fitting** n - [mech] accesorio m, apretado, or ajustado, nuevamente, or reapretado*
— **lightly** a - [mech] reapretado,da ligeramente
— **nut** n - [mech] tuerca f, vuelta a ajustar, or reapretada*, or reajustada*
retightening n - [mech] ajuste m nuevo; reajuste*; reapretamiento*
retime v - [int.comb] regular, or sincronizar nuevamente, (encendido m)
— **@ engine** v - [int.comb] regular nuevamente encendido m para motor m
— **@ ignition** v - [int.comb] volver a, ajustar, or sincronizar, encendido m
retimed a - [int.comb] regulado,da, or sincronizado,da, nuevamente
— **engine** n - [int.comb] motor m con encendido m regulado juevamente
— **ignition** n - [int.comb] encendido m regulado nuevamente
retiming n - [int.comb] regulación f nueva de encendido m; sincronización f nueva
retire v - . . . . • [ind] radiar; retirar de. uso m, or circulación f • [sports] eliminar; abandonar; sacar de carrera f
— **from, circulation, or use** v—radiar; retirar de uso m
— **@ structure** v - [constr] eliminar estructura
— **to @ pit(s)** v - [sports] salir(se) a fosa f
retired a - retirado,da; eliminado,da • [labor] jubilado,da • [sports] abandonado,da; sacado,da de carrera f • [milit] en situación f de retiro m
— **structure** n—[constr] estructura f eliminada
retiredly adv - retiradamente
retiree n - [labor] jubilado,da • [sports] abandono m; eliminación f
retirement n - [labor] . . . • [sports] abandono m • [milit] (situación f de(retiro m
— **fund** n - [labor] fondo m para jubilación f
— — **stamp** n - [fisc] sello m para jubilación f
— **year(s)** n - [labor] año(s) m de retiro m
retiring n - [labor] jubilación f • [sports] a-

bandono m; eliminación f | a . . .
retool v - [ind] preparar; (re)ajustar
— **@ machine** v - [ind] preparar, or (re)ajustar, máquina f
retooled a - [ind] preparado,da; (re)ajustado,da
— **machine** n - [ind] máquina f, preparada, or (re)ajustada
retooling n - [ind] preparación f; (re)ajuste m
— **cost** n - [ind] costo m para, preparación f, or (re)ajuste m
retorting n - [mech] retorsión f | a - retorsivo,va
retouched a - retocado,da
retouching n - retoque m
retract v - . . . • [cabl] cable m para, retracción f, or retroceso m
— **@ cylinder** v - [mech] retraer cilindro m
— **@ electrode from @ crater** v - [weld] retraer electrodo m de cráter m
— **@ lift(ing) cylinder** v - [mech] retraer cilindro m para elevación f
— **@ power steering cylinder** b - [autom-mech] retraer cilindro m para dirección mecanizada
— **properly** v - retraer apropiadamente
— **@ roller** v - [mech] retraer rodillo m
— **rope** n - [cabl] cable m para, retracción f, or retroceso m
retractability n - retract(ab)ilidad f
retractable mandril n - [mech] mandril m, retractable, or retráctil
— **suspension** n - [autom-mech] suspensión f retráctil
retracted a - retractado,da • [mech] retraído,da
— **boom** n - [cranes] pluma f retraída; aguilón m retraído
— **electrode** n - [weld] electrodo m retraído
— **lift(ing) cylinder** n - [mech] cilindro m para elevación f retraído
— **power steering cylinder** n - [autom-mech] cilindro m para dirección f mecanizada retraído
— **roller** n - [mech] rodillo m retraído
retracting n - retracción f | a - retractor,ra
— **carriage** n - [mech] carro,rrillo m retráctil
— **speed** v - [mech] velocidad f para retracción
retraction n - . . . . • retraimiento m
— **speed** n - [mech] velocidad f para retracción
retractor n - [mech] retractador m
retransmission n - retransmisión f
— **station** n - [electron] estación f, para retransmisión f, or retransmisora
retransmitting n - [electron] retransmisión f
— **station** n - [electron] estación f, retransmisora, or para retransmisión f
retransmit v - retransmitir
retransmitted a - retransmitido,da
retread n - [autom-tires] recauchutaje m | v - [autom-tires] . . .; recauchutar
— **paver** n - [roads] repavimentadora f • mezcladora f pavimentadora
retreaded a - [autom-tires] recauchutado,da
retreading n - reacuchutaje m | a - recauchutador,ra
retreat house n - [relig] casa f para retiro m
retreated a - retraído,da
retreating n - retraimiento m; retiro m | a - retrayente; retraedor,ra
retrench v - . . . . • retraer • quedar atrás
retrenched a - retraído,da
retrenchment n - . . . . • [econ] retraimiento m
retribute* v - retribuir
retributed* a - retribuido,da
retribution n—. . . . • [fisc] tasa f retributiva
retrievable product n - producto m recuperable
— **fissionable product** n - [nucl] producto m fisionable* recuperable
retrieve @ information v - [comput] recuperar información f
— **quickly** v - [comput] recuperar rápidamente
retrieved a - recuperado,da
— **fissionable product** n - [nucl] producto n fisionable* recuperado

retrieved information n - [comput] información f recuperada
retro a - see **rear**
— **equipment** n - [miner] equipo m, retro*, (con impulsión f) en parte f posterior
retroactively adv - retractivamente; con carácter m retroactivo
retroactivity n - retroactividad f
retrofit n - retroajuste m; ajuste m retrógrado | v - retroajustar; instalar posteriormente; ajustar retrogradamente; adaptar, posteriormente, or con posterioridad f
—(**ting**) **kit** n - [mech] juego n (de elementos m) para retroajuste m
retrofitted a - instalado,da posteriormente • ajustado,da, or adaptado,da, posteriormente, or con posterioridad, or retrogradamente; retroajustado,da*
retrofitting n - retroajuste m; ajuste m, or instalación f posterior
retrointegrate* v - retrointegrar*
—* **@ system** v - retrointegrar* sistema m
retrointegrated* a - retrointegrado,da*
— **system** n - sistema m retrointegrado*
retrointegrating* n - retrointegración f | a - retrointegrador,ra
retrointegration* n - retrointegración f
retrospectively adv - retrospectivamente
return n - . . .; tornada f • reintegro m; reintegración f • [fin] utilidad f, rendimiento m; rédito m; devengo m; beneficio m • [fisc] declaración f | v - . . .; restituir; devolver • [fin] rendir; redituar
— **adjustment** n - ajuste m de retorno m
— **air** n - see **returned air**
— — **adjustment** n - [combust] ajuste m de aire m de retorno m
— — **duct** n - [combust] conducto m para, aire m de retorno, or retorno m de aire m
— **assistance** n - contraprestación f
— **automatically to choke hold position** v - [mech] retornar automáticamente estrangulador m a posición f contenida
— **bend** n - [tub] codo m para, retorno, or 180 grados m
— **cable** n - [cabl] cable m para retorno m
— **charge** n - [com] cargo m por devolución f
— **@ choke control to @ operator** v - [mech] retornar regulación f de estrangulador m a operador m
— **cleaning filter** n - [mech] filtro m para depuración f de retorno m
— **conveyor** n - [ind] transportador m, or cinta f transportadora, para retorno m
— **diminishing** n - disminución f de, rédito m, or rendimiento m
— **duct** n - [tub] conducto m para retorno m
— **fan** n - [combust] ventilador m para retorno
— — **return air duct** n - [combust] conducto m para aire m para retorno m en ventilador m para retorno m
— **flame** n - [combust] llama f de retorno m
— **flight** n - [transp] vuelo m de retorno m
— **flow** n - caudal m de retorno m
— — **control** n - [combust] regulación f de caudal m de retorno m
— — — **element** n - [combust] elemento m para regulación f de caudal m de retorno m
— **from @ reverse (position)** n - [mech] vuelta f, or retorno m, desde posición f para marcha atrás | v - volver, or retornar, desde posición f para marcha f atrás
— **home** n - retorno a, casa f, or sitio m de residencia f | v - retornar a, casa f, or sitio m de residencia f
— **idler** n - [mech] polea f, or rueda f, loca para, retorno m, or retroceso m
— **lever** n - [mech] palanca f para retorno m
— **@ lever to @ low idle position** v - [int.comb] retornar, or volver, palanca f a posición f para marcha f lenta sin carga f

return line n - [tub] línea f para retorno m
— — **tee** n - [tub] te m para línea f de retorno
— **movement** n - [mech] movimiento m para retorno
— **@ mud** v - [metal-prod] devolver pasta f (en cañón m)
— **on its own** n - [mech] devolver (de) por sí | v - [mech] volver (de) por sí
— **on net asset(s)** v - devengo m; renta f; retorno m • [fin] beneficio m, or utilidad f, sobre activo m neto
— — **shareholders' equity** n - [fin] devengo m sobre patrimonio m de accionista(s) m
— **pan** n - [mech] recipiente f, or batea f, para retorno m
— **path** n - [electr-cond] conductor m para retorno m
— **pellet** n - [miner] pella f retornada
— **@ power voltage to normal** v - [electr-distr] retornar a normal m voltaje m de energía f
— **promoting** n - promoción f de retorno | a - promotor,ra de retorno m
— **rate** n - [fin] tasa f para retorno m
— **receipt** n - [comunic] aviso m de retorno m
— — **requested** a - [comunic] con aviso m de retorno m
— **ring** n - arco m, or anillo m, para retorno m
— **sinter** n - [metal-prod] sínter m para retorno f
— **@ slag** v - [metal-prod] retornar escoria f
— **speed** v - [mech] velocidad f para retorno m
— **spring** n - [mech] retorno m, or muelle m, para retorno m, or recuperador
— **@ spring** v - [mech] retornar resorte m
— — **end** n - [mech] extremo m de resorte m para retorno m
— — **loop** n - [mech] lazo m en resorte m para retorno m
— — **readjustment** n - [mech] reajuste m para resorte m para retorno m
— **stroke** n - [mech] carrera f para retorno m
— **@ technical proposal** v - devolver propuesta f técnica
— **to @ neutral (position)** n - [mech] vuelta f, or retorno m, a (posición f) neutral | v - [mech] volver, or retornar, a (posición f) neutral
— — **to normal** n - retorno m a (nivel m) normal | v - retornar a (nivel m) normal
— — **to operation** n - retorno m a operación f | v - retornar a operación f
— — — **@ original position** n - retorno m a posición f original | v - retornar a posición f original
— — — **@ position** n - retorno m a posición f | v - retornar a posición f
— — — **power hoist** n - [cranes] retorno a elevación f mecánica | v - [cranes] retornar a elevación f mecánica
— **transfer** n - [transp] (transferencia f para) retorno m
— **water** n - [hydr] agua m retornada
— — **cleaning filter** n - [hydr] filtro m para depuración f para agua m para retorno m
— **wheel** n - [mech] rueda f para retorno m
— — **assembly** n - [mech] conjunto m de rueda f para retorno m
returnability n - retornabilidad f
returnable a - . . . .; retornable • restaurable
returned a - devuelto,ta; restituido,da; retornado,da • [fin] rendido,da; redituado,da
— **air** n - aire m retornado
— **automatically** a - retornado,da, or (de)vuelto,ta, automáticamente
— **from @ reverse (position)** a—[mech] vuelto,ta desde (posición f para) marcha f atrás
— **good(s)** n - [com] mercadería f devuelta
— **on its own** a - (mech) vuelto,ta (de) por sí
— **sample** n - [com] muestra f devuelta
— **slag** n - [metal-prod] escoria f, retornada, or devuelta
— **spring** n - [mech] resorte m retornado
— **technical proposal** n - propuesta f técnica devuelta
returned to @ neutral (position) a - [mech] vuelto,ta, or retornado,da, a (posición f) neutral
— — **normal** a - vuelto,ta, or retornado,da a (nivel) normal m
— — **operation** a - retornado,da a operación f
— — **@ original position** n - retornado,da, or vuelto,ta, a posición f original
— — **@ position** a - retornado,da, or vuelto,ta a posición f
— — **power hoist** a - [cranes] retornado,da, or vuelto,ta, a elevación f mecánica
returning n - retorno m; tornadura f | a - retornante
— **from @ reverse (position)** n - [mech] vuelta f desde (posición f para) marcha f atrás
— **on its own** n - [mech] vuelta f (de) por sí
— **to @ neutral (position)** n - [mech] retorno m, or vuelta f, a (posición f) neutral
— — **operation** n - retorno m a operación f
— — **@ priginal position** n - retorno m, or vuelta f, a posición f original
— — **@ position** n - retorno m a posición f
reusable a - recuperable • [mech] modular
— **tooling system** n - [mech] sistema m con matriz,ces f modular(es)
— **type** n - tipo m recuperable
— — **hose connector** n - [tub] conectador m de tipo m recuperable para mang(uer)a f
reuse n - uso m, or empleo m, nuevo | v - usar, or emplear, de nuevo, or nuevamente
— **prevention** n - evitación f de uso m de nuevo
reused a - usado,da, or empleado,da, nuevamente, or de nuevo; recuperado,da
— **flux** n - [Weld] fundente m recuperado
— **part** n - [mech] pieza f usada (nuevamente)
— —, **use**, or **using** n - [ind] uso (nuevamente) de pieza f usada
rev n - see **revolution(s)** | v - [int.comb] acelerar
— **@ engine** v - [int.comb] acelerar motor m
—/**mile** n - see **revolutions per mile**
revalidate v - revalidar
revaluation n - . . . .; revalorización f
— **surplus** n - [fin] superávit en revaluación f
revalue v - [fin] . . .; revalorizar
— **@ asset(s)** v - [fin] revaluar activo(s) m
— **@ fixed asset(s)** v - [fin] revaluar activo m fijo
— **@ good(s)** v - [accntg] revaluar bien(es) m
— **@ land** v - [fin] revaluar terreno(s) m
revalued a - revaluado,da; revalorizado,da
— **asset(s)** n - [fin] activo m revaluado
— **fixed asset(s)** n - [fin] activo m fijo revaluado
— **good(s)** n - [accntg] bien(es) m revaluado(s)
— **land** n - [fin] terreno m revaluado
— **unearned increment** n - [fisc] plusvalía f revaluada
revaluer n - revaluador m; revalorizador m
revaluing n - revaluación f | a - revaluador,ra; revalorizador,ra
— **@ defect(s)** v - revelar defecto(s) m
— **@ design** v - revelar proyección f
— **@ — technique** v - revelar técnica f para proyección f
— **@ heat treating technique** v - [metal-treat] revelar técnica f para tratamiento m térmico
— **@ material(s) technique** v - revelar técnica f para material(es) m
— **@ technique** v - revelar técnica f
revealed a - revelado,da
— **defect** n - defecto m revelado
— **design** n - proyección f revelada
— — **technique** n - técnica f para proyección f revelada
— **flaw** n - falla f revelada
— **heat treating technique** n - [metal-treat] técnica f para tratamiento m térmico revelada
— **material(s) technique** n - [ind] técnica f pa-

ra material(es) m revelada
revealed technique n - técnica f revelada
revealer n - revelador m
revealing n - revelación f | a - revelador,ra
revegetation n - revegetación f
revengefully adv - vengativamente
revenue act n - [legal] ley f impositiva
— **bond** n - [fin] título m, de renta f pública, or por anticipación f de ingreso(s) m
— — **issue** n - [fom] emisión f de título(s) m, de renta f pública, or por anticipación f de ingreso(s) m
— **earning** n - devengo m de ingreso(s) m
— **loss** n - [com] pérdida f de ingreso(s) m; lucro m cesante
— **producing** a - rentable
— — **segment** n - [com] segmento m rentable
— **stamp** n - [fisc] timbre m fiscal; [Esp.] papel m de pago(s) m
reverb* a - [metal-prod] see **reverberatory**
reverberatory a - reverberatorio,ria; reverberante; de reverbero m
— — **arch** n - [metal-prod] bóveda f para horno m de reverbero m
— — **geometric characteristic(s)** n - [metal-prod] característica(s) f geométrica(s) de horno m de reverbero m
— — **melting capacity** n - [metal-prod] capacidad f para fusión f para horno m de reverbero
— — **molten** a - [metal-prod] fundido,da en horno m de reverbero m
— — **molten metal** n - [metal-prod] metal m fundido en horno m de reverbero m
reverential fear n - temor m reverencial
reverse n - . . . .; [autom-mech] marcha f atrás; retroceso m; contramarcha f - . . .; invertido,da; hacia atrás; en, orden m inverso, or sentido m contrario | v - . . .; (hacer) retroceder • [autom-mech] dar, marcha f atrás, or contramarcha f
— **accomplished electrically** n - [mech] marcha f atrás lograda eléctricamente
— **action control** n - [mech] regulador m para, acción f inversa, or contramarcha f
— — **regulator** n - [mech] regulador m para, acción f inversa, or contramarcha f
— **bend** n - [cabl] vuelta f invertida • flexión f inversa • laboero m invertido
— **bending** n - flexión f inversa • @ - con flexión f inversa
— — **test** n - [cabl] ensayo m de flexión f inversa
— **bias** n - [electron] polarización f inversa
— **button** n - [mech] botón m para, retroceso m, or contramarcha f
— **camber** n - comba f invertida; combado* m inverso
— **current** n - [hydr] contracorriente f
— **crush** n - aplastamiento m inverso • v - aplastar inversamente
— **crushed** a - aplastado,da inversamente
— **curve** n - curva f, inversa, or invertida
— **diamond** n - [geom] rombo m invertido
— — **interchange** n - [roads] empalme en rombo m invertido
— **dished** a - combado,da inversamente
— **head** n - [mech] fondo m combado, inverso, or inversamente
— **@ entry** v - [accntg] contrasentar*
— **flow** n - [hydr] flujo m, or circulación f en sentido m, inverso
— **@ flow** v - [hydr] invertir flujo m
— **flowing** n—circulación f en sentido m inverso
— **flush(ing)** n - enjuague m, invertido, or en sentido m inverso
— **form** n - forma f inversa
— **gear** n - [mech] marcha f atrás; retroceso m • engranaje m para, marcha atrás, or retroceso
— **@ generator output polarity** v - [weld] invertir polaridad f para energía f para salida f para generador m

reverse lay n - [cabl] trenzado m, invertido, or inverso
— **@ lead(s)** v - [electr-instal] invertir conductor(es) m
— **@ ohmmeter lead(s)** v - [electr-instal] invertir conductor(es) m para ohmímetro m
— **lever** n - [mech] palanca f para retroceso m
— **operation** n - [mech] operación f hacia atrás
— **order** n - orden m inverso
— **par curve** n - curva f par invertida
— **@ phase** v - [electr-oper] invertir fase f
— **polarity** n - [weld] polaridad f, invertida, or inversa
— **@ polarity** v - [weld] invertir polaridad f
— — **electrode** n - [weld] electrodo m para polaridad f, invertida, or inversa
— **position** n - [autom-mech] posición f para marcha f atrás • - [mech] posición f inversa
— **@ pump rotation** n - [pumps] invertir sentido m para rotación f de bomba f
— **@ retainer** v - [mech] invertir retén m
— **rod** n - see **reversing rod**
— **@ sense switch** v - invertir conmutador m para sentido m
— **shaft** n - [mech] árbol m para marcha f (hacia) atrás
— **side** n - lado m contrario • [print] reverso m
— **sidewall** n - [autom-tires] pared f lateral, opuesta, or contrapuesta
— **speed** n - [autom-mech] velocidad f para, retroceso, or marcha atrás; marcha f atrás
— —**(s) number** n - [autom-mech] número m de velocidad(es) f para, retroceso m, or marcha f atrás
— **@ stroke** n - [mech] invertir carrera f
— **@ - direction** v - [mech] invertir sentido m de carrera f
— **@ switch** v - [electr-oper] invertir conmutador
— **@ unit** v - [autom-mech] hacer retroceder vehículo m
— **water flow** v - [metal-prod] invertir agua m
— **@ — — in @ cooling circuit** v - [metal-prod] invertir (flujo m de) agua m en serie f (de petacas f)
— **@ — — @ — plate circuit** v - [metal-prod] invertir agua m en serie f de petaca(s)
— **@ welder generator output polarity** v - [weld] invertir polaridad f de energía f salida de generador m para soldadora f
— **@ wheel** v - [autom] invertir rueda f
reversed a - invertido,da • [autom] hecho retroceder
— **entry** a - [accntg] contrasentado,da
— **flow** n - flujo m invertido
— **generator otuput polarity** - [weld] polaridad f invertida de energía f salida de generador m
— **lead** n - [electr-instal] conductor m invertido
— **ohmmeter lead(s)** n - [electr-instal] conductor(es) m para ohmímetro m invertido(s)
— **phase(s)** n - [electr-instal] fase(s) f invertida(s)
— **polarity** n - [electr] polaridad f invertida
— **pump rotation** n - [pumps] sentido m de rotación f de bomba f invertido
— **retainer** n - [mech] retén m invertido
— **sense switch** n - [electron] conmutador m para sentido m invertido
— **shackle** n - [mech] grillete m invertido
— **stroke** n - [mech] carrera f invertida
— — **direction** n - [mech] sentido m de carrera f invertido
— **switch** n - [electr-oper] conmutador m invertido
— **unit** n - [autom-mech] vehículo m retrocedido
— **welder generator output polarity** n - [weld] polaridad f invertida para energía f salida de generador m para soldadora f
— **wheel** n - [mech] rueda f invertida
reverser n - [mech] inversor m

reversible a - . . .; invertible • [mech] [Arg.] capicúa
— **blade** n - [mech] cuchilla f reversible
— **disk harrow** n - [agric-equip] rastra f con disco(s) m reversible(s)
— — **plow** n - [agric-equip] arado m con disco(s) n reversible(s)
— **drive** n - [mech] mando m reversible • accionamiento m reversible
— **electric motor** n - [electr-mot] motor m eléctrico reversible
— **four-high mill** n - [metal-roll] laminador m cuarto reversible
— **harrow** n - [agric-equip] rastra f reversible
— — **dirt fender** n - [agric-equip] defensa f contra tierra f para rastra f reversible
— — **motor drive** n - [mech] accionamiento m reversible para motor m hidráulico
— **lining** n - revestimiento m reversible
— **mill** n - [metal-roll] laminador m, or tren m, reversible
— **motor** n - [electr-mot] motor m reversible
— — **drive** n - [mech] accionamiento m, reversible para motor m, or para motor m reversible
— **permeability** n - [electr-oper] permeabilidad f reversible
— **point** n - [mech] punta f reversible
— **tooth** n - [mech] diente m con punta f reversible
— **roughing stand** n - [metal-roll] caja f desbastadora reversible
— **rubber lining** n - revestimiento m reversible de caucho m
— **seat** n - asiento m reversible
— **sheeter** n - [culin] extendedor m, or fruslero m, reversible
— **sprocket** n - [mech] rueda f dentada reversible
— **stand** n - [metal-roll] caja f reversible
— **starter** n - [electr] arrancador m reversible
— **strip mill** n - [metal-roll] tren m, or laminador m, reversible para, banda(s), or cinta(s), or chapa(s) f, or fleje m
— **universal roughing stand** n - [metal-roll] caja f desbastadora universal reversible
reversing n - inversión f • retroceso m | a - reversible • [mech] inversor,ra
— **cold mill** n - [metal-roll] laminador m en frío reversible
— **contactor** n - [electr-instal] contactador m para inversión f
— **entry** n - [accntg] contrasiento m
— **field relay** n - [electr-equip] relé m reversible para campo m
— **high lift blooming mill** n - laminador m, or tren m, para canto(s) m reversible para tocho(s) m
— **lever** n - [mech] palanca f para, inversión f, or contramarcha f, or marcha f atrás
— **line starter** n - [electr-equip] arrancador m, reversible para línea, or para línea f reversible
— **liner** n - [mech] revestimiento m para refuerzo
— **machine** n - [mech] máquina f, inversora, or para inversión f
— **magnetic starter** n - [electr-mot] arrancador m magnético reversible
— **mechanism** n - [mech] mecanismo m, reversible, or para inversión f
— **mill** n - [metal-roll] laminador m, or tren m, or caja f, reversible
— **relay** n - [electr-equip] relé m inversor • relé m reversible
— **rod** n - [mech] varilla f para inversión f
— **shaft** n - [mech] árbol m reversible • árbol m para cambio m para marcha f
— **stand** n - [metal-roll] caja f reversible
— **starter** n - [electr-mot] arrancador m reversible
— **station** n - [electron] estación f, inversora, or para inversión f
— **switch** n - [electr-equip] interruptor m, or conmutador m, reversible, or inversor
reversing switch assembly n - [electr-instal] conjunto m para llave f inversora
— **switchstand** n - [rail] puesto m para cambios
— — **mechanism** n - [rail] mecanismo m (reversible) de puesto m para cambio(s) m
— **table** n - [mech] mesa f, inversora, or para inversión f
— **tire** m - [autom-tires] neumático m reversible
— **type** n - tipo m reversible
— — **field relay** n - [electr-equip] relé m para campo m de tipo m reversible
— — **relay** n - [electr-equip] relé m de tipo m reversible
— **valve** n - [valv] válvula f, reversible, or inversora, or para inversión f
— **wheel** n - [autom-mech] rueda f reversible
reversion n - . . . • inversión f
revetement n - [constr] . . .; muro m para sostenimiento m
review n - . . .; revisión f; revisación f; vista f; consideración f • dictamen m | v - . . .; verificar; estudiar; contemplar; considerar; ver
— **evaluation** n - [print] evaluación f de revista f
— **in depth** n - repaso m a fondo m | v - repasar a fondo
— @ **operation(s)** v - [ind] verificar operación(es) f
— @ **performance** v - [labor] rever, or verificar, desempeño m
— @ **proposed wording** v - [public] rever, or revisar, texto m propuesto
— **technique** n - [managm] técnica f para revista f
— @ **wording** v - [public] rever, or revisar, texto m
reviewed a - revis(t)ado,da; revisto,ta; verificado,da; visto,ta; reseñado,da; considerado,da
— **operation(s)** n - [ind] operación(es) f verificada(s)
reviewing n - revisación f; revista f
reviled a - vilipendiado,da
reviling n - vilipendio m | a - vilipendiador,ra
revise v - . . .; observar; inspeccionar; verificar • modificar; reformar
— @ **dossier** v - revisar, expediente m, or legajo m, or prontuario m
— @ **pension plan** v - [labor] enmendar plan m para jubilación(es) f
— @ **plan** v - enmendar plan m
— @ **policy** v - [managm] revisar, or modificar, or reformar, política f, or norma f
— @ **price** v - revisar, or modificar, precio m
— @ **recommendation** v - revisar, or corregir, recomendación f
— @ **standard** v - [managm] modificar, or reformar, norma f, or estándar m
revised a - revisado,da • [legal] modificado,da; reformado,da
— **approved value** - valor m revisado aprobado
— **dossier** n - expediente m, or legajo m, or prontuario m, revisado
— **invoice** n - [com] factura f revisada
— **pension plan** n - [labor] plan m para jubilación m, revisado, or enmendado
— **plan** n - plan m, revisado, or enmendado
— **policy** n - política f, or norma f, modificada, or reformada
— **price** n - precio m, revisado, or modificado
— **recommendation** n - recomendación f, revisada, or corregida
— **schedule** n - [ind] programa m modificado
revising n - revisión f | a - revisor,ra
revision n - . . .; revisación f; inspección f • [legal] reforma(ción) f; modificación f
revive v - . . .; reanimar
revived a - reanimado,da; revivido,da

reviving n - reavivamiento m; reanimación f
revivification n - . . .; reanimación f; regeneración f
revivified a - revivificado,da; reanimado,da •
— **clay** n - [petrol] arcilla f regenerada
revivify v - . . . • regenerar
— @ **clay** v - [petrol] regenerar arcilla f
revivifying n - revivificación f • regeneración
revocability n - revocabilidad f
revocably adv - revocablemente
revocation n - . . .; cancelación f; anulación f
revocatory a - revocatorio,ria
revoked a - revocado,da; anulado,da
revoker n - revocador m
revoking n - revocación f | a - revocador,ra; revocante
revolution n - . . . • . . .; revolvimiento m
— **counter** n - [instrum] cuentarrevolución(es) m • contador m para revolución(es) m
—(s) **per mile** n - [autom-mech] revolución(es) f por milla f; (use kilómetro m)
—(s) — **minute** n - [mech] revolución(es) m por minuto m
—(s) — —, **adjusting**, or **adjusting** n - [mech] ajuste m de revolución(es) f por inuto m
—(s) — — **check(ing)** n - [mech] verificación f, or fiscalización f, or comprobación f, de revolución(es) f por minuto m
—(s) — — **monitoring** n - [mech] fiscalización de revolución(es) f por minuto m
. . . —(s) — — **motor** n - [electr-mot] motor m para . . . revolución(es) f por minuto
revolutionary n - [pol] . . .; insurreccional
— **engine** n - [int.comb] motor m revolucionario
— **War** n - [hist] Guerra f para Emancipación f
revolve v - . . .; rotar
revolver n - revolvedor m • [milit] . . .
revolving a - . . .; revolvedor,ra
— **assembly** n - [mech] conjunto m, rotativo, or para giro m
— **beam** n - [mech] árbol m, giratorio, or rotativo • viga f, giratoria, or rotativa
— **clamp** n - [mech] abrazadera f, giratoria, or rotativa
— **credit** n - [fin] crédito m rotativo
— — **agreement** n - [fin] convenio m para crédito m rotativo
— **crown** n - [mech] corona f rotativa
— **distributor** m - [metal-prod] distribuidor m, rotativo (en tragante), or para carga f
— — **lubrication box** n - [metal-prod] caja f para engrase m para distribuidor m rotativo
— **drum** n - [mech] tambor m, rotativo, or giratorio m • [wiredrwng] block* m
— **fairlead** n - [cabl] polea f guía giratoria
— **frame** n - [mech] bastidor m, or armazón m, giratorio, or rotativo
— **fund** n - [fin] fondo m, circulante, or rotativo, or rotante
— **hook** n - [cranes] gancho m giratorio
— **hopper** n - [mech] tolva f giratoria
— **mechanism** n - [cranes] mecanismo m, rotante, or en giro, or rotativo
— **platform** n - [mech] plataforma f giratoria
— **ride** n - [sports] tíovivo m
— **ring** n - [cranes] anillo m, rotativo, or en giro
— **sign** n - [com] letero m rotatorio
— **slide** n - corredera f giratoria
— **speed** n - [mech] velocidad f para. giro m, or rotación f
— **table** n - [mech] mesa f, or plataforma f, giratoria
— **unit** n - [cranes] unidad f para, giro m, or rotación f
— — **brake** n - [cranes] freno m para (inidad f) para, giro m, or rotación f
revved* a - [int.comb] acelerado,da
—* **engine** n - [int.comb] motor m acelerado
revving* n - [int.comb] aceleración f
reward n - . . .; premio m | v - . . .; premiar

rewarded a - recompensado,da; premiado,da
rewarding n - recompensa f | a recompensador,ra
reweld(ing) n - [weld] resoldadura f; soldadura f, nueva, or repetida | v - [weld] resoldar; soldar, nuevamente, or de nuevo
rewelded a - [weld] resoldado,da; soldado, nuevamente, or de nuevo
reweldor n - resoldador* m
rewind v - [mech] reenrollar • [electr-mot] rebobinar
— @ **armature** v - [electr-mot] rebobinar inducido m
— **rope** n - [int.comb] cuerda f para reenrollar
— **starter** n - [int.comb] arrancador m con enrollamiento m (automático)
— — **assembly** n - [int.comb] conjunto m de arrancador m con enrollamiento m automático
— **starting rope** n - [int.comb] cuerda f para reenrollamiento m para arranque m
rewinder n - [metal-roll] robobinadora f; reenrolladora f
rewinding n - reenrollamiento m; rebobinamiento m | a - reenrollador,ra; rebobinador,ra
rewire v - [electr-instal] volver a conectar • cambiar circuito m
— @ **wiring** v - [electr-instal] reconectar, or reemplazar, conexión(es) f
rewired a - [electr-instal] vuelto,ta a conectar
— **wiring** n - [electr-instal] conexión(es) f, reemplazada(s), or efectuada(s) nuevamente
rewiring n - [electr-instal] vuelta f a conectar; cambio m en circuito(s) m
rework n - see **reworking** | v - reelaborar; reprocesar; relabrar; reformar • [weld] resoldar*
— @ **fuel** v - [nucl] reelaborar combustible m
reworked a - reelaborado,da; reprocesado,da; relabrado,da; reconstruido,da; reformado,da • [weld] resoldado,da*
— **fuel** n - [nucl] combustible m reelaborado*
— **part** n - [mech] pieza f reprocesada
reworker n - [mech] reelaborador* m • [weld] resoldador* m
reworking n - [mech] reelaboración f; reprocesamiento m; relabra f; reforma f • [weld] resoldadura f | a - [mech] reelaborador,ra • [weld] resoldador,ra
rewound a - rebobinado,da; reenrollado,da
Reynolds number n - cifra f, or factor m (de) Reynolds
rheolaveur n - reolavador m
rheological a - reológico,ca
— **study** n - estudio m reológico
rheology n - reología f
rheostat n - [electr-equip] . . .; resistencia f variable
— **assembly** n - [electr-equip] conjunto m de reóstato m
— **brushholder** n - [electr-equip] portaescobilla(s) m para reóstato m
— **circuit** n - [electr-instal] circuito m para reóstato m
— **cleaning** n - [electr-equip] limpieza f de reóstato m
— **elimination** n - [electr-instal] eliminación f, or supresión f, de reóstato m
— **fine tuning** n - [weld] adjuste m, preciso, or exacto, para reóstato m
— **finger** n - [electr-equip] cursor m de reóstato m
—, **handle**, or **knob** n - [electr-equip] perilla f para reóstato m
— **inspection** n - [electr-equip] inspección f de reóstato m
— **mounting** n - [electr-instal] montaje m de reóstato m
— **nameplate** n - [electr] placa f (indicadora) en reóstato m
— **omission** n - [electr-instal] omisión f de reóstato m

rheostat open circuit n - [electr-instal] circuito m abierto para reóstato m
— **overheating** n - [electr-equip] recalentamiento m, or sobrecazlentamiento m, de reóstato m
— **shaft** n - [electr-equip] árbol m, or eje m, para reóstato m
— **type** n - [electr-equip] tipo m de reóstato m
— — **control** n - [electr-equip] regulador m de tipo m con reóstato m
rhetorical a - [gram] . . .; figurado,da
rhigolene* n - [petrol] rigolina* f
rhyolite n - [miner] riolita f
RI n - [pol] see Rhode Island
rib n — . . . [mech] . . .; pestaña f; reborde
— **arch** n - [archit] arco m, or bóveda f, en arcada(s) f
. . . — **block tread** n - [autom-tires] banda f para rodamiento m con . . . nervadura(s) f
— **bottom** n - [mech] base f de nervadura f
— **casting** n - [mech] colada f de nervadura f
— **center** n - [mech] eje m de nervadura f
— **design** n - [autom-tires] conformación f, or proyección f, de nervadura f
— **tire** n - [autom-tires] neumático m estriado
— **with wood lagging** n - [constr] costilla f con entablonado m
. . . —(s) **wide** a - con, ancho(r) m, or anchura f, de . . nervadura(s) f
ribbed a - [mech] con nervadura(s) f; nervado,da
— **plate** n - [metal-roll] chapa f, or plancha f, or placa f, con nervadura(s) f, or nervada*
— **platen** n - [mech] pletina f reforzada
ribbon conveyor n - [mech] transportador m con cinta f; cinta f, or banda f, transportadora
— **grain tube** n - [agric-equip] tubo n en espiral m para semilla(s) f
— **requiring** a - que exige cinta f
— **tube** n - [tub] tubo m en espiral
— **type** n - tipo m de cinta f
ribs n - [mech] varillaje m
rice binder n - [agric-equip] atadora f, or gavilladora f, para arroz m
— **coal** n - [miner] antracita f de 3/16 a 1/4 pulgada(s) f (4,8 a 6,4 mm)
— **thrasher** n - [agric-equip] trilladora f para arroz m
rich concentrate n - [miner] concentrado m rico
— **fuel-air mixture** n - [int.comb] mezcla f rica de combustible m y aire m
— — **mixture** n - [int.comb] mezcla f rica de combustible m
— **gas** n - [combust] gas m rico
— **gas holder** n - [combust] gasógeno m, or gasómetro m, para gas m rico
— — **to burner valve** n - [combust] válvula f para gas m rico a mechero m
— — **valve** n - [metal-prod] válvula f para gas m rico
— **in bitumen** a - [constr] muy bituminoso,sa
— **mixture** n - [combust] mezcla f, rica, or fuerte
— **set carburetor** n - [int.comb] carburador m regulado para mezla f (muy) rica
— **setting** n - [int.comb] regulación f para mezcla f (muy) rica
— **solution** n - [chem] disolución f rica
riches n - . . .; fortuna f; hacienda f
rickety a - . . .; vetusto,ta
ridden a - [transp] viajado,da
ride n - [transp] viaje • [autom] andar m; marcha f; correr m • suspensión f | v - [transp] viajar • [mech] correr(se); desplazar(se)
— **characteristic** n - [autom] característica f de, andar m, or suspensión f
— **on @ coattail(s)** v - [pol] enancarse
— **comfort** n - [autom] andar m cómodo
— **height** n - [autom] altura f de suspensión f
— **in @ joint** v - [weld] desplazar(se) por junta
— **on** v - viajar sobre • [autom] llevar
— — **@ idler** v - [mech] posar(se), or descansar, sobre, rueda f loca, or rodillo m loco

ride on @ roller v - [mech] posar(se), or descansar, sobre rodillo m
— — **@ strut** v - ruar
— — **@ tire** v - [autom-tires] andar sobre, or llevar, neumático m
— **quality** n - [autom] característica f de, andar m, or marcha f
— **shotgun** v - [sports] acompañar acostumbradamente
— **smoothly** v - [transp] andar suavemente
rider n - [transp] jinete m • pasajero m • [com] anexo m • [insur] endoso m
ridge n - . . . - [topogr] cumbrera f; filo m . [topogr] . . .; cadena f • espolón m; banco m; escarpa f • cresta f; cumbre f • cadena f • [mech] filete m; arista f; canto m; espolón m • [weld] cresta f • [metal-roll] centro m ondulado
— **appearance** n - [weld] apariencia f, or aspecto m, de cresta f
— **buster** n - [agric] rompedor m para lomo(s) m
— **cover** n - [constr] capote m para techo m • caballete m
— **line** n - [constr] cumbrera f; hilera f
— **pole** n - [constr] cumbrera f; hilera f
— **roll** n - [constr] cumbrera f; caballete m
— **route** n - [roads] ruta f, serrana, or dorsal
— **type** n - tipo m con filo m continuo
— — **ventilator** n - [constr] ventilador m, para cumbrera f, or de tipo m con filo continuo
riding n - n - remontamiento m; vectación f • [sports] equitación f • [transp] viaje m • [metal-roll] remontado n | a - [sports] ecuestre; para equitación f • [metal-roll] remontado,da
— **beet puller** n - [agric] arrancadora f con asiento m para, betarraga(s) f, or remolacha
— **cotton planter** n - [agric-equip] sombradora f con asiento m para algodón m
— **cultivator** n - [agric-equip] cultivador m con asiento m
— **disk plow** n - [agric-equip] arado n con disco(s) m con asiento m
— **edge** n - [metal-roll] borde m remontado
— **gang disk plow** n - [agric-equip] arado m con disco(s) m múltiple(s) con asiento m
— — **plow** n - [agric-equip] arado m con reja(s) f múltiple(s) con asiento m
— **on** n - viaje m sobre
— **plow** n - [agric-equip] arado m con asiento m
— **puller** n - [agric-equip] arrancadora f con asiento m
— **quality** n - [raods] comodidad f en tránsito
— **shotgun** n - [sports] acompañamiento m acostumbrado
— **sulky** n - [agric-equip] asiento m con ruedas
— **surface** n - [weld] superficie m para rodamiento m
— **trail** n - [sports] senda f, or camino m, ecuestre, or para equitación f
riffle n - estría f • [miner] ranura f en fondo m de gamella f
riffled a - estriado,da
— **pipe** n - [tub] tubo m estriado
— **plate** n - [metal-roll] plancha f estriada
— **sheet** n - [metal-roll] chapa f estriada
rifle fire n - [milit] fuego m de fusil(ería)
— **range** n - [sports] polígono m para tiro m
— **shot** n - [milit] fusilazo m
rig n - . . .; equipo m; dispositivo m • [constr] martinete m • [petrol] equipo m, perforador, or para perforación f; torre f (para perforación f); montura f; cabría f | v - aparejar; habilitar
— **air** n - [petrol] aire m para equipo m perforador m
— — **supply** n - [petrol] suministro m, or abastecimiento m, or provisión f, de aire m para equipo m perforador
— — — **on-off valve** n - [petrol] válvula f

para activación f y desactivación f para, suministro m, or abastecimiento m, or provisión f, de aire m para equipo m perforador
rig air supply valve n - [petrol] válvula f para, suministro m, or abastecimiento m, or provisión f de aire m para equipo perforador
— **component** n - [petrol] componente m, or parte constitutiva, para equipo m para perforación
— **downtime** n - [petrol] tiempo m para detención f para torre f para perforación f
— **drive** n - [petrol] accionamiento m, pr impulsión f, para equipo m perforador
— **iron** n - [petrol] herraje m para, equipo m perforador, or aparejo m
— **lead** n - [constr-pil] guía f para martinete m
— **on-off valve** n - [petrol] válvula f para activación f y desactivación f para equipo m, perforador, or para perforación f
— **operator** n - [petrol] operador m para equipo m perforador
— **space** n - [petrol] espacio m, or sitio m, sobre plataforma f
— **supervision** n - [petrol] supervisión f para torre f (para perforación f)
— **supervisor** n - [petrol] encargado m para torre f para perforación f
— **supply(ing)** n - [petrol] abastecimiento m, or suministro m, or provisión f, para equipo m, perforador, or para perforación f
— — **valve** n - [petrol] válvula f para, suministro m, or abastecimiento m, or provisión f, para equipo m para perforación f
— **time** n - [petrol] tiempo m para perforación f
— **up** n - [mech] montaje m; armado m • [petrol] montaje n de, torre f, or equipo m, para perforación f
— **valve** n - [petrol] válvula f para equipo m para perforación f
— **worker** n - [petrol] operario m, para, or asignado a, pozo m, or plataforma f, or equipo m (para perforación f)
rigged up a - [petrol] montado,da; armado,da
rigger n - montador m; armador m
— **and pipe shop** n - [ind] taller m para montaje m y tubería(s) f
— **shop** n - [ind] taller m para montaje m
riggers n - [ind] (equipo m de) montador(es) m; montaje(s) m
rigging n - . . . .; polipasto m • equipo m; montaje m
— **up** n - [petrol] montaje m de, torre f, or equipo m, para perforación f
right n - . . . .; derecha f • opción f • [legal] . . .; facultad f | a - recto,ta; acertado,da • solucionado,da | adv - precisamente • inmediatamente • hacia derecha f | v - [autom] volver a posición f normal; enderezar
— **additive** n - aditivo m correcto
— **address** n - [comunic] dirección f correcta
—**(s) and claim(s)** n - [legal] derecho(s) m y acción(es) f
— **angle** n - ángulo m, correcto, or apropiado • [geom] ángulo m recto
— — **attachment** n - [mech] dispositivo m para ángulo m recto
— — **bevel** n - [mech] chaflán m con ángulo m recto
— — — **gear** n - [mech] engranaje m cónico con ángulo m recto
— — — — **system** n - [mech] engranaje m cónico con ángulo m recto
— — **leg** n - [geom] cateto
— — **to @ roadway** n - [roads] ángulo m recto con calzada †
— — — **@ traffic flow** n - [roads] ángulo m recto con movimiento m de tránsito
— — — — **line** n - [roads] ángulo m recto con circulación f de tránsito m
— — — — **direction** n - [roads] ángulo m recto con dirección f de tránsito • [weld] ángulo m recto con dirección f de avance m

right angle to travel direction n - [weld] ángulo m recto con dirección f de avance m
— — **turn** n -[autom] vuelta f con ángulo recto
— **angled** a - ortogonal
— **at home** adv - en su casa f • en su elemento
— **audience** n - auditorio m apropiado
— **auxiliary winding** n - [electr-mot] devanado m auxiliar derecho
— **away** adv - ahora mismo; inmediatamente; en seguida; lueg(it)o
— **background** n - fondo m, or plano m segundo, a derecha f • fondo m correcto
right baffle n - [mech] pantalla f derecha; deflector m derecho
— **ball joint** n - [mech] junta f esférica derecha
— **bank** n - [hydr] margen f derecha
— **base baffle** n - [mech] pantalla f para base f derecha
— **behind** adv - inmediatamente detrás
— — **@ arc** adv - [weld] inmediatamente detrás de arco m
— **bottom coil** n - [electr-instal] bobina f inferior (hacia) derecha f
— — **primary winding** n - [electr-instal] devanado m primario inferior derecho
— — **secondary winding** n - [electr-instal] devanado m secundario inferior derecho
— — **winding** n - [electr-instal] devanado m inferior derecho
— **bracket** n - [mech] soporte m derecho
— **chain** n - [Chains] cadena f derecha • cadena f apropiada
— **choice** n - selección f, correcta, or apropiada
— **coil** n - [electr-instal] bobina f hacia derecha f
— **coke breeze hoist** n - [metal-prod] elevador m derecho para menudo(s) m de coque m
— — **screen** n - [metal-prod] criba f (de) derecha f para coque m
— **column** n - columna f (de) derecha f
— **combination** n - combinación f, correcta, or apropiada
— **console** n - [instrum] consola f (para, or hacia) derecha f
— — **handle** n - [mech] palanca f para consola f (hacia) derecha f
— — — **inside handle** n - [cranes] palanca f interior para consola f (hacia) derecha f
— — — — **lever** n - palanca f interior para consola (hacia, or de) derecha f
— — **lever** n - [mech] palanca f para consola f (hacia) derecha f
— — — **outside handle** n - [cranes] palanca f derecha para consola f (hacia) derecha f
— — — **outside lever** n - [cranes] palanca f derecha para consola f (hacia) derecha f
— **crane** n - [cranes] grúa f (hacia) derecha f • grúa f correcta
—**(s) deprivation** n - [pol] inhabilitación f
—**(s), developing,** or **development** n - [legal] creación f de derecho(s) m
— **down to @ wire** adv - hasta misma meta f
— **drive wheel** n - [autom] rueda f, impulsora, or motriz, (hacia) derecha f
— **elbow** n - [anatom] codo m derecho
— **electrode angle** n - [weld] ángulo m, correcto, or apropiado, para electrodo m
— **event** n - evento m, correcto, or apropiado
— **example** n - ejemplo m, correcto, or debido, or apropiado
— **fines hoist** n - [metal-prod] elevador m derecho m para fino(s) m
— **foot operate** v - operar con pie m derecho
— — **operated** a - operado,da con pie m derecho
— — **operation** n - operación f con pie m derecho
— **force** n - fuerza f apropiada
— **foreground** n - plano m primero a derecha f
— **frequency** n - [electron] frecuencia f, correcta, or apropiada

right friction

right friction n - fricción f apropiada
— — **from @ start** adv - desde mismo, principio m, or comienzo m
— — **front rim** n - [autom] llanta f delantera derecha f
— — — **shock (absorber)** n - [autom-mech] amortiguador m, frontal, or delantero, derecho
— — — **suspension** n - [autom-mech] suspensión f, delantera, or frontal, derecha
— **(s) giving** n - cesión f, or dación f, de derecho(s) m
— — **gun mount** n - [weld] mitad f derecha de caja f de pistola f
— — **half** n - mitad f derecha
— — **halfshaft** n - [autom-mech] semieje m derecho
— — **hand** n - [aratom] (mano f), derecha f, or diestra f | adv - hacia, or de, mano f derecha
— — — **bearing** n - [mech] cojinete m, derecho, or hacia derecha f
— — — — **cage** n - [mech] jaula f para cojinete m, derecho, or hacia derecha f
— — — **brushholder** n - [electr-mot] portaescobilla(s) m, derecho, or hacia derecha f
— — — **cage** n - [mech] jaula f (hacia) derecha f
— — — **column** n - [constr] columna f (hacia) derecha f
— — — **console** n - [ind] consola f (hacia, or para) (mano f) derecha
— — — **cornering** n - [autom] viraje m hacia derecha
— — — **crosshead** n - [mech] cruceta f (para) derecha f
— — — **drive** n - [autom] dirección f, or conducción f, hacia derecha • [mech] impulsión a derecha f
— — — — **screw** n - [mech] tornillo m para impulsión f hacia derecha f
— — — — **tire** n - [agric-equip] neumático m (de lado m) derecho para impulsión f
— — — **gear** n - [mech] engranaje m hacia derecha
— — — **housing arm** n - [autom-mech] brazo m derecho para caja f
— — — **lay** n - [cabl] trenzado m hacia derecha f | a - [cabl] trenzado,da hacia derecha f
— — — **mirror** n - [autom] retrovisor m derecho
— — — **mount** v - [mech] montar sobre mano f derecha
— — — **mounted** a - [mech] montado,da sobre mano f derecha
— — — — **fairleader** n - [cranes] escotera f montada sobre mano f derecha
— — — **mounting** n - [mech] montaje m sobre mano f derecha
— — — **nut** n - [mech] tuerca f (con rosca f) hacia derecha f
— — — **pinion** n - [mech] piñón m hacia (mano) derecha f
— — — — **bearing** n - [mech] cojinete m para piñón m hacia derecha f
— — — — **cage** n - [mech] jaula f para cojinete m para piñón m hacia derecha f
— — — — **cage** n - [mech] jaula f para piñón m hacia derecha f
— — — **pitch** n - [mech] inclinación f hacia derecha f
— — — **position** n - posición f (hacia) derecha f
— — — **rear view mirror** n - [autom] retrovisor m derecho
— — — **screw** n - [mech] tornillo m con rosca f hacia derecha f
— — — **side** n - lado m, or costado m, derecho
— — — — **inlet** n - [mech] admisión f en, lado m, or costado m, derecho
— — — — — **suction line dampener** n - [mech] amortiguador para línea f para aspiración f con admisión f en costado m derecho
— — — — **only** n - lado m derecho solamente
— — — — **view** n - vista f de(sde), lado m, or costado m, derecho
— — — **sidestand** n - [mech] plataforma f lateral en costado m derecho
— — — **steering** n - [autom] dirección f hacia derecha f
— — — — **sweeper** n - [roads] berma f (lateral) derecha
— — — — **swing** a - [constr] hacia (mano) derecha f
— — — — **(ing) door** n - [constr] puerta f para mano f derecha
— — — — **cylinder lock** n - [constr] cerradura f con cilindro m (para puerta f) para mano f derecha
— — — — **door cylinder lock** n - [constr] cerradura f con cilindro para puerta f para mano f derecha
— — — — **tumbler lock** n - [constr] cerradura f con cilindro m para puerta f para mano f derecha
— — — — **tumbler lock** n - [constr] cerradura f con cilindro m para puerta f para mano f derecha
— — — **thread** n - [mech] rosca f, hacia derecha f, or con paso m derecho
— — — **threaded bolt** n - [mech] perno m con rosca f hacia derecha f
— — — **nut** n - [mech] tuerca f con rosca f hacia derecha f
— — — **tire** n - [autom-tires] neumático m, derecho, or para (mano) derecha f
— — — **wedge** n - [mech] cuña f para mano derecha
— — **handed** a - [labor] diestro,ra; no zurdo,da; que usa preferentemente mano f derecha
— — — **person** n—persona t, diestra, or no zurda, or que usa preferentemente mano f derecha
— — — **screw** n - [mech] tornillo m con rosca f hacia derecha f
— — — **thread screw** n - [mech] tornillo m con rosca f hacia derecha f
— **handle** n - [mech] palanca f (hacia) derecha f
— **height** n - altura f correcta
— **hoist** n - [mech] elevador m derecho
— **in @ lead** adv - en misma, delantera, or vanguardia f
— **installation** n - instalación f, correcta, or apropiada
— **instant** n - momento m, preciso, or oportuno
— **kink** n - [chains] coca f hacia derecha f
— **laid rope** n - [cabl] cable m, or cabo m, trenzado hacia derecha f
— — **strand** n - [cabl] cordón m trenzado hacia derecha f
— — **wire rope** n - [cabl] cable m (de alambre m), or cabo m, trenzado hacia derecha f
— **lang lay** n - [cabl] trenzado m lang hacia derecha
— **lay** n - [cabl] trenzado m hacia derecha f
— — **cable** n - [cabl] cable m trenzado hacia derecha f
— — **regular lay** n - [cabl] trenzado m regular hacia derecha f
— — **rope** n - [cabl] cable m trenzado hacia derecha f
— — **strand** n - [cabl] cordón m (trenzado) hacia derecha f
— — **wire rope** n - [cabl] cable m de alambre m trenzado hacia derecha f
— **lead** n - [electr-cond] conductor m, derecho, or hacia derecha f • conductor m correcto
— **lever** n - [mech] palanca f (hacia) derecha f
— **light** n - [autom] luz f (hacia) derecha f - [electr-ilum] luz f correcta
— **line** n - [electr-instal] see **right lead**
— **lock** n - [mech] cerradura f, or traba f, (hacia) derecha f
— — **pawl** n - [mech] trinquete m para traba f (hacia) derecha f
— **motor** n - motor m, derecho, or hacia derecha f • motor m correcto
— **mounting flange** n - [int.comb] pestaña f derecha para montaje m
— **movement** n - movimiento m hacia derecha f • movimiento m correcto

right now adv - ahora mismo; en este momento m
— **of first refusal** n - [legal] prioridad f para (primer) rechazo m
right of way n - [roads] franja f (de tierra f) expropiada; ancho m • calzada f; vía f • terraplén m • [rail] vía f (permanente) f • [Arg.] mano f • [petrol] trocha f
——————— **acquisition** n - expropiación f
——————— **negotiator** n - [pol] (funcionario m) encargado de obtener expropiación f
——————— **preparation** n - [transp] expropiación f • preparación f de franja f expropiada
——————— **purchase** n - expropiación f • compra f de franja f expropiada
——————— **property** n - franja f expropiada
——————— **work** n - expropiación f • trabajo m en franja f expropiada
— **off @ bat** adv - desde mismo comienzo m
— **on @ money** adv - exactamente • fenomenal
— **out of** adv - tal como sale(n)
— **panel** n - [mech] panel m derecho
— **pawl** n - [mech] trinquete m, derecho, or hacia derecha f
— **personal example** n - ejemplo m personal, debido, or correcto
— **power source** n - [weld] fuente f correcta para energía f
— **primary winding** n - [electr-instal] devanado m primario derecho
—(s) **purchase** n - [legal] compra f, or adquisición f, de derecho(s) m
— **ratio** n - razón f, or proporción f, correcta • [autom] velocidad f apropiada
— **rear shock (absorber)** n - [autom-mech] amortiguador, posterior, or trasero, derecho f
— ——— **suspension** n - [autom-mech] suspensión f, posterior, or trasera, derecha
—(s), **registering, or registration** n - [legal] registro m, or registración f, de derecho(s)
— **regular lay** n - [cabl] trenzado m regular, a, or hacia, derecha f
—(s) **reservation** n - [legal] reserva(ción) f de derecho(s) m
— **rim** n - [autom-mech] llanta f derecha
— **roll** n - [mech] rodillo m derecho
— **rolling roll** n - [metal-roll] rodillo m derecho para laminación f
— **rotation** n - [mech] rotación f correcta; sentido m correcto para rotación f
—(s) **sale** n - [legal] venta f, or enajenación f, de derecho(s) m
— **screen** n - [mech] criba f, de, or a, derecha f
— **screwdown** n - [metal-prod] ampuesa f, or tornillo m para ajuste m, a derecha f
— ——— **field exciter** n - [metal-roll] excitador m para campo m para, ampuesa f, or tornillo m para ajuste m, a derecha f
— **seat** n - [autom] asiento m a derecha f
— **secondary winding** n - [electr-instal] devanado m secundario derecho
— **shock (absorber)** n - [autom-mech] amortiguador m derecho
— **shoulder** n - [roads] berma f derecha
— ——— **installation** n - [roads] instalación f sobre berma f derecha
— **side** n - lado m, or costado m, derecho • derecha f; diestra f
— ——— **baffle** n - [mech] deflector m, or pantalla f, a derecha f
— ——— **case panel** n - [mech] panel m lateral derecho m para caja f
— ——— **front half** n - mitad f anterior derecha
— ——— **motor** n - [electr-mot] motor m, derecho, or de derecha f
— ——— **panel** n - [mech] panel m lateral derecho
— ——— **inside** n - [mech] (lado) interior m de panel m (lateral) derecho
— ——— **rear half** n - mitad f posterior derecha
— ——— **view mirror** n - [autom] retrovisor m derecho
— **structure** n - [constr] estructura f apropiada

right swing(ing) n - [cranes] rotación f hacia derecha f
— **switch** n - [electr-instal] conmutador m, or interruptor, correcto • conmutador m, or interruptor m, a derecha f
— **temperature** n - temperatura f, correcta, or apropiada
— **thread** n - [mech] see **right hand thread**
— **time** n - hora f correcta • momento m oportuno
— **tire** n - [autom-tires] neumático m correcto • neumático m derecho
— **to @ end** adv - hasta mismo fin m
— ——— **reëxport @ capital** n - [fin] derecho m para reexportar capital m
— **top coil** n - [electr-instal] bobina f superior (a) derecha f
— ——— **primary winding** n - [electr-instal] devanado m primario superior derecho
— ——— **secondary winding** n - [electr-instal] devanado m secundario superior derecho
— ——— **winding** n - [electr-instal] devanado m superior derecho
— **triangle** n - [geom] triángulo m rectángulo
— **turn** n - [autom] viraje m hacia derecha f
— ——— **light** n - [roads] luz f para virajes m hacia derecha f
— ——— **signal** n - [autom-electr] indicador m para viraje m hacia derecha f
— ——— **circuit** n - [autom-electr] circuito m para indicador m de virajes m hacia derecha f
— ——— **turning** n - viraje(s) m hacia derecha f
— ——— **lap** n - [sports] etapa f con viraje(s) m hacia derecha f
—(s) **waiver** n - [legal] renuncia f, or cesión f, de derecho(s) m
— **way** n - forma f, debida, or correcta
— **web roll** n - [rail-wheels] rodillo m derecho para laminación f de alma m
— **wedge** n - [mech] cuña f derecha
— **wheel** n - [autom] rueda f derecha • rueda f correcta
— ——— **winding** n - [electr-instal] devanado m derecho • devanado m correcto
— **wire feed direction** n - [weld] sentido m correcto para alimentación f de alambre m
righted a - [autom] vuelto,ta a posición f normal; enderezado,da
rightful a - [legal] . . .; según derecho m
— **juristic person** n - [legal] persona f jurídica según derecho m
righting n - [autom] vuelta f a posición f normal; enderezamiento m
rigid alignment n - [mech] alineación f, rígida, or precisa
— **barrier** n - [roads] valla f rígida
— **board** n - [constr] tabla f rígida
— ——— **insulation** n - [constr] aislación f con, plancha f, or lámina f, or tabla f, de fibra f
— **bolted type frog** n - [Rail] cruzamiento m, or corazón m, empernado de tipo m rígido
— **bracket** n - [mech] ménsula f rígida
— **conduit** n - [tub] conducto m rígido
— ——— **inherent strength** n - [tub] resistencia f inherente de conducto m rígido
— ——— **size** n - [tub] diámetro m de conducto m rígido
— ——— **strength** n - [constr] resistencia f de conducto m rígido
— ——— **supporting strength** n - [constr] resistencia f portante de conducto m rígido
— **coupling** n - [mech] acoplamiento m rígido
— **device** n - [mech] dispositivo m rígido
— **end** n - extremo m rígido
— **fixture** n - [weld] dispositivo m rígido para sujeción f
— **flanged coupling** n - [mech] acoplamiento m rígido embridado*
— ——— **type** n - tipo m rígido con brida(s) f
— **foundation** n - [constr] fundamento m, or cimiento m, rígido
— **frame** n - [mech] armazón m, or bastidor m,

or marco m, rígido, or sólido • [constr] bóveda f rígida
rigid frame building n - [constr] edificio m con arco(s) m rígido(s)
— — **high slope** a - [constr] muy inclinado con, armazón m rígido, or bóveda f rígida
— — — — **building** n - [constr] edificio m con techo m muy inclinado con armazón m rígido
— — **low slope** a - [constr] poco inclinado,da con armazón m rígido
— — — — **building** n - [constr] edificio m con techo m poco inclinado con armazón m rígido
— — — **steel building** n - [constr] edificio m de acero m con armazón m rígido
— **frog** n - [rail] cruzamiento m, or corazón m, rígido
— **holding** n - mantenimiento m rígido
— **industry standard** n - [ind] norma f rígida para industria f
— **jig** n - [weld] dispositivo m rígido (para sujeción f)
— **joint** n - [weld] junta f rígida; empalme m rígido
— **lining** n - [hydr] revestimiento m rígido
— **monolithic construction** n - [constr] construcción f monolítica rígida
— **mounting** n - [mech] montaje m rígido
— **part** n - [mech] pieza f rígida
— **pipe field supporting strength** n - [constr] resistencia f de tubería f rígida para sustentación f en obra f
— — **joint** n - [tub] junta f, or unión f, para tubería f rígida
— — **open joint** n - [tub] junta f, or unión f, abierta en tubería f rígida
— — **sanitary sewer** n - [sanit] cloaca f sanitaria de tubería f rígida
— — **slab shear** n - [mech] cortadora f
— **polyvinyl compound** n - [plast] compuesto m de polivinilo m rígido
— **requirement** n - exigencia f rígida
— **side** n - lado m, or costado m, rígido
— **sign support** n - [roads] soporte m rígido para letrero(s) m
— **standard** n - norma f rígida
— **steel** n - [metal-prod] acero m rígido
— — **conduit** n - [tub] conducto m, rígido de acero m, or de acero m rígido
— **support** n - [constr] apoyo m rígido
— **trolley** n - [cranes] carr(ill)o m rígido
— **type frog** n - [rail] cruzamiento m, or corazón m, de tipo m rígido
rigidity measurement n - medida f de rigidez f
— **measuring** n - medición f de rigidez f
— **test** n - [mech] ensayo m de rigidez f
rigidly braced frame n - [constr] armazón m, or bastidor m, bien arriostrado
— — **steel frame** n - [constr] armazón m, or bastidor m, bien arriostrado de acero m
— — **structural steel frame** n - [constr] armazón m, or bastidor m, bien arriostrado de acero m estructural
— **fixed** a - fijado,da, or inmovilizado,da, rígidamente
— **plate** n - [weld] plancha f, fijada, or inmovilizada, rígidamente
— **mounted insulating terminal block** n - [electr-instal] caja f aislada para terminal(es) m montada rígidamente
— — **insulation** n - [electr-instal] aislación f montada rígidamente
riguroso control n - fiscalización f rigurosa; control m riguroso
— **manner** n - manera f, or forma f, rigurosa
— **test(ing)** n - ensayo m riguroso
— **ultrasonic inspection** n - [electron] inspección f ultrasónica rigurosa
rigurously adv - . . .; duramente
rim n - [mech] . . .; corona f; filete m
— **assembly** n - [autom] conjunto m de llanta f
— **back face** n - [rail-wheels] cara f interna de llanta f
— **rim bending** n - [mech] doblamiento m de pestaña f • [autom] deformación f de llanta f
— **bolt** n - [autom-mech] perno m para llanta f
— **brake** n - [mech] freno m sobre llanta f
— — **bolt** n - [mrvh] prtno m para freno m sobre llanta f
— **center** n - [mech] centro m de llanta f
— **clamp** n - [autom-mech] abrazadera f para llanta f
— **contour** n - [rail-wheels] contorno m de llanta f • perfil m de llanta f
— **cooling** n - [mech] enfriamiento m para llanta f
— — **water** n - [mech] agua m para enfriamiento m para llanta f
— **corrosion** n - [mech] corrosión f de llanta f
— **diameter** n - [autom-tires] diámetro m de llanta f
— **extension** n - prolongación f para llanta f
— **face** n - [rail-wheels] cara f de llanta f • caja f de llanta f
— **fitment** n - [autom-tires] apareacmiento m de llanta f y neumático m
— **flange** n - [mech] brida f, or caja f, para llanta f
— — **wire** n - [wire] alambre m para, grida f, or caja f, de llanta f
— **front face** n - [rail-wheels] cara f externa de llanta f
— **inside edge** n - [rail-wheels] borde m interno de llanta f
— (s) **interchange** n - [autom] intercambio m, or permuta f, de llanta(s) f
— **level** n - [autom-wheels] nivel m de llanta f
— **manufacturer** n - [autom-whells] fabricante m de llanta(s) f
— **mounting** n - [rail-wheels] montaje m, or fijación f, de llanta(s) f
— **nut** n - [autom-mech] perno m para llanta f
— **outside** n - [mech] exterior m de llanta f
— — **edge** n - [rail-wheels] borde m externo de llanta f
— **quenched wheel** n - [rail-wheels] rueda f con llanta f templada
— **radial thickness** n - [rail-wheels] espesor m radial para llanta f
— **recommendation** n - [autom] recomendación f para llanta(s) f
— **roll forming** n - [wheels] conformación f laminada de llanta f
— **section** n - sección f de pestaña f
— **size** n - [autom-tires] tamaño m, or medida f, de llanta f
— **standardization body** n - [autom-tires] entidad normalizadora para llanta(s) f
— **thickness** n - [rail-wheels] espesor m de llanta f
— **treated wheel** n - [rail-wheels] rueda f con llanta f con tratamiento m térmico
— **underside** n - [mech] lado m inferior de, lklanta f, or pestaña f
— **water** n - [mech] agua m para llanta f
— — **inlet** n - [mech] entrada f para agua m para llanta f
— — **outlet** n - [mech] salida f para agua m para llanta f
— — **pressure** n - [mech] presión f de agua m para llanta f
— — — **gage** n - [mech] manómetro m para presión para agua m para llanta f
— — **supply** n - [mech] provisión f, or abastecimiento m, de agua m para llanta f
— **wear** n - [mech] desgaste m de llanta f
— **width** n - [mech] ancho(r) m, or anchura f, de llanta f
— — **range** n - [autom] ancho(s) m para llantas
— — **recommendation** n - [autom-tires] ancho(r) m recomen dado para llanta f
— — — **specification** n - [autom-tires] especificación f para ancho(s) para llanta f
— — — **chart** n - [autom-tires] tabla f con espe-

cificación(es) f para ancho(r) m de llanta f
rimer n - [tools] . . .; fresa f cónica
rimmed a - [wheels] con llanta f • [metal-prod] efervescente; vivo,va
— **ingot** n - [metal-prod] lingote m de acero m, vivo, or efervescente
— **steel** n - [metal-prod] acero m, vivo, or efervescente, or agitado, or sin silicio m; also see **rimming steel**
rimming n - [metal-prod] efervescencia f; acción f efervescente
— **action** n - [metal]prod] acción f efervescente
— — **control** n - [metal-prod] regulación f de efervescencia f
— **agent** n - [metal-prod] acelerador m para efervescencia f
— — **control** n - [metal-prod] regulación f de efervescencia f
— **material** n - [metal-prod] material m efervescente
— **steel** n - [metal-prod] acero m, vivo, or efervescente, or agitado, or sin silicio m
— — **capping** n - [metal-prod] tapadura f, or tapamiento m, or cubrimiento m, de acero m, vivo, or efervescente, or agitado
— — **coil** n - [metal-roll] bobina f de acero m efervescente
— — — **tempering** n - [metal-treat] temple m de bobina f de acero m efervescente
— — **ingot** n - [metal-prod] lingote m de acero m efervescente
— — — **technology** n - [metal-prod] tecnología f para lingote(s) m de acero m efervescente
— — **pouring** n - [metal-prod] vaciado m de acero m efervescente
— — **production** n - [metal-prod] producción f, or fabricación f, de acero m efervescente
— — **slab** n - [metal-prod] planchón m de acero n efervescente
— — **tempering** n - [metal-treat] temple m de acero m eferescente
— **stimulator** n - [metal-prod] estimulador m para efervescencia f
— — **addition** n - [metal-prod] adición f para estimulador m para efervescencia f
— — —**(s) practice** n - [metal-prod] práctica f para adición(es) f para estimulador m para efervescencia f
— — **practice** n - [metal-prod] práctica f para estimulador m para efervescencia f
— — **use** n - [metal-prod] uso n, or empleo m, de estimulador m para efervescencia f
rind n - [botan] . . . cáscara f
ring n - . . .; aro m; corona f; anilla f; virola f • armella f • abrazadera f • zuncho m • [mech-bearings] pista f para rodamiento m
— **and roll crusher** n - [miner] trituradora f con anillo(s) m y rodillo(s) m
— **assembly** n - [mech] conjunto m de, anillo m, or aro m
— **beam** n - [constr] viga f anular • arco m de viga f
— @ **bell** v - tocar, or sonar, or tañer, campana f • [fam] tocar cuerda f sensible
— **binder** n - [print] carpeta f con anillo(s) m
— — **hardware** n - [print] herraje(s) m para carpeta f con anillo(s) m
— **bolt** n - [mech] . . .; perno m con argolla f
— **buckling** n - [mech] pandeo m de, aro m, or anillo m, or argolla f
— — **zone** n - [mech] zona f con pandeo m en anillo m
— **casting** n - [metal-prod] colada f de aro m
— **change** n - cambio m, or permuta(ción) f, or reemplazo m de, anillo m, or aro m
— **clamp** n - [mech] abrazadera f con anillo m
— **compression** n - [mech] compresión f anular • compresión f con anillo m
— — **design** n - [constr] diseño, or proyección f, con método m de anillo m para compresión f
— — **formula** n - [mech] fórmula f para anillo m para compresión f

ring compression load n - [mech] carga f sobre anillo m para compresión f
— — **method** n - [mech] método m para anillo m para compresión f
— — **resisting** n - [constr] resistencia a compresión f anular
— — **stress** n - [constr] esfuerzo m de compresión f anular
— — **thrust** n - [constr] empuje m de anillo m para compresión f
— **conduit** n - [mech] conducto m anular
— **deflection** n - [mech] deformación f anular
— **design** n - [mech] diseño m, or proyección f de, aro m, or anillo m
— **dowel** n - [mech] buje m
— **drawing** n - [mech] plano m para anillo m
— **expander** n - [tools] expandidor* m para aro m
— **expansion test** n - [mech] ensayo m, or prueba f, para, expansión f, or dilatación f, anular, or de anillo m
— **fastener** n - [mech] sujetador m para, anillo m, or aro m, or corona f
— **flexibility** n - [constr] flexibilidad f, anular, or de anillo m
— **forging** n - [metal-fabr] forja f de anillo m • anillo m forjado
— **gage** n - [rail-wheels] calibre m con anillo m; vitola f - [instrum] calibrador m anular
— **gap** n - [int.comb] separación f en aro m
— **gasket** n - [mech] empaquetadura f, or guarnición f, anular; junta f anular
— **gear** n - [mech] engranaje m, sin fin, or anular • corona f dentada; aro m dentado
— — **adjustment** n - [mech] ajuste m de corona f (dentada)
— — **and drive pinion set** n - [mech] juego m de corona f (dentada) y piñón m (impulsor)
— — — **identification** n - [mech] identificación f de corona f (dentada) y piñón m
— — **assembly** n - [mech] conjunto m de corona f (dentada)
— — **back face (side)** n - [mech] respaldo m, or reverso m, or anverso m, de corona dentada
— — **backlash** n - [mech] contragolpe m de corona f (dentada)
— — **bolt** n - [mech] perno m para corona f (dentada)
— — — **and nut kit** n - [mech] juego m de perno m y tuerca f para corona f (dentada)
— — **centerline** n - [mech] (línea f) eje para corona f (dentada)
— — **contact pattern** n - [mech] patrón m para contacto m para corona f (dentada)
— — **fastener** n - [mech] sujetador m para corona f (dentada)
— — **front side (face)** n - [mech] anverso m de corona f dentada
— — **identification** n - [mech] identificación f de corona f dentada
— — **nut** n - [mech] tuerca f para corona f (dentada)
— — **position** n - [mech] posición f de corona f (dentada)
— — **positioning** n - [mech] colocación f en posición f de corona f (dentada)
— — **rotation** n - [mech] rotación f de corona f (dentada)
— **gear set** n - [mech] juego m de corona f (dentada)
— — **side** n - [mech] lado m, or costado m, de corona f (dentada)
— — **teeth** n - [mech] see **ring gear tooth**
— — **tooth** n - [mech] diente m de corona f (dentada)
— — — **contact** n - [mech] contacto m de diente m de corona f (dentada)
— — — **side** n - [mech] lado m dentado de corona f
— — **toothed side** n - [mech] lado m dentado de corona f (dentada)

ring groove n - [int.comb] ranura f para aro m
— — width n - [int.comb] ancho(r) m de ranura f para aro m
— half n - [mich] mitad f de, aro m, or anillo m; semiaro* m; semianillo* m
— hitch n - [mech] enganche m anular
— joint n - [mech] junta f, anular, or con anillo m
— — flange n - [mech] brida f para junta f, con anillo m, or anular
— land n - [int.comb] espacio m entre ranuras
— life n - [mech] vida f (útil) para, aro m, or anillo m
— load n - [constr] carga f para anillo m
— open end n - [int.comb] extremo m abierto en aro m
— plate n - [metal-roll] plancha f para anillos
— polishing n - [mech] pulimiento m de, anillo or aro m
— pressured packing n - [mech] empaquetadura f presionada* por anillo m
— profile n - [mech] conformación f, or perfil m, de, anillo m, or aro m
— removal n - [mech] remoción f, or saca f, de, anillo m, or aro m
— replacement n - [mech] reemplazo m de, anillo m, or aro m
— retainer n - [mech] retén m con aro m
— road n - [roads] camino m, or carretera f, circular, or para circunvalación f
— scraper edge n - [int.comb] borde m raspador en aro m
— seal n - [mech] sello m, anular, or con anillo m
— set n - juego m de, aros m, or anillos m
— shank nail n - [mech] clavo m con aleta(s) f circulares en fuste m
— shaped a - anular
— stiffness n - [mech] rigidez f de, aro m, or anillo m
— stress n - [mech] esfuerzo f de anillo m
— style hitch n - [mech] enganche m tipo m anular
— tooth side n - [mech] lado m con diente(s) m de corona f
— terminal n - [electr-instal] terminal, or borne m anular; aro m terminal
— thread n - [mech] rosca en aro m
— threading n - [mech] enroscadura f en aro m
— type n - [mech] tipo m anular
— — gasketed joint n - [tub] unión f con guarnición f anular
— valve n - [valv] válvula f con anillo m
— washer n - [mech] arandela f anular
— welding n - [weld] soldadura f de aro m
— width n - [int.comb] ancho(r) de aro m
ringer n - [electr-instal] . . .; llamador m • timbre m
— check(ing) n - [electron] verificación f con timbre m
— — @ circuit v - [electr-instal] verificar circuito m con timbre m
— checked a - [electr-instal] verificado,da con timbre m
— — circuit n - [electr-instal] circuito m verificado con timbre m
— checking n - [electr-instal] verificación f con timbre m
— circuit checking n - [electr-instal] verificación f de circuito m con timbre m
rinse n - enjuague m; enjuagadura f • lavado m
— poorly v - enjuagar, pobremente, or malamente
— @ soil box v - enjuagar caja f para suelo(s)
— tank n - pileta f, or (es)tanque m, para, lavado m, or lavadura f, or enjuague m
— thoroughly v - enjuagar, bien, or acabadamente
— water n - agua m para, enjuague, or lavado m
rinsed a - enjuagado,da; deslavado,da
— poorly a - enjuagado,da, pobremente, or malamente
— soil box n - caja f para suelo(s) m enjuagada
rinsing n - enjuagadura f; deslavadura f

rinsing tank n - pileta f, or (es)tanque m, para, lavado, or enjuague m
Rio de Janeiro n - . . . | a - [pol] fluminense
riot n - [pol] . . .; insubordinación f | v - . . .; amotinar; insubordinar
rioted a - amotinado,da; insubordinado,da
rioting n - amotinamiento m; insubordinación f
rip n - . . . | v - . . .; rasgar; romper; quebrar • [constr] escarificar
— @ coal v - [miner] arrancar carbón m
— -Flo screen n - [miner] criba f Rip-Flow
— previously v - [miner] arrancar previamente
— up v - [constr] escarificar
ripability n - escarificabilidad* f
ripable a - escarificable*
ripe old age n - edad f provecta
ripened a - madurado,da
ripening n - . . . | a - madurante
ripped coal n - [miner] carbón m arrancado
— previously a - arrancado,da previamente
ripper n - . . . • [miner] arrancadora f • [constr] uña f; escarificador m; desgarradora
— scraper n - [miner] trailla f arrancadora
ripping n - . . . • [constr] escarificación f • [miner] arranque m; arrancadura f | a - [constr] escarificador,ra • [miner] arrancador,ra
— chisel n - [tools] barreta f
— cut n - [miner] tajo m para arrancadura f
— — cleaning n - [miner] limpieza f de tajo m para arrancadura f
— face n - [miner] frente m para arrancadura f
— pit n - [miner] fosa f para arrancadura f
ripple(s) n - . . .; ondulación(es) f • [weld] ondulación(es) f
— bead n - [weld] cordón m ondulado
— free a - [weld] libre de, or sin, ondulación
— — bead n - [weld] cordón m sin ondulaciones
— (d) weld n - [weld] soldadura f, or cordón m, ondulado, or con ondulación(es) f
rippled a - ondulado,da • estriado,da
— plate n - [metal-roll] plancha f, or placa f, estriada
riprap n - . . .; encachado m; enrocamiento m; revestimien to m con, piedras f, or lajas f, or rocas • ripio m | a - [constr] enrocado,da; enripiado,da | v - encachar; enrocar; enripiar; empedrar; revestir con roca(s) f
— construction n - [constr] construcción f de enrocado* m
— line v - [constr] revestir con roca(s) f, or empedrado m
— — @ channel v - [hydr] revestir cauce m con, roca(s) f, or empedrado m
— lined a - [constr] revestido,da con, roca(s), or empedrado m
— — channel n - [hydr] cauce m revestido con, roca(s), or empedrado m
— lining n - [constr] revestimiento m con, roca(s) f, or empedrado m
— @ open channel v - [hydr] revestir cauce m abierto con, roca(s) f, or empedrado m
— @ pool v - [hydr] empedrar rebalse m
— protect v - [constr] proteger con, empedrado m, or revestimiento m de roca(s) f
— protected a - [constr] protegido,da con, empedrado m, or revestimiento m de roca(s) f
— protection n - [constr] protección f con, empedrado m, or (revestimiento m de) roca(s) f
— slope n - [constr] talud m, empedrado, or encachado
— stilling basin n - [hydr] hoya f empedrada para, tranquilización f, or asentamiento m
riprapped a - [constr] revestido,da con roca(s) f; empedrado,da
— open channel n - [hydr] cauce m abierto, empedrado, or revestido con roca(s) f
— pool n - [hydr] embalse m empedrado
riprapping n - [constr] empedrado m; revestimiento m con roca(s) f
ripsaw n - [tools] . . .; sierra f para, hender,

or rajar, or cortar con veta f | v - hender;
rajar; cortar con veta f; aserrar con veta f
rise n - . . . . • [geom] flecha f • [archit]
flecha f; sagita f; peralte m | v - . . .; e-
manar; subir
— abruptly v - levantar(se) abruptamente
— dimension n - dimensión f, or medida f, de
peralte m
— — tolerance n - [constr] tolerancia f en,
dimensión f, or medida f, de peralte m
— over @ span n - [geom] flecha f sobre cuerda
— sharply v - alzar(se), or levantar(se), a-
bruptamente
— to @ occasion v - valer(se) de oportunidad f
— — @ surface v - ascender (a superficie f)
— — @ task v - mostrar(se) capaz para tarea f
— tolerance n—[constr] tolerancia f en peralte
risen a—levantado,da, elevado,da • aumentado,da
— abruptly a - alzado,da abruptamente
— cost(s) n - costo(s) m aumentado(s)
— expense(s) n - gasto(s) m aumentado(s)
— sharply a - alzado,da abruptamente
riser n - . . . . • generador m - [metal-prod] ma-
zarota f; colada f, subida, or movida • [tub]
tubería f, vertical, or para elevación f •
[constr] respiradero m • contrapeldaño m;
vigueta f transversal; contrahuella f • tubo
m para respiración f • [hydr] tubería f ver-
tical • [mech] elevador m; alzador m
— diameter n - [constr] diámetro m de tubería f
vertical
— outlet n - [tub] salida f para tubería f ver-
tical
— perforated section n - [hydr] sección f per-
forada de tubería f vertical
— pipe n - [hydr] tubería f vertical
— section n - [tub] sección f de tubería f ver-
tical
— unit n - [tub] tubería f, vertical, or ascen-
dente, or para, elevación f, or subida f
— unperforated section n - [hydr] sección f sin
perforar de tubería f vertical
rising n - [constr] levantamiento m • [topogr]
elevación f; loma f | a - ascendente • eleva-
ble • proviniente • protuberante
— burden n - [metal-prod] carga f que sube |
v - subir(se) carga f
— main n - [hydr] conducto m para elevación f
— rod n - [mech] vástago m ascendente
— cover assembly n - [mech] conjunto m de
cubierta f para vástago m ascendente
— stem n - [valv] vástago m, ascendente, or e-
levable, or corredizo, or saliente
— — cover n - [hydr-gates] cubierta f para
vástago m ascendente
— — — assembly n - [hydr-gates] conjunto m de
cubierta f para vástago m ascendente
— — gate n - [hydr] compuerta f con vástago m
ascendente
— — valve n - [valv] válvula f para vástago m
ascendente
— tide n - [naut] flujo m; (marea f) creciente
— type n - tipo m ascendente
risk n - . . . ; ventura f | v - . . .
— analysis n - [fin] análisis m de riesgo m
— area n - [insur] área m de riesgo m
— assuming n - asunción f de riesgo m
— cover(age) n - [insur] cobertura f de riesgo
— incurring m - incurrimiento m en riesgo m
— management n - [insur] administración f de
riesgo(s) m
— running n - [insur] corrimiento m de riesgos
rival n - . . . | a - roval | v - rivalizar
river n - . . . . | a - fluvial
— authority n - [hydr] dirección f para obra(s)
f en río m
— bank n - [hydr] orilla f, or ribera f, de río
— barge n - [transp] lanchón m, or barcaza f,
fluvial
— basin n - [hydr] cuenca f de río m
— — bed aggregate n - [constr] árido(s) n de

river bottom n - [hydr] lecho m, or fondo m, de
río m
— channel n - [hydr] cauce m de río m
— confluence n - [hydr] confluencia f de ríos m
— control n - [hydr] regulación f de río m
— crossing n - cruce m de río m • [constr]
tramo n, subfluvial, or debajo de río m
— current n - [hydr] corriente f de río m
— delta n - [topogr] delta m de río m
— inbound shipment n - see inbound river ship-
ment
— levee n - [hydr] dique m para (encauzamiento
m para) río; dique a vera f de río m
— parkway n - [roads] paseo m ribereño
— pier n - [constr] pilar m en río m
— profile n - [hydr] perfil m de río m
— sand n - [soils] arena f fluvial
— shipment n - [transp] embarque m fluvial
— steamer n - [nav] barco m, or vapor, fluvial
— transportation system n - [nav] sistema m
fluvial para transporte(s) m
— valley n - [topogr] valle m fluvial
— water n - [hydr] agua m de río m • [ind] agua
m industrial
— — circuit n - [ind] circuito m para agua m
de río m
— — circulation n - [hydr] circulación f de
agua m de río m
— — distribution system n - [hydr] red f para
distribución f de agua m de río m
— — filtration n - [hydr] filtración f de agua
m de río m
— — intake n - [ind] toma f para agua n de río
— — main n - [ind] conducto m (principal) para
agua m de río m
— — pump n - [ind] bomba f para agua m, de río
m, or industrial
— — — house n - [ind] casa f para, bombas f,
or bombeo m, para agua m, de río m, or in-
dustrial
— — requirement(s) n - [hydr] exigencia(s) pa-
ra agua m, de río m, or industrial
— — system n - [ind] red f para agua m de río
— — use n - [ind] uso m, or empleo m, or uti-
lización f, de agua n, de río, or industrial
riverside n - . . . . | a - costanero,ra; ribere-
ño,ña
— drive n - [roads] paseo m costanero; costa-
nera f
rivet bending n - [mech] encorvadura f de, re-
mache m, or roblón m
— block n - [mech] bloque m remachador
— burr n - [mech] contrarroblón m
— catcher n - atrapador m para remache(s) m
— cold driving n - [mech] remache m en frío
— couple v - [mech] acoplar con remache(s) m
— coupled a - [mech] acoplado,da con remaches
— coupling n - [mech] acoplamiento m con re-
mache(s) m
— driving out n - [mech] expulsión f de rema-
che(s) m
— head n - [mech] cabeza f de remache m
— hole n - [mech] orificio m para remache m
— — enlarging n - [mech] agrandamiento m de
orificio m para remache m
— — stretching n - [mech] deformación f, or
alargamiento m, de orificio m para remache m
— @ joint v - [mech] remachar, junta f, or
unión f
— @ longitudinal seam v - [mech] remachar cos-
tura f longitudinal
— (s) loss n - [mech] pérdida f de remache(s) m
— oiling n - [mech] aceitado m de remache(s) m
— plate n - [mech] arandela f para remache(s)
— replacement n - [mech] reemplazo m para re-
mache m
— replacing n - [mech] reemplazo m de remache
— @ seam v - [mech] remachar costura f
— shank n - [mech] fuste m de remache m
— size n - medida(s) t de remache m
— snap n - [mech] [Spa.] buterola f

rivet spacing n — [mech] separación f de remaches
— — steel n - [metal-prod] acero m para remaches
— — stitching n - [mech] remachado m por puntos m
riveted a - [mech] remachado,da
— casing n - [petrol] tubería f para entubación f remachada
— circumferential seam n - [mech] costura f circumferencial remachada
— construction n - [metal-fabr] construcción f remachada
— corrugated pipe n - [tub] tubería f corrugada remachada
— — steel pipe n - [tub] tubería f, de acero m corrugado remachado, or remachada de acero m corrugado
— — — arch n - [tub] tubo n abovedado remachado de acero m corrugado
— — — section n - [metal-fabr] plancha f corrugada de acero m remachada
— design n - [tub] tipo m remachado
— elbow n - [tub] codo m remachado
— galvanized steel sheet n - [metal-fabr] chapa f de acero m galvanizado remachada
— joint n - [metal-fabr] junta f, or unión f, remachada
— longitudinal seam n - [mech] costura f longitudinal remachada
— overlap n - [mech] traslapo m remachado
— pipe n - [tub] tubo m remachado; tubería f remachada
— — and pipe arch n - [tub] tubería f circular y abovedada remachada
— — arch n - [tub] tubo m abovedado remachado; tubería f abovedada remachada
— — elbow n - [tub] codo m remachado para, tubo m, or tubería f
— — fabrication n - [tub] elaboración f de, tubo m remachado, or tubería f remachada
— — strength n - [tub] resistencia f de, tubo m remachado, or tubería f remachada
— — wall n - [tub] pared f de, tubo m remachado, or tubería f remachada
— — — strength n - [tub] resistencia f de pared f de tubería f remachada
— seam n - [mech] costura f remachada
— sheet n - [metal-rabr] chapa f remachada
— — steel n - [metal-fabr] chapa f de acero m remachada
— steel n - [metal-fabr] acero m remachado
— — pipe n - [tub] tubo m remachado, or tubería f remachada, de acero m
— structure n - [metal-fabr] estructura f remachada
— type n - [mech] tipo m remachado
reveting block n - [mech] bloque m, remachador, or para remachado m
— machine n - [mech] (máquina) remachadora f
— stitcher n - [mech] remachadora f por puntos
— trench n - [constr] zanja f, or excavación f, para remachado m
rivulet n - [hydr] riachuelo m; riacho m
RL n - [cabl] see right lay
rl n - [transp] see reel; roll
RM n - [paper] see ream
road n - [roads] . . .; rúa f • [nav] ría f • [transp] rada f • [miner] pista f
— bed n - [roads] see roadbed
— berm n - [roads] berma f de camino m
— blazing n - [roads] apertura f de camino m
— builder n - [constr] empresa f para vialidad
— bump n - [roads] desigualdad f en camino m
— center n - [roads] centro m de calzada f
— — line n - [roads] eje m de camino m
— cleaning n - [miner] limpieza f de pista(s) f
— commission n - [pol] comisión f para vialidad
— commissioner n - [pol] director m para vialidad f
— condition n - [roads] condición f, caminera, or de camino m
— conditioning n - [roads] acondicionamiento m de, camino(s) m, or carretera(s) f

— road construction n - [roads] construcción f, caminera, or de camino(s) m, or vial
— contractor n - [constr] contratista m vial
— course n - [sports] pista f, caminera, or para recorrido m • [roads] recorrido m de camino m
— — speed n - [autom] velocidad f, sobre, or en, pista f caminera
— crossing n - [roads] paso m, or cruce m, a nivel; cruce m de camino(s) m; encrucijada f • [electr-instal] cruce m (por) debajo de camino(s) m
— crown n - [roads] abovedado* m; corona f de camino
— culvert n - [roads] alcantarilla f; conducto m para camino(s) m
— cut n - [constr] corte m para camino m
— — section n - [constr] corte m, or sección f cortada, para camino m
— design n - [roads] proyección f para camino m • trazado m para carretera f
— (s) Department n - [pol] Departamento m, Vial, or para Vialidad f
— dip n - [roads] depresión f, or bache m, en camino m
— dirt n - [roads] tierra f en camino m
— embankment n = [roads] terraplén m para camino m
— failure n - [roads] falla en, camino m, or carretera f
— grade n - [constr] rasante m para camino m
— holding n - [autom-tires] adherencia f, or adhesión f, a, pavimento m, or carretera f
— load n - [roads] carga f para camino m
— lug n - [agric-equip] oreja f, or tetón m, para camino(s) m
— maintenance n - [roads] mantenimiento m, or conservación f, de, camino(s) m • [miner] conservación f de pista(s) f
— maintainer n - [roads] conservadora f para camino(s) m
— making n - [roads] construcción f de caminos f • [miner] ejecución f de pista(s) f
— mixer n - [roads] hormigonera f para, camino(s) m, or vialidad f
— model n - [transp] modelo m remolcable
— operation n - [transp] operación f sobre carretera f
— patch n - [roads] parche m en camino m
— patching n - [roads] emparchado* m de camino
— patrol n - [roads] patrulla f caminera
— plow n - [agric-equip] arado m para camino(s)
— racing n - [sports] carrera f sobre, carretera f, or camino m
— — season n - [sports] temporada f para carrera(s) f sobre, camino m, or carretera f
— — vehicle n - [autom] vehículo m para carrera(s) f sobre carretera(s) f
— relocation n - [roads] trazado m nuevo para camino m
— remainder n - [roads] resto m de camino m
— reopening n - [roads] rehabilitación f, or reapertura f, de camino m
— repair(ing) n - [roads] reparación f, or arreglo m, or compostura f, de, camino(s) m, or carretera(s) f
— section n - [constr] sección f, or tramo m, de camino m
— shoulder n - [roads] berma f de camino m
— sign n - [roads] señal f carretera; aviso m carretero; indicador m caminero
— slope n - [roads] declive m de camino m
— speed n - [transp] velocidad f en, camino m, or carretera f
— splash n - salpicadura(s) de camino m
— straightening n - [roads] enderezamiento m de camino m
— surface n - [Roads] superficie f de, camino m, or carretera f; calzada f; pavimento m; pavimentación f
— — change,ging n - [roads] cambio m en su-

perficie f de calzada f
road surface condition(s) n - [roads] condición(es) f de superficie f de camino m
— — **smoothing out** n - [roads] emparejamiento m, or alisamiento m, or suavizamiento m, de superficie f de, camino m, or carretera f
— — **top** n - [roads] superficie f de calzada f
— **surfacing** n - [constr] pavimentación f de calzada f
— — **material** n - [constr] material m para pavimentación f (de calzada f)
— **system** n - [roads] red f, caminera, or carretera, or vial
— **tar** n - [constr] alquitrán m, or asfalto m, para pavimentación f
— — **blending tank** n - [roads] depósito m para mezcla f de alquitrán m para pavimentación f
— **test** n - [autom] prueba f en carretera f
— **towing** n - [transp] remolque m carretero
— — **undercarriage** n - [transp] rodaje m para remolque m carretero
— **tractor** n - [transp] tractor m caminero
— **travel** n - [travel] tránsito m por camino(s)
— **treatment** n - [roads] tratamiento m, vial, or de camino(s) m
— **unevenness** n - [roads] desigualdad(es) f en camino m
— **widening** n - [constr] ensanchamiento m, or ensanche m, or ampliación f, vial, or de, camino m, or carretera f, or calzada f; ampliación f vial
— — **project** n - [constr] obra f para, ensanchamiento m, or ampliación f, de, camino m, or carretera f
roadability n - [transp] transitabilidad* f
— **characteristic(s)** f - [transp] característica(s) f para, transitabilidad* f, or tránsito
roadbed n - [constr] explanada f; firme m • [rail] terraplén m; piso m, or lecho m, para vía f • capa f de balasto m
— **maintenance** n - [roads] (gasto(s) m para), mantenimiento m, or conservación f, para explanada f
— **safety** n - [constr] seguridad f de firme m
— **width** n - [roads] ancho(r) m de explanada f
roadside n - [roads] . . .; vera f de camino m
— **channel** n - [hydr] cauce m, or acequia f, junto a camino m; cuneta f vial
— **ditch** n - [roads] zanja f a vera f de camino
— **drainage channel** n - [constr] cauce m, or acequia f, para drenaje m junto a camino m; cuneta f vial
— **eating establishment** n - [roads] restaurante m caminero
— **element** n - [roads] elemento m a vera f de camino m
— **gutter** n - [constr] cuneta f a vera f de camino m
— — **area** n - [constr] zona f, or franja f, para cuneta f a vera f de camino m
— **hazard** n - [constr] peligro m a vera f de camino m
— **obstacle** n - [constr] obstáculo m a vera f de camino m
— **park** n - [roads] parque m, caminero, or para descanso m
— **service(s)** n - [roads] servicio(s) m en carretera f
— **sign** n - [roads] indicador, or letrero m, or aviso m, caminero, or carretero, or vial
— — **wind load** n - [roads] carga f de viento m sobre, indicador m, or letrero m, or aviso n, caminero, or carretero, or vial
— **slope** n—[roads] declive m lateral de camino
— **structure** n - [roads] estructura f a vera f de, camino m, or carretera f
roadway n - [roads] . . .; faja f para tránsito m; camino m • [rail] lecho m para vía f
— **center** n - [constr] centro m de calzada f
— **channel** n - [hydr] acequia f a vera f de camino m

roadway class n - [constr] clase f de, calzada f, or faja f para tránsito m
— **condition** n - [roads] condición f de, calzada f, or carretera f, or faja f para tránsito m
— **conduit** n - [constr] conducto m (por) debajo de, calzada f, or faja f para tránsito m • tubería f para (dar paso m a) camino m
— **crossing** n - [roads] cruce m de calzada f • [rail] paso m a nivel carretero
— **culvert** n - [constr] alcantarilla f caminera
— **design** n - [roads] proyección f para carretera(s) f
— **ditch** n - [roads] zanja f a vera f de, camino m, or carretera f
— **edge** n - [roads] borde m de calzada f
— **embankment** n - [constr] terraplén m, vial, or carretero
— **fact(s)** n - [roads] dato(s) m sobre calzada f
— **fill** n - [roads] terraplén m carretero
— **intersection** n - [roads] encrucijada f, or intersección f, de carretera(s) f
— **jeopardizing** n - [roads] puesta f en peligro m de calzada f
— **lighting** n—[roads] iluminación f de calzada
— — **unit** n - [roads] artefacto m para iluminación f, or alumbrado m, de calzada f
— **maintenance** n - [roads] mantenimiento m, or conservación f, de, calzada f, or carretera f
— **narrowing** n - [roads] angostamiento* m de calzada f
— — **transition** n - [roads] transición f para angostamiento* m de calzada f
— **network** n - [roads] red f, vial, or caminera
— **pavement** n - [roads] calzada f pavimentada
— **paving** n - [roads] pavimentación f de calzada
— **propulsion** n - [autom] propulsión f para, carretera f, or vía f
— **side** n - [roads] lado m, or costado m, de calzada f
— **space** n - [constr] espacio m para calzada f
— **spanning** n - [roads] transposición f de calzada f
— **surface** n - [roads] superficie f de calzada f
— **top** n - [roads] superficie f de calzada f
— **type** n - [roads] tipo m de calzada f
— **washout** n - [roads] socavación f de calzada f
— **widening** n - [roads] ensanche m de calzada f
— — **transition** n - [roads] transición f para ensanche m de calzada f
— **width** n - [roads] ancho(r) m de calzada f
roam v - . . .; vagabundear; errar
roaming n - vagabundeo m | a - vagante
roar n - . . .; fragor n; frémito m | v - . . .
— **roar home** v - [sports] llegar bramando
roared a - rugido,da; bramado,da
roaring n - rugido m; bramido m; frémito m | a - rugiente; frago(ro)so,sa
— **spring** n - [hydr] manantial m rugiente
roasted a - asado,da; tostado,da • calcinado,da
— **ore** n - [miner] mineral m calcinado
roasting n - tostadura f • [miner] calcinación f | a - tostador,ra
— **furnace** n - [miner] horno m, calcinador, or para, calcinación f, or consolidación f
rob v - . . . • [fig] cercenar
robbed a - robado,da • [fig] cercenado,da
robbing n - robo m • [fig] cercenamiento m | a - robador,ra
robe(s) n - . . .; vestimenta f
Robert('s) filter n - filtro m de Robert(s)
robust a - . . .; fornido,da; forcejudo,da
— **and fresh looking** a - frescachón,na
robustly adv - robustamente
robustness n - robustez f
rock n - . . .; piedra f | a - rocoso,sa; pedregoso,sa | v - . . .; sacudir
— **aggregate** n - [constr] agregado m pétreo
— **@ armature** v - [electr-mot] mover armadura f
— **ballast** n - [rail] balasto m de roca f
— **bedding** n - [constr] lecho m de roca f
— **bit** n - [petrol] barreno,na m/f para, roca f,

rock blasting

   or formación(es) f dura(s)
rock blasting n - [constr] voladura f de roca f
—— boring machine n - [miner] máquina f horadadora; horadadora f mecánica
—— bottom low n - costo m, or precio, sumamente bajo, or difícil de igualar
—— channel n - [hydr] cauce m de roca f
—— classification n - [geol] clasificación f de roca(s) f
——(s) conglomerate n - [geol] conglomerado m de roca(s)
—— construction n - [constr] construcción f de, piedra(s) f, or roca(s) f
—— cross n - [metal-fabr] cruceta f (de rocas f)
—— crushing n - [constr] trituración f de roca f
—— crystal n - [miner] cristal m de roca f
—— cut n - [constr] corte m en roca f
—— cutter n - [constr] trépano m para roca(s) f
—— dam n - [constr] presa f de roca(s) f
—— drill n - [tools] barreno,na m/f, or taladro m, or perforadora f, para roca f
—— —— bit n - [tools] broca f, or mecha* f, para, barreno,na m/f, or taladro m, or perforadora f, para roca f
—— embankment n - [hydr] macizo m de roca f
—— face n - [constr] cara f, or frente m, or revestimiento m, de roca f
—— fill n - [constr] relleno m de roca • [hydr] escollera f
—— —— dam n - [hydr] presa f de roca f
——filled a - (re)llenado,da con roca f
—— —— wash n - [topogr] cañadón f rocalloso
—— —— wire gabion n - [hydr] gavión m de (malla f de) alambre rellenado con roca f
—— flower n - [constr] arenilla f; polvo m de roca f; roca f en polvo m
—— footing trench n - [constr] trinchera f con cimentación f de roca f
—— foundation n - [constr] cimiento(s) m, or fundación f, de, or sobre, roca f
—— fragment(s) fill n - [constr] relleno m de fragmento(s) m de roca f
—— @ gear v - [mech] mecer engranaje m
—— gently v - mecer suavemente
—— grader tire n - [constr-equip] neumático m para montaña f
—— guard n - [constr-equip] defensa f contra roca(s) f
—— hardness n - [miner] dureza f de roca f
—— layer n - [geol] capa f de roca f
—— ledge n - [geol] lecho m, rocoso, or de roca f • cuerda f de roca f
—— litter v - sembrar con roca(s) f
—— littered a - sembrado,da con roca(s) f
—— littering n - siembra f con roca(s) f
—— outcropping n - [geol] afloramiento m de roca
—— penetration n - penetración f de roca(s) f | a - [autom-tires] contra penetración f por roca(s) f
—— —— resistance n - [autom-tires] resistencia f contra penetración f por roca(s) f
—— pocket n - [constr] cavidad f debida a rocas
—— point n - [constr-pil] cruceta f para hincadura f en roca f
—— puller n - [constr] arrancadora f, or desarraigador m, para roca(s)
—— quarry n - [miner] cantera f para roca(s) f
—— salt n - [miner] sal f gema
—— —— cavern n - [miner] galería f en sal f gema
—— shaft n - [mech] see rocking shaft
—— slide n - deslizamiento m de roca(s) f
—— slope n - [topogr] talud m de roca f
—— —— protection n - [constr] [constr] protección f con talud m de roca f
—— softness n - [miner] blandura f de roca f
—— spillway n - [hydr] vertedero m de roca f
—— stability n - [geol] estabilidad f de roca f
—— strewn a - sembrado,da con roca(s) f
—— surface n - superficie f de roca f
—— tie point n - [constr] punto m de enlace m con roca f

rock trench n - [constr] zanja f encachada f
—— wall n - [geol] pared f, or muro m, de roca f
rocked a - mecido,da
—— armature n - [electr-mot] armadura f, mecida, or movida
—— gear n - [mech] engranaje m mecido
—— gently a - mecido,da suavemente
rocker n - [mech] . . .; oscilador m • [electr-mot] brazo m oscilante; balancín m | a [mech] articulado,da
—— and brushholder assembly n - [electr-mot] conjunto m de balancín m y portaescobilla(s)
—— arm n - [mech] brazo m, or balancín m, or palanca f, oscilante; balancín m
—— —— bearing n - [electr-mot] apoyo n para, oscilador m, or balancín m
—— —— shaft n - [electr-mot] eje m para balancín
—— assembly n - [electr-mot] conjunto m de balancín m
—— bearing n - [electr-mot] apoyo m para, oscilador m, or balancín m
—— brushholder n - [electr-mot] portaescobillas m para vaivén m
—— clamp n - [mech] sujetador m para balancín m
—— clamping n - [mech] sujeción f de, oscilador m, or balancín m
—— —— ring n - [electr-mot] anillo m para sujeción f de, oscilador m, or balancín m
—— cover n - [electr-mot] tapa f, or cubierta f, para balancín m
—— die n - [mech] matriz f oscilante
—— —— set n - [mech] juego m de matric(es) m oscilante(s)
—— hose n - [metal-prod] manguera f para balancín m
—— lever m - [mech] palanca f, oscilante, or para balancín m
—— pedal n - [mech] pedal m basculante
—— setting n - [mech] ajuste m, or regulación f, para balancín m
—— shaft n - [mech] árbol m, or eje m, oscilante
—— switch n - [electr-equip] interruptor m oscilante
—— to @ hub a - [mech] de oscilador m a cubo m
—— —— screw n - [mech] tornillo m para oscilador m a cubo m
—— type die n - [mech] matriz f de tipo m, oscilante, or basculante
—— —— lower die n - [mech] matriz f inferior de tipo m, oscilante, or basculante
—— —— upper die n - [mech] matriz f superior de tipo, oscilante, or basculante
rocket n—. . . | v - . . .; embalar como cohete
—— forward v - avanzar raudamente
—— plate n - [mech] placa f para apoyo m
—— —— camber n - [mech] comba(dura) f, or curvatura f, de placa f para apoyo m
—— —— maximum allowable camber n - [mech] comba(dura) f, or curvatura f, máxima admisible para placa f para apoyo m
—— —— camber n - [mech] comba(dura) f, or curvatura f, máxima para placa f para apoyo m
rocketed forward a - avanzado,da raudamente
rocketing forward n - avance m raudo
rocking n - mecida f; mecimiento m; mecedura f | a - basculante; con vaivén m
—— chair n - [domest] mecedora f
—— drum hole n - [mech] orificio en tambor m, para balanceo m, or oscilante
—— pedal n - [mech] pedal m basculante
—— pipe lever n - [tools] palanca f oscilante para tubo(s) m
—— scraper n - [agric-equip] raspador oscilante
—— shaft n - [mech] árbol m, or eje m, oscilante, or basculante
—— shear n - [mech] cizalla f oscilante
Rockwell C scale hardness n - [mech] dureza f según escala f C de Rockwell
—— —— hardness n - [metal] dureza Rockwell C
—— determination n - [mech] determinación f según escala de Rockwell

Rockwell hardness n - [metal] dureza f Rockwell
— — determination n - [mech] determinación f de dureza f (según escala f Rockwell)
— — index n - [mech] índice m de dureza f (según) Rockwell
— — test n - [metal] ensayo m de dureza f (según) Rockwell
— — value n - [metal] valor m, or índice m, de dureza f (según) Rockwell
— scale n - [metal] escala f (de) Rockwell
— — hardness n - [mech] dureza f según escala f (de) Rockwell
— — — determination n - [mech] determinación f de dureza f según escala f de Rockwell
rocky bed n - [hydr] lecho m rocoso
— cliff n - [topogr] farallón m
— formation n - [geol] formación f rocosa
— ground n - [geol] suelo m rocoso
— — bed n - [miner] yacimiento m de mineral m rocoso
— soil n - [geol] suelo m rocoso
— — compaction n - [soils] compactación f de suelo m rocoso
— stream bed n - [hydr] lecho m rocoso para, curso m de agua m, or cañadón m
— surface n - superficie f rocosa
— wall n - [constr] pared f rocosa
rod n - [mech] . . .; fuste m; vergueta f • [electr-instal] pararrayo(s) m; terminal aéreo • [metal-roll] . . .; redondo m; cabilla f; hierro m varilla f [ind] sonda f • [weld] . . .; soldadura f • [int.comb] biela f; also see connecting rod
— advance n - [wiredrwng] avance m de varilla f
— alignment n - [wiredrwng] alineación f de varilla f
— and cap n - [int.comb] biela f y mitad superior m de cojinete m
— — clevis n - [mech] vástago m y, grillete m, or horquilla f
— — — lever n - [mech] palanca f para vástago m y, grillete m, or horquilla f
— — — — assembly n - [mech] conjunto m de palanca f para vástago m y, grillete m, or horquilla f
— and-lug band n - [mech] banda f con varilla f, y aleta f, or con ojal(es) m
— — — — fastening n - [mech] ajuste m de banda f con varilla(s) f y, aleta(s) f, or ojal(es) m
— — — type n - [mech] tipo m con varilla(s) f y, aleta(s) f, or oreja(s) f
— — piston assembly n - [mech] conjunto m de vástago m y émbolo m
— beam n - [mech] balancín f para vástago m
— bearing n - [mech] cojinete m para, varilla f, or vástago m • [int/comb] cojinete m para, biela f, or vástago m
— — retainer n - [mech] retén m para cojinete m para, vástago m, or biela f
— — — place n - [mech] fijador n para retén m para cojinete m para vástago m
— — — — shim n - [mech] calza f para fijación f para retén m para cojinete m para vástago m
— — — — plate shim n - [mech] calza f para placa f para retención f para cojinete m para vástago m
— block n - [int.comb] bloque m para biela f
— bolt n - [int.comb] perno m para biela f
— — lock plate n - [int.comb] placa f sujetadora para perno m para biela f
— box packing repair n - [mech] reparación f de empaquetadura f de prensa f para vástago m
— buckling n - [wiredrwng] encorvadura f de varilla f
— bushing n - [mech] buje m para, varilla f, or vástago m
— cable n - [mech] cable m para, varilla f, or vástago m
— cage n - [constr] jaula f de barra(s) f

rod chamber n - [mech] cámara f para vástago m
— — cover n - [mech] tapa f, or cubierta f, para cámara f para vástago m
— — inspection n - [mech] inspección f de cámara f para vástago m
— — top view n - [mech] vista, superior, or desde arriba, de cámara f para vástago(s) m
— — view n - [mech] vista f de cámara f para vástago m
— change n - [weld] cambio m, or reposición f, or reemplazo m, de, varilla f, or electrodo m
— check(ing) n - [mech] verificación f de vástago m
— clamp n - [mech] vástago m con abrazadera f • abrazadera f para vástago m
— — connector n - [mech] conectador m para abrazadera f para vástago m
— — hinge n - [mech] gozne m para abrazadera f para vástago m
— — pin n - [mech] pasador m para abrazadera f para vástago m
— cleaning n - [wiredrwng] limpieza f de varilla f
— cleanliness n - [wiredrwng] limpieza f de varilla f
— clearance n - [int.comb] holgura f para biela
— coil n - [wiredrwng] rollo m para varilla f
— — weight n - [wiredrwng] peso m de rollo m de varilla f
— — drawing n - [wiredrwng] trefilería f en frío m de varilla f
— — rolling n - [metal-roll] laminación f en frío de varilla f
— collar n - [mech] cuello m, or anillo m, para barra f • collar m para varilla f
— condition n - [mech] condición f, or estado m, de, varilla f, or vástago m
— connecting n - [mech] conexión f de vástago m
— — head n - [mech] cabezal m para unión f para vástago m
— connection n - [mech] conexión f para, vástago m, or varilla f
— cooling hose n - [mech] mang(uer)a f para refrigeración f para vástago m
— coupling n - [mech] unión f para vástago m
— cover n - [mech] tapa f para vástago m
— — assembly n - [mech] conjunto m de cubierta f para vástago m
— descaling n - [metal-treat] descascarillado m de varilla f
— diameter n - [metal-roll] diámetro m de, varilla f, or vástago m, or barra f
— draft n - [wiredrwng] tiro m sobre varilla f • trefilado m de varilla f
— drawing n - [wiredrwng] trefilado m de varilla f; estiramiento m de alambrón m
— drawn a - [mech] accionado,da por, varilla f, or vástago m
— — equipment n - [petrol] equipo m accionado con, varilla(s) f, or vástago(s) m
— drying n - [metal-roll] secamiento m, or secado m, de barra f
— — oven n - [metal-roll] horno m para secar barra(s) f
— elevator n - [mech] elevador m para barra(s)
— end n - [mech] extremo m de, vástago m, or varilla f • [weld] extremo m, or punta f, de, varilla f, or electrodo m
— extension n - [mech] prolongación f para vástago m
— face n - [mech] cara f de vástago m • [int.comb] cara f de biela f
— feed(ing) n - [weld] alimentación f de electrodo m • [mech] alimentación f de varilla f
— —(ing) motor n - [weld] motor m para alimentación f para electrodo m
— fixer n - [mech] preparador m para barra f
— flange n - [mech] brida f de vástago m
— form n - forma f de varilla f
— gage n - [instrum] calibrador m cilíndrico • sonda f cilíndrica

rod grip(ping) n - [wiredrwng] sujeción f de varilla f
— **hanger** n - [mech] barra f para suspensión f
— — **clamp** n - [mech] abrazadera f para barra f para suspensión f
— — — **line** n - [cabl] cable m para, varilla f, or vástago m
— **heat treatment** n - [metal-treat] tratamiento m térmico para varilla(s) f
— **hinge** n - [mech] gozne m, or articulación f, para vástago m
— **holder** n - [mech] portavástago(s) m
— **inspection** n - [mech] inspección f de vástago
— **installation** n - [mech] instalación f, or colocación f, de vástago m
— **iron** n - [metal-roll] (hierro m) varilla f
— **larger size** n - [wiredrwng] diámetro m mayor de varilla f • varilla f con diámetro m mayor
— **latch** n - [mech] seguro m para varilla f
— **length** n - [metal-roll] largo(r) m, or largura f, or longitud f, de barra f • [mech] trozo m de barra f • [wiredrwng] sección f de varilla f
— **lever** n - [mech] palanca f para vástago m
— — **assembly** n - [mech] conjunto m de palanca f para vástago m
— **liming** n - [metal-treat] encaladura f de varilla f
— **lubrication** n - [mech] lubricación f de, vástago, or varilla f
— **machine** n - [metal-roll] máquina f para varilla(s) f
— **mill** n - [metal-roll] laminador n, or tren m, para, varilla(s) f, or barra(s) m, or redondo(s) m; also see **wire rod mill** • [miner] molino m, or moledora f, con barra(s) f
— — **repeater** n - [metal-roll] repetidor m para laminador m para barra(s) f
— **moldboard attachment** n - [agric-equip] accesorio m vertedor con varilla(s) f
— **nut** n - [mech] tuerca f para vástago m
— — **wrench** n - [tools] llave f para tuerca(s) f para vástago(s) m
— **oil** n - [mech] aceite m para vástago m
— — **shield** n - [mech] guardaaceite m para vástago m
— — **wiper** n - [mech] enjugador m para aceite m para vástago m
— — — **retainer** n - [mech] retén(edor) m para enjugador m para aceite m para vástago m
— — — — **gasket** n - [mech] guarnición f para retén(edor) m para aceite m para vástago m
— — — — **plate** n - [mech] disco m para retén(edor) m (para enjugador m) para aceite m para vástago m
— — — — — **gasket** n - [mech] guarnición f para disco m para retén(edor) m para enjugador m para aceite m para vástago m
— — — — **spacer** n - [mech] separador m para enjugador m para aceite m para vástago m
— **operator** n - [metal-prod] operador m para, vástago m, or barra f
— **overbending** n - [mech] doblamiento m excesivo para varilla f
— **packing** n - [petrol] empaquetadura f para vástago m
— — **box** n - [mech] prensaestopa(s) m para vástago m
— — — **packing** n - [mech] empaquetadura f para prensaestopa(s) m para vástago m
— **phoscoating*** n - [metal-treat] fosfatación f de varilla(s) f
— **pickling** n - [metal-treat] decapado* m de varilla(s) f
— **pin** n - [mech] pasador m para, vástago m, or varilla f
— **polishing** n - [mech] pulimento m de vástago m
— **position** n - [mech] posición f de vástago m
— **positioning** n - [mech] colocación f en posición f de vástago m
— **predetermined length** n - [wiredrwng] largo(r) predeterminado para varilla f
rod prepointing n - [wiredrwng] adelgazamiento m, or formación f de punta f, en varilla f
— **pull line** n - [petrol] cable m para tracción f (para vástago m para bombeo m)
— **pump** n - [pumps] bomba f (accionada) con (sarta f de) varilla(s) f, or vástago(s) m
— **recheck(ing)** n - [mech] verificación f nueva de vástago m
— **reel** n - [wiredrwng] carrete m con varilla f
— — **shut(ting) down** n - [wiredrwng] detención f de carrete m con varilla f
— **reinforce** v - [tub] reforzar con varilla(s) f
— **reinforced** a - [tub] reforzado,da con varilla(s) f
—, **reinforcement**, or **reinforcing** n - [tub] refuerzo m con varilla(s) f
— **removal** n - [mech] remoción f, or saca f, de vástago m
— **roller** n - [mech] rodillo m para vástago(s) m • [metal-roll] laminador m para varilla(s) f
— — **bearing** n - [mech] cojinete m con rodillos m de varilla(s) f
— **shape** n - [metal-roll] (con)forma(ción) f de varilla(s) f
— **shoulder** n - [mech] can m para vástago m
— — **coating** n - [mech] recubrimiento m de can m para vástago m
— **size** n - [mech] diámetro m, or medida f, de varilla f • [weld] diámetro m de electrodo m
— **slide** n - [mech] corredera f para vástago(s)
— **smaller size** n — diámetro m menor de varilla f • varilla f con diámetro m menor
— **specification** n - [metal-roll] especificación f para, varilla f, or vástago m
— **spherodizing*** n - [metal-roll] esferoidización* f de varilla f
— **spring** n - [mech] resorte m, or muelle m, para, vástago m, or varilla f
— **stand** n - [petrol] tiro m de barra(s) f
— **stop** n - [mech] tope m para vástago m
— **stopper** n - [metal-prod] tapón m, or obturador m, con varilla f
— — **system** n - [metal-prod] sistema f de tapón m con varilla f
— **straightening** n - [wiredrwng] enderezamiento m de varilla(s) f
— — **roll** n - [wiredrwng] rodillo m para, enderezar, or enderezamiento m, para varilla(s) f
— — — **feature** n - [wiredrwng] característica de rodillo m para enderezamiento m de alambre
— **substitute** n - [mech] unión f para vástago m
— **support** n - [mech] soporte m para, vástago m, or varilla f
— **surface** n - superficie f de vástago m
— — **roughness** n - [turb] rugosidad f, superficial en, or en superficie f de, vástago(s) m
— **suspension link** n - [mech] eslabón m para suspensión f para vástago m
— — **nut** n - [mech] tuerca f para suspensión f para vástago m
— **system** n - sistema m de varilla(s) f
— **taper(ing)** n - [mech] ahusamiento m de vástago m
— **temperature test** n - [metal-prod] comprobación f de temperatura f con barra f
— **tip** n - [weld] extremo m, or punta f, de varilla f (para aportación f)
— **tolerance** n - [metal-roll] tolerancia f para varilla(s) f
— **tool joint** n - [petrol] unión f doble para barra f
— **type** n - [mech] tipo m de varilla f • [weld] tipo m de, electrodo m, or varilla f
— **wear** n - [petrol] desgaste m de vástago m
— — **ring** n - [metal-prod] anillo m para, protección f, or desgaste m, para vástago m
— — — **change** n - [mech] cambio m, or reemplazo m, de anillo m para desgaste m para vástago m
— — — — **replacement** n - [mech] reemplazo m de

anillo m para desgaste m para vástago m
rod weeder n - [agric] carpidor m con varilla f
— **wiper** n - [mech] enjugador m para vástago m
— **with @ clevis end** n - [mech] vástago m con extremo m contra horquilla f
rodded a - [tub] provisto,ta con varilla(s) f circunferenciales para ajuste m
rodent burrow(ing) n - [soils] horadación f, or excavación f, por roedor(es) m
— **proof** a - a prueba f de roedor(es) m
Rodine inhibitor n - [metal-treat] inhibidor m (de) Rodine
role n - . . . . • participación f • deber m; responsabilidad f
— **change** n - cambio n en papel m
— **playing** n - desempeño m de papel m
roll n - . . . . • ruedo m • roldana • [labor] rol m • escalafón m - [metal-roll] rodillo m; avoid cilindro* m | v - . . .; rolar; rotar • [constr] comprimir; aplanar • [metal-roll] laminar; avoid cilindrar* m • [autom] tumbar
— **acceptance** n - [metal-prod] aceptación f de rodillo(s) m
— — **level** n - [metal-roll] nivel m para aceptación f de rodillo(s) m
— **action** n - [metal-roll] acción f de rodillo m
— — **on @ slab** n - [metal-prod] acción f de rodillo m contra planchón m
— **adjusting** n - [mech] ajuste m de rodillo(s) m
— — **block** n - [mech] bloque m para ajuste m de rodillo(s) m
— **against each other** v - [mech] rodar uno,na contra otro,ra
— — — — **without lubrication** v - [mech] rodar uno,na contra otro,ra sin lubricación f
— **arm** n - [mech] brazo m para rueda,dita f
— **ahead** v - rodar (hacia) (a)delante
— **alignment** n - [metal-roll] alineación f, de, or para, rodillo m
— **alloy steel** v - [metal-roll] laminar acero m, aleado, or con aleación f
— **and gear assembly** n - [mech] conjunto m de rodillo m y engranaje m
— **arm** n - [mech] brazo m, de, or para, rodillo
— **assembly** n - [mech] conjunto m de rodillo m • celda f para caja f • montaje m para rodillo
— — **cover** n - [mech] tapa f para conjunto m de rodillo m
— — **maintenance** n - [metal-roll] conservación f de, conjunto m, or celda f para carga f, de rodillo(s) m
— — **method** n - [metal-roll] método m con celda f para carga f • método m para montaje m de rodillo m
— **axial displacement** n - [metal-roll] desplazamiento m axial de rodillo m
— **axis** n - [metal-roll] eje m de rodillo(s) m
— **balance** n - [mech] equlibrio m de rodillo m • compensador m, or compensación f, para rodillo(s) m
— **balancing system** n - [metal-roll] sistema m para equilibrio m para rodillo m
— **@ bar** v - [metal-roll] laminar barra f
— **bearing** n - [mech] see **roller bearing**
— **bending** n - [metal-roll] encorvadura f, or encorvamiento m, de rodillo(s) m
— **blasting** n - [metal-roll] granallado* m de rodillo(s) m
— — **equipment** n - [metal-roll] equipo m para granallar rodillo(s) m
— **block** n - [mech] bloque m para rodillo(s) m
— **body** n - [metal-roll] cuerpo m de rodillo m
— **@ boron steel** v - [metal-roll] laminar acero m con boro m
— **bracket** n - [mech] ménsula f, or cartela f, para rodillo m
— — **cover** n - [mech] tapa f para, ménsula f, or cartela f, para rodillo m
— **brake** n - [mech] freno m para rodillo m
— **breakage** n - [metal-roll] rotura f de rodillo m
— **cage** n - [autom] jaula f contra tumbo(s) m

. . . **roll calendar** n - [paper] calandria f con . . . rodillo(s) m
— **camber** n - [metal-roll] flecha f, or combadura) f, or convexidad f, de rodillo m
— **campaign** n - [metal-roll] campaña f para rodillo m
— **@ car out of @ garage** v - [autom] sacar automóvil m de, garage m, or cobertizo m
— **carrier** n - [mech] portarrodillo(s) m; mandril m para rodillo(s) m
— **casting** n - [metal-prod] fundición f de rodillo(s) m
— **@ chain** v - [mech] enrollar cadena f
— **change** n - [mech] cambio m, or reemplazo m, de rodillo(s) m
— — **downtime** n - [metal-roll] tiempo m de, parada f, or detención f, para cambio m de rodillo(s) m
— — **operating practice** n - [metal-roll] práctica f operativa para cambio m de rodillo(s)
— — **practice** n - [metal-roll] práctica f para cambio m de rodillo(s) m
— —, **program, or schedule** n - [metal-prod] porograma m para cambio m de rodillo(s) m
— — **system** n - [metal-roll] sistema m para cambio m de rodillo(s) m
— — **turntable** n - [metal-roll] carro m (giratorio) para cambio m de rodillo(s) m
— **changeover** n - [mech] conmutación f de rodillo(s) m
— **changer** n - [metal-roll] cambiador m para rodillo(s) m
— **changing** n - [mech] cambio m, or reemplazo m de rodillo(s) m
— — **hook** n - [metal-roll] gancho m para cambio m de rodillo(s) m
— — — **pit** n - [metal-roll] foso m para gancho m para cambio m de rodillo(s) m
— — **problem** n - [metal-roll] problema m con, cambio m, or reemplazo m, de rodillo(s) m
— — **sleeve** n - [metal-roll] manguito m, or dispositivo m, para cambio m de rodillo(s) m
— **characteristic** n - [ind] característica f para, rollo m, or bobina f • característica f para rodillo m
— **check** n - [metal-roll] verificación f de rodillo m • soporte m para cojinete m para rodillo m
— **checking** n - [metal-roll] verificación f, or comprobación f, de rodillo m
— — **means** n - [metal-roll] medio(s) para verificación f de rodillo(s) m
— — **system** n - [metal-roll] sistema f para verificación f de rodillo(s) m
— **cheek plate** n - [mech] cachete m de rodillo m
— **chock** n - [metal-roll] soporte m de cojinete m para rodillo(s) m
— **chuck** n - [mech-bearings] camisa f para protección f para cojinete m
— **clamp** n - [mech] sujetador m para rodillo m
— **compactor** n - [constr-equip] compactadora f con rodillo(s) m
— **conditioning operation** n - [metal-roll] operación f para acondicionamiento m de rodillo(s) m
— **conveyor** n - [mech] transportador m con rodillo(s) m
— **coolant** n - [mech] (líquido) enfriador m para rodillo m
— **cooling** n - [metal-roll] enfriamiento m, or refrigeración f, para rodillo(s) m
— — **and strip lubrication system** n - [metal-roll] sistema m para enfriamiento m de rodillo m y lubricación f de, banda f, or cinta f, or chapa f, or fleje m
— — **solution** n - [metal-roll] disolución f refrigerante para rodillo(s) m
— — — **spray** n - [metal-roll] rociador m para disolución f refrigerante para rodillo(s) m
— — **spray** n - [metal-roll] rociador m para enfriamiento m de rodillo(s) m

roll cooling system n - [metal-roll] sistema m para, enfriamiento, or refrigeración f, de rodillo(s) m
— — — **control** n - [metal-roll] regulación f para sistema n para enfriamiento m para rodillo(s) m
— — — **head** n - [metal-roll] cabezal m para sistema m para enfriamiento m para rodillo(s)
— — — **pipe** n - [metal-roll] tubería f para sistema m para enfriamiento m para rodillo(s)
— — **water** n - [metal-roll] agua m para, enfriamiento m, or refrigeración f, para rodillo(s) m
— — — **pipe** n - [metal-roll] tubería f para agua m para, enfriamiento m, or refrigeración f, para rodillo(s) m
— — — **system** n - [metal-roll] sistema m, or red f, para agua m para, enfriamiento m, or refrigeración f, para rodillo(s) m
— — — — **pipe system** n - [metal-roll] red f de tubería(s) f para agua m para, enfriamiento m, or refrigeración f, para rodillo(s) m
— **cost** n - [metal-roll] costo m de rodillo(s) m
— **counterweight** n - [metal-roll] contrapeso m para rodillo(s) m
— **cover** n - [mech] tapa f, or cubierta f, para rodillo(s) m
— **crown** n - [metal-roll] corona f, or flecha f, de rodillo m
— — **hydraulic shaper** n - [metal-roll] conformador m hidráulico para corona f de rodillo m
— — **shaper** n - [metal-roll] conformador m para corona f de rodillo m
— **crusher** n - [miner] trituradora f con rodillo
— **crushing** n - [mech] aplastamiento m de rodillo m • [miner] trituración f con rodillo(s)
— **decal** n - calcomanía f para rodillo m
— **department operation(s)** n - [metal-roll] operación f de departamento m para rodillo(s) m
— **design** n - [mech] proyección f para rodillo m
— **diameter** n - [metal-roll] diámetro m de rodillo m • [mech] diámetro m de, bobina f, or rollo m
— **directly** v—[metal-roll] laminar directamente
— **disassembling** n - [mech] desarme m de rodillo
— **dismantling** n - [mech] desarme m de rodillo m
— — **method** n - [mech] método m para desarme m de rodillo(s) m
— **door** n - [mech] puerta f a rodillo(s) m
— **down** v - despeñar
— **drive** n - [mech] accionamiento m de rodillo m
— **driving** n - [mech] impulsión f de rodillo m
— — **mechanism** n - [metal-roll] mecanismo m para accionamiento m para rodillo m
— **@ drum** v - [mech] rodar tambor m
— **end** b - extremo m de rodillo m
— **face** n - [paper] largo(r) m de rodillo m
— **feature** n—[mech] característica f de rodillo
— **feed(ing)** n - [mech] alimentación f con rodillo(s) m
— **flat profile** n - [mech] perfil m plano de rodillo m
— **form** n - [mech] (con)forma(ción) f de rodillo m | v - conformar, con rodillo m, or mediante laminación f
— — **@ trim** v - [mech-wheels] conformar llanta f mediante laminación f
— **formed** a - [metal-roll] (con)formado mediante laminación f
— — **rim** n - [mech-wheels] llanta f (con)formada mediante laminación f
— **@ formed section** v - [metal-roll] laminar perfil m (conformado)
— **forming** n - [metal-roll] conformación f mediante laminación f • formación f de perfil m estampado • (con)formación f de rodillo m
— — **line** n - [metal-roll] línea f para conformación f de perfil(es) m estampado(s)
— **forward** v - rodar hacia adelante
— **frame** n - [miner] armario m para rodillo(s) m
— **freely** v - rodar libremente

roll @ gear v - [mech] rodar, or hacer girar, engranaje m
— **grease** n - [mech] grasa f para rodillo m
— **greasing** n - [mech] engrase m de rodillo m
— **grinder** n - [metal-roll] rectificadora f, or amoladora, or torno m, para rodillo(s) m • rectificador m, or tornero m, para rodillo(s)
— **grinding** n - [metal-roll] rectificación f, or torneadura* f, or amoladura f, de rodillo m
— — **activity** n - [metal-roll] trabajo m, or actividad f para, rectificación f de rodillo(s) m
— — — **coordination** n - [metal-roll] coordinación f de actividad(es) f para, rectificación f, or amoladura f, de rodillo(s) m
— — **schedule** n - [metal-roll] programa m para actividad(es) f para, rectificación f, or amoladura f, de rodillo(s) m
— — **scheduling** n - [metal-roll] programación f para actividad(es) f para, rectificación f, or amoladura f, de rodillo(s) m
— — **coordination** n - [metal-roll] coordinación f para, rectificación f, or amoladura f, de rodillo(s) m
— — **cost** n - [metal-roll] costo m para, rectificación f, or amoladura f, de rodillo(s) m
— — **data** n - [metal-roll] información f, para, or sobre, rectificación f, or amoladura f, de rodillo(s) m
— — **department** n - [metal-roll] departamento m para, rectificación f, or amoladura f, de rodillo(s) m
— — **equipment** n - [metal-roll] equipo m para, rectificación f, or amoladura f, de rodillos
— , **know how**, or **knowledge** n - [metal-roll] conocimiento(s) m para, rectificación f, or amoladura f, de rodillo(s) m
— — **manpower** n - [metal-roll] mano f de obra f para, rectificación f, or amoladura f, de rodillo(s) m
— — **method** n - [metal-roll] método m para, amoladura f, or rectificación f, de rodillos
— — **operating cost** n - [metal-roll] costo m de operación f para, rectificación f, or amoladura f, de rodillo(s) m
— — **personnel** m - [metal-roll] personal m para, rectificación f, or amoladura f, de rodillo(s) m
— — **shop** n - [metal-roll] taller m para, rectificación f, or amoladura f, de rodillo(s)
— — **technique** m - [metal-roll] técnica f para, rectificación f, or amoladura f, para rodillo(s) m
— — **tolerance** n - [metal-roll] tolerancia f para, rectificación f, or amoladura f, de rodillo(s) m
— — **work** n - [metal-roll] trabajo m para, rectificación f, or amoladura f, para rodillo(s) m
— **grizzly** n - [miner] cribón m para rodillo(s)
— **groove** n - [metal-roll] ranura f, or estría f, or acanaladura f, en rodillo m
— **head** n - [metal-roll] cabezal m para rodillo
— **high pressure** n - presión f, alta, or elevada, de rodillo m
— **housing** n - [mech] caja f para rodillo m
— **in @ cradle** v - [mech] rodillo m en cuna f
— **in transit** n - [metal-roll] rodillo m en tránsito m
— **inside** n - [metal-roll] interior m de rodillo m | v - [metal-roll] laminar, interior m, or interiormente
— **into rod(s)** v - [metal-roll] laminar en varilla(s) f
— **inner diameter** n - [metal-roll] diámetro m interior de rodillo m
— **into @ rod(s)** v - [metal-roll] laminar para formar varilla(s) f
— **inventory** n - [metal-roll] existencia f de rodillo(s) m
— **kit** n - [mech] equipo m de rodillo(s) m

roll lathe n - [metal-roll] torno m para rodillos
— life n - [metal-roll] vida f (útil), or rendimiento m, de rodillo(s) m
— lift n - [metal-roll] elevador m para rodillos
— lock nut n - [mech] contratuerca f para rodillo m
— machining n - [mech] labrado m, or torneado m, or mecanización f, de rodillo(s) m
— — chip forming n - [mech] virutamiento m en, labrado m, or mecanización f, con rodillo(s)
— maintenance n - [metal-roll] mantenimiento m, or conservación f, de rodillo(s) m
— — problem n - [metal-roll] problema m con mantenimiento m de rodillo(s) m
— manufacturer n - [metal-roll] fabricante m de rodillo(s) m
— material(s) n - [metal-roll] material(es) m para rodillo(s) m
— mechanism n - [mech] mecanismo m de rodillo m
— motor n - [metal-roll] motor m para rodillo m
— — circuit n - [metal-roll] circuito m para motor m para rodillo m
— — generator n - [metal-roll] generador m para motor m, or motogenerador m, para rodillo
— neck n - [metal-roll] cuello m, or muñón m, para rodillo m
— needle bearing n - [mech] cojinete m con aguja f para rodillo m
— nest n - [metal-roll] conjunto m, or juego m, de rodillo(s) m
— nut n - [mech] tuerca f para rodillo m
— on @ axle v - [mech] girar sobre eje m
—on roll-off ship n - [nav] barco roll-on roll-off
— — @ shaft v - [mech] girar sobre árbol m
— onto @ side v - [autom] tumbar(se) sobre costado m
— opening n - [metal-roll] abertura f entre rodillo(s) m
— out @ car v - [autom] sacar automóvil m de cobertizo m
— outer diameter n - [metal-roll] diámetro m exterior de rodillo m • diámetro m exterior de, bobina f, or rollo m
— outside n - [metal-roll] exterior m de rodillo m | v - laminar exteriormente
— over n - [autom] tumbo m; rodadura f | v - [autom] rodar; tumbar; dar tumbo(s) m - [autom-tires] torcer(se) hacia costado m (sobre pared f de neumático m)
— — @ cliff v - rodar desde acantilado m; despeñarse
— — protective structure n - [autom] estructura f protectora para evitar lesión(es) f (en tumbo(s) m
— — scraper n - [constr] trailla f volcadora para arrastre m
— pin n - [mech] pasador m para eje m; clavija f
— — installation n - [mech] instalación f de, pasador m, or clavija f
. . . — plain calender n - [paper] calandria f simple con . . . rodillo(s) m
— pod n - [metal-roll] trebol m para rodillo m
— position n - [metal-roll] posición f de rodillo(s) m
— positioning n - [mech] colocación f en posición f de rodillo m
— — screw n - [mech] tornillo m para colocación f en posición f de rodillo m
— preheating n - [metal-roll] precalentamiento m de rodillo(s) m
— pressure n - [mech] presion f de rodillo(s)
— — arm n - [mech] brazo m para presión f de rodillo m
— — crushing n - [mech] aplastamiento m causado por presión f de rodillo m
— — meter n - [metal-roll] medidor m para presión f de rodillo m
— — spring n - [mech] resorte m para presión f de rodillo m
— profile n - [mech] perfil m de rodillo m

roll quality n - [mech] calidad f de rodillo m
— rebuilding n - [weld] reconstrucción f de rodillo(s) m
— recovery n - [metal-roll] recuperación f de rodillo(s) m
— reel n - [weld] carrete m para rollo m
— rejection n - [metal-roll] rechazo m de rodillo(s) m
— — level n - [metal-roll] nivel m para rechazo m de rodillo(s) m
— repair problem n - [metal-roll] problema m para reparación f de rodillo(s) m
— replacement problem n - [metal-roll] problema m para, reemplazo m, or cambio m, de rodillo(s) m
— requirement n - [metal-roll] demanda f de rodillo(s) m
— roofing n - [constr] techado m, prearmado, or preparado, or preparado, en rollo(s) m
— roughness n - [mech] rugosidad f de rodillo m
— salvaging n - [metal-roll] recuperación f de rodillo(s) m
— sand blasting machine n - [metal-roll] granalladora f para rodillo(s) m
— scale n - [metal-roll] cascarilla f de laminación f
— scratch n - [metal-roll] raya f, or raedura f, en rodillo m
— @ seam v - [metal-roll] laminar, costura f, or cordón m
— service n - [metal-roll] servicio m para rodillo(s) m
—(s) set n - [mech] juego m de rodillo(s) m
— set(ting) up n - [metal-roll] instalación f de rodillo(s) m
— — — station n - [metal-roll] puesto m para instalación f de rodillo(s) m
— setting n - [metal-roll] ajuste m, or regulación f, de rodillo(s) m
— shaft n - [mech] árbol m, or eje m, para rodillo(s) m
— — screw n - [mech] tornillo m para árbol m para rodillo m
— shaper n - [metal-roll] conformador m para rodillo(s) m • [Spa.] formador m para curvatura f de rodillo(s) m
— shatter(ing) n - [metal-roll] castañeteo m, or repiqueteo m, de rodillo(s) m
— shell n - [mech] casco m, or cilindro m, para rodillo m
— shop n - [mech] taller m para rodillo(s) m
— shot blasting n - [metal-roll] granallado m de rodillo(s) m
— — — activity coordination n - [metal-roll] coordinación f de actividad(es) f para granallado m de rodillo(s) m
— — — — schedule n - [metal-roll] programa m para actividad(es) f para granallado m de rodillo(s) m
— — — — scheduling n - [metal-roll] programación f para actividad f para granallado m de rodillo(s) m
— — — coordination n - [metal-roll] coordinación f de granallado m de rodillo(s) m
— — — data n - [metal-roll] información f sobre granallado m de rodillo(s) m
— — — equipment n - [metal-roll] equipo m para granallado m de rodillo(s) m
— — — — breakdown n - [metal-roll] rotura f de equipo m para granallado m de rodillo(s) m
— — — — replacement n - [metal-roll] reemplazo m de equipo m para granallado m de rodillo(s) m
— — —, know how, or knowledge n - [metal-roll] conocimiento(s) m para granallado m de rodillo(s) m
— — — machine n - [metal-roll] granalladora f para, rodillo(s) m, or cilindro(s) m
— — — manpower n - [metal-roll] mano f de obra f para granallado m de rodillo(s) m
— — — method n - [metal-roll] método m para

roll shot blasting shop

granallado m de rodillo(s) m
roll shot blasting shop n - [metal-roll] taller m para granallado m de rodillo(s) m
— — — **technique** n - [metal-roll] técnica f para granallado m de rodillo(s) m
— — — **tolerance** n - [metal-roll] tolerancia f para granallado m de rodillo(s) m
— **side** n - lado m, or costado m, de rodillo m • lado m, or costado m, hacia rodillo m
— **sizing** n - [metal-fabr] expansión f a medida
— **sliding plate** n - [metal-roll] placa f para deslizamiento m para rodillo m
— @ **soaking pit** v - [metal-roll] descargar horno m de foso,sa
— **spare** n - [metal-roll] rodillo m para repuesto m • (pieza f de) repuesto m para rodillo m
— **spare part** n - [metal-roll] pieza f repuesto m para rodillo m
— — (—); **purchase** n - [metal-roll] compra f de (pieza(s) f para) repuesto(s) m para rodillo(s) m
— **spindle** n - [metal-roll] sistema m flexor para rodillo m
— — **hydraulic system** n - [metal-roll] sistema m hidráulico para sistema m flector para rodillo m
— **spray(er)** n - [metal-roll] riego m, or rociador m, para rodillo m
— **spring** n - [mech] resorte m para rodillo m
— — **pressure** n - [mech] presión f de resorte m, or muelle m, para rodillo m
— — — **screw** n - [mech] tornillo m para presión f para muelle m para rodillo m
— **stainless steel** v - [metal-roll] laminar acero m inoxidable
— **stand** n - [metal-roll] caja f para, rodillos m, or tren m - plataforma f, or estantería f, or soporte m, para rodillo(s) m
— — **bed** n - [metal-roll] base f, or lecho m, para plataforma f para rodillo(s) m
— **steel** n - [metal-roll] acero m para rodillos m | v - [metal-roll] laminar acero m
— @ **steel drum** v - [mech] rotar tambor m de acero m
— **stiffness** n - [mech] rigidez f, or t(i)esura f, contra, bamboleo m, or rodadura f
— **stock(s)** n - [metal-roll] existencia f de rodillo(s) m
— **storage** n - almacenamiento m de rodillo(s) m; almacén m, or depósito m, para rodillo(s) m
— — **rack** n - [metal-roll] estantería f para almacenar rodillo(s) m
— **supplier** n - [metal-roll] fabricante m, or proveedor m, or abastecedor m, de rodillo(s)
— **supply** n - [metal-roll] provisión f, or abastecimiento m, de rodillo(s) m
— **support** n - [mech] soporte m para rodillo(s)
— **surface** n - superficie f de rodillo(s) m
— **table** n - [mech] mesa f con rodillos(s); also see **roller table** • mesa f para rodillo(s) m
— **tempering** n - [metal-roll] temple m de rodillo m • laminación f con temple m
— **tension** n - [mech] tensión f de rodillo m
— — **screw** n - [mech] tornillo m para tensión f de rodillo m
— **thread** v - [mech] roscar mediante laminación
— **threaded** a - [mech] roscado,da mediante laminación f
— **threading** n - [mech] roscado m mediante laminación f
— **tightness** n - [mech] ajuste m de rodillo m
— @ **tire** v - [autom-tires] rodar neumático m
— **to @ bloom yard** v - [metal-roll] laminar para parque m para tocho(s) m
— **tooling** n - [weld] herramental m para rodillo(s) m | v - [metal-roll] rectificación f de rodillo(s)
— **train** n - [metal-roll] tren m para laminación
— **transfer** n - [metal-roll] traslado m, or transferencia f, de rodillo(s) m
— — **car** n - [metal-roll] vagoneta f para traslado m de rodillo(s) m

roll turner n - [metal-roll] tornero m para rodillo(s) m
— **turning** n - [metal-roll] torneado* m de rodillo(s) m
— — **coordination** n - [metal-roll] coordinación f de torneado* m de rodillo(s) m
— **turning data** n - [metal-roll] información f sobre torneado* m de rodillo(s) m
— — **equipment** n - [metal-roll] equipo m para torneado* m de rodillo(s) m
— — — **breakdown** n - [metal-roll] rotura f de equipo m para torneado* m de rodillo(s) m
— — — **replacement** n - [metal-roll] reemplazo m de equipo m para torneado* m de rodillo(s)
— — **foreman** n - [metal-roll] capataz m para torneado* m de rodillo(s) m
— —, **know how**, or **knowledge** n - [metal-roll] conocimiento(s) m para torneado* m de rodillo(s) m
— — **lathe** n - [metal-roll] torno m para rodillo(s) m
— — **manpower** n - [metal-roll] mano f de obra f para torneado* m de rodillo(s) m
— — **method** n - [metal-roll] método m para torneado* m de rodillo(s) m
— — **operation cost(s)** n - [metal-roll] costo m para operación f para torneado* m de rodillo(s) m
— — **personnel** n - [metal-roll] personal m para torneado* m de rodillo(s) m
— **turning report** n - [metal-roll] informe m sobre torneado* m de rodillo(s) m
— — **requirement** n - [metal-roll] exigencia f para torneado* m de rodillo(s) m
— — **shop** n - [metal-roll] taller m para torneado* m de rodillo(s) m
— — **technique** n - [metal-roll] técnica f para torneado m de rodillo(s) m
— — **tolerance** n - [metal-roll] tolerancia f para torneado m de rodillo(s) m
— **up** v - arrollar; enrollar | a; arrolladizo,za
— — **curtain** n - [constr] cortina f arrolladiza
— — **door** n - [constr] puerta f, arrolladiza, or enrollable, or levadiza
— — **problem** n - problema m con arrollamiento m
— **use** n - [metal-roll] uso m, or empleo m, de rodillo(s) m
— **warehouse** n - [metal-roll] almacén m, or depósito m, para rodillo(s) m
— **washer** n - [mech] arandela f para rodillo m
— **wear** n - [metal-roll] desgaste m de rodillo m
— **weight** n - [metal-roll] peso m de rodillo m • peso m de, bobina f, or rollo m
— @ **weld** v - [weld] laminar, or cilindrar, or allanar, soldadura f
. . . — **weld(ing) box** n - [weld] caja f para soldadura f con . . . rodillo(s) m
— **without lubrication** v - [mech] rodar sin lubricación f

rolled a - . . .' rodado,da; rotado,da; girado,da • . . .; mandilado,da • [tub] mandilado,da • [metal-roll] laminado,da; elaborado,da • [autom] tumbado,da • balanceado,da
— **alloy steel plate** n - [metal-roll] plancha f, or placa f de acero,m con aleación f laminada
— — **strip** n - [metal-roll] fleje m de acero m con aleación f laminado
— — **strip** n - [metal-roll] fleje m de acero m laminado
— **angle** n - [metal-roll] hierro m, or perfil n, angular laminado
— **asphalt** n - [constr] asfalto m apisonado
— **bar** n - [metal-roll] barra f laminada
— **base plate** n - [metal-roll] placa f para base f laminada
— **beam** n - [metal-roll] viga f laminada
— **bloom** n - [metal-roll] tocho m laminado
— **boron steel** n - [metal-roll] acero m con boro m laminado
— **carbon-manganese plate** n - [metal-roll] plancha con carbono-manganeso m laminada

rolled carbon plate n - [metal-roll] plancha f (de acero m) con carbono m laminada
— — **steel** n - [metal-roll] acero m con carbono m laminado
— — — **I shape** n - [metal-roll] perfil I de acero m con carbono m laminado
— — — **shape** n - [metal-roll] perfil m de acero m con carbono m laminado
— — — **slanted flange I shape** n - [metal-roll] perfil m I con ala(s) f inclinada(s) de acero m con carbono m laminado
— — — — **shape** n - [metal-roll] perfil m con ala(s) f inclinada(s) de acero m con carbono m laminado
— — — **strip** n - [metal-roll] fleje m, or banda f, de acero m con carbono m laminado,da
— — **structural shape** n - [metal-roll] perfil m estructural de acero m con carbono m laminado
— — — **thin strip** n - [metal-roll] chapa f, fina, or delgada, de acero m con carbono m laminada
— — **strip** n - [metal-roll] fleje m (de acero m) con carbono m laminado
— **chain** n - [chains] cadena f enrollada
— **channel** v - [metal-roll] viga f en U laminada
— **clip** n - [rail] sujetador m laminado
— **coil** n - [metal-roll] bobina f laminada
— — **production** n - [metal-roll] producción f de bobina(s) f laminada(s)
— — **rerolling** n - [metal-roll] rebobinado m de bobina f laminada
— — **storage** n - [metal-roll] almacén m para bobina(s) f laminada(s) • almacenamiento m de bobina(s) f laminada(s)
— — **tempering** n - [metal-treat] temple m de bobina(s) f laminada(s)
— **design** n - [metal-roll] diseño m laminado
— **directly** a - [metal-roll] laminado,da directamente
— **drawing quality sheet** n - [metal-roll] chapa f con calidad f para embutición f
— **drum** n - [mech] tambor m rodado
— **dry, plate, or sheet** n - [metal=roll] plancha f sin aceitar laminada
— **edge** n - [metal-roll] canto m, or borde m, laminado, or de laminación f
— — **coil** n - [metal-roll] bobina f con borde m, laminado, or de laminación f
— — **strip** n - [metal-roll] fleje m para bobina(s) f con borde m, laminado, or de laminación f
— — **width** n - [metal-roll] ancho m de bobina f con borde m, laminado, or de laminación f
— — **sheet** n - [metal-roll] chapa f con borde m, laminado, or de laminación f
— — — **strip** n - [metal-roll] fleje m para chapa(s) f con borde m de laminación f
— — — — **width** n - [metal-roll] ancho(r) m de fleje m para chapa(s) f con borde m, laminado, or de laminación f
— — — **width** n - [metal-roll] ancho(r) m de chapa f con borde, laminado, or de laminación f
— — **strip** n - [metal-roll] fleje m con borde m, laminado, or de laminación f
— **electrical steel** n - [metal-prod] acero m eléctrico laminado
— **finished sheet** n - [metal-roll] chapa f terminada laminada
— **flange section** n - [metal-roll] sección f de ala m laminada
— **flat (bar)** n - [metal-roll] planchuela f laminada
— **formed section** n - [metal-roll] sección f (conformada) laminada
— **freely** a - rodado,da libremente
— **from one piece** a - [rail-wheels] laminado,da de una (sóla) pieza f
— **gear** n - [mech] engranaje m, rodado, or girado, or hecho rodar
— **in mark** n - [metal-roll] marca(ción) f hecha en laminación f

rolled-in scale n — [metal roll] óxido m laminado
— **ingot** n - [metal-roll] lingote m laminado
— **into @ rod** a - [metal-roll] laminado,da en varilla(s) f
— **galvanized steel strip** n - [metal-treat] banda f, or cinta f, or chapa f, de acero m laminado galvanizado; fleje m de acero m laminado galvanizado
— — **strip** n - fleje m, galvanizado laminado; banda f, or cinta f, or chapa f, galvanizada laminada
— **I beam** n - [metal-roll] perfil m I laminado
— **iron** n - [metal-roll] palastro m; hierro m laminado
— — **coil** n - [metal-roll] bobina f de, palastro m, or de hierro m laminado
— — **strip** n - [metal-roll] fleje m, or banda f, or cinta f, or chapa f, de palastro m, laminado
— — — **coil** n - [metal-roll] bobina f de, fleje m, or banda f, or cinta f, or chapa f, de, hierro m laminado, or palastro m
— **magnetic iron strip** n - [metal-roll] fleje m, or banda f, or cinta f, or chapa f, de hierro m magnético laminado
— — **sheet** n - [metal-roll] lámina f, or chapa f, magnética laminada
— — **strip** n - [metal-roll] banda f, or cinta f, or chapa f, magnética laminada; fleje m magnético laminado
— **material** n - [metal-roll] material m laminado
— **mild steel** n - [metal-roll] acero m dulce laminado
— — **flat bar** n - [metal-roll] planchuela f de acero m dulce laminada
— **narrow flange section** n - [metal-roll] sección f laminada con ala m angosta
— **over** a - [autom-tires] torcido,da hacia costadop m (sobre pared f de neumático m)
— **plate** n - [metal-roll] placa f, or plancha f, laminada
— **processing** n - [metal-roll] procesamiento m por laminación f
— **product** m—[metal-roll] (producto) laminado m
— — **requirement** n - [metal-roll] exigencia f para (producto) laminado m
— —(s) **rolling** n - [metal-roll] laminación f de producto(s) m laminado(s)
— **production** n - [metal-roll] producción f laminada
— **rail clip** n - [rail] sujetador m laminado para riel m
— **rod** n - [metal-roll] varilla f laminada
— **scale** n - [metal-roll] cascarilla f laminada
— **section** n - [metal-roll| sección f laminada • pieza f laminada; perfil m laminado
— **semifinished steel** n - acero m, semiterminado, or semiprocesado, laminado
— — — **strip** n - [metal-roll] fleje m, or banda f, or cinta f, or chapa f, de acero m, semiterminado, or semiprocesado, laminado,da
— — **strip** n - [metal-roll] fleje m, semiterminado, or semiporocesado, laminado; banda f, or cinta f, or chapa f, semiterminada, or semiprocesada, laminada
— **semiprocessed strip** n - [metal-roll] fleje m semiporocesado laminado; banda f, or cinta f, or chapa f, semiprocesada laminada
— **shape** n - [metal-roll] perfil m laminado
— **sheet** n - [metal-roll] chapa f, or hoja f, laminada
— — **production** n - [metal-roll] producción f de chapa(s) f laminada(s)
— **sheet steel** n - [metal-roll] acero m en chapa(s) f laminada(s)
— — **scrap** n - [metal-prod] chatarra f de chapa(s) f de acero m laminada(s)
— **sheeting** n - [metal-roll] tablestaca f laminada f • tablestacado m laminado
— **slab** n - [metal-roll] planchón m laminado
— **slanted flange I beam** n - [metal-roll] viga f I con ala(s) f inclinada(s) laminada

rolled slanted flange I shape n - [metal-roll] perfil I con ala(s) f inclinada(s) laminado
— **stainless plate** n - [metal-roll] plancha f inoxidable laminada
— — **steel plate** n - [metal-roll] plancha f de acero m inoxidable laminada
— — — **strip** n - [metal-roll] fleje m de acero m inoxidable laminado
— — **strip** n - [metal-roll] fleje n (de acero m) inoxidable laminado
— **steel** n - [metal-roll] acero m laminado; palastro m
— — **angle** n - [metal-roll] perfil m angular, or ángulo m, laminado de acero m
— — **bar** n - [metal-rolll] barra f de acero m laminada • acero m laminado en barra(s) f
— — **channel** n - [metal-roll] canal m, de acero m laminado, or laminado de acero m
— — **drum** n - [mech] tambor m de acero m rotado
— — **I shape** n - [metal-roll] perfil I de acero m laminado
— — **plate** n - [metal-roll] plancha f de acero m laminada
— — **product** n - [metal-roll] producto m, de acero m laminado, or laminado de acero m
— — **—(s) cutting** n - [metal-roll] cortadura f de producto(s) m de acero m laminado(s)
— — **—(s) rolling** n - [metal-roll] laminación f de producto(s) de acero m laminado(s)
— — **round tubing** n - [tub] tubería f redonda de acero m laminado
— — **section** n - [metal-roll] perfil m, laminado de acero, or de acero m laminado
— — **shape** n - [metal-roll] perfil m laminado de acero m; acero m laminado en perfil(es) m
— — **sheet** n - [metal-roll] chapa f laminada de acero m; acero m laminado en chapa(s) f
— — **sheeting** n - [metal-roll] tablestacado m laminado de acero m
— — **slanted flange I beam** n - [metal-roll] perfil I con ala(s) f inclinada(s) de acero m
— — **square tubing** n - [tub] tubería f cuadrada de acero m laminado
— — **strip** n - [metal-roll] fleje m, or banda f, or cinta f, or chapa f, de acero m laminado, or de palastro; chapa f laminada de acero m
— — **— coil** n - [metal-roll] bobina f de, fleje m, or banda f, or cinta f, or chapa f, de acero m laminado
— — **tank** n - [mech] depósito m, or (es)tanque m de acero m, laminado, or rotado
— — **tubing** n - [tub] tubería f de acero m laminado,da
— — **welded tubing** n - [tub] tubería f soldada de acero m laminado,da
— — **straight base beam** n - [metal-roll] viga f, or perfil m, con patín m recto laminado,da
— — **strip** n - [metal-roll] fleje m laminado; banda f, or cinta f, or chapa f, laminada
— — **— coil** n - [metal-roll] bobina f de, fleje m laminado, or de, banda f, or cinta f, or chapa f, laminada
— — **production** n - [metal-roll] producción f de chapa f laminada
— — **structural beam** n - [metal-roll] viga f estructural laminada
— — **— shape** n - [metal-roll] perfil m estructural laminado
— — **— steel** n - [metal-roll] acero m estructural laminado
— — **— — angle** n - [metal-roll] perfil m angular, or ángulo m, de acero m estructural laminado
— — **— — channel** n - [metal-roll] viga f estructural en U de acero m laminada
— — **— — shape** n - [metal-roll] perfil m estructural de acero m laminado
— **surface** n - [metal-roll] superficie f laminada
— **thread** n - [metal-roll] rosca f formada con rodillo(s) m
— **tire** n - [autom-tires] neumático m rodado

rolled tubing n - [tub] tubería f laminada
— **up** a - arrollado,da; enrollado,da
— **weld** n - [weld] soldadura f, laminada, or cilindrada, or allanada
— **welded tubing** n - [tub] tubería f soldada laminada
— **wheel** n - [rail-wheels] rueda f laminada
— **wide base beam** n - [metal-roll] viga f, or perfil m, con patín m ancho laminado
— — **flange section** n - [metal-roll] perfil m laminado, or sección laminada, con ala ancha
— — **straight base beam** n - [metal-roll] perfil m con patín m ancho recto laminado
— — **— I shape** n - [metal-roll] perfil m con base f ancha recta laminado,da
roller n - [mech] . . .; rueda f; ruedita f; roldana f; polín n • carrete m • also see **roll** • [metal-roll] laminador m; jefe m para laminación f • [constr-equip] aplanadora f; rulo m
— **arrangement** n - [mech] disposición f de rodillo(s) m
— **assembly** n - [mech] conjunto m de rodillo(s)
— **assistant** n - [metal-roll] ayudante m para laminador m
— **bearing** n - [mech] cojinete m, or chumacera f, con rodillo(s); avoid ruleman* m
— — **assembly** n - [mech] conjunto m de cojinete m con rodillo(s) m
— — **cage** n - [mech] caja f, or jaula f, para cojinete m con rodillo(s) m
— — **mounted** a - [mech] montado,da sobre cojinete(s) con rodillo(s) m
— — — **boom** n - [cranes] aguilón m montado, or pluma f montada, sobre cojinete(s) m con rodillo(s) m
— — — **sheave** n - [cranes] polea f montada sobre cojinete(s) m con rodillo(s) m
— — **retainer** n - [mech] retén m para cojinete m con rodillo(s) m
— — — **assembly** n - [mech] conjunto m para retén m para cojinete m con rodillo(s) m
— — **roller circle** n - [cranes] aro m para rotación f con cojinete(s) m con rodillo(s) m
— — **rolling surface** n - [mech] superficie m para rodamiento m de cojinete m con rodillos
— — **self alignment** n - [mech] alineación f automática de cojinete(s) m con rodillo(s) m
— — **—(s) shop manual** n - [mech] manual m para taller m para cojinete(s) m con rodillo(s) m
— — **wheel** n - [mech] rueda f con cojinete(s) m con rodillo(s) m
— **bracket** n - [mech] ménsula f, or cartela f, para, rodillo m, or polín m (levantador) • ménsula f para roldana f
— **bushing** n - [mech] buje m para, rodillo m, or polín m (levantador)
— **cage** n - [mech-bearings] anillo m portarrodillo(s) m - jaula f para rodillo(s) m
— — **action spring** n - [mech] muelle m accionador para anillo m portarrodillo(s)
— — **assembly** n - [mech] conjunto m de jaula f para rodillo m
— — **spring** n - [mech] muelle m para anillo m portarrodillo m
— — — **plug** n - [mech] tapón f para muelle m para anillo m portarrodillo(s)
— **chain** n - [mech] cadena f con rodillo(s) m
— — **drive** n - [mech] accionamiento m con cadena f con rodillo(s) m
— — **section** n - [mech] sección f, or segmento m, de cadena f con rodillo(s) m
— — **segment** n - [mech] segmento m de cadena f con rodillo(s) m
— **circle** n - [mech] aro m para rodillo m • círculo m de rodillo(s) m
— — **mounting** n - [cranes] montaje m de aro m con rodillo(s) m • montaje m en círculo m de rodillo(s) m
— **compactor** n - [constr-equip] rodillo m aplanador

roller conveyor m - [mech] transportador m con rodillo(s) m
— **deposit** n - [weld] aportación f sobre rodillo m
— **drive** n - [mech] accionamiento m para rodillo
— **driven** a - [mech] accionado,da con rodillo(s)
— **equipped** a - [mech] equipado,da, or provisto,ta, con rodillo(s) m
— — **mandrel** n - [mech] mandril m, equipado, or provisto, con rodillo(s) m
— **first helper** n - [metal-roll] ayudante m primero para laminador m
— **fitting** n - [mech] pico m para engrase para rodillo m
— **flatten** v - [mech] aplanar con rodillo(s) m
— **flattened** a - [mech] aplanado,da con rodillos
— **flattening** n - [mech] aplanamiento m, or alisadura f, con, or de, rodillo(s) m
— **galling** n - [mech] ludimiento m de rodillo(s)
— **gate** n - [hydr] compuerta f, rodante, or con rodillo(s) m
— — **and lift** n - [hydr] compuerta f rodante con mecanismo m para elevación f
— — **coating** n - [hydr] recubrimiento m para compuerta f rodante
— — **design** n - [hydr] proyección f para compuerta f rodante
— — **field coating** n - [hydr] recubrimiento m en obra f de compuerta f rodante
— — **lift** n - [hydr] mecanismo m para elevación f de compuerta f rodante
— **grease fitting** n - [mech] pico m para engrase m para rodillo m
— **guard** n - [mech] defensa f para rodillo(s) m
— **guide** n - [weld] guía(dera) f con ruedita(s)
— **hardsurfacing** n - [weld] endurecimiento m de superficie f de rodillo(s) m
— **head gate** n - [hydr] compuerta f rodante para toma f
— **helper** n - [metal-roll] ayudante n para, laminador m, or operador m para laminadora f
— **inside** a - [metal-roll] laminado,da interiormente
— **latch** n - [mech] pestillo m con rodillo(s) m
— **leveler** n - [metal-roll] niveladora f, or aplanadora f, con rodillo(s) m
— **load chain** n - [mech] cadena f para carga f para rodillo(s) m
— **mounting** n - [mech] montaje m de rodillo m
— **on @ axle** a - [mech] girado,da sobre eje m
— — **@ shaft** a - [mech] girado,da sobre árbol m
— **operator** n - [metal-roll] operador m laminador
— **outside** a - [metal-roll] laminado,da exteriormente
— **path** n - [mech] camino m, or vía f, or pista f, para rodillo(s) m
— **pin** n - [mech] prisionero m, or pasador m, para polín m (levantador), or rodillo m
— **product(s) range** n - [metal-roll] surtido m de producto(s) m laminado(s)
— **—(s) wide range** n - [metal-roll] surtido m amplio de producto(s) m laminado(s)
— **protector** n - [mech-caterpillar] protector m para rodillo m
— — **weight** n - [mech-caterpillar] peso m de protector m para rodillo m
— **provided** a - [mech] provisto,ta con rodillos
— **rack** n - [mech] casillero m, or astillero m, para rodillo(s) m
— **retainer** n - [mech] retén(edor) m para rodillo(s) m • [bearings] see **cage**
— — **plate** n - [mech] placa f retenedora para rodillo(s) m
— **retraction** n - [mech] retracción f de rodillo
— **rivet** n - [mech] remache m para rodillo m
— **roll** v - [mech] aplanar con rodillo m
— **rolled** a - [constr] aplanado,da con rodillo m
— **seam** n - [metal-roll] costura f laminada • cordón m laminado
— **shaft** n - [mech] árbol m, or eje m, para rodillo(s) m

roller shoe n - [mech] zapata f para rodillo m
— **slide** n - [mech] cursor m para rodillo(s) m
— **spacer** n - [metal-roll] separador m para rodillo(s) m
— — **table** n - [metal-roll] mesa f con rodillo(s) m separador(es)
— **sprocket** n - [mech] rueda f dentada con rodillo(s) m
— **stand** n - [metal-roll] plataforma f para rodillo(s) m; portarrodillo(s) m
— — **bed** n - [metal-roll] base f, or lecho m, para plataforma f para rodillo(s) m
— **storage** n - [metal-roll] almacenamiento m para rodillo(s) m
— **straightener** n - [metal-roll] enderezadora f para rodillo(s) m
— **strip specialty** n - [metal-roll] fleje m especial laminado
— **stud** n - [mech] prisionero m para rodillo m
— **swage** n - [tub] mandril m, or abretubo(s) m, con rodillo(s) m
— **swedge** n - [metal-roll] see **roller swage**
— **table** n - [mech] mesa f, or camino m, con rodillo(s) m
— — **line** n - [metal-roll] línea f de mesa(s) f con rodillo(s) m
— — **rack** n - [mech] casillero m, or astillero m, con mesa f con rodillo(s) m
— **track** n - [mech] vía f, or camino m, con rodillo(s) m • pista f para rodadura f
— **trunnion bearing** n - [mech] cojinete m, or chumacera f para muñón m para rodillo m
— **type** n - [mech] tipo m con rodillo(s) m
— — **boom point sheave guard** n - [cranes] defensa f de tipo m con rodillo(s) m para polea f para punta f de, aguilón m, or pluma f
— — **clamshell boom point sheave guard** n - [cranes] defensa f de tipo m con rodillos m para polea f para punta f de aguilón m para cucharón m con almeja f
— — **crane boom point sheave guard** n - [cranes] defensa f de tipo m con rodillo(s) para polea f para punta f de aguilón m para grúa f
— — **gate** n - [hydr] compuerta f de tipo m rodante
— — **guard** n - [mech] defensa f de tipo m con rodillo(s) m
— — **load chain** n - [mech] cadena f para carga f de tipo m con rodillo(s) m
— — **sheave guard** n - [cranes] defensa f de tipo m con rodillo(s) m para motón m
— **width** n - [mech] ancho(r) m, or anchura f, de, rodillo m, or tambor m
rolling n - [mech] . . .; rotación f; ruedo m; giro m • arrollamiento m • [metal-roll] laminación f - [metal-fabr] mandrilado m con rodillo(s) m • [constr] aplanado m; cilindrado m • [tub] mandrilado | a - [mech] . . . • [metal-roll] laminador,ra
— **area** n - [topogr] terreno m ondulado m • [metal-roll] zona f para laminación f • área f para laminador m
— — **crane** n - [cranes] grúa f para zona f para laminación f
— **axis** n - [metal-roll] eje m para laminación f
— **bay** n - [metal-roll] nave f para laminación f
— **calculation** n - [metal-roll] cálculo m para laminación f
— **capacity** n - [metal-roll] capacidad f para laminación f
— **complex** n - [metal-roll] complejo m para laminación f
— **contact** n - [wheels] contacto m en rodadura f
— — **fatigue** n - [wheels] fatiga f, or resistencia f, de superficie f para, contacto m, or rodadura f
— — — **life** n - [wheels] vida f útil, or resistencia f contra fatiga f de superficie f para rodadura f
— **control** n - [mech] verificación f de laminación f • regulación f de laminación f

rolling coordination n - [metal-roll] coordinación f para laminación f
— **coulter** n - [agric-equip] cuchilla f circular
— **country** n - [topogr] terreno m ondulado
— **countryside** n - paisaje m rural ondulado
— **crew** n - [metal-roll] cuadrilla f para laminación f
— **cultivated land** n - [agric] tierra f ondulada cultivada; terreno m ondulado cultivado
— **cycle** n - [metal-roll] ciclo m para laminación
— **department** n - [metal-roll] departamento m, or subdirección f, para laminación f • edificio m para laminación f
— — **personnel** n - [metal-roll] personal m para departamento m para laminación f
— — **superintendent** n - [metal-roll] jefe m para departamento m para laminación f
— **diagram** n - [metal-roll] diagrama m para laminación f
— — **calculation** n - [metal-roll] cálculo m, or cómputo m, para diagrama m para laminación f
— **direction** n - [metal-roll] dirección f, or sentido m, para laminación f
— **division** n - [metal-roll] división f para laminación f
— **door** n - [constr] puerta f, or cortina f, enrollable
— **edge** n - [metal-roll] borde m de laminación f
— — **coil** n - [metal-roll] bobina f con borde m de laminación f
— — — **strip** n - [metal-roll] fleje m para bobina(s) f con borde m de laminación f
— — — **width** n - [metal-roll] ancho(r) m de bobina f con borde m de laminación f
— — **sheet** n - [metal-roll] chapa f con borde m de laminación f
— — — **strip** n - [metal-roll] fleje m para chapa(s) f con borde m de laminación f
— — — **width** n - [metal-roll] ancho(r) m de chapa f con borde m de laminación f
— — **strip** n - [metal-roll] fleje m con borde m de laminación f
— **end temperature** n - [metal-roll] temperatura f final para laminación f
— **equipment** n - [metal-roll] equipo m para laminación f
— **facility,ties** n - [metal-roll] instalaciónes f para laminación f
— **fatigue** n - [mech-wheels] fatiga f debida a rodadura f
— **field** n - [topogr] campo m ondulado • [metal-roll] campo m para laminación f
— **foreman** n - [metal-roll] capataz m para laminación f
— **from @ bottom** n - [metal-roll] laminación f desde, base f, or fondo m, or pie m
— — **@ ingot bottom** n - [metal-roll] laminación f desde, base f, or pie m, de lingote m
— — **@ — top** n - [metal-roll] laminación f desde, tope m, or cabeza f, de lingote m
— — **@ top** n - [metal-roll] laminación f desde, tope m, or cabeza f
— **gear** n - [autom-mech] tren m rodante
— **general foreman** n - [metal-roll] capataz m general para laminación f
— **hill(s)** n - [topogr] colina(s) f ondulante(s)
— **hitch** n - [cabl] nudo m con vuelta f redonda con dos cotes* m
— **hot marker** n - [metal-roll] marcador m en caliente para laminación f
— **installation(s)** n - [metal-roll] instalación(es) f para laminación f
— **land** n - [topogr] terreno m ondulado
— **leader** n - [metal-roll] jefe m para sección f para laminación f
— **line** n - [metal-roll] línea f para laminación
— — **speed** n - [metal-roll] velocidad f para línea f para laminación f
— **mandrel** n - [tub] mandril m con rodillo(s) m
— **marker** n - [metal-roll] marcador m para laminación f

rolling mill n - planta f, or taller m, or tren m, para laminación f • caja f para laminación • tren m laminador; laminación f
— — **area** n - [metal-roll] zona f para, laminación f, or laminador(es) m
— — **building** n - [metal-roll] edificio m para, laminación f, or laminador(es) m
— — **complex** n - [metal-roll] complejo m para laminación f
— — **crane** n - [metal-roll] grúa f para planta f para laminación f
— — **forged steel rolls shot blasting machine** n - [metal-roll] granalladora f con rodillo(s) m de acero m forjado para laminación f
— — **maintenance** n - [metal-roll] mantenimiento m, or conservación f, para planta f para laminación f
— — **pass** n - [metal-roll] pasada f con laminador m
— — **programmer** n - [metal-roll] programador m para laminador m
— — **roll** n - [metal-roll] rodillo m para tren, m para laminación f, or laminador
— — **stand** n - [metal-roll] caja f para tren m, laminador, or para laminación f
— — — **frame** n - [metal-roll] bastidor m para caja f para tren m laminador
— — **water** n - [metal-roll] agua f para (tren m para) laminación f
— **momentary stoppage** n - [metal-roll] detención f momentánea de (tren) laminador m
— **motion** n - [mech] rotación f; rodamiento m
— **motor room** n - [metal-roll] sala f para motor(es) m para laminación f
— **oil** n - [metal-roll] aceite m para laminación
— — **recirculation system** n - [metal-roll] sistema n, or red f, para recirculación f de aceite m para laminación f
—**on @ axle** n - [mech] rotación f, or giro m, sobre eje m
— — **@ shaft** n - [mech] rotación f, or giro m, sobre árbol m
— **operation** n - [metal-roll] operación f para laminación f
— — **practice** n - [metal-roll] práctica f para operación f para laminación f
— **oriented grain** n - [metal-roll] grano m orientado por laminación f
— **over** n - tumbo(s) m • [autom-tires] torcedura f hacia costado m (sobre pared de neumático)
— **pin** n - [domest] palote m (para amasar); ulero m; fruslero m; zurrullo m
— **plant** n - [metal-roll] planta f para laminación f
— **practice** n - [metal-roll] práctica f para laminación f
— **procedure** n - [metal-roll] procedimiento m para laminación f
— **process** n - [metal-roll] proceso m para laminación f • [metal-fabr] proceso m para (con)formación f
— — **speed** n - [metal-fabr] rapidez f, or velocidad f, para proceso m para (con)formación
— **product** n - [metal-roll] producto m laminado
— **—(s) mill** n - [metal-roll] tren m, or taller m, or planta f, para laminación f
— **—(s) specification(s)** n - [metal-roll] especificacación(es) para productos m laminados
— **protective device** n - [mech-caterpillar] defensa f protectora para rodillo m
— **range** n - [metal-roll] escala f, or límite(s) f, para laminación f
— **record** n - [metal-roll] registro m de laminación f
— **recorder** n - [metal-roll] registrador m para laminación f
— **requirement(s)** n - [metal-roll] exigencia(s) f para laminación f
— **resistance** n - [autom-tires] resistencia f, a rodaje m, or contra rodadura f (cuesta abajo)
— — **compound** n - [autom-tires] compuesto m pa-

ra resistencia f contra rodadura
rolling roll n - [metal-roll] rodillo m, laminador, or para laminación f
— **scale** n - [metal-roll] cascarilla f de laminación f
— **schedule** n - [metal-roll] programa m para laminación f
— **section head** n - [metal-roll] jefe m de sección f para laminación f
— **shop** n - [metal-roll] planta t, or taller m, para laminación f
— **shutter door** n - [constr] puerta f enrollable
— **skin** n - [metal-roll] cascarilla f de laminación f
— **solution** n - [metal-roll] solución f con laminación f
— **specification** n - [metal-roll] especificación f para laminación f
— **speed** n - [metal-roll] velocidad f para laminación f
— **stage** n - [metal-roll] etapa f, or fase f, para laminación f
— **stand** n - [metal-roll] caja f para laminación
— **steel shutter door** n - [constr] puerta f enrollable de acero¡ m
— **stock** n - [rail] material m, or equipo m, or tren m, rodante; material m móvil
— — **manufacture** n - [rail] fabricación f de material m rodante
— **stoppage** n - [metal-roll] detención f de laminación f
— **stopped momentarily** n - [metal-roll] laminación f detenida momentáneamente
— **streak** n - [metal-roll] raya f causada por laminación f
— **surface** n - [mech-bearings] superficie f para rodamiento m
— **table** n - [mech] mesa f con rodillo(s) m
— **technology** n - [metal-roll] tecnología f para laminación f
— **temper mill** n - [metal-roll] tren m laminador para, temple m, or revenimiento m
— **temperature** n - [metal-roll] temperatura f para laminación f
— — **normal range** n - [metal-roll] escala f normal de temperatura(s) f para laminación f
— — **range** n - [metal-roll] escala f de temperatura(s) f para laminación f
— **terrain** n - [topogr] terreno m ondulado
— **thundershower** n - [meteorol] lluvia f con trueno(s) m retumbante(s); tronada f retumbante con chabusco(s) m
— **time** n—[metal-roll] tiempo m para laminación
— **to desired finished gage** n - [metal-roll] laminación f hasta espesor m final deseado
— — — **intermediate gage** n - [metal-roll] laminación f hasta espesor m intermedio deseado
— **to @ final gage** n - [metal-roll] laminación f hasta espesor m final
— — **@ finished gage** n - [metal-roll] laminación f hasta espesor m final
— — **gage** n - [metal-roll] laminación f hasta espesor m
— — **@ intermediate gage** n - [metal-roll] laminación f hasta espesor m intermedio
— **tolerance** n - [metal-roll] tolerancia f para laminación f
— **torque** n - [mech] par m motor para rotación f • resistencia f a torsión a, girar, or rotar
— — **check(ing)** n - [mech] verificación f de par m motor para rotación f
— **track** n - [mech] pista f para rodadura f
— **train** n - [metal-roll] tren m para laminación
— **tray** n - [mech] see **roller table**
— **turn foreman** n - [metal-roll] capataz m para turno m para laminación f
— **unit** n - [metal-roll] (elemento m de) rodillo
— **up** n - arrollamiento m; enrollamiento m
— — **problem** n - problema n con arrollamiento m
— **width** n - [metal-roll] ancho(r) m para laminación f
rollover n - [autom] tumbo m

Roman arch n - [archit] arco m de medio punto m
— **law** n - [legal] derecho m romano
— **times** n - [hist] época f romana
romp v - . . . .; brincar
— **home** v - [sports] brincar hasta meta f
romped a - retozado,da; brincado,da
romping n - retozo m; brinco m
roof n—[constr] . . .; tejado,dillo m • bóveda
— **around @ shell over @ cast house** n - [metal-prod] tejadillo m para parte f inferior de cuba f
— **bottom chord** n - [constr] cordón m inferior para techo m
— — — **bracing** n - [constr] arriostramiento m de cordón m inferior para techo m
— **burner** n - [combust] quemador m debajo de, techo m, or bóveda f
— **cloth top** n - [autom] capota f para techo m
— **dead load** n - [constr] carga f muerta de techo m
— **deck** n - [constr] azotea f • plancha f para techo m
— — **rib center** n - [constr] eje m de nervadura f para plancha f para techo m
— **design** n - [constr] proyección f para techo m
— **drain** n - [constr] desagüe m para tejado m
— **drainage** n - [constr] desagüe m para tejado m
— **edge** n - [constr] borde m de techo m
— **fixture** n - [constr] accesorio m para techo m
— **flashing** n - [constr] plancha f, or chapa f, para escurrimiento m (para techo m)
— **gas burner** n - [combust] quemador m para gas m debajo de bóveda f
— **hook** n - gancho m para, techo m, or cubierta
— **injection** n - [metal-prod] inyección f para bóveda f
— **insulation** n - [constr] aislación f para techo(s) m
— **knuckle** n - [archit] nariz f de bóveda f
— **lighting fixture** n - [electr-instal] artefacto m para alumbrado m para techo m
— **live load** n - [constr] carga f viva de techo
— **load** n - [constr] carga f de techo m
— **mounting** n - [mech] montaje m para cubierta f
— — **angle** n - [mech] perfil m, or hierro m, angular, or con ángulo m, para montaje m para cubierta f
— **nail** n - [nails] clavo m para, techar, or techo m
— **opening** n - [constr] abertura f en techo m
— **oxygen injection** n - [metal-prod] inyección f de oxígeno m por, techo m, or bóveda f
— — **lance** n - [metal-prod] lanza f para oxígeno m por bóveda f
— **panel** n - [constr] panel m para techo m
— **peak** n - [constr] cumbrera f
— **penetration** n - [constr] penetración f por techo m
— **periphery** n - [constr] borde m de techo m
— **plate** n - [constr] plancha f para cumbre f
— **pyrometer** n - [metal-prod] pirómetro m para bóveda f
— **ridge** n - [constr] caballete m (para techo m) • cumbrera f
— **sheet** n - [metal-roll] plancha f, or chapa f, para techo m
— **steel plate** n - [metal-roll] plancha f de acero m para techo(s) m
— **support** n - [constr] soporte m para, techo m, or cubierta f
— **surface** n - [constr] superficie f de techo m • superficie f techada
— **temperature** n - [combust] temperatura f en bóveda f
— **truss** n - [constr] armadura f, or cabriada* f, para, techo m, or tejado m
— — **chord** n - [constr] cordón m para, armadura f, or cabriada* f, para techo m
— **upper chord bracing** n - [constr] arriostramiento m para cordón m superior para techo m
— **ventilator** n - [constr] ventilador m para techo m

roof water n - [hydr] agua m de techo m
— **windshield wiper** n - [cranes] limpiaparabrisa(s) m para techo m
roofed a - techado,da
— **complex** n - [constr] complejo m techado
— **retention basin** n - [hydr] hoya f techada para retención f
— **surface** n - [constr] superficie f techada
roofing n - [constr] . . .; techumbre m; tejado m | a - techador,ra
— **corrugated sheet** n - [metal-roll] lámina f, or chapa f, corrugada para techar
— **felt** n - [constr] fieltro m para techar
— **manufacturer** n - [constr] fabricante m de material(es) m para, techar, or techado(s) m
— **material(s)** n - [constr] material(es) m para, techar, or techado(s) m
— **nail** n - [nails] clavo m para, techo(s) m, or techar
— **sheet** n - [constr] chapa f para, techo m, or techumbre f, or techar
rookie n - . . .; neófito m
room n - . . .; luz f • [constr] , , .; recinto m; ambiente m
— **centerline** n - [constr] eje m de ambiente m
— **for @ cooling plate** n - [metal-prod] sitio m, or caja f, para petaca f
— **number** n - [travel] número m para habitación
— **rate** n - [travel] tarifa f, or cargo m, para, habitación f, or pieza f, or cuarto m
— **service** n - [travel] servicio m en habitación
— **temperature** n - temperatura f, ambiente, or interior, or en local m
— — **tempering** n - [metal-treat] temple m con temperatura f ambiente
— **wall** n - [constr] pared f de sala f, or pieza f
roominess n - espaciosidad f
roomy compartment n - compartim(i)ento m holgado
— . . . **lane underpass** n - [constr] paso m inferior amplio con . . . vía(s) f
— **underpass** n - [constr] paso m inferior amplio
root n - . . . • fundamento m • [weld] raíz f • [geom] radical | v - . . .; afianzar
— **bead** n - [weld] cordón m para raíz f
— **@ bead** v - [weld] toma f de raíz f
— **bend** n - [metal-fabr] prueba f de plegado m con plantilla f | a - [weld] con plegado m con cara f de raíz, hacia afuera, or en parte f exterior • con plegado m con raíz f sometida a tracción f
— — **test** n - [weld] prueba f de plegado m con cara f de raíz, hacia afuera, or en parte f exterior • prueba f de plegado m con raíz sometida a tracción f
— **circle** n - [mech] círculo m para, base f, or pie m, interior
— **cleaning** n - [weld] saneamiento m de raíz f
— **cutter** n - [agric] cortadora f para raíz,ces
— **edge** n - [weld] borde m, or arista f, de raíz
— **face** n - [weld] cara f, or superficie f, de raíz f; borde m
— **intrusion** n - [constr] intrusión f de raíz f
— **joint** n - [weld] junta f en raíz • raíz f de junta f
— **line** n - [mech] see **root circle**
— **opening** n - abertura f, de, or para raíz f; separación f; luz f
— **out** v - arrancar
— **pass** n - [weld] pasada f para raíz f
— — **bead** n - [weld] cordón m para pasada f para raíz f • toma f de raíz f
— — **deposit(ing)** n - [weld] aportación f, or colocación f, de pasada f para raíz f
— — **opening** n - [weld] apertura f de pasada f para raíz f
— — **throat** n - [weld] espesor m útil de cordón m para raíz f
— **penetration** n - penetración f de raíz,ces f
— **porosity** n - [weld] porosidad f de raíz f
— **radius** n - [weld] radio m de raíz f
— **spacing** n - [weld] separación f en raíz f

root type blower n - [coke] soplador m para desplazamiento m positivo
— **weld** n - [weld] soldadura f de raíz f
rooted a - arraigado,da; afianzado,da
rooter n - [constr] desarraigador m para rocas
— **body** n - [constr] cuerpo m de desarraigadora
— **shoe** n - [constr] zapata f para desarraigadora f
— **standard** n - [constr] pata f para desarraigadora f
— **tooth** n - [constr] diente m para desarraigadora f
rooting n - arraigamiento m; afianzamiento m • desarraigamiento m
rope n - [cabl] cable m
— **bend diameter** n - [cabl] diámetro m para plegadura f de, cable m, or cabo m
— **block** n - [cabl] motón m para cabo m
— **break(ing)** n - [cabl] rotura f de cable m
— — **(ing) test** n - [cabl] resistencia f de cable m a rotura f; carga f para rotura f para cable m
— — **(ing) strength classification** n - [cabl] clasificación f según resistencia f de cable a rotura f
— **broken under tension** n - [cabl] cable m, or cabo m, roto bajo tracción f
— **capacity** n - [cabl] capacidad f de cable m
— **center** n - [cabl] centro m, or núcleo m, or alma m, de cable m
— **choker** n - [cabl] lazo m de cable m
— **classification** n - [cabl] clasificación f de cable m
— **clip** n - [cabl] grapa f para cable m
— **construction** n - [cabl] fabricación f, or elaboración f, or trenzado m, de, cable m, or cabo m
— **core (member)** n - [cabl] alma m, or núcleo m, de, cable m, or cabo m
— **construction** n - [cabl] construcción f de, cable m, or cabo m
— **corresponding elongation** n - [cabl] alargamiento m correspondiente para, cable, or cabo
— **crowd(ing)** n - [cabl] empuje m de cable m
— **design** n - [cabl] proyección f para, cable m, or cabo m
— **diameter** n - [cabl] diámetro m de cable m
— — **reduction** n - [cabl] reducción f en diámetro m de cable m
— **drum** n - [cabl] tambor m para, cable m, or cabo m
— **efficiency** n - [cabl] coeficiente m para resistencia f (útil) de, cable m, or cabo m
— **elongation** n - [cabl] alargamiento m de, cable m, or cabo m
— **end** n - [cabl] extremo m, or punta f, de, cable m, or cabo m, or soga f, or cuerda f
— — **securing** n - [cabl] aseguramiento m, or fijación f de, cable m, or cabo m, or soga f, or cuerda f
— **extending** n - [cabl] extensión f de cuerda f
— **fabricating** n - [cabl] trenzado* m de cable
— **fitting(s)** n - [cabl] accesorio(s) m para cable m
— **flat surface** n - [cabl] superficie f plana de cable m
— **friction** n - [cabl] fricción f, or rozamiento m, de cable m
— **grab** n - [petrol] arpón m, pescacable(s) m, or múltiple m, para cable(s) m; cocodrilo m
— **grade** n - [cabl] calidad f de cable m
— **grommet** n - [cabl] ojal m para cable m
— **guard** n - [mech] defensa f para cable m
— — **bracker** n - [mech] ménsula f para defensa f para cable m
— **guide** n - [cabl] guía f para, cable, or cabo
— **guiding** n - [cabl] guiamiento* m de cable m
— **hook** n - gancho m para, cable m, or cuerda f
— **inner strand** n - [cabl] cordón m interior para, cable m, or cabo m, or cuerda f
— — **wire** n - [cabl] alambre m interior en ca-

ble m
rope inner wire strength n - [cabl] resistencia f de alambre m interior en cable m
— internal lubrication n - [cabl] lubricación f, interior, or interna, para cable m
— inside strand n - [cabl] cordón m interior en, cable m, or cabo m
— knife n - [cabl] cuchillo cortacable(s) m
— lagging n - [cranes] recubrimiento m, or forro m, con, soga f, or cabo m
— layer n - [cranes] camada f de, soga f, or cable m
— length n - [cabl] largo(r) m de cable m • trozo m de cable m
— life n - [cabl] vida f (útil), or duración f, de cable m
— line n - [cabl] cable m
— lock(ing) n - [cabl] traba(dura) f de cuerda
— loop n - [cabl] lazo m de, cable m, or cabo m
— marker n - [cabl] marca f, or indicador m, en cable m
— off v - [safety] acordonar; acordelar
— outer strand n - [cabl] cordón m exterior de, cable m, or cabo m
— part n - [cabl] componente m de cable m
— permanent bend n - [cabl] encorvadura f, or pliegue m, or coca f, permanente en, cable m, or cabo m
— position n - [cabl] posición f para, cable m, or cabo m
— positioning n - [cabl] colocación f en posición f de, cable m, or cabo m
— pressure n - [cabl] presión f de cable m
— pull starter n - [int.comb] arrancador m con cuerda f
— pulley n - [cabl] polea f para cable m
— reel n - [cabl] carrete m para, cable m, or cabo m
— reeving n - [cabl] enhebrado m de cable m
— replacement n - [cabl] reemplazo m, or cambio m, de, cable m, or cabo m, or cuerda f
— — downtime n - [constr] parada f, or interrupción f para reemplazo m de cable m
— ring n - [cabl] anillo m para cable m
— roller n - [mech] rodillo m, or roldana f, or carrete m, para, cable m, or cuerda f
— — and bracket n - [mech] ménsula f y roldana f para, cuerda f, or soga f
— — assembly n - [mech] conjunto m de roldana f para, cuerda f, or soga f
— — bracket n - [mech] ménsula f para roldana f para, cuerda f, or soga f
— — rubbing n - [cabl] rozamiento m, or fricción f, de cable m
— sag(ging) n - flecha f en, cable m, or cabo
— securing n - [cabl] aseguramiento m, or fijación f, de, cable m, or cabo m, or cuerda f
— shipment n - [cabl] embarque m, or expedición f, de cable m • partida f de cable(s) m
— shock - [cabl] choque m, or solicitación f brusca, para cable m
— short bend n - [cabl] encorvadura f, or coca f, corta, or pliegue m corto, en cable m
— sling n - [cabl] eslinga f de cable(s) m
— smallest bend n - [cabl] plegadura f, or coca f, mínima para, cable m, or cabo m
— — diameter n - [cabl] diámetro m mínimo para, cable m, or cabo m
— snap n - [mech] gancho m con resorte m para, soga f, or cuerda f
— socket n - [cabl] casquillo m para cable(s) m • portacable(s) m
— — mandrel n - [tools] mandril m para casquillo m para cable m
— (s) sewn together n - [cabl] cable(s) m cosido(s) entre sí
— (s) —— with soft wire n - [cabl] cable(s) m cosido(s) entre sí con alambre m blando
— (s) —— wire n - [cabl] cable(s) cosido(s) entre sí con alambre m
— span n - [cabl] tramo m de, cable m, or cabo

rope spear n - [petrol])arpón) pescacable(s) m
— speed n - [cabl] velocidad f de cable
— splice n - [cabl] ayuste m, or empalme m, or empalmadura f, de, cable m, or cabo m
— start(ing) n - [int.comb] arranque m con cuerda f
— starter n - arrancador m, or arranque m, con cuerda f • cuerda f para arranque m
— — pulley n - [int.comb] polea f para arrancador m con cuerda f
— starting system n - [int.comb] sistema m para arranque m con cuerda f
— storage n - [cabl] almacenamiento m para cable
— strand n - [cabl] cordón m, or ramal m, para cable m
— — (s) arrangement n - [cabl] disposición f, or colocación f, de cordón(es) m, en cable
— strength n - [cabl] resistencia f de cable m
— stress n - [cabl] esfuerzo m de cable m
— stretching n - [cabl] estiramiento m de, cable m, or cabo m
— support n - [cabl] soporte m, or sostén m, para, cable m, or cabo m
— surface n - [cabl] superficie f de cable m
— suspending n - [cabl] suspensión f de cable m
— tackle n - [cabl] aparejo m para cable m
— tension breaking strength n - [cabl] resistencia f de, cable m, or cabo m, a rotura f por tracción f
— thimble n - [cabl] guardacabo(s) m
— threading n - [cabl] enhebrado m de cable m; paso m de, cable m, or cuerda f
— transfer n - [mech] transportador m con cable
— transportation n - [cabl] transporte m con cable m
— winding n - [cabl] arrollamiento m de cable m
— wire n - [wire] alambre m para cable(s) m
— — chemical decomposition n - [cabl] descomposición f química de alambre m en cable m
— — decomposition n - [cabl] descomposición f de alambre m en cable m
— — progressive fracture n - [cabl] fractura f progresiva de alambre m en cable m
— working n - [cabl] laborero m de cable m
— yarn n - [cabl] filástica f
roped off a - acordonado,da; acordelado,da
ropey a - [cabl] see ropy
roping off n - acordonamiento* m; acordelamiento
ropy a - [weld] nudoso,sa
— bead n - [weld] cordón m nudoso
rose countersink n - [mech] fresa f | v - fresar
— countersinking n - [mech] fresa f; fresado m
— countersunk a - [mech] fresado,da
rosin n - . . .; pez m negro
— bed n - lecho m de resina f
— regeneration n - [nucl] regeneración f de resina f
roster n - . . . . • [labor] plantilla f (de personal m); escalafón m
rosy a - . . . . • [fig] . . .; halagüeño,ña
rot-proof a - a prueba de putrefacción f
— test n - prueba f de putrefacción f
rotameter n - [instrum] rotámetro m
— calibration chart n - [instrum] carta f de calibración f para rotámetro m
— chart n - [instrum] carta f para rotámetro m
— performance curve n - [instrum] curva f para rendimiento m para rotámetro m
— — — chart n - [instrum] carta f de curva f para rendimiento m para rotámetro m
— spare (part) n - [instrum] (pieza f para) repuesto m para rotámetro m
rotary n - [roads] see circle • [int.comb] see rotary engine • [petrol] see rotary table; rotary equiplment | a - . . .; circular; **avoid rotativo,va***
— bearing n - [petrol] cojinete m para mesa f rotatoria
— bit n - [petrol] barreno,na m/f, rotatorio,ria, or giratorio,ria, or para equipo m rotatorio

rotatorio
rotary brake n - [mech] freno m rotatorio | [petrol] freno m para mesa f rotatoria
— — **valve** n - [petrol] válvula f para freno m para mesa f rotatoria
— **carton filler** n - [ind] llenadora f rotatoria para (envases m de) cartón(es) m
— **clutch** n - [mech] embrague m rotatorio • [petrol] embrague m para mesa f rotatoria
— — **control** n - [mech] regulación f para embrague m para mesa f rotatoria • regulador m para embrague m para mesa f rotatoria
— — **guard** n - [mech] resguardo m para embrague m para mesa f rotatoria
— **compressor** n - [constr] compresor m, giratorio, or rotatorio
— **control** n - [instrum] regulador m rotatorio
— **batch mixer** n - [constr] mezcladora f con balde m rotatoria
— **combustion chamber** n - [int.comb] cámara f para combustión f para motor m rotatorio
— **converter** n - [metal-prod] convertidor m, rotatorio, or basculante
— **cookie machine** b - [culin] máquina f rotatoria para gallet(it)as f
— **cooler** n - [ind] enfriador m, or refrigerador m, giratorio, or rotatorio
— — **roller track** n - [mech] pista f para rodadura f para enfriador m rotatorio
— **core reel** n - [petrol] carrete m para núcleo m rotatorio
— **countershaft** n - [mech] contraeje m, or contraárbol m, rotatorio • [petrol] contraeje m para mesa f rotatoria
— — **assembly** n - [petrol] conjunto m de contraeje m para mesa f rotatoria
— — **center line** n - [petrol] eje m (central) de contraeje m para mesa f rotatoria
— — **drive** n - [mech] accionamiento m para contraeje m rotatorio • [petrol] accionamiento m para, contraeje m, or contraárbol m, para mesa f rotatoria
— — — **pitch** n - [mech] diente m para accionamiento m para, contraeje m, or contraárbol m, rotatorio • [petrol] diente m para accionamiento m para, contraeje m, or contraárbol m, para mesa f rotatoria
— — **fitting** n - [mech] pico m para engrase m para, contraeje m, or contraárbol m, rotatorio • [petrol] pico m para engrase m para, contraeje m, or contraárbol m, para mesa f rotatoria
— — **frame** n - [petrol] armadura f para contraeje m para mesa f rotatoria
— — **grease fitting** n - [mech] pico m para engrase m para, contraeje m, or contrárbol m, rotatorio • [petrol] pico m para engrase m para, contraeje m, or contraárbol m, para mesa f rotatoria
— — **group** n - [petrol] grupo m, or conjunto m, para contraeje m para mesa f rotatoria
— **crusher** n - [constr-equip] trituradora f, giratoria, or rotatoria
— **cutter** n - [tub] cortadora f rotatoria
— **cutting cookie machine** n - [culin] máquina f rotatoria para corte m de gallet(it)a(s) f
— — **shears** n - [mech] cizalla f rotatoria para corte m
— **detail** n - [petrol] detalle m para mesa f rotatoria
— **disk bit** n - [petrol] barreno,na m/f con disco m rotatorio
— **distributor** n - [mech] distribuidor m rotatorio
— — **(spare) part** n - [mech] pieza f (para repuesto m) para distribuidor m rotatorio
— **drawworks** n - [petrol] malacate m, or equipo m, rotatorio
— — **hoist** n - [petrol] elevador m para, malacate m, or equipo m, rotatorio
— **drier** n - secador,ra m/f rotatorio,ria

rotary drill n - [petrol] taladro m, or barreno m, rotatorio, or giratorio; perforadora f, or barrena f, giratoria, or rotatoria
— **drilling equipment** n - [petrol] equipo m rotatorio para perforación f
— — **line** n - [petrol] sarta f para perforación f rotatoria
— — **rig** n - [petrol] perforador m, or equipo m, rotatorio para perforación f
— — **swivel** n - [petrol] cabeza f rotatoria para inyección f para perforación f
— **drilling truck** n - [petrol] camión m para perforación f rotatoria
— **drive** n - [mech] accionamiento m rotatorio • [petrol] accionamiento m para mesa rotatoria
— — **brake** n - [petrol] freno m para accionamiento m para mesa f rotatoria
— — — **control** n - [petrol] regulación f para freno m para accionamiento m de mesa f rotatoria • regulador m para freno m para accionamiento m para mesa f rotatoria
— — **control** n - [petrol] regulación f para accionamiento m para mesa f rotatoria • regulador m para accionamiento m para mesa f rotatoria
— — **guard** n - [petrol] defensa f, or resguardo m, para accionamiento m para mesa f rotatoria
— — **speed** n - [mech] velocidad f para accionamiento m para rotación f • [petrol] velocidad f para accionamiento m para mesa f rotatoria
— — — **ratio** n - [mech] razón f para velocidad f para accionamiento m para rotación f • [petrol] razón f para velocidad f para accionamiento m para mesa f rotatoria
— — **sprocket** n - [mech] rueda f dentada para accionamiento m para mesa f rotatoria
— **electric machine** n - [ind] máquina f eléctrica rotatoria
— — **sheet(s)** n - [metal-roll] chapa(s) f para máquina f eléctrica rotatoria
— **('s) emmission(s)** n - [int.comb] see **rotary motor('s) emmission(s)**
— **end** n - [petrol] extremo m hacia mesa f rotatoria
— — **motor** n - [petrol] motor m en extremo m hacia mesa f rotatoria
— **engine** n - [int.comb] motor m rotatorio
— — **combustion chamber** n - [int.comb] cámara f para combustión f en motor m rotatorio
— — **driven** a - [int.comb] impulsado,da con motor m rotatorio
— — **('s) emmission(s)** n - [int.comb] emanación(es) f de motor m rotatorio
— — **('s) mass** n - [int.comb] masa f de motor m rotatorio
— — **('s) moving mass** n - [int.comb] masa f en movimiento en motor m rotatorio
— — **powered** a - [int.comb] impulsado,da con motor m rotatorio
— — — **automobile** n - [autom] automóvil m impulsado con motor m rotatorio
— — **spark plug** n - [int.comb] bujía f (para encendido m) para motor m rotatorio
— **equipment** n - [mech] equipo m rotatorio • [petrol] equipo m rotatorio para perforación f
— **feed(ing)** n - [petrol] alimentación f para mesa f rotatoria
— —**(ing) control** n - [petrol] regulación f para, avance m de barreno,na, or alimentación f de mesa f rotatoria • regulador m para, avance m de barreno,na, or alimentación f de mesa f rotatoria
— **filter** n - [mech] filtro m rotatorio
— **fine gravel crusher** n - [constr] trituradora f girogravilladora
— **furnace** n - [metal-prod] horno m, rotatorio, or giratorio
— — **processing** n - [combust] procesamiento m en horno m rotatorio
— **gas pump** n - [pumps] bomba f rotatoria para

gas(es) m
rotary hearth furnace n - [metal-prod] horno m con, crisol m, rotatorio, or giratorio
— hoe n - [agric] azadón m rotatorio
— hopper n - [mech] tolva f, rotatoria, or giratoria
— hose n - [petrol] manguera f para, inyección f, or equipo m rotatorio
— inertia brake n - [mech] freno m rotatorio por inercia f • [petrol] freno m por inercia f para mesa f rotatoria
— intersection n - [roads] glorieta f; plaza f • [Arg.] rondpoint* m
— kiln n - [miner] horno m (calcinador) rotatorio
— latch n - [petrol] pestillo m para mesa f rotatoria
— limestone oven n - [miner] horno m rotatorio para (piedra) caliza f
— line n - [petrol] cable m para perforadora f rotatoria; sarta f rotatoria
— machine n - [mech] máquina f, or mesa, rotatoria
— master bushing n - [petrol] buje m principal para mesa f rotatoria
— milling shoe n - [petrol] zapata f fresadora rotatoria
— mixer n - [constr] mezcladora f rotatoria
— motion n - [mech] movimiento m, rotatorio, or circular
— oven n - [combust] horno m rotatorio
— powered a - [int.comb] impulsado, or propulsado,da, con motor m rotatorio
— — automobile n - [autom] automóvil, impulsado, or propulsado, con motor m rotatorio
— press n - [print] (prensa) rotativa f
— pump n - [pumps] bomba f, rotatoria, or giratoria
— rail straightener n - [metal-roll] enderezadora f rotatoria para riel(es) m
— — straightening machine n - [metal-roll] máquina f rotatoria para enderezar riel(es) m
— reactor control n - [electr] regulador m rotatorio para, bobina f, or devanado m, para reactor m
— ring n - [mech] anillo m circular
— rock bit n - [petrol] barreno,na para roca f para perforador m rotatorio
— scalping screen n - [miner] criba f raspadora, rotatoria, or giratoria
— screen n - [agric] zaranda f rotatoria • [constr] criba f, or rejilla f, rotatoria
— shaft n - [mech] árbol m rotatorio • [petrol] árbol m para mesa f rotatoria
— shears n - [mech] cizalla f rotatoria
— shield n - [safety] protector m rotatorio
— shoe n - [petrol] zapata f para mesa f rotatoria f
— side n - [petrol] lado m, or costado m, hacia mesa f rotatoria
— — bearing n - [petrol] cojinete m en, costado m, or lado m, hacia mesa f rotatoria
— — trimmer n - [metal-roll] cizalla f, or tijera f, rotatoria para corte m de borde(s) m
— straightener n - [metal-roll] enderezadora f rotatoria
— straightening machine n - [metal-roll] máquina f rotatoria para enderezamiento m
— swager n - [mech] recalcadora f rotatoria
— swivel n - [petrol] cabeza f para inyección f (para equipo m rotatorio)
— system drilling nose n - [petrol] manguera f (reforzada) para equipo m rotatorio
— table n - [mech] mesa f, rotatoria, or giratoria
— — bearing n - [petrol] cojinete m para mesa f rotatoria
— — bore n - [petrol] taladro m en mesa f rotatoria
— — brake n - [petrol] freno m para mesa f rotatoria

rotary table countershaft n - [petrol] contraeje m para mesa f rotatoria
— — cover n - [petrol] tapa f, or cubierta f, para mesa f rotatoria
— — dipstick n - [petrol] varilla f medidora para mesa f rotatoria
— — drain plug n - [petrol] tapón m para purga f para mesa f rotatoria
— — grounding n - [petrol] puesta f a tierra f de mesa f rotatoria
— — master bushing n - [petrol] buje m principal para mesa f rotatoria
— — storing n - [petrol] almacenamiento m de mesa f (rotatoria)
— — trimmer n - [mech] tijera f, or recortadora f, rotatoria
— type control n - [electr-equip] regulador m de tipo m rotatorio
— — reactor control n - [electr-equip] regulador m de tipo rotatorio para, bobina f, or devanado m, para reactancia f
— vacuum filter n - [mech] filtro m rotatorio por vacío m
— weed screen n - [agric-equip] zaranda f rotatoria para, yuyo(s) m, or maleza(s) f
rotate v - . . . .; rotar; rodar
— again v - [mech] rotar nuevamente
— @ amplitude screw v - [electron] (hacer) girar tornillo m para amplitud f
— @ apprentice(s) v - [labor] rotar aprendices
— @ armature v - [electr-mot] (hacer) girar, inducido m, or devanado m
— around v - girar, sobre, or alrededor de
— — @ axis v - (hacer) girar sobre eje m
— — @ drive roll shaft v - (hacer) girar alrededor de eje m para rodillo m impulsor
— — @ motor axis v - (hacer) girar sobre eje m para motor m
— — @ mounting v - [hacer] girar alrededor de montaje m
— — @ — axis v - [hacer] girar alrededor de eje m para montaje m
— — @ roll shaft v - [hacer] girar alrededor de, árbol m, or eje, para rodillo m
— — @ shaft v - (hacer) girar alrededor de, árbol m, or eje m
— — @ vertical axis v - (hacer) girar alrededor de, árbol m, or eje m, vertical
— — @ — mounting axis v - (hacer) girar alrededor de, árbol m, or eje m, vertical para montaje m
— at @ full speed v - [mech] (hacer) girar con velocidad f plena
— @ bearing cage v - [mech] (hacer) girar jaula f para cojinete m
— @ body v - [mech] (hacer) girar, cuerpo m, or armadura f
— @ carbon v - [weld] (hacer), rotar, or girar, electrodo m de carbono m
— @ clutch v - girar embrague m
— continuously v - [mech] girar continuamente • [cranes] girar continuamente
— @ core v - [mech] (hacer) girar núcleo m
— @ — reel v - [petrol] (hacer) girar carrete m para núcleo m
— counterclockwise v - girar hacia izquierda f
— @ countershaft v - [int.comb] (hacer) girar cigüeñal m
— @ crop(s) v - [agric] rotar cultivo(s) m
— @ drive screw v - [mech] (hacer) girar tornillo m impulsor
— @ drum v - [mech] (hacer) girar tambor m
— @ employee(s) v - [labor] rotar empleado(s)
— @ engine v - [int.comb] (hacer) girar motor m
— @ flywheel v - [int.comb] (hacer) girar volante m
— freely v - [mech] (hacer) girar libremente
— @ gear v - [mech] (hacer) girar engranaje m
— @ hook v - [mech] (hacer) girar gancho m
— independently v - girar independientemente
— @ input shaft v - [autom-mech] (hacer) girar árbol m para entrada f (de fuerza f)

rotate manually

árbol m para entrada f de fuerza f
rotate manually v - [mech] girar, or rotar*, manualmente
— **out of position** v - [mech] (hacer) girar fuera de posición f
— @ **output shaft** v - [autom-mech] (hacer) girar árbol m para salida f (de fuerza f)
— @ **pin** v - [mech] (hacer) girar pasador m
— @ **pinion** v - [mech] (hacer) girar piñón m
— @ — **bearing cage** v - [mech] (hacer) girar jaula f para cojinete m para piñón m
— @ — **shaft** v - [mech] (hacer) girar árbol m para piñón m
— **precisely** v - (hacer) girar precisamente
— @ **pump** v - [pumps] (hacer) girar bomba f
— @ **ring gear** v - [mech] (hacer) girar corona f dentada
— @ **shaft** v - [mech] (hacer) girar árbol m
— @ **spider** v - [mech] (hacer) girar araña f
— **to make accessible** v - [mech] (hacer) girar para tornar accesible
— @ **trainee(s)** v - [labor] rotar aprendiz,ces m
— @ **unit** v - [mech] rotar*, conjunto m, or elemento m
rotated a - girado,da; rodado,da; rotado,da*
— **amplitude screw** n - [electron] tornillo m para amplitud, girado, or hecho girar
— **apprentice(s)** n - [labor] aprendiz,ces m rotado(s)*
— **armature** n - [electr-mot] devanado m, or inducido m, girado, or hecho girar
— **around** a - girado,da, sobre, or alrededor de
— **at full speed** a - [mech] girado,da, or hecho,cha girar, con velocidad f plena
— **bearing cage** n - [mech] jaula f para cojinete m, girada, or hecha girar
— **body** n - [mech] cuerpo m, girado, or hecho girar; armadura f, girada, or hecha girar
— **carbon** n - [weld] electrodo m de carbono m, girado, or hecho girar
— **clutch** n - [mech] embrague m, girado, or hecho girar
— **continuously** a - [mech] girado,da, or hecho,cha girar, continuamente
— **core** n - [mech] núcleo m, girado, or hecho girar
— — **reel** n - [petrol] carrete m para núcleo m, girado, or hecho girar
— **crankshaft** n -[int.comb] cigüeñal m, girado, or hecho girar
— **crop(s)** n - [agric] cultivo(s) m rotado(s)*
— **drum** n - [mech] tambor m, girado, or hecho girar
— **employee** n - [labor] empleado m rotado*
— **engine** n - [int.comb] motor m, girado, or hecho girar
— **flywheel** n - [int.comb] volante m, girado, or hecho girar
— **freely** a - [mech] girado,da, or rotado,da*, libremente
— **hook** n - [mech] gancho m, girado, or hecho girar
— **independently** a - [mech] girado,da, or rotado,da*, independientemente
— **input shaft** n - [autom-mech] árbol m para entrada f (de fuerza f), girado, or hecho girar
— **manually** a - [mech] girado,da, or rotado,da*, manualmente
— **out of position** a - [mech] girado,da fuera de posición f
— **pin** n - [mech] pasador m girado
— **pinion** n - [mech] piñón m, girado, or hecho girar
— — **bearing cage** n - [mech] jaula f para cojinete m para piñón m, girado, or hecho girar
— — **shaft** n - [mech] árbol m para piñón m, girado, or hecho girar
— **precisely** a - girado,da, or rotado,da*, precisamente
— **pump** n - [pumps] bomba f, girada, or hecha girar
— **ring gear** n - [mech] corona f (dentada), gi-

rotated ring gear n - [mech] corona f (dentada), girada, or hecha girar
— **shaft** n - [mech] árbol m, girado, or hecho girar
— **spider** n - [mech] araña f, girada, or hecha girar
— **to make accessible** a - [mech] girado,da, or hecho,cha girar, para tornar accesible
— **trainee(s)** n - [labor] aprendiz,ces m rotados
— **unit** n - [mech] conjunto m, or elemento m, rotado
rotating n - . . . | a - . . .; giratorio,ria; en rotación f; avoid rotante*
— **adapter** n - [mech] adaptador m rotatorio
— **amber beacon** n - [safety] luz f ambar, giratoria, or rotatoria
— **armature** n - [electr-mot] devanado m en rotación f
— **assembly** n - [mech] conjunto m rotatorio; ensambladura f giratoria
— **bar** n - [metal-prod] barra f, rotatoria, or en rotación f
— — **feeding** n - [grind.med] alimentación f de barra f en rotación f
— **base** n - [mech] base f, rotatoria, or giratoria, or en rotación f
— — **casting** n - [mech] pieza f fundida para base f para rotación f
— — **side plate** n - [mech] plancha f lateral para base f rotatoria
— **beacon** n - [safety] luz f giratoria
— **bearing pin** n - [mech] pasador m rotatorio para cojinete m
— **blade** n - [mech] cuchilla f rotatoria; paleta f giratoria
— **brush assembly** n - [tub] conjunto m de cepillo m rotatorio
— **cam** n - [mech] leva f rotatoria
— **caution light** n - [safety] luz f para prevención f, rotatoria, or giratoria
— **clutch** n - [mech] embrague m rotatorio
— **confined bar** n - [metal-prod] barra f encerrada, rotatoria, or en rotación f
— **crusher** n - [mech] trituradora f giratoria
— **diode** n - [electr-equip] diodo m rotatorio
— **exciter** n - [electr-equip] excitador m con diodo(s) m rotatorio(s)
— **distributor** n - [int.comb] distribuidor m rotatorio
— **drive shaft** n - [mech] árbol m, or eje m, rotatorio para impulsión f
— **drum** n - [mech] tambor m, rotatorio, or en rotación f
— **element** n - [mech] elemento m, rotatorio, or en rotación f
— **equipment** n - [mech] pieza f rotatoria
— **exciter** n - [electr-equip] excitador m rotatorio
— **flywheel** n - [int.comb] volante m, rotatorio, or rotante*, or en rotación f
— **frame** n - [mech] marco m rotatorio • [petrol] armadura f rotatoria
— **gear shift** n - [mech] árbol m con engranaje, rotatorio, or en rotación f
— **head brush** n - [tub] cepillo m para cabeza f, rotatoria, or en rotación f
— **hook** n - [mech] gancho m rotatorio
— **hopper** n - [mech] tolva f, rotatoria, or giratoria
— **hot bar** n - [grind.med] barra f caliente, rotatoria, or en rotación f
— — **confined bar** n - [metal-prod] barra f caliente encerrada en rotación f
— **laberynth** n - [turb] laberinto m rotatorio
— — **ring** n - [turb] anillo m laberinto rotatorio
— **light** n - [safety] luz f, rotatoria, or giratoria
— **load pin** n - [mech] pasador m rotatorio para carga f
— **machine** n - [mech] máquina f, rotatoria, or con movimiento m rotatorio

rotating machinery n - [mech] maquinaria f rotatoria • [metal-roll] equipo m para laminación
— — **foundation** n - [metal-roll] cimiento m para equipo m para laminación f
— **motion** n - [mech] movimiento m rotatorio
— **part** n - [mech] pieza f rotatoria
— **pin** n - [mech] pasador m rotatorio, or en rotación f
— **pinion** n - [mech] piñón m, rotatorio, or en rotación f
— **pipe** n - [mech] tubería f, rotatoria, or en rotación f
— **roller** n - [mech] rodillo m, rotatorio, or en rotación f
— **sealing table** n - [electrode extrusion plant] mesa f giratoria para sellado m
— **shaft** n - [mech] árbol m, or eje m, rotatorio, or en rotación f
— **sign** n - [com] letrero m, rotatorio, or en rotación f
— **speed** n - [mech] velocidad f, or rapidez f, de, rotación f, or giro m
— **spider** n - [mech] araña f rotatoria
— **system** n - [cranes] sistema m, or mecanismo m, para, rotación f, or giro m
— **table** n - [mech] mesa f giratoria
— **test** n - [mech] ensayo m para rotación f
— **to make accessible** n - [mech] rotación f para tornar accesible
— **tongs** n - [metal-prod] pinza f giratoria
— **unit** n - [mech] elemento m, or dispositivo m, rotatorio, or en rotación f
— **vacuum filter** n - [sanit] filtro m rotatorio en vacío m
rotation n - . . .; ruedo m • (sentido m para) rotación f
— **acceleration** n - [mech] aceleración f de rotación f
— **around** n - rotación f, or giro, sobre, or alrededor de
— **arrow** n - flecha f para sentido m de rotación
— **assembly** n - [cranes] conjunto m para giro m
— **axis** n - [mech] eje m para rotación f
— **brake** n - [cranes] freno m contra, rotación f, or giro m
— **check(ing)** n - [mech] verificación f, or comprobación f, de (sentido m de) rotación f
— **completion** n - [cranes] terminación f de, rotación f, or giro m
— **direction** n - [mech] sentido m, or dirección f, de rotación f, or giro m
— — **test(ing)** [mech] comprobación f de sentido m de, rotación f, or giro m
— **drill** n - [hydr] taladro m por rotación f
— **drive** n - [mech] impulsión m, or accionamiento m, para rotación f
— **lock** n - [mech] seguro m, contra, or para evitar, giro m, or rotación f
— — **mechanism** n - [mech] mecanismo m para, seguro m, or traba f, contra rotación f
— **mechanism** n - [cranes] mecanismo m para, rotación f, or giro m
— **movement** n - [mech] movimiento m de rotación
— **out of position** n - [mech] rotación f fuera de posición f
— **point** n - [mech] punto m para rotación f
— **prevention** n - [cabl] evitación f de, or prevención f contra, rotación f
— **roll(er)** n - [mech] rodillo m para rotación f
— —**(s) set** n - [mech] juego m de rodillo(s) m para rotación f
— **speed** n - [mech] velocidad f, or rapidez f, para rotación f
— **to make accessible** n - [mech] rotación f, or giro m, para tornar accesible
— **under @ load** n - [mech] rotación f bajo carga
— **unit** n - [mech] dispositivo m para rotación f
— **unlock(ing) latch** n - [mech] seguro m para permitir rotación f
rotational a - rotatorio,ria; para rotación f
— — **acceleration** n - [mech] aceleración f en rotación f
— **ring gear** n - [cranes] corona f, rotatoria, or en, rotación f, or giro m
— **movement** n - [mech] movimiento m de rotación
— **speed** n - [mech] velocidad f de rotación f
— **stiffness** n - [mech] rigidez f a rotación f
rotator n - . . .; rotador m; rotadora f
— **assembly** n - conjunto m de rotadora f
—/**feeder** n - [grind.med] rotadora/alimentadora f
—/— **carriage** n - [grind.med] carrillo m para rotadora/alimentadora f
—/— **heat sensor** n - [grind.med] sensor* m para calor m para rotadora/alimentadora f
—/— **mechanism** n - [grind.med] mecanismo m de rotadora/alimentadora f
—/— **sensor** n - [grind.med] sensor m para rotadora/alimentadora f
—/— **unit** n - [grind.med] dispositivo m rotador /alimentador m
— **roll** n - [grind.med] rodillo m para rotadora
— — **flat profile** n - [grind.med] perfil m plano de rodillo m para rotadora f
— — **profile** n - [grind.med] perfil m de rodillo m para rotadora f
— **unit** n - [mech] dispositivo m rotador
roto chamber n - cámara f para aire m
— **screen** n - [avicult] rejilla f rotatoria
— — **cleaner** n - [mech] limpiador m con rejilla f rotatoria
— — **feed cleaner** n - [avicult] limpiador m con rejilla f rotatoria para comida f
rotor n - [electr-mot] . . .; inducido m; rodete* m
— **apex** n - [int.comb] ápice m de motor m
— **assembly** n - [electr-mot] conjunto m de rotor m • [electr-instal] conjunto m móvil
— **axle** n - [electr-mot] eje m para rotor m
— **balance** n - [electr-mot] equilibrio m de rotor m
— **balancing** n - equilibrio m de rotor m
— **block** n - [electr-mot] bloqueo m para rotor n
— **blocking** n - [electr-mot] bloqueo m de rotor
— **brush** n - [electr-mot] escobilla f para rotor
— **cap** n - [electr-mot] casquillo m para rotor m
— — **assembly** n - [electr-mot] conjunto m de casquillo m para rotor m
— **casting** n - [electr-mot] (pieza f) colada f para rotor m
— **chamber** n - [electr-mot] cámara f, or caja f, para rotor m
— **complete winding** n - [electr-mot] devanado m completo, or bobina f completa, para rotor m
— **coupling** n - [turb] acoplamiento m para rodete m
. . . — **engine** n - [int.comb] motor m con . . . rotor(es) m
— **field** n - [electr-mot] campo m en rotor m
— **induction** n - [electr-mot] inducción f para rotor m
— **labyrinth ring** n - [electr-mot] anillo m laberinto m para rodete m
— **locking** n - [electr-mot] traba(dura) f de rotor m
— **maximum current** n - [electr-mot] corriente f máxima para rotor m
— **nominal current** n - [electr-mot] corriente f nominal para rotor m
— **part** n - [electr-mot] pieza f para rotor m
. . . — **engine** n - [int.comb] motor m rotatorio con . . . rotor(es) m
— **rated current** n - [electr-mot] corriente f nominal en rotor m
— **removable labyrinth ring** n - [mech] anillo m laberinto m desmontable para rodete m
— — **ring** n - [mech] anillo m desmontable para rodete m
— **removal** n - [electr-mot] remoción f de rotor
— **seal** n - [mech] sello m, or cierre m, para rotor m
— **set** n - [mech] juego m para rotor m
— **slip ring** n - [electr-mot] aro m, or anillo m, (para ajuste m) para rotor m

rotor-stator strip n - [electr-mot] chapa f para rotor-estator m
— support n - [mech] soporte m para rotor m
— surface n - [electr-mot] superficie f en rotor
— through bolt n - [electr-mot] perno m que atraviesa rotor m
— type mechanical reactor n - [electr-mot] reactor n mecánico de tipo m con rotor m
— — reactor n - [electr-mot] reactor m de tipo m con rotor m
— winding n - [electr-mot] devanado m, or bobina f, para rotor m
— — dielectric rigidity level n - [electr-mot] nivel m para rigidez f dieléctrica para devanado m para rotor m
— — insulation n - [electr-mot] aislación f para devanado m para rotor m
— — (s) set n - [electr-mot] juego m de, devanado(s) m, or bobina(s) f, para rotor m
— — temperature n - [electr-mot] temperatura f para, devanado m, or bobina f, para rotor m
— — — overelevation n - [electr-equip] sobreelevación f de temperatura f en devanado m para rotor m
rototiller n - [agric-equip] cultivadora f rotatoria; motocultivadora* f
rototrol n - [instr] regulador m rotatorio
— anti-hunt n - [electr-equip] regulador m rotatorio, or rototrol* m, antifluctuante
— current n - [electr-oper] corriente f en, regulador m antirotatorio, or rototrol* m
— — limit n - [electr-equip] limitador m para corriente f en, regulador m rotatorio, or rototrol* n
— droop n - [electr-oper] caída f en, regulador m rotatorio, or rototrol* m
— — control n - [electr-equip] regulación f de caída f en, regulador m rotatorio, or rototrol* m • regulador m para caída f en, regulador m rotatorio, or rototrol* m
— jig n - [electr-equip] pulsador m para, regulador m rotatorio, or rototrol* m
— motor-generator n - [metal-roll] motogenerador m para, regulador m rotatorio, or rototrol* m
— — set n - [electr-equip] juego m (de) motogenerador m para, regulador m rotatorio, or rototrol* m
— pattern n - [electr-equip] patrón m para, regulador m rotatorio, or rototrol* m
— set n - [electr-equip] juego m, de regulador m rotatorio, or rototrol* m
— volt(age) difference n - [electr-oper] diferencia f en voltaje m de, regulador m rotatorio, or rototrol* m
rotundly adv - rotundamente
rough a - ....; agreste; desparejo,ja; basto,ta • en borrador m • [rail-wheels] desbastado,da
— action n - [weld] acción f irregular
— adjustment n - [mech] ajuste m aproximado • [electr-oper] regulación f aproximada
— area n - zona f áspera
— bead n - [weld] cordón m áspero
— bolt n - [mech] perno m sin, terminar, or desbastar
— bore n - [rao;=wheels] hueco m desbastado
— bored a - [rail-wheels] taladrado,da en basto
— bottom n - fondo m rugoso
— brass n - [tub] latón m tosco
— bump n - golpe m brusco
— cast(ing) n - [metal-prod] fundición f basta | a - [metal-prod] fundido,da en basto
— cleaning solvent n - disolvente f fuerte para limpieza f
— coil n - [metal-roll] bobina f en bruto
— — storage transfer zone n - [metal-roll] zona f para transporte m en depósito m para bobina(s) f en bruto
— commutator n - [electr-mot] colector en bruto
— condition n - condición f, tosca, or áspera, or desigual, or ruda
— conduit n - [tub] conducto m rugoso
— contact n - [electr-instal] contacto m, rugoso, or áspero
— continuous rolling n - [metal-roll] desbaste m en continuo
— copy n - [legal] borrador m
— core n - [mech] orificio m en basto • [metal-wire] núcleo m, preliminar, or sin rectificar, or como acabado de fundir
— cored n - [mech] con orificio m, en basto, or sin rectificar, or como acabado de fundir
— — coating die n - [mech] matriz f para recubrimiento m con orificio m en basto
— — die n - [mech] matriz f con orificio m en basto
— — hole n - [metal-wire] agujero m, or orificio m, en basto, or sin rectificar
— — nib n - [metal-wire] pico m, sin rectificar, or como acabado de fundir • [wiredrwmg] pico m para trefilería f sin rectificar
— — standard wiredrawing nib n - [wiredrwng] pico m trefilador según norma f sin rectificar
— — to standard size a - [wiredrwng] sin rectificar para diámetro m según norma f
— — wiredrawing nib n - [wiredrwng] pico m sin rectificar para trefilería f
— course n - [sports] pista f áspera • recorrido m áspero
— cut edge n - [mech] borde m cortado áspero
— down v - [mech] desbastar
— draft n - [legal] borrador m • [drwng] esbozo m
— dressing n - [metal-roll] desbaste m
— edge n - borde m, áspero, or bruto, or desigual, or grosero
— engine idling n - [int.comb] marcha f, en vacío m, or sin carga f, lenta desigual de motor m
— environment n - ambiente m rudo
— feeding n - [mech] alimentación f desigual
— field handling n - trato m rudo en obra f • [transp] transporte m por terreno m accidentado
— file,ling band n - [mech] banda f limadora basta
— finish n - acabado n, aspero, or basto; terminación f, áspera, or basta
— forged a - [metal-prod] forjado,da en basto
— forging n - [metal-prod] forja(dura) f en basto
— form n - (con)forma(ción) f basta • [constr-concr] encofrado m, rugoso, or áspero
— going n - [fam] andar m rudo
— handling n - manipuleo m, or trato m, rudo, or descuidado
— idling n - [mech] marcha f, sin carga f, or en vacío m, desigual, or despareja
— indication n - indicación f aproximada
— iron n - [metal-prod] hierro m bruto
— job n - trabajo m rudo
— joint n - [tub] unión f rugosa
— machined a - [mech] labrado,da, or mecanizado,da, (en) basto
— operation n - operación f ruda
— pavement n - [roads] pavimento m, desigual, or desparejo
— plaster n - [constr] revoque m, or enlucido m, grueso, or preliminar
— rally n - [sports] encuesta f, or puja f, (rally) ardua
— rip-rap n - [constr] empedrado m rugoso
— roll n - [metal-roll] laminar en basto; desbastar
— rolled a - [metal-roll] laminado,da en basto; laminación f áspera; desbastado m
— — product n - [metal-roll] desbaste m; producto m debastado
— rolling n - [metal-roll] desbaste m; desbastado m; laminación f, áspera, or primaria, or inicial, or preliminar; desbastadura f
— sea n - [naut] mar m, tempestuoso, or agitado
— solvent n - disolvente m fuerte
— spot n - punto m, or sitio m, áspero

rough spray n - [constr] azotado m
— **surface** n - [safety] superficie f, áspera, or irregular
— **terrain** n - [topogr] terreno m, accidentado, or escabroso, or desigual, or desparejo
— — **lift** n - [cranes] elevador m para terreno(s), desigual(es), or rudo(s)
— **textured finish** n - acabado m rugoso áspero; terminación f rugosa áspera
— **tooth** n - diente áspero • [mech] diente m en bruto
— **track** n - [rail] vía f despareja
— **treatment** n - tratamiento m, or trato m, rudo
— **use** n - uso m rudo
— **weather** n - [meteorol] borrasca f; intemperie
— **welding** n - [weld] soldadura f basta
— **wire feeding** n - [weld] alimentación f de alambre m
roughage mill n - [agric] molino m para forrajes
roughed a - [metal-roll] desbastado,da
— **angle (iron)** n - [metal-roll] ángulo m, or hierro m angular, desbastado
— **down** a - [mech] desbastado,da
— **round** n - [metal-roll] redondo m desbastado
roughened mill finish n - acabado m opaco rugoso
— **dull finish** n - acabado m opaco rugoso
rougher n - [metal-roll] desbastadora f
— **dam** n - [metal-prod] see **slag skimmer**
— **helper** n—[metal-roll] desbastador m ayudante
roughing n - desbaste m; desbastadura f | a - desbastador,ra
— **area** n - [metal-roll] zona f para, desbaste m, or desbastadura f
— **down** n - [mech] desbaste m; desbastadura f
— **end temperature** n - [metal-roll] temperatura f, final, or para terminación f, de desbaste
— **filter** n - filtro m grueso
— **flotation cell** n - [constr] depósito m preliminar para flotación f
— **jig** n - [miner] criba f preliminar
— **mill** n - [metal-roll] tren m, desbastador, or laminador (en basto m); also see **blooming mill**
— — **approach** n - [metal-roll] entrada f para tren m desbastador
— — — **roller table** n - [metal-roll] mesa f con rodillo(s) para entrada f para tren m desbastador
— — **back-up roll** n - [metal-roll] rodillo m para apoyo m para tren m desbastador
— — **extension piece** n - [metal-roll] alargadera f para tren m desbastador
— — **operation** n - [metal-roll] operación f, or funcionamiento m, de tren m desbastador
— — **roll** n - [metal-roll] rodillo m para tren m desbastador
— — **scales** n - [metal-roll] báscula f para tren m desbastador
— — **work(ing) roll** n - [metal-roll] rodillo m para trabajo m para tren m desbastador
— — **zone** n - [metal-roll] zona f para tren m desbastador
— **operation** n - [metal-roll] operación f para desbaste m
— **roll** n - [metal-roll] rodillo m para, desbastar, or desbaste m
— **scale breaker** n - [metal-roll] rompedora f para escama(s) f (en desbastadora f)
— **speed** n—[metal-roll] velocidad f de desbaste
— **stand** n - [metal-roll] caja f desbastadora
roughly adv - duramente; escabrosamente • en orden m de
roughness n - . . . ; rugosidad f; fragosidad f
— **coefficient** n - coeficiente m para, aspereza f, or rugosidad f
— **value** n - valor m para rugosidad f
round n - . . . • [metal-prod] see **charge** • [metal-roll] redondo m; sección f, or barra f, redonda; desbaste m redondo • [constr-stairs] peldaño m • [sports] vuelta f | a - . . . • [archit] de medio punto m | v - . . . ; doblar

round-about weld n - [weld] soldadura f circunferencial
— **aluminized steel tubing** n - [tub] tubería f redonda de acero m aluminizado
— **arch** n - [archit] arco m, or bóveda f, de medio punto m
— **axle** n - [mech] eje m redondo
— **bar diameter** n - [constr-concr] diámetro m de barra f redonda
— — **stock(s)** n - [metal-roll] (existencia f de) barra(s) f redonda(s)
— — **straightener** n - [metal-roll] enderezadora f para barra(s) f redonda(s)
— **barb** n - [metal-wire] púa f redonda
— **bell furnace** n - [metal-treat] horno m con campana f, circular, or redonda
— **bloom** n - [metal-roll] tocho m, or desbaste m, redondo
— **bottom** n - fondo m, redondo, or circular
— **broach** n - [tools] broca f, redonda, or cilíndrica; terraja f
— **cast iron cover** m - tapa f redonda de hierro m fundido
— **conduit** n - [electr-instal] conducto m redondo
— **conveyor cover** n - [mech] cubierta f circular para cinta f transportadora
— **copper wire** n - [electr-cond] alambre m redondo de cobre m
— **cord** n - [cabl] cuerda f redonda
— — **pulley** n - [mech] polea f para cuerda f redonda
— **corner** n - esquina f, or arista f, redonda | a - con esquina(s) f redonda(s)
— — **square (bar)** n - [metal-roll] barra f cuadrada f con esquina(s) f redondeada(s)
— **@ corner** v - [mech] redondear, esquina f, or arista | v - [autom] doblar esquina f
— **cornered square (bar)** n - [metal-roll] barra f cuadrada con canto(s) m redondeado(s)
— **corrugated steel culvert** n - [constr] alcantarilla f redonda de acero m corrugado
— **cover** n - tapa f, or cubierta f, redonda, or circular
— **culvert** n - [metal-fabr] alcantarilla f, circular, or redonda
— **dating nail** n - [rail] clavo m fechador redondo; escarpia f fechadora redonda
— — **tie nail** n - [rail] clavo m fechador redondo, or escarpia f fechadora redonda, para traviesa(s) f
— **duct** n - [environm] tubería f redonda; conducto m redondo
— **fiber tag** n - [electr-instal] disco m de febra f
— **file** n - [tools] lima f, redonda, or circular; limatón m
— **flash in** n - [tub] filete m interior redondeado
— — — **welded cold rolled steel tubing** n - [tub] tubería f redonda de acero m laminado en frío soldado con filete m interior
— — — **aluminized steel tubing** n - [tub] tubería f de acero m aluminizado con filete m interior redondeado
— **form** n - (con)forma(ción) f redondeada
— **furnace** n - [metal-treat] horno m circular
— **galvanized corrugated steel culvert** n - [constr] alcantarilla f redonda de acero m corrugado galvanizado
— — **dating nail** n - [nails] clavo m fechador redondo galvanizado
— **head(ed) bolt** n - [mech] perno m con cabeza f redond(ead)a
— —**(ed) brass screw** n - [mech] tornillo m de latón m con cabeza f redond(ead)a
— —**(ed) cap screw** n - [mech] tornillo m con casquete m con cabeza f redond(ead)a
— —**(ed) drive screw** n - [mech] tornillo m con cabeza f redond(ead)a para clavar
— —**(ed) machine bolt** n - [mech] perno con ca-

beza f redond(ead)a para metal(es) m
round head(ed) machine screw n - [mech] tornillo m con cabeza f redond(ead)a para metal(es) m
— —(ed) **plow bolt** n - [mech] perno m con cabeza f redond(ead)a, con talón m, or para arado
— —(ed) **plug** n - [tub] tapón m macho con cabeza f redond(ead)a
— —(ed) **rivet** n - [mech] remache m con cabeza f redond(ead)a
— —(ed) **screw** n - [mech] tornillo m con cabeza f, redond(ead)a, or de gota f de sebo m
— —(ed) **stainless steel machine screw** n - [mech] tornillo m de acero m inoxidable con cabeza f redond(ead)a para metal(es) m
— —(ed) **steel rivet** n - [mech] remache m de acero m con cabeza f redond(ead)a
— —(ed) — **screw** n - [mech] tornillo m de acero m con cabeza f redond(ead)a
— —(ed) **steel rivet** n - [mech] remache m de acero m con cabeza f redond(ead)a
— —(ed) **wood screw** n - [mech] tornillo m con cabeza f redond(ead)a para madera f
— **hole** n - agujero m, or orificio m, redondo
— (s) **hot rolling stage** n - [metal-roll] etapa f, or fase f, para laminación f en caliente de redondo(s) m
— **iron cover** n - tapa f redonda de hierro m
— **key** n - [mech] llave f redonda • chaveta f redonda
— **leg** n - [mech] pierna f, or pata f, redonda
— **metal tag** n — [electr-instal] disco m de metal
— **mill** n - [metal-roll] tren m, or laminador m, para redondo(s) m
— **nail** n - [mech] clavo m redondo
— **off** v - redondear
— — @ **tread** v - [autom-tires] redondear (borde m de) banda f para rodamiento m
— **opening** n - [mech] abertura f circular
— **out** v - redondear; complementar; completar
— **pan** n - [tools] paila f redonda
— **part** n - [mech] pieza f, redonda, or circular
— **pile** n - montón m redondo • [constr-pil] pilote m redondo
— **pin** n - [mech] pasador m redondo • clavija f redonda
— — **anchor shackle** n - [mech]chains] grillete m para ancla m con pasador m redondo
— — **shackle** n - [mech] grillete m con pasador m redondo
— — **style** n - [mech] pasador m de tipo redondo
— **pipe** n - [tub] tubo m, redondo, or (con sección f) circular, or cilíndrico; tubería f, redonda, or circular, or cilíndrica
— — **drainage calculator** n - [hydr] regla f para cálculo m para drenaje m con tubo(s) m (circulares)
— — **end section** n - [tub] sección f terminal para, tubo m, or tubería f, circular
— — **galvanized steel end section** m - [tub] sección f terminal para tubería f circular de acero m galvanizado, or de acero m galvanizado para tubería f circular
— — — **measurement** n - [tub] medida f de tubería f, circular, or cilíndrica
— — **section** n - [tub] sección f, or trozo m, or tramo m, de tubería f circular
— — **size** n - tamaño m de tubería f circular
— — **steel end section** n - [tub] sección f terminal de acero m para tubería f circular
— (s) **production** n - [metal-roll] producción f de redondo(s) m
— **reamer** n - [mech] escariador m, or ensanchador m, circular
— **rear axle** n - [mech] eje m, posterior, or trasero, redondo
— **rod** n - [metal-roll] varilla f redonda
— (s) **rolling** n - [metal-roll] laminación f de redondo(s) m
— (s) **rolling stage** n - [metal-roll] etapa f, or fase f, para laminación f de, barra(s) f, or redondo(s) m

round rug n - [domest] alfombra f, redonda, or circular; tapete m, redondo, or circular
— **section** n - sección f circular • [electr-cond] cuerda f redonda; cordón m redondo
— **serrated** a - [nails] redondo,da estriado,da
— — **design nail** n - [nails] clavo m con fuste m redondo estriado
— **shank** n - [nails] fuste m, or cuerpo m, redondo; pierna f redonda
— — **nail** n - [nails] clavo m con fuste m redondo
— — **staple** n - [nails] grapa f con, fuste m redondo, or pierna f cuadrada
— **shape** n - (con)forma(ción) f, redonda, or circular, or tubular; redondez f | a con (con)forma(ción) f circular
— — **conduit** n - [tub] tubería f con (con)forma(ción) f circular
— — **mechanical pipe** n - [tub] tubería f con (con)forma(ción) f circular para aplicación(es) f emcánica(s)
— — **pipe** n - [tub] tubo m, or tubería f, con (con)forma(ción), f circular, or redonda
— — **tubing** n - [tub] tubería f con (con)-forma(ción) f circular
— **slab** n - [metal-roll] desbaste m redondo
— **slice** n - rodaja f
— **stainless steel** n - [metal-roll] acero m inoxidable redondo
— — — **bar** n - [metal-roll] barra f redonda de acero m inoxidable
— **stationary type ventilator** n - [constr] ventilador m redondo de tipo m fijo
— — **ventilator** n - [constr] ventilador m redondo fijo
— **steel** n - [metal-roll] acero m redondo
— — **bar** n - [metal-roll] cabilla f; barra f, redonda de acero m, or de acero m redonda
— — **culvert** n - [constr] alcantarilla f redonda de acero m
— — **pipe** n - [tub] tubo m, or tubería f, circular de acero m
— — **rung** n - [constr] peldaño m, or escalón m, redondo de acero m, or redondo de acero m
— **structure** n [constr] estructura f circular
— **table** n - [domest] mesa f redonda
— **thread** n - [mech] rosca f redondeada; resalto m, redondo, or redondeado
— — **casing** n - [petrol] tubería f para entubación f con rosca f redond(ead)a
— — **screw** n - [mech] tornillo m con rosca f redond(ead)a
— **tie nail** n - [rail] clavo m redondo para traviesa(s) f
— **tin pan** n - [tools] paila f redonda de hojalata f
— **trip** m - viaje m, redondo, or de ida y vuelta • [petrol] cambio m de barrena f
— — **expense(s)** n - travel] gasto(s) m para (viaje m de) ida y vuelta
— — **freight** n - [transp] flete m para viaje m de ida y vuelta
— — **measurement** n - [comput] medición f de viaje m, redondo, or de ida y vuelta
— — **travel expense(s)** n - [travel] gastos m para viaje m de ida y vuelta
— **tube** n - [tub] tubo m redondo
— **tubing** n - [tub] tubería f, redonda, or circular
— **type ventilation** n - [constr] ventilador m de tipo m redondo
— **ventilator** n - ventilador m redondo
— **welded aluminized steel tubing** n - [tub] tubería f redonda de acero m aluminizada soldada
— **wire** n - [metal-wire] alambre m redondo
— — **center** n - [metal-wire] centro m de alambre redondo • [cabl] alma m, de alambre m redondo, or redondo de alambre m
— — **strand** n - [cabl] cordón m, or hebra f de alambre m redondo • cordón m redondo de alambre m

- **roundabout** n - [roads] glorieta f; plaza f; empalme m circular • [Arg.] rondpoint* m • [weld] soldadura f circunferencial | a - indirecto,ta
— **application** n - [weld] aplicación f circunferencial
— **fillet weld** n - [weld] soldadura f circunferencial en ángulo m interior
— **groove weld** n - [weld] soldadura f circunferencial en ranura f
— **lap weld** n - [weld] soldadura f circunferencial con solapo m
— **weld** n - [weld] soldadura f circunferencial
— **welding** n - [weld] soldadura f, circunferencial, or perimetral • soldadura f, desviada, or irregular, or indirecta
- **rounded** a - redondeado,da • colmado,da • [geol] rodado,da
— **contour** n - contorno m redondeado
— **corner** n - [mech] esquina f, or arista f, redondeada
— **cusp** n - [archit] lóbulo m redondeado
— **dog point** n - [mech] núcleo m prolongado (y) redondeado
— **edge** n - [mech] borde m redondeado
— — **headwall** n - [constr] muro m de cabecera f con borde m redondeado
— — **rectangle** n - rectángulo m con borde m redondeado
— — **rectangular** a - rectangular con borde m redondeado
— **granular material** n - [constr] material m granular rodado
— **inlet** n - [mech] boca f achaflanada
— **material** n - [geol] material m rodado
— **nib** n - [mech] pico m redondeado
— **off** a - redondeado,da
— — **tread** n - [autom-tires] banda f para rodamiento m redondeada
— **out** a - redondeado,da • completado,da
— **peak** n - [topogr] pico m redondeado
— **shadow** n - sombra f redondeada
— **teaspoon(full)** n - [domest] cucharadita f colmada
— **thread** n - [mech] rosca f redond(ead)a; resalto m redond(ead)o
— — **screw** n - [mech] tornillo m con, rosca f redond(ead)a, or resalto m redond(ead)o
— **tip** n - [mech] pico m redondeado
- **roundhead arch** n—[archit] arco m de medio punto
- **roundhouse** n - [rail] taller m, or depósito m, para locomotora(s) f; taller m para reparación(es) f ferroviaria(s)
- **rounding** n - redondeo* m; redondeamiento* m
— **off** n - redondeo* m
— — **radius** n - [constr] radio m para redondeo
— **out** n - completamiento* m
- **roundness** n - redondez f; rotundidad f
— **press** n - [mech] prensa f para, redondear, or redondez f, or rotundidad f
— **uniformity** n - uniformidad f en redondez f
- **rounds mill** n - [metal-roll] laminador m para redondo(s) m
- **rousing success** n - éxito m rotundo
- **route** n - . . .; trazado m; recorrido m; camino m • [metal-prod] circuito m para manejo m | v - encaminar; enviar; pasar • [legal] pasar • [electr-instal] tender; canalizar
— **@ cable** v - [electr-instal] pasar cable m
— **head(ed) screw** n - [mech] tornillo m con cabeza f, acanalada, or ranurada
— **inside** v - pasar por interior m
— **map** n - [travel] mapa m para recorrido m
— **marker(s)** n - [roads] indicador(es) m para ruta f
— **through** v - encaminar por vía f • pasar por interior m
- **routed** a - encaminado,da • [roads] con trazado m
— **cable** n - [electr-instal] cable m, encaminado, or pasado
— **through** a - pasado,da por interior m

- **router (jig)** n - [tools] contorneadora f
- **routinary** a - rutinario,ria; de rutina; acostumbrado,da; corriente; común
- **routine application** n - aplicación f, corriente, or acostumbrada, or de rutina f
— **change** n - cambio m, rutinario, or de rutina
— **check(ing)** n - verificación f de rutina
— **combustion test** n - [combust] ensayo m de rutiuna f de combustión f
— **drainage system** n - [constr] sistema común
— **engine operation** n - [int.comb] operación f corriente para motor m
— **fuel stop** n - [autom-oper] detención f de rutina f para abastecimiento m (de combustible) m
— **inspection** n - inspección f, or examen m, de rutina f
— **maintenance** n - [ind] mantenimiento m, or conservación f, de rutina, or corriente
— — **arc welding** n - [weld] soldadura f corriente por arco m para reparación f
— — **checklist** n - [ind] lista f para verificación f para mantenimiento m de rutina f
— — **procedure** n - [ind] procedimiento m de rutina f para, mantenimiento m, or conservación f
— — **welding** n - [weld] soldadura f corriente para, mantenimiento m, or reparación f
— **matter** n - asunto n de rutina f
— **operation** n - [mech] operación f corriente
— **procedure** n - procedimiento m de rutina f
— — **change** n - [ind] cambio m, rutinario, or de rutina f, en procedimiento m
— **production arc welding** n - [weld] soldadura f por arco m corriente para producción f
— **question** n - problema m de rutina f
— **service** n - [ind] servicio m, or atención f de rutina, or regular, or corriente
— **stop** n - detención f de rutina f
— **system** n - sistema m, común m, or de rutina
— **test** n - [ind] ensayo m de rutina f
— **traffic** n - [electron] tráfico m, or comunicación f, de rutina • [roads] tránsito m de rutina f
— **transmission** n - [telecom] transmisión f de rutina f
— **use** n - uso m, corriente, or de rutina f
— **visit** n - visita f de rutina f
— **voice traffic** n - [electron] tráfico, or comunicación f, vocal, or verbal, de rutina f
— **weld inspection** n - [weld] inspección f de rutina para soldadura f
— **welding** n - [weld] soldadura f corriente
— **wet method** n - [chem] vía f húmeda de rutina
— — **process** n - [chem] vía f húmeda de rutina
- **routinely** adv - acostumbradamente, de rutina f
- **routing** n - encaminamiento m • [electr-instal] canalización f; recorrido m • [tub] trazado m • [transp] ruta f
— **card** n - [ind] ficha f para encaminamiento m
— **inside** n - paso m por interior m
— **office** n - oficina f para encaminamiento m
— **section** n - oficina f para encaminamiento m
— **sheet** n - hoja f para ruta f • [fin] planilla f para cobertura f
— **~lip** n - [ind] hoja f para ruta f
— **through** n - paso m por interior m
- **roving** n . . .; vagabundeo m
- **row** n - . . .; renglón m; ristra f • [agric] surco m • [constr] hilada f
. . . — **corn cultivator** n - [agric-equip] cultivador m para maíz m para . . . hilera(s) f
— **crop cultivation** n - [agric] cultivo m de, mies f, or cosecha f, por hilera(s) f
— — **head** n - [agric] cabezal m para cosechar (por) hilera(s) f
— **cultivation** n—[agric] cultivo m por hileras
. . . — **maize cultivator** n - [agric] cultivador m para maíz m para . . . hilera(s) f
. . . — **roller bearing** n - [mech] cojinete m con rodillo(s) m con . . . hilera(s) f

Rowe theory n - [soils] teoría f (de) Rowe
rowing channel n - [nav] canal m para (embarcación(es) f con) remo(s) m
Royal Automobile Club n - [autom] Club Automovilístico Real
— — — **Rally** n - [sports] (carrera f, or prueba f) Rally de, Club Automovilístico Real, or Reino m Unido
— **decree** n - [pol] decreto m real
— **tackle** n - [cabl] aparejo m real
royalty n - . . . • [legal] . . .; canon m • [ind] derecho(s) m de patente m
— **free** a - [legal] libre de regalía(s) f
— **payment** n - [fin] pago m de regalía(s) f • canon m de pago(s) m
RS n - [autom] *see* **racing sedan**
rub n - . . .; rozamiento m | v - . . .; rozar; fregar; fratar; fricar
—(bing) **bar** n - [mech] barra f para fricción f
— **in** v - [fam] insistir; fregar
— — **by hand** v - introducir con fricción manual
— **on** v - frotar, or raspar, sobre
—(bing) **rail** n - [constr] viga f para deslizamiento m
—(bing) **strip** n - [autom0tires] franja f, or tira f, contra fricción f
— **together** v - estregar; fricar
— **with sand** v - arenar
rubbed a - frotado,da; fregado,da; estregado,da
— **in by hand** v - introducido,da con fricción f manual
— **on** a - frotado,da sobre
rubbed a - frotado,da; fregado,da; rozado,da
rubber n - . . .; goma f • [Mex.] hule* m • [autom-tires] neumático(s) m • [vest] zapatón
— **air tube** n - tubería f de caucho m para aire
— **bearing** n - [mech] asiento m de caucho m
— **belt** n - [mech] correa f de, caucho, or goma
— — **cover** n - [mech] funda f de caucho m para correa f
— **block** n - [plast] bloque m de caucho m
— **boot** n - [vest] bota f de caucho m • [mech] protector m de caucho m
— **bushing** n - [mech] buje m de caucho m
— — **and pin assembly** n - [mech] conjunto m de buje m de caucho y pasador m
— **chassis mounting** n - [mech] pieza f de caucho m para montaje m de chassis m
— **compound** n - [plast] compuesto m de caucho m
— **cove** n - [constr] moldura f de caucho m
— — **base** n - [constr] moldura f de caucho m para zócalo m
— **cover** n - cubierta f de caucho m | v - recubrir con caucho m
— **covered** a - recubierto,ta con caucho m; con recubrimiento m de caucho m
— — **cable** n - [electr-cond] cable m recubierto con caucho m
— — **flapper** n - [valv] chapaleta f recubierta con caucho m
— — **pad** n - [mech] base f recubierta, or apoyo m recubierto, con caucho m
— — **steel roll** n - [metal-treat] rodillo m de acero m recubierto con caucho m
— — **spring core cable** n - [cabl] cable m con alma f (de resorte) en espiral recubierto con caucho m
— **covering** n - recubrimiento m con caucho m
— **cushion** n - [mech] almohadilla f de caucho m
— — **mount** v - [mech] montar sobre almohadilla f de caucho n
— — **mounted** a - [mech] montado,da sobre almohadilla(s) f de caucho m
— — **mounting** n - [mech] montaje m sobre almohadilla(s) f de caucho m
— **dust** n - [plast] polvo m de caucho m
— **expansion joint** n - [tub] junta f para dilatación f de caucho m
— **foam** n - espuma f de caucho m
— — **matress** n - [domest] colchón m, or colchoneta f, con espuma f de caucho m

rubber gasket n - [mech] guarnición f, or empaquetadura f, or burlete m, de caucho m
— **gasketed** a - con guarnición f de caucho m
— — **bell and spigot joint** n - [tub] junta f con espiga f y campana f con guarnición f de caucho m
— — **joint** n - [tub] unión f con guarnición f de caucho m
— **glove(s)** n - [safety] guante(s) m de caucho
— **grommet** n - [mech] ojal m de caucho m
— **guide bearing** n - [mech] cojinete m, or chumacera f, de caucho m para guía f
— **heel** n - tacó(n) de caucho m
— **hose** n - [plast] mang(uer)a f de caucho m
— **industry** n - [plast] industria f de caucho m
— **insulated cable** n - [electr-cable] conductor m, aislado con, or con aislación de, caucho m
— — **conductor** n - [electr-cond] conductor m, aislado con, or con aislación f de, caucho m
— **insulation** n - aislación f con caucho m
—, **insulator**, or **isolator** n - [mech] aislador m de caucho m
— **jacket** n - [electr-cond] camisa f de caucho m
— **lining** n - revestimiento m de caucho m
— **mat** n - [domest] estera f de caucho m
— **mount(ing)** n - [mech] almohadilla f, or pieza f, de caucho m (para montaje m)
— **nozzle** n - [mech] boquilla f de caucho m
— **O ring** n - [mech] guarnición f, anular, or circular, de caucho m
— **pad** n - [mech] apoyo m, or asiento m, or cojín m, de caucho m
— **part** n - [mech] pieza f de caucho m
— **piston** n - [mech] émbolo m de caucho m
— **plant** n - [botan] planta f de caucho m • [ind] planta f (para procesamiento m) para caucho m
— **ring gasket** n - [tub] junta f anular de caucho m
— **roll** n - [mech] rodillo m de caucho m
— **seal** n - [tub] sello m de caucho m
— **sealant** n - [mech] sellador m de caucho m
rubber seat n - [mech] asiento m de caucho m
— **seated** a - [valv] asentado,da en, or con asiento m de, caucho m
— — **valve** n - [valv] válvula f con asiento m de caucho m
— **set** n - [autom-tires] juego m de neumáticos m
— **soled shoe** n - calzado m con suela f de caucho m
— **spacer** n - [mech] separador m de caucho m
— **sponge** n - [plast] esponja f de caucho m
— — **washer** n - [mech] arandela f de esponja f de caucho m
— **strip** n - [mech] tira f de caucho m
— **thermosetting** n - [plast] termoestabilización* f de caucho m
— **tire** n - [autom-tires] neumático m de caucho m • cubierta f de caucho m
—**-tired roller** n - [constr] rodillo m con neumático(s) m de caucho m
— — **tamping roller** n - [constr] rodillo m apisonador con neumático(s) m de caucho
—**-to-void ratio** n - [autom-tires] razón f, or relación f, entre caucho m y, oquedad(es) f, or vacío m
— **tube** n - [plast] tubo m de caucho m
— **vibration isolator** n - [mech] aislador m de caucho m contra vibración f
— **washer** n - [mech] arandela f de caucho m
rubberlike a - cauchoso,sa*
— **insulation** n - [electr-instal] aislación f cauchosa*
rubberoid* n - [constr] ruberoide* m
rubbing n - . . .; frotamiento m; frotadura f; rozamiento m; rozadura f • [medic] friega f | a - frotador,ra; frotante; rozador,ra
— **bar** n - [mech] barra f, frotadora, or para fricción f • barra f compensadora
— — **cylinder** n - [mech] cilindro m para barra f para fricción f

rubbing in by hand n - introducción f con fricción f manual
— **on** n - frotamiento m sobre
rubbish n - . . . . • [miner] zafra* f
— **cleaner** n - [miner] zafrero* m
rubble n - . . .; escombro(s) m
— **line** v - [constr] revestir con cascote(s) m
— — **@ channel** n - [hydr] revestir cauce m con cascote(s) m
— **lined** a - [constr] revestido,da con cascote m
— — **channel** n - [hydr] cauce m revestido con cascote(s) m
— **lining** n - [constr] revestimiento m con cascote(s) m
rudder tiller n - [nav] guardín m para timón m
ruddy a - . . . . • fresco,ca; frescote,ta
rudely adv - . . .; ordinariamente
rudeness n - . . .; ordinariez f
ruffle n - [vest] frunce m | v - . . .
rugged a - . . .; sólido,da; resistente; reforzado,da; fuerte; recio,cia; rudo,da • fortachón,na • áspero,ra • [topogr] . . .; agreste; accidentado,da
— **application** n - [weld] aplicación f rugosa
— **assembly** n - [mech] conjunto m, recio, or resistente
— **belt ply** n - [autom-tires] tela f, recia, or resistente, para banda f circunferencial
— **box frame** n - bastidor m para caja f sólido
— **cable assembly** n - [weld] conjunto m de cable m resistente
— **channel** n - [mech] viga f acanalada recia
— **condition** n - [topogr] condición f escarpada
— **construction** n - [constr] construcción f, recia, or ruda, or sólida
— **contact jaw** n - [weld] boca f, or mandíbula f, recia para contacto m
— **course** n - [roads] pista f áspera; recorrido m áspero
— **desert** n - [topogr] desierto m, áspero, or agreste
— **design** n - proyección f sólida
— **engine** n - [int.comb] motor m, rudo, or sólido
— **equipment** n - [ind] equipo m sólido
— **fiberglass** n - [plast] fibra f de vidrio m recia
— **formed channel** n - [mech] viga f acanalada conformada recia
— — — **frame** n - [mech] marco m, or bastidor m, recio de vigas f acanaladas conformadas
— **frame** n - [mech] bastidor m, or marco m, or esqueleto m, recio, or sólido
— **generator** n - [electr-prod] generador m recio
— **jaw** n - [mech] mandíbula f recia
— **lens holder** n - [optics] portacristal(es) m recio
— **machine** n - [mech] máquina f recia • [weld] soldadora f recia
— **mountain terrain** n - [geogr] terreno m montañoso, accidentado, or escarpado
— **operation** n - operación f sólida
— **performance** n - desempeño m sólido
— **pipe** n - [tub] tubo m recio; tubería f recia
— **ply** n - [autom-tires] tela f, recia, or resistente
— **polarity switch** n - [electr-equip] conmutador m recio para polaridad f
— **production wire feeder** n - [weld] alimentadora f de alambre sólida para trabajo(s) en, serie f, or escala f industrial
— **rayon belt ply** n - [autom-tires] tela f, recia, or resistente, de rayón m para banda f circunferencial
— **resilient belt ply** n - [autom-tires] tela f elástica resistente para banda f circunferencial
— — **rayon belt ply** n - [autom-tires] tela f resistente elástica de rayón m para banda f circunferencial
— **service** n - [ind] servicio m rudo
— **shaft** n - [mech] árbol m, or eje m, rudo

— **rugged sidewall construction** n - [autom-tires] construcción f, or fabricación f, recia de pared(es) f lateral(es)
— **sleeve joint** n - [mech] junta f recia tipo m manguito
— **steel** n - [metal-prod] acero m recio
— — **pipe** n - [tub] tubo m recio de acero m; tubería f recia de acero m
— **structure** n - [constr] estructura f sólida
— **switch** n - [electr-equip] conmutador m recio
— **terrain** n - [topogr] terreno m (muy), accidentado, or escabroso, or escarpado, or áspero
— **traction** n - [autom-tires] tracción f, sólida, or segura
— **transponder** n - [electron] transmisor m respondedor, or transpondedor* m, recio
— **tubular frame** n - [mech] esqueleto m, or armazón m, tubular, sólido, or recio
— **unit** n - dispositivo m recio • [weld] soldadora f recia
— **welder** n - [weld] soldadora f, recia, or sólida
— —/**generator** n - [weld] soldadora f generadora recia
— **wellhead** n - [petrol] cabezal m (para pozos m) recio
— **wheel** n - [mech-wheels] rueda f, recia, or resistente, or fuerte
— — **assembly** n - [mech=wheels] conjunto m, resistente de rueda(s) f, or de rueda(s) f resistente(s)
— **wire feeder** n - [weld] alimentadora f sólida para alambre m
ruggedness n - . . . .; reciura f; solidez f
ruin n - . . .; fracaso m | v - . . .; destruir
ruined a - arruinado,da; destruido,da
— **tire** n - [autom-tires] neumático m arruinado
ruining n - ruina f; arruinamiento m
rule n - . . .; régimen m • reglamento m • [drwng] escantillón m • [pol] disposición f | v - . . . • [print] reglar; rayar
— **book showdown** n - [labor] trabajo m según reglamento m
— **booklet** n - folleto m de regla(s) f
— **communication** n - [labor] notificación f de reglamento m
—(s) **contact** n - [ind] entrevista f sobre regla(s) f
— **exception** n - excepción f a regla f
— **instruction** n - [labor] instrucción f sobre regla(s) f
—(s) **of Conciliation and Arbitration** n - [legal] Regla(s) f para Conciliación f y Arbitraje m
— **of thumb** n - regla f, general, or empírica; término(s) m general(es)
— **out** v - . . . • [fig] proscribir
—(s) **quirk** n - capricho m en reglamentación f
— **violation** n - infracción f de regla f
ruled a - reglado,da • [print] rayado,da
— **out** a - [fig] proscripto,ta
ruling n - . . . .; reglamento m; reglamentación f; ordenanza f; norma f
— **establishment** n - establecimiento m de, disposición f, or reglamentación f
— **out** n - [fig] proscripción f
rumble n - . . . .; rugido m | v - . . .
rumbled a - retumbado,da; rugido,da
rumbling n - rugido m | a - rugiente; rugidor,ra • rumoroso,sa
rumor n - . . .; fama f | - rumor(e)ar
— **spreading** n - divulgación f de rumor(es) m
rumored a - rumoreado,da
run n - . . . . • tramo m; recorrido m • [ind] tanda f; partida f • período m de funcionamiento m • [hydr] arroyo m | a - corrido,da; operado,da; hecho,cha, funcionar, or operar • empleado,da; hecho,cha, operar, or marchar | v - . . . • operar; hacer, funcionar, or operar • [mech] emplear • [sports] competir •

run across [transp] circular • variar • hacer marchar
run against v - topar con • [sports] correr, or competir, con(tra)
— aground v - [nav] varar; zabordar
— ahead v - adelantar(se) • [weld] correr(se) delante
— at full speed v - [mech] marchar, or funcionar, con velocidad f plena
— — — throttle a - operado,da con, velocidad f, or marcha f plena | v - [int.comb] funcionar a, toda marcha f, or marcha f plena
— — low idle v - funcionar lentamente, sin carga, or vacío,cía
— — — — speed a - operado,da con velocidad f lenta sin carga | v - [int.comb] operar con velocidad f lenta sin carga f
— — — speed v - marchar con velocidad f lenta
— — night a - [sports] corrido,da en noche f | v - [sports] correr en noche f
— away v - escapar; fugar; escabullir(se)
— @ bead v - [weld] ejecutar, or hacer, or colocar, cordón m
— @ bull(s) v - [sports] correr toro(s) m
— cold v - [int.comb] correr, or funcionar, frío,ría
— comfortably v - [sports] correr, cómodamente, or con comodidad f
— conservatively a - corrido,da en forma f conservadora | v—correr en forma f conservadora
— @ control lead v - [electr-instal] correr, or pasar, conductor m para regulación f
— cool(ly) v - [int.comb] correr, or marchar, fríamente
— down n - [metal-roll] engrosamiento m | a - . . .; gastado,da
— downhill v - correr, hacia, or cuesta, abajo
— @ drier v - [ind] (hacer) funcionar secador m
— dry a - [mech] corrido,da, or operado,da, or marchado,da, en seco | v - [mech] correr, or operar, or marchar, en seco
— easily v - correr fácilmente
— efficiently a - [mech] funcionado,da eficientemente | v - [mech] funcionar eficientemente
— empty a - operado,da sin carga f | v - operar sin carga f
— end n - terminación f, or finalización f, de, tanda f, or partida f • [tub] extremo m de tramo m
— engine n - [int.comb] motor m operado
— @ engine v - [int.comb] operar, or, hacer, funcionar, or marchar, motor m
— @ — at full speed v - [int.comb] operar, or hacer funcionar, motor m con velocidad plena
— @ — — throttle v - [int.comb] operar, or hacer funcionar, motor con marcha f plena
— erratically a - funcionado,da erráticamente | v - funcionar erráticamente
— evenly v - operar en forma f pareja | a - operado,da en forma f pareja
— fan n - [mech] ventilador m operado
— @ — v - [mech] operar ventilador m
— feeder n - alimentadora f operada
— @ feeder v - operar alimentadora f
— flat out v - [sports] correr desembocadamente
— for cover v - [safety] cubrir(se); guarecerse
— freely a - corrido,da libremente | v - correr libremente
— full v - operar lleno,na
— hard a - [int.comb] operado,da intensamente • [sports] corrido,da fuertemente | v - [int.comb] operar intensamente • [sports] correr fuertemente
— helically v - correr, helicoidalmente, or en forma helicoidal
— higher v - exceder(se)
— hot v - [mech] correr caliente; recalentarse; (tender a) calentar(se)
— @ hydraulic motor n - [agric] operar motor m hidráulico
— idle a - operado,da sin carga f | v operar, or funcionar, sin carga f

run-in n - [mech] rodaje m • [autom] encontronazo m | a—[mech] rodado,da | v - [mech] rodar
— — conveyor n - [mech] cinta f transportadora (extensible) para entrada f
— — elevator n - [mech] elevador m para entrada f
— — @ oil v - [mech] operar en aceite m
— — table n - [ind] mesa f para, entrada f, or alimentación f
— — @ wave(s) a - corrido,da en oleada(s) f | v - correr en oleada(s) f
— into @ problem(s) v - topar con problema(s) m
— irregularly v - operar, or funcionar, en forma f irregular
— @ lead v - [electr-instal] pasar, or colocar, conductor m
— like @ top v - correr impecablemente
— — @ train v - correr [como] sobre rieles m
— line n - [ind] línea f para producción f
— run-in conveyor n - [mech] cinta f transportadora para entrada f para línea f (para producción f)
— — —out conveyor n - [mech] línea f transportadora para salida f para línea f (para producción f
— longitudinally v - correr, longitudinalmente, or en sentido m longitudinal
— machine n - [mech] máquina f operada
— @ — v - [mech] operar máquina f
— nose-to-tail v - [sports] correr como acoplado(s),da(s) (entre sí)
— -of-the-mill a - corriente; normal
— —@-mine a - [miner] (como) acabado de minar • sin seleccionar; en estado m natural
— off v - extender(se) más allá; sobrepasar
— — @ road v - salir(se) de camino m
— — @ tooth v - [mech] salir(se) de diente m
— tab n - [weld] planchuela f para derrame m
— @ office v - operar oficina f
— on v - [autom-tires] correr sobre
— — all cylinder(s) a - [int.comb] operado,da con todo(s) cilindro(s) m | v - [int.comb] operar con todo(s) cilindro(s) m
— — . . . cylinder(s) a - [int.comb] operado,da con . . . cilindro(s) m | v—[int.comb] operar con . . . cilindro(s) m
— — one half @ tread depth v - [autom] correr con mitad f de profundidad f de banda f para rodamiento m
— — @ pavement n - [roads] corrida f sobre pavimento m | a - corrido,da sobre pavimento m | v - correr sobre pavimento m
— out a - agotado,da • [mech] para salida f | v - fluir • agotar(se); quedar(se) sin • fallecer
— — conveyor n - [mech] cinta f transportadora (extensible) para salida f
— — of energy v - [electr-prod] agotar(se) energía f
— — — fuel v - [int.comb] agotar(se), or quedar(se) sin, combustible m
— — — gas(oline) v - [int.comb] agotar(se), or quedar(se) sin, gasolina f
— — — tire(s) v - [autom-tires] quedar(se) sin neumático(s) m
— — portion n - [weld] extensión f removible
— — tab n - [mech] planchuela f, supletoria, or para descarte m • [weld] planchuela m para derrame m
— — table n - [metal-roll] mesa f, para salida f, or transportadora • [Spa.] alargadora f
— over v - desbordar(se) v - [roads] arrollar
— — pig iron n - [metal-prod] arrabio m desbordado
— period n - [ind] período m de operación f
— over n - rebalse m • also see overrun | a - rebalsado,da | v - rebalsar
— point n - [tub] punto m en tramo m
— (ning) position n - [mech] posición f para, operación f, or funcionamiento m, or marcha f
— properly a - operado,da apropiadamente | v -

operar apropiadamente
run quietly v - correr, or operar, silenciosamente
— **regularly** v - correr, or operar, or funcionar, regularmente, or en forma f regular
— **risk** n - riesgo m corrido
— @ — v - correr riesgo n
— **slowly** v - correr, lentamente, or despacio
— **smoothly** a - operado,da suavemente | v - operar, or correr, or funcionar, suavemente
— **spirally** v - correr, espiraladamente*, or en forma espiralada*
— **stop** n - [mech] fin, or límite, de carrera f
— @ **straight bead** v - [weld] ejecutar, or colocar, cordón m recto
— **strong** v - [sports] correr fuertemente
— @ **test** v - efectuar ensayo m
— **through** v - pasar por; extender(se), or continuar, a través de
— — @ **stand** v - [metal-roll] pasar por caja f
— @ **tire** v - [autom-tires] usar, or correr con, neumático m
— **together** a - confluido,da | v - confluir
— **tough(ly)** v - correr tenazmente
— **transversely** v - correr, transversalmente, or en sentido m transversal
— **uninterruptedly** v - [transp] correr, or circular, ininterrumpidamente
— **up front** v - correr en posición f buena
— **up speed** n - velocidad f para embalamiento* m
— **uphill** v - correr, cuesta f, or hacia, arriba
— **well** v - correr bien
— **with** v - operar con
— **with no problem** v - operar sin problema(s) m
— **without** @ **load** v [weld] funcionar sin carga f
runaway train n - [rail] tren m desbocado
rundown n - ennumeración f • escurrimiento m
rundown tank n - [ind] cuba f para escurrimiento
rung n - [tools] . . .; escalón m
runner n - . . . • [mech] corredera f • [metal-prod] canal m, or ruta f, or reguera f, para colada f; ruta f; reguera f; canaleta f • derivación f (de canal m para colada f)
— **branch** n - [metal-prod] derivación f de, vertedero m, or canal m (para colada f)
— **clay** n - [metal-prod] arcilla f para ruta f; oleoresina* f
— **cleaning** n - [metal-prod] limpieza f de ruta
— **corn planter** n - [agric-equip] sembradora f con corredera f para maíz m
— **cross section** n - [metal-prod] corte m transversal de canal m (para colada f)
— **drying** n - [metal-prod] secado m de canal m
— **elevation** n - [metal-prod] nivel m de ruta f
— **flooding** n - [metal-prod] anegación f de ruta
— **gate** n - [metal-prod] compuerta f para ruta f
— **iron scrap** n - [metal-prod] burro m (de hierro m) en ruta f
— **lining** n - [metal-prod] revestimiento m de, ruta f, or canal m, (para colada f)
— — **material** n - [metal-prod] material m para, ruta f, or canal m, (para colada f)
— — — **used** n - [metal-prod] material m empleado para, ruta f, or canal n (para colada f)
— **maize planter** n - [agric-equip] sembradora f con corredera f para maíz m
— **planter** n - [agric-equip] sembradora f (para maíz m) con corredera f
— **preparation** n - [metal-prod] preparación f de, ruta f, or canal, (para colada f)
— — **for tapping** n - [metal-prod] preparación f de, ruta f, or canal m, para colada f
— **refractory,ries** n - [metal-prod] refractarios m para ruta f
— **repair** n - [metal-prod] reparación f de, ruta f, or canal m, (para colada f)
— — **crew** n - [metal-prod] cuadrilla f para reparación f de, canal, or ruta, (para colada)
— **repairman** n - [metal-prod] rutero* m
— **scrap** n - [metal-prod] burro m en ruta f
— **splasher** n - [metal-prod] chapa f para salpicadura f
runner work n - [metal-prod] trabajo m en ruta f
running n - . . .; operación f • [mech] empleo m | a - fluido,da • consecutivo,va • [mech] en marcha f
— **aground** n - [nav] varada f
— **at full throttle** n - [int.comb] operación f con marcha f plena
— **board splashguard** n - [autom] zócalo m para estribo m
— **capacitor** n - [electr-instal] capacitador m para operación f
— **down** n - enumeración f
— **empty** n - operación f sin carga f
— **engine** n - [int.comb] motor m en, marcha f, or operación f, or funcionamiento m
— **full** a - colmado,da
— — **condition** n - [tub] condición f colmada
— **gear** n - [cranes] tren m rodante; mecanismo m para traslación f
— **idle** n - funcionamiento m sin carga f
— **in** n - [mech] puesta f en marcha para ensayo m; estreno m • [autom] rodaje m
— **in wave(s)** a - en oleada(s) f
— **machine** n - [mech] máquina f, or motor, en, marcha f, or operación f • [weld] soldadora f en marcha f
— **motor** n - [mech] motor m en, marcha f, or operación f
— **on . . . cylinder(s)** n - [int.comb] operación f con . . . cilindro(s) m
— @ **pavement** n - [roads] corrida f sobre pavimento m
— **out** n - agotamiento m
— — **of fuel** n - [int.comb] agotamiento m de combustible m
— — — **gas(oline)** n - [int.comb] agotamiento m de gasolina f
— **over** n - rebalse m
— **period** n - período m para operación f
— **play** n - [sports] jugada f con corrida(s) f
— **position** n - [mech] posición f para, marcha f, or operación f, or funcionamiento m
— **reinforcement** n - [constr] refuerzo m corrido
— **rope** n - [cabl] cable m corredor
— **spark** n - [int.comb] chispa f, continuada, or durante marcha f
— — **advance** n - [int.comb] avance m, or adelanto m, de chispa f, continuado, or durante marcha f
— **start** n - [weld] arco m encendido antes de llegar(se) a parte f de trabajo para soldarse
— — **up** n - [ind] puesta f en marcha f para ensayo m
— **tank** n - [hydr] depósito m para regulación f
— **test** n - ensayo m, or prueba f, de, marcha f, or funcionamiento m
— **thread** n - [tub] rosca f cilíndrica • rosca f interior descubierta
— **through** n - continuación f a través de | a - extendido,da, or continuado,da, a través de
— **together** n - confluencia f
— **torque** n - [mech] momento m de torsión f, or par m motor, en operación f
— **track** n - [sports] pista f para carrera(s) f pedestre(s)
— **water** n - [hydr] agua m corriente
— — **system** n - [hydr] red f para agua(s) n corriente(s)
— **welder** n - [weld] soldadura f en marcha f
— **wire rope** n - [cabl] cable m en movimiento m
runoff n - [hydr] . . .; escurrimiento m (de agua m); agua m escurrida; derrame m; descarga f • [Arg.] escorrentía f • caudal m
— **amount** n - [hydr] volumen m, or caudal m, de escurrimiento m
— **calculation** n - [meteorol] cálculo m de escurrimiento m
— **characteristic** n - [hydr] característica f de escurrimiento m
— **coefficient** n [hydr] coeficiente m para escu-

rrimiento m
runoff computation n - [hydr] cómputo m de escurrimiento m
— **condition** n - [hydr] condición f para escurrimiento m
— **estimation** n - [hydr] estimación f de escurrimiento m
— **evaluation** n - [hydr] evaluación f de escurrimiento m
— **factor** n - [hydr] coeficiente m para escurrimiento m
— **hydrograph** n - [hydr] hidrografía f de escurrimiento m
— **increase** n - [hydr] aumento m de escurrimiento
— **index** n - [hydr] coeficiente m para escurrimiento m
— **peak rate** n - [hyr] intensidad f máxima para escurrimiento m
— **period** n - [hydr] período m para escurrimiento
— **rate** n - [hydr] tasa f, or razón f, or intensidad f, or coeficiente m, para escurrimiento
— **tab** n - [weld] planchuela f para derrame m
— **water** n - [hydr] agua m escurrida
runout n - [metal-prod] fuga f; escape m • [mech] entrega f • desalineación f • [mech-bearings] excentricidad f
— **conveyor** n - [mech] transportador m para salida f
— — **train** n - [metal-roll] transportador m para, remoción f, or salida f
— **floor conveyor** n - [mech] transportador m para salida f a nivel m de piso m
— **table** n - [ind] mesa f para entrega f
— **tray** n - see runout table
runway n - [mech] . . .; vía f (para rodadura f) • [cranes] corredera f; carrilera f • [aeron] pista f para, despegue m, or aterrizaje m
— **condition** n - [aeron] condición f de pista f • [cranes] condición f de carrilera f
— **cover** n - [constr] cobertura f para pista f
— — **depth** n - [constr] profundidad f de cobertura f para pista f
— **depth** n - [constr] profundidad f de pista f
— **design** n - [aeron] proyección f para pista f
— **drainage** n - [aeron] drenaje m para pista f
— — **layout** n - [aeron] disposición f de drenaje m para pista f
— **edge** n - [aeron] borde m de pista f
— **girder** n - [cranes] viga f para, corredera f, or riel(es) m
— **length** n - [cranes] largo(r) m, or extensión f, de carrilera f
— **level** n - [constr] nivel m de vía f para grúa
— **midway** n - [cranes] punto m medio de corredera
— **pavement** n - [aeron] pavimento m para pista f
— **rail** n - [cranes] riel m, or carril m, para rodadura f
— **support** n - [cranes] soporte m para vía f (para rodamiento m)
— **supporting frame** n - [cranes] tirantería f para sostén m de riel(es) m
— **surface** n - [aeron] superficie f de pista f para rodamiento m
rupture n - . . . | v - rupturar*; fracturar
— **load** n - [mech] carga f para rotura f
— **@ pavement** v - [constr] rupturar* pavimento m
— **plan** n - [constr] plan m para ruptura f
— **resistance** n - [metal] resistencia f a rotura
— **strength** n - [metal] resistencia f a rotura
— **stress** n - [mech] esfuerzo m, or tensión f, para rotura f
— **@ tank** v - romper, depósito, or (es)tanque m
ruptured pavement n - [constr] pavimento m rupturado
— **tank** n - depósito m, or (es)tanque m, roto
rural access road n - [roads] camino m rural para acceso m
— **area** n - [geogr] zona f, or región f, rural
— **creek** n - [hydr] arroyo m rural
— — **valley** n - [hydr] valle m de arroyo rural
— **electrification** n - electrificación f rural

Rural Electrification Administration n - [pol] Dirección f (Estadounidense) para Electrificación f Rural
— — **management** n - [electr-distrib] administración f para electrificación f rural
— **environment** n - ambiente m rural
— **highway** n - [roads] carretera f rural
— — **design** n - [roads] proyección f para carretera(s) f rural(es)
— **property** n - propiedad f rural; predio m rural; fundo m; hacienda f
— **road** n - [roads] camino m rural
— **runoff** n - [hydr] escurrimiento m rural
— **watershed runoff** n - [hydr] drenaje m rural
rurally adv - ruralmente
rush n - apresuramiento m; premura f • [int.-comb] aporte m súbito | v - apresurar; trabajar febrilmente • [hydr] fluir (en torrente)
— **hour** n - [roads] hora f de (mucha) afluencia
— — **bottleneck** n - [roads] embotellamiento en hora f de (mucha) afluencia f
— — **traffic** n - [roads] tránsito m durante hora(s) f de (mucha) afluencia f
rushed a - apresurado,da • [hydr] fluido,da
rushing n - apresuramiento m
rust n - [metal] . . .; corrosión f; óxido m; oxidación f | v - [metal] . . .; corroer(se); oxidar(se)
— **free** a - libre m de óxido
— — **can** n - recipiente m sin óxido m
— — **electrode** n - [weld] electrodo m libre de óxido m
— — **wire** n - [weld] alambre m libre de óxido m
— **inhibiting** a - [metal] anticorrosivo,va
— **additive** n - [int.comb] aditamento m anticorrosivo
— — **paint** n - [paint] pintura f anticorrosiva
— — **primer** n - [paint] imprimación f anticorrosiva
— — **system** n - sistema m para inhibición f de corrosión f
— **inhibition** n - [metal] inhibición f de oxidación f
— **inhibitive** a - anticorrosivo,va
— — **primer** n - [paint] imprimación f anticorrosiva
— **inhibitor** n - inhibidor m, anticorrosivo, or contra corrosión f
— **out** v - [metal] oxidar, or perforar, totalmente; carcomer(se)
— **porosity** n - [metal] porosidad f debida a, óxido m, or oxidación f
— — **resistance** n - [metal] resistencia f a porosidad f debida a, óxido m, or corrosión f
— **preventive** - preventivo m contra óxido m; anticorrosivo m | a - anticorrosivo,va
— — **oil** n - aceite m anticorrosivo
— **remover** n - quitaherrumbre* m; anticorrosivo m • disolvente m
— **repair** n - [autom-body] reparación f de parte f oxidada | v - reparar parte f oxidada
— **resistance** n - [metal] resistencia a, oxidación f, or corrosión f
— **resistant** a - resistente a, oxidación f, or corrosión f, or herrumbre f; anticorrosivo,va
— **resisting paint** n - [paint] pintura f, anticorrosiva, or antioxidante
— — **primer** n - [paint] imprimación f anticorrosiva
— — **steel** n - [metal-prod] acero m inoxidable
— **shut** v - [metals] obturar(se) con óxido m
— **spot cleaning** n - [mech] limpieza f de punto m oxidado
rusted a - oxidado,da; herrumbrado,da
— **out** a - oxidado,da, or perforado,da, totalmente; (car)comido,da
— — **area** n - [metal] sección f, oxidada totalmente, or carcomida
— — **metal** n - [metal] metal m, carcomido m, or oxidado, or herrumbrado, or perforado, totalmente

rusted spot n - [metal] punto m oxidado
rustic headwall n - [constr] muro m para cabecera f rústico
rustically adv - rústicamente
rusting out n - [metal] oxidación f, or perforación f, total; carcoma f
rustle v - [cattle] abigear*
rustling n - [cattle] abigeato m
rustless steel n - [metal-prod] acero m inoxidable
rustproof a - . . . ; a prueba f de óxido
— construction n - construcción f inoxidable
— filler n - [autom-body] relleno m inoxidable
rusty a - [metal] . . . ; herrumbrado,da; oxidado,da
— nut n - [mech] tuerca f herrumbrada
— plate n - [metal] plancha f oxidada
— sheet n - [metal] chapa f, oxidada, or herrumbrada
— spot n - [metal] punto m oxidado
— strip n - [metal] fleje m oxidado; banda f, or cinta f, or chapa f, oxidada
— wire n - [weld] alambre m oxidado
— — rod n - [wire] alambrón m oxidado
rut n - . . . . • [roads] huella f (profunda)
rutted a - [roads] con huella(s) f (profundas)
— road n - [roads] camino m con huella(s) f

S

S n - [electr-instal] see switch | a - [autom-tires] para velocidad(es) f de hasta 90 millas f (145 kms) por hora
S A n - [weld] see stable arc
s a c n - [mech] see screw adjusted cam
S A E n - [weld] see shield arc • [engr] see Society of American Engineers • [autom] see Society of Automotive Engineers
S A F n - [weld] see shield arc
S A M a - [weld] see shield arc multipurpose
S A N voltage control n - [weld] see power source voltage control
s b c l n - [com] see special buyer credit limit
s c n - [constr] see slow cure • [chains] see self colored
S C C A n - [autom] see Sports Car Club of America
S C F M n - [metric] see standard cubic feet per minute
S C F T n - [metric] see standard cubic feet per thousand(s)
S C O R E n - [sports] see Southern California Off Road Enthusiasts
S C B n - [electr-equip] see silicon control rectifier; also see firing amplifier
S curve n - curva f en S
S D n - [fin] see sight draft
S F n - see safety factor • [mech] see straight flange
S H$_2$ n - [chem] see hydrogen sulfide
S hook n - [mech] gancho m (en) S
S K a - [metal-prod] see semikilled
S L F n - see same level falls
S L R N n - [metal-porod] proceso m S L R N
s/n n - see serial number
S N E C M A n - [aeron] see Societé National d'Etude et de Construction de Moteurs d'Aviacion
s o b n - [fam] hijo m de mala madre f
S P D n - see special drawing
S P D D n - [metal-treat] see special deep drawing
S P D T a - [electron] see single pole double throw
S P E D D a - [metal-prod] see special extra deep drawing
S P I n - [ind] see standard practice procedure
S P L n - [accoust] see sound pressure level
S P M n - [mech] see stroke(s) per minute
s p p n - [tub] see structural plate pipe
S P S T a - [electron] see single pole single throw
S P T T n - [electron] see single pole triple throw
S S n - [legal] see sworn statement; see to wit • [autom] see showroom stock
S slip n - [environm] junta f enchufada tipo S
S tire n - [autom-tires] neumático m para velocidad(es) f de hasta 90 millas (145 kms) por hora f
S U S n - [lubric] see Saybolt universal seconds
S U V n - [lubric] see Saybolt universal viscosity
saber n - . . . . • [metal-roll] sable m | a - [metal-roll] de sable
— defect n - [metal-roll] defecto m de sable m
— saw n - [tools] sierra f mecánica, con vaivén m, or alternativa, con hoja f intercambiable' segueta f
sabotaged a - saboteado,da
sabotaging n - sabotaje n | a - saboteador,ra
saboteur n - saboteador m
sacaton n - [botan] zacatón m
sack n - . . . ; bolsa f | v - . . .; embolsar
. . . sack pea gravel mix n - [constr] mezcla f de morillo m menudo con . . . saco(s) de cemento m (por yarda f cúbica)
sacked a - ensacado,da; embolsado,da
— concrete n - [constr] (mezcla f seca para) hormigón m en saco(s) m
— finish n - [constr-concr] acabado con frotamiento m con arpillera f
sacking n - ensacadura* f; embolso m • [textil] arpillera f
— elevator n - [agric] elevador m para, ensacadura* f, or embolso
— spout n - [mech] surtidor m para embolsar
— @ performance v - sacrificar rendimiento m
sacrificed a - sacrificado,da
— performance n - rendimiento m sacrificado
sacrificial a - con sacrificio m
sacrificially adv - sacrificadamente; con sacrificio m
sacrificing n - sacrificio m | a - sacrificador,ra; sacrificante
sad a - . . . . • fúnebre; funéreo,rea; funesto,ta
saddle n - . . . ; montura f; asiento m • [mech] abrazadera f • [tub] silleta m
— assembly n - [mech] conjunto m tipo silla f
— back a - a horcajada(s) f
— bearing n - [mech] cojinete m para apoyo m
— block n - [mech] silleta f • bloque m para soporte m • [tub] caballete m
— branch n - [mech] silleta f de asiento m • [tub] albarda f
— — bolting n - [tub] empernado* m para albarda
— connection n - [tub] conectador m para sillete
— frame n - fuste m
— key n - [mech] chaveta f cóncava
— plate n - [mech] albarda f
— stub connection n - [tub] conectador con, injerto m, or suplemento m, para sillete m
sadly adv - . . . ; funestamente
safari n - [travel] safari m
— specification n - [sports] especificación f para safari m
safe alternative n - alternativa f segura
— area n - [ind] zona f segura
— automatic control system n - [ind] sistema m seguro para regulación f automática
— back(filling) n - [constr] relleno m seguro
— bridge n - [constr] puente m seguro
— combustion practice n - [combust] práctica f segura para combustión f
— control system n - [ind] sistema m seguro para regulación f

safe crane load n - [cranes] carga f segura para grúa f
— — **operation** n - [cranes] operación f segura, or funcionamiento m seguro, de grúa f
— — **crew** n - [safety] cuadrilla f segura
— — **door** n - [constr] puerta f segura • [mech] puerta f para caja f (fuerte)
— — **driving condition(s)** n - [autom] condición(es) f segura(s) para conducción f
— — — **environment** n - [transp] ambiente m seguro para conducción f
— — **environment** n - [safety] ambiente m seguro
— — **exit** n - [constr] salida f segura • [hydr] descarga f segura
— — — **velocity** n - [hydr] velocidad f, para descarga f segura, or segura para descarga f
— — **feature** n - [safety] característica f segura
— — **feeling** n - sensación f de seguridad f
— — **footing** n - [safety] pie m seguro
— — **ground** n - terreno m seguro
— — **hand cranking** n - [int.comb] arranque, manual, or con manivela f, seguro
— — **handling** n - [safety] manipuleo m, or manejo m, seguro, or con seguridad f
— — — **procedure** n - [safety] procedimiento m seguro para, manejo m, or manipulación f
— — **human(s) movement** n - [safety] traslado m seguro de personal m
— — **job** n - [safety] trabajo m seguro
— — — **procedure** n - [safety] procedimiento m seguro para trabajo m
— — **load(s) table** n - tabla f segura para carga(s)
— — **location** n - [safety] ubicación f, or posición f, segura
— — **luminaire support** n - [constr] soporte m seguro para artefacto m (para alumbrado m)
— — **manner** n - [safety] forma f segura
— — **material(s) movement** n - [safety] traslado m seguro de material(es) m
— — **movement** n - [safety] movimiento m seguro • [transp] traslado m, or tránsito m, seguro
— — **operating condition** n - [safety] condición f, segura para operación f, or para operación f segura
— — — **pressure** n - [ind] presión f segura para operación f
— — **operation explanation** n - [ind] explicación f para operación f segura
— — — **instruction(s) explanation** n - [ind] explicación f de insrucción(es) f para operación f segura
— — **performance** n - operación f segura
— — **piling** n - [ind] apilamiento m seguro
— — **placement** n - colocación f, segura, or con seguridad f
— — **practice deviation** n - [safety] desviación f de práctica(s) f segura(s)
— — **resisting** n - [safety] resistencia f, segura, or con seguridad f
— — **return** n - retorno m, seguro, or sano y salvo
— — **ride** n - [transp] andar, or viaje m, seguro
— — **road** n - [roads] camino m seguro
— — **screw** n - [mech] tornillo m seguro
— — **speed** n - velocidad f segura
— — **slope** n - talud m, or declive m, seguro; pendiente f, or cuesta f, segura
— — **starting** n - [mech] arranque m seguro
— — **streambed velocity** n - [hydr] velocidad f segura para cauce m para agua m
— — **supporting strength** n - [constr] resistencia f segura para sustentación f
Safe-Trac n - see **safe traction**
— — **traction** n - [mech] tracción f segura
— — **travel(ing)** n - [transp] viaje m, or tránsito m, seguro; seguridad f en viaje m
— — **use** n - [safety] uso m, seguro, or con seguridad f
— — **velocity** n - velocidad f segura
— — **way** n - forma f, or manera f, segura
— — **wellhead** n - [petrol] cabezal m seguro
— — **withstanding** n - sostén m con seguridad f

safe working load n - carga f, segura, or para trabajo m
safeguarding n - salvaguardia f
safely adv - . . .; con seguridad f
safer a - más seguro,ra
safety n - . . . . • prevención f de accidente(s)
— — **activity** m - [safety] actividad f para seguridad f
— — **aid** n - [safety] auxilio m, or elemento m, para seguridad f
— — — **circuit** n - [safety] circuito m para auxilio m para seguridad f
— — — **equipment** n - [safety] equipo m para auxilio m para seguridad f
— — — **system** n - [safety] sistema f, auxiliar, or para auxilio m, para seguridad f
— — **anchor** n - [nav] ancla m para seguridad f
— — — **shackle** n - [mech] grillete m para seguridad f para ancla m
— — **apron** n - [weld] peto m (protector)
— — **attitude** n - actitud f hacia seguridad f
— — **baffle** n - [mech] deflector m para seguridad
— — **bay** n - [ind] nave f para seguridad f
— — **belt installation** n - [autom] instalación f de cinturón m para seguridad f
— — **bolt** n - [mech] tuerca f para seguridad f
— — **booklet** n - [safety] folleto m sobre seguridad
— — **button collar** n - [mech] collar m para botón m para seguridad f
— — **campaign** n - promoción f de seguridad f
— — **check(ing)** n - [safety] verificación f de seguridad f
— — **circuit** n - [electr-instal] circuito m para seguridad f
— — **clutch** n - [mech] embrague m para seguridad f
— — **code** n - [safety] código m para seguridad f
— — — **for @ Industrial Use of X-Ray(s)** n - Código m para Seguridad f en Empleo m Industrial de Rayo(s)-X m
— — **collar** n - [mech] collar m para seguridad f
— — **comment** n - [safety] comentario m, or observación f, sobre seguridad f
— — **committee** n - [safety] comisión f sobre seguridad f
— — **consideration** n - razón f para seguridad f
— — **contact** n - [safety] entrevista f, or conversación f, sobre seguridad f
— — — **(s) performance** n - [safety] efectividad f de entrevista(s) f sobre seguridad f
— — — **quality** n - [safety] efectividad f de entrevista(s) f sobre seguridad f
— — — **(s) record** n - [safety] registro m de entrevista(s) f sobre seguridad f
— — — **training quide** n - [safety] manual m para instrucción f para entrevista(s) f sobre seguridad f
— — **control** n - [safety] fiscalización f para seguridad f
— — **cover** n - [mech] tapa f, or cubierta f, para seguridad f
— — **decrease** n - [safety] reducción f en seguridad
— — **department** n - [ind] departamento m para seguridad f • policía f interna
— — **device** n - [safety] dispositivo m para seguridad f
— — **documentary paper** n - [legal] (papel) sellado m para seguridad f
— — **door** n - [safety] puerta f, or portezuela f, para seguridad f
— — **earth wall** n - [petrol] terraplén m para seguridad f
— — **education** n - [safety] instrucción f sobre seguridad f
— — **enclosure** n - [ind] recinto m para seguridad f
— — **expert** n - [safety] técnico m en seguridad f
— — **factor** n - [safety] factor m, or coeficiente m, or medida f, or margen m, para seguridad f
— — — **against flotation** n - [constr] factor m de seguridad f contra flotación f
— — **feature** n - [safety] característica f para seguridad f • dispositivo m para seguridad f

safety film n - [safety] película f sobre seguridad f • película f para seguridad f
— form n - [safety] impreso m, or formulario* m, sobre seguridad f
— fuel tank n - [autom] depósito m para seguridad f para combustible m
— fuse n - [electr-instal] fusible m para seguridad f • [explos] mecha f para seguridad f
— glass n - [ceram] vidrio m, or cristal m, para seguridad f • [autom] vidrio m, or cristal m, inastillable
— — windshield n - [autom] parabrisa(s) m de, vidrio m, or cristal m, inastillable
— glasses n - [safety] anteojo(s) m, or gafa(s) f, para seguridad f
— goggles n - [safety] gafa(s) f para seguridad
— guard n - [mech] protección f, mecánica, or para seguridad f
— — damage n - [safety] daño m a defensa f para seguridad f
— guide n - [safety] guía f para seguridad f
— hazard n - [safety] riesgo m, or peligro m, para seguridad f
— helmet n - [ind] casco n, protector, or para seguridad f
— high limit n - [combust] limitador m para seguridad f para temperatura f, alta, or superior, or elevada
— — — temperature control(ler) n - [combust] regulador m para seguridad f para temperatura f límite, alta, or superior, or elevada
— hook n - [mech] gancho m para seguridad f
— improvement n - [safety] mejora f, or mejoramiento m, or aumento m, en seguridad f
— information n - [safety] información f sobre seguridad f
— in mind a—teniendo en cuenta seguridad f
— in welding and cutting n - [weld] seguridad para soldadura f y corte m
— increase n - [safety] aumento en seguridad f
— instruction booklet n - [safety] folleto m con instrucción(es) f sobre seguridad f
— is your concern n - [safety] seguridad f es preocupación f, suya, or de usted
— island n - [roads] refugio m; burladero m
— key n - [mech] chaveta f para seguridad f
— lens n - [optics] cristal m para seguridad f
— link n - [mech] eslabón m para seguridad f
— lock n - [mech] cerradura f para seguridad f
— low limit (control) n - [combust] limitador m para seguridad f para temperatura f, baja, or inferior
— margin n - [safety] márgen m para seguridad f
— marking n - [safety] marcación f, or señalización f, para seguridad f
— material n - [safety] material m para, seguridad f, or protección f
— matter n - [safety] asunto m de seguridad f
— measure n - [safety] medida f para seguridad
— meeting n - [safety] reunión f sobre seguridad
— — attendance n - [safety] asistencia f, or concurrencia f, a reunión f sobre seguridad f
— —mindedness n - [safety] conciencia f sobre seguridad f
— monitor n - monitor m para seguridad f
— monitoring n - [safety] fiscalización f, or supervisión f, para seguridad f
— motivation n - [safety] incentivo m, or aliciente m, para seguridad f
— nut n - [mech] tuerca f para seguridad f
— observation n - [safety] vigilancia f de seguridad f
— office n - [safety] oficina f para seguridad
— officer n - [safety] funcionario m, or oficial m, para seguridad f
— order n - [safety] orden f para seguridad f
— orientation n - [safety] orientación f hacia, or interés m en, seguridad f
— participation n - [safety] participación f en seguridad f
— pawl n - [mech] trinquete m, or fiador m, or lingüete m, para seguridad f

safety personnel n - [safety] personal m para seguridad f
— pin n - . . .; alfiler m de, gancho m, or seguridad f - [mech] pasador m, or chaveta f, para seguridad f
— — wire n - [metal-wire] alambre m para, imperdible(s) m, or alfiler(es) m con gancho m
— plaque n - [safety] placa f en reconocimiento m de operación f sin accidente(s) m
— plug n - [mech] tapón m para seguridad f • [electr-instal] enchufe m para seguridad f
— plumber('s) chain n - [chains] cadena f para seguridad f para plomero(s) m
— policy n - [safety] reglamentación f para seguridad f
— positioner n - [mech] dispositivo m para seguridad f para fijación f de posición f
— practice n - [safety] práctica f para seguridad f
— precaution n - [safety] precaución f, or medida f, para seguridad f
— principle n - [safety] principio m para seguridad f
— problem n - [safety] problema m con seguridad
— procedure n - [safety] procedimiento m para seguridad f
— program control(ling) n—[safety] fiscalización f para programa m para seguridad f
— — guidance n - [safety] dirección f de programa m para seguridad f
— — man n - [labor] persona f que trabaja en forma f insegura
— — planning n - [safety] planeamiento m de programa m para seguridad f
— publication n - [safety] publicación f, or impreso m, sobre seguridad f
— push button n - [electr-instal] botón m para seguridad f
— railing n - [ind] baranda f para seguridad f
— record n - [safety] registro m sobre seguridad f • record m, or marca f, en seguridad f
— regulation n - [safety] reglamento m, or reglamentación f, or exigencia, para seguridad
— relief device n - [safety] dispositivo m para alivio m para seguridad f
— relief valve n - [valv] válvula f para seguridad f para alivio m
— report n - [safety] informe m sobre seguridad
— requirement n - [safety] exigencia f para seguridad f
— responsibility n - [safety] responsabilidad f en materia f de seguridad f
— rule n - [safety] regla f, or reglamento m, sobre seguridad f
— — booklet n - [safety] folleto m con reglas f sobre seguridad f
— — communication n - [safety] notificación f sobre regla(s) f sobre seguridad f
— — contact n - [safety] entrevista f sobre regla(s) f para seguridad f
— — instruction n - [safety] instrucción(es) f sobre regla(s) f para seguridad f
— — violation n - [safety] infracción f a reglas f sobre seguridad f
— ruling n - [safety] reglamentación f para seguridad f
— screw n - [mech] tornillo m para seguridad f
— seal n - sello m, or cierre m, para seguridad
— setting button n - [mech] botón m para, regulación f, or ajuste m, para seguridad f
— shackle n - [mech] grillete m para seguridad
— shield n - [safety] defensa f para seguridad
— shoe n - [safety] calzado m para seguridad f
— shut-off valve n - [valv] válvula f, interruptora, or para corte m, para seguridad f
— sign n - [safety] indicador m, or cartel m, or letrero m, para seguridad f
— standard n - [safety] norma f para seguridad
— standpoint n - [safety] punto m de vista f para seguridad f

safety starter n-[int.comb] arrancador m seguro
— **starting** n - [int.comb] arranque m, seguro, or con seguridad f
— — **button** n - [int.comb] botón m para arranque m, seguro, or con seguridad f
— **stop** n - [ind] limitador m para seguridad f
— **strut** n - [constr] apoyadero m para seguridad
— **subject** n - [safety] tema m sobre seguridad f
— **suggestion** n - [safety] sugerencia f sobre seguridad f
— **survey** n-[safety] determinación f de seguridad f; encuesta f sobre seguridad f
— **switch** n - [electr-instal] interruptor m, or disyuntor m, para seguridad f
— **symbol** n - [safety] símbolo m para seguridad
— **talk** n - [safety] plática f sobre seguridad f
— **tank** n - [autom] depósito m, or (es)tanque m, para seguridad f
— — **cover** n - [autom] tapa f para seguridad f para, depósito m, or (es)tanque m
— — **topic** n - [safety] tema m sobre seguridad f
— — **handout** n - [safety] impreso m sobre temas m para seguridad f
— — **training** n - [safety] instrucción f, or aprendizaje m, sobre seguridad f
— — **method** n - [safety] método m para instrucción f sobre seguridad f
— — **program** n - [safety] programa m para instrucción f sobre seguridad f
— — — **core** n - [safety] núcleo m de programa m para instrucción f sobre seguridad f
— — — **planning** n - [safety] planeamiento m de programa m para instrucción f sobre seguridad
— **valve** n - [mech] válvula f para seguridad f • [metal-prod] válvula f para explosión f
— — **leak test cock** n - [ind] grifo m para comprobación f de fuga(s) f en válvula f para seguridad f
— — **vent** n - [boilers] ventilación f, or escape m, para válvula f para seguridad f
— **viewpoint** n - [safety] punto m de vista f de seguridad f
— **wall** n - [constr] pared f, or muro m, or mampara f, para seguridad f • [petrol] terraplén m, or dique m, para seguridad f
— **warning** n - [safety] advertencia f para seguridad f
— — **sign** n - [safety] indicador m, or prevención f, or advertencia f, para seguridad f
— **washer** n - [mech] arandela f para seguridad f
— **windshield** n - [autom] parabrisa(s) m, para seguridad, or inastillable
— **zone** n - [safety] zona f para seguridad f
— **zoned** a - con zona(s) f para seguridad f
sag n - . . . ; deformación f; combadura,f; descenso m • [constr] abovedado m | v - . . . ; caer; ceder • aminorar
— **resistant formula** n - fórmula f resistente a pandeo m
sagged a - doblado,da; caído,da; doblegado,da • aminorado,da
sagger clay n - [ceram] chamota f
sagging n - deflexión f; deformación f; catenaria f; hundimiento m; doblegamiento m; comba(dura) f • aminoramiento m | a - deformado,da; hundido,da; cedido,da; vencido,da; combado,da
— **point** n - [metal-prod] punto m para rechupe m
said a - . . . ; dicho,cha; susodicho,cha; citado,da; referido,da; manifestado,da; mencionado,da • tal(es) • aquello,lla
— **approval** n - [legal] aprobación f referida
— **properly** a - dicho,cha apropiadamente
sail(s) set n - [nav] velamen m; velaje m
— **width** n - [nav] envergadura f
sailing n - [nav] zarpa f; vectación f
— **craft** n - [nav] embarcación f con vela(s) f
— **vessel** n - . . . ; velero m
sailor n - . . . ; tripulante m
Saint Lawrence Seaway n - [hydr] sistema m de navegación f interior por (Río) San Lorenzo

salamander n - . . . • [metal-prod] salamandra f; arrabio m residual; material m líquido
— **depth** n - [metal-prod] profundidad f de salamandra f
salaried a - asalariado,da; jornalizado,da; con jornal m
— **employee(s)** n - [labor] empleado(s) m, or personal m, con sueldo, or mensualizado
— **personnel** n - [labor] personal m, con sueldo m • personal m jornalizado
salaries and wages division n - [ind] división f para sueldo(s) m y salario(s) m
salary accrual n - [labor] devengo m de sueldo m
salary increase(s) n - [labor] incremento m en sueldo(s) n
— **zone** n - [labor] nivel m salarial
sale n - . . . • enajenación f • venta f especial
— **-a-thon** n - [com] maratón m de venta(s) f
— **abroad** n - [com] venta(s) f en exterior m
— **accounting** n - [acctng] contabilización f de venta(s) f
— **(s) and service(s) department** n - [com] departamento m para venta(s) f y servicio(s) m
— **(s) approach** n - [com] enfoque m para ventas f
— **call** n - [com] entrevista f para venta f
— **certificate** n - [com] vendí m
— **closing** n - [com] cierre m de venta f
— **(s) department manager** n - [com] gerente m para departamento m para venta(s) f
— **(s) effort** n - esfuerzo m para venta(s) f
— **(s) engineer** n - [com] ingeniero m para ventas
— **(s) expense** n - [com] gasto m para venta f
— **finalization** n - finalización f de venta f
— **(s) force** n - [managm] personal m para venta(s) f; cuerpo m de vendedores m
— **form** n - [com] planilla f, or formulario* m, para venta(s) f
— **gain** n - [com] ganancia f en venta(s) f • utilidad f sobre venta f
— **(s) gross profit** n - [acctng] beneficio m bruto sobre venta(s) f
— **(s) head** n - [com] jefe m de venta(s) f
— **(s) loss** n - [com] pérdida f de venta(s) f • pérdida f sobre venta(s) f
— **(s) manager** n - [com] gerente m para venta(s)
— **(s) net gain** n - [com] ganancia f, or utilidad f, neta sobre venta(s) f
— **(s) net loss** n - [com] pérdida f neta sobre venta(s) f
— **office** n - [com] oficina f, or escritorio m, or sección f, para venta(s) f
— **(s), people, or person(s), or personnel** n - [com] personal m para venta(s) f; vendedor m
— **(s) product** n - [acctng] producto m de ventas
— **receipt** n - [com] nota f de venta f
— **(s) record** n - [managm] antecedente(s) m para venta(s) f
— **(s) room** n - [com] salón m para venta(s) f
— **(s) schedule** n - [com] programa m para ventas
— **(s) service department** n - [com] departamento m para venta(s) f y servicio m
— **slip** n - [com] nota f de venta f
— **(s) staff** n - [com] personal m para venta(s)
— **(s) summary** n - [com] resumen m de venta(s) f
— **(s) supervisor** n - [com] jefe m para venta(s)
— **(s) support** n - [com] respaldo m, or apoyo m, para venta(s) f
— **(s) — facility,ties** n - [com] elemento(s) m para respaldo m para venta(s) f
— **(s) target** n - [com] objetivo m para venta(s)
— **(s) tax** n - [fisc] impuesto m sobre venta(s) f
— **(s) term(s)** n - [com] condición(es) f para venta f
— **(s) to date** n - [com] venta(s) f hasta fecha f
— **(s) — @ government** n - [com] venta(s) a gobierno m
— **(s) — @ industry** n - [com] venta(s) f a industria f
— **(s) tool** n - [com] instrumento m para venta f
— **type** n - [com] tipo m de venta f

sale(s) value n - [accntg] valor(es) m de ventas
-- with @ recourse n - [com] venta f con compromiso m para retroventa f
--(s) work n - [com] trabajo m para venta f
sales administration n - [managm] administración f para venta(s) f
-- discussion n - [com] conversación f sobre venta(s) f
-- meeting n - [com] reunión f, sobre venta(s) f, or de vendedor(es) m
-- people n - [com] personal m para venta(s) f
-- person n - [com] vendedor m
-- representative n - [com] representante m para venta(s) f
-- seminar n - [com] seminario m sobre ventas f
-- situation n - incidencia f con venta(s) f
-- technique n - [com] técnica f para venta(s) f
-- tool n - [com] elemento m, or instrumento m, or auxiliar m, para venta(s) f
salesman('s) technical work n - [com] trabajo m técnico de vendedor m
salesmen('s) meeting n - [com] reunión f de vendedores m
salespeople n - [com] vendedores m
salesroom clutter(ing) n - [com] abarrotamiento m de salón m para venta(s) f
salient a - . . . • destacado,da
-- fact n - hecho m, saliente, or destacado
saline environment n - ambiente m salino
saloon car n - [autom] automóvil m sedán • [rail] coche m salón
salt n - [chem] . . .; cloruro m de sodio m
-- air n - aire m salino
-- cavern n - [miner] galería f de sal f
--(s) compound n - [chem] compuesto m de sal(es)
--(s) concentration n - [chem] concentración f de sal(es) f
-- -- cell n - [chem] célula f de concentración f de sal(es) f
-- -- -- corrosion n - [chem] corrosión f en célula f de concentración f de sal(es) f
-- -- indicator n - [chem] indicador m de concentración f de sal(es) f
-- deposit n - [miner] yacimiento m, de sal f, or salino
--(s) dissolving n--[chem] disolución f de sales
-- dome n - [geol] domo m de sal f
-- drier n - secador m para sal f
-- environment n - ambiente m salino
-- formation n - [geol] formación f, de sal, or salina
-- glazed tile n - [ceram] azulejo(s) m vidriado(s) con sal f
-- laden sea air n - aire m marino saturado con sal f
-- lake n - [topogr] laguna f salada
-- marsh n - [topogr] estero m salino
-- -- environment n--ambiente m de estero salino
--(s) solvent n - [chem] disolvente m para sales
-- water n - [hydr] agua m, salada, or salobre
-- -- disposal n - [petról] eliminación f de agua m salada
-- -- injection n - inyección f de agua f salada
-- -- -- saturator n - [metal-prod] saturador m con inyección f de agua m salada
-- -- saturator n - [metal-prod] saturador m con agua m salada
saltiness n - . . .; salinidad f
salty deposit n - [miner] yacimiento m salino
-- environment n - ambiente m salino
-- formation n - [geol] formación f salina
-- lake n - [topogr] laguna f salada
salvability n - . . .; recuperabilidad f
salvable a - . . .; recuperable
-- value n - [insur] valor m realizable
salvage n - . . .; recuperación f • [ind] rechazo m | v - . . .; recuperar
-- assorter n - [ind] clasificador m para rechazo(s) m
-- completely v - recuperar, completamente, or totalmente

salvage line n - línea f para recuperación f
-- operation n - operación f, or trabajo(s) m, para, salvamento m, or recuperación f
-- readily v - recuperar, fácilmente, or con facilidad f
-- sale n - [com] venta f de (materiales m de) desecho(s), or recuperado(s)
-- shear n - [metal-prod] cizalla f, or tijera f, para rechazo(s) m, or chatarra f
-- sorter n - [ind] clasificador m para, rechazo(s) m, or chatarra f
salvageability n - [insur] salvamento m • recuperabilidad f
salvageable a - recuperable
-- material n - material m recuperable
salvaged a - recuperado,da
-- material n - material(es) m recuperado(s)
-- readily a - recuperado,da, fácilmente, or con facilidad f
salvaging n - salvamento m; recuperación f; avoid salvataje* m | a - recuperador,ra
same n - . . . | a - . . .; inalterable
same diameter wire n - [metal-wire] alambre m con diámetro m igual
-- goal n - mismo, objetivo m, or fin m
-- high standard n - misma norma f, alta, or elevada
-- job n - mismo trabajo m
-- joint n - [weld] soldadura f de mismo tipo m
-- kind n - misma clase f; mismo tipo m
-- level fall n - [safety] caída f de, mismo nivel m, or misma altura f
-- location n - misma ubicación f
-- material n - mismo material m; material m igual
-- method n - mismo método m; método m igual
-- output current amperage n - [electr-prod] amperaje m igual de corriente f en salida f
-- packing n - mismo empaque m
-- parcel n - [transp] mismo bulto m
-- part(s) n - [mech] misma(s) pieza(s) f
-- rating n - capacidad f (nominal) igual
-- side n - mismo, costado m, or lado m
-- reading n - misma lectura f • [instrum] marca f, or registro m, igual
-- size n - mismo, tamaño m, or diámetro m; tamaño m, or diámetro m, igual
-- -- lap n - [mech] solapa f igual
-- -- wire n - [metal-wire] alambre m con diámetro m igual
-- sort of thing n - cosa f igual
-- standard n - misma norma f
-- thickness n - espesor m igual; mismo espesor
-- -- plate n - [metal-roll] plancha f con, espesor m igual, or mismo calibre m
-- time n - vez f misma | adv - a vez f; a tiempo m mismo; de una (sola) vez f
-- -- period m - mismo período m de tiempo m
-- truck wheel n - [rail-wheels] rueda f de mismo bogie m
-- type n mismo tipo m; tipo m igual
-- voltage n - [electr-distrib] voltaje m, idéntico, or igual; mismo voltaje m
-- watercourse n - [hydr] mismo curso m de agua
-- way n - misma forma f; forma f similar
-- welding current setting n - [weld] regulación f igual para amperaje m para soldadura f
-- work n - mismo trabajo m; trabajo m igual
sample n - . . .; muestrario m; testigo m; pieza f de ensayo m; probeta f • ejemplo m; ejemplar m; tipo m | a - para muestra f | v - sacar, or tomar. muestra(s) f; muestrear*
-- @ air n - tomar muestra(s) f, or muestrear*, aire m
-- analysis n - análisis m de muestra f
-- assortment n - conjunto m de muestra(s) f
-- bead placement n - [weld] muestra f para orden m para colocación f de cordón(es) m
-- being tested n - muestra f bajo prueba f
-- bucket n - [mech] balde m (para) muestra f

sample chemical analysis n - [ind] análisis m químico de, muestreo m, or muestra(s) f
-- **corrected area** n - zona f corregida en muestra
-- **data** n - información f, or dato(s) m, para muestra f
-- **density** n - densidad f de muestra f
-- **depth** n - profundidad f de muestra f
-- **destructive testing** n - [ind] ensayo m destructivo de muestra(s) f
-- **dimension(s)** n - [ind] medida(s) f de muestra
-- **drilling** n - [mech] perforación f de muestra
-- **drying** n - secado m de muestra f
-- **end** n - extremo m de muestra f
-- **examination** n - examen m de muestra(s) f
--**(s) group** n - grupo m de, muestra(s), or probeta(s) f
-- **hanging** n - [mech] suspensión f de muestra f
-- **kit** n - [com] muestrario m
-- **minimum restivity** n - [soils] resistencia f eléctrica (efectiva) mínima para muestra f
-- **mixing** n - mezcladura f de muestra(s) f
sample periodically v - muestrear periódicamente
-- **permeability** n - [electr] permeabilidad f de muestra f
-- **physical analysis** n - [ind] análisis m físico de, muestreo m, or muestra(s) f
-- **preparation practice** n - práctica f de preparación f de muestra(s) f
-- **resistivity** n - [chem] resistencia f eléctrica (efectiva) mínima para muestra f
-- -- **measuring** n - medición f de resistencia f eléctrica (efectiva) para muestra f
--**(s) selection** n - selección f de muestra(s) f
-- **size** n - tamaño m de muestra(s) f
sample stone n - [miner] piedra f para muestra t
-- **surface** n - superficie f de muestra f
-- **taking** n - toma f de muestra(s); muestreo m
-- **testing** n - ensayo m, or prueba f, de muestra
-- **weight** n - peso m de muestra f
-- **with no commercial value** n - [com] muestra f sin valor m comercial
-- **without commercial value** n - [com] muestra f sin valor m comercial
-- -- **value** n - [com] muestra f sin valor m
sampled a - muestreado,da periódicamente
sampling n - muestreo m; extracción f, or toma f, de, muestra(s) f, or probeta(s) f • [Spa.] desmuestreo* m
-- **criterion,ria** n - criterio m para muestreo m
-- **device** n - dispositivo m para muestreo m
-- **inspection** m - inspección f para muestreo m
-- **lance** n - [metal-prod] lanza f para, toma f de muestra(s) f, or muestreo m
-- **procedure** n - procedimiento m para muestreo m
-- **service** n - servicio m para muestreo(s) m
-- **system** n - [ind] sistema m para muestreo m
-- **test** n - ensayo m mediante muestreo m
-- **tower** n - [ind] torre f para muestreo m
samson post n - [mech] poste m maestro; soporte m para balancín m
-- -- **brace** n - [petrol] tornapunta f para, poste m maestro, or soporte m para balancín m
sanction n - . . .; aprobación f | v - . . .; aprobar
sanctionability* n - sancionabilidad* f
sanctionable* a - sancionable*
sanctioned a - sancionado,da; aprobado,da
sanctioner n - sancionador m
sanctioning n - sanción f; sancionamiento* m; aprobación f • [sports] regulación f | a - sancionador,ra • [sports] regulador,ra
-- **body** n - [sports] cuerpo m sancionador; entidad f, sancionadora, or organizadora
sand n - . . . • [petrol] roca f petrolífera porosa | v - arenar • [mech] lijar; esmerilar
-- **and cement mortar** n - [constr] mortero m con arena f y cemento m
-- -- **gravel** n - [constr] arena f y grava f
-- **backfill** n - [constr] relleno m de arena f
-- **bag** n - see **sandbag** | v - see **sandbag**
-- **bank** n - [hydr] banco m de arena f; embanque

sand bar n - [hydr] banco m de arena; placel m; placer m
-- **bed** n - [constr] lecho m de arena f
-- **blast** n - chorro m de arena f | v - limpiar con chorro m de, or chorrear con, arena f
-- **blasted** a - [mech] limpiado,da con chorro m de, or chorreado,da con, arena f
-- **blasting** n - [mech] . . .; chorreado,da, or soplado,da, con arena f
-- -- **machine** n - [metal-roll] granalladora f
-- **bottom** n - [constr] fondo m de arena f
-- **box** n - . . .; caja f, con, or para, arena f
-- -- **test** n - ensayo m en caja f con arena f
-- **casting** n - [metal-prod] colada f en molde m de arena f
-- -**cement mixture** n - [constr] mezcla f de arena f y cemento m
-- -**clay composition** n - [geol] mezcla f de arena f y arcilla f
-- **clean** v - [mech] chorrear con arena f
-- **cleaned** a - [mech] chorreado,da con arena f
-- **cleaning** n - [mech] chorreado m con arena f
-- **cone** n - cono m de arena
-- **cover** v - (re)cubrir con arena f
-- **covered** a - (re)cubierto,ta con arena f
-- **cushion** n - [constr] colchón m de arena f
-- **damp** n - [metal-prod] estribo m de cuchara f
-- **drag(ging)** n - [constr] arrastre m de arena f
-- **drain** n - [constr] aliviadero m vertical con arena f
-- **feed(ing)** n - alimentación f con arena f
-- -- **hopper** n - [ind] tolva f para alimentación de arena f
-- **filter** n - [hydr] filtro m con arena f
-- **filtering bed** n - [hydr] lecho m filtrador con arena f
-- -**free operation** n - [hydr] operación f libre de arena f
-- **handling** n - manejo m, or traspilado m, de arena f
-- **hopper** n - tolva f para arena f
-- **hydrostatic pressure** n - [hydr] presión f hidrostática de arena f
-- **in** v - [electr-mot] asentar
-- -- **@ brush** v - [electr-mot] asentar escobilla
-- **ingestion** n - ingestión f de arena f
-- **line** n - [cabl] cable m para achique m • [petrol] cable n para, cuchareo, or cuchara f
-- -- **clamp** n - [petrol] abrazadera f para cable m para cuchareo m
-- -- **spool** n - [petrol] tambor m para cable m para, cuchara f, or cuchareo m
-- **overload** n - [transp] sobrecarga f de arena f
-- **packing** n - apelmazamiento* m de arena f
-- **paper** n - [mech] see **sand paper** | v - lijar
-- **pocket** n - [geol] bolsón m de arena f
-- **pump** n - . . .pumps; bomba f, or cubeta f, para arena f • [petrol] bomba f para, cuchara f, or achicador m
-- -- **line** n - [cabl] cable m para, bomba m, or achicador m, para arena f
-- -- **pulley** n - [petrol] polea f para, bomba f para arena f, or cuchara f
-- **reel** n - [petrol] carrete m para cable m para, cuchareo m, or achicador; also see **bailing reel**
-- -- **guard** n - [petrol] resguardo m, or defensa f, para carrete m para cuchareo m
-- --, **handle, or lever** n - [petrol] palanca f para, carrete m, or malacate m, or tambor m, para cuchareo m
-- -- **reach** n - [petrol] vástago m para, carrete m, or tambor m, or malacate m, para cuchareo m
-- -- **tail sill** n - [petrol] larguero m subauxiliar
-- **scratch** n - [mech] raspadura f con arena f
-- **sediment** n - [geol] sedimento m de arena f
-- **settling tank** n - [miner] depósito m para sedimentación f de arena f
-- **sheave pulley** n - [petrol] garrucha f para cuchara f (para arena f)

sand sheave pulley block n - [petrol] (motón m para) garrucha f para cuchara para arena
-- **slinger** n - [metal-prod] lanzador m, or arrojador m, para arena f
-- **soil** n - [soils] suelo m de arena f
-- **streak** n - [geol] veta f de arena f
-- **train** n - [constr] tren m arenero
sand wash n - [topogr] see **sandy wash**
-- **wheel** n - [agric-equip] rueda f para terreno(s) m arenoso(s)
-- -- **lug(s)** n - [agric-equip] oreja(s) f (para ruedas f) para terreno(s) m arenoso(s)
sandbag n - [constr] . . .; bolsa f de arena f
sandblasted a - limpiado,da con chorro m de, or chorreado,da con, arena f
sanded a - (en)arenado,da • [mech] lijado,da
-- **in** a - [electr-mot] asentado,da
-- -- **brush** n - [electr-mot] escobilla f asentada
sander n - (en)arenador m; arenero m - [tools] lijadora f
sanding in n - [electr-mot] asentamiento m
sandman n - arenero m; encargado m de arena f
sandpaper n - . . .; lija f
-- **coarse side** n - lado m áspero de (papel m) lija f
-- **loading up** n - [mech] atoramiento m de lija
-- **smooth side** n - [mech] lado m liso de (papel m de) lija f
sandpapered a - [mech] lijado,da • asentado,da
sandstone n - [geol] (piedra) arenisca f
-- **base** n - [geol] base f de (piedra f) arenisca f
-- **layer** n - [geol] capa f, or camada f, de (piedra) arenisca f
-- **rock** n - [geol] roca f arenisca
sandwich cream n - [culin] crema f, or relleno m, para, sandwich(es) m, or bocadillo(s) m
-- **equipment** n - [culin] equipo m para, sandwich(es) m, or bocadillo(s) m
-- **filling** n - [culin] relleno m para, sandwich(es) m, or bocadillo(s), or emparedados
-- **machine** n - [culin] máquina f para (fabricar), sandwich(es), or bocadillo(s) m
sandy a - . . . . • rubio,bia rojizo,za
-- **base material** n - [geol] material m con base f arenisca
-- **beach** n - [hydr] playa f arenosa
-- **clay** n - [geol] arcilla f arenosa
-- **hair** n - [anat] cabello m rubio rojizo
-- **loam** n - [soils] greda f arenosa
-- **wash** n - [topogr] cañadón m arenoso
sane a - . . .; sensato,ta; cuerdo,da
-- **person** n - persona f, sensata, or cuerda
sanitarian n - . . .; sanitarista* m; especialista m en, saneamiento m, or sanidad f)
sanitary and storm sewer n - [sanit] cloaca f sanitaria y pluvial
-- **building and locker room(s)** n - [ind] servicio(s) m
-- **district** n - [sanit] distrito m sanitario • [pol] delegación f de obra(s) sanitaria(s)
-- **engineer** n - ingeniero m, sanitario, or para salubridad f
-- **engineering** n - ingeniería f sanitaria
-- , **facility,ties**, or **installation(s)** n - [sanit] instalación(es) f sanitaria(s)
-- **main** n - [sanit] cloaca principal callejera
-- **outfall sewer** n - [sanit] cloaca f sanitaria con descarga f
-- **sewage** n - [sanit] aguas f negras; líquidos m cloacales
-- -- **treatment plan** n - [sanit] planta f para depuración f de, aguas f, negras, or servidas, or líquido(s) m cloacal(es)
-- **sewer** n - [sanit] albañal m; cloaca f, or alcantarilla f, para aguas f negras, or servidas; red f de desagües m cloacales
-- --(s) **Board** n - [pol] Distrito m para Desagües m sanitarios
-- -- **construction** n - [sanit] construcción f de cloaca(s) f sanitaria(s)

sanitary sewer design n - [sanit] proyección f para cloaca(s) f (sanitarias)
-- -- **design flow** n - [sanit] capacidad f nominal de, or proyección f para, cloaca(s) f sanitaria(s)
-- -- **district** n - [pol] distrito m para, desagües m sanitarios, or cloaca(s) sanitarias
-- --(s) **extension** n - [sanit] prolongación f para cloaca f sanitaria
-- -- **facility,ties** n - [sanit] instalación(es) f de cloaca(s) f sanitaria(s)
-- -- **force main** n - [sanit] conducto m cloacal con impulsión f
-- -- **interceptor** n - [sanit] interceptor m, or colector m, para cloaca f sanitaria
-- **sewer line** n - [sanit] línea f cloacal
-- -- **main** n - [sanit] conducto m cloacal principal
-- -- **pipe** n - [sanit] tubo m, or tubería f, para cloaca(s) f sanitaria(s
-- -- **system** n - [sanit] red f, cloacal, or de cloaca(s) f
-- **storm sewer** n - [hydr] desagüe m pluvial sanitario
-- **tubing** n - [sanit] tubería f, sanitaria, or para cloaca(s) f
sanitation n - . . .; salubridad f; higiene f • obra(s) f sanitarias; servicio(s) m sanitarios
-- **committee** n - [pol] comisión f, sanitaria, or para salubridad f
-- **District** n - [pol] Departamento m para Salubridad f
-- **project** n - [sanit] obra f sanitaria
sanitizing n - saneamiento m
sans serif type n - [print] tipo m sin firuletes
sap n - [botan] . . .; zumo m | v - zapar
saponified a - [chem] saponificado,da
saponifying n - [chem] saponificación f | a - [chem] saponificador,ra
sapropel clay n - [soils] arcilla f sapropel
sash n - [vest] . . . • [constr] vidriera f; hoja f, or bastidor m, para ventana f
-- **chain** n - [constr] cadena f para ventana(s) (de guillotina f)
-- **cord** n - [constr] cuerda f, or cordón m, para ventana(s) f - [cabl] cable m de 6x7
-- **installation** n - [constr] instalación f de (hojas f para) ventana(s) f
-- **window** n - [constr] ventana f de guillotina f
-- -- **chain** n - [chains] cadena f para ventana f de guillotina f
sat on a - [fam] fiscalizado,da
sateen n - . . . | a - [textil] satinado,da | v - [textil] satinar
satellite n - . . . | a - . . .; auxiliar
-- **building** n - [constr] edificio m satélite
-- **computer** n - [comput] ordenador m, or computadora, auxiliar, or satélite
---**gate building** n - [aeron] edificio m satélite con puerta(s) f para avión(es) m
satin surface n - [textil] superficie f satinada
satisfaction deriving n - obtención f de satisfacción f | a - satisfaciente
satisfactory a - . . .; aceptable
-- **advance** n - avance m satisfactorio
-- **backfill** n--[constr] relleno m satisfactorio
-- **bedding** n - [constr] lecho m, or asiento m, satisfactorio; base f satisfactoria
-- **boring** n - [constr] perforación f satisfactoria
-- **compression** n - [int.comb] compresión f satisfactoria
-- **condition** n - condición f satisfactoria; estado m satisfactorio
-- **constant voltage** n - [electr-distrib] voltaje m constante satisfactorio
-- **cover** n - [constr] cobertura f satisfactoria
-- **design** n - proyección f satisfactoria
-- **drainage** n - [hydr] drenaje m satisfactorio

satisfactory economy n—economía f satisfactoria
— — **end treatment** n - [constr] tratamiento m, or procedimiento m, satisfactorio para extremo m
— — **engine start(ing)** n - [int.comb] arranque m satisfactorio m para motor m
— — **gradient** n - pendiente f satisfactoria
— — **job** n - trabajo m satisfactorio
— — **life** n - [ind] vida f (útil) satisfactoria
— — **minimum cover** n - [constr] cobertura f mínima satisfactoria
— — — **requirement** n - exigencia f mínima satisfactoria
— — **pattern** n—patrón m, or modelo, satisfactorio
— — **performance** n—comportamiento m satisfactorio
— — **pipe bedding** n - [tub] lecho m, or asiento m, satisafactorio para, tubo m, or tubería f
— — **progress** n - progreso m, or avance m, satisfactorio
— — **requirement** n - exigencia f satisfactoria
— — **soil test** n - [constr] ensayo m satisfactorio de suelo m
— — **start** n - comienzo m satisfactorio • [int.-comb] arranque m satisfactorio
— — **support** n - sostén m, or soporte m, satisfactorio
— — **test** n - prueba f satisfactoria
— — — **method** n - método m satisfactorio para ensayo m
— — **tire** n—[autom-tires] neumárico satisfactorio
— — — **performance** n - [autom-tires] rendimiento m, or servicio, satisfactorio para neumático
— — **transportation means** n - [transp] medio(s) satisfactorio(s) para transporte m
— — **voltage** n - [electr] voltaje m satisfactorio
— — **weld** n - [weld] soldadura f satisfactoria
— — — **quality** n - [weld] calidad f satisfactoria para soldadura f
— — **work(ing)** n - trabajo m satisfactorio
— — —**(ing) property** n - [constr] propiedad f satisfactoria para, manejo m, or manipuleo m
satisfied customer n - cliente m satisfecho
— — **('s) need(s)** n - necesidad(es) f satisfecha(s) de cliente m
— — **('s) want(s)** n - anhelo(s) m, or deseo(s) m, de cliente m satisfecho(s)
— — **load requirement** n - [mech] exigencia f para carga f satisfecha
satisfy v - . . . . • observar; contemplar
— **@ customer** v - satisfacer a cliente m
— **@ customer('s) need(s)** v - satisfacer necesidad(es) f de cliente m
— **@ —('s) want(s)** v - satisfacer, anhelo(s) m, or deseo(s) m, de cliente m
— **@ load('s) requirement** n - [mech] satisfacer exigencia f para carga f
satisfying n - satisfacción f • contemplación f | a - . . . ; satisfactorio,ria
— **feeling** n - sensación f satisfaciente
saturability n - saturabilidad* f
saturable reactor n - [electr] reactor m (con núcleo m saturable
— — **design current control** m - [electr] regulador m para amperaje de tipo m con reactor m (con núcleo m) saturable
saturant n - . . . ; saturador m; avoid saturante
saturate @ backfill v - [constr] saturar relleno
— **@ foundation** v - [constr] saturar, cimiento(s) m, or fundación f
— **@ subbase*** v - [hydr] saturar subbase* f
— **@ subgrade** v - [hydr] saturar subrasante f
saturated a - saturado,da; impregnado,da
— **backfill** n - [constr] relleno m saturado
— **clay** n - [constr] arcilla f saturada
— **cloth** n - [textil] tela f saturada
— **burlap** n - [textil] arpillera f saturada
— **copper cyanide solution** n - [chem] disolución f saturada de cianuro m de cobre m
— **foundation** n - [constr] cimiento(s) m saturado(s); fundación f saturada
— **hydrocyanic solution** n - [chem] disolución f cianhídrica saturada

saturated reactance n - [electr-equip] reactancia f, or resistencia f, saturada
— **slag** n - [metal-prod] escoria f saturada
— **silt** n—[constr] sedimento m saturado
— **solution** n - [chem] disolución f saturada
— **steam** n - [boilers] vapor m saturado
— — **pressure** n - [boilers] presión f de vapor m saturado
— — **temperature** n - [boilers] temperatura f de vapor m saturado
— **subbase*** n - [hydr] subbase* f saturada
— **subgrade** n - [hydr] subrasante f saturada
— **subtransitory reactance** n - [electr-equip] reactancia f, or resistencia f, subtransitoria* saturada
— **synchronic reactance** n - [electr-equip] reactancia f sincrónica saturada
— **transitory reactance** n - [electr-equip] reactancia f transitoria saturada
saturating n - saturación f | a - saturador,ra
saturation percentage n - porcentaje m de saturación f
saturator n - [coke] saturador m | a - saturador,ra; saturante
sauna n - [medic] sauna f; baño m, turco, or ruso
save @ bundle v - [fam] ahorrar montón m; [Arg.] ahorrar ponchada f
— **@ capital** v - [fin] ahorrar capital m
— **@ car** v - [autom] conservar automóvil m
— **@ expense** v - ahorrar gasto m
— **@ fuel** v - ahorrar, or conservar, combustible m
— **harmless** v - [legal] salvar, de pérdida (cualquiera); salvaguardar
— **@ material(s)** v - ahorrar material(es) m
— **@ money** v - ahorrar, or economizar, dinero m
— **@ shift** v - [mech] salvar cambio m sincrónico
— **space** v - ahorrar espacio m
— **@ time** v - ahorrar tiempo m
— **@ top soil** n - [soils] ahorrar mantillo m
— **@ trouble** v - evitar problema m
— **@ work** v - [labor] ahorrar trabajo m
saved a - salvado,da; protegido,da • economizado,da; ahorrado,da; conservado,da; guardado,da • reservado,da • salvo,va
— **bundle** n - [fam] montón m ahorrado
— **capital** n - [fin] capital m ahorrado
— **expense** n - gasto m, ahorrado, or evitado
— **fuel** n - combustible m, ahorrado, or conservado, or economizado
— **harmless** a - [legal] salvaguardado,da
— **material(s)** n - material(es) m ahorrado(s)
— **money** n - dinero m ahorrado
— **time** n - tiempo m ahorrado
— **top soil** n - [soils] mantillo m conservado
— **work** n - [labor] trabajo m ahorrado
saver n - . . . ; protector m
saving n - . . . • conservación f; guarda f; reserva(ción) f; economización • ahorro(s) m; economía f | a - . . . ; economizador,ra
— **(s) account** n - [fin] cuenta f de ahorro(s) m
— — **deposit** n - [fin] depósito m en cuenta f de ahorro(s) m
— **(s) — withdrawal** n - [fin] retiro m de cuenta f de ahorro(s) m
— **(s) certificate** n - [fin] certificado m de ahorro(s) m
— **(s) dollar value** n - valor m monetario de economía f
— **harmless** n - [legal] salvaguardia f
savored a - saboreado,da
saw n - [tools] . . . ; serrucho m | v - . . .
— **approach roller table** n - [metal-roll] mesa con rodillo(s) para entrada f para sierra f
— **blade** n - [tools] hoja f, or cuchilla f, para, serrucho m, or sierra f
— **cut** n - [mech] corte m con sierra f | a - [mech] cortado,da con sierra f
— **cutting** n - [mech] corte m con sierra f
— **gage** n - [tools] vitola f, or calibrador m, or graduador m, para sierra f

saw gage head n - [tools] cabeza f para, calibrador m, or graduador m, para sierra f
-- **grinding stone** n - [tools] piedra f para afilar sierra(s) f
-- **horse** n - [tools] caballete m; cabrilla f
-- **roller table** n - [metal-roll] mesa f con rodillo(s) m para sierra f
-- **run-in table** n - [mech] mesa f para entrada f para sierra f
-- **-out table** n - [mech] mesa f para salida f para sierra f
-- **set** n - [tools] triscador m, or trabador m, para, sierra f, or serrucho m
-- **sharpener** n - [mech] afiladora f para, sierra f, or serrucho m
-- @ **stone(s)** v - aserrar, or cortar, piedra(s)
-- **table** n - [mech] mesa f para sierra f
-- **tooth** n - [mech] diente m para, sierra f, or serrucho m
---- **roof** n [constr] techo m, or cubierta f, (de) diente m de sierra f
sawed a - [mech] aserrado,da; serruchado,da
-- **stone** n - piedra f, aserrada, or cortada
sawing n - [mech] aserradura f; corte m
-- **equipment** n - [ind] equipo m para aserrado m
-- **industry** n - [ind] industria f para aserrado
-- **plant** n - [ind] planta f para, aserrado m, or corte m
-- **problem** n - [mech] problema m para aserrado m
-- **strand** n - [cabl] cordón m, or ramal m, para, corte m, or cortar, or aserrar
sawman n - [ind] aserrador m
say v - . . . . • manifestar
-- @ **lot** v - [fam] implicar mucho
Saybolt-Furol viscosity n--[roads] viscosidad f Saybolt-Furol
---- **viscosimeter** n - [instrum] viscosímetro m de Saybolt-Furol
-- **universal viscosity** n - [petrol] viscosidad f universal (según) Saybolt
-- -- **second(s)** n - [lubric] Saybolt universal en segundo(s) m; SUS
-- -- **viscosity** n - [lubric] viscosidad f universal (según) Saybolt
-- **viscosity** n - [petrol] viscosidad f (según) Saybolt
scab n - . . . . • [metal-roll] escama f de laminación f; excoriación f; cáscara f; cascarón m; gota f fría; [Spa.] soja f • [labor] . . . • carnero m
-- **frquency** n - [metal-roll] frecuencia f de cascarón m
-- **removal practice** n - [metal-roll] práctica f para, remover, or sacar, cascarón m
-- **tonnage** n - [metal-roll] tonelaje m de cascarón m
-- **weight** n - [metal-roll] peso m de cascarón m
scabby a - costroso,sa
SC n - [pol] see **South Carolina**
scaffold n - . . . . | v - . . . . • [metal-prod] colgar(se) carga f
-- **erection** n - [constr] armado m de andamio m
-- **preparer** n - [ind] preparador m para andamios
scaffolding n - . . . . • [metal-prod] atascamiento m; abovedado m; pegote m; suspensión f de carga f • [Spa.] bolsón m; ponteado m; lobo m
-- **erection** n - colocación f de andamios,miaje m
-- **removal** n - [constr] desmontaje de andamios,miaje m
scalable a - escalable
scalded a - escaldado,da; quemado,da
scalding n - escaldadura f
scale n - . . .; costra f; cáscara f; lámina f (delgada); laminilla f • [metal-roll] (escamas f de) óxido m de hierro m (en escamas f); incrustación f; batidura(s) f; sedimento(s) f • cascarilla f (de laminación f) • [instrum] escala f; regla f graduada; escuadra f; graduación f | v - . . . . • [metal-roll] desprender(se); desconchar(se); escamar • [metal-treat] pasivar*

. . . **scale** n - [instrum] escala f de
-- **addition** n - [metal-prod] adición f de cascarilla f
-- **amperes** n - [electr-oper] amperaje m según escala f
-- **breaker** n--[metal-roll] rompedora f para, cascarilla f, or escama(s) f; descascarilladora f; descamadora f; descascarilladora f; quebrantadora f; caja f primera de tren m desbastador
-- -- **roll** n - [metal-roll] rodillo m para, descascarilladora f, or quebrantadora f
-- -- **stand** n - [metal-roll] caja f primera de tren m desbastador
-- **breaking** n - [metal-roll] descascarillado m; des(es)camado m; descamación f
--(s) **car** n - [metal-prod] carro m báscula; vagón m balanza
-- -- **assistant** n - [ind] ayudante m para carro m báscula
-- -- **brake** n - [metal-prod] freno m para carro m báscula
-- -- **contact shoe** n - [metal-prod] tomacorriente m para carro m báscula
-- -- **gate** n - [metal-prod] compuerta f para carro m báscula
-- -- **operator** n - [metal-prod] operador m para carro m báscula
-- -- **pantograph** n - [metal-prod] pantógrafo m para carro m báscula
-- -- **pocket** n - [metal-prod] tolva f para carro m báscula
-- **characteristic** n - [metal-roll] característica f de cascarilla f
-- **conveyor** n - [metal-roll] (cinta) transportadora f para cascarilla f
-- **density** n - densidad f según escala f
-- **feeding** n - [metal-prod] alimentación f de cascarilla f
-- **flushing** n - remoción f, or lavado m, de cascarilla f
-- **trench** n - [metal-roll] canal m para remoción m de cascarilla f
-- **incrustation** n - [metal-prod] incrustación f de cascarilla f
-- **jacket** n - [metal-roll] capa f, or cubierta f, de, cascarilla f, or óxido m (de hierro m)
-- **loss** n - [metal-roll] pérdida f de cascarilla
-- -- **due to heating** n - [metal-roll] pérdida f de cascarilla f debida a calentamiento m
-- -- -- -- **ingot heating** n - [metal-roll] pérdida f de cascarilla f debida a calentamiento m de lingote
-- **lower part** n - [weld] parte f, inferior, or más baja, en escala f
--(s) **operator** n - [ind] operador m para báscula
-- **pit** n - [metal-roll] foso m para cascarilla f
-- **pump** n - [metal-roll] bomba f para foso m para cascarilla f
-- **pocket** n - [metal-roll] inclusión f de cascarilla f
-- **problem** n - [metal-roll] problema m con cascarilla f
-- **pump** n - [metal-roll] bomba f para cascarilla f
-- **removal** n - [metal-roll] remoción f, or evacuación f de cascarilla f; desincrustación f
-- -- **equipment** n - [metal-roll] equipo m para. remoción f, or evacuación f, de cascarilla f
-- **remover** n - [metal-roll] desincrustante m
--(s) **repair** n - [ind] reparación f de balanza f
-- **shaped** a - con forma f de escama(s) f
-- **significance** n - significación m de escala f
-- @ **surface** v - [metal-treat] pasivar superficie f
-- **up** n - agrandamiento m; ampliación f | v - agrandar; ampliar
-- **upper part** n - parte f, superior, or más alta, en escala f
--(s) **table** n - mesa f (de) báscula f
-- **test** n - [metal-roll] ensayo m de cascarilla
-- **trench** n - [metal-roll] canal para cascarilla

scale truck n - [metal-prod] (auto)camión m para cascarilla f
— **use** n - [metal-prod] uso m, or gasto m, or consumo n, de, cascrailla f, or escama(s) f
scaled a - . . . • escalado,da • [metal-roll] desprendido,da; deconchado,da; escamado,da • [metal-treat] pasivado,da* • proyectado,da
— **condenser** n - [ind] condensador m, con cascarilla f, or incrustado
— — **check(ing)** n - [ind] verificación f de condensador n, con cascarilla, or incrustado
scaling n - descostrado* m | a - descostrador,ra
— **furnace** n - [metal-treat] horno m para descostrar
— **gage** n - [mech] calibrador m graduado
— — **release** n - [mech] disparador m para calibrador m graduado
— **loss** n - [metal-treat] pérdida f por fuego m
— **property** n - [metal] propiedad f para descascarillado m
— **rate** n - [metal-prod] rapidez f, or velocidad f, de descascarillado m
— **resistance** n - [metal-roll] resistencia f a descascarillado | a - antidescamante
— **resistant** a - [metal-roll] resistente a descascarillado m; antidescamante
— **treatment** n - [metal-treat] tratamiento m para pasivación f
— **up** n - agrandamiento m
scalp n - . . . | v - . . . • [metal-roll] desbastar en basto • [miner] cribar preliminarmente
scalped a - escalpado,da • [metal-roll] mecanizado,da en basto; desbastado,da • [miner] cribado,da preliminarmente
scalping grizzly n - [miner] criba f preliminar
— **screen** n - [miner] criba f, escalpadora f, or raspadora
scan v - . . .; explorar
scandal n - . . . • [pol] negociado m
scandalized a - escandalizado,da
scandalizer n - escandalizador m
scanning n - ojeada f; oteo* m • . . .
scant advantage n - ventaja f escasa
— **precipitation** n - [meteor] precipitación f escasa
scantilly adv - . . .; tasadamente
scanty a - . . .; exiguo,gua; poco,ca
— **precipitation** n - precipitación f escasa
scarce capital n - [fin] capital m escaso
— **labor** n - [labor] mano f de obra f escasa
scarcely adv - . . .; tasadamente; a gatas
scarecrow n - [agric] espantajo m; espantapájaros
scared a - asustado,da; espantado,da
scarf n - [vest] . . . • [carp] . . .; ensambladura f; empalme m; juntura f | v - [vest] . . . • [carp] ensamblar; empalmar; ajustar; traslapar • [metal-prod] escarpar; rebabar; descascarar; sopletear
— **joint** n - [weld] soldadura f a sesgo m
— **weld** n - [weld] soldadura f a sesgo | v [weld] soldar a sesgo m
— **welded** a - [weld] soldado,da a sesgo m
— **welding** n - [weld] soldadura f a sesgo m
scarfed a - [metal-roll] escarpado,da; sopleteado,da • [mech] rebabado,da • ensamblado,da; ajustado,da; empalmado,da; traslapado,da
— **slab** n - [metal-roll] planchón m escarpado
scarfer n - [metal-roll] escarpadora f, rebabadora f • escarpador m; rebabador m
— **approach table** n - [metal-roll] mesa f para, entrada f, or aproximación f, para, escarpadora f, or rebabadora f
— **delivery table** n - [metal-roll] mesa f para salida f para, escarpadora f, or rebabadora f
— **operator** n - [metal-roll] operador m para escarpadora f; escarpador m
— **run-in table** n - [metal-roll] mesa f para entrada f para, escarpadora f, or rebabadora f
— —**out table** n - [metal-roll] mesa f para salida f para, escarpadora f, or rebabadora f

scarfing n - [mech] . . .; ajuste m • traslapo m • escarpadura f; rebabadura f • sopleteado* m • [metal-roll] rebabado,da, or escarpado,da, con, llama f, or soplete m | a - rebabador,ra
— **area** n - [metal-roll] zona f para escarpado m
— — **expediter** n - [metal-roll] coordinador m para zona f para escarpado m
— **defect(s) removal** n - [metal-roll] remoción f, or eliminación f, de defecto(s) mediante escarpado m
— **degree** n - [metal-treat] grado m de escarpado
— **depth** n - [metal-roll] profundidad f de, escarpado m, or corte m
— **equipment** n - [metal-roll] equipo m para escarpado m
— **expediter** n - [metal-prod] coordinador m para escarpado m
— **facility,ties** n - [metal-roll] instalación(es) f para escarpado m
— **foreman** n - [metal-roll] capataz m para escarpado m
— **machine** n - [metal-roll] (máquina), escarpadora f, or rebabadora f
— **output** n - [metal-roll] producción f de escarpado m
— **practice** n - [metal-roll] práctica f de escarpado m
— **production** m - [metal-roll] producción f de escarpado m
— — **expediter** n - [metal-roll] coordinador m para producción f de escarpado m
— **speed** n - [metal-roll] velocidad f, or rapidez f, de escarpado m
— **supervisor** n - [metal-roll] encargado m para escarpado m
— **turn foreman** n - [metal-roll] capataz m para turno m para escarpado m
— **unit** n - [metal-roll] equipo m para escarpado m
— **yard** n - [metal-roll] parque m, or playa f, para escarpado m
— — **foreman** n - [metal-roll] capataz m para, parque m, or playa f, para escarpado m
— — **supervisor** n - [metal-roll] jefe m para, parque m, or playa f, para escarpado m
— — **turn foreman** n - [metal-roll] capataz m para turno m para parque m para escarpado m
— **yield** n - [metal-roll] rendimiento m en escarpado m
scarified a - [medic] escarificado,da
scarifier arm n - [constr] brazo m para escarificadora f
— **ripper** n - [constr] uña f para escarificadora
— **tooth** n - [constr] diente m para escarificadora
scaring n - asustamiento* m
scarp n - [topogr] . . .; talud m; inclinación f
— **fault** n - [topogr] falla f escarpada
scarred up a - cicatrizado,da; con cicatriz,ces
— — **knuckle** n - [anat] nudillo m con cicatriz
scatter v - . . .; difundir; sembrar
scattered a - esparcido,da; diseminado,da; desparramado,da; difundido,da; dispersado,da • [miner] rodado,da
— **defect(s)** n - defecto(s) m disperso(s)
— **group(s)** n - grupo(s) m disperso(s)
— **location** n - colocación f dispersa
— **ore** n - [miner] mineral m disperso
— **porosity** n - [weld] porosidad f dispersa
— **surface porosity** n - [weld] porosidad f, dispersa, or intermitente, en superficie f
— **weld(s)** n - [weld] punto(s) m de soldadura f, disperso(s), or aislado(s)
scatteredly adv - esparcidamente
scattering n - . . .; difusión f
scavenger n - [zool] . . . • eliminador m; depurador m • [weld] decapante m • [ind] barredor m; removedor m para residuo(s) m | a — [metal] eliminador,ra
scavenging a - [weld] decapante
scenario n - . . .; planteamiento m; hipótesis f • orden m de evento(s) m
scene n - . . .; lugar m; sitio m • escenario m

scenery n - . . .; panorama m
scenic highway n - [roads] carretera f, pintoresca, or con obras f para embellecimiento m
— **setting** n - panorama m escénico
scenic view n - vista f, escénica, or pintoresca
— **window** n - [constr] ventanal m
scented a - fragante
scenting n - toma f de viento m | a - ventero,ra
schedule n - . . .; tabla f; planilla f; tarifa f; calendario m; itinerario m; cédula f; especificación f; detalle m [tub] tabla f (de espesores m) para pared(es) f • [managm] tiempo m para ejecución f | a dentro de, plazo m, or tiempo m, establecido, or previsto • v - . . .; programar
— **adequately** v - programar adecuadamente
— @ **assignment(s)** v - [ind] programar, asignación(es) f, or destino m
— **change** n - [ind] cambio m en programa m
— **chart** n - cronograma m
— @ **converter repair** v - [metal-prod] programar reparación f para convertidor m
— @ **date** v - programar fecha f
— @ **driver** v - [sports] programar conductor m
— @ **job** v - [labor] programar tarea f
— **man** n - [ind] programador m
— @ **personnel assignment(s)** v - [ind] programar asignación(es) f para personal m
— @ **personnel supervision** n - [labor] programar supervisión f para personal m
— @ **production requirement(s)** v - [ind] programara exigencia(s) f para producción f
— **proposal** n - [ind] propuesta f para programa
— @ **repair** v - [ind] programar reparación f
— **requirement(s)** n - exigencia(s) de programa m
— @ **requirement(s)** v - [ind] programar exigencia(s) f
— @ **supply,lies** v - programar material(es) m
— @ **work** v - [labor] programar trabajo m
— @ — **assignment(s)** v - [ind] programar, asignación(es) f, or destino(s) m, para trabajo m
scheduled a - programado,da • previsto,ta • [transp] regular; corriente
— **downtime** n - [ind] parada f, or detención f, programada; tiempo m para parada f programado
— **finishing mill turn** n - [metal-roll] turno m programado para tren m terminador
— **flight** n - [aeron] vuelo m, programado, or corriente
— **inactive time** n - [ind] tiempo m inactivo programado; hora f inactiva programada
— **inspección** n - inspecciśon f programada
— **job** n - [labor] trabajo m programado
— **mill turn** n - [metal-roll] turno m programado para laminadora f
— **output** n - [ind] producción f programada
— **pit stop** n - [sports] parada f programada en fosa f
— **repair** n - [ind] reparación f programada
— **roll change** n - [metal-roll] cambio m de rodillo(s) m programado
—, **shutown, or stop** n - [ind] parada f, or detención f, programada
— **time** n - tiempo m programado • hora f programada
— — **extension** n - [ind] prolongación f de tiempo m programado
— **trial run** n - [ind] corrida f para ensayo m programada
— **turn** n - [ind] turno m programado
scheduler n - [ind] programador m
scheduling n - programación f; establecimiento m, or determinación f, or fijación f, de, horario(s) m, or tiempo(s) m
— **and control department** n - [ind] departamento m para programación f y control m
— **department** n - [ind] departamento m para programación f
schematic n - esquema m; diagrama n (esquemático); also see **schematic diagram**
— **diagram** n - diagrama m esquemático

schematic drawing n - [drwng] dibujo m esquemático
— **flow, chart, or diagram** n - [ind] diagrama m esquemático para, flujo m, or circulación f
— **location** n - ubicación f esquemática
— **material(s) flow, chart, or diagram** n - [ind] diagrama m - esquemático para, flujo m, or circulación f, de material(es) m
— **picture** n - [electron] imagen f esquemática
— **screen picture** n - [electron] imagen f esquemática en pantalla f
— **wiring diagram** n - [electr-instal] diagrama m esquemático para conexión(es) f
scheme n - . . . . • [constr] obra f • [arts] tema
schist rock n - [geol] roca f esquisto
schmutzdecke n - [sanit] capa f de material m retenido por filtro m
school n - . . . . • [ind] cursillo m; escuela f para capacitación f
— **addition** n - [constr] ampliación f (para edificio m) escolar
— **association** n - [educ] entidad f escolar
— **building** n - [educ] edificio m escolar
— — **addition** n - [educ] ampliación f para edificio m escolar
— **bus** n - [transp] ómnibus m escolar
— — **route** n - [transp] ruta f, or recorrido m, para ómnibus m escolar
— **child(ren)** n - [educ] escolar(es) m
— **desk** n - [educ] pupitre m (escolar)
— **of medicine** n - [educ] facultad f de medicina
— **portfolio** n - manual m escolar; vademécum m
— **tax** n - [fisc] impuesto m, escolar, or para educación f
schoolroom n - [educ] aula m (escolar)
Schroeder core n - vástago m, or núcleo m, (de) Schroeder
science area n - especialidad f de ciencia f
— **professor** n - [educ] profesor m de ciencia(s)
— **teacher** n - [educ] maestro m, or profesor m, de ciencia(s) f
scientific achievement n - logro m científico
— **computer** n - [comput] ordenador m científico
— **breakthrough** n - descubrimiento m científico
— **development** n - desarrollo m científico
— **figure** n - personaje m científico
scientifically underdeveloped a — [technol] científicamente poco dearrollado,da
— — **country** n - [technol] país m científicamente poco desarrollado
scientist n - . . .; técnico m
scintillate v - . . .; rutilar
scintillating n - rutilación f | a - rutilante
scissor type outrigger n - [cranes] estabilizador m (de) tipo m tijera
scleroscope n - [instrum] escleroscopio m
scoff-proof a - a prueba f de burla(s) f
scold v - . . .; retar
scoop n - cazo m; cuchara f; cucharón m • [mech] cuchara f para biela f - [constr] pala f, de buey, or carbonera
— **feeder** n - [constr] alimentadora f con cucharón m
— **up** v - recoger
scooped up a - recogido,da
scooping up n - recogida f
— **by** v - [sports] pasar, or adelantar(se), velozmente
scooted by a - [sports] pasado,da velozmente
scooter n - [transp] motoneta* f
scooting by n - [sports] paso m, or pasada f, veloz
scope n - . . .; campo m • amplitud f • propósito m; plan m; objeto m; mira(s) f; fin m
— **definition** n - definición f de alcance m
— **extent** n - alcance m de suministro m
scorched a - chamuscado,da; abrasado,da
scorching n - . . .; abrasamiento m | a - . . .
— **breeze** n - [meteorol] brisa f abrasadora
score n - [math] veintena f; veintenar m • [mech] raya(dura) f • [sports] tanto(s) m;

score sheet puntaje m | v - [sports] lograr (triunfo m, or clasificación f) • clasificar | [mech] rayar; estriar
score sheet n - [sports] planilla f (para, cómputo(s) m, or tiempo(s) m)
— **@ stage** v - [sports] recorrer, or triunfar en, etapa f
— **@ win** v - [sports] lograr triunfo m
scoreboard n - [sports] marcador m
scored a - [mech] rayado,da; estriado,da • [mech] clasificado,da • cronometrado,da
— **stage** n - [sports] etapa f, recorrida, or transitada
— **win** n - [sports] triunfo m logrado
scoring n - [mech] rayado m; rayadura f; estriación f • [sports] clasificación f • cómputo m • adjudicación f de punto(s) • cronometraje m
— **sheet** n - [sports] planilla f para, cómputo(s) m, or ruta f
— **structure** n - [sports] método m para adjudicación f de punto(s) m
— **system** n - sistema m para cómputo(s) m
scotch v - [fam] . . .; dar por tierra f con; desbaratar
Scott connect v - [electr-instal] conectar en, T, or derivación f
— **connected** a - [electr-instal] conectado,da en, T, or derivación f
— **connection** n - [electr-instal] conexión f, Scott, or en, T, or derivación f (Scott)
— — **tap** n - [electr-instal] conexión f, or borne n, or derivación f, (de) Scott
scour n - . . . • [geol] derrubio m • [hydr] erosión f; desgaste m | v - . . .; restregar; lavar; desengrasar • desoxidar • derrubiar
— **hazard** n - [hydr] peligro m de derrubio m
— **itself deeper** v - [hydr] erosionar a fondo m
— **rate** n - [hydr] velocidad f, or rapidez f, de derrubio m
scoured a - restregado,da; limpiado,da; lavado,da; desengrasado,da; desoxidado,da
scouring n - . . .; restregadura f; restregamiento m; limpieza f; lavado m; lavadura f | a - erosivo,va
— **flow** n - [hydr] caudal m erosivo
scouring n - . . . • [hydr] erosión f; acción f erosiva; socavación f • arrastre m; derrubio m | a - fregador,ra; fregón,na; erosivo,va
— **sand** n - [hydr] arena f erosiva
scout n - [milit] escucha m | v - explorar
scramble n—. . .; contención f | v - contender
scrambled a - contendido,da
scrambling n - contención f
scrap n - . . .; recorte m; trozo m; retazo m; retal m; despojo m; desecho n; descarte m • [metal-prod] chatarra f; trozo m de plancha f; hierro m viejo | v - . . .; descartar; desechar
— **accumulation** n - [metal-prod] acumulación f de chatarra f
— **and reject(s)** n - [accntg] residuo(s) m y desecho(s) m
— **and sponge iron charge** n - [metal-prod] carga f de chatarra f y (hierro m) esponja f
— **availability** n - [metal-prod] disponibilidad f de chatarra f
— **balance** n - [metal-prod] equilibrio m de chatarra f
— **baler** n - [metal-prod] (prensa f), enfardadora f, or empaquetadora f, para chatarra f
— **ball** n - [grind.med] bola f para descarte m
— — **sorter** n - [grind.med] clasificador m para bola(s) f para descarte m
— **base** n - [metal-prod] base f de chatarra f
— **based** a - [metal-prod] con base f de chatarra
— — **miniplant** n - [metal-prod] miniplanta f en base f de chatarra f
— — **plant** n - [metal-prod] planta f en base f de chatarra f
— — **steel** n - [metal-prod] acero m en base f de chatarra f

scrap basket n - [metal-prod] cesta f para chatarra f
— **bay** n - nave f para chatarra f
— — **crane** n - [metal-prod] grúa f para nave f para chatarra f
— — **crane operator** n - [metal-prod] operador m para grúa f para nave f para chatarra f
— — **crew** n - [metal-prod] cuadrilla f para nave f para chatarra f
— — **loader** n - [metal-prod] cargador m para nave f para chatarra f
— **box** n - [metal-prod] bandeja f para chatarra
— — **scales** n - [metal=prod] báscula f para bandeja(s) f para chatarra f
— —, **buggy**, or **car** n - [metal-prod] vagón(eta) para bandeja(s) f para chatarra f
— **building** n - [metal-prod] edificio m para chatarra f
— **bundle** n - [metal-prod] fardo m, or paquete m, or atado m, de chatarra f prensada
— **car** n - [metal-prod] vagón m para burros(s) m
— **charge** n - [metal-prod] carga f de chatarra f
— **check(ing)** n - [metal-prod] verificación f de chatarra f
— **classification** n - [metal-prod] clasificación f de chatarra f
— **coiler** n - [metal-roll] enrolladora f para chatarra f
— **collecting** n - [metal-prod] recogida f de chatarra f
— **composite price** n - [metal-prod] precio m, compuesto, or combinado, para chatarra f
— **control** n - [metal-prod] regulación f de chatarra f
— **cost** n - [metal-prod] costo m de chatarra f
— **crane** n - [metal-prod] grúa f para chatarra f
— — **operator** n - [metal-prod] operador m para grúa f para chatarra f
— **crew** n - [metal-prod] cuadrilla f para chatarra f
— **cycle** n - [metal-prod] ciclo m para chatarra
— **deficit** n—[metal-prod] déficit m de chatarra
— — **country** n - [metal-prod] país m con déficit m de chatarra f
— **export(ation)** n - [metal-prod] exportación f de chatarra f
— — **control** n - [metal-prod] regulación f de exportación f de chatarra f
— **generation** n - [metal-prod] generación f de chatarra f
— **grade** n - [metal-prod] calidad f de chatarra
— **grading** n - [metal-prod] clasificación f de chatarra f
— **handling** n - [metal-prod] manejo m, or manipuleo m, de chatarra f
— **import(ation)** n - [metal-prod] importación f de chatarra f
— **inspection** n - [metal-prod] inspección f de chatarra f
— **inventory** n - [metal-prod] existencia(s) f de chatarra f
— **iron** n - [metal-prod] chatarra f; hierro m viejo
— — **crunch** n - [metal-prod] falta f, or escasez f, de chatarra f
— — **shortage** n - escasez f de chatarra f
— **jam(ming)** n - [metal-prod] atascamiento m de chatarra f
— **magnet** n - [cranes] (electro)imán m para chatarra f
— **market** n - [metal-prod] mercado m para chatarra f
— **material(s)** n - [metal-prod] material(es) m para, descarte m, or rechazo m
— **melting** n - [metal-prod] fusión f de chatarra
— — **electric furnace** n - [metal-prod] horno m eléctrico para fusión f de chatarra f
— — **furnace** n - [metal-prod] horno m para fusión f de chatarra f
— **overage** n - [metal-prod] exceso m de chatarra
— **@ part** v - [ind] descartar pieza f

scrap percentage n - [metal-prod] porcentaje m de chatarra f
— **pit** n - [metal-prod] foso m para chatarra f
— **preparation** n - [metal-prod] preparación f de chatarra f
— — **for @ open hearth furnace** n - [metal-prod] preparación f de chatarra f para horno m Siemens-Martín
— — **yard** n - [metal-prod] parque m para preparación f de chatarra f
— **press** n - [metal-prod] prensa f para chatarra
— **price** n - [metal-prod] precio m de chatarra f
— **purchase** n—[metal-prod] compra f de chatarra
— **purchased domestically** n - [metal-prod] chatarra f comprada en (mercado) interior m
— **purchaser** n - [metal-prod] comprador m para chatarra f
— **purchasing agent** n - [metal-prod] agente m comprador para chatarra f
— **quality** n—[metal-prod] calidad f de chatarra
— **recovery** n - [metal-prod] recuperación f de chatarra f
— **removal** n—[metal-prod] retiro m de, chatarra f, or despunte(s) m
— **replacing** n - [metal-prod] reemplazo m de chatarra f
— **reserve(s)** n - [metal-prod] reserva(s) f de chatarra f
— **roller** n - [metal-roll] enrolladora f para chatarra f
— — **operator** n - [metal-roll] operador m para enrolladora f para chatarra f
— **rolling** n - [metal-roll] enrollamiento m de chatarra f
— **scales** n - [metal-prod] báscula f para chatarra f
— **semiportal (crane)** n - [metal-prod] (grúa f) semipórtico m para chatarra f
— **shear** n - [metal-prod] cizalla f, or tijera f, para chatarra f
— **sheet metal** n - [metal-prod] chapa f para, chatarra f, or descarte m
— **shortage** n - [metal-prod] escasez f, or déficit m, de chatarra f
— **steel** n - [metal-prod] chatarra f de acero m
— — **equivalent** n - [metal-prod] equivalente m en chatarra f de acero m
— **stock(s)** n - [metal-prod] existencia(s) f de chatarra f
— **supplementation** n - [metal-prod] suplementación f para chatarra f
— **supply** n - [metal-prod] provisión f de chatarra f
— **surplus** n - [metal-prod] exceso m, or sobrante m, de chatarra f
— — **country** n - [metal-prod] país m con, exceso m, or sobrante m, de chatarra f
— **transportation** n - [metal-prod] transporte m de chatarra f
—, **treating**, or **treatment** n - [metal-prod] tratamiento m para escoria f
— **type** n - [metal-prod] tipo m de chatarra f
— **volume** n - [metal-prod] volumen m de chatarra f
— **yard** n - [metal-prod] parque m para chatarra f
scrape n - . . .; rascadura f; raspadura f - v - . . .; restregar; rasquetear; escarbar • [constr] traillar
— **@ wall** v - [constr] raspar pared f
scraped a - raspado,da; rascado,da; rasqueteado,da; escarbado,da; rozado,da
scraper n - [mech] . . .; rasqueteador m • [constr] trailla f; pala f, or cucharón m, para arrastre m • (moto)pala f • [boilers] raspatubo(s) m; diablo m | a - raedor,ra; escarbador,ra; also see **scraping**
— **adjustment** n - [mech] ajuste m de raspador m
— **blade** n - [constr] cuchilla f para, motopala f, or trailla f
— **bowl** n - [constr] cucharón m para arrastre m; trailla f; caja f principal
— **bucket** n - [constr] cucharón m para trailla f

scraper cap screw n - [mech] tornillo m con casquete m para, rascador m, or raspador m
— **circuit** n - [cement] circuito m para rascador
— **edge** n - [int.comb] borde m raspador
— **end** n - [mech] extremo m de raspador m
scrap iron n - [metal-prod] . . .; chatarra f; recorte(s) m, or retazo(s) m, de hierro m
— **line** n - [cabl] cable m para trailla(s) f
— **performance test** n - [cement] prueba f para rendimiento m para rascador m
— **ring** n - [int.comb] aro m raspador m
— **rope** n - [cabl] cable m para trailla f
— **screw** n - [mech] tornillo m (para) rascador m
— **system** n - [mech] sistema m rascador
— **wire rope** n - [cabl] cable m (de alambre m) para trailla f
scraping n - . . .; restregadura f; restregamiento m; rozadura f; rascadura f | a - raedor,ra; escarbador,ra; rasqueteador,ra
— **grizzly** n - [tools] criba f con raspador m
scrapped n - [metal-prod] desguazado,da; descartado,da; desechado,da
— **part** n - [ind] pieza f descartada
scrapping n - [metal-prod] desguace m; descarte m; desecho m
scratch n - . . .; raspadura f; rayadura f | a - borrador | v - . . .; rayar; escarbar; arañar • [sports] ignorar
—**(ing) brush** n - [tools] cepillo m raspador
— **copy** n - [com] borrador m
— **@ electrode** v - [weld] raspar electrodo m
— **@ — over @ plate** v - [weld] raspar electrodo m sobre plancha f
— **@ — slowly** v - [weld] raspar lentamente electrodo m
— **@ metal** v - [mech] raspar metal m
— **slowly** v - [mech] raspar lentamente
— **starting technique** n - [weld] técnica f para encendido m mediante raspado m
— **technique** n - [weld] técnica f con raspado m
— **through @ flux** v - [weld] raspar a través de fundente m
scratched a - raspado,da; escarbado,da; rayado,da; rayoso,sa • [sports] ignorado,da
— **metal** n - [mech] metal m raspado
scratcher n - [mech] . . .; raspador m; rayador m • [petrol] raspatubo(s) m | a - escarbador,ra; raspador,ra
scratching n - raspado m; raspadura f; roce m; escarbadura f; rascadura f | a - rascador,ra; escarbador,ra; raspante; rayador,ra
— **motion** n - [mech] movimiento m de raspado m
— — **across @ seam** n - [weld] movimiento m de raspado, cruzando, or por encima de, costura f
— **through @ flux** n - [weld] raspado m a través de fundente m
scrawling n - garabato m • firulete m
screamed a - gritado,da
screechy a - . . .; estridente
— **music** n - [mus] música f estridente
screed n - [tools] enrasadora f | v - enrasar
screeded a - [constr] enrasado,da
screeding n - [constr] enrase m; enrasado m
screen n - . . .; zaranda f; colador m • rejilla f • separación f • [constr] (tejido m) mosquitero m - [electr] pantalla f • [print] reticulado m | v - . . .; zarandear • [constr] enrasar • [managm] seleccionar
— **accessory** n - accesorio m para, criba f, or zaranda f
— **analysis** n - análisis m de, criba f, or tamiz
— **blinding** n - [miner] cegado m de tamiz m
— **bottom** n - [mech] parte f inferior, or fondo m, de, rejilla f, or criba f
— **building** n - [constr] edificio m para separación f
— **chamber** n - cámara f, separadora, or cernidora, or cribadora
—, **change**, or **changing** n - [mech] cambio m, or reemplazo m, de, zaranda f, or criba f
— **channel** n - [sanit] canal m para acceso m a

rejilla f (con barras f)
screen classification n - [miner] clasificación f por zarandeo m
— **classified** a - [miner] clasificado,da por zarandeo m
— — **ore** n - [miner] mineral m clasificado por zarandeo m
— **classifier** n - [miner] clasificadora f por zarandeo m
— **cleaning** n - [mech] limpieza f de rejilla f
— **cloth** n - malla f, or tejido m, de alambre m • malla f, or tela f para criba f
— @ **crushed stone** v - [constr] cribar piedra f triturada
— **cup** n - [mech] taza f de rejilla f
— **difraction** n - [phys] difracción f por medio de red(es) f
— **exciter** n - [mech] excitador m para, criba f, or zaranda f
— **exhaust** n - [mech] ventilación f para criba f
— **fan** n - [mech] ventilador m para criba f
— **feeling** n - [mech] palpación f de rejilla f
— **filter** n - filtro m con, malla f, or rejilla f
— **fines** n - [miner] fino(s) m de cribado m
— **frame** n - [constr] marco m para tejido m (de alambre m)
— **gasket** n - [mech] guarnición f para rejilla f
— **graded** a - [miner] clasificado,da por zarandeo
— **guard** n - [mech] defensa f para criba f
— **limit(s)** n - [electron] límite(s) m para, rejilla f, or pantalla f
— **limitation** n - [electron] limitación f para, rejilla f, or pantalla f
— **liner** n - [mech] tubo m, colador, or filtro
— **mat** n - [mech] tela f, or malla f, para criba
— — **set** n - [mech] juego m de malla(s) f para criba f
— **material** n - [mech] material m para malla f
— **mesh** n - [mech] malla f para zaranda f
— **mounting** n - [mech] montaje m para rejilla f
— — **screw** n - [mech] tornillo m para montaje m para rejilla f
— **out** v - excluir • separar
— @, **people, or personnel** v - [managm] seleccionar personal m
— **picture** n - [electron] imagen f en pantalla f
— **pipe** n - tubo m, colador, or filtro m
— **plate** n - [mech] placa f criba(dora)
— **project** v - [photogr] proyectar sobre, pantalla f, or telón m
— **projected** a - [photogr] proyectado,da sobre, pantalla f, or telón m
— **projection** n - [photogr] proyección f sobre, pantalla f, or telón m
— **replacement** n - [miner] reemplazo m de, criba f, or zaranda f
— **rheostat** n - [mech] reóstato m para criba f
— @ **stone** v - [constr] cribar piedra f
— **to @ level surface** v - [constr] enrasar
— **wire** n - [metal-wire] alambre m tejido; malla f de alambre m • alambre m para criba f
— — **diameter** n - [wire] diámetro m de alambre m para malla f
screened a - cribado,da; zarandeado,da; tamizado,da • [managm] seleccionado,da • dotado,da, or provisto,ta, con, malla f, or rejilla f
— **charge** n - [metal-prod] carga f zarandeada
— **coke** n - [metal-prod] coque m, cribado, or zarandeado
— — **fines** n - [metal-prod] fino(s) m de coque m, cribado(s), or zarandeado(s)
— **crushed stone** n - [constr] piedra f triturada cribada
— **earth** n - [constr] tierra f zarandeada
— **fines** n - [miner] fino(s) m cribado(s)
— **flux** n - [weld] fundente m cribado
— **ore** n - [metal-prod] mineral m, cribado, or zarandeado
— **out** a - cribado,da; separado,da • eliminado,da mediante cribado m
— **pellet(s)** n - [metal-prod] pellas f cribadas

screened, people, or personnel n - [managm] personal m seleccionado
— **stone** n - [constr] piedra f cribada
screener n - [ind] zarandeador m
screening n - . . .; zarandeo m; cernidura f; tamizado m; cribado m; grava f; separación f • [safety] mampara f; biombo m; guardafuego(s) • [managm] selección f | a - separador,ra; para separación f
screenings n - . . .; menudo(s) m de, criba f, or zaranda f
screw adjusted cam n - [mech] sujetador m, ajustable, or para ajuste m, con tornillo m
— — **plate clamp** n - [mech] mordaza f para plancha, ajustable, or para ajuste, con tornillo m para sujetador m
—, **adjusting, or adjustment** n - [mech] ajuste m de tornillo m
— **and washer assembly** n - [mech] conjunto m de tornillo m y arandela f
— — **lockwasher** n - [mech] tornillo m y arandela f para seguridad f
— — — **assembly** n - [mech] conjunto m de tornillo m y arandela f para seguridad f
— **assembly** n - [mech] conjunto m de tornillo m
— @ **assembly** v - [mech] atornillar conjunto m
— **auger** n - [tools] terraja f, con filete m doble, or torsa*
— **axis** n - [mech] eje m de tornillo m
— **backing, off, or out** n - [mech] aflojamiento m de tornillo m
— **body** n - [mech] cuerpo m, or núcleo m, de tornillo m
— **bolt** n - [mech] perno m con tornillo m
— **box** n - [mech] tuerca f para tornillo m
— **cap** n - [tub] tapa f roscada
— @ **cap** v - [mech] atornillar casquete m
— **center** n - [mech] centro m de tornillo m
— **clip** n - [mech] sujetador m, or abrazadera f, para tornillo m
— **check(ing)** n - [mech] verificación f, de, or para, tornillo m
— **chuck** n - [mech] mandril m, roscado, or con tornillo m
— **clamp** n - [mech] mordaza f con tornillo m
— **collar** n - [tools-vise] reborde m, or collar m, para tornillo m (de tornillo para banco)
— @ **connection** v - [mech] atornillar unión f
— **connector** n - [electr-instal] conectador m, atornillado, or con tornillo m
— **conveyor** n - [mech] transportador m con tornillo m (sin fin); tornillo m transportador • [hydr] tornillo m, or rosca f, de Arquímedes
— — **discharge** n - [mech] descarga f para transportador m con tornillo m
— **coupling** n - [mech] see **threaded coupling**
— **die** n - [mech] cojinete m para terraja f
— **down** n - [mech] tornillo m, or husillo m; husillo m calibrador; tornillo m para bajada f • ampuesa f | v - ajustar; atornillar
— — **field exciter** n - [metal-prod] excitador m para campo m para tornillo m para ajuste m
— — **programmer** n - [metal-roll] programador m para, tornillo m, or ampuesa f, para ajuste m
— — **Selsyn transmitter** n - [electron] transmisor m Selsyn para husillo m para ajuste m
— — **speed control** n - [metal-roll] regulador m para velocidad f para tornillo m para ajuste
— **driver** n - [tools] atornillador m; destornillador m
— — **blade** n - [tools] hoja f para destornillador m
— **embedding** n - [mech] empotramiento m de tornillo m
— **end** n - [mech] extremo m, or remate m, de tornillo m • extremo m, or fin m, de rosca f
— **eye** n - [mech] pitón m; armella f; aldaba f; tornillo m con ojo m
— **fasten** v - [mech] fijar, or afirmar, con tornillo(s) m
— **fastened** a - [mech] fijado,da, or afirma-

do,da, con tornillo(s) m
— **fastening** n - [mech] fijación f con tornillos
— **feed** n - [mech] avance m con tornillo m sin fin m • tornillo m sin fin m para avance m
— **ferrule** n - [mech] virola f de tornillo m
— **fiber retainer** n - [mech] retén m de fibra f para tornillo m
— **gage** n - [instrum] calibre m, or calibrador m, para, rosca f, or tornillo m
— **gear** n - [mech] engranaje m, helicoidal, or en espiral, or sin fin m
— **grab** n - [petrol] macho m, pescador, or arrancasonda(s)
— — **guide** n - [petrol] guía f para macho m, pescador, or arrancasonda(s)
— **head** n - [mech] cabeza f de tornillo m
— **heat treatment** n - [mech] tratamiento m térmico para tornillo(s) m
—**held ring pressured packing** n - [tub] empaquetadura f presionada por anillo m sostenido con tornillo(s) m
— **holder** n - [mech] sujetador m para tornillo m
— **hole** n - [mech] agujero m, or orificio m, para tornillo m
— **in** v—[mech] atornillar; colocar atornillando
— **jack** n - [mech] gato m con tornillo m; also see - **jack screw**
— **key** n - [tools] llave f (para tuerca f)
— **lever** n - [mech] palanca f para tornillo m
— **lift gate** n - [hydr] compuerta f accionada con sin fin m
— — **operated** a - [mech] accionado,da con sin fin m
— — — **gate** n - [hydr] compuerta f accionada con sin fin m
— **loosening** n - [mech] aflojamiento m de tornillo m
— **machine** n - [mech] máquina f para fabricar tornillo(s) m
— — **stock** n - [mech] material m para máquina f para fabricar tornillo(s) m
— **making** n - [mech] fabricación f de tornillos
— **misadjustment** n - [mech] ajuste m deficiente de tornillo m
— **nail** n - [mech] clavo m con rosca f
— **nucleus** n - [mech] núcleo m de tornillo m
— **nut** n - [mech] tuerca f; tuerca f, or hembra f, para tornillo m
— — **loosening** n - [mech] aflojamiento m de tuerca f para tornillo m
— — **tightening** n - [mech] apretadura f, or ajuste m, de tuerca f para tornillo m
— **on** a - [mech] enroscable; atornillable | v - [mech] atornillar (sobre)
— — **filter** n - [mech] filtro m, atornillable, or enroscable
— — **@ holding nut** v - [mech] atornillar sobre tuerca f para retención f
— — **type** n - [mech] tipo m, atornillable, or enroscable
— — — **filter** n - [int.comb] filtro m de tipo m, atornillable, or enroscable
— **operated** a - [mech] accionado,da con tornillo
— **packing** n - [mech] empaquetadura f, or guarnición f, para tornillo m
— **pin** n - [mech] pasador m roscado • pasador m para tornillo m
— — **anchor** n - [nav] ancla m con pasador m roscado
— — — **shackle** n - [nav] grillete m para ancla m con pasador m roscado
— — **shackle** n - [mech] grillete m con pasador m roscado
— — **style** a - [mech] de tipo m con pasador m roscado
— **pitch** n - [mech] paso m para tornillo m
— — **gage** n - [instrum] plantilla f para roscas
— **plug** n - [mech] tapón m roscado
— **point** n - [mech] punta f de tornillo m
— **propeller** n - [mech] hélice f; impulsor m helicoidal

screw retainer n - [mech] retén m, or freno m, para tornillo m
— **secure** v - [mech] asegurar con tornillo m
— **secured** a - [mech] asegurado,da con tornillo
— **securing** n—[mech] aseguramiento m con tornillo(s) m
— **shield** n - [mech] cubierta f para sin fin m • cubierta f para eje m para balancín m
— **stock** n - [metal-fabr] material m para fabricación f de tornillo(s) m • [lathes] terraja
— **@ stud** v—[mech] atornillar prisionero m roscado
— **tap** n - [tools] macho m para abrir tuerca(s)
— **technology** n - [mech] tecnología f para tornillo(s) m • tecnología f para hélice(s) f
— **terminal** n - [electr-instal] terminal m con tornillo(s) m
— **thread** n - [mech] rosca f, or filete m, or resalto m, en tornillo m; filete m de rosca f • cuerda f
— — **depth** n - [mech] profundidad f de, rosca f, or resalto m, en tornillo m
— — **pitch** n - [mech] paso m de rosca f para tornillo m
— — **width** n - [mech] ancho(r) m de resalto m para tornillo m
— **tightened** a - [mech] ajustado,da, or apretado,da, con tornillo(s) m
— **tightening** n - [mech] apretadura f, or ajuste m, de tornillo(s) m
— — **check(ing)** n - [mech] verificación f de, ajuste m, or apretadura f, de tornillo m
— **tip** n - [mech] punta f, or remate m, de tornillo m
— **turning** n - [mech] giro m de tornillo m
— **unscrewing** n—aflojamiento m de tornillo m
— **@ valve cap** v - [mech] atornillar casquete m para válvula f
— **virtual axis** n - [mech] eje m virtual de tornillo m
— **washer** n - [mech] arandela f para tornillo m • [miner] lavadora f con tornillo m
— — **assembly** n - [mech] conjunto m de tornillo m y arandela f
— **wheel** n - [mech] engranaje m, helicoidal, or en espiral m
— — **gear** n - [mech] engranaje m helicoidal
— **wire** n - [wire] alambre m para tornillo(s) m
— **with @ preassembled washer** n - [mech] tornillo m con arandela f, prearmada, or preunida; also see **Sems screw**
— **wrench** n - [tools] llave f para tornillos m
screwdown n - [mech] see **screw down**
screwdriver n - [tools] destornillador m; atornillador m
— **end** n - [tools] extremo m de destornillador m
— **handle** n - [tools] mango m de destornillador
— **tap** v - [mech] golpear con destornillador m
— **tapped** a - [mech] golpeado,da (levemente) con destornillador m
— **tapping** n - [mech] golpe(teo) (leve) con destornillador m
screwed a - [mech] atornillado,da
— **assembly** n - [mech] conjunto m atornillado
— **cap** n - casquete m atornillado • tapa f roscada
— **companion flange** n - [tub] brida f roscada correspondiente
— **connection** n - [mech] unión f atornillada
— **connector** n - [electr-instal] conectador m atornillado
— **coupling** n - [tub] acoplamiento m roscado; conexión f, or unión f, roscada
— **end** n - [mech] extremo m roscado
— **fitting** n - [mech] accesorio m roscado • pico m para engrase m roscado
— **flange** n - [mech] brida f roscada
— **in** a - [mech] insertado,da atornillando
— **joint** n - [mech] junta f roscada
— **on** a - [mech] atornillado,da (sobre)
— — **holding nut** n - [mech] tuerca f para re-

tención f atornillada
screwed terminal n - [electr-instal] terminal m, or borne m, atornillado, or con tornillo(s) m
— **valve cap** n - [mech] casquete m para válvula f atornillado
screwing n - [mech] atornillamiento* m
— **in** n - [mech] inserción f atornillando
— **on** n - [mech] atornillamiento m sobre
scribe n - . . . | v - . . .; escribir
scribed a - escrito,ta; inscri(p(to,ta
scribing n - escritura f; inscripción f
script n - . . .; escritura f
scroll n - . . . • [mech] espira f
— **case** n - [turb] cámara f espiral
— — **intake** n - [turb] entrada f para cámara f espiral
— — **outlet** n - [turb] salida f para cámara f espiral
— **clearance** n - [mech] holgura f para espira f
scrub n - [topogr] . . .; broza f | v; fregar; frotar; lavar • [ind] depurar
— **brush** n - [botan] broza f; chaparra f; chaparral m
— **country** n - [topogr] monte m bajo
— @ **gas** v - [ind] lavar, or depurar, gas m
— **hastily** v - fregotear
— @ **outgoing gas** n—[boilers] lavar, or depurrar, gas m de salida f
— **washing** n - [ind] lavado m por frotación f
scrubbed a - lavado,da; depurado,da; purificado,da • fregado,da; frotado,da
— **dumper** n - [mech] volcador m limpiado
— **gas** n - [ind] gas m lavado
scrubber n - . . . • [ind] fregadora f; lavadora f; purificador m; separador m; lavador m para gas m; máquina f lavadora; also see **venturi** • [labor] fregador m; fregón m - [miner] (re)fregadora f
— **and drier** n - lavadora f y secadora f
— **assembly** n - [ind] conjunto m de, lavadora f, or depurador m
— **bleeder** n—[metal-prod] chapín m para lavador
— **bottom** n - [metal-prod] fondo m de lavador m
— **circuit** n - [metal-prod] circuito m para lavador m
— **condensate** n - [ind] condensado* m en depurador m
— — **dump(ing)** n - [ind] descarga f, or eliminación f de condensado* m en depurador m
— **cone** n - [metal-prod] cono m para lavador m
— **detour** n - [metal-prod] desviación f en lavador m
— **discharge valve** n - [metal-prod] válvula f para, descarga f, or purga f, de, lavador m, or venturi m
— **drain detour** n - [metal-prod] desviación f en colector m para lavador m
— **dump(er)** n - descargador m para depurador m
— — **assembly** n - [mech] conjunto m de descargador m para depurador m
— **dumping** n - [mech] descarga f de depurador m
— **emergency discharge valve** n - [metal-prod] válvula f para descarga f de emergencia f de, lavador m, or venturi m
— — **separator** n - [metal-prod] separador m para emergencia(s) f para depurador m
— — **water separator** n - [metal-prod] separador m para emergencia f para depurador m
— **exhaust** n—[metal-prod] descarga f de venturi m
— — **gate valve** n - [metal-prod] válvula f para compuerta f para descarga f de venturi m
— — **valve** n - [metal-prod] válvula f para descarga f de venturi m
— **filter** n - [metal-prod] filtro m para lavador
— **floor** n - [ind] piso m para lavador m
— **gas** n - [metal-prod] gas m en lavador m
— **hose** n - [metal-prod] mang(uer)a f para venturi m
— **liquid** n - [ind] líquido n en depurador m
— **manhole** n - [metal-prod] entrada f para hombre en venturi m

scrubber normal separator n - [metal-prod] separador m normal para venturi m
— — **water separator** n - [metal-prod] separador m normal para agua m en venturi m
— **operator** n - [ind] operador m para, lavador m, or depurador m, or venturi m
— **piping** n - [metal-prod] tubería f para, depurador m, or venturi m
— **pump** n - [metal-prod] bomba f para, depurador m, or venturi
— **reamer** n - [mech] escariador m para lavador m
— **scarfer** n - [metal-prod] escariador m para, lavador, or venturi m
— **separator** n - [metal-prod] separador m para, depurador m, or venturi m
— — **diffuser** n - [metal-prod] difusor m para separador m para, depurador m, or venturi m
— — **discharge** n - [metal-prod] descarga f para separador m para, depurador m, or venturi m
— — **control valve** n - [metal-prod] válvula f para regulación f para descarga f de separador para. depurador m, or venturi
— **exhaust** n - [metal-prod] descarga f de separador m para, depurador m, or venturi m
— — **manhole** n - [metal-prod] entrada f para hombre m para separador m para venturi m
— **valve** n - válvula f para, depurador m, or lavador m, or venturi m
— **water** n - [metal-prod] agua m para, lavador m, or venturi m
— — **discharge valve** n - [metal-prod] válvula f para descarga f para agua m para venturi m
— — **feed pipe** n - [metal-prod] tubería f para agua m para, depurador m, or venturi m
— — **intake valve** n - [metal-prod] válvula f para admisión f para agua m para venturi m
— — **level** n - [ind] nivel m de agua m en, depurador m, or lavador m, or venturi m
— — **indicator** n - indicador m para nivel m de agua m en, lavador m, or depurador m
— — **main** n - [metal-prod] tubería f (principal) m para agua m para depurador m
— — **separator** n - [metal-prod] separador m para agua m para, depurador m, or venturi m
— — **shortage** n - [metal-prod] falta f de agua m para, lavadora f, or venturi m
— — **tube(s)** n - [metal-prod] tubo(s) m para agua m para, depurador m, or venturi m
scrubbing n - . . .; limpieza f; lavado m (por fregado m); depuración f; purificación f | a - fregador,ra; fregón,na; purificador,ra
— **assembly** n - [ind] conjunto m depurador
— **cone** n - [ind] cono m, lavador, or depurador
— **screen** n - [mech] rejilla f para lavado m
— **system** n - [ind] sistema m para, depuración f, or purificación f
scruff n - . . . • [metal-prod] sedimento m; also see **slag** - [medic] furfura f
— **house** n - [metal-prod] depósito m, or almacén m, para sedimento(s) m
scrumptious a - . . .; (muy) apetitoso,sa
scruple n - . . . • [fig] espina f
scrupulously adv - . . .; rigurosamente
scrutable a - escrutable; escudriñable
scrutinized a - escrutado,da; escudriñado,da
scrutinizer m - escrutador m; escrutiñador m
scuffing n - [mech-wheels| arrastre m (lateral)
scuffer n - [agric-equip] cultivadora f
scuffle hoe n - [tools] azadón m pala
sculptor n - . . .; esculpidor m
sculptured a - esculpido,da
scum breaker n - [hydr] rompedora f para espuma
scurry n - . . . | v - . . .; andar, a ronda f, or por toda(s) parte(s) f
scutched a - [textil] espad(ill)ado,da
SD n - [pol] see **South Dakota**
sea a - [transp] vía f marítima
— **breeze** n - [meteorol] brisa f marina
— **coast** n - [geogr] costa f, marítima, or marina
— **disposal** n - [nucl] eliminación f en, mar f alta, or afuera

sea life n - [biol] vida f, or fauna f, marina
— **shipment** n - [transp] embarque m marítimo
— **lower level** n—[hydr] nivel inferior de mar m
— **of people** n - mar f de gente f
— **room** n - [nav] . . .; franquía f
— **shipment evidence** n - [transp] evidencia f de embarque m marítimo
— **wall** n—[hydr] malecón m; muro m para defensa
— **water** n - agua m de mar m
— — **flow** n - [hydr] caudal m de agua m de mar
seabord n - [geogr] litoral m
— **port** n - [transp] puerto m en litoral m
seal n - . . . • [mech] cierre m (hermético) • [constr] capa f selladora | v - . . .; sellar, or taponar, herméticamente; cerrar; cubrir • tapar (fuga f) • [legal] lacrar
— **against** n - [mech] sello m, or cierre m, contra | v - [mech] sellar, or cerrar, contra
— **@ seepage** v - [hydr] sellar contra filtración
— **airtight** v - sellar herméticamente
— **and shift** n - [mech] sello m y cambio m
— — **assembly** n - [mech] conjunto m de sello m y cambio m
— — **spring** n - [mech] sello m y resorte m
— — **assembly** n - [mech] conjunto m de sello m y resorte m
— **assembly** n - [mech] conjunto m de sello m
— **@ battery** v - [electr] sellar, acumulador m, or batería f
— **bead** n - [weld] cordón m para obturación f; soldadura f, or cordón m, para cierre m
— **@ blast leak** v - [metal-prod] sellar, or quitar, fuga f de viento m
—**(ing) bolt** n - [mech] perno m para cierre m
— **bonnet** n - [valv] bonete m para cierre m
— — **valve** n - [valv] válvula f con bonete m para, sello m, or cierre m
— **break(ing)** n - rotura f de sello m
— **chamber** n - [mech] cámara f para sello m
— **change** n - cambio m, or reemplazo m, de, sello m, or cierre m
— **check(ing)** n - [mech] verificación f de, sello m, or cierre m
—**(ing) coat** n - capa f final
— **coated pipe** n - [tub] tubo m, or tubería f, con capa f, final, or para sello m
— **@ crack** v - sellar grieta f
— **damage** n - [mech] daño m a, sello m, or cierre m
— **deflation** n - [valv] desinflación f de sello
— **door** n - [constr] puerta f para cierre m
— **driver** n - [tools] empujador m, or hincador m, para, sello m, or cierre m
— **@ end** v - sellar extremo m
— **@ envelope** v - sellar, or lacrar, sobre m
— **face** n - [mech] cara f de sello m
— — **assembly** n - [mech] conjunto m de cara f de sello m
— — **tension** n - tensión f en cara f de sello m
— **flange** n - [mech] brida f para sello m
— **for @ life** v - [mech] sellar f para (toda) vida f
— **@ gas leak** v - [metal-prod] sellar, or quitar, fuga f de gas m
— **hermetically** v - sellar herméticamente
—**(ing) hexagonal nut** n - [mech] tuerca f hexagonal para sello m
— **holder** n - [mech] retén m, or fiador m, para, cierre m, or sello m
— **housing** n - [mech] caja f para cierre m
— **in @ cylinder** v - [mech] sellar en cilindro m
— **inflation** n - [valv] inflación f de sello m
— **inner diameter** n - [mech] diámetro m interior de sello m
— — **flange** n - brida f interior de sello m
— **installation** n - [mech] instalación f, or colocación f, de, sello m, or cierre m
— **@ joint** v - [metal-prod] tomar(se) junta f
— **@ leak** v - [metal-prod] sellar, or quitar, or eliminar, fuga f
— **life** n - [mech] vida f (útil) de sello m

seal lip n - [mech] borde m de, sello m, or cierre m
— **nut** n - [mech] tuerca f para sello m
— **off** v - aislar
— **oil** n - [lubric] aceite m de foca • [mech] aceite m para, sello m, or cierre m
— **outer flange** n - [mech] brida f exterior para sello m
— **packing** n - [mech] empaquetadura f, or guarnición f, para cierre m (hermético)
— **part** n - [mech] pieza f para sello m
— **plate** n - [mech] placa f para, cierre m, or sello m, or sellar
— **pot** n - [mech] pote m para selladura f
— **pressure actuating** n - [mech] activación f de sello m mediante presión f
— **protection** n - [mech] protección f para. sello m, or cierre m
— **puller** n - [tools] extractor m para sello(s)
— **retainer** n - [mech] retén m, or fiador m, para, sello m, or cierre m
— — **bottom suface** n - [mech] superficie f inferior de, retén m, or fiador m, para, sello m, or cierre m
— — **puller** n - [tools] extractor m para retén m para cierre m
— — **pulling** n - [tools] extracción f de, retén m, or fiador m, para cierre m
— — **top surface** n - [mech]½ superficie f superior de, retén m, or fiador m, para cierre m
— **retaining** n - [mech] retención f de cierre m
— **ring** n - [mech] aro m, or anillo m, para, cierre m, or sello m • guarnición f para sello m, or cierre m
— **@ root pass** v - [weld] cerrar, or obturar, abertura f en pasada f de raíz f
—**(s) set** n - [mech] juego m de sello(s) m
— **@ shim pack** v - [mech] sellar conjunto m de calza(s) f
— **sleeve** n - [mech] manguito m para cierre m
— **spacer** n - [mech] separador m para, sello m, or cierre m
— **spring** n - [mech] resorte m para sello m
— **surface** n - [mech] superficie m de cierre m
—**(s) system** n - [mech] sistema m de, cierre(s) m, or sello(s) m
— **trapping** n - [mech] atrapamiento m, or encierro m, de, sello m, or cierre m
— **@ turbine shaft packing** v - [turb] sellar empaquetadura f para árbol m para turbina f
— **@ valve cover plug in @ cylinder** v - [valv] sellar tapón m para tapa f para válvula f dentro de cilindro m
— **@ trench** v - [constr] cegar zanja f
— **wear(ing out)** n - [mech] desgaste m de, cierre m, or sello m
—**(ing) weld** n - [weld] soldadura f para, obturación f, or cierre m
— **welded** a - [weld] con soldadura f para obturación f
— **@ wiper** v - [mech] sellar enjugador m
sealant n - sellador m; material m, or líquido m, sellador
— **ribbon** n - [mech] cinta f selladora
Seale('s) lay n - [cabl] trenzado m (de) Seale
sealed a - sellado,da • [legal] lacrado,da
— **against** a - [mech] sellado,da contra
— — **@ seepage** a - [hydr] sellado,da contra filtración f
— **airtight** a - sellado,da herméticamente
— **ball bearing** n - [mech] cojinete m con bola(s) f sellado
— **battery** n - [electr] acumulador m sellado; batería f sellada
— **bearing** n - [mech] cojinete m, blindado, or sellado, or hermético
— **end** n - [mech] extremo m sellado
— **envelope** n - [legal] sobre m, sellado, or lacrado; plica f
— **fitting** n - [lubric] grasera f sellada
— **for life** a - sellado,da por toda vida f

sealed grese fitting n - [lubric] pico m para engrase m sellado; grasera f sellada
— **hermetically** a - sellado,da herméticamente
— **in @ cylinder** a - [mech] sellado,da dentro de cilindro m
— **joint** n - [tub] junta f sellada
— **motor** n - [electr-mot] motor m hermético
—— **fan** n - [mech] ventilador m con motor m hermético
— **off** a - aislado,da
— **portion** n - porción f, or parte f, sellada
— **roller** n - [mech] rodillo m blindado • cojinete m con rodillo(s) m blindado
—— **bearing** n - [mech] cojinete m con rodillos m blindado
— **shim pack** n - [mech] conjunto m de calza(s) f, sellado, or blindado
— **top** n - [constr] tapa f, or cubierta f, impermeable; capa f selladora superior
—— **trench** n - [constr] zanja f cegada sellada
— **trench** n - [constr] zanja f cegada
— **turbine shaft packing** n - [turb] empaquetadura f para árbol m para turbina f sellada
— **wiper** n - [mech] enjugador m sellado
sealer n - sellador m; impermeabilizador m | a - sellador,ra • [paint] tapaporo(s) m; pintura f para recubrimiento m
sealing n - selladura f, or taponamiento m (hermético) • [legal] lacrado m • [paint] pintura f, recubridora, or para recubrimiento m | a - sellador,ra • impermeabilizador,ra
— **against @ seepage** n - [hydr] selladura f contra filtración f
— **bead** n - [weld] cordón m, sellador, or para cierre, or final • cordón m de pasada primera
— **defect** n - [metal-prod] defecto m en selladura f
— **device** n - [mech] dispositivo m sellador
— **difficulty** n - dificultad con estanqueidad f
— **door** n - [constr] puerta f, selladora, or para cierre m
— **enamel** n - [paoint] esmalte m impermeabizador
— **for life** n—[mech] selladura f para toda vida
— **gasket** n - [mech] guarnición f, or empaquetadura f, selladora
— **in @ cylinder** n - [mech] selladura f dentro de cilindro m
—**insulating enamel** n - [paint] esmalte m impermeabilizante (y) aislante
— **lip** n - [mech] labio m sellador
— **mass** n - masa f para, selladura f, or sellar
— **off** n - aislación f
— **panel** n - [mech] panel m para cierre m
— **primer** n - [paint] imprimación f selladora • tapaporo(s)* m imprimador
— **problem** n - problema m con estanqueidad f
— **ring** n - [mech] aro m, or anillo m, sellador, or para cierre m
— **surface** n - superficie f selladora
— **system** n - sistema n para selladura f
— **unit** n—dispositivo m, sellador, or obturador
— **water system** n - sistema m, or red f, para agua m para selladura f
seam n - [mech] . . .; juntura f • fisuración f • [magnet] veta f • [weld] junta f; costura f; soldadura f continua • [miner] . . .; manto m (delgado) • [constr] llaga f
— **bolting** n - [mech] empernado m de costura f
— **burning through** n - [weld] perforación f de costura f
— **center** n - [mech] centro m de costura f
— **check(ing)** n - verificación f de costura f
— **cover** n - [miner] techo m para capa f
— **data** n - dato(s) m sobre costura(s) f
— **design** n - proyección f para costura f
— **detail(s)** n - [mech] detalle(s) para f costura
— **direction** n - [magnet] sentido m de veta f
— **elimination** n - eliminación f de costura f
— **end** n - fin m, or final m de costura f
— **filling** n - [weld] henchimiento m de costura f
— **guide** n - [weld] guía f para costura f

seam guide stand n - [weld] caja f para guía f para costura f
— **hammer** n - [tools] martillo m para reborde(s)
— **lap(ping)** n - [mech] traslapo m en costura f
— **line,ning up** n - [weld] alineación f de, costura f, or cordón m
— **requirement** n - [mech] exigencia f para costura f
— **rerolling** n - [metal-roll] relaminación* f de, costura f, or cordón m
— **resistance spot weld(ing)** n - [weld] soldadura f por punto(s) m por resistencia f de costura f
— **rivet** n - [mech] remache m para costura f
— **riveting** n - [mech] remachado m de costura f
— **roller** n - [weld] aplanadora f para costuras
— **rolling** n - [metal-roll] laminación f de, costura f, or cordón m
— **sealant** n - sello m para costura(s) f
—— **tape** n - [tub] tira f, or cinta f, de material m sellante
— **shop fabrication** n - [mech] elaboración f en planta f de costura f
— **spot weld(ing)** n - [weld] soldadura f por punto(s) m de costura f | v - [weld] soldar con punto(s) m costura f
— **straightness** n - [weld] derechura f de costura f
— **strength** n - [mech] resistencia f de costura
— **strip** n - [mech] cubrejunta m
— **tack weld(ing)** n - [weld] soldadura f por punto(s) m de costura f
— **top side** n—[wld] cara f superior de costura
— **ultimate strength** n - [mech] resistencia f final de costura f
— **underside** n - [weld] cara f inferior de costura f
— **weld(ing)** n—-[weld] soldadura f (eléctrica) para costura f • soldadura f por rueda f • soldadura f con cordón m | v - soldar costura
— **weld(ed) pipe** m - [tub] tubería f soldada con costura f
— **welder** n - [weld]] soldadura f con costura f; • soldadura f con rueda f
— **welding stitcher** n - [weld] soldadora f ribeteadora
seamless alloy steel tubing n - [tub] tubería f de acero m con aleación f sin costura f; tubería f sin costura f de acero m con aleación
— **austenitic pipe** n - [tub] tubo m, or tubería f, austenítica sin costura f
—— **stainless steel pipe** n - [tub] tubo m, or tubería f sin costura f de acero m inoxidable austenítico
—— **steel pipe** n - [tub] tubo m, or tubería f, sin costura f de acero m austenítico
— **brass pipe** n - [tub] tubo m, or tubería f, sin costura f de latón m
— **carbon steel pipe** n - [tub] tubo m, or tubería f, sin costura f de acero m con carbono
— **casing** n - [tub] tubo m, or tubería f, sin costura f para entubación f
— **drive,ving pipe** n - [tub] tubo m, or tubería f, sin costura f para hincar
— **high strength low alloy tubing** n - [tub] tubo m, or tubería f, sin costura f con aleación f baja y resistencia f alta (a tensión)
— **high temperature service pipe** n - [tub] tubo m, or tubería f, sin costura f para uso(s) m con temperatura(s) f elevada(s)
—— **steel pipe** n - [tub] tubo m, or tubería f, sin costura f de acero m para temperatura(s) f alta(s)
— **iron pipe** n - [tub] tubo m sin costura f de hbierro m
— **low temperature service pipe** n - [tub] tubo m, or tubería f, sin costura f para uso(s) m con temperatura(s) f baja(s)
—— **steel pipe** n - [tub] tubo m, or tubería f, sin costura f de acero m para temperatura(s) f baja(s)

seamless mechanical tubing n - [tub] tubería f mecánica sin costura f
— pipe n - [tub] tubo m, or tubería f, sin costura f
— — production n - [tub] producción f, or elaboración f, de tubo(s) m sin costura f
— red brass pipe n - [tub] tubo m, or tubería f, sin costura de latón m rojo
— roller n - [mech] rodillo m sin costura f
— stainless steel tubing n - [tub] tubería f sin costura f de acero m inoxidable
— steel n - [metal-roll] acero m sin costura f
— — casing n - [tub] tubería f sin costura f de acero m para entubación f
— steel liner n - [tub] camisa f sin costura f de acero m
— —, pipe,ping, or tube,bing n tubo m, or tubería f, sin costura f de acero m
— — tubing liner n - [tub] camisa f de acero m sin costura f para, tubo m, or tubería f
— tube n - [tub] tubo m sin costura f
— tubing n - [tub] tubería f de acero m
search n - . . .; procura f • . . .; examen m | v - . . .; procurar • [nav] fondear
— for @ fossil fuel(s) n - busca f de combustible(s) m fósil(es) | v - [miner] buscar combustible(s) m fósil(es)
searchable a - . . .; escudriñable
searched a - buscado,da; procurado,da • indiagado,da
— fossil fuel(s) n - [miner] combustible(s) m fósil(es) buscado(s)
searcher n - . . . • pesquisa m; [nav] visitador
searching n - . . .; búsqueda f | a - . . .; indagador,ra; pesquisador,ra
— unit n - [electron] dispositivo m buscador
seascape n - [arts] vista f marina
seashore area n - [geogr] zona f litoral
season n - . . . | v - madurar • [constr] curar • [culin] adobar
—('s) beginning n - comienzo m de temporada f
—('s) end n - fin m de temporada f
—('s) influence n - influencia f de estación f
—('s) opening round n - [sports] torneo m primero de temporada f
—('s) operation n - operación f para temporada
—('s) remainder n - resto m, or saldo m, de, estación f, or temporada f
—('s) standing n - [sports] posición f, or colocación f, para temporada f
—('s) start n - iniciación f de temporada f
—('s) victory n - [sports] triunfo m para temporada f
seasonal hazard n - [safety] peligro m en temporada f
— precipitation n - [meteorol] precipitación f en, estación f, or temporada f
— storm n - [meteorol] tormenta f estacional • aguacero m estacional
— work n - [labor] trabajo m para temporada f
seasoned a - maduro,ra; temperado,da
seasoning n - [lumber] curación f
seat n - . . . • plaza f • [pol] cabecera f; sede f | v - . . .; sentar
— adjusting collar n - [int.comb] collar m para ajuste m de asiento m
— angle n - [valv] ángulo m, or conicidad f, de asiento m
— area n - zona f para asiento m
— @ assembly v - [mech] asentar conjunto m
— attachment n - [agric-equip] acoplado m con asiento m
— back n - [domest] respaldo m; respaldar m
— @ bearing v - [mech] asentar cojinete m
— @ — cup v - [mech] asentar pista f para cojinete m
— belt n - [autom] cinturón m para seguridad f
— bore n - [petrol] interior m, or taladro m, de asiento m
— @ brush v - [electr-mot] asentar escobilla f
— collar n - [mech] collar m para asiento m

seat condition n - [mech] condición f, or estado m, de asiento
— @ cup n - [bearings] asentar pista f
— cushion n - [domest] cojín m para asiento m
— cutter n - [tools] escariador m para asiento
— driver n - [valv] introductor m para asiento
— driving n - [mech] introducción f de asiento
— evenly v - [mech] asentar parejamente
— finishing n - [mech] terminación f de asiento
— firmly v - [mech] asentar firmemente
— flush against v - asentar a rás contra
— fully v - asentar completamente
— height n - altura f de asiento m
— in @ cover v - [mech] asentar en cubierta f
— insert n - [mech] injerto m para asiento m • [valv] asiento m para válvula f
—+of-@-pants a - [fig] burdo,da; a tanteo m
— — @ — (s) guesstimate,tion n - conjetura f, burda, or aproximada
— plate bracket angle (plate) n - [metal-prod] escuadra f para tensor m para placa f para asiento m
— properly v - [mech] asentar(se) debidamente
— puller n - [tools] arrancaasiento(s) f
— pulling n - [mech] arrancadura f, or arranque m, de asiento m
— reamer n - [tools] escariador m para asiento
— removal n - [mech] remoción f, or saca f, de asiento(s) m
— renewal n - [mech] renovación f de asiento m
— ring n - [mech] anillo m para asiento m
— securely v - [mech] asentar sólidamente
—(s) set n - [mech] juego m de asiento(s) m
— support n - [mech] soporte m para asiento m
— — case n - [mech] caja f para soporte m para asiento m
— — — pilot n - [mech] piloto m, or guía f, para caja f para soporte m para asiento m
— @ — — — v - [mech] asentar, piloto m, or guía f, para caja f para soporte m
— tamping n - apisonamiento m de asiento m
— taper(ing) n—[mech] ahusamiento m de asiento
— valve n - [valv] válvula f para asiento m
— with @ back n - escaño m
— wrap-around n - [autom] caja f para asiento m
seated a - sentado,da • [mech] asentado,da; ajustado,da
— assembly n - [mech] conjunto m asentado
— bearing n - [mech] cojinete m asentado
— — cup n - [mech] pista f para cojinete m asentada
— brush n - [electr-mot] escobilla f asentada
— control n - [cranes] mando m fijo
— cup n - [bearings] pista f asentada
— evenly a - [mech] asentado,da parejamente
— firmly a - [mech] asentado,da firmemente
— flush against a - asentado a ras contra
— fully a - [mech] asentado,da totalmente
— in @ cover a - asentado,da en cubierta f
— properly a - [mech] asentado,da debidamente
— securely a - [mech] asentado,da sólidamente
— valve n - [valv] válvula f con asiento m
seating n - . . .; asentamiento m; ajuste m
— area n - [mech] zona f para asentamiento m
— cup n - [mech] taza f, or copa f, para asentamiento m
— face n - [mech] cara f para asiento m
— flush against n - asentamiento m a ras contra
— in @ cover n - asentamiento m en cubierta f
— lug n - [valv] asiento m
— pressure n - [mech] carga f
— surface n - [mech] superficie para asiento m
seatpuller n - [tools] sacaasiento(s) m
seaward end n - [hydr] extremo m hacia, mar m, or afuera; extremo m para descarga f
seawater n - [hydr] agua n de mar f
secant modulus n - [geom] módulo m para secante
secluded a - apartado,da; escondido,da
second n - . . . • instante m • [sports] lugar m segundo; colocación f segunda | a - . . . | v - secundar • [legal] apoyar

second(s)

second(s) n - [com] mercadería f, or producto(s) m, de (calidad f) segunda
— bid n - [com] oferta f, or propuesta, segunda
— binding spray n - [roads] riego m ligante segundo
. . . second(s) burst n - [electron] irrupción f de . . . segundo(s) m
— call n - [legal] llamado m, or llamamiento n, segundo; llamada f, or convocatoria, segunda
— century n - [chronol] siglo m segundo
— choice n - selección f segunda; substituto m
— clevis pin n - [mech] pasador m segundo para, horquilla f, or grillete m
— coat n - capa f, or mano f, segunda
. . . — current n - [electr-oper] corriente f durante . . . segundo(s) m
— degree burn n - [medic] quemadura f de grado m segundo
. . . —(s) delay n - demora f de . . . segundos
— fraction n - [chronol] fracción f de segundo
— gear n - [autom-mech] velocidad f segunda
— generation computer n - [comput] ordenador m, or computador m de generación f segunda
— girth weld n - [weld] soldadura f circunferencial segunda
— hand n - mano f segunda • [instrum] segundero m | a - de mano f segunda; usado,da
— — comment n - comentario m de mano f segunda
— helper n - [ind] ayudante m, or medio oficial m, or garzón m, segundo, or de segunda
— highest a - superior a todos,das menos uno,na
— home n - [constr] casa f quinta; villa f
— —(s) community n - [pol] población f de, casa(s) f quinta, or villa(s) f
— —(s) recreational community n - [constr] población f de, casa(s) f quinta, or villa(s) f
— in @ class n - [sports] segundo,da para categoría f
. . . —(s) input time n - [comput] tiempo m de . . . segundo(s) m para entrada f
. . . —(s) input time relay n - [electron] relé para (tiempo m de) . . . segundo(s) m para entrada f
— inside diameter girth weld n - [weld] pasada f segunda de soldadura f circunferencial interior
— intermediate mill n - [metal-roll] laminador m intermedio, segundo, or secundario
— lap n - etapa f segunda
— last a - penúltimo,ma
— — pass n - [weld] pasada f penúltima
— layer n - capa f, or camada f, segunda
— lead n - [electr-instal] conductor m secundario
—lowest a - inferior a todos,das menos uno,na
—lowest price n - [com] precio m inferior a todo(s) menos uno
— only to . . . adv - superior a todos,das menos uno,na
— outisde diameter girth weld n - [weld] pasada f segunda de soldadura f circunferencial exterior
— overall n - [sports] segundo, absoluto, or en clasificación f general
— pass n - [weld] pasada f segunda
— — box weave n - [weld] pasada f segunda en caja f
— girth weld n - [weld] pasada f segunda en soldadura f circunferencial
— — side n - [weld] lado m, or cara, para pasada f segunda
— phalanx n - [anatom] falangina f
— pin n - [mech] pasador m segundo
— place n - lugar m segundo
— — car n - [sports] automóvil en colocación f segunda
— — finish n - [sports] finalización f en, lugar m segundo, or clasificación f general
— — honor n - [sports] colocación f segunda
— portion n - porción f, or parte f, segunda
— preliminary draft n - anteporyecto m segundo

second production stage n - [ind] etapa f segunda de producción f
— proposal n - [com] propuesta f segunda
— pull n - tirón m segundo
— quality n - calidad f segunda
— roller n - [metal-roll] rodillo m segundo
— speed n - [mech] velocidad f segunda
— spray n - [ind] riego m segundo
— spread(ing) - [roads] distribución f segunda
— stage n - etapa f segunda
— stand n - [metal-roll] caja f segunda
— station n - [weld] puesto m segundo
— thermostat assembly b - [instrum] conjunto m de termostato m, segundo, or secundario
— third n - tercio m segundo
— time n - vez f segunda
— tone n - [electron] tono m segundo
— type piping n - [tub] tubería f, or conexión f, de tipo m segundo
— weld n - [weld] soldadura f segunda
— World War n - [pol] Guerra f Mundial Segunda
secondarily adv - secundariamente
secondary a - . . .; subalterno,na • [electr-instal] see secondary coil
— beam strut n - [constr] riostra f segunda para viga f
— blooming mill n - [metal-roll] tren m, or laminador m, desbastador secundario
— bus (bar) n - [electr-instal] barra f colectora secundaria
— carburetor venturi n - [int.comb] difusor m secundario (para carburador m)
— channel n - [hydr] canal n scundario
— clarifier n - [sanit] clarificador m secundario
— cleaner n - [metal-prod] (depurador) secundario m
— coil n - [electr-instal] bobina f secundaria; devanado m secundario
— — thermostat n - [electr-instal] termostato m secundario para, bobina f, or devanado m
— cooling n - enfriamiento m secundario; refrigeración f secundaria
— — control n - [ind] regulación f para enfriamiento m secundario • regulador m para enfriamiento m secundario
— — water n - [ind] agua m para, enfriamiento m secundario, or refrigeración f secundaria
— creep n - [metal-prod] fluencia f secundaria
— crusher n - [coke] trituradora f secundaria; quebrantadora f secundaria
— crushing n—[miner] trituración f secundaria
— — plant n - [miner] planta f secundaria para trituración f
— current n - [electr] corriente f, secundaria, or inducida
— digester n - [Sanit] digestor m secundario
— distribution system n - [electr-distrib] red f secundaria para distribución f
— dust catcher n - [metal-prod] colector m secundario para polvo m
— — discharge valve n - [metal-prod] válvula f para descarga f de colector m secundario (para polvo m)
— — dust valve n - [metal-prod] válvula f para polvo m de colector m secundario (para polvo m)
— — goggle valve n - [metal-prod] válvula f, de anteojo, or guillotina, para colector m secundario (para polvo m)
— — guillotine (valve) m - [metal-prod] guillotina f para colector m secundario (para polvo m)
— — inner cone n - [metal-prod] campana f interior en colector secundario para polvo m
— — lower discharge valve n - [metal-prod] válvula f inferior para purga f para colector m secundario para polvo m
— — pug mill n - [metal-prod] amasadora f para colectopr m secundario (para polvo m)
— — valve n - [metal-prod] vávula f para

- 1482 -

polvo m en colector m secundario
secondary education n - [educ] educación f, or instrucción f, secundaria, or media
— **enrichment** n - [geol] enriquecimiento m secundario
— **fine(s)** n - [miner] fino(s) m secundario(s)
— **fuel filter** n - [int.comb] filtro m secundario para combustible m
— **hardening** n - [metal-treat] temple m secundario • endurecimiento m secundario
— **intermediate rolling mill** n - [metal-roll] laminador m, or tren m, intermedio secundario
— **lead** n - [electr-instal] conductor m secundario
— **lineshaft** n - [mech] árbol m secundario para transmisión f
— **lower discharge valve** n - [metal-prod] válvula f inferior para descarga f de colector m secundario
— — **dust valve** n - [metal-prod] válvula f inferior para descarga f de colector secundario
— **mill** n - [metal-roll] laminador m secundario
— **network cable** n - [telecom] cable m para red f secundaria
— **purpose** n - propósito m, or fin n, secundario
— **recovery** n - [ind] recuperación f secundaria
— **regulating plant** n - [ind] planta f para regulación f secundaria
— **scrubber** n - [metal-prod] (depurador m, or lavador m) secundario m
— — **bleeder** n - [metal-prod] chapín m para, (lavador m, or depurador m) secundario
— **settling** n - [hydr] decantación f secundaria; asentamiento m secundario
— **storage** n - [ind] almacén(amiento) m secundario
— **system cable** n - [telecom-cond] cable m para red f secundaria f
— **underground storage** n - [nucl] almacén(amiento) m subterráneo secundario
— **winding** n—[electr-mot] devanado m secundario
— — **overcurrent transformer neutral** n - [elec] transformador m para sobrecorriente f a neutro m en devanado m secundario
— **side** n - lado m secundario; also see **output side**
secrecy r—[legal] carácter m confidencial
secret agent n - [pol] . . .; espía m
secretary n - . . . • [pol] ministro m; secretario m (de estado m)
secretly adv - . . .; retiradamente
section n - . . .; sector m; trozo m, tramo m; trayecto m • zona f • oficina f • [drwng] . . .; corte m, or área m, transversal • [mech] perfil m • [transp] camarote m; compartim(i)ento m • [legal] . . .; cláusula f; ordinal m; apartado m; acápite m; numeral m; parágrafo m • cuerpo m • [tub] plancha f • [pol] barrio m • negociado | v - seccionar
. . .— **arc polarity switch** n - [electr-instal] conmutador m con . . . sección(es) f para polaridad f de arco m
— **area** n - área f de, sección f, or corte m, (transversal)
— **assistant supervisor** n - [ind] jefe m segundo para sección f
— **at @ abutment** n - [constr] corte m (transversal) en estribo m
— **back** n - [weld] respaldo m de sección f
— **between @ pole(s)** n - [electr-instal] sección f, or tramo m, entre poste(s) m
. . .— **boom** n - [cranes] aguilón m con . . . sección(es) f
— **by section** a - sección f por sección f
— **center** n - centro m de, sección m, or tramo m
— **change** n - cambio m en área m (transversal)
— **connection** n - [environm] conexión f de tramo(s) m
— **deflection** n - [constr] deformación f de sección f
— **drawing** n - [drwng] plano m de corte m

section end n - [tub] extremo m de tramo m
— **flattening** n - [constr] aplanamiento m de sección f
— **flow** n—[hydr] flujo m, or caudal m, en tramo
— **foreman** n - [labor] capataz m para sección f
— **head** n - [pol] jefe m para sección f
— **height** n - [autom-tires] altura f de corte m transversal
. . .— **hydraulic boom** n - [cranes] aguilón m hidráulico con . . . sección(es) f
— **hydraulic system** n - [metal-roll] sistema m hidráulico para sección f
— — **pump** n - [pumps] bomba m para sistema m hidráulico para sección f
. . .— **hydraulic telescopic boom** n - [cranes] aguilón m retráctil hidráulico en . . . sección(es) f
— **inside** n - interior m de sección f
— — **diameter** n - diámetro m interior de sección f
— **joining** n - [mech] unión f de sección(es) f
— **length** n - [mech] largo m de tramo m • trozo n de tramo m
— **less** n - pérdida f en sección f
— **maximum length** n - largo m máximo de tramo m
— **mill** n - [metal-roll] tren m para perfiles m
— **modulus** n - módulo m para sección f
— **outisde** n - exterior m de sección f
— — **diameter** n - diámetro m exterior de sección f
— **paving** n - [roads] pavimentación f de tramo m
— **prepointing** n - [wiredrwng] adelgazamiento m de sección f
. . .— **polarity switch** n - [weld] conmutador m con . . . sección(es) f para polaridad f
— **profile crown** n - [metal-roll] corona f en perfil m de sección f
— **pulling draw bar** n - [tools] tensor m para ensamblar sección(es) f
— **strength limitation** n - [constr] limitación f para resistencia f de, perfil m, or sección f
— **strip** n—[metal-roll] fleje m para cuchillas
— **supervisor** m - [ind] jefe m para sección f
— **switch** n - [electr-instal] llave f seccionadora
. . .— **table** n - [mech] mesa f con . . . sección(es) f
. . .— **telescopic boom** n - [cranes] aguilón m retráctil con . . . sección(es) f
— **to be heated** n - sección f a calentar(se)
— **turn foreman** n - [ind] capataz m para turno m para sección f
— — **supervisor** n - [ind] jefe n para turno m para sección f
— **weight** n - [mech] peso m de sección f
— **width** n - ancho(r) m, or anchura f, de sección f
— **window** n - [constr] ventana f en sección(es)
sectional a - . . .; en sección(es) f • transversal • avoid seccional* • sectorial
— **arrangement** n - disposición f por sección(es)
— **column** n - [constr] columna f en secciones f
— **drain pipe** n - [hydr] tubo m, or tubería f, en sección(es) f para desagüe m
— **elevation** n - [constr] elevación f, or cota f, por sección(es) f
— **guy cable** n - [cranes] cable m contraviento en sección(es) f
— **layout** n - disposición f por sección(es) f
— **meeting** n - [legal] reunión f sectorial
— **pipe** n - [tub] tubo m, or tubería f, en sección(es) f
— **plate** n - [metal-roll] plancha f en secciónes | a [tub] con plancha(s) f múltiple(s)
— — **handbook** n - [constr] manual m, or vademécum m, para plancha(s) f en sección(es) f
— — **pipe** n - [tub] tubo m, or tubería f, de plancha(s) f múltiple(s)
sectioning box n - [electr-instal] caja f para divisón f en sección(es) f
sector n - . . .; sección f | a - para sector m

sector inefficiency n - ineficiencia f sectorial
— notch n - [mech] muesca f en sector m
secure a - . . .; fijo,ja • guardado,da | v -
. . .; sujetar • . . .; lograr; conseguir •
[weld] soldar
— anchoring n - anclaje m seguro
— @ assembly v - [mech] asegurar conjunto m
—, attaching, or attachment n - [mech] fijación
f, or aseguramiento m, fuerte, or seguro
— bite n - [mech] mordedura f, or sujeción f,
segura; muerdo m seguro
— backfill compaction n - [constr] compactación
f segura para relleno m
— @ bridge floor(ing) v - [constr] asegurar, or
fijar, piso m para puente m
— canopy screw n - [mech] tornillo m seguro para campana f
— compaction n - [constr] compactación f segura
— @ cover v - asegurar, tapa f, or cubierta f
— @ drive gear v - [mech] asegurar engranaje m impulsor
— fastening n - fijación f, or sujeción f, segura, or firme
— @ floor v - [constr] fijar, or asegurar, piso
— @ gear v - [mech] asegurar engranaje m
— hold (ing) n - sujeción f firme
— in @ place v - [mech] afianzar en, lugar m, or sitio m
— installation n - instalación f (en forma f) segura
— @ result(s) v - asegurar resultado(s) m • lograr, or obtener, resultado(s) m
— screw n - [mech] tornillo m seguro
— — tightening n - [mech] apretadura f, or ajuste m, firme, or seguro, de tornillo m
— seating n - [mech] asentamiento m sólido
— shoring n - [constr] entibación f segura
— @ spider assembly v - [mech] asegurar conjunto m de araña f
— @ stator v - [electr-mot] asegurar estator m
— tightening n - [mech] ajuste m, bueno, or seturo; sujeción f firme
— together v - mantener, junto(s), or unido(s)
— weld(ing) n - [weld] soldadura f firme
— win n - [sports] triunfo m seguro
— @ win v - [sports] asegurar, or lograr, triunfo m
— @ wire rope v - [cabl] asegurar, or fijar, cable m (de alambre m)
— with @ cap screw v - [mech] asegurar con tornillo m con casquete m
— — @ locking screw b - [mech] asegurar con tornillo m para fijación f
— — @ lockwasher v - [mech] asegurar con arandela f para seguridad f
— — @ nut v - [mech] asegurar con tuerca f
— @ "O" ring v - [mech] asegurar con anillo m circular
— — @ snap ring v - [mech] asegurar con anillo m con resorte m
— — @ zinc v - [cabl] fijar con cinc m
secured a - asegurado,da • garantizado,da • logrado,da • fijado,da; afianzado,da • [mech] ligado,da; atado,da • [weld] soldado,da
— assembly n - [mech] conjunto m asegurado
— bridge floor(ing) n - [constr] piso m para puente m, asegurado, or fijado
— cover n - tapa f, or cubierta f, asegurada
— drive gear n - [mech] engranaje m impulsor asegurado
— floor n - piso m, fijado, or asegurado
— flooring n - [constr] plancha(s) f para piso m, asegurada(s), or fijada(s)
— in place a - [mech] afianzado,da en, lugar m, or sitio m
— loan n - [fin] préstamo m, prendario, or asegurado, or garantizao
— result(s) assessment n - valoración f de resultado(s) m logrado(s)
— spider assembly n - [mech] conjunto m de arañas f asegurado

secured stator n - [electr-mot] estator m asegurado
— win n - [sports] triunfo m asegurado
— wire rope n - [cabl] cable m (de alambre m) fijado
— — end n - [cabl] extremo m de cable m (de alambre m) fijado
— with @ cap screw a - [mech] asegurado,da con tornillo m con casquete m
— — @ locking screw a - [mech] asegurado,da con tornillo m para fijación f
— — @ lockwasher a - [mech] asegurado,da con arandela f para seguridad f
— — @ nut a - [mech] asegurado,da con tuerca f
— — @ "O" ring a - [mech] asegurado,da con anillo m circular
— — @ snap ring a - [mech] asegurado,da con anillo m con resorte m
— — @ zinc a - [cabl] fijado,da con cinc m
securing n - aseguramiento m; fijación f • [weld] soldadura f
— bar n - [mech] barra f, aseguradora, or para, fijación f, or seguridad f
securing in @ place n - [mech] afianzamiento m en, lugar m, or sitio m
— with @ cap screw n - [mech] aseguramiento m con tornillo m con casquete m
— — @ lock(ing) screw n - [mech] aseguramiento m con tornillo m para fijación f
— — @ lockwasher n - [mech] aseguramiento m con arandela f para, fijación f, or seguridad f
— — @ nut n - [mech] aseguramiento m con tuerca f
— — @ "O" ring n - [mech] aseguramiento m con anillo m circular
— — @ snap ring n - [mech] aseguramiento m con anillo m con resorte m
— — @ zinc n - [cabl] fijación f con cinc m
security n - . . . • [labor] seguridad f en empleo m • [fin] valor m (mobiliario, or bursátil); título m • [ind] vigilancia f
— agreement n - [legal] acuerdo m para garantía
— bond n - [com] fianza f
—, ties commission n - [fin] comisión f para valor(es) m
— firm n - [ind] empresa f para vigilancia f
—, ties in custody n—[fin] valor(es) m, or título(s) m, en, custodia, or depósito
—, ties in hand n—[fin] valor(es) m, or título(s) m, en mano f, or cartera f
—, ties in transit n - [fin] valor(es) m, or título(s) m, en traansito m
— interest n - [legal] derecho m prendario; prenda f; fianza f
—, ties investment n - [fin] inversión f en, valor(es) m, or título(s) m
—, ties issue n - [fin] emisión f de, título(s), or valor(es) m
—, ties market n - [fin] mercado m de, valor(es) m, or título(s) m
— personal n - [ind] policía f (privada)
—, ties preparation n - [fin= preparación f de, valor(es) m, or título(s) m
—, ties sale n - [fin] venta f de, valor(es) m, or título(s) m
— service n - [pol] servicio(s) m para, vigilancia f, or seguridad f
sediment n - . . . | v - sedimentar
— bowl n - [int.comb] taza f, or tazón m, para sedimento(s) m
— collecting bowl n - [int.comb] taza f, or tazón m, para recoger sedimento(s) m
— deposit n - asentamiento m de sedimento(s) m
sedimentation anticipation n - [hydr] anticipación f, or prevención f contra, sedimentación
— removal n - [hydr] extracción f, or evacuación f, de sedimento(s) m
— sample n - [hydr] muestra f de sedimento(s) m
sedimentary material n - material m, sedimentario, or sedimentable; materia f sedimentable
— rock n - [geol] roca f sedimentaria

sedimentation avoidance n - [hydr] evitación f de sedimentación f
— **basin** n - [sanit] (es)tanque m, or pileta f, or depósito m, decantador, or para, decantación f, or sedimentación f
— **block** v - [hydr] bloquear, or atascar, con, sedimento(s) m, or sedimentación f
— **blockage** n - [hydr] bloquear, or atascar, con, sedimento(s) m, or sedimentación f
— — **avoidance** n - [hydr] evitación f de bloqueo m con, sedimento(s) m, or sedimentación
— **blocked** a - [hydr] bloqueado,da, or atascado,da, con, sedimento(s) m, or sedimentación f
— **blocking** n - [hydr] bloqueo m, or atascamiento m, con, sedimento(s), or sedimentación f
— — **avoidance** n - [hydr] evitación f de bloqueo m con, sedimento(s) m, or sedimentación
— **cause** n - [hydr] causa f de sedimentación f
— **tank** n - [hydr] (es)tanque m, or depósito m, para, sedimentación f, or decantación f
sedimented a - sedimentado,da
sedimenting n - sedimentación f | a - sedimentador,ra
see v - . . . ; advertir
— **@ back** v - ver dorso m
— **@ chart** v - ver tabla f
— **@ doctor** v - [medic] consultar (con) médico m
— **from** v - ver desde
— **@ hazard** v - ver peligro m
— **imperfectly** v - ver imperfectamente; entrever; vislumbrar
— **-saw** a - alternante | v - . . .; alternar
— — **battle** n - batalla f alternante; duelo m
seed n - . . . • [sanit] inóculo* m | v - . . . • [sanit] inocular*
seed bed n - [agric] almácigo m; semillero m
— **cup** n - [agric] taza f, semillera, or para semilla f
— **hopper** n - [agric] tolva f para semilla f
— **plate** n - [agric-equip] placa f semillera
— **plot** n - [agric] almácigo m; semillero m
seeded a - [agric] sembrado,da • [sanit] inoculado,da
seeder attachment n - [agric] accesorio m, or dispositivo m, sembrador
seeding n - [agric] siembra f • [sanit] inoculación f (con organismos m vivos)
seeing n - . . . ; observación f | a - vidente
— **from** n - vista f desde
seek v - . . . • [legal] gestionar
— **@ patent** v - [legal] gestionar patente g para invención f
seeking n - busca f • [legal] gestión
seem v - . . . ; aparecer
seemingly simple idea n - idea f aparentemente sencilla
seen a - visto,ta; observado,da; advertido,da
— **from** a - visto,ta desde
seep v - . . . • [hydr] penetrar
— **into** v - infiltrar
— — **@ culvert** v - [hydr] infiltar(se) en alcantarilla f
seepage n . . .; infiltración f; penetración f • escurrimiento m • goteo m; escape m; pérdida f • [petrol] afloración f; manadero m
— **control** n - [hydr] regulación f de filtración
— **cutoff wall** n - [hydr] muro m interceptador para filtración f
— **discouragement** n - reducción f, or aminoramiento m, de filtración f
— **handling** n - evitación f, or contención f, de filtración f
— **intercepting** n - interceptación f de filtración f
— **into @ culvert** n - infiltración f en alcantarilla f
— **through @ dam** n - [hydr] filtración a través de presa f
— **zone** n - [hydr] zona f, para, or con, (in)filtración f, or escurrimiento m
seeped a - (in)filtado,da • escurrido,da; rezumado,da • [hydr] penetrado,da
seeped into a - infiltrado,da
— — **@ culvert** a - [hydr] infiltrado,da en alcantarilla f
seeping n - filtración f; escurrimiento m • rezumamiento* m • [hydr] penetración f | a - filtrante • rezumante*
— **into** n - infiltración f
— — **@ culvert** n - [hydr] infiltración f en alcantarilla f
seesaw n - [sports] sube y baja f | a - see **see-saw**
— **mill** n - [metal-roll] laminador sube y baja
segment n - . . .; sector m; tramo m - [mech] llanta f de rueda f dentada
— **(s) arrangement** n - disposición f en segmentos
— **broadening** n - ampliación f de segmento m
segmental a - segmental*; segmentario,ria*; escarzano,na
segmentally adv - segmentariamente*
— **tapered** a - [mech] con segmento(s) m ahusado(s)
— — **wedge** n - [mech] cuña f con segmento(s) m ahusado(s)
segmented a - segmentado,da*
— **grinding ring** n - [coke] aro m molturador segmentado
— **rim** n - [tools] borde m segmentado
segregate v - . . .; desintegrar
— **@ impurity,ties** v - [metal-prod] separar, or segregar, impureza(s) f
segregated a - segregado,da; desintegrado,da
segregation n - . . .; disgregación f
segregating n - segregación f; separación f; disgregación f | a - segregador,ra; disgregador,ra; separador,ra
segregation n - . . .; disgregación f
segregative a - segregativo,va; disgregativo,va
segregator n - segregador m
seismic coefficient n - [geol] coeficiente m sísmico
— **condition** n - [geol] condición f sísmica
— **design** n - proyección f (anti)sísmica
— **factor** n - [geol] factor m, or coeficiente m, sísmico
— **horizontal force** n - [geol] fuerza f sísmica horizontal
— **qualification** n - cualificación* f sísmica
— **restraint** n - [constr] contención f sísmica
— **test** n - ensayo m sísmico
— **vertical force** n - [geol] fuerza f sísmica vertical
— **work** n - [petrol] trabajo m sísmico
seize v - . . .; trabar; engranar • aferrar • [cabl] barbetar; ligar; sujetar
— **@ bearing** n - [mech] trabar(se) cojinete m
— **@ rope** v - [cabl] barbetar, or ligar, cable m
— **@ strand** v - [cabl] barbetar, or ligar, cordón m, or ramal m
seized a - asido,da; agarrado,da; [mech] trabado,da; engranado,da; aferrado,da • [cabl] aferrado,da; barbetado,da; ligado,da
— **bearing** n - [mech] cojinete m trabado
seizing n - [mech] trabamiento m; trabadura f • engranamiento m • aferramiento m • [cabl] ligada f; ligadura f
— **rope** n - [cabl] cuerda f para, barbetar, or ligar
— **strand** n - [cabl] cordón m, or ramal m, para, barbetar, or ligar
— **wire** n - [cabl] alambre m para, barbetar, or ligar
seizure n - [mech] trabadura f; trabamiento m; engranaje m
— **prevention** n - [mech] prevención f contra, or evitación f de, trabamiento m, or trabadura f
seldom adv - . . .; infrecuentemente
seldomly adv - infrecuentemente; rara vez
select a - selecto,ta; destacado,da • florido,da
— **@ appropriate choke** v - [mech] seleccionar, or escoger, estrangulador m apropiado

select @ arc characteristic(s) v - [weld] seleccionar, or escoger, característica(s) para arco m
— @ **backfill material** v - [constr] seleccionar material m para relleno m
— @ **carbon size** v - [weld] seleccionar, or escoger, diámetro n (de electrodo m) de carbono
— @ **choke** v - [mech] seleccionar, or escoger, estrangulador m
— @ **current** v - [weld] seleccionar amperaje m
— @ **drum speed** v - [mech] seleccionar velocidad f para tambor n
— @ **mode** v - [comput] seleccionar modalidad f
— @ **organization** n - [labor] seleccionar, plantel m, or personal m
— @ **oscillator output** v - [electron] seleccionar salida f para oscilador m
— @ **output** v - [electron] seleccionar salida f
— @ **particular oil viscosity** v - [lubric] escoger viscosidad f específica para aceite m
— @, **people, or personnel** v - [managm] seleccionar personal m
— @ **pipe size** v - [tub] escoger, or determinar, diámetro m de tubería f
— @ **proper drum speed** v - [mech] seleccionar velocidad f apropiada para tambor m
— @ **proper polarity** v - seleccionar polaridad f apropiada
— @ — **speed** v - [mech] seleccionar velocidad f apropiada
— @ **replacement tire** b - [autom-tires] seleccionar neumático m para recambio m
— @ **sample** v - [ind] seleccionar muestra f
— @ **shape** v - [mec] escoger conformación f
— @ **size** v - seleccionar tamaño m • [tub] escoger diámetro m
— @ **soil sample** v - [soils] seleccionar muestra f de suelo(s) m
— @ **specific arc characteristic(s)** v - [weld] escoger, or seleccionar, característica(s) f específica(s) para arco m
— @ **speed** v - [mech] seleccionar velocidad f
— @ **status** v - [electron] seleccionar estado m
— @ — **condition** v - [electron] seleccionar condición f de estado m
— @ **strainer** v - [mech] seleccionar colador m
— @ **test mode** v - [comput] seleccionar modalidad f para, ensayo m, or prueba f
— @ **tire** v - [autom-tires] seleccionar neumático
— @ **welding current** v - [weld] seleccionar amperaje m para soldadura f
— **with confidence** v - seleccionar, or escoger, con confianza f
selectable* a - seleccionable; escogible
— **amplifier** n - [comput] amplificador m seleccionable
— **attenuator** n - [comput] atenuador m seleccionable
— **characteristic** n - [electron] característica f seleccionable
— —(s) **programming** n - [electron] programación f de característica(s) seleccionable(s)
— **frequency** n - [electron] frecuencia f seleccionable
selected a - seleccionado,da; escogido,da; determinado,da; establecido,da; fijado,da • cierto(s),ta(s); alguno(s),na(s)
— **adapter** n - adaptador m seleccionado
— **backfill (material)** n - [constr] material m para relleno m seleccionado
— **bidder** n - concursante m seleccionado
— **carefully specialty steel** n - [metal-prod] acero m especial escogido m cuidadosamente
— **choke** n - [mech] estrangulador n seleccionado
— **current** n - [weld] amperaje m seleccionado
— **diameter** n - diámetro m, seleccionado, or escogido
— **drum speed** n - [mech] velocidad f seleccionada para tambor m
— **frequency** n - frecuencia f, seleccionada, or escogida • [meteorol] frecuencia f, establecida, or determinada
— **selected granular backfill** n - [constr] relleno m granular seleccionado
— **material** n - material m, seleccionado, or escogido
— **mode** n - [comput] modalidad f seleccionada
— **option** n - opción f, or alternativa f, seleccionada
— **oscillator output** n - [electron] salida f para oscilador m seleccionado
— **output** n - [electron] salida f seleccionada
— **particular oil viscosity** n - [lubric] viscosidad f específica para aceite seleccionado
— **pattern** n - patrón m, or diseño m, seleccionado
—, **people, or personnel** n - [managm] personal m seleccionado
— **pipe** n - [tub] tubo m escogido; tubería f escogida
— —, **diameter, or size** n - [tub] diámetro m de tubería f escogido
— — **thickness** n - [tub] espesor m de tubería f escogido
— **polarity** n - [electron] polaridad f seleccionada
— **procedure** n - [ind] procedimiento m escogido
— **proper drum speed** n - [mech] velocidad t apropiada para tambor m seleccionada
— — **speed** n - [mech] velocidad f apropiada, seleccionada, or escogida
— **replacement tire** n - [autom-tires] neumático m para recambio m seleccionado
— **sample** n - [ind] muestra seleccionada
— **shape** n - [mech] conformación f escogida
— **speed** n - [mech] velocidad f seleccionada
— **size** n - tamaño m escogido • [tub] diámetro m escogido
— **soil sample** n - [soils] muestra f de suelo(s) seleccionada(s)
— **status** n - [electron] estado m seleccionado
— — **condition** n - [electron] condición f de estado m seleccionado
— **strainer** n - [mech] colador m seleccionado
— **tire** n - [autom-tires] neumático m seleccionado
— **tone** n - [electron] tono m escogido
— — **frequency** n - frecuencia f de tono escogida
— **welding current** n - [weld] amperaje m seleccionado para soldadura f
— **with confidence** a - escogido,da, or seleccionado,da, con confianza f
selecting n - selección f; escogimiento; determinación f; establecimiento; fijación f | a - selector,ra; seleccionador,ra
— **board** n - [pol] junta f para selección f
— **requirement** n - exigencia f para selección f
— **with confidence** n - selección f con confianza
selection n - (s)elección f • determinación f; estabalecimiento m; fijación f • surtido m
— **and induction** n - [labor] selección f e incorporación f
— **board** n - junta f para selección f
— — **committee** n - comisión f de junta f para selección f
— **check(ing)** verificación f de selección f
— **datum,ta** n - dato(s) m para selección f
— **field** n - campo m para selección f
— **freedom** n - libertad f para selección f
— **providing** n - provisión f para selección f
— **requirement** n - exigencia f para selección f
— **stud** n - [weld] borne m para selección f
selective call(ing) n - [electron] llamada f selectiva
— **control** n - [electr] regulador m selectivo
— **current control** n - [weld] regulador m selectivo para amperaje(s) m
— **distribution** n - [com] distribución f selectiva
— **dissolution** n - disolución f selectiva
— **flotation** n - [miner] flotación f selectiva

selective flotation barytine recovery n - [miner] recuperación f por método m selectivo por flotación f para baritina f
— — **method** n - [miner] método m por flotación f selectiva
— — **recovery** n - [miner] recuperación f por flotación f selectiva
— **gear** n - [mech] engranaje m selectivo
— **heating** n - calentamiento m selectivo
— **manner** n - manera f, or forma f, selectiva
— **mobile (unit) calling** n - [electron] llamada selectiva de unidad(es) móvil(es)
— **quenching** n - [metal-treat] enfriamiento m selectivo
— **sliding** n - [mech] deslizamiento m, or corrimiento m, selectivo
— — **transmission** n - [mech] transmisión f, corrediza, or deslizable, selectiva
— — **transmission** n - [mech] transmisión f selectiva
— **tripping** n - [electr] desconexión f selectiva
— — **system** n - [electr-oper] sistema m para desconexión f selectiva
— **vehicle calling** n - [electron] llamada f selectiva de vehículo(s) m
selectively adv - selectivamente; en forma f selectiva; escogidamente
selectivity n - selectividad f
selector n - . . .; seleccionador m • [weld] conmutador m para selección f
— **dial** n - esfera f para, selector m, selección
— **door** n - [weld] see **voltage selector door**
— **knob** n - [electr=perilla f para selector m
— **panel** n - [weld] tablero m, or panel m, para selección f, or selector
— — **assembly** n - [electr-instal] conjunto m de, panel m, or tablero m, para selección f
— — **bracket** n - [weld] ménsula f, or soporte m, para tablero m para selección f
— — **door** n - [electr-instal] puerta f para tablero m para selección f
— — — **nameplate** n - [electr-instal] placa f para identificación f en puerta f para tablero m para selección f
— — — **number plate** n - [weld] placa f, con número(s), or para identificación f, en puerta f para tablero m para selección f
— — — **retaining spring** n - [weld] muelle m para retención f para puerta f para tablero m para selección f
— — — **spring** n - [weld] muelle m, or resorte m, en puerta f para tablero m para selección f
— — **mounting bracket** n - [weld] ménsula f, or soporte m, para montaje m de, tablero m, or panel m, selector, or para selección f
— — **nameplate** n - [electr-instal] placa f para identificación f para tablero para selección
— **pinion** n - [electr-instal] piñón m selector
— **position** n - [weld] posición f de, selector m, or conmutador m para selección f
— **rheostat** n - [electr-equip] reóstato m, selector, or para selección f
— **stud** n - [electr-instal] borne m selector
— — **assembly** n - [electr-instal] conjunto m de borne m, selector, or para selección f
— — **panel** n - [electr-instal] tablero m, or panel m, con borne(s) m para selector m
— — — **assembly** n - [weld] conjunto m de, tablero m, or panel m, con borne(s) m para selector m
— **switch** n - [electr-equip] conmutador m, selector, or para selección f; regulador m variable; llave f selectora
— — **assembly** n - [electr-equip] conjunto m de conmutador m, selector, or para selección f
— — **control position** n - [electr-instal] posición f en regulador m para conmutador m para selección f
— — **controlled** a - [electr-oper] regulado,da por conmutador m, selector, or para selección
— — **handle** n - [electr-instal] perilla f, or manija f, para conmutador m, selector, or para selección f
selector switch knob n - [electr-instal] perilla f para conmutador m selector
— — **mounted** a - [electr-instal] montado,da sobre conmutador m, selector, or para selección
— — **mounting** n - [electr-instal] montaje m sobre conmutador m, selector, or para selección
— — **position** n - [electr-oper] posición f, or regulación f, de conmutador m para selección
— — **setting** n - [electr-oper] regulación f de conmutador m, selector, or para selección f
— — **stop screw** n - [electr-instal] tornillo m para tope m para conmutador m para selección
— — **turn(ing)** n - [weld] giro m de conmutador m, selector, or para selección f
— **terminal strip** n - [electr-instal] panel m con borne(s) m para selector m
— **trinagle** n - [electr] triángulo para selector
— **valve** n - [mech] válvula f selectora
— — **switch(ing)** n - [electr-oper] conmutación f, or operación f, de válvula f selectora
selenium diode n - [electr] diodo m de selenio m
— **rectifier** n - [electr-equip] rectificador m de selenio m
self-. . . a - automático,ca; propio,pia, de sí mismo,ma; por sí mismo,ma
— **abuse** n - (auto)flagelación f
— **acting** a - automático,ca
— **aging** n - [metal] autoenvejecimiento m
— **align** v - [mech] alinear(se) automáticamente; autoalinear(se)*
— — **@ ball bearing** n - [mech] alinear automáticamente cojinete m con bola(s) f
— — **@ bearing** v - [mech] alinear(se) automáticamente cojinete m
— — **@ coupling** v - [mech] alinear(se) automáticamente acoplamiento m
— — **@ roller bearing** v - [mech] alinear(se) automáticamente cojinete m con rodillo(s) m
— **aligned** a - alineado,da automáticamente
— — **ball bearing** n - [mech] cojinete m con bola(s) f alineado automáticamente
— — **bearing** n - [mech] cojinete m alineado automáticamente
— — **coupling** n - [mech] acoplamiento m alineado automáticamente
— — **roller bearing** n - [mech] cojinete m con rodillo(s) m alineado automáticamente
— **aligning** n - [mech] alineación f automática; autoalineación* f | a - [mech] con alineación f automática; autoalineador,ra*
— — **ball bearing** n - [mech] cojinete m con bola(s) con alineación f automática
— — **bearing** n - [mech] cojinete m con alineación f automática
— — **coupling** n - [mech] acoplamiento m con alineación f automática
— — **roller bearing** n - [mech] cojinete m con rodillo(s) m con alineación f automática
— — **torque** n - [autom] par m motor, or momento m torsional, con alineación f automática
— **alignment** n - [mech] alineación f automática; autoalineación f
— **analysis** n - autoanálisis* m
— **approval** n - aprobación f, propia, or de sí mismo,ma
— — **base,sis** n - [labor] base f para aprobación f, propia, or de sí mismo,ma
— **centered** a - autocentrado,da; egocéntrico,ca
— — **orientation** n - [managm] orientación f egocéntrica
— — **plug** n - [mech] tapón n autocentrado
— **centering** a - [mech] autocentrante*; con, alineación f, or centralización f, automática
— — **plug** n - [mech] tapón m autocentrador*
— **cleaning** a - autolimpiador,ra*
— — **elbow** n - [environm] codo m autolimpiador*
— — **tread** n - [autom-tires] banda f para rodamiento m autolimpiadora*
— — — **design** n - [autom-tires] conformación f autolimpiadora* para banda f para rodamiento

self-cleaning vent duct n - [environm] tubería f autolimpiadora* para alivio m
— **cleansing** a - see **self-cleaning**
—— **velocity** n - velocidad f autolimpiadora*
—**color** v - autocolor(e)ar*
—**colored** a - autocolor(e)ado,da*
—— **finish** n - [metal-treat] terminación f autocolor(e)ada*
—**coloring** n - autocoloración f | a - autocolor(e)ado,da
—— **finish** n - [metal-treat] terminación f autocolor(e)ante*
—**confidence** n - confianza f en sí mismo,ma
—**contain** v - autocontener*
—**contained** a - autocontenido,da*; independiente; autónomo,ma; integral; completo,ta
—— **breathing apparatus** n—[safety] aparato m, independiente, or autónomo, para respiración
—— **oil pump** n - [mech] bomba f independiente para aceite m
——— **pump** n - [pumps] bomba f independiente
——— **stage** n - etapa f autocontenida*
——— **unit** n - dispositivo m completo independiente; máquina f integral
— **containing** n - autcocontención* f; autocontenido,da; integral
—**cool** v - autoenfriar*
—**cooled** a - autoenfriado,da*
—— **rating** n - [electr-equip] rendimiento m con, autoenfriamiento*, or enfriamiento m propio
—**cooling** n - autoenfriamiento* m | a - autoenfriador,ra*; con enfriamiento m propio
—— **electrode holder** n - [weld] portaelectrodo(s) m autoenfriador*
—**create** v - crear(se); autocrear*
—**created** a - autocreado,da*
—**creating** a - autocreador,ra*; con creación f propia
—**creation** n - autocreación* f; creación f propia
— **creativity** n - creatividad f propia
— **destruction** n - autodestrucción* f; destrucción f, propia, or de sí mismo,ma
— **destruct** v - autodestruir*
— **destructed** a - autodestruido,da*
— **destructing** n - autodestrucción* f; destrucción f propia | a - autodestructor,ra*
— **destruction** n - autodestrucción* f; destrucción f propia
— **develop** v - autodesarrollar*
— **developed** a - autodesarrollado,da*
— **development** n - autodesarrollo* m
— **discipline** n - autodisciplina f | v - autodisciplinar*
— **disciplined** a - autodisciplinado,da*
— **driver roll** n—[mech] rodillo m autoimpulsado
—**driven valve** n - [valv] válvula f autocomandada
—**driving** a - autoimpulsor,ra; autocomandado,da
— **dump rake** n - [tools] rastrillo m, descargador, or con descarga f automática
— **dumper** n - autovolcador* m
— **dumping** a - autovolcador,ra*
—— **car** n - [rail] vagón m autovolcador* · [ind] vagoneta f autovolcadora*
—— **slag car** n - [metal-prod] vagoneta f autovolcadora para escoria f
—**emptying** a - autovaciador,ra*
—**energize** v - [electr-oper] autoexcitar*
—**energized** a - autoexcitado,da*
—**energizing** n - [electr-oper] autoexcitación f | a - autoexcitador,ra* · para automultiplicación* f de fuerza f
— **equalization** n - igualación f, or compensación f, automática, or propia
— **evaluation** n - evaluación f propia
—**excitation** n - autoexcitación* f
—**excite** v - autoexcitar*
—**excited** a - autoexcitado,da
—**exciting** n - autoexcitación f | a - autoexcitante*; autoexcitador,ra*
— **expanding** a - autoexpansible*
—— **cardboard** n - [paper] cartón m autoexpansible
—— **corkboard** n - [constr] cartón m de corcho m autoexpansible
— **explain** v - autoexplicar*; explicar por sí mismo,ma
—**explanatory** a - autoexplicador,ra*; que se explica por sí, sólo, la, or mismo,ma
—**explaining** n - autoexplicación* f | a - autoexplicativo,va
— **explanation** n - autoexplicación* f
—**explanatory** a - . . .; -autoexplicativo,va*
— **extinguishing** a - autoextinguible*
—**feed attachment** n - [agric-equip] accesorio m para alimentación f automática
— **feeder** n - [mech] alimentador m automático; autoalimentador* m
—**feeding attachment** n - [agric-equip] accesorio m, autoalimentador*, or para alimentación f automática
—**financing** n - autofinanciación* n | a autofinanciador,ra*
—**fluxing material** n - [miner] material m autofundente*
—— **ore** n - [miner] mineral m autofundente*
—— **pellet** n - [miner] pella f autofundente*
—— **raw material** n - [miner] materia f prima autofundente*
—— **sinter** n - [metal-prod] sínter m autofundente
—**generating resource** n - [econ] recurso(s) m autogenerado(s)*
—**governing** a - autárquico,ca
—**government** n - [pol] autarquía f; gobierno m propio
— **greasing** a - [lubric] autolubricante*
—**hardened** a - [metal-prod] autoendurecido,da*
—— **steel** n - [metal-treat] acero m autoendurecido*
—**hardening** n - [metal-treat] autoendurecimiento m | a - [metal-treat] autoendurecido,da*; autotemplado,da*
—— **steel** n - [metal-treat] acero m, autoendurecido, or autoendurecedor*, or autotemplado*
—**indicating** a - autoindicador,ra*
—— **control dial** n - [instrum] esfera f autoindicadora* para regulación f
—— **dial** n - [instrum] esfera f autoindicadora
—**inductance** n - [electr] autoinductancia* f
—**induction** n - [electr] autoinducción f
—**initiate** v - [comput] autoiniciar*
—— **@ alarm** v - [comput] autoinocoar* alarma f
—— **@ mode** v - [comput] autoiniciar* modalidad
—**initiated** a - [comput] autoiniciado,da*
—— **mode** n - [comput] modalidad f, autoiniciada*, or para autoiniciación* f
—— **alarm** n - [comput] alarma f autoiniciada*
——— **report(ing)** n - [comput] informe m de alarma f autoiniciada*
—— **status** n - [comput] estado m autoiniciado; condición f autoiniciada*
—— **system** n—[comput] sistema m autoiniciado*
—**initiating** n - [comput] autoiniciación* f | a - [comput] autoiniciador,ra*
—— **mode** n - [comput] modalidad f para autoiniciación* f
—**initiation** n - [comput] autoiniciación* f
—**inspection** n - autoinspección f; inspección f de trabajo m propio
—**interrupting** n - [electr] autointerrupción* f | a - [electr] autointerruptor,ra
—— **switch** n - [electr] conmutador m autointerruptor
—**interruption** n - [electr] autointerrupción* f
—**liquidating bond** n - [fin] título m autoamortizable
—— **revenue bond** n - [fin] título m amortizable por anticipación f de ingreso(s) m
—— **utility revenue bond** n - [fin] título m

autoamortizable por anticipación f de ingreso(s) m por servicio(s) m público(s)
- **self-loader** n - [ind] autocargadora f; motoestibadora f
- —**locking** n - [mech] autotrabamiento* m; autotrabadura f | a - autotrabador,ra
- —— **lug** n - [mech] borne m autotrabador*
- —— **nut** n - [mech] tuerca f autotrabadora*
- —— — **installation** n - [mech] instalación f de tuerca f autotrabadora
- —— **pinion nut** n - [mech] tuerca f autotrabadora* para piñón m
- —**lubricated** a - autolubricado,da*
- —**lubricating** n - autolubricación* f | a - autolubricante; con lubricación f automática
- —— **bearing** n - [mech] cojinete m autolubricante*
- — **lubrication** n - [mech] autolubricación* f
- — **oiling** n - [mech] autolubricación* f | a - autolubricante*
- — **opinion** n - opinión f, propia, or de sí mismo
- —**peeling** a - [weld] autodescamante*
- —— **slag** n - [weld] escoria f autodescamante*
- — **performed** adv - por administración f
- — **potential** n - autopotencial* m
- —**powered grader** n - [constr] motoniveladora* f
- —— **scraper** n - [constr] mototrailla* f
- — **prepared return** n - [fisc] autoliquidación* f
- — **propelled** a - a - . . .; automotor,ra; automotriz; con propulsión f, propia, or automática, or autónoma; semoviente; que avanza, or se mueve, por sí sola; autopropulsado,da
- —— **asphalt finisher** n - [constr] terminadora f autopropulsada para asfalto m
- —— **car** n - [rail] automotor m; coche m motor
- —— **carriage** n - [weld] carrillo m automotor; carro m con propulsión f automática; portapoistola(s) m, automotor, or autopropulsor
- —— **harvester thrasher** n - [agric-equip] cosechadora(/trilladora) f automotriz
- —— **pneumatic tire mounted asphalt finisher** n - [constr] terminadora f autopropulsada para asfalto m sobre (llantas f) neumática(s) f
- —— **spray head** n - [mech] cabeza f rociadora autopropulsada*
- —— **trackless carriage** n - [weld] (carro) portapistola(s) m autopropulsado* sin carril(es)
- —— **travel carriage** n - [weld] carro m autopropulsado para avance m; portapistola(s) m autopropulsado*
- — **propelling** a - autopropulsor,ra*; locomotor,ra; automotriz
- —**protected** a - autoprotegido,da*
- —**protection** n - . . .; autoprotección f
- — **regulating arc** n - [weld] arco m, autorregulable, or autorregulado
- — **reliant person** n - persona f, segura, or con confianza f, en sí misma
- — **removal** n - remoción f automática
- —**sharpen** v - autoafilar*
- —**sharpened** a - autoafilado,da*
- —**sharpening** n - [mech] autoafilación f; afilación f, or afiladura f, propia | a autoafilador,ra*; con, afilación f, or afiladura f, propia
- —— **blade** n - [tools] cuchilla f, autoafiladora, or con, afilación f, or afiladura, propia
- —**shielded** a - [weld] autoprotegido,da
- —— **arc** n - [weld] arco m autoprotegido
- —— — **process** n - [weld] procedimiento m con arco m autoprotegido
- —— — **weld(ing)** n - [weld] soldadura f con arco m autoprotegido
- —— **electrode** n - [weld] electrodo m autoprotegido con electrodo m con núcleo fundente
- —— **flux-cored [arc] welding** n - [weld] soldadura f (por arco m) autoprotegida con electrodo m con), núcleo m, or alma, fundente
- —— — **electrode** n - [weld] electrodo m autoprotegido* con, núcleo, or alma m, fundente
- —— — **weld(ing)** n - [weld] soldadura f autoprotegida con electrodo m con, núcleo m, or alma m, fundente
- **self-shielded flux-cored wire** n - [weld] alambre m autoprotegido con núcleo f fundente
- —— **open arc** n - [weld] arco m abierto autoprotegido*
- —— — **weld(ing)** n - [weld] soldadura f por arco m abierto autoprotegido*
- —— **weld(ing)** n - [weld] soldadura f autoprotegida
- —— **wire** n - [weld] alambre m autoprotegido
- — **shielding** n - [weld] autoprotección f
- —**standing** a - autosoportante
- —**start** n -autoiniciación f] v - autoiniciar
- —**started** a—autoiniciado,da
- —**starter** n - [int.comb] arrancador m, or arranque m, automático, or eléctrico
- —**starting** n - autoiniciación f | a autoiniciador,ra
- —**steering** n - [autom] conducción f automática
- —— **device** n - [autom] dispositivo m para conducción f automática
- —**supply,plying** n - autoabastecimiento m
- —**supporting** a - [econ] solvente; sin subsidio(s) m - [mech] auto(so)portante
- —— **cylindrical pressure vessel** n - [boilers] recipiente m para presión f cilíndrico autosoportante
- —— **cylindrical vessel** n - [boilers] recipiente m cilíndrico autosoportante
- —— **line** n - línea f autosoportante • [tub] tubería f autosoportante
- —— **overhead cable** n - [electr-cond] cable m aéreo autosoportante
- —— **pipe** n - [tub] tubería f autosoportante
- —— **pressure vessel** n - [boilers] recipiente f autosoportante para presión f
- —— **revenue bond** n - [fin] título m autoamortizante
- —— **stack** n - [constr] chimenea f con sostén m propio
- —— **steel pipe** n - [tub] tubería f autosoportante de acero m
- —— **structure** n - [constr] estructura f autosoportante
- —— **vessel** n - [boilers] recipiente m autosoportante
- —— **unit** n - unidad f autónoma f - [constr] estructura f autosoportante
- — **sustain** v - autosostener*
- — **sustained** a - autosostenido,da
- — **sustaining** n - autosostenimiento m | a - autosostenedor,ra
- —**tapping pan (headed) scrw** n - [mech] tornillo m autorroscante con cabeza f plana
- —— **screw** n - [mech] tornillo m autorroscante
- —— — **and washer** n - [mech] tornillo m autorroscante y arandela f
- —— — — **assembly** n - [mech] conjunto m de tornillo m autorroscante y arandela f
- —**tempering steel** n - [metal-prod] acero m autotemplado
- —**ventilate** v - autoventilar*
- —**ventilated** a - autoventilado,da*
- —**ventilating** n - autoventilación f | a - autoventilador,ra; autoventilante*
- —**ventilation** n - autoventilación f
- **self-willed** a - . . . • voluntarioso,sa
- **selfedge** n - [textil] vendo m
- **sell** v - . . .; expender • convencer
- —**and-run tactic** n - [com] táctica f de vender y, disparar, or desvanecer(se)
- — **at par** v - [fin] vender a par f
- — **@ car** v - [autom] vender automóvil m
- — **@ company** v - [legal] vender compañía f
- — **@ concern** v - [legal] vender empresa f
- — **@ copyright** v - [legal] vender, propiedad f intelectual, or derecho(s) m literario(s)
- — **@ coporation** v - [legal] vender sociedad f
- — **in pair(s)** v - vender en, par(es), or juegos m de dos

sell @ investment v - [fin] vender inversión f
sell out v - liquidar; realizar
— @ patent v - [legal] vender patente f (de invención f)
— @ share(s) v - [fin] vender acción(es) f
— @ stock v - [fin] vender acción(es) f
— @ tire v - [autom-tires] vender neumático(s)
— @ trade mark v - [legal] vender marca, registrada, or industrial, or de fábrica f
— @ — name v - [legal] vender nombre comercial
— with @ recourse v - [com] vender con compromiso m para retroventa f
sellable a - vendible • venal
seller n - [com] . . .; expendedor m
—('s) liability n - [com] responsabilidad f de vendedor m
—('s) warehouse n - [transp] depósito m, or almacén m, or bodega f, de vendedor m
selling n - . . .; expendio m • convicción f | a; vendedor,ra
— environment n - [com] ambiente m para venta f
— in pair(s) n - venta f, por pares m, or en juego(s) m de dos
—, knowledge, or know how n - [com] conocimiento(s) m para venta(s) f
— skill n - [com] aptitud f para venta(s) f
— station n - [com] estación f, or puesto m, para venta f • mueble m, or armario m, or estante m, para ventas(s) f
— tip n - [com] sugerencia f para venta f
— tool n - [com] (elemento) auxiliar m para venta(s) f
— with @ recourse n - [legal] venta f con compromiso m para retroventa f
Selsyn n - [electron] transmisor m sincrónico (Selsyn)
— motor n - [electr-mot] motor m, sincrónico, or Selsyn
— productimeter n - [instrum] medidor m, or registrador m, (Selsyn) para producción f
— receiver n - [electron] receptor m, Selsyn, or indicador para posición f, or Selsyn
— transmitter n - [electron] transmisor m, Selsyn, or sincrónico
selvage n - [textil] . . .; vendo m
semantic(al) a - semántico,ca
— label n - rubro semántico
semblance n - . . .; vislumbre m
semiannual a - . . .; semianual
— amortization n - [fin] amortización f, semestral, or semianual
—, installment, or payment n - [fin] cuota f, semestral, or semianual
semiautomatic and fully automatic welder(s) n - [weld] soldadora(s) f semi(automáticas) y totalmente automática(s)
— arc welding n - [weld] soldadura f por arco m, semiautomática, or con alimentación f automática de electrodo m
— equipment n - [weld] equipo m semiautomático; soldadora f, semiautomática, or con alimentación f automática de electrodo m
— feeder n - alimentador m semiautomático
— feeding n - alimentación f semiautomática
— — system n - [mech] sistema m semiautomático para alimentación f
— fill(ing) bead n - [weld] cordón m para relleno m con soldadura f, semiautomática, or con alimentación f automática de electrodo m
— gun n - [weld] pistola f, semiautomática, or para alimentación f automática (de electrodo)
— — arc welding n - [weld] soldadura f por arco con pistola n f, semiautomática, or para alimentación f automática de electrodo m
— — weld(ing) n - [weld] soldadura f con pistola f, semiautomática, or para alimentación f automática de electrodo m
— machine n - [mech] máquina f semiautomática • [weld] soldadora f, semiautomática, or para alimentación f automática de electrodo m
— process n - [ind] preceso m semiautomático •

proceso m can alimentación f automática (de electrodo m)
semiautomatic sheld-shielded flux-cored (arc) welding n - [weld] soldadura f autoprotegida, or con arco m semiprotegido, con alimentación f automática de electrodo m, con, alma m, or núcleo m, fundente
— Squirt process n - [weld] procedimiento m con arco m abierto con alimentación f (Squirt) automática de electrodo m
— — submerged arc welding n - [weld] soldadura f con arco m sumergido, semiautomática, or con alimentación f automática de electrodo m
— — weld(ing) n - [weld] soldadura f (semiautomática) (Squirt) con alimentación f automática de, electrodo m, or alambre m
— — welding power source n - [weld] fuente f para energía f para soldadura (Squirt) con alimentación f automática de electrodo m
— — — wire feeder n - [weld] soldadora f semiautomática (Squirt) con alimentación f automática de electrodo m
— system n - [ind] sistema m semiautomático
— welder n - [weld] soldadora f, semiautomática, or con alimentación f automática de electrodo m
— — cable n - [weld] cable m para soldadora f, semiautomática, or con alimentación f automática de electrodo m
— — control n - [weld] regulación f para soldadora f, semiautomática, or con alimentación f automática de electrodo m • regulador m para soldadora f, semiautomática, or con alimentación f automática de electrodo m
— — welding n - [weld] soldadura f, semiautomática, or con alimentación f automática de electrodo m
— — gun n - [weld] pistola f soldadora con alimentación f automática (de electrodo m)
— — process n - [weld] proceso m para soldadura f, semiautomática, or con alimentación f automática de electrodo m
— wire feeder n - [weld] alimentadora f, semiautomática, or con alimentación f automática de electrodo m
— wire feeding n - [weld] alimentación f (semi)automática de, electrodo m, or alambre m
— — wire feeding system n - [weld] sistema m (semi)automático para alimentación f de, electrodo m, or alambre m
semiaxis n - [geom] semieje m
semicircular a - . . . • [archit] semicircunferencial; con medio punto
— arch n - [archit] arco m, semicircunferencial, or con medio punto m • [constr] bóveda f, semicircunferencial, or semicircular, or con medio punto m
— loop structure n - [constr] estructura f, semicircular, or semianular
— shape n - conformación f semicircular
— shaped arch n - [constr] bóveda f con conformación f semicircular
semicircumference n - [geom] semicircunferencia
semicircumferential a - semicircunferencial
semiclean gas bleeder n - [metal-prod] chapín m para gas m semi-limpio
— — main n - [metal-prod] tubería f, general, or principal, para (gas) semi-limpio
— — pipe n - [metal-prod] tubería f para gas m semi-limpio
semicleaned gas n - [combust] gas m semi-limpio
semicold a - semifrío,ría
— ingot n - [metal-prod] lingote m semifrío
— — practice n - [metal-prod] práctica f para lingote(s) m semifrío(s)
— steel n - [metal-prod] acero m semifrío
semiconducting a - [electr-cond] semiconductor,ra
— tape n - [electr-instal] cinta f semiconductora
semiconductor n - [electron] semiconductor • a - [electron] semiconductor,ra

semiconductor diode n - [electron] diodo m semiconductor
— **rectifier bridge** n - [electron] puente m semiconductor para rectificación f
— **silicon diode** n - [electron] diodo m semiconductor de silicio m
— — — **rectifier bridge** n - [electron] puente m para rectificación f para diodo m semiconductor de silicio m
semicone disk n - [valv] disco m semicónico
— **plug** n - [valv] tapón m semicónico
— — **type disk** n - [valv] disco m de tipo m con tapón m semicónico
— **seat** n - [valv] asiento m semicónico
semicontinuous a - semicontinuo,nua
— **cold mill** n - [metal-roll] laminador m, or tren n, semicontinuo (en) frío
— **hot mill** n - [metal-roll] laminador m, or tren, semicontinuo (en) caliente
— — **strip mill** n - [metal-roll] laminador m, or tren m, semicontinuo en caliente para, banda(s) f, or cinta f, or chapa f, or fleje
— — — — **looper** n - [metal-roll] rodillo m para tensión f para tren m semicontinuo para laminación f en caliente
— **merchant mill** n - [metal-roll] tren m semicontinuo para perfil(es) m; tren m, or laminador m, semicontinuo para perfil(es) m comercial(es)
— **mill** n - [metal-roll] tren m, or laminador m, semicontinuo (para laminación f)
— — **looper** n - [metal-roll] rodillo m para tensión f para tren m semicontinuo (para laminación f)
— — **maintenance** n - [metal-roll] mantenimiento m, or conservación f, de tren m semicontinuo
— **rolling mill** n - [metal-roll] tren m semicontinuo para laminación f
— **shape(s) mill** n - [metal-roll] tren m, or laminador m, semicontinuo para perfil(es) m
— **strip mill** n - [metal-roll] tren m, or laminador m, semicontinuo para, banda(s) f, or cinta f, or chapa f, or fleje m
— — — **looper** n - [metal-roll] rodillo m para tensión f para, tren m, or laminador m, semicontinuo (para laminación f)
semicooled a - semienfriado,da
— **ingot** n - [metal-prod] lingote m semienfriado
semicylinder n - [geom] semicilindro m
semicylindrical a - [geom] semicilíndrico,ca
semidiesel engine n - motor m semidiesel
semidusk n - penumbra f
semiellipse n - [geom] semielipse f
semielliptic(al) a - semielíptico,ca
— **spring** n - [mech] resorte m, or muelle m, semielíptico
semielliptical head n - cabeza f semielíptica
semifinish v - semiterminar; semielaborar; semifinalizar; semiacabar
semifinished a - semiterminado,da; semielaborado,da; semifinalizado,da; semiacabado,da
— **bolt** n - [mech] perno m semiterminado
— **condition** n - [ind] condición f semiterminada; estado m semiterminado
— **form** n - forma f semiterminada • [metal-roll] perfil m semiterminado
— **hexagonal nut** n - [mech] tuerca f hexagonal semiterminada
— **iron product** n - [metal-prod] producto m, semiterminado, or semiacabado, en hierro m
— **nut** n - [mech] tuerca f semiterminada
— **product** n - [ind] producto m, semiterminado, or semiacabado, or semielaborado; semiproducto* m • [Spa.] desbaste(s) m
— —(s) **batch** n - [ind] lote m, or partida f, de, producto(s) m semiterminado(s), or semiproducto(s) m
— — **line** n - [ind] línea f para (elaboración f de) producto(s) m semiterminado(s)
— — — **equipment** n - [ind] equipo m para línea f para (elaboración f) de producto(s) m semiterminado(s)
semifinished product(s) line conditioning equipment n - [ind] equipo m para acondicionamiento m para línea f para elaboración f de producto(s) m semiterminado(s)
— —(s) **on line inspecting** n - [ind] inspección f de producto(s) m semiterminado(s) en línea f para, producción f, or elaboración f
— —(s) **production capacity** n - [metal-roll] capacidad f para producción f para producto(s) m semiterminado(s)
— —(s) **superficial quality** n - [metal-roll] calidad f superficial de producto(s) m semiterminado(s)
— —(s) **surface** n - [metal-roll] superficie f de producto(s) m semiterminado(s)
— **square nut** n - [mech] tuerca f cuadrada semiterminada
— **state** n - [ind] estado m semiterminado
— **steel** n - [metal-roll] acero m, semiterminado, or semielaborado • [Spa.] desbaste m
— — **product** n - [metal-prod] desbaste m
— — **strip** n - [metal-roll] banda f, or cinta f or chapa f, de acero, semiterminada, or semiprocesada; fleje m de acero m, semiprocesado, or semiterminado
— **strip** n - [metal-roll] banda f, or cinta f, or chapa f, semiterminada; fleje m semiterminado
semiflexible a - semiflexible
semifloating n semiflotación f | a - semiflotante
semiflo(a)tation n - semiflotación f
semiflush a - semiembutido,da; semiempotrado,da
semigantry n - [cranes] semipórtico m
— **crane** n - [cranes] grúa f semipórtico
semiglossy a - semibrillante
— **commercial surface finish** n - [paint] acabado m comercial con superficie f semibrillante
— **finish** n - [paint] acabado m semibrillante; terminación f semibrillante
— **surface** n - superficie f semibrillante
— — **finish** n - [paint] acabado m con superficie f semibrillante
semigrouser n - [constr-equip] garra f pequeña
— **shoe** n - [constr-equip] zapata f con garra f pequeña
semihard natural rubber n - [plast] caucho m natural semiduro
semihot steel n - [metal-prod] acero m semicaliente
semi-integrate v - [ind] semiintegrar
semi-integrated a - [ind] semiintegrado,da
— — **facility** n - [ind] instalación f semiintegrada
— — **industry** n - [ind] industria f semiintegrada
— — **operation** n - operación f semiintegrada
— — **miniplant** n - [ind] miniplanta f semiintegrada
— — **plant** n - [ind] planta f semiintegrada
— **steel industry** n - [metal-prod] industria f siderúrgica semiintegrada
— — **unit** n - [ind] elemento m semiintegrado
semikill v - [metal-prod] semicalmar
semikilled a - [metal-prod] semicalmado,da; semivivo,va
— **steel** n - [metal-prod] acero m, semicalmado, or semivivo
semimat(te) a - semimate
— **finish** n - [metal-roll] terminación f, or acabado m, semimate
—(te) **surface** n - superficie f semimate
—(te) — **finish** n - terminación f or acabado m, semimate para superficie f
semimetallic gasket n - [mech] empaquetadura f semimetálica
seminar n - . . .; coloquio m; jornada(s) f; congreso m
— **curriculum** n - [labor] curso m, or programa t, or plan m, de estudios m para seminario m

seminar instructor n - instructor m para seminario m
— **program** n - programa m para seminario m
semipermanent crane n - [cranes] grúa f semipermanente
semipneumatic tire n - [autom-tires] cubierta f, or llanta f, semineumática
semiportable crusher n - [miner] trituradora f semiportátil
semiportal crane n - [cranes] grúa f semipórtico
— — **operator** n - [cranes] operador m para grúa f semipórtico
semiprocessed a - semiprocesado,da; semielaborado,da; semiterminado,da
— **material(s)** n - [ind] material(es) m semiprocesado(s)
— **ore** n - [miner] mineral m semiprocesado
— **product** n - [metal-roll] desbaste m
— **raw material(s)** n - [ind] materia(s) f prima(s) semiprocesada(s)
— **steel sheet** n - [metal-roll] lámina f, or chapa f, semiprocesada de acero m
— — **strip** n - [metal-roll] banda f, or cinta f, or chapa f, semiprocesada, or fleje m semiprocesado, de acero m
— **strip** n - [metal-roll] banda f, or cinta f, or chapa f, semiporocesada; fleje m semiprocesado
semiproduct n - [ind] semiproducto m
— **for rerolling** n - [metal-roll] semiproducto m para relaminación f
semirigid barrier n - valla f semirígida
— **guardrail system** n - [constr] sistema m de defensa f lateral semirrígida
— **section length** n - tramo m de sección f semirrígida
— **structure** n [constr] estructura f semirrígida
— **system** n - sistema m semirrígido
semiskilled a - . . . .; semiespecializado,da; semiexperto,ta
— **labor** n - [labor] personal, semiespecializado, or semiexperto
— **workman** n - [labor] medio oficial m
semisolid bituminous a - [petrol] bituminoso,sa semisólido,da
— — **material** n - [petrol] material m bituminoso semisólido
— **material** n - material m semisólido
semisphere n - [geom] semiesfera f
semispring quality a - (calidad f) semiflexible
— — **steel** n—[metal] acero m semiflexible
— **steel** n - [metal-prod] acero m semiflexible
semisteel b - [metal-prod] semiacero* m; hierro m acerado; fundición f
semitechnical a - semitécnico,ca
semitrailer n - [transp] semirremolque m; semiacoplado m
— **facility,ties** n - [transp] instalación(es) f para semirremolque(s) m
— **truck** n - [transp] (auto)camión m para semiacoplado m
— **yard** n - [transp] parque m para, semiacoplado(s) m, or semirremolque(s) m
semitrailing arm n - [autom-mech] brazo m semirremolcado, or semiarrastrado
semitubular brass flat head rivet n - [mech] remache m semitubular de latón m con cabeza f plana
— — **rivet** n - [mech] remache m semitubular de latón m
— — **head rivet** n - [mech] remache m semitubular con cabeza f plana
— **rivet** n - [mech] remache m semitubular
Sems hexagonal head cap screw n - [mech] tornillo m con cabeza f hexagonal con arandela f prearmada
— **Phillips head screw** n - [mech] tornillo m con cabeza f Phillips con arandela f prearmada
— **round head cap screw** n - [mech] tornillo m con casquete m con cabeza f redonda con arandela f prearmada

Sems round head screw n - [mech] tornillo m con cabeza f redonda con arandela f prearmada
— **screw** n - [mech] tornillo m con arandela f, prearmada, or premontada; tornillo m Sems • tornillo m con arandela f con saliente(s) f exterior(es)
send v - . . .; destinar; mandar; hacer llegar • [fin] remitir, girar • [telecom] transmitir; emitir
— @ **acknowledgment code** v - [electron] transmitir código m para, reconocimiento m, or acuse recibo m
— **automatically** v - [telecom] transmitir automáticamente
— **back** v - devolver • [telecom] transmitir en retorno m
— **button** n - [electron] botón m para, envío m, or transmisión f, or emisión f; also see **sending button**
— **by air** v - [transp] remitir, or enviar, por, avión n, or vía f aérea
— @ **check** v - [fin] mandar, or expedir, cheque
— @ **code** v - [electron] transmitir código m
— **later** v - enviar, más tarde, or posteriormente
— **out of** @ **country** v - [com] enviar fuera de país m • [fin] remitir a exterior m
— @ **pulse(s)** v - [electron] enviar impulso(s) m
— @ **report** v - enviar informe m
— @ **status** v - [electron] transmitir estado m
sending back n - [telecom] transmisión f en retorno m
— — **automatically** n - [telecom] transmisión f automática en retorno m
— **button** n - [electron] botón m para, envío m, or transmisión f, or emisión f
— **by air** n - [transp] remisión f, or envío m/ por, avión m, or vía aérea
Sendzimir galvanized strip n - [metal-treat] chapa f galvanizada Sendzimir
— **mill** n - [metal-roll] tren m Sendzimir
senior n - . . . . | a - . . . . • [ind] de primera • [labor] (más) experimentado,da
— **analyst** n - [ind] analista m principal
— **citizen** n - ciudadano m, or persona f, mayor
— **combustion engineer** n - [combust] ingeniero m jefe para combustión f
— **credit analysis** n - [fin] analista m principal para crédito(s) m
— **engineer** n - ingeniero m, jefe, or mayor
— **melter** n - [metal-prod] fundidor m de primera
— **mill clerk** n - [metal-prod] see **senior steel mill clerk**
— **partner** n - [com] socio m principal
— **project engineer** n - [constr] ingeniero m principal para, proyecto m, or obra f
— **record(s) clerk** n - [com] jefe m, or encargado m, de, archivo m, or registro(s) m; archivista m, principal, or jefe
— **resident engineer** n - ingeniero m, residente jefe, or de obra(s) f principal
— **steel mill clerk** n - [metal-prod] jefe m de escritorio m, or escribiente m principal, para acería f
— **tire development engineer** n - [autom-tires] ingeniero m principal para perfeccionamiento m de neumático(s) m
seniority n - [labor] . . . .; veteranía f; tiempo m en, empleo m, or servicio m • escalafón m
— **premium** n - [labor] prima f por antigüedad f
— **promotion** n - [labor] promoción f por antigüedad f; escalafón m
— — **plan** n - [labor] plan m para, escalafón m, or promoción f por antigüedad f
sensation feeling n - experimentación f de sensación f
sensational a - . . . . • efectista
sensator n - [instrum] detector m
sense n - . . . . • acepción f • criterio m • prudencia f • acepción f • also see **sensation** | v - . . . .; sentir; advertir; percatar(se)

sense of confidence n - sensación f de confianza
— option n - [electron] opción f para sentido m
— @ organizational sprawl v - [managm] percatarse de extensión f (excesiva) de organización f
— switch n - [electr-instal] conmutador n para, sentido m, or dirección f
— — oscillator n - [electron] oscilador m para conmutador m para, sentido m, or dirección f
— — reversal n - [electron] inversión f de conmutador m para, sentido m, or dirección f
— — toggling n - [electron] ajuste m de conmutador m para, sentido m, or dirección f
sensed a - sentido,da • percatado,da; advertido,da
sensible a - . . . ; juicioso,sa
— answer n - respuesta f sensata • solución f sensata
— heat n - calor sensible
sensing n - advertencia f; percatamiento m | a - sensor,ra; detector,ra
— equipment n - [instrum] equipo m sensor • [electron] elemento m sensor
— probe n - [instrum] sonda f detectora
sensitive explosive n - explosivo m sensible
— film n - [photogr] película f sensible
— to @ temperature a - sensible a temperatura f
sensitivity n—. . . • [metal] susceptibilidad f
— adjustment n - ajuste m de sensibilidad f
— degree n - grado m de sensibilidad f
— range n - escala f de sensibilidad f
sensitized a - . . .; sensitivo,va
— film n - [photogr] película f, sensibilizada, or sensible
sensitizing n - sensibilización f | a - sensibilizador,ra
— range n - [metal] escala f sensibilizadora
— temperature n - [metal] temperatura f sensibilizadora
— — range n - [metal] escala f de temperaturas f sensibilizadoras
— treatment n - [metal] tratamiento m para sensibilización f
sensor n - [instrum] . . .; monitor m
— circuit n - [electr-instal] circuito m sensor
— control n - [instrum] regulación f de sensor m; regulador m para sensor m
— — signal n - [instrum] señal f para regulación f de sensor m
— switch n - [electron] conmutador m sensor
sensual a - . . .; venéreo,rea
sent a - enviado,da; mandado,da • [telecom] emitido,da; transmitido,da
— acknowledgment code n - [electron] código m para, acuse n recibo, or reconocimiento m, transmitido
— back a - [telecom] transmitido,da en retorno
— by air a - transpl remitido,da, or enviado,da, por, avión m, or vía f aérea
— check n—[fin] cheque n, expedido, or enviado
— code n - [electron] código m transmitido
— pulses n - [electron] impulsos m enviados
— report n - informe m enviado
— status n - [electron] estado m transmitido
sentence n - . . . . [legal] cláusula f • ejecutoria f | v - . . .; fallar
sentinel n - . . . • [milit] escucha m
sentry n - [milit] . . .; escucha m
separability n - . . . ; separabilidad* f
separate a - . . .; escindido,da • suelto,ta • individual | adv - por separado | v - . . .; escindir • quitar • [metal-roll] clasificar • [chem] disgregar(se) • [hydrl] decantar
separate assembly n - [mech] conjunto m, separado, or independiente
— armature n - [electr-mot] devanado m separado
— cargo manifest n - [transp] sobordo m para carga f separado
— casting n - [metal-prod] colada f separada
— @ coil(s) v - [mech-springs] separar espiras
— concern n - [legal] empresa f, separada, or aparte
separate @ conductor(s) v - [electr-instal] separar conductor(es) m
— conduit n - [constr] conducto m separado
— — system n - red f separada de conducto(s)
— consolidated basis n - base f consolidada separada
— control box n - [mech] caja f separada para regulación f
— corporation n - [legal] sociedad f, separada, or aparte
— delivery n - entrega f separada
— division n—división, separada, or distinta
— dial n - [instrum] esfera f, or escala f, separada, or diferente, or distinta
— disconnect(ing) switch n - [electr-instal] interruptor m, or conmutador m, separado; llave f separada para desconexión f
— drain line n - [hydr] línea f separada para desagotamiento m
— easily v - separar, fácilmente, or con facilidad f
— electrode stud n - [weld] borne m separado para electrodo m
— engine n - [int.comb] motor m separado
— envelope n - sobre m separado; cubierta f separada
— excitation n - [electr-oper] excitación f independiente
— exciter n - [electr-equip] excitador m, or excitatriz f, independiente
— — armature n - [electr-mot] devanado m separado para, excitador m, or excitatriz f
— exhibit n - [com] anexo m separado
— front (wheel) assembly n - [weld] conjunto m independiente de rueda(s) f delantera(s)
— @ gravimetric fraction v - separar fracción f gravimétrica
— gravimetrically v—separar gravimétricamente
— @ half,ves v - [mech] separar mitad(es) f
— handle n - [mech] asidero m separado
— individual strand test(ing) n—[cabl] ensayo m, separado, or independiente, de cordón m individual
— — wire test(ing) n - [cabl] ensayo m, separado, or independiente, de alambre m individual
— insulation n - [electr-instal] aislación f, separada, or individual
— internal winding n - [electr] inducido m interno separado
— item n - item m separado; partida f separada
— @ jaw(s) v - [mech] separar, quijada(s) f, or mandíbula(s) f
— method n - método m separado
— motor n - [mech] motor m, separado, or independiente
— model n - modelo m, separado, or distinto
— operation n - operación f separada
— order n - [com] pedido m separado
— paralleling instruction(s) n - [weld] instrucción(es) f separada(s) para puesta f en paralelo m
— part n - [mech] pieza f separada
— @ — v - [mech] separar pieza f
— placement n - colocación f, or ubicación f, separada
— @ plate v - [mech] separar placa f
— pour(ing) n - [metal-prod] colada f separada
— preparation n - preparación f, separada, or por separado
— price n - precio m (por) separado
— problem n - problema m, separado, or aparte
— quotation n - cotización f separada
— rear (wheel) assembly n - [weld] conjunto m independiente de rueda(s) f trasera(s)
— report n - informe m separado
— reporting n - [accntg] contabilización f, separada, or aparte
— sale n - [com] venta f, separada, or por separado

separate service,cing n - atención f separada • provisión f separada
— **sewer(s)** n - [sanit] cloaca(s) f separada(s); desagüe(s) m separado(s)
— **sheet** n - [print] hoja f, or pliego m, aparte • [metal-roll] lámina f, separada, or suelta
— **shroud** n - [mech] campana f independiente
— **starter paralleling** n - [weld] puesta f en paralelo separada para arrancador(es) m
— **station** n - [ind] instalación f separada
— @ **strand(s)** v - [cabl] separar cordón(es) m
— — **testing** n - [cabl] ensayo m, separado, or independiente, de cordón(es) m
— **stud** n - [electr] borne m separado
— **sufficiently** v - separar suficientemente
— **supply** n - provisión f separada
— **test** n - ensayo m, separado, or independiente
— **to each side** v - [constr] abrir(se) a cada costado m
— **tow bar assembly** n - [weld] conjunto m independiente de lanza f
— **traffic** n - [transp] tránsito m separado
— @ **traffic** v - [transp] separar tránsito m
— **turning off** n - [motors] detención f separada
— — **on** n - [motors] puesta f en marcha f separada
— **unit** n - [mech] dispositivo m separado
— **volume** n - [print] tomo m separado
— **water supply** n - [hydr] provisión f separada de agua m
— **wheel assembly** n - [weld] conjunto m independiente de rueda(s) f
— **winding(s)** n - [electr-mot] devanado(s) m separado(s)
— **wire test(ing)** n - [cabl] ensayo m, separado, or independiente, de alambre m
separated a - separado,da • desglosado,da • extraído,da • ajeno,na • [hydr] decantado,da
— **case half,ves** n - [mech] mitad(es) f de caja f separada(s)
— **coil(s)** n - [mech-springs] espira(s) f separada(s)
— **conductor(s)** n - [electr-cond] conductor(es) m separado(s)
— **easily** a - separado,da(s) fácilmente
— **gravimetric fraction** n - fracción f gravimétrica separada
— **gravimetrically** a - separado,da gravimétricamente
— **half,ves** n - [mech] mitad(es) f separada(s)
— **highway** n - [roads] carretera f con vía(s) f separada(s)
— **Interstate Highway** n - [roads] Carretera f Interestatal con vía(s) f separada(s)
— **jaw(s)** n - [mehc] quijada(s) f, or mandíbula(s) f, separada(s)
— **liquid catching,chment** n - [nucl] captación f, or recogida f, separada de líquido m
— **logically** a - separado,da lógicamente
— **part** n - [mech] pieza f separada
— **plate(s)** n - [mech] placa(s) f separada(s)
— **roadway** n - [roads] carretera f con vía(s) f separada(s)
— **sufficiently** a - separado,da suficientemente
separately a - suelto,ta | adv - separadamente; por separado; individualmente; partidamente
— **adjustable** a - ajustable, or regulable, separadamente
— **clad** a - vestido,da separadamente • [cabl] revestido,da separadamente
— — **strand** n - [cabl] cordón m, or ramal m, revestido separadamente
— **marline clad** a - [cabl] revestido,da separadamente con, merlín m, or filástica f
— **mounted** a - [ind] montado,da separadamente
— **wrapped** a - envuelto,ta separadamente
separating n - separación f | a - separador,ra; separativo,va
— **cage** n - [mech-bearings] caja f separadora
separation n - . . . . [hydr] decantación f
— **between coil(s)** n - [mech-springs] separación f entre espira(s) f

separation equipment n - equipo m para separación f
— **increase** n - aumento m en separación f
— **possibility** n - posibilidad f de separación f
— **reduction** n - reducción f en separación f
— **speed** n [mech] rapidez f de separación f
— **stage** n - [ind] etapa f para separación f
— **tank** n - (es)tanque m para separación f
— **tower** n - [coke] torre f para separación f
separator n - . . . .; extractor m - [print] régleta f - [mech-bearings] separador m; jaula f para cojinete m • [dairy] . . .; descremadora f • [petrol] separador m
— **bowl** n - [dairy] recipiente m para desnatadora f, or descremadora f
— **anchor bolt** n - [mech] perno m para anclaje m para separador m
— **condensate draining** n - [ind] eliminación f de condensado m en separador m
— **diffuser** n - [mech] difusor m para separador
— **discharge** n - [ind] descarga f de separador m
— — **control valve packing box** n - [metal-prod] prensaestopa(s) f para válvula f para regulación f de descarga f de separador m
— — **pipe** n - [metal-prod] tubo m, or tubería f, para descarga f de separador m
— **exhaust pipe** n - [metal-prod] tubo m, or tubería f, para descarga f de separador m
— **exit** n - [coke] salida f de separador m
— **flywheel** n - [mech] volante m de separador m
— **hopper** n - [mech] tolva f para separador m
— **level control** n - [metal-prod] regulación f de nivel m en separador m
— — **Askania** n - [metal-prod] Askania f para regulación f de nivel m en separador m
— **normal discharge pipe** n - [metal-prod] tubo m, or tubería f, para descarga f normal en separador m
— **overflow pipe** n - [metal-prod] tubo m, or tubería f, para rebosadura f en separador m
— **pipe** n - [tub] tubo m, or tubería f, para separador m
— **tank** n - (es)tanque m, or depósito, separador, or para separación f
— **pressure** n - presión f en, (es)tanque m, or depósito m, para separador m
— **tower** n - [coke] torre f, separadora, or lavadora, or para lavado m
sepia, copy, or print n - [photogr] copia f sepia
septic system n - [sanit] sistema m séptico; red f séptica
— **tank** n - [sanit] (es)tanque m, or depósito m, séptico
— **waste** n - [sanit] desecho m, or residuo m, séptico
septum valve n - [metal-prod] (válvula f) séptum
— — **control** n - [metal-prod] regulación f de (válvula f) séptum m • regulador m para (válvula f) séptum m
— — **electrical installation** n - [metal-prod] instalación f eléctrica para (válvula f) séptum m
— — **electric wiring** n - [metal-prod] tendido m eléctrico para (válvula f) séptum n
— — **installation** n - [metal-prod] instalación f de (válvula f) séptum m
— — **leak** n - [metal-prod] fuga f en (válvula f) séptum m
— — **motor** n - [metal-prod] motor m para (válvula f) séptum m
— — **shell** n - [metal-prod] coraza f para (válvula f) séptum
— — **wiring** n - [metal-prod] tendido m (eléctrico) para (válvula f) séptum m
— **water valve** n - [metal-prod] válvula f para agua m para (válvula f) séptum m
sequence n - secuencia f; sucesión f (ordenada); orden m (de pasos m); ordenamiento m • pasos m • orden m sucesivo

sequence adjustment n - ajuste m de, secuencia f, or paso(s) m, or orden m
— principle n - principio m para, secuencia f, or orden m
sequencing n - colocación f, en orden m, or sucesiva
sequential a - secuencial*; sucesivo,va; progresivo,va; en orden m sucesivo
— computer n - [comput] ordenador m secuencial*
— operation(s) n - operación(es) f sucesiva(s)
— extension n - [cranes] extensión f progresiva
— process n - [comput] proceso m, secuencial*, or ordenado, or progresivo
serene a - . . . • [fig] ecuánime
serial n - [public] folletín | a - serial; seriado,da*; en serie f
— code number n - número m de código m para serie f
— computer n - [comput] ordenador m, serial, or (con funcionamiento m) en serie f
— number n - número m de, serie f, or orden m
— —(s) block n - [ind] bloque m de número(s) m de serie f
— — code,ding n - código m para números m de serie
— — location n - [ind] ubicación f de número m de serie f
— — plate n - [mech] placa f con número m de serie f
— — suffix n - sufijo m para número m de serie
— numbered a - see serially numbered
— numbering n - serialización f
— plate n—[mech] placa f con número m de serie
serial-to-parallel a - [electron] serial a paralelo
— — — register n - [electron] registro m, serial a paralelo, or serie-paralelo
serialize v - [ind] serializar*
serialized a - [ind] serializado,da*
serialization n - [ind] serialización* f
serializing n - [ind] serialización* f | a - serializador,ra*
serially numbered a - con número m de serie f
— — item n - [ind] elemento m con número m de serie f
— — — identification n - [ind] identificación f de elemento m con número m de serie f
— — part n - [ind] pieza f con número de serie
— — unit n - [ind] elemento m con número m de serie f
sericite n - [miner] sericita f
series n - . . .; sarta f | a - [electr-instal] . . .; conectado,da en serie f
— arranged a - dispuesto,ta(s) en serie f
— championship n - [sports] campeonato m con serie f • serie f para campeonato m
— coil n - [electr] n - bobina f, or devanado m, en serie f | a - bobinado,da*, or devanado,da*, en serie f
— connect n - [electr] conectar en serie f
— connected a - [electr] conectado,da en serie
— connecting n - [electr] conexión f en serie f
— field n - [electr] campo m en serie f
— — circuit n - [electr] circuito m, or devanado m, para campo m en serie f
— — coil n - [electr] devanado m para campo m en serie f
— generator n - [electr-prod] generador m (con devanado m) en serie f
— listing n - lista f para serie f
— mounted a - montado,da en serie f
— pin n - pasador m, or clavija f, para serie f
. . . — power load n - [explos] carga f explosiva para serie f . . .
— produced a - [ind] producido,da, or elaborado,da, or fabricado,da, en serie; seriado,da*
— profile n - [autom-tires] perfil m para serie
. . . — radial (tire) n - [autom-tires] neumático m radial de serie f . . .
— resistor n - [electr] resistencia f en serie
— size n - [autom-tires] tamaño m para serie f

series tap n - [electr-instal] derivación f en serie f
— transformer n - [electr-distrib] transformador m en serie f
— trip coil n - [electr] bobina f para, desconexión f, or disparo m, conectada en serie f
— wired a - [electr] devanado,da, or conectado,da, en serie f
— — motor n - [electr-mot] motor m devanado en serie f
— wound n - [electr] devanado,da, or bobinado,da, en serie f
— — motor n - [electr-mot] motor m (devanado) en serie f
serious a - . . . • feo,fea • [medic] fulminante
— accident n - [safety] accidente m, serio, or grave
— breakdown n - [mech] avería f grave
— challenge n - desafío m serio
— damage n - daño m, serio, or severo
— design problem n - [ind] problema m serio con proyección f
— failure n - avería f grave
— hampering n - impedimento m serio
— injury n - [medic] lesión f, or herida f, seria, or grave
— — accident n - [safety] accidente m con lesión(es) f grave(s)
— maintenance problem n - [ind] problema m serio para, mantenimiento m, or conservación f
— materials design problem n - [ind] problema f serio en proyección f de material(es) m
— — problem n - [ind] problema m serio con material(es) m
—minded a - serio,ria
— near-accident n - [safety] casi-accidente m, serio, or grave
— potential accident n - [safety] accidente m grave, potencial, or posible
— settling n - asentamiento m, serio, or severo
— threat n - amenaza f seria; amago m serio
— use n - [autom-tires] uso m rudo
seriously damaged a - dañado,da severamente
— injured a - [safety] lesionado,da severamente
seriousness guaranty n - garantía para seriedad
serrate v - [mech] estriar; dentar
serrated a - [mech] serrado,da; estriado,da; dentado,da
— cam n - [mech] leva f dentada • sujetador m, dentado, or con estría(s) f circular(es)
— grip pad n - [mech] apoyo m, dentado, or con estrías(f) f (circulares), para sujeción f
— shank nail n - [mech] clavo m con fuste m estriado
— surface n - [mech] superficie f áspera
— wrench n - [tools] llave f dentada
serration n - [mech] estría f; estriado m • estría f, or estriado m, circular
— wear(ing) n - [mech] desgaste m de estría(s)
serum device n - [medic] dispositivo m para suero(s) m
serve v - . . . • [com] cubrir • legal] . . .; notificar • [pol] representar
— alone v - servir por sí sólo,la
— as @ beam v - [mech] servir como viga f
— — @ housing v - [mech] servir como carcasa f
— @ purpose v - servir para fin m
served a - servido,da • [cabl] aforrado,da • [pol] representado,da
— as @ beam a - [mech] servido,da como viga f
service n - . . . • uso m • prestación f • [ind] mantenimiento m; conservación f; atención f • [sports] parada f • [utilities] red f (para servicio m público) • [pol] dirección f; negociado m | a - . . . | v - . . . servir; suplir; surtir; proveer, or prestar, or rendir, servicio m, or atención f; proporcionar • [ind] mantener • [com] hacer entrega f • [ind] atender; efectuar mantenimiento m • [mech] atender; reparar; rendir servicio m
— and installation(s) department n - [ind] de-

partamento m para servicio m e instalaciones
service area n - [ind] zona f, or dependencia f, para servicio m
— **Authority** n - [pol] Dirección f para Obra(s) f Sanitaria(s)
—(s) **awarding** n - adjudicación f de servicio(s)
— @ **axle** v - [autom-mech] atender eje m
— @ **battery** v - [int.comb] atender acumulador m
— **bay** n - [ind] nave f, or puesto m, para servicio m
— — **crane** n - [ind] grúa f para nave f para servicio m
— **brake** n - [mech] freno m para servicio m
— @ **brake** v - [mech] atender, or prestar servicio m para, freno(s) m
— **break** n - [sports] parada f, or intervalo m, para servicio m
— **capability** n - capacidad f para servicio m
— **center** n - [ind] distribuidor m, or comercio n, para servicio m
— **chart** n - tabla f, or cuadro m, para servicio
— **chief** n - [ind] jefe m para servicio(s) m
— **completion** n - finalización f de servicio m
— **complex** n - [ind] centro m para servicio m
— **connection** n - [utilities] acometida f; derivación f; conexión f domiciliaria
— **cost(s) proposal** n - [legal] propuesta f para costo(s) m para servicio m
— **crane** n - [cranes] grúa f para servicio m
— **data** n - [ind] información f sobre servicios
— **dealer** n - representante m para servicio m
— @ **debt** v - [fin] servir deuda f
— **department** n - [ind] departamento m para servicio(s) m (internos, or generales)
— **design** n - proyección f para servicio(s) m
— **desirability** n - conveniencia f de servicio m
—(s) **distribution operating schedule** n - [ind] programa m para operación f para distribución f de servicio(s) m
— — **schedule** n - [ind] programa m para distribución f de servicio(s) m
—(s) **division head** n - [ind] jefe m para división f para servicio(s) m
— @ **engine** v - [int.comb] prestar, or proveer, servicio para, or atender, motor m
— **equality** n - equivalencia f de servicio(s) m
— **equipment** n - [ind] equipo m para servicio m
— @ **equipment** v - [ind] atender a, or prestar servicio m para, equipo m
—(s) **expansion** n - ampliación f de servicio(s)
— **facility,ties** n - instalación(es) f, or providencia(s) f, para servicio(s) m
— **factor** n - factor m, or coeficiente m, para servicio m
— **failure** n - [ind] falla f en uso m
— @ **filter** v - [mech] prestar, or proveer, servicio m, or atención f, para filtro m
— @ **(grease) fitting** v - atender a, grasera, or pico m para engrase m
—(s) **follow-up** n - seguimiento m de servicio m
— **gasket kit** n - [mech] equipo m de, guarnición(es) f, or empaquetadura(s) f para conservación f
— **halt** n - detención f para servicio m
—(s) **importation** n - [ind] importación f de servicio(s) m
— **item** n - [mech] pieza f para conservación f
— **kit** n - conjunto m, or equipo m, para, servicio m, or conservación f
— **leadership** n - [ind] vanguardia f en servicio
— **life** n - vida f (útil) para, servicio m, or operación f; servicio m; vida f útil
— — **estimation** n - estimación f de vida f útil
— — **test** n - [ind] ensayo m de vida f útil
— **loading impact** n - [weld] impacto(s) m de operación f
— — **stress** n - [weld] esfuerzo m de operación
—(s) **maintenance** n - [ind] mantenimiento m de servicio(s) m
—(s) **manager** n - [ind] gerente m para servicios m (generales)

service manpower n - [ind] mano f de obra f, or personal m, para servicio m
— **manual** n - [ind] manual m, para servicio m, or con instrucción(es) f para conservación f
—-**minded feature** n - [ind] característica f para facilitar, servicio m, or conservación f
—(s) **nature** n - naturaleza f de servicio(s) m
— **need** n - exigencia f para servicio m
— **offering** n - oferta f, or ofrecimiento m, de servicio(s) m
— **oil** n - [mech] aceite m para servicio m
— **operation** n - [ind] operación f, or trabajo m, para servicio m
— **order** n - [ind] orden f para servicio m
— **orient** v - [ind] orientar hacia servicio m
— **orientation** n - [ind] orientación f hacia servicio m
— **oriented** a - [ind] orientado,da hacia servicio
— **part(s)** n - [mech] pieza(s) f para servicio m
— —(s) **bulletin** n - [ind] boletín m, or impreso m, sobre pieza(s) f para servicio m
— —(s) **kit** n - [mech] conjunto m, or juego m, de pieza(s) f para servicio m
— —(s) **list** n - [mech] lista f de pieza(s) f para servicio m
— —(s) **manual** n - [ind] manual m sobre piezas f para servicio m
—(s) **payment** n - [fisc] tasa f retributiva por servicio(s) m
— **performance** n - ejecución f de servicio(s) m
— **period** n - tiempo m, or término m, de servicio(s) m
—(s) — **termination** n - expiración f, or término m, de (período m para) servicio(s) m
— **pipeline** n - [ind] tubería f para conducción f para servicio m
— **piping** n - [tub] tubería f para servicio m
— **pit** n - [autom-mech] fosa f para, servicio m, or reparación f
— @ **platform** n - plataforma f para servicio m
— @ **power unit** v - [mech] prestar servicio m para elemento m motor
— **priority** n - prioridad f para servicio m
— **problem** n - [ind] problema m para servicio m
—(s) **procurement** n - adquisición f de servicios
—**proved** a - (com)probado,da en, uso m, or servicio m
—, **providing**, or **provision** n - provisión f, or prestación f, or atención f, de servicio(s) m
— **pump piping** n - [tub] tubería f para bomba f para servicio m
—(s) **rate** n - tarifa f para servicio(s) m
— **receptacle** n - [electr-install] tomacorriente m para servicio m
— **record** n - [mech] registro m, or información f, sobre servicio(s) m • [labor] foja f de servicio(s) m; antecedente(s) m sobre desempeño m
—(s) **rendered** n - servicio(s) m prestado(s) • prestación f de servicio(s) m
— **rendering** n - prestación f de servicio(s) m
— **repair kit** n - [mech] juego m para servicio m para reparación f
— **report** n - [ind] informe m sobre servicio m
— **road** n - [roads] camino m, interno, or para servicio m, or usado durante construcción f
— @ **shoe** v - [mech] prestar servicio a zapata f
— **shop** n - [ind] taller m para servicio m
— **skip** n - [ind] vagoneta f para limpieza f
— **staff** n - [ind] personal m para servicio m
— — **training** n - [ind] capacitación f de personal m para servicio m
— **station** n - [autom] estación f para servicio
— **stop** n - detención f, or parada f, para servicio m
—(s) **structure** n - estructura f para servicio m
—(s) **contract** n - subcontrato m por servicio(s)
—(s) **submanager** n - [ind] subgerente m para servicio(s) m general(es)
— **supervisor** n - [ind] encargado m de servicios
—(s) **supply** n - suministro m de servicio(s) m

service system n - sistema m, or red f, para servicio m
— **temperature** n - [metal- temperatura f para trabajo m
—**(s) term(s)** n - condición(es) m para servicios
— **test** n - ensayo m de vida f útil
— **time** n - tiempo m de servicio m; antigüedad f
— @ **tire** v - [autom-tires] prestar servicio m a neumático m
— **truck** n - (auto)camión m para servicio m
— **tunnel** n - [constr] túnel m para servicio m (interno) • conducto m para tubería(s) f
— — **cross section** n - [ind] sección f, or corte m (transversal), de túnel m para servicio m (interno)
— **voltage** n - [electr-oper] voltaje m para, servicio m, or trabajo m
— **water distribution** n - [ind] distribución f de agua m para servicio m
— — **intake** n - [hydr] toma f, or captación f, de agua m para servicio m
— — **piping** n - [tub] tubería f para agua m para servicio m
— **work** n - [ind] trabajo m para servicio m
— **year** n - año m de servicio m
serviceability n - [ind] facilidad f, or aptitud f, para, servicio m; utilidad f final
serviceable a - . . .; en condición(es) f para (prestar) servicio(s) m
— **life** n - vida f útil
serviced a - con servicio m prestado • [ind] proporcionado,da; surtido,da; provisto,ta; suplido,da; mantenido,da; atendido,da
— **axle** n - [autom-mech] eje m atendido
— **battery** n - [autom-electr] acumulador m, atendido, or inspeccionado
— **brake** n - [mech] freno m atendido
— **debt** n - [fin] deuda f servida
— **engine** n - [int.comb] motor m atendido
— **fitting** n - [mech] pico m para engrase m, atendido, or lubricado
servomotor maximum pressure n - [mech] presión f máxima para servomotor m
— **minimum pressure** n - [mech] presión f mínima para servomotor m
— **operating time** n - [electro-mot] tiempo m para operación f para servomotor m
— **power unit** n - [agric-equip] elemento m motor atendido
— **separately** a - atendido,da separadamente • surtido,da, or suplido,da, or provisto,ta, or proporcionado,da, separadamente
— **tire** n - [autom-tires] neumático m atendido
serviceman,men n - [ind] personal m, or operario(s) m, para, servicio m, or conservación f • [autom-mech] mecánico m • [milit] conscripto m
servicing n - atención f; conservación f; servicio m, or trabajo(s) m, para conservación f • provisión f, or prestación f, de, atención f, or servicio(s) m • [com] provisión f; surtimiento m; surtido m
— **leadership** n - [ind] vanguardia f en servicio
— **operation** n - [mech] operación f para, servicio m, or conservación f • servicio m para mantenimiento m
— **rig** n - [petrol] equipo m para limpieza f (de pozo(s) m)
— **shutdown** n - [ind] detención f, or parada f, para, servicio m, or conservación f
servilism n - servilismo m
serving n - servicio m • [cabl] aforramiento m • [pol] representación f | a - servidor,ra
— **dish** n - [culin] fuente f (para servir)
— **tray** n - [culin] bandeja f para servir
servo drive n - [mech] servodirección* f
— **fluid steering** n - [autom-mech] servodirección f hidráulica
— **transmission** n—[autom-mech] servotransmisión
servomotor pressure n—presión f para servomotor
session n - . . .; reunión f; asamblea f • [ind] cursillo m • [sports] prueba f
set n - . . .; conjunto m • elemento m • separador m | a - [mech] . . .; ajustado,da; regulado,da; fijo,ja; fijado,da; puesto,ta • dispuesto,ta; ubicado,da • triscado,da • descansado,da | v - . . .; ajustar, or regular, anticipadamente; armar; triscar; mover; poner a punto m • disponer; graduar; colocar; gobernar • [constr] . . .; asentar • instalar • descansar • [instrum] mover; hacer señalar • [ind] permanecer (en reposo m)
— **adjustment** n - ajuste m regulado; regulación f ajustada
— @ **adjustment** v - fijar, or regular, ajuste m
— **air regulator** n - [pneumat] regulador m para aire m regulado
— **apart** a - puesto,ta aparte; diferenciado,da; destacado,da; distinguido,da | a - poner aparte; diferenciar; destacar; distinguir
— **appropriately** a - regulado,da apropiadamente | v - regular apropiadamente
— @ **arc** v - regular, or establecer, arco m
— **at** . . . v - [mech] girar hasta . . .
— **at** . . . **amperes** a - regulado,da para . . . amperio(s) m | v - regular para . . . amperio(s) m
— @ **arc characteristic(s)** v - [weld] regular, or establecer, característica(s) para arco m
— **aside** a - puesto,ta aparte; apartado,da | v - poner aparte; apartar
— **automatically** a - regulado,da, or establecido,da, automáticamente | v - regular, or establecer, automáticamente
set back a - retrasado,da | v - retrasar
— **bearing** n - [mech-bearings] cojinete m, regulado, or ajustado, (lateralmente)
— @ **bearing** v - [mech-bearings] regular, or ajustar, (lateralmente) cojinete m
— **blower** n - [mech] ventilador m, or soplador m, regulado
— @ **blower** v - [mech] regular, soplador m, or ventilador m
— **boom** n - [cranes] aguilón m fijado
— @ **boom** v - [cranes] fijar aguilón m
— — **lock** n - [cranes] traba f para aguilón m fijada
— — — **pawl** n - [cranes] trinquete m para traba f para aguilón m fijado
— — — n - [cranes] trinquete m para aguilón m fijado
— @ — **lock** v - [cranes] fijar traba f para aguilón m
— @ — — **pawl** v - [cranes] fijar trinquete m para traba f para aguilón m
— @ — **pawl** v - [cranes] fijar trinquete m para aguilón m
— **brake** n - [mech] freno m, fijado, or ajustado, or puesto a punto m - freno m aplicado
— — **lever** n - [mech] palanca f para freno m, ajustada, or puesta a punto m
— @ — v - [mech] fijar, or ajustar, or poner a punto m, freno m • aplicar freno m
— @ — **automatically** v - [mech] aplicar automáticamente freno m
— @ — **lever** v - [mech] ajustar, or poner a punto m, palanca f para freno m
— **cam** n - [mech] leva f regulada
— @ **cam** v - [mech] regular leva f
— @ **camber** v - [mech] establecer combadura f
— **carbon** n - [weld] (electrodo m de) carbono m ajustado
— @ **carbon** v - [weld] ajustar electrodo m de carbono m
— — **electrode** n - [weld] electrodo m de carbono m ajustado
— **carburetor** n - [int.comb] carburador m regulado
— @ **carburetor** v—[int.comb] regular carburador
— @ — **(on) lean** v - [int.comb] regular carburador m para mezcla f (muy) pobre
— @ — **(on) rich** v - [int.comb] regular carbu-

rador m para mezcla f (muy) rica
set casing pressure point n - [mech] punto m para presión f en tubería f para entubación f regulado
— @ — — v - [mech] regular punto m para presión f en tubería f para entubación f
— @ **characteristic** v - establecer, of fijar, característica f
— **choke** n - [mech] estrangulador m regulado
— @ **choke** v - [mech] regular estrangulador m
— **circuit** n - [electr] circuito m establecido
— @ **circuit** v - [electr] regular, or establecer, or ajustar circuito m
— **coil** n - [electr-instal] bobina f fijada
— @ **coil** v - [electr-instal] fijar bobina f
— **collar** n - [mech] collar m fijado (con presión f)
— **complete overhaul** n - [mech] reparación f completa de, juego m, or conjunto m
— **compound** n - [chem] compuesto m fraguado
— @ — v - [chem] fraguar compuesto m
— **concrete** n - [constr] hormigón m fraguado
— @ — v - [constr] fraguar hormigón m
— **control** n - regulador m, fijado, or ajustado
— @ **control** v - [mech] regular, or fijar, or ajustar, or graduar, or poner a punto m, regulador m
— **current** n - [weld] amperaje m, regulado, or fijado, or establecido
— @ **current** v - [weld] regular, or fijar, or establecer, amperaje m
— @ — **by feel and touch** v - [weld] establecer amperaje m por tanteo m
— — **control** n - [weld] regulador m para amperaje m, regulado, or ajustado
— — @ — v - [weld] ajustar, or regular, regulador m para amperaje m
— **desired choke speed** n - [mech] velocidad f deseada regulada para estrangulador m
— @ — — — v - [mech] regular velocidad f deseada para estrangulador m
— — **speed** n - [mech] velocidad f deseada regulada
— — @ — v - [mech] regular velocidad f deseada
— @ **dial** v - girar, or poner, regulador m
— **die** n - [mech] matriz f, ajustada, or puesta a punto m
— @ **die** v - [mech] ajustar, or poner a punto m, matriz f
— **down** a - depositado,da; colocado,da; puesto,ta | v - depositar; colocar; poner; asentar
— **down position** n - [mech] posición f inferior, regulada, or fijada
— @ — — v - [mech] regular, or fijar, posición f inferior
— @ **draft** v - [metal-roll] ajustar reducción f
— **driving** n - [mech] martillado m de conjunto m
— @ **edger roll** n - [metal-roll] ajustar rodillo m canteador
— **equipment** n - [mech] equipo m, regulado, or ajustado
— @ — v - [mech] regular, or ajustar, equipo m
— @ **example** v - presentar, or dar, ejemplo m
— **face** n - [mech] cara f de conjunto m
— **fine voltage** n - [weld] ajuste m preciso regulado
— @ — — v - [mech] regular ajuste m preciso
— **for . . . ampere(s)** a - [weld] regulado para . . . amperio(s) m | v - [weld] regular para . . . amperio(s) m
— — @ **high speed** a - [mech] regulado,da para velocidad f alta | v - [mech] regular para velocidad f alta
— — @ **low speed** a - [mech] regulado,da para velocidad f baja | a - [mech] regular para velocidad f baja
— **forth** a - planteado,da; expuesto,ta; establecido,da | v - plantear; exponer; establecer
— **fully open** a - [mech] regulado,da en posición f abierta plenamente | v - [mech] regular en posición t abierta plenamente

set gap n - [mech] entrehierro m regulado
— @ — v - [mech] regular entrehierro m
— **goal** n - blanco m, or objetivo m, fijado
— @ — v - fijar, blanco m, or objetivo m
— @ **hair on end** v - espeluznar
— @ **hand** v - [legal] firmar | a - firmado,da
— @ — **and affix @ official seal** v - [legal] firmar y sellar | a - firmado,da y sellado,da
— — **and seal** a - [legal] firmado y sellado
— **head** n - [nails] cabeza f perdida | a - [nails] con cabeza f perdida
— — **nail** n - clavo m con cabeza f perdida
— @ **heat** v - fijar, or regular, or establecer, calor m
— @ — **characteristic(s)** v - [weld] fijar, or regular, or establecer, característica(s) f, térmica(s), or para temperatura f
— @ **high voltage** v - [weld] regular, or establecer voltaje m alto
— **identification** n - [mech] identificación f para, juego m, or conjunto m
— **in @ concrete base** a - [constr] asentado,da en base f de hormigón m | v - [constr] asentar en base f de hormigón m
— — @ **masonry base** a - [constr] asentado,da en base f de, fábrica, or mampostería f | v - [constr] asentar en base f de, fábrica f, or mampostería f
— @ **inch speed** v - [weld] fijar, or regular, velocidad f para avance m gradual
— **Innershield procedure(s)** n - [weld] procedimiento(s) m, Innershield, or con electrodo m con alma m fundente, fijados, or regulados
— @ — — (s) v - [weld] fijar, or regular, procedimiento(s), Innershield, or con electrodo(s) con alma m fundente
— , **inserting, or insertion** n - [mech] inserción f de separador m
— **lean** a - [int.comb] regulado,da para mezcla f (muy) pobre | v - [int.comb] regular para mezcla f (muy) pobre
— **lever** n - [mech] palanca f, fijada, or colocada, or ajustada, or regulada, or puesta a punto m
— @ — v - [mech] fijar, or regular, or ajustar, or colocar, or poner a punto m, palanca
— — **bar** n - [agric] barra f para fijación f
— @ **limit** v - fijar, or establecer, or poner, límite(s) m
— **lock** n - [mech] traba f fijada
— @ — v - [mech] fijar, or asegurar, traba f
— — **pawl** n - [mech] trinquete m para traba f, fijada, or asegurada
— @ — — v - [mech] fijar trinquete m para, trabar, or traba f
— @ **low voltage** n - [weld] regular, or establecer, voltaje m bajo
— @ **machine** v - [mech] regular máquina f • [weld] regular soldadora f
— **matching** n - [mech] hermanamiento m, or apareamiento m, de, juego m, or conjunto m
— **number** n - número m para, juego, or conjunto
— — **matching** n - [mech] hermanamiento m, or apareamiento m, con número m de juego m
— **objective** n - objetivo m, fijado, or establecido
— @ **objective** v - fijar, or establecer, objetivo
— **nut** n - [mech] contratuerca f
— **of . . .** n - juego m de . . .
— **of brush element(s)** n - [metal-prod] juego m de púa(s) (para limpieza f de molde m)
— **of guides** n - [mech] juego m de guía(s) f
— — **mills** n - [metal-roll] conjunto m de laminador(es) m
— — , **piles, oe piling** n - [constr] grupo m, or juego m, de pilote(s) m
— — **rolling mills** n - [metal-roll] conjunto m de laminadoras f
— — **rolls** n - [mech] juego m de rodillo(s) m
— — **teeth** n - [mech] juego m de diente(s) m
— — **tools** n - [tools] juego m de herramientas

set of two n - juego m de dos
— — wheel(s) n - [mech] juego m de rueda(s) f
— off v - [explos] (hacer) volar
— on end v - [fam] erizar; poner de punta
— — @ skew a - colocado,da, or instalado,da, a sesgo m | v - colocar, or instalar, a sesgo
—on type n - [constr] tipo m de construcción f directa
— — fire v - encender; inflamar
— oscilloscope n - [electron] osciloscopio m regulado
— @ — v - [electron] regular osciloscopio m
— out a - encaminado,da | v - encaminar(se)
— output n - [weld] see set voltage
— @ — v - [weld] regular voltaje m
— pace n - [sports] ritmo m impuesto
— @ — v - [sports] imponer ritmo m
— partially open n - [mech] regulado,da en posición f abierta parcialmente | v - regular en posición f abierta parcialmente
— pawl n - [mech] trinquete m, regulado, or fijado
— @ — v - [mech] regular, or fijar, trinquete
— @ personal example v - dar ejemplo m personal
— point n - punto m regulado; also see setting point
— position n - posición f fijada
— @ — v - [mech] fijar posición f
— pressure point n - [mech] punto m para presión f regulado
— @ — v - [mech] regular punto m para presión f
— price n - [com] precio m fijado
— @ — v - [com] fijar precio n
— @ proper draft v - [metal-roll] ajustar, or regular, reducción f, apropiada, or correcta
— rate n - tasa f fijada
— @ — v - [fin] fijar tasa f
— record n - [sports] marca f registrada
— @ — v - [sports] establecer, marca f, or tiempo m, mejor, or record
— replacement n - [mech] reemplazo para juego m
— rich a - [int.comb] regulado,da para mezcla f (muy) rica | v - [int.comb] regular para mezcla f (muy) rica
— @ right example v - dar ejemplo m debido
— @ — personal example v - dar ejemplo m personal debido
— rocker n - [mech] balancín m regulado
— @ — v - [mech] regular balancín m
— @ roll v - [metal-roll] regular rodillo m
— sales price n - [com] precio m fijado para venta f
— screw n - [mech] see setscrew
— seal a - [legal] sellado,da
— @ — v - [legal] sellar
— sight(s) n - [instrum] mira(s) f puesta(s)
— @ sight(s) v - [instrum] poner mira(s) f
— speed n - velocidad f regulada
— @ — v - regular velocidad f
— — control lever n - [mech] palanca f para regulación f de velocidad f puesta
— @ — — — v - [mech] poner palanca f para regulación f de velocidad f
— spindle n - [mech] huso m regulado
— @ — v - [mech] regular huso m
— spring n - [mech] resorte n, regulado, or ajustado, or fijado
— @ — v - [mech] regular, or ajustar, or fijar, resorte m
— stage n - escenario m preparado
— @ — v - preparar escenario m
— stroke n - [mech] carrera f regulada
— @ — v - [mech] regular carrera f
— switch n - conmutador m regulado
— @ — v - regular conmutador m
— tap n - [electr-oper] toma f regulada; borne m regulado
— @ — v - [electrOoper] regular, toma f, or borne m
— — changer n - [electr-oper] cambiador m de, toma(s) f, or borne(s) m, regulado
— @ tap changer v - [electr-oper] regular cambiador m para, toma(s) f, or borne(s) m
— teeth n - [tools] diente(s) m triscado(s); triscado,da | v - [tools] triscar (diente)s
— temperature n - temperatura f regulada
— @ — v - regular temperatura f
— throttle n - [int.comb] acelerador m regulado
— @ — v - [int.comb] regular acelerador m
— throttle lever n - [int.comb] palanca f para acelerador, puesta, or fijada, or regulada
— @ — — v - [mech] fijar, or mover, or regular, palanca f para acelerador m
— time n - tiempo m, fijado, or establecido
— @ — v - fijar, or establecer, tiempo m
— to supply v - regular para, aportar, or suplir, or suministrar | a - regulado,da para, aportar, or suplir, or suministrar
— teeth n - [tools] diente(s) m triscado(s)
— @ teeth v - [tools] triscar (dientes) m
— up n - [mech] montaje n; preparación f; ajuste m preliminar; regulación f; instalación f; disposición f | a—[mech] montado,da, preparado,da; regulado,da; establecido,da; instalado,da; dispuesto,ta | v - [mech] montar; preparar; regular; establecer; instalar; disponer • plantear
— — change n - [mech] cambio m en ajuste m preliminar
— — cradle n - cuna f para colocación f
— — easily a - preparado,da, or dispuesto,ta, fácilmente | v - preparar, or disponer, fácilmente
— — for @ run a - regulado,da para tanda f | v - regular para tanda f
— — man n - [mech] sujetador m; montador m • preparador m
— in @ up position v - [mech] fijar en posición f superior
— — press n - [mech] prensa f preparada
— — @ press v - [mech] preparar prensa f
— — quickly a - preparado,da rápidamente | [mech] preparar rápidamente
— — rock hard v - fraguar y endurecer(se)
— — station n—[ind] puesto m para instalación
— — @ stress(es) v - [metal] desarrollar esfuerzo(s) m
— — system n—sistema m, preparado, or regulado
— — @ system v—preparar, or regular, sistema
— — @ templet v - [mech] preparar plantilla f
— — @ tooling v - [ind] preparar máquina f
— @ welder v - [weld] regular soldadora f
— — @ welding procedure(s) v - [weld] establecer porocedimiento(s) m para soldadura f
— value n - valor m fijo • valor m fijado
— @ value v - fijar valor m; valorar
— voltage n - [weld] voltaje m regulado
— @ voltage v - [weld] regular, or establecer, voltaje m
— @ voltage high v - [weld] establecer, or regular, alto voltaje m
— @ — low v - establecer, or regular, bajo voltaje m
— wall tile(s) v - [constr] azulejar*
— @ welding current v - [weld] establecer, or regular, amperaje m para soldadura f
— @ — voltage v - [weld] establecer, or regular, voltaje m para soldadura f
— with zinc n - fijado,da con cinc | v - fijar con cinc
setback n - . . .; retrogradación f; contratiempo m • respaldo m
— levee n - [constr] dique m para respaldo m
setline n - [fishing] pelangre m; espinel m
seton needle n - [medic] fontanela f
setscrew n - [mech] tornillo m, or prisionero m, para, ajuste, or presión f, or fijación f, or sujeción f, or sujetador, or fijador
— adjusted backwards n - [mech] tornillo m para fijación f ajustado hacia atrás

setscrew adjusted forward(s) n - [mech] tornillo m para fijación f ajustado hacia adelante
— **adjustment** n - [mech] ajuste m de tornillo m para, fijación f, or sujeción f
— **cup point** n - [mech] punta f ahuecada para tornillo m para, ajuste m, or presión f
— **forward adjustment** n - [mech] ajuste m hacia adelante de tornillo m para fijación f
— **head** n - [mech] cabeza f de tornillo m para, ajuste m, or fijación f, or sujeción f
— **hole** n - [mech] agujero m, or orificio m, para tornillo m para, ajuste m, or fijación f
— — **hollow half dog point** n - [mech] prisionero m para ajuste m hueco con macho m corto
— **packing** n - [mech] empaquetadura f para tornillo m para ajuste m
— **wrench** n - [tools] llave f para tornillo(s) m para, presión f, or ajuste m, or sujeción f
setting n - [mech] ajuste m; regulación f; reglaje m; puesta f; graduación f; puesta a punto m; posición f para operación f • establecimiento m . . .; marco m; panorama f • armadura f para apoyo n • [weld] recalcadura f • [bearings] ajuste m lateral
— **apart** n - puesta f aparte • destacamiento m; diferenciación f • distinción f
— **at . . . amperes** n - [weld] regulación f, or ajuste m, para . . . amperio(s) m
— **button** n - [mech] botón m para, regulación f, or ajuste m
— **change** n - cambio m, or modificación f, or variación f, en, ajuste m, or regulación f
— **check(ing)** n - verificación f de, regulación f, or ajuste m
— **creeping** n - [mech] desplazamiento m de, regulación f, or ajuste m
— **down** n - depósito m; colocación f; puesta f
— **for . . . amperes** n - [weld] regulación f, or ajuste m, para . . . amperio(s) m
— **forth** n - exposición f; presentación f
— **in @ concrete base** n - [constr] asentamiento m sobre base f de hormigón m
— — **@ masonry base** n - [constr] asentamiento m sobre base f de, fábrica f, or mampostería f
— **indicator** n - [mech] indicador m para, regulación f, or posición f
— **link** n - [mech] eslabón m para fijación f
— **plan** n - [constr] plano m para ubicación f
— **point** n - punto m para regulación f • punto m para solidificación f
— — **control(ling)** n - [mech] regulación f de punto m para fijación f
— — **differential** n - diferencial m para punto m para regulación f
— — **indicator** n - [mech] indicador m para punto m para regulación f
— **property** n - [constr] propiedad f para fraguado m
— **sample** n - [ind] muestra f de, puesta f a punto m, or ajuste m
— **time** n - [constr] tiempo m para fraguado m
— **to supply** n - regulación f para, aportación f, or suplir, or suministrar
— **tool** n - [tools] herramienta f para ajuste m • [petrol] herramienta f para asentar tubería f perdida
— **up** n - [mech] montaje m; preparación f; regulación f; disposición f; establecimiento m; instalación f • [constr] fraguado m
— — **for @ run** n - regulación f para tanda f
settle v - . . . • transar • conformar(se); resignar(se) • detener(se) • fijar • [com] liquidar; finiquitar; saldar • [hydr] decantar; sedimentar; asentar; depositar • [labor] dirimir; conciliar; componer • [pol] poblar; radicar • [legal] liquidar
— **@ account** v - arreglar cuenta f
— **amicably** v — transar; zanjar amigablemente
— **@ burden** n - [ind] descender carga f
— **@ column** v - [ind] descender carga f
— **@ conduit** v - [constr] asentar conducto m

settle directly v - arreglar directamente
— **@ dust** v - asentar(se) polvo m
— **for** v - contentar(se)
— **@ foundation** v - [constr] asentar(se) cimiento(s) m
— **@ grievance** v - [labor] conciliar agravio m
— **slightly** v - [constr] asentar(se) levemente
— **@ stock** v - [metal-prod] descender carga f
— **@ structure** v - [constr] asentar estructura f
— **@ surface** v - asentar superficie f
— **unevenly** v - asentar en forma f despareja
— **with @ fill** v - [constr] asentar(se) con terraplén m
settled a - asentado,da • resuelto,ta • sentado,da • fijo,ja; fijado,da • conformado,da; resignado,da • precipitado,da • [labor] finiquitado,da • [fin] saldado,da • [pol] poblado,da • [legal] liquidado,da
— **area** n - [pol] zona f poblada
— **conduit** n - [constr] conducto m asentado
— **fill** n - [constr] relleno m, or terraplén m, asentado
— **dust** n - polvo m asentado
— **for** a - contentado,da
— **foundation** n - [constr] cimiento m asentado
— **production** n - [ind] producción f, establecida, or normal, or regular
— **sewage** n - [sanit] líquido m cloacal, decantado, or asentado
— **slightly** a - [constr] asentado,da levemente
— **structure** n - [constr] estructura f asentada
— **surface** n - superficie f asentada
— **unevenly** a — asentado,da en forma f despareja
— **water** n - [hydr] agua m decantada
— **with @ fill** a - [constr] asentado,da con terraplén m
settlement n - . . .; asentamiento m • [legal] avenimiento m; convenio n; acuerdo m • [com] liquidación f; pago m; arreglo m; ajuste m • [hydr] precipitación f • [labor] componenda f; conciliación f • finiquito m • [pol] poblado m; población f; caserío m; villorrio m • [constr] asiento m
— **prevention** n - [constr] evitación f de asentamiento m
— **resistance** n - [soils] resistencia a asentamiento m
— **with @ fill** n - [constr] asentamiento m con terraplén m
settler n - [hydr] decantador m; sedimentador m; asentador m • [pol] poblador m • [fin] saldador m; liquidador m
settlement cause n - [constr] causa f de asentamiento m
— **elimination** n - [constr] eliminación f de asentamiento m
— **pending** a - [fin] pendiente de liquidación f
settling n - asentamiento m • [hydr] precipitación f; decantación f; sedimentación f; deposición f • [poll] población f • [legal] liquidación f | a - [fin] saldador,ra
— **area** n - [hydr] zona f para, asentamiento m, or decantación f
— — **drainage** n - [hydr] drenaje m, or purga f, de zona f para, asentamiento, or decantación f
— — **pumping** n - [int.comb] bombeo m de zona f para, asentamiento m, or decantación f
— — — **out** n - [hydr] vaciamiento m de zona f para asentamiento m
— **basin** n - [hydr] decantadero m; cámara f, or depósito, para sedimentación f; desarenadora f • [int.comb] sedimentador m
— **chamber** n - cámara f para asentamiento m
— **embankment** n - [constr] terraplén que se asienta • [hydr] banco m que se asienta
— **in stage** n - [hydr] etapa f para decantación f
— **stage** n - [econ] etapa f para, decantación f, or asentamiento m
— **system** n - [hydr] sistema m para decantación
— **tank** n - [hydr] (es)tanque m, or depósito m, para, sedimentación f, or decantación f

settling with @ fill n - [constr] asentamiento m con terraplén m
setup n - . . .; montaje m; disposición f de pieza(s) f | v - [mech] colocar en posición f
seven hundreds n - [chronol] siglo m, de setecientos, or octavo, or VIII
seventeen hundreds n - [chronol] siglo m de mil setecientos, or XVIII
seventeenth century n - [chronol] siglo m, décimoséptimo, or diecisiete, or XVII, or de mil seiscientos
seventh century n - [chronol] siglo m, séptimo, or VII, or de seiscientos
seventies n - [chronol] decada f de setenta
sever v - . . .; tronchar
— **@ fuel line** v - [autom-mech] tronchar línea f para combustible m
severability n - separabilidad* f
several n - . . .; uno(s) m cuanto(s) • sendos,das
— **size(s)** n - tamaños m, varios, or diversos
— **strokes** n - [mech] varios golpes m
— **times** n - varias veces f
— **variables** n - variable(s) f varia(s)
— **years** n - varios años m
severance n - [labor] despido m; cesantía f
— **assistance** n - [labor] auxilio m para cesantía
— **allowance** n - [labor] subsidio m para cesantía
— **indemnity** n - [labor] indemnización f por despido m
— **pay** n - [labor] indemnización f por despido m
severe a - . . . . • excesivo,va
— **arc blow** n - [weld] soplo m (magnético) severo de arco m
— **burn** n - [weld] quemadura f severa con arco
— **braking** n - [mech] frenada f severa
— **burn** n - [medic] quemadura f severa
— **chilling** n - [weld] enfriamiento m, severo, or excesivo
— **collision** n - [transp] choque m severo
— **cooling** n - enfriamiento m severo
— **corrosiveness** n - corrosividad f severa
— **damage** n - daño m severo
— **drought** n - [meteorol] sequía f severa
— **environment** n - ambiente m severo
— **erosion** n - erosión f, severa, or seria
— **situation** n - condición f de erosión severa
— **grain growth** n - [metal] crecimiento m, severo, or excesivo, de grano(s) m
— **growth** n - crecimiento m, severo, or excesivo
— **hole(s)** n - [weld] porosidad f severa
— **injury** n - [medic] lesión f severa
— **kink** n - [cabl] coca f severa
— **kinking** n - [cabl] acocamiento m severo
— **load(ing)** n - carga f severa
— **loss** n - pérdida f severa
— **maneuver** n - [autom] maniobra f, severa, or brusca
— **redirection** n - [transp] reencaminamiento m severo
— **reprimand** n - reprimenda f severa; fraterna f
— **reversal** n - [mech] inversión f severa
— **road condition** n - [roads] condición f, caminera severa, or severa de camino(s) m
— **service application** n - aplicación f severa para servicio m
— **shock** n - choque m severo
— **stress** n - [metal] esfuerzo m severo
— **reversal** n - [metal] inversión f severa de esfuerzo m
— **switch damage** n - [electr-instal] daño m severo a conmutador m
— **test** n - ensayo m severo; prueba f severa
— **thermal shock** n - choque m térmico severo
— **wear** n - desgaste m severo
— **work(ing) condition(s)** n - condición(es) f severa(s) para trabajo m
severed a - tronchado,da
— **fuel line** n - [int.comb] línea f para combustible m tronchada
severely abrasive a - altamente abrasivo,va

severely corrosive a - altamente, or sumamente, or altamente, corrosiva
— **corrosive condition** n - condición f, sumamente, or altamente, corrosiva
— **damaged** a - dañado,da severamente
— **elliptical** a - muy aplanado,da
— **grooved** a - muy ranurado,da; ranurado,da severamente
— **kinked** a - [cabl] acocado,da severamente
severing n - tronchadura* f; tronchamiento* m
severity n - . . .; crudeza f; rigurosidad f • [safety] gravedad f
— **evaluation** n - evaluación f de severidad f
— **rate** n - [safety] grado m de severidad f
sew together v - coser entre sí
— — **with @ soft wire** v - [cabl] coser entre sí con alambre m, blando, or dulce
— — — **@ wire** v - [cabl] coser entre sí con alambre
sewage n - [sanit] . . .; agua(s) f, negra(s), or contaminada(s), or servida(s); líquido(s) m, cloacal(es), or residual(es)
— **carrier pipe** n - [sanit] tubería f para conducción f para líquido(s) m cloacal(es)
— **collection system** n - [sanit] red f de cloaca(s) f domiciliaria(s)
— **concentration** n - [sanit] concentración f de líquido(s) m cloacal(es)
— **disposal** n - [sanit] eliminación f, or evacuación f, cloacal, or de líquido(s) m cloacal(es)
— — **plant** n - [sanit] planta f para, eliminación f, or evacuación f, de líquido(s) m cloacal(es)
— **disposition** n - [sanit] eliminación f, or evacuación f, cloacal, or de líquido(s) m cloacal(es)
— **facility,ties** n - [sanit] instalación(es) f cloacal(es)
— **flow** n - [sanit] caudal m, or flujo m, de, líquido(s) m, or materia(s) f, cloacal(es); líquido(s) m cloacal(es) m conducido(s)
— — **quantity** n - [sanit] caudal m de líquido(s) m cloacal(es)
— **force main** n - [sanit] conducto n (principal) con impulsión f para líquido(s) cloacal(es)
— **gravity line** n - [sanit] línea f cloacal por gravedad f
— **handling** n - [sanit] manejo m, or tratamiento m, de líquido(s) m cloacal(es)
— **line** n - [sanit] línea f cloacal
— **oxidation** n - [sanit] oxidación f, or oxigenación f, de líquido(s) m cloacal(es)
— **plant** n - [sanit] planta f, cloacal, or para, tratamiento m, or depuración f, de líquido(s) m cloacal(es)
— — **facility** n - [sanit] instalación(es) f para planta f, cloacal, or para depuración f de líquido(s) m cloacal(es)
— — **gate** n - [sanit] compuerta f para planta f para (depuración f de) líquido(s) cloacal(es)
— — **installation** n - [sanit] instalación f de planta f, cloacal, or (depuradora) para líquido(s) m cloacal(es)
— **pollution** n - [sanit] contaminación f cloacal
— **purification** n - [sanit] depuración f, or purificación f, de líquido(s) m cloacal(es)
— **strength** n - [sanit] concentración f de líquido(s) m cloacal(es)
— **treatment** n - [sanit] tratamiento m, or depuración f, de líquido(s) m cloacal(es)
— — **facility** n - [sanit] instalación f, or planta f, para depuración f de líquido(s) m cloacal(es)
— — **gate** n - [sanit] compuerta f para (planta f para) tratamiento m de líquidos m cloacales
— **treatment** n - [sanit] tratamiento m, or depuración f, de, líquido(s) m cloacal(es), or agua(s) f servida(s)
sewed together a - cosido,da entre sí
sewer n - [hydr] . . .; desagüe m; atarjea f;

conducto, or colector n cloacal; desagüe m para aguas f negras
Sewer Authority n - [pol] Dirección f para Desagües m
— **availability** n - [sanit] disponibilidad f de cloaca(s) f
— **Board** n - [pol] Junta f para Cloacas f
— **capacity** n - [sanit] capacidad f de cloaca f
— **casing** n - [sanit] entubación f para cloaca f
— — **tunnel** n - [constr] túnel m para entubación para cloaca f
— **channel** n - [sanit] cauce m cloacal
— **charge** n - [fisc] tasa f para, servicio(s) m, cloacal(es), or sanitario(s)
— **clogging** n - [sanit] atascamiento m de cloaca
— **coating** n - [sanit] revestimiento m para cloaca f
— **committee** n - [pol] comisión f sanitaria
— **conduit** n - [sanit] conducto m para cloaca f
— **consideration** n - [hydr] factor m para cloaca
— **construction** n - [constr] construcción f de, cloaca f, or desagüe m
— **contractor** n - [constr] contratista m para cloaca(s) f
— **deposit** n - [sanit] acumulación f, or asentamiento m, en cloaca f
— **design** n - [sanit] proyección f para cloaca f
— — **estimated flow** n - [sanit] caudal m, or gasto m, estimado para proyección f de cloaca
— — **flow** n - [sanit] caudal m, or gasto m, para proyección f de cloaca(s) f
— — **manual** n - [sanit] manual m para proyección f para cloaca(s) f
— **drain** n - [sanit] línea f cloacal; artajea f
— **encasement** n - [constr] tubería f exterior, or entubación f, para línea f para desagüe m
— — **tunnel** n - [constr] túnel m para, tubería f exterior, or entubación f, para cloaca f
— **encasing** n - [sanit] entubación f, or entubamiento m, para cloaca f
— **end finish** n - [sanit] terminación f para extremo m para cloaca f
— **engineering director** n - [sanit] (ingeniero) director m para, desagües m, or cloaca(s) f
— **entry shaft** n - [constr] pozo m para acceso m para cloaca f
— **extension** n - [sanit] prolongación f, para, or de, cloaca f
— **facility,ties** n - [sanit] instalación(es) f, cloacal(es), or sanitaria(s)
— — **contract** n - [sanit] contrato m para instalación(es) f cloacal(es)
— **feeder** n - [sanit] acometida f para cloaca f
— **connection** n - [sanit] conexión f para acometida f para cloaca f
— **flow** n - [sanit] flujo m, or caudal m, en cloaca f
— **force main** n - [sanit] cloaca f maestra con impulsión f
— — **siphon** n - [constr] sifón m cloacal con impulsión f
— **gaging** n - [sanit] aforo m de cloaca(s) f
— **hydraulic consideration** n - [hydr] factor m hidráulico para cloaca(s) f
— — **design** n - [constr] proyección f hidráulica para cloaca f
— **hydraulics** n - [hydr] hidráulica f para, cloaca(s) f, or desagüe(s) m
— **inside** n - [sanit] interior m de cloaca f
— **installation** n - [sanit] instalación f, cloacal, or de cloaca(s) f
— **interceptor** n - [sanit] cloaca f, interceptora, or colectora; interceptor m, or colector m, cloacal, or para cloaca f
— **interior** n - [sanit] interior m de cloaca f
— — **coating** n - [sanit] revestimiento m interior para cloaca f
— **lateral** n - [sanit] conducto m cloacal, lateral, or secundario
— **line** n - [sanit] línea f, or tubería f, or red, cloacal, or para cloaca(s) f

sewer line casing n - [sanit] entubación f para, cloaca f, or línea f cloacal
— — **hookup** n - [sanit] acometida f para línea f cloacal
— **liner** n - [sanit] revestimiento m para cloaca f
— — **installation** n - [sanit] instalación f de revestimiento m para cloaca f
— — — **method** n - [sanit] método m para instalación f d revestimiento m para cloaca f
— **main** n - [sanit] cloaca f, maestra, or principal; conducto m principal para cloaca f
— **outfall** n - [sanit] descarga f para, cloaca f, or desagüe m, or agua(s) f negra(s)
— **pipe** n - [metal-fabr] tubo m, or tubería f, or conducto m, cloacal, or para cloaca(s) f
— — **size** n - [sanit] diámetro m de, tubo m, or tubería f, para cloaca(s) f
— **project** n - [constr] obra f cloacal
— **requirement(s)** n - [sanit] exigencia(s) f cloacal(es)
— **siphon** n - [sanit] sifón m cloacal
— **size** n - [sanit] diámetro m para cloaca f
— **structure** n - [sanit] estructura f cloacal
— **system** n - [sanit] red f, cloacal, or de alcantarilla(s) f, or desagüe(s); • [hydr] red f pluvial
— — **design** n - [sanit] proyección f para red f cloacal
— **trench** n - [sanit] zanja f para cloaca f
— **tunnel** n - [hydr] túnel m para cloaca f
Sewerage and Drainage Division n - [pol] División f para Cloaca(s) f y Desagüe(s) m
— **contract** n - [sanit] contrato m para cloacas
— **system** n - [sanit] red f, cloacal, or de cloacas f, or desagües f, or alcantarilla(s) f, or alcantarillado m
sewing item(s) n - [domest] artículo(s) m, or elemento(s) m, para costura f
— **together** n - costura f entre sí
— — **with @ soft wire** n - [cabl] costura f entre sí con alambre m, blando, or dulce
— — — **wire** n - [cabl] costura f entre sí con alambre m
— **wire** n - [cabl] alambre m para, coser, or costura f
sewn a - cosido,da
— **together with @ soft wire** a - [cabl] cosido,da entre sí con alambre m, blando, or dulce
— — — **wire** a - [cabl] cosido,da entre sí con alambre m
Sh n - [paper] see **sheet**
shack n - [constr] . . . . • [RP1.] rancho m
shackle n - [mech] . . .; horquilla f • eslabón m; gemelo m; argolla f; estribo m - [penal] manilla f
— **bar** n - [mech] barra f para grillete m
— **body** n - [mech] cuerpo m de grillete m
— **bolt** n - [mech] perno m para grillete m
— **drop forging** n - [metal] forja(dura) f de grillete m con martinete m
— **inspecting** n - inspección f de grillete m
— **link** n - [mech] eslabón m para grillete m
— **nut** n - [mech] tuerca f para grillete m
— **opening** n - [mech] apertura f de grillete m
— **pin** n - [mech] pasador m para grillete m
— **rivet** n - [mech] remache m para grillete m
— — **hole** n - [mech] orificio m en grillete m para remache m
shadbolt n - [mech] see **U bolt**
shade n - . . . . • [colors] . . .; tinte m
— **range** n - escala f de tono(s) m
shaded a - sombreado,da; en sombra f
— **tank** n - (es)tanque m, or depósito, en sombra
shader n - sombreador m
shading n - . . . | a - sombreador,ra
— **band** n - [electr-mot] banda f auxiliar
shadow price n - [com] precio m sombra
shady a - . . . .; fullero,ra
shaft n - varilla f; vara f; virote m; cilindro

m; barra f; fuste m • [constr] pozo m para, ventilación f, or ascensor m, or escalera f • [mech] (árbol m para) transmisión f; eje m • [miner] pozo n; tiro m; túnel m • [metal-prod] tragante m • cuba f • [combust] cañón m • [int.comb] see **crankshaft** • avoid flecha f

shaft alignment n - [mech] alineación f de, árbol m, or eje m
— **and gear assembly** n - [mech] conjunto m de árbol m y engranaje m
— — **main hoist rope** n - [cabl] cable m para montacarga(s) m y ascensor(es) m
— — **pinion** n - [mech] eje m (y) piñón m
— **angularity** n - [mech] angularidad* f de eje m
— **assembling** n - [metal-prod] montaje m de tragante m
— **assembly** n - [mech] conjunto m de, árbol m, or eje m
— — **bolt** n - [mech] perno m para conjunto m para, árbol m, or eje m
— — **installation** n - [mech] instalación f de conjunto m de, árbol m, or eje m
— — **nut** n - [mech] tuerca f para conjunto m de, árbol m, or eje m
— **attach** v - [mech] fijar a, árbol m, or eje m
— **attached** a - [mech] fijado,da a, árbol, or eje
— **attaching** n - [mech] fijación f a, árbol m, or eje m
— **bearing** n - [mech] cojinete m, or chumacera f, para, árbol m, or eje m
— — **assembly** n - [mech] conjunto m de, cojinete m, or chumacera f, para, árbol m, or eje m
— — **box** n - [mech] caja f para, cojinete m, or chumacera f, para, árbol m, or eje m
— — **cone** n - [mech] cono m para cojinete m para, árbol m, or eje m
— — **skid** n - [mech] patín m para cojinete m para, árbol m, or eje m
— — — **end (grease) fitting** n - [mech] pico m para engrase m para extremo m de patín m para cojinete m para árbol m
— **spacer** n - [mech] separador m para cojinete m para, árbol m, or eje m
— **bell** n - [mech] campana m para, árbol, or eje
— — **crank** n - [mech] manivela f para campana f para, árbol m, or eje m
— — — **box** n - [mech] caja f para manivela f para campana f para, árbol m, or eje m
— **binding** n - [mech] traba(dura) f para árbol m
— **bolt** n - [mech] tuerca f para, árbol, or eje m
— **bottom** n - [mech] base f para, árbol, or eje
— **box** n - [mech] caja f para, árbol m, or eje m
— **bracket** n - [mech] apoyo m, or soporte m, or ménsula f, para, árbol m, or eje m
— — **notch** n - [mech] muesca f en ménsula f para, árbol m, or eje m
— **brake** n - [mech] freno m para, árbol, or eje
— — **lever** n - [mech] palanca f para freno m para, árbol m, or eje m
— — — **pin** n - [mech] pasador m para palanca f para freno m para, árbol m, or eje m
— — **pin** n - [mech] pasador m para freno m para, árbol m, or eje m
— **buffer** n - [mech] tope m para, árbol, or eje
— **build-up** n - [weld] reconstrucción f de, árbol m, or eje m
— **bushing** n - [mech] buje m para, árbol, or eje
— **cap** n - [mech] casquete m, or casquillo m, para, árbol m, or eje m
— — **stud** n - [mech] prisionero m para casquete m para, árbol m, or eje m
— **cavity** n - [mech] concavidad f en, árbol m, or eje m
— **centerline** n - [bearings] eje m de árbol m • línea f central para, árbol m, or eje m
— **clutch** n - [mech] embrague m para árbol m
— **collar** n - [mech] collar m para, árbol, or eje
— **connection** n - [mech] conexión f para, árbol m, or eje m
— **coupling** n - [mech] acoplamiento m para, árbol m, or eje m

shaft coupling alignment n - [mech] alineación f de acoplamiento m para, árbol, or eje
— — **bolt(s) and nut(s) set** n - [mech] juego m de perno(s) m y tuerca(s) f para acoplamiento m para, árbol m, or eje m
— — **connection** n - [mech] conexión f de acoplamiento m para, árbol m, or eje m
— **cover** n - [mech] cubierta f para, árbol m, or eje m
— **crank** n - [mech] manivela f para, árbol m, or eje m
— **cup** n - [mech] taza f para, árbol m, or eje
— **deflection** n - [mech] deformación f, or torcimiento m, de, árbol m, or eje m
— **diameter** n - [mech] diámetro m de, árbol m, or eje m
— **down** a - [mech] con, árbol m, or eje m, hacia abajo
— **drawing** n - plano m para, árbol m, or eje m
— **drive** n - [mech] mando m, or accionamiento m, para, árbol m, or eje m
— **driven** a - [mech] accionado,da, or impulsado,da, por, árbol m, or eje m (propulsor)
— **driving** n - [mech] impulsión f por árbol m
— **eccentricity** n - [mech] excentricidad f de, árbol m, or eje m
— **end** n - [mech] extremo m, or extremidad f, de, árbol m, or eje m
— — **plate** n - [mech] placa f para extremidad f de, árbol m, or eje m
— **engaging** n - [mech] engranaje m, or engargante m, de, árbol m, or eje m
— — **key** n - [mech] chaveta f para, engranaje m, or engranar, árbol m, or eje m
— **extension** n - [mech] extensión f, or prolongación f, para, árbol m, or eje m
— — **bearing** n - [mech] cojinete m para, extensión f, or prolongación f, para árbol, or eje m
— **external water cooling** n - [metal-prod] refrigeración f exterior con agua m para coraza
— **facing down** n - [mech] árbol m, or eje m, hacia abajo
— — **up** n - [mech] árbol m, or eje m, hacia arriba
— **flat** n - [mech] parte f plana de, árbol m, or eje m
— **foot pedal** n - [mech] pedal m para, árbol m, or eje m
— **front** n - [mech] frente m de, árbol m, or eje
— **bushing** n - [mech] buje m frontal para, árbol m, or eje m
— **furnace** n - [metal-prod] horno m con, cuba f, or cubilote m
— — **defect** n - [metal-prod] defecto m en horno m con cuba f
— — **pressure** n - [metal-prod] presión f en horno m con cuba f
— — **reduction** n - [metal-prod] reducción f en horno m con cuba f
— **gear assembly** n - [mech] conjunto m de árbol m y engranaje m
— **grease** n - [lubric] grasa f para árbol m
— **guard** n - [mech] defensa f para. árbol m, or eje m
— **guide** n - [mech] guía f para, árbol, or eje m
— **hanger** n - [mech] apoyo m colgante
— **head** n - [mech] cabeza f, or extremo m, de, árbol m, or eje m
— **hoist rope** n - [cabl] cable m para, malacate m, or torno m, para pozo m
— **hole** n - [mech] agujero m, or orificio m, en, or para, árbol m, or eje m
— **housing** n - [mech] caja f para, árbol, or eje
— **housing end** n - [mech] extremo m de caja f para, árbol m, or eje m
— — **plug** n - [mech] tapón m para extremo m de caja f para, árbol m, or eje m
— **hub** n - [mech] cubo m, or mazo m, para, árbol m, or eje m
— — **assembly** n - [mech] conjunto m de cubo m para, árbol m, or eje m

shaft inspection n - [mech] inspección f de, árbol m, or eje m
— **insulation** n - [electr-instal] aislación f, de, or para, árbol m, or eje m
— **intake** n - [hydr] torre f para toma f
— — **structure** n - [hydr] estructura f de torre f para toma f
— **journal** n - [mech] muñón m para, árbol m, or eje m
— **key** n - [mech] chaveta f para, árbol, or eje
— **keyway** n - [mech] chavetero m en, árbol m, or eje m
— **length** n - [mech] largo(r) m, or largura f, de, árbol m, or eje m
— **lever** n - [mech] palanca f para, árbol m, or eje m • palanca f para vástago m
— — **assembly** m - [mech] conjunto m de palanca f para, árbol m, or eje m
— — **pin** n - [mech] pasador m para palanca f para, árbol m, or eje m
— **liner** n - [mech] camisa f para, árbol, or eje
— **loosening** n - [mech] aflojamiento m de, árbol m, or eje m
— **machining** n - [mech] mecanización f de, árbol m, or eje m
— **main bearing** n - [mech] cojinete m principal para, árbol m, or eje m
— **material** n - [mech] material m para, árbol m, or eje m
— **misalignment** n - [mech] desalineación f de, árbol m, or eje m
— **motion** n - [mech] movimiento m de, árbol m, or eje m
— **mounting** n - [mech] montaje m de, árbol m, or eje m
— — **bracket** n - [mech] ménsula f para montaje m de eje m
— **nut** n - [mech] tuerca f para, árbol m, or eje m
— **"O" ring** n - [autom-mech] anillo m circular para árbol m
— **packing** n - [mech] empaquetadura f para, árbol m, or eje m
— — **cooling circuit** n - [mech] circuito m para enfriamiento m para empaquetadura f para, árbol m, or eje m
— — **ring** n - [anillo m para empaquetadura f para, árbol m, or eje m
— — **seal** n - [mech] sello m para empaquetadura f para, árbol m, or eje m
— — — **water filter** n - filtro m para agua m para sello m para empaquetadura f para, árbol m, or eje m
— **pedal** n - [mech] pedal m para, árbol m, or eje m
— **pin** n - [mech] pasador m para, árbol, or eje
— **polished spot** n - [electr-mot] punto m, pulido, or brillante, en, árbol m, or eje m
— **portal** n - [miner] entrada f a respiradero m
— **position** n - [mech] posición f de, árbol m, or eje m
— **rear** n - [mech] dorso m de, árbol m, or eje m
— — **bushing** n - [mech] buje m posterior para, árbol m, or eje m
— **retainer** n - [mech] fiador m para, árbol m, or eje m
— — **clip** n - [mech] abrazadera f para fiador m para, árbol m, or eje m
— **retaining ring** n - [mech] aro m para seguridad f para, árbol m, or eje m
— **ring** n - [mech] aro m, or anillo m, para, árbol m, or eje m
— **rotation** n - [mech] rotación f de, árbol m, or eje m
— **screw** n - [mech] tornillo m para, árbol m, or eje m
— — **assembly** n - [mech] conjunto m de tornillo m para, árbol m, or eje m
— **seal** n - [mech] (guarnición f para) sello m para, árbol m, or eje m
— — **jacket** n - [mech] envoltura f para sello m para, árbol m, or eje m
— — **leak** n - fuga f en sello m para, árbol m, or eje m
— **separation** n - [mech] separación f de, árbol(es) m, or eje(s) m
shaft set n - [mech] juego m para, árbol, or eje bol(es) m, or eje(s) m
— **shearing** n - [mech] tronchadura f de, árbol m, or eje m
— **shim** n - [mech] calza f para, árbol, or eje
— **size** n - [mech] tamaño m, or diámetro m, or medida(s) f, de, árbol m, or eje m
— **skid** n - [mech] patín m para, árbol, or eje m
— — **(grease) fitting** n - [mech] pico m para engrase m para patín m para, árbol m, or eje m
— **slot** n - [mech] ranura f en, árbol m, or eje
— **slow-down** n - [mech] retardación f de, árbol m, or eje m
— **snap ring** n - [mech] aro m con resorte m para, árbol m, or eje m
— **spacer** n - [mech] separador m para árbol m, or eje m
— **speed** n - [mech] velocidad f de, árbol m, or eje m
— **spline** n - [mech] ranura f, or estría f, en, árbol m, or eje m
— — **configuration** n - [mech] configuración f de, árbol m, or (semi)eje m, estriado, or ranurado
— — **design** n - proyección f de ranura(s) f en, árbol n, or eje m
— — **edge** n - [mech] borde m de ranura f en, árbol m, or eje m
— — — **shoulder** n - [autom-mech] vértice m en borde m de ranura f en, árbol m, or eje m
— — **engaging** n - [autom-mech] engranaje m de ranura f en, árbol m, or eje m
— **spray nozzle** n - [metal-prod] ducha f para riego m de, tragante m, or cuba f
— — **ring** m - [metal-prod] anillo m para riego m de, tragante m, or cuba f
— **steel shim** n - [mech] calza f de acero m para, árbol m, or eje m
— **strength** n - [constr] resistencia f de columna f
— **striker** n - [mech] percutor m, or golpeador m, para, árbol m, or eje m
— **stuffing box** n - [mech] prensaestopa(s) f para, árbol m, or eje m
— **support** n - [mech] soporte m, or apoyo m, para, árbol m, or eje m
— — **bearing** n - [mech] cojinete m para soporte m para, árbol m, or eje m
— — **bracket** n - [mech] ménsula f para soporte m para, árbol m, or eje m
— **tapered extension** n - [mech] prolongación f ahusada para, árbol m, or eje m
— **thread** n - [mech] rosca f en, árbol m, or eje
— **turn(ing)** - [mech] giro m, or rotación f, de, árbol m, or eje m
— **type** n - [mech] tipo m de, árbol m, or eje m, or transmisión f
— **down** a - [mech] con, árbol m, or eje m, hacia arriba
— **water cooling** n - [metal-prod] refrigeración f (con agua m) de coraza f
— — **lubrication** n - [mech] lubricación f con agua m, de, or para, árbol m, or eje m
— **wear(ing)** n - [mech] desgaste m de, árbol m, or eje m
— **with @ nut** n - [mech] árbol m, or eje m, con tuerca f
— **woodruff key** n - [mech] chaveta f de media luna f para, árbol m, or eje m
— **yoke** n - [mech] horquilla f para, árbol m, or eje m
— — **assembly** n - [mech] conjunto m de horquilla f para, árbol m, or eje m
shag n - [textil] . . .; frisado m | v —[textil] frisar
shagging n - . . .; frisado m
shaggy a - . . .; frisado,da
shake n - . . . • [lumber] venteadura f; grieta f | v - . . .; trepidar; zamarrear
— **@ head** v - . . . • [fam] quedar boquiabierto

shake out v - sacudir; desprender; despedir
shaken a - sacudido,da; desprendido,da
shakeproof n—a prueba f de, or resistente a, sacudida(s) f
— external lock washer n - [mech] arandela f exterior para seguridad a prueba de sacudidas
— internal lock washer n - [mech] arandela f interior para seguridad a prueba de sacudidas
— lock washer n - [mech] arandela f para seguridad, a prueba de, or resistente a, sacudidas f
— washer n - [mech] arandela f (para tensión f) a prueba f de, or resistente a, sacudida(s) f
shaken a - sacudido,da
shakeout n - [ind] ajuste m - [metal-prod] desmoldeo m
shaker n - . . .; agitador m • [domest] salero m
— screen n - [miner] criba f sacudidora
shaking n - . . .; sacudón m; sacudidura f | a • sacudidor,ra
— grate n - [miner] parrilla f sacudidora
shale n - [miner] . . .; lutita f; esquisto m arcilloso; arcilla f esquistosa
— layer n - [geol] capa f de lutita f
— shaker n - [miner] zaranda f vibratoria; colador m para lodo, also see mud screen
— tar n - [petrol] alquitrán m de, esquisto(s) m, or pizarra f bituminosa
shalestone n - [geol] pizarra f • arcilla f esquistosa
shaley a - see shaly
shaliness* n - [miner] esquistosidad* f
shallow a - . . .; poco, profundo, or hondo; con, profundidad, or altura f, reducida • [Arg.] playo,ya • [Chi.] pando,da
— angle n - [geom] ángulo m reducido
— bin n—tolva f, baja, or con poca profundidad
— boom angle n - [cranes] ángulo m reducido de aguilón m
— buried a - enterrado,da, or sepultado,da, a profundidad f escasa • [constr] con relleno m con poca altura f
— — pipe n - [constr] tubo m enterrado a profundidad, escasa, or poca
— — structure n - [constr] estructura f bajo tierra f con relleno m con poca altura f
— camber n - combadura f plana
— cover n - [constr] cobertura f reducida; cubierta f con poco espesor m
— dished a - con combadura f plana
— — head n - [mech] fondo m con combadura f, plana, or con poca altura f
— fill n - [constr] relleno m, or terraplén m, con altura f, escasa, or reducida, or poca
— flow n - corriente f, or caudal m, con poca profundidad f
— hole n - [petrol] perforación f con profundidad, poca, or reducida
— impact angle n - [mech] ángulo m de impacto m reducido
— pass n - [mech] pasada f poco profunda
— — rectifying n - [mech] rectificación f con pasada(s) poco profunda(s)
— penetration n - [weld] penetración f, escasa, or reducida, or poco profunda
— pond n - [hydr] charca f, playa*, or poco profunda, or con profundidad f reducida
— trench n - [constr] zanja f, playa*, or con porofundidad, reducida, or poca
—, place, or spot n - [topogr] bajío m
— valley n - [topogr] valle m bajo
— water(s) n - [hydr] bajío(s) m; agua(s) f, baja(s), or playa(s), or poco profunda(s)
— weld n - [weld] soldadura f, poco profunda, or sin espesor m suficiente
— well n - [constr] pozo m con profundidad f, reducida, or poca
shallower a - menos profundo,da
— penetration n - penetración f menor
— water (body) n - [hydr] (cuerpo m de) agua m menos profunda

shaly a - [miner] . . .; lutítico,ca; arcilloso,sa
— material(s) n - [miner] material(es) m pizarroso(s)
shamed a - avergonzado,da
shamefaced a - . . .; vergonzante
shameful a - . . .; vergonzante
shamelessness n - . . .; descaro m
shampooing n - [sanit] lavado m de, cabeza f, or cabello m
shank n - [nails] . . .; cuerpo m; pierna f • [mech] . . .; sostén m; poste m
— bearing n - [mech] cojinete m para espiga f
— — race n - [mech] ranura f en cojinete m para espiga f
— bushing n - [mech] buje m para espiga f
— inner bushing n - [mech] buje m interior para espiga f
— pin n - [mech] pasador m para fuste m
— race n - [mech] ranura f en espiga f
— shoe n - [constr] zapata f para pierna f
— spring n - [mech] resorte m para espiga f
shanty n - . . .; tinglado m; galpón m
shape n - . . .; (con)formación f; configuración f; contorno m; perfil m • condición f • [refract] pieza f • [weld] conformación f • [metal-roll] sable m | v - conformar; figurar; dar conformación f • [mech] . . .; estampar; formar
— base n - [metal-roll] patín m de perfil m
— base camber n - [metal-roll] combadura f de patín m de perfil m
— — dimension n - [metal-roll] medida(s) f de patín m de perfil m
— — out-of-square n - [metal-roll] fuera de escuadría de patín m de perfil m
— — width n - [metal-roll] ancho(r) m de patín m de perfil m
— @ bedding v - [constr] conformar, lecho m, or base f
— camber n - [metal-roll] combadura f de perfil
— @ conduit v - [tub] conformar conducto m
— control n—regulación f de conformación f
— controlling roll n - [metal-roll] rodillo m regulador para conformación f
— cross section n - [metal-roll] corte m transversal de perfil m
— dimension n - [metal-roll] medida(s) f de perfil m
— @ dumping area v - [miner] conformar vertedero m
— @ excavation v - [constr] conformar excavación f
— factor n - factor m para conformación f
— @ fill v - [constr] conformar, relleno m, or terraplén m
— flange n - [metal-roll] ala f de perfil m
—(s) forming n - [metal-roll] (con)formación f de perfil(es) m
— @ foundation v - [constr] conformar cimentación f
— @ grinding wheel v - [mech] conformar rueda f esmeril(adora)
—('s) gravity center n - [metal-roll] centro m de gravedad f de perfil m
— height n - [metal-roll] altura f de perfil m
— — allowable deviation n - [metal-roll] desviación f admisible en altura f de perfil m
— holding n - mantenimiento m de forma f
— hot rolling stage n - [metal-roll] etapa f, or fase f, de laminación f en caliente de perfil(es) m
—('s) inspection n - [metal-roll] inspección f de perfil(es) m
—('s) length n - [metal-roll] largo(r) m, or longitud f, de perfil m
— maintaining n - mantenimiento m de conformación f
—(s) manufacturer n - [metal-roll] fabricante m de perfil(es) m
—(s) market n - mercado m para perfil(es) m

shape maximum flange thickness n - [metal-roll] espesor m máximo para ala m de perfil m
— (s) **mill** n - [metal-roll] laminador m, or tren m, para perfil(es) m
— **minimum flange thickness** n - [metal-roll] espesor m mínimo para ala m de perfil m
— **nominal weight** n - [metal-roll] peso m nominal de perfil m
— (s) **pack(ag)ing** n - [metal-roll] empacamiento m de perfil(es) m
— (s) **packer** n - [metal-roll] empacador m para perfil(es) m
— **parallelism** n - [metal-roll] paralelistmo m de perfil m
— **permanently** v - conformar permanentemente
— @ **pin** v - [mech] conformar, clavija f, or pasador m
— (s) **plant** n - [metal-roll] planta f, or fábrica f, para perfil(es) m
— **plate** n - [metal-roll] plancha f para perfil
— — **thickness** n - [metal-roll] espesor m de plancha f para perfil m
— — **tolerance** n - [metal-roll] tolerancia f en plancha f para perfil m
— **precise control** n - [metal-roll] regulación f precisa para perfil m
— (s) **range** n - [mech] escala f de conformación(es) f
— **retaining** n - mantenimiento m de conformación
— **rise** n - [metal-prod] peralte m de perfil m
— — **dimension** n - [metal-roll] medida(s) f de peralte m para perfil m
— — **tolerance** n - [metal-roll] tolerancia f en peralte m para perfil m
— (s) **roll(s) stand** n - [metal-roll] plataforma f, or estante m, para rodillo(s) m para perfil(es) m
— (s) **rolling** n - [metal-roll] laminación f de perfil(es) m
— (s) — **stage** n - [metal-roll] etapa f, or fase f, para laminación f de perfil(es) m
— **section** n - [metal-roll] sección f, or corte m, de perfil m
— **selection** n - [mech] selección f, or escogimiento m, de conformación f
— (s) **series** n - [metal-roll] serie f de perfiles
— **shear** n - [metal-roll] tijera f, or cizalla f, para, perfil(es) m, or forma(s) f
— — **assistant** n - [metal-roll] ayudante m para, tijera f, or cizalla f, para perfil(es) m
— — **operator** n - [metal-roll] operador m para, tijera f, or cizalla f, para perfil(es) m
— (s) **shipment** n - [metal-prod] embarque m de perfil(es) m
— (s) **standardization** n - [metal-roll] normalización f de perfil(es) m
— (s) **storage** n - [metal-roll] almacén m, or depósito m, para perfil(es) m • almacenamiento m de perfil(es) m
— (s) **straightener** n - [metal-roll] enderezador m para perfil(es) m
— **straightness** n - [metal-roll] derechura f, or rectitud f, de perfil m
— **table** n - [metal-roll] tabla f de perfil(es)
— (s) **tolerance** n - [metal-roll] tolerancia f en perfil(es) m
— (s) **transfer** n - [metal-roll] transporte m de, or transportador m para, perfil(es) m
— @ **trench** v - [constr] conformar zanja f
— @ — **bottom** v - [constr] conformar fondo m de zanja f
— @ **wall** v - [metal-fabr] conformar pared f
— (s) **warehouse** n - [metal-roll] almacén m para perfil(es) m
— **web** n - [metal-roll] alma m de perfil m
— — **camber** n - [metal-roll] combadura f de alma m de perfil m
— — **out-of-center** n - [metal-roll] descentramiento m de alma m de perfil m
— — **tolerance** n - [metal-roll] tolerancia f, en, or para, alma m de perfil m

shape weight n - [metal-roll] peso m de perfil
shaped a - (con)formado,da; configurado,da; modelado,da; perfilado,da; con forma f; plasmado,da
— **accurately** a - conformado,da con precisión f
— **angle** n - [metal-roll] ángulo m (con)formado
— **ball** n - [grind.med½ bola f (con)formada
— **bedding** n - [constr] lecho m conformado; base f conformada
— **bottom bedding** n - [constr] lecho m conformado, or base f conformada, para fondo m
— **brick** n - [ceram] ladrillo m perfilado
— **conduit** n - [tub] conducto m conformado
— **contour ball** n - [grind.med] bola f contorneada conformada
— **dump(ing) area** n - [miner] vertedero m conformado
— **end** n - [mech] extremo m conformado
— **excavation** n - [constr] excavación f conformada
— **fill** n - [mech] relleno m conformado • [constr] terraplén m conformado
— **foundation** m - [constr] cimiento m conformado; cimentación f, or fundación f, conformada
— **grinding wheel** n - [mech] rueda f, esmeril(adora), or amoladora, conformada
— **permanently** a - conformado,da permanentemente; con conformación f permanente
— **pipe** n - [tub] tubo m conformado; tubería f conformada
— — **wall** n - [tub] pared de tubería f conformada
— **profile** n - perfil m (con)formado
— **refractory** n - [ceram] refractario m perfilado
— — **brick** n - [ceram] ladrillo m refractario perfilado
— **roll** n - [metal-roll] rodillo m conformado
— **trench** n - [constr] zanja f conformada
— — **bottom** n - [constr] fondo m de zanja f conformado
— **wall** n - [constr] pared f conformada
— **wire** n - [metal-wire] alambre m, conformado, or perfilado, or con conformación f especial
shaper n - [mech] . . .; conformadora f; limadora f; fresa(dora) f; cepilladora f; estampadora f; formadora f • [metal-roll] perfilador(a) m/f
— **ram** n - [mech] torpedo m para limadora f
— **roll** n - [mech] rodillo m conformador
shaping n (con)formación f; configuración f; perfilado m; perfiladura f; estampado m • [metal-roll] laminación f • [roads] perfilado m; conformación f
— **cost** n - [mech] costo m de conformación f
— **line** n - [metal-roll] línea f para (con)formación f
— **machine** n - [mech] máquina f conformadora
— **method** n - [mech] método m para conformación
— **process** n - proceso m para conformación f
— **roll** n - [mech] rodillo m conformador
— — **series** n - [metal-roll] serie f de rodillo(s) m conformador(es)
shard n - . . . • [ceram] tiesto m
share n - . . .; proporción f • [com] lote m •
— **acquiring** a - [fin] adquisición f de acción f
— (s) **cancellation** n - [fin] cancelación f de acción(es) f
— **cracking chance** n - [agric-equip] posibilidad f de agrietamiento m de reja f
— @ **driving** v - [autom] compartir conducción f
— @ **duty** v - compartir tarea(s) f
— **edge** n - [agric-equip] borde m de reja f
— **end** n - [agric-equip] extremo m de reja f
— @ **equity** v - [fin] patrimonio m accionario
— (s) **exchange** n - [fin] intercambio m, or canje m, de acción(es) f
— @ **facility** v - [ind] compartir instalación f
— **grinding** n - [agric-equip] esmerilado m, or amoladura f, de reja f
— **hardsurfacing** n - [agric-equip] endurecimiento m de superficie f de reja f

share heel n - [agric-equip] talón m de reja f
— **in @ management** n - [managm] participación f en, administración f, or gestion f | v - [managm] participar en, administración f, or gestión f
— — **@ ownership** n - participación f en propiedad f | v - participar en propiedad f
— — **@ profit(s)** n - participación f en, beneficio(s) m, or utilidad(es) f, or ganancia(s) f | v - participar en, beneficio(s) m, or utilidad(es) f, or ganancia(s) f
— **increase** n - [fin] aumento m en participación f
— **insurance** n - see **shared insurance**
—(s) **interchange** n - [fin] intercambio m, or canje m, de acción(es) f
—(s), **issue, or issuing** n - [legal] emisión f de acción(es) f
— **@ light standard** n - [constr-illumin] compartir columna f para alumbrado m
— **owner** n - [fin] propietario m de acción(es) f
—(s) **payment** n - [com] pago m, or integración f, de acción(es) f
— **positioning** n - [agric] colocación f de reja
—(s) **purchase** n - [fin] compra f, or adquisición f, de acción(es) • compra f, or adquisición f, de participación f
— **reduction** n - [fin] reducción f en participación f
—, **registration, or registry** n - [legal] registro m de acción(es) f
— **reinsurance** n - see **shared resinsurance**
—(s) **reissue,suing** n - [fin] emisión f nueva, or reemisión* f, de acción(es) f
—(s) **resale** n - [fin] reventa f de acción(es) f
—(s) **sale** n - [fin] venta f de acción(es) f
— — **program** n - [legal] programa m para venta f de acción(es) f
— **sharpening** n - [agric] afiladura f, or aguzamiento m, de reja f
—(s) **subscription** n - [fin] subscripción f de acción(es) f
—(s) **tax** n - [fisc] impuesto m sobre, acciónes f, or patrimonio m accionario
— **topside** n—[agric] borde m superior de reja f
—(s), **trade, or trading** n - [fin] canje m de acción(es) f
— **transfer(ring)** n - [legal] transferencia f, or traspaso m, de acción(es) f
— **underside** n - [agric-equip] lado m, or borde m, inferior de reja f
— **@ wheel** v - [autom] compartir volante m
shared a - compartido,da; participado,da; en participación f
— **driving** n - [autom] conducción f compartida
— **facility,ties** n - [ind] instalación(es) f compartida(s)
— **insurance** n - [insur] seguro m en participación f
— **light standard** n - [constr-illum] columna f para alumbrado m compartida
— **management** n - [legal] administración f, or gestión f, compartida
— **ownership** n - [legal] propiedad f compartida
— **reinsurance** n - [insur] reaseguro m, compartido, or en participación f
— **shareholder** n - [legal] accionista m; propietario m, or tenedor m, de acción(es) f; also see **stockholder**
shareholders' account n - [accntg] cuenta f, or deuda f, de accionista(s) m
— **agreement** n - [legal] convenio m con accionista(s) m
— **equity** n - [fin] patrimonio m, social, or de accionista(s) m
— **meeting** n - [legal] asamblea f, or junta f, [general] de accionista(s) m
sharing n - participación f; compartim(i)ento m
— **in management** n - [managm] participación f en, gestión f, or administración f
— — **ownership** n - [fin] participación f en propiedad f
sharing in @ profit(s) n - [fin] participación f en, beneficio(s) m, or utilidad(es) f, or ganancia(s) f
shark oil n - aceite m de tiburón m | a - escualeno,na
— — **index** n - [lubric] índice m escualeno
sharp a - . . .; afinado,da; fino,na • detallado,da; claro,ra • [mech] seco,ca; vivo,va
— **angle** n - [mech] ángulo m, vivo, or fuerte
— — **edge** n - [mech] borde m con ángulo m vivo
— **bend** n - [mech] pliegue m agudo • [roads] ángulo m, or codo m, agudo
— **blow** n - [mech] golpe m, seco, or fuerte
— **business** n - [com] comercio m, activo, or atractivo • negocio m astuto
— **corner** n - arista f, or esquina f, or vértice f, aguda, or viva; borde m, filoso, or agudo
— **crest** n - cresta f aguda
— **crested wier** n—[hydr] azud m con cresta f aguda
— **curve** n - curva f, aguda, or cerrada
— **curving** n - curvatura f rápida
— **delineation** n - [drwng] contorno m nítido
— **design(ing)** n—proyección f para conformación
— **detritus** n - [geol] detrito(s) m agudo(s)
— **direction change** n - cambio m, abrupto, or brusco, en dirección f
— **driver reaction** n - [autom] reacción f, rápida, or positiva, de conductor m
— **drop** n - [topogr] caída f, abrupta, or precipitosa
— **edge** n - [mech] borde m, vivo, or agudo, or filoso; arista f aguda; filo m (agudo) • borde m áspero
— — **hardsurfacing** n - [weld] endurecimiento m de superficie f de, filo m, or borde m, agudo, or filoso, or vivo
— **image** n - [electron] imagen f, clara, or definida, or detallada
— — **delineation** n - contorno m nítido para imagen f
— **impact angle** n - [mech] ángulo m agudo para impacto m
— **leg** n - [mech] brazo m afinado
— — **clamp** n - [tools] mordaza f con brazo(s) m afinado(s) |
— **metallic object** n - objeto m metálico agudo
— **object** n - [mech] objeto m, agudo, or filoso
— **pain** n - [medic] puntada f
— **peak** n - [topogr] picacho m
— **pencil** n - lápiz m con punta f (aguda)
— **point** n - [mech] punta f aguda
— **pointed** a - puntiagudo,da
— — **weapon** n - espiche m
— **reaction** n - reacción f, rápida, or positiva
— **remark** n - [fam] frescura f
— **rock** n - [geol] roca f aguda
— **sand** n - [constr] arena f con arista(s) f, viva(s), or aguda(s)
— — **bedload** n - [constr] carga f sobre lecho m de arena f con arista(s) f aguda(s)
— **steering input** n - [autom] esfuerzo m fuerte (aportado) a volante m
— **turn** n - [roads] curva f cerrada
sharpen @ pencil v - sacar punta f a lápiz
— **@ skill** v - mejorar, or aguzar, destreza f, or percepción f
sharpened a - [mech] afilado,da; aguzado,da • amolado,da • con punta f (sacada)
— **pencil** n - lápiz m con punta f (sacada)
— **skill** n - destreza f, mejorada, or aguzada
sharpening n - afiladura f; aguzamiento m; aguzado n • amoladura f
sharpie n - [fam] ventajista m
sharply adv - . . .; abruptamente; marcadamente
— **defined** n - (bien) definido,da (con claridad)
sharpness n - . . . • [optics] nitidez f
shatter v - . . .; desmenuzar • [metal-roll] table(te)ar
— **@ fiberglass** v - fragmentar fibra de vidrio m

shatter test n - [coke] prueba f de cohesión f
— @ **window** v - [autom] astillar ventanilla f
shattered a - destrozado,da; fragmentado,da
— **fiberglass** n - [ceram] fibra f de vidrio m fragmentada
— **roll** n - [metal-roll] rodillo m table(te)ado
— **window** n - [autom] ventanilla f astillada
shattering n - destrozo m • trozado m - [metal-roll] table(te)ado m
shatterproof a - inastillable
— **glass** n - [ceram] vridio m inastillable
— **safety glass** n - [ceram] vidrio m para seguridad f inastillable
shave n - . . . | v - . . . • [mech] (a)cepillar • comer(se)
— @ **cost(s)** v - [ind] reducir costo(s) a mínimo
— @ **tire** v - [autom-tires] (a)cepillar neumático(s) n
— @ **tread** v - [autom-tires] comer(se), or cepillar, banda f para rodamiento m
shaved a - (a)cepillado,da
— **cost(s)** n - [ind] costo(s) m reducido(s) (a mínimo m)
— **tire** n - [autom-tires] neumático m (a)cepillado
— **tread** n - [autom-tires] banda f para rodamiento, cepillado, or comido
shaving n - [mech] (a)cepilladura f - viruta f
— **amount** n - [autom-tires] cantidad a (a)cepillar(se)
— **process** n - [mech] proceso m para (a)cepilladura f
shear n - . . . .; tronchadura f - [metal-roll] cizalla f, or tijera f, (para corte m) • [hydr] fuerza f cortante | v - . . .; tronchar; trozar; cortar con cizalla f - [cattle] esquilar
— **approach table** n - [mech] mesa f para entrada f para, cizalla f, or tijera f
— **assistant operator** n - [metal-roll] ayudante m para operador m para cizalla f
— **blade** n - [mech] hoja f, or cuchilla f, para, cizalla f, or tijera f; cizalla f
— — **conditioning** n - [metal-roll] acondicionamiento m de cuchilla f para cizalla f
— — **grinding** n - [mech] amoladura f para, cuchilla f, or hoja f, para cizalla f
— — **limitation** n - [mech] limitación f para, cuchilla f, or hoja f, para cizalla f
— @ **bolt** v - [mech] tronzar perno m
— **bow** n - [mech] comba f en cizalla f
—(ing) **building** n - [metal-roll] edificio m para, cizalla f, or tijera f
— — **control** n - [mech] regulación f para cizalla f • regulador m para cizalla f
— **cut** n - [mech] tijeretazo m; tijer(et)ada f | a - [mech] cizallado,da; cortado,da con cizalla f | v - cizallar; cortar con cizalla f
— **cutting** n - [mech] corte m con cizalla f
— **delivery table** n - [mech] mesa f para salida f para, cizalla f, or tijera f
— **depressing table** n - [mech] mesa f deprimible para cizalla f
— **directly** v - [mech] cortar directamente
— @ **end** v - [mech] cizallar, or cortar, extremo
— **force** n - [mech] esfuerzo m de corte m
— **gage** n - [mech] calibrador m, or calibre m, (graduado) para, cizalla f, or tijera f
— — **lift** n - [mech] elevador m para calibrador m (graduado) para, cizalla f, or tijera f
— — **release** n - [mech] disparador m para calibrador m (graduado) para, cizalla, or tijera f
— — **table** n - [mech] mesa f para, calibrador m, or calibre m, (graduado) para, cizalla f, or tijera f
— — **travel** n - [mech] travesaño m para calibrador m para, cizalla f, or tijera f
— — **traverse** n - [mech] transbordador m para calibrador m para, cizalla f, or tijera f
— **helper** n - [ind] ayudante m para (operador m para), cizalla f, or tijera f

shear horizontally v - [mech] cizallar, or cortar, horizontalmente
— **knife** n - [mech] see **shear blade**
— **leg** n - [mech] caballete m
— **leveller** n - [metal-roll] nivelador m para. cizalla f, or tijera f
— **line** n - [metal-roll] línea f de, cizallas f or tijeras, (para corte m)
— — **erection** n - [metal-roll] montaje m de línea f de, cizalla(s) f, or tijera(s) f
— — **start-up** n - [metal-roll] puesta f en marcha f de línea f de, cizallas f, or tijeras f
— — **tune-up** n - [metal-roll] puesta f a punto m de línea f de, cizallas f, or tijeras f
— **man** n - [mech] cortador m
— **off** v - [mech] cortar; tronchar
— **oil, cellar,** or **pit** n - [ind] foso m, or sótano m, para engrase m de, cizalla, or tijera
— **operator** n - [ind] cizallador m; operador m para, cizalla f, or tijera f
— — **helper** n - [ind] ayudante m para operador m para, cizalla f, or tijera f
— **parameter** n - [geol] parámetro m para corte m
— **pin** n - [mech] pasador m, or chaveta f, tronzable, or para corte m
— @ **pin** v - [mech] tronzar pasador m
— — **yoke** n - [mech] horquilla f para pasador m tronzable
— **pull-back table** n - [mech] mesa f para retroceso m para, cizalla f, or tijera f
— **resistance** n - [mech] resistencia f a corte m
— **run-in table** n - [mech] mesa f para entrada f para, cizalla f, or tijera f
— —**out table** n - [mech] mesa f para salida f para, cizalla f, or tijera f
— @ **shaft** v - [mech] tronchar, árbol m, or eje
— **strength** n - resistencia f a, corte m, or esfuerzo m cortante
— **stress** n = [mech] tensión f, or solicitación f, a corte m
— @ **strut mounting bolt** v - [autom-mech] tronzar perno m para montaje m para apoyadero m
— **type** n - [valv] tipo m guillotina f • a - de tipo m (de) guillotina f
— — **gate valve** n - [valv] válvula f (de) esclusa f de tipo m guillotina
— **unloader** n - [mech] descargadora f para, cizalla f, or tijera f
— **value** n - [mech] valor m de, or resistencia f, contra, corte m
— **yield** n - [mech] rendimiento m de, cizalla f, or tijera f
— **zone** n - [ind] zona f para, cizalla(s) f, or tijera(s) f
sheared a - tronchado,da; tronzado,da • cizallado,da • [cattle] esquilado,da
— **directly** a - cortado,da directamente
— **edge** n - [mech] borde m, or canto m, (re)cortado, or cizallado
— — **coil** n - [metal-roll] bobina f con borde m, (re)cortado, or cizallado
— — **plate** n - [metal-roll] plancha f con borde(s) m, (re)cortado(s), or cizallado(s)
— — **sheet** n - [metal-roll] lámina f, or hoja f, con borde m, (re)cortado, or cizallado
— **edge strip** n - [metal-roll] banda f, or cinta f, or chapa f, or fleje m, con borde m (re)cortado, or cizallado
— **end** n - [mech] extremo m, (re)cortado, or cizallado
— **horizontally** a - [mech] (re)cortado,da, or cizallado,da, horizontalmente
— **off** a - [re)cortado,da; tronchado,da
— **pin** n - [mech] pasador m tronchado
— **plate** n - [metal-roll] plancha f (re)cortada
— — **mill** n - [metal-fabr] planta f para plancha(s) f, (re)cortada(s), or cizallada(s)
— **shaft** n - [mech] árbol m, or eje m, tronchado
— **strip** n - [metal-roll] banda f, or cinta f, or chapa f, (re)cortada; fleje m (re)cortado
— **wire** n - [mech] alambre m (re)cortado

shearing n - . . .; tronchadura f; tronzadura f;• recorte m • corte m con cizalla f • [cattle] esquila f
— **area** n - [ind] zona f para, corte m, or cizallado* m
— **ease** n—facilidad f, or aptitud f, para corte
— **effort** n— esfuerzo m, cortante, or para corte
— **facility** n - [metal-roll] instalación(es) f para, corte m, or cizallado* m
— **force** n - [mech] fuerza f, or esfuerzo m, para corte m
— — **distribution** n - [constr] distribución f de esfuerzo m para corte m
— **line** n - [metal-roll] línea f para, cortar, or cizallado* m
— **mechanism** n - [metal-roll] mecanismo m para corte m
— **section** n - [metal-roll] sección f para corte
— — **turn** n - [metal-roll] turno m para sección f para corte m
— **strength** n - [metal-roll] resistencia a corte
— **stress** n - [mech] esfuerzo m, cortante, or para corte m
— **test** n - [mech] ensayo m de corte m (con cizalla f)
— — **piece** n - [mech] probeta f para ensayo m de corte m (con cizalla f)
— **tolerance** n - [metal-roll] tolerancia f para, corte m, or cizallado* m
— **turn** n - [metal-roll] turno m para corte m
— **unit** n - equipo m cizallador*
— **zone** n - [ind] zona f para. corte m, or cizallado* m
shearman n - [mech] cortador m; operador m para, corte m, or cizallado* m
sheath n - . . .; envoltura f; recubrimiento m • [electr-cond] cubierta f; blindaje m
— **alloy** n - [electr-cond] aleación f para vaina
— **assembly** n - [mech] conjunto m de, vaina f, or caja f
— **insulation** n - [electr-cond] aislación f en vaina f
— **type** n - [electr-cond] tipo m de blindaje m
sheathe v - . . .; forrar
sheathed a - envainado,da • [electr-cond] blindado,da; protegido,da
— **cable** n - [electr-cond] cable m blindado • cable m, or conductor m, con, vaina, or camisa
— — **assembly** n - [electr-cond] conjunto m de cable m blindado
— **conductor** n - [electr-cond] conductor m blindado
— **electrode** n - [weld] electrodo m recubierto
— **element** n— elemento m, protegido, or blindado
— **heating element** n - [electr-instal] elemento m, térmico, or calentador, protegido
— **tubular heating element** n - [electr] elemento m térmico tubular protegido
— **wire** n - [electr-cond] alambre m blindado
sheathing n - . . . • [electr-cond] vaina f; recubrimiento m; envoltura f; blindaje m • [constr-concr] entablado m; tablazón m
— **board** n— [constr-concr] tabla f para tablazón f
— **form** n - [constr-concr] encofrado m entablado
— **insulation** n - [electr-cond] aislación f para vaina f
sheave n - [mech] . . .; motón m; rodaja f; polea f, or roldana f, acanalada, or con garganta f; rueda f para polea f
— **alignment** n - [cabl] alineación f de poleas f
— **arrangement** n - [cranes] disposición f, or distribución f, de polea(s) f
— **assembly** n - [mech] conjunto m de polea(s) f
— **bearing** n - [mech] cojinete m para, polea f, or roldana f, or garrucha f
— — **retainer** n - [mech] fiador m para cojinete m para, polea f, or roldana f, or garrucha f
— — **shim** n - [mech] calza f para cojinete m para, polea f, or roldana f, or garrucha f
— **block** n - [cabl] garrucha f, or motón m, con, roldana f, or polea f

. . . **sheave boom point** n - [cranes] extremo m de aguilón m con . . ., poleas, or roldanas
— **bridle** n - [mech] brida f para roldana f
— **center** n - [mech] centro m de polea f
— **check(ing)** n - verificación f de, polea f, or roldana f, or garrucha f
— **crack** n - [cabl] grieta f en, polea f, or roldana f, or garrucha f
. . . — **crane hook block** n - [cranes] motón m con . . . polea(s) f para gancho m para grúa
— **diameter** n - [mech] diámetro m de roldana f (ranurada)
— **excessive wear** n - [mech] desgaste m excesivo de, polea f, or roldana f, or garrucha f
— **extension** n - [cranes] prolongación f para, polea f, or roldana f, or garrucha f
— **groove** n - [mech] ranura f, or garganta f, en, polea f, or roldana f, or garrucha f
— — **check(ing)** n - [mech] verificación f de ranura f en, polea f, or roldana, or garrucha f
— **guard** n - [cranes] defensa f, or protección f, para, polea f, or roldana f, or garrucha f
. . . — **heavy duty crane tip section** n - [cranes] sección f con . . . polea(s) para servicio m pesado para punta f de grúa f
— **hook** n - [cranes] gancho m, para, or con, polea f
. . . — **hook** n - [cranes] gancho m para . . . polea(s) f
. . . — **block** n - [cranes] motón m con . . . polea(s) f para gancho m
— **inspection** n - [cranes] inspección f de, polea f, or roldana f, or garrucha f
. . . — **light weight section** n - [cranes] sección f con peso m reducido con . . . poleas f
. . . — **tapered section** n - [cranes] sección f ahusada con peso m reducido con . . ., polea(s) f, or roldana(s) f, or garrucha(s) f
— **lining** n - [cabl] guarnecido m para polea f
— **lubrication** n - [cranes] lubricación f para. polea f, or roldana f, or garrucha f
— **material** n - [cranes] material m para, polea f, or roldana f, or garrucha f
— **outside surface** n - [mech] superficie f externa de, polea f, or roldana f, or garrucha f
— **periphery** n - [mech] periferia f de, polea f, or roldana f, or garrucha f
— **pin** n - [mech] perno m, or pasador m, or eje m, para, polea f, or roldana f, or garrucha f
. . . — **point** n - [cranes] extremo m con . . ., polea(s) f, or roldana(s) f, or garrucha(s) f
— **protection** n - [cranes] protección f para, polea f, or roldana f, or garrucha f
— — **guard** n - [cranes] defensa f para protección f de, polea f, or roldana f, or garrucha
— **reeving** n - [cabl] colocación f (de cable m) sobre, polea f, or roldana f, or garrucha f
— **retainer** n - [mech] fiador m para, polea f, or roldana f, or garrucha f
. . . — **section** n - [cranes] sección f con . . ., polea(s) f, or roldana(s) f
— **shim** n - [mech] calza f para, polea f, or roldana f, or garrucha f
— **wear** n - [mech] desgaste m de, polea f, or roldana f, or garrucha f
— **wheel** n - [mech] rueda f para, polea f, or roldana f, or garrucha f; polea f acanalada
sheaver* n - [agric-equip] gavilladora f; hacinadora f
shed n - [constr] . . .; galpón(cito) m | v - . . .; deshacer(se) de • [mech] transferir
— **water** n - agua m, vertida, or desprendida
— @ **water** v - verter , or dejar caer, agua m
shedding n - . . . • [mech] transferencia f
sheen n - . . . • película f ligera
sheep('s) foot n—[constr-equip] pata f de cabra
— — **roller** n - [constr-equip] (apisonadora f, or rodillo m, con) pata f de cabra f
— — **tamping roller** n - [constr-equip] rodillo m apisonador con pata(s) f de cabra f
— **raising** n - [cattle] crianza f de oveja(s) f

sheer dropoff

sheer dropoff n - [topogr] caída f escarpada
sheet n - . . . . • [accntg] planilla f; cuadro m demostrativo • [metal] . . .; plancha f; planchuela f; placa f; hoja f • tabla f • carpeta f - [miner] capa f; manto m • [legal] foja f • [print] folio m | v - tablestacar
— **annealing** n - [metal-treat] recocido m de chapa(s) f
— — **furnace** n - [metal-treat] horno m para recocido m de chapa(s) f
— **asphalt** n - [constr] carpeta f, or lámina f, asfáltica • [petrol] asfalto m en lámina(s) f
— — **pavement** n - [roads] pavimento m con, carpeta f, or lámina, asfáltica, or de asfalto m
— **back (side)** - [paper] vuelta f; reverso m de, hoja f, or foja f
— **bar** n - [metal-roll] llanta f, or fleje m, para hojalata f y chapa f fina • barra f, laminada, or para laminar en chapa(s) f
— **bender** n - [mech] dobladora f para, chapa(s) f, or lámina(s) f
— **billet** n - [metal-roll] pletina f
— **butt weld(ing)** n - [weld] soldadura f a tope de plancha(s) f
— **by sheet** adv - hoja por hoja
— **camber** n - [metal-roll] combadura f, or flecha f, de, hoja f, or lámina f
— — **maximum tolerance** n - [metal-roll] tolerancia f máxima en flecha f de hoja f
— — **tolerance** n - [metal-roll] tolerancia f para flecha f de hoja f, or lámina f
— **carrier** n - [metal-roll] transportador m para, chapa(s) f, or lámina(s) f
—, **change, or changing** n - cambio m, or modificación f, de, hoja f, or lámina f
— **charger** n - [metal-roll] cargador(a) para, hoja(s) f, or lámina(s) f
— **compounding** n - [plast] combinación f y mezcla f para plancha(s) f
— **corner weld** n - [weld] soldadura f esquinada de chapa(s) f
— **corrugating equipment** n - [metal-fabr] equipo m para corrugación f de chapa(s) f
— **corrugation** n - [metal-fabr] corrugación f de chapa(s) f
— **cutting line** n - [metal-roll] línea f para corte m de, chapa(s) f, or lámina(s) f
— **distortion control** n - [metal-roll] regulación f de distorsión f de, chapas f, or láminas f
— **driving** n - [constr-pil] hincadura f de tablestaca(s) f
— **edge** n - [metal-roll] borde m de, chapa f, or lámina f
— — **weld** n - [weld] soldadura f de canto(s) m de, chapa(s) f, or lámina(s) f
— **end** n - [metal-roll] extremo m de, chapa(s) f, or lámina(s) f
— **erosion** n - [geol] derrubio m en manto(s) m
— **exposed edge** n - [metal-roll] borde m expuesto de, chapa(s) f, or lámina(s) f
— **fillet weld** n - [weld] soldadura f en ángulo m interior de, chapa(s) f, or lámina(s) f
— **finishing** n - [metal-roll] terminación f de, chapa(s) f, or lámina(s) f
— **flow(ing)** n - [hydr] escurrimiento m en manto(s) m
— **gage** n - [metal-roll] espesor m, or calibre m, de, chapa(s) f, or lámina(s) f, or hoja(s) f
— — **flooring** n - [bridges] chapa(s) f para piso(s) m para puente(s) m
— **galvanizing** n - [metal-treat] galvanización f, de, chapa(s) f, or lámina(s) f, or hoja(s) f
— **holder** n - [weld] sujetador m para chapa(s) f
— **inspection turn-up** n - [metal-roll] volcador m para inspección f de, chapas f, or láminas f
— **iron** n - [metal-roll] hierro m, laminado, or en, chapa(s) f, or lámina(s) f; lámina(s) f de hierro m
— **laying** n - [mech] colocación f de. chapa(s) f, or lámina(s) f
— **lead** n - [metal-toll] lámina f de plomo m • plomo m laminado

sheet length n - [mech] largo m de, chapa(s) f, or lámina(s) f, or hoja(s) f • [constr-pil] largo(r) m de tablestaca(s) f
— **lift** n - [metal-roll] bulto m de chapa(s) f
— **lifting** n - [cranes] elevación f de láminas f
— **line** n - [metal-roll] línea f para, planchas f, or láminas f
— **marker** n - [metal-roll] marcador m para, lámina(s) f, or hoja(s) f, or chapa(s) f
— **material** n - [metal-roll] chapa f metálica
— **metal** n - [metal-roll] hojalata f; lámina f, or chapa f, metálica; plancha f; palastro m; chapa f, de acero m, or metálica; metal m laminado
— — **butt weld(ing)** n - [weld] soldadura f a tope de, láminas f, or chapa(s) f, de acero m
— — **corner weld** n - [weld] soldadura f esquinada de, chapa(s) f, or lámina(s), metálicas
— — **distortion** n - [metal] distorsión f, or deformación f, de chapa(s) f de acero m
— — **ductwork** n - [constr] conducto(s) m metálico(s) de chapa(s) f
— — **edge weld(ing)** n - [weld] soldadura f de canto(s) en chapa(s) f de acero m
— — **fabrication** n - [metal-fabr] elaboración f con, chapa(s) f, or lámina(s) f, metálica(s); chapistería f; hojalatería f
— — **fillet (weld(ing)** n - [weld] soldadura f en ángulo m interior de chapa(s) f de acero m
— — **flat butt weld(ing)** n - [weld] soldadura f a tope plana en, chapa(s) f, or lámina(s) f
— — **for duct construction** n - [environm] chapa f metálica para confección f de tubería(s) f
— — **gage** n - [metal-fabr] calibre m, or espesor m, de, chapas f, or láminas f, metálicas
— — — **for duct construction** n - [environm] calibre m, or espesor m, de chapa(s) f metálica(s) para confección f de tubería(s) f
— — **hood** n - [carp] caja f metálica
— — **lap weld(ing)** n - [weld] soldadura f con solapo en chapa(s) f de acero m
— — **part** n - [mech] pieza f de, metal m laminado, or chapa f metálica
— — **procedure** n - [weld] procedimiento m para (soldadura f de) chapa(s) f (metálicas)
— — **screw** n - [mech] tornillo m para chapa(s) f (metálica(s)
— — **shop** n - [metal-fabr] hojalatería f
— — **shroud** n - [mech] defensa f de, chapa(s) f, or lámina(s) f, metálica(s)
— — **submerged arc butt weld(ing)** n - [weld] soldadura f a tope por arco m sumergido en, chapa(s) f, or lámina(s) f (de acero m)
— — — **weld(ing)** n - [weld] soldadura f por arco m sumergido en chapa(s) f de acero m
— — **weld(ing)** n - [weld] soldadura f de, chapas f, or láminas f, metálicas, or de acero m
— — **work** n - [weld] (trabajo m de) chapistería f; hojalatería f • [constr] trabajo m con chapa(s) f metálica(s)
— **mill** n - [metal-roll] laminador m, or tren m, para, chapa(s) f, or lámina(s) f
— — **stitch** n - gancho m metálico
— **nickel** n - [metal-roll] níquel m en planchas
— **overlapping** n — [mech] traslapo m de planchas
— **pack** n - [metal-roll] paquete m de, chapa(s) f, or lámina(s) f, or hoja(s) f; chapa(s) f, or lámina(s) f, or hoja(s) f, en paquete(s) m
— **package storage** n - [metal-roll] almacenamiento m de paquete(s) f de, chapa(s) f, or lámina(s) f
— **packaging** n - [metal-roll] empaquetado m de, chapa(s) f, or lámina(s) f
— **pile** n - [constr] tablestaca f
— **piler** n - [metal-roll] apiladora f para, chapa(s) f, or lámina(s) f
— **piling** n - [constr] tablestacado m; cerca f de tablestaca(s) f
— — **drop structure** n - [hydr] (estructura f) vertedero m de tablestacado m

sheet piling structure n - [constr] estructura f de, tablestaca(s) f, or tablestacado m
— **plate weld(ing)** n - [weld] soldadura f, en, or de, chapa(s) f, or plancha(s) f, de acero
— **polisher** n - [metal-roll] pulidora f para, chapa(s) f, or lámina(s) f, or hoja(s) f
— **positioner** n - [weld] posicionador* m para, chapa(s) f, or plancha(s) f, or hoja(s) f
— **production** n - [metal-roll] producción f de, chapa(s) f, or lámina(s) f, or hoja(s) f
— . . . — **ream** n - [paper] resma f de . . ., hoja(s) f, or pliego(s) m
— **rolling** n - [metal-roll] laminación f de, chapa(s) f, or lámina(s) f, or hoja(s) f
— **rubber** n - [plast] plancha f de caucho m; caucho m en plancha(s) f
— — **gasket** n - [mech] empaquetadura f, or guarnición f, de caucho m en plancha(s) f
— **scrap** n - [metal-prod] chatarra f de chapa(s) f
— **shearing** n - [metal-roll] corte f, de chapa(s) f, or en hoja(s) f, or lámina(s)
— — **line** n - [metal-roll] línea f para, corte m de, or cortar, chapa(s) f, or lámina(s) f
— **sign** n - [constr] indicador m, or letrero m, sobre, chapa(s) f, or plancha(s) f
— **stack** n - [metal-roll] estiba f de chapa(s) f
— **stacker** n - [metal-roll] apilador(a) m/f para, chapa(s) f, or lámina(s) f
— **stamper** n - [metal-roll] estampador m, or marcador m, para, chapa(s) f, or lámina(s) f, or hoja(s) f
— **steel** n - [metal-roll] chapa f, or lámina f, or hoja f, de acero m; acero m en, chapa(s) f, or lámina(s) f, or hoja(s) f
— — **piling** n - [constr-pil] tablestacado m de acero m
— — — **structure** n - [constr] estructura f de tablestacado m de acero m
— — — **weld(ing)** n - [weld] soldadura f de, chapa(s) f, or lámina(s) f, or hoja(s) f, de acero m
— **stop** n - [weld] tope m para chapa(s) f
— — **assembly** n - [weld] conjunto m de tope m para, chapa(s) f, or lámina(s) f, or hoja(s)
— — — **frame** n - [weld] bastidor m para conjunto m de tope m para chapa(s) f
— **storage** n - [metal-roll] almacén(amiento) m para chapa(s) f
— **strip** n - [metal-roll] banda f, or cinta f, or chapa f, or fleje m, para, chapa(s) f, or lámina(s) f, or hoja(s) f; fleje m para bobina(s) f
— **submerged arc butt weld(ing)** n - [weld] soldadura f a tope m por arco m sumergido en, chapa(s) f, or lámina(s) f, or hoja(s) f
— — — **weld(ing)** n - [weld] soldadura f por arco m sumergido en, chapa(s) f, or lámina(s)
— **system** n - [mech] sistema m, con, or para, chapa(s) f, or lámina(s) f, or hoja(s) f
— **temper(ing)** n - [metal-treat] temple m, de, or para, chapa(s) f, or lámina(s) f
— — **mill** n - [metal-roll] laminador m, or tren m, para temple m de, chapa(s) f, or lámina(s)
— **thickness** n - [metal-roll] espesor m de, chapa f, or lámina f, or hoja f
— **tolerance** n - [metal-roll] tolerancia f en, chapa f, or lámina f, or hoja f
— **@ trench** v - [constr] tablestacar, or revestir, zanja f (con), chapa(s) f, or lámina(s) f
— **warehouse** n - [metal-roll] almacén m, or depósito m, para, chapa(s) f, or lámina(s) f
— **welder** n - [weld] soldadora f para, chapa(s) f, or lámina(s) f, or hoja(s) f
— — **assembly** n - [weld] conjunto m de soldadora f para, chapa(s) f, or lámina(s) f
— — — **support bed** n - [weld] bancada f para soporte m para conjunto m de soldadora f para, chapa(s) f, or lámina(s) f, or hoja(s) f
— **work** n - [metal-roll] trabajo m con, chapa(s) f, or lámina(s) f, or hoja(s) f • [constr] construcción f con, chapa(s) f, or lámina(s)

sheeted a - [domest] con sábana(s) f • [constr] con tablestaca(s) f
— **pit** n - [constr] fosa f con tablestacado m
— **trench** n - [constr] zanja f revestida (con, plancha(s) f, or tablestacado m)
sheeter n - [culin] extendedor m; fruslero m
sheeting n - [domest] . . . . • [constr] estacada f; encofrado m; revestimiento m (para zanjas) • [hydr] tablestaca(s) f; tablestacado m
— **damage** n - [constr] daño a, tablestaca(s) f, or tablestacado m
— **length** n - [constr-pil] largo(r) m de tablestaca(do)
— **load** n - [constr] carga f sobre tablestaca(do)
— **movement** n - [constr] movimiento m de tablestaca(do)
— **surface** n - [constr] superficie f de tablestaca(do)
— — **friction** n - [constr] fricción f sobre superficie f de tablestaca(do)
— — **soil friction** n - [constr] fricción f de suelo m sobre tablestaca(do)
— **top edge** n - [constr] borde m superior de tablestaca(do)
— **weir** n - [hydr] azud m de tablestaca(do)
sheetpile n - [metal-roll] tablestaca(s) f
— **cofferdam** n - [constr] ataguía f de tablestaca(s) f
sheetpiling anchoring n - [constr-pil] anclaje m para tablestacado m
— **construction** n - [constr-pil] construcción f de tablestacado m
— **design(ing)** n - [constr-pil] proyección f para tablestacado m
— **embedding depth** n - [constr-pil] profundidad f para empotramiento m de tablestacado m
— , **locating**, or **placement** n - [constr-pil] colocación f de tablestacado m
— **verticality** n - [constr-pil] verticalidad f de tablestacado m
Sheffield type bar furnace n - [grind.med] horno m de tipo m Sheffield para barra(s) f
shelf n - [domest] . . .; peldaño m; asiento m; ménsula f; apoyo m • [weld] escalón m (de soldadura f) • [hydr] . . .; plataforma f • [domest] vasera f; vasar m; poyo m
— **life** n - [com] vida f; tiempo m hasta vencimiento m
— **space** n - [domest] anaquel m; repisa f
shell n - [mech] caja f; cajera f; concha f; casco m • [zool] . . . . • [metal-prod] coraza f; envolvente m • [constr] parte f exterior • [boilers] coraza f; virola f - [nav] casco m • [botan] , , ,; hollejo m • [tub] tubería f para camisa f | a - [mech] con estampado m profundo | v - [botan] descascarar; deshollejar; desgranar
— **and trunnion ring** n - [metal-prod] anillo m para coraza f y muñón m
— **assembly** n - [mech] conjunto m de casco m • montaje m de coraza f
— **banding** n - [metal-prod] anillo(s) m exterior(es) (en coraza f)
— **block** n - [cabl] motón m en cajera f
— **bracket** n - [mech] ménsula f para coraza f
— **circumferential development increase** n - [mech] aumento m en desarrollo m circunferencial de coraza f
— — **increase** n - [mech] aumento m circunferencial de coraza f
— **cover** n - [valv] tapa f para cuerpo m
— **deformation** n - [mech] deformación f de coraza f
— **development** n - [mech] desarrollo m de coraza f
— **edge** n - [safety] borde m de casco m
— **erection** n - [metal prod] montaje m de coraza
— **external cooling pipe drain** n - [metal-prod] purga f para tubo m para refrigeración f exterior para coraza f
— **field erection** n - [metal-prod] montaje m en obra f de coraza f

shell increase

shell increase n - [metal-prod] desarrollo m de coraza f
— **joint** n - [boilers] junta f para, coraza f, or virola f
— **mounting** n - [mech] montaje m para casco m
— **opening** n - [boilers] abertura f en coraza f
— **out** v - [fam] desembolsar
— **outside spray** n - [metal-prod] rociador m exterior para, blindaje m, or coraza f
— **oval deformation** n - [mech] deformación f oval(ada), or ovalidad* f, de coraza f
— **plate** n - [metal-prod] placa f, or chapa f, para coraza f para horno m (alto)
— **repair** n - [metal-prod] reparación f, or saneamimento m, de coraza f
— **shop erection** n - [metal-prod] montaje m, en taller m de coraza f, or de coraza f en taller m
— **stiffener** n - [metal-prod] refuerzo m para coraza f
— **temperature** n - [metal-prod] temperatura f de coraza f
— — **check(ing)** n - [metal-prod] verificación f de temperatura f en coraza f
— **to stove hot blast valve connection** n - [metal-prod] unión f de válvula f para viento m caliente de coraza f a estufa f
— **test hole** n - [metal-prod] barreno m para inspección f
— **thickness** n - [boilers] espesor m de coraza f • [Arg.] espesor m de virola f
— **upper cone** n - [metal-prod] cono m superior para coraza f
— **wear** n - [metal-prod] desgaste m de coraza f
— **window** n - [metal-prod] ventana f en, coraza f, or envolvente f
shelled a - descascarado,da • [agric] deshollejado,da; desgranado,da
— **out** a - [fam] desembolsado,da
shelling n - [metal] descascarado m • [milit] cañoneo m • [agric] deshollejado m; desgranadura* f
— **cage** n - [agric-equip] jaula f para desgranadura* f
— **immunity** n - [metal] imunidad f contra descascarillado m
— **out** n - [fam] desembolso m
— **resistance** n - [metal] resistencia f contra descascarillado* m
shelter n - . . .; cobertizo m • toldo m | v - amparar
sheltered a - amparado,da; refugiado,da; resguardado,da; protegido,da
— **access** n - [mech] acceso m, resguardado, or protegido
shepherd's bag n - zurrón m
shield n - . . . .; pantalla f; tapa f protectora • [constr-tunnel] escudo m para avance m • [electron] placa f; defensa f • [weld] careta f; máscara f (protectora) • guardamano(s) m | v - . . . . • [electr-cond] blindar
— **adequately** v - escudar, or blindar, adecuadamente
— **Arc** n - [weld] soldadura f con arco m protegido (Shield-Arc)
— —, **machine**, or **welder** n - [weld] soldadora f (Shield-Arc) con arco m protegido
— — **S. A. E. welder** n - [weld] soldadora f S. A. E. (Shield-Arc) con arco m protegido
— **@ arc** v - [weld] proteger arco m
— **assembly** n - [weld] conjunto m de guardamanos
— **(ed) ball bearing** n - [bearings] cojinete m con bola(s), protegido, or con sello m
— **bearing** n - [bearings] cojinete m protegido
— **@ cable** v - [electr-cond] blindar cable m
— **@ container** v - blindar recipiente m
— **@ device** v - blindar dispositivo m
— **ground(ing)** n - [electr-instal] puesta f a tierra f de blindaje m
— **head band** n - [safety] tafilete m para máscara f (protectora)

shield helmet n - [safety] casco m protector
— **@ metal arc** v - [weld] proteger arco m entre metal(es) m
— **method** n - [constr-tunnel] método m con excudo m para avance m
— **mounting block** n - [weld] base f para montaje m para guardamano(s) m
shielded a - escudado,da; protegido,da • [electr-instal] blindado,da
— **adequately** a - blindado,da adecuadamente
— **arc** n - [weld] arco m, protegido, or cubierto • also see Shield-Arc
— — **weld(ing)** n - [weld] soldadura f con arco m protegido
— **ball bearing** n - [mech] cojinete m con bola(s) f, con, protección f, or sello m
— **bearing** n - [mech] cojinete m con, protección f, or sello m
— **bottom bearing** n - [mech] cojinete m inferior con protección f
— **cable** n - [electr-cond] cable m, blindado, or protegido
— **coal tar enamel** n - [tub] esmalte m de alquitrán m de hulla f protegido
— — — **coating** n - [tub] recubrimiento m de esmalte m de alquitrán m de hulla f protegido
— **conductor** n - [electr-cond] conductor m, blindado, or protegido
— **container** n - [ind] recipiente m blindado
— **device** n - dispositivo m blindado
— **metal arc** n - [weld] arco m protegido entre metal(es) m
— — — **process** n - [weld] proceso m con arco m protegido entre metal(es) m
— — — **weld(ing)** n - [weld] soldadura f con arco m protegida entre metal(es) m
— **top bearing** n - [mech] cojinete m superior con protección f
— **wire** n - [electr-cond] alambre m blindado
shielding n - protección f • [electr] blindaje m | a - protector,ra; protegido,da
— **agent** n - agente m, or elemento m, protector
— **element** n - elemento m protector
— **flux** n - [weld] fundente m protector
— **gas** n - [weld] gas m protector
— **ingredient** n - [weld] ingrediente m protector
— **overlapping** n - [electr-cond] traslapo m de blindaje m
— **technique** n - [mech] técnica f para protección f
shift n - . . . .; movimiento m; desplazamiento m • [ind] turno m; tanda f; tercio m; relevo n • jornada f - [mech] cambio m (de, marcha, or velocidad) • [legal] traslado m | v - . . . . • desplazar • intercambiar • correr; deslizar; mover; accionar; hacer correr • [legal] trasladar
— **activating lever** n - [mech] palanca f accionadora para cambio(s) m
— **@ audio frecuency** n - [electron] desplazar audiofrecuencia f
— **@ axle** v - [autom-mech] desplazar, or efectuar cambio m de, eje m
— **change** n - [labor] (hora f de) relevo m • [autom-mech] cambio m de marcha f
— **@ data input signal** v - [electron] desplazar señal f para dato(s) m para entrada f
— **(ing) device** n - [mech] dispositivo m para cambio(s) m
— **end** n - [labor] hora f para relevo m
— **foreman** n - [ind] jefe m para, equipo m, or turno m
— **fork** n - [autom-mech] horquilla f, desplazadora, or para cambio(s) m
— — **and push rod assembly** n - [autom-mech] conjunto m de horquilla f para cambio(s) m y varilla f para empuje m
— — **lever** n - [mech] palanca f para horquilla f para cambio(s) m
— — — **assembly** n - [mech] conjunto m de palanca f para horquilla f para cambio(s) m

- 1512 -

shift fork mounting stud n - [mech] espárrago m (roscado) para montaje m para horquilla f para, cambio(s) m, or embrague m
— ~ **movement** n - [mech] movimiento m de horquilla f para cambio(s) f (en marcha f)
— — **opening cover** n - [autom-mech] tapa f removible para horquilla f para cambio(s) m
— — **push(ing) rod** n - [autom-mech] varilla f, or vástago m para empuje m para horquilla f para cambio(s) m
— — **seal** n - [mech] sello m para horquilla f para cambio(s) m
— — — **and spring** n - [mech] sello m y resorte m para horquilla f para cambio(s) m
— — — — — **assembly** n - [mech] conjunto m de sello m y resorte m para horquilla f para cambio(s) m
— — — **assembly** n - [mech] conjunto m de sello m para horquilla f para cambio(s) m
— — **shaft** n - [mech] árbol m, or eje m, para horquilla f para cambio(s) m
— — **swivel pin** n - [mech] pasador m rotativo para horquilla f para cambio(s) m
— — **yoke** n - [mech] yugo m para horquilla f para cambio(s) m
—(ing) **frequency** n - [electron] frecuencia f de, cambio(s) m, or desplazamiento m
— — **change,ging** n - [electron] cambio m en frecuencia f para desplazamiento m
—(ing) **gear** n - [mech] engranaje m para cambio m para velocidad(es) f
— @ **gear(s)** v - [mech] cambiar, marcha f, or velocidad f
— **handle** n - [mech] palanca f para cambio(s) m
— **housing** n - [mech] caja f para, cambio(s) m, or cambiador m
— — **cover** n - [mech] tapa f, or cubierta f, para caja f para cambio(s) m
— @ **input signal** v - [electron] desplazar señal f para entrada f
— **keyer** n - [electron] manipulador m, or tecla f, para, desplazamiento m, or corrimiento m
— **lever** n - [mech] palanca f para cambio(s) m
— @ **lever** v - [mech] cambiar, or mover, palanca
— **like that** v - [mech] operar en forma f instantánea
— @ **maximum frequency** v - [electron] desplazar frecuencia f máxima
— @ **minimum frequency** v - [electron] desplazar frecuencia f mínima
— **over** v - ladear(se); correr(se) hacia costado
— @ **phase** v - [electr-oper] cambiar fase(s) f
—(ing) **rail** n - [rail] corredera f para cambio
—, **register**, or **registration** n - registro m de, desplazamiento m, or corrimiento m
— **rod** n - [mech] varilla f, or vástago m, para cambio m de marcha f
— **sideways** v - desplazar(se), or correr(se), lateralmente, or hacia costado m
— @ **soil** v - [soils] mover(se), suelo m, or arena f
— @ **speed** v - [mech] cambiar velocidad f
— @ **stator** v - [electr-mot] desplazar estator m
—(ing) **switch** n - [electr-instal] conmutador m, cambiador, or para cambio(s) m
— **system** n - [autom-mech] sistema m, or mecanismo m, para cambio(s) m
— — **component(s)** n - [autom-mech] (pieza f) componente m para sistema m para cambio(s) m
— **transmission** n - [mech] transmisión f para cambio m (de marcha f)
— @ — **gear(s)** v - [mech] cambiar, velocidad f, or engranaje(s) m, para transmisión f
— **unduly** v - desplazar indebidamente
—(ing) **unit** n - [autom-mech] dispositivo m, or mecanismo m, para cambio(s) m
—(ing) — **activating swivel pin** n—[autom-mech] pasador m rotativo para dispositivo m para cambio(s) m
—(ing) — **assembly** n - [autom-mech] conjunto m de dispositivo m para cambio(s) m

shift(ing) unit assembly procedure n - [autom-mech] procedimiento m para armar dispositivo m para cambio(s) m
—(ing) — **cover** n - [mech] tapa f, or cubierta f, para dispositivo m para cambio(s) m
—(ing) — **design(ing)** n - [autom-mech] proyección f de dispositivo m para cambio(s) m
—(ing) — **disassembling** n - [autom-mech] desarmado m de dispositivo m para cambio(s) m
—(ing) — **electrical system** n - [autom-mech] sistema m eléctrico para dispositivo m para cambio(s) m
—(ing) — **housing** n - [mech] caja f para, dispositivo m, or mecanismo m, para cambio(s) m
—(ing) — **installation** n - [autom-mech] instalación f de dispositivo m para cambio(s) m
—(ing) — **lubrication** n - [autom-mech] lubricación f de dispositivo m para cambio(s) m
—(ing) **unit motor** n - [autom-mech] motor m para dispositivo m para cambio(s) m
—(ing) — **opening** n - [mech] abertura f en dispositivo m para cambio(s) m
—(ing) — **cover** n - [autom-mech] tapa f (removible) para abertura f en dispositivo m para cambio(s) m
—(ing) — **operation** n - [autom-mech] operación f de dispositivo m para cambio(s) m
—(ing) — **overhauling** n - [autom-mech] reparación f (mayor) de dispositivo m para cambios
—(ing) — **part(s)** n - [autom-mech] pieza(s) f para dispositivo m para cambio(s) m
—(ing) — **retrofit(ting)** n - [autom-mech] retroajuste m de dispositivo m para cambio(s) m
—(ing) — **seal** n - [autom-mech] sello m para dispositivo m para cambio(s) m
—(ing) — **spring** n - [autom-mech] resorte m para dispositivo m para cambio(s) m
—(ing) — **system** n - [autom-mech] sistema m para dispositivo m para cambio(s) m
shifted a - [mech] desplazado,da; movido,da; corrido,da; accionado,da; cambiado,da • con velocidad f cambiada • [legal] trasladado,da
— **audiofrequency** n - [electron] audiofrecuencia f desplazada
— **axle** n - [autom-mech] eje m desplazado
— **gear** n - [mech] marcha f, or velocidad f, cambiada • engranaje m cambiado
— **lever** n - [mech] palanca f cambiada
— **maximum frequency** n - [electron] frecuencia f máxima desplazada
— **minimum frequency** n - [electron] frecuencia f mínima desplazada
— **over** a - [mech] ladeado,da; corrido,da hacia costado m
— **phase(s)** n - [electr-oper] fase(s) f cambiada(s)
— **sideways** a - desplazado,da, lateralmente, or hacia costado m
— **soil** n - [soils] suelo m movido
— **speed** n - [mech] velocidad f cambiada
— **stator** n - [electr-mot] estator m desplazado
— **transmission gear(s)** n - [mech] velocidad f cambiada
— **unduly** a - desplazado,da indebidamente
shifter n - [mech] . . .; cambiador m; desplazador m • mecanismo m, or dispositivo m, para cambio(s) | a - cambiador,ra; cambiadizo,za; also see **shifting**
— **assembly** n - [mech] conjunto m, desplazador, or de mecanismo m para cambio(s) m
— **bell** n - [mech] campana f para desplazador m
— — **crank** n - [mech] manivela f, con, or para, campana f para dispositivo m desplazador m
— **box** n - [mech] caja f para desplazador m
— **bracket** n - [mech] ménsula f para desplazador
— — **notch** n - [mech] muesca f en ménsula f para desplazador m
— — **stop** n - [mech] tope m para ménsula f para desplazador m
— **collar** n - [mech] collar m para cambiador m
— **cone** n - [mech] cono m para cambiador m

shifter crank n - [mech] manivela f para, desplazador m, or dispositivo m para cambio(s) m
— **drum** n - [mech] tambor m para, cambiador m. or desplazador m
— **fitting** n - [mech] pico m (para engrase m) para, desplazador m, or dispositivo m para cambio(s) m
— **foot pedal** n - [mech] pedal m para desplazador
— **fork** n - [autom-mech] horquilla f para (dispositivo m para cambio m para velocidad(es) f
— **fulcrum** n - [mech] fulcro m, or punto m para apoyo m, para desplazador m
— **grease fitting** n - [mech] pico m para engrase f para, desplazador, or dispositivo m para cambio(s) m
— **housing** n - [mech] caja f para, desplazador m, or (mecanismo m para) cambio(s) m
— **installation** n - [mech] instalación f, or colocación f, de, cambiador m, or desplazador m
— **lever** n - [autom-mech] palanca f para, cambio(s) m, or desplazador m
— — **lock** n - [mech] cierre m, or traba f, para palanca f para, cambio(s) m, or desplazador m
— **linkage** n - [mech] eslabonamiento m para, (dispositivo m para) cambios, or desplazador
— — **(grease) fitting** n - [mech] grasera f, or pico m para engrase m para eslabonamiento m para, (dispositivo m para) cambio(s) m, or desplazador m
— **lock** n - [mech] traba f, or cierre m, para, mecanismo m para cambios m, or desplazador m
— **mechanism** n - [mech] mecanismo m, para cambio(s) m, or desplazador m
— **pedal** n - [mech] pedal m para (mecanismo m para) cambio(s) m, or desplazador m
— **plate** n - [mech] placa f para (mecanismo m para) cambio(s) m, or desplazador m
— **ring** n - [mech] aro m, or anillo m, para (mecanismo m para) cambio(s) m, or desplazador m
— — **wear** n - [mech] desgaste m de, aro m, or anillo m, para (mecanismo m para) cambio(s), or desplazador m
— **rod** n - [mech] vástago m para, (mecanismo m para) cambio(s) m, or desplazador m
— — **screw** n - [mech] tornillo m para vástago m para (mecanismo m para) cambios m, or desplazador m
— **screw** n - [mech] tornillo m para, (mecanismo m para) cambio(s) m, or desplazador m
— **shaft** n - [mech] árbol m para (mecanismo m para) cambio(s) m, or desplazador m
— — **box** n - [mech] caja f para árbol m para (mecanismo m para) cambios m, or desplazador m
— — **bracket** n - [mech] ménsula f para, (mecanismo m para) cambio(s) m, or desplazador m
— — — **notch** n - [mech] muesca f en ménsula f para (mecanismo m para) cambio(s) m, or desplazador m
— — **foot pedal** n - [mech] pedal m para árbol m para, (mecanismo m para) cambio(s), or desplazador m
— — **hub** n - [mech] cubo m para árbol m para, (mecanismo m para) cambio(s), or desplazador
— — **lever** n - [mech] palanca f para árbol m para, (mecanismo m para) cambio(s) m, or desplazador m
— — **pedal** n - [mech] pedal m para árbol m para, (mecanismo m para) cambio(s) m, or desplazador m
— — **support** n - [mech] soporte m para, (mecanismo m para) cambio(s) m, or desplazador m
— — — **bracket** n - [mech] ménsula f para soporte m para, (mecanismo m para) cambio(s) m, or desplazador m
— — **yoke** n - [mech] horquilla f para árbol m para, (mecanismo m para) cambio(s) m, or desplazador m
— **sleeve** n - [mech] manguito m para, (mecanismo m para) cambio(s) m, or desplazador m
— **stop** n - [mech] tope m para, (mecanismo m para) cambio(s) m, or desplazador m

shifter support n - [mech] soporte m para, (dispositivo m para) cambio(s) m, or desplazador
— — **back side** n - [mech] respaldo m para soporte m para (dispositivo m para) cambio(s) m, or desplazador m
— — **(grease) fitting** n - [mech] grasera f, or pico m para engrase m, para, (dispositivo m para) cambio(s) m, or desplazador m
— — **valve** n - [mech] válvula f para, (dispositivo m para) cambio(s) m, or desplazador m
— — **yoke** n - [mech] horquilla f para, (dispositivo m para) cambio(s) m, or desplazador m
— — — **bracket** n - [mech] ménsula f para horquilla f para, (dispositivo m para) cambio(s) m, or desplazador m
— — **rod** n - [mech] vástago m para horquilla f para, (dispositivo m para) cambio(s) m, or desplazador m

shifting n - [mech] desplazamiento m; cambio m; movimiento m; corrimiento m · accionamiento m · [mech] cambio m de, marcha f, or velocidad f · [legal] traslado m | a - movedizo,za; cambiador,ra; cambiadizo,za
— **device** n - [mech] dispositivo m para cambios
— **difficulty** n - [mech] dificultad para (efectuar) cambio(s) m de marcha f
— **fork** n - [mech] horquilla f, cambiadora, or para cambio(s) m (en marcha f)
— — **shaft** n - [mech] árbol m, or eje m, para horquilla f para cambio(s) m (en marcha f)
— **foundation** n - [constr] cimentación f inestable
— **gage** n - [instrum] gramil m; calibrador m ajustable
— **in @ high range** n - [autom-mech] cambio(s) m en(tre) grupo m de velocidad(es) f alta(s)
— — **@ low range** n - [autom-mech] cambio(s) m en(tre) grupo m de velocidad(es) f baja(s)
— **mechanism** n - [mech] mecanismo m, or dispositivo m, para cambio(s) m (en marcha f)· mecanismo m para desplazamiento m
— **over** n - ladeo m; corrimiento m, or desplazamiento m, hacia costado m, or lateral
— **problem** n - [mech] problema m con, desplazamiento m, or cambio(s) m en marcha f
— **shaft** n - [mech] árbol m, para cambio m de velocidad(es) f, or desplazador m
— **soil** n - [soils] suelo m, movedizo, or cambiante; tierra f movediza
— **switch** n - [autom-electr] cambiador m eléctrico
— **system** n - [autom-mech] sistema m, or mecanismo m, para cambio(s) m
— **unit** n - [mech] dispositivo m, or mecanismo m, cambiador, or para cambio(s) m
— — **housing** n - [mech] caja f para, dispositivo m, or mecanismo m, para cambio(s) m
— — **mounting** n - [mech] montaje m para, dispositivo m, or mecanismo m, para cambio(s) m
— — **nut** n - [autom-mech] tuerca f para, mecanismo m, or dispositivo m, para cambio(s) m
— — — **stud** n - [mech] perno m para, dispositivo m, or mecanismo m, para cambio(s) m
— — **stud** n - [mech] perno m para, mecanismo m, or dispositivo m, para cambio(s) m
— **wrench** n - [tools] llave f, inglesa, or corrediza, or deslizable; or ajustable

shim n - [mech] calza f; calce m; suplemento m; laminilla f · [metal-roll] pletina f | v—poner calza(s) f; calzar · separar con, or colocar, calza(s) f, or calce(s) m; separar, or elevar, con, calza(s) f, or calce(s) m
—, **adding**, or **addition** n - [mech] adición f de, calza(s) f, or calce(s) m
— **allowance** n - [mech] tolerancia f para calce
— **assembly** n - [mech] conjunto m de calza(s) f
—(s) **change** n - [mech] cambio m de, calza(s) f, or laminilla(s) f
— **inserting** n - [mech] inserción f de calza(s)
— **installing** n - [mech] instalación f de calza(s) f

shim @ motor v - [mech] calzar motor m
— pack n - [mech] conjunto m, or paquete m de, laminilla(s) f, or calza(s) f, or calce(s) m
— — installation n - [mech] instalación f de conjunto m de, laminilla(s) f, or calce(s) m
— — seal(ing) n - [mech] teja f; sello m, or selladura f, de conjunto m de, laminilla(s), or calces
— — thickness n - [mech] espesor m de conjunto m de, laminilla(s) f, or calce(s) m
— placement n - [mech] colocación f de, laminilla(s) f, or calce(s) m, or calza(s) f
— stock n - [mech] pletina f, or material m, para, laminilla(s) f, or calces f, or calzas
— thickness n - [mech] espesor m de, laminilla(s) f, or calce(s) m, or calza(s) f
— washer n - [mech] arandela f suplementaria
shimmed a - [mech] calzado,da; elevado,da, or separado,da, (con, laminilla(s) f, or calces m, or calzas f)• con, calce(s) m, or calza(s)
— motor n - [mech] motor m calzado
shimming n - [mech] colocación f de, laminilla(s) f, or calce(s) m, or calza(s) f • separación f, or elevación f, con calza(s) f
shimmying n - bamboleo m
shin guard n - [safety] espinillera f; canillera
shinbone n - [anatom] espinilla f; canilla f
shine with brilliancy v - fulgurar
shingle n - [constr] teja f; ripia f • [geol] ripio m | v - [constr] ripiar
— lath n - [constr] lata f para teja(s) f
— nail n - [nails] clavo m para ripiar • [Mex.] clavo m para ruberoide* m
shiny bead n - [weld] cordón m, brillante, or lustroso
shining a - . . .; fulgurante
ship n - [nav] . . .; embarcación f; vapor m | v - . . .; cargar; expedir (de fábrica f); mandar; transportar | a - naviero,ra
— and barge building n - [nav] construcción f, naval, or de barco(s) m y barcaza(s) f
— angle n - [metal-roll] perfil m angular; ángulo m con, nervio m, or nervadura f
— as per instruction(s) v - [transp] despachar, or embarcar, de acuerdo m, or según, instrucción(es) f
— building n - [nav] construcción f, naval, or de barco(s) m, or naviera | a - naviero,ra
— — industry n - [nav] industria f para construcción f naval
— — program n - [nav] programa m (para construcción f) naval
— @ cable v - [cabl] embarcar cable m
— carpenter('s) adz n - [tools] azuela f, de espiga, or para ribera f
— channel n - [metal-roll] viga f en U • [naut] canal m para, navegación f, or embarcaciones
— @ coil v - [transp] embarcar, or expedir, rollo m, or bobina f
— connected v - [weld] embarcar (ya) conectado
— construction n - [nav] construcción f, naval, or naviera
— @ container v - [transp] embarcar, or expedir, container* n
— @ equipment v - embarcar, or enviar, equipo m
— from @ factory v - [ind] embarcar, or expedir, desde fábrica
— — @ plant v - [ind] expedir desde, planta f, or fábrica f
— hold n - [marit] bodega f (de barco m)
— holding n - [nav] amarre m de embarcación f
— — to @ dock n - [nav] amarre m de embarcación f a muelle m
— in bulk v - [transp] embarcar, a granel, or suelto,ta
— — — as per instruction(s) (received) - [transp] embarcar, a granel, or suelto,ta, según instrucción(es) f (recibidas)
— lap n - [constr] rebajo m de tipo m naval
— later v - [transp] embarcar, or enviar, posteriormente, or más tarde
— ('s) length n - [naut] eslora f

ship load n - [nav] cargamento m
— ('s) loading n - [nav] carga f de barco m
— ('s) — schedule n - [nav] programa m para carga f para barco
— loose v - [transp] expedir m, or embarcar suelto,ta, or a granel m, or sin montar
— mooring line n - [cabl] cable m, or cabo m, para amarrar embarcación(es) f
— ('s) name n - [nav] nombre m de, nave f, or embarcación f, or barco m, or vapor m
— ordinarily v - embarcar, or expedir, or enviar, acostumbradamente
— owner n - [nav] propietario m, or dueño m, or armador m, de barco m
— plate n - [metal-roll] plancha f para buque m
— @ product(s) v - [ind] embarcar, or expedir, or enviar, producto(s) m
— quickly v - [transp] embarcar, or expedir, or enviar, rápidamente
— @ raw material(s) v - [ind] embarcar materia f prima
— repair n - [nav] reparación f, naval, or de embarcación f
— ('s) schedule n - [nav] programa m, or itinerario m, para, barco m, or embarcación f
— @ strand v - [cabl] embarcar cordón m
— structural n - [metal-roll] perfil m estructural para, barco(s) m, or embarcación(es) f
— structural steel n - [metal-roll] acero m estructural para barco(s) m
— to v - [transp] embarcar (con destino m) a • consignar a
— — @ project site v - [ind] enviar a obra f
— unassembled v - [transp] embarcar, or despachar, or enviar, desarmado,da
— @ unit v - embarcar elemento m
— unloading n - [transp] descarga f de barco m
— — system n - [transp] sistema m para descarga f de barco(s) m
— @ welder v - [weld] embarcar soldadora f
— yard n - [nav] astillero m (naval)
shipment n - [transp] embarque m; partida f; lote m; remesa f; envío m; cargamento m; despacho m; expedición f (desde fábrica f) • transporte m
— acceptance n - [transp] aceptación f de, embarque m, or remesa f
— as per instruction(s) n - [transp] despacho m, or embarque m, según instrucción(es) f
— check(ing) n - [transp] verificación f, or inspección f, de embarque m
— condition n - [transp] condición f de embarque
— consigned to . . . - [transp] embarque m, or despacho m, consignado a . . .
— damaged a - [transp] dañado,da en transporte m
— — material n - [Transp] material m dañado durante transporte m
— date n - [transp] fecha f de, embarque m, or envío m, or expedición f
— delay n - [transp] retraso m en embarque m
— evidence n - [transp] evidencia f de embarque
— from @, factory, or plant n - [transp] expedición f desde, fábrica f, or planta f
— inspection n - [transp] inspección f de embarque m
— notice n - [transp] aviso m de expedición f
— packing n - [transp] empaque m de embarque m • embalaje m para embarque m
— port n - [transp] puerto m de embarque m
— preparation n - [transp] preparación f para, embarque m, or remisión f, or envío m
— preparation n - [transp] preparación f, para, or de, embarque m, or remesa f, or envío m
— receipt n - [transp] recibo m, or recepción f, de embarque m
— shortage n - [transp] merma f en embarque m
— time n - [transp] tiempo m para embarque m
— to @ project site n - [ind] transporte m, or envío m, or expedición f, a obra f
— weight n - [transp] peso m de embarque m
— uncrating n - [transp] desempaque m de em-

barque m
shipped a - embarcado,da; despachado,da; enviado,da; mandado,da; expedido,da; transportado,da
— **as per instruction(s) (received)** a - [transp] embarcado,da, or despachado,da, según, or de acuerdo m con, instrucción(es) f (recibidas)
— **cable** n - [electr-cond] cable m embarcado
— **connected** a - [weld] embarcado,da (ya) conectado,da
— **container** n - [transp] container* m embarcado
— **equipment** n - [ind] equipo m embarcado
— **from @, factory, or plant** v - embarcado,da, or expedido,da, desde, fábrica, or planta f
— **in bulk** n - [transp] embarcado,da, a granel m, or suelto,ta
— **loose** a - [transp] embarcado,da suelto,ta
— **material** n - [transp] material m embarcado
— **ordinarily** a - [transp] expedido,da, or embarcado,da, acostumbradamente
— **quickly** v - [transp] embarcado,da, or expedido,da, rápidamente
— **raw material(s)** n - [ind] materia(s) f prima(s) f embarcada(s)
— **strand** n - [cabl] cordón m embarcado
— **to @ project site** a - [ind] enviado,da, or embarcado,da, a (sitio m de) obra f
— **unassembled** a - [transp] despachado,da, desarmado,da, or desmontado,da
— **unit** n - elemento m embarcado
— **welder** n - [weld] soldadora f embarcada
shipper n - [com] . . .; despachador m • [transp] transportador m | a - despachador,ra
—**('s) count** n - [transp] recuento m de embarcador m
—**('s) load and count** n - [transp] carga f y recuento m de embarcador m
— **shaft** n - [cranes] árbol m, or eje m, en aguilón m para maniobrar, cucharón m, or cangilón m
shipping n - [transp] . . .; expedición f (desde fábrica f • [nav] navegación f; transporte m marítimo | a - [transp] para transporte marítimo • despachador,ra; expedidor,ra; de, or para, expedición f • [nav] naviero,ra
— **airport** n - [transp] aeropuerto m para, embarque m, or salida f
— **area** n - [ind] zona f para expedición f
— **authorization** n - autorización f para, envío m, or embarque m
— **center** n - [marit] centro m, marítimo, or naviero
— **charge** n - [transp] cargo m por expedición f
— **clearance** n - [transp] permiso m para embarque
— **clerk** n - [ind] empleado m para expedición f
— **connected** a—[weld] embarcado,da conectado,da
— **consultant** n - [nav] asesor m marítimo
— **container** n - [transp] recipiente m, or envase m, para, expedición f, or embarque m • [nav] container* m para embarque m
— **control** m - [ind] fiscalización f de, despacho m, or embarque m
— **cost(s)** n - [transp] gasto(s) m para expedición f • flete(s) m; costo(s) para transporte
— **damage** n - [transp] daño(s) m, or avería(s) f, en transporte m
— **data** n - [transp] dato(s) m, or información f, sobre, embarque m, or expedición f
— **date** n - [transp] fecha f de, embarque m, or envío m
— — **price** n - [com] precio m en fecha f para embarque m
— — **schedule** n - [transp] programa m de, fecha(s) f, or plazo(s) m, para envío m
— **delay** n - [transp] demora f, or retraso m, en embarque m
— **dock** n - [transp embarcadero m; muelle m para embarque m
— **document(s)** n - [transp] documento(s) m para, embarque m, or despacho m
— —**(s) attached** n - [com] documento(s) m para

embarque m anexo(s)
shipping document(s) date n - [com] fecha f de documento(s) m para embarque m
— — **original** n - [transp] original m de documento m para embarque m
— —**(s) presentation** n - [transp] presentación f de documento(s) m para embarque m
— **employee** n - [ind] empleado m para expedición
— **expense(s)** n - [accntg] gasto(s) m para, despacho m, or expedición f
— **from @, factory, or plant** n - [ind] expedición f desde, fábrica f, or planta f
— **industry** n - [transp] industria f, para transporte m (marítimo), or naval
— **information** n - [transp] información f sobre embarque m
— **instruction(s)** n - [transp] instrucción(es) f para embarque m
— **list** n - [transp] lista f de embarque m
— **method** n - [transp] método m para embarque m
— **notice** n - [transp] aviso m de expedición f
— **pallet** n - [transp] bandeja f para expedición
— **port** n - [nav] puerto m para embarque m
— **reel** n - [cabl] carrete m para embarque m
— **restriction(s)** n - [transp] restricción(es) f para embarque m
— **result(s)** n - [transp] resultado(s) m de, embarque m, or transporte m
— **scale(s)** n - [transp] báscula f, or balanza f, para expedición f
— **schedule** n - [transp] programa m para embarque(s) m
— **space** n - [transp] espacio m para transporte
— **to @ project site** n - [ind] envío m a (sitio m de) obra f
— **unassembled** a - [transp] despacho m, or embarque m, desarmado,da, or desmontado,da
— **weight** n - [transp] peso m para embarque m
— **yard** n - [ind] parque m, pr playa f, para expedición f
shipway n - [nav] . . .; astillero m; varadero m
shipyard industry n - [nav] industria f, de astillero(s) m, or para construcción de barcos
shirrer n - [vest] fruncidor m
shirring n - [Vest] frunce m; fruncimiento m | a - [vest] fruncidor,ra
shivering n - . . . | a - escalofriado,da
shock n - . . . ; impacto m • . . .; asombro m • [electr-oper] . . .; patada f • [agric] fajina f • [medic] choque m • [autom-mech] amortiguador, also see **schock absorber** | v - . . .; asombrar; espeluznar • [electr-oper] . . .; patear
— **absorber** n - [autom-mech] amortiguador m • [Mex.] hule m amortiguador • [mech] amortiguador m para golpe(s) m
— — **deterioration** n - [autom-mech] deterioro m or deterioración f de amortiguador(es) m
— — **failure** n - [autom-mech] falla f de amortiguador m
— — **loss** n - [autom-mech] pérdida f de amortiguador m
— — **mount(ing)** n - [autom-mech] montaje m de, or para, amortiguador m
— — **work** n - [autom-mech] trabajo m con amortiguador(es) m
— **absorbing** n - [autom-mech] amortiguación f de, golpe(s) m, or choque(s) m
— — **pack** v - [trans] embalar con amortiguación
— — **packed** a - [transp] embalado,da con amortiguación f
— — **packing** n - [transp] embalaje m con amortiguación f
— — **special packing** n - [transp] embalaje m especial con amortiguación f
— — **valve** n - [autom-mech] válvula f para amortiguación f
— — **valving** n - [autom-mech] dotación f con válvula(s) f para amortiguación f
— **absorption** n - [mech] absorción f de golpes m
shoe assembly n - [mech] conjunto m de zapata f

shoe Babbitt metal coating n - [turb] recubrimiento m antifricción para zapata f
— **brake** n - [mech] freno m con zapata(s) f
— **drill** n - [agric-equip] sembradora f con, zapata(sa) f, or azadón(es) m para cereal(es) m
shoe-gripping walking surface n - [constr] superficie f antideslizante para peatón(es) m
shoe horn n - [domest] calzador m
— **inspection** n - [vest] inspección f de calzado m • [mech] inspección f de zapata(s) f
— **pin** n - [mech] prisionero m, or pasador m, para zapata f
— **set** n - [mech] juego m de zapata(s) f
— **shop** n - [com] zapatería f
— **steady pin** n - [mech] prisionero m, or pasador m, para afirmación f de zapata f
— **support** n - [mech] apoyo m, or soporte m, para zapata(s) f
— **type** n - [vest] tipo m de zapato(s) m • [mech] tipo m de zapata f
— — **brake** n - [mech] freno m (de tipo m) con zapata(s) f
— **surface** n - [mech] superficie f de zapata f
— **vendor** n - [com] zapatero m
— **wear(ing)** n - [vest] uso m de zapato(s) • desgaste m de zapato(s) m • [mech] desgaste m de zapata(s) f
— **welt** n - [vest] vira f (para zapato m)
shoeing n - [vest] . . .; calzadura f
shoot n - [botan] . . .; verdugo m; yema f | v - . . .; flechar; lanzar; escopetear; [explos] explotar; dinamitar; torpedear
— **repeatedly** v - escopetear
— **through** v - atravesar; tirar, or lanzar, or pasar, a través de
— **@ well** v - [petrol] torpedear pozo m
— **@ X-ray through** v - [electron] atravesar con rayo(s) X
shooting n - . . . . • explosión f; dinamitazo n
— **through** n - atravesamiento* n; lanzamiento a través de
shootout n - [sports] duelo m
shop n - [com] . . .; comercio m; negocio m • [metal-prod] acería f • [constr] obrador m | a - para, or en, taller m
— **alternating current transformer** n - [electr-distrib] transformador m para corriente f alterna para taller m
— **application** n - aplicación f en, taller m, or planta f
— **applied** a - aplicado,da en, taller, or planta
— **apply** v - aplicar en, taller m, or planta f
— **applying** n - aplicación f en, taller m, or planta f
— **asphalt coating** n - recubrimiento m asfáltico (efectuado) en taller m
— **assemble** v - armar, or ensamblar, en, taller m, or planta f • [constr] (pre)armar en planta f
— **assembled** a - armado,da, or ensamblado,da, en, taller m, or planta f
—, **assembling**, or **assembly** n - [mech] armado m, or ensambladura f, en, taller m, or planta f
— **attach** v - [mech] fijar, or montar, en taller
— **attached** a - [mech] fijado,da, or montado,da en, taller m, or planta f
— **attaching** n - [mech] fijación f, or montaje m, en taller m
— **baked on metallic primer coat(ing)** n - [paint] (mano f de) imprimación f metálica cocida en horno m (aplicada) en taller m
— **bolt** n - [mech] perno m, instalado, or para instalar, en taller m | v - empernar en taller
— **bolted** a - [mech] empernado,da en taller m
— — **seam** n - [mech] costura f empernada en taller m
— **bolting** n - [mech] empernado m en taller m
— **building** n - [ind] edificio m para taller m
— **checker** n - [ind] verificador m en taller m
— **clerk** n - [ind] escribiente m, or empleado m, en taller m

shop coat n - [mech] recubrir en planta f • [paint] imprimar, or pintar, en taller
— **coated** a - [mech] recubierto,ga en planta f • [paint] imprimado,da en taller m
— **coating** n - [mech] recubrimiento m en planta f • [paint] recubrimiento m en taller m
— **@ competition** n - [com] estudiar competición
— **connection** n - [weld] junta f, or unión f, (hecha) en taller m
— **crane** n - [cranes] grúa f para taller m
— **crew** n - [ind] cuadrilla f, or plantilla f, or personal m, para taller m
— **curve** v - [mech] curvar en taller m
— **curved** a - [mech] curvado,da en taller m
— **curving** n - [mech] curvatura f en taller m
— **cut** n - [mech] corte m (hecho) en taller m | a - [mech] cortado,da en taller m | v - [mech] cortar en taller m
— **cutting** n - [mech] corte m, or cortadura f, en taller m
— **drawer** n - [ind] gaveta f en taller m
— **drawing** n - [mech] dibujo m para taller m • [drwng] plano m de taller m • [constr] dibujo m para (construcción f de) taller m
— **equipment** n - [mech] equipo m para taller m
— **fabricate** v - [ind] fabricar, or elaborar, en taller m
— — **@ fitting** v - [mech] fabricar accesorio m en taller m
— — **@ manhole** v - [tub] fabricar en planta f, cámara f para inspección f, or boca f para registro m
— — **@ seam** v - [mech] ejecutar costura f en, taller m, or planta f
— **fabricated** a - [ind] fabricado,da, or elaborado,da, or ejecutado,da, en, taller m, or planta f
— — **conduit** n - [tub] tubería f, fabricada, or elaborada, en, planta f, or taller m
— — **corrugated manhole** n - [tub] boca f para registro m corrugada fabricada en taller m
— — **corrugated steel manhole** n - [tub] boca f para registro m de acero m corrugado, fabricada, or elaborada, en, planta f, or taller m
— — — **pipe** n - [tub] tubo m corrugado, or tubería f corrugada, de acero m, fabricado,da, or armado,da, en, planta f, or taller
— — **culvert** n - [tub] alcantarilla f, fabricada, or armada, en, planta f, or taller m
— — **end section** n - [tub] sección f terminal fabricada, or armada, en planta f, or taller
— — **fitting** n - [mech] accesorio m, fabricado, or elaborado, en, planta f, or taller m
— — **manhole** n - [tub] boca f para registro m, or cámara f para inspección f, fabricada, or armada, en, planta f, or taller m
— — **pipe** n - tubo m, fabricado, or armado, en, taller m, or planta f • tubería f, fabricada, or armada, en, planta f, or taller m
— — **pipe-arch** n - [tub] tubo m abovedado, fabricado, or armado, en, planta f, or taller m
— — **seam** n - [mech] costura f ejecutada en, planta f, or taller m
— — **section** n - [tub] sección f, fabricada, or armada, en, planta f, or taller m
— — **steel conduit** n - [tub] tubería f de acero, fabricada, or armada, en, planta f, or taller m
— — — **end section** n - [tub] sección f terminal, fabricada, or armada, en, planta f, or taller m
— — — **steel culvert** n - [tub] alcantarilla f de acero, fabricada, or armada, en, planta f, or taller m
— — — **pipe** n - [tub] tubo m para alcantarilla t de acero, fabricada, or armada, en, planta f, or taller m
— — **steel section** n - [tub] sección f de acero m, fabricada, or armada, en, planta f, or taller m
— **fabrication** n - [ind] fabricación f en taller

shop fabrication welding n - [weld] soldadura f para fabricación f en, planta f, or taller m
— **facility,ties** n - [ind] instalación(es) f en, planta f, or taller m
— **fit** v - [mech] ajustar en, planta f, or taller
— **fitted** a - [mech] ajustado,da en, planta f, or taller m
— **fitting** n - [mech] ajuste m en, planta f, or taller m
— — **fabrication** n - [mech] fabricación f, or armado m, de accesorio m en planta, or taller
— **foreman** n - [ind] capataz m, or jefe m, para, planta f, or taller m
— **form** v - [mech] (con)formar en, planta f, or taller m
— **formed** a - [mech] (con)formado,da en, planta f, or taller m
— **forming** n - [mech] (con)formación f en, planta f, or taller m
— **inspect** v - [ind] inspeccionar en, planta f, or taller m
— **inspected** a - [ind] inspeccionado,da en, planta f, or taller m
— **inspection** n - [ind] inspección f en, planta f, or taller m
— **joint** n - [mech] junta f (hecha) en taller m
— **maintenance** n - [ind] mantenimiento m en, taller m, or planta f
— — **crew** n - [ind] cuadrilla f para mantenimiento m en taller m
— **manual** n - [ind] manual m para taller m
— **metallic primer coat** n - [paint] (mano f, or capa f de) imprimación f metálica (aplicada) en taller m
— **model** n - modelo m para taller m
— **need** n - [ind] exigencia f de taller m
— **operation** n - [ind] operación f de taller m • funcionamiento m, or marcha, en taller m
— **practice** n - [ind] práctica f (usual) en taller m
— **prefabricate** v - prefabricar en taller
— **prefabricated** a - prefabricado,da en taller
— **prefabrication** n - [ind] prefabricación f en taller m
— **prime** v - [paint] imprimar en taller m
— **primed** a - [paint] imprimado,da en taller m
— **priming** n - [paint] imprimación f en taller
— **order** n - [ind] orden f para, taller m, or servicio m
— **repair** v - [ind] reparar en taller m
— — **welding** n - [weld] soldadura f para reparación f en taller m
— **repaired** a - [ind] reparado,da en taller m
— **repairing** n - [ind] reparación f en taller m
— **result(s)** n - [ind] resultado(s) en taller m
— **rivet** v - [mech] remachar en, taller m, or planta f, o fábrica f
— **riveted** a - [mech] remachado,da en, taller m, or planta f, or fábrica f
— **riveting** n - [mech] remachado m en, taller m, or planta f, or fábrica f
— **running gear** n - [weld] rodaje m para taller
— **seam** n - [mech] costura f (hecha) en taller m
— **shelving** n - [ind] estantería f en taller m
— **splice** n - [constr] unión f, or empalme m, en taller m
— **supply** n - [electr-distrib] línea f general
— **test** n - [ind] prueba f, or ensayo m, en, taller m, or planta f | v - [ind] probar, or ensayar, en, taller m, or planta f
— **tested** a - [ind] probado,da, or ensayado,da, en, taller m, or planta f
— **towing** n - [weld] remolque m, or movimiento m, en, taller m, or planta f
— **transformer** n - [electr-distrib] transformador m para, taller m, or planta f
— **truck** n - [ind] camión m taller m
— **type** n - [weld] tipo m para taller m
— — **undercarriage** n - [weld] rodaje m de tipo m para taller m
— **undercarriage** n - [weld] rodaje m para taller

shop use n - [ind] uso m, or empleo m, en taller
— **weld** n - [weld] soldadura f en taller m | v - [weld] soldar en taller m
— — **@ part** v - [weld] soldar pieza f en taller
— —(**ing) symbol** n - [weld] símbolo m para soldadura f en taller m
— **welded** a - [weld] soldado,da en taller m
— — **connection** n - [weld] conexión f, or unión f, soldada en taller m
— — **flange** n - [environm] brida f soldada en taller m
— — **part** n - [mech] pieza f soldada en taller
— **welding** n - [weld] soldadura f en taller m
— — **need** n - [weld] exigencia f para soldadura f en taller m
— **work** n - [ind] trabajo m en taller m
shopped competition n - [com] competición f estudiada
shopping and community center n - [pol] centro m comercial y cívico
— **area** n - [com] zona f, or centro m, comercial; conjunto m de tienda(s) f
— **center** n - [com] centro m, comercial, or mercantil • galería f
— **complex** n - [com] complejo m comercial
— **list** n - [com] lista f para compra(s) f
— **mall** n - [com] complejo m, or conjunto m, de, comercio(s) m, or negocio(s) m
— **survey** n - [com] encuesta f sobre compra(s) f
shore n - . . . .; margen m • [constr] puntal m; ademe m • [miner] zanca f
— **erosion** n - [hydr] erosión f de ribera f
— **installation** n - [petrol] instalación f, costa f adentro, or sobre costa f
— **pipe** n - [hydr] tubería f para dragado m
— **protection** n - [hydr] protección f para, ribera f, or playa f, or márgen m
— **securely** v - [miner] entibar bien
shored a - [nav] escorado,da • entibado,da
— **securely** a - [constr] entibado,da bien
shoring n - [constr] apuntalamiento m; entibación f • tablestacado m | a - [constr] para, ademe m, or apuntalamiento m
— **pipe** n - [petrol] tubería f para. apuntalamiento m, or ademe m
— **support** n - [constr] sostén m con puntal(es) m | v - [constr] sostener con puntal(es) m
— **supported** a - [constr] sostenido,da con puntal(es) m
shoreline n - [hydr] see **shore line**
shorer n - [miner] entibador m
shorn wool n - [textil] flojel m
short n - [electr] . . . . • [miner] residuo m | a - . . . . | adv - en menos | v - dar de menos • [electr] desconectar; poner fuera de circuito; causar, or producir, or poner en, corto circuito m - [weld] conectar entre sí
— **arc** n - [weld] arco m corto
— — **length** n - [weld] (largo m de) arco m corto; largo m corto de arco m
— — **stringer bead** n - [weld] cordón m recto con arco m corto
— — **@** v - [weld] interrumpir arco m
— **as possible length** n - tramo m, or sección f, tan corto,ta como posible
— **assembly weld** n - [weld] soldadura f corta para montaje m
— **audible tone** n - [electron] tono m corto audible
— **bead** n - [weld] cordón m corto
— **battery life** n - [int.comb] vida f (útil) corta f para acumulador m
— **bend** n - [cabl] coca f; pliegue m corto; encorvadura f corta
— **blank** n - [mech] trozo m por labrar (demasiado) corto
— **bolt** n - [mech] perno m corto
— **bridge** n - [constr] puente m corto
— **business meeting** n - [com] reunión f, or entrevista f, sobre negocio(s), corta, or breve
— **call** n - visitilla f; visita f corta

short cap screw n - [mech] tornillo m corto con casquete m
— @ **carbon electrode(s) (together)** v - [weld] tocar (entre sí) electrodo(s) m de carbono m
— **case** n - [mech] caja f corta
short circuit n - [electr-oper] cortocircuito m [sports] circuito m corto | v - [electr-oper] see **shortcircuit**
— — **capacity** n - [electr-oper] capacidad f, or posibilidad f, para cortocircuito(s) m
— — **condition** n - [electr-oper] condición f de cortocircuito m
— — **current** n - [electr] corriente f en cortocircuito m
— — **danger** n - [electr-instal] peligro m de cortocircuito m
— — @ **lead** v - [electr-instal] causar cortocircuito m en conductor m
— — **level** n - [electr-instal] nivel n de cortocircuito m
— — @ **power winding** v - [electr-prod] causar cortocircuito m en devanado n para energía f
— — **protection** n - [electr-instal] protección f contra cortocircuito(s) m
— — **reactance** n - [electr-equip] reactancia f para cortocircuito(s) m
— — **removal** n - [electr-instal] eliminación f de cortocircuito m
— — **stress** n - [electr-oper] esfuerzo m, or fuerza f, de cortocircuito m
— — **strain** n - [electr-oper] fuerza f de cortocircuito m
— **circuited lead** n - [electr-instal] conductor m, con, or en, cortocircuito m
— — **power winding** n - [electr-oper] devanado m con cortocircuito m para energía f
— — **rectifier** n - [electr-instal] rectificador m con cortocircuito m
— — **transformer** a - [electr-equip] transformador m con cortocircuito m
— **circuiting** n - [electr-oper] causación f de cortocircuito m | a - [weld] mediante corte(s) m en circuito m
— — **metal transfer** n - [weld] transferencia f de metal mediante corte(s) m en circuito m
— — — **in** @ **gas** n - [weld] transferencia f de metal m mediante corte(s) m en circuito m en, gas m, or ambiente m gaseoso
— — — — **welding** n - [weld] soldadura f por transferencia f de metal mediante corte(s) m en circuito m en, gas m, or ambiente m gaseoso
— — — **weld(ing)** n - [weld] soldadura f por transferencia f de metal m mediante corte(s) m en circuito m
— — **process** n - [weld] proceso m mediante corte(s) m en circuito m
— — **transfer** n - [weld] transferencia f mediante corte(s) m en circuito m
— — **transfer welding** n - [weld] see **short circuiting metal transfer in gas welding**
— — **type transfer** n - [weld] transferencia f de metal m mediante corte(s) en circuito m
— — — **welding** n - [weld] soldadura f mediante transferencia f de metal mediante corte(s) m en circuito m
— — **welding** n - [weld] see **short circuiting metal transfer in gas welding**
— **cooling plate** n - [metal-prod] petaca f corta
— **corner (member)** n - [constr] equinero n corto
— **corrugated metal pipe column** n - [constr] columna f corta de tubería f metálica corrugada
— — — **column** n - [constr] columna f corta de tubería f corrugada
— **course** n - curso m corto • [sports] pista f corta
— — **race** n - [sports] carrera f sobre pista f corta
— **cracking** n - [weld] agrietamiento m en caliente m
— **crackling arc** n - [weld] arco m crepitante corto
short culvert n - [constr] alcantarilla f corta
— **cut** n - [roads] atajo m • [ind] método m, or medio m, expeditivo, or simplificado
— **cycling** n - [electr-oper] ciclo(s) m muy corto(s)
— **daytime dress** n - [vest] vestido m corto para (uso m) diario
— @ **diode** v - [electr-oper] causar cortocircuito m en diodo m
— **distance along** @ **seam** n - [weld] distancia f corta a largo m de costura f
— **dress** n - [vest] vestido m corto
— **drive** n - [transp] viaje m corto (en automóvil m)
— **fail** v - [electr-oper] fallar con circuito m cerrado
— **failed** a - [electr-oper] fallado,da con circuito m cerrado
— **failing** n - [electr-oper] falla f con circuito m cerrado
— **failure** n - [electr-oper] falla f con circuito m cerrado
— **feed(ing) guide** n - [mech] guiadera f corta para alimentación f
— **flared feed(ing) guide** n - [mech] guiadera f abocinada corta para alimentación f
— — **guide** n—[mech] guiadera f abocinada corta
— **flight** n - vuelo m corto; volada f
— **footprint** n - [autom-tires] huella f corta
— **frequency** n - frecuencia f, corta, or breve
— **galvanized nipple** n - [tub] entrerrosca f galvanizada corta
— **gap** n - intervalo m, or entrehierro m, corto
— **guide roll arm** n - [weld] brazo m corto m para rodillo m para guía(r)
— — **tip** n - [weld] pico m corto, or boquilla f corta, para guía(r)
— **handed** a - [labor] con personal m escaso
— **haul** n - [transp] acarreo m sobre distancias f cortas | v - [transp] acarrear cobre distancias f cortas
— **heavy weld** n - [weld] soldadura f, corta gruesa, or gruesa corta
— **identification** n - [com] caracterización f breve
— @ **ignition switch** v - [int.comb] producir cortocircuito m en interruptor m para encendido m
— @ **inch(ing) rheostat** v - desconectar reóstato m para avance m gradual
— **iron** n - [metal-prod] hierro m quebradizo
— @ **lead** v - [electr-instal] causar cortocircuito en conductor m
— **leg** n - [mech] brazo m corto; pata f corta
— — **clamp** n - [mech] mordaza f con brazo(s) m corto(s)
— — **structural clamp** n - [mech] mordaza f con brazo(s) m corto(s) para pieza(s) f estructural(es)
— **link** n - [chains] eslabón m corto
— **lived** a - con vida f, corta, or breve
— @ **magnetic amplifier** v - [electr-oper] causar cortocircuito m en amplificador m magnético
— @ — — **load coil** v - [electr-oper] causar cortocircuito m en bobina f para carga f de amplificador m magnético
— **metal pipe column** n - [tub] columna f tubular metálica corta
— **mileage** n - kilometraje m reducido
— **nipple** n - [mech] entrerrosca f corta
— **nose** n - nariz f corte • [mech] hocico m corto; trompa f corta
— **notice** n - [labor] preaviso m corto
— **on itself** v - [electr-oper] conectar, or poner en cortocircuito m, consigo mismo, ma
— **out** v - [electr-oper] desconectar(se) • [weld] interrumpir circuito m
— **panel** n - panel m corto; plancha f corta
— **pickup** n - [autom] camioneta f corta

short pin length

short pin length n - [mech] largo(r) m reducido de, pasador m, or clavija f
— pipe n - [tub] tubo m corto; tubería f corta
— — column n - columna f tubular corta
— — nipple n - [mech] entrerrosca f corta para tubería f
— radius n - [geom] radio m corto
— — plate n - [constr] plancha f con radio m corto
— range n - alcance m, or radio m para acción f, corto • [aeron] autonomía f (para vuelo m) corta | a - para plazo m corto • [aeron] con autonomía f (para vuelo m) corta
— — aircraft n - [aeron] avión m con autonomía f (para vuelo m) corta
— — flight n - [aeron] vuelo m corto
— — jet plane n - [aeron] avión m por reacción f con autonomía f (para vuelo m) corta
— — plane n - [aeron] avión m con autonomía f (para vuelo m) corta
— — planning n - planificación f para plazo m corto
— reach n - alcance m corto | a - para alcance m corto
— @ rectifier v - [electr-oper] producir cortocircuito m en rectificador m
— repetitive weld(ing) n - [weld] soldadura f repetida corta
— — work n - trabajo m repetido corto • [weld] soldadura f repetida corta
— retaining plate n - [mech] placa f corta para, retención f, or contención f
— @ rheostat v - [electr-oper] desconectar, or causar cortocircuito m en, resóstato m
— rope sling n - [cabl] eslinga f corta de cable m de alambre m
— run(ning) period n - [int.comb] período m, or tiempo m, corto de operación f
— screw n - [mech] tornillo m corto
— section n - sección f corta; tramo m corto
— sectional pipe n - tubería f con sección(es) f corta(s)
— — — sewer n - [sanit] cloaca f de tubería f en sección(es) f corta(s)
— shaft n - [mech] árbol m, or eje m, corto
— sheet pile n - [constr] tablestaca f corta
— — shearing line n - [metal-roll] línea f para corte m de chapa(s) f corta(s)
— sleeve(d) shirt n - [vest] camisa f con manga(s) f corta(s)
— sling n - [cabl] eslinga f corta
— span n - [cranes] luz f reducida • [constr] tramo m corto
— — bridge n - [constr] puente m con tramo(s) m corto(s)
— spool roller n - [mech] rodillo m corto tipo m carrete m
— spring n - [mech] resorte m, or muelle, corto
— standard corrugated metal pipe n - [constr] tubería f metálica corrugada estándar corta
— — pipe column n - [constr] columna f de tubería f estándar corta
— stock n - palo m corto • [constr-equip] brazo m corto
— hoe n - [tools] azadón con cabo m corto
— — — attachment n - [constr-equip] accesorio m para azadón m con cabo m corto
— stickout n - [weld] electrodo m poco sobresaliente
— — procedure n - [weld] procedimiento m con electrodo m poco sobresaliente
— — welding n - [weld] soldadura f con electrodo m poco sobrsaliente
— strand n - [textil] hebra f corta
— stringer n - [constr] larguero m corto
— stroke n - [mech] carrera f, or embolada f, corta
— — engine n - [int.comb] motor m con, carrera f, or embolada f, corta
— — wire drawer n - [wiredrwng] trefilador m con carrera f corta

- 1520 -

short stub n - trozo m corto • [weld] colilla f corta
— stud n - [mech] prisionero m, or perno m, corto
— supply n - [com] suministro m insuficiente; provisión f, deficiente, or inadecuada • [ind] producción f insuficiente
— taphole n - [metal-prod] piquera f corta
— term n - [com] plazo m corto | a - con plazo m corto • puntual
— — bank deposit n - [fin] depósito m bancario m para plazo m corto
— term bond n - [fin] bono m, or título m, para plazo m corto
— — contract n - [com] contrato m para plazo m corto
— — credit n - [fin] crédito m para plazo m corto
— — debt n - [fin] deuda f para plazo m corto
— — deposit n - [fin] depósito m para plazo m corto
— — fund(s) n - [fin] fondo(s) m para plazo m corto
— — investment n - [fin] inversión f para plazo m corto
— — liability n - [fin] pasivo m para plazo m corto
— — marketable security n - [fin] valor m negociable para plazo m corto
— — measure n - medida f para plazo m corto
— — operation n - [ind] operación f, or funcionamiento m, para, término m, or plazo m, corto
— — overdraft n - [fin] giro m en descubierto m para plazo m corto
— — receivable m - [fin] importe m por cobrar con plazo m corto
— — remedy n - remedio m temporario, or para plazo m, corto, or breve
— — security,ties n - [fin] valor(es) m para plazo m corto
— — shortage n - escasez f con duración f, corte, or breve
— — solution n - solución f para plazo corto
— — stability n - estabilidad f para plazo m corto
— — trend n - tendencia f para plazo m corto
— — value n - valor m puntual
— test n - prueba f corta; ensayo m corto
— time n - tiempo m, corto, or breve • [weld] instante m
— — length n - término m breve
— — period n - [chronol] período m corto
— tire n - [autom-tires] neumático m corto
— to @ ground n - [electro-instal] (conexión f en) cortocircuito m a tierra f
— together v - [electr-instal] poner, en cortocircuito m entre sí, or junto(s) en cortocircuito m • [weld] conectar entre sí
— ton n - [metric- tonelada f de 2000 libras f
— tone n - [electron] tono m corto
— tour n - [travel] gira f, corta, or breve
— track n - [sports] pista f corta
— — time n—[metal-prod] tiempo m corto en vía
— tread life n - [autom-tires] vida f (útil) corta para banda f para rodamiento f
— truck life n - [autom] vida f (útil) corta para (auto)camión m
— turn n - [ind] turno m corto • [autom] viraje m corto; vuelta f, cerrada, or corta
— twist n - [cabl] torcedura f corta
— type pickup n - [autom] camioneta f, corta, or de tipo m corto
— upholstering spring n - resorte m, corto para tapicería f, or mueblero corto
— — wire n - [metal-wire] alambre m para resorte, para tapicería f, or mueblero corto
— vacation n - vacación f, corta, or breve
— wave n - [electron] onda f corta
— — gamma ray n - [electron] rayo m gamma en onda f corta

short wave length n - [electron] largo m de onda, corto, or menor; onda f corta
— **weld** n - [weld] soldadura f corta; cordón m corto
— **wheelbase** n - [autom] distancia f, corta, or acortada, or reducida, entre eje(s) m
— — **car** n - [autom- automóvil m con distancia f corta entre eje(s) f
— **whipping technique** n - [weld] técnica f para chicoteo* m corto
— **@ wire** v - [int.comb] hacer cortocircuito m para cable m
— **wire rope sling** m [cabl] eslinga f corta de cable m de alambre m
— **work** n - [ind] trabajo m corto • [weld] soldadura f corta
shortage n - . . .; carencia f; sisa f; faltante m; defecto m; diferencia f en menos; falta f de suministro m • desaparición f
— **certificate** n - [transp] acta f, or certificado m, de, merma f, or falla f, or falta f
— **claim** n - [com] reclamo m por merma f
shortcircuit v - [electr-oper] poner en, or causar, cortocircuito m
shortcircuited a - [electr] con, or en, cortocircuito m; also see short circuited
shortcircuiting n - [electr] corte(s) m en circuito m
— **metal transfer welding process** n - [weld] proceso m para soldadura con transferencia f de metal mediante corte(s) m en circuito m
shortcoming n - . . . .; deficiencia f
shorted a - [electr] con cortocircuito m [weld] conectgado,da(s) entre sí
— **arc** n - [weld] arco m interrumpido
— **carbon(s) (electrodes)** n - [weld] (electrodos m de) carbono(s) m, tocado(s), or en contacto
— **diode** n - [electr-oper] diodo m con cortocircuito m
— **ignition switch** n - [int.comb] interruptor m, or llave f, para encendido con cortocircuito
— **lead** n - [electr-oper] conductor m con cortocircuito m
— **magnetic amplifier** n - [electr-instal] amplificador m magnético con cortocircuito m
— — **load coil** n - [electr-oper] bobina f, or devanado m, para carga f para amplificador m magnético con cortocircuito m
— **on itself** a - [electr-oper] conectado,da, or puesto,ta en cortocircuito m,consigo mismo,ma
— **out** a - [weld] interrumpido,da
— **rectifier** n - [electr-oper] rectificador m con cortocircuito m
— — **stack** n - [electr-oper] pila f rectificadora con cortocircuito m
— **switch** n - [electr-equipo] conmutador m, or interruptor m, con cortocircuito m
shorten @ battery life v - [int.comb] acortar vida f (útil) de acumulador m
— **@ diameter** v - acortar, or reducir, diámetro m
— **@ engine('s) life** v - [int.comb] acortar vida f (útil) de motor m
— **@ large bell cable** v - [metal-prod] acortar cable m para campana f grande
— **@ life** v - acortar vida f (útil)
— **@ tie rod** v - [mech] acortar barra f para acoplamiento m
— **@ vertical diameter** v - acortar diámetro m vertical
— **with @ expansion** v - [tub] acortar mediante ensanchamiento m
shortened a - acortado,da; abreviado,da
— **battery life** n - [int.comb] vida f, acortada para acumulador, or de acumulador m acortada
— **engine('s) life** n - [int.comb] vida f (útil), de motor m acortada, or acortada de motor m
— **in @ expansion** a - [tub] acortado,da mediante ensanchamiento m
— **life** n - vida f (útil) acortada
— **tie rod** n - [mech] barra f para acoplamiento m acortada

shortened vertical diameter n - diámetro m vertical acortado
shertening with @ expansion n - [tub] acortamiento m mediante ensanchamiento m
shorter a - más, corto,ta, or breve
— **arc** n - [weld] arco m más corto
— — **length** n - [weld] arco, más corto, or con largo m menor
— **case** n - [mech] caja f más corta
— **delivery period** n - [com] plazo m menor para entrega f
— **footprint** n - [autom-tires] huella f más corta
— **heating period** n - período m, or tiempo m, menor para calentamiento m
— **length** n - [tub] largo(r) m, or tramo m, or sección f, menor, or más corto,ta
— **life** n - vida f (útil), or duración f, menor
— **period** n - período m, or tiempo m, or plazo m, menor
— **reach** n - alcance m menor
— **stroke** n - [mech] carrera f, or embolada f, más corta, or menor
— **time** n - tiempo m menor
— — **period** n - plazo m, menor, or más breve
— **tire** n - [autom-tires] neumático m más corto
— **truck life** n - [autom] vida f (útil) más, breve, or corta, para (auto)camión m
— **wave length** n - [electron] largo m de onda f menor; onda f más corta
shortest a - el más corto; la más corta
— **length** n - largo m menor
— **route** n - ruta f más corta
— **span** n - [cranes] luz f mínima; [bridges] tramo m menor
— **time length** n - término m, más breve, or menor, or más corto
shorthand and typing n - taquimecanografía f
— **typist** n - taquideactilógrafo,fa m/t; taquimecanógrafo,fa m/f
shorting n - [electr-oper] causación f, or producción f de cortocircuito(s) n • [weld] conexión f entre sí
— **on itself** n - [electr-oper] conexión f entre sí; puesta t en cortocircuito m consigo mismo,ma
— **out** n - [weld] interrupción f
— **together** n - [electr] puesta f en cortocircuito m entre sí • [weld] conexión f entre sí
shortly thereafter adv - . . .; poco después
shortness n - . . . . • [metal] fragilidad f
shorts n - [vest] . . .; pantalón(es) m corto(s)
shot n - [milit] . . .; balín(es) m • [photogr] fotografía f; vista f; instantánea f - [mech] granalla f | a - [milit] disparado,da • [explos] explotado,da; dinamitado,da; torpedeado,da
— **battery** n - [electr] batería f, or pila f, descargada; acumulador m descargado
— **blast** n - [metal-treat] granalla f; granallado m | v - [metal-treat] granallar; limpiar con chorro m de granalla f
— **blasting** n - [metal-treat] granallado m; limpieza f con chorro m de granalla f
— — **equipment** n - [metal-treat] equipo m para, granallar, or granallado m
— — **know-how** n - [metal-treat] conocimiento(s) m para granallado m
— — **machine** n - [metal-treat] (máquina) granalladora f
— — **method** n - [metal-treat] método m para granallado m
— — **shop** n - [metal-treat] taller, or sala f, para granallado m
— **capacity** n - [plast] capacidad f para inyección f
— — **range** n - [plast] escala f de capacidad(es) f para inyección f
— **drill** n - v - [miner] sondear con, municiones f, or perdigones m
— **drilled** a - [miner] sondeado,da con, muni-

ciones f, or perdigones m
shot drilling n - [miner] sondeo m con, municiones f, or perdigones m
— **peen** v - [metal-treat] granallar; martillar con, municiones f, or perdigones m
— **peened** a - [metal-treat] granallado,da; martillado,da con, municiones f, or perdigones m
— — **finish** n - [metal-treat] terminación f granallada; acabado m granallado
— **peening** n - [metal-treat] granallado m; martilleo m con, municiones f, or perdigones m
— **rock** n - [miner] roca f, or piedra f, volada, or de voladura f
shot(s) series n - [photogr] serie f de vista(s)
— **survey** n - [petrol] prospección f y exploración f
— **through** a - [ind] lanzado,da, or disparado,da, or pasado,da, a través de; atravesado,da
— **tower** n - [metal-prod] torre f para (hacer), municiones f, or perdigones, or granalla f
— **well** n - [petrol] pozo m torpedeado
— **wire** n - [metal-wire] alambre m para, municiones f, or balines m, or granalla f
should adv - en caso m (de que)
— **be** v - deber, ser, or hallar(se)
shoulder n - [anatom] . . . • [mech] ángulo m superior; resalto m; reborde m; saliente m; can m; respaldo m; apoyo m; collar • [roads] banqueta f; banquina f; berma f (lateral); espaldón f - [weld] cara f de raíz f • [tub] moldura f; [bearings] reborde n para guía f • [rail-tieplate] cara f superior • [metal-roll] defecto m longitudinal • [autom-tires] (re)borde m; borde m de banda f para rodamiento m; cuarto m superior | v - [mech] apoyar (contra); arrimar; sostener; soportar • rebordear; colocar sobre, can m, or reborde m
— **block** n - [autom-tires] elemento m, exterior, or en borde m (de banda f para rodamiento m)
— — **shape** n - [autom-tires] conformación f de elemento m en, borde m, or exterior m (de banda f para rodamiento m)
— **coating** n - [mech] recubrimiento m para, reborde m, or can* m
— **@ connection** v - [mech] rebordear conexión f
— **contour** n - [autom-tires] contorno de borde m
— **contouring** n - [autom-tires] contorneo m de borde(s) m
— **deep groove** n - [autom-tires] ranura f profunda en borde m de banda f para rodamiento m
— **deep lateral grooove** n - [autom-tires] ranura f lateral profunda en borde m de banda f para rodamiento m
— **dressing** n - [rail] conformación f de banqueta
— **end** n - [mech] extremo m de resalto m
— **groove** n - [autom-tires] ranura f en borde m de banda f (para rodamiento m)
— **installation** n - [roads] instalación f sobre berma f
— **lateral groove** n - [autom-tires] ranura f lateral en borde m de banda f para rodamiento m
— **lug** n - [autom-tires] taco m para borde m de banda f para rodamiento m
— — **design** n - [autom-tires] conformación f de taco(s) m para borde f para banda f para rodamiento m
— **part** n - [mech] espaldón m
— **requirement** n - [roads] exigencia f para berma
— **rib** n - [autom-tires] resalto m, exterior, or en borde m (de banda f para rodamiento m)
— **spillway** n - [roads] vertedero m para bamqieta
— **strap seat belt** n - [autom] cinturón m para seguridad con correa f pectoral
— **treatment** n - [roads] tratamiento m para berma(s) f
— **wear** n - [autom-tires] desgaste m de borde m de banda f para rodamiento m
— **width** n - [roads] ancho(r) m, or anchura f, de berma f
shouldered a - sostenido,da; soportado,da • apoyado,da (contra); arrimado,da • [mech] rebordeado,da • colocado,da sobre, reborde m, or can m - [archit] con espaldón(es) m
shouldered arch n - [archit] arco m, or bóveda f, con espaldón(es) m
— **connection** n - [mech] conexión f rebordeada
shouldering n - apoyo m (contra) • sostén m; soporte m; reborde m • colocación f sobre, can m, or reborde m
shoulders n - [anatom] espalda f
shouting n - . . .; vociferación f | a - voceador,ra
shove n - . . .; desplazamiento m | v - . . .; desplazar
— **power** n - [mech] fuerza f para empuje m
shoved a - empujado,da; empellado,da; impelido,da; desplazado,da • [constr] trabado,da
shovel n - [tools] . . . • [constr-equipo] excavadora; pala f | a - para excavadora f con cuchara f | v - palear • [constr] excavar
— **and drag hoist cable** n - [cabl] cable m para excavadora f y cuchara f para elevación f
— **attachment** n - [constr-equip] dispositivo m para pala f
— **back** v - devolver, or retornar, con pala f; palear de vuelta
— **boom** n - [constr-equip] aguilón m, or pluma f, para pala f
— **bucket** n - [constr-equip] cucharón m, or cuba f, or balde m, para pala f (mecánica)
— **cable** n - [cabl] cable m para, excavadora f con cuchara f, or pala f mecánica
— **coverer** n - [agric-equip] pala f tapadora
— **furrow opener** n - [agric] azadón m abrezurcos
— **out** v - sacar, or remover, (con pala f
— **pad** n - [constr-equip] zapata f para pala f mecánica
— **rope** n - [cabl] cable m para, cucharón m, or excavadora f, or pala f mecánica
— **track** n - [constr-equip] oruga f para pala f (mecánica)
— — **pad** n - [constr-equip] zapata f para oruga f para pala f (mecánica)
— **tumbler** n - [constr-equip] rueda f motriz para (oruga f para) pala f (mecánica)
— **wheel** n - [constr-equip] rueda f para, pala f (mecánica), or cangilón(es) m
— **with @ bucket** n - [constr-equip] pala f con, cucharón m, or cangilón m
— **without @ bucket** n - [constr-equip] pala f sin, cucharón m, or cangilón m
— **working range** n - [constr] radio m de acción f, or alcance m, para pala f
shoveled back a - devuelto,ta, or retornado,da, con pala f; paleado,da de vuelta
shovelful n - palada f
shoveling n - paleadura* f | a - paleador,ra
— **back** n - paleadura* f de vuelta f
shoving n - desplazamiento m; empelladura* f
show n - . . . • muestra f; exposición f; exhibición f; demostración f; concurso m • puesta f de manifiesto | v - . . . • señalar; registrar • enseñar; exhibir; demostrar; ilustrar; consignar; haber indicación f de • [print] ilustrar
— **above** v - mostrar, or indicar, or ilustrar, más arriba
— **@ accumulator pressure** v - [mech] mostrar, or indicar, presión f en acumulador m
— **@ air pressure** v - [mech] mostrar, or indicar, or señalar, presión f de aire m
— **and sell** v - mostrar y vender
— **@ area close-up** v - mostrar desde cerca zona
— **below** v - mostrar, or indicar, más abajo
— **case** n - [com] . . .; vidriera f; escaparate
— **clearly** v - mostrar, or indicar, claramente
— **@ close-up** v - mostrar vista f desde cerca
— **@ data** v - mostrar, dato(s) m, or información
— **@ defect** v - mostrar, or indicar, or señalar, defecto m
— **@ gage close-up** v - [mech] mostrar (vista f)

desde cerca de calibrador m
show @ heel(s) v - [fam] mostrar talón(es) f; echar tierra f
— **@ identification plate close-up** v - [mech] mostrar (vista f) dede cerca (de) placa f para identificación f
— **in @ illustration** v - mostrar en ilustración
— **@ increase** v - mostrar, or registrar, aumento
— **@ location** v - mostrar ubicación f
— **off** n—alardeo m | v - alardear; fanfarronear
— **@ oil pressure** v - [mech] haber indicación f de presión f de aceite m
— **on @ drawing** v - [drwng] mostrar en dibujo m
— **@ plug removal** v - [mech] mostar, remoción f, or saca, de tapón m
— **@ pressure** v - mostrar, or indicar, presión f • haber indicación f de presión f
— **red** v - [instrum] mostrar, or señalar, rojo m
— **@ removal** v - mostrar, remoción f, or saca f
— **@ swivel** v - [petrol] mostrar cabeza f para inyección f
— **@ — closeup** v [petrol] mostrar (vista f) desde cerca de cabeza f para inyección f
— **through** v - transparentar
— **up** v - aparecer; hacer(se) evidente
— **window** n - escaparate m
showed a - (de)mostrado,da; puesto,ta de manifiesto
shower n - . . . | v - [meteorol] precipitar
— **arm** n - [sanit] brazo n para, flor, or ducha
— **booth** n - [constr] (cabina f para) ducha f
— **building** n - [ind] edificio m para ducha(s) f
— **head** n - [sanit] flor f (para ducha f)
— **mixing valve** n - [sanit] válvula f para mezcla f para ducha f
showered a - [sanit] duchado,da; bañado,da con ducha f
showering n - [sanit] (baño m con) ducha f - [meteorol] precipitación f de lluvia f
showing n - . . . . • muestra f; demostración f; ilustración f; enseñanza f; señalamiento m; puesta f de manifiesto • consignación f • registro m • [sports] desempeño m • corrida f | a - mostrador,ra; con indicación f de
— **bearing** n - [mech] cojinete m, or apoyo m, or chumacera t, aparente, or visible
shown a - (de)mostrado,da; exhibido,da; indicado,da; registrado,da; señalado,da; enseñado,da; ilustrado,da • puesto,ta de manifiesto • consignado,da
— **above** a - mostrado,da, or indicado,da, or ilustrado,da, más arriba
— **accumulator pressure** n - [mech] presión f en acumulador m, mostrada, or indicada
— **air pressure** n - [mech] presión f de aire, mostrada, or indicada, or señalada
— **area closeup** n - vista f dede cerca de zona f mostrada
— **below** a - mostrado,da, or indicado,da, or ilustrado,da, más abajo
— **clearly** a - mostrado,da, or indicado,da, claramente
— **closeup** n - vista f desde cerca mostrada
— **data** n - dato(s) m mostrado(s); información f, mostrada, or indicada, or ilustrada
— **defect** n - defecto m, mostrado, or señalado, or indicado
— **identification plate** n - placa f para identificación f mostrada
— **increase** n - aumento m, or incremento m, mostrado, or registrado
— **information** n - información f, mostrada, or indicada, or ilustrada
— **location** n - ubicación f mostrada
— **oil pressure** n - [mech] presión f de aceite m, mostrada, or indicada, or señalada
— **on @ drawing** a - mostrado,da en dibujo m
— **pressure** n - [mech] presión f, mostrada, or indicada, or señalada
— **swivel** n - [petrol] cabeza f para inyección f mostrada

showroom n - [com] . . .; sala f, or salón f, para, exhibición f, or muestra f, or ventas f | a - [autom] sin modificar
— **car** n - [autom] automóvil m sin modificar
— **clean** a - [autom] limpio,pia como para exhibir en salón m para venta(s) f
— **stock** n - [autom] automóvil m, sin modificar, or en salón m para venta(s) f
— **stock car** n - [autom] automóvil, sin modificar, or de serie f, en salón m para venta(s)
— — **minipickup** n - [autom] minicamioneta f sin modificar, or de serie, de salón para ventas
— **profile** n - [autom-tires] perfil m, or conformación f, para automóvil(es) m, sin modificar, or en salón m para venta(s) f
— — **racing** n - [sports] carrera(s) f de automóviles f sin modificar en salón(es) f para venta f
— — **sedan** n - [autom] (automóvil) sedán m sin modificar (en salón m para ventas f)
shred n - . . . | v - . . . • [agric] despojar
shredded a - desmenuzado,da • [agric] despojado,da
shredder n - [agric] desmenuzadora f; picadora f; despojadora f
— **bar** n - [agric] barra f despojadora
shredding n - desmenuzamiento m • [agric] despojo m | a - desmenuzador,ra • [agric] despojador,ra
— **bar** n - [agric] barra f despojadora
shrink v - . . .; [weld] contraer(se)
— **during cooling** v - [weld] contraer(se) a enfriar(se)
— **fit** n - [petrol] ajuste m con contracción f | v - ajustar con contracción f
— **on** v - encoger(se), sobre, or encima
shrinkage n - . . . - [metal-prod] rechupe m • [com] merma f
— **cavity** n - [metal-prod] rechupe m
— **crack** n - [weld] grieta f por contracción f
— **force** n - [weld] esfuerzo m de contracción f
— **stress** n - [weld] esfuerzo m de contracción f
— — **relief** n - [metal] alivio m de esfuerzo m de contracción f
— **test** n - [metal] ensayo m de contracción f
— **void** n - hueco m debido a, encogimiento m, or contracción f
shrinking n - contracción f; encogimiento m | a - encogedor,ra; menguante
— **economy** n - [econ] economía f menguante
— **on** n - encogimiento m, sobre, or encima, de
shroud n - . . .; cubierta f; gualdera f; defensa f • [mech] . . . • [fans] bóveda f
— **mounting** n - [mech] montaje n de cubierta f
— — **screw** n - [mech] tornillo m para montaje m de cubierta f
— — **washer** n - [mech] arandela f para montaje m de cubierta f
— **part** n - [mech] pieza f para, defensa f, or cubierta f
shrouding n - cobertura f
— **part** n - [mech] pieza f para defensa f
shrugging n - encogimiento m de hombro(s) m
shrunk a - contraído,da; encogido,da
— **on** a - encogido,da, sobre, or encima
shuck n - [botan] espata f; chala f | v—[botan] despinochar; deschalar*
shucked a - despinochado,da; deschalado,da*
shucker n - [agric] despinochadora* f; deschaladora* f
shunt n - [electr-instal] desviación f; derivación f (de corriente f) | v - . . .; derivar
— **amperage** n - [electr] amperaje m de derivación f
— **ampere(s)** n - [electr-oper] amperio(s) m de derivación f
— **and series** a - [electr] para derivación f y serie f
— — **coil** n - [electr] bobina f, or devanado m, para derivación f y serie f
— — — **set** n - [electr] juego m de, bobi-

shunt and series field coil

na(s), or devanado(s) m, para derivación f y serie f
shunt and series field coil n - [electr-instal] devanado m para campo m para derivación f y serie f
— **assembly** n - [electr] conjunto m para derivación f
— — **bar extension** n - [electr] prolongación f, or extensión f para barra f para derivación f
— — **brake** n - [electr] freno m magnético por derivación f
— — — **resistor** n - [electr] resistencia f para freno m por derivación f
— — **changer** n - [electr-instal] cambiador m para derivación(es) f
— — **characteristic** n - [electr-instal] característica f para derivación f
— — **circuit** n - [electr-inestal] circuito m para derivación f
— — **coil** n - [electr-instal] bobina f, or devanado m, para derivación f
— — — **inside turn** n - [electr-instal] espira f interior de, bobina f, or devanado m, para derivación f
— — — — **lead** n - conductor m a espira f interior de bobina f para derivación f
— — — **outside turn** n - [electr-instal] espira f exterior de, bobina f, or devanado m, para derivación f
— — — — **lead** n - conductor m a espira f exterior de bobina f para derivación f
— — **set** n - [electr] juego m de bobina(s) f para derivación f
— — **turn** n - [electr] espira f para, bobina f, or devanado m, para derivación f
— — **field** n - [electr] campo m para derivación f
— — **coil** n - [electr] bobina f, or devanado m, para campo m para derivación f
— — — **discharge resistor** n - [electr] resistencia f para descarga f de campo m para derivación f
— — — **lead** n - [electr] conductor m a campo m para derivación f
— — **lead** n - [electr] conductor m para derivación f
— **off @ course** v - [sports] desviar(se) de, camino m, or pista f
— **wind** v - [electr-mot] devanar para derivación
— **winding** n - [electr-mot] devanado m para derivación f
— **wound** a - [electr-mot] devanado,da, or bobinado,da, para derivación f
— — **motor** n - [electr-mot] motor m con, bobinado m, or devanado m, para derivación f
— **off @ course** a - [sports] desviado,da de, camino m, or pista f
shunting off @ course n - [sports] desviación f de, camino m, or pista f
— **requirement** n - [electr] requerimiento m, or exigencia f, para derivación f
shut n - [mech] eslabón m, reparador, or para reparación f | a - . . . | v - . . .
— **down** n [ind] parada f; interrupción f; paro m • tiempo m, muerto, or de paralización f • paralización f; detención f | a - detenido,da; paralizado,da • para detención f | v - [ind] parar; paralizar; detener; sacar de servicio • cerrar
— — **at @ high level** v - [mech] desconectar(se) cuando se alcance nivel m alto
— — — **@ low level** v - [mech] desconectar(se) cuando se alkance nivel m bajo
— — **compressor** n - [mech] compresor m, paralizado, or detenido, or desconectado
— — **@ compressor** v - [mech] paralizar, or detener, or desconectar, compresor m
— — **crane** n - [cranes] grúa f paralizada
— — **@ crane** v - [cranes] paralizar grúa f
— — **drawworks** n - [petrol] malacate m paralizado
— — **@ drawworks** v - [petrol] paralizar malacate
— — **due to pig iron shortage** v - [metal-prod]

parar por falta f de arrabio m | a - parado,da por falta f de arrabio m
shut down furnace n - [ind] horno m parado
— — **gradually** v - [metal-prod] parar, lentamente, or progresivamente
— — **header** n - [wiredrwng] encabezadora f detenida
— — **@ header** v - [wiredrwng] detener encabezadora f
— — **@ line** v - [ind] detener, or parar, or paralizar, línea f
— **operation** n - [ind] maniobra f, or operación f, para, parada f, or detención f
— — **period** n - [ind] período m de paralización
— — **relay** n - [electr] relé m para parada f
— — **report** n - [ind] informe m, or declaración f, de, paro(s) m, or parada(s) f
— — **rod reel** n - [wiredrwng] carrete m con, varilla f, or alambrón m, detenido
— — **@ rod reel** v - [wiredrwng] detener carrete m con, varilla f, or alambrón m
— — **solenoid** n - [int.comb] solenoide m para detención f
— — **@ stove** v - [metal-prod] parar, or detener, or paralizar, estufa f
— — **stove** n - [ind] estufa f parada
— — **time** n - [ind] tiempo m de, detención f, or parada f, or paralización f
— **height** n - [mech] altura f (estando) cerrado,da
— **off** n - [electr-oper] corte m; cierre m; desconexión f | a - [electr-oper] cortado,da; desconectado,da | v - [electr-oper] cortar; cerrar; desconectar • detener
— — **and afterblow timer** n - [weld] sincronizador m para corte m retardado de flujo m
— — **clutch** n - [mech] embrague m desconectado
— — **@ clutch** v - [mech] desconectar embrague m
— — **engine** n - [int.comb] motor m desconectado
— — **@ engine** v - [int.comb] desconectar motor
— — **fuel** n - [int.comb] combustible m cortado
— — **@ fuel** v - [int.comb] cortar combustible
— — **gate** n - [hydr] compuerta f para cierre m
— — **ignition** n - [int.comb] encendido m desconectado
— — **@ ignition** v - [int.comb] desconectar encendido m
— — **implement clutch** n - [agric] embrague m para implemento m desconectado
— — **@ implement clutch** v - [agric] desconectar embrague m para implemento m
— — **power** n - [electr-oper] energía f, or corriente f, cortada, or interrumpida
— — **@ power** v - [electr-oper] cortar, energía f, or corriente f
— — **rubber seated valve** n - [valv] válvula f con asiento m de caucho m para cierre m
— — **timer** n - [electr] sincronizador m para detención f • [weld] sincronizador m para cortar, energía f, or corriente f
— — **valve** n - [valv] válvula f, interruptora, or para, corte m, or paso m, or cierre m; llave f para paso m
— — **welder** n - [weld] soldadora f detenida
— **up** v - ocluir
shutdown n - cierre m; parada f; corte m; desconexión f; desactivación f; detención f; detenimiento m; apagamiento m | a - parado,da; cerrado; parado,da | v - cerrar; parar
— **bed** n - [metal-prod] lecho m para parada f
— **beginning** n - [ind] comienzo m de parada f
— **due to pig iron shortage** n - [metal-prod] parada f por falta de arrabio m
— **during service,cing** n - [ind] detención f, or parada f, durante, servicio m, or atención f, para, mantenimiento, or conservación
— **end** n - [ind] fin m, or terminación f, de, parada f, or detención f
— **for cleaning** n - [ind] parada f, or detención f, para limpieza f

shutdown for repair(s) n - [inf] parada f para reparación(es) f
— — —(s) **and cleaning** n - [ind] parada f para reparación(es) f y limpieza
— **operation(s)** n - [ind] maniobra(s) f para parada f
— **program** n - [ind] programa m para parada f
— **programmer** n - [comput] programador m para parada(s) f
— **protection** n - [ind] protección f contra, detención(es) f, or parada(s) f
— **schedule** n - [ind] programa m para parada(s)
shutoff cock n - [tub] llave f para paso m
shutter n - [constr] . . .; celosía f • [autom-radiator] persiana f, or enrejado m, (graduable • [mech] obturador m
— **assembly** n - [constr] conjunto m de, postigo m, or celosía f
— **bolt** n - [constr] falleba f
— **door** n - [constr] puerta f, or cortina f, enrollable
shutting down n - [ind] cierre m; paralización f
— **off** n - [electr-oper] desconexión f
shuttle n - . . . . • [mech] (cinta) transportadora f portátil
— **conveyor** n - [mech] cinta f transportadora portátil; transportador m, móvil, or portátil • transportador m, reversible, or lanzadera
— — **belt** n - [mech] cinta f para transportadora, portátil, or (de) lanzadera f
— — **carriage** n - [mech] bastidor m para transportador m, portátil, or (de) lanzadera f
— — **service** n — [rail] servicio m (de) vaivén entre dos punto(s) m
— — **train** n - [rail] tren m (de) lanzadera f
— — **valve** n - [valv] válvula f de vaivén m
shy a - . . .; retraído,da; espantadizo,za; furo,ra
— **away** v - esquivar; soslayar; hurtar(se)
. . . **of** adv - a sólo . . . de
sibling n - . . . | a - fraterno,na(l)
— **rivalry** n - rivalidad f fraternal
sick in any way a - [medic] con malestar qualquiera
sickened a - [fig] fastidiado,da
sickening a - . . .; fastidiador; fastidioso,sa • dulzarrón,na; empalagoso,sa
sickle n - [agric] hoz f • cuchilla f; guadaña f
— **pitman** n - [agric] biela f para, cuchilla f, or guadaña f
sickly in @ summer a - [medic] veraniego,ga
side n - . . . .; vera f; bando m; mitad f; flanco m • aspecto m; punto m de vista • [constr] larguero m para escalera f • [weld] borde m; cara f • [electr-instal] conductor | a - lateral; paralelo,la • adicional | adv - hacia costado m
— **angle** n - [mech] ángulo m lateral
— **arm** n - [mech] brazo m lateral
— **assembly** n - [mech] conjunto m, lateral, or para costado m
— **backfill** n - [constr] relleno m para costado
— **baffle** n - [mech] pantalla f, or deflector m, lateral
— **bar** n - [mech] barra f lateral
— — **failure** n - [mech] falla f de barra f lateral
— **bearing** n - [mech] cojinete m lateral
— **bend** n - pliegue m lateral | a - [weld] para plegado m, lateral, or de costado m
— — **test** n - [weld] prueba de pliegue m, lateral, or hacia costado m
— **benefit** n - beneficio m, adicional, or indirecto
— **board** n - [metal-prod] placa f aisladora • [agric] defensa f, or guarda f, lateral
— **bumper** n - [autom] paragolpe m, esquinero, or lateral, (trasero)
— **burner** n - [combust] quemador m lateral
— — **oxygen use** n - [combust] uso m, or empleo m, de oxígeno m en quemador(es) m lateral(es)

side bushing n - [mech] buje m lateral
side-by-side a - . . .; paralelo,la
— — **bead(s)** n - [weld] cordón(es) m paralelo(s)
— — **structure(s)** n - [constr] estructura(s) f paralela(s)
— — **weld(ing)** n - [weld] soldadura(s) f paralela(s)
— **casting** n - pieza f fundida para costado m
— **chain** n - [mech] cadena f lateral
— **channel** m - [hydr] canal m paraleo • canal m lateral • [autom-mech] larguero m acanalado
— . . . **concrete pole guy** n - [electr-instal] retenida f para poste n de hormigón m con . . . lado(s) m
— **connection** n - [mech] conexión f, lateral, or en, lado m, or costado m
— **cover** n - [mech] tapa f lateral
— — **assembly** n - [mech] conjunto m de tapa f lateral
— **cut shear** n - [metal-roll] cizalla f, or tijera f, (para corte m) lateral
— — **shearman** n - [metal-roll] cortador m de borde(s) m
— **cutter** n - [mech] cortadora f lateral; (re)-bordeadora f • [tools] alicate(s) m para corte m lateral
— **delivery hay rake** n - [agric-equip] rastrillo m para heno m con descarga f lateral
— **discharge door** n - [mech] portezuela f lateral. para descarga f
— **ditch** n - [constr] zanja f lateral
— **door** n - [constr] puerta f lateral • [mech] portezuela f lateral
— **edge** n - [metal-roll] borde m lateral
— **effect** n - efecto m, adicional, or indirecto
— **face** n - [mech] costado m (lateral) • [constr] borde m para empuje m
— **fastener** n - [mech] fijador m lateral
— **fill** n - [constr] relleno m, lateral, or en costado m | a - [constr] para relleno m lateral
— — **remainder** n - [constr] saldo m, or sobrante m, de relleno m lateral
— — **soil** n - [constr] suelo m para relleno m lateral
— **filling** n - [constr] relleno m lateral | a - para relleno m lateral
— **flange** n - [mech] brida f lateral
— **fold(ing)** n - plegamiento m lateral
— — **jib** n - [cranes] pescante m, con plegamiento m lateral, or plegable lateralmente
— **force** n - [constr] fuerza f, or empuje m, lateral
— **frame** n - [mech] marco m, or bastidor m, lateral
— **fuel oil burner** n - [combust] quemador m lateral para fuel oil m
— — **burner** n - [combust] quemador m lateral para gas m
— **gear** n - [mech] engranaje m lateral
— — **and pinion** n - [mech] engranaje m lateral y piñón m
— — **bearing** n - [mech] cojinete m para engranaje m lateral
— — — **cone** n - [autom-mech] cono m para cojinete m para engranaje m lateral
— — **bushing** n - [mech] buje m para engranaje m lateral
— — — **installation** n - [mech] instalación f de buje m para engranaje m lateral
— — **end** n - [mech] extremo m de engranaje m lateral
— — **hub** n - [mech] cubo m para engranaje m lateral
— — **installation** n - [mech] instalación f de engranaje m lateral
— — **spline** n - [mech] ranura f, or estría f, en engranaje m lateral; estría f, or ranura f, en engranaje m lateral
— — — **combination** n - [mech] combinación f

de, estría(s) f, or ranura(s) f, en engranaje m lateral
side gear spline variation n - [mech] variación f en, estría(s) f, or ranura(s) f en, engranaje m lateral
— — **thrust washer** n - [mech] arandela f para empuje m para engranaje m lateral
— — **washer** n - [mech] arandela f para engranaje m lateral
— **guard** n - [mech] defensa f lateral • [metal-roll] guarda f lateral
— — **manipulator** n - [mech] manipulador m para, guía(s) f, or guarda(s) f, lateral(es)
— **guide** n - [metal-roll] guía(dera) f, lateral, or para reborde m
— — **pre-positioning** n - [metal-roll] ajuste m anticipado, or regulación f anticipada, de guía(dera)s f lateral(es)
— — **roll** n - [mech] rodillo m, guiador lateral, or lateral para guía f
— — **type** n - [metal-roll] tipo m de guía(dera)s f lateral(es)
— — — **roll** n - [metal-roll] rodillo m (vertical) de tipo m para guia(dera) f lateral
— — **vertical roll** n - [metal-roll] rodillo m vertical de tipo m para guiadera(s) f lateral(es)
— **hill** n - [topogr] cuesta f; ladera f; cuesta f lateral
— — **cut** n - [constr] corte m, en ladera f, or de cornisa f
— **inlet** n - [mech] admisión f en costado m
. . . — **inlet suction manifold** n - [mech] colector m para aspiración f con admisión f en . . ., lado(s) m, or costado(s) m
—(s) **joining** n - [mech] unión f de borde(s) m
— **joint** n - [constr] junta f lateral
— **lamp** n - [autom-electr] luz f, or faro m, lateral
— **lap** n - traslapo m lateral
— **left panel** n - panel m lateral izquierdo
— **light** m - [autom-electr] luz f, or faro m, lateral
— **louver** n - [mech] celosía f, lateral, or para costado m
— **manhole** n - [constr] boca f, para registro m lateral, or lateral para registro m
— — **cover** n - tapa f (para boca f para registro m) lateral
— **motor panel** n - [autom] panel m lateral para motor m
— **mount** v - montar sobre costado m
— **mounted** a - montado,da sobre costado m
— **cab** n - [cranes] cabina f montada sobre costado m
— — **full vision cab** n - [cranes] cabina f con visibilidad f total montada sobre costado m
— **mounting** n - montaje m sobre costado m
— **moving** a - con movimiento m lateral
. . . — **nitrogen finished material** n - [metal-treat] material m con, acabado m, or terminación f, con nitrógeno en . . . lado(s) m
— **opposite @ operator** n - [mech] lado m opuesto a operador m
— **panel** n - panel m lateral • pared f lateral • [tub] plancha f lateral
— — **bottom corner** n - [mech] ángulo m, or esquina f, inferior en panel m lateral
— — **inside** n - [mech] (lado) interior m de panel m lateral
— — **insulation** n - [weld] aislación f para panel m lateral
— — **mounting** n - [mech] montaje m de panel m lateral
— — **outside** n - [mech] (lado) exterior m de panel n lateral
— — **top corner** n - [mech] ángulo m, or esquina f, superior en panel m lateral
side piece n - [mech] pieza f lateral • [autom-mech] montante m; costado m
— **piler** n - [mech] apiladora f lateral

- 1526 -

side pinion n - [mech] piñón m lateral
— — **kit** n - [autom-mech] conjunto m, or juego m, para piñón m lateral
— — **thrust washer** n - [mech] arandela f para empuje m para piñón m lateral
— — **washer** n - [mech] arandela f para piñón m lateral
— **plate** n - [mech] plancha f, or placa f, or chapa f, or plato m, lateral
— — **assembly** n - [mech] conjunto m de, placa f, or plancha f, or chapa f, lateral, or para costado m
— — **bushing** n - [mech] buje m para, placa f, or plancha f, lateral, or para costado m
— — **rivet** n - [mech] remache m para plancha f lateral
— **play** n - [mech] juego m lateral
— **pull** n - [mech] esfuerzo m, or tiro m, lateral
— **point** n - [nails] punta f excéntrica avoid punta f diagonal*
— — **nail** n - [nails] clavo m con punta f excéntrica
— **pressure absence** n - [constr] ausencia f de presión f lateral
— **radius** n - radio m lateral
— **rail** n - [mech] viga f lateral • [rail] riel m lateral • [autom-mech] larguero m
— **rake** n - [agric-equip] rastrillo m para, entrega f, or descarga f, lateral
— — **and tedder** n - [agric-equip] rastrillo m para descarga f lateral y oreadora f
— **rasp** n - [tools] raspa f lateral; mediacaña f escariadora
— **reel** n - [mech] carrete m lateral
— **remainder** n - [constr] saldo m, or sobrante m, en costado m
— **restraint** n - retención f, or contención f, lateral | a - para, retención f, or contención f, lateral
— **retaining wall** n - [constr] pared f, or muro m, para, retención f, or contención, lateral
— **right panel** n - panel m lateral derecho
— **ring** n - [mech] aro m, or anillo m, lateral
— **road** n - [roads] camino m lateral
— **roll** n - [mech] rodillo m lateral
— **rubbing plate** n - [hydr] plancha f lateral para, contacto m, or fricción f
— **shearing** n - [mech] cizallado m, or recorte m, or recortadura f, de borde(s) m
— **shield** n - [safety-glasses] defensa f, or protección f, lateral
— — **glasses** n - [safety] anteojos m con protección f lateral
— **shielded glasses** n - [safety] anteojos m con protección f lateral
— **skimming attachment** n - [agric-equip] accesorio m espumador lateral
— **slitter** n - [metal-roll] tijera f, or cizalla f, or recortadora f, para borde(s) m
— **slope** n - [topogr] vertiente f, or talud m, lateral • [hydr] pendiente f, or inclinación f, en, orilla f, or borde m
— **spillway** n - [hydr] vertedero m lateral
— **spline** n - [mech] estría f lateral
— **squareness** n - escuadría f de costado m
— **stand** n - [mech] soporte m lateral
— **stow** n - [transp] estibar de canto m
— **stowage** n - [transp] estiba(ción) f de canto
— **stowed** a - [transp] estibado,da de canto m
— **stowing** n - [transp] estiba(ción) f de canto
— **jib** n - [cranes] pescante m transportable en costado m (de grúa f)
— — **straight jib** n - [cranes] pescante m recto transportable en costado m (de grúa f)
— **strain** n - [mech] esfuerzo m lateral
— **subject** n - tema m, lateral, or conjunto
— **support** n - soporte m, or apoyo m, lateral
— **sway(ing)** n - cimbreo m lateral
— —**(ing) correction** n - corrección f de cimbreo m lateral

side tension attachment n - [mech] accesorio m para tensión f lateral
— thrust n - [mech] empuje m lateral
— tilter n - [mech] volteadora f, or inclinadora f, lateral
— tire carrier n - [autom-tires] portaneumático(s) m lateral
——to-side a - oscilante; con vaivén | [adv] hacia costado(s) m
———————— lateral motion n - oscilación f lateral
—————— motion n - [weld] oscilación f
—————— movement n - movimiento m en vaivén m
—————— weave n - [weld] tejido, en vaivén m, or lateral; oscilación f lateral; movimiento m de tejido m
— tooth n - [mech] diente m lateral
— towards @ operator n - [mech] lado m hacia operador m
— traction n - [mech] tracción f lateral
— — unit n - [mech] dispositivo m para tracción f lateral
— trim rotary shear n - [metal-roll] cizalla f rotativa para corte m de borde(s) m
— trimmer n - [metal-roll] tijera f, or cizalla f, para, borde(s) m, or canto(s); tijera f rebordeadora
— trimming n - [metal-roll] (re)corte m, or cizallado m, de borde(s) m
— — and slitting line n - [metal-roll] línea f, or sección f, para (re)corte m de borde(s) m y división f en banda(s) f
— — line n - [metal-roll] línea f para (re)corte m, lateral, or de borde(s) m
— — shear n - [metal-roll] cizalla f, or tijera f, lateral, or para recorte m de borde(s)
— upper manhole cover n - [mech] tapa para boca f superior lateral para inspección f
— view n - vista f, lateral, or desde costado m | a - visto,ta desde costado m
— — mirror n - [autom] espejo m, or retrovisor m, lateral
— wall n - [autom-tires] see sidewall
— wear n - [mech] desgaste m lateral
— wind n - [meteorol] viento m, lateral, or desde costado m
sidehill n - [constr] talud m; ladera f; falda f | a - en pendiente f
— excavation n—[constr] excavación f en ladera
— seepage n - [hydr] escurrimiento m desde, talud m, or ladera f, or falda f
— — zone n - [hydr] zona f con escurrimiento m desde, talud m, or ladera f, or falda f
— zone n - [topogr] zona f de, ladera f, or talud m, or falda f
sidekick n - compañero m; compinche m • [sports] acompañante m
sidelight n - información f adicional; detalle m
sideline v - [sports] eliminar • abandonar
sidelined a - [sports] eliminado,da; hecho,cha abandonar
sidelining n - [sports] eliminación f • abandono
siderite n - [miner] . . .; carbonato m ferroso
sideshield n - [safety-glasses] protección f lateral
— eye protection n - [safety-glasses] protección f, or antiparra(s) f, con protección f lateral para, ojo(s) m, or vista f
— — goggle(s) n - [safety-glasses] antiparra(s) f con protección f lateral para ojos m
— glasses n - [safety] anteojo(s) m con protección f lateral (para ojos m)
— safety glasses n - [Safety] anteojos m para porotección f lateral de, ojo(s) n, or vista f
sidetone n - [comput] tono m (de salida f) audible
— output n - [comput] producción f de tono m (de salida f) audible
sidetrack n - [rail] . . .; desvío m
sidetracked a - desviado,da
sidetracking n - desviación f; desvío m
— tool n - [tools] herramienta f desviadora

sidewalk area n - [constr] zona f para, acera f, or vereda f
— superintendent n - [constr] mirón m
— tamper n - [tools] pisón m (corriente)
sidewall n - [constr] muro m, or pared f, lateral • medianera f • costado m
— action n - [autom-tires] acción f de pared f lateral
— brand v - [autom-tires] marcar (en) pared f lateral
— branded a - [autom-tires] marcado,da en pared f lateral
— — maximum load n - [autom-tires] carga f máxima marcada en pared f lateral
— branding n - [autom-tires] marcación f en pared f lateral
— crack growth n - [autom-tires] crecimiento m de grieta(s) f en pared(es) f lateral(es)
— flexing n - [autom-tires] flexión f de pared f lateral
— fusion n - [weld] fusión f de pared f lateral
— ply,lies n - [autom-tires] tela(s) f en pared f lateral
— rubber n - [autom-tires] caucho m en pared(es) f lateral(es)
— size information n - [autom-tires] informaación f sobre medida(s) t de pared f lateral
— slope n - inclinación f de pared f lateral
— stiffener n - [autom-tires] atiesador m para pared f lateral
— stiffening n - [autom-tires] atiesamiento m, or aumento m en rigidez f, de pared(es) f lateral(es) de neumático(s) m
— upper half n - [constr] mitad f superior de pared f lateral
sidewards adv - . . .; hacia costado m
sideways adv - . . .; hacia costado m
— shift n - desplazamiento m, lateral, or hacia costado m
sidewise adv - . . .; transversal(mente); hacia costado m; a lo zaino
— stability n - [autom] estabilidad f lateral
siding n - [rail] . . .; desvío m • [constr] . . . panel m, or lámina f, para pared f; pared f lateral • tingladillo m
— sheet n - [constr] chapa f para pared f
Siemens n - [metal-prod] see open hearth
——Martin n - [metal-prod] see open hearth
sienite n - [geol] sienita* f
sieve n - [tools] . . .; cernidor m; malla f | v - cernir; pasar por, cedazo m, or harnero m
— screen n - [mech] tamiz m, or malla f, para, criba f, or zaranda f
sieved a - cernido,da
sieving n - cernidura f
sieze* v - see seize
sift v - . . .; cernir
sifted a - cribado,da; cernido,da
sifting n - [culin] cernidura f
sight n - [instrum] . . .; mirilla f | a - . . .; para observación f | v - . . .; ver
— deposit n - [fin] depósito m a vista f
— draft n - [fin] giro m, or letra f, a vista f
— — against . . . n - [fin] giro m, or letra f, a vista f contra . . .
— — attached n - [fin] giro m, or letra f, a vista f adjunto,ta
— document n - [com] documento m, or giro m, or letra f, a vista f
— — (s) attached n - [fin] giro m, or letra f, a vista con documento(s) m adjunto(s)
— — invoice attached n - [fin] giro m, or letra f, a vista f con factura f adjunta
— — through . . . n - [fin] giro m, or letra f, a vista f por intermedio de . . .
— glass n - [instrum] mirilla f
— — bottom n - [instrum] parte f inferior de, mirilla f, or tubo m indicador
— — midpoint n - [instrum] altura f media en, mirilla f, or tubo m indicador
— — top n - [instrum] parte f superior, or to-

sight line

pe m de, mirilla f, or tubo m indicador
sight line n - visual f • campo m visual
— **payment** n - [fin] pago m a vista f
— **plug** n - [mech] tapón m, or mirilla f, para observación f
—**(s) setting** n - puesta f de mira(s) f
sighting n - [topogr] puntería f
sightseeing n - . . .; visita f a punto(s) m de interés; turista m
sightseer n - . . .; turista m
sign n - . . .; indicador m; letrero m luminoso • . . ., vestigio m; indicación f | v - . . . • celebrar; escribir nombre m; estampar firma f • señalizar
— **@ agreement** v - [legal] firmar, or suscribir, convenio m, or acuerdo m
— **area** n - [roads] espacio m para aviso(s) m
— **back** n - [roads] respaldo m de letrero m
— **background** n - tablero m, or fondo m, para indicador m
— **blank** n - [roads] plancha f para, letrero(s) m, or indicador(es) m
— **@ bond** v - [fin] firmar, or suscribir, obligación f
— **@ contract** v - [legal] firmar, or suscribir, contrato m
— **bridge** n - [roads] puente m, or pórtico m, para indicador(es) m
— — **cantilever** n - [roads] puente m, or pórtico m, para indicador(es) m con voladizo m
— — **support** n - [constr] soporte m para puente m para inicador(es) m
— **builder** n - constructor m, or erector m, de letrero(s) m (luminoso(s))
— **cantilevering** n - [roads] puesta f en voladizo m de, indicador m, or letrero m
— **embossing** n - [roads] relieve, or repujadp m, en, letrero m, or indicador m
— **erection** n - [roads] instalación f de letrero
— **erector** n - [roads] instalador m de letrero m
— **face** n - frente m, or cara f, de, letrero m, or indicador m • superficie f de letrero m
— **@ form** v—firmar, impreso m, or formulario* m
— **illumination** n - iluminación f de letrero m
— **in my presence** v - [legal] firmar, en mi presencia f, or ante mí
— **installer** n - instalador m para letrero(s) m
— **letter** n - [com] letra f en letrero m
— **mounting** n - [roads] montaje m de, letrero m, or indicador m
— **of @ weakening** n - señal f de debilitación f
— **panel** n - [roads] panel m para letrero(s) m
— — **post** n - [roads] poste m para, letrero m, or indicador m
— **readability** n - legibilidad f de letrero m
— **size** n - tamaño m, or medida(s) f, de letrero
— **structural support** n - [roads] soporte m estructural para, letrero m, or indicador m
— **structure** n - [roads] estructura f para, letrero m, or indicador m
— **support** n - [roads] soporte m para, letrero m, or indicador m
— **truss** n - [roads] armazón m para indicador m
signage* n - [constr] señalización f • [com] letrero(s) m luminoso(s); cartelón(es) m
signal n - . . .; señalador m; indicador m • [rail] semáforo m; señal f • [telecom] llamada f | a - . . .; destacado,da | v - . . .; signar • [telecom] llamar
— **cab** n - [rail] cabina f para señal(es) f
— **circuit** n - [electr-instal] circuito m para, señalización f, or señal(es) f • [autom-electr] circuito m para indicador(es) m
— **connection** n - [electron] conexión f para señal(es) f
— **display(ing)** n - [electron] despliegue m, or reproducción f, de señal(es) f
— **field** n - [electron] campo m con señal(es) f
— **frequency** n—[electron] frecuencia f de señal
— **generation** n - [electron] generación f de señal f

signal horn n - [safety] alarma m sonoro; bocina f (para, señal(es) f, or alarma f)
— — **kit** n - [safety] equipo m para, bocina f, or alarma f sonora
— **@ input** v - [electron] señalar entrada f
— — **level** n - nivel m para señalar entrada f
— **interpretation** n - interpretación f de señal
— **lamp** n - luz f indicadora; lámpara f para señalización f
— — **lighting** n - encendimiento m, or prendimiento m, de luz f indicadora
— **level** n - [electron] nivel m para señal f
— **light** n - luz f, indicadora, or para señalización f • semáforo m
—**(s) monitoring** n - fiscalización f, or vigilancia f, or observación f, de señal(es) f
— **output** n - [comput] (intensidad f de) señal f de salida f
— — **connector** n - [electron] salida f para, señal de, conectador m, or toma f
— — **level** n - [comput] nivel f para salida f de señal f
— — **to @ telephone network** n - [comput] (intensidad f de) señal f de salida f, or de salida f de señal f, a red f telefónica
— **@ polar input** v - [electron] señalar entrada f polar
— **post** n - poste m para señal(es) f; semáforo m
— **recall(ing)** n - [electron] recuperación f de señal f
— **receiving** n - [electron] recepción f de señal
— **rejection** n - [electron] rechazo m de señal f
— **sequence** n - [electron] secuencia f, or orden m, de señal(es) f
— **target** n - [rail] señal f indicadora de posición f de aguja(s) f
— **to @ noise ratio** n - [comput] razón f entre señal f y ruido m; sinad* f
— **transmission** n - [instrum] transmisión f de señal(es) f
— **@ vehicle** v - [telecom] llamar (a) vehículo m
signalization n - señalización f; señalamiento m
signalled a - señalado,da; signado,da • [telecom] llamado,da
— **input** n - [electron] entrada f señalada
— **polar input** n - [electron] entrada f polar señalada
— **vehicle** n - [telecom] vehículo m llamado
signaller n - señalador m
signalling n - señalamiento m; señalización f • [telecom] llamada f; llamamiento m | a - señalador,ra
— **askania** n - [metal-prod] askania* f para señalización f
— **equipment** n - equipo m para, señalización f, or señal(es) f
— **format** n - [comput] formato m para, señalamiento m, or señalización f
— **generating device** n - [electron] dispositivo m generador para señal(es) f
— **lamp** n - lámpara f para señalización f
— **light(s)** n - luz f, or lámpara f, para señalización f
— **line** n - [metal-prod] línea f para señalización f
— **marking** n - marcación f, or letrero m, para señalización f
— **mode** n - [comput] modalidad f para señalización f
— **rejection** n - [comput] rechazo m de señalización f
— **sequence** n - [electron] secuencia f, or orden m, para señalización f
— **speed** n - [comput] velocidad f para señalización f
— **system** n - sistema m para señalización f
— **type** n - [comput] tipo m, señalador, or para, señalamiento m, or señalización f
signature n - . . . • [print] . . .; rimero m; cuadernillo m
— **affixing** n - [legal] (colocación f de) firma

signature(s) register n - [legal] registro m de firma(s) f
signboard n - . . .; cartelera f
signed a - firmado,da; rubricado,da; signado,da • [legal] celebrado,da
— **agreement** n - [legal] acuerdo m, or convenio m, firmado, or suscripto
— **bond** n - [fin] obligación f suscripta
— **by @ beneficiary,ries** a - [fin] firmado,da por beneficiario(s) m
— **contract** n - [legal] contrato m, firmado, or subscripto
— **copy** n - copia f firmada
— **document** n - documento m firmado
— **form** n - impreso m, or formulario* m, firmado
— **in my presence** a - [legal] firmado,da, en mi presencia, or ante mí
signer n - . . .; rubricador m; rubricante m
significance n - . . .; importancia f
significant a - . . .; considerable; importante; de importancia f; relevante
— **abrasion** n - [mech] abrasión f considerable
— — **evidence** n - evidencia f de abrasión f considerable
— **accounting policy** n - [accntg] norma f contable, significativa, or importante
— — **principle** n - [accntg] principio m contable, significativo, or importante
— **advantage** n - ventaja f considerable
— **aspect amplification** n - ampliación f de aspecto m relevante
— **balance** n - [com] saldo m, significativo, or importante
— **curtailment** n - [econ] retraimiento m, or reducción f, importante
— **deflection** n - deformación f considerable
— **improvement** n - mejora f, significativa, or importante, or considerable
— **increase** n - aumento m, significativo, or considerable, or importante
— **intercompany balance** n - [accntg] saldo m significativo entre empresa(s) f afiliada(s)
— — **transaction** n - [legal] transacción f significativa entre empresa(s) f afiliada(s)
— **load reduction** n - reducción f considerable de carga f
— **metal loss** n - [metal] pérdida f considerable de metal m
— **policy** n - norma f significativa
— **retrenchment** n - [econ] retraimiento m significativo
— **specimen** n - [ind] probeta f significativa
— **structure** n - [constr] construcción f mayor
significantly adv - . . .; considerablemente • caber notar
— **greater** a - significativamente, or considerablemente, mayor
— — **capacity** n - capacidad f, significativamente, or considerablemente, mayor
— **improved** a - muy mejorado,da
— **less** adv - considerablemente, menos, or menor, or inferior
signified a - significado,da; implicado,da
signify v - . . .; implicar
signifying n - implicación f
signing n - firma f; signatura f • [legal] rubricación f • [roads] señalización f | a - rubricador,ra; signatario,ria
— **in my presence** n - [legal] firma(ndo), en mi presencia, or ante mí
signode n - [transp] zuncho m
— **band** n - [transp] fleje m (para bulto(s) m); zuncho m
— **clip** n - [transp] sujetador m para, fleje(s) m, or zuncho(s) m
— **holding band** n - see **Signode band**
— **sealer** n - [transp] sujetador m para, fleje(s) m, or zuncho(s) m
sil n - [metal] see **silicon**
silage cutter n - [agric-equip] cortadora f, or picadora f, para ensilaje m

silence n - . . . | v - silenciar
silenced a - silenciado,da
silencer n - . . . • [int.comb] (amortiguador m para) escape m
silent a - . . .; silente
— **chain drive** n - [mech] accionamiento m, or impulsión f, silencioso,sa con cadena f
— **drive** n - [mech] accionamiento m silencioso
— — **chain** n - [mech] cadena f (silenciosa) para transmisión f (silenciosa)
— **flame** n - [combust] llama f silenciosa
— **mesh(ing)** n - [mech] engranaje m silencioso
— **operation** n - operación f, or marcha f, silenciosa
— **partner company** n - [legal] sociedad f en comandita f
— **partnership** n - [legal] . . .; comandita f
silently meshed a - [mech] engranado,da silenciosamente
silica n - [miner] . . .; bióxido m de silicio; cuarzo m
— **brick** n - [ceram] ladrillo m de sílice m
— **clay** n - [soils] arcilla f silícea
— **content** n - [miner] contenido m, or proporción f, de sílice m
— **jel** n - [chem] jel m silíceo
— **refractory** n - [ceram] refractario m de sílice m
— **sand** n - [miner] arena f, silícea, or de sílice m; gres m
— **saturated slag** n - [metal-prod] escoria f saturada con sílice m
silicate base n - [chem] base f de silicato m
— **based** a - [chem] con base f de silicato m
— — **flux** n - [weld] fundente m con base f de silicato(s) m
— **solution** n - [chem] disolución f de silicato
silicious brick n - [ceram] ladrillo m silíceo
— **element** n - [geol] elemento m silíceo
— **refractory** n - [ceram] refractario m, silícico, or ácido
silicic boulder n - [geol] rodado m silícico
— **brick** n - [refract] ladrillo m silícico
silicification n - [geol] silicificación* f
silicified a - [geol] silicificado,da*
— **shale** n - [geol] lutita f silicificada*
silico-manganese n - [metal] silicio-manganeso m
silicon buildup n - [weld] acumulación f de silicio m
— **cold rolled sheet** n - [metal-roll] hoja f, or lámina f, de silicio m laminada en frío
— **carbide** n - [metal] carburo m de silicio m
— — **blade** n - [tools] hoja f, or cuchilla f, de carburo m de silicio m
— — **grinding wheel** n - [tools] muela f de carburo m de silicio m
— — **saw blade** n - [tools] hoja f de carburo m de silicio m para sierra f
— **content** n - [metal] contenido m, or ley f, de silicio m
— **control** n - [electron] regulador m con silicio m
— — **rectifier** n - [electron] rectificador con silicio m para regulación f
— — **switch** n - [electr-equip] conmutador m regulado con silicio m
— **deposit** n - [weld] aportación f de silicio m
— **depression** n - depresión f con silicio m
— **diode** n - [electr-equip] diodo m de silicio n
— — **rectifier bridge** n - [electron] puente m rectificador con diodo m de silicio m
— **histogram** n - histograma* m para silicio m
— **hot rolled sheet** n - [metal-roll] hoja f, or lámina f, con silicio m laminada en caliente
— **killed** a - [metal-prod] calmado,da con silicio m
— — **carbon steel** n - [metal-prod] acero m con carbono m calmado con silicio m
— — **electrode** n - [weld] electrodo m calmado con silicio m
— — **heat** n - [metal-prod] colada f calmada con

silicio m
silicon killed medium carbon steel n - [metal-prod] acero m con carbono m mediano calmado con silicio m
— — **steel** n - [metal-prod] acero m calmado con silicio m
— — **tapping** n - [metal-prod] colada f calmada con silicio m
— — **wire** n - [weld] electrodo m calmado con silicio m
— **neutralization** n - [metal-prod] neutralización f, de, or con, silicio m
— **rectifier** n - [electr-equip] rectificador m, de, or con, silicio m
— — **bridge** n - [electron] puente n de silicio m para rectificación f
— — **diode** n - [electron] diodo m rectificador con silicio m
— — **trouble shooting** n - [weld] determinación f de falla(s) en rectificador m con silicio m
— **rolled sheet** n - [metal-roll] hoja f, or lámina f, con silicio m, laminada
— **sheet** n - [metal-roll] hoja f, or lámina f, or chapa f, con silicio m
— **steel** n - [metal-prod] acero m con silicio m
— — **bar** n - [metal-roll] barra f de acero m con silicio m
— — **permeability** n - [electr] permeabilidad f de acero m con silicio m
— — **sheet** n - [metal-roll] lámina f, or hoja f, or chapa f, de acero m con silicio m
— — **strip** n - [metal-roll] banda f, or cinta f, or chapa f, or fleje m, de acero m con silicio m
silicon(e) rubber n - [electr-instal] caucho m, silicónico*, or con silicono m
silicone n - [chem] silicona f; silicono* m
— **agglomerating substance** n - [chem] substancia f silicónica* aglomerante
— **gasket** n - [mech] guarnición f de silicona f
— **compound** n - [mech] guarnición f de compuesto m, silicónico*, or con silicona f
— **oil** n - [lubric] aceite m, silicónico*, or con silicona f
— **rubber** n - [electr-instal] caucho m, silicónico*, or con silicona f
— — **gasket** n - [mech] guarnición f de caucho m, silicónico*, or con silicono m • caucho m, silicónico*, or con silicono m, para junta(s)
— — **sealant** n - [electr-instal] sellador* m de caucho m, silicónico*, or con silicona f
— **sleeving** n - [electr-instal] manguito m de silicona f
— **substance** n - [chem] substancia f, silicónica*, or con silicona f
silk glove n - [vest] guante m de seda f; avoid guante n de terciopelo m
— **ground** n - [textil] fondón* m
— **reel spindle wedge** n - [textil] frailecillo m
— **yarn** n - [texitl] hilado m de seda f
silkworm eating stage n - [entomol] freza f
sill n - . . . . • [carp] . . .; asiento m; viga f (para asiento m); larguero m
— **anchor** n - [carp] anclaje m para umbral m
— **level** n - [carp] nivel m para umbral m
sillily adv - . . .; zonzamente
silliness n - zoncería f; zoncería f
silly a - . . .; zonzo,za; friático,ca
silo feeder n - alimentador m para silo m
— **foreman** n - [ind] capataz m para silo(s) m
— **lug** n - [ind] casquete m de silo(s) m
— **supervisor** n - [ind] encargado m para silo(s)
silt n - . . .; sedimentación f; fango m; cieno m; azolve m; lama f; limo m | v - . . .; sedimentar; azolvar; depositar (sobre fondo m)
— **bearing solution** n - [miner[disolución f portadora de lama f
— **bed** n - [geol] lecho m, or depósito m, sedimentario, or de sedimento(s) m
— **carrying** n - acarreno m, or arrastre m, or porte m, de sedimento(s) m | [hydr] portador

m de, sedimento(s) m, or acarreo(s) m
silt carrying capacity n - [hyde] capacidad f portadora para, sedimento(s) m, or acarreos
— **clearing** n - [hydr] eliminación f de limo m
— **clog** v - [hydr] atascar con sedimento(s) m
— **clogged** a - [hydr] atascado,da con sedimento(s) m
— **clogging** n - [hydr] atascamiento m con sedimento(s) m
— **loam** n - [geol] greda f, limosa, or sedimentaria
— **loessial layer** n - [geol] capa f, or manto m, limo-loessoide
— **pocket** n - [geol] bolsa f de limo m
— **trapping** n - [hydr] atrapamiento m de sedimento(s) m
— **up** v - [hydr] llenar con sedimento(s) m; azolvar
siltation n - [hydr] sedimentación f
silted a - [hydr] sedimentado,da, or con sedimento(s) m
— **up** a - [hydr] llenado,da con sedimento(s) n; azolvado,da
silting n - sedimentación f
— **cause** n - [hydr] causa f de sedimentación f
silting up n - [hydr] azolve m; colmatación* f
silty a - fangoso,sa; limoso,sa
— **bedload** n - [constr] carga f fangosa sobre lecho m
— **clay** n - [soils] arcilla f limosa
— **loam** n - [soils] greda f limosa
— **pocket** n - [geol] bolsa f de limo m
— **sand** n - [geol] arena f limosa
silver n - [miner] . . . . • [fin] dinero m (menudo); cambio m; moneda(s) f • [domest] . . .; cubierto(s) m | a . . .; argentífero,ra • [fig] elocuente | v . . .
— **alloy** n - [metal] aleación f con plata f
— — **brazing** n - [weld] soldadura f con aleación f con plata f; platasoldadura f
— — **weld(ing)** n - [weld] soldadura f con aleación f con plata f; platasoldadura f
— **background** n - [print] fondo m plateado
— **brazing** n - [weld] soldadura f con plata f
— **coating** n - recubrimiento m plateado
— **color** n - color m de plata | a - plateado,da
— **contact** n - [electr] contacto m de plata f
— — **mating surface** n - [electr] superficie f coincidente con contacto(s) m de plata f
— **deposit** n - [miner] yacimiento m, de plata f, or argentífero
silver plate v - platear
— **plated** a - plateado,da
— **plating** n - plateadura f
— **soldering** n - see **silver brazing**
— **steel electrode** n - [weld] electrodo m de acero m con plata f
— — **weld(ing)** n - [weld] soldadura f, de, or con, acero m con plata f
— **terminal** n - [electr-instal] borne m, plateado, or de plata f
— **top** n - tope m, plateado, or de plata f
— — **terminal** n - [electr-instal] borne m con tope m, plateado, or de plata f
silversmithing n - [metal] platería f; orfebrería f
similar arc characteristic(s) n - [weld] característica(s) f similar(es) para arco m
— **bead shape** n - [weld] conformación f similar de cordón m
— **characteristic** n - característica f similar
— **design** n - proyección f similar
— **device** n - [mech] dispositivo m similar
— **fabrication schedule** n - [ind] programa m similar para, fabricación f, or elaboración
— **fate** n - suerte f, similar, or parecida
— **field** n - campo m, similar, or parecido
— **fixture** n - dispositivo m, or artefacto m, similar
— **in design** a - con proyección f similar
— **indication** n - indicio m similar

similar input n - [electron] entrada f, or aportación f, similar
— job n - [labor] tarea f similar
— magnetic characteristic n - [electr] característica f magnética similar
— manner n - manera f, or forma f, similar
— meaning n - significado m, or acepción f, or implicación f, similar
— output n - [electron] salida f similar
— plug n - [mech] tapón m similar
— purpose n - propósito m, or fin m, similar
— schedule n - programa m similar
— service n - servicio m, similar, or análogo
— shape n - (con)forma(ción) f similar
— size n - tamaño m similar; mismo orden m de magnitud f
— spare unit n - [ind] elemento m análogo para, reemplazo m, or repuesto m
— supply n - suministro m, similar, or análogo
— technological advance n - [econ] adelanto m tecnológico similar
— unit n - elemento m, similar, or análogo
— work n - trabajo m similar
similarily* adv - see similarly
similarly constructed pump n - [pumps] bomba f, construida similarmente, or con construcción f similar
similarity n - similaridad* f
simmer n - hervor m lento | v - . . .
simmering n - hervor m (lento)
simple adv - . . .; fácil; elemental
— adjustment n - ajuste m sencillo
— arrangement n - disposición f sencilla
— automatic control system n - [ind] sistema m sencillo para regulación f automática
— cement incorporation unit n - [nucl] elemento m sencillo para incorporación f de cemento m
— coil n - [metal-roll] bobina f simple
— control system n - [ind] sistema m sencillo para regulación f
— correlation model n - modelo m, para correlación f sencilla, or sencillo para correlación
— coupling band n - [tub] banda f sencilla para acoplamiento
— culvert n - [hydr] alcantarilla f sencilla
— design n - proyección f sencilla
— economy n - [econ] economía f elemental
— emulsion n - [chem] emulsión f simple
— equation n - [math] ecuación f de primer grado
— field program n - [comput] programa m sencillo para, sitio m, or lugar m | v - programar en forma f sencilla en sitio m
— — programmed a - [comput] programado,da en forma f sencilla en sitio m
— — programming n - [comput] programación f en forma f sencilla en sitio m
— fixture n - [weld] instalación f soldadora sencilla f; dispositivo m sencillo para soldadura f
— head mounting n - [weld] montaje m sencillo para cabeza f
— joint n - [mech] junta f, or unión f, sencilla
— lever n - [mech] palanca f sencilla
— light standard n - [constr-illumin] columna f sencilla para alumbrado m
— maintenance task n - [ind] tarea f sencilla para, mantenimiento m, or conservación f
— mandrel decoiler n - [metal-roll] debobinadora f con mandril m simple
— maturity n - [fin] vencimiento m simple
— merchant product n - [metal-roll] producto m laminado sencillo
— play n - [sports] jugada f sencilla
— plug-in unit n - [electron] elemento m que requiere solamente enchufar(se)
— presentation n - [legal] sóla presentación f
— proportion n - [math] proporción f sencilla; regla f de tres (sencilla)
— recovery n - [metal-prod] recuperación f simple
— roll(er)s arrangement n - [mech] disposición sencilla f para rodillo(s) m
simple routine service n - [ind] servicio m sencillo de rutina f; servicio m regular simple
— sampling n - muestreo m simple
— side-to-side weave n - [weld] tejido m, simple, or sencillo, con vaivén m
— standard n - [ind] norma f sencilla • [constr-illumin] columna f sencilla
— standard plant n - [ind] planta f sencilla según norma f
— switch n - [electr-instal] conmutador m sencillo • interruptor m sencillo
— task n - [ind] tarea f sencilla
— term n - término m, simple, or sencillo
— throat gas recovery n - [metal-prod] recuperación f simple de gas m en tragante m
— toggle switch n - [electr-instal] interruptor m con, volquete m, or dos posiciones f, sencillo
— welding fixture n - [weld] instalación f soldadora sencilla; dispositivo m sencillo para soldadura f
— — procedure n - [weld] procedimiento m sencillo para soldadura f
— — process n - [Weld] proceso m, simple, or sencillo, para soldadura f
simpler adv - más sencillo
simplest adv - (el/la) más sencillo,lla
simplicity n - . . . . • simplificación f
simplified a - simplificado,da
— alignment n - alineación f simplificada
— approach n - abocamiento m, or enfoque m, simplificado
— feeder connection n - [ind] conexión f amplificada para alimentadora f
— maintenance n - [ind] mantenimiento m simplificado; conservación f simplificada
— wire feeder connection n - [weld] conexión f simplificada para alimentadora f para alambre
simplifier a - simplificador m
simplify v - . . .; facilitar
— @ accounting procedure(s) v - [accntg] simplificar procedimiento(s) m contable(s)
— @ alignment v - simplificar alineación f
— @ assembly v - simplificar armado m
— @ feeder connection v - simplificar conesión f para alimentadora f
— @ maintenance v - simplificar, mantenimiento m, or conservación f
— @ restriking v - [weld] simplificar reencendido m
— @ wire feeder connection v - [weld] simplificar conexión f para alimentadora f de alambre
simplifying n - simplificación f | a - simplificador,ra
simply adv - . . .; únicamente; sólo • basta
—wired switch n - [electr] llave f con conexión(es) f sencilla(s)
simulate @ circuit v - [comput] simular circuito
— @ nut torque v - [mech] simular ajuste m (hasta par motor) de tuerca f
— @ test v - simular, ensayo m, or prueba f
— @ torque v - [mech] simular par m motor
simulated - simulado,da; fingido,da
— bed n - [hydr] lecho m simulado
— embankment n - [constr] terraplén m simulado
— joint n - [tub] junta f, or unión f, simulada
— nut torque n - [mech] par m motor simulado
— production sample n - [ind] muestra f simulada de producción f
— production specimen n - [ind] muestra f simulada de producción f
— roadway n - [raods] calzada f simulada
— — embankment n - [roads] terraplén m simulado para calzada f
— service condition n - [electr-oper] condición f simulada para servicio m
— — test n - [ind] ensayo m simulado para vida f (útil)
— set-up n - [weld] montaje m simulado
— specimen n - [ind] muestra f simulada

simulated stream bed n - [hydr] lecho m simulado para curso m de agua m
— test n - ensayo m simulado; prueba f simulada
— torque n - [mech] par m motor simulado
simulating n - simulación f | a - simulador,ra
simultanous continuous tone n - [electron] tono m simultáneo continuo
— — — controlled squelch n - [electron] silenciador m simultáneo continuo regulado con tono m continuo
— — — — system tone n - [electron] tono m simultáneo en sistema m silenciador regulado con tono m continuo
— energy application n - aplicación f simultánea de energía f
— — — to @ pile top n - [constr-pil] aplicación f simultánea de energía f a tope m de pilote m
— — — @ pipe pile top n - [constr-pil] aplicación f simultánea de energía a tope m de pilote m tubular
— failure n - falla f simultánea
— layer n - [constr] capa f, or camada f, simultánea
— load(s) n - carga(s) f simultánea(s)
— performance n - realización f simultánea
— starting n - [weld] encendido m simultáneo
— stoppage n - [labor] detención f simultánea; paro m simultáneo
— switch(ing) n - [mech] operación f simultánea
— touch(ing) n - toque m simultáneo
— use n - uso m, or empleo m, simultáneo
— welder and power operation n - [weld] operación f simultánea de soldadora f y producción f de fuerza f motriz
— — operation n - [weld] operación f simultánea de soldadora f
sinad n - [comput] see signal to noise ratio
since adv - . . .; ya que; desde que
— that time adv - desde entonces
— then adv - desde entonces
sincere attempt n - esfuerzo m sincero
sincerely adv - . . . • atentamente
— (yours) adv—[com] (atento y) seguro n servidor m
sine n - a - [electron] sinusoidal; also see sinusoidal
— wave n - [electron] onda f sinusoidal
sing. matt. - see single matrass
single n - [travel] see single room | adv - de por sí; mismo,ma
— acting a - [mech] con acción f, única, or simple
— — cylinder n - [mech] cilindro m con acción f, única, or simple
— — engine n - [int.comb] motor m para, acción f única, or efecto m único
— — mud pump n - [petrol] bomba f con acción f única para lodo(s) m
— — pump n - [pumps] bomba f con acción f, única, or sencilla
— — Triplex pump n - [petrol] bomba (Triplex) con tres cilindros m con acción f sencilla
— action n - acción f, única, or sencilla
— angle n - ángulo m único
— — diagonal n - diagonal f con ángulo m único
— — intersecting diagonal n - [geom] diagonal f intersecante con ángulo m único
— answer n - repuesta f única
— application n - aplicación f única; uso m, or empleo m, único
— arc n - [weld] arco m único
— — application n - [weld] aplicación f con arco m único
— — automatic weld(ing) n - [weld] soldadura f automática con arco m único
— — fully automatic weld(ing) n - [weld] soldadura f totalmente automática con arco m único
— — weld(ing) n - [weld] soldadura f con arco m único

single arch n - [archit] raco m único; bóveda f única
— arm n - [mech] brazo m único
— — dough mixer n - [culin] mezcladora f con brazo m único para, pasta f, or masa f
— — mixer n - [culin] mezcladora f con brazo m único
— axis n - [mech] eje m único
— — motorized slide n - [mech] mecanismo m motorizado con desplazamiento m (en sentido m) único
— axle n - [mech] eje m único
— — differential carrier n - [autom-mech] portadiferencial con eje m único
— — drive n - [autom-mech] eje m impulsor único; impulsión f para eje m único
— — housing n - [autom-mech] caja f, or carcasa f, para eje m único
— — truck n - [autom] (auto)camión n con eje m (trasero) único
— bar grouser n - [constr-equip] garra f con barra f única
— — — shoe n - [constr-equip] zapata f con garra f con barra f única
— — semi-grouser shoe n - [constr-equip] zapata f con (media) garra f (pequeña) con barra f única
— — shoe n - [constr-equip] zapata f con barra f única
— bare carbon n - [weld] electrodo m único desnudo de carbono m
— bead n - [weld] cordón m, sencillo, or único
— bevel groove n - [mech] ranura f con chaflán m único
— bituminous type n - tipo m bituminoso simple
— block n - [Cabl] motón m único; polea f, sencilla, or única
— blow n - [mech] golpe m único
— — forging machine n - [mech] (máquina) forjadora con golpe m único
— — single die forging machine n - [mech] (máquina) forjadora f con torquel m sólido para golpe m único
— box n - caja f única • [transp] caja f (de cartón m) para colchón m para una plaza f
— braid n - [wire] trenzado m sencillo
— bridge mill change mechanical equipment n - [metal-roll] equipo m mecánico para cambio m para laminador m con puente m único
— — mechanical equipment n - [metal-roll] equipo m mecánico para laminador m con puente m único
— cable n - [electr-cond] conductor m con una (sóla) arteria f
— carbon n - [weld] electrodo m único de carbono
— casting n - [metal-prod] colada f única • fundición f en una (sóla) pieza f
— chain n - [mech-chains] cadena f única
— class n - clase f única • [sports] categoría f única
— — win n - [sports] triunfo m en clase f única
— classification n - clasificación f única
— continuous length n - [mech] tramo m continuo único
— coil n - [metal-roll] bobina f única
— conductor n - [electr-cond] conductor m, único, or individual, or con una (sola) arteria
— — cable n - [electr-cond] cable m, unipolar, or con, un (sólo) conductor, or una arteria f
— constant n - [math] constante f única
— control n - [ind] regulación f, or mando m, simple
— — mixer n - [culin] mezcladora f con regulador m único
— corrugated sheet n - [mech] chapa f corrugada única
— culvert n - [constr] alcantarilla f única
— curve gear n - [mech] engranaje m evolvente
— cylinder n - [mech] cilindro m único | a - [int.comb] monocilíndrico,ca
— deck vibrating screen n - [miner] criba f vi-

bratoria con (una) zaranda f (única)
— **deflection** n - desviación f, or deformación f, única
— **die** n - [mech] troquel f, único, or sólido
— **digit display** n - [instrum] pantalla con un (sólo), guarismo m, or dígito m
— **direction** n - dirección f única; sentido m único
— **disk** n - [mech] disco m único; monodisco m
— — **clutch** n - [mech] embrague m, monodisco, or con disco m único
— **document** n - documento m único
— **drive** n - [mech] impulsión f sencilla
— — **axle** n - [mech] árbol m, or eje m, impulsor, simple, or único
— **drum** n - [mech] tambor m, sencillo, or único
— — **lifter** n - [mech] elevador m (único) para tambor(es) m
— — **operation** n - [cranes] operación f con tambor m único
— **drum unit** n - [mech] dispositivo m con tambor m único
— **duct** n - [electr-instal] conducto m individual
— **duty** n - función f única
— **electrode** n - [weld] electrodo m único
— — **automatic equipment** n - [weld] equipo m automático para electrodo m único
— — — **welder** n - [weld] soldadora f automática para electrodo m único
— — **carriage** n - [weld] (carrito) portapistola(s) f para electrodo m único
— — **contact assembly** n - [weld] conjunto m para contacto m para electrodo m único
— — **installation** n - [weld] instalación f para electrodo m único
— — **section** n - [weld] sección f para electrodo m único
— — **submerged arc** n - [weld] arco m sumergido con electrodo m único
— — — **weld(ing)** n - [weld] soldadura f con arco m sumergido con electrodo n único
— — **weld(ing)** n - [weld] soldadura f con electrodo m único
— **emulsion** n - [chem] emulsión f, simple, or sencilla
— — **facing machine** n - [mech] (máquina) refrentadora f para extremo(s) m único(s)
— **end(ed) wrench** n - [tools] llave f, sencilla, or con una (sóla) boca f
— **eye** n - [mech-chains] ojo m único
— — **chain** n - [mech-chains] cadena f con (eslabónes m) con ojo m único
— — **link** n - [mech-chains] eslabón m con ojo m único
— — — **chain** n - [mech-chains] cadena f con eslabón(es) m con ojo m único
— **family area** n - [pol] zona f con casa(s) f independiente(s)
— **family home** n - [constr] casa f, or residencia f, independiente, or individual
— — **residential area** n - [pol] zona f residencial con casa(s) f independiente(s)
— **flange** n - [mech-wheels] pestaaña f única • [mech] brida f, sencilla f, or única
— — **wheel** n - [mech-wheels] rueda f con pestaña f única
— — — **assembly** n - [rail] conjunto m, or bogie m, con rueda(s) f con pestaña f única
— **flanged** a - [mech] embridado,da simple; con brida f única • [wheels] con pestaña f única
— — **suction line** n - [mech] línea f embridada simple para aspiración f
— — — **dampener** n - [mech] amortiguador m embridado simple para línea f para aspiración f; línea f embridada simple para aspiración f
— **function controller** n - [comput] controlador m para función f única
— — — **module** n - [comput] módulo m, controlador, or para regulador m, para función única
— **gaging method** n - [instrum] método m único para calibración f
single galvanized strand n - [cabl] cordón m, or ramal m, galvanizado, simple or único
— **gate** n - [constr] portón m único • portón m con una (sóla) hoja f
— **grade** n - [constr] clasificación f, or calidad f, única
— — **filter(ing) material** n - [hydr] material m filtrante de calidad f única
— **groove** n - [mech] acanaladura f única
— **grouser shoe** n - [constr-equip] zapata f con garra f única
— **harmonic content** n - [electr-] contenido m armónico único
— **head installation** n - [weld] instalación f de cabeza f única
— — **wrench** n - [tools] llave f con cabeza única
— **high tensile steel wire braid** n - [wire] trenzado m sencillo de alambre m de acero m (muy) resistente a tensión f
— **hydraulic lift(ing) and rotating unit** n - [mech] dispositivo m hidráulico único para elevación f y rotación f
— — **pipe lift(ing) and rotating unit** n - [tub] dispositivo m hidráulico único para elevación f y rotación f de tubería f
— **industry** n - industria f única • misma industria f
— **internal price** n - [econ] precio m interno único
— **intersecting angle** n - [geom] ángulo m intersecante único
— **jack chain** n - [mech-chains] cadena f con eslabón(es) m de alambre m sencillo
— **jib** n - [cranes] pescante m único
— — **line** n - [cranes] cable m único para pescante m
— — — **weighted hook** n - [cranes] gancho m lastrado único para cable m para pescante m
— **Kraft paper spiral wrap** n - [tub] capa f única de papel m Kraft aplicada en espiral m
— — **wrap** n - [tub] capa f única de papel m Kraft
— **lane** n - [roads] vía f única
— **lap** n - etapa f única
— — **flanging** n - [tub] embridado en una (sóla) etapa f
— — **pass** n - [weld] solapa f con pasada f única
— **layer** n - capa f, or camada f, única
— — **strand** n - [cabl] cordón m con una (sóla) capa f
— **length** n - largo m único
— **lift(ing) and rotating unit** n - [mech] dispositivo m único para elevación f y rotación f
— **lift(er)** n - [mech] elevador m único
— **line** n - [drwng] trazo m único • [cranes] cable m único | a - wiredrwng] unifilar
— — **drawing** n - [drwng] diagrama m con trazo(s) m único(s)
— **load** n - [electr] carga f única
— **loop** n - [mech-chains] gaza f sencilla; aro m, or ojo m, único
— — **chain** n - [mech-chains] cadena f con gaza f única
— — **link** n - [mech-chains] eslabón m con gaza f, única, or sencilla
— **looped** a - [cabl] con gaza f única
— —(ed) **chain** n - [mech-chains] cadena f con gaza f, única, or sencilla
— — **link chain** n - [mech-chains] cadena f con eslabón(es) m con gaza f, única, or sencilla
— — **lock link** n - [mech-chains] eslabón m para seguridad f con gaza f, única, or sencilla
— **manual jib** n - [cranes] pescante m manual único
— **mattress** n - [domest] colchón m para una (sóla) plaza f
— **method** n - método m único
— **miter** n - [carp] inglete m único
— — **self cleaning elbow** n - [environm] codo m

single

autolimpiador con inglete m único
single offer n - oferta f única
— **opening furnace** n - [metal-prod] horno m con, abertura f única, or una (sóla) abertura f
— — **slot furnace** n - [metal-prod] horno m ranurado con, abertura f única, or una (sóla) abertura f
— **operation** n - operación f única
— **panel** n - [electr-instal] tablero m único
— **paper wrap** n - [tub] capa f única de papel m
— **paragraph** n - [legal] inciso m único
— **part line** n - [cabl] cable n simple
— **particle** n - partícula f única
— **pass** n - [weld] pasada f única
— — **all position semiautomatic weld(ing)** n - [weld] soldadura f con pasada f única en posición f cualquiera con alimentación f automática de electrodo m
— — **butt weld** n - [weld] soldadura f a tope m con pasada f única
— — **corner weld** n - [weld] soldadura f sobre ángulo m (exterior) con pasada f única
— — **downhill fillet weld** n - [weld] soldadura f descendente en ángulo m interior con pasada f única
— — — **weld** n - [weld] soldadura f descendente con pasada f única
— — **fabrication weld(ing)** n - [weld] soldadura f para fabricación f con pasada f única
— — **fillet weld** n - [weld] soldadura f en ángulo m (interior) con pasada f única
— — — **flat fillet weld** n - [weld] soldadura f plana en ángulo m interior con pasada f única
— — — **lap weld** n - [weld] soldadura f plana con solapa f con pasada f única
— — — **position fillet weld** n - [weld] soldadura f en posición f plana en ángulo m interior con pasada f única
— — — **horizontal fillet weld** n - [weld] soldadura f horizontal en ángulo m interior con pasada f única
— — — **lap weld** n - [weld] soldadura f horizontal con solapo m con pasada f única
— — — **position fillet weld** n - [weld] soldadura f con pasada f única en posición f horizontal en ángulo m interior
— — **lap weld** n - [weld] soldadura f con solapo m con pasada f única
— — **overhead plate weld(ing)** n - [weld] soldadura f sobrecabeza con pasada f única en plancha(s) f
— — — **weld(ing)** n - [weld] soldadura f sobrecabeza con pasada f única
— — **plate weld(ing)** n - [weld] soldadura f con pasada f única en plancha(s) f
— — **procedure** n - [weld] procedimiento m con pasada f única
— — **production butt weld(ing)** n - [weld] soldadura f en serie f a tope m con pasada f única
— — — **fillet weld(ing)** n - [weld] soldadura f en serie f en ángulo m interior con pasada f única
— — — **lap weld(ing)** n - [weld] soldadura f en serie f con solapo m con pasada f única
— — — **weld(ing)** n - [weld] soldadura f en serie f con pasada f única
— — **submerged arc weld(ing)** n - [weld] soldadura f por arco m sumergido con pasada única
— — **tack weld(ing)** n - [weld] soldadura f por punto(s) m con pasada f única
— — **technique** n - [weld] técnica f para pasada única
— — **vertical down fillet weld(ing)** n - [weld] soldadura f vertical descendente en ángulo m interior con pasada f única
— — — **weld(ing)** n - [weld] soldadura f vertical descendente con pasada f única
— — — **plate weld(ing)** n - [weld] soldadura f vertical con pasada f única en plancha(s) f
— — — **weld(ing)** n - [weld] soldadura f vertical con pasada f única
single pass weld(ing) n - [weld] soldadura f con pasada f única
— — — **process** n - [weld] proceso m para soldadura f con pasada f única
— **phase** n - [electr] fase f única | a - [electr] monofásico,ca; con fase f única
— — **alternating current welding transformer** n - [weld] transformador m soldador monofásico para corriente f alterna
— — **connection** n - [electr-distrib] conexión f (con fuente f de energía f) monofásica
— — **control power** n - [electr-oper] corriente f monofásica para regulación f
— — **transformer** n - [electr-prod] transformador m monofásico para regulación f
— — **current** n - [electr-distrib] corriente f monofásica
— — **generator** n - [electr-prod] generador m monofásico
— — **ground overcurrent** n - [electr] sobrecorriente f a tierra f monofásica
— — — **relay** n - [electr] relé m para sobrecorriente f a tierra f monofásica
— — — **residually connected relay** n - [electr] relé m para sobrecorriente f a tierra f monofásico conectado residualmente
— — **input** n - [electr-distrib] corriente f, aportada, or para entrada f, monofásica
— — ... **Hertz generator** n - [electr-prod] generador m monofásico para ... Hertz(ios)
— — **input** n - [weld] aportación f (en corriente f) monofásica • interrupción f de todas fases f menos una
— — **power** n - [electr] energía f, or corriente f, aportada, or de entrada f, monofásica
— — **line** n - [electr-distrib] línea f monofásica
— — **motor** n - [electr-mot] motor m monofásico
— — — **control** n - [electr-mot] regulación f, de, or para, motor m monofásico
— — **overcurrent** n - [electr-oper] sobrecorriente f monofásica
— — — **relay** n - [electr] relé m para sobrecorriente f monofásica
— — — — **induction** n - [electr] inducción f para relé m para sobrecorriente f monofásica
— — **power** n - [electr-distrib] energía f, or corriente f, monofásica
— — **rectified current** n - [electr] corriente f monofásica rectificada
— — **rectifier** n - [electr] rectificador m monofásico
— — **system** n - [electr-distrib] red f monofásica
— — **transformer** n - [electr-distrib] transformador m monofásico
— — **welder** n - [weld] soldadora f monofásica
— — **weld(ing)** n - [weld] soldadura f monofásica
— — — **transformer** n - [weld] transformador m soldador monofásico
— **phased** a - [electr] monofásico,ca; con una sóla fase f
— **phasing** n - [electr-prod] puesta f para una (sóla) fase f • [weld] interrupción f de todas fases f menos una
— **piece** n - [mech] pieza f única; trozo m único | a - con una (sóla) pieza f
— — **band** n - [mech] banda de, una (sóla) pieza, or de pieza f única
— — **cast construct** v - [mech] fabricar, or construir, con (una sóla) pieza f fundida
— — — **constructed** a - [mech] fabricado,da, or construido,da, con (una sóla) pieza f fundida
— — — **construction** n - [mech] fabricación f, or construcción f, con (una sóla) pieza f (única) fundida
— **piece construct** v - [mech] fabricar, or construir, con (una sóla) pieza f (única)
— — **constructed** a - [mech] fabricado,da, or

construido,da, con (una sóla) pieza f (única)
single piece constructed a—[mech] fabricado,da, or construido,da, con (una sóla) pieza f (única)
— — **construction** n - [mech] fabricación f, or construcción f, con (una sóla) pieza (única)
— — **guide bearing** n - [mech] cojinete m, or chumacera f, con (una sóla) pieza f (única) para guía f
— — **rubber guide bearing** n - [mech] cojinete m, or chumacera f, de caucho m con (una sóla) pieza f (única) para guía f
— **pipe** n - [tub] tubo m único; tubería f única
— — **lift(ing) and rotating unit** n - [tub] dispositivo m único para elevación f y rotación f de, tubo m, or tubería f
— **pipe post** n - [constr] poste m único de tubería f
— **plane** n - plano m único
— **plate** n [mech] plato m, or disco m, único; plancha f, or placa f, única
— — **clutch** n - [mech] embrague m con disco m único
— **point adjustment** n - [mech] ajuste m en punto m único
— — — **band type brake** n - [mech] freno m de tipo m con, banda f, or cinta f, para ajuste m en (un) punto m único
— — — **brake** n - [mech] freno m para ajuste m en (un) punto m único
— **tooth** n—[mech] diente m con punta f única
— **pole** n - [electr] polo m único | a - unipolar
— — **cable** n - [electr-cond] cable m, unipolar, or con un (sólo) polo m
— — **double-throw switch** n - [electr-equip] interruptor m unipolar con lámina f (y) con dos cuchilla(s) f; interruptor m unipolar con dos cuchillas f
— — **single-throw switch** n - [electr-equip] interruptor m unipolar con una (sóla) cuchilla f
— — — **tripper** n - [electr-equip] interruptor m unipolar con una (sóla) cuchilla f
— — **triple-throw switch** n - [electr-equip] interruptor m unipolar con tres cuchillas f
— — **tripper** n - [electr-equip] interruptor m unipolar
— **post** n - [constr] poste m único
— — **highway sign** n - [roads] indicador m, or letrero m, para carretera f sobre poste m único
— — **sign** n - [roads] indicador m, or letrero m, sobre poste m único
— **power source** n - [electr-prod] fuente f única para energía f
— — — **installation** n - [electr-instal] instalación f para fuente f única para energía f
— **price** n - precio m único
— **prong** n - [mech] diente m único | a - [mech] con, una (sóla) punta f, or un [sólo], diente
— — **clothes hook** n - [domest] gancho m con una (sóla) punta f para colgar ropa f
— — **hook** n - gancho m con una (sóla) punta f
— **pulley** n - [mech] polea f, sencilla, or única
— **purpose** n - propósito m, or fin m, único • [legal] (mismo) efecto m (único)
— — **generator** n - [electr-prod] generador m para (un sólo) fin m (único)
— — **power generator** n - [electr-prod] generador m (para energía f) para (un sólo) fin m (único)
— **random (length)** n - [tub] sección f única con largo m variable
— **rear axle truck** n - [autom] (auto)camión f con eje m trasero único
— **reduction** n - [mech] reducción f, simple, or única
— — **axle** n - [autom-mech] eje m con reducción f, simple, or única
— — **gear(ing)** n - [autom-mech] engranaje(s) m para reducción f, simple, or única
— — **model** n - [autom-mech] modelo m con reducción f, simple, or única
single reduction tandem axle n - [autom-mech] eje m en tándem con reducción f simple
— — — **drive axle** n - [autom-mech] eje m, motor, or impulsor, en tándem con reducción f simple
— — — **model** n - [autom-mech] modelo m (en) tándem con reducción f simple
— — **unit** n - [mech] dispositivo m para reducción f simple
— **reimbursement** n - reintegro m, or reembolso m, único
— **repeat** n - repetición f única
— **report** n - [electron] informe m único
— — **desktop display unit** n - [electron] dispositivo m con pantalla f para escritorio m para informe m único
— — **display unit** n - [electron] dispositivo m con pantalla f para informe m único
— — **unit** n - [electron] dispositivo m para informe m único
— **revolution** n - [mech] revolución f única
— **rivet seam** n - [mech] costura f con una (sóla) hilera f de remache(s) m
— — — **strength** n - [mech] resistencia f de costura f con una (sóla) hilera f de remaches
— **rolled** a - [metal-roll] con laminación f, única, or simple
— — **steel** n - [metal-roll] acero m con laminación f, única, or simple
— — **strip** n - [metal-roll] banda f, or cinta f, or chapa f, or fleje m, de acero m con laminación f, única, or simple
— — **strip** n - [metal-roll] banda f, or cinta f, or chapa f, or fleje m, con laminación f, única, or simple
— **rolling** n - [metal-roll] laminación f, única, or simple
— **room** n - [travel] pieza f, or habitación f, individual
— — **rate** n - [travel] tarifa f para, habitación f, or pieza f, individual
— **row** n - hilera f, única, or sencilla
— — **bearing** n - [mech] cojinete m, or rodamiento m, or chumacera f, con (una sóla) hilera f única
— — **roller bearing** n - [mech] cojinete m con una (sóla) hilera f de rodillo(s) m
— **sample plan** n - plan m con muestra f única
— **seat** n - asiento m único; plaza f única
— — **buggy** n - [sports] automóvil m (con carrocería f tubular) con (un sólo) asiento m (único)
— — **car** n - [autom] automóvil m con (un sólo) asiento m (único)
— **seater** a - con (un sólo) asiento m (único); para plaza f única
— **semi-grouser shoe** n - [constr-equip] zapata f con (media) garra (pequeña) única
— **set** n - juego m único
— **setting** n - [ind] ajuste m único
— **sheave** n - [cranes] polea f única
— — **block** n - [cranes] motón m con polea f única
— — **boom point** n - [cranes] punta f para aguilón m con polea f única
— — — **extension** n - [cranes] prolongación f con polea f única para punta f de aguilón m
— — **hook** n - [cranes] gancho m para polea f única
— — — **block** n - [cranes] motón m con polea f única para gancho m
— — **jib** n - [cranes] pescante m con polea f única
— — **tower crane hook block** n - [cranes] motón m con polea f única para gancho m para grúa f con torre f
— **sheet** n - [mech] plancha f, or lámina f, or chapa f, única, or sencilla
— **shovel plow** n - [agric] arado con (un sólo) escardillo m (único)

single side galvanizing n - [metal-treat] galvanización f en una (sóla) cara f
— **signature document** n - [fin] documento m a sóla firma f
— **size** n - tamaño m único
— **sling** n - [cabl] eslinga f única
— **slope** n - [topogr] pendiente f única; declive m único; cuesta f única
— **solution** n - solución f única • [chem] disolución f única
— **source** n - fuente f única
— **span bridge** n - [constr] puente m con (un sólo) tramo (único)
— — **reinforced concrete bridge** n - [constr] puente m de hormigón m armado con (un sólo) tramo m (único)
— **speed auxiliary winch** n - [cranes] malacate m auxiliar con (una sóla) velocidad f (única)
— — **main winch** n - [cranes] malacate m principal con (una sóla) velocidad f (única)
— **spiral wrap** n - [tub] capa f única aplicada en espiral m
— **spot door machine** n - [coke] (máquina) sacapuerta(s) m para (una sóla) posición (única)
— — **quenching car** n - [coke] vagón n para apagamiento m para (una sóla) posición f (única)
— **stack** n - [metal-treat] monopila f (para recocido m • [combust] chimenea f única
— — **annealing** n - [metal-treat] recocido m monopila en caja f
— — — **furnace** n - [metal-treat] horno m monopila para recocido m
— — **box annealing** n - [metal-treat] recocido m monopila en caja f
— — **coil annealing furnace** n - [metal-treat] horno m monopila para recocido m de bobina(s)
— — — **furnace** n - [metal-treat] horno m monopila para bobina(s) f
— — **design** n - [metal-treat] tipo m monopila
— — **furnace** n - [metal-treat] horno m monopila • [metal-prod] horno m con chimenea f única
— — **tender** n - [metal-treat] operador m para horno m monopila
— — **open flame annealing furnace** n - [metal-treat] horno m monopila con llama f abierta para recocido m
— — — **furnace** n - [metal-treat] horno m monopila con llama f abierta
— — **type annealing furnace** n - [metal-treat] horno m tipo monopila para recocido m
— **stage** n - etapa f única
— — **compressor** n - [ind] compresor m con (una sóla) etapa (única)
— **stand** a - [metal-treat] con caja f única
— — **...-high reversing roughing mill** n - [metal-roll] laminador m en basto m, or laminadora f desbastadora, reversible con (una sóla) f caja f (única)
— — **mill** n - [metal-roll] laminadora f con (una sóla) caja f (única)
— — **reversing roughing mill** n - [metal-roll] laminador m en basto, or laminadora f desbastadora, reversible con una sóla caja f
— — **roughing mill** n - [metal-roll] laminador m en basto, or laminadora f desbastadora, con (una sóla) caja f (única)
— — **temper mill** n - [metal-roll] laminador m con, (una sóla) caja f (única) para temple m
— **standard pipe post** n - [roads] poste m estándar único de tubería f • poste único de tubería f para indicador(es) m
— **steel jack chain** n - [chains] cadena f con eslabón(es) m de alambre m de acero m sencillo(s)
— **support** n - [constr] soporte m único de acero m
— **stop** n - parada f única
— **strand** n - [cabl] cordón m, or ramal m, único
| — a - [wire] unifilar
— — **wire** n - [electr-cond] conductor m con (un sólo) cordón m (único)

single stroke n - [mech] golpe m único • operación f única • carrera f única
— — **punch** n - [mech] perforación f con, golpe m único, or operación f única
— **style** n - tipo m, único, or sencillo
— **suction** n - succión f, or aspiración, simple
— **surface planer** n - [tools] cepilladora para superficie f única
— **tariff** n - [fisc] arancel m único
— **telescopic boom** n - [cranes] aguilón m retráctil simple
— — **backstop** n - [cranes] (retro)tope m retráctil simple para aguilón m
— **temper** n - [metal-treat] temple m simple
— — **mill** n - [metal-roll] laminador m para temple m simple
— — — **electrical equipment** n - [metal-roll] equipo m eléctrico para laminador m para temple m simple
— — — **equipment** n - [metal-roll] equipo m para laminador m para temple m simple
— — — **mechanical equipment** n - [metal-roll] equipo m mecánico para laminador m para temple m simple
— **thread** n - [textil] hilo m único • [mech] rosca f sencilla; paso m sencillo
— — **screw** n - [mech] tornillo m con, rosca f sencilla, or paso m sencillo
— **through** a - [electr] dirección f única; sentido m único • con una (sóla) dirección f
— **tire set** n - [autom-tires] juego m único de neumático(s) m
— **track** n - [rail] vía f única
— — **line** n - [rail] línea f con vía f única
— **trip charter** n - [transp] contrato m para fletamiento m para viaje m único
— **U groove** n - [weld] ranura (en) U sencilla
— — **weld(ing)** n - [weld] soldadura f en ranura f (en) U sencilla
— **unit** n - elemento m único
— **use** n - uso m, or empleo m, único
— **V groove** n - [weld] renura (en) V sencilla
— — **weld(ing)** n - [weld] soldadura f en ranura f (en) V sencilla
— **viscosity** n - [lubric] viscosidad f única
— — **oil** n - [lubric] aceite m con viscosidad f única
— **voltage** n - [electr] voltaje m único
— — **connection** n - [electr] conexión f para voltaje m único
— — **machine** n - [weld] soldadora f para voltaje m único
— — **only** n - [electr] voltaje m único solamente
— — **welder** n - [weld] soldadora f para voltaje m único
— **wall** n - [tub] pared f sencilla
— —, **tube**, or **tubing** n - [tub] tubo m, or tubería f, con pared f sencilla
— **way trip** n - [transp] viaje m de ida f (solamente)
— **wear** a - [rail-wheels] see **one wear**
— **weld(ed) butt joint** n - [weld] junta f a tope con soldadura f única
— **welder** n - [weld] soldadora f única
— **well** n - pozo m único
— — **hydraulic pumping** n - [petrol] bombeo m hidráulico para pozo m único
— — **pumping system** n - [petrol] sistema m para bombeo m para pozo m único
— **wire** n - [metal-wire] alambre m único • [weld] electrodo m único • [telecom] hilo m, sencillo, or único
— — **automatic equipment** n - [weld] equipo m automático con electrodo m único
— — — **welder** n - [weld] soldadora f automática con electrodo m único
— **wire braid** n - [wire] trenzado m sencillo de alambre m
— — **rope** n - [cabl] cable m simple
— — **submerged arc** n - [weld] arco m sumergido

con alambre m único
single wound type n - [wire] tipo m torcido simple
— **wrapping** n - envoltura f simple
singly adv - . . .; aisladamente
sink n - [domest] . . .; pileta f • [electr-instal] disipador m | v - . . . • [constr-pil] hincar • [naut] zozobrar
— **and float separation** n - [miner] separación f por hundimiento m y flotación f
— **area** n - [electr-equip] zona f para disipador
— **assembly** n - [electr-equip] conjunto m de disipador n
— **coated area** n - [electr-equip] zona f recubierta en disipador m
— **flange** n - [sanit] pestaña f, or reborde f, para, fregadero m, or pileta f
— — **bending die** n - [mech] matriz f para doblar pestaña f para, fregadero m, or pileta f
— — **die** n - [mech] matriz f para pestaña f para, fregadero m, or pileta f
— — **drawing die** n - [mech] matriz f para embutir para pestaña f para, fregadero, or pileta f
— @ **foundation** v - [constr] hundir, or hincar, cimentación f
— **head** n - [metal-prod] mazarota f; cabeza f caliente
— **hole** n - [petrol] sumidero m • [topogr] torca
— **roll** n - [metal-treat] rodillo m sumergido
— **separation** n - [miner] separación f por hundimiento m
— **surface** n - [electr-equip] superficie f de disipador m
sinker n - [petrol] plomada f; barra f, lastradora, or para aumentar peso m
— **bar** n - [petrol] plomada f; barra f, perforadora, or para sondeo m
— — **guide** n - [petrol] guía(dera) f para, plomada f, or barra f, perforadora, or para sondeo m
sinking n - . . . • [naut] zozobra f • [constr-pil] hincadura f | a - zozobrante
— **pump** n - [pumps] bomba f colgante
sinter n - [metal-prod] . . .; aglomerado m; aglutinado m; sinter(izado) m; concreción f | a - incrustado,da; concretado,da; also see **sintering** | v - sinterizar; aglutinar; concretar • incrustar
— @ **agglomeration** v - [metal-prod] sinterizar aglomeración f
— **analysis** n - [miner] análisis m de sínter m • composición f de sinter
— **basicity** n - [miner] basicidad f de sínter
— **batch** n - [miner] carga f, or partida f, de sínter m
— **bin** n - [metal-prod] tolva f para sínter m
— **blend** n - [miner] mezcla f para sinterizar
— **breakdown** n - [miner] desintegración f de sínter m
— **breaker** n - [miner] quebrantador m para sínter
— — **blade** n - [miner] paleta f para quebrantador m para sínter m
— **circuit** n - [metal-prod] circuito m para sinterización f
— — **wear plate** n - [metal-prod] placa f para desgaste m para circuito m para sinterización f
— **content** n - [miner] contenido m de sínter m • [metal-prod] proporción f de sínter
— **cooler** n - [metal-prod] enfriadora f para sínter m
— **crane** n - [metal-prod] grúa f para sínter m
— — **operator** n - [metal-prod] operador m para grúa f para sínter m
— **degrading** n - [miner] degradación f de sínter
— **fan** n - [metal-prod] aspirador m para sínter
— — **impeller** n - [metal-prod] impulsor m para aspirador m para sínter m
— — **replacement** n - [miner] reemplazo m para aspirador m para sínter m
— **fine(s)** n - [metal-prod] fino(s) m de sínter
— — **on hand** n - [metal-prod] fino(s) m de sínter m en existencia f
sinter fine(s) size n - [metal-prod] tamaño m de fino(s) m de sinterización f
— **formation mechanism** n - [metal-prod] mecanismo m para formación f de sínter m
— **hopper** n - [metal-prod] tolva f para sínter m
— **ignition** n - [metal-prod] encendido m, or encendimiento m, de sínter m
— — **furnace** n - [metal-prod] horno m para, encendido m, or encendimiento m, de sínter m
— **low temperature degrading** n - [metal-prod] degradación f de sínter con temperatura(s) f baja(s)
—(ing) **machine** n - [metal-prod] máquina f para, sinterizar, or sinterización f
— **mechanical resistance** n - [metal-prod] resistencia f mecánica de sínter m
— **percentage** n - proporción f de sínter m
—(ing) **plant** n - [metal-prod] planta f para sinterización f
—(ing) — **feeder table** n - [metal-prod] mesa f alimentadora para planta f para sinterización
—(ing) — **raw material(s)** n - [metal-prod] materia(s) f prima(s) para planta f para sinterización f
— **pug mill** n - [metal-prod] amasadora f para sínter m
— — **blade** n - [metal-prod] paleta f para amasadora f para sínter m
— — **shaft** n - [metal-prod] árbol m, or eje m, para amasadora f para sínter m
— **quality control** n - [metal-prod] fiscalización f de calidad f de sínter m
— **reducibility** n - [metal-prod] reducibilidad f de sínter m
— **requirement(s)** n - [metal-prod] consumo m, or exigencia f, de sínter m
— **rotary cooler** n - [metal-prod] enfriadora f rotativa para sínter m
— — **roller track** n - [metal-prod] pista f para rodadura f para enfriadora f rotativa para sínter m
— **sample** n - [metal-prod] muestra f de sínter m
— **screen** n - [metal-prod] criba f, or zaranda f, para sínter m
— — **accessory** n - [metal-prod] accesorio m para, criba f, or zaranda f, para sínter m
— — **exciter** n - [metal-prod] excitador m para, criba f, or zaranda f, para sínter m
— **screening** n - [metal-prod] cribado m de sínter
— **skip** n - [metal-prod] vagoneta f para sínter
— **storage** n - [metal-prod] almacenamiento m de sínter m • depósito m para sínter m
— — **building crane** n - [metal-prod] grúa f para, depósito m, or almacén m, para sínter m
— **use** n - [metal-prod] uso m de sínter m
sintered a - sinterizado,da; concretado,da • incrustado,da
— **agglomeration** n - [metal-prod] aglomeración f sinterizada
— — **breaking bar** n - [metal-prod] barra f quebrantadora f para aglomeración f sinterizada
— **furnace agglomeration** n - [metal-prod] aglomeración f sinterizada en horno m
— **metallic** a - metálico,ca sinterizado,da
— **ore** n - [miner] mineral m sinterizado
sintering n - sinterización f; aglutinación f; aglomeración f; concreción f • incrustación f
— **belt** n - [metal-prod] banda f para sinterización f
— **chain** n - [metal-prod] cadena f para sinterización f
— **machine drive mechanism** n - [metal-prod] mecanismo para accionamiento m de máquina f para sinterización f
— — **grate** n - [metal-prod] rejilla f, or parrilla f, para máquina f para sinterización f
— — **pallet** n - [metal-prod] bandeja f para máquina f para sinterización f
— — **rail** n - [metal-prod] riel m para máquina f para sinterización f

sintering method n - [miner] método m para sinterización f
— **plant** n - [miner] planta f para, sinterización f, or aglomeración f, or aglutinación f
— — **automatic sampling** n - [metal-prod] muestreo m automático en planta f para sinterización f
— — **sampling** n - [metal-prod] muestreo m en planta f para sinterización f
— — **silo** n - [miner] silo m en planta f para sinterización f
— **process** n - [miner] proceso m para sinterización f
— — **technology** n - [metal-prod] tecnología f para proceso m para sinterización f
— **screen** n - [miner] (tamiz m para), criba f, or zaranda f, para sinterización f
— — **accessory** n - accesorio m para, criba f, or zaranda f, para sinterización f
— — **exciter unit** n - [miner] dispositivo m excitador para criba f para sinterización f
— **testing** n - [miner] comprobación f de sinterización f
— **time** n - [miner] tiempo m para sinterización f
sinterization n - [miner] see **sintering**
sinuously adv - sinuosamente; tortuosamente
sinusoidal a - [electron] . . .; also see **sine**
— **output waveform** n - [electron] forma f de onda f sinusoidal en salida f
— **waveform** n - [electron] forma f sinusoidal de onda f
siphon conduit n—[constr] conducto m para sifón m
— **headbox** n - [constr] (caja f para) cabecera f para sifón m
— **jet** n - [sanit] sifón m con chorro m
— @ **liquid** v - sacar líquido con sifón m
— **proof** a—a prueba de extracción f con sifón m
— **valve** n - [valv] válvula f para sifón m
— — **fuel tank** n - [autom] depósito m para combustible m a prueba de extracción f con sifón m
— — **tank** n - [int.comb] depósito m a prueba de extracción f con sifón m
siphoned a—extraído,da, or sacado,da, con sifón m
— **liquid** n - líquido m extraído con sifón m
siphoning n - extracción f con sifón m
— **action** n - [hydr] efecto m de sifón m
siping n - [autom-tires] corte(s) m pequeño(s) en bloque m (de banda f para rodamiento m)
sisal n - [botan] . . .; sisal m
— **hemp** n - [textil] henequén m
— **twine** n - [textil] hilo m, or cuerda f, sisal
sit down v - . . . • [mech] asentar(se)
sit on v - . . . • [fam] fiscalizar
— **out** v - mantener; permanecer fuera
— — @ **race** v - [sports] permanecer fuera de carrera f
site n - . . .; lugar m; emplazamiento m; paraje m; escena f - [constr] (sitio m de) obra f • [comput] sitio m; punto m | a - en obra f
— **approval** n - aprobación f de, sitio m, or emplazamiento m, or ubicación f
— **attended regularly** n - [electron] sitio m, or punto m, atendido regularmente
— **attention** n - [comput] atención f para, sitio m, or punto m
— **blank (space)** n - [comput] espacio m en blanco para, sitio m, or punto m
— **clearing** n - [constr] desbrozo m; limpieza f de sitio m
— **condition** n - condición f de, sitio m, or lugar m, or emplazamiento m
— **design(ing)** n - [constr] proyección f para sitio m (para obra f)
— **development** n - desarrollo m de sitio m • preparación f de, sitio m, or terreno m
— **economic evaluation** n - evaluación f económica de, sitio m, or lugar m, or emplazamiento m
— **erosion factor** n - [hydr] factor m para erosión f para, sitio m, or emplazamiento m
— **establishment** n - demarcación f de sitio m
— **evaluation** n - evaluación f de sitio m

— **site form** n - [comput] impreso m, or formulario m, para, sitio m, or punto m
— **infrequent attention** n - [electron] atención f infrecuente de, sitio m, or punto m
— **location** n - localización f de obra f
— **management** n - [constr] administración f en obra f
— **map** n - mapa m de sitio m
— **material** n - [constr] material m (obtenido) en sitio m
— **name** n - [comput] nombre m de, sitio m, or punto m
— **number** n - [comput] número m de, sitio m, or punto m
— **operation** n operación f en sitio m
— **preparation** n - preparación f de sitio m
— **stockpile** n - [com] depósito m en obra f
— **technical evaluation** n - evaluación f técnica de, sitio m, or lugar m, or emplazamiento m
— **topographic map** n - [ind] mapa m topográfico de sitio m
sited a - ubicado,da; emplazado,da
sitting n - . . . | a - sentado,da • [transp] detenido,da
sitting on n - [fam] fiscalización f
— **position** n - posición f sentada
— **room** n - [domest] pieza f para estar; gabinete m
situate a - . . . | v - . . .; ubicar
situated a—situado,da; ubicado,da; emplazado,da
situation n - . . . condición f • caso m
— **description** n - descripción f de situación f
— **evaluation** n - evaluación f de situación f
Sivensa billet n - [metal-roll] palanquilla f Sivensa
six n - . . . • [int.comb] see **six cylinder engine** | adv - . . .
— **cylinder engine** n - [int.comb] motor n con seis cilindros m
— **hundreds** n - siglo m, séptimo, or de seiscientos
— **inch nail** n - [nails] clavo m de 6 pulgadas f
— **months (period)** n - [chronol] semestre m
— **penny nail** n - [nails] clavo de dos pulgadas
— **square broach** n - [tools] escariador m hexagonal
sixteen hundreds n - siglo m, XVII, or de mil seiscientos
— **penny nail** n - [nails] clavo de 3½ pulgadas
sixteenth century n - [chronol] siglo m, décimosexto, or de mil quinientos
sixth century n - [chronol] siglo m, sexto, or de quinientos
sixties n - [chronol] década f de, sesenta, or 1960
sixty penny nail n - [nails] clavo de 6 pulgadas
siz(e)able a - . . .; considerable
size n - . . .; magnitud f; monto m; envergadura f; monto m; número m; orden m de • [electr-prod] potencia f • [electr-cond] sección f • [miner] granulometría f • [print] formato m | v - medir; determinar • construir en tamaño m • [miner] determinar granulometría f • ajustar; aparejar • concordar con capacidad f • venir en medida f • conformar, or tener, medida f necesaria
— **accurately** v - [wiredrwng] trefilar con precisión f
— **adjustment** n - ajuste m de, tamaño m, or medida f
—(s) **assortment** n - [weld] surtido m de diámetro(s) m
— @ **ball** v - [grind.med] calibrar bola f
— @ **capacity** v - medir, or determinar, capacidad f
— **choice** n - selección f de tamaño(s) m
— **classification** n - [miner] granulometría f
— **coming in** n - [miner] granulometría f al entrar
— — **out** n - [miner] granulometría f a salir
— **comparison** n - comparación f de, tamaño(s) m,

or medida(s) f
size @ component v - [mech] determinar medida(s) f para pieza f
— **computation** n - [tub] cómputo m para determinar, medida(s) f, or diámetro m
— **@ conduit** v - [tub] determinar diámetro m de tubería f
— **control** n - fiscalización f, or regulación f, de, tamaño m, or granulometría f
— **correction** n - corrección f de tamaño m
— **difference** n - diferencia f en, tamaño m, or medida(s) f • [tub] diferencia f en diámetro
—**(s) full range** n - escala f completa de, tamaño(s) m, or diámetro(s) m
— **gage** n - [mech] plantilla f para medir
— **going out** n - [miner] granulometría a salir
— **grading** n - clasificación f por tamaño(s) m
— **hydraulic computation** n - [hydr] cómputo m hidráulico para (determinar) diámetro m
— **in amperes** n - [electr-cond] capacidad f en amperio(s) m
— **information** n - información f sobre, medida(s) f, or tamaño m
— **limitation** n - limitación f en tamaño(s) m
— **line-up** n - [com] renglón m completo (de medidas f)
— **measuring** n - medición f de tamaño m
— **monitor** n - [electron] monitor m para tamaño
— **(ing) system** n - [ind] sistema m para fiscalización f de tamaño(s) m
— **outisde diameter** n - [tub] diámetro m exterior para tamaño m
— **@ part** v - [mech] determinar, tamaño m, or medida(s) f, para pieza f
— **precise control** n - regulación f precisa de, tamaño m, or medida(s) f
— **properly** v - calibrar apropiadamente
—**(s) range** n - escala f de, tamaño(s) m, or diámetro(s) m
—**(s) requirement** n - exigencia f para tamaños m • [miner] especificación f granulométrica
— **specification** n - especificación f de, tamaño(s) m, or diámetro(s) m • [miner] especificación f granulométrica
— **tolerance** n - tolerancia f en, medida(s) f, or tamaño m
—**(s) variety** n - variedad f de, medida(s) f, or tamaño(s) m, or diámetro(s) m
size(a)ble a - . . . .; considerable; importante
— **dead load** n - [constr] carga f muerta considerable
— **fill** n - [constr] terraplén m considerable
— **live load** n - [constr] carga f viva considerable
— **load** n - carga f considerable
— **proportion** n - proporción f considerable
— **storm sewer** n - [tub] cloaca f, or desagüe m, pluvial importante
sized a - . . . . determinado,da; medido,da • [mech] calibrado,da • [miner] clasificado,da; con granulometría f determinada
— **accurately** a - [wiredrwng] trefilado,da con precisión f
— — **component** n - [mech] pieza f (componente) calibrada
— **conduit** n - [tub] diámetro m de tubería calibrado
— **correctly** a - calibrado,da apropiadamente • con tamaño m apropiado
— **(grinding) ball** n - [grind.med] bola f calibrada
— **iron ore** n - [miner] (mineral m de hierro m) calibrado
— **ore** n - [miner] mineral m, clasificado, or calibrado
— **part** n - [mech] pieza f calibrada
— **properly** a - calibrado,da apropiadamente
— **rock** n - [constr] roca f, calibrada, or clasificada
sizer unit n - dispositivo m calibrador
sizing n - . . . .; calibración f • determinación f; medida f; dimensión f; clasificación f • [miner] determinación f de granulometría f • [textil] apresto m • [electr-mot] característica(s) f; clasificación f
sizing land n - [wiredrwng] estría(s) f para calibración f
— **machine** n - [ind] máquina f calibradora
— — **ring** n - [ind] anillo m, or aro m, para máquina f calibradora
— — **spare part** n - [ind] (pieza f para) repuesto m para máquina f calibradora
— **plant** n - [ind] planta f para, calibración f, or clasificación f
— **ring** n - [ind] anillo m, or aro m, calibrador
— **roll(er)** n - [mech] rodillo m calibrador
skeed n - [naut] varadera f
skein n - [textil] madeja f • [mech] buje m para punta f de eje m
skelp n - [metal-roll] . . .; fleje m, or plancha f, (de acero m) para (fabricación f de), tubo(s) m, or tubería f
— **edge** n - [tub] borde m de fleje m para tubos
— **ejection** n - [tub-fabric] expulsión f de fleje m para tubería f
— **end** n - [tub] extremo m de fleje m para tubos
— **forming** n - [tub] conformación f de fleje m para, tubo(s) m, or tubería f
— **mill** n - [metal-roll] laminador m para fleje m (grueso) para, tubo(s) m, or tubería f
— **side** n - [tub] borde m de fleje m para tubos
— **stacking** n - [tub] apilamiento m de fleje m para, tubo(s) m, or tubería f
— **unstacking** n - [tub] desapilamiento m de fleje m para, tubo(s) m, or tubería f
skeptic n - . . .; desconfiado m | a - . . .; desconfiado,da; incrédulo,la
skeptical reporter n - [comunic] reportero m escéptico, or incrédulo, or desconfiado
skepticism n - . . .; duda f; desconfianza f; incredulidad f
sketch n - . . . .; esquema m; borrador m; reseña f; gráfico m; delineación f | v - esbozar
— **plate** n - [metal-prod] plancha f con forma f irregular
— **shear** n - [metal-roll] tijera f, or cizalla f, para forma(s) f irregular(es)
sketched a - esbozado,da; reseñado,da
sketching n - . . . .; delineación f • [metal-fabr] marcación f (para corte m)
sketchy a - . . . . • vislumbrante
skew n - oblicuidad f; sesgadura f; esviaje m; also see **skewed angle** | a - oblicuo,cua, sesgado,da; torcido,da | v - oblicuar
— **and bevel** n - sesgadura f y achaflanadura f | f - sesgar y achaflanar
— — — **combination** n - combinación f de sesgadura f y achaflanadura f
— **bevel** n - [mech] rueda f hiperbólica
— — **wheel** n - [mech] engranaje m cónico helicoidal
— **cut** a - oblicuo,cua
— **end** n - [mech] extremo m, sesgado, or cortado a sesgo m
— **degree** n - grado m de oblicuidad f
— **@ end** v - [mech] sesgar extremo m
— **number** n - número m, para, or correspondiente a, oblicuidad f
— **set** a - instalado,da sesgado,da | v - instalar sesgado,da
— **setting** n - instalación f sesgada
— **table** n - [mech] mesa f, oblicua, or inclinada
skewed a - oblicuo,cua; obliquado,da • sesgado,da verticalmente
— **alignment** n - alineación f, or instalación f, oblicua, or sesgada, or a(l) sesgo m
— **and beveled** a - sesgado,da y achaflanado,da
— **angle** n - ángulo m sesgado
— — **culvert** n - [constr] alcantarilla f con ángulo(s) m sesgado(s)
— — **pipe** n - [tub] tubo m con ángulo m sesgado
— — — **length** n - trozo m de tubería f con án-

skewed arch

gulo(s) m sesgado(s)
skewed arch n - [archit] bóveda f sesgada; arco m, oblicuo, or sesgado
— **culvert** n - [roads] alcantarilla f sesgada
— **direction** n - dirección f sesgada
— **edge** n - borde m sesgado
— **end** n - [constr] extremo m sesgado
— — **abutment** n - [constr] estribo m con extremo m sesgado
— — **arch** n - [constr] bóveda f con extremo(s) m sesgado(s)
— **gate stem** n - [constr] vástago m sesgado para compuerta f
— **gear** n - [mech] engranaje m hiperbólico
— **left** a - oblicuo,cua hacia izquierda f
— **left movement** n - movimiento m oblicuo hacia izquierda
— **length** n - largo m sesgado
— **movement** n - movimiento m oblicuo
— **right** a - oblicuo,cua hacia derecha f
— — **movement** n - movimiento m oblicuo hacia derecha f
— **stem** n - [mech] vástago m sesgado
— **structural plate arch** n - [constr] bóveda f sesgada de plancha(s) f estructural(es)
— **wheel** n - [mech] rueda f hiperbólica
skewing n - sesgadura f; esviaje m
ski area n - [sports] zona f para esquí(aje) m
— **facility,ties** n - [sports] instalación(es) f para esquí(aje) m
— **lift** n - [sports] cablecarril m
— **lodge** n - [sports] albergue m para esquiadores
— **mask** n - [vest] pasamontaña m
— **slope** n - [sports] cuesta n para esquí(aje) m
skid n - . . .' patinazo m • [transp] patín m; zapata f; bandeja f; deslizadera f; corredera f • soporte m • [weld] bastidor m - [mech] bastidor m; esqueleto m • vigueta f; viga f para asiento m • [sports] trineo m • [naut] varadera f • [autom-tires] banda f, or capa f, para rodamiento m | v - . . .; arrastrar sobre patín(es) m
— **beam** n - [mech] viga f para patín(aje) m
— **bed** n - [mech] lecho m de vigueta(s) f; mesa f de patín(es) m
— **change** n - [autom-tires] cambio m de capa f para rodamiento m
— **conveyor** n - [mech] (cinta) transportadora f con, patín(es) m, or bandeja(s) f
— **corner** n - [petrol] esquina f de patín m
— **cover** n - [mech] cubierta f para patín m
— **depth** n - [autom-tires] espesor m, or profundidad f, de, banda f, or capa f, para rodamiento m
— — **wear** n - [autom-tires] desgaste m de espesor m de, capa f, or banda f, para rodamiento m
— — **(grease) fitting** n - [mech] pico m para engrase m en extremo m de patín m
— **(grease) fitting** n - [mech] pico m para engrase m de patín m
— **hoist** n - [mech] grúa f sobre, patín(es) m, or trineo m
— **line** n - [mech] línea f para deslizamiento m
— **mount** v - [mech] montar sobre patín(es) m
— **mounted** a - [mech] montado,da sobre patín(es)
— **mounting** n - [mech] montaje m sobre patín(es)
— **pad** n - resbaladero m; see **skidpad**
— **pipe** n - [metal-roll] tubo m para soporte m
— — **conveying** n - [transp] transporte m, or movimiento m, sobre tubo(s) m para soporte m
— **ring** n - [mech] aro m (anti)deslizante
— **shovel** n - [tools] pala f
— **wear** n - [autom-tires] desgaste m de, banda f, or capa f, para rodamiento m
skidded a - patinado,da • arrastrado sobre patín(es) m
— **engine** n - [int.comb] motor m montado sobre, patín(es) m, or trineo m
skidding n - [mech] . . .; deslizamiento m • arrastre m sobre patín(es) m
— **hazard** n - [safety] peligro m de resbalamiento

skidding line n - [mech] línea f para deslizamiento m
skidpad n - [sports] deslizadero m; superficie f para comporobar resbalamiento m • pista f para patinaje m
— **arc** n - [sports] arco m en resbaladero m
skidway n - [lumber] embarcadero m; varadura f • [mech] deslizadero m • [naut] astillero m
skiing n - [sports] esquiaje*.
— **area** n - [sports] zona f para esquiaje m
— **excursion** n - [sports] excursión f sobre esquí(es) m
— **facility** n - [sports] instalación(es) f para esquí(aje) m
— **slope** n - [sports] cuesta f para esquí(aje) m
skil(l)ful a - . . .; avezado,da
skill n - . . .' aptitud f; ingenio m
— **developing** n - desarrollo m de, habilidad f, or destreza f, or aptitud f
— **improvement** n - mejora f, or mejoramiento m, de, habilidad f, or destreza f, or aptitud f
— **sharpening** n - aguzamiento m de habilidad f
skilled a - diestro,ra; perito,ta; certero,ra; especializado,da; capacitado,da
— **craftsman** n - [ind] oficial m diestro
— **die maker** n - [mech] matricero m diestro
— **help** n - [ind] personal m, or operario(s) m, diestro(s)
— **labor** n - [ind] mano f de obra f, diestra, or especializada; personal m diestro
— — **force** n - [labor] fuerza f laboral diestra
— **organization** n - [ind] organización f capacitada
— **personnel** n, [ind] personal m, diestro, or capacitado, or especializado
— **technician** n - técnico m, diestro, or capacitaqdo, or especializado
— **toolmaker** n - [mech] herramentista* m diestro
— **workman** n - obrero m calificado • oficial m primero
— **worker** n - [ind] operario m especializado
skillet n - [culin] . . .; sartén f - [metal-prod] crisol m (para acero m)
skillful a - . . .; perito,ta; certero,ra
— **avoidance** n - evitación f hábil
— **handling** n - manipulación f correcta
skim v - . . . • [metal-prod] deses(es)pumar • [petrol] desnaftar*
skimmed a - desnatado,da • des(es)pumado,da • [petrol] desnaftado,da*
skimmer n - (d)es(es)pumadera f • [metal-prod] paleta f; sifón m (en ruta f) • (d)escoriador m - [pig casting machine] criba f
— **carried away by @ slag** n - [metal-prod] paleta f, or espumadera f llevada por arrabio m
— **gate** n - [metal-prod] paleta f para purga f de sifón m
— **scoop** n - [constr-equip] descostradora* f; desencapadora* f; pala f niveladora
skimming n - . . . • [petrol] desnaftación* f • destilación f primaria (parcial)
— **attachment** n - [agric] accesorio m espumador
— **pit** n - [metal-roll] foso m para desaceitado
skin n - . . . • [mech] capa f, superficial, or exterior • [metal-prod] costra f • [autom-tires] neumático m; cubierta f | v - desollar • [zool] cuerear
— **contact** n - [safety] contacto m con piel f
— **deep** a - capa f, superficial, or exterior
— **exposure** n - [medic] exposición f de piel f
— **injury** n - [medic] lesión f a piel f
— **prevention** n - [safety] prevención f, or evitación f, de lesión(es) f a piel f
— **pass** n - [metal-treat] temple m (superficial)
— — **mill** n - [metal-roll] tren m, or laminador m, para, temple m, or endurecimiento m, superficial, or de superficie m
— — **rolled** a - [metal-treat] laminado,da para temple m
— — **rolling** n - [metal-roll] laminación f (superficial) para temple m

skin pass **temper rolling** n - [metal-treat] laminación f para temple m
— **protection** n — [safety] protección f para piel
— **temperature** f - temperatura f de piel f
— **thickness** n - espesor m de piel f
— **thinness** n - delgadez f de piel f
skinned a - desollado,da • [zool] cuereado,da
skinner n - desollador m; descuereador m | a - desollador,ra; cuereador,ra
skinnier a - más delgado,da
skinniest a (el/la) más delgado,da
— **tread** n - [autom-tires] banda f más delgada para rodamiento m
skinning n - desolladura f; cuereada f | a - desollador,ra; cuereador,ra
skinny a - . . .; delgado,da; flacucho,cha
— **tread** n - [autom-tires] banda f delgada para rodamiento m
skip n - . . . • [ind] montacarga(s) m; cubeta f, or vagoneta f, or carro m, para montacarga(s) m; elevador m; cargador m • [mech] volcador m; carrito m • [weld] salto m; interrupción f | v - . . .; salt(e)ar • [weld] interrumpir; discontinuar
— **@-day clock** n - [instrum] reloj m para dos días m
— **back-step procedure** n - [weld] procedimiento m con retroceso m salteado
— — **weld(ing)** n - [weld] soldadura f con retroceso m salteado
— **bail** n - [ind] balancín m para montacarga(s)
— **@** — v - [legal] abandonar, fianza f, or caución f
— **bridge** n - [metal-prod] puente m (para montacarga(s) m); rampa f para montacarga(s) m
— **bucket** n - [ind] cubeta f para montacarga(s)
— **cable** n - [ind] cable m para montacarga(s) m
— — **guide pulley** n - [ind] polea f para guía f para cable m para montacarga(s) m
— **car** n - [ind] vagoneta f, or carro m, para montacarga(s) m
— — **accessory** n - [ind] accesorio m para vagoneta f para montacarga(s) m
— — **cable** n - [ind] cable m para, vagoneta f, or carro m, para montacarga(s) m
— — **capacity** n - [ind] capacidad f para, vagoneta f, or cubeta f, para montacarga(s) m
— — **cone assembly** n - [ind] conjunto m de cono m para, vagoneta f, or carro m, para montacarga(s) m
— — **hopper** n - [ind] tolva f, or cubeta f, para, vagoneta f, or carro m, para montacargas
— — — **cable** n - [ind] cable m para, tolva f, or cubeta f, para, vagoneta f, or carro m, para montacarga(s) m
— — **pit** n - [ind] pozo m para, tolva f, or cubeta f, para, vagoneta f, or carro m, para montacarga(s) m
— — **pulley** n - [ind] polea f para, vagoneta f, or carro m, para montacarga(s) m
— — **speed** n - [ind] velocidad f para, vagoneta f, or carro m, para montacarga(s) m
— — **tilting angle** n - [ind] ángulo m para vuelco m para, vagoneta f, or carro m, para montacarga(s) m
— — **track** n - [ind] vía f para, vagoneta f, or carro m, para montacarga(s) m
— — **wear plate** n - [ind] plancha f para desgaste m para, vagoneta f, or carro m, para montacarga(s) m
— — **weight** n - [ind] peso m de, vagoneta f, or carro m, para montacarga(s) m
— — **wheel** n - [ind] rueda f para, vagoneta f, or carro m, para montacarga(s) m
— **guide** n - [ind] guía(dera) f para, vagoneta f, or carro m, para montacarga(s) m
— **hoist** n - [ind] elevador m, or máquina f, para, vagoneta f, or carro m, para montacargas
— — **motor** n - [ind] motor m para elevador m para, montacarga(s) m
— — — **brake** n - [ind] freno m para elevador m
para montacarga(s) m
skip hoist brake shoe n - [ind] zapata f para freno m para elevador m para montacarga(s) m
— — **drum** n - [ind] tambor m para elevador m para montacarga(s) m
— — **house** n - [ind] casilla f para elevador m para montacarga(s) m
— — **motor** n - [ind] motor m para elevador m para montacarga(s) m
— — — **brake** n - [ind] freno m para motor m para elevador m para montacarga(s) m
— — **panel** n - [ind] tablero m para elevador m para montacarga(s) m
— — **throat pulley** n - [ind] polea f para tragante para elevador m para montacarga(s) m
— **hopper wear plate** n - [ind] plancha f para desgaste m para tolva f para montacarga(s) m
— **house** n - [ind] casilla f para montacarga(s)
— — **fan** n - [ind] ventilador m para casilla f para montacarga(s) m
— — **panel** n - [ind] tablero m para montacarga(s)
— **pit** n - [ind] foso m para montacarga(s) m
— — **sump pump** n - [ind] bomba para desagüe m para pozo m para montacarga(s) m
— **pulley** n - [ind] polea f para montacarga(s) m
— — **system** n - [ind] sistema m de polea(s) f para montacarga(s) m
— **rotor** n - [ind] rotor n para montacarga(s) m
— **sheave** n - [ind] polea f, or roldana f, para montacarga(s) m
— **@ shift** v - [autom] saltear f velocidad f
— **spray** n - [ind] riego m para montacarga(s) m
— **step weld(ing)** n - [weld] soldadura f, salteada, or discontinua, or intermitente
— **track** n - [ind] vía f para montacarga(s) m
— **travel** n - [ind] recorrido m de montacarga(s)
— — **control** n - [ind] regulación f de recorrido m de montacarga(s) f
— — — **mechanism crown** n - [ind] corona f para mecanismo m para regulación f para recorrido m de mointacarga(s) m
— **wear plate** n - [ind] plancha f para desgaste m para montacarga(s) m
— **weld(ing)** n - [weld] soldadura f, salteada, or discontinua, or interrumpida
— — **technique** n - [weld] técnica f para soldadura f salteada
— **well** n - [ind] fosa f para montacarga(s) m
skipable adv - salt(e)able*
skipped a - salt(e)ado,da; interrumpido,da
skirt n - . . .; pollera f • [mech] falda f; camisa f | v - contornear; bordear; orillar
— **bottom** n - [vest] ruedo m
— **face** n - [mech] cara f de falda f
— **fold** n - [vest] fraile m
— **thrust face** n - [int.comb] cara f para empuje m para falda f
skirted a - contorneado,da; bordeado,da; orillado,da
skull n - [anatom] . . . • [metal-prod] escoria f en fondo m; lobo m (en cuchara f); fondo m en olla f; costra f en caldero m
— **breaker** n - [metal-prod] rompedora f, or quebrantadora f, para, lobo(s) f, or escoria f
— **cone** n - [metal-prod] cono m (de lobo m)
— **cracker** n - [metal-prod] see **skull breaker** • [constr] bola f rompedora; maza f
— — **yard** n - [metal-prod] parque m para lobos
— **free** a - [metal-prod] libre de lobo(s) m
— **yard** n - [metal-prod] parque m para lobo(s) m
sky blue n - azul m celeste
— **high** a - [fam] astronómico,ca
— **price** n - [com] precio m astronómico
— **line** n - [cabl] cable m aéreo
skyjack v - [aeron] piratear
skyjacked a - [aeron] pirateado,da
skyjacking n - [aeron] pirtaería t (aérea)
skyline n — . . .; perfil m; línea f de horizonte
skyrocket n - . . . | v - . . .; aumentar vertiginosamente
skywalk n - [constr] pasarela f elevada

skywalk mesh n - [metal-fabric] malla f para pasarela f elevada
skyway n - [roads] autopista f a nivel m elevado
slab n - . . . • [metal-prod] planchón m; desbaste m (plano); palastro m • [Spa.] llantón m; zamarra f • [constr] losa f
— **and billet mill** n - [metal-roll] tren m, or laminador m, para tocho(s) m y palanquilla f
— — **ingot** n - [metal-roll] lingote m para planchón(es) f y palanquilla m
— — — **scheduling** n - [metal-roll] programación f de lingote(s) m para planchón(es) m y palanquilla(s) f
— — — **roughing mill** n - [metal-roll] (tren) desbastador m para planchón(es) f y palanquilla(s) f
— — **bloom mill** n - [metal-roll] see **slabbing and blooming mill**
— — — **scale** n -[metal-roll] báscula f para planchón(es) n y tocho(s) m
— **bottom** n - [constr] fondo m de losa f
— **casting** n - [constr] colada f de losa(s) f
— **crack** n - [metal-roll] grieta f en planchón m
— **delivery speed** n - [metal-roll] velocidad f de entrega f de planchón(es) m
— **depiler** n - [metal-roll] (des)apiladora or (des)estibadora f, para planchón(es m
— — **elevator** n - [metal-roll] elevador m para, (des)apiladora f, or (des)estibadora f, para planchón(es) m
— **elevation** n - [constr] altura f de losa f
— **exit** n—[metal-roll] salida f para planchones
— **exit** n - [metal-roll] salida f para planchón(es) m
— — **speed** n - [metal-roll] velocidad f para salida f para planchón(es) m
— — **temperature** n - [metal-roll] temperatura f de salida f para planchón(es) m
— **extraction** n - [metal-roll] extracción f de, planchón(es) m, or desbaste(s) m
— **fish tail** n - [metal-roll] cola f de pescado m en planchón(es) m
— **footing** n - [constr] viga f, or planchón m, para cimentación f
— **furnace** n - [metal-roll] horno m para, planchón(es) m, or desbaste(s) m plano(s)
— **heating** n - [metal-roll] calentamiento m de planchón(es) m
— — **furnace** n - [metal-roll] calentamiento m para planchón(es) m
— **hook** n—[metal-roll] gancho m para planchones
— **inside** n - [metal-roll] (parte f) interior m de planchón m
— **joint** n - [constr] junta f en losa f
— **length** n - [metal-roll] largo(r) m de planchón(es) m
— **line** n - [metal-roll] línea f para planchones
— **middle** n - [constr] centro m de losa f
— **mill** n - [metal-roll] see **slabbing mill**
— **number** n - [metal-roll] número m de, planchón m, or tocho m plano
— **on grade** n - [constr] losa f a nivel de suelo
— **on @ ground** v - [constr] losa f sobre suelo m
— **opening** n - [constr] abertura f en losa f
— **over @ basement** n - [constr] losa f sobre sótano m
— **piling cradle** n - [metal-roll] caballete m para, estiba f, or apilamiento m, de planchón(es) m
— — **equipment** n - [metal-roll] equipo m, apilador para, or para apilar, planchón(es) m
— **processing** n - [metal-roll] proceso m, or procesamiento* m, de planchón(es) m
— **production capacity** n - [metal-roll] capacidad f para (producción f de) planchón(es) m
— **protection** n—[constr] protección f de losa f
— **pusher** n - [metal-roll] introductor m, or empujador m, para planchón(es) m
— — **drive** n - [metal-roll] accionamiento m para introductor m para planchón(es) m
— **pushing** n - [metal-roll] introducción f, or empuje m, de planchón(es) m
slab reheating n - [metal-roll] recalentamiento m de planchón(es) m
— — **furnace** n - [metal-roll] horno m para recalentamiento m de planchón(es) m
— **reinforcing bar** n - [constr] barra f para armadura f para losa f
— — — **spacing** n - [constr] separación f entre barra(s) f para armadura f para losa f
— **rolling** n - [metal-roll] laminación f de planchón(es) m
— — **into strip** n - [metal-roll] laminación f de planchón(es) para obtener, banda(s) f, or cinta f, or chapa(s) f, or fleje m
— **roughing** n - [metal-roll] desbastadura f de planchón(es) m
— — **mill** n - tren m, or laminador m, para desbastar planchón(es) m
— **scarfing** n - [metal-roll] escarpado m de, planchón(es) m, or desbaste(s) m plano(s)
— **scheduling** n - metal-roll] programación f de, planchón(es) m, or desbaste(s) m plano(s)
— **shear** n - [hydr] cortadura f • [metal-roll] cizalla f, or tijera f, para planchón(es) m
— **span middle** n - [constr] centro m de losa f
— **stacker** n - [metal-roll] apiladora f para planchón(es) m
— **storage** n - [metal-roll] almacenamiento m de, planchón(es) m, or desbaste(s) m plano(s)
— **surface** n - [metal-roll] superficie f de, planchón(es) m, or desbaste(s) m plano(s)
— **temperature** n - [metal-roll] temperatura f de planchón(es) m
— **thickness** n - [metal-roll] espesor m, or grosor m, de planchón(es) m
— **to ingot yield** n - [metal-roll] rendimiento m de, planchón m, or desbaste m plano, a lingote m
— **top** n - [constr] parte f superior de losa f
— **transfer** n - [metal-roll] transferencia f de planchón(es) m • transportador m para planchón(es) m
— **turner** n - [metal-roll] volvedora f, or tumbadora f, para planchón(es) m
— **vertical displacement** n - [concast] desplazamiento m vertical de planchón(es) m
— **warehouse** n - [metal-roll] almacén m, or depósito m, para planchón(es) m
— **weight** n - [metal-roll] peso m de planchón m
— **width** n - [metal-roll] ancho(r) m de planchón
— **yard** n - [metal-roll] parque m para planchón(es) m
slabbing n - [metal-roll] desbastadura f; lingoteado m
— **and billet(ing) mill** n - [metal-roll] tren m, or laminador m, para planchón(es) m y palanquilla f
— — **blooming mill** n - [metal-roll] tren m, or laminador m, para tocho(s) m y planchón(es) m
— **and semicontinuous mill department** n—[metal-roll] departamento m para tocho(s) m y laminación f semicontinua
— — **structural department** n - [metal-roll] departamento m para planchón(es) m y perfil(es) m estructural(es)
— **department** n - [metal-roll] departamento m para tocho(s) m
— **foreman** n - [metal-roll] capataz m para desbastadura f
— **general foreman** n - [metal-roll] capataz m general para desbastadura f
— **mill** n - [metal-roll] tren m, or laminador m, para tocho(s) m
— — **manipulator** n - regulador m, or manipulador m, para tren m para tocho(s) m
— — — **driving rack** n - [metal-roll] cremallera f para accionamiento de, regulador m, or manipulador f, para tren m para tocho(s) m
— — **pass** n - [metal-roll] pasada f en, tren m, or laminador m, para tocho(s) m
— — **programmer** n - [metal-roll] programador m

para, tren m, or laminador m, para tocho(s) m
slabbing mill start=up n - [metal-roll] puesta f en marcha f de, tren m, or laminador m, para planchón(es) m
— **speed** n - [metal-roll] velocidad f, or rapidez f, de, desbastadura f, or lingoteado m
— **turn foreman** n - [metal-roll] capataz m para turno m para desbastadura f
slack n - . . . .; juego m; holgura f • [chains] catenaria f • [miner] carbón m bituminoso de hasta 3/4" (19 mm.) | a - . . . .; suelto,ta
— **adjuster** n - [mech] ajustador m para tensión
— **cable** n - [cabl] cable m flojo
— — **system** n - [metal-prod] sistema m de cable m flojo
— — **switch** n - [cabl] dispositivo m para seguridad f de cable m • interruptor con cable m flojo m
— **line** n - [cabl] cable m, flojo, or suelto • [cranes] cable m muerto • [naut] cabo m, flojo, or en banda f
— — **holder** n - [petrol] sujetador m para cable m muerto
— **off** v - soltar; aflojar
— — **@ choke wire** v - [int.comb] aflojar, or soltar, alambre m a estrangulador m
— — **@ wire** v - [mech] aflojar, or soltar, alambre m
— **rope** n - [cabl] cable m flojo
— — **switch** n - [metal-prod] interruptor m, or dispositivo m para seguridad f, con cable m flojo
— **taking up** n - reducción f de, juego m, or flojedad f
— **wind** n - [metal-prod] viento m, or soplado m, flojo, or liviano
slacked off a - soltado,da; aflojado,da
— — **wire** n - [mech] alambre m, soltado, or aflojado
slackened a - aflojado,da
slackening n - aflojamiento m
slacking off n - aflojamiento m
slacks n - [Vest] pantalón m para deporte m
slag n - . . . .; sedimento m - [metal-prod] escoria f | v - [metal-prod] . . .; escorificar; romper escoria f
— **air cooling** n - [metal-prod] enfriamiento m de escoria f con aire m
— **appearing in @ bustle pipe** n - [metal-prod] llegar escoria f a portaviento(s) m
— — — **@ tuyere** n - [metal-prod] llegar escoria f a tobera f
— **avalanche** n - [metal-prod] avalancha f, or desbocamiento m, de escoria f
— **ball** n - [weld] bola f, or pelotilla f, de escoria f
— **basicity** n - [metal-prod] basicidad f de escoria f
— **bay** n - [metal-prod] nave f para escoria f
— — **crane** n - [metal-prod] grúa f para nave f para escoria f
— — **helper** n - [metal-prod] ayudante m para nave f para escoria f
— **bin** n - [metal-prod] tolva f para escoria f
— **blanket** n - [weld] manto m de escoria f
— **blocked** a - [metal-prod] bloqueado,da, or tomado,da, con escoria f
— **bottom** n - [metal-prod] baño m, or fondo m, con escoria f
— — **process** n - [metal-prod] proceso m con baño m de escoria f
— **breaker** n - [metal-prod] rompedora f, or quebrantadora f, para escoria f
— **button** n - [metal-prod] fondo m de, or escoria f en, pote m
— **car** n - [metal-prod] vagón m, or vagoneta f, para escoria f
— **chemistry** n - [metal-prod] análisis m de escoria f
— **chip(ping)** n - [weld] picadura f de escoria f
— **chipping operation** n - [weld] operación f para picadura f para escoria f
— **slag chute** n - [metal-prod] vertedero m, or canalón m, para escoria f
— **coating** n - [weld] recubrimiento m de escoria
— **control** n - [weld] regulación f de escoria f
— — **by @ lance noise** n - [metal-prod] regulación f de escoria f según ruido m de lanza f
— **cooling** n - [metal-prod] enfriamiento n de escoria f
— **copper content** n - [metal-prod] contenido m, or proporción f, de cobre m en escoria f
— **correction** n - [metal-prod] corrección f de escoria f
— **corrosion** n - [metal-prod] corrosión f (causada) por escoria f
— **coverage** n - [weld] recubrimiento m, or cobertura f, de, or con, escoria f
— **crane** n - [metal-prod] grúa f para escoria f
— — **operator** n - [metal-prod] operador m para grúa f para escoria f
— **deposit** n - [weld] aportación f de escoria f
— **discharge** n - [metal-prod] descarga f, or salida f, de escoria f
— **droplet** n - [weld] gotita f de escoria f
— **dump** n - [metal-prod] volcadero m, or vaciadero m, or zona f para vuelco m, para escoria f; escoriero* m; escorial m
— **embankment** n - [constr] terraplén m de escoria
— **entering @ tuyere** n - [metal-prod] escoria f que entra en tobera f
— **entrapment** n - [weld] atrapamiento m de escoria f
— **filled** a - [metal-prod] lleno,na de escoria f; [Spa.] tomado,da con escoria f
— **fin(es)** n - [metal-prod] fino(s) m de escoria
— — **(s) blending** n - [metal-prod] incorporación f de fino(s) m de escoria f
— — **(s) requirement** n - [metal-prod] exigencia f, or consumo m, de escoria f
— **flotation** n - [weld] eliminación f de escoria f mediante flotación f; flotación f de escoria f
— **flow** n - [metal-prod] fluencia f de escoria f
— **flush off** n - [metal-prod] purga f de escoria
— **flushing** n - [metal-prod] (des)escoriación* f
— **formation** n - [metal-prod] formación f de escoria f
— **forming** a - [metal-prod] generador n de escoria f
— — **compound** n - [weld] compuesto m para generar escoria f
— — **property** n - [weld] propiedad f para formación f de escoria f
— **free** a - [weld] libre de escoria f
— — **crater** n - [weld] cráter m libre de escoria
— **@ furnace** v - [metal-prod] escoriar* horno m
— **gate** n - [metal-prod] compuerta f para escoria
— **granulating** n - [metal-prod] granulación f de escoria f
— — **pit** n - [metal-prod] foso m para granulación f para escoria f
— **granulator** n - [metal-prod] granuladora f para escoria f
— **hole** n - [metal-prod] see **slag notch** • [weld] pozo m en escoria f
— **inclusion** n - [weld] inclusión f en escoria f
— **interference** n - [weld] interferencia f de escoria f
— **ladle** n - [metal-prod] cuchara f para escoria
— — **car** n - [metal-prod] vagón m para cuchara f para escoria f
— **leakage** n - [metal-prod] fuga f, or escape m, de escoria f
— **line** n - [metal-prod] nivel m de escoria f
— **lip** n - [metal-prod] borde m con escoria f
— **notch** n - [metal-prod] piquera f, or orificio m, or toberín* m, para escoria f • [Arg.] escoriero* m • [Spa.] escoriadero* m; bigotera* f; tobín m (para escoria f)
— — **assembly** n - [metal-prod] conjunto m de piquera f (para escoria f)

slag notch baffle n - tabique m, or deflector m, en, piquera f, or escorial m
— — **bott** n - [metal-prod] tapón m para piquera
— — **clamp** n - [metal-prod] vástago m para sujeción f (en, piquera f, or escorial m)
— — **cooler** n - [metal-prod] toberón m, or enfriador n, para, piquera f, or escorial m
— — — **holder, cooler and nozzle** n - [metal-prod] toberón m, tobera f y toberín m de, piquera f, or escorial m
— — — **holding device** n - [metal-prod] dispositivo m para sujeción f para toberón m para, piquera f, or escorial m
— — — **joint** n - [metal-prod] junta f para toberón m para, piquera f, or escorial m
— — — **seat** n - [metal-prod] asiento m para toberón m para, piquera f, or escorial m
— — — **water inlet pipe** n - [metal-prod] tubería f para entrada f para agua m a toberón m para, piquera f, or escorial m
— — **cover** n - [metal-prod] tapa f, or obturador m, para, piquera f, or escorial m
— — **intermediate cooler** n - [metal-prod] enfriador m intermedio, or intermedia f, para, piquera f, or escorial m
— — **man** n - [metal-prod] escoriador* m
— — **nozzle** n - [metal-prod] toberín m (para, piquera f, or escorial m)
— — — **and cooler** n - [metal-prod] tobera f y toberín m para, piquera f, or escorial m
— —, **intermediate cooler and cooler** n - [metal-prod] tobera f, toberón m y toberín f para, piquera f, or escorial m
— — **operator** n - [metal-prod] escoriador m
— — **plugger** n - [metal-prod] tapador m para, piquera f, or escorial m
— — **stopper** n - [metal-prod] tapón m, or obturador m para, piquera f, or escorial m
— — **tube** n - [metal-prod] tubo m para, piquera f, or escorial m
— — **unplugging** n - [metal-prod] calado m de, piquera f, or escorial m
— **pancake** n—[metal-prod] tortilla f de escoria
— **pit** n - foso m, or fosa f, or pozo m, or pileta f, or cámara f, para escoria f
— — **crane** n - [metal-prod] grúa f para fosa f para escoria f
— **plant** n - [metal-prod] planta f para escoria
— **pocket** n - [weld] inclusión f de escoria f
— **pot** n - [metal-prod] pote m, or cono m, or tacho m, para escoria f
— — **car** n - [metal-prod] vagón m para pote(s) f para escoria f
— **preparation plant** n - [metal-prod] planta f para preparación f para escoria f
— **property** n - [metal-prod] propiedad f de escoria f
— **removal** n - remoción f, or eliminación f, de escoria f ; desecoriado* m
— **remover** n - [metal-prod] desescoriador* m
— **rising to @ tuyere** n - [metal-prod] subida f de escoria f a tobera f
— **roller** n - [metal-roll] dispositivo m para alisar soldadura f (a tope) en chapa(s) f
— **run(ning)** n - escurrimiento m de escoria f
— **runner** n - [metal-prod] canal m, or ruta f, para escoria f
— — **runner gate** n - [metal-prod] compuerta f, or paleta f separadora, para (ruta f de) escoria f
— — **refractory,ries** n - [metal-prod] refractario(s) m para ruta f para escoria f
— **sample preparation** n - [metal-prod] preparación f de muestra(s) f de escoria f
— **shield** n - [metal-prod] defensa f, or valla f, contra escoria f
— **shipping** n - expedición f de escoria f
— **size requirement** n - [metal-prod] especificación f granulométrica para escoria f
— — **specification** n - [metal-prod] especificación f granulométrica para escoria f
— **skimmer** n - [metal-prod] paleta f (separadora) para escoria f
slag skull n - [metal-prod] costra f de escoria
— **spout** n - [metal-prod] piquera f para escoria
— **tapping** n—[metal-prod] sangría f de escoria
— **thimble** n [metal-prod] pote m, or balde m, para escoria f
— **thimble car** n - [metal-prod] vagón m, para, or porta, pote(s) m (con escoria f)
— **top** n - [metal-prod] see hot top
— **trapping** n - [weld] atrapamiento n de escoria
— **treatment** n - [metal-prod] tratamiento m para escoria f
— — **plant** n - [metal-prod] planta f para tratamiento m para escoria f
— **wool** n - [metal-prod] lana f de escoria f
— **yard** n - [metal-prod] parque m para escoria f
slagging n - [metal-prod] (des)escoriado m; sangría f de escoria f • escorificación f
— **material** n - [weld] material m para formación f de escoria f
— **method** n - [metal-prod] método m para escorificación f
slake v - . . .; hidratar
— @ **lime** v - [miner] apagar, or hidratar, (piedra) cali(iza) f
slaked a - [miner] apagado,da; hidratado,da
— **lime** n - [miner] cal f, capagada, or hidratada
slaking n - [miner] apagamiento m; hidratación f | a - [miner] hidratador,ra
slalom course n - [sports] pista f para slalom m • recorrido m sinuoso
slanking n - [hydr] escurrimiento m
slant n - . . . • [constr] grado m de inclinación f | v - . . . • [topogr] declinar
slanted a - inclinado,da
— **flange** n - [metal-roll] ala f inclinada
— — **beam** n - [metal-roll] viga f con ala(s) f inclinada(s)
— — **I beam** n - [metal-roll] perfil, or viga, I, con ala(s) f inclinada(s)
— — **shape** n - [metal-roll] perfil m, or viga f, con ala(s) f inclinada(s)
— — **steel shape** n - [metal-roll] perfil m, or viga f, de acero m con ala(s) f inclinada(s)
— **front wall** n - [constr] pared f frontal inclinada
— **furnace** n - [ind] horno m inclinado
— **hearth** n - [combust] solera f inclinada; hogar m inclinado
— — **fitting** n - [combust] accesorio m para solera f inclinada
— — **furnace** n - [combust] horno m con, solera f inclinada, or hogar m inclinado
— **index line** n - línea f inclinada para guía f
— **keyway** n - [mech] chavetero m inclinado
slanting n - inclinación f | a - sesgado,da; inclinado,da
— **engine** n - [int.comb] motor m inclinado
— **machine** n - [mech] máquina f inclinada
— **position** n - posición f inclinada
slapping n - [mech] golpeteo m
slat end n - [carp] extremo m de tablilla f
— **moldboard attachment** n - [agric-equip] accesorio m vertedor con rejilla f
slate formation n—[geol] formación f de pizarra
— **lug** n - [carp] uña f en tablilla f
— **of three** n - [legal] terna f
— **quarry** n - [miner] cantera f para pizarra f
— **quarrying** n - [miner] minería f, or extracción f, de pizarra f
slaughter n - . . . | v - . . .; degollar
slaughtered a - degollado,da
slave n - . . . | a - esclavo,va | v - . . .
— **cathode ray tube (unit)** n - [electron] elemento m escalvo para rayo(s) m catódico(s)
— **device** n - [electron] dispositivo m esclavo
—(s) **freeing** n - manumisión f; franqueo m
— **unit** n - [electron] unidad f esclava
sled Lister cultivator n - [agric] cultivador m Lister sobre trineo m

sledder n - . . . . • [sports] aficionado m a trineo(s) m
sledge n - [tools] . . .; martillo m; mazo m
— **drive** v - [mech] introducir, or hincar, con, mazo m, or mazazos m, or golpes m con mazo n
— **driven** a - [mech] introducido,da con, mazo m, or mazazo(s) m, or golpe(s) con mazo m
— **driving** n - [mech] introducción f, or hincadura f, con mazo(s) m, or mazazo(s) m, or golpe(s) m con mazo m
— **hammer** n - [tools] . . .; mazo m de hierro m
sleeping bag n - [sports] bolsa f para dormir
—**inducing effect** n - causa f de bostezo(s) m
sleeve n - [vest] . . . • [mech] camisa f; casquillo m; manguito m; buje m - [tub] campana f - [agric-equip] zaranda f
— **assembly** n - [mech] conjunto m de manguito m
— **bearing** n - [mech] buje m camisa • cojinete m, or chumacera f, con, camisa f, or manguito
— **bolt** n - [mech] perno m para camisa f
— **bushing** n - [mech] buje m camisa
— **collar** n - [mech] collar m de manguito m
— **coupling** n - [mech] manguito m para, unión f, or acoplamiento m; acoplamiento m para manguito m
— — **disengaging** n - desengranaje m de acoplamiento m para manguito m
— **design** n - [mech] proyección f para, manguito m, or camisa f
— **disengaging** n - [mech] desengranaje m de manguito m
— **engagement** n - [mech] engranaje m de manguito
— **joint** n - [mech] junta f, de, or tipo m, manguito
— **size** n - [mech] tamaño m de, manguito m, or camisa f
— **stop** n - [mech] tope m para manguito m
—**type coupling** n - [tub] junta f tipo manguito
— **use** n - [mech] uso m de manguito m
— **valve** n - [valv] válvula f con corredera f
— — **engine** n - [int.comb] motor m con válvula(s) f con corredera f
sleeved and re-bored liner n - [petrol] camisa f con metal m aportado interiormente y rectificada
— **chain** n - [mech-chains] cadena f con manguito
— **liner** n - [petrol] camisa f con metal m aportado interiormente
sleevelet n - manguito m
sleeving n - [mech] manguito m • [electr-instal] manguito m aislador
slenderness ratio n - razón f de delgadez f
slewing crane n - [cranes] grúa f giratoria
slice n - . . .; rodaja f • [mech] trozo m | v - . . . • [metal-prod] trozar
slicer n - [mech] . . .; trazador m
slicing a - rebanador,ra; trozador,ra
slick n - [roads] . . .; trecho m resbaladizo • [autom-tires] neumático m liso; also see **slick tire** n -
— **grass** n - [botan] hierba f resbaladiza
— **hillside** n - [roads] cuesta f rebaladiza
— **racing tire** n - [autom-tires] neumático m liso para carrera(s) f
— **road** n - [roads] camino m resbaladizo
— **tire** n - [autom-tires] neumático m liso
slid a - deslizado,da; rebalado,da; corrido,da
— **assembly** n - [mech] conjunto m, deslizado, or corrido
— **back and forth** a - deslizado,da, or corrido,da, en ambos sentido(s) m
— **bearing retaining washer** n - [mech] arandela f retenedora para cojinete m corrida
— **coupling** n - [mech] acoplamiento m corrido
— — **sleeve** n - [mech] manguito m para acoplamiento m corrido
— **"D" washer** n - [mech] arandela f con orificio m en forma f de "D", corrida, or deslizada
— **feeler** n - [instrum] calibrador m, or cursor m, deslizado
— **flat** n - [rail-wheels] plano m de patinadura

slid gear n - [mech] engranaje m corrido
— **handle** n - [mech] asidero m corrido
— **helical side gear** n - [mech] engranaje m helicoidal lateral corrido
— **input shaft** n - [autom-mech] árbol m para aportación f (de fuerza f) corrido
— **into** a - deslizado,da a interior m
— — @ **position** n - [mech] corrido,da hasta posición f
— — @ **power divider cover** a - [autom-mech] corrido,da a interior de cubierta f para distribuidor m para fuerza f
— **off** a—delizado,da de(sde), sobre, or encima
— **off (of)** @ **shaft** a - [mech] deslizado,da de(sde) sobre, árbol m, or eje m
— **on (to)** @ **shaft** a - [mech] deslizado,da (hasta) sobre, árbol m, or eje m
— **out of** a - [mech] deslizado,da, or corrido,da, desde (a)dentro de
— — @ **cover** a - [mech] deslizada,da, or corrido,da, desde (a)dentro de cubierta f
— **rear bearing retaining washer** n - [mech] arandela f retenedora para cojinete m posterior corrida
— **side gear** n - [mech] engranaje m lateral corrido
— **sleeve** n - [mech] manguito m corrido • virola
— **up to @ base** a - [mech] deslizado,da, or corrido,da, hasta base f
slide n - . . . . • [mech] disco • corredera f • [transp] deslizadera f • [sports] tobogán m • [lathe] deslizador m; carro m • [geol] derrumbadero m • [constr] deslizamiento m; dislocación f • [slide rule] cursor; reglilla f | a - . . . • [math] para cálculo m | v - . . . .
— **adjustment** n - [mech] ajuste m de cursor m
— **against each other** v - [mech] deslizar(se) uno,na contra otro,ra
— — **without lubrication** v - [mech] deslizar(se) uno,na contra otro,ra sin lubricación f
— @ **assembly** v - [mech] deslizar, or correr, conjunto m
— **back and forth** b - [mech] deslizar, or correr, en ambos sentidos m
— **bar** n - [mech] barra f, deslizadora, or (para) guía f
— **bearing** n - [mech] apoyo m para deslizamiento
— @ — **retaining washer** v - [mech] correr, or deslizar, arandela f retenedora para cojinete m
— **behind @ wheel** v - [autom] meter(se), or encajar(se), detrás de volante m
— **bumping plate** n - [mech] placa f tope para cursor m
— **bushing** n - [mech] buje m para cursor m
— **card** n - [math] tarjeta f, para cálculo, or con cursor m
— @ **"D" washer** v - [mech] deslizar, or correr, arandela f con orificio m en forma de "D"
— **damper** n - [combust] registro m corredizo
— **door** n - [constr] puerta f corrediza
— **clamp** n - [mech] sujetador m para cursor m
— @ **clutch sleeve** v - [mech] correr, or deslizar, manguito m para embrague m
— **conveyor** n - [mech] (cinta) transportadora f deslizante
— @ **coupling** v - [mech] correr, or deslizar, acoplamiento m
— @ — **sleeve** v - [mech] correr, or deslizar, manguito m para acoplamiento m
— **cover** n - [mech] tapa f para cursor m
— **feed** n - [mech] avance m para deslizamiento m
— — **lever** n—palanca f para avance m con deslizamiento m
— @ **feeler** v - [instrum] correr, or deslizar, cursor m
— **fit(ting)** n - [mech] ajuste m corredizo
— **finger** n - [mech] uña f para cursor m
— **forward** v - correr(se), or desplazar(se), hacia adelante
— **gage** n - [instrum] see **sliding gage**

slide gasket n - [mech] guarnición f, or empaquetadura f, para cursor m
— **gate** n - [hydr] compuerta f, corrediza, or con hoja f (deslizante); also see **sluice gate** • [metal-concast] buza f corrediza
— — **system** n - [metal-prod] sistema m de buza(s) f corrediza(s)
— @ **gear** v - [mech] correr, or deslizar, engranaje m
— **hammer** n - [tools] martillo m corredizo
— — **puller** n - [tools] martillo m extractor corredizo
— **handle** n - [mech] see **sliding handle**
— @ — v - [mech] correr, or deslizar, asidero
— @ — **into** @ **position** v - [mech] correr, or deslizar, asidero m hasta posición f
— **handwheel** n - [lathes] rueda f manual para desplazamiento m
— **headgate** n - [hydr] compuerta f corrediza
— @ **helical side gear** v - [mech] correr engranaje m helicoidal lateral
— **holder** n - [mech] sujetador m para cursor m
— **hook** n - [mech] gancho m, corredizo, or deslizable
— @ **input shaft** v - [autom-mech] correr, or deslizar, árbol m para entrada f (de fuerza)
— **inspection** n - [mech] inspección f de cursor
— **into** v - correr, or deslizar, (hast)a interior m de
— — @ **position** v - [mech] correr, or deslizar, (hast)a posición f
— — @ **power divider cover** v - [autom-mech] correr, or deslizar, a interior m de cubierta f para distribuidor m para fuerza f
— **off of** v - [mech] correr, or deslizar, de(sde), sobre, or encima, de
— — — @ **shaft** v - [mech] correr, or deslizar, de(sde) sobre, árbol m, or eje m
— **on** v - [mech] correr, or deslizar, sobre
— — **to** @ **shaft** v - [mech] correr, or deslizar, sobre, árbol m, or eje m
— **out of** v - [mech] correr, or deslizar, de(sde) (a)dentro de
— — — @ **cover** v - [mech] correr, or deslizar, de(sde) (a)dentro de cubierta f
— **plate** n - [metal-prod] guillotina f
— — **assembly** n - [mech] conjunto n de planchas f para deslizamiento m
— @ **rear bearing retainer washer** v - [mech] correr, or deslizar, arandela f retenedora para cojinete m posterior
— **rest** n - [mech] apoyo m para deslizador m • [lathes] soporte m para, deslizador, or carro
— **rule body** n - [math] cuerpo m de regla f para cálculo m
— — **slide** n - [math] cursor m para regla f para cálculo m
— @ **side gear** v - [mech] correr engranaje m lateral
— @ **sleeve** v - [mech] correr, or deslizar, manguito m
— **stud** n - [mech] prisionero m para cursor m • perilla f para cursor m
— **travel** n - [lathes] carrera f para, deslizador m, or desplazador m
— **up to** @ **base** v - [mech] deslizar(se) v, or correr(se), hasta base f
— **valve** n - [valv] válvula f, corrediza, or para distribución f
— **without lubrication** v - [mech] correr(se), or deslizar(se), sin lubricación f
slider n - . . . ; cursor m; deslizador m
— **block** n - [mech] bloque m, corredizo, or deslizable
— — **and shaft assembly** n - [autom-mech] conjunto m de bloque m deslizable y árbol m
— — **assembly** n - [mech] conjunto m de bloque m deslizable
— — **linear motion** n - [mech] movimiento m lineal para bloque m deslizable
— — **shaft** n - [mech] árbol m para bloque m deslizable
slider block slot n - [mech] ranura f en bloque m deslizable
sliding n - . . . ; resbaladura f; corrimiento m • escurrimiento m | a - deslizador,ra; deslizante; deslizable
— **back and forth** n - deslizamiento m en ambos sentido(s) m
— **beam** n - [tools-vise] caja f corrediza
— **bucket** n - [constr] cangilón m telescópico
— **clutch** n - [mech] embrague m, corredizo, or deslizante
— — **spline** n - [mech] ranura f en embrague m, deslizante, or corredizo
— **contact** n - [electr-equip] contacto m deslizante
— **feeler** n - [instrum] calibrador m, or cursor m, corredizo, or deslizante
— **gunter mast** n - [naut] zanco m
— **block** n - [mech] cuchilla t deslizante
— **t ıx gib** n - [mech] (contra)cuña f, or clavija f, para caja f deslizadora f
— **bucket** n - [mech] caja f, telescópica, or retráctil
— **caliper gage** n - [instrum] calibre m delizable m; pie m de rey m
— **clutch** n - [mech] embrague m, deslizable, or corredizo
— **cold saw** n - [metal-roll] sierra f deslizante para corte m en frío m
— **force** n - fuerza f, or esfuerzo m, deslizante
— **form** n - [constr] encofrado m deslizable
— **gage** n - see **sliding caliper gage**
— **gate** n - [constr] portón m corredizo; cierre m con corredera(s) f
— — **track** n - [constr] riel m para portón m corredizo
— **gear** n - [mech] engranaje m, corredizo, or deslizable, or desplazable
— **handle** n - [mech] asidero m deslizable
— **hill** n - [topogr] cuesta f escurridiza
— **hook** n - [mech] gancho m, corredizo, or deslizante
— **housing** n - [mech] bastidor m deslizante
— **into** n - deslizamiento (hast)a interior m de
— — @ **position** n - [mech] corrimiento m hasta posición f de
— — @ **power divider cover** n - [autom-mech] deslizamiento m (hast)a interior m de cubierta f para distribuidor m para fuerza f
— **nozzle** n - [metal-prod] buza f, corrediza, or deslizante
sliding off of n - deslizamiento m de(sde), sobre, or encima, de
— — — @ **shaft** n - [mech] deslizamiento m de(sde) sobre, árbol m, or eje m
— **on to** n - [mech] deslizamiento m (hast)a, sobre, or encima, de, árbol m, or eje m
— **out of** n - [mech] deslizamiento m de(sde) (a)dentro de
— — — @ **cover** n - [mech] deslizamiento m de(sde) (a)dentro de cubierta f
— **overarm** n - [mech] brazo m deslizante para soporte m
— **pad** n - [mech] apoyo m deslizante
— **panel** n - panel m, deslizable, or corredizo
sliding part n - [slide rule] cursor m • [mech] corredera f; parte f deslizante
— **pinion** n - [mech] piñón m loco
— **pipe support** n - [tub] soporte m deslizable para tubería f
— **piston surge valve** n - [valv] válvula f para alivio m (para sobrepresión f) para, émbolo m, or pistón m, deslizante
— **plate** n - placa f, or plancha f, corrediza, or deslizante
— **resistance** n - [mech] resistencia f contra deslizamiento m
— **scale** n escala f, móvil, or movible
— **seat** n - [autom] asiento m, corredizo, or deslizante

sliding shaft n - [mech] árbol m, or eje m, deslizable, or móvil
— **shift** n - [mech] embrague m deslizante
— **support** n - [tub] soporte m deslizable
— **tire** n - [autom-tires] neumático m, deslizante, or en deslizamiento m
— **top** n - [autom] cubierta f, or capota f, corrediza
— **transmission** n - [mech] transmisión f corrediza
— **up to @ base** n - [mech] deslizamiento m hasta base f
— **valve** n - [valv] válvula f, deslizante, or corrediza
— **wall** n - [constr] pared f deslizable
— — **panel** n - [constr] panel m deslizable para pared f
slight a - . . . .; tenue
— **(amount of) play** n - [mech] juego m pequeño
— **arc burn** n - [weld] quemadura f leve con arco
— **back and forth, motion, or movement** n - movimiento m leve en vaivén m
— — — — **twisting motion** n - movimiento(s) m leve(s) de torsión f con vaivén m
— **burn** n - [safety] quemadura f leve
— **channel meandering** n - [hydr] sinuosidad f leve en cauce m
— **circular motion** n - [weld] movimiento m circular leve
— **contour** n - contorno m leve
— **contouring** n - contorneo m leve
— **covering** n - recubrimiento m leve
— **crater weave** n - [weld] tejido m leve en cráter m
— **damage** n - daño m, reducido, or menor
— **depth** n - profundidad f escasa
— **fall** n - caída f leve
— **fervor** n - fervorcillo m
— **finger pressure** n - presión f, leve con dedo(s), or digital leve
— **gradient** n - pendiente f, or inclinación f, leve, or suave
— **injury** n - [safety] lesión f leve
— **laceration** n - [medic] laceración f leve
— **meander(ing)** n - [hydr] sinuosidad f leve
—**, motion, or movement** n - movimiento m leve
— **mottling** n - atruchamiento m leve
— **penetrating arc** n - [weld] arco m con penetración f escasa
— **play** n - [mech] juego m, reducido, or leve
— **pressure** n - presión f leve
— — **down and forward** n - [mech] presión f leve hacia abajo y adelante
— — **downward** n - [mech] presión f leve hacia abajo
— — **forward** n - [mech] presión f leve hacia adelante
— **surcharge** n - sobrecarga f leve; recargo m leve
— **tear(ing)** n - desgarramiento m leve
— **tilt(ing)** n - inclinación f leve
— **undercut(ting)** n - [weld] socavación f leve; huella(s) f de carreta f
— **upward, motion, or movement** n - movimiento m ascendente leve
— **vee** n - [weld] achaflanadura f leve
— **waviness** n - [metal-roll] ondulación f leve
— **weave** n - [weld] (movimiento m leve de) tejido m (leve)
— — **stringer bead technique** n - [Weld] técnica f para progresión f directa con (movimiento m leve de) tejido m leve
— **whip** n - [weld] zigzagueo m, or chicoteo m, leve
— **wrist motion** n - [weld] movimiento m con torsión t leve con muñeca f
— **yield(ing)** n - cesión f leve
slightly adv - levemente; ligeramente; tenuemente; apenas; poco
— **alloyed steel** n - [metal-prod] acero n aleado levemente

slightly altered a - alterado,da, levemente, or débilmente
— **better removal** n - remoción f algo mejor
— — **slag removal** n - [weld] remoción f algo mejor de escoria f
— **cold** a - levemente, or ligeramente, frío,ría
— — **ingot** n - [metal-prod] lingote m ligeramente frío
— — **material** n - [ind] material, levemente, or ligeramente, frío
— **concave** a - levemente, or ligeramente, cóncavo,va
— — **bead** n - [weld] cordón m, levemente, or ligeramente, cóncavo
— — — **throat** n - [weld] garganta f de cordón m, levemente, or ligeramente, cóncava
— **convex** a - levemente, or ligeramente, convexo,xa
— — **bead** n - [weld] cordón m, levemente, or ligeramente, convexo
— — — **full throat section** n - [weld] totalidad f de garganta f de cordón m, levemente, or ligeramente, convexa
— — — **throat** n - [weld] garganta f de cordón m, levemente, or ligeramente, convexa
— **curved bottom** n - [mech] fondo m curvado, levemente, or ligeramente
— **different** a - levemente, or ligeramente, or poco, diferente
— **downhill** a - inclinado,da, levemente, or ligeramente, hacia abajo, or en sentido m descendente
— — **position** n - [weld] posición f, levemente, or ligeramente, descendente
— — **weld** n - [weld] soldadura f, levemente, or ligeramente, descendente
— **downwards** adv - levemente, or ligeramente, descendente, or hacia abajo
— **drooping current characteristic** n - [weld] característica f de caída leve de corriente f
— — **curve** n - curva f con caída f leve
— — **output** n - [weld] caída f leve en corriente f producida
— — — **characteristic** m - [weld] característica f de caída f leve en corriente f producida
— **hard** a - levemente duro,ra
— — **deposit** n - [weld] aportación f levemente dura
— **injured** a - [Safety] lesionado,da levemente
— — **employee** n - [safety] empleado m lesionado levemente3
— **larger** adv - levemente mayor
— — **diameter** n - diámetro m levemente mayor
— **lower strength** n - [weld] resistencia f levemente menor
— **moist earth** n - tierra f levemente húmeda
— **mottled** a - atruchado,da levemente
— **oily** a - [mech] aceitado,da levemente
— **pervious soil** n - [soils] suelo m levemente permeable
— **smaller** adv - levemente menor
— **soft(er) arc** - [weld] arco m levemente (más) suave
— — **deposit** n - [weld] aportación f levemente más blanda
— **upwards** adv - ligeramente, ascendente, or hacia arriba
— **uphill work** n - [weld] trabajo m levemente ascendente
slim build n - figura f delgada
— **margin** n - margen m escaso
— **victory margin** n—margen m escaso de victoria
slime n - . . . . • [miner] lama f
— **retaining** n - [miner] retención f de lama f
slimmer a - más delgado,da
sling n - [cabl] . . . .; braga f; estrobo m • [medic] . . .; fronda | v - . . .; lanzar • [cabl] estrobar
— **branch** n - [cabl] ramal m de eslinga f
— **chain** n - cadena f para eslinga(s) f
— **handle** v - [cranes] manipular con eslinga f

sling handled a - [cranes] manipuleado,da con eslinga(s) f
— **handling** n - [cranes] manipuleo m con eslinga
— **hook** n - [mech] gancho m para eslinga f
— **leg** n - [cabl] ramal m de eslinga f
— **lift** v - [cranes] elevar con eslinga f
— **link** n - [cranes] eslabón m para eslinga f
— **manufacture** n - [Cabl] fabricación f de eslinga f
— **placement** —[cranes] colocación f de eslinga
— **rope** n - [cabl] cable m para eslinga(s)
— **strap** n - [cranes] correa f para eslinga f
— **up** v - eslingar*
— **wire rope** n - [cabl] cable m (de alambre m) para eslinga(s) f
slinger n—. . . . • lanzador m • [mech] deflector
slinging n - lanzamiento m • [cranes] eslingaje m | a - lanzador,ra
slip n - . . .; patinaje m; corrimiento m; desplazamiento m; zafadura f • cuña f (dentada, or con, mordaza f, or suspensión f) • [metalprod] caída f; desprendimiento m • [constr] derrumbe m; caída f; deslizamiento m; desplazamiento m • [autom-tires] corrimiento m; resbalada f • [com] boleta f; vale m • [naut] atracadero m • [environm] junta f enchufada • [domest] funda f • [vest] viso m | v - . . .; patinar; resbalar; correr • salir(se) • derrumbar; desplazar; caer • disminuir • [naut] zafar
— **angle** n - ángulo n de, deslizamiento, or resbalamiento m, or corrimiento m
— **away** v - escabullir(se)
— **base** n - [mech] base f embutible
— — a - embutible
— — **connection** n - [mech] conexión f embutible
— **bowl** n - [petrol] cubo m para cuña(s) f
— **clutch** n - [mech] embrague m deslizante
— **differential** n - [mech] diferencial m con desplazamiento m
— **easily** v - deslizar fácilmente
— **excessively** v - [mech] resbalar, or patinar, or deslizar, excesivamente
— **fit** n - [mech] ajuste m mediante, encajadura f, or deslizamiento m | a para ajuste m mediante, encajadura, or deslizamiento m | v - [mech] ajustar mediante, encajadura f, or deslizamiento m
— — **bearing** n - [mech] cojinete m para ajuste m mediante, encajadura, or deslizamiento m
— — **pinion bearing** n - [mech] piñón m para ajuste m mediante, encajadura f, or deslizamiento m
— **fitting** n - [mech] ajuste m mediante, encajadura f, or deslizamiento m
— **flange** n - [mech] see **slip-on flange**
— **gage** n - [mech] calibrador m para espesor(es)
— **@ holding nut** v - [mech] correr, or deslizar, tuerca f para retención f
— **@ holding ring** v - [mech] correr, or deslizar, aro m con resorte m
— **hook** n - [mech] gancho m deslizable
— **in** v - insertar; pasar (por)
— **@ jaw over @ work** v - [weld] deslizar mandíbula(s) (por) sobre trabajo m
— **joint** n - [mech] junta f, embutible, or deslizante, or enchufable, or sin roscar
— — **casing** n - [tub] tubería f para entubación f con junta f sin rosca(r)
— — **connect** v - [mech] conectar con junta f deslizante
— **knot** n - nudo m corredizo
— **noose** n - [Cabl] lazo m corredizo
— **off** v - sacar, or remover, deslizando
— — **easily** v - sacar deslizando con facilidad
— **on** v - [mech] colocar deslizando | a deslizable • loco,ca • postizo,za
— — **flange** n - [tub] brida f, deslizable, or postiza, or loca
— — **pile point** n - [constr-pil] punta f postiza para pilote(s) m

slip-on pipe pile joint n - [constr-pil] punta f postiza para pilote(s) m tubular(es)
— — — **point** n - [constr-pil] punta f postiza
— — **@ sheave** v - [mech] resbalar sobre garrucha f
— — **steel pile point** n - [constr-pil] punta f postiza de acero m para pilote(s) m
— — — **pipe pile joint** n - [constr-pil] punta f postiza de acero m para pilote m tubular
— — — **point** n - [constr-pil] punta f postiza de acero m
— — **type** n - [tub] tipo m deslizable
— **out** v - salir(se); zafar(se)
— — **of @ position** v - [mech] zafar(se) de posición f
— **over** v - deslizar, or calzar, sobre, or por encima
— — **@ work** v - [mech] deslizar sobre trabajo m
— **@ packing** v - [mech] deslizar, or correr, empaquetadura f, or guarnición f
— **regulator** n - [mech] regulador m para desplazamiento m
— **ring** n - [mech] aro m, or anillo m, corredizo, or deslizable, or para, ajuste m, or cierre m
— — **brush** n - [electr-mot] escobilla f con, aro m, or anillo m, para, ajuste m, or sujeción f
— — **brushholder** n - [electr-mot] portaescobilla(s) m con, aro m, or anillo m, sujetador, or para aajuste m
— — **circumference** n - [electr-mot] circunferencia f de anillo m para ajuste m
— — **lamination** n - [electr-mot] anillo m para ajuste m para núcleo m laminar
— — **motor** n - [electr-mot] motor m con, aro m, or anillo m, deslizante
— — **touching up** n - [electr-mot] retoque m de anillo m para ajuste m
— **socket** n - [petrol] campana f para pesca f; poescasonda(s) m, hembra, or con enchufe m
— **@ throttle control** v - [int.comb] correr, or deslizar, regulador m para velocidad f
— **through** v - pasar (deslizando) por
— — **style thimble** n - [cabl] guardacabo(s) m de tipo m insertable*
— — **thimble** n - [cabl] guardacabo(s) m insertable
— **@ wire** v - [mech] deslizar, or resbalar, alambre m
slipout n - [constr] zona f desmoronada
slippage n - . . .; patinadura f; resbaladura f • [autom] pérdida f de velocidad f causada por, resbalamiento m, or patinaje m • [metal-prod] caída f; desprendimiento m • [naut] zafadura f
— **point** n - punto m de resbalamiento m
slipped a - deslizado,da; resbalado,da; deslizado,da • zafado,da
— **off** a—sacado,da, or removido,da, deslizando
— — **easily** a - sacado,da deslizando fácilmente
— **over** a - calzado,da por encima
— **packing** n - [mech] empaquetadura f, or guarnición f, deslizada, or corrida
— — **box** n - [mech] prensaestopas(s) m deslizado
— **through** a - pasado,da (deslizando) por
— **wire** n - [mech] alambre m deslizado
slipper n - [vest] . . . . • [petrol] abrazadera f
slippery a - . . .; escurridizo,za
— **clay** n - [soils] arcilla f resbaladiza
— **fill** n - [constr] terraplén m escurridizo
— **mud** n - [soils] barro m resbaladizo
— **place** n - resbaladero m
— **surface** n - superficie f resbaladiza
slipping n - corrimiento m; resbalón m; resbalamiento m; patinaje m; patinadura f; desplazamiento m; deslizamiento m • [naut] zafadura | a - deslizable
— **away** n - zafada f; escurrimiento m
— **hazard** n—[safety] peligro m de resbalamiento
— **off** n - remoción f, or saca f, deslizando

slotted furnace

slipping off easily n - saca f, or remoción f, fácil deslizando
— **over** n - resbalamiento m por sobre
— **prevention** n - [constr] evitación f de resbalamiento m
— **tendency** n - tendencia f de resbalar(se)
— **through** n - paso m por (deslizando)
— **tire** n - [autom-tires] neumático m resbalador
slipway n - [naut] grada f, or rampa f, para, botadura f, or lanzamiento m
slit n - corte m (longitudinal) • [metal-roll] banda f; fleje m; tira f | v - cortar (longitudinalmente • [metal-roll] subdividir
— **steel** n - [metal-roll] acero m, hendido, or cortado (longitudinalmente)
slitter n - [metal-roll] cortadora f longitudinal; cizalla f, or tijera, circular • línea f para corte m de, banda f, or cinta f, or chapa f, or fleje m • [mech] tijera f
— **blade** n - [metal-roll] cuchilla f (para corte m longitudinal)
— — **grinding** n - [metal-roll] amoladura f de cuchilla f para corte m longitudinal
— **knife** n - [metal-roll] see **slitter blade**
— **line** n - [metal-roll] línea f para corte m (de banda f, or cinta, or chapa f, or fleje m) • línea f para rebordeado m
— **shear** n - [metal-roll] cizalla f, or tijera f, para corte m (longitudinal) de, banda f, or cinta f, or chapa f, or fleje m)
— — **blade** n - [metal-roll] cuchilla f para cortadora f longitudinal
— — — **grinding** n - [metal-roll] amoladura f de cuchilla f para corte m longitudinal
— — **knife** n - see **slitter shear blade**
— — **operator** n - [metal-roll] operador m para cortadora f longitudinal
slitting n - . . . . • [metal-roll] (departamento m para) corte m longitudinal; subdivisión f
— **and squaring shear** n - [metal-roll] cizalla f, or tijera f, para corte m (longitudinal) y escuadrado m
— **shear** n - [metal-roll] cizalla f, or tijera f, seccionadora, or para corte m longitudinal • cuchilla f divisora; also see **slitter shear**
sliver n - . . . . • [metal-roll] desgajadura f • [Spa.] soja f
Slo-Blo fuse n - [electr-equip] fusible m con, reacción f lenta, or acción f retardada
slop n - . . . . • lodo m; cieno m
slope n - [topogr] . . .; pendiente f; rampa f; inclinación f; cuesta f; desnivel m • [roads] repecho m • [mech] chaflán m; bisel m; achaflanadura f - [instrum] curva f de voltamperio(s) n • [rail-wheels] inclinación f; cono m de rodadura f | v - . . . . • [topogr] ataludar • [mech] achaflanar
— **bottom** n - [topogr] pie m de, talud m, or pendiente
— **control** n - [hydr] contención f, or regulación f, de, talud m, or declive m
— — **structure** n - [hydr] estructura f para contención f de talud m
— **erosion** n - [topogr] erosión f de talud m
— **face** n - [constr] cara f de talud m
— **(and) hydraulic radius combination** n - [hydr] combinación f de inclinación f y radio m hidráulico
— **length** n - [topogr] extensión f de pendiente
— **pavement** n - [constr] pavimento m de, talud m, or declive m
— **paving** n - [constr] pavimentación f de talud
— — **placement** n - [constr] colocación f de protección f para talud m
— **range** n - [hydr] escala f de pendiente(s) f
— **ratio** n - razón f de pendiente t
— **retaining** n - [constr] contención f de talud
— **selector** n - [electr] regulador m
— — **switch** n - [electr-equip] regulador m para curva f de voltamperio(s) m
— **@ sidewall** v—inclinar pared f lateral

slope stabilization n - [constr] estabilización f de, talud m, or pendiente m
— **steepness** n - [topogr] (grado m de) inclinación f de talud m
— **toe** n - [constr] pie m, or línea f de base f (aguas abajo) de talud m
— — **channel** n - [hydr] acequia f en pie m de talud m
— — **drain** n - [hydr] desagüe m, en pie m, or agua(s) f abajo, de talud m
— — **intercepting drain** n - [hydr] desagüe m interceptor en base f de talud m
— **top** n - [topogr] parte f superior de talud m
sloped a - inclinado,da; con declive m • [mech] achaflanado,da; biselado,da
— **roof** n - [constr] tejado m inclinado
— **sidewall** n - [constr] pared f lateral inclinada
— **stack** n - pila f con declive m
— **wing** n - [mech] ala f achaflanada
sloper n - [constr-equip] máquina f, ataludadora, or para ataludar
sloping n - inclinación f; pendiente f; bajada f; caída f - [mech] achaflanadura f; sesgadura f | a - inclinado,da • [mech] achaflanado,da; biselado,da
— **area** n - [topogr] zona f con, pendiente t, or declive m
— **backwall** n - [constr] pared f, posterior, or trasera, inclinada
— **excavation** n - [constr] excavación f con declive m
— **furnace** n - [metal-prod] horno m inclinado
— **hearth** n - [metal-prod] solera f inclinada
— — **furnace** n - [metal-prod] horno m con solera f inclinada
— **hillside** n - [topogr] talud m con declive m
— **incline** n - [topogr] pendiente f inclinada
— **inwall** n - [constr] pared f, interior, or interna f, inclinada
— **machine** n - [constr-equip] máquina f, ataludadora, or para ataludar
— **opening** n - abertura f inclinada
— **street** n - [roads] calle f con declive m
— **terrain** n - [topogr] terreno m inclinado
— **top** n - [constr] tope m inclinado
sloppy course n - [sports] pista f mojada
slot n - [mech] . . .; escopleadura f • perforación f • [sports] posición f; puesto m | [mech] escoplear
— **alignment** n - [mech] alineación f de ranura
— **area** n - [mech] zona f para ranura f
— **edge** n - [mech] borde m de ranura f
— **@ end** v - [mech] hender, or ranurar, extremo
— **engage** v - [mech] engranar en ranura f
— **furnace** n - [combust] see **slotted furnace**
— **@ key groove** v - [mech] escoplear, or abrir, ranura f para chaveta f
— **@ groove** v - [mech] escoplear, or abrir, ranura f
— **machine** n - [gambling] máquina f para apuesta(s) f
—**(s) row** n - [mech] hilera f de ranura(s) f
—**(s) spacing** n - [mech] separación f, or distancia f, entre ranura(s) f
— **weld(ing)** n - [weld] soldadura f en ranura f
— — **filling depth** n - [weld] profundidad f de relleno m en soldadura f en ranura f
slotted a - [mech] ranurado,da • escopleado,da • perforado,da
— **bearing** n - [mech] cojinete m ranurado
— — **cage** n - [mech] jaula f para cojinete m ranurado
— **cylindrical head** n - [mech-screws] cabeza f cilíndrica ranurada
— **disk** n - [mech] disco m ranurado
— **drain** n - [hydr] desgüe m, or conducto m, ranurado; cloaca f ranurada
— **end** n - [mech] extremo m, ranurado, or hendido
— **furnace** n [grind.med] horno m ranurado

slotted grate n - [mech] rejilla f ranurada
— — **opening** n - [mech] abertura f con rejilla f ranurada
— **groove** n - [mech] escopleadura f ranurada
— **head** n - [mech] cabeza f, ranurada, or hendida
— — **steel plug** n - [mech] tapón m de acero m con cabeza f, ranurada, or almenada
— **headless screw** n - [mech] prisionero m ranurado para, ajuste m, or fijación f
— — **set screw** n - [mech] prisionero m ranurado (roscado) para ajuste m
— **hole** n - [mech] agujero m, or orificio m, ranurado
— **jaw** n - [mech] mandíbula f ranurada
— **key groove** n - [mech] ranura f para chaveta f, ranurada, or escopleada
— **median drain** n - [roads] desaguadero m ranurado para franja f, medianera, or divisoria
— **nut** n - [mech] tuerca f, ranurada, or acanalada, or almenada, or encastillada
— **opening** n - [mech] abertura f ranurada; orificio m ranurado
— **pipe,ping** n - [tub] tubería f ranurada
— — **drain** n - [hydr] desagüe m de tubería f ranurada
— — **edge(s)** n - [tub] borde(s) m de tubería f ranurada
— — **wall** n - [tub] pared f de tubería ranurada
— **plate** n - [mech] placa f, or plancha f, ranurada
— **plug** n - [mech] tapón m ranurado
— **shank** n - [mech] vástago m ranurado
— **sphere** n - [mech] esfera f, ranurada, or perforada
— **steel drain** n - [hydr] desagüe m ranurado de acero m
— — **pipe drain** n - [hydr] desagüe m de tubería f de acero m ranurada
— — **plug** n - [mech] tapón m ranurado de acero
— **walking surface** n - [constr] superficie f ranurada para tránsito m
— **welding hole** n - [weld] orificio m ranurado, or ranura f, para soldadura f
slotter n - [mech] ranuradora f; motajadora f
slotting n - [mech] ranuramiento* n; escopleadura f | a - ranurador,ra*; escopleador,ra
slough n - . . . . | v - [constr] deslizar(se); escurrir(se)
— **in** n - [constr] derrumbe m; derrumbamiento m | v - [constr] derrumbar
sloughed a - derrumbado,da • deslizado,da; escurrido,da
sloughed in a - [constr] derrumbado,da
sloughing n - derrumbe m; derrumbamiento m • deslizamiento m; escurrimiento m • also see **sluffing**
— **in** n - [constr] derrumbe m; derrumbamiento m
— **prevention** n - [constr] evitación f de, deslizamiento m, or derrumbamiento m
slovenly a - . . . .; zarrapastroso,sa | adv - . . .; zarrapastrosamente
slow a - . . . . • flojo,ja • [fam] zorrero,ra • flojo,ja | adv - lentamente | v aminorar; reducir, or reducir, or disminuir, velocidad f, or marcha f | [int] - ¡lento!; ¡despacio!
— **account** n - [com] cuenta f atrasada
— **burn** n - [combust] combustión f lenta; consumo m lento • [medic] quemadura f lenta
— **burning carbon** n - [combust] carbono m con combustión f lenta
— **car** n - [autom] automóvil m lento
— **carbon burn(ing)** n - [combust] combustión f lenta, or consumo m lento, de carbono m
— — **combustion** n - [combust] combustión f lenta de carbono m
— **chilling** n - enfriamiento m lento
— **considerably** v - retrasar considerablemente
— **cooling** n - enfriamiento m lento
— **cranking** n - [int.comb] rotación f lenta
— **cure** n - curación f lenta
— **deposition** n - [weld] aportación f lenta

slow down n - [mech] frenado m lento • [labor] trabajo m a, reglamento m, or desgano m | v - retardar; demorar; desacelerar • [mech] reducir, or disminuir, or aminorar, velocidad f, or (régimen m de) marcha f
slow-down n - retardación f
— — **@ deformation** v - [mech] retardar, or frenar, deformación f
— — **@ driving** v - [constr-pil] retardar hincadura
— **drawing away** n - apartamiento m, or alejamiento m, lento
— **driving** n - [autom] conducción f lenta • [constr] hincadura f lenta
— **drop(ping)** n - bajada f, or caída f, lenta
— **electrode** n - [weld] electrodo m lento
— **engine** n - [int.comb] motor m lento
— — **speed** n [int.comb] régimen m lento, or velocidad f, lenta, or reducida, para motor m
— **feed speed** n - [mech] velocidad f reducida para alimentación f
— **feeding** n - alimentación f lenta
— **filing** n - [mech] limadura f lenta
— **freezing** n - congelación f lenta • [weld] solidificación f lenta
— **hoisting** n - [cranes] elevación f lenta
— **idle position** n - [mech] posición f para marcha f lenta sin carga f
— **idling** n - [int.comb] marcha f sin carga f lenta
— — **setting** n - [int.comb] regulación f, or ajuste m, para marcha f sin carga f lenta
— —**(ing) speed** n - [weld] velocidad f gradual (lenta) para avance m
— **lap** n - [sports] vuelta f, or etapa f, lenta
— **lifting** n - levantamiento m lento; elevación f lenta
— **machining** n - [mech] labrado m, or fresado m, lento; mecanización f lenta
— — **speed** n - [mech] velocidad f lenta para, labrado, or fresado m
— **materially** v - retrasar considerablemente
— **motion** n - movimiento m lento • [photogr] acción f retardada; movimiento m lento
— — **work** n - [labor] trabajo m a, desgano m, or reglamento m
— **operating speed** n - velocidad f lenta para, operación f, or funcionamiento m
— **@ pace** v - aminorar paso m
— **@ power unit** v - [mech] aminorar, or retardar, unidad f motriz
— **quenching rate** n - velocidad f lenta para, enfriamiento m, or apagamiento m
— **rate** n - velocidad f, or marcha f, lenta
— — **inch(ing) speed** n - [weld] velocidad f lenta para avance m gradual
— **response** n - reacción f lenta
— **roll(ing)** n - tumbo m lento
— **seal bead** n - [weld] cordón m lento para, cierre m, or obturación f
— **setting** n - [constr] fraguado m lento
— **shift(ing)** n - [autom-mech] cambio m lento
— **speed** n - velocidad f, baja, or lenta
— — **mixer** n - [culin] mezcladora f para velocidad f baja
— **start-up** n - [mech] arranque m lento; puesta f en marcha f lenta
— **steering response** n - [autom-mech] reacción f lenta a, dirección f, or volante m
— **tap(ping)** [metal-prod] colada f, lenta, or espesa
— **to idle speed** v - reducir velocidad a marcha f lenta
— **translation** n - [mech] traslación f lenta • [com] traducción f lenta
— — **movement** n - [mech] movimiento m lento para traslación f
— **travel** n - viaje m lento • [mech] avance m lento
— — **speed** n - [weld] velocidad f lenta para avance m

slow turn(ing) n - viraje n, or giro m, lento
— **unwinding** n - [mech] desenrollamiento n lento
— **wear** n - [mech] desgaste m lento
— **weld(ing)** n - [weld] soldadura f lenta
— **welding speed** f - [weld] ritmo m lento para soldadura f | v - retardar ritmo m de soldadura f
— **wire feed speed** n - [weld] ritmo m reducido para alimentación f de alambre m
— **zoom(ing)** n - [photogr] aproximación f lenta
— **year** n - [econ] año m flojo
slowdown n - [labor] trabajo m a, reglamento m, or desgano m
slowed a - retardado,da; aminorado,da
— **down** a - retrasado,da; retardado,da; demorado,da; desacelerado,da; con velocidad f, or marcha f, aminorada, or reducida • [mech] frenado,da
— — **deformation** n - [mech] deformación f, frenada, or retardada, or disminuida
slower adv - más, lento,ta,tamente
— **arc speed** n—[weld] velocidad f menor de arco
— **cooling** n - enfriamiento m más lento
— **feet of weld per hour** n - [weld] distancia f menor de soldadura f por hora f
— **freezing** n - congelación f más lenta • [weld] solidificación f más lenta
—, **growing**, or **growth** n - crecimiento más lento
— **inch speed rate** n - [weld] alimentación f gradual más lenta de alambre m
— **quenching rate** n - [weld] enfriamiento m más lento
— **rate** n - velocidad f, or ritmo m, menor
— **response** n - reacción f más lenta
— **steering response** n - [autom] reacción f más lenta a, dirección f, or volante m
— **than maximum** a - más lento,ta que máximo,ma
— — **weld(ing) speed** n - [weld] ritmo m más lento que máximo m para soldadura f
— **time** n - tiempo m mayor
— **travel** n - [mech] viaje m más lento • [weld] velocidad f menor para avance m
— — **speed** n - [weld] velocidad f menor para avance m
— **welding** n - [weld] soldadura f más lenta
— — **speed** n - [weld] ritmo más lento para soldadura f
slowing n - retardación f; retardo m; reducción f; aminoración f (de velocidad f)
— **down** n - desaceleración f; (a)minoración f (de marcha f)
slowly adv - . . . .; despaciosamente; trabajosamente • flojamente
— **changing** a - con cambio m lento
— **enough** a - con lentitud f suficiente
— **turned steering wheel** n - [autom] volante m girado lentamente
— **zoomed** a - [photogr] aproximado,da, or enfocado,da, lentamente
sludge n - . . . .; lama f • [hydr] barro(s) m • [petrol] borra f
— **accumulation** n - acumulación f de lodo m
— — **drainage** n - [petrol] eliminación f de acumulación f de lodo m
— **acid** n - [petrol] ácido m, sucio, or lodoso
— **basin** n - [sanit] estanque m para lodo(s) m
— **cake** n - [sanit] torta f de lodo(s) m
— **concentration** n - [sanit] concentración f de lodo(s) m
— — **building** n - [sanit] edificio m para concentración f de lodo(s) m
— **conditioning facility,ties** n - [sanit] instalación(es) f para acondicionamiento m de lodos
— **deposit** n - [hydr] asentamiento m de lodo(s)
— **digestor** n - [sanit] digestor m para lodo(s)
— **disposition** n - [sanit] destino m de lodo(s)
— **draining** n - [petrol] eliminación f, or purga f, de lodo(s) m
— **formation** n - [ind] formación f de lodo(s) m
— **gas** n - [sanit] gas m proviniente de lodo(s)
— **lagoon** n - [sanit] laguna f para lodo(s) m

sludge mixing n - [sanit] mezclado m de lodo(s)
— **output** n - [sanit] producción f de lodo(s) m
— **recovery** n - [sanit] recuperación f de lodos
— **removal** n - [ind] evacuación f de lodo(s) m
— **settling** n - [hydr] asentamiento m, or decantación f, or disposición f, de lodo(s) m
— — **area** n - [hydr] zona f para, decantación f, or asentamiento m, de lodo(s) m
— — **basin** n - [hydr] decantador m; estanque m para decantación f (de lodos m)
— **trough** n - [ind] canal m para lodo m
— **withdrawal pipe** n - [sanit] conducto m para extracción f de lodo(s) m
sluffing n - desmoronamiento m
slug n - . . . . • [electrode extrusion] [Mex.] taquete m
— **loading ladder** n - [electrode extrusion] [Mex.] escalera f para carga f de taquetes m
— **press** n - [electrode extrusion] [Mex.] (máquina) taqueteadora f
sluggish a - . . . . • [weld] lerdo,da
— **arc** n - [weld] arco m perezoso
— **welding arc** n - [weld] arco m perezoso para soldadura f
sluggishly adv - . . . .; lerdamente
sluice gage n—[hydr] regulador m para compuerta
— **gate** n - [hydr] conpuerta f, (or valvula f) esclusa
— — **erection** n - [hydr] montaje m de compuerta
— **type** n - [hydr] tipo m, esclusa f, or compuerta f | a - [hydr] (de) tipo m esclusa
— **valve** n - [valv] válvula f esclusa • válvula f con compuerta f
sluiceway n - [hydr] . . . .; desaguadero f
sluicing n - [hydr] transporte n hidráulico
slum n - [pol] . . . .; barrio m, pobre, or indigente
slump n - [constr-concr] . . . .; asentamiento m
— **limit** n - [constr] límite m de asentamiento m
— **mold** n - [constr] cono m de asentamiento m
— **test** n - [constr] prueba f de asentamiento m
slung a - lanzado,da; arrojado,da • [cabl] eslingado,da
slurry n - . . . .; lodo m; barro m; cieno m;pasta f aguada • [constr] lechada f • [miner] pulpa f; concentrado m (en forma suspendida) • [paper] pasta f aguada
— **feed(ing)** n - [ind] alimentación f de lodo m
— — **hopper** n - depósito m (elevado) para lodos
— **flow box** n - [paper] caja f para flujo n de pasta f aguada
— **flume cover** n - [metal-prod] tapa f para canal m para espesador m
— **pump** n - [pumps] bomba f para, lodo(s) m, or pasta f
— **sewer** n - [sanit] desagüe m para lodo(s) m
— **type** n - [paper] tipo m con pasta f aguada
— **explosive** n - [explos] explosivo m de tipo m con pasta f aguada
slush n - . . . .; barro m • [constr] mortero m blando | v - [constr] rellenar • [concr] aplicar capa f de lechada f
— **pump** n - [petrol] bomba f para (inyección f de) lodo; also see **mud pump** • [music] see **sliding trombone**
— — **fluid end** n - [petrol] parte f hidráulica de bomba f para inyección f
— — **power end** n - [petrol] parte f motriz de bomba f para inyección f
— **with mortar** v - [constr] rellenar con mortero m blando
slusher n - [cabl] (cable) limpiador m para barreno(s) m
— **rope** n - [cabl] cable m para limpiador m para barreno(s) m
sm a - see **smooth** • see **small** • [metric] see **square meter**
smack dab adv - [fam] en mismo,ma
— — **in @ middle** adv - en mismo m medio m
small a - . . . .; con tamaño m exiguo
— **ability** n - capacidad f, reducida, or pequeña

small adjustable roll n - [mech] rodillo m pequeño ajustable
— **air gap** n - [electr-mot] entrehierro m pequeño
— **amount** n cantidad f pequeña | a - exiguo,gua
— **angle** n - [geom] ángulo m pequeño • [metal-roll] hierro m angular pequeño
— **angle iron** n - [metal-roll] hierro m angular pequeño
— **arc** n - [weld] arco m pequeño
— **arch** n - [constr] bóveda pequeña
— **area** n - zona f, pequeña, or reducida
— **article(s)** n - artículo(s) m, pequeño(s), or menor(es)
— **assembly weld** n - [weld] soldadura f de pieza(s) f pequeña(s)
— **auxiliary wire** n - [cabl] alambre m auxiliar pequeño
— **ball** n - pelotilla f
— **band** n - [electron] banda f, pequeña, or estrecha, or angosta
— **bar** n - [tools] barreta f
— **basket** n - esportilla f
— **batch** n - [ind] partida f pequeña
— **batter** n - [constr] inclinación f, pequeña, or reducida
— **bead** n - [weld] cordón m pequeño
— **bearing spacer** n - [mech] separador m pequeño para cojinete m; separador m para cojinete m pequeño
— **bell** n - campana f pequeña; [metal-prod] cono m superior
— — **beam** n - [metal-prod] barra f para maniobra f, or viga f, para campana f pequeña
— — **cable** n - [ind] cable m para campana f pequeña
— — **drive cable** n - [metal-prod] cable m para accionamiento m para campana f pequeña
— — — **cylinder** n - [metal-prod] cilindro m para accionamiento m para campana f pequeña
— — **hopper** n - [metal-prod] tolva f, de tragante m, or para campana f pequeña
— — **rod ring** n - [metal-prod] anillo m para vástago m para campana f pequeña
— — — **wear ring** n - [metal-prod] anillo m para desgaste m para vástago m para campana f pequeña
— — **sprayer** n - [metal-prod] rociador m para campana f pequeña
— — **stem** n - [metal-prod] vástago m para campana f pequeña
— **bend** n - [mech] pliegue m pequeño • curvatura f pequeña
— **bevel angle** n - [mech] chaflán m (angular) pequeño
— — **deep groove** n - [weld] ranura f profunda con chaflán m pequeño
— — — — **butt weld** n - [weld] soldadura f a tope m en ranura f profunda con chaflán m pequeño
— **blister** n - ampolla f pequeña • [medic] flictena f
— **boat** n - [naut] barco m pequeño; falúa f
— **boiler** n - [boilers] marmita f; calderín m
— **boom** n - [cranes] aguilón m pequeño; pluma* f pequeña
— — **section** n - [cranes] sección f pequeña para aguilón m
— **boulder** n - [geol] rodado m pequeño
— **bowl** n - [sanit] tazón m chico; cubeta f chica
— **boy** n - chico m; [Arg.] pibe m • [Chi.] cabro m • [Uru.] botija m
— **business** n - [com] comercio m pequeño
— **branch(es)** n - [botan] frasca f
— **bridge** n - [constr] puente m pequeño
— **cabinet** n - [domest] armario m pequeño
— **capacity process** n - [ind] proceso m con capacidad f, pequeña, or reducida
— **capital investment** n - [fin] inversión f pequeña de capital m
— **capitals** n - [print] versalilla,ita f
— **caps** n - [print] see **small capitals**

— **small car** n - [autom] automóvil m pequeño • [ind] vagoneta f pequeña • [rail] vagón n pequeño
— **carton** n - [papel] caja f pequeña (de cartón)
— **casting** n - [metal-prod] colada f pequeña • pieza f fundida pequeña
— **cell** n - celdilla f
— **chamfer** n - [mech] chaflán m pequeño
— **channel** n - [hydr] cauce m, or canal, pequeño, or menor
— **claim** a - [legal] de menor cuantía f
— —**(s) court** n - [legal] juzgado m de menor cuantía f
— **coke** n - [coke] coque m menudo; menudo(s) m de coque m
— **company** n - [com] compañía f, or empresa f, pequeña, or menor
— — **responsiveness** n - [com] sensibilidad f de empresa f pequeña
— **computer** n - [comput] computador m, or ordenador m, pequeño
— **concave bead** n - [weld] cordón m cóncavo pequeño
— — **weld** n - [weld] soldadura f cóncava pequeña
— **construction** n - [constr] construcción f menor
— **convex bead** n - [weld] cordón m convexo pequeño
— — **weld** n - [weld] soldadura f convexa pequeña
— **copper deposit** n - [miner] yacimiento m pequeño de cobre m
— — **ore deposit** n - [miner] yacimiento m pequeño de (mineral m de) cobre m
— **cover** n - [mech] tapa f pequeña
— **crack** n - grieta f, or rendija f, pequeña
— **crew** n - [ind] cuadrilla f pequeña
— **cross section** n - sección f, exigua, or inadecuada; corte m transversal pequeño
— **crystal** n - [chem] cristal m pequeño
— **culvert** n - [constr] alcantarilla f pequeña
— **current** n - [weld] amperaje m pequeño
— **cylinder bore** n - [petrol] cilindro m con diámetro m, pequeño, or reducido
— **dam** n - [hydr] presa f pequeña
— **deposit** n - [miner] yacimiento n pequeño
— **diameter asphalt-coated corrugated steel pipe** n - [tub] tubería f de acero m corrugado con diámetro m reducido recubierta con asfalto m
— — — **lined corrugated steel pipe** n - [tub] tubería f de acero m corrugado con diámetro m reducido revestida con asfalto m
— — **Bundy tubing** n - [tub] tubería f Bundy con diámetro m reducido
— — **coated corrugated steel pipe** n - [tub] tubería f de acero m corrugado con diámetro m reducido recubierta
— — **concrete pipe** n - [tub] tubería f de hormigón f con diámetro m, reducido, or pequeño
— — **corrugated steel pipe** n - [tub] tubería f de acero m corrugado con diámetro m reducido
— — **culvert** n - [constr] alcantarilla f con diámetro m, reducido, or pequeño
— — **cylinder** n - [mech] cilindro m con diámetro m, pequeño, or reducido
— — **electrode** n - [weld] electrodo m con diámetro m, reducido, or pequeño
— — **lined corrugated steel pipe** n - [tub] tubería f de acero m corrugado con diámetro m reducido revestida
— — **pile** n - [constr-pil] pilote m con diámetro m reducido
— — **pipe** n - [tub] tubería f con diámetro m, reducido, or pequeño
— — **reinforced concrete pipe** n - [tub] tubería f de hormigón m armado con diámetro m, reducido, or pequeño
— — **pipe** n - [tub] tubería f armada con diámetro m, reducido, or pequeño
— — **rod** n - [metal-roll] varilla f con diámetro m, reducido, or pequeño
— — **roller** n - [mech] rodillo m con diámetro m

reducido
small diameter seamless, pipe, or tube n - [tub] tubo m sin costura f con diámetro m reducido
— — **sewer** n - [constr] cloaca f con diámetro m reducido
— — **sheave** n - [cabl] polea f con diámetro m reducido
— — **single wall tubing** n - [tub] tubería f con pared f sencilla con diámetro m reducido
— — **steel pipe** n - [tub] tubo m, or tubería f, de acero m con diámetro m reducido
— — **subdrainage pipe** n - [tub] tubo m, or tubería f, con diámetro m reducido para subdrenaje m
— — **tire** n - [autom-tires] neumático m con diámetro m reducido
— — **, tube, or tubing** n - [tub] tubo m, or tubería f, con diámetro m reducido
— — **wear ring** n - [mech] anillo m para desgaste m con diámetro m reducido
— — **wire** n - [weld] alambre m con diámetro m reducido
— **dimension** n - medida f, pequeña, or reducida
— **disk** n - [mech] disco m pequeño; platillo m
— **ditch check** n - [hydr] dique m pequeño para zanja f
— **door** n - [constr] puerta f pequeña; portezuela f; falsete m; puertita f
— **droplet** n - gotita f pequeña
— **easily controlled bead** n - [weld] cordón m pequeño fácil para regular
— **electrode** n - [weld] electrodo m, pequeño, or delgado, or fino, or con diámetro m reducido
— — **range** n - [weld] escala f de electrodo(s) m, pequeño(s), or delgado(s)
— — **size** n - [weld] electrodo m con diámetro m reducido
— **enclosure** n - encierro m pequeño; caja f pequeña
— **end** n - extremo m, pequeño, or menor
— — **down** a - extremo m menor hacia abajo
— — **first** a - extremo m pequeño hacia adelante
— — **last** a - extremo m pequeño hacia atrás
— — **up** a - extremo m pequeño hacia arriba
— **enough** adv - suficientemente pequeño,ña
— **entrained particle** n - partícula f pequeña arrastrada
— **eye pitman bushing** n - [mech] buje m con ojo m pequeño para biela f
— **fabricator** n - [weld] empresa f soldadora pequeña
— **facility** n - [ind] instalación f pequeña
— **farming** n - [agric] agricultura f menor
— **field** n - campo m pequeño • [sports] grupo m reducido de, corredor(es), or participante(s)
— **file** n - [tools] lima f pequeña; limita f
— **fillet weld** n - [weld] soldadura f pequeña en ángulo m interior
— **fine file** n - [tools] lima f fina pequeña
— **fitting** n - [mech] accesorio m pequeño • [tub] conexión f pequeña
— **fixture** n - [electr-illum] artefacto m pequeño
— **flat area** n - zona f plana pequeña
— — **dimension** n - medida f plana pequeña
— **fleet** n - [naut] flotilla f
— **flow** n - [hydr] caudal m pequeño
— **fluorescente fixture** n - [electr-illum] artefacto m fluorescente pequeño
— **footprint** f - [autom-tires] huella f pequeña
— **forging** n - [metal-prod] forjadura f, or pieza f forjada, pequeña
— **fort** n - [milit] fortín m; fortezuelo* m
— **fountain** n - [hydr] fontezuela f
— **fractured rock** n - [constr] roca f menuda fracturada
— **fuel capacity** n - [int.comb] capacidad f, reducida, or pequeña, para combustible m
— **gage** n - [metal-roll] espesor m reducido
— — **strip** n - [metal-roll] banda f, or cinta f, or chapa f, or fleje m, con espesor m, reducido, or pequeño

small gap n - separación f pequeña • [mech] entrehierro m pequeño
— **guide tip** n - [weld] pico m para guía f fino
— **heat amount** n - calor m exiguo
— — **loss** n - [thermol] pérdida f pequeña de calor m
— **high speed weld** n - [weld] soldadura f pequeña con avance m rápido
— **hole** n - agujero m, pequeño, or menor • [weld] poro m pequeño
— **included angle** n - [geom] ángulo m incluido pequeño
— **inclusion** n - [metal] inclusión f pequeña
— **increase** n - aumento m, pequeño, or reducido
— **increment** n - incremento m, or aumento m, pequeño
— **indication** n - indicio m pequeño
— **industrial concern** n - [ind] industria f, or empresa f industrial, pequeña
— **ingot** n - [metal-prod] lingote m pequeño; lingotillo m
— **input voltage** n - [weld] voltaje m pequeño entrado
— — — **fluctuation** n - [weld] fluctuación f pequeña en voltaje m entrado
— **integrated plant** n - [ind] planta f integrada pequeña
— **investment** n - [fin] inversión f pequeña
— **investor** n - [fin] inversionista m pequeño
— **iron deposit** n - [miner] yacimiento m pequeño de hierro m
— — **ore deposit** n - [miner] yacimiento m pequeño de (mineral m de) hierro m
— **job** n - trabajo m pequeño
— **jointing plane** n - [tools] junterilla f
— **ladder** n - [tools] escalerilla f
— **length adjustment** n - [mech] ajuste m pequeño en, largo(r) m, or longitud f
— **letter** n - [print] letra f pequeña
— **locomotive** n - [rail] locomotora f pequeña
— **looking glass** n - [domest] espejuelo m
— **loop** n - [cabl] lazo m pequeño
— **low open circuit voltage alternating current transformer welder** n - [weld] soldadora f transformadora pequeña con voltaje m bajo en circuito m abierto para corriente f alterna
— — — — **transformer welder** n - [weld] soldadora f transformadora pequeña con voltaje m bajo en circuito m abierto
— — **voltage transformer welder** n - [weld] soldadora f transformadora pequeña con voltaje m bajo
— **market portion** n - [com] porción f reducida de mercado m
— **metal scoop** n - [domest] cuchara f, or palita f, pequeña, metálica, or de metal m
— **melt** n - [metal-prod] colada f pequeña
— **microcomputer** n - [comput] microcomputador m pequeño
— **minitruck** n - [autom] (mini)camioneta (pequeña)
— **mining producer** n - [miner] productor m minero pequeño
— **mirror** n - [domest] espejuelo m
— **molten flux pool** n - [weld] cráter m pequeño de fundente m fundido
— — **puddle** n - [weld] cráter m fundido pequeño
— **nitrate crystal** n - [chem] cristal m pequeño de nitrato(s) m
— **opening** n - abertura f pequeña
— **operation** n - operación f pequeña • [ind] planta f pequeña
— **ore deposit** n - [miner] yacimiento m pequeño (de mineral m)
— **output plant** n - [ind] planta f para producción f, pequeña, or reducida
— **package plant** n - [sanit] planta f individual pequeña
— — **sewage treatment plant** n - [sanit] planta f individual pequeña para depuración f de líquido(s) m cloacal(es)

small package treatment plant n - [sanit] planta f individual pequeña para depuración f
— **pellet** n - [miner] pelotilla f; pella f pequeña
— **pile** n - [constr-pil] pilote m pequeño
— **pilot plant** n - [ind] planta f piloto pequeña
— **pipe** n - [tub] tubo m pequeño
— — **arch** n - [constr] tubería f abovedada pequeña
— — **culvert** n - [constr] alcantarilla f, de tubería f abovedada, or tubular abovedada, pequeña
— — **pile** n - [constr-pil] pilote m tubular pequeño
— **piston** n - [mech] émbolo m, or pistón m, pequeño
— **plate** n - [metal-roll] placa f pequeña • [Spa.] pletina f
— **plaza** n - plazuela f; plazoleta f
— **pore** n - [metal] poro m pequeño
— **portion** n - porción f, pequeña, or reducida; parte f menor
— **production item** n - [ind] pieza f con producción f, pequeña, or reducida, or limitada
— **profit** n - [fin] utilidad f, pequeña, or reducida
— **proportion** n - proporción f, pequeña, or reducida
— **puddle** n - charco m pequeño • [weld] charco m, pequeño, or reducido
— **quick weave technique** n - [weld] técnica f para tejido m pequeño y rápido
— **radius corner** n - [constr] esquina f con radio m reducido
— **reference capacity** n - [ind] capacidad f reducida para referencia f
— **registered capital** n - [fin] capital m registrado, pequeño, or reducido
— **relative density** n - densidad f relativa reducida
— **river** n - [hydr] riachuelo m; riacho m
— **rod** n - vírgula f • [metal-roll] varilla f pequeña; alambrón m • [Mex.] semiflecha* f
— **roll(er)** n - [mech] rodillo m pequeño
— **roof** n - [constr] tejadillo m
— **root spacing** n - [Weld] separación f pequeña en raíz f
— **rope** n - [cabl] cable m delgado
— — **loop** n - [cabl] lazo m pequeño en cable m; lazo m de cable m delgado
— **round** n - [metal-roll] (hierro) redondo m pequeño
— — **(s) continuous unit** n - [metal-concast] instalación f continua para redondo(s) m pequeño(s)
— — **cover** n - [mech] tapa f redonda pequeña
— **scale mining** n - [miner] minería f (en escala f) reducida
— — — **promotion** n - [miner] promoción f, or fomento m, de minería f (en escala f) pequeña
— — **production weld(ing)** n - [weld] soldadura f para producción f en escala f reducida
— — **steel making** n - [metal-prod] aceración f en escala f reducida
— **scoop** n - [domest] cuchara f, or palita f, pequeña
— **screen** n - [tools] zarandilla f
— **section** n - [metal-roll] (producto) semiterminado m con sección f reducida • [mech] paso n reducido
— — **mill** n - [metal-roll] tren m, or laminador m, para perfil(es) m pequeño(s)
— **sedan** n - [autom] (automóvil) sedán m pequeño
— **sewer** n - [sanit] cloaca f pequeña
— — **manhole** n - [sanit] boca f para registro m para cloaca f pequeña
— **sheaf** n - [agric] gabeja f
— **sheave** n - [cabl] polea f pequeña
— **shop** n - [mech] taller m pequeño
— — **alternating current transformer** n - [elec-distrib] transformador m para corriente f alterna para taller(es) m pequeño(s)
— **small shop transformer** n - [electr-distrib] transformador m para taller(es) m pequeño(s)
— **shutter** n - [constr] ventanillo m
— **sieve** n - [tools] zarandilla f
— **sign** n - [roads] indicador m, or letrero m, pequeño
— **single pass** n - [weld] pasada f única pequeña
— — **tack weld** n - [weld] soldadura f con punto(s) m pequeña con pasada f única
— — **weld** n - [weld] soldadura f pequeña con pasada f única
— **size** n - tamaño m, pequeño, or reducido • diámetro m pequeño • escala f reducida
— — **electrode** n - [weld] electrodo m con diámetro m, pequeño, or reducido
— — **ingot** n - [metal-prod] lingote m con tamaño m, reducido, or pequeño; lingotillo m
— — **rod** n - [metal-roll] varilla f con diámetro m, pequeño, or reducido
— — **view** n - vista f en escala f reducida
— **slag inclusion** n - [weld] inclusión f reducida de escoria f
— — **pocket** n - [metal-weld] inclusión f pequeña de escoria f
— **slightly concave bead** n - [weld] cordón m pequeño levemente cóncavo
— — — **weld** n - [weld] soldadura f pequeña levemente cóncava
— — **convex bead** n - [weld] cordón m pequeño levemente convexo
— — — **weld** n - [weld] soldadura f pequeña levemente convexa
— **slip angle** n - [autom-tires] ángulo m para corrimiento m pequeño
— **spacer** n - [mech] separador m pequeño
— **spangle** n - [metal-treat] dibujo m (muy) pequeño de cristal(es) m de cinc m
— **spatter(ing)** n - salpicadura f reducida
— **spit** n - [domest] filete m
— **spool protective cover** n - [weld] tapa f protectora f para carrete(s) m pequeño(s)
— **strand** n - [cabl] cordón m pequeño
— **stream** n - [hydr] curso n (de agua m) pequeño; riacho m
— **strip** n - [mech] tira f pequeña
— **structural beam** n - [metal-roll] viga f estructural pequeña
— **swing radius** n - [cranes] radio m de, giro m, or rotación f, pequeño
— **tab** n - [mech] orejeta f
— **terminal strip** n - [electr-instal] tira f para borne(s) m pequeña
— **thickness** n - espesor m reducido
— **tile** n - [ceram] tejuela f
— **tonnage** n - tonelaje m reducido
— **town** n - [pol] villeta f; población f pequeña
— **transformer** n - [electr-distrib] transformador m pequeño • [weld] soldadora f transformadora pequeña
— — **welder** n - [weld] soldadora f transformadora pequeña
— **transition end** n - [environm] extremo m menor de adaptador m
— **triangular weave** n - [weld] (movimiento m de) tejido m trinagular angosto
— **truck** n - [autom] (auto)camión m pequeño; camioneta f
— **tunnel(ling) job** n - [constr] trabajo m para túnel m pequeño
— **turnover** n - [com] cifra f de negocios m baja
— **underpass** n - [roads] paso m inferior pequeño
— **vein** n - [miner] venita f
— **vertical pipe** n - [tub] tubo m vertical pequeño
— **vestibule** n - [constr] zanguanete m
— **voltage fluctuation** n - [electr-distrib] fluctuación f pequeña en voltaje m
— **volume** n - volumen m, pequeño, or reducido
— **water body** n - [hydr] cuerpo m de agua pequeño
— **weave** n - [weld] tejido m angosto

small weave pass n - [weld] pasada f con (movimiento m de) tejido m angosto
— — technique n - [weld] técnica f para tejido m angosto
— — weld n - soldadura f con tejido m angosto
— weld n - [weld] soldadura f pequeña
— welder n - [weld] soldadora f pequeña
— welding cable n - [weld] cable m pequeño para soldadura f
— — current n - [weld] amperaje m reducido para soldadura f
— — lead n - [weld] conductor m pequeño para soldadura f
— — shop n - [weld] taller m pequeño para soldadura f
— weldment n—[weld] conjunto m soldado pequeño
— well shaped a - pequeño,ña bien conformado,da
— — bead n - [weld] cordón m pequeño bien conformado
— window n - [constr] ventano m
— wire n - [wire] alambre m delgado • [weld] electrodo m delgado
— — drawer n—[wiredrwng] trefilador m pequeño
— — electrode n - [weld] electrodo m de alambre m, delgado, or con diámetro m reducido
— — — welding n - [weld] soldadura f con electrodo m (de alambre m) delgado
— — guide n - [weld] guiadera f para alambre m delgado
— — rope n - [cabl] cable m (de alambre) delgado; cable m delgado de alambre m
— — — loop n - [cabl] lazo m de cable m (de alambre m) delgado; lazo m pequeño en cable m de alambre m
— — size n - [wire] diámetro m reducido de alambre m • [weld] electrodo m de alambre m delgado
— — spring guide n - [weld] guiadera f con resorte m para alambre m delgado
— — submerged arc weld n - [weld] soldadura f con arco m sumergido con alambre m delgado
— — twinarc weld(ing) n - [weld] soldadura f con arco m gemelo con alambre m delgado
— — — submerged arc weld(ing) n - [weld] soldadura f con arco m sumergido con electrodo m de alambre m delgado
— wood cabinet n - [domest] armario m pequeño de madera f
— — table n - [domest] mesita f de madera f
smaller bursting strength n - [metal] resistencia f menor a estallido(s) m
— capitalization n - [fin] capitalización menor
— contraction n - contracción f menor
— enrichment n - enriquecimiento m menor
— entrained particle n - [environm] partícula f arrastrada (con tamaño m) menor
— expansion coefficient n - coeficiente m menor para dilatación f
— fitting n - [tub] accesorio m menor
— horsepower motor n - [electr-mot] motor m con potencia f menor
— impedance n - [electron] impedancia f menor
— leg n - [weld] superficie f de fusión f menor
— of two adv - menor (de dos)
— — legs n - [weld] menor m de dos catetos
— oxygen availability n—[ind] disponibilidad f menor de oxígeno m
— percentage n - porcentaje m menor • [metal] contenido m menor
— radius corner plate bearing pressure n - [constr] presión f de apoyo sobre plancha f esquinera con radio m menor
— ratio n - razón f disminuida
— supply limit(ation) n - [ind] límite m, or limitación f, menor para suministro m
— tensile strength n - [metal] resistencia f menor a tensión f
— welder n - [weld] soldadora f menor
smallest bend n - [mech] pliegue m mínimo; curvatura f mínima
smaltite n - [paint] esmaltita f

smart a - . . .; prudente; previsor,ra | v - [medic] escocer
— aleck approach n - actitud f arrogante
— clock n - [instrum] reloj m inteligente
— saying n - refrán m ingenioso
smarting n - [medic] escozor m; escocedura f
smartly adv - . . .; prudentemente; inteligentemente; previsoramente; avisadamente
smashed a - aplastado,da
smashing n - aplastamiento m | a - aplastante
— victory n - triunfo m aplastante
— win n - [sports] triunfo m impresionante
smear n - . . .; desparramo n • [medic] frotis m | v - . . .; desparramar
smeared a - untado,da • desparramado,da
smearing n - desparramo m
smell n - . . .; fragancia f
smelt v - . . . • [miner] concentrar; beneficiar
smelted a - [miner] fundido,da; derretido,da; beneficiado,da
smelting n - . . . • metalurgia f • [miner] beneficio m de mineral(es) m | a - fundidor,ra; fundente
— down n - [metal-prod] fusión f
— — process n - [metal-prod] proceso m para fusión f
— ladle n - [metal-prod] tusor* m
— pot n - [metal-prod] crisol m; cazo m para fundición f
— process n - [metal-prod] proceso m para fusión
— vessel n - [metal-prod] fusina* f; fusor* m; fustina* f
smiled a - sonreido,da
smls n - [mech] see seamless
smokable a - fumable*
smoke blast n - [combust] fumarada f
— cleaning n - [combust] depuración f de humo(s)
— cloud n - [combust] humareda f
— dispersing a - fumífugo,ga
— duct n - [combust] conducto m para humo(s) m
— exhausting n - [combust] eliminación f, or extracción f, de humo(s) m
— — equipment n - [combust] equipo m para, eliminación f, or extracción f, de humo(s) m
— gun n - [weld] see smoke exhausting equipment
— meter n - [instrum] medidor m para humo(s) m
— pouring n—[combust] efusión f de humo(s) m
— trace(s) n - [combust] vestigio(s) m de humo m
— puff n - [combust] fumarada f
— scrubbing n - [combust] depuración f de humo m
— whiff n - [combust] fumarada f
smokestack n - [combust] . . .; chimenea f para humo(s) m
smoking addict n - fumador m vicioso
— material n - [combust] material m humeante
—, quarter(s), or room n - fumadero m; salón m para fumar
smooth a - . . .; llano,na • [geol] pelado,da | v - . . .; nivelar; emparejar • [constr] fratasar | [adv] - en forma f pareja
— action arc n - [weld] arco m con acción f suave
— annular(ly) corrugated pipe n - [constr] tubería f lisa corrugada anularmente
— appearance n - apariencia f lisa; aspecto m liso
— arc n - [weld] arco m, suave, or liso
— — action n - [weld] acción f suave de arco m
— @ armature n - [electr-mot] alisar armadura f
— back bead n - [weld] cordón m con respaldo m liso
— bead n - [weld] cordón m, liso, or parejo
— bearing n - [mech] cojinete m liso
— black a - [metal-roll] negro,gra liso,sa
— — plate n - [metal-roll] chapa f, or plancha f, negra lisa
— — sheet n - [metal-roll] lámina f negra lisa
— — strip n - [metal-roll] fleje m negro liso
— bottom n - fondo m liso
— — diameter n - [cranes] diámetro m inferior liso

smooth brome n - [botan] bromo m liso
— **cam** n - [mech] leva f lisa • sujetador m liso
— **channel** n - [hydr] cauce m liso • cauce m encespedado
— **clean surface** n - [mech] superficie f limpia lisa
— **coating** n - [paint] recubrimiento m, liso, or suave
— **coil strand** n - [cabl] cordón m liso para enrollamiento m
— **coiling** n - [cabl] enrollamiento m liso
— — **strand** n - [cabl] cordón m liso para enrollamiento m
— **connection** n - [mech] . . .; acoplamiento m liso
— **corrugated pipe** n - [tub] tubería f corrugada lisa
— **diameter** n - [cranes] diámetro m liso
— **distortion** n - [mech] deformación f suave
— **drill(ing) operation** n - [petrol] operación f suave para perforación f
— —**(ing) pipe** n - [petrol] barra f lisa para sondeo m
— **end element** n - [mech] elemento m con extremo(s) m liso(s)
— — **finish** n - [mech] acabado m liso en extremo • acabado m final liso
— — **fitting** n - [tub] accesorio m con extremo m liso
— **engine idling** n - [int.comb] marcha f, lenta, or sin carga f, suave de motor m
— **@ epoxy surface** v - alisar superficie f de epoxia f
— **exterior surface** n - superficie f exterior lisa
— **face** n - superficie f lisa
— —**(d) drum** n - [mech] tambor m con superficie f lisa
— —**(d) hoisting drum** n - [cranes] tambor m con superficie f lisa para elevación f
— **feathered edge** n - [weld] canto m vivo liso
— **filing** n - alisamiento m con lima f
— **filler** n - [autom-body] relleno m, or rellenador* m, liso, or pareja
— **finish** n - [mech] acabado m liso; terminación f lisa
— **flat bead** n - [weld] cordón m plano (y) liso
Smooth-Flo a - [tub] con interior m liso
— — **corrugated steel pipe** n - [tub] tubería f de acero m corrugado con interior m liso
— — **line** n - [tub] línea f, or tubería f (Smooth-Flo) con, interior m liso, or corrugación(es) f interior(es) cubierta(s)
— — **lining** n - [tub] revestimiento m, Smooth-Flo, or liso en corrugaciones f interiores
— — **pipe** n - [tub] tubería f, Smooth-Flo, or con, interior m liso, or con corrugación(es) f interior(es) cubierta(s)
— — — **arch** n - [tub] tubería f abovedada, Smooth-Flo, or con corrugaciones f interiores cubiertas
— — **sewer pipe** n - [tub] tubería f, Smooth-Flo, or con corrugaciones f interiores cubiertas, para cloacas f
— **flow** n - [roads] flujo m fácil
— **form(s)** n - [constr] encofrado m liso
— **galvanized bar** n - [metal-treat] barra f galvanizada lisa
— — **steel** n - [metal-treat] acero m galvanizado liso
— — — **fitting** n - [tub] accesorio m liso de acero m galvanizado
— **gravel** n - [geol] canto(s) m rodado(s), pelado(s), or liso(s)
— **grinding** n - [mech] esmerilado m hasta alisar
— **ground surface** n - [mech] superficie f esmerilada lisa
— **helical(ly) corrugated pipe** n - [tub] tubería f lisa corrugada helicoidalmente
— **hoisting** n - [cranes] elevación f pareja
— — **drum** n - [cranes] tambor m para elevación

pareja f
smooth hydraulic flow n - [hydr] flujo m hidráulico, suave, or fácil, or parejo
— **idling** n - [mech] marcha f, sin carga f, or lenta, pareja, or suave
— **interior** n - interior m liso
— — **surface** n - superficie f interior lisa
— **joint** n - [tub] junta f, or unión f, lisa, or pareja; juntura f pareja
—**lined** a - [tub] con interior m liso
— — **corrugated steel pipe** n - [tub] tubería f de acero m corrugado con interior m liso
— — **pipe** n - [tub] tubo m con, interior m liso, or corrugación(es) f interior(es) cubierta(s)
— — **steel pipe** n - [tub] tubo m de acero m con, interior m liso, or corrugación(es) f interior(es) cubierta(s)
— **lining** n - revestimiento m liso
—**Lok pipe** n - [tub] tubo m con costura f helicoidal engatillada
— **metal** n - metal m liso
— — **cam** n - [mech] leva f de metal m liso • sujetador m de metal m liso
— **mixture** n - [constr-concr] mezcla f pareja
— **operating** n - [mech] operación f pareja
— — **package** n - [int.comb] conjunto m motor suave
— **operation** n - operación f, suave, or pareja; funcionamiento m, or marcha f, suave
— **out** n - suavizar • emparejar; alisar
— — **@ road surface** v - [roads] emparejar, or alisar, superficie f de carretera f
— **paved channel** n - [hydr] cauce m liso pavimentado
— **pavement** n - [roads] pavimento m, liso, or parejo
— **performance** n - desempeño m, or funcionamiento, suave, or parejo • [weld] soldadura suave
— **pipe** n - [tub] tubo m liso
— — **casing** n - [constr] tubo m, camisa, or para entubación f, liso
— — **interior** n - [tub] interior m liso de tubo
— **piping** n - [tub] tubería f lisa
— **piston wear** n - [mech] desgaste m parejo de émbolo m
— **plastic** n - [plast] plástico m, liso, or parejo
— — **pipe** n - [tub] tubo m liso de plástico
— **plate** n - [metal-roll] plancha f lisa
— **rack and pinion rotation** n - [cranes] rotación f, or giro m, suave con cremallera f y piñón m
— **reinforced concrete pipe** n - [tub] tubo m liso de hormigón m armado
— **responding** n - [mech] con reacción f suave
— **response** n - [mech] reacción f suave
— **ride** n - [autom] andar m suave • funcionamiento m, or marcha f, suave
— **rigidity transition** n - transición f suave en rigidez f
— **roll(er)** n - [mech] rodillo m liso
— **rope** n - [cabl] cable m liso
— **rotation** n - [cranes] rotación f, or giro m, suave
— **running** n - operación f suave | a - con operación f pareja
— — **engine** n - [int.comb] motor m con operación f pareja
— **shell** n - [metal-fabr] cilindro m, or casco m, liso
— **spreading** n - distribución f, pareja, or uniforme
— **stab-type connection** n - [mech] acoplamiento m liso de tipo, insertable, or encajable
— **startup** n - [ind] puesta f en marcha pareja
— **steady arc** n - [weld] arco m suave y estable
— **steel** n - [metal-prod] acero m liso
— — **collar** n - [mech] collar m liso de acero m
— — **sheet** n - [metal-roll] lámina f, or chapa f, lisa de acero m
— **stem** n - [mech-rivets] vástago m liso
— **strand** n - [cabl] cordón m, or ramal m, liso
— **strip** n - [metal-roll] banda f, or cinta f, or

chapa f, lisa; fleje m liso
smooth surface n - superficie f lisa
— **@ surface** v - [mech] alisar superficie f
— — **flange** n - [metal-fabr] brida f con superficie f lisa
— — **grating** n - [mech] enrejado m con superficie f lisa
— —**(d) rope** n - [cabl] cable m con superficie f lisa
— —**(s) strand** n - [cabl] cordón m con superficie f lisa
— **surfaced** a - con superficie f lisa
— **to @ touch** a - suave a tacto m
— **traffic flow** n - flujo m parejo de tránsito m
— **triplex performance** n - [pumps] funcionamiento m suave con tres cilindros m
—**wall pipe** n - [constr] tubo m, or tubería f, con pared(es) f lisa(s)
— —**(ed) steel pipe** n - [tub] tubo m, or tubería f, de acero m con pared(es) f lisa(s)
— —**(ed) pipe** n - [tub] tubo m, or tubería f, con pared(es) f lisa(s)
— **wear** n - [mech] desgaste m parejo
— **weld(ing)** n - [weld] soldadura f, lisa, or pareja, or uniforme
— **wire feed(ing)** n - [weld] alimentación f uniforme de alambre m
smoothed a - alisado,da; emparejado,da • suavizado,da
— **out** a - see **smoothed**
— — **road surface** n - [roads] superficie f de, camino m, or carretera f, alisada, or emparejada, or suavizada
— **pavment** n - [constr] pavimento m, alisado, or emparejado
smoother n - . . . . suavizador m | a - más, liso,sa, or parejo,ja • más suave
— **response** n - [mech] reacción f más suave
smoothest arc action n - [weld] acción f más suave de arco m
smoothing n - alisamiento m; emparejamiento m | a - alisador,ra; emparejador,ra
— **beam** n - [constr] viga f para enrase m
— **device** n - [mech] dispositivo m para, alisar, or enrasar
— **out** n - see **smoothing**
smoothly adv - . . .; parejamente • suavemente; en forma f suave • [fig] como sobre riel(es) m • en orden
— **graded** a - nivelado,da cuidadosamente
— **variable** a - variable suavemente
— **worn piston** n - [mech] émbolo m (des)gastado, parejamente, or uniformemente
smothered a - [medic] asfixiado,da
smothering n - [medic] asfixia f
smudge n - [weld] mancha f | v - [weld] manchar
snack n - [culin] . . .; refección f
— **bar** n - . . .; cantina f
snaffletree n - [mech] volea f
snag n - . . .; maraña f | v - enredar; enganchar • [sports] obtener, lograr
— **@ wheel** v - [constr] enganchar rueda f
snagged a - enredado,da; enganchado,da • [sports] obtenido,da; logrado,da
— **wheel** n - [constr] rueda f enganchada
snagging n - enganche m • [sports] logro m; obtención f
snail(s) pace n - . . .; velocidad f de cangrejo
snake n - [zool] . . .; víbora • [metal-roll] serpenteado m | v - . . .
snaking n - culebreo m | a - serpe(nte)ante
— **mill** n—[metal-roll] laminador m serpenteador
snaky a - . . .; serpenteado,da
— **coating** n - [metal-treat] recubrimiento m serpenteado
snap n - . . . . [mech] mosquetón m; gancho m con resorte m • chasquido m; estallido m • [vest] broche m (con presión f) | v - . . . • interrumpir; poner fin • romper (violentamente) • [mech] unir con presión f; sujetar con resorte m

snap action n - (re)acción f (ultra)rápida
— — **bumper switch** n - [electr-equip] interruptor m, or conmutador n, deprimible con (re)acción f (ultra)rápida
— — **current transformer** n - [electr-equip] transformador m para corriente con (re)acción f (ultra)rápida
— — **switch** n - [electr-equip] interruptor m, or conmutador m, con (re)acción f rápida
— — **thermostat** n - [weld] termostato m con acción f (ultra)rápida
— **back** v - [mech] saltar, or volver, hacia atrás • volver a posición f original
— — **into @ neutral (position)** v - [mech] volver (rápidamente) a posición f neutral
— — **on its own** v - [mech] volver de por sí
— **fastener** n - [vest] broche m con presión f
— **gage** n - [instrum] calibre m para compás m
— **@ halfshaft** v - [autom-mech] romper semieje m
— **head** n - [mech] botador m
— **hook** n - [mech] mosquetón m
— **lock** n - [mech] cerradura f con resorte m; retén m
— **on** a - de tipo m con presión f | v - [mech] encajar con presión v • enchufar
— — **glazing molding** n - [carp] moldura f para vidrio(s) m de tipo m por presión f
— — **molding** n - [carp] moldura f de tipo m por presión f
— **ring** n - [mech] anillo m, or aro m, con resorte m, or para presión f
— — **groove** n - [mech] acanaladura f para aro m con resorte m
— — **installation** n - [mech] instalación f de anillo m con resorte m
— — **secure** a - [mech] asegurado,da con anillo m con resorte m | v - [mech] asegurar con anillo m con resorte m
— — **secured** a - [mech] asegurado,da con anillo m con resorte m
— — **securing** n - [mech] aseguramiento m con anillo m con resorte m
snapped a - [mech] unido,da mediante presión f • roto,ta; saltado,da
— **back** a - [mech] saltado,da, or vuelto,ta, hacia atrás
— — **into @ neutral (position)** a - [mech] vuelto,ta a posición f neutral
— — **on its own** a - [mech] vuelto,ta de por sí
snapping n - chasquido m • rotura f; salto m • [mech] unión f mediante presión f; sujeción f (con resorte m)
— **back** n - [mech] vuelta f, or salto m, hacia atrás
— — **into @ neutral (position)** n - [mech] vuelta f a posición f neutral
— — **on its own** n - [mech] vuelta f de por sí
— **roll** n - [agric-equip] rodillo m despojador
snappy arc n - [weld] arco m, enérgico, or vivo
— **deep penetrating arc** n - [weld] arco m enérgico con penetración f profunda
— **digging arc** n - [weld] arco m enérgico (y) penetrante
snare n - . . . . | v - . . . .; coger
snared a - cogido,da
snaring n - cogedura f
— **block** n - [cranes] motón m para maniobra(s) f; pasteca f • motón m con cubierta f desmontable
snifting valve n - [valv] válvula f para alivio m
snip n - [mech] see **snipper(s)** | v - . . . .
sniper n - [milit] . . .; francotirador m
snipper(s) n - [mech] tijera f (manual) para corte m
snort discharge valve n - [metal-prod] válvula f para descarga f para corte m
— **valve** n - [metal-prod] válvula f para, balanceo m, or escape m, or reducir presión f • [Spa.] válvula f snort*
— — **drive operating lever** n - [metal-prod] brazo m, or palanca f, para accionamiento m de válvula f, para balanceo m, or snort

short valve flange

snort valve flange n - [metal-prod] brida f para válvula f, igualadora, or snort
— — **operating cable** n - [metal-prod] cable m para accionamiento m de válvula f, igualadora, or snort
snorting n - resopl(id)o m
snout bottom n - fondo m de trompa f
snow bank n - [meteorol] banco m de nieve f
— **blower** n - quitanieve(s) m (rotativo)
— **clog** v - [hydr] atascar con nieve f
— **clogged** a - [hydr] atascado,da con nieve f
— **clogging** n - [hydr] atascamiento con nieve
— **cone** n - [culin] agua m con hielo m picado
— **drift** n - [meteorol] acumulación f de nieve f
— **hard** v - [meteorol] nevar fuertemente
— **hazard** n - [meteorol] peligro m atribuible a nieve f
— **making** n - [sports] producción f de nieve f
— **plow** n - [roads] quitanieve(s) m
— **runoff** n - [hydr] deshielo m
— **tire** n - [autom-tires] neumático m para nieve
— **traction** n - [autom-tires] tracción f sobre nieve f
— **with @ strong wind** v - [meteorol] ventiscar
snowblower n - quitanieve(s) m (rotativo)
snowy condition n - [meteorl] condición f nevosa
snowmaking equipment n - [sports] equipo m para. producción f, or elaboración f, de nieve f
snowmobile n - [sports] trineo m mecanizado; vehículo m para nieve f
— **clothes** n - [vest] ropa f para deporte(s) m invernal(es)
snowshed n - [constr] guardanieve(s) m; cobertizo m, or defensa f, contra, aludes, or nieve
snowstorm n - [meteorl] . . .; ventisquero m | a - ventiscoso,sa
snubber n - [petrol] amortiguador m (contra golpes f); entubadora f con presión f • [electr] see **transient voltage protection**
— **spring** n - [mech] resorte m amortiguador
snubbing n - [petrol] amortiguación f contra golpes m • entubación f con presión f | a - [petrol] amortiguador,ra contra golpes m • entubador,ra con presión f
— **action** n - [petrol] acción f amortiguadora, or amortiguación f, contra golpes m • entubación f con presión f
— **block** n - [mech] bloque m para, contención f, or retención f
— **rope** n - [constr] cuerda f para contención f
snug a - . . .; apretado,da; sin holgura f
— **band** n - [mech] banda f ajustada
— **fit** n - [mech] ajuste m bueno; encaje m ajustado
—**(ly) fitting sleeve** n - [mech] manguito m con encaje m ajustado
— **tightening** n - [mech] apretadura f ajustada; ajuste m apretado
snugly adv - apretadamente; ajustadamente
— **fitting** a - con, encaje, or calce, ajustado
— **tightened nut** n - [mech] tuerca f apretada ajustadamente
so adv - . . .; como; tan(to,ta); de manera f que; como consecuencia f; es así que
— **as** adv - como para; para
—**called diamond** n - diamante m así llamado
— **far this year** adv - en lo que va de año m
— **fast** adv - con rapidez f suficiente
— **high current** n - [weld] amperaje m tan, alto, or elevado
— **it is** adv - es así que • razón f por la cual
— **low current** n - [weld] amperaje m tan, bajo, or reducido
— **much heat** n - tanto calor m
—**many** adv - equis
— **much** a - tan(to,ta)
soak n - . . .; empapado m; saturación f | v - . . .; saturar • [metal-prod] igualar temperatura f; recalentar
— **@ clothing** v - [domest] empapar ropa f
— **@ felt oiler** v - remojar aceitador de fieltro

soak @ footwear v - [safety] empapar calzado m
— **in water** v - empapar, en, or con, agua m
— **into** v - penetrar
— **@ oiler** v - remojar, or empapar, aceitador m
— **@ piston felt oiler** v - [mech] remojar aceitador n de fieltro m para émbolo m
— **thoroughly** v - embeber, or empapar, completamente, or totalmente
soakage n - . . .; impregnación f; imbibición f
— **rate** n - coeficiente m para, impregnación f, or saturación f
soaked a - remojado,da; embebido,da; empapado,da • [metal-prod] con temperatura f igualada; recalentado,da
— **felt oiler** n - aceitador m de fieltro, remojado, or empapado
— **footwear** n - [safety] calzado m empapado
— **into** a - penetrado,da
— **oiler** n - [mech] aceitador m, empapado, or remojado
— **piston felt oiler** n - aceitador m de fieltro m para émbolo, remojado, or empapado
— **rag** n - paño m, or trapo m, empapado
— **thoroughly** a - embebido,da, or empapado,da, completamente, or totalmente
soaker n - . . .; embebedor
soaking n - . . .; remojo m; remojadura f; inmersión f; empapamiento m; saturación f • [metal-prod] igualación f (de temperatura f); recalentamiento m - [metal-treat] empapamiento m
— **area** n - [metal-roll] zona f para igualación f
— **into** n - penetración f
— **period** n - [metal-roll] tiempo m para igualación f
— **pit** n - [metal-roll] fosa f, or foso m, or horno m, para igualación f (de temperatura f), or recalentamiento m, or caldeo m; horno m de foso,sa; fosa f para (re)calentamiento m
— — **area** n - [metal-roll] zona f de horno m, para igualación f (de temperatura f), or de fosa f
— — **availability** n - [metal-roll] disponibilidad f de horno m, de fosa, or para igualación
— — **battery** n - [metal-roll] batería f de hornos m, de fosa f, or para igualación f
— — **bay** n - [metal-roll] nave f para hornos m, de fosa, or para igualación f (de temperatura)
— — **bottom** n - [metal-roll] fondo m, or solera f, de horno m, de fosa f, or para igualación f (de temperatura f)
— — **capacity** n - [metal-roll] capacidad f de horno(s) m, de fosa f, or para igualación f (de temperatura f)
— — **charge** n - [metal-roll] carga f para horno m, de fosa f, or para igualación f
— — **charging crane** n - [metal-roll] grúa f, para cargar, or cargadora, para horno m de fosa
— — **combustion** n - [metal-roll] combustión f en horno m, de fosa, or para recalentamiento m
— — — **process** n - [metal-roll] proceso m de combustión f en horno m, de fosa f, or para igualación f (de temperatura f)
— — **cover** n - [metal-roll] tapa f, or cubierta f, para horno m, de fosa f, or para igualación f (de temperatura f)
— — — **apron** n - [metal-roll| faldón m para tapa f para horno m de fosa f
— — — **carriage** n - [metal-roll] carro m, levanta tapas, or para cubierta f, para, horno m, de fosa f, or para igualación f
— — — **crane** n - [metal-roll] [puente m) grúa f para horno m de fosa f
— — **extraction** n - [metal-roll] descarga f de horno m, de fosa f, or para igualación f
— — **first helper** n - [metal-roll] (ayudante) primero m para horno(s) m de fosa f
— — **heating** n - [metal-prod] calentamiento m de horno m, de fosa f, or para igualación f
— — **helper** n - [metal-roll] ayudante m para horno m, de fosa f, or para igualación f
— — — **ingot charging order** n - [metal-roll] or-

den m para carga f de lingotes m en horno m, de fosa f, or para igualación de temperatura
soaking pit operator n - [metal-roll] operador m, or encargado m, or primero m, para horno m, de fosa f, or para igualación f
— — **practice** n - [metal-roll] práctica f para horno(s) m de fosa f, or para igualación f
— — **second helper** n - [metal-roll] (ayudante) segundo m para horno m de fosa f
— — **shop** n - [metal-roll] planta f de hornos m, de fosa f, or para igualación f
— — **stripping aisle** n - [metal-roll] nave f para desmoldeo m para horno(s) m de fosa f
— — **supervisor** n - [metal-roll] supervisor m, or encargado m, de hornos m de fosa f
— — **temperature** n - [metal-roll] temperatura f en horno(s) m de fosa f
— — **third helper** n - [metal-roll] (ayudante) tercero m para horno m de fosa f
— — **time** n - [metal-roll] tiempo m en horno m, fosa f, or para igualación f de temperatura f
— — **turn supervisor** n - [metal-roll] encargado m de turno m para hornos m de fosa f
— — **zone** n - [metal-roll] zona f para hornos m, de fosa f, or para igualación f
soap flushing n - enjuague m con jabón m
— **solution** n - disolución f jabonosa
soapbox n - [fig] tribuna f
soapstone solution n - disolución f de esteatita
soapy water n - agua m jabonosa
soc n - [electr-instal] see **socket**
soccer n - [sports] fútbol m | a - futbolístico
— **field** n - [sports] cancha f para fútbol
— **atmosphere** n - [social] ambiente m social
— **benefit(s) debt** n - [fisc] deuda(s) (sobre beneficios) sociales
— **charges** n - [accntg] carga(s) f, or prestación(es) f, or gasto(s) m, social(es)
— **contract** n - [legal] contrato m, or escritura f, social, or para constitución f
— — **amendment** n - [legal] reforma f, or enmienda f, para, contrato m, or escritura f, social, or para constitución f
— **economical analysis** n - [econ] análisis m socio-económico
— **enclave** n - enclave m social
— **policy** n - política f, or plan m para acción f, social
— **promotion** n - promoción f, or fomento m, social
— **revolution** n - revolución f social
— **schedule** n - programa m social
— **security** n - [legal] seguridad f, or previsión f, social • jubilación f
— — **Code** n - [legal] Código m, or Ley f, para Seguridad f, or Previsión f, Social
— — **Department** n - [pol] Departamento m, or Secretaría f, para, Seguridad f, or Previsión f, Social
— — **Law** n - [legal] Ley f, or Código m, sobre Seguro m, or Previsión f, Social
— **service(s)** n - [ind] servicio(s) m social(es)
— **uplift(ing)** n - [pol] promoción f social
Society of Actuaries n - Colegio m, or Sociedad f, de Actuarios m
— **of American Engineers** n - Colegio m Estadounidense de Ingenieros m
— — **Automotive Engineers** n - Sociedad f (Estadounidense) de Ingenieros m, Automotores, or de Industria f Automotriz
— — — — **viscosity** n - [lubric] viscosidad f según Sociedad f de Ingenieros m Automotores
socket n - [mech] . . .; casquillo m; hembra f; grillete m • concavidad f; alojamiento m • muñón m; muñonera f; cuenco m • [electr-instal] . . . hembra f (de enchufe m; enchufe m hembra • [petrol] pescador n con campana f; campana f pescadora
— **basket** n - [cabl] taza f de casquillo m
— **bowl** n - [petrol] taza f para enchufe m; centrador* m para herramienta f para pesca f

socket chisel n - [tools] escoplo m; formón m
— **conical portion** n - [mech] parte f cónica de casquillo m
— **end** n - [tub] extremo m con casquillo m
— **pipe** n - [tub] tubo m, or tubería f, con extremo m con casquillo m
— **factory installation** n - [Electr-instal] instalación f de, tomacorrientes m, or receptáculo(s) m, en fábrica
— **head** n - [mech] cabeza f. hueca, or embebida
— — **bolt** n - [mech] perno m con cabeza f hueca
— — **cap screw** n - [mech] tornillo m con casquete m con cabeza f hueca
— — **plug** n - [mech] tapón m con cabeza f hueca
— — **screw** n - [mech] tornillo m con, cabeza f hueca, or casquete m
— — **steel plug** n - [mech] tapón m de acero m con, casquete m, or cabeza f hueca
— **headed** a - [mech] con cabeza f hueca
— **joint** n - [mech] articulación f esférica
— **mandrel** n - [tools] mandril m para casquillo
— **member** n - [mech] pieza f para grillete m
— **screw** n - [mech] tornillo n con, cabeza f hueca, or concavidad f, or casquillo m, or casquete m
—(s) **set** n - [mech] juego m de casquillo(s) m
— — **screw** n - [mech] prisionero m, or tornillo m para ajuste m, con cabeza f hueca
— **slip** n - [petrol] campana f con aleta(s) f para pesca f
— **type** n - [electr-instal] tipo m para enchufe
— **connector** n - [electr-instal] conectador m de tipo m para enchufe m
— **weld** n - [tub] boquilla f, or casquete m, para soldar
— **welding head** n - [tub] extremo m con, boquilla f, or casquete m, para soldar
— **wrench** n - [tools] llave f con, casquillo m, or cuba f, or tubo, or copa f, or muletilla f; llave f con boca tubular • [Spa.] llave f para pipa f
socketed hook n - [cranes] gancho m con casquillo
soda ash mixing tank n - [ind] mezclador m para carbonato m, de sodio, or sódico (anhidro)
— **preparation** n - [ind] preparación f de sosa f
— **storage** n - [ind] almacenamiento m de sosa f
sodded a - cubierto,ta con panes m de césped m; encespedado,da
— **dam** n - [hydr] presa f encespedada
— **earth** n - tierra f encespedada
— — **dam** n - [hydr] presa f de tierra f encespedada
sodding - encespedado* m; (re)cubrimiento m con pan(es) m de césped m
sodic a - [chem] sódico,ca
— **acetate** n - [chem] acetato m sódico
— **chloride** n - [chem] cloruro m sódico
— — **in @ turbo-blower condensing pipe** n - [metal-prod] salinidad en soplante m
sodium acetate n - [chem] acetato m, de sodio m, or sódico
— **base** n - [chem] base f de sodio m
— **based** a - [chem] con base f de sodio m
— — **flux** n - [weld] fundente m con base f de sodio m
— **bichromate** n - [chem] bicromato m de sodio m; sodio m bicrómico
— — **solution** n - [chem] disolución f de bicromato m de sodio m
— **carbonate** n - [chem] carbonato m, sódico, or de sodio m
— — **aqueous solution** n - [ind] disolución f acuosa de carbonato m, sódico, or de sodio m
— **chalcic** a - [chem] calcosódico,ca
— — **feldspar** n - [beol] feldespato m calcosódico
— **chloride** n - [chem] . . .; cloruro m sódico
— — **solution** n - [chem] disolución f de cloruro m, sódico, or de sodio m
— **hypochlorite** n - [chem] hipoclorito m, sódico, or de sodio m

sodium hypochlorite diluted solution n - [chem] disolución f diluida de hipoclorito de sodio
— — **solution** n - [chem] disolución f de hipoclorito m de sodio m
— **hydroxide** n - [chem] . . .; hidróxido m sódico; soda f cáustica
— **lauric sulfate** n - [chem] sulfato m láurico de sodio m
— **nitrate salt** n - [chem] sal f de nitrato m de sodio m
— **oxide** n - [chem] óxido m de sodio m
— **perchlorate** n - [chem] perclorato m de sodio
— **silicate** n - [chem] silicato m de sodio m • [ind] vidrio m soluble
soffit n - [archit] . . . • plafón m
soft a - . . .; flexible; dúctil; maleable • flojizo,za; fofo,fa • [metal-prod] dulce • [metal-treat] descarbonizado,da
— **annealed iron** n - [metal-prod] hierro m dulce recocido
— — — **wire** n - [wire] alambre m de hierro m dulce recocido
— — **wire** n - [wire] alambre m dulce recocido
— **arc** n - [weld] arco m suave
— — **characteristic** n - [weld] característica f suave de arco m
— **bed** n - [constr] lecho m blando
— **breeze** n - [meteorol] brisa f suave; vahaje m
— **bronze** n - [metal-prod] bronce m blando
— — **wire** n - [wire] alambre m, de bronce blando, or blando de bronce m
— **buttering arc** n - [weld] arco m untador suave
— **characteristic** n - característica f suave
— **clay** n - [geol] arcilla f blanda
— **cloth** n - [textil] paño m suave
— **coal** n - [miner] carbón m bituminoso; lignito
— — **stratum** n - [geol] yacimiento m de lignito
— **coil** n - [metal-roll] bobina f blanda
— **compound** n - compuesto m, blando, or suave
— — **tire** n - [autom-tires] neumático m de compuesto m suave
— **copper** n - [metal-prod] cobre m dúctil
— **drink** n - [culin] bebida f sin alcohol m; (bebida) gaseosa f
— — **stand** n - [culin] puesto m para (expendio m de) (bebidas) gaseosas f
— **earth** n - [soils] tierra f blanda
—**faced hammer** n - [tools] martillo m con, cotillo m blando, or cabeza f blanda
— **fill** n - [constr] relleno m blando • terraplén m, blando, or sin consolidar
— **flowing mud** n - [soils] lodo m, or cieno m, blando escurridizo
— **foundation** n - [constr] cimentación f blanda; fundamento m, or cimiento m, blando
— **glove** n - [vest] guante m de, seda f, or terciopelo m
— **ground** n - [soils] tierra f blanda
— — **patch** n - zona f con tierra f blanda
— — **tunnel(l)ing** n - [constr] horadación f de suelo m blando
— **hammer** n - [tools] martillo m, blando, or suave
— **hat** n - [vest] (sombrero) flexible m
— **hematite** n - [miner] hematita f blanda
— **insulation** n - aislación f blanda
— **iron** n - [metal-prod] hierro m dulce
— — **wire** n - [wire] alambre m, de hierro m, dulce, or blando de hierro m
— **metal** n - [metal] metal m, blando, or suave
— **mortar** n - [constr] mortero m blando
— **mud** n - [soils] barro m, or lodo m, or cieno m, blando
— **packed mud** n - [soils] lodo m blando apretado
— **palate** n - [anatom] velo m
— **patch** n - zona f blanda
— **pitch** n - brea f blanda
— **quality** n - calidad f, blanda, or suave
— — **cold rolled strip** n - [metal-roll] fleje m con calidad f, blanda, or suave, laminado en frío m

soft quality hot rolled strip n - [metal-roll] fleje m con calidad, blanda, or suave, laminado en caliente m
— — **rolled strip** n - [metal-roll] fleje n con calidad, blanda, or suave, laminado
— — **stainless cold rolled strip** n - [metal-roll] fleje m (de acero m) inoxidable con calidad, blando, or suave, laminado
— — **stainless strip** n - [metal-roll] fleje m (de acero m) inoxidable con calidad f, blando, or suave
— **quality strip** n - [metal-roll] fleje m con calidad f, blando, or suave
— **ride** n - [transp] andar m suave
— **rock** n - [geol] roca f blanda
— **rubber** n - [plat] caucho m blando
— — **insulation** n - [electr-instal] aislación f, blanda de caucho m, or de caucho m blando
— **sell(ing)** n - [com] promoción f indirecta
— **solder** n - [weld] see **solder**
— **soldering** n - [weld] see **soldering**
— **spot** n - sección f blanda; punto m blando • [soils] suelo(s) m blando(s)
— **stable arc** n - [weld] arco n suave estable
— **start(ing)** n - [weld] encendido m, or arranque m, suave
— — **switch** n - [weld] interruptor m, or llave f, para, arranque m, or encendido m, suave
— **steel** n - [metal-prod] acero m, dulce, or suave, or blando
— — **wire** n - [wire] alambre m, blando de acero m, or de acero m blando
— **stone eliminator** n - [miner] eliminador m para piedra f blanda
— **subgrade** n - [constr] subrasante f blanda
— **temper** n - genio m apacible • [metal-treat] temple m, blando, or suave
— — **finish** n - [metal-treat] terminación f con temple m, blando, or suave
— — — **stainless cold rolled strip** n - [metal-roll] fleje m (de acero m) inoxidable laminado en frío con terminación f de temple m, blando, or suave
— — — — **strip** n - [metal-roll] fleje m (de acero m) inoxidable con terminación f de temple m, blando, or suave
— — — — **steel strip** n - [metal-roll] fleje m (de acero m) inoxidable con terminación f de temple m, blando, or suave
— **texture** n - textura f suave
— **water** n - [hydr] agua m blanda
— — **installation** n - [constr] instalación f para agua m blanda
— **wire** n - [wire] alambre m blando
softbrick mold n - [constr] frontera f
soften v - . . . • [metal-treat] descarbonizar
softened a - ablandado,da; reblandecido,da; suavizado,da • [metal-treat] descarbonizado,da
— @ **steel** v - [metal-treat] descarbonizar acero
— **steel** n - [metal-treat] acero m descarbonizado
softening n - . . . • [metal-treat] descarbonización f | a - . . .; reblandecedor,ra
— **equipment** n - [hydr] equipo m para, ablandamiento m, or reblandecimiento m
— **point** n - punto m para ablandamiento m
— **process** n - proceso m para ablandamiento m
— **unit** n - [sanit] equipo m ablandador
softer arc n - [weld] arco m más suave
— **deposit** n - [weld] aportación f más blanda
— **foundation** n - [constr] cimentación f más blanda
— **ride** n - [transp] andar m más suave
softly adv - . . .; despacio
software n - [comput] sistema m; programa m
soggy a - . . .; barroso,sa
— **course** n - [sports] pista f barrosa; recorrido m barroso
soil acceleration n - aceleración f de, suelo m, or terreno m
— **aggressiveness** n - [soils] agresividad f de suelo m

soil air n - [soils] aire m en suelo m
— — content n - [soils] contenido m, or proporción f, de aire m en suelo m
— anchor(ing) n - [soils] anclaje m de suelo m
— —(ing) bin wall (retaining) structure n - [constr] estructura f combinada para anclaje m de suelo m y muro m para retención f
— —(ing) structure n - [constr] estructura f para anclaje m para suelo m
— —(ing) system n - [constr] sistema m para anclaje m para suelo m
— and steel interaction n - [constr] interacción f entre suelo m y acero m
— — — system n - [constr] sistema m de suelo m y acero m
— arch n - [constr] bóveda f de suelo m
— arching n - [constr] abovedamiento m de suelo
— at @ location n - [soils] suelo m en lugar m
— — @ site n - [soils] suelo m en sitio m
— — @ — pressure n - [soils] presión f de suelo m en sitio m
— backfill n - [constr] relleno m de tierra f
  | v - [constr] rellenar con, suelo, or tierra
— backfilled a - [constr] rellenado,da con, suelo m, or tierra f
— backfilling n - [constr] relleno m con, suelo m, or tierra f
— bearing pressure n - [constr] presión f de apoyo m sobre suelo m
— boring n - [geol] barrenado* m de suelo m
— — test n - [geol] ensayo m con barrenado m de suelo m
— box n - [soils] caja f (calibrada) para suelo
— — rinse n - [soils] enjuague m de caja f para suelo(s) m
— cement n - [constr] tierra f con cemento m
—('s) characteristic n - [soils] característica f de suelo m
— chemical condition n - [soils] condición f química de suelo m
— — stabilization n - [constr] estabilización f química de suelo m
— collapse n - [soils] desmoronamiento m, or derrumbamiento m, de suelo m
— — pressure n - [soils] presión f para, desmoronamiento m, or derrumbamiento m, de suelo
— compacting n - [constr] compactación f de, suelo m, or terreno m
— — level n - [constr] nivel m de compactación f para suelo m
— compaction n - [soils] compactación f de, suelo m, or terreno m
— — density m - [constr] densidad f para compactación f para suelo m
— — level n - [constr] nivel m para compactación f para suelo m
— — value n - [constr] valor m para compactación f para suelo m
— conservation design manual n - [soils] manual m para proyección f para conservación f para suelo m
— — project n - [soils] obra f para conservación f de suelo m
— — Service n - [pol] Dirección f, or Servicio m (Estadounidense) para Conservación f de Suelo(s) m
— corner bearing pressure n - [constr] presión f para apoyo m esquinero sobre suelo m
— crest n - [topogr] cresta f de suelo m
— density range n - [soils] escala f de valores m para densidad(es) f de suelo m
— — value n - [soils] valor m para densidad f de suelo m
— design n - [soils] proyección f para suelo m
— deteriorative component n - [soils] componente m deteriorante en suelo m
— elasticity modulus n - [soils] módulo m para elasticidad f de suelo m
— electrical resistance n - [soils] resistencia f eléctrica para suelo m
— encroachment n - [constr] avance m de suelo m

soil(s) engineer n - ingeniero m para suelo(s) m
—(s) engineering n - ingeniería f para suelos m
— envelope n - [constr] envoltura f de tierra f
— environment n - [soils] ambiente m de suelo m
  • suelo m ambiente
— expose v - exponer a suelo m
— exposed a - expuesto,ta a suelo m
—, exposing, or exposure n - exposición f a suelo m
— fill n - [constr] relleno m, or terraplén m, de tierra f
— — height n - [constr] altura f de terraplén m de tierra f
— fine(s) washing n - [hydr] lavado m de fino(s) en suelo m
— force n - [soils] esfuerzo m de suelo m
— formation n - [soils] formación f, or estructura f, de suelo m
— granular character n - carácter m granular de suelo m
— — number n - [soils] número m de grupo m para suelo m
— hydrogen ion(s) concentration n - [soils] concentración f de ión(es) m de hidrógeno en suelo m
— internal friction angle n - [soils] ángulo m para fricción f interna para suelo m
— — — function n - [soils] función f, or coeficiente m, para ángulo m para fricción f interna para suelo m
— kind n - [soils] clase m, or tipo m, de suelo
—(s) laboratory n - laboratorio m para suelos m
— layer n - [soils] capa f, or camada f, de suelo
— mass n - [constr] masa f de tierra f
—('s) mechanical property n - [soils] propiedad f mecánica de suelo m
—('s) mechanic(s) n - [soils] mecánica f de suelo(s) m
— minimum resistivity n - [soils] resistencia f eléctrica (efectiva) mínima para suelo m
— modulus n - [soils] módulo m para suelo m
— — determination n - [soils] determinación f de módulo para suelo m
— — function n - [soils] función f, or coeficiente m, para módulo m para suelo m
— moisture n - [soils] humedad f en suelo m
— parameter n - [soils] parámetro m para suelo m
— particle n - [soils] partícula f de suelo m
—(s) physical property n - [soils] propiedad f física de suelo m
— pipe n - [tub] tubo m, or tubería f, or conducto m, de, arcilla f de barro m cocido • tubería f liviana de fundición f
— pressure stress n - [soils] tensión f debida a presión f de suelo m
— — — relief n - [soils] alivió m de tensión f debida a presión f de suelo m
— prism n - [constr] prisma m de suelo m
— — unit pressure n - [constr] presión f unitaria de prisma m de suelo m
— probe n - [tools] lanza f para sondeo m
— — characteristic n - [soils] característica f de perfil m de, suelo m, or terreno m
— — range n - [soils] escala f de perfil(es) m de suelo m
— — wide range n - [soils] escala f amplia de perfil(es) m de suelo m
— pulverizer n - [agric-equip] pulverizador m para suelo(s) m
—('s) reaction n - [soils] reacción f de suelo
— reclamation n - [soils] recuperación f, or aprovechamiento m, de suelo(s) m
— recovery n - [soils] recuperación f de suelos m
— repose n - [agric] reposo m de suelo m
— resistivity n - [soils] resistencia f eléctrica (efectiva) de suelo m
— — determination n - [soils] determinación f de resistencia f eléctrica (efeftiva) de suelo
— — in-place determination n - [soils] determinación f en obra f de resistencia f eléctrica (efectiva) de suelo m

soil resistivity meter n - [instrum] medidor m para resistencia f eléctrica (efectiva) de suelo m
— **salt** n - [soils] sal(es) f en suelo m
— **sample hydrogen ion(s) concentration** n - [soils] concentración f de ión(es) m de hidrógeno m en muestra f de suelo m
— — **resistivity** n - [soils] resistencia f eléctrica (efectiva) para muestra f de suelo m
— — **selection** n - [soils] selección f de muestra f de suelo m
— **Sampling Service** n - [pol] Servicio m para Muestreo(s) m de Suelo m
— **saving** n - [soils] conservación f de suelo(s)
— — **dam** n - [hydr] presa f para conservación f de suelo(s) m
— **shearing strength** n - [soils] resistencia f de suelo m a corte(s) m
— **side** n - [constr] lado m (que da) hacia suelo
— **slurry** n - [coils] lechada f de suelo m
— **soluble salt** n - [soils] sal f soluble en suelo m
— **stabilization through chemical grouting** n - [soils] estabilización f de suelo m mediante (inyección f de) enlechado m con elemento(s) m químico(s)
— **steel** a - see **soil and steel**
— — **composite design** n - [constr] proyección f para combinación f de suelo m y acero m
— — **installation** n - [constr] instalación f, or estructura f, de suelo m y acero m
— — **interaction** n - [soils] interacción f entre suelo m y acero m
—/— **structure** n - [constr] estructura f de suelo m y acero m
— **stiffness** n - [soils] rigidez f de suelo m
— — **factor** n - [soils] factor m, or coeficiente m, para rigidez f de suelo m
— **strain** n - [constr] solicitación f, or tensión f, de suelo m
— **stress** n - [geol] esfuerzo m sobre suelo m
— — **strain property** n - [soils] propiedad f esfuerzo-tensión de suelo m
— — — **relationship** n - [soils] relación f entre esfuerzo m y tensión f de suelo m
— **structure** n - [soils] estructura f de suelo m
— — **interaction** n - [constr] interacción f entre suelo m y estructura f
— — **system** n - [constr] sistema m suelo-estructura
— **survey** n - [soils] investigación f, or relevamiento m, de suelo(s) m
— **test** n - [constr] ensayo m de suelo m
— **texture** n - [soils] textura f de suelo m
— **type function** n - [soils] función f, or coeficiente m, para tipo m de suelo m
— **under @ high load(s)** n - [constr] suelo m debajo de carga(s) f elevada(s)
— **unit weight** n - peso m unitario de suelo m
— **use** n - uso m, or empleo m, de suelo m
— **value** n - valor m de suelo m • [constr] valor m para (compactación f de) suelo m
— **vertical strain** n - [soils] esfuerzo m, or tensión f, vertical para suelo m
sojourn n - . . .; estadía f; período m, or tiempo m, de, permanencia f, or estadía f
solar heat n - calor m solar
sold a - vendido,da • realizado,da • [fig] convencido,da
— **car** n - [autom] automóvil m vendido
— **copyright** n - [legal] propiedad f intelectual vendida; derecho(s) m literario(s) vendido(s)
— **in pairs** a - vendido,da en juego(s) m de dos
— **in sets only** a - que se vende únicamente en juegos m
— **investment** n - [fin] inversión f vendida
— —**(s) cost** n - [fin] costo m de inversión(es) f vendida(s)
— **patent** n - [legal] patente f (de invención f) vendida
— **share(s)** n - [fin] acción(es) f vendida(s)

— **sold separately** a - vendido,da, separadamente, or por separado
— **stock(s)** n - [fin] acción(es) f vendida(s)
— **trade mark** n - [legal] marca f, registrada, or industrial, or de fábrica f, vendida
— — **name** n - [legal] nombre m, comercial, or de fábrica f, vendido
— **with @ recourse** a - [com] vendido,da con compromiso m para retroventa f
solder n - [weld] . . .; soldadura f, blanda, or con estaño m • [metal] aleación f | v - [weld] . . .; soldar con, estaño m, or (aleación f con) plomo m
— **boil(ing)** n - [weld] hervor m de soldadura f
— **connector** n - [weld] conectador m soldado
— **@ copper part** v - [weld] soldar pieza f de cobre m
— **@ — pipe** v - [weld] soldar tubo m de cobre m
— **fed into @ joint** n - [weld] soldadura f aportada a junta f
— **feeding** n - [weld] alimentación f, or aportación f, de soldadura f
— — **into @ joint** n - [weld] soldadura f, alimentada, or aportada, en junt(ur)a f
— **@ galvanized part** v - [weld] soldar pieza f galvanizada
— **lug** n - [electron] terminal m para soldar
— **@ lug** v - [electron] soldar terminal m
— **pot** n - [weld] pote m, or cirsol m, para, soldadura f, or aleación f; crisol m • [electr-instal] fusible m
— **post** n - [weld] vástago m para crisol m (para aleación f)
— **terminal** n—[electr-equip] terminal m soldado
— **@ tinned part** v - [weld] soldar pieza f estañada
— **type fitting** n - [tub] accesorio m de tipo m para, soldar, or soldadura f blanda
— — **splice** n - [electr-instal] empalme m (de tipo m) soldado
— **@ wire** v - soldar alambre m • [electr-instal] soldar conductor m
— **with @ arc torch** v - [weld] soldar (con estaño m) con antorcha f con dos electrodo(s) m
soldered a - [weld] soldado,da (con, estaño m, or plomo m)
— **connector** n - conectador m soldado
— **copper part** n - [weld] pieza f de cobre m soldada
— — **pipe,ping** n - [tub] tubo m de cobre soldado; tubería f de cobre m soldada
— **galvanized part** n - [weld] pieza f galvanizada soldada
— — **sheet** n - [weld] lámina f, or chapa f, galvanizada soldada con, plomo m, or estaño m
— — — **steel** n - [weld] lámina f, or chapa f, galvanizada soldada con, plomo m, or estaño m
— — **steel** n - [weld] acero m galvanizado soldado con, plomo m, or estaño m
— **lug** n - [electron] terminal m, or talón m, soldado
— **steel sheet** n - [weld] lámina f, or chapa f, soldada con, plomo m, or estaño m
— **terminal** n - [electr-instal] terminal m soldado
— **tinned part** n - [weld] pieza f estañada soldada
— **wire** n - [weld] alambre m soldado • [electr-instal] conductor m soldado
— **with @ arc torch** a - [weld] soldado,da (con, plomo m, or estaño m) con antorcha f con dos electrodos m
soldering n - [weld] soldadura f (blanda, or con, plomo n, or (aleación f con) plomo m)
— **flux** n - [weld] fundente m para soldadura f (blanda)
— **iron** n - [weld] soldador m; cautín m
— **rod** n - [weld] varilla f para soldadura f
— **speed** n - [weld] velocidad f, or rapidez f, para soldadura f (blanda)
— **speeding** n - [weld] aceleración f de soldadu-

dura f (blanda)
soldier beam(s) n - [constr] viga(s) f en hilera f; hilera f de viga(s) f
— **on** v - [sports] avanzar resueltamente
— **pile** n - [constr] pilote m (de acero m recubierto con hormigón m en barreno m) vertical
— **pile(s)** n - [constr-pil] pilote(s) m vertical(es) en fila f; hilera f de, pilote(s) m, or viga(s) f, vertical(es)
— **piling** n - [constr-pil] see **soldier pile**
sole n - . . .; solera f
— **agency** n - [legal] (agencia) exclusiva f
— **insurer** n - [insur] asegurador m único
— **leather** n - [vest] vaqueta f
— **obligation** n - [legal] obligación f, or responsabilidad f, exclusiva, or sóla
— **piece** n - [metal-prod] bancada f para base • [mech] bancada f
— **plate** n - [metal-prod] plancha f de fundición
— **right** n - [legal] derecho m exclusivo; exclusiva f
solely adv - . . .; exclusivamente; tan solo, la • en absoluto
solenoid activated a - [electron] activado,da con solenoide m
— — **valve** n - [electron] válvula f activada con solenoide m
— **assembly** n - [electr] conjunto m de solenoide
— — **with @ valve** n - [electron] conjunto m de solenoide con válvula f
— **cleaning** n - [electr] limpieza f de solenoide
— **coil** n - [electr] bobina f para solenoide m
— **contactor** n - [electr] contactador m para solenoide m
— **controlled** a - regulado,da con solenoide m
— **kit** n - [electron] conjunto m, or equipo m, para solenoide m
— **operated** a - [instrum] con mando m con solenoide m
— — **air valve** n - [valv] válvula f, neumática, or para aire m, con mando m con solenoide m
— — **valve** n - [valv] válvula f con mando m con solenoide m
— **operation** n - [electron] operación f, de, or con, solenoide m
— **pilot valve** n - [mech] válvula f pilote (con) solenoide m
— — — **inlet** n - [mech] admisión f, or entrada f, para válvula f piloto (con) solenoide m
— — — **outlet** n - [mech] salida f para válvula f piloto (con) solenoide m
— **plunger shaft** n - [int.comb] vástago m para émbolo m para solenoide m
— — **linkage** n - [mech] articulación f para vástago m para émbolo m para solenoide m
—(s) **set** n - [electron] juego m de solenoide(s)
— **valve** n - [electr] válvula f (con) solenoide
— — **breakdown** n — avería f de válvula solenoide
— — **control** n - [electr] regulación f, de, or para, válvula f (de) solenoide m
— — — **compartment** n - [electr-instal] compartim(i)ento m para regulación f de válvula f (de) solenoide m
— — **coupling** n - [mech] articulación f para válvula f (de) solenoide m
— — **inlet** n - [mech] admisión f, or entrada f, para válvula f solenoide
— — **linkage** n - articulación f para válvula f (de) solenoide m
— — **outlet** n - [mech] salida f para válvula f solenoide
soleplate n — [mech] bancada f; placa f para asiento m
solicited a - solicitado,da
soliciting n - solicitación f | a - solicitante m; procurante m
solicitor n - . . .; solicitante m; procurante m • [legal] procurador m
solid n - . . . | a - . . .; macizo,za; compacto,ta • [com] confirmado,da
—(s) **analysis** n - análisis m de sólido(s) m

solid attaching n - [mech] fijación f sólida
— **bar** n - [metal-roll] barra f maciza
— — **plug** n - [tub] tapón m de barra f maciza
— **bead** n - [weld] cordón m sólido
— — **across @ weld** n - [weld] cordón m sólido a través de soldadura f
— **bituminous material** n - [petrol] material m bituminoso sólido
— **bogie** n - [rail] bogie m sólido
— — **suspension** n - [rail] suspensión f para bogie m sólido
— **bridge end** n - [bridges] extremo m rígido para parapeto m (para puente m)
— **carbon** n - [chem] carbono m sólido
— — **rotary kiln** n - [combust] horno m rotativo de carbono m sólido
— **casting** n - [metal-prod] fundición f maciza
— **center** n - [rail-wheels] núcleo m, lleno, or con alma m llena
— **charge** n - [ind] carga f sólida
— — **end** n - [metal-prod] extremo m para carga f sólida • fin m de carga f sólida
— — **feeding** n - [ind] alimentación f de carga f sólida
— — **flow** n - [ind] flujo m de carga f sólida
— — **melting capacity** n - [metal-prod] capacidad f para fusión f para carga f sólida
— **charging end** n - [metal-prod] extremo m para carga f sólida • fin m de carga f sólida
— — **time** n - [ind] tiempo m para carga f, sólida, or de sólidos m
— **circuit** n - [electron] circuito m con transistor(es) m
— **coal** n - [combust] carbón m sólido
— — (as @) **reducer** n - [metal-prod] carbón m sólido (como) reductor n
— **commitment** n - dedicación f total
—(s) **concentration** n - concentración f de sólido(s) m
— **concrete foundation** n - [constr] fudamento m, or cimiento m, sólido de hormigón m
— **design** n - proyección f sólida
— **die** n - [mech] troquel m sólido
— — **forging machine** n - [mech] máquina f forjadora con troquel m sólido
— **earth fill** n - [constr] terraplén m sólido
— — **foundation** n - [constr] base f de tierra f, compacta, or sólida
— — **ground** n - [electr-instal] conexión f, con tierra f sólida, or sólida con tierra f
— **electrode** n - [weld] electrodo m sólido
— — **straightener** n - [weld] enderezador m para electrodo(s) m sólido(s)
— — **wire** n - [weld] electrodo m de alambre m sólido
— — — **straightener** n - [weld] enderezador m para alambre m para electrodo(s) m sólido(s)
— **end** n - extremo m, sólido, or rígido
— — **supplier** n - [com] proveedor m seguro de equipo(s) m
—(s) **exclusion** n - exclusión f de sólido(s) m
— **feed** n - [ind] alimentación f, or carga f, sólida
— —(ing) **gap** n - [mech] intervalo m, or interrupción f, en carga f de sólido(s) m
— **fill** n - [constr] terraplén m sólido
— **flux** n - [weld] fundente m, sólido, or solidificado
— **foundation** n - [constr] fundamento m, or cimiento m, sólido
— **fuel** n - [combust] combustible m sólido
— — **rotary furnace** n - [metal-prod] horno m rotativo para combustible m sólido
—(s)-**gaseous exchange** n - [metal-prod] intercambio sólido(s)-gaseoso
— **gravel** n - [geol] canto m rodado sólido
— — **base** n - [soils] base f sólida de canto m rodado
— **handle** n - [mech] asidero m sólido
—(s) **handling** n - [ind] manipuleo m de sólidos m • [pumps] bombeo m de sólido(s) m

solid head arrangement n - [petrol] sistema m con culata f sólida; avoid sistema m con cabeza* f sólida
— high level waste n - [nucl] residuo(s) m, or desecho(s) m, sólido(s) con radiactividad f, alta, or elevada
— hydrocarbon n - [combust] hidrocarburo m sólido
— intermediate level waste n - [nucl] residuo(s) m, or desecho(s) m, sólido(s) con radiactividad f, intermedia, or mediana
— iron oxygen n - [metal] oxígeno m en hierro m sólido
— jet n - [hydr] chorro m sólido
— knowledge n - conocimiento(s) m sólido(s)
— line n - [drwg] (línea f con) trazo m lleno; línea f, llena, or sólida, or continua, or ininterrumpida
—/liquid charge ratio n - [metal-prod] razón f, or relación f, entre carga f sólida y líquida
— low level waste n - [nucl] residuo(s) m, or desecho(s) m, sólido(s) con radiactividad f, baja, or reducida
— mining knowledge n - [miner] conocimiento(s), sólido(s) de minería f, or mineros sólidos
— moist charge n - [ind] carga f sólida húmeda
— moldboard n - [agric] vertedero m sólido
— neutral n - [electr-instal] neutro m sólido
— — grounded a - [electr-instal] con neutro m sólido (conectado) a tierra f
— — switch n - [electr-instal] interruptor m sólido para neutro m
— pig (iron) n - [metal-prod] arrabio m sólido
— polyethylene n - [chem] polietileno m sólido
— press wheel n - [mech] rueda f maciza con presión f
— pressing wheel n - [agric] rueda f maciza para presión f
—(s) pumping n - [pumps] bombeo m de sólido(s)
— radioactive waste n - [nucl] residuo(s) n, or desecho(s) m, radiactivo(s) sólido(s)
— — storage n - [nucl] almacenamiento m para, residuo(s) m, or desecho(s) m, radiactivo(s) sólido(s)
— ram n - [mech] ariete m, or aguilón m, sólido
— reducer n - [chem] reductor m (para) sólido(s)
— reducer(s) blend n - [chem] mezcla f de reductor(es) m sólido(s)
—(s) reduction n - reducción f de sólido(s) m
(s) — unit n - equipo m para reducción f de sólido(s) m
— reinforcement n - refuerzo m sólido
— rib arch n - [archit] bóveda f, or arco m, con nervadura(s) f maciza(s)
— rock n - [geol] roca f, viva, or sólida
— — foundation n - [constr] cimiento(s) m sobre roca f sólida
— rubber n - [plat] caucho m macizo
— — block n - [plast] bloque m de caucho m macizo
— — tire n - [autom-tires] llanta f, de caucho m macizo, or maciza de caucho n
— — — wheel n - [mech] rueda f con llanta f maciza de caucho m
— scientific base n - base f científica sólida
— shim n - [mech] calza f sólida
— slag n - [Weld] escoria f solida,dificada
— soil n - [soils] tierra f firme
— solution n - solución f, positiva, or consecuente • [chem] disolución f sólida
— — grain n - [metal] grano m de disolución f solida
— spandrel arch n - [archit] arco m de tímpanos m macizos
— square head n - cabeza f sólida cuadrada
— square plug n - [mech] tapón m sólido cuadrado
— stainless steel n - [metal-prod] acero m inoxidable sólido
— state n - estado m sólido | a - [electron] con transistores m
— — circuit n - circuito m con transistores m

solid state component n - [electron] componente m, or pieza f constitutiva, con transistores
— — computer n - [comput] computador con (circuito(s) m con) transistores m
— — control(ler) n - [electron] regulador m con transistores m
— — — automatic weld(ing) n - [Weld] soldadura f automática con regulador(es) m con transistores m
— — — weld(ing) n - [weld] soldadura f con regulador(es) m con transistor(es) m
— — device n - [electron] dispositivo m con transistor(es) m
— — electronic component n - [electron] componente m electrónico, or pieza f constitutiva electrónica, con transistores m
— — — control n - [electron] regulación f electrónica con transistores m • regulador m electrónico con transistores m
— — fault finding panel n - [weld] tablero m con transistores m para determinación f de falla(s) f
— — low power device n - [electron] dispositivo m con transistores m para energía f reducida
— — operation n - [electron] operación f con transistores m
— — power supply n - [weld] provisión f de energía f, con transistores m, or transistorizado*
— — remote field control n - [weld] telerregulador m con transistores m para campo f
— — substance n - substancia f en estado m sólido
— — switch n - [electron] conmutador m con transistores m
— — switching device n - [electron] dispositivo m, conmutador, or interruptor, con transistores m
— — transfer commutator n - [electr-prod] conmutador n con transistores m para transferencia f
— — — static commutator n - [electron] conmutador m estático con transistores m para transferencia f
— — tungsten inert gas a - [weld] con transistores m para tungsteno m y gas m inerte
— — — — connection diagram n - [weld] diagrama n de conexiones f con transistores m para soldadura f con tungsteno m y gas m inerte
— steel wheel n - [mech] rueda f sólida de acero
— structural steel n - [metal-roll] acero m estructureal sólido
— supplier n - [com] proveedor m seguro
— timber n - [constr] madera f sólida
— tire n - [autom-tires] neumático m macizo
— wall acronitrile-butadiene-styrene pipe n - [tub] tubería f acronitrilo-buradieno-estirénica con pared(es) f sólida(s)
— — pipe n - [tub] tubo m, or tubería f, con pared(es) f sólida(s)
— — resin pipe n - [tub] tubo m, or tubería f, de resina f con pared(es) f sólida(s)
— waste n - [sanit] desperdicio(s) m sólido(s) • [nucl] residuos m, or desecho(s) m, sólidos
— — disposal n - [sanit] eliminación f de desperdicio(s) m sólido(s)
— — pre-processing n - [sanit] pre-procesamiento* de residuo(s) m sólido(s)
— — radiation n - [nucl] (ir)radiación f de, desecho(s) m, or residuo(s) m, sólido(s)
— — storage n - [nucl] almacenamiento m de, desecho(s) m, or residuo(s) m, sólido(s)
— web n - [metal-roll] alma m llena
— — beam n - [metal-roll] viga f con alma m llena
— — bridge n - [constr] puente n (de vigas f) con alma m llena
— wedge n - [mech] cuña f sólida
— — disk n - [valv] disco m con cuña f sólido
— weld(ing) metal n - [weld] metal para, solda-

dadura f, or aportación f, sólido,dificado
solid welding equipment n - [weld] equipo m sólido para soldadura f
— **wheel** n - [mech] rueda f, sólida, or maciza
— **wire** n - [wire] alambre m sólido • [weld] (electrodo m de) alambre m sólido • [telecom-cond] hilo m sólido
— — **core** n - [weld] núcleo m de alambre m sólido
— — **straightener** n - [weld] enderezador m para alambre m sólido
solidarily adv - solidariamente
solidary assumption n - [legal] asunción f solidaria
— **drive** n - [mech] mando m, or accionamiento m, solidario
— — **drum** n - [mech] tambor m con, mando n, or accionamiento m, solidario
— **guaranty** n - [fin] garantía f solidaria
— **responsibility** n - [legal] responsabilidad f solitaria
solidification n - . . . . • fijación f
— **condition** n - condición f, or estado m, de solidificación f
— **processing management procedure** n - [nucl] procedimiento m administrativo para procesamiento m para solidificación f
— — **operating procedure** n - [nucl] procedimiento m operativo para procesamiento m para solidificación f
— **processing** n - [nucl] procesamiento m para solidificación f
— **shrinkage** n - [metal-prod] contracción f por solidificación f
solidified a - solidificado,da • [fig] asegurado,da; constatado,da
— **ion** n - [nucl] ión m solidificado
— **lead** n - [sports] posición f de puntero, solidificada, or consagrada
— **pig iron** n - [metal-prod] arrabio m solidificado
— **puddle** n - [weld] cráter m, or metal m fundido, solidificado
— **ridge** n - [metal-prod] cordón m solidificado
— **slag** n - [weld] escoria f solidificada
— **weld metal** n - [weld] metal m para, soldadura f, or aportación f, sólido,dificado
solidifier n - solidificador m
solidify v - . . . • [fig] asegurar
— @ **ion** v - [nucl] solidificar ión m
— @ **lead** v - [sports] asegurar, or consagrar, posición f de puntero m
— @ **metal** v - solificar metal m
— @ **molten metal** v - [weld] solidificar metal m fundido
— @ **puddle** v - [weld] solidificar, cráter, or metal m fundido
solidifying n - solidificación f • [fig] aseguramiento m | a - solidificador,ra
— **processing** n - [nucl] procesamiento m para solidificación f
solidly adv - . . . . • totalmente
— **attached** a - fijado,da sólidamente
—(s) **concentration** n - [sanit] concentración f de sólido(s) m
—(s) **removing filter** n - [electrodes extrusion] filtro m para retención f de sólido(s) m
solo n - . . . . | v - [autom] conducir sin acompañante m
solubilization n - solubilización* f
solubilize v - solubilizar
solubilized a - solubilizado,da
— **state** n - estado m solubilizado
solubilizing n - solubilización* n | a - solubilizador,ra
soluble boron n - [chem] boro m soluble
— **copper** n - [chem] cobre m soluble
— — **bearing** n - [chem] portador m de cobre m soluble
— — — **solution** n - [chem] disolución f portadora de cobre m soluble

soluble oil n - [petrol] aceite m soluble
— **reducer** n - [chem] reductor m soluble
— **salt(s)** n - [chem] sal(es) f soluble(s)
solution n - . . . . • respuesta f; resolución f • dominio m; dominación f
— **concentration** n - [nucl] concentración f de disolución f
— **feeder** n - alimentador m para disolución f
— **head start** n - adelanto m, or avance m, hacia solución f
— **heat treatment** n - [metal-prod] tratamiento m térmico con disolución f
— **installation** n - colocación f de disolución f
— **loss** n - pérdida f por (di)solución f
— **proposal** n - propuesta f para solución f
— **suggestion** n - sugerencia f para solución f
— **temperature** n - temperatura f de disolución f
— **vat** n - [metal-treat] dispósito m, or (es)tanque m, para disolución f
solve v - . . .; solventar • dominar • [math] despejar
— @ **equation** v - [math] solucionar, or resolver, or despejar, ecuación f
— @ **erosion problem** v - resolver, or solucionar, problema m con erosión f
— @ **problem** n - resolver, or solucionar, problema m • salvar inconveniente m
solved a - solucionado,da; resuelto,ta • dominado,da • [math] despejado,da
— **equation** n - [math] ecuación f, resuelta, or solucionada, or despejada
— **erosion problem** n - problema m con erosión f, resuelto, or solucionado
— **problem** n - problema m, resuelto, or solucionado
solvency certificate n - [fin] certificado m de solvencia f
solvent extraction n—extracción f con disolvente
— — **cycle** n - [nucl] ciclo m para extracción f con disolvente m
— **naphtha** n - [petrol] nafta f disolvente
— **system** n - [chem] sistema m (de) disolvente m
— **vapor** n - [chem] vaho m disolvente
— **wash** n - lavado m, or lavadura f, con disolvente m | v - lavar con disolvente m
— **washed** a - lavado,da, en, or con, disolvente m
— **washing** n - lavado m, or lavadura f, en, or con, disolvente m
— **weld** n - [tub] liga f química
— **welded** a - [tub] soldado,da con disolvente m; con liga f química
— — **joint** n - [tub] junta f, or unión f, soldada con disolvente m, or con liga f química
— — **sleeve joint** n - [tub] junta f tipo m manguito con liga f química
solver n - solucionador m
solving n - solución f • dominación f - [math] despejo m | a - solucionador,ra; solvente
some adv - . . . .; cierto,ta(s) | a - algún,no,na
— **instance(s)** n - algún(os) caso(s) m
— **people** n - hay quienes
— **salinity** n - [environm] cierta salinidad f
— — **environment** n - [environm] ambiente m con cierta salinidad f
— **size(s)** n - alguno(s), tamaño(s), or diámetro(s) m
somebody else n - alguna otra persona f
something like that adv - algo m por estilo m
sometimes adv - . . . .; alguna vez; ocasionalmente; en ocasión(es) f; de vez f en cuando
somewhat adv - . . . .; bastante
— **similar product** n - producto m algo similar
— **softer arc** n - [weld] arco m algo más suave
soon adv - . . . .; próximamente; en breve
— **afterwards** adv - luego; en seguida después
— **enough** adv - en momento m oportuno
—**to-arrive** adv - por llegar
soot n - [combust] . . . .; carbonilla f; carbón m
— **blower** n - [combust] soplador m para hollín m
— **deposit** n - [combust] acumulación f de hollín
sophisticate v - . . . . • complicar

sophisticated a - ...; sofisticado,da • avanzado,da; especializado,da; preciso,sa • artificial; complicado,da
— **alloy** n - [metal] aleación f complicada
— — **steel** n - [metal-prod] aleación f complicada de acero m
— **approach** n - embocamiento m, or enfoque m, preciso
— **control system** n - [comput] sistema m complicado m para regulación f
— **information** n - [ind] información f, avanzada, or complicada
— **manufacturing process** n - [ind] proceso m, avezado, or avanzado, para fabricación f
— **microprocessor control system** n - [comput] sistema m complicado para control m, con, or para, microprocesador* m
— **steel** n - [metal-prod] acero m complicado
sophistication n - ...; complicación f
Sorel cement n - [constr] cemento m Sorel
sorghum mill n - [agric] trapiche m para sorgo m
sort n - ... | v - ... • evaluar
— @ **car** v - [autom] evaluar automóvil m
— **of** adv - a medias; así como
— — **right** adv - solucionado,da a medias
— **out** v - evaluar • seleccionar • delucidar
— **easily** v - evaluar fácilmente
— @ **tire(s)** v - [autom-tires] clasificar neumático(s) m
sorted a - clasificado,da • separado,da • evaluado,da
— **out** a - seleccionado,da • delucidado,da • evaluado,da
— **tire(s)** n - [autom-tires] neumático(s) m clasificado(s)
sorting n - ... • evaluación f • separación f
— **house** n - [ind] edificio m, or nave f, or taller m, or sección f, para clasificación f
— **out** n - selección f • delucidación f • evaluación f
— **room** n - [ind] sala f para clasificación f
sought a - ...; buscado,da; procurado,da • [legal] demandado,da; gestionado,da
— **equipment** n - [ind] equipo m buscado
— **patent** n - [legal] patente f (para invención f) gestionada
— **technical results** n - resultados m técnicos buscados
soulsearching n - retrospección f | a - retrospectivo,va
sound n - ...; voz f | a - ...; atendible
— @ **alarm** v - sonar alarma f • tocar timbre m
— **absorbing insulation** n - aislación f insonorizante
— @ **alert buzzer** n - v - [safety] sonar zumbador m para alerta(r)
— @ **audible alert** v - [electron] sonar alerta f audible
— **bead** n - [weld] cordón m, sano, or perfecto
— **combustion practice** n - [combust] práctica f sana para combustión f
— — **principle** n - [combust] principio m sano para combustión f
— **concrete** n - [constr] hormigón m sólido
— **damper** n - [accoust] amortiguador m, or silenciador m, para, sonido m, or ruido m; sordina f
— **deadening** n - insonorización f | a - insonoro,ra
— — **core** n - [constr] interior m insonorizador
— — **purpose** n - [constr] fin(es) de insonorización f
— **design** n - proyección f reglamentaria
— **engineering judgement** n - juicio m responsable de perito(s) m
— — **practice** n - práctica f correcta de ingeniería f
— **fusion zone** n - [weld] zona f de fusión f sana
— **hearing** n - oído m bueno; percepción f buena de sonido m
— @ **horn** v - (hacer) sonar, or tocar, bocina f

— **sound judgment** n—juicio m, sano, or responsable
— **noisy** v - sonar, or ser, ruidoso,sa
— **organization** n—[managm] organización f sólida
— **personal relation(ship)** n—relación f, or vinculación f, personal sólida
— **powered telephone** n - [telecom] teléfono m sonoro
— **practice** n - práctica f, sana, or correcta; procedimiento m bueno
— **pressure level** n - [accoust] nivel m de presión f de sonido m
— **principle** n - principio m sano
— **product** n - [ind] producto m sano
— **proof** a - [accoust] antisonoro,ra
— — **cabin** n - [ind] cabina f antisonora
— **reason** n - razón f, sólida, or positiva, or atendible
— **recorder** n - [electron] grabador m para sonido(s) m • fonotécnico m
— **recording** n - [electron] fonotecnía f | a - [electron] fonotécnico,ca
— **relationship** n - relación f, or vinculación f, sólida
— **slab** n - [constr] losa f sólida
— **stage** n - [telecom] escenario m, sonoro, or para sonido(s) m
— **structurally** a - sólido,da desde punto m de vista f estructural
— **system** n - [electron] sistema m sonoro
— **telephone** n - [telecom] teléfono m sonoro
— **tester** n - [instrum] probador m sonoro
— **type timing tester** n - [int.comb] probador m (de tipo m) sonoro para regulación f de encendido m
— @ **vehicle horn** v - [autom-electr] (hacer) sonara bocina f en vehículo m
— **weld** n - [weld] soldadura f, sólida, or sana
— **metal** n - [weld] metal m para soldadura f sano
— **welded joint** n - [weld] junta f soldada sana
— **welding** n - [weld] soldadura f, sana, or buena
— — **practice** n - [weld] práctica f buena para soldadura f
— — **procedure** n - [weld] procedimiento m bueno para soldadura f
sounded a - sonado,da
— **alarm** n - alarma m, sonado, or tocado; timbre m tocado
— **audible alert** n - [electron] alerta f audible sonada
— — — **tone** n - [electron] tono m para alerta f audible sonada
— **horn** n - bocina f, tocada, or sonada
— **vehicle horn** n - [autom-electr] bocina f en vehículo m, sonada, or tocada, or hecha sonar
sounder n - sonador m | a - sonador,ra
sounding n - ... | a - ...; sonador,ra
— **hole** n - [petrol] boca f para sondeo m
soundproofing n - [constr] insonorización f; aislamiento m, insonorizador, or insonorizante
sour gas n - [petrol] gas m ácido
— — **trim(ming) valve** n - [petrol] válvula f limitadora para gas m ácido
— — **valve** n - [petrol] válvula f para gas ácido
— **luck** n - [fam] suerte f, agria, or mala
— **soul** n - [soils] suelo m ácido
source n - ...; fuente f; punto m, or lugar m, de origen • fundamento • [environm] foco m | a - de, procedencia f, or proviniencia f
— **cable** n - [electr-distrib] cable f a fuente f
— **cause** n - causa f de fondo m
— **computer** n - [comput] ordenador f fuente
— **connection** n - [electr-instal] conexión f con fuente f
— **control** n - regulación f para fuente • regulador m para fuente f
— **country** n - [com] país m de, origen, or procedencia f
— **determination** n - determinación f de fuente f
— **end** n - [mech] extremo m hacia fuente f
— **of choice** n - [com] proveedor m preferido
— **open circuit voltage rheostat** n - [electr-

-equipo] reóstato m para voltaje en circuito abierto para fuente f
source output n - [electr-prod] salida f en fuente f
— **rheostat** n - [electr-equip] reóstato m para fuente
— **tap** n - [electr-instal] conexión f en fuente
— **voltage control** n - [electr-prod] regulación f de voltaje en fuente f
— — **input** n - [electr-distrib] entrada f de voltaje m desde fuente f para energía f
south branch n - [hydr] brazo m, or ramal m, meridional, or austral, or sur
— **center** n - centro sud | a - sudcentral*
— **central** a - sudcentral*
— **point** n - [instrum] punta f sur
— **running** a - see southbound
— **side** n - lado m sud, or sur • [hudr] ribera f, sud, or meridional
— **track** n - [rail] vía f, or línea f, sur
— **wall** n - [constr] pared f (hacia) sur m
southbound a - hacia sur m; de norte m a sur m; (con) dirección f sur
— **lane** n - [roads] vía f hacia sur m
— **right-of-way** n - [roads] calzada f hacia sur
— **track** n - [rail] vía f hacia sur m
southeastern a - [geogr] sudoriental
southerly a - . . .; austral; hacia sur m
Southern California Off Road Enthusiast n - [sports] Aficionados de Carreras f Fuera de Carretera f en California f Meridional
— — — — **event** n - [sports] evento m, or carrera f, de aficionado(s) m a carreras f fuera de carretera f en California f meridional
— **Hemisphere** n - [geogr] Hemisferio m, Sur, or Meridional, or Austral
— **market** n - [com] mercado m, de sud, or meridional
— **pine** n - [luber] pino m, de sud, or austral
Southwest n - [geogr] región f sur central de Estados m Unidos
southwest n - [geogr] . . .; sudoccidente m | a - [geogr] . . .; sudoccidental
sovereign state n - [pol] estado m soberano
sow n - . . . | a - [agric] . . .; sementar
sowable a - [agric] sembradío, día
sower n - [agric] . . . • [agric-equip] sembradora f
sowing attachment n - [agric] accesorio m, sembrador, or para siembra f
sown a - [agric] . . .; sementado, da
—, **field, or land** n - [agric] sembrado m
soy bean n - [botan] poroto m, or guisante m, or habichuela, de, soya, or soja
spa n - [medic] . . .; baño(s) m, or estación f, or establecimiento m, termal(es)
space n - . . .; sitio m • separación f; holgura f; distancia f • . . .; tiempo m; plazo m - [electron] intervalo m | a - a distancia f • [astronaut] espacial | v - espaciar; separar; colocar a (distancia f de)
— **between @ bell(s)** n - [metal-prod] espacio m entre campana(s) f
— — **@ conductor(s)** n - [electr-instal] espacio m entre conductor(es) m
— — **@ fork(s)** n - [mech] distancia f, or espacio m, entre brazos(s) m
— — **@ structure(s)** n - [constr] espacio m entre estructura(s) f
— **center** n - [astronaut] centro m espacial
— **conservation** n - conservación f, or ahorro m, de espacio m
— **current** n - [electron] corriente f para espacio(s) m
— — **switch** n - [electron] conmutador m para corriente f para espacio(s) m
— **@ electrode(s)** v - [weld] separar, or mantener separado(s), electrodo(s) m
— **excavation** n - [constr] excavación f de espacio m
— **factor** n - [metal-roll] factor m de espacio

m, or para apilamiento m
space filling n - henchimiento m de espacio m
— **heater** n - [environm] calefactor m; calentador m, unitario, or para ambiente m; calefaccionador m
— **input** n - [electron] entrada f para espacio(s)
— **mark state** n - [electron] estado m espacio-marca
— **odyssey** n - odisea f en espacio m
— **oscillator** n - [electron] oscilador m para espacio(s) m
— — **output** n - [electron] salida f de(sde) oscilador m para espacio m
— **output** n - [electron] salida f para espacio m
— **@ post** v - [constr] separar poste(s) f
— **probing** n - [space] exploración(es) f, or estudio(s) m, espacial(es)
— — **antenna** n - [space] antena f para, exploración(es) f, or estudio(s) m, espacial(es)
— **program** n - [space] programa m espacial
— **pulse** n - [electron] pulsación f, or impulso(s), para espacio(s) m
— — **rate** n - [electron] régimen m para impulso(s) m para, espacio(s) m, or señal(es) m
— **saving** n - ahorro m de espacio m | a - para ahorro m de espacio; con tamaño m reducido
— — **advantage** n - ventaja f para ahorro m de espacio m
— — **configuration** n - configuración f para, ahorrar, or ahorro m de, espacio m
— — **design** n - proyección f para, ahorrar, or ahorro m de, espacio m
— **ship** n - [space] nave f espacial
— **shuttle** n - [space] nave f espacial (reutilizable)
— **signal** n - [electron] señal f para espacio m
— **@ slot** v - [mech] separar ranura(s) f
— **suitably** v - separar, adecuadamente, or apropiadamente
— **symetrically** v - distribuir, or separar, simétricamente, or en forma f simétrica
— **tone** n - [electron] tono m para espacio(s) m
— **frequency** n - [electron] frecuencia f para tono m para espacio(s) m
— **vehicle** n - [space] vehículo m, or nave f, espacial
— **ventilated inadequately** n - recinto m ventilado inadecuadamente
— **vertically** v - separar verticalmente
spaced a - espaciado, da*; separado, da; colocado, da a (distancia f de)
spacer anchor bolt n - [mech] perno m para anclaje m para separador m
— **at interval(s) of** a - colocado, da a intervalo(s) m de
— — **maximum interval(s) of** a - colocado, da(s) a intervalo(s) m máximo(s) de
— — **minimum interval(s) of** a - colocado, da(s) a intervalo(s) m mínimo(s) de
— **increment** n - incremento m, espaciado, or escalonado
— **post(s)** n - [constr] poste(s) m, espaciado(s)*, or separado(s), or escalonado(s)
— **suitably** a - con separación f, apropiada, or adecuada; espaciado, da* adecuadamente
spacer n - . . . • [mech] . . .; buje m; arandela m; suplemento m; manguito m, separador, or espaciador, or para separación f
—(s) **arrangement** n - [mech] disposición f de separador(es) m
— **assembly** n - [mech] conjunto m para, espaciador m, or separador m
— **bearing** n - [mech] cojinete m (para), espaciador m, or separador m
— **block** n - [mech] bloque m separador • [roads] bloque m suplementario m (para poste m)
— **bushing** n - [mech] buje m separador
— **ring** n - [mech] aro m, or anillo m, separador
— **collar** n - [mech] collar m, separador, or para separación f
— **coupling** n - [mech] acoplamiento m, con separa-

rador, or para separar
spacer element n - [mech] elemento m separador
— **inside** n - [mech] interior m de separador m
— **outside** n - [mech] exterior m de separador m
— **part** n - [mech] pieza f para separador m
— **plate** n - [mech] placa f, separadora, or espaciadora*
— **ring** n - [mech] aro m, or anillo m, separador • arandela f separadora
— **seal** n - [mech] sello m, or cierre m, para separador m
— **sleeve** n - [mech] manguito m, separador, or para separación f
— **table** n - [mech] mesa f separadora
— **to manifold** n - [mech] separador m a múltiple
— **tube** n - [mech] tubo m, or buje m, separador
spacial* a - [space] see **spatial**
spacing n - separación f; colocación f a distancia • luz f; distancia f
— **distance between support(s)** n - [electr-inst] distancia f entre soporte(s) m
— **screw** n - [mech] tornillo m, separador, or espaciador*
— **washer** n - [mech] arandela f, separadora, or espaciadora*
spade n - [tools] . . .; pala f de punta f • azadón m; azada f
spading n - [constr-concr] paleteado* m | adv - con, or mediante, pala(s) f
spall n - [metal-prod] . . .; desconchamiento m • [refract] laja f • [geol] lasca f | v - cuartear; desconchar; exfoliar
— **off** v - [constr] pelar(s); descascarar(se)
spalled a - exfoliado,da; desconchado,da; descantillado,da
— **off** a - [constr] pelado,da; descascarado,da
spalling n - [metal] descamación f; descascarillado m; exfoliación f; cuarteo m; desprendimiento m; desconchadura f; saltadura f • [constr] astilladura f; descantillado m
— **immunity** n - [metal] inmunidad f contra descamación f
— **off** n - [constr] peladura f; descascaramiento
— **resistance** n - [metal] resistencia f contra descamación f
span n - . . .; sección f; extensión f; porte m; buque m • abertura f; claro m • vano m • [geom] luz f; cuerda f | v - . . .; salvar; franquear • pontear*
— **between @ bent(s)** n - [mech] tramo m entre soporte(s) m
— **bridge** n - [bridges] puente m con tramo(s) m
— **half** n - mitad f de, luz f, or cuerda f
— **middle** n - [constr] mitad f, or centro m, de tramo m
— **@ roadway** v - [roads] trasponer calzada f
— **@ stream** v - [bridges] trasponer curso m (de agua m)
— **strengthening** n - [constr] refuerzo m de tramo
spandrel n - . . . • [constr] antepecho m; pared f para relleno m
— **arch** n - [archit] arco m con, celosía f, or tímpano(s) m • [bridges] relleno m contra cabezal(es) m
— **fill** n - [constr] relleno m detrás de cabezal
— **filled arch** n - [archit] arco m con tímpanos m macizos para relleno m
spangle n - [metal-treat] cristal(es) m floreado(s); estrellado* m; floreado m • [Spa.] faceta f; lentejuela f • [Arg.] roseta f
— **conveyor** n - [metal-treat] transportador m para cristalización f
— **formation** n - [metal-treat] formación de flor(es) f • [Spa.] formación f de faceta(s)*
— **(d) galvanized strip** n - [metal-treat] chapa f galvanizada con dibujo(s) m
spangled a - [metal-treat] floreado,da; con dibujo(s) m; estrellado,da; con cristal(es) m floreado(s) • [Spa.] faceteado,da*
Spanish America n - [geogr] América f Hispana
— **civil code** n - [legal] código m civil español
— **Spanish Electrical Board** n - [pol] Junta Eléctrica Nacional (Española)
—— **Foreign Exchange Institute** n - [pol] Instituto Español para Moneda Extranjera; IEME
— **language** n - idioma m español
—— **capability** n - [comput] capacidad f para idioma m español
——— **option** n - [comput] opción f para capacidad f para idioma m español
—— **printout** n - [comput] salida f impresa, or impresión f, en idioma m español
— **law** n - ley f, or legislación f, española
— **printout** n - [comput] salida f impresa, or impresión f, en español
— **speaking** a - de habla española; hispanohablante*
— **Steel Industry Safety Committee** n - [pol] Comisión f sobre Seguridad en Industria f Siderúrgica (Española)
— **text** n—texto m (en), español, or castellano
spanned roadway n—[roads] calzada f traspuesta
— **stream** n - [hydr] curso m (de agua m), traspuesta, or ponteada*
spanner n - [tools] see **spanner wrench**
— **wrench** n - [tools] llave f, para manguera(s) f, or con, media luna f, or gancho m, or horquilla f
spare n - repuesto m; reserva f; sobra f • [autom-tires] neumático m para repuesto m; see **spare tire** • [electr] conductor m para reserva f | a - . . .; para recambio m; de sobra
—(s) **additional** n - [ind] adicional m para repuesto(s) m
— **air valve** n - [pneumat] válvula f, neumática, or para aire m, para repuesto m
— **assembly** n - [ind] conjunto m para, repuesto, or reemplazo
—(s) **assortment** n - [ind] surtido m, or lote m, de repuesto(s) m
— **body part** n - [autom] pieza f para recambio para carrocería f
— **brush** n - cepillo m para repuesto • [electr-mot] escobilla f para repuesto m
—(s) **catalog** n - [ind] catálogo m de repuestos
— **cell** n - [electr-instal] celd(ill)a f para, repuesto m, or reserva f
—(s) **centralization** n - [ind] centralización f, or almacenamiento m centralizado, de (piezas f para) repuesto(s) m
—(s) **complement** n - conjunto m de repuestos m
— **conduit** n - [electr-instal] conducto m para reserva f
—(s) **cost** n - [ind] costo m de repuesto(s) m
— **door extractor** n - [coke] sacapuertas m; extractor m para puerta(s) m para repuesto m
— **fuse** n - [electr] fusible m para recambio m
— **gate** n - puerta f para recambio m • [electron] compuerta f para repuesto m
— **gooseneck** n - [metal-prod] portaviento(s) m, or codo m, para recambio m
— **lead** n - [electr-instal] conductor m para reserva f
—(s) **list** n - [ind] lista f de repuesto(s) m
— **part** n - [ind] (pieza f para), repuesto m, or recambio m; also see **spare(s)**
— —(s) **assortment** n - [ind] surtido m, or lote m, de repuesto(s) m
— —(s) **availability** n - [ind] disponibilidad f de (pieza(s) f para) repuesto(s) m
— —(s) **code** n - [ind] código m para repuestos
— —(s) **coding** n - [ind] codificación f de repuesto(s) m
— —(s) **delivery** n - [ind] entrega f de (pieza(s) f para) repuesto(s) m
—(s) **purchase requisition** n - [ind] pedido m (interno) para compra f de repuesto(s)
— **tap changer** n - [electr-equip] cambiador m para, toma(s) m, or borne(s) m, para, repuesto m, or recambio m
— **tire** n - [autom-tires] neumático m, or cu-

bierta f, or llanta f, or goma f, para, repuesto m, or recambio m; neumático m auxiliar
spare tire carrier n - [autom-tires] portaneumático(s) m auxiliar
spark n - . . . . • [int.comb] chispa f; encendido m | v - chisporrotear • [int.comb] producir chispa f
— **advance** n - [int.comb] avance m, or adelantamiento m, or adelanto m, de chispa f
— **arrester** n - [int.comb] sombrerete m • [combust] guardachispa(s) m
— **arresting muffler** n - [int.comb] silenciador m guardachispas
— **check(ing)** n - [int.comb] comprobación f, or verificación f, de, chispa f, or encendido m
— **coil** n - [int.comb] bobina f para chispa f
— **control** n - [int.comb] regulación f de, chispa f, or encendido m • regulador m para, chispa f, or encendido m
— **delay** n - [int.comb] retardo m, or retraso m, de chispa f
— **electrode** n - [int.comb] electrodo m para, chispa f, or encendido m
— **elimination** n - [electr-oper] eliminación f de chispa(s) f
— **energizing** n - [int.comb] activación t de chispa f
— **gap** n - [autom-electr] entrehierro m, or intervalo m, or separación f, para chispa f
— **ignition** n - [int.comb] encendido m de chispa
— — **switch** n - [int.comb] conmutador m, or llave f, para encendido m de chispa f
— — **system** n - [int.comb] sistema m para encendido m de chispa f
— — **toggle switch** n - [int.comb] interruptor m con palanca f para encendido m de chispa f
— **lack** n - [int.comb] falta f, or carencia f, de chispa f
— **lever** n - [int.comb] palanca f para chispa f
— **peak performance** n - [int.comb] rendimiento m máximo de encendido m
— **plug** n - [int.comb] bujía f (para, chispa f, or encendido m)
— — **gap** n - [int.comb] entrehierro m, or intervalo m, or separación f, en bujía f
— — **gasket** n - [int.comb] guarnición f para bujía f
— — **hole** n - [int.comb] orificio m para bujía
— — **insulator** n - [int.comb] aislador m en bujía f
— — **peak performance** n - [int.comb] rendimiento m máximo de bujía f (para encendido m)
— — **terminal** n - [comb.int] borne m terminal para bujía f
— — — **cap** n - [int.comb] casquete m para borne m terminal para bujía f
— — **tester** n - [int.comb] probador m para bujía(s) f
— — **wire** n - [int.comb] conductor m a bujía f
— **protect** v - [safety] proteger contra chispa f
— **protected** a - [safety] protegido,da contra chispa(s) f
— **protection** n - [safety] protección f contra chispa(s) f
— **retardation** n - [int.comb] retraso m, or atraso m, or retardo m, de chispa f
— **strength** n — [int.comb] intensidad f de chispa
— **striking** n - [weld] encendido m de chispa f
— **switch** n - [electr-instal] llave f, or conmutador m, or interruptor m, para chispa f
— **wire** n - [int.comb] conductor m para chispa f
sparkle n - . . .; rutilancia f | v . . .; rutilar
sparkling n—. . .; rutilancia f | a - rutilante
spastic n - [medic] espástico | a - espástico,ca
spatial a - . . . .; espacial
— **age** n - [space] edad f espacial
— — **metal** n - [metal] metal m para edad f espacial
— — — **weld(ing)** n - [weld] soldadura f de metal(es) m para edad f espacial

spatter and tip, (by) a - [mech] por salpicadura m y goteo m
spatter clog v - taponar, or obturar, or obstruir, con salpicadura(s) f
— **clogged** a - taponado,da, or obturado,da, or obstruido,da, con salpicadura(s) f
— — **gun** n - [weld] pistola f, taponada, or obturada, or obstruida, con salpicadura(s) f
— — — **tip** n - [weld] pico m de pistola f obstruido con salpicadura(s) f
— **excessively** v - [weld] salpicar, excesivamente, or con demasía f
— **loss** n - [weld] pérdida f por salpicadura(s)
— **@ oil** v - [lubric] salpicar aceite m
— **shield** n - [weld] defensa f, or guardamano(s) m, contra salpicadura(s) f
— **sticking** n - [weld] adherencia f de salpicadura(s) f
— — **resistance** n - [weld] resistencia f contra salpicadura(s) f
spattered excessively a - [weld] salpicado,da excesivamente
spatulate a - . . .; espatular | v - espatular
spawn v - [icthiol] . . . • [fig] originar
spawned a - [icthiol] desovado,da | [fig] originado,da
spawning n - [icthiol] desove m; freza f • [fig] origen m
— **pond** n - [icthiol] desovadero m
— **season** n - [icthiol] freza f
speak v - . . • disertar • mentar
— **foolishly** v - tontear
speaker n - . . . . • [electron] altavoz m; transmisor m para audio* m; (alto)parlante m
— **housing** n - [electron] caja f para altavoz m
spear n - [milit] . . .; jabalina f • [petrol] lanza f; arpón m; cangrejo m
— **fitting** n - [petrol] pico m para engrase m para, lanza f, or arpón m, or cangrejo m
— **gear** n - [mech] engranaje m con diente(s) m recto(s)
— **grease fitting** n - [petrol] pico m para engrase m para, lanza f, or arpón m
spec n - **see specification**
special accent n - énfasis m especial
— **accessory** n - accesorio m especial
— **alloy electrode** n - [weld] electrodo m con elemento(s) para aleación f (de fabricación f) especial
— — **flux** n - [weld] fundente m con elementos m de aleación f, mezclado a pedido m, or de fabricación f especial
— — **steel** n - [metal-prod] acero m, con aleación f especial, or especial con aleación f
— **appreciation** n - aprecio m, or reconocimiento m, especial
— **arc gouging circuit** n - [weld] circuito m especial para escopleadura f con arco m
— — — **protection** n - [weld] protección f especial contra escopleadura f con arco m
— **automatic gas welding wire** n - [weld] alambre m especial para soldadura f automática con gas
— — **welding wire** n - [weld] alambre m especial para, soldadura f, or soldar con máquina f, automática
— **bar quality** n - [metal-prod] calidad f especial para barra(s) f
— **board** n - [legal] junta f, especial, or ad hoc
— **burned clay** n - [ceram] chamote m especial
— **car** n - [vail] vagón m especial
— **carcass construction** n - [autom-tires] construcción f especial de estructura f básica
— **chemistry** n - [chem] análisis m químico especial
— **claim** n - reclamo m, or reclamación f, especial
— **close tolerance** n - tolerancia f ajustada especial
— **coating** n - recubrimiento m especial
— **coke** n - [coke] coque m especial
— **committee** n - comisión f especial

special console n - [ind] consola f especial
— contest n - concurso m especial
— control n - [ind] regulación f especial • regulador m especial
— credit limit n - [fin] límite m crediticio especial
— — program n - [fin] programa m crediticio especial
— deep drawing n - [metal-fabr] estampado m, or embutido m, profundo especial | a - [metal-fabr] especial m para estampado m profundo
— — — quality rolled sheet n - [metal-roll] lámina f, or chapa f, con calidad f especial para laminación para embutición f profunda
— — — steel n - [metal-roll] acero m con calidad f especial para embutición f profunda
— — — steel n - [metal-prod] acero m especial para embutición f profunda
— — stamping steel n - [metal-prod] acero m especial para estampado m profundo
— deformation control n - [mech] regulación f especial de deformación f
— delivery n - [comunic] entrega f, inmediata, or especial; expreso m
— deputy n - [pol] delegado m especial
— design n - proyección f especial
— — problem n - problema m especial para proyección f
— designated domicile n - [pol] domicilio m especial constituido
— designing n - proyección f especial
— device n - [mech] dispositivo m especial
— dinner n - [culin] cena f especial; banquete m
— discard n - [metal-roll] descarte m, or rechazo m, excepcional
— domicile n - [pol] domicilio m especial
— draining problem n - [hydr] problema m especial para drenaje m
— drawing n - [drwng] dibujo m especial • [metal-fabr] estampado m especial • [lottery] sorteo m especial
— — quality rolled steel n - [metal-roll] acero con calidad f especial para embutido m
— — steel n - [metal-prod] acero m especial para, estampación f, or embutido m
— electrode n - [weld] electrodo m especial
— engineering work n - trabajo(s) m especial(es) de ingeniería f
— enterprise n - [legal] empresa f especial
— epoxy based sealing and insulating enamel n - esmalte m especial impermeabilizado y aislante con base f de epoxia* f
— established domicile n - [pol] domicilio m especial constituido
— extra deep drawing n - [metal-fabr] estampado m especial extra profundo
— — — quality steel n - [metal-prod] acero m con calidad f especial para, estampado m, or embutido m, extra profundo
— — — steel n - [metal-prod] acero m especial para estampado m extra profundo
— — — stamping steel n - [metal-prod] acero m especial para estampado m extra profundo
— eye spring snap n - [mech] gancho m con resorte m con ojo m especial
— fastener n - [mech] sujetador m especial
— feature n - característica f especial
— Federal Conciliation and Arbitration Board n - [pol] Junta f Federal Especial para Conciliación f y Arbitraje m
— feel n - sensación f especial
— finish n - terminación f, or acabado m, especial
— fitting n - [mech] accesorio m especial
— flashing n - [constr] tapajunta(s) especial
— flexible a - see extra flexible
— — wire rope n - [cabl] cable m flexible especial
— gas welder wire n - [weld] alambre m especial para soldadura f con gas m
— government's right(s) n - [pol] derecho(s) m especial(es) de gobierno m
— grade n - [ind] calidad f especial
— grain door duplex head n - [nails] see duplex head
— head installation n - [weld] instalación f, especial para cabeza f, or para cabeza f especial
— heavy duty spring n - [mech] resorte m extrarresistente especial
— — — valve spring n - [valv] resorte m extrarresistente especial para válvula f
— honor n - mención f especial
— import permit n - [pol] permiso m, or licencia f, especial para importación f
— inflation n - [autom-tires] inflación f especial
— insulation n - aislamiento m, or aislación f, especial
— investigative work n - trabajo(s) m especial(es) para investigación f
— killed a - [metal-prod] calmado,da especial(mente)
— — steel n - [metal-prod] acero m calmado especial(mente)
— lens n - [optics] lente m especial
— lining n - [tub] revestimiento m especial
— male plug n - [electr-instal] enchufe m (macho) especial
— measure(s) n - medida(s) f especial(es)
— melting n - [metal-prod] fundición f especial
— member n - [mech] pieza f especial
— membrane flashing n - [constr] tapajunta(s) m de membrana f especial
— metal(s) n - [metal] metal(es) m especial(es)
— meeting n - reunión f, or sesión f, extraordinaria • [legal] asamblea f extraordinaria
— mining, concern, or corporation n - [miner] empresa f minera especial
— need n — necesidad f, or exigencia f, especial
— nut n - [mech] tuerca f especial
— — material n - [mech] material m, especial para tuerca(s), or para tuerca(s) f especial(es)
— offer(ing) n - [com] oferta f especial
— oil impregnated paper n - [electr-cond] papel, especial impregnado con aceite, or impregnado con aceite m especial
— — plan n - [lubric] sistema m especial para lubricación f
— optional circuit n - [weld] circuito m, opcional, or optativo, especial
— order n - [com] pedido m especial
— packing n - [transp] embalaje m especial
— paint(ing) n - [paint] pintura f especial
— performance characteristic n - característica especial para rendimiento m (alto)
— permit n - permiso m, or licencia f, especial
— physical property n - propiedad f física especial
— pin n - [mech] pasador m, or clavija f, especial
— pipe n - [tub] tubo m, or tubería f, especial
— plastic n - [plat] (material) plástico m especial
— plug n - [mech] tapón m especial • [electr-instal] enchufe m especial
— power of attorney n - [legal] poder m especial
— prefabricated fitting n - [tub] pieza f para conexión f prefabricada especial
— process(es) control n - [ind] fiscalización f, or control* m, de proceso m especial
— profile n - perfil m especial
— — tuyere n - [metal-prod] tobera f con perfil m especial
— project n - [ind] proyecto m, or trabajo m, or obra f, especial
— — technical supervision n - [ind] supervisión f técnica para proyecto m especial
— protection circuit n - [electr-instal] circuito m especial para protección f

- 1571 -   special tread rubber

special protective equipment n - [safety] equipo m especial para protección f
— **prototype wheel** n - [mech] rueda f prototipo especial
— **purpose** n - fin m especial • aplicación f específica
— — **computer** n - [comput] ordenador m para, usos m especiales, or fines m específicos
— — **electrode** n - [weld] electrodo m para aplicación(es) f especial(es)
— — **equipment** n - [ind] equipo m para fin(es) m especial(es)
— **quality pig iron** n - [metal-prod] arrabio m (de calidad f) especial
— — **sheet** n - [metal-roll] lámina f, or hoja f, or chapa f, de calidad f especial
— **rally tire** n - [autom-tires] neumático m especial para carrera(s) f rally*
— **ratio** n - [mech] relación f, or razón f, especial
— — **gear** n - [mech] engranaje m con relación f especial
— **reinforced construction** n - [constr] construcción f reforzada especial
— — **flashing** n - [constr] tapajunta f, especial reforzada, or reforzada especial
— — **membrane flashing** n - [constr] tapajunta f reforzada de membrana f especial
— **repair** n - [mech] reparación f, or refacción f, especial
— **requirement** n - requisito m, or exigencia f, especial
— — **forging quality steel** n - [metal-prod] acero m con calidad f para forja(dura) f para exigencia(s) f especial(es)
— **reserve(s)** n - [accntg] reserva(s) f, especial(es), or facultativa(s)
— **rimmed steel** n - [metal-prod] acero m efervescente especial
— **roll(er)** n - [metal-roll] rodillo m especial
— — **maintenance problem** n - [metal-roll] problema m para mantenimiento m de rodillo m especial
— — **repair problem** n - [metal-roll] problema m para reparación f de rodillo m especial
— **rolling** n — [metal-roll] laminación f especial
— — **equipment** n - [metal-roll] equipo m, especial para laminación f, or para laminación f especial
— — **procedure** n - [metal-roll] procedimiento m especial para laminación f
— **sealing and insulating enamel** n - [metal-treat] esmalte m impermeabilizante y aislante especial
— **section** n — [com] sección f especial • [metal-roll] perfil m especial
— **serrated wrench** n - [tools] llave f, dentada especial, or especial dentada
— **shape** n - [mech] (con)forma(ción) f especial • [metal-roll] perfil m, or viga f, especial
— **shape conduit** n - [tub] tubería f con conformación f especial
— — **factor** n - factor m, especial para conformación f, or para conformación f especial
— — **mechanical tubing** n - [tub] tubo m, or tubería f, con (con)forma(ción f especial para aplicación(es) f mecánica(s)
— — **pipe** n - [tub] tubo m, or tubería f, con (con)forma(ción) f especial
— —, **tube**, or **tubing** n - [tub] tubo m, or tubería f, con (con)forma(ción) f especial
— — **wire** n - [wire] alambre m con (con)forma(ción) f especial
— **shaping** n - (con)forma(ción) f especial
— **shareholders meeting** n - [legal] asamblea f (general) extraordinaria de accionistas m
— **sheave material** n - [cranes] material m especial para polea(s) f
— **shielding** n - [mech] protección f especial
— — **technique** n - [mech] técnica f especial para protección f

special shovel n - [tools] pala f especial • [constr-equip] excavadora f especial
— **situation** n - condición f, or caso m, especial, or excepcional
— **size** n - tamaño m especial • diámetro m especial
— **slot** n - [mech] ranura f especial
— . . .-**speed transmission** n - [autom-mech] transmisión f especial con . . . velocidades
— **stamping** n - [metal-fabr] estampado m especial | a - especial para estampado m
— **state(s) right(s)** n - [pol] derecho(s) m especial(es) de estado m
— **steel** n - [metal-prod] acero m especial
— — **pipe** n - [tub] tubo m, or tubería f de acero m especial
— —(**s**) **plant** n - [metal-prod] planta f para acero(s) m especial(es)
— — **plate** n - [metal-roll] plancha f de acero m especial
— — **shape** n - [metal-roll] perfil m, especial de acero m, or de acero m especial
— — **spiral welded pipe** n - [tub] tubo m, or tubería f de acero m especial soldado,da en espiral
— — **strip** n - [metal-roll] fleje m de acero m especial
— — **tool(s)** n - [tools] herramienta(s) f, or herramental m, de acero m especial
— — **welded pipe** n - [tub] tubo m, or tubería f, de acero m especial, soldado,da
— **stockholders meeting** n - [legal] asamblea f (general) extraordinaria (de accionistas m)
— **straightness** n - [metal-roll] derechura f especial
— **strength wire** n - [wire] alambre m resistente especial
— **strip bend(ing) test** n - [metal-roll] ensayo m especial para plegado m de fleje m
— **structural iron** n - [constr] hierro m estructural especial
— **suiting** n - adaptación f especial
— **supply condition(s)** n - condición(es) f, especial(es), or particular(es), para suministro m
— **surface finish** n - acabado m, or terminación f, especial, de, or para superficie f
— **suspension wire** n - [wire] alambre m especial para suspensión f
— **tailoring** n - proyección f específica
— **technical precaution** n - precaución f técnica especial
— **telephone line suspension wire** n - [wire] alambre m especial para suspensión f de línea(s) f telefónica(s)
— **temper** n - [metal] temple m especial
— **test(ing)** n - ensayo m especial
— **thread length** n - [mech] rosca f de largo(r) m especial
— **tire** n - [autom-tires] neumático m especial
— **tool** n - [tools] herramienta f especial
— —(**s**) **building** n - [mech] fabricación f de herramienta(s) f especial(es)
— —(**s**) **set** n - [tools] juego m de herramienta(s) f especial(es)
— **top transverse member** n - [mech] pieza f transversal superior especial
— **training** n - [labor] capacitación f, or formación f, especial
— — **course** n - [labor] curso,sillo m especial para, capacitación f, or formación f
— **trait** n - rasgo m, or característica f, or seña f, particular, or especial
— **transverse member** n - [mech] pieza f transversal especial
— **tread** n - [autom-tires] banda f especial para rodamiento m
— — **compound** n - [autom-tires] compuesto m especial para banda f para rodamiento m
— — **rubber** n - [autom-tires] caucho n especial para banda f para rodamiento m

special tread rubber compound

special tread rubber compound n - [autom-tires] compuesto m especial de caucho n para banda f para rodamiento m
— **treatment** n - tratamiento m especial • acabado m, or terminación f, especial
— **type fitting** n - [mech] accesorio m de tipo especial
— **vacuum grease** n - [lubric] grasa f especial para vacío m
— **valve spring** n - [valv] resorte m especial para válvula(s) f
— **weathering steel** n - [metal-treat] acero m intemperizado* especial
— **weld(ing) procedure** n - [weld] procedimiento m especial para soldadura f
— **—(ing) wire** n - [weld] alambre m especial para soldadura f
— **well chain** n - [chains] cadena f especial para pozo(s) m
— **wheel** n - [mech] rueda f especial
— **winding** n - [electr-mot] devanado m especial
— **wire lubrication** n - [weld] lubricación f especial para alambre m
— **— reel installation** n - [weld] instalación f (especial) para carrete m para alambre m (especial)
— **wiring** n - [electr-instal] conexión f, or encablado m, or conductor(es) m, especial(es)
— **wrench** n - [tools] llave f especial
specialist n - . . .; perito m; técnico m
— **certification** f - certificación f, or calificación f, como, especialista m, or técnico m
— **challenge** n - desafío m para especialista m
specialization line n - [ind] renglón f de especialización f
specialize in management v - [managm] especializar(se) en administración f
— **— work** v - [managm] especializar(se) en trabajo(s) m administrativo(s)
— **— technical work** v - [managm] especializar(se) en, trabajo(s) m técnico(s), or tarea(s) f técnica(s)
specialized a - especializado,da
— **agency** n - [pol] repartición f especializada
— **concern** n - empresa f especializada
— **consultant** n - consultor m, or asesor m, especializado
— **heat treatment** n - [metal-treat] tratamiento m térmico especializado
— **in management** a - [managm] especializado,da en administración f
— **— work** a - [managm] especializado,da en, trabajo(s) m administrativo(s), or tarea(s) f administrativa(s)
— **— technical work** a - especializado,da en, trabajo(s) m técnico(s), or tareas f técnicas
— **industrial vehicle** n - [ind] vehículo m industrial especializado
— **know-how** n - conocimientos m especializados
— **knowledge** n - conocimiento m especializado
— **laboratory** n - laboratorio m especializado
— **line** n - [ind] renglón m especializado
— **lens** n - [optics] lente m especializado
— **nature** n - carácter m especializado
— **need** n - necesidad f, or exigencia f, especializada
— **output** n - [ind] producción f especializada
— **professional service(s)** n - servicio(s) m profesional(es) especializado(s)
— **purpose(s)** n - propósito(s) m, or fin(es) m, especializado(s)
— **requirement** n - exigencia f especializada
— **service(s)** n - servicio(s) m especializado(s)
— **techniciaan** n - [ind] técnico m, especializado, or especialista
— **training** n - [ind] formación f, or capacitación f, especializada
— **work** n - [managm] trabajo(s) m especializado(s); tarea(s) f especializada(s)
specializing n - especialización f | a - especializado,da; con especialización f

specializing in optics a - [optics] especializado,da en óptica f
— **possibility** n - posibilidad f para especialización f
specially adv - . . .; particularmente
— **blended** a - mezclado,da según pedido m
— **— alloy flux** n - [weld] fundente m con (elemento(s) de) aleación f mezclado según pedido
— **— flux** n - [weld] mezcla f especial de fundente m; fundente m con mezcla f especial
— **compounded field** n - [electr-instal] campo m compuesto especial(mente)
— **designed** a - proyectado,da específicamente
— **— assembly** n - [ind] conjunto m (de piezas f), proyectado específicamente, or con proyección f especial
— **— equipment** n - [ind] equipo m, diseñado especialmente, or con diseño m especial
— **— head** n - [mech] cabeza f con diseño m especial
— **— lug** n - [mech] oreja f con conformación f especial
— **— part(s) assembly** n - [ind] conjunto m de pieza(s) f con proyección f especial
— **— —(s) kit** n - [ind] juego m de pieza(s) f con proyección f especial
— **graded** a - clasificado,da especialmente
— **— ore** n - [miner] mineral m (especialmente) clasificado (especialmente)
— **ordered** a - [com] pedido,da especialmente
— **wound** a - [electr-mot] devanado,da especialmente; con devanado m especial
— **— transformer** n - [electr-transf] transformador m con devanado m especial
— **— welder** n - [weld] soldadora f con devanado m especial
— **— —-transformer** n - [weld] soldadora f transformadora con devanado m especial
specialty n - . . . | a - especial; also see special
— **assembly** n - [mech] conjunto n especial
— **— component** n - [mech] (pieza f) componente para conjunto m especial
— **,ties control** n - [ind] regulación f para especialidad(es) f
— **,ties dictionary** n - [public] diccionario m para especialidad(es) f
— **fastener** n - [mech] sujetador m especial
— **filler** n - [autom-body] relleno m, or rellenador m, principal
— **grade** n - calidad f especial
— **— oil country casing (pipe)** n - [petrol] tubería f de calidad f especial para entubación f para industria f petrolera
— **— steel** n - [metal-prod] acero m de calidad f especial
— **material(s)** n - material(es) m especial(es)
— **— enterprise** n - empresa f con material(es) m especial(es)
— **metal** n - [metal] metal m especial
— **shop** n - [travel] tienda f para artóculo(s) m para turista(s) m
— **steel** n - [metal-prod] acero m especial
— **— refining** n - [metal-prod] refinación f, or afino m, de acero(s) m especial(es)
— **— strip** n - [metal-roll] fleje m de acero m especial
— **strip** n - [metal-roll] banda f, or cinta f, or chapa f, or fleje m, especial
— **— steel** n - [metal-roll] fleje m de acero m especial
specie(s) n - . . .; tipo m
specific a - . . .; determinado,da; expreso,sa • cualquiera • particular
— **accident** n - [safety] accidente m específico
— **activity** n - actividad f específica
— **— above** . . . n - actividad f específica mayor de . . .
— **— below** . . . n - actividad f específica menor de . . .
— **adjustment** n ajuste m específico

specific advantage n - ventaja f, particular, or específica
— **alloy** n - [metal] aleación f específica
— — **flux** n - [weld] fundente m para aleación f específica
— **analysis** n - análisis n específico; composición f específica
— **applicable quota** n - [insur] cuota f específica aplicable
— — **rate** n - [insur] cuota f específica aplicable
— **application** n - aplicación f, específica, or determinada, or aplicable
— **arc characteristic** n - [weld] característica f específica para arco m
— **challenge** n - desafío m específico
— **check(ing)** n - [ind] comprobación f, or verificación f, específica
— **chemical property** n - [chem] propiedad f química específica
— **code programming** n - [comput] programación f de código m específico
— **coke combustion** n - [coke] combustión f específica de coque m
— — **requirement** n - [coke] consumo m específico de coque m
— **component** n - componente m, específico, or determinado
— **condition** n - condición f, específica, or determinada, or particular
— **connection information** n - información f específica para conexión f
— **cost index** n - [ind] índice m específico para costo m
— **crane** n - [cranes] grúa f específica
— — **part** n - [cranes] pieza f (específica) para grúa f (específica)
— **damage** n - [insur] avería f, específica, or particular
— **data** n - información f precisa
— **decision** n - resolución f particular
— **deposit analysis** n - [weld] análisis m específico, or composición f específica, de metal m para aportación f
— — **chemistry** n - [weld] análisis m, or composición f específica, de metal m para aportación f
— **design(ing)** n - proyección f específica • diseño m específico
— — **purpose** n - fin m específico de diseño m
— **dossier** n - expediente m, or legajo m, or prontuario m, específico, or particular
— **electrode application** n - [weld] aplicación f específica para electrodo m
— — **recommendation** n - [weld] recomendación f específica para electrodo m
— **end** n - fin m específico
— **energy head** n - [hydr] carga f energética específica
— **equipment** n - [ind] equipo m, específico, or determinado, or preciso
— — **requirement** n - [ind] exigencia f específica para equipo m
— **field** n - campo m específico • especialidad f específica
— **fuel consumption** n - [int.comb] consumo m específico de combustible m
— — **rate** n—[combust] rendimiento m específico
— — **requirement** n - [combust] consumo m específico de combustible m
— **gas consumption** n - [combust] consumo m específico de gas m
— **granted, quota,** or **rate** n - cuota f específica concedida
— **gravity** n - gravedad f específica • peso m específico; densidad f específica
— **head** n - [hydr] carga f específica
— — **ratio** n - [hydr] razón f específica para carga f
— **heat** n - calor m específico
— — **ratio** n - [thermol] razón f específica para calor m

specific inflation pressure n - presión f (específica) para inflación f (específica)
— **information** n - información f específica; precisión f
— **instance** n - instancia f específica; caso m específico
— **intended service** n - servicio m específico propuesto
— **job instruction** n - instrucción f específica para, trabajo m, or tarea f, or obra f
— **live load** n—[constr] carga f viva específica
— **location** n - ubicación f específica; sitio m, or lugar m, específico, or determinado
— **manner** n - forma f específica
— **market segment** n - [com] segmento m específico de mercado m
— **material choice** n - [ind] selección f de material m específico
— **maximum speed** n - velocidad f (específica) máxima (específica)
— **mechanical property** n - [weld] propiedad f mecánica específica
— — **spare** n - [ind] repuesto m mecánico específico
— **metal analysis** n - [metal] composición f específica de metal
— **minimum speed** n - velocidad f (específica) mínima (específica)
— **need** n - necesidad f, or exigencia f, específica • uso m específico
— **object** n - objet(iv)o m, or fin m, específico
— **operate,ting code** n - [comput] código m específico para operación f
— **packaging data** n - [transp] información f, específica, or precisa, para embalaje m
— **part** n - parte f específica • [ind] pieza f, específica, or determinada
— **performance characteristic** n - característica f específica de desempeño m
— **pipe** n - [tub] tubo m específico • tubería f específica
— **power (of attorney)** n - [legal] poder m, específico, or especial
— — **source** n - [weld] fuente f específica para energía f
— **precaution** n - precaución f específica
— **preheating requirement** n - [weld] exigencia f específica para precalentamiento m
— **procedure recommendation** n - recomendación f específica para procedimiento(s) m
— **purpose** n - propósito m, or fin m, específico
— — **electrode** n - [weld] electrodo m proyectado, específicamente, or para fin determinado
— **question** n - pregunta f específica
— **rate** n - tasa f específica • [insur] cuota f específica
— **ratio** n - razón f específica
— **recommendation** n - recomendación f, específica, or particular
— **refractory requirement(s)** n - [combust] consumo m específico de refractario(s) m
— **requirement** n - exigencia f, or necesidad f, específica, or particular • requerimiento m específico • consumo m específico
— — **index** n - [ind] índice m para consumo m específico
— **rule** n - regla f específica
— **safety precaution** n - [safety] medida f específica para seguridad f
— **segment** n - segmento m específico
— **series** n - serie f específica
— **service need** n - requerimiento m específico para servicio m
— **setting** n - [mech] regulación f específica
— **site** n - sitio m, or punto m, or emplazamiento m, específico
— **soil (kind)** n - [soils] tipo m específico de suelo m • suelo m específico
— **source** n - fuente f específica
— **spare** n - [ind] repuesto m específico

specific spare part

specific spare part n - [mech] repuesto m específico
— **specification** n - especificación f particular
— **speed** n - velocidad f específica
— **standard coke requirement** n - [coke] consumo m específico normal de coque m
— **statement** n - afirmación f, or declaración f, específica, or detallada
— **steel** n - [metal] acero m específico
— **strength** n - [mech] resistencia f específica
— — **level** n - [metal] nivel m, específico de resistencia, or de resistencia f específica
— **suggestion** n - sugerencia f específica
— **supply(ing) condition** n - condición f, específica, or particular, para suministro m
— **tap setting** n - [electr-oper] regulación f específica para, borne m, or toma f
— **task** n - tarea f, específica, or determinada
— **term** n - término m específico
— **testing procedure** n - procedimiento m específico para ensayo m
— **trailer equipment** n - [autom] equipo m específico para remolque m
— **training** n—[labor] capacitación f específica
— — **function** n - [labor] función f específica para capacitación f
— **transmitter** n - [electron] transmisor m específico
— **tube** n - [tub] tubo m específico • [autom-tires] cámara f específica
— **turn** n - curva f específica
— **volt-ampere curve** n - [electr-distrib] curva f voltios-amperios específica
— **weight** n - peso m específico
— **weld, analysis, or chemistry** n - [weld] análisis m específico de soldadura f
— — **deposit analysis** n - [weld] análisis específico, de aportación f para soldadura f, or metal m aportado para soldadura f
— **yield** n - rendimiento m específico
specifically adv - . . .; en forma f específica; en particular; detalladamente
— **identified value** n - valor m identificado específicamente
— **select** v - escoger específicamente
specification n - . . .; exigencia f; característica f; norma f; condición f, pliego m • criterio m • detalle m • determinación f • [com] pliego m de condición(es) f • previsión f • also see **standard specification**
—(s) **advice** n - [ind] asesoramiento m sobre espedificación(es) f
— **and Code of Standard Practice** n - [constr] Especificación(es) f y Código m de Prácticas f Usuales
—(s) **availability** n - disponibilidad f de especificación(es) f
—(s) **basic structure** n - estructura f básica para especificación(es) f
—(s) **change** n - cambio m, or modificación f, en especificación(es) f
—(s) **chart** n - tabla f con especificación(es) f
—(s) **consultation** n - [ind] consulta f sobre especificación(es) f
— **equivalent** n - equivalente m para especificación(es) f
— **excess** n - exceso m en especificación(es) f
— **for @ Design, Fabrication and Erection of Structural Steel for Buildings** n - [constr] Especificación(es) f para Proyección f, Fabricación f y Erección f de Acero Estructural para Edificio(s) m
— — **@ — of Light Gage Cold Formed Steel Structural Members** n - [constr] Especificación(es)f para Proyección f de Piezas f Estructurales de Acero m en Calibre m Delgado Conformado(s) en Frío m
— — **Mild Steel Arc Welding Electrode(s)** n - [weld] Especificación f para Electrodos m de Acero m Dulce para Soldadura f por Arco
— — **Mortar for Unit Masonry** n - [ceram] Especificación(es) f para Mortero m para Albañilería f (por Unidades f)

Specification(s) for Overhead Traveling Cranes for Steel Mill Service n - [cranes] Especificación(es) f para Grúa(s) f Puente para servicio m en Planta(s) f para Acero m
— **for Ready Mixed Concrete** n - [constr-concr] Especificación(es) f para Hormigón m Premezclado
— — **Structural Joint(s) Using A S T M Bolts** n - [constr] Especificación(es) f para Unión(es) f Estructural(es) Empleando Perno(s) m de A S T M
— — **Welded Highway and Railway Bridges** n - [weld] Especificación(es) f para Puente(s) m Vial(es) y Ferroviario(s) Soldado(s)
—(s) **form** n - impreso m, or formulario* m, con especificación(es) f
—(s) **guide** n - guía f con especificación(es) f
—(s) **meeting** n - cumplimiento m con especificación(es) f
—(s) **metric equivalent(s)** n - [metric] equivalente(s) m métrico(s) para especificación(es)
—(s) **scope** n - alcance m de especificación(es) f
—(s) **sheet** n - pliego m, or planilla f, con, especificación(es) f, or condición(es) f
—(s) **system** n - sistema m para especificaciónes
specified a - especificado,da; precisado,da; citado,da; (pre)determinado,da • figurado,da • dado,da
— **adequately** a - especificado,da detalladamente
— **analysis** n - [chem] composición f, dada, or determinada, or especificada • análisis m, especificado, or solicitado, or determinado
— **area** n - zona f, específica(da), or determinada, or puntualizada
— **backfill** n - [constr] (material m para) relleno m especificado; material m especificado para rellenbo m
— **backfilling condition** n—[constr] condición f especificada para relleno m
— **bedding condition** n - [constr] condición f específicada para lecho m
— **below** a - especificado,da más adelante
— **code number** n - número m de código especificado
— **compressive strength** b - [constr] resistencia f (compresiva), especificada, or determinada, (para compresión f)
— **construction tolerance** n - [constr] tolerancia f especificada para construcción f
— **crane** n - [cranes] grúa f especificada
— **crown** n - [mech] convexidad f especificada
— **discard** n - [metal-roll] descarte(s) m, or rechazo(s) m, especificado(s)
— **embankment** n - [constr] terraplén m especificado
— — **slope** n - [constr] talud m especificado para terraplén m
— **fixed length** n - largo(r) m fijo especificado • largura f, or longitud f, fija especificada
— **flow (rate)** n - [hydr] caudal m especificado
— **gage** n - [metal-roll] calibre m, or espesor m, especificado
— **grade** n - [constr] declive m especificado
— **grain size** n - granulometría f especificada
— **helix** n - hélice f, or helicoidalidad* f, especificada
— — **angle** n - ángulo m de, hélice, or espiral, m, especificado
— **input, cycles, or Hertz** n - [electr-distrib] hercio(s) m en entrada f especificado(s)
— **joint preparation** n - [weld] preparación f especificada para junta(s) f
— **jointly** a - especificado,da, conjuntamente, or en forma f conjunta
— **load(ing)** n - [constr] carga f, especificada, or prevista, or establecida • capacidad f portante
— **material thickness** n - [mech] espesor m especificado para material m

- 1574 -

specified minimum (tensile) strength n - [weld] resistencia f mínima (a tensión f), especificada, or determinada
— — **yield point** n - punto m mínimo especificado para, fluencia f, or tensión f
— — — **strength** n - [metal] límite m mínimo especificado para fluencia f
— **nominal thickness** n - espesor m nominal especificado
— **ore** n - [miner] mineral m especificado
— **otherwise** a - especificado,da en otra forma
— **plant area** n - [ind] zona f especificada, or determinada, en planta f
— **power** n - [electr-distrib] energía f especificada
— **repair part** n - [ind] pieza f para repuesto m especificada
— **service tolerance** n - tolerancia f especificada en servicio m
— **set** n - [mech] juego m, or conjunto m, especificado
— **soil compaction** n - [constr] compactación f especificada para suelo m
— **stress** n - [mech] esfuerzo m especificado
— **time (period)** n - plazo m especificado
— **traction effort** n - [mech] esfuerzo m para tracción f especificada
— **weight** n - peso m especificado
— **wire size** n - [wire] diámetro m especificado para alambre m
— **universally** a - especificado,da universalmente
— **vertical elongation** n - [constr] peralte m (vertical) especificado
— **yield** n - rendimiento m especificado
— —**point** n - límite m elástico especificado
— — **stress** n - [mech] esfuerzo m especificado en límite m elástico
— — **strength** n - [mech] resistencia f especificada para fluencia f
specify v - . . . .; señalar; indicar; dar; precisar; citar • particularizar; determinar • incriminar • figurar
— @ **backfill** n - [constr] especificar (material m para) relleno m
— **below** v - especificar, más adelante, or abajo
— @ **clearance** v - [mech] especificar holgura f
— @ **code number** v - especificar número m de código m
— @ **crown** v - [mech] especificar convexidad f
— @ **embankment slope** v - [constr] especificar talud m para terraplén m
— @ **flow (rate)** v - [hydr] especificar caudal m
— **in @ contract** v - [legal] especificar en contrato m
— @ **input, cycle(s), or Hertz** v - [electr-oper] especificar hercio(s) m a entrada f
— **otherwise** v - especificar, en otra manera, or contrariamente
— @ **repair part** v - [mech] especificar pieza f para, repuesto m, or reparación f
— @ **size** v - especificar tamaño m • especificar espesor m • especificar diámetro m
— @ **spare part** v - [mech] especificar (pieza f para) repuesto m
— @ **time period** v - especificar plazo m
— @ **wire size** v - [wire] especificar diámetro m de alambre m
specifying n - especificación f; determinación f; precisión f | a - especificador,ra
— **engineer** n - ingeniero m proyectista
specimen n - . . . . • probeta f
— **drilling** n - [mech] perforación f de muestra
— **edge** n - [weld] borde m de probeta f
— **internal field** n - [electr] campo m interior de probeta f
— **magnetization** n - [magnet] magnetización f, or imantación f, de probeta f
— **stone** n - [miner] piedra f para muestra f
— **test(ing)** n - ensayo m de muestra f
spectacle n - . . . . • [petrol] see **drill chuck**; drill holder; bit holder
spectacles hook n - [optics] gafas f
spectator n - . . .; mirador m
spectacular achievement n—logro m espectacular
— **drive,ving** n - [autom] conducción f espectacular
— **event** n - evento m espectacular • [sports] carrera f espectacular
— **off-road, event, or race** n - [sports] carrera f espectacular fuera de carretera f
— **scientific achievement** n - logro m científico espectacular
— **success** n—éxito m, espectacular, or rotundo
spectacularly adv - espectacularmente*
spectator n - . . . .; circunstante m; testigo m
— **pleasing** a - placentero,ra para espectadores
— **sport(s)** n - [sports] eventos m deportivos
—('s) **stage** n - [sports] puesto m, or tarima f, para espectador(es) m; tribuna f
—**type racing** n - [sports] carrera(s) f para beneficio m de, público m, or espectador(es)
— — **road racing** n - [sports] carrera f sobre carretera para beneficio m de espectador(es)
spectral line n - [phys] línea f espectral
spectrochemical a - [chem] espectroquímico,ca
— **analysis** n - [chem] análisis m espectroquímico
— **pig iron analysis** n - [metal-prod] análisis m espectroquímico de arrabio m
— **slag analysis** n - [metal-prod] análisis m espectroquímico de escoria f
spectrochemistry n - [chem] espectroquímica f
spectrogram n - [optics] espectrograma m
spectrographic a - espectrográfico,ca
— **analyzer** n - [intrum] analizador m espectrográfico
— **instrument** n - [instrum] instrumento m espectrográfico
— **sample** n - muestra f espectrográfica
— **sampling** n - muestreo m espectrográfico; toma f de muestra(s) f espectrográfica(s)
spectrography n - [optics] espectrografía f
spectroheliogram n - [optics] espectroheliograma m
spectroheliographic a - [optics] espectroheliográfico,ca
spectrohelioscope n - [optics] espectrohelioscopio m
spectrohelioscopic a - [optics] espectrohelioscópico,ca
spectrometer detector n - [instrum] detector m espectrométrico
— **helium leak detector** n - [instrum] detector m para fuga(s) f de helio m, con espectrómetro m, or espectrométrico
— **leak detector** n - [instrum] detector m espectrométrico para fuga(s)
— **maintenance** n - [instrum] mantenimiento m de espectrómetro m
— **operation** n - [instrum] operación f de espectrómetro m
— **repair(ing)** n—[instrum] reparación f de espectrómetro m
— **work** n - [instrum] trabajo m con expectrómetro m
spectrometric a - [optics] espectrométrico,ca
spectrophotometric a - [optics] espectrofotométrico,ca
spectrophotometry n - [optics] espectrofotometría f
spectrum n - . . . . • [fig] límite(s) m | a - [optics] espectral
— **segment** n - [econ] segmento m de espectro m
specular stone n - [geol] . . .; espejuelo m
specularite n - [miner] especularita f
speculated a - especulado,da
speculating n - especulación f | a - especulador,ra; especulativo,va
speculation n - . . . . • conjetura f
— **expense** n - gasto m especulativo
sped a - acelerado,da

sped soldering n - [weld] soldadura f (blanda) acelarada
— **up** a - acelerado,da
— — **delivery** n - entrega f acelerada
— — **work progress** n - [ind] progreso m en trabajo m acelerado
speed n - . . .; apresuramiento m; celeridad f • régimen m • [weld] velocidad f, or rapidez f, para avance • festinación f | v - . . .; acelerar; agilizar; facilitar; festinar
— **adjustment screw** n - [mech] tornillo m para ajuste m, or regulación f, de velocidad f
— **advantage** n -ventaja f de velocidad f
— **affecting factor** n - factor m afectador para velocidad f
. . . — **auxiliary transmission** n - [autom-mech] transmisión f auxiliar para . . . velocidades
. . . — **winch** n - [cranes] malacate m auxiliar con . . . velocidad(es) f
. . . — **axle** n - [autom-mech] eje m para . . . velocidad(es) f
. . . — **shift** n - [autom-mech] cambio m, or cambiador m, para eje(s) m con . . . velocidad
— **bolt** n - [mech] perno m para ajuste m rápido
— **burst** n - see **burst of speed**
— **capability** n - capacidad f para velocidad f
— **category** n - [autom-tires] categoría f para velocidad f
— **change** n - [mech] cambio m de, velocidad f, or marcha f
— — **effect** n - [mech] efecto m de cambio m de velocidad f
— — **gear** n - [mech] engranaje m para cambio m para marcha f
— **changer** n - [mech] cambiador m, or variador m, para velocidad f
— **check(ing)** n - verificación f de velocidad f
—(s) **cone** n - [mech] cono m para velocidad(es)
— **contrast(ing)** n - contraste en velocidad f
— **control** n - [int.comb] regulación f, or control m, or mando m, para, velocidad f, or marcha • regulador m para velocidad f • [weld] regulador m para velocidad f para avance m
— — **arm** n - [mech] brazo m para, regulación f, or regulador m, para, velocidad f, or marcha
— — **assembly** n - [int.comb] conjunto m para regulación f de velocidad f
— — **lever** n - [mech] palanca f, reguladora, or para regulación f, para velocidad f
— — — **setting** n - [mech] ajuste m de regulador m para velocidad f
— — **panel** n - [weld] panel m, or tablero m, para regulación f de velocidad (para avance)
— — **rheostat** n - [weld] reóstato m para regulación f de velocidad f para avance m
— — **system** n - sistema m para regulación f para velocidad f
— — **valve** n - [mech] válvula f para regulación f para velocidad f
— **controlling** n - regulación f, or gobierno m, or control* m, para velocidad f
— **cyclone** n - [mech] centrífuga f (muy) veloz
— @ **delivery** v - [transp] acelerar entrega f
— **dial** n - [instrum] indicador m para velocidad
— **droop** n - [mech] caída f en velocidad f
— **drop(ping)** n - [mech] reducción f, or disminución f en velocidad f
— **effect** n - efecto m de velocidad f
— **Feed drum** n - [weld] tambor m (Speed Feed) para desenrollamiento m rápido (de alambre m)
— — **reel pay off equipment** n - [weld] equipo m para desenrollamiento rápido de bobina(s) f
— **fixing** n - [mech] fijación f de velocidad f
— **governing** n - regulación f de velocidad f
— **governor** n - [mech] regulador m para velocidad
— **hydraulic variator** n - variador m hidráulico para velocidad f
— **indicating generator** n - [electr-prod] generador m (con) indicador m para velocidad f

speed indicator n - [instrum] indicador m para velocidad f • cuentarrevolución(es) f • velocímetro m
— @ **inspection** v - agilizar inspección f
— @ **installation** v - acelerar instalación f
. . . — **jet** n - [mech] inyector m con . . . velocidad(es) f
— **lever** n - [mech] palanca f para velocidad f
— **limit** n - límite m para velocidad f
— — **red line** n - [instrum] lína f roja para velocidad f máxima
— — **selector** n - [instrum] selector m para límite m para velocidad f
— — **switch** n - llave f limitadora, or conmutador m limitador, para velocidad f
— **limiter** n - limitador m para velocidad f
— **limitation** n - limitación f para velocidad f
— **load** n - [mech] velocidad f de régimen
. . . — **main transmission** n - [autom-mech] transmisión f principal con . . . velocidad(es) f
. . . — — **switch** n - [cranes] malacate m principal con . . . velocidad(es) f
— @ **maintenance** v - [ind] agilizar, mantenimiento m, or conservación f
— **match(ing)** n - [mech] correspondencia f con velocidad f
. . . — **model** n - [mech] modelo m para . . . velocidad(es) f
— **monitoring** n - fiscalización f de velocidad
. . . — **motor** n - [mech] motor m con . . . velocidad(es) f
—(s) **number** n - [mech] número m de velocidades
— **nut** n - [mech] tuerca f para ajuste m rápido
. . . — **operation** n - [mech] operación f con . . . velocidad(es) f
— **pay-off equipment** n - [mech] equipo m para, desenrollamiento m, or desabobinado m, rápido
— **pickup** n - [autom] captador m para velocidad
— **power** n - [weld] energía f para velocidad f
— — **control** n - [weld] regulador m para energía f para velocidad f
— @ **power unit** v - [agric-equip] acelerar unidad f motriz
— **problem** n - [mech] problema m con velocidad f
— **race** n - [sports] carrera f para velocidad f
—(s) **range** n - [mech] escala f de velocidad(es)
— **rate** n - razón f, or régimen m, para velocidad f
— **rated** a - [autom-tires] con clasificación f para velocidad f; para velocidad f elevada
— — **tire** n - [autom-tires] neumático m con clasificación f para velocidad f (alta)
. . . — — **tire** n - [autom-tires] neumático m con clasificación f (nominal) para velocidad f . . .
— **rating** n - velocidad f nominal • [autom-tires] clasificación f según velocidad(es)
. . . — **rating** n - clasificación f (nominal) para velocidad f
— **ratio** n - [mech] razón f, or relación f, para velocidad(es) f
— **record** n - récord m para velocidad f
— **recorder** n - [mech] velocímetro m
— **recording** n - registración f de velocidad f
— **reducer** n - [mech] reductor m para velocidad
. . . — **reducer** n - [mech] reductor m para . . . velocidad(es) f
— — **alignment** n - [mech] alineación f de reductor m para velocidad(es) f
— — **bearing** n - [mech] cojinete m para reductor m para velocidad(es) f
— **reducing unit** n - [mech] mecanismo m, or dispositivo m, reductor para velocidad f
— **reduction** n - [mech] reducción f, or disminución f, de velocidad f
. . . — **axle** n - [mech] eje m para reducción f para . . . velocidad(es) f
— — **gear box** n - [mech] caja f reductora para . . . velocidad(es) f

speed reduction unit n - [mech] dispositivo m para reducción f de velocidad f; also see gear box
— regulation n - regulación f de velocidad f
— regulator n - [mech] regulador m para velocidad f
— — mill control n - [metal-roll] regulación f para velocidad f para, tren m, or laminador m
— @ repair v - acelerar reparación f
— rheostat n - [electr-instal] reóstato m para (regulación f para) velocidad f
— screw n - [mech] tornillo m para, regulación f, or ajuste m, para velocidad f
— setting n - [mech] regulación f de velocidad
— shift(ing) n - [mech] cambio m de, velocidad f, or marcha f
. . . — — unit n - [mech] mecanismo m cambiador para . . . velocidad(es) f
— signal n - [autom] señal f para velocidad f
— signalling generating device n - [mech] dispositivo m generador para señal(es) f para velocidad f
— slower than maximum n - [ind] velocidad f menor que máxima f
— @ soldering v - [weld] acelerar soldadura f (blanda)
—/time schedule n - [autom-tires] parámetro(s) m para velocidad f y tiempo m
. . . — transmission n - [autom-mech] transmisión f para . . . velocidad(es) f
. . . — — diesel engine n - [int.comb] motor m diesel con transmisión f para . . . velocidad(es) f
— up n - aceleración f • agilziación f | v - acelerar • agilizar
— — @ delivery v - [transp] acelerar entrega f
— value n - valor m de velocidad f
— variation n - variación f en velocidad f
— variator n - variador m para velocidad f
— — sliding n - [instrum] deslizamiento m de, cursor m, or variador m, para velocidad f
— with @ recommended gap n - [weld] rapidez m para avance n recomendada con separación f
— without @ gap n - [weld] rapidez f para avance m sin separación f
speeded a - acelerado,da
— power unit n - [agric] unidad f motriz acelerada
speeder n - [mech] acelerador m • [metal-roll] operador m para laminador m terminador
— handle n - [mech] berbiquí* m
— helper n - [metal-roll] ayudante m para operador m para laminador m
— operator n - [ind] engazador m; regulador m para velocidad f
speedily adv - . . . ; prestamente
— changed electrode n - [weld] electrodo m cambiado rápidamente
speeding n - aceleración f
— up n - aceleración f • agilización f
speedometer n - [autom-mech] . . .; cuentakilómetros m
— adapter n - [mech] adaptador m para velocímetro m
— — pressure switch n - [autom-mech] interruptor m por presión f para adaptador m para velocímetro m
— — solenoid n - [autom-mech] solenoide m para adaptador m para velocímetro m
— — switch n - [autom-mech] interruptor m para adaptador m para velocímetro m
— calibration n - [autom-mech] calibración f de velocímetro m
— driving gear n - [autom] engranaje m, impulsor, or para mando m, para velocímetro m
— gear n - [autom-mech] engranaje m para velocímetro m
—, reading, or reference n - [autom-mech] lectura f, or indicación f, de velocímetro m
speedway n - [roads] . . . • [sports] autódromo m; velódromo m; pista f para carrera(s) f con velocidad f, alta, or elevada
speedy a - . . . • expeditivo,va
—, change, or changing n - cambio m rápido
— electrode, change, or changing n - [weld] cambio m rápido de electrodo m
— installation n - [ind] instalación f rápida
— weld(ing) n - [weld] soldadura f rápida
speleologic(al) a - espeleológico,ca
spell n - . . . • [ind] cubrebaja(s) m | a - para relevo m; cubrebajas
— foreman n - [labor] capataz m cubrebaja(s) f; cubrebaja(s) f para capataz,ces m
— hand n - [labor] cubrebaja(s) m
spell out v - detallar; pormenorizar
spelled out a - detallado,da; pormenorizado,da*
spelter n - [metal] . . .; aleación f de cinc, plomo y estaño • cinc m (sin refinar)
— weight n - [metal] peso m de, peltre m, or cinc m
speltic a - [botan] espéltico,ca
spend v - . . .; erogar • agotar • pasar, ocupar • [nucl] agotar
— @ time v - gastar, or ocupar, or dedicar, or pasar, or emplear, tiempo m
spending n - gasto m; erogación f • agotamiento m • paso m; ocupación f • [nucl] agotamiento
spent a - gastado,da; erogado,da • agotado,da • pasado,da; ocupado,da • [nucl] agotado,da
— fuel n - [nucl] combustible m agotado
— — reprocessing n - [nucl] reprocesamiento* m de combustible m agotado
— vehicle n - [autom] vehículo m gastado
sphaleritic a - [geol] esfalerítico,ca
sphenoidal a - [anatom] esfenoidal
sphere n - . . . • medio m
spherical bearing n - [mech] cojinete m esférico
— blocking valve n - [tub] válvula f esférica para bloqueo m
— float n - flotador m esférico
— head n - [mech] cabeza f esférica
— storage tank n - (es)tanque m esférico para, depósito m, or almacenamiento m
sphericity n - esfericidad f
spheroidization* n - esferoidización* f
spheroidize* v - esferoidizar*
—* @ alloy steel rod v - [metal-roll] esferoidizar* varilla f de acero m con aleación f
spheroidized* a - esferoidizado,da*
—* alloy steel n - [metal-roll] varilla f de acero m con aleación f esferoidizada*
spheroidizing* n - [metal] esferoidización* f
spherule n - [botan] . . .; esférula f
spicate a - [botan] . . .; espiciforme
spice merchant n - [com] especiero m
— rack n - [domest] especiero m
— shop n - [com] especiería f
spider n - [entomol] . . . • [mech] araña f; cruceta f; estrella f; cubo m y rayos m (para rueda f); esqueleto m con rayos m, or brazos m radiales • [petrol] araña f (para tubería f para entubación f) con cuña(s) f; grapa f con cuña(s) f • [cranes] yugo m (para grúa f puente)
— assembly n - [petrol] conjunto m de, araña f, or grapa f
— — installation n - [mech] instalación f de conjunto m de araña f
— — securing n - [mech] aseguramiento m de conjunto m de araña f
— bar n - [mech] barra f para araña f
— hub n - [mech] mazo m, or cubo m, con brazo(s) m radial(es)
— installation n - [mech] instalación f de araña f
— leg n - [entomol] pata f de araña f
— rotation n - [mech] rotación f de araña f
spied a - espiado,da
spiegeleisen n - [metal] . . .; arrabio m, Spiegel, or con contenido m alto de manganeso m; hierro m especular
spier n - espiador m
spigot n - [tub] . . .; canilla f

spigot and coupling n - [tub] espita f, or espiga f, y manguito m
— **end** n - [tub] extremo m, macho, or con espiga f • borde m afinado
— **groove** n - [tub] ranura f en espiga f
— **hole stopper** n - [tub] falsete m
— **pipe** n - [tub] tubo m con, espiga f, or falsete m
spike n - [nails] . . .; chillón* m; clavo m grande • [mech] pasador m; espiga f • [tools] punzón m | v - clavar • [rail] fijar con, escarpia f, or alcayata f
— **driver** n - [rail] hincador m, or hincadora f, para, escarpia(s) f, or alcayata(s) f
— @ **heat** v - [metal-prod] agregar adición(es) f a colada f
— **hole** n - [rail] orificio m, or agujero m, para, escarpia f, or alcayata f
— **knot** n - [mech] nudo m para escarpia f
spiked a - [rail] fijado,da con escarpia(s) f
— **heat** n - [metal-prod] colada f con agregación f de adición(es) f
spiling n - [constr] . . .; entibación f
— **board** n - [constr] tabla f para, entibar, or entibación f
spill n - [hydr] . . .; rebosamiento m • [mech] broca f; clavija f - [metal-roll] [Spa.] soja f | v - . . .; rebalsar; escurrir; efundir • [weld] derramar; escurrir; causar derrame m
— **down(wards)** v - correr(se), or escurrir(se), hacia abajo
— —**(wards) through @ joint** b - [weld] correr(se), or escurrir(se), hacia abajo por junta f, or juntura f
— — @ **weld** v - [weld] correr(se) hacia abajo por soldadura f
— @ **fuel** v - [combust] derramar combustible m
— @ **metal** v - [weld] derrzmar(se) metal m
— **out** v - [metal] escurrir(se)
— **of @ joint** v - [weld] escurrir(se) de junta f
—**over** n - exceso m
— **through** v - correr(se), or escurrir(se), por
— — @ **joint** v - [weld] correr(se), or escurrir(se), por junta f
— @ **water** v - [hydr] verter agua m
spillage n - derramamiento m; derrame m; vertimiento m • desechamiento n
— **coal hopper** n - [metal-prod] tolva f para derrame m para carbón m
— **hopper** n - [mech] tolva f para, derrame m, or derramamiento m
— **recovery** n - [ind] recuperación f de derrame
spilled a - derramado,da
— **down(wards)** a - corrido,da, or escurrido,da, hacia abajo
— —**(wards) through @ joint** a - [weld] corrido,da, or escurrido,da, hacia abajo por junta f
— **fuel** a - [combust] combustible m derramado
— **through** a - corrido,da, or escurrido,da, por, or a través de
— **water** n - [hydr] agua n vertida
spilling n - derrame m; derramamiento m; efusión f | a - vertiente; vertido,da
— **down(wards)** n - corrimiento m, or escurrimiento m, hacia abajo
— —**(wards) through @ joint** n - [weld] corrimiento m, or escurrimiento, por, or a través, de, junta f, or juntura f
— **through** n, corrimiento m, or escurrimiento m, por, or a través de
spillway n - [hydr] . . .; derramadero m | [Spa.] rebose m
— **apron** n - [constr] paramento m exterior para vertedero m
— **way** n - [hydr] abertura f en vertedero m
— **centerline** n - [constr] eje m de vertedero m
— **drain** n - [hydr] desague m, vertedor, or vertedero f
— **end (finish)** n - [tub] terminación f de vertedero m
— **gate erection** n - [hydr] montaje m de compuerta f para vertedero m
spillway head n - [hydr] extremo m para entrada f para vertedero m
— **level** n - [hydr] nivel m de vertedero m
— **structure** n - [hydr] estructura f para, vertedero m, or aliviadero m
spin n - . . . • [autom] patinaje m circular | v - . . .; rotar; hacer girar • [mech] centrifugar • [cabl] trenzar • [autom] patinar circularmente
— @ **center (section)** v - [mech-wheels] centrifugar centro m
— **centrifugally** v—[mech] rotar centrífugamente
— @ **full interior asphalt(ic) lining** v - [tub] centrifugar revestimiento m interior total con asfalto m
— @ **full interior lining** v - [tub] centrifugar revestimiento m interior total(mente)
— @ — **lining** v - [tub] centrifugar revestimiento m total(mente)
— @ **interior lining** v - [tub] centrifugar revestimiento m interior
— @ **lining** v - [tub] centrifugar revestimiento
—**out** m - desenroscamiento m • [autom] salida f de pista f | v - [autom] salir f de pista f
— — @ **pipe connection** v - [petrol] desenroscar conexión f para tubería f
—**resistant** a - antidestorcedor,ra* • also see **non-spin(ing)**
— — **jib line** n - [cranes] cable m antidestorcedor* para pescante m
— — **line** n - [cabl] cable m antidestorcedor*
spindle n - [mech] . . .; husillo m; muñón m; vástago m; gorrón m; broca f; pivote m; eje m portarueda(s); punta f de eje m; espiga f para rueda f; eje m para rotación f • plato m; cabezal m • [metal-roll] sistema m flector | a - [geom] truncado,da
— **bearing segment** n - [mech] rótula f para, alargadera* f, or extensión f
— **brake** n - [mech] freno m para eje m
— — **tension** n - [mech] tensión f para freno m para eje m
— — — **screw** n - [mech] tornillo m para tensión f para freno m para eje m
— **braking** n - [mech] frenado m de husillo m
— **breaking** n - [mech] rotura f de husillo m
— **carrier** n - [mech] portaeje(s) m; soporte m para, eje m, or árbol m
— **head** n - [lathes] portahusillo m
— **hydraulic system** n - [mech] sistema m hidráulico para, husillo m, or sistema m flector
— **key** n - [mech] chaveta f para. huso m, or husillo m
— — **washer** n - [mech] arandela f para chaveta f para, huso m, or husillo m
— **kit** n - [weld] conjunto m de carrete m
— **milling machine** n - [mech] fresadora f para husillo(s) m
. . . **spindle mixer** n - [culin] mezcladora f con . . . husillo(s) m
— **nose** n - [tools] nariz f, or boca f, or cabeza f, para husillo m; plato m adaptador
— **nut** n - [mech] tuerca f para, huso m, or husillo m
— **revolution** n - [mech] revolución f de eje m
— **setting** n - [mech] ajuste m de huso m
— **shaped** a - fusiforme
— **shifter** n - [mech] desacoplador m para, huso m, or árbol m
— **slot** n - [ttols] ranura f, para huso m, or en plato m
— **speed** n - [mech] velocidad f de, huso m, or husillo m, or manguito m
— **spike** n - [mech] pasador m ahusado
— **steel spike** n - [mech] pasador m ahusado de acero m
— **travel** n - [tools-lathes] carrera f para husillo m
— **washer** n - [mech] arandela f para, huso m, or husillo m

spindler n - ahusador m
spinner n - [mech] . . . • centrifugadora f
— **nut** n - [mech[tuerca f (con) mariposa f
— — **arm** n - [mech] aleta f de tuerca f (con) mariposa f
— **roll** n - [mech] tornillo m centrifugador
— **set** n - [mech] juego m centrifugador
spinning n - rotación f; giro m • hacer girar m • [metal-fabr] conformación f con rotación f; cierre m de extremo(s) m • [tub] centrifugación f • [autom] . . .; patinaje m circular
— **line** n - [petrol] tubería f rotativa • [cabl] cable m rotativo
— **operation** n - [metal-fabr] operación f para conformación f mediante rotación f
— **out** n - [mech] desenroscamiento m • [sports] salida f de pista f
— **plant** n - [textil] hilandería f
— **process** n - [metal-fabr] proceso m para conformación f mediante rotación f
— **roll** n - [mech] rodillo m rotativo • rodillo m centrifugador
— **set** n - [mech] juego m centrifugador
— **spindle** n - [lathes] plato m rotativo
spinoff n - derivación f | a - derivado,da; resultante • adicional
— **benefit** n - beneficio m, or ventaja f, resultante, or adicional
spiral n - (in)voluta f • [mech] caracol m | a - espiralado,da; en espiral
— **bevel(ed)** a - cónico,ca, helicoidal, or espiral
— **(ed) design** n - [mech] conformación f con chaflán m helicoidal
— — **gearing** n - [autom-mech] conjunto m de engranaje(s) de tipo m con chaflán helicoidal
— — **drive** n - [mech] mando m cónico, or impulsión f cónica, helicoidal
— — **gear(ing)** n - [mech] (conjunto m de) engranaje(s) m cónico(s) helicoidal(es) para, mando m, or impulsión f
— — **gear** n - [mech] engranaje m cónico, helicoidal, or en espiral
— — **helical gear** n - [mech] engranaje m helicoidal cónico, helicoidal, or en espiral
— **beveled** a - cónico,ca, en espiral, or espiralado,da, or helicoidal
— **butt-welded seam** n - [weld] costura n en espiral para soldadura f a tope
— **conveyor** n—[mech] transportador m helicoidal
— **groove** n - [mech] ranura f, en hélice, or helicoidal
— **double pass butt weld** n - [weld] soldadura f a tope helicoidal con dos pasadas f
— **fluted** a - [mech] con estría(s) f, en espiral m, or espiralado,da
— — **reamer** n - [tools] escariador m, estriado, or con estrías, en espiral
— **fluting** n—[mech] estría(s) f, espiralada(s), or en espiral
— **groove** n - [mech] ranura f, or acanaladura f, helicoidal, or espiralada, or en hélice f, or en espiral m
— **grooved** a - [mech] ranurado,da, or acanalado,da, helicoidalmente, or en hélice f
— — **drum** n - [cabl] tambor m acanalado, helicoidalmente, or en hélice
— **grooving** n - [mech] filete m, helicoidal, or en, hélice f, or tornillo m
— **seam** n - [weld] costura f, helicoidal, or en, espiral m, or hélice f
— — **welded pipe** n - [tub] tubería f soldada con costura f, helicoidal, or en espiral
— **spring wire** n - [wire] alambre m para resorte(s) en espiral
— **welded** a - [weld] soldado,da, helicoidalmente
— — **casing** n - [petrol] tubería f (para entubación f), con costura f helicoidal, or soldada helicoidalmente
— — **line pipe** n - [tub] tubería f para conducción f soldada, helicoidalmente, or en, espiral, or hélice
spiral welded pile pipe n [tub] tubería f para pilote(s) m soldada en espiral
— — **pipe** n - [tub] tubo m, or tubería f, con costura f helicoidal, or soldado,da, helicoidalmente, or en espiral
— — — **fitting** n - [tub] accesorio m para tubería f soldada, helicoidalmente, or en espiral, or en hélice
— — **seam** n - [weld] costura f soldada, helicoidalmente, or en espiral
— — **steel fitting** n - [tub] accesorio m de acero m soldado, helicoidalmente, or en espiral
— — — **pile pipe** n - [tub] tubería f de acero m soldada en espiral para pilote(s) m
— — — **pipe** n - [tub] tubería f de acero m soldada, helicoidalmente, or en espiral
— — — — **casing** n - [tub] tubería f para entubación f de acero m soldada, helicoidalmente, or en espiral
— **wheel** n - [mech] rueda f con espiral m
— **wire** n - [wire] alambre m para espiral(es) m
— **wound** a - arrollado,da en espiral
— — **metal** n - metal m arrollado en espiral
— **wrap** n - [tub] envoltura f en espiral m
spiralled* a - espiralado,da*
— **groove** n - [mech] ranura t, espiralada, or en espiral, or en hélice
spiralling n - espiralamiento n | v - espiralar
spiralleled a - espiralado,da
spirally adv - en espiral
— **wound** a - [electr] arrollado,da en espiral
— — **continuous metal band** n - [electr-cond] tira f de metal m arrollada ininterrumpidamente en espiral
— — **metal band** n - [electr-cond] tira f de metal m arrollada en espiral
— **wrapped strand** n - [cabl] cordón m envuelto en, hélice f, or espiral m
spirit n - . . . • ambiente m
— **level** n - [tools] nivel m con burbuja f
spot n - . . . • [mech] punta f saliente; puntal m; codo m para eje m • espiche m
— **and polish** n - [fig] pulcritud f | a - pulcro,cra
splash n - . . .; salpicón m
— **guard** n - salpicadero m
— **leather** n - [autom] guardaaguas m
— @ **liquid** v - salpicar líquido m
— **lubrication** n - [mech] lubricación f por salpicadura f
— **panel** n - panel m (protector) (contra salpicaduras f)
— **plate** n - [metal-prod] chapa f para salpicadura(s) f
— — **chain** n - [metal-prod] cadena f para chapa f para salpicadura(s) f
— **proof** a - a prueba f de salpicadura(s) f
— **shield** n - defensa f contra salpicaduras f • [autom] zócalo m
— **system** n - [mech] sistema m para salpicaduras f
— **type** n - [mech] tipo m con salpicadura f
— — **lubrication** n - [mech] lubricación f de tipo m con salpicadura(s) f
splashboard n - [autom] . . .; salpicadero m; guardafango(s) m
splashed a - salpicado,da
splasher (gate, or plate) n - [metal-prod] chapa f, or paleta f, or compuerta f, (separadora) para escoria f • [Arg.] plato m barbotador • [Spa.] paleta f para (purga f de) sifón m
splashguard n - [autom] zócalo m
splashing n - salpicadura f • [metal-prod] sopladura f
— **avoidance** n - evitación f de salpicaduras f
splay v - [archit] . . . ; abocinar; biselar • [cabl] destrenzar
— @ **rope** v - [cabl] destrenzar, cable m, or cabo m
— @ **wire rope** v - [cabl] destrenzar cable m (de alambre m)
splayed a - [archit] abocinado,da; biselado,da;

achaflanado,da • [cabl] destrenzado,da
splayed arch n - [archit] arco m, abocinado, or achaflanado, or biselado
— **rope** n - [cabl] cabo m, or cable m, destrenzado
— **wire rope** n - [cabl] cable m (de alambre m) destrenzado
splaying n - [archit] abocinamiento m; achaflanamiento m; biselado m • [cabl] destrenzado m
— **arch** n - [archit] arco m, abocinado, or achaflanado, or biselado
spleine a - [medic] esplénico,ca
splendid a - . . .; esplendoroso,sa
splendidly adv - . . .; esplendorosamente
splendidness a - esplendidez f
splenotomy a - [medic] esplenotomía f
splice n - . . .; unión f; conexión f; juntura f | v - . . .; prolongar
— **assembly** n - [mech] conjunto m para empalme m
— **bar** n - [rail] eclisa f; brida f • [mech] barra f para empalme m
— **bolt** n - [mech] perno m para, junta(s), or empalme m
— **box** n - [electr-instal] caja f para, empalme n, or unión f • [comunic] caja f telefónica
— **can** n - [constr-pil] tambor m para empalme m
— **@ column(s)** v - [constr] empalmar columnas f
— **insulation** n - [electr-instal] aislación f para empalme m
— **@ Manila rope** n - [cabl] empalmar, cable m, or cabo m, de manila f
— **nut** n - [mech] tuerca f para, junta f, or empalme m
— **plate** n - [metal-roll] plancha f para juntas f • [rail] eclisa f
— **@ rope** v - [cabl] empalmar, or ayustar, cable m, or cabo m
— **together** v - [cabl] empalmar entre sí
spliced a - [cabl] empalmado,da; ayustado,da; unido,da
— **end(s)** n - [cabl] extremo(s) m empalmado(s)
— **Manila rope** n - [cabl] cabo m, or cable m, de manila empalmado
— **rope** n - [cabl] cabo m, or cable m, ayustado, or empalmado
— **together** a - [cabl] empalmado,da(s) entre sí
splicing n - . . . • [electr-instal] empalme m; empalmadura f
— **chamber** n - [electr-instal] cámara f para, empalme m, or empalmadura f
— **date** n - [electr-instal] fecha f para, empalme m, or empalmadura f
spline n - [mech] . . .; estría f • [constr] moldura f | v - . . .; estriar
— **clutch** n - [mech] embrague m con ranura(s) f
— — **tooth** n - [mech] diente m para embrague m con ranura(s) f
— **configuration** n - [mech] configuración f, estriada, or ranurada
— **engagement** n - [mech] engranaje m en ranura f
— **exposing** n - [mech] exposición f, or puesta en descubierto m de ranura f
— **shaft** n - [mech] árbol m, or eje m, estriado, or ranurado
— **tooth** n - [mech] see **splined tooth**
splined a - [mech] ranurado,da; estriado,da
— **clutch** n - [mech] embrague m ranurado
splined shaft n - [mech] see **spline shaft**
splined tooth n - [mech] diente m ranurado • diente m con lengüeta f
splining n - [mech] ranuración* f
splinter n - . . .; espina f • [explos] metralla f | v astillar
— **board** n - [constr] tabla f para blindaje m
— **protection wall** n - [constr] muro m para protección f contra metralla f
splintered a - astillado,da
splintering n - astillamiento* m
split n - . . .; rajadura f • [lumber] venteadura f | a - . . .; repartido,da • [lumber] venteado,da | v - . . .; repartir • [lumber] ventear • [nucl] fisionar
split adapter ring n - [mech] aro m para adaptación f partido
— **bearing** n - [mech] cojinete m, partido, or hendido, or en dos mitades f
— **circular lug drive master bushing** n—[petrol] buje m maestro circular en mitades accionado con aleta(s) f
— **collar** n - [mech] collar m partido
— **connector** n - [electr] conectador m hendido
— **drive roll** n - [mech] rodillo m impulsor acanalado • rodaja f impulsora acanalada
— **fixed block** n - [mech] bloque m fijo partido
— **flow** n - [hydr] caudal m dividido
— **@ ground** v - [electr-instal] usar cable m a tierra f con ramal(es) m
— **in two** a - bipartido,da* | v - bipartir*
— **layer pattern** n - [weld] pasadas f paralelas
— **nut** n - [mech] tuerca f, partida, or hendida
— — **lever** n - [mech] palanca f para tuerca f, partida, or hendida
— **out** a - separado,da | v - separar
— **pin** n - [mech] pasador m con aleta(s) f; chaveta f, partida, or hendida
— **ring** n - [mech] aro m, partido, or hendido
— **rivet** n - [mech] remache n, or roblón m, partido, or hendido
— **roll(er)** n - [mech] rodillo m acanalado; rodaja f acanalada
— **second** n - fracción f de segundo m; instante m
— **shaft** n - [mech] árbol m, or eje m, hendido
— **sleeve** n - [environm] manga f partida • [petrol] abrazadera f partida
— **socket** n - [mech] casquillo m bipartido
— **spider** n - [petrol] araña f partida
— **switch** n - [rail] cambio m con aguja(s) f
— **T beam** n - [constr] viga f T seccionada
— **tee** n - [constr] viga f T seccionada
— **tinned connector** n - [electr-instal] conectador m hendido estañado
— **treatment** n - tratamiento m fraccionado
— **type puller** n - [tools] extractor m de tipo m, hendido, or partido
— **up** a - desmembrado,da | v - desmembrar
— **weave** n - [weld] pasada(s) f paralela(s)
— — **weld** n - [weld] soldadura f con (varias) pasada(s) f paralela(s) (con movimiento m reducido de tejido m)
splitting n - . . .; (re)partición f; bipartición
— **in two** n - hendimiento m; bipartición f
— **out** n - separación f
— **up** n - desmembramiento m
spoil n - . . . | v - . . .; violar
— **area** n - [constr] vaciadero m; zona f para descarte m
— **bank** n - vaciadero* m; escombrera f; zona f para descarte m • [miner] terrero m
spoilage n - [ind] producción f echada a perder
spoiled a - . . .; estropeado,da; viciado,da
spoiler n—. . . • [autom] deflector m (frontal)
spoiling n - estropeo m
spoke wire n - [wire] alambre m para rayo(s) m
— **center** n - [rail-wheels] núcleo m con rayo(s)
spoken a - hablado,da • disertado,da
— **of** a - mentado,da
spondylitis n - [medic] espondilosis f
sponge n - . . . | a - espongiario,ria
— **holder** n - esponjera f
— **iron** n - [metal-prod] hierro m, esponja, or esponjoso, or poroso; esponja f de hierro m
— — **melt(ing)** n - [metal-prod] colada f, or fusión f, de hierro m esponja
— — **output** n - [metal-prod] producción f de hierro m esponja
— **rubber** n - [plast] esponja f de caucho m
— — **float** n - [tools] fratás m de esponja f de caucho m
— **spicule** n - [geol] espícula f de espongiarios
— **washer** n - [mech] arandela f de esponja f
sponged a - esponjado,da
sponger n - . . . • [fam] vividor m; zángano m

spongy a - . . .; fungoso,sa
sponsor n - . . .; promotor m | v - . . .; auspiciar
sponsored a - promovido,da; patrocinado,da; fomentado,da; apadrinado,da; encomendado,da; auspiciado,da
sponsoring n - promoción f • patrocinio m | a - patrocinador,ra; fomentador,ra
sponsorship n - . . .; promoción f; padrinazgo m
— body n - organismo m, or entidad f, patrocinante, or promotor(a)
spontaneous combustion n - . . .; combustión f pirofórica
— gas generator n - [chem] generador m espontáneo m de gas m
spool n - . . . • [weld] electrodo m sobre tambor(es) m | v - . . .; arrollar; enrollar
— control valve n - [cranes] válvula f para regulación f para carrete m
— idle roll n - [mech] rodillo m loco tipo m carrete m
— lever lock(ing) n - [agric-mech] traba(dura) f de palanca f para carrete m
— retainer n - [mech] retén m para carrete m
— roller n - [mech] rodillo m tipo carrete m
— — table n - [ind] mesa f con rodillo(s) m tipo m carrete
— — traction unit n - [mech] dispositivo m con rodillo(s) m tipo carrete m para tracción f
— shaft n - [mech] eje m para carrete m
— spindle n - [mech] eje m, or husillo m, para carrete m
— type flange n - [tub] brida f de tipo para carrete(l) m
— — rubber expansion joint n - [tub] junta f para dilatación f de tipo m de carrete(l) m de caucho m
spooled a - enrollado,da; arrollado,da • bobinado,da; ovillado,da
— edge n - [metal-treat] borde m recargado
spooler n - [cabl] guía f para enrollamiento m para cable m
spooling n - [mech] arrollamiento m • [cabl] bobinado* m
— flange n - [cabl] brida f limitadora
spoon n - . . . • [ind] cazo m; cucharón m
— bit n - [mech] formón m con cuchara f
sporadic a - . . .; intermitente
sport(s) activity n - actividad f deportiva
—(s) — stadium n - [sports] estadio m para actividad(es) f deportiva(s)
—(s) arena n - [sports] gimnasio m
—(s) attire n - [vest] ropa f para deporte m
—(s) Car Club of America n - [sports] Club m Estadunidense para Automóviles m para Carrera
—(s) complex n—[sports] complejo m, or estadio m, deportivo
—(s) driving n - [autom] conducción f deportiva
—(s) minded a - [sports] con inclinación f, deportiva, or a deporte(s) m
— rubber n - [autom-tires] neumático(s) m para automóvil(es) m deportivo(s)
—(s) stadium n - [sports] estadio m deportivo
—(s) track n - [sports] pista f atlética
sporting event n - [sports] evento m deportivo
sportscaster n—[telecom] anunciador m deportivo
sportsmindedness n - afición f a deporte(s) m
sporty import n - [autom] automóvil m deportivo importado
spot n - . . . • [weld] punto m (de soldadura f) • [sports] posición f; lugar m; colocación f • [telecom] see spot announcement | v - . . . • descubrir
— announcement n - [telecom] anuncio m, breve, or escueto
— check(ing) n - verificación f a azar m
— face v - [mech] refrentar*
— radiograph n - [electron] radiografía f por punto(s) m
— riveting n - [mech] remachado m por punto(s)
— scarfing n - [mech] escarpado m manual

spot timer n - [weld] sincronizador m para (soldadura f por) punto(s) m; punto m de soldadura
— weld v - soldadura f (eléctrica) por puntos m | v - [weld] soldar con punto(s) m
— — @ lap seam v - [weld] soldar con punto(s) m costura f traslapada
— welded a - [weld] soldado,da con punto(s) m
— — lap seam n - [weld] costura f traslapada soldada con punto(s) m
— — pipe n - [tub] tubería f remachada con punto(s) m
— — — wall strength n - [tub] resistencia f de pared f de tubería f soldada con punto(s) m
— — seam n—[weld] costura f soldada con puntos
— — steel pipe n - [tub] tubo m, or tubería f, de acero m soldado,da con punto(s) m
— — wall strength n - [tub] resistencia f de pared f soldada con punto(s) m
— welding n - [weld] soldadura f con punto(s) m
spotlight n - . . . • [autom-electr] . . .; reflector m; buscahuella(s) f; faro m • [fig] (centro m para) atención f
spotter n - manchador m • buscador m
spotting a - manchador,ra • busca f
spotty a - manchado,da; moteado,da • irregular
spout n - . . .; pico m; boca f; conducto m; gollete m; tubo m • [metal-prod] vertedero m, or piquera f, para cuchara f • [hydr] tubo m para, descarga f, or desagüe m | v - . . .; surtir
— adz n - [tools] azuela f curva
— attachment n - [agric] accesorio m para, conducto m, or vertedero m
— control n - [mech] regulación f para, vertedero m, or espita f • regulador m para, vertedero m, or espita f
— installation n - [metal-prod] montaje m de canal m (para sangría f)
— joint n - [metal-prod] junta f en canal m
— rotator n - [mech] rotador m para, vertedero m, or espita f
— swing n - [mech] giro m, or rotación f, de vertedero m
— — switch n - [agric-equip] conmutador m para giro m de vertedero m
sprained a - [medic] torcido,da
spraining n - [medic] torcedura f
sprawl n - desparramo m; desparramamiento m • extensión f | v - extender(se); desparramarse; despatarrar(se)
— @ organization v - [managm] extender(se) organización f
sprawled a - extendido,da; desparramado,da; despatarrado,da; piernitendido,da
— organization n - [managm] organización f muy extendida
sprawling n - extensión f; desparramamiento m | a - extendido,da; desparramado,da
spray n - . . .; rociadura f; aspersión f • lluvia f; ducha f • pulverización f | a - [paint] con pistola f | v - . . .; duchar; regar
— acid concentration n - [chem] concentración f de ácido m para riego m
— booth n - [sanit] ducha f • [ind] cabina f para pintura f
—(ing) bulb n - [tools] pera f para espolvorear
— coating n - [paint] capa f, or recubrimiento m, con pistola f
—(ing) cone n - [hydr] cono m para dispersión f
— cooling n - [ind] enfriamiento m con rociada f
— degreaser n - desengrasadora f mediante rocío
— @ emulsion v - [paint] pulverizar emulsión f
— equipment n - equipo m para pulverización f
— expose v - [safety] exponer a, rociada f, or pulverización f
— exposed a - [safety] espuesto,ta a, rociada f, or pulverización f
— exposure n - [safety] exposición f a, rociada f, or pulverización f
— gun n - [paint] pistola f, or soplete m, rociador(a); pulverizador m

spray head n – [sanit] cabeza f rociadora, or pulverizadora; rociador m; flor f • [paint] pulverizador m
— **header** n – [mech] múltiple m rociador
— **hole** n – [mech] orificio m para rociadura f
— **lubrication** n – [mech] lubricación f por, rociadura f, or aspersión f
— — **system** n – [mech] sistema m para lubricación f por, rociadura f, or aspersión f
— **manifold** n – [mech] múltiple m, or distribuidor m, rociador, or por rociadura f
— — **check(ing)** n – [mech] verificación f de distribuidor m rociador
— **mist** n – rocío m; pulverización f; neblina f de, pulverizador m, or pulverización f
— — **inhalation** n – [safety] inhalación f de, rociadura f, or rocío m
— **nozzle** n – boquilla f, rociadora, or para, rociadura f, or pulverización f; pico m rociador; ducha f para riego m • boquilla f, or pico m, para inyección f
— — **check(ing)** n – [mech] verificación f de boquilla f para rociadura f
— — **plugging** n – [hydr] taponamiento m de pico m rociador
— **on concrete** n – [constr] enlucido m de cemento
— **out** v – despedir; desparramar
— — **@ boiling liquid** v – [int.comb] despedir líquido m en ebullición f
— — **@ liquid** v – despedor, or desparramar, líquido m
— — **@ steam** v – [int.comb] despedir vapor m
— **paint** n – [paint] pintura f pulverizada | v – [paint] pintar con soplete m
— **@ paint** v – [paint] pulverizar pintura f
— **@ — emulsion** v – [paint] pulverizar emulsión f para pintura f
— **painted** a – [paint] pintado,da con soplete m
— **particle** n – partícula f de rocío m
— **pipe** n – [mech] tubo m, or tubería f, para, rociada f, or riego m
— **@ pipe** v – [tub] rociar, tubo m, or tubería f
— **(ing) plant** n – [ind] instalación f para, rociada f, or riego m
— **practice** n – [ind] práctica f para rociadura f
— **pump** n – [pumps] bomba f, rociadora, or para rociada f
— **quenching** n – [metal-treat] enfriamiento m por rociad(ur)a f
— **ring** n – [mech] anillo m para, rociad(ur)a f, or riego m
— **sprinkle** v – [hydr] regar con aspersión f
— **sprinkled** a – [hydr] regado,da con aspersión
— **sprinkler pump** n – [pumps] bomba f para riego m (con aspersión f)
— **sprinkling** n – [hydr] riego m con aspersión f
— **sump** n – [mech] colector m para rociador m
— **system** n – sistema n, rociador, or para rociadura f; red f, rociadora, or para rociada f
— **tank** n – (es)tanque m para pulverizador m
— **tip** n – [hydr] pico m rociador
— **type arc** n – [weld] arco m (de tipo m para) rociador
— **water** n – [hydr] agua m para, riego m, or rociada f
sprayed a – rociado,da; pulverizado,da; regado,da; dispersado,da
— **emulsion** n – [paint] emulsión f pulverizada
— **out** a – dispersado,da; despedido,da
— — **boiling liquid** n – [int.comb] líquido m en ebullición f, dispersado, or despedido
— — **liquid** n – líquido m, dispersado, or despedido
— **paint** n – [paint] pintura f pulverizada
— — **emulsion** n – [paint] emulsión f para pintura f pulverizada
— **pipe** n – [tub] tubo m rociado; tubería f rociada
sprayer n – [mech] . . .; rociadora f • [paint] pistola f • [int.comb-carburetor] surtidor m
— **(s) bank** n – [metal-prod] puente m ducha

spraying n – rociada f; rociadura f • riego m • dispersión f; aspersión f • pulverización f | a – rociador,ra; pulverizador,ra
— **acid** n – [chem] ácido m para riego m
— **chamber** n – [ind] cámara f para, rociada f, or rociadura f
— **equipment** n – equipo m para pulverización f
— **head** n – [mech] cabeza f rociadora
— **nozzle** n – boquilla f, rociadora, or pulverizadora; pico m rociador
— **out** n – dispersión f; despedida f
— **pump** n – [pumps] bomba f para rociada
spread n – . . .; abertura f • despliegue m • distribución f • ensnachamiento m • [print] plana f • página f doble | a . . . abierto,ta; propagado,da; distribuido,da; divulgado,da; difundido,da • untado,da; repartido,da; desplegado,da • vencido,da • [fig] despatarrado,da | v – . . .; propagar; distribuir; sembrar; propagar; repartir • espaciar • vencer • desplegar • [fig] despatarrar
— **conductor(s)** n – [electr-instal] conductor(es) m, abierto(s), or separado(s)
— **@ conductor(s)** v – [electr-instal] separar, or abrir, conductor(es) m
— **depth** n – espesor m de distribución f
— **dimension** n – medida f aumentada
— **@ —** v – aumentar medida f
— **footing** n – [constr] cimiento m ensanchado
— **horizontally** a – abierto,ta horizontalmente • [fig] despatarrado,da | v – abrir(se) horizontalmente • [fig] despatarrar(se)
— **jaw** n – [mech] mandíbula f vencida
— **@ jaw** v – [mech] vencer(se) mandíbula f
— **load** v – carga f, distribuida, or desplegada
— **@ load** v – distribuir, or desplegar, carga f
spreadability n – [capacidad f para] distribución
spreadable a – distribuible*
spreader n – extendedor m • [culin] untadora f | a – distribuidor,ra
— **arch** n – [constr] bóveda f distribuidora
— **bar** n – [mech] barra f distribuidora
— **beam** n – [mech] viga f distribuidora
— **bolt** n – [mech] perno m alargado
— **guard** n – [metal-roll] guía f para apilamiento
spreading n – distribución f; difusión f; repartición f • ensanchamiento m; abertura f • vencimiento m • divulgación f; propagación f • extensión f • [fig] despatarrada f | a – distribuidor,ra; extendedor,ra
— **at @ base** n – vencimiento m en base f
— **embankment** n – [constr] terraplén m ensanchador • [hydr] banco m ensanchador
— **screw** n – [mech] tornillo m ensanchador
— **system** n – [constr] sistema para distribución
— **tendency** n – [archit] tendencia f a abrir(se) • empuje m oblicuo
spree n – . . .; farra f
sprig n – [botan] . . .; tallo m; cogollo m; esqueje m; rampollo m; gajo m; brote m; renuevo
sprightful a – vivaracho,cha
spring n – . . . • [mech] . . . • [autom] amortiguador m • [archit] arranque m • [hydr] fluencia f; fuente f
— **adjusting nut** n – [mech] perno m para, ajuste m, or regulación f, de resorte m
— **and clip assembly** n – [mech] conjunto de, muelle m, or resorte n, sujetador
— **link set** n – [mech] juego m de resorte m y eslabón m
— **seal** n – [mech] resorte m y sello m
— **arm** n – [mech] brazo m de resorte m
— **assembly** n – [mech] conjunto m de, resorte m, or muelle m • conjunto m para tensión f
— **back** n – elasticidad f | v – volver, or retornar, de por sí, or automáticamente
— — **to @ neutral (position)** v – [mech] volver, or retornar, a posición f neutral
— **block** n – [mech] base f, or tope m, para resorte m
— **bracket** n – [mech] ménsula f con resorte m

spring break n - [educ] feriado m primaveral
— —(ing) n - [mech] rotura f de resorte m
— **buffer** n - [mech] amortiguador m con resorte
— — **backstop** n - [mech] retrotope* m con amortiguador m con resorte m
— — **boom backstop** n - [cranes] retrotope* m para aguilón m con amortiguador m con resorte
— **cable** n - [cabl] cable m para resorte m
— **chain** n - [mech] cadena f para resorte m
— **clip** n - [mech] resorte m, or muelle m, sujetador, or para sujeción f; sujetador m, or mordaza f, con resorte m
— **compression** n—[mech] compresión f de resorte
— **controlled** a - [mech] regulado,da con resorte
— **core cable** n - [mech] cable m con alma m (con resorte m) en espiral
— **cupped washer** n - [mech] arandela f acopada con resorte m
— **dog** n - [mech] can m con resorte m
— **drive** n - [mech] impulsión f, or accionamiento m, con, or mediante, resorte m
— **eye plate** n - [mech] placa f con ojo m con resorte m
— **flooding** n - [hydr] inundación f primaveral
— **flower(s)** n - [botan] flores f primaverales
— **force** n - [mech] fuerza f de resorte m • resistencia f de resorte m
— **frame** n - [mech] marco m para resorte m
— **guard** n - [mech] resorte m protector • protector m con resorte
— **guide** n - [tub] guia(dera) f con resorte m
— **hanger** n - [tub] soporte m colgante con, resorte m, or muelle m
— — **bracket** n - [mech] ménsula f colgante con resorte m
— **holder** n - [mech] sujetador m, or retén(edor) m, con, or para, resorte m
— **hooking** n - [mech] enganche m de resorte m
— **in @ step** n - elasticidad f en andar m
— **inside diameter** n - [mech] diámetro m interior de, resorte m, or muelle m
— **insulator** n - [mech] aislador m para resorte
— **key** n - [mech] chaveta f con resorte m
— **latch** n - [constr] picaporte m con resorte m
— **leaf** n - [mech] hoja f para, resorte m, or muelle m, or elástico m
— **lever** n - [mech] palanca f con resorte m
— **line** n - [archit] línea f para arranque m
— **load** v - [mech] proveer con resorte m
— **@ cam** v—[mech] proveer leva f con resorte
— **loaded** a - [mech] provisto,ta, or accionado,da, con resorte m
— — **backstop** n - [mech] retrotope* m con resorte m
— — **boom backstop** n - [cranes] retrotope* m con resorte m para aguilón m
— — **cam** n - [mech] leva f (provista, or accionada) con resorte m
— — **drive roll** n - [mech] rodillo m para impulsión f con tensión f con resorte m
— — **explosion door** n - [safety] puerta f contra explosión(es) f con resorte m
— — **handle** n - [weld] lanza f con tensión f con resorte m
— — **guide roll** n - [mech] rodillo m guia(dor) con tensión f, con, or mediante, resorte m
— — **hinged throttle lever** n - [mech] palanca f articulada con resorte m para regulador m
— — **hold down device** n - [mech] dispositivo m con resorte m para contención f
— — **holding knob** n - [mech] perilla f para, or con, tensión f mediante resorte m
— — **knob** n - [mech] perilla f con tensión f mediante resorte m
— — **side guide roll** n - [mech] rodillo m guiador lateral con tensión f mediante resorte m
— — **valve** n - [mech] válvula f con resorte m
— **loading** n - [mech] provisión f, or accionamiento m con resorte m (integral)
— — **assembly** n - [mech] conjunto m para tensión f, con, or mediante, resorte m

spring lock n - [mech] cerradura f, or fiador m, or pasador m, con resorte m
— — **carburetor mounting lockwasher** n - [int.-comb] arandela f para seguridad f con fiador m para resorte m para montaje m de carburador
— — **lockwasher** n - [mech] arandela f para seguridad f con resorte m para cerradura f
— **lockwasher** n - [mech] arandela f para seguridad f con resorte m
— **loop** n - [mech] espira f de resorte m
— **mattress** n - [domest] colchón m con, resortes m, or muelles m
— **mechanism** n - [mech] mecanismo m con resorte
— **month** n - [geogr] mes m primaveral
— **mount(ing)** n - [weld] montaje m de, or sobre. muelle(s) m
— **nut** n - [mech] tuerca f con resorte m
— **operated mechanism** n - [mech] mecanismo m con cuerda f
— **outside diameter** n - [mech] diámetro m exterior de, resorte m, or muelle m
— — **face** n - [mech] cara f exterior de resorte
— **pin** n - [mech] pasador m para resorte m • pasador m con resorte m
— **pipe** n - [tub] tubo m resorte
— — **guide** n - [tub] guía f con muelle m para tubería f
— — **hanger** n - [tub] soporte m colgante con muelle m para tubería f
— **plate** n - [mech] placa f con resorte m
— **plug** n - [mech] tapón m con muelle m
— **pressure** n - [mech] presión f de, muelle m, or resorte m
— **rain** n - [meteorol] lluvia f, primaveral, or vernal
— **readjustment** n - [mech] reajuste m de resorte
— **release** n - [mech] disparador m, or soltador m, con, or para, resorte m
— **released clutch** n - [mech] embrague m soltado por resorte m
— — **jaw** n - [mech] mandíbula f soltada por resorte m
— — **pedal-actuated clutch** n - [mech] embrague m accionado con resorte m con mando m con pedal m
— **retainer** n - [mech] retén(edor) m, or fiador m, para, resorte m, or muelle m
— — **cup washer** n - [mech] arandela f acopada para resorte n para fiador m
— — **washer** n - [mech] arandela f, para fiador m con resorte m, or con resorte m para fiador m
— — **cupped washer** n - [mech] arandela f acopada fiadora para, resorte m, or muelle m
— **return** n - [mech] retorno m de, or accionado por, resorte m
— — **lever** n - [mech] palanca f para retorno m de resorte m
— **scale(s)** n - [mech] balanza f con resorte(s) m • calibrador m para resorte(s) m
— —(s) **reading** n - [mech] lectura f en balanza f con resorte m
— **screw** n - [mech] tornillo m para resorte m
— **seat** n - [mech] asiento m para resorte m • [autom] asiento m con, muelles m, or resortes
— **set** n - [mech] juego m de resorte(s) m | a - accionado,da, or fijado,da, con resorte(s) m | v - fijar con resorte(s) m
— — **brake** n - [mech] freno m accionado con resorte(s) m
— **setscrew** n - [mech] tornillo m con presión f para, muelle m, or resorte m
— **setting** n - [mech] ajuste m, or regulación f, or fijación f, para resorte m • fijación f con resorte(s) m
— **shackle bar** n - [mech] barra f con grillete m para muelle m
— — **socket** n - [mech] casquillo m para grillete m para muelle m
— **shaft** n - [mech] varilla f para resorte m
— **side** n - [mech] lado m que da a resorte m
— **snap** n - [mech] gancho m con resorte m

spring split switch n - [rail] cambio m (automático) con aguja(s) f
— **steel** n - [metal-prod] acero m para, resortes m, or muelles m
— — **washer** n - [mech] arandela f de acero m para resortes m; arandela f resorte de acero
— — **wire** n - [wire] alambre m de acero m para resorte(s) m
— **support** n - [mech] soporte m para muelle m
— **switch** n - [rail] cambio m automático
— **thaw** n - [meteorol] deshielo m primaveral
— **to life** v - cobrar animación f
— **tooth** n - [mech] diente m con resorte m
— — **cultivator** n - [agric-equip] cultivador m con diente(s) m con resorte(s) m
— — **gang** n - [agric-equip] conjunto m, or cuerpo m, de diente(s) m con resorte(s) m
— — **harrow** n - [agric-equip] rastra f con dientes m con resortes m
— **travel** n - [mech] carrera f, or recorrido m, or avance m, de resorte m
— **trip** n - [mech] disparador m con resorte m
— — **shovel** n - [agric] pala f con disparador m con resorte m
— **type** n - [mech] tipo m, de, or con, resorte m | a - [mech] de tipo m con resorte m
— — **tagline winder** n - [cranes] carrete m para cable m de cola f de tipo m con resorte m
— — **winder** n - [mech] carrete m de tipo m con resorte m
— **valve** n - [valv] válvula f con resorte m
— **washer** n - [mech] arandela f (con) resorte m
— **winding** n - [mech] arrollamiento m de resorte m • resorte m en espiral m
— — **lever** n - [mech] palanca f para arrollamiento m de resorte m
— **wire** n - [metal-prod] alambre m para resortes
springer n - . . . . [archit] . . . ; dovela f inferior
— **bottom** n - [archit] apoyo m para dovela f inferior; imposta f
springing back n - [mech] retorno m automático
— — **to neutral (position)** n - [mech] retorno m automático a (posición f) neutral
— **beam** n - [constr] viga f para arranque m
— **line** n - [archit] arranque m; imposta f
springless a - [mech] sin, resorte(s) m, or muelle(s) m • inelástico,ca*
— **chrome leather legging** n - [safety] polainta f de acero m con cromo m sin resorte(s) m
— **leather legging** n - [safety] polaina f de cuero m sin resorte(s) m
— **legging** n - [vest] polaina f sin resorte(s) m
springline n - [archit] línea f para arranque m; imposta f
springloaded a - [mech] accionado,da con resortes
— **locking mechanism** n - [mech] mecanismo m para traba f (accionado) con resorte m
— **mechanism** n - [mech] mecanismo m (accionado) con resorte m
— **seal** n - [mech] cierre m accionado con resorte(s) m
springiness n - [mech] elasticidad f
springy step n - elasticidad f en andar m
sprinkle n - [meteorol] llovizna f; rociada f | v - rociar; regar; asperjar • lloviznar
— **with oil** v - rociar con aceite m
sprinkled a - rociado,da; asperjado,da • lloviznado,da
sprinkler system n - [hydr] sistema m, or red f, de rociador(es) m
sprinkling n - riego m; rociada f; aspersión f
sprinkly a - [meteorol] lloviznoso,sa
springtime n - época f primaveral; primavera f
sprint race n - [sports] carrera f de aceleración
sprkt n - [mech] see **sprocket**
sprocket n - [mech] rueda f dentada (para cadena f, or engranaje m)
— **aligning** n - [mech] alineación f de rueda f dentada
— **and chain drive** n - [mech] accionamiento m, or mando m, con rueda f dentada y cadena f
sprocket and chain transmission n - [mech] transmisión f con cadena f (y ruedas f dentadas)
— **assembly** n - [mech] conjunto m de rueda f dentada
— **axle** n - [mech] eje m para rueda f dentada
— **bearing** n - [mech] cojinete m para rueda f dentada
— **bolt** n - [mech] perno m para rueda f dentada
— **chain** n - [mech] cadena f para rueda f dentada • cadena f para engranaje(s) m
— **drive** n - [mech] impulsión f, or transmisión f, con cadena f
— **hardened tooth** n - [mech] diente m endurecido en rueda f dentada
— **hub** n - [mech] cubo m, or maza f, para rueda f dentada
— **shaft bushing** n - [mech] buje m para árbol m para rueda f dentada
— **tooth** n - [mech] diente m de rueda f dentada • diente m de engranaje m
— — **hardened surface** n - [mech] superficie f endurecida de diente m de rueda f dentada
— — **surface hardening** n - [mech] endurecimiento m de superficie f de diente m de rueda f dentada
— — **wearing surface** n - [mech] superficie m para desgaste m en diente m de rueda f dentada
— **unit** n - [mech] conjunto m de rueda f dentada
— **washer** n - [mech] arandela f para rueda f dentada
— **wheel** n - [mech] rueda f dentada; engranaje m
sprouting n - [botan] brotadura f | a - pululante
spruce n - [botan] . . . . [lumber] pino m spruce
— **pine** n - [lumber] pino m spruce
sprung back a - [mech] retornado,da, automáticamente, or de por sí
— — **to @ nuetral (position)** a - [mech] retornado,da automáticamente a (posición f) neutral
spud n - [tools] azadón m | v - [petrol] iniciar perforación f
— **flange** n - [sanit] brida f para asiento m
— **wrench** n - [tools] llave f con cola f
spudder n - [petrol] perforadora f con balancín m
— **arm** n - [petrol] balancín m tiracable(s) m
spudding n - [petrol] iniciación f de perforación
— **beam** n - [petrol] balancín m
— **bit** n - [petrol] barreno,na m/f para iniciar perforación f
— **machine** n - [petrol] máquina f para iniciar perforación f
— **shoe** n - [petrol] corredera f para perforación f (inicial)
spun a - [mech] centrifugado,da; girado,da; rotado,da; hechjo,cha girar • [cabl] trenzado,da • [autom] patinado,da circularmente
— **centrifugally** a - [mech] rotado,da centrifugalmente
— **concrete** n - [constr] hormigón m centrifugado
— **end** n - [metal-fabr] extremo m conformado mediante rotación f
— — **thickness** n - [metal-fabr] espesor m de extremo m conformado mediante rotación f
— **full interior asphalt(ic) lining** n - [tub] revestimiento m interior total con asflato m centrifugado
— — **lining** n - [tub] revestimiento m totalmente centrifugado
— **interior lining** n - [tub] revestimiento m interior centrifugado
— **lined corrugated pipe** n - [tub] tubería f corrugada con revestimiento m centrifugado
— — **pipe** n - [tub] tubería f con revestimiento m centrifugado
— — **steel pipe** n - [tub] tubería f de acero m con revestimiento m centrifugado
— **lining** n - [tub] revestimiento m centrifugado
— **out** a - [mech] desenroscado,da • [sports] salido,da de pista f

spun out pipe connection n - [petrol] conexión f para tubería f desenroscada
spur n - . . . . • [mech] engranaje m recto • [topogr] estribación f • [rail] desvío m; apartadero m; vía f muerta | a - [mech] recto,ta | v - . . .
— and worm drive n - [mech] impulsión f mediante engranaje m recto y tornillo m sin fin
— — — driven a - [mech] impulsado,da mediante engranaje m (recto) y tornillo m sin fin
— belt n - [mech] correa f dentada
— center n - [lathes] punta f de espuela f
— drive,ving n - [mech] impulsión f con engranaje(s) m recto(s)
— gear n - engranaje m, recto, or cilíndrico; piñón m con engranaje m recto; rueda f dentada recta
— — drive,ving n - [mech] impulsión f con engranaje(s) m recto(s)
— — driven a - [mech] impulsado,da mediante engranaje(s) m recto(s)
— — wheel n - [mech] rueda f con engranaje m recto
— gearing n - [mech] engranaje m, recto, or cilíndrico, or con dentadura f recta
—head adz n - [tools] azuela t con espiga f
— pinion n - [mech] piñón m recto
— — key n - [mech] chaveta f, or cuña f. para piñón m recto
— point n - punta f de espuela f
— prick — espolazo m
— route n - [roads] ramal m
— spear n - [petrol] arpón m escariador
— wheel herringbone double helical gear n - [mech] engranaje m helicoidal doble con diente(s) m angular(es)
— wound n - espoleadura f
spurious a - . . . .; indeseable
— output n - [electron] salida f, espuria, or indeseable
— — level n - [electron] nivel m de salida f indeseable
spurred a - estimulado,da; espoleado,da
spurring n - estímulo m
spurt n - . . . . repunte m • brote m | v - repuntar • brotar
spurted a - repuntado,da • brotado,da
spurting n - repunte m
sputtering n - chisporoteo m | a - chisporroteante*
spy n - . . . .; veedor m | v - . . . .; esculcar
spying n - espionaje m
sq a - see square
squab n - . . . . • [domest] . . . .; almohadilla f
squad n - [labor] . . . .: brigada f
squadron tactician n - [militl escuadronista m
squalene a - aceite m de escualo m
— index n - índice m de escualeno
squall n - [meteorol] . . . .; turbión m
square n - . . . .; escuadra f; escuadría f • [metal-roll] sección f, or barra f cuadrada • [pol] plaza f | a - . . . .; escuadrado,da; en ángulo m recto • [tub] sin (a)chaflanar | v - cortar en escuadra | adv - a cuadrado m; a potencia f segunda
— bar n - [metal-roll] barra f cuadrada
— base n - base f cuadrada
— billet n - [metal-roll] palanquilla f
— bloom n - [metal-roll] desbaste m cuadrado
— boat n - [naut] chalana f
— contact pattern n - [mech] patrón m cuadrado para contacto m
— centimeter n - [metric] centímetro m cuadrado
— cut n - [mech] corte m en escuadra | a - cortado,da en escuadra
— cut culvert end slope n - [constr] talud m con ángulo m recto de extremo m de alcantarilla f
— — end n—[mech] extremo m cortado a escuadra
— — @ end v - cortar a escuadra f extremo m

square cut slope n - [constr] talud m, cortado en escuadra, or con ángulo m recto
— cutting n - [mech] corte m en escuadra f
— deal n - equidad f; trato m justo
— decimeter n - [metric] decímetro m cuadrado
— diaphragm n - [constr] diafragma m, cuadrado, or rectangular
— duct n - [environm] tubería f cuadrada
— edge n - [mech] borde m angular; canto m vivo | a - [mech] sin chaflán m; angular con borde m cuadrado
— — butt n - [weld] borde m, en escuadra, or angular a tope | a - a tope m sin chaflán m; angular a tope
— — — joint n - [weld] junta f, or soldadura f, a tope m sin chaflán m
— — — weld n - [weld] soldadura f angular a tope; soldadura f a tope, con borde m angular, or sin chaflán m
— — entrance box n - [hydr] caja f para entrada f con borde(s) m angular(es)
— — headwall n - [constr] muro m para cabecera f con borde(s) m (rect)angular(es)
— — weld n - [weld] soldadura f, con borde(s) m angular(es), or sin chaflán m
— — wing wall n - [constr] muro m para ala f con borde(s) m (rect)angular(es)
— end n - extremo m, cuadrado, or retangular, or recto, or escuadrado, or en ángulo m recto | a - con extremo(s) m escuadrado(s)
— — structure n - [constr] estructura f con extremo(s) m, escuadrado(s), or sin achaflanar
— flash in welded cold rolled steel tubing n - [tub] tubería f cuadrada de acero m laminado en frío soldado con filete m interior
— — — steel tubing n - [tub] tubería cuadrada de acero m soldado con filete m interior
— foot n - [metric] pie m cuadrado
— footage n - superficie f (en pies m cuadrados)
— groove n - ranura f con ángulo(s) m recto(s)
— — weld n - [weld] soldadura f en ranura f con ángulo(s) m recto(s)
— head n - [mech] cabeza f cuadrada
— —(ed) bolt n - [mech] perno m con cabeza f cuadrada
— —(ed) cock n - grifo m, or espita f, con cabeza f cuadrada
— —(ed) crane cock n - [mech] grifo m con cabeza f cuadrada para grúa f
— —(ed) cup point set screw n - [mech] tornillo m para ajuste m con cabeza f cuadrada (y) con punta f hueca
— —(ed) plug n - [tub] tapón m (macho) con cabeza f cuadrada
— —(ed) machine bolt n - [mech] perno m común con cabeza f cuadrada
— —(ed) plug n - [mech] tapón m con cabeza f cuadrada
— —(ed) screw n - [mech] tornillo m con cabeza f cuadrada
— —(ed) set bolt n - [mech] perno m con cabeza f cuadrada para ajuste m
— —(ed) set screw n - [mech] tornillo m, or perno m, con cabeza f cuadrada para ajuste m
— —(ed) standard steel plug n - [mech] tapón m, estándar, or corriente, de acero m con cabeza f cuadrada
— —(ed) steel plug n - [mech] tapón m de acero m con cabeza f cuadrada
— —(ed) plug n - [mech] tapón m (macho) con cabeza f cuadrada
— —(ed) vented plug n - [mech] tapón m con cabeza f cuadrada con respiradero m
— headed a - [mech] see square head(ed)
— ingot n - [metal-prod] lingote m cuadrado
— inlet n - [constr] entrada f sin achaflanar
— kelly n - [petrol] vástago m cuadrado para perforación f
— key n - [mech] llave f, or chaveta f, or cuña f, cuadrada
— leg n - [mech] pierna f, or pata f, cuadrada

square meter n - [metric- metro m cuadrado
— millimeter n - [metric] milímetro m cuadrado
— neck bolt n - [mech] perno m con cuello m cuadrado
— — carriage bolt n - [mech] perno m con cabeza f redonda y cuello m cuadrado
— nut n - [mech] tuerca f cuadrada
— of @ velocity n - cuadrado m de velocidad f
— one n - cuadro m uno; punto m para arranque m
— pattern n - patrón m cuadrado
— perfectly v - [mech] escuadrar perfectamente
— pole n - [constr] poste m cuadrado
— plug n - [mech] tapón m cuadrado
— rigged a - [nav] con velamen m pleno
— rubber support n - [mech] apoyo m cuadrado de caucho m
— rule n - norma f
— screw nut n - [mech] tuerca f cuadrada para tornillo(s) m
— section n - sección f cuadrada
— serrated a - [nails] cudrado,da estriado,da
— — design nail n - [nails] clavo m con fuste m cuadrado estriado
— shaft n - [mech] árbol m, or eje m, cuadrado • [constr] columna f cuadrada
— shank n - [mech] fuste m cuadrado
— — staple n - [mech] grapa f con fuste m cuadrado
— shape n - (con)forma(ción) f cuadrada
— — tubing n - [tub] tubería f (con conformación f) cuadrada
— shaped a - con (con)forma(ción) f cuadrada
— shaped watershed n - [hydr] cuenca f con forma f cuadrada
— sheared a - [mech] cizallado,da, or cortado,da, a escuadra f
— shoulder n - [roads] berma f escuadrada • [autom-tires] reborde m de banda f para rodamiento m escuadrado
— specimen n - probeta f cuadrada
— spring n - [mech] resorte m cuadrado
— — wire n - [wire] alambre m cuadrado para resorte(s) m
— steel tab n - [mech] orej(et)a f cuadrada de acero m
— street n - [roads] camino m recto
— — center line n - [roads] eje m de camino m recto
— support n - [mech] apoyo m cuadrado
— surface n - superficie f cuadrada
— tab n - [mech] orej(et)a f cuadrada
— test piece n - [mech] probeta f cuadrada
— thread n - [mech] rosca f cuadrada; resalto m cuadrado
— — screw n - [mech] tornillo m con resalto m cuadrado
— to round base n - base f cuadrada a redonda
— tube n - [tub] tubo m cuadrado
— tubing n - [tub] tubería f cuadrada
— upholstering spring n - resorte m, cuadrado para tapicería f, or mueblero m cuadrado
— washer n - [mech] arandela f cuadrada
— weld n - [weld] soldadura f angular
— wire n - [wire] alambre m cuadrado
— yard n - [metric] yarda f cuadrada • [constr] patio m cuadrado
squared a - escuadrado,da; (cortado) a escuadra • also see square(ed)
— end n - extremo m, escuadrado, or en escuadra
— perfectly a - escuadrado,da perfectamente
— plate n - [mech] plancha f escuadrada
— strip sheet n - lámina f de chapa escuadrada
squarely applied a - [mech] aplicado,da en línea f recta
squareness n - escuadría f
— rig n - [mech] dispositivo m para escuadrar
— shear n - [mech] cizalla f, or tijera f, escuadradora, or para escuadrar
— stop n - [mech] tope m para escuadrar
— tool n - [tools] escuadrador(a) m/f
— top n - tope m para escuadrar

squash n - [botan] . . .; zapallo m
squashing n - compresión f; deformación f
squat a - . . .; rechoncho,cha
— sidewall n - [autom-tires] pared f lateral rechoncha f
squeaked a - chrriado,da
squeaking n - chirrido m | a - chirriante
squeamish a - fastidioso,sa
squeamishly adv - fastidiosamente
squeamishness n - . . .; fastidio m
squeegee n - . . .; escurridor m
— roll n - rodillo m (de caucho m) para escurrir agua m
squeeze out @ lead v - [sports] lograr delantera
— together v - [mech] comprimir
squeezed a - estrujado,da; exprimido,da
squeezing n—estrujamiento m | a - estrujador,ra
squelch n - . . . • [electron] silenciador m | v - [electron] silenciar
— system n - [electron] sistema m silenciador
— tone n - [electron] tono m en sistema m silenciador
squelched a - [electron] silenciado,da
squelcher n - . . . • [electron] silenciador m
squelching n - [electron] silenciamiento* m | a - [electron] silenciador,ra
— system n - [electron] sistema m silenciador
squib n - . . . • [explos] . . .; detonador m
squirm n - . . . • [autom-tires] serpenteo m
— control n - [autom-tires] gobierno m, or control m, de serpenteo m
squirmed a - retorcido,da; serpenteado,da
squirming n - retorcimiento m; serpenteo m
squirrel cage n - jaula f para ardilla f • [electr-mot] jaula f, para ardilla(s) f, or con barra(s) f
— — induction n - [electr-mot] inducción f, or inducido m, de jaula f de ardilla f
— — motor n - [electr-mot] motor m con inducción f con jaula f para ardilla f
squirt n - . . . • [weld] see squirt weld(ing) • v - . . .; inyectar (con presión f)
— application n - [weld] aplicación f (de soldadura f) con alimentación f automática de electrodo; aplicación f Squirt*
— gun n - [weld] pistola f, Squirt*, or para alimentación f automática de electrodo m
— @ oil v - [lubric] inyectar aceite m con presión f
— process n - [weld] procedimiento m semiautomático manual con arco m sumergido para soldadura f
— weld(ing) n - [weld] soldadura f (Squirt*) con alimentación f automática de electrodo m (con arco m sumergido)
— welder n - [weld] soldadora f con alimentación f automática de electrodo m
— welding gun n - [weld] pistola f (Squirt*) para alimentación f automática de electrodo m
— — power source n - [weld] fuente f para energía f para soldadura f (Squirt*) con alimentación f automática de electrodo m
— — process n - [weld] procedimiento m para soldadura f con alimentación f automática de electrodo m
— — travel speed n - [weld] velocidad f para avance m para soldadura (Squirt*) con alimentación f automática de electrodo m
— — wire n - [weld] alambre m, or electrodo m, para soldadura f (Squirt*) con alimentación f automática de electrodo m
— wire feeder n - [weld] alimentador m (Squirt) para alimentación f automática de electrodo m
squirted a - inyectado,da con presión f
Squirtgun n - [weld] see squirt gun
squirting n - [weld] inyección f con presión f
Squirtmobile n - [weld] equipo m, or portapistola(s) f (Squirtmobile*) para avance m mecanizado
— gun holder n - [weld] portapistola(s) f (Squirtmobile*) para avance m mecanizado

Squirtmobile power pack n - [weld] equipo m mecanizado (Squirt*) para avance m mecanizado
S S n - [legal] see **sworn statement**
st n - [transp] see **set**
st bk n - [domest] see **straight back**
St. - see **Saint** • see **Street**
stab n - . . . | v - [mech] ensartar; insertar
—**Joint** n - [tub] junta f (Stab-Joint) con espiga f y campana f
— — **cement mortar lined steel pipe** n - [tub] tubería f (Stab-Joint*) con junta f con espiga f y campana f de acero m con guarnición f de caucho m con revestimiento m de mortero m con cemento m
— — **pipe** n - [tub] tubería f (Stab-Joint*) de acero m con (junta f con) espiga f y campana f con guarnición f de caucho m
— — **steel pipe** n - [tub] tubería f (Stab-Joint*) de acero m con (junta f con) espiga f y campana f con guarnición f de caucho m
— — **water pipe** n - [tub] tubería f (Stab-Joint) con espiga f y campana f con guarnición f de caucho m para agua m
—**type** n - [mech] tipo m insertable
— — **connection** n - [mech] acoplamiento m de tipo m insertable
— **wound** n - [medic] espichón m
stabbing @ pipe joint n - [constr] ensambladura f de junta f
— **position** n - [tub] posición f para inserción f
stability n - . . . .; fijeza f; fijación f
— **accomplishing** n - logro m de estabilidad f
— **control** n - regulación f para estabilidad f
— **precise control** n - regulación f precisa para estabilidad f
stabilization n - . . . .; inmovilización f
— **project** n - [constr] obra f para estabilización f
— **expert** n - [soils] técnico m para estabilización f
— **skill** n - [soils] pericia f para estabilización f
stabilize n - . . . .; inmovilizar; consolidar(se)
— **@ bottom** v - [constr] estabilizar fondo m
— **@ bridge** v - [constr] estabilizar puente m
— **@ grade elevation** v - [constr] estabilizar separación f de nivel m
— **readily** v - estabilizar fácilmente
— **@ reading** v - [instrum] estabilizar lectura f
— **@ slope** v - [constr] estabilizar talud m
— **@ soil** v - [soils] estabilizar suelo m
— **@ subdrainage** v - [constr] estabilizar subdrenaje m
— **@ trench** v - [constr] estabilizar zanja f
— **@ — bottom** v - [constr] estabilizar fondo m de, zanja f, or excavación f
— **@ underpass** v - [constr] estabilizar paso m inferior
stabilized a - estabilizado,da; inmovilizado,da
— **grade** n - calidad f estabilizada
— **grade elevation** n - [constr] separación f de nivel m estabilizado
— **readily** a - estabilizado,da fácilmente
— **reading** n - [instrum] lectura f estabilizada
— **slope** n - [constr] talud m estabilizado
— **soil** n - [soils] suelo m estabilizado
— **steel** n - [metal-prod] acero m estabilizado
— — **production** n - [metal-prod] producción f, or elaboración f, estabilizda de acero m
— **stainless steel** n - [metal-prod] acero m inoxidable estabilizado
— **subdrainage** n - [constr] subdrenaje m estabilizado
— **trench** n - [constr] zanja f, or excavación f, estabilizada
— **type** n - [weld] tipo m estabilizado
— **underpass** n - [constr] paso m inferior estabilizado
stabilizer n - . . . . • [mech] amortiguador m | a - estabilizador,ra
— **bar** n - [autom-mech] barra f estabilizadora

stabilizer beam n - [cranes] viga f para estabilizador m
stable block n - [autom-tires] bloque m estable
— — **element** n - [autom-tires] elemento m estable para bloque m
— — **tread** n - [autom-tires] banda f para rodamiento m con bloque(s) m estable(s)
— — — **element** n - [autom-tires] elemento m estable para banda f para rodamiento m con bloque(s) m
— **channel design(ing)** n - [hydr] proyección f para cauce m estable m
— **composite structure** n - [constr] estructura f compuesta estable
— **embankment** n - [constr] terraplén m estable
— **exchange** n - [fin] cambio m estable
— — **policy** n - [fin] política f cambiaria estable
— **foundation** n - [constr] cimiento m estable
— **grade elevation** n - [constr] separación f para nivel m estable
— **ground** n - [geol] suelo m estable
— **hill** n - pendiente f estable
— **input** n - entrada f, or aportación f, estable
— **load** n - carga f estable
— **open stream** n - [hydr] curso m de agua m en descubierto m estable
— **policy** n - política f estable
— **political condition** n - [pol] condición f política estable
— **sidewall** n - [constr] pared f lateral estable
— **slope** n - [topogr] ta'ud m estable
— **soil** n - [soils] suelo m estable
— **stream** n - [hydr] curso m de agua m estable
— **subgrade** n - [constr] subrasante f estable
— **subsoil** n - [soils] subsuelo m estable
— **tire-vehicle system** n - [autom-tires] combinación f neumático-vehículo estable
— **tread** n - [autom-tires] banda f para rodamiento m estable
— — **element** n - [autom-tires] elemento m estable en banda f para rodamiento m
— **underpass** n - [roads] paso m inferior estable
— **wall** n - [constr] muro m, or pared f, estable
— **wire** n - [wire] alambre m resistente a deformación(es) f
stack n - . . . .; estiba f; rimero m • [combust] chimenea f; humero m; conducto m (vertical) • [metal-prod] cañón m • tragante m • vientre m • [electr-equip] conjunto m laminar • [paper] calandria f | v - . . . .; arrumar
— **air filter** n - filtro m laminar para aire m
— **bay** n - [metal-prod] nave f para chimenea(s) f
— **blower** n - [combust] soplador m, or insuflador m, or ventilador m, para chimenea f
— **cooling** n - [metal-prod] enfriamiento m de, cuba f, or cañón m
— — **plate** n - [metal-prod] petaca f, or caja f, para enfriamiento m para, cuba f, or cañón m
— **damper** n - [combust] registro m para chimenea
— **diameter** n - [constr] diámetro m de conducto m vertical
— **draft** n - [combust] tiro m en chimenea f
— **drive** n - [paper] impulsión f para calandria f
— **driving** n - [paper] impulsión f para calandria f
— **emmision(s)** n - [environm] emanación(es) f de chimenea f
— **equipment** n - [combust] equipo m para conducto m para humo(s) m
— **failure** n - [electr-equip] falla f de, pila f, or conjunto m laminar
— **filter** n - [mech] filtro m laminar
— **flue** n - [combust] conducto m para humo(s), a, or en, chimenea f
— **gas filter** n - filtro m laminar para gas m
— **@ hay** v - hacinar, or emparvar, heno m
— **installation** n - [paper] instalación f de calandria f
— **lump(s)** n - [miner] grueso(s) m de pila f
— **@ machine(s)** v - apilar máquina(s) f • [weld] apilar soldadora(s) f

stack negative output terminal n - [electr-inst] borne m para salida negativo para pila f
— **output terminal** n - [electr-instal] borne m para salida f para pila f
— **plate** n - [metal-prod] petaca f para, cuba f, or cañón m
— **@ plate(s)** v - [metal-roll] apilar plancha(s)
— **positive output terminal** n - borne m para salida f positivo para pila f
— **roll(er)** n - [paper] rodillo m para calandria
— **shell** n - [metal-prod] coraza f para cuba f
— **sloped** v - [ind] apilar en declive m
— **temperature** n - [combust] temperatura f en chimenea f • [metal-prod] temperatura en cuba
— **three high** v - apilamiento m triple
— **type air filter** n - [int.comb] filtro m para aire m con elemento(s) m superpuesto(s)
— — **filter** n - [mech] filtro m con elemento(s) m superpuesto(s)
— — **oil bath air, cleaner, or filter** n - [int. comb] filtro m para aire con elemento(s) m superpuesto(s) con baño m con aceite m
— **valve** n - [metal-prod] válvula f para, cuba f, or chimenea f
— **vertically** v - apilar verticalmente
— **walkway** n - [metal-prod] pasarela f para cuba
— **@ welder(s)** v - [weld] apilar soldadora(s) f
stacked a - apilado,da
— **hay** n - [agric] heno m, hacinado, or emparvado
— **machine(s)** n - [ind] máquina(s) f apilada(s) n - [weld] soldadora(s) f apilada(s)
— **plate(s)** n - [metal-roll] plancha(s) f apilada(s)
— **sloped** a - apilado,da(s) en declive m
— **vertically** a - apilado,da(s) verticalmente
— **welder(s)** n - [weld] soldadora(s) f apilada(s)
stacker n - [ind] apiladora f; estibadora f • [combust] alimentadora f para caldera f • [agric] hacinadora f; emparvadora f
— **operator** n - [ind] operador m para apiladora
— **pipe** n - [agric] tubo m, hacinador, or emparvador
stacking n - apilamiento m; superposición f
— **adapter** n - [weld] adaptador m para apilamiento m
— **operator** n - [ind] operador m para apiladora
stadia-compass traverse n - [topogr] levantamiento m con taquímetro m y brújula f
— **survey** n - [topogr] levantamiento m taquimétrico
staff n - . . . . [managm] personal m auxiliar • personal n, administrativo, or para administración f • [ind] personal m; dotación f; organización f; plantel m; plantilla f (de personal m) • [milit] estado m mayor | v - dotar
— **assistant** n - [managm] ayudante m administrativo
— **chief** n - [milit] jefe m para estado m mayor
— **department** n - [managm] departamento m para personal m
— **('s) experience** n - [managm] experiencia f de personal m
— **fully** v - [managm] dotar plenamente (con personal m)
— **leadership** n - [pers] dirección f para personal m
— **lieutenant colonel** n - [milit] teniente m coronel de estado m mayor
— **management** n - [managm] personal m (superior) para administración f
— **member** n - [pers] componente m de personal m
— **personnel** n - [managm] personal m auxiliar • [pers] personal m directivo
— **relationship(s)** n - [managm] relación(es) f con personal m subalterno
— **service(s)** n - [managm] servicio(s) m, auxiliar(es), or de personal m auxiliar
— **training** n - [managm] capacitación f de personal m (auxiliar)|
staffed a - [managm] dotado,da
staffing n - [pers] dotación f

stage n - . . . .; fase f • sección f • tarima f • [hydr] altura f | a - escénico,ca | v - [theat] escenificar
— **aeration** n - [hydr] aereación f en cascada f
— **cancelling** n - [sports] cancelación f de etapa
— **cementing** n - [petrol] cementación f por etapa(s) f
— **characteristic** n - característica f de etapa
. . . — **completely drum enclosed planetary reduction system** n - [mech] sistema m con reducción f planetaria con . . . etapa(s) encerrado totalmente en tambor m
. . . — **compressor** n - [ind] compresor m con . . . etapa(s) f
— **construction** n - construcción f de escenario m • [constr] construcción f por etapa(s) f
— **cooler** n - [ind] enfriador m para etapa f
. . . — **cooler** n - enfriador m con . . . etapas
. . . — **drum enclosed planetary reduction system** n - [mech] sistema m con reducción f planetaria con . . . etapa(s) f encerrado en tambor m
— **end** n - fin m de etapa f
. . . — **grinding circuit** n - [grind.med] circuito m con . . . etapa(s) para molienda f
— **mile** n - [sports] milla f de etapa f
. . . — **planetary reduction** n - [mech] reducción f planetaria con . . . etapa(s) f
. . . — **planetary system** n - [mech] sistema m planetario con . . . etapa(s) f
. . . — **reduction system** n - [mech] sistema m con . . . etapa(s) f para reducción f
— **road** n - [roads] camino m para enlace m
— **route** n - [sports] ruta f con etapa(s) f
— **separate** v - [petrol] separar por etapa(s) f
— **separation** n - separación f por etapa(s) f
. . . — **serial to parallel register** n - [electron] registro m de serial a paralelo en . . . etapa(s) f
— **setting** n - preparación f de escenario m
— **show** n - [theater] representación f sobre, tablado m, or escenario m
— **start(ing)** n - comienzo m de etapa f
. . . — **system** n - sistema m con . . . etapa(s)
— **temperature** n - [metal-prod] temperatura f para, etapa f, or fase f
— — **range** n - [metal-prod] escala f de temperatura(s) f para, etapa f, or fase f
— **win** n - [sports] triunfo m en etapa f
staged a - [theat] escenificado,da
stagger v - . . . . • alternar; escalonar; colocar en tresbolillo m
— **@ bolt(s)** v - [mech] colocar perno(s) m en tresbolillo
— **@ groove(s)** v - [mech] colocar ranura(s) f en tresbolillo
staggered a - . . . .; alternado,da • tambaleado,da
— **alternate row(s)** n - hilera(s) f en tresbolillo
— **bolt(s)** n - [mech] perno(s) m (colocado(s) en tresbolillo
— **fillet weld(ing)** n - [weld] soldadura f en ángulo m interior, alternada, or en tresbolillo
— **groove(s)** n - [mech] ranura(s) f, alternada(s), or en tresbolillo
— **hole(s)** n - [mech] agujero(s) m, or orificio(s) m, en tresbolillo
— **intermittent fillet weld(ing)** n - [weld] soldadura f intermitente en ángulo m interior, alternada, or en tresbolillo
— — **weld(ing)** n - [weld] soldadura f intermitente, alternada, or en tresbolillo
— **pattern** n - [mech] orden m alternado • [Col.] tipo m rosa
— **row** n - fila f, or hilera f, alternada, or en tresbolillo
— **seam** n - costura(s) f alternada(s)
— **weld(ing)** n - [weld] soldadura f, alternada, or en tresbolillo
staggering n - tambaleo m • alternación f

staging n . . . . • [constr] montaje m
— **area** n - [constr] zona f para montaje m
stagnant flow n - [hydr] flujo m, or caudal m, estancado
— **pool** n - [hydr] charco m, or remanso m, estancado
— **water** n - [hydr] agua m estancada
stagnation n - estancamiento m
stain n - . . . | v - . . . . • funestar; percudir
stain remover n—quitamancha(s) m; sacamancha(s)
stained a - manchado,da
— **glass window** n - [constr] vitral m
staining n - descoloramiento m
stainless n - [metal-prod] (acero) inoxidable m | a - [metal] inoxidable
— **chain** n - [chains] cadena f inoxidable
— **cold rolled strip** n - [metal-roll] banda f, or cinta f, or chapa f, or fleje m, de acero m inoxidable laminado,da en frío
— **drawn wire** n—[wire] alambre m inoxidable, estirado, or trefilado*|
— **fitting** n - accesorio m inoxidable
— **flanged head** n - [metal-prod] cabeza f, or fondo m, inoxidable con brida f
— **flat** n - [metal-roll] barra f plana, or planchón m, inoxidable
— **grade** n - [metal-prod] calidad f inoxidable
— **head** n - [mech] fondo m, or cabeza f, inoxidable
— **hexagon** n - [metal-roll] barra f hexagonal inoxidable
— **hexagonal bar** n - [metal-roll] barra f hexagonal inoxidable
— — **head pipe plug** n - [mech] tapón m inoxidable con cabeza f hexagonal para tubería f
— **hot rolled strip** n - [metal-roll] banda f, or cinta f, or chapa f, or fleje m, de acero m inoxidable laminado,da en caliente
— **layer** n - [weld] capa f (de soldadura f) inoxidable
— **quality** n - [metal-prod] calidad f inoxidable
— **rod** n - [metal-roll] barra f inoxidable • [weld] electrodo m (para acero m) inoxidable
— **rolled strip** n - [metal-roll] banda f, or cinta f, or chapa f, or fleje m, de acero m inoxidable laminado,da
— **round** n - [metal-roll] barra f redonda inoxidable
— **sheet** n - [metal-treat] lámina f, or chapa f, inoxidable
— **side** n - [weld] lado m, or costado m, inoxidable
— **special shape** n - [metal-prod] perfil m especial inoxidable
— **spring steel** n - [metal-prod] acero m inoxidable para resorte(s) m
— **square (bar)** n - [metal-roll] barra f cuadrada inoxidable
— **steel** n - [metal-prod] acero m inoxidable
— — **anchor bolt** n - [mech] perno m para anclaje m de acero m inoxidable
— — **angle** n - [metal-roll] (pieza f) angular, or ángulo m, de acero m inoxidable
— — **assembly bolt** n - [mech] perno m de acero m inoxidable para montaje m
— — **axle** n—[mech] eje m de acero m inoxidable
— — **bar** n - [metal-roll] barra f de acero m inoxidable
— — **blade** n - [mech] hoja f, or cuchilla f, de acero m inoxidable • [fans] paleta f de acero m inoxidable
— — **boat shaft** n - [nav] eje m de acero m inoxidable para barco(s) m
— — **bolt** n - [mech] perno m de acero m inoxidable
— — **bristle** n - [tools] cerda f de acero m inoxidable
— — **bushing** n - [mech] buje m de acero m inoxidable
— — **buttering** n - [weld] untadura f con acero m inoxidable

stainless steel cap screw n - [mech] tornillo m de acero m inoxidable con casquete m
— — **cladding** n - [metal-prod] revestimiento m, or plaqueado m, con acero m inoxidable
— — **coil** n - [metal-roll] bobina f de acero m inoxidable
— — **cold rolled strip** n - [metal-roll] banda f, or cinta f, or chapa f, or fleje m, de acero m inoxidable laminado,da en frío
— — **cover** n - [metal-treat] campana f de acero m inoxidable
— — **dilution** n - [weld] dilución f de acero m inoxidable
— — **electrode** n - [weld] electrodo m de acero m inoxidable • electrodo m para acero m inoxidable
— — — **weld(ing)** n - [weld] soldadura f con electrodo m de acero m inoxidable
— — **evaporator** n - [nucl] evaporador m de acero m inoxidable
— — **fabrication** n - [metal-fabr] elaboración f, or fabricación f, con acero m inoxidable
— — **fitting** n - [mech] accesorio m de acero m inoxidable
— — **flanged head** n - [metal-fabr] fondo m de acero m inoxidable con brida f
— — **flat** n - [metal-roll] barra f plana de acero m inoxidable
— — **flux** n - [weld] fundente m para acero m inoxidable
— — **forged fitting** n - [mech] accesorio m, de acero m inoxidable forjado, or forjado de acero m inoxidable
— **steel furnace** n - [metal-prod] horno m para acero m inoxidable
— — **hardware** n - [constr] herraje(s) m de acero m inoxidable
— — **head** n - [metal-fabr] fondo m (combado) de acero m inoxidable
— — **hexagon** n - [metal-roll] barra f hexagonal de acero m inoxidable
— — **(al) bar** n - [metal-roll] barra f hexagonal de acero m inoxidable
— — **(al) head cap screw** n - [mech] tornillo m con casquete m con cabeza f hexagonal de acero m inoxidable
— — **(al) nut** n - [mech] tuerca f hexagonal de acero m inoxidable
— — **(al) socket head cap screw** n - [mech] tornillo m inoxidable con cabeza f embutida hexagonal
— — **hot rolled strip** n - [metal-roll] banda f, f, or cinta f, or chapa f, or fleje m, de acero m inoxidable laminado,da en caliente
— — **in bar(s)** n - [metal-roll] acero m inoxidable en barra(s) f
— — **inner cover** n - [metal-treat] campana f interior de acero m inoxidable
— — **jacketed mixer** n - [culin] mezcladora f de acero m inoxidable para baño m maría
— — **joint** n - [weld] junta f de acero m inoxidable
— — **layer** n - [weld] capa f de acero m inoxidable
— — **line** n - [tub] línea f, or tubería f, de acero m inoxidable
— — **lining** n - [weld] revestimiento m con acero m inoxidable
— — **link** n - [chains] eslabón m de acero m inoxidable
— — **lock** n - [mech] candado m de acero m inoxidable
— — **lockwasher** n - [mech] arandela f para seguridad f de acero m inoxidable
— — **lug** n - [mech] aleta f de acero m inoxidable
— — **nut** n - [mech] tuerca f de acero m inoxidable
— — **oven** n - [ind] horno m de acero m inoxidable
— — **pipe** n - [tub] tubo de acero m inoxidable

stainless steel plate n - [metal-roll] plancha f de acero m inoxidable
— — **plunger** n - [petrol] émbolo m de acero m inoxidable
— — **production** n - [metal-prod] producción f, or elaboración f, de acero m inoxidable
— — **regular spring lockwasher** n - [mech] arandela f común para seguridad f con resorte m de acero m inoxidable
— — — **washer** n - [mech] arandela f común de acero m inoxidable
— — **rod** n - [metal-roll] varilla f de acero m inoxidable
— — **roll(er)** n - [metal-roll] rodillo m de acero m inoxidable
— — **rolling** n - [metal-roll] laminación f de acero m inoxidable
— — **rope** n - [cabl] cable m de acero m inoxidable
— — **round** n - [metal-roll] barra f redonda, or redondo m, de acero m inoxidable
— — **screw** n - [mech] tornillo m de acero m inoxidable
— — **seamless tubing** n - [tub] tubería f sin costura de acero m inoxidable
— — **shackle** n - [mech] grillete m de acero m inoxidable
— — **shaft** n - [mech] árbol m, or eje m, de acero m inoxidable
— — **sheet** n - [metal-roll] lámina f, or chapa f, de acero m inoxidable
— — **special shape** n - [metal-roll] perfil m especial de acero m inoxidable
— — **spring** n - [mech] resorte m, or muelle m, de acero m inoxidable
— — — **lockwasher** n - [mech] arandela f para seguridad f de acero m inoxidable con resorte
— — **square** n - [metal-roll] barra f cuadrada de acero m inoxidable • [tools] escuadra f de acero m inoxidable
— — — **bar** n - [metal-roll] barra f cuadrada de acero m inoxidable
— — **stem** n - [mech] vástago m de acero m inoxidable
— — — **gate** n - [hydr] compuerta f con vástago m de acero m inoxidable
— — — **splice** n - [hydr] empalme m en vástago m de acero m inoxidable
— — **strip** n - [metal-roll] banda f, or cinta f, or chapa f, or fleje m, or lámina f, de acero m inoxidable
— — **thermosiphon evaporator** n - [nucl] evaporador m con termosifón f de acero inoxidable
— — **trim** n - [metal-fabr] guarnición f de acero m inoxidable
— — **tube,bing** n - [tub] tubo m, or tubería f, de acero m inoxidable
— — **ware** n - [domest] vajilla f de acero m inoxidable
— — **washer** n - [mech] arandela f de acero m inoxidable
— — **wear plate** n - [mech] plancha f de acero m inoxidable para desgaste m
— — **weld(ing)** n - [weld] soldadura f de acero m inoxidable
— — — **(ing) quality** n - [weld] calidad f de acero m inoxidable para soldadura(s) f
— — **welded, tube, or tubing** n - [tub] tubo n soldado, or tubería f soldada, de acero m inoxidable
— — **welding electrode** n - [weld] electrodo m, de acero m inoxidable para soldadura f, or para soldadura f de acero m inoxidable
— — — **rod** n - [weld] varilla f, de acero m inoxidable para soldadura f, or para soldadura f de acero m inoxidable
— — — **wire** n - [weld] alambre m de acero m inoxidable para soldadura f
— — **weldment** n - [weld] pieza f soldada de acero m inoxidable
— — **wire** n - [wire] alambre m de acero m inoxidable
stainless steel wire brush n - [tools] cepillo m de alambre m de acero m inoxidable
— — — **rope** n - [cabl] cable m de acero m inoxidable
— **stem** n - [mech] vástago n (de acero m) inoxidable
— — **gate** n - [hydr] compuerta f con vástago m (de acero m) inoxidable
— — **splice** n - [hydr] empalme m en vástago m (de acero m) inoxidable
— **street elbow** n - [tub] codo m macho y hembra (de acero m) inoxidable
— **strip** n - [metal-roll] banda f, or cinta f, or chapa f, or fleje m, (de acero m) inoxidable
— **structural shape** n - [metal-roll] perfil m estructural (de acero m) inoxidable
— **thumb screw** n - [mech] tornillo m inoxidable para ajuste m manual
— **tube,bing** n - [tub] tubo m, or tubería f, (de acero m) inoxidable
— **weld(ing)** n - [weld] soldadura f (de acero m) inoxidable
— —**(ing) wire** n - [metal-prod] alambre m inoxidable para (electrodos m para) soldadura f
— **wing nut** n - [mech] tuerca f mariposa inoxidable
— **wire** n - [wire] alambre m inoxidable
Stainweld electrode n - [weld] electrodo m (Stainweld) para soldadura f de acero(s) m inoxidable(s)
stair(s) flight n - [constr] tramo m de escalera
—**(s) landing** n - [constr] descanso,sillo m
— **step** n - [constr] escalón m; peldaño m
stairway n - [constr] escalera de rampa f
stake n - . . .; estaquilla f; várgano m - [miner] denuncia f • [tools] bigorneta f | v - [constr] estaquillar • [miner] denunciar
— **pattern** n - [mech] patrón m para estaquillado
staked a - [mech] estaquillado,da
stakeman n - [topogr] estaquero* m
staking n - [mech] estaquillado* m
— **tool** n - [tools] estaquilladora* f
stale gasoline n - [petrol] gasolina f rancia
stalk v - . . .; rondar (en torno a)
— **cutter** n - [agric] cortadora f, or trozadora* f, para tallo(s) m
stalked a - rondado,da (en torno a)
stalking n — ronda f (en torno a)
stall n - . . . • [constr] soporte m
— @ **motor** v - [electr-mot] parar motor m
— **type** a - [sanit] de tipo m recto, or vertical
— **urinal** n - [sanit] mingitorio m de tipo m, recto, or vertical
— **urinal** n - [sanit] mingitorio m, recto, or vertical
stalled a - . . .; detenido,da
— **car** n - [autom] automóvil m, parado, or inmovilizado
— **engine** n - [int.comb] motor m, parado, or detenido
— **motor** n - [electr-mot] motor m parado
stammer v - [medic] . . .; gaguear
stammering n - [medic] gagueo m
stamp @ biscuit v - [culin] estampar bizcocho m
— **die** n - [mech] molde m para matriz(ar)
— @ **link** v - [chains] estampar eslabón m
— **mill** n - [mech] see **stamping mill**
— **plate** n - [mech] placa f matriz
— **tax** n - [fisc] impuesto m de timbre(s) m; sellado m
stamped a - . . .; marcado,da
— **biscuit** n - [culin] bizcocho m estampado
— **blank** n - [mech] plancha f estampada
— **chain** n - [chains] cadena f estampada
— **circuit** n - [electron] see **printed circuit**
— **code** n - código m estampado
— **component** n - [mech] (pieza f) componente m estampado,da
— **identification** n - identificación f estampada

standard blade

stamped link n - [chains] eslabón m estampado
— **plate type resistor** n - [electr-equip] resistencia f de tipo con plancha f estampada
stamper man n - [ind] estampador m
— **operator** n - [ind] operador m para estampadora
stamping n - . . .; estampación f • marca f • [metal-fabr] pieza f, estampada, or forjada, con estampa f; troquelado m
— **die** n - matriz f, or molde m, para estampar
— **hammer** n - [tools] martillo m, estampador, or para estampar
— **machine** n - [mech] (máquina) estampadora f
— **mill** n - [miner] molino m, con, mazo(s) m, or pisón(es), or para mineral m
stance n - . . . . • [cranes] extensión f; alcance
stanched a - [hydr] estancado,da
stanching a - [hydr] estancamiento m
stanchion n - . . . . • [constr] montante m • [naut] escora f | v - [naut] escorar
stand n - . . . .; caja f; bastidor m; pie m • [com] . . .; pie m para exhibición f ; also see **booth** • [metal-roll] caja f; tren m; jaula f • [Mex.] castillo m • [Spa.] castillete m • [agric] herbaje m • [petrol] parada f • tira f de, tubo(s) m, or barra(s) f • [mech] apoyo m; soporte m; pedestal m • [sports] . . .; grada(s) f; gradería f | v - . . .; permanecer; estar; sostener(se)
— **bed** n - [mech] base f, or lecho m, para plataforma f
— **behind** v - respaldar; responsabilizar(se)
— **by** n - reserva f | a - para reserva f
—— **computer** n - [comput] ordenador m para reserva
—— **power** n - [electr-prod] energía f para reserva
— **clear** v - quedar(se), or mantener(se), or permanecer, apartado,da
. . . —— **cold rolling mill** n - [metal-roll] tren m con . . . caja(s) f para laminación f en frío m
. . . —— **strip mill** n - [metal-roll] tren n con . . . caja(s) f para chapa(s) f en frío
. . . —— **continuous billet mill** n - [metal-roll] laminador m, or tren m, continuo con . . . caja(s) f para palanquilla f
— **design** n - [metal-roll] proyección f para caja
— **exit** n - [metal-roll] salida f para caja f
— **feeding guide** n - [metal-roll] guía f para entrada f a caja f
. . . —— **finishing mill** n - [metal-roll] tren m laminador con . . . caja(s) f
. . . —— **hot rolling mill** n - [metal-roll] tren m con . . . caja(s) f para laminación f en caliente
—**in** n - [labor] cubrebajas m; suplente m
— **in** v - [labor] cubrir baja f
. . . —— **mill** n - [metal-roll] laminador m, or tren m con . . . caja(s) f
— **number** n - [metal-roll] número n de caja f
— **on @ head** v - parar(se) de cabeza f
— **@ nose** v - parar(se) de punta f
— **pipe** n - [hydr] columna f de agua • [petrol] tubería f vertical (para alimentación f de inyección f)
— **point** n - [petrol] base f
— **ready** v - estar, listo, or en condición(es) f
— **roller** n - [metal-roll] laminador m, or operador m, para caja f
. . . —— **roughing mill** n - [metal-roll] tren m desbastador con . . . caja(s) f
. . . —— **skin pass mill** n - [metal-roll] tren m con . . . caja(s) f para temple m
— **speed** n - [metal-roll] velocidad f de caja f
— **still** v - . . .; permanecer estacionario,ria
. . . —— **tandem cold mill** n - [metal-roll] tren m, or laminador m, en frío con . . . caja(s) en tandem
. . . —— **mill** n - [metal-roll] tren m tándem con . . . caja(s) f
. . . —— **temper mill** n - [metal-roll] tren m, or

laminador m, con . . . caja(s) f para temple
—**(s) train** n - [metal-roll] tren m con . . . caja(s) f
stand up v - parar(se); eguir(se); erizar(se) • comportar(se) • aguantar; resistir; subsistir • [autom] caer, or aterrizar, sobre rueda(s) f delantera(s)
standard n - estándar n - . . .; código m; regla f; norma f para aplicación f; regla f • [constr] soporte m; pilar m; montante m; paratén m • [roads] columna f; indicador m; letrero m | a - corriente; normal; según norma; regular; de serie f; convencional; estándar; según norma f; normativo,va; complemento m, normal, or según norma f • clásico,ca
— **A A S H O density** n - [soils] densidad f, estandar, or normal, según A A S H O
— **A A S H T O density** n - [soils] densidad f, estándar, or normal, según A A S H T O
— **acceptance** n - aceptación f, or reconocimiento m, según norma f
— **accesory** n - [ind] accesorio m, estándar, or corriente, or según norma f
— —— **set** n - [ind] conjunto m, or juego m, normal de accesorio(s) m
— **Alemite fitting** n - [mech] pico m para engrase Alemite, estándar, or según norma f
— **all bronze** a - [valv] íntegramente de bronce m según norma f
— **all-hydraulic outrigger** n - [cranes] estabilizador m estándar totalmente hidráulico
— **alloy electrode** n - [weld] electrodo m según norma f con (elementos m de) aleación f
— —— **flux** n - [weld] fundente m según norma f con (elementos m de) aleación f
— **alternating current** n - [electr-prod] corriente f alterna, estándar, or según norma f
— **alumina brick** n - [refract] ladrillo m aluminoso, estándar, or según norma f
— **American Petroleum Institute groove gage** n - [petrol] calibre m para ranura(s) f, estándar, or según norma f, según Instituto m Estadounidense para Petróleo
— —— **Society for Testing and Materials sieve** n - [mech] malla f estándar según Sociedad f Estadounidense para Ensayos m y Materiales m
— **analogue voltmeter** n - [instrum] voltímetro m analógico, estándar, or según norma f
—**(s) and Weight(s) and Measurement(s) General Law** n - [legal] Ley f General sobre Normas f y Pesos m y Medidas f
—**(s) application** n - aplicación f de norma(s) f
— **arrangement** n - disposición f, estándar, or corriente
— **assembly** n - conjunto m, estándar, or según norma f
— **authorized staff** n - [labor] plantilla f, or personal m, según norma f autorizada
— **automatic coupling** n - [rail] acoplamiento m, or enganche m, automático estándar
—**(s) availability** n - disponibilidad f de norma(s) f
— **backfill** n - [constr] (material m para) relleno m estándar
— —— **density** n - [constr] densidad f estándar para relleno m
— **bail** n - [mech] armella f estándar
— **bearing** n - [mech] cojinete m, or rodamiento m, estándar, or corriente, or clásico
— —— **set** n - [mech] juego m, corriente de cojinete(s), or de cojinete(s) m corriente(s)
— **Bin-Wall element** n - [constr] elemento m estándar para muro m tipo cajón m
— —— **panel** n - [constr] panel m estándar para muro m tipo m cajón m
— **black pipe** n - [tub] tubo m negro, or tubería f negra, estándar, or según norma f, or corriente, or común
— **blade** n - [mech] cuchilla f, or hoja f, estándar, or según norma f • [fans] paleta f, estándar, or según norma f

standard blank n - [mech-wheels] rueda f en bruto, estándar, or según norma f
— **bolt** n - [mech] perno m, corriente, or común
— — **nut** n - [mech] tuerca f para perno(s), estándar, or corriente(s), or común(es)
— **bolted seam** n - [mech] costura m empernada estándar
— **boom** n - [cranes] aguilón m, estándar, or según norma f, or corriente
— **bore** n - [mech] taladro m estándar • [int.-comb] motor m, or cilindro m, sin rectificar
— **brace** n - [mech] riostra f estándar
— **brake** n - [mech] freno m estándar
— **brazed joint** n - [tub] junta f según norma con soldadura f con bronce m
— **bronze** n - [valv] bronce m según norma f
— **bushing** n - [mech] buje m, estandar, or según norma f, or corriente
— **butt weld end** n - [tub] extremo m según norma para soldadura f a tope m
— **cable** n - [cabl] cable m, estándar, or según norma f, or corriente, or normal, or común
— **capacity** n - capacidad f, estándar, or según norma f, or normal, or común, or corriente
— **carbon steel** n - [metal-prod] acero m con carbono, estándar, or según norma f
— **carriage** n - [weld] (carrito) portapistola(s) m, estándar, or según norma f
— **cast iron pipe** n - [tub] tubo m, or tubería f, estándar se hierro m fundido
— **casting test** n - [metal-prod] ensayo m, estandar, or según norma f, para colada f
— **catchbasin** n - [hydr] sumidero m estándar
— **catwalk** n - [cranes] pasarela f estándar
— **channel** n - [metal-roll] viga f acanalada, estándar, or corriente; perfil m estándar en U
— **check(ing)** n - verificación f, estándar, or según norma f
— **chuck** n - [tools] mandril m, or portabroca(s) m, estándar, or según norma f
— **circuit** n - [electr-instal] circuito m, estándar, or según norma f, or normal
— **circumferential hole** n - [mech] agujero m, or orificio m, circunferencial estándar
— **close galvanized nipple** n - [tub] entrerrosca f galvanizada con, largo m mínimo, or rosca f corrida, estándar, or corriente
— — **nipple** n - [tub] entrerrosca f con, largo m mínimo, or rosca f corrida, estándar
— **coil** n - [mech] rollo m, estándar, or corriente, or según norma f
— **coke combustion intensity** n - [metal-porod] intensidad f de combustión f normal de coque
— **coking operation** n - [coke] operación f, estandar, or según norma f, para coquización f
— **color code** n - código m estándar para colores
— **combustion intensity** n - [combust] intensidad f, estándar, or según norma f, para combustión
— **(s) comparison** n - compración f de norma(s) f
— **concrete** n - [constr] hormigón m corriente
— **construction strand** n - [cabl] cordón m (con construcción f, estándar, or corriente
— — **wire rope** n - [cabl] cable m de alambre m con construcción f estándar
— — — **cable** n - [cabl] cable m corriente de alambre m
— — — — **strand** n - [cabl] cordón m corriente para cable m de alambre m
— **cord** n - [electr-cond] cordón m, estándar, or según norma f
— **cored head plug** n - [mech] tapón f, estándar, or según norma f, con cabeza f ahuecada
— — **plug** n - [mech] tapón m, estandar, or según norma f, ahuecada
— — — **square head plug** n - [mech] tapón m, estándar, or según norma f, con cabeza f cuadrada ahuecada
— **corrugated metal pipe** n - [tub] tubería f metálica corrugada, estándar, or según norma f
— — **pipe** n - [tub] tubería f corrugada, estándar, or según norma f, or corriente

standard corrugated steel n - [constr] acero m corrugado, estándar, or según norma f
— — **pipe** n - [tub] tubo m, or tubería f, de acero m corrugado estándar
— — **arch** n - [tub] tubo m abovedado, or tubería f abovedada, de acero m corrugado estándar
— **corrugation** n - [mech] corrugación f estándar
— **cost** n - [accntg] costo m, estándar, or de norma f, or corriente
— **(s) system** n - [accntg] sistema m de costo(s), estándar, or según norma f
— **countersunk pipe plug** n - [tub] tapón f con cabeza f embutida, estándar, or según norma f, para, tubería f
— — **plug** n - [mech] tapón m embutido, estándar, or según norma f
— **coupler** n - [rail] enganche m, or acoplamiento m, estándar, or corriente
— **coupling** n - [electr-instal] acoplamiento m corriente • [rail] enganche n, or acoplamiento, estándar, or corriente • [tub] unión f, estándar, or según norma f, or corriente
— — **band** n - [metal-fabr] banda f para acoplamimento m (de tipo m), corriente, or común
— **crane** n - [cranes] grúa f, estándar, or común
— **crankshaft** n - [mech] cigüeñal m, or biela f, estándar, or según norma f, or corriente
— — **bearing** n - [mech] cojinete m corriente para cigüeñal m
— **cubic foot** n - [metric] pie m cúbico de norma
— — **feet** n - [combustl] gasto m (en pies m cúbicos) a presión f de 30 pulgadas f de mercurio m a 60 grados F
— **dead weight** n - [roads] peso m muerto de columna f
— **density** n - densidad, estándar, or según norma, or normal
— — **compacting** n - [soils] compactación f hasta densidad f, estándar, or según norma f
— **detail drawing** n - [drwng] plano m detallado, estándar, or según norma f
— **direct current** n - [electr-prod] corriente f continua estándar
— **drilling system** n - [petrol] sistema m, estándar, or según norma f, para perforación f
— **drinking water** n—[hydr] agua m potable común
— **drive** n - [mech] mecanismo m, estándar, or corriente, para impulsión f
— — **hammer** n - [constr-pil] martinete m, estándar, or corriente, para hincadura f
— **dual tone** n—[electron] tono m estándar doble
— — **multifrequency** n - [electron] multifrecuencia f estándar para tono m doble
— **duty** n - [ind] servicio m según norma f
— — **cycle** n - [electr] ciclo m normal para servicio m
— **elbow** n - [tub] codo m, estandar, or común
— **electric starter** n - [int.comb] arrancador m eléctrico m, estándar, or según norma f
— **(al) engineering practice** n - [electr] práctica estándar para ingeniería f eléctrica
— **(al) specification** n - [electr] especificación f eléctrica, estándar, or según norma f
— **electrode** n - [weld] electrodo m, estándar, or según norma f, or corriente, or común
— — **coil** n - [weld] rollo m, estándar, or corriente, de electrodo m
— — **holder** n - [weld] portaelectrodo(s) m, estandar, or según norma f, or corriente
— **electromagnetic chuck** n - [lathes] mandril m, or portabroca(s) m, electromagnético, estándar, or según norma f
— **escalation** n - ajuste m alzado estándar
— **formula** n - [com] fórmula f estandar para ajuste m alzado
— **(s) establishing** n - [ind] establecimiento m de, norma(s) f, or normativa(s)*
— **factory-assembled pipe** n - [tub] tubería f, estándar, or corriente, armada en fábrica f

standard factory-made seam n - [mech] costura f estándar, hecha, or efectuada, en planta f
— fastener n - [mech] sujetador m, estándar, or según norma f • clavija f estándar
— fitting n - [mech] accesorio n, estándar, or según norma f • [lubric] pico m para engrase m, estándar, or según norma f
— flow setting n - [hydr] regulación f estándar para, caudal, or flujo m
— flange n - [mech] brida f, or reborde, estándar, or según norma f, or corriente
— flat car n - [rail] vagón m plataforma, estándar, or (de tipo m) corriente
— — faced steel n - [tub] acero m con cara f plana, estándar, or según norma f
— flux n - [weld] fundente m, estándar, or según norma f
— for Intermediate Casement Section Windows n - [constr] Norma f para Ventanas con Secciónes f Intermedias Abisagradas
— — Qualification of Welding Procedures and Welders for Piping and Tubing n - [weld] Norma f para Aprobación f de Procedimiento(s) m para Soldadura y de Soldadores oara Tuberías
— — welding pipe lines and related facilities n - [weld] norma f para soldadura f de tuberías f para conducción f e instalación(es) f similar(es)
— force requirement n - [labor] personal m, or plantel m, exigido normalmente
— forge blank n - [mech-wheels] rueda f forjada en bruto, estándar, or según f norma f
— forging n - [metal-prod] forjadura f, estándar, or según norma f, or corriente
— front wheel n - [mech] rueda f delantera, estandar, or de norma f, or corriente
— gage n - [rail] entrevía f, or ancho m de vía f, estándar, or internacional (europea); trocha f normal (europea); trocha f, or entrevía f, de 1,435 m 95'8.5" • [Arg.] trocha f media • [instrum] calibre m, or plantilla f, estándar, or normal, or según norma f
— — table n - [metal-roll] tabla f de calibres f según norma f
— galvanized bushing n - [mech] buje m galvanizado, estándar, or según norma f
— galvanized close pipe nipple n - [tub] entrerrosca f galvanizada con, largo m mínimo, or rosca f corrida, para tubería f, estándar, or corriente
— — nipple n - [tub] entrerrosca f galvanizada, estándar, or corriente
— — steel coupling n - [mech] unión f, estándar, or corriente, de acero m galvanizado
— — tee n - [tub] te m galvanizado, estándar, or corriente
— gas brazing rod n - [weld] varilla f estándar para soldadura f, fuerte, or con latón m, con llama f con gas m
— gear n - [mech] engranaje m, estándar, or según norma, or normal
— grab hook n - [mech] gancho m retenedor, estándar, or según norma f
— — oil n - [mech] aceite m, estándar, or según norma f, para engranaje(s) m
— — shift n - [mech] cambio m para velocidad(es) f, estándar, or según norma f
— grain size n - granulometría f, estándar, or según norma f
— groove gage n - [instrum] calibre m, estándar, or según norma f, para ranura(s) f
— guaranty n - garantía f, estándar, or normal
— guide axle n - [mech] eje m guía estándar
— gun holder n - [weld] portapistola(s) m, estándar, or corriente, or según norma f
— hanger n - [tub] soporte m colgante, estándar, or según norma f
— head bolt n - [mech] perno m con cabeza f, estándar, or corriente
— — to control lead n - [weld] conductor m, or cable m, estándar, or según norma f, desde cabeza f (soldadora) hasta regulador m
— standard heat treated rail n - [metal-roll] riel m, or carril m, estándar, or según norma f, con tratamiento m térmico
— helical pipe n - [tub] tubo m, or tubería f, helicoidal, estándar, or según norma f
— hexagonal bushing n - [mech] buje m hexagonal, estándar, or según norma f, or corriente
— — nut n - [mech] tuerca f hexagonal corriente
— high pressure filter n - [mech] filtro m corriente para presión f, alta, or elevada
— holder n - [weld] portaelectrodo(s) m, estándar, or según norma f, or normal
— . . . hole punch(ing) n - [mech] perforación f estándar con . . . agujero(s) m
— hook and eye bolt n - [mech] perno m común con gancho m y ojo m
— horizontal upsetter n - [mech] recalcadora f horizontal corriente
— hour f - [chronol] hora f normal
— I-beam n - [metal-roll] viga f T doble, estándar, or corriente, or común
— ice load n - [constr] carga f de hielo m sobre columna f
— indication n - indicación f, estandar, or según norma f
— input n - [electr] corriente f normal, entrada, or aportada
— — cable n - [weld] cable m normal para. entrada f, or aportación f
— — voltage n - [weld] voltaje m aportado normalmente
— interpretation n - interpretación f, estándar, or según norma f • interpretación f de norma f
— joint preparation n - [weld] preparación f normal de junta f
— lagging n - [cranes] recubrimiento m, or forro m, estándar, or corriente, or común
— lap-joint riveted construction n - [metal-fabr] construcción f, estándar, or corriente, remachada con junta f traslapada
— laying length n - [constr] largo m estándar para instalación f
— lead n - [electr-cond] conductor m, or cable m, estándar, or según norma f
— length n - largo(r) m or largura f, or medida f, estándar, or según norma f • [mech] tramo m, estándar, or según norma f
— lighting unit n - [roads] artefacto m estándar para alumbrado m
— liner n - [mech] camisa f, estándar, or según norma f, or corriente
— load tire n - [autom-tires] neumático m para carga f, estándar, or normal
— lockout n - [autom-mech] desacoplador m, estándar, or corriente
— lockwasher n - [mech] arandela f para seguridad f, estándar, or corriente
— loop n - [cabl] lazo m, estándar, or corriente • [electr-instal] circuito m estándar
— low velocity fastener n - [mech] sujetador m, or clavija f, estándar para velocidad f reducida
— machine hour n - [ind] hora f máquina, estándar, or normal, or según norma f
— maintenance n - [electr- instal] conservación f de columna(s) f • [ind] mantenimiento m, or conservación f, estándar, or según norma f
— malleable iron n - [metal-prod] hierro m maleable, estándar, or según norma f
— manual pull-out boom n - [cranes] aguilón m estándar extraíble* manualmente
— manufacturing practice n - [ind] práctica f, estándar, or según norma f, para fabricación
— material n - material m, or producto m, estándar, or según norma f
— mesh n - [mech] malla f estándar
— metropolitan statistical area n - [pol] zona f estadística metropolitana
— model clamp n - [mech] mordaza f de modelo m, estándar, or según norma f

standard motor speed n - [mech] velocidad f, estándar, or según norma, or normal, para motor
— **muffler** n - [int.comb] silenciador m, estándar, or según norma f, or corriente
— **multifrequency** n - [electron] multifrecuencia* f, estándar, or según norma f
— **National wellhead** n - [petrol] cabezal m National, estándar, or según norma f, para pozo
— **nib** n - [wiredrwng] pico m, estándar, or según norma, or normal, (para trefilería f)
— — **rough cored to @ standard size** n - [wiredrwng] pico m (para trefilería f) estándar, or según norma f, sin rectificar para diámetro(s) m, estándar, or según norma f
— **nipple** n - [tub] entrerrosca f, estándar. or según norma f
— **nomenclature** n - nomenclatura f, estándar. or según norma f
— **nominal gage** n - [metal-roll] espesor m, or calibre m, nominal según norma f
— **nut** n - [mech] tuerca f corriente
— **offset** n - [mech] desplazamiento m normal
— **oil** n - [lubric] aceite m, estándar, or normal, or corriente, or según norma f
— — **filter** n - [mech] filtro m, estándar, or según norma f, para aceite m
— — **radiator** n - [mech] radiador m, estándar, or según norma, or corriente, para aceite m
— **operating** n - [ind] operación f, estándar, or según norma f
— **operational characteristic** n - característica f, estándar, or normal, or según norma f, para funcionamiento
— **original equipment wheel** n - [autom] rueda f estándar en equipo m original
— **outlet** n - [mech] salida f, estándar, or normal • [electr-instal] tomacorriente m, estándar, or según norma f, or corriente
— **output** n - [ind] producción f, estándar, or según norma f, or normal
— **pack(age)** n - paquete m, or caja f, estándar
— **packing** n - empaque m, estándar, or corriente
— **paint(ing)** n pintura f, estándar, or según norma f, or corriente
— **part** n - [mech] pieza f, estándar, or según norma f, or corriente
— **pattern** n - configuración f según norma f
— **personnel** n - [labor] plantilla f normal
— **. . . piece band** n - [mech] banda f estándar con . . . pieza(s) f
— **pig iron production practice** n - [metal-prod] práctica f, estándar, or según norma f, para, elaboración f, or producción f, de arrabio m
— **pile driving hammer** n - [constr-pil] martinete m, estándar, or corriente, para hincadura
— **pipe** n - [tub] tubo m, or tubería f, estándar
— — **galvanized nipple** n - [tub] entrerrosca f galvanizada, estándar, or corriente, para, tubo m, or tubería f
— — **hanger** n - [tub] soporte m colgante, estándar, or según norma f, para tubería f
— — **nipple** n - [tub] entrerrosca f, estándar, or según norma f, para tubería f
— — **saddle** n - [tub] sillete m, estándar, or según norma f, para, tubo m, or tubería f
— — **seam type** n - [tub] tipo m de costura f, estándar, or según norma f, para tubería f
— — **size** n - [tub] diámetro m estándar para tubería f
— — **post** n - [constr] poste m tubular, estándar, or corriente
— **piston** n - [mech] émbolo m, estándar, or corriente
— — **ring set** n - [int.comb] juego m (corriente) de aro(s) (corrientes) para émbolo m
— **plank width** n - [constr] ancho m normal para, tablón m, or plancha
— **plant** n - [ind] planta f, tipo, or estándar
— **plate** n - [metal-roll] plancha f, or placa f, estándar, or según norma f
— **plug** n - [mech] tapón mm estándar, or según norma f - [electr-inestal] enchufe m, estándar, or según norma f, or corriente; macho m
standard point n - [constr-pil] cruceta f según norma f
— **policy** n - práctica f corriente; disposición f vigente
— **Portland cement concrete** n - [constr] hormigón m corriente con cemento m pórtland
— **post** n - [constr] poste m corriente • [roads] poste m para indicador(es) m
— **power** n - [electr-distrib] energía f, or corriente, estándar, or según norma, or normal
— **practice** n - [ind] práctica f, or procedimiento m, estándar, or usual, or corriente, or según norma f, or normal
— **practice procedure** n - procedimiento m, estándar para práctica f
— **prefabricated fitting** n - [tub] pieza f para conexión f corriente prefabricada
— **production minute** n - [ind] minuto m, estándar, or según norma f, para producción f
— — **weld(ing)** n - [weld] soldadura f en serie f, estándar, or según norma f
— **profile** n - perfil m estándar
— **provision** n - [insur] condición f general
— **publication** n - [print] publicación f estándar, or según norma f
—**(s) publishing** n - publicación f de norma(s) f
— **quality** n - [ind] calidad f, estándar, or según norma f
— **quantity** n - cantidad f estándar
— **quenching car** n - [coke] vagón m corriente para apagamiento m
— **radiator** n - [mech] radiador m, estándar, or según norma f, or corriente
— **rail** n - [rail] riel m, or carril m, estándar, or normal • [weld] bastidor m
— **rate** n - razón f, or tipo m, estándar, or según norma f
— **rating** n - capacidad f, nominal, or estándar, or según norma f
— **ratio** n - relación f, or razón f, estándar, or según norma, or normal, or corriente
— — **gear** n - [mech] engranaje m con, relación f, or razón f, estándar, or normal
— **rebuilding** n - [constr] reconstrucción f, or reedificación f, estándar, or según norma f
— **receptacle** n - [electr-instal] tomacorriente m estándar; avoid receptáculo* m
— **Recommendation Practice for @ Design pf Concrete Mixes** n - [constr] Práctica según Norma f Recomendada para Proyección f para Mezclas f de Hormigón
— — **safe job procedure** n - [safety] procedimiento m según norma f seguro recomendado para trabajo m
— **reducer** n - [tub] reductor m, estándar, or según norma f, or corriente, or común
— **reducing elbow** n - [tub] codo m, reductor, or para reducción f, estándar, or según norma f, or corriente, or común
— — **street elbow** n - [tub] codo m macho y hembra, reductor, or para reducción f, estándar, or según norma, or corriente, or común
— **reel** n - [mech] carrete m corriente
— **reel shaft** n - [mech] árbol m, or eje m, corriente, or según norma f, para carrete m
— **reference pattern** n - [electr-instal] gráfico m tipo m para referencia f
— **regular hexagon(al) nut** n - [mech] tuerca f hexagonal regular, estándar, or según norma f
— **relining** n - [metal-prod] reconstrucción f, estándar, or según norma f
— **rib** n - [mech] nervadura f estándar
— **rig** n - [constr] martinete m corriente • [petrol] equipo m para perforación f, estándar, or según norma f, or tipo por percusión
— **rig and driving hammer** n - [constr] martinete m, estándar, or según norma f, or corriente
— — **iron(s)** n - [petrol] herraje(s) m, estándar para equipo m para perforación f

standard rim n - [mech] llanta f, estándar, or normal
— **ring** n - [mech] aro m, or anillo m, corriente
— **riser** n - [tub] respiradero m estándar
— **riveted construction** n - [mech] construcción f, estándar, or corriente, remachada
— **rock bit** n - [petrol] barreno,na m/f estándar para, roca f, or formación(es) f dura(s); barreno,na m/f con cono(s) m
— — **point** n - [constr-pil] cruceta f, estándar, or según norma f, para hincadura en roca
— **roll(er)** n - [mech] rollo m, or rodillo m, estándar, or según norma f
— **rolled narrow flange section** m—[metal-roll] sección f laminada según norma f con ala f angosta
— — **section** n - [metal-roll] perfil m, or sección f, laminado,da según norma f
— — **shape** n - [metal-roll] perfil m laminado según norma f
— — **wide flange section** n - [metal-roll] perfil m, or sección f, laminado,da según norma f con ala f ancha
— **saddle** n - [mech] sillete m según norma f
— **Safety Code for the Industrial Use of X-Rays** n - [safety] Código m según Norma f para Seguridad f en Empleo m Industrial de Rayos-X
— **screwed end** n - [valv] extremo m roscado según norma f
— **seamless pipe** n - [tub] tubo m, or tubería f, estándar, or corriente, sin costura f
— **self-supporting unit** n - [constr] sección f autosoportante corriente
— **service** n - [ind] servicio m, estándar, or según norma f
— **setting** n - [mech] regulación f estándar
— **shaft** n - [mech] árbol m, or eje m, estándar, or según norma f, or corriente, or normal
— — **stuffing box** n - [mech] chumacera f normal para, árbol m, or eje m
— **shape** n - conformación f, estándar, or según norma f - [refract] pieza f, or ladrillo m, corriente • [metal-roll] perfil m normal
— **sheave** n - [cranes] polea f, estándar, or corriente, or según norma f
— **shift(ing)** n - [mech] cambio m, estándar, or según norma f, or normal, para velocidad(es) f
— **sieve** n - [mech] cedazo m, or malla f, estándar, or corriente
— **single alectrode carriage** n - [weld] carrito m portapistola(s) según norma f para electrodo m único
— — **row bearing** n - [bearings] cojinete m, or rodamiento m, estándar, or clásico, con hilera f, única, or sencilla (de rodillos)
— **size** n - tamaño m, or diámetro m, or medida f, estándar, or según norma f, or corriente. or normal
— — **corrugated pipe** n - [tub] tubería f corrugada con diámetro m, estándar, or según norma f
— — **pipe** n - [tub] tubería f con diámetro m, estándar, or según norma f
— **size(d) lens** n - [optics] lente m, or cristal m, con tamaño m, estándar, or según norma f
— **smooth galvanized fitting** n - [tub] accesorio m, estándar, or según norma f, liso galvanizado
— **soil** n - [soils] suelo m, estándar, or normal
— **solution** n - [math] solución f estándar • [chem] disolución f estándar
— **Specification for Building Brick** n - [ceram] Especificación f Estándar para Ladrillo(s) m para Construcción f
— — — **Creosoted End-Grain Wood Block Flooring for Industrial Use** n - [constr] Especificación f Estándar para Bloques m de Madera f Contrahilo Creosotados para Pisos m para Uso m Industrial
— — — **Facing Brick** n - [ceram] Especificación f Estándar para Ladrillo(s) m para Revestimiento m

Standard Specification for Hollow Load Bearing Concrete Masonry Units n - [constr] Especificación f según Norma para Piezas f para Albañilería f de Hormigón Hueca(s) para Soportar Carga(s) f
— — — **Low Carbon Steel Externally and Internally Threadewd Standard Features** n—[constr] Especificación f Estándar para Sujetadores m Roscados Exterior(mente) e Interiormente de Acero m con Carbono m Bajo
— — — **Paving Brick** n - [constr] Especificación f Estándar para Ladrillos m para Pavimentación f
— — — **Steel for Bridges and Buildings** n - [constr] Especificación f Estándar para Acero m para Puentes m y Edificios m
— — — **Structural Rivet Steel** n - [constr] Especificación f Estándar para Acero m Estructural Remachado
— **speed** n - velocidad f, estándar, or según norma f, or corriente, or normal
— **square head(ed) plug** n - [mech] tapón m, estándar, or según norma f, con cabeza f cuadrada
— — **plug** n - [mech] tapón m cuadrado, estándar, or según norma f
— **Squirtmobile gun holder** n - [weld] portapistola(s) m (Squirtmobile) estándar para avance m mecanizado
— **stabilizer** n - [cranes] estabilizador m, estándar, or según norma f, or corriente
— — **control** n - [cranes] mando m, estándar, or según norma f, para estabilizador m
— — **remote control** n - [cranes] telemando m, estándar, or según norma f, or corriente, para estabilizador m
— **staff** n - [labor] plantilla f, or personal m, estándar, or según norma f
— **statistical area** n - [pol] zona f estadística, estándar, or según norma f, or corriente
— **step-bevel end finish** n - [tub] sección f oblicua escalonada estándar para extremo m
— **stick hoe** n - [constr-tools] azadón m con mango m, estándar, or corriente
— **stickout** n - [weld] prolongación f normal
— **stipulation(s)** n - [insur] condición(es) f general(es)
— **strand** n - [cabl] cordón m corriente
— **street elbow** n - [tub] codo m macho y hembra, estándar, or según norma f
— **structural section** n - [constr] perfil m estructural, estándar, or según norma f
— **strut** n - [mech] pie m derecho, or puntal m, estándar, or según norma f
— **switch** n - [electr-equip] conmutador m, or interruptor m, estándar, or según norma f
— **system** n - sistema m, estándar, or según norma f, or corriente, or normal
— **take-off shaft** n - [mech] árbol m, estándar, or según norma f, para toma f para fuerza f
— **technique** n - técnica f, estándar, or según norma f, or corriente, or convencional
— **tee** n - [mech] te m, estándar, or corriente
— — **rail** n - [metal-roll] riel m, or carril m, T, or te, estándar, or corriente, or normal
— **telephone** n - [telecom] teléfono m estándar
— **teleprinter** n - [electron] teleimpresor m, estándar, or según norma f
— — **loop** n - [elecrron] circuito m, estándar, or según norma f, para teleimpresor m
— **temperature** n - temperatura f patrón
— **term(s)** n - [insur] condiciónes f generales
— **test** n - [ind] ensayo m, or prueba f, estándar, or según norma f
— **thread** n - [mech] rosca f estándar
— **time** n - [labor] tiempo m, normal, or estándar • hora f normal
— **tire** n - [autom-tires] neumático m estándar
— **tone** n - [electron] tono m estándar
— — **telephone** n - [electron] teléfono m con tono m estándar

standard tread contour n - [rail-wheels] contorno de plano m para rodadura f común
— **truck crane** n - [cranes] grúa f, estándar, or corriente, sobre (auto)camión m
— **truss pipe saddle** n - [tub] sillete m según norma f para tubería f entramada
— **Twinarc carriage** n - [weld] carrito m portapistola(s) m según norma para arco m gemelo
— **type coupling** n - [electr-inestal] acoplamiento m de tipo m corriente
— **U shape** n - [metal-roll] perfil m normal en U
— **upsetter** n - [mech] recalcadora f corriente
— **value** n - valor m según norma f
— **valve hole location** n - [autom-tires] ubicación f estándar para orificio m para válvula
— **velocity driver** n - [mech] hincadora f para velocidad f, estándar, or corriente
— — **stud driver** n - [tools] hincadora f para bornes m para velocidad estándar
— . . . **volt exciter** n - [electr-mot] excitador m según norma f para . . . voltio(s) m
— . . . — . . . **phase current** n - [electr-distrib] corriente f . . . fásica, estándar, or según norma f, con . . . voltio(s) m
— **voltmeter** n - [instrum] voltímetro m, estándar, or según norma f
— **W beam** n—[metal-roll] viga f (en) W estándar
— **warranty** n - garantía f estándar
— **way** n - forma f, or manera f, estándar, or según norma f, or corriente
— **weight** n - [tub] peso m, estándar, or según norma, or corriente
— **welded galvanized pipe** n - [tub] tubería f soldada galvanizada, estándar, or corriente
— **welder** n - [weld] soldadora f, estándar, or según norma f, or corriente
— **wellhead** n - [petrol] cabezal m (para pozos), estándar, or según norma f, or corriente
— **winch** n - [cranes] montacarga(s) m, or cabrestante m, estándar, or según norma f
— **wind load** n - [constr] carga f de viento m sobre columna f
— **wire rope** n - [cabl] cable m, estándar, or según norma f, de alambre m
— — **strand** n - [cabl] cordón m, corriente, or según norma f, de alambre m
— **wiredrawing nib** n - [wire] pico m, estándar, or según norma f, para trefilería f
— **wrought wheel** n - [rail-wheels] rueda f forjada, estándar, or según norma, or corriente
— **wye** n - [tub] bifurcación f estándar
standardization base(s) n - base f para normalización f
— **body** n - [ind] entidad f normalizadora
— **engineer** n - [cranes] ingeniero m, normalizador, or para normalización f
— **organization** n - [ind] organismo m para normalización f
standardize @ product v - normalizar producto m
— @ **repetitive work** v - [labor] normalizar trabajo m repetidor
standarized a - normalizado,da; uniformizado,da*
— **bridge drive** n - [cranes] impulsión f normalizada para puente m
— **component** n - pieza f, normalizada, or según norma f
— **drawing** n - [drwng] plano m normalizado
— **general specification** m - especificación f general normalizada
— **manufacturing drawing** n - dibujo m normalizado para fabricación f
— **nomenclature** n - nomenclatura f, normalizada, or uniformizada
— **repetitive work** n - [ind] trabajo m repetidor, normalizado, or uniformizado
— **shape** n - conformación f normalizada f • [metal-roll] perfil m normalizado
— **single document** n - documento m único normalizado
— **technical specification** n - especificación f técnica normalizada

standardization,zing n - [ind] normalización f • [rail] unificación f de trocha(s) f
standards n - normativa* f
— **for Welding Pipe Lines and Related Facilities** n - [weld] Normas f para Soldadura f de Tubería(s) para Conducción e Instalación(es) f Conexa(s)
— **Institute** n - Instituto m para Normas f
standby n - see **stand-by** - cubrebaja(s) m; substituto m; reserva f | a - para, reserva, or emergencia f • [fin] crédito m para respaldar programa(s) m para estabilización f monetaria
— **power generator** n - [electr-prod] generador m de reserva f para energía f
— **service** n - servicio m eventual
standing n - . . .; colocación f | a - . . .; erguido,da • estable • [transp] estacionado,da; detenido,da • [hydr] almacenado,da
— **dream** n - [fam] sueño m acariciado
— **fan** n - [mech] ventilador m con pedestal m
— **grain** n - [agric] cereal m en pie
— **on end** a - parado,da de punta
— **position** n - posición f erguida
— **pressure** n presión f constante
— **rope** n - [cabl] see **guy line**
— **seam** n - [mech] costura f, or junta f, con plegado m saliente
— **support** n - [weld] (pata f para) soporte m, plegable, or plegadizo,za
— **up** n - erguimiento m • [autom] caída f, or aterrizaje m, sobre rueda(s) f delantera(s)
— **valve cage** n - [petrol] cámara f fija para válvula f
— **vehicle** n - [autom] vehículo n estacionado
— **water** n - [hydr] agua m estancada
standoff n - [electron] separador m
stannic chloride n - [chem] cloruro m estánnico
— — **cold saturated solution** n - [chem] disolución f de cloruro m estánnico saturada en frío m
— — **saturated solution** n - [chem] disolución f de cloruro m estánnico saturada
— — **solution** n - [chem] disolución f de cloruro estánnico
stantion n - [constr] puntal m
stanza f - [gram] . . .; verso m
staple n - . . . | a - . . . | v - . . .; engrapar
— **shank** n - vástago m, or fuste m, de grapa f
— **wire** n - [wire] alambre m para grapa(s) f
stapled a - [mech] engrapado,da
— **seam** n - [mech] costura f con grapa(s) f
stapling n - [mech] engrapado* m; fijación f con grapa(s) f
star attraction n - atracción f principal
— **bit** n - [petrol] barreno,na m/f en cruz f
—**delta** a - [electr-equip] estrella-triángulo
— — **design** n - [electr-equip] proyección f, or tipo m, estrella-triángulo
— **war** n - [milit] guerra f estelar
stargaze v - [astron] observar, estrella(s) f, or astro(s) m
start n - . . .; iniciación f; inicio m; origen m; establecimiento m • [mech] . . .; puesta f en marcha f • [weld] comienzo m de cordón m • [ind] entrada f en servicio m • [sports] . . .; largada f | v - . . .; iniciar; principiar; poner en, marcha f, or funcionamiento • encender • arrancar • [sports] largar • [ind] entrar en servicio m
— **and stop** n - [mech] puesta f en marcha f y detención • alimentación f y corte m
— — — **control** n - [mech] regulación f de puesta f en marcha f y detención • [weld] regulación f para encendido m y corte m • [mech] regulador m para puesta f en marcha f y detención f • [weld] regulador m para encendido m y corte m
— — — **defect(s)** n - [weld] defecto(s) m causado(s) por arranque(s) m y detención(es) f frecuente(s)

starting gear

start and stop pushbottom(s) n - [mech] botón(es) m. or botonera f para puesta f en marcha f y detención f • [weld] botón(es) m, or botonera f, para encendido m y, apagamiento, or corte
— @ arc v - [weld] encender arco m
— @ auxiliary power use v - [weld] iniciar empleo m de energía f auxiliar
  back v - iniciar retroceso m
—(ing) button n - [mech] botón m para, arranque m, or puesta f en marcha • [weld] botón m para encendido m (de arco m)
— by hand v - iniciar manualmente
— @ car engine v - [autom] poner en marcha f, or hacer arrancar, motor m de automóvil n
— @ career v - [managm] iniciar carrera f
— @ charge v - [electr] iniciar, or comenzar, carga f
— @ engine v - [int.comb] poner en marcha f, or (hacer) arrancar, motor m
— @ fire v - [combust] encender fuego m • [safety] iniciar, or provocar, incendio m
  @ hot pass v - [weld] iniciar pasada f en caliente
— @ motor v - [electr-mot] poner en marcha f, or operar, motor m
— off v - arrancar
— only position n - [weld] posición únicamente para encendido m
— opening v - [metal-roll] iniciar deshojado m
— over again v - recomenzar; empezar nuevamente
— @ pump v - [pumps] poner en marcha f bomba f
— @ rally v - [$ports] iniciar carrera f rally*
—stop cycling n - [mech] ciclo m marcha/detención
— @ stove n - [metal-prod] poner gas m a estufa
— to cast n - [metal-prod] empezar colada f
— to tap v - [metal-prod] empezar a colar
— — weld v - [weld] iniciar soldadura f
— @ travel v - iniciar avance m
—up n - puesta f en, marcha f, or operación f, or funcionamiento m, or servicio m; arranque m; iniciación f; inicio m • encendido m • habilitación f | v - comenzar; iniciar; arancar; entrar, or poner, en, marcha f, or servicio m • [metal-prod] encender (horno m)
— — charge n - [ind] carga f para, puesta f er marcha f, or encendido
— — critical spare(s) n - [ind] repuesto(s) m crítico(s) para puesta f en marcha
— — current n - [electr-oper] corriente f para arranque m
— — engineer n - [ind] ingeniero m para puesta f en marcha
— — @ project v - [ind] poner en marcha obra f
— — run n - [ind] rodaje m
— — spare(s) n - [ind] repuesto(s) m para puesta f en marcha f
— — year n - [ind] año m de puesta f en marcha
— with @ bang v - comenzar con estrépito m
started a - iniciado,da; comenzado,da • originado,da; establecido,da • [mech] puesto,ta en marcha f; arrancado,da • [ind] entrado,da en servicio m - [sports] largado,da
— engine n - [int.comb] motor m puesto en marcha f
— fire n - [combust] fuego m encendido • [safety] incendio m, iniciado, or provocado
— firm n - [com] firma f, or empresa f, iniciada, or establecida
— motor n - [electr-mot] motor m puesto en marcha f
— pump n - [pumps] bomba f puesta en marcha f
starter n - . . . . • [electr-instal] interruptor m para entrada f - [sports] oficial m para largada f • [corredor] largado m
— aid n - [int..comb] auxiliar m para arrancador m • ayuda f para arranque m
— cable n - [int.comb] cable m para arrancador
— coil n - [int.comb] bobina f, or devanado m, para arrancador m
— cold side n - [weld] lado m, frío, or sin corriente, de interruptor m (para entrada f)
starter connection diagram n - [weld] diagrama m para conexión f para arrancador m
— control n - [electr] regulador m para arrancador • [weld] regulador m para puesta f en marcha f
— — panel n - [int.comb] tablero m para regulación f para arrancador m
— cover n - [weld] tapa f, or cubierta f, para arrancador m
— enclosure n - gabinete m para arrancador m
— engaging n - [int.comb] engranaje m de arranque m
— failure n - [int.comb] falla f en arrancador
— list n - lista f inicial
— motor n - [int.comb] motor m para arranque m
— motor engaging n - [int.comb] engranaje m de motor m para arranque m
— — reengaging n - [int.comb] reengranaje m de motor m para arranque m
— mounting panel n - [weld] panel m para montaje m para arrancador m
— parallelling n - [weld] puesta f en paralelo de arrancador(es) m
— part n - (pieza f para) repuesto m para, arranque m, or arrancador m
— pinion n - [int.comb] piñón m para arranque m
— preheater n - [int.comb] precalentador m para arranque m
— pull rope n - [int.comb] cuerda f para arranque m
— pulley n - [int.comb] polea f para arranque m
— push button n - [int.comb] botón m (deprimible*) para arranque m
— reengagement n - [int.comb] reengranaje m de arranque m
— reset(ting) button n - [electr-instal] botón m para (re)regulación f de arrancador m
— rope n - [int.comb] cuerda f para arranque m
— solenoid n - [int.comb] solenoide m para arranque m
— switch n - [int.comb] interruptor m, or llave f, para arranque m
— terminal n - [electr-instal] borne m para arrancador m
— thermal link n - [weld] elemento m térmico para arrancador m
starting n - . . . .; iniciación f; inicio m • [int.comb] arranque m; puesta f en, marcha f, or servicio m; arrancadura f • [weld] encendido m de arco m • comienzo m de soldadura f • establecimiento m; origen m • [sports] largada f | a - inicial; iniciador,ra • para arranque m
— aid n - [int.comb] (dispositivo) auxiliar m para, arranque m, or puesta f en marcha f
— bead shape n - [weld] conformación f de cordón m en punto m de encendido m
— button n - [mech] botón m para arranque m
— circuit n - [electr] circuito m para encendido m • [int.comb] circuito m para arranque m
— control printed circuit board n - [weld] tablilla f con circuito m, estampado, or impreso, para regulación f de encendido m
— crank n - [int.comb] manivela f para arranque
— current n - [electr-oper] corriente f, or energía f, (necesaria) para arranque m • [weld] amperaje m para encendido m
— — and voltage n - [weld] amperaje m y voltaje m para encendido m
— — intensification n - [weld] intensificación f de corriente f para encendido m
— — intensifier n - [weld] intensificador m para corriente f para encendido m
— cycle n - ciclo m, inicial, or para arranque
— device n - [mech] dispositivo m para arranque
— equipment n - equipo m inicial
— fluid n - [int.comb] fluido m para arranque m
— from adv - a partir de
— gear n - [lathes] mecanismo m para arranque • [mech] engranaje m para, arranque m, or velo-

cidad f primera
starting jaw n — [mech] mandíbula f para arranque
— **line** n - [sports] largada f
— **liquid** n - [int.comb] líquido m para arranque
— **location** n - punto m inicial
— **mode** n - [weld] modalidad f para puesta f en marcha f
— **open circuit voltage** n - [weld] voltaje m para encendido m en circuito m abierto
— **printed circuit board** n - [electron] tablilla f con circuito m, impreso, or estampado, para, arranque m, or encendido m
— **program** n - programa m para iniciación f
— **pulley** n - [int.comb] polea f para, arranque m, or puesta f en marcha f
— **pushbutton** n - [mech] botón m para, arranque m, or puesta f en marcha f
— **quality** n - [weld] calidad f de encendido m
— **reactor** n - [electr] reactor m para arranque
— **relay** n - [weld] relé m para encendido m • [int.comb] relé m para arranque m
— **requirement(s)** n - exigencia(s) f inicial(es) • exigencia(s) f para encendido m
— **roll** n - [mech] rodillo n, iniciador, or para iniciar, marcha f, or operación f
— **spot** n - [sports] posición f para largada f • poosición f, primera, or privilegiada
— — **drawing** n - [sports] sorteo m para (determinar) posición f para largada f
— **standard circuit** n - [weld] circuito m, estándar, or según norma f, para encendido m
— **switch** n - [electr-instal] interruptor m para arranque m • [weld] conmutador m para encendido m
— — **label** n - [int.comb] rótulo m, or marbete m, para conmutador m para arranque m
— **technique** n - [weld] técnica f para encendido
— **temperature** n - temperatura f inicial • [ind] temperatura f para puesta f en marcha f
— **time** n - hora f, or tiempo m, inicial, or para comienzo m • [sports] hora f para largada
— **torque** n - [mech] par m motor, inicial, or para arranque m
— **tread depth** n - [autom-tires] espesor m, or grosor m, inicial para banda para rodamiento
— **voltage** n - [weld] voltaje m, inicial, or para encendido m
— **winding** n - [electr-instal] devanado m para, encendido m, or arranque m
— **with** adv - a partir de
— — **@ bang** n - comienzo m con estrépito m
startling a - . . . ; asombroso,sa • desusado,da
starvation n - . . . • [int.comb] alimentación f, exigua, or insuficiente
— **@ engine** v - [electr-mot] estrangular motor m
starved a - hambriento,ta; famélico,ca
— **motor** n - [electr-mot] motor m estrangulado
Stat-O-Seal washer n - [mech] arandela f Stat-O-Seal
state n - . . . . • [pol] . . . ; departamento m | [pol] estatal; estadal* | v - . . . ; exponer; indicar; constar; consignar; dejar constancia f; formular • denunciar
— **agency** n - [pol] agencia f, or dependencia f, de, estado m, or provincia f, or departamento m
— **aid** n—[pol] ayuda f, or auxilio m, de estado
— **assistant secretary** n - [pol] subsecretario m de estado m
—('s) **attorney** n - [pol] procurador m
— **briefly** v - exponer brevemente
— **capital** n - [pol] capital m de estado m
— **clearly** v - exponer, or enunciar, claramente
— **code** n - código m estatal
— **department** n - [pol] departamento m, or repartición* f, estatal, or provincial • also see **Department of State**; see **State Department**
— — n - [pol] Departamento m, or Ministerio m, de, Estado m, or Relaciones f Exteriores
. . . — — **of Highways** n - [pol] Dirección f de Vialidad para Estado de . . .
— **expenditure** n - [pol] erogación f de estado m

state expressly v - indicar expresamente
— **fair** n - exposición f, provincial, or departamental, or para estado m
— **fairly** v - declarar ecuamente*
—('s) **finance(s)** n - [pol] finanza(s) f, estatal(s), or de estado m
— **freezing** n - congelación f de estado m
— **fund(s)** n - [pol] fondo(s) m, estatal(es), or de estado m
— **government** n - [pol] gobierno m, estatal, or provincial, or departamental, or de estado m
— **governor** n - [pol] gobernador m de, estado m, or provincia f, or departamento m
— **Health Board** n - [pol] Comisión f para Salud f Pública para Estado m
— **highway** n - [roads] carretera f, estatal, or provincial, or departamental
— — **department** n - [pol] departamento m para vialidad f para, estado m, or provincia, or departamento m
— — **engineer** n - [pol] ingeniero m para vialidad f para, estado m, or provincia f, or departamento m
— — **official** n - [pol] funcionario m para vialidad f para, estado m, or provincia f, or departamento m
— — **Patrol** n - [pol] Policía f Caminera, Estatal, or Provincial, or Departamental
— — **system** n - [roads] sistema m, or red f, de carretera(s) f para, estado m, or provincia f, or departamento m
— **House** n - [pol] Gobernación f; Casa f de Gobierno m (para Estado m, or Provincia f, or Departamento m)
— **intervention** n - [pol] intervención f, estatal, or por estado m
— **law** n - [legal] ley f, or legislación f, estatal, or provincial, or departamental
— **legislature** n - [pol] legislatura f de, estado m, or provincia f, or departamento m
— **memorial** n - [pol] parque m estatal
— **of @ art** - estado m de arte m; actualización f; avance m mayor | a - actualizado,da; corriente • (ultra) moderno,na
— — **@-art technology** n - tecnología f avanzada
— **official** n - [pol] funcionario m, estatal, or provincial, or departamental
— **operated commerce** n - [pol] comercio m, or empresa f comercial, de estado m
— **owned** a - [pol] estatal; provincial
— **park** n - [pol] parque m, estatal, or provincial, or departamental
— **participation** n - participación f estatal
— **properly** v - decir, or declarar, apropiadamente
— **Railway(s)** n - [rail] Ferrocarril(es) m de Estado
—(s) **resources** n - [Econ] recurso(s) m, estatal(es), or de estado m
— **Road Commission** n - [pol] Comisión f para Vialidad f para Estado m
— **Secretary** n - [pol] secretario m de estado m; secretario m, or ministro m, para relaciones f exteriores • ministro m de gobierno
— **standard** n - norma f estatal
— **system** n - sistema m, or red f, estatal
— **tax** n - [fisc] impuesto m estatal
— **university** n - [educ] universidad f, estatal, or de estado m
stated a - . . . .; declarado,da; enunciado,da; expuesto,ta; planteado,da; consignado,da; indicado,da; constado,da; manifestado,da; expresado,da • constante • nominal
— **horsepower** n - [electr] potencia f nominal
— **proportion** n - proporción f establecida
statehood n - [pol] condición f de estado m • reconocimiento m como estado m
statement n - . . . ; informe m; planteo m; planteamiento m; enunciación f; consignación f; indicación f; expresión f - [accntg] estado m, or resumen m, de cuenta; cuadro m demos-

trativo • memoria f; acta m • cláusula f; inserción f • exposición f • [comput] sentencia
statement balance n - [accntg] saldo m según resumen m
— **preparation** n - preparación f, or levantamiento m, de acta m
— **prepared by @ notary public** n - [legal] acta m notarial
— **rendering** n - presentación f, or rendición f, de, informe m, or acta m
static balance n - balance m, or equilibrio m, estático
— **bed gas reduction** n - [metal-prod] reducción f gaseosa con lecho m estático
— **control** n - [comput] regulación f estática
— **head** n - [hydr] carga f, or cabecera f, or altura f, estática; salto m estático
. . . — **load rating** n - [mech] carga f estática nominal de . . .
— **loaded** a - con carga f estática
— **outlook** n - panorama m estático
— **overstrain** n - esfuerzo m estático excesivo
— **pressure check(ing)** n - [electr-mot] verificación f de presión f estática
— **water head** n - [hydr] carga f estática de agua
— **wheel load** n - [mech] carga f estática por (cada) rueda f
stating n - enunciación f; exposición f; indicación f; consignación f; manifestación f; planteo m; planteamiento m
station n - instalación f • [roads] progresiva f; distancia f acumulada • [electr-prod] central f | v - . . .
— **decoder** n - [comput] decodificador* m para estación f
. . . — **equipment** n - [weld] equipo m, or instalación f, (soldadora) con . . . puesto(s) m
— **locating,tion** n - ubicación f de estación f
— **piping** n - [tub] tubería f para estación f
— **relocating,tion** n — reubicación* f de estación
— **wagon deck** n - [autom] piso m para camioneta f (rural)
. . . — **welding equipment** n - [weld] equipo m soldador, or instalación f soldadora, con . . . puesto(s) m
stationary assembly n - [mech] conjunto m fijo
— **automatic welder** n - [weld] soldadora f automática fija
stationary base n - [mech] base f fija
— **bearing** n - [mech] cojinete m, estacionario, or fijo, or en reposo m
— **bed** n - lecho m fijo
— **blade** n - [mech] cuchilla f fija • paleta f fija
— **commercial gamma ray unit** n - [electron] dispositivo m para rayos m gamma fijo, corriente, or obtenible en plaza f
— **contact** n - [electr-instal] contacto m fijo
— **contactor** n - [electr-equip] interruptor m automático, or contactador m, fijo
— **crusher** n - [miner] trituradora f fija
— **cylindrical mixer** n - [metal-prod] mezcladora f cilíndrica fija
— **die** n - [mech] troquel m fijo
— **diesel engine** n - [int.comb] motor m diesel fijo
— — — **welder** n - [weld] soldadora f fija con motor m diesel
— **double ending** n - [tub] formación f de secciones f dobles en instalación(es) f fija(s)
— — — **automatic welder** n - [weld] soldadura f automática para formación f en instalaciones f fijas de secciones f dobles
— **electric motor driven welder** n - [weld] soldadora fija con motor m eléctrico
— — **welder** n - [weld] soldadora f eléctrica fija
— **engine** n - [int.comb] motor m fijo
— **furnace first helper** n - [combut] (ayudante) primero m para horno m fijo
— — **yield** n - [metal-prod] rendimiento m de horno m fijo
stationary gamma-ray unit n - [electron] equipo m para rayos m gamma fija
— **gas cleaning system** n - [ind] instalación f fija para depuración f de gas(es) m
— **gasoline engine** n - [int.comb] motor m para gasolina f fijo
— — — **driven welder** n - [weld] soldadora f fija con motor m para gasolina f
— **gear** n - [mech] engranaje m fijo
— **grinder** n - [metal-roll] amoladora f fija
— **interlock(ing)** n — [mech] enclavamiento m fijo
— **jaw** n - [mech] mandíbula f fija
— **kicker** n - [mech] botador m fijo
— **laberynth** n - [turb] laberinto m, fijo, or estacionario
— **lamination** n - [electr-mot] núcleo m laminar fijo
— **load** n - [constr] carga f, estacionaria, or fija
— **louver** n - [constr] celosía f fija
— **mirror** n - [domest] espejo m fijo
— **mixer** n - [metal-prod] mezcladora f, fija, or estacionaria • [constr] hormigonera f fija
— **open hearth furnace** n - [metal-prod] horno m Siemens (Martin) fijo
— — — **roof temperature** n - [combust] temperatura f en bóveda f de horno m Siemens-Martin
— **scraper** n - [mech] raspador m fijo
— **spindle swager** n - [tools] recalcadora f con cabezal m fijo
— **sun gear** n - [mech] engranaje m sol(ar) fijo
— **superimposed load** n - [constr] carga f fija, sobrepuesta, or superimpuesta*
— **surface** n - [constr] superficie f fija
— **transmission** n - [mech] transmisión f, fija, or estacionaria
— **type louver** n - [carp] celosía f de tipo m, fijo, or estacionario
— **vane** n - [turb] paleta f fija
— **wedge block** n - [wiredrwng] bloque m cuneiforme fijo
— **welder** n - [weld] soldadora f fija
stationed a - [labor] apostado,da
statistical calculation analysis n - [comput] análisis m de cálculo m estadístico
— **control** n - regulación f estadística • verificación f estadística
— **criterion,ria** n — criterio(s) m estadístico(s)
— **datum,ta** n - dato(s) m estadístico(s)
— **quality control** n - [ind] verificación f estadística de calidad f
— **control** n - [ind] verificación f estadística
— **nature** n carácter m estadístico
— **purpose(s)** n fin(es) m estadístico(s)
— **(s) value** n - valor m para estadística f
— **report** n - informe m estadístico
— **sequence** n - orden m estadístico
— **tax** n - [fisc] derecho(s) m para estadística
statistically controlled a - verificado,da con estadística(s) f
stator n - [electr] . . .; inductor m
— **complete winding** n - [electr-mot] devanado m completo para estator m
— **core** n - [electr-mot] núcleo m para estator m
— **frame** n - [electr-mot] armazón m para estator
— **lamination** n - [electr-mot] núcleo m laminar para estator m
— **maximum current** n - [electr-mot] corriente f máxima para estator m
— **misalignment** n - [electr-mot] desalineación f de estator m
— **nominal current** n - [electr-mot] corriente f nominal en estator m
— **nucleus** n — [electr-mot] núcleo m para estator
— **pole** n - [electr-mot] polo m de estator m
— **rated current** n - [electr-mot] corriente f nominal en estator m
— **recentering*** n - [electr-mot] vuelta a centrar de estator m

stator securing

stator securing n - [electr-mot] aseguramiento m de estator m
— **shifting** n - [electr-mot] desplazamiento m de estator m
— **winding** n - [electr-mot] devanado m, or inducido m, para estator m
— — **dielectric rigidity level** n - [electr-mot] nivel m para rigidez f dieléctrica para devanado m para estator m
— — **insulation class** n - [electr-mot] clase f de aislación f para devanado m para estator m
— —(s) **set** n - [electr-mot] juego m de devanado(s) m para estator m
— — **temperature superelevation*** n - [electr-mot] superelevación f de temperatura f para devanado m para estator m
— **with coil** n - [electr-mot] estator m, or inductor m, con bobina f
status n - . . .; estado m; condición f; carácter m • preeminencia f; distinción f • [legal] personería f; personalidad f
— **button** n - [electron] botón m para estado m
— **change** n - cambio m en, estado m, or condición f, or posición f
— **code** n - [electron] código m para estado m
— — **light** n - [electron] luz f, para, or correspondiente a, código m para estado m
— **condition** n - condición f de estado m
— **digit** n - [electron] dígito m para estado m
— **display** n - [comput] (visualizadora f, or pantalla f, para) representación f visual para, estado m, or condición f, or posición f • reproducción f de estado m
— — **unit** n - [electron] equipo m para reproducción f visual, or pantalla f, para estado
— **earning** n - merecimiento m de distinción f
— **encoder** n - [comput] codificador* n para, estado m, or condición f, or posición f
— **evaluation** n - evaluación f de estado m
— **information** n - [comput] información f sobre, estado m, or condición f, or posición f
— — **receipt** n - [comput] recepción f de información f sobre, estado m, or condición f
— **input change** n - [comput] cambio m en entrada f para, estado m, or condición f, or posición f
— **installation** n - [electron] instalación f para, estado m, or condición f, or posición f
— **light engaging** n - [electron] conexión n, or encendimiento m, de luz f para estado m
— — **emitting diode** n - [comput] diodo m emisor de luz f para, estado m, or posición f
— — **lighting** n - [electron] encendimiento m de luz f para estado m
— **message** n - [electron] mensaje m sobre estado
— **obtaining** n - [comput] obtención f de estado
— **poll(ing)** n - [electron] determinación f de estado m
— **printout** n - [comput] salida f impresa para, estado m, or condición f, or posición f
— **selection** n - [electron] selección f de estado
— **statement** n - [comput] sentencia f para, estado m, or condición f
— **table** n - tabla f para estado m • tablero m (indicador) para estado m
— **transmission** n - [electron] transmisión f de, estado m, or condición f, or posición f
— **update,ting** n - actualización f, or verificación f de, estado m, or condición f
statute n - [legal] . . . • fuero m | a - see **statutory**
— **law** n - [legal] fuero m
statutorily adv - reglamentariamente • [legal] foralmente
statutory a - [legal] . . .; reglamentario,ria; foral; forero,ra
— **acre** n - [metric] acre m reglamentario
statutory basis n - [legal] base f estatutaria
— — **net income** n - [fisc] ingreso(s) m neto(s) sobre base f estatutaria
— — **reported net income** n - [fisc] ingreso(s) m neto(s) declarado(s) sobre base estatutaria

statutory basis reported shareholders' equity n - [fisc] patrimonio m social según declaración f sobre base f estatutaria
— **federal income tax rate** n - [fisc] tasa f, estatutaria, or legal, or establecida, para impuesto m, nacional, or federal, sobre, rédito(s) m, or renta f
— **purpose(s)** n - [legal] fin(es) m estatutarios
— **rape** n - [legal] estupro m
— **report** n - [legal] informe m estatutario
— **reserve** n - [legal] reserva f estatutaria
— **ruling** n - [legal] reglamentación f, or disposición f estatuaria
staurolite n - [miner] estaurolita f
stave n - [mech] . . . • [metal-prod] see **hearth cooling plate**
— **jointer** n - [tools] juntera f para duela(s) f
stay n - . . .; estadía f; (período n de) permanencia f • [mech] . . .; fiador m; apoyo m; trinquete m • amarre m • nervio m | v . . .; arriostrar
— **ahead** v - mantener(se) adelante
— **awake** v - quedar(se) despierto,ta; velar
— **bolt** n - [mech] perno m para, fijación f, or separación f y refuerzo m
— **cool** v - quedar, or permanecer, fresco,ca
— **engaged** v - [mech] quedar engranado,da
— **in** v - ocupar; quedar en
— — **place** a - s[mech] permanente
— — — **form** n - [constr] molde m, or encofrado m, perrmanente
— **in @ room** v - quedar(se) en, pieza f, or habitación f • ocupar, pieza f, or habitación f
— **rod** n - [mech] barra f para apoyo m
— **set** v - permanecer, or mantener, fijo,ja
— **wire** n - [wire] alambre m vertical
stayed girder n - [constr] viga f arriostrada
std a - see **standard**
steadfastly adv - . . .; fijamente
steadfastness n - . . .; fijeza f; inmovilidad f
steadily decreasing a — en ⌞⌞⌞⌞ ⌞⌞⌞⌞⌞⌞⌞
— **increasing** a - en aumento m constante
steady a - . . .; parejo,ja; acompasado,da • formal | v - mantener firme
— **alternating current output** n - [electr-prod] producción f uniforme de corriente f alterna
— **arc** n - [weld] arco m, estable, or uniforme
— **concentrated arc** n - [weld] arco m concentrado estable
— **condition** n - condición f, estable, or continuada
— **condition** n - condición f, estable, or continuada
— **current output** n - [electr-prod] producción f uniforme de corriente f
— **decrease** n - disminución f constante
— **direct current output** n - [electr-prod] producción f uniforme de corriente f continua
— **flow(ing)** n - flujo m, or caudal m, constante
— **increase** n - aumento m constante
— **oil pressure** n - [int.comb] presión f constante de aceite m
— **output** n - [electr-prod] producción f uniforme
— **pace** n - paso m, parejo, or acompasado
— **pin** n - [mech] perno m prisionero; pasador m, or prisionero m, fijo
— **pressure** n prisión f constante
— **pull(ing)** n - [mech] tiro m parejo
— **rest** n - [lathes] luneta f fija
— **state** n - estado m invariable
— — **cornering behavior** n - [autom] comportamiento m en invariabilidad f de estado m
— — **test** n - [autom-tires] ensayo m de invariabilidad f en estado m
— **tension** n - tensión f, continua, or constante
— **travel speed** n - ritmo m para avance m
— **voltage** n - [electr-distrib] voltaje m, constante, or sostenido
— **weld(ing)** n - [weld] soldadura f, pareja, or continua (da)
— —**(ing) output** n - [weld] producción f, cons-

tante, or uniforme, de soldadura(s) f
stealthily adv - . . . ; furtivamente
steam n - . . . . | v - vaporizar
— **and hydrocarbon(s)** n - [metal-prod] vapor m e hidrocarburo(s) m
— **atomization** n - [steam] atomización f de vapor m • atomización f con vapor m
— **based reforming** n - [metal-prod] reformación f con base f de vapor m
— — **system** n - [metal] sistema m con base f de vapor m
— **bleed(ing)** n - [steam] purga f, or sangría f, or extracción f, con vapor m
— **blowing** n - [ind] soplado m con vapor m
— **circulation heating vessel** n - [boilers] recipiente m para calefacción f con circulación f de vapor m
— **clean** v - limpiar con vapor m
— — **@ core** v - [int.comb] limpiar con vapor m núcleo m
— — **@ engine** v - [int.comb] limpiar con vapor m motor m
— — **@ radiator** v - [int.comb] limpiar con vapor m radiador m
— — **@** — **core** v - [int.comb] limpiar con vapor m núcleo m para radiador m
— **cleaned** a - limpiado,da con vapor m
— — **core** n - [int.comb] núcleo m limpiado con vapor m
— — **engine** n - [int.comb] motor m limpiado con vapor m
— — **radiator** n - [int.comb] radiador m limpiado con vapor m
— — — **core** n - [int.comb] núcleo m para radiador m limpiado con vapor m
— **cleaning** n - limpieza f con vapor m
— **condensation** n - condensación f de vapor m
— **condenser** n - [steam] condensador m para vapor
— **curing** n - [concr] curación f con vapor m
— **cut(ting) off** n - [steam] corte m de vapor m
— **degreaser** n - [mech] desengrasador m para vapor m • desengrasador m con vapor m
— **desuperheating** n - [boilers] desobrecalentamiento* m de vapor m
— **desuperheater** n - [boilers] desobrecalentador m para vapor m
— **distillation** n - [petrol] destilación f con vapor m
— **distribution line** n - [steam] tubería f, or línea f, para distribución f de vapor m
— — **system** n - [tub] sistema m, or tubería f, para distribución f de vapor m
— **driven compressor** n - [constr] compresor m accionado por vapor m
— **driver** n - [constr] martinete m para vapor m
— **drum** n - [boilers] colector m para vapor m
— **ejector** n - [steam] eyector m para vapor m
— — **pump** n - [pumps] bomba f eyectora para vapor m
— **engine** n - [steam] máquina f, or motor m, con vapor m
— **excess** n - [steam] exceso m, or excedente m, de vapor m
— **exhaust** n - [steam] escape m para vapor m
— **flow** n - [steam] flujo m de vapor m
— — **meter** n - [instrum] medidor m para, flujo m, or caudal m, de vapor m
— **gage** n - [instrum] manómetro m para vapor m
— **giving off** n - [steam] vaporización f, or despido m, de vapor m
— **hammer** n - [constr] martinete m con vapor m
— **hose** n - [steam] manguera f para vapor m
— **hydrocarbon(s)** a - [metal-prod] con vapor m e hidrocarburo(s) m
— — **reforming** n - [metal-prod] reformación f con vapor m e hidrocaburo(s) m
— — **system** n - [metal-prod] sistema f con vapor m e hidrocarburo(s) f
— **injection control** n - [metal-prod] regulación f para inyección f de calor m
— — **heating system** n - [ind] sistema m para calentamiento m con inyección f de vapor m
steam injection into @ blast v - [metal-prod] inyección f de vapor en viento m
— — **meter** n - [instrum] medidor m para inyección f de vapor m
— **intake** n - toma f, or entrada f, de vapor m
— **iron** n - [domest] plancha f con vapor m
— **jet** n - chorro m de vapor m
— **leak** n - fuga f, or escape m, de vapor m
— **line** n - [steam] tubería f, or línea f, para vapor m
— — **installation** n - [tub] instalación f de tubería f para vapor m
— **manifold** n - [steam] (distribuidor) múltiple m para vapor m
— **methane reformer** n - [metal-prod] reformador m con vapor m y, metano m, or hidrocarburo(s)
— **methane stoichiometrical blend** n - [metal] mezcla f estoquiométrica de vapor m y metano
— **operated reforming system** n - [miner] sistema m (operado) con vapor m para reformación f
— **outlet** n - [steam] salida f para vapor m
— **overheating** n - [steam] sobrecalentamiento m, or recalentamiento m, de vapor m
— **past** v - (sports) adelantar(se) rápidamente
— **pipe below @ big bell** n - [metal-prod] tubo m para vapor m debajo de campana f grande
— **pipe,ping tunnel** n - [constr] túnel m para, tubo m, or tubería f, para vapor m
— **power plant** n - [electr-prod] planta f termoeléctrica; central f térmica
— **pressure gage** n - [instrum] manómetro m para presión f para vapor m
— **pump** n - [pumps] bomba f para vapor m
— **purging** n - [boilers] purga f con vapor m
— **reforming** n - [metal-prod] reformación f con vapor m
— **requirement** n - [ind] consumo m, or gasto m, de vapor m
— **scrubber** n - [steam] depurador m para vapor m
— **shovel** n - [constr] pala f con vapor m
— **spray** n - rociadura f con vapor m
— **spraying out** n - despido m de vapor m
— **superheating** n - [steam] sobrecalentamiento m, or recalentamiento m, de vapor m
— **system** n - [ind] red f para vapor m
— **temperature** n - temperatura f de vapor m
— **to main valve** n - [valv] válvula f para vapor m a tubería f, principal, or general
— — **stove main valve** n - [valv] válvula f para vapor a tubería f principal para estufa f
— **trace line** n - [tub] línea f para vapor m para calentamiento m
— **trap** n - [steam] trampa f para vapor m
— **tunnel** n - [constr] túnel m para (tubería f para) vapor m
— **turbine** n - [steam] turbina f para vapor m
— — **casting** n - [metal-prod] pieza f fundida para turbina f para vapor m
— **turning off** n - [steam] corte m de vapor m
— **valve** n - válvula f para vapor m
— **vaporizer** n - [steam] see **vaporizer**
steamer n - [nav] . . . ; barco m; vapor m
steamroll v - [fam] avanzar incontenibblemente
steamrolling n - [fam] avance m incontenible
Steckel mill n - [metal-roll] tren m Steckel
— — **scale** n - [metal-roll] cascarilla f de tren m Steckel • báscula f para tren Steckel
steel n - [metal-prod] . . . | a - [metal-prod] de acero m; siderúrgico,ca | v - . . .
— **actual chemistry** n - [metal-prod] análisis m químico real de acero m
— **alloy** n - [metal] aleación f con acero m
— — **blade** n - [mech] cuchilla f, or hoja f, de acero m con aleación f
— **aluminum content** n - [metal-steel] proporción f, or contenido m, de aluminio m en acero m
— **analysis** n - [metal] análisis m, or composición f (química) de acero m
— **anchor bolt** n - [mech] perno m para anclaje m de acero m

steel anchoring n - [constr] anclaje m de acero
— **and concrete** n - [constr] acero m y hormigón
— — — **cross section** n - [constr] corte m transversal de acero m y hormigón m
— — — **interaction** n - [constr] interacción f entre acero m y hormigón m
— — **metallurgical activity** n - [metal-prod] actividad f siderometalúrgica
— — **Industries Authority** n - [pol] Dirección f General para Industrias f Metalúrgicas
— — **soil combination** n - [constr] combinación f de acero m y suelo m
— **angle** n - [metal-roll] acero m angular; viga f angular, or ángulo m, de acero m; pieza f angular de acero m
— — **braced** a - arriostrado,da con pieza(s) f angular(es) de acero m
— — — **flume edge** n - [constr] borde m de canalón m arriostrado con pieza(s) f angular(es) de acero m
— — — **covered flume edge** n - [constr] borde m de canalón m recubierto con pieza(s) f angular(es) de acero m
— **application** n - [weld] aplicación f con acero
— **arc welding electrode specification** n—[weld] especificación f para electrodo(s) m de acero m (para soldadura f por arco m)
— **arch** n - [constr] bóveda f de acero m
— — **structure** n - [constr] estructura f con bóveda f de acero m
— **area** f - área f, or zona f, de acero m
— **assembly bolt** n - [mech] perno m de acero m para montaje m
— **availability** n - disponibilidad f de acero m • oferta f siderúrgica
— **axle** n - [mech] eje m de acero m
— — **housing** n - [mech] caracasa f de acero m para eje m
— **back** n - [mech] respaldo m de acero m
— **back-up bar** n - [mech] tira f de acero m para respaldo m
— — **plate** n - [weld] plancha f de acero m para respaldo m
— — **roll** n - [metal-roll] rodillo m para apoyo m de acero m
— — — **acceptance level** n - [metal-roll] nivel m de aceptación f de rodillo(s) m para apoyo m de acero m
— — — **rejection** n - [metal-roll] rechazo m de rodillo(s) m para apoyo m de acero m
— **backing** n - [weld] respaldo m de acero m
— **backstop** n - [constr] tope m de acero m
— **ball** n - [bearings] bola f, or balín m, or munición f, de acero m
— — **bearing** n - [mech] cojinete m con bola(s) f de acero m
— — **production** n - [grind-med] producción f de bola(s) f de acero m
— **band** n - [metal-roll] banda f de acero m
— **bar** n - [metal-roll] barra f de acero m
— **batch** n - [metal-prod] colada f, or hornada f, or partida f, de acero m
— **bead** n - [weld] cordón m de acero m
— **beam** n - [metal-roll] viga f de acero m
— — **approach span** n - [bridges] tramo m de viga(s) f de acero m para acceso m
— — **bridge** n - [constr] puente f de viga(s) f de acero m
— — **flange** n - [metal-roll] ala f, or brida f, de viga f de acero m
— — **guardrail** n - [constr] defensa f lateral de viga(s) f de acero m
— — **bearing** n - [mech] cojinete m de acero m
— — — **ball** n - [bearings] bola f de acero m para cojinete m
— — — **housing** n - [mech] caja f de acero m para cojinete m
— — **bearing plate** n - [mech] placa f (so)portante de acero m
— **bell** n - [mech] campana f de acero m
— **belt** n - [autom-tires] banda f circunferen-

cial, or cincha f, de acero m
steel belted a - [autom-tires] con, banda f circunferencial, or cincha f, de acero m
— — **light truck radial (tire)** n - [autom-tires] neumático m radial con banda f circunferencial de acero m para camiones m livianos
— — **tire** n - [autom-tires] neumático m con banda f circunferencial de acero m
— **belting** n - [autom-tires] banda f, or cincha f, (circunferencial) de acero m
— **bending** n - [metal-] flexión f de acero m
— — **strength** n - [metal] resistencia f de acero m a flexión f
— **billet** n—[metal-prod] palanquilla f de acero
— **bin** n - [mech] tolva f, or arcón m, de acero
— **Bin Wall** n - [constr] muro m, Bin-Wall, or para retención f de tipo m con, arcón(es) m, or caja(s) f, de acero m
— **blade** n - [mech] cuchilla f de acero m - paleta f de acero m
— **boat shaft** n - [nav] eje m, or árbol m, de acero m para barco(s) m
— **body** n - [mech] cuerpo m de acero m • [autom] carrocería f de acero m
— **bolt** n - [mech] perno m de acero m
— **boron treatment** n - [metal-treat] tratamiento m de acero m con boro m
— **bottom plate** n - [mech] plancha f para fondo m de acero m
— **box** n - [mech] caja f de acero m • [constr] arcón m de acero m
— **bracket** n - [mech] ménsula f de acero m
— **bridge** n - [constr] puente m de acero m
— — **deck form** n - [constr] molde m, or encofrado m, de acero m para piso m para puente m
— — **flooring** n - [constr] piso m de acero m para puente m • piso m para puente m de acero
— — **form system** n - [bridges] sistema m con, molde(s) m, or encofrado m, de acero m para puente(s) m
— — **girder** n - [constr] viga f maestra de acero m para puente(s) m
— — **plank** n - [constr] plancha f, or tablón m, de acero m para piso m para puente(s) m
— — **railing** n - [constr] baranda f, or valla f, de acero m para puente(s) m
— — **understructure** n - [constr] infraestructura f, de acero m para puente m, or para puente m de acero m
— **bristle** n - [tools] cerda f de acero m
— **broom** n - [tools] escob(illa)a f, or cepillo m, con cerda(s) f, metálica(s), or de acero m
— **brush** n - [tools] cepillo m (con cerdas f) de alambre m
— **building** n - [constr] edificio m de acero m
— **bulletin** n - boletín m siderúrgico
— **bushing** n - [mech] buje m de acero m • [electr-instal] boquilla f de acero m
— **cab** n - [autom] cabina f de acero m
— **cable** n - [cabl] cable m de acero m
— **calibrated round** n - [mech] boca f calibrada de acero m
— **cant strip** n - [metal-roll] listón m achaflanado de acero m
— **capping** n - [metal-roll] tapadura f, or cobertura f, de acero m
— **carbon content** n - [metal-prod] proporción f de carbono m en acero m
— **case** n - [mech] caja f de acero m
— **casehardening** n - [metal-treat] cementación f de acero m
— **casing** n - [tub] (tubería f para) entubación f de acero m
— **casting** n - [metal-prod] fundición f, or pieza f fundida, de acero • colada f de acero m
— **cattle guard** n - [roads] guardaganado(s)* m de acero m
— **channel** n - [metal-roll] viga f (en U), or canal m, de acero m; acero m acanalado
— **chemical analysis** n - [metal-prod] composición f química de acero m

steel chemistry n - [metal-prod] análisis m, or composición f (química), de acero m
— **chute** n - [mech] vertedero m de acero m
— **clad** a - [metal-treat] plaqueado,da, or blindado,da, or acorazado,da, or revestido,da, con acero m
— — **rope** n - [cabl] cable m blindado
— **clip** n - broche m, or corchete m, de acero m
— **coating** n - recubrimiento m con acero m
— **coil** n - [metal-roll] bobina f de acero m
— — **tempering** n - [metal-treat] temple m de bobina f de acero m
— **cold forming** n - [metal-roll] (con)formación f en frío m de acero m
— **commercial fixed type sash** n - [constr] vidriera f comercial de acero m de tipo m fijo
— — **projected type sash** n - [constr] vidriera f comercial de acero m de tipo m saliente
— — **sash** n - [constr] vidriera f comercial de acero m
— **company** n—[metal-prod] empresa f siderúrgica
— **component** n - [mech] pieza f, or componente m, or parte m, de acero m
— **composition** n - [metal-prod] composición f de acero m
— **conduit** n - [metal-roll] conducto m, or tubería f, de acero m
— — **bank** n - [electr-instal] banco m, or conjunto m, de, conducto(s) m de acero m
— **connecting band** n - [metal-fabr] banda f, or chapa f, conectora f de acero m
— **construction handbook** n - [constr] manual m para construcción f en acero m
— **consuming industry** n - [ind] industria f consumidora de acero m
— **consumption** n - [metal] consumo n, siderúrgico, or de acero m
— **container** n - recipiente m, or bidón m, de acero m
— **content** n - [metal-prod] contenido m, or proporción f, de acero m
— **continuous casting** n - [concast] colada f continua de acero m
— **conventional roof panel** n - [constr] panel m, or chapa f, corriente de acero m para techo m
— — **wall panel** n - [constr] panel m corriente de acero m para pared f
— **core** n - [cabl] alma m, or núcleo m, de acero
— — **wire** n - [wire] alambre m con núcleo m de acero m
— **corporation** n - [metal-prod] empresa f siderúrgica
— **corrugated interchangeable notch-type nestable pipe** n - [tub] tubería f encajable corrugada intercambiable de acero m de tipo m con, muesca(s) f, or resalto(s) m
— — **nestable pipe** n - [tub] tubería f encajable corrugada de acero m
— — — **arch** n - [tub] tubería f abovedada encajable corrugada de acero m
— — — **elbow** n - [tub] codo m para tubería f corrugada de acero m • codo m de acero m para tubería f corrugada
— **cost per ton** n - [metal-prod] costo m de acero m por tonelada f
— **coupler** n - [mech] acoplamiento m de acero m • [rail] enganche m de acero m
— **coupling band** n - [tub] banda f de acero m para acoplamiento m
— **cover** n - [mech] tapa f de acero m • [ind] campana f de acero m
— **covering** n - see **steel capping**
— **crane cable** n - [cranes] cable m de acero m para grúa f
— **crankshaft** n - [mech] cigüeñal m de acero m
— **crib wall** n - [constr] pared f para caja f de acero m
— **cross section** n - [metal] sección f, or corte m, (transversal) de acero m
— — — **deep etching** n - [metal] ataque m profundo con ácido de corte m transversal de acero m

steel culvert n - [constr] alcantarilla f de acero m
— — **corrugation** n - [metal-fabr] corrugación f de alcantarilla f de acero m
— — **fabrication** n - [tub] elaboración f de alcantarilla f de acero m
— **cut washer** n - [mech] arandela f plana de acero m
— **cutoff wall** n - [constr] muro m, or murete m, interceptor de acero m
— **cutting saw** n - [tools] sierra f para metales
— **deck** n - [constr] cubierta f de acero m
— — **drain** n - [bridges] desagüe m acero para, piso m, or cubierta f
— — **structural** n - [constr] viga f de acero m para cubierta f para puente m
— **degassing** n - [metal-prod] desgasificación f de acero m
— **deoxidation** n - [metal-prod] desoxidación f de acero m
— — **grade** n - [metal-prod] grado m de desoxidación f para acero m
— **department** n - [metal-prod] (departamento m de) acería f
— **desk** n - [com] escritorio m de acero m
— **diaphragm** n - [hydr] diafragma m de acero m
— **dilution** n - [weld] dilución f de acero m
— **division** n - [metal-prod] división f para acero(s) m; acería f
— **dock** n - muelle m de acero m
— **dowell** n - [constr] barra f para trabazón m de acero m
— **dragline bucket** n - [constr] cuchara f, or cangilón m, para arrastre m de acero m
— **drainage pipe** n - [tub] tubo m, or tubería f, de acero m para, drenaje m, or desagüe m
— **draw band** n - [mech] zuncho m para tensión f de acero m
— **driver cab** n - [autom] cabina f de acero m para conductor m
— **drum** n - [transp] tambor m de acero m
— — **head** n - [transp] fondo m para tambor m de acero m
— — **pontoon** n - [constr] flotador m, or pontón m, de tambor(es) m de acero m
— **duct** n - tubo m, or conducto m, de acero m
— **elasticity** n - elasticidad f de acero m
— — **modulus** n - módulo m para elasticidad f para acero m
— **electric welded tubing** n - [tub] tubo m de acero m soldado eléctricamente
— **electrode** n - [weld] electrodo m de acero m
— — **weld(ing)** n - [weld] soldadura f con electrodo(s) m de acero m
— **encased** a - revestido,da con acero m
— — **brick** n - [ceram] ladrillo m (con un costado m) revestido con acero m
— **encasement** n - revestimiento m de acero m
— **enclosure** n - cerco m, or recinto m, de acero
— **end section** n - [tub] sección f terminal de acero m
— **erection** n - erección f, or montaje m, de acero m
— **expanding band** n - [mech] banda f expandible* de acero m
— **expansion valve** n - [valv] válvula f para dilatación f de acero m
— **export(ation)** n - exportación f de acero m
— **fabrication** n - [metal-fabr] elaboración f de, or fabricación f con, acero m
— **fastener** n - [mech] sujetador m de acero m
— **fitting** n - accesorio m de acero • ajuste m de acero m
— **flame hardening** n - [metal-treat] endurecimiento m, or temple m, de acero m con llama f
— **flange** n - [mech] brida f, or pestaña f, de acero m
— **float** n - flotador m de acero m
— **flooring** n - [constr] plancha(s) f de acero m para piso(s) m

steel flume n - [hydr] canalón m de acero m
— flux n - [weld] fundente m para acero m
— foot n - [mech] pata f, or pie m, de acero m
— forged fitting n - [mech] accesorio m forjado de acero m
— forging n - [metal-prod] forjadura f, or pieza f forjada, de acero m
— form n - [constr] molde m, or encofrado m, de acero m
— — slab n - [constr] losa f con, molde m, or encofrado m, de acero m
— foundry n - [metal-prod] fundición f para acero m
— frame n - [mech] armazón m, or marco m. or bastidor m, de acero m
— furnace n - [metal-prod] horno m para, acero m, or aceración f
— —(s) assigned maintenance n - [metal-prod] mantenimiento m asignado para horno m para acero m
— gage n - [metal-roll] espesor m de acero m
— gib n - [mech] ménsula f de acero m
— girder n - [metal-roll] viga f (maestra) de acero m
— — bridge n - [constr] puente m de viga(s) f de acero m
— grade n - [metal-prod] calidad f de acero m
— grate,ting n - [mech] rejilla f de acero m
— grid n - [mech] rejilla f de acero m
— — floor(ing) n - [constr] piso m de, rejilla f, or emparillado m, de acero m
— grinding ball n - [grind.med] bola f de acero m para molienda f
— — bar n - [grind.med] barra f de acero m para molienda f
— ground joint n - [tub] junta f, cónica, or esmerilada, de acero m
— group n - [metal-prod] grupo m, or agrupación f, siderúrgico,ca, or para acero m
— guardrail n - [roads] defensa f lateral de acero m
— guide n - [mech] guía(dera) f de acero m
— half circle deck drain n - [bridges] desagüe m semicircular de acero m para piso m
— hand trowel n - [tools] cuchara f (para mano f), or paleta f, de acero m
— hauler n - [autom] camión m para transporte m de acero m
— head n - [mech] fondo m de acero m
— heat n - [metal-prod] colada f, or hornada f, de acero m
— heating n - [metal-roll] calentamiento m de acero m
— hexagon(al) bar n - [metal-roll] barra f hexagonal de acero m
— —(al) bushing n - [mech] buje m hexagonal de acero m
— —(al) nut n - [mech] tuerca f hexagonal de acero m
— highway sign n - [roads] letrero m de acero m para carretera f
— hold(ing) n - [metal-prod] reposo m, or permanencia f, de acero m
— hook n - [mech] gancho m de acero m
— hose n - [mech] mang(uer)a f de acero m
— hot rolled sheet n - [metal-roll] lámina f de acero m laminada en caliente
— housing n - [mech] carcasa f, or caja f, de acero m
— I shape n - [metal-roll] perfil m (en) I de acero m
— improvement n - [metal-prod] mejoramiento m, or bonificación f, or mejora f, de acero m
— in bar(s) n - [metal-roll] acero m en barra f
— in @ hearth abnormal repair n - [metal-prod] reparación f anormal con acero m en solera f
— induction hardening n - [metal-treat] endurecimiento m de acero m por inducción f
— industrial center n - [metal-prod] centro m industrial siderúrgico
— industry n - [metal-prod] industria f, siderúrgica, or de acero m; siderurgia f
Steel Industry Association (of Argentina) n - Centro m de Industriales m Siderúrgicos
— — Coordinating Committee n - [pol] Comisión Coordinadora para Industria f Siderúrgica
— — Interdepartmental Committee n - [pol] Comisión f, Interdepartamental, or Interministerial, para Industria f Siderúrgica
— — refractory n - [ceram] refractario m para industria f siderúrgica
— — safety n - [metal-prod] seguridad f en industria f, siderúrgica, or para acero m
— — Safety Committee n - [safety] Comisión f para Seguridad f en Industria f Siderúrgica
— ingot n - [metal-prod] lingote m de acero m
— — ton(s) n - [metal-prod] tonelada(s) f de lingote(s) m de acero m
— inlet n - [tub] boca f para tormenta f de acero m
— inner cover n - [ind] tapa f, or cubierta f, or campana f, interior de acero m
— institute n - [metal-prod] instituto m, siderúrgico, or para acero m
— integral back-up n - [weld] respaldo m integral de acero m
— interchangeable nestable pipe n - [tub] tubería f de acero m encajable intercambiable
— notch type nestable pipe n - [tub] tubería f de acero m encajable intercambiable de tipo m con resalto(s) m
— intermediate shaft n - [nav] eje m, or árbol m intermedio de acero m
— jack chain n - [chains] cadena f con eslabon(es) m de alambre m de acero m
— jaw plate n - [mech] placa f de acero m para mandíbula(s) f
— joist n - [constr] vigueta f de acero m
— ladder n - [tools] escalera f de acero m
— ladle n - [metal-prod] caldero m; cuchara f para colada f para acero m
— — lining n - [metal-prod] revestimiento m para cuchara f para acero m
— — nozzle n - [metal-prod] buza f para cuchara f para acero m
— — rod n - [metal-prod] barra f para cuchara f para acero m
— — stopper n - [metal-steel] tapón m para cuchara f para acero m
— — — rod n - [metal-prod] barra f taponadora para cuchara f para acero m
— lagging n - [constr] encostillado m de acero m
— — retaining wall n - [constr] muro m para retención f con encostillado m de acero m
— — wall n - [constr] muro m con encostillado m de acero m
— layer n - capa f, or camada* f, de acero m
— leg n - [mech] pata f de acero m
— legging n - [safety] polaina f de acero m
— leveling block n - [ind] bloque m nivelador de acero m
— lifting hook n - [cranes] gancho m, or armella f de acero m para elevación f
— light pole shaft n - [constr] poste m de acero m para alumbrado m
— — standard n - [constr] columna f de acero m para alumbrado m
— — support n - [electr-instal] soporte m de acero m para alumbrado m
— lightpole n - [electr-instal] poste m de acero m para alumbrado m
— liner n - [constr] revestimiento m (interior) de acero m para refuerzo m • [weld] camisa f de acero m
— — plate n - [metal-fabr] plancha f de acero m para revestimiento m • [constr] encubado m de acero m
— link n - [mech] eslabón m de acero m
— — chain n - [chains] cadena f de eslabón(es) m de acero m
— lug n - [mech] aleta f, or tarugo m, de acero m
— maker n - [metal-prod] productor m de acero m;

acerador m; siderúrgico m; empresa f siderúrgica
steel making n - [metal-prod] aceración f; siderurgia f; producción f de acero m
— — **charge** n - [metal-prod] carga f para aceración f
— — **complex** n - [metal-prod] complejo m, siderúrgico, or para aceración f
— — **department** n - [metal-prod] departamento m, siderúrgico, or para, acería, or aceración
— — **furnace** n - [metal-prod] horno m para aceración f
— — **industry** n - [metal-prod] industria f siderúrgica
— — **practice** n - [metal-prod] práctica f para aceración f
— — **prereduction** n - [metal-prod] prerreducción f siderúrgica
— — **process** n - [metal-prod] proceso m, siderúrgico, or para, aceración f, or producción f de acero m
— — **technology** n - [metal-prod] tecnología f, siderúrgica, or para aceración f
— **man** n - [metal-prod] siderúrgico m
— **mandrel** n - [constr-pil] mandril m de acero m
— **manganese content** n - [metal-prod] proporción f de manganeso m en acero m
— **manhole** n - [tub] boca f de acero m para, registro m, or inspección f
— **manufacture** n - [metal-prod] elaboración f, or producción f, de acero m
— **manufacturer** n - [metal-prod] elaborador m, or productor m, de acero; empresa f siderúrgica
— **market** n - [com] mercado m para acero(s) m
— **mechanical property,ties** n - [metal-prod] propiedad(es) f mecánica(s) de acero m
— **medium cut washer** n - [mech] arandela f plana mediana de acero m
— **melt** n - [metal-prod] colada f, or hornada f, or partida f, de acero m
— **melting** n - [metal-prod] fundición f de acero
— — **department** n - [metal-prod] acería f
— **member** n - [metal-roll] perfil m de acero m • [mech] pieza f de acero m
— **messenger cable** n - [electr-instal] cable m, or torón m, mensajero de acero m
— **metallurgical and mechanical** a - [metal-prod] siderometalmecánico,ca
— — — — **activity** n - [metal-prod] actividad f siderometalmecánica; campo m siderometalmecánico
— — — — **field** n - [metal-prod] campo m siderometalmecánico
— **mill** n - [metal-prod] acería f; planta f, siderúrgica, or para acero m
— — **coordinator** n - [metal-prod] coordinador m para acería f
— — **designer** n - [metal-prod] proyectista m para acería f
— — **planner** n - [metal-prod] planificador m para acería f
— — **practice** n - [metal-prod] práctica f para acería f
— — **product** n - [metal-prod] producto n siderúrgico
— — **roll(er)** n - [metal-roll] rodillo m para (tren m para) laminación f de acero m
— — **service** n - [metal-prod] servicio m para, acería f, or planta f para acero m
— — — **electrical overhead travelling crane** m - [cranes] grúa f puente eléctrico para servicio m en acería f
— **minimum specified yield point** n—[metal-prod] punto m mínimo especificado para fluencia f para acero m
— — **yield point** n - [metal] punto m mínimo para fluencia f para acero m
— **miniplant** n - [metal-prod] miniplanta f, siderúrgica, or para acero m
— **modulus** n - see **steel elasticity modulus**
steel mold n - [metal-prod] lingotera f; molde m para acero m
— **needle bearing** n - [mech] cojinete m de aguja f de acero m
— **nestable interchangeable pipe** n - [tub] tubería f encajable intercambiable de acero m
— — **pipe** n - [tub] tubería f, encajable de acero m, or de acero m encajable
— — **pipe arch** n - [tub] tubería f abovedada encajable de acero m
— **normalization** n - [metal-prod] normalización f de acero m
— **notch** n - [metal-prod] piquera f
— **nut** n - [mech] tuerca f de acero m
— **open web joist** n - [constr] vigueta f de celosía f de acero m
— **ordinary, carburization, or carburizing** n - [metal-treat] carburación f común de acero m
— **outer shell** n - [petrol] cilindro m exterior de acero m
— **output** n - [metal-prod] producción f siderúrgica, or de acero m
— **oven interior** n - [metal-prod] interior m de horno m para acero m • [combust] interior m de horno m de acero m
— **oxygen content** n - [metal-prod] contenido m, or proporción f, de oxígeno m en acero m
— **panel** n - [metal-roll] panel m de acero m
— **part** n - [mech] repuesto m, or pieza f, de acero m
— —**(s) hardsurfacing** n - [weld] endurecimiento m de superficie f de pieza(s) f de acero m
— — **rebuilding** n - [weld] reconstrucción f de pieza f de acero m
— **piercing** n - [weld] horadación f, or perforación f, de acero m
— **pig** n - [metal-prod] lingotillo m de acero m
— **pile** n - [constr-pil] pilote m de acero m
— — **pipe** n - [tub] tubería f de acero m para pilote(s) m
— — **shell** n - [constr-pil] pilote m con camisa f perdida de acero m
— **piling** n - [constr-pil] (tabl)estacada f de acero m
— **pin** n - [mech] pasador m de acero m
— **pipe** n - [tub] tubo m, or tubería f, de acero
— — **annular corrugation** n - [tub] corrugación f anular de tubería f de acero m
— — **arch** n - [tub] tubo m abovedado, or tubería f abovedada, de acero m
— — — **conduit** n - [hydr] conducto m de tubería f abovedada de acero m
— — — **cover height limit** n - [constr] límite m para altura f de cobertura f para tubería f abovedada de acero m
— — — **culvert** n - [tub] alcantarilla f de tubería f abovedada de acero m
— — — **thickness** n - [tub] espesor m de tubería f abovedada de acero m
— — **assembly** n - [tub] conjunto m de, tubo(s) m, or tubería(s) f, de acero m
— — **caisson** n—[tub] pilote m tubular de acero
— — **casing** n - [electr-instal] tubería f de acero m para entubación f
— — **catch basin** n - [hydr] sumidero m de tubería f de acero m
— — **column** n - [tub] columna f de, tubo m, or tubería f, de acero m
— — **cover height limit** n - [constr] límite m para altura f para cobertura f para tubería f de acero m
— — **culvert** n - [constr] alcantarilla f de tubería f de acero m
— — **design** n - [tub] proyección f de tubería f de acero m
— — **drop inlet** n - [constr] sumidero m tubular de acero m
— — **encased** a - [constr-pil] recubierto,ta con tubería f de acero m
— — — **pile** n - [constr-pil] pilote m recubierto con tubería f de acero m

steel pipe encasement n - [constr-pil] recubrimiento m de tubería f de acero m
— — **end section** n - [tub] sección f terminal, de, or para, tubería f de acero m
— — **fabricating plant** n - [metal-fabr] planta f para producción f de tubería f de acero m
— — **fitting** n - [tub] accesorio m, para tubería f de acero, or de acero m para tubería f
— — **friction factor** n - [tub] coeficiente m para fricción f para tubería f de acero m
— — **frame** n - [mech] bastidor m de tubería f de acero m
— — **industry** n - [tub] industria f de tubería f de acero m
— — **maximum yield strength** n - [tub] límite m máximo para fluencia f de tubería f de acero
— — **pile** n - [constr-pil] pilote m, tubular, or de tubería f, de acero m
— — **plug** n - [tub] tapón m, de acero m para tubería f, or para tubería f de acero m
— — **product** n - [tub] producto m tubular de acero m; tubería f de acero m
— — **riser** n - [tub] tubería f vertical de acero
— — **sewer** n - [sanit] cloaca f, or desagüe m, de tubería f de acero m
— — **sleeve** n - [tub] camisa f de tubería f de acero m
— — **spillway** n - [constr] vertedero m de tubería f de acero m
— — **strength** n - [tub] resistencia f de tubería f de acero m
— — **structure** n - [constr] estructura f, or construcción f, con tubo(s) m de acero m
— — **subdrain** n - [tub] tubería f de acero m para subdrenaje* m
— — **thread** n - [tub] rosca f en tubería f de acero m
— — — **basic standard** n - [tub] norma f básica para rosca f en tubería f de acero m
— — **weld(ing)** n - [weld] soldadura f de tubería f de acero m
— — **yield strength** n - [tub] límite m de fluencia f para tubería f de acero m
— **plant** n - [metal-prod] acería f; planta f, or fábrica f, siderúrgica, or para acero m
— — **combustion setup** n - [metal-prod] organización f, or disposición f, de combustible(s) m para planta f siderúrgica
— — **furnace** n - [metal-prod] horno m para acería f
— — —, **rebuilding, or relining** n—[metal-prod] reconstrucción f de horno m para acería f
— — — **repair** n - [metal-prod] reparación f para horno m para acero m
— —(s) **heating unit** n - [metal-prod] equipo m para calentamiento n en planta f siderúrgica
— — **industrial power plant** n - [electr-prod] planta f para energía f industrial en acería
— — **ingot transfer cost** n - [metal-roll] costo m para transferencia f de lingotes en acería
— — **intake** n - [metal-prod] insumo* m, or entrada(s) f, en acería f
— — **oxygen consumption** n - [metal-prod] consumo m de oxígeno m en acería f
— — **potential** n - [metal-prod] capacidad f, or posibilidad(es) f, de acería f
— — **power plant** n - [electr-prod] planta f para energía f en planta f siderúrgica
— — **power setup** n - [metal-prod] distribución f de energía f en planta f siderúrgica
— — **practice** n - [metal-prod] práctica f para acería f
— — **production** n - [metal-prod] producción f de, acería f, or planta f siderúrgica
— — **project** n - [metal-prod] proyecto m siderúrgico
— — **refractories** n - [metal-prod] refractarios para acería f
— — **sampling** n - [metal-prod] muestreo m en acería f
— — **slag** n - [metal-prod] escoria f de acería

steel plant slag pit n - [metal-prod] foso m, or fosa f, para, colada f, or escoria, en acería
— **plate** n - [metal-roll] placa f, or plancha f, de acero m
— — **and tubing frame** n - [mech] bastidor m de plancha(s) f y tubería f de acero m
— — **cradle** n - [constr] soporte m de plancha(s) f de acero m
— — **frame** n - [mech] bastidor m de plancha(s) f de acero m
— — **galvanizing** n - [metal-treat] galvanización f de plancha(s) f de acero m
— — **girder** n - [constr] viga f con alma llena
— — **interior galvanizing** n - [metal-treat] galvanización f interior de plancha(s) f de acero m
— — **placement** n - [mech] colocación f, or emplazamiento m de plancha(s) f de acero m
— — **reclaim tunnel** n - [constr] túnel de plancha(s) f de acero m para recuperación f
— — **reinforcing** n - [mech] refuerzo m con plancha(s) f de acero • placa f de acero m para refuerzo m
— —(s) **spillway** n - [hydr] vertedero m de plancha(s) f de acero m
— — **standard gage** n - [metal-roll] espesor m, estándar, or normal, para plancha(s) f de acero m
— — **stock** n - [metal-roll] existencia(s) f de, material m, or plancha(s) f, de acero m
— — **tunnel** n - [constr] túnel de plancha(s) f de acero m
— **platform vibration** n - [mech] vibración f de plataforma f de acero m
— **plow** n - [agric-equip] arado m de acero m
— **plug** n - tapón m de acero m
— **valve** n - [valv] válvula f, obturadora, or para taponar, de acero m
— **plunger** n - [pumps] émbolo m de acero m
— **pole** n - [constr] poste m de acero m
— **poling plate** n - [constr] plancha f de acero m para, entibación f, apuntalamiento m
— **polishing ball** n - [mech] bola f pulidora, de or para, acero m
— **pontoon** n—pontón m, or flotador m, de acero
— **post** n - [constr] poste m de acero m
— **poster panel** n - [metal-roll] panel m de acero n para, anuncio(s) m, or aviso(s) m
— **poured** n - [metal-prod] acero m colado
— **pourer** n -[metal-prod] operador m para barra f taponadora; personal m, or colador, or para colada f, or para lingoteado m
— **pouring** n - [metal-prod] lingoteado m; colada f, or vaciado m, de acero m
— **practice** n - [metal-prod] práctica f para, aceración f, or producción f de acero m
— **pressure pipe** n - [tub] tubería f de acero m para (uso m con) presión f
— **process by-product** n - [metal-prod] subproducto(s) m de proceso(s) m siderúrgico(s)
— **producer** n—[metal-prod] productor m de acero
— **producing capacity** n - [metal-prod] capacidad f para, aceración f, or producción f de acero
— — **facility** n - [metal-prod] instalación(es) f para poroducción f de acero m
— **product** n—[metal-prod] producto m siderúrgico
— —(s) **division** n - [metal-prod] división f, siderúrgica, or de acero(s) m
— —(s) **export(ing)** n - [com] exportación f de poroducto(s) m de acero m
— —(s) **handbook** n - [metal-prod] manual m, or vademécum m, para producto(s) m de acero m
— —(s) **import(ing)** n - [com] importación f de poroducto(s) m de acero m
— —(s) **requirement(s)** n - [com] consumo m de producto(s) m siderúrgico(s)
— —(s) **rolling** n - [metal-roll] laminación f de producto(s) m, siderúrgico(s), or de acero
— **production** n - [metal-prod] producción f, siderúrgica, or de acero m; aceración f
— — **bottleneck** n - [metal-prod] problema m con

producción m de acero m
- **steel production capacity** n - [metal-prod] capacidad f para producción f de acero m
- — — **cost(s)** n - [metal-prod] costo(s) m para producción f de acero m
- — — **facility,ties** n - [metal-prod] instalación(es) f para producción f de acero m
- — — **furnace** n - [metal-prod] horno m para producción f de acero m
- — — **process** n - [metal-prod] proceso m, para producción f de acero, or siderúrgico
- — **progressive shear base** n - [mech] base f de acero m tronchable progresivamente
- — **projecting type sash** n - [constr] vidriera f de acero m de tipo m saliente
- — **pull box** n - [electr-instal] caja f de acero m para tracción f
- — **pulley** n - polea f, or roldana f, de acero m
- — **purlin** n - [metal-roll] vigueta f de acero m
- — **raceway system** n - red f de, canaleta(s) f, or conducto(s) m, de acero m
- — **rail** n - [rail] riel m, or carril m, de acero • [constr] viga f de acero m
- — **railing** n - [bridges] baranda f, or valla f, de acero m
- — **railway wheel** n - [rail=wheels] rueda f de acero m para ferrocarril(es) m
- — **rebuilding** n - [weld] reconstrucción f de acero m
- — **recycling** n - reprocesamiento m de acero m
- — **refining** n - [metal-prod] refinación f, or afino m, de acero m
- — **reinforcement** n - [mech] refuerzo m de acero m • armadura f de acero m
- — **reinforcing bar** n - [constr] barra f de acero m para armadura f
- — **research** n - investigación f siderúrgica
- — **retaining ring** n - [tub] anillo m de acero m para retención f
- — — **wall** n - [constr] pared f, or muro m, de acero m para, retención f, or contención f
- — **rib** n - [metal-roll] costilla f de acero m
- — — **with wood lagging** n - [constr] costilla f de acero m con entablonado* m
- — **ribbon grain tube** n - [agric-equip] tubo m de cinta f de acero (espiralada) para semilla(s)
- — — **tube** n - [tub] tubo de cinta f de acero m espiralada
- — **rim** n - [mech] llanta f de acero m
- — **rimmed wheel** n - [wheels] rueda f con llanta f de acero m
- — **ring** n - [mech] aro m, or anillo m, de acero
- — **riser** n - [tub] tubería f vertical de acero m
- — **rivet** n - [mech] remache m de acero m
- — **riveted elbow** n - [tub] codo m remachado de acero m
- — — **arch** n - [tub] tubería f abovedada remachada de acero m
- — **rod** n - [metal-roll] varilla f, or barra f, de acero m • [mech] vástago m de acero m
- — — **mill** n - [metal-roll] tren m para, varillas f, or vástagos m, de acero m
- — — **spherodizing*** n - [metal-roll] esferoidización f de varilla(s) f de acero m
- — — **trash rack** n - [hydr] jaula f con reja(s) f, de acero m para contener basura(s) f
- — **roll(er)** n - [mech] rodillo m de acero m
- — — **shot blasting machine** n - [metal-roll] granalladora f para rodillo(s) m de acero
- — **roller gate** n - compuerta f rodante de acero
- — **rolling** n—[metal-roll] laminación f de acero
- — **roof deck** n - [constr] plancha(s) f de acero m para techo m
- — **roofing** n - [constr] techado m de acero m
- — **rope** n - [cabl] cable m de acero m
- — — **breaking strength** n - [cabl] tensión f para rotura f de cable (de alambre m) de acero
- — — **wire** n - [wire] alambre m, de acero m para cable(s) m, or para cable(s) m de acero m
- — **round** n - [metal-roll] barra f redonda, or redondo m, de acero • [tools] broca de acero

- **steel rung** n - [constr] peldaño m de acero m
- — **run-off tab** n - [weld] planchuela f de acero m para derrame m
- — **runner** n - [metal-prod] canal m para acero m
- — **scrap** n - [metal-prod] cjatarra f de acero m • [mech] retazo m de acero m
- — — **back-up strip** n - [weld] tira f para respaldo m de retazo(s) m de acero m
- — **screw** n - [mech] tornillo m de acero m
- — **self-hardening** n - [metal-prod] autoendurecimiento* m de acero m
- — **sewer** n - [sanit] cloaca f de acero m
- — **sewer pipe** n - [Canit] cloaca f sanitaria de acero m; tubería f de acero m para cloaca(s)
- — **shackle** m - [mech] grillete m de acero m
- — **shaft** n - [constr] columna f de acero m • [mech] árbol m, or eje m, de acero m
- — — **shim** n - [mech] calza f de acero m para árbol m
- — **shape** n - [metal-roll] perfil m de acero m
- — — **cross section** n - [metal-roll] corte m (transversal) de perfil m de acero m
- — **shaping** n - [metal-roll] laminación de acero
- — **shear base** n - [mech] base f tronchable de acero m
- — — **pin** n - [mech] pasador m, or chaveta f, tronzable para seguridad f de acero m
- — **sheave** n - [mech] roldana f de acero m
- — **sheet** n - [metal-roll] palastro m; chapa f, or lámina f, or plancha f de acero m
- — — **driving** n - [constr-pil] hincadura f de tablestaca f de acero m
- — — **headwall** n - [constr-pil] muro m para cabecera f de tablestaca(s) f de acero m
- — — **piling** n - [constr] tablestaca f de acero
- — — **pipe** n - [tub] tubería f de chapa(s) f de acero m
- — — **scrap** n - [metal-prod] chatarra f, or retazo(s) m, de lámina(s) f de acero m
- — **sheeting** n - [roads] tablestaca(s) f, or tablestacado m, de acero • [constr] chapa(s) f para revestimiento m - chapas f de palastro
- — — **driving** n - [constr-pil] hincadura f de, tablestaca(s) f, or tablestacado m, de acero
- — — **headwall** n - [constr] muro m para cabecera f de tablestaca(s) f de acero m
- — — **weir** n - [hydr] azud m de tablestaca(s) f de acero m
- **steel shell** n - [constr-pil] (tubo m para) camisa f de acero m - [mech-pulleys] cajera f de acero m
- — — **block** n - [mech] motón m, de acero m para cajera f, or para cajera f de acero m
- — — **shim** n - [mech] calza f de acero m • [metal-roll] pletina f de acero m
- — **shipping** n - [transp] embarque m de acero m
- — **shoe** n - [mech] zapata f de acero m
- — **shop** n - [metal-prod] acería f
- — **shot** n - [mech] munición(es) f, or granalla f, de acero m
- — **shutter door** n - [constr] puerta f enrollable de acero m
- — **sign** n - [constr] letrero n de acero m
- — **single wire braid** n - [wire] trenzado m sencillo con alambre m de acero m
- — **skelp** n - [tub] fleje m de acero m para tubo(s) m
- — **slab** n - [metal-roll] planchón m de acero m
- — **slanted flange I shape** n - [metal-roll] perfil m I de acero m con ala(s) f inclinada(s)
- — **slat** n - [carp] tablilla f de acero m
- — **sleeve** n - [mech] manga f, or buje, de acero m
- — **soaking** n - [metal-roll] igualación f de (temperatura f de) acero m
- — **softening** n - [metal-treat] descarbonización f de acero m
- — **spare (part)** n - [ind] repuesto m de acero m
- — **spike** n - [mech] pasador m de acero m
- — **spillway** n - [constr] vertedero m de acero m
- — **spiral spring wire** n - [wire] alambre m de acero m para resorte(s) m en espiral

steel spiral welded pipe n - [tub] tubería f de acero m soldada en espiral
— spring n - [mech] resorte m, or muelle m, de acero m
— — guard n - [mech] defensa f de acero m para resorte m
— — wire n - [wire] alambre n de acero m para resorte(s) m
— square bar n - [metal-roll] barra f cuadrada de acero m
— — nut n - [mech] tuerca f cuadrada de acero
— — tubing n - [tub] tubería f cuadrada de acero m
— standard fastener n - [mech] sujetador m, estándar, or según norma f, de acero m
— staple n - [nails] grapa f de acero m
— starting rod n - [tools] barra f iniciadora de acero m
— stem n - [mech] vástago m de acero m
— — gate n - [hydr] compuerta f con vástago m de acero m
— stiffness n - rigidez f de acero m
— stock n - [metal-roll] pletina(s) f de acero
— stitch n - [mech] grapa f de acero m
— storm drainage pipe n - [hydr] tubería f de acero m para desagüe(s) m pluvial(es)
— strand n - [cabl] cordón m de acero m
— — for prestressing n - [concr] cable m de acero m para pretensado* m
— strap n - [metal-roll] tira f, or cinta f, de acero m acero m en tira(s)
— — armoring n - [electr-cond] armadura f, de tira(s) f de acero m, or de acero m en tiras
— strength n - [metal] resistencia f de acero m
— stringer n - [constr] larguero m de acero m
— strip n - [metal-roll] fleje m, or banda f, or cinta f, or chapa f, de acero; palastro m
— — producer n - [metal-roll] fabricante m de, fleje m, or banda f, or cinta f, or chapa f, de acero n
— — thickness n - [metal-roll] espesor m de, fleje m, or banda f, or cinta f, or chapa f, or lámina f, de acero m
— structural member n - [metal-roll] pieza f estructural de acero m
— — plate n - [metal-roll] plancha f estructural de acero m
— — — pipe n - [tub] tubería f de plancha(s) f estructural(es) de acero m
— — — arch n - [tub] tubería f abovedada de plancha(s) f estructural(es) de acero m
— — — underpass n - [constr] paso m inferior de plancha(s) f estructural(es) de acero m
— — shape n - [metal-roll] perfil m, or pieza f, estructural de acero m
— structure n - [constr] estructura f de acero
— — bedding n - [constr] base f, or lecho m, para estructura f de acero m
— — deflection n - deformación f de estructura f de acero m
— —(s) Painting Council n - Comisión f para Pintura f de Estructura(s) f de Acero m
— strut n - [constr] puntal m, or jabalcón m, de acero m
— — bolt n - [mech] espárrago m roscado de acero m
— sulfur segregation n - [metal] segregación f de azufre m en acero m
— superstructure n - [constr] obra f metálica
— supplier n [com] proveedor m de acero m
— supply n - [com] abastecimiento m de acero m
— sweat n - condensación f (de humedad f) sobre [superficie f de) acero m
— tab n - [mech] orej(et)a f de acero m
— tail shaft m - [nav] árbol m, or eje m, de cola f de acero m
— tank n—(es)tanque m, or depósito m, de acero m de acero m
— technological property n - [metal- propiedad f tecnológica de acero m
— teeming ladle n - [metal-prod] cuchara f para colada f para acero m

steel tempering n - [metal] temple m de acero m
— template n - [mech] plantilla f de acero m
— thickness n—[metal-roll] espesor m de acero
— — range n - [metal-roll] escala f de espesor(es) m de acero m
— thin strip n - [metal-roll] chapa f, fina, or delgada, de acero m
— through truss n - [constr] armadura f de acero m con tablero m inferior
— tie n - [mech] liga(dura) f de acero n · [rail] traviesa f, or durmiente* m, de acero
— — down band n - [mech] banda f de acero m para fijación f
— tire wheel n - [mech] rueda f con llanta f de acero m
— to @ concrete area ratio n - [constr] razón f de área de acero m a hormigón m
— — @ — ratio n - [constr] razón m de acero m a hormigón m
— — steel n - acero m con(tra) acero m; acero(s) m entre sí
— — — joining n - [weld] unión f de acero m con acero m; unión f de acero(s) entre sí
— — — seat n - [tub] asiento m de acero m contra acero m
— tool n - [tools] herramienta f de acero m
— tower n - [constr] torre f de acero m
— treatment n - tratamiento m de acero m
— — furnace n - [metal-treat] horno m para tratamiento m de acero m
— trowel n - [tools] paleta f, or cuchara* f, de acero m
— truck n - [ind] carretón m de acero m
— truss n - [constr] viga f, armada d, or con armadura f, de acero; viga f enrejada, or cercha f, de acero m
— — brdige span n - [bridges] tramo m para puente m de viga(s) f armada(s) de acero m
— — lift span n - [bridges] tramo m levadizo de viga f armada
— tube n - [tub] tubo m de acero m
— — flanging n - [tub] rebordeado m de tubería f de acero m
— tubing n - [tub] tubería f de acero m
— — frame n - [mech] armazón f de tubería(s) f de acero m
— — liner n - [mech] camisa f para tubería f de acero m
— tunnel n - [constr] túnel m de acero m
— typical culvert n - [constr] alcantarilla f típica f de acero m
— underpass n - [constr] paso m inferior de acero m
— understructure n - [constr] subestructura f, or infraestructura f, de acero m
— vessel n - recipiente m, or vasija f, de acero m
— W-beam n - [constr] viga f de acero m con conformación en W
— wall n - [constr] muro m, or pared f, de acero m
— — panel n - [constr] panel m de acero m para pared f
— ware n - [domest] vajilla f de acero m
— washer n - [mech] arandela f de acero m · [domest] lavadora f de acero m
— water line n - [tub] tubería f de acero m para conducción f para agua m
— — pipe n - [tub] tubería f de acero m para agua m
— — — electrical resistance heating n—[weld] calentamiento m con resistencia f eléctrica de tubería f de acero m para agua m
— — freezing n - [tub] congelación f de tubería f de acero m para agua m
— wear plate n - [mech] plancha f para desgaste m de acero m
— weir n - [hydr] azud m de acero m
— weld inspection method n - [weld] método m para inspección f de soldadura(s) f sobre acero m

steel weld nondestructive inspection method n - [weld] método m para inspección f no destructiva de soldadura(s) f sobre acero m
— **welding** n - [weld] soldadura f de acero m
— — **wire** n - [weld] alambre m de acero m para soldadura(s) f
— **weldment** n - [weld] pieza f de acero m soldada
— — **destructive inspection method** n - [weld] método m para inspección f destructiva de soldadura(s) f sobre acero m
— — **inspection** n - [weld] inspección f de soldadura(s) f sobre acero m
— — — **method** n - [weld] método m para inspecación f de soldadura(s) f sobre acero m
— — **nondestructive inspection method** n—[weld] método m para inspección f no destructiva de soldadura(s) f sobre acero m
— **wheel** n - [mech] rueda f (con llanta f) de acero m
— — **truck** n - [ind] carretón m con rueda(s) f de acero m
— **wire** n - [wire] alambre n de acero m
— — **armor(ing)** n - [electr-cond] armadura f con alambre m de acero m
— — — **braid** n - [wire] trenzado m de alambre m de acero m
— — **brush** n - [tools] cepillo m (con cerdas f) de alambre m de acero m
— — **fabric** n - [wire] malla f de alambre m de acero m
— — **rope** n - [cabl] cable m de alambre m de acero m
— — **screen** n - [wire] rejilla f de alambre m de acero m
— **with sulfur segregation(s)** n - [metal] acero m con segregación(es) f de azufre m
— **without interstice(s)** n - [metal-prod] acero m sin intersticio(s) m
— **wood screw** n - [mech] tornillo m de acero m para madera f
— **wool** n - [tools] viruta(s) f de acero m
— **work** n - [metal] trabajo m con acero m
— **work roll** n - [metal-roll] rodillo m de acero m para trabajo m
— **worker** n - [laboa] obrero m siderúrgico • [constr] montador m
— **works** n - [ind] acería f; planta f para acero
— **yield** n - [metal-prod] rendimiento m de acero
— — **point** n - [metal] límite m para fluencia f para acero m
steelmaker n - [metal-prod] siderúrgico m; acerador m • empresa f siderúrgica
steelmaking n - [metal-prod] aceración f
— **research** n - [metal-prod] investigación f siderúrgica
— **share** n - [metal-prod] proporción f de producción f siderúrgica
steelman n - [metal-prod] técnico m siderúrgico
Steelox building panel n - [constr] panel m de acero m (Steelox) para edificio(s) m
— **hardware** n - [constr] herraje(s) m para (paneles m) Steelox
— **panel** n - [metal-fabr] panel m (Steelox) de acero m
— **poster panel** n - [metal-fabr] panel m (Steelox) de acero m para anuncio(s) m
steelwork n - [metal] trabajo m en, or estructura f en, acero m, or metálica(s) f
steep - a - . . .; (muy) inclinado • [topogr] abrupto,ta; precipitoso,sa
— **approach** n - [topogr] pendiente f, or cuesta f, (muy) inclinada
— **bank** n - [hydr] ribera f, abrupta, or (muy) inclinada
— **channel** n - [hydr] cauce m (muy) pendiente
— **curve** n - [roads] curva f (muy) inclinada
— **cut slope** n - [constr] declive m cortado abrupto
— **descent** n - descenso m abrupto; bajada f abrupta
— **downhill angle** n - [weld] ángulo descendente agudo
steep grade n - pendiente (muy) inclinada
— **gradient** n - pendiente f (muy) inclinada
— **heavy soil** n - [topogr] tierra f compacta (muy) pendiente
— **hillside** n - [topogr] cuesta f, or falda f, pina, or empinada, or con pendiente f fuerte
— **pitch** n - [geol] buzamiento m empinado
— **quarry** n - [miner] cantera f profunda
— **sandy soil** n - [soils] tierra f arenosa (muy) pendiente
— **slope** n - pendiente f, or cuesta f (muy), empinada, or inclinada
— — **culvert** n - [constr] alcantarilla f con declive m (muy), pronunciado, or inclinado
— **stratification** n - [geol] estratificación f (muy), empinada, or inclinada
— **volt-ampere curve** n - [weld] curva f voltios-amperios muy inclinada
— **watershed** n - [hydr] cuenca f hidrográfica (muy) inclinada
steeped asphalt n - [constr] asfalto m fundido
steeper grade n - cuesta f más inclinada
— **slope** n - pendiente f más inclinada
steeplechase track n - [sports] pista f con obstáculo(s) m
— **training track** n - [sports] pista f con obstáculos m para entrenamiento m
steeply sloping a - con declive m pronunciado
steer @ tire v - [autom-tires] gobernar neumático m
steered a—guiado,da; gobernado,da; dirigido,da
steering n - . . .; encaminamiento m • [autom] . . . • movimiento m de, volante m, or dirección f; mecanismo m para dirección f
— **angle** n - [autom] ángulo m de maniobra(s) f con volante m
— **arm** n - [autom] brazo m para dirección f
— **clutch** n - [mech] embrague m para dirección
— **column** n - [autom] columna f, or árbol m, para dirección f
— **cylinder** n—[autom] cilindro m para dirección
— **response** n - [autom] reacción f a movimiento m de, volante m, or dirección f
— **worm** n - [autom-mech] sinfin m para mecanismo m para dirección f
Stein furnace n - [combust] horno m Stein
stellar achievement n - [astron] logro m estelar
stellite n - [metal] estelita* f; aleación f con wolframio m, carbono m y cobalto m
— **faced** a - [metal] refrentado,da con estelita
stem n - . . . • [mech] . . .; varilla f; sarta f • taco m | v - . . .
— **bushing** n - [mech] buje m para vástago m
— **clearance** n - [mech] holgura f para vástago
— **down tapping** n - [valv] asentamiento m de vástago m con golpe(s) m ligero(s)
— **extension** n - [mech] prolongación f para vástago m
— **grinding** n - [int.comb] esmerilado m de vástago m
— **guide bushing** n - [mech] buje m para guiar vástago m
— **packing** n - [petrol] empaquetadura f para vástago m
— **ring** n - [mech] anillo m para vástago m
— **sinker bar** n—[petrol] plomada f para vástago
stench n - . . .; tufo m
stencil n - . . . • [print] matriz f
stenciled a - estarcido,da
steno-typist n - [com] estenotipista m; taquidactilógrafo m
stenography n - [com] taquidactilografía f
step n . . . • incremento m • . . . ; gestión f; trámite m • [weld] sector m • [constr] escalón m; peldaño m • retallo m • [autom] estribu m | a escalonado,da; graduado,da; graduable | v - pisar • escalonar
——**back weld(ing)** n - see back step weld(ing)
step bevel a - oblicuo,cua escalonado,da | v - escalonar; achaflanar (escalonadamente)

step beveled a - achaflanado,da escalonadamente; escalonado,da; con chaflán m escalonado
— **beveling** n - chaflán m escalonado
— **bolt** n - [mech] perno m con orejeta(s) f • [constr] perno m para peldaño m • [Chi.] escalín m
—**by step** a - escalonado,da • [adv] paso, a, or por, paso m; escalonadamente; progresivamente
— **control** n - [weld] regulador m escalonado • [mech] regulación f, graduada, or graduable
— **deformation** n - deformación f escalonada
— **hanger** n - [autom] portaestribo m
— **ladder** n - [see] stepladder
— **plate** n - [autom] estribera f
— **pulley** n - [mech] polea f escalonada f • polea f cónica
— **sequence** n - orden m de paso(s) m
—**tapered** a - cónicoescalonado,da
—**up** n - [weld] paso m ascendente | a - [labor] cubraebaja(s); para relevo m; accidental | v - ascender(se)
—— **foreman** n - [labor] capataz m, cubrebajas, or accidental, or para relevo m
stepladder n - [tools] . . .; escalerilla f; escalera f plegadiza
stepless a—sin peldaños m; gradual; continuo,ua
— **brake** n - [cranes] freno m gradual
— **crane brake system** n - [cranes] sistema m de freno m gradual para grúa f
stepover n - [weld] distancia f entre cordon(es)
stepped arch n - [archit] arco m de (extra)dos m escalonado
— **column** n - [constr] columna f escalonada
— **crane column** n - [constr] columna f escalonadaz para grúa f
— **pulley** n - [mech] polea f escalonada
— **triaxial test** n - [soils] ensayo m triaxial* escalonado m
— **up** a - aumentado,da; reforzado,da
stepping n - escalonamiento m
stereo n - [telecom] see **stereophonic radio**
stereophonic amplifier n - [electron] amplificador m estereofónico
— **radio** n - [Telecom] radio f esterofónica
sterile ore n - [miner] (mineral) estéril m
sterilized a - esterilizado,da
sterling a - . . .; [fig] impecable; inobjetable
stern competition n - [com] competencia f seria
stevedore(s) strike n - [transp] huelga f de estibador(es) m
stevedoring* n - [transp] estiba(ción) f
steward n - [labor] delegado m (laboral, or obrero) • [sports] comisario m
stewing pan n - [comest] see **stewpan**
stick n - . . .; vareta f • [autom-mech] palanca f (para cambio m de marcha f) • [petrol] barra f • [constr-equip] brazo m (para cucharón m) • [weld] . . . electrodo m (manual) | v - . . .; adherir(se); atascar(se); agarrotar(se) • [transp] empantanar(se); encajar(se); atascar(se) • [autom-tires] adherir(se)
— **closed** v - pegar en posición f cerrada
— **electrode** n - [weld] electrodo m, manual, or de varilla f
—— **stud** n - [weld] borne m para soldadura f con electrodo(s) m manual(es)
—— **welder** n - [weld] soldadora f para electrodo(s) m manual(es)
—— **welding** n - [weld] soldadura f con electrodo m manual
— **@ flux** v - [weld] adherir(se) fundente m
— **in @ closed position** v - [electr] pegar(se) en posición f conectada
—— **@ mud** v - empantanar; atascar; embarrar
—— **@ off position** v - [electr] pegar(se) en posición f desconectada
—— **@ on position** v - [electr] pegar(se) en posición f conectada
—— **@ open position** v - [electr] pegar(se) en posición f desconectada
—— **@ crater** v - [weld] pegar(se) en cráter m

stick in @ puddle v - [weld] pegar(se) en cráter m
—— **@ runner** v - [metal-prod] pegar(se), or quedar(se), (escoria f) en ruta f
— **open** v - pegar(se) en posición f abierta
— **operator** n - [weld] soldador m manual
— **out** v - . . .; proyectar hacia, afuera, or adelante
— **pass** n - [weld] pasada f con electrodo manual
— **replacing** n - [weld] reemplazo m de electrodo m (manual)
— **straight out** v - proyectar directamente hacia, adelante, or afuera
— **stud** n - [weld] borne m (para conexión f) de electrodo m manual
— **weld(ing)** n - [weld] soldadura f manual
— **welding electrode** n - [weld] electrodo m (para soldadura f) manual
sticker grass n - [botan] espartillo m
stickiness n - . . .; pegajosidad f
sticking n - pegadura f; adherencia f; adhesión f • tendencia f a pegar(se) • [weld] pegamiento m • [roads] atascamiento m; empantanamiento m
sticking out a - sobresaliente
— **throttle** n - [autom] acelerador m, trabado, or atascado
stickout n - [weld] electrodo m, or largo m, sobresaliente; prolongación f de electrodo m
— **extension** n - [weld] prolongación f para electrodo m (sobresaliente)
—— **guide** n - [weld] guiadera f para prolongación f para electrodo m sobresaliente
— **gun** n - [weld] pistola f con, prolongación f, or suplemento m
— **nozzle extension** n - [weld] prolongación f para boquilla f para electrodo(s) m sobresaliente(s)
— **procedure** n - [weld] procedimiento m con electrodo m (muy) sobresaliente
— **voltage drop** n - [weld] caída f de voltaje m en electrodo m sobresaliente
sticky arc n - [weld] arco m pegajoso
— **clay** n - [soils] arcilla f pegajosa
— **tire** n - [autom-tires] neumático m adheridor
stiff arc n - [weld] arco m tieso
— **bridge rail(ing)** n - [bridges] baranda f rígida para puente m
— **bristle** n - cerda f dura
—— **broom** n - [tools] escoba f, or cepillo m, con cerdas(s) f dura(s)
— **clay** n - [geol] arcilla f consistente
— **competition** n - [com] competencia f seria
— **footprint** n - [autom-tires] huella f rígida
— **leg crane boom** n - [constr] pluma f para grúa f arriostrada
—— **derrick** n - [cranes] grúa f con pata(s) f rígida(s)
— **neck** a - [mech] rígido,da
— **rail(ing)** n - [constr] baranda f rígida
— **restriction** n - restricción f severa
— **shock absorber** n - [autom] amortiguador m rígido
— **steel** n - [metal] acero m rígido
— **wind** n - [meteorol] ventarrón m
— **wire** n - [wire] alambre m, tieso, or duro
stiffen @ sidewall v - [autom-tires] aumentar rigidez f de costado(s) m de neumático m
— **@ suspension** v - [autom-mech] reforzar suspensión f
stiffened a - entiesado,da; atiesdado,da • endurecido,da
— **bottom flange** n - [constr] cordón m inferior reforzado
— **suspension** n - [autom-mech] suspensión f reforzada
— **tire sidewall** n - [autom-tires] costado m de neumático m con rigidez f aumentada
stiffener n - [mech] atiesdador m • nervio m • [constr] viga f, or placa f, para refuerzo m; larguero m
— **angle** n - [mech] angulo m para aumentar rigi-

dez f
stiffener net length n - [mech] largo(r) n neto, or largura f neta, de atiesdador m
stiffening n - atiesamiento* m
— **cone** n - [metal-prod] cono m superior para campana f
— **element** n - [mech] elemento m para refuerzo m
stifled a - sofocado,da
stifling n - sofocación f | a - . . .
still n - . . .; also see **destillery** • [chem] . . .; columna f destiladora
— **coke** n - [petrol] coque m de alambique m
— **leg** n - [petrol] sección f de columna f destiladora
— **product** n - [chem] producto m de destilación
— **tube** n - [tub] tubo m para alambique m
stilling n - . . . • tranquilización f
— **basin** n - [hydr] pileta f, or hoya f, para tranquilización f
Stillson wrench n - [tools] llave f, para tubo(s) m, or Stillson
stilt n - . . . | v [archit] peraltar; realzar
stilted a - . . . • [archit] escarzano,na; realzado,da; peraltado,da
— **arch** n - [archit] arco m, escarzano, or realzado, or peraltado
— **extrados arch** n - [archit] arco m, extradós, or trasdós, escarzano, or realzado, or peraltado
stimulated a - estimulado,da; incitado,da
stimulating n - estímulo m | a - estimulante; estimulante,ra; incitante; incitador,ra
stimulation n - . . .; motivación f; incitación
stimulator n - . . .; estimulador m; incitador m | a - estimulante; incitativo,va
stimulus n - . . . • [fig] espuela f
sting n - . . . • desagrado m; disgusto m
stink n - . . .; fetidez f
stinky a - fétido,da; hediendo,da
stint n - . . . • estancia f; duración f, período m; permanencia f
stipulated a - estipulado,da
stir up v - suscitar; revolver
stirred a - agitado,da; revuelto,ta
stirring n - agitación f | a - revolvedor,ra
stirrup n - . . . • [mech] perno m con argolla f
stitch n - . . . • [mech] grapa f; sujetador m • [mech] remache m con punto m • [medic] puntada f | v - . . . • [mech] remachar con puntos
—**joined pipe(-arch)** n - [tub] tubo n (abovedado) con costura f con grapa(s) f
— **rivet** n - [mech] remache con punto m | v - [mech] remachar con punto(s) m
— **seamed** a - [mech] con costura f con grapa(s)
— **timer** n—[weld] sincronizador m para puntadas
— **weld(ing)** n - [weld] soldadura f por punto(s) m | v - [weld] soldar con punto(s)
stitcher n - [mech] remachadora f por punto(s) f • [metal-roll] empalmadora f | [weld] soldadora f por punto(s) m
—**shearman** n - [metal-roll] empalmador m y cortador m
stitching n - . . . • [metal-roll] empalme m • [mech] remachado m por punto(s) m • [weld] soldadura f por punto(s) m
— **wire** n - [wire] alambre m para coser
stl n - [metal] see **steel**
stock n - . . .; disponibilidad f; abastecimiento m; surtimiento m - [ind] material por, labrar, or elaborar • [lathes] terraja f; muñeca f; punta f • [autom] de serie f; sin modificar • [metal-roll] pletina f; perfil m laminado; producto n terminado • [metal-prod] codo m inferior • [agric] hacienda f • [paper] pasta f aguada; also see **slurry** • [wiredrwng] material m para trefilar | a - [fin] bursátil • [mech] en existencia f; en medida(s) f comercial(es) | v - [com] . . .; llevar, or (man)tener en existencia • [icthiol] sembrar
—**(s) and bond(s)** n - [fin] valor(es) m mobiliario(s)
stock and die n - [mech] terraja f y, dado m, or cojinete m
—**(s) at market value** n - [existencia(s) f a valor m de mercado m • [fin] acción(es) f a, valor m de mercado m, or cotización f actual
— **automobile** n - [autom] automóvil m, de serie, or sin modificación(es) f
— **bin** n - [ind] tolva f, or silo m, para, almacenamiento m, or depósito m
— **breeding** n - [cattle] ganadería f
— **car** n - [autom] see **stock automobile**
— **company** n - [legal] sociedad f, or compañía f, por acción(es) f, or anónima
— **control** n - [ind] control* m de existencias f
— **corporation** n - [legal] see **stock company**
— **die** n - [mech] dado m, or cojinete m, para terraja f
— **dividend** n - [fin] dividendo m en acciónes f
— **drawing** n - [wiredrwng] trefilería f de material por, labrar, or trefilar
— **elbow** n - [metal-prod] codo m superior
—**(s) equity** n - [fin] patrimonio m accionario
— **exchange** n - [fin] bolsa f (de comercio m); bolsa f. or mercado m, de valores m
— **feeding** n - [mech] alimentación f de material m a labrar • [cattle] alimentación f de ganado m
— **fitting** n - [mech] accesorio m en medida(s) f comercial(es)
— **flow box** n - [paper] caja f para flujo m de pasta f aguada
— **hanging** n - [metal-prod] horno m colgado
— **house** n - [metal-prod] see **stockhouse**
— **inching** n - [mech] avance m gradual de material m por labrar
— **indicator** n - [metal-prod] see **stockline**
— **issue,uing** n - [fin] emisión f de acción(es)
— **item** n - [com] partida f de existencia(s) f
— **joint** n - [metal-prod] cabezal m para ajuste
— **level** n - [ind] nivel m de carga f
— **market** n - [fin] mercado m de valor(es) m; bolsa f de comercio m | a - [fin] bursátil
— **number** n - [ind] número m para, inventario m, or existencia(s), or almacén(es) m; (número m para) identificación f
— **offset** n - [mech] desplazamiento m normal
— **pass** n - [cattle] paso m para ganado m
— **payment** n - [fin] integración f de acción(es)
— **rail** n - [rail] riel m maestro
— **record book stub** n - [com] talonario m
— **reissue,uing** n - [fin] reemisión* f, or emisión f nueva, de acción(es) f
—**(s) resale** n - [fin] reventa f de acción(es) f
— **rod** n - [ind] sonda f; varilla f para sondeo
— — **counterweight** n - [ind] contrapeso m para, sonda f, or varilla f para sondeo m
— — **hoist** n - [ind] elevador m para sonda f
— — **pulley** n - [ind] polea f para sonda f
— — **winch** n - [ind] elevador m para sonda f
— **seat** n - [metal-prod] asiento m para codo m inferior
— **section** n - [ind] oficina f para control* m de existencia(s) f
— **share** n - [fin] acción f (de capital m)
— **socket** n - [metal-prod] cuña f para portaviento(s) m
— **split(-up)** n - [fin] división f de acción(es)
— **tank roof** n - [ind] cubierta f para depósito m para almacenamiento m
— — **vapor(s)** n - [petrol] vapor(es) m, or emisión(es) f, en depósito m para almacenamiento
— **tax** n - [fisc] impuesto m sobre, acción(es) f, or patrimonio m accionario
— **transfer** n - [fin] transferencia f de acciones
stockade n - [cattle] encierro m
stocked a - [com] puesto,ta, or mantenido,da, en existencia f; provisto,ta • [icthiol] sembrado,da
— **flux** n - [weld] fundente m en existencia(s) f
— **replacement part(s)** n - [ind] pieza(s) f para, repuesto m, or reemplazo m, en existencia f

stocker n—abastecedor m • [autom] see **stock car**
Stockham angle valve n - [valv] válvula f angular de Stockham
— **female elbow** n - [mech] codo m hembra de Stockham
— **union** n - [mech] unión f Stockham
stockholder('s) agreement n - [legal] convenio m de accionista(s) m
—**(s') delegate** n - [legal] conisario m • [Arg.] síndico m • [Spa.] censor m de cuenta(s) f
—**(s') equity** n - [legal] patrimonio m social (de accionistas m)
—**(s') liability** n - [legal] responsabilidad f de accionista(s) m
—**(s') meeting** n - [legal] asamblea f, or junta f, or reunión f general (de accionistas m)
—**(s') representative** n - [legal] síndico m
—**(s') —('s) opinion** n - dictamen m de síndico
stockhouse n - [ind] almacén m; depósito m • [metal-prod] casa f de silos m, or depósito m, para materia(s) f prima(s)
— **bin(s)** n - [metal-prod] línea f de tolvas m
stocking n - . . . . • [com] provisión f; aprovisionamiento m; provisión f, or mantenimiento m, de existencias f; almacenamiento m • [ichtiol] siembra f
stockline n - [ind] nivel m superior de material m almacenado; línea f, or nivel m, para carga
— **band** n - [ind] anillo m para refuerzo m en nivel m para carga f
— **brickwork** n - [metal-prod] refractario(s) n para nivel m superior para carga f
— **indicator** n - [ind] sonda f
— **level** n - [ind] nivel m para carga f
— **plate** n - [ind] plancha f para nivel m para carga f
— **ring** n - [ind] see **stockline band**
stockpile n - [ind] pila f para, almacenamiento m, or depósito m; pila f, or montón m, or depósito m, de materiales f | v - apilar
stockpiled a - apilado,da
stockpiling n - apilamiento m; almacenamiento m
stocks n - [penal] cepo m
stocky a - . . . .; rollizo m
stockyard n - [cattle] . . . . • [ind] parque m, or plaza f, para, almacenamiento m, or depósito, or materia(s) f prima(s); depósito m
stochiometric amount n - [chem] cantidad f estoiquiométrica
stoichiometrical a - estoiquiométrico,ca*
stoke n - [lubric] stoke* m | v - [combust] alimentar; cargar
stoked a - [combust] alimentado,da; cargado,da
stoker n - [combust] . . .; foguista m; alimentador m (para caldera f)
stomp n - pisotón n | v - pisotear
stone n - . . . . | v - . . . . • [electr-mot] asentar; rectificar
— **aggregate** n - [concr] agregado m pétreo
— **arch** n - [constr] bóveda f de roca f
— **burr mill** n - [ind] molino m con piedra(s) f para harina f
— **@ commutator** v - [electr-mot] rectificar conmutador m
— **cutting polished wire rope** n - [cabl] cable m de alambre m pulido para cortar piedra(s) f
— — **wire rope** n - [cabl] cable m para cortar piedra(s) f
— **fill** n - [constr] relleno m de, piedra f, or roca f
— **grading** n - [miner] clasificación f de piedra
— **granite** n - [sanit] piedra f granítica
— **hewing** n - [miner] picadura f, or labrado m, de piedra f
— **masonry** n - [constr] mampostería f con roca f
stone mill n - [ind] molino m con piedra(s) f
— **pave** n - [constr] empedrar
— **pavement** n - [constr] empedrado m
— **quarry** n - [miner] cantera f; rocallera* f
— **riprap** n - [constr] see **riprap**
— **sawing strand** n - [cabl] cable m, or cordón

stone screening n - [constr] cribado m de piedra
— **skip** n - [miner] caja f para piedra(s) f
— **slab** n - [miner] losa f de piedra f
— **wire** n - [wire] alambre m, para enfardar, or negro común para fardo(s) m
stonecutter('s) hammer n - [tools] escoda f
stoned a - apedreado,da • [electr-mot] rectificado,da • [mech] asentado,da
— **commutator** n - [electr-mot] conmutador m rectificado
stonemason n - [constr] mampostero m
stoning n - . . . . • [electr-mot] rectificación f
stony ground n - [soils] pedregal m
stood up a - [autom] aterrizado,da sobre ruedas f delanteras
stool n - . . . . • [metal-prod] placa f para. base m, or fondo m, or asiento m, (para, moldes m, or lingoteras f)
— **circulation cycle** n - [metal-prod] ciclo m para circulación f de base(s) f
— **coating** n - [metal-prod] recubrimiento m de (placas f para asiento m de) base(s) f
— **fixer** n - [metal-prod] preparador m para bases
— **painting process** n - [metal-prod] proceso m para pintura f para, base(s) f, or placa(s) f
stooping a - gacho,cha
stop n - . . . . • tope m; amortiguador m • visita f • [constr] moldura f • [transp] posta f • [mech] retén m; fiador m; limitador m; cierre m; final m para carrera f | v - . . .; interrumpir; contener; descontinuar • [metal-prod] cortar marcha f | interj - ¡alto!; ¡pare!
— **abruptly** v - detener abruptamente
— **adjustment** n - [mech] ajuste m para tope m
— **and kick(er)** n - [mech] tope m y, lanzador m, or botador m, or disparador m
— **and reversing rod** n - [lathes] varilla f para inversión f e inversión f
— — **start sequence** n - [electron] ordenamiento m (de pasos m) para puesta f en marcha f y detención f
— **@ arc** v - [weld] cortar, or interrumpir, arco
— **bar** n - [mech] barra f para, tope m, or detención f • forro m
. . . —**(s) bit** n - [comput] dígito m binario, or bit* m, con . . . . para(s) f
— **block detail(s)** n - [mech] detalle(s) m para, taco m, or tope m, or detención f
— **button** n - [electr-oper] botón m, or pulsador m, para, parada f, or detención f
— — **ignition wire** n - [int.comb] conductor m para encendido a botón m para detención f
— **charge,ging** v - [ind] interrumpir carga f
— **control** n - [weld] regulación f para corte m
— **@ flux flow** v - [weld] detener flujo m de fundente m
— **galvanizing line** v - [metal-treat] detener línea f para galvanización f
— **gradually** v - detener gradualmente
— **handle** n - [mech] asidero m para tope m
— **@ lap** v - [sports] detener, etapa, or vuelta
— **@ leak** v - contener fuga f
— **light** n - [autom-electr] luz f, de cola, or para indicar detención f • [roads] luz f para tránsito m
— **@ motor** v - [electr-mot] parar, or detener, motor m
— **nut** n - [mech] tuerca f para tope m
— **plate** n - [mech] placa f, tope, or limitadora
— **ring** n - [mech] aro m para tope m
— **@ rolling** v - [metal-roll] detener laminación
— **screw** n - [mech] tornillo m, tope, or limitador, or para limitación f
— **spring** n - [mech] resorte m para tope m
— **switch** n—[mech] interruptor m para detención f
— **up** v - cegar; obturar
— **@ vortex action** v - [hydr] evitar formación f de remolino m
— **watch** n - [instrum] cronómetro m; reloj m para segundo(s) m muerto(s)

stop watch time n - [labor] tiempo m cronometrado
— @ **work** v - parar trabajo m
stope n - [miner] . . .; laboreo m escalonado; escalón m
stoppage n - . . .; parada f • avería f • oclusión f | a - [labor] con brazo(s) m caído(s)
—(s) **this month to date** n - [ind] parada(s) de mes m hasta fecha f
—(s) **to date** n - [ind] parada(s) f hasta fecha
stopped a - detenido,da; parado,da; atajado,da; paralizado,da • sin funcionar
— **engine** n - [int.comb] motor m, detenido, or parado
— **landslide** n - [constr] deslizamiento m (de tierra f) detenido
— **momentarily** a - detenido,da momentáneamente
— **oxidation** n - [metal] oxidación f detenida
— **position** n - [mech] posición f (de) detenido,da, or parado,da
— **warm engine** n - [int.comb] motor m caliente detenido
— **weld** n - [weld] soldadura f, detenida, or interrumpida
— **welder** n - [weld] soldadora f, parada, or detenida
stopper rod n - [metal-prod] barra f taponadora
— — **drying oven** n - [metal-prod] horno m para secar barra(s) f taponadora(s)
— — **first helper** n - [metal-prod] (ayudante) primero m para barra f taponadora
— — **fixer** n - [metal-prod] preparador m para barra(s) f taponadora(s)
— — **helper** n - [metal-prod] ayudante m para preparador m de barra(s) f taponadora(s)
— — **head** n - [metal-prod] cabeza f, or tapón m, para barra f taponadora
— — **ladle** n - [metal-prod] cuchara f con barra f taponadora f
— — **operator** n - [metal-prod] operador m para barra f taponadora
— — **oven** n - [metal-prod] horno m para barras f taponadoras
— — **refractory,ries** n - [metal-prod] refractario(s) m para barra f taponadora
— — **system** n - [metal-prod] sistema m para barra f taponadora
— **system** n - [metal-prod] sistema m para taponamiento m
stopping n - . . . • taponamiento m
— **ability** n capacidad f para detención f
— **force** n - [mech] fuerza f para detención f
— **pressure** n - [mech] presión f para detención
— **procedure** n - procedimiento m para detención
— **rod** n - [mech] see **stopper rod**
— **switch** n - [int.comb] interruptor m para detención f
storage n - . . .; almacén m; depósito • almacenamiento m; almacenaje m • conservación f; guarda f; puesta f a resguardo • [Spa.] acopio m • [refrig] instalación f frigorífica • [hydr] retención f; embalse m
— **and shipping** n - [ind] depósito m y carga f
— **battery** n - [electr] acumulador m
— **bay** n - [ind] nave f para almacenamiento m
— **bin** n - [ind] tolva f para almacenamiento m • silo m; depósito m; casillero m
— **bunker** n - [ind] tolva f para almacenamiento
— **charge** n - [com] (cargo m por) almacenaje m
— —(s) **for @ buyer's account** n - [transp] cargo(s) m por almacenaje m por cuenta f de comprador m
— **conveyor** n - [ind] transportador m para almacenamiento m
— **crane operator** n - [ind] gruísta m, or operador m para grúa f, para, almacén, or depósito
— **facility** n - [ind] instalación(es) m para almacenamiento m
— **for @ decoder** n - [comput] almacenamiento m para decodificador m
— — @ **transponder** n - [comput] almacenamiento m para transpondedor* m

storage for @ transponder decoder n - [comput] almacenamiento m para transpondedor m decodificador
— **gate** n - [hydr] esclusa f para embalse m
— **mode** n - [comput] modalidad f para almacenamiento m
— **module** n - [nucl] módulo m para almacenamiento m; módulo-almacén m
— **period** n - [int] período m para almacenaje m
— **pit** n - [ind] fosa f para almacenamiento m
— **procedure** n - [ind] procedimiento m para almacenamiento m
— **rack** n - estantería f para almacenamiento m
— **stand** n - estantería f para almacenamiento m
— **table** n - mesa f para almacenamiento m
— **tank** n - (es)tanque m, or depósito m, or cisterna f, para almacenamiento m
— — **filling** n - henchimiento m de depósito m para almacenamiento m
— **water** n - [hydr] agua m embalsada
— **yard** n - [ind] parque m para almacenamiento m
store n - [com] . . .; acopio m; comercio m • [ind] repuesto m | v - . . .; depositar; colocar; ubicar; guarecer; poner en resguardo m
— @ **battery** n - almacenar acumulador m
— @ **cement bag** v - [constr] almacenar, saco m, or bolsa f, con cemento m
— **compactly** v - [ind] almacenar compactamente
— @ **die** v - [mech] almacenar matriz f
— @ **drum** v - almacenar, tambor m, or bidón m
— @ **energy** v - [electr-oper] almacenar energía
— **for @ decoder** v - [comput] almacenar para decodificador m
— — @ **transponder** v - [comput] almacenar para transpondedor* m
— — @ — **decoder** v - [comput] almacenar para transpondedor* m decodificador
— @ **fuel** v - [combust] almacenar combustible m
— @ — **properly** v - almacenar, apropiadamente, or debidamente, combustible m
— (s) **helper** n - [ind] ayudante m para almacén m
— @ **high level waste** v - [nucl] almacenar, residuo(s) m, or desecho(s) m, con radiactividad f, alta, or elevada
— **identification** n - carácter(ización) f de comercio m
— **in @ open** v - almacenar a descubierto m
— **indefinitely** v - almacenar indefinidamente
— **indoors** v - [ind] almacenar f, puerta(s) adentro, or en recinto cerrado, or bajo techo
— @ **intermediate level waste** v - [nucl] almacenar, residuo(s) m, or desecho(s) m, con radiactividad f (inter)media
— @ **low level waste** v - [nucl] almacenar, residuo(s) m, or desecho(s) m, con radiactividada f, baja, or reducida
— **manager** n - [com] gerente m para comercio m
— @ **message** v - [comput] almacenar mensaje m
— **off @ ground** v - [constr] almacenar a nivel m superior a de suelo m
— **outdoors** v - [ind] almacenar, puerta(s) afuera, or en intemperie f
— @ **power unit** v - [electr-prod] almacenar, or poner en resguardo m, elemento m motriz
— @ **radioactive waste** v - [nucl] almacenar, residuo(s) m, or desecho(s) n, radiactivo(s)
— @ **strand** v - [cabl] almacenar cordón m
— **under cover** v - almacenar bajo techo m
— **window** n - [constr] escaparate m
stored a - almacenado,da; depositado,da; colocado,da; ubicado,da; puesto,ta en resguardo m
— **compactly** a - [ind] almacenado,da compactamente
— **die** n - [mech] matriz f almacenada
— **drum** n - tambor m, or bidón m, almacenado
— **for @ decoder** a - [comput] almacenado,da para decodificador m
— — @ **transponder** a - [comput] almacenado,da para transpondedor* m
— — @ — **decoder** a - [comput] almacenado,da para transpondedor* m decodificador

stored fuel n - [combust] combustible almacenado
— **high level waste** n - [nucl] residuo(s) m, or desecho(s) m, con radiactividad f, alta, or elevada, almacenado(s)
— **in @ open** a - [ind] almacenado,da en descubierto m
— **indoors** a - [ind] almacenado,da, puerta(s) f adentro, or en recinto m cerrado
— **intermediate level waste** n—[nucl] residuo(s) m, or desecho(s) m, con radiactividad f, intermedia, or mediana, almacenado(s)
— **low level waste** n - [nucl] residuo(s) m, or desecho(s) m, con radiactividad f, baja, or reducida, almacenado(s)
— **message** n - [comput] mensaje m almacenado
— **outdoors** a - [ind] almacenado,da, puerta(s) f afuera, or en intemperie f
— **power unit** n - [electr-prod] elemento m motriz, almacenado, or puesto en resguardo m
— **program computer** n - [comput] ordenador m para programa(s) m almacenado
— **radioactive element** n - [nucl] elemento m radiactivo, or radioelemento m, almacenado
— — **waste** n - [nucl] residuo(s) m, or desecho(s) m, radiactivo(s) m almacenado(s)
— **strand** n - [cabl] cordón m almacenado
— **up** a - [electron] almacenado,da
— **waste** n - [nucl] residuo(s) m, or desecho(s) m, almacenado(s)
— **water** n - [hydr] agua m, embalsada, or almacenada
storehouse n - . . .; depósito m; bodega f
storekeeper n - . . .; guardaalmacén m; pulpero m; almacenero m; encargado m de, almacén m, or depósito m; bodeguero m
— **spell** n - cubrebaja(s) m para almacén m
— **stand-in** n - almacenero m suplente
storekeeping crew n - [ind] personal m para almacén(es) m
storeroom n - . . .; depósito m
stores n - [ind] (división f) almacénes m • [milit] víveres m
— **division** n - [ind] división f almacenes m
storey n - [constr] see **story,ries**
storing n - almacenamiento m; depósito m • colocación f; ubicación f; puesta f en resguardo m
— **capacity** n - capacidad f para almacenamiento m
— **in @ open** n - [ind] almacenamiento m en descubierto m
— **up** n - [electron] almacenamiento m
storm-battered a - aborrascado,da
— **curtain** n - cortina f contra tormenta(s) f
— **drain(age)** n - [hydr] desagüe m pluvial
— **drainage receptacle** n - [constr] sumidero m para desagüe m pluvial
— — **system** n - [hydr] red m de desagüe(s) pluvial(es)
— **flow** n - [hydr] gasto m, or caudal m, pluvial
— **overflow** n - [hydr] rebalse m, or excedente m, de agua(s) f pluvial(es)
— — **sewer** n - [hydr] desagüe m para excedente m de agua(s) f pluvial(es)
— **runoff** n - [hydr] escurrimiento m pluvial; agua(s) f lluvia(s)
— **sewer** n - [hydr] desagüe m pluvial
— — **conduit** n - [hydr] tubería f, or conducto m, para desagüe m pluvial
— — **encasement** n - [constr] tubería f exterior, or entubación f, para desagüe m pluvial
— — **extension** n - [hydr] prolongación f de desagüe m pluvial
— — **feeder** n - [hydr] ramal m (aferente) para desagüe m pluvial
— — **runoff coefficient** n - [hydr] coeficiente m para escurrimiento m de desagüe(s) m pluvial(es)
— **water** n - [hydr] agua m, pluvial, or lluvia; precipitación f pluvial
— — **channel** n - [hydr] canal m, or cauce m, para agua(s) m pluvial(es)
— — **dispersal** n - [hydr] dispersión f de agua(s) f lluvia(s)
— — **infiltration** n - [hydr] infiltración f de agua(s) m pluvial(es)
— — **runoff** n - [hydr] escurrimiento m, or eliminación f, de agua(s) m pluvial(es)
— — **sewer** n - [hydr] cloaca f para agua pluvial
stormy a - [meteorol] . . .; tormentoso,sa; ventoso,sa; venturoso,sa
story n - . . . .; relato m • . . . .; ficción f • [publ] crónica f • [fam] chiste m
stove n - . . . . • [ind] estufa f, or calentador n, para aire m
— **bolt** n - [mech] perno m con, ranura f, or muesca f, or cabeza f ranurada
— — **nut** n - [mech] tuerca f para perno m con cabeza f ranurada
— — **with @ cotter pin** n - [mech] perno m con cabeza f ranurada con chaveta f
— **brickwork** n - [combust] enladrillado m para estufa f
— **burner** n - [combust] quemador m para estufa f • [ind] estufa f regeneradora
— — **cooled seat** n - [metal-prod] asiento m enfriado para quemador m para estufa f
— — **cover cooled seat ring** n - [metal-prod] anillo m refrigerado para asiento m para tapa f para quemador m para estufa f
— — **diffuser** n - [metal-prod] difusor m para quemador m para estufa F
— — **exhaust** n - [metal-prod] purgador m para quemador m para estufa f
— — **fan** n - [metal-prod] ventilador m para estufa f regeneradora
— — **steel ring** n - [metal-prod] carrete m para quemador m (para estufa f)
— **change** n - [metal-prod] cambio m, or modificación f, en estufa f
— **chimney valve** n - [metal-prod] válvula f para descarga f de estufa f
— **coal** n - [combust] carbón m para estufa f • antracita f de, 1-3/16 a 2-1/2 pulg., or 30,2 a 63,5 mm
— **cold blast valve** n - [metal-prod] válvula f para viento m frío para estufa f
— **combustion chamber** n - [combust] cámara f para combustión f para estufa f
— — **manhole** n - [combust] registro m en cámara f para combustión f para estufa f
— **control panel** n - [metal-prod] tablero m para regulación f para estufa f
— **disc** n - [metal-prod] lenteja f para estufa f
— **dome** n - [metal-prod] cúpula f para estufa f
— **fan louver** n - [metal-prod] celosía f para ventilador m para estufa f
— **flange** n - [mech] brida f para estufa f
— **hot blast valve mushroom** n - [metal-prod] lenteja f para válvula f para viento m caliente para estufa v
— **insert** n - [metal-prod] injerto m, or suplemento m para estufa f
— **intake goggle valve** n - [metal-prod] (válvula f) guillotina f para entrada f a estufa f
— **leak** n - [metal-prod] fuga f en estufa f
—**(s) main steam valve** n - [metal-prod] válvula f para vapor m a tubería f principal a estufa f
— **mixing valve** n - [metal-prod] válvula f para mezcla f para estufa f
— **mushroom** n—[metal-prod] lenteja f en estufa f
— **pipe** n - [metal-fabr] tubería f, engargolada, or remachada
— **reduction period** n - [metal-prod] período m para reducción f en estufa f
— **shell** n - [metal-prod] coraza f para estufa f
— **stack** n - [metal-prod] chimenea f para estufa f (para calentamiento m de aire m)
— **thermal reforming** n - [metal-prod] reformación f térmica con estufa(s) f
stowed a - [transp] estibado,da
stowing n - [transp] estiba f; estibación f
str. n - see **street** | a - see **straight**; see **standard**

straddle mount v - montar a horcajadas
— **mounted** a - montado,da a horcajada(s) f
— **mounting** n - montaje m a horcajadas
straddling a - a horcajadas f • (ubicado,da) en ambos lados m
straight n - [geogr] estrecho m • [ceram] ladrillo m rectangulkar • [roads] recta f | a - . . . • seguido,da(s) • [int.comb] en línea f • [chem] sin aditamento(s) m | adv - directamente
— **ahead** adv - en dirección f recta
— **air** a - [autom-mech] neumático,ca únicamente
— **alignment** n—alineación f, recta, or correcta
— **all-threaded stud** n - [mech] prisionero m recto roscado íntegramente
— **alternating current** a - [weld] para corriente f alternada únicamente
— **anchor bolt** n - [mech] perno m recto para anclaje m
— **and true** adv - (en forma f) completamente recta
— **away hot dip tinning** n - [metal-treat] estañado m por inmersión f directa
— **back chair** n - [domest] silla f recta
— — **stitch** n - [mech] grapa f con lomo m recto
— **base** n - base f recta • [metal-roll] patín m recto
— — **beam** n - [metal-roll] perfil m, or viga f, con patín m recto
— **bead** n—[weld] cordón m, recto, or sin tejido • cordón m de pasada f primera
— **brick** n - [ceram] ladrillo m, recto, or rectangular
— **carbon steel** n - [metal-prod] acero m únicamente con carbono m
— **chair** n - [domest] silla f recta
— **channel** n - [hydr] canal m, or cauce m, recto
— — **aging** n - [hydr] consolidación f de cauce m recto
— **chromium** a - [metal-prod] con cromo m únicamente
— — **electrode** n - [weld] electrodo m con cromo m únicamente
— — **stainless steel** n - [metal-prod] acero m inoxidable con cromo m únicamente
— **coke oven gas** n - [combust] gas m puro de coquería f
— **. . . cylinder engine** n - [int.comb] motor m con . . . cilindro(s) m en línea f (recta)
— **clevis** n - [mech] horquilla f recta; grillete n recto
— **connector** n - [electr-instal] conectador m directo • [tub] conectador m recto
— **direct current model** n - [weld] modelo m para corriente f continua solamente
— **duct** n - [tub] conducto m recto
— **edge** n - borde m recto • [drwng] regla f; escantillón m • [tools] regla f (para enrasar) • [ind] barra f recta
— **eight cylinder engine** n - [int.comb] motor m con ocho cilindros m en línea
— **element** n - [constr] viga f recta
— **end arch** n - [constr] bóveda f con extremo m recto
— **endwall** n - [constr] muro m terminal recto
— **filler pass** n - [weld] pasada f corriente para relleno m
— **fluted** a - con estría(s) f recta(s)
— — **reamer** n - [tools] escariador m con estrías f rectas
— **front** n - [sanit] frente m vertical
— **gas** n - [combust] gas m puro
— **gear oil** n - [mech] aceite m sin, aditivo(s) m, or aditamento(s) m, para engranaje(s) m
— **jib** n - [cranes] pescante m recto
— **keyway** n - [mech] chavetero m recto
— **line amortization** n - [accntg] amortización f en línea f recta
— — **depreciation** n - [accntg] depreciación f, or amortización f, or castigo m, en línea f recta, or proporcional

straight line distance m - distancia f en línea f recta
— — **method** n - [accntg] método m, proporcional, or en línea f recta
— — **motion** n - movimiento m en línea f recta
— **lower chord** n - [constr] tirante m inferior recto
— **mineral gear oil** n - [lubric] aceite m mineral sin, aditamento, or aditivo, para engranaje(s) m
— — **oil** n - [petrol] aceite m mineral sin, aditamento(s) m, or aditivo(s) m
— **mold** n - [metal-concast] molde m recto
— **oil** n - [petrol] aceite m sin aditamento(s) m
— **out** adv - directamente hacia, afuera, or adelante
— **parallel track** n—[rail] vía f recta paralela
— **pass** n - [weld] pasada, f recta, or corriente
— **path** n - [autom] recorrido m recto
— **polarity** n - [weld] polaridad f, directa, or normal
— — **electrode** n - [weld] electrodo m para polaridad f, directa, or normal
— **progression bead** n - [weld] cordón m recto
— **reamer** n - [petrol] escariador m, or rectificador m, recto
— **reinforcing bar** n - [constr] barra f recta para armadura f
— **rod** n - [mech] varilla f, recta, or derecha
— **rolled** a - [metal-roll] laminado,da directamente
— **seam** n - [weld] costura f, or junta f, recta
— — **welded pipe** n - [tub] tubería f soldada con costura f recta
— **seamless pipe** n - [tub] tubo m recto sin costura f
— **section maximum length** n - [tub] largo m máximo para tramo f recto
— **shank** n - [mech] espiga f recta
— **side gear** n - [mech] engranaje m con, lado m, or costado m, recto
— — — **spline** n - [mech] estría f, or ranura f, lateral en engranaje m (lateral)
— — **spline** n - [mech] estría f lateral recta
— **spline** n—[mech] ranura f, or estría f, recta
— **stage** n - [roads] etapa f recta
— **steel** n - [metal-prod] acero m simple
— **strip** n - [metal-roll] fleje m recto; banda f, or cinta f, or chapa f, recta
— **stud** n - [mech] prisionero m recto
— **technique** n - [weld] técnica f recta
— **thread** n—[mech] rosca f con extremo m no desgastado
— **threaded extension** n - [mech] prolongación f recta roscada
— **through flow** n - [hydr] caudal m directo
— **time (hour)** n - [labor] hora f, normal, or sin recargo m
— **track** n - [rail] vía f recta
— **transfer** n - transferencia f directa
— **transformer** n - [electr-transf] transformador m directo
— **tread** n - [mech=wheels] llanta f, or superficie f para rodamiento m, cilíndrica
— **tuyere** n - [metal-prod] tobera f, recta, or de tipo m recto
— **unsupported column** n - [constr] columna f recta sin sostén m
— **upper chord** n - [constr] tirante m superior recto
— **victory,ries** n - [sports] triunfo(s) m consecutivo(s)
— **weave** n - [weld] tejido n, recto, or con zigzagueo m simple
— **weld** n - [weld] soldadura f recta
— **whip** n - [weld] movimiento m oscilatorio longitudinal
— — **(ping) motion** n - [weld] movimiento m de chicoteo m, simple, or sencillo m
— **win(s)** n - [sports] triunfo(s) m seguido(s)
straightedge n - [drwng] (borde f de) regla f

straighten v - . . .; desencorvar
— **precisely** v - enderezar precisamente
— @ **steering** v - [autom] enderezar dirección f
— **up** v - erguir(se)
straightened a - enderezado,da; desencorvado,da
— **precisely** a - enderezado,da precisamente
— **steering** n - [autom] dirección f enderezada
straightener approach n - [mech] entrada f a enderezadora f
— — **table** n - [mech] mesa f para entrada f para enderezadora f
— — **turner** n - [mech] volteadora f, or tumbadora f, para entrada f para enderezadora f
— **delivery** n—[mech] salida f para enderezadora
— — **table** n - [mech] mesa f para salida f para enderezadora f
— — **turner** n - [mech] volteadora f, or tumbadora f, para salida f para enderezadora f
— **pinch roll unit** n - [metal-roll] dispositivo m enderezador con rodillo(s) m para arrastre
— **pump** n - [mech] bomba f para enderezadora f
— **roller** n - [mech] rodillo m para enderezadora
— — **slide** n - [mech] cursor m para rodillo(s) m para enderezadora f
— **run-out table** n - [mech] mesa f para, salida f, or entrega f, para enderezadora f
— **shifter pump** n - [mech] bomba f desplazadora para enderezadora f
— **table** n - [mech] mesa f para enderezadora f
— **turner** n - [mech] volteadora f, or tumbadora f, para enderezadora f
straigtening n - . . . | a - enderezador,ra
— **bar** n - [mech] barra f enderezadora
— **bracket** n - [mech] ménsula f enderezadora
— **machine** n - [mech] see **straightener**
— **retainer bar** n - [mech] barra f retenedora enderezadora
— **roll(er)** n - [mech] rodillo m enderezador
— — **retainer plate** n - [mech] placa f retenedora para rodillo m enderezador
— — **slide** n - [wiredrwng] cursor m con rodillo(s) m enderezador(es)
— — **stud** n - [mech] prisionero m para rodillo m enderezador
— **unit** n - [metal-roll] mecanismo m enderezador
— **up** n - [mech] erguimiento m
straightforward a - directo,ta • sencillo,lla
straightness n - . . . . • nivelación f
straightway n - [roads] carretera f recta
strain n - [mech] . . .; distorsión f • solicitación f • estructura • [med] distensión f | v - . . .; trabajar esforzadamente • [med] distender
— **aging** n - [metal] envejecimiento m por deformación f
— **gage** n - [instrum] calibrador m, or medidor m, para, esfuerzo m, or tensión f • extensímetro* m eléctrico
— — **crew** n - [roads] cuadrilla f para medición f de esfuerzo(s) m
— **hardening** n - [metal] endurecimiento m por deformación f
— **range** n - [metal] variación f en alargamiento
— **relief** n— alivio m de, tensión, or esfuerzo
— — **loop** n - [mech] lazo m para alivio m de tensión f
strained a - [medic] distendido,da
strainer basket n - [mech] cesta f para colador
— **check(ing)** n - verificación f de colador m
— **clean-out** n - [mech] limpieza f de colador m • limpiador m para colador m
— **cleaning** n - limpieza f de colador m
— **frame** n - [int.comb] caja f para colador m
— **gasket** n—[mech] guarnición f para colador m
— **positioning** n - [mech] colocación f de colador m en (su) posición f
— **screen** n - [mech] rejilla f, coladora, or para colador m
— — **feel(ing)** n - [mech] palpadura f de rejilla f para colador m
— — **gasket** n - guarnición f para rejilla f para colador m

strainer selection n - [mech] selección f de colador(es) m
— **spacer** n - [int.comb] separador m para colador m
straining n - [medic] distensión f
strait n - also see **straight**
strand n - . . . . • [chains] catenaria f • [wire] alambre m; filamento m • [metal--pig caster] cinta f • [metal-concast] línea f
. . . **strand** a - [metal-concast] con . . . línea(s) f
— **alignment** n - [cabl] alineación f de cordones
— **breaking strength** n - [cabl] resistencia f de cordón m a rotura f
. . . — **casting** n - [metal-concast] colada f con . . . línea(s) f
— **center** n - [cabl] centro m, or alma m, de, cordón m, or ramal m
— **clamp** n - [cabl] abrazadera f para, cordón m, or ramal m, or cordón m, abrazador
. . . — **continuous casting** n - [metal-concast] colada f continua con . . . línea(s) f
— **core** n - [cabl] see **core center**
— **coupling** n - [cabl] empalmadura f de cable m
— **cover** n - [cabl] envoltura f para cordón m
— **cross section** n - [cabl] corte m transversal de, cordón m, or ramal m
— **external lubrication** n - [cabl] lubricación f exterior de, cordón m, or ramal m
— **fabrication** n - [cabl] elaboración f, or construcción f, de, cordón m, or ramal m
— **galvanizing** n - [cabl] galvanización f de, cordón m, or ramal m
— **grade** n - [cabl] calidad f de, cordón m, or ramal m
— **internal lubrication** n - [cabl] lubricación f interna, or interior, de, cordón m, or ramal
— **length** n - [cabl] largo m de cordón m • trozo m de cordón m
— **loop** n - [cabl] lazo m de, cordón m, or ramal
— **pattern** n - [cabl] tipo m de cordón m
— **shaped permanently** n - [cabl] cordón m con conformación f permanente
— **small auxiliary wire** n - [cabl] alambre m auxiliar pequeño para cordón m
— **splice,cing** n - [cabl] ayuste m de cordón m
. . . — **unit** n - [metal-concast] máquina f para . . . línea(s) f
. . . — **vertical continuous casting machine** n - [metal-concast] máquina f para colada f continua vertical para . . . línea(s) f
— **wire** n - [cabl] alambre m para, cordón(es) m, or ramal(es) m
. . . — **wire** n - [electr-cond] conductor m con . . . cordón(es) m
— —(s) **arrangement** n - [cabl] disposición f, or colocación f, de alambre(s) m en cordón m
stranded n - [cabl] trenzado,da • [transp] detenido,da; accidentado,da
— **cable** n - [electr-cond] cable m trenzado
— **copper** n - [electr-cond] cobre m trenzado
— **rope** n - [cabl] cable m trenzado
— **skier** n - [sports] esquiador m accidentado
— **wire rope** n - [cabl] cable m de alambre m trenzado
strander n - [cabl] máquina f trenzadora
— **die** n - [mech] troquel m para cierre m
stranding n - [cabl] . . .; trenzado m
stranger than normal a - fuera de común n; inusitado,da
strap n - . . .; precinto m; fleje m; zuncho m • [electr-cond] conductor m trenzado • [metal-roll] pletina f | v - . . .; zunchar; atar con banda(s) f • [comput] mantener; fijar
— **armoring** n - armadura f con tira(s) f
— **assembly** n - [mech] conjunto m de banda f
— **bracket** n - [mech] ménsula f, or soporte m, para banda f
— **cleat** n - [mech] abrazadera f para banda f
— **in** v - [safety] colocar(se) cinturón(es) f

para seguridad f
strap washer n - [mech] arandela f rectangular
— **weld(ing)** n - [weld] soldadura f con cubrejunta(s) f
strappable a - [comput] mantenible; conservable
— **continuous output** n - [comput] salida f continua, mantenible, or conservable
— **output** n - [comput] salida f, mantenible, or conservable
— **timed output** n - [comput] salida f sincronizada, mantenible, or conservable
— — **tone output** n - [comput] salida f de tono m sincronizada, mantenible, or conservable
strapped a - [mech] zunchado,da; atado,da con banda(s) f | [comput] mantenido,da; conservado,da
strapping n - [mech] correaje m; zunchado m • [comput] mantenimiento m; conservación f | a [mech] zunchador,ra • [comput] mantenedor,ra; conservador,ra
— **equipment** n - [mech] equipo m para zunchar
— **material(s)** n - materiales m para zunchar
strategically adv - estratégicamente
stratified a - [geol] estratificado,da
— **agglomerate,tion** n - [geol] aglomerado m estratificado
— **alteration** n - [geol] alteración f estratificada
— **dielectric** n - [electr] dieléctrico m estratificado
— **ledge** n - [topogr] lecho m estratificado
— **rock** n - [geol] roca f estratificada
stratigraphic position n - [geol] posición f estratigráfica
— **trap** n - [geol] trampa f estratigráfica; depósito n estratigráfico
stratigraphically adv - [geol] estratigráficamente
stratospheric a - estratosférico,ca
stratum n - [geol] . . .; manto m • [miner] yacimiento m; banco m
straw chopper n - [agric-equip] picadora f para paja f
— **rack** n - [agric-equipo] zarzo m; sacapajas m
— **spreader** n - [agric-equip] distribuidor m para paja f
— **spreading attachment** n - [agric-equip] accesorio m para distribución f de paja f
— **stacker** n - [agric-equip] emparvadora f, or hacinadora f, para paja f
strawberry n - [botan] . . .; frutilla f
— **patch** n - [agric] . . .; frutillar m
— **vendor** n - [com] fresero m; frutillero m
stray n . . . • [electr] vagabundo,da
— **current** n - [electr] corriente f vagabunda
— **magnetic field** n - [weld] campo m, magnético, or de magnetismo m, vagabundo
streak n - . . .; rayón m; marca f; franja f • [miner] . . .; filón m; estría f • [metal-roll] [Spa.] soja f • racha f (of luck) • [sports] serie f (ininterrumpida) | v - rayar
streaked a - rayoso,sa; rayado,da
streaker n - [mech] rayador m • [sports] corredor m con triunfo(s) m consecutivo(s)
streaking n - rayado m | a - rayador,ra
stream n - . . . • [hydr] . . .; riacho m; cauce m; curso m de agua m
— **alignment** n - [hydr] alineación f, or enderezamiento m, de curso m de agua m
— **approach channel** n - [hydr] cauce m para arrimo m para curso m de agua m
— **bank** n - [hydr] barranco m, or ribera f, de, cañada f, or arroyo m, or curso m de agua m
— **bed** n - [hydr] lecho m de, curso m, or corriente f, (de agua f, or arroyo m)
— **bed level** n - [hydr] nivel m de lecho m
— **channel** n - [hydr] cauce m para curso de agua
— **debris** n - [hydr] material(es) m arrastrado(s) (por curso m de agua m)
— **enclosure** n - [hydr] entubación f, or conducto m, de, or para, curso m de agua m, or corriente m, or arroyo m
stream enclosure project n - [hydr] obra f para entubamiento m de curso m para agua m
— **exit channel** n - [hydr] cauce m para descarga f para curso m de agua m
— **flood flow** n - [hydr] caudal m de agua(s) m pluvial(es) en curso m de agua f
— **flow** n - [hydr] caudal m de curso m de agua m
— — **line** n - [hydr] nivel m superior de corriente f
— **grade** n - [hydr] declive m de curso m de agua
— **mixing** n - [hydr] mezcla f de, flujo m, or caudal m
— **protection** n - protección f para chorro m
— **side** n - [hydr] costado m hacia curso de agua
— **silt carrying capacity** n - [hydr] capacidad f portante de curso m para sedimento(s) m
— **source** n - [hydr] fluencia f
— **stability** n - [hydr] estabilidad f de curso m de agua m
— **volume** n - [hydr] caudal m de curso m de agua
streambed n - [hydr] lecho m de curso m de agua
— **level** n - [hydr] nivel m de lecho m para curso m de agua m
— **profile** n - [hydr] perfil m de, lecho m, or cauce m, para curso m de agua m
streamer n - . . . • [paper] serpentina f
streamlet n - [hydr] . . .; rivera f
streamline n - [autom] curva f aerodinámica | v [autom] perfilar; aerodinamizar*
— @ **entrance** v - [hydr] perfilar entrada f
streamlined a - perfilado,da • [autom] aerodinámico,ca; aerodinamizado,da*
— **body** n - [autom] carrocería f aerodinámica
— **entrance** n - [hydr] entrada f perfilada
— **organization** n - [managm] organización f, escueta, or moderna, or aerodinámica*
streamlining n - perfiladura f
street n - [roads] . . . ; calzada f • [Perú] jirón m | a - [roads] ruano,na
— **and Sewer Department** n - [pol] Departamento m para Vialidad f y Obras f Sanitarias
— — — — **Board of Directors** n - [pol] Comisión f para Departamento m para Vialidad f y Obras Sanitarias
— **car** n - . . . | a - tranviario,ria
— — **rail** n - [rail] riel m, or carril m, para tranvía(s) m
— **clothes** n - [vest] ropa f para calle f
— **crossing** n - [roads] bocacalle f; encrucijada
— **Department** n - [pol] Departamento m para Vías Públicas
— **driving** n - [autom] conducción f callejera
— **elbow** n - [tub] codo m (con) macho y hembra
— **ell** n - [tub] see **street elbow**
— **legal** a - [autom] apto m para circular sobre, calle(s), or carretera(s) f
— **ponding** n - [hydr] encharcamiento m vial
— **radial (tire)** n - [autom-tires] neumático m radial callejero
— **settling** n - [roads] asentamiento m de calzada
— **surface** n - [roads] calzada f
— **tee** n - [tub] T (con) macho y hembra
— **tire** n - [autom-tires] neumático m (normal), callejero, or para carretera f
— — **car** n - [autom-tires] automóvil m con neumático(s) m para carretera f
— **widening** n - [roads] ensanchamiento m, callejero, or de calle f
strength n - . . .; robustez f; virilidad f; rigidez f • esfuerzo m • logro m • [metal] resistencia t a tensión f
— **calculation** n - [electr-oper] cálculo m de intensidad f
— **check(ing)** n - comprobación f, or verificación f, de, potencia f, or intensidad f
strengthen v - . . .; ampliar • vigorizar
strengthened a - reforzado,da; ampliado,da
strengthening n - . . .; ampliación f; refuerzo m
stress n - [mech] . . .; solicitación f; énfasis m; hincapié m • desequilibrio m; distensión f

stress - 1618 -

- v - . . .; destacar; enfatizar; resaltar; hacer hincapié; someter a esfuerzo m • fatigar • solicitar • distender
stress absorption n - abosrción f de, esfuerzo m, or solicitación f
— **between conductor(s)** n - [electr] esfuerzo m entre conductor(es) m
— — **and @ ground** n - [electr] esfuerzo m entre conductor(es) m y tierra f
— **corrosion** n - corrosión f por tensión f
— **definite range** n - límite(s) m definido(s) para esfuerzo m
—**(es) flow** n - [metal] flujo n de esfuerzo(s) m
— **free annealing** n - [metal-treat] recocido m para, suprimi9r, or eliminar, esfuerzo(s) m, or tensión f
— **level** n - [mech] nivel m de solicitación f
— **limit** n - límite m para esfuerzo m
— **on @ ordinate** n - esfuerzo m sobre ordenada f
— **pattern** n - diagrama m de esfuerzo(s) m
— **range** n - [metal] límite(s) m para esfuerzos
— **relaxation** n - [mech] aflojamiento m, or compensación f, de tensión f (interna); distensión f
— **relief** n - [metal] alivio m de, tensión(es) f, or esfuerzo(s) m
— — **annealing** n - [metal-treat] recocido m para, supresión f, or eliminación f, de esfuerzo(s) n, or tensión(es) f
— — **heat treatment** n - [metal-treat] tratamiento m térmico para alivio m de tensión(es)
— **relieve** v - aliviar tensión(es) f
— **relieved** a - [metal-treat] con, alivio m de tensión(es) f, or tensión(es) f aliviada(s) • [weld] con tratamiento m térmico
— — **condition** n - [metal] (en condición f) con alivio m de tensión(es) f
— — **field weld** n - [weld] soldadura f en obra f con alivio m de tensión(es) f
— — **shop weld** n - [weld] soldadura f en taller m con alivio m de tensión(es) f
— — **tensile strength** n - [weld] resistencia f a tensión(es) f aliviada(s)
— — **weld** n - [weld] soldadura f con alivio m de tensión(es) f
— — **tensile strength** n - [weld] resistencia f a tracción f con alivio m de tensión(es) f
— **relieving** n - [metal] alivio m, or eliminación f, or atenuación f, de tensión(es) m
— **resistance** n - resistencia f a esfuerzo(s) m
— **resistant** a - resistente a tensión(es) f
— **reversing** n - inversión f de tensión(es) f
— **riser** n - [weld] generador m para tensión(es)
—**strain** n - [soils] esfuerzo-tensión n
— — **curve** n - [soils] curva f (para) esfuerzo-tensión m
— — **diagram** n - [metal] diagrama m para esfuerzo-tensión(es) m
— — **relation(ship)** n - [soils] relación f, or razón f, entre esfuerzo(s) m y tensión(es) f
— **system** n - [mech] sistema m de esfuerzo(s) m
— **taking** n - absorción f de esfuerzo(s) n
— **test(ing)** n - [mech] ensayo m, or prueba f, de, fuerza(s) f, or esfuerzo(s) m
— **transfer** n - transferencia f de tensión(es) f
— — **by bond** n - transferencia f de tensión(es) f por adherencia f
— **@ transformer** v - [electr-oper] solicitar, or exigir, de transformador m
stressed a - enfático,ca • enfatizado,da; destacado,da; resaltado,da; subrayado,da • distendido,da • [mech] solicitado,da
— **part** n - [mech] pieza f solicitada
stressing n - [mech] solicitación f • distensión f • subrayado n
— **temperature** n - [metal] temperatura f para, solicitación f, or tensión f. or esfuerzo m
stretch n - see **stretching** • [roads] trecho m; tramo m; sección f; trayecto m; recorrido m | v - . . .; elongar; distender; tensar • [fam] desperezar(se)

stretch during cooling v - [weld] extender(se) durante enfriamiento m
— **@ engine life** v - [int.comb] prolongar vida f (útil) de motor m
— **@ gap** v - [mech] aumentar entrehierro m • [sports] aumentar, distancia f, or ventaja f
— **@ hole** v - [mech] alargar, agujero m, or orificio m
— **@ life** v - prolongar, or extender, vida f (útil)
— **@ link** v - [chains] estirar eslabón m
— **out** v - estirar; alargar • tender
— **range** n - límite(s) para estiramiento m
— **reduce** v - [metal-roll] reducir mediante estiramiento m
— **reduced** a - [metal-roll] reducido,da mediante estiramiento m
—, **reducing**, or **reduction** n - [metal-roll] reducción f mediante estiramiento m
— **@ rivet hole** v - [mech] deformar, or estirar, orificio m para remache m
stretched a - estirado,da • tensado,da • aumentado,da • [fam] desesperezado,da
— **engine life** n - [int.comb] vida f (útil) de motor m, prolongada, or extendida
— **gap** n - [mech] entrehierro m aumentado • [sports] distancia f, or ventaja f, aumentada
— **hole** n - [mech] agujero m, or orificio m, deformado, or alargado, or estirado
— **life** n - vida f (útil), prolongada, or extendida
— **link** n - [chains] eslabón m estirado
— **out** a - estirado,da; alargado,da • tendido,da
— **rivet hole** n - [mech] orificio m deformado para remache m
stretcher n - [mech] . . .; tensador m • [safety] . . .; camilla f
— **bar** n - [wire] pletina f para estiramiento m
— **bond** a - [constr] sin tizón(es) m
— **flatten** v - [metal-treat] aplanar mediante estiramiento m
— **flattened** a - [metal-treat] aplanado,da mediante estiramiento m
— **flattening** n - [metal-roll] aplanamiento m mediante estiramiento m
— **level** n - [metal-treat] aplanar mediante estiramiento m
— **leveled** a - [metal-treat] aplanado,da mediante, tensión f, or estiramiento m
— **leveler** n - [metal-treat] aplanadora f, or niveladora f, mediante, tensión f, or estiramiento m; estiradora f aplanadora
— **leveling** n - [metal-treat] aplanamiento m mediante, estiramiento m, or tensión f
— **straining** n - [metal] deformación f mediante estiramiento m
stretching n - . . .; estiramiento m; elongación f; atesamiento m • [constr] tendido m • desperezo m • a - [mech] tensador,ra
— **machine** n - [mech] máquina f estiradora
— **out** n - estiramiento m; alargamiento m
strict a - . . .; justo,ta; escueto,ta
— **quality control** n - [ind] control* m estricto de calidad f
— **standard** n - [ind] norma f estricta
strictly adv - . . . • escuetamente
strife n - . . .; forcej(e)o m
strike n - . . .; golpeteo m • [sports] tanto m • [locks] hembra f | v - . . .; golpetear; percutir • interponer(se) • [weld] encender • [labor] holgar • [autom] embestir
— **against** n - [sports] tanto m en contra
— **@ arc** v - [weld] encender, or saltar, arco m
— **@ — ahead of @ crater** v - [weld] encender arco m delante de cráter m
— **@ — without sticking** v - [weld] encender arco m sin pegar(se) electrodo m
— **@ blow** v - dar, or asestar, golpe m
— **@ blowpipe against @ tube** v - [metal-prod] tropezar busa f con tubo m
— **@ drift** v - [mech] golpear mandril m

strike @ electrode v - [weld] encender electrodo
— **end** n - [labor] fin m, or terminación f, de huelga f
— **flush** v - [constr] enrasar
— **@ hydraulic control lever** v - [mech] golpetear palanca f para regulación f hidráulica
— **@ lever** v - [mech] golpe(te)ar palanca f
— **off** v - [constr] enrasar; emparejar; nivelar
— — **board** n - [tools] enrasador m; emparejador
— — — **method** n - [constr] sistema m para enrase
— **@ sharp blow** v - [mech] dar golpe m, seco, or fuerte
— **@ spark** v - [weld] encender chispa f
— **termination** n - [labor] terminación f de huelga f
— **with @ arrow** n - flechazo m | v - flechar
strikeable a - golpeable
striker n - [mech] . . .; percutor m
striking n - [mech] golpe(teo) m, golpeadura f • interposición f • [weld] encendido m • [autom] embestida f | a - [mech] golpeador,ra • . . .; impresionante
— **area** n - [weld] zona f para encendido m
— **characteristic(s) control** n - [weld] regulación f de característica(s) f para encendido
— **control** n - [weld] regulación f para encendido m • regulador m para encendido m
— **face** n - [mech] cara para golpe(teo) m • [tools-hammer] cotillo m
— **high voltage** n - [weld] voltaje m, alto, or elevado, para encendido m
— **noise** n - [mech] ruido m, or sonido m, de golpe(s) m, or percusión f
— **part** n - [constr-pil] pilón m
— — **stroke** n - [constr-pil] carrera f de pilón
— **surface** n - superficie f golpeable
string n - . . . .; serie f • [petrol] columna f • [vest] vencejo m | v - distribuir
stringent examination n - examen m riguroso
— **requirement** n - exigencia f, rigurosa, or estricta
— **standard** n - norma f estricta
— **test** n - examen m riguroso
— **X-ray test** n - [electron] examen m radiográfico riguroso
— — — **passing** n - [electron] aprobación f de examen m radiográfico riguroso
stringer n - [constr] larguero m; viga f; correa f; carrera f • longrina f
— **attaching** n - [constr] fijación f de larguero
— **bead** n - [weld] cordón m, recto, or longitudinal, or inicial; hilera f, recta, or longitudinal • cordón(es) m paralelo(s)
— — **convexity** n - [weld] convexidad f de cordón m, recto, or inicial
— — **cooling** n - [weld] enfriamiento m de cordón m inicial
— — — **technique** n - [weld] técnica f para, cordón m recto, or progresión f directa
— — — — **with @ slight weave** n - [weld] técnica f para progresión f directa con ligero m movimiento m de tejido m
— **bottom** n - [constr] parte f inferior de, larguero m, or viga f
— — **flange** n - [constr] ala f inferior de viga
— **member** n - [constr] larguero m
— **opening** n - [constr] abertura f entre larguero(s) m
— **spacing** n - [constr] separación f entre larguero(s) m
— **technique** n - [weld] técnica f para cordón m recto
— **top** n - [constr] parte f superior de larguero
— — **flange** n - [constr] ala f superior de viga
strip n - . . .; tira f; listón m; banda f; cinta f; planchuela f; franja f • [Mex.] cercha f • [Spa.] llanta f; banda f • [roads] avenida f principal | v - . . .; pelar • [metal-prod] desmold(e)ar; deslingot(e)ar • [constr-concr] desencofrar • [mech] bajar, pistón m, or émbolo m, eyector • [miner] destapar • [metal-treat] separar recubrimiento m • [mech] estropear • [agric] despalillar
strip annealing n - [metal-treat] recocido m de, fleje m, or banda f, or cinta f, or chapa f
— **bend)ing) test** n - [mech] ensayo m para plegadura f de, fleje m, or banda f, or cinta f
— **bottom** n - [metal-roll] parte m, or lado m, inferior de, banda f, or cinta f, or chapa f, or fleje m
— **camber** n - [metal-roll] flecha f de chapa f
— **centering** n - [metal-roll] centrado* m de, banda f, or cinta f, or chapa f, or fleje m
— **chart recorder** n - [instrum] registrador m, con, banda f, or cinta, or automático
— **coil** n - [metal-roll] bobina f de, fleje m, or banda f, or cinta f, or chapa f
— — **camber** n - [metal-roll] flecha f de bobina f de, fleje m, or banda f, or cinta, or chapa
— — **edge** n - [metal-roll] borde m de bobina f de, fleje m, or banda f, or cinta f, or chapa f
— — **gage** n - [metal-roll] espesor m de, fleje m, or banda f, or cinta f, en bobina f
— **coiling** n - [metal-roll] enrollamiento m de, fleje m, or banda f, or cinta f, or chapa f
— **connection** n - [Electr-instal] conexión f de tira f (con bornes m)
— **continuous furnace** n - [metal-treat] horno m continuo para, fleje m, or banda f, or cinta
— **crown** n - [metal-roll] corona f de, fleje m, or banda f, or cinta f, or chapa f
— **cutting line** n - [metal-roll] línea f para corte m de, fleje m, or banda f, or cinta f
— **demand** n - [metal-roll] demanda f, or consumo m, de, fleje m, or banda f, or cinta f
— **drawing** n - [metal-fabr] embutición f de, fleje m, or banda f, or cinta f, or chapa f
— **edge** n - [metal-roll] borde m de, fleje m, or banda f, or cinta f, or chapa f
— **end temperature** n - [metal-roll] temperatura f final de, fleje m, or banda f, or cinta f
— **finishing** n - [metal-roll] terminación f, or acabado m, de, fleje m, or banda f, or cinta f
— — **mill** n - [metal-roll] tren m, or laminador m, para, terminación f, or acabado m, de, fleje m, or banda f, or cinta f, or chapa f
— — **stand** n - [metal-roll] caja f terminadora para, fleje m, or banda f, or cinta, or chapa
— **finishing temperature** n - [metal-roll] see strip end temperature
— **flow** n - [metal-roll] flujo m laminar
— **foundation** n - [constr] cimiento m de vigas f
— **gage** n - [metal-roll] espesor m, or calibre m, de, fleje m, or banda f, or cinta f
— **galvanizing** n - [metal-treat] galvanización f de, fleje m, or banda f, or cinta f, or chapa
— **grain structure** n - [metal-roll] estructura f granular de, fleje m, or banda f, or cinta f
— **hardness** n - [metal-roll] dureza f de, fleje m, or banda f, or cinta f, or chapa f
— **heating** n - [metal-treat] calentamiento m de, fleje m, or banda f, or cinta f, or chapa f
— **inspection line** n - [metal-roll] línea f para inspección f de, fleje m, or banda f, or cinta f, or chapa f
— **layer** n - [mech] capa f de tira(s) f
— **longitudinal axis** n - [metal-roll] eje m longitudinal de, fleje m, or banda f, or cinta f
— **lubrication** n - [metal-roll] lubricación f de, fleje m, or banda f, or cinta f, or chapa
— **magnetic characteristic** n - [metal-roll] característica f magnética de, fleje, or banda
— **mechanical tension** n - [metal-roll] tensión f mecánica de, fleje m, or banda f, or cinta f
— **metallurgical characteristic** n - [metal-roll] característica f metalúrgica de, fleje m, or banda f, or cinta f, or chapa f
— **mill** n - [metal-roll] laminador m, or tren m, para, fleje m, or banda f, or cinta, or chapa
— — **change** n - [metal-roll] modificación f en, laminador m, or tren m, para, fleje m, or banda(s) f, or cinta f, or chapa f

strip mill change start-up n - [metal-roll] puesta f en marcha f de modificación(es) f en laminador m para, fleje m, or banda(s) f, or cinta f, or chapa(s) f
— — **awardee** n - [metal-roll] adjudicatario m para laminadora f para, fleje m, or banda(s) f, or cinta f, or chapa(s) f
— — **contractor** n - [metal-roll] contratista m para laminadora f para, fleje m, or banda(s) f, or cinta f, or chapa(s) f
— — **crane** n - [metal-roll] grúa f para laminador m para, fleje m, or banda(s), or cinta f
— — **critical spare(s)** n - [metal-roll] repuesto(s) m crítico(s) para laminador m para, fleje m, or banda(s) f, or cinta f, or chapas
— — **engineer** n - [metal-roll] ingeniero m para laminador m para, fleje m, or banda(s) f, or cinta f, or chapa(s) f
— — **finishing line** n - [metal-roll] línea f para terminación en laminador m para, fleje m, or banda(s) f, or cinta f, or chapa(s) f
— — **furnace** n - [metal-roll] horno m para, laminador m, or tren m, para, fleje m, or banda(s) f, or cinta f, or chapa(s) f
— — **grinding shop** n - [metal-roll] taller m para rectificación f de, fleje m, or banda(s) f, or cinta f, or chapa(s) f
— — **spare (part)** n - [metal-roll] (pieza f para) repuesto m para laminador m para, fleje m, or banda(s) f, or cinta f, or chapa(s) f
— — **stand** n - [metal-roll] caja f para, laminador m, or tren m, para, fleje m, or banda(s) f, or cinta f, or chapa(s) f
— — **start-up** n - [metal-roll] puesta f en marcha f de laminador m para, fleje m, or banda(s), or cinta f, or chapa(s) f
— — — — **critical spare (part)** n - [metal-roll] repuesto m crítico para puesta f en marcha f de laminador m para, fleje, or banda(s) f, or cinta f, or chapa(s) f
— — — — **spare (part)** n - [metal-roll] repuesto m para puesta f en marcha f de laminador m para, fleje m, or banda(s) f, or cinta f, or chapa(s) f
— — **turn foreman** n - [metal-roll] capataz m para turno m para laminador m para, fleje m, or banda(s) f, or cinta f, or chapa(s) f
— — **normalizer** n - [metal-treat] normalizador m, or línea f para normalización f, para, fleje m, or banda(s) f, or cinta f, or chapa(s) f
— — **normalizing line** n - [metal-roll] see **strip normalizer**
— — **oiling** n - [metal-roll] aceitado m de chapa f
— —, **pickler**, or **pickling line** n - [metal-treat] (línea) decapadora f para, fleje m, or banda(s) f, or cinta f, or chapa(s) f
— — **preparation line** n - [metal-treat] línea f para preparación f para, fleje m, or banda(s) f, or cinta f, or chapa(s) f
— — **printer** n - [metal-roll] impresora f para, fleje m, or banda(s) f, or cinta f, or chapas
— — **processing** n - [metal-roll] procesamiento m de, fleje m, or banda(s), or cinta, or chapas
— — **production expediter** n - [metal-roll] coordinador m para producción f de, fleje m, or banda(s) f, or cinta f, or chapa(s) f
— — **quality** n - [metal-roll] calidad f de, fleje m, or banda(s) f, or cinta f, or chapa(s) f
— — **rinsing** n - [metal-roll] enjuague m, or lavado m, de, fleje m, or banda f, or cinta f, or chapa(s) f
— — **rolling** n - [metal-roll] laminación f de, fleje m, or banda(s) f, or cinta f, or chapa(s)
— — **area** n - [metal-roll] zona f para laminación f de, fleje m, or banda(s) f, or cinta f
— — **scale** n - [metal-roll] cascarilla f en, fleje m, or banda f, or cinta f, or chapa f
— — **scales** n - [metal-roll] báscula f para, fleje m, or banda f, or cinta f, or chapa(s) f
— — **scheduling** n - [metal-roll] programación f para, fleje m, or banda(s) f, or cinta f, or chapa(s) f
— — **seam** n - [metal-roll] costura f en, fleje m, or banda f, or cinta f, or chapa(s) f
— — — **welder** n - [metal-roll] soldadora f para costura(s) f en, fleje m, or banda(s) f, or cinta f, or chapa(s)
— — **shear** n - [metal-roll] cizalla f para fleje m
— — **shearing line** n - [metal-roll] línea f para corte m para, fleje m, or banda(s) f, or cinta f, or chapa(s) f
— — **sheet** n - [metal-roll] hoja f, or lámina f, de, fleje m, or banda f, or cinta, or chapa
— — **camber** n - [metal-roll] flecha f, or combadura f, de, hoja f, or lámina f, de, fleje m, or banda f, or cinta f, or chapa f
— — **edge** n - [metal-roll] borde m de, fleje m, or banda(s) f, or cinta f, en hoja(s) f
— — **gage** n - [metal-roll] espesor m de hoja f de chapa f
— — **specimen** n - [metal-roll] probeta f, or muestra f, de, fleje m, or banda f, or cinta f, or chapa(s) f
— — **speed** n - [metal-roll] velocidad f de, fleje m, or banda f, or cinta f, or chapa f
— — **speeding up** n - [metal-roll] aceleración f de, fleje m, or banda f, or cinta f, or chapa f
— — **spot** n - [metal-roll] mancha f en, fleje m, or banda f, or cinta f, or chapa f
— — **stand** n - [metal-roll] caja f para, fleje m, or banda(s) f, or cinta f, or chapa f
— — **steel** n - [metal-roll] fleje m de acero m
— — **sticking** n - [metal-roll] pegamiento m, or adhesión f, de, fleje m, or banda f, or cinta
— — **stretching** n - [metal-roll] estiramiento m de, fleje m, or banda f, or cinta f, or chapa
— — **structure** n - [metal-roll] estructura f de banda f
— — **tail** n - [metal-roll] cola f de banda f
— — **temperature** n - [metal-roll] temperatura f de, fleje m, or banda f, or cinta f, or chapa
— — **tension** n - [metal-roll] tensión f de, fleje m, or banda f, or cinta f, or chapa f
— — **test** n - [metal-roll] ensayo m, de, or para, fleje m, or banda f, or cinta f, or chapa f
— — **thickness** n - [metal-roll] espesor m de, fleje m, or banda f, or cinta f, or chapa f
— — **@ thread** v - [mech] estropear rosca f
— — **top** n - [metal-roll] parte f, or lado m, superior, de, fleje m, or banda f, or cinta f
— — **welder** n - [weld] soldador(a) m/f, para,fleje m, or banda f, or cinta f, or chapa f
— — **welding** n - [weld] soldadura f de, fleje m, or banda f, or cinta f, or chapa f
stripe n - . . . . • ducha f | v - . . .; listar • [roads] marcar vía(s) f para circulación f
striped a - . . . .; vet(e)ado,da; varado,da; con raya(s) f
striping n - . . . . • [roads] marcación f de vías f para circulación f
stripped a - pelado,da • [mech] estropeado,da • [constr] desencofrado,da • [metal-prod] deslingotado,da; desmoldado,da • [metal-prod] con recubrimiento m separado • [miner] destapado,da • [agric] despalillado,da
— **thread** n - [mech] rosca f estropeada
stripper n - . . . . • limpiador; despojador m; pelador m; despojador m • [petrol] raspador m (para tubería f) • [cranes] see **stripping crane** • [metal-steel] limpiador m para vástago m • [mech] separador m • [agric] despalillador m
— **bead** n - [weld] cordón m, or pasada f, para alisamiento m
— **building** n - [metal-prod] edificio m para deslingotado m
— **crane** n - [metal-prod] see **stripping crane**
— **pass** n - [weld] cordón m, or pasada f, alisadora, or para alisamiento m
stripping n - peladura f • [metal-prod] desmolde(o) m; deslingotamiento m • [constr] desencofrado m • [constr] desmonte m; remoción f

de suelo m superficial • [concr] desencofrado n - [roads] marcación f de vía(s) f para circulación f • [miner] destape m • [mech] estropeo m • [agric] despalillado m • [petrol] refinación f primaria • [metal-treat] separación f de recubrimiento m | a - pelador,ra
stripping aisle n - [metal-prod] nave f para, colada f, or deslingoteado m, or desmoldeo m
— **approval** n - [concr] aprobación f para desencofrado m
— **area** n - [metal-prod] zona f para, desmoldeo m, or deslingoteado* m
— **assistant** n - [metal-prod] auxiliar m para, desmoldeo m, or deslingoteado* m
— **bay** n - [metal-prod] see **stripping aisle**
— — **supervisor** n - [metal-prod] jefe m para nave f para, desmoldeo m, or deslingoteado* m
— **crane** n - [metal-prod] grúa f, deslingot(e)adora, or para desmoldeo m, or deslingoteado*
— — **ram** n - [metal-prod] ariete m, or émbolo m, para deslingoteadora f
— **mill** n - [metal-roll] see **roughing mill**
— **tong(s)** n - [metal-prod] tenaza(s) f para, desmoldeo m, or deslingoteado* m
— **yard** n - [metal-prod] parque m, or playa f, para, desmoldeo m, or deslingoteado* m
strive v - . . . . forcej(e)ar
striving n - esfuerzo m; forcejeo m
stroboscope n - [instrum] estroboscopio m
stroboscopic a - [electron] estroboscópico,ca
stroboscopy n - [electron] estroboscopia f
stroke n - palote m • [mech] carrera f • [int.comb] carrera f (de émbolo m); cilindrada f; embolada f • [constr-pil] intensidad f de golpe m
— **bottom** n - [int.comb] parte f inferior de carrera f
— **count(ing)** n - [mech] cuento m de embolada(s)
— **counter** n - [instrum] cuentaembolada(s) f
— **direction reversing** n - [mech] inversión f de sentido m de carrera f
— **end** n - [mech] fin m de carrera f
— — **transducer** n - [electron] transductor* m para fin m de carrera f
— **limit** n - [mech] límite m para carrera f
— **(s) number** n - [mech] número m de embolada(s)
— **(s) per minute** n - [mech] embolada(s) f, or carrera(s) f, por minuto m
— **reversing** n - [mech] inversión f de carrera f
— **stop** n - [mech] tope m, or límite m, para carrera(s) f
— **top** n - [int.comb] parte f superior de carrera f
stroking n - golpeteo m
stroll n - . . . . | v - . . .; pasear; ambular
strong a - . . . .; resistente; sólido,da • [fig] importante
strong acid n - [chem] ácido m fuerte
— **affinity** n - [chem] afinidad f grande
— **appeal** n — atracción f, or atractivo m, fuerte
— **beam** n - [constr] viga f, fuerte, or resistente
— **blast** n - soplo m enérgico
— **boom** n - [cranes] aguilón m fuerte
— **box** n - caja f fuerte
— **bridge** n - [constr] puente m, fuerte, or resistente
— **crane** n - [cranes] grúa f, fuerte, or recia
— **deposit** n - [weld] aportación f resistente
— **field** n - [sports] pelotón m nutrido
— **finish** n - [sports] colocación f (final), or finalización f, buena, or destacada
— **gear box** n - [mech] caja f con engranaje(s) m, fuerte, or recia
— **image** n - imagen f, positiva, or fuerte
— **joint** n - [mech] junta f, or unión f, fuerte, or resistente
— **performance** n - [sports] desempeño m destacado; figuración f destacada
— **pipe** n - [tub] tubo m fuerte
— **position** n - posición f sólida
strong rotation gear box n - [cranes] caja f con engranaje(s) m recia para, giro, or rotación
— **runner** n - [sports] corredor m destacado
— — **sanitary sewage** n - [sanit] líquido(s) m cloacal(es), fuerte(s), or corrosivo(s)
— **showing** n - [sports] corrida f magistral
— **smell** n - tufo m
— **spark** n - [int.comb] chispa f, fuerte, or intensa
— **weld** n - [weld] soldadura f, fuerte, or resistente
— **thread** n — [mech] rosca f, or filete m, fuerte
— **tire** n - [autom-tires] neumático m recio
— **waterproof paper** n - [paper] papel m impermeable resistente
— **welded joint** n - [weld] junta f soldada resistente
stronger a - más, fuerte, or resistente; mayor
— **weld** n - [weld] soldadura f más resistente
strongest concentration n — concentración f mayor
stronghold n - [milit] . . .; fortaleza f
strongly adv - . . . : encarecidamente
struck a - golpe(te)ado,da • interpuesto,ta • [autom] embestido,da • [labor] en huelga f
— **capacity** n - capacidad f a, nivel m, or ras m
— **driver** n - [mech] mandril m golpeado
— **flush** a - enrasado,da
— **measure** n - medida f, rasa, or neta
— **spark** n - [weld] chispa f encendida
structural n - [metal-roll] pieza f, or perfil m, estructural
— **and rail mill** n - [metal-roll] see **rail and structural mill**
— **angle** n - [metal-roll] ángulo m, or pieza f angular, estructural
— **backfill material** n - [constr] material m para relleno m para estructura f
— **beam** n - [metal-roll] viga f estructural
— **bolt** n - [mech] perno m, estructural, or para anclaje m
— **bridge** n - [constr] puente m estructural
— **casting** n - [metal-prod] pieza f fundida para estructura(s) f
— **channel** n - [metal-roll] viga f U estructural
— **connection** n - [constr] empalme m estructural
— **criterion,ria** n - [constr] criterio(s) m, or norma(s) f, estructural(es)
— **deflection** n - deformación f estructural
— **deterioration** n - deterioro m, or daño m, estructural
— **engineer** n - [constr] ingeniero m, estructural, or para estructura(s) f
— **erection** n - [constr] montaje m estructural
— **failure** n - falla f estructural
— **finishing mill** n - [metal-roll] tren m, or laminador m, para terminación f de perfil(es) m estructural(es)
— **frame** n - [constr] armazón m, or esqueleto m, estructural
— **iron** n - [metal-roll] hierro m estructural
— **(s) manufacturer** n - [metal-roll] fabricante m de perfil(es) m estructural(es)
— **(s) marking** n - [metal-roll] marcación f de perfil(es) m (estructurales)
— **Material(s) Division** n - [metal-roll] División f para Material(es) m Estructural(es)
— **mill** n - [metal-roll] tren m, or laminador m, estructural, or para perfil(es) estructurales
— **pipe** n - [tub] tubería f estructural
— **plant** n - [metal-roll] planta f para (perfiles) estructurales
— **plate** n - [metal-fabr] plancha f estructural
— — **aerial bridge** n - [constr] puente m, aéreo, or elevado, de planchas f estructurales
— **plate arch** n - [constr] bóveda f de planchas f estructurales
— — **arch stream enclosure** n - [hydr] entubación f abovedada de plancha(s) f estructural(es) para curso(s) m de agua m
— — **bridge** n - [constr] puente m de planchas f estructurales

structural plate circle pipe n - [tub] tubería f circular de plancha(s) f estructural(es)
— — **circumferential seam** n - [mech] costura f circunferencial en plancha f estructural
— — **conduit** n - [tub] conducto m de plancha(s) f estructural(es)
— — **corrugated steel pipe-arch** n - [tub] tubería f abovedada de plancha(s) f estructural(es) corrugada(s) de acero m
— — — **structure** n - [tub] estructura f de plancha(s) f estructural(es) corrugada(s) de acero m
— — **culvert** n - [tub] alcantarilla f de plancha(s) f estructural(es)
— — **field assembly, ling** n - [tub] armado m en obra f de plancha(s) f estructural(es)
— — **pipe** n - [metal-fabr] tubería f (circular) de plancha(s) f estructural(es); also see **Multi-Plate**
— — —**arch** n - [tub] tubería f abovedada de plancha(s) f estructural(es)
— — — **stream enclosure** n - [tub] entubación f para curso m de agua (en forma f) de tubería f de plancha(s) f estructural(es)
— — — —**arch stream enclosure** n - [tub] entubación f para curso m de agua (en forma f) de tubería f abovedada de planchas estructurales
— — **fitting** n - [tub] accesorio m de plancha f estructural
— — **longituinal seam** n - [mech] costura f longitudinal en plancha f estructural
— — **reclaim(ing) tunnel** n - [constr] túnel m de plancha(s) f estructural(es) para recuperación f
— — **seam** n - [mech] costura f en plancha(s) f estructural(es)
— — **steel** n - [metal-prod] acero m para plancha(s) f estructural(es)
— — — **arch** n - [tub] bóveda f de acero m para plancha(s) f estructural(es)
— — — **drain** n - [hydr] desagüe m de plancha(s) f estructural(es) de acero m
— — — **pipe** n - [tub] n - tubería f de acero r para plancha(s) f estructural(es)
— — — —**arch** n - [tub] tubería f abovedada de acero m para plancha(s) f estructural(es)
— — — **spillway drain** n - [hydr] desagüe m vertedor de plancha(s) f estructural(es) de acero m
— — **underpass** n - [tub] paso m inferior de plancha(s) f estructural(es) de acero m
— — **stream enclosure** n - [tub] entubación f para curso m de agua m de plancha(s) f estructural(es)
— — **structure** n - [tub] estructura f de plancha(s) f estructural(es)
— — **tunnel** n - [tub] túnel m de plancha(s) f estructural(es)
— — **twin culvert** n - [tub] alcantarilla(s) f gemela(s) de plancha(s) f estructural(es)
— — — **underpass** n - [roads] paso m inferior gemelo de plancha(s) f estructural(es)
— — **underpass** n - [roads[paso m inferior de plancha(s) f estructural(es)
— — **vehicular underpass** n - [constr] paso n inferior de plancha(s) f estructural(es) para vehículo(s) m
— **profile** n - [metal-roll] perfil m estructural
— **quality** n—[metal-roll] calidad f estructural
— — **carbon steel plate** n - [metal-roll] plancha f de acero m con carbono con calidad f estructural
— — — **sheet** n - [metal-roll] chapa f de acero m con carbono m con calidad estructural
— — — **strip** n - [metal-roll] fleje m, or banda f, or cinta f, or chapa f, de acero m con carbono m con calidad f estructural
— — **flat rolled steel plate** n - [metal-roll] plancha f de acero m plano laminado m de calidad f estructural
— — **plate** n - [metal-roll] plancha f de calidad f estructural
structural quality rolled steel plate n - [metal-roll] plancha f laminada de acero m con calidad f estructural
— — **steel** m - [metal-prod] acero m con calidad f estructural
— — — **plate** n - [metal-roll] plancha f de acero m con calidad f estructural
— **reclaim tunnel** n - [constr] túnel m estructural para recuperación f
— **requirement** n - exigencia f estructural
— **retaining system** n - [constr] sistema m estructural para retención f
— **rivet steel** n - [metal-prod] acero m para remache(s) m estructural(es)
— **roll** n - [metal-roll] rodillo m para perfiles m estructurales
— — **stand** n - [metal-roll] plataforma f para rodillos m para perfiles m estructurales
— —**(s) rolling** n - [metal-roll] laminación f de perfil(es) m estructural(es)
— **section** n - [metal-roll] perfil m estructural
— **shape** n - [metal-roll] perfil m estructural
— —**(s) standardization** n - [metal-roll] normalización f de perfil(es) m estructural(es)
— —**(s) table** n - [metal-roll] tabla f de perfil(es) m estructural(es)
— —**(s) transfer** n - [metal-roll] transportador m para perfil(es) m estructural(es)
— **sheet** n - [metal-roll] chapa f estructural
— **size(s)** n - [metal-roll] perfiles m en medida(s) mayor(es) de 3 pulgadas
— **soundness** n - [constr] solidez f estructural
— **steel** n - [metal-roll] acero m estructural • [constr] estreuctura f metálica
— — **angle** n - [metal-roll] ángulo m, or pieza f angular, de acero m estructural
— — **bar** n - [metal-roll] barra f de acero m estructural
— — **beam** n - [constr] viga f estructural de acero m
— — **bridge** n - [constr] puente m de acero m estructural
— — **building** n - [constr] edificio m de acero m estructural
— — **channel** n - [metal-roll] viga f estructural de acero m en U
— — **conduit** n - [tub] conducto m de acero m estructural
— — **erection** n - [constr] montaje m de acero m estructural
— — **frame** n - [constr] bastidor m, or marco m, de acero m estructural
— — **member** n - [constr] pieza f de acero m estructural
— — **pile** n - [constr-pil] pilote m de acero m estructural
— — **plate reclaim tunnel** n - [constr] túnel m de planchas f de acero m estructural para recuperación f
— — — **tunnel** n - [constr] túnel m de planchas f de acero m estructural
— —, **profile, or shape** n - [metal-roll] perfil m de acero m estructural; also see **steel structural shape**
— — **stringer** n - [constr] larguero m de acero m estructural
— — **tower** n - [constr] torre f de acero m estructural
— — **tunnel** n - [constr] túnel m de acero m estructural
— **straightener** n - [metal-roll] enderezadora f para perfil(es) m estructural(es)
— **strength** n - resistencia f estructural
— **support** n - [constr] soporte m, or sostén m, estructural
— — **system** n - [constr] sistema m estructural para sostén m
— **system** n - [constr] sistema m estructural
— **tubing** n - [tub] tubería f estructural
— **tunnel** n - [constr] túnel m estructural

structural use casting n - [metal-prod] pieza f fundida para uso(s) estructural(es)
— — **steel** n - [metal-prod] acero m para uso(s) m estructural(es)
—**(s) warehouse** n - [metal-roll] depósito m, or almacén m, para perfil(es) m estructural(es)
structurally coherent a - coherente estructuralmente
— **sound** a - con sólidez f estructural
structure n - . . . . • [bridges] viaducto m • [constr] obra f • [weld] trabajo m • [mech] instalación f | a - see **structural** | v - estructurar
— **adjacent fill** n - [constr] relleno m próximo a estructura f
— **ageing** n - [constr] envejecimiento m de estructura f
—**(s) and bridge(s) committee** n - [constr] comisión f para puente(s) m y camino(s) m
— **arch crown** n - [constr] corona f de bóveda f de estructura f
— **assembly** n - [constr] armazón m, de, or para. estructura f
— **backfill** n - [constr] relleno m para estructura f
— **backfilled carefully** n - [constr] estructura t rellenada cuidadosamente
— **backfilling** n - [constr] relleno m de estructura f
— **barrel** n - [constr] tubería f, or conducto m, de estructura f
— **bedding** n - [constr] (preparación f de) lecho m para estructura f
— **check(ing)** n - [constr] verificación f de estructura f
— **change,ging** n - modificación f estructural
— **choice** n - [constr] selección f de estructura
— **collapse** n - [constr] desmoronamiento m de estructura f
—**'s concrete footing** n - [constr] base f de hormigón m para estructura f
— **deflection** n - [constr] deformación f de estructura f
— **design life** n - [constr] vida f prevista para estructura f
— **design(ing)** n - [constr] proyección f para estructura f
— **end flange** n - [constr] reborde m en extremo m de estructura f
— **erection** n - [constr] armado m, or montaje m, de estructura f
— **failure** n - [constr] falla f de estructura f
— **field bolting** n - [constr] empernado* m en obra f de estructura f
— **flexibility** n - [constr] flexibilidad f de estructura f
— **foundation** n constr] cimiento m, or fundación f, para estructura f
— — **support** n - [constr] sostén m para fundación f para estructura f
— **haunch** n - [constr] cuarto m inferior de estructura f
— **inlet** n - [hydr] entrada f a estructura f
— **life(time)** n - vida f (útil) de estructura f
— **lining** n - revestimiento m para estructura f
— **load** n - [constr] carga f sobre estructura f
— **location** n - ubicación f de estructura f
— **modification** n - modificación f en estructura
— **mounted sign** n - indicador m montado sobre estructura f
— **outlet** n - [hydr] salida f de estructura f
— **preassembling** n - [constr] prearmado m de estructura f
— **quality** n - calidad f de estructura f
— **replacement** n - reemplazo m para estructura f
— **replacing** m - reemplazo m de estructura
— **retiring** n - eliminación f de estructura f
— **settling** n - [constr] asentamiento m de estructura f
— **shape** n - conformación f de estructura f
— **side** n - lado m, or costado m, de estructura

structure situation n - [constr] ubicación f de estructura f
— **soil side** n - [constr] lado m de estructura f (que da) hacia suelo m
— **span** n - [constr] luz f de estructura f
— **support** n - [constr] sostén m para estructura
— **ten (o'clock) and two (o'clock) position(s)** n -[constr] sesenta grado(s) m debajo de corona f de estructura f
— **thrust beam(s)** n - [constr] viga(s) f para empuje m para estructura f
— **top** n - [constr] tope m, or corona f, de estructura f
— — **arch** n - [constr] bóveda f superior, or corona f, de estructura f
— **wall slope** n - [constr] inclinación f de pared f de estructura f
structured a - estructurado,da
structuring n - estructuración f
strut n - [constr] . . .; pie m derecho; codal m; apoyadero m; péndola f • apuntalamiento m • tirante m • apoyo m • espeque m • barra f para separación f | v - . . .
— **horizontally** v - [constr] apuntalar horizontalmente
— **insert** n - [mech] apoyadero m interior
— — **shock absorber** n - [autom-mech] amortiguador m con apoyadero m interior
— **mounting** n - [mech] montaje m para apoyadero
— **splice** n - [constr] empalme m para jabalcón m
strutted a - [mech] apuntalado,da
strutting n - [mech] apuntalamiento m
stub n - . . .; trozo m • [mech] muñón m • [tub] injerto m • tronco m de tubería f para empalme m • [weld] colilla f, or cabo m, (de electrodo m) | v - . . .; chocar • [weld] chocar electrodo m contra trabajo m
— **bolt** n - [mech] perno m espárrago
— **end** n - extremo m corto • extremo m con muñón m • [rail] vía f muerta; desvío m muerto
— **length** n - [weld] largo(r) m de colilla f
— **loss** n - [weld] pérdida f por colilla(s) f
— — **practice** a - [weld] según colilla(s) f que se deje(n)
— **pole** n - [vehicles] lanza f corta
— **post** n - [constr] poste m (de) cepa f
— **protection** n - [mech] protección f para cepa
— **release** n - [weld] suelta f, or liberación f, de colilla f
— **runner** n - [mech] corredera f corta
— **shaft** n - [mech] gorrón m
— — **assembly** n - [mech] conjunto m de gorrón m
— **split(ting)** n - [weld] abertura f de cabo m (de electrodo m)
— **throwing away** n - [weld] descarte m de colilla f
—**up** n - [constr] pico m para conexión f de tubo(s) m para bajada f con desagüe m
stubbing n - [weld] choque m, or impacto m, de electrodo m contra, trabajo m, or plancha f • [agric] roza f
— **tendency** n - [weld] tendencia f de chocar electrodo m contra trabajo m
— **plow** n - [agric] arado m para rastrojo m
stubborn n - . . . . • [fig] reacio,cia
stucco n - [constr] escayola f; . . .
stuck a - . . .; pegado,da; adherido,da • atascado,da; empantanado,da
— **closed** a - [mech] pegado,da en posición f cerrada
— — **pilot relay contact** n - [electr-instal] contacto m para relé m piloto m pegado en posición f cerrada
— **electrode** n - [weld] electrodo m pegado
— **exhaust valve** n - [int.comb] válvula f para escape m pegado
— **flux** n - [weld] fundente m, pegado, or adherido
— **in @ closed position** a - [electrod] pegado,da en posición f cerrada
— **in @ mud** a - [transp] atascado,da; empantanado,da

stuck in @ crater a - [weld] pegado,da en cráter
— **inlet valve** n - [int.comb] válvula f para admisión f pegada
— **open** a - pegado,da en posición f abierta
— — **pilot relay contact** n - [electr-instal] contacto m para relé m piloto pegado en posición f abierta
— **pilot relay contact** n - [electr-instal] contacto m para relé m piloto pegado
— **spatter** n - [weld] soldadura f adherida
— **throttle** n - [autom] acelerador m, trabado, or atascado, or pegado
— **valve** n - [valv] válvula f, pegada, or trabada
stud n - [mech] . . .; espárrago m (roscado); vástago m; prisionero m (roscado); husillo m; perno m sin cabeza f; pasador m roscado; muñón m; gorrón m; perno m prisionero • [electr-instal] . . .; borne m • dado m; mallete m - [constr] montante m; pie m derecho • [constr] montante m; pie m derecho ‖ v - dotar con perno(s) m prisionero(s)
— **assembly** n - [electr-instal] conjunto m de borne m
— **attached** a - [weld] conectado,da con borne m
— — **lead** n - [weld] conductor m conectado con borne m
— **bolt** n - [mech] . . .; espárrago m, or (perno) prisionero m, roscado; pasador m
— **cable connection** n - [weld] conexión f para, cable m, or conductor, con borne m
— **clamp** n - [mech] retén m para perno m
— **clip** n - [mech] abrazadera f para espárrago m
— **connection** n - [electr] conexión f con borne m
— **driver** n - [tools] hincador m para borne(s) m
— **driving** n - [mech] hincadura f de borne m
— **installation** n - [mech] instalación f de, borne m, or prisionero m, or espárrago m
— **insulation** n - [electr-instal] aislación f para, borne m, or prisionero m, or espárrago m
— **lead** n - [weld] cable m, or conductor m, a borne m
— **link** n - [mech] eslabón m con, dado m, or mallete* m
— — **chain** n - [chains] cadena f de eslabón(es) m con, dado(s) m, or mallete(s)* m
— **marking** n - [weld] marca(ción) f en borne m
— **nut** n - [mech] perno m para, borne m, or pasador m, or espárrago m roscado
— **panel** n - [mech] panel m con borne(s) m
— **range** n - [weld] variedad f de borne(s) m
— **screw** n - [mech] prisionero m
— **selector switch** n - [electr] conmutador m selector m para borne(s) m
— **series** n - [electr] serie m de borne(s) m
— **setting** n - ajuste m, or posición f, de borne
— — **range overlapping** n - [weld] voltaje(s) m intermedio(s) entre indicado(s) en panel m
— **shorting** n - [electr] contacto m con borne m
— **washer** n - [mech] arandela f para, (espárrago n (roscado) or vástago m, or prisionero m, or perno m • [electr] arandela f para borne m
— **weld(ing)** n - [weld] soldadura f de, borne m, or espárrago m (roscado)
— **wrench** n - [ttols] llave f para, borne(s) m, or espárrago(s) m (roscados)
studded a - [mech] (dotado,da) con perno(s) m roscado(s)
— **discharge module** n - [mech] módulo m para descaraga f con (pernos) prisioneros m
— **module** n - [mech] módulo m con (pernos) prisionero(s)
— **suction module** n - [mech] módulo m para aspiración f con (pernos) prisioneros m
studding n - [mech] dotación f con (pernos) prisioneros m
student n - . . . ‖ a - [educ] estudiantil
— **pilot** n - [aeron] piloto m aprendiz
— **preference** n - [educ] preferencia f estudiantil
studied area n - zona f, or área f, estudiada
— **feasibility** n - viabilidad f estudiada
studio tour n - gira f por estudio m

study n - . . . • consideración f; examen m ‖ v - . . . • considerar
— **approach** n - enfoque m para estudio m
— **beginning** n - comienzo m, or iniciación f, de estudio m
— **@ competition** v - [com] estudiar competencia
— **completion** n - terminación f de estudio m
— **conclusion** n - conclusión f de estudio m
— **date** n - fecha f para estudio m
— **@ feasibility** v - estudiar viabilidad f
— **in depth** v - estudiar a fondo m
— **level** n - nivel m de estudio(s) m
— **nature** n - naturaleza f, or carácter m, de estudio m
— **performance** n - realización f de estudio m
— — **proposal** n - propuesta f para realización f de estudio m
— **preparation** n - preparación f, or elaboración f, de estudio m
— **present status** n - estado m actual de estudio
— **report** n - informe m sobre estudio m
— **specificc area** n - zona f específica para estudio m
— **starting date** n - fecha f para, iniciación f, or comienzo m, de estudio m
— **status** n - estado m de estudio m
— **subject** n - tema m para estudio m
stuff n - . . . • [telecom] inundar
stuffed a - metido,da; embutido,da • [telecom] inundado,da
stuffing n - . . .; metimiento m • [telecom] inundación f
stuffing box n - [mech] prensaestopa(s) m; caja f para estoppa(s) f; estopero m
— — **bore** n - [mech] interior m de prensaestopa(s) m
— — **gland** n - [mech] casquillo m para prensaestopa(s) m
— **compound** n - [telecom-cond] compuesto m para inundar
stumble v - . . .; trastabillar
stumbled a - tropezado,da; trastabillado,da
stumbling n - . . .; tropiezo m ‖ a - tropezador,ra
stung a - picado,da
stunt n - . . .; truco m; malabarismo m
stunned a - pasmado,da
stunning a - contundente; sorprendente
— **performance** n - desempeño m sorprendente
stunted tree n - [botan] árbol m enclenque
stupid a - . . .; fatuo,tua; zoloncho,cha
stupidity n - . . .; fatuidad f
sturdy a - . . .; resistente; sólido,da; con resistencia f, grande, or alta; recio,cia
— **construction** n - construcción f, robusta, or recia
— **drum** n - [transp] tambor m, recio, or sólido
— **foundation** n - [mech] base f sólida
— **handle** n - [mech] asidero m sólido
— **installation** n - instalación f, fuerte, or firme, or sólida
— **undercarriage** n - [weld] rodaje m sólido
stutter v - . . .; gaguear
stuttered a - gagueado,da
stutterer n - gago,ga
stuttering n - . . .; gaguera f
style n - . . . • diseño m • [gram] frase(ología) f ‖ v - estil(iz)ar
— **@ letter** v - estilizar letra f
— **variety** n - variedad f en estilo m
styled a - estil(iz)ado,da
— **letter** n - [gram] letra f estil(iz)ada
styling n - estilización f • estilo m
stylish look n - apariencia f elegante
stylus n - . . . • estilográfica f
sub a - see **substitute** • ‖ [petrol] see **substitute connector**
—**arc** n - [weld] see **submerged arc**
—**base** n - [mech] sub-base
—**frame mount** n - [mech] montaje m para bastidor m inferior

sub-plate n - [mech] plancha f para base f
—-press n - [mech] sub=prensadura f
— — die n - [mech] matriz f para sibprensadura
—-system n - [mech] conjunto m parcial
—-zero a - bajo cero m - [meteorol] gélido,da;
  inferior a 18 grados m bajo cero m
— — temperature n - [meteorol] temperatura f,
  gélida, or inferior a, 18 grados m C bajo cero m, or 0 grados m F(arenheit)
subaccount n - [accntg] subcuenta f
subadapter n - [mech] subadaptador* m
subangular a - subangular*
— block n - [geol] bloque m subangular
— quartz n - [geol] cuarzo m subangular
subaqueous a - sumergido,da; subacuático,ca*
— line n - [tub] línea f, or tubería f, subacuática
— outfall sewer n - [sanit] cloaca f para descarga f subacuática*
— pipe n - [tub] tubería f subacuática*
— sewer n - [sanit] cloaca f subacuática
— water line n - [tub] línea f, or tubería f, subacuática* para agua m
subarea n - subárea* m; subzona* f
subassemble v - [constr] premontar
— @ transverse member(s) v - [constr] premontar pieza(s) f transversal(es)
subassembled a - premontado,da
— transverse member n - [constr] pieza(s) f transversal(es) premontada(s)
subassembled a - [mech] premontado,da
subassembly n - [mech] subconjunto m; conjunto m parcial; subgrupo m; submontaje m; premontaje
subbase n - [constr] subbase* f
— saturation n—[hydr] saturación f de subbase*
subcategory n - subcategoría f
subcontract basis n - base f para subcontrato* m
— @ part v - [ind] subcontratar pieza f
— @ service v - subcontratar servicio(s) m
— term(s) n - [legal] condición(es) f, or estipulación(es) f, para subcontrato m
subcontracted a - subcontratado,da
subcontracting n - subcontratación f | a - subcontratante
subcontractor n - . . .; subproveedor m; empresa f subcontratante
—('s) shop n - [ind] taller m de subcontratista
subcritical annealing n - [metal-treat] recocido m, or revenido* m, subcrítico
— flow n - [hydr] caudal m subcrítico
— range n - escala f subcrítica
subdirector n - subdirector m
subdistrict office n - [pol] subdelegación f
subdivided a - subdividido,da
subdivider n - subdivisor m
subdividing n—subdivisión f | a - subdivisor,ra
subdivision n - . . . . • loteo m; fraccionamiento m; urbanización f
subdivisionalize v - [managm] subdividir
subdivisionalized a - [managm] subdividido,da
subdrain n - [hydr] subdrén* n; desagüe m, subterráneo, or inferior • conducto m para, drenaje m, or avenamiento m, de subsuelo m | v - [hydr] subdrenar*; drenar, or avenar, subsuelo m • also see **subdrainage**
— backfill n - [constr] relleno m para subdrenaje* m
— filter(ing) material(s) n - [hydr] materiales m filtrantes para subdrenaje m
— —(ing) —(s) size n - [hydr] granulometría f de material(es) m filtrante(s) para subdrenaje* m
— hydraulics n - [hydr] hidráulica f para desagüe(s) m inferior(es)
— principal part n - [hydr] parte f principal para desagüe m inferior
subdrainage n - [hydr] subdrenaje m; drenaje m, subterráneo, or inferior • drenaje m, or avenamiento m, de subsuelo m
— application n - [hydr] aplicación f para subdrenaje m

subdrainage ditch n - [hydr] zanja f para subdrenaje m
— Hel-Cor perforated pipe n - [tub] tubería f perforada con corrugación f helicoidal (Hel-Cor) para subdrenaje m
— hydraulics n - [hydr] hidráulica f para desagüe(s) m inferior(es)
— installation n - [hydr] instalación f para subdrenaje m
— requirement n - [hydr] exigencia f para subdrenaje m
— system n - [hydr] red f para subdrenaje m
subfloor n - [constr] contrapiso m
subfluvial a - subfluvial
subfoundation n - [constr] zampeado m
subgrade n - [hydr] subsuelo m; subrasante m • infraestructura f | a - [constr] debajo de superficie f
— road crown n - [roads] abovedado* m de subrasante* m
— saturation n - [hydr] saturación f de subrasante* m
— soil n - [constr] suelo m en subrasante* m
subhorizontal a - subhorizontal*
subitem n - [legal] subítem* n
subject n - . . . .; epígrafe m; cuestión f • [pol] vasallo m • [mech] plantilla f • [educ] materia f; asignatura f • rubro m | a - en cuestión f; de epígrafe m; de referencia f; de asunto m; epigrafiado,da; supeditado,da
— phase n - fase f de tema m
— to a - sujeto,ta, or propenso,sa, or expuesto,ra, a; capaz de; con sujeción f a • also see **prone to** • condicionado,da a • [fisc] gravado,da | v - sujetar a
— — deterioration a - capaz de deteriorar(se)
— — escalation a - [com] (rea)ajustable; revisable; movible; sujeto,ta a reajuste m
— — @ fine a - pasible de multa f
subjected a - sujeto,ta; sometido,da • supeditado,da
subjective feel(ing) n - sensación f subjetiva
— viewpoint n - punto m de vista m subjetivo
submachinegun n - [milit] . . .; metralleta f
submain n - [environm] tubería f secundaria
submanager n - [managm] subgerente m
submarginal land n - terreno m submarginal
submarine drilling n - [petrol] perforación f, submarina, or bajo agua m
submerge @ culvert v - [constr] sumergir alcantarilla f
submerged a - sumergido,da
— arc n—[weld] arco m, sumergido, or protegido
— — and Innershield combination welder n - [weld] soldadora f combinación f para arco m sumergido y electrodo m con alma m fundente
— — automatic welder n - [weld] soldadora f automática con arco m sumergido
— — bead n - [weld] cordón m con arco m sumergido
— — contact nozzle n - [weld] boquilla f para contacto m para arco m sumergido
— — flat weld(ing) n - [weld] soldadura f plana f con araco m sumergido
— — flux n - [weld] fundente m para (soldadura f) con arco m sumergido
— — full(y) automatic weld(ing) n - [weld] soldadura f totalmente automática por arco m sumergido
— — gun n - [weld] pistola f para (soldadura f por) arco m sumergido
— — head n - [weld] cabeza f para (soldadura f por) arco m sumergido
— — output stud n - [weld] borne m para salida f para (soldadura f por) arco m sumergido
— — power source n - [weld] fuente f para energía f para (soldadura f por) arco m sumergido
— — process n - [weld] proceso m con arco m sumergido
— — Squirt weld(ing) n - [weld] soldadura f

por arco m sumergido con alimentación f automática de electrodo m
submerged arc Squirtgun n - [weld] pistola f (Squirtgun) para alimentación f automática de electrodo m sumergido
— — **stud** n - [weld] borne m para (soldadura f con) arco m sumergido
— — **weld(ing)** n - [weld] soldadura f con arco m sumergido
— — — **(ing) pass** n - [weld] pasada f para soldadura f por arco m sumergido
— — **welder** n - [weld] soldadora f para (soldadura f) con arco m sumergido
— — — **wire** n - [weld] alambre m para soldadura f por arco m sumergido
— — **weldor** n - [weld] soldador m por arco m sumergido
— **casting** n - [metal-prod] colada f sumergida
— **combustion** n - [ind] combustión f sumergida
— **culvert** n - [constr] alcantarilla f sumergida
— **mitered inlet** n - [constr] entrada f ingleteada sumergida
— — **outlet** n - [constr] salida f ingleteada sumergida
— **pump** n [pumps] bomba f sumergida • bomba f para achique m
— **roll(er)** n - [mech] rodillo m sumergido
— **upstream culvert end** n - [constr] extremo m sumergido aguas m arriba de alcantarilla f
submerging a - sumergente*; para sumersión f
submerging roll n - rodillo m sumergente*
submersible pump n - [pumps] bomba f sumergible
submersion dipping n - sumersión f
submitted a - sometido,da • presentado,da; elevado,da • acompañado,da
submitting n - sometimiento m; sumisión f • elevación f; presentación f • acompañamiento m
suborder n - . . . • [com] subpedido* m
subordinated a - subordinado,da*
subpanel n - [electr-instal] tablero m, auxiliar, or parcial
subparagraph n - [legal] inciso m
subregion n - subregión* f
subregional a - subregional*
— **agreement** n - [pol] acuerdo m subregional
— **Andean Pact** n - [pol] Pacto m Subregional Andino
— **area** n - [pol] zona f subregional*
— **capital** n - [fin] capital m subregional*
— **pact** n - [pol] pacto m subregional
subrod n - [petrol] segmento m para vástago m
— **connection** n - [mech] conexión f para segmento m para vástago m
— **pilot diameter** n - [petrol] diámetro m de segmento m piloto m
subscribe in my presence v - [legal] subscribir, or firmar, en mi presencia f
subscribed a - [legal] subscrito,ta; firmado,da • abonado,da
— **and sworn to** a - [legal] subscrito,ta, or firmado,da, y jurado,da
— — — — **before me** a - [legal] prestó juramento m y firmó (por) ante mí
— **capital** n - [fin] capital subscrito
— **company capital** n - [legal] capital m social subscrito
— **in my presence** a - [legal] subscripto,ta, or firmado,da, en mi presencia f, or ante mí
— **share** n - [legal] acción f subscrita
subscriber('s) connection n - [telecom] conexión f para abonado m
subscribing n - [legal] firma f • subscripción f
— **in my presence** n - [legal] subscripción f, or firma f, en mi presencia f, or ante mí
subsea a - [petrol] submarino,na; bajo nivel m de mar m
— **equipment** n - [petrol] equipo m submarino
— **system** n - [petrol] sistema m, submarino, or (de)bajo de nivel m de mar m
— **well** n - [petrol] pozo m submarino
— **wellhead** n - [petrol] cabezal m submarino

subsection n - [legal] apartado m
subsequent a - . . .; posterior; ulterior
— **control** n - [ind] regulación f posterior
— **drawing** n - [metal-treat] revenido m, subsiguiente, or posterior
— **layer** n - capa f subsiguiente
— **pass** n - [weld] pasada f posterior
— **test** n - ensayo m posterior
— **yearly term** n - [legal] extensión f anual posterior
subside v - . . .; asentar(se)
subsided a - hundido,da; asentado,da
— **foundation soil** n - [constr] suelo m para, fundación f, or base f, asentado
— **soil** n - [constr] suelo m asentado
subsidence,cy n - asentamiento m
subsidiary n - [com] (empresa f, or compañía f) subsidiaria f | a - subsidiario,ria
— **company** n - [legal] compañía f, or empresa f, subsidiaria
— **income** n - [fin] ingreso(s) de (empresa(s) f) subsidiaria(s) f
— **,ries' account(s)** n - [fin] cuenta(s) f de (empresas f) subsidiaria(s) f
— **('s) asset(s)** n - [fin] activo m de (empresas f) subsidiaria(s) f
— **('s) liability,ties** n - [fin] pasivo m de (empresas f) subsidiarias f
subsiding n - hundimiento m; asentamiento m
— **foundation soil** n - [constr] suelo para, fundación f, or base f, que se asienta
subsidized a - subvencionado,da; subsidiado,da
subsill n - [mech] larguero m auxiliar
subsisted a - subsistido,da
subsisting n - subsistencia f | a - subsistente
subsoil attachment n - [agric-equip] accesorio m para subsuelo m
subsoiler n - [agric-equip] arado m para subsuelo
substance n - . . .; materia f • quid m
subsistance allowance n - [pers] dieta f
substandard a - . . .; deficiente; inferior
— **roll** n - [metal-roll] rodillo m deficiente
substantial a - . . .; apreciable; vigoroso,sa
— **allocation** n - [pol] asignación f, or subsidio m, considerable, or apreciable
— **backstop** n - (retro)tope m sólido
— **cost saving** n—ahorro m considerable en costo
— **degree** n - grado m, or medida f, considerable
— **filling** n - henchimiento m considerable
— **foundation** n - [constr] fundamento m, or cimiento m, sólido
— **government allocation** n - [pol] asignación f, or subsidio m, gubernamental, considerable, or apreciable
— **improvement** n - mejora f considerable
— **involvement** n - involucración f considerable
— **percentage** n - porcentaje m, or proporción f, considerable, or apreciable
— **saving(s)** n - ahorro m, or economía f, considerable
substantially adv - . . .; considerablemente
— **lower cost** n - costo m considerablemente inferior
substantiate v - substanciar • comprobar; confirmar
substantiated a - substanciado,da • comprobado,da; confirmado,da
substantiating information n - información f comprobatoria • información f documentada
substantiation n - substanciación f • comprobación f; verificación f; confirmación f
substantiator n - substanciador n; comprobador m
substation n - [electr-prod] . . .; subusina f
— **breaker** n - [electr-prod] disyuntor m, or interruptor m, en subestación f
— **bus (bar)** n - [electr-distrib] barra f colectora en subestación f
— **incoming feeder** n - [electr-distrib] línea f para entrada f para subestación f
— **location** n - ubicación f de subestación f
— **relocation** n - reubicación f de subestación f

substation(s) system n - [electr-distrib] red f de subestaciones f
substitutable a - substituible
substitute @ board v - [electron] substituir tablero m
— @ — **crystal** v - [electron] substituir cristal m para tablero m
— **connector** n - [petrol] conectador m substitutivo; U m
— @ **crystal** v - [electron] substituir cristal m
— **director** n - [legal] director m suplente
— **equipment** n - [ind] equipo m substitutivo
— @ **equipment** v - [ind] substituir equipo m
— **light truck tire** n - [autom-tires] neumático m, substitutivo, or para reemplazo, para, camión m liviano, or camioneta f
— **passenger tire** n - [autom-tires] neumático m, substitutivo, or para reemplazo m, para automóvil(es) m para pasajero(s) m
— **proof** n - prueba f, substitutiva, or supletoria
— **size** n - [autom-tires] medida(s) f substitutiva(s)
— **stockholders representative** n - [legal] síndico m suplente
— **tire** n - [autom-tires] neumático m, substitutivo, or para reemplazo m
— @ **tone keyer** v - [electron] substituir manipulador m para tono m
— @ — — **board crystal** v - [electron] substituir cristal m para tablero m para manipulador m para tono m
— @ **withholding** v - [fin] substituir retención
substituted a - substituido,da; reemplazado,da
— **board crystal** n - [electron] cristal m para tablero m substituido
— **crystal** n - cristal m substituido
— **import(s)** n—importación(es) f substituida(s)
— **tire** n - [autom-tires] neumático m, substituido, or reemplazado
— **tone keyer** n - [electron] manipulador m para tono m substituido
— — — **board** n - [electron] tablero m para manipulador m para tono m substituido
— — — — **crystal** n - [electron] cristal m para tablero m para manipulador m para tono m substituido
— **withholding** n - [fin] retención f substituida
substitutible a - substituible
substituting n - substituyente m | a - substituidor,ra
substitution n - . . . .; cambio m • alternativa f
— **guide** n - guía f para substitución f
— **time** n - momento m para substitución f
substratum,ta character n - [geol] carácter m de subestrato(s) f
—,ta **slope** n—[geol] declive n de subestrato(s)
— **drawworks mounting** n - [petrol] montaje m para malacate sobre subestructura f
— **mount** v - [petrol] montar sobre subestructura
— **mounted** a - [petrol] montado,da sobre subestructura f
— — **drawworks** n - [petrol] malacate m montado sobre subestructura f
— **mounting** n - [petrol] montaje m sobre subestructura f
subsurface n - subsuelo m; subsuperficie* f | a - soterrado,da; bajo tierra f; hundido,da; subterráneo,nea; debajo de superficie f; avoid subsolar*; subsuperficial*
— **collector** n - [hydr] colector m, or sumidero m hundido
— **crack** n—[weld] grieta f debajo de superficie
— **defect** n - [weld] defecto m debajo de superficie f
— **discontinuity** n - [weld] descontinuidad f debajo de superficie f
— **drain** n - [hydr] desagüe m subterráneo
— **drainage** n - [hydr] drenaje m, subterráneo, or debajo de superficie f
— **equipment** n - [petrol] equipo m, soterrado, or bajo tierra f
subsurface exploration n - [constr] exploración f de subsuelo m
— **hydraulic engineering system** n - [petrol] sistema m hidráulico bajo tierra f proyectado
— **hydraulic system** n - [petrol] sistema m hidráulico bajo tierra f
— **lamination-like defect** n - [weld] defecto m de tipo m laminar debajo de superficie f
— **pipe** n - [tub] tubería f, subterránea, or bajo tierra f
— **porosity** n - [weld] porosidad f debajo de superficie f
— **production unit** n - [petrol] equipo m, subterráneo, or bajo tierra f, para, producción f, or bombeo m
— **pump** n - [pumps] bomba f, subterránea, or bajo tierra f
— **pumping** n - [petrol] bombeo m, subterráneo, or bajo tierra f
— — **system** n - [petrol] sistema m, or red f, subterráneo, or bajo tierra f, para bombeo m
— **region** n - zona f de subsuperficie* f
— **rock** n - [geol] roca f sepultada
— **runoff** n - [hydr] escurrimiento m de, subrasante f, or subdrenaje m
— — **factor** n - [hydr] coeficiente m para escurrimiento m para subdrenaje
— **stress** n - [mech] esfuerzo m en subsuperficie*
— **system** n - [petrol] red f, subterránea, or, bajo tierra f
— **water level** n - [hydr] nivel m freático
subterfuge n - . . . .; efugio m; escapatoria f
subterraneously adv - subterráneamente
subtle a - . . . .; fino,na
— **approach** n - enfoque m sútil
subtract v - . . . . • deducir; desglosar
subtracted a - [math] restado,da; substraído,da • desglosado,da; deducido,da
subtraction n . . .; deducción f; desglose m
subtransitory* reactance n - [electron] reactancia f subtransitoria f
subunit n - subunidad* f
suburb n - . . .; barrio m
suburban atmosphere n - ambiente m suburbano
— **highway** n - [roads] carretera f suburbana
— **living** n - vida f suburbana
— **residence** n - [constr] residencia f suburbana
— **residential area** n - [constr] zona f residencial suburbana
subvert v - . . . .; insurreccionar
subway n - [rail] . . . • [G.B.] paso m inferior
— **car** n - [rail] coche m, or vagón m, (para) subterráneo m
— **finished interior** n - [G.B.] interior m terminado de paso m inferior
— **installation** n - [G.B.] instalación f de paso m inferior
— **interior** n - [G.B.] interior m de paso m inferior
— **profile** n—[G.B.] perfil m de paso m inferior
— **route** n - [sanit] ruta f subterránea
— **structure** n - [G.B.] estructura f para paso m inferior
— **wheel** n - [rail] rueda f para ferrocarril m subterráneo
subweldment* n - [weld] submontaje m soldado
subzone n - subzona f
succeed v - lograr, or obtener, éxito m; triunfar
succeeding job n - [ind] trabajo m subsiguiente
— **pass** n - [weld] pasada f subsiguiente
success n - . . . .; éxito m; suceso* m • acierto m • satisfacción f
— **key** n - llave f para éxito m
successful a - . . . .; acertado,da; venturoso,sa; correcto,ta; eficaz; próspero,ra, feliz
— **bid** n - [legal] propuesta f, or postura f, mejor, or favorecida, or aceptada
— **bidder** n - [com] adjudicatario m
— **company** n - [legal] empresa f exitosa
— **completion** n - terminación f feliz

successful contractor n [com] (contratista) adjudicatario m
— **development** n - perfeccionamiento m exitoso
— **interview** n - [labor] entrevista f exitosa
— **leader** n - [managm] líder m exitoso
— **local practice** n - práctica f local satisfactoria
— **performance** n - ejecución f satisfactoria
— **presentation** n - presentación f feliz
— **promotion** n - promoción f exitosa
— **weld** n—[weld] soldadura f, feliz, or exitosa
successfully adv - exitosamente*
successional a - [legal] sucesorio,ria
successive cycle n - ciclo m sucesivo
— **invoicing** n - [com] facturación f sucesiva
successively adv - . . .; seguidamente
successor n - . . . • [legal] causahabiente m
succoring a - socorredor,ra
succorer n - socorredor m
such as adv - tal(es) como
— **@ classification** n clasificación(es) tal(es)
— **@ coating** n - recubrimiento(s) m tal(es)
— **@ structure** n - estructura f tal
sucked a - chupado,da; aspirado,da
sucker n - . . .; aspirador m • [botan] ferrocino m • [zool] ventosa f; verdugo m • [petrol] chupador m; émbolo m | a - por aspiración f
— **fan** n - [mech] ventilador m por aspiración f
— — **blade** n - [mech] paleta f para ventilador m por aspiración f
— **rod** n - [petrol] vástago m, or varilla f, or barra f, para, bombeo m, or succión f
— — **coupling** n - [petrol] acoplamiento m para barra f para bombeo m
— — **elevator** n - [petrol] elevador m para barra f para bombeo m
— — **pump** n - [petrol] bomba f con, vástago m, or varilla f, or barra f, para bombeo m
sucking n - . . . | a - chupador,ra
— **and forcing pump** n - [pumps] bomba f aspirante e impelente
— **pump** n - [pumps] bomba f aspirante
sucre(s) portion n - [fin] parte f, or porción f, en sucre(s) m
suction n . . . • aspiración f • vacío m
— **bell** n - [mech] campana f para succión f
— **capacity** n - [pumps] capacidad f para, succión f, or aspiración f
— **chamber** n - [mech] cámara f para succión f
— **condition** n - [pumps] condición f para, succión f, or aspiración f
— **cone** n - [turb] cono m para aspiración f
— **dampener** n - [mech] amortiguador m para aspiración f
— **fan** n - [mech] ventilador m por aspiración f
— **fed** a - [mech] alimentado,da por aspiración f
— **filter** n - filtro m para, succión f, or aspiración f
— **head** n - [petrol] cabezal m para aspiración f • desnivel m para aspiración f
— **hose** n - [mech] mang(uer)a f para aspiración
— **line** n - línea f, or tubería f, para succión
— — **dampener** n - [mech] amortiguador m para línea f para aspiración f
— — — **diaphragm** n - [mech] diafragma m para amortiguador m para línea f para aspiración f
— — **filter** n - filtro m para línea f para. aspiración f, or succión f
— — **pulsating** n - [mech] pulsación f en línea f para aspiración f
— **manifold** n - [mech] múltiple m, or colector m, para, succión f, or aspiración f
— — **drain** n - [mech] purga f para colector m para aspiración f
— — **plug** n - [mech] tapón m para colector m para aspiración f
— **module** n - [mech] módulo m para aspiración f
— **nozzle** n - [mech] boquilla f para, succión f, or aspiración f
— **pipe** n - tubo m, or tubería f, para, succión f, or aspiración f; tubería f aspiradora

— **suction port** n—[pumps] orificio m para succión
— **pot** n - [valv] pote m para aspiración f • [petrol] marmita f para succión f
— **pressure** n - presión f para, succión f, or aspiración f
— **range** n - límite(s) f para aspiración f
— **roll** n - [paper] rodillo m, aspirador, or para succión f
— **screen** n - [mech] rejilla f para aspiración f
— **scrubber** n - [petrol] depurador m por aspiración f
— **side** n - [turb] lado m, or costado m, para, succión f, or aspiración f
— **strainer** n - [petrol] colador m para succión
— **stroke** n - [int.comb] carrera f para aspiración f • [petrol] golpe m para succión f
— **switch** n - [electr-instal] conmutador m para aspiración f
— **tank** n - [mech] depósito m para aspiración f
— **temperature** n - temperatura f para, succión f, or aspiración f
— **tube cone** n - [turb] cono m para tubo m para aspiración f
— **valve** n - [valv] válvula f para, succión f, or aspiración f
— — **pot** n - [valv] pote m para válvula f para aspiración f
— **zone** n - [pumps] zona f con succión f
Sudangrass n - [botan] sorghum m vulgaris sudanensis
sudden application n - aplicación f, brusca, or repentina
— **break** n - rotura f súbita
sudden blow n - [mech] golpe m repentino • [metal-prod] bufonazo m (al colar el horno)
— **chilling** n - enfriamiento m súbito
— **cut-off** n - corte m repentino
— **death** n - muerte f, repentina, or súbita
— **lighting failure** n - [electr-illum] falla f repentina de alumbrado m
— **occurence** n - evento m repentino
— **pressure relay** n - [electr-instal] relé m para presión f, súbita, or repentina
— **stop(ping)** n - detención f brusca
— **tension** n - tensión f, repentina, or súbita
— **thrust** n - empuje m, súbito, or repentino
suddenly adv - . . .; súbitamente; inesperadamente; improvisamente; de golpe; de repente
sue v—[legal] . . .; querellar; pedir en juicio
suffer v - . . .; penar • perjudicar; dañar
suffered a - sufrido,da
sufficed a - bastado,da
sufficient a - . . .; amplio,plia; apropiado,da
— **bevel** n - [weld] chaflán m suficiente
— **clearance** n - holgura f, or luz f, suficiente
sufficient current n - [weld] amperaje m suficiente
— **flux coverage** n - [weld] cobertura f suficiente con fundente m
— **load(ing) capacity** n - [constr] capacidad f portante suficiente
— **overfeed** n - [mech] sobrealimentación f suficiente • [weld] largo m excesivo suficiente
— **quality equipment** n - [ind] equipo m con calidad f suficiente
— **size** n - tamaño m suficiente • diámetro m suficiente • potencia f suficiente
— **stock** n - [ind] material m suficiente
— **strength** n - fuerza f suficiente • resistencia f suficiente
— **stroke** n - [mech] carrera f suficiente
— **supply** n - [ind] aprovisionamiento m, or cantidad f, suficiente
— **thickness** n - espesor m, or grosor m, suficiente
— **width** n - ancho m, or anchura f, suficiente
sufficiently thick bead n - [weld] cordón m con grosor m suficiente
sufficing adv - bastando
sugar cane mill n - [agric] trapiche m para caña f de azúcar m

sugar cane reaping n - [agric] zafra f
— mill n - [agric] . . .; ingenio m
— mold opening n - furo m
— syrup n - [agric] miel f de caña f
— — evaporator n - [agric] evaporadora f para miel f de caña f
— — kettle n - [agric] paila f para miel f de caña f
suggest @ response v - sugerir respuesta f
— @ rim width v - [autom-tires] sugerir ancho m para llanta f
— @ solution v - sugerir solución f
suggested a - sugerido,da; sugestionado,da; propuesto,ta
— response n - respuesta f sugerida
— rim width n - [autom-tires] anchura f sugerida para llanta f
— shaft size n - [mech] diámetro m sugerido para, árbol m, or eje m
— solution n - solución f sugerida
— wheel size n - [mech] tamaño m, or diámetro m, segurido para rueda f
suggestion n - . . .; recomendación f; planteo m; planteamiento n; propuesta f
— award n - premio m a, inventiva f, or iniciativa f
—(s) program n - programa m de sugerencia(s) f
suggestive a - . . .; orientativo,va
suggestor n - sugeridor m
suicide n - . . . . • [electr] autointerrupción f
| a - . . . • [electr] autointerruptor,ra
— switch n - [electr-equip] conmutador m autointerruptor; llave f autointerruptora
suit n - [vest] . . . • [legal] . . .; acción f; causa f; demanda f | v - . . .; satisfacer; sentar
— ideally v - adaptar idealmente
suitability n - aptitud f
suitable a - . . . .; calificado,da; capaz; aceptable; apto,ta • servir para
— alloy n - [metal] aleación f adecuada
— area n - zona f apropiada
— canister n - cartucho m, or receptáculo m, apropiado, or adecuado
— channel n - [hydr] cauce m apropiado
— clothing n - [vest] ropa f, apropiada, or adecuada
— communication(s) system n - [communic] red f adecuada para comunicación(es) f
— compound n - compuesto m apropiado
— container n - recipiente m apropiado
— depth n - profundidad f apropiada
— dry place n - sitio m seco apropiado
— factor n - factor m, or coeficiente m, apropiado
— fill n - [constr] relleno m apropiado
— ground n - [soils] suelo m apropiado; tierra f apropiada • [electr-instal] puesta f atierra f apropiada
— — inside @ welder n - [weld] puesta f a tierra apropiada dentro de soldadora f
— grounding n - [electr-instal] puesta f a tierra f apropiada
— increment(s) spacing n - escalonamiento m apropiado de incremento(s) m
— label n - rubro m, apropiado, or aceptable
— legible thermometer n - [instrum] termómetro m apropiado legible
— allocation n - lugar m, or sitio m, apropiado
— nonflammable screen(ing) n - [safety] rejilla f incombustible apropiada
— nut n - [mech] tuerca f apropiada
— pipe,ping n - [tub] tubería f apropiada
— respirator n—[safety] respirador m apropiado
— screen n - [mech] rejilla f apropiada
— semantic label n—rubro m semántico apropiado
— sleeve n - [mech] manguito m apropiado
— soil n - [soils] suelo m, apto, or apropiado
— source n - fuente f apropiada
— spacing n - escalonamiento m apropiado; distribución f, or separación f, apropiada

suitable spark arrester n - [int.comb] guardachispa(s) m apropiado (para escape m)
— supply source n - fuente f apropiada para, abastecimiento m, or suministro m
— system n - sistema m adecuado; red f adecuada
— template n - [drwng] plantilla f adecuada
— thermometer n - [instrum] termómetro m apropiado
— thickness n - espesor m apropiado
— thread lubricating acompound n - [lubric] compuesto m lubricante apropiado para roscas
— welder ground(ing) n - [weld] puesta f a tierra f apropiada para soldadora f
— wire feeder n - [weld] alimentadora f apropiada para alambre m
— work area n - [ind] zona f apropiada, or sitio m apropiado, para trabajo m
suitably adv - adecuadamente; apropiadamente
— space @ increment(s) v - escalonar apropiadamente incremento(s) m
— spaced a - escalonado,da apropiadamente
suited a - apropiado,da; adecuado,da; ajustado,da; adaptado,da • a medida f
suiting n - adecuación f; adaptación f; ajuste m
sulf n - [chem] see sulfur
sulfate building n - [byprod] planta f para sulfato(s) m
— crystal n - [chem] cristal m de sulfato
— plant n - [byprod] planta f para sulfato(s) m
— radical n - [chem] radical m sulfático*
— slurry n - [byprod] pasta f de sulfato m
— solution n - [chem] disolución f de sulfato m
sulfated a - [chem] sulfatado,da
sulfating n - [chem] sulfatado m; sulfatación f
| a - sulfatador,ra
— machine n - (máquina) sulfatadora f
sulfatazing n - conversión f en sulfato m
— roasting n - [miner] tostación f fulfatizante
sulfator n - sulfatador m
sulfide n - [chem] sulfuro m
— combustion n - combustión f de sulfuro m
— lixiviation n - [miner] lixiviación f de sulfuro m
— plant n - [chem] planta f para sulfuro m
— reaction heat n—[metal-prod] calor m de reacción f de sulfuro m
— refining n - [chem] refinación f de sulfuro m
— segregation n - [chem] segregación f de sulfuro m
sulfonitric a - [chem] sulfonítrico,ca
— acid n - [chem] ácido m sulfonítrico
sulfur n - [chem] sulfuro m • azufre m
— bearing steel n - [metal] acero m sulfuroso
— — — porosity n - [metal-prod] porosidad f de acero m sulfuroso
— burner n - [combust] quemador m para azufre m
— concentration n - [metal- concentración f de azufre m
— content n - [metal-prod] contenido m, or proporción f de azufre m • análisis m de azufre
— cutting oil n - [mech] aceite m con azufre m para corte m
— determiner n - [instrum] determinador m para azufre m
— dioxide n - [chem] bióxido m, sulfuroso, or de sulfuro; anhidrido m sulfuroso
— histogram n - histograma m para azufre m
— in @ coke n - [metal-prod] azufre m en coque
— limit n - [metal-prod] límite m para azufre m
— oil n - aceite m con azufre m
— oxide n - [chem] óxido m de azufre m
— powder n - [chem] polvo m de azufre m; azufre m en polvo m
— pulverization n - pulverización f de azufre m
— segregation n - [metal] segregación f de azufre m
— testing n - comprobación f de azufre m
— trace(s) n - [miner] vestigio(s) m de azufre
sulfureted a - sulfurado,da
— hydrogen n - [chem] hidrógeno m sulfurado
sulfuric acid alkylation n - [petrol] alquila-

ción f con ácido m sulfúrico
sulfuric acid aspirator n - [byprod] aspirador m para ácido m sulfúrico
— — **combustion** n - [combust] combustión f de ácido m sulfúrico
— — **contact plant** n - [chem] planta f para tratamiento m con ácido m sulfúrico
— — **content** n - [chem] contenido m de ácido m sulfúrico
— — **feeder, pipe,** or **tube** n - tubo m, or tubería f, para alimentación f de ácido sulfúrico
— — **feeding** n - alimentación f de ácido n sulfúrico
— — **gas** n - [chem] gas m de ácido m sulfúrico
— — — **filter** n - [byprod] filtro m para gas m de ácido m sulfúrico
— — — **stack filter** n - [byprod] filtro m laminar para gas m de ácido m sulfúrico
— — **pickling** n - [metal-treat] decapado m con ácido m sulfúrico
— — — **bath** n - [metal-treat] baño m para decapado m con ácido m sulfúrico
— — **plant** n - [chem] planta f para ácido m sulfúrico
— — **production** n - [chem] producción f de ácido m sulfúrico
— — **solution** n - [chem] disolución f de ácido m sulfúrico
— — **stack filter** n - [byprod] filtro m laminar para ácido m sulfúrico
— **bath** n - [chem] baño m sulfúrico; also see **sulfuric acid bath**
— **hydrofluoric acid** n - [chem] baño m sulfírico fluorhídrico
— **pickling** n - [metal-treat] see **sulfuric acid pickling**
sulfurized a - [chem] sulfurado,da
— **hydrogen** n - [coke] hidrógeno m sulfurado
sulfurous a - [chem] sulfúreo,rea; sulfuroso,sa; azufroso,sa
— **acid** n - [chem] ácido m, sulfúreo, or sulforoso
— **acrid** a - acre sulfuroso,sa
— **anhydride** n - [chem] anhídrido m, sulfúreo, or sulfuroso
— **atmosphere** n - atmósfera f sulfurosa
— — **corrosion** n - [metal] corrosión f en atmósfera f sulfurosa
— **bacteria** n - [hydr] bacteria f sulfurosa
— **mineral** n - [geol] mineral m sulfuroso
— **ore** n - [miner] mineral m sulfuroso
sulky n - . . .; [agric] asiento m con ruedas f
— **plow** n - [agric] arado m con asiento m
sull n - see **ferrous hydroxide coat**
— **coated** a - [wire] con capa f de hidróxido m, de hierro m, or ferroso
— — **wire** n - [wire] alambre m con capa f de hidróxido m, de hierro m, or ferroso
— **coating** n - [metal-treat] capa f, or costra f, de hidróxido m, de hierro m, or ferroso
sullage n - [metal-prod] escoria f sobre metal m líquido en cucharón m para colada f
sulph. . . . - see **sulf.** . . .
sum @ output v - [electron] sumar salida f
sumac(h) plantation n - [agric] zumacal m
summarily adv - . . .; resumidamente
summarize v - . . .; sintetizar
summarized a - resumido,da; sintetizado,da
summarizing n - resumen m; síntesis f
summary n - . . .; síntesis m; extracto m
— **proceeding(s)** n - [legal] diligencia(s) f sumaria(s)
— **statement** n - [legal] declaración f sumaria
summer camp n - . . .; colonia f de vacación(es)
— **climate** n - [meteorol] clima m estival
— **cottage** n - [constr] residencia f veraniega
— **grazing location** n - [cattle] veranero m
— **height** n - [meteorol] estío m pleno
— **hiatus** n - intervalo m veraniego
— **house** n - [constr] casa f, or residencia f, para veran(e)o m

summer month n - mes m, estival, or veraniego, or de verano m
— **operation** n - operación f veraniega
— **pasture** n - [agric] veranadero m
— **pool stage** n - [hydr] embalse m estival
— **residence** n - [constr] residencia f veraniega; casa f para verano m
— **season** n - veranada f; estío m
— **stage** n - [hydr] embalse m estival
— **vacation** n - veraneo m
— **vacationist** n - veraneante m
— **weather** n - [meteorol] época f calurosa
— **weekend** n - fin m de semana f estival
summersault n - . . .; voltereta f; vuelta f carnera
summertime n - . . .; estación f, veraniega, or estival | a - estival; veraniego,ga
summit n - . . . • [roads] elevación f, or altitud f mayor
summoned a - llamado,da; emplazado,da
summons n - . . . • [legal] convocatoria f
sump n - . . .; colector m; vaciadero m; pozo m, colector, or para recogida f • [mech] recipiente m; foso m - [metal-prod] pozo m para aspiración f
— **cover installation** n - [mech] instalación f, or colocación f, de tapa f para colector m
— **dipstick** n - [mech] varilla f medidora para colector m
— **drain** n - [sanit] sumidero m • [mech] purga f para colector m
— — **pipe** n - [sanit] tubería f para sumidero m
— **draining** n - [mech] purga f de sumidero m
— **flushing** n - [mech] enjuague m de, colector m, or sumidero m
— **hole** n - [petrol] foso m para lodo m
— **refill(ing)** n - [mech] reabastecimiento m de aceite m para colector m
— **pipe plug** n - [mech] tapón m para tubo m para colector m
— **pit** n - sumidero m; foso m para drenaje m
— **pump** n - [pumps] bomba f para, achique m, or sumidero, or desagüe m
— **rail** n - [mech] viga f para colector m
— **refill(ing)** n - reabastecimiento m de colector
— **seal** n - sello m para, sumidero m, or carcamo
sumple* hole n - [petrol] presa f de tierra f
sumptuous a - suntuario,ria
sun-baked a - tostado,da con sol m
— **gear** n - [mech] engranaje m, planetario, or solar
— — **retainer** n - [mech] retén(edor) m para engranaje m, planterio, or solar
— **heat** n - calor m solar
— **screen** n - [autom] tira f contra resplandor m de sol m (para parabrisas m)
— **visor** n - [autom] visera f
sundry securities n - [fin] valor(es) m vario(s)
sunfaded a - descolorido,da (por sol m)
sunflower n - [botan] . . . tornasol m
sunk a - hundido,da • [constr] hincado,da
— **foundation** n - [constr] cimentación f hundida
— **key** n - [mech] chaveta f encastrada
sunlight n - . . .; luz f solar; rayos m solares
sunny weather n - [meteorl] tiempo m asoleado
sunray n - rayo m solar
sunshade n - . . .; guardasol m
Sunshine State n - [geogr] estado m de Florida
sunstroke n - . . .; asoleamiento m
sunstruck a - [medic] asoleado,da; insolado,da
super a - . . .; inigualable
— **lag** n - [electr] acción f muy retardada
— — **fuse** n - [electr-instal] fusible m para (re)acción f muy retardada; also see **time lag fuse**
— **self-fluxing sinter** n - [metal-prod] sínter m superautofundente
— **span** n - [constr] con porte n grande
— — **arcn** n - [constr] bóveda f con porte grande
— — **bridge** n - [constr] puente m con porte m grande

super-span corrugated steel structure n - [constr] estructura f de acero m corrugado con porte grande
—— **culvert** n - [constr] alcantarilla f con porte m grande
—— **structure** n - [constr] estructura f con porte m grande
—— —— **thrust beam** n - [constr] viga f para empuje m para estructura f con porte m grande
—— **underpass** n - [constr] paso m inferior con porte m grande
—— **strength** n - resistencia f, excepcional, or extraordinaria
——**visibility** n - supervisibilidad* f
— **week** n - semana f inigualable
superabrasive n - superabrasivo* n | a - superabrasivo,va*
— **product** n - [mech] producto m superabrasivo
— **tool** n - [tools] herramienta f superabrasiva*
superagitator n - [miner] superagitador* m
superb a - . . .; extraordinario,ria; fantástico
— **dependability** n - confiabilidad f extraordinaria
— **driving display** n - [autom] conducción f, espectacular, or fantástica
supercraft n - [cabl] cable m, aplanado, or en cinta f
supercritical flow n - [hydr] caudal m supercrítico
superelevate v - [constr] peraltar
superelevated a - [constr] peraltado,da
superfast* a - ultrarrápido,da
superficial ingot defect n - [metal-prod] defecto m superficial en lingote m
— **look** n - ojeada f
— **oxidation** n - oxidación f superficial
— **product quality** n - calidad f superficial de producto m
— **staining** n - descoloramiento m superficial
superficially adv - . . .; someramente
superfluous a - . . .; redundante
supergroup* n - supergrupo* m
superheat v - . . .; supercalentar
— @ **steam** v - [steam] sobrecalentar vapor m
superheated a - sobrecalentado,da; supercalentado,da; recalentado,da
— **steam pressure** n - [boilers] presión f de vapor m sobrecalentado
superhighway n - [roads] . . .; autopista f, autoestrada f
— **extension** n - [raods] prolongación f de supercarretera f
superimposed a - superpuesta,ta; sobreimpuesto,ta • [archit] perpiaño,ña
— **arch** n - [archit] arco m perpiaño
— **live load** n - carga f viva superimpuesta
— **superimposed surfaces** n - superficies f superimpuestas
superimposing n - superimposición f
superintendent n - . . . . • [ind] gerente m; director m; jefe m
superior appearance n - apariencia f, or aspecto m, superior
— **bead** n - [weld] cordón m superior
— **concentricity** n - concentricidad f mayor
— **corrosion resistance** n - resistencia f superior a corrosión f
— **feature** n - característica f superior
— **know-how** n - conocimiento(s) m superior(es)
— **performance** n - rendimiento m, or desempeño m, superior
— **quality** n - calidad f superior
—— —— **pipe** n - [tub] tubo n con calidad superior
—— —— **steel** n - [metal-prod] acero m con calidad f superior
— **spreadability** n - distribución f superior
— **surface quality** n - calidad f superior de superficie f
— **technical know-how** n - conocimiento(s) m técnico(s) superior(es)
— **technological advance** n - [ind] adelanto m tecnológico superior
superior torsion resistance n - [mech] resistencia f superior a torsión f
— **traction characteristic** n - _autom-tires] característica f superior para tracción f
— **welding quality** n - [weld] calidad f superior para soldadura f
— **workability** n—[mech] mecanización f superior
superiority complex n - [medic] . . .; delirio m de grandeza f; manía f de superioridad f
superiorly adv - superiormente
supernatant a - supernadante*
— **liquor** n - [sanit] líquido m, flotante, or sobrenadante*
superposition law n - [geol] ley f de superposición f
superseded a - reemplazado,da
superseding m - reemplazo m | a - reemplazante
supersensitive detecting method n - método m supersensible para detección f
— **locating method** n - método m supersensible para localización f
— **measuring method** n - método m supersensible para medición f
— **method** n - método m supersensible
superstar n - [movies] superastro* m; superestrella* f
superstructure n - . . .; estructura f superior
— **load** n - [constr] peso m de superestructura f
— **weight** n - peso m de superestructura f
supertanker n - [nav] barco m, or buque m, (es)-tanque de porte m grande
superunit* n - superunidad* f
supervise v - . . .; fiscalizar; inspeccionar; velar; cuidar; vigilar • atender; administrar • [pol] intervenir
— @ **pump start-up** v - [pumps] supervisar puesta f en marcha de bomba f
— @ **start-up** v - supervisar puesta f en marcha
supervised a - supervisado,da • intervenido,da
— **pump installation** n - [pumps] instalación f supervisada de bomba f
—— **start-up** n - [pumps] puesta f en marcha f supervisada de bomba f
— **staff** n - [pers] personal m supervisado
— **start-up** n - puesta f en marcha f supervisada
supervisibility n - supervisibilidad* f
— **lens** n - [optics] cristal m para supervisibilidad f
supervisible a - supervisible*
supervising n - supervisión f | a - supervisor,ra
— **electrician** n - electricista m supervisor
supervision n - . . .; dirección f; vigilancia f; mando m • [pol] intervención f • [labor] personal m, supervisor, or directivo
— **approach** n - [labor] abocamiento m a supervisión f
— **cost per ton** n - [ind] costo m por tonelada f de supervisión f
— **work** n - trabajo m para supervisión f
supervisor n - . . . .; encargado f; jefe m; capataz m; contramaestre m; mando m; perito m
— (s) **board** n - junta f de, supervisor(es) m, or comisionado(s) m, or interventor(es) m
— ('s) **office** n - [labor] veeduría f
— **stand-in** n - [ind] cubrebajas m para veedor m
supervisory relay n - [electr-equip] relé m, supervisor, or principal
superwide rim n - [autom] llanta f (muy) ancha
supplanted a - suplantado,da
supplement @ culvert v - [constr] suplementar, or prolongar, or extender, alcantarilla f
supplement @ scrap v - [metal-prod] suplementar chatarra f
supplemental cooling plate n - [metal-prod] petaca f supletoria
— **fuel** n - [combust] combustión f adicional
— **hopper** n - [mech] tolva f suplementaria
— **notice** n - [com] carta f complementaria
supplementary a - . . .; complementario,ria

supplementary cooling plate ring n—[metal-prod] anillo m de petaca(s) f supletoria(s)
— **equipment** n - [ind] equipo m suplementario
supplementation n - suplementación* f
supplemented a - suplementado,da
— **scrap** n—[metal-prod] chatarra f suplementada
supplementer n - suplementador m
supplementing n - suplementación f | a - suplementador,ra
supplicated a - suplicado,da; rogado,da
supplicating n - súplica(ción) f | a suplicante; suplicador,ra; rogante
supplicator n - suplicador m; rogante m
supplied a - suplido,da; aprovisonado,da; dotado,da; suministrado,da; provisto,ta • satisfecho,cha; reunido,da • enviado,da; consignado,da • [electr] alimentado,da; suplido,da
— **advice** n - asesoramiento m, provisto, or proporcionado, or prestado
— **condition** n - estado m como suministrado
— **item** n - [ind] suministro m
— **on agreement** a - suplido,da previo acuerdo m
— **power** n - [electr-distrib] energía f suplida
— **spare (part)** n - [ind] (pieza f para) repuesto suministrado,da
— **special tool** n - [tools] herramienta f especial suministrada
— **stop** n - [mech] tope m suplido
— **technique** n - [ind] técnica f aportada
— . . . **volt power** n - [electr-distrib] energía f en . . . voltio(s) m, provista, or suplida
— **water** n - [hydr] agua m, suplida, or provista
— **without charge** a - proporcionado,da sin cargo
supplier n - . . .; suplidor m • representada f
—('s) **account** n - [accntg] cuenta f de, proveedor m, or suministrador m
—('s) **assistance** n - asesoramiento m de proveedor m
—('s) **bid** n - [com] propuesta f, or oferta f, de, proveedor m, or abastecedor m
—('s) **choice** n - selección f de proveedor m
—('s) **compliance** n - cumplimiento m (por parte f) de proveedor m
—('s) **country of origin** n - [com] país m de origen m de proveedor m
—('s) **drawing** n - dibujo m de proveedor m
—('s) **facility,ties** n - [ind] instalación(es) f de, proveedor m, or suministrador m
—('s) **financing** n - financiación f de suministrador m
—('s) **foresight** n - previsión f de proveedor m
— **himself** n - propio suministrador m
—('s) **inspector** n - [ind] inspector m de proveedor m
—(s) **list** n - [com] lista f, or registro m, or padrón m, de proveedor(es) m
—('s) **quality inspector** n - [ind] inspector m de proveedor m para calidad f
—(s) **registry** n - registro m de proveedor(es) m
—('s) **shop** n - [ind] taller m de proveedor m
—('s) **warehouse** n - depósito m de proveedor m
supplies n - materiales m ; insumos m
supply,plies n - . . .; provisión f; aprovisionamiento m; existencia(s) f; surtimiento m • [electr] alimentante; energía f • [milit] pertrecho(s) m | v - . . .; proveer; aportar • enviar; consignar • [electr] alimentar
— **advice** v - suplir, or prestar, asesoramiento
— **and demand** n - [com] oferta f y demanda f
— **and pop-up drain fitting** n - [sanit] artefacto para suministro m y desagüe m con tapón m levadizo f
— **capacity** n - capacidad f para oferta f
— **conductor** n - [electr-cond] conductor m para abastecimiento m
— **duct** n - conducto m aprovisionador
— **energizing** n - [electr-distrib] activación f de suministro m
— **gathering** n - [ind] acopio m de suministro(s)
— @ **know-how** v - suplir conocimiento(s) m
— **main** n - [tub] tubo m para conducción f

supplying n - suministro m; provisión f; aprovisionamiento m • envío m; consignación f | a - suplidor,ra; surtidor,ra
support n - . . .; poste m para apoyo m; palo m refuerzo m; asiento m; descanso m; estribo m | v - . . .; soportar; sustentar; mantener; apuntalar | a - auxiliar; para sostén m
— **bed** n - [mech] bancada f para soporte m
— @ **differential carrier assembly** v - [autom-mech] sostener conjunto m de portadiferencial
— **washer** n - [mech] arandela f para apoyo m
supported a - soportado,da; sostenido,da; sustentado,da; suspendido,da
— **differential carrier assembly** n - [autom-mech] conjunto n de portadiferencial m sostenido
— **impact** n - [mech] impacto m, resistido, or soportado
— **power divider** n - [autom-mech] distribuidor m para fuerza f sostenido
supporting n - sostenimiento m | a - soportador,ra; sustentante; para apoyo m
— **capacity** n - [constr] capacidad f portante
— **document** n - [com] documento m comprobatorio
— **pile pipe** n - [constr-pil] pilote m tubular para sostén m
— **platform** n - [metal-roll] planchada f para soporte m
— **rib** n - [metal-roll] nervio m para refuerzo m
— **roll** n - [metal-concast] rodillo m extractor
— **strut** n - puntal m para soporte m
— **truss** n - [constr] armadura f para soporte m
supposed case n - caso m supuesto
— **burned out** v - creer(se) quemado,da
supposing n - . . . | a - suponedor,ra
supressed a - suprimido,da; omitido,da
suppressor capacitor n - [electr-instal] condensador m supresor
— **circuit** n - [electron] circuito m supresor
— **condenser** n - [electr-equip] condensador m supresor
suppurated a - [medic] supurado,da
suppurating n - [medic] supuración f | a - [medic] supurante
supreme government n - [pol] gobierno m supremo
surcharge n - . . . • [com] sobreprecio m • [fin] prima f; sobretasa f | v - recargar; sobrecargar
surcharged a - sobrecargado,da; recargado,da
sure power n - [electr] energía f segura
surety bond n - [fin] fianza f (para garantía f)
— **insurance** n - [insur] seguro m de fidelidad f
surface n - . . .; cubierta f; capa f exterior • [roads] calzada f | a - superficial; exterior | v - recubrir(se); aflorar • [roads] pavimentar • [weld] recubrir
— **area** n - zona f, or área, de superficie f
— **bead** n - [weld] cordón m superficial
— **check(ing)** n - [metal-prod] fisuración f en superficie f • verificación f de superficie f
— **checked** a - [metal-prod] fisurado,da en superficie f
— **compound** n - [autom-tires] compuesto m para superficie f
— **contaminant** n - (elemento) contaminante m en superficie f
— **contamination** n - contaminación f superficial
— **crack** n - grieta f en superficie f
— **cultivator** n - [agric-equip] cultivador m para, superficie f, or escardillar
— **design** n—[metal-roll] dibujo m en superficie
— **discontinuity** n - descontinuidad f, superficial, or en superficie f
— **disturbing** n - perturbación f de superficie f
— **drainage,ning** n - [hydr] avenamiento m de superficie f
— **facility** n - [ind] instalación f sobre superficie f
— **flaw** n - defecto m, superficial, or en superficie f
— **gage** n - [tools] marcador m paralelo

surface grind(ing) n - [mech] esmerilado* m de superficie f
— **ground smooth** n - [mech] superficie f esmerilada hasta quedar lisa
— **harden** n - [metal-treat] endurecer superficie
— **hardening** n - [metal-treat] endurecimiento m de superficie f
— **hardness** n - [metal-treat] dureza f de superficie f
— **hole** n - [weld] picadura f, or hueco m, superficial, or en superficie f
— **in tension** n - [weld] superficie f en tensión
— **inclusion** n - [weld] inclusión f superficial
— **level** n - [hydr] nivel m (máximo) de agua f
— **mail post office box** n - [comunic] apartado m nacional
— **not in tension** n - [weld] superficie f sin tensión f
— **pinhole** n - [weld] poro m en superficie f
— **pock** n - [weld] picadura f superficial
— **repair compound** n - [autom-body] compuesto m para reparación f de superficie f
— **runoff** n - [hydr] escurrimiento m (de agua m) en superficie f
— **scale** n - [weld] cascarilla f superficial
— **set core bit** n - [tools] barrena f cortanúcleo(s) con engaste m en superficie f
— **spalling** n - [mech] [wheels] desescamación f de superficie f
— **stress** n - [mech] esfuerzo m en superficie f
— **to be, soldered, or welded** n - [weld] superficie f para soldar(se)
— **tread** n - [autom-tires] parte f superior de banda f para rodamiento m
— **water interception** n - [hydr] recolección f de agua m sobre superficie f
surfaced a - recubierto,ta • aflorado,da
— **runway** n - [aeron] pista f para aterrizaje m pavimentada
surfboard n - [sports] . . .; tabla f hawaiana
surge n - [mech] . . .; aleaje m; marejada f • [mech] irregularidad f en marcha f; marcha f irregular • [electr] elevación f, repentina, or súbita; sobreelevación f; salto m • oscilación f | v - . . .; surgir
— **current** n - [electr-distrib] corriente f transitoria (anormal)
— — **rating** n - [electr-distrib] corriente f transitoria nominal
— **damping** n - [electr-distrib] amortiguación f de sobrevoltaje(s) m
— — **capacitor** n - [electr-equip] condensador m amortiguador m para sobrevoltaje(s) m
— **suppressor** n - [electr-equip] supresor m para onda(s) f
— **time control delay relay** n - [electr-equip] relé m para retardo m para regulación f de tiempo m para sobreelevación f de corriente f
— **unit** n - unidad f para surgencia f
— **valve** n - [valv] válvula f para alivio m de sobrepresión f
surged a - surgido,da
surger n - surgidor m
surging n - surgencia f | a - surgidor,ra
surmount v - . . .; zanjar
surpassed a - sobrepasado,da; superado,da; excedido,da
surpasser n - superador m
surpassing n - . . .; superación f; sobrepaso m; exceso m | a - superador,ra
surplus capitalization n - [fin] capitalización f, de superávit, or excesiva
surprise n - . . . | a - sopresivo,va
surrendered a - rendido,da
surrounded a - cercado,da; rodeado,da; circundado,da; circuido,da • enclavado,da
— **economy** n - [econ] economía f enclavada
surtax n - [fisc] . . .; sobretasa f
survey n - . . . • [topogr] levantamiento m; relevamiento m; trazado m; agrimensura f
— **line** n - [topogr] visual f; traza f; estación f; itinerario m
survey method n - método m, or metolodía f, para, estudio m, or investigación f
— **result** n - resultado m de, investigación f, or análisis m
surveyed a - estudiado,da; determinado,da • [miner] explorado,da
— **area** n - zona f relevada
— **facility** n - establecimiento m estudiado; instalación f investigada
surveying n - . . . • [miner] exploración f
surveyor n - . . . • [pol] director m de catastro
—('s) **level** n - [instrum] nivel m con anteojo m
surviving n - supervivencia f | a - superviviente
suspect n - sospechoso m | a - sospechado,da | v - . . .; vislumbrar
suspected a - sospechado,da
— **overload** n - [mech] sobrecarga f supuesta
suspecting n - sospecha f | a - sospechante
suspector* n - sospechador m
suspend @ ceiling n - [constr] suspender cielo r raso
— **@ electric power** v - [electr-distrib] suspender energía f eléctrica
— **@ strand** n - [cabl] suspender cordón m
— **@ tilter** v - [mech] suspender, inclinador m, or volcador m
— **@ wire rope** v - [cabl] suspender cable m (de alambre m)
— **@ work** v - feriar
suspended a - suspendido,da; suspenso,sa; en suspensión f; en vilo m
— **accoustical panel** n - [constr] panel m insonoro suspendido
— **aerial cable tray** n - [electr-instal] bandeja f para cable m aéreo suspendido
— **bracket** n - [mech] soporte m, colgado, or colgante, or suspendido
— **ceiling** n - [constr] cielo m raso suspendido
— **electric power** n - [electr-distrib] energía f eléctrica suspendida
— **matter** n - [hydr] materia f, suspendida, or en suspensión f, or en media agua m
— **scaffold** n - [constr] andamio m, suspendido, or volante
— **span** n - [constr] tramo m suspendido
— **track cable** n - [mech] cablecarril m suspendido
suspender n - [mech] . . .; péndola f
suspending n - suspensión f | a - suspendedor,ra
— **account** n - [accntg] cuenta f transitoria
suspension n - . . .; coloide m
— **bridge** n - [constr] . . . ; puente m, suspendido, or con suspensión f
— **hanger** n - [bridges] péndola
— **rod** n - [mech] varilla f para suspensión f
—(s) **swapping** n - [autom-mech] permuta f, or intercambio m, de suspensión(es) f
— **system** n - sistema m para suspensión f • [petrol] sistema m suspendido
suspicion n - . . . • espina f • vislumbre m | v - sospechar
suspicioned a - sospechado,da
sustained a - sostenido,da; soportado,da • continuado,da; mantenido,da • constante
— **high speed weld(ing)** n - [weld] soldadura f sostenida con velocidad f alta
— **weld(ing)** n - [weld] soldadura f, continuada, or sostenida, or ininterrumpida
sustainedly adv - sostenidamente
sustaining n - sostenimiento m; soporte m | a - sostenedor,ra; sustentador,ra
suture stitch n - [medic] punto m para sutura f
sveltly adv - esbeltamente
sveltness n - esbelteza(a) m/f
sw load n - [electr-equip] see load switch
swab n - . . . • [tub] limpiatubo(s) m • [petrol] émbolo m para, achique m, or extracción f | v - lampacear; fregar; pasar @ paño (por encima). [petrol] pistonear; achicar
swabbing n - [mech] pistoneo* m - [petrol] pistoneo* m; achicamiento m • limpieza f con es-

cobillón n
swaddled a - fajado,da
swage n - . . . . | v - [metal] forjar con estampa f; recalcar; insertar recalcando • estampar; embutir
— **into @ open pipe pile bottom** v - [constr-pil] insertar recalcando en fondo m abierto de pilote m tubular
swaged a - [metal-fabr] recalcado,da; estampado,da
— **diameter** n - [metal-fabr] diámetro m luego de recalcado
— **end bridge deck form** n - [bridges] molde m con extremo m estampado para cubierta f para puente m
— — **deck form** n - [bridges] molde m con extremo m estampado para cubierta f
— **fitting** n - [metal-fabr] accesorio m, recalcado, or estampado
— **nipple** n - [mech] entrerrosca f tipo botella
— **outside diameter** n - [metal-fabr] diámetro m exterior luego de recalcado,da
— **wall** n - [metal-fabr] pared f (luego de) recalcada
swaging n - [metal-fabr] forja f; recalcado m; recalcadura f; estampado m; forjado m para extensión f
— **die** n - [mech] troquel m para recalcadura f
— **over @ mandrel** n - [metal-fabr] recalcadura f sobre mandril m
— **scaffold** n - [metal-fabr] balancín m
swale n - [hydr] . . .; bajío m • pantano m • [roads] franja f divisoria hundida
swallow n - [ornith] . . .; volandera f
swallowable a - tragable
swallowed a - tragado,da
swallower n - tragador m | a - tragador,ra
swamp n - . . .; estero m; terreno m pantanoso
swap n - . . .; premuta f; reemplazo m; intercambio m | v - . . .; reemplazar; intercambiar; reemplazar • turnar(se)
— **@ suspension(s)** v - [autom-mech] permutar suspensión(es) f
— **@ tire(s)** v - [autom-tires] permutar neumático(s) f
swapped a - permutado,da; reemplazado,da; intercambiado,da
— **tire(s)** n - [autom-tires] neumático(s) m permutado(s)
swapping n • permuta f; reemplazo m; intercambio m
swathing attachment n - [agric] accesorio m hilerador
sway n - . . .; ladeo m • movimiento m, pendular, or de lado a lado; vaivén | v - . . .; oscilar; bambolear
— **bar** n - [autom-mech] bara f contra, bamboleo(s) m, or ladeo(s) m
— **correction** n - [constr] corrección f de cimbreo m
— **frame** n - [constr] arrisotramiento m, transversal, or contra ladeo m
— — **bracing** n - [constr] arrisotramiento m transversal
swayed a - ladeado,da; bamboleado,da • oscilado,da
swaying n - oscilación f; cimbreo m; movimiento m, pendular, or de lado a lado; bamboleo m
swear allegiance v - [pol] prestar juramento m
— **(to) before me** v - [legal] jurar (por) ante mí
swearing n - juramento m; jura f | a—jurador,ra
— **(to) before me** n - [legal] juramento m, or jura f, (por) ante mí
sweat n - . . . • [metal] condensación f de humedad f | v - . . . • [metal] condensar(se) humedad f
sweating thimble n - [mech] casquillo m
swedge n - [petrol] see **swage**
Swedish ore n - [miner] mineral m sueco
— **steel** n - [metal-prod] acero m sueco
sweep n - . . .; barrida f • [metal-roll] flecha f vertical • [sports] serie f; superación f •

[mech] malacate m - [agric-equip] escardillo m | v - . . . • [sports] superar; barrer con • incautar(se) • avanzar velozmente • [combust] deshollinar
sweep by v - [sports] adelantarse en forma rauda
— **rake** n - [agric-equip] rastrillo m para empuje
— **saw** n - [tools] sierra f para contornear
sweeper n - . . . • [sports] curva f para velocidad f alta • [roads] berma f lateral
sweeping n - . . . • [sports] superación f
— **motion** n - movimiento amplio
sweepstakes n - [sports] . . .; concurso m • [fam] polla f; apuesta f
sweet a - . . . . | [petrol] no corrosivo,va
— **crude (oil)** n - [petrol] (aceite) crudo m, dulce, or no corrosivo
sweetened a - endulzado,da
sweetening still n - [petrol] alambique m purificador
swell n - . . . • [mech] combadura f lateral | v - . . . • esponjar; • [mech] combar(se) lateralmente
— **up** v - [fam] finchar
— **with pride** v - erguir(se)
swelling n - . . .; hinchamiento m; dilatación f • [metal] esponjamiento m
— **factor** n - [metal] coeficiente m de esponjamiento m
— **index** n - coeficiente m, or índice m, de hinchamiento m
swept a - barrido,da • [combust] deshollinado,da • [sports] superado,da
swerve to @ left lane v - [autom] desviar(se) a vía f izquierda
— — **@ right lane** v - [autom] desviar(se) a vía derecha f
swerved a - [autom] desviado,da; torcido,da; virado,da
swerving n - [autom] desviación f; viraje m
swidel* n - [mech] anillo m
swiftly adv - rápidamente
swifty n - raudo m
swimming item(s) n - [sports] artículo(s) m para natación f
swimsuit n - [sports] malla f para, baño m, or natación f
swindle n - . . .; negociado m
swing n - . . .; oscilación f • variación f • [cranes] (mecanismo m para) rotación f; giro m • [lathes] diámetro m máximo; espacio m libre • volteo m | a - [tub] con bisagra f • [mech] para recambio m | v - . . .; pendular • girar; virar; orientar; desplazar; desviar; variar • [autom] colear; inclinar
— **assembly** n - mecanismo m oscilador
— **away** a - [cranes] desplazable | v - desplazar
— **boom** n - [cranes] aguilón m desplazable
— — **extension** n - [cranes] prolongación f, or suplemento m, desplazable para aguilón m
— **bearing** n - [cranes] cojinete m para rotación f
— — **tooth crack(ing)** n - [cranes] agrietamiento m de diente m de cojinete m para rotación
— **@ boom** v - [cranes] girar, aguilón m, or pluma f
— **brake** n - [constr] freno m para, giro m, or oscilación f • [cranes] freno m contra rotación f
— **bridge** n - [constr] puente m giratorio
— **check(ing)** n - [cranes] verificación f de rotación f
— **circle** n - (cranes) aro m para rotación f
— **clutch** n - [cranes] embrague m para (mecanismo m para) rotación f
— **control** n - [cranes] regulación f de, rotación f, or giro m • regulador m, or mando m, para, rotación f, or giro m
— **crane** n - [cranes] grúa f giratoria
— **diffuser** n - [hydr] tubo m difusor movible
— **door** n - [constr] puerta f vaivén
— **frame** n - [mech] armazón m movible • bastidor m pendular
— — **grinder** n - [mech] amoladora f con armazón m movible

swing gate n - [constr] portón m pendular
— **gear** n - [constr] engranaje m para, giro m, or rotación f, or oscilación f
— — **reducer** n - reductor m para rotación f
— **grinder** n - [mech] amoladora f movible
— **hammer** n - [mech] see **swinging hammer**
— **handle** n - [cranes] palanca f para rotación f
— **joint** n - [mech] junta f, or unión f, articulada, or giratoria, or oscilante
— **lever** n - [mech] palanca f para rotación f
— — **twist grip** n - [cranes] mordaza f contra (re)torcedura(s) f en palanca f para rotación
— **lock** n - [cranes] traba f contra rotación f
— **motor** n - [cranes] motor m para, giro m, or rotación f, or oscilación f
— **movement** n - [cranes] movimiento m giratorio
— **out** n - [autom] bamboleo m; desplazamiento m lateral (posterior, or trasero) • also see **oversteering** | v - [autom] bambolear; desplazar(se) lateralmente
— **over @ bed** n - [lathes] espacio m libre sobre bancada f
— — **@ cross slide** n - [lathes] espacio m libre sobre desplazador m transversal
— — **@ way(s)** n - [lathes] espacio m libre sobre guía(s) f
— **pinion** n - [cranes] piñón m para oscilación f • piñón m contra rotación f
— **position** n - [cranes] posición f en, rotación t, or giro m
— **rope** n - [cabl] cable m (colgante)
— **seat** n - [sports] asiento m para columpio m
— **speed** n - [cranes] rapidez f de rotación f
— **@ spout** v - [mech] girar vertedero m
— **suspension** n - suspensión f de columpio m
— — **chain** n - [sports] cadena f para suspensión f de columpio m
— **type** n - [valv] tipo m de charnela f
— — **check valve** n - [valv] válvula f para retención f de tipo m con charnela f
— — **diffuser** n - [hydr] difusor m de tipo m, movible, or ajustable
— — **valve** n - [valv] válvula f de tipo m con charnela f
— **unit** n - [autom-mech] juego m (completo) para recambio m • also see **complete(ly) assembled power divider unit**
— **valve** n - [valv] válvula f con charnela f
— **wide(ly)** v - colear ampliamente
swinging n - . . . .; balanceo m; bandazo m • [fig] variación f
— **arm** n - brazo m oscilante • brazo m giratorio
— **beam** n - [metal-prod] pedestal m (para cañón)
— **fairlead(er)** n - [cranes] guiadera f, or polea f guía, oscilante
— **freely** adv - en posición f suelta; colgando libremente
— **hammer** n - [mech] martillo m giratorio
— **hay stacker** n - [agric-equip] emparvadora f, or hacinadora f, oscilante para heno m
— **jaw** n - [mech] mandíbula f oscilante
— **scaffold** n - [constr] balancín m
— **stacker** n - [agric-equip] emparvadora f, or hacinadora f, oscilante
swingled a - [textil] espad(ill)ado,da
swirl n - . . . .; movimiento m circular | v - . . . .; imprimir movimiento m circular
swirled a - con movimiento m circular
swirling n - arremolinamiento m
Swiss watch n - [instrum] reloj m suizo; cronómetro m
switch n - permuta(ción) f; conmutación f; alternación f • operación f • reencaminamiento m • [electr-equip] . . .; llave f para contacto m • [rail] . . .; cambio m | v - . . . .; permutar; alternar; conmutar • girar; operar • reencaminar
— **assembly** n - [electr-instal] conjunto m de, interruptor m, or conmutador m
— **at @ same time** v - operar simultáneamente
— **back** v - retornar; volver • reencaminar

switch blade n - [electr-equip] cuchilla f para interruptor m
— **box** n - [electr-instal] caja f para, interruptor m, or conmutador, or conexión(es) f
— **burning out** n - [electr-oper] quema f de conmutador m
— **by-pass** n - [electr-instal] desviación f alrededor de, conmutador m, or interruptor m
— **cam** n - [electr-instal] leva f para interruptor m
— **@ choke selector** v - [mech] operar selector m para estrangulador m
— **@ — valve** v - [mech] operar válvula f para estrangulador m
— **circuit** n - [electron] circuito m en, conmutador m, or interruptor m
— **@ circulation** v - reencaminar circulación f
— **closing** n - [electr-oper] conexión f de, conmutador m, or interruptor m
— **connector** n - [electr-instal] conectador m para, conmutador m, or interruptor m
— **controlled** a - [electr-instal] regulado,da con conmutador m
— **current** n - [electron] corriente f en, conmutador m, or interruptor m
— **@ current** v - [electr-oper] conmutar corriente
— **@ detector** v - [electron] conmutar detector m
— **easily** v - cambiar fácilmente
— **energizer** n - [electr] excitador m para, interruptor m, or conmutador m
— **engaging** n - [electr-oper] operación f de conmutador m
— **@ flat (tire)** v - [autom-tires] permutar neumático m desinflado
— **flick(ing)** n - [electr-instal] movimiento m de, conmutador m, or interruptor m
— **flipping** n - [electr-oper] accionamiento m de conmutador m
— **@ flow** v - reencaminar, circulación f, or caudal m, or flujo m
— **front section** n - [electr-instal] sección f, anterior, or frontal, de conmutador m
— **handle** n - [electr-instal] perilla f, or manilla f, or asidero m, para conmutador m
— **hole** n - [electr-instal] orificio m para conmutador m
— **housing** n - [electr-instal] caja f para, conmutador m, or interruptor m
— — **clamp** n - [weld] abrazadera f para caja f para, conmutador m, or interruptor m
— — **lip** n - [electr-instal] borde m de caja f para, conmutador m, or interruptor m
— — **O-ring** n - [electr-instal] guarnición f circular para caja f para conmutador m
— **installing** n - [electr-instal] instalación f de, conmutador m, or interruptor m
— **key** n - [int.comb] llave f para encendido m
— **knob** n - [electr-equip] perilla f para conmutador m
— **lead** n - [electr-instal] conductor m a, conmutador m, or interruptor m
— **list** n - [rail] lista f para clasificación f (de vagones m)
— **lug** n - [electr-instal] terminal m en interruptor m
— **mounting plate** n - [electr-instal] placa f para montaje m para interruptor m
— — **stud** n - [mech] espárrago m roscado para montaje m de conmutador m
— **movable contact(or)** n - [electr-equip] contacto m, or contactador m, móvil para conmutador m
— **@ mud circulation** v - [petrol] reencaminar circulación f de lodo m
— **@ mud gun** v - [metal-prod] cambiar cañón m
— **nameplate** n - [electr-instal] marbete m, or placa f para identificación f, para conmutador
— **off** v - [electr-oper] desconectar
— **on** v - [electr-oper] conectar • poner en marcha f
— **opening** n - [electr-oper] desconexión f, or

apertura f, de, conmutador m, or interruptor
switch operate v - [electr-oper] operar con conmutador m
— **operated** a - [electr-oper] operado,da con conmutador m
— **operation** n - [electr-oper] operación f con conmutador m
— **oscillator** n - [electron] oscilador m en conmutador m
— **plate** n - [electr-instal] placa f para, conmutador m, or interruptor m, or llave f
— **point** n - [rail] aguja f para cambio(s) m
— **positioning** n - [electr-oper] regulación f de conmutador m
— **protective insulation** n - [electr-instal] aislación f protectora para conmutador(es) m
— **@ power** v - [electr-distrib] conmutar energía f
— **rating** n - [electr-equip] capacidad f (nominal) para, conmutador m, or interruptor m
— **rear section** n - [electr-instal] sección f posterior de conmutador m
— **resetting** n - [electr-oper] reconexión f de, conmutador m, or interruptor n, or disyuntor
— **reversing,ion** n - [electr-oper] inversión f de, conmutador m, or interruptor m
— **select** v—[comput] seleccionar con conmutador
— **selectable** a - [comput] seleccionable* con conmutador m
— — **attenuator** n - [comput] atenuador m seleccionable con conmutador m
— **selected** a - [comput] seleccionado,da con conmutador m
— **@ selector valve** v - [mech] girar válvula f selectora
— **sequence** n - [electr-oper] secuencia f en conmutador m
— **setting** n - [electr-oper] regulación f, de, or para, conmutador m, or interruptor m
— **shaft** n - [electr-equip] eje m, or árbol m, para, conmutador m, or interruptor m
— **simultaneously** v - [mech] operar simultáneamente
— **spring** n - [electr-instal] resorte m para, conmutador m, or interruptor m
— **stand** n - [rail] dispositivo m para operar aguja(s) f
— **terminal** n - [electr-instal] terminal m en conmutador m
— **@ threshold detector** v - [electron] conmutar detector m para umbral m
— **@ tire(s)** v - [autom-tires] permutar neumático(s) m
— **to @ negative** v - [electron] conmutar a negativo m
— — **@ positive** v - [electron] conmutar a positivo m
— **toggling** n - [electr-oper] operación f de conmutador m
— **track** n - [rail] vía f para maniobra(s) f
— **@ transistor** v - [electron] conmutar transistor m
— **turn(ing)** n - [electr-oper] giro m de conmutador m
— **turning off** n - [electr-oper] desconexión f de conmutador m
— — **on** n - [electr-oper] conexión f de conmutador m
— **@ valve** v - [mech] girar, or operar, or regular, válvula f
— **wiper** n - [electr] frotador m para conmutador
— **wire** n - [electr-instal] conductor m a, conmutador m, or interruptor m
switchback n - [rail] . . .; pendiente f en zigzag
switchboard n - [electr-instal] . . .; tablero m (para, distribución f, or borne(s) f • [ind] pupitre m • [telecom] centralilla f
— **interconnection** n - [electr-instal] intercambio m entre tablero(s) m (para regulación)
— **room** n - [electr-instal] sala f (con tablero m) para regulación f

switchboard wiring n - [electr-instal] encablado m de tablero m para regulación f
switched a - permutado,da; conmutado,da; alternado,da • operado,da • reencaminado,da
— **at @ same time** n - [mech] operado,da, or conmutado,da, simultáneamente
— **back** a - retornado,da; reencaminado,da
— **choke selector** n - [mech] selector m para estrangulador m operado
— — **valve** n - [mech] válvula f para estrangulador m operada
— **current** n - [electr-oper] corriente f conmutada
— **detector** n - [electron] detector m conmutado
— **flat (tire)** n - [autom-tires] neumático m (desinflado), permutado, or cambiado
— **flow** n - caudal m reencaminado; circulación f reencaminada
— **mud circulation** n - [petrol] circulación f de lodo m reencaminada
— — **flow** n - [petrol] circulación f de lodo reencaminada
— **off** n - [electr-oper] desconectado,da
— **on** a - [electr-oper] conectado,da; puesto,ta en marcha f
— **power** n - [electr-oper] energía f conmutada
— **selector valve** n - [mech] válvula f selectora, girada, or operada
— **simultanously** a - operado,da simultáneamente
— **threshold detector** n - [electron] detector m para umbral m conmutado
— **tire** n - [autom-tires] neumático m, cambiado, or permutado
— **to negative** a - [electron] conmutado,da a negativo,va
— — **positive** a - [electron] conmutado,da a positivo,va
— **transistor** n - [electron] transistor m conmutado
— **valve** n - [valv] válvula f permutada
switcher crane n - [cranes] grúa f desviadora
switchgear n - [electr] interruptor(es) m; conmutador(es) m; tablero m (para mando m); equipo m para conmutación f; dispositivo m, or cuadro m, or mecanismo m, para regulación f
— **breaker** n - [electr-equip] interruptor m en tablero m (para mando m)
— **diagram** n - [electr-instal] diagrama m para distribución f
switching n - permuta(ción) f; conmutación f; alternación f • operación f • reencaminamiento m • [electr] conmutación f; regulación f
— **action** n - [electr-oper] acción f para conmutación f
— **back** n - retorno m; reencaminamiento m
— **off** n - [electr-oper] desconexión f
— **on** n - [electr-oper] conexión f; puesta f en marcha f; regulación f para conectado
— **to negative** n - [electron] conmutación f a negativo,va
— — **positive** n - [electron] conmutación f a positivo,va
switchman n - [rail] . . .; cambista m
switchstand n - [rail] puesto m para cambio(s) m
swivel n - [mech] . . .; gozne m, or acoplamiento, giratorio; articulación f giratoria; placa f giratoria • rótula f • [cranes] gancho m giratorio • [petrol] cabeza f para inyección f - [chains] eslabón m giratorio | a - giratorio,ria; con rótula f
— **arm** n - [mech] brazo m giratorio
— **assembly** n - [petrol] conjunto m de cabeza f para inyección f
— **bail** n - [petrol] armella f para cabeza f para inyección f
— **base** n - [tools-vise] base f giratoria
— **body** n - [petrol] armadura f para cabeza f para inyección f
— **bolt snap** n - [mech] gancho m giratorio con pestillo m
— **bottom** n - [petrol] base f, or parte f infe-

rior, de cabeza f para inyección f
swivel box n - [petrol] caja f para cabeza f para inyección f
— **bracket** n - [mech] ménsula f, or cartela f, giratoria; soporte m giratorio
— **bull snap** n - [mech] gancho n reforzado con ojo m, giratorio, or rotativo
— **connection** n - [mech] conexión f articulada
— **eye** n - [mech] ojo m, giratorio, or rotativo
— — **bag snap** n - [mech] gancho m con resorte m con ojo m, giratorio, or rotativo, para sacos
— — **bolt snap** n - [mech] gancho m con pestillo con ojo m, giratorio, or rotativo
— — **double pulley** n - [mech] polea f doble con ojo m, giratorio, or rotativo
— — **pulley** n - [mech] polea f con ojo m, giratorio, or rotativo
— — **snap** n - [mech] gancho m (con resorte m) con ojo m, giratorio, or rotativo
— **filling** n - [petrol] henchimiento m de cabeza f para inyección f
— **head** n - [petrol] cabeza f para inyección f
— **hook** n - [cranes] gancho m giratorio
— **hose connection** n - [petrol] conexión f articulada para mang(uer)a f
— **jack** n - [mech] gato m giratorio
— **jaw** n - [mech] mandíbula f giratoria • mandíbula f ajustable
— **joint** n - [mech] junta f con rótula f
— **maintenance** n - [petrol] conservación f, or mantenimiento m, para cabeza f para inyección
— **operation** n - [petrol] operación f, or funcionamiento m, de cabeza f para inyección f
— **pad** n - [mech] tope m giratorio
— **pin** n - [mech] pasador m giratorio
— **rope socket** n - [cabl] portacable(s) m, or casquillo m, giratorio para cable m
— **sheave** n - [cabl] roldana f, or garrucha f, giratoria; motón n giratorio
— **sleeve** n - [petrol] manguito m para cabeza f para inyección f
— **socket** n - [mech] casquillo m para mandril m
— **sub** n - [petrol] see **swivel substitute connector**
— **substitute connector** n - [petrol] conectador m substitutivo para cabeza f para inyección f
— **top** n - [petrol] parte f superior de cabeza f para inyecciuón f
— **wash pipe** n - [petrol] tubería f para agua m para cabeza f para inyección f
swiveled a - giratorio,ria; rotativo,va
swivelling n - [mech] balanceo m; movimiento m | a - giratorio,ria; rotativo,va
— **fairleader** n - [cranes] polea f guía giratoria
— **jaw gripping surface** n - [mech] superficie f mordedora de mandíbula f giratoria
sword guard n - [safety] guardamano(s) m
sworn a - jurado,da; juramentado,da
— **asset(s) statement** n - [fisc] declaración f jurada de patrimonio m
— **(to) before me** a - [legal] jurado,da (por) ante mí; prestó juramento m ante mí
— **declaration** n - see **sworn statement**
— **income statement** n - [fisc] declaración f jurada de, renta f, or rédito(s) m
— **personnel** n - [pol] policía f uniformada
— **return** n - [fisc] declaración f jurada
swung a - . . . .; variado,da • coleado,da
— **spout** n - [mech] vertederon m girado
sym. ab't. CL adv - see **symmetrical about center line**
symbol element n - elemento m para símbolo m
symbolizable* a - simbolizable*
symbolized a - simbolizado,da
symbolizing n - simbolización f | a - simbolizante*; simbolizador,ra*
symmetric effective kiloampere n - [electr] kiloamperio m simétrico eficaz
— **electric system** n - [electr-instal] red f eléctrica simétrica
— **energy release, sing** n - dispersión f simétrica de energía f
symmetric kiloampere n - [electr] kiloamperio m simétrico
— **system** n - [electr-instal] red f simétrica
— **to @ centerline** a - [metal-roll] simétrico,ca con respecto a eje m
symmetrical about @ central line a - simétrico,ca en torno a eje m
— **effective** a - [electr] simétrico,ca, efectivo,va, or eficaz
— **release** n - difusión f, or dispersión f, or despido m, simétrico
— **released energy** n - [electr] energía f dispersada simétricamente
— **section** n - corte m (transversal) simétrico
— **cross sectioned** a - con corte m transversal simétrico
symmetry axis n - [geom] eje m de simetría f
sympathizing n - simpatización* f; simpatizante
symposium n - simposio m
— **presentation** n - disertación f ante simposio
synchrogear motor n - [electr-mot] motor m, Synchrogear, or con engranajes m sincrónicos
synchromesh n - [autom] . . .; cambio m sincrónico
synchronic motor speed n - [electr-mot] velocidad f, sincrónica de motor m, or de motor m sincrónico
— **reactance** n - reactancia f sincrónica
synchronized a - sincronizado,da
synchronizing n - sincronización f | a - sincronizador,ra
synchronous computer n - [comput] ordenador m, or computador m, sincrónico
synchrotic mechanism n - [metal-roll] mecanismo m, Synchrotic, or para vinculación f sincrónica
synclinorium n - [geol] sinclinorio* m
syndicated a - sindicado,da
syndicator n - sindicador m
synthetic a — . . .; artificial; see **man made**
— **molten slag** n - [metal-prod] escoria f fundida sintética
— **oil** n - aceite m sintético • [petrol] petróleo m sintético
synthesized a - sintetizado,da
synthesizer n - sintetizador m
synthesizing n - sintesización f; sintetizante
syntonism n - [electron] sintonismo m
system n - . . .; red f • régimen m; serie f
— **air bleeding** n - [pneumat] purga f de aire m en, red f, or sistema m
— **(s) approach** n - [managm] enfoque m, or abocamiento m, en base f a sistema m
— **display** n - [electron] pantalla f (visual) para sistema m
— **(s) engineering** n - ingeniería f para sistema
— **grounding** n - [electr-instal] puesta f, or conexión f, a tierra f para red f
— **jamming** n - atascamiento m de sistema m
— **performance** n - rendimiento m, or desempeño m, de sistema f
— **retrointegration** n - retrointegración f de sistema m
— **technician** n - [ind] ténico m para sistema m
— **tone** n - [electron] tono m en sistema m
— **total memory capacity** n - [comput] capacidad f total de memoria f en sistema m
— **upgrade,ding** n - actualización f, or modernización f, de sistema f
— **('s) voltage** n - [electr-distrib] voltaje m en red f
systematic guniting n - [metal-prod] gunitado m sistemático
systematized a - sistematizado,da
sytematizer n - sistematizador m
systilic a - [archit] sistílico,ca

T

T n - see tan | a - [mech] see tee
— beam n - [metal-roll] viga f T
— bolt n - [mech] perno m (en) T
— connect v - [electr-instal] conectar en T
— connected a - conectado,da en T
— connection n—[electr-instal] conexión f en T
T/A High Tech radial tire n - [autom-tires] neumático m radial T/A High Tech
T C n - [combust] see thermocouple • [tub] see tubing and casing
T C S n - see total customer service
T E C torch n - [weld] soplete T E C
T E C O system n - [ceram] sistema T E C O
T E M A n - [tub] see Tubular Exchanger(s) Manufacturer('s) Associatioin
T H F n—[telecom] see telephone harmonic factor
T head center pilon n - [constr] pilastra f central con crucero m (en) T
T-head pylon n - [constr] pilastra f con crucero m (en) T
T I G n - [weld] see tungsten (and) inert gas
T joint n - [mech] unión f, or junta f, (en) T
T M n - [metal] see tungsten manual
T P I n - [mech] see threads per inch
T P S n - [ind] see Thyrector Power System
T S C n - see technical service center
t p y n - see tons(s) per year
T R C n - [transp] see Transportation Research Center
T-rail n - [metal-roll] riel m, americano, or vignole, or patín m
T ring n - [mech] see teflon ring
T S P n - [metal-treat] see tool steel process
T S P carburized a - [metal-treat] carburizado,da por proceso m para acero m para herramientas f
T S P track wheel n - [mech-wheels] rueda f T S P para riel(es) m
T S P wheel n - [mech-wheels] rueda f T S P
T section n - [metal-roll] viga f, or sección f, en T
T T a - see temporary total
T W n - [hydr] see thermoplastic water
T @ C n - [mech] see thread and coupling
tab n - [mech] . . .; oreja f; orejeta f; asa f
— bend(ing) n - [mech] doblamiento m de oreja f
— lockwasher n - [mech] arandela f para seguridad f con orejeta f
— type lockwasher n - [mech] arandela f para seguridad f (de tipo m) con orejeta f
— upward adv - [mech] con orej(et)a f hacia arriba
— weld(ing) n - [weld] soldadura f de orej(et)a
— (ing) station n - [weld] puesto m para soldadura f de orej(et)as f
table n - . . . • [tools] mesa f para prensa f • [com] tabla f; planilla f; cuadro m
— application n - aplicación f para tabla f
— attaching n - anexión f de tabla f
— bearing n - [mech] cojinete m para mesa f
— below n - [print] tabla f,a pie, or que sigue
— bore n - [petrol] taladro m en mesa f rotatoria
— deceleration n - [mech] retardo m de mesa f
— drive n - [mech] accionamiento m para mesa f
— filter n - filtro m de mesa f; mesa f filtro
— gear n - [mech] engranaje m para mesa f
— grounding n - [weld] puesta f, or conexión f, a tierra f de mesa f
— head n—[print] encabezamiento m para columna
— lamp n - [domest] velador m
— lift n - [mech] elevador m para mesa f
—(s) list n - [print] lista f de tabla(s) f
— lock n - [petrol] traba f para mesa f rotatoria
— — pawl n - [petrol] trinquete m para, traba f, or retén m, para mesa f rotatoria
— locking in place n - [mech] inmovilización f de mesa f en sitio m
— manipulator drive n - [mech] accionamiento n para manipulador m para mesa f
— of contents n - [print] see contents table
— order n - [print] orden m en tabla f
— pawl n - [mech] trinquete m para mesa f
— rim n - [mech] borde m de mesa f
— — lock slot n - [mech] ranura f, or muesca f, para enganche en borde m de mesa f
— roll n - [mech] rodillo m para mesa f
— salt n - [chem] sal f, común, or para mesa f
— sequence n - orden m en tabla f
— storing n - almacenamiento m de mesa f
— stroke n - [tools] carrera f de mesa f
— translation n - traducción f de tabla f
— transverse pusher n - [metal-roll] desplazador m, or empujador m, transversal, para mesa f
— travel drive n - [mech] accionamiento m para, desplazamiento m, or traslación f, de mesa f
tableware n—[domest] . . .; vajilla f para mesa
tabloid n - [print] pasquín m
tabulate v - tabular
tabulated a - tabulado,da
— wall thickness n - [tub] valor m tabulado para pared f
tabulation n - tabulación f • planilla f
taburet n - [domest] taburete m
tachograph n - [instrum] . . .; cuenta horas m
tachography n - [instrum] tacografía f
tachometer n - [instrum] cuenta horas f
tacitly adv - . . .; virtualmente
tack n - [nails] . . .; clavito m; clavete m • [weld] punto m de soldadura f • [naut] virada f | v - . . .; clavetear; tachuelar • [weld] soldar, or fijar, con punto(s) m • [naut] virar
— flat v - [seld] soldar con punto(s) m en forma f plana
— — without precamber v - [weld] soldar con punto(s) en forma f plana sin combadura f previa
— @ plate v - [weld] soldar con punto(s) m plancha f
— @ — at both end(s) v - [weld] soldar con punto(s) plancha f en ambos extremo(s) m
— @ — without precamber v - [weld] soldar plancha f con punto(s) m sin combadura f previa
— weld n—[weld] soldadura f con punto(s) m | v - [weld] soldar con punto(s) m
— — remelting n - [weld] refundición f de soldadura f con punto(s) m
— @ seam v - [weld] soldar con punto(s) costura f
— — with preheat(ing) n - [weld] soldadura f con punto(s) m con precalentamiento m
— — without preheat(ing) n - [weld] soldadura f con punto(s) m sin precalentamiento m
— welded a - [weld] soldado,da con punto(s) m
— — seam n - [weld] costura f soldada con punto(s) m
— welding n - [weld] soldadura f con punto(s) m
tacked a - [mech] techuelado,da* • [weld])fijado,da) con punto(s) m de soldadura f
tackily adv - [fam] glutinosamente; pegajosamente
tacking n - [mech] tachuelado,da; claveteado,da • [weld] soldadura f con punto(s) m • [naut] virada f
tackiness n - glutinosidad f; pegajosidad f
tackle n - [cabl] . . .; polipasto m; poleame m; conjunto m de polea(s) f | v - acometer; atacar; embestir
— block n - [mech] motón m para aparejo m
tackled a - acometido,da; atacado,da
tackling n - acometimiento m; ataque m

tacky a - [fam] glutinoso,sa; pegajoso,sa
taconite n - [miner] . . .; taconita f; hierro m granulado
tactful a - con tino m
tactfully adv - . . .; con tino m
tactic n - táctica f | a - . . .
tactile a - . . . • [comput] sensible a tacto m
— **feedback** n - [comput] retorno m sensible a tacto m
— — **keypad** n - [comput] teclado m con retorno m sensible a tacto m
— **keypad** n-[comput] teclado m sensible a tacto
tag n - . . .; ficha f; tarjeta f para identificación f | v - aplicar, or llevar, etiqueta f • marcar; identificar; rotular • [autom] embestir; rozar; enredar(se); trenzar(se)
— @ **bank** v - [autom] rozar ladera f
— **cable** n - [cabl] cable m de cola f
— **danage** n - daño m a etiqueta f
— **line** n - [cabl] cabo m, or cable m, para, cola f, or guía f, or maniobra f
— — **drum** n - [cranes] tambor m para cable m de cola f
— @ **wall** n - [sports] rozar pared f
tagged a - marcado,da; identificado,da; rotulado,da • [autom] embestido,da • rozado,da; enredado,da; trenzado,da
— **bank** n - [autom] ladera f rozada
— **wall** n - [sports] pared f rozada
tagging n - rotulación f; identificación f; marca f • [autom] embestida f • rozamiento m; enredo m
tagline n - [cranes] see tag line
tail crop v - [metal-roll] despuntar cola f
— **cropped** a - [metal-roll] con cola f despuntada
— **cropping** n - [metal-roll] despunte m, or despuntadura f, (de cola f)
— **end** n - [metal-roll] segmento m de bobina f • [grind.med] extremo m final
— **into** v - convertir(se) en
—, **lamp**, or **light** n - [autom-electr] luz f, trasera, or de cola f; farol m trasero
— **piece** n - [tub] suplemento m
— **pipe** n - [autom] (tubo m para) escape m
— **post** n - [constr] poste m, final, or extremo m
— **pulley** n - [mech] polea f en cola f
— **roller table** n - [mech] mesa f con rodillo(s) m suplementaria
— **stock** n - [lathes] contrapunta f; cabeza f, or muñeca f, movible
— **swing** n - [cranes] oscilación f posterior
— **table** n - [mech] mesa f suplementaria
— **wag(ging)** n - coleada,dura f
tailed into a - convertido,da en
tailing(s) n - [miner] residuo(s) m; desecho(s) f; lama f; relave m; terrero m; deslave m; derrubio m • resto(s) m; cribadura(s) f; desperdicio(s) f; ganga f estéril • [agric] desecho(s) m; residuo(s) m • [nucl] sal(es) f
— **(s) dump** n - [miner] depósito m para residuos
— **(s) elevator** n - [agric] elevador m para desecho(s) m
— **in** n - [petrol] trabajo(s) m final(es) para perforación f • colocación f de tubo(s) m y varilla(s) f durante perforación f • ensanche m de pozo para proseguir perforación f
— **into** n - [fam] conversión f en
tailor @ crane n - [cranes] adaptar grúa f
tailor made a - hecho,cha a medida f
— **make** v - mandar hacer; hacer a medida f
— @ **printout** v - [comput] adaptar salida f impresa
tailored a - [vest] (hecho,cha) a medida • ajustado,da; adecuado,da; acomodado,da; adaptado,da; conformado,da • proyectado,da
— **printout** n - [comput] salida f impresa, adaptada, or adecuada
tailoring n - . . .; adaptación f; adecuación f; conformación f; ajuste m; acomodación f • proyección f
tailstock n - [lathes] contrapunta f

tailstock center n - [lathes] centro m de contrapunta f
— — **taper(ing)** n - [lathes] ahusamiento m, or conicidad f, de centro m de contrapunta f
— **handwheel** n - [lathes] rueda f manual para contrapunta f
— **spindle** n - [lathes] husillo m para contrapunta f
— — **travel** n - [lathes] carrera f de husillo m de contrapunta f
tailswing n - [cranes] desplazamiento m de cola
tailwater n - [hydr] agua m, descargada, or de salida f
Tainter gate n - [hydr] compuerta f radial
take n - . . . | v - . . . • admitir; adoptar • extraer; absorber • beber • emplear • gozar; disfrutar • [instrum] determinar • [educ] rendir • [sports] imponer(se); obtener
— **advantage** v - aprovechar(se); beneficiar(se); valer(se) • explotar
— **apart** v - [mech] desarmar
— @ **aim** v - apuntar; hacer puntería f
— **along** v - hacer(se) acompañar
— **at random** v - tomar a azar m
— **away** v - quitar; apartar; remover
— @ **bid(s)** v - [com] licitar; aceptar propuesta(s) f
— @ **break** v - ausentar(se)
— **care** v - tomar, or tener, cuidado m; esmerar • vigilar; observar • bastar
— @ **chance** n - [safety] arriesgar(se); aventurar(se) • correr riesgo(s) m
— @ **close look** v - verificar cuidadosamente
— @ **coffee break** v - [labor] estar de recreo m
— **effect** v - entrar en, vigor m, or vigencia f
— **for granted** v - dar por sentado; asumir
— **into** v - incorporar
— @ **job** v - [labor] emplear(se)
— **knowledge** v - tomar conocimiento m
— @ **oath** v - [legal] jurar • juramentar
— **off** n - [tub] derivación f; salida f; descarga f • [mech] toma f de fuerza f
— — @ **blast** v - [metal-prod] quitar soplado m
— — **end** n - [mech] extremo m con toma f para fuerza f
— — **shaft** n - [mech] árbol m, or eje m, para toma f de fuerza f
— **on** v - (re)aprovisionar(se); (re)abastecerse
— @ **picture** v - [photogr] fotografiar
— **place** v - ocurrir; producir(se) • sufrir
— **precedence** v - primar
— **pride** v - enorgullecer(se); jactar(se)
— @ **reading** v - [instrum] efectuar lectura f
— **refuge** v - [safety] guarecer(se)
— **revenge** v - vengar(se)
— @ **test** v - [educ] rendir examen m
— @ **time** v - proceder sin premura f
— **up bearing** n - [mech] cojinete m compensador
— — **reel** n - [metal-roll] bobina f de salida f
— — @ **stress** v - [metal] absorber esfuerzo m
— — @ **shrinkage test** v - [metal] abosrber esfuerzo m de contracción f
— — **washer** n - [mech] arandela f suplementaria
taken a - . . .; tomado,da • sacado,da; absorbido,da • exigido,da; requerido,da • gozado,da; disfrutado,da
— **apart** a - desarmado,da
— **away** a - quitado,da; apartado,da; removido,da
— **into** a - incorporado,da • valorado,da
— **picture** n - [photogr] fotografía f tomada
— **place** a - ocurrido,da; producido,da
— **reading** n - [instrum] lectura f tomada
— **stress** n - [mech] esfuerzo m absorbido
takeoff n - [aeron] despegue m
— **and landing runway** n - [aeron] pista f para despeque(s) m y aterrizaje(s) m
taking apart n - desarme m; desmembración f
— **on** n - (re)aprovisionamiento m; (re)abastecimiento m
Talbot's formula n - [mech] fórmula f de Talbot
tale n - . . .; ficción f

talented a - talentoso,sa: capacitado,da
talk n - . . . | v - . . .; conversar; platicar
— **show host** n - [telecom] comentarista f radial
talkativeness n - . . .; verba f
talked a - hablado,da; conversado,da
talker n - . . .; platicador m
talking n - . . . | a - hablante; platicador,ra
— **robot** n - [electron] robot m parlante
tall and elegant stature n - esbeltez f
tallied a - [legal] escrutado,da; computado,da
tallier n - [pol] see **tally clerk**
tally n - recuento m; verificación f; cómputo m • palote m • [pol] escrutinio m | v - recontar; verificar; computar • [pol] escrutar
— **clerk** n - [pol] escrutador m
— **mark** n - palote m
— **sheet** n - planilla f para recuento m
tallying n - cómputo m; escrutinio m
talon n - [ornith] uña f
talus n - . . . • [geol] talud m detrítico; cono m para, deyección f, or desmoronamiento m
tamp v - . . .; pisonear; compactar; retacar
— **under @ haunch** v - [constr] compactar debajo de cuarto(s) m inferior(es)
tamped a - [constr] apisonado,da; compactado,da
— **backfill shaped bottom** n - [constr] fondo m conformado con relleno m apisonado
— **filtering material** n - material f filtrante apisonado
— **under @ haunch** a - [constr] compactado,da debajo de cuarto(s) m inferior(es)
tamper n - [constr] . . .; apisonadora f | v - manipular, inapropiadamente, or dolosamente
tampered a - manipulado,da, inapropiadamente, or dolosazmente, or ociosamente
tampering n - manipulación f inapropiada, or dolosa, or ociosa
tamping equipment n - [constr] equipo m, apisonador, or para compactación f
— **pad** n - [tools] pisón m
— **roll** n - [constr] rodillo m apisonador
tandem annealing line n - [metal-treat] línea f tándem para recocido m
— **arc** n - [weld] arco m en tándem
— — **automatic weld(ing)** n - [weld] soldadura f automática con arco m en tándem
— — **carriage** n - [weld] carrito m portapistola(s) para arco m en tándem
— — **lead(ing) arc** n - [weld] arco m delantero (con arcos m) en tándem
— — **trail(ing) arc** n - [weld] arco m zaguero (con arcos m) en tándem
— — **weld(ing)** n - [weld] soldadura f con arcos m en tándem
— **cold mill** n - [metal-roll] laminadora f en tándem en frío m
— **disk harrow** n - [agric-equip] rastra f con disco(s) m tándem
— **drum(s) without lagging** n - [mech] tambor(es) m en tándem sin recubrimiento m
— **finishing mill** n - [metal-roll] laminador m tándem para terminación f
— **mill** n - [metal-roll] tren m, or laminador m, tándem
— **set-up** n - [weld] acoplamiento m en tándem
— **single reduction gear(ing)** n - [autom-mech] engranaje(s) m en tándem para reducción f simple
— **submerged arc** n - [weld] arco m sumergido, en tándem, or con electrodo(s) m gemelo(s)
tangent key n - [mech] chaveta f tangencial
tangible a - . . . • [accntg] inmobiliario,ria; inccrporal
tangled a - enredado,da; enredoso,sa
tangling n - enredo m
tank n - . . .; estanque m; cisterna f; recipiente m • cuba f; piscina f • [milit] tanque
— **armor** n - [milit] blindaje m para tanque(s) m
— **bottom carbon steel plate** n - [petrol] plancha f de acero m con carbono m para fondo m de estanque m

tank bottom plate n - [petrol] plancha f para fondo m para estanque m
— **car** n - [rail] vagón m (es)tanque
— **clamp** n - [mech] abrazadera f para depósito m
— **end** n - [mech] extremo m de depósito m • extremo m, hacia, or que da a, depósito m
— **farm** n - [petrol] conjunto m, or parque m, de (es)tanque(s) m
— **filler neck** n - gollete m para depósito m
— **fitting** n - [hydr] accesorio m para depósito
— **hook-up** n - [mech] conexión f para depósito m
— **mantle** n - [petrol] manto m para depósito m
— — **carbon steel plate** n - [petrol] plancha f de acero m con carbono m para manto m para, depósito m, or estanque m
— **mounting rail** n - [mech] viga f para montaje m de, depósito m, or (es)tanque m
— **neck** n — cuello m, or gollete m, para depósito
— **outlet** n - (orificio m para) salida f para depósito m
— **refill(ing)** n — reabastecimiento m de depósito
— **roof** n - techo m de, (es)tanque, or depósito
— **rupture** n - rotura f de, (es)tanque m, or depósito m
— **saddle** n - [mech] montura f para depósito m
— **shell** n - [petrol] envolvente m para depósito m
— **station** n - [petrol] estación f para almacenamiento m
— **truck** n - [transp] (auto)camión m (es)tanque
— **vent** n - respiradero m, or tronera f, para depósito m
tankage n - . . . • conjunto m de (es)tanques m
tanker n - [transp] (auto)camión m (es)tanque • [petrol] buque m, (es)tanque, or petrolero
tannery n - [ind] . . .; curtiembre f
tanning extract n - [chem] extracto m (de tanino m, or quebracho m) para curtir
tantalum addition n - adición f de tantalio m
— **columbium combination** n - [metal] combinación f de tantalio m y niobio m
tap n - orificio m, or agujero m, roscado • golpe m (ligero); golpeteo m; martilleo m leve) • [tub] grifo m; canilla f; espita f • [electr-instal] . . .; toma f (para corriente f); borne m • empalme m; contacto m | v - [metal-prod] colar; sangrar • [mech] roscar interiormente; filetear; aterrajar • [petrol] perforar
— **and die** n - [mech] terraja f
— **@ back face** v - [mech] golpetear respaldo m
— **bar** n - [metal-prod] barra f para piquera f
— **@ bearing cup** v - [mech] golpetear pista f para cojinete m
— **box** n - [electr-instal] empalme T
— **changer** n - [electr-equip] cambiador m para. toma(s) f, or borne(s) m, or derivación(es) f
— **enclosure** n - [electr-equip] caja f para cambiador m para toma(s) f
— — **preventive maintenance** n - [electr-equip] mantenimiento m preventivo para cambiador m para toma(s) f
— — **setting** n - [electr-oper] regulación f para cambiador m para toma(s) f
— **changing** n — cambio m de toma(s) f
— **dancer** n - zapateador m
— **dancing** n - zapateado m
— **down** v - [mech] asentar con golpe(s) m, ligero(s), or leve(s) • golpear hacia abajo
— **from @ furnace** v - [metal-prod] colar de(sde) horno m
— — **@ ladle** v - [metal-prod] colar desde cuchara f
— **@ furnace** v - [metal-prod] colar, or sangrar, horno m; romper sangría f
— **handling** n — [metal-prod] see **tapping handling**
— **hole** n - [metal-prod] piquera f; agujero m, or orificio m, para colada f
— **@ hole** v - [mech] dotar con rosca f interior; roscar (interiormente), agujero, or orificio
— — **blowing** n - [metal-prod] sopladura f de piquera f

tap hole closing n - taponamiento m de piquera f
— — **relining** n - [metal-prod] reconstrucción f de piquera f
— — **repair** n - [metal-prod] reparación f de piquera f
— —**in** n - [constr] acometida f; conexión f domiciliaria
— **@ inner race** n - [bearings] golpetear pista f interior
— **@ input shaft end** v - [mech] golpe(te)ar (levemente) extremo m de árbol m para entrada f (de fuerza f)
— **@ input yoke** v - [autom-mech] golpe(te)ar respaldo m de horquilla f para entrada f (de fuerza f)
— **into @ ladle** v -[metal-prod] colar en cuchara
— — **@ mold** v - [metal-prod] colar en lingotera
— **joint** n - [electr-instal] junta f de empalme
— —**lok insert** n - [mech] suplemento m para fijación f
— **loose** v - [mech] aflojar (con golpes m leves)
— **@ nut** v - [mech] aterrajar tuerca f
— **off** v - [electr-instal] derivar; bifurcar
— **@ outer race** v - [bearings] golpe(te)ar pista f exterior
— **quickly** v - [metal-prod] colar rápidamente
— **rod** n - [metal-prod] barra f para piquera f
— **@ race** v - [bearings] golpe(te)ar pista f
— **setting** n - [electr-oper] regulación f para toma f
— **switch** n - [electr-instal] conmutador m para derivación(es) f
— **with @ drift** v - [mech] golpe(te)ar con mandril m
— — **oxygen** v—[metal-prod] sangrar con oxígeno
— **wrench** n - [tools] volvedor m
tape n - . . . . • [metric] cinta f, métrica, or para medir • [electr-instal] cinta f (aisladora) • [electron] cinta f (magnética) | v - [electr-instal] aislar (con cinta f) • [electron] (video)grabar
— **@ battery lead** v - [int.comb] aislar con cinta conductor m a acumulador m
— **@ lead** v - [electr-instal] aislar con cinta f conductor m
— **@ lug** v - [electr-instal] aislar (con cinta f lengüeta f
— **record** v - [electron] (video)grabar
— **recorder** n - [electron] grabadora f, (magnética, or con cinta f)
— **recording** n - [electron] grabación f (en cinta f) magnetofónica
— **sealant** n - material m sellador en forma f de cinta f
— **@ show** v - [electron] grabar espectáculo m
— **up** v - [electr-instal] aislar con cinta f
— — **separately** v - [electr-instal] aislar separadamente con cinta f
taped a - [electron] (video)grabado,da
— **to @ conductor cable** a - [weld] sujetado,da a cable m conductor
tapedeck n - [electron] tocador m para cinta(s) f magnética(s)
taper n - ahusamiento m; conicidad f • [domest] vela f • [rail-wheels] inclinación f; cono m para rodadura f - [tub] desp(i)ezo m | a - see **tapered** | v - ahusar; despezar; afilar; adelgazar
— **direction** n - [mech-wheels] sentido m de ahusamiento m
— **@ dowel** v - [mech] ahusar espiga f
tapered a - [mech] ahusado,da; cónico,ca
— **driver** n - [mech] rueda f motriz ahusada
— **washer** n - [mech] arandela f cónica
tapering n - ahusamiento m • [metal-fabr] despezo m | a - ahusado,da; decreciente
— **diameter** n - [mech] diámetro m, ahusado, or decreciente
tapery a - see **tapered**
taphole n - [metal-prod] piquera f; boca f; agujero m, or orificio m, para colada f

taphole breakthrough n - [metal-prod] escape m de colada f
— **drill** n - [metal-prod] taladro m para piquera
— **frame** n - [metal-prod] marco m para piquera f
— **drilling** n - [metal-prod] perforación f de, piquera f, or orificio m para colada f
taping n - [electr-instal] aislación f con cinta f • [mech] fijación f con cinta f • [electron] (video)grabación f
— **line** n - [rail-wheels] centro m para rodadura
— **up** n - [electr-instal] aislación f con cinta
tapped a - [mech] • [mech] roscado,da; con rosca f • golpe(te)ado,da levemente • [metal-prod] colado,da • [electr-oper] conectado,da
— **back face** n - [mech] respaldo golpe(te)ado
— **bearing** n - [mech] cojinete m golpe(te)ado
— **inner race** n - [bearings] pista f interior golpe(te)ada
— **into @ bore** a - [mech] golpe(te)ado,da para introducir en taladro m
— **loose** a—[mech] aflojado,da con golpes leves
— **off** a - [electr-instal] bifurcado,da; derivado,da
— **outer race** n - [bearings] pista f exterior golpe(te)ada
— **steel** n - [metal-prod] acero m colado
tappet n - [mech] . . .; platillo m; botador m • tope m para empuje m; levantaválvula(s) m; alzaválvula(s) f; varilla f para empuje m
— **locknut** n—[mech] contratuerca f para botador
— **screw** n - [mech] tornillo m para botador m
— **stem** n—[mech] vástago m para levantaválvulas
— **valve** n - [valv] válvula f con movimiento m vertical; válvula f levadiza
tapping n - [mech] golpe(te)o m leve • utilización f • rosca(da) f, hembra, or interior • [metal-prod] colada f; sangría f • [tub] taladrado m • [hydr] derivación f • [theater] zapateo m | a - [mech] roscador,ra
— **bar** n - [metal-prod] barra f para piquera f
— **down** n - [mech] asentamiento m con golpe(s) m
— **first helper** n - [metal-prod] maestro m para colada f
— **floor** n - [metal-prod] nave f (para colada f)
— **foreman** n - [metal-prod] capataz m, or maestro m, para colada f
— **hole** n - [ind] see **taphole**
— **ladle** n - [metal-prod] cuchara f para colada
— **off** n - [electr-instal] derivación f; bifurcación f
—**(s) per campaign** n - [metal-prod] colada(s) f por campaña f
— **rod** n - [metal-prod] barra f para piquera f
— **runner** n - [metal-prod] canal m para, colada f, or sangría f
— **schedule** n - [metal-prod] programa m para colada(s) f
— **second helper** n - [metal-prod] ayudante m para colada f
— **spout** n - [metal-prod] piquera f; boca f para colada f
— **time** n - [metal-prod] tiempo m para colada f • hora f para colada f
— **to tapping time** n - [metal-prod] tiempo m entre colada(s) f
Tapr-Lok fast change valve cover n - [petrol] tapa f para reemplazo m rápido para válvula f Tapr-Lok
tar n - . . . . • zopisa f; chapapote m
— **acid** n - [coke] ácido m de alquitrán m
— **blending tank** n - [ind] (es)tanque m para mezcla(dura) f de alquitrán m
— **dipping tank** n - (es)tanque m para inmersión f en alquitrán m
— **distillate** n - [petrol] destilado* m de alquitrán m
— **distilling** n - [petrol] destilación f de alquitrán m
— **drain(age) sump** n - sumidero m para drenaje m de alquitrán m
— **enamel** n - [metal] esmalte m con alquitrán m

tar extraction n - extracción f de alquitrán m; desalquitranización f
— **extractor** n - desalquinitrizador n
— **fired** a - con combustión f con alquitrán m
— **furnace** n - [combust] horno m para alquitrán
— **impregnated asbestos felt** n - [constr] fieltro m de asbesto m impregnado con alquitrán
— **kettle** n—[constr] marmita f (para alquitrán)
— **lined water pipe** n - [tub] tubería f con revestimiuento m de alquitrán m para agua m
— **loading dock** n - muelle m para carga f de alquitrán m
— **pitch coating** n - capa f de brea f de alquitrán m
— **pump** n - [pumps] bomba f para alquitrán m
— **saturated asbestos felt** n - [constr] fieltro m con asbesto m saturado con alquitrán m
— **spray** n - riego m, or rociado m, de alquitrán
— **still** n - [petrol] columna f destiladora para alquitrán m
— **tank** n - (es)tanque m para alquitrán m
target n - . . . • fecha f tope • [rail] señal f indicadora (de posición f de agujas f) • [com] objetivo m; propósito m
— **date** n - fecha f, prevista, or tope
tariff classification n - [fisc] posición f arancelaria; aforo m
— **level** n - [fisc] nivel m arancelario
— **number** n - [fisc] número m arancelario
— **nomenclature** n - [fisc] nomenclatura f arancelaria
— **rate** n - [fisc] tipo m arnacelario
— **updating** n - [econ] actualización f, arancelaria, or de arancel m
tarmac n - [aeron] pista f | a - [roads] bituminoso,sa
tarnish v - . . .; percudir; funestar • violar
tarp n - [constr] see **tarpaulin**
tarpaulin n - . . .; lona f; cubierta f impermeable
task n - . . .; quehacer m • responsabilidad f
— **assignment** n—[labor] asignación f de trabajo
— **force** n - [labor] equipo m, específico, or especializado; comisión f específica • [milit] fuerza f, operante, or para misiones f especiales • [legal] comisión f investigadora
tassel n—. . . . • [botan] espiga f | v - espigar
tasseled a - [botan] espigado,da
taste n - . . .; gusto m, bueno, or refinado
— **bud** n - [anatom] papila f gustativa
— **test** n - cata(dura) f | v - catar
— **tested** a - [culin] catado,da
— **testing** n - cata(dura) f
tasted a - gustado,da; saboreado,da; catado,da
taster n - . . .; gustador m; saboreador m
tastily adv - sabrosamente
tasting n - saboreo m; cata(dura) f | a - saboreador,ra; catador,ra
tattle v - . . .; delatar
tattled a - delatado,da
tattler n - delator m
tattling n - . . .; delación f
taught a - enseñado,da; instruido,da; aleccionado,da
— **by painful experience** a - escarmentado,da
— **feeling** n - sensación f de tirantez f
— — **tire** n - [autom-tires] neumático m que causa sensación f de tirantez f
tax n - . . .; gravamen m; tasa(ción) f | a - [fisc] fiscal; tributario,ria; impositivo,va | v - . . .; gravar
— **accounting** n - [accntg] contabilidad f, impositiva, or para fines m impositivos
— **address** n - [fisc] domicilio m fiscal
— **allocation** n - [fisc] asignación f, or imputación f, para impuesto m
— **assessment** n - [fisc] gravamen m impositivo; tasa f impositiva
— **audit(ing)** n - [fisc] revisión f, or pesquiza f, para fines m, impositivos, or fiscales

tax benefit n - [fisc] beneficio m impositivo
— — **deferment** n - [fisc] diferimiento* m de beneficio m impositivo
— **Code** n - [fiscal] Código m, Impositivo, or Tributario
— **collector** n - recaudador m (de impuestos m)
— **credit** n - [fisc] crédito m impositivo
— **debit** n - [fisc] cargo m, or débito m, impositivo
— **deferement** n - [fisc] diferimiento m de impuesto m
— **exempt** a - [fisc] exento,ta de impuesto(s) m
— — **security** n - [fin] valor m, or título m, exento de impuesto(s) m
— **exemption** n - [fisc] exención f, or exoneración f, impositiva, or tributaria, or de impuesto(s) m; desgravación f
— @ **export(s)** v - [fisc] gravar exportación(es)
—(es) **exportation** n - [econ] exportación f de impuesto(s) m
— **free** a - [fisc] desgravado,da
— **incentive** n - [fisc] incentivo m, impositivo, or fiscal
— **Law** n - [fisc] Código m, Impositivo, or Tributario
— **liability** n - [fisc] responsabilidad f, impositiva, or tributaria
— **on profit producing activity,ties** n - [fisc] impuesto m sobre actividades f lucrativas
— **payable** n - [accntg] impuesto m por pagar
— **period** n - [fisc] período m impositivo
— **purpose(s) accounting** n - [accntg] contabilidad f para fin(es) m impositivo(s)
tax rate n - [fisc] . . .; tasa f, impositiva, or tributaria; canon m impositivo; porcentaje m de impuesto m
— **reduction** n - [fisc] desgravación f
— **refund** n - [fisc] reintegro m de impuesto(s) m
— **registry** n - [fisc] registro m tributario
— **reimbursement** n - reintegro m de impuestos m
— **reserve** n - [accntg] previsión f para impuesto(s) m
— **return** n - [fisc] declaración f para impuesto(s) m
— **solvency certificate** n - [fisc] certificado m de solvencia f, impositiva, or tributaria
— **valuation** n - [fisc] tasación f impositiva
— **withholding** n - [fisc] retención f de impuesto(s) m
taxable adv - [fisc] . . .; imponible; gravable
— **profit** n - [fisc] utilidad f gravable
taxation n - . . .; tasación f | a - [fisc] tributario,ria
taxed a - [fisc] gravado,da; tasado,da
— **export(s)** n - [fisc] exportaciones f gravadas
taxiing n - [aeron] carreteo m
taxing n - gravación f; tasa f | a - [fisc] impositivo,va
taxiway n - [aeron] pista f para, maniobra(s) f, or carreteo m
——**apron system** n - [aeron] red f de pista(s) f para maniobra(s) f y carreteo m
taxonomics n - taxonómica f
tb n - [electr-instal] see **terminal board**
TE n - [transp] see **ten**
tea n - . . . [Chi.] once m
teacher by punishment n - escarmentador m
teaching n - . . . | a - instructor,ra
— **position** n - [educ] cargo m docente
team n - . . . • [labor] grupo m; conjunto m; equipo m; cuadrilla f; plantel m; cuerpo m | a - de conjunto m | v - aparear; formar pareja(s) f
— **leader** n - [managm] jefe m de, grupo m, or equipo m, or cuadrilla f
— **spirit** n - [managm] esprit de corps; solidaridad f; compañerismo m
teamed a - apareado,da
teaming n - apareamiento m
teamster n - [transp] . . .; carretero m; transportista m

tear n - . . . . ; desgarramiento m; rotura
— away v - substaer(se)
— down v - demoler; abatir; desmontar; derruir; derribar; desarmar; desgarrar
— — @ differential v - [autom-mech] desarmar diferencial m
— into pieces v - retazar
— loose v - [miner] arrancar
— up v - deshacer
tearing n - desgarramiento m | a - desgarrante
— injury n - [safety] herida f desgarrada
T E C inert gas torch n - [weld] soplete T E C para gas m inerte
tech n - see technology
— ability n - capacidad f técnica
— administrative structure n - [managm] estructura f técnico-administrativa
— advice n - [ind] asesoramiento m técnico
— advisor n - [ind] asesor m técnico
— and practical training n - capacitación f técnica y práctica
— assistance contract n - [ind] contrato m para, asistencia f técnica, or asesoramiento m técnico
— breakthrough n - [ind] avance m técnico mayor
— brochure n - [ind] folleto m técnico
— chart n - cuadro m técnico
— chronograph n - cronograma m técnico
— committee n - comisión f técnica
— consultant n - [ind] consultor m, or asesor m, técnico
— counselling office n - asesoría f técnica
— dictionary n - [print] diccionario m técnico
— division n - [ind] . . .; estudios y proyectos
— draftsman n - [drwng] dibujante m técnico
— economical perspective n - perspectiva f técnico-económica
— — income producing maintenance check n - índice m técnico-económico para conservación f redituable
— editor n - [print] redactor m técnico
— education tax n - [fisc] impuesto m para, educación f, or capacitación f, técnica
— expert n - [ind] perito m técnico
— expertise n - [managm] pericia f técnica
— feature n - [ind] característica f técnica
— help n - asesoramiento m técnico
— intricacy n - complicación f técnica
— know-how n - conocimiento(s) m técnico(s)
— magazine n - [public] revista f técnica
— meeting n - reunión f técnica
— paper n - informe m, or ensayo m, técnico
— people n - [managm] personal m técnico
— qualification n - [ind] capacidad f técnica • capacitación f técnica
— secretariat n - secretaría f técnica
— section n - parte f técnica • [legal] apartado m técnico
— seminar n - seminario m técnico
— service(s) rate n - [ind] tarifa f para servicio(s) m técnico(s)
— specification sheet n - pliego m con especificación(es) f técnica(s)
— —(s) standarization n - normalización f de especificación(es) f técnica(s)
— staff n - personal m técnico
— start-up service(s) n - [ind] servicio(s) m técnico(s) para puesta f en marcha f
— support n - respaldo m, or apoyo m, técnico
— tabulation n - cuadro m técnico
— talent n - [ind] capacidad f técnica
— test(ing) n - ensayo m técnico
— tip n - sugerencia f técnica
— training n - [labor] formación f, or capacitación f, técnica, or profesional
— viewpoint n - punto m de vista técnico
technique status n - estado m de técnica f
techno-economic(al) a - técnico-económico,ca
technological display n - despliegue m tecnológico
— expertise n - pericia f tecnológica

technological leader n - [ind] puntero m en tecnología f
— research n - investigación f tecnológica
— updating n - actualización f tecnológica
— viewpoint n - punto m de vista tecnológico
— weakness n - debilidad f tecnológica
technology creation n - [ind] creación f de tecnología f
— importation n - importación f de tecnología f
— requirement n - exigencia f de tecnología f
— transfer n - [legal] transferencia f de tecnología f
— — contract registry n - [legal] registro m para contrato(s) m para transferencia f de tecnología f
— — Law n - [legal] Ley sobre Transferencia f de Tecnología f
ted v - [agric] . . ..; esparcir; orear
tedded a - [agric] heneado,da; esparcido,da; oreado,da
tedder n - [agric-equip] oreadora f; esparcidora f
tee n - . . . . • [tub] te f; empalme m (en T) • [metal-roll] perfil m en T
— back side n - [mech] respaldo m de te
— beam n - [metal-roll] viga f (en) T
— front side n - [mech] frente m de te
— handle n - [tools] mango m en T
— — wrench n - [tools] llave f con mango en T
— iron n - [metal-roll] hierro m (en) T
— outlet end n - [tub] extremo m para salida f en T
— rail n - [rail] riel m, or perfil m, (en) T
— section n - [tub] sección f perpendicular
teem v - . . . . [metal-prod] colar; sangrar
teemer n - [metal-prod] colador m; sangrador m; operador m para colada f
— helper n - [metal-prod] ayudante m para colada
teeming n - [metal-prod] colada f; sangría f
— bay n - [metal-prod] nave f para colada f
— crane n - [metal-prod] grúa f para colada f
— end(ing) n - [metal-prod] fin(al) m de colada
— ladle n - [metal-prod] cuchara f para colada • [concast] cuchara f para distribución f
— — trunnion n - [metal-prod] muñón m para cuchara f para colada
— sample n - [metal-prod] muestra f de colada f
— trumper n - [metal-prod] bebedero m central
teenage n - adolescencia f
— traffic violator n - [roads] infracción f por adolescente de reglamento(s) m para tránsito m
teenager n - adolescente m
teeth n - [mech] diente(s) m
teflon n - [plast] teflón m
— ring valve n - [valv] válvula f con anillo m de teflón m
— seat n - [mech] asiento m de teflón m
— tape n - [plast] cinta f de teflón m
telco n - [telecom] see telephone company
telecommunication circuit n - [telecom] circuito m para telecomunicación f
— (s) network n - [telecom] red f para telecomunicación(es) f
telegraph loop n - [electron] see high level, telegraph, or teleprinter, circuit
— network n - [telecom] red f telegráfica
— wheel n - [mech] volante m para telemando m
telephone answering n - contestación f, de, or por, teléfono m
— cable support strand n - [cabl] cordón m para sostener cable m telefónico
— — test n - [telecom] ensayo m para cable m telefónico
— call n - [telecom] llamado m telefónico
— company n - [telecom] compañía f, or empresa f, telefónica, or de teléfono(s) m
— — dial-up line n - [telecom] línea f (de empresa f) telefónica para acceso m con disco m
— — leased line n - [telecom] línea f arrendada de empresa f telefónica
— coupler n - [electron] acoplador m telefónico
— dial-up line n - [telecom] línea f telefónica

telephone engineering

para acceso m, con, or mediante, disco m
telephone harmonic factor n - [telecom] factor m, harmónico telefónico, or telefónico con contenido m de armónica(s) f
— **line lease,sing** n - [telecom] arrendamiento m de línea f telefónica
— — **wire** n - [wire] alambre m para línea(s) f telefónica(s)
— **network** n - [telecom] red f telefónica
— **tone** n - [electron] tono m para teléfono m
telephonically adv - telefónicamente
teleprint v - [electron] teleimprimir*
teleprinted a - [electron] teleimpreso,sa*
teleprinter n - [electron] teleimpresor* m
— **input data** n - [electron] dato(s) m, or información f, para entrada f para teleimpresor
— **loop** n - [electron] circuito m (cerrado) para teleimpresor m
teleprinting n - [electron] teleimpresión* f
— **circuit** n - [telecom] circuito m teleimpresor
teleprinting loop n - [electron] circuito m (cerrado) para teleimpresión* f
telescope n - [instrum] . . . | v - . . .; insertar; introducir
telescoped a - enchufado,da; insertado,da; introducido,da • plegado,da
— **hoist** n - [mech] colisa* f plegada
telescopic a - - [mech] retráctil
— **boom** n - [cranes] aguilón m, or pluma f, or brazo m, retráctil; aguilón m telescópico*
— — **backstop** n - [cranes] retrotope* m retráctil para aguilón m
— **crane** n - [cranes] grúa f retráctil
— **gantry** n - [cranes] caballete m retráctil
— **hydraulic boom** n - [cranes] pluma f telescópica hidráulica
— **leg** n - [mech] brazo m telescópico
— **steering wheel** n-[autom] volante m retráctil
telescoping n - [mech] enchufe m; inserción f; introducción f • [metal-roll] rechupe m | a - telescópico,ca; retráctil
— **bridge** n - [Cranes] puente m retráctil
— **bridge gantry crane** n - [cranes] grúa f puente pórtico retráctil
— — **semi-gantry crane** n - [cranes] grúa f puente semipórtico retráctil
— **bucket** n - [constr] canglón m telescópico
— **crane** n - [cranes] grúa f telescópica
— **derrick** n - [petrol] torre f con, sección(es) f, or extensión(es) f enchufada(s)
— **device** n - dispositivo m telescópico
— **semi-gantry bridge crane** n - [cranes] grúa f puente semipórtico retráctil
— **truck** n - [autom] (auto)camión m telescópico
teletype tape n - cinta f para teletipo m
televise v - [electron] . . .; televisar
television advertising n - [telecom] propaganda f por televisión f
— **antenna** n—[electron] antena f para televisor
— **camera** n—[electron] cámara f para televisión
— **outlet** n - [electron] caja f (para conexiones f) para televisor m
— **part** n - pieza f para televisor m
— **picture** n - [electron] imagen f televisada
— **receiver** n - [electron] receptor m pata televisión f
— **screen** n - [electron] pantalla f en televisor
— **set** n - [electron] televisor m
— **show** n - [telecom] programa m, or espectáculo m, de televisión f
— **tower** n - [electron] torre f para televisión
telex address n - [comunic] dirección f para télex
— **message** n - [telecom] telemensaje* m
tell v - . . .; indicar; informar; advertir; señalar; determinar; comprobar
— **@ story** v - poner de manifiesto; indicar
— **vocally** v - jactar(se) pomposamente
telling n - advertencia f • información f; indicación f | adv - [by] verbalmente; oralmente; por vía oral

- 1644 -

telltale driving drum n - [metal-prod] tambor m superior para, sonda f, or cinta f, or cadena
— **hole** n - [petrol] orificio m delatador
temp n - see **temperature**
temper n - [metal-treat] . . .; revenido* m • [psicol] genio m | v - [metal-treat] templar; (a)temperar
— **finish(ing)** n - [metal-treat] terminación f para temple m
— — **stainless cold rolled strip** n - [metal-treat] fleje m inoxidable laminado en frío m con terminación f templada
— — **(steel) strip** n - [metal-treat] fleje m, or banda f, or cinta f, or chapa f, de acero m inoxidable con terminación f templada
— **gas** n - [metal-treat] see **tempering gas**
— **grade** n - [metal-treat] calidad f de temple m
— **hardening** n - [metal-treat] endurecimiento m con temple m
— **mill** n—[metal-roll] see **tempering mill**
— **roll** v - [metal-roll] [Spa.] satinar
— **rolling** n - [metal-roll] laminación f para, temple m, or templar • [Spa.] satinado m
— — **mill** n - [metal-treat] tren m laminador para temple m
— **screw** n - [mech] tornillo m, alimentador, or regulador, or para avance m
— — **elevator** n - [mech] elevador m para tornillo m alimentador
— — — **rope** n - [petrol] cable m elevador para tornillo m alimentador
— — **pulley** n - [petrol] polea f para tornillo m alimentador
— **sharpness** n - [metal-treat] dureza f
— **@ wheel** v - [mech] templar rueda f
temperability n - [metal] temperabilidad f; temperación f
temperate a - templado,da • reglado,da
tempereteness n - . . .; frugalidad f
temperature above n - temperatura f, superior a, or en exceso m de
— **below** n - temperatura f inferior a
— **freezing** n - [meteorol] temperatura f bajo, cero C, or punto m de congelación f
— **chamber** n - cámara f para temperatura f
— **check(ing)** n - comprobación f, or verificación f, de temperatura f
— **coil** n - [instrum] detector m para temperatura
— **compensate** v - compensar temperatura f
— **compensated** a - con compensación f de temperatura f
— **compensation** n - compensación f de temperatura
— **control** n - regulación f, térmica, or de temperatura f • regulador m para temperatura f
— — **butterfly valve** n - [valv] válvula f (de) mariposa f para regulación f de temperatura f
— — **instrument** n - [ind] instrumento m para regulación f de temperatura f
— **controller** n - regulador m para temperatura f
— — **safety aid** n - [electr-instal] elemento m para seguridad f para regulador m para temperatura f
— **crayon** n - lápiz m, or lapicero m, fundente
— **detecting system** n - sistema m detector para temperatura f
— **detector** n - [instrum] detector m, or indicador m, para temperatura(s) f
— — **relay** n - [instrum] relé m detector para temperatura(s) f
— **equalizing** n - igualación f de temperatura(s)
— **gage** n - [instrum] manómetro m, or indicador m, de temperatura(s) f • termómetro m
— **indicating crayon** n - lápiz m, or lapicero m, fundente
— **insulation** n - aislación f contra temperaturas
— **manual control** n - regulación f manual de temperatura(s) f— **measuring device** n—[metal-prod] dispositivo m para temperatura de viento
— **nominal range** n - escala f normal de temperaturas f
— **operated** a - sensible a, or operado,da en ba-

se f a, temperatura(s) f
temperature overelevation n - sobreelevación* f de temperatura(s) f
— **overshoot(ing)** n - exceso m en temperatura f
— **pit** n - [ind] pozo m para temperatura(s) f
— **quick raise** n - elevación f rápida de temperatura f
— **range** n - escala f, or límite(s) m, or régimen m, para temperatura(s) f
— **recorder** n - [instrum] registrador m para temperatura(s) f
— **regulating butterfly valve** n - [valv] válvula f (de) mariposa f reguladora para temperatura
— **relay controlled fan** n - [mech] ventilador m con regulación f por medio de relés) para temperatura f
— **responsive** a - termosensible*
— **relay** n - [electr] relé m termosensible
— **sender** n - [instrum] emisor m para temperatura
— **sensitive** a - sensible a temperatura(s) f
— **taking lance** n - [metal-prod] lanza f para toma f de temperatura(s) f
— **thermometer** n - [instrum] termómetro m para temperatura(s) f
— **treatment** n - [ind] tratamiento m con temperatura(s) f
— **up to** n - temperatura f de hasta
— **when pouring into @ mold** n [metal-prod] temperatura f al colar en lingotera f
temporary acceptance n - recepción f provisional
tempered a - . . . ; (a)temperado,da
— **alloy** n - [metal-treat] aleación f templada
— **grade** n - [metal-prod] calidad f templada
— **plate** n - [metal-treat] plancha f templada
— **steel plate** n - [metal-treat] plancha f de, acero m templada, or templada de acero m
— — **weld(ing)** n - [weld] soldadura f de acero m templado
temperer n - temperador m
tempering n - templadura f; temperación f; temple m; revenido* n | a - templador,ra
— **control** n - [metal-treat] regulación f de temple m
— **furnace** n - [metal-treat] horno m para temple
— **mill** n - [metal-roll] laminador m, or caja f, para temple m • [Spa.[tren m temper*
— — **assigned maintenance** n - [metal-roll] mantenimiento m asignado para laminador m para temple m
— — **back-up roll** n - [metal-roll] rodillo m para apoyo m para, laminador m, or tren m, para temple m
— — — **shatter(ing)** n - [metal roll] tableteado m de rodillo(s) m para apoyo m para, laminador m, or tren m, para temple m
— — **electrical equipment** n - [metal-roll] equipo m eléctrico para laminador para temple
— — **grinding requirement** n - [metal-roll] exigencia f para amoladura f para tren m para temple m
— — **mechanical equipment** n - [metal-roll] equipo m mecánico para laminador m para temple
— — **oil** n - [metal-roll] aceite m para tren m para temple m
— — **roll(er)** n - [metal-roll] rodillo m para, laminador m, or tren m, para temple m
— — **rolling** n - [metal-roll] laminación f en tren m para temple m
— — **stand** n - [metal-roll] caja f para tren m para temple m
— — **wet rolling** n - [metal-roll] laminación f por vía f húmeda en tren m para temple m
— **nozzle** n - boquilla f para temple m
— **pass** n - [metal-roll] pasada f para, temple m, or edurecimiento m de superficie f
— — **mill** n - [metal-roll] laminador m para pasada(s) f para temple m
— **process** n - [metal roll] proceso m para temple
Tempilstick n - [metal-treat] lápiz m, or lapicero m, fundente
template n - [mech] . . .; gálibo m; molde m; escantillón m - [instrum] regla f con calibre
template assembling n - [mech] armado m de plantilla f
— **assembly** n - [mech] conjunto m de plantilla f
— **positioning** n - [mech] colocación f de plantilla f en sitio m
templet n - [mech] see **template**
— **accuracy** n - [mech] precisión f de plantilla
— **set** n - [mech] juego m de plantilla(s) f
— **up** n - [mech] preparación f de plantilla f
tempo n - . . . . ritmo m • [fig] oleada f
temporal method n - método m, temporario, or transitorio
temporarily adv - temporariamente; provisionalmente; provisoriamente; con carácter m, temporario, or provisional
temporary n - [roads] para servicio m
— **acceptance** n - [com] recepción f, or aceptación f, provisoria
— — **date** n - [legal] fecha f para, ceptación f, or recepción f, provisional
— — **report** n - [com] acta m, or informe m, de, aceptación f, or recepción f, provisional
— **attaching** n - fijación f temporaria
— **blocking strip** n - [mech] listón m temporario para obturación f
— **brace** n - [constr] puntal m temporario
— **bracing** n - [constr] arriostramiento m temporario
— **bridge** n - [constr] puente m para servicio m
— **bulkhead** n - [constr] mampara f provisoria
— **bypass** n - desviación f temporaria
— — **tunnel** n - [constr] túnel m temporario para desviación f
— **certificate** n - certificado m provisorio
— **design** n - proyección f provisoria
— **detour** n - [roads] desvío m provisorio
— **disability** n - [insur] incapacidad f, or inhabilitación f, temporaria
— **electric power source** n - [electr-prod] fuente f provisoria para energía f eléctrica
— **electrode stickout increase** n - [weld] aumento temporario de prolongación f de electrodo
— **escalation** n - [com] reajuste m provisorio
— **grip** n - [mech] agarre m provisional
— **hardness** n - dureza f temporaria
— **impairment** n - [safety] impedimento m temporario; reducción f temporaria de capacidad f
— **import(ation)** n - [econ] importación f temporaria
— **incapacitation** n - [safety] incapacidad f temporaria
— **location** n - ubicación f provisoria
— **mental impairment** n - [labor] reducción f temporaria de, habilidad f, or capacidad f, mental
— **move-up** n - [labor] ascenso m temporario
— **nominal certificate** n - [fin] título m provisorio m nominativo
— **partial acceptance** n - [com] recepción f provisoria parcial
— — **incapacitation** n - [safety] incapacidad f temporal parcial
— **permit** n - permiso m precario
— **physical impairment** n - [labor] reducción f temporaria de, habilidad f, or capacidad, física
— **ponding** n - [hydr] embalse m temporario
— **power** n - [electr] energía f provisoria
— **purpose** n - propósito m, or fin m, temporario
— **roadway** n - [roads] calzada f provisoria
— **settlement** n - [fin] liquidación f temporaria
— **suction filter** n - filtro m temporario para aspiración f
— **tie wire** n - [constr] riostra f temporaria
— **total incapacitation** n - [safety] incapacidad f temporal total
— **visa** n - [pol] visa(ción) f temporaria
tempted a - tentado,da
tempting n - tentación f | a - tentador,ra
ten (o'clock) to two (o'clock) position n - se-

senta grados m debajo de corona f
ten-four n - [telecom] comprendido; entendido; see I understand; O. K.
— **hundreds** n - [chronol] siglo m, de mil, or undécimo
— **scale** n - escala f de diez
tenant n - . . .; ocupante m
tend to burn through v—[weld] tender a perforar
— — **pit** v - [weld] tender a picar(se)
— — **@ surface** v - [weld] tender a picar superficie f
— — **run ahead** v - tender a adelantar(se)
tended a - tendido,da • desplazado,da
— **to wiggle** n - [autom] tendencia a colear(se)
tender n - [com] . . .; licitación f; (llamada f a) concurso m • [ind] encargado m • [rail] tender n • [naut] falúa f | v - . . . licitar
— **base(s)** n - base(s) f para, licitación f, or concurso m
— **closing** n - [com] cierre m de licitación f
— — **date** n - [com] (fecha f para cierre m de licitación f
— **document** n - [com] documento m para, concurso m, or licitación f; pliego m para licitación
— **issue,suing** n - emisión f de licitación f
— **purpose** n - objeto m de licitación f
— **sheet** n - [com] pliego m para licitación f
— **wheel** n - [rail] rueda f para ténder m
tendered n - [legal] suministro m licitado | a - [legal] licitado,da
tending n - tendido m • desplazamiento m
Teniente converter n - [metal-copper] convertidor m Teniente
— **process** n - [metal-copper] proceso m Teniente
tennis racket n - [sports] raqueta f para tenis
Tennessee Valley Authority n - [pol] Dirección f General para Valle m de (Río) Tennessee
tenpenny nail n - [nails] clavo de tres pulgadas
tens n - [chron] década f de diez
tensed a - tensado,da
Tensidor bar n - [mech] barra f Tensidor; avoid cabilla* f
tensile a - [mech] a, tensión f, or tracción f; also see **tensile strength**
— **breaking strength** n - [metal] tensión f a rotura f
— **core stress** n - [constr-pil] esfuerzo m de tensión f en núcleo m
— **elongation** n - [mech] alargamiento m bajo, tensión f, or tracción f
— **fracture** n - [metal] rotura f bajo tracción f
— **shrinkage test** n - [metal] esfuerzo m de tensión f debida a contracción f
— **strength** n - [metal] resistencia f a, tensión f, or tracción f; tenacidad f • esfuerzo m, or fuerza f, de, tensión f, or tracción f
— — **deposit** n - [weld] resistencia f a tensión f en aportación f; aporte m con resistencia f a, tensión f, or tracción f
— — **limit** n - [metal] límite m de resistencia f a tensión f, or tracción f
— — **test** n - [metal] ensayo m de resistencia f a, tensión f, or tracción f
— — **weld(ing)** n - [weld] soldadura f, con resistencia f, or resistente, a tensión f
— **stress** n - [metal] esfuerzo m de, tensión f, or tracción f • [constr] tensión f para tendido m
— — **test** n - [metal] ensayo m de esfuerzo m de tensión f
— **test** n - [metal] ensayo m, or prueba f, de (resistencia f a), tensión f, or tracción f
— — **piece** n - [metal-prod] probeta f para ensayo m de, tensión f, or tracción f
— — **to @ failure** n - [metal] ensayo m de resistencia f a tensión f hasta falla f
tensiometer n - [instrum] tensiómetro* m
tension n - . . . | v - aplicar • tensar
— **arm** n - [mech] brazo m, tensor, or para tensión f
— — **spring** n - [mech] resorte m para brazo m

tensor
tension between @ stand(s) v - [metal-roll] tensión f entre caja(s) f
— **box** n - [mech] caja f para tensión f
— — **with @ idler** n - [mech] caja f para tensión f con rodillo(s) m loco(s)
— **breaking strength** n - [metal] resistencia f a rotura f por, tensión f, or tracción f
— **bridle** n - [mech] brida f para tensión f
— **broken rope** n - [cabl] cable m, or cabo m, roto por, tensión f, or tracción f
— **@ chain** v - [mech] tensar cadena f
— **check(ing)** n - [mech] comprobación f, or verificación f, de tensión f
— **clamp** n - [mech] brida f tensora
— **device** n - [mech] dispositivo m para tensión
— **gage** n - [instrum] manómetro m para tensión f
— **guardrail** n - [roads] defensa f contra tensión
— **idler** n - [mech] rueda f (loca) tensora
— **idling roll** n - [mech] rodillo m loco tensor
— **leveler** n - [metal-roll] aplanadora f tensora
— **reel** n - [mech] carrete m tensor
— **rod** n - [mech] varilla f para tensión f • [constr] tirante m
— **roll** n - [metal-roll] rodillo m, tensor, or para, tensión f, or tracción f
— **screw** n - [mech] tornillo m para tensión f
— **spring** n - [mech] resorte m, or muelle m, para tensión f
— **strap** n - [mech] faja f para tensión f
— **stress** n - [mech] esfuerzo m de tensión f • tensión f para rotura f
— **wrench** n - [tools] llave f para tensión f
tensional limit n - [mech] límite m para tensión
tensioned a - [mech] tensado,da
tensioning n - [mech] tensamiento* m
tenso-active agent n - [chem] agente tensoactivo
tent n - . . .; carpa f
tentative heating curve n - [phys] curva f tentativa para calentamiento m
— **schdule** n - programa m, tentativo, or en principio m, or sugerente
— **test** n - tanteo m
tentatively adv - . . .; en forma f tentativa; sugerentemente
tenth century n—[chronol] siglo m, décimo, or X
tenously adv - tenuemente
term. n - see **terminal**
— n - . . . • disposición f • mandato m • [com] vigencia f; validez f; duración f • [fin] facilidad(es); condición(es) f para pago m | v - denominar(se); designar; nombrar
— **debt** n - [fin] deuda f con plazo(s) m
— **extension** n - [legal] extensión f de plazo m
— **(s) glossary** n - glosario m de término(s) m
— **(s) sheet** n - pliego m de condición(es) f
terminal n - . . .; punto m terminal • [electr-instal] lengüeta f (terminal); chicote* m para conexión f • [rail] estación f terminal • [tub] ala m terminal • [int.comb] borne m terminal | a - extremo,ma
— **area** n - [aeron] zona f (de estación f) terminal
— **block** n - [electr-instal] tablero m con borne(s); bloque m terminal
— **compartment** n - [electr-instal] compartim(i)ento m para tablero m con borne(s) m
— — **point** n - [electr-instal] borne m en tablero m
— **board** n—[electr-instal] tablero m con bornes
— **box** n - [electr-instal] caja f, terminal, or con, borne(s) m, or conexión(es) f
— **building** n - [aeron] edificio m terminal
— **cap** n - [int.comb] casquete m para borne m (terminal)
— **cell** n - [electr] celda f terminal
— **complex** n - [aeron] conjunto m, or complejo* m, de, aeropuerto m, or terminal m
— **connection** n - [electr-instal] conexión f terminal • conexión f con borne m
— **cover** n - [tub] capuchón m; sombrerete m para

protección f - [electr-instal] conectador m; capuchón m; sombrerete m para protección f
terminal designation n - [electr-instal] identificación f de borne(s) m
— **end** n - [electr-mot] extremo m con borne(s) m
— **facility,ties** n - [transp] instalación(es) f para carga f y descarga f
— **identification** n - [electr-instal] identificación f de, terminal(es) m, or borne(s) m
— **isolation** n - [electr-instal] aislación f de, terminal(es) m, or borne(s) m
— **locknut** n - [electr-instal] contratuerca f, or tuerca f para seguridad f, para, terminal m, or borne m
— **lug** n - [electr-instal] lengüeta f, or talón m, terminal
—**(s) nominal rating** n - [electr-instal] potencia f nominal en borne(s) m
— **panel** n - [electr-instal] tira f con borne(s)
— **plate** n - [electr-instal] placa f con bornes
— **pole** n - [electr-instal] poste m, terminal, or en cabeza f de línea f
— **post** n - [electr-instal] poste m, terminal, or final
— **reservoir** n - [hydr] embalse m terminal
—**(s) set** n - [electr-instal] juego m de, terminal(es) m, or borne(s) m
— **strip** n - [electr-instal] tira f, or panel m, or tablero m, con, terminales m, or bornes
— **stud** n - [weld] borne m terminal
— **type** n - [electr-instal] tipo m de, terminal, or borne m
—**('s) voltage** n - [electr-oper] voltaje m en, terminal m, or borne m
terminate v - . . .; rematar • preparar • cancelar; anular • expirar; fenecer; finalizar • [legal] rescindir unilateralmente; caducar • [labor] despedir; finiquitar; cesar empleo m
— **unilaterally** v - [legal] rescindir unilateralmente
terminated a - terminado,da • [legal] expirado,da; finalizado,da; rescindido,da (unilateralmente); cancelado,da; caducado,da; anulado,da; finiquitado,da
termination n - . . .; finalización f; cancelación f; remate m; fenecimiento f; expiración f; anulación f; caducación f • disolución f • [legal] rescisión f (unilateral) • [labor] terminación f de empleo m; finiquito m
— **date** n - vencimiento m
— **notice** n - [legal] notificación f, or aviso m, para cancelación f • [labor] preaviso m
— **pay** n - [labor] indemnización f por despido m; finiquito m; liquidación f
terminator n - . . . • [electr-instal] lengüeta f terminal
ternary alloy n - [metal] aleación f ternaria
terrace n - . . . • [Mex.] terracería f • [agric] sillada f | v - . . .; terracear; abancalar
terracing n - [constr] excavación f escalonada
terrain n - . . .; suelo m; terreno m abierto
terrible n - . . .; espantable; formidoloso,sa; furioso,sa
terrific a - . . .; terrible • excelente; extraordinario,ria
terrifying a - terrorífico,ca; espeluznante
territory n - . . .; jurisdicción f • [pol] gobernación f
tertiary crusher n - [miner] trituradora f terciaria
— **gypsum** n - [geol] yeso m terciario
tesla n - [electr] tesla* f
test n - . . .; experimento m; pesquisa f | a - para, ensayo m, or prueba f | v - . . .; experimentar • buscar
— **accumulator** n - [pneumat] acumulador m para ensayo(s) m
— **at @ plant** v - ensayar, or probar, en planta
— **ball** n - [grind.med] bola f para, prueba(s) f, or ensayo(s) m

test @ bandpass filter v - [electron] ensayar filtro m pasabanda
— **bar** n - [mech] barra f para ensayo m
— **block** n - [electr] clavijero m para prueba(s)
test-bore,ring n - sondeo m
— **@ blade** v - [mech] ensayar cuchilla f
— **car** n - [autom] automóvil m para prueba(s) f
— **cell** n - celda f para ensayo(s) m
— **certificate** n - certificado m de, prueba(s) f, or ensayo(s) m
— **computerization** n - [comput] computerización f de ensayo m
— **@ cooling plate** v - [metal-prod] comprobar petaca f
— **data interpreter** n - intérprete m de información f sobre ensayo(s) m
— **destructively** v - ensayar, destructivamente, or en forma f destructiva
— **driver** n - [autom] conductor m para prueba(s)
— **macroscopically** v - [metal-treat] ensayar macroscópicamente
— **protocol** n - protocolo m para prueba(s) f
—**to-destruction** n - ensayo m hasta destrucción
— **tone** n - [electron] tono m para prueba(s) f
tested a - ensayado,da; probado,da; analizado,da • verificado,da; comprobado,da • buscado,da
— **nondestructively** a - ensayado,da en forma f no destructiva
— **to collapse** a - ensayado,da hasta aplastamiento m
tester n - . . .; comprobador m; investigador m
testing n - comprobación f; verificación f • ensayo m; prueba f • evidencia f • búsqueda f | a - probador,ra
Testor cycle n - [metal] ciclo m Testor
Texrope drive n - [mech] impulsión f, or mando m, con cable m Texrope
texture n - . . .; estructura f • consistencia f • [textil] tejido m | v - texturar*
textured a - texturado,da*; con textura f
texturing n - texturación* f | a - texturador,ra*
th n - see **thousand**
. . .th century n - siglo m . . .
. . .— overall a - . . . (primero,ra etc.) absoluto,ta
thank you letter n - carta f para agradecimiento
thanks n - agradecimiento m
that end n - efecto m tal
that is adv - que, sea, or es • verbi gratia; verbigracia; por ejemplo; tal como
— **purpose** n - efecto m tal
—**('s) it** adv - nada más; punto final
thaw n - . . . | v - . . .; descongelar
— **by electrical resistance heating** v - [weld] descongelar con calentamiento con resistencia f eléctrica
— **@ frozen pipe(s)** v - [weld] descongelar tubería f, helada, or congelada
thawed a - descongelado,da
— **by electrical resistance heating** a - [weld] descongelado,da con calentamiento m con resistencia f eléctrica
— **frozen steel water pipe** n - [tub] tubería f de acero m para agua m, congelada, descongelada
thawing n - descongelación f
— **safety precaution** n - [weld] medida f para seguridad f para descongelación f
— **setting** n - [weld] regulación f para descongelación f
then-upcoming adv - entonces, futuro,ra, or próximo,ma, or venidero,ra
theoretical distribution n - distribución f teórica
— **load capacity** n - [constr-pil] capacidad f teórica para carga f
— **pig iron** n - [metal-prod] arrabio m teórico
— **throat** n - [weld] garganta f teórica; espesor m útil teórico
theorize v - . . .; teorizar*
theorized a - teorizado,da

there wasn't much adv - hubo poco
thereafter n - más allá | adv - ...; con posterioridad f; posteriormente • por consiguiente; consiguientemente
thereby adv - ...; por (su) intermedio; así
therefore adv - .... • [legal] por lo tanto; por lo que; por consiguiente; luego
thermal balance n - balance m, or equilibrio m, térmico
— **bond** n - liga f térmica
— **conductivity** n - [metal] conductibilidad f, térmica, or calorífica
— **control** n - control m térmico; regulación f térmica
— **cracking** n - [metal] agrietamiento m térmico
— **efficiency** n - eficiencia f térmica; rendimiento m térmico • [mech] disipación f de calor que se produce en embrague m
— **element** n - [weld] elemento m térmico
— — **overload protection** n - [electr] elemento m térmico para protección f contra sobrecorriente(s) f
— **expansion** n - dilatación f, or expansión f, térmica
— — **factor** n - [metal] coeficiente m para, dilatación f, or expansión f, térmica
— — **valve** n - [metal-prod] válvula f para, dilatación f, or expansión f, térmica
— **impact test** n - ensayo m, or prueba f, con impacto(s) m térmico(s)
— **influence** n - [geol] influencia f térmica
— **insulation** n - aislación f térmica
— **joint compound** n - [mech] compuesto m, térmico para junta(s) f, or para juntas f térmicas
— **link** n - [electr-equip] eslabón m térmico • fusible m térmico; protector m térmico contra sobrecarga(s) f
— **magnetic** a - termomagnético,ca
— — **overload element** n - [electr-equip] elemento m termomagnético contra sobrecarga(s) f
— **overload** n - [electr] sobrecarga f térmica
— **polution** n - contaminación f, or polución f, térmica
— **power plant** n - [electr-prod] planta f termoeléctrica; central f térmica
— **reforming** n - [metal-prod] reformación f térmica
— **relay** n - [electr-equip] relé m térmico
— **sensor** n - [instrum] sensor m térmico
— **shock** n - choque m térmico
— **stress** n - [weld] esfuerzo m térmico
— **tank** n - (es)tanque m térmico
— **transformer** n - [electr-distrib] transformador m térmico
— **treatment** n - see **heat treatment**
— **type overload relay** n - [electr] relé m para sobrecarga(s) f de tipo m térmico
— **unit** n - unidad f térmica • caloría f
— **yield** n - rendimiento m térmico
thermally bonded a - ligado,da térmicamente; con liga f térmica
— — **corrosion resistant coating** n - [metal-treat] recubrimiento m anticorrosivo, ligado térmicamente, or con liga f térmica
thermic a - see **thermal**
thermit n - .... | a - aluminotérmico,ca
— **crucible** n - [weld] crisol m aluminotérmico
— **pressure weld(ing)** n - [weld] soldadura f aluminotérmica bajo presión f
— **reaction** n - [weld] reacción f, de termita f, or aluminotérmica
— **weld(ing)** n - [weld] soldadura f, aluminotérmica, or con termita f
thermo n - see **thermostat**; see **thermal**
— **transformer** n - [electr-distrib] transformador m térmico
thermocouple n - [instrum] termocupla* f; termopar* m; cupla f termoeléctroca • pila f termoeléctrica
— **circuit** n - [instrum] circuito m para, termocupla f, or termopar

thermocouple head n - [instrum] cabeza f para, termocupla f, or termopar m
— **inlet** n - entrada f para termocupla f
— **protection tube** n - [combust] tubo m protector para termopar(es) m
— **relay** n - [electron] relé m para termocupla f
thermoelectric plant n - [electr-prod] planta f termoeléctrica
— **project(s) management** n - [electr-prod] gerencia f para proyecto(s) m termoeléctrico(s)
thermoform v - [plast] termoformar*
thermoformed a - [plast] termformado,da*
thermoforming n - [plast] termoformación* f
thermomagnetic a - termomagnético,ca
— **breaker** n - [electr-equip] interruptor m termomagnético
thermomagnetism n - termomagnetismo m
Thermomelt a - fundente
— **stick** n - [metal-treat] lápiz m, or lapicero m, fundente
thermometer well n - [instrum] pozo m, or hendedura f, para termómetro m
— **with @ alarm contact(s)** n - [instrum] termómetro m con contacto(s) m para alarma f
thermoplastic cable n - [electr-cond] cable m termoplástico
— **insulation** n - [electr-cond] aislación f termoplástica
— **water cable** n - [electr-cond] cable m termoplástico a prueba f de humedad f
thermoplastics n - [plast] termoplástica f
thermos n - ...; also see **vacuum bottle**
— **car** n - [metal-prod] vagón m termo
thermoset a - [plast] termoestabilizado,da | v -
— **rubber** n - [plast] caucho m termoestabilizado
thermosetting n - [plast] termoestabilización f
thermosiphon evaporator n - evaporador m (con) termosifón m
Thermostart device n - dispositivo m Thermostart
thermostat adapter n - [int.comb] adaptador m para termóstato m
— **adapter ring** n - [int.comb] aro m adaptador para termóstato m
— **bypass** n - derivación f para termóstato m
— — **nipple** n - [int.comb] entrerrosca f para derivación f para termóstato m
— **gage** n - [instrum] manómetro m para termóstato
— **ring** n - [instrum] aro m para termóstato m
— **transformer** n - [electr-instal] transformador m para termóstato
— **tripping** n - [instrum] desconexión f de termóstato m
thermostatically adv - termostáticamente; mediante termóstato f
— **controlled radiator** n - [int.comb] radiador m regulado termostáticamente, or con termóstato
thermostatics n - termostática f
thermotank n - [constr] (es)tanque m térmico
— **vessel** n - [nav] buque m (es)tanque térmico
thermowell n - termopozo* m • [tub] depresión f térmica
thereof adv - correspondiente; respectivo,va
these presents n - [legal] (documento) presente
thick a - .... • [botan] fragoso,sa • [petrol] pesado,da
— **bead** n - [weld] cordón m grueso
— **casting** n - [metal] pieza f fundida gruesa
— **coat(ing)** n - capa f gruesa
— **deposit** n - [weld] aportación f gruesa
— **flange** n - [metal-roll] ala m gruesa
— **flux coating** n - [weld] capa f gruesa de fundente m
— **gage sheet metal** n - [metal-roll] chapa f metálica gruesa
— **gumbo** n - lodo m, or fango m, espeso
— **hardsurfacing deposit** n - [weld] aportación f gruesa para endurecimiento m de superficie f
— **hexagonal nut** n - [mech] tuerca f hexagonal gruesa
— **iron casting** n - [metal-prod] pieza f de hierro m fundido gruesa

thick lamina(e) n - lámina(s) f gruesa(s)
— layer n - capa f, or camada f, gruesa
— line n - [drwng] trazo m grueso
— looking bead n - [weld] cordón m (con aspecto m) grueso
— metal strip n - tira f gruesa de metal m
— plate weld(ing) n - [weld] soldadura f de plancha(s) f gruesa(s)
— nut n - [mech] tuerca f gruesa
— oil n - [petrol] aceite m pesado
— paint n - [constr] pintura f espesa
— — consistency n - consistencia f de pintura f espesa
— part n - parte f gruesa • [mech] pieza gruesa
— pipe wall n - [tub] tubería f con pared(es) f gruesa(s)
— plate n - [metal-roll] plancha f, gruesa, or pesada
— — mill n - [metal-roll] tren m, or laminador m, para plancha(s) f gruesa(s)
— — weld(ing) n - [weld] soldadura f de plancha(s) f gruesa(s)
— seam n - [geol] manto m grueso
— sheet n - [metal-roll] lámina f gruesa
— shim n - [mech] calza f gruesa
— slag n - [weld] escoria f, gruesa, or pesada
— spacer n - [mech] separador m grueso
— stock n - [metal-roll] material m laminado grueso
— strip n - [metal-roll] fleje m grueso; banda f, or cinta f, or chapa f, gruesa
— — and Steckel department n - [metal-roll] departamento m para chapa f gruesa y Steckel
— — annealing furnace n - [metal-treat] horno m para recocido m para fleje m grueso
— — department n - [metal-roll] departamento m para, banda f, or cinta f, or chapa f, gruesa
— — leveler n - [metal-roll] niveladora f, or apalanadora f, para, fleje m grueso, or banda f, or cinta f, or chapa f, gruesa
— — mill n - [metal-roll] tren m, or laminador m, para, fleje m grueso, or banda f, or cinta f, or chapa f, gruesa
— — rolled sheet n - [metal-roll] chapa f delgada laminada en tren m para, fleje m grueso, or banda f, or cinta f, or chapa f, gruesa
— — production expediter n - [metal-roll] coordinador m para producción f de, fleje m grueso, or banda f, or cinta f, or chapa f, gruesa
— — scale problem n - [metal-roll] problema m con cascarilla f en, fleje m grueso, or banda f, or cinta f, or chapa f, gruesa
— tin plate n - [metal-treat] hoja f con capa f gruesa de estaño m; hojalata f gruesa
— wall seamless pipe n - [tub] tubo m sin costura f con pared f gruesa
— walled a - con pared f gruesa
— weldment n - [weld] pieza f soldada gruesa
thickened a - engrosado,da • espesado,da
thickener n - espesador m; concentrador m; decantador m
— flume n - [metal-prod] canal para espesador m
thickening n - . . . . • engrosamiento m • a - espesador,ra
thicker a - más grueso,sa • más espeso,sa
— gage strip n - [metal-roll] chapa f con espesor m mayor
— plate n - [metal-roll] plancha f más gruesa
— stock n - [metal-roll] material m laminado con espesor m mayor; fleje m más grueso
thicket n - [lumber] . . .; fosca f
thickness after swaging n - [metal-fabr] espesor m luego de recalcado m
— control n - [metal-roll] regulación f de espesor m
— gage n - [instrum] calibrador m para espesores
— range n - [mech] escala f de espesores m
thief n - . . . . • [petrol] sacamuestra(s) m
thimble n - . . . . [gates] tubo m abridado •
[metal-prod] cono m; balde m para escoria f; escoriero m • [Arg.] pote m • [constr] marco m, empotrado, or vaciado • [mech] camisa f
thimble assembly n - [gates] conjunto m de marco m empotrado
— car n - [metal-prod] vagón m portaconos
— lime washing n - [metal-prod] encalado m de cono m
thin a - . . . . [petrol] liviano,na • [geogr] enrarecido,da | v - diluir; desleir; rebajar
— air n - [geogr] aire m enrarecido
— bead n - [weld] cordón m, delgado, or fino
— blade screwdriver n - [tools] destornillador m con, hoja f, or punta f, delgada, or fina
— brad n - [nails] (clavo) alfilerillo m sin cabeza f
— brick wall n - [constr] pared f delgada de ladrillo(s) m
— canvass n - [textil] vitre m
— casting n - [metal-prod] pieza f fundida delgada
— compression ring n - [mech] aro m, or anillo m, delgado para compresión f
— deposit n - [weld] aportación f delgada
— down v - diluir
— film n - película f, delgada, or tenue
— gage steel n - [metal-roll] acero m en chapas f delgadas
— lamina(e) n - [mech] lámina(s) f delgada(s)
— lift n - [constr] capa f delgada
— looking bead n - [weld] cordón m (con aspecto m) delgado
— metal n - [metal-roll] metal m delgado
— — pile n - [constr-pil] pilote m metálico delgado
— — — shell n - [constr-pil] tubería f metálica, or camisa f, delgada para pilote(s) m
— — shell n - [constr-pil] tubería f metálica, or camisa f, delgada
— nail n - [nails] (clavo) alfilerillo m (con cabeza f)
— nut n - [mech] tuerca f delgada
— oil n - [petrol] aceite m liviano
— — film n - [mech] película f delgada de aceite m
— part n - parte f, delgada, or fina • [weld] pieza f, delgada, or fina
— pile n - [constr-pil] pilote m delgado
— — shell n - [constr-pil] tubería f, or camisa f, delgada para pilote(s) m
— piping n - [tub] tubería f delgada
— plate n - [metal-roll] plancha f, delgada, or fina
— — mill n - [metal-roll] tren m, or laminador m, para plancha(s) f delgada(s)
— — weld(ing) n - [weld] soldadura f de plancha(s) f delgada(s)
— rim n - [mech] pestaña f delgada
— seam n - [miner] filón m, or manto m, delgado; vena f delgada
— shell n - [constr-pil] tubería f, or camisa f, delgada
— shim n - [mech] calza f, delgada, or fina
— slag n - [metal] escoria f (muy) líquida
— slotted nut n - [mech] tuerca f, almenada, or encastillada, delgada
— spacer n - [mech] separador m delgado
— steel n - [metal-roll] acero m delgado
— tin plate n - [metal-treat] hojalata f delgada
— wall pile n - [constr-pil] pilote m con pared f delgada
— — pipe n - [tub] tubo m, or tubería f, con pared f, delgada, or fina
— — tube,bing n - [tub] tubería f con pared f delgada
— walled a - con paredes f, delgadas, or finas
— — vessel n - [boilers] recipiente m con pared(es) f delgada(s)
— watery mass n - gacha(s) f
— web n - [metal-roll] alma m delgada
thinner a - más delgado,da

thinner than a - con espesor m menor que
thinning down n - dilución f
third binding spray n - [roads] tercer riego m ligante
— **century** n - [chronol] siglo m tercero, or de doscientos
— **country** n - [pol] país m tercero
— **degree burn** n - [medic] quemadura f de grado m tercero
— **gear** n - [mech] velocidad f tercera
— **generation computer** n - [comput] ordenadora f de generación f tercera
— **helper** n - [ind] (ayudante) tercero m
— **party** n - [legal] tercero m; otro(s) m • intermediario m
— — **endorsement** n - [fin] aval de tercero(s) m
— **overall** n - [sports] tercero m, absoluto, or en clasificación f general
— **phalanx** n - [anat] falangeta f
— **pit helper** n - [metal-roll] tercero m en horno m de fosa f
— **plow attachment** n - [agric] accesorio m para reja f tercera
— **rail** n - [electr] riel m, tercero, or conductor
— **speed** n - [mech] velocidad f tercera
— **stand** n - [metal-roll] caja f tercera
— **third** n - tercer tercio m
thirteen hundreds n - [chronol] siglo m de mil trescientos; siglo m, XIV, or catorce
thirteenth century n - [chronol] siglo m, décimotercero, or de mil doscientos
thirties n - década f de (19)30
thirtypenny nail n - [nails] clavo de 4-1/2"
this a - . . . | adv - presente; que corre; actual; corriente; en curso m
Thomas basic converter n - [metal-prod] convertidor m básico (de) Thomas
— — **steel** n - [metal-prod] acero m básico Thomas
— **converter** n - [metal-prod] convertidor Thomas
— **steel** n - [metal-prod] acero m, Thomas, or básico
thoriated a - toriado,da
— **tungsten** n - [weld] tungsteno m, or wolframio m, toriado
thorn patch n - [botan] espinar m
thorough drying n - secado m cabal
— **indoctrination** n - adoctrinamiento m cabal
— **recharging** n - [electr] carga completa nueva
thoroughfare n - [roads] . . .; carretera f; avenida f; arteria f
thoroughly adv - . . .; completamente; acabadamente; plenamente; cuidadosamente
— **tested** a - ensayado,da cabalmente
thou form n - [gram] voseo m
thought provoking a - provocante
thoughtful a - . . .; cuidadoso,sa • especulativo,va
thoughtlessness n - . . .; imprevisión f
thousand circular mill n - [electr] kilomilipulgada f circular
— **mill** n - [metric] kilomilipulgada f
thousandth of @ inch n - [metric] milésimo m de pulgada f
thrashed a - castigado,da • [agric] trillado,da
thrashing n - castigo m • [agric] trilla f
— **machine** n - [agric] (máquina) trilladora f
thread n - [textil] . . .; cuerda f • [mech] paso m, or filete m, de rosca; resalto m | v - . . .; pasar; encaminar; encarrilar • [hydr] insertar (en conducto m); introducir • [mech] . . .; aterrajar; hacer rosca; enroscar
— (s) **aligning** n - [mech] alineación f de roscas
— **and coupling** n - [tub] rosca f y unión f
— — **pipe** n - [tub] tubería f con rosca f y, unión f, or manguito m
— **basic standard** n - [mech] norma f básica para rosca(s) f
— **bolt** n - [mech] perno m con rosca
— @ **bolt** v - [mech] aterrajar perno m

— 1650 —

thread @ boom cable v - [cranes] enhebrar cable m para aguilón m
— @ **cable** v - [cabl] enhebrar cable m
— **compound** n - [lubric] compuesto m para roscas
— (s) **cross-threading** n - [mech] cruzamiento m de rosca(s) f
— **crossing** n - [mech] daño m a rosca(s) f
— **cutting** n - [mech] aterrajadura f; roscado m • a - [mech] roscador,ra
— — **screw** n - [mech] tornillo m roscador; also see **self tapping screw**
— — **split-nut lever** n - [mech] palanca f para tuerca f, partida, or hendida, para roscado m
— **damage** n - [mech] daño m, or avería f, a rosca
— **edge** n - [mech] borde m de, filete, or rosca
— **filler** n - [mech] pasta f para rosca(s) f
— **fillet** n - [mech] gusanillo m de rosca f
— **gage** n - [instrum] calibrador m para roscas f
— **out** v - [mech] desenroscar
— (s) **per inch** n - [mech] filetes m por pulgada
— **pitch** n - [mech] paso m de rosca f
— @ **ring** v - [mech] roscar, aro m, or anillo m
— @ **rope** v - [cabl] emhebrar, or pasar, cuerda
— @ **screw** v - [mech] aterrajar tornillo m
— **sealing compound** n - [tub] compuesto m para sellar rosca(s) f
— **standard** n - [mech] norma f para rosca(s) f
— **stripping** n - [mech] estropeo m de rosca f
— @ **stud** v - [mech] roscar borne m
— **through @ fabric** v - [wire] insertar en malla
— @ **valve** v - [mech] aterrajar válvula
threaded a - enhebrado,da • atornillado,da; con rosca f; enroscado,da
— **bolt** n - [mech] perno m, roscado, or con rosca
— **boom cable** n - [cranes] cable m para aguilón m enhebrado
— **bushing** n - [mech] buje m roscado
— **cable** n - [cabl] cable m enhebrado
— **clevis** n - [mech] abrazadera f roscada
— **fastener** n - [mech] sujetador m roscado
— **grouting plug** n - [constr-concr] pico m roscado para enlechado m
— **hole** n - agujero m, or orificio m, roscado
— **needle** n - [vest] aguja f enhebrada
— **nib** n - [mech] pico m roscado
— **pin** n - [mech] pasador m roscado
— **pipe** n - [tub] tubo m roscado • tubo m insertado
— **plug** n - [mech] tapón m roscado
— **pump shaft extension** n - [mech] prolongación f roscada de árbol m para bomba f
— **ring** n - [mech] aro m, or anillo m, roscado
— **rod** n - vástago m roscado; varilla f roscada
— **rope** n - [cabl] cuerda f enhebrada
— **shaft** n - [mech] árbol m, or eje m, roscado
— **steel fastener** n - [mech] sujetador m roscado de acero m
— **stud** n - [mech] borne m roscado
— **tip** n - [mech] pico m roscado
— **washer** n - [mech] arandela f roscada
threader n - [mech] roscador m
threading n - [mech] roscado m (exterior) • enhebrado m; inserción f (en conducto m, etc.) a - [mech] roscador,ra • enhebrador,ra
— **die** n - [mech] peine m; hilera f; cojinete m
— — **holder** n - [mech] portapeine(s) m
— **machine** n - [mech] terraja f (mecánica)
— — **die** n - [tools] matriz f para terraja f
threat n - . . .; amago • desafío m
threatened a - amenazado,da; amagado,da
three barreled a - con tres conducto(s) m
— **centered** a - [archit] carpanel; tricéntrico,ca
— **conductor cable** n - [electr-cond] cable m, tripolar, or con tres conductores m
three foiled a - [archit] trilobulado,da
— **high** a - [metal-roll] trío
— — **mill** n - [metal-roll] laminador m trío
— **hole(d) battery** n - [coke] batería f con tres fosas f
— **hundreds** n - [chronol] siglo m de trescientos
— **inch nail** n - [nails] clavo m de tres pulgadas

three-lobe(d) a - trilobulado,da
—— rotor n - [int.comb] rotor m trilobulado
— o'clock position weld n - [weld] soldadura f horizontal a tope de plancha(s) vertical(es)
—party commission n - comisión f tripartita
—phase a - [electr] trifásico,ca
—— alternating current power source n—[weld] fuente f para energía f trifásica con corriente f alterna
—— current n - [electr-prod] corriente f trifásica
—— input n - [electr] energía f trifásica para entrada f
—— line n—[electr-distrib] línea f trifásica
—— machine n - [weld] soldadora f trifásica
—— motor n - [electr-mot] motor m trifásico
—— generator n - [electr-prod] motogeneradora f trifásica
—— power n—[electr-prod] energía f trifásica
—— rectified current n - [electr-prod] corriente f trifásica rectificada
—— rectifier n - [electr] rectificador m trifásico
—— squirrel cage induction motor n - [electr-mot] motor m trifásico para inducción f con jaula f de ardilla f
—— —— motor n - [electr-mot] motor m trifásico con jaula f de ardilla f
—— supply n - [electr] energía f trifásica
—— system n—[electr-distrib] red f trifásica
—— welder n - [weld] soldadora f trifásica
—— piece fitting n - [tub] accesorio m con tres pieza(s) f
—— flareless tube fitting n - [tub] accesorio m sin abocinar con tres piezas f para tubería f
—— point suspension n - [mech] suspensión f en tres puntos m
—— tube fitting n - [tub] accesorio m con tres piezas f para tubería f
— point a - con tres puntos m
—— recorder n - [instrum] registrador m con tres puntos m
—— position a - con tres posiciónes f
— prong(ed) plug n - [electr-cond] enchufe m tripolar
—— grounding type receptacle n - [electr-instal] tomacorriente m con tres polos m (uno) para conexión f con tierra f
—— strategy n - estrategia f triple
—pulley tackle n - [mech] tripasto m
— quarter elliptic spring n - [mech] resorte m, or muelle m, tres cuartos elíptico
— quarters flowing axle n - [autom] eje m tres cuartos flotante
—ring circus n - [theater] circo m con tres, pistas f, or arenas f
— room a - [constr] con tres piezas f
— speed a - [mech] con tres velocidades f
— stand a - [metal-roll] con tres cajas f
—step pulley n - [cabl] polea f (cónica) con tres escalones m
—way a - con tres vías f
—wheel(ed) a - con tres ruedas f
—— shop running gear n - [weld] rodaje m con tres ruedas f para taller m
—— undercarriage n - [weld] rodaje m con tres ruedas f para taller m
—wire a - [electr-cond] con tres conductores; trifilar
—— receptacle n - [electr-instal] tomacorriente m con tres puntos m
—— single phase system n - [electr-instal] red f trifilar monofásica
—— —— strand n - [cabl] cordón m con tres alambres m
—— —— system n - [electr-distrib] red f, trifilar, or con tres conductores m
—— year a - [chronol] trienal
threepenny nail n - clavo m de 1-1/4 pulgadas f
threshold detector n - [electron] detector m para umbral m

thrift n - ...; austeridad f
thriftily adv - ...; austeramente
thriftiness n - ...; austeridad f
thrill n - ...; sobresalto m; excitación f | v - ...; excitar; electrizar
thrilled a - emocionado,da; excitado,da
thrilling n - excitación f; electrización f | a - emocionante; excitante; electrizante
thrive v - ... • [fig] florecer
thrived a - medrado,da
thriving a - pujante; medrante
thriving n - medra f
—— industry n - [ind] industria f floreciente
throat n - ... • [mech] acanaladura f • [weld] espesor m útil de cordón m
— cone n - [metal-prod] cono m (para cierre m) para tragante m
—— spray n - [metal-prod] riego m para cono m para tragante m
— damage n - [metal-prod] avería f en, tragante m, or garganta f
— excess gas n - [metal-prod] gas m excesivo en tragante; exceso m de gas m en tragante m
— fine(s) n - [metal-prod] polvo m en tragante
— gas n -]metal-prod] gas m en tragante m
—— circulation compressor n - [metal-prod] compresor m para circulación f de gas m en tragante m
—— excess n - [metal-prod] exceso m de gas en tragante m
—— pressure n - [metal-prod] presión f de gas en tragante m
—— recovery n - [metal-prod] recuperación f de gas m en tragante m
—— seal n - [metal-prod] cierre m para gas m en tragante m
—— sealing n - [metal-prod] estanqueidad f de gas m en tragante m
— high pressure n - [mmetal-prod] presión f alta en tragante m
— hopper n - [ind] tolva f para tragante m
— level n - [metal-prod] nivel m en tragante m
— manhole n - [metal-prod] acceso m a tragante
— shell n - [metal-prod] coraza f para tragante
— trolley n - [metal-prod] carrillo m para tragante m
throng n - ...; turba f
throttle n - [steam] ...; regulador m; toma f para vapor m • [int.comb] regulador m (para carburante m); acelerador m; estrangulador m
— advance n - avance m de regulador m
— air supply n - [mech] suministro m de aire m para regulador m
— block n - [metal-prod] bloque m para Venturi
— body n - [int.comb] cuerpo m para, acelerador m, or regulador m; mariposa f
— bore n - [int.comb] taladro m en, acelerador m, or regulador m
— cable bulkhead nut n - [int.comb] tuerca para mamparo m para cable m para regulación f
—— nut n - [int.comb] tuerca f para cable m para regulación f
— control n - [int.comb] regulación f para, acelerador m, or regulador m
— electrical signal n - señal f eléctrica para regulador m
— lever setting n - [mech] regulación f, or fijación f, de palanca f para acelerador m
— linkage n - [int.comb] articulación f para acelerador m
— pilot n - [int.comb] piloto m para acelerador
— plate n - [int.comb] placa f (aforadora) para regulador m
— rod n - [int.comb] vástago m para regulador m
— sensible a - [autom] sensible a acelerador m
— shaft n - [int.comb] árbol m, or vástago m, or varilla f, para acelerador m
— sticking n - [int.comb] trabadura f de acelerador m
— stop n - [int.comb] tope m para acelerador m
— valve n - [valv] válvula f estranguladora

throttle valve screw n - [int.comb] tornillo m para válvula f estranguladora
throttling governor n - [int.comb] regulador m para aceleración f
through a - pasante; pasador,ra • directo,ta | adv - . . .; por entre; hasta; en base a • [transp] de tránsito
— @ **arc** adv - [weld] a través de arco m
— @ — **metal transfer** n - [weld] transferencia f de metal m a través de arco m
— **bolt** n - [mech] perno m, atravesador, or pasante
— **bridge** n - [bridges] puente m con tablero m inferior
— @ **cable** adv - a través de cable m (hueco)
— @ **grapevine** adv - indirectamente; por bajo cuerda f
— **hole** n - agujero m, pasador, or que atraviesa
— @ **inching grip box** adv - [wiredrwng] a través de caja f con mordazas f para avance gradual
— **lap weld** n - [weld] soldadura f con solapo m a través de plancha f
— **no fault** adv - no imputable
— **one head** adv - [weld] a través de (una) sola cabeza f
— **other people** adv - por intermedio de, tercero(s), or otra(s), or tercera(s), persona(s)
— @ **protector connection** n - [electr-instal] conexión f a través de protector m
— **pulling** n - hacer, pasar, or atravesar
— @ **radiator** adv - [int.comb] a través de radiador m
— @ **rod straightener** adv - [wiredrwng] a través de enderezadora f para varilla(s) f
— @ **roof penetration** n - penetración f por techo
— @ **sidewall** adv - [autom-tires] por pared f lateral
— **splice** n - [electr-instal] empalme m directo
— @ **third party** adv - por intermedio de, tercero(s), or persona(s) f tercera(s)
— **track(s)** n - [rail] vía(s) f directa(s)
— **traffic** n - [roads] tráfico m de tránsito m
— **truss** n - [bridges] armadura f para tablero m
— — **bridge** n - [constr] puente m con armadura f para tablero m inferior
— **us** adv - por intermedio m nuestro
— @ **wall(s) penetration** n - penetración f, por, or a través de, pared(es) f
— **weld** n - [weld] soldadura f a través de plancha f
— @ **wire drawer** n - [wiredrwng] a través de trefiladora f
throughhole n - [mech] orificio m atravesador
throughout adv - . . .; totalmente; íntegramente • a través de • en, toda(s), or diversa(s), parte(s) • a menudo • en totalidad f
— @ **country** adv - [pol] por todo país m
— @ **length** adv - en toda longitud f
— @ **day** adv - durante todo día m
— @ **material** adv - en todo material m
— @ **molten glass** adv - [ceram] a través de (toda) masa f de vidrio m fundido
— @ **night** adv - durante toda noche f
— @ **volume** adv - en todo volumen m
throughput n - [ind] producción f (en una unidad f de tiempo m) | v - [ind] dar paso m
— **maximizing** n - [mech] aseguramiento f de producción f máxima
throughway n - [roads] camino m, or carretera f, con acceso m limitado • paso m (interior)
throw n - tiro m • [mech] excentricidad f • carrera f; recorrido m | v - . . . • desprender • [electr-instal] mover; operar; cambiar
— **away** v - descartar; desperdiciar | a - descartable
— @ **stub** v - [weld] descartar colilla f
— **in** v - agregar
— — @ **clutch** v - [mech] embragar
— **into** @ **gear** v - [mech] engranar; encajar; endentar
— **off** v - despedir; arrojar

throw out v - botar; despedir; arrojar (a)fuera • [medic] vomitar
— — @ **burden** v - [metal-prod] arrojar, or lanzar, carga f (a exterior m)
— — @ — **and slag** v - [metal-prod] arrojar, or lanzar, carga f y escoria f (a exterior m)
— — @ **clutch** v - [mech] desembragar
— — **lever** n - [mech] palanca f, desacopladora, or para desacoplamiento m
— — **of gear** v - [mech] desengranar; desencajar
— — **slag** v - [metal-prod] arrojar, or lanzar, escoria f
— — **switch** n - [electr-instal] conmutador m con, cuchilla(s) f, or palanca f
— @ **switch** v - [electr-oper] mover, or cambiar, or operar, conmutador m, or interruptor m
— @ **toggle switch** v - [electr-oper] mover, or cambiar, or operar, conmutador m con palanca
— **up** v - [medic] vomitar
throwaway a - descartable
throwing away n - descarte m
— **in** n - agregación f
— **into gear** n - [mech] engranaje m; encajadura f
— **off** n - despido m
— **out** n - despido m; descarte m; arrojamiento m
— — **of gear** n - [mech] desengranaje m; desencajadura f
thrown a - tirado,da; lanzado,da; desprendido,da
— **away** a - descartado,da; botado,da
— — **stub** n - [weld] colilla f descartada
— **in** a - agregado,da
— **into gear** a - [mech] engranado,da; encajado,da; endentado,da
— **off** a - despedido,da
— **out** a - despedido,da; botado,da; arrojado,da
— — **of** @ **gear** a - [mech] desengranado,da
throwout lever n - [mech] palanca f, desacopladora, or para desacoplamiento m
thru adv - see **through**
thruhole n - [mech] orificio m atravesador
thrust n - . . . • [archit] empuje m oblícuo • tendencia f a abrir(se)
— **ball** n - [mech] rótula f
— — **bearing** n - [mech] cojinete m con bola(s) f para empuje m
— **beam** n - [constr] viga f para empuje m
— — **casting** n - [constr] vaciado m, or vaciamiento m, or colada f, de viga f para empuje
— — **face** n - [constr] cara f de viga f para empuje m
— — **installation** n - [constr] instalación f de viga f para empuje m
— — **pouring** n - see **thrust beam casting**
— **bearing** n - [mech] cojinete m, or chumacera f, axial, or para empuje m
— — **design load** n - [mech] carga f prevista para cojinete m para empuje m
— **block** n - [constr] macizo m para empuje m
— **bushing** n - [mech] buje m para empuje m
— **collar** n - [mech] collar m, compensador, or para empuje m
— **load** n - [mech] carga f, axial, or para empuje m
— **plate** n - [mech] placa f para, empuje m, or soporte m
— — **to** @ **block** a - [int.comb] de placa f para empuje m a, bloque m, or macizo m
— **resistance** n - [archit] resistencia f a empuje m (oblícuo)
— **ring** n - [mech] aro m, or anillo m, para empuje m
— **roller** n - [mech] rodillo m para empuje m
— **shim** n - [mech] calce m para empuje m
— **sleeve** n - [mech] manguito m para empuje m
— **spacer** n - [mech] separador m para empuje m
— **tab** n - [mech] orej(et)a f para empuje m
— **transfer** n - [mech] transferencia f de empuje
— **washer** n - [mech] arandela f, compensadora, or para empuje m
— — **installation** n - instalación f de arandela
— — **kit** n - [mech] juego m de arandela(s) f para empuje m

thrust withstanding n - [mech] resistencia a empuje m
thruway n - [roads] see **throughway**
thumb control n - ajuste m, or regulación f, con pulgar m | a - regulador m para ajuste m con pulgar m
— — **setting** n - ajuste m de regulación f con pulgar m
— @ **nose** v - [fam] hacer caso m omiso
— **operated** a - operado,da con pulgar m
— **pressure** n - presión f con pulgar m
— **screw** n - [mech] tornillo m para ajuste manual • tuerca f, mariposa, or con aleta(s) f
thunder truck n - [autom] camión m roncador
thundered a - tronado,da
thunderer n - tronador m
thundering n - fulminación f | a - . . .; tronador,ra; bramador,ra; roncador,ra; fragoroso,sa
thundershower n - [meteorol] . . .; lluvia f con trueno(s) m; tormenta f eléctrica
thus adv - . . .; efectivamente; de esta, forma f, or manera; en forma f, or manera f, tal
Thyrector n - [electr-equip] Thyrector m
— **diode** n - [electr-equip] diodo m Thyrector
— — **and lug assembly** n - [electr-equip] conjunto m de diodo m Thyrector y lengüeta f
— **power system** n - [electr-prod] regulador m Thyrector para voltaje m
tick n - [instrum-clocks] segundo m
ticket n - . . .; boleta f • . . .; pasaje m
— **issuing meter** n - [instrum] medidor m con expedición f de boleta(s) f
tidal marsh n - [geogr] marisma f
— **river** n - [hydr] ría f
— **salt water** n - [hydr] agua m salada de marea
— **water** n - [hydr] agua m de marea f
tidbit n - . . .; fruslería f
tidy driving n - [autom] conducción f limpia
tie n - . . .; enlace m; lazo m; conexión f • [rail] traviesa f; durmiente m • [constr] puente m • [naut] amarre m | v - . . .; juntar • encadenar; afianzar
— **back** n - fijación f • [constr] riostra f
— **band** n - zuncho m; banda f para amarre m
— **base** n - [rail] base f para, traviesa f, or durmiente m
— **beam** n - [constr] viga f para amarre m; tirante m
— **break(ing)** n - desempate m; resolución f, or decisión f, de empate m
— —**(ing) vote** n - voto m, para desempate m, or calidad f
— **circuit** n - [electr-instal] circuito m para, enlace m, or (inter)conexión f
— **clutch** n - [mech] embrague m para, unión f, or (inter)conexión f
— — **high rod** n - [mech] vástago m superior para embrague m para, unión f, or interconexión f
— — **low rod** n - [mech] vástago m inferior para embrague m para, unión f, or interconexión f
— **down** n - amarre m • afianzamiento m; aseguramiento m • [petrol] amarre m; retenida f | v - amarrar; afianzar; inmovilizar atando
— — **band** n - [mech] zuncho m para fijación f
— — **chain** n - [chains] cadena f para, amarre m, or afianzamiento m, or amarrar
— **feeder** n - [ind] alimentador m para enlace m
— **for first place** v - [sports] empatar en, lugar m primero, or posición f primera
— **handler** n - [rail] manipuladora f para, traviesa(s) f, or durmiente(s) m
— **in** n - [weld] enlace m • [electr-instal] empalme m; interconexión f | v - involucrar
— @ **knot** v - atar nudo m
— **nail** n - [rail] escarpia f (para rieles m)
— **plate** n - [rail] sillete m; placa f para asiento m
— **plug** n - [rail] tarugo m (de madera f) para, traviesa f, or durmiente m
— **point** n - [mech] punto m para enlace m

tie rod n - [mech] tensor m; barra f, or varilla f, tensora • [autom] barra f para acoplamiento m
— — **clamp** n - [mech] abrazadera f para barra f, conectora, or para acoplamiento m
— **spacer** n - [rail] espaciador m para, traviesas f, or durmiente(s) m
— **together** v - enlazar • [fig] compaginar
— **top** n - [rail] parte f superior de traviesa f
— **up** v - envolver; involucrar; comprometer • inmovilizar
— **wire** n - riostra f; alambre m para atar
— **wrap** n - [mech] cinta f sujetadora
tied a - atado,da; ligado,da • afianzado,da • [sports] empatado,da
— **arch** n - [archit] bóveda f atirantada*
— **down** a - amarrado,da; afianzado,da; inmovilizado,da • con atadura f
— **in** a - involucrado,da; comprometido,da
— **into** a - vinculado,da
— **knot** n - [cabl] nudo m atado
— **together** a - liado,da • [fig] compaginado,da
— **up** a - envuelto,ta; involucrado,da; comprometido,da • inmovilizado,da
tiedown n - amarre m
— **companion flange(s)** n - [mech] brida(s) f gemela(s) para amarre m
— **flange** n - [mech] brida f para amarre m
tieing n - see **tying**
tier n - . . .; piso m; camada f • [mech] atadora f
tierceron n - [archit] tercelete m
tig n - [weld] see **tungsten inert gas**
tight a - . . .; ajustado,da; apretado,da • sólido,da • tenso,sa • justo,ta • restringido,da • impermeable | adv - see **tightly**
. . . **tight** a - a prueba f de . . .
— **adherence** n - adherencia f ajustada
— **armature** n - [electr-mot] armadura f apretada
— **belt** n - [mech] correa f, apretada, or ajustada
— **bolted joining** n - [mech] junta f empernada, estanca, or apretada
— **bond** n - liga f sólida
— **budget** n - [fin] presupuesto m, ajustado, or limitado, or restringido
— **bumping** n - [mech] apretadura f con golpes m
— **butt** a - [weld] a tope ajustado,da
— **chain** n - [mech] cadena f, tirante, or tensa
— **clamp** n - [mech] sujetador n, apretado, or ajustado
— **coating** n - [tub] recubrimiento m ajustado
— **clamping** n - [mech] sujeción f firme
— **coil** n - [metal-roll] bobina f apretada • [metal-treat] bobina f, cerrada, or apretada
— — **annealing** n - [metal-treat] recocido m de bobina f, cerrada, or apretada
— **coiler** n - [metal-roll] anrolladora f, or bobinadora f, apretada, or con tensión f
— **connection** n - junta f impermeable • [electr-instal] conexión f bien hecha • [petrol] conexión f, or junta f, apretada
— **cooperage hoop** n - [mech] zuncho m para tonelería f hermética
— **corner** n - [sports] curva f cerrada
— **cornering** n - [autom] viraje m brusco
— **coupled** a - [mech] acoplado,da ajustadamente
— — **coil** n - [electr-instal] devanado m acoplado ajustadamente
— **curve** n - [sports] curva f cerrada
— **delivery** n - [transp] entrega f ajustada
— — **schedule** n - [transp] programa m ajustado para entrega(s) f
— **electrode connection** n - [weld] conexión f firme para electrodo m
— — **supply** n - [weld] suministro m restringido, or disponibilidad f restringida, de electrodo(s) m
— **fan belt** n - [int.comb] correa f para ventilador m, apretada, or ajustada
— — **fit** n - ajuste m apretado; encaje m ajustado

tight fit-up n - [weld] presentación f ajustada
— **fitting** n - [mech] dispositivo m ajustado • encaje m ajustado | a - ajustado,da; con ajuste m apretado • estanco,ca
— — **cone** n - [mech] cono m con ajuste apretado
— — **joint** n - [tub] junta f estanca
— **grip(ping)** n - sujeción f fuerte
— **ground** a - [electr-instal] seguro,ra a tierra
— — **connection** n - [electr-instal] conexión f segura con tierra f
— **holding** n—sujeción f, or retención f, fuerte
— **iron situation** n - [metal-prod] escasez f de hierro m
— **joint** n - [mech] junta f, or unión f, firme, or apretada, or ajustada, or • junta f estanca • [weld] junta f sellada • [tub] junta f, or conexión f, impermeable, or estanca
— — **gasket** n - [constr] guarnición f para junta f estanca
— **kink** n - [mech] pliegue m apretado • [cabl] coca f apretada
— **knot** n - [cabl] nudo m apretado
— **locking screw** n - [mech] tornillo m para cierre m, ajustado, or apretado
— **mesh(ing)** n - [mech] engargante m, or engrane m, ajustado
— **neoprene** n - [electr-cond] neopreno m hermético
— **nut** n - [mech] tuerca f apretada
— **on @ rim** a - [mech] ajustado,da a llanta f
— **paint adherence** n - [paint] adherencia f buena de pintura f
— **quarter(s)** n - espacio m reducido
— **placement** n - colocación f apretada
— **response** n - [mech] reacción f, precisa, or ajustada
— **schedule** n - horario m, or programa m, ajustado
— **screw** n - [mech] tornillo m, ajustado, or apretado
— **seam** n - [mech] costura f ajustada
— **sheeted** a - [constr] con tablestacado m ajustado
— **sheeting** n - [constr] tablestacado m ajustado
— **situation** n - [ind] escasez f
— **spot** n - [electr-equip] entrehierro m insuficiente • [mech] punto m (demasiado) ajustado
— **spring** n - [mech] resorte m, or muelle m, apretado • espiral m apretado
— **supply** n - suministro m restringido; disponibilidad(es) f restringida(s)
— **tap-in** n - [tub] conexión f (domiciliaria), or acometida f, estanca
— **valve cover locking screw** n - [mech] tornillo m para cierre n, ajustado, or apretado, para tapa f para válvula f
— **winding** n - [mech] arrollamiento m ajustado
tighten v - . . .; ajustar • atesar; tensar • restringir • espesar
— **@ adjuster** v - [mech] apretar ajustador m
— **@ armature** v - [electr-mot] apretar devanado
— **@ bearing adjuster** v - [mech] apretar ajustador m para cojinete m
— **@ blowpipe** n - [metal-prod] ajustar busa f
— **@ bolt** v—[mech] ajustar, or apretar, perno m
— **brake** v - [mech] apretar freno m
— **@ clamp** v - [mech] ajustar, or apretar, sujetador m, or abrazadera f
— **@ cap screw** v - [mech] ajustar, or apretar, tornillo m con casquete m
— **@ chain** v - [mech] tensar cadena f
— **@ conveyor chain** v - [mech] tensar cadena f transportadora
— **down** v - [mech] ajustar sobre base f
— **@ drive gear nut** v - [mech] apretar tuerca f para engranaje m para impulsión f
— **evenly** v - apretar, or ajustar, en forma f pareja
— **@ fastener** v - [mech] apretar sujetador m
— **finger tight** v - [mech] apretar manualmente
— **firmly** v - ajustar, or apretar, firmemente

tighten @ fitting v - [mech] apretar, or ajustar, dispositivo m, or accesorio m, or pieza f para ajuste m
— **@ flange** v - [mech] apretar, or ajustar, brida f, or pestaña f
— **@ — clamp** v - [mech] apretar, or ajustar, abrazadera f para, brida f, or pestaña f
— **@ guide** v - [valv] apretar, or ajustar, guía(dera) f
— **@ high pressure line** v - [int.comb] apretar línea f con presión f, alta, or elevada
— **@ hold-down bolt** v - [mech] ajustar, or apretar, perno m para sujeción f
— **@ — nut** v - [mech] ajustar, or apretar, tuerca f para sujeción f
— **@ — screw** v - [mech] ajustar, or apretar, tornillo m para, sujeción f, or retención f
— **@ jam nut** v - [mech] ajustar contratuerca f
— **@ knot** v - [cabl] apretar nudo m
— **@ light kit** v - [electr-instal] apretar, or ajustar, conjunto m para alumbrado m
— **@ liner** n - [mech] ajustar camisa f
— **@ mounting screw** v - [mech] apretar, or ajustar, tornillo m para montaje m
— **@ nut to @ correct torque** v - [mech] apretar tuerca f hasta par m motor correcto
— **on @ piston rod** v - [mech] ajustar sobre vástago m para émbolo m
— — **@ rim** v - [mech] ajustar sobre llanta f
— **@ piston** v - [mech] ajustar émbolo m
— — **screw nut** v - [mech] ajustar, or apretar, tuerca f para tornillo m
— **snugly** v - [mech] ajustar apretadamente; apretar ajustadamente
— **@ strain relief clamp** v - [mech] ajustar, or apretar, sujetador m para alivio m para tensión f
— **@ supply** v - restringir, suministro m, or disponibilidad f
— **@ switch housing** v - [electr-equip] apretar caja f para conmutador m
— **temporarily** v - [mech] apretar, temporariamente, or provisoriamente
— **@ thumbscrew** v - [mech] apretar, or ajustar, tornillo m para ajuste m manual
— **to @ correct torque** v - [mech] apretar hasta par m motor correcto
— — **@ torque** v—[mech] apretar hasta par motor
— **@ valve** v - [valv] ajustar, or apretar, válvula f
— **@ — cover** v - [valv] apretar, or ajustar, tapa f para válvula f
— **@ — nut** v - [valv] apretar, or ajustar, tuerca f para tapa f para válvula f
— **with @ hammer** v - [mech] apretar con martillo
tightened a - apretado,da; ajustado,da • restringido,da
— **armature** n - [electr-mot] devanado m ajustado
— **belt** n - [mech] correa f ajustada
— **chain** n - [mech] cadena f tensada
— **conveyor chain** n - [mech] cadena f transportadora tensada
— **drive gear nut** n - [mech] tuerca f para engranaje m para impulsión f apretada
— **electrode supply** n - [weld] suministro m restringido, or disponibilidad f restringida, de electrodo(s) m
— **evenly** a - [mech] ajustado,da, or apretado,da, en forma f pareja
— **fastener** n - [mech] sujetador m apretado
— **fastening device** n - [mech] dispositivo n para sujeción f, ajustado, or apretado
— **finger tight** a - [mech] apretado,da, or ajustado,da, manualmente
— **fitting** n - [mech] accesorio m, ajustado, or apretado; pieza f para ajuste n apretada
— **guide** n - [valv] guía(dera) f, apretada, or ajustada
— **hold-down bolt** n - [mech] perno m para sujeción f, ajustado, or apretado
— — **nut** n - [mech] tuerca f para sujeción f,

ajustada, or apretada
tightened holding screw n - [mech] tornillo m para, sujeción f, or retención f, ajustado, or apretado
— **inlet line fitting** n - [mech] dispositivo m para línea f para entrada f apretado
— **jam nut** n - [mech] contratuerca f ajustada
— **knot** n - [cabl] nudo m apretado
— **line fitting** n - [mech] dispositivo m para línea f apretado
— **liner** n - [mech] camisa f ajustada
— **locking screw** n - [mech] tornillo m para cierre m, ajustado, or apretado
— **mounting screw** n - [mech] tornillo m para montaje m, apretado, or ajustado
— **nut** n—[mech] tuerca f, apretada, or ajustada
— **on @ piston rod** a - [mech] ajustado,da sobre vástago m para émbolo m
— — **@ rim** a - [mech] ajustado,da sobre llanta
— **piston** n - [mech] émbolo m ajustado
— **properly** a—[mech] ajustado,da apropiadamente
— **screw** n - [mech] tornillo m, ajustado, or apretado
— — **nut** n - [mech] tuerca f para tornillo m, apretada, or ajustada
— **securely** a - [mech] apretado,da, or ajustado,da, firmemente
— **snugly** a - [mech] apretado,da ajustadamente; ajustado,da apretadamente
— **stem guide** n - [valv] guía(dera) f para vástago m, apretada, or ajustada
— **supply** n - suministro m restringido; disponibilidad f restringida
— **switch housing** n - [electr-equip] caja f para conmutador m apretada
— **thumbscrew** n - [mech] tornillo m para ajuste m manual, apretado, or ajustado
— **tie rod clamp** n - [mech] mordaza f para barra f para acoplamiento m, ajustada, or apretada
— **to @ correct torque** a - [mech] apretado,da hasta par m motor correcto
— **valve** n - [valv] válvula f, apretada, or ajustada
— — **cover** n - [valv] tapa f, ajustada, or apretada, para válvula f
— — — **locking screw** n - [mech] tornillo m para tapa f para válvula f, ajustado, or apretado, para cierre m
— — **stem guide** n - [valv] guía(dera) f para válvula f, ajustada, or apretada, para vástago m
— **wedge** n - [mech] cuña f apretada
tightener n - [mech] tensor m; atesador m; tensador m
tightening n - [mech] ajuste m; apretadura f • atesamiento m | a - [mech] tensador,ra
— **bolt** n - [mech] perno m para ajuste m
— **finger tight** n - [mech] apretadura f (cuanto se pueda), manualmente, or con dedo(s) m
— **on @ piston rod** n - [mech] ajuste m sobre vástago m para émbolo m
— **specification** n - [mech] especificación f para, apretadura f, or ajuste m
— — **@ correct torque** n - [mech] apretadura f, or ajuste m, hasta par m motor correcto
— **torque** n - [mech] momento m torsional
tighter band n - [mech] banda f más ajustada
— **mesh(ing)** n - [mech] engrane m más ajustado
tightly adherent inert layer n - [mech] capa f inerte adherida firmemente
— — **layer** n - capa f adherida firmemente
— **bolted** a - [mech] empernado,da ajustadamente
— **connected** a - conectado,da, ajustadamente, or firmemente, or seguramente
— **controlled** a - [legal] fiscalizado,da estrictamente
— **coupled** a - [mech] acoplado,da ajustadamente
— — **coil** n - [electr-instal] devanado m acoplado ajustadamente
— **fitted** a - [mech] ensamblado,da ajustadamente
— **held** a - firme; sujetado,da ajustadamente •

[legal] fiscalizado,ca estrictamente
tightly in place adv - ajustadamente en sitio m
— **locked** a - [mech] fijado,da firmemente
— **sheeted** a - [constr] con tablestaca(s) f ajustada(s)
— **wound** a - [mech] enrollado,da, ajustadamente, or apretadamente
— — **spring** n - [mech] resorte m, or muelle m, enrollado, ajustadamente, or apretadamente
tightness n - hermeticidad f; estanqueidad f
— **test** n - prueba f, or ensayo m, de estanqueidad f, or hermeticidad f
— **value** n - [mech] coeficiente m para ajuste m
tile n - [constr] ...; mosaico m; loseta f | v - [constr] ...; enbaldosar
— **floor** n - [constr] piso m de baldosa(s) f • baldosa(s) f para piso m
— **lath** n - [constr] listón m, or lata f, para teja(s) f
— **maker** n - [ceram] azulejero m
— **manufacturer** n - [ceram] fabricante m de, teja(s) f, or baldosa(s) f
— **pipe,ping** n - [ceram] tubo m, or tubería f, de arcilla f
— **setter** n - [constr] azulejero m
— **texture** n - [ceram] textura f de azulejo(s) m
tiled a - [constr] embaldosado,da; tejado,da
tiling n [constr] embaldosado m; tejado m
— **lath** n - [constr] listón m (para tejas f)
till n - ... • [geol] inclusión f | adv - hasta | v - [agric] labrar
tilled a - [agric] labrado,da
tiller rope n - [cabl] cable m para caña f para timón m; guardín m • cable m (6x7) extraflexible (para trabajo m)
— **wire rope** n - [cabl] cable m guardín (de alambre m)
tilling n - [agric] labrantío m
tilt n - ...; ladeo m • [nav] escora f | a - see **tilting** | v - ...; bascular; ladear • [nav] escorar
— **angle** n - ángulo m de inclinación f
— **back(wards)** v - inclinar hacia atrás
— **(ing) cart** n - [ind] volquete m
— **@ column** v - [mech] inclinar columna f
— **@ differential carrier** b - [autom-mech] inclinar portadiferencial m
— **down(wards)** v - inclinar hacia abajo m
— **(ing) drive** n - [mech] accionamiento m para inclinación f
— **@ drum** v - [mech] inclinar, or volcar, tambor
— **@ electrode** v - [weld] inclinar electrodo m
— **forwards** v - inclinar hacia adelante
— **front** v - inclinar hacia adelante
— **(ing) lever** n - [mech] palanca f para inclinación f
— **mold ingot** n - [metal-prod] lingote m de molde m inclinado
— **rear(ward)** v - inclinar hacia atrás
— **slightly** v - inclinar, levemente, or ligeramente
— **@ steering column** v - [autom] inclinar columna f para dirección f
— **to @ front** v - inclinar hacia adelante
— — **@ rear** v - inclinar hacia atrás
— **@ trailer** v - [transp] inclinar remolque m
— **up(wards)** v - inclinar hacia arriba
tiltable a - [mech] inclinable • volcable
tilted a - inclinado,da; ladeado,da; inclinable • vertido,da
— **column** n - [mech] columna f inclinada
— **drive** n - [mech] accionamiento m inclinado
— **head** n - [mech] cabeza f inclinada
— **iron** n - [metal-prod] hierro m, fundido, or vertido • hierro m colado
— **side to side** a - [mech] inclinado,da hacia costado(s) m
— **slightly** a - inclinado,da levemente
— **steering column** n - [autom] columna f para dirección f inclinada
— — **trailer** n - [transp] remolque m inclinado

tilted up a - inclinado,da hacia arriba
tilter n - [ind] volcador m; volteadora f; tumbadora f • [mech] inclinador m; basculador m
— gear wheel n - [ind] rueda f para volcador m
— suspension n - [mech] suspensión f de, inclinador m, or volcador m
tilting n - . . . ; ladeo m | a - inclinador,ra; inclinante; volcador,ra; volteador,ra; basculante; con movimiento m de inclinación f • [naut] escorado,da
— angle n - ángulo m, de inclinación f, or para vuelco m
— arm n - [metal-prod] brazo m para inclinación
— backward(s) n - inclinación f hacia atrás
— chain n - [mech] cadena f para inclinación f
— beam n - [ind] brazo m para inclinación f
— chute n - [ind] vertedero m basculante
— converter n - [metal-prod] convertidor m basculante
— device n - dispositivo m basculante
— disc n - [valv] disco m basculante
— — type valve n - [valv] válvula f de tipo m con disco m basculante
— — valve n - [valv] válvula f con disco m basculante
— drive n - [mech] accionamiento m basculante
— forward n - inclinación f hacia adelante
— furnace n - [metal-prod] horno m basculante
— — first helper n - [metal-prod] (ayudante) primero m para horno m basculante
— — helper n - [metal-prod] ayudante m para horno m basculante
— — operator n - [metal-prod] operador m para horno m basculante
— — second helper n - [metal-prod] (ayudante) segundo m para horno m basculante
— — yield n - [metal-prod] rendimiento m de horno m basculante
— lever n - [mech] palanca f para inclinación f
— lug n - [mech] uña f, or pata f, para, inclinación f, or basculación f
— mechanism n - mecanismo m para inclinación f
— mixer n - [domest] mezcladora f inclinable
— mold ingot n - [metal-prod] lingote m con molde m inclinado
— motor n - [ind] motor, inclinable, or para inclinación f
— open hearth furnace n - [metal-prod] horno m Siemens Martin basculante
— pot n - [ind] caldero m, or pote m, or tacho m, basculante
— roll n - [mech] rodillo m basculante
— — table n - [mech] mesa f con rodillo(s) m basculante
— steering wheel n - [autom] volante m inclinable
— system n - [ind] sistema m para, inclinación f, or basculación f
— table n - [mech] mesa f, basculante, or inclinante, or tumbadora
— — drive n - [mech] accionamiento m para mesa f basculante
— — lift(er) n - [mech] elevador m para mesa f basculante
— — manipulator n - [mech] manipulador m para mesa f basculante
— — roll(er) n - [mech] rodillo m para mesa f basculante
— truck n - [autom] (auto)camión m volcador
timber n - [lumber] . . . • [constr] . . . ; armadura f • [audio] timbre m | v - [constr] encofrar
— bridge n - [constr] puente m de madera f
— bumper n - [constr] paragolpe(s) m de madera
— canting n - [carp] escuadría f
— fender n - [hydr] defensa f, or pallete m, de madera f
— industry n - [luber] industria f maderera
— mat n - [constr] colchón m de tronco(s) m
— pile n - [lumber] pila f de madera f • [pil] pilote m de madera f

timber railroad bridge n - [rail] puente m ferroviario de madera f
— roughing n - [luber] desbaste m de madera f
— strut n - [constr] puntal m de madera f
— support n - [constr] soporte m de madera f
— transportation n - transporte m de madera f
— trestle n - [rail] viaducto m de madera f
— truss n - [lumber] armadura f de madera f
— wall n - [constr] pared f de madera f
— work n - [constr] maderamen m
timbered a - [constr] encofrado,da
timbering n - . . . . • [constr] maderamen m
timberwork n - [constr] . . . ; viguería f
time n - . . . . | v - . . . ; cronometrar; sincronizar • [int.comb] poner a punto m • [labor] fiscalizar tiempo(s) m
— adjustment n - regulación f, or ajuste m, de tiempo(s) m
— after teeming n - [metal-prod] tiempo m, a aire m, or para oreo m
— alloting n - establecimiento m de, tiempo(s) m, or plazo(s) m
— allowance n - tiempo m permitido
— and again adv - vez f tras vez; vuelta f tras vuelta f; una y otra vez f
— assinging n - asignación f de tiempo m
— automatically v - [electron] sincronizar automáticamente
— bank deposit n - [fin] depósito m bancario a plazo m
— bar v - [sports] eliminar por, razón(es) f, or exceso m, de tiempo m
— barred a - [sports] eliminado,da por razones f de tiempo m
— barring n - [sports] eliminación f por razón(es) f de tiempo m
— before blocking n - tiempo m antes de bloqueo
— — tapping n - [metal-prod] tiempo m antes de, sangría f, or colada f
— being n - momento m; tiempo m presente
— between tapping(s) n - [metal-prod] tiempo m entre colada(s) f
— bomb n - [explos] bomba f, de tiempo m, or con acción f retardada
— card n - [labor] ficha f para trabajo m
— charter n - [nav] contrato m por fletamiento m (con plazo m)
— clock n - [instrum] cuentahora(s) f; cronómetro m; reloj m (sincronizador)
— column n - [labor] columna f para tiempo(s) m
— consuming a - oneroso,sa (en tiempo m)
— constant n - constante m de tiempo m
— control n - fiscalización f de tiempo(s) m
— — delay relay n - [electron] relé m para retarado m para regulación f de tiempo(s) m
— current curve n - [electr] curva f para tiempo m y corriente f
— curve n - [ind] curva f para tiempo m
— cycle n - [weld] ciclo m de tiempo(s) m
— delay n - retardo m; retardación f; lapso m
— magnetic overload relay n - [electr] relé m magnético de sobrecarga f para retardo m
— — overload relay n - [electr] relé m de sobrecarga f para retardo m
— — relay n - [electr] relé m para, retardo m
— deposit n - [fin] depósito m a plazo m
— devoted to management work n - [managm] tiempo m destinado a trabajo administrativo
— — technical work n - [managm] tiempo m destinado a trabajo m técnico
— @ engine v - [int.comb] sincronizar motor m; regular encendido m de motor m
— estimating method n - [labor] método m para estimación f de tiempo m
— extension n - prórroga f de tiempo m
— extrapolation n - extrapolación f de tiempo
— gap n - lapso m
— @ ignition v - [int.comb] sincronizar, or poner a punto m, encendido m
— in @ mold(s) n - [metal-prod] tiempo m, en lingotera(s) f, or entre colada y desmoldeo

time lag n - [ind] retardo m
— — **fuse** n - [electr-equip] fusible f para acción f retardada
— **lapse** n - lapso m (de tiempo m)
— **management** n - [managm] administración f de tiempo m
— **of damage** n - [insur] momento m de siniestro
— **off** n - [safety] tiempo m de baja f
— **@ operation** v - cronometrar operación f
— **point** n - instante m; momento m
— **properly** v - [int.comb] ajustar, or regular, or sincronizar, apropiadamente encendido m
— **ravages** n - estragos m causados por tiempo m
— **recorder** n - [instrum] cuentahora(s) n
— **saving** n - ahorro m, or economía f, de tiempo m | a - que ahorra, or ahorrador de, tiempo m
— **sequencing** n - ordenamiento m de tiempo(s) m
— **sheet** n - [labor] hoja f, or planilla f, de tiempo(s) m
— **span** n - lapso m de tiempo m
— **study** n - [labor] cronometraje m; estudio m de tiempo(s) m
— **table** n - horario m; programa m
— **@ tone** v - [electron] sincronizar tono m
timed a - sincronizado,da; puesto,ta a punto m
— **wasting** n - [managm] desperdicio m de tiempo
. . . **time(s)** n - . . . vez,ces
timed a - sincronizado,da; cronometrado,da
— **header** n - [wiredrwng] encabezadora f sincronizada
— **ignition** n - [int.comb] encendido m, sincronizado, or puesto a punto m
— **out** a - [instrum] con curso m corrido
— **tone** n - [electron] tono m cronometrado
timekeeping n - [labor] cronometraje m
timely test(ing) n - ensayo m oportuno
timer n - . . . • [int.comb] distribuidor m • [weld] sincronizador m • retardador m • [instrum] contador m para tiempo(s) m • [ind] regulador m para intervalo(s) m
— **panel** n - tablero m para fiscalización f de tiempo(s) m
times n - [chron] época f | adv - [math] veces f • multiplicado,da por
timid a - . . . ; formidoloso,sa
timing n - . . . ; cronometraje m; regulación f; sincronización f; puesta f a punto m • oportunidad f • tiempo m | a - sincronizador,ra
— **belt** n - [mech] correa f dentada
— **chain** n - [mech] cadena f sincronizadora
— **check(ing)** n - [int.comb] comprobación f de regulación f de encendido m
— **clock** n - [instrum] reloj m sincronizador
— **consideration(s)** n - razón(es) f de sincronización f
— **gear** n - [int.comb] engranaje m para sincronizaciópn f • engranaje m para distribución f
— **light** n - [instrum] luz f para sincronización f
— **mark(ing)** n - [int.comb] marca(ción) f para regulación f para encendido m
— **out** n - [instrum] corrimiento m de curso m
— **pin** n - [int.comb] clavija f para puesta f en punto m
— **recheck(ing)** n - [int.comb] comprobación f nueva de regulación f para encendido m
Timken roller bearing n - [mech] cojinete m con rodillo(s) (de) Timken
Timoshenko('s) buckling formula n - fórmula f de Timoshenko para aplastamiento m
—**('s) elastic stability theory** n - teoría f de Timoshenko para estabilidad f elástica
—**('s) formula** f - fórmula f de Timoshenko
timothy (grass) n - [botan] fleo m
tin alloy n - [metal] aleación f de estaño m
— **and lead alloy** n - [metal-treat] aleación f con estaño m y plomo m; terne* m
— **annealing** n - [metal-treat] recocido m de hojalata f
— **coated** a - [metal-treat] estañado,da; recubierto,ta con estaño m
— — **copper** n - [metal-treat] cobre m estañado

tin coating n - [metal-treat] recubrimiento m con estaño m
— **finishing** n - [metal-treat] terminación f, or acabado m, de hojalata f
— **Investigation Institute** n - [metal] Instituto m para Investigación(es) f de Estaño m
— **machine** n - see **tinning machine**
— **mill** n - [metal-treat] laminador m para hojalata f
— **pan** n - paila f, or bandeja f, de hojalata
— **pest** n - [metal-prod] pulverización f de hojalata f
— **plate** n - [metal-treat] hojalata f; chapa f estañada; lámina f con capa f de estaño m
— — **coil** n - [metal-treat] bobina f de hojalata f
— — **hand lift truck** n - [metal-treat] elevadora f manual para hojalata f
— — **line** n - [metal-treat] línea f para hojalata f
— — **mill** n - [metal-treat] laminador m para hojalata f
— — **slitter** n - [metal-treat] tijera f, or cizalla f, circular para hojalata f
— — **temper mill** n - [metal-treat] laminador m para temple m para hojalata f
— **pot** n - [metal-treat] pote m, or cuba f, para estaño m, or estañadura f
— **shop** n - [mech] (taller m para) hojalatería
— **strip** n - [metal-treat] hojalata f
— — **annealing** n - [metal-treat] recocido m de hojalata f
— — **finshing** n - [metal-treat] terminación f, or acabado m, de hojalata f
— — **mill** n - [metal-treat] laminador m para hojalata f
— — . . . -**stand temper mill** n - [metal-treat] laminador m para temple m con . . . caja(s) f para hojalata f
— — **temper mill** n - [metal-treat] laminador m para temple m para hojalata f
tinned a - . . .; estañado,da
— **annealed copper** n - [electr-cond] cobre m recocido, estañado, or recubierto con estaño
— **connector** n - [electr-instal] conectador m estañado
— **copper** n - [metal-treat] cobre m estañado
— **iron** n - [metal-treat] hierro m estañado
— **iron strip** n - [metal-treat] fleje m de hierro m estañado
— **part** n - [weld] pieza f estañada
— **split connector** n - [electr-instal] conectador m estañado hendido
— **steel** n - [metal-treat] acero m estañado
— **strip** n - [metal-treat] fleje m estañado
— **tube,bing** n - [tub] tubería f estañada
tinnerman nut n - [mech] tuerca f para ajuste m rápido
tinning n - [metal-treat] estañadura f
— **line** n - [metal-treat] línea f para, estañadura f, or hojalata f
— — **deflector roll** n - [metal-treat] rodillo m deflector para línea f para estañadura f
— — **roll** n - [metal-treat] rodillo m para línea f para estañadura f
— **machine** n - (máquina) f estañadora f
— — **basement** n - [metal-treat] sótano m para laminadora f para, estañadura f, or hojalata f
— **pot** n - [metal-treat] pote m, or cuba f, para estañadura f
— **roll** n - [metal-treat] rodillo m para estañadura f
— **steel** n - [metal-prod] acero m para hojalata
—, **tank**, or **vat** n - [metal-treat] cuba f para estañadura f
Tinsley apparatus n - [instrum] aparato Tinsley
—**Cambridge permeameter** n - [instrum] permeámetro m (de) Tinsley-Cambridge
tinted glass n - [ceram] vidrio m, entintado, or coloreado
tiny globule n - [weld] glóbulo m minúsculo

tip n - . . . . • indicación f; sugestión f; sugerencia f - [mech] . . .; pico m; extremo m; punta f; boquilla f • inclinación f; ladeo m • cuchilla f postiza • [electron-jacks] punta f (de clavija f) • [weld-nozzle extension] guía f (para prolongación f de boquilla f) • [labor] propina f; [Arg.] laudo m | v—inclinar; ir hacia; ladear • [constr] see **dump**
— **back** v - inclinar(se) hacia atrás
— **boom** n - [cranes] botalón m para extremo m
— **cart** n - [ind] volquete m
— **center** n - [mech] centro m de pico m
— **close-up** n - [weld] vista f desde cerca de punta f
— **@ electrode** v - [weld] inclinar electrodo m
— **@ — in travel direction** v - [weld] inclinar electrodo m en sentido m de avance m
— **elevation** n - [constr-pil] nivel m de punta f
— **forward** v - inclinar hacia adelante
— **guard** n - [mech] guardapunta(s) f
— **@ gun** v - [weld] inclinar pistola f
— **@ holder** v - [weld] inclinar portaelectrodo m
— **ladle** n - [metal-prod] cucharón m con pico m
— **light** n - [cranes] luz f en punta f
—**off** n - indicación f; sugerencia f
— **opening** n - [mech] separación f de labio(s) m
— **rearward** v - inclinar hacia atrás
— **rim** n - [mech] borde m de pico m
— **@ scales** v - inclinar balanza f
— **section** n - [cranes] sección f de punta f • punta f suplementaria; extremo m suplmentario
— **sideways** v - inclinar hacia costado m
— **warning light** n - [cranes] luz f en punta f para prevención f
tipped a - inclinado,da • ladeado,da
— **back(wards)** a - inclinado,da hacia atrás
— **forward** a - inclinado,da hacia adelante
— **rearward(s)** a - inclinado,da hacia atrás
— **sideways** a - inclinado,da hacia costado m
tipping n - inclinación f; ladeo m • [constr] see **dumping**
tipple n - [miner] volcadero m, or vaciadero m, para vagoneta(s) f
tire n - [autom-tires] neumático m; cubierta f • [metal-roll] llanta f; bandaje m • [rail] llanta f (postiza) | v - . . .; fatigar(se)
— **airing** n - [autom-tires] inflación f para neumático m
— **and Rim Association** n - [autom-tires] Asociación f (Estadounidense) para Neumático(s) m y Llanta(s) f
— **appearance** n - [autom0tires] apariencia f, or aspecto m, de neumático(s) m
— **— aspect ratio** n - [autom-tires] razón f entra altura f y anchura f de neumático m
— **axis** n - [autom-tires] línea f media, or eje m, de neumático m
— **balancing** n - [autom-tires] equilibrio m de neumático(s) m
— **band** n - [autom-tires] aro m para llanta f
— **bead** n - [autom-tires] talón m de neumático m
— **blowout** n - [autom-tires] reventón m, or pinchadura f, de neumático m
— **body** n - [autom-tires] cuerpo m de neumático
— **bottom** n - [autom-tires] parte f inferior, or base f, de neumático m
— **brand** n - [autom-tires] marca f de neumático
— **branding** n - marcación f de neumático m
— **business** n - [autom-tires] comercio m, or venta f, de neumático(s) m
— **@ car** v - [sports] cansar automóvil m
— **@ car came with** n - [autom-tires] see **original tire**
— **carcass** n - [autom-tires] carcasa f de neumático m
— **carrier** n - [autom] portaneumático(s) m
— **center** n - [autom-tires] eje m de neumático • comercio m, or establecimiento m, para (venta f y servicio m) para neumático(s) m
— **centerline** n - [autom-tires] eje m de neumático m

tire chain n - [autom] cadena f para neumático
— **chalking** n - [autom-tires] entizamiento* m de neumático(s) m
— **choice** n - [autom-tires] selección f de neumático(s) m
— **clinic** n - [autom-tires] clínica f para neumatico(s) m
— **combination chart** n - [autom-tires] tabla f para combinación f de neumático(s) m
— **company** n - [autom-tires] fabricante m de neumático(s) m
— **component** n - [autom-tires] parte f, or sección f, de neumático m
— **compound** n - [autom-tires] compuesto m para neumático(s) m
— **construction tuning** n - [autom-tires] ajuste m, or afinación f, para fabricación f de neumático(s) m
— **consultant** n - [autom-tires] asesor m sobre neumático(s) m
— **cornering** n - [autom-tires] toma f de curva(s) f por neumático(s) m
— **— potential** n - [autom-tires] eficiencia f de neumático(s) m para viraje(s) m
— **@ crew** v - [labor] cansar cuadrilla f
— **dealer** n - [autom-tires] distribuidor m de neumático(s) m
— **design** n - [autom-tires] proyección f para neumático m
— **development** n - [automt-tires] perfeccionamiento m de neumático(s) m
— **@ driver** v - [autom] cansar conductor m
— **failure** n - [autom-tires] falla f de neumático m
— **feature** n - [autom-tires] característica f para neumático m
— **fitment** n - [autom-tires] apareamiento m de neumático(s) m
— **fluid** n - [mech] fluido m para neumático(s)
— **footprint** n - [autom-tires] huella f, or impresión f, de neumático m
— **gage** n - [autom-tires] manómetro m, or indicador m, para presión f de neumático m
— **groove** n - [autom-tires] ranura f en neumático m
— **handling capability** n - [autom-tires] reacción f máxima de neumático m a maniobra(s) f (con volante m)
— **holder** n - [autom] portaneumático(s) m
— **inflating hose** n - [autom] mang(uer)a f para inflación f de neumático(s) m
— **information placard** n - [autom-tires] placa f informativa sobre neumático(s) m
— **inside** n - [autom-tires] (borde) interior m de neumático m
—**(s) interchange** n - [autom] intercambio m de neumático(s) m
— **iron** n - desmontador m para neumático(s) m
— **life** n - [autom-tires] vida f (útil) para neumático m
— **line** n - [autom-tires] renglón m de neumático(s) m
— **@ machine** v - [mech] cansar máquina f
— **mix** n - [autom-tires] mezcla f, or combinación f, de neumático(s) m
— **mounted** a - (montado,da) sobre neumático(s)
— **outlet** n - [autom-tires] comercio m, or establecimiento m, para venta f de neumáticos
— **outside** n - [autom-tires] (borde) exterior m de neumático m
— **pump** n - [autom-tires] bomba f para (inflar) neumático(s) m
— **patch** n - [autom-tires] parche m para neumático(s) m
— **peeling** n - [autom-tires] peladura f en neumático m • saca f de neumático(s) m
— **performance** n - rendimiento m de neumático m
— **pilot plant** n - [autom-tires] planta f piloto para neumático(s) m
— **plant** n - [autom-tires] planta f para neumático(s) m

tire pressure n - presión f en neumático m
— —(s) **chart** n - [autom-tires] tabla f de presión(es) f para neumático(s) m
— **profile** n - [autom-tires] perfil m de neumático(s) m; also see **height to width ratio**
— **protection** n - [mech] protección f para llanta f • [autom-tires] protección f para neumático(s) m
— **puncture,ring** n - [autom-tires] pinchadura f de neumático(s) m
— **quality grade label(l)ing** n - [autom-tires] rotulación f de categoría f de calidad f de neumático(s) m
—('s) **racing performance** n - [autom-tires] rendimiento m de neumático(s) m en carrera(s) f
— **remover** n - [autom] desmontador m para neumático(s) m
— **repair(ing)** n - [autom-tires] reparación f de neumático(s) m
— **replacement chart** n - [autom-tires] cuadro m para reemplazo m de neumático(s) m
— **reserve load capacity** n - [autom-tires] capacidad f de reserva f para carga(s) f para neumático(s) m
— **rib** n - [autom-tires] resalto m, or nervadura f, en neumático(s) m
— **rim** n - pestaña f, or talón m, para neumático m • llanta f para neumático m • [Mex.] caja f para llanta f
— **ring** n - [autom-tires] aro m para neumático m
— **rolling** n - [autom-tires] rodaje m de neumático(s) m
— — **resistance** n - [autom-tires] resistencia f de neumático m a rodadura f
— **rollover** n - [autom-tires] torsión f de neumático(s) m
— **rubber** n - [autom-tires] caucho m, para, or en, neumático(s) m
— **salesman** n - [autom-tires] vendedor m de neumático(s) m
— **section width** n - [autom-tires] ancho(r) m de corte m transversal de neumático(s) m
— **service** n - [autom-tires] servicio m, or atención f, para neumático(s) m
— — **tractor-trailer** n - [autom-tires] camión m con acoplado m para servicio para neumáticos
— — **truck** n - [autom-tires] camión m para servicio m para neumático(s) m
— **shaving** n - [autom-tires] (a)cepilladura f de neumático(s) m
— **shop** n - [autom-tires] taller m para neumático(s) m
— **shoulder** n - [autom-tires] borde m de banda f para rodamiento m (en neumáticos m)
— **shoulder rib** n - [autom-tires] resalto m, or nervadura f, exterior en neumático(s) m
— **sidewall stiffening** n - [autom-tires] atiesamiento* m de costado(s) m de neumático(s) m
— **size** n - [autom-tires] tamaño m, or medida(s) f, de neumático(s) m
— — **substitution table** n - [autom-tires] tabla f (de medidas f) para substitución f de neumático(s) m
— **slashing rock** n - [roads] roca f capaz de desgarrar neumático(s) m
— **sorting** n - [autom-tires] clasificación f de neumático(s) m
— **speed rating** n - [autom-tires] velocidad f nominal para neumático(s) m
— **stack** n - [autom-tires] pila f de neumáticos
— **stand** n - [autom-tires] pie m para (exhibición f de) neumático(s) m
— **standardization body** n - [autom-tires] entidad f normalizadora para neumático(s) m
—('s) **steering** n - [autom-tires] gobierno m de neumático(s) m
— **substitution guide** n - [autom-tires] guía f para substitución f para neumático(s) m
— **supplier** n - [autom-tires] proveedor m de neumático(s) m
— —(s), **swap(ping)**, or **switch(ing)** n - [autom-tires] permuta f de neumático(s) m
tire technology n - [autom-tires] tecnología f para neumático(s) m
— **test(ing)** n - [autom-tires] ensayo(s) m, or prueba(s) f, para neumático(s) m
— — **driver** n - [autom-tires] corredor m para prueba(s) f para neumático(s) m
— **tip** n - [autom-tires] sugerencia(s) f sobre neumático(s) m
— **to be replaced** a - [autom-tires] neumático m para reemplazar(se)
— —**-fender clearance** n - [autom] holgura f entre neumático m y guardabarro m) m
— **top** n - [autom-tires] corona f, or parte f superior, de neumático m
— **topper** n - [autom-tires] cartel m (autosoportante) para montar sobre neumático(s) m
— **tournament** n - [autom-tires] torneo m para neumático(s) m
— **traction** n - [autom-tires] tracción f de neumático m
— **trade** n - [autom-tires] comercialización f de neumático(s) m
— **transportation truck** n - [transp] (auto)camión m para transporte m de neumático(s) m
—('s) **travel direction** n - [autom-tires] dirección f, or sentido m, de movimiento m para neumático(s) m
— **tread** n - [autom-tires] banda f para rodamiento m para neumático(s) m
— **tube** n - [autom-tires] cámara f para neumático m
— **tuning** n - [autom-tires] puesta f a punto m de neumático m
— **unseating** n - [autom-tires] desprendimiento m de neumático(s) m
— **valve** n - [autom-tires] válvula f para neumático(s) m
—/**vehicle clearance** n - [autom-tires] holgura f, or luz f, entre neumático m y vehículo m
— — **system responsiveness** n - [autom] reacción f de combinación f neumático-vehículo
— — **straight-line behavior** n - [autom] comportamiento m de combinación f neumátic-vehículo en tramo(s) m recto(s)
— **wall** n - [autom-tires] pared f de neumático m • [sports] valla f de neumático(s) m
— **warranty** n - [autom-tires] garantía f para neumático(s) m
— **wear(ing)** n - [autom-tires] desgaste m de neumático(s) m
—**wheel assembly** n - [autom] conjunto m, or combinación f, de neumático m y rueda f
— — **fitment** n - [autom-tires] apareamiento m de rueda(s) f y neumático(s) m
— — — **freak** n - [autom-tires] apasionado m por apareamiento m de neumáticos f y ruedas
— — **package** n - [autom] conjunto m de neumático m y rueda f
— **wire** n - [wire] alambre m para, llanta(s) f, or neumático(s) m
— **workmanship** n - [autom-tires] mano f de obra para neumático m
tired bridge n - [constr] puente m cansado
— **crew** n - [labor] cuadrilla f cansada
tireman n - [autom-tires] vendedor m de neumático(s) m
tiresome a - . . .; fatigoso,sa; fastidioso,sa
tiring a - . . .; fatigador,ra; fatigoso,sa
tiringly adv - fatigosamente
tiristor n - [electron] tiristor* m
— **circuit** n - [electron] circuito m con tiristores* m
tiristorized a - [electron] con tiristores* m
— **power source** n - [electron] fuente f para energía f con tiristores* m
tissue n - . . . . [domest] servilleta f, or pañuelo m, de papel m
— **resisting corpuscle** n - [bot] corpúsculo m resistente de tejido m
titania n - [metal] óxido m de titanio m

titania coated alternating current electrode n - [weld] electrodo m recubierto con óxido de titanio m para corriente f alterna
──────── **(current)/direct current electrode** n - [weld] electrodo m recubierto con óxido m de titanio m para, ambas corrientes, or para corriente f alterna or directa
── ── **columbium stabilized electrode** n - [weld] electrodo m estabilizado con, nobio m, or columbio m, recubierto con óxido m de titanio m
── ── **direct current electrode** n - [weld] electrodo m recubierto con óxido m de titanio para corriente f directa
── ── **electrode** n - [weld] electrodo m recubierto con óxido m de titanio m
── ── **extra low carbon electrode** n - [weld] electrodo m con tenor m muy bajo de carbono m con óxido m de titanio m
── ── **unstabilized electrode** n - [weld] electrodo m no estabilizado recubierto con óxido m de titanio m
── **coating** n - [weld] recubrimiento m de óxido m de titanio m
titanium addition n - [metal- adición f de titanio m
── **alloy** n - [metal] aleación f con titanio m
──**calcium pigment** n - [paint] pigmento m de titanio m y calcio m
── **oxide** n - [chem] óxido m de titanio m
── **pigment** n - [paint] pigmento m de titanio m
── **stabilized** a - estabilizado,da con titanio m
── **steel** n - [metal] acero m con titanio m
── **tetrachloride** n - [chem] tetracloruro m de titanio m
tite a - see **tight**
title n - . . . .; designación f; letrero m • [legl] propiedad f; dominio m
── **art** n - [print] arte m en titular(es) m
── **passing** n - [legal] traspaso m de propiedad f
── **sequence** n - orden m de titular(es) m
── **slide** n - [photogr] diapositivo m con título
titmouse n - [ornith] . . .; fringílago m
titular director n - [legal] director m titular
TN n - [pol] see **Tennessee**
tn n - [transp] see **ton**
to be agreed adv - por convenir(se)
── ── **installed production capacity** n - [ind] capacidad f productiva por instalar(se)
── ── **shipped** adv - [transp] por embarcar(se)
── ── **soldered** adv - [weld] por soldar(se)
── **begin with** adv─comenzando, or empezando, con
── **date** adv - hasta fecha f
── **each other** adv - mutuamente; entre sí
── **@ grade** adv - [constr] hasta rasante f
── **@ nearest whole number** adv - redondeado,da
── **@ point that** adv - hasta punto m que
── **@ single purpose** adv - [legal] a sólo efecto
── **@ slope cut(ting)** n - corte m para conformar con talud m
── **suit** adv - de acuerdo con
── **@ surprise** adv - para sorpresa f
── **@ T** adv - exactamente; precisamente
── **whom it may concern** n - [legal] a quien corresponda
── **wit** adv - [legal] vale decir; a saber; o sea
toba n - [geol] see **tuff**
tobacco company n - [com] empresa f tabacalera
── **hoeing attachment** n - [agric] accesorio m para azadón m para tabaco m
── **hogshead** n - [transp] tonel m para tabaco m
── ── **hoop** n - [transp] zuncho m para tonel(es) m para tabaco m
today n - . . . . | adv - hoy (mismo); en actualidad f; actualmente • hogaño • actual
──**('s) manufacturing** n - fabricación f actual
toe n - . . . . [mech] leva f; tope m; punta f • [vest-shoe] puntera f • [weld] borde m de, cordón m, or soldadura f • [hydr] (línea f de) base f (aguas abajo) • [constr] pie m de muro m • [metal-roll] borde m
── **board** n - [autom] piso m oblicuo

toe cap n - [vest-shoes] puntera f
── **crack** n - [weld] grieta f junto a (borde m de) cordón m
── **drain** n - [hydr] desagüe m para base f
── **end** n - [mech] extremo m inferior
── **guard** n - [constr] zócalo m
── **in** n - [autom] convergencia f | v - [autom] convergir
── ── **@ wheel** v - [autom] convergir rueda f
── **intercepting drain** n - [hydr] desagüe m interceptor para base f
──**of slope channel** n─[hydr] canal m junto a pie m de, pendiente f, or talud m
── **out** n - [autom] divergencia f | v - [autom] divergir
── ── **@ wheel** v - [autom] divergir rueda f
── **plate** n - [constr] placa f para base f
── **settlement** n - [constr] asentamiento m de, pie m, or base f
together a - junto,ta | adv - entre sí; en conjunto • conjuntamente
── **with** adv - aunado,da con
toggle n - [mech] . . .; palanca acodada • fiador m (atravesado) | v - [electr-oper] conmutar; regular; operar
── **bearing wedge** n - [mech] cuña f con palanca f acodada para soporte m
── **bolt** n - [mech] perno m para fiador m
── **clamp** n - [mech] horquilla f acod(ill)ada
── **joint** n - [mech] junta f acod(ill)ada
── **lever** n - [mech] palanca f acod(ill)ada
── **nozzle** n - [mech] boquilla f para fiador m
── **pin** n - [mech] pasador m, or perno, acodado
── **@ sense switch** v - [electron] regular, or operar, conmutador m para sentido m
── **switch** n - [electr-equip] interruptor m, or conmutador m, acod(ill)ado, or de volquete m, or para dos posiciones f
── **@ switch** v - [electr-oper] operar conmutador
toggled a - [mech] conmutado,da; regulado,da; operado,da
── **function** n - [comput] función f biestable
── **output function** n - [comput] función f biestable para salida f
── **sense switch** n - [electron] conmutador m para sentido m, regulado, or operado
toggled switch n - [electr-oper] conmutador m, operado, or regulado, or operado
toggling n - [electr-oper] conmutación f; regulación f; operación f
toil n - . . . .; fajina f
toilet n - . . . . | a - para tocador m
── **article** n - artículo m para tocador m
── **partition** n - [sanit] tabique m para, excusado m, or retrete m
told a - dicho,cha; relatado,da; indicado,da
tolerability n - tolerabilidad f
tolerable non-erosive channel flow n - [hydr] corriente f no erosiva tolerable en cauce m
tolerance n - . . . . • tolerancia admitida; variabilidad f
── **dimension** n - medida f de tolerancia f
── **standard** n - norma f para tolerancia f
── **variance** n - variación f en tolerancia f
tolerate v - . . . .; admitir
── **@ blast** v - [metal-prod] admitir soplado m
── **@ misconduct** v - [labor] tolerar inconducta
── **@ reduced blast** v - [metal-prod] admitir, soplado m reducido, or poco soplado m
tolerated a - tolerado,da; admitido,da
tolerating n - tolerancia f | a - tolerador,ra
tolerator a - tolerador m
toll n - . . . . [meteorol] estrago(s) m
── **booth** n - [roads] casilla f para peaje(s) m
── **bridge** n - [roads] puente m con peaje m
── **call** n - [telecom] llamada f con cargo m
── **highway** n - [roads] autopista f con peaje m
── **plaza** n - [roads] puesto m para peaje m
── **road** n - [roads] carretera f con peaje m
tollway n - [roads] supercarretera f con peaje f
toluene n - [chem] tolueno m

toluene derivative n - [chem] derivado m de tolueno m
— **nitrate** n - [cehm] nitrato m de tolueno m
— **nitrated derivative** n - [chem] derivado m nitrado de tolueno m
toluol n - [chem] tolueno m
Tom, Dick and Harry n - fulano m, mengano m, (y) zutano m (y perengano n)
tomato box n - [agric] caja f, para tomate(s) m, or tomatera
— — **nail** n - [nails] clavo m para caja f, para tomate(s) m, or tomatera; clavo m tomatero
— **juice** n - [culin] jugo m de tomate(s) m
tomb n - . . .; yacija f
Tommy screw n - [mech] tornillo m con muletilla
ton capacity n - capacidad f en tonelada(s) f
. . . — **clamp** n - [mech] mordaza f para . . . tonelada(s) f
. . . — **converter** n - [metal-prod] convertidor m para . . . tonelada(s) f
. . . — **crane** n - [cranes] grúa f para . . . tonelada(s) f
. . . — **crawler crane** n - [cranes] grúa f sobre oruga(s) f para . . . tonelada(s) f
. . . — **hook** n - [cranes] gancho m para . . . tonelada(s) f
—/**hour** n - tonelada/hora f
—/**ingot** n - [metal-prod] see ingot ton
. . . — — **load limit** n - carga f máxima de . . . tonelada(s) f de lingote(s) m
. . . — **maximum truck crane** n - [cranes] grúa f con torre f con capacidad f máxima para . . . tonelada(s) f
. . . — **model** n - modelo m para . . . toneladas
— **operating cost(s)** n - [ind] costo m operativo por tonelada f
—(s) **per mile** n - tonelada(s) f (de 2000 libras) por milla f (use kilometers)
—(s) **per year** n - tonelada(s) f por año m
— **productivity** n - [labor] productividad f en tonelada(s) f
. . . — **truck** n - [autom] (auto)camión f para . . . tonelada(s) f
. . . — **truck crane** n - [cranes] grúa f para . . . tonelada(s) f sobre (auto)camión m
tone above . . . n - [electron] tono m superior a . . .
— **balance** n - [electron] equilibrio m de tono m
— **below** . . . n - [electron] tono m inferior a . . .
— **burst(ing)** n - [electron] irrupción f de tono
— **code** n - [electron] código m para tono m
— **check(ing)** n - [electron] comprobación f, or verificación f, de tono m
— **coding** n—[electron] codificación f para tono
— **continuous control** n - [electron] regulación f, or control m continuo, de tono m
— **control** n - [electron] regulación f, or control m, de tono m
— **controlled** a - [electron] regulado,da, or controlado,da, con tono m
— — **squelch(er)** n - [electron] silenciador m, regulado, or controlado, con tono m
— — **system** n - [electron] sistema m silenciador, regulado, or controlado, por tono m
— **duration** n - [electron] duración f de tono m
— **format** n - [electron] formato m de tono m
— **frquency** n - [electron] frecuencia f de tono
— — **chang,ging** n - [electron] cambio m en frecuencia f de tono m
— — **check(ing)** n - [electron] comprobación f, or verificación f, de frecuencia f de tono m
— **in** n - [electron] tono m recibido
— **input** n - [electron] entrada f para tono m
— **keyed** a - [electron] con tono m manipulado
— — **output** n - [electron] salida f con tono m manipulado
— **keyer** n - [electron] manipulador m para tono
— — **active component** n - [electron] componente m activo para manipulador m para tono(s) m
— **keyer assembly** n - [electron] conjunto m de manipulador m para tono(s) m
tone keyer board n - [electron] teclado m, or tablero m, para manipulador m para tono(s) m
— — **crystal** n - [electron] cristal m para tablero m para manipulador m para tono(s) m
— — **output** n - [electron] salida f de, tablero m, or teclado m, para manipulador m para tono(s) m
— — **component** n - [electron] componente m para manipulador m para tono(s) m
— — **diagram** n - [electron] diagrama m para manipulador m para tono(s) m
— — **loop** n - [electron] circuito m para manipulador m para tono(s) m
— — **switch** n - [electron] conmutador m para circuito m para manipulador m para tonos
— — **model** n - [electron] modelo m de manipulador m para tono(s) m
— — **operation** n - [electron] operación f de manipulador m para tono(s) m
— — **processing** n - [electron] procesamiento m con manipulador m para tono(s) m
— — **switch** n - [electron] conmutador m para manipulador m para tono(s) m
— — **schematic diagram** n - [electron] diagrama m esquemático para manipulador m para tonos
— — **unit** n - [electron] manipulador m para tono(s) m
— — **voltage regulator** n - [electron] regulador m para voltaje m para manipulador m para tono(s) m
— **keying** n - [electron] manipulación f de tono
— **level** n - [electron] nivel m de tono m
— — **check(ing)** n - [electron] comprobación f, or verificación f, de nivel m de tono m
— — **potentioemter** n - [electron] potenciómetro m para nivel m de tono(s) m
— **oscillation** n - [electron] oscilación f de tono(s) m
— **oscillator** n - [electron] oscilador m para tono(s) m
— **out** n - [electron] tono m emitido
— **output** n - [electron] salida f de tono m
— — **balance,cing** n - [electron] equilibrio m de tono m de salida f
— — **frequency** n - [electron] frecuencia f de tono(s) m de salida f
— — — **check(ing)** n - [electron] comprobación f, or verificación f, de frecuencia f de tono m de salida f
— — **level** n - [electron] nivel m de tono m de salida f
— — **check(ing)** n - [electron] comprobación f, or verificación f, de nivel m de tono m de salida f
. . . — — **lug(s)** n - [electron] terminal(es) m para salida f para . . . tono(s) m
— **stability** n—[electron] estabilidad f de tono
— **timing** n - [electron] sincronización f de tono(s) m
— **twist(ing)** n - [electron] torcimiento m, or torsión f, de tono m
tong die n - [mech] matriz f, or cojinete m, para tenaza(s) f
— **line** n - [petrol] cable m para tenaza f para enroscamiento m
— — **hanger** n - [petrol] colgador m para cable m para tenaza f para enroscamiento m
— — **pulley** n - [petrol] polea f para cable m para tenaza f para enroscamiento m
tongue n - . . . • [mech] . . .; espiga f; lanza f • barra f • habla m
— **and groove** n - [mech] machihembrado m; caja f y espiga f | a - [mech] machihembrado,da
— **assembly** n - [mech] conjunto m para lanza f
— **attachment** n—[agric] accesorio m para lanza
— **bracket** n - [mech] ménsula f para lanza f
— **construction** n - [mech] construcción f con lengüeta f • construcción f de lanza f
— **end** n - [mech] extremo m de lengüeta f
— **group** n - [mech] conjunto m para lanza f

tongue latch

tongue latch n - [mech] pestillo m para lengüeta
— — **plunger** n - [mech] émbolo m para pestillo m para lengüeta f
— — **spring** n - [mech] resorte m para pestillo m para lengüeta f
— **pin** n - [mech] pasador m para lengüeta f
— **plunger** n - [mech] émbolo m para lengüeta f
— **release latch** n - [mech] pestillo m para soltar lengüeta f
— **stand** n - [mech] apoyo m para lanza f
— **truck** n - [agric] avantrén m portalanza
tongued a - lenguado,da • [mech] labulado,da
— **washer** n - [mech] arandela f lobulada
tonnage n - . . . . • [ind] producción f • [nav] desplazamiento m • [transp] capacidad f
— **bonus** n - [miner] prima f sobre tonelaje m
— **payment** n - [ind] canon m por tonelaje m
too adv - . . . . • igualmente
— **close to @ work** adv - [weld] demasiado, cerca de, or próximo a, pieza f para soldar(se)
— — **together** adv - demasiado cerca entre sí
— **deep driving** n - [mech] introducción excesiva
— **far** adv - demasiado lejos; muy; excesivamente
— **fast** adv - demasiado rápido,da; excesivo,va
— — **filling** n - henchimiento m demasiado rápido • [weld] relleno n demasiado rápido
— — **travel (speed)** n - [weld] avance m demasiado rápido
— **great a distance** n - distancia f excesiva
— **great welding current** n - [weld] amperaje m excesivo para soldadura f
— **heavy lubricant** n - [lubric] lubricante m demasiado pesado
— **high boom** n - [cranes] aguilón demasiado alto
— **current** n - [weld] amperaje m excesivo
— **pitch angle** n - [fans] ángulo m de inclinación f excesivo
— — **setting** n - regulación f, demasiado alta, or excesiva
— — **travel rate** n - [Weld] velocidad f de avance excesiva
— **large air gap** n - entrehierro m excesivo
— — **welding lead** n - [weld] conductor m demasiado grande para soldadura f
— **light** a - demasiado liviano,na
— **little clearance** n - [mech] holgura f, or luz f, exigüa, or deficiente
— **long arc** n - [weld] arco m demasiado largo
— **low** a - demasiado bajo,ja; exiguo,gua
— — **amperage** n - [weld] amperaje m exiguo
— — **boom** n - [cranes] aguilón m demasiado bajo
— — **current** n - [weld] amperaje n exiguo
— — **setting** n - [weld] regulación f exigua para amperaje m
— — **drum speed** n - [mech] velocidad f exigua para tambor m
— — **pitch angle** n - [fans] ángulo m de inclinación f insuficiente
— — **setting** n - [mech] regulación f exigua
— **many** a - demasiado,da(s)
— **much backlash** n - [mech] contragolpe excesivo
— — **clearance** n - [mech] holgura f, or luz f, excesiva
— — **deposited metal** n - [weld] metal m aportado excesivo
too often adv - demasiado a menudo; con frecuencia f excesiva
— **rapid acceleration** n - aceleración f excesiva
— **short arc** n - [weld] arco m exiguo
— **slow travel speed** n - [weld] velocidad f exigua para avance m
— **small air gap** n - [mech] entrehierro m exiguo
— — **welding lead** n - [weld] conductor m exiguo para soldadura f
— **sweet** a - dulzarrón,na; empalagoso,sa
— **volatile gasoline** n - [petrol] gasolina f demasiado volátil
tool n - . . . . • [lathes] herramienta f para corte • medio m | v - trabajar • [mech] preparar máquina f
— **bag** n - [tools] bolsa f para herramienta(s) f

tool bit n - [tools] broca f
— **blank** n - [tools] pieza f, basta, or bruta, or burda, para herramienta(s) f
— **box** n - [tools] caja f, or cajón m, para. or con, herramienta(s) f
— **carriage** n - [lathes] carrillo m portaherramientas; torrecilla f (con ocho estaciones f)
— **carrier** n - [tools] portaherramienta(s) f
— **clamp** n - [mech] mordaza f, or abrazadera f, portaestampas
— **compartment** n - [autom] compartim(i)ento m para, herramientas f, or accesorios m
— **compound joint** n - [mech] junta f compuesta para herramienta(s) f
— **concave** v - [mech] labrar cóncavo,va
— **convex** v - [mech] labrar convexo,xa
— **crane** n - [mech] grúa f, or aparejo m, para herramientas f
— **crib** n - [ind] pañol m, or armario m, or casillero m, para herramientas f
— **dresser** n - [mech] asentador m para herramientas f • [petrol] ayudante m para herramienta(s) f
— **extension** n - [tools] prolongación f, or suplemento m, para herramienta f (para corte)
— **extractor** n - [tools] extractor m para herramienta(s) f
— **fang** n - [tools] cola f, or espiga f, para herramienta f
— **feed(ing)** n avance m, or alimentación f, de herramienta • avanzador m, or alimentador m, para herramienta f
— **feeding** n - [mech] avance m, or alimentación f, de herramienta f
— **gage** n - calibrador m para herramienta(s) f
— **grinding stone** n - [mech] muela f, or (piedra) esmeril para herramienta(s) f
— **guide** n - [tools] guía(dera) f para herramienta(s) f
— **handle** n - [tools] mango m para herramienta
— **halve** n - [tools] mango m para herramienta f
— **holder** n - [tools] portaherramientas m; portafresas m; portaestampas m
— **joint** n - [tools] junta f (cónica hueca), or unión f doble, para herramienta f • [petrol] unión f doble para barra f para sondeo m
— — **cable system** n - [petrol] unión f cónica para herramienta(s) f
— **refacing machine** n - [petrol] máquina f para refrentar extremo(s) m de tubería f
— **rotary system** n - [petrol] unión f cónica para tubería f para perforación f
— **shoulder dressing tool** n - [petrol] herramienta f para refrentar extremo(s) m de tubería f
— **kicker** n - [mech] botador m para. estampa f, or troquel m
— **kit** n - [tools] conjunto m, or juego m de, hjerramaientas f
— **life** n—[tools] vida f útil de herramienta f
—, **maker**, or **manufacturer** n - [tools] fabricante m de herramienta(s) f
— **point** n - [tools] espigón m
— **post** n - [lathes] poste m portaherramientas
— **@ press** v - [ind] preparar prensa f
— **pusher** n - [petrol] jefe m, or capataz f, para perforación f
— **room** n - [ind] depósito m, or pañol m, or sala f, para herramientas f
— **set** n - [tools] juego m de herramientas f
— **slide** n - [lathes] cursor m, or carrillo m, deslizador portaherramientas f
— **steel** n - acero m para herramienta(s) f
— — **case hardening** n - [metal-treat] cementación (en caja f) de acero m para herramienta(s) f
— — **process carburization,zing** n - [metal-treat] carburización f por proceso m para acero m para herramienta(s) f
— **string** n - [petrol] sarta f de herramientas f (para perforación f)

tool swing n - [petrol] oscilación f de herramienta(s) f
— **tightener** n - [mech] apretador m para herramienta(s) f
— **wrench** n - [tools] llave f para herramientas
tooled a - [ind] preparado,da
— **press** n - [ind] prensa f preparada
toolholder guide n - [mech] guía(dera) f para portaherramienta(s)
tooling n - . . . . • [mech] ajuste m, or preparación f (de máquina f) • [tools] herramental m • provisión f de, or dotación f con, herramienta(s) f
— **cost** n - [ind] costo m para preparación f de, equipo m, or máquina(s) f
— **life** n - [ind] duración f de ajuste m de máquina(s) f
— **optimization** n - [ind] optimación* f de ajuste m de, equipo m, or máquina(s) f
— **procedure** n - [mech] procedimiento m, or paso m, para preparación f de herramienta(s)
toolmaker n - [tools] herramentista f
tools n - herramental m; util(l)aje m
tooth centerline n - [mech] eje m, or línea f central, de diente m
— **coast side** n - lado m trasero de diente m
— **contact** n - [mech] contacto m de diente(s) m
— **coupling** n - [mech] acoplamiento m de dientes
— **cylinder** n - [mech] cilindro m con dientes m
— **disengagement** n - desengranaje m de diente m
— **drive side** n - lado m delantero de diente m
— **edge grinding** n - [mech] amoladura f de borde m de diente m
— **engagement** n - [mech] engranaje m de diente m
— **flank** n - flanco m, or costado m, de diente m
— **grinding** n - [mech] amoladura f de diente m
— **heel** n - [mech] talón m de diente m
— **leading edge** n - [mech] borde m anterior de diente m
— **lock washer** n - [mech] arandela f (para seguridad f) con salientes f
— **outline** n - [mech] perfil m de diente m
— **pocket** n - [anat] cavidad f para diente m • [mech] concavidad f en diente m
— **roof** n - [tools] cubierta f de diente m
— **root** n - [mech] raíz f, or base f, or pie m, de diente m
— **setting** n - [tools] triscadura* f
— **toe** n - [mech] pie m, or base f, de diente m
— **top land** n - [mech] cresta f de diente m
— **travel during contact** n - [mech] recorrido m de diente m durante contacto m
— **wear(ing)** n - desgaste m de diente m
toothed bar n - [mech] barra f dentada
— **chain** n - [mech] cadena f dentada
— **rack** n - [mech] cremallera f
— **wheel** n - [mech] . . .; engranaje m
top n - . . .; tapa f; coronamiento m; cumbre m; cumbrera f; copete m; corona f; coronilla f • [autom] capota f; techo m; toldo m • [constr] corona f • [metal-prod] costra f • [metal-prod-blast furnace] tragante m | a - puntero,ra | v - [culin] recubrir; bañar
— **access** n - [mech] acceso m (por parte f) superior
— — **gasket** n - [mech] guarnición f para acceso m (por parte f) superior
— **adhesion** n - adherencia f máxima
— **administration** n - [managm] superioridad f
— **baffle** n - [mech] pantalla f superior
— **bituminous coating** n—capa f bituminosa final
— **blast** n - [metal-prod] soplado m, superior, or por arriba
— — **converter** n - [metal-prod] convertidor m con soplado, superior, or por arriba
— — **furnace** n - [metal-prod] horno m con soplado m, superior, or por arriba
— **blown** a - [combust] con soplado m superior
— — **converter** n - [metal-prod] convertidor m con soplado m, superior, or por arriba
— — **oxygen converter** n - [metal-prod] convertidor m, básico con oxígeno m, or con oxígeno m con soplado m, superior, or por arriba
top bolt-on cover n - [mech] tapa f superior empernada
— **bow** n - [autom] arco m para capota f
— **bowl** n - [mech] tapa f superior
— **bracket** n - [mech] ménsula f superior • [managm] categoría f superior
— **brand** n - [ind] marca f, mejor, or superior
— **brass** n - [managm] personal m superior • [fam] palo m grueso; cogotudo m
— **cast(ing)** n - [metal-prod] colada f, superior, or por arriba
— **charged scrap** n - [metal-prod] chatarra f cargada por arriba
— **chord** n - [constr] cordón m superior
— **coat** n - [paint] mano f, exterior, or final | [paint] aplicar mano f, exterior, or final
— **cock** n - [mech] grifo m superior
— **competitor** n - [sports] competidor m más adelantado
— **cone** n - cono m superior • [metal-prod] campana f, or cono m, superior
— **cornering adhesion** n - [autom] adherencia f máxima en viraje(s) m
— **course** n - [constr] hilada f superior
— — **removable labyrinth ring** n - [mech] anillo m laberinto desmontable para tapa t superior
— — — **plate** n - placa f desmontable para tapa f superior
— — **seal** n - [mech] sello m para, tapa f, or cubierta f, superior
— **crosshead** n - [mech] cruceta f superior
— **dead center** n - [mech] punto m muerto, or contrapunta f, superior
— **die** n—[mech] matriz f, or troquel, superior
— **discharge** n - [ind] descarga f superior
— **drain cock** n - grifo m para purga f superior
— **drive roll** n - [weld] rodillo m, motriz, or impulsor, superior
— **driver** n - [autom] conductor m, óptimo, or mejor, or más destacado
— **dump** n - vuelco m, or descarga f, superior
— — **bucket** n - [constr] cubeta f para descarga f, superior, or por arriba
— —, **cat**, or **excavator** n - [constr] excavadora f con descarga f superior
— — **hopper car** n - [rail] vagón m con tolva f para, vuelco m, or descarga f, por arriba
— — **skip (car)** n - [ind] vagoneta f para descarga f, superior, or por arriba
— **echelon** n - categoría f superior
— **edge battering** n - [mech] batidura f de borde m superior
— **executive** n - [managm] funcionario m administrativo superior
— **failure** n - [ind] falla f en tope m
— **finish** n - [sports] colocación f primera
— **fired** a - [combust] con quemador m en tope m
— **furnace** n - [ind] horno m con quemador m superior
— — **pit** n - [metal-prod] fosa f con quemador, m superior, or en tope m
— — **soaking pit** n - [metal-roll] horno m de fosa f con quemador m superior
— **flange** n - [mech] pestaña f superior • [metal-roll] cabeza f de viga f; ala m superior
— **front baffle** n - [mech] pantalla f superior frontal
— **gas compressor** n - [metal-prod] compresor m para gas m en tragante m
— **goggle valve** n - [metal-prod] guillotina f en tope m
— **gas** n - [metal-prod] gas m en tragante m
— **half** n - mitad f superior
— **high pressure** n - [metal-prod] presión f, alta, or elevada, en tope m
— **hole** n - agujero m, or orificio m, superior • [petrol] boca f (de, pozo, or perforación)

top hopper n - [mech] tolva f superior • [metal-prod] tolva f en tragante m
— — **wear plate** n - [metla-prod] plancha f para desgaste m en tolva f en tragante m
— **icing** n - [culin] baño m superior
— **inserted** a - colocado,da desde arriba
— **land(ing)** n - [constr] descanso m superior • [mech] cresta f, or borde m, superior
— **left** adv - superior izquierdo,cha
— **length** n - largo m superior • [constr] largo(r) m en corona f
— **level executive** n - [managm] funcionario m administrativo en nivel m superior
— **lighted** a - con iluminación f superior
— — **overhead sign** n - [constr] letrero m elevado con iluminación f superior
— — **sign** n - [constr] letrero m con iluminación f superior
— **lighting** n - [constr] iluminación f superior
— **limit** n - límite m, tope, or superior
— **line** n - [print] renglón m superior • [constr] remate m
— **liner** n - [mech] camisa f superior
— **lock stud** n - [mech] prisionero m superior para cierre m
— **management** n - [managm] personal m superior para administración f; superioridad f; directivo(s) m
— **motor** m - [electr-mot] motor m superior
— **mounted** a - [mech] montado,da en, tope m, or parte f superior
— — **electric motor** a - [mech] accionado,da con motor m eléctrico montado en parte f superior
— — — — **driven piston liner spray** n - [mech] rociador m con émbolo m para camisa f accionado con motor m eléctrico montado en parte f superior
— — **motor** n - [mech] motor m montado en, tope m, or parte f superior
— **notch (quality)** n - calidad f superior
— — **weld** n - [weld] soldadura f superior
— **of @ ground** a - aflorante sobre superficie f
— **O-ring** n - [mech] anillo m superior
— **of @ range** n - parte f superior de escala f
— **off** v - rematar • volver a agregar
— **one way fired soaking pit** n - [metal-roll] horno m de fosa f con quemador m superior único
— **opening** n - [mech] tragante m; abertura f, or orificio m, en parte f superior
— **operated** a - operado,da desde arriba
— **outlet** n - salida f, superior, or en tope m
— **pan** n - [mech] bandeja f superior
— **part** n - parte f superior • pieza f superior
— **pinch roll** m - [mech] rodillo m, guía, or para arrastre m, superior
— **piston ring** n - [int.comb] aro m superior para émbolo m
— **place** n - colocación f primera
— **platform** n - plataforma f superior • [metal-prod] plataforma f para tragante m
— **port** n - [mech] orificio m superior
— **portion** n - parte f superior
— **pour(ing)** n - [metal-prod] colada f por arriba
— **pressure** n - [mech] presión f sobre tapa f • [metal-prod] presión f en, tope, or tragante m
— **quality** n - calidad f, máxima, or óptima
— **racing driver** n - [sports] conductor m mejor para carrera(s) f
— **rail** n - [constr] riel m superior • [fences] refuerzo m longitudinal superior
— **rear baffle** n - [mech] pantalla f superior posterior
— **right** adv - superior derecho,cha
— **ring** n - [mech] anillo m, or aro m, superior
— **roll(er)** n - [mech] rodillo m superior
— **row** n - hilera f superior
— **scrap** n - [metal-prod] chatarra f (con calidad f) superior • chatarra f cargada por arriba
— **shape** n - condición f óptima

top shell n - [mech] coraza f superior
— — **bracket** n - [metal-prod] ménsula f superior para coraza f
— **shield** n - protección f superior
— **slot** n - [sports] posición(es) f primera(s)
— **spacer** n - [mech] separador m superior
— **speed** n - velocidad f máxima
— **spreader arch** n - [constr] bóveda f distribuidora superior
— **strand** n - [chains] catenaria f superior
— **stud** n - [mech] prisionero m superior
— **surface** n - superficie f, or parte f, or cara f, superior • superficie f horizontal
— **taper(ed) lock stud** n - [mech] prisionero m ahusado para cierre m superior
— **taper(ed) stud** n - [mech] prisionero m, ahusado superior, or superior ahusado
— **team** n - [sports] equipo m más destacado
— **teeming** n - [metal-prod] colada f superior
— **temperature** n - temperatura f (en) tope
— **tension flange** n - [mech] brida f superior para tensión f
— **terminal** n - [electr-instal] borne m superior
— **thermocouple** n - termocupla f, or termopar* m, superior
— **time** n - [sports] tiempo m mejor
— **transverse member** n - [mech] pieza f transversal superior
— **slotted bearing** n - [mech] cojinete m ranurado superior
— **view** n - vista f, superior, or desde arriba
— **water** n - [hydr] agua m, superior, or superyacente
— **wear plate** n - placa f superior para desgaste m • [metal-prod] placa f para desgaste m en tragante m
— **weld** n - [weld] soldadura f superior
— **winding** n - [electr-mot] devanado m superior
topographic bench mark n - [photogram] punto m topográfico para referencia f
— **survey** n - [topogr] relevamiento m, or levantamiento m topográfico
topped a - [metal-byprod] inicial; de destilación f primera • [culin] bañado,da
— **off** a - rematado,da • agregado,da
— **tar** n - [metal-byprod] alquitrán m de destilación f primera
topper n - [com] cartel m (autosoportante) para montaje m (superior)
topping n - [petrol] destilación f, or refinación f, primaria, or inicial • [culin] baño m; recubrimiento m
— **off (ceremony)** n - [constr] festejo(s) m para terminación f
topple n - . . . .; tubo m | v - . . . .; tumbar
toppled a - volcado,da; tumbado,da
topside construction n - [bridges] construcción f desde arriba
topsoil n - . . . .; mantillo m; tierra f vegetal
— **saving** n - [soils] conservación f de mantillo
tor n - [topogr] . . . .; peña f
torch n - . . . .; fogaril m • [weld] soplete m; pistola f
— **brazing** n - [weld] soldadura f con soplete m de, bronce m, or metal(es) m no ferroso(s)
— **cut(ting)** n - [metal-fabr] oxicorte m; corte m con soplete m | v - cortar con soplete m
— **gun** n - [weld] pistola f con soplete m
— **heat(ing)** n - [weld] calentamiento m con soplete m | v - [weld] calentar con soplete m
— **lead** n - [weld] conductor m a soplete m
— **weld(ing)** n - [weld] soldadura f, autógena, or con soplete m | v - soldar con soplete m
tore n - . . . . • [electr] toroide m; also see **toroidal specimen**
toric* a - tórico,ca*
— **joint** n - [mech] junta f tórica*
toriconical a - [geom] toricónico,ca
torispherical a - [geom] tori(e)sférico,ca
torn a - . . . .; desgarrado,da; roto,ta
— **down** a - abatido,da; demolido,da; derriba-

do,da • [mech] desarmado,da; desmontado,da
torn link n - [mech] eslabón m desgarrado
— **off** a - desgajado,da; arrancado,da
— **up** a - deshecho,cha
— **street** n - [roads] calzada f deshecha
tornado warning n - [meterol] advertencia f de, tornado m, or huracán m, posible
toroid n - [geom] toroide m
toroidal a - toroidal*
— **specimen** n - [electr] probeta f toroidal*
torpedo car n - [rail] vagón m torpedo
— **reel** n - [petrol] carrete m para cable m para torpedo m
— **risk** n - [insur] riesgo m de torpedo(s) m, or torpedeamiento(s) m
— **sand** n - [sanit] arena f torpedo
— **shaped** a - con (con)forma(ción) f de torpedo
— **type car** n - [rail] vagón m tipo torpedo
torpedoed a - torpedeado,da; dinamitado,da*
torque n - [mech] . . .; par m motor; momento m, or esfuerzo m, torsional; resistencia f a torsión f; momento m torsor • ajuste m hasta por m motor • cupla f motriz | v - ajustar hasta par m motor; aplicar, par m motor, or momento m torsional
— **bar** n - [tools] barra f para torsión f
— **bolt** n - [mech] perno m torsional
— **@ bolt** v - [mech] apretar, or ajustar, perno
— **@ — to** . . . v - [mech] ajustar, or apretar, perno m hasta par m motor de . . .
— **brake** n - freno m para momento m torsional
— **@ cap screw to** . . . v - [mech] apretar, or ajustar, tornillo con casquete m hasta par m motor de . . .
— **capacity** n - [mech] capacidad f para torsión
— **chart** n - [mech] cuadro m de pares m motores
— **check(ing)** n - [mech] verificación f de par m motor
— **converter** n - [mech] convertidor m para, momento m torsional, or torsión f, or par motor
— — **crankcase** n - [mech] cárter m para convertidor m para torsión f
— — **diesel engine** n - [int.comb] motor m diesel con convertidor m para torsión f
— — **filter** n - [mech] filtro m para convertidor m para torsión f
— **curve** n - [mech] curva f para torsión f
— **distribution** n - [mech] distribución f de, par m motor, or momento m torsional
— **electromagnetic brake** n - [cranes] freno m electromagnético para momento m torsional
— — **bridge crane brake** n - [cranes] freno m electromagnético para momento m torsional en puente m grúa
— **hub** n - [agric-equip] cubo m para eje m torsor
— **indicator** n - [mech] indicador m para fuerza f de torsión f
— **input** n - [mech] aportación f de torsión f
— **limiting wrench** n - [tools] llave f limitadora para (fuerza f de) torsión f
— **mechanism** n - [mech] mecanismo m para torsión
— **motor** n - [mech] par m motor
— **ratio** n - [mech] razón f de torsión f
— **requirement** n - [mech] exigencia f de, par m motor, or momento m torsional
— **speed** n - [mech] velocidad f de torsión f
— **stress** n - [mech] esfuerzo m de tensión f
— **transmission** n - [mech] transmisión f de, par m motor, or momento m torsional
— **tube** n - [autom-mech] tubo m de eje m para transmisión f
— **wrench** n - [tools] llave f, dinamométrica, or para, torsión f, or par m motor
torqued a - [mech] ajustado,da, or apretado,da, hasta, par m motor, or momento m torsional
— **bolt** n - [mech] perno m, apretado,m, or ajustado
— **nut** n - [mech] tuerca f, apretada, or ajustada
torquing n - [mech] ajuste m, or apretadura f, (hasta, par m motor, or momento m torsional)
torrid a - . . . . • [fig] vertiginoso,sa
— **pace** n - [sports] ritmo m vertiginoso

Torrington bearing n - [mech] cojinete m (de) Torrington
torsion angle n - [mech] ángulo m de torsión f
— **girder** n - [constr] viga f para torsión f
— **impact** n - [mech] impacto m de torsión f
— **moment** n - [mech] momento m de torsión f
— **resistance** n - resistencia f a torsión f
— **spring** n - [mech] resorte m para torsión f
torsional vibration n - vibración f torsional
torsionally adv - torsionalmente*; en forma f torsional
tortuously adv - tortuosamente
torus check(ing) n - verificación f de toro m
toss-up a - . . .; incierto,ta; dudoso,sa
total n - . . .; monto m • [mech] conjunto m | a - total | v - totalizar
— **amount** n - munto m, or suma f, total
— **agreed price** n - precio m total convenido
— **arc shielding** n - [weld] protección f total para arco m
— — **time** n - [weld] tiempo m total de soldadura
— **asset(s)** n - [fin] activo m total
— **automation** n - [ind] automatización f total
— **available energy** n - [ind] energía f total disponible
— — **rated output** n - capacidad f, or producción f, nominal total disponible
— **award(ing)** n - [com] adjudicación f total
— **blast** n - [metal-prod] soplado m total
— **book capital** n - [fin] capital m contable total
— **breakdown** n - discriminación f total
— **carried** n - [accntg] arrastre m total
— **commercial coverage** n - [insur] cobertura f comercial total
— **cornering force** n - [autom-tires] esfuerzo m total causado en viraje(s) m
— **customer service** n - atención f, completa, or superior, a cliente m
— **damage** n - [insur] avería f total
— **delivery period** n - período m total para entrega f
— **disability** n - [medic] incapacidad f, or inhabilitación f, total
— **downtime** n - [ind] parada f total
— — **this month** n - [ind] parada(s) f total(es) para mes m
— **draw** n - [electr] consumo m total
— **encasement** n - [tub] entubación f total
— **enclosure** n - encierro m total
— **energy head** n - [hydr] carga f energética total
— **equity** n - [fin] patrimonio m total
— **excitation** n - [electr] excitación f total
— **exemption** n - [fisc] exención f, or exceptuación f, or exoneración f, total
— **flow** n - [hydr] caudal m total
— **free on board port value** n - [transp] valor m total libre a bordo m (or F O B) en puerto
— **freight** n - [transp] flete m total
— **gross capacity** n - capacidad f total bruta
— **hardness** n - [metal-roll] dureza f total
— **harmonic content** n - [electr] contenido m armónico total
— — **distortion** n - [electron] distorsión f armónica total
— **heat input** n - [weld] calor m total aportado
— **inactive time** n - [ind] tiempo m inactivo total
— **inactivity** n - [ind] inactividad f total
— **incapacitation** n - [safety] incapacitación f, or inhabilitación f, total
— **included angle** n - [geom] ángulo m incluido total
— **income** n - [fin] ingreso(s) m total(es)
— **input** n - aportación f total
— **investment** n - [fin] inversión f total
— **lateral pressure** n - presión f lateral total
— **lifting capacity** n - [mech] capacidad f total para elevación f
— **memory capacity** n - [electron] capacidad f

total net income

total para memoria f
total net income n - ingresos m netos totales
— — **weight** n - peso m neto total
— — **worth** n - [fin] patrimonio m, or valor m neto, total
— **network** n - red f total
— **open circuit voltage** n - [electr] voltaje m total en circuito m abierto
— **output** n - (capacidad f para) producción f, or rendimiento m, total
— **overall cost** n - [com] costo m completo total
— **per ton produced** n - [ind] total m por tonelada f producida
— **piping cost** n - [tub] costo m total para tubería f
— **pit time** n - [metal-prod] tiempo m total en fosa f
— **port value** n - [transp] valor total en puerto
— **power draw(ing)** n - [electr] consumo m total de energía f
— — **failure** n - falla f total de energía f
— — **requirement** n - [electr-distrib] consumo m total de energía f
— **product cost per ton produced** n - [ind] costo m total de producto m por tonelada producida
— **production** n - producción f total • conjunto m de producción f
— **proposal price** n - [com] precio m total para, propuesta f, or oferta f
— **pump flow** n - [pumps] caudal m total de bomba
— **rainfall** n - [meteorol] precipitación f total
— **rated output** n - [ind] capacidad f, or producción f, or rendimiento m, nominal total
— **refractory,ries requirement(s)** n - [combust] exigencia f total de refractario(s) m
— **rejection** n - rechazo m total
— **reliance** n - dependencia f, total, or absoluta
— — **on @ meter(s)** n - [instrum] dependencia f total en medidor(es) m
— **relief** n - alivio m total • [fisc] desgravación f, total, or general
— **reline,ning** n - [metal-prod] reconstrucción f
— — **shutdown** n - [metal-prod] parada f para reconstrucción f, total, or general
— — **requirement** n - exigencia f total • consumo m, total, or global
— **rescission** n - [legal] rescisión f total
— **rise** n - [mech] flecha f total
— — **percent(age)** n - por ciento m de flecha f total
— **rope stress** n - [cabl] esfuerzo m total sobre, cable m, or cabo m
— **roughness** n - aspereza f total
— **sale(s) for @ month** n - [com] venta(s) f total(es), or total m de venta(s) f, para mes m
— —**(s) to @ date** n - [com] venta(s) f total(es) hasta fecha f
— **scarfing** n - [metal-treat] escarpadura f total
— **service** n - [com] atención f, or servicio m, total; atención f completa; servicio completo
— **share,ring** n - participación f total
— **shareholders' equity** n - [fin] patrimonio m social total (de accionistas m)
— **shield(ing)** n - [weld] protección f total
— **shutdown** n - paralización f, or parada, total
— **steel plant** n - [metal-prod] acería f total
— **stockholder' equity** n - [fin] patrimonio m social total (de accionistas m)
— **stored radioactivity** n - [nucl] radiactividad f total almacenada
— **stop** n - [ind] parada f, or detención f, total
— **strip demand** n - [metal-roll] consumo m, or demanda, total de, fleje m, or banda f, or cinta f, or chapa f
— **stroke** n - [mech] carrera f total
— **subsea system** n - [petrol] red f totalmente submarina
— **sundry income** n - total m de ingresos varios
— **supply,lies** n - provisión f, or suministro m, total; total(idad) de suministro(s) m
— **tire cornering force** n - [autom-tires] es-

fuerzo total para neumático m en viraje(s) m
total transfer out of @ country n - [fin] transferencia f total a exterior m
— **transportation weight** n - [transp] peso m total para transporte m
— **understanding** n - comprensión f, or entendimiento m, total
— **value** n - valor m, or monto m, total
— **wage(s)** n - [labor] salario m total
— **weld metal** n - [weld] metal m total aportado
— **wire rope stress** n - [cabl] esfuerzo m total sobre cable m de alambre m
— **withholding** n - [fisc] retención f total
totalization n - totalización f
totalized a - totalizado,da
totalizing n - totalización f | a - totalizante
touch @ clamp to v - [electr-oper] tocar con mordaza f
— **@ lug to** v - [electr-oper] tocar con lengüeta
— **@ electrode to @ work** v - [weld] tocar trabajo m con electrodo m
— **lightly** v - tocar, ligeramente, or levemente
— **shaft** n - [paper] árbol m para contacto m
— **together** v - entretocar
— **with @ electrode** v - [weld] tocar con electrodo m
touched a - tocado,da • palpado,da • . . .
— **up** a - retocado,da
touching up n - retoque m
touchy a - . . .; receloso,sa • vidrioso,sa
tough a - . . . • riguroso,sa; severo,ra • firme • viscoso,sa
— **bond** n - [metal-prod] liga f resistente
— **and flexible** n - [lumber] verguío,guía
— **city code** n - [pol] reglamentación f municipal, estricta, or severa
— **climate** n - [geogr] clima m, recio, or inclemente
— **coating** n - recubrimiento m tenaz
— **code** n - [pol] reglamentación f estricta
— **competition** n - [sports] competición f reñida
— **crane** n - [cranes] grúa f recia
— **deposit** n - [weld] aportación f tenaz
— **driving test** n - [autom] prueba f rigurosa para conducción f
— **engine** n - [int.combl] motor m recio
— **going** n - progreso m, or avance m, penoso
— **machining** n - [mech] fresado m laborioso
— **nonstaining paper** n - [constr] papel m resistente que no mancha
— **overheld weld(ing)** n - [weld] soldadura f sobrecabeza difícil
— **paper** n - [constr] papel m resistente
— **race** n - [sports] carrera f ruda
— **Rally** n - [sports] Rally m difícil
— **rayon** n - [textil] rayón m resistente
— — **belt** n - [autom-tires] banda f circunferencial de rayón m resistente
— **scrub brush** n - broza f espinosa
— **starting job** n - [weld] trabajo m con encendido m difícil
— **surface tread** n - [autom-tires] superficie f tenaz de banda f para rodamiento m
— **to manage** a - difícil para maniobrar
— **tread** n - [autom-tires] banda f para rodamiento m tenaz
— **underlayer** n - [weld] capa f, subyacente, or inferior, tenaz
— **weld** n - [weld] soldadura f difícil
toughened a - endurecido,da
— **tread** n - [rail-wheels] banda f para rodadura f endurecida
tougher a - más, duro,ra, or recio,cia
— **condition** n - condición f más severa
toughness n - . . .; dureza f
toured a - recorrido,da
touring n - . . . • recorrido m
— **quality** n - calidad f para turismo m
tourist area n - zona f turística
— **brochure weather** n - tiempo m de acuerdo con folleto(s) m para turista(s) m

tourist('s) car n - automóvil m para turismo m
— room n - pieza f, or habitación f, para turista(s) m
— season n - temporada f, turística, or para turismo m
— shop n - [com] tienda f con artículo(s) para turista(s) m
— trade n - [com] comercio m turístico
tow v - . . . .; tirar; halar
— bar n - barra f para remolque m; lanza f
— cable n - [cabl] cable m para remolque m
— @ equipment v - [ind] remolcar equipo m
— off of @ course v - [sports] apartar de pista
— ring n - [autom] aro m, or armella f, or anillo m, para remolque m
— rope n - [cabl] cable m, or cuerda f, or soga f, para remolque m • [sports] cable funicular
— truck n - [autom] (auto)camión m para remolque
— — chain n - [mech-chains] cadena f para (auto)camión(es) m para remolque m
— @ vessel v - [naut] remolcar embarcación f
— @ wreck v - [autom] remolcar automóvil m accidentado
toward(s) adv - . . . .; en dirección f hacia; para (con) • [legal] frente a
— @ cab adv - [autom] hacia cabina f
— @ corner weld n - [weld] soldadura f hacia ángulo m
— @ ground weld n - [weld] soldadura f hacia (conexión f con) tierra f
— @ operator('s) side adv - [ind] hacia lado m para operador m
— @ work inching speed n - [weld] velocidad f para avance m (gradual) hacia trabajo m
towards adv - acercándose hacia
towed a - remolcado,da; arrastrado,da; halado,da
— equipment n - [ind] equipo m remolcado
— wreck n - [autom] automóvil m accidentado remolcado
tower n - . . . . • [bridges] horca f • [electr-cond] pórtico m
— backstop n - [mech] retrotope* m para torre f
— boom n - [cranes] aguilón m para torre f
— — insert n - [cranes] suplemento m para aguilón m para torre f
— — — stop n - [cranes] tope m para aguilón m para torre f
— bottom cone n - cono m para descarga f para torre f
— cap section n - [cranes] sección f final para torre f
— cooling system n - [ind] sistema m, or red f, para enfriamiento m con torre(s) f
— crane n - [cranes] grúa f sobre torre f
— — attachment n accesorio m, or dispositivo m, para grúa f sobre torre f
— — block n - [cranes] motón m para grúa sobre torre f
— delivery area n - [ind] zona f para entrega f para torre f
— derrick n - [cranes] grúa f sobre torre f
— foundation caisson n - [constr] arcón m para cimiento(s) m para torre f
— insert n - [mech] suplemento m para torre f
— jib n - [cranes] pescante m para torre f
— — insert n - [cranes] suplemento m para pescante m para torre f
— moving n - movimiento m, or traslado m, de torre f
— still n - [petrol] alambique m para torre f
— stop n - [mech] tope m para torre f
towering a - . . . .; encumbrado,da
towing n - . . . .; tiro m; tracción f | a - naut] remolcador,ra
— hook n - [mech] gancho m para remolque m
— speed n - [transp] velocidad f para remolque
— tongue n - [mech] lanza f para tracción f
— undercarriage n - rodaje m para remolque m
— vehicle n - [transp] vehículo m remolcador
towline n - [cabl] cable m para tracción f
towmotor n - [ind] motoestibadora f

town center ring road n - [roads] camino m para circunvalación f de casco m urbano
— board n - [pol] ayuntamiento m; concejo m
town clerk n - [pol] secretario m municipal
— engineer n - [pol] ingeniero m municipal
— father n - [pol] edil m
town hall n - [pol] . . .; palacio m municipal
— specification n - [pol] especificación f municipal
— house n - [constr] . . .; residencia f (sub)urbana • casa f de varias residencias f con acceso m individual
— apartment n - [constr] departamento en casa f de varias residencias con acceso individual
township n - [pol] . . .; villa f
— resident n - [pol] residente m en ejido m
— road n - [roads] camino m vecinal
townsite n - [pol] ubicación f de población f
toxic a - . . . .; venenoso,sa; ponzoñoso,sa
— chemical n - [chem] producto m químico tóxico
— fume n - [safety] emanación f tóxica
toy animal n - [domest] animal m de juguete m
— camera n - [comest] cámara f de juguete m
Trabon grease seal system n - [metal] sistema m Trabon para cierre m para grasa f
— lubrication system n - [metal-prod] sistema m Trabon para engrase m
— seal system n - [metal-prod] sistema m Trabon para cierre m
— throat grease seal system n - [metal-prod] sistema m Trabon para cierre m para grasa f para tragante m
trace chain n - [chains] cadena f para tiro m
— line n - [tub] línea f, de, or para, calentamiento m
traceability* n - trazabilidad* f
— to @ ingot n - [metal-roll] posición f de metal m en lingote m
traceable a - . . . .; trazable; rastreable
traced a - trazado,da • rastreado,da
tracer n - . . . . • [electr-instal] conductor m para identificación f
tracing n - . . . . • [drwng] original m
track n - . . . . • camino m; recorrido m; carrera f • [mech] pista f para rodadura f • oruga f • [constr] carrilera f; trocha f • [roads] huella f • [autom] trocha f; distancia f entre rueda(s) f | v - encarrilar
— along v - seguir
— along @ joint v - [weld] seguir junta f
— announcer n - [sports] anunciador m, or locutor m, para pista f
— axis n - [rail] eje m de vía f
— back n - [sports] parte f de atrás de pista
— bed n - [rail] lecho m, or base f, or terraplén m, para vía f
— bolt n - [rail] perno m para eclisa(s) f
— bracket n - [constr] ménsula f para riel m
— brake n - [mech] freno m para vía f
— cable n - [cabl] (cable m para) cablecarril
— center n - [rail] eje m de vía f
— condition n - [rail] condición f de vía f • [sports] condición f de pista f
— correctly v - [fans] estar en camino m
— elimination n - eliminación f de huella(s) f
— gage n - [rail] trocha* f de vía f
— grading n - [rail] nivelación f de vía f
— hopper n - [rail] tolva f en vía f
— laying n - [rail] colocación f de riel(es) m
— pad n - [constr] zapata f para oruga f
— possession n - [rail] derecho m de vía f
— rail n - [constr] corredera f, or riel m, para oruga f
track scales n - [rail] báscula f ferroviaria
— settling n - [rail] asentamiento m de vía f
— spike n - [nails] escarpia f • [rail] escarpie f (para vía f); alcayata f
— sport(s) n - [sports] pedestrismo m
— strand n - [cabl] cable m, or cordón m, or ramal m, para, cablecarril m, or tranvía f
— — splicing n - [cabl] ayuste m de cable m

para, cablecarril m, or tranvía m
track surcharge load n - [rail] sobrecarga f para vía f
— **time** n - [metal-prod] tiempo m, en vía f, or de, reposo m, or espera f, or tránsito
— —/**pit time ratio** n - [metal-prod] relación f entre tiempo m en vía f y tiempo m en fosa f
— **tractor** n - [constr] tractor m con oruga(s) f
— **trestle** n - [rail] viaducto m
— **truck** n - [rail] bogie m para vía f
—**type** a - [constr] sobre oruga(s) f
— **wheel blank** n - [mech-wheels] rueda f en bruto forjada para, vía f, or riel(es) m
— — **flange** n - [autom] pestaña f en rueda f para, vía f, or riel(es) m
— — **tread** n - [mech-wheels] superficie f para rodadura f, or garganta f, de rueda f para riel(es) m
— **width** n - [rail] trocha f; entrevía f; ancho m de vía f • [autom] distancia f entre ruedas
tracked a - [rail] encarrilado,da
— **down** a - rastreado,da
— **front end loader** n - [ind] cargadora f frontal con oruga(s) f
tracker n - . . . ; rastreador m
tracking n - seguimiento m; encarrilamiento n • [fans] camino m
trackless a - . . . ; sin, carriles m, or rieles
— **carriage** n - [mech] carro m sin carriles m • [weld] portapistola(s) m sin carril(es) m
tracks and buildings n - [riel] vías f y obras f
transpose v - . . . • reordenar
transposed a - transpuesto,ta • reordenado,da
transposer n - transponedor m • reordenador m
transshiped a - [transp] transbordado,da
transshipment allowed n - [transp] transbordo m permitido
— **not allowed** n - [transp] transbordo n, prohibido, or no permitido
transhipped a - [transp] transbordado,da
transverse axle n - [mech] eje m transversal
— **band** n - [metal-roll] zuncho m transversal
— **beam** n - [constr-pil] cabeza f (para pilotes)
— **bent** n - [constr] vano m transversal
— **column line** n - [constr] hilera f transversal de columna(s) f
— **contraction joint** n - [constr] junta f, or dilatación f para contracción f transversal
— **conveyor** n - [mech] transportador m, or cinta f, transportadora, transversal
— **expansion** n - dilatación f transversal
— **member** n - [mech] pieza f transversal
— **pusher** n - [mech] empujador m transversal
— **sample** n - muestra f, or probeta, transversal
— **soil movement** n - [soils] movimiento m transversal de suelo m
— **stress** n - [mech] esfuerzo m transversal
— **test piece** n - [mech] probeta f transversal
— **weld** n - [weld] soldadura f transversal
transversed a - con movimiento m transversal
trap n - . . . • [sanit] sifón m | v - encerrar
— @ **back-spring** v - atrapar salpicadura f de rebote m
— @ **excess oil** v - atrapar exceso m de aceite m
— **housing** n - [mech] caja f para trampa f
— **in @ counterbore** v - [mech] atrapar en contrataladro* m
— **metal-to-metal** v—encerrar metal contra metal
— **priming** n - [mech] cebadura f de trampa f
— **rock** n - [miner] roca f trapeana*; trapa* f
trapezoidal channel n - [hydr] cauce m trapezoidal
trapped a - atrapado,da; encerrado,da
— **back-spring** n - [mech] salpicadura f de rebote m atrapada
trapped metal-to-metal a - encerrado,ca metal contra metal
trapping n - atrapamiento m; encierro m
trash can n - [sanit] lata f para basura f
— **hauler** n - [sanit] basurero m
— **rack** n - [sanit] rejilla f de barras f •

[hydr] jaula f con rejas f contra basuras f
travel n - . . . ; tránsito m; traslación f; recorrido m; desplazamiento m; traslado m • extensión f • [weld] (velocidad f para) avance m • mecanismo m para avance m | v - . . . ; trasladar; desplazar; recorrer; transitar • extender • [mech] desplazar
— **account coordinator** n - [transp] coordinador m para viaje(s) m
— **adjusting,tment** n—[weld] ajuste m de avance
— **allowance** n - viático m
— **amplification circuit** n - [weld] circuito m para amplificación f para avance m
— **amplifier** n - [weld] amplificador m para avance m
— **and living expenses** n - [accntg] gastos m para viaje(s) m y estadía(s) f
— **attachment** n - dispositivo m para avance m
— **base casting** n - [mech] pieza f fundida para base f para oruga(s) f
— **brake** n - [mech] freno m para traslación f
— **by water** v - [transp] viajar por agua m
— **carriage** n - [weld] (carro) portapistolas m
— **check(ing)** n - verificación f de recorrido m
— **circuit** n - [weld] circuito m para avance m
— **coil** n - [weld] devanado m para (dispositivo m) para avance m
— **control** n - [weld] regulación f para avance m • regulador m para avance m
— — **rheostat** n - [weld] reóstato m para regulación f para velocidad f para avance m
— **coordinator** n - [managm] coordinador m para viajes m
— **cycle** n - [weld] ciclo m para avance m
— **direction** n - [roads] dirección f, or sentido m, para avance m
— **drive** n - [mech] mecanismo m para impulsión
— **during @ contact** n - [mech] avance m, or recorrido m, durante contacto m
— **end** n - [mech] fin de carrera f
— **expense(s)** n - gasto(s) m para viaje(s) m • viático m
— **gear** n - [weld] engranaje m para avance m
— **kit** n - [weld] equipo m para avance m
— **magnetic amplifier** n - [weld] amplificador m magnético para avance m
— **mechanism** n - [mech] mecanismo m para avance
— **motor** n - [mech] motor m para avance m
— — **rating** n - [cranes] potencia f (nominal) de motor m para traslación f
— **only switch** n - [weld] conmutador m para hacer avanzar únicamente
— **power pack** n - [weld] fuente f (portátil) de energía f para avance m
— — **plug** n - [weld] tomacorriente m para energía f para avance m
— **rate** n - [weld] velocidad f para avance m
— **rectifier** n - [weld] rectificador m para mecanismo m para avance m
— **rheostat** n - [weld] reóstato m para avance m
— **road** n - [miner] camino m para rodadura f
— **shaft** n - [mech] árbol m móvil
— **speed** n - [weld] velocidad f para avance m
— **start(ing)** n - [weld] iniciación f de avance
— **stop(ping)** n - [weld] detención f de avance
— **switch** n - [electr-instal] conmutador m para traslación f • [weld] interruptor m para avance m • also see **travel only switch**
— **unit** n - [weld] dispositivo m para avance m
— — **drive wheel** n - [weld] rueda f motriz para dispositivo m para avance m
— — **wheel** n - [weld] rueda f para avance m
traveled a - viajado,da • recorrido,da; transitado,da • extendido,da
traveling approach a - [mech] para entrada f
— — **table** n - [mech] mesa f para entrada f
— **attire** n - [vest] ropa f para viajar
— **bar grizzly** n - [miner] cribón m ambulante
— **block** n - [cranes] motón m, viajero, or móvil; polea f móvil
— — **shaft** n - árbol m para motón m viajero

traveling crane n - [cranes] grúa f, viajera, or rodante, or móvil, or puente
— **derrick (crane)** n - [cranes] grúa f movible
— **drive** n - [mech] accionamiento m para avance
— **feed(ing) table** n - [mech] mesa f movible para alimentación f
— **finger** n - [mech] dedo m transportador m; uña f transportadora
— **frame** n - [mech] bastidor m deslizante
— — **saw** n - [mech] sierra f con bastidor m deslizante
— **gantry sheave** n - see **gantry traveling sheave**
— **home** n - [autom] casa f ambulante
— **hood** n - [coke] campana f, or cubierta f, rodante, or movible, or desplazable
— **hot saw** n - [metal-roll] sierra f deslizante (para corte m) en caliente
— **lift drive** n - [mech] accionamiento m (de) elevador, corredizo, or movible, or deslizante
— **manipulator drive** n - [mech] accionamiento m de manipulador m, corredizo, or movible
— **mill approach roller table** n - [metal-roll] mesa f deslizante con rodillo(s) para acceso m a laminador m
— **plant** n - [ind] planta f, or instalación f, ambulante, or movible
— **public** n - [raods] público m usuario
— **roller table** n - [mech] mesa f con rodillos m, corrediza, or movible, or deslizante
— **saw** n - [metal-roll] sierra f desplazable
— **sheave** n - [cranes] polea f, movible, or viajera
— **show** n - [theater] circo m ambulante
— **speed** n - velocidad f para, traslación f, or desplazamiento m
— **table** n - mesa f, movible, or deslizante
— — **drive** n - [mech] accionamiento m para mesa f, corrediza, or movible, or deslizante
— — **manipulator** n - [mech] manipulador m para mesa f, corrediza, or movible, or deslizante
— — **travel** n - [mech] traslación f, or desplazamiento m, de mesa f, movible, or corrediza
— **tilting roller table** n - [mech] mesa f con rodillo(s) m basculante, movible, or corrediza, or deslizante
— **tilting table** n - [mech] mesa f basculante, deslizante, or movible, or corrediza
— — — **manipulator** n - [mech] manipulador m para mesa f basculante, movible, or corrediza
— — — **roll** n - [mech] rodillo m para mesa f basculante, corrediza, or movible
— **trailer table** n - [mech] mesa f, auxiliar, or suplementaria, movible, or corrediza
— — **travel** n - [mech] desplazamiento m de mesa f, auxiliar, or suplementaria, movible
— **valve** n - [valv] válvula f, viajera, or móvil
traverse speed n - velocidad f transversal
traversed a - atravesado,da
traversing n - atravesamiento* m
trawled a - [fishing] pescado,da por arrastre • [hydr] rastreado,da
trawling n - [fishing] pesca f por arrastre m • [hydr] restreo m
traylock n - [culin] conformadora f para bandeja
treacherous silt n - [geol] sedimentación f traicionera
treacherously adv - . . .; traicioneramente
tread n - . . .; trocha f • [rail-wheels] plano m para rodadura f • aro m; llanta f • ancho m de vía f • [autom] ancho m de neumático m • [constr] escalón m; peldaño m • [mech] oruga f • garganta f • [autom-tires] banda f para rodamiento m; superficie f para contacto m
— **and sidewall junction** n - [autom-tires] encuentro m de banda f para rodamiento m y pared f lateral
— **base** n - [autom-tires] base f para banda f para rodamiento m
— **belt** n - [constr] banda f para rodamiento m
— **block** n - [autom-tires] elemento m en banda f para rodamiento m

tread block path n - [autom-tires] recorrido de elemento(s) m de banda f para rodamiento m
— — **shape** n - [autom-tires] conformación f de elemento(s) de banda f para rodamiento m
— — **squirm** n - [autom-tires] serpenteo m de elemento(s) m de banda f para rodamiento m
— **casting** n - [autom-tires] colada f de banda f para rodamiento m
— **centerline** n - [autom-tires] eje m (longitudinal) de banda f para rodamiento m
— **circumference** n - [rail-wheels] circunferencia f de (plano m para) rodadura f
— **compound** n - [autom-tires] compuesto m para banda f para rodamiento m
— **contact length** n - [autom-tires] largo(r) m de contacto m de banda f para rodamiento m
— — **width** n - [autom-tires] ancho(r) m de contacto m de banda f para rodamiento m
— **contour** n - [mech-wheels] contorno n de banda f para rodamiento m
— **depth** n - [autom-tires] profundidad f, or espesor m, de banda f para rodamiento m
— **equalization** n - [autom-tires] igualación f de espesor de banda f para rodamiento m
— **design** n - [autom-tires] proyección f para banda f para rodamiento m
— **diameter** n - [wheels] diámetro m de (superficie f para) rodamiento m
— **element** n - [autom-tires] elemento m para banda f para rodamiento m
— **face** n - [autom-tires] superficie f, or cara f, de banda f para rodamiento m
— **layout** n - [autom-tires] disposición f de banda f para rodamiento m
— **lead** n - [autom-tires] mordedura f en banda f para rodamiento m
— **life** n - [autom-tires] duración f, or vida f (útil), de banda f para rodamiento m
— **notched block** n - [autom-tires] elemento m entallado en banda f para rodamiento m
— **outside edge** n - [rail-wheels] borde m externo m de plano m para rodamiento m
— **patch** n - [autom-tires] superficie f para contacto m de banda f para rodamiento m
— **pattern** n - [autom-tires] configuración f de banda f para rodamiento m
— **pitch** n - [autom-tires] paso m para banda f para rodamiento m
— **plate** n - [mech-caterpillar] zapata f
— **(s) per belt** n - [mech-caterpillar] zapata(s) f por carril m
— **ply,lies** n - [autom-tires] tela(s) f debajo de banda f para rodamiento m
— **profile** n - [autom-tires] conformación f, or perfil m, de banda f para rodamiento m
— **rail** n - [mech-caterpillar] carril m
— **roll** n - [rail-wheels] rodillo m para (laminación f para) plano m para rodamiento m
— **rounding off** n - [autom-tires] redondeado* m de banda f para rodamiento m
— **rubber** n - [autom-tires] caucho m para banda f para rodamiento m
— **shoulder** n - [autom-tires] borde m de banda f para rodamiento m
— — **rib** n - [autom-tires] resalto m (exterior) en banda f para rodamiento m
— **squirm(ing)** n - [autom-tires] retorcimiento m, or serpenteo m, de banda f para rodamiento m
— **steel** n - [mech=wheels] acero m en superficie f para, rodamiento m, or garganta f
— **surface** n - [mech-wheels] superficie f para rodamiento m
— **taper** n - [cranes-wheels] ahusamiento m de garganta f • [mech-wheels] ahusamiento de superficie f para rodamiento m
— **traction** n - [autom-tires] tracción f de banda f para rodamiento m
— **underfoot** v pisotear; hollar
— **understructure** n estructura f debajo de banda f para rodamiento m
— **wear** n - [mech] desgaste m de, banda f, or

superticie f, de banda f para rodámiento m
tread width n - [mech-wheels] ancho(r) m de, superficie f para rodamiento m, or garganta f • [autom-tires] ancho(r) de banda f para rodamiento m
treading n - holladura f; pisa(dura) f
— **underfoot** n - holladura f; pisoteo m
treadle n - [mech] . . .; palanca f para pie m
treasure n - . . . | v - . . .; preciar
treasury n - . . .; caja f social • [pol] fisco m; erario m; hacienda f
— **and Public Credit Department** n - [pol] Secretaría f para Hacienda f y Crédito m Público
— **Department** n - [pol] Ministerio m, or Secretaría f, or Departamento m, para Hacienda f
— **Regional Office** n - [fisc] Delegación f de Hacienda f
— **secretary** n - [pol] ministro m para Hacienda
— **stock** n - [fin] acción(es) f readquirida(s)
treat for corrosion protection v - [metal] tratar para protección f contra corrosión f
— **@ radiated fuel** v - [nucl] tratar combustible m irradiado
— **@ well water** v - [hydr] tratar, or depurar, agua m de pozo m
treated a - tratado,da • agasajado,da • [sanit] depurado,da
— **rim wheel** n - [rail-wheels] rueda f con llanta f con tratamiento m térmico
— **sewage** n - [sanit] líquido(s) m cloacal(es), tratado(s), or depurado(s)
— **water** n - [hydr] agua m, tratada, or depurada
— — **hardness** n - [hydr] dureza f de agua m depurada
treatment n - . . .; trato m; manejo m; proceso m régimen m • agasajo m • depuración f
— **and Wood Preserving Fundamentals** n - [lumber] Principios m para Tratamiento m y Preservación f de Madera(s) f
— **hardenable** a - [metal-treat] endurecible mediante tratamiento m
treblet* n - [tools] mandril m; punzón m
trembled a - temblado,da
trembler n - . . .; temblador m
tremendous achivement n - hazaña f tremenda
tremie n - [ind] tolva f con, manga f or tubería f
trench n - . . .; canaleta f • excavación f
— **brace** n - [constr] jabalcón m
— **hoe** n - [constr] (retro)excavadora f (para trincheras f); zanjadora f
— **shape** n - [constr] conformación f de zanja f
trenched a - [constr] excavado,da
trencher n - [constr] zanjadora f; (ex)cavadora f para, zanja(s) f, or trinchera(s) f
trenching n - [constr] excavación f de trincheras
trended a - tendido,da
trepanned a - [mech] trepanado,da
trepanner n - [mech] trepanador m
trestle bent n - [constr] caballete m
tri- a - triple; also see three
triac* n - [electr-equip] conmutador m semiconductor para corriente f alterna; also see alternating current semiconductor switch
— **blocking voltage** n - [electr-oper] voltaje m para bloqueo m de triac* m
trial n - . . .; experiencia f; intento m • tanteo m; aproximación f • [sports] eliminatoria
— **and error** b - tanteo(s) m | a - experimental; por corazonadas f
— **bore (hole)** n - [constr] sondeo m para prueba
— **boring** n - [miner] sondeo m
— **expense** n - gasto(s) m para prueba f
— **protocol** n - protocolo m para prueba f
triangular connection plate n - [electr] placa f trinangular para conexión f
— **pass** n - [weld] pasada f triangular
— **section strand** n - [cabl] cordón m, or ramal m, con sección f triangular
— **slip base** n - [mech] base f embutible triangular
— **strand** n - [cabl] cordón m, or ramal m, triangular
triangular thread(ed) screw n - [mech] tornillo m con, resalto m, or paso m, triangular
— **up weave** n - [weld] tejido m ascendente triangular
— **vertical up weave** n - [weld] tejido m trianrular ascendente
— — **weave** n - [weld] tejido m vertical triangular
— **weave** n - [weld] tejido m triangular
— — **weld(ing')** n - [weld] soldadura f con tejido m triangular
triangulation station n - [topogr] punto m trigonométrico
triaxial a - triaxial
tribulate v - tribular
tribulated a - tribulado,da
tribulator m - tribulador m
tributary n - . . .; vasallo m | a - vasallo,lla
tributary area n - [hydr] cuenca f tributaria
tribute payer n - [fisc] tributante m
tricloroethylene n - [chem] tricloroetileno m
tricing line n - [naut] vinatera f
trick n - . . .; jugada f | a - artero,ra
trick compound n - [autom-tires] compuesto m prometedor
trickle n - . . .; reguero m | v - . . .; rezumar; colar
— **battery charger** n - [electr] dispositivo m para carga f lenta para acumulador(es) m
— **charge** n - [electr] carga f lenta
trickling a - rezumante
— **filter** n - [sanit] filtro m, rezumante, or percolador, or para escurrimiento m
tricky a - . . .; artero,ra; traicionero,ra • [fam] prometedor,ra
tried a - . . .; procurado,da; ensayado,da; intentado,da; tratado,da; tanteado,da
trifling a - . . .; fruslero,ra
trigger n - . . . | v - . . .; ocasionar
— **actuated driver** n - [mech] hincadora f (actuada) con gatillo m
— **and cable assembly** n - [weld] conjunto m de gatillo m y cable m
— — **control cable assembly** n - [weld] conjunto m de gatillo m y cable m para regulación
— **bar** n - [electr] palanca f para contacto m
— **block** n - [weld] base f para gatillo m
—**(ing) circuit** n - [electron] circuito m para disparo m
— **interlock** n - [weld] enclavador m, or trabador m, para gatillo m
— **pod** n - [weld] portagatillo(s) m
— **snap** n - [mech] gancho m con gatillo m
— **spring** n - [mech] resorte m para gatillo m
— **switch** n - [weld] interruptor m para gatillo
— **travel** n - [weld] carrera f de gatillo m
triggered a - causado,da; ocasionado,da
trilevel a - con tres niveles m
— **interchange** n - [roads] empalme m con tres niveles m
trilingual country n - [pol] país m trilingüe
trilingualism n - trilingüismo m
trim n - . . .; accesorio m; herraje m; moldura f • [valv] revestimiento m • [paper] ancho m • [constr] chambrana f; contramarco m | v - guarnecer • [mech] recortar; cantear • [carp] labrar • [metal-prod] nivelar, or emparejar, carga f • [vest] franjear
— **and shear** v - cantear y (re)cortar
— **box** n - [electr-inestal] caja f para regulación f
— **@ charge** v - [metal-prod] nivelar, or emparejar, carga f
— **press** n - [mech] prensa f para guarniciones
— **stock** n - [metal-roll] recortes m; rebabas f
— **valve** n - [mech] válvula f limitadora
trimmed a - (re)cortado,da • guarnecido,da
— **coil** n - [metal-roll] bobina f recortada
— **edge** n - [mech] borde m (re)cortado
— — **coil** n - [metal-roll] bobina f con bor-

de(s) (re)cortado(s)
trimmed edge sheet n - [metal-roll] lámina f, or hoja f, con bordes m (re)cortados
— — **strip** n - [metal-roll] fleje m con bordes m (re)cortados
— — **unsquared strip coil** n—[metal-roll] bobina f de fleje con borde m (re)cortado sin escuadrar
— **sheet** n - [metal-roll] hoja f, or lámina f, recortada
— **strip** n - [metal-roll] fleje m recortado; banda f, or cinta f, or chapa f, recortada
trimmer n - . . . . • [tools] rebabadora f; recortadora f
trimming n - . . . . recortadura f (de sobrante)
— **and shearing** n - [metal-roll] recortadura f y corte m; canteo m y corte m
— **charge** n - [nav] cargo m por nivelación f
— **die** n - [mech] matriz f para recortar (sobrantes m)
— **line** n - [metal-roll] línea r para recortado m, or canteado m
— **machine** n - [mech] (máquina) recortadora f; máquina f para cantear
trimotor n - [aeron] trimotor m
trinket n - . . . ; friolera f; filis m
trip n - . . . ; viaje m; viajata f; recorrido m • [electr] desconexión f; (interruptor m con) gatillo m • [petrol] bajada f de tubería f para perforación f • [mech] disparo m | a - [electr-instal] interruptor m; desconectador | v - [electr-oper] desconectar(se) • [mech] soltar; disparar; interrumpir; cortar
— **arrangement(s)** n - [transp] arreglo(s) m para viaje m
— **attachment** n - [electr] dispositivo m para desconexión f
— **breaker** n - [electr-instal] interruptor m automático
— **casing spear** n - [petrol] arpón m, or cangrejo m, con disparo m para entubación f
— **@ circuit breaker** v - [electr-oper] desconectar(se), or saltar, disyuntor m para circuito
—**(ping) coil** n - [electr-equip] bobina f para. disparo, or desconexión f, or interrupción f
— **free circuit breaker** n - [electr-equip] disyuntor m para desconexión f libre
— — **in any position** a - [electr] para desconexión f libre en posición f cualquiera
— **off** v - [electr] desconectar(se) por sí solo
— — **@ line** v - [electr] desconectar(se) por sí sólo, la de línea f
— — **on no load** v - [weld] desconectar(se) por sí sólo, la estando regulado, da para sin carga
— **out** v - see **trip off**
— **@ relay** v - [electr-oper] desconectar relé m
— **rope** n - [mech] cable m, or cuerda f, para, desconexión f, or desacoplamiento m • [cabl] cable m para descarga f
— **signal** n—[electron] señal f para desconexión
— **spear** n - [petrol] arpón m, or cangrejo m, con disparo m
— **switch** n - [electr-equip] interruptor m
triphase a - [electr-prod] see **three phase**
triple bar grouser n - [constr-equip] garra f con barra f triple
— — **grouser shoe** n - [constr-equip] zapata f con garra f con barra f triple
— — **semi-grouser shoe** n - [constr-equip] zapata f con garra f pequeña con barra f triple
— — **shoe** n - [constr-equip] zapata f con barra f triple
— **barrel** n - [constr] conducto m triple
— **bituminous surface** n - superficie f bituminosa triple
— — **treatment** n - [roads] tratamiento m bituminoso triple
— **block** n - [cabl] polea f triple
— **conductor** n - [electr-cond] conducto m, triple, or con tres arterias f
— **fastener** n - [mech] sujetador m triple

triple line spillway n—[hydr] vertedero m triple
— **phase** n - [electr-prod] see **three phase**
— **spillway** n - [hydr] vertedero m triple
— **stack(ing)** m apilamiento m triple • [combust] chimenea f triple
— **surface treatment** n - [roads] tratamiento m triple de, superficie f, or calzada f
— **winding** n - [cabl] (re)torcido m triple
Triplex plunger n - [petrol] émbolo m buzo Triplex
tripled a - triplicado, da
tripped a - [electr-prod] desconectado, da; disparado, da; saltado, da
— **off on no load** a - [weld] desconectado, da estando regulado, da para sin carga f
— **position** n - posición f desconectada
tripper and gib assembly n - [mech] (conjunto m de) trinquete m y contracuña f
— **assembly** n - [mech] conjunto m de trinquete
— **lever** n - [mech] palanca f para, fiador m, or disparador m
tripping n - . . . ; zancadilla f • [electr] desconexión f; interrupción f • accionamiento m automático • [mech] disparo m
— **device** n - [mech] trinquete m y contracuña f
— **signal** n - [electron] señal f para desconexión f
trisodium n - . . . | a - [chem] trisódico, ca
— **phosphate** n - [chem] fosfato m trisódico
trivalence n - [chem] trivalencia f
trivial a - . . . • [medic] leve
triviality n - . . . ; futilidad f
trod(den) n - pisado, da; hollado, da
trolley n - [electr-equip] trole m; colector m • pantógrafo m • [ind] plataforma f (movil) • [cranes] carrillo m (para grúa f) • carro m; carrito m; carrillo n; vagoneta f
— **boom** n - [cranes] pescante m sobre carrillo m
— **drive** n - [cranes] accionamiento m para, carro m, or carrillo m
— **motor** n - [cranes] motor m para carrillo m
— **pole** n - [electr] pértiga f para trole m
— **rail** n - [cranes] riel m para carrillo m
— **sheave** n - [cranes] polea f para carrillo m
— **shoe** n - [electr] patín m colector
— **travel** n - [cranes] desplazamiento m de, carro m, or carrillo m
trolleybus n - [transp] . . . ; trolebús m
troop n - . . . | v - acudir; concurrir
trophy race n - [sports] carrera f con trofeos
tropical growth n - [botan] vegetación tropical
tropical jungle n - [geogr] selva f tropical
trouble n - . . . ; problema m; contratiempo m; molestia f; dificultad; avería f; falla f; perjuicio m; penalidad f; vejación f | v - inquietar; molestar; vejar
— **free** a - libre de problemas m
— — **operation** n - operación f sin problemas m
— — **ride** n - viaje m sin problema(s) m
— — **weld(ing)** n - [weld] soldadura f sin problema(s) m
— **light** n - [autom] luz f, portátil, or para emergencia(s) f
—**shooting** n - detección f de falla(s) f
troublesome a - problemático, ca; perturbador, ra; molesto, ta
trough n - . . . . • [weld] canaleta f ángulo m en posición f de V
— **gravity entry table** n - [ind] mesa f para entrada f por gravedad en forma de artesa
— **position fillet weld** n - [weld] soldadura f en ángulo n interior en canaleta f
— — **weld** n - [weld] soldadura f en posición f de canaleta f
— **table** n - [mech] mesa f en forma f de artesa
— **weld** n - [weld] soldadura f en canaleta f
troughing idler n - [mech] polea f loca con acanaladura f
trouser(s) seat n - [vest] fondillo(s) m
trowel n - [tools] . . . ; cuchara f; plana f

truck axle n - [autom] eje m para (auto)camión m
— **bed** n - [autom] plataforma f para (auto)camión
—**('s) brake line** n - [autom-mech] red f para freno(s) m para (auto)camión m
— **cab** n - [autom] cabina f para (auto)camión f
— **crane** n - [autom] (auto)camión m con grúa f • [cranes] grúa f sobre (auto)camión m
— **dealer** n - distribuidor m para (auto)camiones
— **driver** n - [autom] conductor m para (auto)camión m; camionero m
— **frame** n - [autom] bastidor m para (auto)camión m • [ind] bastidor m para rodadura f
— **hoe** n - [constr] azadón m mecánico
— **life** n - [autom] vida f (útil) de camión m
— **line** n - [autom] renglón m de (auto)camiones m
— **loading dock** n - [transp] muelle m para carga f para (auto)camiones m
— **manufacturer** n - [autom] fabricante m de (auto)camión(es) m
— **mount** n - [cranes] grúa f montada sobre (auto)camión m
— **mounted articulated crane** n - [cranes] grúa f articulada montada sobre (auto)camión m
—— **auger** n - [constr] taladro m montado sobre (auto)camión m
—— **crane** n - [cranes] grúa f montada sobre (auto)camión m
—— **earth auger** n - [constr] taladro m para tierra f montado sobre (auto)camión m
—— **generator** n - [electr-prod] generador m montado sobre (auto)camión m
—— **telescopic crane** n - [cranes] grúa f retráctil montada sobre (auto)camión m
— **mixer** n - [constr-concr] (auto)camión m mezclador (para hormigón m)
— **pick-up** n - [transp] recolección f con camión
— **rear** n - [autom] culata f de (auto)camión m
— **shipment** n - [transp] embarque m por camión m
— **signaler** n - [ind] señalador m en carretilla f
— **skid** n - [transp] bandeja f, or plataforma f sobre patín(es) m, para (auto)camión f
— **terminal** n - [transp] (estación f) terminal m para (auto)camión(es) m
— **throttle** n - [autom] acelerador m para (auto)-camión(es) m
— **tire** n - [autom] neumático m, or llanta f, para (auto)camión) m
— **trailer** n - [transp] (semir)remolque m, para (auto)camión m, or carretero
— **underpass** n - [constr] paso m inferior para (auto)camión(es) m
— **wheel** n - [autom] rueda f para (auto)camión m • [rail] rueda f para, bogie m, or carretón m
— **trucker** n - [transp] camionero m • empresa f de (auto)camión(es) m
— **trucking** n - [transp] acarreo m en (auto)camión
— **firm** n - [transp] empresa f de (auto)camiones
— **truckload** n - [transp] camionada f; cargamento m
— **true** a - . . . ; veraz; fiel • fino,na • apareado,da • parejo,ja | v - rectificar
— **amperage** n - [electr-distri] amperaje m efectivo
— **and correct copy** n - [legal] copia f fiel y, veraz, or verdadera
—— **exact** a - [legal] fiel y verdadero,ra
— **arc** n - [weld] arco m, centrado, or recto
— **capital** n - [fin] capital m real
— **@ commutator** v - [electr-mot] rectificar colector m
— **fillet** n - [weld] cordón m en ángulo m interior real
— **hour point** n - [labor] punto m hora real
— **market value** n - valor m real en mercado m
— **mounting** n - [mech] montaje m apareado
— **net worth** n - [fin] patrimonio m, or valor m neto, real
— **portrait** n - efigie f vera; vera efigie m
— **rolling motion** n - rotación f pura
— **to @ grade** a - [constr] nivelado,da bien
—**to-life** a - fiel
— **translation** n - [legal] traducción f fiel

true up v - rectificar; alinear; enderezar
— **worth** n - valor m real
trued a - [mech] rectificado,da
— **commutator** n - colector m rectificado
— **up** a - rectificado,da; alineado,da; enderezado,da
truing n - [mech] rectificación f
— **up** n - rectificación f; alineación f; enderezamiento m
truly adv - . . . ; efectivamente; veramente
— **automatic welding** n - [weld] soldadura f realmente automática
— **paid up** a - pagado,da efectivamente
trumpet n - . . . • [sanit] bebedero m central
— **arch** n - [archit] arco m, abocinado, or achaflanado, or biselado
truncated a - . . . • [geom] base f, or tronco
— **cone** n - [geom] tronco m, or base f, de cono | a - [geom] tronco-cónico,ca
— **pyramid** n - pirámide f truncada
— **shape** n - conformación f, truncada, or cónica
truncatedly adv - truncadamente
trunk n - . . . • [zool] trompa f • [autom] . . . ; caja f; compartimento para equipajes | a - troncal
— **highway** n - [roads] carretera f troncal
— **network** n - [transp] red f troncal
— **pipeline** n - [petrol] oleoducto m, or tubería f para conducción f, troncal
— **road** n - [roads] camino m, or carretera f, troncal, or principal
— **sewer** n - [sanit] cloaca f, troncal, or maestra f; tubería f colectora maestra
— **system** n - [hydr] red f, troncal, or maestra
trunnion n - [mech] . . . ; gorrón m; espiga f; extremo m, or punta f, or eje m, para apoyo
— **bearing** n - [mech] cojinete m, or chumacera f, para muñón m
— **bushing** n - [mech] buje m para muñón m
— **roller** n - [mech] rodillo m para muñón m
truss n - [constr] . . . ; entramado m • [mech] cabría(da) f; viga f armada; cercha f • tirante m; puntal m; refuerzo m | v - reforzar; armar • reforzar
— **@ axle** v - [mech] reforzar eje m
— **bar** n - [mech] tirante m
— **beam** n - [constr] viga f, armada, or atirantada • viga f enrejada
— **bottom chord** n - [constr] cordón m inferior de, cabría(da) f, or entramado m
— **bridge** n - [bridges] puente m con, armadura f, or celosía f
— **building** n - [constr] edificio m entramado
— **construction** n - [bridges] puente m con armadura f
— **@ frame** v - [mech] reforzar bastidor m
— **head** n - [mech] cabeza f segmental
— **lift span** n - [bridges] tramo m levadizo de viga f armada
— **main beam** n - [constr] viga f principal para armadura f
— **pipe** n - [tub] tubo m entramado; tubería f entramada
—— **saddle** n - [tub] sillete m para tubería f entramada
—— **sewer** n - [sanit] cloaca f de tubería f entramada
—— **wall** n - [tub] pared f de tubería f entramada
— **reinforcement** n - refuerzo m para entramado
— **rod** n - [mech] varilla f tensora
— **shape** n - [constr] conformación f entramada
— **span** n - [bridges] tramo m con viga f armada
— **vertical lift span** n - [bridges] tramo m levadizo vertical de viga f armada
— **web(bing)** n - [tub] entramado m interior
trussed a - entramado,da • reforzado,da
— **arch** n - arco m entramado, or con celosía f
trust n - . . . | a - . . . ; fiduciario,ria
— **account** n - [accntg - [mex.] cuenta f de registro m

trust company n - [fin] empresa f fiduciaria
— fund n - [fin] fondo m, en custodia, or fiduciario
— objective n - [fin] fin m, or objetivo m, de fideicomiso m
— officer n - [legal] funcionario m fiduciario
trusted a - confiado,da
trustee n - . . . . ecónomo m • legal] . . .
trustworthy a - . . .; (digno,na) de confianza f • [legal] fehaciente
— employee n - [pers] empleado m de confianza f
truthful a - . . .; cierto,ta • [legal] formal
truthfully adv - verdaderamente; verídicamente; ciertamente; de veras
try n - . . .; tentativa f • [sports] competencia f; intento m | v - . . . [legal] juzgar
— to plug @ iron notch v - [metal-prod] intentar tapar, piquera f, or boca f de horno m
— — with @ mud gun v - [metal-prod] intentar tapar con cañón n (para arcilla f)
trying n - ensayo n; intento m | a - . . .
Tu n - [transp] see tube
tube n - [tub] . . .; tubería f • [RPl.] caño m • [autom-tires] cámara f • [mech] buje m
— assembly n - [weld] conjunto m de tubo,bería
— axis n - [tub] eje m de tubo m
— beader n - [tub] rebordeador m para tubo(s) m
— bender n - [tub] dobladora f para tubo(s) m
— blowing (out) n - limpieza f de tubo,bería con aire m
— boiler n - [boilers] caldera f con tubo(s) m
— brush n - [tools] cepillo m para tubo(s) m
— cap n - [tub] casquete m para tubo(s) m
— centerline n - [tub] eje m de tubo,bería • [autom-tires] eje m de cámara f
— check(ing) n - [tub] verificación f de tubo m
— connector n - [tub] conectador m para tubería
— cutting pantograph n - [tub] pantógrafo m para corte m de tubo,bería
— elbow n - [tub] codo m para tubo,bería
— end flanging n - [tub] embridado m de extremo m de tubo,bería
— expander n - [tub] mandril m para expansión f de tubo,bería
— factory n - [tub] fábrica f para tubo(s) m
— fitting n - [tub] accesorio m para tubería f
— forging n - [tub] forja(dura) f de tubería f
— forming n - [tub] conformación f de, tubo m, or tubería f
— frame n - [autom] chasis m tubular
— furnace n - [tub] horno m para tubos,bería
— guard n - [mech] resguardo m tubular
— half union n - [tub] semiunión* m para, tubo(s) m, or tubería f
— heat shrinking n - [tub] encogimiento m térmico de tubo,bería
— hot forming n - [tub] conformación f en caliente de tubo,bería f
— insert n - [tub] suplemento m para tubo,bería • tapón m horadado
— intake n - [tub] entrada f a tubo
— leak n - [tub] fuga f en tubo,bería
— manufacture n - [tub] fabricación f de tubos
— mill n - [metal-roll] laminador m para tubos
— mirror n - [tub] espejo m para tubo(s) m
— nut n - [tub] tuerca f para tubo(s) m
— outlet n - [tub] salida f de tubo m
— pile n - [constr-pil] see pipe pile
— plant n - [tub] planta f, or fábrica f, para tubo(s) m
— problem n - [tub] problema m con tubo,bería • [autom-tires] problema m con cámara f
— puncture n - [autom-tires] pinchadura f de cámara f
— radiator n - [int.comb] radiador m con tubos
—-Rail n - [roads] viga f tubular
— salvage n - [tub] recuperación f de tubos m
— shape n - [tub] conformación f de tubo,bería
— spinning n - [tub] centrifugación f de tubo m
— still n - [petrol] alambique m tubular
— strip n - [metal-roll] fleje m para tubo(s) m

tube tee n - [tub] te m para tubo,bería
— top n - [tub] corona f, or parte f superior, de tubo,bería
— type electrode n - [weld] electrodo m de tipo m tubular
— — furnace n - [tub] horno m con tubo(s) m
— — tire n - [autom-tires] neumático m con cámara f
— wall n - [tub] pared f de tubería f
— with @ bent elbow n - [tub] tubo m acodado
tubeless a - [autom-tires] sin cámara f
— industrial tire n - [autom-tires] neumático m industrial sin cámara f
— tire n - [autom-tires] neumático m sin cámara
tubing n - . . . • [petrol] tubería f para, producción f, or ademe m, or surgencia f, or bombeo m • entubación f
— and casing n - [tub] conducción f y entubación f
— block n - [petrol] motón m para tubería f (para bombeo m)
— broach n - [tub] escariador m, or ensanchador m, para tubería f
— catcher n - [petrol] apresador m para tubería f (para bombeo m)
— cold forming n - [tub] conformación f en frío m de tubería f
— disk n - [petrol] disco m para tubería f (para surgencia f)
— end sizing n - [tub] expansión f a medida f de extremo(s) m de tubería f
— flange bolt n - [tub] perno m para brida f para tubería f
— head n - [petrol] cabezal m de tubería f (para, producción f, or surgencia f, or bombeo m)
— oil saver n - [petrol] economizador m de petróleo m para tubería f (para bombeo m)
— pull(ing) line n - [petrol] cable m para tracción f para tubería f para bombeo m
— spider n - [tub] araña f para tubería f
— strip n - [metal-roll] see skelp
— swivel n - [tub] entrerrosca f giratoria
— tong(s) n - [tub] tenaza(s) f para tubería f
tubular backstop n - [mech] tope m tubular para contención f
— beam n - [constr] viga f tubular
— boiler n - [boilers] caldera f tubular
— boom n - [cranes] aguilón m tubular • [naut] botalón m tubular
— core n - [weld] núcleo m tubular
— — wire n - [weld] electrodo m con núcleo m tubular
— electrode n - [weld] electrodo m tubular • electrodo m hueco
— exchanger n - [boilers] intercambiador m tubular
— Exchanger(s) Manufacturer(s) Association n - [boilers] Asociación f de Fabricantes m de Intercambiadores m Tubulares
— frame n - [mech] esqueleto m tubular
— guard rail n - [roads] defensa f lateral tubular (para carreteras f)
— heat exchanger n - [boilers] intercambiador m tubular para calor m
— heating element n - [electr] elemento m térmico para calentamiento m
— liner n - [weld] camisa f tubular
— pile n - [constr-pil] pilote m tubular
— pipe pile n - [constr-pil] pilote m tubular
— — scaffolding n - [constr] andamiaje m tubular
— product n - [tub] producto m tubular
— radiator m - [int.comb] radiador m tubular
— rail n - [constr] viga f tubular
— reactor n - reactor m tubular
— resistance n - resistencia f tubular
— rivet n - [mech] remache m tubular
— scaffold(ing) n - [constr] andamio m, or andamiaje m, tubular, or de tubos m
— section drive core n - [constr-pil] hincador

m con núcleo m para trozo m de tubería f
tubular steel boom n - [cranes] aguilón m de acero m tubular
— — **bridge railing** n - [constr] baranda f, or valla f, tubular de acero m para puente(s) m
— — **liner** n - [tub] camisa f tubular de acero
— **wire** n - [weld] alambre m tubular
tuck n - [vest] frunce m | v - fruncir; insertar
tucked a - fruncido,da • insertado,da
tucker roller n - [agric] rodillo m plegador
tucking n - fruncimiento m • inserción f
Tuf-Flex core n - / [cabl] alma m Tuf-Flex
— — **Tuffy rope** n - [cabl] cable m Tuffy con alma n de Tuf-Flex
tufa breccia n - [geol] toba f brecha
tuff n - [geol] tufa f; toba f; tufo m
— **xenolite** n - [geol] xenolita f de tufa f
Tuffy dragline n - [cabl] cable m Tuffy para excavadura f con arrastre m
— **rope** n - [cabl] cable m Tuffy
— **shovel and drag hoist rope** n - [cabl] cable m para excavadura excavadura con arrastre m y elevación f
Tufwire strand n - [cabl] cordón m, or torón m, Tufwire
tug fee(s) n - [transp] derechos m para remolque
— **pulley** n - [petrol] polea f para, arrastre m, or remolque m
— **wheel** n - [mech] rueda f para, arrastre m, or polea f motriz
tugging n - remolque m; arrastre m
tulip shape n - forma f de tulipa,pan
— **shaped** a - con forma f de tulipa,pan
tumble n - . . . | v . . . - [ind] limpiar en tambor m, giratorio, or rotatorio
tumbled a - tumbado,da; volteado,da • [ind] limpiado,da en tambor m, giratorio, or rotatorio
tumbler n - tumbador m • [domest] vaso m • [ind] rueda f (dentada) motriz para oruga f para pala f mecánica • seguro m; fiador m] eje m
— **lock** n - [mech] cerradura f con cilindro m
— **test** n - [coke] (ensayo m de) rodadura f
tumbling n - tumbo m; volteo m; tratamiento m, , or limpieza f en tambor m, rotatorio, or gira - tumbador,ra
tundish n - [concast] artesa f (para colada f); [Arg.] cesto m repartidor
— **drying** n - [concast] secamiento m, or secado m, de, artesa f, or cesto m repartidor
— **gas** n - [concast] gas m para artesa f
— — **(pre)heater** n - [concast] (pre)calentador para, artesa f, or cesto m repartidor
— **heater** n - [concast] calentador m para artesa
— **level** n - [conast] nivel m de, artesa f, or cesto m repartidor
— **nozzle** n - [concast] boquilla f, or buceta f, para, artesa f, or cesto m repartidor
— **preheater** n - [concast] precalentador m para, artesa f, or cesto m repartidor
— **temperature** n - [concast] temperatura f de, artesa f, or cesto m repartidor
tune @ tire v - [autom-tires] poner a punto neumático m
— **up** n - puesta a punto m; regulación f; calibración f | v - poner a punto m; calibrar; regular
— — **kit** n - equipo m para puesta f a punto m
— — **technician** n - [ind] técnico m para, puesta f a punto m, or regulación f
tuned a - [music] afinado,da • [mech] (puesto,ta) a punto m • [electron] sintonizado,da
— **tire** n - [autom-tires] neumático m puesto a punto m
tungsten alloy n - [metal] aleación f con, volframio m, or tungsteno m
— — **electrode** n - [weld] electrodo m con aleación f con, volframio m, or tungsteno m
— — **(and) inert gas** n - [weld] tungsteno m, or volframio m y gas m inerte
— **carbide** n - [miner] carburo m de, tungsteno m, or volframio m

tungsten carbide and steel combination n - [metal] combinación f de carburo m de, volframio m, or tungsteno m, y acero m
— — **die** n - [wiredrwng] hilera f con, volframio m, or tungsteno m, y carburo m
— — **steel** n - [metal-prod] acero m con carburo m de, volframio m, or tungsteno m
— — **wire drawing die** n - [wiredrwng] hilera f con carburo m de, volframio m, or tungsteno m, para trefilería f
— **die** n - [wiredrwng] hilera f con, volframio m, or tungsteno m
— **electrode** n - [weld] electrodo m de, volframio m, or tungsteno m
— — **chuck** n - [weld] mandril m para electrodo m de, volframio m, or tungsteno m
— — **gas** n - [weld] gas m de, volframio m, or tungsteno m
— — **electrode** n - [weld] electrodo m para soldadura f con gas m de, volframio m, or tungsteno m
— — **inert gas** n - [weld] gas m inerte de, volframio m, or tungsteno m
— — **manual** a - [weld] manual con, volframio m, or tungsteno m
— **steel** n - [metal-prod] acero m con, volframio m, or tungsteno m
tuning n - . . . • [mech] ajuste m, puesta f a punto m; calibración f
tunnel access shaft n - [constr] pozo m para acceso m para túnel m
— **arch** n - [constr] bóveda f de túnel m
— **arched roof** n - [constr] techo m abovedado de túnel m
— **cross section** n - [constr] sección f, or corte m transversal, de túnel m
— **excavation** n — [constr] horadación f de túnel
— **invert** n - [constr] fondo m de túnel m
— **kiln** n - [combust] horno m túnel
— **liner plate** n - [constr] plancha f para revestimiento m para túnel m
— **sewer** n - [sanit] cloaca f en túnel m
turbidly adv - turbiamente
turbine bearing n - [turb] cojinete m para turbina f
— **driven generator** n - [electr-prod] turbogenerador m
— **intake** n - [turb] admisión f a turbina f
— **outlet** n - [turb] salida f de turbina f
— **pit** n - [turb] foso m para turbina f
— **rating** n - [turb] potenccia f de turbina t
— **shaft** n - [turb] árbol m para turbina f
— **weighted yield** n - [turb] rendimiento m ponderado de turbina f
turbo* n - [autom-mot] see **turboboost(ing)**
turbo blower n - [ind] turbosoplante m
— **factor** n - [autom] factor m turboalimentador
turboboosting n - [autom-mot] aceleración f con turboalimentación f
turbocharge n - [int.comb] turboalimentación f | v - [int.comb] turboalimentación
trubocharged a - [int.comb] turboalimentado,da
— **engine** n - [int/comb] motor m turboalimentado
turbocharger n - [int.comb] turboalimentador m
— **shaft** n - árbol m para turboalimentador m
turboconverter n - [electr-prod] turboconvertidor m
— **flywheel momentum** n - [electr-prod] inercia f de volante m para turbogenerador m
turf n - . . .; hierba f • pradera f
— **and stubble plow** n - [agric] arado m para pradera(s) f y rastrojo m
— **covered** a - encespedado,da
— — **ditch** n - [hydr] zanja f, or acequia f, encespedada
— **plow** n - [agric] arado m para pradera(s) f
turgite n - [geol] turgita f
turmaline n - [miner] turmalina f
turn n - . . .; viraje m; volteo m; rotación f • recodo m • conversión f • [mech] espira f

• [labor] turno m • [roads] curva f • vez f | v - . . .; tornar; hacer girar; doblar; convertir • [mech] tornear • [autom] cambiar de dirección f
turn @ arc polarity switch v - [weld] girar conmutador m para polaridad f para arco m
— @ armature v - [electr-mot] girar armadura f
— around n - [Spa.] torneo m | v - rotar; girar
— aside v - desviar
— assistant n - [labor] ayudante m para turno m
. . . — basis n - [ind] base f de . . . turnos
— @ blower v - [mech] girar, ventilador m, or soplador m
— @ breaker off and on v - [electr-oper] conectar y desconectar interruptor m
— @ camshaft v - [mech] girar árbol n para levas
— @ clamp v - [mech] girar mordaza f
— clockwise v - girar, hacia derecha f, or en sentido n de aguja(s) f en reloj m
— @ collector v - [electr-mot] tornear colector
— @ contactor on and off v - [electr-oper] conectar y desconectar interruptor n automático
— @ control valve v - [mech] girar válvula f para regulación f
— counterclockwise v - [mech] girar, hacia izquierda f, or en sentido m contrario a el de aguja(s) f en reloj m
— crank n - [mech] manubrio m (para giro m)
— @ — v - [mech] girar, manivela f, or manija
— — handle n - [mech] manubrio m para giro m
— @ — handle v - [mech] girar manivela f
— @ crankshaft v - [int.comb] girar cigüeñal m
— @ deaf ear v - volver oído m sordo
— down v - doblar, or volver, hacia abajo • regular, or ajustar, en menos; rechazar; denegar • [metal-prod] minorar • [mech] atornillar
— — @ cooling plate v - [metal-prod] minorar, or reducir, petaca f
— easily v - girar fácilmente
— @ eccentric v - [mech] girar excéntrico m
— @ engine v - [int.comb] (hacer, girar, or rotar, or dar vueltas a, motor m
— @ flywheel v - [mech] (hacer) girar volante m
— foreman n - [ind] capataz m, or jefe m, or supervisor m, para turno m
— freely v - girar, or rotar, libremente
— @ function switch v - [ind] girar, selector m, or conmutador m para operación(es) f
— further v - girar, más, or adicionalmente
— handle n - [mech] manubrio m para giro m
— @ — v - [mech] girar, manija f, or manivela
— @ handle all @ way v - [mech] hacer girar totalmente, manivela f, or manija f
— helper n - [ind] ayudante m para turno m
— @ hub v - [mech] girar, mazo m, or cubo m
— @ ignition switch v - [int.comb] girar, llave f, or interruptor m, para encendido m
— in characteristic n - [autom] característica f para viraje m hacia adentro
— indicator n - [mech] indicador m de vuelta(s) f [instrum] cuentarrevoluciones m
— @ input shaft v - [mech] (hacer) girar árbol m para entrada f (de, fuerza f, or energía)
— @ key switch v - [int.comb] girar, interruptor m con llave, or llave f, para encendido m
— @ knob v - girar perilla f
— @ lever v - [mech] girar palanca f
— making n - [autom] efectuación f de viraje m
— manually v - girar, manualmente, or con mano
— @ nut v - [mech] girar tuerca f
— @ — clockwise v - [mech] girar tuerca f hacia derecha f
— @ — counterclockwise v - [mech] girar tuerca hacia izquierda f
— of @ century n - [chronol] vuelta f de siglo m
— off v .- [mech] aflojar; cortar; [electr] apagar; cortar; desconectar; desactivar; parar; detener; girar a, or poner en, posición f, de desconectado • [valv] cerrar • also see turning off
— — @ alarm v—desconectar, alarma, or timbre

turn off @ drier v - [ind] desconectar secador m
— — @ engine v - [int.comb] desconectar, or apagar, or detener, or parar, or cortar chispa f para, motor m
— — @ gas v - [combust] cortar, or cerrar, gas
— — @ generator v - [electr-prod] desconectar generador m
— — @ headlight(s) v - [autom-electr] apagar faro(s) m
— — @ ignition v - [int.comb] desconectar, or cortar, encendido m
— — @ input power v - [electr-distrib] cortar, or desconectar, energía f, or fuerza f motriz, or corriente f, para entrada f
— — @ machine v - [mech] desconectar, or detener, máquina f • [weld] detener soldadora f
— — @ power v - [electr-distrib] desconectar, or cortar, energía f, or corriente f
— — @ power source v - [weld] desconectar fuente f para energía f
— — separately v - detener, or apagar, separadamente
— — @ steam v - [steam] cortar, or cerrar, vapor m
— — @ switch v - [electr-oper] desconectar, or cortar, conmutador m, or corriente f
— — @ valve v - [valv] cerrar válvula f
— — @ water v - [hydr] cortar aqua m
— — @ welder v - [weld] detener, or desconectar, soldadora f
— — @ wire feeder v - [weld] desconectar alimentadora f para alambre m
— on n - see turning on | v - [electr-oper] conectar; activar; prender; encender; girar; poner en, marcha f, or operación, or en posición f de conectado,da • [int.comb] poner en marcha f • [mech] aplicar; apretar; • [valv] abrir; dar paso m
— — @ air v - conectar, or abrir válvula f para, aire m
— — @ alarm v - conectar, alarma f, or timbre
— — and off v - [electr-oper] conectar y desconectar
— — — from @ remote location v - [electr-oper] conectar y desconectar desde, lejos, or sitio m, remoto, or distante
— — @ engine v - [int.comb] poner en marcha, or (hacer) arrancar, motor m
— — @ gas v - [combust] abrir gas m
— — @ headlight(s) v - [autom-electr] encender faro(s) m
— — @ ignition v - [int.comb] conectar encendido m
— — @ light v - [electr-oper] encender, or prender, luz f
— — @ power v - [electr-oper] conectar energía
— — procedure n - [ind] procedimiento n para puesta f en operación f
— — separately v - encender, or poner en operación f, separadamente
— — @ steam v - [steam] abrir vapor m
— — time n - [electr] tiempo m para activación
— — @ valve v - [valv] abrir válvula f
— — @ wire feeder v - [weld] conectar alimentador m para alambre m
— out n - [autom] viraje m hacia afuera
— — v - resultar; producir • desviar; apartar
— — over v - doblar por sobre
— @ output shaft v - [mech] (hacer) girar árbol m para salida f (de fuerza f)
— over n - entrega f • [fin] tiempo m para. giro m, or rotación f | v - invertir • entregar • [int.comb] girar; rotar; volver; hacer, girar, or rotar
— — @ engine v - [int.comb] hacer, girar, or rotar, motor m
— — track n - [metal-prod] [Spa.] carril m para vuelco m
— @ peel v - [metal-prod] (hacer) girar brazo m de máquina f cargadora
. . . —(s) per day n - [ind] . . . turno(s) m

por día m
turn plastic v - volver(se) plástico,ca
— — with @ moisture v - volver(se) plástico,ca con humedad f
— @ polarity switch v - [electr-oper] girar conmutador m para polaridad f
— @ power source on and off v - [electr-oper] conectar y desconectar fuente f para energía
— procedure v—[ind] procedimiento m para turno
— radius n - [mech] radio m para giro m
— — indicator n - [cranes] indicador m para radio m de giro m
— red v - tornar(se), or volver(se), or poner(se), rojo,ja
— @ reel v - [mech] girar carrete m
— roll v - [mech] entornar borde m | a - [metal-roll] entornador,ra (para borde m)
— rolled a - [mech] con borde m entornado
— — edge n - [mech] borde m entornado
— rolling n - [mech] entornamiento m de borde m
— screw n - [tools] volvedor m
— @ — v - [mech] (hacer) girar tornillo m
— @ selector switch v - [electr-oper] (hacer) girar conmutador m, selector, or para selección f
— @ shaft v - [mech] (hacer) girar, árbol m, or eje m
— sheave n - [cabl] polea f, or roldana f, giratoria, or rotatoria
— signal n - [autom-electr] indicador m, or luz f indicadora, para, viraje(s) m, or dirección f
— — control n - [autom-electr] regulador m para indicador para, viraje(s) m, or dirección f
— — indicator (light) n - [autom-electr] luz f indicadora para viraje(s) m
— — lever n - see turn signal control
— — light n - [autom-electr] luz f indicadora para viraje(s) m
— — switch n - [autom-electr] conmutador m para indicar viraje(s) m
— slowly v - virar, or girar, lentamente
— sour v volver(se), or tornar(se), agrio,ria, or malo,la
— @ steering wheel v - [autom-mech] girar, or volver, volante m (para dirección f)
— supervisor n - [ind] supervisor m para turno
— @ switch v - [electr-oper] (hacer) girar, interruptor m, or conmutador m, or llave f
— @ — key v - [int.comb] (hacer) girar llave f para encendido m
— to v - buscar
— under @ load v—[electr-oper] girar con carga
— @ valve handle v - [mech] (hacer) girar manija f para válvula f
— @ wheel v - (hacer) girar rueda f • [mech] tornear rueda f
— working procedure n - [ind] procedimiento m para trabajo m para turno m
turnbuckle n - [mech] . . .; tensor m con rosca
— (lifting) lug n - [mech] oreja f para tensor
turncoat n - [pol] . . .; tornadizo m
turned a - tornado,da • girado,da; virado,da; vuelto,ta • doblado,da • convertido,da • [mech] torneado,da • [autom-mech] cambiado,da de dirección f
— armature n - [electr-mot] armadura f girada
— around a - girado,da; rotado,da; dado vuelta
— crankshaft n - [int.comb] cigüeñal m girado
— eccentric n - [mech] excéntrico m girado
— engine n - [int.comb] motor m, girado, or rotado, or hecho, girar, or rotar
— flywheel n - [mech] volante m girado
— knob n - [mech] perilla f girada
— off a - apagado,da; desconectado,da; desactivado,da
— — engine n - [int.comb] motor m desconectado
— — headlight(s) n - [autom] faros m apagados
— — ignition n - [int.comb] encendido m desconectado
— — power n - [electr-oper] energía f, cortada, or desconectada

turned off separately a - apagado,da, or detenido,da, separadamente
— — steam n - [steam] vapor m cortado
— — valve n - [valv] válvula f, cerrada, or desactivada, or desconectada
— — welder n - [weld] soldadora f desconectada
— on a - encendido,da; prendido,da; conectado,da; prendido,da • puesto,ta en, marcha f, or operación f
— — air n - [pneumat] aire m conectado
— — alarm n - alarma m, or timbre m, conectado
— — engine n - [int.comb] motor m puesto en marcha f
— — headlight(s) n - [autom-electr] faro(s) m, encendido(s), or prendido(s)
— — ignition n - [int.comb] encendido m conectado
— — light n - [electr-oper] luz f, encendida, or prendida
— — power n—[electr-oper] energía f conectada
— — separately a - encendido,da, or puesto,ta en marcha f, separadamente
— — switch n - [electr-oper] conmutador m, or interruptor m, conectado
— — valve n - [valv] válvula f, abierta, or activada
turned out a - resultado,da • producido,da • [electr-oper] apagado,da; desconectado,da
— output shaft n - [mech] árbol m para salida f (para fuerza f) girado
— over a - entregado,da • [mech] hecho,cha, girar, or rotar • [int.comb] girado,da; rotado
— plastic a - vuelto,ta plástico,ca
— — with @ moisture a - vuelto,ta plástico,ca con humedad f
— red a - vuelto,ta rojo,ja
— reel n - [mech] carrete m girado
— selector switch n - [electr-oper] conmutador m, or interruptor m, para selección f girado
— shaft n - [mech] árbol m, or eje m, girado
— steering wheel n - [autom-mech] volante m (para dirección f) girado
— switch n - [electr-oper] conmutador m girado
— — key n - [int.comb] llave f para encendido m girado
— up a - doblado,da, or vuelto,ta, hacia arriba • regulado,da en más
— valve n - [valv] válvula f girada
turner n . . . . • [mech] giradora f; volvedora f • [metal-roll] volteador m
— operator n—[metal-roll] operador m para volteadora f
turning n . . . . • viraje m; giro m • volteo m • conversión f • [autom] cambio m en dirección f | a - rotador,ra; volvedor,ra; volteador,ra; en rotación f
— activity n - [meech] actividad)es) f para torneado m
— arbor n - [lathes] árbol m con ballesta f
— data n - [mech] información f sobre torneado
— device n - [mech] dispositivo m, rotativo, or en giro m
— drum n - [mech] tambor m en rotación f
— equipment n - [mech] equipo m para torneado m
— foreman n - [mech] capataz m tornero
— joint n - [mech] charnela f
— know how n - [mech] conocimiento(s) m para torneado m
— lathe n - [lathes] torno m
— machine n - [mech] (máquina), volteadora f, or tumbadora f, or volvedora f
— manpower n - [mech] mano f de obra f para toneado m
— method n - [mech] método m para torneado m
— off n - [electr] desconexión f; desactivación f • [int.comb] detención f
— on n - conexión f; activación f • [int.comb] puesta f en marcha f
— over n - entrega f • [int.comb] giro m; rotación f
— radius n radio m para, curva f, or viraje m

turning red n - vuelta f a rojo m
— **roadlight** n - [autom-electr] faro m giratorio
— **report** n - [mech] informe m sobre torneado m
— **requirement** n - [mech] exigencia f para torneado m
— **roll** n - [mech] rodillo m en rotación f
— **shop** n - [mech] taller m para torneado m
— **shovel** n - [agric-equip] pala f vertedora
— **technique** n - [mech] técnica f para torneado
— **tongs** n - [tools] pinza(s) f volteadora(s)
turnkey a - [constr] llave f en mano
turnout n - . . . . • [rail] desvío m; desviadero m; empalme m; cambio m
turnover n - . . . • [labor] . . .; renovación f de personal m • [mech] rotación f; volteo m • [com] cifra f de negocio(s) f • [fisc] tráfico m (de empresa f) | a - volcador,ra • [com] de cifra f de negocio(s) f • [fisc] de tráfico m de empresa f
— **index** n - [labor] índice m para renovación f (de personal m)
— **tax** n - [fisc] impuesto m sobre, transacción(es) f, or tráfico m de empresa(s) f
turnpike n - [roads] supercarretera f, or autopista f, con peaje m
turnroll v - [mech] entornear
turntable n - . . . . • [mech] mesa f, or plataforma f, giratoria
— **drive** n - [mech] accionamiento m, or impulsión f, para, mesa, or plataforma, giratoria
— **table** n - [mech] mecanismo m para, mesa f, or plataforma f, giratoria
— **loading kicker** n - [mech] lanzador m, or botador m, para carga f de plataforma giratoria
— **platform** n - [mech] plataforma f giratoria
— **roller path** n - [mech] vía f con rodillo(s) m para plataforma f giratoria
— **run-out conveyor** n - [mech] cinta f transportadora para salida f para plataforma f giratoria
— **type platform** n - [mech] plataforma f, giratoria, or de tipo m giratorio
turpentine n - [petrol] . . .; aguarrás m
turret n - . . . . • [lathes] torrecilla f
— **lathe** n - [lathes] torno m, revólver, or con torrecilla f
tuyere n - [metal-prod] . . .; morro m; manga f; soplador m
— **and cooler** n - [metal-prod] tobera f y toberón
— **area** n - [metal-prod] zona f de tobera(s) f
— — **cooling plate** n - [metal-prod] petaca f para refrigeración f para zona f de tobera(s)
— **assembly** n - [metal-prod] conjunto m de tobera
— **blowpipe** n - [metal-prod] busa f para tobera
— **bracket** n - [metal-prod] tensor m para tobera
— **bricking (up)** n - [metal-prod] enladrillado m, or tabicado m, de tobera(s) f
— **cooling plate** n - [metal-prod] toberón m
— **cap** n - [metal-prod] tapa f para mirilla f
— **coal injection** n - [metal-prod] inyección f de carbón m por tobera(s) f
— **cooler** n - [metal-prod] toberón m; caja f, or enfriador m, or bastidor m, para tobera f • [Spa.] templillo m
—, — **and blowpipe** n - [metal-prod] tobera f, toberón m, y busa f
— — **holder** n - [metal-prod] portatoberón m
— — **pipe** n - [metal-prod] flauta f para tobera
— — **plate** n - [metal-prod] caja f, or petaca f, para (zona f de) tobera(s) f
— **elbow** n - [metal-prod] see **gooseneck**
— **fitting** n - [metal-prod] accesorio m para tobera f
— **frame** m - [metal-prod] caja f para tobera f
— **fuel oil injection** n - [metal-prod] inyección f de fuel oil m por tobera(s) f
— **gas injection** n - [metal-prod] inyección f de gas m por tobera(s) f
— **holder** n - [metal-prod] portatobera(s) m
— **hose** n - [metal-prod] mang(uer)a f para tobera
— — **obstruction** n - [metal-prod] obstrucción f, or atasco m, en mang(uer)a f para tobera f
— **tuyere injection** n - [metal-prod] inyección f por tobera(s) f
— **inner fusing** n - [metal-prod] soldadura f interior en tobera f
— **jacket** n - [metal-prod] camisa f para tobera
— **joint** n - [metal-prod] articulación f para tobera f
— **nose** n - [metal-prod] [Spa.] morro m
— **notch** n - [metal-prod] muesca f, or abertura f, en tobera f
— **peep sight** n - [metal-prod] mirilla f, or conjunto m óptico, para tobera f
— **plate** n - [metal-prod] placa f para tobera f
— **plug** n - [metal-prod] tapón m para tobera f
— **pulverized coal injection** n - [metal-prod] inyección f de carbón m pulverizado por tobera(s) f
— **spray** n - [metal-prod] riego m de, tobera(s) f, or etalaje m
— **stock** n - [metal-prod] codo m, portamirilla, or inferior (para tobera f), or portavientos
— — **joint** n - [metal-prod] cabezal m para ajuste m
— — **seat** n - [metal-prod] asiento m para codo m inferior (poara tobera f)
— — **tension member** n - [metal-prod] tensor m para codo m (para tobera f)
— **unplugging** n - [metal-prod] calado m de tobera(s) f
— **water** n - [metal-prod] agua m para tobera f
— **zone** n - [metal-prod] zona f de tobera(s) f
— — **cooling plate** n - [metal-prod] petaca f para refrigeración f para zona f de tobera(s)
TV n - [electron] see **television**
Twaddle hydrometer n - [instrum] hidrómetro m de Twaddle
tweak n - . . . . • ajuste m final | v - . . .; ajustar finalmente
tweaked a - ajustado,da finalmente
tweaking n - . . . .; ajuste m final
twelfth century n - [chronol] siglo m, décimosegundo, or de mil cien
twelve-day a - [chronol] duodenario,ria
— **hundreds** n - [chronol] siglo m. de mil doscientos, or décimotercero, or XIII
twelvepenny nail n - [nails] clavo m de 3¼"
twenties n - [chronol] década f de (19)20
twentieth century n - [chronol] siglo m, vigésimo, or de mil novecientos
twenty-four hour adv - para toda hora f
— **year old** n - veintenario m
twentypenny nail n - [nails] clavo m de 4"
twice around @ clock n - veinticuatro horas
twice each day adv - dos veces por día
— — **month** adv - dos veces por mes
twig n - [botan] . . .; vara f; verdasca f
twin arc n - [weld] arco m gemelo
— — **automatic weld(ing)** n - [weld] soldadura f auytomática con arco m gemelo
— — **submerged arc weld(ing)** n - [weld] soldadura f con arco m gemelo con arco m sumergido
— — **weld(ing)** n - [weld] soldadura f con arco m gemelo
— — **welder** n - [weld] soldadora f para arco(s) m gemelo(s)
— **arch** n - [archit] bóveda(s) f gemela(s)
— **automatic weld(ing)** n - [weld] soldadura f automática gemela
— **beam** n - [constr] viga f gemela
— **bridge** n - [constr] puente m gemelo
— **cable** n - [electr-cond] cable m, gemelo, or con dos conductores m
—**cam car** n - [autom] automóvil m con dos levas
— **concrete beam** n - [constr] viga f gemela de hormigón m
— — **thrust beam** n - [constr] viga f para empuje gemela de hormigón m
— **conductor** n - [electr-cond] conductor m doble, or con dos arterias f
— **conduit** n - [constr] conducto m gemelo

twin culvert(s) n - [constr] alcantarilla(s) f gemela(s)
— — **bridge** n - [roads] puente m con tubería f gemela
— **cylinder(s)** n - [int.comb] cilindro(s) m gemelo(s)
— **highway underpass** n - [raods] paso m inferior carretero doble
— **I-beam suspension** n - [autom] suspensión f con viga(s) f H gemela(s)
— **pipe(s)** n - [constr] tubo(s) m gemelo(s); tubería(s) f gemela(s)
— — **arch stream enclosure** n - [constr] entubación f para curso m para agua m con tubería f abovedada gemela
— — — **structure** n - [constr] estructura f de tubería f abovedada gemela
— — **conduit** n - [constr] tubería f gemela
— **power** a - con dos motores m
— — **scraper** n - [constr-equip] pala f mecánica con dos motores m
— **scraper** n - [constr-equip] pala f mecánica doble
— **sectional plate pipe** n - [tub] tubería f gemela f con plancha(s) f múltiple(s)
— — — **culvert** n - [constr] alcantarilla(s) f gemela(s) de plancha(s) f estructural(es)
— — **highway underpass** n - [constr] paso m inferior carretero gemelo (hecho) con plancha(s) f estructural(es)
— — — **pipe(s)** n - [constr] tubería(s) f gemela(s) de plancha(s) f estructural(es)
— — — — **arch** n - [constr] tubería f abovedada gemela de plancha(s) f estructural(es)
— **structure(s)** n - estructura(s) f gemela(s)
— **submerged arc** n - [weld] arco m sumergido gemelo
— — — **weld(ing)** n - [weld] soldadura f gemela con arco m sumergido
— **thrust beam(s)** n - [constr] viga(s) f gemela(s) para empuje m
— **tire(s)** n - [autom-tires] neumático(s) m gemelo(s)
— **triangular concrete thrust beam** n - [constr] viga f para empuje m gemela triangular de hormigón m
— **underpass** n - [roads] paso m inferior gemelo
Twinarc n - [weld] arco m gemelo (Twinarc)
— **carriage** n - [weld] carrito m portapistolas para arco m gemelo (Twinarc)
— **kit** n - [weld] equipo m (Twinarc) para arco m gemelo
— **submerged arc** n - [weld] arco m gemelo sumergido
— **tandem arc carriage** n - [weld] carrito m portapistolas para arcos m gemelos en tándem
twine n - [textil] . . .; cordel m; hilo m sisal
— **ball** n - [textil] ovillo m de hilo m
twist n - . . .; giro m; vuelta f; movimiento m de torsión f • [cabl] vuelta f helicoidal |
 v - . . .; retorcer; (hacer) girar • virar
— **(s) and wind(s)** n - vuelta(s) f y torno(s) m
— **back and forth** v - girar en ambos sentidos m
— **@ contact** v —[electr-equip] torcer contacto m
— **control** n - regulación f contra retorceduras
— **grip** n - [mech] mordaza f contra retorceduras
— **@ knob** v - [mech] girar perilla f
— **link** n - [chains] see twisted link
— **@** v - [chains] (re)torcer eslabón m
— **lock** a - [mech] de tipo m con torsión f
— — **receptacle** n - [electr-instal] tomacorriente m de tipo m con torsión f
— **@ loop** v - torcer, lazo m, or gaza f
— **together** v - retorcer (entre sí)
twisted a - retorcido,da; trenzado,da; enroscado,da; torcido,da; girado,da; voltizo,za
— **clevis** n - [mech] grillete m torcido; horquilla f torcida
— **knob** n - perilla f girada
— **link** n - [chains] eslabón m (re)torcido
— **loop** n - lazo m torcido; gaza f torcida

twisted together a - trenzado,da; retorcido,da
twistedly adv - (re)torcidamente
twisting n - . . .; torcimiento m; retorcedura f
— **back and forth** n - torcimiento m en ambos sentido(s) m
— **effect** n - efecto m de torsión f
— **motion** n - movimiento m de torsión f
— **road** n - [roads] camino m tortuoso
— **together** n - retorcimiento m entre sí
twisty a - sinuoso,sa; tortuoso,sa
— **uphill stretch** n - [roads] repecho m sinuoso
twitch n - . . .; retorcijón m; retorcedura f
 | v - retorcer; retortijar
twitched a - retorcido,da; retortijado,da
twitching n - retorcimiento m
two n - . . . • [int.comb] see **two-cylinder engine**
— **arches and tympanum** a - [archit] con dos arcos m y, frontón m, or tímpano m
— **axes motorized slide** n - [mech] mecanismo m mecanizado con desplazamiento en dos sentidos
— **bent width** n - [constr] ancho m de dos armaduras f
— **-by-four** n - [lumber] pieza f de dos por cuatro [pulgadas f]
— **centered** a - [archit] bicéntrico,ca; con dos centros m
— — **arch** n - [archit] arco m, bicéntrico, or con dos centros m
— **chemical soil stabilization system** n —[soils] sistema m para estabilización f de suelo m con dos productos m químicos
— — **system** n - [chem] sistema m con dos productos m químicos
— **circuit timer** n - [instrum] regulador m con dos circuitos m para intervalo(s) m
— **color injection molding machine** n - [plast] (máquina) moldeadora f para inyección f para dos colores m
— **conductor** a - [electr-cond] con dos conductores m
— — **cable** n - [electr-cond] cable m, bipolar, or con dos, conductores m, or arterias f
— **-cup press** n - [electrode extrusion] prensa f con dos copas f
— **cycle** a - [int.comb] con dos tiempos m
— — **engine** n - [int.comb] motor m con dos tiempos m
— **-gage-heavier metal** n - [metal-roll] metal m con calibre m superior en dos números m
— **cylinder engine** n - [int.comb] motor m con dos cilindros m
— **foiled arch** n - [archit] arco m bilobulado
— **gang arc polarity switch** n - [electr-equip] conmutador m con dos secciones f para polaridad f de arco m
— — **switch** n - [electr-equip] see **two-section switch**
— **handle(d) basket** n - espuerta f
— **high mill stand** n - [metal-roll] caja f dúo
— — **temper mill** n - [metal-roll] caja f dúo para temple m
— **hinged arch** n - [archit] arco m con dos articulaciones f
— **hundreds** n - [chronol] siglo m, tercero, or de doscientos m
— **inch nail** n - [nails] clavo m de dos pulgadas
— **lane road** n - [roads] camino m de dos vías f
— — **underpass** n - [constr] paso m inferior para dos vías f
— **layer deposit** n - [weld] aportación f en dos capas f
— **level interchange** n - [roads] intercambio m, or empalme m, con dos niveles m
— **loop control** n - [mech] regulación f, doble, or con dos circuitos m
— **-pass butt-welded seam** n - [weld] costura f con soldadura f a tope con dos pasadas f
— — **forming** n - [mech] conformación f en dos pasadas f
— **passes only** n - [weld] dos pasadas únicamente

two-phase current n - [electr-prod] corriente f bifásica
—— **input power** n - [electr-distrib] energía f bifásica para entrada f
—— **power** n - [electr-distrib] energía f, or corriente f, bifásica
—— **rectifier** n - [electr-equip] rectificador m bifásico
—— **system** n - [electr-instal] red f bifásica
—— **piece band** n - [mech] banda f en dos piezas f
—— **bolted coupling** n - [mech] unión f empernada con dos mitades
—— **construction** n - [mech] construcción f en dos piezas f
—— **corrugated steel band** n - [mech] banda f de acero corrugado en dos piezas f
—— **coupling** n - [mech] unión f en dos, mitades f, or piezas f
—— **housing** n - [mech] caja f con dos piezas f
—— **piston rod** n - [mech] vástago m en dos pieza(s) f para émbolo m
—— **steel band** n - [mech] banda f de acero m con dos piezas f
—**ply tire** n - [autom-tires] neumático m con dos telas f
—— **tubeless tire** n - [autom-tires] neumático m sin cámara f con dos telas f
—**point barbed wire** n - [metal-wire] alambre m con púas f con dos puntas f
—**pole** a - [electr] bipolar
—— **control** n - [electr] regulación f bipolar
—— **knife switch** n - [electr-eqip] llave f bipolar con dos cuchillas f para regulación f
—— — **switch** n - [electr-equip] llave f bipolar para regulación f
—— **fused control switch** n - [electr-equip] llave f bipolar con fusibles para regulación
—— **knife switch** n - [electr-equip] interruptor m bipolar con cuchillas f
—— **switch** n - [electr] interruptor m bipolar
—**product system** n - [ind] sistema m para dos productos m
—**prong plug** n - [electr-cond] enchufe m bipolar
—**pronged strategy** n - estrategia f doble
—**rotor engine** n - [int.comb] motor m con dos rotores m
—— **rotary engine** n - [int.comb] motor m rotativo con dos rotores m
—**row bearing** n - [mech] cojinete m, or rodamiento m, con dos hileras f (de rodillos m)
—— **scale spectrograph** n - [instrum] espectrógrafo m con dos escalas f
—**section arc polarity switch** n - [electr-inst] conmutador m en dos secciones para polaridad f de arco m
—— **switch** n - [electr-instal] conmutador m en dos secciones f
—**segment mandrel** n - [metal-roll] mandril m con dos segmentos m
—**shoe brake** n - [mech] freno m con dos zapatas f
—— **speed direct drive axle** n - [autom] eje m con dos velocidades f para mando m directo
—— **stage circuit** n - [electron] circuito m con dos etapas f
—— **stand cold strip mill** n - [metal-roll] caja f, or laminador m, con dos cajas para chapas m en frío
—— — **hot rolling mill** n - [metal-roll] tren m con dos cajas f para laminación f en caliente
—— — **skin pass mill** n - [metal-roll] tren m con dos cajas f para temple m
—— — **tandem mill** n - [metal-roll] tren m tándem con dos cajas f
—— **step rolling** n - [metal-roll] laminación f en dos etapas f
—— **strand vertical** a - [metal-roll] vertical con dos cajas f
—— **stroke engine** n - [int.comb] motor m con dos tiempos m
—— **way communication** n - comunicación f en, dos, or ambos, sentidos m, or direcciones f

two-way bottom-fired soaking pit n - [metal-roll] horno m de fosa f con quemadores m inferiores dobles
—— **communication encouragement** n - [managm] estímulo m para comunicación f en ambos sentidos m
—— **fired** a - [combust] con quemador m doble
—— **soaking pit** n - [metal-roll] horno m de fosa f con quemador(es) m doble(s)
—— **lock nut** n - [mech] (contra)tuerca f doble para seguridad f
—— **navigation** n - [nav] navegación f, encontrada, or en dos, direcciones f, or sentidos m
—— **plow** n - [agric-equip] arado m para ida f y vuelta f
—— **radio** n - [electron] radiotelefonía f bidireccional
—— **switch** n - [electr-instal] conmutador m
—**wear wheel** n - [rail-wheels] rueda f, rectificable una sóla vez, or con llanta f, mediana, or de 2" • [Mex.] rueda f con dos vidas f
—**wheel(ed)** a - [mech] con dos ruedas f
—— **drive** a - [autom] con tracción f en dos ruedas f
—— **(ed) dolly** n - [ind] carretón m con dos ruedas f
—— **(ed) running gear** n - [ind] rodaje m con dos ruedas f
—— **(ed) shop, running gear, or carriage** n - [ind] rodaje m con dos ruedas f para taller m
—— **truck** n - [ind] carretilla f con dos ruedas f
—— **(ed) undercarriage** n - [ind] rodaje m con dos ruedas f
—**winding transformer** n - [electr-transf] transformador m con devanado m doble
—**wing rasp** n - [tools] raspador m con dos aletas f
—**wire deposit** n - [weld] aportación f con dos alambres m
—— **plug** n - [electr-instal] enchufe m con dos conductores m
tymp n - [metal-prod] timpa f
twopenny nail n - [nails] clavo m de una pulgada
txn n - [electron] see **transmission**
TX n - [pol] see **Texas**
tx keying n - [electron] see **transmission keying**
tying, back, or down n - amarre m; fijación f; afianzamiento m; inmovilización f con atadura
— **for @ first place** n - [sports] empate m en, lugar m primero, or posición f primera
— **in** n - involucración f
— **point** n - [transp] punto m para amarre m
— **up** n - comprometimiento m; compromiso m; envolvimiento m • inmovilización f
type n - . . .; especie f; laya f; clase f; grupo m; sistema m
—**(s) cast to complete sorts** n [print] fornitura
— **face** n - [print] tipo m de letra f
typewritten sheet n - hoja f escrita con máquina
typical ash n - [combust] ceniza f típica
— **catchbasin** n - [hydr] sumidero m típico
— **concrete encasement** n - [tub] tubería f típica en hormigón m
— **crew** n - [labor] cuadrilla f, típica, or tipo
— **deposit** n - [weld] aportación f típica
— **drawer** n - [wiredrwng] trefilador m típico
— **encasement** n - entubación f típica
— **jacking operation** n - [constr] operación f típica para inserción f con gato(s) m
— **mill** n - [ind] planta f típica
— **oscilloscope setting** n - [electron] regulación f típica para osciloscopio m
— **runway drainage** n - [aeron] drenaje m típico para pista f
typification n - tipificación f
typified a - tipificado,da
typify v - . . .; tipificar
typing n - mecanografía f; dactilografía f
typo n - [print] see **typographical error**
typographical error n - error m tipográfico
tyre n - [autom-tires] see **tire**

U

U n - [petrol] see substitute connector
— bend n - [tub] codo m doble
— bolt n - [mech] perno m, or grampa f, en U, or con ambos extremos m roscados
— — clip n - [mech] grampa con perno m U
— — wire rope clip n - [cabl] grapa f de perno m en U para cable(s) m (de alambre)
— channel n - [hydr] cauce m en U
— clip n - [mech] grapa f, or abrazadera f, U
U F n - [ind] see union formed • [electron] see ultra frequency • see micro farad
— formed plate n - [mech] plancha f conformada en U
— forming press n - [mech] prensa f conformadora en U
— groove n - [mech] ranura f en U
— — symbol n - [weld] símbolo m para ranura f en U
— — weld(ing) n - [weld] soldadura f en ranura en U
— iron n - [mech] (pieza f de) hierro m (en) U
U L n - see Underwriters' Laboratory,ries
— link n - [mech] eslabón m, or articulación f, en U
U M n - [metal-roll] see universal mill
U N n - [pol] see United Nations
U N E S C O n - [pol] see United Nations Educational, Scientific and Cultural Organization
U N H C R n - [pol] drr United Nations High Commission(er) for Refugees
U N I C E F n - [pol] see United Nations Children's Fund
U N O n - [pol] see United Nations Organization
U N T A B n - [pol] see United Nations Technical Assistance Board
U P S n - [transp] see United Parcel Service
u p s n - [electr-prod] see uninterrupted power supply
U P U n - [telecom] see Universal Postal Union
U-press n - [mech] prensa f U
— — conveyor n - [mech] cinta f transportadora para prensa f (en) U
— — entry n - [mech] entrada f para prensa f U
U S n - [pol] see United States
U S A n - [pol] see United States (of America)
U S A C n - see United States Auto(mobile) Club
U S A S I n - see United States of America Standards Institute
U S B P R n - [pol] see United States Bureau of Public Roads
U S C G n - [pol] see United States Coast Guard
U S D O T n - [pol] see United States Department of Transportation
U S F S n - [pol] see United States Forest Service
U S G S n - [pol] see United States Geological Service
U S I A C n - [pol] see United States Interamerican Council
U S S n - see United States Standard(s)
U-shaped a - con forma f de U • [metal-roll] perfil m en U
— — anchor bolt n - [mech] perno m para anclaje m con forma f de U
— — axle member n - [mech] pieza f para eje m en forma f de U
— — skelp n - [tub] fleje m conformado en U para tubo(s) m
— — vertical member n - [mech] pieza f vertical, acanalada, or en (forma f de) U
— tube n - [tub] tubo m curvo,vado
— turn n - vuelta f (en) U
— type clip n - [mech] abrazadera f de tipo m U

ugly gully n - [hydr] cárcava f fea
— wall n - [constr] pared f fea
ultimate a - . . . .; máximo,ma; definitivo,va
— allowable strength n - [mech] resistencia f máxima admisible
— — stress n - esfuerzo m máximo admisible
— buckling stress n - [constr] esfuerzo m máximo para pandeo m
— compression stress n - [constr] esfuerzo f máximo para compresión f
— data n - información f final
— design value n - valor m máximo para proyección f
— elongation n - [mech] alargamiento m para rotura f
— failure mode n—definición f de falla f final
— joint strength n - [mech] resistencia f máxima para junta f
— lap(ped) joint strength n - [mech] resistencia f máxima de junta f traslapada
— length n - largo m, or extensión f, final
— liability n - [fin] responsabilidad f final
— load n - carga f, final, or máxima
— longitudinal seam strength n - [mech] resistencia f longitudinal máxima de costura f
— minimum elongation n - [mech] alargamiento m mínimo para rotura f
— performance n - desempeño m, or comportamiento m, or rendimiento m, final
— pipe strength n - [tub] resistencia f, final, or máxima, de tubería f
— problem solution n - solución f, final, or definitiva, para problema m
— rejection n - rechazo m final
— ring compression n - [constr] compresión f anular máxima
— seam strength n - [mech] resistencia f máxima para costura f
— solution n - solución f, definitiva, or final
— steel stress n—esfuerzo m máximo sobre acero • resistencia f, máxima, or final, de acero m
— strength n - [mech] resistencia f, máxima, or final, or definitiva; esfuerzo m máximo a tracción f; tensión f (máxima) para, rotura f, or carga f • [Mex.] fatiga f de ruptura f
— stress n - [metal] esfuerzo m máximo
— tensile breaking strength n - [metal] tensión f máxima para rotura f
— — strength n - [metal] resistencia f máxima a tensión f; tensión f para rotura f
— unit compressive strength n - [constr] resistencia f coppmresiva unitaria máxima
— wall stress n - esfuerzo m, máximo, or para rotura f, para pared f
ultimately adv - . . . .; como paso m final; a fin m y cabo m; a larga(s) f
ultraheavy a - ultrapesado,da
ultrahigh a - ultraelevado,da; ultraalto,ta
— frequency n - [electron] frecuencia f ultraelevada
— performance radial (tire) n - [autom-tires] neumático m radial con rendimiento f muy alto
— power n - [electr] potencia f ultraelevada
ultralight a - ultraliviano,na
ultraquick response n - reacción f ultrarrápida
ultrasonic inspection n - [ind] inspección f ultrasónica
— nondestructive test n - [electron] ensayo m ultrasónico no destructivo
— technique preventive maintenance n - [ind] técnica f ultrasónica para mantenimiento m preventivo
ultrasonically adv - [electron] ultrasónicamente*; con ultrasonido m
ultrasonoscopic test n - [metal] ensayo m ultrasonoscópico
ultrasound n - [electron] ultrasonido m
ultraviolet light n - [electron] luz f ultravioleta
— ray n - [electron] luz f ultravioleta
umbrella n - . . . . • [ind] resguardo m tipo pa-

raguas
unabrasive a - no abrasivo,va
unabridged a - sin compendiar
unabsorbed overhead cost(s) m - [accntg] costos m indirectos cargados en menos
unacceptability n - inaceptabilidad f
unacceptable a - . . .; no conforme • fuera de concurso m
— **performance** n - desempeño m, or rendimiento m, inaceptable, or inadecuado
— **tire** n - [autom] neumático m inaceptable
unaccrued a - no devengado,da; sin devengar
unaccostumedly adv - desacostumbradamente
unactive a - inactivo,va; desactivo,va
unadaptability n - inadaptabilidad f
unadaptable a - inadaptable
unadapted a - inadaptado,da
unadjusted a - . . . • descorregido,da
unaffected a - . . .; no afectado,da; sin afectar • incólumne
—, **area**, or **zone** n - zona f sin afectar
unafiliated a - no afiliado,da; no vinculado,da; no relacionado,da; sin afiliar
unaided eye n - [medic] ojo m desnudo
unallocated a - . . . • [fin] sin, or por, aplicar; pendiente de aplicación f
— **profit(s)** n - [fin] utilidad(es) f, sin, or por, aplicar, or pendiente(s) de aplicación f
unalloyed a - . . .; sin aleación f
— **steel** n - [metal] acero m sin alear,ación f
unalterability n - inalterabilidad f
unaltered a - inalterado,da; no alterado,da
unambitious a - inambicioso,sa
unamortized commission(s) n - [fin] comisión(es) f no amortizada(s)
— **cost(s)** n - [fin] costo(s) m no amortizado(s)
unanalyzed a - sin analizar
— **bloom** n - [metal-roll] tocho m sin analizar
— **ingot** n - [metal-roll] lingote m sin analizar
— **steel** n - [metal-prod] acero m sin analizar
unanchored a - sin anclar • [nav] a deriva f
— **guardrail** n - [roads] defensa f lateral sin anclar
unanimous agreement n - acuerdo m unánime
— **consent** n - [legal] consentimiento m unánime
— **written consent** n - [legal] consentimiento m escrito unánime
unannealed a - [metal-treat] . . .; sin recocer
— **after shearing** a - [metal-treat] sin recocer después de corte m
— **cold rolled** a - [metal-treat] laminado,da en frío sin recocer
— **magnetic strip** m - [metal-treat] chapa f magnética sin recocer,cido
— — **sheet** n - [metal-treat] chapa f sin, recocer, or recocido m
unannounced a - sin anunciar; sin aviso m
unanswered tender n - [legal] concurso m desierto
unappealability n - inapelabilidad f
unapplicability n - inaplicabilidad f
unapplicable a - inaplicable
unapplied a - inaplicado,da; sin aplicar; pendiente de aplicación f
unappropriated a - . . .; sin, apropiar, or aplicar
— **profit** n - [accntg] utilidad f sin aplicar
— **surplus** n - [accntg] superávit por aplicar
unarmored a - [electr-cond] sin armadura f
— **cable** n - [electr-cond] cable m sin armadura
— **shielded cable** n - [electr-cond] cable m sin armadura blindado
— **three conductor cable** n - [electr-cond] cable m (conductor) tripolar sin armar
unarrested a - [int.comb] no contenido,da
unassemble v - desarmar; desmontar
unassembled a - . . .; desmontado,da; sin montar
unassembling n - desarme m; desmontaje m
unassigned a - sin, asignar, or afectar, or imputar; no, asignado,da, or imputado,da
— **profit and loss** n - [accntg] resultado(s) m sin, destino, or afectación f

unattendance n - inasistencia f
unauthorized donation n - [fisc] donativo m, subrepticio, or no autorizado
— **insurance liability** n - [insur] responsabilidad f por seguro(s) m no autorizado(s)
— **insurer** n - [insur] asegurador m no autorizado
— **organization** n - organización f, or entidad f, no autorizada
— **person** n - persona f, no autorizada, or sin autorización f
— **reinsurance** n - [insur] reaseguro(s) m no autorizado(s)
— — **liability** n - [insur] responsabilidad f por reaseguro(s) m no autorizado(s)
— **reinsurer** n - [insur] reasegurador m no autorizado
unavailability n - indisponibilidad* f
unavailable a - . . .; indisponible*
unavoidable a - . . .; indefectible • forzoso,sa • [fig] fatal
unavoidably adv - . . .; indefectiblemente
unbalance n - desequilibrio m | v - . . .
unbalanced a - . . . [mech] desigual(es)
— **armature** n - [electr-mot] armadura f desequilibrada; devanado m desequilibrado
— **channel** n - [metal-roll] viga f con ala(s) f desigual(es)
— **design** n - proyección f desequilibrada
— **input voltage** n - [electr-oper] voltaje m de entrada desequilibrado
— **load(ing)** n - carga f desequilibrada
— **scrap market** n - [metal-prod] mercado m desequilibrado para chatarra f
— **steel channel** n - [metal-roll] viga f, or perfil m, de acero m en U con alas desiguales
unbalancing n - desequilibrio m
unbeatable a - invencible; insuperable
unbelievable a - increíble
unbeneficiated a - [miner] sin beneficiar
unbenefitted a - [miner] sin beneficiar
unbiased a - . . .; desinteresado,da
unblinking a - no parpadeante; sin parpadeo(s) m
unbutton v - desabotonar; desabrochar
unbuttoned a - desabotonado,da; desabrochado,da
unbraided a - destrenzado,da; deshilachado,da
— **wire rope** n - [cabl] cable m destrenzado
unbroken line n - línea f ininterrumpida
unbuilt a - sin edificar; baldío,día
unburied a - . . .; desenterrado,da; sin enterrar
unburned a - . . .; no quemado,da; sin quemar
— **coal** n - [combust] escarbillo m
— **fuel** n - [combust] combustible m sin quemar
— **gas** n - [combust] gas m sin quemar
unburnished a - sin, bruñir, or lustar, or pulir
uncalcined a - [combust] sin calcinar
uncapped, casting, or **pour** n - [metal-prod] colada f sin mazarota f
— **steel** n - [metal-prod] acero m sin mazarota f
uncast a - [metal-prod] sin colar
— **furnace** n - [metal-prod] horno m sin colar
uncertain n - . . .; inseguro,ra
unchanged a - . . .; inalterable; invariable
uncharged tap changer n - [electr-oper] cambiador m (de bornes m) sin carga f
uncharted a - desconocido,da; incógnito,ta
unclamp v - desgrapar; desabrochar
unclamped a - desgrapado,da; sin sujetar
unclassified a - sin clasificar • [fisc] sin aforo m
— **coke** n - [coke] coque m sin clasificar
— **excavation** n - [constr] material m excavado sin clasificar
uncleaned plate n - [metal] plancha f sin limpiar
— **rusty plate** n - [metal- plancha f oxidada sin limpiar
unclear a - sin aclarar; confuso,sa; poco claro,ra; turbio,bia; dudoso,sa
unclipped electrode n - [weld] electrodo m sin despuntar
unclog v - . . .; desatascar; desatorar; desgarrotar • [metal-prod] calar

unclog @ chute v - desatascar vertedero m
— @ hose v - desatascar mang(uer)a f
unclogged a - desatascado,da; desatorado,da; desagarrotado,da
unclogging n - desatascamiento m; desatoramiento m; desagarrotamiento m
unclutter v - despejar; desagarrotar
uncluttered a - despejado,da
— site n - [ind] sitio m despejado
uncluttering n - despejo m; despejamiento m
uncoated a - sin, recubrir, or recubrimiento m
— cable n - cable m sin revestir,timiento m
— cast iron pipe n - [tub] tubo m, or tubería f, de hierro m fundido sin recubrir
— iron strip n - [metal-prod] chapa f de hierro m no revestida
— pipe n - [tub] tubería f sin recubrir
— steel n - [metal-prod] acero m sin recubrir
— thickness n - espesor m sin recubrimiento m
uncoil v - des(a)bobinar; desenrollar
uncoiled a - des(a)bobinado,da; desenrollado,da
uncoiler n - des(a)bobinadora f; desenrolladora f
uncoiler level(l)er n - [metal-treat] des(a)bobinadora f, or desenrolladora f, aplanadora
uncoiling n - des(a)bobinamiento m; desenrollamiento m
— reel n - [metal-roll] tambor m, or carrete m, para, des(a)bobinamiento, or desenrollamiento
uncollectable balance n - [fin] saldo incobrable
— premium(s) balance n - [insur] saldo m incobrable de prima(s) f
uncommon a - . . .; raro,ra; desusado,da
— thickness n - espesor m no corriente
uncomplicate v - simplificar
uncomplicated a - simplificado,da; sencillo,lla
uncomplication n - simplificación f
unconcentrate v - desconcentrar
unconcentrated a - desconcentrado,da
— product n - [ind] producto m deconcentrado • [nucl] refinado* m sin concentrar
unconcentration n - desconcentración f
unconfined a - sin, confinar, or encerrar
— bar n - [grind.med] barra f sin encerrar
unconnected a - sin, conectar, or conexión f; desvinculado,da
— plug n - [electr-instal] enchufe m, or ficha f, sin conectar
unconquered a - invencible; invicto,ta
— frontier n - frontera f no conquistada
unconservative a - [pol] poco conservador,ra
unconsolidate v - desconsolidar
unconsolidated a - desconsolidado,da; sin consolidar • deleznable
unconsolidation n - desconsolidación f
uncontaminate v - descontaminar
uncontaminated a - descontaminado,da
uncontamination n - descontaminación f
uncontested a - indisputado,da
uncontrollable a - . . .; incontrolable
uncontrollably adv - incontrolablemente
uncontrolled a - sin, or fuera de, regulación f, or fiscalización f
— vehicle n - [transp] vehículo m sin gobierno
— Venturi n - [combust] venturi m sin regulación
unconventional a - . . .; desacostumbrado,da; no convencional
— high performance tire n - [autom-tires] neumático m no convencional para rendimiento m, alto, or elevado
— tire n - [autom-tires] neumático m no convencional
uncouple v - [mech] . . .; desacoplar; desenganchar
— @ gear(s) v - [mech] desengranar (engranajeS)
uncoupled a - [mech] desacoplado,da; desenganchado,da; desengranado,da
uncoupler n - [mech] desacoplador m
uncoupling n - [mech] desacoplamiento m
uncovered a - destapado,da; descubierto,ta
uncovering n - destape m; destapadura f
uncrate v - [transp] desempacar

uncrated a - [transp] desempacado,da
uncrating n - [transp] desempaque m
uncropped a - sin despuntar; sin recortar
uncrown v - [roads] desabovedar
uncrowned a - [roads] sin abovedar
— highway n - [roads] carretera f sin abovedar
uncrushability f - inaplastabilidad f
uncrushable a - inaplastable • no triturable
uncrushed a - sin, triturar, or aplastar, or pulverizar
— coke n - [coke] coque m sin triturar
uncurved a - sin curvar; recto,ta
— plate n - [metal-roll] plancha f sin curvar
uncut edge n - [mech] borde m sin cortar
undampened a - [mech] sin amortiguar
undefeatable a - [electron] no desbaratable
— timer n - [electron] sincronizador m no desbaratable
under bail a - [legal] bajo fianza f
— @ care adv - [legal] a cargo
— @ cathead adv - [petrol] debajo de torno m
— control carbon n - [metal-prod] carbono m bajo, control m, or fiscalización f
— — metallization n - [metal-prod] metalización f bajo, control m, or fiscalización f
— @ direction adv - bajo dirección f
— @ embankment adv - debajo de terraplén m
— feed stoker n - [combust] alimentador m inferior para hogar m
— @ field load adv - [constr] (de)bajo de carga f en obra f
— @ fill adv - [constr] debajo de terraplén m
— @ — culvert n - [constr] alcantarilla f debajo de terraplén m
— @ haunch(es) adv - [constr] debajo m de, cuarto(s) m inferior(es), or esquina f inferior
— @ high fill adv - [constr] debajo de terraplén m alto
— load turning n - [electr-oper] rotación f con carga f
— @ low fill adv - [constr] debajo m de terraplén m bajo
— @ microscope adv - bajo microscopio m • bajo lupa f
— my care adv - [legal] a, or bajo, mi cargo m
— no load adv - (estando) sin carga f
— normal condition(s) adv - bajo condición(es) f normal(es)|
— @ pavement conduit n - [tub] conducto m, or tubería f (de)bajo (de) pavimento m
— @ — soil n - [constr] suelo m debajo de, pavimento m, or calzada f
— @ — subgrade n - [constr] subrasante f debajo de, pavimento m, or calzada f
— @ plant management adv - [constr] por administración f
— power adv - mecánicamente; mecanizadamente
— hoisting n - [mech] elevación f mecanizada
— — lowering n - [mech] bajada f mecanizada; descenso m mecanizado
— @ rigid pavement adv - [constr] (de)bajo de pavimento m rígido
— @ — — conduit n - [constr] conducto m, or tubería f, (de)bajo (de) pavimento m rígido
— @ river adv - subfluvial
— @ — crossing n - [constr] tramo m debajo de río m
— @ roof adv - bajo techo m
— @ — operation n - [ind] operación f bajo techo m
— @ spring tension adv - [mech] bajo tensión f de resorte m
— @ sprocket adv - [mech] debajo de rueda f dentada
— study adv - bajo, estudio, or planificación f • en gestación f
— tightening n - [mech] apretadura f en menos, or exigua; ajuste m, en menos, or exiguo
— @ trial adv - bajo prueba f
— use n - subutilización f
— voltage adv - [electr-oper] bajo m voltaje m

under voltage n—[electr-oper] voltaje m exiguo
underanneal v - [metal-treat] recocer, or revenir, en, menos, or incompletamente
underannealed a - recocido,da incompletamente
underannealing n - [metal-treat] recocido m incompleto
underbead a - [weld] debajo de cordón m
— **crack(ing)** n - [weld] agrietamiento m, or grieta(s) f, debajo de cordón m
underbody n - [autom] chasis m
undercapacity n - capacidad f insuficiente
undercarriage n - [aeron] . . . • [ind] rodaje m • tren m, or base f, rodante • plataforma f para remolque m • [Mex.] carrito m • [Col.] rodamiento m • [mech] bastidor m inferior
— **kit** n - [weld] conjunto m para rodaje m
— **mount** v - [mech] montar sobre rodaje m
— **mounted** a - [mech] montado,da sobre rodaje m
— **mounting** n - [mech] montaje m sobre rodaje m
undercharge n - [electr-oper] carga f, baja, or deficiente, or insuficiente, or reducida | v - [com] cobrar en menos • [electr-oper] cargar insuficientemente
— **@ battery** v - [electr] cargar insuficientemente acumulador m
undercharged a - [com] cobrado,da en menos • [electr] cargado,da insuficientemente
— **battery** n - [electr] acumulador m cargado insuficientemente
undercharging n - [electr] carga f insuficiente
undercoat n - [paint] mano f, primera, or interior, or para preparación f; aparejo⁴ m
undercoating n - [paint] mano f primera; imprimación f; pintura f para preparación f
undercollect v - see **undercharge**
undercollected a—see **undercharged**
undercover storage n - almacenamiento bajo techo
undercrossing n - [hydr] alcantarilla f
undercut(ting) n - [weld] socavación f | a - recalcado,da • [weld] socavado,da | v - [weld] socavar
—**(ting) problem** n - [weld] problema m con socavación f
underdesign(ing) n - proyección f, deficiente, or en defecto m | v - proyectar, deficientemente, or en defecto m • restringir
underdesigned a - proyectado,da, deficientemente, or en defecto m
underdevelop v - desarrollar incompletamente
underdeveloped a - desarrollado,da incompletamente; con desarrollo m incompleto
— **country** n - [econ] país m subdesarrollado*
underdevelopment n - desarrollo m incompleto
underdrain n - [hydr] see **subdrain**
underestimation n - subestimación f
underframe n - [mech] bastidor m, inferior, or para soporte m • [autom] chasis m
undergo v - . . . ; someter(se)
— **@ change** v - evolucionar
— **plastic deformation** v - [mech] sufrir deformación f plástica
— — **yielding** v - [metal- sufrir deformación f plástica
— **repair** v - reparar(se)
undergoing repair a - en reparación f
underground bank n - [electr-instal] conducto m (celular) subterráneo
— **bin** n - [ind] tolva f subterránea
— **boulder** n - [beol] roca f subyacente
— **cable** n - [electr-cond] cable m subterráneo
— **casing** n - [tub] tubería f subterránea para entubación f
— **catchment** n - [hydr] captación f subterránea
— **chamber** n - cámara f subterránea
— **drain** n - [hydr] desagüe m subterráneo
— **excavation** n - [miner] excavación subterránea
— **flue** n - [combust] conducto m subterráneo (para humos m)
— **force main** n - [hydr] conducto m subterráneo para impulsión f
— **geological survey** n - [geol] levantamiento m geologico subterráneo
underground main n - [hydr] conducto subterráneo
— **mine** n - [miner] mina f subterránea
— **mining** n - [miner] minería f, or explotación f, subterránea
— **ocean** n - [geogr] mar m subterráneo
— **pedestrian subway** n - [constr] paso m inferior para peatón(es) m
— **pipe,ping** n - [tub] tubería f subterránea
— **ponding** n - [hydr] acumulación f subterránea
— — **area** n - [hydr] cisterna f subterránea
— **reservoir** n - [hydr] depósito m subterráneo
— **river** n - [hydr] río m subterráneo
— **run** n - [electr-instal] tramo m bajo tierra
— **sanitary sewer force main** n - [sanit] conducto m cloacal (principal) subterráneo con impulsión f
— — — **main** n - [sanit] conducto m cloacal (principal) subterráneo
— **section** n - [constr] tramo m subterráneo
— **service** n - [constr] servicio m bajo tierra f
— **sewer** n - [sanit] cloaca f subterránea
— **spring** n - [geol] manantial m subterráneo
— **steel conduit** n - [constr] conducto m subterráneo de acero m
— **storage** n—[ind] almacenamiento m subterráneo
— **storm sewer** n - [hydr] desgüe m pluvial subterráneo
— **stratum,ta** n - [geol] estrato(s) m subterráneos
— **subway** n - [roads] paso m inferior
— **survey** n - [miner] relevamiento m, or levantamiento m, subterráneo
— **system** n - sistema m subterráneo • red f subterránea
— **transformer** n - [electr-distrib] transformador m subterráneo
— **tunnel** n - [constr] túnel m subterráneo
— **utility** n - [constr] red f subterrnea (para servicio m público)
— **water** n - [hydr] agua m subterránea
— — **catchment** n - [hydr] captación f de agua m subterránea
— **work(ing)** n - [miner] explotación f subterránea
underhanded a - . . . ; solapado,da; encubierto,ta; bajo cuerda f
underhandedly adv - . . . ; solapadamente; encubiertamente
underheating n - calentamiento m exiguo
underinflate v - [penmat] inflar deficientemente
underinflated a - [pneumat] inflado,da, deficientemente, or insuficientemente
underinflation n - [½neumat] inflación f, deficiente, or insuficiente
underjet n - chorro m inferior
— **combination coke oven** n - [coke] horno m combinado para coque m con alimentador m inferior
— **gas duct** n - [coke] conducto m en solera f de horno m para coque m
underlayer n - [weld] capa f subyacente
underlevel n - nivel m inferior
underlie v - subyacer
underlying base metal n - [metal-treat] metal m subyacente en base f
— **soil** n - [soils] suelo m subyacente
undermined a - socavado,da
undermining n - socavación f | a - socavador,ra
underneath @ crane procedure n - [cranes] procedimiento m debajo de grúa f
underpaid a - . . . ; pagado,da en menos
underpass abutment n - [constr] estribo m para paso m inferior
— **cover height** n - [constr] altura f de cobertura f para paso m inferior
— **fill** n - [constr] terraplén m para paso m inferior
— **invert** n—[constr] fondo m para paso inferior
— **pier** n - [constr] pila(r) para paso inferior
— **road** n - [roads] carretera f con paso inferior

underpay

underpay v - pagar en menos
underpayment n - pago m en menos
underpin v - [constr] . . .; recalzar
underpinned a - [constr] recalzado,da
underpinning n - [constr] . . .; recalzo m
— pile n - [constr] pilote m para recalzo m
underpitch n - [mech-fans] inclinación f insuficiente | v - [fans] inclinar insuficientemente
underpitched a - [fans] inclinado,da insuficientemente; con inclinación f insuficiente
— blade n - [fans] paleta f con inclinación f insuficiente
underpitching n - [fans] inclinación f insuficiente
underream v - [mech] escariar fondo m • escariar deficientemente
underreamed a - [mech] con fondo m escariado • escariado,da deficientemente
underreaming n - [mech] escariado m do fondo m • escariado m deficientemente
underriver a - [hydr] subfluvial
underscoring n - subrayado m
underscreen a - [ind] debajo m de criba f
undersea construction n - [constr- construcción f submarina
— experiment n - [constr] ensayo m submarino
undersecretariat n - [pol] subsecretaría f
undershot adv - . . .; por debajo
underside n - lado m, or cara, or parte f, inferior; vientre m
undersign v - . . .; firmar
undersigned n - signatario m; infrascripto m; abajo firmante m | a - firmado,da; suscrito,ta
— notary public n - [legal] notario m, firmante, or suscrito
undersigning n - [legal] firma f; rubricación f | a - [legal] firmante
undersize n - tamaño n, or diámetro m, menor, or inferior (a normal m) — [adv] con tamaño menor
— connecting rod n - [int.comb] biela f con diámetro m menor (a requerido m)
undersized a - . . .; exigüo,güa; insuficiente
— fuse n - [electr] fusible m insuficiente
— weld n - [weld] soldadura f exigüa
undersling v - [mech] colgar; pender
— @ frame v - [autom] colgar bastidor m
underslung a - colgante • [autom-mech] . . .
— frame n - [autom] bastidor m colgante
— jib n - [cranes] pescante m colgante
undersoil n - [constr] subsuelo m
understandably adv - comprensiblemente; como es de, comprender, or entender, or imaginar
understanding n - . . .; conocimiento(s) m • mente f • expectativa
understate v - subestimar; minorar; disminuir; atenuar • [fig] pecar de modesto,ta
understated a - subestimado,da
understatement n - . . . • subestimación f
understeer(ing) n - [autom] dirección f en menos • also see plowing
—(ing) on @ skidpad n - [autom-tires] dirección f en menos sobre deslizadero m
understood a - . . .; entendido,da
— expressely a - entendido,da expresamente
understreet a - [constr] debajo de calle f
— waterway n - [constr] conducto m para agua m debajo de calle f
understructure n - [auto-tires] parte f interior (de banda f para rodamiento m); also see undertread
undertake @ investigation work v - emprender trabajo(s) m para investigación f
— @, job, or work v - emprendar, tarea f, or trabajo m
undertaken a - emprendido,da; acometido,da
undertaking n - . . .; acometimiento m
undertighten v - [mech] apretar, or ajustar, en menos
undertightened a - [mech] apretado,da, or ajustado,da, en menos, or deficientemente
undertightening n - [mech] ajuste m, or apretadura f, en menos, or deficiente

- 1684 -

undertrack a - (de)bajo (de) vía f
— bin n - [ind] tolva f (de)bajo (de) vía f
— conduit n - [rail] conducto m debajo de vía f
undertread n - [autom-tires] (parte f) interior m de banda f para rodamiento m
undertreasurer n - [pol] subtesorero m; vicetesorero m
undertreasury n - [pol] subtesorería f; vicetesorería f
undervoltage n - [electr-distrib] voltaje m, bajo, or exigüo
— relay n - [electr-equip] relé m para voltaje m, bajo, or mínimo, or exigüo
underwash(ing) n - [weld] socavación f
underwater a - subacuático,ca; sumergido,da; bajo agua m
— bolted connection n - [mech] conexión f empernada, or empalme m empernado, bajo agua m
— concrete n - [constr] hormigón m sumergido
— construction n - construcción f subacuática*
— drilling n - [petrol] perforación f, subacuática, or submarina
underway adv - en, ejecución f, or construcción
underweight n - falta f, or carencia f, de peso | adv - (por) no pesar
underweld(ing) n - [weld] soldadura f exigüa
Underwriters' Laboratory,ries n - [insur] Laboratorio(s) m de Aseguradores contra Incendio
underwriting n - [insur] seguro m; aseguramiento • emisión f de póliza(s) f
undesirable arc characterist(s) n - [weld] característica(s) indeseable(s) para arco m
— foundation material n - [constr] material m indeseable para, cimiento m, or fundación f
— weather n - [meteorol] tiempo m, indeseable, or adverso
undetected a - . . .; desapercibido,da
undiluted a - sin diluir
— deposit n - [weld] aportación f sin diluir
undirected a - sin dirección f
undissolved sulfate crystal n - [chem] cristal m de sulfato sin disolver
undistributed a - [fin] sin distribuir; no distribuido,da; por distribuir
— eraning(s) n - [fin] utilidad(es) f no distribuida(s)
— profit(s) n - [fin] utilidad(es) f, no distribuida(s), or sin distribuir, or por aplicar, or pendiente(s) de aplicación f
— — statement n - [fin] cuadro m, or estado m, de utilidad(es) f, sin distribuir, or pendiente(s) de aplicación f, or por distribuir
undisturbed a - . . .; prístino,na; natural; inalterado,da; virgen; sin resolver
— earth n - [geol] suelo m, virgen, or sin remover
— sample n - [ind] muestra f inalterada
— soil n - [soils] suelo m (en condición f) natural
undivided a - . . .; sin dividir • [fin] no distribuido,da; sin distribuir; por distribuir
— profit(s) n - [fin] utilidad(es) f, sin distribuir, or por distribuir
undividedness n - indivisión f
undo v - . . .; desbaratar
undoctrinated a - indoctrinado,da
undocumented a - no documentado,da; sin documentar; por documentar
undoing n - . . .; desbaratamiento m
undone a - . . .; desbaratado,da
undrained fill n - [constr] relleno m sin, drenar, or desaguar, or avenar
undue care n - cuidado m, indebido, or excesivo
— effort n - esfuerzo m, indebido, or excesivo
— scour(ing) n - [hydr] erosión f excesiva
— shifting n - desplazamiento m, indebido, or excesivo
unearned a - [fin] no devengado,da; sin devengar
— commission n - [com] comisión f no devengada
— increment n - [fisc] plusvalía f

unearned premium n - [insur] premio m no devengado
unearthed a - desenterrado,da
unearthing n - desenterramiento m
uneaten food n - comida f no consumida
uneconomical a - antieconómico,ca
unedged a - [metal-roll] con canto m (en) bruto
unemotional a - [fig] frío,ría
unemploy v - [labor] desemplear; desocupar
unemployment benefit(s) n - beneficio(s) m, or subsidio(s) m, para desempleo,pleado m
— **compensation law** n—[labor] ley f sobre, despido(s), or compensación f por desempleo m
unenclosed a - sin, encerrar, or confinar
unencumbered a - . . . . • escueto,ta
unenergized a - [electr] sin electrizar
unequal angle n - [geom] ángulo m desigual
— **flange(s)** n - [metal-roll] alas f desiguales
— **leg(s)** n - [weld] superficie(s) f para fusión f, or cateto(s) m, desigual(es)
—**(ly) pointed arch** n - [archit] arco m apuntado desigualmente
— **settling** n - [constr] asentamiento m desigual
— **torque** n - [mech] par m motor desigual
— **wear** n - [mech] desgaste m desigual
unequalled a - . . . ; inigualado,da; no igualado,da; sin igualar
— **performance** m - rendimiento m, or desempeño m, no igualado, or destacado
unerected a - [mech] sin montar(se)
uneven a - . . . ; desparejo,ja; variable; fragoso,sa; escabroso,sa | v - desparejar
— **air gap** n - [mech] entrehierro m desigual
— **arch** n - [archit] arco m desigual
— **bead** n - [weld] cordón m, desparejo, or desigual
— **blade wear** n - [mech] desgaste n desigual de, álabe(s) m, or paleta(s) f
— **burden drop(ping)** n - [metal-prod] caída(s) f (desparejas) de carga f
— **density** n - densidad f, variable, or desigual
— **edge** n - [mech] borde m desparejo
— **flow** n - [weld] flujo m, desigual, or irregular • [hydr] caudal m, desigual, or irregular
— **flux flow** n - [weld] flujo m desigual de fundente m
— **ground** n - terreno m, or suelo m, desparejo, or desigual
— **highway** n - [roads] carretera f, despareja, or desigual
— **idling** n - [mech] marcha f, en vacío, or sin carga, lenta, or desigual
— **road** n - [roads] camino m, desparejo, or desigual
— **settling** n - asentamiento m, desigual, or desparejo
— **shape** n - (con)forma(ción) f desigual
— **spring** a - [archit] por tranquil
— **support** n - soporte m, or sostén m, or apoyo m, desigual, or desparejo
unevened a - des(em)parejado,da
unevening n - des(em)parejamiento m
unevenly adv - . . . ; en forma f despareja
unevenness n - . . . ; desnivelación f
uneventful a - . . . ; sin inconveniente(s) m
unexcavated a - [constr] sin excavar,vación f
unexpected a - . . . ; imprevisto,ta; sorpresivo,va; improviso,sa
— **hazard** n—riesgo m, inesperado, or imprevisto
— **occurrence** n - evento m, or suceso m, or acontecimiento m, inesperado, or imprevisto
— **stop** n - parada f, or detención f, inesperada
— **strike** n - [labor] huelga f sorpresiva
unexpectedly adv - . . . ; imprevistamente
unexpired a - no vencido,da • (aun) vigente
— **insurance** n - [insur] seguro m (aun) vigente
unexplainable a - inexplicable
unexplained a - inexplicable
— **puncture** n - [autom-tires] pinchadura f inexplicable
unextinguished a - [combust] sin apagar

unfailingly adv - indefectiblemente
unfastened a - desabrochado,da
unfastening n - desabrochamiento m
unfavorable credit report n - [fin] informe m crediticio desfavorable
— **weather** n - [meteorol] tiempo m desfavorable
unfeasible a - no factible; irrealizable
unfermented a - . . . ; sin fermentar
unfilled a - sin llenar
— **crater** n - [weld] cráter m sin llenar
unfiltered air n - aire m sin filtrar
unfinanced a - no financiado,da; sin financiar
unfinished a - sin, terminar,ación f, or acabar
unfired a - [boilers] sin, fuego m, or encender
— **pressure vessel** n - [boilers] recipiente m para presión f sin, fuego m, or encender
— **vessel** n—[boilers] recipiente m sin, fuego m, or encender
unfit a - . . . ; inapto,ta; inhábil; no, or poco, apto,ta
unfitness n - . . . ; inaptitud f; inadecuación f
unflappable a - constante; inalterable
unflatness n - falta f de llanura; fuera de plano m • [metal-roll] falta f de aplanado m
unfolding roll(s) n - [metal-roll] rodillo(s) m enderezador(es)
unforseeable a - . . . ; impredictible
unforeseen a—. . . ; improvisto,ta; improviso,sa
unforeseen expense n - (gasto) imprevisto m
— **occurrence** n - evento m, or suceso m, or acontecimiento m, imprevisto
unfortunately adv - . . . ; desafortunadamente
unfreezing n - descongelación f
unfrquently adv - infrecuentemente
unfriendly a - . . . ; inamistoso,sa
unfused a - [electr-instal] sin fusible(s) m
— **(convenience) outlet** n - [electr-instal] tomacorriente m (práctico) sin fusible m
ungalvanized a - [metal-treat] sin galvanizar
ungear v - [mech] . . . ; desconectar
ungeared a - [mech] desengranado,da; desembragado,da • desconectado,da
ungearing n - [mech] desengranaje m; desembrague m • desconexión f
unglamorous a - poco llamativo,va
ungraded micron powder n - [ind] polvo m micrométrico sin clasificar
ungrooved drum n - [mech] tambor m sin ranura(s)
unground a - sin, esmerilar, or rectificar
ungrounded a - . . . • [electr-instal] sin conexión f con tierra f
— **neutral operation** n - [electr] operación f neutral sin conexión f con tierra f
— **terminal** n - [electr-instal] borne m sin conexión f con tierra f
ungrounding n - [nav] zafada f; zafadura f
unguaranteed a - sin garantía f; no garantizado,da • [fin] con sóla firma f
unguided a - sin guiar; sin dirección f
unhealthiness n - insalubridad f
unheated a - sin, calentar, or calefacción f
unhooked a - desenganchado,da
unhooking n - desenganche m
uni-lug wheel n - [autom] rueda f con borne m unido
——**power** n - see **power**
Unidraulic a - [mech] Unidraulic*
— **pumping system** n - [petrol] sistema m Unidraulic para bombeo m
unified a - unificado,da
— **approach** n - planteamiento m unificado
unifier a - unificador,ra
unifilar a - unifilar
uniform n - . . . | a - . . . ; parejo,ja; homogéneo,nea • ecuable* | v - . . .
— **air gap** n - [mech] entrehierro m uniforme
— **barrel** n - conducto m tubular uniforme
— **bead** n - [weld] cordón m uniforme
— **blanket** n - [constr] manto m, or capa f, uniforme, or homogéneo,nea
— **channel** n - [hydr] cauce m uniforme

uniform coiling temperature n - [metal-roll] temperatura f uniforme para bobinado m
— **cooling** n - enfriamiento m uniforme
— **core** n - [mech] núcleo m uniforme
— **custom** n - costumbre f, or uso m, uniforme
— **deposition rate** n - [weld] rapidez f uniforme para aportación f
— **diameter pile** n - [constr] pilote m con diámetro m uniforme
— **electrode feeding** n - [weld] alimentación f uniforme de electrodo m
— **elongation** n - alargamiento m uniforme
— **energy release** n - [electr-oper] difusión f, or dispersión f, uniforme de energía f
— **fit(ting)** n - ajuste m, or calce m, uniforme
— **flow** n - flujo m, or gasto m, or corriente f, uniforme • [hydr] caudal m uniforme
— — **hydraulic profile** n - [hydr] perfil m hidráulico para caudal m uniforme
— **force(s) distribution** n - [constr] distribución f uniforme de solicitación(es) f
— **furnace operation** n - [ind] operación f uniforme de horno m
— **galvanized coating** n - [metal-treat] recubrimiento m galvanizado uniforme
— **grading** n - [ind] clasificación f uniforme
— **grain size** n - [miner] granulometría f uniforme
— **high speed weld** n - [weld] soldadura f uniforme con avance m rápido
— **ingot** n - [metal-prod] lingote m uniforme
— **label(l)ing** n - [ind] rotulación f uniforme
— **layer** n - capa f, or camada f, uniforme
— **machined edge** n - [mech] borde m mecanizado uniforme
— **manner** n - manera f, or forma f, uniforme
— **motion** n - [mech] movimiento n uniforme
— **parallel machined edge** n - [mech] borde m mecanizado paralelo uniforme
— **pile** n - [constr-pil] pilote m uniforme
— **pipe pile** n - [constr-pil] pilote m tubular uniforme
— **preheat(ing)** n - precalentamiento m uniforme
— **pressure clutch** n - [mech] embrague m (de tipo m) con presión f uniforme
— **rate** n - rapidez f, or tasa f, uniforme • razón f uniforme
— **release** n - difusión f, or dispersión f, or despido m, uniforme
— **roundness** n - redondez f uniforme
— **settling** n - asentamiento m uniforme
— **shape** n - (con)forma(ción) f uniforme
— **shrinkage force** n - [weld] esfuerzo m uniforme para contracción f
— **stand** n - [agric] herbaje m uniforme
— **stress distribution** n - [constr] distribución f uniforme de, esfuero m, or solicitación f
— **tariff** n - [fisc] arancel m uniforme
— **test** n - ensayo m, or prueba f, uniforme
— **travel** n - [mech] avance m uniforme
— **wear** n - [mech] desgaste m uniforme
— **zinc coating** n - [metal-treat] recubrimiento m uniforme de cinc m
uniformer n - uniformador m
uniforming n - uniformación f | a - uniformador
uniformization n - uniformación f
uniformly accelerated motion n - [phys] movimiento m acelerado uniformemente
— **controlled** a - regulado,da uniformemente
— **distributed force(s)** n - [constr] solicitación(es) f distribuida(s) uniformemente
— **graded crushed stone** n - [constr] piedra f triturada con tamaño m uniforme
— **released energy** n - energía f, despersada, or despedida, uniformemente
— **shaped bead** n - [weld] cordón n con conformación f uniforme
— **wetted** a - humedecido,da uniformemente
unilateral termination n - [legal] rescisión f unilateral
unilaterally adv - unilateralmente

unimportant a - . . .; sin importancia f
— **factor** n - factor m sin importancia
— **looking crystal** n - [chem] cristal m con aspecto m insignificante
unimproved a - . . .; sin mejorar; desaprovechado,da; no mejorado,da
uninflated a - desinflado,da; sin inflar
— **size** n - [autom-tires] neumático m sin inflar
uninhabited a - . . .; deshabitado,da; sin habitante(s) m
uninhibit v - quitar inhibición(es) f
uninhibited a - sin inhibición(es) f
uninhibition n - liberación f de inhibición(es)
uninsulate v - desaislar • [fig] desnudar
uninsulated a - sin aislación f; desnudado,da
— **duct** n - conducto m sin aislar,lación f
— **screwdriver** n - tools] destornillador m sin aislar,lación f
uninsulating n - desaislación f • [electr-cond] desnudación f | a - desaislante*
unintentional a - . . .; accidental
uninterrupted a - . . .; ininterrumpido,da
— **bead** n - [weld] cordón m ininterrumpido
— **crane service** n - [cranes] servicio m ininterrumpido de grúa(s) f
— **pouring** n - [metal-prod] lingoteado m ininterrumpido
— **power supply** n - [electr-distrib] suministro m ininterrumpido de energía f
— **rimming steel pouring** n - [metal-prod] lingoteado m ininterrumpido de acero efervescente
— **seam** n - [mech] costura f ininterrumpida
uninterruptedly adv - . . .; ininterrumpidamente
uninandatability n - inanegabilidad f
unindatable a - inanegable
uninvestigated a - no investigado,da; sin investigar
— **accident** n - [safety] accidente m sin investigar
union n - [tub] junta f; unión f (doble)
— **board** n - [labor] cámara f sindical
— **bonnet** n - [valv] bonete m roscado
— **contract** n - [labor] contrato m laboral
— **elbow** n - [mech] codo m para unión f
— **employer bargaining** n - [labor] negociación f sindical-administrativa
— **formed** a - [ind] preformado,da
— **management bargaining** n - [labor] negociación f sindical-administrativa
— **nut** n - [mech] tuerca f para, unión, or junta
— **relation(s)** n - [labor] relación(es) f sindical(es)
— **sleeve** n - [mech] manguito m para junta f
— **terminal** n - [rail] terminal m unificado
— **Wire Rope** n - [cabl] cable m (de alambre m) Union (Wire)
unionized personnel n - [labor] personal m agremiado
unique a - . . .; inigualable; exclusivo,va; característico,ca
— **advance** n - [ind] avance m, or mejora f, singular
— **approach** n - enfoque m, or abocamiento m, singular
— **assembly** n - [mech] conjunto m singular
— **autobody filler** n — [autom-body] relleno,nador m singular para chapistería f
— **casting** n - [constr] vaciado m singular
— **design** n - proyección f singular • [autom-tires] conformación f singular
— **device** n - [mech] dispositivo m singular
— **factor** n - factor m característico
— **filler** n - [autom-body] relleno,nador m singular
— **gun and cable assembly** n - [weld] conjunto m singular de pistola f y cable m
— **need** n — necesidad f, or exigencia f, singular
— **profile** n - [autom-tires] conformación f singular
— **prop** n - elemento m, or medio m, ilstrativo singular

unique tire n - [autom-tires] neumático m inigualable
— **tread compound** n - [autom-tires] compuesto m singular para banda f para rodamiento m
— — **profile** n - [autom-tires] conformación f singular de banda f para rodamiento m
uniquely adv - particularmente; inigualablemente
uniqueness n - singularidad f
unissued a - no emitido,da; sin emitir
— **stock** n - [fin] acción(es f no emitida(s)
unit n - . . .; elemento m; pieza f; componente m • equipo m; máquina f; dispositivo m; aparato m; mecanismo m • conjunto m; grupo m • [labor] sección f | a - unitario,ria
— **assembly** n - [ind] conjunto m unitario; subconjunto m
— **calibration** n - [ind] calibración f de dispositivo m
—(s) **called selectively** n - [electron] unidad(es) f llamada(s) selectivamente
— **capacity** n - capacidad f unitaria
—**cast** n - [metal-prod] fundido,da en una pieza
— **complete electric motor** n - [electr-mot] motor m eléctrico completo para dispositivo m
— **compressive strength** n - resistencia f compresiva unitaria
— **construction** n - construcción f integral
— **consumption** n - consumo m unitario
— **control** n - regulación f para dispositivo m
— **cost** n - costo m unitario
— **cost data** n - información f sobre costo m unitario
— **cover** n - [mech] cubierta f para dispositivo
— **distribution** n - distribución f unitaria
— **drive wheel** n - [mech] rueda f motriz para dispositivo m
— **gear box** n - [mech] caja f de engranajes m para dispositivo m
— **housing** n - [ind] caja f para dispositivo m
— **in @ high range** n - [autom-mech] dispositivo m regulado para velocidad(es) f alta(s)
— — **@ low range** n - [autom-mech] dispositivo m regulado para velocidad(es) f baja(s)
— **lead** n—[electr-cond] conductor m a dispositivo m
— **management work** n - [managm] trabajo m administrativo en sección f
— **measurement** n - [labor] unidad f para medida
— **panel** n - [electr-instal] tablero m para dispositivo m
— **power factor** n - [ind] factor m de potencia f unitario
— **price contract** m - [com] contrato m por precio m unitario|
— **raise,sing** n - [mech] elevación f de dispositivo m
— **rotation** n - [mech] rotación f de conjunto m
— **strength** n - resistencia f unitaria
— **stress** n - resistencia f unitaria a tensión f
— **train** n - [rail] tren m enterizo
— **value** n - valor m unitario
United Kingdom n - [pol] Reino m Unido
— **Nations** n - [pol] Naciones f Unidas; N U
— — **Educational, Scientific and Cultural Organization** n - [pol] Organización f de Naciones f Unidas para Actividades f Educativas, Científicas y Culturales
— — **Children's Fund** n - [pol] Fondo m de Naciones f Unidas para Niños m
— — **Fund** n - [pol] fondo m de Naciones Unidas
— — **High Commissioner** n - [pol] Comisionado m Alto de Naciones f Unidas
— — — —**(er) for Refugees** n - [pol] Comisionado m Alto de Naciones f Unidas para Refugiados m
— — **Organization** n - [pol] Organización f de las Naciones Unidas; O N U
— **Parcel Service** n - [transp] servicio m para entrega f de paquetes m
— **States** n - [pol] Estados m Unidos • [fam] yanquilandia f | a - estadounidense

United States Army Corps of Engineers n - [mil] Cuerpo m de Ingenieros m de Ejército m de Estados m Unidos
— — **Atomic Energy Commission** n - [pol] Comisión f Estadounidense para Energía f Atómica
— — **Auto(mobile) Club** n - Automóvil Club, Estadounidense, or de Estados m Unidos
— —('s) **border(s)** n - [pol] límite(s) m de Estados m Unidos de América f de Norte
— — **Bureau of Mines** n - [pol] Dirección f Estadounidense para Minería f
— — **Bureau of Public Roads** n - [pol] Dirección f Estadounidense para, Vialidad, or Vías f Públicas
— — **Bureau of Standards** n - [pol] Oficina f Estadounidense para Normas f
— — **citizen** n - [pol] ciudadano m, estadounidense, or de Estados m Unidos
— — **Coast Guard** n - [pol] Servicio m, or Cuerpo m, Estadounidense de Guarda Costas m
— — **code** n - código m estadounidense
— — **company** n - [legal] compañía f, or empresa f, estadounidense, or de Estados m Unidos
— — **Congress** n - [pol] Congreso m, Estadounidense, or de Estados m Unidos
— — **currency** n - [fin] moneda f, estadounidense, or de Estados m Unidos
— — **Department of Defense** n - [pol] Departamento m, or Ministerio m, or Secretaría f, Estadounidense para Defensa f
— — — **Transportation** n - [pol] Departamento m, or Ministerio m, or Secretaría f, Estadounidense para Transportes m
— — **Federal Highway Administration** n - [pol] Dirección f Estadounidense para Vialidad f
— — **Forest Service** n - [pol] Servicio m Forestal Estadounidense
— — **Frequency Atlas** n - [meteorol] Atlas m de Frecuencia Fluvial en Estados m Unidos
— — **gage** n - [mech] calibre m, estadounidense, or de EE. UU., or U. S.
— — **Geological Service** n - [pol] Servicio m Geológico de Estados m Unidos
— — **highway** n - [roads] carretera f, federal, or nacional (en Estados m Unidos)
— — **Income Tax** n - [fisc] impuesto m estadounidense sobre, renta f, or réditos m
— — **Interamerican Council** n - [pol] Concilio m Estadounidense Interamericano
— — **map** n - [geogr] mapa m de Estados m Unidos
— — **Market** n - [econ] mercado m estadounidense
— — **of America Standards Institute** n - Instituto m Estadounidense para Normas f
— — **of Mexico** n - [pol] Estados m Unidos Mejicanos
— — **Office of Road Inquiry** n - [pol] Oficina f Estadounidense para Investigaciones Camineras
— — **Olympic Commission** n - [sports] Comisión f Olímpica Estadounidense
— — **operation(s)** n - [com] operación(es) f en Estados m Unidos
— — **origin** n - originario,ria, or con origen m, en Estados m Unidos (de América de Norte)
— — **parent (company)** n - [legal] compañía f, or empresa f, matriz estadounidense
— — **possession** n - [pol] posesión f de Estados m Unidos
— — **producer** n - [ind] productor m estadounidense
— — **representative** n - [pol] diputado m (nacional) de Estados m Unidos
— — **Soil Conservation Design Manual** n—[soils] Manual m Estadounidense para Proyección f para Conservación f de Suelo(s) m
— — — — **Service** n - [pol] Dirección f Estadounidense para Conservación f de Suelo(s) m
— — **specification** n - especificación f estadounidense
— — **standard** n - norma f, estadounidense, or de Estados m Unidos
— — **Waterways Experimental Station** n - [hydr]

Estación f Experimental Estadounidense para Vías f Navegables
United States Weather Bureau n - [pol] Dirección f Meteorológica Estadounidense
— — **wire gage** n - [wire] calibre m estadounidense para alambre(s) m
unitedly adv - unidamente; solidariamente
uniting n - unión f | a - unidor,ra
unitize v - unificar • uniformar
unitized a - unificado,da • uniformado,da
— **body** n - [autom] carrocería f unificada
— **subframe** n - [mech] bastidor m inferior unificado
— **wellhead** n - [petrol] cabezal m unificado
unitizing n - unificación f | a - unificador,ra
unity power factor n - factor m unitario para potencia f
universal n - . . . . • [metal-roll] palanquilla f plana | a - . . .; general
— **billet** n - [metal-roll] palanquilla f plana
— **connection** n - [mech] conexión f, or junta f, or acoplamiento m, universal
— **coupling** n - [mech] acoplamiento m universal • [Spa.] mangón m
— **end** n - [mech] extremo m universal
— **hub** n - [mech] cubo m universal
— **joint clamp** n - [mech] mordaza f con articulación f universal
— **mill** n - [metal-roll] laminador m universal
— **motor power tool** n - [tools] herramienta f mecanizada con motor m universal
— **pigtail** n - [electron] cable m universal flexible para conexión f
— **plate mill** n - [metal-roll] laminador m universal para plancha(s) f
— **Postal Union** n - [pol] Unión f Postal Universal; U P U
— **reversible roughing stand** n - [metal-roll] caja f desbastadora reversible universal
— **rocker die** n - [mech] matriz f oscilante universal
— **roughing stand** n - [metal-roll] caja f desbastadora universal
— **spare (part)** n - [mech] (pieza f para) repuesto m universal
— **squirt welder** n - [weld] soldadora f universal con alimentación automática de electrodo
— **stand** n - [metal-roll] caja f universal
— **viscometer** n - [instrum] viscosímetro m universal
— **viscosity** n - viscosidad f universal
— **welder** n - [weld] soldadora f universal
university degree n - título m universitario
— **graduate** n - [educ] egresado m universitario
unjustified a - injustificado,da
unkilled steel n - [metal-prod] acero m, efervescente, or sin calmar • acero m sin silicio
unlagged a - [cranes] sin forrar
— **drum** n - [cranes] tambor m sin forrar
unlatch v - [mech] . . .; desenganchar; soltar; destrabar
unlatched a - desenganchado,da; soltado,da; destrabado,da • sin picaporte m
unlatching n - desenganche m; destrabamiento m
unleash v - desatar; soltar
unleashed a - destado,da; soltado,da
unleashing n - desatadura f; suelta f
unless indicated otherwise adv - salvo indicación f contraria
unlevel a - desnivelado,da | v - desnivelar
unlevel(led) land n - terreno m sin nivelar
unlevelness n - falta f de llanura f
unlike a - . . .; poco parecido,da | [adv] - en contraste (con); por contraste; a diferencia
unlimited buggy n - [sports] automóvil con neumático(s) m desproporcionado(s)
— **displacement** n - [autom] cilindrada f sin limitación(es) f
— — **Baja bug** n - [sports] automóvil con carrocería f tubular con cilindrada f sin limitación(es) f

unlimited liability n - [legal] responsabilidad f ilimitada
— **power boat race** n - [sports] carrera f de embarcación(es) f con motor sin limitación f (de potencia f)
— **scrap** n - [metal-prod] chatarra f ilimitada
unlined a - sin revestimiento m
unlit a - sin encender; apagado,da
unload v - descargar • [nav] desembarcar
— **@ ingot** v - [metal-roll] despegar lingote m
unloaded a - descargado,da • [electr] sin carga
— **crane** n - [cranes] grúa f, sin carga, or descargada
— **on land** n - [transp] descargado,da sobre tierra f
— **start** n - [ind] arranque m sin carga f
— — **synchronous motor** n - [electr-mot] motor m sincrónico para arranque m sin carga f
unloader n - descargador m • [cranes] descargadora f; grúa f para descarga f
unloading n - . . . . • [nav] desembarque m | a - descargador,ra; para descarga f
— **auger** n - [agric-equip] (tornillo) sin fin m para descarga f
— **crane** n - [cranes] (grúa) descargadora f
— **dock** n - [transp] muelle m para descarga f
— **facility,ties** n - [ind] instalación(es) f para descarga f
— **table** n - [mech] mesa f para, salida f, or descarga f
unlock @ differential v - [autom-mech] desengranar, or desacoplar, diferencial m
—**(ing) latch** n - [mech] seguro m para permitir rotación f
unlocked a - [mech] abierto,ta; desacoplado,da
— **inter-axle differential** n - [autom-mech] diferencial m entre ejes m desacoplado
unlocking n - [mech] apertura f
unlubricated a - sin lubricar
— **frictional wear** n - [mech] desgaste m por fricción f sin lubricar
unmaintained a - sin, mantener, or conservar
unmasked a - desenmascarado,da
unmatched a - . . . . • inigualado,da; sin parangón m; no igualado,da
unmold v - desmoldar
unmolded a - desmoldado,da
unmolder n - [metal-prod] desmoldadora f; deslingotadora f
unmolding n - desmoldeo m | a - [metal-prod] desmoldador,ra; deslingotador,ra
unmovable a - in(a)movible
— **foundation** n - cimiento m in(a)movible
unnecessarily adv - . . .; innecesariamente
unnerve v - . . .; desarmar
unnerved a - desarmado,da
unnerving n - desarme m
unobstructed a - . . .; despejado,da; sin obstrucción(es) f
unobtrusive a - disimulado,da
unodorized a - desodorizado,da
unofficial market n - [fin] mercado m paralelo
unoil v - desaceitar
unoiled a - desaceitado,da; sin aceitar
— **coil** n - [metal-roll] bobina f sin aceitar
unpacked a - desempacado,da; desembalado,da
unpacking n - desempaque m; desembalaje m
unpaid a - impago,ga; impagado,da; insoluto,ta • [fin] sin integrar; no integrado
— **capital** n - [fin] capital m no integrado
— **loss** n - [insur] siniestro m por pagar
— **share** n - [fin] acción f no integrada
— **stock** n - [fin] acción(es) f no integrada(s)
unpaint v - despintar
unpainted a - despintado,da • sin pintar
unparalleled a - . . . .; sin paralelo m; inigualado,da
— **versatility** n - adaptabilidad f inigualada
unpelletized a - [miner] sin peletizar*
unperforated a - sin perforar
unpickled a - [metal-treat] sin decapar

unpile v - desapilar
unpiled a - desapilado,da
unpiler n - desapiladora f | a - desapilador,ra
unpiling n - desapilamiento | a - desapilador,ra
unplanned a - imprevisto,ta; espontáneo,nea
unplug v - destaponar • franquear • [electr-oper] desenchufar
— **@ tuyere** v - [metal-prod] destapar, or franquear, tobera f
unplugged a - destaponado,da • [electr-oper] desenchufado,da
unpolish v - despulir; deslustrar
unpolished a - despuldo,da; deslustrado,da
unpolishing n - despulimiento m
unpopulated area n - [pol] zona f despoblada
unpredictability n - impredictibilidad* f
unpredictable a - imprevisible; imprevisto,ta
unprotected a - sin protección f; no protegido
— **pipe** n - [tub] tubo m, or tubería f, sin protección f
unpublished report n - informe m inédito
unpunched a - sin, punzonar, or perforar
unpurified a - sin purificar; impurificado,da
unravel v - destrenzar
unraveled a - deshilado,da; destrenzado,da
unraveling n - destrenzado m
unreal(istic) a - . . .; irreal
unrealized capital gain n - [fin] ganancia f, or utilidad f, no realizada sobre capital m
— — **loss** n - [fin] pérdida f, or quebranto m, no realizada,do sobre capital m
— — **exchange gain** n - [fin] ganancia f, or utilidad f, no realizada sobre cambio(s) m
— — — **loss** n - [fin] pérdida f, or quebranto m, no realizada,da sobre cambio(s) m
unreeled a - desenrollado,da
unreeling n - desenrollamiento m
unregistered security n - valor m mobiliario
unreinforced a - [constr-concr] sin armadura f
— **concrete** n - [constr] hormigón m simple
— **cradle** n - [constr] soporte m, or sostén m, sin reforzar
unrelated a - desvinculado,da
unremitted earning(s) n - [fin] utilidad(es) f no remitida(s)
— **tax benefit** n - [fisc] beneficio m impositivo no remitido
unrenounceable a - irrenunciable
unrepaired a - sin reparar
unreported a - sin denunciar; no denunciado,da
— **accident** n - [safety] accidente no denunciado
unrestricted a - . . .; sin restricción(es) f
— **runoff** n - [hydr] escurrimiento m libre
unretrievable fissionable product n - [nucl] producto m fisionable* irrecuperable
unretrieved fissionable product n - [nucl] producto n fisionable* no recuperado
unrolled a - desenrollado,da • desenvuelto,ta • [mech] sin laminar
unrolling n - desenrollamiento m
unsafe act n - [safety] acto m carente de seguridad f
— **bridge** n - [constr] puente m, inseguro, or peligroso
— **high gas pressure** n - [combust] presión f alta peligrosa de gas m
unsafe practice n - [safety] práctica f insegura
— **structure** n - [constr] estructura f insegura
— **wiring** n - [electr-instal] instalación f, peligrosa, or insegura
unsafely adv - inseguramente*
unsaturated hydrocarbon n - [petrol] hidrocarburo m no saturado
— **soil condition** n - [soils] condición f no saturada de suelo m
unsaturated subtransitory reactance n - [electr-equip] reactancia subtransitoria no saturada
— **synchronic reactance** n - [electr-equip] reactancia f sincrónia no saturada
unscarfed n - [metal-roll] sin escarpar
— **slab** n - [metal-roll] planchón m sin escarpar

unscathed a - . . .; indemne
unscheduled a - no programado,da
— **inactive time** n - [ind] hora f inactiva no programada
unscratched a - sin rasguñar • [safety] indemne; ileso,sa
unscreened n - [miner] sin cribar
unscrew @ packing box v - des(a)tornillar prensaestopa(s) m
— **@ screw** v - [mech] des(a)tornillar tornillo m
unscrewed a - [mech] des(a)tornillado,da
— **packing box** n - [mech] prensaestopa(s) m des(a)tornillado
unscrewing n - [mech] des(a)tornillamiento m • desenrroscamiento m
unseat v - . . . • desprender; despegar
— **@ tire** v - [autom-tires] despegar(se) neumático m
unseated a - desprendido,da; despegado,da
— **tire** n - [autom-tires] neumático m despegado
unseating n - desprendimiento m; despegadura f
— **pressure** n - [hydr] contracarga f
unsecured a - [fin] sin garantía f
— **loan** n - [fin] préstamo m sin garantía f
unseen crane n - [constr] grúa f invisible
unsensitively adv - insensiblemente
unsettled a - perturbado,da
unsettling n - perturbación f | a - perturbante
unsheltered a - . . .; en intemperie f
unshielded a - [electr-cond] sin protección f
— **cable** n - [electr-cond] cable m sin protección
— **conductor** n - [electr-cond] conductor m, sin protección f, or no protegido
unsightly a - . . .; afeador,ra; inatractivo,va
— **bank** n - [hydr] ribera f inatractiva
— **cracked wall** n - [constr] pared f agrietada, fea, or inatractiva
— **distortion** n - deformación f afeadora
— **ditch** n - [constr] zanja f, fea, or afeadora
— **gully** n - [hydr] cárcava f, fea, or afeadora
unsinkable a - insumergible
unskilled workman n - trabajador m inexperto; peón m
unskillful a - inexperto,ta; inhábil
unslag v - [metal-prod] desescoriar
unslagged a - [metal-prod] desescoriado,da
unslagging n - [metal-prod] desescoriación f | a - [metal-prod] desescoriador,ra
unslaked a - [miner] vivo,va; sin apagar
— **lime** n - [miner] cal f, viva, or sin apagar
unsociable a - . . .; furo,ra
unsoldering n - [weld] desoldadura f
unsophisticated a - . . .; común; corriente
unsound a - . . .; inseguro,ra; defectuoso,sa
unsoundness n - deficiencia f
unspangled a - [metal-treat] sin, dibujo(s) m, or estrella(s) f
unspecified a - sin especificar; no especificado
unspectacular a - corriente; no espectacular
unsprung a - [mech] sin acojinar
unsquare a - fuera de escuadra f
unsquared a - sin escuadrar; no escuadrado,da
— **sheet** n - [metal-roll] lámina f sin escuadrar
unsquareness n - [mech] falta f de escuadría f
unstabilize v - inestabilizar
unstabilized a - inestabilizado,fa; sin estabilizar
unstable fill n - [constr] relleno m inestable • terraplén m inestable
— **foundation** n - [constr] cimiento m, or cimentación f, or fundación f, inestable
— **hill** n - [topogr] cuesta f inestable
— **soil** n - [soils] suelo m inestable
— **stream** n - [hydr] curso m de agua m inestable
— **subsoil** n - [soils] subsuelo m inestable
unstack v - [ind] desapilar; desestibar
unstacked a - desapilado,da; desestibado,da
unstacking n - desapilamiento m; desestibación f
unstandarized crane n - [cranes] grúa f sin normalizar
unstarted a - [int.comb] sin arrancar

unstarted welder n - soldadora f sin arrancar
unsteady a - . . .; tornadizo,za
unstick v - despegar • [mech] desagarrotar
— **from @ stool** n - [metal-prod] despegar de placa f
unsticking n - despegadura f • [mech] desagarrotamiento m
unstoppable a - incontenible
unstow v - [transp] desestibar
unstowed a - [transp] desestibado,da
unstowing n - desestibación f
unstrand v - [cabl] destorcer
unstranded a - [cabl] destorcido,da
unstranding n - [cabl] destorcedura f
unstrutt v - [constr] desapuntalar
unstrutted a - [constr] desapuntalado,da
unstrutting n - [constr] desapuntalamiento m
unstuck a - despegado,da • desagarrotado,da
unsubmerged a - no sumergido,da; sin sumergir
— **culvert inlet** n - [constr] entrada f no sumergida para alcantarilla f
— — **outlet** n - [constr] salida f no sumergida para alcantarilla f
— **end** n - [constr] extremo m no sumergido
— **mitered inlet** n - [constr] entrada f ingleteada no sumergida
— — **outlet** n - [constr] salida f ingleteada no sumergida
unsubstitutible a - insustituible
— **role** n - papel m insustituible
unsuitable a - . . .; insatisfactorio,ria
unsupported column n - [constr] columna f sin, apoyo m, or sostén m
— **length** n - [constr] distancia f sin soportes • [mech] largo m libre
unsurcharged a - sin recargo(s) m
unsurfaced fill n - [constr] terraplén m sin pavimentar
untapped a - virgen; inaprovechado,da
untempered strip n - [metal-treat] fleje m, or banda f, or cinta f, or chapa f, sin templar
unthreaded a - desenhebrado,da • [mech] sin roscar
— **coupling** n - [tub] unión f sin roscar
untightened bolt n - [mech] perno m sin, ajustar, or apretar
until recently adv - hasta hace poco
untimed a - sin cronometrar
untinned a - [metal-treat] sin estañar
— **annealed copper wire** n - [wire] alambre m de cobre m recocido sin estañar
— **copper wire** n - [wire] alambre m de cobre m sin estañar
— **wire** n - [wire] alambre m sin estañar
untouchable a - . . .; inalcanzable
untoward a - . . .; funesto,ta
untransferred a - sin transferir; no transferido
— **profit** n - [fin] utilidad f sin transferir
untreated a - sin tratar • [hydr] sin depurar
—, **lumber**, or **timber** n - madera f sin tratar
untrussed frame n - [constr] armadura f sin arriostrar
unusable a - inutilizable
unused a - . . .; no utilizado,da; sin utilizar
unusual a - . . .; irregular; curioso,sa; singular; peculiar; anómalo,la; poco común; desusado,da; infrecuente; sui generis
— **case** n - caso m raro
unusual grade n - [ind] calidad f inusitada • [topogr] cuesta f, inusitada, or poco común
— **pattern** n - configuración f desacostumbrada
— **vehicle-tire combination** n - [autom-tires] combinación f desusada vehículo-neumático(s)
unusually high current draw(ing) n - [weld] demanda f extraordinaria de corriente f
— **low current draw(ing)** n - [weld] demanda f extraordinariamente baja de corriente f
unventilated motor n - [electr-mot] motor m sin ventilación f
unwanted a - indeseable
unwater v - see **drain**

unwelded a - [weld] sin soldar
unwelding n - [weld] desoldadura f
unwind v - . . .; desabobinar • [fam] desahogar
undwinder n - [mech] desenrolladora f; desabobinadora f
unwinding n - desenrollamiento; desabobinamiento m • [fam] desahogo m
— **stand** n - [mech] puesto m para desenrollar
unwound a - desenrollado,da; desabobinado,da • [fam] desahogado,da
unwritten a - . . .; verbal
unyielding a - . . .; inamovible; rígido,da
up adjusting,ment n - ajuste m hacia arriba, or en más
— **and down** adv - hacia arriba y (hacia) abajo
— — — **mill** n - [metal-roll] laminador m para sube y baja
— — — **whipping motion** n - [weld] movimiento m con chicoteo m hacia arriba y (hacia) abajo
— **cut** n - [mech] corte m, ascendente, or hacia arriba
— **draft** n - tiro m ascendente
— — **carburetor** n - [int.comb] carburador m con, tiro m, or succión f, ascendente
— **grade** n - cuesta f, or pendiente f, ascendente • [topogr] repecho m | [adv] cuesta arriba
— **pipe** n - [tub] tubo m ascendente
— **position** n - posición f, hacia arriba, or vertical
— **@ productivity** v - aumentar productividad f
— **push(ing)** n - [mech] empuje m hacia arriba
— **river** adv - río m, or agua(s) f, arriba
— **sized tire** n - [autom-tires] neumático m con medida(s) f mayor(es)
— **stream** a - [hydr] see **up-river**
— — **fitting** n - [tub] accesorio m para entrada
— **take** n - conducto m, or colector m, ascendente, or vertical; subida f • [metal-prod-] [Spa.] pantalón* m
— **to** adv - hasta (alcanzar a)
— **to-date** a - actualizado,da
— **weave** n - [weld] tejido m ascendente
upbraid v - . . .; zaherir
upbraiding n - zaherimiento m | a - zaheridor,ra
upcast n - [miner] pozo m para ventilación f ascendente
upcoil v - [mech] enrollar, or bobinar, hacia arriba
upcoiled a - [mech] enrollado,da, or bobinado,da, hacia arriba
upcoiler n - [metal-roll] enrolladora f, or bobinadora f, ascendente, or hacia arriba
upcoiling n - [mech] enrollamiento m, or bobinamiento m, ascendente, or hacia arriba
upcoming a - venidero,ra; próximo,ma; futuro,ra
— **product** n - [ind] producto m proyectado
— **cut(ting)** n - [mech] corte m, ascendente, or hacia arriba | a - con corte m, ascendente, or hacia arriba | v - cortar hacia arriba
upcutter n - [mech] cizalla f ascendente
update v - actualizar; poner, or mantener, a día m; revisar; efectuar revisión f
— **@ status** v - [comput] verificar estado m
updated a - actualizado,da; puesto,ta, or mantenido,da, a día m; revisado,da
— **code of regulations** n - [legal] estatuto(s) m actualizado(s)
—, **report**, or **statement** n - [accntg] resumen m, or estado m, (de cuenta f) actualizado
— **status** n - [comput] estado m verificado
updating n - actualización f; verificación f; puesta f, or mantenimiento m, a día f
updraft n - corriente f ascendente • [int.comb] aspiración f ascendente
— **carburetor** n - [int.comb] carburador m con aspiración f ascendente
— **filter** n - filtro m con aspiración ascendente
— **ventilation system** n - [mech] sistema m para ventilación f con tiro m ascendente
upend v - colocar, or poner, punta arriba
upended a - colocado,da, or puesto,ta, de punta

upender n - [metal-roll] enderezadora f; tumbadora f; volteadora f
upending n - [metal-roll] puesta f de punta
upgrade v - mejorar; modernizar • actualizar
upgraded a - modernizado,da; actualizado,da
upgrading n - modernización f actualización f • mejoramiento m
upheaval n - . . .; conmoción f • motín m
upheld a - mantenido,da; sostenido,da
uphill a - . . . • [weld] inclinación f asendente | a - [weld] inclinado,da ascendentemente
— **angle** n - [weld] ángulo m, or inclinación f, ascendente
— **casting** n - [metal-prod] colada f por abajo
— **line** n - [tub] conducto m ascendente
— **position** n - [weld] posición f (inclinada) ascendente
— **positioned** a - [weld] en posición f (inclinada) ascendente
— **roll** n - [roads] camino m ascendente
— **side** n - [topogr] lado m, superior, or de arriba • [roads] borde m superior
— **water line** n - [tub] conducto m ascendente para agua m
— **weld(ing)** n - [weld] soldadura f (inclinada) ascendente
uphold v - . . .; mantener; sostener
upholding n - mantenimiento m; sostenimiento m
upholstered a - tapizado,da
upholstering n - tapizado m | a - tapizador,ra
— **frame** n - marco m para tapicería f
— **nail** n—[nails] clavo m con cabeza f de zuavo
— **spring** n - resorte m para tapicería f
uplift n - . . . • [hydr] sublevación f; subpresión f; flotación f • [mech] solivio m | v - [mech] soliviar
upon arrival adv - inmediatamente de, or a, llegar
— **entry** adv - a, entrar, or hacer, penetración
— **invoice receipt** adv - [com] contra, or a, recibo m de factura(s) f
— **presentation** adv - [fin] contra presentación
— **receipt** adv - contra, or en momento m de, recibir(se), or recepción f
— **shipping document(s) presentation** adv - [com] contra presentación f de documento(s) m para embarque m
upped a - aumentado,da; incrementado,da
— **angle** n - ángulo m superior
— **backwall** n - [constr] pared f, posterior, or trasera, superior
— **ball joint** n - [mech] junta esférica superior
— **bank slope** n - [hydr] parte f superior de talud m de ribera f
— **barrel** n - [mech] cilindro superior
— **bell** n - [metal-prod] campana f, or cono m, superior
— — **hopper** n - [metal-prod] tolva f receptora en tragante m
— **boom** n - [cranes] aguilón m superior
— **bosh zone** n - [metal-prod] zona f alta de etalaje m
— **cab** n - [cranes] cabina f superior
— — **propane heater** n - [cranes] calentador m con propano m para cabina f superior
— — **signal horn** n - [cranes] alarma f sonoa para cabina f superior
— — **sucker fan** n - [cranes] ventilador m aspirador para cabina f superior
— **cable compartment** n - [electr-instal] compartimento m superior para cable(s) m
— **catwalk** n - [cranes] pasarela f superior
— **checker(s) layer** n - [metal-prod] hilada f superior en colmena f
— **chord** n - [constr] cuerda f, or tirante m, superior
— **circle pipe** n - tubería f anular superior
— **clutch shifter** n - [mech] desplazador m para embrague m superior
— **cone shell** n - [metal-prod] cono m superior para coraza f

upper connecting rod bearing n - [int.comb] cojinete m superior para biela f
— **cooling cone** n - [ind] cono n superior para enfriamiento m
— **crest** n - remate m superior
— **cretaceous** n - [geol] cretáceo m superior
— **cushion** n - [mech] amortiguador m superior
— **cutoff blade** n - [mech] cuchilla f superior (para corte m)
— **die** n - [mech] matriz f, or troquel, superior
— **drive,ving roll** n - [mech] rodillo m, impulsor, or motor, superior
— **elbow** n - [tub] codo m superior
— **filling valve** n - [valv] válvula f superior para henchimiento m
— **flange** n - [mech] brida f superior
— **floor** n - [constr] planta f, alta, or superior; piso m, alto, or superior
— **gooseneck** n - [metal-prod] codo m superior
— **governor and magneto mounting** n - [mech] montaje m para regulador m y magneto m superior
— **guide bearing** n - cojinete m guiador superior
— **die** n - [mech] matriz f, or troquel, superior
— **drum drive pitch** n - [mech] diente m para accionamiento m para tambor m superior
— **expansion plug** n - [mech] tapón m para dilatación f superior
— **fan** n - [mech] ventilador m superior
— **fastening pad** n - [mech] taco m superior para fijación f
— **gib** n - [mech] ménsula f superior
— **holding block** n - [mech] bloque m, or taco m, superior para, fijación f, or sujeción f
— **hole** n - [mech] orificio m superior
— **hopper** n - [mech] tolva f superior • [metal-prod] tolva f receptora para tragante m
— **injector** n - [metal-prod] inyector m, or venturi m, superior
— **insert** n - [mech] injerto m, or suplemento m, superior
— **intake** n - [hydr] (boca f para) admisión f, superior, or en nivel m alto
— **inwall** n - pared f interior superior
— **lane** n - [roads] franja f superior
— **layer** n - capa f, or camada f, or hilada f, or manto m, superior
— **magneto mounting** n - [int.comb] montaje m superior para magneto m
— **manhole** n - boca f para registro m superior
— — **insert** n - suplemento m para boca f superior para registro m
— **mill** n - [metal-roll] rodillo m superior
— — **generator** m - [metal-roll] generador m para (motor m para) rodillo m superior
— — **motor** n - [metal-roll] motor m para rodillo m superior
— **pad** n - [mech] taco m, or bloque m, superior
— **pan** n - [mech] bandeja f superior
— **pinch roll** n - [metal-roll] rodillo m motor superior
— **platform** n - [cranes] pasarela f, or plataforme f, superior
— **protective device** n - [mech] dispositivo m protector superior
— **race** n - [mech-bearings] collar m, or ranura f, superior
— **rail** n - riel m, or carril m, superior
— **ram** n - [mech] ariete m superior
— **receptacle** n - [electr-instal] tomacorriente m superior
— **roll** n - [mech] rodillo m superior
— — **block** n - [mech] bloque m superior para rodillo(s) m
— **shaft** n - [mech] árbol m superior • [metal-prod] parte f superior de tragante m
— **sheave** n - [mech] polea f superior
— **shell** n - [metal-prod] coraza f superior
— **spacer** n - [mech] separador m superior
— **stack** n - [combust] chimenea f superior • [metal-prod] tragante m
— **stor(e)y** n - [constr] planta f, alta, or su-

perior; piso m, alto, or superior
upper stove insert n - [metal-prod] injerto m, or suplemento m, superior para estufa f
— — **side manhole** n - [metal-prod] boca f para registro m lateral superior para estufa f
— **stratum,ta** n - [soils] estratos m superiores
— **strength limit** n - [metal] límite m, máximo, or superior, para resistencia f (a tensión f)
— **sucker fan** n - [mech] ventilador m aspirador (para cabina f) superior
— **suction roll** n - [paper] rodillo m aspirador superior
— **support angle** n - [mech] ángulo m para soporte m superior
— — **plate** n - placa f superior para soporte m
— — — **wear** n - [mech] desgaste m en, plancha f, or placa f, superior, para soporte m
— **surface** n - superficie f, or cara, or lado m, superior
— **tank** n—(es)tanque m, or depósito m, superior
— **tensile strength** n - [metal] resistencia f máxima para tensión f
— **terminal** n - [electr-instal] borne m superior
— **thermocouple** n - [metal-prod] termocupla f, or termopar m, superior
— **turntable** n - [mech] mesa f, or plataforma f, giratoria superior
— **valve** n - [valv] válvula f superior
— — **stem** n - [valv] vástago m para válvula f superior
— — — **guide** n—[valv] guía(dera) f, para vástago m superior, or superior para vástago m
— **vessel** n—recipiente m, or vasija f, superior
— **welder base rail** n - [weld] viga f para base f para soldadora f superior
— **well block** n - [metal-prod-ladle] bloque m, or ladrillón* m, superior
— **windshield wiper** n - [autom] limpiaparabrisa(s) m superior
— **zone** n - zona f, alta, or superior
upping n - aumento m; elevación f
upright n - [mech] . . .; pie m recto; poste m; palo m | a - . . .; erguido,da; de pie m; en posición f vertical • íntegro,fra | v - colocar, or poner, en posición f vertical
— **grinder** n - [tools] rectificadora f con pedestal m
— **pipe** n - [tub] tubo m, vertical, or montante
— **position** n - posición f, erguida, or vertical
— **sweeper** n - [domest] barredora f, or aspiradora f, vertical
— **tire** n - [autom-tires] neumático m, vertical, or de canto m
uprightness n - . . .; integridad f
uprising n - [pol] . . .; motín m; levantamiento
upriver adv - aguas f arriba
uproot v - . . .; arrancar
uprooted a - desarraigado,da; arrancado,da
uprooting n - desarraigamiento m; arrancadura f
ups and downs n - alternativas f; altibajos m; subidas f y bajadas; altos m y bajos m
upset(ting) n - . . .; perturbación f - [mech] recalcadura f; engrosamiento m | a - alterado,da; molesto,ta; agitado,da; perturbado,da • [mech] recalcado,da | v - perturbar; trastornar; molestar • [mech] recalcar; recoger
— **end** n - [mech] extremo m recalcado
— **thread** n - [mech] rosca f alterada
— —(ed) **bolt** n - [mech] perno m con rosca f alterada
— **weld(ing)** n - [weld] soldadura f recalcada
upsetter n - [mech] recalcadora f
upsetting n - . . . • [tub] engrosamiento m de pared(es) f | a - . . .; perturbador,ra • recalcador,ra
— **machine** n—[mech] recalcadora f; conformadora
upshift n - [mech] aumento m de velocidad f | v - [mech] aumentar velocidad f
upshifted a - [mech] con velocidad f, mayor, or aumentada
upshifting n - [mech] aumento m de velocidad f

upside n - lado m superior
upsize v - aumentar, tamaño m, or medida(s) f
upstream channel n - [hydr] cauce m aguas arriba
— **conduit** n - [hydr] conducto m aguas f arriba
— **culvert end** n - [constr] extremo m aguas f arriba de alcantarilla f
— **end** n - [constr] extremo m aguas f arriba
— **extension** n - [roads] extensión f, or prolongación f, en sentido m ascendente
— **from @ drier** adv - [ind] antes de llegar a secador m
— — **@ gas turbulence** adv - antes de turbulencia f de gas m
— — **@ source** adv - antes m de, foco, or fuente
— — **@ valve** adv - [tub] antes de llegar a válvula f
— **half** n - mitad f, aguas f, or río m, arriba
— **pond(ing)** n - [hydr] embalse f aguas f arriba
— **slope** n - [hydr] talud m río m arriba
— **streambed** n - [hydr] lecho m de canal aguas m arriba
— **water level** n - [hydr] nivel m (de agua m) aguas f arriba
upstroke n - [mech] carrera f ascendente
upsweep n - elevación f
upswing n - [mech] . . .; subida f
uptake n - . . . • [metal-prod] tubo m, or conducto m, ascendente, or vertical, or para subida f • [Spa.] pantalón m • [Arg.] subida f (para gas m)
— **area** n - [metal-prod] zona f de conductor(es) m ascendente(s)
— **insert** n - [metal-prod] suplemento m, or injerto m, en pantalón m
— **lower end** n - [metal-prod] pantalón m para tragante m
upward(s) adjusting n - ajuste m hacia arriba
— **and downward** adv - hacia arriba y (hacia) abajo
— — — **motion** n - movimiento m ascendente y descendente
— — — **whipping motion** n - [weld] movimiento m de chicoteo* m hacia arriba y hacia abajo
— **arc motion** n - [weld] movimiento m ascendente de arco m
— **direction** n - dirección f ascendente
— **movement** n - movimiento m ascendente
— **pointing electrode** n - [weld] electrodo m que apunta hacia arriba
— (s) **position** n - posición f hacia arriba
— **thrust** n - [constr] empuje m ascendente
— **blight** n - roya f urbana
urban complex n - [pol] complejo m, urbano, or metropolitano
— **county** n - [pol] condado m metropolitano
— **development** n - [pol] desarrollo m urbano; urbanización f
— **highway** n - [roads] carretera f urbana
— **modernization** n - modernización f urbanística
— **planning** n - [pol] planeamiento m urbano
— **redevelopment** n - reurbanización f
— **renewal** n - [pol] renovación f urbana
urbanly adv - urbanamente
urge v - urgir; . . .; insistir
urinal n - [sanit] . . .; mingitorio m
usability n - utilidad f; uso m más amplio
usable a - . . .; aprovechable; empleable
— **deposit(ion) rate** n - [weld] rapidez f para aportación f que puede emplear(se)
— **gear** n - [autom-mech] velocidad f útil
— **rig space** n - [petrol] espacio m útil sobre plataforma f
use n - . . .; empleo m; utilización f; consumo m • manejo m; fin m; propósito m • práctica f • [legal] ejercicio m | v - . . .; aprovechar; consumir • llevar • [legal] ejercer,citar
— **@ brass drift** v - [mech] usar mandril m de latón m
— **caution** v - proceder con cuidado m
— **@ contracted service** v - [ind] usar, or emplear, servicio(s) m contratado(s)

use @ copyright v - [legal] usar, or hacer uso m de, propiedad f intelectual, or derecho(s) m literario(s)
— **@ credit** v - [fin] usar, or utilizar, or emplear, crédito m
— **criterion,ria** n - criterio(s) m para, uso m, or utilización f
— **@ currency** v - [fin] utilizar moneda f
— **@ drift** v - [tools] usar mandril m
— **@ patent (rights)** v - [legal] usar (derechos m de) patente f (de invención f)
— **@ right(s)** v - [legal] usar derecho(s) m
— **@ shut down** v - [ind] aprovechar parada f
— **@ thou form** v - [gram] vosear
— **@ trade mark** v - [legal] usar marca f, registrada, or conocida, or de fabricación f
— **widely** v - usar, or emplear, ampliamente
used a - usado,da; utilizado,da; empleado,da • consumido,da; aprovechado,da • llevado,da • [legal] ejercitado,da
— **calendar roll** n - [paper] rodillo m para calandria f, usado, or empleado
— **contracted service(s)** n - [ind] servicio(s) m contratado(s), usado(s), or empleado(s)
— **copyright** n - [legal] propiedad f intelectual ejercida; derecho(s) m literario(s) ejercidos
— **credit** n - [fin] crédito m, usado, or utilizado, or empleado
— **drift** n - [mech] mandril m usado
— **human resource(s)** n - [managm] recurso(s) m humano(s), usado(s), or utilizado(s)
— **kitchenware** n - [domest] vajilla f para cocina, usada, or empleada
— **nomograph** n - nomograma* m, usado, or empleado
useful a - . . . ; aprovechable; servidero,ra; utilizable
— **brakdown** n - desdoblamiento m útil
— **range** n - escala f útil
useless a - . . . ; inutilizable; frustráneo,nea
user n - usuario m; utilizador m • sector m usuario • consumidor m; comprador m
— **supplied** a - suplido,da, or suministrado,da, por, usuario m, or consumidor m, or comprador
using n - uso m; empleo m | adv - con empleo m
usual a - . . . ; corriente
— **co-driver** n - [sports] conductor m acompañante, or copiloto m, acostumbrado
— **stickout** n - [weld] prolongación acostumbrada
usually adv - . . . ; generalmente; comúnmente; corrientemente; acostumbradamente; en general
usufruct n - . . . | v - usufructuar
usurping n - usurpación f | a - usurpador,ra
UT n - [pol] see **Utah**
utilidor* n - [constr] see **service tunnel**
utilitarian a - . . . ; práctico,ca
utilities n - see **public utilities**
— **and services** n - [utilities] servicio(s) m, general(es), or público(s)
— **bond issue** n - [fin] emisión f de títulos m, or empréstito m, para servicios m públicos
— **chain** n - [chains] cadena f para, uso m general, or fin(es) m general(es)
— **company** n - empresa f para servicio(s) m público(s)
—,**ties distribution** n - [ind] distribución f de servicio(s) m (públicos)
—,**ties engineer** n - [constr] ingeniero m para servicio(s) m público(s)
— **line** n - línea f, or red f, para servicio m público
—— **underpass** n - [constr] paso m inferior para (red f para) servicio(s) m público(s)
— **power** n - [electr-distrib] fuerza f motriz
—— **outlet** n - [electr-instal] tomacorriente m para, energía f, or fuerza f motriz
— **revenue bond** n - [fin] título m por anticipación f de ingreso(s) m por servicios públicos
—,**ties share(s)** n - [fin] acción(es) f para servicio(s) m público(s)
— **substation** n - subestación f para servicio(s) m público(s)

utility system n - red f para servicio m público
— **tunnel** n - [constr] túnel m para (red f para) servicio(s) m público(s)
— **underpass** n - [constr] paso m inferior para (red f para) servicio(s) m público(s)
— **vehicle** n - [autom] vehículo m para, cargas f livianas, or servicio(s) m general(es)
— **welder** n - [weld] soldadora f para trabajos m generales
utilization n - . . . ; empleo m; uso m
utilize v - . . . ; usar; emplear
utilized a - utilizado,da; usado,da
utilizer n - utilizador m; usuario m | a - utilizador,ra
utmost a - . . . ; máximo,ma • primordial
— **durability** n - durabilidad f máxima

V

V - a - [autom-tires] para velocidad(es) f de hasta 130 millas (210 kms) por hora
V A n - [electr-] see **volt-ampere**
V A C n - [electr-oper] see **volts alternating current**
V A R n - [metal-prod] see **vacuum arc remelting**
V-belt n - [mech] correa f, en V, or trapezoidal
V—— drive n - [mech] impulsión f, or propulsión f, con correa f, en V, or trapezoidal
V—— transmission n - [mech] transmisión f con correa f, en V, or trapezoidal
V block n - [mech] taco m con ranura en V
V-butt n - [weld] tope m con chaflán m
V—— weld n - [weld] soldadura f a tope m, en V, or con chaflán m
V C P n - [tub] see **vitrified clay pipe**
V-channel n - [hydr] cauce m en V
V-crimp n - [mech] pliegue m en V
V- . . . cylinder engine n - [int.comb] motor m con . . . cilindro(s) m en V
V D C n - [electr-oper] see **volts direct current**
V D E n - [cabl] see **International Cable Standard(s)**
V-drive n - [mech] accionamiento m con correa f en V
V edge n - [weld] borde m en V
V —— preparation n - [weld] preparación f (de borde m) en V
V-eight (cylinder engine) n - [int.comb] (motor m) con ocho cilindro(s) m en V
V —— engine n - [int.comb] see **V-eight cylinder engine**
V-flare n - [weld] abocinamiento m doble
V-groove n - [weld] ranura f, en V, or con chaflán m
V—— symbol n - [weld] símbolo m (para soldadura f) en ranura f en V
V—— weld(ing) n - [weld] soldadura f en ranura f en V
V header n - cabezal m en V
V I P n - see **very important person(s)**
V joint n - [weld] junta f en ranura f (con chaflán m en V)
V —— weld n - [weld] soldadura f en ranura f con chaflán m en V
V-notch n - [mech] entalladera f, or muesca f, en V, or triangular
V—— strength n - [metal] resistencia f con entalladura f en V
V—— test n - [weld] ensayo m con entalladura f en V
V-shaped windshield n - [autom] parabrisa(s) m en (forma f de) V
V speed n - [autom-tires] velocidad V
V—— rating n - [autom-tires] velocidad f nomi-

nal V; clasificación f V (para velocidad f)
V T V M n - [electron] see **vacuum tube voltmeter**
V thread screw n - [mech] tornillo m con, paso m, or resalto, triangular, or en V
V tire n - [autom-tires] neumático m para velocidad(es) de hasta 130 millas (210 kms) por hora
V trough n - [hydr] vertedero m en V
V V - [electr-prod] see **variable voltage**
V V - C V switch n - [electr-equip] see **variable voltage - constant voltage switch**
VA n - [pol] see **Virginia**
vacant a - . . .; vaco,ca • baldío,día
vacation n - . . . | v - vacar
— **atmosphere** n - ambiente m para vacación(es) f
— **spot** n - paraje m para vacación(es) f
vaccinated a - [medic] vacunado,da
vaccinating n - [medic] vacuna(ción) f | a - [medic] vacunador,ra
vacillator n - vacilador m
vacu-cast n - [metal-prod] see **vacuum degassing plant**
vacuum n - . . . | v - limpiar con aspiradora f
— **arc** n - [metal-prod] arco m en vacío m
— — **remelting** n - [metal-prod] refundición f con arco m en vacío m
— **booster** n - [pneumat] elevador m para vacío m
— **bottle** n - botellón m para vacío m • [domest] termo m
— **brake** n - [mech] freno m por vacío m
— **braker** n - [electr-equip] interruptor m, or disyuntor m, por vacío m
— **chamber** n - [metal-prod] cámara f con vacío m
— **clean** v - limpiar, con vacío m, or aspiración
— **cleaning** n - limpieza f, con vacío m, or por aspiración f
— **degassing** n - [ind] desgasificación f con vacío m
— **distillation** n - [petrol] destilación f en vacío m
— **dried** a - secado,da en vacío m
— **facility** n - [ind] instalación f para vacío m
— **feed tank** n - depósito m, or (es)tanque m, para alimentación de vacío m
— **fuel feed(ing)** n - [combust] alimentación f de combustible con vacío m
— **gage** n - [instrum] manómetro m para vacío m
— **grease** n - [lubric] grasa f para vacío m
— **horn** n - [safety] bocina f por vacío m
— **induction** n - [metal-prod] inducción f en vacío m
— **interruptor** n - [electr-instal] interruptor m, or disyuntor m, por vacío m
— **line** n - [int.comb] línea f, or tubería f, para, vacío m, or aspiración f
— **melting** n - [metal-prod] fundición f en vacío
— **nozzle** n - [mech] boquilla f para vacío m
— **pump** n - [pumps] bomba f para vacío m
— **quantometer** n - [instrum] cuantómetro* m para vacío m
— **remelting** n - [metal-prod] refundición f en vacío m
— **seal** n - [pneumat] sello m, or cierre m, para vacío m
— **spark** n - [int.comb] chispa f en vacío m
— **spectrograph** n - [instrum] espectrógrafo m para vacío m
— **steel** n - [metal-prod] acero m en vacío m
— — **degassing** n - [metal-prod] desgasificación f de acero(s) en vacío m
— **still** n - [petrol] alambique m con vacío m
— **sweeper** n - [domest] aspiradora f, eléctrica, or para polvo m
— **switch** n - [electr-equip] interruptor m, or disyuntor m, para vacío m
— **tank** n - [pneumat] depósito m, or (es)tanque m, para vacío m • [tub] conexión f
— **test** n - [pneumat] prueba f, en, or de, vacío
— **tube** n - [electron] tubo m electrónico; válvula f electrónica
vacuumed a - limpiado,da con aspiradora f

vacuuming n - limpieza f con aspiradora f; aspiración f
vagabond current n - [electr] corriente f vagabunda
vagrancy n - . . .; vagabundeo m
vain a - . . .; fastidioso,sa; fatuoso,sa; presumido,da; frustráneo,nea
— **person** n - presumido m; vanistorio m
vainglory n - . . . | v - vanagloriar
valent a - [chem] valente*
valiantly adv - . . .; valientemente
valid a - . . .; valedero,ra • habilitado,da • con efeccto m
— **digit sequence** n - [comput] secuencia f válida, or orden m válido, para dígito(s) m
— **sheet** n - [legal] foja f, or folio m, útil
— **till** a - válido,da hasta
validate v - . . .; habilitar
validated a - validado,da; habilitado,da
validation n - . . .; habilitación f
validity n - . . .; vigencia f; duración f • mantenimiento m • vencimiento m
— **guaranty** n - garantía f para validez
— **period** n - período m para validez f
valley n - [topogr] . . .; hondanada f • [mech] depresión f
— **floor** n - [topogr] piso m, or fondo m, or lecho m, de valle m
— **jack** n - [constr] limahoya f
valorate v - see **valorize**
valoration n - see **valorization**
valorization n - valorización f
valorize v - . . .; valorizar
valorized a - valorizado,da
valorizer n - valorizador m
valorizing n - valorización f | a - valorizador,ra
valuable n - . . .; elemento m con valor
— **chemical (product)** n - [chem] producto n químico valioso
— **contribution** n - contribución f valiosa; aporte m valioso
— **data** n - información f valiosa
— **deck space** n - [nav] espacio m, or sitio m, valioso en cubierta f
— **item** n - ítem m, or elemento m, con valor m
— **topsoil** n - [soils] mantillo m valioso
valuation n - . . .; valorización f • apreciación f • tasación f; aforo m
— **rate** n - tarifa f de avalúo(s) m
— **updating** n - actualización f de valuación f
valuative a - valuativo,va
value n - . . .; valimento m; suma f • aporte m • coeficiente m; beneficio m; utilidad f • índice m • magnitud f; medida f • patrimonio m • [fin] monto m | v - . . .; valorizar; preciar
value above n - valor m, or importe m, superior
— **added** n - valor m aumentado; plusvalía f
— — **tax** n - [fisc] impuesto m a, valor m mayor, or plusvalía f
value above n - valor m, or importe m, inferior
— **check(ing)** n - comprobación f de valor m
— @ **inventory** v - [com] (a)valuar inventario m
— **package** n - conjunto m de valor(es) m
— **prorating** n - prorrateo m de valor(es) m
— **reexportation** n - [fin] reexportación f de valor(es) m
— **registration** n - registro m, or registración f, de valor(es) m
— **updating** n - actualización f de valor(es) m
valued a - (a)valuado,da; valorado,da; valorizado,da • preciado,da
valuing n - (a)valuación f; valorización f
valve n - . . . • grifo m • llave f para paso m • [tub] conexión f
— **air supply** n - [mech] suministro m de aire m para válvula f
— **body** n - [petrol] cuerpo m de válvula f • [valv] lenteja f
— — **cover** n - [valv] tapa f para, lenteja f, or cuerpo m para válvula f

or cuerpo m para válvula f
valve body seat ring n - [valv] anillo m para asiento m para cuerpo m para válvula f
— **box** n - [valv] caja f para válvula f
— **bracket** n - [mech] ménsula f para válvula f
— **breakdown** n - [valv] despiezo m de válvula f • avería a, or rotura f, de válvula f
— **cable** n - [metal-prod] cable m para válvula f
— **cam** n - [mech] leva f para válvula f
— **cap** n - [valv] casquete m para válvula f
— **clearance** n - [int.comb] entrehierro m, or luz f, en válvula f
— **clevis** n - [mech] horquilla f, or grillete m, para válvula f
— **compartment** n - [mech] compartim(i)ento m para válvula • compartim(i)ento m en válvula f
— **control** n - [valv] regulación f para válvula f • regulador m para válvula f
— **controlled** a - regulado,da con válvula f
— **cover assembly** n - [valv] conjunto m de tapa f para válvula f
— — **locking screw** n - [mech] tornillo m para cierre m para tapa f para válvula f
— — **nut** n - [valv] tuerca f para tapa f para válvula f
— — **packing** n - [valv] empaquetadura f, or guarnición f, para tapa f para válvula f
— — **plug** n - [valv] tapón m para tapa f para válvula f
— — **screw** n - [valv] tornillo m para tapa f para válvula f
— — **thread(s)** n - [valv] rosca f en tapa f para válvula f
— **cup** n - [valv] copa f para (asiento m para) válvula f
— **design** n - [valv] proyección f para válvula f
— **disk** n - [petrol] disco m, or lenteja f, para válvula f
— — **stem** n - [valv] vástago m para disco m para válvula f
— **drain(ing)** n - [valv] purga f de válvula f
— **drive cable** n - [valv] cable m para accionamiento m para válvula f
— **driver** n - [valv] introductor m para válvula
— **exhaust** n - [int.comb] escape m para válvula
— **fitting** n - [mech] accesorio m para válvula f
— **floating poppet** n - [valv] obturador m flotante para válvula f
— **gasket** n - [valv] guarnición f, or empaquetadura f, para válvula f
— **grinder** n - [petrol] rectificadora f para válvula(s) f
— **guide holder insert** n - [valv] suplemento m para soporte m para guía(dera) f para válvula f
— — **puller** n - [valv] extractor m para guía(dera) f para válvula f
— **handle** n - [valv] asidero m, or manija f, para válvula f
— **head** n - [valv] cabeza f para válvula f
— **hole** n - [valv] orificio m para válvula f
— **housing** n - [valv] caja f para válvula f
— **hydaulic control** n - [valv] regulación f hidráulica de válvula • regulador m hidráulico para válvula f
— **in @ head** n - [comb/int] válvula f en culata
— **insert** n - [valv] suplemento m para válvula f
— **intake** n - [int.comb] admisión f en válvula f
— **jacket** n - [valv] camisa f para válvula f
— **leak** n - [valv] fuga f en válvula f
— **lever** n - [valv] palanca f para válvula f
— — **pin** n - [mech] pasador m para palanca f para válvula f
— **lifter** n - [int.comb] alzaválvula(s) m
— **manual control** n - [valv] regulación f manual para válvula • regulador manual para válvula
— **mushroom** n - [valv] lenteja f para válvula f
— **on-off switch** n - [valv] llave f interruptora para válvula f
— **overriding** n - [mech] sobrepaso m de válvula
— **packing** n - [valv] guarnición f, or empaquetadura f, para válvula f

valve packing box n - [valv] prensaestopa(s) m para válvula
— **pilot** n - [valv] piloto m para válvula f
— **pitting** n - [int.comb] picadura f de válvula
— **plug** n - [mech] tapón m para válvula f
— **poppet** n - [valv] obturador m para válvula
— **port** n - [valv] abertura f en válvula f
— **pot** n - [valv] pote m, or taza f, or marmita f, para válvula f
— — **gasket** n - guarnición f, or empaquetadura f, para pote m para válvula f
— — **seat** n - [valv] asiento m para pote m para válvula f
— **push(ing) rod** n - [valv] vástago m para empuje m para válvula f
— **retainer** n - [valv] retén m, or fiador m, para válvula f
— **rod** n - [valv] vástago m para válvula f
— **roller** n - [mech] rodillo m para válvula f
— **seat** n - [valv] asiento m para válvula f
— — **cutter** n - [int.comb] escariador m para asiento m para válvula f
— — **driver** n - [mech] introductor m para asiento m para válvula f
— — **gasket** n - [Valv] guarnición f, or empaquetadura f, para asiento m para válvula f
— — **insert** n - [int.comb] suplemento m para asiento m para válvula f
— — **puller** n - [tools] arrancaasiento(s) m para válvula f
— **(s) set** n - [valv] juego m de válvula(s) f
— **shaft** n - [valv] vástago m para válvula f
— **solenoid** n - [valv] solenoide m para válvula
— **spring** n - [valv] resorte m para válvula f
— — **retainer** n - [mech] retén m, or fiador m, para resorte m para válvula f
— **sprocket** n - [mech] rueda f dentada para válvula f
— **stem** n - [valv] vástago m para válvula f
— **switch** n - [valv] interruptor m para válvula
— **tappet** n - [valv] botador m para levantaválvula(s) m
— **thread** n - [valv] rosca f en válvula f
— **timing** n - [Valv] sincronización f, or regulación f, de válvula f
— **travel** n - [valv] carrera f, or recorrido m, de válvula f
— **trim** n - [valv] guarnición(es) f para válvula
— **turning off** n - [valv] desactivación f de válvula f
— — **on** n - [valv] activación f de válvula f
— **warp(age)** n - [valv] alabeo m de válvula f
— **washer** n - [valv] arandela f para válvula f
— **wheel** n - [valv] rueda f, or manubrio m, or mando m, para válvula f
valving n - [valv] dotación f con válvula(s) f
van n - [autom] furgón m; furgoneta f; (auto)camión f para mudanza(s) f
Van Stone flanging n - [mech] embridado, or rebordeado m, por método m Van Stone
vandalic a - vandálico,ca
vandalism n - . . .; fechoría f
vane n - [mech] . . .; álabe m; aspa m
vanished a - desvanecido,da; esfumado,da
vanishing n - . . .; esfumación f | a - esfumante
vanity n - . . .; fantasía f; fatuidad f; ventolera f; viento m • [domest] tocador m
vanquished a - vencido,da
vanquishing n - vencimiento m; vencida f | a - vencedor,ra
vapor n - . . .; vapor m; vaharina f; emanación
— **barrier** n - película f impermeable
— **degreaser** n - desengrasadora f con vapor m
— **envelope** n - [weld] envoltura f de vapor m
— **hose** n - [mech] mang(uer)a f para vapor m
— **purge** n - purga f con vapor m
— **recovery** n - recuperación f de vapor(es) m
— **spray degreaser** n - desengrasadora f con chorro m de vapor m
vaporate v - see **vaporize**

vaporated a - see **vaporized**
vaporation n - see **vaporization**
vaporing point n - punto m para vaporización f
vaporimeter n - [instrum] vaporímetro m
vaporization chamber n - [boilers] cámara f para vaporización f
vaporize @ gasoline v - [int.comb] vaporizar gasolina f
vaporized a - vaporizado,da
— **gasoline** n - [int.comb] gasolina f vaporizada
vaporizer assembly n - grupo m, or conjunto m, vaporizador
vaporizing boiler n - [boilers] caldera f para vaporización f
— **(fire) extinguisher** n - [safety] extintor m vaporizante (para indendios m)
— **liquid (fire) extinguisher** n - [safety] extintor m con líquido m vaporizante para incendio(s) m
— **point** n - punto m para vaporización f
variable a - . . . • [math] factor m variable • [ind] factor m en operación f
— **alternating current** n - [electr-distrib] corriente f alterna variable
— **amperage** n - [electr-p½er] amperaje n variable
— **analysis gas** n - [combust] gas m con composición f variable
— **arc** n - [weld] arco variable
— **bearing spacer** n - [mech] separador m variable para cojinete m
— **block size** n - [autom-tires] bloque m con tamaño m variable
— **brake** n - [mech] freno m variable
— **buoyancy** n - fuerza f ascencional variable
— **burden** n - [metal-prod] (columna f de) carga f variable
— **capital** n - [fin] capital m variable
— **company** n - [legal] sociedad f (mercantil) con capital m variable
— **chemical analysis copper concentrate** n - [metal] concentrado* m de cobre m con composición f química variable
— — **concentrate** n - [miner] concentrado* m con composición f química variable
— **control strategy** n - [comput] estrategia f variable para regulación f
— **current** n - [weld] amperaje m variable
— — **power source** n - [electr-prod] fuente f para energía f con amperaje m variable
— **delivery** n - entrega f variable
— — **burst test pump** n - [pumps] bomba f con entrega f variable con estallido(s) m para ensayo(s) m
— **direct current** n - [electr-prod] corriente f continua variable
— **displacement axial piston pump** n - [pumps] bomba f con émbolo m axial con desplazamiento m variable
— — **pump** n - [pumps] bomba f con desplazamiento m variable
— **drop** a - [agric-equip] para siembra f desde altura f variable
— —, **corn**, or **maize**, **planter** n - [agric-equip] sembradora f para maíz para siembra f desde altura f variable
— — **planter** n - [agric-equip] sembradura f para siembra f desde altura f variable
— **electromagnetic brake** n - [cranes] freno m electromagnético variable
— **exciter** n - [electr] excitador m variable
— **fan** n - [mech] ventilador m variable
— **flow** n - flujo m, or caudal m, variable
— **inductance** n - [electron] inductancia f variable
— **manipulation** n - manipulación f (de) variable
— **opearting speed** n - [mech] régimen n de marcha f variable
— **orifice plate** n - [mech] placa f con orificio m variable
— **operating rate** n - régimen m variable para operación f

variable orifice valve n - [valv] válvula f con orificio m variable
— **pattern** n - [mech] patrón m variable
— **pitch** n - [mech] paso m variable
— — **propeller** n - [aeron] hélice f con paso m variable
— **potential exciter** n - [electron] excitador m con potencial m variable
— **range** n - escala f variable
— **reducing gas** n - [metal-prod] gas m variable para reducción f
— **speed control** n - [mech] regulación f variable para velocidad f • [weld] regulación f variable para avance m
— — **cyclone feed(ing) pot** n - [mech] pote m alimentador con centrífuga f con velocidad f variable
— — **electric motor** n - [electr-mot] motor m eléctrico para velocidad f variable
— — **motor** n - [electr-mot] motor m con velocidad f variable
— — **operation** n operación f con velocidad f variable
— **torque** n - [mech] par m motor, or momento m torsional, variable
— — **electromagnetic brake** n - [cranes] freno m electromagnético con, par m motor, or momento m torsional, variable
— **valve** n - [valv] válvula f variable
— **voltage** n - [electr] voltaje m variable
— — **alternating current** n - [weld] corriente f alterna con voltaje m variable
— — **arc control** n - [weld] regulación f de arco m con voltaje m variable
— — **circuit** n - [electr] circuito m para voltaje m variable
— —/**constant voltage** n - [weld] voltaje m variable or constante
— —/— **toggle switch** n - [electr-instal] conmutador m con palanca f para voltaje m variable or constante
— — **direct current** n - [electr-prod] corriente f continua con voltaje m variable
— — **operation** n - [weld] operación f con voltaje m variable
— — **output stud** n - [weld] borne m para corriente f de salida f con voltaje m variable
— — **printed circuit** n - circuito m, impreso, or estampado, para voltaje m variable
— — **range** n - [electr] escala f variable de voltaje(s) m
— — **switch** n - [electr-equip] conmutador m para voltaje m variable
— — **stud** n - [weld] borne m para voltaje m variable
— — **transformer-rectifier** n - [weld] transformador m rectificador para voltaje m variable
— — **welder** n - [weld] soldadora f para voltaje m variable
— — **welding** n - [weld] soldadura f con voltaje m variable
— **volume piston pump** n - [pumps] bomba f con émbolo m para, volumen, or caudal, variable
— **weather** n - [meteorol] tiempo m variable
— **welding arc** n - [weld] arco m variable para soldadura f
— **word length computer** n - [comput] ordenador m para palabra(s) f con longitud f variable
Variac n - [electron] regulador m variable para voltaje m; Variac m
variance n - . . .; discrepancia f; tolerancia f
variate v - variar • desviar
variated a - variado,da • desviado,da
— **exchange rate** n - [fin] tipo m variado para cambio(s) m
— **flow** n - caudal m, or gasto m, variado
— **open circuit voltage** n - [weld] voltaje m variado en circuito m abierto
— **pitch** n - [mech]fans] inclinación f variada
— **somewhat** a - variado,da en algo

varmeter n - varmetro m
varnish insulated a - aislado,da con barniz m
varnished a - barnizado,da
— **cambric** n - [textil] batista f barnizada; cambray m barnizado
— **tape** n - cinta f barnizada
vary v - . . . . • ajustar • apartar(se)
— @ **air gap** v - [mech] variar entrehierro m
— @ **arc characteristic(s)** v - [weld] variar característica(s) f de arco m
— @ **backlash** v - [mech] variar contragolpe m
— @ **compactive effort** v - variar esfuerzo m para compactación f
— @ **current** v - [electr- variar corriente f • [weld] variar amperaje m
— @ **end play** v - variar juego m longitudinal
— @ **exchange rate** b - [fin] variar tipo m para cambio m
— @ **flow** v - [hydr] variar, caudal m, or gasto
— @ **frequency** v - variar frecuencia f
— **from** v - variar desde
— **gradually** v - variar, gradualmente, or paulatinamente
— @ **heat treatment** n - [metal-treat] variar tratamiento m térmico
— @ **open circuit voltage** v - [weld] variar voltaje m en circuito m abierto
— @ **pinch effect** v - [mech] variar efecto m de constricción f
— @ **pitch** v - [mech-fans] variar inclinación f
— **somewhat** v - variar en algo
— @ **terrain** v - [topogr] variar terreno m
— @ **voltage** v - [electr] variar voltaje m
— @ **welding current** v - [weld] variar amperaje m para soldadura f
varying n - variación f | a - variador,ra; variante; variable; diferente; distinto,ta
— **amount** n - cantidad f, variable, or variante
— **elevation** n - altura f variable
— **fitup** n - [weld] presentación f variable
— **from** a - variante desde
— **graduation** n - [miner] granulometría distinta
— **potential** n - [electron] potencial m variante
— **quality pellet** n - [miner] pella f de calidad f diferente
— **slab elevation** n - [constr] altura f variable de losa(s) f
— **slant** n - [constr] inclinación f variable
— **stringer spacing** n - [constr] separación f variable entre larguero(s) m
— **thickness lining** n - [mech] revestimiento m con espesor m distinto
vault side arch n - [archit] formero m
vaulted a - abovedado,da • saltado,da
vaulting n - . . . . • salto m
vectometer n - [instrum] permeámetro m
vee - see V
— **out** v - [weld] achaflanar
— — **by filing** v - [mech] achaflanar mediante limadura f
— — **by grinding** v - [mech] achaflanar mediante esmerilado m
— — @ **joint** v - [weld] achaflanar junta f
— — @ — **to be welded** v - [weld] achaflanar junta f a soldar(se)
— **slightly** v - [weld] achaflanar ligeramente
veed out a - [weld] achaflanado,da
— — **by filing** a - [weld] achaflanado,da mediante limadura f
— — — **grinding** a - [weld] achaflanado,da mediante esmerilado m
— — **joint** n - [weld] junta f achaflanada
— — — **to be welded** n - [weld] junta f achaflanada a soldar(se)
— **slightly** a — [weld] achaflanado,da ligeramente
veeing out n - [weld] achaflanadura f
vegetable anatomy n - [botan] fitotomía f
vegetable fiber n - [botan] fibra f vegetal
— — **cord** n — [cabl] cuerda f de fibra f vegetal
— — **rope** n - [cabl] soga f, or cuerda f, de fibra f vegetal

vegetable fiber strand n - [cabl] ramal m de fibra f vegetal
— **lubricating oil** n - [lubric] aceite m vegetal para lubricación f
— **oil** n - aceite m vegetal
— **plate** n - [culin] panaché m de legumbres
— **shop** n - [com] verdulería f
— **vendor** n - verdulero m
vegetables n - verdura f
vegetation lined a - bordeado con vegetación f
— — **channel** n - cauce m bordeado con vegetación f
vehemence n - . . .; fogosidad f; intensidad f
vehement a - . . .; fogoso,sa • intenso,sa
vehicle n - . . . . • [Arg.] rodado m • also see **automobile** • [astronaut] nave f espacial
— **accident** n - [safety] accidente m vehicular
— **alarm** n - [electron] alarma f en vehículo m
— **automatic number identification** n - [electron] identificación f automática de número m de vehículo m
—/**base acknowledgement** n - [electron] acuse f recibo entre vehículo m y base f
— **call** n -]electron] llamada f de vehículo m
— **cannibalization** n - [autom] uso m de piezas f para reparar otro vehículo m
— **chassis** n - [autom] chasis m para vehículo m
— **control** n - [autom] gobierno m de vehículo m
— **disabling** n - [autom] incapacitación f de vehículo m
— **driveline** n - [autom-mech] mecanismo m para transmisión f, or línea f motriz, para vehículo m
— **driver** n - [autom] conductor m para vehículo
— (**s**) **fleet** n - [transp] flota f de vehículos m
— **force** n - [transp] inercia f de vehículo m
— **handling** n - [autom] manejo m, or conducción f, de vehículo m
— **horn** n - [autom] bocina f para vehículo m
— **identification code** n - [electron] código m para identificación f de vehículo m
— **impact** n - [transp] impacto m de vehículo m
— **insurance** n—[insur] seguro m sobre vehículo
— (**s**) **movement** n - [transp] movimiento m, or tránsito m, or conducción f, de vehículo(s)
— **operator initiated** a - [telecom] iniciado,da, or activado,da por operador m de vehículo m
— — **selected status** n - [electron] estado m seleccionado por operador m de vehículo m
— **original equipment** n - [autom] equipo m original para vehículo m
— **range** n - [autom] escala f de vehículo(s) m
vehicle signalling n - [telecom] llamada f, or llamamiento m, de vehículo m
— **snagging** n - [transp] enganche m de vahículo
— **status** n - [electron] estado m de vehículo m
— ('**s**) **suspension bouncing** n - [autom] rebotadura f, or rebote m, de suspensión f de vehículo m
— **tail** n - [autom] cola f de vehículo m
— **tire** n - [autom-tires] neumático m para vehículo m
— **top speed** n - [autom] velocidad f máxima para vehículo m
— **tire/wheel combination** n - [autom-tires] combinación f, or conjunto m, de neumático m y rueda f para vehículo m
— **wheel disk** n - [mech] disco m para rueda f para vehículo m
— — — **steel** n - [metal-prod] acero m para disco(s) m para rueda(s) f para vehículo(s)
— **wiring harness** n - [autom-electr] mazo m de conductor(es) m para vehículo m
— **wreck** n - [transp] accidente m vehicular
vehicular underpass n - [roads] paso m vehicular inferior
vein n - . . . . • [miner] vena f; veta f; fibra f; filón m; criadero m
velocity head n - [hydr] altura f dinámica
— **over** n - velocidad f mayor que
— **table** n - tabla f de velocidad(es) f

velocity under n - velocidad f menor que
velometer n - [instrum] velómetro m
vendor n - [com] . . . • proveedor m
— ('s) **liability** n - [legal] responsabilidad f de vendedor m
— ('s) **warehouse** n - [com] depósito m, or almacen m, de vendedor m
veneer n - . . .; enchapado m; revestimiento m
veneered a - enchapado,da
Venezuela n - [pol] Venezuela f
Venezuelan n - [pol] venezolano m | a - venezolano,na
— **expression** n - [gram] venezolanismo m
— **Guayana(n) Corporation** n - Corporación f Venezolana de Guayana f
vengeance n - . . .; vindicta f
venomous a - . . .; vipéreo,rea
vent n - (orificio m, or tubo m, or conducto m para) escape m, or ventilación f; desahogo m; desfogue m - [constr] ventilador m • [miner] orificio m para ventilación f | v - ventear; ventilar; liberar; dar salida f; conducir, or llevar, a exterior m • desahogar; desfogar; dar salida f; . . .
— **cap** n - [mech] tapa f para desventeo* m
— **duct** n - [environm] tubería f para alivio m
— @ **engine('s) exhaust fume(s)** v - [int.comb] conducir gas(es) m de escape m de motor m
— @ **exhaust fume(s)** v - [int.comb] conducir gas(es) m de escape m
— **hole** n - respiradero m
— **line** n - [mech] tubería f para purga f
— **outisde** v - conducir, or llevar, a exterior m
— @ **overpressure** v - liberar, or dar salida f, sobrepresión f
— **piping** n - tubería f para ventilación f
— **plug** n - tapón m para respiradero m
— **tube** n - tubo m para ventilación f
— **valve** n - [valv] válvula f para respiradero m
vented a - desahogado,da; desfogado,da; dado salida f; liberado,da • venteado,da; ventilado,da; conducido,da, or llevado,da, a exterior m • desventador,ra
— **barrel** n - [plast] cañón m desventador
— **drain** n - desagüe m ventilado
— **engine exhaust fume(s)** n - [int.comb] gas(es) m de escape m de motor m conducido(s)
— **exhaust fume(s)** n - [int.comb] gas(es) m de escape m conducido(s)
— **filler plug** n - [int.comb] tapón m con respiradero m para orificio m para aceite m
— **outside** a - conducido,da, or llevado,da, a exterior m
— **overpressure** n - sobrepresión f liberada
— **plug** n - [int.comb] tapón m con respiradero m
— **to @ atmosphere** a - con ventilación f a atmósfera f
ventilate v - . . .; airear
— @ **area** v - ventilar, zona f, or sitio m
— @ **drum** v - [mech] ventilar tambor m
ventilated a - ventilado,da; aireado,da; con ventilación f
— **area** n - zona f ventilada; sitio m ventilado
— **drum** n - [mech] tambor m ventilado
— **inadequately** a - ventilado,da inadecuadamente
ventilating duct n - conducto m para ventilación f
— **ductwork** n - [environm] tubería f, or conducto m, para ventilación f
— **outlet** n - [environm] respiradero m para ventilación f
— **pump** n - bomba f para ventilación f
ventilation code n - código m para ventilación f
— **duct** n - conducto n para ventilación f
— **ductwork** n - [environm] tubería f, or conducto m, para ventilación f
— **hole** n - [petrol] boca f para ventilación f
— **outlet** n - [environm] respiradero m para ventilación f
— **requirement** n - [environm] exigencia f para ventilación f
— **sliding panel** n - [constr] panel m deslizable para ventilación f
ventilation volume n - volumen m de ventilación
— **wall** n - [constr] pared f para ventilación f
ventilator n - . . .; respiradero m
— **bar** n - [constr-lattice] barra f para ventilador m
— **flashing** n - [constr] tapajunta(s) f para ventilador m
— **head** n - [constr] cabeza f para ventilador m
venting n - desahogo m; venteo* m; ventilación f; conducción f a exterior | a - desventador
— **cap** n - [mech] tapa f para desventeo* m
— **outside** n - conducción f a exterior m
— **solenoid valve** n - [combust] válvula f solenoide para venteo* m
— **valve** n - [valv] válvula f para venteo* m
ventured a - aventurado,da
Venturi n - [metal-prod] see scrubber; washer • [int.comb] difusor m; tobera f Venturi
— **Askania** n - Askania f para Venturi m
— **butterfly (valve)** n - [metal-prod] (válvula f) mariposa f para Venturi m
— **circuit** n - circuito m para Venturi m
— **cone discharge (valve)** n - [metal-prod] (válvula f para) purga f de cono m de Venturi m
— — **valve** n - [metal-prod] válvula f para cono m de Venturi m
— **emergency Askania** n - [metal-prod] Askania f para emergencia f para Venturi m
— **feed(er) pump** n - [metal-prod] bomba f para alimentación f para Venturi
— **flow** n - [metal-prod] caudal m en Venturi m
— **gas** n - [metal-prod] gas m en Venturi m
— **intake** n - [metal-prod] admisión f para Venturi m
— **normal Askania** n - [metal-prod] Askania f normal para Venturi m
— **normal discharge** n - [metal-prod] descarga f normal para Venturi m
— **normal outlet** n - [metal-prod] salida f normal para Venturi m
— **outlet** n - [metal-prod] salida f, or descarga f, de Venturi m
— **pot** n - [metal-prod] pote m para Venturi m
— **scarifier** n - [metal-prod] escarificador m para Venturi m
— **scrubber** n - [ind] lavador m (provisto con) Venturi m
— — **circuit** n - [metal-prod] circuito m para (lavador) Venturi m
— **reamer** n - [metal-prod] escariador m para Venturi m
— **separator** n - [metal-prod] separador m para Venturi m
— **tuyere** n - [metal-prod] tobera f para Venturi m
— **water** n - [metal-prod] agua m para Venturi m
— — **valve** n - [metal-prod] válvula f para agua m para Venturi m
venue n - [legal] . . .; fuero m
verbal consent n - consentimiento m verbal
verbalist n - verbalista f
verbally adv - verbalmente
verbatim a - . . .; textual | adv—textualmente
verbose a - . . .; vanilocuente; filatero,ra
verbosity n - . . .; verborrea f; verborragia f; vanilocuencia f • fraseología f
verifiability n - verificabilidad* f
verified a - verificado,da; comprobado,da
verified positively a - verificado,da positivamente
— **visually** a - verificado,da, visualmente, or de vista f
verifier n - verificador m
verify at @ (job) site v - verificar en (sitio m de) obra f
— **visually** v - verificar, visualmente, or de vista f
verifying n - verificación f | a - verificativo
vermiculated a - [medic] vermiculado,da
vermiculating n - [medic] vermiculación f | a - [medic] vermiculador,ra

vermiculator n - [medic] vermiculador m
vermin resistant a - a prueba f de roedores m
vernier board n - [metal-roll] tablero m para ajuste m preciso
versatile a - . . .; voltizo,za; acomodadizo,za; acomodaticio,cia • flexible; universal • hábil • elástico,ca
— **answer** m - respuesta f, or solución f, adaptable
— **crane** n - [cranes] grúa f adaptable
— **driver** n - [tools] hincadora f adaptable
— **fixturing** n - [weld] versatilidad f para colocación f de accesorio(s) m
— **input** n - [electr-distrib] alimentación f, or energía, variable, or adaptable
— **power source** n - [weld] fuente f adaptable para energía f
— **product** n - producto m, versátil, or adaptable
— **stud driver** n - [tools] hincadora f adaptable para borne(s) m
— **welder** n - [weld] soldadora f, versátil, or adaptable
versifier n - . . .; versista m
versifying n - versificación f | a • versificador,ra; versificante
verso n - [print] . . .; vuelto m
versus prep - . . .; en, contraposición f, or constraste m, or relación f, con
vertebra(e) n - [anat] . . .; espondil(o) m
vertical a - . . . • [mech] con, pie, or pedestal
— **acceleration** n - aceleración f vertical
— **adjuster stop** n - [mech] tope m para ajustador m vertical
— **adjustment** n - ajuste m vertical
— **alignment** n - alineación f vertical
—, **axis**, or **axle** n - [mech] eje m vertical
— **baffle** n - [mech] tabique m, or pantalla f, vertical
— **bar bracing** n - [electr-instal] soporte m para barra f vertical
— **bar screen** n - [sanit] malla f mecanizada vertical
— **bead flange** n - [autom-tires] pestaña f vertical sobre talón m
— **boarding** n - [constr] entablado m vertical
— **bolted tank** n - [petrol] (es)tanque m vertical empernado
— **bracing** n - arriostramiento m vertical
— **bull block** n - [mech] cabrestante, or torno m, vertical • [wire] bloque m vertical para trefilería f • [nav] pasteca f (vertical)
— **bus (bar)** n - [electr-instal] barra f colectora, or colector m, vertical
— **butt** a - [weld] vertical a tope m
— — **fill pass** n - [weld] pasada f vertical a tope para relleno m
— — **weld** n - [weld] soldadura f vertical a tope
— **casting** n - [metal-concast] colada f vertical
— **centerline** n - eje m vertical
— **channel** n - [electr-instal] canal m, or conducto m, vertical
— **connector cap** n - [mech] casquillo m para conectador m vertical
— **continuous casting** n - [metal-concast] colada f continua vertical
— **cooling ring** n - anillo m vertical para, enfriamiento m, or refrigeración f
— **corner member** n - [mech] pieza f esquinera vertical
— **corner weld** n - [weld] soldadura f vertical sobre ángulo m exterior
— **cover bead** n - [weld] cordón m vertical para cierre m
— — **weld(ing)** n - [weld] soldadura f vertical para cierre m
— **deflection** n - [mech] deformación f, or flecha f, vertical • [electron] desviación f vertical
— **descaler** n - [metal-roll] descascarillador m vertical
— **dial** n - [instrum] esfera f vertical

vertical diameter shortening n - acortamiento m de diámetro m vertical
— **down** a - [weld] vertical descendente
— — **butt weld** n - [weld] soldadura f a tope m vertical descendente
— — **cover weld** n - [weld] soldadura f vertical descendente para cierre m
— — **fillet weld** n - [weld] soldadura f vertical descendente en ángulo m interior
— — **joint** n - [weld] junta f vertical descendente
— — **pipe weld(ing)** n - [weld] soldadura f vertical descendente en tubería f
— — **plate weld(ing)** n - [weld] soldadura f vertical descendente de plancha(s) f
— — **sheet weld(ing)** n - [weld] soldadura f vertical descendente en chapa(s) f
— — **triangular weave** n - [weld] soldadura f vertical descendente triangular
— — **weave,ving** n - [weld] tejido m vertical descendente
— — **weld(ing)** n - [weld] soldadura f vertical descendente
— **drag** n - [weld] arrastre m vertical
— **drain** n - [sanit] desagüe m, or aliviador m, vertical
— **drill** n - [mech] perforadora f, vertical, or sobre pedestal m
— **duct** n - tubería f, or conducto m, vertical
— **earth column** n - [constr] columna f vertical de tierra f
— **edger** n - (re)bordeadora f vertical
— **ellipse shape(d)** a - con conformación f elíptica vertical
— **fascia** n - [constr] faja f vertical
— **feeder bar** n - [electr-instal] barra f vertical para distribución f
— **fill pass** n - [weld] pasada f vertical oara relleno m
— **fillet** n - [weld] soldadura f vertical en ángulo m interior
— — **fill pass** n - [weld] pasada f vertical para relleno m en ángulo m interior
— — **weld(ing)** n - weld] soldadura f vertical en ángulo m interior
— **firing** n - [combust] combustión f vertical
— **flanged panel** n - [mech] panel m embridado vertical
— **flat radiator** n - [int.comb] radiador m vertical achatado
— — **tube radiator** n - [int.comb] radiador m vertical con tubo(s) m achatado(s)
— **flue** n - conducto m vertical
— **front panel** n - panel m frontal vertical
— **guide** n - [mech] guía(dera) f vertical
— **head lift(ing)** n - [mech] elevación f, or elevador m, vertical para cabeza(l)
— **injection molding machine** n - [plast] (máquina) moldeadora f vertical para inyección f
— **kick strip** n - [constr] planchuela f, vertical, trabadora, or para traba f
— **knee travel** n - [mech] desplzamiento m vertical articulado
— **ladder** n - [ind] escalera f, marinera, or vertical
— **lift** n - elevación f, or elevador m, vertical
— — **span** n - [Bridges] tramo m levadizo vertical
— **live load** n - [constr] carga f viva vertical
— **loop** n - [metal-treat] bucle m vertical
— **louver** n - [mech] celosía f vertical
— **main** n - [tub] conducto m vertical
— **melting** n - [ceram] fundición f vertical
— **member** n - [constr] pieza f vertical; montante m; poste m
— **metal weld(ing)** n - [weld] soldadura f metálica vertical
— **milling** n - [mech] fresadura* f vertical
— **motor-generator** n - [weld] motogeneradora f vertical
— **mounting** n - montaje m vertical

vertical mounting axis n - [mech] eje n vertical para montaje m
— **nib** n —[mech] boquilla f, or pico m, vertical
— **oscilloscope line** n - [electron] línea f osciloscópica vertical
— **pass** n - [weld] pasada f vertical
— **pipe weld(ing)** n - [weld] soldadura f, vertical de tubería f, or de tubería f vertical
— **plate cooling ring** n - [metal-prod] anillo m para refrigeración f en placa f vertical
—— **guide** n - [mech] guía(dera) f para plancha f vertical
—— **roller** n - [mech] rodillo m para plancha f vertical
—— **weld(ing)** n - [weld] soldadura f, vertical de plancha(s) f, or de planchas f verticales
— **position weld(ing)** n - [weld] soldadura f en posición f vertical
— **projection** n - [constr] proyección f vertical
— **reaction distribution** n - [constr] distribución f de reacción f vertical
— **reference line** n - [rail-wheels] línea f vertical para, galga f, or trocha f
— **reverse shaft** n - [mech] árbol m vertical para contramarcha f
— **rolling** n - [metal-roll] laminación f vertical; canteado m; (re)bordeado m
— **run** n - [mech] recorrido m vertical
— **screen** n - malla f vertical
— **seismic force** n - [geol] fuerza f sísmica vertical
— **settling** n - [constr] asentamiento m vertical
— **shaft** n - [mech] árbol m, or eje m, vertical
—— **lubricated bearing** n - [mech] cojinete m lubricado para, árbol m, or eje m, vertical
—— **molding machine** n - [carp] tupí* m
— **shearing force** n —[soils] fuerza f de corte m vertical
— **sheet metal weld(ing)** n - [weld] soldadura f vertical de chapa(s) f vertical(es)|
—— **weld(ing)** n - [weld] soldadura f, vertical de plancha(s) f, or de planchas f verticales
— **side face** n - [constr] borde m vertical para empuje m
— **socket** n - [mech] casquillo m vertical
— **soil strain** n - [soils] tensión f, or esfuerzo m, vertical de suelo m
— **span** n - tramo m vertical
— **stack** n - [ind] pila f vertical • [combust] chimenea f vertical
— **stacking** n - apilamiento m vertical
— **stop** n - [mech] tope m vertical
— **strain** n - [mech] esfuerzo m, or tensión f, vertical
— **stress-strain** n - [soils] esfuerzo-tensión m vertical
— **tank** n (es)tanque m, or depósito m, vertical
— **tip** n —[mech] boquilla f, or pico m, vertical
— **travel** n - [mech] carrera f, or desplazamiento m, vertical
— **tube radiator** n - [int.comb] radiador m, con tubo(s) m vertical(es), or vertical con tubos
— **tubular boiler** n - [boilers] caldera f tubular vertical
— **type continuous casting machine** n - [metal-concast] máquina f de tipo m vertical para colada f continua
— **unit** n —metal-concast] instalación f vertical
—**up butt weld(ing)** n - [weld] soldadura f ascendente vertical a tope m
—— **cover bead** n - [weld] cordón m para cierre m vertical ascendente
———— **weld(ing)** n - [weld] soldadura f para cierre m vertical ascendente
—— **electrode consumption** n - [weld] consumo m de electrodo m con procedimiento m vertical ascendente
—— **fillet weld(ing)** n [weld] soldadura f vertical ascendente an ángulo m interior
—— **joint** n - [weld] junta f vertical ascendente

vertical-up pass n - [weld] pasada f vertical ascendente
———— **plate weld(ing)** n - [weld] soldadura f vertical ascendente en plancha(s)
—— **sheet metal weld(ing)** n - [weld] soldadura f vertical ascendente en chapas metálicas
—— **triangular weave** n - [weld] soldadura f vertical ascendente triangular
—— **weave** n - [weld] tejido m vertical ascendente
—— **weld(ing)** n - [weld] soldadura v vertical ascendente
— **upsetter** n - [mech] recalcadora f vertical
— **V-butt fill pass** n - [weld] pasada f vertical para relleno m a tope m con chaflán en V
———— **pass** n - [weld] pasada f vertical a tope m con chaflán m en V
———— **weld** n - [weld] soldadura f vertical a tope m con chaflán m en V
— **vessel** n - [boilers] recipiente m vertical
— **weave** n - [weld] tejido m vertical
— **weld(ing) axis** n - [weld] eje m para soldadura f vertical
— **wireway** n - [electr-instal] canal m, or conducto, vertical para, cables, or conductores
vertically above @ tuyere a - [metal-prod] vertical sobre tobera f
— **down** adv - [weld] en dirección f vertical descendente
— **ellipsed pipe** n - [tub] tubería f elíptica, verticalmente
—— **structure** n - [constr] estructura f elíptica verticalmente
— **elongate** v - alargar verticalmente
— **elongated arch** n - bóveda f peraltada
—— **pipe** n - [constr] tubería f peraltada
———**arch** n tubería f abovedada peraltada
— **fired soaking pit** n - [metal-roll] horno m de fosa f para combustión f muy reducido
— **fluted** a - estriado,da verticalmente
—— **pile** n - [tub] pilote m estriado verticalmente
— **installed cylindrical pressure vessel** n - [boilers] recipiente m cilíndrico para presión f instalado verticalmente
— **operated** a - operado,da verticalmente
vertiginosity n - vertiginosidad f
vertiginously adv - vertiginosamente
very ancient a - vetusto,ta
— **bad** a - pésimo,ma
— **busy street** n - calle f muy transitada
— **cold weather** n - [meteorol] tiempo m muy frío
— **colloidal clay** n - arcilla f muy coloidal
—— **stiff clay** n - [geol] arcilla f consistente muy coloidal
— **faithful** a - fidelísimo,ma
— **fervent** a - ferventísimo,ma
— **fine grain** n - granulometría f muy fina
— **fine wire** n - [wire] microalambre* m
— **flexible sling** n - [cabl] eslinga f muy flexible
— **great** a - ingente
— **high** a - altísimo,ma
— **important person(s)** n - dignatario(s) m
— **low carbon steel** n - [metal-prod] acero m con (tenor m de) carbono m muy reducido
— **slight wrist motion** n - (movimiento m de) torsión f muy leve de muñeca f
— **slow motion** n - [photogr] acción f muy retardada
vessel n - . . . . • recipiente m • [nav] . . .; nave f; barco m • vapor m
— **code** n - [boilers] código m para recipientes
— **holding** n - [nav] amarre m de embarcación(es)
— **leaded plate** n - [metal-treat] plancha f emplomada para recipientes m
— **mooring** n - [nav] amarre m de embarcación(es)
— **terne plate** n - [metal-treat] plancha f emplomada para recipiente(s) m
— **towing** n - [nav] remolque m de embarcación f
veteran('s) hospital n - hospital m para vete-

ranos m
veteran rallyist n - [sports] veterano m en carrera(s) f, rally, or de regularidad f
— **('s) status** n - veteranía f
vetoed a - [pol] vetado,da
vexed a - vejado,da; fastidiado,da • enfadado,da
vexer n - vejador m; fastidiador m • enfadador m
vexing n - vejación f | a - vejador,ra; vejatorio,ria; fastidador,ra; fastidioso,sa
VI n - [pol] see Virgin Islands
viaduct bridge n - [constr] puente m viaducto
— **culvert** n - [constr] alcantarilla f para viaducto m
vibrate v - . . .; trepidar
— **@ concrete** v - [constr] vibrar hormigón m
— **@ drawworks** v - [petrol] vibrar malacate m
vibrated a - vibrado,da
— **concrete** n - [constr] hormigón m vibrado
vibrating n - . . .; trepidación f | a - . . .
— **ammonium sulfate drier** n - [coke] secador m vibratorio con sulfato m de amonio m
— **compactor** n - [ind] compactador m vibratorio
— **drawworks** n - [petrol] malacate m vibratorio
— **drier** n - [mech] secador m vibratorio
— **feeder** n - [ind] alimentador m vibratorio
— **mud screen** n - [petrol] zaranda f vibratoria para, inyección f, or lodo m
— **roller** n - [constr] rodillo m vibratorio
— **screen** n - [mech] zaranda f, or criba f, vibratoria
— **sulfate drier** n - [coke] secador m vibratorio para sulfato m
— **table** n - [mech] mesa f vibratoria
— **tamper** n - [constr] compactadora f vibratoria
vibration n - . . . • oscilación f
— **dampener** n - [autom-mech] amortiguador m para vibración(es) f
— **damper** n - compensador m armónico
— **feeder** n - [mech] alimentador m por vibración
— **isolator** n - [mech] aislador m contra vibración(es) f
— **resisting nut** n - [mech] tuerca f resistente a vibración(es) f
— **transmission** n - transmisión f de vibraciónes
vibrational* a - vibratorio,ria
— **energy** n - energía f vibratoria
— **stress** n - [mech] esfuerzo m, or solicitación f, por vibración f
— **wave** n - [electron] onda f vibratoria
vibrator consolidation n - [constr-concr] consolidación f con vibradora(s) f
vibratory action n - acción f vibratoria
— **conveyor** n - [mech] transportador m vibratorio
— **driving equipment** n - [constr] equipo m vibratorio para hincadura f
— **feeder** n - [ind] alimentador m vibratorio
— **scalping screen** n - [miner] criba f raspadora vibratoria
— **screen** n - [miner] criba f vibratoria
— **stress** n - resistencia f a vibración(es) f
vice chancery n - [pol] vicecancillería f
— **counsellor** n - viceconsejero m
— **governor** n - [pol] vicegobernador m
— **('s) office** n - [pol] vicegobernación f
— **rector** n - [educ] vicerrector m
viceroy('s) wife n - [pol] virreina f
viceroyal a - [pol] virreinal
vicinal a - vecinal
vicissitudinary a - vicisitudinario,ria
Vickers hardness n - [metal] dureza f Vickers
— **permeameter** n - [instrum] permeámetro m de Vickers
— — **value** n - [metal] índice m de dureza f de Vickers
— **value** n - [metal] índice m (de) Vickers
victim n - . . . • [safety] accidentado m
Victor oxiacetylene equipment n - [weld] equipo m Victor para soldadura f oxiacetilénica
— **welding equipment** n - [weld] equipo m Victor para soldadura f (oxiacetilénica)
Victoria carriage n - [transp] victoria f

victory claim(ing) n - reclamo m de victoria f
video cathode ray n - [electron] rayo m catódico para televisión f
— — — **tube** n - [electron] tubo m con rayo(s) m catódico(s) para televisión f
— **pattern** n - [electron] imagen f en televisión f • gráfico m visual
videotape n - [electron] videograbación f; grabación f (para televisión f) | v — [electron] videograbar*; grabar (para televisión f)
videotaped a - [electron] videograbado,da*
videotaping n - [electron] videograbación* f
view n - . . . • . . .; concepto m; punto m de vista | v - . . . • especular
— **exploding** n - ampliación f de vista f
— **finder** n - [photogr] visor m
— **point** n - punto m de vista f
— **under ultraviolet, light, or ray(s)** v - observar bajo luz f ultravioleta
viewable a - visible
viewed a - visto,ta • considerado,da
viewing n - observación f; inspección f • consideración f
— **equipment** m - equipo m para, observación f, or inspección f
viewing point n - [sports] sitio m para espectador(es) m
— **screen** n - [photogr] pantalla f para, proyección f, or observación f
— **under ultraviolet light** n - observación f bajo luz f ultravioleta
vignette font case n - [print] viñetero m
vigorous a - . . .; vigorosidad f • [fig] fibra f; virtud f
vigorous a - . . .; viripotente; forzudo,da • [fig] virtuoso,sa
— **discharge** n - [hydr] descarga f violenta
— **pretesting** n - preensayo m vigoroso
— **rubbing** n - friega f vigorosa
— **scouring** n - [hydr] acción f erosiva muy fuerte
village n - [pol] . . .; población f; villa f; villaje m; villar m
— **green** n - [pol] plaza f (central) de, pueblo m or población f • plaza f de armas f
villanous act n - villanada f
villous a - velloso,sa; velludo,da; vellido,da
vincular a - vincular
vindicated a - vindicado,da
vindicating n - vindicación f | a - vindicativo,va; vindicador,ra
vine guard n - [agric] guardacepa(s) m
vinegar flask n - [domest] vinagrera f
— **vendor** n - [com] vinagrero m
— **refreshment** n - [culin] vinagrada f
vineyard owner n - [agric] viñero m
— **plow** n - [agric] arado m para viñedo(s) m
vintaged a - [agric] vendimiado,da
vinyl n - [plast] . . . | a - vinílico,ca
— **asbestos** n - [constr] amianto m vinílico
— — **tile** n - [constr] baldosa f de amianto m vinílico
— **coated chain** n - [chains] cadena m con recubrimiento m vinílico
— **enamel** n - [paint] esmalte m vinílico
— **floor** n - [constr] piso m vinílico
— **paint** n - [paint] pintura f vinílica
— **plastic** n - [plat] plástico m vinílico
vio n - see violet
violability n - violabilidad f
violate v - . . . • [legal] . . .; contravenir
violated a - violado,da • [legal] infringido,da
violating n - violación f | a - violador,ra; infractor,ra; infringidor,ra
violation n - . . . • [legal] . . .; contravención f
violator n - . . .; infractor m; infringidor m
violent casting n - [metal-prod] colada f, or sangría f, violenta
— **effort** n - forcejón m
violet bed n - [botan] violar m

violet wiring n - [electr-instal] cableado* m violeta
virgin curve n - [magnet] curva f virgen
— magnetization n - [magnet] magnetización f virgen
— — curve n - [magnet] curva f virgen para magnetización f
— metal n - [metal] metal m virgen
— state n - estado m, virgen, or virginal
Virginia tobacco n - [botan] (tabaco) virginia m
virile a - . . . .; varonil
virosis n - [medic] virosis f
virtual a - . . . .; real
— axis n - [mech] . . .; eje m virtual
virtually adv - . . . . • casi • realmente
— no one adv - casi nadie
— stock automobile n - [autom] automóvil m casi sin modificar,cación(es) f
virtuousness n - virtuosismo m
vis viva principle n - [mech] principio m de fuerza(s) f viva(s)
visa n - . . .; visación f | v - visar
visaed a - visado,da • [legal] refrendado,da
visaer n - [pol] visador m
visaing n - visación f | a - visador,ra
viscometer n - [instrum] viscómetro m
viscose a - see viscous
viscosimeter n - [instrum] viscosímetro m
viscosity index n - índice m de viscosidad f
— lowering n - reducción f de viscosidad f
— range n - [lubric] escala f de viscosidad(es)
viscous compound n - compuesto m viscoso
— flow n - flujo m viscoso; corriente f viscosa
— fluid n - [lubric] fluido m viscoso
vise n - [tools] . . .; prensa f, or torno m, para banco m • [Arg.] morsa* f
— beam n - [tools] caja f para tornillo m (para banco m)
— grip n - [tools] mordaza f para, tornillo m (para banco), or morsa* f
— guide n - [tools] guía(dera) f para tornillo (para banco m)
— handle n - palanca f para tornillo para banco
— jaw n - [tools] mandíbula f para tornillo m (para banco m)
— opening n - [tools] sufridera f
— screw collar n - [tools] collar m para tornillo m para banco m
— stationary base n - [tools] base f fija para tornillo m para banco m
— swivel base n - [tools] base f giratoria para tornillo m para banco m
viselike a - [mech] con firmeza f como tornillo m (para banco m)
visibility impairment n - desmejoramiento m de visibilidad f
— improvement n - mejora f de visibilidad f
visible arc n - [weld] arco m visible
— electrode stickout n - [weld] largo m visible de electrodo m sobresaliente; prolongación f visible de electrodo m
— index n - índice m visible • Kardex m
— puddle n - [weld] cráter m, or charco m, visible
— stickout n - [weld] prolongación f visible
— to @ eye a - visible a vista f simple
— weld n - [weld] soldadura f visible
visual line n - [optics] visual f
— window n - ventana f para observación f
visit n - . . .; estadía f
visiting n - visiteo m
visive a - visivo,va
visor n - visera f
visual a - . . . .; visorio,ria; visible; ocular
— check n - verificación f, visual, or de vista
— clutter n - atiborramiento m visual
— deterioration n - deterioro,ración visible
— examination n - examen m visual
— inspection n - inspección f, or reconocimiento m, visual, or ocular, or de vista f
— method n - método m visual

visual noise n - barahunda f visual
— rating n - clasificación f visual
— strain n - [optics] esfuerzo m visual
— weld inspection n - [weld] inspección f visual de soldadura f
visualize v - . . . . • entrever
visually adv - . . .; a vista f simple
vital a - . . . . • imprescindible; importante • [pol] demográfico,ca
— statistic(s) office n - [pol] (oficina f de) registro m, civil, or de personas f
— — officer n - [pol] funcionario m para Registro m, Civil, or de personas f
vitally adv - . . . . • imprescindiblemente
vitaminized a - vitaminizado,da
vitiated a - viciado,da
vitiligo n - [medic] vitiligo m
vitreous bowl n - [ceram] tazón m vítreo
— china n - [ceram] porcelana f vítrea
— enamel n - esmalte m vítreo
— matrix n - [geol] matriz f vítrea
vitrifiability n - [ceram] vitrificabilidad f
vitrified a - vitrificado,da
— brick n - [refract] ladrillo m vitrificado
— clay n - [ceram] arcilla f vitrificada
— grinding wheel n—[mech] muela f vitrificada
— pipe n - [ceram] tubo m vitrificado
— tile n - [tub] tubería f vitrificada
vitrifier n - [ceram] vitrificador m
vitrifying n - vitrificación f | a - vitrificador,ra
vituperability n - vituperabilidad f
vituperated a - vituperado,da
vituperating n - vituperación f | a - vituperador,ra; vituperante
vituperous a - vituperioso,sa
vivifier n - vivificador m
vixen n - [zool] vulpeja f
vocalization n - . . .; fonación f
vocalizer n - vocalizador m
vocalizing n - vocalización f | a - vocalizador,ra
vocation n - . . .; ocupación f
vociferating n - vociferación f | a - vociferador,ra; vociferante
voice n - . . .; [legal] voz f | v - vocear
— communication n - comunicación f, vocal, or verbal
— — initiation n - [electron] iniciación f de, comunicación f, or tráfico m, verbal
— coupler n - [electron] acoplador m para voz f
— coupling n - [electron] acoplamiento m de voz
— grade n - [comput] calidad f para voz f
— radio frequency n - [comput] radiofrecuencia f con calidad f para voz f
— — — link n - [comput] enlace m radial con calidad f para voz f
— traffic n - [electron] tráfico m, vocal, or verbal; comunicación f, vocal, or verbal; conversación f
— — initiation n - [electron] iniciación f de, tráfico m, or comunicación f, verbal
— — minimization n - [electron] minimización f de, tráfico m, or comunicación f, verbal, or vocal
— transmission n - [telecom] transmisión f, vocal, or verbal
void n - . . . . • espacio m; hueco m; oquedad f | a - . . . . | v - anular
— due to @ shrinkage n - [constr] hueco m debido a encogimiento m
— filling n - henchimiento m de hueco(s) m
— free a - sin, hueco(s) m, or oquedad(es) f
— space n - [cabl] (espacio) hueco m
voided a - vaciado,da • anulado,da
voiding n - anulación f
voidly adv - nulamente
volatile a - (sustancia f) volátil | a - volátil(uzable); vaporable
—(s) capturing n - captación f de (materiales m) volátiles m

volatil(s) condensation n - condensación f de (materiales) volátiles m
— **fluid** n - fluido m volátil
— **oil** n - [petrol] aceite m, volátil, or esencial
volatility n - . . .; vaporabilidad f
volatilization n - . . .; vaporación f
— **loss** n - pérdida f por volatilización f
volatilize v - volatilizar; vaporizar; vaporar
volatilized a - volatilizado,da; vaporizado,da
volatilizer n - volatilizador m; vaporador m
volatilizing n - volatilización f | a - volatilizador,ra; vaporizador,ra
volcanic ash n - [geol] ceniza f volcánica
— **complex formation** n - [geol] formación f de complejo m volcánico
— **glass** n - [geol] vidrio m volcánico
— **pyroclastic*** n - [geol] piroclástico* n volcánico
— **rock** n - [geol] roca f volcánica
— **tuff** n - [geol] toba f volcánica
volleyball n - [sports] . . .; balónvoleo m
. . . **volt(s) above @ arc voltage** n - [weld] . . . voltio(s) más que (los) que requiere arco n
. . . —**(s) alternating current** n—[electr-prod] corriente f alterna con . . . voltio(s) m
. . . — **alternator** n - [electr-prod] alternador m para . . . voltio(s) m
—**ammeter** n - [instrum] voltímetro-amperímetro
—**ampere** n—[electr] voltamperio m; voltio-amperio m
— — **curve** n - [electr] curva f, voltamperio, or voltio(s)-amperio(s) m
— — **slope** n - [weld] see **volt-ampere curve**
. . . — **auxiliary power** n - [weld] energía f auxiliar con . . . voltio(s) m
. . . — **battery** n - [autom-electr] acumulador m con . . . voltio(s) m
— **capacity** n - [electr] capacidad f en voltios
—**(s) control** n - [electr-equip] regulador m para voltaje m
. . . —**(s) curve** n - [instrum] curva f para, voltios m, or voltaje m
— — **control** n - [weld] regulador m para curva f para voltio(s) m
. . . —**(s) direct current** n - [electr-prod] corriente f continua con . . . voltio(s) m
. . . — **electric starting system** n - [int.comb] sistema n con . . . voltio(s) m para arrancador m eléctrico
. . . — **electrical system** n - [electr-distrib] red f eléctrica con . . . voltios m
. . . — **exciter** n - [electr-equip] excitador m para . . . voltio(s) m
. . . —**(s) input (current)** n - [electr-distrib] corriente f aportada con . . . voltio(s) m
. . . — **power** n - [weld] energía f aportada con . . . voltio(s) m
— **meter** n - [instrum] see **voltmeter**
. . . — **model** n - [electr] modelo m para . . . voltio(s) m
. . . — **motor-generator exciter** n - [electr-prod] motogenerador m con excitación f para . . . voltios m
. . . —**(s) on-off power switch** n - [electr-equip] interruptor (con dos puntos) para energía f con . . . voltio(s) m
. . . — **power** n - [electr-oper] energía f con voltio(s) m
. . . — **pushbutton** n - [electr-equip] botonera f para . . . voltio(s) m
. . . — **range** n - [electr-oper] límite(s) m para . . . voltio(s) m
. . . —**(s) alternating current wiring** n - [electron] conexión(es) f, or encablado m, para corriente f alterna con . . . voltio(s)
—**voltage adjusting device activating motor** n - motor m para activación f de dispositivo m para ajuste m para voltaje m
— **adjustment** n - [electr] ajuste m de voltaje m

voltage adjustment rheostat n - [electr-instal] reóstato m para ajuste m de voltaje m
— **arc** n - [electr-oper] arco m de potencia f
— **at @ rated load** n - [electr-oper] voltaje m con carga f nominal
— — **@ receptacle** n - [electr-distrib] voltaje m en tomacorriente m
— **automatic compensation** n - [electr-oper] compensación f automática de voltaje m
— **change** n - [electr-oper] cambio m de voltaje
— **check(ing)** n - [electr-oper] comprobación f, or verificación f, de voltaje m
— — **against @ nameplate** n - [electr-instal] verificación f, or contraste m, de voltaje m con placa f para identificación f
— **comparison** n - [electr] comparación f de voltaje(s) m
— — **method** n - [instrum] método m para comparación f de voltaje(s) m
— **compensation** n - [electr-oper] compensación f de voltaje(s) m
— **compensator** n - [electr-equip] compensador m para voltaje m
— **control** n - [electr-oper] regulación f para voltaje m • regulador m para voltaje m
— — **circuit** n - [electr-instal] circuito m para regulación f para voltaje m
— — **lead** n - [weld] conductor m para regulación f para voltaje • conductor m para regulador m para voltaje m
— **control pod** n - [weld] elemento m (portátil) para regulación f para voltaje m
— — — **terminal** n - [weld] borne m para elemento m (portátil) para regulación f para voltaje m
— — — **strip** n - [weld] tira f de bornes m para elemento m (portátil) para regulación f para voltaje m
— **potentiometer** n - [electr-eqiop] potenciómetro m para regulación f para voltaje m
— — **switch** n - [weld] conmutador m para regulador m para voltaje m
— — **system** n - [electr-instal] sistema m para regulación f para voltaje m
— **conversion** n - [electr-distrib] conversión f de voltaje m
— — **plug** n - [electr-equip] (base f para) enchufe m para conversión f de voltaje m
— — **switch** n - [electr-equip] conmutador m (para conversión f) de voltaje(s) m
— **converter** n - [electr-equip] convertidor m para voltaje(s) m
— **cut(ting)** n - [electr-distrib] reducción f de voltaje m
— **decrease** n - [electr-oper] reducción f, or disminución f, de voltaje m
— **dial** n - [electr-equip] esfera f, or cuadrante m, para voltaje m
— **distribution** n - [electr-distrib] distribución f de voltaje m
— **divider** n—[electron] divisor m para voltaje
— — **network** n - [electron] red f para división f para voltaje m
— — **resistor** n - [electron] resistencia f divisora para voltaje m
— **drop** n - [electr-oper] caída f de voltaje m
— **failure** n - [electr-oper] falla f de voltaje
— **fluctuation automatic compensation** n - [electr-oper] compensación f automática para fluctuación(es) f en voltaje m
— — **compensation** n - [electr-oper] compensación f para fluctuación f en voltaje m
— **increase** n - [electr-oper] aumento m de voltaje m
— **input** n - [electr-oper] voltaje m aportado
— **indicator dial** n - [instrum] esfera f indicadora de voltaje m
— — **range** n - [electr-oper] límite(s) m para voltaje m aportado
— **intake-transformer changer** n - [electr-distrib] cambiador m para toma(s) f para

voltage lead

voltaje-transformador m
voltage lead n - [electr-instal] conductor m para voltaje m
— **limit** n - [electr-oper] límite m para voltaje m
— **limitation** n - [electr-oper] limitación f para voltaje m
— **loss** n - [electr-oper] pérdida f, or falla f, de voltaje m
— **measuring** n - [electr-oper] medición f de voltaje m
— **nameplate** n - [electr-equip] placa f indicadora f, de, or para, voltaje m
— **over** . . . n - [electr-distrib] voltaje m en exceso de
— **panel** n - [electr-instal] tablero m para voltaje(s) n
— **potentiometer** n - [electr-equip] potenciómetro m para voltaje(s) m
— **protection kit** n - [electr-equip] equipo m para protección f para voltaje m
— **range** n - [electr-oper] escala f, or límites m, para voltaje m
— — **selector** n - [weld] selector m para límites m para voltaje m
— — **switch** n - [electr-oper] conmutador m, or llave f selectora, para límites para voltajes
— **rating** n - [electr-oper] voltaje m nominal
— **ratio** n - [electr-oper] coeficiente m para voltaje m
— **reaction** n - [electr-oper] reacción f de voltaje m
— **reading** n - [electr-oper] (lectura f de) voltaje m
— **reconnect(ing) panel** n - [electr-oper] tablero m para reconexión f de voltaje(s) m
— **regulator** n - [electr-distrib] regulador m para voltaje m
— **relay** n - [electr-equip] relé m para voltaje
— **response** n - [electr-oper] respuesta f, or reacción f, de voltaje m
— **rheostat** n - [electr-equip] reóstato m para voltaje m
— **selection stud** n - [weld] borne m para selección f de voltaje(s) m
— **selector** n - [electr] selector m para voltaje
— — **connection triangle** n - [weld] triángulo m para conexión f para selector m para voltaje(s) m
— — **panel** n - [weld] tablero m para selección f para voltaje m
— — — **door spring** n - [weld] resorte m para puerta f para tablero m para selector m para voltaje m
— — **stud** n - [electr-instal] borne m para selector m para voltaje m
— — — **panel** m - [electr-instal] tablero m con borne(s) para selector m para voltaje(s) m
— — **terminal strip** n - [electr-instal] tira f de borne(s) m para selector m para voltaje(s)
— — **triangle** n - [electr-equip] triángulo m para selector m para voltaje(s) m
— **separation** n - separación f de voltaje(s) m
— **setting** n - [weld] regulación f, or ajuste m, de voltaje(s) m
— **spread** n - [electr-oper] variación f en voltaje(s) m
— **stabilizer** n - [electr-equip] estabilizador m para voltaje m
— **step** n - [electr-distrib] escalón de voltaje
— **stress between conductor(s)** n - [electr] esfuerzo m de voltaje m entre conductor(es) m
— — — — **and ground** n - [electr-oper] esfuerzo m de voltaje m entre conductores y tierra
— **stud** n - [weld] borne m para voltaje(s) m
— **surge** n - [electr-oper] sobrevoltaje m
— **switch** n - [electr-instal] conmutador m para voltaje(s) m
— **tap** n - [electr-oper] variación f para, or desviación f para variar, voltaje(s) m
— **transformer** n - [electr-equip] transformador m para voltaje(s) m
— **value** n - [electr-oper] valor m de voltaje m

voltage variation n - [electr-oper] variación f, or fluctuación f, en voltaje m
voltaic arc torch n - [weld] antorcha f para arco m voltáico
voltmeter check @ circuit v - [electr-oper] verificar circuito m con voltímetro m
— **checked circuit** n - [electr-oper] circuito m verificado con voltímetro m
— **operation** n - [electr-oper] operación f de voltímetro m
— **polarity** n - [electr-oper] polaridad f de voltímetro m
— **terminal** n - [instrum] borne m para voltímetro m
volume n - . . . • capacidad f • [legal] libro m; tomo m
— **computation** n - cubicación f
— **loss** n - pérdida f en volumen m
— **proportioning** n - [ind] dosificación f por volumen m
— **reduction factor** n—factor m, or coeficiente m, para reducción f en volumen m
— **requirement** n - exigencia f volumétrica • exigencia f de caudal
— **work** n - [ind] trabajo m en escala f industrial
volumetric density n - densidad f volumétrica
volumetric efficiency n - eficiencia f volumétrica • rendimiento m volumétrico
— **hardness** n - dureza f volumétrica
— **mass** n - masa f volumétrica
voluminosity n - voluminosidad f
voluntary a - . . .; pronto,ta; dispuesto,ta
volunteered a - ofrecido,da; voluntario,ria
volunteering n - ofrecimiento m • [milit] voluntariado m
voluptuousness n - voluptuosidad f
vomicine n - [medic] vomicina f
vomited a - vomitado,da
vomiter n - vomitador m
vomiting nursing child n - [medic] vomitón m
vortex action n - [hydr] formación f, or efecto m, de remolino(s) m
votator n - [culin] mezcladora f con regulación f de temperatura f; also see **temperature controlling mixer**
vote n - . . . • [legal] resolución f | v - . . .; sufragar • elegir
— **count** n - [legal] escrutinio m
—**(s) majority** n - mayoría f de votos m
voted a - votado,da; sufragado,da
voting n - . . .; sufragio m
— **booth** n - [pol] cuarto m obscuro
— **right** n - [pol] derecho m de, voto, or sufragio m
VR tire n - [autom-tires] neumático m radial para velocidad f de hasta 130 millas (209 kms) por hora
VRMS n - [electron] see **volt root means square**
VS - see **versus**
VT n - [pol] see **Vermont**
vug n - [miner] drusa f • cavidad f
vulcanized a - vulcanizado,da
— **rubber** n - caucho m vulcanizado
— — **air tube** n - [autom-tires] cámara f (para aire m) de caucho m galvanizado
— — **tube** n - [autom-tires] cámara f de caucho m galvanizado
vulcanizing n - . . . | a - vulcanizador,ra
vulcanological a - [geol] vulcanológico,ca
vulcanologist n - [geol] vulcanólogo m
vulcanology n - [geol] vulcanología f
vulgarized a - vulgarizado,da
vulgarizer n - vulgarizador m
vulgarizing n - vulgarización f | a - vulgarizador,ra
vulnerable a - . . . • amenazado,da; peligrado,da
vulnerated a - vulnerado,da
vulnerating n - vulneración f | a—vulnerador,ra
vulnerator n - vulnerador m

W

w/ adv - wee with
W B n - [electron] see wide band
W beam bottom n - [constr] parte f inferior de viga f (en) W
W — rail n - [constr] viga f (con conformación f) en W
W — span n - [constr] tramo m de viga f (con conformación f (en) W
W — top n - [constr] parte f superior de viga f (en) W
W C n - [hydr] see water column • [sanit] see water closet • [weld] see welding current • see welding contactor
W H O n - [pol] see World Health Organization
W M O n - [meteorol] see World Meteorolog Organization
w/o adv - see without
W O G n - see water, oil or gas
W S P n - [tub] see welded steel pipe
W S T I n - [tub] see Welded Steel Tube Institute
W S W n - [autom-tires] see white sidewall
WA n - [pol] see Washington
wafer batter n - [culin] batido m para oblea(s)
— cream n - [culin] crema f para oblea(s) f
— — spreader n - [culin] untadora f para crema f para oblea(s) f
— cutter n - [culin] cortadora f para oblea(s)
— mixer n - [culin] mezcladora f para oblea(s)
— oven n - [culin] horno m para oblea(s) f
waffle n - [culin] barquillo m
— grill n - [culin] parrilla f para barquillos
wag n - . . . .; chistoso m
wage cost(s) n - [labor] costo m de jornal(es) m
— increase n - [labor] aumento m en jornal(es)
— law n - [legal] ley f sobre jornal(es) m
— (s) paid n - [labor] jornal(es) m pagado(s)
— privilege n - [labor] privilegio m de jornal(es) n, or salario(s) m
— scale n - [labor] escala f de, jornal(es) m, or salario(s) m
— table n - [labor] tabla f de, jornal(es) m, or salario(s) m
waggle n - zangoloteo m | v - zangolotear
waggling n - zangoloteo m | a - zangoloteante
wagon n . . . . • [autom] see station wagon
— box grain tank n - [agric] recipiente m para cereal(es) m para caja f para carro m
— brake n - [mech] freno m para carro m
— drill n - [miner] perforadora f sobre carretilla f
— elevator n - [agric] elevador m para (descargar), carro(s) m, or vagón(es) m
— — speed control(ling) n - [agric] regulación f para velocidad f para elevador m para vagón(es) m • regulador m para velocidad f para elevador m para vagón(es) m
— end gate n - [agric] culata f de, carro m, or vagón m
— loader n - cargador m para, carro m, or vagón
— spout n - [agric] boquilla f para (descarga f) sobre, carro m, or vagón m
— tongue n - [mech] lanza f para, carro m, or vagón m, or remolque m
— track(s) n - [weld] huella(s) f de carreta f; socavación f, ligera, or leve
— — (s), burning out, or elimination n - [weld] eliminación f de huella(s) f de carreta f
— tractor hitch n - [agric] enganche m para carro m a tractor m
wait around v - [fam] esperar vanamente
waited a - esperado,da; aguardado,da
— around a - esperado,da vanamente
waiting around n - espera f vana

waiting game n - atisbo m; atisbadura f
— period n - período m de espera; demora f
— time n - tiempo m de espera f
waive v - . . .; cancelar; disculpar; prescindir
— @ right(s) v - [legal] renunciar (a) derecho(s) m
waived a - renunciado,da; prescindido,da; suprimido,da; cancelado,da; disculpado,da; desistido,da
— right(s) n - [legal] derecho(s) m renunciado(s)
waiver n - . . .; desistimiento m; exención f
waiving n - renuncia f; desistimiento m; prescindencia f | a - renunciante
— request n - pedido m de desistimiento m
wake up to @ fact v - dar(se) cuenta; apercibir(se) de hecho m
wale n - [botan] verdugó(n) m; verdugillo m • [constr] reborde m superior; cepo m; larguero m horizontal • [hydr] (larguero m para) defensa f | v - [constr] encepar
— (s) set n - [constr] juego m, or conjunto m, de larguero(s) m
waler n - [constr] riostra f cruzada
— system n - [constr] sistema m de riostra(s) f cruzada(s) (mayormente horizontales)
waling n - [constr] encepadura f
walk n - . . . • [constr] . . .; vereda f
— away v - alejar(se) (caminando)
— in a - [ind] con acceso m a interior m
— — design n - tipo m con acceso m interior
— — girder n - [cranes] viga f maestra con acceso m interior
— — type crane n - [cranes] grúa f de tipo m con viga f maestra con acceso m interior
— through conduit n - [tub] conducto m para circulación f (en) interior m
walked away a - alejado,da (caminando)
walking n - [sports] pedestrismo m | a - [agric-equip] con mancera(s) f
— away n - alejamiento m (caminando)
— beam n - [petrol] balancín m
— — pump n - [pumps] bomba f con balancín m
— beet puller n - [agric-equip] arrancadora f con, mancera(s) f, or esteva(s) f, para, remolacha(s) f, or betarraga(s) f
— cultivator n - [agric-equip] escardadora f, or cultivadora f, con, mancera(s) f, or esteva(s) f
— gang plow n - [agric-equip] arado m con, mancera(s) f, or esteva(s) f, con (varias) rejas f (múltiples)
— planter n - [agric-equip] sembradora f con, mancera(s) f, or esteva(s) f
— plow n - [agric-equip] arado m con, mancera(s) f, or esteva(s) f
— puller n - [agric-equip] arrancadora f con, mancera(s) f, or esteva(s) f
— surface n - [constr] superficie f para tránsito m
— tour n - escursión f, or gira f, a pie m
walkway n - [constr] pasarela f; pasillo m; pasaje m; vereda f; trocha f; andén m
— assembling n - [mech] armado m, or montaje m, de pasarela f
— cover(ing) n - [mech] cubierta f para pasarela f
— erection n - [mech] armado m de pasarela f
— live load n - [constr] carga f viva para pasarela f
— surface n - [constr] superficie f de pasarela f
wall area n - [constr] zona f de pared f
— assembly n - [mech] conjunto m de pared f
— backfill n - [constr] relleno m para muro m
— base n - [constr] base f para pared f • zócalo m
— batter n - [constr] inclinación f de pared f
— bracket n - [constr] ménsula f para pared f • [Spa.] palomilla f
— break n - [constr] interrupción f en pared f

wall buckling n - [constr] pandeo m de pared f
— **chart** n - cartel m, or cuadro m, or tabla f, mural, or para pared f
— **cofferdam** n - [constr] ataguía f para pared f
— **compressive stress** n - [constr] resistencia f compresiva para pared f
— — **thrust** n - [constr] empuje m compresivo para pared f
— **conduit penetration** n - [constr] penetración f en pared f para conducto(s) m
— **construction** n - [constr] construcción f de, muro m, or pared f
— **crane** n - [cranes] grúa f para pared f
— **cross sectional area** n - [constr] área f de corte m transversal de pared f
— **crushing zone** n - [tub] zona f para aplastamiento m para pared f
— **damage** n - [constr] daño a pared f
— **deflection** n - [constr] deformación f de pared
— **design** n - [constr] proyección f de, muro m, or pared f
— — **load** n - [constr] carga f prevista para pared f
— **embedding clamp** n - [mech] grapa f para, amurar, or amuramiento* m
— **face** n - [archit] paramento m
— **facing** n - [constr] enlucido m
— **finish(ing)** n - [constr] terminación f, or acabado m, de pared f
— **flange** n - [sanit] brida f para pared f
— **flexibility** n - [constr] flexibilidad f de pared f
— **footing** n - [constr] (viga f para) cimentación f para pared f
— **form** n - [constr] conformación f de pared f • [concr] encofrado m para pared f
— **friction** n - [tub] fricción f, de, or con, or contra, pared f, or muro m
— — **angle** n - [soils] ángulo m para fricción f con muro m
— — **chart** n - [hydr] tabla f de fricción(es) f contra pared f
— — **coefficient** n - [hydr] coeficiente m para fricción f con pared(es) f
— — **loss** n - [tub] pérdida f por fricción f con pared f
— **fusion** n - [weld] fusión f de pared f
— **hanger** n - [sanit] estribo m para pared f
— **hook** n - [petrol] gancho m (centrador) para, barreno m, or barrena f
— **inertia moment** n - [tub] momento m de inercia f de pared f
— **inner face** n - [constr] paramento m interior
— **joint** n - [constr] junta f en pared f
— **load** n - [constr] carga f para pared f
— **lower part** n - [constr] parte f inferior de pared f
— **moment** n - [tub] momento m de pared f
— — **strength** n - [constr] momento m resistente de pared f
— **mount** v - montar en pared f
— **mounted** a - [mech] montado,da en pared f
— **mounting** n - [mech] montaje m, or fijación f, en pared f
— — **device** n - [mech] dispositivo m para, montaje m, or fijación f, en pared f
— **opening** n - [constr] abertura f, or brecha f, en pared f
— **outer face** n - [constr] paramento m exterior
— — **surface** n - [constr] superficie f exterior de pared f
— **panel** n - [constr] panel m para pared f
— **penetration** n - [constr] penetración f, de, or en, pared f
— **piece** n - [domest] tapiz m
— **plaster** n - [constr] enlucido m, or revoque m, para pared f
— **plate** n - [constr] solera f
— **plug** n - [constr] tarugo m para pared f • [electr-instal] tomacorriente f para pared f
— **radius** n - [tub] radio m de pared f

— **range** n - variedad f de pared(es) f
— **receptacle** n - [electr-instal] tomacorriente m, or enchufe m, para pared f
— **recorder** n - [electron] registrador m para pared f
— **refractory,ries** n - [constr] refractario(s) m, para, or en, pared f, or muro m
— **roughness** n - aspereza f, or rugosidad f, de pared f
— **scraper** n - [tools] raspaparede(s) m; raspador m, or rascador m, para pared(es) f
— **section** n - [constr] sección f, or tramo m, de, pared f, or muro m
— **slope** n - [constr] inclinación f de pared f
— **stiffness** n - [constr] rigidez f de pared f
— **stress** n - [tub] esfuerzo m de pared f
— **tagging** n - [sports] rozamiento m de pared f
— **thickness after swaging** n - [metal-fabr] espesor m de pared f luego de recalcado m
— — **before swaging** n - [metal-fabr] espesor m de pared f antes de recalcado m
— — **range** n - escala f de espesores de pared
— **thimble** n - [constr] marco m empotrado en pared f
— **toe** n - [constr] pie m de pared f
— **unit** n - [domest] anaquel m para pared f
— **up** v - [constr] cegar
walnut coke n - [metal-prod] coque m doméstico
wander v - . . .; divagar; vagabundear
wandered a - errado,da; vagado,da
wandering n - . . .; vagancia f; vagabundeo m | a - errabundo,da; errante; errático,ca • sinuoso,sa
wanderingly adv - desviadamente
waned a - disminuido,da
waning n - disminución f; mengua f
Wankel n - [int.comb] see **rotary**
want n - . . .; escasez f • anhelo m; deseo m | v - . . . • anhelar
wanted a - anhelado,da; deseado,da
war n - [milit] . . .; conflicto m; conflagración f | a - . . . | v - . . .
— **between @ states** n - [hist] guerra f, entre estados m, or de secesión f
— **declaration** n - [pol] declaración f de guerra
— **industry** n - [milit] industria f bélica
— **memorial** n - monumento m a caídos m en guerra(s) f
— **risk** n - [pol] riesgo m de guerra f
— — **insurance** n - [insur] seguro m contra riesgo(s) m de guerra f
— **tank** n - [milit] tanque m para guerra f
ward n - [pol] . . .; circunscripción f; demarcación f
wardrobe carton n - [transp] caja f (de cartón m) grande para ropa f
warehouse n - . . .; bodega f
— **crane** n - [cranes] grúa f para, depósito m, or almacén m, or bodega f
— — **operator** n - [ind] gruísta m para, almacén m, or depósito m
— **foreman** n - [ind] capataz m para depósito m
— **inventory** n - [ind] existencia(s) f en, almacén m, or depósito m, or bodega f
— **receipt** n - [com] recibo m de almacén m; certificado m de depósito m • nota f de recepción f
— **space** n - [ind] espacio m en almacén m
— **unloading** n - [transp] descarga f en, almacén m, or depósito m, or bodega f
warhousing n - [ind] almacenamiento m
— **practice** n - [ind] norma(s) f para almacenamiento m
warm a - . . .; tibio,bia • cordial | v - calentar; entibiar
— **climate** n - [geogr] clima m cálido
— **engine** n - [int.comb] motor m caliente
— **@ engine** v - [int.comb] calentar motor m
— **field** n - [weld] campo m con, corriente f, or temperatura f
— **gradually** v - calentar lentamente

warm oil n - aceite m, tibio, or caliente
— **place** n - sitio m, or lugar m, templado
— **temperature** n - [meteorol] temperatura f cálida
——**up** n - preparación f; apronte m • [int.comb] calentamiento m | v - entibiar; calentar
—— **apron** n - plataforma f, or pista f, para apronte m
—— **at @ idle speed** v - [int.comb] calentar a velocidad f para marcha f sin carga f
—— **@ engine** v - [int.comb] calentar motor m
— **water rinse** n - enjuague m con agua m tibia
— **weather** n - [meteorol] temperatura f, or época, cálida, or calurosa; tiempo m, cálido, or caluroso
—— **operation** n - [ind] operación f con tiempo m caluroso
— **welcome** n - bienvenida f, or acogida, cordial
warmed a - calentado,da
— **engine** n - [int.comb] motor m calentado
— **oil** a - aceite m, entibiado, or calentado
— **up** a - entibiado,da • [int.comb] calentado,da • aprontado,da
—— **at @ idle speed** a - [int.comb] calentado,da a velocidad f para marcha f sin carga f
— **engine** n - [int.comb] motor m calentado
warmer position n - posición f para temperatura f mayor
warming device n—dispositivo m para calefacción
— **up** n - [int.comb] calentamiento m
—— **at @ idle speed** n - [int.comb] calentamiento f para marcha f sin carga
warmup lap n - [sports] etapa f preliminar
warned a - advertido,da; prevenido,da
warning n - . . . ; prevención f • escarmiento m
— **device** n - [safety] dispositivo m para, alarma f, or prevención f; alarma f sonora
— **horn** n - [autom] bocina f para prevención f; alarma f sonora
— **light** n - [safety] luz f para, prevención f, or advertencia f; alarma f luminosa
— **observing** n - [safety] observación f de, advertencia f, or prevención f
— **purpose** n - propósito m, or fin n, para, prevención f, or advertencia f
— **sign** n - [safety] cartel m, or letrero m, or aviso m, or indicador m, para, advertencia f, or prevención f
— **statement** n - [safety] indicación f, or aviso m, para, prevención f, or advertencia f
— **system** n - [safety] sistema m, or red f, para alarma f
warp n - . . . ; combadura f - v - . . .
— **@ cover** v - [mech] deformar tapa f
— **@ valve** v - [int.comb] deformar, or alabear, válvula f
— **@ web** v - [metal-roll] combar alma m
warpage n - alabeo m; deformación f
— **reduction** n - reducción f de alabeo m
warped a - . . . ; alabeado,da; torcido,da; arqueado,da
— **cover** n - [mech] tapa f deformada
— **endwall** n - [constr] muro m terminal combado
— **part** n - [mech] pieza f, combada, or deformada
— **valve** n - [valv] válvula f, alabeada, or deformada, or combada
— **wall** n - muro m combado; pared f combada
warping n - . . . ; deformación f
warrant n - . . . ; justificación f • norma f; especificación f • [legal] citación f | v - . . . • justificar • [legal] caucionar
warranty claim n - [com] reclamo m bajo garantía
— **@ equipment** v - [ind] garantizar equipo m
— **@ repetition** v - justificar repetición f
warranted a - garantizado,da • justificado,da • caucionado,da
— **equipment** n - [ind] equipo m garantizado
— **fitness** n - aptitud f, or idoneidad, garantizada
— **frequency** n - frecuencia f justificada
— **limit** n - límite m justificado

warranty certificate n - [ind] certificado m de garantía f
— **duration** n - duración f de garantía f
— **fund** n - [fin] fondo m para garantía f
— **@ frequency** v - justificar frecuencia f
— **implication** n - implicación f de garantía f
— **limit** n - límite m de garantía f
— **period** n - [insur] período m, or plazo m, para garantía f
— **expiration** n - vencimiento m de, período m, or plazo m, para garantía f
— **registration** n - registro m, or registración f, de garantía f
— **term** n - término m de garantía f
Warrington construction n - [cabl] trenzado m Warrington
— **strand** n - [cabl] cordón m Warrington
— **wire rope** m - [cabl] cable m, Warrington, or con alambres m gruesos y finos alternados
wary a - . . . • escaldado,da
wash n - [topogr] cañadón m; cauce m; cañada f seca | v lavar; limpiar; bañar; higienizar • disolver • [weld] afinar (hacia borde m de soldadura f)
— **away** v - [hydr] barrer
— **box** n - caja f para lavado m
— **down** v - lavar con manguera f
— **fountain** n - [sanit] pileta f lavatorio
— **in** n - [weld] afinamiento m; afinado m | v - [hydr] introducir • [weld] afinar
—— **action** n - [weld] acción f para afinamiento m
—— **without undercut(ting)** n - [weld] afinamiento m sin socavación f
— **oil** n - aceite m para lavado m
—— **separation** n - separación f de aceite m para lavado m
—— **still** n - destilador m para aceite m para lavado m
— **out** v - eliminar (por lavado m); lavar
—— **@ race** v - [sports] ahogar(se) carrera f
— **pipe** n - [petrol] tubería f para agua m
—— **fitting** n - [petrol] accesorio m para tubería f para agua m
—— **grease fitting** n - [petrol] pico m para engrase m para tubería f para agua m
—— **grooving** n - [petrol] estriación f de tubería f para agua m
—— **slotted end** n - [petrol] extremo m ranurado en tubería f para agua m
—— **snap ring** n - [petrol] aro m con resorte m para tubería f para agua m
— **tank** n - [ind] pileta f para lavado m
— **thoroughly** v - lavar cabalmente
— **up** v - [weld] afinar hacia borde m de soldadura f
— **waste liquid** n - agua m residual de lavado m
— **water** n - agua m para lavado m • [ind] agua m sucia
—— **and oil separation** n - separación f de agua m para lavado y aceite m
—— **tank** n - depósito m, or (es)tanque m, para agua m para lavado m
—— **trough** n - [ind] artesa f para agua m sucia
— **welding** n - [weld] afinación f en dorso m de soldadura f
washable paint n - [paint] pintura f lavable
washed a - lavado,da • higienizado,da
washed away a - [hydr] barrido,da
— **coal** n - [miner] carbón m lavado
—— **stockpiling** n - [miner] apilación f de carbón m lavado
—— **storage** n - [ind] almacenamiento m de carbón m lavado
— **down** a - lavado,da con manguera f
— **gas** n - [combust] gas m lavado
washed in a - [weld] afinado,da
— **ingot** n - [metal-prod] lingote m lavado
washed out a - eliminado,da con lavado m • arrastrado,da

washed out granular material n - [hydr] material m granular arrastrado
— — **race** n - [sports] carrera f ahogada
washed thoroughly a - lavado,da cabalmente
washed up a - [weld] afinado,da (en bordes m)
washer n - [mech] . . . • vilorta f • golilla* f • [domest] . . .; lavarropas f • [petrol] anillo m para prensaestopa(s) f • [metal-prod] planta f lavadora • [ind] depósito m lavador
— **Askania** n - [metal-prod] askania f para lavadora f
— **bleeder** n—[metal-prod] chapín m para lavador
— **butterfly (valve)** n - [metal-prod] (válvula) mariposa f para lavadora f
— **detour** n - desviación f para lavadora f
— **distortion** n - [mech] deformación f de arandela f
— **drain** n - sumidero m, or colector m, en lavadora f
— — **detour** n - desviación f para, sumidero m, or colector m, para lavadora f
— — **valve** n - válvula f en, sumidero m, or colector m, para lavadora f
— **filter** n—[metal-prod] filtro m para lavadora f
— **flat part** n—[mech] parte f plana de arandela f
— **gas** n - gas m para lavadora f
— — **inlet** n - admisión f para gas f para lavadora f
— — **outlet** n - salida f para gas m para lavadora f
— **grid** n - [metal-prod] rejilla f para lavadora f
— **inlet** n - admisión f para lavadora f
— **inside diameter flat part** n - [mech] parte f plana f en diámetro m interior de arandela f
— **kit** n - [mech] juego m de arandelas f
— **location** n - [mech] ubicación f de arandela f
— **outlet** n - salida f para lavadora f
— **reamer** n - escariador m para lavadora f
— **screen** n - [metal-prod] rejilla f para lavadora f
— **spray** n - rociado m en lavadora f
— **to dust catcher overflow valve** n - [metal-prod] válvula f para rebosadura f de colector m a lavadora f
washered screw n—[mech] tornillo m con arandela
washing n - . . . . • [weld] afinación f de borde m de cordón m • [metal-roll] fusión f superficial (de lingote m) • [miner] lava f; lave m | a - fregador,ra
— **away** n - [hydr] barrido m; barrida f
— **down** n - [hydr] lavado m con manguera f
— **effect** n - [metal-prod] efecto m de fusión f superficial
— **in** n - [weld] afinación f
— **machine** n - [domest] . . .; lavarropa(s) m
— **mill** n - [miner] lavadero m
— **out** n - lavado m; lavamiento m; eliminación f con lavado m
— **plant** n - [ind] planta f lavadora
— **pump** n - [pumps] bomba f para depuración f
— **screen** n - [ind] criba f lavadora
— **tank** n - [ind] (es)tanque m para lavado m
Washington pine n - [lumber] pino m Washington
washout n - [hydr] socavación f; erosión f; arrastre m de tierra f; derrumbe m; derrumbamiento m; derrubio m; deslave m • [topogr] cañadón m • [petrol] filtración f
— **resistance** n - [hydr] resistencia f a derrumbamiento m
washroom n - [sanit] . . .; baño m • lavabo m
waste n - . . .; desecho(s) m • [sanit] agua(s) f, residual(es), or de desecho m; líquido(s) m cloacal(es); drenaje m • [mech] estopa f • [constr] escombro(s) m; cascajo m • [nucl] desecho(s) m; residuo(s) m | a - yermo,ma | v - desperdiciar
— **bin** n - [ind] huecha f para desecho(s) m
— **boiler** n - [boilers] caldera f para recuperación f
— **box** n - [mech] caja f para estopa(s) f
—**(s) carrying** n - [sanit] conducción f de, desperdicio(s) m, or líquido(s) m cloacal(es)
waste classification n - clasificación f de, residuo(s) m, or desecho(s) m
— — **tank farm** n - [ind] parque m de, depósitos m, or (es)tanques m, para, residuos m, or desechos m
— **collection** n - recogida f de, desecho(s) m, or residuo(s) m
—**(s) concentration** n - concentración f de, residuo(s) m, o desecho(s) m
— **decontamination** n - [nucl] descontaminación de, desecho(s) m, or residuo(s) m
— **dilution** n - dilución f de, residuo(s) m, or desecho(s) m
— **disposal** n - [sanit] eliminación f, or evacuación f, de, residuo(s) m, or desecho(s) m
— **dump** n—[miner] vaciadero m para, desperdicio(s) m, or residuo(s) m
— @ **electrode(s)** v -[weld] desperdiciar electrodo(s) m
— @ **energy** v - desperdiciar energía f
— **facility** n - instalación f para desperdicios
— **flue** n - conducto m para gases m residuales
— **gas** n - [sanit] gas m residual
— — **burner** n - [combust] quemador m para gas(es) m residual(es)
— — **flue** n - [combust] conducto m para gases m residuales
— **handling** n - manejo m, or manipulación f, de, residuo(s) m, or desecho(s) m
— **heat** n - [combust] gas(es) m residual(es) • [boilers] calor m residual
— — **boiler** n - [boilers] caldera f para, calor m residual, or recuperación f
— **industrial gas(es)** n - [ind] gas(es) m industrial(es) de desecho m
— **line facility** n - [ind] instalación f para línea f para, desecho(s) m, or residuo(s) m
— **liquid** n - agua m residual • [sanit] líquido(s) m residual(es)
— **management** n - manejo m, or gestión f, de, residuo(s) m, or desecho(s) m
— **material(s)** n - [ind] (materiales m de), desecho(s) m, or residuo(s) m, or desperdicio(s) m
— —**(s) disposal** n - eliminación f, or disposición f, de, desecho(s) m, or residuo(s) m
— **metal** n - metal m, de desperdicio m, or desperdiciado | v - desperdiciar metal m
— **neutralization** n - neutralización f de, residuo(s) m, or desecho(s) m
— **origination** n - originación f de, residuo(s) m, or desecho(s) m
— **pipe** n - tubería f para desperdicio(s) m
— **power** n - energía f residual
— @ **power** v - desperdiciar energía f
— **receiving tank** n - depósito m para recepción f de, desecho(s) m, or residuo(s) m
— **recovery** n - recuperación f de desperdicios
— **reduction** n - reducción f de, residuo(s) m, or desecho(s) m, or desperdicio(s) m
— **steam** n - [boilers] vapor m residual
— **storage** n - [ind] almacenamiento m de, desecho(s) m, or residuo(s) m
— @ **time** v - desperdiciar, or malgastar, tiempo
— **transfer** n - [transp] transferencia f de, desecho(s) m, or residuo(s) m
— **treatment** n - tratamiento m, or depuración f, de, desecho(s) m, or residuo(s) m
— **utilization** n - uso m, or recuperación f, de residuo(s) m
— **water** n - [sanit] agua(s) f servida(s)
— — **treatment plant** n - [ind] planta f para, depuración f, or tratamiento m, de, agua(s) f servida(s), or líquido(s) m cloacal(es)
— **weld metal** n - [weld] metal f para soldadura desperdiciado
— @ — — v - [weld] desperdiciar metal m para soldadura f
wasted a - desperdiciado,da; gastado,da
— **electrode** n - [weld] electrodo m desperdiciado

wasted energy n - [electr-oper] energía f desperdiciada
— **hydraulic power** n - [electr-oper] energía f eléctrica desperdiciada
— **metal** n - metal m desperdiciado
— **weld metal** n - [weld] metal m para soldadura f desperdiciado
wasteful a—. . .; dispendioso,sa; descuidado,da
wasteland n - [topogr] yermo m
wasting n - . . .; desperdicio m
watch n - . . .; guardia f; alerta f • velada f; velorio m; velatorio m • [instrum] . . .; reloj m pulsera | v . . .; velar; vigiar; mirar
— @ **arc** v - [weld] mirar, or observar, arco m
— **for deformation** n - observación f para determinar deformación f | v - observar para determinar deformación f
— **over** v - custodiar
— @ **race** v - [sports] observar, or presenciar, carrera f
watched a - vigilado,da; velado,da; observado,da • contemplado,da; presenciado,da
watchfully adv - . . .; vigilantemente
watching n - . . .; contemplación f | a - observador,ra; velador,ra
watchmaker(s') tolerance n - [mech] tolerancia f de relojero m
watchman n - . . .; vigía m; guardian m
watchtower n - . . .; vigía f
water n - . . . • [chem] oxígeno m hídrico | a - hidráulico,ca
water adduction n - [hydr] aducción f de agua m
— **afterflow** n - flujo m retardado de agua m
— — **timer** n - [instrum] sincronizador m para flujo m retardado de agua m
— **alkalinity** n - [hydr] alcalinidad f de agua m
— **and Air Resources Board** n - [pol] Comisión f para Aguas f y Aire m
— — **dirt separator** n - separador m, or extractor m, para agua m y polvo m
— — **mud oil contamination** n - [petrol] contaminación f de aceite m con agua m y lodo m
— — **oil separation** n - separación f de agua m y aceite m
— — **power** n - agua m y energía f
— — **sewer(age) system** n - [hydr] red f para agua(s) m (corrientes) y cloaca(s) f (corrientes)
— **attachment** n - dispositivo m para agua m
— **authority** n - [pol] dirección f para agua(s) f (corrientes)
— **average alkalinity** n - [hydr] alcalinidad f media de agua m
— — **hardness** n - [hydr] dureza f media de agua
— — **iron content** n - [hydr] contenido m, or tenor m, medio de hierro m en agua m
— — **pressure** n—[hydr] presión f media de agua
— — **temperature** n—temperatura f media de agua
— — **turbidity** n - [hydr] turbieza f media de agua m
— **bearing** n - [hydr] acuífero,ra
— — **formation** n - [hydr] formación f acuífera
— — **sand** n - [geol] arena f acuífera
— — **hydrostatic pressure** n - [hydr] presión f hidrostática de arena f acuífera
— — **stratum,ta** n - [hydr] estrato(s) m, con agua m, or acuífero; capa f acuífera
— **Board** n - [pol] Dirección f de Agua(s) f
— **butterfly valve** n - [hydr] válvula f mariposa para agua m
— **cable** n - [electr-cond] cable m, impermeable, or a prueba de agua m
— **capping** n - [metal-prod] sellado m con agua m
— **carrying** n - [hydr] conducción f de agua m
— **catchment** n - [hydr] captación f de agua m
— **check(ing)** n - [hydr] comprobación f, or verificación f, de agua m
— **circulation pump** n - [pumps] bomba f para circulación f de agua m
— **clarification plant** n - [hydr] planta f para clarificación f de agua m
— **cleaning filter** n - [hydr] filtro m para depuración f para agua m

water cleaning return filter n - [metal-prod] filtro m para depuración f de agua m para retorno m
— **closet** n - [sanit] inodoro m
— **collecting** n - [hydr] recogida f de agua m
— **collector** n - [hydr] colector m para agua m
— **conduit** n - [hydr] conducto m para agua m
— **connection housing** n - [hydr] caja f para conexión f para agua m
— **conservation project** n - [hydr] obra(s) f para conservación f de agua(s)
— **containment** n - [hydr] embalse m, or embalsamamiento m, de, or para, agua m
— **contamination** n - [hydr] contaminación f de agua m • contaminación f con agua m
— **control gate** n - [hydr] compuerta f para regulación f de agua m
— **cool @ auxiliary equipment** v - [ind] enfriar con agua m equipo m auxiliar
— — @ **equipment** v - [ind] enfriar con agua m equipo m
— **cooled** a - enfriado,da, or refrigerado,da, con agua m
— — **auxiliary equipment** n - [ind] equipo m auxiuliar enfriado con agua m
— — **back-up bar** n - [mech] barra f para respaldo enfriada con agua m
— — **bearing** n - [mech] cojinete m enfriado con agua m
— — **carbon electrode holder** n - [weld] portaelectrodo(s) m (para electrodos m de carbono m) enfriado con agua m
— — **electrode holder** n - [weld] portaelectrdo(s) m enfriado con agua m
— — **engine** n - [int.comb] motor m enfriado con agua m
— — **equipment** n - [ind] equipo m enfriado con agua m
— — **flexible cable** n - [electr-instal] cable m flexible con enfriamiento m con agua m
— — **lance** n - [metal-prod] lanza f enfriada con agua m
— — **manifold** n - [mech] múltiple m (para distribución f) enfriado con agua m
— — **oxygen lance** n - [metal-prod] lanza f para oxígeno m enfriada con agua m
— — **piston** n - [mech] émbolo m enfriado con agua m
— — **plate** n - [metal-prod] placa f para refrigeración f • [Spa.] petaca f
— — **refractory,ries** n - [combust] refractario(s) m enfriado(s) con agua m
— — **transformer** n - [electr-transf] transformador m enfriado con agua m
— **compressed air drier** n - [ind] secador m por aire m comprimido enfriado con aire m
— **condenser** n - [ind] condensador m enfriado con agua m
— **cooler** n - enfriador m para agua m
— **cooling** n - enfriamiento m de agua m • enfriamiento m, or refrigeración f, con agua m
— — **attachment** n - [weld] dispositivo m, or accesorio m, para enfriamiento m con agua m
— — **plant** n - [ind] planta f, or instalación f, para enfriamiento m de agua m
— — **plate** n - [metal-prod] [Spa.] petaca f
— — **tube** n - [weld] tubo m para enfriamiento m con agua m
— **corrosiveness** n - corrosividad f de agua m
— **crossing** n - [roads] badén m (con agua m)
— **cushion** n - [hydr] colchón m de agua m
— **cut(ting) off** n - [hydr] corte m de agua m
— **damage** n - daño m causado por agua m
— **damaged** a - dañado,da por agua m
— **dashpot** n - [valv] amortiguador m para agua
— **demand** n - [hydr] consumo m de agua m
— **dip** v - sumergir en agua m
— **dipped** a - [hydr] sumergido,da en agua m
— **dipping** n - inmersión f en agua m
— **discharge** n - [hydr] descarga f, or salida f, de agua m; desagüe m

water discharge pipe

water discharge valve n - [valv] válvula f para descarga f de agua m
— **discharging** n - [hydr] descarga f de agua m
— **dispersal** n - [hydr] dispersión f de agua m
— **distribution firm** n - [hydr] empresa f para distribución f de agua(s)
— — **system** n - [hydr] red f para distribución f de agua(s)
— **droplet** n - [hydr] gotita f de agua m
— **(electrical) resistivity** n - [chem] resistencia f eléctrica (efectiva) de agua m
— **electrolysis** n - electrólisis f de agua m
— **energy** n - [hydr] energía f hidráulica
— **equalizer tube** n - [hydr] tubo m para igualación f de nivel m (para agua m)
— **erosion** n - [hydr] erosión f por agua m
— **exfiltration** n - [tub] exfiltración f de agua
— **exhaust valve** n - [valv] válvula f para descarga f de agua m
— **extractor** n - [hydr] extractor m para agua m
— **failure** n - [hydr] falla f, or falta f, de agua m
— **feed(ing)** n - [hydr] alimentación f de agua m | v - alimentar con agua m
— **filter** n - filtro m para agua m
— **flooded** a - inundado,da (con agua m)
— **flow** n - [hydr] caudal m, or gasto m, de agua
— **free** a - libre de agua m
— **gage** n - [boilers] indicador m de nivel m de agua f • [hydr] vara f para aforo m de agua m
— **gas** n - [combust] gas m de agua m
— — **weld(ing)** n - [weld] soldadura f con gas m de agua m
— **gate** n - [hydr] compuerta f para agua m
— **gathering** n - [hydr] acopio m de agua(s)
— **handling** n - [hydr] manejo m de agua(s)
— **hardness** n - [hydr] dureza f de agua m
— **head** n - [hydr] carga f hidráulica
— **hose** n - [hydr] mang(uer)a f para agua m
— **hydrogen ion concentration** n - [hydr] concentración f de ion(es) m de hidrógeno m en agua
— **hydrostatic pressure** n - [hydr] presuón f hidrostática de agua m
— **impounding** n - [hydr] embalse m de agua m
— **impurity** n - [hydr] impureza f, or suciedad f, en agua m
— **injecting** n - inyección f de agua m
— **inlet** n - [hydr] entrada f, or admisión f, or toma f, para agua m
— **intake valve** n - [valv] válvula f para entrada f de agua m
— **intercepting** n - [hydr] interceptación f de agua m
— **interceptor** n — [hydr] interceptor m para agua
— **iron content** n - [hydr] contenido m, or tenor m, or proporción f, de hierro m en agua m
— **jacket** n - [mech] camisa f para agua m
— **jet** n - [hydr] chorro m de agua m; fontana f
— **lance** n - lanza f para agua f
— **leak** n - fuga f de agua m
— **level butterfly (valve)** n - [metal-prod] (válvula) mariposa f para nivel m de agua m
— —, **gage**, or **indicator** n - indicador m para nivel m de agua m
— **loss** n - [hydr] pérdida f de agua m
— **main** n - [hydr] conducto m (principal) para agua m
— **meter** n - [hydr] medidor m para agua m
— **mist** n - pulverización f de agua m
— **oil blend** n - mezcla f de agua m y aceite m
— — **detergent** n detergente m de agua y aceite
— **oriented** a - orientado,da hacia deporte(s) m acuático(s)
— **outlet** n - salida f para agua m
— **painting** n - [paint] acuarela f
— **pH** n - see **water hydrogen concentration**
— **pipe resistance heating** n - [weld] calentamiento m con resistencia f de tubería f para agua m
— — **thawing** n - [weld] descongelación f de tubería f para agua m

water pipeline n - [hydr] tubería f para (conducción f para) agua m
— **piston** n - émbolo m para agua m
— **plate** n - [metal-prod] petaca f
— **pocket** n - [soils] bolsón m con agua m
— **pollution** n - [ind] contaminación f de agua
— — **Control Federation** n - [hydr] Federación f para Regulación f de Contaminación de Agua
— **ponding** n - [hydr] acumulación f, or embalse m de agua m
— **power** n - [hydr] fuerza f, or energía f, hidráulica
— — **cane mill** n - [agric] trapiche m hidráulico para caña f (de azucar m)
— **program** n - [hydr] programa m hidráulico
— **proofing cement** n - [constr] cemento m impermeable
— **pump** n - [pumps] bomba f para agua m
— — **drive belt** n - [autom-mech] correa f para impulsión f para bomba f para agua m
— — **motor** n - [metal-prod] motor m para bomba f para agua m
— **purification** n - [hydr] purificación f, or potabilización f, de agua m
— **quench** v - [weld] enfriar por inmersión f en agua m
— **quenched** a - [weld] enfriado,da por inmersión f en agua m
— **quenching** n - apagamiento m con agua m • [metal-treat] templadura f con agua m • [weld] enfriamiento m por inmersión f en agua
— **regulating valve** n - [hydr] válvula f para regulación f para agua m
— **related sport(s)** n - [sports] deporte(s) m acuático(s)
— **repellent** a - impermeable; hidrófugo,ga; que repele agua m
— — **carton** m - [transp] caja f de cartón m hidrófugo
— — **paper** n - [paper] papel m hidrófugo
— **resistivity** n - [chem] resistencia f eléctrica (efectiva) de agua m
— **resource(s)** n - [hydr] recurso(s) m, hidráulico(s), or hídrico(s); agua(s) f natural(es)
— —(s) **improvement program** n - [hydr] programa m para aprovechamiento m de aguas f naturales
— **reverse current** n - [hydr] contracorriente f de agua m
— **rinse** n - enjuague m con agua m | v - enjuagar con agua m
— **rinsed** a - enjuagado,da con agua m
— **sample hydrogen ion concentration** n - [hydr] concentración f de iones m de hidrógeno m en muestra f de agua m
— — **minimum resistivity** n - [hydr] resistencia f eléctrica (efectiva) mínima para muestra f de agua m
— **saturator** n - saturador m para agua m
— **seal** n - cierre m, or sello m, hidráulico
— **seepage** n - [hydr] (in)filtración f de agua m
— **separator check(ing)** n - verificación f de separador m para agua m
— **shedding** n - vertimiento m, or desprendimiento m, de agua m
— **sheet** n - [hydr] napa f (de agua m)
— **shipped** a - [transp] embarcado,da por agua m
— **shut-off** n - corte m de agua m
— **ski** n - [sports] esquí m acuático
— **soak** v - empapar, or remojar, en agua m
— **softener** n - [hydr] ablandador m para agua m
— **soil erosion** n - erosión f de suelo por agua
— **solid(s)** n - [hydr] sólido(s) m en agua m
— **soluble salt** n - [hydr] sal f soluble en agua
— **spear** n - [petrol] lanza f, or arpón m, para agua m
— **spell hand** n - [ind] cubrebaja(s) m para agua(s) f
— **sport(s)** n - [sports] deporte m acuático
— **spray** n - riego m con agua m
— — **cooling** n - [ind] enfriamiento m con rie-

- 1710 -

go m con agua m
water spring n - [hydr] manantial m; fontanar m; venero m
— **sprinkler** n - [hydr] rociador m para agua m
— **steam** n - [boilers] vapor m de agua m
— **stop** n - [hydr] tope m, or retén m, para agua • dispositivo m para estancamiento • diafragme m impermeable
— **storage** n - [hydr] almacenamiento m, or embalse m, de agua m
— — **tank** n - [hydr] depósito m, or (es)tanque m, para agua m
— **stream** n - [hydr] curso m de agua m • chorro m, or corriente f, de agua m
— **string** n - [hydr] entubación f, or sarta f (de tubos m), para agua n
— **study** n - [hydr] estudio m hidrográfico
— **supply** b - [hydr] provisión f, or suministro m, or abastecimiento m, de agua • reserva f de agua m
— — **connection** n - [hydr] conexión f para suministro m de agua m
— — **failure** n - [hydr] falla f en abastecimiento m de agua m
— — **hookup** n - [hydr] conexión f, or acometida f, para (abastecimiento m para) agua m
— — **intake** n - [hydr] toma f para, suministro m, or provisión f, de agua m
— — **system** n - [hydr] red f para suministro m de agua m
— **suspension** n - suspensión f acuosa
— **swivel** n—[hydr] unión f hidráulica giratoria
— **system** n - [hydr] red f para agua(s) f corriente(s)
— — **piping** n - [tub] tubería f para red f para agua(s) m (corrientes)
— **table** n - [hydr] capa f, or napa, freática, or acuífera, or de agua m • [archit] retallo m para derrame m
— **tank** n - [hydr] (es)tanque m, or depósito m, para agua m
— — **truck** n - [transp] (auto)camión n estanque para agua m
— **temperature sender** n - [instrum] transmisor m, or emisor m, para temperatura f de agua m
— **transmission** n - [hydr] conducción f de agua
— **transportation** n - [transp] transporte m, de, or por, agua m
— — **system** n - [nav] red f fluvial
— **trap** n - [hydr] trampa f para agua m
— **travel** n - [transp] tránsito m por agua m
— **treatment** n - [hydr] depuración f, or tratamiento m, de agua m
— — **capacity** n - [hydr] capacidad f para depuración f para agua m
— — **plant** n - [hydr] planta f para, depuración f, or tratamiento m, de agua(s)
— **trough** n - batea f; canal(ón) m para agua m • [metal-prod] artesa f para riego m • [mech] cazoleta f • [cattle] bebedero m
— **turbidity** n - [hydr] turbidez f, or turbiedad f, de agua m
— **valve** n - [hydr] válvula f para agua m
— **vapor** n - [boilers] vapor m de agua m
— **vaporization** n - [boilers] vaporización f de agua m
— **well** n - [hydr] pozo m para agua m
— — **casing** n - [tub] tubería f para, revestimiento m, or entubación f (para pozos m para agua m)
— — **drill** n - [hydr] perforadora f para pozos m (para agua m)
— — **pump** n - [pumps] bomba f para pozo(s) m para agua m
— — **welded casing** n - [tub] tubería f soldada para, revestimiento m, or entubación f para pozo(s) m para agua m
— **wheel float** n - [hydr] voladera t
watered a - [cattle] abrevado,da • [hydr] regado,da
waterflood(ing) n - [petrol] inyección f de agua m; inundación f (artificial) de pozo m
waterfront community n - población f ribereña
— **developer** n - urbanizador m para inmueble(s) m ribereño(s)
— **development** n - [constr] urbanización f ribereña
— **property** n - [constr] residencia f ribereña
watering n - [hydr] riego m • [cattle] abrevamiento m
— **canal** n - [hyde] canal m para riego m
— **hole** n - [hydr] aguada f
waterless a - carente de, or sin, agua m
waterlog v - [hydr] anegar
waterlogged a - [hydr] anegado,da
— **ground** n - [soils] suelo m anegado
watermark printing roll n - [paper] rodillo m impresor para, filigrana f, or marca f de agua m
watermarked a - [paper] afiligranado,da
wateroroof body filler n - [autom-body] relleno m impermeable para carrocería f
— **carton** n - [paper] caja f impermeable de cartón m
— **cement** n - [constr] cemento m impermeable
— **filler** n - [autom-body] relleno m impermeable
— **paper** m - [paper] papel m impermeable
— **starter** n - [int.comb] arranque m a prueba f de, agua m, or humedad f
waterproofed a - impermeabilizado,da
waterproofing asphalt n - [constr] asfalto m a prueba f de agua m
— **asphaltic primer** n - [constr] imprimación f asfáltica para impermeabilización f
watershed n - [hydr] . . . • cuenca f hidrográfica • vertiente f
— **area** n - [hydr] extensión f de cuenca f hidrográfica
— **channel** n - [hydr] canal m en cuenca f hidroigráfica
— **shape** n - [hydr] conformación f de cuenca f hidrográfica
— **slope** n - [hydr] pendiente f de cuenca f hidrográfica
watertight anti-seep diaphragm n - [mech] diafragma m estanco contra filtración f
— **band** n - [mech] banda f estanca
— **casting** n - [weld] pieza f de hierro m fundido estanca a agua m
— **connecting band** n - [mech] banda f estanca para acoplamiento m
— **connection** n - conexión f, or junta f, estanca
— **construction** n - construcción f estanca
— **diaphragm** n - [mech] diafragma m estanco
— **gasket** n - [tub] guarnición f estanca
— **joint** n - [mech] junta f, or unión f, estancaz, or a prueba de filtración(es) f
— **roof surface** n - [constr] superficie f techada impermeable
— **seal** n - sello m estanco
— **seam** n - [mech] costura f, estanca, or a prueba f de filtración(es) f
watertightness n - estanqueidad* f
— **requirement** n - exigencia f de estanqueidad f
waterway n - . . . • ría f; cauce m; canal m; corriente f • [tub] sección f hidráulica; capacidad f para descarga f • [nav] canal m para acceso m; vía f, fluvial, or navegable • [hydr] conducto m, or cauce m, para agua m
— **approach channel** n - [hydr] cauce m para arrimo m para curso m de agua m
— **area** n - [hydr] sección f transversal para conducto m (para agua m)
— **capacity** n - [hydr] capacidad f de curso m de agua m
— **channel** n - [hydr] canal m, or cauce m, para curso m para agua m
— **cross-sectional area** n - [hydr] área m (de corte m) transversal de, cauce, or conducto m (hidráulico)
— **exit channel** n - [hydr] cauce m para descar-

waterway(s) experiment(al) station

ga f para curso m para agua m
waterway(s) experiment(al) station n - [hydr] estación f experimental para vías navegables
— **(s) improving** n - [hydr] canalización f de cauce(s)(m
— **opening** n - abertura f de curso m para agua m
— — **area** n - [hydr] sección f hidráulica
— **project** n - [hydr] proyecto m para canalización f
— **reduction** n - [hydr] reducción f en sección f hidráulica
— **Commission** n—[pol] Comisión f para Vía(s) f Navegable(s)
. . . **watt alternating current generator** n - [electr-prod] generador m para corriente f alterna con . . . vatio(s) m
. . . — **auxiliary power** n - [electr-distrib] energía f auxiliar con . . . vatio(s) m
. . . — **boom light** n - [cranes] luz f de . . . vatio(s) m para aguilón m
. . . — **cab light** n - [cranes] luz f de . . . vatio(s) m para cabina f
. . . — **direct current generator** n - [electr-prod] generador m para . . . vatio(s) m en corriente f contínua
—/**kilogram** n - [electr] vatio m/kilogramo
—/— **loss** n - [electr- pérdida f en vatio(s)/kilogramo(s) m
. . . — **light (bulb)** n - [electr-illum] bombilla f (para luz f) para . . . vatio(s) m
— **meter** n - [instrum] vatímetro m
. . . — **trouble light** n - [electr-illum] luz f portátil para . . . vatio(s) m
wattage required n - [electr] vatiaje m exigido
wattless component n - [electr] componente m desvatiado*
wave n - . . .; oleada f | v - . . .; ondular | a - ondulado,da
— **action** n - [hydr] acción f de ola(s) f
— **bridge** n - [electron] puente m para onda f
— **defect** n - [metal-roll] defecto m en onda f
— **form** n - [electron] forma f de onda f
— — **oscilloscope reading** n - [electron] constatación f con osciloscopio de forma de onda f
— **front** n - [electron] frente m de onda f
— — **capacitor** n - [electr-equip] condensador m, or capacitador* m, para frente m de onda f
— — **impulse** n - [electron] impulso m para frente m de onda f
— — **protection** n - [electr-oper] protección f contra frente m de onda f
— — **test** n - [electr] ensayo m de frente m de onda f
— **impulse** n - [electron] impulso m de onda f
— — **test level** n - [electron] nivel m para ensayo m para impulso m de onda f
— **range** n - [electron] amplitud f de onda f
— **shape** n - [electron] (con)forma(ción) f de onda f • forma f de onda(s) f
— — **distortion** n - [electron] distorsión f en (con)forma(ción) f de onda f
— **test** n - [electron] ensayo m de onda f
waveform n - [electron] see **wave form**
— **quality** n - [electron] calidad f de forma f de onda f
wavelength n - [electron] see **wave length**
wavered a - vacilado,da
waverer n - . . . | a - . . .; vacilador,ra; errátil
wavering n - . . .; ondulación f | a - . . .; ondulatorio,ria
— **motion** n - movimiento m ondulatorio
wavy a - . . .; ondulatorio,ria; sinuoso,sa
— **band** n - [metal-roll] banda f ondulada
— **contour** n - contorno m ondulado
— **edge** n - [metal-roll] borde m ondulado
— **motion** n - movimiento m ondulatorio
— **strip** n - [metal-roll] banda f, or cinta f, or chapa f, ondulada; fleje m ondulado
wax coated n - encerado,da; encerotado,da
— **distillate** n - [petrol] destilado* m, de parafina f, or parafinoso*, or parafínico*
— **oil** n - [petrol] aceite m, de parafina f, or parafínico*, or parafinoso*
— **seal** n - sello m con lacre | v lacrar
— **sealed** a - [legal] lacrado,da
— **sealing** n - [legal] lacrado* m
waxed a - encerado,da • [petrol] parafinado,da
— **cord** n - [textil] hilo m encerado
— **linen** n - [textil] lino m, or hilo, encerado
— **cord** n - [electr-instal] hilo m de lino m encerado
— **stencil paper** n - [paper] cartulina f encerada para plantilla(s) f
waxer n - . . . - parafinador m
waxing n - . . .; encerado m | a - encerador,ra • parafinador,ra
way n - . . .; vía f • forma f; práctica f • [lathes] guía f • [mech] guía(dera) f
. . . **way** a - con . . . vía(s) f
— **clearing** n - despejo m de camino m
. . . — **cock** n - [mech] grifo con . . . vías
. . . — **crane cock** n - [cranes] grifo m con . . . vía(s) f para grúa f
. . . — **highway** n - [roads] carretera f con . . . vía(s) f
. . . — **traffic** n - [roads] tránsito en . . . sentido(s) m
— **up** n - camino m ascendente; subida f
. . . — **valve** n - [valv] válvula f con . . . vía(s) f
. . . — — **hydraulic control** n - [valv] regulador m hidráulico con válvula f con . . . vía(s) f
waybill n - [transp] . . .; carta f de porte m • [Arg.] guía f
ways and structures n - [rail] vías f y obras f
weak n - . . .; feble; pobre • escuálido,da • flaco,ca • [medic] formicante
— **acid solution** n - [chem] disolución f débil de ácido m
— **agriculture** n - [agric] agricultura f menor
— **arc** n - [weld] arco m débil
— **attitude** n - actitud f, debil, or indecisa
— **beam** n - [constr] viga f débil
— **boom section** n - [cranes] sección f débil de aguilón m
— **buzzing sound** n - sonido m zumbante débil
— **capacitor** n - [electr-equip] capacitador m débil
— **fuse plate** n - [mech] placa f fusible débil
— **input voltage** n - [electr-oper] voltaje m, aportado, or de entrada f, débil
— **sewage** n - [sanit] líquido m cloacal con concentración f débil
— **solution** n - [chem] disolución f débil
— **spark** n - [electr-oper] chispa f débil
— **spot** n - punto m, or lugar m, débil
— **subgrade** n - [constr] subrasante f débil
— **training** n - [labor] formación f deficiente
weaken @ spark n - [electr] debilitar chispa f
— **@ subgrade** v - [constr] debilitar subrasante
— **@ weld** v - [weld] debilitar soldadura f
weakened a - debilitado,da
— **part** n - [mech] pieza f debilitada
— **spark** n - [electr] chispa f debilitada
— **subgrade** n—[constr] subrasante f debilitada
weakening n - . . .; debilitamiento • [chem] dilución f
weaker a - más débil
weakest component n - [mech] elemento más débil
— **part** n - [mech] pieza f más débil
wealth n - . . .; fortuna f • [fig] cúmulo m
wealthy a - . . .; pudiente
wear n - (resistencia a) desgaste m; deformación f • vida f | v - . . .; resistir desgaste • [vest-footwear] calzar
— **abnormally** v - [mech] desgastar anormalmente
— **and tear** n - desgaste m; deterioro m
— **@ armature shaft** v - [electr-mot] desgastar árbol m para armadura f
— **away** v - erosionar; desgastar (totalmente)

wear @ ball v - [grind.med] (des)gastar bola f
— @ bearing v - [mech] (des)gastar, cojinete m, or rodamiento m
— @ blade v - [mech] desgastar cuchilla f • [fans] (des)gastar álabe f, or paleta f
— @ boom pin v - [cranes] desgastar pasador m para aguilón m
— @ bore v - [mech] desgastar taladro m
— @ brake v - [mech] desgastar freno m
— @ — rim v - [mech] desgastar llanta f para freno m
— @ — shoe v - [mech] desgastar zapata f para freno m
— @ brush v - desgastar cepillo m - [electr-mot] desgastar escobilla f
— bushing n - [mech] manguito m para desgaste m
— chart n - [ind] tabla f para desgaste(s) m
— check(ing) n - [mech] verificación f de desgaste m
— @ clutch plate v - [mech] desgastar, plato m, or disco m, para embrague m
— decrease n - reducción f en desgaste m
— deposit n - [weld] aportación f para desgaste
— @ die n - [wiredrwng] desgastar hilera f
— down to @ limit v - desgastar hasta límite m
— @ end v - [mech] desgastar extremo m
— equally v - desgastar, igualmente, or parejamente
— evenly v - desgastar parejamente
— @ flange v - [wheels] desgastar pestaña f
— @ friction plate n - [mech] desgastar, placa f, or disco m, para fricción f
— @ — shoe v - [mech] desgastar zapata f para fricción f
— gage n - [mech] calibrador m para desgaste m
— glasses v - [optics] llevar anteojos m
— @ glove(s) v - [safety] llevar, or usar, or emplear, guante(s) m
— grade n - [autom-tires] categoría f según resistencia f a desgaste m
— @ grinding ball v - [grind.med] desgastar(se) bola f para molienda f
— @ grip block v - [mech] desgastar bloque m sujetador
— @ helmet v - [safety] llevar, or usar, or poner(se), casco m
— @ hub v - [mech-wheels] desgastar cubo m
— @ inertia brake friction shoe v - [mech] desgastar zapata f para fricción f para freno m por inercia f
— @ — — shoe v - [mech] desgastar zapata f para freno m por inercia f
— @ insert v - [mech] desgastar suplemento m
— @ insulation v - desgastar aislación f
— like iron n - [fam] resistir desgaste m como si fuera de, hierro m, or acero m
— @ lining v - [brakes] desgastar cinta f
— loss n - [mech] pérdida f por desgaste m
— material n - [mech] material m proviniente de desgaste m
— out v - desgastar(se) completamente; escomer
— @ outside wire v - [cabl] desgastar(se) alambre m exterior
— percentage n - porcentaje m de desgaste m
— plate n - [mech] placa f, or plancha f, para desgaste m
— point n - [mech] punto m, para, or con, desgaste m
— rate n - [mech] coeficiente m para desgaste m
— resistant a - resistente a, desgaste m, or abrasión f
— @ respirator v - [safety] llevar respirador m
— @ rim v - [mech] desgastar(se) llanta f
— ring n - [mech] anillo m para desgaste m
— @ safety glasses v -]safety] llevar, or usar, gafa(s) f, or anteojos) m para seguridad
— @ serration v - [mech] desgastar estría(s) f
— @ shaft v - [mech] desgastar, árbol m, or eje m
— @ sheave v - [cabl] desgastar(se), polea f, or roldana f, or garrucha f
— @ shifter ring v - [mech] desgastar aro m desplazador
— @ shoulder v - [autom-tires] desgastar borde m de banda f para rodamiento m
— shoe v - [vest] llevar zapato m • [mech] desgastar zapata f (para freno m)
— sign(s) n - [mech] señal(es) f, or indicación(es) f, de desgaste m
— sleeve n - [mech] manguito m para desgaste m
— @ snap ring groove v - [mech] desgastar acanaladura f para aro m con resorte m
— @ spline v - [mech] desgastar lengüeta f
— surface n - [mech] superficie f para desgaste
— @ swing bearing tooth n - [cranes] desgastar diente m de cojinete m para rotación f
— @ tire n - [autom-tires] desgastar neumático
— @ toggle v - [mech] desgastar fiador m
— @ tread v - [autom-tires] desgastar, superficie f, or banda f, para rodadura f
— through v - [mech] desgastar totalmente
— unevenly v - desgastar desigualmente
— @ wire rope roller v - [cabl] desgastar roldana f para cable m
— zone n - [mech] zona f para desgaste m
wearability n - durabilidad f; resistencia f a desgaste m
wearing away n - desgaste m; erosión f
— rate n - ritmo m de desgaste m
— surface n - [mech] superficie f para desgaste
weather n - [meteorol] . . . . inclemencia(s) f, or rigor(es) m, de tiempo m | v - [metal] intemperizar | a - meteorológico,ca
— bureau n - [meteorol] oficina f meteorológica
— — Technical Report n - [meteorol] Informe m Técnico de Oficina f Meteorológica
— erosion n - [meteorol] erosión f, atmosférica, or por agente(s) m atmosférico(s)
— exposed a - expuesto,ta a intemperie f
— exposure n - [meteorol] exposición f a intemperie f
— protect v - proteger contra intemperie f
— resistant tire n - [autom-tires] neumático m resistente a intemperie f
— station n - [meteorol] estación f meteorológica
— strip n - [domest] burlete m
weathered a - [geol] disgregado,da • [metal-treat] intemperizado,da
— rock n - [geol] roca f disgregada
weathering n - . . .; intemperización f
— steel n - [metal-treat] acero m intemperizado
— — weld(ing) n - [weld] soldadura f de acero m intemperizado
weatherproof storage n - almacenamiento m a prueba f de intemperie f
weatherproofed a - protegido,da contra intemperie f
weatherproofing n - [meteorol] protección f contra intemperie f
weathertightness n - [constr] estanqueidad f contra intemperie f
weave n - . . . . • [cabl] trenzado m • [weld] (movimiento m de) tejido m | a - see weaving
— @ arc v - [weld] tejer (con) arco m
— bead n - [weld] cordón m (con movimiento m de) tejido m
— pass n - [weld] pasada f, tejida, or con movimiento m (de) tejido
— technique n - [weld] técnica f de tejido m
— through v - [sports] conducir por entre
— weld(ing) n - [weld] soldadura f tejida
weaved a - tejido,da
weaving n - [textil] tejeduría f
— motion n - [weld] movimiento m de tejido m
— plant n - [textil] tejeduría f
web n - . . . . [metal-roll] alma m • [tub] entramado m • [int.comb] flanco m de codo m para cigüeñal m • [paper] tela f • [print] bobina f
— allowable deviation n - [metal-roll] desviación f admisible para descentrado m de alma
— camber n - [metal-roll] combadura f de alma

web paper n - [paper] papel m en bobina(s) f
— **plane** n - [metal-roll] plano m de alma m
— **plate** n - [metal-roll] plancha f para alma m | a - [metal-roll] con alma m llena
— — **girder** n - [metal-roll] viga f maestra con alma m llena
— **press** n - [print] prensa f para papel m en bobina(s) f
— **roll** n - [metal-roll] rodillo m para laminación f de alma m
— **stiffener** n - [metal-roll] refuerzo m para alma m
weber n - [electr] weberio* m
wedge n - . . .; dovela f | v - calar; encajarse
— **back** n - [mech] cabeza f de cuña f
— **block** n - [mech] bloque m cuneiforme • [hydr] contracuña f
— **disk gate** n - [hydr] compuerta f con disco m en forma f de cuña f
— — **gate valve** n - [valv] válvula f esclusa con cuña f (en forma) de disco m
— **grip block** n - [wiredrwng] bloque m con mordaza(s) f en forma de cuña f
— **operating mechanism** n - [mech] mecanismo m accionado por cuña(s) f
— **piece** n - [archit] dovela f
— **rod** n - [mech] vástago m para cuña f
— **secure** v - [mech] asegurar con cuña f
— **segment** n - segmento m cuneiforme
— **shape** n - [ceram] ladrillo m cuña
— **shaped** a - cuneiforme; esfenóideo,dea
— — **socket** n - [cabl] casquillo m cuneiforme
— **socket** n - cranes] casquillo m para cuña f
— **spring** n - [mech] resorte m para cuña f
— **to** . . . v - abrir con cuña f hasta . . .
— **washer** n - [mech] arandela f, cuneiforme, or peraltada, or adovelada
wedged a - [mech] encajado,da
— **to** . . . a - [mech] abierto,ta con cuña f hasta . . .
wedging n - [mech] encajadura f
wedging to . . . n - [mech] abertura f con cuña f hasta . . .
wee hours n - madrugada f
weed n - [agric] . . . • [RPl.] yuyo(s) m | v - [agric] escardar • [RPl.] desyuyar*
— **attachment** n - [agric-equip] accesorio m, or dispositivo m, para, maleza(s) f, or yuyo(s)*
— **bar** n - [agric] barra f para (cortar) malezas
— **eater** n - [agric-equip] cortamaleza(s) m; cortayuyo(s) m
weeded a - [agric] escardado,da; desmalezado,da*
weeder knife n - [agric] cuchilla f escardadora
— **mulcher** n - [agric-equip] mullidora f
weeding hoe n - [agric-tools] escardillo m
weekend n - fin m de semana f
— **meeting** n - reunión f en fin de semana f
— **retreat** n - [constr] residencia f para solaz (en fines m de semana f)
— **race** n - [sports] carrera f de fin de semana
— **school** n - [labor] cursillo f en fin de semana
— **traffic** n - [transp] tránsito m de fin m de semana f
— **vacation** n - vacación f de fin m de semana f
weekender n - residente m en fin m de semana f
weekly check(ing) n - verificación f semanal
— **equipment shutdown** n - [ind] parada f semanal para equipo m
— **greasing** n - [mech] engrase m semanal
— **meeting** n - reunión f semanal
— **summary** n - resumen m semanal
weep v - . . .; lloriquear; lagrimear
— **hole** n - lloradero m; aliviadero m; gotero m; orificio m para drenaje m; lacrimal
weeping lovegrass n - [botan] eragrostis llorón
weigh v - . . .; romanear • [fig] contrastar
— @ **anchor(s)** v - [nav] levar ancla(s)
— **car** n - [ind] see **scale car**
weighed a - pesado,da; romaneado,da • [fig] contrastado,da; ponderado,da
weighing n - pesaje* m; romaneo m • ponderación

weighing device n - dispositivo m pesador
— **hopper** n - [ind] tolva f pesadora
— — **gate** n - [ind] compuerta f para tolva f pesadora
— — **wear plate** n - [ind] chapa f para desgaste m para tolva f pesadora
— **screen** n - [metal-prod] criba f pesadora
— **tank** n - (es)tanque m, or depósito m, pesador; báscula f
weight n - . . . • [mech] contrapeso m; gramaje m
— (s) **and measure(s)** n - peso(s) m y medida(s) f
— **certificate** n - [transp] certificado f, or nota f, de, peso m, or romaneo m
— **check(ing)** n - verificación f de peso(s) m
— **handicap** n - desventaje f en peso m
— **per horsepower** n - peso m por caballo m de, fuerza f, or vapor m
— **recorder** n - pesador m; registrador m de pesos m
— **saving** a - con peso m reducido
— **service cast iron soil pipe** n - [tub] tubería f de fundición f liviana
— **shortness** n - cortedad f, or falta, f de peso
— **transfer(ing) coupling** n - [mech] acoplamiento m, or enganche m, con transferencia f de peso m
weighted a - con pesa(s); lastrado,da • [fin] ponderado,da • [constr] sobrecargado,da
— **average** n - [accntg] promedio m ponderado
— **coefficient** n - coeficiente m ponderado
— **hook** n - [cranes] gancho m lastrado
— — **swivel** n - [cranes] eslabón m giratorio lastrado para gancho m
— **jib hook** n - [cranes] gancho m lastrado para pescante m
— — — **swivel** n - [cranes] eslabón m giratorio para gancho m lastrado para pescante m
— **mean** n - promedio m ponderado
— **runoff coefficient** n - [hydr] coeficiente m ponderado para escurrimiento m
— **yield** n - rendimiento m ponderado
weighting n - . . . • lastre m | a - ponderador,ra
weir n - [hydr] . . .; pared f para contención f • presa f sumergible
— **crest** n - [hydr] cresta f de, azud m, or pared f para contención f
— **level** n - [hydr] nivel m de pared f para contención f
— **notch** n - [hydr] escotadura f en azud m
— **section** n - [hydr] sección f de, azud m, or pared f para contención f
welcome n - . . .; acogida f | a - bienvenido,da | v - acoger; dar bienvenida f
— **cocktail** n - [social] coctel m para bienvenida f
— — **reception** n - [social] coctel m para recepción f para bienvenida f
— **dinner** n - [social] cena f para bienvenida f
— @ **participation** v - acoger participación f
— **reception** n - [social] recepción f para bienvenida f
welcomed a - acogido,da; bienvenido,da
— **participation** n - participación f acogida
welcoming a - para bienvenida f
weld n - [weld] . . .; junta f; unión f | v - [weld] . . .; soldar con arco m
— **absorption** n - [weld] absorción f de soldadura f
— **across** v - [weld] soldar atravesadamente
— **aligning** n - [weld] alineación f de soldadura
— **all around** v - [weld] soldar todo contorno m
— @ **alloy** v - [weld] soldar aleación f
— **along** v - [weld] avanzar soldando
— @ **aluminum alloy** v - [weld] soldar aleación f con aluminio m
— @ — **with** @ **arc torch** v - [weld] soldar aluminio m con antorcha f con dos electrodos m
— **and forge shop** n - [ind] taller m para soldadura f y forja(dura) f
— **appearance** n - [weld] apariencia f, or aspec-

to m, de soldadura f
weld area n - [weld] zona f para soldadura f •
  also see **welding area**
— **around** v - [weld] soldar, en torno m a, or
  contorno m
— **assembly** n - [weld] conjunto m de soldadura f
— **at full rated output** v - [weld] soldar a régimen m pleno
— **at high speed** v - [weld] soldar con velocidad
  f alta
— **@ automobile frame** v - [autom] soldar bastidor m para automóvil m
— **away** v - [weld] soldar alejándo(se)
— — **from @ corner** v - [weld] soldar alejándo(se) de, esquina f, or ángulo m
— — **@ ground** v - [weld] soldar alejándo(se) de conexión f con tierra f
— **axis** n - [weld] eje m de soldadura f
— **@ barrel key** v - [mech] soldar chaveta f para cilindro m
— **bead** n - [weld] cordón m de soldadura f •
  rosario m de soldadura f
— **@ bead** v - [weld] soldar cordón m
— — **run out portion** n - [weld] cordón m extendido m (removible) de soldadura f
— — **segment** n - [weld] segmento m de cordón m de soldadura f
— — **shape** n - [weld] configuración f de cordón m de soldadura f
— — **to plate thickness ratio** n - [weld] razón f entre espesor m de cordón y espesor m de plancha f
— **break** n - interrupción f en soldadura f
— **build-up** n - [weld] recargo m (de soldadura)
— **@ car frame** v - [autom] soldar bastidor m para automóvil m
— **@ cast iron** v - [weld] soldar, fundición f, or hierro m fundido
— **center** n - [weld] interior m de soldadura f
— **centerline** n - [weld] eje m, central, or longitudinal, de soldadura f
— **characteristic** n - [weld] característica f de soldadura f
— **chemistry** n - [weld] análisis m de soldadura f
— **chilling** n - [weld] enfriamiento m de soldadura f
— **cold** v - [weld] soldar en frío m
— **@ collector** v - [electr] soldar colector m
— **color** n - [weld] color m de soldadura f
— **concave portion** n - [weld] parte f cóncava de soldadura f
— **@ container** v - [weld] soldar recipiente m
— **contamination** n - [weld] contaminación f de soldadura f
— **contour** n - [weld] contorno m de soldadura f
— **control** n - [weld] regulación f de soldadura f • regulador m para soldadura f
— **cooling** n—[weld] enfriamiento m de soldadura
— **@ copper alloy** v - [weld] soldar aleación f con cobre m
— **copper with @ arc torch** v - [weld] soldar cobre m con antorcha f con dos electrodos m
— **core** n - [weld] interior m de soldadura f
— **couple** v - [mech] acoplar mediante soldadura
— **coupling** n - [mech] acoplamiento m mediante soldadura f
— **crack** n - [weld] grieta f en soldadura f
— **@ — —** v - [weld] soldar grieta f
— **cracking** n - [weld] agrietamiento m de soldadura f
— — **resistance** n - [weld] resistencia f de soldadura f a agrietamiento m
— **crater** n - [weld] crater m para soldadura f
— **cross section** n - [weld] corte n transversal de soldadura f
— **cutting off** n - [weld] corte m de soldadura f
— **defect** n - [weld] defecto m en soldadura f
— — **radiograph** n - [weld] radiografía f de defecto(s) m en soldadura f
— **deposit** n - [weld] (metal m de) soldadura f aportado,da

weld deposit analysis n - [weld] análisis m de metal m (de soldadura f) aportado
— — **chemistry** n - [weld] análisis m de metal m aportado
— — **layer** n - [weld] capa f de metal m de soldadura f
— — **property** n - [weld] propiedad f de metal m aportado
— **depositing** n - [weld] aportación f de soldadura f
— **designer** n - [weld] proyectista m para soldadura f
— **destructive inspection method** n - [weld] método m destructivo para inspección f de soldadura f
— **dilution** n - [weld] dilución f de soldadura
— **discontinuity** n - [weld] descontinuidad f de soldadura f
— **downhill** v - [weld] soldar con inclinación f descendente
— **drop(let)** n - [weld] got(it)a f de soldadura
— **during erection** v - [weld] soldar en obra f
— **electrically** v - [weld] soldar eléctricamente
— **@ electrode** v - [weld] soldar electrodo m
— **electronically** v - [weld] soldar electrónicamente
— **end puddle** n - [weld] cráter m en final m de soldadura f
— — **wire overrun** n - [weld] sobrealimentación f de alambre m a final m de soldadura f
— **face** n - [weld] cara f de soldadura f
— **failure** n - [weld] falla f en soldadura f
— **fill(ing)** n - [weld] relleno m con soldadura
— **finish** n - [weld] fin m, or terminación f, de soldadura f
— **flash** n - [weld] rebaba(s) f de soldadura f
— **flow(ing)** n - [weld] escurrimiento m de soldadura f
— **@ frame** v - [weld] soldar bastidor m
— **free** a - [weld] libre f de soldadura(s) f
— **freezing** n - [weld] solidificación f de soldadura f
— **from** v - [weld] soldar desde
— — **@ corner** v - [weld] soldar desde ángulo m
— — **@ ground** v - [weld] soldar desde conexión f con tierra f
— **fusion** n - [weld] fusión f de soldadura f
— **gage** n - [weld] plantilla f para soldadura f
— **geometry** n - [weld] medida(s) f de soldadura f
— **grain structure** n - [weld] estructura f granular de estructura f
— **@ gray cast iron** v - [weld] soldar fundición f gris
— **hardness** n - [weld] dureza f de soldadura f
— **head** n - [weld] see **welding head**
— **heat** n - [weld] see **welding heat**
— **@ heavy plate** v - [weld] soldar plancha f, pesada, or gruesa
— **heel** n - [weld] talón m, or vértice f, de soldadura f
— **hot center** n - [weld] interior m fundido de soldadura f
— — **core** n - [weld] interior m fundido de soldadura f
— **in @ confined place** v - [weld] soldar en recinto m reducido
— — **@ controlled atmosphere** v - [weld] soldar en atmósfera f regulada
— **in @ place** v - [weld] soldar en sitio m
—**(ing) en process** n - [weld] soldadura f en ejecución f
— **inside** v - [weld] soldar en interior m
— — **inspection** n - [weld] inspección f interior de soldadura f
— — — **visual inspection** n - [weld] inspección f visual interior de soldadura f
— **inspection** n - [weld] inspección f de soldadura f
— — **method** n - [weld] método m para inspección f de soldadura f

weld joint n - [weld] junta f con soldadura f
— @ joint v - [weld] soldar junta f
— — aligning n - [weld] alineación f de junta f para soldadura f
— @ lap(ped) seam v - [weld] soldar costura f traslapada
— layer n - [weld] capa f de soldadura f
— leak n - [weld] fuga f en soldadura f
— @ leak v - [weld] soldar fuga f
— leg n - [weld] cateto m de soldadura f; lado m, or superficie f de fusión f, de cordón m
— locked-in stress n - [metal] esfuerzo m encerrado en soldadura f
— manually v - [weld] soldar manualmente
— mechanical property n - [weld] propiedad f mecánica de soldadura f
— metal n - [weld] metal m aportado
— — absorption characteristic n - [weld] carácterística f de metal m aportado para absorción f
— — deposit n - [weld] aportación f de metal m para soldadura f
— — mechanical property n - [weld] propiedad f mecánica de metal m (para soldadura f) aportado
— — deposited n - [weld] metal m de soldadura f aportado
— — drop(let) n - [weld] got(it)a f de metal m para soldadura f
— — mechanical property n - [weld] propiedad f mecánica de metal m para soldadura f
— @ metal plate v - [weld] soldar plancha f metálica
— — porosity n - [weld] porosidad f de metal m, para soldadura f, or aportado
— — property n - [weld] propiedad f de metal m. para soldadura f, or aportado
— — quality n - [weld] calidad f de metal m, para soldadura f, or aportado
— — shelf n - [weld] escalón de metal m, de soldadura f, or aportado
— — strength n - [weld] resistencia f (a tensión f) de metal m, para soldadura f, or aportado
— — tensile strength n - [weld] resistencia f a tensión f de metal m, para soldadura f, or aportado
— — volume n - [weld] volumen m de metal m, de soldadura f, or aportado
—(ing) method n - [weld] método m para soldadura f
—(ing) neck n - [tub] cuello m para soldar
— neck type n - [tub] tipo m con cuello m para soldar
— non-destructive inspection method n - [weld] método m no destructivo para inspección f de soldadura f
— @ nut v - [weld] soldar tuerca f
— only switch n [weld] conmutador con solamente posición f para (hacer) soldar
— out of position v - [weld] soldar fuera de posición f
— outer edge n - [weld] borde m exterior de soldadura f
— outside inspection n - [weld] inspección f exterior de soldadura f
— — visual inspection n - [weld] inspección f visual exterior de soldadura f
— over n - [weld] sobreponer cordón m
— — @ striking area v - [weld] pasar soldando por (sobre) zona f para encendido m
— pass n - [weld] pasada f para soldadura f
— performance n - [weld] ejecución f de soldadura f • resultado m de soldadura f
— physical property n - [weld] propiedad f física de soldadura f
— placement n—[weld] colocación f de soldadura f
— plastic flow n - [weld] escurrimiento m plástico de soldadura f
— @ plate v—[weld] soldar, plancha f, or placa f
— point n - [weld] punto m de soldadura f
— porosity n - [weld] porosidad f de soldadura f

weld preparation n - [weld] preparación f para soldadura f
— property n - [weld] propiedad f de soldadura f
— protrusion n—[weld] saliente f en soldadura f
— puddle n - [weld] charco m, de soldadura f, or fundido
— — control n - [weld] regulación f de, charco m de soldadura f, or fundido
— quality n - [weld] calidad f de soldadura f
— radiography n - [weld] radiografía f de soldadura(s) f
— rejection n - [weld] rechazo m de soldadura f
— relief n - [weld] alivio m para soldadura f
— requirement n - [weld] exigencia f de soldadura f
— rerolling* n - [weld] relaminación* f de soldadura f
— restart(ing) n - [weld] reiniciación f de soldadura f
— @ ring v - [weld] soldar, aro m, or anillo m
— roll n - [weld] rodillo m para soldadura f
— rolling n - [Weld] laminación f de soldadura f
— root n - [weld] raíz f de soldadura f
— — pass n - [weld] pasada f de raíz f para soldadura f
— seal(ing) n cierre m, or obturación f, de soldadura f
— seam n - [weld] costura f con soldadura f
— segment n - [weld] segmento m de soldadura f
— @ shell plate v - [metal-prod] soldar chapa f para coraza f
— shop n - [weld] taller m para soldadura f
— shrinking n - [weld] contracción f de soldadura f
— socket n - [tub] boquilla f para soldar
— soundness n - [weld] solidez f de soldadura f
— spatter n - [weld] salpicadura(s) de, soldadura f, or metal m fundido
— splice v - [weld] empalmar con soldadura f
— start n - [weld] comienzo m de soldadura f
— stress n - [weld] esfuerzo m de soldadura f
— @ stringer bead v - [weld] soldar cordón m inicial
— @ stud v - [weld] soldar, borne m, or espárrago m roscado
— surface n - [Weld] superficie f de soldadura f
— @ tank v - [weld] soldar, (es)tanque m, or depósito m
— test(ing) n - [weld] ensayo m de soldadura f
— theoretical throat n - [weld] garganta f teórica de soldadura f
— @ thin plate v - [weld] soldar plancha f delgada
— throat n - [weld] gargamta f de soldadura f
— tightness n - [weld] estanqueidad f de soldadura f
— to v - [weld] soldar a
— toe n - [weld] pie m, or borde m, de soldadura f
— toward(s) v - [weld] soldar hacia
— travel n - [Weld] avance m de soldadura f
— type socket n - [tub] boquilla f de tipo m para soldar
— uphill v - [weld] soldar con inclinación f ascendente
— vertical down v - [weld] soldar en dirección f vertical descendente
— — up v - [weld] soldar en dirección f vertical ascendente
— vertically v - [weld] soldar verticalmente
— visual inspection n - [weld] inspección f visual de soldadura f
— wire n - [weld] electrodo m de alambre m
— with electrode negative v - [weld] soldar con electrodo m con corriente f negativa
— — positive v - [weld] soldar con electrodo m con corriente f positiva
— — @ low current v - [weld] soldar con amperaje m bajo
— X-ray n - [weld] radiografía f de soldadura f
— zone n - [weld] zona f para soldadura f

waldability n - [weld] soldabilidad* f; aptitud f, or características f buenas, para soldadura
weldable commercial quality n - [weld] calidad f comercial soldable*
— **quality** n - [weld] calidad f soldable
— **stainless steel** n - [metal-prod] acero m inoxidable soldable
— **steel** n - [metal-prod] acero m soldable
— **to each other** a - [weld] soldable(s) entre sí
Weldanpower generator n - [weld] generador m Weldanpower
— **power unit** n - [weld] generador m Weldanpower
— **welder** n - [weld] soldadora f Weldanpower
welded a - [weld] soldado,da
— **across** a - [weld] soldado,da atravesadamente
— **alloy** n - [weld] aleación f soldada
— **aluminized steel square tubing** n - [tub] tubería f cuadrada de acero aluminizado soldada
— — **tubing** n - [tub] tubería f de acero m aluminizado soldada
— **area** n - [weld] zona f soldada
— **around** a - [weld] soldado,da en torno a
— **assembly** n - [weld] conjunto m soldado
— **austenitic stainless steel pipe** n - [tub] tubería f, soldada de acero m inoxidable, or de acero m inoxidable austenítico soldada
— — **steel** n - [weld] acero m austenítico soldado
— — — **pipe** n - [tub] tubería f, soldada de acero m austenítico, or de acero m austenítico soldada
— **automobile frame** n - [autom] bastidor m soldado para automóvil m
— **barrel key** n - [mech] chaveta f, para cilindro m soldada, or soldada para cilindro m
— **beam** n - [constr] viga f soldada
— **bell and spigot steel pipe** n - [tub] tubería f soldada de acero con (junta f de) espiga f y campana f
— **black iron** n - [weld] hierro m negro soldado
— **bonnet** n - [valv] bonete m soldado
— **boom** n - [cranes] aguilón m soldado
— **braced frame** n - [weld] bastidor m soldado arriostrado
— **bridge** n - [weld] puente m soldado
— **cap** n - [tub] casquillo m soldado
— **car frame** n - [autom] bastidor m soldado para automóvil m
— **carbon steel** n - [weld] acero m con carbono m soldado
— — — **pipe** n - [tub] tubería f, soldada de acero m con carbono m, or de acero m con carbono m soldada
— — — **plate** n - [weld] plancha f de acero m con carbono m soldada
— **case** n - [weld] caja f soldada
— **casing** n - [tub] tubería f soldada para entubación f
— **cold rolled steel round tubing** n - [tub] tubería f soldada redonda de acero m laminado en frío m
— — — — **square tubing** n - [tub] tubería f soldada cuadrada de acero m laminado en frío m
— — — — **tubing** n - [tub] tubería f soldada de acero m laminado en frío m
— **conduit** n - [tub] tubería f soldada para conducción f; conducto m soldado
— **container** n - [weld] recipiente m soldado
— **copper alloy** n - [weld] aleación f con cobre m soldada
— **corrugated pipe** n - [tub] tubería f corrugada soldada
— **coupling** n - [weld] acoplamiento m soldado
— **Dresser coupled steel pipe** n - [tub] tubería f soldada de acero m con junta (tipo) Dresser
— **electrode** n - [weld] electrodo m soldada
— **electronically** a - [weld] soldado,da electrónicamente
— **fabric** n - [wire] malla f soldada
— **frame** n - [mech] bastidor m soldado
— **galvanized casing** n - [tub] tubería galvanizada soldada para entubación f
welded galvanized pipe n - tubería f galvanizada soldada
— — **steel conduit** n - [tub] tubería f (para conducción f) soldada de acero m galvanizado
— — **water well casing** n - [tub] tubería f soldada galvanizada para entubamiento m para pozo(s) m para agua m
— — **well casing** n - [tub] tubería f soldada galvanizada para entubamiento m para pozos m
— **grate** n - [weld] rejilla f soldada
— **heavy plate** n - [weld] plancha f, gruesa, or pesada, soldada
— **highway bridge** n - [bridges] puente m carretero soldado
— **in @ confined place** a - [weld] soldado,da en recinto m, reducido, or estrecho
— **in place** a - [weld] soldado,da en (s) sitio
— — **roll cage** n - [autom] jaula f para tumbos m soldada integral
— **iron** n - [weld] hierro m soldado
— **joint** n - [tub] junta f, or unión f, soldada
— — **failure** n - [weld] falla f de junta f soldada
— **lap** n - [weld] traslapo m soldado
— **lift(ing) hook** n - [mech] armella f soldada para elevación f
— **manually** a - [weld] soldado,da manualmente
— **mesh** n - [wire] malla f soldada
— — **wire** n - [wire] alambre m para malla f soldada
— **neck flange** n - [mech] brida f con cuello m soldado
— — **ring joint** n - [mech] junta f con anillo m con cuello m soldado
— **nut** n - [mech] tuerca f soldada
— **out of position** a - [weld] soldado,da fuera de posición f
— **pile** n - [constr-pil] pilote m soldado
— — **pipe** n - [tub] tubería f, para pilote m soldada, or soldada para pilote m
— **pipe** n - [tub] tubo m soldado; tubería f soldada • tubería f con costura f
— — **mill** n - [metal-prod] planta f para tubería f soldada
— — **pile** n - [constr-pil] pilote m tubular soldado
— — **shell** n - [constr-pil] pilote m de camisa f perdida soldada
— — **steel** n - [weld] acero m para tubería(s) f con costura f
— **plate** n - [weld] plancha f soldada
— **railway bridge** n - [weld] puente m ferroviario soldado
— **reinforcement** n - [weld] refuerzo m soldado
— **rigidly braced frame** n - [weld] bastidor m soldado bien arriostrado
— **ring** n - [mech] aro m, or anillo m, soldado
— **roll cage** n - [autom] jaula f para tumbo(s) m soldada
— **rolled steel** n - [metal-fabr] acero m laminado soldado
— — **structural steel** n - [metal-fabr] acero m estructural laminado soldado
— **sample** n - [weld] muestra f soldada
— **seam** n - [weld] costura f soldada
— — **pipe** n - [tub] tubería f con costura f soldada
— — **Smooth-Flo pipe** n - [tub] tubería f soldada (Smooth-Flo) con interior m liso
— — **pipe** n - [tub] tubería f con costura f soldada
— **shape cross section** n - [metal-roll] sección f transversal de perfil m soldado
— — **parallelism** n - [metal-roll] paralelismo m de perfil(es) m soldado(s)
— — **rise** n - [metal-roll] peralte m de perfil m soldado
— — **straightness** n - [metal-roll] rectitud f de perfil m soldado
— — **web** n - [metal-roll] alma m de perfil m

welded sheet n - [weld] chapa f soldada
— **splice** n - [weld] empalme m soldado
— **spot** n - [weld] punto m soldado
— **Stab-Joint steel pipe** n - [tub] tubería f de acero m soldada con junta(s) con espiga f y campana f con guarnición f de caucho m
— **stainless steel pipe** n - [weld] tubería f de acero m inoxidable soldada
— **steadily** a - [weld] soldado,da continuamente
— **steel** n - [weld] acero m soldado
— — **expansion valve** n - [valv] válvula f con dilatación f de acero m soldada
— — **steel fabric** n - [wire] malla f soldada de acero m
— — **lifting hook** n - [mech] gancho n de acero m soldado para elevación f
— — **pipe** n - [tub] tubo m de acero m soldado; tubería f de acero m soldada • tubería f de acero m sin costura f
— — — **caisson** n - [tub] pilote m tubular soldado de acero m
— — — **casing** n - [tub] tubería f para entubación f soldada de acero m
— — — **pile** n - [constr-pil] pilote m tubular soldado de acero m
— — — **round tubing** n - [tub] tubería f redonda, de acero m soldada, or soldada de acero m
— — — **shape** n -metal-roll] perfil m de acero soldado
— — — **square tubing** n - [tub] tubería f cuadrada, de acero m soldada, or soldada de acero m
— — — **strip** n - [metal] fleje m de acero m soldado; chapa f de acero m soldada
— — — **round pipe** n - [tub] tubería f circular de lámina f, de acero soldada, or soldada de acero m
— — — **tube,bing** n - [tub] tubería f, de acero m soldada, or soldada de acero m
— — — — **cold forming** n - [tub] conformación f en frío de tubería f soldada de acero
— — — — **forming** n - [tub] conformación f de tubería f soldada de acero m
— — — — **hot forming** n - [tub] conformación f en caliente de tubería f soldada de acero m
— — — **Institute** n - [tub] Insistuto m (Estadounidense) de Tubería f Soldada de Acero m
— — — **water pipe** n - [tub] tubería f soldada de acero m para agua m
— — **wire fabric** n - [wire] malla f (de alambre n) soldada de acero m
— **stop** n - [weld] tope m soldado
— **stringer** n—[constr] larguero m soldado
— **strip** n - [metal-roll] fleje m soldado
— **structural steel frame** n - [constr] bastidor m soldado de acero m estructural
— **stud** n - [mech] borne m, or espárrago m, soldado
— **tank** n - [weld] depósito m, or (es)tanque m, soldado
— **tee section** n - [tub] sección f perpendicular soldada
— **thin plate** n - [weld] plancha f delgada soldada
— **to @ motor** n - [mech] soldado,da a motor m
— **@ stringer** a - [constr] soldado,da a larguero m
— **together** a - [weld] soldado,da entre sí
— **truck frame** n - [autom] bastidor m soldado para (auto)camión m
— **tube** n—[tub] tubo m, soldado, or con costura
— — **flanging** n - [tub] embridado m de, tubería f soldada, or tubo m soldado
— — **forming** n - [tub] conformación f de, tubería f soldada, or tubo m soldado
— — **tubing** n - [tub] tubería f, soldada, or con costura f
— — — **cold forming** n - [tub] conformación f en frío de tubería f soldada
— — — **fabrication** n - [tub] elaboración f de tubería f, soldada, or con costura f
— — — **hot forming** n - [tub] conformación f en caliente de tubería f soldada
welded tubular construction n - [tub] construcción f tubular soldada
— **vessel** n - [boilers] recipiente m soldado
— **water pipe** n - [tub] tubería f soldada, or tubo m soldado, para agua m
— — **well casing** n - [tub] tubería f soldada para entubación para pozo(s) m para agua m
— **well casing** n - [tub] tubería f para revestimiento m soldada
— **wheel** n - [mech] rueda f soldada
— **wire** n - [constr] malla f soldada
— — **fabric** n - [wire] malla f de alambre m soldada
— — — **for concrete reinforcement** n—[constr] malla f soldada para armadura f de hormigón
— **with @ low current** a - [weld] soldado,da con amperaje(s) m bajo(s)
welder n - [weld] (máquina) soldadora f • also see **weldor**
— **access panel** n - [weld] panel m para acceso m a soldadora f
— **accessory kit** n - [weld] conjunto m de accesorio(s) m para soldadora f
— **alternating current transformer** n - [weld] transformador m para corriente f alternada para soldadora f
— **amperage** n - [weld] amperaje m de soldadora
— **approach conveyor** n - [weld] cinta f transportadora para aproximación f a soldadora f
— **assembly support bed** n - [weld] bancada f para soporte m para conjunto m para soldadora f
— **back** n - [weld] respaldo m de soldadora f
— — **access panel** n - [weld] panel m para acceso en respaldo m de soldadora f
— — **panel** n - [weld] panel m para respaldo m de soldadora f
— **blade shear** n - [weld] cizalla f con cuchilla f para soldadora f
— **blowing out** n - [weld] soplo (con aire m) de soldadora f
— **burning up** n - [weld] destrucción f de soldadora f
— **case** n - [weld] caja f para soldadora f
— — **wraparound** n - [weld] envoltura f para caja f para soldadora f
— **component** n - [weld] pieza f para soldadora f
— **contactor** n - [weld] contactador* m, or interruptor m automático, para soldadora f
— **control circuit** n - [weld] circuito m para regulación f para soldadora f
— **cooling** n - [weld] enfriamiento m de soldadora f
— **current** n - weld] amperaje m para soldadora
— **frame** n - [weld] bastidor m para soldadora f
— **generator** n - [weld] generador m para soldadora f • soldadora f generadora
— — **output polarity** n - [weld] polaridad f de energía f de salida de generador m para soldadora f
— **ground test(ing)** n - [weld] ensayo m de conexión f con tierra f para soldadora f
— **grounding** n - [weld] puesta f a tierra f de soldadora f
— **hauling** n—[weld] transporte m de soldadora
— **kit** n - [weld] conjunto m (de accesorios m) para soldadora f
— **line switch** n - [weld] interruptor m, or conmutador m, para línea f para soldadora f
— **nameplate** n - [weld] placa f para identificación f para soldadora f
— **output** n - rendimiento m de soldadora f • corriente f, or amperaje m, para soldadora f
— **overheating** n - [weld] recalentamiento m, or sobrecalentamiento m, de soldadora f
— **part** n - [weld] pieza f, or repuesto m, para soldadora f
— **rating** n - [weld] amperaje m nominal de soldadora f
— **setting** n - [weld] regulación f, or ajuste m, de soldadora f

welder shipping n - [weld] embarque m de soldadora f
— **stacking** n - [weld] apilamiento m de soldadora(s) f
— **start-up** n - [weld] puesta f en marcha de soldadora f
— **starter** n - [weld] arrancador m para soldadora
— **stopping** n - [weld] detención f de soldadora
—, **stud, or terminal** n - [weld] borne m para soldadora f
— **transformer** n - [weld] soldadora, transformadora, or con transformador m
— **versatility** n - [weld] adaptabilidad f de soldadora f
— **voltage** n - [weld] voltaje m de soldadora f
— **weld(ing)** n—[weld] soldadura f con soldadora
— **wiring diagram** n - [weld] diagrama m para conexión(es) f para soldadora f
— **with @ alternating current transformer** n - [weld] soldadora f con transformador m para corriente f alterna
— **with condenser(s)** n - [weld] soldadora f con condensador(es) m
— **wraparound** n - [weld] envoltura f para soldadora f
welding ability n - [weld] capacidad f para soldadura f
— **across** n - [weld] soldadura f atravesada
— **alloy** n - [weld] aleación f para soldadura f
— **amperage** n - [weld] amperaje m para soldadura
— **and travel cycle(s) control** n - regulación f de ciclo(s) m para soldadura f y avance m
— **arc** n - [weld] arco m para soldadura f
— **around** n - [weld] soldadura f en torno a
— **beginner** n - [weld] soldador m, novato, or principiante
— **cable** n - [weld] cable m para soldadura f
— **carbon** n - [weld] (electrodo m) de carbono m para soldadura f
— **carriage** n - [weld] carro m para soldadura f
— **chemical composition** n - [weld] compuesto m químico para soldadura f
— **circuit** n - [weld] circuito m para soldadura f
— **constant power source** n - [weld] generador m para potencia f constante para soldadura f
— **consultant** n—[weld] asesor m sobre soldadura
— **contact nozzle** n - [weld] boquilla f para contacto m para soldadura f
— **current** n - [weld] corriente f, or amperaje m, para soldadura f
— **current and voltage** n - [weld] amperaje m y voltaje m para soldadura f
— — **control** n - [weld] regulación f de, corriente f, or amperaje m, para soldadura f
— — **exact adjustment** n - [weld] ajuste m preciso de amperaje m para soldadura f
— — **range** n - [weld] límite(s), or variación f, de amperaje m para soldadura f
— — **setting** n - [weld] regulación f de amperaje m para soldadura f
— — **switch** n - regulador m para amperaje m para soldadura f
— **cycle** n - [weld] ciclo m para soldadura f
— — **control** n - [weld] regulación f para ciclo m para soldadura f • regulador m para ciclo m para soldadura f
— — **timer** n - [weld] sincronizador m para ciclo(s) m para soldadura f
— **design procedure handbook** n - [weld] manual m de procedimientos(s) m para proyección f para soldadura(s) f
— **device** m—[weld] dispositivo m para soldadura
— **die** n - [weld] matriz f soldadora
— **duty cycle** n - [weld] ciclo m para carga f para soldadura f
— **dynamics** n - [weld] dinámica f para soldadura f
— **electrode** n - [weld] electrodo m para soldadura f
— — **coating** n - [weld] recubrimiento m para electrodo m para, soldadura f, or soldar
— — **lead** n - [weld] conductor m para electrodo

para, soldadura f, or soldar
welding element n - [weld] elemento m para soldadura f
— **equipment marketing** n - [weld] mercadeo m de equipo(s) m para soldadura f
— — **overseas marketing** n - [weld] mercadeo m en exterior de equipo m para soldadura f
— **fabrication** n - [weld] fabricación f soldada
 • soldadura f industrial
— **facility,ties** n - [weld] instalación(es) f para soldadura f
— **fitting** n—[weld] accesorio m para soldadura
 • instalación f soldadora
— **flash** n - [weld] rebaba(s) f de soldadura f
 • [tub] cordón m de soldadura f
— **fluid** n - [weld] fluido m para soldar
— **flux** n - [weld] fundente m para soldadura f
— **generator** n - [weld] generador m para soldadura f; generador m soldador
— — **brush** n - [weld] escobilla f para generador m para soldadura f
— — **foot cushion** n - [weld] amortiguador m para pata f para generador m para soldadura f
— — **frame** n - [weld] bastidor m para generador m para soldadura f
— — **turning** n - [weld] rotación f de generador m para soldadura f
— **goggles** n - [weld] gafa(s) f para soldadura f
— **gun** n - [weld] pistola f (soldadora)
— — **back end** n - [weld] culata f de pistola f (soldadora)
— — **end** n - [weld] extremo m de pistola f (soldadora)
— **hand shield** n - [weld] careta f, or máscara f, portátil para soldadura f
— **handbook** n - [weld] manual m para soldadura f
— **head** n - [weld] cabeza f soldadora
— **headshield** n - [weld] máscara f, or careta f, para soldadura f
— **heat** n - [weld] amperaje m para soldadura f • calor m de soldadura f
— **helmet** n - [weld] casco m para soldadura f
— **hole** n - [weld] orificio m para soldadura f
— **jig** n - [weld] sujetador m para soldadura f
— **job** n - [weld] trabajo m de soldadura f
— **lead** n - [weld] cable m para soldadura f
— **mechanization** n - [weld] mecanización f de soldadura f
—/**metallurgical flux** n - [weld] fundente m para soldadura f mecanizada y metalurgia f
— **mill** n - [weld] equipo m soldador
— **misuse** n - [weld] aplicación f equívoca de soldadura f
— **nozzle** n - [weld] boquilla f soldadora
— **operator** n - [weld] operador m soldador
— **output** n - [weld] energía f para soldadura f
— **penetrating process** n - [weld] proceso m de soldadura f para penetración f
— **position** n—[weld] posición f para soldadura f
— **powder** n - [weld] polvo m, fundente, or para soldadura f
— **power source** n - [weld] fuente f para energía f para soldadura f
— **practice** n—[weld] práctica f para soldadura
— **precise control** n - [weld] regulación f precisa para soldadura f
— **preparation** n - [weld] preparación f, or preparativo(s) m, para soldadura f
— **procedure** n - [weld] procedimiento m para soldadura f
— — **handbook** n - [weld] manual m de procedimiento(s) m para soldadura f
— —(s) **qualification standard** n - [weld] norma f para aprobación f de procedimiento(s) m para soldadura f
— —(s) **standard** n - [weld] norma f para procedimiento(s) m para soldadura f
— **process variable** n - [weld] variable f para proceso m para soldadura f
— **quality control** n - [metal-weld] acero m con calidad para, soldadura f, or soldar

welding quality steel n - [weld] acero m con calidad f para, soldadura f, or soldar
— **range** n - [weld] escala f, or límite(s) m, para soldadura f
— **rate** n - [weld] rapidez f para avance m
— **rectifier** n - [weld] rectificador m para soldadura f
— **reliability** n - [weld] confiabilidad f de soldadura(s) f
— **repair job** n - [weld] trabajo m de soldadura f para reparación f
— **requirement** n - [weld] exigencia f para soldadura f
— **restarting** n - [weld] reiniciación f de soldadura f • reencendido m de soldadura f
— **rig** n - [weld] instalación f para soldadura f
— **rod** n - [weld] varilla f para soldadura f
— — **wire** n - [weld] alambrón m, or electrodo m de alambre m, para soldadura f
— **roll** n - [weld] rodillo m para soldadura f
— **safety** n - [weld] seguridad f para soldadura f
— **sequence** n - [weld] (orden f de) paso(s) m para soldadura f
— **shield** n - [weld] máscara f, or careta f, para, soldador m, or soldadura f
— — **head band** n - [weld] tafilete m para máscara para, soldador m, or soldadura f
— **shop** n - [weld] taller m para soldadura f
— **silicon rectifier** n - [weld] rectificador m con silicio m para soldadura f
— **soundness** n - [weld] solidez f de soldadura f
— **spark** n - [weld] chispa f para soldadura f
— **speed** n - [weld] rapidez f para avance m
— **standpoint** n - [weld] punto m de vista f de soldadura f
— **start(ing)** n - [weld] iniciación f de soldadura f • encendido m de soldadura f
— — **circuit** n - [weld] circuito m para encendiodo m para soldadura f
— **station** n - [weld] puesto m para soldadura f
— **steel** n - [metal-prod] acero m apto para, soldar, or soldadura f
— **step** n - [weld] paso m para soldadura f
— **stud** n - [weld] borne m para soldadura f
— **supply, plies** n - [weld] material(es) m para soldadura f
— — **overseas marketing** n - [weld] mercadeo m en exterior m de materiales m para soldadura
— **symbol** n - [weld] símbolo m para soldadura f
— **system** n - [weld] sistema m, or proceso m, para soldadura f
— **thermal protection** n - [weld] protección f térmica para soldadura f
— **time** n - [weld] tiempo m para soldadura f
— **together** n - [weld] soldadura f entre sí
— **trade** n - [weld] industria f para soldadura f
— **transformer** n - [weld] transformador m para soldadura f
— **variable** n - [weld] variable f para soldadura f
— **vertical down** n - [weld] soldadura f vertical descendente
— — **up** n - [weld] soldadura f vertical ascendente
— **voltage** n - [weld] voltaje m para soldadura f
— **whipping technique** n - [weld] técnica f para chicoteo* m para soldadura f
— **wire** n - [weld] alambre m para, electrodo(s) m, soldar, or soldadura f
— **workhorse** n - [weld] soldadora f recia
— **yard** n - [weld] parque m para soldadura f
Weldirectory n - [weld] guía f para electrodos m
weldless a - [weld] sin soldadura f • [tub] see **seamless**
— **carbon steel** n - [metal-prod] acero m con carbono m sin, costura, or soldar
— **chain** n - [chains] cadena f sin soldar, dura
— **steel** n - [metal-prod] acero m sin, soldadura f, or soldar
— **tube** n - [tub] tubo m sin, soldadura f, or soldar
weldment n - [weld] conjunto m soldado; pieza f soldada; ensamble m soldado
weldment annealing n - [weld] recocido de, pieza f soldada, or conjunto m soldado
— **design(ing)** n - [weld] proyección f para, soldadura f, or conjunto m soldado
— **leak** n - [weld] fuga f en conjunto m soldado
— **manufacture** n - fabricación f, or elaboración f, de conjunto m soldado
— **preheat(ing)** n - [weld] precalentamiento m de conjunto m soldado
— **type** n - [weld] tipo m de conjunto m soldado
weldor n - [weld] soldador m; oficial m, or operario m, soldador; also see **welder**
— ('s) **ability** n - [weld] aptitud f de soldador
— **apron** n - [weld] delantal m, or coleto m, para soldador(es) m
— **certification** n - [weld] capacitación f de soldador m
— **de luxe glove** n - [weld] guante m de lujo para soldador(es) m
— **erector** n - [weld] montador m soldador
— **glove** n - [weld] guante m para soldador m
— **goggles** n - [safety] gafas f para soldador m
— ('s) **handbook** n - [weld] manual m para soldador m
— ('s) **output** n - [weld] producción f de soldador m
— **protection** n - [weld] protección f para soldador m
— **protective device** n - [safety] dispositivo m protector para soldador m
— **qualification** n - [weld] calificación f, or aprobación f, para soldador m
welfare n - . . . | a - filantrópico, ca
well n - . . . . • [int.comb] sumidero m • orificio m • taza f (para carburador m) • [hydr] noria f | adv - . . .; muy; bien; buenamente; debidamente | [conj] pues
— **behaved** a - formal
— **blowout** n - [petrol] erupción f de pozo m
— **bottom** n - fondo m de pozo m
— — **cleaning (out)** n - limpieza f de fondo m de pozo m
— **capping** n - [petrol] contención f de pozo m
— **cared for** a - bien cuidado, da
— **casing** n - [petrol] entubación f para pozo m • tubería f para revestimiento m de pozo(s)
— **centered** a - bien centrado, da
— **chain** n - [chains] cadena f para pozo m
— **control equipment** n - [petrol] equipo m para regulación f para pozo m
— **designed** a - bien proyectado, da
— **drained backfill** n - [constr] (material m para) relleno m bien, drenado, or avenado
— **driller** n - perforador m para pozo(s) m
— **drilling** n - [constr] perforación f de pozos
— — **sludge** n - [petrol] lodo m para perforación f (de pozos m)
— **educated** a — bien, educado, da, or instruido
— — **conclusion** n - conclusión f bien fundada
— **field** n - [hydr] campo m para pozos m
— **hydraulic system** n - [petrol] sistema m hidráulico para pozo m
— **into** adv - bien entrado
— **measuring reel** n - [petrol] carrete m para cuerda f para medición f de metraje de pozo
— **point** n - [constr] punta f coladora; punta f para achique m
— **pointing** n - [hydr] construcción f de puntas f coladoras
— **rig** n - [petrol] equipo m perforador para pozo(s) m
— **screen** n - [petrol] colador m para pozo(s) m
— **servicing** n - mantenimiento m de pozo(s) m
— — **rig** n - [petrol] equipo m para limpieza f de pozo(s) m
— **shaped** a - bien (con)formado, da
— — **bead** n — [weld] cordón m bien (con)formado
— **shooting** n - [petrol] torpedeamiento m, or torpedeo m, or estudio m sísmico, de pozo m
— **sludge** n - lodo m en pozo m

well start(ing) n - iniciación f de pozo m
— **tamped** a - bien, apisonado,da, or compactado,da
— — **granular material** n - [constr] material m, or relleno m, granular bien compactado
— — **material** n - [constr] material bien, apisonado, or compactado
— **trained** a - bien, adiestrado,da, or capacitado,da, or calificado,da • [educ] educado,da • [petrol] adiestrado,da en pozo(s) m
— — **expert** n - [petrol] experto m adiestrado en pozo(s) m
— — **operator** n - [labor] operador m, or operario m, bien instruido • [weld] soldador m bien calificado
— — **welder** n - [weld] soldador m bien calificado
— — **wellhead expert** n - [petrol] experto m para cabeza(le)s m de pozo m adiestrado en pozo
— — **worker** n - [labor] persona f bien capacitada
— **tubing** n - [petrol] tubería f para pozo m (de petróleo m)
— — **joint** n - [petrol] junta f, or unión f, para tubería f para pozo(s) m (para petróleo)
well ventilated a - bien ventilado,da
— **vertical section** n - [hydr] corte m vertical de pozo m
— **water** n - [hydr] agua m de pozo m
— — **circuit** n - [ind] circuito m para agua m de pozo m
— — **circulation** n - [hydr] circulación f de agua m de pozo m
— — **distribution system** n - [hydr] red f para distribución f de agua m de pozo m
— — **piping** n - tubería f para agua m de pozo m
— — **system** n - [ind] red f para agua m de pozo
— — **treatment** n - [hydr] tratamiento m para agua m de pozo m
— **worker** n - [petrol] obrero m para pozo(s) m
wellhead n - . . . . • [petrol] cabeza f, or cabezal, de pozo m
— **control** n - [petrol] regulación f en cabeza f de pozo m
— **equipment** n - [petrol] equipo m para cabeza f de pozo m
wellpointing n - see **well point**
wench n - . . . . • [domest] . . .; fregona f
wept a - llorado,da
west n - . . . . • [pol] oeste m estadounidense
west center n - centro m oeste
— **coast** n - [geogr] costa f, or litoral m, occidental
— — **mirror** n - [autom] retrovisor m derecho
— — **rear view mirror** n - [autom] retrovisor m derecho
— **hopper** n - [metal-prod] cubeta f oeste
— **rolling** n - [metal-roll] laminación f oeste
— **running** a - see **westbound**
— **skip** n - [metal-prod] vagoneta f oeste
— — **car** n - [metal-prod] cubeta f, or vagoneta f, oeste (de montacargas m)
— **stock rod** n - [metal-prod] zonda f, or varilla f para sondeo m, oeste
westbound a - en dirección f hacia oeste m
— **lane** n - [roads] vía f hacia oeste m
— **track** n - [rail] vía f hacia oeste m
— **hemisphere** n—[geogr] hemisferio m occidental
— **slope** n - [topogr] falda f occidental
— **style** n—estilo m de oeste m estadounidense
wet a - . . . .; empapado,da • [weld] distribuido,da | v - . . . .; empapar • [weld] tener viscosidad baja • distribuir
— **and dry bulb thermometer** n - [instrum] termómetro m con ampolleta(s) f húmeda y seca
— **application** n - aplicación f húmeda
— — **method** n - método de aplicación f por vía húmeda
— **area** n - zona f, mojada, or húmeda
— **base** n - base f mojada • base f húmeda

wet braking n - [autom] frenado m sobre pavimento m, mojado, or húmedo
— **bulb** n - bulbo m húmedo; ampolleta f húmeda
— — **thermometer** n - [instrum] termómetro m con ampolleta f húmeda
— **cable** n - [cabl] cable m mojado • [electrcond] conductor m mojado
— **catalysis** n - catálisis f húmeda
— **chemical method** n - [chem] vía f húmeda
— **cornering** n - [autom] viraje m, or toma f de curva f, con pavimento m mojado
— **cut** n - [constr] zanja f, or trinchera f, or excavación f, con agua m
— **developer** n - [photogr] revelador m líquido
— **driving** n - [autom] conducción f con pavimento m mojado
— **dump** n - [ind] rampa f húmeda
— **electrode** n - [weld] electrodo m húmedo
— **filter set** n - [mech] juego m de filtro(s) m húmedo(s)
— **flux** n—[weld] fundente m, húmedo, or mojado
— **form** n - forma f, or condición f, húmeda
— — **magnetic powder** n - polvo m magnético en condición f húmeda
— — **powder** n - polvo m en condición f húmeda
— **foundation** n - [constr] cimiento m, or fundamento m, húmedo, or mojado
— **gas** n - [combust] gas m húmedo
— — **catalysis** n - [combust] catálisis m de gas m húmedo
— — **consumption** n - consumo m de gas m húmedo
— — **scrubber** n - [ind] depurador m para gas m por vía f húmeda
— — **screen** n - [metal-prod] rejilla f húmeda para lavado m de gas m
— **grinder** n - [ind] molino m húmedo
— **grinding** n - [ind] molienda f, or amoladura f, (por vía f) húmeda
— — **equipment** n - [miner] molino m húmedo
— **ground** n - terreno m, or suelo m, húmedo | a - molido,da por vía f húmeda
— **handling** n - manejo m en condición f húmeda • [autom] conducción f sobre pavimento m, húmedo, or mojado
— **insulation** n—aislación f, húmeda, or mojada
— **magnetic powder** n - polvo m magnético húmedo
— **method** n - método m húmedo • [chem] vía f húmeda
— — **powder application** n - aplicación f de polvo m por vía f húmeda
— **mill** n - [miner] molino m húmedo
— **natural gas** n—[petrol] gas m natural húmedo
— **pavement** n - [roads] pavimento m mojado
— **pit** n - [constr] pozo m húmedo
— — **pump** n - [pumps] bomba f para pozo m húmedo
— — **submersible pump** n - [pumps] bomba f sumergible para pozo m húmedo
— **plate** n - placa f, or plancha f, húmeda
— **powder** n - [ind] polvo m húmedo
— — **method** n - método m con polvo m húmedo
— **precipitator** n - [ind] precipitador m por vía f húmeda
— **process** n - [chem] vía f húmeda
— — **analysis** n - análisis m por vía f húmeda
— — **cleaning** n - [ind] limpieza f, or depuración f, por vía f húmeda
— — **progression** n - [chem] progresión f, or marcha f, por vía f húmeda
— **rapidly** v - [weld] distribuir rápidamente
— **roadholding** n - [autom] adherencia f a pavimento m, húmeo, or mojado
— **rolling** n - [metal-roll] laminación f húmeda
— **sand mold** n - [metal-prod] molde m de arena f húmeda
— **screen** n - [ind] rejilla f húmeda • pantalla f húmeda
— **scrubber** n—[ind] lavador m por vía f húmeda
— **scrubbing screen** n - [ind] rejilla f húmeda para lavado m

wet skidpad n - [sports] deslizadero m, or resbaladero m, mojado, or húmedo
— **soil condition** n - [constr] condición f húmeda de suelo m
— — **unit weight** n - [soils] peso m unitario de suelo m húmedo
— — **weight** n—[soils] peso m de suelo m húmedo
— **spring** n - [meteorol] primavera f húmeda
— **stopping** n - [autom] detención f, or parada f, con pavimentos m, mojados, or húmedos
— **tempering** n - [metal-treat] temple m húmedo
— **test** v - analizar en húmedo
— **tested** a - analizado,da en húmedo
— **track** n - [rail] vía f, húmeda, or mojada
— **traction** n - [autom-tires] tracción f sobre pavimento m mojado
— **washer** n - [miner] lavadora f
— **washing screen** n - [ind] rejilla f húmeda para lavado m
— **well** n - [hydr] pozo m para aspiración f
wetted a - humedecido,da; (re)mojado,da • [weld] distribuido,da
— **clothing** n - [safety] ropa f empapada
— **contact** n - [hydr] contacto m, mojado, or bañado
— **footwear** n - [safety] calzado m empapado
— **rapidly** a - mojado,da rápidamente • [weld] distribuido,da rápidamente
wetter n - mojador m
wetting n - ...; humedecimiento m
— **action** n - [weld] distribución f de metal m fundido
wharf n - [nav] ...; embarcadero m • [ind] ...; rampa f
— **repair** n - [naut] reparación f de atracadero
what counts n - (lo) que vale
—('s) **more** adv - aún más
— **to wear** n - (lo) que llevar; cómo vestir(se); vestimenta f
whatever (else) is handy n - cuanto venga a mano
wheat by-product n - [agric] subproducto m de trigo m
— **drill** n - [agric-equip] sembradora f para trigo m
— **screen** n - [agric-equip] zaranda f para trigo
wheel n - ...; rodado m; rodillo m • [autom] volante m; dirección f • [mech] muela f • [casino] ruleta f | v - ...; mover
...-**wheel** a - see ...-**wheeled**
— **aligning,gnment** n - alineación f de rueda(s)
— **and axle** n - [mech] rueda f y eje m
— — **manual** n - [mech] manual m para rueda(s) f y eje(s) m
— — **tire fitment** n - [autom-tires] apareamiento de rueda(s) f y neumático(s) m
— **arm** n - [mech] brazo n para rueda f
— **assembly** n - [mech] conjunto m de rueda(s) f; rodaje m
— **attachment** n - [mech] accesorio m para rueda s
— **axle** n - [mech] eje m para rueda f
— **back** n - [wheels] dorso m de rueda f
— — **face** n - [mech] cara f interna de rueda f
— **base** n - [autom] distancia f entre eje(s) m • [rail] distancia f entre rueda(s); trocha f
— **bearing** n - [mech] cojinete m para rueda f
— **blade** n - [int.comb] álabe m para rueda f
— **blank** n - [mech] rueda f, sin labrar, or en bruto
— **block** n - [rail-wheels] bloque m para rueda f
— **blockage** n - [mech] atascamiento m de rueda f
— **bolt** n - [mech] perno m para rueda f
— **bore** n - [rail-wheels] taladro m en rueda f
— **boring mill** n - [rail-wheels] perforadora f, or taladro m, para rueda(s) f
... — **brake(s)** n - [mech] freno m en ... rueda(s) f
— **bulldozer** n - [constr] topadora f, sobre, or con, rueda(s) f
— **bushing** n - [mech] buje m para rueda f
— **cant** n - [petrol] llanta f de malacate m
— **carrier** n - [autom] portarrueda(s) m

wheel carrying capacity n - [mech-wheels] capacidad f de rueda f para portar carga(s) f
— **caster** n - [mech] rueda f giratoria
— **center** n - [rail-wheels] núcleo m, or cubo m, para rueda f
— **centerline** n - [autom] eje m longitudinal para rueda f
— **circumference** n - [mech] circunferencia f de rueda f
— **clamp** n - [mech] grapa f para rueda f
— **configuration** n - configuración f para rueda
— **covering** n - [autom] tapa f para rueda f
— **cross section** n - [wheels] corte m transversal de rueda f
— **cutter** n - [constr-equip] rueda f con cangilón(es) f
— **cylinder** n - [mech] cilindro m para rueda(s)
— **data** n - [mech] información f sobre rueda(s)
— **design** n - [wheels] proyección f para ruedas
— **diameter** n - [mech] diámetro m para rueda f
— **differential** n - [mech] diferencial m (para ruedas f)
— — **case** n - [autom-mech] caja f para diferencial m para rueda f
— — — **kit** n - [autom-mech] conjunto m para caja f para diferencial m para rueda f
— — **kit** n - [autom-mech] conjunto m para diferencial m para rueda(s) f
— — **side gear** n - [mech] engranaje m lateral para diferencial m
— — **pinion** n - [autom-mech] piñón m lateral para diferencial m para rueda f
— **disk** n - [mech] disco m para rueda f
— — **steel** n - [metal-prod] acero m para disco m para rueda f
— **dozer** n - [constr-equip] see **wheel bulldozer**
— **dressing** n - [mech] refrentado m de rueda f
... — **drive** n - [autom-mech] tracción f en ... rueda(s) f
... — **differential** n - [autom-mech] diferencial m para tracción f en ... ruedas f
— **edge** n - [mech] ruedo m
— **end** n - [mech] extremo m para rueda f
— **equalization** n - equilibrio m, or igualación f, de rueda(s) f
— **equipment** n - [mech] equipo m para rueda f
— **face** n - [mech] cara f de rueda f
— **failure** n - [mech] falla f de rueda f
— **finish** n - [mech] acabado m para rueda f
— **fitment** n - [autom-tires] apareamiento m de rueda(s) f y neumático(s) m
— **flange** n - [wheels] pestaña f para rueda f
— **forged from one piece** n - [wheels] rueda f forjada de una (sóla) pieza f
— **forging** n—[metal-prod] forjadura f de rueda
— — **press** n - [metal-prod] prensa f para forjadura f de rueda(s) f
— **front** n - [wheels] frente m de rueda f
— — **face** n - [wheels] cara f externa de rueda
— **guard** n - guardarrueda m; guardacantón m
— **gudgeon** n - [petrol] muñón m para malacate m
— **hardening** n - temple m de rueda(s) f
— **holder** n - [mech] portarrueda(s) m
— **hub** n - [mech] cubo m, or mazo m, para rueda
— **hydraulic power** n - [agric-equip] impulso m hidráulico para rueda f
— **life** n - [wheels] vida f (útil) de rueda(s)
— **loader** n - [constr-equip] [Mex.] tractor-pala m con rueda(s) f
— **locking** n - [mech] traba(dura) f de rueda f
— **loosening** n - [mech] aflojamiento m de rueda
— **mounted bulldozer** n - [constr-equip] topadora f sobre rueda(s) f
— — **loader** n - [constr-equip] cargadora f sobre rueda(s) f
— **nut** n - [autom-mech] tuerca f para rueda f
— **offset** n - [autom-mech] desplazamiento m lateral de rueda f
— **pin** n - [mech] pasador m, or espárrago m, para rueda f
— **plate** n - [rail-wheels] alma m de rueda f

wheel platform n - plataforma f sobre rueda(s) f
— **post** n - [petrol] poste m, or soporte m, para, malacate m, or torno m
— — **brace** n - [petrol] tornapunta f para, poste m, or soporte m, para, malacate, or torno
— **press** n - [metal-prod] prensa f para forjar rueda(s) f
— **profile** n - [mech] perfil m para rueda f
— **puller** n - [autom-mech] sacarrueda(s) m; extractor m para rueda(s) f
— **radius** n - [wheels] radio m de rueda f
— **research** n - [mech-wheels] investigación f sobre rueda(s) f
—/**rim contour** n - [autom] contorno m de rueda f y llanta f
— **rolled from one piece** n - [rail-wheels] rueda f laminada de una (sóla) pieza f
— **scraper** n - [autom] raspador m para rueda f
— **set** n - juego m de rueda(s) f
— **shaft** n - [mech] árbol m para rueda f
— **shot blast abrading** n - [metal-treat] granallado m de rueda f
— **skidding** n - [mech] patinaje m de rueda f
— **slipping** n - [mech-wheels] resbalamiento m, or patinaje m, de rueda(s) f
— **snagging** n - [mech] enganche m de rueda(s) f
— **spacing** n - separación f, or distancia f, entre rueda(s) f
— **spider** n - [mech] maza f y rayo(s) m para rueda f
— **spindle** n - [mech] husillo m, or pivote m, para rueda f • [autom-mech] muñón m para rueda f; punta f de eje m
— **steel** n - [metal-prod] acero m para rueda(s)
— **stock(s)** n - existencia f de rueda(s) f
— **tempering** n - [mech-wheels] temple m de rueda
— **test(ing)** n - [mech-wheels] ensayo m, or prueba f de rueda f
— **tire** n - [mech-wheels] llanta f para rueda f
— **toe(ing) in** n - [autom-mech] convergencia f de rueda(s) f
— —**(ing) out** n - [autom-mech] divergencia f de rueda(s) f
— **tractor** n - [agric-equip] tractor m sobre rueda(s) f
— **tread** n - [mech-wheels] superficie f para rodadura f para rueda f • garganta f de rueda f • [autom] distancia f entre rueda(s) f • [rail] plano m para rodadura f para rueda f
— — **contour** n - [mech-wheels] contorno m de, superficie f para rodadura f, or garganta f, de rueda f
—**type crane** n - [cranes] grúa f sobre rueda(s)
— **washer** n - [mech] arandela f para rueda f
— **weight** n - [mech] peso m de rueda f • pesa f, or contrapeso m, para rueda f
— **welder** n - [weld] soldadora f sobre rueda(s) • soldadora f para rueda(s) f
— **well** n [autom] concavidad f para rueda f
— **wobble,ling** n - [mech] bamboleo m de rueda f
wheeled a - (provisto,ta) con rueda(s) f
— **cultivator** n - [agric-equip] cultivadora f, or escardadora f, con rueda(s) f
— **plow** n - [agric-equip] arado m sobre rueda(s)
— **vehicle** n - [transp] vehículo m sobre ruedas
wheeling n - . . .; rodadura f • [autom] conducción f
wheelspinning n - [autom] patinaje m, circular, or circunferencial, (de ruedas f)
when authorized a - previo,via autorización f
— **called for** adv - cuando corresponde
— **corner welding** adv - [weld] cuando se suelda sobre ángulo m exterior
— **drawing** adv - [wiredrwng] cuando se trefila
— **empty** adv - cuando vacío,cía(s)
— **fillet welding** adv - [weld] cuando se suelda en ángulo m interior
— **following** adv - de, or a, seguir(se)
— **in order** adv - cuando corresponde
— **lap welding** adv - [weld] al soldar(se) sobre solapo m

when loaded adv - [transp] recorrido m cargado
— **necessary** adv - cuando, sea necesario,ria, or haga falta
— **not booming** adv - [cranes] cuando no se opera aguilón m
— — **welding** adv - cuando no se, suelda, or está soldando
— **pouring** adv - cuando m se vuelca; a volcar
— **required** adv - de exigir(se)
— **used** adv - de, usar(se), or emplear(se)
— **welded** adv - [weld] de haber(se) soldado
— **welding** adv - mientras se suelda
— **you boil it down** adv - en cuenta(s) f resumida(s)
whenever feasible adv - siempre que resulte factible
— **possible** adv - cuandoquiera, or siempre que, sea, or resulte, posible
— **practical** adv - cuandoquiera, or siempre que, resulte práctico
where adv - . . .; dondequiera • cuando(quiera)
— **applicable** adv - de poder(se) aplicar
— **located** adv - donde está
— **necessary** adv - donde resulte necesario,ria
— **possible** adv - donde, or siempre que, sea posible
— **there, is**, or **are** adv - donde haya(n)
whereas con - . . .; atento a; en atencion t a • [legal] visto; considerando; visto y considerando
whereby adv - . . .; mediante (el/la) cual
wherever practical adv - dondequiera resulte práctico,ca
whether adv - . . .; ya sea
whetstone n - . . .; piedra f para asentar
whichever comes first adv - cualquiera ocurra primero,ramente
— **is larger** adv - cualquiera sea mayor
— — **longer** adv - cualquiera sea mayor
— — **shorter** adv - cualquiera sea menor
— — **smaller** adv - cualquiera sea menor
while at adv - mientras en
— **cold** adv - estando frío,ría
— **drawing** adv - [wiredrwng] durante trefilería
— **hot** adv - estando caliente
— **idling** adv - durante operación f sin carga
— **in motion** adv - mientras en marcha • [Chi.] sobre marcha f
— **installing** adv - durante instalación f
— **not welding** adv - mientras no se suelda
— **operating** adv - durante, marcha, or operación f • [Chi.] sobre marcha f
— **riveting** adv - [mech] al estarse remachando
— **welding** n - [weld] al estar(se) soldando
whim of fate n - capricho m de azar m
whip n - . . .; chicote m • [cranes] cable m, secundario, or a gancho m | v - . . .; verguear; chicotear; latiguear • [weld] chicotear
— **assembly** n - [cranes] conjunto m de cable m a gancho m
— **brake** n - [cranes] freno m para cable m, secundario, or para gancho m
— **check(ing)** n - [cranes] verificación f de cable m a gancho m
— **control(ling)** n - [cranes] regulación f de cable m para gancho m
— **drum** n - [cranes] tambor m para cable m para gancho m
— — **brake** n - [cranes] freno m para tambor m para cable m para gancho m
— — **check(ing)** n - [cranes] verificación f de tambor m para cable m para gancho m
— **@ electrode** v - [weld] chicotear electrodo m
— **@ — out of @ crater** v - [weld] chicotear electrodo m fuera de cráter m
— **electrode tip** v - [weld] chicotear punta f de electrodo m
— **handle** n - [cranes] palanca f para (cable m para) gancho m
— **hoist** n - [cranes] elevador m para cable m

para gancho m
whip hoist control n - [cranes] regulación f para cable m elevador para gancho • regulador m para elevador m para cable m para gancho m
— — **line** n - [cranes] cable m para elevación f para gancho m
— **lead** n - [weld] conductor m a portaelectrodo m • cable m flexible
— **line** n - [cranes] cable m para gancho m
— — **extension** n - [cranes] extensión f para cable m para gancho m
— — **free fall** n - [cranes] caída f libre de cable m para gancho m
— — **hoist** n - [cranes] elevador m para cable m para gancho m
— — **load** n - [cranes] carga f para cable m para gancho m
— — **sheave** n - [cranes] polea f para cable m para gancho m
— — **wedge socket** n - [cranes] casquillo m para cuña f para cable m para gancho m
— — **weighted hook** n - [cranes] gancho m lastrado para cable m para gancho m
— **out** v - [weld] chicotear hacia afuera
— — **of @ crater** v - [weld] chicotear fuera de cráter m
— **shaft** n - [cranes] árbol m para cable m, secundario, or para gancho m
— — **check(ing)** n - [cranes] verificación f de árbol m para cable m para gancho m
— **socket** n - [cranes] casquillo m en extremo m de cable m para gancho m
— **@ tip** v - [weld] chicotear punta f
whipped a - azotado,da • [mech] vibrado,da • [weld] latigueado,da; chicoteado,da
whipping n - latigueo m; chicoteo m • vibración
— **technique** n - [weld] técnica f de chicoteo m
whipstock n - [petrol] cuña f desviadora; desviador n; guíasonda(s) m | v - [petrol] desviar (pozo m, or hoyo m)
— **orientation** n - [petrol] orientación f de, desviador m, or guíasonda(s) m
whirled a - girado,da
— **cementing collar** n - [petrol] collar m para cementación f con descarga f centrifugada
— **shoe** n - [mech] zapata f giratoria
Whirley n - [cranes] grúa f giratoria
whirling n - giro m; rotación f | a - girante
— **wheel** n - [mech] rueda f girante
whistled a - silbado,da
Whistler Magna-Die n - [mech] troquel m, or matriz f, or punzón m, Magna Die de Whistler
— — **system** n - [mech] sistema m (modular) Magna-Die de Whistler
white n - . . .; blancura f; pureza f; inocencia f | a - . . .; claro,ra; inmaculado,da; afortunado,da | v - blanquear; recubrir; disfrazar • hacer claro(s) m
— **aluminum paint** n - [paint] pintura f, blanca de aluminio, or de aluminio m blanca
— **autobody filler** n - [autom-body] relleno m blanco para, carrocería(s) f de automóvil, or chapistería f
— **brittle cast iron** n - [metal-prod] hierro m fundido blanco friable
— — **iron** n - [metal-prod] hierro m blanco friable
— **cast iron** n - [metal-prod] hierro m fundido blanco; fundición f blanca
— — — **welding** n - [weld] soldadura f de, hierro m fundido blanco, or fundición f blanca
— **cement** n - [constr] cemento m blanco
— — **grout(ing)** n - [constr] lechada f de cemento m blanco
— **clay** n - [soils] arcilla f blanca
— **clean sharp sand** n - [constr] arena f blanca con arista(s) f viva(s) limpia
— **coating** n - recubrimiento m blanco
— **filler** n - [autom-body] relleno m blanco
white frost n - [meteorol] escarcha f (blanca)
— **iron** n - [metal-prod] hierro m blanco; fundición f blanca; hierro m difícil para trabajar • hierro m con carbono m en forma f de carburo m (de hierro m)
white line n - . . .; see **closed seam**
— **lining** n - revestimiento m blanco
— **metal** n - [metal] . . .; metal m, blanco, or (de) babbitt
— **mica** n - [miner] mica f blanca
— — **lamina(e)** n - [miner] lámina(s) f de mica f blanca
— **mold** n - moho m blanco
— **mortar** n - [constr] mortero m blanco
— **oak** n - [lumber] roble m blanco
— **pickle** v - [metal-treat] decapar en blanco
— **pickled** a - [metal-treat] decapado,da en blanco
— **pickling** n - [metal-treat] decapado m en blanco
— **pointing mortar** n - [constr] mortero m blanco para tomar
— **Portland cement** n - [constr] cemento m (Pórtland) blanco
— **rust** n - [chem] óxido m blanco
— **sheet** n - [paper] hoja f blanca • [domest] sábana f blanca
— **sidewall (tire)** n - [autom-tires] (neumático m con) pared f lateral blanca
— **stripe** n - franja f, or lista f, blanca
— **stuff** n - [meteorol] elemento m blanco
whitewash n - [constr] . . .; pintura f con cal | v - . . .; pintar con cal f
whitewashed a - [constr] blanqueado,da; pintado,da con cal f
whitewashing n - [constr] blanqueo m; pintura f con cal f
who signs below adv - [legal] que suscribe; abajo firmante
whole a - . . .; integral; conjunto
— **shift** n - [labor] turno m íntegro
— **wheat flour** n - [culin] harina f integral
wholesale basis n - [com] base f de venta(s) a por mayor
— **business** n - [com] comercio m, or sector m, mayorista
— **price** n - [com] precio m, mayorista, or por mayor
wholly adv - . . .; completamente; íntegramente
— **owned** a - de sola propiedad f; de propiedad f, exclusiva, or absoluta
— — **subsidiary** n - [legal] (empresa f) subsidiaria f, or filial f; de propiedad f, exclusiva, or absoluta
whom it may concern n - quien m corresponda
whoops and hollera n - vivas f; vítores m
wht n - see **white**
WI n - [pol] see **Wisconsin**
wicked a - . . .; vil
wicker bedspread n - [domest] sobrecama f de mimbre m
— **hoop** n - vilorta f
wicket n - [sports] . . . • [metal-prod] mirilla f en puerta f para carga f (de horno m Siemens-Martin)
wide acceptance n - aceptación f amplia
— **and straight base beam** n - [metal-roll] viga f con patín m ancho y recto
— **application** n - aplicación f amplia; uso m múltiple
— **band** n - [electron] banda f, ancha, or amplia
— — **bandpass filter output spectrum** n - [electron] escala f amplia con banda f ancha para filtro m pasabanda
— **base** n - base f ancha • [metal-roll] patín m ancho
— — **beam** n - [metal-roll] perfil m, or viga f, con patín m ancho
— — **I shape** n - [metal-roll] perfil m I con base f ancha
— — **ingot** n - [metal-prod] lingote m con base f ancha
— — **shape** n - [metal-prod] perfil m con patín

ancho
- **wide bead** n - [weld] cordón m ancho
- — **beam** n - [metal-roll] viga f ancha
- — **beam foot spread** n - [cranes] base f amplia para aguilón m
- — **bottom ingot** n - [metal-prod] lingote m con fondo m ancho
- — **bucket** n - [constr-equip] cangilón m, or cucharón m ancho
- — **butt weld** n - [weld] soldadura f ancha a tope
- — **cam** n - [mech] leva f ancha • sujetador ancho
- — **change** n - cambio m considerable
- — **choice** n - selección f amplia
- — **coil** n - [metal-roll] bobina f ancha
- — **current range** n - [weld] escala f amplia de amperaje(s) m
- — **cutting head** n - [tools] cabeza f cortante ancha
- — **design** n - configuración f ancha
- — **disparity** n - disparidad f amplia
- — **ditch** n - [constr] zanja f ancha
- — **element** n - elemento m ancho
- — **embankment** n - [constr] terraplén m ancho
- — **enough** a - suficientemente ancho,cha
- — **face** n - frente m ancho
- — — **cam** n - [mech] leva f, or sujetador m, con frente m ancho
- — **faced sheave** n - [mech] polea f, or garrucha f, ancha
- — **feeding capability range** n - [weld] escala f amplia en capacidad f para alimentación f
- — **fillet bead** n - [weld] cordón m ancho en ángulo m (interior)
- — — **pass** n - [weld] pasada f ancha en ángulo m (interior)
- — — **weld(ing)** n - [weld] soldadura f ancha en ángulo m (interior)
- — **flame** n - [combust] llama f ancha
- — **flange** n - [mech] brida f ancha • [tub] reborde m ancho • [metal-roll] ala m ancha
- — — **beam** n - [metal-roll] viga f con ala ancha
- — — **I beam** n - [metal-roll] viga I con ala m ancha
- — — **plate girder** n - [metal-roll] viga f maestra con ala(s) f ancha(s)
- — **flat position butt weld(ing)** n - [weld] soldadura f ancha a tope en posición f plana
- — **flow range** n - [hydr] escala f amplia de caudal(es) m
- — **foot** n - pie m ancho • [mech] base f amplia
- — **footprint** n - [autom-tires] huella f ancha
- — **gage** n - [rail] trocha f, or vía f, ancha
- — — **(railroad) track** n - [rail] vía f (férrea) con trocha f ancha
- — **grip range** n - [mech] escala f amplia de mordedura(s) f
- — **heavy bead** n - [weld] cordón m ancho y grueso
- — — **duty bucket** n - [constr-equip] cangilón m, or cucharón m, ancho para servicio m pesado
- — **latitude** n - . . . . • [fig] variación f amplia
- — **line** n - [com] surtido m, or renglón m, amplio
- — **link design** n - [chains] configuración f ancha de eslabón m
- — **medium duty bucket** n - [constr-equip] cangilón m, or cucharón m, ancho para servicio m mediano
- — **mouth container** n - recipiente m con boca f ancha
- — **nut** n - [mech] tuerca f ancha
- — **opening** n - abertura f, or separación, grande
- — **outrigger** n - [cranes] estabilizador m ancho
- — **pass** n - [weld] pasada f ancha
- — **performance range** n - escala f amplia de posibilidad(es) f para trabajo m
- — **profile range** n - escala f amplia de perfiles
- — **range** n - escala f, or variedad f, or selección f, amplia; límite(s) m amplio(s)
- — **road** n - [roads] camino m, ancho, or amplio
- — **runway** n - [cranes] base f para rodamiento m ancha
- — **screen** n - [electron] pantalla f ancha
- **wide screen television** n - [electron] televisor m copn pantalla f, grande, or ancha
- — **selection** n - selección f amplia; surtido m amplio
- — **shape** n - [metal-roll] perfil m ancho
- — **sheave** n - [cabl] polea f, or garrucha f, ancha
- — **shoulder** n - [roads] berma f ancha
- — **size range** n - escala f amplia de medidas f
- — **span** n - porte m, or tramo m, amplio
- — — **crane** n - [cranes] grúa f con vía f para rodamiento m ancha
- — — **horizontal shape** n - [constr] conformación f horizontal con luz f amplia
- — — **runway** n - [cranes] vía f para rodamiento m ancha
- — **stance** n - [cranes] extensión f considerable
- — **straight base I shape** n - [metal-toll] perfil I con base f ancha recta
- — — **shape** n - [metal-roll] perfil m con patín m ancho (y) recto
- — **strip** n - franja f ancha • [metal-roll] fleje m ancho
- — — **mill** n - [metal-roll] tren m para, fleje m ancho, or banda f, or cinta f, or chapa f, ancha
- — **swinging** n - coleadura f amplia
- — **throat** n - garganta f ancha • [mech] acanaladura f ancha
- — — **dragline sheave** n - [constr-equip] polea f con acanaladura f ancha para cable m para arrastrae m
- — — **sheave** n - [mech] polea f con acanaladura f ancha
- — **tire** n - [autom-tires] neumático m ancho
- — **tolerance** n - [ind] tolerancia f amplia
- — — **variation** n - [ind] variación f amplia en tolerancia(s) f
- — **track** n - vía f, or trocha f, ancha
- — — **seeder** n - [agric-equip] sembradora f con, vía f, or trocha f, ancha
- — **tread** n - [autom] trocha f ancha • [autom-tires] banda f ancha para rodamiento m ancho
- — — **seeder** n - [agric-equip] sembradora f con, vía f, or trocha f, ancha
- — **trench** n - [constr] zanja f ancha
- — — **projecting conduit** n - [constr] conducto m voladizo en zanja f ancha
- — **tunnel** n - [constr] túnel m ancho
- — **turn** n - [autom] viraje m amplio
- — **type (disk) harrow** n - [agric-equip] rastra f con disco(s) de tipo m ancho
- — **use** n - empleo m, amplio, or variado
- — **V-butt weld** n - [weld] soldadura f ancha a tope m (con chaflán m) en V
- — **variation** n - variación f amplia
- — **variety** n - variedad f, amplia, or grande
- — **weave** n - [weld] (movimiento m de) tejido m amplio
- — **weld** n - [weld] soldadura f ancha
- — **wheel** n - [mech] rueda f ancha
- — **wire feeding capability** n - [weld] capacidad amplia para alimentación f para alambre m
- — **zone** n - zona f, ancha, or amplia
- **widely** adv - . . . .; ampliamente; con frecuencia
- — **applicable rule** n - regla f con aplicación f amplia
- — — **ruling** n - reglamentación f con aplicación f amplia
- — — **safety rule** n - [safety] regla f sobre seguridad f para aplicación f amplia
- — **known** a - conocido,da ampliamente
- — **offset** a - [mech] muy desplazado,da
- — — **wheel** n - [autom] rueda f muy desplazada
- **widen out** v - ensanchar
- **widen @ road** v - ensanchar, or ampliar, camino
- **widened** a - ensanchado,da; ampliado,da
- — **earthwork** n - [constr] terraplen m ampliado
- — **road** n - camino m, ensanchado, or ampliado
- **widener** n - ensanchador m
- **widening** n - ensanche m; ensanchamiento m

widening transition n - transición f para ensanche m
wider footprint n - [autom-tires] huella f más ancha
— **grip** n - [mech] mordedura f mayor
— **outrigger** n - [cranes] estabilizador m más ancho • [naut] arbotante m más ancho
— **range** n - diversidad f mayor
— **use** n, or **empleo** m, más amplio
widespread a - . . .; generalizado,da; extendido,da; amplio,plia
— **concept** n - concepto m generalizado
— **discontent** n - descontento m generalizado
widia metal n - [metal] see **tungsten carbide**
Widmastaten structure n - [metal-prod] estructura f Widmastaten
widow's pension n - [labor] viudedad f
width n - . . .; extensión f; amplitud f; holgura f
— **above** n - ancho m, or anchura f, superior a
— **allowable deviation** n - desviación f admisible en, ancho(r) m, or anchura f
— **below** n - ancho m, or anchura f, inferior a
— **deviation** n - desviación f en ancho m
— **dimension** n - medida f de ancho(r) m
— **factor** n - [geom] factor m de ancho(r) m
— **foot** n - pie m de, ancho(r) m, or anchura f • **use** metro(s) de, ancho(r) m, or anchura f
— **gage** n - [mech] calibrador m para ancho(r) m
— **height ratio** n - razón f entre, anchura f y altura, or ancho(r) m y alto m
— **in millimeters** n - [metric] ancho(r) m, or anchura f, en milímetro(s) m
— **limitation** n - limitación f para, ancho(r) m, or anchura f
— **(s) listing** n - lista f de ancho(s) m
— **measurement** n - [mech] medida f de ancho(r) m
— **measuring** n - medición f de ancho(r) m
— **over** n - ancho(r) m superior a
— **(s) range** n - escala f de ancho(s) m
— **setting** n - [mech] regulación f de ancho(s) m
— **thickness ratio** n - relación f ancho/espesor
— **tolerance** n - tolerancia f en ancho(r) m
— **under** n - ancho(r) m inferior a
— **variation** n - variación f en ancho(r) m
wielded a - esgrimido,da
wiggle v - . . .; colear • mover(se)
— **tail** n - [metal-roll] cargador m para bobinas
wiggled a - meneado,da; coleado,da • movido,da
wiggling n - meneo m; coleada f • movimiento m
wild a - . . .; ferino,na; furioso,sa; furo,ra • errático,ca • temerario,ria
— **arc action** n - [weld] acción f errática de arco m
— **barley** n - [botan] espigadilla f
— **cast** n - [metal-prod] colada f perdida
— **dream** n - pesadilla f
wildcat strike n - [labor] . . .; paro m clandestino
— **well** n - [petrol] perforación f para exploración f • pozo m perforado en zona f antes no productiva
wildcatting n - [petrol] (campaña f para) exploración f
wildlife n - [zool] fauna f (silvestre)
willing audience n - auditorio m dispuesto
— **cooperation** n - cooperación f voluntaria
willingness n - . . .; voluntad f; disposición f
Wilputte oven n - [coke] horno m Wilputte
wimble n - [tools] . . .; berbiquí m
win n - triunfo m; ganancia f | v - . . .; triunfar; sobreponer(se); imponer(se); granjear(se); merecer
— **@ award** v - [com] ganar, adjudicación f, or licitación f
— **by @ wit** v - ganar por poco
— **@ lot(s)** v - ganar por muecho
— **@ championship race** v - [sports] ganar, or triunfar en, carrera f para campeonato m
— **@ class** n - [sports] triunfar en categoría f
— **overall** v - [sports] triunfar en forma f absoluta

win @ race v - [sports] ganar carrera f
— **@ stage** v - ganar etapa f
— **@ tender** v - [com] ganar licitación f
winch n - [mech] . . .; aparejo m; huso m; malacate m; molinete m; elevador m manual
— **block** n - [mech] garrucha f para cabría f
— **cart** n - [constr] zorra f con cabrestante m
— **chain** n - [chains] cadena f para cabrestante
— **drum** n - [cranes] tambor m para, torno m, or malacate m, or cabrestante m
— — **turn indicator** n - [cranes] cuentarrevoluciones para tambor m para cabrestante m
— **frame mounting** n - [cranes] montaje m de cabrestante m sobre bastidor m
— **head** n - [cranes] cabezal m para, cabrestante m, or montacarga(s) m; huso m
— **line** n - [cabl] cable m para cabrestante m
— — **chain** n - [cranes] cadena f para cable m para cabrestante m
— **mount(ing)** n - montaje m de cabrestante m
— **reinforcement** n - [mech] refuerzo m para cabrestante m
— **rope** n - [cabl] cable m para cabrestante m
— **truck** n - [autom] (auto)camión m con cabrestante m
— **turn indicator** n - [cranes] cuentarrevolución(es) m para, malacate m, or cabrestante
wind n - [meteorol] . . . • [metal-prod] viento m; soplo m; aire m | v - [mech] . . .; bobinar • torcer; culebrear • [mech] dar cuerda • serpentear; serpear • virar
— **action** n - [meteorol] acción f de viento m
— **around itself** v - torcer(se) sobre sí mismo
— **blast** n - [meteorol] ventada f; ventolera f; ventarrón m • ráfaga f (de viento m)
— **blower** n - soplador m para viento m
— **board** n - [autom] paraviento(s) m
— **brace** n - [constr] contraviento m | v - [constr] contraventear*
— **braced** a - [constr] contraventeado,da*
— **bracing** n - [constr] contraviento* m
— **@ chart recorder** v - [instrum] dar cuerda f a registrador m con gráfico m
— **@ clock** v - [mech] dar cuerda f a reloj m
— **down** v - estar, en postrimerías, or por terminar • desovillar; desenvolver
— — **@ lap** v - [sports] recorrer, vuelta f, or etapa f
— **force** n - [constr] empuje m de viento m
— **gust** n - [meteorol] ráfaga f • ventada f; ventarrón m; ventolera f
— **helically** v - enrollar helicoidalmente
— **induced load** n - [constr] carga f, inducida, or causada, por viento m
— **intensity** n - intensidad f de viento m
— **leak** n - [ind] fuga f de viento m
— **load** n - [constr] carga f, or empuje n, de viento m
— **perfectly** v - abobinar perfectamente
— **pipe** n - [metal-prod] tubería f para viento; busa f
— — **seat** n - [metal-prod] asiento m para busa
— **pressure criterion,ria** n - [constr] criterio(s) m sobre presión f de viento m
— **@ recorder clock** v - [mech] dar cuerda f a reloj m registrador
— **@ rope** v - [cabl] arrollar, or enrollar, cable m, or cuerda f
— **speed** n - [meteorol] velocidad f de viento m
— **@ spring** v - [mech] enrollar, or apretar (como dando cuerda f) a resorte m
— **stacker** n - [agric-equip] emparvador m, or hacinador m, neumático
— **@ stator** v - [electr-mot] bobinar estator m
— **@ stop watch** v - [instrum] dar cuerda f a cronómetro m
— **@ strand** v - [cabl] arrollar, or enrollar, cordón m
— **thrust** n - [constr] empuje m de viento m
— **tightly** v - [mech] arrollar apretadamente
— **traction** n - [constr] tracción f de viento m

wind tunnel n - túnel m aerodinámico
wind up v - [fig] terminar; finalizar
— velocity n - [meteorol] velocidad f de viento
— @ watch v - [instrum] dar cuerda f a reloj m (para bolsillo m)
windbreak n - . . .; deflector m contra viento m
windbreaker n - [vest] . . .; campera f
winder n - [mech] bobinadora f; enrolladora f
winding n - enrollamiento m; arrollamiento m; espiral m • serpenteo m; culebreo m • [electr-mot] devanado m; bobinado m; armadura f; bobina f • [mech] capa f | a - enrollante • [roads] sinuoso,sa; tortuoso,sa
— channel n - [hydr] cauce m serpe(nte)ante
— coil n - [electr-instal] bobina f para devanado m
— damage n - [electr-equip] daño m a devanado m
— dielectric rigidity level n - [electr-mot] nivel m para rigidez f dieléctrica para devanado m
— direct current resistance n - [electr] resistencia f en corriente f continua a arrollamiento m
— down n - desovillamiento* m
— drum n - [cabl] tambor m para arrollamiento m
— engine n - [miner] máquina f para extracción
— failure n - [electr-equip] falla f en devanado
— hot spot n - [electr-equip] punto m caliente en devanado m
— inspection n - [electr-equip] inspección f de devanado m
— insulation n - [electr-instal] aislación f para devanado m
— short n - [electr-oper] cortocircuito m en devanado m
— staircase n - [constr] (escalera f en) caracol
— stand n - [mech] banco m, or puesto m, para devanado m
— station n - [metal-roll] puesto m para bobinadora f
— temperature overelevation n - [electr-mot] sobreelevación f de temperatura f en devanado
windlass shaft n - [petrol] árbol m para malacate
window and door frame(s) n - [constr] carpintería f, metálica, or de obra f
— channel n - [constr] canaleta f para ventana f
window dresser n - [com] . . .; escaparatista m
— frame n - [constr] marco m para ventana f
— graphic(s) n - [com] texto m en escaparate m
— hinge n - [mech] pernio m
— light n - [com] luz f en escaparate m
— lintel n - [constr] dintel m para ventana f
—, looker, or peeper n - ventanero m
— shutter n - [constr] postigo m, or celosía f, para ventan(ill)a a
— sill n - [constr] solera f para ventana f
— slamming n - ventanazo m
windrow harvester n - [agric-equip] espigadora f hileradora
— hay loader n - [agric-equip] cargadora f para, heno m, or pasto m, por hilera(s) f
windrower n - [agric-equip] hileradora* f
windshield cleaner n - [autom] limpiaparabrisas f
— crack n - [autom] grieta f en parabrisas f
— cracking n - [autom] agrietamiento m de parabrisa(s) m
— sun screen n - [autom] defensa f contra (resplandor m de) sol en parabrisa(s) m
— wing n - [autom] aleta f para parabrisa(s) m
— wiper n - [autom] limpiador m para parabrisas m; limpiaparabrisas m
— — motor n - [autom] motor m para limpiaparabrisas m
— — switch n - [autom] interruptor m para limpiaparabrisas m
windy location n - ventorrero m
— weather n - [meteorol] tiempo m ventoso
wine addicted a - vinoso,sa
— making n - [ind] vinicultura f
— rack n - [domest] estante m para vino(s) m
— residue n - vinote m; hez,ces f

wing back chair n - [comest] sillón m con respaldo m con alas f
— @ bearing cage v - [bearings] conformar jaula f para cojinete m
— @ cage v - [bearings] conformar jaula f
— hiller n - [agric-equip] (pala f) aporcadora f (con aletas f)
— nut n - [mech] tuerca f, mariposa, or con aleta(s) f
— — washer n - [mech] arandela f para tuerca f mariposa
— screw n - [mech] tornillo m (con) mariposa f
— span n - [aeron] envergadura f
— wall n - [constr] muro m alero
winged a - . . . • [bearings] conformado,da
— — cage n - [bearings] jaula f para cojinete m conformada
— bedbug n - [entomol] vichuca f
— cage n - [bearings] jaula f conformada
winging n - [bearings] conformación f
wingwall n - [constr] muro m alero
winner n - . . .; triunfador m
—(s) contest n - concurso m entre ganadores m
—-take-all purse n - [sports] llevar(se) ganador m toda bolsa f
winning n - triunfo m; merecimiento m | a - . . .; triunfador,ra • aceptado,da • [fam] comprador,ra
— bid n - [com] propuesta f, triunfante, or aceptada
— bidder n - [com] adjudicatario m
— car n - [sports] automóvil m triunfante
— form n - [sports] condición(es) f para triunfar
— streak n - [sports] serie f de triunfo(s) m
— tire n - [autom-tire] neumático m triunfante
winter activity n - actividad f invernal
— climate n - [clim] clima m invernal
— driving n - [autom] conducción f invernal
— dusk n - crepúsculo m invernal
— gasoline n - gasolina f para invierno m
— hazard n - [safety] peligro m, or riesgo m, invernal, or durante invierno m
— home n - residencia f invernal
— month n - mes m, invernal, or de invierno
— operation n - operación f durante invierno m
— plant hazard n - [ind] riesgo m, or peligro m, en planta f durante invierno m
— rain n - [meteorol] lluvia f invernal
— residence n - residencia f invernal
— rigor(s) n - rigor(es) m de invierno m
— sport n - deporte m, invernal, or de invierno
— —(s) clothing n - [vest] ropa f para deporte(s) m invernal(es)
— storm n - tormenta f, invernal, or de invierno m
— training n - entrenamiento m invernal
— weather driving n - [autom] conducción f con tiempo m de invierno m
wintertime n - . . . | a - invernal
— view n - vista f invernal
wipe v - . . .; remover, or quitar, or sacar con, or pasar, paño m
— clean v - limpiar (bien)
— @ cylinder v - enjugar cilindro m
— @ dirt v - limpiar, or enjugar, suciedad f, or tierra f, (con paño m)
— @ dust v - remover, or quitar, or sacar, polvo m (con paño m)
— off v - quitar con paño m
— @ oil v - [mech] enjugar aceite m
— @ slate v - [fam] borrón m y cuenta f nueva
— @ — clean v - volver a foja(s) f uno
wiped a - enjugado,da • removido,da, or sacado,da, or limpiado,da, or quitado,da, con paño m
— clean a - limpiado,da (bien)
— galvanized strand n - [cabl] cordón m galvanizado enjugado
— — wire n - [wire] alambre m galvanizado enjugado

wiped oil n - aceite m ejugado
— **slate** n - borrón m y cuenta f nueva
wiper n - enjugador m; (paño m) limpiador • frotador m • [autom] see **windshield wiper**
— **blade** n - cuchilla f, or hoja f, limpiadora
— **motor** n - [autom] see **windshield wiper motor**
— **retainer** n - [mech] retén m para enjugador m
— — **hook** n - [mech] gancho m para retén m para enjugador m
— — **plate** n - [mech] disco m para retén m para enjugador m
— **seal** n - [mech] sello m, or cierre m, para enjugador m
— **spacer** n - [mech] separador m para enjugador
— **wear** n - [mech] desgaste m de enjugador m
wiping n - enjugamiento m; limpieza f, or saca f, con paño m | a - enjugador,ra
wire n - . . . . • [electr-cond] conductor m | v - atar (con alambre m) • [telecom] telegrafiar • [electr-instal] encablar; conectar
— **alignment** n - [weld] alineación f de (electrodo m de) alambre m
— **angle** n - [weld] ángulo m de (electrodo m de) alambre m
— **armor** n - [electr-cond] armadura f para alambre m
—(s) **arrangement** n - [cabl] disposición f de alambre(s) m
— **assembly** n - [electr-instal] mazo m de conductores m
— **bar** n - [metal-roll] alambrón m
— **base** n - base f, de, or para, alambre m
— **basket** n - [hydr] cestón m de alambre m
— **blank** n - [wiredrwng] (trozo m de) alambre m (por trefilar)
— **braid** n - [wire] alambre m trenzado
— **bracket** n - [mech] abrazadera f de alambre m
— **break(ing)** n - [electr-instal] rotura f de, alambre m, or conductor m
— **brush** n - [tools] cepillo m (con cerdas f) de alambre m | v - cepillar con cepillo m (con cerdas f de) alambre m
— **brushed** a - cepillado,da con cepillo m (con cerdas f) de alambre m
— **cable** n - [cabl] cable m de alambre m; also see **wire rope**
— — **clip** n - [mech] grapa f para cable m de alambre m
— **chemical decomposition** n - [wire] descomposición f química de alambre m
— **choker** n - [cabl] lazo m de alambre m
— **chuck** n - [lathes] boquilla f
— **clamp** n - [mech] sujetador m de alambre m
— **clip** n - [mech] sujetador m, or grapa f, de alambre m
— **clipped end** m - [weld] extremo m recortado de, electrodo m, or alambre m
— @ **clock** n - [electr-instal] conectar reloj m
— @ —('s) **control(s)** v - [electr-instal] instalar regulador(es) m para reloj m
— **cloth** n - [wire] tela f, or tejido m, de alambre m; alambre m tejido
— **coil** n - [weld] rollo m de alambre m
— — **loading** n - [weld] carga f de rollo m de alambre m
— **coil(s) reel** n - [weld] carrete m para rollos m de alambre m
— **condition** n - condición f, or estado m, de alambre m
— **conduit** n - [electr-instal] conducto m para, cable(s) m, or conductor(es) m
— **contamination** n - [weld] contaminación f de alambre m
— **core** n - [wire] alma m de alambre m • [weld] núcleo m de alambre m
— **cross section** n - [wire] corte m (transversal) de alambre m
— — — **area** n - [wire] área m de corte m (transversal) de alambre m
— **crushing** n - aplastamiento m de alambre m

wire cut(ting) n - [mech] corte m, or cortadura f, con alambre | a - [mech] cortado,da con alambre m
— — **brick** n - [ceram] ladrillo m cortado con alambre m
— —**(ting) cookie machine** n - máquina f para cortar bizcocho(s) m con alambre m
— —**(ting) machine** n - [mech] máquina f para, cortar, or corte m, con alambre • máquina f para cortar alambre m
— — **paving brick** n - [ceram] ladrillo m para pavimentación f cortado con alambre m
— — **type** n - [ceram] tipo m cortado con alambre m | a - [ceram] de tipo m cortado con alambre m
— — — **paving brick** n - [ceram] ladrillo m para pavimentación f de tipo m cortado con alambre m
— —**(ting) wafer cutter** n - [culin] cortadora f, con alambre m para obleas f, or para obleas f con alambre m
— **cutter(s)** n - [tools] cortadora f para alambre m; alicate(s) para cortar alambre(s) m
— **cutting** n - [mech] (re)corte(s) m de alambre m • [culin] corte m, or cortadura f, con alambre m
— **decomposition** n - [wire] descomposición f de alambre m
—(s) **designation** n - [electr-instal] designación f para conductor(es) m
— **diameter** n - [wire] diámetro m de alambre m
— — **lap groove** n - [wire] ranura f, para, or con, solapa f con diámetro m de alambre m
— **die** n - [wiredrwng] hilera f (para alambre)
— **direction** n - dirección f, or sentido m, de alambre m
— — **switch** n - [wiredrwng] conmutador m para sentido m de alambre m
— **displacement** n - [weld] desplazamiento m de alambre m
— **draft** n - [wiredrwng] reducción f de alambre
— **drag(ging)** n - [weld] arrastre m de alambre
— —**(ging) variation** n - [weld] variación f en arrastre m de alambre m
— **drawing** n - see **wiredrawing**
— **drive** n - [weld] impulsión f para alambre m • impulsor m para alambre m
— — **circuit** n - [weld] circuito m para impulsión f para alambre m
— — **gear box** n - [weld] caja f con engranajes m para impulsor m para alambre m
— — **kit** n - [weld] equipo m motor para avance m mecanizado (Squirtmobile)
— — **mechanism** n - [weld] mecanismo m, impulsor, or para impulsión f, para alambre m
— — **motor** n - [weld] motor m para impulsión f para alambre m
— — — **and gear box** n - [weld] motor m para impulsión f para alambre m y (para) caja f con engranaje(s) m
— — — **assembly** n - [weld] conjunto m de motor m para impulsión f para alambre m
— — **roll** n - [weld] rodillo m impulsor para alambre m
— — **unit** n - [weld] mecanismo m impulsor para alambre m
— **driving** n - see **wire drive**
— **drum** n - [weld] tambor m para alambre m
— **drying** n - secamiento m de alambre m
— **easily** v - [electr] conectar fácilmente
. . .— **Edison system** n - [electr-instal] sistema m Edison con . . . conductor(es) m
— **efficiency** n - [electr-instal] coeficiente m para resistencia f de alambre m
— **electrode** n - [weld] electrodo m de alambre
— — **alignment** n - [weld] alineación f de electrodo m de alambre m
— — **angle** n - [weld] ángulo m para electrodo m de alambre m
— — **gun** n - [weld] pistola f para (electrodo m) de alambre m

wire electrode variation n - [weld] variación f en electrodo m de alambre m
— **enclosure** n - [constr] recinto m alambrado
— **end** n - [mech] extremo m de alambre m • [weld] extremo m de electrodo m
— — **clipping** n - [mech] recorte m, or recortadura f, de extremo m de alambre m
— **fabric** n - [wire] malla f, or tejido m, de alambre m
— **fastener** n - [mech] sujetador m, de, or para. alambre m
— **feed** n - [weld] alimentación f de alambre m; also see **wire feeding**
— — **assembly** n - [weld] conjunto m alimentador para alambre m
— — **box** n - [weld] mecanismo m alimentador para alambre m
— — **case** n - [weld] caja f para alimentador m para alambre m
— — — **assembly** n - [weld] conjunto m de caja f para alimentador m para alambre m
— — **direction change** n - [weld] cambio m en dirección f para alimentación f para alambre
— — — **switch** n - [weld] conmutador m para, cambio n en, dirección f, or sentido m, para alimentación f para alambre m
— — **coil** n - [weld] bobina f para alimentación f para alambre m
— — — **assembly** n - [weld] conjunto m de bobina f para alimentación f de alambre m
— — — **and core assembly** n - [weld] conjunto m de bobina f y núcleo m para alimentación f de alambre m
— — **direction** n - [weld] dirección f, or sentido m, para alimentación f para alambre m
— — — **switch** n - [weld] conmutador m para, dirección f, or sentido m, para alimentación f para alambre m
— — **drive** n - [weld] impulsión f para alimentación f de alambre m
— — — **unit** n - [weld] mecanismo m para impulsión f para alimentación f para alambre m
— —(er) **end** n - [wire] extremo m de alimentadora f para alambre m
— —(er) **extension** n - [weld] prolongación f para alimentadora f para alambre m
— —(er) — **kit** n - [weld] equipo m para prolongación f para alimentadora f para alambre
— — **gear box** n - [weld] caja f para engranajes m para alimentadora f para alambre m
— — **guide** n - [weld] guía(dera) f para alimentación f para alambre m
— — **hose** n - [weld] mang(uer)a f para alimentación f para alambre m
— — **limited speed** n - [weld] velocidad f limitada para alimentación f para alambre m
— — **magnetic amplifier** n - [weld] amplificador m magnético para alimentadora f para alambre
— — — **coil** n - [weld] bobina f, or devanado m, para amplificación f magnética para alimentadora f para alambre m
— — — **core** n - [weld] núcleo m para amplificador m magnético para alimentadora f para alambre m
— — **mechanism** n - [weld] mecanismo m alimentador m para alambre m
— — — **roll** n - [weld] ro(di)llo m para mecanismo m para alimentación f para alambre m
— —(ing) **motor** n - [weld] motor m para alimentadora f para alambre m
— — — **axis** n - [weld] eje m para motor m para alimentación f para alambre m
— — — **brush** n - [weld] escobilla f para motor m para alimentación f para alambre m
— — — **shut-off timer** n - [weld] sincronizador m para detención f de motor m para alimentación f para alambre m
— — — **timer** n - [weld] sincronizador m para motor m para alimentación f para alambre m
— —(ing) **problem** n - [weld] problema m con alimentación f para alambre m

wire feed roll(er) n - [weld] rodillo m para alimentación f para alambre m
— — **speed** n - rapidez f para alimentación f para alambre m
— — — **control** n - [weld] regulación f para velocidad f para alimentación f para alambre
— — —(ing) **speed(s) range** n - [weld] escala f, or variedad f, de velocidad(es) f para alimentación f para alambre m
— — — **rheostat** n - [weld] reóstato m para velocidad(es) f para alimentación f para alambre m
— — — **switch** n - [weld] interruptor m para alimentadora f para alambre m
— —(er) **unit** n - [weld] mecanismo m para alimentación f para alambre m
— **feeder** n - [weld] alimentadora f para, electrodo m, or alambre m
— — **auxiliary power** n - [weld] energía f auxiliar para alimentadora f para alambre m
— — **circuit** n - [weld] circuito m para alimentadora f para alambre m
— — **control** n - [weld] regulación f para alimentadora f para alambre • regulador m para alimentadora f para alambre m
— — — **circuit** n - [weld] circuito m para regulación f para alimentadora f para alambre m
— — — **lead terminal strip** n - panel m, or tira f, de borne(s) m para conductor(es) m para regulación f para alimentadora f para alambre m
— — **extension** n - [weld] prolongación f para alimentadora f para alambre m
— — **gun** n - [weld] pistola f para alimentación f para alambre m
— — — **trigger** n - [weld] gatillo m para pistola f para alimentadora f para alambre m
— — **input cable** n - [weld] cable n para, entrada f, or aportación f (de energía f) para alimentadora f para alambre m
— — **instruction manual** n - [weld] manual m con instrucción(es) f para alimentadora f para, alambre m, or electrodo m
— — **lead** n - [weld] conductor m para alimentadora f para alambre m
— — — **terminal strip** n - [weld] tira f, or panel m, de borne(s) m para alimentadora f para alambre m
— — **manual** n - [weld] manual m para alimentadora f para, alambre m, or electrodo m
— — **operating manual** n - [weld] manual m para operación f para alimentadora f para alambre
— — **radius** n - [weld] radio m para operación f para alimentadora f para alambre m
— — **solid state (circuit)** n - [weld] circuito m con transistores m para alimentadora f para alambre m
— — **trigger** n - [weld] gatillo m para alimentadora f para alambre m
— — **voltage** n - [weld] voltaje m para alimentadora f para alambre m
— — **voltmeter** n -]weld] voltímetro m para alimentadora f para alambre m
— **feeding** n - [weld] alimentación f de, alambre m, or electrodo m - [mech] enhebrado m para alambre m
— — **circuit** n - [weld] circuito m para alimentadora f para alambre m
— — **direction** n - [weld] dirección f, or sentido m, para alimentación f para alambre m
— — **equipment** n - [weld] equipo m para alimentación f para alambre m
— — **hopper** n - [mech] tolva f alimentadora para alambre m
— — **kit** n - [weld] equipo m para alimentación f para alambre m
— — **motor** n - [weld] motor m para alimentación para alambre m
— — **speed** n - [weld] velocidad f, or rapidez f, para alimentacoón f para alambre m
— — **system** n - [weld] sistema m para alimen-

wire fence

tación f para alambre m
wire fence n - [constr] cerca f de alambre m
— — **for prestressed concrete** n - [wire] alambre m para hormigón m pretensado
— — **frame** m - marco m, or bastidor m, de alambre
— — **fraying** n - [electr-cond] deshilachamiento m de conductor m
— — **gabion** n - [hydr] gavión m de (malla f de) alambre m
— — **galvanization** n - [wire] galvanización f de alambre m
— — **galvanized coating** n - [wire] recubrimiento m galvanizado para alambre m
— — **grip** n - [wiredrwng] sujetador m, or mordaza f, para alambre m
— — **grip groove grinding** n - [mech] esmerilado m de ranura(s) f para sujeción f de alambre m
— — **gripping groove** n - [mech] ranura f para sujetar alambre m
— — **grounding** n - [electr-instal] conexión f de conductor m con tierra f
— — **guide** n - [mech] guía(dera) f para alambre m
— — **guiding tube** n - tubo m guiador para alambre
— — **gun** n - [weld] pistola f para alambre m
— — **hand brush** n - [tools] cepillo m manual (con cerdas f) de alambre m
— — **harness** n - [electr-cond] mazo m de cable(s) m
— — **hopper** n - [ind] tolva f para alambre m
— — — **to extruding head guide tube** n—[electrode-extrusion] tubo m guiador desde tolva f para alambre hasta cabeza f para extrusión f
— — **hose** n - [weld] mang(uer)a f para alambre m
— — **identification** n - [electr-instal] identificación f de conductor(es) m
— — **improperly** v - [electr-instal] conectar inapropiadamente
— — **inching** n - [weld] alimentación f, or avance m, gradual de alambre m
— — **jam(ming)** n—[weld] atascamiento m de alambre
— — **kinking** n - [wire] acocamiento m de alambre m
— — **lagging** n - [wire] cubierta f de madera f para rollo m de alambre m
— — **laying** n - [cabl] trenzado m de alambre m
— — **lead** n - [electr] conductor m de alambre m
— — **length** n - [wire] largo(r) m, or extensión f, de alambre m • trozo m de alambre m
— — **line** n - cable m, metálico, or de alambre m • [telecom] línea f alámbrica • [petrol] cable m para perforación f • [wiredrwng] eje m de alambre m
— — — **clamp** n - [petrol] abrazadera f para cable m para perforación f
— — — **core barrel** n - [petrol] sacanúcleo(s) m, or sacatestigo(s) m, para cable m para perforación f
— — — **coring reel** n - [petrol] carrete m para cable m para, sacanúcleos m, or sacatestigos
— — — **cutter** n - [petrol] cortacable(s) m; cortador m para cable(s) m
— — — **guide** n - [petrol] guía(dera) f para cable m para perforación f
— — — **pump** n - [petrol] bomba f para cable m para perforación f
— — — **roller** n - [cranes] rodillo m para cable m de alambre m • [petrol] rodillo m para cable m para perforación f
— — — **saver** n - protector m para cable m
— — — **socket** n - [petrol] casquillo m para cable m para perforación f
— — **lock** n - [mech] traba f para alambre m
— — — **screw** n - [mech] tornillo m para traba f para alambre m
— — **melt-off rate** n - [weld] rapidez f de fusión f de, alambre m, or electrodo m
— — **mesh** n—[wire] malla f, or tela f, de alambre
— — — **enclosure** n - [constr] recinto m encerrado con, malla f, or tejido m, de alambre m
— — — **fence** n - [constr] cerca f de, malla f, or tejido m, de alambre m
— — — **gabion** n - [hydr] gavión m de malla f de alambre f

- 1730 -

wire mesh net n - malla f elástica (de alambre m)
— — — **rinforced** a - reforzado,da con malla f de alambre m
— — — **glass** n - [ceram] vidrio m reforzado con malla f de alambre m
— — — **sheet** n pliego m de malla f de alambre m
— — **metallizing** n - metalización f de alambre m
— — **nozzle** n - [wire] boquilla f para metalización f de alambre m
— — **mill** n - [wire] (máquina) trefiladora f
— — **@ motor** v - [electr-instal] conectar motor m
— — **@ motor control(s)** v - [electr-instal] conectar regulador(es) para motor m
— — **nail** n - [nails] punta f (de) París; clavo m de alambre m
— — **net** n - red f, or tejido m, de alambre m; alambre m tejido
— — — **fence,cing** n - cerca f de alambre tejido
— — **netting** n - tejido m, or malla f, de alambre
— — **nut** n - [electr-instal] casquete m aislador; tuerca f, or casquete m, para conductor(es)
— — **overrun** n - [weld] sobrealimentación f de alambre m
— **(s) per strand** n - [cabl] alambre(s) m por (cada) cordón m
— — **pilot relay** n [electr-instal] relé m piloto
— — **pinching** n - [electr-instal] mordedura f de conductor m
— — **preheat(ing)** n - [weld] precalentamiento m de alambre m
— — **product(s) range** n - [wire] surtido m de producto(s) m de alambre m
— — — **wide range** n - [wire] surtido m amplio de producto(s) m de alambre m
— — **pulling** n - [wire] tracción f de alambre m
— — **pushing** n - [wire] empuje m de alambre m
— — **reel** n - carrete m, de, or para, alambre m • rollo m de alambre m
— — — **assembly** n - conjunto m de carrete m para alambre m
— — — **base** n - [weld] base f para carrete m para alambre m
— — — **bracket** n - [weld] abrazadera f, or ménsula f, para carrete m para alambre m
— — — **brake** n - [mech] freno m para carrete m para alambre m
— — — — **screw** n - [weld] tornillo m para freno m para carrete m para alambre m
— — — **case** n - [weld] caja f para carrete m para alambre m
— — — **cover** n - [weld] tapa f, or cubierta f, para carrete m para alambre m
— — — — **kit** n - [weld] conjunto m de, tapa f, or cubierta f, para carrete m para alambre m
— — — — **part** n - [weld] pieza f para, tapa f, or cubierta f, para carrete m para alambre m
— — — **door** n - [weld] puerta f para carrete m para alambre m
— — — **enclosure** n - [weld] caja f para carrete m para alambre m
— — — **extensión** n - [weld] prolongación f, or suplemento m, para carrete m para alambre m
— — — — **sheath** n - [mech] caja f para prolongación f para carrete m para alambre m
— — — **housing** n - [weld] caja f para carrete m para alambre m
— — — — **door** n - [weld] puerta f para caja f para carrete m para alambre m
— — — — **top** n [weld] parte f superior de caja f para carrete m para alambre m
— — — **installation** n - [weld] instalación f de carrete m para alambre m
— — — **insulation** n - [weld] aislación f para carrete m para alambre m
— — — **mounting** n - [weld] montaje m de, or soporte m para, carrete m para alambre m
— — — **optional cover** n - [weld] tapa f, or cubierta f, optativa para carrete m para alambre m
— — — **shaft** n - [weld] árbol m, or eje m, para

carrete m para alambre m
wire reel spindle n - [weld] eje m para carrete m para alambre m
— — **support** n - [weld] soporte m para carrete m para alambre m ; portacarrete(s) m
— — **unit** n - [weld] mecanismo n para carrete m para alambre m
— **reeling** n - [mech] enrollamiento m de alambre
— **retainer** n - [electr-instal] sujetacable(s) m
— **strap** n - [electr-instal] tira f sujetacable(s)
— **ring** n—mech] aro m, or anillo m, de alambre
— **rod** n - [metal-roll] alambrón m para alambre m; hierro m, or alambrón m, or barra f, para trefilería f
— — **billet** n - [metal-roll] palanquilla f para alambrón m
— — **condition** n - [wire] estado m de alambrón
— — **drawing** n—[wire] trefilería f de alambrón
— — **mill** n - [metal-roll] tren m, or laminador m, para alambrón m
— **roll** n - [wire] carrete m de alambre • [weld] carrete m de electrodo m
— **rope** n - [cabl] cable m de alambre m
— — **bend** n - [cabl] coca f, or pliegue m, en cable m de alambre m
— — **bending** n - [cabl] plegamiento m de cable m (de alambre m)
— — **breaking strength** n - [cabl] resistencia f a rotura f de cable m de alambre m
— — **bundle** n - [cabl] fardo m de cable m
— — **chemical decomposition** n - [cable] descomposición f química de cable m de alambre
— — **choker** n - [cabl] lazo m para cable m de alambre m
— — **clamping** n - [cabl] fijación f, or sujeción f, de cable m (de alambre m)
— — **construction** n - [cabl] trenzado m, or elaboración f, de cable m (de alambre m)
— — **continuous strand** n - [cabl] cordón m continuo de cable m (de alambre m)
— — **core** n - [cabl] alma m de cable m (de alambre m)
— — **cover** n - [cabl] envoltura f para cable m (de alambre m)
— — **drilling line** n - [cabl] cable m (de alambre m) para perforación f
— — **drum** n - [cabl] tambor m para cable m (de alambre m)
— — **efficiency** n - [cabl] coeficiente m para resistencia f para cable m (de alambre m)
— — **elongation** n - [cabl] alargamiento m de cable m (de alambre m)
— — **end** n - [cabl] extremo m, or punta f, de cable m (de alambre m)
— — **eye** n - [cabl] ojal m de cable m (de alambre m)
— — **flat surface** n - [cabl] superficie f plana f de cable m (de alambre m)
— — **fraying** n - [cabl] deshilachamiento m de cable m (de alambre m)
— — **grommet** n - [cabl] ojal m para cable m (de alambre m)
— — **guide** n - [cabl] guía f para cable m (de alambre m)
— — **impression** n - [cabl] huella f, or impresión f, de cable m (de alambre m)
— — **inner strand** n - [cabl] cordón m interior en cable m (de alambre m)
— — — **wire** n - [cabl] alambre m interior en cable m (de alambre m)
— — **inspection** n - [cabl] inspección f de cable m (de alambre m)
— — **kink(ing)** n - [cabl] coca f, or acocamiento m, de cable m (de alambre m)
— — **length** n - [cabl] largo m de cable m (de alambre m) • trozo m de cable m (de alambre m)
— — **line** n - [cabl] cable m, metálico, or de alambre m
— — **loop** n - [cabl] lazo m de cable m (de alambre m)

wire rope outer strand n - [cabl] cordón m exterior en cable m (de alambre m)
— — **part** n—parte f, or sección f, or tramo m, de cable m (de alambre m)
— — **permanent bend** n - [cabl] encorvadura f, or pliegue m, permanente en cable m
— — **pressure** n - [cabl] presión f de cable m (de alambre m)
— — **pulley** n - [cabl] roldana f, or polea f, para cable m (de alambre m)
— — **reel** n - [cbl] carrete m para cable m (de alambre m)
— — **reeving** n - [cabl] laboreo f de cable de alambre m
— — **roller** n - [cabl] roldana f para cable m
— — **distortion** n - [cabl] deformación f de roldana f para cable m (para alambre m)
— — **sag(ging)** n - [cabl] flecha f de cable m (de alambre m)
— — **sharp bend** n - [cabl] coca f en cable m (de alambre m)
— — **sling** n - [cabl] eslinga f de cable m de alambre m
— — **socket** n - [cabl] casquillo m para cable
— — **span** n - [cabl] tramo m de cable m de alambre m
— — **splice** n - [cabl] empalme m en cable m (de alambre m)
— — **strand** n - [cabl] cordón m de cable m
— — **strength** n - [cabl] resistencia f de cable m de alambre m
— — **stress** n - [cabl] esfuerzo m, or solicitación f, de cable m (de alambre m)
— — — **range** n - [cabl] límite m para esfuerzo m de cable m (de alambre m)
— — **support(ing)** n - [cabl] soporte m, or sostén m, para cable m (de alambre m)
— — **surface** n - [cabl] superficie f de cable m (de alambre m)
— — **suspension** n - [cabl] suspensión f de cable m (de alambre m)
— — **tension breaking test** n—[cabl] ensayo m para rotura f por tracción f de cable m (de alambre m)
— — **thimble** n - [cabl] guardacabo(s) m para cable m; guardacabo(s) m
— — **threading** n - [cabl] enhebrado de cable m (de alambre m)
— — **traction breaking strength** n - [cabl] resistencia f de cable m (de alambre m) a rotura f por tracción f
— — **turnbuckle** n - [cabl] tensor m para cable m (de alambre m)
— — **unit stress** n - [cabl] esfuerzo m unitario para cable m (de alambre m)
— — **weld(ing)** n - [cabl] soldadura f de cable m (de alambre m)
— — **wire** n - [cabl] alambre m para cable m, metálico, or de alambre m
— — — **fracture** n - [cabl] fractura f de alambre m en cable m (de alambre m)
— — **working** n - [cabl] laboreo m de cable m (de alambre m)
— **round strand** n - [cabl] cordón m redondo de alambre(s) m
— **sagging** n - [cabl] flecha f de, cable m, or cabo m
— **scratch(ing) brush** n cepillo m de alambre m para raspar
— **screen** n - tela f metálica; rejilla f de alambre m
— — **frame** m - [constr] marco m para tejido m de alambre m
— — **sideshield** n—[safety-goggles] protección f lateral (de malla f)
— **scrubber** n - [ind] lavadora f, or fregadora f, para alambre
— **selection** n - [weld] selección f de, alambre m, or electrodo m
— **sheath** n - [electr-cond] camisa f, or vaina f, de alambre m (en espiral)

wire sheathed cable n - [electr-cond] cable m con camisa f de alambre m (en espiral)
— **shield** n - resguardo m para alambre m
— **size** n - [wire] tamaño m, or calibre m, or diámetro m, de alambre m
— — **comparison table** n - [wire] tabla f comparativa de diámetro(s) m de alambre m
— — **range** n - [wire] variedad f de diámetro(s) m para alambre(s) m
— — **wide range** n - [weld] variedad f amplia para diámetro(s) m para alambre m
— **slacking off** n - [mech] aflojamiento m de alambre m
— **slippage** n - [mech] deslizamiento m, or resbaladura f, de alambre m
— **smallest bend diameter** n - [cabl] diámetro m mínimo para coca f en alambre m
— **soldering** n - [weld] soldadura f de alambre m
— **spacing** n - [cabl] separación f de alambre(s)
— **specification** n - [wire] especificación f para alambre m
— **splice** n - [electr-instal] empalme m de alambre m
— **spool** n - [weld] carrete m para alambre m
— **spring guide** n - [weld] guía(dera) f con resorte m para alambre m
— **stability** n - [wire] estabilidad f de alambre (contra deformaciones f)
— **stickout** n - [weld] prolongación f de alambre
— **storage** n - almacenamiento m de alambre m • almacén m para alambre m
— **straightener** n - [mech] enderezadora f para alambre m
— **straighteneing** n - [mech] enderezamiento m de alambre m
— — **machine** n - [mech] (máquina) enderezadora f para alambre m
— **strand** n - [cabl] cordón m de alambre m
— — **cross section** n - [cabl] corte m transversal de, cordón m, or ramal m, de alambre m
— — **end** n - [cabl] extremo m de, cordón m, or ramal m, de alambre m
— **strength** n - [wire] resistencia f de alambre
. . . — **system** n - [electr-instal] red f con . . . conductor(es) m
— **tension breaking strength test** n - [wire] ensayo m de resistencia f a rotura f por tracción f de alambre m
— **threading** n - enhebrado m de alambre m
— **through @ time clock** v - [electr-instal] conectar a través de reloj m sincronizador
— **tie** n - alambre m para atar
— **traction breaking strength** n - [wire] resistencia f de alambre a rotura f por tracción f
— **unstranding** n - [cabl] destorcimiento m de alambre(s) m
— **warehouse** n - [ind] depósito m, or almacén m, para alambre m
— **wheel** n - [mech] rueda f (con rayos m) de alambre m
— **working** n - [mech] laboreo m de alambre m
— **wrap** v - [cabl] entorchar
— **wrapped** a - [cabl] entorchado,da
— — **terminal** m - [electr-instal] terminal m, or borne m, entorchado
wired a - [mech] atado,da con alambre m - [electr] devanado,da • conectado,da • encablado,da; cableado,da
— **clock** n - [electr-instal] reloj m conectado
— **for @ line voltage** a - [electr-instal] conectado,da para voltaje m en línea f
— **improperly** a - [electr-instal] conectado,da inapropiadamente
— **motor** n - [electr-instal] motor m conectado
— **properly** a - [electr-instal] conectado,da, apropiadamente, or debidamente
wiredrawer n - [wiredrwng] trefilador m
— — **chain** n - [wiredrwng] cadena f para trefilador m
— **electrical panel** n - [wiredrwng] tablero m (eléctrico) para trefilador m

wiredrawer guide n - [wiredrwng] guía(dera) f para trefileríaf
— — **bushing** n - [wiredrwng] buje m para guía f para trefilador m
— **jogging** n - [wiredrwng] avance m gradual en trefilador m
— **pad** n - [wiredrwng] base m para trefilador m
— **panel** n - [wiredrwng] tablero m para trefilador m
— **selector switch** n - [wiredrwng] conmutador m selector m para trefilador m
— **slide** n - [wiredrwng] cursor m para trefilador
— **sprocket** n - [wiredrwng] rueda f dentada para trefilador m
— **stroke** n - [wiredrwng] carrera f de trefilador m
— **switch** n - [wiredrwng] conmutador m para trefilador m
wiredrawing n - [mehc] trefilería f (de alambre)
— **bench** n - [wiredrwng] banco m para tefilería; hilera f (para estirar alambre m)
— **block** n - [wiredrwng] tambor m giratorio para trefilería f (de alambre m)
— **die** n - [wiredrwng] hilera f para trefilería
— **nib** n - [wiredrwng] pico m para hilera f para trefilería f
— **factory** n - [wiredrwng] trefilería f
— **machine** n - [wiredrwng] trefiladora f
— **power** n - [wiredrwng] potencia f para trefilería f
— **requirement** n - [wiredrwng] exigencia f para trefilería f
— **round** n - [wiredrwng] redondo m para trefilería f
— **shop** n - [wiredrwng] (taller m para) trefilería f
wireless n - [telecom] . . .; telegrafía f sin hilo(s) m; radiotelegrafía f; radiotelefonía f; radiotelégrafo m; radioteléfono m | a - inalámbrico,ca; sin hilo(s) m; radiotelegráfico,ca; radiotelefónico,ca
— **telegraph(y)** n - [telecom] telegrafía f, or telégrafo m, sin hilo(s) m
wireway n - [electr-instal] conducto m para cable
wiring n - [electr-instal] . . .; tendido m (de conductores m) • conductor(es) m eléctrico(s)
— **box** n - [electr-instal] caja f para conexiónes
— **check** n - [electr-instal] verificación f de conexión(es) f
— **circuit** n - [electr-instal] circuito m para conexión(es) f
— **color code** n - [electr-instal] código m de color(es) m para conductor(es) m
— **diagram** n - [electr] diagrama m de conexiones
— **disconnecting** n - [electr-instal] desconexión f de conductor(es) m
— **drawing reproducible** n - [drwng] matriz f para diagrama m de conexión(es) f
— **from @ power source** n - [electr-instal] conductor(es) m desde fuente f para energía f
— **harness** n - [electr-instal] mazo m, or conjunto m, de conductor(es) m
— — **connector** n - [electr-instal] conectador m para mazo m de conductor(es) m
— — **grounding** n - [electr-instal] conexión f con tierra f para mazo m de conductores m
— — **wire** n - [electr-cond] conductor m en mazo m de conductores m
— **practice** n - [electr-instal] práctica f para instalación f de conductor(es) m
— **schematic** n - [electr-instal] diagrama m (esquemático) para conexión(es) f
wisdom n - . . .; sagacidad f
wise a - . . .; acertado,da; ingenioso,sa; prudencial
— **choice** n - (s)elección f acertada
— **decision** n - decisión f, acertada, or prudente
— **saying** n - dicho m, or refrán m, ingenioso
wisely adv - . . .; prudentemente
wish n - . . .; augurio m | v - . . .; augurar
wished a - deseado,da; querido,da • augurado,da

wishing n - augurio m
wit n - . . .; viveza f
with a - . . .; provisto,ta con • dado,da
— @ **aid** adv - con, ayuda f, or beneficio m
— **armo(u)r** a - see **armo(u)red**
— @ **benefit** adv - con beneficio m
— @ **bevel** a - [mech] con chaflán m
— @ **bucket shovel** a - [constr-equip] con cucharón m con pala f
— **coke breeze in @ taphole** a - [metal-prod] con coque m menudo en piquera f
— @ **contactor option** adv - [weld] con interruptor m automático optativo
— @ **contour** adv - con contorno m
— @ **depth increase** adv - con aumento m en profundidad f
— **each other** adv - entre sí
— @ **effort** adv - esforzadamente
— @ **exception** adv - con excepción f
— **excessive sacrifice** adv - con sacrificio m excesivo
— @ **free fall** adv - [cranes] con caída f libre
— @ **furnace in operation** adv - [ind] sobre marcha f
— @ **fuse(s)** adv - [electr-instal] con fusibles
— **good proof** adv - fundadamente
— — **reason** adv - razonadamente; fundadamente
— @ **hope** adv - con esperanza f
— @ **hot furnace** adv - [metal-prod] sobre marcha
— @ **inflow** adv - [weld] con aportación f
— **insufficient (pre)heat(ing)** adv - [weld] con (pre)calentamiento m insuficiente
— @ **intention** adv - con intención f
— @ **intermediary,ries** adv - con intermediario(s) m
— **iron in @ blowpipe** adv - [metal-prod] con hierro m en portaviento(s) m
— @ **knowledge** adv - con conocimiento(s) m; consciente
— **lagging** adv - [cranes] con, recubrimiento m, or forro m
— **lateness** adv - tardíamente
— @ **limitation** adv - con limitación f; limitadamente
— @ **margin** adv - con márgen m; marginalmente
— @ **material inflow** adv - [weld] con aportación f de material
— **no commercial value** adv - see **without commercial value**
— **sacrifice** adv - sin sacrificio m
— — **turn(s)** adv - sin, curvas f, or vueltas f
— — **whipping** adv - [weld] sin chicoteo(s) m
— @ **optional contactor** adv - [weld] con interruptor m automático optativo
— @ **outrigger(s)** adv - [cranes] sin estabilizador(es) m • [nav] sin arbotante(s) m
— @ **parity** adv - [comput] sin paridad f
— @ **penalty,ties** adv - con pena(lidad) f
— **power steering** adv - [autom] con servodirección* f
— **reference to** adv - con referencia f a
— **regard to** adv - tocante; con relación f a
— @ **reinforced head** adv - [drums] fondado,da
— @ **right** adv - con derecho m
— @ **signature** adv - con firma f
— @ **socket** adv - [mech] see **socketed**
— **sufficient (pre)heat(ing)** adv - [weld] con (pre)calentamiento m suficiente
— @ **tendency to** adv - tendiente; con tendencia f a
— @ **thread(s)** a - [mech] roscado,da
— @ **unexpired commission** adv - en ejercicio m; vigente; habilitado,da actualmente
— @ **use of** adv - mediante empleo m
— @ **usury** adv - [fin] usurariamente
— @ **valve(s)** adv - con válvula(s) f
— @ **view** adv - con mira(s) f
— @ **voltage** adv - [electr-oper] con voltaje m
— @ **welding load** adv - [weld] con carga f para soldadura f
— @ **whirlpool(s)** adv - [hydr] voraginoso,sa

withdraw v - . . .; retraer • extraer • descargar • atemorizar(se) • [ind] retirar(se)
— @ **bid** v - [com] retirar propuesta f
— @ **electrode** v - [weld] retirar electrodo m
— @ **field probe** v - retirar sonda f para uso m en obra f
— **from @ service** v - retirar de servicio m
— @ **offer** v - [com] retirar oferta f
— @ **probe** v - retirar sonda f
withdrawal n - . . .; retiración f; retraimiento m
— **roll** n - [metal-concast] rodillo m extractor
— — **driving mechanism** n - [metal-concast] mecanismo m accionador para rodillo m extractor
— **resistance** n - resistencia f a retirada f
withdrawn a - retraido,da • sacado,da; extraido,da; descargado,da; retirado,da
— **bid** n - [com] propuesta f retirada
— **field probe** n — sonda f para uso m en obra f retirada
— **from service** a - retirado,da de servicio m
— **offer** n - [com] oferta f retirada
— **probe** n - sonda f retirada
— **proposal** n - [com] propuesta f retirada
withheld a - retenido,da • [legal] rehusado,da; denegado,da
— **amount** n - cantidad f, or suma f, retenida
— **fund** n - [fin] fondo m retenido
— **income** n - ingreso(s) m retenido(s)
— **tax** n - [fisc] impuesto m sobre, renta f, or rédito(s) m, retenido
— **material** n - [soils] material m retenido
— **profit(s)** n - [accntg] utilidad(es) f retenida(s)
— — (s) **statement** n - [accntg] estado m de utilidad(es) f retenida(s)
— **tax** n - [fisc] impuesto m retenido
— **unreasonably** a - retenido,da, or rehusado,da, irrazonablemente
withhold v - . . .; retener; denegar
— **unreasonably** v - retener, or rehusar, irrazonablemente
withholding n - retención f; denegación f; rehusamiento* m
— **agent** n - [fisc] agente m para retención f
— **substitution** n - [fin] substitución f para retención f
within @ credit validity adv - [fin] dentro de validez f de crédito m
— @ **depression** adv - dentro de depresión f
— @ **elastic limit** adv - dentro de límite m elástico
— @ — **range** adv - [mech] dentro de límite(s) m elástico(s)
— @ **enterprise** adv - dentro de empresa f
— @ **limit(s)** adv - dentro de límite(s) m
— @ **period** adv - dentro de, período m, or plazo m
— @ **range** adv - dentro de límite(s)
— @ **reach** adv - al alcance m de mano f
— @ **reasonable time** adv - dentro de tiempo m, prudencial, or razonable
— @ **safety** adv - dentro de seguridad f
— @ — **limit(s)** adv - dentro de límite(s), para seguridad f, or seguro(s)
— @ **same enterprise** adv - dentro de misma empresa f
— @ **time** adv - dentro m de plazo m
— @ **tolerance** adv - dentro de tolerancia f
— @ **unit** adv - dentro de dispositivo m
without adv - . . .; sin (contar con)
— **accessory,ries** adv - sin accesorio(s) m
— @ **aid** adv - sin, ayuda f, or beneficio m
— @ — **of @ weld(ing)** adv - [weld] sin beneficio m de soldadura f
— **alternate** adv - sin admitir alternativa f
— **any judicial or extrajudicial procedure whatsoever** adv - [legal] sin trámite m judicial or extrajudicial alguno
— — **procedure** adv - [legal] sin trámite m

without any procedure

judicial (alguno)
without any procedure adv - sin trámite m alguno
— @ **apparent reason** adv - sin razón f aparente
— **armo(u)r** adv - [electr-cond] sin armadura f; also see **unarmo(u)red**
— **beneficiation** a - [miner] sin beneficiar
— @ **benefit** adv - sin beneficio m
— @ **bevel** adv - [mech] sin chaflán m
— @ **bolt(s)** adv - [mech] sin perno(s) m
— @ **breaker(s)** adv - [electr-instal] sin, interruptor(es) m, or disyuntor(es) m
— @ **bucket** adv - [constr-equip] sin cucharón m
— @ **build-up** adv - [weld] sin recargo m
— @ **capping** a - [metal-prod] sin mazarota f
— @ **care** adv - sin, cuidado f, or preocupación
— **casing** adv - [wiredrwng] sin montaje m
— **casting** a - [metal-prod] sin colar
— **changing @ other variable(s)** adv - [ind] de no modificar(se) variable(s) f restante(s)
— **charge** adv - sin cargo m
— @ **coating** adv - sin recubrimiento m
— **commercial value** adv - [com] sin valor m comercial
— @ **compensation** adv - sin compensación f
— @ **condenser** adv - sin condensador m
— @ **contactor** adv - [electr-instal] sin, contactador m, or interruptor m automático
— @ — **option** n - [weld] sin interruptor m automático optativo
— **control** adv - [labor] sin fiscalización f
— **cost** adv - sin costo m
— **cover** adv - sin tapa f
— @ **crack(s)** adv - sin gieta(s) f; libre de rajadura(s) f
— **deburring** adv - [metal-fabr] sin rebabar
— **deflection** adv - sin deformación(es) f
— **exception** adv - sin excepción f; invariablemente • sin franquicia f
— **excessive spatter** adv - [weld] sin salpicadura(s) f excesiva(s)
— — **sacrifice** adv - sin sacrificio m excesivo; sin sacrificar(se) excesivamente
— @ **expense** adv - sin cargo m (alguno)
— **experience** adv - sin experiencia f
— **extra cost** a - sin cargo m adicional
— **failure** adv - sin (llegar a) fallar
— @ **fender(s)** adv - [autom-body] sin guardabarro(s) m; also see **open wheel**
— **finishing** adv - sin terminación f
— @ **free fall** adv - [cranes] sin caída f libre
— **further ado** adv - sin otro(s) m comentario(s)
— @ — **responsability** adv - sin responsabilidad f mayor
— @ **fuse(s)** adv - [electr-instal] sin fusibles
— @ **glass** adv - see **unglazed**
— **guniting** adv - [metal-prod] sin gunitar*
— **heat treatment** adv - sin tratamiento m térmico
— **high pressure** adv - sin presión f alta
— @ **hitch** adv - sin inconveniente(s) m
— @ **hook** adv - sin gancho m
— @ **hot top** adv - [metal-prod] sin mazarota f
— **including** adv - sin incluir
— **indemnity** adv - [legal] sin indemnización f
— @ **inflow** adv - [weld] sin aportación f
— @ **intermediary,ries** adv—sin intermediario(s)
— **interruption** adv - sin interrupción(es) f
— **interstice(s)** adv - [metal-prod] sin intersticio(s) m
— **judicial procedure** adv - [legal] sin, trámite m, or porocedimiento m, judicial
— **lagging** adv - [cranes] sin, recubrimiento m, or forro m
— **limitation** adv - [legal] sin, limitación f, or carácter m limitativo
— @ **load** adv - sin carga f
— @ — **crane operation** n - [cranes] operación f de grúa f sin carga f
— **lubrication** adv - [mech] sin lubricación f
— **material(s)** adv - sin material(es) m
— @ —**(s) inflow** adv - [weld] sin aportación f de material(es) m

- 1734 -

without material(s) inflow weld n - [weld] soldadura f sin aportación f de material(es) m
— — — **welded** a - [weld] soldado,da sin aportación f de material(es) m
— — — **welding** n - [weld] soldadura f sin aportación f de material(es) m
— **mica** a - sin mica f; desmicado,da
— **notice** a - [legal] sin (pre)aviso m (previo)
— **option** adv - sin opción f
— **optional contactor** adv - [weld] sin interruptor m automático optativo
— **outrigger(s)** adv - [cranes] sin estabilizador(es) m • [nav] sin arbotante(s) m
— **overheating** adv - sin, sobrecalentamiento m, or recalentamiento m
— @ **packing** adv - [mech] sin, estopa f, or empaquetadura f• sin, embalaje m, or embalar
— **parity** adv - sin paridad f
— **payment** adv - sin pago m
— — **of royalty,ties** adv - [legal] sin pago de regalía(s) f
— @ **penalty** adv - sin pena(lidad) f
— **power steering** adv - [autom] sin servodirección f
— **precamber(ing)** adv - [mech] sin combadura f previa
— **prior notice** adv - sin aviso m previo
— **procedure** adv - sin trámite m
— **putty** adv - [constr] sin masilla f
— @ **rear wall** adv - [constr] sin pared f posterior
— **reimbursement (right)** adv - [legal] sin (derecho m a) reembolso m
— **repair(ing)** adv - sin reparar, or reparación
— **rhyme or reason** adv - sin ton m ni son m
— **royalty,ties** adv - sin regalía(s) f
— **sacrifice** adv - sin, sacrificio m, or sacrificar
— **shaving** adv - [mech] sin cepillar
— @ **shim** adv - [mech] sin calce m
— @ **shovel** adv - [constr-equip] sin, cucharón m, or cangilón m
— @ **shovel bucket** adv - [constr] sin cucharón m
— @ **signature** adv - sin firma f
— @ **skip(ping)** adv - sin salt(e)ar
— @ **skull** adv - [metal-prod] sin lobo(s) m
— @ **spatter** adv - sin salpicadura(s) f
— @ **spider** adv - [mech] sin cruceta f
— **sticking** adv - sin pegar(se)
— **stopping** adv - [mech] sin, parar. or detener
— **tariff** adv - [fisc] sin aforo m
— **throat high pressure** adv - [metal-prod] sin presión f alta en tragante m
— @ **top** adv - [metal-prod] sin mazarota f
— **touching** adv - sin tocar(se)
— @ **undercut(ting)** adv - [weld] sin socavación
— **warning** adv - sin aviso m (previo)
— **whipping** adv - [weld] sin chicoteo,tear
withstand v - . . .; aguantar • vérse(la) con
— @ **current** v - [electr] resistir corriente f
— @ **flexing** v - resistir flexión f
— @ **load** v - [mech] soportar, or sostener, or resistir, carga f
— @ **rough treatment** v - soportar, or resistir, tratamiento m rudo
— **safely** v - soportar con seguridad f
— @ **severe thermal shock** v - resistir choque m térmico severo
— @ **shock** v - soportar, or resistir, choque m
— @ **thermal shock** v - soportar, or resistir, choque m térmico
— @ **thrust** v - [mech] resistir empuje m
— @ **traffic impact** v - [roads] resistir impacto(s) m de tránsito m
— **without deformation** v - resistir sin deformar
withstanding n - resistencia f
withstood a - resistido,da
— **flexing** n - flexión f resistida
— **impact** n - [mech] impacto m resistido
— **load** n - carga f, resistida, or soportada
— **safely** a - soportado,da con seguridad f

withstood severe thermal shock n - choque m térmico severo, resistido, or soportado
— **shock** n - choque m, resistido, or soportado
— **thermal shock** n - choque m térmico, resistido, or soportado
— **thrust** n - [mech] empuje m resistido
— **traffic impact** n - [roads] impacto m de tránsito n, resistido, or soportado
— — **load** n - [roads] carga f de tránsito m, resistida, or soportada
witness n - . . . . | v - . . . . • [legal] constar
— @ **inspection** v—[ind] presenciar inspección f
— **point** n - [ind] punto m a presenciar
— @ **test** v - presenciar, or atestiguar, ensayo m, or prueba f
— @ **trial** v - presenciar prueba f • [legal] presenciar juicio m
witnessed a - presenciado,da; atestiguado,da
— **inspection** n - [ind] inspección f presenciada
— **point** n punto m presenciado
— **test** n - ensayo m, presenciado, or atestiguado; prueba f, presenciada, or atestiguada
— **trial** n - prueba f presenciada • [legal] juicio m presenciado
witnessing n - presencia f
witticism n - . . .; ocurrencia f; viveza f • festividad f
wittless a - [fam] frío,ría
Wobbe index n - [combust] índice m (de) Wobbe
wobble n - . . . . • oscilación f | v - . . . ; oscilar
wobbled a - bamboleado,da; tambaleado,da • oscilado,da
wobbler n - [metal-roll] cabezal m motor • trébol m para unión f
wobbling n— bamboleo m; tambaleo m • oscilación
woe n - . . . ; mal m; problema m | [interj] ¡ay!
WOK cookery n - [domest] cocinilla f tipo chino
wolf-like a - [zool] lobuno,na
— — **jaw** n - [zool] fauce(s) f lobuna(s)
wolmanization n—[lumber] wolmanización* f
wolmanize v - [luber] wolmanizar*
wolmanized a - [lumber] wolmanizado,da*
— **treatment** n - [lumber] tratamiento m wolmanizador*
wolmanizer n - [lumber] wolmanizador*
wolmanizing n - [lumber] wolmanización* f | a - wolmanizador,ra*
woman's clothing n - [best] ropa f para, mujer f, or dama f
— **magazine** n - [print] revista f para dama(s) f
won a - ganado,da; triunfado,da • logrado,da; merecido,da
— **award** n - [com] adjudicación f, or licitación f, ganada
— **race** n - [sports] carrera f ganada
— **tender** n - [com] licitación f ganada
wonder tire n - [autom-tires] neumático m asombroso
wonderful a - . . . ; señalado,da; magnífico,ca; significativo,va; ponderable
— **improvement** n - mejora f señalada
— **innovation** n - innovación f significativa
— **tire** n - [autom-tires] neumático m asombroso
woo v - . . . . ; festejar
wood block n - . . . . ; adoquín m de madera f
— — **floor(ing)** n - [constr] piso m de, bloque(s) m, or adoquín(es) m, de madera f
— — **standard specification** n - [lumber] espedificación f de norma para bloques de madera
— **board** n - [lumber] tabla f de madera f
— **form** n - [constr] tablazón m, or entablado m, de madera f
— **buck** n - [carp] marco m de madera f
— **bundle** n - haz m de leña f; fardo m de madera f
— **cabinet** n - [domest] armario m de madera f
— **channel** n - canal m, or canaleta f, de madera
— **crate** n - [transp] esqueleto m de madera f
— **curb** n - [constr] bordillo m de madera f
— **cover** n - cubierta f, or tapa f, de madera f
— **decking** n - [constr] cubierta f, or tablado m, or tablero m, de madera
wood engraving n - [print] xilografía f
— **expansion shim** n - calza f de madera f para dilatación f
— **fiberboard** n - cartón m de fibra f de madera
— **float** n - llana f, or fratás m, de madera f
— **floor** n - [constr] piso m de madera f
— **flooring** n - [constr] madera f para pisos m
— **formwork** n - [constr] encofrado m de madera f
— **grain** n - [lumber] veta f en madera f
— **lagging** n - [constr] entablonado m
— **nailer** n - [carp] listón m para clavar
— **pickling vat** n - [metal-treat] cuba f de madera para, decapar, or decapado m
— **pile** n - [constr-pil] pilote m de madera f
— **plank** n - [lumber] tablón m (de madera f)
— — **floor(ing)** n—[constr] piso m de tablones
— **plug** n - tapón m, or tarugo m, de madera f
— **preservation** n - preservación f de madera f
— **reel** n - [mech] carrete m de madera f
— **scaffold** n - [constr] andamio m de madera f
— **shaving** n - [carp] viruta f de madera f
— **shake** n - [constr] tejamanil m
— **sheet** n - [lumber] plancha f de madera f
— **shell** n - [pulleys] cajera f de madera f
— — **block** n - [mech] motón m, para cajera f de madera f, or de madera f para cajera f
— **shim** n - [mech] calza f de madera f
— **span** n - [constr] tramo m de madera f
— **spiling board** n - [constr] tabla f (de madera f) para entibación f
— **stringer** n - [constr] larguero m de madera f
— **strip** n - [carp] listón m de madera f
— **table** n - [domest] mesa f de madera f
— **tackle block** n - [mech] motón m de madera f
— **tar** n - . . . ; brea f
— **tie** n - [rail] traviesa f, or durmiente m, de madera f
— **treatment** n - tratamiento m para madera f
— **vat** n - cuba f de madera f
— **vein** n - veta f, or vena f, en madera f
— **wheel** n - [mech] rueda f de madera f
— — **truck** n - [mech] carretón m, or carretilla f, con rueda(s) f de madera f
wooded area n - zona f, arbolada, or boscosa
wooden a - de madera f; also see wood
— **blocking strip** n - [constr] listón m de madera f para obturación f
— **box** n - [transp] cajón m; caja f de madera f
— **case** n - caja f, or estuche m, de madera f
— **disk** n - disco m de madera f
— **horse** n - [tools] caballete m de madera f
— **match** n - fósforo m, or cerilla f, de madera
— **paddle** n - [tools] paleta f de madera f
— **pallet** n - bandeja f de madera f
— **platform** n - [mech] plataforma f de madera f
— **sidewalk** n - [constr] vereda f, or acera f. de, madera f, or tablas f
— **slide** n - [constr] patín m de madera f
— **spacer** n - [mech] separador m de madera f
— **tank** n - (es)tanque m de madera f
woodruff (key) n - chaveta f en media luna f
woods n - bosque m; floresta f
woodworking n - (trabajos m de) carpintería f
wooer n - . . . ; festejante m
wool and silk cloth n - [textil] filoseda f
— **gauntlet** n—[vest] puño m abocinado de lana
— **glove** n - [vest] guante m de lana f
— — **gauntlet** n - [safety] puño m abocinado para guante m de lana f
— **heat breaker glove** n - [safety] guante m antetérmico de lana f
woolen a - de lana f; also see wool
worded a - expresado,da; redactado,da
wordiness n - . . . ; filatería f; verborrea f
work n - . . . .; labor m; quehacer m • operación f • manipuleo m; manipulación f • [weld] pieza f (por soldarse) • [mech] pieza f por trabajarse • [miner] explotación f — laboral | v - . . . ; obrar; operar; funcionar • avanzar • resultar • servir para

work acceptance n - aceptación f de trabajo m
— **accessory** n - accesorio m para trabajo m
— **accomplished** n - trabajo m realizado
— — **rating** n - calificación f de trabajo m realizado
— **activity** n - [ind] actividad f para trabajo m • [labor] actividad f laboral
— **additional** n - adicional m para obra f
— **against each other** v - trabajar en, contraposición f, or oposición f; contraponer(se); ejercer fuerza f antagónica
— **allocation** n - [managm] asignación f de trabajo m
— **alone** v - trabajar (por sí) sólo
— **alongside** n - trabajo m junto a | v - trabajar junto a
— **appearance** n - [ind] apariencia f de trabajo m • aspecto m de trabajo m
— **area** n - zona f, or sitio m, para trabajo m
— **around @ clock** v - trabajar, ininterrumpidamente, or sin descanso
— — **@ reinforcements** v - [constr-concr] trabajar alrededor de, barra(s) f, or armadura f
— **arrangement** n - [managm] disposición f, or ordenamiento m, de trabajo
— **as per specification(s)** n - [ind] trabajo m según especificación(es) f | v - [ind] trabajar según especificación(es) f
— **assigning** n - [labor] asignación f de trabajo
— **at night** v - trabajar por noche t; velar
— **authorization** n - autorización f para trabajo
— **back and forth** v - [mech] trabajar, en ambos sentidos m, or con movimiento m de vaivén m
— **being done** n - [labor] trabajo m en ejecución
— — **improvement** n - [labor] mejora f en trabajo m en ejecución f
— — — **rectifying** n - [labor] rectificación f de trabajo m en ejecución f
— **bench** n - [mech] banco m para trabajo m
— **best** v - resultar mejor
— **by @ book** n - trabajo m según reglamento m | v - [labor] trabajar según reglamento m
— **cable** n - [weld] cable m, or conductor m, a trabajo m, or pieza f para soldar • [cabl] cable m para trabajo m
— **capability** n - capacidad f para trabajo m
— **category** n - [labor] categoría f de trabajo m
— **center** n - [econ] centro m para trabajo m
— **certificate** n - certificado m de trabajo m
— **@ chain** v - [mech] trabajar, or hacer avanzar, cadena f
— **chamber** n - [ind] cámara f para trabajo m
— **change** n - cambio m, en, or de, trabajo m
— **characteristic** n - característica f de trabajo
— **chronograph** n - cronograma m para trabajo m
— **circuit** n - [weld] circuito m, para trabajo m, or a pieza f por soldar(se)
— **class** n - [labor] clase f de trabajo m
— **classification** n - clasificación f de trabajo
— **clothes** n - [vest] ropa f para trabajo m
— **coefficient** n - coeficiente m para trabajo m
— **complete classification** n - clasificación f, completa, or total, de trabajo m
— **completion** n - finalización f de trabajo m
— — **percentage** n - [constr] porcentaje m de avance m de obra f
— **@ concrete** v - [constr] trabajar hormigón m
— **condition** n - [labor] condición f laboral
— **contract** n - [labor] contrato m para trabajo
— **control(ling)** n - verificación f de trabajo m
— **correlation** n - correlación f de trabajo m
— **cost** n - [ind] costo m, de, or para, trabajo
— — **estimation** n - estimación f de costo m para trabajo m
— **cycle** n - ciclo m de trabajo m
— **day** n - [labor] día f de trabajo m; jornada f
— — **end** n - fin m de jornada f
— **definition** n - definición f de trabajo m
— **delay** n - retraso m, or demora f, en trabajo
— **delegating** n - delegación f de trabajo m
— **description** n - descripción f de trabajo m

work development n - desarrollo m de trabajo m
— **division** n - división f, or distribución f, de trabajo m
— **done** n - trabajo m, hecho, or efectuado
— **drawing** n - dibujo m para obra f
— **effectively** v - trabajar, efectivamente, or eficientemente, or en forma f eficiente
— **element** n - elemento m de trabajo m
— **equipment** n - [ind] equipo m para trabajo m
— **error** n - error m en trabajo m
— **estimated cost** n - costo m estimado para trabajo m
— **experience** n - experiencia f en trabajo m
— **factor** n - factor m, or coeficiente m, para trabajo m
— **feverishly** v - trabajar febrilmente
— **final acceptance** n - aceptación f, final, or definitiva, de, trabajo m, or obra f
— **finalizing** n - finalización f de trabajo m
— **finish(ing)** n - terminación f de trabajo m • [weld] terminación f de soldadura f
— **floor** n - [ind] piso m para trabajo m
— **flow** n - [ind] flujo m de trabajo m
— **force** n - [labor] personal m; plantel m; dotación f; conjunto m de operario(s) m
— **free** v - desembarazar(se)
— **freely** v - trabajar libremente
— **giving** n - [labor] asignación f de trabajo m
— **glove(s)** n - [safety] guante(s) m, or manopla(s) f, para trabajo m
— **grading** n - [labor] calificación f de trabajo
— **grounding** n - [weld] puesta f, or conexión f, a tierra f de, trabajo m, or pieza f por soldar(se)
— **grouping** n - agrupación f para trabajo m
— **guaranty** n - garantía f sobre trabajo m
— **hard** v - trabajar, duramente, or arduamente; empeñar(se) mucho
— **harden** n - [metal] endurecer con trabajo m
— **hardened** a - [metal] endurecido,da con, trabajo m, or labrado
— **hardening** n - [metal] endurecimiento m con, trabajo m, or labrado m, or elaboración f
— **hardness** n - [metal] endurecimiento m con, trabajo m, or labrado m, or elaboración f
— **@ heart out** v - trabajar con (mucho) empeño
— **@ heat** v - [metal-prod] hacer adición(es) f final(es) a colada f
— **holder** n - [lathes] portapieza(s) m
— **hour** n - [labor] hora f de trabajo m
— **identification** n - identificación f de trabajo m
— **improvement** n - [labor] mejora f en trabajo m
— **in @ dark** v - trabajar, en obscuridad, or a ciegas
— — **process** n - trabajo m en curso m; obra f en proceso m
— — **progress** n - trabajo m en, curso, or ejecución f; obra f en curso
— — — **assessment** n - evaluación f de trabajo m en ejecución f
— — — **certificate** n - certificado m sobre obra f en curso m
— — — **regulating** n - reglamentación f para trabajo m en, curso m, or ejecución f
— **incentive** n - incentivo m para trabajo m
— **index** n - índice m para trabajo m
— **interrelation** n - correlación f de trabajo m
— **into** v - hacer penetrar
— **into place** v - introducir (trabajando)
— **jaw** n - [tools] mordaza f
— **kind** n - [labor] clase f de trabajo m
— **knowledge** n - conocimiento m de trabajo m
— **lead** n - [weld] conductor m a trabajo m
— — **connection** n - [weld] conexión f de conductor m a trabajo m
— **light** n - luz f para trabajo m
— **load** n - carga f, útil, or para trabajo m
— **logical classification** n - clasificación f lógica para trabajo m
— **loose** v - [mech] aflojar(se)

work management pattern n - [managm] molde m, or patrón m, para administración f de trabajo m
— **material** n - [ind] material m utilizado
— @ — v - [ind] trabajar, or elaborar, material(es) m
— **measuring** n - [labor] medición f de trabajo m • [miner] varaje m; metraje m
— **motivation** n - [labor] incentivo m para, trabajo m, or trabajar
— **objective achievement** n - [managm] logro m de objetivo m para trabajo m
— **on @ budget** v - [accntg] trabajar con presupuesto m • [fin] operar m con presupuesto m
— **optimally** v - trabajar óptimamente
— **order** n - [ind] orden m para trabajo m
— **oriented** a - laboral
— — **activity** n - [labor] actividad f laboral
— **out** v - resolver • eliminar • suceder; acaecer; acontecer • [sports] ejercitar(se)
— **overtime** v - trabajar, fuera de horario n, or a deshora(s)
— **part** n - [weld] pieza f para soldar(se)
— **performance** n - realización f, or efectuación f, or ejecución f, de trabajo m
— **performed** a - trabajo m, realizado, or efectuado, or ejecutado, or hecho
— **period** n - [ind] período m para trabajo m
— **permit** n - [labor] permiso m para trabajo m
— **phase** n - fase f de, trabajo m, or obra f
— **piece** n - [weld] pieza f soldada
— **plan** n - plan m para trabajo m
— **poorly** v - trabajar mal(amente)
— **position** n - [weld] posición f de trabajo m
— **practice** n — [ind] práctica f, or costumbre m, para trabajo m
— **preparation** n - preparación f de trabajo m • [weld] preparación f de pieza f para soldar
— **pressure** n - presión f para trabajo m
— **produced** n - [ind] trabajo m producido
— **productively** v - trabajar productivamente • realizar mucho trabajo m
— **(s) program** n - programa m, de, or para, obras
— **progress** n - [ind] progreso m de trabajo m • [constr] progreso m de obra f
— **properly** v - trabajar, or funcionar, apropiadamente, or debidamente
— **protection** n - [labor] amparo m, laboral, or obrero, or para trabajo m
— **quantity rating** n - [labor] valoración f de cantidad f de trabajo m
— **range** n - límite(s) f, or diversidad f, de trabajo m
— **rating** n - [labor] valoración f de trabajo m
— **record** n - [labor] prontuario m; legajo m
— **rectifying** n - rectificación f de trabajo m
— **regularly** v - trabajar regularmente
— **relation(s)** n - [labor] relación(es) laboral(es) • relación(es) f en, trabajo m, or tarea(s) f
— **report** n - [labor] informe m, or parte m, sobre trabajo m
— **requirement** n — [ind] exigencia f de trabajo m
— **requisition** n - [ind] pedido m, or solicitud m, para trabajo m
— @ **reserve** v - [miner] trabajar, or explotar, reserva(s) f
— **roll** n - [metal-roll] rodillo m para, trabajo m, or laminación f
— — **assembly** n - [metal-roll] celda f para carga f; conjunto m de rodillos para trabajo
— — **axial displacement** n - [metal-roll] desplazamiento m axial de rodillo m para trabajo
— — **bearing** n - [metal-roll] cojinete m para rodillo m para, trabajo m, or laminación f
— — — **cage** n - [metal-roll] caja f para cojinete m para rodillo m para laminación f
— — **change** n - [metal-roll] (re)cambio m de rodillo(s) m para, trabajo m, or laminación f
— — **changing sleeve** n - [metal-roll] dispositivo m para (re)cambio m de rodillo(s) m para, trabajo m, or laminación f

work roll chuck n - [metal-roll] ampuesa f para (rodillo m) para trabajo m
— — **clamp** n - [metal-roll] sujetador m para rodillo n para, trabajo m, or laminación f
— — **(s) cooling** n - [metal-roll] enfriamiento m de rodillo(s) m para, trabajo, or laminación
— — **(s) — system** n - [metal-roll] red f para enfriamiento m de rodillo(s) m para trabajo m
— — **displacement** n - [metal-roll] desplazamiento m de rodillo m para trabajo m
— — **greasing** n - [metal-roll] engrase m de rodillo(s) m para, trabajo m, or laminación f
— — **grinding** n - [metal-roll] amoladura f, or rectificación f, de rodillo(s) para, trabajo m, or laminación f
— — **(s) inventory** n - [metal-roll] inventario m, or existencia(s) f de rodillo(s) m para, trabajo m, or laminación f
— — **rejection** n - [metal-roll] rechazo m de rodillo(s) m para, trabajo m, or laminación f
— — — **level** n - [metal-roll] nivel m para rechazo m de rodillo(s) m para trabajo m
— — **screw-down** n - [metal-roll] ampuesa f para rodillo m para, trabajo m, or laminación f
— — **shot blasting** n - [metal-roll] granallado m de rodillo(s) m para trabajo, or laminación
— — **spindle** n - [metal-roll] sistema m flector para rodillo m para, trabajo, or laminación
— — — **hydraulic system** n - [metal-roll] red f hidráulica para sistema f flector para rodillo(s) m para, trabajo m, or laminación f
— — **stocks** n - [metal-roll] existencia f de rodillos m para, trabajo m, or laminación f
— — **turning** n - [metal-roll] torneado m de rodillo m para, trabajo m, or laminación f
— **safely** v - trabajar con seguridad f
— **safety** n - [safety] seguridad f en trabajo m
— — **motivation** n - [safety] incentivo(s) m para, trabajo m, or trabajar, con seguridad f
— **satisfactorily** v — trabajar satisfactoriamente
— **saving** n - [labor] ahorro m en trabajo m
— **schedule** n - [labor] programa m, or horario m, para trabajo m
— **scheduling** n - [labor] programación f para trabajo m
— **scope** n - alcance(s) m de trabajo m
— **screw-dpwm** n - [metal-roll] ampuesa f para (rodillo m) para trabajo m
— **selector** n - selector m para trabajo m
— — **dial** n - [weld] disco m para selector m para trabajo m
— **sheet** n - hoja f, or pliego m, para cómputos
— **simplification method** n - método m para simplificación f de trabajo m
— **site** n - [ind] sitio m, or puesto m, para trabajo m; obrador m
— **situation** n - [labor] condición f laboral
— **specification(s)** n especificación(es) f para trabajo m
— **speeding up** n - aceleración f de trabajo m
— **stand** n - [mech½] banco m, or pedestal m, para trabajo m
— **standardizing** n - estandardización f, or normalización f, de trabajo m
— **start-up** n - iniciación f de trabajo m
— **starting date** n - fecha f para comienzo m de trabajo m
— **station** n — sitio m, or puesto m, para trabajo
— **steadily** v - trabajar, continua(da)mente, or en forma, continua, or constante
— **stoppage** n - [labor] detención f de trabajo m • huelga f de brazo(s) m caído(s)
— **stress** n - [labor] tensión f en trabajo m
— **stud** n - [weld] borne m para trabajo m
— **table** n - [ind] mesa f para trabajo m
— **temperature** n - [weld] temperatura f de pieza
— **terminal** n - [weld] borne m para trabajo m
— **time** n - [ind] tiempo m para trabajo m • hora f de operación f
— **to be accomplished** n - [managm] trabajo m a, efectuarse, or cumplirse, or ejecutarse

work to be, done, or performed n - trabajo m a, efectuar(se), or ejecutar(se)
— **to rule(s)** n - [labor] trabajo f, a, or según, reglamento(s) n
— **together** v - trabajar, junto(s), or unido(s)
— **towards** v - trabajar, or avanzar, hacia
— **truly performed** n - [labor] trabajo m realizado, realmente, or verdaderamente
— **type** n - [labor] tipo m de trabajo m • [constr] tipo m, or clase f, de obra f
— **under** v - trabajar bajo (órdenes f de)
— **unit** n - [labor] unidad f de trabajo m
— **unsafely** v - [safety] trabajar sin seguridad
— **variable** n - [ind] variable(s) de trabajo m
— **@ way** v - [sports] avanzar • culebrear
— **week** n - [labor] semana f, laborable, or de trabajo m
— **well** v - trabajar bien • dar resultado(s) m satisfactorio(s)
— **with** v - trabajar con • cooperar
— — **@ screw plate** v - [mech] aterrajar
— **within @ budget** v - [fin] operar dentro de presupuesto m
— **yard** n - [constr] sitio m para, or pie m de, obra f; obrador m
workability n - labrabilidad; facilidad para labrado m; calidad f que puede mecanizar(se)
workable a - [mech] labrable; mecanizable; elaborable; fácil para, labrar, or mecanizar • [miner] explotable
— **filler** n - [autom-body] relleno m, labrable, or mecanizable
— **inventory** n - [ind] existencia(s) adecuada(s)
— — **level** n - nivel m adecuado de existencias
— **level** n - nivel m apropiado
— **material** n - material m labrable
— **mix** n - [constr] mezcla f laborable
— **part(s) inventory** n - [ind] existencia(s) f adecuada(s) de repuesto(s) m
workbench n - [mech] banco m para trabajo m
workbook n - [educ] cuaderno m para, trabajos m, or ejercicio(s) m; texto m para alumno m
— **case** n - [educ] caso m, hipotético, or ilustrativo
workday n - .... • jornada f
worked a - trabajado,da • avanzado,da [mech] labrado,da; mecanizado,da • [miner] explotado,da
— **alongside** a - trabajado,da junto a
— **concrete** n - [constr] hormigón m trabajado
— **loose** a - [mech] aflojado,da
— **optimally** a - trabajado,da óptimamente
worked out a - resuelto,ta • eliminado,da • abandonado,da • agotado,da • sucedido,da; acaecido,da; acontecido,da • [sports] ejercitado
— **properly** a - funcionado,da debidamente
— **reserve(s)** n - [miner] reserva(s) f, trabajada(s), or explotada(s)
— **satisfactorily** a - trabajado,da satisfactoriamente
— **towards** a - avanzado,da hacia
— **under** a - trabajado,da bajo (órdenes f de)
— **with** a - trabajado,da con; cooperado,da
worker safety n - [ind] seguridad f de personal
workhorse manual electrode arc welder n - [weld] soldadora f por arco recia para electrodo(s) m manual(es)
— **welder** n - [weld] soldadora f recia
working n - .... • manipuleo m; manipulación f • avance m • elaboración f • labrado m; mecanización f | a - trabajador,ra • ubicado,da • [mech] movible
— **area** n - zona f, or sitio m, para trabajo m
— **barrel** n - [petrol] cilindro m, or cuerpo m, para bomba f
— **beam** n - [petrol] see **walking beam**
— **capital** n - [accntg] capital m, operativo, or en giro m, or para explotación f
— **condition** n - condición f para, trabajo m, or operación f
— **consistency** n - consistencia f para trabajo m

— **working cycle** n - ciclo m para trabajo m
— **day** n - día m de trabajo m; jornada f • día m, hábil, or laborable
— — **end** n - fin m de jornada f; hora de cerrar
— **direction(s)** n - [ind] indicación(es) f para trabajo m
— **drawing** n - [mech] dibujo m para taller m
— **equipment** n - [ind] equipo m para trabajo m • equipo m en, uso m, or operación f
— **glove** n - [safety] guante m, or manopla f, para trabajo m
— **height** n - [ind] altura f útil
— **hours** n - [labor] horario m para trabajo m
— **instruction(s)** n - instrucción(es) f para trabajo m
— **life** n - vida útil • [labor] vida f laboral
— **load** n - carga f, útil, or para trabajo m
— — **limit** n - [cranes] carga f, límite, or útil, para trabajo m; porte m máximo para trabajo m
— — **requirement** n - [mech] exigencia f de carga f límite para trabajo m
— **loose** n - [mech] aflojamiento m
— **machinery** n - [ind] maquinaria f, en uso m, or para trabajo m
— **meeting** n - [labor] reunión f para trabajo m
— **mode** n - [mech] operación f
— **oil flow** n - [mech] flujo m de aceite m para trabajo m
— — **incoming temperature** n - [mech] temperatura f a entrada f para aceite n para trabajo m
— — **outgoing temperature** n - [mech] temperatura a salida f para aceite m para trabajo m
— — **pressure** n - presión f de aceite m para trabajo m
— **order** n - condición f para trabajo m
— **out** n - resolución f • eliminación f
— **paid vacation day** n - [labor] día f laborable de vacación(es) f paga(s)
— **paper** n - hoja f, or pliego m, con cómputos m
— **part** n - [mech] pieza f, movible, or con movimiento m • pieza f para trabajo m
— **people** n - gente f trabajadora
— **person** n - persona f trabajadora
— **pit** n - [constr] fosa f para trabajo m
— **platform** n - [ind] plataforma f para trabajo
— **policy** n - norma f operativa
— **position** n - [ind] posición f para trabajo m
— **pressure** n - presión f para trabajo m
— **procedure** n - procedimiento m para trabajo m
— **property** n - [constr] propiedad f para, manipuleo m, or manipulación f
— **right(s)** n - [miner] derecho(s) m para explotación f
— **roll(er)** n - [metal-roll] rodillo m para trabajo m
— **safely** n - [labor] trabajo m seguro
— **space** n - espacio m para trabajo m • sitio m para desenvolver(se)
— **speed** n - velocidad f, or ritmo m, para trabajo m
— **strength** n - [constr] resistencia f (para trabajo m)
— **stress** n - tensión f, or fatiga f, or esfuerzo m, de trabajo m
— — **design** n - [constr] proyección f de, tensión f, or fatiga f, or esfuerzo, de trabajo
— — **method** n - [constr] método m para proyección f de, tensión f, or fatiga f, or esfuerzo m, de trabajo m
— **stroke** n - [mech] carrera f útil
— **temperature** n - temperatura f para trabajo m
— **surface** n - [mech] superficie f para contacto
— **time** n - [labor] tiempo m de trabajo m
— **tool** n - [tools] herramienta f para trabajo m
— **towards** n - avance m hacia
— **under** n - trabajo m bajo (órdenes f) de
— **unsafely** a - [safety] trabajo m inseguro
— **vacation day** n - [labor] día m laborable de vacación(es) f
— **voltage** n - [electr-distrib] voltaje m para

trabajo m
working weight n - peso m para trabajo m
— **width** n - [mech] ancho(r) m, útil, or para trabajo m
— **with** n - cooperación f
workman n - [labor] . . .; jornalero m
workmanlike a - [labor] . . .; esmerado,da
— **job** n - [ind] trabajo m ejecutado bien
— **manner** n - forma f correcta
workmanship n - [labor] . . .; ejecución f; artesanía f; confección f
— **defect** n - [ind] defecto m en mano f de obra
— **guaranty** n - [ind] garantía f sobre mano f de obra f
— **quality** n - calidad f de mano f de obra f
— **related failure** n - falla f debida a mano f de obra f (deficiente, or defectuosa)
— **standard** n - norma f de ejecución f buena
— **warranty** n - [ind] garantía f sobre mano f de obra f
workmen's compensation n - [legal] compensación f obrera
— — **law** n - [legal] ley f sobre compensación f obrera
— **group** n - [labor] agrupación f de operarios
works n - [ind] planta f; fábrica f
— **accounting** n - [ind] contabilidad f para, planta f, or fábrica f
— **administrator** n - [ind] administrador m de, planta f, or fábrica f
— **engineering** n - [ind] ingeniería f para, planta f, or fábrica f
— **manager** n - [ind] director m, or gerente m, para, planta f, or fábrica f
— **session** n - [labor] sesión f práctica
worksite n - [labor] see **work site**
world n - . . . • medio m
— **championship** n - campeonato m mundial
— — **circuit** n - [sports] circuito m para campeonato m mundial
— **class** n - [sports] categoría f, mundial, or internacional
— — **driver** n - [sports] conductor m internacional (reconocido)
— **corner(s)** n - cuatro viento(s) m; mundo m entero
— **currency** n - [fin] dinero m mundial | a - [econ] monetario,ria mundial
— **demand** n - demanda f mundial
— **Drivers' Championship** n - [sports] Campeonato m Mundial de Conductores m
— **globe** n - [geogr] globo m terráqueo
— **health** n - salud f mundial
— — **Organization** n - [pol] Organización f Mundial para Salud f
— **iron ore demand** n - [miner] demanda f mundial de mineral m de hierro m
—**'s largest manufacturer** n - [ind] fabricante m mayor de mundo m
— **leader** n - líder m mundial
— **market** n - [com] mercado m mundial
— — **current price** n - [com] precio m, vigente, or corriente, en mercado m mundial
— **market price** n - [com] precio m en mercado m mundial
— **Meteorological Organization** n - [pol] Organización f Meteorológica Mundial; O M M
— **monetary structure** n - [econ] estructura f monetaria mundial
— **ore demand** n - [miner] demanda f mundial de mineral(es) m
— **output** n - producción f mundial
— **population** n - población f mundial
— **rally championship** n - [sports] campeonato m mundial de carrera(s) f Rally
— — **circuit** n - [sports] circuito m mundial de carrera(s) f Rally
— **sanctioning body** n - [sports] organización f aprobatoria mundial
— **requirement(s)** n - demanda f mundial
— **reserve(s)** n - reserva(s) f mundial(es)

world total n - total m mundial
worldwide a - mundial | adv - mundialmente
— **dealer organization** n - [com] organización f mundial, de distribuidor(es), or para venta
— **distribution** n - distribución f mundial
— **leadership position** n - posición f de vanguardia f mundial
— **market** n - [com] mercado m mundial
— **recognition** n - reconocimiento m mundial
— **requirement(s)** n - consumo m mundial
— **service organization** n - [ind] organización f mundial para, servicio m, or atención f
— **steel market** n—mercado m mundial para acero
— — **requirement(s)** n - consumo m, mundial, or global, de acero m
worm n - [mech] . . .; engranaje m sin fin; sin fin m
— **and gear** n - [mech] sin fin m y engranaje m
— **wheel gear** n - [mech] engranaje m con tornillo m sin fin
— **boom hoist** n - [cranes] sin fin m para elevación f de, aguilón m, or botalón m
— **drive** n - [mech] impulsión f, or transmisión f, or mando m, con tornillo m sin fin
— **gear** n - [mech] engranaje m sin fin; caracol
— — **boom hoist** n - [cranes] engranaje m sin fin para elevación f de, aguilón, or botalón m
— — **drive** n - [mech] impulsión f con tornillo m sin fin
— — **feeding system** n - [mech] sistema m alimentador con tornillo m sin fin
— — **reducer** n - [mech] reductor m con (engranaje m) sin fin
— — **reduction** n - [mech] reducción f con engranaje m sin fin
— —**(s) set** n - [mech] juego m de engranaje(s) m sin fin
— — **shaft** n - [autom-mech] árbol m para engranaje m sin fin
— **wheel gear** n - [mech] engranaje m helicoidal
wormy bead n - [weld] cordón m con aspecto m de gusano m
worn a - (des)gastado,da • [vest] llevado,da
— **abnormally** a - (des)gastado,da anormalmente
— **armature** n - [electr-mot] armadura f desgastada; devanado m desgastado
— — **shaft** n - [electr-mot] árbol m para, armadura f, or devanado m, desgastado
— **away** a - erosionado,da; desgastado,da
— **badly** a - muy gastado,da
— **ball** n - [grind.med] bola f (des)gastada
— **bearing** n - [mech] cojinete m, or rodamiento m, (des)gastado
— **blade** n - [mech] cuchilla f desgastada • [fans] álabe m desgastado
— **boom pin** n - [cranes] pasador m para aguilón m (des)gastado
— **bore** n - [mech] taladro m (des)gastado
— **brake pin** n - [mech] llanta f para freno m desgastada
— — **shoe** n - [mech] zapata f para freno m (des)gastada
— **brush** n - [electr-mot] escobilla f desgastada
— **clutch plate** n - [mech] plato m, or disco m, para embrague m desgastado
— **die** n - [wiredrwng] hilera f desgastada
— **down** a - [mech] (des)gastado,da
— **drum** n - [mech] tambor m desgastado
— **flange** n - [mech] pestaña f desgastada
— **grinding ball** n - [grind.med] bola f para molienda f desgastada
— **inertia brake friction shoe** n - [mech] zapata f para fricción f para freno m por inercia f desgastada
— **insert** n - [mech] suplemento m desgastado
— **out** a - escomido,da; desgastado,da
— **part** n - [mech] pieza f (des)gastada
— — **rebuilding** n - [weld] reconstrucción f de pieza f (des)gastada
— **rapidly** a - desgastado,da rápidamente
— **respirator** n - [medic] respirador m llevado

worn rim n - [mech] llanta f desgastada
— **serration(s)** n - estría(s) f desgastada(s)
— **shaft** n - [mech] árbol m (des)gastado
— **sheave** n - [mech] polea f, or roldana f, or garrucha f, desgastada
— **shifter ring** n - [mech] aro m para desplazador m (para cambios m) desgastado
— **shoe** n - [vest] zapato m gastado • zapato m llevado • [mech-brakes] zapata f desgastada
— **shoulder** n - [autom-tires] borde m de banda f para rodamiento m desgastado
— **sliding contact** n - [electr-equip] contacto m deslizante m desgastado
— **snap ring groove** n - [mech] acanaladura f en aro m con resorte m desgastada
— **swing bearing tooth** n - [cranes] diente m en cojinete m para rotación f desgastado
— **switch** n - [electr-equip] conmutador m, or interruptor m, desgastado
— **through** a—[mech] desgastado,da completamente
— **tire** n - [autom-tires] neumático m desgastado
— **toggle** n - [mech] palanca f acodada gastada
— **tooth** n - [mech] diente m (des)gastado
— **tread** n - [mech-wheels] superficie f para rodadura f desgastada • [autom-tires] banda f para rodamiento m desgastada • [cranes] garganta f desgastada
— **wire rope roller** n - [cabl] roldana f para cable m desgastada
worry n - . . .; problema m
— **free** a - sin, problemas m, or preocupaciones
worse performance n - desempeño m peor
— **result(s)** n - resultado(s) m peor(es)
— **shape** n - condición f, or estado m, peor
— **support** n - sostén m peor
— **yet** adv - peor aún
worship n - . . .; veneración f | v - . . .; venerar
worst ambient temperature condition n - condición f peor de temperatura f ambiente
— **case** n - caso m peor; peor de caso(s) m
— **possible condition** n - condición f peor posible
— **result(s)** n resultado(s) m peor(es)
— **shape** n - condición f, or estado m, peor
— **tire** n - [autom-tires] neumático m peor
worth mentioning adv - digno,na de mención f
worthiness n - . . .; merecimiento m
wound n - [medic] . . . | a - enrollado,da; arrollado,da • devanado,da • bobinado,da | v - . . . • vulnerar
— **around itself** a - envuelto,ta, or torcido,da, sobre sí mismo
— **clock** n - [mech] reloj m con cuerda f
— **continuous metal band** n - [electr-cond] banda f de metal m arrollada en forma f continuada
— **continuously** adv - [electr-cond] envuelto,ta, en forma continuada, or ininterrumpidamente
— **counter spiral** n - [mech] contraespiral m enrollado
— **down** a - desovillado,da; desenvuelto,ta
— **fastening** n - [wire] unión f (re)torcida
— **for . . . volt(s)** a - [electr-mot] devanado,da para . . . voltios m
— **helically** a - enrollado,da, espiraladamente, or helicoidalmente
— **induction** n - [electr-mot] inducción f, bobinada, or devanada
— **metal** n - [mech] metal m arrollado
— **motor** n - [electr-mot] motor m devanado
— **netting** n - [wire] malla f (re)torcida
— **recorder clock** n - [instrum] reloj m registrador con cuerda f
— **rotor** n - [electr-mot] rotor m, bobinado, or devanado
— **spiral** n - [mech] espiral m enrollado
— **stator** n - [electr-mot] estator m devanado
— **strand** n - [cabl] cordón m enrollado
— **type fastening** n - [wire] unión f de tipo m torcido
— — **netting** n - malla f de tipo m torcido

wounded a - . . .; llagado,da; vulnerado,da
wounding n - [medic] vulneración f | a - [medic] llagador,ra; vulnerador,ra
woven brake lining n - [mech-brakes] cinta f tejida para freno(s) m
— **facing** n - [Vest] revestimiento m, or forro m, tejido
— **fence** n - [constr] cerca f, tejida, or de malla f
— **lining** n - [mech-brakes] cinta f tejida
— **wire fence** n - cerca f de malla f tejida
wrap n - envoltura f • [mech] vuelta f | v - envolver • [mech] enrollar; arrollar
— **around** n - [autom] caja f para asiento m de automóvil • [mech] caja f
— @ **electrode** v - [weld] envolver electrodo m
— @ **end** v - envolver extremo m
— **individually** v - envolver separadamente
wraparound n - envoltura f | a - envolvente
— **shoulder** n - [autom-tires] borde m lateral envolvente
— — **lug design** n - [autom-tires] conformación f de taco m para borde m lateral envolvente
wrapped a - envuelto,ta • arrollado,da; enrollado,da • con envoltorio m exterior
— **electrode** n - [weld] electrodo m envuelto
— **end** n - extremo m envuelto
— **individually** a - envuelto,ta separadamente
— **rope** n - [cabl] alambre m envuelto
— **separately** a - envuelto,ta separadamente
— **strand** n - [cabl] cordón m, or ramal m, envuelto
wrapper n - funda f; envoltura f • [print] envoltura f; faja f
wrapping n - . . .; envoltorio m; recubrimiento m • [mech] arrollamiento m; enrollamiento m | a - envolvente; envolvedor,ra
wrapping paper n - papel m para embalaje m
wreak havok v - causar estrago(s) m
wreck n - . . . • [autom] automóvil m, or vehículo m, accidentado | v - . . .
— @ **car** v - [autom] accidentar automóvil m
— **tow(ing)** n - [autom] remolque m de automóvil m accidentado
wrecked car n - [autom] automóvil m accidentado
wrecker n - [ind] desguazador m • [autom] automóvil m para auxilio m
wrecking n - [ind] desguace m; demolición f
— **ball** n - [constr] bola f demoledora
— **bar** n - [tools] barreta f; barra f sacaclavos
— **scaffold** n - andamio m para demolición f
wrench n - [tools] . . . • [hydr-gates] motor m para accionamiento m
— **adapter** n - [tools] adaptador m para llave f
— **cheater** n - [tools] prolongación f, or suplemento m, para llave f
— **extension** n - [petrol] prolongación f para llave f
— **handle** n - [tools] mango m para llave f
— **hole** n - [mech] orificio m para llave f
— **cover gasket** n - [mech] guarnición f para tapa f para orificio m para llave f
— — **gasket** n - [mech] guarnición f para orificio m para llave f
— **jaw** n - [tools] boca f de llave f
— — **size** n - [tools] abertura f de llave f
— **opening** n - [tools] boca f de llave f
— **operated** a - [mech] operado,da con llave f
— **plug valve** n - [valv] válvula f con tapón m operada con llave f (para tuercas f)
— — **valve** n - [valv] válvula f operada con llave f (para tuercas f)
wrench throwing n - infortunio m; desventura f
— **tighten** v - [mech] apretar, or ajustar, con llave f (para tuercas f)
— **tightened** a - [mech] apretado,da, or ajustado,da, con llave f (para tuercas f)
— **tightening** n - [mech] ajuste m con llave f (para tuercas f)
wrenching n - [medic] torcedura f; entorsis f
wrestled a - [sports] luchado,da

wringer n - ...; estrujador m
— **roll** n - [domest] rodillo m, escurridor, or estrujador • [metal-treat] rodillo escurridor
— — **brake** n - [metal-treat] freno m para rodillo m escurridor
wringing n - estrujamiento m | a - estrujador,ra
wrinkle n - .... • [autom] abolladura f | v - .... • [autom] abollar
— **free** a - sin, or libre de, arruga(s) f
wrinkled a - arrugado,da; rugoso,sa • [autom] abollado,da
— **bodywork** n - [autom] carrocería f abollada
wrinkling n - arrugamiento m
wrist movement n - (movimiento m de) torsión f de muñeca f
— **pin** n - [mech] pasador m, or espiga f, para, manivela, or émbolo m
wristlet n - ....; muñequera f
writ n - [legal] ...; instrumento m • acta m
write v - ...; redactar • [insur] emitir, seguro(s) m, or póliza(s) f • [comput] preparar
— **@ program** v - [comput] preparar programa m
— **@ specification** v - preparar, especificación f, or pliego m de condiciones f
writhing n - ....; retorcedura f
writing n - .... • [com] redacción f • [comput] preparación f
written a - escrito,ta; por escrito • [insur] emitido,da; contratado,da • [comput; preparado,da
— **acknowledgement** n - [legal] reconocimiento m (por) escrito
— **approval** n - aprobación f escrita
— **advice** n - aviso m (por) escrito; comunicación f, or notificación f, escrita
— **authority,ization** n - autorización f escrita
— **claim** n - reclamación f escrita
— — **filing** n - presentación f de, reclamo m escrito, or reclamación f escrita
— **consent** n - consentimiento m (por) escrito
— **into** a - [legal] incluido,da; inserto,ta
— **notice** n - aviso m (por) escrito; notificación f, escrita, or por escrito • [labor] preaviso m escrito
— **prior authorization** n - autorización f previa escrita
— **procedure** n - [ind] procedimiento m escrito
— **proof** n - constancia f escrita
— **record** n - registración f escrita
— **remark(s)** n - observación(es) f escrita(s)
— **safety analysis** n - [safety] análisis m escrito sobre seguridad f
— **statement** n - [legal] declaración f escrita
— **summary** n - resumen m escrito
— **warranty** n - garantía f escrita
wrong n - .... | a - ...; equívoco,ca; inapropiado,da; equivocado,da • invertido,da
— **amperage** n - [electr] amperaje m inapropiado
— **brush** n - [electr-mot] escobilla f inaporpiada
— **character** n - [comput] carácter m equivocado
— — **reset(ting)** n - [comput] reajuste m de carácter, inapropiado, or equivocado
— **control rod length** n - [mech] largo(r) m inapropiado para vástago m para ajuste m
— **current** n - [weld] amperaje m inapropiado
— **direction** n - dirección f invertida; sentido m incorrecto
— **frequency** n - [electron] frecuencia f errónea
— **gear ratio** n - [mech] razón f para engranajes inapropiada
— **grade** n - calidad f inapropiada
— **polarity** n - [electr] polaridad f inapropiada
— **place** n - sitio m, or lugar m, inapropiado
— **relay** n - [electr-equip] relé m inapropiado
— **rotation** n - [mech] rotación f incorrecta; rotación f en sentido m incorrecto
— **switch** n - [electr-equip] interruptor m, or conmutador m, inapropiado, or incorrecto
— **time** n - tiempo m, indebido, or inapropiado
— **tire** n - [autom-tires] neumático m incorrecto
— **voltage** n - [electr] voltaje m inapropiado
— **wheel** n - [mech] rueda f incorrecta
— **wire feeding direction** n - [weld] sentido m incorrecto para alimentación f de alambre m
wrongdoing n - ...; incumplimiento m; delito m; infracción f
wronged a - [legal] injuriado,da
wrought blind flange n - [mech] brida f ciega forjada
— **bushing** n - [mech] buje m forjado
— **cut washer** n - arandela f plana forjada
— **fitting** n - [mech] accesorio m forjado
— **flange** n - [mech] brida f forjada
— **iron** n - [metal-prod] ...; hierro m, batido, or dulce, or maleable, or pudelado
— — **bushing** n - [mech] buje m de hierro m forjado
— **steel** n - [metal-prod] acero m forjado
— — **plate** n - [rail-wheels] alma m de acero m forjado
— — **wheel** n - rueda f de acero m forjado
— **washer** n - [mech] arandela f forjada
— **welded fitting** n - [weld] accesorio m soldado forjado
— **wire** n - [wire] alambre m, forjado, or batido
wrung a - estrujado,da
wt n - see weight
wustite n - [chem] wustita f
WV n - [pol] see West Virginia
WY n - [pol] see Wyoming
wye n - .... • [tub] bifurcación f; also see Y
— **connected** a - [electr-instal] conectado,da en estrella f
— **fitting** n - [tub] bifurcación f

X

X cross member n - [mech] travesaño m en, X, or cruz f
X-hvy a - see extra heavy
X-ray n - [electron] rayo-X; vista f radiográfica • [medic] radiografía f | v [electron] radiografiar
— **control** n - [electron] regulación f con rayos-X
— **(s) conversion** n - [electron] conversión f de rayos-X
— — **into light rays** n - [electron] conversión f, or transformación f, de rayos-X en rayo(s) m luminoso(s)
— **(s) converted into light rays** n - [electron] conversión f de rayos-X en rayos luminosos
— **conversion** n - [electron] conversión f de rayo(s) X
— — **into light ray(s)** n - [electron] conversión f de rayos-X en rayos m luminosos
— **developing** n - [photogr] revelación f de película f radiográfica
— **examining** n - [electron] examen m de película f radiográfica
— **film** n - [electron] película f radiográfica
— **gage control** n - [metal-roll] regulación f de espesor(es) m con rayos-X
— **image intensifier** n - [electron] intensificador m de imágen(es) f con rayos-X
— **industrial use** n - empleo m industrial de rayos-X m
— **inspection** n - inspección f con rayos-X
— **intensifier** n - intensificador de rayos-X m
— **machine** n - [electron] aparato m para rayos-X
— **meter** n - [metal-roll] medidor m con rayos-X
— **picture** n - [electron] radiografía f
— **quality deposit** n - [weld] aportación f con calidad f para inspección f radiográfica
— — **electrode** n - [weld] electrodo m con calidad f (para inspección f) con rayos-X

X-ray radiation n - [electron] irradiación f de, or con, rayos-X
— **spectrograph** n - [electron] espectrógrafo con rayos-X
— **technician** n - [electron] técnico m en rayos-X
— **test** n - [electron] examen m, radiográfico, or con rayos-X
— **weld** n - [weld] soldadura f con calidad f para (inspección f con) rayos-X
X-type bracing n - [constr] arriostramiento m en X
xanthophilic a - [chem] xantofílico,ca
xenolith n - [geol] xenolita f
xenolithic a - [geol] xenolítico,ca
xenomorphic a - [geol] xenomórfico,ca
xenophobe n - [pol] xenófobo | a - xenófobo,ba
xenophobic a - xenófobo,ba; xenofóbico,ca
xerophthalmic a - [medic] xeroftálmico,ca
xerox n - xerocopia f; fotocopia f | v - fotocopiar
xfmr n - [electr-equip] see **transformer**
X S a - see **extra strong**
X X S a - see **extra extra strong**
xtal n - [electron] see **crystal**
xylem n - [chem] xilógeno m
xylometer n - [lumber] xilómetro m
xylonite n - [chem] xilonita f

Y

Y n - [tub] bifurcación f; ramal m; Y f; ye f
Y and delta connection n - [electr-instal] conexión f estrella-triángulo
Y box n - [electr-instal] caja f, bifurcada, or para bifurcación f
Y connected a - [electr-instal] conectado,da en estrella f
Y connection n - [electr-instal] conexión f en estrella f
Y-fitting n - [tub] unión f con bifurcación f
Y motor n - [electr-mot] motor m, en Y, or trifásico
Y motor connection n - [electr-mot] conexión f de motor en Y
Y runner n - [metal-prod] canal m bifurcado
yachting n - . . .; yatismo* m
yak n - [zool] . . .; yac m
Yale trolley n - [mech] trole m Yale
yard n - . . .; patio m; parque m; cancha f • [rail] playa f • [ind] establecimiento m; espacio m abierto
— **and road maintenance** n - [ind] mantenimiento m, or conservación f, de playas f y caminos m
— **runner** n - [metal-prod] sopletero m en parque
— **check(ing)** n - [ind] verificación f en playa
— **crane** n - [cranes] grúa f para parque m
— **crew** n - [ind] cuadrilla f para parque m
— **foreman** n - [ind] capataz m para parque m
— **hooker** n - [cranes] enganchador m para parque
— **portal crane** n - [cranes] grúa f de pórtico para, parque m, or playa f
— **surface** n - [hydr] superficie f sin techar
— **switching** n - [rail] movimiento m en parque m
— **towing** n - [ind] remolque m en playa f
yardage n - medida f en yardas; use metraje m
yd n - [metric] see **yard**
year n - . . . • [fin] ejercicio m
— **around** n - cualquier época f de año m
— **beginning** n - comienzo m, or principio m, de año m • [fin] comienzo m de ejercicio m
. . . — **design flood flow** n - [hydr] proyección f para inundación(es) f máxima(s) previsible(s) en . . . año(s) m
— **end** n - fin m de año m • [fin] fin de ejercicio m

year-end balance n - [accntg] saldo en fin m de año m • [fin] saldo m en fin de ejercicio m
—— **season** n - época f de fin de año m
. . . **year flow** n - [hydr] caudal m máximo previsto en . . . año(s) m
—(s) **to invert perforation** n - [constr] año(s) m hasta perforación f de fondo m
— **round dwelling** n - [constr] residencia f permanente
—— **use** n—uso m durante todo año m
—(s) **running** n - año(s) m consecutivo(s)
. . . — **storm** n - [meteorol] tempestad f con recurrencia f (probable) cada . . . año(s) m
—(s) **to @ perforation** n - [constr] año(s) m hasta perforación f
yearly interest rate n - [fin] tasa f de interés m anual
— **product ton** n - [ind] tonelada(s) f de producción f anual
— **rate** n - tasa f anual
— **tax** n - [fisc] impuesto m anual
yel n - see **yellow**
yellow autobody filler n - [autom-body] relleno m amarillo para, chapistería f, or carrocería f, para automóvil
— **caution light** n - [safety] luz f amarilla para prevención f
— **chromate** n - [chem] cromato m amarillo; also see **lead chromate; chrome yellow**
— **coating** n - recubrimiento m amarillo
— **crystal** n - cristal m amarillo,llento
— **filler** n - [autom-body] relleno m amarillo
— **flag** n - [sports] bandera f amarilla
— **light** n - [roads] luz f amarilla
— **page(s)** n - [telecom] página(s) f amarilla(s); índice m (telefónico) clasificado
— **rotating caution light** n - [safety] luz f rotatoria amarilla (para prevención f)
— **terminal** n - [weld] borne m amarillo
— **wax** n - [petrol] cera f amarilla
yellowish crystal n - cristal m amarillo
—**white clay** n - arcilla f blanco-amarilla
yield n - . . .; aprovechamiento m • capacidad f útil • cesión f • [metal] fluencia f | v - . . . • [fin] redituar • [mech] deformar(se)
— **calculation** n - cálculo m de rendimiento m
— **easily to another's desire(s)** v—franquearse
— **from @ ingot to @ bloom** n - [metal-roll] rendimiento m de lingote m a desbaste m
— **fruit** v - [botan] frutar
— **guaranty** n - see **performance guaranty**
— **index** n - índice m para rendimiento m
— **point** n - [metal] punto m, or límite m, para, fluencia f, or deformación f, or escurrimiento m; límite m elástico
—— **stress** n - esfuerzo m en límite elástico
— **pressure** n - [metal] presión f para fluencia
— **relatively** v - ceder relativamente
— **slightly** v - ceder levemente
— **@ solution** v - brindar solución f
— **strength** n - [metal] límite m, elástico, or para fluencia f; resistencia f a fluencia f
—— **range** n - [metal] límite(s) para fluencia
— **stress** n - [metal] tensión f de fluencia f
— **test** n - [ind] prueba f de rendimiento m
— **@ way** v - [roads] ceder paso m
yielded a - cedido,da • deformado,da • producido,da • rendido,da
yielding n - cesión f • rendimiento m • [metal] deformación f; escurrimiento m
— **zone** n - zona f para deformación f
yoke n - . . . • [mech] horquilla f; articulación f excéntrica • [valv] yugo m; caballete m • [miner] barra f para fijación f
— **area** n - [mech] zona f de horqueta f
— **assembly** n - [mech] conjunto m de horquilla f
— **bar** n - [naut] barra f para timón m • [mech] travesaño m para cierre m
— **end** n - [mech] extremo m con horquilla f
— **mounting** n - [mech] montaje m de horquilla f
— **pin** n - [mech] pasador m para horquilla f

yoke plate n - [mech] placa f para horquilla f
— rod n - [mech] vástago m para horquilla f
— setting n - [mech] posición f de horquilla f
— sheave n - [mech] roldana f para horquilla f
Young('s) modulus n - módulo n de Young

Z

Z n - [metal-roll] perfil m, or barra f Z • [electron-equip] see impedance
Z bar n - [metal-roll] barra f en Z
Z beam n - [metal-roll] viga f en Z
Z-car n - [autom] automóvil Z
Z spring n - [mech] resorte m en Z
zain a - zaino,na*
zanier a - más, chistoso,sa, or alocado,da
zany n - . . .; chistoso,sa
zeal n - . . .; furia f
zee n - see Z
Zener diode n - [electr-equip] diodo m Zener
zeolite n - [geol] zeolita f
zeolitic a - [geol] zeolítico,ca
Zerk lubrication n - [mech] lubricación f Zerk
— pressure n - presión f (según) Zerk
zero n - . . . | a - . . .; nulo,la
— camber n - [autom-tires] combadura f hacia a-fuera, cero, or nula
— center voltmeter n - [instrum] voltímetro m para carga f y descarga f
— crosswise position n - [mech] posición f transversal cero
— — translation n - [mech] traslación f transversal cero
— degree n - ángulo m cero
— — nylon strip n - [autom-tires] tira f, or franja f, de nilón con ángulo m cero
— flow n - [hydr] gasto m, or caudal m, cero
— — load n - [pumps] carga f con gasto m cero
— grip n - [mech] abertura f, or mordedura f, cero, or nula
— impedance n - [electron] impedancia f, cero, or nula
— lengthwise position n - [mech] posición f longitudinal cero
— — translation n - [mech] traslación f longitudinal cero
— moment n - [phys] momento m cero
— — analysis n - [constr] análisis de momento m cero
— — strength n - [constr] momento m resistente cero
— pipe wall moment strength n - [constr] momento m resistente cero de pared f de tubería f
— sequence n - [electr-oper] secuencia f, cero, or nula
— — reactance n - [electr-equip] reactancia f con secuencia f, cero, or nula
— setting n - [mech] posición f cero
— slip angle n - [autom-tires] ángulo n, cero, or nulo, para corrimiento m
— tariff level n - [econ] nivel m arancelario cero
zest n - . . .; entusiasmo m
zigzag motion n - movimiento m en zigzag(ueo)
— technique n - [weld] técnica f de zigzag(ueo)
zigzaging n - zigzagueo m
zinc n - . . .; peltre m
— alloy n - [chem] ataque m de cinc m
— base n - [paint] base f de cinc
— based undercoat n - [paint] mano m interior con base f de cinc
— blend n - [miner] esfalerita f
— band n - [electr-cond] banda f de cinc m
— can n - [mech] recipiente m de cinc
— chloride n - [chem] cloruro m de cinc

zinc coat n - [metal-treat] recubrimiento m de cinc | v - [metal-treat] recubrir con cinc
— coated a - [metal-treat] recubierto,ta con cinc m
— — corrugated steel n - [metal-treat] acero m corrugado galvanizado
— — steel n - [metal] acero m galvanizado
— coating n - recubrimiento m con cinc m
— — weight n - [metal-treat] peso m de recubrimiento m de cinc m
— contamination n - [weld] contaminación f con cinc m
— deposit n - [miner] yacimiento m de cinc m
— double coating n - [metal-treat] recubrimiento m doble, de, or con, cinc m
— Grip n - [metal-treat] acero m (galvanizado) Zinc-Grip
— — corrugated pipe n - [tub] tubería f galvanizada (Zinc-Grip) corrugada
— — Paint-Grip steel n - [metal-treat] acero m galvanizado Zinc-Grip Paint-Grip
— — steel n - [metal-treat] acero m (galvanizado) Zinc-Grip
— lining n - [metal-treat] revestimiento m con cinc m
— over copper coating n - [metal-treat] recubrimiento m con cinc m sobre cobre m
— oxide n - [chem] óxido m de cinc m
— phosphate n - [chem] fosfato m de cinc m
— plate n - [metal-treat] chapa f con cinc m
— pot n - [metal-treat] pote m de cinc m
— primer n - [paint] imprimador m con cinc m
— sulfate n - [chem] sulfato m de cinc m
zinc(k)ed a - [metal-treat] zincado,da
zip code n - [comunic] código m postal
zonal a - zonal
— trade n - [econ] comercio m zonal
zonate v - zonificar
zonated a - zonado,da; zonal
zone n - . . .; sector m; región f | v - dividir en zona(s) f
— edge n - borde m de zona f
— expediter n - [ind] coordinador m para zona
— grain structure n - [weld] estructura f granular de zona f
— remelting n - [weld] refundición f de zona f
— shell n - [metal-prod] coraza f para zona f
— trade n - [com] comercio m zonal
zoned a - distribuido,da en zona(s); zonal
zoning code n - código m para zonificación f
zoom n - [photogr] aproximación f • película f enfocada continuamente | v - [photogr] enfocar variablemente; aproximar rápidamente
— away v - [photogr] alejar rápidamente
— in v - [photogr] aproximar rápidamente
zoomed a - [photogr] enfocado,da variablemente • aproximado,da rápidamente • alejado,da rápidamente
— away a - [photogr] alejado,da rápidamente
— in a - [photogr] aproximado,da rápidamente
zooming n - [photogr] enfoque m variable • aproximación f rápida • alejamiento m rápido
— away n - [photogr] alejamiento m rápido
— in n - [photogr] aproximación f rápida
zoomorphic a - . . .; zoomórfico,ca
zoomorphism n - zoomorfismo m
zoonosis n - zoonosis f
zoonotic a - zoonótico,ca
zoophitical a - zoofítico,ca
zootomic(al) a - [zool] zootómico,ca
zp a - [metal-treat] see zinc plated